最新装配式建筑标准汇编

（含条文说明）

本社　编

中国建筑工业出版社

图书在版编目（CIP）数据

最新装配式建筑标准汇编/中国建筑工业出版社编．—北京：中国建筑工业出版社，2019.10
ISBN 978-7-112-24099-9

Ⅰ．①最… Ⅱ．①中… Ⅲ．①装配式构件-行业标准-中国 Ⅳ．①TU3-65

中国版本图书馆 CIP 数据核字(2019)第 180626 号

责任编辑：范业庶　张　磊　杨　杰
责任校对：焦　乐

最新装配式建筑标准汇编
（含条文说明）
本社　编
*
中国建筑工业出版社出版、发行(北京海淀三里河路 9 号)
各地新华书店、建筑书店经销
北京红光制版公司制版
天津翔远印刷有限公司印刷
*
开本：787×1092 毫米　1/16　印张：65½　字数：2362 千字
2019 年 11 月第一版　　2019 年 11 月第一次印刷
定价：**198.00** 元
ISBN 978-7-112-24099-9
(34587)

出 版 说 明

为切实落实《国务院办公厅关于大力发展装配式建筑的指导意见》（国办发〔2016〕71号）和《国务院办公厅关于促进建筑业持续健康发展的意见》（国办发〔2017〕19号），全面推进装配式建筑发展，住房和城乡建设部制定了《"十三五"装配式建筑行动方案》《装配式建筑示范城市管理办法》《装配式建筑产业基地管理办法》。我社积极响应政策号召，全面梳理现行装配式建筑标准，结合专业特点，并在认真调查研究的基础上，编制了《最新装配式建筑标准汇编》一书。

本汇编共收录国家标准8本，装配式行业标准12本，共计20本最新标准。为不断提高，我们期待广大读者在使用过程中给予批评、指正，以便我们改进工作。

目 录

1 国 家 标 准

2 行 业 标 准

1

国 家 标 准

中华人民共和国国家标准

装配式建筑评价标准

Standard for assessment of prefabricated building

GB/T 51129—2017

主编部门：中华人民共和国住房和城乡建设部
批准部门：中华人民共和国住房和城乡建设部
施行日期：2 0 1 8 年 2 月 1 日

中华人民共和国住房和城乡建设部
公　告

第 1773 号

住房城乡建设部关于发布国家标准
《装配式建筑评价标准》的公告

现批准《装配式建筑评价标准》为国家标准，编号为 GB/T 51129 - 2017，自 2018 年 2 月 1 日起实施。原国家标准《工业化建筑评价标准》GB/T 51129 - 2015 同时废止。

本标准在住房城乡建设部门户网站（www. mo-hurd. gov. cn）公开，并由我部标准定额研究所组织中国建筑工业出版社出版发行。

中华人民共和国住房和城乡建设部
2017 年 12 月 12 日

前　言

根据住房城乡建设部标准定额司"关于请开展《工业化建筑评价标准》修订工作的函"（建标标函〔2016〕164 号）的要求，住房和城乡建设部科技与产业化发展中心（住房和城乡建设部住宅产业化促进中心）会同有关单位开展了本标准编制工作。

标准编制组开展了广泛的调查研究，认真总结了《工业化建筑评价标准》GB/T 51129 - 2015 的实施情况和实践经验，参考有关国家标准和国外先进标准相关内容，开展了多项专题研究，并在广泛征求意见的基础上，编制了本标准。

本标准主要技术内容包括：1. 总则；2. 术语；3. 基本规定；4. 装配率计算；5. 评价等级划分。

本标准由住房城乡建设部负责管理，由住房和城乡建设部科技与产业化发展中心（住房和城乡建设部住宅产业化促进中心）负责具体技术内容的解释。执行过程中如有意见或建议，请寄送住房和城乡建设部科技与产业化发展中心（住房和城乡建设部住宅产业化促进中心）（地址：北京市海淀区三里河路 9 号；邮编：100835）。

本标准主编单位：住房和城乡建设部科技与
　　　　　　　　产业化发展中心
　　　　　　　　（住房和城乡建设部住宅
　　　　　　　　产业化促进中心）
本标准参编单位：中国建筑科学研究院
　　　　　　　　中建科技有限公司
　　　　　　　　北京市建筑设计研究院有
　　　　　　　　限公司
　　　　　　　　中国建筑标准设计研究院
有限公司
中国建筑设计院有限公司
中国中建设计集团有限公司
中建装配式建筑设计研究院有限公司
北京市住房和城乡建设科技促进中心
北京市住房保障办公室
北京市保障性住房建设投资中心
天津市房屋鉴定建筑设计院
深圳市华阳国际工程设计股份有限公司
中建国际投资（中国）有限公司
华东建筑集团股份有限公司
南京工业大学
加拿大木业协会
华通设计顾问工程有限公司
中冶建筑研究总院有限公司
北京首钢建设集团有限公司
河北新大地机电制造有限

公司

北新房屋有限公司

北京和能人居科技有限
公司

本标准主要起草人员：文林峰　黄小坤　马　涛
叶浩文　张守峰　刘东卫
樊则森　赵丰东　杨家骥
张海燕　伍止超　李　文
伍孝波　郭　宁　卢　旦

赵中宇　周　冲　王　喆
张书航　杨会峰　郭　伟
龙玉峰　侯兆新　李　然
张宗军　赵　楠　武　振
王晓冉　杜阳阳　冯仕章

本标准主要审查人员：岳清瑞　郁银泉　冯可梁
李晓明　王立军　胡育科
赵　钿　苗启松　杨学兵
田春雨　周静敏

目　　次

1 总　　则

1.0.1 为促进装配式建筑发展，规范装配式建筑评价，制定本标准。

1.0.2 本标准适用于评价民用建筑的装配化程度。

1.0.3 本标准采用装配率评价建筑的装配化程度。

1.0.4 装配式建筑评价除应符合本标准外，尚应符合国家现行有关标准的规定。

2 术　　语

2.0.1 装配式建筑　prefabricated building

由预制部品部件在工地装配而成的建筑。

2.0.2 装配率　prefabrication ratio

单体建筑室外地坪以上的主体结构、围护墙和内隔墙、装修和设备管线等采用预制部品部件的综合比例。

2.0.3 全装修　decorated

建筑功能空间的固定面装修和设备设施安装全部完成，达到建筑使用功能和性能的基本要求。

2.0.4 集成厨房　integrated kitchen

地面、吊顶、墙面、橱柜、厨房设备及管线等通过设计集成、工厂生产，在工地主要采用干式工法装配而成的厨房。

2.0.5 集成卫生间　integrated bathroom

地面、吊顶、墙面和洁具设备及管线等通过设计集成、工厂生产，在工地主要采用干式工法装配而成的卫生间。

3 基 本 规 定

3.0.1 装配率计算和装配式建筑等级评价应以单体建筑作为计算和评价单元，并应符合下列规定：

　　1 单体建筑应按项目规划批准文件的建筑编号确认；

　　2 建筑由主楼和裙房组成时，主楼和裙房可按不同的单体建筑进行计算和评价；

　　3 单体建筑的层数不大于 3 层，且地上建筑面积不超过 500m² 时，可由多个单体建筑组成建筑组团作为计算和评价单元。

3.0.2 装配式建筑评价应符合下列规定：

　　1 设计阶段宜进行预评价，并应按设计文件计算装配率；

　　2 项目评价应在项目竣工验收后进行，并应按竣工验收资料计算装配率和确定评价等级。

3.0.3 装配式建筑应同时满足下列要求：

　　1 主体结构部分的评价分值不低于 20 分；

　　2 围护墙和内隔墙部分的评价分值不低于 10 分；

　　3 采用全装修；

　　4 装配率不低于 50%。

3.0.4 装配式建筑宜采用装配化装修。

4 装配率计算

4.0.1 装配率应根据表 4.0.1 中评价项分值按下式计算：

$$P = \frac{Q_1 + Q_2 + Q_3}{100 - Q_4} \times 100\% \qquad (4.0.1)$$

式中：P——装配率；

　　Q_1——主体结构指标实际得分值；

　　Q_2——围护墙和内隔墙指标实际得分值；

　　Q_3——装修和设备管线指标实际得分值；

　　Q_4——评价项目中缺少的评价项分值总和。

表 4.0.1　装配式建筑评分表

评价项		评价要求	评价分值	最低分值
主体结构（50分）	柱、支撑、承重墙、延性墙板等竖向构件	35%≤比例≤80%	20~30*	20
	梁、板、楼梯、阳台、空调板等构件	70%≤比例≤80%	10~20*	
围护墙和内隔墙（20分）	非承重围护墙非砌筑	比例≥80%	5	10
	围护墙与保温、隔热、装饰一体化	50%≤比例≤80%	2~5*	
	内隔墙非砌筑	比例≥50%	5	
	内隔墙与管线、装修一体化	50%≤比例≤80%	2~5*	
装修和设备管线（30分）	全装修	—	6	6
	干式工法楼面、地面	比例≥70%	6	
	集成厨房	70%≤比例≤90%	3~6*	
	集成卫生间	70%≤比例≤90%	3~6*	—
	管线分离	50%≤比例≤70%	4~6*	

注：表中带"＊"项的分值采用"内插法"计算，计算结果取小数点后 1 位。

4.0.2 柱、支撑、承重墙、延性墙板等主体结构竖向构件主要采用混凝土材料时，预制部品部件的应用比例应按下式计算：

$$q_{1a} = \frac{V_{1a}}{V} \times 100\% \qquad (4.0.2)$$

式中：q_{1a}——柱、支撑、承重墙、延性墙板等主体结构竖向构件中预制部品部件的应用比例；

V_{1a}——柱、支撑、承重墙、延性墙板等主体结构竖向构件中预制混凝土体积之和，符合本标准第4.0.3条规定的预制构件间连接部分的后浇混凝土也可计入计算；

V——柱、支撑、承重墙、延性墙板等主体结构竖向构件混凝土总体积。

4.0.3 当符合下列规定时，主体结构竖向构件间连接部分的后浇混凝土可计入预制混凝土体积计算。

1　预制剪力墙板之间宽度不大于600mm的竖向现浇段和高度不大于300mm的水平后浇带、圈梁的后浇混凝土体积；

2　预制框架柱和框架梁之间柱梁节点区的后浇混凝土体积；

3　预制柱间高度不大于柱截面较小尺寸的连接区后浇混凝土体积。

4.0.4 梁、板、楼梯、阳台、空调板等构件中预制部品部件的应用比例应按下式计算：

$$q_{1b} = \frac{A_{1b}}{A} \times 100\% \qquad (4.0.4)$$

式中：q_{1b}——梁、板、楼梯、阳台、空调板等构件中预制部品部件的应用比例；

A_{1b}——各楼层中预制装配梁、板、楼梯、阳台、空调板等构件的水平投影面积之和；

A——各楼层建筑平面总面积。

4.0.5 预制装配式楼板、屋面板的水平投影面积可包括：

1　预制装配式叠合楼板、屋面板的水平投影面积；

2　预制构件间宽度不大于300mm的后浇混凝土带水平投影面积；

3　金属楼承板和屋面板、木楼盖和屋盖及其他在施工现场免支模的楼盖和屋盖的水平投影面积。

4.0.6 非承重围护墙中非砌筑墙体的应用比例应按下式计算：

$$q_{2a} = \frac{A_{2a}}{A_{w1}} \times 100\% \qquad (4.0.6)$$

式中：q_{2a}——非承重围护墙中非砌筑墙体的应用比例；

A_{2a}——各楼层非承重围护墙中非砌筑墙体的外表面积之和，计算时可不扣除门、窗及预留洞口等的面积；

A_{w1}——各楼层非承重围护墙外表面总面积，计算时可不扣除门、窗及预留洞口等的面积。

4.0.7 围护墙采用墙体、保温、隔热、装饰一体化的应用比例应按下式计算：

$$q_{2b} = \frac{A_{2b}}{A_{w2}} \times 100\% \qquad (4.0.7)$$

式中：q_{2b}——围护墙采用墙体、保温、隔热、装饰一体化的应用比例；

A_{2b}——各楼层围护墙采用墙体、保温、隔热、装饰一体化的墙面外表面积之和，计算时可不扣除门、窗及预留洞口等的面积；

A_{w2}——各楼层围护墙外表面总面积，计算时可不扣除门、窗及预留洞口等的面积。

4.0.8 内隔墙中非砌筑墙体的应用比例应按下式计算：

$$q_{2c} = \frac{A_{2c}}{A_{w3}} \times 100\% \qquad (4.0.8)$$

式中：q_{2c}——内隔墙中非砌筑墙体的应用比例；

A_{2c}——各楼层内隔墙中非砌筑墙体的墙面面积之和，计算时可不扣除门、窗及预留洞口等的面积；

A_{w3}——各楼层内隔墙墙面总面积，计算时可不扣除门、窗及预留洞口等的面积。

4.0.9 内隔墙采用墙体、管线、装修一体化的应用比例应按下式计算：

$$q_{2d} = \frac{A_{2d}}{A_{w3}} \times 100\% \qquad (4.0.9)$$

式中：q_{2d}——内隔墙采用墙体、管线、装修一体化的应用比例；

A_{2d}——各楼层内隔墙采用墙体、管线、装修一体化的墙面面积之和，计算时可不扣除门、窗及预留洞口等的面积。

4.0.10 干式工法楼面、地面的应用比例应按下式计算：

$$q_{3a} = \frac{A_{3a}}{A} \times 100\% \qquad (4.0.10)$$

式中：q_{3a}——干式工法楼面、地面的应用比例；

A_{3a}——各楼层采用干式工法楼面、地面的水平投影面积之和。

4.0.11 集成厨房的橱柜和厨房设备等应全部安装到位，墙面、顶面和地面中干式工法的应用比例应按下式计算：

$$q_{3b} = \frac{A_{3b}}{A_k} \times 100\% \qquad (4.0.11)$$

式中：q_{3b}——集成厨房干式工法的应用比例；

A_{3b}——各楼层厨房墙面、顶面和地面采用干式工法的面积之和；

A_k——各楼层厨房的墙面、顶面和地面的总面积。

4.0.12 集成卫生间的洁具设备等应全部安装到位，

墙面、顶面和地面中干式工法的应用比例应按下式计算：

$$q_{3c} = \frac{A_{3c}}{A_b} \times 100\% \qquad (4.0.12)$$

式中：q_{3c}——集成卫生间干式工法的应用比例；

A_{3c}——各楼层卫生间墙面、顶面和地面采用干式工法的面积之和；

A_b——各楼层卫生间墙面、顶面和地面的总面积。

4.0.13 管线分离比例应按下式计算：

$$q_{3d} = \frac{L_{3d}}{L} \times 100\% \qquad (4.0.13)$$

式中：q_{3d}——管线分离比例；

L_{3d}——各楼层管线分离的长度，包括裸露于室内空间以及敷设在地面架空层、非承重墙体空腔和吊顶内的电气、给水排水和采暖管线长度之和；

L——各楼层电气、给水排水和采暖管线的总长度。

5 评价等级划分

5.0.1 当评价项目满足本标准第 3.0.3 条规定，且主体结构竖向构件中预制部品部件的应用比例不低于 35%时，可进行装配式建筑等级评价。

5.0.2 装配式建筑评价等级应划分为 A 级、AA 级、AAA 级，并应符合下列规定：

1 装配率为 60%～75%时，评价为 A 级装配式建筑；

2 装配率为 76%～90%时，评价为 AA 级装配式建筑；

3 装配率为 91%及以上时，评价为 AAA 级装配式建筑。

本标准用词说明

1 为便于在执行本标准条文时区别对待，对要求严格程度不同的用词说明如下：

　　1）表示很严格，非这样做不可的：

　　　　正面词采用"必须"，反面词采用"严禁"；

　　2）表示严格，在正常情况下均应这样做的：

　　　　正面词采用"应"，反面词采用"不应"或"不得"；

　　3）表示允许稍有选择，在条件许可时首先应这样做的：

　　　　正面词采用"宜"，反面词采用"不宜"；

　　4）表示有选择，在一定条件下可以这样做的，采用"可"。

2 条文中指明应按其他有关标准执行的写法为："应符合……的规定"或"应按……执行"。

中华人民共和国国家标准

装配式建筑评价标准

GB/T 51129—2017

条 文 说 明

编 制 说 明

《装配式建筑评价标准》GB/T 51129-2017 经住房和城乡建设部于 2017 年 12 月 12 日以第 1773 号公告批准、发布。

本标准编制过程中，编制组针对装配式建筑的评价开展了广泛的调研与技术交流，总结了近年来的工程实践经验；同时参考了国内外相关技术标准，开展了试评价工作，并在广泛征求意见的基础上，对主要技术内容进行了反复讨论和修改，最终完成了本标准的编制。

为便于广大设计、施工、科研、学校等单位有关人员在使用本标准时能正确理解和执行条文规定，《装配式建筑评价标准》编制组按章、节、条顺序编制了本标准的条文说明，对条文规定的目的、依据以及执行中需要注意的事项进行了说明。但是，本条文说明不具备与标准正文同等的法律效力，仅供使用者作为理解和把握标准规定的参考。

目　　次

1 总　则

1.0.1　《中共中央国务院关于进一步加强城市规划建设管理工作的若干意见》、《国务院办公厅关于大力发展装配式建筑的指导意见》明确提出发展装配式建筑，装配式建筑进入快速发展阶段。为推进装配式建筑健康发展，亟须构建一套适合我国国情的装配式建筑评价体系，对其实施科学、统一、规范的评价。

按照"立足当前实际，面向未来发展，简化评价操作"的原则，本标准主要从建筑系统及建筑的基本性能、使用功能等方面提出装配式建筑评价方法和指标体系。评价内容和方法的制定结合了目前工程建设整体发展水平，并兼顾了远期发展目标。设定的评价指标具有科学性、先进性、系统性、导向性和可操作性。

本标准体现了现阶段装配式建筑发展的重点推进方向：①主体结构由预制部品部件的应用向建筑各系统集成转变；②装饰装修与主体结构的一体化发展，推广全装修，鼓励装配化装修方式；③部品部件的标准化应用和产品集成。

1.0.2　本标准适用于采用装配方式建造的民用建筑评价，包括居住建筑和公共建筑。当前我国的装配式建筑发展以居住建筑为重点，但考虑到公共建筑建设总量较大，标准化程度较高，适宜装配式建造，因此本标准的评价适用于全部民用建筑。

同时，对于一些与民用建筑相似的单层和多层厂房等工业建筑，如精密加工厂房、洁净车间等，当符合本标准的评价原则时，可参照执行。

1.0.4　符合国家法律法规和有关标准是装配式建筑评价的前提条件。本标准主要针对装配式建筑的装配化程度和水平进行评价，涉及规划、设计、质量、安全等方面的内容还应符合我国现行有关工程建设标准的规定。

2 术　语

2.0.1　装配式建筑是一个系统工程，是将预制部品部件通过系统集成的方法在工地装配，实现建筑主体结构构件预制，非承重围护墙和内隔墙非砌筑并全装修的建筑。装配式建筑包括装配式混凝土建筑、装配式钢结构建筑、装配式木结构建筑及装配式混合结构建筑等。

2.0.4　集成厨房多指居住建筑中的厨房，本条强调了厨房的"集成性"和"功能性"。集成厨房是装配式建筑装饰装修的重要组成部分，其设计应按照标准化、系列化原则，并符合干式工法施工的要求，在制作和加工阶段实现装配化。

当评价项目各楼层厨房中的橱柜、厨房设备等全

部安装到位，且墙面、顶面和地面采用干式工法的应用比例大于70％时，应认定为采用了集成厨房；当比例大于90％时，可认定为集成式厨房。

2.0.5　集成卫生间充分考虑了卫生间空间的多样组合或分隔，包括多器具的集成卫生间产品和仅有洗面、洗浴或便溺等单一功能模块的集成卫生间产品。集成卫生间是装配式建筑装饰装修的重要组成部分，其设计应按照标准化、系列化原则，并符合干式工法施工的要求，在制作和加工阶段实现装配化。

当评价项目各楼层卫生间中的洁具设备等全部安装到位，且墙面、顶面和地面采用干式工法的应用比例大于70％时，应认定为采用了集成卫生间；当比例大于90％时，可认定为集成式卫生间。

3 基本规定

3.0.1　以单体建筑作为装配率计算和装配式建筑等级评价的单元，主要基于单体建筑可构成整个建筑活动的工作单元和产品，并能全面、系统地反映装配式建筑的特点，具有较好的可操作性。

3.0.2　为保证装配式建筑评价质量和效果，切实发挥评价工作的指导作用，装配式建筑评价分为项目评价和预评价。

为促使装配式建筑设计理念尽早融入项目实施过程中，项目宜在设计阶段进行预评价。如果预评价结果不满足装配式建筑评价的相关要求，项目可结合预评价过程中发现的不足，通过调整或优化设计方案使其满足要求。

项目评价应在竣工验收后，按照竣工资料和相关证明文件进行项目评价。项目评价是装配式建筑评价的最终结果，评价内容包括计算评价项目的装配率和确定评价等级。

3.0.3　本条是评价项目可以评价为装配式建筑的基本条件。符合本条要求的评价项目，可以认定为装配式建筑，但是否可以评价为 A 级、AA 级、AAA 级装配式建筑，尚应符合本标准第 5 章的规定。

3.0.4　装配化装修是装配式建筑的倡导方向。装配化装修是将工厂生产的部品部件在现场进行组合安装的装修方式，主要包括干式工法楼（地）面、集成厨房、集成卫生间、管线分离等方面的内容。

4 装配率计算

4.0.1　评价项目的装配率应按照本条的规定进行计算，计算结果应按照四舍五入法取整数。若计算过程中，评价项目缺少表 4.0.1 中对应的某建筑功能评价项（例如，公共建筑中没有设置厨房），则该评价项分值记入装配率计算公式的 Q_1 中。

表 4.0.1 中部分评价项目在评价要求部分只列出

了比例范围的区间。在工程评价过程中，如果实际计算的评价比例小于比例范围中的最小值，则评价分值取 0 分；如果实际计算的评价比例大于比例范围中的最大值，则评价分值取比例范围中最大值对应的评价分值。例如：当楼（屋）盖构件中预制部品部件的应用比例小于 70% 时，该项评价分值为 0 分；当应用比例大于 80% 时，该项评价分值为 20 分。

按照本条的规定，装配式钢结构建筑、装配式木结构建筑主体结构竖向构件评价项得分可为 30 分。

4.0.2 装配整体式框架-现浇混凝土剪力墙或核心筒结构可采用本标准进行评价，V_{1a} 的取值应包括所有预制框架柱体积和满足本标准第 4.0.3 条规定的可计入计算的后浇混凝土体积；V 的取值应包括框架柱、剪力墙或核心筒全部混凝土体积。

4.0.5 本条规定了可认定为装配式楼板、屋面板的主要情况，其中第 1、2 款的规定主要是便于简化计算。金属楼承板包括压型钢板、钢筋桁架楼承板等在施工现场免支模的楼（屋）盖体系，是钢结构建筑中最常用的楼板类型。

4.0.6 新型建筑围护墙体的应用对提高建筑质量和品质、建造模式的改变等都具有重要意义，积极引导

和逐步推广新型建筑围护墙体也是装配式建筑的重点工作。非砌筑是新型建筑围护墙体的共同特征之一，非砌筑类型墙体包括各种中大型板材、幕墙、木骨架或轻钢骨架复合墙体等，应满足工厂生产、现场安装、以"干法"施工为主的要求。

4.0.7 围护墙采用墙体、保温、隔热、装饰一体化强调的是"集成性"，通过集成，满足结构、保温、隔热、装饰要求。同时还强调了从设计阶段需进行一体化集成设计，实现多功能一体的"围护墙系统"。

4.0.9 内隔墙采用墙体、管线、装修一体化强调的是"集成性"。内隔墙从设计阶段就需进行一体化集成设计，在管线综合设计的基础上，实现墙体与管线的集成以及土建与装修的一体化，从而形成"内隔墙系统"。

4.0.13 考虑到工程实际需要，纳入管线分离比例计算的管线专业包括电气（强电、弱电、通信等）、给水排水和采暖等专业。

对于裸露于室内空间以及敷设在地面架空层、非承重墙体空腔和吊顶内的管线应认定为管线分离；而对于埋置在结构构件内部（不含横穿）或敷设在湿作业地面垫层内的管线应认定为管线未分离。

中华人民共和国国家标准

装配式混凝土建筑技术标准

Technical standard for assembled buildings
with concrete structure

GB/T 51231—2016

主编部门：中华人民共和国住房和城乡建设部
批准部门：中华人民共和国住房和城乡建设部
施行日期：2 0 1 7 年 6 月 1 日

中华人民共和国住房和城乡建设部
公　告

第 1419 号

住房城乡建设部关于发布国家标准
《装配式混凝土建筑技术标准》的公告

现批准《装配式混凝土建筑技术标准》为国家标准，编号为 GB/T 51231－2016，自 2017 年 6 月 1 日起实施。

本标准由我部标准定额研究所组织中国建筑工业出版社出版发行。

中华人民共和国住房和城乡建设部

2017 年 1 月 10 日

前　　言

根据《住房城乡建设部办公厅关于开展装配式混凝土结构建筑技术规范等 3 项标准规范编制工作的函》（建办标函〔2016〕909 号）要求，标准编制组经广泛调查研究，认真总结实践经验，参考有关国际标准和国外先进标准，并在广泛征求意见的基础上，编制了本标准。

本标准的主要技术内容是：1. 总则；2. 术语和符号；3. 基本规定；4. 建筑集成设计；5. 结构系统设计；6. 外围护系统设计；7. 设备与管线系统设计；8. 内装系统设计；9. 生产运输；10. 施工安装；11. 质量验收。

本标准由住房和城乡建设部负责管理，由中国建筑标准设计研究院有限公司负责具体技术内容的解释。执行过程中如有意见或建议，请寄送：中国建筑标准设计研究院有限公司（地址：北京市海淀区首体南路 9 号主语国际 2 号楼，邮政编码：100048，邮箱：pccode2016@163.com）。

本 标 准 主 编 单 位：中国建筑标准设计研究院有限公司

本 标 准 参 编 单 位：中国建筑科学研究院
　　　　　　　　住房和城乡建设部标准定额研究所
　　　　　　　　中建科技集团有限公司
　　　　　　　　同济大学
　　　　　　　　北京预制建筑工程研究院有限公司
　　　　　　　　东南大学
　　　　　　　　北京市建筑设计研究院有限公司
　　　　　　　　中国建筑设计院有限公司
　　　　　　　　北京市燕通建筑构件有限公司
　　　　　　　　重庆市设计院
　　　　　　　　中国中建设计集团有限公司
　　　　　　　　华东建筑设计研究院有限公司
　　　　　　　　安徽海龙建筑工业有限公司
　　　　　　　　福建省建筑设计研究院
　　　　　　　　清华大学
　　　　　　　　湖南大学
　　　　　　　　广东省建筑科学研究院集团股份有限公司
　　　　　　　　华阳国际设计集团
　　　　　　　　北京市建筑工程研究院有限责任公司
　　　　　　　　四川省建筑科学研究院
　　　　　　　　安徽省建筑设计研究院有限责任公司
　　　　　　　　武汉理工大学
　　　　　　　　西安建筑科技大学
　　　　　　　　沈阳建筑大学
　　　　　　　　安徽建筑大学
　　　　　　　　中建一局集团建设发展有限公司
　　　　　　　　中国建筑第八工程局有限公司

宝业集团股份有限公司
中国建筑股份有限公司
上海建工集团股份有限公司
中国建筑西北设计研究院有限公司
南京长江都市建筑设计股份有限公司
上海市建筑科学研究院（集团）有限公司
上海市建筑建材业市场管理总站
山东省建筑科学研究院
江苏中南建筑产业集团有限责任公司
北京和能人居科技有限公司
湖南省建筑设计院
万科企业股份有限公司
中建三局集团有限公司
吉林建筑大学
河北建筑设计研究院有限责任公司
北京市住房和城乡建设科技促进中心
中国二十二冶集团有限公司
重庆市建设工程质量监督总站
河南省建筑工程质量监督总站
山西八建集团有限公司
陕西建工集团总公司
浙江工业大学工程设计集团有限公司
浙江兆弟控股有限公司
中国建筑第七工程局有限公司
河北工程建设监理有限公司
长沙远大住宅工业集团股份有限公司
北京榆构有限公司
北京市保障性住房建设投资中心
云南省建设投资控股集团有限公司

本标准主要起草人员：刘东卫　郁银泉
（以下按姓氏笔画排序）

卜凡杰　马洪　马涛
马荣全　王岩　王蕴
王赞　王开飞　王宏业
王晓锋　邓烜　邓小华
卢旦　叶浩文　田炜
田春雨　白树杨　冯健
冯海悦　师前进　朱茜
朱兆晴　伍止超　伍孝波
任彧　任禄　刘昊
刘晗　刘霄　刘西宝
刘治国　刘建飞　刘树茂
刘晓星　刘海成　江嵩
许清风　孙海龙　杜志杰
李宁　李浩　李凤武
李文峰　李立晓　李战赠
李晓明　李晓峰　李晨光
杨勇　杨思忠　肖明
吴江　吴洁　何晓微
谷军　谷倩　沈小璞
张剑　张瑶　张瀑
张宗军　张建斌　张贵祥
陈长林　苗启松　易伟建
周冲　周兆弟　周祥茵
单玉川　孟凡林　赵勇
赵钿　赵中宇　赵晓龙
郝伟　胡翔　姚涛
贾璐　钱承浩　钱稼茹
徐其功　高志强　郭宁
郭正兴　郭海山　黄小坤
黄凌洁　崔士起　崔晓强
康敏　梁琳　彭玉斌
蒋航军　蒋勤俭　焦安亮
鲁兆红　曾繁娜　楼跃清
樊骅　樊则森　薛伟辰
魏素巍

本标准主要审查人员：赵冠谦　薛峰　娄宇
杨健康　周静敏　朱显泽
王冠军　孙成群　徐玲献
王智超　徐有邻　吕西林
金伟良　傅剑平　周建龙
左江　郑文忠　韩林海
陈红　华建民　葛兴杰
周文连　杨仕超　李爱群
卢求　费毕刚

目　　次

1 总　　则

1.0.1 为规范我国装配式混凝土建筑的建设，按照适用、经济、安全、绿色、美观的要求，全面提高装配式混凝土建筑的环境效益、社会效益和经济效益，制定本标准。

1.0.2 本标准适用于抗震设防烈度为 8 度及 8 度以下地区装配式混凝土建筑的设计、生产运输、施工安装和质量验收。

1.0.3 装配式混凝土建筑应遵循建筑全寿命期的可持续性原则，并应标准化设计、工厂化生产、装配化施工、一体化装修、信息化管理和智能化应用。

1.0.4 装配式混凝土建筑应将结构系统、外围护系统、设备与管线系统、内装系统集成，实现建筑功能完整、性能优良。

1.0.5 装配式混凝土建筑的设计、生产运输、施工安装、质量验收除应执行本标准外，尚应符合国家现行有关标准的规定。

2　术语和符号

2.1　术　　语

2.1.1 装配式建筑　assembled building

结构系统、外围护系统、设备与管线系统、内装系统的主要部分采用预制部品部件集成的建筑。

2.1.2 装配式混凝土建筑　assembled building with concrete structure

建筑的结构系统由混凝土部件（预制构件）构成的装配式建筑。

2.1.3 建筑系统集成　integration of building systems

以装配化建造方式为基础，统筹策划、设计、生产和施工等，实现建筑结构系统、外围护系统、设备与管线系统、内装系统一体化的过程。

2.1.4 集成设计　integrated design

建筑结构系统、外围护系统、设备与管线系统、内装系统一体化的设计。

2.1.5 协同设计　collaborative design

装配式建筑设计中通过建筑、结构、设备、装修等专业相互配合，并运用信息化技术手段满足建筑设计、生产运输、施工安装等要求的一体化设计。

2.1.6 结构系统　structure system

由结构构件通过可靠的连接方式装配而成，以承受或传递荷载作用的整体。

2.1.7 外围护系统　envelope system

由建筑外墙、屋面、外门窗及其他部品部件等组合而成，用于分隔建筑室内外环境的部品部件的整体。

2.1.8 设备与管线系统　facility and pipeline system

由给水排水、供暖通风空调、电气和智能化、燃气等设备与管线组合而成，满足建筑使用功能的整体。

2.1.9 内装系统　interior decoration system

由楼地面、墙面、轻质隔墙、吊顶、内门窗、厨房和卫生间等组合而成，满足建筑空间使用要求的整体。

2.1.10 部件　component

在工厂或现场预先生产制作完成，构成建筑结构系统的结构构件及其他构件的统称。

2.1.11 部品　part

由工厂生产，构成外围护系统、设备与管线系统、内装系统的建筑单一产品或复合产品组装而成的功能单元的统称。

2.1.12 全装修　decorated

所有功能空间的固定面装修和设备设施全部安装完成，达到建筑使用功能和建筑性能的状态。

2.1.13 装配式装修　assembled decoration

采用干式工法，将工厂生产的内装部品在现场进行组合安装的装修方式。

2.1.14 干式工法　non-wet construction

采用干作业施工的建造方法。

2.1.15 模块　module

建筑中相对独立，具有特定功能，能够通用互换的单元。

2.1.16 标准化接口　standardized interface

具有统一的尺寸规格与参数，并满足公差配合及模数协调的接口。

2.1.17 集成式厨房　integrated kitchen

由工厂生产的楼地面、吊顶、墙面、橱柜和厨房设备及管线等集成并主要采用干式工法装配而成的厨房。

2.1.18 集成式卫生间　integrated bathroom

由工厂生产的楼地面、墙面（板）、吊顶和洁具设备及管线等集成并主要采用干式工法装配而成的卫生间。

2.1.19 整体收纳　system cabinet

由工厂生产、现场装配、满足储藏需求的模块化部品。

2.1.20 装配式隔墙、吊顶和楼地面　assembled partition wall, ceiling and floor

由工厂生产的，具有隔声、防火、防潮等性能，且满足空间功能和美学要求的部品集成，并主要采用干式工法装配而成的隔墙、吊顶和楼地面。

2.1.21 管线分离　pipe & wire detached from structure system

将设备与管线设置在结构系统之外的方式。

2.1.22 同层排水　same-floor drainage

在建筑排水系统中，器具排水管及排水支管不穿越本层结构楼板到下层空间、与卫生器具同层敷设并接入排水立管的排水方式。

2.1.23 预制混凝土构件 precast concrete component

在工厂或现场预先生产制作的混凝土构件，简称预制构件。

2.1.24 装配式混凝土结构 precast concrete structure

由预制混凝土构件通过可靠的连接方式装配而成的混凝土结构。

2.1.25 装配整体式混凝土结构 monolithic precast concrete structure

由预制混凝土构件通过可靠的连接方式进行连接并与现场后浇混凝土、水泥基灌浆料形成整体的装配式混凝土结构，简称装配整体式结构。

2.1.26 多层装配式墙板结构 multi-story precast concrete wall panel structure

全部或部分墙体采用预制墙板构建成的多层装配式混凝土结构。

2.1.27 混凝土叠合受弯构件 concrete composite flexural component

预制混凝土梁、板顶部在现场后浇混凝土而形成的整体受弯构件，简称叠合梁、叠合板。

2.1.28 预制外挂墙板 precast concrete facade panel

安装在主体结构上，起围护、装饰作用的非承重预制混凝土外墙板，简称外挂墙板。

2.1.29 钢筋套筒灌浆连接 grout sleeve splicing of rebars

在金属套筒中插入单根带肋钢筋并注入灌浆料拌合物，通过拌合物硬化形成整体并实现传力的钢筋对接连接方式。

2.1.30 钢筋浆锚搭接连接 rebar lapping in grout-filled hole

在预制混凝土构件中预留孔道，在孔道中插入需搭接的钢筋，并灌注水泥基灌浆料而实现的钢筋搭接连接方式。

2.1.31 水平锚环灌浆连接 connection between pre-cast panel by post-cast area and horizontal anchor loop

同一楼层预制墙板拼接处设置后浇段，预制墙板侧边甩出钢筋锚环并在后浇段内相互交叠而实现的预制墙板竖缝连接方式。

2.2 符 号

2.2.1 材料性能

f_c——混凝土轴心抗压强度设计值；

f_t——混凝土轴心抗拉强度设计值；

f_y、f'_y——普通钢筋抗拉、抗压强度设计值；

f_{yv}——横向钢筋抗拉强度设计值。

2.2.2 作用和作用效应

N——轴向力设计值；

V——剪力设计值；

V_{jd}——持久设计状况和短暂设计状况下接缝剪

力设计值；

V_{jdE}——地震设计状况下接缝剪力设计值；

V_{mua}——被连接构件端部按实配钢筋面积计算的斜截面受剪承载力设计值；

V_u——持久设计状况下接缝受剪承载力设计值；

V_{uE}——地震设计状况下接缝受剪承载力设计值；

q_{Ek}——垂直于外挂墙板平面的分布水平地震作用标准值；

G_k——外挂墙板的重力荷载标准值。

2.2.3 计算系数及其他

α_{max}——水平地震影响系数最大值；

γ_{RE}——承载力抗震调整系数；

γ_0——结构重要性系数；

η_j——接缝受剪承载力增大系数；

ψ_w——风荷载组合系数；

β_E——动力放大系数；

Δu_e——弹性层间位移；

$[\theta_e]$——弹性层间位移角限值；

Δu_p——弹塑性层间位移；

$[\theta_p]$——弹塑性层间位移角限值；

ϕ——表示钢筋直径的符号，$\phi20$ 表示直径为 20mm 的钢筋。

3 基 本 规 定

3.0.1 装配式混凝土建筑应采用系统集成的方法统筹设计、生产运输、施工安装，实现全过程的协同。

3.0.2 装配式混凝土建筑设计应按照通用化、模数化、标准化的要求，以少规格、多组合的原则，实现建筑及部品部件的系列化和多样化。

3.0.3 部品部件的工厂化生产应建立完善的生产质量管理体系，设置产品标识，提高生产精度，保障产品质量。

3.0.4 装配式混凝土建筑应综合协调建筑、结构、设备和内装等专业，制定相互协同的施工组织方案，并应采用装配式施工，保证工程质量，提高劳动效率。

3.0.5 装配式混凝土建筑应实现全装修，内装系统应与结构系统、外围护系统、设备与管线系统一体化设计建造。

3.0.6 装配式混凝土建筑宜采用建筑信息模型（BIM）技术，实现全专业、全过程的信息化管理。

3.0.7 装配式混凝土建筑宜采用智能化技术，提升建筑使用的安全、便利、舒适和环保等性能。

3.0.8 装配式混凝土建筑应进行技术策划，对技术选型、技术经济可行性和可建造性进行评估，并应科学合理地确定建造目标与技术实施方案。

3.0.9 装配式混凝土建筑应满足适用性能、环境性能、经济性能、安全性能、耐久性能等要求，并应采用绿色建材和性能优良的部品部件。

4 建筑集成设计

4.1 一般规定

4.1.1 装配式混凝土建筑应模数协调,采用模块组合的标准化设计,将结构系统、外围护系统、设备与管线系统和内装系统进行集成。

4.1.2 装配式混凝土建筑应按照集成设计原则,将建筑、结构、给水排水、暖通空调、电气、智能化和燃气等专业之间进行协同设计。

4.1.3 装配式混凝土建筑设计宜建立信息化协同平台,采用标准化的功能模块、部品部件等信息库,统一编码、统一规则,全专业共享数据信息,实现建设全过程的管理和控制。

4.1.4 装配式混凝土建筑应满足建筑全寿命期的使用维护要求,宜采用管线分离的方式。

4.1.5 装配式混凝土建筑应满足国家现行标准有关防火、防水、保温、隔热及隔声等要求。

4.2 模数协调

4.2.1 装配式混凝土建筑设计应符合现行国家标准《建筑模数协调标准》GB/T 50002 的有关规定。

4.2.2 装配式混凝土建筑的开间与柱距、进深与跨度、门窗洞口宽度等宜采用水平扩大模数数列 $2nM$、$3nM$(n 为自然数)。

4.2.3 装配式混凝土建筑的层高和门窗洞口高度等宜采用竖向扩大模数数列 nM。

4.2.4 梁、柱、墙等部件的截面尺寸宜采用竖向扩大模数数列 nM。

4.2.5 构造节点和部件的接口尺寸宜采用分模数数列 $nM/2$、$nM/5$、$nM/10$。

4.2.6 装配式混凝土建筑的开间、进深、层高、洞口等优先尺寸应根据建筑类型、使用功能、部品部件生产与装配要求等确定。

4.2.7 装配式混凝土建筑的定位宜采用中心定位法与界面定位法相结合的方法。对于部件的水平定位宜采用中心定位法,部件的竖向定位和部品的定位宜采用界面定位法。

4.2.8 部品部件尺寸及安装位置的公差协调应根据生产装配要求、主体结构层间变形、密封材料变形能力、材料干缩、温差变形、施工误差等确定。

4.3 标准化设计

4.3.1 装配式混凝土建筑应采用模块及模块组合的设计方法,遵循少规格、多组合的原则。

4.3.2 公共建筑应采用楼电梯、公共卫生间、公共管井、基本单元等模块进行组合设计。

4.3.3 住宅建筑应采用楼电梯、公共管井、集成式厨房、集成式卫生间等模块进行组合设计。

4.3.4 装配式混凝土建筑的部品部件应采用标准化接口。

4.3.5 装配式混凝土建筑平面设计应符合下列规定:

    1 应采用大开间大进深、空间灵活可变的布置方式;

    2 平面布置应规则,承重构件布置应上下对齐贯通,外墙洞口宜规整有序;

    3 设备与管线宜集中设置,并应进行管线综合设计。

4.3.6 装配式混凝土建筑立面设计应符合下列规定:

    1 外墙、阳台板、空调板、外窗、遮阳设施及装饰等部品部件宜进行标准化设计;

    2 装配式混凝土建筑宜通过建筑体量、材质肌理、色彩等变化,形成丰富多样的立面效果;

    3 预制混凝土外墙的装饰面层宜采用清水混凝土、装饰混凝土、免抹灰涂料和反打面砖等耐久性强的建筑材料。

4.3.7 装配式混凝土建筑应根据建筑功能、主体结构、设备管线及装修等要求,确定合理的层高及净高尺寸。

4.4 集成设计

4.4.1 装配式混凝土建筑的结构系统、外围护系统、设备与管线系统和内装系统均应进行集成设计,提高集成度、施工精度和效率。

4.4.2 各系统设计应统筹考虑材料性能、加工工艺、运输限制、吊装能力等要求。

4.4.3 结构系统的集成设计应符合下列规定:

    1 宜采用功能复合度高的部件进行集成设计,优化部件规格;

    2 应满足部件加工、运输、堆放、安装的尺寸和重量要求。

4.4.4 外围护系统的集成设计应符合下列规定:

    1 应对外墙板、幕墙、外门窗、阳台板、空调板及遮阳部件等进行集成设计;

    2 应采用提高建筑性能的构造连接措施;

    3 宜采用单元式装配外墙系统。

4.4.5 设备与管线系统的集成设计应符合下列规定:

    1 给水排水、暖通空调、电气智能化、燃气等设备与管线应综合设计;

    2 宜选用模块化产品,接口应标准化,并应预留扩展条件。

4.4.6 内装系统的集成设计应符合下列规定:

    1 内装设计应与建筑设计、设备与管线设计同步进行;

    2 宜采用装配式楼地面、墙面、吊顶等部品系统;

3 住宅建筑宜采用集成式厨房、集成式卫生间及整体收纳等部品系统。

4.4.7 接口及构造设计应符合下列规定：

1 结构系统部件、内装部品部件和设备管线之间的连接方式应满足安全性和耐久性要求；

2 结构系统与外围护系统宜采用干式工法连接，其接缝宽度应满足结构变形和温度变形的要求；

3 部品部件的构造连接应安全可靠，接口及构造设计应满足施工安装与使用维护的要求；

4 应确定适宜的制作公差和安装公差设计值；

5 设备管线接口应避开预制构件受力较大部位和节点连接区域。

5 结构系统设计

5.1 一般规定

5.1.1 装配式混凝土结构设计，本章未作规定的，应按现行行业标准《装配式混凝土结构技术规程》JGJ 1 的有关规定执行。

5.1.2 装配整体式框架结构、装配整体式剪力墙结构、装配整体式框架-现浇剪力墙结构、装配整体式框架-现浇核心筒结构、装配整体式部分框支剪力墙结构的房屋最大适用高度应满足表 5.1.2 的要求，并应符合下列规定：

1 当结构中竖向构件全部为现浇且楼盖采用叠合梁板时，房屋的最大适用高度可按现行行业标准《高层建筑混凝土结构技术规程》JGJ 3 中的规定采用。

2 装配整体式剪力墙结构和装配整体式部分框支剪力墙结构，在规定的水平力作用下，当预制剪力墙构件底部承担的总剪力大于该层总剪力的50％时，其最大适用高度应适当降低；当预制剪力墙构件底部承担的总剪力大于该层总剪力的80％时，最大适用高度应取表 5.1.2 中括号内的数值。

3 装配整体式剪力墙结构和装配整体式部分框支剪力墙结构，当剪力墙边缘构件竖向钢筋采用浆锚搭接连接时，房屋最大适用高度应比表中数值降低10m。

4 超过表内高度的房屋，应进行专门研究和论证，采取有效的加强措施。

表 5.1.2 装配整体式混凝土结构房屋的最大适用高度（m）

结构类型	抗震设防烈度			
	6 度	7 度	8 度 (0.20g)	8 度 (0.30g)
装配整体式框架结构	60	50	40	30

续表 5.1.2

结构类型	抗震设防烈度			
	6 度	7 度	8 度 (0.20g)	8 度 (0.30g)
装配整体式框架-现浇剪力墙结构	130	120	100	80
装配整体式框架-现浇核心筒结构	150	130	100	90
装配整体式剪力墙结构	130 (120)	110 (100)	90 (80)	70 (60)
装配整体式部分框支剪力墙结构	110 (100)	90 (80)	70 (60)	40 (30)

注：1 房屋高度指室外地面到主要屋面的高度，不包括局部突出屋顶的部分；

2 部分框支剪力墙结构指地面以上有部分框支剪力墙的剪力墙结构，不包括仅个别框支墙的情况。

5.1.3 高层装配整体式混凝土结构的高宽比不宜超过表 5.1.3 的数值。

表 5.1.3 高层装配整体式混凝土结构适用的最大高宽比

结构类型	抗震设防烈度	
	6 度、7 度	8 度
装配整体式框架结构	4	3
装配整体式框架-现浇剪力墙结构	6	5
装配整体式剪力墙结构	6	5
装配整体式框架-现浇核心筒结构	7	6

5.1.4 装配整体式混凝土结构构件的抗震设计，应根据设防类别、烈度、结构类型和房屋高度采用不同的抗震等级，并应符合相应的计算和构造措施要求。丙类装配整体式混凝土结构的抗震等级应按表 5.1.4 确定。其他抗震设防分类别和特殊场地类别下的建筑应符合国家现行标准《建筑抗震设计规范》GB 50011、《装配式混凝土结构技术规程》JGJ 1、《高层建筑混凝土结构技术规程》JGJ 3 中对抗震措施进行调整的规定。

表 5.1.4 丙类建筑装配整体式混凝土结构的抗震等级

结构类型		抗震设防烈度					
		6 度		7 度		8 度	
		≤24	>24	≤24	>24	≤24	>24
装配整体式框架结构	框架	四	三	三	二	二	一
	大跨度框架	三		二		一	

结构类型		抗震设防烈度							
		6度		7度			8度		
装配整体式框架-现浇剪力墙结构	高度（m）	≤60	>60	≤24	>24且≤60	>60	≤24	>24且≤60	>60
	框架	四	三	四	三	二	三	二	一
	剪力墙	三	三	三	三	二	二	二	一
装配整体式框架-现浇核心筒结构	框架	三		二			一		
	核心筒	二		二			一		
装配整体式剪力墙结构	高度（m）	≤70	>70	≤24	>24且≤70	>70	≤24	>24且≤70	>70
	剪力墙	四	三	四	三	二	三	二	一
装配整体式部分框支剪力墙结构	高度	≤70	>70	≤24	>24且≤70	>70	≤24	>24且≤70	>70
	现浇框支框架	二	二	二	二	一	一	一	
	底部加强部位剪力墙	三	二	三	二	一	二	一	
	其他区域剪力墙	四	三	四	三	二	三	二	

注：1 大跨度框架指跨度不小于 18m 的框架；
　　2 高度不超过 60m 的装配整体式框架-现浇核心筒结构按装配整体式框架-现浇剪力墙结构的要求设计时，应按表中装配整体式框架-现浇剪力墙结构的规定确定其抗震等级。

5.1.5 高层装配整体式混凝土结构，当其房屋高度、规则性等不符合本标准的规定或者抗震设防标准有特殊要求时，可按国家现行标准《建筑抗震设计规范》GB 50011 和《高层建筑混凝土结构技术规程》JGJ 3 的有关规定进行结构抗震性能化设计。当采用本标准未规定的结构类型时，可采用试验方法对结构整体或者局部构件的承载能力极限状态和正常使用极限状态进行复核，并应进行专项论证。

5.1.6 装配式混凝土结构应采取措施保证结构的整体性。安全等级为一级的高层装配式混凝土结构尚应按现行行业标准《高层建筑混凝土结构技术规程》JGJ 3 的有关规定进行抗连续倒塌概念设计。

5.1.7 高层建筑装配整体式混凝土结构应符合下列规定：

1 当设置地下室时，宜采用现浇混凝土；

2 剪力墙结构和部分框支剪力墙结构底部加强部位宜采用现浇混凝土；

3 框架结构的首层柱宜采用现浇混凝土；

4 当底部加强部位的剪力墙、框架结构的首层柱采用预制混凝土时，应采取可靠技术措施。

5.2 结构材料

5.2.1 混凝土、钢筋、钢材和连接材料的性能要求应符合国家现行标准《混凝土结构设计规范》GB 50010、《钢结构设计规范》GB 50017 和《装配式混凝土结构技术规程》JGJ 1 等的有关规定。

5.2.2 用于钢筋浆锚搭接连接的镀锌金属波纹管应符合现行行业标准《预应力混凝土用金属波纹管》JG 225 的有关规定。镀锌金属波纹管的钢带厚度不宜小于 0.3mm，波纹高度不应小于 2.5mm。

5.2.3 用于钢筋机械连接的挤压套筒，其原材料及实测力学性能应符合现行行业标准《钢筋机械连接用套筒》JG/T 163 的有关规定。

5.2.4 用于水平钢筋锚环灌浆连接的水泥基灌浆材料应符合现行国家标准《水泥基灌浆材料应用技术规范》GB/T 50448 的有关规定。

5.3 结构分析和变形验算

5.3.1 装配式混凝土结构弹性分析时，节点和接缝的模拟应符合下列规定：

1 当预制构件之间采用后浇带连接且接缝构造及承载力满足本标准中的相应要求时，可按现浇混凝土结构进行模拟；

2 对于本标准中未包含的连接节点及接缝形式，应按照实际情况模拟。

5.3.2 进行抗震性能化设计时，结构在设防烈度地震及罕遇地震作用下的内力及变形分析，可根据结构受力状态采用弹性分析方法或弹塑性分析方法。弹塑性分析时，宜根据节点和接缝在受力全过程中的特性进行节点和接缝的模拟。材料的非线性行为可根据现行国家标准《混凝土结构设计规范》GB 50010 确定，节点和接缝的非线性行为可根据试验研究确定。

5.3.3 内力和变形计算时，应计入填充墙对结构刚度的影响。当采用轻质墙板填充墙时，可采用周期折减的方法考虑其对结构刚度的影响；对于框架结构，周期折减系数可取 0.7～0.9；对于剪力墙结构，周期折减系数可取 0.8～1.0。

5.3.4 在风荷载或多遇地震作用下，结构楼层内最大的弹性层间位移应符合下式规定：

$$\Delta u_e \leqslant [\theta_e]h \qquad (5.3.4)$$

式中：Δu_e ——楼层内最大弹性层间位移；

　　　$[\theta_e]$ ——弹性层间位移角限值，应按表 5.3.4 采用；

　　　h ——层高。

表 5.3.4　弹性层间位移角限值

结构类型	$[\theta_e]$
装配整体式框架结构	1/550
装配整体式框架-现浇剪力墙结构、装配整体式框架-现浇核心筒结构	1/800
装配式整体式剪力墙结构、装配整体式部分框支剪力墙结构	1/1000

5.3.5 在罕遇地震作用下，结构薄弱层（部位）弹塑性层间位移应符合下式规定：

$$\Delta u_p \leqslant [\theta_p] h \qquad (5.3.5)$$

式中：Δu_p ——弹塑性层间位移；

 $[\theta_p]$ ——弹塑性层间位移角限值，应按表 5.3.5 采用；

 h ——层高。

表 5.3.5 弹塑性层间位移角限值

结构类别	$[\theta_p]$
装配整体式框架结构	1/50
装配整体式框架-现浇剪力墙结构、装配整体式框架-现浇核心筒结构	1/100
装配式整体式剪力墙结构、装配整体式部分框支剪力墙结构	1/120

5.4 构件与连接设计

5.4.1 预制构件设计应符合下列规定：

1 预制构件的设计应满足标准化的要求，宜采用建筑信息化模型（BIM）技术进行一体化设计，确保预制构件的钢筋与预留洞口、预埋件等相协调，简化预制构件连接节点施工；

2 预制构件的形状、尺寸、重量等应满足制作、运输、安装各环节的要求；

3 预制构件的配筋设计应便于工厂化生产和现场连接。

5.4.2 装配整体式混凝土结构中，接缝的正截面承载力应符合现行国家标准《混凝土结构设计规范》GB 50010 的规定。接缝的受剪承载力应符合下列规定：

1 持久设计状况、短暂设计状况：

$$\gamma_0 V_{jd} \leqslant V_u \qquad (5.4.2-1)$$

2 地震设计状况：

$$V_{jdE} \leqslant V_{uE}/\gamma_{RE} \qquad (5.4.2-2)$$

在梁、柱端部箍筋加密区及剪力墙底部加强部位，尚应符合下式要求：

$$\eta_j V_{mua} \leqslant V_{uE} \qquad (5.4.2-3)$$

式中：γ_0 ——结构重要性系数，安全等级为一级时不应小于 1.1，安全等级为二级时不应小于 1.0；

 V_{jd} ——持久设计状况和短暂设计状况下接缝剪力设计值（N）；

 V_{jdE} ——地震设计状况下接缝剪力设计值（N）；

 V_u ——持久设计状况和短暂设计状况下梁端、柱端、剪力墙底部接缝受剪承载力设计值（N）；

 V_{uE} ——地震设计状况下梁端、柱端、剪力墙底部接缝受剪承载力设计值（N）；

 V_{mua} ——被连接构件端部按实配钢筋面积计算的斜截面受剪承载力设计值（N）；

 γ_{RE} ——接缝受剪承载力抗震调整系数，取 0.85；

 η_j ——接缝受剪承载力增大系数，抗震等级为一、二级取 1.2，抗震等级为三、四级取 1.1。

5.4.3 预制构件的拼接应符合下列规定：

1 预制构件拼接部位的混凝土强度等级不应低于预制构件的混凝土强度等级；

2 预制构件的拼接位置宜设置在受力较小部位；

3 预制构件的拼接应考虑温度作用和混凝土收缩徐变的不利影响，宜适当增加构造配筋。

5.4.4 装配式混凝土结构中，节点及接缝处的纵向钢筋连接宜根据接头受力、施工工艺等要求选用套筒灌浆连接、机械连接、浆锚搭接连接、焊接连接、绑扎搭接连接等连接方式。直径大于 20mm 的钢筋不宜采用浆锚搭接连接，直接承受动力荷载的构件纵向钢筋不应采用浆锚搭接连接。当采用套筒灌浆连接时，应符合现行行业标准《钢筋套筒灌浆连接应用技术规程》JGJ 355 的规定；当采用机械连接时，应符合现行行业标准《钢筋机械连接技术规程》JGJ 107 的规定；当采用焊接连接时，应符合现行行业标准《钢筋焊接及验收规程》JGJ 18 的规定。

5.4.5 纵向钢筋采用挤压套筒连接时应符合下列规定：

1 连接框架柱、框架梁、剪力墙边缘构件纵向钢筋的挤压套筒接头应满足Ⅰ级接头的要求，连接剪力墙竖向分布钢筋、楼板分布钢筋的挤压套筒接头应满足Ⅰ级接头抗拉强度的要求；

2 被连接的预制构件之间应预留后浇段，后浇段的高度或长度应根据挤压套筒接头安装工艺确定，应采取措施保证后浇段的混凝土浇筑密实；

3 预制柱底、预制剪力墙底宜设置支腿，支腿应能承受不小于 2 倍被支承预制构件的自重。

5.5 楼盖设计

5.5.1 装配整体式混凝土结构的楼盖宜采用叠合楼盖，叠合板设计应符合现行国家标准《混凝土结构设计规范》GB 50010 的有关规定。

5.5.2 高层装配整体式混凝土结构中，楼盖应符合下列规定：

1 结构转换层和作为上部结构嵌固部位的楼层宜采用现浇楼盖；

2 屋面层和平面受力复杂的楼层宜采用现浇楼盖，当采用叠合楼盖时，楼板的后浇混凝土叠合层厚度不应小于 100mm，且后浇层内应采用双向通长配筋，钢筋直径不宜小于 8mm，间距不宜大于 200mm。

5.5.3 当桁架钢筋混凝土叠合板的后浇混凝土叠合层厚度不小于 100mm 且不小于预制板厚度的 1.5 倍

时，支承端预制板内纵向受力钢筋可采用间接搭接方式锚入支承梁或墙的后浇混凝土中（图 5.5.3），并应符合下列规定：

1 附加钢筋的面积应通过计算确定，且不应少于受力方向跨中板底钢筋面积的 1/3；

2 附加钢筋直径不宜小于 8mm，间距不宜大于 250mm；

3 当附加钢筋为构造钢筋时，伸入楼板的长度不应小于与板底钢筋的受压搭接长度，伸入支座的长度不应小于 15d（d 为附加钢筋直径）且宜伸过支座中心线；当附加钢筋承受拉力时，伸入楼板的长度不应小于与板底钢筋的受拉搭接长度，伸入支座的长度不应小于受拉钢筋锚固长度；

4 垂直于附加钢筋的方向应布置横向分布钢筋，在搭接范围内不宜少于 3 根，且钢筋直径不宜小于 6mm，间距不宜大于 250mm。

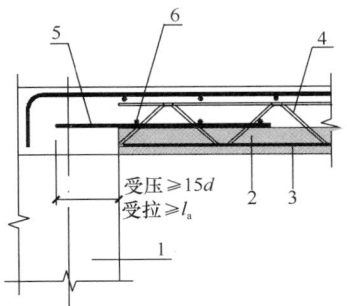

图 5.5.3 桁架钢筋混凝土叠合板板端构造示意
1—支承梁或墙；2—预制板；3—板底钢筋；
4—桁架钢筋；5—附加钢筋；6—横向分布钢筋

5.5.4 双向叠合板板侧的整体式接缝宜设置在叠合板的次要受力方向且宜避开最大弯矩截面。接缝可采用后浇带形式（图 5.5.4），并应符合下列规定：

1 后浇带宽度不宜小于 200mm。

2 后浇带两侧板底纵向受力钢筋可在后浇带中焊接、搭接、弯折锚固、机械连接。

3 当后浇带两侧板底纵向受力钢筋在后浇带中搭接连接时，应符合下列规定。

　1）预制板板底外伸钢筋为直线形（图 5.5.4a）时，钢筋搭接长度应符合现行国家标准《混凝土结构设计规范》GB 50010 的有关规定；

　2）预制板板底外伸钢筋端部为 90°或 135°弯钩（图 5.5.4b、c）时，钢筋搭接长度应符合现行国家标准《混凝土结构设计规范》GB 50010 有关钢筋锚固长度的规定，90°和 135°弯钩钢筋弯后直段长度分别为 12d 和 5d（d 为钢筋直径）。

4 当有可靠依据时，后浇带内的钢筋也可采用其他连接方式。

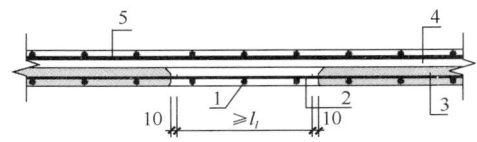

(a) 板底纵筋直线搭接

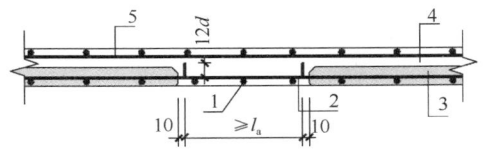

(b) 板底纵筋末端带90°弯钩搭接

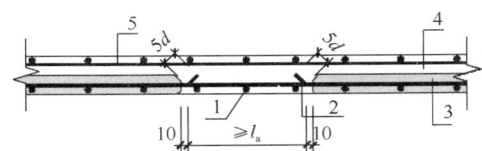

(c) 板底纵筋末端带135°弯钩搭接

图 5.5.4 双向叠合板整体式接缝构造示意
1—通长钢筋；2—纵向受力钢筋；3—预制板；
4—后浇混凝土叠合层；5—后浇层内钢筋

5.5.5 次梁与主梁宜采用铰接连接，也可采用刚接连接。当采用刚接连接并采用后浇段连接的形式时，应符合现行行业标准《装配式混凝土结构技术规程》JGJ 1 的有关规定。当采用铰接连接时，可采用企口连接或钢企口连接形式；采用企口连接时，应符合国家现行标准的有关规定；当次梁不直接承受动力荷载且跨度不大于 9m 时，可采用钢企口连接（图 5.5.5-1），并应符合下列规定：

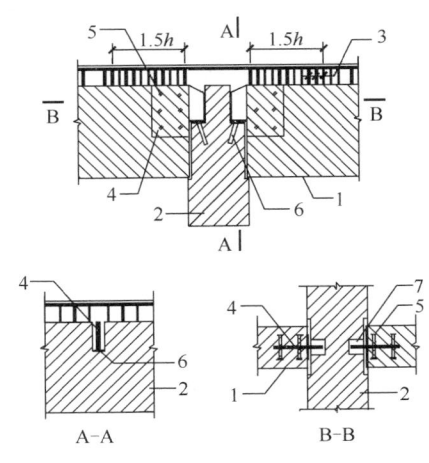

图 5.5.5-1 钢企口接头示意
1—预制次梁；2—预制主梁；3—次梁端部加密箍筋；
4—钢板；5—栓钉；6—预埋件；7—灌浆料

1 钢企口两侧应对称布置抗剪栓钉，钢板厚度不应小于栓钉直径的 0.6 倍；预制主梁与钢企口连接处应设置预埋件；次梁端部 1.5 倍梁高范围内，箍筋间距不应大于 100mm。

2 钢企口接头的承载力验算（图 5.5.5-2），除应符合现行国家标准《混凝土结构设计规范》GB 50010、《钢结构设计规范》GB 50017 的有关规定外，尚应符合下列规定：

1) 钢企口接头应能够承受施工及使用阶段的荷载；

2) 应验算钢企口截面 A 处在施工及使用阶段的抗弯、抗剪强度；

3) 应验算钢企口截面 B 处在施工及使用阶段的抗弯强度；

4) 凹槽内灌浆料未达到设计强度前，应验算钢企口外挑部分的稳定性；

5) 应验算栓钉的抗剪强度；

6) 应验算钢企口搁置处的局部受压承载力。

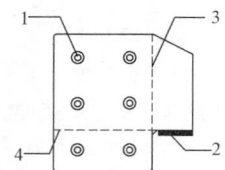

图 5.5.5-2　钢企口示意
1—栓钉；2—预埋件；
3—截面 A；4—截面 B

3 抗剪栓钉的布置，应符合下列规定：

1) 栓钉杆直径不宜大于 19mm，单侧抗剪栓钉排数及列数均不应小于 2；

2) 栓钉间距不应小于杆径的 6 倍且不宜大于 300mm；

3) 栓钉至钢板边缘的距离不宜小于 50mm，至混凝土构件边缘的距离不应小于 200mm；

4) 栓钉钉头内表面至连接钢板的净距不宜小于 30mm；

5) 栓钉顶面的保护层厚度不应小于 25mm。

4 主梁与钢企口连接处应设置附加横向钢筋，相关计算及构造要求应符合现行国家标准《混凝土结构设计规范》GB 50010 的有关规定。

5.6 装配整体式框架结构

5.6.1 装配整体式框架梁柱节点核心区抗震受剪承载力验算和构造应符合现行国家标准《混凝土结构设计规范》GB 50010 和《建筑抗震设计规范》GB 50011 中的有关规定；混凝土叠合梁端竖向接缝受剪承载力设计值和预制柱底水平接缝受剪承载力设计值应符合现行行业标准《装配式混凝土结构技术规程》JGJ 1 中的有关规定。

5.6.2 叠合梁的箍筋配置应符合下列规定：

1 抗震等级为一、二级的叠合框架梁的梁端箍筋加密区宜采用整体封闭箍筋；当叠合梁受扭时宜采用整体封闭箍筋，且整体封闭箍筋的搭接部分宜设置在预制部分（图 5.6.2a）。

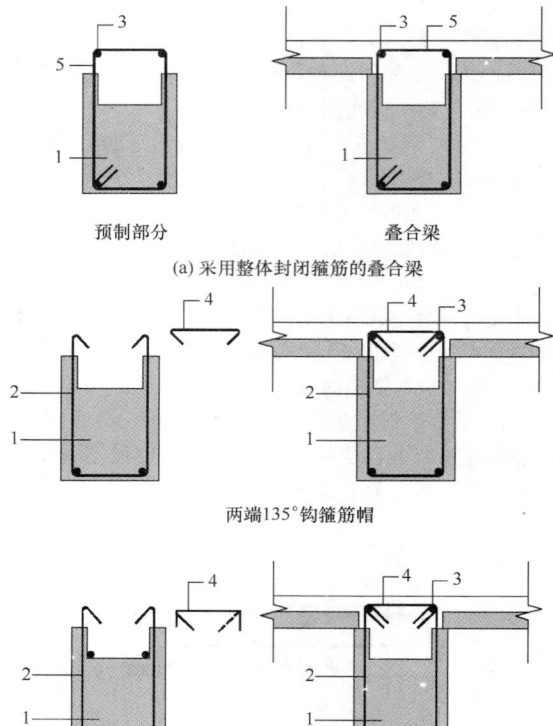

预制部分　　　叠合梁
(a) 采用整体封闭箍筋的叠合梁

两端135°钩箍筋帽

一端135°另一端90°弯钩箍筋帽
(b) 采用组合封闭箍筋的叠合梁

图 5.6.2　叠合梁箍筋构造示意
1—预制梁；2—开口箍筋；3—上部纵向钢筋；
4—箍筋帽；5—封闭箍筋

2 当采用组合封闭箍筋（图 5.6.2b）时，开口箍筋上方两端应做成 135°弯钩，对框架梁弯钩平直段长度不应小于 10d（d 为箍筋直径），次梁弯钩平直段长度不应小于 5d。现场应采用箍筋帽封闭开口箍，箍筋帽宜两端做成 135°弯钩，也可做成一端 135°另一端 90°弯钩，但 135°弯钩和 90°弯钩应沿纵向受力钢筋方向交错设置，框架梁弯钩平直段长度不应小于 10d（d 为箍筋直径），次梁 135°弯钩平直段长度不应小于 5d，90°弯钩平直段长度不应小于 10d。

3 框架梁箍筋加密区长度内的箍筋肢距：一级抗震等级，不宜大于 200mm 和 20 倍箍筋直径的较大值，且不应大于 300mm；二、三级抗震等级，不宜大于 250mm 和 20 倍箍筋直径的较大值，且不应大于 350mm；四级抗震等级，不宜大于 300mm，且不应大于 400mm。

5.6.3 预制柱的设计应满足现行国家标准《混凝土结构设计规范》GB 50010 的要求，并应符合下列规定：

1 矩形柱截面边长不宜小于 400mm，圆形截面柱直径不宜小于 450mm，且不宜小于同方向梁宽的 1.5 倍。

2 柱纵向受力钢筋在柱底连接时，柱箍筋加密区长度不应小于纵向受力钢筋连接区域长度与500mm之和；当采用套筒灌浆连接或浆锚搭接连接等方式时，套筒或搭接段上端第一道箍筋距离套筒或搭接段顶部不应大于50mm（图5.6.3-1）。

3 柱纵向受力钢筋直径不宜小于20mm，纵向受力钢筋的间距不宜大于200mm且不应大于400mm。柱的纵向受力钢筋可集中于四角配置且宜对称布置。柱中可设置纵向辅助钢筋且直径不宜小于12mm和箍筋直径；当正截面承载力计算不计入纵向辅助钢筋时，纵向辅助钢筋可不伸入框架节点（图5.6.3-2）。

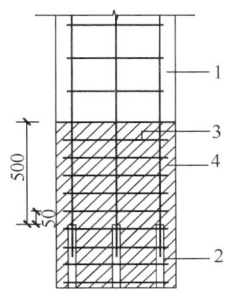

图5.6.3-1　柱底箍筋加密区域构造示意

1—预制柱；2—连接接头（或钢筋连接区域）；
3—加密区箍筋；4—箍筋加密区（阴影区域）

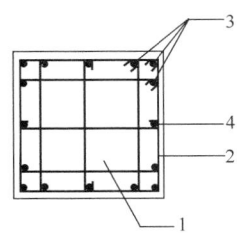

图5.6.3-2　柱集中配筋构造平面示意

1—预制柱；2—箍筋；3—纵向受力钢筋；
4—纵向辅助钢筋

4 预制柱箍筋可采用连续复合箍筋。

5.6.4 上、下层相邻预制柱纵向受力钢筋采用挤压套筒连接时（图5.6.4），柱底后浇段的箍筋应满足

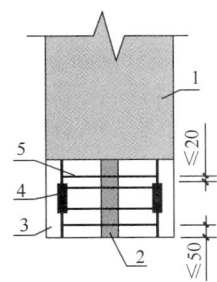

图5.6.4　柱底后浇段箍筋配置示意

1—预制柱；2—支腿；3—柱底后浇段；
4—挤压套筒；5—箍筋

下列要求：

1 套筒上端第一道箍筋距离套筒顶部不应大于20mm，柱底部第一道箍筋距柱底面不应大于50mm，箍筋间距不宜大于75mm；

2 抗震等级为一、二级时，箍筋直径不应小于10mm，抗震等级为三、四级时，箍筋直径不应小于8mm。

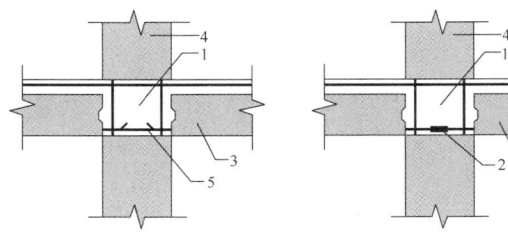

(a) 梁下部纵向受力钢筋锚固　　(b) 梁下部纵向受力钢筋连接

图5.6.5-1　预制柱及叠合梁框架中间层
中节点构造示意

1—后浇区；2—梁下部纵向受力钢筋连接；3—预制梁；
4—预制柱；5—梁下部纵向受力钢筋锚固

5.6.5 采用预制柱及叠合梁的装配整体式框架节点，梁纵向受力钢筋应伸入后浇节点区内锚固或连接，并应符合下列规定：

1 框架梁预制部分的腰筋不承受扭矩时，可不伸入梁柱节点核心区。

2 对框架中间层中节点，节点两侧的梁下部纵向受力钢筋宜锚固在后浇节点核心区内（图5.6.5-1a），也可采用机械连接或焊接的方式连接（图5.6.5-1b）；梁的上部纵向受力钢筋应贯穿后浇节点核心区。

3 对框架中间层端节点，当柱截面尺寸不满足梁纵向受力钢筋的直线锚固要求时，宜采用锚固板锚固（图5.6.5-2），也可采用90°弯折锚固。

4 对框架顶层中节点，梁纵向受力钢筋的构造

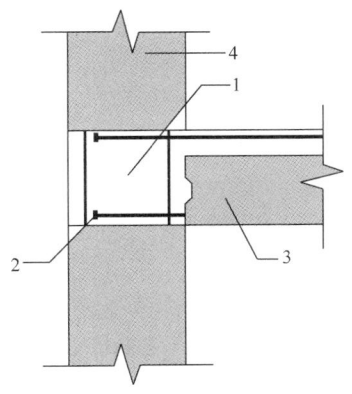

图5.6.5-2　预制柱及叠合梁框架
中间层端节点构造示意

1—后浇区；2—梁纵向钢筋锚固；
3—预制梁；4—预制柱

应符合本条第2款规定。柱纵向受力钢筋宜采用直线锚固；当梁截面尺寸不满足直线锚固要求时，宜采用锚固板锚固（图5.6.5-3）。

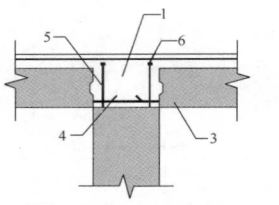 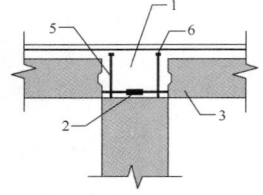

(a) 梁下部纵向受力钢筋锚固　(b) 梁下部纵向受力钢筋机械连接

图5.6.5-3　预制柱及叠合梁框架顶层
中节点构造示意

1—后浇区；2—梁下部纵向受力钢筋连接；
3—预制梁；4—梁下部纵向受力钢筋锚固；
5—柱纵向受力钢筋；6—锚固板

5 对框架顶层端节点，柱宜伸出屋面并将柱纵向受力钢筋锚固在伸出段内（图5.6.5-4），柱纵向受力钢筋宜采用锚固板的锚固方式，此时锚固长度不应小于 $0.6l_{abE}$。伸出段内箍筋直径不应小于 $d/4$（d 为柱纵向受力钢筋的最大直径），伸出段内箍筋间距不应大于 $5d$（d 为柱纵向受力钢筋的最小直径）且不应大于100mm；梁纵向受力钢筋应锚固在后浇节点区内，且宜采用锚固板的锚固方式，此时锚固长度不应小于 $0.6l_{abE}$。

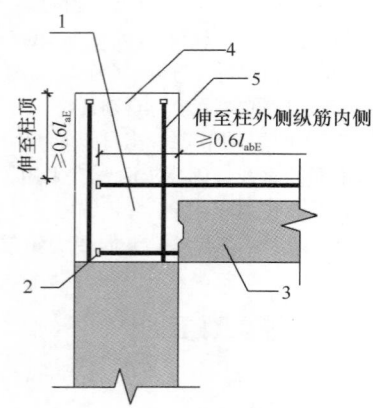

图5.6.5-4　预制柱及叠合梁框架顶层
端节点构造示意

1—后浇区；2—梁下部纵向受力钢筋锚固；
3—预制梁；4—柱延伸段；5—柱纵向受力钢筋

5.6.6 采用预制柱及叠合梁的装配整体式框架结构节点，两侧叠合梁底部水平钢筋挤压套筒连接时，可在核心区外一侧梁端后浇段内连接（图5.6.6-1），也可在核心区外两侧梁端后浇段内连接（图5.6.6-2），连接接头距柱边不小于 $0.5h_b$（h_b 为叠合梁截面高度）且不小于300mm，叠合梁后浇叠合层顶部的水平钢筋应贯穿后浇核心区。梁端后浇段的箍筋尚应满足下

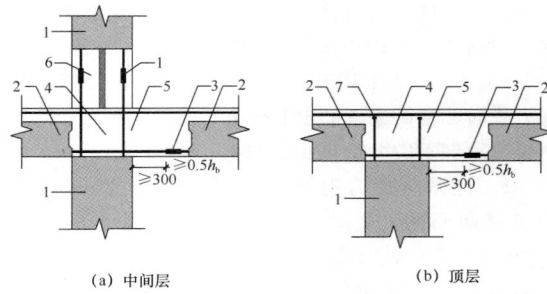

(a) 中间层　　　　(b) 顶层

图5.6.6-1　框架节点叠合梁底部水平钢筋在一侧
梁端后浇段内采用挤压套筒连接示意

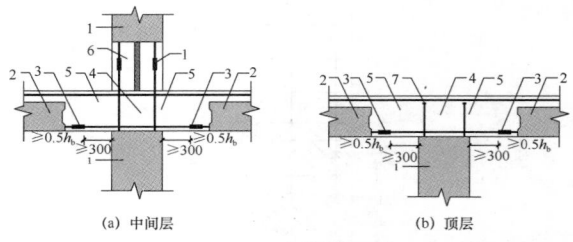

(a) 中间层　　　　(b) 顶层

图5.6.6-2　框架节点叠合梁底部水平钢筋在两侧
梁端后浇段内采用挤压套筒连接示意

1—预制柱；2—叠合梁预制部分；3—挤压套筒；4—后浇区；
5—梁端后浇段；6—柱底后浇段；7—锚固板

列要求：

1 箍筋间距不宜大于75mm；

2 抗震等级为一、二级时，箍筋直径不应小于10mm，抗震等级为三、四级时，箍筋直径不应小于8mm。

5.6.7 装配整体式框架采用后张预应力叠合梁时，应符合现行行业标准《预应力混凝土结构设计规范》JGJ 369、《预应力混凝土结构抗震设计规程》JGJ 140及《无粘结预应力混凝土结构技术规程》JGJ 92的有关规定。

5.7　装配整体式剪力墙结构

（Ⅰ）一　般　规　定

5.7.1 除本标准另有规定外，装配整体式剪力墙结构应符合国家现行标准《混凝土结构设计规范》GB 50010、《建筑抗震设计规范》GB 50011、《装配式混凝土结构技术规程》JGJ 1和《高层建筑混凝土结构技术规程》JGJ 3的有关规定。双面叠合剪力墙的设计尚应符合本标准附录A的规定。

5.7.2 对同一层内既有现浇墙肢也有预制墙肢的装配整体式剪力墙结构，现浇墙肢水平地震作用弯矩、剪力宜乘以不小于1.1的增大系数。

5.7.3 装配整体式剪力墙结构的布置应满足下列要求：

1 应沿两个方向布置剪力墙；

2 剪力墙平面布置宜简单、规则，自下而上宜连续布置，避免层间侧向刚度突变；

3 剪力墙门窗洞口宜上下对齐、成列布置，形成明确的墙肢和连梁；抗震等级为一、二、三级的剪力墙底部加强部位不应采用错洞墙，结构全高均不应采用叠合错洞墙。

（Ⅱ）预制剪力墙设计

5.7.4 预制剪力墙竖向钢筋采用套筒灌浆连接时，自套筒底部至套筒顶部并向上延伸300mm范围内，预制剪力墙的水平分布钢筋应加密（图5.7.4），加密区水平分布钢筋的最大间距及最小直径应符合表5.7.4的规定，套筒上端第一道水平分布钢筋距离套筒顶部不应大于50mm。

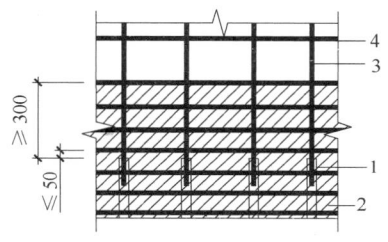

图 5.7.4 钢筋套筒灌浆连接部位水平分布钢筋加密构造示意

1—灌浆套筒；2—水平分布钢筋加密区域（阴影区域）；
3—竖向钢筋；4—水平分布钢筋

表 5.7.4 加密区水平分布钢筋的要求

抗震等级	最大间距（mm）	最小直径（mm）
一、二级	100	8
三、四级	150	8

5.7.5 预制剪力墙竖向钢筋采用浆锚搭接连接时，应符合下列规定：

1 墙体底部预留灌浆孔道直线段长度应大于下层预制剪力墙连接钢筋伸入孔道内的长度30mm，孔道上部应根据灌浆要求设置合理弧度。孔道直径不宜小于40mm和2.5d（d 为伸入孔道的连接钢筋直径）的较大值，孔道之间的水平净间距不宜小于50mm；孔道外壁至剪力墙外表面的净间距不宜小于30mm。当采用预埋金属波纹管成孔时，金属波纹管的钢带厚度及波纹高度应符合本标准第5.2.2条的规定；当采用其他成孔方式时，应对不同预留成孔工艺、孔道形状、孔道内壁的粗糙度或花纹深度及间距等形成的连接接头进行力学性能以及适用性的试验验证。

2 竖向钢筋连接长度范围内的水平分布钢筋应加密，加密范围自剪力墙底部至预留灌浆孔道顶部（图5.7.5-1），且不应小于300mm。加密区水平分布

钢筋的最大间距及最小直径应符合本标准表5.7.4的规定，最下层水平分布钢筋距离墙身底部不应大于50mm。剪力墙竖向分布钢筋连接长度范围内未采取有效横向约束措施时，水平分布钢筋加密范围内的拉筋应加密；拉筋沿竖向的间距不宜大于300mm且不少于2排；拉筋沿水平方向的间距不宜大于竖向分布钢筋间距，直径不应小于6mm；拉筋应紧靠被连接钢筋，并钩住最外层分布钢筋。

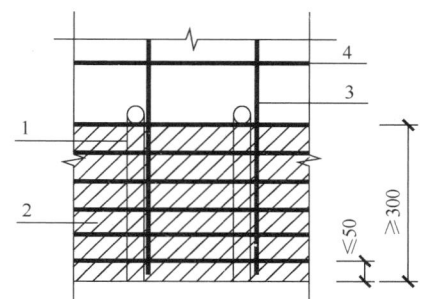

图 5.7.5-1 钢筋浆锚搭接连接部位水平分布钢筋加密构造示意

1—预留灌浆孔道；2—水平分布钢筋加密区域
（阴影区域）；3—竖向钢筋；4—水平分布钢筋

3 边缘构件竖向钢筋连接长度范围内应采取加密水平封闭箍筋的横向约束措施或其他可靠措施。当采用加密水平封闭箍筋约束时，应沿预留孔道直线段全高加密。箍筋沿竖向的间距，一级不应大于75mm，二、三级不应大于100mm，四级不应大于150mm；箍筋沿水平方向的肢距不应大于竖向钢筋间距，且不宜大于200mm；箍筋直径一、二级不应小于10mm，三、四级不应小于8mm，宜采用焊接封闭箍筋（图5.7.5-2）。

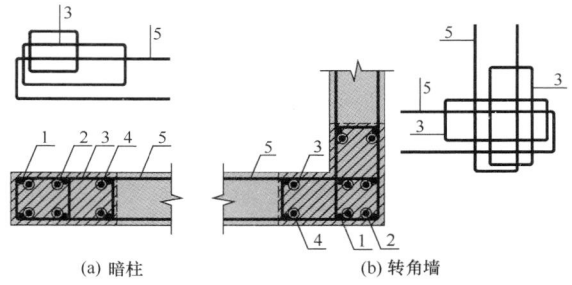

图 5.7.5-2 钢筋浆锚搭接连接长度范围内加密水平封闭箍筋约束构造示意

1—上层预制剪力墙边缘构件竖向钢筋；
2—下层剪力墙边缘构件竖向钢筋；
3—封闭箍筋；4—预留灌浆孔道；5—水平分布钢筋

（Ⅲ）连接设计

5.7.6 楼层内相邻预制剪力墙之间应采用整体式接缝连接，且应符合下列规定：

1 当接缝位于纵横墙交接处的约束边缘构件区域时，约束边缘构件的阴影区域（图 5.7.6-1）宜全部采用后浇混凝土，并应在后浇段内设置封闭箍筋。

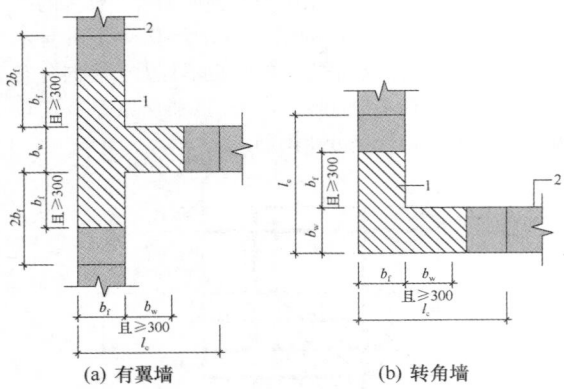

(a) 有翼墙　　　　(b) 转角墙

图 5.7.6-1　约束边缘构件阴影区域全部后浇
构造示意（阴影区域为斜线填充范围）
1—后浇段；2—预制剪力墙

2 当接缝位于纵横墙交接处的构造边缘构件区域时，构造边缘构件宜全部采用后浇混凝土（图 5.7.6-2），当仅在一面墙上设置后浇段时，后浇段的长度不宜小于 300mm（图 5.7.6-3）。

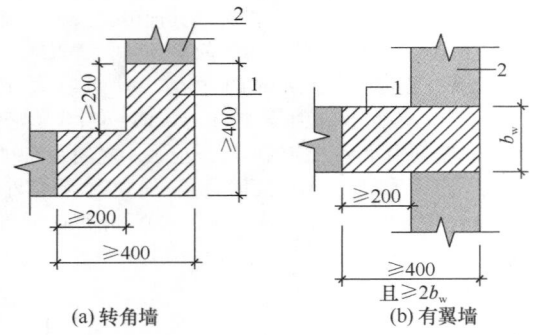

(a) 转角墙　　　　(b) 有翼墙

图 5.7.6-2　构造边缘构件全部后浇构造示意
（阴影区域为构造边缘构件范围）
1—后浇段；2—预制剪力墙

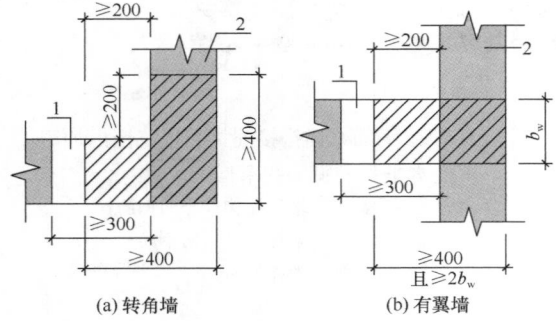

(a) 转角墙　　　　(b) 有翼墙

图 5.7.6-3　构造边缘构件部分后浇构造示意
（阴影区域为构造边缘构件范围）
1—后浇段；2—预制剪力墙

3 边缘构件内的配筋及构造要求应符合现行国家标准《建筑抗震设计规范》GB 50011 的有关规定；预制剪力墙的水平分布钢筋在后浇段内的锚固、连接应符合现行国家标准《混凝土结构设计规范》GB 50010 的有关规定。

4 非边缘构件位置，相邻预制剪力墙之间应设置后浇段，后浇段的宽度不应小于墙厚且不宜小于 200mm；后浇段内应设置不少于 4 根竖向钢筋，钢筋直径不应小于墙体竖向分布钢筋直径且不应小于 8mm；两侧墙体的水平分布钢筋在后浇段内的连接应符合现行国家标准《混凝土结构设计规范》GB 50010 的有关规定。

5.7.7　当采用套筒灌浆连接或浆锚搭接连接时，预制剪力墙底部接缝宜设置在楼面标高处。接缝高度不宜小于 20mm，宜采用灌浆料填实，接缝处后浇混凝土上表面应设置粗糙面。

5.7.8　在地震设计状况下，剪力墙水平接缝的受剪承载力设计值应按下式计算：

$$V_{uE} = 0.6 f_y A_{sd} + 0.8 N \qquad (5.7.8)$$

式中：V_{uE}——剪力墙水平接缝受剪承载力设计值（N）；

f_y——垂直穿过结合面的竖向钢筋抗拉强度设计值（N/mm²）；

A_{sd}——垂直穿过结合面的竖向钢筋面积（mm²）；

N——与剪力设计值 V 相应的垂直于结合面的轴向力设计值（N），压力时取正值，拉力时取负值；当大于 $0.6 f_c b h_0$ 时，取为 $0.6 f_c b h_0$；此处 f_c 为混凝土轴心抗压强度设计值，b 为剪力墙厚度，h_0 为剪力墙截面有效高度。

5.7.9　上下层预制剪力墙的竖向钢筋连接应符合下列规定：

1 边缘构件的竖向钢筋应逐根连接。

2 预制剪力墙的竖向分布钢筋宜采用双排连接，当采用"梅花形"部分连接时，应符合本标准第 5.7.10 条～第 5.7.12 条的规定。

3 除下列情况外，墙体厚度不大于 200mm 的丙类建筑预制剪力墙的竖向分布钢筋可采用单排连接，采用单排连接时，应符合本标准第 5.7.10 条、第 5.7.12 条的规定，且在计算分析时不应考虑剪力墙平面外刚度及承载力。

　1）抗震等级为一级的剪力墙；

　2）轴压比大于 0.3 的抗震等级为二、三、四级的剪力墙；

　3）一侧无楼板的剪力墙；

　4）一字形剪力墙、一端有翼墙连接但剪力墙非边缘构件区长度大于 3m 的剪力墙以及两端有翼墙连接但剪力墙非边缘构件区长度大于 6m 的剪力墙。

4 抗震等级为一级的剪力墙以及二、三级底部加强部位的剪力墙，剪力墙的边缘构件竖向钢筋宜采用套筒灌浆连接。

5.7.10 当上下层预制剪力墙竖向钢筋采用套筒灌浆连接时，应符合下列规定：

1 当竖向分布钢筋采用"梅花形"部分连接时（图 5.7.10-1），连接钢筋的配筋率不应小于现行国家标准《建筑抗震设计规范》GB 50011 规定的剪力墙竖向分布钢筋最小配筋率要求，连接钢筋的直径不应小于 12mm，同侧间距不应大于 600mm，且在剪力墙构件承载力设计和分布钢筋配筋率计算中不得计入未连接的分布钢筋；未连接的竖向分布钢筋直径不应小于 6mm。

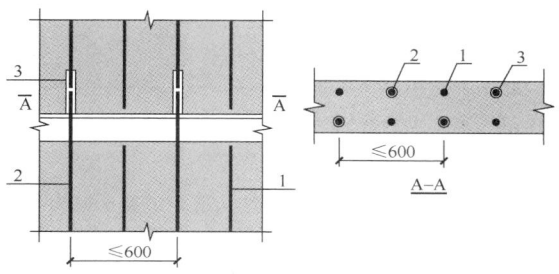

图 5.7.10-1　竖向分布钢筋"梅花形"套筒灌浆
连接构造示意
1—未连接的竖向分布钢筋；2—连接的竖向分布钢筋；
3—灌浆套筒

2 当竖向分布钢筋采用单排连接时（图 5.7.10-2），应符合本标准第 5.4.2 条的规定；剪力墙两侧竖向分布钢筋与配置于墙体厚度中部的连接钢筋搭接连接，连接钢筋位于内、外侧被连接钢筋的中间；连接钢筋受拉承载力不应小于上下层被连接钢筋受拉承载力较大值的 1.1 倍，间距不宜大于 300mm。下层剪力墙连接钢筋自下层预制墙顶算起的埋置长度不应小于 $1.2l_{aE}+b_w/2$（b_w 为墙体厚度），上层剪力墙连接钢筋自套筒顶面算起的埋置长度不应小于 l_{aE}，上层连接钢筋顶部至套筒底部的长度尚不应小于 $1.2l_{aE}+b_w/2$，l_{aE} 按连接钢筋直径计算。钢筋连接长度范围内

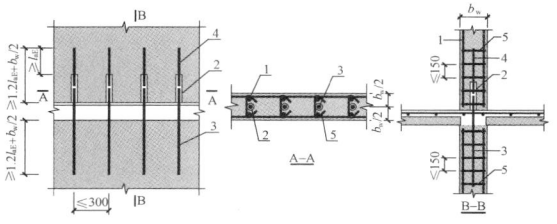

图 5.7.10-2　竖向分布钢筋单排套筒
灌浆连接构造示意
1—上层预制剪力墙竖向分布钢筋；2—灌浆套筒；
3—下层剪力墙连接钢筋；4—上层剪力墙连接钢筋；
5—拉筋

应配置拉筋，同一连接接头内的拉筋配筋面积不应小于连接钢筋的面积；拉筋沿竖向的间距不应大于水平分布钢筋间距，且不宜大于 150mm；拉筋沿水平方向的间距不应大于竖向分布钢筋间距，直径不应小于 6mm；拉筋应紧靠连接钢筋，并钩住最外层分布钢筋。

5.7.11 当上下层预制剪力墙竖向钢筋采用挤压套筒连接时，应符合下列规定：

1 预制剪力墙底后浇段内的水平钢筋直径不应小于 10mm 和预制剪力墙水平分布钢筋直径的较大值，间距不宜大于 100mm；楼板顶面以上第一道水平钢筋距楼板顶面不宜大于 50mm，套筒上端第一道水平钢筋距套筒顶部不宜大于 20mm（图 5.7.11-1）。

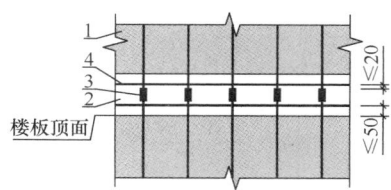

图 5.7.11-1　预制剪力墙底后浇段水平
钢筋配置示意
1—预制剪力墙；2—墙底后浇段；
3—挤压套筒；4—水平钢筋

2 当竖向分布钢筋采用"梅花形"部分连接时（图 5.7.11-2），应符合本标准第 5.7.10 条第 1 款的规定。

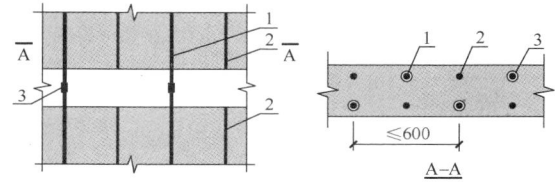

图 5.7.11-2　竖向分布钢筋"梅花形"
挤压套筒连接构造示意
1—连接的竖向分布钢筋；2—未连接的竖向分布钢筋；
3—挤压套筒

5.7.12 当上下层预制剪力墙竖向钢筋采用浆锚搭接连接时，应符合下列规定：

1 当竖向钢筋非单排连接时，下层预制剪力墙连接钢筋伸入预留灌浆孔道内的长度不应小于 $1.2l_{aE}$（图 5.7.12-1）。

2 当竖向分布钢筋采用"梅花形"部分连接时（图 5.7.12-2），应符合本标准第 5.7.10 条第 1 款的规定。

3 当竖向分布钢筋采用单排连接时（图 5.7.12-3），竖向分布钢筋应符合本标准第 5.4.2 条的规定；剪力墙两侧竖向分布钢筋与配置于墙体厚度中部的连接钢筋搭接连接，连接钢筋位于内、外侧被连接钢筋的中

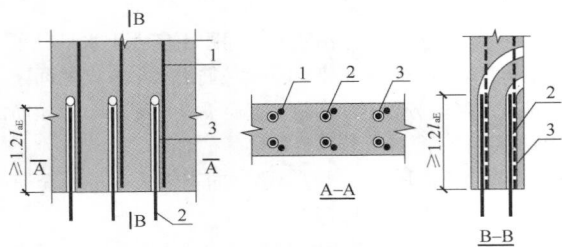

图 5.7.12-1　竖向钢筋浆锚搭接连接构造示意

1—上层预制剪力墙竖向钢筋；2—下层剪力墙竖向钢筋；
3—预留灌浆孔道

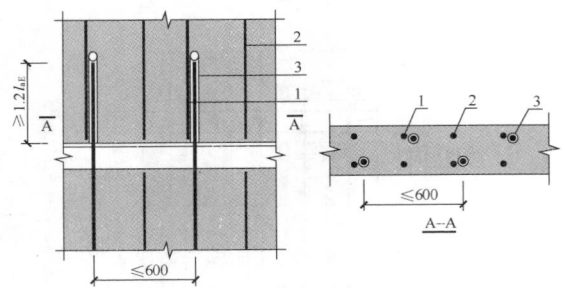

图 5.7.12-2　竖向分布钢筋"梅花形"浆锚搭
接连接构造示意

1—连接的竖向分布钢筋；2—未连接的竖向分布钢筋；
3—预留灌浆孔道

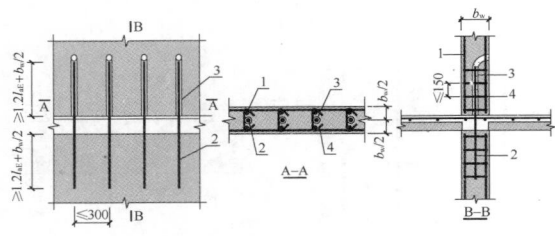

图 5.7.12-3　竖向分布钢筋单排浆锚
搭接连接构造示意

1—上层预制剪力墙竖向钢筋；2—下层剪力墙连接钢筋；
3—预留灌浆孔道；4—拉筋

间；连接钢筋受拉承载力不应小于上下层被连接钢筋受拉承载力较大值的 1.1 倍，间距不宜大于 300mm。连接钢筋自下层剪力墙顶算起的埋置长度不应小于 $1.2l_{aE}+b_w/2$（b_w 为墙体厚度），自上层预制墙体底部伸入预留灌浆孔道内的长度不应小于 $1.2l_{aE}+b_w/2$，l_{aE} 按连接钢筋直径计算。钢筋连接长度范围内应配置拉筋，同一连接接头内的拉筋配筋面积不应小于连接钢筋的面积；拉筋沿竖向的间距不应大于水平分布钢筋间距，且不宜大于 150mm；拉筋沿水平方向的肢距不应大于竖向分布钢筋间距，直径不应小于 6mm；拉筋应紧靠连接钢筋，并钩住最外层分布钢筋。

5.8　多层装配式墙板结构

5.8.1　本节适用于抗震设防类别为丙类的多层装配式墙板住宅结构设计，本章未作规定的，应符合现行行业标准《装配式混凝土结构技术规程》JGJ 1 中多层剪力墙结构设计章节的有关规定。

5.8.2　多层装配式墙板结构的最大适用层数和最大适用高度应符合表 5.8.2 的规定。

表 5.8.2　多层装配式墙板结构的最大适用层数和最大适用高度

设防烈度	6 度	7 度	8 度（0.2g）
最大适用层数	9	8	7
最大适用高度（m）	28	24	21

5.8.3　多层装配式墙板结构的高宽比不宜超过表 5.8.3 的数值。

表 5.8.3　多层装配式墙板结构适用的最大高宽比

设防烈度	6 度	7 度	8 度（0.2g）
最大高宽比	3.5	3.0	2.5

5.8.4　多层装配式墙板结构设计应符合下列规定：

1　结构抗震等级在设防烈度为 8 度时取三级，设防烈度 6、7 度时取四级；

2　预制墙板厚度不宜小于 140mm，且不宜小于层高的 1/25；

3　预制墙板的轴压比，三级时不应大于 0.15，四级时不应大于 0.2；轴压比计算时，墙体混凝土强度等级超过 C40，按 C40 计算。

5.8.5　多层装配式墙板结构的计算应符合下列规定：

1　可采用弹性方法进行结构分析，并应按结构实际情况建立分析模型；在计算中应考虑接缝连接方式的影响。

2　采用水平锚环灌浆连接墙体可作为整体构件考虑，结构刚度宜乘以 0.85～0.95 的折减系数。

3　墙肢底部的水平接缝可按照整体式接缝进行设计，并取墙肢底部的剪力进行水平接缝的受剪承载力验算。

4　在风荷载或多遇地震作用下，按弹性方法计算的楼层层间最大水平位移与层高之比 $\Delta u_e/h$ 不宜大于 1/1200。

5.8.6　多层装配式墙板结构纵横墙板交接处及楼层内相邻承重墙板之间可采用水平钢筋锚环灌浆连接（图 5.8.6），并应符合下列规定：

1　应在交接处的预制墙板边缘设置构造边缘构件。

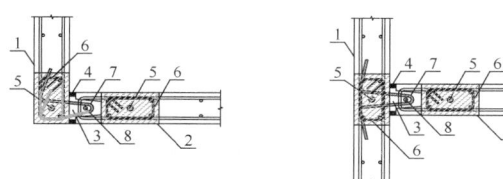

(a)L形节点构造示意　　　(b)T形节点构造示意

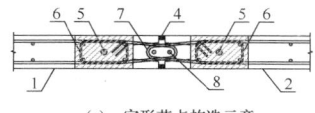

(c)一字形节点构造示意

图5.8.6　水平钢筋锚环灌浆连接构造示意

1—纵向预制墙体；2—横向预制墙体；3—后浇段；
4—密封条；5—边缘构件纵向受力钢筋；6—边缘
构件箍筋；7—预留水平钢筋锚环；8—节点后插纵筋

2　竖向接缝处应设置后浇段，后浇段横截面面积不宜小于0.01m²，且截面边长不宜小于80mm；后浇段应采用水泥基灌浆料灌实，水泥基灌浆料强度不应低于预制墙板混凝土强度等级。

3　预制墙板侧边应预留水平钢筋锚环，锚环钢筋直径不应小于预制墙板水平分布筋直径，锚环间距不应大于预制墙板水平分布筋间距；同一竖向接缝左右两侧预制墙板预留水平钢筋锚环的竖向间距不宜大于4d，且不应大于50mm（d为水平钢筋锚环的直径）；水平钢筋锚环在墙板内的锚固长度应满足现行国家标准《混凝土结构设计规范》GB 50010的有关规定；竖向接缝内应配置截面面积不小于200mm²的节点后插纵筋，且应插入墙板侧边的钢筋锚环内；上下层节点后插筋可不连接。

5.8.7　预制墙板应在水平或竖向尺寸大于800mm的洞边、一字墙墙体端部、纵横墙交接处设置构造边缘构件，并应满足下列要求：

1　采用配置钢筋的构造边缘构件时，应符合下列规定：

1）构造边缘构件截面高度不宜小于墙厚，且不宜小于200mm，截面宽度同墙厚。

2）构造边缘构件内应配置纵向受力钢筋、箍筋、箍筋架立筋，构造边缘构件的纵向钢筋除应满足设计要求外，尚应满足表5.8.7的要求。

3）上下层构造边缘构件纵向受力钢筋应直接连接，可采用灌浆套筒连接、浆锚搭接连接、焊接连接或型钢连接件连接；箍筋架立筋可不伸出预制墙板表面。

2　采用配置型钢的构造边缘构件时，应符合下列规定：

1）可由计算和构造要求得到钢筋面积并按等强度计算相应的型钢截面。

2）型钢应在水平缝位置采用焊接或螺栓连接

等方式可靠连接。

3）型钢为一字形或开口截面时，应设置箍筋和箍筋架立筋，配筋量应满足表5.8.7的要求。

4）当型钢为钢管时，钢管内应设置竖向钢筋并采用灌浆料填实。

表5.8.7　构造边缘构件的构造配筋要求

抗震等级	底层			其他层		
	纵筋最小量	箍筋架立筋最小量	箍筋（mm）		纵筋最小量	箍筋架立筋最小量	箍筋（mm）	
			最小直径	最大间距			最小直径	最大间距
三级	1φ25	4φ10	6	150	1φ22	4φ8	6	200
四级	1φ22	4φ8	6	200	1φ20	4φ8	6	250

5.9　外挂墙板设计

5.9.1　在正常使用状态下，外挂墙板应具有良好的工作性能。外挂墙板在多遇地震作用下应能正常使用；在设防烈度地震作用下经修理后应仍可使用；在预估的罕遇地震作用下不应整体脱落。

5.9.2　外挂墙板与主体结构的连接节点应具有足够的承载力和适应主体结构变形的能力。外挂墙板和连接节点的结构分析、承载力计算和构造要求应符合国家现行标准《混凝土结构设计规范》GB 50010和《装配式混凝土结构技术规程》JGJ 1的有关规定。

5.9.3　抗震设计时，外挂墙板与主体结构的连接节点在墙板平面内应具有不小于主体结构在设防烈度地震作用下弹性层间位移角3倍的变形能力。

5.9.4　主体结构计算时，应按下列规定计入外挂墙板的影响：

1　应计入支承于主体结构的外挂墙板的自重；

2　当外挂墙板相对于其支承构件有偏心时，应计入外挂墙板重力荷载偏心产生的不利影响；

3　采用点支承与主体结构相连的外挂墙板，连接节点具有适应主体结构变形的能力时，可不计入其刚度影响；

4　采用线支承与主体结构相连的外挂墙板，应根据刚度等代原则计入其刚度影响，但不得考虑外挂墙板的有利影响。

5.9.5　计算外挂墙板的地震作用标准值时，可采用等效侧力法，并应按下式计算：

$$q_{Ek} = \beta_E \alpha_{max} G_k / A \qquad (5.9.5)$$

式中：q_{Ek}——分布水平地震作用标准值（kN/m²），当验算连接节点承载力时，连接节点地震作用效应标准值应乘以2.0的增大系数；

β_E——动力放大系数，不应小于5.0；

α_{max}——水平多遇地震影响系数最大值，应符合现行国家标准《建筑抗震设计规范》GB 50011的有关规定；

G_k——外挂墙板的重力荷载标准值（kN）；

A——外挂墙板的平面面积（m^2）。

5.9.6 外挂墙板的形式和尺寸应根据建筑立面造型、主体结构层间位移限值、楼层高度、节点连接形式、温度变化、接缝构造、运输限制条件和现场起吊能力等因素确定；板间接缝宽度应根据计算确定且不宜小于10mm；当计算缝宽大于30mm时，宜调整外挂墙板的形式或连接方式。

5.9.7 外挂墙板与主体结构采用点支承连接时，节点构造应符合下列规定：

1 连接点数量和位置应根据外挂墙板形状、尺寸确定，连接点不应少于4个，承重连接点不应多于2个；

2 在外力作用下，外挂墙板相对主体结构在墙板平面内应能水平滑动或转动；

3 连接件的滑动孔尺寸应根据穿孔螺栓直径、变形能力需求和施工允许偏差等因素确定。

5.9.8 外挂墙板与主体结构采用线支承连接时（图5.9.8），节点构造应符合下列规定：

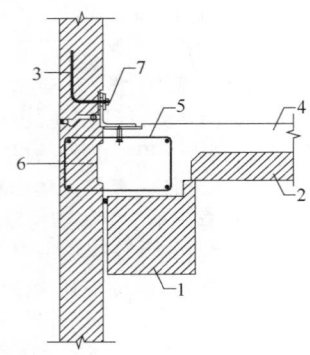

图5.9.8 外挂墙板线支承连接示意
1—预制梁；2—预制板；3—预制外挂墙板；
4—后浇混凝土；5—连接钢筋；6—剪力键槽；
7—面外限位连接件

1 外挂墙板顶部与梁连接，且固定连接区段应避开梁端1.5倍梁高长度范围；

2 外挂墙板与梁的结合面应采用粗糙面并设置键槽；接缝处应设置连接钢筋，连接钢筋数量应经过计算确定且钢筋直径不宜小于10mm，间距不宜大于200mm；连接钢筋在外挂墙板和楼面梁后浇混凝土中的锚固应符合现行国家标准《混凝土结构设计规范》GB 50010的有关规定；

3 外挂墙板的底端应设置不少于2个仅对墙板有平面外约束的连接节点；

4 外挂墙板的侧边不应与主体结构连接。

5.9.9 外挂墙板不应跨越主体结构的变形缝。主体结构变形缝两侧的外挂墙板的构造缝应能适应主体结构的变形要求，宜采用柔性连接设计或滑动型连接设计，并采取易于修复的构造措施。

6 外围护系统设计

6.1 一般规定

6.1.1 装配式混凝土建筑应合理确定外围护系统的设计使用年限，住宅建筑的外围护系统的设计使用年限应与主体结构相协调。

6.1.2 外围护系统的立面设计应综合装配式混凝土建筑的构成条件、装饰颜色与材料质感等设计要求。

6.1.3 外围护系统的设计应符合模数化、标准化的要求，并满足建筑立面效果、制作工艺、运输及施工安装的条件。

6.1.4 外围护系统设计应包括下列内容：

1 外围护系统的性能要求；

2 外墙板及屋面板的模数协调要求；

3 屋面结构支承构造节点；

4 外墙板连接、接缝及外门窗洞口等构造节点；

5 阳台、空调板、装饰件等连接构造节点。

6.1.5 外围护系统应根据装配式混凝土建筑所在地区的气候条件、使用功能等综合确定抗风性能、抗震性能、耐撞击性能、防火性能、水密性能、气密性能、隔声性能、热工性能和耐久性能要求，屋面系统尚应满足结构性能要求。

6.1.6 外墙系统应根据不同的建筑类型及结构形式选择适宜的系统类型；外墙系统中外墙板可采用内嵌式、外挂式、嵌挂结合等形式，并宜分层悬挂或承托。外墙系统可选用预制外墙、现场组装骨架外墙、建筑幕墙等类型。

6.1.7 外墙系统中外挂墙板应符合本标准第5.9节的规定，其他类型的外墙板应符合下列规定：

1 当主体结构承受50年重现期风荷载或多遇地震作用时，外墙板不得因层间位移而发生塑性变形、板面开裂、零件脱落等损坏；

2 在罕遇地震作用下，外墙板不得掉落。

6.1.8 外墙板与主体结构的连接应符合下列规定：

1 连接节点在保证主体结构整体受力的前提下，应牢固可靠、受力明确、传力简捷、构造合理。

2 连接节点应具有足够的承载力。承载能力极限状态下，连接节点不应发生破坏；当单个连接节点失效时，外墙板不应掉落。

3 连接部位应采用柔性连接方式，连接节点应具有适应主体结构变形的能力。

4 节点设计应便于工厂加工、现场安装就位和调整。

5 连接件的耐久性应满足使用年限要求。

6.1.9 外墙板接缝应符合下列规定：

1 接缝处应根据当地气候条件合理选用构造防水、材料防水相结合的防排水设计；

2 接缝宽度及接缝材料应根据外墙板材料、立面分格、结构层间位移、温度变形等因素综合确定；所选用的接缝材料及构造应满足防水、防渗、抗裂、耐久等要求；接缝材料应与外墙板具有相容性；外墙板在正常使用下，接缝处的弹性密封材料不应破坏；

3 接缝处以及与主体结构的连接处应设置防止形成热桥的构造措施。

6.2 预制外墙

6.2.1 预制外墙用材料应符合下列规定：

1 预制混凝土外墙板用材料应符合现行行业标准《装配式混凝土结构技术规程》JGJ 1 的规定；

2 拼装大板用材料包括龙骨、基板、面板、保温材料、密封材料、连接固定材料等，各类材料应符合国家现行相关标准的规定；

3 整体预制条板和复合夹芯条板应符合国家现行相关标准的规定。

6.2.2 露明的金属支撑件及外墙板内侧与主体结构的调整间隙，应采用燃烧性能等级为 A 级的材料进行封堵，封堵构造的耐火极限不得低于墙体的耐火极限，封堵材料在耐火极限内不得开裂、脱落。

6.2.3 防火性能应按非承重外墙的要求执行，当夹芯保温材料的燃烧性能等级为 B_1 或 B_2 级时，内、外叶墙板应采用不燃材料且厚度均不应小于 50mm。

6.2.4 块材饰面应采用耐久性好、不易污染的材料；当采用面砖时，应采用反打工艺在工厂内完成，面砖应选择背面设有粘结后防止脱落措施的材料。

6.2.5 预制外墙接缝应符合下列规定：

1 接缝位置宜与建筑立面分格相对应；

2 竖缝宜采用平口或槽口构造，水平缝宜采用企口构造；

3 当板缝空腔需设置导水管排水时，板缝内侧应增设密封构造；

4 宜避免接缝跨越防火分区；当接缝跨越防火分区时，接缝室内侧应采用耐火材料封堵。

6.2.6 蒸压加气混凝土外墙板的性能、连接构造、板缝构造、内外面层做法等要求应符合现行行业标准《蒸压加气混凝土建筑应用技术规程》JGJ/T 17 的相关规定，并符合下列规定：

1 可采用拼装大板、横条板、竖条板的构造形式；

2 当外围护系统需同时满足保温、隔热要求时，板厚应满足保温或隔热要求的较大值；

3 可根据技术条件选择钩头螺栓法、滑动螺栓法、内置锚法、摇摆型工法等安装方式；

4 外墙室外侧板面及有防潮要求的外墙室内侧板面应用专用防水界面剂进行封闭处理。

6.3 现场组装骨架外墙

6.3.1 骨架应具有足够的承载能力、刚度和稳定性，并应与主体结构有可靠连接；骨架应进行整体及连接节点验算。

6.3.2 墙内敷设电气线路时，应对其进行穿管保护。

6.3.3 现场组装骨架外墙宜根据基层墙板特点及形式进行墙面整体防水。

6.3.4 金属骨架组合外墙应符合下列规定：

1 金属骨架应设置有效的防腐蚀措施；

2 骨架外部、中部和内部可分别设置防护层、隔离层、保温隔汽层和内饰层，并根据使用条件设置防水透气材料、空气间层、反射材料、结构蒙皮材料和隔汽材料等。

6.3.5 木骨架组合外墙应符合下列规定：

1 材料种类、连接构造、板缝构造、内外面层做法等要求应符合现行国家标准《木骨架组合墙体技术规范》GB/T 50361 的相关规定；

2 木骨架组合外墙与主体结构之间应采用金属连接件进行连接；

3 内侧墙面材料宜采用普通型、耐火型或防潮型纸面石膏板，外侧墙面材料宜采用防潮型纸面石膏板或水泥纤维板等材料；

4 保温隔热材料宜采用岩棉或玻璃棉等；

5 隔声吸声材料宜采用岩棉、玻璃棉或石膏板材等；

6 填充材料的燃烧性能等级应为 A 级。

6.4 建筑幕墙

6.4.1 装配式混凝土建筑应根据建筑物的使用要求、建筑造型，合理选择幕墙形式，宜采用单元式幕墙系统。

6.4.2 幕墙应根据面板材料的不同，选择相应的幕墙结构、配套材料和构造方式等。

6.4.3 幕墙与主体结构的连接设计应符合下列规定：

1 应具有适应主体结构层间变形的能力；

2 主体结构中连接幕墙的预埋件、锚固件应能承受幕墙传递的荷载和作用，连接件与主体结构的锚固承载力设计值应大于连接件本身的承载力设计值。

6.4.4 玻璃幕墙的设计应符合现行行业标准《玻璃幕墙工程技术规范》JGJ 102 的相关规定。

6.4.5 金属与石材幕墙的设计应符合现行行业标准《金属与石材幕墙工程技术规范》JGJ 133 的相关规定。

6.4.6 人造板材幕墙的设计应符合现行行业标准《人造板材幕墙工程技术规范》JGJ 336 的相关规定。

6.5 外门窗

6.5.1 外门窗应采用在工厂生产的标准化系列部品，并应采用带有批水板等的外门窗配套系列部品。

6.5.2 外门窗应可靠连接，门窗洞口与外门窗框接缝处的气密性能、水密性能和保温性能不应低于外门窗的有关性能。

6.5.3 预制外墙中外门窗宜采用企口或预埋件等方法固定，外门窗可采用预装法或后装法设计，并满足下列要求：

　　1 采用预装法时，外门窗框应在工厂与预制外墙整体成型；

　　2 采用后装法时，预制外墙的门窗洞口应设置预埋件。

6.5.4 铝合金门窗的设计应符合现行行业标准《铝合金门窗工程技术规范》JGJ 214 的相关规定。

6.5.5 塑料门窗的设计应符合现行行业标准《塑料门窗工程技术规程》JGJ 103 的相关规定。

6.6　屋　　面

6.6.1 屋面应根据现行国家标准《屋面工程技术规范》GB 50345 中规定的屋面防水等级进行防水设防，并应具有良好的排水功能，宜设置有组织排水系统。

6.6.2 太阳能系统应与屋面进行一体化设计，电气性能应满足国家现行标准《民用建筑太阳能热水系统应用技术规范》GB 50364、《民用建筑太阳能光伏系统应用技术规范》JGJ 203 的相关规定。

6.6.3 采光顶与金属屋面的设计应符合现行行业标准《采光顶与金属屋面技术规程》JGJ 255 的相关规定。

7　设备与管线系统设计

7.1　一　般　规　定

7.1.1 装配式混凝土建筑的设备与管线宜与主体结构相分离，应方便维修更换，且不应影响主体结构安全。

7.1.2 装配式混凝土建筑的设备与管线宜采用集成化技术，标准化设计，当采用集成化新技术、新产品时应有可靠依据。

7.1.3 装配式混凝土建筑的设备与管线应合理选型，准确定位。

7.1.4 装配式混凝土建筑的设备和管线设计应与建筑设计同步进行，预留预埋应满足结构专业相关要求，不得在安装完成后的预制构件上剔凿沟槽、打孔开洞等。穿越楼板管线较多且集中的区域可采用现浇楼板。

7.1.5 装配式混凝土建筑的设备与管线设计宜采用建筑信息模型（BIM）技术，当进行碰撞检查时，应明确被检测模型的精细度、碰撞检测范围及规则。

7.1.6 装配式混凝土建筑的部品与配管连接、配管与主管道连接及部品间连接应采用标准化接口，且应

方便安装使用维护。

7.1.7 装配式混凝土建筑的设备与管线宜在架空层或吊顶内设置。

7.1.8 公共管线、阀门、检修口、计量仪表、电表箱、配电箱、智能化配线箱等，应统一集中设置在公共区域。

7.1.9 装配式混凝土建筑的设备与管线穿越楼板和墙体时，应采取防水、防火、隔声、密封等措施，防火封堵应符合现行国家标准《建筑设计防火规范》GB 50016 的有关规定。

7.1.10 装配式混凝土建筑的设备与管线的抗震设计应符合现行国家标准《建筑机电工程抗震设计规范》GB 50981 的有关规定。

7.2　给水排水

7.2.1 装配式混凝土建筑冲厕宜采用非传统水源，水质应符合现行国家标准《城市污水再生利用　城市杂用水水质》GB/T 18920 的有关规定。

7.2.2 装配式混凝土建筑的给水系统设计应符合下列规定：

　　1 给水系统配水管道与部品的接口形式及位置应便于检修更换，并应采取措施避免结构或温度变形对给水管道接口产生影响；

　　2 给水分水器与用水器具的管道接口应一对一连接，在架空层或吊顶内敷设时，中间不得有连接配件，分水器设置位置应便于检修，并宜有排水措施；

　　3 宜采用装配式的管线及其配件连接；

　　4 敷设在吊顶或楼地面架空层的给水管道应采取防腐蚀、隔声减噪和防结露等措施。

7.2.3 装配式混凝土建筑的排水系统宜采用同层排水技术，同层排水管道敷设在架空层时，宜设积水排出措施。

7.2.4 装配式混凝土建筑的太阳能热水系统应与建筑一体化设计。

7.2.5 装配式混凝土建筑应选用耐腐蚀、使用寿命长、降噪性能好、便于安装及维修的管材、管件，以及连接可靠、密封性能好的管道阀门设备。

7.3　供暖、通风、空调及燃气

7.3.1 装配式混凝土建筑的室内通风设计应符合国家现行标准《民用建筑供暖通风与空气调节设计规范》GB 50736 和《建筑通风效果测试与评价标准》JGJ/T 309 的有关规定。

7.3.2 装配式混凝土建筑应采用适宜的节能技术，维持良好的热舒适性，降低建筑能耗，减少环境污染，并充分利用自然通风。

7.3.3 装配式混凝土建筑的通风、供暖和空调等设备均应选用能效比高的节能型产品，以降低能耗。

7.3.4 供暖系统宜采用适宜于干式工法施工的低温

地板辐射供暖产品。

7.3.5 当墙板或楼板上安装供暖与空调设备时，其连接处应采取加强措施。

7.3.6 采用集成式卫生间或采用同层排水架空地板时，不宜采用低温地板辐射供暖系统。

7.3.7 装配式混凝土建筑的暖通空调、防排烟设备及管线系统应协同设计，并应可靠连接。

7.3.8 装配式混凝土建筑的燃气系统设计应符合现行国家标准《城镇燃气设计规范》GB 50028 的有关规定。

7.4 电气和智能化

7.4.1 装配式混凝土建筑的电气和智能化设备与管线的设计，应满足预制构件工厂化生产、施工安装及使用维护的要求。

7.4.2 装配式混凝土建筑的电气和智能化设备与管线设置及安装应符合下列规定：

 1 电气和智能化系统的竖向主干线应在公共区域的电气竖井内设置；

 2 配电箱、智能化配线箱不宜安装在预制构件上；

 3 当大型灯具、桥架、母线、配电设备等安装在预制构件上时，应采用预留预埋件固定；

 4 设置在预制构件上的接线盒、连接管等应做预留，出线口和接线盒应准确定位；

 5 不应在预制构件受力部位和节点连接区域设置孔洞及接线盒，隔墙两侧的电气和智能化设备不应直接连通设置。

7.4.3 装配式混凝土建筑的防雷设计应符合下列规定：

 1 当利用预制剪力墙、预制柱内的部分钢筋作为防雷引下线时，预制构件内作为防雷引下线的钢筋，应在构件接缝处作可靠的电气连接，并在构件接缝处预留施工空间及条件，连接部位应有永久性明显标记；

 2 建筑外墙上的金属管道、栏杆、门窗等金属物需要与防雷装置连接时，应与相关预制构件内部的金属件连接成电气通路；

 3 设置等电位连接的场所，各构件内的钢筋应作可靠的电气连接，并与等电位连接箱连通。

8 内装系统设计

8.1 一 般 规 定

8.1.1 装配式混凝土建筑的内装设计应遵循标准化设计和模数协调的原则，宜采用建筑信息模型（BIM）技术与结构系统、外围护系统、设备管线系统进行一体化设计。

8.1.2 装配式混凝土建筑的内装设计应满足内装部品的连接、检修更换和设备及管线使用年限的要求，宜采用管线分离。

8.1.3 装配式混凝土建筑宜采用工业化生产的集成化部品进行装配式装修。

8.1.4 装配式混凝土建筑的内装部品与室内管线应与预制构件的深化设计紧密配合，预留接口位置应准确到位。

8.1.5 装配式混凝土建筑应在内装设计阶段对部品进行统一编号，在生产、安装阶段按编号实施。

8.1.6 装配式混凝土建筑的内装设计应符合国家现行标准《建筑内部装修设计防火规范》GB 50222、《民用建筑工程室内环境污染控制规范》GB 50325、《民用建筑隔声设计规范》GB 50118 和《住宅室内装饰装修设计规范》JGJ 367 等的相关规定。

8.2 内装部品设计选型

8.2.1 装配式混凝土建筑应在建筑设计阶段对轻质隔墙系统、吊顶系统、楼地面系统、墙面系统、集成式厨房、集成式卫生间、内门窗等进行部品设计选型。

8.2.2 内装部品应与室内管线进行集成设计，并应满足干式工法的要求。

8.2.3 内装部品应具有通用性和互换性。

8.2.4 轻质隔墙系统设计应符合下列规定：

 1 宜结合室内管线的敷设进行构造设计，避免管线安装和维修更换对墙体造成破坏；

 2 应满足不同功能房间的隔声要求；

 3 应在吊挂空调、画框等部位设置加强板或采取其他可靠加固措施。

8.2.5 吊顶系统设计应满足室内净高的需求，并应符合下列规定：

 1 宜在预制楼板（梁）内预留吊顶、桥架、管线等安装所需预埋件；

 2 应在吊顶内设备管线集中部位设置检修口。

8.2.6 楼地面系统宜选用集成化部品系统，并符合下列规定：

 1 楼地面系统的承载力应满足房间使用要求；

 2 架空地板系统宜设置减振构造；

 3 架空地板系统的架空高度应根据管径尺寸、敷设路径、设置坡度等确定，并应设置检修口。

8.2.7 墙面系统宜选用具有高差调平作用的部品，并应与室内管线进行集成设计。

8.2.8 集成式厨房设计应符合下列规定：

 1 应合理设置洗涤池、灶具、操作台、排油烟机等设施，并预留厨房电气设施的位置和接口；

 2 应预留燃气热水器及排烟管道的安装及留孔条件；

 3 给水排水、燃气管线等应集中设置、合理定位，并在连接处设置检修口。

8.2.9 集成式卫生间设计应符合下列规定：

  1 宜采用干湿分离的布置方式；

  2 应综合考虑洗衣机、排气扇（管）、暖风机等的设置；

  3 应在给水排水、电气管线等连接处设置检修口；

  4 应做等电位连接。

8.3 接口与连接

8.3.1 装配式混凝土建筑的内装部品、室内设备管线与主体结构的连接应符合下列规定：

  1 在设计阶段宜明确主体结构的开洞尺寸及准确定位；

  2 宜采用预留预埋的安装方式；当采用其他安装固定方法时，不应影响预制构件的完整性与结构安全。

8.3.2 内装部品接口应做到位置固定，连接合理，拆装方便，使用可靠。

8.3.3 轻质隔墙系统的墙板接缝处应进行密封处理；隔墙端部与结构系统应有可靠连接。

8.3.4 门窗部品收口部位宜采用工厂化门窗套。

8.3.5 集成式卫生间采用防水底盘时，防水底盘的固定安装不应破坏结构防水层；防水底盘与壁板、壁板与壁板之间应有可靠连接设计，并保证水密性。

9 生 产 运 输

9.1 一 般 规 定

9.1.1 生产单位应具备保证产品质量要求的生产工艺设施、试验检测条件，建立完善的质量管理体系和制度，并宜建立质量可追溯的信息化管理系统。

9.1.2 预制构件生产前，应由建设单位组织设计、生产、施工单位进行设计文件交底和会审。必要时，应根据批准的设计文件、拟定的生产工艺、运输方案、吊装方案等编制加工详图。

9.1.3 预制构件生产前应编制生产方案，生产方案宜包括生产计划及生产工艺、模具方案及计划、技术质量控制措施、成品存放、运输和保护方案等。

9.1.4 生产单位的检测、试验、张拉、计量等设备及仪器仪表均应检定合格，并应在有效期内使用。不具备试验能力的检验项目，应委托第三方检测机构进行试验。

9.1.5 预制构件生产宜建立首件验收制度。

9.1.6 预制构件的原材料质量、钢筋加工和连接的力学性能、混凝土强度、构件结构性能、装饰材料、保温材料及拉结件的质量等均应根据国家现行有关标准进行检查和检验，并应具有生产操作规程和质量检验记录。

9.1.7 预制构件生产的质量检验应按模具、钢筋、混凝土、预应力、预制构件等检验进行。预制构件的质量评定应根据钢筋、混凝土、预应力、预制构件的试验、检验资料等项目进行。当上述各检验项目的质量均合格时，方可评定为合格产品。

9.1.8 预制构件和部品生产中采用新技术、新工艺、新材料、新设备时，生产单位应制定专门的生产方案；必要时进行样品试制，经检验合格后方可实施。

9.1.9 预制构件和部品经检查合格后，宜设置表面标识。预制构件和部品出厂时，应出具质量证明文件。

9.2 原材料及配件

9.2.1 原材料及配件应按照国家现行有关标准、设计文件及合同约定进行进厂检验。检验批划分应符合下列规定：

  1 预制构件生产单位将采购的同一厂家同批次材料、配件及半成品用于生产不同工程的预制构件时，可统一划分检验批；

  2 获得认证的或来源稳定且连续三批均一次检验合格的原材料及配件，进场检验时检验批的容量可按本标准的有关规定扩大一倍，且检验批容量仅可扩大一倍。扩大检验批后的检验中，出现不合格情况时，应按扩大前的检验批容量重新验收，且该种原材料或配件不得再次扩大检验批容量。

9.2.2 钢筋进厂时，应全数检查外观质量，并应按国家现行有关标准的规定抽取试件做屈服强度、抗拉强度、伸长率、弯曲性能和重量偏差检验，检验结果应符合相关标准的规定，检查数量应按进厂批次和产品的抽样检验方案确定。

9.2.3 成型钢筋进厂检验应符合下列规定：

  1 同一厂家、同一类型且同一钢筋来源的成型钢筋，不超过30t为一批，每批中每种钢筋牌号、规格均应至少抽取1个钢筋试件，总数不应少于3个，进行屈服强度、抗拉强度、伸长率、外观质量、尺寸偏差和重量偏差检验，检验结果应符合国家现行有关标准的规定；

  2 对由热轧钢筋组成的成型钢筋，当有企业或监理单位的代表驻厂监督加工过程并能提供原材料力学性能检验报告时，可仅进行重量偏差检验；

  3 成型钢筋尺寸允许偏差应符合本标准第9.4.3条的规定。

9.2.4 预应力筋进厂时，应全数检查外观质量，并应按国家现行相关标准的规定抽取试件做抗拉强度、伸长率检验，其检验结果应符合相关标准的规定，检查数量应按进厂的批次和产品的抽样检验方案确定。

9.2.5 预应力筋锚具、夹具和连接器进厂检验应符合下列规定：

1 同一厂家、同一型号、同一规格且同一批号的锚具不超过 2000 套为一批，夹具和连接器不超过 500 套为一批；

2 每批随机抽取 2% 的锚具（夹具或连接器）且不少于 10 套进行外观质量和尺寸偏差检验，每批随机抽取 3% 的锚具（夹具或连接器）对有硬度要求的零件进行硬度检验，经上述两项检验合格后，应从同批锚具中随机抽取 6 套锚具（夹具或连接器）组成 3 个预应力锚具组装件，进行静载锚固性能试验；

3 对于锚具用量较少的一般工程，如锚具供应商提供了有效的锚具静载锚固性能试验合格的证明文件，可仅进行外观检查和硬度检验；

4 检验结果应符合现行行业标准《预应力筋用锚具、夹具和连接器应用技术规程》JGJ 85 的有关规定。

9.2.6 水泥进厂检验应符合下列规定：

1 同一厂家、同一品种、同一代号、同一强度等级且连续进厂的硅酸盐水泥，袋装水泥不超过 200t 为一批，散装水泥不超过 500t 为一批；按批抽取试样进行水泥强度、安定性和凝结时间检验，设计有其他要求时，尚应对相应的性能进行试验，检验结果应符合现行国家标准《通用硅酸盐水泥》GB 175 的有关规定；

2 同一厂家、同一强度等级、同白度且连续进厂的白色硅酸盐水泥，不超过 50t 为一批；按批抽取试样进行水泥强度、安定性和凝结时间检验，设计有其他要求时，尚应对相应的性能进行试验，检验结果应符合现行国家标准《白色硅酸盐水泥》GB/T 2015 的有关规定。

9.2.7 矿物掺合料进厂检验应符合下列规定：

1 同一厂家、同一品种、同一技术指标的矿物掺合料，粉煤灰和粒化高炉矿渣粉不超过 200t 为一批，硅灰不超过 30t 为一批；

2 按批抽取试样进行细度（比表面积）、需水量比（流动度比）和烧失量（活性指数）试验；设计有其他要求时，尚应对相应的性能进行试验；检验结果应分别符合现行国家标准《用于水泥和混凝土中的粉煤灰》GB/T 1596、《用于水泥和混凝土中的粒化高炉矿渣粉》GB/T 18046 和《砂浆和混凝土用硅灰》GB/T 27690 的有关规定。

9.2.8 减水剂进厂检验应符合下列规定：

1 同一厂家、同一品种的减水剂，掺量大于 1%（含 1%）的产品不超过 100t 为一批，掺量小于 1% 的产品不超过 50t 为一批；

2 按批抽取试样进行减水率、1d 抗压强度比、固体含量、含水率、pH 值和密度试验；

3 检验结果应符合国家现行标准《混凝土外加剂》GB 8076、《混凝土外加剂应用技术规范》GB

50119 和《聚羧酸系高性能减水剂》JG/T 223 的有关规定。

9.2.9 骨料进厂检验应符合下列规定：

1 同一厂家（产地）且同一规格的骨料，不超过 400m³ 或 600t 为一批；

2 天然细骨料按批抽取试样进行颗粒级配、细度模数含泥量和泥块含量试验；机制砂和混合砂应进行石粉含量（含亚甲蓝）试验；再生细骨料还应进行微粉含量、再生胶砂需水量比和表观密度试验；

3 天然粗骨料按批抽取试样进行颗粒级配、含泥量、泥块含量和针片状颗粒含量试验，压碎指标可根据工程需要进行检验；再生粗骨料应增加微粉含量、吸水率、压碎指标和表观密度试验；

4 检验结果应符合国家现行标准《普通混凝土用砂、石质量及检验方法标准》JGJ 52、《混凝土用再生粗骨料》GB/T 25177 和《混凝土和砂浆用再生细骨料》GB/T 25176 的有关规定。

9.2.10 轻集料进厂检验应符合下列规定：

1 同一类别、同一规格且同密度等级，不超过 200m³ 为一批；

2 轻细集料按批抽取试样进行细度模数和堆积密度试验，高强轻细集料还应进行强度标号试验；

3 轻粗集料按批抽取试样进行颗粒级配、堆积密度、粒形系数、筒压强度和吸水率试验，高强轻粗集料还应进行强度标号试验；

4 检验结果应符合现行国家标准《轻集料及其试验方法 第 1 部分：轻集料》GB/T 17431.1 的有关规定。

9.2.11 混凝土拌制及养护用水应符合现行行业标准《混凝土用水标准》JGJ 63 的有关规定，并应符合下列规定：

1 采用饮用水时，可不检验；

2 采用中水、搅拌站清洗水或回收水时，应对其成分进行检验，同一水源每年至少检验一次。

9.2.12 钢纤维和有机合成纤维应符合设计要求，进厂检验应符合下列规定：

1 用于同一工程的相同品种且相同规格的钢纤维，不超过 20t 为一批，按批抽取试样进行抗拉强度、弯折性能、尺寸偏差和杂质含量试验；

2 用于同一工程的相同品种且相同规格的合成纤维，不超过 50t 为一批，按批抽取试样进行纤维抗拉强度、初始模量、断裂伸长率、耐碱性能、分散性相对误差和混凝土抗压强度比试验，增韧纤维还应进行韧性指数和抗冲击次数比试验；

3 检验结果应符合现行行业标准《纤维混凝土应用技术规程》JGJ/T 221 的有关规定。

9.2.13 脱模剂应符合下列规定：

1 脱模剂应无毒、无刺激性气味，不应影响混凝土性能和预制构件表面装饰效果；

2 脱模剂应按照使用品种，选用前及正常使用后每年进行一次匀质性和施工性能试验；

3 检验结果应符合现行行业标准《混凝土制品用脱模剂》JC/T 949 的有关规定。

9.2.14 保温材料进厂检验应符合下列规定：

1 同一厂家、同一品种且同一规格，不超过 5000m² 为一批；

2 按批抽取试样进行导热系数、密度、压缩强度、吸水率和燃烧性能试验；

3 检验结果应符合设计要求和国家现行相关标准的有关规定。

9.2.15 预埋吊件进厂检验应符合下列规定：

1 同一厂家、同一类别、同一规格预埋吊件，不超过 10000 件为一批；

2 按批抽取试样进行外观尺寸、材料性能、抗拉拔性能等试验；

3 检验结果应符合设计要求。

9.2.16 内外叶墙体拉结件进厂检验应符合下列规定：

1 同一厂家、同一类别、同一规格产品，不超过 10000 件为一批；

2 按批抽取试样进行外观尺寸、材料性能、力学性能检验，检验结果应符合设计要求。

9.2.17 灌浆套筒和灌浆料进厂检验应符合现行行业标准《钢筋套筒灌浆连接应用技术规程》JGJ 355 的有关规定。

9.2.18 钢筋浆锚连接用镀锌金属波纹管进厂检验应符合下列规定：

1 应全数检查外观质量，其外观应清洁，内外表面应无锈蚀、油污、附着物、孔洞，不应有不规则褶皱，咬口应无开裂、脱扣；

2 应进行径向刚度和抗渗漏性能检验，检查数量应按进场的批次和产品的抽样检验方案确定；

3 检验结果应符合现行行业标准《预应力混凝土用金属波纹管》JG 225 的规定。

9.3 模　　具

9.3.1 预制构件生产应根据生产工艺、产品类型等制定模具方案，应建立健全模具验收、使用制度。

9.3.2 模具应具有足够的强度、刚度和整体稳固性，并应符合下列规定：

1 模具应装拆方便，并应满足预制构件质量、生产工艺和周转次数等要求；

2 结构造型复杂、外型有特殊要求的模具应制作样板，经检验合格后方可批量制作；

3 模具各部件之间应连接牢固，接缝应紧密，附带的埋件或工装应定位准确，安装牢固；

4 用作底模的台座、胎模、地坪及铺设的底板等应平整光洁，不得有下沉、裂缝、起砂和起鼓；

5 模具应保持清洁，涂刷脱模剂、表面缓凝剂时应均匀、无漏刷、无堆积，且不得沾污钢筋，不得影响预制构件外观效果；

6 应定期检查侧模、预埋件和预留孔洞定位措施的有效性；应采取防止模具变形和锈蚀的措施；重新启用的模具应检验合格后方可使用；

7 模具与平模台间的螺栓、定位销、磁盒等固定方式应可靠，防止混凝土振捣成型时造成模具偏移和漏浆。

9.3.3 除设计有特殊要求外，预制构件模具尺寸偏差和检验方法应符合表 9.3.3 的规定。

表 9.3.3　预制构件模具尺寸允许偏差和检验方法

项次	检验项目、内容		允许偏差（mm）	检验方法
1	长度	≤6m	1，−2	用尺量平行构件高度方向，取其中偏差绝对值较大处
		>6m 且≤12m	2，−4	
		>12m	3，−5	
2	宽度、高（厚）度	墙板	1，−2	用尺测量两端或中部，取其中偏差绝对值较大处
3		其他构件	2，−4	
4	底模表面平整度		2	用 2m 靠尺和塞尺量
5	对角线差		3	用尺量对角线
6	侧向弯曲		$L/1500$ 且≤5	拉线，用钢尺量侧向弯曲最大处
7	翘曲		$L/1500$	对角拉线测量交点间距离值的两倍
8	组装缝隙		1	用塞片或塞尺量测，取最大值
9	端模与侧模高低差		1	用钢尺量

注：L 为模具与混凝土接触面中最长边的尺寸。

9.3.4 构件上的预埋件和预留孔洞宜通过模具进行定位，并安装牢固，其安装偏差应符合表 9.3.4 的规定。

表 9.3.4　模具上预埋件、预留孔洞安装允许偏差

项次	检验项目		允许偏差（mm）	检验方法
1	预埋钢板、建筑幕墙用槽式预埋组件	中心线位置	3	用尺量测纵横两个方向的中心线位置，取其中较大值
		平面高差	±2	钢直尺和塞尺检查

续表 9.3.4

项次	检验项目		允许偏差（mm）	检验方法
2	预埋管、电线盒、电线管水平和垂直方向的中心线位置偏移、预留孔、浆锚搭接预留孔（或波纹管）		2	用尺量测纵横两个方向的中心线位置，取其中较大值
3	插筋	中心线位置	3	用尺量测纵横两个方向的中心线位置，取其中较大值
		外露长度	+10，0	用尺量测
4	吊环	中心线位置	3	用尺量测纵横两个方向的中心线位置，取其中较大值
		外露长度	0，−5	用尺量测
5	预埋螺栓	中心线位置	2	用尺量测纵横两个方向的中心线位置，取其中较大值
		外露长度	+5，0	用尺量测
6	预埋螺母	中心线位置	2	用尺量测纵横两个方向的中心线位置，取其中较大值
		平面高差	±1	钢直尺和塞尺检查
7	预留洞	中心线位置	3	用尺量测纵横两个方向的中心线位置，取其中较大值
		尺寸	+3，0	用尺量测纵横两个方向尺寸，取其中较大值
8	灌浆套筒及连接钢筋	灌浆套筒中心线位置	1	用尺量测纵横两个方向的中心线位置，取其中较大值
		连接钢筋中心线位置	1	用尺量测纵横两个方向的中心线位置，取其中较大值
		连接钢筋外露长度	+5，0	用尺量测

9.3.5 预制构件中预埋门窗框时，应在模具上设置限位装置进行固定，并应逐件检验。门窗框安装偏差

和检验方法应符合表 9.3.5 的规定。

表 9.3.5　门窗框安装允许偏差和检验方法

项　　目		允许偏差（mm）	检验方法
锚固脚片	中心线位置	5	钢尺检查
	外露长度	+5，0	钢尺检查
门窗框位置		2	钢尺检查
门窗框高、宽		±2	钢尺检查
门窗框对角线		±2	钢尺检查
门窗框的平整度		2	靠尺检查

9.4　钢筋及预埋件

9.4.1 钢筋宜采用自动化机械设备加工，并应符合现行国家标准《混凝土结构工程施工规范》GB 50666 的有关规定。

9.4.2 钢筋连接除应符合现行国家标准《混凝土结构工程施工规范》GB 50666 的有关规定外，尚应符合下列规定：

　　1　钢筋接头的方式、位置、同一截面受力钢筋的接头百分率、钢筋的搭接长度及锚固长度等应符合设计要求或国家现行有关标准的规定；

　　2　钢筋焊接接头、机械连接接头和套筒灌浆连接接头均应进行工艺检验，试验结果合格后方可进行预制构件生产；

　　3　螺纹接头和半灌浆套筒连接接头应使用专用扭力扳手拧紧至规定扭力值；

　　4　钢筋焊接接头和机械连接接头应全数检查外观质量；

　　5　焊接接头、钢筋机械连接接头、钢筋套筒灌浆连接接头力学性能应符合现行行业标准《钢筋焊接及验收规程》JGJ 18、《钢筋机械连接技术规程》JGJ 107 和《钢筋套筒灌浆连接应用技术规程》JGJ 355 的有关规定。

9.4.3 钢筋半成品、钢筋网片、钢筋骨架和钢筋桁架应检查合格后方可进行安装，并应符合下列规定：

　　1　钢筋表面不得有油污，不应严重锈蚀。

　　2　钢筋网片和钢筋骨架宜采用专用吊架进行吊运。

　　3　混凝土保护层厚度应满足设计要求。保护层垫块宜与钢筋骨架或网片绑扎牢固，按梅花状布置，间距满足钢筋限位及控制变形要求，钢筋绑扎丝甩扣应弯向构件内侧。

　　4　钢筋成品的尺寸偏差应符合表 9.4.3-1 的规

定，钢筋桁架的尺寸偏差应符合表 9.4.3-2 的规定。

表 9.4.3-1　钢筋成品的允许偏差和检验方法

项　目			允许偏差（mm）	检验方法
钢筋网片	长、宽		±5	钢尺检查
	网眼尺寸		±10	钢尺量连续三挡，取最大值
	对角线		5	钢尺检查
	端头不齐		5	钢尺检查
钢筋骨架	长		0，−5	钢尺检查
	宽		±5	钢尺检查
	高（厚）		±5	钢尺检查
	主筋间距		±10	钢尺量两端、中间各一点，取最大值
	主筋排距		±5	钢尺量两端、中间各一点，取最大值
	箍筋间距		±10	钢尺量连续三挡，取最大值
	弯起点位置		15	钢尺检查
	端头不齐		5	钢尺检查
	保护层	柱、梁	±5	钢尺检查
		板、墙	±3	钢尺检查

表 9.4.3-2　钢筋桁架尺寸允许偏差

项次	检验项目	允许偏差（mm）
1	长度	总长度的±0.3%，且不超过±10
2	高度	+1，−3
3	宽度	±5
4	扭翘	≤5

9.4.4　预埋件用钢材及焊条的性能应符合设计要求。预埋件加工偏差应符合表 9.4.4 的规定。

表 9.4.4　预埋件加工允许偏差

项次	检验项目		允许偏差（mm）	检验方法
1	预埋件锚板的边长		0，−5	用钢尺量测
2	预埋件锚板的平整度		1	用直尺和塞尺量测
3	锚筋	长度	10，−5	用钢尺量测
		间距偏差	±10	用钢尺量测

9.5　预应力构件

9.5.1　预制预应力构件生产应编制专项方案，并应

符合现行国家标准《混凝土结构工程施工规范》GB 50666 的有关规定。

9.5.2　预应力张拉台座应进行专项施工设计，并应具有足够的承载力、刚度及整体稳固性，应能满足各阶段施工荷载和施工工艺的要求。

9.5.3　预应力筋下料应符合下列规定：

　　1　预应力筋的下料长度应根据台座的长度、锚夹具长度等经过计算确定；

　　2　预应力筋应使用砂轮锯或切断机等机械方法切断，不得采用电弧或气焊切断。

9.5.4　钢丝镦头及下料长度偏差应符合下列规定：

　　1　镦头的头型直径不宜小于钢丝直径的 1.5 倍，高度不宜小于钢丝直径；

　　2　镦头不应出现横向裂纹；

　　3　当钢丝束两端均采用镦头锚具时，同一束中各根钢丝长度的极差不应大于钢丝长度的 1/5000，且不应大于 5mm；当成组张拉长度不大于 10m 的钢丝时，同组钢丝长度的极差不得大于 2mm。

9.5.5　预应力筋的安装、定位和保护层厚度应符合设计要求。模外张拉工艺的预应力筋保护层厚度可用梳筋条槽口深度或端头垫板厚度控制。

9.5.6　预应力筋张拉设备及压力表应定期维护和标定，并应符合下列规定：

　　1　张拉设备和压力表应配套标定和使用，标定期限不应超过半年；当使用过程中出现反常现象或张拉设备检修后，应重新标定；

　　2　压力表的量程应大于张拉工作压力读值，压力表的精确度等级不应低于 1.6 级；

　　3　标定张拉设备用的试验机或测力计的测力示值不确定度不应大于 1.0%；

　　4　张拉设备标定时，千斤顶活塞的运行方向应与实际张拉工作状态一致。

9.5.7　预应力筋的张拉控制应力应符合设计及专项方案的要求。当需要超张拉时，调整后的张拉控制应力 σ_{con} 应符合下列规定：

　　1　消除应力钢丝、钢绞线　　$\sigma_{con} \leq 0.80 f_{ptk}$

　　2　中强度预应力钢丝　　$\sigma_{con} \leq 0.75 f_{ptk}$

　　3　预应力螺纹钢筋　　$\sigma_{con} \leq 0.90 f_{pyk}$

式中：σ_{con}——预应力筋张拉控制应力；
　　　f_{ptk}——预应力筋极限强度标准值；
　　　f_{pyk}——预应力螺纹钢筋屈服强度标准值。

9.5.8　采用应力控制方法张拉时，应校核最大张拉力下预应力筋伸长值。实测伸长值与计算伸长值的偏差应控制在±6%之内，否则应查明原因并采取措施后再张拉。

9.5.9　预应力筋的张拉应符合设计要求，并应符合下列规定：

　　1　应根据预制构件受力特点、施工方便及操作安全等因素确定张拉顺序；

2 宜采用多根预应力筋整体张拉；单根张拉时应采取对称和分级方式，按照校准的张拉力控制张拉精度，以预应力筋的伸长值作为校核；

3 对预制屋架等平卧叠浇构件，应从上而下逐榀张拉；

4 预应力筋张拉时，应从零拉力加载至初拉力后，量测伸长值初读数，再以均匀速率加载至张拉控制力；

5 张拉过程中应避免预应力筋断裂或滑脱；

6 预应力筋张拉锚固后，应对实际建立的预应力值与设计给定值的偏差进行控制；应以每工作班为一批，抽查预应力筋总数的1%，且不少于3根。

9.5.10 预应力筋放张应符合设计要求，并应符合下列规定：

1 预应力筋放张时，混凝土强度应符合设计要求，且同条件养护的混凝土立方体抗压强度不应低于设计混凝土强度等级值的75%；采用消除应力钢丝或钢绞线作为预应力筋的先张法构件，尚不应低于30MPa；

2 放张前，应将限制构件变形的模具拆除；

3 宜采取缓慢放张工艺进行整体放张；

4 对受弯或偏心受压的预应力构件，应先同时放张预压应力较小区域的预应力筋，再同时放张预压应力较大区域的预应力筋；

5 单根放张时，应分阶段、对称且相互交错放张；

6 放张后，预应力筋的切断顺序，宜从放张端开始逐次切向另一端。

9.6 成型、养护及脱模

9.6.1 浇筑混凝土前应进行钢筋、预应力的隐蔽工程检查。隐蔽工程检查项目应包括：

1 钢筋的牌号、规格、数量、位置和间距；

2 纵向受力钢筋的连接方式、接头位置、接头质量、接头面积百分率、搭接长度、锚固方式及锚固长度；

3 箍筋弯钩的弯折角度及平直段长度；

4 钢筋的混凝土保护层厚度；

5 预埋件、吊环、插筋、灌浆套筒、预留孔洞、金属波纹管的规格、数量、位置及固定措施；

6 预埋线盒和管线的规格、数量、位置及固定措施；

7 夹芯外墙板的保温层位置和厚度，拉结件的规格、数量和位置；

8 预应力筋及其锚具、连接器和锚垫板的品种、规格、数量、位置；

9 预留孔道的规格、数量、位置，灌浆孔、排气孔、锚固区局部加强构造。

9.6.2 混凝土工作性能指标应根据预制构件产品特点和生产工艺确定，混凝土配合比设计应符合国家现行标准《普通混凝土配合比设计规程》JGJ 55 和《混凝土结构工程施工规范》GB 50666 的有关规定。

9.6.3 混凝土应采用有自动计量装置的强制式搅拌机搅拌，并具有生产数据逐盘记录和实时查询功能。混凝土应按照混凝土配合比通知单进行生产，原材料每盘称量的允许偏差应符合表9.6.3的规定。

表9.6.3 混凝土原材料每盘称量的允许偏差

项次	材料名称	允许偏差
1	胶凝材料	±2%
2	粗、细骨料	±3%
3	水、外加剂	±1%

9.6.4 混凝土应进行抗压强度检验，并应符合下列规定：

1 混凝土检验试件应在浇筑地点取样制作。

2 每拌制100盘且不超过100m³的同一配合比混凝土，每工作班拌制的同一配合比的混凝土不足100盘为一批。

3 每批制作强度检验试块不少于3组、随机抽取1组进行同条件转标准养护后进行强度检验，其余可作为同条件试件在预制构件脱模和出厂时控制其混凝土强度；还可根据预制构件吊装、张拉和放张等要求，留置足够数量的同条件混凝土试块进行强度检验。

4 蒸汽养护的预制构件，其强度评定混凝土试块应随同构件蒸养后，再转入标准条件养护。构件脱模起吊、预应力张拉或放张的混凝土同条件试块，其养护条件应与构件生产中采用的养护条件相同。

5 除设计有要求外，预制构件出厂时的混凝土强度不宜低于设计混凝土强度等级值的75%。

9.6.5 带面砖或石材饰面的预制构件宜采用反打一次成型工艺制作，并应符合下列规定：

1 应根据设计要求选择面砖的大小、图案、颜色，背面应设置燕尾槽或确保连接性能可靠的构造；

2 面砖入模铺设前，宜根据设计排板图将单块面砖制成面砖套件，套件的长度不宜大于600mm，宽度不宜大于300mm；

3 石材入模铺设前，宜根据设计排板图的要求进行配板和加工，并应提前在石材背面安装不锈钢锚固拉钩和涂刷防泛碱处理剂；

4 应使用柔韧性好、收缩小、具有抗裂性能且不污染饰面的材料嵌填面砖或石材间的接缝，并应采取防止面砖或石材在安装钢筋及浇筑混凝土等工序中出现位移的措施。

9.6.6 带保温材料的预制构件宜采用水平浇筑方式成型。夹芯保温墙板成型尚应符合下列规定：

1 拉结件的数量和位置应满足设计要求；

2 应采取可靠措施保证拉结件位置、保护层厚度，保证拉结件在混凝土中可靠锚固；

3 应保证保温材料间拼缝严密或使用粘结材料密封处理；

4 在上层混凝土浇筑完成之前，下层混凝土不得初凝。

9.6.7 混凝土浇筑应符合下列规定：

1 混凝土浇筑前，预埋件及预留钢筋的外露部分宜采取防止污染的措施；

2 混凝土倾落高度不宜大于 600mm，并应均匀摊铺；

3 混凝土浇筑应连续进行；

4 混凝土从出机到浇筑完毕的延续时间，气温高于 25℃时不宜超过 60min，气温不高于 25℃时不宜超过 90min。

9.6.8 混凝土振捣应符合下列规定：

1 混凝土宜采用机械振捣方式成型。振捣设备应根据混凝土的品种、工作性、预制构件的规格和形状等因素确定，应制定振捣成型操作规程。

2 当采用振捣棒时，混凝土振捣过程中不应碰触钢筋骨架、面砖和预埋件。

3 混凝土振捣过程中应随时检查模具有无漏浆、变形或预埋件有无移位等现象。

9.6.9 预制构件粗糙面成型应符合下列规定：

1 可采用模板面预涂缓凝剂工艺，脱模后采用高压水冲洗露出骨料；

2 叠合面粗糙面可在混凝土初凝前进行拉毛处理。

9.6.10 预制构件养护应符合下列规定：

1 应根据预制构件特点和生产任务量选择自然养护、自然养护加养护剂或加热养护方式。

2 混凝土浇筑完毕或压面工序完成后应及时覆盖保湿，脱模前不得揭开。

3 涂刷养护剂应在混凝土终凝后进行。

4 加热养护可选择蒸汽加热、电加热或模具加热等方式。

5 加热养护制度应通过试验确定，宜采用加热养护温度自动控制装置。宜在常温下预养护 2h～6h，升、降温速度不宜超过 20℃/h，最高养护温度不宜超过 70℃。预制构件脱模时的表面温度与环境温度的差值不宜超过 25℃。

6 夹芯保温外墙板最高养护温度不宜大于 60℃。

9.6.11 预制构件脱模起吊时的混凝土强度应计算确定，且不宜小于 15MPa。

9.7 预制构件检验

9.7.1 预制构件生产时应采取措施避免出现外观质量缺陷。外观质量缺陷根据其影响结构性能、安装和使用功能的严重程度，可按表 9.7.1 规定划分为严重缺陷和一般缺陷。

表 9.7.1 构件外观质量缺陷分类

名称	现象	严重缺陷	一般缺陷
露筋	构件内钢筋未被混凝土包裹而外露	纵向受力钢筋有露筋	其他钢筋有少量露筋
蜂窝	混凝土表面缺少水泥砂浆而形成石子外露	构件主要受力部位有蜂窝	其他部位有少量蜂窝
孔洞	混凝土中孔穴深度和长度均超过保护层厚度	构件主要受力部位有孔洞	其他部位有少量孔洞
夹渣	混凝土中夹有杂物且深度超过保护层厚度	构件主要受力部位有夹渣	其他部位有少量夹渣
疏松	混凝土中局部不密实	构件主要受力部位有疏松	其他部位有少量疏松
裂缝	缝隙从混凝土表面延伸至混凝土内部	构件主要受力部位有影响结构性能或使用功能的裂缝	其他部位有少量不影响结构性能或使用功能的裂缝
连接部位缺陷	构件连接处混凝土缺陷及连接钢筋、连接件松动，插筋严重锈蚀、弯曲，灌浆套筒堵塞，灌浆孔洞堵塞、偏位、破损等缺陷	连接部位有影响结构传力性能的缺陷	连接部位有基本不影响结构传力性能的缺陷
外形缺陷	缺棱掉角、棱角不直、翘曲不平、飞出凸肋等，装饰面砖粘结不牢、表面不平、砖缝不顺直等	清水或具有装饰的混凝土构件内有影响使用功能或装饰效果的外形缺陷	其他混凝土构件有不影响使用功能的外形缺陷
外表缺陷	构件表面麻面、掉皮、起砂、沾污等	具有重要装饰效果的清水混凝土构件有外表缺陷	其他混凝土构件有不影响使用功能的外表缺陷

9.7.2 预制构件出模后应及时对其外观质量进行全数目测检查。预制构件外观质量不应有缺陷，对已经出现的严重缺陷应制定技术处理方案进行处理并重新检验，对出现的一般缺陷应进行修整并达到合格。

9.7.3 预制构件不应有影响结构性能、安装和使用功能的尺寸偏差。对超过尺寸允许偏差且影响结构性能和安装、使用功能的部位应经原设计单位认可，制定技术处理方案进行处理，并重新检查验收。

9.7.4 预制构件尺寸偏差及预留孔、预留洞、预埋件、预留插筋、键槽的位置和检验方法应符合表9.7.4-1～表9.7.4-4的规定。预制构件有粗糙面时，与预制构件粗糙面相关的尺寸允许偏差可放宽1.5倍。

表 9.7.4-1　预制楼板类构件外形尺寸允许偏差及检验方法

项次	检查项目		允许偏差（mm）	检验方法
1	规格尺寸	长度 <12m	±5	用尺量两端及中间部，取其中偏差绝对值较大值
		≥12m 且 <18m	±10	
		≥18m	±20	
2		宽度	±5	用尺量两端及中间部，取其中偏差绝对值较大值
3		厚度	±5	用尺量板四角和四边中部位置共8处，取其中偏差绝对值较大值
4	外形	对角线差	6	在构件表面，用尺量测两对角线的长度，取其绝对值的差值
5		表面平整度 内表面	4	用2m靠尺安放在构件表面上，用楔形塞尺量测靠尺与表面之间的最大缝隙
		外表面	3	
6		楼板侧向弯曲	L/750 且≤20mm	拉线，钢尺量最大弯曲处
7		扭翘	L/750	四对角拉两条线，量测两线交点之间的距离，其值的2倍为扭翘值
8	预埋部件	预埋钢板 中心线位置偏差	5	用尺量测纵横两个方向的中心线位置，取其中较大值
		平面高差	0，−5	用尺紧靠在预埋件上，用楔形塞尺量测预埋件平面与混凝土面的最大缝隙
9		预埋螺栓 中心线位置偏移	2	用尺量测纵横两个方向的中心线位置，取其中较大值
		外露长度	+10，−5	用尺量
10		预埋线盒、电盒 在构件平面的水平方向中心位置偏差	10	用尺量
		与构件表面混凝土高差	0，−5	用尺量

续表 9.7.4-1

项次	检查项目		允许偏差（mm）	检验方法
11	预留孔	中心线位置偏移	5	用尺量测纵横两个方向的中心线位置，取其中较大值
		孔尺寸	±5	用尺量测纵横两个方向尺寸，取其最大值
12	预留洞	中心线位置偏移	5	用尺量测纵横两个方向的中心线位置，取其中较大值
		洞口尺寸、深度	±5	用尺量测纵横两个方向尺寸，取其最大值
13	预留插筋	中心线位置偏移	3	用尺量测纵横两个方向的中心线位置，取其中较大值
		外露长度	±5	用尺量
14	吊环、木砖	中心线位置偏移	10	用尺量测纵横两个方向的中心线位置，取其中较大值
		留出高度	0，−10	用尺量
15	桁架钢筋高度		+5，0	用尺量

表 9.7.4-2　预制墙板类构件外形尺寸允许偏差及检验方法

项次	检查项目		允许偏差（mm）	检验方法
1	规格尺寸	高度	±4	用尺量两端及中间部，取其中偏差绝对值较大值
2		宽度	±4	用尺量两端及中间部，取其中偏差绝对值较大值
3		厚度	±3	用尺量板四角和四边中部位置共8处，取其中偏差绝对值较大值
4	外形	对角线差	5	在构件表面，用尺量测两对角线的长度，取其绝对值的差值
5		表面平整度 内表面	4	用2m靠尺安放在构件表面上，用楔形塞尺量测靠尺与表面之间的最大缝隙
6		外表面	3	
7		侧向弯曲	L/1000 且≤20mm	拉线，钢尺量最大弯曲处
		扭翘	L/1000	四对角拉两条线，量测两线交点之间的距离，其值的2倍为扭翘值

续表 9.7.4-2

项次	检查项目			允许偏差（mm）	检验方法
8	预埋部件	预埋钢板	中心线位置偏移	5	用尺量测纵横两个方向的中心线位置，取其较大值
			平面高差	0，-5	用尺紧靠在预埋件上，用楔形塞尺量测预埋件平面与混凝土面的最大缝隙
9		预埋螺栓	中心线位置偏移	2	用尺量测纵横两个方向的中心线位置，取其较大值
			外露长度	+10，-5	用尺量
10		预埋套筒、螺母	中心线位置偏移	2	用尺量测纵横两个方向的中心线位置，取其较大值
			平面高差	0，-5	用尺紧靠在预埋件上，用楔形塞尺量测预埋件平面与混凝土面的最大缝隙
11	预留孔		中心线位置偏移	5	用尺量测纵横两个方向的中心线位置，取其较大值
			孔尺寸	±5	用尺量测纵横两个方向尺寸，取其最大值
12	预留洞		中心线位置偏移	5	用尺量测纵横两个方向的中心线位置，取其较大值
			洞口尺寸、深度	±5	用尺量测纵横两个方向尺寸，取其最大值
13	预留插筋		中心线位置偏移	3	用尺量测纵横两个方向的中心线位置，取其较大值
			外露长度	±5	用尺量
14	吊环、木砖		中心线位置偏移	10	用尺量测纵横两个方向的中心线位置，取其较大值
			与构件表面混凝土高差	0，-10	用尺量
15	键槽		中心线位置偏移	5	用尺量测纵横两个方向的中心线位置，取其较大值
			长度、宽度	±5	用尺量
			深度	±5	用尺量
16	灌浆套筒及连接钢筋		灌浆套筒中心线位置	2	用尺量测纵横两个方向的中心线位置，取其较大值
			连接钢筋中心线位置	2	用尺量测纵横两个方向的中心线位置，取其较大值
			连接钢筋外露长度	+10，0	用尺量

表 9.7.4-3　预制梁柱桁架类构件外形尺寸允许偏差及检验方法

项次	检查项目			允许偏差（mm）	检验方法
1	规格尺寸	长度	<12m	±5	用尺量两端及中间部，取偏差绝对值较大值
			≥12m且<18m	±10	
			≥18m	±20	
2		宽度		±5	用尺量两端及中间部，取偏差绝对值较大值
3		高度		±5	用尺量板四角和四边中部位置共8处，取其偏差绝对值较大值
4	表面平整度			4	用2m靠尺安放在构件表面上，用楔形塞尺量测靠尺与表面之间的最大缝隙
5	侧向弯曲		梁柱	L/750且≤20mm	拉线，钢尺量最大弯曲处
			桁架	L/1000且≤20mm	
6	预埋部件	预埋钢板	中心线位置偏移	5	用尺量测纵横两个方向的中心线位置，取其较大值
			平面高差	0，-5	用尺紧靠在预埋件上，用楔形塞尺量测预埋件平面与混凝土面的最大缝隙
7		预埋螺栓	中心线位置偏移	2	用尺量测纵横两个方向的中心线位置，取其较大值
			外露长度	+10，-5	用尺量
8	预留孔		中心线位置偏移	5	用尺量测纵横两个方向的中心线位置，取其较大值
			孔尺寸	±5	用尺量测纵横两个方向尺寸，取其最大值
9	预留洞		中心线位置偏移	5	用尺量测纵横两个方向的中心线位置，取其较大值
			洞口尺寸、深度	±5	用尺量测纵横两个方向尺寸，取其最大值
10	预留插筋		中心线位置偏移	3	用尺量测纵横两个方向的中心线位置，取其较大值
			外露长度	±5	用尺量
11	吊环		中心线位置偏移	10	用尺量测纵横两个方向的中心线位置，取其较大值
			留出高度	0，-10	用尺量

续表 9.7.4-3

项次	检查项目		允许偏差(mm)	检验方法
12	键槽	中心线位置偏移	5	用尺量测纵横两个方向的中心线位置,取其较大值
		长度、宽度	±5	用尺量
		深度	±5	用尺量
13	灌浆套筒及连接钢筋	灌浆套筒中心线位置	2	用尺量测纵横两个方向的中心线位置,取其较大值
		连接钢筋中心线位置	2	用尺量测纵横两个方向的中心线位置,取其较大值
		连接钢筋外露长度	+10,0	用尺量测

表 9.7.4-4 装饰构件外观尺寸允许偏差及检验方法

项次	装饰种类	检查项目	允许偏差(mm)	检验方法
1	通用	表面平整度	2	2m靠尺或塞尺检查
2	面砖、石材	阳角方正	2	用托线板检查
3		上口平直	2	拉通线用钢尺检查
4		接缝平直	3	用钢尺或塞尺检查
5		接缝深度	±5	用钢尺或塞尺检查
6		接缝宽度	±2	用钢尺检查

9.7.5 预制构件的预埋件、插筋、预留孔的规格、数量应满足设计要求。

检查数量:全数检验。

检验方法:观察和量测。

9.7.6 预制构件的粗糙面或键槽成型质量应满足设计要求。

检查数量:全数检验。

检验方法:观察和量测。

9.7.7 面砖与混凝土的粘结强度应符合现行行业标准《建筑工程饰面砖粘结强度检验标准》JGJ 110 和《外墙饰面砖工程施工及验收规程》JGJ 126 的有关规定。

检查数量:按同一工程、同一工艺的预制构件分批抽样检验。

检验方法:检查试验报告单。

9.7.8 预制构件采用钢筋套筒灌浆连接时,在构件生产前应检查套筒型式检验报告是否合格,应进行钢筋套筒灌浆连接接头的抗拉强度试验,并应符合现行行业标准《钢筋套筒灌浆连接应用技术规程》JGJ 355 的有关规定。

检查数量:按同一工程、同一工艺的预制构件分批抽样检验。同一批号、同一类型、同一规格的灌浆套筒,不超过 1000 个为一批,每批随机抽取 3 个灌浆套筒制作对中连接接头试件。

检验方法:检查试验报告单、质量证明文件。

9.7.9 夹芯外墙板的内外叶墙板之间的拉结件类别、数量、使用位置及性能应符合设计要求。

检查数量:按同一工程、同一工艺的预制构件分批抽样检验。

检验方法:检查试验报告单、质量证明文件及隐蔽工程检查记录。

9.7.10 夹芯保温外墙板用的保温材料类别、厚度、位置及性能应满足设计要求。

检查数量:按批检查。

检验方法:观察、量测,检查保温材料质量证明文件及检验报告。

9.7.11 混凝土强度应符合设计文件及国家现行有关标准的规定。

检查数量:按构件生产批次在混凝土浇筑地点随机抽取标准养护试件,取样频率应符合本标准规定。

检验方法:应符合现行国家标准《混凝土强度检验评定标准》GB/T 50107 的有关规定。

9.8 存放、吊运及防护

9.8.1 预制构件吊运应符合下列规定:

1 应根据预制构件的形状、尺寸、重量和作业半径等要求选择吊具和起重设备,所采用的吊具和起重设备及其操作,应符合国家现行有关标准及产品应用技术手册的规定;

2 吊点数量、位置应经计算确定,应保证吊具连接可靠,应采取保证起重设备的主钩位置、吊具及构件重心在竖直方向上重合的措施;

3 吊索水平夹角不宜小于 60°,不应小于 45°;

4 应采用慢起、稳升、缓放的操作方式,吊运过程,应保持稳定,不得偏斜、摇摆和扭转,严禁吊装构件长时间悬停在空中;

5 吊装大型构件、薄壁构件或形状复杂的构件时,应使用分配梁或分配桁架类吊具,并应采取避免构件变形和损伤的临时加固措施。

9.8.2 预制构件存放应符合下列规定:

1 存放场地应平整、坚实,并应有排水措施;

2 存放库区宜实行分区管理和信息化台账管理;

3 应按照产品品种、规格型号、检验状态分类存放,产品标识应明确、耐久,预埋吊件应朝上,标识应向外;

4 应合理设置垫块支点位置,确保预制构件存放稳定,支点宜与起吊点位置一致;

5 与清水混凝土面接触的垫块应采取防污染措施;

6 预制构件多层叠放时,每层构件间的垫块应上下对齐;预制楼板、叠合板、阳台板和空调板等构件宜平放，叠放层数不宜超过6层；长期存放时，应采取措施控制预应力构件起拱值和叠合板翘曲变形；

7 预制柱、梁等细长构件宜平放且用两条垫木支撑；

8 预制内外墙板、挂板宜采用专用支架直立存放，支架应有足够的强度和刚度，薄弱构件、构件薄弱部位和门窗洞口应采取防止变形开裂的临时加固措施。

9.8.3 预制构件成品保护应符合下列规定：

1 预制构件成品外露保温板应采取防止开裂措施，外露钢筋应采取防弯折措施，外露预埋件和连接件等外露金属件应按不同环境类别进行防护或防腐、防锈；

2 宜采取保证吊装前预埋螺栓孔清洁的措施；

3 钢筋连接套筒、预埋孔洞应采取防止堵塞的临时封堵措施；

4 露骨料粗糙面冲洗完成后应对灌浆套筒的灌浆孔和出浆孔进行透光检查，并清理灌浆套筒内的杂物；

5 冬期生产和存放的预制构件的非贯穿孔洞应采取措施防止雨雪水进入发生冻胀损坏。

9.8.4 预制构件在运输过程中应做好安全和成品防护，并应符合下列规定：

1 应根据预制构件种类采取可靠的固定措施。

2 对于超高、超宽、形状特殊的大型预制构件的运输和存放应制定专门的质量安全保证措施。

3 运输时宜采取如下防护措施：

1）设置柔性垫片避免预制构件边角部位或链索接触处的混凝土损伤。

2）用塑料薄膜包裹垫块避免预制构件外观污染。

3）墙板门窗框、装饰表面和棱角采用塑料贴膜或其他措施防护。

4）竖向薄壁构件设置临时防护支架。

5）装箱运输时，箱内四周采用木材或柔性垫片填实，支撑牢固。

4 应根据构件特点采用不同的运输方式，托架、靠放架、插放架应进行专门设计，进行强度、稳定性和刚度验算：

1）外墙板宜采用立式运输，外饰面层应朝外，梁、板、楼梯、阳台宜采用水平运输。

2）采用靠放架立式运输时，构件与地面倾斜角度宜大于80°，构件应对称靠放，每侧不大于2层，构件层间上部采用木垫块隔离。

3）采用插放架直立运输时，应采取防止构件倾倒措施，构件之间应设置隔离垫块。

4）水平运输时，预制梁、柱构件叠放不宜超过3层，板类构件叠放不宜超过6层。

9.9 资料及交付

9.9.1 预制构件的资料应与产品生产同步形成、收集和整理，归档资料宜包括以下内容：

1 预制混凝土构件加工合同；

2 预制混凝土构件加工图纸、设计文件、设计洽商、变更或交底文件；

3 生产方案和质量计划等文件；

4 原材料质量证明文件、复试试验记录和试验报告；

5 混凝土试配资料；

6 混凝土配合比通知单；

7 混凝土开盘鉴定；

8 混凝土强度报告；

9 钢筋检验资料、钢筋接头的试验报告；

10 模具检验资料；

11 预应力施工记录；

12 混凝土浇筑记录；

13 混凝土养护记录；

14 构件检验记录；

15 构件性能检测报告；

16 构件出厂合格证；

17 质量事故分析和处理资料；

18 其他与预制混凝土构件生产和质量有关的重要文件资料。

9.9.2 预制构件交付的产品质量证明文件应包括以下内容：

1 出厂合格证；

2 混凝土强度检验报告；

3 钢筋套筒等其他构件钢筋连接类型的工艺检验报告；

4 合同要求的其他质量证明文件。

9.10 部 品 生 产

9.10.1 部品原材料应使用节能环保的材料，并应符合现行国家标准《民用建筑工程室内环境污染控制规范》GB 50325、《建筑材料放射性核素限量》GB 6566和室内建筑装饰材料有害物质限量的相关规定。

9.10.2 部品原材料应有质量合格证明并完成抽样复试，没有复试或者复试不合格的不能使用。

9.10.3 部品生产应成套供应，并满足加工精度的要求。

9.10.4 部品生产时，应对尺寸偏差和外观质量进行控制。

9.10.5 预制外墙部品生产时，应符合下列规定：

1 外门窗的预埋件设置应在工厂完成；

2 不同金属的接触面应避免电化学腐蚀；

3 预制混凝土外挂墙板生产应符合现行行业标准《装配式混凝土结构技术规程》JGJ 1的规定；

4 蒸压加气混凝土板的生产应符合现行行业标准《蒸压加气混凝土建筑应用技术规程》JGJ/T 17 的规定。

9.10.6 现场组装骨架外墙的骨架、基层墙板、填充材料应在工厂完成生产。

9.10.7 建筑幕墙的加工制作应按现行行业标准《玻璃幕墙工程技术规范》JGJ 102、《金属与石材幕墙工程技术规范》JGJ 133 及《人造板材幕墙工程技术规范》JGJ 336 的规定执行。

9.10.8 合格部品应具有唯一编码和生产信息，并在包装的明显位置标注部品编码、生产单位、生产日期、检验员代码等。

9.10.9 部品包装的尺寸和重量应考虑到现场运输条件，便于搬运与组装；并注明卸货方式和明细清单。

9.10.10 应制定部品的成品保护、堆放和运输专项方案，其内容应包括运输时间、次序、堆放场地、运输路线、固定要求、堆放支垫及成品保护措施等。对于超高、超宽、形状特殊的部品的运输和堆放应有专门的质量安全保护措施。

10 施 工 安 装

10.1 一 般 规 定

10.1.1 装配式混凝土建筑应结合设计、生产、装配一体化的原则整体策划，协同建筑、结构、机电、装饰装修等专业要求，制定施工组织设计。

10.1.2 施工单位应根据装配式混凝土建筑工程特点配置组织的机构和人员。施工作业人员应具备岗位需要的基础知识和技能，施工单位应对管理人员、施工作业人员进行质量安全技术交底。

10.1.3 装配式混凝土建筑施工宜采用工具化、标准化的工装系统。

10.1.4 装配式混凝土建筑施工宜采用建筑信息模型技术对施工全过程及关键工艺进行信息化模拟。

10.1.5 装配式混凝土建筑施工前，宜选择有代表性的单元进行预制构件试安装，并应根据试安装结果及时调整施工工艺、完善施工方案。

10.1.6 装配式混凝土建筑施工中采用的新技术、新工艺、新材料、新设备，应按有关规定进行评审、备案。施工前，应对新的或首次采用的施工工艺进行评价，并应制定专门的施工方案。施工方案经监理单位审核批准后实施。

10.1.7 装配式混凝土建筑施工过程中应采取安全措施，并应符合国家现行有关标准的规定。

10.2 施 工 准 备

10.2.1 装配式混凝土结构施工应制定专项方案。专项施工方案宜包括工程概况、编制依据、进度计划、施工场地布置、预制构件运输与存放、安装与连接施工、绿色施工、安全管理、质量管理、信息化管理、应急预案等内容。

10.2.2 预制构件、安装用材料及配件等应符合国家现行有关标准及产品应用技术手册的规定，并应按照国家现行相关标准的规定进行进场验收。

10.2.3 施工现场应根据施工平面规划设置运输通道和存放场地，并应符合下列规定：

1 现场运输道路和存放场地应坚实平整，并应有排水措施；

2 施工现场内道路应按照构件运输车辆的要求合理设置转弯半径及道路坡度；

3 预制构件运送到施工现场后，应按规格、品种、使用部位、吊装顺序分别设置存放场地。存放场地应设置在吊装设备的有效起重范围内，且应在堆垛之间设置通道；

4 构件的存放架应具有足够的抗倾覆性能；

5 构件运输和存放对已完成结构、基坑有影响时，应经计算复核。

10.2.4 安装施工前，应进行测量放线、设置构件安装定位标识。测量放线应符合现行国家标准《工程测量规范》GB 50026 的有关规定。

10.2.5 安装施工前，应核对已施工完成结构、基础的外观质量和尺寸偏差，确认混凝土强度和预留预埋符合设计要求，并应核对预制构件的混凝土强度及预制构件和配件的型号、规格、数量等符合设计要求。

10.2.6 安装施工前，应复核吊装设备的吊装能力。应按现行行业标准《建筑机械使用安全技术规程》JGJ 33 的有关规定，检查复核吊装设备及吊具处于安全操作状态，并核实现场环境、天气、道路状况等满足吊装施工要求。防护系统应按照施工方案进行搭设、验收，并应符合下列规定：

1 工具式外防护架应试组装并全面检查，附着在构件上的防护系统应复核其与吊装系统的协调；

2 防护架应经计算确定；

3 高处作业人员应正确使用安全防护用品，宜采用工具式操作架进行安装作业。

10.3 预 制 构 件 安 装

10.3.1 预制构件吊装除应符合本标准9.8.1条的有关规定外，尚应符合下列规定：

1 应根据当天的作业内容进行班前技术安全交底；

2 预制构件应按照吊装顺序预先编号，吊装时严格按编号顺序起吊；

3 预制构件在吊装过程中，宜设置缆风绳控制构件转动。

10.3.2 预制构件吊装就位后，应及时校准并采取临时固定措施。预制构件就位校核与调整应符合下列规定：

1 预制墙板、预制柱等竖向构件安装后，应对安装位置、安装标高、垂直度进行校核与调整；

2 叠合构件、预制梁等水平构件安装后应对安装位置、安装标高进行校核与调整；

3 水平构件安装后，应对相邻预制构件平整度、高低差、拼缝尺寸进行校核与调整；

4 装饰类构件应对装饰面的完整性进行校核与调整；

5 临时固定措施、临时支撑系统应具有足够的强度、刚度和整体稳固性，应按现行国家标准《混凝土结构工程施工规范》GB 50666 的有关规定进行验算。

10.3.3 预制构件与吊具的分离应在校准定位及临时支撑安装完成后进行。

10.3.4 竖向预制构件安装采用临时支撑时，应符合下列规定：

1 预制构件的临时支撑不宜少于 2 道；

2 对预制柱、墙板构件的上部斜支撑，其支撑点距离板底的距离不宜小于构件高度的 2/3，且不应小于构件高度的 1/2；斜支撑应与构件可靠连接；

3 构件安装就位后，可通过临时支撑对构件的位置和垂直度进行微调。

10.3.5 水平预制构件安装采用临时支撑时，应符合下列规定：

1 首层支撑架体的地基应平整坚实，宜采取硬化措施；

2 临时支撑的间距及其与墙、柱、梁边的净距应经设计计算确定，竖向连续支撑层数不宜少于 2 层且上下层支撑宜对准；

3 叠合板预制底板下部支架宜选用定型独立钢支柱，竖向支撑间距应经计算确定。

10.3.6 预制柱安装应符合下列规定：

1 宜按照角柱、边柱、中柱顺序进行安装，与现浇部分连接的柱宜先行吊装；

2 预制柱的就位以轴线和外轮廓线为控制线，对于边柱和角柱，应以外轮廓线控制为准；

3 就位前应设置柱底调平装置，控制柱安装标高；

4 预制柱安装就位后应在两个方向设置可调节临时固定措施，并应进行垂直度、扭转调整；

5 采用灌浆套筒连接的预制柱调整就位后，柱脚连接部位宜采用模板封堵。

10.3.7 预制剪力墙板安装应符合下列规定：

1 与现浇部分连接的墙板宜先行吊装，其他宜按照外墙先行吊装的原则进行吊装；

2 就位前，应在墙板底部设置调平装置；

3 采用灌浆套筒连接、浆锚搭接连接的夹芯保温外墙板应在保温材料部位采用弹性密封材料进行封堵；

4 采用灌浆套筒连接、浆锚搭接连接的墙板需要分仓灌浆时，应采用座浆料进行分仓；多层剪力墙采用座浆时应均匀铺设座浆料；座浆料强度应满足设计要求；

5 墙板以轴线和轮廓线为控制线，外墙应以轴线和外轮廓线双控；

6 安装就位后应设置可调斜撑临时固定，测量预制墙板的水平位置、垂直度、高度等，通过墙底垫片、临时斜支撑进行调整；

7 预制墙板调整就位后，墙底部连接部位宜采用模板封堵；

8 叠合墙板安装就位后进行叠合墙板拼缝处附加钢筋安装，附加钢筋应与现浇段钢筋网交叉点全部绑扎牢固。

10.3.8 预制梁或叠合梁安装应符合下列规定：

1 安装顺序宜遵循先主梁后次梁、先低后高的原则；

2 安装前，应测量并修正临时支撑标高，确保与梁底标高一致，并在柱上弹出梁边控制线；安装后根据控制线进行精密调整；

3 安装前，应复核柱钢筋与梁钢筋位置、尺寸，对梁钢筋与柱钢筋位置有冲突的，应按经设计单位确认的技术方案调整；

4 安装时梁伸入支座的长度与搁置长度应符合设计要求；

5 安装就位后应对水平度、安装位置、标高进行检查；

6 叠合梁的临时支撑，应在后浇混凝土强度达到设计要求后方可拆除。

10.3.9 叠合板预制底板安装应符合下列规定：

1 预制底板吊装完后应对板底接缝高差进行校核；当叠合板板底接缝高差不满足设计要求时，应将构件重新起吊，通过可调托座进行调节；

2 预制底板的接缝宽度应满足设计要求；

3 临时支撑应在后浇混凝土强度达到设计要求后方可拆除。

10.3.10 预制楼梯安装应符合下列规定：

1 安装前，应检查楼梯构件平面定位及标高，并宜设置调平装置；

2 就位后，应及时调整并固定。

10.3.11 预制阳台板、空调板安装应符合下列规定：

1 安装前，应检查支座顶面标高及支撑面的平整度；

2 临时支撑应在后浇混凝土强度达到设计要求后方可拆除。

10.4 预制构件连接

10.4.1 模板工程、钢筋工程、预应力工程、混凝土工程除满足本节规定外，尚应符合国家现行标准《混凝土结构工程施工规范》GB 50666、《钢筋套筒灌浆连接应用技术规程》JGJ 355 等的有关规定。当采用自密实混凝土时，尚应符合现行行业标准《自密实混凝土应用技术规程》JGJ/T 283 的有关规定。

10.4.2 采用钢筋套筒灌浆连接、钢筋浆锚搭接连接的预制构件施工，应符合下列规定：

1 现浇混凝土中伸出的钢筋应采用专用模具进行定位，并应采用可靠的固定措施控制连接钢筋的中心位置及外露长度满足设计要求。

2 构件安装前应检查预制构件上套筒、预留孔的规格、位置、数量和深度；当套筒、预留孔内有杂物时，应清理干净。

3 应检查被连接钢筋的规格、数量、位置和长度。当连接钢筋倾斜时，应进行校直；连接钢筋偏离套筒或孔洞中心线不宜超过 3mm。连接钢筋中心位置存在严重偏差影响预制构件安装时，应会同设计单位制定专项处理方案，严禁随意切割、强行调整定位钢筋。

10.4.3 钢筋套筒灌浆连接接头应按检验批划分要求及时灌浆，灌浆作业应符合现行行业标准《钢筋套筒灌浆连接应用技术规程》JGJ 355 的有关规定。

10.4.4 钢筋机械连接的施工应符合现行行业标准《钢筋机械连接技术规程》JGJ 107 的有关规定。

10.4.5 焊接或螺栓连接的施工应符合国家现行标准《钢结构焊接规范》GB 50661、《钢结构工程施工规范》GB 50755、《钢筋焊接及验收规程》JGJ 18 的有关规定。采用焊接连接时，应采取避免损伤已施工完成的结构、预制构件及配件的措施。

10.4.6 预应力工程施工应符合国家现行标准《混凝土结构工程施工规范》GB 50666、《预应力混凝土结构设计规范》JGJ 369 和《无粘结预应力混凝土结构技术规程》JGJ 92 的有关规定。

10.4.7 装配式混凝土结构后浇混凝土部分的模板与支架应符合下列规定：

1 装配式混凝土结构宜采用工具式支架和定型模板；

2 模板应保证后浇混凝土部分形状、尺寸和位置准确；

3 模板与预制构件接缝处应采取防止漏浆的措施，可粘贴密封条。

10.4.8 装配式混凝土结构的后浇混凝土部位在浇筑前应按本标准第 11.1.5 条进行隐蔽工程验收。

10.4.9 后浇混凝土的施工应符合下列规定：

1 预制构件结合面疏松部分的混凝土应剔除并清理干净；

2 混凝土分层浇筑高度应符合国家现行有关标准的规定，应在底层混凝土初凝前将上一层混凝土浇筑完毕；

3 浇筑时应采取保证混凝土或砂浆浇筑密实的措施；

4 预制梁、柱混凝土强度等级不同时，预制梁柱节点区混凝土强度等级应符合设计要求；

5 混凝土浇筑应布料均衡，浇筑和振捣时，应对模板及支架进行观察和维护，发生异常情况应及时处理；构件接缝混凝土浇筑和振捣应采取措施防止模板、相连接构件、钢筋、预埋件及其定位件移位。

10.4.10 构件连接部位后浇混凝土及灌浆料的强度达到设计要求后，方可拆除临时支撑系统。拆模时的混凝土强度应符合现行国家标准《混凝土结构工程施工规范》GB 50666 的有关规定和设计要求。

10.4.11 外墙板接缝防水施工应符合下列规定：

1 防水施工前，应将板缝空腔清理干净；

2 应按设计要求填塞背衬材料；

3 密封材料嵌填应饱满、密实、均匀、顺直、表面平滑，其厚度应满足设计要求。

10.4.12 装配式混凝土结构的尺寸偏差及检验方法应符合表 10.4.12 的规定。

表 10.4.12　预制构件安装尺寸的允许偏差及检验方法

项目			允许偏差（mm）	检验方法
构件中心线对轴线位置	基础		15	经纬仪及尺量
	竖向构件（柱、墙、桁架）		8	
	水平构件（梁、板）		5	
构件标高	梁、柱、墙、板底面或顶面		±5	水准仪或拉线尺量
构件垂直度	柱、墙	≤6m	5	经纬仪或吊线尺量
		>6m	10	
构件倾斜度	梁、桁架		5	经纬仪或吊线尺量
相邻构件平整度	板端面		5	2m靠尺和塞尺量测
	梁、板底面	外露	3	
		不外露	5	
	柱墙侧面	外露	5	
		不外露	8	
构件搁置长度	梁、板		±10	尺量
支座、支垫中心位置	板、梁、柱、墙、桁架		10	尺量
墙板接缝	宽度		±5	尺量

10.5 部品安装

10.5.1 装配式混凝土建筑的部品安装宜与主体结构同步进行，可在安装部位的主体结构验收合格后进行，并应符合国家现行有关标准的规定。

10.5.2 安装前的准备工作应符合下列规定：

1 应编制施工组织设计和专项施工方案，包括安全、质量、环境保护方案及施工进度计划等内容；

2 应对所有进场部品、零配件及辅助材料按设计规定的品种、规格、尺寸和外观要求进行检查；

3 应进行技术交底；

4 现场应具备安装条件，安装部位应清理干净；

5 装配安装前应进行测量放线工作。

10.5.3 严禁擅自改动主体结构或改变房间的主要使用功能，严禁擅自拆改燃气、暖通、电气等配套设施。

10.5.4 部品吊装应采用专用吊具，起吊和就位应平稳，避免磕碰。

10.5.5 预制外墙安装应符合下列规定：

1 墙板应设置临时固定和调整装置；

2 墙板应在轴线、标高和垂直度调校合格后方可永久固定；

3 当条板采用双层墙板安装时，内、外层墙板的拼缝宜错开；

4 蒸压加气混凝土板施工应符合现行行业标准《蒸压加气混凝土建筑应用技术规程》JGJ/T 17 的规定。

10.5.6 现场组合骨架外墙安装应符合下列规定：

1 竖向龙骨安装应平直，不得扭曲，间距应满足设计要求；

2 空腔内的保温材料应连续、密实，并应在隐蔽验收合格后方可进行面板安装；

3 面板安装方向及拼缝位置应满足设计要求，内外侧接缝不宜在同一根竖向龙骨上；

4 木骨架组合墙体施工应符合现行国家标准《木骨架组合墙体技术规范》GB/T 50361 的规定。

10.5.7 幕墙安装应符合下列规定：

1 玻璃幕墙安装应符合现行行业标准《玻璃幕墙工程技术规范》JGJ 102 的规定；

2 金属与石材幕墙安装应符合现行行业标准《金属与石材幕墙工程技术规范》JGJ 133 的规定；

3 人造板材幕墙安装应符合现行行业标准《人造板材幕墙工程技术规范》JGJ 336 的规定。

10.5.8 外门窗安装应符合下列规定：

1 铝合金门窗安装应符合现行行业标准《铝合金门窗工程技术规范》JGJ 214 的规定；

2 塑料门窗安装应符合现行行业标准《塑料门窗工程技术规程》JGJ 103 的规定。

10.5.9 轻质隔墙部品的安装应符合下列规定：

1 条板隔墙的安装应符合现行行业标准《建筑轻质条板隔墙技术规程》JGJ/T 157 的有关规定。

2 龙骨隔墙安装应符合下列规定：

1）龙骨骨架应与主体结构连接牢固，并应垂直、平整、位置准确；

2）龙骨的间距应满足设计要求；

3）门、窗洞口等位置应采用双排竖向龙骨；

4）壁挂设备、装饰物等的安装位置应设置加固措施；

5）隔墙饰面板安装前，隔墙板内管线应进行隐蔽工程验收；

6）面板拼缝应错缝设置，当采用双层面板安装时，上下层板的接缝应错开。

10.5.10 吊顶部品的安装应符合下列规定：

1 装配式吊顶龙骨应与主体结构固定牢靠；

2 超过 3kg 的灯具、电扇及其他设备应设置独立吊挂结构；

3 饰面板安装前应完成吊顶内管道、管线施工，并经隐蔽验收合格。

10.5.11 架空地板部品的安装应符合下列规定：

1 安装前应完成架空层内管线敷设，且应经隐蔽验收合格；

2 地板辐射供暖系统应对地暖加热管进行水压试验并隐蔽验收合格后铺设面层。

10.6 设备与管线安装

10.6.1 设备与管线施工质量应符合设计文件和现行国家标准《建筑给水排水及采暖工程施工质量验收规范》GB 50242、《通风与空调工程施工质量验收规范》GB 50243、《智能建筑工程施工规范》GB 50606、《智能建筑工程质量验收规范》GB 50339、《建筑电气工程施工质量验收规范》GB 50303 和《火灾自动报警系统施工及验收规范》GB 50166 的规定。

10.6.2 设备与管线需要与结构构件连接时宜采用预留埋件的连接方式。当采用其他连接方法时，不得影响混凝土构件的完整性与结构的安全性。

10.6.3 设备与管线施工前应按设计文件核对设备及管线参数，并应对结构构件预埋套管及预留孔洞的尺寸、位置进行复核，合格后方可施工。

10.6.4 室内架空地板内排水管道支（托）架及管座（墩）的安装应按排水坡度排列整齐，支（托）架与管道接触紧密，非金属排水管道采用金属支架时，应在与管外径接触处设置橡胶垫片。

10.6.5 隐蔽在装配墙体内的管道，其安装应牢固可靠。管道安装部位的装饰结构应采取方便更换、维修的措施。

10.6.6 当管线需埋置在桁架钢筋混凝土叠合板后浇混凝土中时，应设置在桁架上弦钢筋下方，管线之间不宜交叉。

10.6.7 防雷引下线、防侧击雷、等电位连接施工应与预制构件安装配合。利用预制柱、预制梁、预制墙板内钢筋作为防雷引下线、接地线时，应按设计要求进行预埋和跨接，并进行引下线导通性试验，保证连接的可靠性。

10.7 成品保护

10.7.1 交叉作业时，应做好工序交接，不得对已完成工序的成品、半成品造成破坏。

10.7.2 在装配式混凝土建筑施工全过程中，应采取防止预制构件、部品及预制构件上的建筑附件、预埋件、预埋吊件等损伤或污染的保护措施。

10.7.3 预制构件饰面砖、石材、涂刷、门窗等处宜采用贴膜保护或其他专业材料保护。安装完成后，门窗框应采用槽型木框保护。

10.7.4 连接止水条、高低口、墙体转角等薄弱部位，应采用定型保护垫块或专用式套件作加强保护。

10.7.5 预制楼梯饰面应采用铺设木板或其他覆盖形式的成品保护措施。楼梯安装后，踏步口宜铺设木条或其他覆盖形式保护。

10.7.6 遇有大风、大雨、大雪等恶劣天气时，应采取有效措施对存放预制构件成品进行保护。

10.7.7 装配式混凝土建筑的预制构件和部品在安装施工过程、施工完成后，不应受到施工机具碰撞。

10.7.8 施工梯架、工程用的物料等不得支撑、顶压或斜靠在部品上。

10.7.9 当进行混凝土地面等施工时，应防止物料污染、损坏预制构件和部品表面。

10.8 施工安全与环境保护

10.8.1 装配式混凝土建筑施工应执行国家、地方、行业和企业的安全生产法规和规章制度，落实各级各类人员的安全生产责任制。

10.8.2 施工单位应根据工程施工特点对重大危险源进行分析并予以公示，并制定相对应的安全生产应急预案。

10.8.3 施工单位应对从事预制构件吊装作业及相关人员进行安全培训与交底，识别预制构件进场、卸车、存放、吊装、就位各环节的作业风险，并制定防控措施。

10.8.4 安装作业开始前，应对安装作业区进行围护并做出明显的标识，拉警戒线，根据危险源级别安排旁站，严禁与安装作业无关的人员进入。

10.8.5 施工作业使用的专用吊具、吊索、定型工具式支撑、支架等，应进行安全验算，使用中进行定期、不定期检查，确保其安全状态。

10.8.6 吊装作业安全应符合下列规定：

1 预制构件起吊后，应先将预制构件提升300mm左右后，停稳构件，检查钢丝绳、吊具和预制构件状态，确认吊具安全且构件平稳后，方可缓慢提升构件；

2 吊机吊装区域内，非作业人员严禁进入；吊运预制构件时，构件下方严禁站人，应待预制构件降落至距地面1m以内方准作业人员靠近，就位固定后方可脱钩；

3 高空应通过缆风绳改变预制构件方向，严禁高空直接用手扶预制构件；

4 遇到雨、雪、雾天气，或者风力大于5级时，不得进行吊装作业。

10.8.7 夹芯保温外墙板后浇混凝土连接节点区域的钢筋连接施工时，不得采用焊接连接。

10.8.8 预制构件安装施工期间，噪声控制应符合现行国家标准《建筑施工场界环境噪声排放标准》GB 12523的规定。

10.8.9 施工现场应加强对废水、污水的管理，现场应设置污水池和排水沟。废水、废弃涂料、胶料应统一处理，严禁未经处理直接排入下水管道。

10.8.10 夜间施工时，应防止光污染对周边居民的影响。

10.8.11 预制构件运输过程中，应保持车辆整洁，防止对场内道路的污染，并减少扬尘。

10.8.12 预制构件安装过程中废弃物等应进行分类回收。施工中产生的胶粘剂、稀释剂等易燃易爆废弃物应及时收集送至指定储存器内并按规定回收，严禁丢弃未经处理的废弃物。

11 质量验收

11.1 一般规定

11.1.1 装配式混凝土建筑施工应按现行国家标准《建筑工程施工质量验收统一标准》GB 50300的有关规定进行单位工程、分部工程、分项工程和检验批的划分和质量验收。

11.1.2 装配式混凝土建筑的装饰装修、机电安装等分部工程应按国家现行有关标准进行质量验收。

11.1.3 装配式混凝土结构工程应按混凝土结构子分部工程进行验收，装配式混凝土结构部分应按混凝土结构子分部工程的分项工程验收，混凝土结构子分部中其他分项工程应符合现行国家标准《混凝土结构工程施工质量验收规范》GB 50204的有关规定。

11.1.4 装配式混凝土结构工程施工用的原材料、部品、构配件均应按检验批进行进场验收。

11.1.5 装配式混凝土结构连接节点及叠合构件浇筑混凝土前，应进行隐蔽工程验收。隐蔽工程验收应包括下列主要内容：

1 混凝土粗糙面的质量，键槽的尺寸、数量、位置；

2 钢筋的牌号、规格、数量、位置、间距，箍筋弯钩的弯折角度及平直段长度；

3 钢筋的连接方式、接头位置、接头数量、接头面积百分率、搭接长度、锚固方式及锚固长度；

4 预埋件、预留管线的规格、数量、位置；

5 预制混凝土构件接缝处防水、防火等构造做法；

6 保温及其节点施工；

7 其他隐蔽项目。

11.1.6 混凝土结构子分部工程验收时，除应符合现行国家标准《混凝土结构工程施工质量验收规范》GB 50204 的有关规定提供文件和记录外，尚应提供下列文件和记录：

1 工程设计文件、预制构件安装施工图和加工制作详图；

2 预制构件、主要材料及配件的质量证明文件、进场验收记录、抽样复验报告；

3 预制构件安装施工记录；

4 钢筋套筒灌浆型式检验报告、工艺检验报告和施工检验记录，浆锚搭接连接的施工检验记录；

5 后浇混凝土部位的隐蔽工程检查验收文件；

6 后浇混凝土、灌浆料、座浆材料强度检测报告；

7 外墙防水施工质量检验记录；

8 装配式结构分项工程质量验收文件；

9 装配式工程的重大质量问题的处理方案和验收记录；

10 装配式工程的其他文件和记录。

11.2 预 制 构 件

主 控 项 目

11.2.1 专业企业生产的预制构件，进场时应检查质量证明文件。

检查数量：全数检查。

检验方法：检查质量证明文件或质量验收记录。

11.2.2 专业企业生产的预制构件进场时，预制构件结构性能检验应符合下列规定：

1 梁板类简支受弯预制构件进场时应进行结构性能检验，并应符合下列规定：

　1）结构性能检验应符合国家现行有关标准的有关规定及设计的要求，检验要求和试验方法应符合现行国家标准《混凝土结构工程施工质量验收规范》GB 50204 的有关规定。

　2）钢筋混凝土构件和允许出现裂缝的预应力混凝土构件应进行承载力、挠度和裂缝宽度检验；不允许出现裂缝的预应力混凝土构件应进行承载力、挠度和抗裂检验。

　3）对大型构件及有可靠应用经验的构件，可只进行裂缝宽度、抗裂和挠度检验。

　4）对使用数量较少的构件，当能提供可靠依据时，可不进行结构性能检验。

　5）对多个工程共同使用的同类型预制构件，结构性能检验可共同委托，其结果对多个工程共同有效。

2 对于不可单独使用的叠合板预制底板，可不进行结构性能检验。对叠合梁构件，是否进行结构性能检验、结构性能检验的方式应根据设计要求确定。

3 对本条第 1、2 款之外的其他预制构件，除设计有专门要求外，进场时可不做结构性能检验。

4 本条第 1、2、3 款规定中不做结构性能检验的预制构件，应采取下列措施：

　1）施工单位或监理单位代表应驻厂监督生产过程。

　2）当无驻厂监督时，预制构件进场时应对其主要受力钢筋数量、规格、间距、保护层厚度及混凝土强度等进行实体检验。

检验数量：同一类型预制构件不超过 1000 个为一批，每批随机抽取 1 个构件进行结构性能检验。

检验方法：检查结构性能检验报告或实体检验报告。

注："同类型"是指同一钢种、同一混凝土强度等级、同一生产工艺和同一结构形式。抽取预制构件时，宜从设计荷载最大、受力最不利或生产数量最多的预制构件中抽取。

11.2.3 预制构件的混凝土外观质量不应有严重缺陷，且不应有影响结构性能和安装、使用功能的尺寸偏差。

检查数量：全数检查。

检验方法：观察、尺量；检查处理记录。

11.2.4 预制构件表面预贴饰面砖、石材等饰面与混凝土的粘结性能应符合设计和国家现行有关标准的规定。

检查数量：按批检查。

检验方法：检查拉拔强度检验报告。

一 般 项 目

11.2.5 预制构件外观质量不应有一般缺陷，对出现的一般缺陷应要求构件生产单位按技术处理方案进行处理，并重新检查验收。

检查数量：全数检查。

检验方法：观察，检查技术处理方案和处理记录。

11.2.6 预制构件粗糙面的外观质量、键槽的外观质量和数量应符合设计要求。

检查数量：全数检查。

检验方法：观察，量测。

11.2.7 预制构件表面预贴饰面砖、石材等饰面及装饰混凝土饰面的外观质量应符合设计要求或国家现行有关标准的规定。

　　检查数量：按批检查。

　　检验方法：观察或轻击检查；与样板比对。

11.2.8　预制构件上的预埋件、预留插筋、预留孔洞、预埋管线等规格型号、数量应符合设计要求。

　　检查数量：按批检查。

　　检验方法：观察、尺量；检查产品合格证。

11.2.9　预制板类、墙板类、梁柱类构件外形尺寸偏差和检验方法应分别符合本标准表 9.7.4-1～表 9.7.4-3 的规定。

　　检查数量：按照进场检验批，同一规格（品种）的构件每次抽检数量不应少于该规格（品种）数量的 5% 且不少于 3 件。

11.2.10　装饰构件的装饰外观尺寸偏差和检验方法应符合设计要求；当设计无具体要求时，应符合本标准表 9.7.4-4 的规定。

　　检查数量：按照进场检验批，同一规格（品种）的构件每次抽检数量不应少于该规格（品种）数量的 10% 且不少于 5 件。

11.3　预制构件安装与连接

主控项目

11.3.1　预制构件临时固定措施应符合设计、专项施工方案要求及国家现行有关标准的规定。

　　检查数量：全数检查。

　　检验方法：观察检查，检查施工方案、施工记录或设计文件。

11.3.2　装配式结构采用后浇混凝土连接时，构件连接处后浇混凝土的强度应符合设计要求。

　　检查数量：按批检验。

　　检验方法：应符合现行国家标准《混凝土强度检验评定标准》GB/T 50107 的有关规定。

11.3.3　钢筋采用套筒灌浆连接、浆锚搭接连接时，灌浆应饱满、密实，所有出口均应出浆。

　　检查数量：全数检查。

　　检验方法：检查灌浆施工质量检查记录、有关检验报告。

11.3.4　钢筋套筒灌浆连接及浆锚搭接连接用的灌浆料强度应符合国家现行有关标准的规定及设计要求。

　　检查数量：按批检验，以每层为一检验批；每工作班应制作 1 组且每层不应少于 3 组 40mm×40mm×160mm 的长方体试件，标准养护 28d 后进行抗压强度试验。

　　检验方法：检查灌浆料强度试验报告及评定记录。

11.3.5　预制构件底部接缝座浆强度应满足设计要求。

　　检查数量：按批检验，以每层为一检验批；每工作班同一配合比应制作 1 组且每层不应少于 3 组边长为 70.7mm 的立方体试件，标准养护 28d 后进行抗压强度试验。

　　检验方法：检查座浆材料强度试验报告及评定记录。

11.3.6　钢筋采用机械连接时，其接头质量应符合现行行业标准《钢筋机械连接技术规程》JGJ 107 的有关规定。

　　检查数量：应符合现行行业标准《钢筋机械连接技术规程》JGJ 107 的有关规定。

　　检验方法：检查钢筋机械连接施工记录及平行试件的强度试验报告。

11.3.7　钢筋采用焊接连接时，其焊缝的接头质量应满足设计要求，并应符合现行行业标准《钢筋焊接及验收规程》JGJ 18 的有关规定。

　　检查数量：应符合现行行业标准《钢筋焊接及验收规程》JGJ 18 的有关规定。

　　检验方法：检查钢筋焊接接头检验批质量验收记录。

11.3.8　预制构件采用型钢焊接连接时，型钢焊缝的接头质量应满足设计要求，并应符合现行国家标准《钢结构焊接规范》GB 50661 和《钢结构工程施工质量验收规范》GB 50205 的有关规定。

　　检查数量：全数检查。

　　检验方法：应符合现行国家标准《钢结构工程施工质量验收规范》GB 50205 的有关规定。

11.3.9　预制构件采用螺栓连接时，螺栓的材质、规格、拧紧力矩应符合设计要求及现行国家标准《钢结构设计规范》GB 50017 和《钢结构工程施工质量验收规范》GB 50205 的有关规定。

　　检查数量：全数检查。

　　检验方法：应符合现行国家标准《钢结构工程施工质量验收规范》GB 50205 的有关规定。

11.3.10　装配式结构分项工程的外观质量不应有严重缺陷，且不得有影响结构性能和使用功能的尺寸偏差。

　　检查数量：全数检查。

　　检验方法：观察、量测；检查处理记录。

11.3.11　外墙板接缝的防水性能应符合设计要求。

　　检验数量：按批检验。每 1000m² 外墙（含窗）面积应划分为一个检验批，不足 1000m² 时也应划分为一个检验批；每个检验批应至少抽查一处，抽查部位应为相邻两层 4 块墙板形成的水平和竖向十字接缝区域，面积不得少于 10m²。

　　检验方法：检查现场淋水试验报告。

一般项目

11.3.12　装配式结构分项工程的施工尺寸偏差及检

验方法应符合设计要求；当设计无要求时，应符合本标准表10.4.12的规定。

检查数量：按楼层、结构缝或施工段划分检验批。同一检验批内，对梁、柱，应抽查构件数量的10%，且不少于3件；对墙和板，应按有代表性的自然间抽查10%，且不少3间；对大空间结构，墙可按相邻轴线间高度5m左右划分检查面，板可按纵、横轴线划分检查面，抽查10%，且均不少于3面。

11.3.13 装配式混凝土建筑的饰面外观质量应符合设计要求，并应符合现行国家标准《建筑装饰装修工程质量验收规范》GB 50210 的有关规定。

检查数量：全数检查。

检验方法：观察、对比量测。

11.4 部品安装

11.4.1 装配式混凝土建筑的部品验收应分层分阶段开展。

11.4.2 部品质量验收应根据工程实际情况检查下列文件和记录：

1 施工图或竣工图、性能试验报告、设计说明及其他设计文件；

2 部品和配套材料的出厂合格证、进场验收记录；

3 施工安装记录；

4 隐蔽工程验收记录；

5 施工过程中重大技术问题的处理文件、工作记录和工程变更记录。

11.4.3 部品验收分部分项划分应满足国家现行相关标准要求，检验批划分应符合下列规定：

1 相同材料、工艺和施工条件的外围护部品每1000m² 应划分为一个检验批，不足 1000m² 也应划分为一个检验批；每个检验批每 100m² 应至少抽查一处，每处不得小于 10m²；

2 住宅建筑装配式内装工程应进行分户验收，划分为一个检验批；

3 公共建筑装配式内装工程应按照功能区间进行分段验收，划分为一个检验批；

4 对于异形、多专业综合或有特殊要求的部品，国家现行相关标准未作出规定时，检验批的划分可根据部品的结构、工艺特点及工程规模，由建设单位组织监理单位和施工单位协商确定。

11.4.4 外围护部品应在验收前完成下列性能的试验和测试：

1 抗风压性能、层间变形性能、耐撞击性能、耐火极限等实验室检测；

2 连接件材性、锚栓拉拔强度等现场检测。

11.4.5 外围护部品验收根据工程实际情况进行下列现场试验和测试：

1 饰面砖（板）的粘结强度测试；

2 板接缝及外门窗安装部位的现场淋水试验；

3 现场隔声测试；

4 现场传热系数测试。

11.4.6 外围护部品应完成下列隐蔽项目的现场验收：

1 预埋件；

2 与主体结构的连接节点；

3 与主体结构之间的封堵构造节点；

4 变形缝及墙面转角处的构造节点；

5 防雷装置；

6 防火构造。

11.4.7 屋面应按现行国家标准《屋面工程质量验收规范》GB 50207 的规定进行验收。

11.4.8 外围护系统的保温和隔热工程质量验收应按现行国家标准《建筑节能工程施工质量验收规范》GB 50411 的规定执行。

11.4.9 幕墙应按现行行业标准《玻璃幕墙工程技术规范》JGJ 102、《金属与石材幕墙工程技术规范》JGJ 133 和《人造板材幕墙工程技术规范》JGJ 336 的规定进行验收。

11.4.10 外围护系统的门窗工程、涂饰工程应按现行国家标准《建筑装饰装修工程质量验收规范》GB 50210 的规定进行验收。

11.4.11 木骨架组合外墙系统应按现行国家标准《木骨架组合墙体技术规范》GB/T 50361 的规定进行验收。

11.4.12 蒸压加气混凝土外墙板应按现行行业标准《蒸压加气混凝土建筑应用技术规程》JGJ/T 17 的规定进行验收。

11.4.13 内装工程应按国家现行标准《建筑装饰装修工程质量验收规范》GB 50210、《建筑轻质条板隔墙技术规程》JGJ/T 157 和《公共建筑吊顶工程技术规程》JGJ 345 的有关规定进行验收。

11.4.14 室内环境的质量验收应在内装工程完成后进行，并应符合现行国家标准《民用建筑工程室内环境污染控制规范》GB 50325 的有关规定。

11.5 设备与管线安装

11.5.1 装配式混凝土建筑中涉及建筑给水排水及供暖、通风与空调、建筑电气、智能建筑、建筑节能、电梯等安装的施工质量验收应按其对应的分部工程进行验收。

11.5.2 给水排水及采暖工程的分部工程、分项工程、检验批质量验收等应符合现行国家标准《建筑给水排水及采暖工程施工质量验收规范》GB 50242 的有关规定。

11.5.3 电气工程的分部工程、分项工程、检验批质量验收等应符合现行国家标准《建筑电气工程施工质量验收规范》GB 50303 及《火灾自动报警系统施工及验收规范》GB 50166 的有关规定。

11.5.4 通风与空调工程的分部工程、分项工程、检验批质量验收等应符合现行国家标准《通风与空调工程施工质量验收规范》GB 50243 的有关规定。

11.5.5 智能建筑的分部工程、分项工程、检验批质量验收等除应符合本标准外，尚应符合现行国家标准《智能建筑工程质量验收规范》GB 50339 的有关规定。

11.5.6 电梯工程的分部工程、分项工程、检验批质量验收等应符合现行国家标准《电梯工程施工质量验收规范》GB 50310 的有关规定。

11.5.7 建筑节能工程的分部工程、分项工程、检验批质量验收等应符合现行国家标准《建筑节能工程施工质量验收规范》GB 50411 的有关规定。

附录 A 双面叠合剪力墙设计

A.0.1 本附录适用的双面叠合剪力墙房屋的最大适用高度应符合表 A.0.1 的规定。

表 A.0.1 双面叠合剪力墙房屋的最大适用高度（m）

结构类型	抗震设防烈度			
	6 度	7 度	8 度 (0.20g)	8 度 (0.30g)
双面叠合剪力墙结构	90	80	60	50

注：房屋高度指室外地面到主要屋面的高度，不包括局部突出屋顶部分。

A.0.2 双面叠合剪力墙空腔内宜浇筑自密实混凝土，自密实混凝土应符合现行行业标准《自密实混凝土应用技术规程》JGJ/T 283 的规定；当采用普通混凝土时，混凝土粗骨料的最大粒径不宜大于 20mm，并应采取保证后浇混凝土浇筑质量的措施。

A.0.3 双面叠合剪力墙的墙肢厚度不宜小于 200mm，单叶预制墙板厚度不宜小于 50mm，空腔净距不宜小于 100mm。预制墙板内外叶内表面应设置粗糙面，粗糙面凹凸深度不应小于 4mm。

A.0.4 双面叠合剪力墙结构宜采用预制混凝土叠合连梁（图 A.0.4），也可采用现浇混凝土连梁。连梁

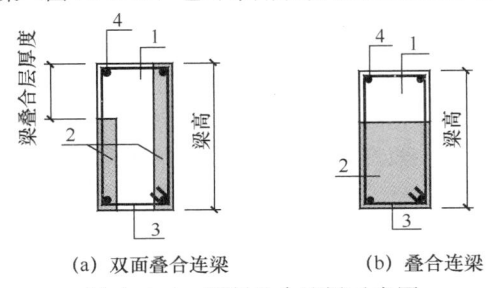

(a) 双面叠合连梁 **(b) 叠合连梁**

图 A.0.4 预制叠合连梁示意图

1—后浇部分；2—预制部分；3—连梁箍筋；4—连梁纵筋

配筋及构造应符合国家现行标准《混凝土结构设计规范》GB 50010 和《装配式混凝土结构技术规程》JGJ 1 的有关规定。

A.0.5 除本标准另有规定外，双面叠合剪力墙结构的截面设计应符合现行行业标准《高层建筑混凝土结构技术规程》JGJ 3 的有关规定，其中剪力墙厚度 b_w 取双面叠合剪力墙的全截面厚度。

A.0.6 双面叠合剪力墙结构底部加强部位的剪力墙宜采用现浇混凝土。楼层内相邻双面叠合剪力墙之间应采用整体式接缝连接；后浇混凝土与预制墙板应通过水平连接钢筋连接，水平连接钢筋的间距宜与预制墙板中水平分布钢筋的间距相同，且不宜大于 200mm；水平连接钢筋的直径不应小于叠合剪力墙预制板中水平分布钢筋的直径。

A.0.7 双面叠合剪力墙结构约束边缘构件内的配筋及构造要求应符合国家现行标准《建筑抗震设计规范》GB 50011 和《高层建筑混凝土结构技术规程》JGJ 3 的有关规定，并应符合下列规定：

   1 约束边缘构件（图 A.0.7）阴影区域宜全部采用后浇混凝土，并在后浇段内设置封闭箍筋；其中暗柱阴影区域可采用叠合暗柱或现浇暗柱；

   2 约束边缘构件非阴影区的拉筋可由叠合墙板内的桁架钢筋代替，桁架钢筋的面积、直径、间距应满足拉筋的相关规定。

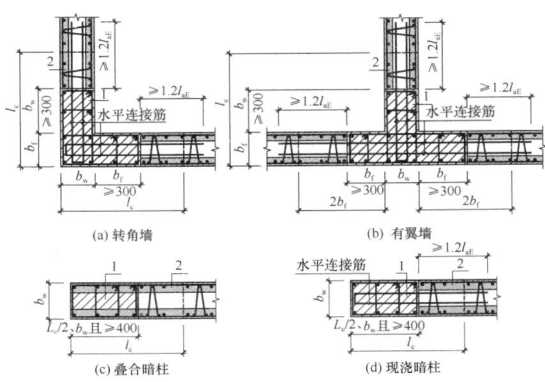

(a) 转角墙 (b) 有翼墙
(c) 叠合暗柱 (d) 现浇暗柱

图 A.0.7 约束边缘构件

l_c—约束边缘构件沿墙肢的长度；

1—后浇段；2—双面叠合剪力墙

A.0.8 预制双面叠合剪力墙构造边缘构件内的配筋及构造要求应符合国家现行标准《建筑抗震设计规范》GB 50011 和《高层建筑混凝土结构技术规程》JGJ 3 的有关规定。构造边缘构件（图 A.0.8）宜全部采用后浇混凝土，并在后浇段内设置封闭箍筋；其中暗柱可采用叠合暗柱或现浇暗柱。

A.0.9 双面叠合剪力墙的钢筋桁架应满足运输、吊装和现浇混凝土施工的要求，并应符合下列规定：

   1 钢筋桁架宜竖向设置，单片预制叠合剪力墙墙肢不应少于 2 榀；

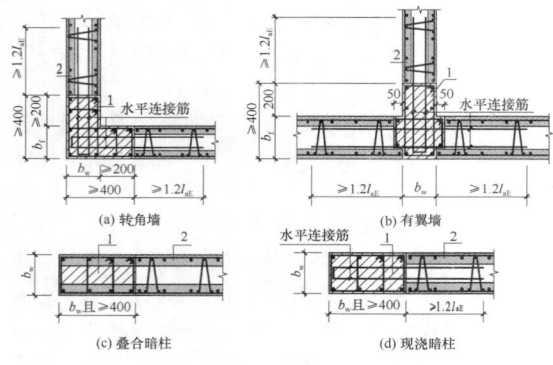

图 A.0.8　构造边缘构件

1—后浇段；2—双面叠合剪力墙

　　2　钢筋桁架中心间距不宜大于 400mm，且不宜大于竖向分布筋间距的 2 倍；钢筋桁架距叠合剪力墙预制墙板边的水平距离不宜大于 150mm（图 A.0.9）；

　　3　钢筋桁架的上弦钢筋直径不宜小于 10mm，下弦钢筋及腹杆钢筋直径不宜小于 6mm；

　　4　钢筋桁架应与两层分布筋网片可靠连接，连接方式可采用焊接。

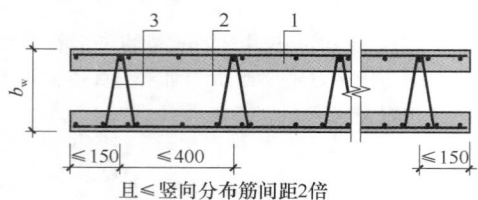

图 A.0.9　双面叠合剪力墙中钢筋桁架的
预制布置要求

1—预制部分；2—现浇部分；3—钢筋桁架

A.0.10　双面叠合剪力墙水平接缝高度不宜小于 50mm，接缝处现浇混凝土应浇筑密实。水平接缝处应设置竖向连接钢筋，连接钢筋应通过计算确定，并应符合下列规定：

　　1　连接钢筋在上下层墙板中的锚固长度不应小于 $1.2l_{aE}$（图 A.0.10）；

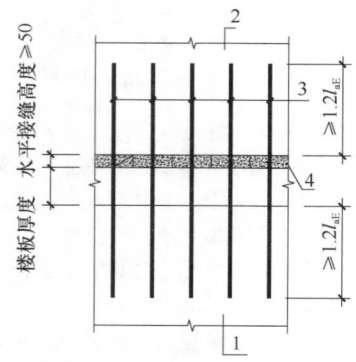

图 A.0.10　竖向连接钢筋搭接构造

1—下层叠合剪力墙；2—上层叠合剪力墙；
3—竖向连接钢筋；4—楼层水平接缝

　　2　竖向连接钢筋的间距不应大于叠合剪力墙预制墙板中竖向分布钢筋的间距，且不宜大于 200mm；竖向连接钢筋的直径不应小于叠合剪力墙预制墙板中竖向分布钢筋的直径。

A.0.11　非边缘构件位置，相邻双面叠合剪力墙之间应设置后浇段，后浇段的宽度不应小于墙厚且不宜小于 200mm，后浇段内应设置不少于 4 根竖向钢筋，钢筋直径不应小于墙体竖向分布钢筋直径且不应小于 8mm；两侧墙体与后浇段之间应采用水平连接钢筋连接，水平连接钢筋应符合下列规定：

　　1　水平连接钢筋在双面叠合剪力墙中的锚固长度不应小于 $1.2l_{aE}$（图 A.0.11）；

　　2　水平连接钢筋的间距宜与叠合剪力墙预制墙板中水平分布钢筋的间距相同，且不宜大于 200mm；水平连接钢筋的直径不应小于叠合剪力墙预制墙板中水平分布钢筋的直径。

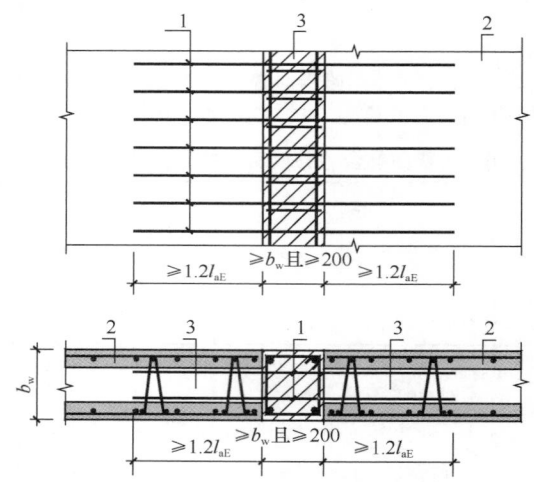

图 A.0.11　水平连接钢筋搭接构造

1—连接钢筋；2—预制部分；3—现浇部分

本标准用词说明

　　1　为便于在执行本标准条文时区别对待，对于要求严格程度不同的用词说明如下：

　　　1）表示很严格，非这样做不可的：

　　　　正面词采用"必须"，反面词采用"严禁"；

　　　2）表示严格，在正常情况下均应这样做的：

　　　　正面词采用"应"，反面词采用"不应"或"不得"；

　　　3）表示允许稍有选择，在条件许可时首先应这样做的：

　　　　正面词采用"宜"，反面词采用"不宜"；

　　　4）表示有选择，在一定条件下可以这样做的，采用"可"。

　　2　条文中指明应按其他标准执行的写法为："应

符合……的规定"或"应按……执行"。

引用标准名录

1 《建筑模数协调标准》GB/T 50002
2 《混凝土结构设计规范》GB 50010
3 《建筑抗震设计规范》GB 50011
4 《建筑设计防火规范》GB 50016
5 《钢结构设计规范》GB 50017
6 《工程测量规范》GB 50026
7 《城镇燃气设计规范》GB 50028
8 《混凝土强度检验评定标准》GB/T 50107
9 《民用建筑隔声设计规范》GB 50118
10 《混凝土外加剂应用技术规范》GB 50119
11 《火灾自动报警系统施工及验收规范》GB 50166
12 《混凝土结构工程施工质量验收规范》GB 50204
13 《钢结构工程施工质量验收规范》GB 50205
14 《屋面工程质量验收规范》GB 50207
15 《建筑装饰装修工程质量验收规范》GB 50210
16 《建筑内部装修设计防火规范》GB 50222
17 《建筑给水排水及采暖工程施工质量验收规范》GB 50242
18 《通风与空调工程施工质量验收规范》GB 50243
19 《建筑工程施工质量验收统一标准》GB 50300
20 《建筑电气工程施工质量验收规范》GB 50303
21 《电梯工程施工质量验收规范》GB 50310
22 《民用建筑工程室内环境污染控制规范》GB 50325
23 《智能建筑工程质量验收规范》GB 50339
24 《屋面工程技术规范》GB 50345
25 《木骨架组合墙体技术规范》GB/T 50361
26 《民用建筑太阳能热水系统应用技术规范》GB 50364
27 《建筑节能工程施工质量验收规范》GB 50411
28 《水泥基灌浆材料应用技术规范》GB/T 50448
29 《智能建筑工程施工规范》GB 50606
30 《钢结构焊接规范》GB 50661
31 《混凝土结构工程施工规范》GB 50666
32 《民用建筑供暖通风与空气调节设计规范》GB 50736
33 《钢结构工程施工规范》GB 50755
34 《建筑机电工程抗震设计规范》GB 50981
35 《通用硅酸盐水泥》GB 175
36 《用于水泥和混凝土中的粉煤灰》GB/T 1596
37 《白色硅酸盐水泥》GB/T 2015
38 《建筑材料放射性核素限量》GB 6566
39 《混凝土外加剂》GB 8076
40 《建筑施工场界环境噪声排放标准》GB 12523
41 《轻集料及其试验方法 第1部分：轻集料》GB/T 17431.1
42 《用于水泥和混凝土中的粒化高炉矿渣粉》GB/T 18046
43 《城市污水再生利用 城市杂用水水质》GB/T 18920
44 《混凝土和砂浆用再生细骨料》GB/T 25176
45 《混凝土用再生粗骨料》GB/T 25177
46 《砂浆和混凝土用硅灰》GB/T 27690
47 《装配式混凝土结构技术规程》JGJ 1
48 《高层建筑混凝土结构技术规程》JGJ 3
49 《蒸压加气混凝土建筑应用技术规程》JGJ/T 17
50 《钢筋焊接及验收规程》JGJ 18
51 《建筑机械使用安全技术规程》JGJ 33
52 《普通混凝土用砂、石质量及检验方法标准》JGJ 52
53 《普通混凝土配合比设计规程》JGJ 55
54 《混凝土用水标准》JGJ 63
55 《预应力筋用锚具、夹具和连接器应用技术规程》JGJ 85
56 《无粘结预应力混凝土结构技术规程》JGJ 92
57 《玻璃幕墙工程技术规范》JGJ 102
58 《塑料门窗工程技术规程》JGJ 103
59 《钢筋机械连接技术规程》JGJ 107
60 《建筑工程饰面砖粘结强度检验标准》JGJ 110
61 《外墙饰面砖工程施工及验收规程》JGJ 126
62 《金属与石材幕墙工程技术规范》JGJ 133
63 《预应力混凝土结构抗震设计规程》JGJ 140
64 《建筑轻质条板隔墙技术规程》JGJ/T 157
65 《民用建筑太阳能光伏系统应用技术规范》JGJ 203
66 《铝合金门窗工程技术规范》JGJ 214
67 《纤维混凝土应用技术规程》JGJ/T 221
68 《采光顶与金属屋面技术规程》JGJ 255
69 《自密实混凝土应用技术规程》JGJ/T 283
70 《建筑通风效果测试与评价标准》JGJ/T 309
71 《人造板材幕墙工程技术规程》JGJ 336
72 《公共建筑吊顶工程技术规程》JGJ 345
73 《钢筋套筒灌浆连接应用技术规程》JGJ 355
74 《住宅室内装饰装修设计规范》JGJ 367
75 《预应力混凝土结构设计规范》JGJ 369
76 《钢筋机械连接用套筒》JG/T 163
77 《聚羧酸系高性能减水剂》JG/T 223
78 《预应力混凝土用金属波纹管》JG 225
79 《混凝土制品用脱模剂》JC/T 949

中华人民共和国国家标准

装配式混凝土建筑技术标准

GB/T 51231—2016

条 文 说 明

编 制 说 明

《装配式混凝土建筑技术标准》GB/T 51231-2016，经住房和城乡建设部 2017 年 1 月 10 日以第 1419 号公告批准、发布。

本标准在编制过程中，编制组进行了广泛的调查研究，认真总结工程实践经验，参考有关国内标准和国外先进标准，并在广泛征求意见的基础上，对主要问题进行了反复讨论、协调，最终确定各项技术要求。

为了便于广大设计、施工、科研、学校等单位有关人员在使用本标准时正确理解和执行条文规定，《装配式混凝土建筑技术标准》编制组按章、节、条顺序编制了本标准的条文说明，对条文规定的目的、依据以及执行中需注意的有关事项进行了说明。但是，本条文说明不具备与标准正文同等的法律效力，仅供使用者作为理解和把握标准规定的参考。

目　次

1 总　则

1.0.1 《中共中央国务院关于进一步加强城市规划建设管理工作的若干意见》、国务院办公厅《关于大力发展装配式建筑的指导意见》（国办发〔2016〕71号）明确提出发展装配式建筑，装配式建筑进入快速发展阶段。但总体看，我国装配式建筑应用规模小，技术集成度较低。为推进装配式建筑健康发展，亟需一本标准来规范装配式混凝土建筑的建设，按照适用、经济、安全、绿色、美观的要求，全面提高装配式混凝土建筑的环境效益、社会效益和经济效益。

1.0.2 本标准中的装配式混凝土建筑包含住宅和公共建筑，以住宅、宿舍、教学楼、酒店、办公楼、公寓、商业、医院病房等为主，不含重型厂房。

1.0.3 本条阐述了装配式建筑建设的基本原则，强调了可持续发展的绿色建筑全寿命期基本理念。除应满足标准化设计、工厂化生产、装配化施工、一体化装修、信息化管理和智能化应用等全产业链工业化生产的要求外，还应满足建筑全寿命期运营、维护、改造等方面的要求。

1.0.4 本条强调了构成装配式建筑的系统以及系统的集成，突出装配式建筑是一个建筑的概念，装配式钢结构建筑、装配式混凝土建筑、装配式木结构建筑对于装配式建筑来说只是结构系统的不同。同时，强调建筑的使用功能与性能，提升建筑性能与品质是装配式建筑设计的基本要求，提高质量、节约资源、节约造价是我国推行绿色建筑、节能环保的要求。

2 术语和符号

2.1 术　语

2.1.1 装配式建筑是一个系统工程，由结构系统、外围护系统、设备与管线系统、内装系统四大系统组成，是将预制部品部件通过模数协调、模块组合、接口连接、节点构造和施工工法等集成装配而成的，在工地高效、可靠装配并做到主体结构、建筑围护、机电装修一体化的建筑。它有几个方面的特点：

1 以完整的建筑产品为对象，以系统集成为方法，体现加工和装配需要的标准化设计；

2 以工厂精益化生产为主的部品部件；

3 以装配和干式工法为主的工地现场；

4 以提升建筑工程质量安全水平、提高劳动生产效率、节约资源能源、减少施工污染和建筑的可持续发展为目标；

5 基于BIM技术的全链条信息化管理，实现设计、生产、施工、装修和运维的协同。

2.1.3 装配式建筑由结构系统、外围护系统、设备与管线系统以及内装系统组成。装配式建筑强调这四个系统之间的集成，以及各系统内部的集成过程。

2.1.4 在系统集成的基础上，装配式建筑强调集成设计，突出在设计的过程中，应将结构系统、外围护系统、设备与管线系统以及内装系统进行综合考虑，一体化设计。

2.1.5 装配式建筑的协同设计工作是工厂化生产和装配化施工建造的前提。装配式建筑设计应统筹规划设计、生产运输、施工安装和使用维护，进行建筑、结构、设备、室内装修等专业一体化的设计，同时要运用建筑信息模型技术，建立信息协同平台，加强设计、生产、运输、施工各方之间的关系协同，并应加强建筑、结构、设备、装修等专业之间的配合。

2.1.7 在建筑物中，围护结构指建筑物及房间各面的围挡物。本标准从建筑物的各系统应用出发，将外围护结构及其他部品部件统一归纳为外围护系统，提出了"外围护系统"的概念。

2.1.12 全装修强调了作为建筑的功能和性能的完备性。党中央国务院对于"装配式建筑"的提法和定义非常明确，装配式建筑首先要落脚到"建筑"。建筑的最基本属性是其功能性。因此，装配式建筑的最低要求应该定位在具备完整功能的成品形态，不能割裂结构、装修，底线是交付成品建筑。推进全装修，有利于提升装修集约化水平，提高建筑性能和消费者生活质量，带动相关产业发展。全装修是房地产市场成熟的重要标志，是与国际接轨的必然发展趋势，也是推进我国建筑产业健康发展的重要路径。

2.1.13 装配式装修以工业化生产方式为基础，采用工厂制造的内装部品，部品安装采用干式工法。推行装配式装修是推动装配式建筑发展的重要方向。采用装配式装修的设计建造方式具有五个方面优势：

1 部品在工厂制作，现场采用干式作业，可以最大限度保证产品质量和性能；

2 提高劳动生产率，节省大量人工和管理费用，大大缩短建设周期，综合效益明显，从而降低生产成本；

3 节能环保，减少原材料的浪费，施工现场大部分为干式工法，减少噪声、粉尘和建筑垃圾等污染；

4 便于维护，降低了后期运营维护的难度，为部品更换创造了可能；

5 工业化生产的方式有效解决了施工生产的尺寸误差和模数接口问题。

2.1.14 现场采用干作业施工工艺的干式工法是装配式建筑的核心内容。我国传统现场具有湿作业多、施工精度差、工序复杂、建造周期长、依赖现场工人水平和施工质量难以保证等问题，干式工法作业可实现高精度、高效率和高品质。

2.1.15 模块是标准化设计中的基本单元，首先应具有一定的功能，具有通用性；同时，在接口标准化的基础上，同类模块也具有互换性。

2.1.16 在装配式建筑中接口主要是两个独立系统、模块或者部品部件之间的共享边界。接口的标准化，可以实现通用性以及互换性。

2.1.17、2.1.18 集成式厨房多指居住建筑中的厨房，本条强调了厨房的"集成性"和"功能性"。集成式卫生间充分考虑了卫生间空间的多样组合或分隔，包括多器具的集成卫生间产品和仅有洗面、洗浴或便溺等单一功能模块的集成卫生间产品。

集成式厨房、集成式卫生间是装配式建筑装饰装修的重要组成部分，其设计应按照标准化、系列化原则，并符合干式工法施工的要求，在制作和加工阶段全部实现装配化。

2.1.19 整体收纳是工厂生产、现场装配的、模块化集成收纳产品的统称，为装配式住宅建筑内装系统中的一部分，属于模块化部品。配置门扇、五金件和隔板等。通常设置在入户门厅、起居室、卧室、厨房、卫生间和阳台等功能空间部位。

2.1.20 发展装配式隔墙、吊顶和楼地面部品技术，是我国装配化装修和内装产业化发展的主要内容。以轻钢龙骨石膏板体系的装配式隔墙、吊顶为例，其主要特点如下：干式工法，实现建造周期缩短60%以上；减少室内墙体占用面积，提高建筑的得房率；防火、保温、隔声、环保及安全性能全面提升；资源再生，利用率在90%以上；空间重新分割方便；健康环保性能提高，可有效调整湿度增加舒适感。

2.1.21 在传统的建筑设计与施工中，一般均将室内装修用设备管线预埋在混凝土楼板和墙体等建筑结构系统中。在后期长时期的使用维护阶段，大量的建筑虽然结构系统仍可满足使用要求，但预埋在结构系统中的设备管线等早已老化无法改造更新，后期装修剔凿主体结构的问题大量出现，也极大地影响了建筑使用寿命。因此，装配式建筑鼓励采用设备管线与建筑结构系统的分离技术，使建筑具备结构耐久性、室内空间灵活性及可更新性等特点，同时兼备低能耗、高品质和长寿命的可持续建筑产品优势。

3 基 本 规 定

3.0.1 系统性和集成性是装配式建筑的基本特征，装配式建筑是以完整的建筑产品为对象，提供性能优良的完整建筑产品，通过系统集成的方法，实现设计、生产运输、施工安装和使用维护全过程的一体化。

3.0.2 装配式建筑的建筑设计应进行模数协调，以满足建造装配化与部品部件标准化、通用化的要求。标准化设计是实施装配式建筑的有效手段，没有标准化就不可能实现结构系统、外围护系统、设备与管线

系统以及内装系统的一体化集成，而模数和模数协调是实现装配式建筑标准化设计的重要基础，涉及装配式建筑产业链上的各个环节。少规格、多组合是装配式建筑设计的重要原则，减少部品部件的规格种类及提高部品部件模板的重复使用率，有利于部品部件的生产制造与施工，有利于提高生产速度和工人的劳动效率，从而降低造价。

3.0.6 建筑信息模型技术是装配式建筑建造过程的重要手段。通过信息数据平台管理系统将设计、生产、施工、物流和运营等各环节联系为一体化管理，对提高工程建设各阶段及各专业之间协同配合的效率，以及一体化管理水平具有重要作用。

3.0.8 在建筑设计前期，应结合当地的政策法规、用地条件、项目定位进行技术策划。技术策划应包括设计策划、部品部件生产与运输策划、施工安装策划和经济成本策划。

设计策划应结合总图概念方案或建筑概念方案，对建筑平面、结构系统、外围护系统、设备与管线系统、内装系统等进行标准化设计策划，并结合成本估算，选择相应的技术配置。

部品部件生产策划根据供应商的技术水平、生产能力和质量管理水平，确定供应商范围；部品部件运输策划应根据供应商生产基地与项目用地之间的距离、道路状况、交通管理及场地放置等条件，选择稳定可靠的运输方案。

施工安装策划应根据建筑概念方案，确定施工组织方案、关键施工技术方案、机具设备的选择方案、质量保障方案等。

经济成本策划要确定项目的成本目标，并对装配式建筑实施重要环节的成本优化提出具体指标和控制要求。

3.0.9 装配式建筑强调性能要求，提高建筑质量和品质。因此外围护系统、设备与管线系统以及内装系统应遵循绿色建筑全寿命期的理念，结合地域特点和地方优势，优先采用节能环保的技术、工艺、材料和设备，实现节约资源、保护环境和减少污染的目标，为人们提供健康舒适的居住环境。

4 建筑集成设计

4.1 一 般 规 定

4.1.1 装配式混凝土建筑设计应符合现行国家标准《建筑模数协调标准》GB/T 50002 的有关规定。模数协调是建筑部品部件实现通用性和互换性的基本原则，使规格化、通用化的部品部件适用于常规的各类建筑，满足各种要求。大量的规格化、定型化部品部件的生产可稳定质量，降低成本。通用化部件所具有的互换能力，可促进市场的竞争和生产水平的提高。

装配式建筑采用建筑通用体系是实现建筑工业化的前提，标准化、模块化设计是满足部品部件工业化生产的必要条件，以实现批量化的生产和建造。装配式建筑应以少规格多组合的原则进行设计，结构构件和内装部品减少种类，既可经济合理地确保质量，也利于组织生产与施工安装。建筑平面和外立面可通过组合方式、立面材料色彩搭配等方式实现多样化。

4.1.2 本条是从结构系统、外围护系统、设备与管线系统、内装系统对装配式建筑全专业提出要求。装配式建筑是一个完整的具有一定功能的建筑产品，是一个系统工程。过去那种只提供结构和建筑围护的"毛坯房"，或者只有主体结构预制装配，没有内装一体化集成的建筑，都不能称为真正意义上的"装配式建筑"。

4.2 模 数 协 调

4.2.1 装配式混凝土建筑设计应采用模数来协调结构构件、内装部品、设备与管线之间的尺寸关系，做到部品部件设计、生产和安装等相互间尺寸协调，减少和优化各部品部件的种类和尺寸。

4.2.2~4.2.5 结构构件采用扩大模数系列，可优化和减少预制构件种类。形成通用性强、系列化尺寸的开间、进深和层高等结构构件尺寸。装配式混凝土建筑内装系统中的装配式隔墙、整体收纳空间和管道井等单元模块化部品宜采用基本模数，也可插入分模数数列 $n\mathrm{M}/2$ 或 $n\mathrm{M}/5$ 进行调整。

4.2.6 住宅建筑应选用下列常用优选尺寸，见表1~表4。

表 1　集成式厨房的优选尺寸（mm）

厨房家具布置形式	厨房最小净宽度	厨房最小净长度
单排型	1500（1600）/2000	3000
双排型	2200/2700	2700
L形	1600/2700	2700
U形	1900/2100	2700
壁柜型	700	2100

表 2　集成式卫生间的优选尺寸（mm）

卫生间平面布置形式	卫生间最小净宽度	卫生间最小净长度
单设便器卫生间	900	1600
设便器、洗面器两件洁具	1500	1550
设便器、洗浴器两件洁具	1600	1800
设三件洁具（喷淋）	1650	2050
设三件洁具（浴缸）	1750	2450
设三件洁具无障碍卫生间	1950	2550

表 3　楼梯的优选尺寸（mm）

楼梯类别	踏步最小宽度	踏步最大高度
共用楼梯	260	175
服务楼梯，住宅套内楼梯	220	200

表 4　门窗洞口的优选尺寸（mm）

类别	最小洞宽	最小洞高	最大洞宽	最大洞高
门洞口	700	1500	2400	23（22）00
窗洞口	600	600	2400	23（22）00

4.2.7 对于框架结构体系，宜采用中心定位法。框架结构柱子间设置的分户墙和分室隔墙，一般宜采用中心定位法；当隔墙的一侧或两侧要求模数空间时宜采用界面定位法。

住宅建筑集成式厨房和集成式卫生间的内装部品（厨具橱柜、洁具、固定家具等）、公共建筑的集成式隔断空间、模块化吊顶空间等，宜采用界面定位方式，以净尺寸控制模数化空间；其他空间的部品可采用中心定位来控制。

门窗、栏杆、百叶等外围护部品，应采用模数化的工业产品，并与门窗洞口、预埋节点等的模数规则相协调，宜采用界面定位方式。

4.2.8 装配式建筑应严格控制预制构件、预制与现浇构件之间的建筑公差。接缝的宽度应满足主体结构层间变形、密封材料变形能力、施工误差、温差引起变形等的要求，防止接缝漏水等质量事故发生。

实施模数协调的工作是一个渐进的过程，对重要的部件，以及影响面较大的部位可先期运行，如门窗、厨房、卫生间等。重要的部件和组合件应优先推行规格化、通用化。

4.3 标准化设计

4.3.1~4.3.4 模块化是标准化设计的一种方法。模块化设计应满足模数协调的要求，通过模数化和模块化的设计为工厂化生产和装配化施工创造条件。模块应进行精细化、系列化设计，关联模块间应备一定的逻辑及衍生关系，并预留统一的接口，模块之间可采用刚性连接或柔性连接。

1 刚性连接模块的连接边或连接面的几何尺寸、开口应吻合，采用相同的材料和部品部件进行直接连接；

2 无法进行直接连接的模块可采用柔性连接方式进行间接相连，柔性连接的部分应牢固可靠，并需要对连接方式、节点进行详细设计。

4.3.5 装配式建筑设计应重视其平面、立面和剖面的规则性，宜优先选用规则的形体，同时便于工厂化、集约化生产加工，提高工程质量，并降低工程造价。

一般设计使用年限为50年，国外已经出现了百年住宅，因此为使用提供适当的灵活性，满足居住需求的变化尤为重要。已有的经验是采用大空间的平面，合理布置承重墙及管井位置。在装配式住宅建筑中采用这种平面布局方式不但有利于结构布置，而且可减少预制楼板的类型。但设计时也应适当考虑实际的构件运输及吊装能力，以免构件尺寸过大导致运输及吊装困难。

4.3.6 装配式建筑外墙可通过预制装饰混凝土反打面砖、装饰构件、清水混凝土、彩色混凝土等多种形式使建筑立面多样化，也可通过单元组合、色彩搭配、阳台交错设置等做法丰富外立面。

4.4 集 成 设 计

4.4.4 门窗洞口尺寸规整既有利于门窗的标准化加工生产，又有利于墙板的尺寸统一和减少规格。宜采用单元化、一体化的装配式外墙系统，如具有装饰、保温、防水、采光等功能的集成式单元墙体。

4.4.5 墙板应结合内装要求，对设置在预制部件上的电气开关、插座、接线盒、连接管线等进行预留，这个过程用集成设计的方法有利于系统化和工厂化。

5 结构系统设计

5.1 一 般 规 定

5.1.2 装配整体式框架结构、装配整体式框架-现浇剪力墙结构、装配整体式剪力墙结构、装配整体式部分框支剪力墙结构的最大适用高度与现行行业标准《装配式混凝土结构技术规程》JGJ 1一致。

新增加"装配整体式框架-现浇核心筒结构"的最大适用高度要求。装配整体式框架-现浇核心筒结构中，混凝土核心筒采用现浇结构，框架的性能与现浇框架等同，整体结构的适用高度与现浇的框架-核心筒结构相同。

装配整体式剪力墙结构与装配整体式部分框支剪力墙结构的最大适用高度与现行行业标准《装配式混凝土结构技术规程》JGJ 1一致。在计算预制剪力墙构件底部承担的总剪力与该层总剪力比值时，可选取结构竖向构件主要采用预制剪力墙的起始层；如结构各层竖向构件均采用预制剪力墙，则计算底层的剪力比值；如底部2层竖向构件采用现浇剪力墙，其他层采用预制剪力墙，则计算第3层的剪力比值。

近年来，国内的科研单位及企业对浆锚搭接连接技术进行了系列的理论和试验研究工作，已有了一定的技术基础和工程实践应用。但考虑到浆锚搭接连接技术在工程实践中的应用经验相对有限，因此本标准对剪力墙边缘构件竖向钢筋应用浆锚搭接连接技术采取偏于安全的方式，最大适用高度在现有装配整体式剪力墙结构的基础上降低10m。

5.1.4 装配整体式框架结构、装配整体式框架-现浇剪力墙结构、装配整体式剪力墙结构、装配整体式部分框支剪力墙结构的抗震等级与现行行业标准《装配式混凝土结构技术规程》JGJ 1保持一致。

新增加"装配整体式框架-现浇核心筒结构"的抗震等级规定。装配整体式框架-现浇核心筒结构的抗震等级参照国家现行标准《建筑抗震设计规范》GB 50011和《高层建筑混凝土结构技术规程》JGJ 3中的现浇框架-核心筒结构选取，高度不超过60m时，其抗震等级允许按框架-现浇剪力墙结构的规定采用。

5.1.5 装配式混凝土结构的规则性要求参照现行行业标准《装配式混凝土结构技术规程》JGJ 1的规定。结构抗震性能目标、性能水准的设定和划分，可按现行行业标准《高层建筑混凝土结构技术规程》JGJ 3执行。当装配式混凝土结构采用本标准未规定的结构类型时，应进行专项论证。在进行专项论证时，应根据实际结构类型、节点连接形式和预制构件形式及构造等，选取合理的结构计算模型，并采取相应的加强措施。必要时，应采取试验方法对结构性能进行补充研究。

5.1.6 装配整体式结构应具有良好的整体性，其目的是保证结构在偶然作用发生时具有适宜的抗连续倒塌能力。

5.1.7 震害调查表明，有地下室的高层建筑破坏比较轻，而且有地下室对提高地基的承载力有利；高层建筑设置地下室，可以提高其在风、地震作用下的抗倾覆能力。因此高层建筑装配整体式混凝土结构宜按照现行行业标准《高层建筑混凝土结构技术规程》JGJ 1的有关规定设置地下室。地下室顶板作为上部结构的嵌固部位时，宜采用现浇混凝土以保证其嵌固作用。对嵌固作用没有直接影响的地下室结构构件，当有可靠依据时，也可采用预制混凝土。

高层建筑装配整体式剪力墙结构和部分框支剪力墙结构的底部加强部位是结构抵抗罕遇地震的关键部位。弹塑性分析和实际震害均表明，底部墙肢的损伤往往较上部墙肢严重，因此对底部墙肢的延性和耗能能力的要求较上部墙肢高。目前，高层建筑装配整体式剪力墙结构和部分框支剪力墙结构的预制剪力墙竖向钢筋连接接头面积百分率通常为100%，其抗震性能尚无实际震害经验，对其抗震性能的研究以构件试验为主，整体结构试验研究偏少，剪力墙墙肢的主要塑性发展区域采用现浇混凝土有利于保证结构整体抗震能力。因此，高层建筑剪力墙结构和部分框支剪力墙结构的底部加强部位的竖向构件宜采用现浇混凝土。

高层建筑装配整体式框架结构，首层的剪切变形远大于其他各层；震害表明，首层柱底出现塑性铰的框架结构，其倒塌的可能性大。试验研究表明，预制柱底的塑性铰与现浇柱底的塑性铰有一定的差别。在目前设计和施工经验尚不充分的情况下，高层建筑框架结构的首层柱宜采用现浇柱，以保证结构的抗地震倒塌能力。

当高层建筑装配整体式剪力墙结构和部分框支剪力墙结构的底部加强部位及框架结构首层柱采用预制混凝土时，应进行专门研究和论证，采取特别的加强措施，严格控制构件加工和现场施工质量。在研究和论证过程中，应重点提高连接接头性能、优化结构布置和构造措施，提高关键构件和部位的承载能力，尤其是柱底接缝与剪力墙水平接缝的承载能力，确保实现"强柱弱梁"的目标，并对大震作用下首层柱和剪力墙底部加强部位的塑性发展程度进行控制。必要时应进行试验验证。

5.2 结构材料

5.2.3 挤压套筒是混凝土结构钢筋机械连接采用的一种套筒，现行行业标准《钢筋机械连接用套筒》JG/T 163 对挤压套筒的实测力学性能作了规定。挤压套筒连接钢筋是通过钢筋与套筒的机械咬合作用将一根钢筋的力传递到另一根钢筋，因此适用于热轧带肋钢筋的连接。

5.3 结构分析和变形验算

5.3.1 装配式混凝土结构中，存在等同现浇的湿式连接节点，也存在非等同现浇的湿式或者干式连接节点。对于本标准中列入的各种现浇连接接缝构造，如框架节点梁端接缝、预制剪力墙竖向接缝等，已经有了很充分的试验研究，当其构造及承载力满足本标准中的相应要求时，均能够实现等同现浇的要求；因此弹性分析模型可按照等同于连续现浇的混凝土结构来模拟。多层装配式墙板结构节点与接缝的模拟应符合第5.8节的规定。

对于本标准中未列入的节点及接缝构造，当有充足的试验依据表明其能够满足等同现浇的要求时，可按照连续的混凝土结构进行模拟，不考虑接缝对结构刚度的影响。所谓充足的试验依据，是指连接构造及采用此构造连接的构件，在常用参数（如构件尺寸、配筋率等）、各种受力状态下（如弯、剪、扭或复合受力、静力及地震作用）的受力性能均进行过试验研究，试验结果能够证明其与同样尺寸的现浇构件具有基本相同的承载力、刚度、变形能力、延性、耗能能力等方面的性能水平。

对于干式连接节点，一般应根据其实际受力状况模拟为刚接、铰接或者半刚接节点。如梁、柱之间采用牛腿、企口搭接，其钢筋不连接时，则模拟为铰接节点；如梁柱之间采用后张预应力压紧连接或螺栓压紧连接，一般应模拟为半刚性节点。计算模型中应包含连接节点，并准确计算出节点内力，以进行节点连接件及预埋件的承载力复核。连接的实际刚度可通过

试验或者有限元分析获得。

5.3.2 装配式混凝土结构进行弹塑性分析时，构件及节点均可能进入塑性状态。构件的模拟与现浇混凝土结构相同，而节点及接缝的全过程非线性行为的模拟是否准确，是决定分析结果是否准确的关键因素。试验结果证明，受力全过程能够实现等同现浇的湿式连接节点，可按照连续的混凝土结构模拟，忽略接缝的影响。对于其他类型的节点及接缝，应根据试验结果或精细有限元分析结果，总结节点及接缝的特性，如弯矩-转角关系、剪力-滑移关系等，并反映在计算模型中。

5.3.3 非承重外围护墙、内隔墙的刚度对结构的整体刚度、地震力的分布、相邻构件的破坏模式等都有影响，影响大小与围护墙及隔墙的数量、刚度、与主体结构连接的刚度直接相关。

外围护墙采用外挂墙板时，与主体结构一般采用柔性连接，其对主体结构的影响及处理方式在本标准第5.9节中有专门规定。

非承重隔墙的做法有砌块抹灰、轻质复合墙板、条板内隔墙、预制混凝土内隔墙等。轻质复合墙板、条板内隔墙等一般是在主体结构完工后二次施工，与主体结构之间存在拼缝，参考现浇混凝土结构的处理方式，采用周期折减的方法考虑其对结构刚度的影响。周期折减系数根据实际情况及经验，由设计人员确定。当轻质隔墙板刚度较小且结构刚度较大时，如在剪力墙结构中采用轻质复合隔墙板，周期折减系数可较大，取 0.8～1.0；当轻质隔墙板刚度较大且结构刚度较小时，如框架结构中，周期折减系数较小，如取 0.7～0.9。

非承重墙体为砌块隔墙时，周期折减系数的取值可参照《高层建筑混凝土结构技术规程》JGJ 3 的有关规定。

5.3.4、5.3.5 装配整体式混凝土结构的性能与现浇结构类似，其弹性和弹塑性层间位移角限值均与现浇结构相同。对非等同现浇的装配式混凝土结构，应根据其变形模式、破坏模式和抗震性能目标要求，确定其整体侧向变形限值。

5.4 构件与连接设计

5.4.1 预制构件设计应符合国家现行标准《混凝土结构设计规范》GB 50010、《装配式混凝土结构技术规程》JGJ 1 和《混凝土结构工程施工规范》GB 50666 等的有关规定。

预制构件的标准化指在结构设计时，应尽量减少梁板墙柱等预制结构构件的种类，保证模板能够多次重复使用，以降低造价。

构件在安装过程中，钢筋对位直接制约构件的连接效率，故宜采用大直径、大间距的配筋方式，以便于现场钢筋的对位和连接。

5.4.5 挤压套筒用于装配式混凝土结构时，具有连接可靠、施工方便、少用人工、施工质量现场可检查等优点。施工现场采用机具对套筒进行挤压实现钢筋连接时，需要有足够大的操作空间，因此，预制构件之间应预留足够的后浇段。

挤压套筒应用前应将套筒与钢筋装配成接头进行型式检验，确定满足接头抗拉强度和变形性能的要求后方可用于工程实践。

5.5 楼盖设计

5.5.2 叠合楼盖包括桁架钢筋混凝土叠合板、预制平板底板混凝土叠合板、预制带肋底板混凝土叠合板、叠合空心楼板等。本节中主要对常规叠合楼盖的设计方法及构造要求进行了规定，其他形式的叠合楼盖的设计方法可参考现行行业相关规程。结构转换层、平面复杂或开洞较大的楼层、作为上部结构嵌固部位的地下室楼层对整体性及传递水平力的要求较高，宜采用现浇楼盖。

平面复杂或开洞较大的情况参见国家现行标准《建筑抗震设计规范》GB 50011 和《高层建筑混凝土结构技术规程》JGJ 3 的有关规定。

当顶层楼板采用叠合楼板时，为增强顶层楼板的整体性，需提高后浇混凝土叠合层的厚度和配筋要求，同时叠合楼板应设置桁架钢筋。

5.5.3 当后浇混凝土叠合层厚度不小于 100mm 且不小于预制层厚度的 1.5 倍时，预制板板底钢筋可采用分离式搭接锚固，预制板板底钢筋伸到预制板板端，在现浇层内设置附加钢筋伸入支座锚固。板底钢筋采用分离式搭接锚固有利于预制板加工及方便施工。

当预制板板底钢筋采用其他锚固形式时，应满足现行行业标准《装配式混凝土结构技术规程》JGJ 1 的有关规定。

5.5.4 当预制板接缝可实现钢筋与混凝土的连续受力时，即形成"整体式接缝"时，可按照整体双向板进行设计。整体式接缝一般采用后浇带的形式，后浇带应有一定的宽度以保证钢筋在后浇带中的搭接或锚固，并保证后浇混凝土与预制板的整体性。后浇带两侧的板底受力钢筋需要可靠连接，比如焊接、机械连接、搭接等。

接缝应该避开双向板的主要受力方向和跨中弯矩最大位置。在设计时，如果接缝位于主要受力位置，应加强钢筋连接和锚固措施。

双向叠合板板侧也可采用密拼整体式接缝形式，但需采用合理计算模型分析。

5.5.5 考虑到混凝土次梁与主梁连接节点的实际构造特点，在实际工程中很难完全实现理想的铰接连接节点，在次梁铰接端的端部实际受到部分约束，存在一定的负弯矩作用。为避免次梁端部产生负弯矩裂缝，需在次梁端部配置足够的上部纵向钢筋。

5.6 装配整体式框架结构

5.6.1 节点核心区的验算要求同现浇混凝土框架结构，参照现行国家标准《混凝土结构设计规范》GB 50010 和《建筑抗震设计规范》GB 50011 的有关规定，四级抗震等级的框架梁柱节点可不进行受剪承载力验算，仅需满足抗震构造措施的要求。

5.6.2 采用叠合梁时，在施工条件允许的情况下，箍筋宜采用整体封闭箍筋。当采用整体封闭箍筋无法安装上部纵筋时，可采用组合封闭箍筋，即开口箍筋加箍筋帽的形式。根据中国建筑科学研究院、同济大学等单位的研究，当箍筋帽两端均做成 135°弯钩时，叠合梁的性能与采用封闭箍筋的叠合梁一致。当箍筋帽做成一端 135°另一端 90°弯钩，但 135°和 90°弯钩交错放置时，在静力弯、剪及复合作用下，叠合梁的刚度、承载力等性能与采用封闭箍筋的叠合梁一致，在扭矩作用下，承载力略有降低。因此，规定在受扭的叠合梁中不宜采用此种形式。

对于受往复荷载作用且采用组合封闭箍筋的叠合梁，当构件发生破坏时箍筋对混凝土及纵筋的约束作用略弱于整体封闭箍筋，因此在叠合框架梁梁端加密区中不建议采用组合封闭箍。本条第 3 款中，对现行国家标准《混凝土结构设计规范》GB 50010 中的梁箍筋肢距要求进行补充规定。当叠合梁的纵筋间距及箍筋肢距较小导致安装困难时，可以适当增大钢筋直径并增加纵筋间距和箍筋肢距，本款中给出了最低要求。当梁纵筋直径较大且间距较大时，应注意控制梁的裂缝宽度。

5.6.3 采用较大直径钢筋及较大的柱截面，可减少钢筋根数，增大间距，便于柱钢筋连接及节点区钢筋布置。要求柱截面宽度大于同方向梁宽的 1.5 倍，有利于避免节点区梁钢筋和柱纵向钢筋的位置冲突，便于安装施工。

中国建筑科学研究院、同济大学等单位的试验研究表明，套筒连接区域柱截面刚度及承载力较大，柱的塑性铰区可能会上移至套筒连接区域以上，因此需将套筒连接区域以上至少 500mm 高度范围内的柱箍筋加密。

现行国家标准《建筑抗震设计规范》GB 50011 和《混凝土结构设计规范》GB 50010 中规定：框架柱的纵向受力钢筋间距不宜大于 200mm。但在日本、美国等规范中，并无类似规定。中国建筑科学研究院进行了采用较大间距纵筋的框架柱抗震性能试验，以及装配式框架梁柱节点的试验。试验结果表明，当柱纵向钢筋面积相同时，纵向钢筋间距 480mm 和 160mm 的柱，其承载力和延性基本一致，均可采用现行规范中的方法进行设计。因此，为了提高装配式框架梁柱节点的安装效率和施工质量，当梁的纵筋和柱的纵筋在节点区位置有冲突时，柱可采用较大的纵筋间距，并将钢筋集中在角部布置。当纵筋间距较大导致箍筋肢距不满足现行规范要求时，可在受力纵筋之间设置辅助纵筋，并设置箍筋箍住辅助纵筋，可采用拉筋、菱形箍筋等形式。为了保证对混凝土的约束作用，纵向辅助钢筋直径不宜过小。辅助纵筋可不伸入节点。为了保证柱的延性，建议采用复合箍筋。

5.6.4 预制柱底设置支腿，目的是方便施工安装。支腿的高度可根据挤压套筒施工工艺确定。支腿可采用方钢管混凝土，其截面尺寸可根据施工安装确定。柱底后浇段的箍筋应满足柱端箍筋加密区的构造要求及配箍特征值的要求，还应符合本条的规定。

5.6.5 在预制柱叠合梁框架节点中，梁钢筋在节点中锚固及连接方式是决定施工可行性以及节点受力性能的关键。梁、柱构件尽量采用较粗直径、较大间距的钢筋布置方式，节点区的主梁钢筋较少，有利于节点的装配施工，保证施工质量。设计过程中，应充分考虑到施工装配的可行性，合理确定梁、柱截面尺寸及钢筋的数量、间距及位置等。在十字形节点中，两侧梁的钢筋在节点区内锚固时，位置可能冲突，可采用弯折避让的方式，弯折角度不宜大于 1：6。节点区施工时，应注意合理安排节点区箍筋、预制梁、梁上部钢筋的安装顺序，控制节点区箍筋的间距满足要求。

中国建筑科学研究院及万科公司的低周反复荷载试验研究表明，在保证构造措施与施工质量时，该形式节点均具有良好的抗震性能，与现浇节点基本等同。

叠合梁预制部分的腰筋用于控制梁的收缩裂缝，有时用于受扭。当主要用于控制收缩裂缝时，由于预制构件的收缩在安装时已经基本完成，因此腰筋不用锚入节点，可简化安装。但腰筋用于受扭矩时，应按照受拉钢筋的要求锚入后浇节点区。

叠合梁的下部纵筋，当承载力计算不需要时，可按照现行国家标准《混凝土结构设计规范》GB 50010 中的相关规定进行截断，减少伸入节点区内的钢筋数量，方便安装。

5.6.6 叠合梁底部水平钢筋在梁端后浇段采用挤压套筒连接的预制柱-叠合梁装配整体式框架中节点试件拟静力试验表明，可以按试验设计要求实现梁端弯曲破坏和核心区剪切破坏，承载力试验值大于规范公式计算值，极限位移角大于 1/30；梁端后浇段内，箍筋宜适当加密。

5.6.7 抗震设计中，为保证后张预应力混凝土框架结构的延性要求，梁端塑性铰应具有足够的塑性转动能力。国内外研究表明，将后张预应力叠合梁设计为部分预应力混凝土，即采用预应力筋与非预应力筋混合配筋的方式，对于保证后张预应力装配整体式混凝土框架结构的延性具有良好的作用。

5.7 装配整体式剪力墙结构

（Ⅰ）一般规定

5.7.2 预制剪力墙的接缝对其抗侧刚度有一定的削弱作用，应考虑对弹性计算的内力进行调整，适当放大现浇墙肢在水平地震作用下的剪力和弯矩；预制剪力墙的剪力及弯矩不减小，偏于安全。放大系数宜根据现浇墙肢与预制墙肢弹性剪力的比例确定。

5.7.3 本条对装配整体式剪力墙结构的规则性提出要求，在建筑方案设计中，应注意结构的规则性。如某些楼层出现扭转不规则及侧向刚度不规则与承载力突变，宜采用现浇混凝土结构。

具有不规则洞口布置的错洞墙，可按弹性平面有限元方法进行应力分析，不考虑混凝土的抗拉作用，按应力进行截面配筋设计或校核，并加强构造措施。

（Ⅱ）预制剪力墙设计

5.7.4 试验研究结果表明，剪力墙底部竖向钢筋连接区域，裂缝较多且较为集中，因此，对该区域的水平分布筋应加强，以提高墙板的抗剪能力和变形能力，并使该区域的塑性铰可以充分发展，提高墙板的抗震性能。

5.7.5 钢筋浆锚搭接连接方法主要适用于钢筋直径 18mm 及以下的装配整体式剪力墙结构竖向钢筋连接。编制组对该连接技术开展了多项试验研究和细部构造改进，并已在多个高层装配式剪力墙住宅工程中应用。本条的规定是在总结相关试验研究成果及工程应用经验的基础上进行整理编写。

预制剪力墙中预留灌浆孔道的构造规定是参照现行国家标准《混凝土结构设计规范》GB 50010 中后张法预应力构件中预留孔道的构造给出的。

对钢筋浆锚搭接连接长度范围内施加横向约束措施有助于改善连接区域的受力性能。目前有效的横向约束措施主要为加密水平封闭箍筋的方式。当采用其他约束措施时，应有理论、试验依据或经工程实践验证。

预制剪力墙竖向钢筋采用浆锚搭接连接的试验研究结果表明，加强预制剪力墙边缘构件部位底部浆锚搭接连接区的混凝土约束是提高剪力墙及整体结构抗震性能的关键。对比试验结果证明，通过加密钢筋浆锚搭接连接区域的封闭箍筋，可有效增强对边缘构件混凝土的约束，进而提高浆锚搭接连接钢筋的传力效果，保证预制剪力墙具有与现浇剪力墙相近的抗震性能。预制剪力墙边缘构件区域加密水平箍筋约束措施的具体构造要求主要根据试验研究确定。

预制剪力墙竖向分布钢筋采用浆锚搭接连接时，可采用在墙身水平分布钢筋加密区域增设拉筋的方式进行加强。拉筋应紧靠被连接钢筋，并钩住最外层分布钢筋。

（Ⅲ）连接设计

5.7.6 确定剪力墙竖向接缝位置的主要原则是便于标准化生产、吊装、运输和就位，并尽量避免接缝对结构整体性能产生不良影响。

对于一字形约束边缘构件，位于墙肢端部的通常与墙板一起预制；纵横墙交接部位一般存在接缝，图5.7.6-1中阴影区域宜全部后浇，纵向钢筋主要配置在后浇段内，且在后浇段内应配置封闭箍筋及拉筋，预制墙板中的水平分布筋在后浇段内锚固。预制约束边缘构件的配筋构造要求与现浇结构一致。

墙肢端部的构造边缘构件通常全部预制；当采用L形、T形或者U形墙板时，拐角处的构造边缘构件也可全部在预制剪力墙中。当采用一字形构件时，纵横墙交接处的构造边缘构件可全部后浇；为了满足构件的设计要求或施工方便也可部分后浇部分预制。当构造边缘构件部分后浇部分预制时，需要合理布置预制构件及后浇段中的钢筋，使边缘构件内形成封闭箍筋。

5.7.7 预制剪力墙竖向钢筋连接时，宜采用灌浆料将水平接缝同时灌满。灌浆料强度较高且流动性好，有利于保证接缝承载力。

5.7.8 预制剪力墙水平接缝受剪承载力设计值的计算公式，主要采用剪摩擦的原理，考虑了钢筋和轴力的共同作用。

进行预制剪力墙底部水平接缝受剪承载力计算时，计算单元的选取分以下三种情况：

1　不开洞或者开小洞口整体墙，作为一个计算单元；

2　小开口整体墙可作为一个计算单元，各墙肢联合抗剪；

3　开口较大的双肢及多肢墙，各墙肢作为单独的计算单元。

5.7.9 边缘构件是保证剪力墙抗震性能的重要构件，且钢筋较粗，每根钢筋应逐根连接。剪力墙的分布钢筋直径小且数量多，全部连接会导致施工繁琐且造价较高，连接接头数量太多对剪力墙的抗震性能也有不利影响。参照现行行业标准《装配式混凝土结构技术规程》JGJ 1的有关规定允许剪力墙非边缘构件内的竖向分布钢筋采用"梅花形"部分连接。

墙身分布钢筋采用单排连接时，属于间接连接，根据国内外所做的试验研究成果和相关规范规定，钢筋间接连接的传力效果取决于连接钢筋与被连接钢筋的间距以及横向约束情况。

考虑到地震作用的复杂性，在没有充分依据的情况下，剪力墙塑性发展集中和延性要求较高的部位墙身分布钢筋不宜采用单排连接。在墙身竖向分布钢筋

采用单排连接时，为提高墙肢的稳定性，对墙肢侧向楼板支撑和约束情况提出了要求。对无翼墙或翼墙间距太大的墙肢，限制墙身分布钢筋采用单排连接。

5.7.10 套筒灌浆连接方式在日本、欧美等国家已有长期、大量的实践经验，国内也已有充分的试验研究和相关的规程，可以用于剪力墙竖向钢筋的连接。

当墙身分布钢筋采用单排连接时，为控制连接钢筋和被连接钢筋之间的间距，限定只能采用一根连接钢筋与两根被连接钢筋进行连接，且连接钢筋应位于内、外侧被连接钢筋的中间位置。为增强连接区域的横向约束，对连接区域的水平分布钢筋进行加密，并增设横向拉筋，拉筋应同时满足间距、直径和配筋面积要求。

5.7.11 预制剪力墙底部后浇段的混凝土现场浇筑质量是挤压套筒连接的关键，实际工程应用时应采取有效的施工措施。考虑到挤压套筒连接作为预制剪力墙竖向钢筋连接的一种新技术，其应用经验有限，因此其墙身竖向分布钢筋仅采用逐根连接和"梅花形"部分连接两种形式，不建议采用单排连接形式。

5.7.12 结合现行行业标准《高层建筑混凝土结构技术规程》JGJ 3的有关规定，以及相关实验研究成果，本条对浆锚连接接头的长度进行了规定。预制剪力墙竖向分布钢筋浆锚连接接头采用单排连接形式时，为增强连接区域的横向约束，对其连接构造提出了相关要求。

5.8　多层装配式墙板结构

5.8.1 多层装配式墙板结构章节仅针对我国中小城镇建设中的多层住宅建筑。本节从提高工效的角度出发，结合相关研究成果对多层装配式墙板结构进行了规定。

5.8.2 为控制地震作用、降低震害程度，本条提出了多层装配式墙板结构房屋的最大适用层数和适用高度。

5.8.3 为避免出现房屋外墙轮廓平面尺寸过小，对多层装配式墙板结构房屋的高宽比进行了规定。

5.8.4 综合考虑墙体稳定性、预制墙板生产运输及安装需求，提出了预制墙板截面厚度的要求；由于多层装配式墙板结构的预制墙板厚度一般较小，为了保证墙肢的抗震性能，提出了预制墙板的轴压比限值。

5.8.6 楼层内相邻承重墙板之间的拼缝采用锚环连接时，可不设置构造边缘构件。箍筋架立筋用于架立箍筋，并用于对边缘构件的混凝土进行侧向约束，为非纵向受力钢筋。

5.9　外挂墙板设计

5.9.1 外挂墙板是由混凝土板和门窗等围护构件组成的完整结构体系，主要承受自重以及直接作用于其上的风荷载、地震作用、温度作用等。同时，外挂墙

板也是建筑物的外围护结构，其本身不分担主体结构承受的荷载和地震作用。作为建筑物的外围护结构，绝大多数外挂墙板均附着于主体结构，必须具备适应主体结构变形的能力。外挂墙板适应变形的能力，可以通过多种可靠的构造措施来保证，比如足够的胶缝宽度、构件之间的活动连接等。

外挂墙板本身必须具有足够的承载能力和变形能力，避免在风荷载作用下破碎或脱落。我国沿海地区经常受到台风的袭击，设计中应引起足够的重视。除个别台风引起的灾害之外，在风荷载作用下，外挂墙板与主体结构之间的连接件发生拔出、拉断等严重破坏的情况相对较少见，主要问题是保证墙板系统自身的变形能力和适应外界变形的能力，避免因主体结构过大的变形而产生破坏。

在地震作用下，墙板构件会受到强烈的动力作用，相对更容易发生破坏。防止或减轻地震危害的主要途径，是在保证墙板本身有足够的承载能力的前提下，加强抗震构造措施。在多遇地震作用下，墙板一般不应产生破坏，或虽有微小损坏但不需修理仍可正常使用；在设防烈度地震作用下，墙板可能有损坏（如个别面板破损等），但不应有严重破坏，经一般修理后仍然可以使用；在预估的罕遇地震作用下，墙板自身可能产生比较严重的破坏，但墙板整体不应脱落、倒塌。这与我国现行国家标准《建筑抗震设计规范》GB 50011 的指导思想是一致的。外挂墙板的设计和抗震构造措施，应保证上述设计目标的实现。

5.9.2 建筑外挂墙板支承在主体结构上，主体结构在荷载、地震作用、温度作用下会产生变形（如水平位移和竖向位移等），这些变形可能会对外墙挂板产生不良影响，应尽量避免。因此，外挂墙板必须具有适应主体结构变形的能力。除了结构计算外，构造设计措施是保证外挂墙板变形能力的重要手段，如必要的胶缝宽度、构件之间的弹性或活动连接等。

5.9.3 外挂墙板平面内变形，是由于建筑物受风荷载或地震作用时层间发生相对位移产生的。由于计算主体结构的变形时，所采用的风荷载、地震作用计算方法不同，因此，外挂墙板平面内变形要求应区分是否为抗震设计。地震作用时，本标准规定可近似取主体结构在设防地震作用下弹性层间位移限值的 3 倍为控制指标，大致相当于罕遇地震作用下的层间位移。

5.9.5 多遇地震作用下，外挂墙板构件应基本处于弹性工作状态，其地震作用可采用简化的等效静力方法计算。水平地震影响系数最大值取自现行国家标准《建筑抗震设计规范》GB 50011 的规定。

地震中外挂墙板振动频率高，容易受到放大的地震作用。为使设防烈度下外挂墙板不产生破损，减低其脱落后的伤人事故，多遇地震作用计算时考虑动力放大系数 β_E。按照现行国家标准《建筑抗震设计规范》GB 50011 的有关非结构构件的地震作用计算规

定，外挂墙板结构的地震作用动力放大系数可表示为：

$$\beta_E = \gamma \eta \xi_1 \xi_2 \qquad (1)$$

式中：γ——非结构构件功能系数，可取 1.4；

η——非结构构件类别系数，可取 0.9；

ξ_1——体系或构件的状态系数，可取 2.0；

ξ_2——位置系数，可取 2.0。

按照式（1）计算，外挂墙板结构地震作用动力放大系数 β_E 约为 5.0。该系数适用于外挂墙板的地震作用计算。

相对传统的幕墙系统，预制混凝土外挂墙板的自重较大。外挂墙板与主体结构的连接往往超静定次数低，也缺乏良好的耗能机制，其破坏模式通常属于脆性破坏。连接破坏一旦发生，会造成外挂墙板整体坠落，产生十分严重的后果。因此，需要对连接节点承载力进行必要的提高。对于地震作用来说，在多遇地震作用计算的基础上将作用效应放大 2.0，接近达到"中震弹性"的要求。

5.9.6 由于预制生产和现场安装的需要，外挂墙板系统必须分割成各自独立承受荷载的板片。同时应合理确定板缝宽度，确保各种工况下各板片间不会产生挤压和碰撞。主体结构变形引起的板片位移是确定板缝宽度的控制性因素。为保证外挂墙板的工作性能，根据日本和我国台湾地区的经验，在层间位移角 1/300 的情况下，板缝宽度变化不应造成填缝材料的损坏；在层间位移角 1/100 的情况下，墙板本体的性能保持正常，仅填缝材料需进行修补；在层间位移角 1/100 的情况下，应确保板片间不发生碰撞。

5.9.7 目前，美国、日本和我国台湾地区，外挂墙板与主体结构的连接节点主要采用柔性连接的点支承方式。

点支承的外挂墙板可区分为平移式外挂墙板（图 1a）和旋转式外挂墙板（图 1b）两种形式。它们与

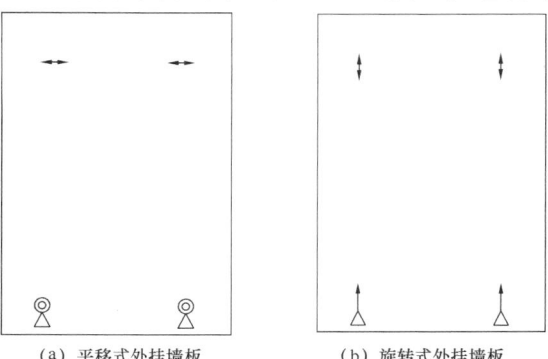

(a) 平移式外挂墙板　　　　(b) 旋转式外挂墙板

图 1　点支承式外挂墙板及其连接节点形式示意

　　↔—可水平滑动；　⚲—承重铰支节点；

　　↕—可竖向滑动；　△—承重可向上滑动

主体结构的连接节点，又可以分为承重节点和非承重节点两类。

一般情况下，外挂墙板与主体结构的连接宜设置4个支承点：当下部两个为承重节点时，上部两个宜为非承重节点；相反，当上部两个为承重节点时，下部两个宜为非承重节点。应注意，平移式外挂墙板与旋转式外挂墙板的承重节点和非承重节点的受力状态和构造要求是不同的，因此设计要求也是不同的。

根据日本和我国台湾地区的工程实践经验，点支承的连接节点一般采用在连接件和预埋件之间设置带有长圆孔的滑移垫片，形成平面内可滑移的支座。当外挂墙板相对于主体结构可能产生转动时，长圆孔宜按垂直方向设置；当外挂墙板相对于主体结构可能产生平动时，长圆孔宜按水平方向设置。

6 外围护系统设计

6.1 一般规定

本章仅对除外挂墙板以外的外墙系统进行技术规定，外挂墙板的有关规定见本标准第5.9节。

6.1.1 外围护系统的设计使用年限是确定外围护系统性能要求、构造、连接的关键，设计时应明确。住宅建筑中外围护系统的设计使用年限应与主体结构相协调，主要是指住宅建筑中外围护系统的基层板、骨架系统、连接配件的设计使用年限应与建筑物主体结构一致；为满足使用要求，外围护系统应定期维护，接缝胶、涂装层、保温材料应根据材料特性，明确使用年限，并应注明维护要求。

6.1.2 装配式混凝土建筑的构成条件，主要指建筑物的主体结构类型、建筑使用功能等。

6.1.4 针对目前我国装配式混凝土建筑中外围护系统的设计指标要求不明确，对外围护系统中产品设计、生产、安装的指导性不强，本条规定了在设计中应包含的主要内容：

1 外围护系统性能要求，主要为安全性、功能性和耐久性等；

2 外墙板及屋面板的模数协调包括：尺寸规格、轴线分布、门窗位置和洞口尺寸等，设计应标准化，兼顾其经济性，同时还应考虑外墙板及屋面板的制作工艺、运输及施工安装的可行性；

3 屋面围护系统与主体结构、屋架与屋面板的支承要求，以及屋面上放置重物的加强措施；

4 外墙围护系统的连接、接缝及系统中外门窗洞口等部位的构造节点是影响外墙围护系统整体性能的关键点；

5 空调室外及室内机、遮阳装置、空调板太阳能设施、雨水收集装置及绿化设施等重要附属设施的连接节点。

6.1.5 外围护系统的材料种类多种多样，施工工艺和节点构造也不尽相同，在集成设计时，外围护系统应根据不同材料特性、施工工艺和节点构造特点明确具体的性能要求。性能要求主要包括安全性、功能性和耐久性等，同时屋面系统还应增加结构性能要求。

1 安全性能要求是指关系到人身安全的关键性能指标，对于装配式混凝土建筑外围护体系而言，应符合基本的承载力要求以及防火要求，具体可以分为抗风性能、抗震性能、耐撞击性能以及防火性能四个方面。外墙板应采用弹性方法确定承载力与变形，并明确荷载及作用效应组合；在荷载及作用的标准组合作用下，墙板的最大挠度不应大于板跨度的1/200，且不应出现裂缝；计算外墙板与结构连接节点承载力时，荷载设计值应该乘以1.2的放大系数。当主体结构承受50年重现期风荷载或多遇地震作用标准值时，外墙板不得因层间变形而发生开裂、起鼓、零件脱落等损坏；当遭受相当于本地区抗震设防烈度的地震作用时，外墙板不应发生掉落。

抗风性能中风荷载标准值应符合现行国家标准《建筑结构荷载规范》GB 50009中有关外围护系统风荷载的规定，并可参照现行国家标准《建筑幕墙》GB/T 21086的相关规定，w_k 不应小于 $1kN/m^2$，同时应考虑偶遇阵风情况下的荷载效应。

抗震性能应满足现行行业标准《非结构构件抗震设计规范》JGJ 339中的相关规定。

耐撞击性能应根据外围护系统的构成确定。对于幕墙体系，可参照现行国家标准《建筑幕墙》GB/T 21086中的相关规定，撞击能量最高为900J，降落高度最高为2m，试验次数不小于10次，同时试件的跨度及边界条件必须与实际工程相符。除幕墙体系外的外围护系统，应提高耐撞击的性能要求。外围护系统的室内外两侧装饰面，尤其是类似薄抹灰做法的外墙保温饰面层，还应明确抗冲击性能要求。

防火性能应符合现行国家标准《建筑设计防火规范》GB 50016中的相关规定，试验检测应符合现行国家标准《建筑构件耐火试验方法 第1部分：通用要求》GB/T 9978.1、《建筑构件耐火试验方法 第8部分：非承重垂直分隔构件的特殊要求》GB/T 9978.8的相关规定。

2 功能性要求是指作为外围护体系应该满足居住使用功能的基本要求。具体包括水密性能、气密性能、隔声性能、热工性能四个方面。

水密性能包括外围护系统中基层板的不透水性以及基层板、外墙板或屋面板接缝处的止水、排水性能。对于建筑幕墙系统，应参照现行国家标准《建筑幕墙》GB/T 21086中的相关规定。

气密性能主要为基层板、外墙板或屋面板接缝处的空气渗透性能。对于建筑幕墙系统，应参照现行国家标准《建筑幕墙》GB/T 21086 中的相关规定。

隔声性能应符合现行国家标准《民用建筑隔声设计规范》GB 50118 的相关规定。

热工性能应符合国家现行标准《公共建筑节能设计标准》GB 50189、《严寒和寒冷地区居住建筑节能设计标准》JGJ 26、《夏热冬冷地区居住建筑节能设计标准》JGJ 134、《夏热冬暖地区居住建筑节能设计标准》JGJ 75 的相关规定。

3 耐久性要求直接影响到外围护系统使用寿命和维护保养时限。不同的材料，对耐久性的性能指标要求也不尽相同。经耐久性试验后，还需对相关力学性能进行复测，以保证使用的稳定性。对于以水泥基类板材作为基层板的外墙板，应符合现行行业标准《外墙用非承重纤维增强水泥板》JG/T 396 的相关规定，满足抗冻性、耐热雨性能、耐热水性能以及耐干湿性能的要求。

4 结构性能应包括可能承受的风荷载、积水荷载、雪荷载、冰荷载、遮阳装置及照明装置荷载、活荷载及其他荷载，并按现行国家标准《建筑结构荷载规范》GB 50009 和《建筑抗震设计规范》GB 50011 的规定对承受的各种荷载和作用以垂直于屋面的方向进行组合，并取最不利工况下的组合荷载标准值为结构性能指标。

6.1.6 不同类型的外墙围护系统具有不同的特点，按照外墙围护系统在施工现场有无骨架组装的情况，分为：预制外墙类、现场组装骨架外墙类、建筑幕墙类。

预制外墙类外墙围护系统在施工现场无骨架组装工序，根据外墙板的建筑立面特征又细分为：整间板体系、条板体系。现场组装骨架外墙类外墙围护系统在施工现场有骨架组装工序，根据骨架的构造形式和材料特点又细分为：金属骨架组合外墙体系、木骨架组合外墙体系。建筑幕墙类外墙围护系统在施工现场可包含骨架组装工序，也可不包含骨架组装工序，根据主要支承结构形式又细分为：构件式幕墙、点支承幕墙、单元式幕墙。

整间板体系包括：预制混凝土外墙板、拼装大板。预制混凝土外墙板按照混凝土的体积密度分为普通型和轻质型。普通型多以预制混凝土夹芯保温外挂墙板为主，中间夹有保温层，室外侧表面自带涂装或饰面做法；轻质型多以蒸压加气混凝土板为主。拼装大板中支承骨架的加工与组装、面板布置、保温层设置均在工厂完成生产，施工现场仅需连接、安装即可。

条板体系包括：预制整体条板、复合夹芯条板。条板可采用横条板或竖条板的安装方式。预制整体条板按主要材料分为含增强材料的混凝土类和复合类，混凝土类预制整体条板又可按照混凝土的表观密度细分为普通型和轻质型。普通型混凝土类预制外墙板中

混凝土多以硅酸盐水泥、普通硅酸盐水泥、硫铝酸盐水泥等生产，轻质型混凝土类预制外墙板多以蒸压加气混凝土板为主，也可采用轻集料混凝土；增强材料可采用金属骨架、钢筋或钢丝（含网片形式）、玻璃纤维、无机矿物纤维、有机合成纤维、纤维素纤维等，蒸压加气混凝土板是由蒸压加气混凝土制成，根据构造要求，内配置经防腐处理的不同数量钢筋网片；断面构造形式可为实心或空心；可采用平板模具生产，也可采用挤塑成型的加工工艺生产。复合类预制整体条板多以阻燃木塑、石塑等为主要材料，多以采用挤塑成型的加工工艺生产，外墙板内部腔体中可填充保温绝热材料。复合夹芯条板是由面板和保温夹芯层构成。

建筑幕墙类中无论采用构件式幕墙、点支承幕墙或单元式幕墙哪一种，非透明部位一般宜设置外围护基层墙板。

编制组在调研国外的外围护系统时，也发现了性能优异的干法施工砌块类材料，主要为干法工艺砌筑的蒸压加气混凝土砌块墙，以及普通砌块在工厂中完成砌块墙的生产进而在施工现场整体施工安装的整体砌块墙做法。针对我国国内现状，也可采用上述做法进行建造施工。

6.1.8 本条规定了外墙板与主体结构连接中应注意的主要问题。

1 连接节点的设置不应使主体结构产生集中偏心受力，应使外墙板实现静定受力。

2 承载力极限状态下，连接节点最基本的要求是不发生破坏，这就要求连接节点处的承载力安全度储备应满足外墙板的使用要求。

3 外墙板可采用平动或转动的方式与主体结构产生相对变形。外墙板应与周边主体结构可靠连接并能适应主体结构不同方向的层间位移，必要时应做验证性试验。采用柔性连接的方式，以保证外墙板应能适应主体结构的层间位移，连接节点尚需具有一定的延性，避免承载能力极限状态和正常施工极限状态下应力集中或产生过大的约束应力。

4 宜减少采用现场焊接形式和湿作业连接形式。

5 连接除不锈钢及耐候钢外，其他钢材应进行表面热浸镀锌处理、富锌涂料处理或采取其他有效的防腐防锈措施。

6.1.9 外墙板接缝是外围护系统设计的重点环节，设计的合理性和适用性，直接关系到外围护系统的性能。

6.2 预 制 外 墙

6.2.2 露明的金属支撑件及外墙板内侧与梁、柱及楼板间的调整间隙，是防火安全的薄弱环节。露明的金属支撑件应设置构造措施，避免在遇火或高温下导致支撑件失效，进而导致外墙板掉落；外墙板内侧与

梁、柱及楼板间的调整间隙，也是窜火的主要部位，应设置构造措施，防止火灾蔓延。

6.2.5 本条规定了预制外墙类外墙板在接缝处的特殊要求。

跨越防火分区的接缝是防火安全的薄弱环节，应在跨越防火分区的接缝室内侧填塞耐火材料，以提高外围护系统的防火性能。

6.2.6 本条规定了蒸压加气混凝土外墙板的设计要求。

1 蒸压加气混凝土外墙板的安装方式存在多种情况，应根据具体情况选用。现阶段，国内工程钩头螺栓法应用普遍，其特点是施工方便、造价低，缺点是损伤板材，连接节点不属于真正意义上的柔性节点，属于半刚性连接节点，应用多层建筑外墙是可行的；对高层建筑外墙宜选用内置锚法、摇摆型工法。

2 蒸压加气混凝土外墙板是一种带孔隙的碱性材料，吸水后强度降低，外表面防水涂膜是其保证结构正常特性的保障，防水封闭是保证加气混凝土板耐久性（防渗漏、防冻融）的关键技术措施。通常情况下，室外侧板面宜采用性能匹配的柔性涂料饰面。

6.3 现场组装骨架外墙

6.3.1 骨架是现场组装骨架外墙中承载并传递荷载作用的主要材料，与主体结构有可靠、正确的连接，才能保证墙体正常、安全地工作。骨架整体验算及连接节点是保证现场组装骨架外墙安全性的重点环节。

6.3.3 当设置外墙防水时，应符合现行行业标准《建筑外墙防水工程技术规程》JGJ/T 235 的规定。

6.3.4 以厚度为 0.8mm～1.5mm 的镀锌轻钢龙骨为骨架，由外面层、填充层和内面层所组成的复合墙体，是北美、澳洲等地多高层建筑的主流外墙之一。一般是在现场安装密肋布置的龙骨后安装各层次，也有在工厂预制成条板或大板后在现场整体装配的案例。该体系的技术要点如下：

1 龙骨与主体结构为弹性连接，以适应结构变形；

2 外面层经常性选项是：砌筑有拉结措施的烧结砖，砌筑有拉结措施的薄型砌块，钉定向结构刨花板或水泥纤维板后做滑移型挂网抹灰，钉水泥纤维板（可鱼鳞状布置），钉乙烯条板，钉金属面板等；

3 内面层经常性选项是：钉定向结构刨花板，钉石膏板；

4 填充层经常性选项是：铝箔玻璃棉毡，岩棉，喷聚苯颗粒，石膏砂浆等；

5 根据不同的气候条件，常在不同的位置设置功能膜材料，如防水膜、防水透汽膜、反射膜、隔汽膜等，寒冷或严寒地区为减少热桥效应和避免发生冷

凝，还应采取隔离措施，如选用断桥龙骨，在特定部位绝缘隔离等。

6.3.5 本条规定了木骨架组合外墙的设计要求。

1 当采用规格材制作木骨架时，由于是通过设计确定木骨架的尺寸，故不限制使用规格材的等级。规格材的含水率不应大于 20%，与现行国家标准《木结构设计规范》GB 50005 规定的规格材含水率一致。

2 木骨架组合外墙与主体结构之间的连接应有足够的耐久性和可靠性，所采用的连接件和紧固件应符合国家现行标准及符合设计要求。木骨架组合外墙经常受自然环境不利因素的影响，因此要求连接材料应具备防腐功能以保证连接材料的耐久性。

4~6 岩棉、玻璃棉具有导热系数小、自重轻、防火性能好等优点，而且石膏板、岩棉和玻璃棉吸声系数高，适用于木骨架外墙的填充材料和覆面材料，使外墙达到国家现行标准规定的保温、隔热、隔声和防火要求。

6.5 外 门 窗

6.5.1 采用在工厂生产的外门窗配套系列部品可以有效避免施工误差，提高安装的精度，保证外围护系统具有良好的气密性能和水密性能要求。

6.5.2 门窗洞口与外门窗框接缝是节能及防渗漏的薄弱环节，接缝处的气密性能、水密性能和保温性能直接影响到外围护系统的性能要求，明确此部位的性能是为了提高外围护系统的功能性指标。

6.5.3 门窗与洞口之间的不匹配导致门窗施工质量控制困难，容易造成门窗处漏水。门窗与墙体在工厂同步完成的预制混凝土外墙，在加工过程中能够更好地保证门窗洞口与框之间的密闭性，避免形成热桥。质量控制有保障，较好地解决了外门窗的渗漏水问题，改善了建筑的性能，提升了建筑的品质。

6.6 屋 面

6.6.2 我国幅员辽阔，太阳能资源丰富，根据各地区气候特点及日照分析结果，有条件的地区可以在装配式建筑设计中充分利用太阳能，设置在屋面上的太阳能系统管路和管线应遵循安全美观、规则有序、便于安装和维护的原则，与建筑其他管线统筹设计，做到太阳能系统与建筑一体化。

7 设备与管线系统设计

7.1 一般规定

7.1.1 目前建筑设计，尤其是住宅建筑的设计，一般均将设备管线埋在楼板现浇混凝土或墙体中，把使

用年限不同的主体结构和管线设备混在一起建造。若干年后，大量的建筑虽然主体结构尚可，但装修和设备等早已老化，改造更新困难，甚至不得不拆除重建，缩短了建筑使用寿命。因此提倡采用主体结构构件、内装修部品和设备管线三部分装配化集成技术，实现室内装修、设备管线与主体结构的分离。

7.1.2 竖向管线宜集中设于管道井中，且布置在现浇楼板处。

7.1.3 在结构深化设计以前，可以采用包含 BIM 在内的多种技术手段开展三维管线综合设计，对各专业管线在预制构件上预留的套管、开孔、开槽位置尺寸进行综合及优化，形成标准化方案，并做好精细设计以及定位，避免错漏碰缺，降低生产及施工成本，减少现场返工。不得在安装完成后的预制构件上剔凿沟槽、打孔开洞。穿越楼板管线较多且集中的区域可采用现浇楼板。

7.1.4 预制构件上为管线、设备及其吊挂配件预留的孔洞、沟槽宜选择对构件受力影响最小的部位，并应确保受力钢筋不受破坏，当条件受限无法满足上述要求时，建筑和结构专业应采取相应的处理措施。设计过程中设备专业应与建筑和结构专业密切沟通，防止遗漏，以避免后期对预制构件凿剔。

7.1.7 当受条件所限必须暗埋或穿越时，横向布置的设备及管线可结合建筑垫层进行设计，也可在预制墙、楼板内预留孔洞或套管；竖向布置的设备及管线需在预制墙、楼板中预留沟槽、孔洞或套管。

7.2 给 水 排 水

7.2.1 当市政中水条件不完善时，居住建筑冲厕用水可采用模块化户内中水集成系统，同时应做好防水处理。

7.2.2 为便于日后管道维修拆卸，给水系统的给水立管与部品配水管道的接口宜设置内螺纹活接连接。实际工程中由于未采用活接头，在遇到有拆卸管路要求的检修时，只能采取断管措施，增加了不必要的施工量。

7.2.3 当采用排水集水器时，应设置在套内架空地板处，同时应方便检修。排水集水器管径规格由计算确定。积水的排出宜设置独立的排水系统或采用间接排水方式。

7.3 供暖、通风、空调及燃气

7.3.5 当采用散热器供暖系统时，散热器安装应牢固可靠，安装在轻钢龙骨隔墙上时，应采用隐蔽支架固定在结构受力件上；安装在预制复合墙体上时，其挂件应预埋在实体结构上，挂件应满足刚度要求；当采用预留孔洞安装散热器挂件时，预留孔洞的深度应不小于 120mm。

7.3.6 集成式卫浴和同层排水的架空地板下面有很多给水和排水管道，为了方便检修，不建议采用地板辐射供暖方式。而有外窗的卫生间冬季有一定的外围护结构耗热量，而只采用临时加热的浴霸等设备不利于节能，宜采用散热器供暖。

7.4 电气和智能化

7.4.1 电气和智能化设备、管线的设计应充分考虑预制构件的标准化设计，减少预制构件的种类，以适应工厂化生产和施工现场装配安装的要求，提高生产效率。

8 内装系统设计

8.1 一 般 规 定

8.1.1 从目前建筑行业的工作模式来说，都是先建筑各专业的设计之后再进行内装设计。这种模式使得后期的内装设计经常需要对建筑设计的图纸进行修改和调整，造成施工时的拆改和浪费，因此，本条强调内装设计应与建筑各专业进行协同设计。

8.1.2 从实现建筑长寿化和可持续发展理念出发，采用内装与主体结构、设备管线分离是为了将长寿命的结构与短寿命的内装、机电管线之间取得协调，避免设备管线和内装的更换维修对长寿命的主体结构造成破坏，影响结构的耐久性。

8.2 内装部品设计选型

8.2.1 装配式建筑的内装设计与传统内装设计的区别之一就是部品选型的概念，部品是装配式建筑的组成基本单元，具有标准化、系列化、通用化的特点。装配式建筑的内装设计更注重通过对标准化、系列化的内装部品选型来实现内装的功能和效果。

8.2.2 采用管线分离时，室内管线的敷设通常是设置在墙、地面架空层、吊顶或轻质隔墙空腔内，将内装部品与室内管线进行集成设计，会提高部品集成度和安装效率，责任划分也更加明确。

8.2.6 架空地板系统的设置主要是为了实现管线分离。在住宅建筑中，应考虑设置架空地板对住宅层高的影响。

8.2.9 采用标准化集成卫生间是住宅全装修的发展趋势；较大卫生间可采用干湿分离设计方法，湿区采用标准化整体卫浴产品。

8.3 接口与连接

8.3.2 装配式混凝土建筑的内装部品应具有通用性和互换性。采用标准化接口的内装部品，可有效避免出现不同内装部品系列接口的非兼容性；在内装部品的设计上，应严格遵守标准化、模数化的相关要求，提高部品之间的兼容性。

9 生产运输

9.1 一般规定

9.1.1 完善的质量管理体系和制度是质量管理的前提条件和企业质量管理水平的体现；质量管理体系中应建立并保持与质量管理有关的文件形成和控制工作程序，该程序应包括文件的编制（获取）、审核、批准、发放、变更和保存等。

文件可存在各种载体上，与质量管理有关的文件包括：

1 法律法规和规范性文件；

2 技术标准；

3 企业制定的质量手册、程序文件和规章制度等质量体系文件；

4 与预制构件产品有关的设计文件和资料；

5 与预制构件产品有关的技术指导书和质量管理控制文件；

6 其他相关文件。

生产单位宜采用现代化的信息管理系统，并建立统一的编码规则和标识系统。信息化管理系统应与生产单位的生产工艺流程相匹配，贯穿整个生产过程，并应与构件 BIM 信息模型有接口，有利于在生产全过程中控制构件生产质量，精确算量，并形成生产全过程记录文件及影像。预制构件表面预埋带无线射频芯片的标识卡（RFID 卡）有利于实现装配式建筑质量全过程控制和追溯，芯片中应存入生产过程及质量控制全部相关信息。

9.1.2 当原设计文件深度不够，不足以指导生产时，需要生产单位或专业公司另行制作加工详图，如加工详图与设计文件意图不同时，应经原设计单位认可。

加工详图包括：预制构件模具图、配筋图；满足建筑、结构和机电设备等专业要求和构件制作、运输、安装等环节要求的预埋件布置图；面砖或石材的排板图，夹芯保温外墙板内外叶墙拉结件布置图和保温板排板图等。

9.1.3 生产方案具体内容包括：生产工艺、生产计划、模具方案、模具计划、技术质量控制措施、成品保护、存放及运输方案等内容，必要时，应对预制构件脱模、吊运、码放、翻转及运输等工况进行计算。

冬期生产时，可参照现行行业标准《建筑工程冬期施工规程》JGJ/T 104 的有关规定编制生产方案。

9.1.4 在预制构件生产质量控制中需要进行有关钢筋、混凝土和构件成品等的日常试验和检测，预制构件企业应配备开展日常试验检测工作的试验室。通常是生产单位试验室应满足产品生产用原材料必试项目的试验检测要求，其他试验检测项目可委托有资质的检测机构进行。

9.1.5 首件验收制度是指结构较复杂的预制构件或新型构件首次生产或间隔较长时间重新生产时，生产单位需会同建设单位、设计单位、施工单位、监理单位共同进行首件验收，重点检查模具、构件、预埋件、混凝土浇筑成型中存在的问题，确认该批预制构件生产工艺是否合理，质量能否得到保障，共同验收合格之后方可批量生产。

9.1.7 检验时对新制或改制后的模具应按件检验，对重复使用的定型模具、钢筋半成品和成品应分批随机抽样检验，对混凝土性能应按批检验。

模具、钢筋、混凝土、预制构件制作、预应力施工等质量，均应在生产班组自检、互检和交接检的基础上，由专职检验员进行检验。

9.1.8 采用新技术、新工艺、新材料、新设备时，应制定可行的技术措施。设计文件中规定使用新技术、新工艺、新材料时，生产单位应依据设计要求进行生产。生产单位欲使用新技术、新工艺、新材料时，可能会影响到产品的质量，必要时应试制样品，并经建设、设计、施工和监理单位核准后方可实施。本条的"新工艺"系指以前未在任何工程中应用的生产工艺。

9.1.9 预制构件和部品检查合格后，应在明显位置设置表面标识。预制构件的表面标识宜包括构件编号、制作日期、合格状态、生产单位等信息。

除合同另有要求外，预制构件交付时应按照本标准第 9.9.2 条的规定提供质量证明文件。

目前，有些地方的预制构件生产实行了监理驻厂监造制度，应根据各地技术发展水平细化预制构件生产全过程监测制度，驻厂监理应在出厂质量证明文件上签字。

9.2 原材料及配件

9.2.1 预制构件用原材料的种类较多，在组织生产前应充分了解图纸设计要求，并通过试验进行合理选用材料，以满足预制构件的各项性能要求。

预制构件生产单位应要求原材料供货方提供满足要求的技术证明文件，证明文件包括出厂合格证和检验报告等，有特殊性能要求的原材料应由双方在采购合同中给予明确说明。

原材料质量的优劣对预制构件的质量起着决定性作用，生产单位应认真做好原材料的进货验收工作。首批或连续跨年进货时应核查供货方提供的型式检验报告，生产单位还应对其质量证明文件的真实性负责。如果存档的质量证明文件是伪造或不真实的，根据有关标准的规定生产单位也应承担相应的责任。质量证明文件的复印件存档时，还需加盖原件存放单位的公章，并由存放单位经办人签字。

预制构件生产单位将采购的同一厂家同批次材料、配件及半成品用于生产不同工程的预制构件，可统一划分检验批。预制构件生产单位同期生产的预制构件使用于不同工程时，加盖公章（或检验章）的复印件具有法律效力。

为适当减少有关产品的检验工作量，对符合限定条件的产品进场检验作了适当调整。对来源稳定且连续检验合格，或经产品认证符合要求的产品，进厂时可按本标准的有关规定放宽检验。"经产品认证符合要求的产品"系指经产品认证机构认证，认证结论为符合认证要求的产品。产品认证机构应经国家认证认可监督管理部门批准。放宽检验系指扩大检验批量，不是放宽检验指标。

"原材料批次要求"指以下条款中提到的批次要求，如同一厂家、同一品种、同一代号、同一强度等级且连续进厂的硅酸盐水泥，袋装水泥不超过200t为一批，散装水泥不超过500t为一批。

9.2.2 钢筋对混凝土结构的承载能力至关重要，对其质量应从严要求。

与热轧光圆钢筋、热轧带肋钢筋、余热处理钢筋性能及检验相关的国家现行标准有：《钢筋混凝土用钢 第1部分：热轧光圆钢筋》GB/T 1499.1、《钢筋混凝土用钢 第2部分：热轧带肋钢筋》GB/T 1499.2和《钢筋混凝土用余热处理钢筋》GB/T 13014等。与冷加工钢筋性能及检验相关的国家现行标准有：《冷轧带肋钢筋》GB/T 13788、《高延性冷轧带肋钢筋》YB/T 4260、《冷轧带肋钢筋混凝土结构技术规程》JGJ 95和《冷拔低碳钢丝应用技术规程》JGJ 19等。

钢筋进厂时，应检查质量证明文件，并按有关标准的规定进行抽样检验。由于生产量、运输条件和各种钢筋的用量等的差异，很难对钢筋进厂的批量大小作出统一规定。实际验收时，若有关标准中对进厂检验作了具体规定，应遵照执行；若有关标准中只有对产品出厂检验的规定，则在进厂检验时，批量应按下列情况确定：

1 对同一厂家、同一牌号、同一规格的钢筋，当一次进厂的数量大于该产品的出厂检验批量时，应划分为若干个出厂检验批，并按出厂检验的抽样方案执行。

2 对同一厂家、同一牌号、同一规格的钢筋，当一次进厂的数量小于或等于该产品的出厂检验批量时，应作为一个检验批，并按出厂检验的抽样方案执行。

3 对不同时间进厂的同批钢筋，当确有可靠依据时，可按一次进厂的钢筋处理。

质量证明文件包括产品合格证、出厂检验报告，有时产品合格证、出厂检验报告可以合并；当用户有特别要求时，还应列出某些专门检验数据。进厂抽样检验的结果是钢筋材料能否在预制构件中应用的判断依据。

对于每批钢筋的检验数量，应按相关产品标准执行。国家标准《钢筋混凝土用钢 第1部分：热轧光圆钢筋》GB/T 1499.1-2008和《钢筋混凝土用钢 第2部分：热轧带肋钢筋》GB/T 1499.2-2007中规定热轧钢筋每批抽取5个试件，先进行重量偏差检验，再取其

中2个试件进行拉伸试验检验屈服强度、抗拉强度、伸长率，另取其中2个试件进行弯曲性能检验。对于钢筋伸长率，牌号带"E"的钢筋必须检验最大力下总伸长率。

9.2.3 专业钢筋加工厂家多采用自动化钢筋加工设备，经过合理的工艺流程，在固定的加工场所将钢筋加工成为工程所需成型钢筋制品即成型钢筋，其产品具有规模化、质量控制水平高等优点。目前，较多中小型预制构件生产单位的钢筋桁架和钢筋网片由专业钢筋加工厂家提供，因此，本条对成型钢筋进厂检验作出规定。

标准所规定的同类型指钢筋品种、型号和加工后的形式完全相同；同一钢筋来源指成型钢筋加工所用钢筋为同一钢筋企业生产。成型钢筋的质量证明文件主要为产品合格证和出厂检验报告。为鼓励成型钢筋产品的认证和先进加工模式的推广应用，规定此种情况可放大检验批量。

对采用热轧钢筋为原材料的成型钢筋，加工过程中一般对钢筋的性能改变较小，当有监理方的代表驻厂监督加工过程并能提交该批成型钢筋的原材料见证检验报告的情况下，可以减少部分检验项目，可只进行重量偏差检验。

外购的成型钢筋按照本条进行进厂检验，不包括预制构件生产单位自购原材料加工的产品。

9.2.4 预应力筋外表面不应有裂纹、小刺、机械损伤、氧化铁皮和油污等，展开后应平顺、不应有弯折。

常用的预应力筋有钢丝、钢绞线、精轧螺纹钢筋等。不同的预应力筋产品，其质量标准及检验批容量均由相关产品标准作了明确的规定，制定产品抽样检验方案时应按不同产品标准的具体规定执行。目前常用预应力筋的相应产品标准有：《预应力混凝土用钢绞线》GB/T 5224、《预应力混凝土用钢丝》GB/T 5223、《预应力混凝土用螺纹钢筋》GB/T 20065和《无粘结预应力钢绞线》JG 161等。

预应力筋应根据进厂批次和产品的抽样检验方案确定检验批进行抽样检验。由于各厂家提供的预应力筋产品合格证内容与格式不尽相同，为统一及明确有关内容，要求厂家除了提供产品合格证外，还应提供反映预应力筋主要性能的出厂检验报告，两者也可合并提供。抽样检验可仅作预应力筋抗拉强度与伸长率试验；松弛率试验由于时间较长，成本较高，同时目前产品质量比较稳定，一般不需要进行该项检验，当工程确有需要时，可进行检验。

9.2.5 与预应力筋用锚具相关的国家现行标准有：《预应力筋用锚具、夹具和连接器》GB/T 14370和《预应力筋用锚具、夹具和连接器应用技术规程》JGJ 85。前者系产品标准，主要是生产厂家生产、质量检验的依据，后者是锚夹具产品工程应用的依据，包括设计选用、进场检验、工程施工等内容。

9.2.6 国家大力推广散装水泥，散装水泥批号是在水泥装车时计算机自动编制的，水泥厂每发出 2000t 水泥自动换批号，经常出现预制构件生产单位连续进场的水泥批号不一致，大大增加检验批次。目前，全国水泥质量大幅度提高，规定按照"同一厂家、同一品种、同一代号、同一强度等级且连续进厂的水泥"进行检验，完全能够保证质量。

强度、安定性是水泥的重要性能指标，与现行国家标准《混凝土结构工程施工质量验收规范》GB 50204 规定一致，进厂时应复验。

装配式构件中装饰构件会越来越多，白水泥将逐渐成为构件厂的采用水泥之一，规定其进厂检验批量很有必要。本标准将白水泥的进厂检验批量定为 50t，主要是考虑白水泥总用量较小，批量过大容易过期失效。同时也参考了《白色硅酸盐水泥》GB/T 2015-2005 第 8.1 节，编号及取样的规定："水泥出厂时按同标号、同白度编号取样。每一编号为一取样单位。水泥编号按水泥厂年产量规定。5 万吨以上，不超过 200 吨为一编号；1~5 万吨，不超过 150 吨为一编号；1 万吨以下，不超过 50 吨或不超过三天产量为一编号"。

9.2.7 本条只列出预制构件生产常用的粉煤灰、粒化高炉矿渣粉和硅灰等三种矿物掺合料的进厂检验规定。其他矿物掺合料的使用和检测应符合设计要求和现行有关标准的规定。

9.2.8 本条只列出预制构件生产常用的减水剂进厂检验规定，其他外加剂的使用和检测应符合设计要求和现行有关标准的规定。混凝土减水剂是装配式预制构件生产采用的主要混凝土外加剂品种，而且宜采用早强型聚羧酸系高性能减水剂。如果预制构件企业根据实际情况需要添加缓凝剂、引气剂等其他品种外加剂时，其产品质量也应符合现行国家标准《混凝土外加剂》GB 8076 和《混凝土外加剂应用技术规范》GB 50119 的规定。

9.2.9 除本条的检验项目外，骨料的坚固性、有害物质含量和氯离子含量等其他质量指标可在选择骨料时根据需要进行检验，一般情况下应由厂家提供的型式检验报告列出全套质量指标的检测结果。

9.2.11 回收水是指搅拌机和运输车等清洗用水经过沉淀、过滤、回收后再次加以利用的水。从节约水资源角度出发，鼓励回收水再利用，但回收水中因含有水泥、外加剂等原材料及其反应后的残留物，这些残留成分可能影响混凝土的使用性能，应经过试验方可确定能否使用。部分或全部回收水作为混凝土拌合用水的质量均应符合现行行业标准《混凝土用水标准》JGJ 63 要求。用高压水冲洗预涂缓凝剂形成粗糙面的回收水，未经处理和未经检验合格，不得用作混凝土搅拌用水。

9.2.13 大多数预制构件在室内生产，应选择对人身体无害的环保型产品。脱模剂的使用效果与预制构件生产工艺、生产季节、涂刷方式有很大关系，应经过试验确定最佳脱模效果。

9.2.14 预制构件中常用的保温材料有挤塑聚苯板、硬泡聚氨酯板、真空绝热板等其导热系数随时间逐步衰减，尤其是刚生产出来的保温材料的导热系数衰减很快，需要严格按照标准规定取样进行检测。当使用标准或规范无规定的保温材料时，应有充足的技术依据，并应在使用前进行试验验证。

9.2.16 拉结件是保证装配整体式夹芯保温剪力墙板和夹芯保温外挂墙板内、外叶墙可靠连接的重要部件，应保证其在混凝土中的锚固可靠性。

9.2.17 灌浆料是灌浆套筒进货前进行的钢筋套筒连接工艺检验必不可少的材料。但由于生产单位用量极少，因此可以使用施工现场采购的同厂家、同品种、同型号产品。如果施工单位尚未开始进货，预制构件生产单位可以自购一批，检验合格后用于工艺检验。

9.3 模　　具

9.3.2 模具是专门用来生产预制构件的各种模板系统，可采用固定在生产场地的固定模具，也可采用移动模具。对于形状复杂、数量少的构件也可采用木模或其他材料制作。清水混凝土预制构件建议采用精度较高的模具制作。流水线平台上的各种边模可采用玻璃钢、铝合金、高品质复合板等轻质材料制作。

在模台上用磁盒固定边模具有简单方便的优势，能够更好地满足流水线生产节拍需要。虽然磁盒在模台上的吸力很大，但是振动状态下抗剪切能力不足，容易造成偏移，影响几何尺寸，用磁盒生产高精度几何尺寸预制构件时，需要采取辅助定位措施。

9.4 钢筋及预埋件

9.4.1 使用自动化机械设备进行钢筋加工与制作，可减少钢筋损耗且有利于质量控制，有条件时应尽量采用。自动化机械设备进行钢筋调直、切割和弯折，其性能应符合现行行业标准《混凝土结构用成型钢筋》JG/T 226 的有关规定。

9.4.2 钢筋连接质量好坏关系到结构安全，本条提出了钢筋连接必须进行工艺检验的要求，在施工过程中重点检查。尤其是钢筋螺纹接头以及半灌浆套筒连接接头机械连接端安装时，可根据安装需要采用管钳、扭力扳手等工具，安装后应使用专用扭力扳手校核拧紧力矩，安装用扭力扳手和校核用扭力扳手应区分使用，二者的精度、校准要求均有所不同。

9.4.3 本条规定了钢筋半成品、钢筋网片、钢筋骨架安装的尺寸偏差和检测方法。安装后还应及时检查钢筋的品种、级别、规格、数量。

当钢筋网片或钢筋骨架中钢筋作为连接钢筋时，如与灌浆套筒连接，该部分钢筋定位应协调考虑连接的精度要求。

9.5 预应力构件

9.5.1 预制预应力构件施工方案宜包括：生产顺序和工艺流程、生产质量要求、资源配备和质量保证措施以及生产安全要求和保证措施等。

9.5.2 先张法预应力构件张拉台座受力巨大，为保证安全施工应由设计或有经验单位、部门进行专门设计计算。

9.5.3 由于预应力筋过度受热会降低力学性能，因此规定了其切断方式。

9.5.4 钢丝束采用镦头锚具时，锚具的效率系数主要取决于镦头的强度，而镦头强度与采用的工艺及钢丝的直径有关。冷镦时由于冷作硬化，镦头的强度提高，但脆性增加，且容易出现裂纹，影响强度发挥，因此需事先确认钢丝的可镦性，以确保镦头质量。另外，钢丝下料长度的控制主要是为保证钢丝的两端均采用镦头锚具时钢丝的受力均匀性。

9.5.8 张拉预应力筋的目的是建立设计希望的预应力，而伸长值校核是为了判断张拉质量是否达到设计规定的要求。如果各项参数都与设计相符，一般情况下张拉力值的偏差在±5%范围内是合理的，考虑到实际工程的测量精度及预应力筋材料参数的偏差等因素，适当放松了对伸长值偏差的限值，将其最大偏差放宽到±6%。

9.5.9 预应力筋的张拉顺序应使混凝土不产生超应力、构件不扭转与侧弯，因此，对称张拉是一个重要原则，对张拉比较敏感的结构构件，若不能对称张拉，也应尽量做到逐步渐进的施加预应力。

一般情况下，同一束有粘结预应力筋应采取整束张拉，使各根预应力筋建立的应力均匀。只有在能够确保预应力筋张拉没有叠压影响时，才允许采用逐根张拉工艺。

预应力工程的重要目的是通过配置的预应力筋建立设计希望的准确的预应力值。然而，张拉阶段出现预应力筋的断裂，可能意味着，其材料、加工制作、安装及张拉等一系列环节中出现了问题。同时，由于预应力筋断裂或滑脱对结构构件的受力性能影响极大，因此，规定应严格限制其断裂或滑脱的数量。先张法预应力构件中的预应力筋不允许出现断裂或滑脱，若在浇筑混凝土前出现断裂或滑脱，相应的预应力筋应予以更换。本条控制的不仅是张拉质量，同时也是对材料、制作、安装等工序的质量要求。

9.5.10 先张法构件的预应力是靠粘结力传递的，过低的混凝土强度相应的粘结强度也较低，造成预应力传递长度增加，因此本条规定了放张时的混凝土最低强度值。

9.6 成型、养护及脱模

9.6.1 本条规定了混凝土浇筑前应进行的隐检内容，是保证预制构件满足结构性能的关键质量控制环节，应严格执行。

9.6.5 本条规定了预制外墙类构件表面预贴面砖或石材的技术要求，除了要满足安全耐久性外，还需保证装饰效果。对于饰面材料分隔缝的处理，砖缝可采用发泡塑料条成型，石材可采用弹性材料填充。

9.6.6 夹芯保温墙板内外叶墙体拉结件的品种、数量、位置对于保证外叶墙结构安全、避免墙体开裂极为重要，其安装必须符合设计要求和产品技术手册。控制内外页墙体混凝土浇筑间隔是为了保证拉结件与混凝土的连接质量。

9.6.10 条件允许的情况下，预制构件优先推荐自然养护。采用加热养护时，按照合理的养护制度进行温控可避免预制构件出现温差裂缝。

对于夹芯外墙板的养护，控制养护温度不大于60℃是因为有机保温材料在较高温度下会产生热变形，影响产品质量。

9.6.11 平模工艺生产的大型墙板、挂板类预制构件宜采用翻板机翻转直立后再行起吊。对于设有门洞、窗洞等较大洞口的墙板，脱膜起吊时应进行加固，防止扭曲变形造成的开裂。

9.9 资料及交付

9.9.1 预制构件产品资料归档应包括产品质量形成过程中的有关依据和记录，具体归档资料还应满足不同工程对其资料归档的具体要求。

9.9.2 当设计有要求或合同约定时，还应提供混凝土抗渗、抗冻等约定性能的试验报告。

预制构件出厂合格证可参考如下范本（表5）。

表5　预制构件出厂合格证（范本）

预制混凝土构件出厂合格证			资料编号	
工程名称及使用部位			合格证编号	
构件名称		型号规格	供应数量	
制造厂家			企业等级证	
标准图号或设计图纸号			混凝土设计强度等级	
混凝土浇筑日期		至	构件出厂日期	
性能检验评定结果	混凝土抗压强度		主筋	
	试验编号	达到设计强度（%）	试验编号	力学性能 / 工艺性能
	外观		面层装饰材料	
	质量状况	规格尺寸	试验编号	试验结论
	保温材料		保温连接件	
	试验编号	试验结论	试验编号	试验结论
	钢筋连接套筒		结构性能	
	试验编号	试验结论	试验编号	试验结论
	备注			结论：
供应单位技术负责人		填表人		供应单位名称（盖章）
填表日期：				

9.10 部品生产

9.10.3 目前装配式混凝土建筑有多种类型,部品作为标准化、系列化的产品,应考虑与不同主体结构形式连接时的连接方法与配套组件,并成套供应。

10 施 工 安 装

10.1 一 般 规 定

10.1.1 装配式混凝土施工应制定以装配为主的施工组织设计文件,应根据建筑、结构、机电、内装一体化、设计、加工、装配一体化的原则,制定施工组织设计。施工组织设计应体现管理组织方式吻合装配工法的特点,以发挥装配技术优势为原则。

10.1.2 装配式混凝土结构施工具有其固有特性,应设立与装配施工技术相匹配的项目部机构和人员,装配施工对不同岗位的技能和知识要求区别于以往的传统施工方式要求,需要配置满足装配施工要求的专业人员。且在施工前应对相关作业人员进行培训和技术、安全、质量交底,培训和交底对象包括一线管理人员和作业人员、监理人员等。

10.1.3 工装系统是指装配式混凝土建筑吊装、安装过程中所用的工具化、标准化吊具、支撑架体等产品,包括标准化堆放架、模数化通用吊梁、框式吊梁、起吊装置、吊钩吊具、预制墙板斜支撑、叠合板独立支撑、支撑体系、模架体系、外围护体系、系列操作工具等产品。工装系统的定型产品及施工操作均应符合国家现行有关标准及产品应用技术手册的有关规定,在使用前应进行必要的施工验算。

10.1.4 施工安装宜采用 BIM 组织施工方案,用BIM 模型指导和模拟施工,制定合理的施工工序并精确算量,从而提高施工管理水平和施工效率,减少浪费。

10.1.5 为避免由于设计或施工缺乏经验造成工程实施障碍或损失,保证装配式混凝土结构施工质量,并不断摸索和积累经验,特提出应通过试生产和试安装进行验证性试验。装配式混凝土结构施工前的试安装,对于没有经验的承包商非常必要,不但可以验证设计和施工方案存在的缺陷,还可以培训人员,调试设备,完善方案。另一方面对于没有实践经验的新的结构体系,应在施工前进行典型单元的安装试验,验证并完善方案实施的可行性,这对于体系的定型和推广使用,是十分重要的。

10.1.6 采用新技术、新工艺、新材料、新设备时,应经过试验和技术鉴定,并应制定可行的技术措施。设计文件中制定使用的新技术、新工艺、新材料时,施工单位应依据设计要求进行施工。

施工单位欲使用新技术、新工艺、新材料时,应经监理单位核准,并按相关规定办理。本条的"新的施工工艺"系指以前未在任何工程中应用的施工工艺,"首次采用的施工工艺"系指施工单位以前未实施过的施工工艺。

10.1.7 装配式混凝土建筑施工中,应建立健全安全管理保障体系和管理制度,对危险性较大分部分项工程应经专家论证通过后进行施工。应结合装配施工特点,针对构件吊装、安装施工安全要求,制定系列安全专项方案。国家现行有关标准包括《建筑施工高处作业安全技术规范》JGJ 80、《建筑机械使用安全技术规程》JGJ 33、《建筑施工起重吊装工程安全技术规范》JGJ 276 和《施工现场临时用电安全技术规范》JGJ 46 等。

10.2 施 工 准 备

10.2.1 装配式混凝土结构施工方案应全面系统,且应结合装配式建筑特点和一体化建造的具体要求,本着资源节省、人工减少、质量提高、工期缩短的原则制定装配方案。进度计划应结合协同构件生产计划和运输计划等;预制构件运输方案包括车辆型号及数量、运输路线、发货安排、现场装卸方法等;施工场地布置包括场内循环通道、吊装设备布设、构件码放场地等;安装与连接施工包括测量方法、吊装顺序和方法、构件安装方法、节点施工方法、防水施工方法、后浇混凝土施工方法、全过程的成品保护及修补措施等;安全管理包括吊装安全措施、专项施工安全措施等;质量管理包括构件安装的专项施工质量管理,渗漏、裂缝等质量缺陷防治措施;预制构件安装应结合构件连接装配方法和特点,合理制定施工工序。

10.2.2 预制构件、安装用材料及配件进场验收应符合本标准第 11 章、现行国家标准《混凝土结构工程施工质量验收规范》GB 50204 及产品应用技术手册等的有关规定。确保预制构件、安装用材料及配件进场的产品品质。

10.2.3 施工现场应根据装配化建造方式布置施工总平面,宜规划主体装配区、构件堆放区、材料堆放区和运输通道。各个区域宜统筹规划布置,满足高效吊装、安装的要求,通道宜满足构件运输车辆平稳、高效、节能的行驶要求。竖向构件宜采用专用存放架进行存放,专用存放架应根据需要设置安全操作平台。

10.2.4 安装施工前,应制定安装定位标识方案,根据安装连接的精细化要求,控制合理误差。安装定位标识方案应按照一定顺序进行编制,标识点应清晰明确,定位顺序应便于查询标识。

10.2.5 安装施工前,应结合深化设计图纸核对已施工完成结构或基础的外观质量、尺寸偏差、混凝土强度和预留预埋等条件是否具备上层构件的安装，并应核对待安装预制构件的混凝土强度及预制构件和配件的型号、规格、数量等是否符合设计要求。

10.2.6 吊装设备应根据构件吊装需求进行匹配性选型，安装施工前，应再次复核吊装设备的吊装能力、吊装器具和吊装环境，满足安全、高效的吊装要求。

　　防护系统包括三角挂架、SCP 型施工升降平台、液压自爬升防护屏、工具化附着升降架、折叠式升降脚手架等。三角挂架由方钢、槽钢、钢管等焊接而成，通过穿墙螺栓与预制墙板连接实现防护功能。SCP 型施工升降平台由驱动机构、钢结构平台节组成的单级或多级工作平台，标准节组成的导轨架、附墙及安全装置等组成。液压自爬升防护屏通过液压油缸的伸缩，连续顶升防护屏架体实现防护屏架体的整体提升。工具化附着升降架是由横梁、斜杆、导轨、立杆组成的空间桁架体系，折叠式升降脚手架自带驱动升降系统，可自爬升；模块化单元组装便捷可周转；液压爬升，速度快且稳定；具备防坠功能。

10.3　预制构件安装

10.3.2 预制构件安装就位后应对安装位置、标高、垂直度进行调整，并应考虑安装偏差的累积影响，安装偏差应严于装配式混凝土结构分项工程验收的施工尺寸偏差。装饰类预制构件安装完成后，应结合相邻构件对装饰面的完整性进行校核和调整，保证整体装饰效果满足设计要求。

10.3.4 竖向预制构件主要包括预制墙板、预制柱，对于预制墙板，临时斜撑一般安放在其背面，且一般不宜少于 2 道。当墙板底没有水平约束时，墙板的每道临时支撑包括上部斜撑和下部支撑，下部支撑可做成水平支撑或斜向支撑。对于预制柱，由于其底部纵向钢筋可以起到水平约束的作用，故一般仅设置上部斜撑。柱子的斜撑不应少于 2 道，且应设置在两个相邻的侧面上，水平投影相互垂直。临时斜撑与预制构件一般做成铰接并通过预埋件进行连接。考虑到临时斜撑主要承受的是水平荷载，为充分发挥其作用，对上部的斜撑，其支撑点距离板底的距离不宜小于板高的 2/3，且不应小于板高的 1/2。斜支撑与地面或楼面连接应可靠，不得出现连接松动引起竖向预制构件倾覆等。

10.3.6 可通过千斤顶调整预制柱平面位置，通过在柱脚位置的预埋螺栓，使用专门调整工具进行微调，调整垂直度；预制柱完成垂直度调整后，应在柱子四角缝隙处加塞刚性垫片。柱脚连接部位宜采用工具式模板对柱脚四周进行封堵，封堵应确保密闭连接牢固有效，满足压力要求。

10.3.7 对于不带夹芯保温的各类外墙板，外侧宜采用工具式模板封堵。

10.3.8 临时支撑可为工具式支撑，也可为在预制柱上的牛腿。安装时梁伸入支座的长度应符合设计要求；梁搁置在临时支撑上的长度也应符合设计要求。

10.3.9 预制底板吊至梁、墙上方 300mm～500mm 后，应调整板位置使板锚固筋与梁箍筋错开，根据板边线和板端控制线，准确就位。板就位后调节支撑立杆，确保所有立杆共同均匀受力。

10.3.10 预制楼梯的安装方式应结合预制楼梯的设计要求进行确定。

10.4　预制构件连接

10.4.1 结合部位或接缝处混凝土施工，由于操作面的限制，不便于混凝土的振捣密实时，宜采用自密实混凝土，并应符合国家现行有关标准的规定。

10.4.2 本条用于伸入预制构件内灌浆套筒、浆锚预留孔中的预留钢筋的精准控制和预制构件的安全、高效连接。宜采用与预留钢筋匹配的专用模具进行精准定位，起到安装前对预留钢筋位置的预检和控制，提高安装效率，也可通过设计诱导钢筋进行预制构件的快速对位和安装。

10.4.3 钢筋套筒灌浆作业应符合现行行业标准《钢筋套筒灌浆连接应用技术规程》JGJ 355 及施工方案的要求。

　　灌浆作业是装配整体式结构工程施工质量控制的关键环节之一。对作业人员应进行培训考核，并持证上岗，同时要求有专职检验人员在灌浆操作全过程监督。套筒灌浆连接接头的质量保证措施：

　　1　采用经验证的钢筋套筒和灌浆料配套产品；

　　2　施工人员是经培训合格的专业人员，严格按技术操作要求执行；

　　3　操作施工时，应做好灌浆作业的视频资料，质量检验人员进行全程施工质量检查，能提供可追溯的全过程灌浆质量检查记录；

　　4　检验批验收时，如对套筒灌浆连接接头质量有疑问，可委托第三方独立检测机构进行非破损检测。

　　当施工环境温度低于 5℃时，可采取加热保温措施，使结构构件灌浆套筒内的温度达到产品使用说明书要求；有可靠经验时也可采用低温灌浆料。

10.4.4 钢筋采用冷挤压套筒连接时，其施工同样应符合现行行业标准《钢筋机械连接技术规程》JGJ 107 的有关规定。

10.4.6 后张预应力筋连接也是一种预制构件连接形式，其张拉、放张、封锚等均与预应力混凝土结构施工基本相同，应按国家现行有关标准的规定执行。

10.4.7 工具式模板与支架宜具有标准化、模块化、可周转、易于组合、便于安装、通用性强、造价低等特点。定型模板与预制构件之间应粘贴密封封条，在混凝土浇筑时节点处模板不应产生变形和漏浆。

10.4.10 临时支撑系统拆除时，要检查支撑对象即预制构件经过安装后的连接情况，确认其已与主体结构形成稳定的受力体系后，方可拆除临时支撑系统。

10.4.12 预制构件安装完成后尺寸偏差应符合表中要求，安装过程中，宜采取相应措施从严控制，方可保证完成后的尺寸偏差要求。

当预制构件中用于连接的外伸钢筋定位精度有特别要求时，如与灌浆套筒连接的钢筋，预制构件安装尺寸偏差尚应与连接钢筋的定位要求相协调。

10.5　部品安装

10.5.3 改动建筑主体、承重结构或改变房间的主要使用功能，擅自拆改燃气、暖气、电气等配套设施，有时会危及整个建筑的安全，应严格禁止。

10.6　设备与管线安装

10.6.7 需等电位连接的部件与局部等电位端子箱的接地端子可用导线直接连接，保证连接的可靠性。

10.7　成品保护

10.7.1 交叉作业时，应做好工序交接，做好已完部位移交单，各工种之间明确责任主体。

10.7.3 饰面砖保护应选用无褪色或污染的材料，以防揭膜后，饰面砖表面被污染。

10.8　施工安全与环境保护

10.8.2 施工企业应对危险源进行辨识、分析，提出应对处理措施，制定应急预案，并根据应急预案进行演练。

10.8.4 构件吊运时，吊机回转半径范围内，为非作业人员禁止入内区域，以防坠物伤人。

10.8.5 装配式构件或体系选用的支撑应经计算符合受力要求，架身组合后，经验收，挂牌后使用。

10.8.7 钢筋焊接作业时产生的火花极易引燃或损坏夹芯保温外墙板中的保温层。

10.8.8 《中华人民共和国环境噪声污染防治法》指出：在城市市区范围内周围生活环境排放建筑施工噪声的，应当符合国家规定的建筑施工场界环境噪声排放标准。

10.8.9 严禁施工现场产生的废水、污水不经处理排放，影响正常生产、生活以及生态系统平衡的现象。

10.8.10 预制构件安装过程中常见的光污染主要是可见光、夜间现场照明灯光、汽车前照灯光、电焊产生的强光等。可见光的亮度过高或过低，对比过强或过弱时，都有损人体健康。

11　质量验收

11.1　一般规定

11.1.3 当装配式混凝土结构工程存在现浇混凝土施工段时，应按现行国家标准《混凝土结构工程施工质量验收规范》GB 50204 的有关规定进行其他分项工程和检验批的验收。

11.1.5 本条规定的验收内容涉及采用后浇混凝土连接及采用叠合构件的装配整体式结构，隐蔽工程反映钢筋、现浇结构分项工程施工的综合质量，后浇混凝土处的钢筋既包括预制构件外伸的钢筋，也包括后浇混凝土中设置的纵向钢筋和箍筋。在浇筑混凝土之前进行隐蔽工程验收是为了确保其连接构造性能满足设计要求。

11.2　预制构件

主控项目

11.2.1 对专业企业生产的预制构件，质量证明文件包括产品合格证明书、混凝土强度检验报告及其他重要检验报告等；预制构件的钢筋、混凝土原材料、预应力材料、预埋件等均应参照本标准及国家现行有关标准的有关规定进行检验，其检验报告在预制构件进场时可不提供，但应在构件生产单位存档保留，以便需要时查阅。按本标准第 11.2.2 条的有关规定，对于进场时不做结构性能检验的预制构件，质量证明文件尚应包括预制构件生产过程的关键验收记录。

对总承包单位制作的预制构件，没有"进场"的验收环节，其材料和制作质量应按本标准各章的规定进行验收。对构件的验收方式为检查构件制作中的质量验收记录。

11.2.2 本条规定了专业企业生产预制构件进场时的结构性能检验要求。结构性能检验通常应在构件进场时进行，但考虑检验方便，工程中多在各方参与下在预制构件生产场地进行。

考虑构件特点及加载检验条件，本条仅提出了梁板类非叠合简支受弯预制构件的结构性能检验要求。本条还对非叠合简支梁板类受弯预制构件提出了结构性能检验的简化条件：大型构件一般指跨度大于 18m 的构件；可靠应用经验指该单位生产的标准构件在其他工程已多次应用，如预制楼梯、预制空心板、预制双 T 板等；使用数量较少一般指数量在 50 件以内，近期完成的合格结构性能检验报告可作为可靠依据。不做结构性能检验时，尚应符合本条第 4 款的规定。

本条第 2 款的"不单独使用的叠合预制底板"主要包括桁架钢筋叠合底板和各类预应力叠合楼板用薄板、带肋板。由于此类构件刚度较小，且板类构件强度与混凝土强度相关性不大，很难通过加载方式对结构受力性能进行检验，故本条规定可不进行结构性能检验。对于可单独使用、也可作为叠合楼板使用的预应力空心板、双 T 板，按本条第 1 款的规定对构件进行结构性能检验，检验时不浇后浇层，仅检验预制构件。对叠合梁构件，由于情况复杂，本条规定是否进行结构性能检验、结构性能检验的方式由设计确定。

根据本条第 1、2 款的规定，工程中需要做结构性能检验的构件主要有预制梁、预制楼梯、预应力空心板、预应力双 T 板等简支受弯构件。其他预制构件除设计有专门要求外，进场时可不做结构性能检验。

国家标准《混凝土结构工程施工质量验收规范》GB 50204-2015 附录 B 给出了受弯预制构件的抗裂、变形及承载力性能的检验要求和检验方法。

对所有进场时不做结构性能检验的预制构件，可通过施工单位或监理单位代表驻厂监督生产的方式进行质量控制，此时构件进场的质量证明文件应经监督代表确认。当无驻厂监督，进场时应对预制构件主要受力钢筋数量、规格、间距及混凝土强度、混凝土保护层厚度等进行实体检验，具体可按以下原则执行：

1 实体检验宜采用非破损方法，也可采用破损方法，非破损方法应采用专业仪器并符合国家现行有关标准的有关规定。

2 检查数量可根据工程情况由各方商定。一般情况下，可以不超过 1000 个同类型预制构件为一批，每批抽取构件数量的 2% 且不少于 5 个构件。

3 检查方法可参考国家标准《混凝土结构工程施工质量验收规范》GB 50204-2015 附录 D、附录 E 的有关规定。

对所有进场时不做结构性能检验的预制构件，进场时的质量证明文件宜增加构件生产过程检查文件，如钢筋隐蔽工程验收记录、预应力筋张拉记录等。

11.2.3 对于出现的外观质量严重缺陷、影响结构性能和安装、使用功能的尺寸偏差，以及拉结件类别、数量和位置有不符合设计要求的情形应作退场处理。如经设计同意可以进行修理使用，则应制定处理方案并获得监理确认后，预制构件生产单位应按技术处理方案处理，修理后应重新验收。

11.2.4 预制构件外贴材料等应在进场时按设计要求对预制构件产品全数检查，合格后方可使用，避免在

构件安装时发现问题造成不必要的损失。

一 般 项 目

11.2.7 预制构件的装饰外观质量应在进场时按设计要求对预制构件产品全数检查，合格后方可使用。如果出现偏差情况，应和设计协商相应处理方案，如设计不同意处理应作退场报废处理。

11.2.8 预制构件的预留、预埋件等应在进场时按设计要求对每件预制构件产品全数检查，合格后方可使用，避免在构件安装时发现问题造成不必要的损失。

对于预埋件和预留孔洞等项目验收出现问题时，应和设计协商相应处理方案，如设计不同意处理应作退场报废处理。

检查数量：按照进场检验批，同一规格（品种）的构件每次抽检数量不应少于该规格（品种）数量的 5%，且不少于 3 件。

11.2.9、11.2.10 预制构件的一般项目验收应在预制工厂出厂检验的基础上进行，现场验收时应按规定填写检验记录。对于部分项目不满足标准规定时，可以允许厂家按要求进行修理，但应责令预制构件生产单位制定产品出厂质量管理的预防纠正措施。

预制构件的外观质量一般缺陷应按产品标准规定全数检验；当构件没有产品标准或现场制作时，应按现浇结构构件的外观质量要求检查和处理。

预制构件尺寸偏差和预制构件上的预留孔、预留洞、预埋件、预留插筋、键槽位置偏差等基本要求应进行抽样检验。如根据具体工程要求提出高于标准规定时，应按设计要求或合同规定执行。

装配整体式结构中预制构件与后浇混凝土结合的界面统称为结合面，结合面的表面一般要求在预制构件上设置粗糙面或键槽，同时还需要配置抗剪或抗拉钢筋等以确保结构连接构造的整体性设计要求。

构件尺寸偏差设计有专门规定的，尚应符合设计要求。预制构件有粗糙面时，与粗糙面相关的尺寸允许偏差可适当放宽。

11.3 预制构件安装与连接

主 控 项 目

11.3.1 临时固定措施是装配式混凝土结构安装过程中承受施工荷载、保证构件定位、确保施工安全的有效措施。临时支撑是常用的临时固定措施，包括水平构件下方的临时竖向支撑、水平构件两端支撑构件上设置的临时牛腿、竖向构件的临时斜撑等。

11.3.2 装配整体式混凝土结构节点区的后浇混凝土质量控制非常重要，不但要求其与预制构件的结合面

紧密结合，还要求其自身浇筑密实，更重要的是要控制混凝土强度指标。

当后浇混凝土和现浇结构采用相同强度等级混凝土浇筑时，此时可以采用现浇结构的混凝土试块强度进行评定；对有特殊要求的后浇混凝土应单独制作试块进行检验评定。

11.3.3、11.3.4 钢筋套筒灌浆连接和浆锚搭接连接是装配式混凝土结构的重要连接方式，灌浆质量的好坏对结构的整体性影响非常大，应采取措施保证孔道的灌浆密实。

钢筋采用套筒灌浆连接或浆锚搭接连接时，连接接头的质量及传力性能是影响装配式混凝土结构受力性能的关键，应严格控制。

套筒灌浆连接前应按现行行业标准《钢筋套筒灌浆连接应用技术规程》JGJ 355 的有关规定进行钢筋套筒灌浆连接接头工艺试验，试验合格后方可进行灌浆作业。

11.3.5 接缝采用座浆连接时，如果希望座浆满足竖向传力要求，则应对座浆的强度提出明确的设计要求。对于不需要传力的填缝砂浆可以按构造要求规定其强度指标。施工时应采取措施确保座浆在接缝部位饱满密实，并加强养护。

11.3.6～11.3.9 在装配式混凝土结构中，常会采用钢筋或钢板焊接连接。当钢筋或型钢采用焊接连接时，钢筋或型钢的焊接质量是保证结构传力的关键主控项目，应由具备资格的焊工进行操作，并应按国家现行标准《钢结构工程施工质量验收规范》GB 50205 和《钢筋焊接及验收规程》JGJ 18 的有关规定进行验收。

考虑到装配式混凝土结构中钢筋或型钢焊接连接的特殊性，很难做到连接试件原位截取，故要求制作平行加工试件。平行加工试件应与实际钢筋连接接头的施工环境相似，并宜在工程结构附近制作。

钢筋采用机械连接时，应按现行行业标准《钢筋机械连接技术规程》JGJ 107 的有关规定进行验收。平行加工试件应与实际钢筋连接接头的施工环境相似，并宜在工程结构附近制作。对于直螺纹机械连接接头，应按有关标准规定检验螺纹接头拧紧扭矩和挤压接头压痕直径。对于冷挤压套筒机械连接接头，其接头质量也应符合国家现行有关标准的规定。

装配式混凝土结构采用螺栓连接时，螺栓、螺母、垫片等材料的进场验收应符合现行国家标准《钢结构工程施工质量验收规范》GB 50205 的有关规定。施工时应分批逐个检查螺栓的拧紧力矩，并做好施工记录。

11.3.10 装配式混凝土结构的外观质量除设计有专门的规定外，尚应符合现行国家标准《混凝土结构工程施工质量验收规范》GB 50204 中关于现浇混凝土结构的有关规定。

对于出现的严重缺陷及影响结构性能和安装、使用功能的尺寸偏差，处理方式应按现行国家标准《混凝土结构工程施工质量验收规范》GB 50204 的有关规定执行。对于出现的一般缺陷，处理方式同上述方式。

11.3.11 装配式混凝土结构的接缝防水施工是非常关键的质量检验内容，是保证装配式外墙防水性能的关键，施工时应按设计要求进行选材和施工，并采取严格的检验验证措施。考虑到此项验收内容与结构施工密切相关，应按设计及有关防水施工要求进行验收。

外墙板接缝的现场淋水试验应在精装修进场前完成，并应满足下列要求：淋水量应控制在 3L/（m² · min）以上，持续淋水时间为 24h。某处淋水试验结束后，若背水面存在渗漏现象，应对该检验批的全部外墙板接缝进行淋水试验，并对所有渗漏点进行整改处理，并在整改完成后重新对渗漏的部位进行淋水试验，直至不再出现渗漏点为止。

附录 A 双面叠合剪力墙设计

A.0.1 双面叠合墙板通过全自动进口流水线进行生产，自动化程度高，具有非常高的生产效率和加工精度，同时具有整体性好，防水性能优等特点。随着桁架钢筋技术的发展，双面叠合剪力墙结构体系在欧洲，尤其在德国，自 20 世纪 70 年代开始得到了广泛的应用。自 2005 年德国预制混凝土公司（西伟德公司）在合肥投建第一条叠合体系流水线起，叠合体系慢慢引入中国市场。在双面叠合剪力墙结构体系这种新型的混凝土结构体系引入中国的十多年时间里，结合我国国情，各大高校、科研机构及企业针对双面叠合剪力结构体系进行了一系列的试验研究。

南京工业大学对轴压比 0.2 下的 4 片钢筋混凝土无洞叠合剪力墙和 2 片钢筋混凝土普通剪力墙分别进行了低周反复荷载试验，同时进行了 ABAQUS 有限元分析及承载力理论计算。合肥工业大学设计了两种不同边缘约束措施的 4 个叠合剪力墙和 2 个普通剪力墙模型，进行了低周反复荷载下的对比试验研究，分析了结构的破坏形态、变形能力、承载力、延性、滞回特性等。宝业集团、同济大学、华东建筑集团股份有限公司、上海交通大学开展了一系列的课题合作和试验研究，从平面内和平面外对预制双面叠合剪力墙的受力性能和抗震性能进行了试验研究；并且对三层预制夹芯叠合板式剪力墙结构模型进行模拟地震振动台试验，研究结构的延性、刚度、耗能以及承载力。

试验结果均表明双面叠合剪力墙具有与现浇剪力墙接近的抗震性能和耗能能力，可参考现浇结构计算方法进行结构计算。

安徽、浙江两省已根据地区试验成果编制叠合剪力墙的地方标准，如安徽省地方标准《叠合板式混凝土剪力墙结构技术规程》DB 34/810-2008、《叠合板式混凝土剪力墙结构施工及验收规范》DB 34/T 1468-2011，浙江地方标准《叠合板式混凝土剪力墙结构技术规程》DB 33/T 1120-2016。近些年来，预制双面叠合体系在装配式住宅项目中有了广泛的应用，从多层到高层建筑，已实现建筑面积 500 万 m² 的建造规模。

根据以上的研究和工程实践，提出了双面叠合剪力墙结构房屋适用的最大高度。

A.0.2 为保证双面叠合剪力墙空腔内后浇混凝土的浇筑质量，在后浇混凝土浇筑之前，墙板内表面及楼板表面应用水充分湿润，用规定等级及相应坍落度的混凝土均匀地按水平方向分层浇筑，并用内置振动棒仔细振捣密实。

自密实混凝土具有高流动度而不离析、不泌水和高均匀性的特点，能在不经振捣或少振捣的情况下自流平充满空腔达到充分密实。采用普通混凝土时，应符合现行国家标准《混凝土结构工程施工质量验收规范》GB 50204 的有关规定，应注意加强普通混凝土浇筑后的密实度检测。

A.0.3 双面叠合剪力墙预制板厚度小于 50mm 时，单侧板刚度较差，预制构件承载力较低，在构件制作、运输和施工中易产生裂缝造成损坏，不能保证双面叠合剪力墙的工程质量；同时根据单叶预制墙板内钢筋的构造要求，单叶墙板内配置剪力墙水平钢筋、纵向钢筋、桁架钢筋，单叶墙板厚度过小会导致桁架钢筋距墙板内边距离过小，在混凝土浇筑过程中容易被拉出，难以抵抗混凝土浇筑过程中产生的侧向力，根据力学计算及国内外工程经验总结，单叶预制墙板厚度不宜小于 50mm。当双面叠合剪力墙墙肢厚度小于 200mm 时，两侧单叶墙板厚度不小于 50mm，则墙板间空腔净距小于 100mm，此时会增加现场墙板安装、水平钢筋放置、混凝土浇筑的施工难度。叠合墙板内表面做成凹凸不小于 4mm 的人工粗糙面能有效增加预制剪力墙板和现浇混凝土骨料之间的咬合作用，提高预制双面叠合剪力墙的整体性，粗糙面的处理方式可通过物理和化学方式实现。

A.0.4 根据双面叠合剪力墙的制作特点，双面叠合剪力墙结构的连梁可采用双面叠合连梁或普通叠合连梁，也可采用现浇混凝土连梁。当双面叠合双肢剪力墙与连梁整体制作时，连梁宜采用双面叠合连梁的形式，工厂预制连梁两侧混凝土，待墙板运送至现场安装完成之后，在中间空腔浇筑混凝土形成连梁，叠合连梁的纵向钢筋应与现浇混凝土暗柱、边缘构件进行

可靠连接，钢筋的锚固长度及要求应符合国家现行标准的有关规定。

A.0.5 同济大学对一组轴压比为 0.5 和 0.2 的平面内典型部位双面叠合剪力墙构件足尺模型进行低周反复荷载静力推覆试验，试验结果表明双面叠合剪力墙试件的正截面抗弯承载力、斜截面受剪承载力和接缝受剪承载力均具有较大的安全度。其承载能力设计可以参照现浇混凝土剪力墙的相关规定进行。同济大学对一组轴压比为 0.2 的双面叠合剪力墙构件足尺模型进行平面外低周反复荷载静力推覆试验，重点研究叠合剪力墙及其现浇对比试件在剪力墙平面外方向的破坏形态与破坏机制、承载力、延性、耗能能力等抗震性能指标，试验结果表明：叠合剪力墙平面外受弯承载能力与现浇构件承载力接近，并具有良好的延性和耗能能力，可参照现浇混凝土剪力墙的相关规定进行设计。

基于试验研究结果，双面叠合剪力墙偏心受压正截面受压承载力、偏心受拉正截面受拉承载力、偏心受压和偏心受拉斜截面受剪承载力等构件承载力计算中双面叠合剪力墙的宽度取 b_w。

A.0.9 双面叠合剪力墙中内外叶预制墙板通过钢筋桁架连接形成整体，增强了预制构件的刚度，避免运输和安装期间墙板产生较大变形和开裂。现场在空腔内浇筑混凝土时，钢筋桁架应能承受施工荷载以及混凝土的侧压力产生的作用。钢筋桁架代替拉筋作用，保证其与两层分布钢筋可靠连接。

A.0.10 双面叠合剪力墙的水平接缝宜设置在楼层处，为保证接缝处后浇混凝土浇筑密实，水平接缝高度不宜小于 50mm。同时为保证两块双面叠合墙板外叶墙板内跨楼层处水平钢筋竖向间距符合设计要求，水平接缝高度不宜大于 100mm（下层叠合墙板外叶板端部钢筋中心到外叶墙板顶面的距离为 50mm，上层叠合墙板外叶墙板内端部钢筋中心到墙板底面的距离为 50mm）。

在轴压比为 0.5 和 0.2 时，对底部接缝处插筋采用 100%搭接和 50%搭接的双面叠合剪力墙试验构件进行低周反复荷载试验，得到以下结论：双面叠合剪力墙具有较高的承载能力，其承载能力设计可以参照现浇混凝土剪力墙的相关规定进行；此外试验结果还表明低、高轴压比下，插筋搭接长度的增加对试件的正反向承载能力影响均不大。双面叠合剪力墙的竖向钢筋可在同一截面连接。

为了保证水平接缝处竖向连接钢筋的构造，在现场施工过程中，应采取必要的施工方法和措施保证竖向插筋沿剪力墙截面高度方向的钢筋间距，具体可采取制作定位筋的方式进行竖向连接钢筋的定位。

双面叠合剪力墙水平接缝处典型竖向连接节点如图 2 所示。

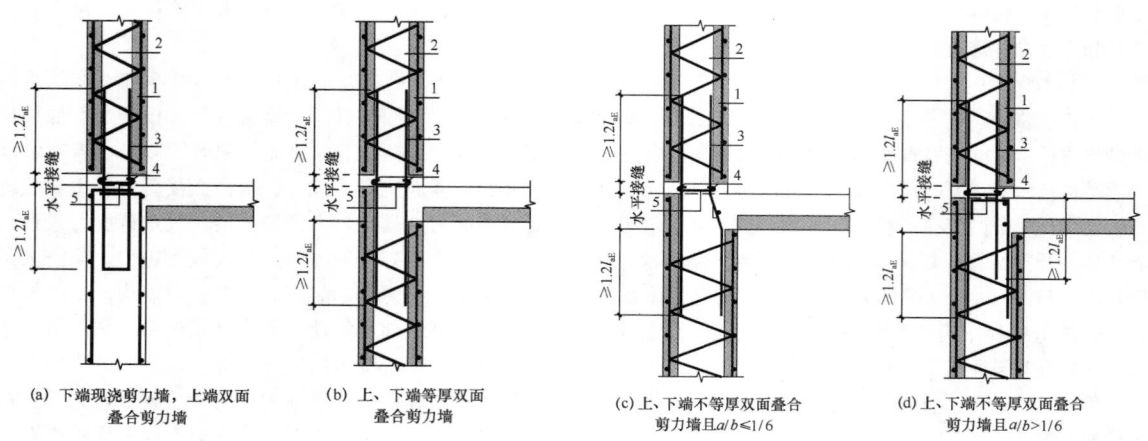

图 2　双面叠合剪力墙典型竖向连接节点

1—预制部分；2—现浇部分；3—竖向连接钢筋；4—附加水平筋；5—附加拉筋

中华人民共和国国家标准

装配式钢结构建筑技术标准

Technical standard for assembled buildings
with steel-structure

GB/T 51232—2016

主编部门：中华人民共和国住房和城乡建设部
批准部门：中华人民共和国住房和城乡建设部
施行日期：2 0 1 7 年 6 月 1 日

中华人民共和国住房和城乡建设部

公　　告

第 1418 号

住房城乡建设部关于发布国家标准
《装配式钢结构建筑技术标准》的公告

现批准《装配式钢结构建筑技术标准》为国家标准，编号为 GB/T 51232-2016，自 2017 年 6 月 1 日起实施。

本标准由我部标准定额研究所组织中国建筑工业出版社出版发行。

中华人民共和国住房和城乡建设部
2017 年 1 月 10 日

前　　言

根据"住房城乡建设部办公厅关于开展装配式混凝土结构建筑技术规范等 3 项标准规范编制工作的函"（建办标函〔2016〕909 号）要求，标准编制组经广泛调查研究，认真总结实践经验，参考有关国际标准和国外先进标准，并在广泛征求意见的基础上，编制了本标准。

本标准的主要技术内容包括：1. 总则；2. 术语；3. 基本规定；4. 建筑设计；5. 集成设计；6. 生产运输；7. 施工安装；8. 质量验收；9. 使用维护。

本标准由住房和城乡建设部负责管理，由中国建筑标准设计研究院有限公司负责具体技术内容的解释。执行过程中如有意见或建议，请寄送：中国建筑标准设计研究院有限公司（地址：北京市海淀区首体南路 9 号主语国际 2 号楼，邮政编码：100048）。

本 标 准 主 编 单 位：中国建筑标准设计研究院有限公司

本 标 准 参 编 单 位：浙江东南网架股份有限公司
住房和城乡建设部标准定额研究所
宝钢建筑系统集成有限公司
浙江大学
浙江绿筑集成科技有限公司
清华大学
中建钢构有限公司
安徽鸿路钢结构（集团）股份有限公司
中建科技集团有限公司
中冶建筑研究总院有限公司
北京和能人居科技有限公司
中国建筑金属结构协会
北京市建筑设计研究院有限公司
华东建筑设计研究院有限公司
中冶京诚工程技术有限公司
南京旭建新型建材股份有限公司
浙江精工钢构集团有限公司
杭萧钢构股份有限公司
东南大学
同济大学
天津大学
哈尔滨工业大学
西安建筑科技大学
北京建筑大学
上海市建筑建材业市场管理总站
远大可建科技有限公司
卓达房地产集团有限公司
广东松本绿色新材股份有限公司

目　　次

1 总　　则

1.0.1 为规范我国装配式钢结构建筑的建设，按照适用、经济、安全、绿色、美观的要求，全面提高装配式钢结构建筑的环境效益、社会效益和经济效益，制定本标准。

1.0.2 本标准适用于抗震设防烈度为 6 度到 9 度的装配式钢结构建筑的设计、生产运输、施工安装、质量验收与使用维护。

1.0.3 装配式钢结构建筑应遵循建筑全寿命期的可持续性原则，并应标准化设计、工厂化生产、装配化施工、一体化装修、信息化管理和智能化应用。

1.0.4 装配式钢结构建筑应将结构系统、外围护系统、设备与管线系统、内装系统集成，实现建筑功能完整、性能优良。

1.0.5 装配式钢结构建筑的设计、生产运输、施工安装、质量验收与使用维护，除应执行本标准外，尚应符合国家现行有关标准的规定。

2 术　　语

2.0.1 装配式建筑　assembled building
结构系统、外围护系统、设备与管线系统、内装系统的主要部分采用预制部品部件集成的建筑。

2.0.2 装配式钢结构建筑　assembled building with steel-structure
建筑的结构系统由钢部（构）件构成的装配式建筑。

2.0.3 建筑系统集成　integration of building systems
以装配化建造方式为基础，统筹策划、设计、生产和施工等，实现建筑结构系统、外围护系统、设备与管线系统、内装系统一体化的过程。

2.0.4 集成设计　integrated design
建筑结构系统、外围护系统、设备与管线系统、内装系统一体化的设计。

2.0.5 协同设计　collaborative design
装配式建筑设计中通过建筑、结构、设备、装修等专业相互配合，运用信息化技术手段满足建筑设计、生产运输、施工安装等要求的一体化设计。

2.0.6 结构系统　structure system
由结构构件通过可靠的连接方式装配而成，以承受或传递荷载作用的整体。

2.0.7 外围护系统　building envelope system
由建筑外墙、屋面、外门窗及其他部品部件等组合而成，用于分隔建筑室内外环境的部品部件的整体。

2.0.8 设备与管线系统　facility and pipeline system
由给水排水、供暖通风空调、电气和智能化、燃气等设备与管线组合而成，满足建筑使用功能的整体。

2.0.9 内装系统　interior decoration system
由楼地面、墙面、轻质隔墙、吊顶、内门窗、厨房和卫生间等组合而成，满足建筑空间使用要求的整体。

2.0.10 部件　component
在工厂或现场预先生产制作完成，构成建筑结构系统的结构构件及其他构件的统称。

2.0.11 部品　part
由工厂生产，构成外围护系统、设备与管线系统、内装系统的建筑单一产品或复合产品组装而成的功能单元的统称。

2.0.12 全装修　decorated
所有功能空间的固定面装修和设备设施全部安装完成，达到建筑使用功能和建筑性能的状态。

2.0.13 装配式装修　assembled decoration
采用干式工法，将工厂生产的内装部品在现场进行组合安装的装修方式。

2.0.14 干式工法　non-wet construction
采用干作业施工的建造方法。

2.0.15 模块　module
建筑中相对独立，具有特定功能，能够通用互换的单元。

2.0.16 标准化接口　standardized interface
具有统一的尺寸规格与参数，并满足公差配合及模数协调的接口。

2.0.17 集成式厨房　integrated kitchen
由工厂生产的楼地面、吊顶、墙面、橱柜和厨房设备及管线等集成并主要采用干式工法装配而成的厨房。

2.0.18 集成式卫生间　integrated bathroom
由工厂生产的楼地面、墙面（板）、吊顶和洁具设备及管线等集成并主要采用干式工法装配而成的卫生间。

2.0.19 整体收纳　system cabinet
由工厂生产、现场装配、满足储藏需求的模块化部品。

2.0.20 装配式隔墙、吊顶和楼地面　assembled partition wall，ceiling and floor
由工厂生产的，具有隔声、防火、防潮等性能，且满足空间功能和美学要求的部品集成，并主要采用干式工法装配而成的隔墙、吊顶和楼地面。

2.0.21 管线分离　pipe & wire detached from structure system
将设备与管线设置在结构系统之外的方式。

2.0.22 同层排水　same-floor drainage
在建筑排水系统中，器具排水管及排水支管不穿越本层结构楼板到下层空间、与卫生器具同层敷设并接入排水立管的排水方式。

2.0.23 钢框架结构 steel frame structure

以钢梁和钢柱或钢管混凝土柱刚接连接，具有抗剪和抗弯能力的结构。

2.0.24 钢框架-支撑结构 steel braced frame structure

由钢框架和钢支撑构件组成，能共同承受竖向、水平作用的结构，钢支撑分中心支撑、偏心支撑和屈曲约束支撑等。

2.0.25 钢框架-延性墙板结构 steel frame structure with refined ductility shear wall

由钢框架和延性墙板构件组成，能共同承受竖向、水平作用的结构，延性墙板有带加劲肋的钢板剪力墙、带竖缝混凝土剪力墙等。

2.0.26 交错桁架结构 staggered truss framing structure

在建筑物横向的每个轴线上，平面桁架各层设置，而在相邻轴线上交错布置的结构。

2.0.27 钢筋桁架楼承板组合楼板 composite slabs with steel bar truss deck

钢筋桁架楼承板上浇筑混凝土形成的组合楼板。

2.0.28 压型钢板组合楼板 composite slabs with profiled steel sheet

压型钢板上浇筑混凝土形成的组合楼板。

2.0.29 门式刚架结构 light-weight building with gabled frames

承重结构采用变截面或等截面实腹刚架的单层房屋结构。

2.0.30 低层冷弯薄壁型钢结构 low-rise cold-formed thin-walled steel buildings

以冷弯薄壁型钢为主要承重构件，不大于 3 层，檐口高度不大于 12m 的低层房屋结构。

3 基 本 规 定

3.0.1 装配式钢结构建筑应采用系统集成的方法统筹设计、生产运输、施工安装和使用维护，实现全过程的协同。

3.0.2 装配式钢结构建筑应按照通用化、模数化、标准化的要求，以少规格、多组合的原则，实现建筑及部品部件的系列化和多样化。

3.0.3 部品部件的工厂化生产应建立完善的生产质量管理体系，设置产品标识，提高生产精度，保障产品质量。

3.0.4 装配式钢结构建筑应综合协调建筑、结构、设备和内装等专业，制定相互协同的施工组织方案，并应采用装配式施工，保证工程质量，提高劳动效率。

3.0.5 装配式钢结构建筑应实现全装修，内装系统应与结构系统、外围护系统、设备与管线系统一体化设计建造。

3.0.6 装配式钢结构建筑宜采用建筑信息模型（BIM）技术，实现全专业、全过程的信息化管理。

3.0.7 装配式钢结构建筑宜采用智能化技术，提升建筑使用的安全、便利、舒适和环保等性能。

3.0.8 装配式钢结构建筑应进行技术策划，对技术选型、技术经济可行性和可建造性进行评估，并应科学合理地确定建造目标与技术实施方案。

3.0.9 装配式钢结构建筑应采用绿色建材和性能优良的部品部件，提升建筑整体性能和品质。

3.0.10 装配式钢结构建筑防火、防腐应符合国家现行相关标准的规定，满足可靠性、安全性和耐久性的要求。

4 建 筑 设 计

4.1 一 般 规 定

4.1.1 装配式钢结构建筑应模数协调，采用模块化、标准化设计，将结构系统、外围护系统、设备与管线系统和内装系统进行集成。

4.1.2 装配式钢结构建筑应按照集成设计原则，将建筑、结构、给水排水、暖通空调、电气、智能化和燃气等专业之间进行协同设计。

4.1.3 装配式钢结构建筑设计宜建立信息化协同平台，共享数据信息，实现建设全过程的管理和控制。

4.1.4 装配式钢结构建筑应满足建筑全寿命期的使用维护要求，宜采用管线分离的方式。

4.2 建 筑 性 能

4.2.1 装配式钢结构建筑应符合国家现行标准对建筑适用性能、安全性能、环境性能、经济性能、耐久性能等综合规定。

4.2.2 装配式钢结构建筑的耐火等级应符合现行国家标准《建筑设计防火规范》GB 50016 的有关规定。

4.2.3 钢构件应根据环境条件、材质、部位、结构性能、使用要求、施工条件和维护管理条件等进行防腐蚀设计，并应符合现行行业标准《建筑钢结构防腐蚀技术规程》JGJ/T 251 的有关规定。

4.2.4 装配式钢结构建筑应根据功能部位、使用要求等进行隔声设计，在易形成声桥的部位应采用柔性连接或间接连接等措施，并应符合现行国家标准《民用建筑隔声设计规范》GB 50118 的有关规定。

4.2.5 装配式钢结构建筑的热工性能应符合国家现行标准《民用建筑热工设计规范》GB 50176、《公共建筑节能设计标准》GB 50189、《严寒和寒冷地区居住建筑节能设计标准》JGJ 26、《夏热冬冷地区居住建筑节能设计标准》JGJ 134 和《夏热冬暖地区居住建筑节能设计标准》JGJ 75 的有关规定。

4.2.6 装配式钢结构建筑应满足楼盖舒适度的要求，并应按本标准第 5.2.18 条执行。

4.3 模 数 协 调

4.3.1 装配式钢结构建筑设计应符合现行国家标准《建筑模数协调标准》GB/T 50002 的有关规定。

4.3.2 装配式钢结构建筑的开间与柱距、进深与跨度、门窗洞口宽度等宜采用水平扩大模数数列 $2nM$、$3nM$（n 为自然数）。

4.3.3 装配式钢结构建筑的层高和门窗洞口高度等宜采用竖向扩大模数数列 nM。

4.3.4 梁、柱、墙、板等部件的截面尺寸宜采用竖向扩大模数数列 nM。

4.3.5 构造节点和部品部件的接口尺寸宜采用分模数数列 $nM/2$、$nM/5$、$nM/10$。

4.3.6 装配式钢结构建筑的开间、进深、层高、洞口等的优先尺寸应根据建筑类型、使用功能、部品部件生产与装配要求等确定。

4.3.7 部品部件尺寸及安装位置的公差协调应根据生产装配要求、主体结构层间变形、密封材料变形能力、材料干缩、温差变形、施工误差等确定。

4.4 标 准 化 设 计

4.4.1 装配式钢结构建筑应在模数协调的基础上，采用标准化设计，提高部品部件的通用性。

4.4.2 装配式钢结构建筑应采用模块及模块组合的设计方法，遵循少规格、多组合的原则。

4.4.3 公共建筑应采用楼电梯、公共卫生间、公共管井、基本单元等模块进行组合设计。

4.4.4 住宅建筑应采用楼电梯、公共管井、集成式厨房、集成式卫生间等模块进行组合设计。

4.4.5 装配式钢结构建筑的部品部件应采用标准化接口。

4.5 建筑平面与空间

4.5.1 装配式钢结构建筑平面与空间的设计应满足结构构件布置、立面基本元素组合及可实施性等要求。

4.5.2 装配式钢结构建筑应采用大开间大进深、空间灵活可变的结构布置方式。

4.5.3 装配式钢结构建筑平面设计应符合下列规定：

1 结构柱网布置、抗侧力构件布置、次梁布置应与功能空间布局及门窗洞口协调。

2 平面几何形状宜规则平整，并宜以连续柱跨为基础布置，柱距尺寸应按模数统一。

3 设备管井宜与楼电梯结合，集中设置。

4.5.4 装配式钢结构建筑立面设计应符合下列规定：

1 外墙、阳台板、空调板、外窗、遮阳设施及装饰等部品部件宜进行标准化设计；

2 宜通过建筑体量、材质机理、色彩等变化，形成丰富多样的立面效果。

4.5.5 装配式钢结构建筑应根据建筑功能、主体结构、设备管线及装修等要求，确定合理的层高及净高尺寸。

5 集 成 设 计

5.1 一 般 规 定

5.1.1 建筑的结构系统、外围护系统、设备与管线系统和内装系统均应进行集成设计，提高集成度、施工精度和效率。

5.1.2 各系统设计应统筹考虑材料性能、加工工艺、运输限制、吊装能力的要求。

5.1.3 装配式钢结构建筑的结构系统应按传力可靠、构造简单、施工方便和确保耐久性的原则进行设计。

5.1.4 装配式钢结构建筑的外围护系统宜采用轻质材料，并宜采用干式工法。

5.1.5 装配式钢结构建筑的设备与管线系统应方便检查、维修、更换，维修更换时不应影响结构安全性。

5.1.6 装配式钢结构建筑的内装系统应采用装配式装修，并宜选用具有通用性和互换性的内装部品。

5.2 结 构 系 统

5.2.1 装配式钢结构建筑的结构设计应符合下列规定：

1 装配式钢结构建筑的结构设计应符合现行国家标准《工程结构可靠性设计统一标准》GB 50153 的规定，结构的设计使用年限不应少于 50 年，其安全等级不应低于二级。

2 装配式钢结构建筑荷载和效应的标准值、荷载分项系数、荷载效应组合、组合值系数应符合现行国家标准《建筑结构荷载规范》GB 50009 的规定。

3 装配式钢结构建筑应按现行国家标准《建筑工程抗震设防分类标准》GB 50223 的规定确定其抗震设防类别，并应按现行国家标准《建筑抗震设计规范》GB 50011 进行抗震设计。

4 装配式钢结构的结构构件设计应符合现行国家标准《钢结构设计规范》GB 50017 和《冷弯薄壁型钢结构技术规范》GB 50018 的规定。

5.2.2 钢材牌号、质量等级及其性能要求应根据构件重要性和荷载特征、结构形式和连接方法、应力状态、工作环境以及钢材品种和板材厚度等因素确定，并应在设计文件中完整注明钢材的技术要求。钢材性能应符合现行国家标准《钢结构设计规范》GB 50017 及其他有关标准的规定。有条件时，可采用耐候钢、耐火钢、高强钢等高性能钢材。

5.2.3 装配式钢结构建筑的结构体系应符合下列规定：

1 应具有明确的计算简图和合理的传力路径。

2 应具有适宜的承载能力、刚度及耗能能力。

3 应避免因部分结构或构件的破坏而导致整个结构丧失承受重力荷载、风荷载和地震作用的能力。

4 对薄弱部位应采取有效的加强措施。

5.2.4 装配式钢结构建筑的结构布置应符合下列规定：

1 结构平面布置宜规则、对称。

2 结构竖向布置宜保持刚度、质量变化均匀。

3 结构布置应考虑温度作用、地震作用或不均匀沉降等效应的不利影响，当设置伸缩缝、防震缝或沉降缝时，应满足相应的功能要求。

5.2.5 装配式钢结构建筑可根据建筑功能、建筑高度以及抗震设防烈度等选择下列结构体系：

1 钢框架结构。

2 钢框架-支撑结构。

3 钢框架-延性墙板结构。

4 筒体结构。

5 巨型结构。

6 交错桁架结构。

7 门式刚架结构。

8 低层冷弯薄壁型钢结构。

当有可靠依据，通过相关论证，也可采用其他结构体系，包括新型构件和节点。

5.2.6 重点设防类和标准设防类多高层装配式钢结构建筑适用的最大高度应符合表5.2.6的规定。

表5.2.6 多高层装配式钢结构适用的最大高度（m）

结构体系	6度 (0.05g)	7度		8度		9度 (0.40g)
		(0.10g)	(0.15g)	(0.20g)	(0.30g)	
钢框架结构	110	110	90	90	70	50
钢框架-中心支撑结构	220	220	200	180	150	120
钢框架-偏心支撑结构 钢框架-屈曲约束支撑结构 钢框架-延性墙板结构	240	240	220	200	180	160
筒体（框筒、筒中筒、桁架筒、束筒）结构 巨型结构	300	300	280	260	240	180
交错桁架结构	90	60	60	40	40	—

注：1 房屋高度指室外地面到主要屋面板板顶的高度（不包括局部突出屋顶部分）；

2 超过表内高度的房屋，应进行专门研究和论证，采取有效的加强措施；

3 交错桁架结构不得用于9度区；

4 柱子可采用钢柱或钢管混凝土柱；

5 特殊设防类，6、7、8度时宜按本地区抗震设防烈度提高1度后符合本表要求，9度时应做专门研究。

5.2.7 多高层装配式钢结构建筑的高宽比不宜大于表5.2.7的规定。

表5.2.7 多高层装配式钢结构建筑适用的最大高宽比

6度	7度	8度	9度
6.5	6.5	6.0	5.5

注：1 计算高宽比的高度从室外地面算起；

2 当塔形建筑底部有大底盘时，计算高宽比的高度从大底盘顶部算起。

5.2.8 在风荷载或多遇地震标准值作用下，弹性层间位移角不宜大于1/250（采用钢管混凝土柱时不宜大于1/300）。装配式钢结构住宅在风荷载标准值作用下的弹性层间位移角尚不应大于1/300，屋顶水平位移与建筑高度之比不宜大于1/450。

5.2.9 高度不小于80m的装配式钢结构住宅以及高度不小于150m的其他装配式钢结构建筑应进行风振舒适度验算。在现行国家标准《建筑结构荷载规范》GB 50009规定的10年一遇的风荷载标准值作用下，结构顶点的顺风向和横风向振动最大加速度计算值不应大于表5.2.9中的限值。结构顶点的顺风向和横风向振动最大加速度，可按现行国家标准《建筑结构荷载规范》GB 50009的有关规定计算，也可通过风洞试验结果确定。计算时钢结构阻尼比宜取0.01~0.015。

表5.2.9 结构顶点的顺风向和横风向风振加速度限值

使用功能	$a_{\lim}$
住宅、公寓	0.20m/s²
办公、旅馆	0.28m/s²

5.2.10 多高层装配式钢结构建筑的整体稳定性应符合下列规定：

1 框架结构应符合下式规定：

$$D_i \geqslant 5\sum_{j=i}^{n} G_j/h_i \quad (i=1,2,\cdots\cdots,n)$$

(5.2.10-1)

2 框架-支撑结构、框架-延性墙板结构、筒体结构、巨型结构和交错桁架结构应符合下式规定：

$$EJ_d \geqslant 0.7H^2\sum_{i=1}^{n} G_i \quad (5.2.10-2)$$

式中：D_i——第i楼层的抗侧刚度（kN/mm）；可取该层剪力与层间位移的比值；

h_i——第i楼层层高（mm）；

G_i，G_j——分别为第i，j楼层重力荷载设计值（kN），取1.2倍的永久荷载标准值与1.4倍的楼面可变荷载标准值的组合值；

H——房屋高度（mm）；

EJ_d——结构一个主轴方向的弹性等效侧向刚度（kN·mm²），可按倒三角形分布荷载作用下结构顶点位移相等的原则，将结构的侧向刚度折算为竖向悬臂受弯构件的等效侧向刚度，当延性墙板采用混凝土墙板时，刚度应适当折减。

5.2.11 门式刚架结构的设计、制作、安装和验收应符合现行国家标准《门式刚架轻型房屋钢结构技术规范》GB 51022 的规定。

5.2.12 冷弯薄壁型钢结构的设计、制作、安装和验收应符合现行行业标准《低层冷弯薄壁型钢房屋建筑技术规程》JGJ 227 的规定。

5.2.13 钢框架结构的设计应符合下列规定：

1 钢框架结构设计应符合国家现行有关标准的规定，高层装配式钢结构建筑尚应符合现行行业标准《高层民用建筑钢结构技术规程》JGJ 99 的规定。

2 梁柱连接可采用带悬臂梁段、翼缘焊接腹板栓接或全焊接连接形式（图 5.2.13-1a～图 5.2.13-1d）；抗震等级为一、二级时，梁与柱的连接宜采用加强型连接（图 5.2.13-1c～图 5.2.13-1d）；当有可靠依据时，也可采用端板螺栓连接的形式（图 5.2.13-1e）。

3 钢柱的拼接可采用焊接或螺栓连接的形式（图 5.2.13-2、图 5.2.13-3）。

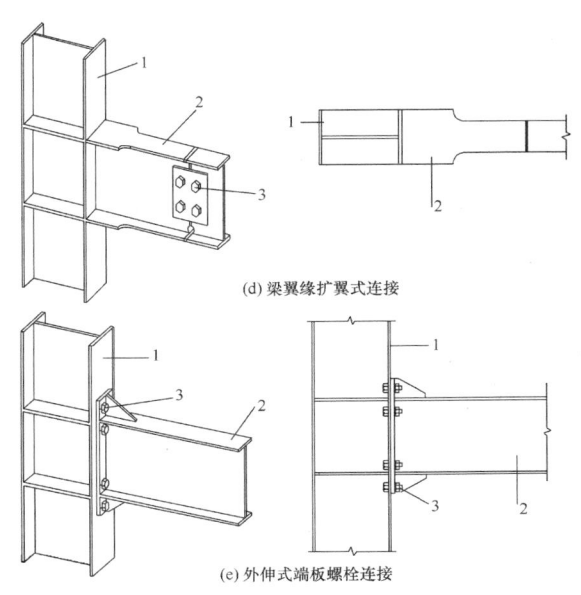

(d) 梁翼缘扩翼式连接

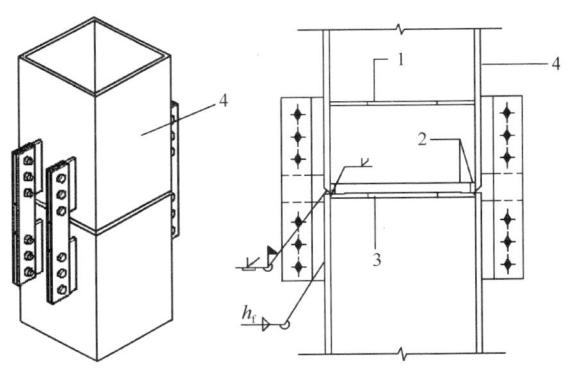

(e) 外伸式端板螺栓连接

图 5.2.13-1　梁柱连接节点（二）
1—柱；2—梁；3—高强度螺栓；4—悬臂段

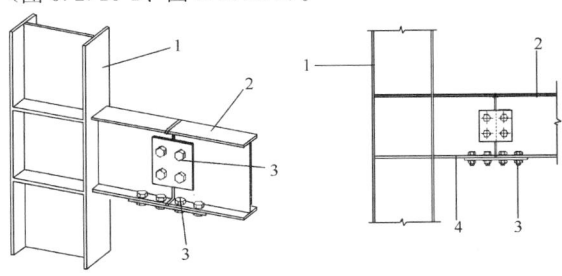

(a) 带悬臂梁端的栓焊连接

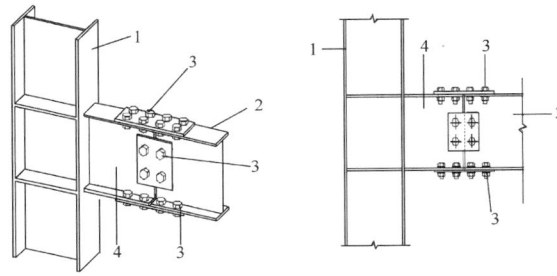

(b) 带悬臂梁段的螺栓连接

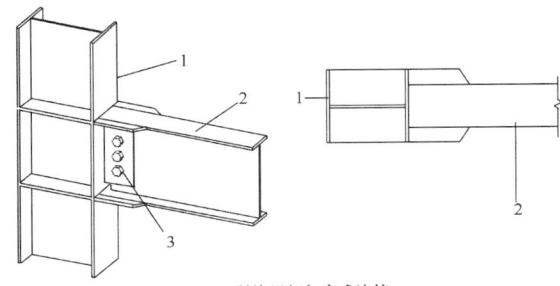

(c) 梁翼缘局部加宽式连接

图 5.2.13-1　梁柱连接节点（一）

图 5.2.13-2　箱型柱的焊接拼接连接
（左：轴测图；右：侧视图）
1—上柱隔板；2—焊接衬板；3—下柱顶端隔板；4—柱

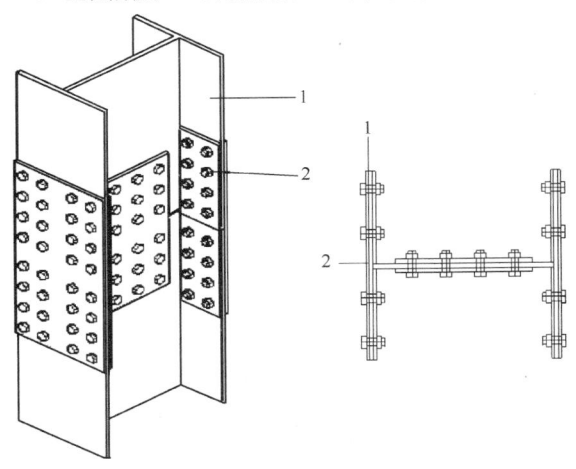

图 5.2.13-3　H 型柱的螺栓拼接连接
（左：轴测图；右：俯视图）
1—柱；2—高强度螺栓

4 在可能出现塑性铰处，梁的上下翼缘均应设侧向支撑（图 5.2.13-4），当钢梁上铺设装配整体式或整体式楼板且进行可靠连接时，上翼缘可不设侧向支撑。

5 框架柱截面可采用异型组合截面，其设计要求应符合国家现行标准的规定。

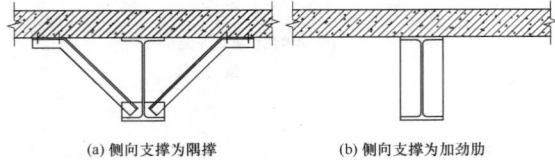

(a) 侧向支撑为隅撑　　　(b) 侧向支撑为加劲肋

图 5.2.13-4　梁下翼缘侧向支撑

5.2.14 钢框架-支撑结构的设计应符合下列规定：

1 钢框架-支撑结构设计应符合国家现行标准的有关规定，高层装配式钢结构建筑的设计尚应符合现行行业标准《高层民用建筑钢结构技术规程》JGJ 99 的规定。

2 高层民用建筑钢结构的中心支撑宜采用：十字交叉斜杆（图 5.2.14-1a），单斜杆（图 5.2.14-1b），人字形斜杆（图 5.2.14-1c）或 V 形斜杆体系；不得采用 K 形斜杆体系（图 5.2.14-1d）；中心支撑斜杆的轴线应交汇于框架梁柱的轴线上。

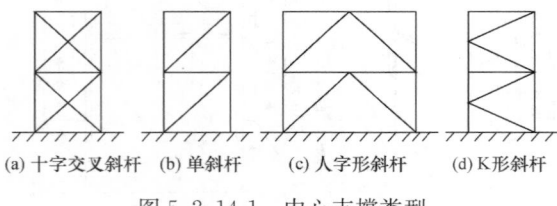

(a) 十字交叉斜杆　(b) 单斜杆　(c) 人字形斜杆　(d) K 形斜杆

图 5.2.14-1　中心支撑类型

3 偏心支撑框架中的支撑斜杆，应至少有一端与梁连接，并在支撑与梁交点和柱之间，或支撑同一跨内的另一支撑与梁交点之间形成消能梁段（图 5.2.14-2）。

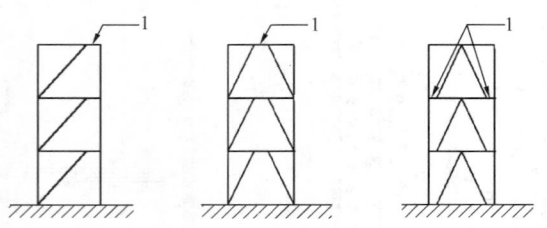

图 5.2.14-2　偏心支撑框架立面图
1—消能梁段

4 抗震等级为四级时，支撑可采用拉杆设计，其长细比不应大于 180；拉杆设计的支撑应同时设不同倾斜方向的两组单斜杆，且每层不同倾斜方向单斜杆的截面面积在水平方向的投影面积之差不得大于 10%。

5 当支撑翼缘朝向框架平面外，且采用支托式连接时（图 5.2.14-3a、b），其平面外计算长度可取轴线长度的 0.7 倍；当支撑腹板位于框架平面内时（图 5.2.14-3c、d），其平面外计算长度可取轴线长度的 0.9 倍。

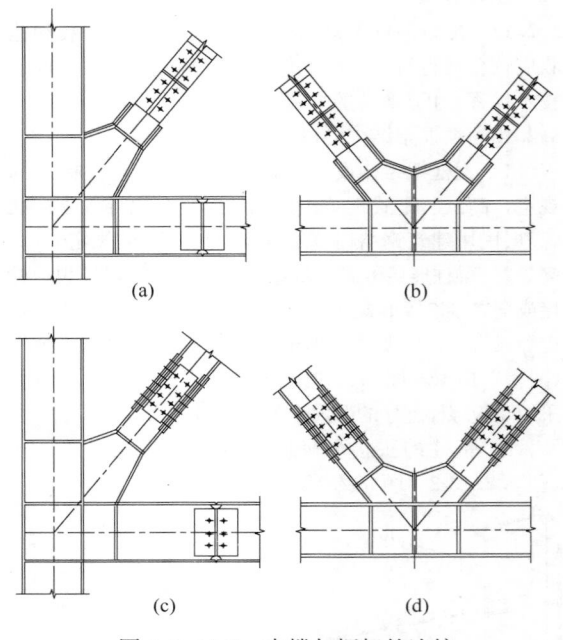

(a)　　　　　　　　(b)

(c)　　　　　　　　(d)

图 5.2.14-3　支撑与框架的连接

6 当支撑采用节点板进行连接（图 5.2.14-4）时，在支撑端部与节点板约束点连线之间应留有 2 倍节点板厚的间隙，节点板约束点连线应与支撑杆轴线垂直，且应进行下列验算：

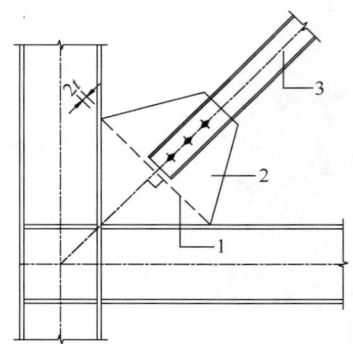

图 5.2.14-4　组合支撑杆件端部与
单壁节点板的连接
1—约束点连线；2—单壁节点板；
3—支撑杆；t—节点板的厚度

1） 支撑与节点板间的连接强度验算；
2） 节点板自身的强度和稳定验算；
3） 连接板与梁柱间焊缝的强度验算。

7 对于装配式钢结构建筑，当消能梁段与支撑连接的下翼缘处无法设置侧向支撑时，应采取其他可靠措施保证连接处能够承受不小于梁段下翼缘轴向极限承载力 6%的侧向集中力。

5.2.15 钢框架-延性墙板结构的设计应符合下列规定：

1 钢板剪力墙和钢板组合剪力墙设计应符合现行行业标准《高层民用建筑钢结构技术规程》JGJ 99 和《钢板剪力墙技术规程》JGJ/T 380 的规定。

2 内嵌竖缝混凝土剪力墙设计应符合现行行业标准《高层民用建筑钢结构技术规程》JGJ 99 的规定。

3 当采用钢板剪力墙时，应计入竖向荷载对钢板剪力墙性能的不利影响。当采用竖缝钢板剪力墙且房屋层数不超过 18 层时，可不计入竖向荷载对竖缝钢板剪力墙性能的不利影响。

5.2.16 交错桁架结构的设计应符合下列规定：

1 交错桁架钢结构的设计应符合现行行业标准《交错桁架钢结构设计规程》JGJ/T 329 的规定。

2 当横向框架为奇数榀时，应控制层间刚度比；当横向框架设置为偶数榀时，应控制水平荷载作用下的偏心影响。

3 桁架可采用混合桁架（图 5.2.16-1a）和空腹桁架（图 5.2.16-1b）两种形式，设置走廊处可不设斜杆。

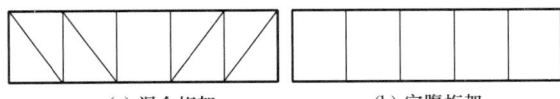

(a) 混合桁架　　　　　(b) 空腹桁架

图 5.2.16-1　桁架形式

4 当底层局部无落地桁架时，应在底层对应轴线及相邻两侧设横向支撑（图 5.2.16-2），横向支撑不宜承受竖向荷载。

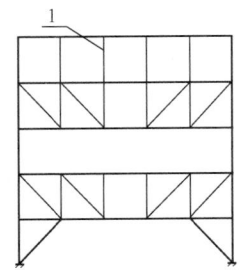 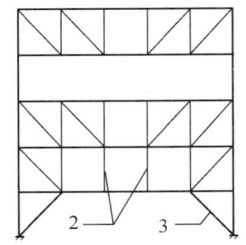

(a) 第二层设桁架时支撑做法　　(b) 第三层设桁架时支撑做法

图 5.2.16-2　支撑、吊杆、立柱
1—顶层立柱；2—二层吊杆；3—横向支撑

5 交错桁架的纵向可采用钢框架结构、钢框架-支撑结构、钢框架-延性墙板结构或其他可靠的结构形式。

5.2.17 装配式钢结构建筑构件之间的连接设计应符合下列规定：

1 抗震设计时，连接设计应符合构造要求，并应按弹塑性设计，连接的极限承载力应大于构件的全塑性承载力。

2 装配式钢结构建筑构件的连接宜采用螺栓连接，也可采用焊接。

3 有可靠依据时，梁柱可采用全螺栓的半刚性连接，此时结构计算应计入节点转动对刚度的影响。

5.2.18 装配式钢结构建筑的楼板应符合下列规定：

1 楼板可选用工业化程度高的压型钢板组合楼板、钢筋桁架楼承板组合楼板、预制混凝土叠合楼板及预制预应力空心楼板等。

2 楼板应与主体结构可靠连接，保证楼盖的整体牢固性。

3 抗震设防烈度为 6、7 度且房屋高度不超过 50m 时，可采用装配式楼板（全预制楼板）或其他轻型楼盖，但应采取下列措施之一保证楼板的整体性：

　　1）设置水平支撑；

　　2）采取有效措施保证预制板之间的可靠连接。

4 装配式钢结构建筑可采用装配整体式楼板，但应适当降低表 5.2.6 中的最大高度。

5 楼盖舒适度应符合现行行业标准《高层民用建筑钢结构技术规程》JGJ 99 的规定。

5.2.19 装配式钢结构建筑的楼梯应符合下列规定：

1 宜采用装配式混凝土楼梯或钢楼梯。

2 楼梯与主体结构宜采用不传递水平作用的连接形式。

5.2.20 地下室和基础应符合下列规定：

1 当建筑高度超过 50m 时，宜设置地下室；当采用天然地基时，其基础埋置深度不宜小于房屋总高度的 1/15；当采用桩基时，桩承台埋深不宜小于房屋总高度的 1/20。

2 设置地下室时，竖向连续布置的支撑、延性墙板等抗侧力构件应延伸至基础。

3 当地下室不少于两层，且嵌固端在地下室顶板时，延伸至地下室底板的钢柱脚可采用铰接或刚接。

5.2.21 当抗震设防烈度为 8 度及以上时，装配式钢结构建筑可采用隔震或消能减震结构，并应按国家现行标准《建筑抗震设计规范》GB 50011 和《建筑消能减震技术规程》JGJ 297 的规定执行。

5.2.22 钢结构应进行防火和防腐设计，并应按国家现行标准《建筑设计防火规范》GB 50016 及《建筑钢结构防腐蚀技术规程》JGJ/T 251 的规定执行。

5.3　外围护系统

5.3.1 装配式钢结构建筑应合理确定外围护系统的设计使用年限，住宅建筑的外围护系统的设计使用年限应与主体结构相协调。

5.3.2 外围护系统的立面设计应综合装配式钢结构建筑的构成条件、装饰颜色与材料质感等设计要求。

5.3.3 外围护系统的设计应符合模数协调和标准化要求，并应满足建筑立面效果、制作工艺、运输及施工安装的条件。

5.3.4 外围护系统设计应包括下列内容：

1 外围护系统的性能要求。

2 外墙板及屋面板的模数协调要求。

3 屋面结构支承构造节点。

4 外墙板连接、接缝及外门窗洞口等构造节点。

5 阳台、空调板、装饰件等连接构造节点。

5.3.5 外围护系统应根据建筑所在地区的气候条件、使用功能等综合确定抗风性能、抗震性能、耐撞击性能、防火性能、水密性能、气密性能、隔声性能、热工性能和耐久性能等要求，屋面系统还应满足结构性能要求。

5.3.6 外围护系统选型应根据不同的建筑类型及结构形式而定；外墙系统与结构系统的连接形式可采用内嵌式、外挂式、嵌挂结合式等，并宜分层悬挂或承托；并可选用预制外墙、现场组装骨架外墙、建筑幕墙等类型。

5.3.7 在 50 年重现期的风荷载或多遇地震作用下，外墙板不得因主体结构的弹性层间位移而发生塑性变形、板面开裂、零件脱落等损坏；当主体结构的层间位移角达到 1/100 时，外墙板不得掉落。

5.3.8 外墙板与主体结构的连接应符合下列规定：

1 连接节点在保证主体结构整体受力的前提下，应牢固可靠、受力明确、传力简捷、构造合理。

2 连接节点应具有足够的承载力。承载能力极限状态下，连接节点不应发生破坏；当单个连接节点失效时，外墙板不应掉落。

3 连接部位应采用柔性连接方式，连接节点应具有适应主体结构变形的能力。

4 节点设计应便于工厂加工、现场安装就位和调整。

5 连接件的耐久性应满足设计使用年限的要求。

5.3.9 外墙板接缝应符合下列规定：

1 接缝处应根据当地气候条件合理选用构造防水、材料防水相结合的防排水措施。

2 接缝宽度及接缝材料应根据外墙板材料、立面分格、结构层间位移、温度变形等综合因素确定；所选用的接缝材料及构造应满足防水、防渗、抗裂、耐久等要求；接缝材料应与外墙板具有相容性；外墙板在正常使用状况下，接缝处的弹性密封材料不应破坏。

3 与主体结构的连接处应设置防止形成热桥的构造措施。

5.3.10 外围护系统中的外门窗应符合下列规定：

1 应采用在工厂生产的标准化系列部品，并应采用带有批水板的外门窗配套系列部品。

2 外门窗应与墙体可靠连接，门窗洞口与外门窗框接缝处的气密性能、水密性能和保温性能不应低于外门窗的相关性能。

3 预制外墙中的外门窗宜采用企口或预埋件等方法固定，外门窗可采用预装法或后装法施工；采用预装法时，外门窗框应在工厂与预制外墙整体成型；采用后装法时，预制外墙的门窗洞口应设置预埋件。

4 铝合金门窗的设计应符合现行行业标准《铝合金门窗工程技术规范》JGJ 214 的规定。

5 塑料门窗的设计应符合现行行业标准《塑料门窗工程技术规程》JGJ 103 的规定。

5.3.11 预制外墙应符合下列规定：

1 预制外墙用材料应符合下列规定：

　1）预制混凝土外墙板用材料应符合现行行业标准《装配式混凝土结构技术规程》JGJ 1 的规定；

　2）拼装大板用材料包括龙骨、基板、面板、保温材料、密封材料、连接固定材料等，各类材料应符合国家现行有关标准的规定；

　3）整体预制条板和复合夹芯条板应符合国家现行相关标准的规定。

2 露明的金属支撑件及外墙板内侧与主体结构的调整间隙，应采用燃烧性能等级为 A 级的材料进行封堵，封堵构造的耐火极限不得低于墙体的耐火极限，封堵材料在耐火极限内不得开裂、脱落。

3 防火性能应按非承重外墙的要求执行，当夹芯保温材料的燃烧性能等级为 B_1 或 B_2 级时，内、外叶墙板应采用不燃材料且厚度均不应小于 50mm。

4 块材饰面应采用耐久性好、不易污染的材料；当采用面砖时，应采用反打工艺在工厂内完成，面砖应选择背面设有粘结后防止脱落措施的材料。

5 预制外墙板接缝应符合下列规定：

　1）接缝位置宜与建筑立面分格相对应；

　2）竖缝宜采用平口或槽口构造，水平缝宜采用企口构造；

　3）当板缝空腔需设置导水管排水时，板缝内侧应增设密封构造；

　4）宜避免接缝跨越防火分区；当接缝跨越防火分区时，接缝室内侧应采用耐火材料封堵。

6 蒸压加气混凝土外墙板的性能、连接构造、板缝构造、内外面层做法等应符合现行行业标准《蒸压加气混凝土建筑应用技术规程》JGJ/T 17 的有关规定，并符合下列规定：

　1）可采用拼装大板、横条板、竖条板的构造形式；

　2）当外围护系统需同时满足保温、隔热要求时，板厚应满足保温或隔热要求的较大值；

    3）可根据技术条件选择钩头螺栓法、滑动螺栓法、内置锚法、摇摆型工法等安装方式；

    4）外墙室外侧板面及有防潮要求的外墙室内侧板面应用专用防水界面剂进行封闭处理。

5.3.12 现场组装骨架外墙应符合下列规定：

    1 骨架应具有足够的承载力、刚度和稳定性，并应与主体结构可靠连接；骨架应进行整体及连接节点验算。

    2 墙内敷设电气线路时，应对其进行穿管保护。

    3 宜根据基层墙板特点及形式进行墙面整体防水。

    4 金属骨架组合外墙应符合下列规定：

    1）金属骨架应设置有效的防腐蚀措施；

    2）骨架外部、中部和内部可分别设置防护层、隔离层、保温隔汽层和内饰层，并根据使用条件设置防水透汽材料、空气间层、反射材料、结构蒙皮材料和隔汽材料等。

    5 木骨架组合墙体应符合下列规定：

    1）材料种类、连接构造、板缝构造、内外面层做法等应符合现行国家标准《木骨架组合墙体技术规范》GB/T 50361 的规定；

    2）木骨架组合外墙与主体结构之间应采用金属连接件进行连接；

    3）内侧墙面材料宜采用普通型、耐火型或防潮型纸面石膏板，外侧墙面材料宜采用防潮型纸面石膏板或水泥纤维板材等材料；

    4）保温隔热材料宜采用岩棉或玻璃棉等；

    5）隔声吸声材料宜采用岩棉、玻璃棉或石膏板材等；

    6）填充材料的燃烧性能等级应为 A 级。

5.3.13 建筑幕墙应符合下列规定：

    1 应根据建筑物的使用要求、建筑造型，合理选择幕墙形式，宜采用单元式幕墙系统。

    2 应根据不同的面板材料，选择相应的幕墙结构、配套材料和构造方式等。

    3 应具有适应主体结构层间变形的能力；主体结构中连接幕墙的预埋件、锚固件应能承受幕墙传递的荷载和作用，连接件与主体结构的锚固极限承载力应大于连接件本身的全塑性承载力。

    4 玻璃幕墙的设计应符合现行行业标准《玻璃幕墙工程技术规范》JGJ 102 的规定。

    5 金属与石材幕墙的设计应符合现行行业标准《金属与石材幕墙工程技术规范》JGJ 133 的规定。

    6 人造板材幕墙的设计应符合现行行业标准《人造板材幕墙工程技术规范》JGJ 336 的规定。

5.3.14 建筑屋面应符合下列规定：

    1 应根据现行国家标准《屋面工程技术规范》GB 50345 中规定的屋面防水等级进行防水设防，并应具有良好的排水功能，宜设置有组织排水系统。

    2 太阳能系统应与屋面进行一体化设计，电气性能应满足国家现行标准《民用建筑太阳能热水系统应用技术规范》GB 50364 和《民用建筑太阳能光伏系统应用技术规范》JGJ 203 的规定。

    3 采光顶与金属屋面的设计应符合现行行业标准《采光顶与金属屋面技术规程》JGJ 255 的规定。

5.4 设备与管线系统

5.4.1 装配式钢结构建筑的设备与管线设计应符合下列规定：

    1 装配式钢结构建筑的设备与管线宜采用集成化技术，标准化设计，当采用集成化新技术、新产品时应有可靠依据。

    2 各类设备与管线应综合设计、减少平面交叉，合理利用空间。

    3 设备与管线应合理选型、准确定位。

    4 设备与管线宜在架空层或吊顶内设置。

    5 设备与管线安装应满足结构专业相关要求，不应在预制构件安装后凿剔沟槽、开孔、开洞等。

    6 公共管线、阀门、检修配件、计量仪表、电表箱、配电箱、智能化配线箱等应设置在公共区域。

    7 设备与管线穿越楼板和墙体时，应采取防水、防火、隔声、密封等措施，防火封堵应符合现行国家标准《建筑设计防火规范》GB 50016 的规定。

    8 设备与管线的抗震设计应符合现行国家标准《建筑机电工程抗震设计规范》GB 50981 的有关规定。

5.4.2 给水排水设计应符合下列规定：

    1 冲厕宜采用非传统水源，水质应符合现行国家标准《城市污水再生利用　城市杂用水水质》GB/T 18920 的规定。

    2 集成式厨房、卫生间应预留相应的给水、热水、排水管道接口，给水系统配水管道接口的形式和位置应便于检修。

    3 给水分水器与用水器具的管道应一对一连接，管道中间不得有连接配件；宜采用装配式的管线及其配件连接；给水分水器位置应便于检修。

    4 敷设在吊顶或楼地面架空层内的给水排水设备管线应采取防腐蚀、隔声减噪和防结露等措施。

    5 当建筑配置太阳能热水系统时，集热器、储水罐等的布置应与主体结构、外围护系统、内装系统相协调，做好预留预埋。

    6 排水管道宜采用同层排水技术。

    7 应选用耐腐蚀、使用寿命长、降噪性能好、便于安装及更换、连接可靠、密封性能好的管材、管件以及阀门设备。

5.4.3 建筑供暖、通风、空调及燃气设计应符合下列规定：

1 室内供暖系统采用低温地板辐射供暖时，宜采用干法施工。

2 室内供暖系统采用散热器供暖时，安装散热器的墙板构件应采取加强措施。

3 采用集成式卫生间或采用同层排水架空地板时，不宜采用地板辐射供暖系统。

4 冷热水管道固定于梁柱等钢构件上时，应采用绝热支架。

5 供暖、通风、空气调节及防排烟系统的设备及管道系统宜结合建筑方案整体设计，并预留接口位置；设备基础和构件应连接牢固，并按设备技术文件的要求预留地脚螺栓孔洞。

6 供暖、通风和空气调节设备均应选用节能型产品。

7 燃气系统管线设计应符合现行国家标准《城镇燃气设计规范》GB 50028 的规定。

5.4.4 电气和智能化设计应符合下列规定：

1 电气和智能化的设备与管线宜采用管线分离的方式。

2 电气和智能化系统的竖向主干线应在公共区域的电气竖井内设置。

3 当大型灯具、桥架、母线、配电设备等安装在预制构件上时，应采用预留预埋件固定。

4 设置在预制部（构）件上的出线口、接线盒等的孔洞均应准确定位。隔墙两侧的电气和智能化设备不应直接连通设置。

5 防雷引下线和共用接地装置应充分利用钢结构自身作为防雷接地装置。构件连接部位应有永久性明显标记，其预留防雷装置的端头应可靠连接。

6 钢结构基础应作为自然接地体，当接地电阻不满足要求时，应设人工接地体。

7 接地端子应与建筑物本身的钢结构金属物连接。

5.5 内装系统

5.5.1 内装部品设计与选型应符合国家现行有关抗震、防火、防水、防潮和隔声等标准的规定，并满足生产、运输和安装等要求。

5.5.2 内装部品的设计与选型应满足绿色环保的要求，室内污染物限制应符合现行国家标准《民用建筑工程室内环境污染控制规范》GB 50325 的有关规定。

5.5.3 内装系统设计应满足内装部品的连接、检修更换、物权归属和设备及管线使用年限的要求，内装系统设计宜采用管线分离的方式。

5.5.4 梁柱包覆应与防火防腐构造结合，实现防火防腐包覆与内装系统的一体化，并应符合下列规定：

1 内装部品安装不应破坏防火构造。

2 宜采用防腐防火复合涂料。

3 使用膨胀型防火涂料应预留膨胀空间。

4 设备与管线穿越防火保护层时，应按钢构件原耐火极限进行有效封堵。

5.5.5 隔墙设计应采用装配式部品，并应符合下列规定：

1 可选龙骨类、轻质水泥基板类或轻质复合板类隔墙。

2 龙骨类隔墙宜在空腔内敷设管线及接线盒等。

3 当隔墙上需要固定电器、橱柜、洁具等较重设备或其他物品时，应采取加强措施，其承载力应满足相关要求。

5.5.6 外墙内表面及分户墙表面宜采用满足干式工法施工要求的部品，墙面宜设置空腔层，并应与室内设备管线进行集成设计。

5.5.7 吊顶设计宜采用装配式部品，并应符合下列规定：

1 当采用压型钢板组合楼板或钢筋桁架楼承板组合楼板时，应设置吊顶。

2 当采用开口型压型钢板组合楼板或带肋混凝土楼盖时，宜利用楼板底部肋侧空间进行管线布置，并设置吊顶。

3 厨房、卫生间的吊顶在管线集中部位应设有检修口。

5.5.8 装配式楼地面设计宜采用装配式部品，并应符合下列规定：

1 架空地板系统的架空层内宜敷设给水排水和供暖等管道。

2 架空地板高度应根据管线的管径、长度、坡度以及管线交叉情况进行计算，并宜采取减振措施。

3 当楼地面系统架空层内敷设管线时，应设置检修口。

5.5.9 集成式厨房应符合下列规定：

1 应满足厨房设备设施点位预留的要求。

2 给水排水、燃气管道等应集中设置、合理定位，并应设置管道检修口。

3 宜采用排油烟管道同层直排的方式。

5.5.10 集成式卫生间应符合下列规定：

1 宜采用干湿区分离的布置方式，并应满足设备设施点位预留的要求。

2 应满足同层排水的要求，给水排水、通风和电气等管线的连接均应在设计预留的空间内安装完成，并应设置检修口。

3 当采用防水底盘时，防水底盘与墙板之间应有可靠连接设计。

5.5.11 住宅建筑宜选用标准化系列化的整体收纳。

5.5.12 装配式钢结构建筑内装系统设计宜采用建筑信息模型（BIM）技术，与结构系统、外围护系统、设备与管线系统进行一体化设计，预留洞口、预埋件、连接件、接口设计应准确到位。

5.5.13 部品接口设计应符合部品与管线之间、部品之间连接的通用性要求，并应符合下列规定：

    1 接口应做到位置固定、连接合理、拆装方便及使用可靠。

    2 各类接口尺寸应符合公差协调要求。

5.5.14 装配式钢结构建筑的部品与钢构件的连接和接缝宜采用柔性设计，其缝隙变形能力应与结构弹性阶段的层间位移角相适应。

6 生产运输

6.1 一般规定

6.1.1 建筑部品部件生产企业应有固定的生产车间和自动化生产线设备，应有专门的生产、技术管理团队和产业工人，并应建立技术标准体系及安全、质量、环境管理体系。

6.1.2 建筑部品部件应在工厂生产，生产过程及管理宜应用信息管理技术，生产工序宜形成流水作业。

6.1.3 建筑部品部件生产前，应根据设计要求和生产条件编制生产工艺方案，对构造复杂的部品或构件宜进行工艺性试验。

6.1.4 建筑部品部件生产前，应有经批准的构件深化设计图或产品设计图，设计深度应满足生产、运输和安装等技术要求。

6.1.5 生产过程质量检验控制应符合下列规定：

    1 首批（件）产品加工应进行自检、互检、专检，产品经检验合格形成检验记录，方可进行批量生产。

    2 首批（件）产品检验合格后，应对产品生产加工工序，特别是重要工序控制进行巡回检验。

    3 产品生产加工完成后，应由专业检验人员根据图纸资料、施工单等对生产产品按批次进行检查，做好产品检验记录。并应对检验中发现的不合格产品做好记录，同时应增加抽样检测样本数量或频次。

    4 检验人员应严格按照图样及工艺技术要求的外观质量、规格尺寸等进行出厂检验，做好各项检查记录，签署产品合格证后方可入库，无合格证产品不得入库。

6.1.6 建筑部品部件生产应按下列规定进行质量过程控制：

    1 凡涉及安全、功能的原材料，应按现行国家标准规定进行复验，见证取样、送样。

    2 各工序应按生产工艺要求进行质量控制，实行工序检验。

    3 相关专业工种之间应进行交接检验。

    4 隐蔽工程在封闭前应进行质量验收。

6.1.7 建筑部品部件生产检验合格后，生产企业应提供出厂产品质量检验合格证。建筑部品应符合设计和国家现行有关标准的规定，并应提供执行产品标准

的说明、出厂检验合格证明文件、质量保证书和使用说明书。

6.1.8 建筑部品部件的运输方式应根据部品部件特点、工程要求等确定。建筑部品或构件出厂时，应有部品或构件重量、重心位置、吊点位置、能否倒置等标志。

6.1.9 生产单位宜建立质量可追溯的信息化管理系统和编码标识系统。

6.2 结构构件生产

6.2.1 钢构件加工制作工艺和质量应符合现行国家标准《钢结构工程施工规范》GB 50755 和《钢结构工程施工质量验收规范》GB 50205 的规定。

6.2.2 钢构件和装配式楼板深化设计图应根据设计图和其他有关技术文件进行编制，其内容包括设计说明、构件清单、布置图、加工详图、安装节点详图等。

6.2.3 钢构件宜采用自动化生产线进行加工制作，减少手工作业。

6.2.4 钢构件与墙板、内装部品的连接件宜在工厂与钢构件一起加工制作。

6.2.5 钢构件焊接宜采用自动焊接或半自动焊接，并应按评定合格的工艺进行焊接。焊缝质量应符合现行国家标准《钢结构工程施工质量验收规范》GB 50205 和《钢结构焊接规范》GB 50661 的规定。

6.2.6 高强度螺栓孔宜采用数控钻床制孔和套模制孔，制孔质量应符合现行国家标准《钢结构工程施工质量验收规范》GB 50205 的规定。

6.2.7 钢构件除锈宜在室内进行，除锈方法及等级应符合设计要求，当设计无要求时，宜选用喷砂或抛丸除锈方法，除锈等级应不低于 Sa2.5 级。

6.2.8 钢构件防腐涂装应符合下列规定：

    1 宜在室内进行防腐涂装。

    2 防腐涂装应按设计文件的规定执行，当设计文件未规定时，应依据建筑不同部位对应环境要求进行防腐涂装系统设计。

    3 涂装作业应按现行国家标准《钢结构工程施工规范》GB 50755 的规定执行。

6.2.9 必要时，钢构件宜在出厂前进行预拼装，构件预拼装可采用实体预拼装或数字模拟预拼装。

6.2.10 预制楼板生产应符合下列规定：

    1 压型钢板应采用成型机加工，成型后基板不应有裂纹。

    2 钢筋桁架楼承板应采用专用设备加工。

    3 钢筋混凝土预制楼板加工应符合现行行业标准《装配式混凝土结构技术规程》JGJ 1 的规定。

6.3 外围护部品生产

6.3.1 外围护部品应采用节能环保的材料，材料应

符合现行国家标准《民用建筑工程室内环境污染控制规范》GB 50325 和《建筑材料放射性核素限量》GB 6566 的规定，外围护部品室内侧材料尚应满足室内建筑装饰材料有害物质限量的要求。

6.3.2 外围护部品生产，应对尺寸偏差和外观质量进行控制。

6.3.3 预制外墙部品生产时，应符合下列规定：

  1 外门窗的预埋件设置应在工厂完成。

  2 不同金属的接触面应避免电化学腐蚀。

  3 蒸压加气混凝土板的生产应符合现行行业标准《蒸压加气混凝土建筑应用技术规程》JGJ/T 17 的规定。

6.3.4 现场组装骨架外墙的骨架、基层墙板、填充材料应在工厂完成生产。

6.3.5 建筑幕墙的加工制作应按现行行业标准《玻璃幕墙工程技术规范》JGJ 102、《金属与石材幕墙工程技术规范》JGJ 133 和《人造板材幕墙工程技术规范》JGJ 336 的规定执行。

6.4　内装部品生产

6.4.1 内装部品的生产加工应包括深化设计、制造或组装、检测及验收，并应符合下列规定：

  1 内装部品生产前应复核相应结构系统及外围护系统上预留洞口的位置、规格等。

  2 生产厂家应对出厂部品中每个部品进行编码，并宜采用信息化技术对部品进行质量追溯。

  3 在生产时宜适度预留公差，并应进行标识，标识系统应包含部品编码、使用位置、生产规格、材质、颜色等信息。

6.4.2 部品生产应使用节能环保的材料，并应符合现行国家标准《民用建筑工程室内环境污染控制规范》GB 50325 的有关规定。

6.4.3 内装部品生产加工要求应根据设计图纸进行深化，满足性能指标要求。

6.5　包装、运输与堆放

6.5.1 部品部件出厂前应进行包装，保障部品部件在运输及堆放过程中不破损、不变形。

6.5.2 对超高、超宽、形状特殊的大型构件的运输和堆放应制定专门的方案。

6.5.3 选用的运输车辆应满足部品部件的尺寸、重量等要求，装卸与运输时应符合下列规定：

  1 装卸时应采取保证车体平衡的措施。

  2 应采取防止构件移动、倾倒、变形等的固定措施。

  3 运输时应采取防止部品部件损坏的措施，对构件边角部或链索接触处宜设置保护衬垫。

6.5.4 部品部件堆放应符合下列规定：

  1 堆放场地应平整、坚实，并按部品部件的保

管技术要求采用相应的防雨、防潮、防暴晒、防污染和排水等措施。

  2 构件支垫应坚实，垫块在构件下的位置宜与脱模、吊装时的起吊位置一致。

  3 重叠堆放构件时，每层构件间的垫块应上下对齐，堆垛层数应根据构件、垫块的承载力确定，并应根据需要采取防止堆垛倾覆的措施。

6.5.5 墙板运输与堆放尚应符合下列规定：

  1 当采用靠放架堆放或运输时，靠放架应具有足够的承载力和刚度，与地面倾斜角度宜大于80°；墙板宜对称放置且外饰面朝外，墙板上部宜采用木垫块隔开；运输时应固定牢固。

  2 当采用插放架直立堆放或运输时，宜采取直立方式运输；插放架应有足够的承载力和刚度，并应支垫稳固。

  3 采用叠层平放的方式堆放或运输时，应采取防止产生损坏的措施。

7　施　工　安　装

7.1　一　般　规　定

7.1.1 装配式钢结构建筑施工单位应建立完善的安全、质量、环境和职业健康管理体系。

7.1.2 施工前，施工单位应编制下列技术文件，并按规定进行审批和论证：

  1 施工组织设计及配套的专项施工方案。

  2 安全专项方案。

  3 环境保护专项方案。

7.1.3 施工单位应根据装配式钢结构建筑的特点，选择合适的施工方法，制定合理的施工顺序，并应尽量减少现场支模和脚手架用量，提高施工效率。

7.1.4 施工用的设备、机具、工具和计量器具，应满足施工要求，并应在合格检定有效期内。

7.1.5 装配式钢结构建筑宜采用信息化技术，对安全、质量、技术、施工进度等进行全过程的信息化协同管理。宜采用建筑信息模型（BIM）技术对结构构件、建筑部品和设备管线等进行虚拟建造。

7.1.6 装配式钢结构建筑应遵守国家环境保护的法规和标准，采取有效措施减少各种粉尘、废弃物、噪声等对周围环境造成的污染和危害；并应采取可靠有效的防火等安全措施。

7.1.7 施工单位应对装配式钢结构建筑的现场施工人员进行相应专业的培训。

7.1.8 施工单位应对进场的部品部件进行检查，合格后方可使用。

7.2　结构系统施工安装

7.2.1 钢结构施工应符合现行国家标准《钢结构工

程施工规范》GB 50755 和《钢结构工程施工质量验收规范》GB 50205 的规定。

7.2.2 钢结构施工前应进行施工阶段设计，选用的设计指标应符合设计文件和现行国家标准《钢结构设计规范》GB 50017 等的规定。施工阶段结构分析的荷载效应组合和荷载分项系数取值，应符合现行国家标准《建筑结构荷载规范》GB 50009 和《钢结构工程施工规范》GB 50755 的规定。

7.2.3 钢结构应根据结构特点选择合理顺序进行安装，并应形成稳固的空间单元，必要时应增加临时支撑或临时措施。

7.2.4 高层钢结构安装时应计入竖向压缩变形对结构的影响，并应根据结构特点和影响程度采取预调安装标高、设置后连接构件等措施。

7.2.5 钢结构施工期间，应对结构变形、环境变化等进行过程监测，监测方法、内容及部位应根据设计或结构特点确定。

7.2.6 钢结构现场焊接工艺和质量应符合现行国家标准《钢结构焊接规范》GB 50661 和《钢结构工程施工质量验收规范》GB 50205 的规定。

7.2.7 钢结构紧固件连接工艺和质量应符合国家现行标准《钢结构工程施工规范》GB 50755、《钢结构工程施工质量验收规范》GB 50205 和《钢结构高强度螺栓连接技术规程》JGJ 82 的规定。

7.2.8 钢结构现场涂装应符合下列规定：

1 构件在运输、存放和安装过程中损坏的涂层以及安装连接部位的涂层应进行现场补漆，并应符合原涂装工艺要求。

2 构件表面的涂装系统应相互兼容。

3 防火涂料应符合国家现行有关标准的规定。

4 现场防腐和防火涂装应符合现行国家标准《钢结构工程施工规范》GB 50755 和《钢结构工程施工质量验收规范》GB 50205 的规定。

7.2.9 钢管内的混凝土浇筑应符合现行国家标准《钢管混凝土结构技术规范》GB 50936 和《钢-混凝土组合结构施工规范》GB 50901 的规定。

7.2.10 压型钢板组合楼板和钢筋桁架楼承板组合楼板的施工应按现行国家标准《钢-混凝土组合结构施工规范》GB 50901 执行。

7.2.11 混凝土叠合板施工应符合下列规定：

1 应根据设计要求或施工方案设置临时支撑。

2 施工荷载应均匀布置，且不超过设计规定。

3 端部的搁置长度应符合设计或国家现行有关标准的规定。

4 叠合层混凝土浇筑前，应按设计要求检查结合面的粗糙度及外露钢筋。

7.2.12 预制混凝土楼梯的安装应符合国家现行标准《混凝土结构工程施工规范》GB 50666 和《装配式混凝土结构技术规程》JGJ 1 的规定。

7.2.13 钢结构工程测量应符合下列规定：

1 钢结构安装前应设置施工控制网；施工测量前，应根据设计图和安装方案，编制测量专项方案。

2 施工阶段的测量应包括平面控制、高程控制和细部测量。

7.3 外围护系统安装

7.3.1 外围护部品安装宜与主体结构同步进行，可在安装部位的主体结构验收合格后进行。

7.3.2 安装前的准备工作应符合下列规定：

1 对所有进场部品、零配件及辅助材料应按设计规定的品种、规格、尺寸和外观要求进行检查，并应有合格证和性能检测报告。

2 应进行技术交底。

3 应将部品连接面清理干净，并对预埋件和连接件进行清理和防护。

4 应按部品排板图进行测量放线。

7.3.3 部品吊装应采用专用吊具，起吊和就位应平稳，防止磕碰。

7.3.4 预制外墙安装应符合下列规定：

1 墙板应设置临时固定和调整装置。

2 墙板应在轴线、标高和垂直度调校合格后方可永久固定。

3 当条板采用双层墙板安装时，内、外层墙板的拼缝宜错开。

4 蒸压加气混凝土板施工应符合现行行业标准《蒸压加气混凝土建筑应用技术规程》JGJ/T 17 的规定。

7.3.5 现场组合骨架外墙安装应符合下列规定：

1 竖向龙骨安装应平直，不得扭曲，间距应符合设计要求。

2 空腔内的保温材料应连续、密实，并应在隐蔽验收合格后方可进行面板安装。

3 面板安装方向及拼缝位置应符合设计要求，内外侧接缝不宜在同一根竖向龙骨上。

4 木骨架组合墙体施工应符合现行国家标准《木骨架组合墙体技术规范》GB/T 50361 的规定。

7.3.6 幕墙施工应符合下列规定：

1 玻璃幕墙施工应符合现行行业标准《玻璃幕墙工程技术规范》JGJ 102 的规定。

2 金属与石材幕墙施工应符合现行行业标准《金属与石材幕墙工程技术规范》JGJ 133 的规定。

3 人造板材幕墙施工应符合现行行业标准《人造板材幕墙工程技术规范》JGJ 336 的规定。

7.3.7 门窗安装应符合下列规定：

1 铝合金门窗安装应符合现行行业标准《铝合金门窗工程技术规范》JGJ 214 的规定。

2 塑料门窗安装应符合现行行业标准《塑料门窗工程技术规程》JGJ 103 的规定。

7.3.8 安装完成后应及时清理并做好成品保护。

7.4 设备与管线系统安装

7.4.1 设备与管线施工前应按设计文件核对设备及管线参数，并应对结构构件预埋套管及预留孔洞的尺寸、位置进行复核，合格后方可施工。

7.4.2 设备与管线需要与钢结构构件连接时，宜采用预留埋件的连接方式。当采用其他连接方法时，不得影响钢结构构件的完整性与结构的安全性。

7.4.3 应按管道的定位、标高等绘制预留套管图，在工厂完成套管预留及质量验收。

7.4.4 在有防腐防火保护层的钢结构上安装管道或设备支（吊）架时，宜采用非焊接方式固定；采用焊接时应对被损坏的防腐防火保护层进行修补。

7.4.5 管道波纹补偿器、法兰及焊接接口不应设置在钢梁或钢柱的预留孔中。

7.4.6 设备与管线施工质量应符合设计文件和现行国家标准《建筑给水排水及采暖工程施工质量验收规范》GB 50242、《通风与空调工程施工质量验收规范》GB 50243、《智能建筑工程施工规范》GB 50606、《智能建筑工程质量验收规范》GB 50339、《建筑电气工程施工质量验收规范》GB 50303 和《火灾自动报警系统施工及验收规范》GB 50166 的规定。

7.4.7 在架空地板内敷设给水排水管道时应设置管道支（托）架，并与结构可靠连接。

7.4.8 室内供暖管道敷设在墙板或地面架空层内时，阀门部位应设检修口。

7.4.9 空调风管及冷热水管道与支（吊）架之间，应有绝热衬垫，其厚度不应小于绝热层厚度，宽度应不小于支（吊）架支承面的宽度。

7.4.10 防雷引下线、防侧击雷等电位联结施工应与钢构件安装做好施工配合。

7.4.11 设备与管线施工应做好成品保护。

7.5 内装系统安装

7.5.1 装配式钢结构建筑的内装系统安装应在主体结构工程质量验收合格后进行。

7.5.2 装配式钢结构建筑内装系统安装应符合现行国家标准《建筑装饰装修工程质量验收规范》GB 50210 和《住宅装饰装修工程施工规范》GB 50327 等的规定，并应满足绿色施工要求。

7.5.3 内装部品施工前，应做好下列准备工作：

    1 安装前应进行设计交底。

    2 应对进场部品进行检查，其品种、规格、性能应满足设计要求和符合国家现行标准的有关规定，主要部品应提供产品合格证书或性能检测报告。

    3 在全面施工前应先施工样板间，样板间应经设计、建设及监理单位确认。

7.5.4 安装过程中应进行隐蔽工程检查和分段（分

户）验收，并形成检验记录。

7.5.5 对钢梁、钢柱的防火板包覆施工应符合下列规定：

    1 支撑件应固定牢固，防火板安装应牢固稳定，封闭良好。

    2 防火板表面应洁净平整。

    3 分层包覆时，应分层固定，相互压缝。

    4 防火板接缝应严密、顺直，边缘整齐。

    5 采用复合防火保护时，填充的防火材料应为不燃材料，且不得有空鼓、外露。

7.5.6 装配式隔墙部品安装应符合下列规定：

    1 条板隔墙安装应符合现行行业标准《建筑轻质条板隔墙技术规程》JGJ/T 157 的有关规定。

    2 龙骨隔墙系统安装应符合下列规定：

        1） 龙骨骨架与主体结构连接应采用柔性连接，并应竖直、平整、位置准确，龙骨的间距应符合设计要求。

        2） 面板安装前，隔墙内管线、填充材料应进行隐蔽工程验收。

        3） 面板拼缝应错缝设置，当采用双层面板安装时，上下层板的接缝应错开。

7.5.7 装配式吊顶部品安装应符合下列规定：

    1 吊顶龙骨与主体结构应固定牢靠。

    2 超过 3kg 的灯具、电扇及其他设备应设置独立吊挂结构。

    3 饰面板安装前应完成吊顶内管道管线施工，并应经隐蔽验收合格。

7.5.8 架空地板部品安装应符合下列规定：

    1 安装前应完成架空层内管线敷设，并应经隐蔽验收合格。

    2 当采用地板辐射供暖系统时，应对地暖加热管进行水压试验并隐蔽验收合格后铺设面层。

7.5.9 集成式卫生间部品安装前应先进行地面基层和墙面防水处理，并做闭水试验。

7.5.10 集成式厨房部品安装应符合下列规定：

    1 橱柜安装应牢固，地脚调整应从地面水平最高点向最低点，或从转角向两侧调整。

    2 采用油烟同层直排设备时，风帽应安装牢固，与外墙之间的缝隙应密封。

8 质量验收

8.1 一般规定

8.1.1 装配式钢结构建筑的验收应符合现行国家标准《建筑工程施工质量验收统一标准》GB 50300 及相关标准的规定。当国家现行标准对工程中的验收项目未作具体规定时，应由建设单位组织设计、施工、监理等相关单位制定验收要求。

8.1.2 同一厂家生产的同批材料、部品，用于同期施工且属于同一工程项目的多个单位工程，可合并进行进场验收。

8.1.3 部品部件应符合国家现行有关标准的规定，并应具有产品标准、出厂检验合格证、质量保证书和使用说明文件书。

8.2 结构系统验收

8.2.1 钢结构、组合结构的施工质量要求和验收标准应按现行国家标准《钢结构工程施工质量验收规范》GB 50205、《钢管混凝土工程施工质量验收规范》GB 50628 和《混凝土结构工程施工质量验收规范》GB 50204 的有关规定执行。

8.2.2 钢结构主体工程焊接工程验收应按现行国家标准《钢结构工程施工质量验收规范》GB 50205 的有关规定，在焊前检验、焊中检验和焊后检验基础上按设计文件和现行国家标准《钢结构焊接规范》GB 50661 的规定执行。

8.2.3 钢结构主体工程紧固件连接工程应按现行国家标准《钢结构工程施工质量验收规范》GB 50205 规定的质量验收方法和质量验收项目执行，同时尚应符合现行行业标准《钢结构高强度螺栓连接技术规程》JGJ 82 的规定。

8.2.4 钢结构防腐蚀涂装工程应按国家现行标准《钢结构工程施工质量验收规范》GB 50205、《建筑防腐蚀工程施工规范》GB 50212、《建筑防腐蚀工程施工质量验收规范》GB 50224 和《建筑钢结构防腐蚀技术规程》JGJ/T 251 的规定进行验收；金属热喷涂防腐和热镀锌防腐工程，应按现行国家标准《热喷涂 金属和其他无机覆盖层 锌、铝及其合金》GB/T 9793 和《热喷涂金属件表面预处理通则》GB 11373 等有关规定进行质量验收。

8.2.5 钢结构防火涂料的粘结强度、抗压强度应符合现行国家标准《钢结构工程施工质量验收规范》GB 50205 的规定，试验方法应符合现行国家标准《建筑构件耐火试验方法》GB/T 9978 的规定；防火板及其他防火包覆材料的厚度应符合现行国家标准《建筑设计防火规范》GB 50016 关于耐火极限的设计要求。

8.2.6 装配式钢结构建筑的楼板及屋面板应按下列标准进行验收：

　　1 压型钢板组合楼板和钢筋桁架楼承板组合楼板应按国家现行标准《钢结构工程施工质量验收规范》GB 50205 和《混凝土结构工程施工质量验收规范》GB 50204 的有关规定进行验收。

　　2 预制带肋底板混凝土叠合楼板应按现行行业标准《预制带肋底板混凝土叠合楼板技术规程》JGJ/T 258 的规定进行验收。

　　3 预制预应力空心板叠合楼板应按现行国家标准《预应力混凝土空心板》GB/T 14040 和《混凝土结构工程施工质量验收规范》GB 50204 的规定进行验收。

　　4 混凝土叠合楼板应按国家现行标准《混凝土结构工程施工质量验收规范》GB 50204 和《装配式混凝土结构技术规程》JGJ 1 的规定进行验收。

8.2.7 钢楼梯应按现行国家标准《钢结构工程施工质量验收规范》GB 50205 的规定进行验收，预制混凝土楼梯应按国家现行标准《混凝土结构工程施工质量验收规范》GB 50204 和《装配式混凝土结构技术规程》JGJ 1 的规定进行验收。

8.2.8 安装工程可按楼层或施工段等划分为一个或若干个检验批。地下钢结构可按不同地下层划分检验批。钢结构安装检验批应在进场验收和焊接连接、紧固件连接、制作等分项工程验收合格的基础上进行验收。

8.3 外围护系统验收

8.3.1 外围护系统质量验收应根据工程实际情况检查下列文件和记录：

　　1 施工图或竣工图、性能试验报告、设计说明及其他设计文件。

　　2 外围护部品和配套材料的出厂合格证、进场验收记录。

　　3 施工安装记录。

　　4 隐蔽工程验收记录。

　　5 施工过程中重大技术问题的处理文件、工作记录和工程变更记录。

8.3.2 外围护系统应在验收前完成下列性能的试验和测试：

　　1 抗压性能、层间变形性能、耐撞击性能、耐火极限等实验室检测。

　　2 连接件材性、锚栓拉拔强度等检测。

8.3.3 外围护系统应根据工程实际情况进行下列现场试验和测试：

　　1 饰面砖（板）的粘结强度测试。

　　2 墙板接缝及外门窗安装部位的现场淋水试验。

　　3 现场隔声测试。

　　4 现场传热系数测试。

8.3.4 外围护部品应完成下列隐蔽项目的现场验收：

　　1 预埋件。

　　2 与主体结构的连接节点。

　　3 与主体结构之间的封堵构造节点。

　　4 变形缝及墙面转角处的构造节点。

　　5 防雷装置。

　　6 防火构造。

8.3.5 外围护系统的分部分项划分应满足国家现行标准的相关要求，检验批划分应符合下列规定：

　　1 相同材料、工艺和施工条件的外围护部品每 $1000m^2$ 应划分为一个检验批，不足 $1000m^2$ 也应划分为一个检验批。

  2 每个检验批每 100m² 应至少抽查一处，每处不得小于 10m²。

  3 对于异型、多专业综合或有特殊要求的外围护部品，国家现行相关标准未作出规定时，检验批的划分可根据外围护部品的结构、工艺特点及外围护部品的工程规模，由建设单位组织监理单位和施工单位协商确定。

8.3.6 当外围护部品与主体结构采用焊接或螺栓连接时，连接部位验收可按现行国家标准《钢结构工程施工质量验收规范》GB 50205 和《钢结构焊接规范》GB 50661 的规定执行。

8.3.7 外围护系统的保温和隔热工程质量验收应按现行国家标准《建筑节能工程施工质量验收规范》GB 50411 的规定执行。

8.3.8 外围护系统的门窗工程、涂饰工程质量验收应按现行国家标准《建筑装饰装修工程质量验收规范》GB 50210 的规定执行。

8.3.9 蒸压加气混凝土外墙板质量验收应按现行行业标准《蒸压加气混凝土建筑应用技术规程》JGJ/T 17 的规定执行。

8.3.10 木骨架组合外墙系统质量验收应按现行国家标准《木骨架组合墙体技术规范》GB/T 50361 的规定执行。

8.3.11 幕墙工程质量验收应按现行行业标准《玻璃幕墙工程技术规范》JGJ 102、《金属与石材幕墙工程技术规范》JGJ 133 和《人造板材幕墙工程技术规范》JGJ 336 的规定执行。

8.3.12 屋面工程质量验收应按现行国家标准《屋面工程质量验收规范》GB 50207 的规定执行。

8.4 设备与管线系统验收

8.4.1 建筑给水排水及采暖工程的施工质量要求和验收标准应按现行国家标准《建筑给水排水及采暖工程施工质量验收规范》GB 50242 的规定执行。

8.4.2 自动喷水灭火系统的施工质量要求和验收标准应按现行国家标准《自动喷水灭火系统施工及验收规范》GB 50261 的规定执行。

8.4.3 消防给水系统及室内消火栓系统的施工质量要求和验收标准应按现行国家标准《消防给水及消火栓系统技术规范》GB 50974 的规定执行。

8.4.4 通风与空调工程的施工质量要求和验收标准应按现行国家标准《通风与空调工程施工质量验收规范》GB 50243 的规定执行。

8.4.5 建筑电气工程的施工质量要求和验收标准应按现行国家标准《建筑电气工程施工质量验收规范》GB 50303 的规定执行。

8.4.6 火灾自动报警系统的施工质量要求和验收标准应按现行国家标准《火灾自动报警系统施工及验收规范》GB 50166 的规定执行。

8.4.7 智能化系统的施工质量要求和验收标准应按现行国家标准《智能建筑工程质量验收规范》GB 50339 的规定执行。

8.4.8 暗敷在轻质墙体、楼板和吊顶中的管线、设备应在验收合格和形成记录后方可隐蔽。

8.4.9 管道穿过钢梁时的开孔位置、尺寸和补强措施，应满足设计图纸要求并应符合现行行业标准《高层民用建筑钢结构技术规程》JGJ 99 的规定。

8.5 内装系统验收

8.5.1 装配式钢结构建筑内装系统工程宜与结构系统工程同步施工，分层分阶段验收。

8.5.2 内装工程验收应符合下列规定：

  1 对住宅建筑内装工程应进行分户质量验收、分段竣工验收。

  2 对公共建筑内装工程应按照功能区间进行分段质量验收。

8.5.3 装配式内装系统质量验收应符合国家现行标准《建筑装饰装修工程质量验收规范》GB 50210、《建筑轻质条板隔墙技术规程》JGJ/T 157 和《公共建筑吊顶工程技术规程》JGJ 345 等的有关规定。

8.5.4 室内环境的验收应在内装工程完成后进行，并应符合现行国家标准《民用建筑工程室内环境污染控制规范》GB 50325 的有关规定。

8.6 竣 工 验 收

8.6.1 单位工程质量验收应按现行国家标准《建筑工程施工质量验收统一标准》GB 50300 的规定执行，单位（子单位）工程质量验收合格应符合下列规定：

  1 所含分部（子分部）工程的质量均应验收合格。

  2 质量控制资料应完整。

  3 所含分部工程中有关安全、节能、环境保护和主要使用功能的检验资料应完整。

  4 主要使用功能的抽查结果应符合相关专业验收规范的规定。

  5 观感质量应符合要求。

8.6.2 竣工验收的步骤可按验前准备、竣工预验收和正式验收三个环节进行。单位工程完工后，施工单位应组织有关人员进行自检。总监理工程师应组织各专业监理工程师对工程质量进行竣工预验收。建设单位收到工程竣工验收报告后，应由建设单位项目负责人组织监理、施工、设计、勘察等单位项目负责人进行单位工程验收。

8.6.3 施工单位应在交付使用前与建设单位签署质量保修书，并提供使用、保养、维护说明书。

8.6.4 建设单位应当在竣工验收合格后，按《建设工程质量管理条例》的规定向备案机关备案，并提供相应的文件。

9 使用维护

9.1 一般规定

9.1.1 装配式钢结构建筑的设计文件应注明其设计条件、使用性质及使用环境。

9.1.2 装配式钢结构建筑的建设单位在交付物业时，应按国家有关规定的要求，提供《建筑质量保证书》和《建筑使用说明书》。

9.1.3 《建筑质量保证书》除应按现行有关规定执行外，尚应注明相关部品部件的保修期限与保修承诺。

9.1.4 《建筑使用说明书》除应按现行有关规定执行外，尚应包含以下内容：

　　1 二次装修、改造的注意事项，应包含允许业主或使用者自行变更的部分与禁止部分。

　　2 建筑部品部件生产厂、供应商提供的产品使用维护说明书，主要部品部件宜注明合理的检查与使用维护年限。

9.1.5 建设单位应当在交付销售物业之前，制定临时管理规约，除应满足相关法律法规要求外，尚应满足设计文件和《建筑使用说明书》的有关要求。

9.1.6 建设单位移交相关资料后，业主与物业服务企业应按法律法规要求共同制定物业管理规约，并宜制定《检查与维护更新计划》。

9.1.7 使用与维护宜采用信息化手段，建立建筑、设备与管线等的管理档案。当遇地震、火灾等灾害时，灾后应对建筑进行检查，并视破损程度进行维修。

9.2 结构系统使用维护

9.2.1 《建筑使用说明书》应包含主体结构设计使用年限、结构体系、承重结构位置、使用荷载、装修荷载、使用要求、检查与维护等。

9.2.2 物业服务企业应根据《建筑使用说明书》，在《检查与维护更新计划》中建立对主体结构的检查与维护制度，明确检查时间与部位。检查与维护的重点应包括主体结构损伤、建筑渗水、钢结构锈蚀、钢结构防火保护损坏等可能影响主体结构安全性和耐久性的内容。

9.2.3 业主或使用者不应改变原设计文件规定的建筑使用条件、使用性质及使用环境。

9.2.4 装配式钢结构建筑的室内二次装修、改造和使用中，不应损伤主体结构。

9.2.5 建筑的二次装修、改造和使用中发生下述行

为之一者，应经原设计单位或具有相应资质的设计单位提出设计方案，并按设计规定的技术要求进行施工及验收。

　　1 超过设计文件规定的楼面装修或使用荷载。

　　2 改变或损坏钢结构防火、防腐蚀的相关保护及构造措施。

　　3 改变或损坏建筑节能保温、外墙及屋面防水相关的构造措施。

9.2.6 二次装修、改造中改动卫生间、厨房、阳台防水层的，应按现行相关防水标准制定设计、施工技术方案，并进行闭水试验。

9.3 外围护系统使用与维护

9.3.1 《建筑使用说明书》中有关外围护系统的部分，宜包含下列内容：

　　1 外围护系统基层墙体和连接件的使用年限及维护周期。

　　2 外围护系外饰面、防水层、保温以及密封材料的使用年限及维护周期。

　　3 外墙可进行吊挂的部位、方法及吊挂力。

　　4 日常与定期的检查与维护要求。

9.3.2 物业服务企业应依据《建筑使用说明书》，在《检查与维护更新计划》中规定对外围护系统的检查与维护制度，检查与维护的重点应包括外围护部品外观、连接件锈蚀、墙屋面裂缝及渗水、保温层破坏、密封材料的完好性等，并形成检查记录。

9.3.3 当遇地震、火灾后，应对外围护系统进行检查，并视破损程度进行维修。

9.3.4 业主与物业服务企业应根据《建筑质量保证书》和《建筑使用说明书》中建筑外围护部品及配件的设计使用年限资料，对接近或超出使用年限的进行安全性评估。

9.4 设备与管线系统使用维护

9.4.1 《建筑使用说明书》应包含设备与管线的系统组成、特性规格、部品寿命、维护要求、使用说明等。物业服务企业应在《检查与维护更新计划》中规定对设备与管线的检查与维护制度，保证设备与管线系统的安全使用。

9.4.2 公共部位及其公共设施设备与管线的维护重点包括水泵房、消防泵房、电机房、电梯、电梯机房、中控室、锅炉房、管道设备间、配电间（室）等，应按《检查与维护更新计划》进行定期巡检和维护。

9.4.3 装修改造时，不应破坏主体结构、外围护系统。

9.4.4 智能化系统的维护应符合国家现行标准的规定，物业服务企业应建立智能化系统的管理和维护方案。

9.5 内装系统使用维护

9.5.1 《建筑使用说明书》应包含内装系统做法、部品寿命、维护要求、使用说明等。

9.5.2 内装维护和更新时所采用的部品和材料,应满足《建筑使用说明书》中相应的要求。

9.5.3 正常使用条件下,装配式钢结构住宅建筑的内装工程项目质量保修期限不应低于2年,有防水要求的厨房、卫生间等的防渗漏不应低于5年。

9.5.4 内装工程项目应建立易损部品部件备用库,保证使用维护的有效性及时效性。

本标准用词说明

1 为便于在执行本标准条文时区别对待,对于要求严格程度不同的用词说明如下:

1) 表示很严格,非这样做不可的:
正面词采用"必须",反面词采用"严禁";

2) 表示严格,在正常情况下均应这样做的:
正面词采用"应",反面词采用"不应"或"不得";

3) 表示允许稍有选择,在条件许可时首先应这样做的:
正面词采用"宜",反面词采用"不宜";

4) 表示有选择,在一定条件下可以这样做的,采用"可"。

2 条文中指明应按其他标准执行的写法为:"应符合……的规定"或"应按……执行"。

引用标准名录

1 《建筑模数协调标准》GB/T 50002

2 《建筑结构荷载规范》GB 50009

3 《建筑抗震设计规范》GB 50011

4 《建筑设计防火规范》GB 50016

5 《钢结构设计规范》GB 50017

6 《冷弯薄壁型钢结构技术规范》GB 50018

7 《城镇燃气设计规范》GB 50028

8 《工程结构可靠性设计统一标准》GB 50153

9 《火灾自动报警系统施工及验收规范》GB 50166

10 《民用建筑热工设计规范》GB 50176

11 《民用建筑隔声设计规范》GB 50118

12 《公共建筑节能设计标准》GB 50189

13 《混凝土结构工程施工质量验收规范》GB 50204

14 《钢结构工程施工质量验收规范》GB 50205

15 《屋面工程质量验收规范》GB 50207

16 《建筑装饰装修工程质量验收规范》GB 50210

17 《建筑防腐蚀工程施工规范》GB 50212

18 《建筑工程抗震设防分类标准》GB 50223

19 《建筑防腐蚀工程施工质量验收规范》GB 50224

20 《建筑给水排水及采暖工程施工质量验收规范》GB 50242

21 《通风与空调工程施工质量验收规范》GB 50243

22 《自动喷水灭火系统施工及验收规范》GB 50261

23 《建筑工程施工质量验收统一标准》GB 50300

24 《建筑电气工程施工质量验收规范》GB 50303

25 《民用建筑工程室内环境污染控制规范》GB 50325

26 《住宅装饰装修工程施工规范》GB 50327

27 《智能建筑工程质量验收规范》GB 50339

28 《屋面工程技术规范》GB 50345

29 《木骨架组合墙体技术规范》GB/T 50361

30 《民用建筑太阳能热水系统应用技术规范》GB 50364

31 《建筑节能工程施工质量验收规范》GB 50411

32 《智能建筑工程施工规范》GB 50606

33 《钢管混凝土工程施工质量验收规范》GB 50628

34 《钢结构焊接规范》GB 50661

35 《混凝土结构工程施工规范》GB 50666

36 《钢结构工程施工规范》GB 50755

37 《钢-混凝土组合结构施工规范》GB 50901

38 《钢管混凝土结构技术规范》GB 50936

39 《消防给水及消火栓系统技术规范》GB 50974

40 《建筑机电工程抗震设计规范》GB 50981

41 《门式刚架轻型房屋钢结构技术规范》GB 51022

42 《建筑材料放射性核素限量》GB 6566

43 《热喷涂 金属和其他无机覆盖层 锌、铝及其合金》GB/T 9793

44 《建筑构件耐火试验方法》GB/T 9978

45 《热喷涂金属件表面预处理通则》GB 11373

46 《预应力混凝土空心板》GB/T 14040

47 《城市污水再生利用 城市杂用水水质》GB/T 18920

48 《装配式混凝土结构技术规程》JGJ 1

49 《蒸压加气混凝土建筑应用技术规程》JGJ/T 17

中华人民共和国国家标准

装配式钢结构建筑技术标准

GB/T 51232—2016

条 文 说 明

编 制 说 明

《装配式钢结构建筑技术标准》GB/T 51232 - 2016，经住房和城乡建设部 2017 年 1 月 10 日以第 1418 号公告批准、发布。

本标准在编制过程中，编制组进行了广泛的调查研究，认真总结了工程实践经验，参考了有关国际标准和国外先进标准，并以多种方式广泛征求了有关单位和专家的意见，对主要问题进行了反复讨论、协调，最终确定各项技术参数和技术要求。

为了便于广大设计、生产、施工、科研、学校等单位有关人员在使用本标准时正确理解和执行条文的规定，《装配式钢结构建筑技术标准》编制组按章、节、条顺序编制了本标准条文说明。对条文规定的目的、依据及执行中需注意的有关事项进行了说明。但是，本条文说明不具备与标准正文同等的法律效力，仅供使用者作为理解和把握标准规定的参考。

目　　次

1 总　则

1.0.1 《中共中央国务院关于进一步加强城市规划建设管理工作的若干意见》、国务院办公厅《关于大力发展装配式建筑的指导意见》（国办发〔2016〕71号）明确提出发展装配式建筑，装配式建筑进入快速发展阶段。但总体看，我国装配式建筑应用规模小，技术集成度较低。近年来，我国钢材产量已稳居世界第一，在国家经济调整过程中，产能严重过剩的问题日益突出。2015年我国钢结构建筑占新建建筑不到5%，相比发达国家发展潜力巨大。发展装配式钢结构建筑可以在一定程度上化解钢铁产能、促进产业的转型升级。装配式钢结构建筑是装配式建筑的重要组成部分，在实际推进过程中亟须规范装配式钢结构建筑的建设，按照适用、经济、安全、绿色、美观的要求，全面提高装配式钢结构建筑的环境效益、社会效益和经济效益。

1.0.2 装配式钢结构建筑一般包括多高层钢结构建筑、门式刚架钢结构建筑、冷弯薄壁型钢结构建筑、大跨度空间钢结构建筑等。本标准主要针对多高层钢结构建筑、门式刚架钢结构建筑和冷弯薄壁型钢结构建筑，大跨度空间钢结构建筑可按现行行业标准《空间网格结构技术规程》JGJ 7和《索结构技术规程》JGJ 257的规定执行。

1.0.3 本条阐述了装配式建筑建设的基本原则，强调了可持续发展的绿色建筑全寿命期基本理念。除应满足标准化设计、工厂化生产、装配化施工、一体化装修、信息化管理和智能化应用等全产业链工业化生产的要求外，还应满足建筑全寿命期运营、维护、改造等方面的要求。

1.0.4 本条强调了构成装配式建筑的系统以及系统的集成，突出装配式建筑是一个建筑的概念，装配式钢结构建筑、装配式混凝土建筑、装配式木结构建筑对于装配式建筑来说只是结构系统的不同。同时，强调建筑的使用功能与性能，提升建筑性能与品质是装配式建筑建设的基本要求。

2 术　语

2.0.1 装配式建筑是一个系统工程，由结构系统、外围护系统、设备与管线系统、内装系统四大系统组成，是将预制部品部件通过模数协调、模块组合、接口连接、节点构造和施工工法等集成装配而成的，在工地高效、可靠装配并做到主体结构、建筑围护、机电装修一体化的建筑。它有几个方面的特点：

　　1　以完整的建筑产品为对象，以系统集成为方法，体现加工和装配需要的标准化设计。

　　2　以工厂精益化生产为主的部品部件。

　　3　以装配和干式工法为主的工地现场。

　　4　以提升建筑工程质量安全水平、提高劳动生产效率、节约资源能源、减少施工污染和建筑的可持续发展为目标。

　　5　基于BIM技术的全链条信息化管理，实现设计、生产、施工、装修、运维的一体化。

2.0.3 装配式建筑由结构系统、外围护系统、设备与管线系统以及内装系统组成。装配式建筑强调这四个系统之间的集成，以及各系统内部的集成过程。

2.0.4 在系统集成的基础上，装配式建筑强调集成设计，突出在设计的过程中，应将结构系统、外围护系统、设备与管线系统以及内装系统进行综合考虑，一体化设计。

2.0.5 装配式建筑的协同设计工作是工厂化生产和装配化施工建造的前提。装配式建筑设计应统筹规划设计、生产运输、施工安装和使用维护，进行建筑、结构、建筑设备、室内装修等专业一体化的设计，同时要运用建筑信息模型技术，建立信息协同平台，加强设计、生产运输、施工各方之间的关系协同，并应加强建筑、结构、设备、装修等专业之间的配合。

2.0.7 在建筑物中，围护结构指建筑物及房间各面的围挡物。本标准从建筑物的各系统应用出发，将外围护结构及其他部品部件统一归纳为外围护系统，提出了"外围护系统"的概念。

2.0.12 全装修强调了作为建筑的功能和性能的完备性。党中央国务院对于"装配式建筑"的提法和定义非常明确，装配式建筑首先要落脚到"建筑"。建筑的最基本属性是其功能性。因此，装配式建筑的最低要求应该定位在具备完整功能的成品形态，不能割裂结构、装修，底线是交付成品建筑。推进全装修，有利于提升装修集约化水平，提高建筑性能和消费者生活质量，带动相关产业发展。全装修是房地产市场成熟的重要标志，是与国际接轨的必然发展趋势，也是推进我国建筑产业健康发展的重要路径。

2.0.13 装配式装修以工业化生产方式为基础，采用工厂制造的内装部品，并采用干式工法。推行装配式装修是推动装配式建筑发展的重要方向。采用装配式装修的设计建造方式具有五个方面优势：一、部品在工厂制作，现场采用干式作业，可以最大限度保证产品质量和性能；二、提高劳动生产率，节省大量人工和管理费用，大大缩短建设周期，综合效益明显，从而降低生产成本；三、节能环保，减少原材料的浪费，减少噪声粉尘和建筑垃圾等污染；四、便于维护，降低了后期的运营维护难度，为部品更换创造了可能；五、工业化生产的方式有效解决了施工生产的尺寸误差和模数接口问题。

2.0.14 现场采用干作业施工的干式工法是装配式建筑的核心内容。我国传统现场有湿作业多、施工精度差、工序复杂、建造周期长、依赖现场工人水平和施工质量难以保证等问题，干式工法作业可实现高精度、高效率和高品质。

2.0.15 模块是标准化设计中的基本单元，首先应具有一定的功能，具有通用性；同时，在接口标准化的基础上，同类模块也具有互换性。

2.0.16 在装配式建筑中接口主要是两个独立系统、模块或者部品部件之间的共享边界，接口的标准化，可以实现通用性以及互换性。

2.0.17、2.0.18 集成式厨房多指居住建筑中的厨房，本条强调了厨房的"集成性"和"功能性"。集成式卫生间充分考虑了卫生间空间的多样组合或分隔，包括多器具的集成卫生间产品和仅有洗面、洗浴或便溺等单一功能模块的集成卫生间产品。

集成式厨房、集成式卫生间是装配式建筑装饰装修的重要组成部分，其设计应按照标准化、系列化原则，并符合干式工法施工的要求，在制作和加工阶段全部实现装配化。

2.0.19 整体收纳是工厂生产、现场装配模块化集成收纳产品的统称，为装配式住宅建筑内装系统中的一部分，属于模块化部品。配置门扇、五金件和隔板等。通常设置在入户门厅、起居室、卧室、厨房、卫生间和阳台等功能空间部位。

2.0.20 发展装配式隔墙、吊顶和楼地面部品技术，是我国装配化装修和内装产业化发展的主要内容。以轻钢龙骨石膏板体系的装配式隔墙、吊顶为例，其主要特点如下：干式工法，实现建造周期缩短 60% 以上；减少室内墙体占用面积，提高建筑的得房率；防火、保温、隔声、环保及安全性能全面提升；资源再生，利用率在 90% 以上；空间重新分割方便；健康环保性能提高，可有效调整湿度增加舒适感。

2.0.21 在传统的建筑设计与施工中，一般均将室内装修用设备管线预埋在混凝土楼板和墙体等建筑结构系统中。在后期长时期的使用维护阶段，大量的建筑虽然结构系统仍可满足使用要求，但预埋在结构系统中的设备管线等早已老化无法改造更新，后期装修剔凿主体结构的问题大量出现，也极大地影响了建筑使用寿命。因此，装配式建筑鼓励采用设备管线与建筑结构系统的分离技术，使建筑具备结构耐久性、室内空间灵活性及可更新性等特点，同时兼备低能耗、高品质和长寿命的可持续建筑产品优势。

2.0.25 延性墙板指的是具有良好延性和抗震性能的墙板，本标准包括：钢板剪力墙、组合钢板剪力墙、钢框架内填竖缝混凝土剪力墙等。

3 基 本 规 定

3.0.1 系统性和集成性是装配式建筑的基本特征，装配式建筑是以完整的建筑产品为对象，提供性能优良的完整建筑产品，通过系统集成的方法，实现设计、生产运输、施工安装和使用维护全过程一体化。

3.0.2 装配式建筑的建筑设计应进行模数协调，以满足建造装配化与部品部件标准化、通用化的要求。标准化设计是实施装配式建筑的有效手段，而模数和模数协调是实现装配式建筑标准化设计的重要基础，涉及装配式建筑产业链上的各个环节。少规格、多组合是装配式建筑设计的重要原则，减少部品部件的规格种类及提高部品部件模板的重复使用率，有利于部品部件的生产制造与施工，有利于提高生产速度和工人的劳动效率，从而降低造价。

3.0.6 建筑信息模型技术是装配式建筑建造过程的重要手段。通过信息数据平台管理系统将设计、生产、施工、物流和运营等各环节联系为一体化管理，对提高工程建设各阶段及各专业之间协同配合的效率，以及一体化管理水平具有重要作用。

3.0.8 在建筑设计前期，应结合当地的政策法规、用地条件、项目定位进行技术策划。技术策划应包括设计策划、部品部件生产与运输策划、施工安装策划和经济成本策划。

设计策划应结合总图概念方案或建筑概念方案，对建筑平面、结构系统、外围护系统、内装系统、设备与管线系统等进行标准化设计策划，并结合成本估算，选择相应的技术配置。

部品部件生产策划根据供应商的技术水平、生产能力和质量管理水平，确定供应商范围；部品部件运输策划应根据供应商生产基地与项目用地之间的距离、道路状况、交通管理及场地放置等条件，选择稳定可靠的运输方案。

施工安装策划应根据建筑概念方案，确定施工组织方案、关键施工技术方案、机具设备的选择方案、质量保障方案等。

经济成本策划要确定项目的成本目标，并对装配式建筑实施重要环节的成本优化提出具体指标和控制要求。

3.0.9 装配式建筑强调性能要求，提高建筑质量和品质。装配式钢结构建筑的结构系统本身就是绿色建造技术，是国家重点推广的内容，符合可持续发展战略。因此外围护系统、设备与管线系统以及内装系统也应遵循绿色建筑全寿命期的理念，结合地域特点和地方优势，优先采用节能环保的技术、工艺、材料和设备，实现节约资源、保护环境和减少污染的目标，为人们提供健康舒适的居住环境。

3.0.10 防火、防腐对装配式钢结构建筑来说是非常重要的性能，除必须满足国家现行标准中的相关规定外，在装配式钢结构的设计、生产运输、施工安装以及使用维护过程中均要考虑可靠性、安全性和耐久性的要求。

4 建 筑 设 计

4.1 一 般 规 定

4.1.1 装配式钢结构建筑设计应符合现行国家标准《建筑模数协调标准》GB/T 50002 的有关规定。模数协调是建筑部品部件实现通用性和互换性的基本原则，使规格化、通用化的部件适用于常规的各类建筑，满足各种要求。大量的规格化、定型化部品部件的生产可稳定质量，降低成本。通用化部品部件所具有的互换能力，可促进市场的竞争和生产水平的提高。

装配式建筑采用建筑通用体系是实现建筑工业化的前提，标准化、模块化设计是满足部品部件工业化生产的必要条件，以实现批量化的生产和建造。装配式建筑应以少规格多组合的原则进行设计，结构构件和内装部品减少种类，既可经济合理地确保质量，也利于组织生产与施工安装。建筑平面和外立面可通过组合方式、立面材料色彩搭配等方式实现多样化。

4.1.2 本条是从结构系统、外围护系统、设备与管线系统、内装系统对装配式建筑全专业提出要求。装配式建筑是一个完整的具有一定功能的建筑产品，是一个系统工程。过去那种只提供结构和建筑围护的"毛坯房"，没有内装一体化集成的建筑，都不能称为真正意义上的"装配式建筑"。

4.3 模 数 协 调

4.3.1 装配式钢结构建筑设计应采用模数来协调结构构件、内装部品设备与管线之间的尺寸关系，做到部品部件设计、生产和安装等相互间尺寸协调，减少和优化各部品部件的种类和尺寸。

4.3.2~4.3.5 结构构件采用扩大模数系列，可优化和减少预制构件种类。形成通用性强、系列化尺寸的开间、进深和层高等结构构件尺寸。装配式钢结构建筑内装系统中的装配式隔墙、整体收纳空间和管道井等单元模块化部品宜采用基本模数，也可插入分模数数列 $n\mathrm{M}/2$ 或 $n\mathrm{M}/5$ 进行调整。

4.3.6 住宅建筑应选用下列常用优选尺寸：

表 1　集成式厨房的优选尺寸（mm）

厨房家具布置形式	厨房最小净宽度	厨房最小净长度
单排型	1500（1600）/2000	3000
双排型	2200/2700	2700
L 形	1600/2700	2700
U 形	1900/2100	2700
壁柜型	700	2100

表 2　集成式卫生间的优选尺寸（mm）

卫生间平面布置形式	卫生间最小净宽度	卫生间最小净长度
单设便器卫生间	900	1600
设便器，洗面器两件洁具	1500	1550
设便器，洗浴器两件洁具	1600	1800
设三件洁具（喷淋）	1650	2050
设三件洁具（浴缸）	1750	2450
设三件洁具无障碍卫生间	1950	2550

表 3　楼梯的优选尺寸（mm）

楼梯类别	踏步最小宽度	踏步最大高度
共用楼梯	260	175
服务楼梯，住宅套内楼梯	220	200

表 4　门窗洞口的优选尺寸（mm）

类别	最小洞宽	最小洞高	最大洞宽	最大洞高
门洞口	700	1500	2400	23(22)00
窗洞口	600	600	2400	23(22)00

4.3.7 装配式建筑应严格控制钢构件与其他部品部件之间的建筑公差。接缝的宽度应满足主体结构层间变形、密封材料变形能力、施工误差、温差引起变形等的要求，防止接缝漏水等质量事故发生。

4.4 标 准 化 设 计

4.4.1 装配式建筑既要符合建筑设计功能、技术性能（安全、防火、节能、防水、隔声、采光等）的要求，又要重点突出装配式建筑的标准化；通过采用模块化、标准化的设计方法，实现尺寸模数化、部品部件标准化、设备集成化、装修一体化。装配式建筑只有通过标准化设计、批量化生产，才能真正进入市场竞争。

4.4.2~4.4.4 模块化是标准化设计的一种方法。模块化设计应满足模数协调的要求，通过模数化和模块化的设计为工厂化生产和装配化施工创造条件。模块应进行精细化、系列化设计，关联模块间应具备一定的逻辑及衍生关系，并预留统一的接口。模块之间可采用刚性连接或柔性连接：

1 刚性连接模块的连接边或连接面的几何尺寸、开口应吻合，采用相同的材料和部品部件进行直接连接。

2 无法进行直接连接的模块可采用柔性连接方式进行间接相连，柔性连接的部分应牢固可靠，并需要对连接方式、节点进行详细设计。

4.5 建筑平面与空间

4.5.1 装配式钢结构建筑平面设计与空间应尽量做到标准化、模块化，但考虑到建筑平面功能的不同，应当允许适当的个性化设计，并且做好个性化设计的部分与标准化模块部分的合理衔接。一般情况下，重复性空间采用模块化设计，反映建筑设计理念及形象部分的功能空间可进行个性化设计。

4.5.2~4.5.4 装配式建筑设计应重视其平面、立面和剖面的规则性，宜优先选用规则的形体，同时便于工厂化、集约化生产加工，提高工程质量，并降低工程造价。

5 集 成 设 计

5.1 一 般 规 定

5.1.1 集成设计应考虑不同系统、不同专业之间的影响，包括：在结构构件和围护部品上预埋或预先焊接连接件；在结构构件上为设备管线留孔洞；围护部品预留、预埋的设备管线；结构构件与内装部品的接口条件；围护部品为内装部品需要吊挂处的加强等方面。要完成集成设计，应做到下列要求：

    1 采用通用化、模数化、标准化设计方式，宜采用建筑 BIM 技术。

    2 各项建筑功能及细节构造应在生产制造和施工前确定。

    3 主体结构、围护结构、设备与管线及内装等各模块之间的协同设计，应贯穿设计全过程。

    4 应按照建筑全寿命期的要求，落实从部品部件生产、施工到后期运营维护全过程的绿色体系。

5.1.6 工业化生产方式的装配式装修是推动我国装配式建筑内装产业发展的重要方向，装配式建筑应采用装配式装修建造方法。装配式装修应遵循集成化、通用化、一体化的原则：

    1 集成化原则：部品体系宜实现以集成化为特征的成套供应及规模生产，实现内装部品、厨卫部品和设备部品等的产业化集成。

    2 通用化原则：内装部品体系应符合模数化的工艺设计，执行优化参数、公差配合和接口技术等有关规定，以提高其互换性和通用性。

    3 一体化原则：应遵循建筑、内装、部品一体化的设计原则，推行内装设计标准化。

5.2 结 构 系 统

5.2.1 本条采用直接引用的方法，规定了装配式钢结构建筑的结构设计必须遵守的规范，保证结构安全可靠。

5.2.2 工程经验表明，钢结构对钢材的品种、质量和性能有着更高的要求，同时也要求在设计选材时要做好优化比选工作。本条依据相关设计规范和工程经验，结合装配式钢结构建筑的用钢特点，提出了选材时应综合考虑的诸要素。其中应力状态指弹性或塑性工作状态和附加应力（约束应力、残余应力）情况；工作环境指高温、低温或露天等环境条件；钢材品种指轧制钢材、冷弯钢材或铸钢件；钢材厚度主要指厚板、厚壁钢材。为了保证结构构件的承载力、延性和韧性和防止脆断断裂，工程设计中应综合考虑上述要素，正确合理地选用钢材牌号、质量等级和性能。同时由于装配式钢结构建筑中钢材费用约占到工程总费用的 30%，故选材还应充分地考虑到工程的经济性，选用性价比较高的钢材。此外作为工程重要依据，在设计文件中应完整的注明对钢材和连接材料的技术要求，包括牌号、型号、质量等级、力学性能和化学成分、附加保证性能和复验要求，以及应遵循的技术标准等。

5.2.3、5.2.4 无论采用何种结构体系，结构的平面和竖向布置都应使结构具有合理的刚度、质量和承载力分布，避免因局部突变和扭转效应而形成薄弱部位；对可能出现的薄弱部位，在设计中应采取有效措施，增强其抗震能力；结构宜具有多道防线，避免因部分结构或构件的破坏而导致整个结构丧失承受水平风荷载，地震作用和重力荷载的能力。

5.2.5 装配式钢结构建筑应根据房屋高度和高宽比、抗震设防类别、抗震设防烈度、场地类别和施工技术条件等因素考虑其适宜的钢结构体系。除此之外，建筑类型也对结构体系的选型至关重要。钢框架结构、钢框架-支撑结构、钢框架-延性墙板结构适用于多高层钢结构住宅及公建；筒体结构、巨型结构适用于高层或超高层建筑；交错桁架结构适合带有中间走廊的宿舍、酒店或公寓；门式刚架结构适用于单层超市及生产或存储非强腐蚀介质的厂房或库房。低层冷弯薄壁型钢结构适用于以冷弯薄壁型钢为主要承重构件，层数不大于 3 层的低层房屋。

    这里所说的钢框架是具有抗弯能力的钢框架，框架柱可采用钢柱或钢管混凝土柱；钢框架-支撑结构中的支撑在设计中可采用中心支撑、偏心支撑和屈曲约束支撑；钢框架-延性墙板结构中的延性墙板主要指钢板剪力墙、钢板组合剪力墙、钢框架内填竖缝混凝土剪力墙等；筒体体系包括框筒、筒中筒、桁架筒、束筒；巨型结构主要包括巨型框架和巨型桁架结构。

    当有理论研究基础，其他新型构件和节点，及新型结构体系也可通过论证的方法来推广试点采用。

5.2.6 钢框架结构一般来讲比较经济的高度为 30m 以下，大于 30m 的建筑应增设支撑来提高经济性。

    将钢框架-偏心支撑（延性墙板）单列，有利于促进该结构的推广应用。筒体和巨型框架以及钢框架-偏心支撑的最大适用高度，与国内现有建筑已达到的高度相比是保守的。AISC 抗震规程对 C 级（大致相当于我国 0.10g 以下）的结构，不要求执行规定的抗震构造措施，明显放宽。

另外，如果选取了全螺栓连接的半刚接节点或其他新型节点，所适用的最大高度也应该相应降低。

5.2.7 装配式钢结构建筑的高宽比，是对结构刚度、整体稳定、承载能力和经济合理性的宏观控制；在结构设计满足规定的承载力、稳定、抗倾覆、变形和舒适度等基本要求后，仅从结构安全角度讲高宽比限值不是必须满足的，高宽比限值主要影响结构设计的经济性。

5.2.8 住宅建筑对舒适度的要求比较高，因此对于在风荷载作用下的层间位移角要有所控制，规定了 1/300 的限值。并且为了避免风荷载下较高楼层的位移过大，规定了水平位移和建筑高度之比的限值。

5.2.9 对照国外的研究成果和有关标准，要求装配式钢结构建筑应具有良好的使用条件，满足舒适度的要求。按现行国家标准《建筑结构荷载规范》GB 50009 规定的 10 年一遇的风荷载取值计算或进行风洞试验确定的结构顶点最大加速度不应超过本标准表 5.2.9 中的限值。计算舒适度时结构阻尼比的取值影响较大，一般情况下，对房屋高度为 80m～100m 的钢结构阻尼比取 0.015，对房屋高度大于 100m 的钢结构阻尼比取 0.01。

5.2.13 对钢框架结构的设计作如下说明：

2 梁翼缘加强型节点塑性铰外移的设计原理如图 1 所示。通过在梁上下翼缘局部焊接钢板或加大截面，达到提高节点延性，在罕遇地震作用下获得在远离梁柱节点处梁截面塑性发展的设计目标。

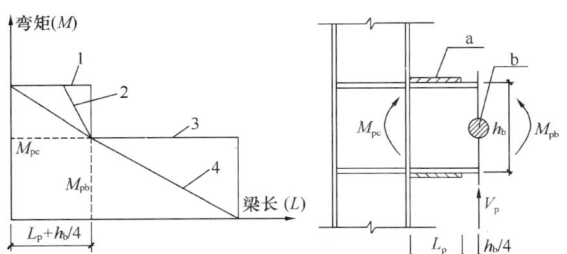

图 1
1—翼缘板（盖板）抗弯承载力；2—侧板（扩翼）抗弯承载力；3—钢梁抗弯承载力；4—外荷载产生弯矩；a—加强板；b—塑性铰

（a）梁加强式节点设计原理　（b）柱翼缘表面弯矩计算原理

4 框架梁在预估的罕遇地震作用下，在可能出现塑性铰的截面（为梁端和集中力作用处）附近均应设置侧向支撑，可以采用增设次梁、隔撑或加劲肋的方式实现侧向支撑。在住宅建筑中，为避免影响使用功能，优先选用增设加劲肋的方式，此时加劲肋所抵

抗的侧向力应按照现行行业标准《高层民用建筑钢结构技术规程》JGJ 99 来确定。由于地震作用方向变化，塑性铰弯矩的方向也随之发生变化，故要求梁的上下翼缘均应设侧向支撑。如梁上翼缘整体稳定性有保证，可仅在下翼缘设支撑。

5 装配式钢结构建筑框架柱可选用异型组合截面，并应满足国家现行标准的规定；当没有规定时，应进行专项审查，通过后，方可采用。常见的异型组合截面如图 2 所示。

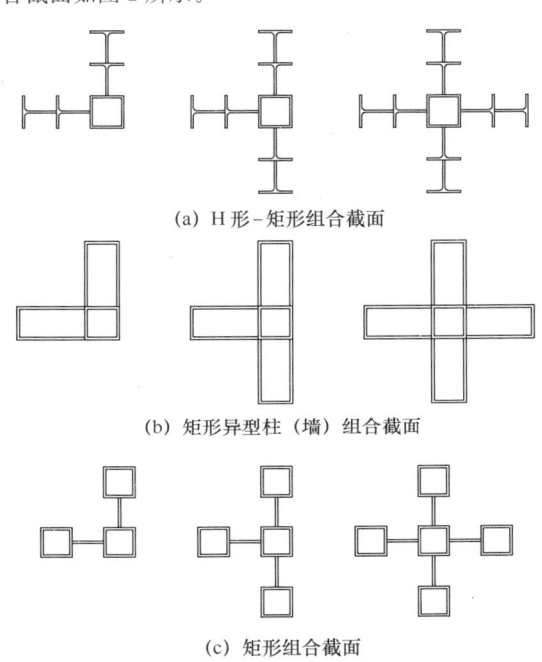

（a）H 形-矩形组合截面

（b）矩形异型柱（墙）组合截面

（c）矩形组合截面

图 2　异型组合截面

5.2.14 对钢框架-支撑结构的设计作如下说明：

5 采用支托式连接时的支撑平面外计算长度，是参考日本的试验研究结果和有关设计规定提出的。H 形截面支撑腹板位于框架平面内时的计算长度系数，是根据主梁上翼缘有混凝土楼板、下翼缘有隔撑等情况提出来的。

6 参考美国 AISC 341 中的规定，在支撑端部与节点板约束点连线之间应留有 2 倍节点板厚的间隙，这是为了防止支撑屈曲后对节点板的承载力有影响。

7 现行行业标准《高层民用建筑钢结构技术规程》JGJ 99 规定消能梁段两端应设置侧向支撑，以便承受平面外扭转作用。但实际住宅建筑中，由于使用功能的要求很多位置不能设置侧向支撑，因此要采用其他加强措施来保证这个位置的梁不发生平面外失稳。

5.2.15 为了减小竖向荷载对钢板剪力墙受力性能的影响，可以在整体结构的楼板浇筑完成之后，再进行钢板剪力墙的安装。当钢板剪力墙与主体结构同步安装，宜考虑后期施工对钢板剪力墙受力性能产生的不利影响，可在结构计算中将墙板厚度 t_w 折减为 φt_w 来考虑二者同步施工的影响。折减系数可按式（1）和式（2）计算：

$$\varphi = 1 - \chi \qquad (1)$$
$$\chi = 100\Delta/H \qquad (2)$$

式中：χ——主体结构在钢板剪力墙所在楼层的层间竖向压缩变形平均值 Δ 与层高 H 比值的 100 倍。

上述计算公式依据对不同厚度的非加劲钢板剪力墙的数值分析结果拟合得到。对于高层混凝土结构和钢结构，宜符合下式规定：

$$\Delta/H \leqslant 0.2\% \qquad (3)$$

开缝钢板剪力墙不与框架柱而仅与框架梁通过螺栓连接，螺栓一般在主体结构施工完成后再予拧紧，从而使钢板剪力墙在实际使用中仅承受少量装修荷载和活荷载；根据宝钢与同济大学的实验研究，开缝钢板剪力墙具有较大的竖向荷载承受能力，完全可以承受 18 层建筑所累积的装修荷载和活荷载。

5.2.16 交错桁架钢结构体系宜用于横向跨度大、纵向狭长带中间走廊的建筑类型，平面布置宜采用矩形，也可布置成 L 形、T 形、环形平面。由于桁架交错布置，标准层可提供两跨面宽、一跨进深的大空间，但上下层大空间为交错布置，建筑设计应结合此特点进行设计。在顶层无桁架的轴线上需设立柱支承屋面结构，顶层不宜布置大空间功能。

底层需布置超大空间时，可不设置落地桁架，但因为柱子的抗侧移能力不足，底层对应部位应设横向斜撑抵抗层间剪力，且二层无桁架轴线需设吊杆支承楼面。横向支撑承受竖向荷载后会导致截面比较大，影响建筑美观；横向支撑的主要作用是抵抗水平荷载，可以在二层桁架上下弦杆处楼板施工完成后再安装横向支撑。

5.2.17 构件之间的连接作如下说明：

1 钢框架的连接主要包括：梁与柱的连接、支撑与框架的连接、柱脚的连接以及构件拼接。连接的高强度螺栓数和焊缝长度（截面）宜在构件选择截面时预估。按照《建筑抗震设计规范》GB 50011－2010（2016 年版）的要求，构件的连接需符合"强连接弱构件"的原则，当梁与柱采用刚性连接时，连接的极限承载力应大于梁的全截面塑性承载力。此条主要针对采用梁柱刚性连接时的完全强度连接（即连接的设计强度不小于梁的设计强度）提出。对于全螺栓连接节点，如外伸式端板连接节点，当按照刚性连接设计时，可以设计为完全强度连接或部分强度连接（即连接的设计强度仅满足设计承载需求而小于梁的设计强度）。当外伸式端板连接节点设计为完全强度连接时，应满足此条文要求，即螺栓连接的极限承载力应大于梁的全截面塑性承载力，此时高强度螺栓连接的极限承载力应参考《高层民用建筑钢结构技术规程》JGJ

99－2015 中的表 4.2.5 计算。当外伸式端板连接节点设计为部分强度连接时，一般情况下不能满足此条要求；但根据已有研究的结果，部分强度连接的外伸式端板连接节点在达到节点承载力之后，虽然一般不能实现梁截面屈服形成塑性铰耗能，但通过充分发展端板弯曲变形仍可以得到较大的节点转角并实现较为充分的能量耗散，同样可以得到较好的抗震性能；因此，对于采用部分强度连接的外伸式端板连接节点可不满足此条要求，而按照"强连接弱板件"的原则进行设计，即控制螺栓连接的设计承载力大于端板屈服的设计承载力，并保证螺栓连接的极限承载力大于端板全截面屈服对应的承载力。

2 连接构造应体现装配化的特点，尽可能做到人工少、安装快。现场施工中，优先选用螺栓连接，少采用现场焊接及湿作业量大的连接。比如在满足承载力和构造要求的前提下，优先选用外露式的钢柱脚，钢柱脚可采用预埋锚栓与柱脚板连接的外露式做法。

3 在有可靠依据时，梁柱的连接可采用半刚性连接，但必须满足承载力和延性的要求，一般要求连接的极限转角达到 0.02rad 时，节点抗弯承载力下降不超过 15％。

5.2.18 整体式楼板包括普通现浇楼板、压型钢板组合楼板、钢筋桁架楼承板组合楼板等；装配整体式楼板包括钢筋桁架混凝土叠合楼板、预制混凝土叠合楼板；装配式楼板包括预制预应力空心板叠合板（SP 板）、预制蒸压加气混凝土楼板等。

无论采用何种楼板，均应该保证楼板的整体牢固性，保证楼板与钢结构的可靠连接，具体可以采取在楼板与钢梁之间设置抗剪连接件，将楼板预埋件与钢梁焊接等措施来实现。全预制的装配式楼板的整体性能较差，因此需要采取更强的措施来保证楼盖的整体性。对于装配整体式的叠合板，一般当现浇的叠合层厚度大于 80mm 时，其整体性与整体式楼板的差别不大，因此可以适用于更高的高度。

5.2.19 钢结构抗侧刚度较小，而楼梯的刚度比较大，楼梯参与抗侧力会对结构带来附加偏心等方面的问题，因此楼梯与主体结构宜采用不传递水平力的连接形式，具体措施可以通过连接螺栓开长圆孔、设置聚四氟乙烯板等方式实现。

5.2.20 多高层装配式钢结构建筑的地下室和基础作如下说明：

1 规定基础最小埋置深度，目的是使基础有足够大的抗倾覆能力。抗震设防烈度高时埋置深度应取较大值。

2 一般情况下，支撑、延性墙板等抗侧力构件应连续布置，宜避免抗侧力结构的侧向刚度和承载力突变，原则上支撑、延性墙板等抗侧力构件需延伸至基础。当地下室对于局部抗侧力构件的设置有影响时，可移动至邻近位置，并应采取加强措施，保证水平力的可靠传递，地下室顶板宜为嵌固端。

3 柱上的最大弯矩出现在地下室顶板的嵌固端位置，当地下室层数不小于两层时，柱脚的弯矩将明显减小，因此柱脚可设置为铰接，但应注意节点构造应满足铰接节点的相关要求。

5.3 外围护系统

5.3.1 外围护系统的设计使用年限是确定外围护系统性能要求、构造、连接的关键，设计时应明确。住宅建筑中外围护系统的设计使用年限应与主体结构相协调，主要是指住宅建筑中外围护系统的基层板、骨架系统、连接配件的设计使用年限应与建筑物主体结构一致；为满足使用要求，外围护系统应定期维护，接缝胶、涂装层、保温材料应根据材料特性，明确使用年限，并应注明维护要求。

5.3.2 装配式钢结构建筑的构成条件，主要指建筑物的主体结构类型、建筑使用功能等。

5.3.4 针对目前我国装配式钢结构建筑中外围护系统的设计指标要求不明确，对外围护系统中部品设计、生产、安装的指导性不强，本条规定了在设计中应包含的主要内容：

1 外围护系统性能要求，主要为安全性、功能性和耐久性等。

2 外墙板及屋面板的模数协调包括：尺寸规格、轴线分布、门窗位置和洞口尺寸等，设计应标准化、兼顾其经济性，同时还应考虑外墙板及屋面板的制作工艺、运输及施工安装的可行性。

3 屋面围护系统与主体结构、屋架与屋面板的支承要求，以及屋面上放置重物的加强措施。

4 外墙围护系统的连接、接缝及系统中外门窗洞口等部位的构造节点是影响外墙围护系统整体性能的关键点。

5 空调室外及室内机、遮阳装置、空调板太阳能设施、雨水收集装置及绿化设施等重要附属设施的连接节点。

5.3.5 外围护系统的材料种类多种多样，施工工艺和节点构造也不尽相同，在集成设计时，外围护系统应根据不同材料特性、施工工艺和节点构造特点明确具体的性能要求。性能要求主要包括安全性、功能性和耐久性等，同时屋面系统还应增加结构性能要求。

1 安全性能要求是指关系到人身安全的关键性能指标，对于装配式钢结构建筑外围护体系而言，应符合基本的承载力要求以及防火要求，具体可以分为抗风压性能、抗震性能、耐撞击性能以及防火性能四个方面。外墙板应采用弹性方法确定承载力与变形，并明确荷载及作用效应组合；在荷载及作用的标准组合作用下，墙板的最大挠度不应大于板跨度的1/200，且不出现裂缝；计算外墙板与结构连接节点

承载力时，荷载设计值应该乘以1.2的放大系数。在50年重现期风荷载或多遇地震作用下，外墙板不得因主体结构的弹性层间变形而发生开裂、起鼓、零件脱落等损坏；当遭受相当于本地区抗震设防烈度的地震作用时，外墙板不应发生掉落。

抗风性能中风荷载标准值应符合现行国家标准《建筑结构荷载规范》GB 50009 中有关外围护系统风荷载的规定，并可参照现行国家标准《建筑幕墙》GB/T 21086 的相关规定，w_k 不应小于 $1kN/m^2$，同时应考虑偶遇阵风情况下的荷载效应。

抗震性能应满足现行行业标准《非结构构件抗震设计规范》JGJ 339 中的相关规定。

耐撞击性能应根据外围护系统的构成确定。对于幕墙体系，可参照现行国家标准《建筑幕墙》GB/T 21086 中的相关规定，撞击能量最高为 900J，降落高度最高为 2m，试验次数不小于 10 次，同时试件的跨度及边界条件必须与实际工程相符。除幕墙体系外的外围护系统，应提高耐撞击的性能要求。外围护系统的室内外两侧装饰面，尤其是类似薄抹灰做法的外墙保温饰面层，还应明确抗冲击性能要求。

防火性能应符合现行国家标准《建筑设计防火规范》GB 50016 中的相关规定，试验检测应符合现行国家标准《建筑构件耐火试验方法 第 1 部分：通用要求》GB/T 9978.1 和《建筑构件耐火试验方法 第 8 部分：非承重垂直分隔构件的特殊要求》GB/T 9978.8 的相关规定。

2 功能性要求是指作为外围护体系应该满足居住使用功能的基本要求。具体包括水密性能、气密性能、隔声性能、热工性能四个方面。

水密性能包括外围护系统中基层板的不透水性以及基层板、外墙板或屋面板接缝处的止水、排水性能。对于建筑幕墙系统，应参照现行国家标准《建筑幕墙》GB/T 21086 中的相关规定。

气密性能主要为基层板、外墙板或屋面板接缝处的空气渗透性能。对于建筑幕墙系统，应参照现行国家标准《建筑幕墙》GB/T 21086 中的相关规定。

隔声性能应符合现行国家标准《民用建筑隔声设计规范》GB 50118 的相关规定。

热工性能应符合国家现行标准《公共建筑节能设计标准》GB 50189、《严寒和寒冷地区居住建筑节能设计标准》JGJ 26、《夏热冬冷地区居住建筑节能设计标准》JGJ 134 和《夏热冬暖地区居住建筑节能设计标准》JGJ 75 的相关规定。

3 耐久性要求直接影响到外围护系统使用寿命和维护保养时限。不同的材料，对耐久性的性能指标要求也不尽相同。经耐久性试验后，还需对相关力学性能进行复测，以保证使用的稳定性。对于以水泥基类板材作为基层板的外墙板，应符合现行行业标准《外墙用非承重纤维增强水泥板》JG/T 396 的相关规

定，满足抗冻性、耐热雨性能、耐热水性能以及耐干湿性能的要求。

4 结构性能应包括可能承受的风荷载、积水荷载、雪荷载、冰荷载、遮阳装置及照明装置荷载、活荷载及其他荷载，并按照现行国家标准《建筑结构荷载规范》GB 50009 和《建筑抗震设计规范》GB 50011 的规定对承受的各种荷载和作用以垂直于屋面的方向进行组合，并取最不利工况下的组合荷载标准值为结构性能指标。

5.3.6 不同类型的外墙围护系统具有不同的特点，按照外墙围护系统在施工现场有无骨架组装的情况，分为：预制外墙类、现场组装骨架外墙类、建筑幕墙类。

预制外墙类外墙围护系统在施工现场无骨架组装工序，根据外墙板的建筑立面特征又细分为：整间板体系、条板体系。现场组装骨架外墙类外墙围护系统在施工现场有骨架组装工序，根据骨架的构造形式和材料特点又细分为：金属骨架组合外墙体系、木骨架组合外墙体系。建筑幕墙类外墙围护系统在施工现场可包含骨架组装工序，也可不包含骨架组装工序，根据主要支承结构形式又细分为：构件式幕墙、点支承幕墙、单元式幕墙。

整间板体系包括：预制混凝土外墙板、拼装大板。预制混凝土外墙板按照混凝土的体积密度分为普通型和轻质型。普通型多以预制混凝土夹芯保温外挂墙板为主，中间夹有保温层，室外侧表面自带涂装或饰面做法；轻质型多以蒸压加气混凝土板为主。拼装大板中支承骨架的加工与组装、面板布置、保温层设置均在工厂完成生产，施工现场仅需连接、安装即可。

条板体系包括：预制整体条板、复合夹芯条板。条板可采用横条板或竖条板的安装方式。预制整体条板按主要材料分为含增强材料的混凝土类和复合类，混凝土类预制整体条板又可按照混凝土的体积密度细分为普通型和轻质型。普通型混凝土类预制外墙板中混凝土多以硅酸盐水泥、普通硅酸盐水泥、硫铝酸盐水泥等生产，轻质型混凝土类预制外墙板多以蒸压加气混凝土板为主，也可采用轻集料混凝土；增强材料可采用金属骨架、钢筋或钢丝（含网片形式）、玻璃纤维、无机矿物纤维、有机合成纤维、纤维素纤维等，蒸压加气混凝土板是由蒸压加气混凝土制成，根据构造要求，内配置经防腐处理的不同数量钢筋网片；断面构造形式可为实心或空心；可采用平板模具生产，也可采用挤塑成型的加工工艺生产。复合类预制整体条板多以阻燃木塑、石塑等为主要材料，多以采用挤塑成型的加工工艺生产，外墙板内部腔体中可填充保温绝热材料。复合夹芯条板是由面板和保温夹芯层构成。

建筑幕墙类中无论采用构件式幕墙、点支承幕墙或单元式幕墙哪一种，非透明部位一般宜设置外围护基层墙板。

5.3.8 本条规定了外墙板与主体结构连接中应注意的主要问题。

1 连接节点的设置不应使主体结构产生集中偏心受力，应使外墙板实现静定受力。

2 承载力极限状态下，连接节点最基本的要求是不发生破坏，这就要求连接节点处的承载力安全度储备应满足外墙板的使用要求。

3 外墙板可采用平动或转动的方式与主体结构产生相对变形。外墙板应与周边主体结构可靠连接并能适应主体结构不同方向的层间位移，必要时应做验证性试验。采用柔性连接的方式，以保证外墙板应能适应主体结构的层间位移，连接节点尚需具有一定的延性，避免承载能力极限状态和正常施工极限状态下应力集中或产生过大的约束应力。

4 宜减少采用现场焊接形式和湿作业连接形式。

5 连接件除不锈钢及耐候钢外，其他钢材应进行表面热浸镀锌处理、富锌涂料处理或采取其他有效的防腐防锈措施。

5.3.9 外墙板接缝是外围护系统设计的重点环节，设计的合理性和适用性，直接关系到外围护系统的性能。

5.3.10 本条规定了外围护系统中外门窗的设计要求。

1 采用在工厂生产的外门窗配套系列部品可以有效避免施工误差，提高安装的精度，保证外围护系统具有良好的气密性能和水密性能要求。

2 门窗洞口与外门窗框接缝是节能及防渗漏的薄弱环节，接缝处的气密性能、水密性能和保温性能直接影响到外围护系统的性能要求，明确此部位的性能是为了提高外围护系统的功能性指标。

3 门窗与洞口之间的不匹配导致门窗施工质量控制困难，容易造成门窗处漏水。门窗与墙体在工厂同步完成的预制混凝土外墙，在加工过程中能够更好地保证门窗洞口与框之间的密闭性，避免形成热桥，质量控制有保障，较好地解决了外门窗的渗漏水问题，改善了建筑的性能，提升了建筑的品质。

5.3.11 本条规定了预制外墙的设计要求：

2 露明的金属支撑件及外墙板内侧与梁、柱及楼板间的调整间隙，是防火安全的薄弱环节。露明的金属支撑件应设置构造措施，避免在遇火或高温下导致支撑件失效，进而导致外墙板掉落；外墙板内侧与梁、柱及楼板间的调整间隙，也是蹿火的主要部位，应设置构造措施，防止火灾蔓延。

5 跨越防火分区的接缝是防火安全的薄弱环节，应在跨越防火分区的接缝室内侧填塞耐火材料，以提高外围护系统的防火性能。

6 蒸压加气混凝土外墙板是预制外墙中常用的

部品。

蒸压加气混凝土外墙板的安装方式存在多种情况，应根据具体情况选用。现阶段，国内工程钩头螺栓法应用普遍，其特点是施工方便、造价低，缺点是损伤板材，连接节点不属于真正意义上的柔性节点，属于半刚性连接节点，应用多层建筑外墙是可行的；对高层建筑外墙宜选用内置锚法、摇摆型工法。

蒸压加气混凝土外墙板是一种带孔隙的碱性材料，吸水后强度降低，外表面防水涂膜是其保证结构正常特性的保障，防水封闭是保证加气混凝土板耐久性（防渗漏、防冻融）的关键技术措施。通常情况下，室外侧板面宜采用性能匹配的柔性涂料饰面。

5.3.12 本条规定了现场组装骨架外墙的设计要求。

1 骨架是现场组装骨架外墙中承载并传递荷载作用的主要材料，与主体结构有可靠、正确的连接，才能保证墙体正常、安全地工作。骨架整体验算及连接节点是保证现场组装骨架外墙安全性的重点环节。

3 当设置外墙防水时，应符合现行行业标准《建筑外墙防水工程技术规程》JGJ/T 235 的规定。

4 以厚度为 0.8mm～1.5mm 的镀锌轻钢龙骨为骨架，由外面层、填充层和内面层所组成的复合墙体，是北美、澳洲等地多高层建筑的主流外墙之一。一般是在现场安装密肋布置的龙骨后安装各层次，也有在工厂预制成条板或大板后在现场整体装配的案例。该体系的技术要点如下：
1）龙骨与主体结构为弹性连接，以适应结构变形；2）外面层经常性选项是：砌筑有拉结措施的烧结砖，砌筑有拉结措施的薄型砌块，钉定向结构刨花板或水泥纤维板后滑移型挂网抹灰，钉水泥纤维板（可鱼鳞状布置），钉乙烯条板，钉金属面板等；3）内面层经常性选项是：钉定向结构刨花板，钉石膏板；4）填充层经常性选项是：铝箔玻璃棉毡，岩棉，喷聚苯颗粒，石膏砂浆等；5）根据不同的气候条件，常在不同的位置设置功能膜材料，如防水膜、防水透汽膜、反射膜、隔汽膜等，寒冷或严寒地区为减少热桥效应和避免发生冷凝，还应采取隔离措施，如选用断桥龙骨，在特定部位绝缘隔离等。

5 本款规定了木骨架组合外墙的设计要求。

当采用规格材制作木骨架时，由于是通过设计确定木骨架的尺寸，故不限制使用规格材的等级。规格材的含水率不应大于 20%，与现行国家标准《木结构设计规范》GB 50005 规定的规格材含水率一致。

木骨架组合外墙与主体结构之间的连接应有足够的耐久性和可靠性，所采用的连接件和紧固件应符合国家现行标准及符合设计要求。木骨架组合外墙经常受自然环境不利因素的影响，因此要求连接材料应具备防腐功能以保证连接材料的耐久性。

岩棉、玻璃棉具有导热系数小、自重轻、防火性能好等优点，而且石膏板、岩棉和玻璃棉吸声系数

高，适用于木骨架外墙的填充材料和覆面材料，使外墙达到国家标准规定的保温、隔热、隔声和防火要求。

5.3.14 我国幅员辽阔，太阳能资源丰富，根据各地区气候特点及日照分析结果，有条件的地区可以在装配式建筑设计中充分利用太阳能，设置在屋面上的太阳能系统管路和管线应遵循安全美观、规则有序、便于安装和维护的原则，与建筑其他管线统筹设计，做到太阳能系统与建筑一体化。

5.4 设备与管线系统

5.4.1 对设备与管线设计的要求，作如下说明。

2 可以采用包含 BIM 技术在内的多种技术手段开展三维管线综合设计，对各专业管线在钢构件上预留的套管、开孔、开槽位置尺寸进行综合及优化，形成标准化方案，并做好精细设计以及定位，避免错漏碰缺，降低生产及施工成本，减少现场返工。

5 设备与管线应方便检查、维修、更换，且在维修更换时不影响主体结构。竖向管线宜集中布置于管井中。钢构件上为管线、设备及其吊挂配件预留的孔洞、沟槽宜选择对构件受力影响最小的部位，当条件受限无法满足上述要求时，建筑和结构专业应采取相应的处理措施。设计过程中设备专业应与建筑和结构专业密切沟通，防止遗漏。

7 设备管道与钢结构构件上的预留孔洞空隙处采用不燃柔性材料填充。

5.4.2 对给水排水设计的要求，作如下说明。

1 居住建筑冲厕用水可采用模块化户内中水集成系统，并应做好防水处理。

2 为便于日后管道维修更换，给水系统的给水立管与部品配水管道的接口宜设置内螺纹活接连接。实际工程中由于未采用活接头，在遇到有拆卸管路要求的检修时只能采取断管措施，增加了不必要的施工量。

3 采用装配式的管线及其配件连接，可减少现场焊接、热熔工作。

6 卫生间架空层积水排除可设置独立的排水系统或采用间接排水方式。

5.4.3 对建筑供暖、通风、空调及燃气设计的要求，作如下说明。

2 当采用散热器供暖时，散热器安装应牢固可靠，安装在轻钢龙骨隔墙上时，应采用隐蔽支架固定在结构受力件上；安装在预制复合墙体上时，其挂件应预理在实体结构上，挂件应满足刚度要求；当采用预留孔洞安装散热器挂件时，预留孔洞的深度应不小于 120mm。

3 集成式卫生间和同层排水的架空地板下面有很多给水和排水管道，为了方便检修，不建议采用地板辐射供暖方式。而有外窗的卫生间冬季有一定的外

围护结构耗热量，而只采用临时加热的浴霸等设备不利于节能，应采用散热器供暖。

4 管道和支架之间，应采用防止"冷桥"和"热桥"的措施。经过冷热处理的管道应遵循相关规范的要求做好防结露及绝热措施，应遵照现行国家标准《设备及管道绝热设计导则》GB/T 8175、《公共建筑节能设计标准》GB 50189 中的有关规定。

5.4.4 所有需与钢结构做电气连接的部位，宜在工厂内预制连接件，施工现场不宜在钢结构主体上直接焊接。

5.5 内 装 系 统

5.5.3 装配式钢结构建筑应考虑内装部品的后期运维及其物权归属问题，根据不同材料、设备、设施具有不同的使用年限，内装部品设计应符合使用维护和维修改造要求。装配式建筑的部品连接与设计应遵循以下原则：第一，应以专用部品的维修与更换不影响共用部品为原则；第二，应以使用年限较短部品的维修和更换不破坏使用年限较长部品为原则；第三，应以专用部品的维修和更换不影响其他住户为原则。

装配式钢结构建筑内装设计，应考虑后期改造更新时不影响建筑主体结构的结构安全性，因此采用管线分离的方式，方便了内装系统及设备管线的维修更换，保证了建筑的长期使用价值。

5.5.5 装配式建筑采用装配式轻质隔墙，既可利用轻质隔墙的空腔敷设管线有利于工业化建造施工与管理，也有利于后期空间的灵活改造和使用维护。装配式隔墙应预先确定固定点的位置、形式和荷载，并应通过调整龙骨间距、增设龙骨横撑和预埋木方等措施为外挂安装提供条件。采用轻质内隔墙是建筑内装工业化的基本措施之一，隔墙集成程度（隔墙骨架与饰面层的集成）、施工是否便捷、高效是内装工业化水平的主要标志。

5.5.6 外墙内表面及分户墙表面可以采用适宜干式工法要求的集成化部品，设置墙面架空层，在架空层内可敷设管道管线，因此内装设计时与室内设备和管线要进行一体化的集成设计。

5.5.8 地面部品从建筑工业化角度出发，其做法宜采用可敷设管线的架空地板系统等集成化部品。架空地板系统，在地板下面采用树脂或金属地脚螺栓支撑，架空空间内敷设给水排水管道，在安装分水器的地板处设置地面检修口，以方便管道检查和修理使用。

5.5.11 收纳系统对不同物品的归类收放既要合理存放，又不要浪费空间。在收纳系统的设计中，应充分考虑人的尺寸、人的收取物品的习惯、人的视线、人群特征等各方面的因素，使收纳具有更好的舒适性、便捷性和高效性。

5.5.13 装配式建筑内装部品采用体系集成化成套供应、标准化接口，主要是为减少不同部品系列接口的非兼容性。

6 生 产 运 输

6.1 一 般 规 定

6.1.1 本条规定了建筑部品部件生产企业的基本要求。从企业有固定的车间、技术生产管理人员及专业的产业操作工人等方面进行了规定，同时要求企业建立产品标准或产品标准图集等技术标准体系，也规定了安全、质量和环境管理体系的要求。

6.1.2 本条从标准化设计和机械化生产的角度，提出对建筑部品部件实行生产线作业和信息化管理的要求，以保证产品加工质量稳定。

6.2 结构构件生产

6.2.7 钢构件表面的除锈质量在现行国家标准《涂覆涂料前钢材表面处理 表面清洁度的目视评定 第1部分：未涂覆过的钢材表面和全面清除原有涂层后的钢材表面的锈蚀等级和处理等级》GB/T 8923.1、《涂覆涂料前钢材表面处理 表面清洁度的目视评定 第2部分：已涂覆过的钢材表面局部清除原有涂层后的处理等级》GB/T 8923.2、《涂覆涂料前钢材表面处理 表面清洁度的目视评定 第3部分：焊缝、边缘和其他区域的表面缺陷的处理等级》GB/T 8923.3 和《涂覆涂料前钢材表面处理 表面清洁度的目视评定 第4部分：与高压水喷射处理有关的初始表面状态、处理等级和闪锈等级》GB/T 8923.4 等标准中有规定，设计和施工单位可以参考选用。

6.4 内装部品生产

6.4.1 对本条作如下说明：

1 内装部品生产前应对已经预留的预埋件和预留孔洞进行采集、核验，对于已经形成的偏差，在部品生产时尽可能予以调整，实现建筑、装修、设备管线协同，测量和生产数据均以 mm 为单位。

2 对内装部品进行编码，是对装修作业质量控制的产业升级，便于运营和维护。编码可通过信息技术附着于部品，包含部品的各环节信息，实现部品的质量追溯，推进部品质量的提升和安装技术的进步。

3 部品生产时宜适度预留公差，有利于调剂装配现场的偏差范围与规模化生产效率。部品应进行标识并包含详细信息，有利于装配工人快速识别并准确应用，既提高装配效率又避免部品污染与损耗。

6.5 包装、运输与堆放

6.5.3 本条规定的建筑部品部件的运输尺寸包括外形尺寸和外包装尺寸，运输时长度、宽度、高度和重量不得超过公路、铁路或海运的有关规定。

7 施 工 安 装

7.1 一 般 规 定

7.1.1 本条规定了从事装配式钢结构建筑工程各专业施工单位的管理体系要求，以规范市场准入制度。

7.1.2 本条规定了装配式钢结构建筑工程施工前应完成施工组织设计、专项施工方案、安全专项方案、环境保护专项方案等技术文件的编制，并按规定审批论证，以规范项目管理，确保安全施工、文明施工。

施工组织设计一般包括编制依据、工程概况、资源配置、进度计划、施工总平面布置、主要施工方案、施工质量保证措施、安全保证措施及应急预案、文明施工及环境保护措施、季节性施工措施、夜间施工措施等内容，也可以根据工程项目的具体情况对施工组织设计的编制内容进行取舍。

编制专门的施工安全专项方案，以减少现场安全事故，规定现场安全生产要求。现场安全主要包括结构安全、设备安全、人员安全和用火用电安全等。可参照的标准有《建筑机械使用安全技术规程》JGJ 33、《施工现场临时用电安全技术规范》JGJ 46、《建筑施工安全检查标准》JGJ 59、《建设工程施工现场环境与卫生标准》JGJ 146 等。

7.1.3 本条规定装配式钢结构建筑的施工应根据部品部件工厂化生产、现场装配化施工的特点，采用合适的安装工法，并合理安排协调好各专业工种的交叉作业，提高施工效率。

7.1.4 装配式钢结构建筑工程施工期间，使用的机具和工具必须进行定期检验，保证达到使用要求的性能及各项指标。

7.1.5 本条规定鼓励在项目管理的各个环节充分利用信息化技术，结合施工方案，进行虚拟建造、施工进度模拟，不仅可以提高施工效率，确保施工质量，而且可为施工单位精确制定人物料计划提供有效支撑，减少资源、物流、仓储等环节的浪费。

7.1.6 本条规定了安全、文明、绿色施工的要求。

施工扬尘是最主要的大气污染源之一。施工中应采取降尘措施，降低大气总悬浮颗粒物浓度。施工中的降尘措施包括对易飞扬物质的洒水、覆盖、遮挡，对出入车辆的清洗、封闭，对易产生扬尘施工工艺的降尘措施等。

建筑施工废弃物对环境产生较大影响，同时建筑施工废弃物的产出，也意味着资源的浪费。因此减少建筑施工废弃物的产生，涉及节地、节能、节材和保护环境这一可持续发展的综合性问题。废弃物控制应在材料采购、材料管理、施工管理的全过程实施，应分类收集、集中堆放，尽量回收和再利用。

施工噪声是影响周边居民生活的主要因素之一。现行国家标准《建筑施工场界环境噪声排放标准》GB 12523 是施工噪声排放管理的依据。应采取降低噪声和噪声传播的有效措施，包括采用低噪声设备，运用吸声、消声、隔声、隔振等降噪措施，降低施工机械噪声影响。

7.1.7 装配式钢结构建筑施工应配备相关专业技术人员，施工前应对相关人员进行专业培训和技术交底。

7.2 结构系统施工安装

7.2.3 本条规定的合理顺序需考虑到平面运输、结构体系转换、测量校正、精度调整及系统构成等因素。安装阶段的结构稳定性对保证施工安全和安装精度非常重要，构件在安装就位后，应利用其他相邻构件或采用临时措施进行固定。临时支撑或临时措施应能承受结构自重、施工荷载、风荷载、雪荷载、吊装产生的冲击荷载等荷载的作用，并且不使结构产生永久变形。

7.2.4 高层钢结构安装时，随着楼层升高结构承受的荷载将不断增加，这对已安装完成的竖向结构将产生竖向压缩变形，同时也对局部构件（如伸臂桁架杆件）产生附加应力和弯矩。在编制安装方案时，应根据设计文件的要求，并结合结构特点以及竖向变形对结构的影响程度，考虑是否需要采取预调安装标高、设置后连接构件固定等措施。

7.2.5 钢结构工程施工监测内容主要包括结构变形监测、环境变化监测（如温差、日照、风荷载等外界环境因素对结构的影响）等。不同的钢结构工程，监测内容和方法不尽相同。一般情况下，监测点宜布置在监测对象的关键部位以便布设少量的监测点，仍可获得客观准确监测结果。

7.2.8 本条主要规定现场涂装要求。

1 构件在运输、安装过程中涂层碰损、焊接烧伤等，应根据原涂装规定进行补漆；表面涂有工程底漆的构件，因焊接、火焰校正、暴晒和擦伤等造成重新锈蚀或附有白锌盐时，应经表面处理后再按原涂装规定进行补漆。

2 条款中的兼容性是指构件表面防腐油漆的底层漆、中间漆和面层漆之间的搭配相互兼容，以及防腐油漆与防火涂料相互兼容，以保证涂装系统的质量。整个涂装体系的产品应尽量来自于同一厂家，以保证涂装质量的可追溯性。

7.2.11 混凝土叠合板施工应考虑两阶段受力特点，施工时应采取质量保证措施避免产生裂缝。

7.3 外围护系统安装

7.3.1 外围护系统可在一个流水段主体结构分项工程验收合格后，与主体结构同步施工，但应采取可靠防护措施，避免施工过程中损坏已安装墙体及保证作业人员安全。

7.3.2 本条主要对施工安装前的准备工作作相应要求。

1 围护部品零配件及辅助材料的品种、规格、尺寸和外观要求应在设计文件中明确规定，安装时应按设计要求执行。对进场部品、辅材、保温材料、密封材料等应按相关规范、标准及设计文件进行质量检查和验收，不得使用不合格和过期材料。

4 应根据控制线，结合图纸放线，在底板上弹出水平位置控制线；并将控制线引到钢梁、钢柱上。

7.3.3 围护部品起吊和就位时，对吊点应进行复核，对于尺寸较大的构件，宜采用分配梁等措施，起吊过程应保持平稳，确保吊装准确、可靠安全。

7.3.4 预制外墙吊装就位后，应通过临时固定和调整装置，调整墙体轴线位置、标高、垂直度，接缝宽度等，经测量校核合格后，才能永久固定。为确保施工安全，墙板永久固定前，吊机不得松钩。

7.4 设备与管线系统安装

7.4.1 在结构构件加工制作阶段，应将各专业、各工种所需的预留孔洞、预埋件等设置完成，避免在施工现场进行剔凿、切割，伤及构件，影响质量及观感。

7.4.4 施工时应考虑工序穿插协调，在钢结构防腐防火涂料施工前应进行连接支（吊）架焊接固定。如不具备此条件，因安装支（吊）架而损坏的防护涂层应及时修补。

7.5 内装系统安装

7.5.3 本条规定了内装部品安装前的施工准备工作。在全面施工前，先进行样板间的施工，样板间施工中采用的材料、施工工艺以及达到的装饰效果应经过设计、建设及监理单位确认。

7.5.7 超过3kg的灯具及电扇等有动荷载的物件，均应采用独立吊杆固定，严禁安装在吊顶龙骨上。吊顶板内的管线、设备在饰面板安装之前应作为隐蔽项目，调试验收完应作记录。

7.5.8 对本条作如下说明：

1 架空层内的给水、中水、供暖管道及电路配管，应严格按照设计路由及放线位置敷设，以避免架空地板的支撑脚与已敷设完毕的管道打架。同时便于后期检修及维护。

2 宜在地暖加热管保持水压的情况下铺设面层，以及时发现铺设面层时对已隐蔽验收合格的管道产生破坏。

7.5.9 集成卫生间安装前，应先进行地面基层和墙面的防水处理，防水处理施工及质量控制可按照现行国家标准《住宅装饰装修工程施工规范》GB 50327

中防水工程的规定执行。

7.5.10 对本条作如下说明：

2 当采用油烟同层直排设备时，风帽管道应与排烟管道有效连接。风帽不应直接固定于外墙面，以避免破坏外墙保温系统。

8 质量验收

8.1 一般规定

8.1.3 许多部品部件的生产来自多种行业，应分别符合机械、建筑、建材、电工、林产、化工、家具、家电等行业标准，有的还应取得技术质量监督局的认定，或第三方认证。组成建筑系统后某些性能和安装状态还要同时满足有关建筑标准，所以在验收时对这样的部品部件还要查验有关产品文件。

8.2 结构系统验收

8.2.1 除纯钢结构外，装配式钢结构建筑中还可能会用到钢管混凝土柱或者钢-混凝土组合梁、压型钢板组合楼板等，因此也要做好这些构件的验收。

8.3 外围护系统验收

8.3.2 进行连接件材性试验时，应现场取样后送实验室检测；锚栓拉拔强度应进行现场检测。

8.4 设备与管线系统验收

8.4.1~8.4.7 各机电系统分部工程和分项工程的划分、验收方法均应按照相关的专业验收规范执行。

8.5 内装系统验收

8.5.2 对本条作如下说明：

1 分户质量验收，即"一户一验"，是指住宅工程在按照国家有关规范、标准要求进行工程竣工验收时，对每一户住宅及单位工程公共部位进行专门验收；住宅建筑分段竣工验收是指按照施工部位，某几层划分为一个阶段，对这一个阶段进行单独验收。

2 公共建筑分段质量验收是指按照施工部位，某几层或某几个功能区间划分为一个阶段，对这一个阶段进行单独验收。

9 使用维护

9.1 一般规定

9.1.1 建筑的设计条件、使用性质及使用环境，是建筑设计、施工、验收、使用与维护的基本前提，尤其是建筑装饰装修荷载和使用荷载的改变，对建筑结构的安全性有直接影响。相关内容也是《建筑使用说明书》的编制基础。

9.1.2 当建筑使用性质为住宅时，即为《住宅质量保证书》和《住宅使用说明书》，此时建设单位即为房地产开发企业。

按原建设部《商品住宅实行住宅质量保证书和住宅使用说明书制度的规定》，房地产开发企业应当在商品房交付使用时向购买人提供《住宅质量保证书》和《住宅使用说明书》。

《住宅质量保证书》是房地产开发企业对所售商品房承担质量责任的法律文件，其中应当列明工程质量监督单位核验的质量等级、保修范围、保修期和保修单位等内容，房地产开发企业应按《住宅质量保证书》的约定，承担保修责任。

《住宅使用说明书》是指住宅出售单位在交付住宅时提供给业主的，告知住宅安全、合理、方便使用及相关事项的文本，应当载明房屋建筑的基本情况、设计使用寿命、性能指标、承重结构位置、管线布置、附属设备、配套设施及使用维护保养要求、禁止事项等。住宅中配置的设备、设施，生产厂家另有使用说明书的，应附于《住宅使用说明书》中。

《物业管理条例》同时要求，在办理物业承接验收手续时，建设单位应当向物业服务企业移交物业质量保修文件和物业使用说明文件、竣工图等竣工验收资料、设施设备的安装、使用与维护保养等技术资料。

国内部分省市已经明确将实行住宅质量保证书和住宅使用说明书制度的范围扩展到所有房屋建筑工程。鉴于装配式钢结构建筑使用与维护的特殊性，有条件时，也应执行建筑质量保证书和使用说明书制度，向业主和物业服务企业提供。

9.1.3 《建设工程质量管理条例》等对建筑工程最低保修期限作出了规定。另外，针对装配式钢结构建筑的特点，提出了相应品部件的质量要求。

9.1.4 本条内容主要是为保证装配式钢结构建筑功能性、安全性和耐久性，为业主或使用者提供方便的要求。

根据《住宅室内装饰装修管理办法》的规定，室内装饰装修活动严禁：未经原设计单位或者具有相应资质等级的设计单位提出设计方案，变动建筑主体和承重结构；将没有防水要求的房间或者阳台改为卫生间、厨房间；扩大承重墙上原有的门窗尺寸，拆除连接阳台的砖、混凝土墙体；损坏房屋原有节能设施，降低节能效果；其他影响建筑结构和使用安全的行为。

装配式钢结构建筑在使用过程中的二次装修、改造，应严格执行相应规定。

9.1.5 根据《物业管理条例》的规定，建设单位应当在销售物业之前，制定临时管理规约，对有关物业的使用、维护、管理，业主的共同利益，业主应当履

行的义务，违反管理规约应当承担的责任等事项依法作出约定。

9.1.6 制定《检查与维护更新计划》进行物业的维护和管理，在发达国家已逐步成为建筑法规的明文规定。有条件时，应在建筑的使用与维护中执行这一要求。

9.1.7 本条是在条件允许时将建筑信息化手段用于建筑全寿命期使用与维护的要求。地震或火灾后，应对建筑进行全面检查，必要时应提交房屋质量检测机构进行评估，并采取相应的措施。强台风灾害后，也宜进行外围护系统的检查。

9.2 结构系统使用维护

9.2.3 建筑使用条件、使用性质及使用环境与主体结构设计使用年限内的安全性、适用性和耐久性密切相关，不得擅自改变。如确因实际需要作出改变时，应按有关规定对建筑进行评估。

9.2.4 为确保主体结构的可靠性，在建筑二次装修、改造和整个建筑的使用过程中，不应对钢结构采取焊接、切割、开孔等损伤主体结构的行为。

9.2.5 国内外钢结构建筑的使用经验表明，在正常维护和室内环境下，主体结构在设计使用年限内一般不存在耐久性问题。但是，破坏建筑保温、外围护防水等导致的钢结构结露、渗水受潮，以及改变和损坏防火、防腐保护等，将加剧钢结构的腐蚀。

9.3 外围护系统使用与维护

9.3.2 外围护系统的检查与维护，既是保证围护系统本身和建筑功能的需要，也是防止围护系统破坏引起钢结构腐蚀问题的要求。物业服务企业发现围护系统有渗水现象时，应及时修理，并确保修理后原位置的水密性能符合相关要求。密封材料如密封胶等的耐久性问题，应尤其关注。

在建筑室内装饰装修和使用中，严禁对围护系统的切割、开槽、开洞等损伤行为，不得破坏其保温和防水做法，在外围护系统的检查与维护中应重点关注。

9.3.3 地震或火灾后，对外围护系统应进行全面检查，必要时应提交房屋质量检测机构进行评估，并采取相应的措施。有台风灾害的地区，当强台风灾害后，也应进行外围护系统检查。

9.4 设备与管线系统使用维护

9.4.1 设备与管线分为公共部位和业主（或使用者）自用部位两部分，物业服务企业应在《检查与维护更新计划》中覆盖公共部位以及自用部分对建筑功能性、安全性和耐久性带来影响的设备及管线。

业主（或使用者）自用部位设备及管线的使用和维护，应在《建筑使用说明书》的指导下进行。有需

要时，可委托物业服务企业，或通过物业服务企业联系部品生产厂家进行维护。

9.4.3 自行装修的管线敷设宜采用与主体结构和围护系统分离的模式，尽量避免墙体的开槽、切割。

9.5 内装系统使用维护

9.5.1 装配式钢结构建筑全装修交付时，《建筑使用说明书》应包括内装的使用和维护内容。装配式钢结构建筑的内装分为公共部位和业主（或使用者）自用部位，物业服务企业应在《检查与维护更新计划》中覆盖公共部位以及自用部位中影响整体建筑的内装。

业主（或使用者）自用部位内装的使用和维护，应遵照《建筑使用说明书》，也可根据需求求助于物业服务企业，或通过物业服务企业联系部品生产厂家进行维护。

9.5.2 本条是保证建筑内装在维护和更新后，其防火、防水、保温、隔声和健康舒适性等性能不至下降太多。

9.5.3 中华人民共和国建设部令第110号《住宅室内装饰装修管理办法》中对住宅室内装饰装修工程质量的保修期有规定，"在正常使用条件下，住宅室内装饰装修工程的最低保修期限为两年，有防水要求的厨房、卫生间和外墙面的防渗漏为五年。保修期自工程竣工验收合格之日起计算"。建设单位可视情况在此基础上提高保修期限的要求，提升装配式钢结构建筑的品质。

中华人民共和国国家标准

装配式木结构建筑技术标准

Technical standard for prefabricated timber buildings

GB/T 51233—2016

主编部门：中华人民共和国住房和城乡建设部
批准部门：中华人民共和国住房和城乡建设部
施行日期：2 0 1 7 年 6 月 1 日

中华人民共和国住房和城乡建设部
公　　告

第 1417 号

住房城乡建设部关于发布国家标准
《装配式木结构建筑技术标准》的公告

现批准《装配式木结构建筑技术标准》为国家标准，编号为 GB/T 51233－2016，自 2017 年 6 月 1 日起实施。

本标准由我部标准定额研究所组织中国建筑工业出版社出版发行。

中华人民共和国住房和城乡建设部

2017 年 1 月 10 日

前　　言

根据住房城乡建设部办公厅《关于开展装配式混凝土结构建筑技术规范等 3 项标准规范编制工作的函》（建办标函［2016］909 号）要求，标准编制组经广泛的调查研究，认真总结并吸收了国内外有关装配式木结构建筑相关技术、设计和应用的成熟经验，参考有关国际标准和国外先进标准，结合我国装配式木结构建筑发展的需要，并在广泛征求意见的基础上，编制了本标准。

本标准的主要技术内容是：1. 总则；2. 术语；3. 材料；4. 基本规定；5. 建筑设计；6. 结构设计；7. 连接设计；8. 防护；9. 制作、运输和储存；10. 安装；11. 验收；12. 使用和维护。

本标准由住房和城乡建设部负责管理，由中国建筑西南设计研究院有限公司负责具体技术内容的解释。执行过程中如有意见或建议，请寄送中国建筑西南设计研究院有限公司（地址：四川省成都市天府大道北段 866 号木结构规范组收，邮编：610042，传真：028-62550930；邮箱：xnymjg@xnjz.com）。

本标准起草单位：中国建筑西南设计研究院有限公司

同济大学

南京工业大学

哈尔滨工业大学

重庆大学

上海交通大学

中国建筑标准设计研究院有限公司

住房和城乡建设部标准定额研究所

上海市建筑科学研究院（集团）有限公司

吉林省建苑设计集团有限公司

中国欧盟商会—欧洲木业协会

加拿大木业协会

苏州昆仑绿建木结构科技股份有限公司

大连双华木业有限公司

卓达竹木产业科技有限公司

四川林合益竹木新材料有限公司

本标准主要起草人员：龙卫国　杨学兵　何敏娟

祝恩淳　陆伟东　刘　杰

杨会峰　周淑容　许清风

姚　涛　张海泉　郭　伟

苏炳正　陈志坚　张绍明

张海燕　欧加加　李　征

牛　爽　孙其锋　成颖铭

张子夏　郭苏夷　张艳峰

许　方　白庆峰　李和麟

本标准主要审查人员：阙泽利　郭　景　汤　杰

戴颂华　高　迪　杨　军

张　谨　王林安　田福弟

周文连　孙成群　王智超

王冠军

目　　次

1 总　　则

1.0.1 为规范装配式木结构建筑的设计、制作、施工及验收，做到技术先进、安全适用、经济合理、确保质量、保护环境，制定本标准。

1.0.2 本标准适用于抗震设防烈度为 6 度～9 度的装配式木结构建筑的设计、制作、施工、验收、使用和维护。

1.0.3 装配式木结构建筑应符合建筑全寿命周期的可持续性的原则，并应满足标准化设计、工厂化制作、装配化施工、一体化装修、信息化管理和智能化应用的要求。

1.0.4 装配式木结构建筑的设计、制作、安装、验收、使用和维护，除应符合本标准的规定外，尚应符合国家现行有关标准的规定。

2 术　　语

2.0.1 装配式建筑　prefabricated buildings

结构系统、外围护系统、设备与管线系统、内装系统的主要部分采用预制部品部件集成的建筑。

2.0.2 装配式木结构建筑　prefabricated timber buildings

建筑的结构系统由木结构承重构件组成的装配式建筑。

2.0.3 装配式木结构　prefabricated timber structure

采用工厂预制的木结构组件和部品，以现场装配为主要手段建造而成的结构。包括装配式纯木结构、装配式木混合结构等。

2.0.4 预制木结构组件　prefabricated timber components

由工厂制作、现场安装，并具有单一或复合功能的，用于组合成装配式木结构的基本单元，简称木组件。木组件包括柱、梁、预制墙体、预制楼盖、预制屋盖、木桁架、空间组件等。

2.0.5 部品　parts

由工厂生产，构成外围护系统、设备与管线系统、内装系统的建筑单一产品或复合产品组装而成的功能单元的统称。

2.0.6 装配式木混合结构　prefabricated hybrid timber structure

由木结构构件与钢结构构件、混凝土结构构件组合而成的混合承重的结构形式。包括上下混合装配式木结构、水平混合装配式木结构、平改坡的屋面系统装配式以及混凝土结构中采用的木骨架组合墙体系统。

2.0.7 预制木骨架组合墙体　prefabricated partitions with timber framework

由规格材制作的木骨架外部覆盖墙板，并在木骨架构件之间的空隙内填充保温隔热及隔声材料而构成的非承重墙体。

2.0.8 预制木墙板　prefabricated wall panels

安装在主体结构上，起承重、围护、装饰或分隔作用的木质墙板。按功能不同可分为承重墙板和非承重墙板。

2.0.9 预制板式组件　prefabricated panelized component

在工厂加工制作完成的墙体、楼盖和屋盖等预制板式单元，包括开放式组件和封闭式组件。

2.0.10 预制空间组件　prefabricated volumetric component

在工厂加工制作完成的由墙体、楼盖或屋盖等共同构成具有一定建筑功能的预制空间单元。

2.0.11 开放式组件　open panelized system

在工厂加工制作完成的，墙骨柱、搁栅和覆面板外露的板式单元。该组件可包含保温隔热材料、门和窗户。

2.0.12 封闭式组件　closed panelized system

在工厂加工制作完成的，采用木基结构板或石膏板将开放式组件完全封闭的板式单元。该组件可包含所有安装在组件内的设备元件、保温隔热材料、空气隔层、各种线管和管道。

2.0.13 金属连接件　metal connectors

用于固定、连接、支承的装配式木结构专用金属构件。如托梁、螺栓、柱帽、直角连接件、金属板等。

3 材　　料

3.1 木　　材

3.1.1 装配式木结构采用的木材应经工厂加工制作，并应分等分级。木材的力学性能指标、材质要求、材质等级和含水率要求应符合现行国家标准《木结构设计规范》GB 50005 和《胶合木结构技术规范》GB/T 50708 的规定。

3.1.2 装配式木结构采用的层板胶合木构件的制作应符合现行国家标准《胶合木结构技术规范》GB/T 50708 和《结构用集成材》GB/T 26899 的规定。

3.1.3 装配式木结构用木材及预制木结构构件燃烧性能及耐火极限应符合现行国家标准《建筑设计防火规范》GB 50016、《木结构设计规范》GB 50005 和《多高层木结构建筑技术标准》GB/T 51226 的规定。选用的木材阻燃剂应符合现行国家标准《阻燃木材及阻燃人造板生产技术规范》GB/T 29407 的规定。

3.1.4 用于装配式木结构的防腐木材应采用天然抗白蚁木材、经防腐处理的木材或天然耐久木材。防腐木材和防腐剂应符合现行国家标准《木材防腐剂》GB/T 27654、《防腐木材的使用分类和要求》GB/T 27651、《防腐木材工程应用技术规范》GB 50828 和《木结构工程施工质量验收规范》GB 50206 的规定。

3.1.5 预制木结构组件应经过质量检验，并应标识。组件的使用条件、安装要求应明确，并应有相应的说明文件。

3.2 钢材与金属连接件

3.2.1 装配式木结构中使用的钢材宜采用 Q235 钢、Q345 钢和 Q390 钢，并应符合现行国家标准《碳素结构钢》GB/T 700 和《低合金高强度结构钢》GB/T 1591 的规定。当采用其他牌号的钢材时，应符合国家现行有关标准的规定。

3.2.2 连接用钢材应具有抗拉强度、伸长率、屈服强度和硫、磷含量的合格保证，对焊接构件或连接件尚应有含碳量的合格保证，并应符合现行国家标准《钢结构设计规范》GB 50017 的规定。

3.2.3 下列情况的承重构件或连接材料宜采用 D 级碳素结构钢或 D 级、E 级低合金高强度结构钢：

　　1 直接承受动力荷载或振动荷载的焊接构件或连接件；

　　2 工作温度等于或低于−30℃的构件或连接件。

3.2.4 连接件应符合下列规定：

　　1 普通螺栓应符合现行国家标准《六角头螺栓 C 级》GB/T 5780 和《六角头螺栓》GB/T 5782 的规定；

　　2 高强度螺栓应符合现行国家标准《钢结构用高强度大六角头螺栓》GB/T 1228、《钢结构用高强度大六角螺母》GB/T 1229、《钢结构用高强度垫圈》GB/T 1230、《钢结构用高强度大六角头螺栓、大六角螺母、垫圈技术条件》GB/T 1231 或《钢结构用扭剪型高强度螺栓连接副技术条件》GB/T 3632 的规定；

　　3 锚栓宜采用 Q235 钢或 Q345 钢；

　　4 木螺钉应符合现行国家标准《十字槽沉头木螺钉》GB 951 和《开槽沉头木螺钉》GB/T 100 的规定；

　　5 钢钉应符合现行国家标准《钢钉》GB 27704 的规定；

　　6 自钻自攻螺钉应符合现行国家标准《十字槽盘头自钻自攻螺钉》GB/T 15856.1 和《十字槽沉头自钻自攻螺钉》GB/T 15856.2 的规定；

　　7 螺钉、螺栓应符合现行国家标准《紧固件 螺栓和螺钉通孔》GB/T 5277、《紧固件机械性能 螺栓、螺钉和螺柱》GB/T 3098.1、《紧固件机械性能 螺母》GB/T 3098.2、《紧固件机械性能 自攻螺钉》GB/T 3098.5、《紧固件机械性能 不锈钢螺栓、螺钉和螺柱》GB/T 3098.6、《紧固件机械性能 自钻自攻螺钉》GB/T 3098.11 和《紧固件机械性能 不锈钢螺母》GB/T 3098.15 等的规定；

　　8 预埋件、挂件、金属附件及其他金属连接件所用钢材及性能应满足设计要求。

3.2.5 处于潮湿环境的金属连接件应经防腐蚀处理或采用不锈钢产品。与经过防腐处理的木材直接接触的金属连接件应采取防止被药剂腐蚀的措施。

3.2.6 处于外露环境并对耐腐蚀有特殊要求或受腐蚀性气态和固态介质作用的钢构件，宜采用耐候钢，并应符合现行国家标准《耐候结构钢》GB/T 4171 的规定。

3.2.7 钢木桁架的圆钢下弦直径大于 20mm 的拉杆、焊接承重结构和重要的非焊接承重结构采用的钢材，应具有冷弯试验的合格保证。

3.2.8 金属齿板应由镀锌薄钢板制作。镀锌应在齿板制造前进行，镀锌层重量不低于 275g/m²。钢板可采用 Q235 碳素结构钢和 Q345 低合金高强度结构钢。

3.2.9 铸钢连接件的材质与性能应符合现行国家标准《一般工程用铸造碳钢件》GB/T 11352 和《一般工程与结构用低合金钢铸件》GB/T 14408 的规定。

3.2.10 焊接用的焊条应符合现行国家标准《非合金钢及细晶粒钢焊条》GB/T 5117 和《热强钢焊条》GB/T 5118 的规定。采用的焊条型号应与金属构件或金属连接件的钢材力学性能相适应。

3.3 其 他 材 料

3.3.1 装配式木结构宜采用岩棉、矿渣棉、玻璃棉等保温材料和隔声吸声材料，也可采用符合设计要求的其他具有保温和隔声吸声功能的材料。

3.3.2 岩棉、矿渣棉作为墙体保温隔热材料时，物理性能指标应符合现行国家标准《绝热用岩棉、矿渣棉及其制品》GB/T 11835 的规定。玻璃棉作为墙体保温隔热材料时，物理性能指标应符合现行国家标准《绝热用玻璃棉及其制品》GB/T 13350 的规定。

3.3.3 隔墙用保温隔热材料的燃烧性能应符合现行国家标准《建筑设计防火规范》GB 50016 的规定。

3.3.4 防火封堵材料应符合现行国家标准《防火封堵材料》GB 23864 和《建筑用阻燃密封胶》GB/T 24267 的规定。

3.3.5 装配式木结构采用的防火产品应经国家认可的检测机构检验合格，并应符合现行国家标准《建筑设计防火规范》GB 50016 的规定。

3.3.6 密封条的厚度宜为 4mm～20mm，并应符合现行国家标准《建筑门窗、幕墙用密封胶条》GB/T 24498 的规定。密封胶应符合现行国家标准《硅酮建筑密封胶》GB/T 14683 和《建筑用硅酮结构密封胶》GB 16776 的规定，并应在有效期内使用；聚氨酯泡沫填缝剂应符合现行行业标准《单组分聚氨酯泡沫填缝剂》JC 936 的规定。

3.3.7 装配式木结构采用的装饰装修材料应符合现行国家标准《民用建筑工程室内环境污染控制规范》GB 50325、《建筑内部装修设计防火规范》GB 50222、《建筑设计防火规范》GB 50016 和《建筑装饰装修工程质量验收规范》GB 50210 的规定。

3.3.8 装配式木结构用胶粘剂应保证其胶合部位强度要求，胶合强度不应低于木材顺纹抗剪和横纹抗拉强度，并应符合现行行业标准《环境标志产品技术要求 胶粘剂》HJ 2541 的规定。胶粘剂防水性、耐久性应满足结构的使用条件和设计使用年限要求。承重结构用胶应符合现行国家标准《胶合木结构技术规范》GB/T 50708 和《结构用集成材》GB/T 26899 的规定。

4 基 本 规 定

4.0.1 装配式木结构建筑应采用系统集成的方法统筹设计、制作运输、施工安装和使用维护，实现全过程的协同。

4.0.2 装配式木结构建筑应模数协调、标准化设计，建筑产品和部品应系列化、多样化、通用化，预制木结构组件应符合少规格、多组合的原则，并应符合现行国家标准《民用建筑设计通则》GB 50352 的规定。

4.0.3 木组件和部品的工厂化生产应建立完善的生产质量管理体系，应做好产品标识，并应采取提高生产精度、保障产品质量的措施。

4.0.4 装配式木结构建筑应综合协调建筑、结构、设备和内装等专业，制定相互协同的施工组织方案，并应采用装配式施工。

4.0.5 装配式木结构建筑应实现全装修，内装系统应与结构系统、围护系统、设备与管线系统一体化设计建造。

4.0.6 装配式木结构建筑宜采用建筑信息模型（BIM）技术，应满足全专业、全过程信息化管理的要求。

4.0.7 装配式木结构建筑宜采用智能化技术，应满足建筑使用的安全、便利、舒适和环保等性能的要求。

4.0.8 装配式木结构建筑应进行技术策划，对技术选型、技术经济可行性和可建造性进行评估，并应科学合理地确定建造目标与技术实施方案。

4.0.9 装配式木结构采用的预制木结构组件可分为预制梁柱构件、预制板式组件和预制空间组件，并应符合下列规定：

    1 应满足建筑使用功能、结构安全和标准化制作的要求；

    2 应满足模数化设计、标准化设计的要求；

    3 应满足制作、运输、堆放和安装对尺寸、形

状的要求；

    4 应满足质量控制的要求；

    5 应满足重复使用、组合多样的要求。

4.0.10 装配式木结构连接设计应有利于提高安装效率和保障连接的施工质量。连接的承载力验算和构造要求应符合现行国家标准《木结构设计规范》GB 50005 的规定。

4.0.11 装配式木结构设计应符合现行国家标准《木结构设计规范》GB 50005、《胶合木结构技术规范》GB/T 50708 和《多高层木结构建筑技术标准》GB/T 51226 的要求，并应符合下列规定：

    1 应采取加强结构体系整体性的措施；

    2 连接应受力明确、构造可靠，并应满足承载力、延性和耐久性的要求；

    3 应按预制组件采用的结构形式、连接构造方式和性能，确定结构的整体计算模型。

4.0.12 装配式木结构中，钢构件设计应符合现行国家标准《钢结构设计规范》GB 50017 的规定，混凝土构件设计应符合现行国家标准《混凝土结构设计规范》GB 50010 的规定。

4.0.13 装配式木结构建筑的防火设计应符合现行国家标准《建筑设计防火规范》GB 50016 和《多高层木结构建筑技术标准》GB/T 51226 的规定。

4.0.14 装配式木结构建筑的防水、防潮和防生物危害设计应符合现行国家标准《木结构设计规范》GB 50005 的规定。

4.0.15 装配式木结构建筑的外露预埋件和连接件应按不同环境类别进行封闭或防腐、防锈处理，并应满足耐久性要求。

4.0.16 预制木构件组件和部件，在制作、运输和安装过程中不得与明火接触。

4.0.17 装配式木结构建筑应采用绿色建材和性能优良的木组件和部品。

5 建 筑 设 计

5.1 一 般 规 定

5.1.1 装配式木结构建筑应模数协调，采用模块化、标准化设计，将结构系统、外围护系统、设备与管线系统、内装系统进行集成。

5.1.2 建筑的布局应按当地的气候条件、地理条件进行设计，选址应具备良好工程地质条件，并应满足国家现行标准对建筑防火、防涝的要求。

5.1.3 建筑总平面设计应符合预制木结构组件和建筑部品堆放的要求，并应符合运输或吊装设备对操作空间的要求。

5.1.4 建筑设计应采用统一的建筑模数协调尺寸，并应符合现行国家标准《建筑模数协调标准》GB/T

50002 的规定。

5.1.5 预制建筑部品应进行标准化设计,并应满足不同结构材料部品互换的要求。

5.1.6 住宅建筑宜采用基本套型、集成式厨房、集成式卫生间、预制管道井、排烟道等建筑部品进行组合设计。

5.1.7 装配式木结构建筑的隔声性能应符合现行国家标准《民用建筑隔声设计规范》GB 50118 的规定。

5.1.8 装配式木结构建筑的热工与节能设计应符合国家现行标准《民用建筑热工设计规范》GB 50176、《公共建筑节能设计标准》GB 50189、《严寒和寒冷地区居住建筑节能设计标准》JGJ 26、《夏热冬冷地区居住建筑节能设计标准》JGJ 134 和《夏热冬暖地区居住建筑节能设计标准》JGJ 75 的规定。

5.1.9 装配式木结构建筑的采光性能应符合现行国家标准《建筑采光设计标准》GB 50033 的规定。

5.1.10 装配式木结构建筑的装修设计应符合绿色、环保的要求,室内污染物限制应符合现行国家标准《民用建筑工程室内环境污染控制规范》GB 50325 的规定。

5.1.11 建筑的室内通风设计符合现行国家标准《民用建筑供暖通风与空气调节设计规范》GB 50736 的规定。

5.1.12 装配式木结构建筑设计应建立信息化协同平台,共享数据信息,应满足建设全过程的管理和控制要求。

5.2 建筑平面与空间

5.2.1 装配式木结构建筑平面与空间的设计应满足结构部件布置、立面基本元素组合及可实施性等要求,平面与空间应简单规则,功能空间应布局合理,并宜满足空间设计的灵活性与可变性要求。

5.2.2 装配式木结构建筑应按建筑功能、主体结构、设备管线及装修等要求,确定合理的层高及室内净高尺寸。层高及室内净高尺寸应满足标准化的模数要求。

5.2.3 厨房和卫生间的平面尺寸宜满足标准化橱柜、集成式卫浴设施的设计要求。

5.2.4 装配式木结构建筑采用预制空间组件设计时,应符合下列规定:

    1 由多个空间组件构成的整体单元应具有完整的使用功能;

    2 模块单元应符合结构独立性,结构体系相同性和可组合性的要求;

    3 模块单元中设备应为独立的系统,并应与整体建筑协调。

5.2.5 装配式木结构建筑立面设计应满足建筑类型和使用功能的要求,建筑高度应符合现行国家标准

《木结构设计规范》GB 50005、《建筑设计防火规范》GB 50016 和《多高层木结构建筑技术标准》GB/T 51226 的规定。

5.2.6 当木构件符合防火要求和耐久性要求时,可直接作为内饰面。

5.3 围护系统

5.3.1 建筑围护系统宜采用尺寸规则的预制木墙板。当采用非矩形或非平面墙板时,预制木墙板的接缝位置和形式应与建筑立面协调统一。

5.3.2 建筑外围护系统应采用支承构件与保温材料、饰面材料、防水隔汽层等材料的一体化集成系统,应符合结构、防火、保温、防水、防潮以及装饰的设计要求。

5.3.3 建筑围护系统设计时,应按建筑的使用功能、结构设计、经济性和立面设计的要求划分围护墙体的预制单元,并应满足工业化生产、制造、运输以及安装的要求。

5.3.4 建筑围护系统宜采用轻型木质组合墙体或正交胶合木墙体,洞口周边和转角处宜增设加强措施。当采用木骨架组合墙体作为非承重的填充墙时,应符合现行国家标准《木骨架组合墙体技术规范》GB/T 50361 的规定。

5.3.5 预制木墙体的接缝和门窗洞口等防水薄弱部位,宜采用防水材料与防水构造措施相结合的做法,并应符合下列规定:

    1 墙板水平接缝宜采用高低缝或企口缝构造措施;

    2 墙板竖缝可采用平口或槽口构造措施;

    3 当板缝空腔内设置排水导管时,板缝内侧应采用密封构造措施。

5.3.6 门窗部品的尺寸设计应符合现行国家标准《建筑门窗洞口尺寸系列》GB/T 5824 和《建筑门窗洞口尺寸协调要求》GB/T 30591 的规定。门窗部品的气密性、水密性和抗风压性能应符合国家现行相关标准的规定。玻璃幕墙的气密性等级应符合现行国家标准《建筑幕墙、门窗通用技术条件》GB/T 31433 的规定。

5.3.7 预制非承重内墙应采取防止装饰面层开裂剥落的构造措施,墙体接缝应根据墙体使用要求和板材端部的形式采取加强接缝整体性的措施。

5.3.8 当建筑外围护系统采用外挂装饰板时,应符合下列规定:

    1 外挂装饰板应采用合理的连接节点,并应与主体结构可靠连接;

    2 支承外挂装饰板的结构构件应具有足够的承载力和刚度;

    3 外挂装饰板与主体结构宜采用柔性连接,连接节点应安全可靠,应与主体结构变形协调,应采

取防腐、防锈和防火措施；

4 外挂装饰板之间的接缝应符合防水、隔声的要求，并应符合变形协调的要求。

5.3.9 建筑外围护系统应具有连续的气密层，并应加强气密层接缝处连接点和接触面局部密封的构造措施。

5.3.10 建筑围护系统应具有一定的强度、刚度，并应满足组件在地震作用和风荷载作用下的受力及变形要求。

5.3.11 装配式木结构建筑屋面宜采用坡屋面，屋面坡度宜为1∶3～1∶4，屋檐四周宜设置挑檐。屋面设计应符合现行国家标准《屋面工程技术规范》GB 50345 的规定。

5.3.12 烟囱、风道、排气管等高出屋面的构筑物与屋面结构应有可靠的连接，并应采取防水排水、防火隔热和抗风的构造措施。

5.3.13 楼梯部品宜采用梯段与平台分离的方式。

5.4 集成化设计

5.4.1 建筑的结构系统、外围护系统、内装饰系统和设备与管线系统均应进行集成化设计，应符合提高集成度、施工精度和安装效率的要求。

5.4.2 室内装修应与建筑、结构、设备一体化设计，设备管线管道宜采用集中布置，管线管道的预留、预埋位置应准确。建筑设备、管道之间的连接应采用标准化接口。

5.4.3 室内装饰装修设计应符合下列规定：

1 应满足工厂预制、现场装配的要求，装饰材料应具有一定的强度、刚度和硬度；

2 应对不同部品之间的连接和不同装饰材料之间的连接进行设计；

3 室内装修的标准构配件宜采用工业化产品，非标准构配件可在现场统一制作，应减少施工现场的湿作业。

5.4.4 装配式木结构建筑的室内装修材料应符合下列规定：

1 宜选用易于安装、拆卸且隔声性能良好的轻质材料；

2 隔墙板的面层材料宜与隔墙板形成整体；

3 用于潮湿房间的内隔墙板的面层应采用防水、易清洗的材料；

4 装饰材料应符合防火要求；

5 厨房隔墙面层材料应为不燃材料。

5.4.5 建筑装修材料、设备与预制木结构组件连接，宜采用预留埋件的安装固定方式。当采用其他安装固定方式时，不应影响预制木结构组件的完整性与结构安全。

5.4.6 预制木结构组件或部品内预留管线接口、管道接口、吊挂配件的孔洞、套管及沟槽应避开结构受力薄弱位置，并应符合装修设计和设备使用要求，且应采取防水、防火和隔声等措施。

5.4.7 给水排水及供暖设计应符合下列规定：

1 管材、管件应符合国家现行有关产品标准的要求；

2 管道设计时应合理设置管道连接，管道连接应牢固可靠、密封性好和耐腐蚀；

3 应减少管道接头的设置，接头不应设置在隐蔽部位或不宜检修部位，接头处应有便于查找的明显标志；

4 集成式厨房、卫生间应预留相应的给水排水管道接口，给水系统配水管道接口的形式和位置应便于检修；

5 当采用太阳能热水系统集热器和储热设备时，设备安装应与建筑进行一体化设计，并应采用可靠的预留预埋措施；

6 建筑排水宜采用同层排水方式。当采用同层降板排水方式时，降板方案应按房间净高、楼板跨度、设备管道布置等因素进行确定。

5.4.8 装配式木结构建筑的设备设计应符合下列规定：

1 当设备的荷载由木组件承担时，应考虑设备荷载对木组件的影响；

2 当木组件内安装有设备时，应在相应部位预留必要的检修孔洞；

3 敷设易产生高温管道的通道应采用不燃材料制作，并应采取通风措施；

4 敷设易产生冷凝水管道的通道应采用耐水材料制作，并应采取通风措施；

5 厨房的排油烟管道应采取隔热措施，排烟管道不应直接与木材接触。

5.4.9 建筑电气设计应符合下列规定：

1 电缆、电线宜采用低烟无卤阻燃交联聚乙烯绝缘或无烟无卤阻燃性 B 类的线缆；

2 预制木结构组件或部品中内置电气设备时，应采取满足隔声及防火要求的措施；

3 防雷设计应符合国家现行标准《建筑物防雷设计规范》GB 50057 和《民用建筑电气设计规范》JGJ 16 的规定；

4 竖向电气管线宜统一设置在预制板内或装饰墙面内。墙板内竖向电气管线间应保持安全间距。

5.4.10 装配式木结构建筑的智能化设计应符合现行国家标准《智能建筑设计标准》GB 50314 的规定。

5.4.11 燃气设计应符合下列规定：

1 楼板、墙体等建筑部品内应在燃气管道穿越楼板或墙体处预留钢套管；

2 燃气管道应明敷，不得封闭隐藏；

3 使用燃气的房间应安装燃气泄漏报警系统，

宜安装紧急切断电磁阀。

5.4.12 设备管线或管道综合设计应符合下列规定：

1 设备管线或管道应减少平面交叉，竖向管线或管道宜集中布置，并应满足维修更换的要求；

2 机电设备管线宜设置在管线架空层或吊顶空间中，管线宜同层敷设；

3 当受条件限制管线或管道必须暗埋时宜结合建筑垫层或装饰基层进行设计。

6 结 构 设 计

6.1 一 般 规 定

6.1.1 装配式木结构建筑的结构体系应符合下列规定：

1 应满足承载能力、刚度和延性要求；

2 应采用加强结构整体性的技术措施；

3 结构应规则平整，在两个主轴方向的动力特性的比值不应大于 10%；

4 应具有合理明确的传力路径；

5 结构薄弱部位，应采取加强措施；

6 应具有良好的抗震能力和变形能力。

6.1.2 装配式木结构应采用以概率理论为基础的极限状态设计方法进行设计。

6.1.3 装配式木结构的设计基准期应为 50 年，结构安全等级应符合现行国家标准《建筑结构可靠度设计统一标准》GB 50068 的规定。装配式木结构组件的安全等级，不应低于结构的安全等级。

6.1.4 装配式木结构建筑抗震设计应按设防类别、烈度、结构类型和房屋高度采用相应的计算方法，并应符合现行国家标准《建筑抗震设计规范》GB 50011、《木结构设计规范》GB 50005 和《多高层木结构建筑技术标准》GB/T 51226 的规定。

6.1.5 装配式木结构建筑抗震设计时，对于装配式纯木结构，在多遇地震验算时结构的阻尼比可取 0.03，在罕遇地震验算时结构的阻尼比可取 0.05。对于装配式木混合结构，可按位能等效原则计算结构阻尼比。

6.1.6 装配式木结构建筑的结构平面不规则和竖向不规则应按表 6.1.6 的规定进行划分，并应符合下列规定：

1 当结构符合表 6.1.6 中一项不规则结构类型时，为不规则结构；

2 当结构符合表 6.1.6 中两项或两项以上不规则结构类型时，为特别不规则结构；

3 当结构符合表 6.1.6 中一项不规则结构类型，且不规则定义指标超过规定的 30% 时，为特别不规则结构；

4 当结构两项或两项以上不规则结构类型符合

第 3 款的规定时，为严重不规则结构。

表 6.1.6 不规则结构类型表

序号	不规则方向	不规则结构类型	不规则定义
1	平面不规则	扭转不规则	在具有偶然偏心的水平力作用下，楼层两端抗侧力构件的弹性水平位移或层间位移的最大值与平均值的比值大于 1.2 倍
2		凹凸不规则	结构平面凹进的尺寸大于相应投影方向总尺寸的 30%
3		楼板局部不连续	1 有效楼板宽度小于该层楼板标准宽度的 50%；2 开洞面积大于该层楼面面积的 30%；3 楼层错层超过层高的 1/3
4	竖向不规则	侧向刚度不规则	1 该层的侧向刚度小于相邻上一层的 70%；2 该层的侧向刚度小于其上相邻三个楼层侧向刚度平均值的 80%；3 除顶层或出屋面的小建筑外，局部收进的水平向尺寸大于相邻下一层的 25%
5		竖向抗侧力构件不连续	竖向抗侧力构件的内力采用水平转换构件向下传递
6		楼层承载力突变	抗侧力结构的层间受剪承载力小于相邻上一楼层的 80%

6.1.7 装配式木结构竖向布置应连续、均匀，应避免抗侧力结构的侧向刚度和承载力沿竖向突变，并应符合现行国家标准《建筑抗震设计规范》GB 50011 的规定。

6.1.8 结构设计时采用的荷载和效应的标准值、荷载分项系数、荷载效应组合、组合值系数应符合现行国家标准《建筑结构荷载规范》GB 50009 的规定；木材强度设计值应符合现行国家标准《木结构设计规范》GB 50005 的规定。

6.1.9 结构设计时应采取减小木材因干缩、蠕变而产生的不均匀变形、受力偏心、应力集中的加强措施，并应采取防止不同材料温度变化和基础差异沉降等不利影响的措施。

6.1.10 木组件的拆分单元应按内力分析结果，结合生产、运输和安装条件确定。

6.1.11 当装配式木结构建筑的结构形式采用框架支撑结构或框架剪力墙结构时，不应采用单跨框架体系。

6.1.12 预制木结构组件应进行翻转、运输、吊运、安装等短暂设计状况下的施工验算。验算时，应将木组件自重标准值乘以动力放大系数后作为等效静力荷载标准值。运输、吊装时，动力放大系数宜取1.5，翻转及安装过程中就位、临时固定时，动力放大系数可取1.2。

6.1.13 进行木组件设计时，应进行吊点和吊环的设计。

6.2 结 构 分 析

6.2.1 装配式木结构建筑的结构体系的选用应按项目特点确定，并应符合组件单元拆分便利性、组件制作可重复性以及运输和吊装可行性的原则。

6.2.2 结构分析模型应按结构实际情况确定，可选择空间杆系、空间杆-墙板元及其他组合有限元等计算模型。所选取的计算模型应能准确反映结构构件的实际受力状态，连接的假定应符合结构实际采用的连接形式。

6.2.3 体型复杂、结构布置复杂以及特别不规则结构和严重不规则结构的多层装配式木结构建筑，应采用至少两个不同的结构分析软件进行整体计算。

6.2.4 结构内力计算可采用弹性分析。内力与位移计算时，当采取了保证楼板平面内整体刚度的措施，可假定楼板平面为无限刚性进行计算；当楼板具有较明显的面内变形，计算时应考虑楼板面内变形的影响，或对按无限刚性假定方法的计算结果进行适当调整。

6.2.5 按弹性方法计算的风荷载或多遇地震标准值作用下的楼层层间位移角应符合下列规定：

    1 轻型木结构建筑不得大于1/250；

    2 多高层木结构建筑不得大于1/350；

    3 轻型木结构建筑和多高层木结构建筑的弹塑性层间位移角不得大于1/50。

6.2.6 装配式木结构中抗侧力构件承受的剪力，对于柔性楼盖、屋盖宜按面积分配法进行分配；对于刚性楼、屋盖宜按抗侧力构件等效刚度的比例进行分配。

6.3 梁柱构件设计

6.3.1 梁柱构件的设计应符合下列规定：

    1 梁柱构件的设计验算应符合现行国家标准《木结构设计规范》GB 50005和《胶合木结构技术规范》GB/T 50708的规定；

    2 在长期荷载作用下，应进行承载力和变形等验算；

    3 在地震作用和火灾状况下，应进行承载力验算。

6.3.2 用于固定结构连接件的预埋件不宜与预埋吊件、临时支撑用的预埋件兼用；当必须兼用时，应同时满足所有设计工况的要求。预制构件中预埋件的验算应符合现行国家标准《木结构设计规范》GB 50005、《钢结构设计规范》GB 50017和《木结构工程施工规范》GB/T 50772规定。

6.4 墙体、楼盖、屋盖设计

6.4.1 装配式木结构的楼板、墙体，均应按现行国家标准《木结构设计规范》GB 50005的规定进行验算。

6.4.2 墙体、楼盖和屋盖按预制程度不同，可分为开放式组件和封闭式组件。

6.4.3 预制木墙体的墙骨柱、顶梁板、底梁板以及墙面板应按现行国家标准《木结构设计规范》GB 50005和《多高层木结构建筑技术标准》GB/T 51226的规定进行设计，并应符合下列规定：

    1 应验算墙骨柱与顶梁板、底梁板连接处的局部承压承载力；

    2 顶梁板与楼盖、屋盖的连接应进行平面内、平面外的承载力验算；

    3 外墙中的顶梁板、底梁板与墙骨柱的连接应进行墙体平面外承载力验算。

6.4.4 预制木墙板在竖向及平面外荷载作用时，墙骨柱宜按两端铰接的受压构件设计，构件在平面外的计算长度应为墙骨柱长度；当墙骨柱两侧布置木基结构板或石膏板等覆面板时，可不进行平面内的侧向稳定验算，平面内只需进行强度计算；墙骨柱在竖向荷载作用下，在平面外弯曲的方向考虑0.05倍墙骨柱截面高度的偏心距。

6.4.5 预制木墙板中外墙骨柱应考虑风荷载效应的组合，应按两端铰接的压弯构件设计。当外墙维护材料较重时，应考虑维护材料引起的墙体平面外的地震作用。

6.4.6 墙板、楼面板和屋面板应采用合理的连接形式，并应进行抗震设计。连接节点应具有足够的承载力和变形能力，并应采取可靠的防腐、防锈、防虫、防潮和防火措施。

6.4.7 当非承重的预制木墙板采用木骨架组合墙体时，其设计和构造要求应符合国家标准《木骨架组合墙体技术规范》GB/T 50361的规定。

6.4.8 正交胶合木墙体的设计应符合国家标准《多高层木结构建筑技术标准》GB/T 51226的要求，并应符合下列规定：

    1 剪力墙的高宽比不宜小于1，并不应大于4；当高宽比小于1时，墙体宜分为两段，中间应用耗能金属件连接；

2 墙应具有足够的抗倾覆能力，当结构自重不能抵抗倾覆力矩时，应设置抗拔连接件。

6.4.9 装配式木结构中楼盖宜采用正交胶合木楼盖、木搁栅与木基结构板材楼盖。

6.4.10 装配式木结构中屋盖系统可采用正交胶合木屋盖、椽条式屋盖、斜撑梁式屋盖和桁架式屋盖。

6.4.11 椽条式屋盖和斜梁式屋盖的组件单元尺寸应按屋盖板块大小及运输条件确定。

6.4.12 桁架式屋盖的桁架应在工厂加工制作。桁架式屋盖的组件单元尺寸应按屋盖板块大小及运输条件确定，并应符合结构整体设计的要求。

6.4.13 楼盖体系应按现行国家标准《木结构设计规范》GB 50005 的规定进行搁栅振动验算。

6.5 其他组件设计

6.5.1 装配式木结构建筑中的木楼梯和木阳台宜在工厂按一定模数预制成组件。

6.5.2 预制木楼梯与支撑构件之间宜采用简支连接，并应符合下列规定：

1 预制楼梯宜一端设置固定铰，另一端设置滑动铰，其转动及滑动能力应满足结构层间位移的要求，在支撑构件上的最小搁置长度不宜小于 100mm；

2 预制楼梯设置滑动铰的端部应采取防止滑落的构造措施。

6.5.3 装配式木结构建筑中的预制木楼梯可采用规格材、胶合木、正交胶合木制成。楼梯的梯板梁应按压弯构件计算。

6.5.4 装配式木结构建筑中的阳台可采用挑梁式预制阳台或挑板式预制阳台。其结构构件的内力和正常使用阶段变形应按现行国家标准《木结构设计规范》GB 50005 的规定进行验算。

6.5.5 楼梯、电梯井、机电管井、阳台、走道、空调板等组件宜整体分段制作，设计时应按构件的实际受力情况进行验算。

7 连接设计

7.1 一般规定

7.1.1 工厂预制的组件内部连接应符合强度和刚度的要求，其设计应符合现行国家标准《木结构设计规范》GB 50005、《胶合木结构技术规范》GB/T 50708 和《多高层木结构建筑技术标准》GB/T 51226 的规定。组件间的连接质量应符合加工制作工厂的质量检验要求。

7.1.2 预制组件间的连接可按结构材料、结构体系和受力部位采用不同的连接形式。连接的设计应符合下列规定：

1 应满足结构设计和结构整体性要求；

2 应受力合理，传力明确，应避免被连接的木构件出现横纹受拉破坏；

3 应满足延性和耐久性的要求；当连接具有耗能作用时，可进行特殊设计；

4 连接件宜对称布置，宜满足每个连接件能承担按比例分配的内力的要求；

5 同一连接中不得考虑两种或两种以上不同刚度连接的共同作用，不得同时采用直接传力和间接传力两种传力方式；

6 连接节点应便于标准化制作。

7.1.3 木组件现场装配的连接设计和构造措施，应符合现行国家标准《木结构设计规范》GB 50005、《胶合木结构技术规范》GB/T 50708 和《多高层木结构建筑技术标准》GB/T 51226 的规定，并应确保其符合施工质量的现场质量检验要求。

7.1.4 连接设计时应选择适宜的计算模型。当无法确定计算模型时，应提供试验验证或工程验证的技术文件。

7.1.5 连接应设置合理的安装公差，应满足安装施工及精度控制要求。

7.1.6 预制木结构组件与其他结构之间宜采用锚栓或螺栓进行连接。锚栓或螺栓的直径和数量应按计算确定，计算时应考虑风荷载和地震作用引起的侧向力，以及风荷载引起的上拔。上部结构产生的水平力或上拔力应乘以 1.2 倍的放大系数。当有上拔力时，尚应采用抗拔金属连接件进行连接。

7.1.7 当预制组件之间的连接件采用隐藏式时，连接件部位应预留安装洞口，安装完成后，宜采用在工厂预先按规格切割的板材封堵洞口。

7.1.8 建筑部品之间、建筑部品与主体结构之间以及建筑部品与木结构组件之间的连接应稳固牢靠、构造简单、安装方便，连接处应采取防水、防潮和防火的构造措施，并应符合保温隔热材料的连续性以及气密性的要求。

7.2 木组件之间连接

7.2.1 木组件与木组件的连接方式可采用钉连接、螺栓连接、销钉连接、齿板连接、金属连接件连接或榫卯连接。当预制次梁与主梁、木梁与木柱之间连接时，宜采用钢插板、钢夹板和螺栓进行连接。

7.2.2 钉连接和螺栓连接可采用双剪连接或单剪连接。当钉连接采用的圆钉有效长度小于 4 倍钉直径时，不应考虑圆钉的抗剪承载力。

7.2.3 处于腐蚀环境、潮湿或有冷凝水环境的木桁架不宜采用齿板连接。齿板不得用于传递压力。

7.2.4 预制木结构组件之间应通过连接形成整体，预制单元之间不应相互错动。

7.2.5 在单个楼盖、屋盖计算单元内，可采用能提高结构整体抗侧能力的金属拉条进行加固。金属拉条

可用作下列构件之间的连接构造措施:

    1 楼盖、屋盖边界构件间的拉结或边界构件与外墙间的拉结;

    2 楼盖、屋盖平面内剪力墙之间或剪力墙与外墙的拉结;

    3 剪力墙边界构件的层间拉结;

    4 剪力墙边界构件与基础的拉结。

7.2.6 当金属拉条用于楼盖、屋盖平面内拉结时,金属拉条应与受压构件共同受力。当平面内无贯通的受压构件时,应设置填块。填块的长度应按计算确定。

7.3 木组件与其他结构连接

7.3.1 木组件与其他结构的水平连接应符合组件间内力传递的要求,并应验算水平连接处的强度。

7.3.2 木组件与其他结构的竖向连接,除应符合组件间内力传递的要求外,尚应符合被连接组件在长期荷载作用下的变形协调要求。

7.3.3 木组件与其他结构的连接宜采用销轴类紧固件的连接方式。连接时应在混凝土结构中设置预埋件。预埋件应按计算确定,并应满足《混凝土结构设计规范》GB 50010 的规定。

7.3.4 木组件与混凝土结构的连接锚栓和轻型木结构地梁板与基础的连接锚栓应进行防腐处理。连接锚栓应承担由侧向力产生的全部基底水平剪力。

7.3.5 轻型木结构的锚栓直径不得小于 12mm,间距不应大于 2.0m,埋入深度不应小于 25 倍锚栓直径;地梁板的两端 100mm~300mm 处,应各设一个锚栓。

7.3.6 当木组件的上拔力大于重力荷载代表值的 0.65 倍时,预制剪力墙两侧边界构件的层间连接、边界构件与混凝土基础的连接,应采用金属连接件或抗拔锚固件连接。连接应按承受全部上拔力进行设计。

7.3.7 当木屋盖和木楼盖作为混凝土或砌体墙体的侧向支撑时(图 7.3.7),应采用锚固连接件直接将

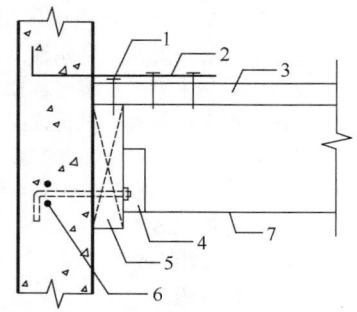

图 7.3.7 木楼盖作为墙体侧向支撑示意
1—边界钉连接;2—预埋拉条;3—结构胶合板;
4—搁栅挂构件;5—封头搁栅;6—预埋钢筋;
7—搁栅

墙体与木屋盖、楼盖连接。锚固连接件的承载力应按墙体传递的水平荷载计算,且锚固连接沿墙体方向的抗剪承载力不应小于 3.0kN/m。

7.3.8 装配式木结构的墙体应支承在混凝土基础或砌体基础顶面的混凝土梁上,混凝土基础或梁顶面砂浆应平整,倾斜度不应大于 2‰。

7.3.9 木组件与钢结构连接宜采用销轴类紧固件的连接方式。当采用剪板连接时,紧固件应采用螺栓或木螺钉(图 7.3.9),剪板采用可锻铸铁制作。剪板构造要求和抗剪承载力计算应符合现行国家标准《胶合木结构技术规范》GB/T 50708 的规定。

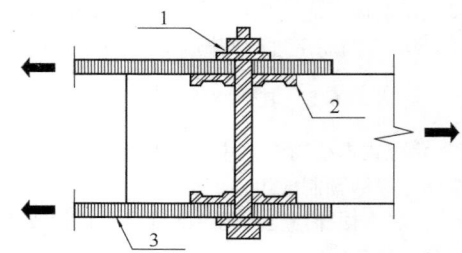

图 7.3.9 木构件与钢构件剪板连接
1—螺栓;2—剪板;3—钢板

8 防 护

8.0.1 装配式木结构建筑的防护设计应符合现行国家标准《木结构设计规范》GB 50005 的规定。设计文件中应规定采取的防腐措施和防生物危害措施。

8.0.2 需防腐处理的预制木结构组件应在机械加工工序完成后进行防腐处理,不宜在现场再次进行切割或钻孔。当现场需做局部修整时,应对修整后的木材切口表面采用符合设计要求的药剂作防腐处理。

8.0.3 装配式木结构建筑应在干作业环境下施工,预制木结构组件在制作、运输、施工和使用过程中应采取防水防潮措施。

8.0.4 直接与混凝土或砌体结构接触的预制木结构组件应进行防腐处理,并应在接触面设置防潮层。

8.0.5 当金属连接件长期处于潮湿、结露或其他易腐蚀条件时,应采取防锈蚀措施或采用不锈钢金属连接件。

8.0.6 装配式木结构建筑与室外连接的设备管道穿孔处应使用防虫网、树脂或符合设计要求的封堵材料进行封闭。

8.0.7 外墙板接缝、门窗洞口等防水薄弱部位除应采用防水材料外,尚应采用与防水构造措施相结合的方法进行保护。

8.0.8 装配式木结构建筑的防水、防潮应符合下列规定:

    1 室内地坪宜高于室外地面 450mm,建筑外墙下应设置混凝土散水;

2 外墙宜按雨幕原理进行设计，外墙门窗处宜采用成品金属泛水板；

3 宜设置屋檐，并宜采用成品雨水排水管道；

4 屋面、阳台、卫生间楼地面等应进行防水设计；

5 与其他建筑连接时，应采取防止不同建筑结构的沉降、变形等引起的渗漏的措施。

8.0.9 装配式木结构建筑的防虫应符合下列规定：

1 施工前应对建筑基础及周边进行除虫处理；

2 连接处应结合紧密，并应采取防虫措施；

3 蚁害多发区，白蚁防治应符合现行行业标准《房屋白蚁预防技术规程》JGJ/T 245 的规定；

4 基础或底层建筑围护结构上的孔、洞、透气装置应采取防虫措施。

9 制作、运输和储存

9.1 一般规定

9.1.1 预制木结构组件应按设计文件在工厂制作，制作单位应具备相应的生产场地和生产工艺设备，并应有完善的质量管理体系和试验检测手段，且应建立组件制作档案。

9.1.2 预制木结构组件和部品制作前应对其技术要求和质量标准进行技术交底，并应制定制作方案。制作方案应包括制作工艺、制作计划、技术质量控制措施、成品保护、堆放及运输方案等项目。

9.1.3 预制木结构组件制作过程中宜采取控制制作及储存环境的温度、湿度的技术措施。

9.1.4 预制木结构组件和部品在制作、运输和储存过程中，应采取防水、防潮、防火、防虫和防止损坏的保护措施。

9.1.5 预制木结构组件制作完成时，除应按现行国家标准《木结构工程施工质量验收规范》GB 50206 的要求提供文件和记录外，尚应提供下列文件和记录：

1 工程设计文件、预制组件制作和安装的技术文件；

2 预制组件使用的主要材料、配件及其他相关材料的质量证明文件、进场验收记录、抽样复验报告；

3 预制组件的预拼装记录。

9.1.6 预制木结构组件检验合格后应设置标识，标识内容宜包括产品代码或编号、制作日期、合格状态、生产单位等信息。

9.2 制作

9.2.1 预制木结构组件在工厂制作时，木材含水率应符合设计文件的规定。

9.2.2 预制层板胶合木构件的制作应符合现行国家标准《胶合木结构技术规范》GB/T 50708 和《结构用集成材》GB/T 26899 的规定。

9.2.3 预制木结构组件制作过程中宜采用BIM信息化模型校正，制作完成后宜采用BIM信息化模型进行组件预拼装。

9.2.4 对有饰面材料的组件，制作前应绘制排版图，制作完成后应在工厂进行预拼装。

9.2.5 预制木结构组件制作误差应符合现行国家标准《木结构工程施工质量验收规范》GB 50206 的规定。预制正交胶合木构件的厚度宜小于 500mm，且制作误差应符合表 9.2.5 的规定。

表 9.2.5 正交胶合木构件尺寸偏差表

类别	允许偏差
厚度 h	≤ (1.6mm 与 0.02h 中较大值)
宽度 b	≤3.2mm
长度 L	≤ 6.4mm

9.2.6 对预制层板胶合木构件，当层板宽度大于 180mm 时，可在层板底部顺纹开槽；对预制正交胶合木构件，当正交胶合木层板厚度大于 40mm 时，层板宜采用顺纹开槽的措施，开槽深度不应大于层板厚度的 0.9 倍，槽宽不应大于4mm（图 9.2.6），槽间距不应小于 40mm，开槽位置距离层板边沿不应小于 40mm。

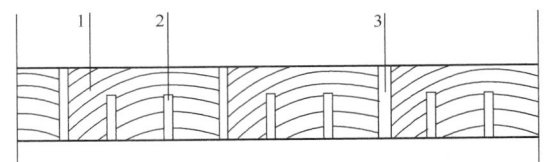

图 9.2.6 正交胶合木层板刻槽尺寸示意
1—木材层板；2—槽口；3—层板间隙

9.2.7 预制木结构构件宜采用数控加工设备进行制作，宜采用铣刀开槽。槽的深度余量不应大于＋5mm，槽的宽度余量不应大于＋1.5mm。

9.2.8 层板胶合木和正交胶合木的最外层板不应有松软节和空隙。当对外观有较高要求时，对直径 30mm 的孔洞和宽度大于 3mm、侧边裂缝长度40mm～100mm 的缺陷，应采用同质木料进行修补。

9.3 运输和储存

9.3.1 对预制木结构组件和部品的运输和储存应制定实施方案，实施方案可包括运输时间、次序、堆放场地、运输路线、固定要求、堆放支垫及成品保护措施等项目。

9.3.2 对大型组件、部品的运输和储存应采取专门的质量安全保证措施。在运输与堆放时，支承位置应按计算确定。

9.3.3 预制木结构组件装卸和运输时应符合下列规定：

　　1 装卸时，应采取保证车体平衡的措施；

　　2 运输时，应采取防止组件移动、倾倒、变形等的固定措施。

9.3.4 预制木结构组件存储设施和包装运输应采取使其达到要求含水率的措施，并应有保护层包装，边角部位宜设置保护衬垫。

9.3.5 预制木结构组件水平运输时，应将组件整齐地堆放在车厢内。梁、柱等预制木组件可分层分隔堆放，上、下分隔层垫块应竖向对齐，悬臂长度不宜大于组件长度的1/4。板材和规格材应纵向平行堆垛、顶部压重存放。

9.3.6 预制木桁架整体水平运输时，宜竖向放置，支承点应设在桁架两端节点支座处，下弦杆的其他位置不得有支承物；在上弦中央节点处的两侧应设置斜撑，应与车厢牢固连接；应按桁架的跨度大小设置若干对斜撑。数榀桁架并排竖向放置运输时，应在上弦节点处用绳索将各桁架彼此系牢。

9.3.7 预制木结构墙体宜采用直立插放架运输和储存，插放架应有足够的承载力和刚度，并应支垫稳固。

9.3.8 预制木结构组件的储存应符合下列规定：

　　1 组件应存放在通风良好的仓库或防雨、通风良好的有顶部遮盖场所内，堆放场地应平整、坚实，并应具备良好的排水设施；

　　2 施工现场堆放的组件，宜按安装顺序分类堆放，堆垛宜布置在吊车工作范围内，且不受其他工序施工作业影响的区域；

　　3 采用叠层平放的方式堆放时，应采取防止组件变形的措施；

　　4 吊件应朝上，标志宜朝向堆垛间的通道；

　　5 支垫应坚实，垫块在组件下的位置宜与起吊位置一致；

　　6 重叠堆放组件时，每层组件间的垫块应上下对齐，堆垛层数应按组件、垫块的承载力确定，并应采取防止堆垛倾覆的措施；

　　7 采用靠架堆放时，靠架应具有足够的承载力和刚度，与地面倾斜角度宜大于80°；

　　8 堆放曲线形组件时，应按组件形状采取相应保护措施。

9.3.9 对现场不能及时进行安装的建筑模块，应采取保护措施。

10 安 装

10.1 一般规定

10.1.1 装配式木结构建筑施工前应编制施工组织设计，制定专项施工方案；施工组织设计的内容应符合现行国家标准《建筑施工组织设计规范》GB/T 50502的规定；专项施工方案的内容应包括安装及连接方案、安装的质量管理及安全措施等项目。

10.1.2 施工现场应具有质量管理体系和工程质量检测制度，实现施工过程的全过程质量控制，并应符合现行国家标准《工程建设施工企业质量管理规范》GB/T 50430的规定。

10.1.3 装配式木结构建筑安装应符合现行国家标准《木结构工程施工规范》GB/T 50772的规定。

10.1.4 装配式木结构建筑安装应按结构形式、工期要求、工程量以及机械设备等现场条件，合理设计装配顺序，组织均衡有效的安装施工流水作业。

10.1.5 吊装用吊具应按国家现行有关标准的规定进行设计、验算或试验检验。

10.1.6 组件安装可按现场情况和吊装等条件采用下列安装单元进行安装：

　　1 采用工厂预制组件作为安装单元；

　　2 现场对工厂预制组件进行组装后作为安装单元；

　　3 同时采用本条第1、2款两种单元的混合安装单元。

10.1.7 预制组件吊装时应符合下列规定：

　　1 经现场组装后的安装单元的吊装，吊点应按安装单元的结构特征确定，并应经试吊证明符合刚度及安装要求后方可开始吊装；

　　2 刚度较差的组件应按提升时的受力情况采用附加构件进行加固；

　　3 组件吊装就位时，应使其拼装部位对准预设部位垂直落下，并应校正组件安装位置并紧固连接；

　　4 正交胶合木墙板吊装时，宜采用专用吊绳和固定装置，移动时宜采用锁扣扣紧。

10.1.8 现场安装时，未经设计允许不应对预制木结构组件进行切割、开洞等影响其完整性的行为。

10.1.9 现场安装全过程中，应采取防止预制组件、建筑附件及吊件等受潮、破损、遗失或污染的措施。

10.1.10 当预制木结构组件之间的连接件采用暗藏方式时，连接件部位应预留安装孔。安装完成后，安装孔应予以堵塞。

10.1.11 装配式木结构建筑安装全过程中，应采取安全措施，并应符合现行行业标准《建筑施工高处作业安全技术规范》JGJ 80、《建筑施工起重吊装工程安全技术规范》JGJ 276、《建筑机械使用安全技术规程》JGJ 33和《施工现场临时用电安全技术规范》JGJ 46等的规定。

10.2 安装准备

10.2.1 装配式木结构建筑施工前，应按设计要求和施工方案进行施工验算。施工验算时，动力放大系数应符合本标准第 6.1.12 条的规定。当有可靠经验时，动力放大系数可按实际受力情况和安全要求适当增减。

10.2.2 预制木结构组件安装前应合理规划运输通道和临时堆放场地，并应对成品堆放采取保护措施。

10.2.3 安装前，应检验混凝土基础部分满足木结构部分的施工安装精度要求。

10.2.4 安装前，应检验组件、安装用材料及配件符合设计要求和国家现行相关标准的规定。当检验不合格时，不得继续进行安装。检测内容应包括下列内容：

   1 组件外观质量、尺寸偏差、材料强度、预留连接位置等；

   2 连接件及其他配件的型号、数量、位置；

   3 预留管线或管道、线盒等的规格、数量、位置及固定措施等。

10.2.5 组件安装时应符合下列规定：

   1 应进行测量放线，应设置组件安装定位标识；

   2 应检查核对组件装配位置、连接构造及临时支撑方案；

   3 施工吊装设备和吊具应处于安全操作状态；

   4 现场环境、气候条件和道路状况应满足安装要求。

10.2.6 对安装工艺复杂的组件，宜选择有代表性的单元进行试安装，并宜按试安装结果调整施工方案。

10.2.7 设备与管线安装前应按设计文件核对设备及管线参数，并应对预埋套管及预留孔洞的尺寸、位置进行复核，合格后方可施工。

10.3 安　装

10.3.1 组件吊装就位后，应及时校准并应采取临时固定措施。

10.3.2 组件吊装就位过程中，应监测组件的吊装状态，当吊装出现偏差时，应立即停止吊装并调整偏差。

10.3.3 组件为平面结构时，吊装时应采取保证其平面外稳定的措施，安装就位后，应设置防止发生失稳或倾覆的临时支撑。

10.3.4 组件安装采用临时支撑时，应符合下列规定：

   1 水平构件支撑不宜少于 2 道；

   2 预制柱或墙体组件的支撑点距底部的距离不宜大于柱或墙体高度的 2/3，且不应小于柱或墙体高度的 1/2；

   3 临时支撑应设置可对组件的位置和垂直度进行调节的装置。

10.3.5 竖向组件安装应符合下列规定：

   1 底层组件安装前，应复核基层的标高，并应设置防潮垫或采取其他防潮措施；

   2 其他层组件安装前，应复核已安装组件的轴线位置、标高。

10.3.6 水平组件安装应符合下列规定：

   1 应复核组件连接件的位置，与金属、砖、石、混凝土等的结合部位应采取防潮防腐措施；

   2 杆式组件吊装宜采用两点吊装，长度较大的组件可采取多点吊装，细长组件应复核吊装过程中的变形及平面外稳定；

   3 板类组件、模块化组件应采用多点吊装，组件上应设有明显的吊点标志。吊装过程应平稳，安装时应设置必要的临时支撑。

10.3.7 预制墙体、柱组件的安装应先调整组件标高、平面位置，再调整组件垂直度。组件的标高、平面位置、垂直偏差应符合设计要求。调整组件垂直度的缆风绳或支撑夹板应在组件起吊前绑扎牢固。

10.3.8 安装柱与柱之间的梁时，应监测柱的垂直度。除监测梁两端柱的垂直度变化外，尚应监测相邻各柱因梁连接影响而产生的垂直度变化。

10.3.9 预制木结构螺栓连接应符合下列规定：

   1 木结构的各组件结合处应密贴，未贴紧的局部间隙不得超过 5mm，接缝处理应符合设计要求；

   2 用木夹板连接的接头钻孔时应将各部分定位并临时固定一次钻通；当采用钢夹板不能一次钻通时应采取保证各部件对应孔的位置、大小一致的措施；

   3 除设计文件规定外，螺栓垫板的厚度不应小于螺栓直径的 0.3 倍，方形垫板边长或圆垫板直径不应小于螺栓直径的 3.5 倍，拧紧螺帽后螺杆外露长度不应小于螺栓直径的 0.8 倍。

11　验　收

11.1　一般规定

11.1.1 装配式木结构工程施工质量验收应符合现行国家标准《建筑工程施工质量验收统一标准》GB 50300、《木结构工程施工质量验收规范》GB 50206 及国家现行相关标准的规定。当国家现行标准对工程中的验收项目未做具体规定时，应由建设单位组织设计、施工、监理等相关单位制定验收具体要求。

11.1.2 装配式木结构子分部工程应由木结构制作安装与木结构防护两分项工程组成，并应在分项工程皆验收合格后，再进行子分部工程的验收。

11.1.3 装配式木结构子分部工程质量验收的程序和组合，应符合现行国家标准《建筑工程施工质量验收统一标准》GB 50300 的有关规定。

11.1.4 工厂预制木组件制作前应按设计要求检查验收采用的材料，出厂前应按设计要求检查验收木组件。

11.1.5 装配式木结构工程中，木结构的外观质量除设计文件另有规定外，应符合下列规定：

    1 A级，结构构件外露，构件表面洞孔应采用木材修补，木材表面应用砂纸打磨；

    2 B级，结构构件外露，外表可采用机具刨光，表面可有轻度漏刨、细小的缺陷和空隙，不应有松软节的空洞；

    3 C级，结构构件不外露，构件表面可不进行加工刨光。

11.1.6 装配式木结构子分部工程质量验收应符合下列规定：

    1 检验批主控项目检验结果应全部合格；

    2 检验批一般项目检验结果应有大于80％的检查点合格，且最大偏差不应超过允许偏差的1.2倍；

    3 子分部工程所含分项工程的质量验收均应合格；

    4 子分部工程所含分项工程的质量资料和验收记录应完整；

    5 安全功能检测项目的资料应完整，抽检的项目均应合格；

    6 外观质量验收应符合本标准第11.1.5条的规定。

11.1.7 用于加工装配式木结构组件的原材料，应具有产品合格证书；每批次应做下列检验：

    1 每批次进厂目测分等规格材应由专业分等人员做目测等级检验或抗弯强度见证检验；每批次进厂机械分等规格材应做抗弯强度见证检验；

    2 每批次进厂规格材应做含水率检验；

    3 每批次进厂的木基结构板应做静曲强度和静曲弹性模量检验；用于屋面、楼面的木基结构板应有干态湿态集中荷载、均布荷载及冲击荷载检验报告；

    4 采购的结构复合木材和工字形木搁栅应有产品质量合格证书、符合设计文件规定的平弯或侧立抗弯性能检测报告并应做荷载效应标准组合作用下的结构性能检验；

    5 设计文件规定钉的抗弯屈服强度时，应做钉抗弯强度检验。

11.1.8 装配式木结构材料、构配件的质量控制以及制作安装质量控制应划分为不同的检验批。检验批的划分应符合《木结构工程施工质量验收规范》GB 50206的规定。

11.1.9 装配式木结构钢连接板、螺栓、销钉等连接用材料的验收应符合现行国家标准《木结构工程施工质量验收规范》GB 50206的规定。

11.1.10 装配式木结构验收时，除应按现行国家标准《木结构工程施工质量验收规范》GB 50206的要求提供文件和记录外，尚应提供以下文件和记录：

    1 工程设计文件、预制组件制作和安装的深化设计文件；

    2 预制组件、主要材料、配件及其他相关材料的质量证明文件、进场验收记录、抽样复验报告；

    3 预制组件的安装记录；

    4 装配式木结构分项工程质量验收文件；

    5 装配式木结构工程的质量问题的处理方案和验收记录；

    6 装配式木结构工程的其他文件和记录。

11.1.11 装配式木结构建筑内装系统施工质量要求和验收标准应符合现行国家标准《建筑装饰装修工程质量验收规范》GB 50210的规定。

11.1.12 建筑给水排水及采暖工程的施工质量要求和验收标准应符合现行国家标准《建筑给水排水及采暖工程施工质量验收规范》GB 50242的规定。

11.1.13 通风与空调工程的施工质量要求和验收标准应符合现行国家标准《通风与空调工程施工质量验收规范》GB 50243的规定。

11.1.14 建筑电气工程的施工质量要求和验收标准应符合现行国家标准《建筑电气工程施工质量验收规范》GB 50303的规定。

11.1.15 智能化系统施工质量验收应符合现行国家标准《智能建筑工程质量验收规范》GB 50339的规定。

11.2 主 控 项 目

11.2.1 预制组件使用的结构用木材应符合设计文件的规定，并应有产品质量合格证书。

    检验数量：检验批全数。

    检验方法：实物与设计文件对照，检查质量合格证书、标识。

11.2.2 装配式木结构的结构形式、结构布置和构件截面尺寸应符合设计文件的规定。

    检查数量：检验批全数。

    检验方法：实物与设计文件对照、尺量。

11.2.3 安装组件所需的预埋件的位置、数量及连接方式应符合设计要求。

    检查数量：全数检查。

    检验方法：目测、尺量。

11.2.4 预制组件的连接件类别、规格和数量应符合设计文件的规定。

    检验数量：检验批全数。

    检验方法：目测、尺量。

11.2.5 现场装配连接点的位置和连接件的类别、规格及数量应符合设计文件的规定。

    检查数量：检验批全数。

    检查方法：实物与设计文件对照、尺量。

11.2.6 胶合木构件平均含水率不应大于15％，同一构件各层板间含水率差别不应大于5％，层板胶合木含水率检验数量应为每一检验批每一规格胶合木构件随机抽取5根；轻型木结构中规格材含水率不应大于20％。检验方法应符合现行国家标准《木结构工程施工质量验收规范》GB 50206 的规定。

11.2.7 胶合木受弯构件应做荷载效应标准组合作用下的抗弯性能见证检验，检查数量和检验方法应符合现行国家标准《木结构工程施工质量验收规范》GB 50206 的规定。

11.2.8 胶合木弧形构件的曲率半径及其偏差应符合设计文件的规定，层板厚度不应大于曲率半径的 0.8%。

　　检验数量：检验批全数。

　　检验方法：钢尺尺量。

11.2.9 装配式轻型木结构和装配式正交胶合木结构的承重墙、剪力墙、柱、楼盖、屋盖布置、抗倾覆措施及屋盖抗掀起措施等，应符合设计文件的规定。

　　检验数量：检验批全数。

　　检验方法：实物与设计文件对照。

11.3　一 般 项 目

11.3.1 装配式木结构的尺寸偏差应符合设计文件的规定。

　　检验数量：检验批全数。

　　检验方法：目测、尺量。

11.3.2 螺栓连接预留孔尺寸应符合设计文件的规定。

　　检验数量：检验批全数。

　　检验方法：目测、尺量。

11.3.3 预制木结构建筑混凝土基础平整度应符合设计文件的规定。

　　检验数量：检验批全数。

　　检验方法：目测、尺量。

11.3.4 预制墙体、楼盖、屋盖组件内填充材料应符合设计文件的规定。

　　检验数量：检验批全数。

　　检验方法：目测，实物与设计文件对照，检查质量合格证书。

11.3.5 预制木结构建筑外墙的防水防潮层应符合设计文件的规定。

　　检验数量：检验批全数。

　　检验方法：目测，检查施工记录。

11.3.6 装配式木结构中胶合木构件的构造及外观检验按现行国家标准《木结构工程施工质量验收规范》GB 50206 的规定进行。

11.3.7 装配式木结构中木骨架组合墙体的下列各项应符合设计文件的规定，且应符合现行国家标准《木结构设计规范》GB 50005的规定：

　　1 墙骨间距；

　　2 墙体端部、洞口两侧及墙体转角和交界处、墙骨的布置和数量；

　　3 墙骨开槽或开孔的尺寸和位置；

　　4 地梁板的防腐、防潮及与基础的锚固措施；

　　5 墙体顶梁板规格材的层数、接头处理及在墙体转角和交接处的两层顶梁板的布置；

　　6 墙体覆面板的等级、厚度；

　　7 墙体覆面板与墙骨钉连接用钉的间距；

　　8 墙体与楼盖或基础间连接件的规格尺寸和布置。

　　检查数量：检验批全数。

　　检验方法：对照实物目测检查。

11.3.8 装配式木结构中楼盖体系的下列各项应符合设计文件的规定，且应符合现行国家标准《木结构设计规范》GB 50005 的规定：

　　1 楼盖拼合连接节点的形式和位置；

　　2 楼盖洞口的布置和数量；洞口周围构件的连接、连接件的规格尺寸及布置。

　　检查数量：检验批全数。

　　检验方法：目测、尺量。

11.3.9 装配式木结构中屋面体系的下列各项应符合设计文件的规定，且应符合现行国家标准《木结构设计规范》GB 50005 的规定：

　　1 椽条、天棚搁栅或齿板屋架的定位、间距和支撑长度；

　　2 屋盖洞口周围椽条与顶棚搁栅的布置和数量；洞口周围椽条与顶棚搁栅间的连接、连接件的规格尺寸及布置；

　　3 屋面板铺钉方式及与搁栅连接用钉的间距。

　　检查数量：检验批全数。

　　检验方法：目测、尺量。

11.3.10 预制梁柱组件的制作与安装偏差宜分别按梁、柱构件检查验收，且应符合现行国家标准《木结构工程施工质量验收规范》GB 50206 的规定。

11.3.11 预制轻型木结构墙体、楼盖、屋盖的制作与安装偏差应符合现行国家标准《木结构工程施工质量验收规范》GB 50206 的规定。

11.3.12 外墙接缝处的防水性能应符合设计要求。

　　检查数量：按批检验。每 1000m² 或不足 1000m² 外墙面积划分为一个检验批，每个检验批每 100m² 应至少抽查一处，每处不得少于 10m²。

　　检验方法：检查现场淋水试验报告。

12　使用和维护

12.1　一 般 规 定

12.1.1 装配式木结构建筑设计时应采取方便使用期间检测和维护的措施。

12.1.2 装配式木结构建筑工程移交时应提供房屋使用说明书，房屋使用说明书中应包括下列内容：

　　1 设计单位、施工单位、组件部品生产单位；

　　2 结构类型；

3 装饰、装修注意事项；

4 给水、排水、电、燃气、热力、通信、消防等设施配置的说明；

5 有关设备、设施安装预留位置的说明和安装注意事项；

6 承重墙、保温墙、防水层、阳台等部位注意事项的说明；

7 门窗类型和使用注意事项；

8 配电负荷；

9 其他需要说明的问题。

12.1.3 在使用初期，应制定明确的装配式木结构建筑检查和维护制度。

12.1.4 在使用过程中，应详细准确记录检查和维修的情况，并应建立检查和维修的技术档案。

12.1.5 当发现装配式木构件有腐蚀或虫害的迹象时，应按腐蚀的程度、虫害的性质和损坏程度制定处理方案，并应及时进行补强加固或更换。

12.1.6 装配式木结构建筑的日常使用应符合下列规定：

1 木结构墙体应避免受到猛烈撞击和与锐器接触；

2 纸面石膏板墙面应避免长时间接近超过 50℃ 的高温；

3 木构件、钢构件和石膏板应避免遭受水的浸泡；

4 室内外的消防设备不得随意更改或取消。

12.1.7 使用过程中不应随意变更建筑物用途、变更结构布局、拆除受力构件。

12.1.8 装配式木结构建筑应每半年对防雷装置进行检查，检查应包括下列项目：

1 防雷装置的引线、连接件和固定装置的松动变形情况；

2 金属导体腐蚀情况；

3 防雷装置的接地情况。

12.2 检 查 要 求

12.2.1 装配式木结构建筑工程竣工使用 1 年时，应进行全面检查，此后宜按当地气候特点、建筑使用功能等，每隔 3 年～5 年进行检查。

12.2.2 装配式木结构建筑应进行下列检查：

1 使用环境检查：检查装配式木结构建筑的室外标高变化、排水沟、管道、虫蚁洞穴等情况；

2 外观检查：检查装配式木结构建筑装饰面层老化破损、外墙渗漏、天沟、檐沟、雨水管道、防水防虫设施等情况；

3 系统检查：检查装配式木结构组件、组件内和组件间连接、屋面防水系统、给水排水系统、电气系统、暖通系统、空调系统的安全和使用状况。

12.2.3 装配式木结构建筑的检查应包括下列项目：

1 预制木结构组件内和组件间连接松动、破损或缺失情况；

2 木结构屋面防水、损坏和受潮等情况；

3 木结构墙面和天花板的变形、开裂、损坏和受潮等情况；

4 木结构组件之间的密封胶或密封条损坏情况；

5 木结构墙体面板固定螺钉松动和脱落情况；

6 室内卫生间、厨房的防水和受潮等情况；

7 消防设备的有效性和可操控性情况；

8 虫害、腐蚀等生物危害情况。

12.2.4 装配式木结构建筑的检查可采用目测观察或手动检查。当发现隐患时宜选用其他无损或微损检测方法进行深入检测。

12.2.5 当有需要时，装配式木结构建筑可进行门窗组件气密性、墙体和楼面隔声性能、楼面振动性能、建筑围护结构传热系数、建筑物动力特性等专项测试。

12.2.6 对大跨和高层装配式木结构建筑，宜进行长期监测，长期监测内容可包括：

1 环境相对湿度、环境温度和木材含水率监测；

2 结构和关键构件水平位移、竖向位移和长期蠕变监测；

3 结构和关键构件应变和应力监测；

4 能耗监测。

12.2.7 当连续监测结果与设计差异较大时，应评估装配式木结构的安全性，并应采取保证其正常使用的措施。

12.3 维 护 要 求

12.3.1 对于检查项目中不符合要求的内容，应组织实施一般维修。一般维修包括：

1 修复异常连接件；

2 修复受损木结构屋盖板，并清理屋面排水系统；

3 修复受损墙面、天花板；

4 修复外墙围护结构渗水；

5 更换或修复已损坏或已老化零部件；

6 处理和修复室内卫生间、厨房的渗漏水和受潮；

7 更换异常消防设备。

12.3.2 对一般维修无法修复的项目，应组织专业施工单位进行维修、加固和修复。

本标准用词说明

1 为便于在执行本标准条文时区别对待，对要求严格程度不同的用词说明如下：

1) 表示很严格，非这样做不可的：

正面词采用"必须"，反面词采用"严禁"；

2）表示严格，在正常情况下均应这样做的：

正面词采用"应"，反面词采用"不应"或"不得"；

3）表示允许稍有选择，在条件许可时首先应这样做的：

正面词采用"宜"，反面词采用"不宜"；

4）表示有选择，在一定条件下可以这样做的，采用"可"。

2 条文中指明应按其他有关标准执行的写法为"应符合……的规定"或"应按……执行"。

引用标准名录

1 《建筑模数协调标准》GB/T 50002
2 《木结构设计规范》GB 50005
3 《建筑结构荷载规范》GB 50009
4 《混凝土结构设计规范》GB 50010
5 《建筑抗震设计规范》GB 50011
6 《建筑设计防火规范》GB 50016
7 《钢结构设计规范》GB 50017
8 《建筑采光设计标准》GB 50033
9 《建筑物防雷设计规范》GB 50057
10 《建筑结构可靠度设计统一标准》GB 50068
11 《民用建筑隔声设计规范》GB 50118
12 《民用建筑热工设计规范》GB 50176
13 《公共建筑节能设计标准》GB 50189
14 《木结构工程施工质量验收规范》GB 50206
15 《建筑装饰装修工程质量验收规范》GB 50210
16 《建筑内部装修设计防火规范》GB 50222
17 《建筑给水排水及采暖工程施工质量验收规范》GB 50242
18 《通风与空调工程施工质量验收规范》GB 50243
19 《建筑工程施工质量验收统一标准》GB 50300
20 《建筑电气工程施工质量验收规范》GB 50303
21 《智能建筑设计标准》GB 50314
22 《民用建筑工程室内环境污染控制规范》GB 50325
23 《智能建筑工程质量验收规范》GB 50339
24 《屋面工程技术规范》GB 50345
25 《民用建筑设计通则》GB 50352
26 《木骨架组合墙体技术规范》GB/T 50361
27 《工程建设施工企业质量管理规范》GB/T 50430
28 《建筑施工组织设计规范》GB/T 50502
29 《胶合木结构技术规范》GB/T 50708
30 《民用建筑供暖通风与空气调节设计规范》GB 50736
31 《木结构工程施工规范》GB/T 50772
32 《防腐木材工程应用技术规范》GB 50828
33 《多高层木结构建筑技术标准》GB/T 51226
34 《开槽沉头木螺钉》GB/T 100
35 《碳素结构钢》GB/T 700
36 《十字槽沉头木螺钉》GB 951
37 《钢结构用高强度大六角头螺栓》GB/T 1228
38 《钢结构用高强度大六角螺母》GB/T 1229
39 《钢结构用高强度垫圈》GB/T 1230
40 《钢结构用高强度大六角头螺栓、大六角螺母、垫圈技术条件》GB/T 1231
41 《低合金高强度结构钢》GB/T 1591
42 《紧固件机械性能 螺栓、螺钉和螺柱》GB/T 3098.1
43 《紧固件机械性能 螺母》GB/T 3098.2
44 《紧固件机械性能 自攻螺钉》GB/T 3098.5
45 《紧固件机械性能 不锈钢螺栓、螺钉和螺柱》GB/T 3098.6
46 《紧固件机械性能 自钻自攻螺钉》GB/T 3098.11
47 《紧固件机械性能 不锈钢螺母》GB/T 3098.15
48 《钢结构用扭剪型高强度螺栓连接副》GB/T 3632
49 《耐候结构钢钢》GB/T 4171
50 《非合金钢及细晶粒钢焊条》GB/T 5117
51 《热强钢焊条》GB/T 5118
52 《紧固件 螺栓和螺钉通孔》GB/T 5277
53 《六角头螺栓 C 级》GB/T 5780
54 《六角头螺栓》GB/T 5782
55 《建筑门窗洞口尺寸系列》GB/T 5824
56 《一般工程用铸造碳钢件》GB/T 11352
57 《绝热用岩棉、矿渣棉及其制品》GB/T 11835
58 《绝热用玻璃棉及其制品》GB/T 13350
59 《一般工程与结构用低合金钢铸件》GB/T 14408
60 《硅酮建筑密封胶》GB/T 14683
61 《十字槽盘头自钻自攻螺钉》GB/T 15856.1
62 《十字槽沉头自钻自攻螺钉》GB/T 15856.2
63 《建筑用硅酮结构密封胶》GB 16776
64 《防火封堵材料》GB 23864
65 《建筑用阻燃密封胶》GB/T 24267
66 《建筑门窗、幕墙用密封胶条》GB/T 24498
67 《结构用集成材》GB/T 26899

中华人民共和国国家标准

装配式木结构建筑技术标准

GB/T 51233—2016

条 文 说 明

编 制 说 明

《装配式木结构建筑技术标准》GB/T 51233-2016 经住房和城乡建设部 2017 年 1 月 10 日以第 1417 号公告批准、发布。

本标准编制过程中，编制组进行了广泛的调查研究，总结并吸收了国内外有关装配式木结构技术、设计和应用的成熟经验，参考国际先进标准，同时结合我国装配式木结构建筑发展的需要，确定了各项技术要求。

为便于广大工程技术人员、科研和高校的相关人员在使用本标准时能正确理解和执行条文规定，《装配式木结构建筑技术标准》编制组按章、节、条顺序编制了本标准的条文说明，对条文规定的目的、依据以及执行中需注意的有关事项进行了说明。但是，本条文说明不具备与标准正文同等的法律效力，仅供使用者作为理解和把握标准规定的参考。

目　次

1 总 则

1.0.1 本标准中装配式木结构建筑包括装配式纯木结构、装配式组合木结构和装配式混合木结构等木结构建筑。由于装配式木结构建筑的预制单元分为预制梁柱构件或组件、预制板式组件和预制空间模块组件，因此，按预制单元的划分规定，方木原木结构、胶合木结构、轻型木结构和正交胶合木结构均属于装配式木结构建筑。目前，普遍采用的井干式木结构的墙体组件由工业化生产制作，可作为装配式木结构建筑的一种特殊结构形式。

1.0.3 本条是装配式木结构建筑在设计、制作、安装、验收、使用和维护时，应遵守的基本规定。

2 术 语

2.0.3 现代木结构建筑的建造过程都是使用工厂按一定规格加工制作的木材或木构件，通过在施工现场安装而构成完整的木结构建筑，因此，现代木结构建筑都可列入装配式木结构的定义范围。本标准将装配式木结构按木结构体系的不同类型分为装配式纯木结构、装配式木混合结构。对于不同木结构体系的装配式木结构，按木结构体系中主要承重构件采用的结构材料分类，可分为方木原木结构、轻型木结构、胶合木结构和正交胶合木结构。

2.0.10 预制空间组件是装配式木结构建筑发展的趋势之一，将预制空间组件进行平面或立体的组合，就能构成不同使用功能的木结构建筑。预制空间组件可以按建筑的使用功能、建筑空间的设计要求和结构形式进行组件划分。对于可以整体吊装或移动、独立具有一定使用功能的整体预制木屋，也可按预制空间模块组件作为装配式木结构建筑的一种。

3 材 料

3.1 木 材

3.1.1 装配式木结构用木材可分为方木、板材、规格材、层板胶合木、正交胶合木、结构复合木材、木基结构板和其他结构用锯材。这些木质材料的力学性能指标、材质要求和材质等级、含水率等都应符合现行国家标准《木结构设计规范》GB 50005 和《胶合木结构技术规范》GB/T 50708 的规定。对于材料力学性能指标在现行国家标准中没有列出的新材料，其力学性能指标应按现行国家标准《木结构设计规范》GB 50005 的规定进行确定。

3.1.3 装配式木结构建筑的防火设计应符合现行国家标准《建筑设计防火规范》GB 50016 和《木结构

设计规范》GB 50005 的规定。对于多高层装配式木结构建筑的防火设计还应符合现行国家标准《多高层木结构建筑技术标准》GB/T 51226 的规定。本标准未对防火设计另行规定。

3.2 钢材与金属连接件

目前我国木结构工程中大量使用进口的金属连接件和进口的金属齿板，国外进口金属连接件其质量应符合相关的产品要求或应符合工程设计的要求，并应符合合同条款的规定，必要时应对其材料进行复验。

4 基 本 规 定

4.0.1 符合建筑功能和性能要求是建筑设计的基本要求，建筑、结构、机电设备、室内装饰装修的一体化设计是装配式建筑的主要特点和基本要求。装配式木结构建筑要求设计、制作、安装、装修等单位在各个阶段协同工作。

4.0.2 装配式木结构建筑组件均应在工厂加工制作，为降低造价，提高生产效率，便于安装和质量控制，在满足建筑功能的前提下，拆分的组件单元应尽量标准定型化，提高标准化组件单元的利用率。

4.0.6 装配式建筑设计应采用信息化技术手段（BIM）进行方案、施工图设计。方案设计包括总体设计、性能分析、方案优化等内容；施工图设计包括：建筑、结构、设备等专业协同设计，管线或管道综合设计和构件、组件、部品设计等内容。采用 BIM 技术能在方案阶段有效避免各专业、各工种间的矛盾，提前将矛盾解决；同时采用 BIM 技术整体把控整个工程进度，提高构件加工和安装的精度。

4.0.9 装配式木结构建筑按拆分组件的特征，拆分组件可分为梁柱式组件、板式组件和空间组件。梁柱组件指胶合木结构的基本受力单元，集成化程度低，运输方便但现场组装工作多；板式组件则是平面构件，包含墙板和楼板，集成化程度较高，是装配式结构中最主要的拆分组件单元，运输方便现场工作少；空间组件集成化程度最高，但对运输和现场安装能力要求高。组件的拆分应符合工业化的制作要求，便于生产制作。

4.0.11 装配式木结构建筑应按现行国家标准《木结构设计规范》GB 50005、《胶合木结构技术规范》GB/T 50708 和《多高层木结构建筑技术标准》GB/T 51226 进行结构内力计算和组件的承载验算。由于装配式木结构中采用预制的结构组件，应注意组件间的连接，确保连接可靠，保证结构的整体性。计算分析时，应按预制组件的结构特征采用合适的计算模型。

5 建 筑 设 计

5.1 一 般 规 定

5.1.2 建筑的朝向、门窗开启面积及方式以及层高、外墙形式均与建筑所在地的气候条件息息相关。

5.1.4～5.1.6 建筑模数协调的目的是使建筑预制构件、组件、部品设计标准化、通用化，实现少规格、多组合。模数是实现建筑装配式的基本手段，统一的模数，保证了各专业之间协调，同时使装配式木结构建筑各组件、部品工厂化。对于量大面广的住宅等居住建筑宜优先选用标准化的建筑部品。

5.1.7～5.1.11 本标准中装配式木结构建筑包括居住建筑与公共建筑的民用建筑类型，其建筑、结构、设备及热工、通风、采光设计以及污染物控制应当满足相应设计标准的要求。

5.2 建筑平面与空间

5.2.1 平面规整简单，符合工业化的要求，结构组件形式、规格统一，方便制作、运输。

5.2.3 厨房、卫生间的平面尺寸宜符合模数要求，并考虑橱柜、卫浴设施以及设备管道的合理布置，设备管道的接口设计与标准化的建筑部品相协调。由于装配式木结构建筑的楼板、墙体是工厂加工完成的，厨房、卫生间采用整体橱柜和卫浴，一次性完成精装修，可避免破坏设备管线或管道的预留孔洞、防水等。

5.3 围 护 系 统

5.3.3 建筑集成技术是装配式建筑的主要技术特征之一。建筑集成技术包括外围护系统集成技术，室内装修集成技术，机电设备集成技术。其中外围护系统集成技术设计应满足外围护系统的性能要求。

5.3.4 作为承重构件的轻型木质组合墙体包括了木骨架组合墙体和木框架剪力墙。正交胶合木墙体是建造多高层木结构建筑的主要构件之一，其适用范围广泛。

5.3.9 因为气密性与冬季室内温度的高低和能耗高低有直接的联系，形成连续的气密层，有利于提高建筑物的性能和使用寿命，同时有利于建筑节能环保和使用者的舒适度。

5.3.11 坡屋面利于解决屋面排水。坡屋面比较适合体量较小（单层、多层木结构建筑）的建筑形式，对于多高层及大跨度建筑，应以体现建筑结构美为宜。设置挑檐可以保护墙体免受雨水淋湿。

5.4 集 成 化 设 计

5.4.1、5.4.2 建筑集成技术是装配式建筑的主要技术特征之一。建筑集成技术包括外围护系统集成技术，室内装修集成技术，机电设备集成技术。装配式建筑应在建筑设计的同时进行室内装饰装修设计，水、暖、电等专业的设备设施管线或管道及接口宜定型定位，并与标准化设计相协调，在预制构件与建筑部品中做好预留或预埋，避免后期装修重新开槽、钻孔等二次作业。

5.4.4 轻型木结构和胶合木结构房屋建筑室内墙面覆面材料宜采用纸面石膏板，如采用其他材料，其燃烧性能技术指标应符合现行国家标准《建筑材料难燃性试验方法》GB 8625 的规定。

5.4.7 同层排水可以解决预制楼板等的预留设备孔洞问题。同层排水技术最早出现在《住宅设计规范》GB 50096－1999 中，同层排水容易出现堵塞和渗漏。所以施工中应做到以下几点：①严把材料质量关；②施工方法适宜；③成品保护及时有效；④管道连接时，环境温度应高于 5℃ 且空气湿度不能过大；⑤在施工过程中必须对系统进行必要的检查与试验，采用灌水及通水的方法检查管道的严密性，验证是否渗漏。

5.4.12 装配式木结构建筑应采用管线综合设计，应用 BIM 在内的建筑信息技术手段进行三维管线综合设计与管线碰撞检查，并在预制木构件上预开的套管、孔洞做好定位及定型，减少现场加工。

6 结 构 设 计

6.2 结 构 分 析

6.2.2 装配式木结构建筑的结构分析模型应按实际情况确定，模型的建立、必要的简化计算与处理应符合结构的实际工作状况，模型中连接节点的假定应符合结构中节点的实际工作性能。所有分析模型计算结果，应经分析、判断确认其合理和有效后方可用于工程设计。若无可靠的理论依据时，应采取试验或专家评审会的方式做专题研究后确定。

6.2.4 承载能力极限状态验算时，结构分析所用材料弹性模量的取值应符合下列规定：

    1 对于一阶弹性分析，当结构内力分布不受荷载持续时间影响时，可采用未经使用条件系数和设计使用年限系数调整的弹性模量设计值；

    2 对于一阶弹性分析，当结构内力分布受到荷载持续时间影响时，需采用经使用条件系数和设计使用年限系数调整的弹性模量设计值，相关调整系数取值应符合现行国家标准《木结构设计规范》GB 50005 的规定；

    3 对于二阶弹性分析，可采用未经使用条件系数和设计使用年限系数调整的弹性模量设计值。

6.2.5 层间位移角即层间最大位移与层高的比值。

7 连接设计

7.1 一般规定

7.1.1、7.1.2 本章的连接既包括预制木结构组件内部各组成部分之间的连接和预制木结构组件之间的连接，也包括由于组装单元的拆分造成的预制组件之间连接以及预制组件和其他结构之间的连接。对于工厂加工制作的组件，其组成部分之间的连接设计和构造要求与现场制作时采用的连接相同。

7.1.3 现场装配连接包括了组装单元的拆分造成的预制组件之间连接，以及预制组件和其他结构之间的连接。设计时应按结构分析获得的连接处最不利内力进行计算。

7.1.4 实际工程中，当采用新型的连接方式或难以确定计算模型的连接方式，以及采用传统的榫卯连接时，为了保证连接的传力可靠性，应通过试验验证或工程验证有效后方可采用。

7.2 木组件之间连接

7.2.2 钉的有效长度取钉的实际长度扣除钉尖长度，钉尖长度按 1.5 倍钉直径计算。

7.3 木组件与其他结构连接

7.3.4 锚栓的防腐处理可采用热浸镀锌或其他方式，也可以直接采用不锈钢。

7.3.7 本条参考了加拿大"木结构规范—2010"。预制木组件和混凝土结构之间的连接不得采用斜钉连接，试验表明这种连接方式在横向力的作用下不可靠。

8 防 护

8.0.1 木材的腐朽，系受木腐菌侵害所致。在木结构建筑中，木腐菌主要依赖潮湿的环境而得以生存与发展，各地调查表明，凡是在结构构造上封闭的部位以及易经常潮湿的场所，其木构件无不受木腐菌的侵害，严重者甚至会发生木结构坍塌事故。与此相反，若木结构所处的环境通风良好，其木构件的使用年限即使已逾百年，仍然可保持完好无损的状态。因此，设计时，首先应采取既经济又有效的构造措施。在采取构造措施后仍有可能遭受菌害的结构或部位，需要另外采取防腐、防虫措施。

9 制作、运输和储存

9.2 制 作

9.2.1 按国家标准《木结构试验方法标准》GB/T

50329-2012 附录 B，以我国典型地区乌鲁木齐和上海为例，乌鲁木齐全年木材平衡含水率均值为 12.1%，月份之间变化差值最大为 10.8%；上海全年木材平衡含水率均值为 16.0%，月份之间变化差值最大为 3.2%。由于胶合木在层板厚度方向无胶粘剂的约束作用，木材含水率的变化将导致面积较大的干缩和湿胀变形，因此在木结构组件加工时，应考虑该因素，并应考虑木组件含水率变化造成尺寸变化的影响预留伸缩量。

9.2.3 木构件制作过程中宜采用 BIM 信息化模型，以保证尺寸、规格以及深加工的正确性。考虑到木构件和金属连接件的加工通常由不同单位分别完成，且木构件和金属连接件均包含各自允许范围内的加工误差，为保证装配施工的质量，避免增加现场加工工作量，预制木构件、部件制作完成后应在工厂进行预组装。

9.2.6 正交胶合木的幅面尺寸通常较大，且其层板数量较少（一般为 3 或 5 层），构件更易发生变形，为提高构件的装配质量，并保证构件使用过程中的品质。当所采用规格材的截面尺寸较大时，宜采用变形控制构造措施，通过开槽释放应力，减小变形。

9.2.7 本条是考虑我国目前胶合木生产企业构件装配式加工的能力，并结合木构件装配质量而制定的。

10 安 装

10.1 一般规定

10.1.1 施工组织设计是指导施工的重要依据。装配式木结构建筑安装为吊装作业，对吊装设备、人员、安装顺序要求较高。为保证工程的顺利进行，施工前应编制施工组织设计和专项方案。专项施工方案应综合考虑工程特点、组件规格、施工环境、机械设备等因素，体现装配式木结构的施工特点和施工工艺。

10.1.2 装配式木结构建筑安装吊装工作量大，存在较大的施工风险，对施工单位的素质要求较高。为保证施工及结构的安全，要求施工单位具备相应的施工能力及管理能力。

10.1.4 本条为编制专项施工方案的主要内容，应重点描述，指导施工作业。

10.1.5 吊装前应选择适当的吊具。对吊带、吊钩、分配梁等吊具应进行施工验算。

10.1.6 现场施工应按施工方案，灵活安排吊装作业，既可以单组件吊装，也可以将多个组件在地面上组装作为一个安装单元整体吊装。

10.1.7 预制组件吊装时有以下几点需要注意：

1 由多个组件组装成的安装单元吊装前应进行吊点的设计、复核，满足组件的强度、刚度要求，并经试吊后正式吊装，既要保证组件顺利就位，也要保证组件与组件之间无变形、错位。

2 对于细长杆式组件、体量较大的板式组件、空间模块组件，应考虑吊装过程中组件的安全性，可以采用分配梁、多吊点等方式。

3 组件安装就位后，一般情况下，首先校正轴线位置，然后调整垂直度，并初步紧固连接节点。待周边相关组件调整就位后，紧固连接节点。

4 组件吊装时应有防脱措施。

10.1.8 组件作为一个整体，统一考虑了保温、隔声、防火、防护等措施，不得随意切割、开洞。如因特定原因，必须进行切割或开洞时，应采取相应措施，并经设计确认。

10.1.10 连接部位的封堵应考虑防火、防护及保温隔声等因素，做法应在设计中明确说明或取得设计认可。

10.3 安　装

10.3.7 对于墙、柱类组件，吊装前设定控制点，吊装时一般先调整组件下部控制点的标高，再调整平面位置，然后调整组件垂直度，上述调整完成后，复核组件顶部控制点坐标。

11 验　收

11.1 一 般 规 定

11.1.8 按材料、产品质量控制和构件制作安装质量控制划分不同的检验批，是现行国家标准《木结构工程施工质量验收规范》GB 50206 为保证工程质量做出的规定，其中主要按方木原木结构、胶合木结构和轻型木结构三个分项工程做出了产品质量控制和构件制作安装质量控制的划分检验批的规定。这些规定仍然适用于装配式木结构。采用正交胶合木制作的装配式木结构，尚未包括在《木结构工程施工质量验收规范》GB 50206 所划分的分项工程中，但可参照胶合木结构分项工程的有关规定执行。

11.2 主 控 项 目

11.2.1 现行国家标准《木结构工程施工质量验收规范》GB 50206 将结构形式与结构布置、构件材料的材质和强度等级以及节点连接等三方面归结为影响结构安全的最重要的因素。《木结构工程施工质量验收规范》GB 50206 中并没有关于预制组件所用材料的规定，故本标准中对其单列一条，按等同于《木结构工程施工质量验收规范》GB 50206 对构件材料的材质和强度等级的规定执行。

11.2.2 应特别注意针对正交胶合木结构执行该条。《木结构工程施工质量验收规范》GB 50206 对方木原木结构、胶合木结构、轻型木结构都做出了与该条相似的规定，这些结构原则上都可以设计成装配式木结构。

11.2.4、11.2.5 针对装配式木结构的特点，本标准将节点连接分为工厂预制和现场装配两类，复杂和关键节点进行工厂预制更能保证质量。连接的施工质量直接影响结构安全，相关条文应严格执行，杜绝发生不符合设计文件规定的情况。

11.2.9 装配式方木原木结构、胶合木结构主要为梁柱或框架体系，其中木柱与基础的连接本身就能起到抗倾覆作用。装配式轻型木结构和正交胶合木结构为板壁式结构体系，除抵抗风与地震水平作用力外，应特别注意其抗倾覆与抗掀起措施的设置。

11.3 一 般 项 目

11.3.10 现行国家标准《木结构工程施工质量验收规范》GB 50206 分别规定了梁、柱构件的制作与安装偏差限值，故预制梁柱组件的制作与安装尺寸偏差可分别按梁、柱构件检查验收。

11.3.11 现行国家标准《木结构工程施工质量验收规范》GB 50206 已经对轻型木结构墙体、楼盖、屋盖的制作与安装偏差做出了验收规定。预制轻型木结构墙体、楼盖、屋盖应完全符合现行国家标准《木结构工程施工质量验收规范》GB 50206 的规定。

12 使用和维护

12.1 一 般 规 定

12.1.1 为了方便使用期间对建筑物进行检测和维护，在装配式木结构建筑设计时，就应结合检测和维护的相关要求采取适当的措施。比如，设置检修孔、检修平台或检修通道，以及预留检测设备或设施等。

12.2 检 查 要 求

12.2.6 大跨装配式木结构建筑是指跨度大于 30m 的木结构建筑，高层装配式木结构建筑是指层数大于 6 层的木结构建筑。由于我国对于大跨和高层木结构建筑的研究少，因此，建议有条件时，对大跨和高层木结构建筑进行长期监测，为后续研究积累实际经验。

中华人民共和国国家标准

混凝土结构设计规范

Code for design of concrete structures

GB 50010—2010

（2015年版）

主编部门：中华人民共和国住房和城乡建设部
批准部门：中华人民共和国住房和城乡建设部
施行日期：２ ０ １ １ 年 ７ 月 １ 日

中华人民共和国住房和城乡建设部
公 告

第 919 号

住房城乡建设部关于发布国家标准
《混凝土结构设计规范》局部修订的公告

现批准《混凝土结构设计规范》GB 50010-2010 局部修订的条文,自发布之日起实施。经此次修改的原条文同时废止。

局部修订的条文及具体内容,将刊登在我部有关网站和近期出版的《工程建设标准化》刊物上。

2015 年 9 月 22 日

修 订 说 明

本次局部修订系根据住房和城乡建设部《关于同意国家标准〈混凝土结构设计规范〉GB 50010-2010 局部修订的函》(建标标函〔2013〕29 号)要求,由中国建筑科学研究院会同有关单位对《混凝土结构设计规范》GB 50010-2010 局部修订而成。

本次修订对混凝土结构用钢筋的品种和规格进行了调整。修订过程中广泛征求了各方面的意见,对具体修订内容进行了反复的讨论和修改,与相关标准进行协调,最后经审查定稿。

此次局部修订,共涉及 9 个条文的修改,分别为第 4.2.1 条、第 4.2.2 条、第 4.2.3 条、第 4.2.4 条、第 4.2.5 条、第 9.3.2 条、第 9.7.6 条、第 11.7.11 条和第 G.0.12 条。

本规范条文下划线部分为修改的内容;用黑体字表示的条文为强制性条文,必须严格执行。

本次局部修订的主编单位:中国建筑科学研究院

本次局部修订的参编单位:重庆大学
郑州大学
北京市建筑设计研究院
华东建筑设计研究院有限公司
南京市建筑设计研究院有限公司
中国建筑西南设计研究院

本规范主要起草人员:赵基达 徐有邻
黄小坤 朱爱萍
王晓锋 傅剑平
刘立新 柯长华
张凤新 左 江
吴小宾 刘 刚

本规范主要审查人员:徐 建 任庆英
娄 宇 白生翔
钱稼茹 李 霆
王丽敏 耿树江
张同亿

1—5—2

中华人民共和国住房和城乡建设部
公　告

第 743 号

关于发布国家标准
《混凝土结构设计规范》的公告

现批准《混凝土结构设计规范》为国家标准，编号为 GB 50010 - 2010，自 2011 年 7 月 1 日起实施。其中，第 3.1.7、3.3.2、4.1.3、4.1.4、4.2.2、4.2.3、8.5.1、10.1.1、11.1.3、11.2.3、11.3.1、11.3.6、11.4.12、11.7.14 条为强制性条文，必须严格执行。原《混凝土结构设计规范》GB 50010 - 2002 同时废止。

本规范由我部标准定额研究所组织中国建筑工业出版社出版发行。

中华人民共和国住房和城乡建设部

2010 年 8 月 18 日

前　　言

根据原建设部《关于印发〈2006 年工程建设标准规范制订、修订计划（第一批）〉的通知》（建标〔2006〕77 号文）要求，本规范由中国建筑科学研究院会同有关单位经调查研究，认真总结实践经验，参考有关国际标准和国外先进标准，并在广泛征求意见的基础上修订完成。

本规范的主要内容是：总则、术语和符号、基本设计规定、材料、结构分析、承载能力极限状态计算、正常使用极限状态验算、构造规定、结构构件的基本规定、预应力混凝土结构构件、混凝土结构构件抗震设计以及有关的附录。

本规范修订的主要技术内容是：1. 补充了结构方案、结构防连续倒塌、既有结构设计和无粘结预应力设计的原则规定；2. 修改了正常使用极限状态验算的有关规定；3. 增加了 500MPa 级带肋钢筋，以 300MPa 级光圆钢筋取代了 235MPa 级钢筋；4. 补充了复合受力构件设计的相关规定，修改了受剪、受冲切承载力计算公式；5. 调整了钢筋的保护层厚度、钢筋锚固长度和纵向受力钢筋最小配筋率的有关规定；6. 补充、修改了柱双向受剪、连梁和剪力墙边缘构件的抗震设计相关规定；7. 补充、修改了预应力混凝土构件及板柱节点抗震设计的相关要求。

本规范中以黑体字标志的条文为强制性条文，必须严格执行。

本规范由住房和城乡建设部负责管理和对强制性条文的解释，由中国建筑科学研究院负责具体技术内容的解释。执行本规范过程中如有意见或建议，请寄送中国建筑科学研究院国家标准《混凝土结构设计规范》管理组（地址：北京市北三环东路 30 号，邮编：100013）。

本 规 范 主 编 单 位：中国建筑科学研究院

本 规 范 参 编 单 位：清华大学
同济大学
重庆大学
天津大学
东南大学
郑州大学
大连理工大学
哈尔滨工业大学
浙江大学
湖南大学
西安建筑科技大学
河海大学
国家建筑工程质量监督检验中心
中国建筑设计研究院
北京市建筑设计研究院
华东建筑设计研究院有限公司
中国建筑西南设计研究院
南京市建筑设计研究院有限公司
中国航空工业规划设计研究院

国家建筑钢材质量监督检验中心

中建国际建设公司

北京榆构有限公司

左　江　　贾　洁　　吴小宾

朱建国　蒋勤俭　邓明胜

刘　刚

本规范主要起草人员：赵基达　徐有邻　黄小坤

陶学康　李云贵　李东彬

叶列平　李　杰　傅剑平

王铁成　刘立新　邱洪兴

邱小坛　王晓锋　朱爱萍

宋玉普　郑文忠　金伟良

梁兴文　易伟建　吴胜兴

范　重　柯长华　张凤新

本规范主要审查人员：吴学敏　徐永基　白生翔

李明顺　汪大绥　程懋堃

康谷贻　莫　庸　王振华

胡家顺　孙慧中　陈国义

耿树江　赵君黎　刘琼祥

娄　宇　章一萍　李　霆

吴一红

目　　次

1 总 则

1.0.1 为了在混凝土结构设计中贯彻执行国家的技术经济政策，做到安全、适用、经济，保证质量，制定本规范。

1.0.2 本规范适用于房屋和一般构筑物的钢筋混凝土、预应力混凝土以及素混凝土结构的设计。本规范不适用于轻骨料混凝土及特种混凝土结构的设计。

1.0.3 本规范依据现行国家标准《工程结构可靠性设计统一标准》GB 50153 及《建筑结构可靠度设计统一标准》GB 50068 的原则制定。本规范是对混凝土结构设计的基本要求。

1.0.4 混凝土结构的设计除应符合本规范外，尚应符合国家现行有关标准的规定。

2 术语和符号

2.1 术 语

2.1.1 混凝土结构 concrete structure
以混凝土为主制成的结构，包括素混凝土结构、钢筋混凝土结构和预应力混凝土结构等。

2.1.2 素混凝土结构 plain concrete structure
无筋或不配置受力钢筋的混凝土结构。

2.1.3 普通钢筋 steel bar
用于混凝土结构构件中的各种非预应力筋的总称。

2.1.4 预应力筋 prestressing tendon and/or bar
用于混凝土结构构件中施加预应力的钢丝、钢绞线和预应力螺纹钢筋等的总称。

2.1.5 钢筋混凝土结构 reinforced concrete structure
配置受力普通钢筋的混凝土结构。

2.1.6 预应力混凝土结构 prestressed concrete structure
配置受力的预应力筋，通过张拉或其他方法建立预加应力的混凝土结构。

2.1.7 现浇混凝土结构 cast-in-situ concrete structure
在现场原位支模并整体浇筑而成的混凝土结构。

2.1.8 装配式混凝土结构 precast concrete structure
由预制混凝土构件或部件装配、连接而成的混凝土结构。

2.1.9 装配整体式混凝土结构 assembled monolithic concrete structure
由预制混凝土构件或部件通过钢筋、连接件或施加预应力加以连接，并在连接部位浇筑混凝土而形成

整体受力的混凝土结构。

2.1.10 叠合构件 composite member
由预制混凝土构件（或既有混凝土结构构件）和后浇混凝土组成，以两阶段成型的整体受力结构构件。

2.1.11 深受弯构件 deep flexural member
跨高比小于 5 的受弯构件。

2.1.12 深梁 deep beam
跨高比小于 2 的简支单跨梁或跨高比小于 2.5 的多跨连续梁。

2.1.13 先张法预应力混凝土结构 pretensioned prestressed concrete structure
在台座上张拉预应力筋后浇筑混凝土，并通过放张预应力筋由粘结传递而建立预应力的混凝土结构。

2.1.14 后张法预应力混凝土结构 post-tensioned prestressed concrete structure
浇筑混凝土并达到规定强度后，通过张拉预应力筋并在结构上锚固而建立预应力的混凝土结构。

2.1.15 无粘结预应力混凝土结构 unbonded prestressed concrete structure
配置与混凝土之间可保持相对滑动的无粘结预应力筋的后张法预应力混凝土结构。

2.1.16 有粘结预应力混凝土结构 bonded prestressed concrete structure
通过灌浆或与混凝土直接接触使预应力筋与混凝土之间相互粘结而建立预应力的混凝土结构。

2.1.17 结构缝 structural joint
根据结构设计需求而采取的分割混凝土结构间隔的总称。

2.1.18 混凝土保护层 concrete cover
结构构件中钢筋外边缘至构件表面范围用于保护钢筋的混凝土，简称保护层。

2.1.19 锚固长度 anchorage length
受力钢筋依靠其表面与混凝土的粘结作用或端部构造的挤压作用而达到设计承受应力所需的长度。

2.1.20 钢筋连接 splice of reinforcement
通过绑扎搭接、机械连接、焊接等方法实现钢筋之间内力传递的构造形式。

2.1.21 配筋率 ratio of reinforcement
混凝土构件中配置的钢筋面积（或体积）与规定的混凝土截面面积（或体积）的比值。

2.1.22 剪跨比 ratio of shear span to effective depth
截面弯矩与剪力和有效高度乘积的比值。

2.1.23 横向钢筋 transverse reinforcement
垂直于纵向受力钢筋的箍筋或间接钢筋。

2.2 符 号

2.2.1 材料性能
E_c——混凝土的弹性模量；

E_s——钢筋的弹性模量；

C30——立方体抗压强度标准值为 $30N/mm^2$ 的混凝土强度等级；

HRB500——强度级别为 500MPa 的普通热轧带肋钢筋；

HRBF400——强度级别为 400MPa 的细晶粒热轧带肋钢筋；

RRB400——强度级别为 400MPa 的余热处理带肋钢筋；

HPB300——强度级别为 300MPa 的热轧光圆钢筋；

HRB400E——强度级别为 400MPa 且有较高抗震性能的普通热轧带肋钢筋；

f_{ck}、f_c——混凝土轴心抗压强度标准值、设计值；

f_{tk}、f_t——混凝土轴心抗拉强度标准值、设计值；

f_{yk}、f_{pyk}——普通钢筋、预应力筋屈服强度标准值；

f_{stk}、f_{ptk}——普通钢筋、预应力筋极限强度标准值；

f_y、f'_y——普通钢筋抗拉、抗压强度设计值；

f_{py}、f'_{py}——预应力筋抗拉、抗压强度设计值；

f_{yv}——横向钢筋的抗拉强度设计值；

δ_{gt}——钢筋最大力下的总伸长率，也称均匀伸长率。

2.2.2 作用和作用效应

N——轴向力设计值；

N_k、N_q——按荷载标准组合、准永久组合计算的轴向力值；

N_{u0}——构件的截面轴心受压或轴心受拉承载力设计值；

N_{p0}——预应力构件混凝土法向预应力等于零时的预加力；

M——弯矩设计值；

M_k、M_q——按荷载标准组合、准永久组合计算的弯矩值；

M_u——构件的正截面受弯承载力设计值；

M_{cr}——受弯构件的正截面开裂弯矩值；

T——扭矩设计值；

V——剪力设计值；

F_l——局部荷载设计值或集中反力设计值；

σ_s、σ_p——正截面承载力计算中纵向钢筋、预应力筋的应力；

σ_{pe}——预应力筋的有效预应力；

σ_l、σ'_l——受拉区、受压区预应力筋在相应阶段的预应力损失值；

τ——混凝土的剪应力；

w_{max}——按荷载准永久组合或标准组合，并考虑长期作用影响的计算最大裂缝宽度。

2.2.3 几何参数

b——矩形截面宽度，T 形、I 形截面的腹板宽度；

c——混凝土保护层厚度；

d——钢筋的公称直径（简称直径）或圆形截面的直径；

h——截面高度；

h_0——截面有效高度；

l_{ab}、l_a——纵向受拉钢筋的基本锚固长度、锚固长度；

l_0——计算跨度或计算长度；

s——沿构件轴线方向上横向钢筋的间距、螺旋筋的间距或箍筋的间距；

x——混凝土受压区高度；

A——构件截面面积；

A_s、A'_s——受拉区、受压区纵向普通钢筋的截面面积；

A_p、A'_p——受拉区、受压区纵向预应力筋的截面面积；

A_l——混凝土局部受压面积；

A_{cor}——箍筋、螺旋筋或钢筋网所围的混凝土核心截面面积；

B——受弯构件的截面刚度；

I——截面惯性矩；

W——截面受拉边缘的弹性抵抗矩；

W_t——截面受扭塑性抵抗矩。

2.2.4 计算系数及其他

α_E——钢筋弹性模量与混凝土弹性模量的比值；

γ——混凝土构件的截面抵抗矩塑性影响系数；

λ——计算截面的剪跨比，即 $M/(Vh_0)$；

ρ——纵向受力钢筋的配筋率；

ρ_v——间接钢筋或箍筋的体积配筋率；

ϕ——表示钢筋直径的符号，$\phi20$ 表示直径为 20mm 的钢筋。

3 基本设计规定

3.1 一般规定

3.1.1 混凝土结构设计应包括下列内容：

1 结构方案设计，包括结构选型、构件布置及传力途径；

2 作用及作用效应分析；

3 结构的极限状态设计；

4 结构及构件的构造、连接措施；

5 耐久性及施工的要求；

6 满足特殊要求结构的专门性能设计。

3.1.2 本规范采用以概率理论为基础的极限状态设计方法，以可靠指标度量结构构件的可靠度，采用分项系数的设计表达式进行设计。

3.1.3 混凝土结构的极限状态设计应包括：

1 承载能力极限状态：结构或结构构件达到最大承载力、出现疲劳破坏、发生不适于继续承载的变形或因结构局部破坏而引发的连续倒塌；

2 正常使用极限状态：结构或结构构件达到正常使用的某项规定限值或耐久性能的某种规定状态。

3.1.4 结构上的直接作用（荷载）应根据现行国家标准《建筑结构荷载规范》GB 50009 及相关标准确定；地震作用应根据现行国家标准《建筑抗震设计规范》GB 50011 确定。

间接作用和偶然作用应根据有关的标准或具体情况确定。

直接承受吊车荷载的结构构件应考虑吊车荷载的动力系数。预制构件制作、运输及安装时应考虑相应的动力系数。对现浇结构，必要时应考虑施工阶段的荷载。

3.1.5 混凝土结构的安全等级和设计使用年限应符合现行国家标准《工程结构可靠性设计统一标准》GB 50153 的规定。

混凝土结构中各类结构构件的安全等级，宜与整个结构的安全等级相同。对其中部分结构构件的安全等级，可根据其重要程度适当调整。对于结构中重要构件和关键传力部位，宜适当提高其安全等级。

3.1.6 混凝土结构设计应考虑施工技术水平以及实际工程条件的可行性。有特殊要求的混凝土结构，应提出相应的施工要求。

3.1.7 设计应明确结构的用途；在设计使用年限内未经技术鉴定或设计许可，不得改变结构的用途和使用环境。

3.2 结构方案

3.2.1 混凝土结构的设计方案应符合下列要求：

1 选用合理的结构体系、构件形式和布置；

2 结构的平、立面布置宜规则，各部分的质量和刚度宜均匀、连续；

3 结构传力途径应简捷、明确，竖向构件宜连续贯通、对齐；

4 宜采用超静定结构，重要构件和关键传力部位应增加冗余约束或有多条传力途径；

5 宜采取减小偶然作用影响的措施。

3.2.2 混凝土结构中结构缝的设计应符合下列要求：

1 应根据结构受力特点及建筑尺度、形状、使用功能要求，合理确定结构缝的位置和构造形式；

2 宜控制结构缝的数量，并应采取有效措施减

少设缝对使用功能的不利影响；

3 可根据需要设置施工阶段的临时性结构缝。

3.2.3 结构构件的连接应符合下列要求：

1 连接部位的承载力应保证被连接构件之间的传力性能；

2 当混凝土构件与其他材料构件连接时，应采取可靠的措施；

3 应考虑构件变形对连接节点及相邻结构或构件造成的影响。

3.2.4 混凝土结构设计应符合节省材料、方便施工、降低能耗与保护环境的要求。

3.3 承载能力极限状态计算

3.3.1 混凝土结构的承载能力极限状态计算应包括下列内容：

1 结构构件应进行承载力（包括失稳）计算；

2 直接承受重复荷载的构件应进行疲劳验算；

3 有抗震设防要求时，应进行抗震承载力计算；

4 必要时尚应进行结构的倾覆、滑移、漂浮验算；

5 对于可能遭受偶然作用，且倒塌可能引起严重后果的重要结构，宜进行防连续倒塌设计。

3.3.2 对持久设计状况、短暂设计状况和地震设计状况，当用内力的形式表达时，结构构件应采用下列承载能力极限状态设计表达式：

$$\gamma_0 S \leqslant R \qquad (3.3.2\text{-}1)$$

$$R = R(f_c, f_s, a_k, \cdots)/\gamma_{Rd} \qquad (3.3.2\text{-}2)$$

式中：γ_0——结构重要性系数：在持久设计状况和短暂设计状况下，对安全等级为一级的结构构件不应小于 1.1，对安全等级为二级的结构构件不应小于 1.0，对安全等级为三级的结构构件不应小于 0.9；对地震设计状况下应取 1.0；

S——承载能力极限状态下作用组合的效应设计值：对持久设计状况和短暂设计状况应按作用的基本组合计算；对地震设计状况应按作用的地震组合计算；

R——结构构件的抗力设计值；

$R(\cdot)$——结构构件的抗力函数；

γ_{Rd}——结构构件的抗力模型不定性系数：静力设计取 1.0，对不确定性较大的结构构件根据具体情况取大于 1.0 的数值；抗震设计应采用承载力抗震调整系数 γ_{RE} 代替 γ_{Rd}；

f_c、f_s——混凝土、钢筋的强度设计值，应根据本规范第 4.1.4 条及第 4.2.3 条的规定取值；

a_k——几何参数的标准值,当几何参数的变异性对结构性能有明显的不利影响时,应增减一个附加值。

注:公式(3.3.2-1)中的 $\gamma_0 S$ 为内力设计值,在本规范各章中用 N、M、V、T 等表达。

3.3.3 对二维、三维混凝土结构构件,当按弹性或弹塑性方法分析并以应力形式表达时,可将混凝土应力按区域等代成内力设计值,按本规范第 3.3.2 条进行计算;也可直接采用多轴强度准则进行设计验算。

3.3.4 对偶然作用下的结构进行承载能力极限状态设计时,公式(3.3.2-1)中的作用效应设计值 S 按偶然组合计算,结构重要性系数 γ_0 取不小于 1.0 的数值;公式(3.3.2-2)中混凝土、钢筋的强度设计值 f_c、f_s 改用强度标准值 f_{ck}、f_{yk}(或 f_{pyk})。

当进行结构防连续倒塌验算时,结构构件的承载力函数应按本规范第 3.6 节的原则确定。

3.3.5 对既有结构的承载能力极限状态设计,应按下列规定进行:

1 对既有结构进行安全复核、改变用途或延长使用年限而需验算承载能力极限状态时,宜符合本规范第 3.3.2 条的规定;

2 对既有结构进行改建、扩建或加固改造而重新设计时,承载能力极限状态的计算应符合本规范第 3.7 节的规定。

3.4 正常使用极限状态验算

3.4.1 混凝土结构构件应根据其使用功能及外观要求,按下列规定进行正常使用极限状态验算:

1 对需要控制变形的构件,应进行变形验算;

2 对不允许出现裂缝的构件,应进行混凝土拉应力验算;

3 对允许出现裂缝的构件,应进行受力裂缝宽度验算;

4 对舒适度有要求的楼盖结构,应进行竖向自振频率验算。

3.4.2 对于正常使用极限状态,钢筋混凝土构件、预应力混凝土构件应分别按荷载的准永久组合并考虑长期作用的影响或标准组合并考虑长期作用的影响,采用下列极限状态设计表达式进行验算:

$$S \leqslant C \qquad (3.4.2)$$

式中:S——正常使用极限状态荷载组合的效应设计值;

C——结构构件达到正常使用要求所规定的变形、应力、裂缝宽度和自振频率等的限值。

3.4.3 钢筋混凝土受弯构件的最大挠度应按荷载的准永久组合,预应力混凝土受弯构件的最大挠度应按

荷载的标准组合,并均应考虑荷载长期作用的影响进行计算,其计算值不应超过表 3.4.3 规定的挠度限值。

表 3.4.3 受弯构件的挠度限值

构件类型		挠度限值
吊车梁	手动吊车	$l_0/500$
	电动吊车	$l_0/600$
屋盖、楼盖及楼梯构件	当 $l_0 < 7\text{m}$ 时	$l_0/200$($l_0/250$)
	当 $7\text{m} \leqslant l_0 \leqslant 9\text{m}$ 时	$l_0/250$($l_0/300$)
	当 $l_0 > 9\text{m}$ 时	$l_0/300$($l_0/400$)

注:1 表中 l_0 为构件的计算跨度;计算悬臂构件的挠度限值时,其计算跨度 l_0 按实际悬臂长度的 2 倍取用;

2 表中括号内的数值适用于使用上对挠度有较高要求的构件;

3 如果构件制作时预先起拱,且使用上也允许,则在验算挠度时,可将计算所得的挠度值减去起拱值;对预应力混凝土构件,尚可减去预加力所产生的反拱值;

4 构件制作时的起拱值和预加力所产生的反拱值,不宜超过构件在相应荷载组合作用下的计算挠度值。

3.4.4 结构构件正截面的受力裂缝控制等级分为三级,等级划分及要求应符合下列规定:

一级——严格要求不出现裂缝的构件,按荷载标准组合计算时,构件受拉边缘混凝土不应产生拉应力。

二级——一般要求不出现裂缝的构件,按荷载标准组合计算时,构件受拉边缘混凝土拉应力不应大于混凝土抗拉强度的标准值。

三级——允许出现裂缝的构件:对钢筋混凝土构件,按荷载准永久组合并考虑长期作用影响计算时,构件的最大裂缝宽度不应超过本规范表 3.4.5 规定的最大裂缝宽度限值。对预应力混凝土构件,按荷载标准组合并考虑长期作用的影响计算时,构件的最大裂缝宽度不应超过本规范表 3.4.5 条规定的最大裂缝宽度限值;对二 a 类环境的预应力混凝土构件,尚应按荷载准永久组合计算,且构件受拉边缘混凝土的拉应力不应大于混凝土的抗拉强度标准值。

3.4.5 结构构件应根据结构类型和本规范第 3.5.2 条规定的环境类别,按表 3.4.5 的规定选用不同的裂缝控制等级及最大裂缝宽度限值 w_{lim}。

表 3.4.5 结构构件的裂缝控制等级及最大裂缝宽度的限值（mm）

环境类别	钢筋混凝土结构		预应力混凝土结构	
	裂缝控制等级	w_{lim}	裂缝控制等级	w_{lim}
一	三级	0.30 (0.40)	三级	0.20
二 a		0.20	三级	0.10
二 b			二级	—
三 a、三 b			一级	—

注：1 对处于年平均相对湿度小于 60％地区一类环境下的受弯构件，其最大裂缝宽度限值可采用括号内的数值；

2 在一类环境下，对钢筋混凝土屋架、托架及需作疲劳验算的吊车梁，其最大裂缝宽度限值应取为 0.20mm；对钢筋混凝土屋面梁和托梁，其最大裂缝宽度限值应取为 0.30mm；

3 在一类环境下，对预应力混凝土屋架、托架及双向板体系，应按二级裂缝控制等级进行验算；对一类环境下的预应力混凝土屋面梁、托梁、单向板，应按表中二 a 类环境的要求进行验算；在一类和二 a 类环境下需作疲劳验算的预应力混凝土吊车梁，应按裂缝控制等级不低于二级的构件进行验算；

4 表中规定的预应力混凝土构件的裂缝控制等级和最大裂缝宽度限值仅适用于正截面的验算；预应力混凝土构件的斜截面裂缝控制验算应符合本规范第 7 章的有关规定；

5 对于烟囱、筒仓和处于液体压力下的结构，其裂缝控制要求应符合专门标准的有关规定；

6 对于处于四、五类环境下的结构构件，其裂缝控制要求应符合专门标准的有关规定；

7 表中的最大裂缝宽度限值为用于验算荷载作用引起的最大裂缝宽度。

3.4.6 对混凝土楼盖结构应根据使用功能的要求进行竖向自振频率验算，并宜符合下列要求：

1 住宅和公寓不宜低于 5Hz；

2 办公楼和旅馆不宜低于 4Hz；

3 大跨度公共建筑不宜低于 3Hz。

3.5 耐久性设计

3.5.1 混凝土结构应根据设计使用年限和环境类别进行耐久性设计，耐久性设计包括下列内容：

1 确定结构所处的环境类别；

2 提出对混凝土材料的耐久性基本要求；

3 确定构件中钢筋的混凝土保护层厚度；

4 不同环境条件下的耐久性技术措施；

5 提出结构使用阶段的检测与维护要求。

注：对临时性的混凝土结构，可不考虑混凝土的耐久性要求。

3.5.2 混凝土结构暴露的环境类别应按表 3.5.2 的要求划分。

表 3.5.2 混凝土结构的环境类别

环境类别	条 件
一	室内干燥环境； 无侵蚀性静水浸没环境
二 a	室内潮湿环境； 非严寒和非寒冷地区的露天环境； 非严寒和非寒冷地区与无侵蚀性的水或土壤直接接触的环境； 严寒和寒冷地区的冰冻线以下与无侵蚀性的水或土壤直接接触的环境
二 b	干湿交替环境； 水位频繁变动环境； 严寒和寒冷地区的露天环境； 严寒和寒冷地区冰冻线以上与无侵蚀性的水或土壤直接接触的环境
三 a	严寒和寒冷地区冬季水位变动区环境； 受除冰盐影响环境； 海风环境
三 b	盐渍土环境； 受除冰盐作用环境； 海岸环境
四	海水环境
五	受人为或自然的侵蚀性物质影响的环境

注：1 室内潮湿环境是指构件表面经常处于结露或湿润状态的环境；

2 严寒和寒冷地区的划分应符合现行国家标准《民用建筑热工设计规范》GB 50176 的有关规定；

3 海岸环境和海风环境宜根据当地情况，考虑主导风向及结构所处迎风、背风部位等因素的影响，由调查研究和工程经验确定；

4 受除冰盐影响环境是指受到除冰盐雾影响的环境；受除冰盐作用环境是指被除冰盐溶液溅射的环境以及使用除冰盐地区的洗车房、停车楼等建筑；

5 暴露的环境是指混凝土结构表面所处的环境。

3.5.3 设计使用年限为 50 年的混凝土结构，其混凝土材料宜符合表 3.5.3 的规定。

表 3.5.3 结构混凝土材料的耐久性基本要求

环境等级	最大水胶比	最低强度等级	最大氯离子含量（％）	最大碱含量（kg/m³）
一	0.60	C20	0.30	不限制
二 a	0.55	C25	0.20	3.0
二 b	0.50 (0.55)	C30 (C25)	0.15	
三 a	0.45 (0.50)	C35 (C30)	0.15	
三 b	0.40	C40	0.10	

注：1 氯离子含量系指其占胶凝材料总量的百分比；

2 预应力构件混凝土中的最大氯离子含量为 0.06％；其最低混凝土强度等级宜按表中的规定提高两个等级；

3 素混凝土构件的水胶比及最低强度等级的要求可适当放松；

4 有可靠工程经验时，二类环境中的最低混凝土强度等级可降低一个等级；

5 处于严寒和寒冷地区二 b、三 a 类环境中的混凝土应使用引气剂，并可采用括号中的有关参数；

6 当使用非碱活性骨料时，对混凝土中的碱含量可不作限制。

3.5.4 混凝土结构及构件尚应采取下列耐久性技术措施：

1 预应力混凝土结构中的预应力筋应根据具体情况采取表面防护、孔道灌浆、加大混凝土保护层厚度等措施，外露的锚固端应采取封锚和混凝土表面处理等有效措施；

2 有抗渗要求的混凝土结构，混凝土的抗渗等级应符合有关标准的要求；

3 严寒及寒冷地区的潮湿环境中，结构混凝土应满足抗冻要求，混凝土抗冻等级应符合有关标准的要求；

4 处于二、三类环境中的悬臂构件宜采用悬臂梁-板的结构形式，或在其上表面增设防护层；

5 处于二、三类环境中的结构构件，其表面的预埋件、吊钩、连接件等金属部件应采取可靠的防锈措施，对于后张预应力混凝土外露金属锚具，其防护要求见本规范第 10.3.13 条；

6 处在三类环境中的混凝土结构构件，可采用阻锈剂、环氧树脂涂层钢筋或其他具有耐腐蚀性能的钢筋、采取阴极保护措施或采用可更换的构件等措施。

3.5.5 一类环境中，设计使用年限为 100 年的混凝土结构应符合下列规定：

1 钢筋混凝土结构的最低强度等级为 C30；预应力混凝土结构的最低强度等级为 C40；

2 混凝土中的最大氯离子含量为 0.06%；

3 宜使用非碱活性骨料，当使用碱活性骨料时，混凝土中的最大碱含量为 3.0kg/m^3；

4 混凝土保护层厚度应符合本规范第 8.2.1 条的规定；当采取有效的表面防护措施时，混凝土保护层厚度可适当减小。

3.5.6 二、三类环境中，设计使用年限 100 年的混凝土结构应采取专门的有效措施。

3.5.7 耐久性环境类别为四类和五类的混凝土结构，其耐久性要求应符合有关标准的规定。

3.5.8 混凝土结构在设计使用年限内尚应遵守下列规定：

1 建立定期检测、维修制度；

2 设计中可更换的混凝土构件应按规定更换；

3 构件表面的防护层，应按规定维护或更换；

4 结构出现可见的耐久性缺陷时，应及时进行处理。

3.6 防连续倒塌设计原则

3.6.1 混凝土结构防连续倒塌设计宜符合下列要求：

1 采取减小偶然作用效应的措施；

2 采取使重要构件及关键传力部位避免直接遭受偶然作用的措施；

3 在结构容易遭受偶然作用影响的区域增加冗余约束，布置备用的传力途径；

4 增强疏散通道、避难空间等重要结构构件及关键传力部位的承载力和变形性能；

5 配置贯通水平、竖向构件的钢筋，并与周边构件可靠地锚固；

6 设置结构缝，控制可能发生连续倒塌的范围。

3.6.2 重要结构的防连续倒塌设计可采用下列方法：

1 局部加强法：提高可能遭受偶然作用而发生局部破坏的竖向重要构件和关键传力部位的安全储备，也可直接考虑偶然作用进行设计。

2 拉结构件法：在结构局部竖向构件失效的条件下，可根据具体情况分别按梁-拉结模型、悬索-拉结模型和悬臂-拉结模型进行承载力验算，维持结构的整体稳固性。

3 拆除构件法：按一定规则拆除结构的主要受力构件，验算剩余结构体系的极限承载力；也可采用倒塌全过程分析进行设计。

3.6.3 当进行偶然作用下结构防连续倒塌的验算时，作用宜考虑结构相应部位倒塌冲击引起的动力系数。在抗力函数的计算中，混凝土强度取强度标准值 f_{ck}；普通钢筋强度取极限强度标准值 f_{stk}，预应力筋强度取极限强度标准值 f_{ptk} 并考虑锚具的影响。宜考虑偶然作用下结构倒塌对结构几何参数的影响。必要时尚应考虑材料性能在动力作用下的强化和脆性，并取相应的强度特征值。

3.7 既有结构设计原则

3.7.1 既有结构延长使用年限、改变用途、改建、扩建或需要进行加固、修复等，均应对其进行评定、验算或重新设计。

3.7.2 对既有结构进行安全性、适用性、耐久性及抗灾害能力评定时，应符合现行国家标准《工程结构可靠性设计统一标准》GB 50153 的原则要求，并应符合下列规定：

1 应根据评定结果、使用要求和后续使用年限确定既有结构的设计方案；

2 既有结构改变用途或延长使用年限时，承载能力极限状态验算宜符合本规范的有关规定；

3 对既有结构进行改建、扩建或加固改造而重新设计时，承载能力极限状态的计算应符合本规范和相关标准的规定；

4 既有结构的正常使用极限状态验算及构造要求宜符合本规范的规定；

5 必要时可对使用功能作相应的调整，提出限制使用的要求。

3.7.3 既有结构的设计应符合下列规定：

1 应优化结构方案，保证结构的整体稳固性；

2 荷载可按现行规范的规定确定，也可根据使用功能作适当的调整；

3 结构既有部分混凝土、钢筋的强度设计值应根据强度的实测值确定；当材料的性能符合原设计的要求时，可按原设计的规定取值；

4 设计时应考虑既有结构构件实际的几何尺寸、截面配筋、连接构造和已有缺陷的影响；当符合原设计的要求时，可按原设计的规定取值；

5 应考虑既有结构的承载历史及施工状态的影响；对二阶段成形的叠合构件，可按本规范第 9.5 节的规定进行设计。

4 材 料

4.1 混 凝 土

4.1.1 混凝土强度等级应按立方体抗压强度标准值确定。立方体抗压强度标准值系指按标准方法制作、养护的边长为 150mm 的立方体试件，在 28d 或设计规定龄期以标准试验方法测得的具有 95% 保证率的抗压强度值。

4.1.2 素混凝土结构的混凝土强度等级不应低于 C15；钢筋混凝土结构的混凝土强度等级不应低于 C20；采用强度等级 400MPa 及以上的钢筋时，混凝土强度等级不应低于 C25。

预应力混凝土结构的混凝土强度等级不宜低于 C40，且不应低于 C30。

承受重复荷载的钢筋混凝土构件，混凝土强度等级不应低于 C30。

4.1.3 混凝土轴心抗压强度的标准值 f_{ck} 应按表 4.1.3-1 采用；轴心抗拉强度的标准值 f_{tk} 应按表 4.1.3-2 采用。

表 4.1.3-1 混凝土轴心抗压强度标准值（N/mm²）

强度	混凝土强度等级													
	C15	C20	C25	C30	C35	C40	C45	C50	C55	C60	C65	C70	C75	C80
f_{ck}	10.0	13.4	16.7	20.1	23.4	26.8	29.6	32.4	35.5	38.5	41.5	44.5	47.4	50.2

表 4.1.3-2 混凝土轴心抗拉强度标准值（N/mm²）

强度	混凝土强度等级													
	C15	C20	C25	C30	C35	C40	C45	C50	C55	C60	C65	C70	C75	C80
f_{tk}	1.27	1.54	1.78	2.01	2.20	2.39	2.51	2.64	2.74	2.85	2.93	2.99	3.05	3.11

4.1.4 混凝土轴心抗压强度的设计值 f_c 应按表 4.1.4-1 采用；轴心抗拉强度的设计值 f_t 应按表 4.1.4-2 采用。

表 4.1.4-1 混凝土轴心抗压强度设计值（N/mm²）

强度	混凝土强度等级													
	C15	C20	C25	C30	C35	C40	C45	C50	C55	C60	C65	C70	C75	C80
f_c	7.2	9.6	11.9	14.3	16.7	19.1	21.1	23.1	25.3	27.5	29.7	31.8	33.8	35.9

表 4.1.4-2 混凝土轴心抗拉强度设计值（N/mm²）

强度	混凝土强度等级													
	C15	C20	C25	C30	C35	C40	C45	C50	C55	C60	C65	C70	C75	C80
f_t	0.91	1.10	1.27	1.43	1.57	1.71	1.80	1.89	1.96	2.04	2.09	2.14	2.18	2.22

4.1.5 混凝土受压和受拉的弹性模量 E_c 宜按表 4.1.5 采用。

混凝土的剪切变形模量 G_c 可按相应弹性模量值的 40% 采用。

混凝土泊松比 v_c 可按 0.2 采用。

表 4.1.5 混凝土的弹性模量（×10⁴N/mm²）

混凝土强度等级	C15	C20	C25	C30	C35	C40	C45	C50	C55	C60	C65	C70	C75	C80
E_c	2.20	2.55	2.80	3.00	3.15	3.25	3.35	3.45	3.55	3.60	3.65	3.70	3.75	3.80

注：1 当有可靠试验依据时，弹性模量可根据实测数据确定；
　　2 当混凝土中掺有大量矿物掺合料时，弹性模量可按规定龄期根据实测数据确定。

4.1.6 混凝土轴心抗压疲劳强度设计值 f_c^f、轴心抗拉疲劳强度设计值 f_t^f 应分别按表 4.1.4-1、表 4.1.4-2 中的强度设计值乘疲劳强度修正系数 γ_ρ 确定。混凝土受压或受拉疲劳强度修正系数 γ_ρ 应根据疲劳应力比值 ρ_c^f 分别按表 4.1.6-1、表 4.1.6-2 采用；当混凝土承受拉-压疲劳应力作用时，疲劳强度修正系数 γ_ρ 取 0.60。

疲劳应力比值 ρ_c^f 应按下列公式计算：

$$\rho_c^f = \frac{\sigma_{c,\min}^f}{\sigma_{c,\max}^f} \qquad (4.1.6)$$

式中：$\sigma_{c,\min}^f$、$\sigma_{c,\max}^f$ ——构件疲劳验算时，截面同一纤维上混凝土的最小应力、最大应力。

表 4.1.6-1 混凝土受压疲劳强度修正系数 γ_ρ

ρ_c^f	$0 \leqslant \rho_c^f < 0.1$	$0.1 \leqslant \rho_c^f < 0.2$	$0.2 \leqslant \rho_c^f < 0.3$	$0.3 \leqslant \rho_c^f < 0.4$	$0.4 \leqslant \rho_c^f < 0.5$	$\rho_c^f \geqslant 0.5$
γ_ρ	0.68	0.74	0.80	0.86	0.93	1.00

表 4.1.6-2 混凝土受拉疲劳强度修正系数 γ_ρ

ρ_c^f	$0 < \rho_c^f < 0.1$	$0.1 \leqslant \rho_c^f < 0.2$	$0.2 \leqslant \rho_c^f < 0.3$	$0.3 \leqslant \rho_c^f < 0.4$	$0.4 \leqslant \rho_c^f < 0.5$
γ_ρ	0.63	0.66	0.69	0.72	0.74
ρ_c^f	$0.5 \leqslant \rho_c^f < 0.6$	$0.6 \leqslant \rho_c^f < 0.7$	$0.7 \leqslant \rho_c^f < 0.8$	$\rho_c^f \geqslant 0.8$	—
γ_ρ	0.76	0.80	0.90	1.00	—

注：直接承受疲劳荷载的混凝土构件，当采用蒸汽养护时，养护温度不宜高于 60℃。

4.1.7 混凝土疲劳变形模量 E_c^f 应按表 4.1.7 采用。

表 4.1.7　混凝土的疲劳变形模量（×10⁴ N/mm²）

强度等级	C30	C35	C40	C45	C50	C55	C60	C65	C70	C75	C80
E_c^f	1.30	1.40	1.50	1.55	1.60	1.65	1.70	1.75	1.80	1.85	1.90

4.1.8 当温度在 0℃～100℃ 范围内时，混凝土的热工参数可按下列规定取值：

线膨胀系数 α_c：$1×10^{-5}/℃$；

导热系数 λ：$10.6kJ/(m·h·℃)$；

比热容 c：$0.96kJ/(kg·℃)$。

4.2 钢 筋

4.2.1 混凝土结构的钢筋应按下列规定选用：

1 纵向受力普通钢筋可采用 HRB400、HRB500、HRBF400、HRBF500、HRB335、RRB400、HPB300 钢筋；梁、柱和斜撑构件的纵向受力普通钢筋宜采用 HRB400、HRB500、HRBF400、HRBF500 钢筋。

2 箍筋宜采用 HRB400、HRBF400、HRB335、HPB300、HRB500、HRBF500 钢筋。

3 预应力筋宜采用预应力钢丝、钢绞线和预应力螺纹钢筋。

4.2.2 钢筋的强度标准值应具有不小于 95% 的保证率。普通钢筋的屈服强度标准值 f_{yk}、极限强度标准值 f_{stk} 应按表 4.2.2-1 采用；预应力钢丝、钢绞线和预应力螺纹钢筋的极限强度标准值 f_{ptk} 及屈服强度标准值 f_{pyk} 应按表 4.2.2-2 采用。

表 4.2.2-1　普通钢筋强度标准值（N/mm²）

牌号	符号	公称直径 d（mm）	屈服强度标准值 f_{yk}	极限强度标准值 f_{stk}
HPB300	φ	6～14	300	420
HRB335	Φ	6～14	335	455
HRB400 HRBF400 RRB400	Φ ΦF ΦR	6～50	400	540
HRB500 HRBF500	Φ ΦF	6～50	500	630

表 4.2.2-2　预应力筋强度标准值（N/mm²）

种类		符号	公称直径 d（mm）	屈服强度标准值 f_{pyk}	极限强度标准值 f_{ptk}
中强度预应力钢丝	光面	$φ^{PM}$	5、7、9	620	800
	螺旋肋	$φ^{HM}$		780	970
				980	1270

续表 4.2.2-2

种类		符号	公称直径 d（mm）	屈服强度标准值 f_{pyk}	极限强度标准值 f_{ptk}
预应力螺纹钢筋	螺纹	$φ^T$	18、25、32、40、50	785	980
				930	1080
				1080	1230
消除应力钢丝	光面	$φ^P$	5	—	1570
				—	1860
	螺旋肋	$φ^H$	7	—	1570
			9	—	1470
				—	1570
钢绞线	1×3（三股）	$φ^S$	8.6、10.8、12.9	—	1570
				—	1860
				—	1960
	1×7（七股）		9.5、12.7、15.2、17.8	—	1720
				—	1860
				—	1960
			21.6	—	1860

注：极限强度标准值为 1960N/mm² 的钢绞线作后张预应力配筋时，应有可靠的工程经验。

4.2.3 普通钢筋的抗拉强度设计值 f_y、抗压强度设计值 f_y' 应按表 4.2.3-1 采用；预应力筋的抗拉强度设计值 f_{py}、抗压强度设计值 f_{py}' 应按表 4.2.3-2 采用。

当构件中配有不同种类的钢筋时，每种钢筋应采用各自的强度设计值。

对轴心受压构件，当采用 HRB500、HRBF500 钢筋时，钢筋的抗压强度设计值 f_y' 应取 400 N/mm²。横向钢筋的抗拉强度设计值 f_{yv} 应按表中 f_y 的数值采用；但用作受剪、受扭、受冲切承载力计算时，其数值大于 360N/mm² 时应取 360N/mm²。

表 4.2.3-1　普通钢筋强度设计值（N/mm²）

牌号	抗拉强度设计值 f_y	抗压强度设计值 f_y'
HPB300	270	270
HRB335	300	300
HRB400、HRBF400、RRB400	360	360
HRB500、HRBF500	435	435

表 4.2.3-2　预应力筋强度设计值（N/mm²）

种　类	极限强度标准值 f_{ptk}	抗拉强度设计值 f_{py}	抗压强度设计值 f'_{py}
中强度预应力钢丝	800	510	410
	970	650	
	1270	810	
消除应力钢丝	1470	1040	410
	1570	1110	
	1860	1320	
钢绞线	1570	1110	390
	1720	1220	
	1860	1320	
	1960	1390	
预应力螺纹钢筋	980	650	400
	1080	770	
	1230	900	

注：当预应力筋的强度标准值不符合表 4.2.3-2 的规定时，其强度设计值应进行相应的比例换算。

4.2.4　普通钢筋及预应力筋在最大力下的总伸长率 δ_{gt} 不应小于表 4.2.4 规定的数值。

表 4.2.4　普通钢筋及预应力筋在
最大力下的总伸长率限值

钢筋品种	普通钢筋			预应力筋
	HPB300	HRB335、HRB400、HRBF400、HRB500、HRBF500	RRB400	
δ_{gt}（%）	10.0	7.5	5.0	3.5

4.2.5　普通钢筋和预应力筋的弹性模量 E_s 可按表 4.2.5 采用。

表 4.2.5　钢筋的弹性模量（×10⁵ N/mm²）

牌号或种类	弹性模量 E_s
HPB300	2.10
HRB335、HRB400、HRB500 HRBF400、HRBF500、RRB400 预应力螺纹钢筋	2.00
消除应力钢丝、中强度预应力钢丝	2.05
钢绞线	1.95

4.2.6　普通钢筋和预应力筋的疲劳应力幅限值 Δf^f_y 和 Δf^f_{py} 应根据钢筋疲劳应力比值 ρ^f_s、ρ^f_p，分别按表 4.2.6-1、表 4.2.6-2 线性内插取值。

表 4.2.6-1　普通钢筋疲劳应力幅限值（N/mm²）

疲劳应力比值 ρ^f_s	疲劳应力幅限值 Δf^f_y	
	HRB335	HRB400
0	175	175
0.1	162	162
0.2	154	156
0.3	144	149
0.4	131	137
0.5	115	123
0.6	97	106
0.7	77	85
0.8	54	60
0.9	28	31

注：当纵向受拉钢筋采用闪光接触对焊连接时，其接头处的钢筋疲劳应力幅限值应按表中数值乘以 0.8 取用。

表 4.2.6-2　预应力筋疲劳应力幅限值（N/mm²）

疲劳应力比值 ρ^f_p	钢绞线 $f_{ptk}=1570$	消除应力钢丝 $f_{ptk}=1570$
0.7	144	240
0.8	118	168
0.9	70	88

注：1　当 ρ^f_p 不小于 0.9 时，可不作预应力筋疲劳验算；
　　2　当有充分依据时，可对表中规定的疲劳应力幅限值作适当调整。

普通钢筋疲劳应力比值 ρ^f_s 应按下列公式计算：

$$\rho^f_s = \frac{\sigma^f_{s,min}}{\sigma^f_{s,max}} \quad (4.2.6\text{-}1)$$

式中：$\sigma^f_{s,min}$、$\sigma^f_{s,max}$——构件疲劳验算时，同一层钢筋的最小应力、最大应力。

预应力筋疲劳应力比值 ρ^f_p 应按下列公式计算：

$$\rho^f_p = \frac{\sigma^f_{p,min}}{\sigma^f_{p,max}} \quad (4.2.6\text{-}2)$$

式中：$\sigma^f_{p,min}$、$\sigma^f_{p,max}$——构件疲劳验算时，同一层预应力筋的最小应力、最大应力。

4.2.7　构件中的钢筋可采用并筋的配置形式。直径 28mm 及以下的钢筋并筋数量不应超过 3 根；直径 32mm 的钢筋并筋数量宜为 2 根；直径 36mm 及以上的钢筋不应采用并筋。并筋应按单根等效钢筋进行计算，等效钢筋的等效直径应按截面面积相等的原则换算确定。

4.2.8　当进行钢筋代换时，除应符合设计要求的构件承载力、最大力下的总伸长率、裂缝宽度验算以及抗震规定以外，尚应满足最小配筋率、钢筋间距、保护层厚度、钢筋锚固长度、接头面积百分率及搭接长度等构造要求。

4.2.9 当构件中采用预制的钢筋焊接网片或钢筋骨架配筋时,应符合国家现行有关标准的规定。

4.2.10 各种公称直径的普通钢筋、预应力筋的公称截面面积及理论重量应按本规范附录 A 采用。

5 结 构 分 析

5.1 基 本 原 则

5.1.1 混凝土结构应进行整体作用效应分析,必要时尚应对结构中受力状况特殊部位进行更详细的分析。

5.1.2 当结构在施工和使用期的不同阶段有多种受力状况时,应分别进行结构分析,并确定其最不利的作用组合。

结构可能遭遇火灾、飓风、爆炸、撞击等偶然作用时,尚应按国家现行有关标准的要求进行相应的结构分析。

5.1.3 结构分析的模型应符合下列要求:

1 结构分析采用的计算简图、几何尺寸、计算参数、边界条件、结构材料性能指标以及构造措施等应符合实际工作状况;

2 结构上可能的作用及其组合、初始应力和变形状况等,应符合结构的实际状况;

3 结构分析中所采用的各种近似假定和简化,应有理论、试验依据或经工程实践验证;计算结果的精度应符合工程设计的要求。

5.1.4 结构分析应符合下列要求:

1 满足力学平衡条件;

2 在不同程度上符合变形协调条件,包括节点和边界的约束条件;

3 采用合理的材料本构关系或构件单元的受力-变形关系。

5.1.5 结构分析时,应根据结构类型、材料性能和受力特点等选择下列分析方法:

1 弹性分析方法;

2 塑性内力重分布分析方法;

3 弹塑性分析方法;

4 塑性极限分析方法;

5 试验分析方法。

5.1.6 结构分析所采用的计算软件应经考核和验证,其技术条件应符合本规范和国家现行有关标准的要求。

应对分析结果进行判断和校核,在确认其合理、有效后方可应用于工程设计。

5.2 分 析 模 型

5.2.1 混凝土结构宜按空间体系进行结构整体分析,并宜考虑结构单元的弯曲、轴向、剪切和扭转等变形对结构内力的影响。

当进行简化分析时,应符合下列规定:

1 体形规则的空间结构,可沿柱列或墙轴线分解为不同方向的平面结构分别进行分析,但应考虑平面结构的空间协同工作;

2 构件的轴向、剪切和扭转变形对结构内力分析影响不大时,可不予考虑。

5.2.2 混凝土结构的计算简图宜按下列方法确定:

1 梁、柱、杆等一维构件的轴线宜取为截面几何中心的连线,墙、板等二维构件的中轴面宜取为截面中心线组成的平面或曲面;

2 现浇结构和装配整体式结构的梁柱节点、柱与基础连接处等可作为刚接;非整体浇筑的次梁两端及板跨两端可近似作为铰接;

3 梁、柱等杆件的计算跨度或计算高度可按其两端支承长度的中心距或净距确定,并应根据支承节点的连接刚度或支承反力的位置加以修正;

4 梁、柱等杆件间连接部分的刚度远大于杆件中间截面的刚度时,在计算模型中可作为刚域处理。

5.2.3 进行结构整体分析时,对于现浇结构或装配整体式结构,可假定楼盖在其自身平面内为无限刚性。当楼盖开有较大洞口或其局部会产生明显的平面内变形时,在结构分析中应考虑其影响。

5.2.4 对现浇楼盖和装配整体式楼盖,宜考虑楼板作为翼缘对梁刚度和承载力的影响。梁受压区有效翼缘计算宽度 b_f' 可按表 5.2.4 所列情况中的最小值取用;也可采用梁刚度增大系数法近似考虑,刚度增大系数应根据梁有效翼缘尺寸与梁截面尺寸的相对比例确定。

表 5.2.4 受弯构件受压区有效翼缘计算宽度 b_f'

	情 况		T 形、I 形截面		倒 L 形截面
			肋形梁(板)	独立梁	肋形梁(板)
1	按计算跨度 l_0 考虑		$l_0/3$	$l_0/3$	$l_0/6$
2	按梁(肋)净距 s_n 考虑		$b+s_n$	—	$b+s_n/2$
3	按翼缘高度 h_f' 考虑	$h_f'/h_0 \geq 0.1$	—	$b+12h_f'$	—
		$0.1 > h_f'/h_0 \geq 0.05$	$b+12h_f'$	$b+6h_f'$	$b+5h_f'$
		$h_f'/h_0 < 0.05$	$b+12h_f'$	b	$b+5h_f'$

注:1 表中 b 为梁的腹板厚度;
  2 肋形梁在梁跨内设有间距小于纵肋间距的横肋时,可不考虑表中情况 3 的规定;
  3 加腋的 T 形、I 形和倒 L 形截面,当受压区加腋的高度 h_h 不小于 h_f' 且加腋的长度 b_h 不大于 $3h_h$ 时,其翼缘计算宽度可按表中情况 3 的规定分别增加 $2b_h$(T 形、I 形截面)和 b_h(倒 L 形截面);
  4 独立梁受压区的翼缘板在荷载作用下经验算沿纵肋方向可能产生裂缝时,其计算宽度应取腹板宽度 b。

5.2.5 当地基与结构的相互作用对结构的内力和变形有显著影响时，结构分析中宜考虑地基与结构相互作用的影响。

5.3 弹 性 分 析

5.3.1 结构的弹性分析方法可用于正常使用极限状态和承载能力极限状态作用效应的分析。

5.3.2 结构构件的刚度可按下列原则确定：

　　1 混凝土的弹性模量可按本规范表 4.1.5 采用；

　　2 截面惯性矩可按匀质的混凝土全截面计算；

　　3 端部加腋的杆件，应考虑其截面变化对结构分析的影响；

　　4 不同受力状态下构件的截面刚度，宜考虑混凝土开裂、徐变等因素的影响予以折减。

5.3.3 混凝土结构弹性分析宜采用结构力学或弹性力学等分析方法。体形规则的结构，可根据作用的种类和特性，采用适当的简化分析方法。

5.3.4 当结构的二阶效应可能使作用效应显著增大时，在结构分析中应考虑二阶效应的不利影响。

　　混凝土结构的重力二阶效应可采用有限元分析方法计算，也可采用本规范附录 B 的简化方法。当采用有限元分析方法时，宜考虑混凝土构件开裂对构件刚度的影响。

5.3.5 当边界支承位移对双向板的内力及变形有较大影响时，在分析中宜考虑边界支承竖向变形及扭转等的影响。

5.4 塑性内力重分布分析

5.4.1 混凝土连续梁和连续单向板，可采用塑性内力重分布方法进行分析。

　　重力荷载作用下的框架、框架-剪力墙结构中的现浇梁以及双向板等，经弹性分析求得内力后，可对支座或节点弯矩进行适度调幅，并确定相应的跨中弯矩。

5.4.2 按考虑塑性内力重分布分析方法设计的结构和构件，应选用符合本规范第 4.2.4 条规定的钢筋，并应满足正常使用极限状态要求且采取有效的构造措施。

　　对于直接承受动力荷载的构件，以及要求不出现裂缝或处于三 a、三 b 类环境情况下的结构，不应采用考虑塑性内力重分布的分析方法。

5.4.3 钢筋混凝土梁支座或节点边缘截面的负弯矩调幅幅度不宜大于 25%；弯矩调整后的梁端截面相对受压区高度不应超过 0.35，且不宜小于 0.10。

　　钢筋混凝土板的负弯矩调幅幅度不宜大于 20%。

　　预应力混凝土梁的弯矩调幅幅度应符合本规范第 10.1.8 条的规定。

5.4.4 对属于协调扭转的混凝土结构构件，受相邻构件约束的支承梁的扭矩宜考虑内力重分布的影响。

考虑内力重分布后的支承梁，应按弯剪扭构件进行承载力计算。

　　注：当有充分依据时，也可采用其他设计方法。

5.5 弹塑性分析

5.5.1 重要或受力复杂的结构，宜采用弹塑性分析方法对结构整体或局部进行验算。结构的弹塑性分析宜遵循下列原则：

　　1 应预先设定结构的形状、尺寸、边界条件、材料性能和配筋等；

　　2 材料的性能指标宜取平均值，并宜通过试验分析确定，也可按本规范附录 C 的规定确定；

　　3 宜考虑结构几何非线性的不利影响；

　　4 分析结果用于承载力设计时，宜考虑抗力模型不定性系数对结构的抗力进行适当调整。

5.5.2 混凝土结构的弹塑性分析，可根据实际情况采用静力或动力分析方法。结构的基本构件计算模型宜按下列原则确定：

　　1 梁、柱、杆等杆系构件可简化为一维单元，宜采用纤维束模型或塑性铰模型；

　　2 墙、板等构件可简化为二维单元，宜采用膜单元、板单元或壳单元；

　　3 复杂的混凝土结构、大体积混凝土结构、结构的节点或局部区域需作精细分析时，宜采用三维块体单元。

5.5.3 构件、截面或各种计算单元的受力-变形本构关系宜符合实际受力情况。某些变形较大的构件或节点进行局部精细分析时，宜考虑钢筋与混凝土间的粘结-滑移本构关系。

　　钢筋、混凝土材料的本构关系宜通过试验分析确定，也可按本规范附录 C 采用。

5.6 塑性极限分析

5.6.1 对不承受多次重复荷载作用的混凝土结构，当有足够的塑性变形能力时，可采用塑性极限理论的分析方法进行结构的承载力计算，同时应满足正常使用的要求。

5.6.2 整体结构的塑性极限分析计算应符合下列规定：

　　1 对可预测结构破坏机制的情况，结构的极限承载力可根据设定的结构塑性屈服机制，采用塑性极限理论进行分析；

　　2 对难于预测结构破坏机制的情况，结构的极限承载力可采用静力或动力弹塑性分析确定；

　　3 对直接承受偶然作用的结构构件或部位，应根据偶然作用的动力特征考虑其动力效应的影响。

5.6.3 承受均布荷载的周边支承的双向矩形板，可采用塑性铰线法或条带法等塑性极限分析方法进行承载能力极限状态的分析与设计。

5.7 间接作用分析

5.7.1 当混凝土的收缩、徐变以及温度变化等间接作用在结构中产生的作用效应可能危及结构的安全或正常使用时，宜进行间接作用效应的分析，并应采取相应的构造措施和施工措施。

5.7.2 混凝土结构进行间接作用效应的分析，可采用本规范第 5.5 节的弹塑性分析方法；也可考虑裂缝和徐变对构件刚度的影响，按弹性方法进行近似分析。

6 承载能力极限状态计算

6.1 一般规定

6.1.1 本章适用于钢筋混凝土构件、预应力混凝土构件的承载能力极限状态计算；素混凝土结构构件设计应符合本规范附录 D 的规定。

深受弯构件、牛腿、叠合式构件的承载力计算应符合本规范第 9 章的有关规定。

6.1.2 对于二维或三维非杆系结构构件，当按弹性或弹塑性分析方法得到构件的应力设计值分布后，可根据主拉应力设计值的合力在配筋方向的投影确定配筋量，按主拉应力的分布区域确定钢筋布置，并应符合相应的构造要求；当混凝土处于受压状态时，可考虑受压钢筋和混凝土共同作用，受压钢筋配置应符合构造要求。

6.1.3 采用应力表达式进行混凝土结构构件的承载能力极限状态验算时，应符合下列规定：

1 应根据设计状况和构件性能设计目标确定混凝土和钢筋的强度取值。

2 钢筋应力不应大于钢筋的强度取值。

3 混凝土应力不应大于混凝土的强度取值；多轴应力状态混凝土强度取值和验算可按本规范附录 C.4 的有关规定进行。

6.2 正截面承载力计算

（Ⅰ）正截面承载力计算的一般规定

6.2.1 正截面承载力应按下列基本假定进行计算：

1 截面应变保持平面。

2 不考虑混凝土的抗拉强度。

3 混凝土受压的应力与应变关系按下列规定取用：

当 $\varepsilon_c \leqslant \varepsilon_0$ 时

$$\sigma_c = f_c \left[1 - \left(1 - \frac{\varepsilon_c}{\varepsilon_0} \right)^n \right] \quad (6.2.1\text{-}1)$$

当 $\varepsilon_0 < \varepsilon_c \leqslant \varepsilon_{cu}$ 时

$$\sigma_c = f_c \quad (6.2.1\text{-}2)$$

$$n = 2 - \frac{1}{60}(f_{cu,k} - 50) \quad (6.2.1\text{-}3)$$

$$\varepsilon_0 = 0.002 + 0.5(f_{cu,k} - 50) \times 10^{-5} \quad (6.2.1\text{-}4)$$

$$\varepsilon_{cu} = 0.0033 - (f_{cu,k} - 50) \times 10^{-5} \quad (6.2.1\text{-}5)$$

式中：σ_c ——混凝土压应变为 ε_c 时的混凝土压应力；

f_c ——混凝土轴心抗压强度设计值，按本规范表 4.1.4-1 采用；

ε_0 ——混凝土压应力达到 f_c 时的混凝土压应变，当计算的 ε_0 值小于 0.002 时，取为 0.002；

ε_{cu} ——正截面的混凝土极限压应变，当处于非均匀受压且按公式（6.2.1-5）计算的值大于 0.0033 时，取为 0.0033；当处于轴心受压时取为 ε_0；

$f_{cu,k}$ ——混凝土立方体抗压强度标准值，按本规范第 4.1.1 条确定；

n ——系数，当计算的 n 值大于 2.0 时，取为 2.0。

4 纵向受拉钢筋的极限拉应变取为 0.01。

5 纵向钢筋的应力取钢筋应变与其弹性模量的乘积，但其值应符合下列要求：

$$-f'_y \leqslant \sigma_{si} \leqslant f_y \quad (6.2.1\text{-}6)$$

$$\sigma_{p0i} - f'_{py} \leqslant \sigma_{pi} \leqslant f_{py} \quad (6.2.1\text{-}7)$$

式中：σ_{si}、σ_{pi} ——第 i 层纵向普通钢筋、预应力筋的应力，正值代表拉应力，负值代表压应力；

σ_{p0i} ——第 i 层纵向预应力筋截面重心处混凝土法向应力等于零时的预应力筋应力，按本规范公式（10.1.6-3）或公式（10.1.6-6）计算；

f_y、f_{py} ——普通钢筋、预应力筋抗拉强度设计值，按本规范表 4.2.3-1、表 4.2.3-2 采用；

f'_y、f'_{py} ——普通钢筋、预应力筋抗压强度设计值，按本规范表 4.2.3-1、表 4.2.3-2 采用。

6.2.2 在确定中和轴位置时，对双向受弯构件，其内、外弯矩作用平面应相互重合；对双向偏心受力构件，其轴向力作用点、混凝土和受压钢筋的合力点以及受拉钢筋的合力点应在同一条直线上。当不符合上述条件时，尚应考虑扭转的影响。

6.2.3 弯矩作用平面内截面对称的偏心受压构件，当同一主轴方向的杆端弯矩比 $\frac{M_1}{M_2}$ 不大于 0.9 且轴压比不大于 0.9 时，若构件的长细比满足公式（6.2.3）的要求，可不考虑轴向压力在该方向挠曲杆件中产生的附加弯矩影响；否则应根据本规范第 6.2.4 条的规定，按截面的两个主轴方向分别考虑轴向压力在挠曲杆件中产生的附加弯矩影响。

$$l_c/i \leqslant 34 - 12(M_1/M_2) \qquad (6.2.3)$$

式中：M_1、M_2——分别为已考虑侧移影响的偏心受压构件两端截面按结构弹性分析确定的对同一主轴的组合弯矩设计值，绝对值较大端为 M_2，绝对值较小端为 M_1，当构件按单曲率弯曲时，M_1/M_2 取正值，否则取负值；

l_c——构件的计算长度，可近似取偏心受压构件相应主轴方向上下支撑点之间的距离；

i——偏心方向的截面回转半径。

6.2.4 除排架结构柱外，其他偏心受压构件考虑轴向压力在挠曲杆件中产生的二阶效应后控制截面的弯矩设计值，应按下列公式计算：

$$M = C_m \eta_{ns} M_2 \qquad (6.2.4-1)$$

$$C_m = 0.7 + 0.3 \frac{M_1}{M_2} \qquad (6.2.4-2)$$

$$\eta_{ns} = 1 + \frac{1}{1300(M_2/N + e_a)/h_0} \left(\frac{l_c}{h}\right)^2 \zeta_c$$
$$(6.2.4-3)$$

$$\zeta_c = \frac{0.5 f_c A}{N} \qquad (6.2.4-4)$$

当 $C_m \eta_{ns}$ 小于 1.0 时取 1.0；对剪力墙及核心筒墙，可取 $C_m \eta_{ns}$ 等于 1.0。

式中：C_m——构件端截面偏心距调节系数，当小于 0.7 时取 0.7；

η_{ns}——弯矩增大系数；

N——与弯矩设计值 M_2 相应的轴向压力设计值；

e_a——附加偏心距，按本规范第 6.2.5 条确定；

ζ_c——截面曲率修正系数，当计算值大于 1.0 时取 1.0；

h——截面高度；对环形截面，取外直径；对圆形截面，取直径；

h_0——截面有效高度；对环形截面，取 $h_0 = r_2 + r_s$；对圆形截面，取 $h_0 = r + r_s$；此处，r、r_2 和 r_s 按本规范第 E.0.3 条和第 E.0.4 条确定；

A——构件截面面积。

6.2.5 偏心受压构件的正截面承载力计算时，应计入轴向压力在偏心方向存在的附加偏心距 e_a，其值应取 20mm 和偏心方向截面最大尺寸的 1/30 两者中的较大值。

6.2.6 受弯构件、偏心受力构件正截面承载力计算时，受压区混凝土的应力图形可简化为等效的矩形应力图。

矩形应力图的受压区高度 x 可取截面应变保持平面的假定所确定的中和轴高度乘以系数 β_1。当混凝土强度等级不超过 C50 时，β_1 取为 0.80，当混凝土强度等级为 C80 时，β_1 取为 0.74，其间按线性内插法确定。

矩形应力图的应力值可由混凝土轴心抗压强度设计值 f_c 乘以系数 α_1 确定。当混凝土强度等级不超过 C50 时，α_1 取为 1.0，当混凝土强度等级为 C80 时，α_1 取为 0.94，其间按线性内插法确定。

6.2.7 纵向受拉钢筋屈服与受压区混凝土破坏同时发生时的相对界限受压区高度 ξ_b 应按下列公式计算：

1 钢筋混凝土构件

有屈服点普通钢筋

$$\xi_b = \frac{\beta_1}{1 + \frac{f_y}{E_s \varepsilon_{cu}}} \qquad (6.2.7-1)$$

无屈服点普通钢筋

$$\xi_b = \frac{\beta_1}{1 + \frac{0.002}{\varepsilon_{cu}} + \frac{f_y}{E_s \varepsilon_{cu}}} \qquad (6.2.7-2)$$

2 预应力混凝土构件

$$\xi_b = \frac{\beta_1}{1 + \frac{0.002}{\varepsilon_{cu}} + \frac{f_{py} - \sigma_{p0}}{E_s \varepsilon_{cu}}} \qquad (6.2.7-3)$$

式中：ξ_b——相对界限受压区高度，取 x_b / h_0；

x_b——界限受压区高度；

h_0——截面有效高度；纵向受拉钢筋合力点至截面受压边缘的距离；

E_s——钢筋弹性模量，按本规范表 4.2.5 采用；

σ_{p0}——受拉区纵向预应力筋合力点处混凝土法向应力等于零时的预应力筋应力，按本规范公式（10.1.6-3）或公式（10.1.6-6）计算；

ε_{cu}——非均匀受压时的混凝土极限压应变，按本规范公式（6.2.1-5）计算；

β_1——系数，按本规范第 6.2.6 条的规定计算。

注：当截面受拉区内配置有不同种类或不同预应力值的钢筋时，受弯构件的相对界限受压区高度应分别计算，并取其较小值。

6.2.8 纵向钢筋应力应按下列规定确定：

1 纵向钢筋应力宜按下列公式计算：

普通钢筋

$$\sigma_{si} = E_s \varepsilon_{cu} \left(\frac{\beta_1 h_{0i}}{x} - 1\right) \qquad (6.2.8-1)$$

预应力筋

$$\sigma_{pi} = E_s \varepsilon_{cu} \left(\frac{\beta_1 h_{0i}}{x} - 1\right) + \sigma_{p0i} \qquad (6.2.8-2)$$

2 纵向钢筋应力也可按下列近似公式计算：

普通钢筋

$$\sigma_{si} = \frac{f_y}{\xi_b - \beta_1}\left(\frac{x}{h_{0i}} - \beta_1\right) \quad (6.2.8\text{-}3)$$

预应力筋

$$\sigma_{pi} = \frac{f_{py} - \sigma_{p0i}}{\xi_b - \beta_1}\left(\frac{x}{h_{0i}} - \beta_1\right) + \sigma_{p0i} \quad (6.2.8\text{-}4)$$

3 按公式（6.2.8-1）～公式（6.2.8-4）计算的纵向钢筋应力应符合本规范第 6.2.1 条第 5 款的相关规定。

式中：h_{0i}——第 i 层纵向钢筋截面重心至截面受压边缘的距离；

x——等效矩形应力图形的混凝土受压区高度；

σ_{si}、σ_{pi}——第 i 层纵向普通钢筋、预应力筋的应力，正值代表拉应力，负值代表压应力；

σ_{p0i}——第 i 层纵向预应力筋截面重心处混凝土法向应力等于零时的预应力筋应力，按本规范公式（10.1.6-3）或公式（10.1.6-6）计算。

6.2.9 矩形、I 形、T 形截面构件的正截面承载力可按本节规定计算；任意截面、圆形及环形截面构件的正截面承载力可按本规范附录 E 的规定计算。

（Ⅱ）正截面受弯承载力计算

6.2.10 矩形截面或翼缘位于受拉边的倒 T 形截面受弯构件，其正截面受弯承载力应符合下列规定（图 6.2.10）：

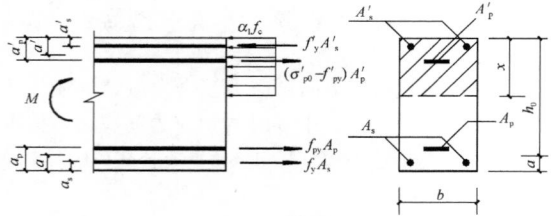

图 6.2.10 矩形截面受弯构件正截面受弯承载力计算

$$M \leqslant \alpha_1 f_c bx\left(h_0 - \frac{x}{2}\right) + f'_y A'_s(h_0 - a'_s)$$
$$- (\sigma'_{p0} - f'_{py})A'_p(h_0 - a'_p) \quad (6.2.10\text{-}1)$$

混凝土受压区高度应按下列公式确定：

$$\alpha_1 f_c bx = f_y A_s - f'_y A'_s + f_{py} A_p + (\sigma'_{p0} - f'_{py})A'_p$$
$$(6.2.10\text{-}2)$$

混凝土受压区高度尚应符合下列条件：

$$x \leqslant \xi_b h_0 \quad (6.2.10\text{-}3)$$
$$x \geqslant 2a' \quad (6.2.10\text{-}4)$$

式中：M——弯矩设计值；

α_1——系数，按本规范第 6.2.6 条的规定计算；

f_c——混凝土轴心抗压强度设计值，按本规范

表 4.1.4-1 采用；

A_s、A'_s——受拉区、受压区纵向普通钢筋的截面面积；

A_p、A'_p——受拉区、受压区纵向预应力筋的截面面积；

σ'_{p0}——受压区纵向预应力筋合力点处混凝土法向应力等于零时的预应力筋应力；

b——矩形截面的宽度或倒 T 形截面的腹板宽度；

h_0——截面有效高度；

a'_s、a'_p——受压区纵向普通钢筋合力点、预应力筋合力点至截面受压边缘的距离；

a'——受压区全部纵向钢筋合力点至截面受压边缘的距离，当受压区未配置纵向预应力筋或受压区纵向预应力筋应力（$\sigma'_{p0} - f'_{py}$）为拉应力时，公式（6.2.10-4）中的 a' 用 a'_s 代替。

6.2.11 翼缘位于受压区的 T 形、I 形截面受弯构件（图 6.2.11），其正截面受弯承载力计算应符合下列规定：

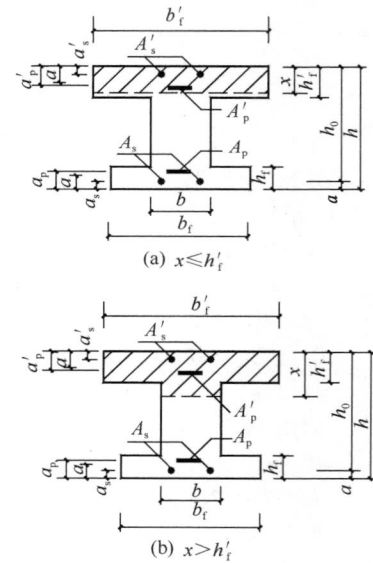

(a) $x \leqslant h'_f$

(b) $x > h'_f$

图 6.2.11 I 形截面受弯构件受压区高度位置

1 当满足下列条件时，应按宽度为 b'_f 的矩形截面计算：

$$f_y A_s + f_{py} A_p \leqslant \alpha_1 f_c b'_f h'_f + f'_y A'_s - (\sigma'_{p0} - f'_{py})A'_p$$
$$(6.2.11\text{-}1)$$

2 当不满足公式（6.2.11-1）的条件时，应按下列公式计算：

$$M \leqslant \alpha_1 f_c bx\left(h_0 - \frac{x}{2}\right) + \alpha_1 f_c(b'_f - b)h'_f\left(h_0 - \frac{h'_f}{2}\right)$$
$$+ f'_y A'_s(h_0 - a'_s) - (\sigma'_{p0} - f'_{py})A'_p(h_0 - a'_p)$$
$$(6.2.11\text{-}2)$$

混凝土受压区高度应按下列公式确定：

$$\alpha_1 f_c [bx + (b'_f - b)h'_f] = f_y A_s - f'_y A'_s + f_{py} A_p$$
$$+ (\sigma'_{p0} - f'_{py})A'_p$$
$$(6.2.11\text{-}3)$$

式中：h'_f——T形、I形截面受压区的翼缘高度；

b'_f——T形、I形截面受压区的翼缘计算宽度，按本规范第6.2.12条的规定确定。

按上述公式计算T形、I形截面受弯构件时，混凝土受压区高度仍应符合本规范公式（6.2.10-3）和公式（6.2.10-4）的要求。

6.2.12 T形、I形及倒L形截面受弯构件位于受压区的翼缘计算宽度 b'_f 可按本规范表5.2.4所列情况中的最小值取用。

6.2.13 受弯构件正截面受弯承载力计算应符合本规范公式（6.2.10-3）的要求。当由构造要求或按正常使用极限状态验算要求配置的纵向受拉钢筋截面面积大于受弯承载力要求的配筋面积时，按本规范公式（6.2.10-2）或公式（6.2.11-3）计算的混凝土受压区高度 x，可仅计入受弯承载力条件所需的纵向受拉钢筋截面面积。

6.2.14 当计算中计入纵向普通受压钢筋时，应满足本规范公式（6.2.10-4）的条件；当不满足此条件时，正截面受弯承载力应符合下列规定：

$$M \leqslant f_{py} A_p (h - a_p - a'_s) + f_y A_s (h - a_s - a'_s)$$
$$+ (\sigma'_{p0} - f'_{py})A'_p (a'_p - a'_s)$$
$$(6.2.14)$$

式中：a_s、a_p——受拉区纵向普通钢筋、预应力筋至受拉边缘的距离。

（Ⅲ）正截面受压承载力计算

6.2.15 钢筋混凝土轴心受压构件，当配置的箍筋符合本规范第9.3节的规定时，其正截面受压承载力应符合下列规定（图6.2.15）：

$$N \leqslant 0.9\varphi(f_c A + f'_y A'_s) \qquad (6.2.15)$$

式中：N——轴向压力设计值；

φ——钢筋混凝土构件的稳定系数，按表6.2.15采用；

f_c——混凝土轴心抗压强度设计值，按本规范表4.1.4-1采用；

A——构件截面面积；

A'_s——全部纵向普通钢筋的截面面积。

当纵向普通钢筋的配筋率大于3%时，公式（6.2.15）中的 A 应改用（$A - A'_s$）代替。

表 6.2.15 钢筋混凝土轴心受压构件的稳定系数

l_0/b	≤8	10	12	14	16	18	20	22	24	26	28
l_0/d	≤7	8.5	10.5	12	14	15.5	17	19	21	22.5	24
l_0/i	≤28	35	42	48	55	62	69	76	83	90	97
φ	1.00	0.98	0.95	0.92	0.87	0.81	0.75	0.70	0.65	0.60	0.56

续表 6.2.15

l_0/b	30	32	34	36	38	40	42	44	46	48	50
l_0/d	26	28	29.5	31	33	34.5	36.5	38	40	41.5	43
l_0/i	104	111	118	125	132	139	146	153	160	167	174
φ	0.52	0.48	0.44	0.40	0.36	0.32	0.29	0.26	0.23	0.21	0.19

注：1 l_0 为构件的计算长度，对钢筋混凝土柱可按本规范第6.2.20条的规定取用；

2 b 为矩形截面的短边尺寸，d 为圆形截面的直径，i 为截面的最小回转半径。

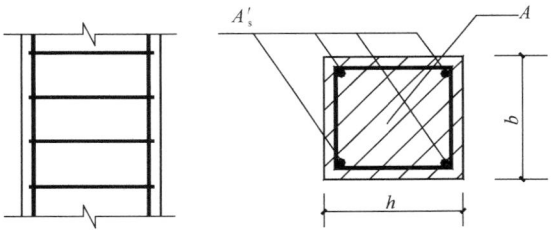

图 6.2.15 配置箍筋的钢筋混凝土轴心受压构件

6.2.16 钢筋混凝土轴心受压构件，当配置的螺旋式或焊接环式间接钢筋符合本规范第9.3.2条的规定时，其正截面受压承载力应符合下列规定（图6.2.16）：

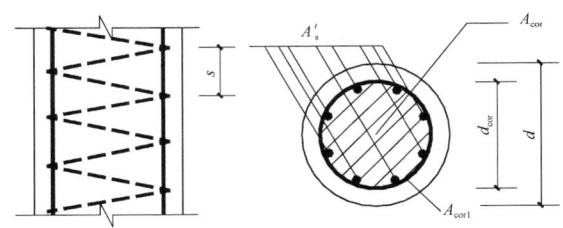

图 6.2.16 配置螺旋式间接钢筋的钢筋混凝土轴心受压构件

$$N \leqslant 0.9(f_c A_{cor} + f'_y A'_s + 2\alpha f_{yv} A_{ss0})$$
$$(6.2.16\text{-}1)$$

$$A_{ss0} = \frac{\pi d_{cor} A_{ss1}}{s} \qquad (6.2.16\text{-}2)$$

式中：f_{yv}——间接钢筋的抗拉强度设计值，按本规范第4.2.3条的规定采用；

A_{cor}——构件的核心截面面积，取间接钢筋内表面范围内的混凝土截面面积；

A_{ss0}——螺旋式或焊接环式间接钢筋的换算截面面积；

d_{cor}——构件的核心截面直径，取间接钢筋内表面之间的距离；

A_{ss1}——螺旋式或焊接环式单根间接钢筋的截面面积；

s——间接钢筋沿构件轴线方向的间距；

α——间接钢筋对混凝土约束的折减系数：当混凝土强度等级不超过 C50 时，取 1.0，当混凝土强度等级为 C80 时，取 0.85，其间按线性内插法确定。

注：1 按公式（6.2.16-1）算得的构件受压承载力设计值不应大于按本规范公式（6.2.15）算得的构件受压承载力设计值的 1.5 倍；

2 当遇到下列任意一种情况时，不应计入间接钢筋的影响，而应按本规范第 6.2.15 条的规定进行计算：

1）当 $l_0/d > 12$ 时；

2）当按公式（6.2.16-1）算得的受压承载力小于按本规范公式（6.2.15）算得的受压承载力时；

3）当间接钢筋的换算截面面积 A_{ss0} 小于纵向普通钢筋的全部截面面积的 25% 时。

6.2.17 矩形截面偏心受压构件正截面受压承载力应符合下列规定（图 6.2.17）：

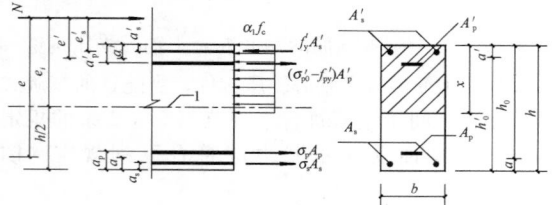

图 6.2.17 矩形截面偏心受压构件正截面受压承载力计算
1—截面重心轴

$$N \leqslant \alpha_1 f_c bx + f'_y A'_s - \sigma_s A_s - (\sigma'_{p0} - f'_{py})A'_p - \sigma_p A_p \tag{6.2.17-1}$$

$$Ne \leqslant \alpha_1 f_c bx \left(h_0 - \frac{x}{2}\right) + f'_y A'_s(h_0 - a'_s) - (\sigma'_{p0} - f'_{py})A'_p(h_0 - a'_p) \tag{6.2.17-2}$$

$$e = e_i + \frac{h}{2} - a \tag{6.2.17-3}$$

$$e_i = e_0 + e_a \tag{6.2.17-4}$$

式中：e——轴向压力作用点至纵向受拉普通钢筋和受拉预应力筋的合力点的距离；

σ_s、σ_p——受拉边或受压较小边的纵向普通钢筋、预应力筋的应力；

e_i——初始偏心距；

a——纵向受拉普通钢筋和受拉预应力筋的合力点至截面近边缘的距离；

e_0——轴向压力对截面重心的偏心距，取为 M/N，当需要考虑二阶效应时，M 为按本规范第 5.3.4 条、第 6.2.4 条规定确定的弯矩设计值；

e_a——附加偏心距，按本规范第 6.2.5 条确定。

按上述规定计算时，尚应符合下列要求：

1 钢筋的应力 σ_s、σ_p 可按下列情况确定：

1）当 ξ 不大于 ξ_b 时为大偏心受压构件，取 σ_s 为 f_y、σ_p 为 f_{py}，此处，ξ 为相对受压区高度，取为 x/h_0；

2）当 ξ 大于 ξ_b 时为小偏心受压构件，σ_s、σ_p 按本规范第 6.2.8 条的规定进行计算。

2 当计算中计入纵向受压普通钢筋时，受压区高度应满足本规范公式（6.2.10-4）的条件；当不满足此条件时，其正截面受压承载力可按本规范第 6.2.14 条的规定进行计算，此时，应将本规范公式（6.2.14）中的 M 以 Ne'_s 代替，此处，e'_s 为轴向压力作用点至受压区纵向普通钢筋合力点的距离；初始偏心距应按公式（6.2.17-4）确定。

3 矩形截面非对称配筋的小偏心受压构件，当 N 大于 $f_c bh$ 时，尚应按下列公式进行验算：

$$Ne' \leqslant f_c bh \left(h'_0 - \frac{h}{2}\right) + f'_y A_s(h'_0 - a_s) - (\sigma_{p0} - f'_{py})A_p(h'_0 - a_p) \tag{6.2.17-5}$$

$$e' = \frac{h}{2} - a' - (e_0 - e_a) \tag{6.2.17-6}$$

式中：e'——轴向压力作用点至受压区纵向普通钢筋和预应力筋的合力点的距离；

h'_0——纵向受压钢筋合力点至截面远边的距离。

4 矩形截面对称配筋（$A'_s = A_s$）的钢筋混凝土小偏心受压构件，也可按下列近似公式计算纵向普通钢筋截面面积：

$$A'_s = \frac{Ne - \xi(1 - 0.5\xi)\alpha_1 f_c bh_0^2}{f'_y(h_0 - a'_s)} \tag{6.2.17-7}$$

此处，相对受压区高度 ξ 可按下列公式计算：

$$\xi = \frac{N - \xi_b \alpha_1 f_c bh_0}{\dfrac{Ne - 0.43\alpha_1 f_c bh_0^2}{(\beta_1 - \xi_b)(h_0 - a'_s)} + \alpha_1 f_c bh_0} + \xi_b \tag{6.2.17-8}$$

6.2.18 I 形截面偏心受压构件的受压翼缘计算宽度 b'_f 应按本规范第 6.2.12 条确定，其正截面受压承载力应符合下列规定：

1 当受压区高度 x 不大于 h'_f 时，应按宽度为受压翼缘计算宽度 b'_f 的矩形截面计算。

2 当受压区高度 x 大于 h'_f 时（图 6.2.18），应符合下列规定：

$$N \leqslant \alpha_1 f_c [bx + (b'_f - b)h'_f] + f'_y A'_s - \sigma_s A_s - (\sigma'_{p0} - f'_{py})A'_p - \sigma_p A_p \tag{6.2.18-1}$$

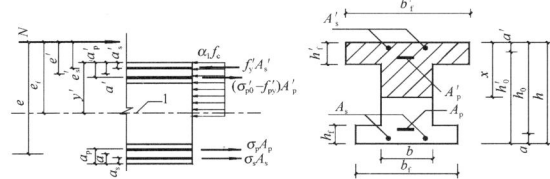

图 6.2.18 I形截面偏心受压构件
正截面受压承载力计算
1—截面重心轴

$$Ne \leq \alpha_1 f_c \left[bx \left(h_0 - \frac{x}{2} \right) + (b'_f - b) h'_f \left(h_0 - \frac{h'_f}{2} \right) \right]$$
$$+ f'_y A'_s (h_0 - a'_s) - (\sigma'_{p0} - f'_{py}) A'_p (h_0 - a'_p)$$

$$(6.2.18-2)$$

公式中的钢筋应力 σ_s、σ_p 以及是否考虑纵向受压普通钢筋的作用，均应按本规范第 6.2.17 条的有关规定确定。

3 当 x 大于（$h - h_f$）时，其正截面受压承载力计算应计入受压较小边翼缘受压部分的作用，此时，受压较小边翼缘计算宽度 b_f 应按本规范第 6.2.12 条确定。

4 对采用非对称配筋的小偏心受压构件，当 N 大于 $f_c A$ 时，尚应按下列公式进行验算：

$$Ne' \leq f_c \left[bh \left(h'_0 - \frac{h}{2} \right) + (b_f - b) h_f \left(h'_0 - \frac{h_f}{2} \right) \right.$$
$$+ (b'_f - b) h'_f \left(\frac{h'_f}{2} - a' \right) \right]$$
$$+ f'_y A_s (h'_0 - a_s)$$
$$- (\sigma_{p0} - f_{py}) A_p (h'_0 - a_p) \qquad (6.2.18-3)$$
$$e' = y' - a' - (e_0 - e_a) \qquad (6.2.18-4)$$

式中：y'——截面重心至离轴向压力较近一侧受压边的距离，当截面对称时，取 $h/2$。

注：对仅在离轴向压力较近一侧有翼缘的 T 形截面，可取 b_f 为 b；对仅在离轴向压力较远一侧有翼缘的倒 T 形截面，可取 b'_f 为 b。

6.2.19 沿截面腹部均匀配置纵向普通钢筋的矩形、T 形或 I 形截面钢筋混凝土偏心受压构件（图 6.2.19），其正截面受压承载力宜符合下列规定：

$$N \leq \alpha_1 f_c \left[\xi b h_0 + (b'_f - b) h'_f \right] + f'_y A'_s - \sigma_s A_s + N_{sw}$$

$$(6.2.19-1)$$

$$Ne \leq \alpha_1 f_c \left[\xi (1 - 0.5\xi) b h_0^2 + (b'_f - b) h'_f \left(h_0 - \frac{h'_f}{2} \right) \right]$$
$$+ f'_y A'_s (h_0 - a'_s) + M_{sw} \qquad (6.2.19-2)$$

$$N_{sw} = \left(1 + \frac{\xi - \beta_1}{0.5 \beta_1 \omega} \right) f_{yw} A_{sw} \qquad (6.2.19-3)$$

$$M_{sw} = \left[0.5 - \left(\frac{\xi - \beta_1}{\beta_1 \omega} \right)^2 \right] f_{yw} A_{sw} h_{sw}$$

$$(6.2.19-4)$$

式中：A_{sw}——沿截面腹部均匀配置的全部纵向普通钢筋截面面积；

f_{yw}——沿截面腹部均匀配置的纵向普通钢筋强度设计值，按本规范表 4.2.3-1 采用；

N_{sw}——沿截面腹部均匀配置的纵向普通钢筋所承担的轴向压力，当 ξ 大于 β_1 时，取为 β_1 进行计算；

M_{sw}——沿截面腹部均匀配置的纵向普通钢筋的内力对 A_s 重心的力矩，当 ξ 大于 β_1 时，取为 β_1 进行计算；

ω——均匀配置纵向普通钢筋区段的高度 h_{sw} 与截面有效高度 h_0 的比值（h_{sw}/h_0），宜取 h_{sw} 为（$h_0 - a'_s$）。

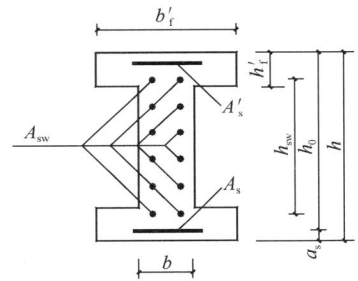

图 6.2.19 沿截面腹部均匀配筋
的 I 形截面

受拉边或受压较小边普通钢筋 A_s 中的应力 σ_s 以及在计算中是否考虑受压普通钢筋和受压较小边翼缘受压部分的作用，应按本规范第 6.2.17 条和第 6.2.18 条的有关规定确定。

注：本条适用于截面腹部均匀配置纵向普通钢筋的数量每侧不少于 4 根的情况。

6.2.20 轴心受压和偏心受压柱的计算长度 l_0 可按下列规定确定：

1 刚性屋盖单层房屋排架柱、露天吊车柱和栈桥柱，其计算长度 l_0 可按表 6.2.20-1 取用。

**表 6.2.20-1 刚性屋盖单层房屋排架柱、露天吊车
柱和栈桥柱的计算长度**

柱的类别		l_0		
		排架方向	垂直排架方向	
			有柱间支撑	无柱间支撑
无吊车房屋柱	单跨	1.5 H	1.0 H	1.2 H
	两跨及多跨	1.25 H	1.0 H	1.2 H

续表 6.2.20-1

柱的类别		l_0		
		排架方向	垂直排架方向	
			有柱间支撑	无柱间支撑
有吊车房屋柱	上柱	$2.0H_u$	$1.25H_u$	$1.5H_u$
	下柱	$1.0H_l$	$0.8H_l$	$1.0H_l$
露天吊车柱和栈桥柱		$2.0H_l$	$1.0H_l$	—

注：1　表中 H 为从基础顶面算起的柱子全高；H_l 为从基础顶面至装配式吊车梁底面或现浇式吊车梁顶面的柱子下部高度；H_u 为从装配式吊车梁底面或从现浇式吊车梁顶面算起的柱子上部高度；

　　2　表中有吊车房屋排架柱的计算长度，当计算中不考虑吊车荷载时，可按无吊车房屋柱的计算长度采用，但上柱的计算长度仍可按有吊车房屋采用；

　　3　表中有吊车房屋排架柱的上柱在排架方向的计算长度，仅适用于 H_u/H_l 不小于 0.3 的情况；当 H_u/H_l 小于 0.3 时，计算长度宜采用 $2.5H_u$。

　　2　一般多层房屋中梁柱为刚接的框架结构，各层柱的计算长度 l_0 可按表 6.2.20-2 取用。

表 6.2.20-2　框架结构各层柱的计算长度

楼盖类型	柱的类别	l_0
现浇楼盖	底层柱	$1.0H$
	其余各层柱	$1.25H$
装配式楼盖	底层柱	$1.25H$
	其余各层柱	$1.5H$

注：表中 H 为底层柱从基础顶面到一层楼盖顶面的高度；对其余各层柱为上下两层楼盖顶面之间的高度。

6.2.21　对截面具有两个互相垂直的对称轴的钢筋混凝土双向偏心受压构件（图 6.2.21），其正截面受压承载力可选用下列两种方法之一进行计算：

　　1　按本规范附录 E 的方法计算，此时，附录 E

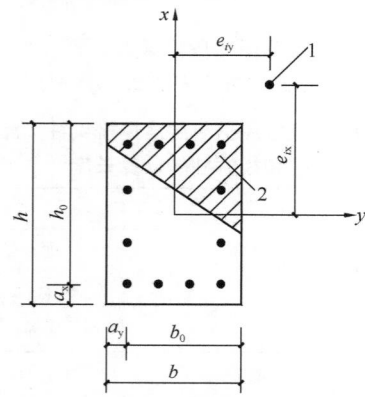

图 6.2.21　双向偏心受压构件截面
1—轴向压力作用点；2—受压区

公式（E.0.1-7）和公式（E.0.1-8）中的 M_x、M_y 应分别用 Ne_{ix}、Ne_{iy} 代替，其中，初始偏心距应按下列公式计算：

$$e_{ix} = e_{0x} + e_{ax} \qquad (6.2.21\text{-}1)$$

$$e_{iy} = e_{0y} + e_{ay} \qquad (6.2.21\text{-}2)$$

式中：e_{0x}、e_{0y}——轴向压力对通过截面重心的 y 轴、x 轴的偏心距，即 M_{0x}/N、M_{0y}/N；

　　M_{0x}、M_{0y}——轴向压力在 x 轴、y 轴方向的弯矩设计值，为按本规范第 5.3.4 条、6.2.4 条规定确定的弯矩设计值；

　　e_{ax}、e_{ay}——x 轴、y 轴方向上的附加偏心距，按本规范第 6.2.5 条的规定确定；

　　2　按下列近似公式计算：

$$N \leqslant \cfrac{1}{\cfrac{1}{N_{ux}} + \cfrac{1}{N_{uy}} - \cfrac{1}{N_{u0}}} \qquad (6.2.21\text{-}3)$$

式中：N_{u0}——构件的截面轴心受压承载力设计值；

　　N_{ux}——轴向压力作用于 x 轴并考虑相应的计算偏心距 e_{ix} 后，按全部纵向普通钢筋计算的构件偏心受压承载力设计值；

　　N_{uy}——轴向压力作用于 y 轴并考虑相应的计算偏心距 e_{iy} 后，按全部纵向普通钢筋计算的构件偏心受压承载力设计值。

　　构件的截面轴心受压承载力设计值 N_{u0}，可按本规范公式（6.2.15）计算，但应取等号，将 N 以 N_{u0} 代替，且不考虑稳定系数 φ 及系数 0.9。

　　构件的偏心受压承载力设计值 N_{ux}，可按下列情况计算：

　　1）当纵向普通钢筋沿截面两对边配置时，N_{ux} 可按本规范第 6.2.17 条或第 6.2.18 条的规定进行计算，但应取等号，将 N 以 N_{ux} 代替。

　　2）当纵向普通钢筋沿截面腹部均匀配置时，N_{ux} 可按本规范第 6.2.19 条的规定进行计算，但应取等号，将 N 以 N_{ux} 代替。

　　构件的偏心受压承载力设计值 N_{uy} 可采用与 N_{ux} 相同的方法计算。

（Ⅳ）正截面受拉承载力计算

6.2.22　轴心受拉构件的正截面受拉承载力应符合下列规定：

$$N \leqslant f_y A_s + f_{py} A_p \qquad (6.2.22)$$

式中：N——轴向拉力设计值；

　　A_s、A_p——纵向普通钢筋、预应力筋的全部截面面积。

6.2.23　矩形截面偏心受拉构件的正截面受拉承载力应符合下列规定：

　　1　小偏心受拉构件

当轴向拉力作用在钢筋 A_s 与 A_p 的合力点和 A'_s 与 A'_p 的合力点之间时（图 6.2.23a）：

$$Ne \leqslant f_y A'_s (h_0 - a'_s) + f_{py} A'_p (h_0 - a'_p)$$
$$(6.2.23-1)$$

$$Ne' \leqslant f_y A_s (h'_0 - a_s) + f_{py} A_p (h'_0 - a_p)$$
$$(6.2.23-2)$$

2 大偏心受拉构件

当轴向拉力不作用在钢筋 A_s 与 A_p 的合力点和 A'_s 与 A'_p 的合力点之间时（图 6.2.23b）：

$$N \leqslant f_y A_s + f_{py} A_p - f'_y A'_s + (\sigma'_{p0} - f'_{py}) A'_p - \alpha_1 f_c bx$$
$$(6.2.23-3)$$

$$Ne \leqslant \alpha_1 f_c bx \left(h_0 - \frac{x}{2} \right) + f'_y A'_s (h_0 - a'_s) - (\sigma'_{p0} - f'_{py}) A'_p (h_0 - a'_p)$$
$$(6.2.23-4)$$

此时，混凝土受压区的高度应满足本规范公式 （6.2.10-3）的要求。当计算中计入纵向受压普通钢筋时，尚应满足本规范公式（6.2.10-4）的条件；当不满足时，可按公式（6.2.23-2）计算。

3 对称配筋的矩形截面偏心受拉构件，不论大、小偏心受拉情况，均可按公式（6.2.23-2）计算。

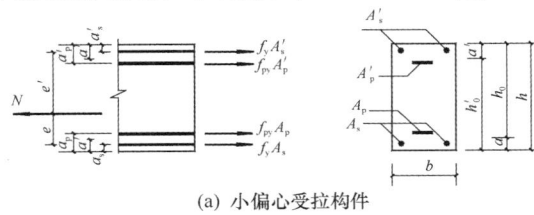

(a) 小偏心受拉构件

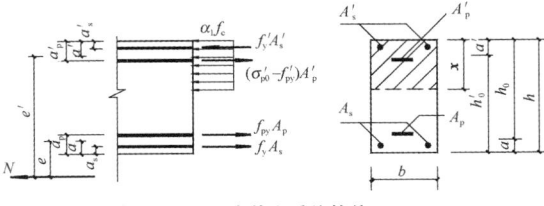

(b) 大偏心受拉构件

图 6.2.23 矩形截面偏心受拉构件
正截面受拉承载力计算

6.2.24 沿截面腹部均匀配置纵向普通钢筋的矩形、T 形或 I 形截面钢筋混凝土偏心受拉构件，其正截面受拉承载力应符合本规范公式（6.2.25-1）的规定，式中正截面受弯承载力设计值 M_u 可按本规范公式（6.2.19-1）和公式（6.2.19-2）进行计算，但应取等号，同时应分别取 N 为 0 和以 M_u 代替 Ne_i。

6.2.25 对称配筋的矩形截面钢筋混凝土双向偏心受拉构件，其正截面受拉承载力应符合下列规定：

$$N \leqslant \frac{1}{\dfrac{1}{N_{u0}} + \dfrac{e_0}{M_u}}$$
$$(6.2.25-1)$$

式中：N_{u0}——构件的轴心受拉承载力设计值；

e_0——轴向拉力作用点至截面重心的距离；

M_u——按通过轴向拉力作用点的弯矩平面计算的正截面受弯承载力设计值。

构件的轴心受拉承载力设计值 N_{u0}，按本规范公式（6.2.22）计算，但应取等号，并以 N_{u0} 代替 N。按通过轴向拉力作用点的弯矩平面计算的正截面受弯承载力设计值 M_u，可按本规范第 6.2 节（Ⅰ）的有关规定进行计算。

公式（6.2.25-1）中的 e_0/M_u 也可按下列公式计算：

$$\frac{e_0}{M_u} = \sqrt{\left(\frac{e_{0x}}{M_{ux}} \right)^2 + \left(\frac{e_{0y}}{M_{uy}} \right)^2}$$
$$(6.2.25-2)$$

式中：e_{0x}、e_{0y}——轴向拉力对截面重心 y 轴、x 轴的偏心距；

M_{ux}、M_{uy}——x 轴、y 轴方向的正截面受弯承载力设计值，按本规范第 6.2 节（Ⅱ）的规定计算。

6.3 斜截面承载力计算

6.3.1 矩形、T 形和 I 形截面受弯构件的受剪截面应符合下列条件：

当 $h_w/b \leqslant 4$ 时

$$V \leqslant 0.25 \beta_c f_c bh_0 \qquad (6.3.1-1)$$

当 $h_w/b \geqslant 6$ 时

$$V \leqslant 0.2 \beta_c f_c bh_0 \qquad (6.3.1-2)$$

当 $4 < h_w/b < 6$ 时，按线性内插法确定。

式中：V——构件斜截面上的最大剪力设计值；

β_c——混凝土强度影响系数：当混凝土强度等级不超过 C50 时，β_c 取 1.0，当混凝土强度等级为 C80 时，β_c 取 0.8；其间按线性内插法确定；

b——矩形截面的宽度，T 形截面或 I 形截面的腹板宽度；

h_0——截面的有效高度；

h_w——截面的腹板高度：矩形截面，取有效高度；T 形截面，取有效高度减去翼缘高度；I 形截面，取腹板净高。

注：1 对 T 形或 I 形截面的简支受弯构件，当有实践经验时，公式（6.3.1-1）中的系数可改用 0.3；

2 对受拉边倾斜的构件，当有实践经验时，其受剪截面的控制条件可适当放宽。

6.3.2 计算斜截面受剪承载力时，剪力设计值的计算截面应按下列规定采用：

1 支座边缘处的截面（图 6.3.2a、b 截面 1-1）；

2 受拉区弯起钢筋弯起点处的截面（图 6.3.2a 截面 2-2、3-3）；

3 箍筋截面面积或间距改变处的截面（图 6.3.2b 截面 4-4）；

4 截面尺寸改变处的截面。

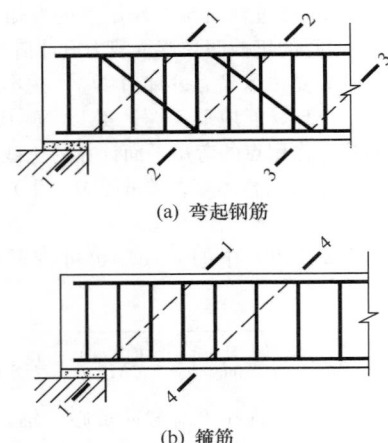

(a) 弯起钢筋

(b) 箍筋

图 6.3.2 斜截面受剪承载力剪力设计值的计算截面

1-1 支座边缘处的斜截面；2-2、3-3 受拉区弯起钢筋弯起点的斜截面；4-4 箍筋截面面积或间距改变处的斜截面

注：1 受拉边倾斜的受弯构件，尚应包括梁的高度开始变化处、集中荷载作用处和其他不利的截面；

2 箍筋的间距以及弯起钢筋前一排（对支座而言）的弯起点至后一排的弯终点的距离，应符合本规范第 9.2.8 条和第 9.2.9 条的构造要求。

6.3.3 不配置箍筋和弯起钢筋的一般板类受弯构件，其斜截面受剪承载力应符合下列规定：

$$V \leqslant 0.7\beta_{h} f_{t} b h_{0} \tag{6.3.3-1}$$

$$\beta_{h} = \left(\frac{800}{h_{0}}\right)^{1/4} \tag{6.3.3-2}$$

式中：β_{h} ——截面高度影响系数：当 h_{0} 小于 800mm 时，取 800mm；当 h_{0} 大于 2000mm 时，取 2000mm。

6.3.4 当仅配置箍筋时，矩形、T 形和 I 形截面受弯构件的斜截面受剪承载力应符合下列规定：

$$V \leqslant V_{cs} + V_{p} \tag{6.3.4-1}$$

$$V_{cs} = \alpha_{cv} f_{t} b h_{0} + f_{yv} \frac{A_{sv}}{s} h_{0} \tag{6.3.4-2}$$

$$V_{p} = 0.05 N_{p0} \tag{6.3.4-3}$$

式中：V_{cs} ——构件斜截面上混凝土和箍筋的受剪承载力设计值；

V_{p} ——由预加力所提高的构件受剪承载力设计值；

α_{cv} ——斜截面混凝土受剪承载力系数，对于一般受弯构件取 0.7；对集中荷载作用下（包括作用有多种荷载，其中集中荷载对支座截面或节点边缘所产生的剪力值占总剪力的 75% 以上的情况）的独立梁，取 α_{cv} 为 $\frac{1.75}{\lambda+1}$，λ 为计算截面的剪跨比，可取 λ 等于 a/h_{0}，当 λ 小于 1.5 时，取 1.5，当 λ 大于 3 时，取 3，a 取集中荷载作用点至支座截面或

节点边缘的距离；

A_{sv} ——配置在同一截面内箍筋各肢的全部截面面积，即 nA_{sv1}，此处，n 为在同一个截面内箍筋的肢数，A_{sv1} 为单肢箍筋的截面面积；

s ——沿构件长度方向的箍筋间距；

f_{yv} ——箍筋的抗拉强度设计值，按本规范第 4.2.3 条的规定采用；

N_{p0} ——计算截面上混凝土法向预应力等于零时的预加力，按本规范第 10.1.13 条计算；当 N_{p0} 大于 $0.3 f_{c} A_{0}$ 时，取 $0.3 f_{c} A_{0}$，此处，A_{0} 为构件的换算截面面积。

注：1 对预加力 N_{p0} 引起的截面弯矩与外弯矩方向相同的情况，以及预应力混凝土连续梁和允许出现裂缝的预应力混凝土简支梁，均应取 V_{p} 为 0；

2 先张法预应力混凝土构件，在计算预加力 N_{p0} 时，应按本规范第 7.1.9 条的规定考虑预应力筋传递长度的影响。

6.3.5 当配置箍筋和弯起钢筋时，矩形、T 形和 I 形截面受弯构件的斜截面受剪承载力应符合下列规定：

$$V \leqslant V_{cs} + V_{p} + 0.8 f_{y} A_{sb} \sin\alpha_{s} + 0.8 f_{py} A_{pb} \sin\alpha_{p} \tag{6.3.5}$$

式中：V ——配置弯起钢筋处的剪力设计值，按本规范第 6.3.6 条的规定取用；

V_{p} ——由预加力所提高的构件受剪承载力设计值，按本规范公式（6.3.4-3）计算，但计算预加力 N_{p0} 时不考虑弯起预应力筋的作用；

A_{sb}、A_{pb} ——分别为同一平面内的弯起普通钢筋、弯起预应力筋的截面面积；

α_{s}、α_{p} ——分别为斜截面上弯起普通钢筋、弯起预应力筋的切线与构件纵轴线的夹角。

6.3.6 计算弯起钢筋时，截面剪力设计值可按下列规定取用（图 6.3.2a）：

1 计算第一排（对支座而言）弯起钢筋时，取支座边缘处的剪力值；

2 计算以后的每一排弯起钢筋时，取前一排（对支座而言）弯起钢筋弯起点处的剪力值。

6.3.7 矩形、T 形和 I 形截面的一般受弯构件，当符合下式要求时，可不进行斜截面的受剪承载力计算，其箍筋的构造要求应符合本规范第 9.2.9 条的有关规定。

$$V \leqslant \alpha_{cv} f_{t} b h_{0} + 0.05 N_{p0} \tag{6.3.7}$$

式中：α_{cv} ——截面混凝土受剪承载力系数，按本规范第 6.3.4 条的规定采用。

6.3.8 受拉边倾斜的矩形、T 形和 I 形截面受弯构件，其斜截面受剪承载力应符合下列规定（图

6.3.8）：

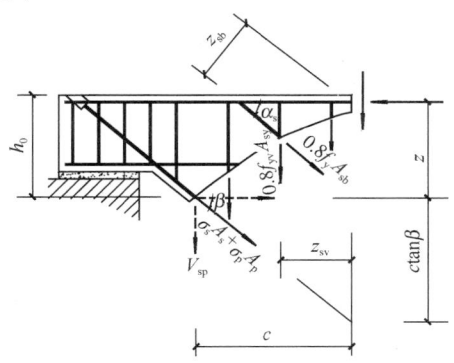

图 6.3.8 受拉边倾斜的受弯构件的
斜截面受剪承载力计算

$$V \leqslant V_{cs} + V_{sp} + 0.8 f_y A_{sb} \sin \alpha_s \quad (6.3.8\text{-}1)$$

$$V_{sp} = \frac{M - 0.8 (\sum f_{yv} A_{sv} z_{sv} + \sum f_y A_{sb} z_{sb})}{z + c \tan \beta} \tan \beta$$

$$(6.3.8\text{-}2)$$

式中：M——构件斜截面受压区末端的弯矩设计值；

V_{cs}——构件斜截面上混凝土和箍筋的受剪承载力设计值，按本规范公式（6.3.4-2）计算，其中 h_0 取斜截面受拉区始端的垂直截面有效高度；

V_{sp}——构件截面上受拉边倾斜的纵向非预应力和预应力受拉钢筋的合力设计值在垂直方向的投影；对钢筋混凝土受弯构件，其值不应大于 $f_y A_s \sin \beta$；对预应力混凝土受弯构件，其值不应大于 $(f_{py} A_p + f_y A_s) \sin \beta$，且不应小于 $\sigma_{pe} A_p \sin \beta$；

z_{sv}——同一截面内箍筋的合力至斜截面受压区合力点的距离；

z_{sb}——同一弯起平面内的弯起普通钢筋的合力至斜截面受压区合力点的距离；

z——斜截面受拉区始端处纵向受拉钢筋合力的水平分力至斜截面受压区合力点的距离，可近似取为 $0.9 h_0$；

β——斜截面受拉区始端处倾斜的纵向受拉钢筋的倾角；

c——斜截面的水平投影长度，可近似取为 h_0。

注：在梁截面高度开始变化处，斜截面的受剪承载力应按等截面高度梁和变截面高度梁的有关公式分别计算，并应按不利者配置箍筋和弯起钢筋。

6.3.9 受弯构件斜截面的受弯承载力应符合下列规定（图 6.3.9）：

$$M \leqslant (f_y A_s + f_{py} A_p) z + \sum f_y A_{sb} z_{sb} + \sum f_{py} A_{pb} z_{pb}$$

$$+ \sum f_{yv} A_{sv} z_{sv} \quad (6.3.9\text{-}1)$$

此时，斜截面的水平投影长度 c 可按下列条件确定：

$$V = \sum f_y A_{sb} \sin \alpha_s + \sum f_{py} A_{pb} \sin \alpha_p + \sum f_{yv} A_{sv}$$

$$(6.3.9\text{-}2)$$

式中：V——斜截面受压区末端的剪力设计值；

z——纵向受拉普通钢筋和预应力筋的合力点至受压区合力点的距离，可近似取为 $0.9 h_0$；

z_{sb}、z_{pb}——分别为同一弯起平面内的弯起普通钢筋、弯起预应力筋的合力点至斜截面受压区合力点的距离；

z_{sv}——同一斜截面上箍筋的合力点至斜截面受压区合力点的距离。

在计算先张法预应力混凝土构件端部锚固区的斜截面受弯承载力时，公式中的 f_{py} 应按下列规定确定：锚固区内的纵向预应力筋抗拉强度设计值在锚固起点处应取为零，在锚固终点处应取为 f_{py}，在两点之间可按线性内插法确定。此时，纵向预应力筋的锚固长度 l_a 应按本规范第 8.3.1 条确定。

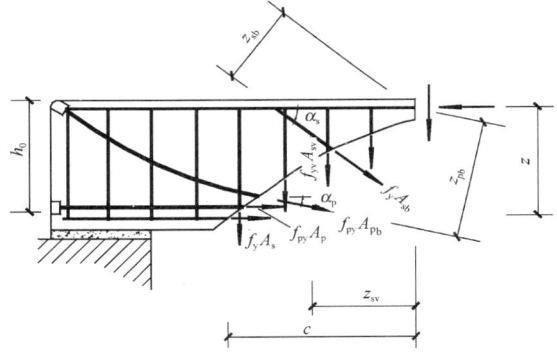

图 6.3.9 受弯构件斜截面受弯承载力计算

6.3.10 受弯构件中配置的纵向钢筋和箍筋，当符合本规范第 8.3.1 条～第 8.3.5 条、第 9.2.2 条～第 9.2.4 条、第 9.2.7 条～第 9.2.9 条规定的构造要求时，可不进行构件斜截面的受弯承载力计算。

6.3.11 矩形、T 形和 I 形截面的钢筋混凝土偏心受压构件和偏心受拉构件，其受剪截面应符合本规范第 6.3.1 条的规定。

6.3.12 矩形、T 形和 I 形截面的钢筋混凝土偏心受压构件，其斜截面受剪承载力应符合下列规定：

$$V \leqslant \frac{1.75}{\lambda + 1} f_t b h_0 + f_{yv} \frac{A_{sv}}{s} h_0 + 0.07N$$

$$(6.3.12)$$

式中：λ——偏心受压构件计算截面的剪跨比，取为 $M/(Vh_0)$；

N——与剪力设计值 V 相应的轴向压力设计值，当大于 $0.3 f_c A$ 时，取 $0.3 f_c A$，此处，A 为构件的截面面积。

计算截面的剪跨比 λ 应按下列规定取用：

1 对框架结构中的框架柱，当其反弯点在层高范围内时，可取为 $H_n/(2h_0)$。当 λ 小于 1 时，取 1；当 λ 大于 3 时，取 3。此处，M 为计算截面上与剪力设计值 V 相应的弯矩设计值，H_n 为柱净高。

2 其他偏心受压构件，当承受均布荷载时，取 1.5；当承受符合本规范第 6.3.4 条所述的集中荷载时，取为 a/h_0，且当 λ 小于 1.5 时取 1.5，当 λ 大于 3 时取 3。

6.3.13 矩形、T 形和 I 形截面的钢筋混凝土偏心受压构件，当符合下列要求时，可不进行斜截面受剪承载力计算，其箍筋构造要求应符合本规范第 9.3.2 条的规定。

$$V \leqslant \frac{1.75}{\lambda+1} f_t b h_0 + 0.07N \qquad (6.3.13)$$

式中：剪跨比 λ 和轴向压力设计值 N 应按本规范第 6.3.12 条确定。

6.3.14 矩形、T 形和 I 形截面的钢筋混凝土偏心受拉构件，其斜截面受剪承载力应符合下列规定：

$$V \leqslant \frac{1.75}{\lambda+1} f_t b h_0 + f_{yv}\frac{A_{sv}}{s}h_0 - 0.2N$$

$$(6.3.14)$$

式中：N——与剪力设计值 V 相应的轴向拉力设计值；

λ——计算截面的剪跨比，按本规范第 6.3.12 条确定。

当公式（6.3.14）右边的计算值小于 $f_{yv}\dfrac{A_{sv}}{s}h_0$ 时，应取等于 $f_{yv}\dfrac{A_{sv}}{s}h_0$，且 $f_{yv}\dfrac{A_{sv}}{s}h_0$ 值不应小于 $0.36f_t b h_0$。

6.3.15 圆形截面钢筋混凝土受弯构件和偏心受压、受拉构件，其截面限制条件和斜截面受剪承载力可按本规范第 6.3.1 条～第 6.3.14 条计算，但上述条文公式中的截面宽度 b 和截面有效高度 h_0 应分别以 $1.76r$ 和 $1.6r$ 代替，此处，r 为圆形截面的半径。计算所得的箍筋截面面积应作为圆形箍筋的截面面积。

6.3.16 矩形截面双向受剪的钢筋混凝土框架柱，其受剪截面应符合下列要求：

$$V_x \leqslant 0.25\beta_c f_c b h_0 \cos\theta \qquad (6.3.16-1)$$
$$V_y \leqslant 0.25\beta_c f_c b h_0 \sin\theta \qquad (6.3.16-2)$$

式中：V_x——x 轴方向的剪力设计值，对应的截面有效高度为 h_0，截面宽度为 b；

V_y——y 轴方向的剪力设计值，对应的截面有效高度为 b_0，截面宽度为 h；

θ——斜向剪力设计值 V 的作用方向与 x 轴的夹角，$\theta = \arctan(V_y/V_x)$。

6.3.17 矩形截面双向受剪的钢筋混凝土框架柱，其斜截面受剪承载力应符合下列规定：

$$V_x \leqslant \frac{V_{ux}}{\sqrt{1+\left(\dfrac{V_{ux}\tan\theta}{V_{uy}}\right)^2}} \qquad (6.3.17-1)$$

$$V_y \leqslant \frac{V_{uy}}{\sqrt{1+\left(\dfrac{V_{uy}}{V_{ux}\tan\theta}\right)^2}} \qquad (6.3.17-2)$$

x 轴、y 轴方向的斜截面受剪承载力设计值 V_{ux}、V_{uy} 应按下列公式计算：

$$V_{ux} = \frac{1.75}{\lambda_x+1} f_t b h_0 + f_{yv}\frac{A_{svx}}{s}h_0 + 0.07N$$

$$(6.3.17-3)$$

$$V_{uy} = \frac{1.75}{\lambda_y+1} f_t h b_0 + f_{yv}\frac{A_{svy}}{s}b_0 + 0.07N$$

$$(6.3.17-4)$$

式中：λ_x、λ_y——分别为框架柱 x 轴、y 轴方向的计算剪跨比，按本规范第 6.3.12 条的规定确定；

A_{svx}、A_{svy}——分别为配置在同一截面内平行于 x 轴、y 轴的箍筋各肢截面面积的总和；

N——与斜向剪力设计值 V 相应的轴向压力设计值，当 N 大于 $0.3f_c A$ 时，取 $0.3f_c A$，此处，A 为构件的截面面积。

在计算截面箍筋时，可在公式（6.3.17-1）、公式（6.3.17-2）中近似取 V_{ux}/V_{uy} 等于 1 计算。

6.3.18 矩形截面双向受剪的钢筋混凝土框架柱，当符合下列要求时，可不进行斜截面受剪承载力计算，其构造箍筋要求应符合本规范第 9.3.2 条的规定。

$$V_x \leqslant \left(\frac{1.75}{\lambda_x+1} f_t b h_0 + 0.07N\right)\cos\theta$$

$$(6.3.18-1)$$

$$V_y \leqslant \left(\frac{1.75}{\lambda_y+1} f_t h b_0 + 0.07N\right)\sin\theta$$

$$(6.3.18-2)$$

6.3.19 矩形截面双向受剪的钢筋混凝土框架柱，当斜向剪力设计值 V 的作用方向与 x 轴的夹角 θ 在 $0°\sim10°$ 或 $80°\sim90°$ 时，可仅按单向受剪构件进行截面承载力计算。

6.3.20 钢筋混凝土剪力墙的受剪截面应符合下列条件：

$$V \leqslant 0.25\beta_c f_c b h_0 \qquad (6.3.20)$$

6.3.21 钢筋混凝土剪力墙在偏心受压时的斜截面受剪承载力应符合下列规定：

$$V \leqslant \frac{1}{\lambda-0.5}\left(0.5f_t b h_0 + 0.13N\frac{A_w}{A}\right) + f_{yv}\frac{A_{sh}}{s_v}h_0$$

$$(6.3.21)$$

式中：N——与剪力设计值 V 相应的轴向压力设计值，当 N 大于 $0.2f_c bh$ 时，取 $0.2f_c bh$；

A——剪力墙的截面面积；

A_w——T 形、I 形截面剪力墙腹板的截面面积，对矩形截面剪力墙，取为 A；

A_{sh}——配置在同一截面内的水平分布钢筋的全部截面面积；

s_v——水平分布钢筋的竖向间距；

λ——计算截面的剪跨比，取为 $M/(Vh_0)$；当 λ 小于 1.5 时，取 1.5，当 λ 大于 2.2 时，取 2.2；此处，M 为与剪力设计值 V 相应的弯矩设计值；当计算截面与墙底之间的距离小于 $h_0/2$ 时，λ 可按距墙底 $h_0/2$ 处的弯矩值与剪力值计算。

当剪力设计值 V 不大于公式（6.3.21）中右边第一项时，水平分布钢筋可按本规范第 9.4.2 条、9.4.4 条、9.4.6 条的构造要求配置。

6.3.22 钢筋混凝土剪力墙在偏心受拉时的斜截面受剪承载力应符合下列规定：

$$V \leqslant \frac{1}{\lambda-0.5}\left(0.5f_tbh_0 - 0.13N\frac{A_w}{A}\right) + f_{yv}\frac{A_{sh}}{s_v}h_0$$

（6.3.22）

当上式右边的计算值小于 $f_{yv}\dfrac{A_{sh}}{s_v}h_0$ 时，取等于 $f_{yv}\dfrac{A_{sh}}{s_v}h_0$。

式中：N——与剪力设计值 V 相应的轴向拉力设计值；

λ——计算截面的剪跨比，按本规范第 6.3.21 条采用。

6.3.23 剪力墙洞口连梁的受剪截面应符合本规范第 6.3.1 条的规定，其斜截面受剪承载力应符合下列规定：

$$V \leqslant 0.7f_tbh_0 + f_{yv}\frac{A_{sv}}{s}h_0 \quad （6.3.23）$$

6.4 扭曲截面承载力计算

6.4.1 在弯矩、剪力和扭矩共同作用下，h_w/b 不大于 6 的矩形、T 形、I 形截面和 h_w/t_w 不大于 6 的箱形截面构件（图 6.4.1），其截面应符合下列条件：

当 h_w/b（或 h_w/t_w）不大于 4 时

$$\frac{V}{bh_0} + \frac{T}{0.8W_t} \leqslant 0.25\beta_c f_c \quad （6.4.1-1）$$

当 h_w/b（或 h_w/t_w）等于 6 时

$$\frac{V}{bh_0} + \frac{T}{0.8W_t} \leqslant 0.2\beta_c f_c \quad （6.4.1-2）$$

当 h_w/b（或 h_w/t_w）大于 4 但小于 6 时，按线性内插法确定。

式中：T——扭矩设计值；

b——矩形截面的宽度，T 形或 I 形截面取腹板宽度，箱形截面取两侧壁总厚度 $2t_w$；

W_t——受扭构件的截面受扭塑性抵抗矩，按本规范第 6.4.3 条的规定计算；

h_w——截面的腹板高度：对矩形截面，取有效高度 h_0；对 T 形截面，取有效高度减去

翼缘高度；对 I 形和箱形截面，取腹板净高；

t_w——箱形截面壁厚，其值不应小于 $b_h/7$，此处，b_h 为箱形截面的宽度。

注：当 h_w/b 大于 6 或 h_w/t_w 大于 6 时，受扭构件的截面尺寸要求及扭曲截面承载力计算应符合专门规定。

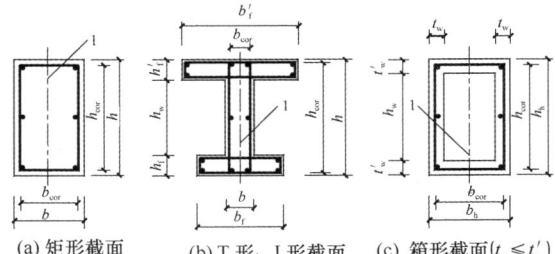

图 6.4.1 受扭构件截面

1—弯矩、剪力作用平面

6.4.2 在弯矩、剪力和扭矩共同作用下的构件，当符合下列要求时，可不进行构件受剪扭承载力计算，但应按本规范第 9.2.5 条、第 9.2.9 条和第 9.2.10 条的规定配置构造纵向钢筋和箍筋。

$$\frac{V}{bh_0} + \frac{T}{W_t} \leqslant 0.7f_t + 0.05\frac{N_{p0}}{bh_0} \quad （6.4.2-1）$$

或

$$\frac{V}{bh_0} + \frac{T}{W_t} \leqslant 0.7f_t + 0.07\frac{N}{bh_0} \quad （6.4.2-2）$$

式中：N_{p0}——计算截面上混凝土法向预应力等于零时的预加力，按本规范第 10.1.13 条的规定计算，当 N_{p0} 大于 $0.3f_cA_0$ 时，取 $0.3f_cA_0$，此处，A_0 为构件的换算截面面积；

N——与剪力、扭矩设计值 V、T 相应的轴向压力设计值，当 N 大于 $0.3f_cA$ 时，取 $0.3f_cA$，此处，A 为构件的截面面积。

6.4.3 受扭构件的截面受扭塑性抵抗矩可按下列规定计算：

1 矩形截面

$$W_t = \frac{b^2}{6}(3h-b) \quad （6.4.3-1）$$

式中：b、h——分别为矩形截面的短边尺寸、长边尺寸。

2 T 形和 I 形截面

$$W_t = W_{tw} + W'_{tf} + W_{tf} \quad （6.4.3-2）$$

腹板、受压翼缘及受拉翼缘部分的矩形截面受扭塑性抵抗矩 W_{tw}、W'_{tf} 和 W_{tf}，可按下列规定计算：

1）腹板

$$W_{tw} = \frac{b^2}{6}(3h-b) \quad （6.4.3-3）$$

2）受压翼缘

$$W'_{tf} = \frac{h'^2_f}{2}(b'_f - b) \qquad (6.4.3\text{-}4)$$

3）受拉翼缘

$$W_{tf} = \frac{h^2_f}{2}(b_f - b) \qquad (6.4.3\text{-}5)$$

式中：b、h——分别为截面的腹板宽度、截面高度；

b'_f、b_f——分别为截面受压区、受拉区的翼缘宽度；

h'_f、h_f——分别为截面受压区、受拉区的翼缘高度。

计算时取用的翼缘宽度尚应符合 b'_f 不大于 $b+6h'_f$ 及 b_f 不大于 $b+6h_f$ 的规定。

3　箱形截面

$$W_t = \frac{b^2_h}{6}(3h_h - b_h) - \frac{(b_h - 2t_w)^2}{6}\left[3h_w - (b_h - 2t_w)\right]$$
$$(6.4.3\text{-}6)$$

式中：b_h、h_h——分别为箱形截面的短边尺寸、长边尺寸。

6.4.4　矩形截面纯扭构件的受扭承载力应符合下列规定：

$$T \leqslant 0.35 f_t W_t + 1.2\sqrt{\zeta} f_{yv}\frac{A_{st1}A_{cor}}{s}$$
$$(6.4.4\text{-}1)$$

$$\zeta = \frac{f_y A_{stl} s}{f_{yv} A_{st1} u_{cor}} \qquad (6.4.4\text{-}2)$$

偏心距 e_{p0} 不大于 $h/6$ 的预应力混凝土纯扭构件，当计算的 ζ 值不小于 1.7 时，取 1.7，并可在公式 (6.4.4-1) 的右边增加预加力影响项 $0.05\frac{N_{p0}}{A_0}W_t$，此处，$N_{p0}$ 的取值应符合本规范第 6.4.2 条的规定。

式中：ζ——受扭的纵向普通钢筋与箍筋的配筋强度比值，ζ 值不应小于 0.6，当 ζ 大于 1.7 时，取 1.7；

A_{stl}——受扭计算中取对称布置的全部纵向普通钢筋截面面积；

A_{st1}——受扭计算中沿截面周边配置的箍筋单肢截面面积；

f_{yv}——受扭箍筋的抗拉强度设计值，按本规范第 4.2.3 条采用；

A_{cor}——截面核心部分的面积，取为 $b_{cor}h_{cor}$，此处，b_{cor}、h_{cor} 分别为箍筋内表面范围内截面核心部分的短边、长边尺寸；

u_{cor}——截面核心部分的周长，取 $2(b_{cor}+h_{cor})$。

注：当 ζ 小于 1.7 或 e_{p0} 大于 $h/6$ 时，不应考虑预加力影响项，而应按钢筋混凝土纯扭构件计算。

6.4.5　T 形和 I 形截面纯扭构件，可将其截面划分为几个矩形截面，分别按本规范第 6.4.4 条进行受扭承载力计算。每个矩形截面的扭矩设计值可按下列规定计算：

1　腹板

$$T_w = \frac{W_{tw}}{W_t}T \qquad (6.4.5\text{-}1)$$

2　受压翼缘

$$T'_f = \frac{W'_{tf}}{W_t}T \qquad (6.4.5\text{-}2)$$

3　受拉翼缘

$$T_f = \frac{W_{tf}}{W_t}T \qquad (6.4.5\text{-}3)$$

式中：T_w——腹板所承受的扭矩设计值；

T'_f、T_f——分别为受压翼缘、受拉翼缘所承受的扭矩设计值。

6.4.6　箱形截面钢筋混凝土纯扭构件的受扭承载力应符合下列规定：

$$T \leqslant 0.35\alpha_h f_t W_t + 1.2\sqrt{\zeta} f_{yv}\frac{A_{st1}A_{cor}}{s}$$
$$(6.4.6\text{-}1)$$

$$\alpha_h = 2.5 t_w/b_h \qquad (6.4.6\text{-}2)$$

式中：α_h——箱形截面壁厚影响系数，当 α_h 大于 1.0 时，取 1.0。

ζ——同本规范第 6.4.4 条。

6.4.7　在轴向压力和扭矩共同作用下的矩形截面钢筋混凝土构件，其受扭承载力应符合下列规定：

$$T \leqslant \left(0.35 f_t + 0.07\frac{N}{A}\right)W_t + 1.2\sqrt{\zeta} f_{yv}\frac{A_{st1}A_{cor}}{s}$$
$$(6.4.7)$$

式中：N——与扭矩设计值 T 相应的轴向压力设计值，当 N 大于 $0.3f_c A$ 时，取 $0.3f_c A$；

ζ——同本规范第 6.4.4 条。

6.4.8　在剪力和扭矩共同作用下的矩形截面剪扭构件，其受剪扭承载力应符合下列规定：

1　一般剪扭构件

1）受剪承载力

$$V \leqslant (1.5 - \beta_t)(0.7 f_t b h_0 + 0.05 N_{p0}) + f_{yv}\frac{A_{sv}}{s}h_0$$
$$(6.4.8\text{-}1)$$

$$\beta_t = \frac{1.5}{1 + 0.5\dfrac{VW_t}{Tbh_0}} \qquad (6.4.8\text{-}2)$$

式中：A_{sv}——受剪承载力所需的箍筋截面面积；

β_t——一般剪扭构件混凝土受扭承载力降低系数：当 β_t 小于 0.5 时，取 0.5；当 β_t 大于 1.0 时，取 1.0。

2）受扭承载力

$$T \leqslant \beta_t\left(0.35 f_t + 0.05\frac{N_{p0}}{A_0}\right)W_t + 1.2\sqrt{\zeta} f_{yv}\frac{A_{st1}A_{cor}}{s}$$
$$(6.4.8\text{-}3)$$

式中：ζ——同本规范第 6.4.4 条。

2　集中荷载作用下的独立剪扭构件

1）受剪承载力

$$V \leqslant (1.5 - \beta_t) \left(\frac{1.75}{\lambda + 1} f_t b h_0 + 0.05 N_{p0} \right) + f_{yv} \frac{A_{sv}}{s} h_0$$

$$(6.4.8-4)$$

$$\beta_t = \frac{1.5}{1 + 0.2 (\lambda + 1) \frac{VW_t}{Tbh_0}}$$

$$(6.4.8-5)$$

式中：λ——计算截面的剪跨比，按本规范第 6.3.4 条的规定取用；

β_t——集中荷载作用下剪扭构件混凝土受扭承载力降低系数；当 β_t 小于 0.5 时，取 0.5；当 β_t 大于 1.0 时，取 1.0。

    2）受扭承载力

受扭承载力仍应按公式（6.4.8-3）计算，但式中的 β_t 应按公式（6.4.8-5）计算。

6.4.9 T 形和 I 形截面剪扭构件的受剪扭承载力应符合下列规定：

    1 受剪承载力可按本规范公式（6.4.8-1）与公式（6.4.8-2）或公式（6.4.8-4）与公式（6.4.8-5）进行计算，但应将公式中的 T 及 W_t 分别代之以 T_w 及 W_{tw}；

    2 受扭承载力可根据本规范第 6.4.5 条的规定划分为几个矩形截面分别进行计算。其中，腹板可按本规范公式（6.4.8-3）、公式（6.4.8-2）或公式（6.4.8-3）、公式（6.4.8-5）进行计算，但应将公式中的 T 及 W_t 分别代之以 T_w 及 W_{tw}；受压翼缘及受拉翼缘可按本规范第 6.4.4 条纯扭构件的规定进行计算，但应将 T 及 W_t 分别代之以 T'_f 及 W'_{tf} 或 T_f 及 W_{tf}。

6.4.10 箱形截面钢筋混凝土剪扭构件的受剪扭承载力可按下列规定计算：

    1 一般剪扭构件

        1）受剪承载力

$$V \leqslant 0.7 (1.5 - \beta_t) f_t b h_0 + f_{yv} \frac{A_{sv}}{s} h_0$$

$$(6.4.10-1)$$

        2）受扭承载力

$$T \leqslant 0.35 \alpha_h \beta_t f_t W_t + 1.2 \sqrt{\zeta} f_{yv} \frac{A_{st1} A_{cor}}{s}$$

$$(6.4.10-2)$$

式中：β_t——按本规范公式（6.4.8-2）计算，但式中的 W_t 应代之以 $\alpha_h W_t$；

    α_h——按本规范第 6.4.6 条的规定确定；

    ζ——按本规范第 6.4.4 条的规定确定。

    2 集中荷载作用下的独立剪扭构件

        1）受剪承载力

$$V \leqslant (1.5 - \beta_t) \frac{1.75}{\lambda + 1} f_t b h_0 + f_{yv} \frac{A_{sv}}{s} h_0$$

$$(6.4.10-3)$$

式中：β_t——按本规范公式（6.4.8-5）计算，但式中

的 W_t 应代之以 $\alpha_h W_t$。

    2）受扭承载力

受扭承载力仍按公式（6.4.10-2）计算，但式中的 β_t 值应按本规范公式（6.4.8-5）计算。

6.4.11 在轴向拉力和扭矩共同作用下的矩形截面钢筋混凝土构件，其受扭承载力可按下列规定计算：

$$T \leqslant \left(0.35 f_t - 0.2 \frac{N}{A} \right) W_t + 1.2 \sqrt{\zeta} f_{yv} \frac{A_{st1} A_{cor}}{s}$$

$$(6.4.11)$$

式中：ζ——按本规范第 6.4.4 条的规定确定；

    A_{st1}——受扭计算中沿截面周边配置的箍筋单肢截面面积；

    A_{stl}——对称布置受扭用的全部纵向普通钢筋的截面面积；

    N——与扭矩设计值相应的轴向拉力设计值，当 N 大于 $1.75 f_t A$ 时，取 $1.75 f_t A$；

    A_{cor}——截面核心部分的面积，取 $b_{cor} h_{cor}$，此处 b_{cor}、h_{cor} 为箍筋内表面范围内截面核心部分的短边、长边尺寸；

    u_{cor}——截面核心部分的周长，取 $2(b_{cor} + h_{cor})$。

6.4.12 在弯矩、剪力和扭矩共同作用下的矩形、T 形、I 形和箱形截面的弯剪扭构件，可按下列规定进行承载力计算：

    1 当 V 不大于 $0.35 f_t b h_0$ 或 V 不大于 $0.875 f_t b h_0 / (\lambda + 1)$ 时，可仅计算受弯构件的正截面受弯承载力和纯扭构件的受扭承载力；

    2 当 T 不大于 $0.175 f_t W_t$ 或 T 不大于 $0.175 \alpha_h f_t W_t$ 时，可仅验算受弯构件的正截面受弯承载力和斜截面受剪承载力。

6.4.13 矩形、T 形、I 形和箱形截面弯剪扭构件，其纵向钢筋截面面积应分别按受弯构件的正截面受弯承载力和剪扭构件的受扭承载力计算确定，并应配置在相应的位置；箍筋截面面积应分别按剪扭构件的受剪承载力和受扭承载力计算确定，并应配置在相应的位置。

6.4.14 在轴向压力、弯矩、剪力和扭矩共同作用下的钢筋混凝土矩形截面框架柱，其受剪扭承载力可按下列规定计算：

    1 受剪承载力

$$V \leqslant (1.5 - \beta_t) \left(\frac{1.75}{\lambda + 1} f_t b h_0 + 0.07 N \right) + f_{yv} \frac{A_{sv}}{s} h_0$$

$$(6.4.14-1)$$

    2 受扭承载力

$$T \leqslant \beta_t \left(0.35 f_t + 0.07 \frac{N}{A} \right) W_t + 1.2 \sqrt{\zeta} f_{yv} \frac{A_{st1} A_{cor}}{s}$$

$$(6.4.14-2)$$

式中：λ——计算截面的剪跨比，按本规范第 6.3.12 条确定；

    β_t——按本规范第 6.4.8 条计算并符合相关

要求；

ζ——按本规范第 6.4.4 条的规定采用。

6.4.15 在轴向压力、弯矩、剪力和扭矩共同作用下的钢筋混凝土矩形截面框架柱，当 T 不大于 $(0.175f_t + 0.035N/A)W_t$ 时，可仅计算偏心受压构件的正截面承载力和斜截面受剪承载力。

6.4.16 在轴向压力、弯矩、剪力和扭矩共同作用下的钢筋混凝土矩形截面框架柱，其纵向普通钢筋截面面积应分别按偏心受压构件的正截面承载力和剪扭构件的受扭承载力计算确定，并应配置在相应的位置；箍筋截面面积应分别按剪扭构件的受剪承载力和受扭承载力计算确定，并应配置在相应的位置。

6.4.17 在轴向拉力、弯矩、剪力和扭矩共同作用下的钢筋混凝土矩形截面框架柱，其受剪扭承载力应符合下列规定：

1 受剪承载力

$$V \leqslant (1.5 - \beta_t)\left(\frac{1.75}{\lambda+1}f_t bh_0 - 0.2N\right) + f_{yv}\frac{A_{sv}}{s}h_0$$

$$(6.4.17\text{-}1)$$

2 受扭承载力

$$T \leqslant \beta_t\left(0.35f_t - 0.2\frac{N}{A}\right)W_t + 1.2\sqrt{\zeta}f_{yv}\frac{A_{st1}A_{cor}}{s}$$

$$(6.4.17\text{-}2)$$

当公式（6.4.17-1）右边的计算值小于 $f_{yv}\frac{A_{sv}}{s}h_0$ 时，取 $f_{yv}\frac{A_{sv}}{s}h_0$；当公式（6.4.17-2）右边的计算值小于 $1.2\sqrt{\zeta}f_{yv}\frac{A_{st1}A_{cor}}{s}$ 时，取 $1.2\sqrt{\zeta}f_{yv}\frac{A_{st1}A_{cor}}{s}$。

式中：λ——计算截面的剪跨比，按本规范第 6.3.12 条确定；

A_{sv}——受剪承载力所需的箍筋截面面积；

N——与剪力、扭矩设计值 V、T 相应的轴向拉力设计值；

β_t——按本规范第 6.4.8 条计算并符合相关要求；

ζ——按本规范第 6.4.4 条的规定采用。

6.4.18 在轴向拉力、弯矩、剪力和扭矩共同作用下的钢筋混凝土矩形截面框架柱，当 $T \leqslant (0.175f_t - 0.1N/A)W_t$ 时，可仅计算偏心受拉构件的正截面承载力和斜截面受剪承载力。

6.4.19 在轴向拉力、弯矩、剪力和扭矩共同作用下的钢筋混凝土矩形截面框架柱，其纵向普通钢筋截面面积应分别按偏心受拉构件的正截面承载力和剪扭构件的受扭承载力计算确定，并应配置在相应的位置；箍筋截面面积应分别按剪扭构件的受剪承载力和受扭承载力计算确定，并应配置在相应的位置。

6.5 受冲切承载力计算

6.5.1 在局部荷载或集中反力作用下，不配置箍筋或弯起钢筋的板的受冲切承载力应符合下列规定（图 6.5.1）：

$$F_l \leqslant (0.7\beta_h f_t + 0.25\sigma_{pc,m})\eta u_m h_0$$

$$(6.5.1\text{-}1)$$

公式（6.5.1-1）中的系数 η，应按下列两个公式计算，并取其中较小值：

$$\eta_1 = 0.4 + \frac{1.2}{\beta_s}$$

$$(6.5.1\text{-}2)$$

$$\eta_2 = 0.5 + \frac{\alpha_s h_0}{4u_m}$$

$$(6.5.1\text{-}3)$$

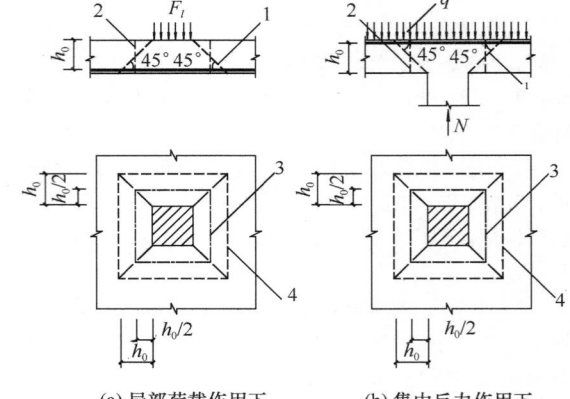

(a) 局部荷载作用下　　(b) 集中反力作用下

图 6.5.1　板受冲切承载力计算
1—冲切破坏锥体的斜截面；2—计算截面；
3—计算截面的周长；4—冲切破坏锥体的底面线

式中：F_l——局部荷载设计值或集中反力设计值；板柱节点，取柱所承受的轴向压力设计值的层间差值减去柱顶冲切破坏锥体范围内板所承受的荷载设计值；当有不平衡弯矩时，应按本规范第 6.5.6 条的规定确定；

β_h——截面高度影响系数：当 h 不大于 800mm 时，取 β_h 为 1.0；当 h 不小于 2000mm 时，取 β_h 为 0.9，其间按线性内插法取用；

$\sigma_{pc,m}$——计算截面周长上两个方向混凝土有效预压应力按长度的加权平均值，其值宜控制在 $1.0N/mm^2 \sim 3.5N/mm^2$ 范围内；

u_m——计算截面的周长，取距离局部荷载或集中反力作用面积周边 $h_0/2$ 处板垂直截面的最不利周长；

h_0——截面有效高度，取两个方向配筋的截面有效高度平均值；

η_1——局部荷载或集中反力作用面积形状的影响系数；

η_2——计算截面周长与板截面有效高度之比的影响系数；

β_s ——局部荷载或集中反力作用面积为矩形时的长边与短边尺寸的比值，β_s 不宜大于 4；当 β_s 小于 2 时取 2；对圆形冲切面，β_s 取 2；

α_s ——柱位置影响系数：中柱，α_s 取 40；边柱，α_s 取 30；角柱，α_s 取 20。

6.5.2 当板开有孔洞且孔洞至局部荷载或集中反力作用面积边缘的距离不大于 $6h_0$ 时，受冲切承载力计算中取用的计算截面周长 u_m，应扣除局部荷载或集中反力作用面积中心至开孔外边画出两条切线之间所包含的长度（图 6.5.2）。

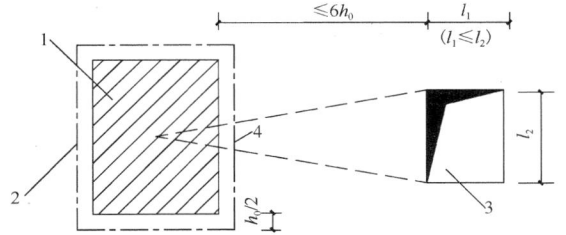

图 6.5.2 邻近孔洞时的计算截面周长

1—局部荷载或集中反力作用面；2—计算截面周长；
3—孔洞；4—应扣除的长度

注：当图中 l_1 大于 l_2 时，孔洞边长 l_2 用 $\sqrt{l_1 l_2}$ 代替。

6.5.3 在局部荷载或集中反力作用下，当受冲切承载力不满足本规范第 6.5.1 条的要求且板厚受到限制时，可配置箍筋或弯起钢筋，并应符合本规范第 9.1.11 条的构造规定。此时，受冲切截面及受冲切承载力应符合下列要求：

1 受冲切截面

$$F_l \leqslant 1.2 f_t \eta u_m h_0 \qquad (6.5.3\text{-}1)$$

2 配置箍筋、弯起钢筋时的受冲切承载力

$$F_l \leqslant (0.5 f_t + 0.25 \sigma_{pc,m}) \eta u_m h_0$$
$$+ 0.8 f_{yv} A_{svu} + 0.8 f_y A_{sbu} \sin \alpha \qquad (6.5.3\text{-}2)$$

式中：f_{yv} ——箍筋的抗拉强度设计值，按本规范第 4.2.3 条的规定采用；

A_{svu} ——与呈 45°冲切破坏锥体斜截面相交的全部箍筋截面面积；

A_{sbu} ——与呈 45°冲切破坏锥体斜截面相交的全部弯起钢筋截面面积；

α ——弯起钢筋与板底面的夹角。

注：当有条件时，可采取配置栓钉、型钢剪力架等形式的抗冲切措施。

6.5.4 配置抗冲切钢筋的冲切破坏锥体以外的截面，尚应按本规范第 6.5.1 条的规定进行受冲切承载力计算，此时，u_m 应取配置抗冲切钢筋的冲切破坏锥体以外 $0.5h_0$ 处的最不利周长。

6.5.5 矩形截面柱的阶形基础，在柱与基础交接处以及基础变阶处的受冲切承载力应符合下列规定（图 6.5.5）：

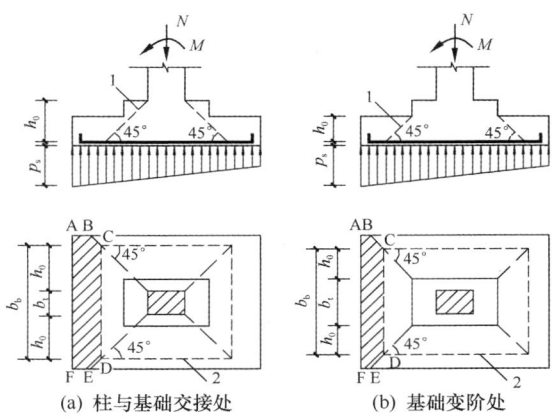

(a) 柱与基础交接处　　(b) 基础变阶处

图 6.5.5 计算阶形基础的受冲切承载力截面位置

1—冲切破坏锥体最不利一侧的斜截面；
2—冲切破坏锥体的底面线

$$F_l \leqslant 0.7 \beta_h f_t b_m h_0 \qquad (6.5.5\text{-}1)$$

$$F_l = p_s A \qquad (6.5.5\text{-}2)$$

$$b_m = \frac{b_t + b_b}{2} \qquad (6.5.5\text{-}3)$$

式中：h_0 ——柱与基础交接处或基础变阶处的截面有效高度，取两个方向配筋的截面有效高度平均值；

p_s ——按荷载效应基本组合计算并考虑结构重要性系数的基础底面地基反力设计值（可扣除基础自重及其上的土重），当基础偏心受力时，可取用最大的地基反力设计值；

A ——考虑冲切荷载时取用的多边形面积（图 6.5.5 中的阴影面积 ABCDEF）；

b_t ——冲切破坏锥体最不利一侧斜截面的上边长：当计算柱与基础交接处的受冲切承载力时，取柱宽；当计算基础变阶处的受冲切承载力时，取上阶宽；

b_b ——柱与基础交接处或基础变阶处的冲切破坏锥体最不利一侧斜截面的下边长，取 $b_t + 2h_0$。

6.5.6 在竖向荷载、水平荷载作用下，当考虑板柱节点计算截面上的剪应力传递不平衡弯矩时，其集中反力设计值 F_l 应以等效集中反力设计值 $F_{l,eq}$ 代替，$F_{l,eq}$ 可按本规范附录 F 的规定计算。

6.6 局部受压承载力计算

6.6.1 配置间接钢筋的混凝土结构构件，其局部受压区的截面尺寸应符合下列要求：

$$F_l \leqslant 1.35 \beta_c \beta_l f_c A_{ln} \qquad (6.6.1\text{-}1)$$

$$\beta_l = \sqrt{\frac{A_b}{A_l}} \qquad (6.6.1\text{-}2)$$

式中：F_l——局部受压面上作用的局部荷载或局部压力设计值；

f_c——混凝土轴心抗压强度设计值；在后张法预应力混凝土构件的张拉阶段验算中，可根据相应阶段的混凝土立方体抗压强度 f'_{cu} 值按本规范表 4.1.4-1 的规定以线性内插法确定；

β_c——混凝土强度影响系数，按本规范第 6.3.1 条的规定取用；

β_l——混凝土局部受压时的强度提高系数；

A_l——混凝土局部受压面积；

A_{ln}——混凝土局部受压净面积；对后张法构件，应在混凝土局部受压面积中扣除孔道、凹槽部分的面积；

A_b——局部受压的计算底面积，按本规范第 6.6.2 条确定。

6.6.2 局部受压的计算底面积 A_b，可由局部受压面积与计算底面积按同心、对称的原则确定；常用情况，可按图 6.6.2 取用。

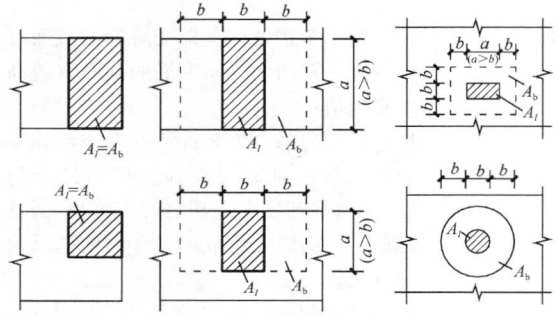

图 6.6.2　局部受压的计算底面积

A_l—混凝土局部受压面积；A_b—局部受压的计算底面积

6.6.3 配置方格网式或螺旋式间接钢筋（图 6.6.3）的局部受压承载力应符合下列规定：

$$F_l \leqslant 0.9(\beta_c\beta_l f_c + 2\alpha\rho_v\beta_{cor}f_{yv})A_{ln}$$

(6.6.3-1)

当为方格网式配筋时（图 6.6.3a），钢筋网两个方向上单位长度内钢筋截面面积的比值不宜大于 1.5，其体积配筋率 ρ_v 应按下列公式计算：

$$\rho_v = \frac{n_1 A_{s1} l_1 + n_2 A_{s2} l_2}{A_{cor} s}$$

(6.6.3-2)

当为螺旋式配筋时（图 6.6.3b），其体积配筋率 ρ_v 应按下列公式计算：

$$\rho_v = \frac{4 A_{ss1}}{d_{cor} s}$$

(6.6.3-3)

式中：β_{cor}——配置间接钢筋的局部受压承载力提高系数，可按本规范公式（6.6.1-2）计算，但公式中 A_b 应代之以 A_{cor}，且当 A_{cor} 大于 A_b 时，A_{cor} 取 A_b；当 A_{cor} 不大于混凝土局部受压面积 A_l 的 1.25 倍

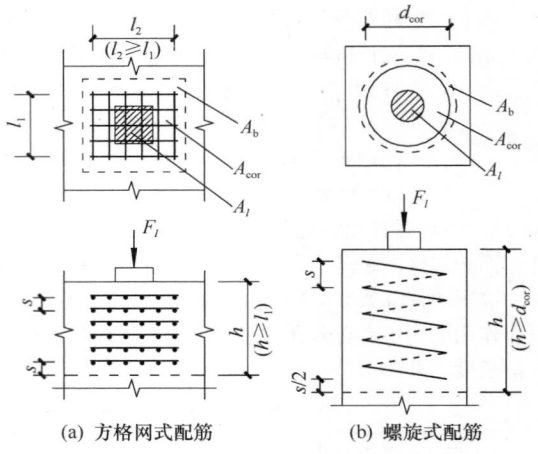

(a) 方格网式配筋　　(b) 螺旋式配筋

图 6.6.3　局部受压区的间接钢筋

A_l—混凝土局部受压面积；A_b—局部受压的计算底面积；A_{cor}—方格网式或螺旋式间接钢筋内表面范围内的混凝土核心面积

时，β_{cor} 取 1.0；

α——间接钢筋对混凝土约束的折减系数，按本规范第 6.2.16 条的规定取用；

f_{yv}——间接钢筋的抗拉强度设计值，按本规范第 4.2.3 条的规定采用；

A_{cor}——方格网式或螺旋式间接钢筋内表面范围内的混凝土核心截面面积，应大于混凝土局部受压面积 A_l，其重心应与 A_l 的重心重合，计算中按同心、对称的原则取值；

ρ_v——间接钢筋的体积配筋率；

n_1、A_{s1}——分别为方格网沿 l_1 方向的钢筋根数、单根钢筋的截面面积；

n_2、A_{s2}——分别为方格网沿 l_2 方向的钢筋根数、单根钢筋的截面面积；

A_{ss1}——单根螺旋式间接钢筋的截面面积；

d_{cor}——螺旋式间接钢筋内表面范围内的混凝土截面直径；

s——方格网式或螺旋式间接钢筋的间距，宜取 30mm～80mm。

间接钢筋应配置在图 6.6.3 所规定的高度 h 范围内，方格网式钢筋，不应少于 4 片；螺旋式钢筋，不应少于 4 圈。柱接头，h 尚不应小于 15d，d 为柱的纵向钢筋直径。

6.7　疲 劳 验 算

6.7.1 受弯构件的正截面疲劳应力验算时，可采用下列基本假定：

1 截面应变保持平面；

2 受压区混凝土的法向应力图形取为三角形；

3 钢筋混凝土构件，不考虑受拉区混凝土的抗

拉强度，拉力全部由纵向钢筋承受；要求不出现裂缝的预应力混凝土构件，受拉区混凝土的法向应力图形取为三角形；

4 采用换算截面计算。

6.7.2 在疲劳验算中，荷载应取用标准值；吊车荷载应乘以动力系数，并应符合现行国家标准《建筑结构荷载规范》GB 50009的规定。跨度不大于12m的吊车梁，可取用一台最大吊车的荷载。

6.7.3 钢筋混凝土受弯构件疲劳验算时，应计算下列部位的混凝土应力和钢筋应力幅：

1 正截面受压区边缘纤维的混凝土应力和纵向受拉钢筋的应力幅；

2 截面中和轴处混凝土的剪应力和箍筋的应力幅。

注：纵向受压普通钢筋可不进行疲劳验算。

6.7.4 钢筋混凝土和预应力混凝土受弯构件正截面疲劳应力应符合下列要求：

1 受压区边缘纤维的混凝土压应力

$$\sigma_{cc,max}^{f} \leqslant f_c^f \qquad (6.7.4-1)$$

2 预应力混凝土构件受拉区边缘纤维的混凝土拉应力

$$\sigma_{ct,max}^{f} \leqslant f_t^f \qquad (6.7.4-2)$$

3 受拉区纵向普通钢筋的应力幅

$$\Delta\sigma_{si}^{f} \leqslant \Delta f_y^f \qquad (6.7.4-3)$$

4 受拉区纵向预应力筋的应力幅

$$\Delta\sigma_{p}^{f} \leqslant \Delta f_{py}^f \qquad (6.7.4-4)$$

式中：$\sigma_{cc,max}^{f}$ —— 疲劳验算时截面受压区边缘纤维的混凝土压应力，按本规范公式（6.7.5-1）计算；

$\sigma_{ct,max}^{f}$ —— 疲劳验算时预应力混凝土截面受拉区边缘纤维的混凝土拉应力，按本规范第6.7.11条计算；

$\Delta\sigma_{si}^{f}$ —— 疲劳验算时截面受拉区第i层纵向钢筋的应力幅，按本规范公式（6.7.5-2）计算；

$\Delta\sigma_{p}^{f}$ —— 疲劳验算时截面受拉区最外层纵向预应力筋的应力幅，按本规范公式（6.7.11-3）计算；

f_c^f、f_t^f —— 分别为混凝土轴心抗压、抗拉疲劳强度设计值，按本规范第4.1.6条确定；

Δf_y^f —— 钢筋的疲劳应力幅限值，按本规范表4.2.6-1采用；

Δf_{py}^f —— 预应力筋的疲劳应力幅限值，按本规范表4.2.6-2采用。

注：当纵向受拉钢筋为同一钢种时，可仅验算最外层钢筋的应力幅。

6.7.5 钢筋混凝土受弯构件正截面的混凝土压应力以及钢筋的应力幅应按下列公式计算：

1 受压区边缘纤维的混凝土压应力

$$\sigma_{cc,max}^{f} = \frac{M_{max}^{f} x_0}{I_0^f} \qquad (6.7.5-1)$$

2 纵向受拉钢筋的应力幅

$$\Delta\sigma_{si}^{f} = \sigma_{si,max}^{f} - \sigma_{si,min}^{f} \qquad (6.7.5-2)$$

$$\sigma_{si,min}^{f} = \alpha_E^f \frac{M_{min}^f (h_{0i} - x_0)}{I_0^f} \qquad (6.7.5-3)$$

$$\sigma_{si,max}^{f} = \alpha_E^f \frac{M_{max}^f (h_{0i} - x_0)}{I_0^f} \qquad (6.7.5-4)$$

式中：M_{max}^f、M_{min}^f —— 疲劳验算时同一截面上在相应荷载组合下产生的最大、最小弯矩值；

$\sigma_{si,min}^f$、$\sigma_{si,max}^f$ —— 由弯矩M_{min}^f、M_{max}^f引起相应截面受拉区第i层纵向钢筋的应力；

α_E^f —— 钢筋的弹性模量与混凝土疲劳变形模量的比值；

I_0^f —— 疲劳验算时相应于弯矩M_{max}^f与M_{min}^f为相同方向时的换算截面惯性矩；

x_0 —— 疲劳验算时相应于弯矩M_{max}^f与M_{min}^f为相同方向时的换算截面受压区高度；

h_{0i} —— 相应于弯矩M_{max}^f与M_{min}^f为相同方向时的截面受压区边缘至受拉区第i层纵向钢筋截面重心的距离。

当弯矩M_{min}^f与弯矩M_{max}^f的方向相反时，公式（6.7.5-3）中h_{0i}、x_0和I_0^f应以截面相反位置的h_{0i}'、x_0'和$I_0^{f'}$代替。

6.7.6 钢筋混凝土受弯构件疲劳验算时，换算截面的受压区高度x_0、x_0'和惯性矩I_0^f、$I_0^{f'}$应按下列公式计算：

1 矩形及翼缘位于受拉区的T形截面

$$\frac{bx_0^2}{2} + \alpha_E^f A_s'(x_0 - a_s') - \alpha_E^f A_s(h_0 - x_0) = 0 \qquad (6.7.6-1)$$

$$I_0^f = \frac{bx_0^3}{3} + \alpha_E^f A_s'(x_0 - a_s')^2 + \alpha_E^f A_s(h_0 - x_0)^2 \qquad (6.7.6-2)$$

2 I形及翼缘位于受压区的T形截面
1） 当x_0大于h_f'时（图6.7.6）

$$\frac{b_f' x_0^2}{2} - \frac{(b_f' - b)(x_0 - h_f')^2}{2} + \alpha_E^f A_s'(x_0 - a_s') - \alpha_E^f A_s(h_0 - x_0) = 0 \qquad (6.7.6-3)$$

$$I_0^f = \frac{b_f' x_0^3}{3} - \frac{(b_f' - b)(x_0 - h_f')^3}{3} + \alpha_E^f A_s'(x_0 - a_s')^2 + \alpha_E^f A_s(h_0 - x_0)^2 \qquad (6.7.6-4)$$

2） 当x_0不大于h_f'时，按宽度为b_f'的矩形截面计算。

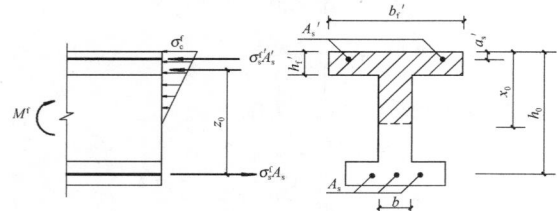

图 6.7.6　钢筋混凝土受弯构件正截面疲劳应力计算

3 x_0'、I_0^f 的计算，仍可采用上述 x_0、I_0^f 的相应公式；当弯矩 M_{min}^f 与 M_{max}^f 的方向相反时，与 x_0'、x_0 相应的受压区位置分别在该截面的下侧和上侧；当弯矩 M_{min}^f 与 M_{max}^f 的方向相同时，可取 $x_0' = x_0$、$I_0^f = I_0^f$。

注：1　当纵向受拉钢筋沿截面高度分多层布置时，公式（6.7.6-1）、公式（6.7.6-3）中 $a_E^f A_s$ $(h_0 - x_0)$ 项可用 $a_E^f \sum\limits_{i=1}^{n} A_{si}(h_{0i} - x_0)$ 代替，公式（6.7.6-2）、公式（6.7.6-4）中 $a_E^f A_s$ $(h_0 - x_0)^2$ 项可用 $a_E^f \sum\limits_{i=1}^{n} A_{si}(h_{0i} - x_0)^2$ 代替，此处，n 为纵向受拉钢筋的总层数，A_{si} 为第 i 层全部纵向钢筋的截面面积；

2　纵向受压钢筋的应力应符合 $a_E^f \sigma_c^f \leqslant f_y'$ 的条件；当 $a_E^f \sigma_c^f > f_y'$ 时，本条各公式中 $a_E^f A_s'$ 应以 $f_y' A_s' / \sigma_c^f$ 代替，此处，f_y' 为纵向钢筋的抗压强度设计值，σ_c^f 为纵向受压钢筋合力点处的混凝土应力。

6.7.7　钢筋混凝土受弯构件斜截面的疲劳验算及剪力的分配应符合下列规定：

1　当截面中和轴处的剪应力符合下列条件时，该区段的剪力全部由混凝土承受，此时，箍筋可按构造要求配置；

$$\tau^f \leqslant 0.6 f_t^f \qquad (6.7.7\text{-}1)$$

式中：τ^f ——截面中和轴处的剪应力，按本规范第 6.7.8 条计算；

f_t^f ——混凝土轴心抗拉疲劳强度设计值，按本规范第 4.1.6 条确定。

2　截面中和轴处的剪应力不符合公式（6.7.7-1）的区段，其剪力应由箍筋和混凝土共同承受。此时，箍筋的应力幅 $\Delta \sigma_{sv}^f$ 应符合下列规定：

$$\Delta \sigma_{sv}^f \leqslant \Delta f_{yv}^f \qquad (6.7.7\text{-}2)$$

式中：$\Delta \sigma_{sv}^f$ ——箍筋的应力幅，按本规范公式（6.7.9-1）计算；

Δf_{yv}^f ——箍筋的疲劳应力幅限值，按本规范表 4.2.6-1 采用。

6.7.8　钢筋混凝土受弯构件中和轴处的剪应力应按下列公式计算：

$$\tau^f = \frac{V_{max}^f}{b z_0} \qquad (6.7.8)$$

式中：V_{max}^f ——疲劳验算时在相应荷载组合下构件验算截面的最大剪力值；

b ——矩形截面宽度，T形、I形截面的腹板宽度；

z_0 ——受压区合力点至受拉钢筋合力点的距离，此时，受压区高度 x_0 按本规范公式（6.7.6-1）或公式（6.7.6-3）计算。

6.7.9　钢筋混凝土受弯构件斜截面上箍筋的应力幅应按下列公式计算：

$$\Delta \sigma_{sv}^f = \frac{(\Delta V_{max}^f - 0.1 \eta f_t^f b h_0) s}{A_{sv} z_0} \qquad (6.7.9\text{-}1)$$

$$\Delta V_{max}^f = V_{max}^f - V_{min}^f \qquad (6.7.9\text{-}2)$$

$$\eta = \Delta V_{max}^f / V_{max}^f \qquad (6.7.9\text{-}3)$$

式中：ΔV_{max}^f ——疲劳验算时构件验算截面的最大剪力幅值；

V_{min}^f ——疲劳验算时在相应荷载组合下构件验算截面的最小剪力值；

η ——最大剪力幅相对值；

s ——箍筋的间距；

A_{sv} ——配置在同一截面内箍筋各肢的全部截面面积。

6.7.10　预应力混凝土受弯构件疲劳验算时，应计算下列部位的应力、应力幅：

1　正截面受拉区和受压区边缘纤维的混凝土应力及受拉区纵向预应力筋、普通钢筋的应力幅；

2　截面重心及截面宽度剧烈改变处的混凝土主拉应力。

注：1　受压区纵向钢筋可不进行疲劳验算；

2　一级裂缝控制等级的预应力混凝土构件的钢筋可不进行疲劳验算。

6.7.11　要求不出现裂缝的预应力混凝土受弯构件，其正截面的混凝土、纵向预应力筋和普通钢筋的最小、最大应力和应力幅应按下列公式计算：

1　受拉区或受压区边缘纤维的混凝土应力

$$\sigma_{c,min}^f \ \text{或} \ \sigma_{c,max}^f = \sigma_{pc} + \frac{M_{min}^f}{I_0} y_0 \qquad (6.7.11\text{-}1)$$

$$\sigma_{c,max}^f \ \text{或} \ \sigma_{c,min}^f = \sigma_{pc} + \frac{M_{max}^f}{I_0} y_0 \qquad (6.7.11\text{-}2)$$

2　受拉区纵向预应力筋的应力及应力幅

$$\Delta \sigma_p^f = \sigma_{p,max}^f - \sigma_{p,min}^f \qquad (6.7.11\text{-}3)$$

$$\sigma_{p,min}^f = \sigma_{pe} + \alpha_{pE} \frac{M_{min}^f}{I_0} y_{0p} \qquad (6.7.11\text{-}4)$$

$$\sigma_{p,max}^f = \sigma_{pe} + \alpha_{pE} \frac{M_{max}^f}{I_0} y_{0p} \qquad (6.7.11\text{-}5)$$

3　受拉区纵向普通钢筋的应力及应力幅

$$\Delta \sigma_s^f = \sigma_{s,max}^f - \sigma_{s,min}^f \qquad (6.7.11\text{-}6)$$

$$\sigma_{s,min}^f = \sigma_{s0} + \alpha_E \frac{M_{min}^f}{I_0} y_{0s} \qquad (6.7.11\text{-}7)$$

$$\sigma_{s,max}^f = \sigma_{s0} + \alpha_E \frac{M_{max}^f}{I_0} y_{0s} \quad (6.7.11-8)$$

式中：$\sigma_{c,min}^f$、$\sigma_{c,max}^f$——疲劳验算时受拉区或受压区边缘纤维混凝土的最小、最大应力，最小、最大应力以其绝对值进行判别；

σ_{pc}——扣除全部预应力损失后，由预加力在受拉区或受压区边缘纤维处产生的混凝土法向应力，按本规范公式（10.1.6-1）或公式（10.1.6-4）计算；

M_{max}^f、M_{min}^f——疲劳验算时同一截面上在相应荷载组合下产生的最大、最小弯矩值；

α_{pE}——预应力钢筋弹性模量与混凝土弹性模量的比值：$\alpha_{pE} = E_s/E_c$；

I_0——换算截面的惯性矩；

y_0——受拉区边缘或受压区边缘至换算截面重心的距离；

$\sigma_{p,min}^f$、$\sigma_{p,max}^f$——疲劳验算时受拉区最外层预应力筋的最小、最大应力；

$\Delta\sigma_p^f$——疲劳验算时受拉区最外层预应力筋的应力幅；

σ_{pe}——扣除全部预应力损失后受拉区最外层预应力筋的有效预应力，按本规范公式（10.1.6-2）或公式（10.1.6-5）计算；

y_{0s}、y_{0p}——受拉区最外层普通钢筋、预应力筋截面重心至换算截面重心的距离；

$\sigma_{s,min}^f$、$\sigma_{s,max}^f$——疲劳验算时受拉区最外层普通钢筋的最小、最大应力；

$\Delta\sigma_s^f$——疲劳验算时受拉区最外层普通钢筋的应力幅；

σ_{s0}——消压弯矩 M_{p0} 作用下受拉区最外层普通钢筋中产生的应力；此处，M_{p0} 为受拉区最外层普通钢筋重心处的混凝土法向预加应力等于零时的相应弯矩值。

注：公式（6.7.11-1）、公式（6.7.11-2）中的 σ_{pc}、$(M_{min}^f/I_0)y_0$、$(M_{max}^f/I_0)y_0$，当为拉应力时以正值代入；当为压应力时以负值代入；公式（6.7.11-7）、公式（6.7.11-8）中的 σ_{s0} 以负值代入。

6.7.12 预应力混凝土受弯构件斜截面混凝土的主拉应力应符合下列规定：

$$\sigma_{tp}^f \leqslant f_t^f \quad (6.7.12)$$

式中：σ_{tp}^f——预应力混凝土受弯构件斜截面疲劳验算纤维处的混凝土主拉应力，按本规范第

7.1.7 条的公式计算；对吊车荷载，应计入动力系数。

7 正常使用极限状态验算

7.1 裂缝控制验算

7.1.1 钢筋混凝土和预应力混凝土构件，应按下列规定进行受拉边缘应力或正截面裂缝宽度验算：

1 一级裂缝控制等级构件，在荷载标准组合下，受拉边缘应力应符合下列规定：

$$\sigma_{ck} - \sigma_{pc} \leqslant 0 \quad (7.1.1-1)$$

2 二级裂缝控制等级构件，在荷载标准组合下，受拉边缘应力应符合下列规定：

$$\sigma_{ck} - \sigma_{pc} \leqslant f_{tk} \quad (7.1.1-2)$$

3 三级裂缝控制等级时，钢筋混凝土构件的最大裂缝宽度可按荷载准永久组合并考虑长期作用影响的效应计算，预应力混凝土构件的最大裂缝宽度可按荷载标准组合并考虑长期作用影响的效应计算。最大裂缝宽度应符合下列规定：

$$w_{max} \leqslant w_{lim} \quad (7.1.1-3)$$

对环境类别为二 a 类的预应力混凝土构件，在荷载准永久组合下，受拉边缘应力尚应符合下列规定：

$$\sigma_{cq} - \sigma_{pc} \leqslant f_{tk} \quad (7.1.1-4)$$

式中：σ_{ck}、σ_{cq}——荷载标准组合、准永久组合下抗裂验算边缘的混凝土法向应力；

σ_{pc}——扣除全部预应力损失后在抗裂验算边缘混凝土的预压应力，按本规范公式（10.1.6-1）和公式（10.1.6-4）计算；

f_{tk}——混凝土轴心抗拉强度标准值，按本规范表 4.1.3-2 采用；

w_{max}——按荷载的标准组合或准永久组合并考虑长期作用影响计算的最大裂缝宽度，按本规范第 7.1.2 条计算；

w_{lim}——最大裂缝宽度限值，按本规范第 3.4.5 条采用。

7.1.2 在矩形、T 形、倒 T 形和 I 形截面的钢筋混凝土受拉、受弯和偏心受压构件及预应力混凝土轴心受拉和受弯构件中，按荷载标准组合或准永久组合并考虑长期作用影响的最大裂缝宽度可按下列公式计算：

$$w_{max} = \alpha_{cr}\psi \frac{\sigma_s}{E_s}\left(1.9c_s + 0.08\frac{d_{eq}}{\rho_{te}}\right)$$

$$(7.1.2-1)$$

$$\psi = 1.1 - 0.65\frac{f_{tk}}{\rho_{te}\sigma_s} \quad (7.1.2-2)$$

$$d_{eq} = \frac{\sum n_i d_i^2}{\sum n_i \nu_i d_i} \qquad (7.1.2-3)$$

$$\rho_{te} = \frac{A_s + A_p}{A_{te}} \qquad (7.1.2-4)$$

式中：α_{cr}——构件受力特征系数，按表 7.1.2-1 采用；

ψ——裂缝间纵向受拉钢筋应变不均匀系数：当 $\psi < 0.2$ 时，取 $\psi = 0.2$；当 $\psi > 1.0$ 时，取 $\psi = 1.0$；对直接承受重复荷载的构件，取 $\psi = 1.0$；

σ_s——按荷载准永久组合计算的钢筋混凝土构件纵向受拉普通钢筋应力或按标准组合计算的预应力混凝土构件纵向受拉钢筋等效应力；

E_s——钢筋的弹性模量，按本规范表 4.2.5 采用；

c_s——最外层纵向受拉钢筋外边缘至受拉区底边的距离（mm）：当 $c_s < 20$ 时，取 $c_s = 20$；当 $c_s > 65$ 时，取 $c_s = 65$；

ρ_{te}——按有效受拉混凝土截面面积计算的纵向受拉钢筋配筋率；对无粘结后张构件，仅取纵向受拉普通钢筋计算配筋率；在最大裂缝宽度计算中，当 $\rho_{te} < 0.01$ 时，取 $\rho_{te} = 0.01$；

A_{te}——有效受拉混凝土截面面积：对轴心受拉构件，取构件截面面积；对受弯、偏心受压和偏心受拉构件，取 $A_{te} = 0.5bh + (b_f - b)h_f$，此处，$b_f$、$h_f$ 为受拉翼缘的宽度、高度；

A_s——受拉区纵向普通钢筋截面面积；

A_p——受拉区纵向预应力筋截面面积；

d_{eq}——受拉区纵向钢筋的等效直径（mm）；对无粘结后张构件，仅为受拉区纵向受拉普通钢筋的等效直径（mm）；

d_i——受拉区第 i 种纵向钢筋的公称直径；对于有粘结预应力钢绞线束的直径取为 $\sqrt{n_1} d_{p1}$，其中 d_{p1} 为单根钢绞线的公称直径，n_1 为单束钢绞线根数；

n_i——受拉区第 i 种纵向钢筋的根数；对于有粘结预应力钢绞线，取为钢绞线束数；

ν_i——受拉区第 i 种纵向钢筋的相对粘结特性系数，按表 7.1.2-2 采用。

注：1 对承受吊车荷载但不需作疲劳验算的受弯构件，可将计算求得的最大裂缝宽度乘以系数 0.85；

2 对按本规范第 9.2.15 条配置表层钢筋网片的梁，按公式（7.1.2-1）计算的最大裂缝宽度可适当折减，折减系数可取 0.7；

3 对 $e_0/h_0 \leqslant 0.55$ 的偏心受压构件，可不验算裂缝宽度。

表 7.1.2-1　构件受力特征系数

类　型	α_{cr}	
	钢筋混凝土构件	预应力混凝土构件
受弯、偏心受压	1.9	1.5
偏心受拉	2.4	—
轴心受拉	2.7	2.2

表 7.1.2-2　钢筋的相对粘结特性系数

钢筋类别	钢筋		先张法预应力筋			后张法预应力筋		
	光圆钢筋	带肋钢筋	带肋钢筋	螺旋肋钢丝	钢绞线	带肋钢筋	钢绞线	光面钢丝
ν_i	0.7	1.0	1.0	0.8	0.6	0.8	0.5	0.4

注：对环氧树脂涂层带肋钢筋，其相对粘结特性系数应按表中系数的 80% 取用。

7.1.3 在荷载准永久组合或标准组合下，钢筋混凝土构件、预应力混凝土构件开裂截面处受压边缘混凝土压应力、不同位置处钢筋的拉应力及预应力筋的等效应力宜按下列假定计算：

1　截面应变保持平面；

2　受压区混凝土的法向应力图形为三角形；

3　不考虑受拉区混凝土的抗拉强度；

4　采用换算截面。

7.1.4 在荷载准永久组合或标准组合下，钢筋混凝土构件受拉区纵向普通钢筋的应力或预应力混凝土构件受拉区纵向钢筋的等效应力也可按下列公式计算：

1　钢筋混凝土构件受拉区纵向普通钢筋的应力

1）轴心受拉构件

$$\sigma_{sq} = \frac{N_q}{A_s} \qquad (7.1.4-1)$$

2）偏心受拉构件

$$\sigma_{sq} = \frac{N_q e'}{A_s (h_0 - a_s')} \qquad (7.1.4-2)$$

3）受弯构件

$$\sigma_{sq} = \frac{M_q}{0.87 h_0 A_s} \qquad (7.1.4-3)$$

4）偏心受压构件

$$\sigma_{sq} = \frac{N_q (e - z)}{A_s z} \qquad (7.1.4-4)$$

$$z = \left[0.87 - 0.12 (1 - \gamma_f') \left(\frac{h_0}{e} \right)^2 \right] h_0$$
$$(7.1.4-5)$$

$$e = \eta_s e_0 + y_s \qquad (7.1.4-6)$$

$$\gamma_f' = \frac{(b_f' - b) h_f'}{b h_0} \qquad (7.1.4-7)$$

$$\eta_s = 1 + \frac{1}{4000 e_0 / h_0} \left(\frac{l_0}{h} \right)^2 \qquad (7.1.4-8)$$

式中：A_s——受拉区纵向普通钢筋截面面积；对轴心受拉构件，取全部纵向普通钢筋截面面积；对偏心受拉构件，取受拉较大边的纵向普通钢筋截面面积；对受弯、偏心受压构件，取受拉区纵向普通钢筋截面面积；

N_q、M_q——按荷载准永久组合计算的轴向力值、弯矩值；

e'——轴向拉力作用点至受压区或受拉较小边纵向普通钢筋合力点的距离；

e——轴向压力作用点至纵向受拉普通钢筋合力点的距离；

e_0——荷载准永久组合下的初始偏心距，取为 M_q/N_q；

z——纵向受拉普通钢筋合力点至截面受压区合力点的距离，且不大于 $0.87h_0$；

η_s——使用阶段的轴向压力偏心距增大系数，当 l_0/h 不大于 14 时，取 1.0；

y_s——截面重心至纵向受拉普通钢筋合力点的距离；

γ'_f——受压翼缘截面面积与腹板有效截面面积的比值；

b'_f、h'_f——分别为受压区翼缘的宽度、高度；在公式（7.1.4-7）中，当 h'_f 大于 $0.2h_0$ 时，取 $0.2h_0$。

2 预应力混凝土构件受拉区纵向钢筋的等效应力

1）轴心受拉构件

$$\sigma_{sk} = \frac{N_k - N_{p0}}{A_p + A_s} \qquad (7.1.4-9)$$

2）受弯构件

$$\sigma_{sk} = \frac{M_k - N_{p0}(z - e_p)}{(\alpha_1 A_p + A_s)z} \qquad (7.1.4-10)$$

$$e = e_p + \frac{M_k}{N_{p0}} \qquad (7.1.4-11)$$

$$e_p = y_{ps} - e_{p0} \qquad (7.1.4-12)$$

式中：A_p——受拉区纵向预应力筋截面面积；对轴心受拉构件，取全部纵向预应力筋截面面积；对受弯构件，取受拉区纵向预应力筋截面面积；

N_{p0}——计算截面上混凝土法向预应力等于零时的预加力，应按本规范第 10.1.13 条的规定计算；

N_k、M_k——按荷载标准组合计算的轴向力值、弯矩值；

z——受拉区纵向普通钢筋和预应力筋合力点至截面受压区合力点的距离，按公式（7.1.4-5）计算，其中 e 按公式（7.1.4-11）计算；

α_1——无粘结预应力筋的等效折减系数，取

α_1 为 0.3；对灌浆的后张预应力筋，取 α_1 为 1.0；

e_p——计算截面上混凝土法向预应力等于零时的预加力 N_{p0} 的作用点至受拉区纵向预应力筋和普通钢筋合力点的距离；

y_{ps}——受拉区纵向预应力筋和普通钢筋合力点的偏心距；

e_{p0}——计算截面上混凝土法向预应力等于零时的预加力 N_{p0} 作用点的偏心距，应按本规范第 10.1.13 条的规定计算。

7.1.5 在荷载标准组合和准永久组合下，抗裂验算时截面边缘混凝土的法向应力应按下列公式计算：

1 轴心受拉构件

$$\sigma_{ck} = \frac{N_k}{A_0} \qquad (7.1.5-1)$$

$$\sigma_{cq} = \frac{N_q}{A_0} \qquad (7.1.5-2)$$

2 受弯构件

$$\sigma_{ck} = \frac{M_k}{W_0} \qquad (7.1.5-3)$$

$$\sigma_{cq} = \frac{M_q}{W_0} \qquad (7.1.5-4)$$

3 偏心受拉和偏心受压构件

$$\sigma_{ck} = \frac{M_k}{W_0} + \frac{N_k}{A_0} \qquad (7.1.5-5)$$

$$\sigma_{cq} = \frac{M_q}{W_0} + \frac{N_q}{A_0} \qquad (7.1.5-6)$$

式中：A_0——构件换算截面面积；

W_0——构件换算截面受拉边缘的弹性抵抗矩。

7.1.6 预应力混凝土受弯构件应分别对截面上的混凝土主拉应力和主压应力进行验算：

1 混凝土主拉应力

1）一级裂缝控制等级构件，应符合下列规定：

$$\sigma_{tp} \leqslant 0.85 f_{tk} \qquad (7.1.6-1)$$

2）二级裂缝控制等级构件，应符合下列规定：

$$\sigma_{tp} \leqslant 0.95 f_{tk} \qquad (7.1.6-2)$$

2 混凝土主压应力

对一、二级裂缝控制等级构件，均应符合下列规定：

$$\sigma_{cp} \leqslant 0.60 f_{ck} \qquad (7.1.6-3)$$

式中：σ_{tp}、σ_{cp}——分别为混凝土的主拉应力、主压应力，按本规范第 7.1.7 条确定。

此时，应选择跨度内不利位置的截面，对该截面的换算截面重心处和截面宽度突变处进行验算。

注：对允许出现裂缝的吊车梁，在静力计算中应符合公

式（7.1.6-2）和公式（7.1.6-3）的规定。

7.1.7 混凝土主拉应力和主压应力应按下列公式计算：

$$\left.\begin{array}{l}\sigma_{tp}\\\sigma_{cp}\end{array}\right\}=\frac{\sigma_x+\sigma_y}{2}\pm\sqrt{\left(\frac{\sigma_x-\sigma_y}{2}\right)^2+\tau^2}$$
(7.1.7-1)

$$\sigma_x=\sigma_{pc}+\frac{M_k y_0}{I_0}$$
(7.1.7-2)

$$\tau=\frac{(V_k-\sum\sigma_{pe}A_{pb}\sin\alpha_p)S_0}{I_0 b}$$
(7.1.7-3)

式中：σ_x——由预加力和弯矩值 M_k 在计算纤维处产生的混凝土法向应力；

σ_y——由集中荷载标准值 F_k 产生的混凝土竖向压应力；

τ——由剪力值 V_k 和弯起预应力筋的预加力在计算纤维处产生的混凝土剪应力；当计算截面上有扭矩作用时，尚应计入扭矩引起的剪应力；对超静定后张法预应力混凝土结构构件，在计算剪应力时，尚应计入预加力引起的次剪力；

σ_{pc}——扣除全部预应力损失后，在计算纤维处由预加力产生的混凝土法向应力，按本规范公式（10.1.6-1）或公式（10.1.6-4）计算；

y_0——换算截面重心至计算纤维处的距离；

I_0——换算截面惯性矩；

V_k——按荷载标准组合计算的剪力值；

S_0——计算纤维以上部分的换算截面面积对构件换算截面重心的面积矩；

σ_{pe}——弯起预应力筋的有效预应力；

A_{pb}——计算截面上同一弯起平面内的弯起预应力筋的截面面积；

α_p——计算截面上弯起预应力筋的切线与构件纵向轴线的夹角。

注：公式（7.1.7-1）、公式（7.1.7-2）中的 σ_x、σ_y、σ_{pc} 和 $M_k y_0/I_0$，当为拉应力时，以正值代入；当为压应力时，以负值代入。

7.1.8 对预应力混凝土吊车梁，在集中力作用点两侧各 $0.6h$ 的长度范围内，由集中荷载标准值 F_k 产生的混凝土竖向压应力和剪应力的简化分布可按图7.1.8确定，其应力的最大值可按下列公式计算：

$$\sigma_{y,max}=\frac{0.6F_k}{bh}$$
(7.1.8-1)

$$\tau_F=\frac{\tau^l-\tau^r}{2}$$
(7.1.8-2)

$$\tau^l=\frac{V_k^l S_0}{I_0 b}$$
(7.1.8-3)

$$\tau^r=\frac{V_k^r S_0}{I_0 b}$$
(7.1.8-4)

式中：τ^l、τ^r——分别为位于集中荷载标准值 F_k 作用点左侧、右侧 $0.6h$ 处截面上的剪

应力；

τ_F——集中荷载标准值 F_k 作用截面上的剪应力；

V_k^l、V_k^r——分别为集中荷载标准值 F_k 作用点左侧、右侧截面上的剪力标准值。

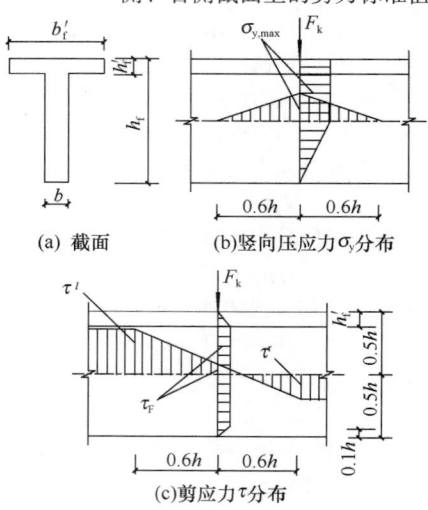

图7.1.8　预应力混凝土吊车梁集中力作用点附近的应力分布

7.1.9 对先张法预应力混凝土构件端部进行正截面、斜截面抗裂验算时，应考虑预应力筋在其预应力传递长度 l_{tr} 范围内实际应力值的变化。预应力筋的实际应力可考虑为线性分布，在构件端部取为零，在其预应力传递长度的末端取有效预应力值 σ_{pe}（图7.1.9），预应力筋的预应力传递长度 l_{tr} 应按本规范第10.1.9条确定。

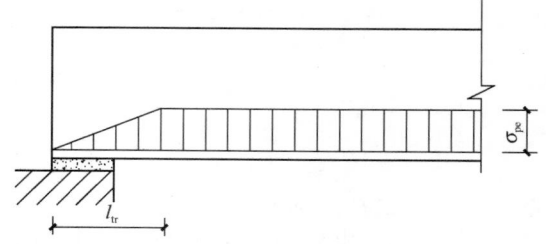

图7.1.9　预应力传递长度范围内有效预应力值的变化

7.2 受弯构件挠度验算

7.2.1 钢筋混凝土和预应力混凝土受弯构件的挠度可按照结构力学方法计算，且不应超过本规范表3.4.3规定的限值。

在等截面构件中，可假定各同号弯矩区段内的刚度相等，并取用该区段内最大弯矩处的刚度。当计算跨度内的支座截面刚度不大于跨中截面刚度的2倍或不小于跨中截面刚度的1/2时，该跨也可按等刚度构件进行计算，其构件刚度可取跨中最大弯矩截面的

刚度。

7.2.2 矩形、T 形、倒 T 形和 I 形截面受弯构件考虑荷载长期作用影响的刚度 B 可按下列规定计算：

1 采用荷载标准组合时

$$B = \frac{M_k}{M_q(\theta-1) + M_k} B_s \qquad (7.2.2\text{-}1)$$

2 采用荷载准永久组合时

$$B = \frac{B_s}{\theta} \qquad (7.2.2\text{-}2)$$

式中：M_k——按荷载的标准组合计算的弯矩，取计算区段内的最大弯矩值；

M_q——按荷载的准永久组合计算的弯矩，取计算区段内的最大弯矩值；

B_s——按荷载准永久组合计算的钢筋混凝土受弯构件或按标准组合计算的预应力混凝土受弯构件的短期刚度，按本规范第 7.2.3 条计算；

θ——考虑荷载长期作用对挠度增大的影响系数，按本规范第 7.2.5 条取用。

7.2.3 按裂缝控制等级要求的荷载组合作用下，钢筋混凝土受弯构件和预应力混凝土受弯构件的短期刚度 B_s，可按下列公式计算：

1 钢筋混凝土受弯构件

$$B_s = \frac{E_s A_s h_0^2}{1.15\psi + 0.2 + \dfrac{6\alpha_E\rho}{1+3.5\gamma_f}} \qquad (7.2.3\text{-}1)$$

2 预应力混凝土受弯构件

1） 要求不出现裂缝的构件

$$B_s = 0.85 E_c I_0 \qquad (7.2.3\text{-}2)$$

2） 允许出现裂缝的构件

$$B_s = \frac{0.85 E_c I_0}{\kappa_{cr} + (1-\kappa_{cr})\omega} \qquad (7.2.3\text{-}3)$$

$$\kappa_{cr} = \frac{M_{cr}}{M_k} \qquad (7.2.3\text{-}4)$$

$$\omega = \left(1.0 + \frac{0.21}{\alpha_E\rho}\right)(1+0.45\gamma_f) - 0.7 \qquad (7.2.3\text{-}5)$$

$$M_{cr} = (\sigma_{pc} + \gamma f_{tk}) W_0 \qquad (7.2.3\text{-}6)$$

$$\gamma_f = \frac{(b_f - b) h_f}{b h_0} \qquad (7.2.3\text{-}7)$$

式中：ψ——裂缝间纵向受拉普通钢筋应变不均匀系数，按本规范第 7.1.2 条确定；

α_E——钢筋弹性模量与混凝土弹性模量的比值，即 E_s/E_c；

ρ——纵向受拉钢筋配筋率：对钢筋混凝土受弯构件，取为 $A_s/(bh_0)$；对预应力混凝土受弯构件，取为 $(\alpha_1 A_p + A_s)/(bh_0)$，对灌浆的后张预应力筋，取 $\alpha_1 = 1.0$，对无粘结后张预应力筋，取 $\alpha_1 = 0.3$；

I_0——换算截面惯性矩；

γ_f——受拉翼缘截面面积与腹板有效截面面积

的比值；

b_f、h_f——分别为受拉区翼缘的宽度、高度；

κ_{cr}——预应力混凝土受弯构件正截面的开裂弯矩 M_{cr} 与弯矩 M_k 的比值，当 $\kappa_{cr} > 1.0$ 时，取 $\kappa_{cr} = 1.0$；

σ_{pc}——扣除全部预应力损失后，由预加力在抗裂验算边缘产生的混凝土预压应力；

γ——混凝土构件的截面抵抗矩塑性影响系数，按本规范第 7.2.4 条确定。

注：对预压时预拉区出现裂缝的构件，B_s 应降低 10%。

7.2.4 混凝土构件的截面抵抗矩塑性影响系数 γ 可按下列公式计算：

$$\gamma = \left(0.7 + \frac{120}{h}\right)\gamma_m \qquad (7.2.4)$$

式中：γ_m——混凝土构件的截面抵抗矩塑性影响系数基本值，可按正截面应变保持平面的假定，并取受拉区混凝土应力图形为梯形、受拉边缘混凝土极限拉应变为 $2f_{tk}/E_c$ 确定；对常用的截面形状，γ_m 值可按表 7.2.4 取用；

h——截面高度（mm）：当 $h < 400$ 时，取 $h = 400$；当 $h > 1600$ 时，取 $h = 1600$；对圆形、环形截面，取 $h = 2r$，此处，r 为圆形截面半径或环形截面的外环半径。

表 7.2.4　截面抵抗矩塑性影响系数基本值 γ_m

项次	1	2	3		4		5
截面形状	矩形截面	翼缘位于受压区的 T 形截面	对称 I 形截面或箱形截面		翼缘位于受拉区的倒 T 形截面		圆形和环形截面
			$b_f/b \leqslant 2$、h_f/h 为任意值	$b_f/b > 2$，$h_f/h < 0.2$	$b_f/b \leqslant 2$、h_f/h 为任意值	$b_f/b > 2$，$h_f/h < 0.2$	
γ_m	1.55	1.50	1.45	1.35	1.50	1.40	$1.6 - 0.24 r_1/r$

注：1　对 $b_f' > b_f$ 的 I 形截面，可按项次 2 与项次 3 之间的数值采用；对 $b_f' < b_f$ 的 I 形截面，可按项次 3 与项次 4 之间的数值采用。

2　对于箱形截面，b 系指各肋宽度的总和。

3　r_1 为环形截面的内环半径，对圆形截面取 r_1 为零。

7.2.5 考虑荷载长期作用对挠度增大的影响系数 θ 可按下列规定取用：

1 钢筋混凝土受弯构件

当 $\rho' = 0$ 时，取 $\theta = 2.0$；当 $\rho' = \rho$ 时，取 $\theta = 1.6$；当 ρ' 为中间数值时，θ 按线性内插法取用。此处，$\rho' = A_s'/(bh_0)$，$\rho = A_s/(bh_0)$。

对翼缘位于受拉区的倒 T 形截面，θ 应增加 20%。

2 预应力混凝土受弯构件，取 $\theta = 2.0$。

7.2.6 预应力混凝土受弯构件在使用阶段的预加力反拱值，可用结构力学方法按刚度 $E_c I_0$ 进行计算，并应考虑预压应力长期作用的影响，计算中预应力筋的应力应扣除全部预应力损失。简化计算时，可将计算的反拱值乘以增大系数 2.0。

对重要的或特殊的预应力混凝土受弯构件的长期反拱值，可根据专门的试验分析确定或根据配筋情况采用考虑收缩、徐变影响的计算方法分析确定。

7.2.7 对预应力混凝土构件应采取措施控制反拱和挠度，并宜符合下列规定：

1 当考虑反拱后计算的构件长期挠度不符合本规范第 3.4.3 条的有关规定时，可采用施工预先起拱等方式控制挠度；

2 对永久荷载相对于可变荷载较小的预应力混凝土构件，应考虑反拱过大对正常使用的不利影响，并应采取相应的设计和施工措施。

8 构 造 规 定

8.1 伸 缩 缝

8.1.1 钢筋混凝土结构伸缩缝的最大间距可按表 8.1.1 确定。

表 8.1.1 钢筋混凝土结构伸缩缝最大间距（m）

结构类别		室内或土中	露天
排架结构	装配式	100	70
框架结构	装配式	75	50
	现浇式	55	35
剪力墙结构	装配式	65	40
	现浇式	45	30
挡土墙、地下室墙壁等类结构	装配式	40	30
	现浇式	30	20

注：1 装配整体式结构的伸缩缝间距，可根据结构的具体情况取表中装配式结构与现浇式结构之间的数值；

2 框架-剪力墙结构或框架-核心筒结构房屋的伸缩缝间距，可根据结构的具体情况取表中框架结构与剪力墙结构之间的数值；

3 当屋面无保温或隔热措施时，框架结构、剪力墙结构的伸缩缝间距宜按表中露天栏的数值取用；

4 现浇挑檐、雨罩等外露结构的局部伸缩缝间距不宜大于 12m。

8.1.2 对下列情况，本规范表 8.1.1 中的伸缩缝最大间距宜适当减小：

1 柱高（从基础顶面算起）低于 8m 的排架结构；

2 屋面无保温、隔热措施的排架结构；

3 位于气候干燥地区、夏季炎热且暴雨频繁地区的结构或经常处于高温作用下的结构；

4 采用滑模类工艺施工的各类墙体结构。

5 混凝土材料收缩较大，施工期外露时间较长的结构。

8.1.3 如有充分依据，对下列情况本规范表 8.1.1 中的伸缩缝最大间距可适当增大：

1 采取减小混凝土收缩或温度变化的措施；

2 采用专门的预加应力或增配构造钢筋的措施；

3 采用低收缩混凝土材料，采取跳仓浇筑、后浇带、控制缝等施工方法，并加强施工养护。

当伸缩缝间距增大较多时，尚应考虑温度变化和混凝土收缩对结构的影响。

8.1.4 当设置伸缩缝时，框架、排架结构的双柱基础可不断开。

8.2 混凝土保护层

8.2.1 构件中普通钢筋及预应力筋的混凝土保护层厚度应满足下列要求。

1 构件中受力钢筋的保护层厚度不应小于钢筋的公称直径 d；

2 设计使用年限为 50 年的混凝土结构，最外层钢筋的保护层厚度应符合表 8.2.1 的规定；设计使用年限为 100 年的混凝土结构，最外层钢筋的保护层厚度不应小于表 8.2.1 中数值的 1.4 倍。

表 8.2.1 混凝土保护层的最小厚度 c（mm）

环境类别	板、墙、壳	梁、柱、杆
一	15	20
二 a	20	25
二 b	25	35
三 a	30	40
三 b	40	50

注：1 混凝土强度等级不大于 C25 时，表中保护层厚度数值应增加 5mm；

2 钢筋混凝土基础宜设置混凝土垫层，基础中钢筋的混凝土保护层厚度应从垫层顶面算起，且不应小于 40mm。

8.2.2 当有充分依据并采取下列措施时，可适当减小混凝土保护层的厚度。

1 构件表面有可靠的防护层；

2 采用工厂化生产的预制构件；

3 在混凝土中掺加阻锈剂或采用阴极保护处理等防锈措施；

4 当对地下室墙采取可靠的建筑防水做法或防护措施时，与土层接触一侧钢筋的保护层厚度可适当减少，但不应小于 25mm。

8.2.3 当梁、柱、墙中纵向受力钢筋的保护层厚度大于 50mm 时，宜对保护层采取有效的构造措施。当在保护层内配置防裂、防剥落的钢筋网片时，网片钢筋的保护层厚度不应小于 25mm。

8.3 钢筋的锚固

8.3.1 当计算中充分利用钢筋的抗拉强度时，受拉钢筋的锚固应符合下列要求：

1 基本锚固长度应按下列公式计算：

普通钢筋

$$l_{ab} = \alpha \frac{f_y}{f_t} d \qquad (8.3.1-1)$$

预应力筋

$$l_{ab} = \alpha \frac{f_{py}}{f_t} d \qquad (8.3.1-2)$$

式中：l_{ab}——受拉钢筋的基本锚固长度；

f_y、f_{py}——普通钢筋、预应力筋的抗拉强度设计值；

f_t——混凝土轴心抗拉强度设计值，当混凝土强度等级高于C60时，按C60取值；

d——锚固钢筋的直径；

α——锚固钢筋的外形系数，按表8.3.1取用。

表 8.3.1　锚固钢筋的外形系数 α

钢筋类型	光圆钢筋	带肋钢筋	螺旋肋钢丝	三股钢绞线	七股钢绞线
α	0.16	0.14	0.13	0.16	0.17

注：光圆钢筋末端应做180°弯钩，弯后平直段长度不应小于3d，但作受压钢筋时可不做弯钩。

2 受拉钢筋的锚固长度应根据锚固条件按下列公式计算，且不应小于200mm：

$$l_a = \zeta_a l_{ab} \qquad (8.3.1-3)$$

式中：l_a——受拉钢筋的锚固长度；

ζ_a——锚固长度修正系数，对普通钢筋按本规范第8.3.2条的规定取用，当多于一项时，可按连乘计算，但不应小于0.6；对预应力筋，可取1.0。

梁柱节点中纵向受拉钢筋的锚固要求应按本规范第9.3节（Ⅱ）中的规定执行。

3 当锚固钢筋的保护层厚度不大于5d时，锚固长度范围内应配置横向构造钢筋，其直径不应小于$d/4$；对梁、柱、斜撑等构件间距不应大于5d，对板、墙等平面构件间距不应大于10d，且均不应大于100mm，此处d为锚固钢筋的直径。

8.3.2 纵向受拉普通钢筋的锚固长度修正系数 ζ_a 应按下列规定取用：

1 当带肋钢筋的公称直径大于25mm时取1.10；

2 环氧树脂涂层带肋钢筋取1.25；

3 施工过程中易受扰动的钢筋取1.10；

4 当纵向受力钢筋的实际配筋面积大于其设计计算面积时，修正系数取设计计算面积与实际配筋面积的比值，但对有抗震设防要求及直接承受动力荷载的结构构件，不应考虑此项修正；

5 锚固钢筋的保护层厚度为3d时修正系数可取0.80，保护层厚度不小于5d时修正系数可取0.70，中间按内插取值，此处d为锚固钢筋的直径。

8.3.3 当纵向受拉普通钢筋末端采用弯钩或机械锚固措施时，包括弯钩或锚固端头在内的锚固长度（投影长度）可取为基本锚固长度l_{ab}的60%。弯钩和机械锚固的形式（图8.3.3）和技术要求应符合表8.3.3的规定。

表 8.3.3　钢筋弯钩和机械锚固的形式和技术要求

锚固形式	技术要求
90°弯钩	末端90°弯钩，弯钩内径4d，弯后直段长度12d
135°弯钩	末端135°弯钩，弯钩内径4d，弯后直段长度5d
一侧贴焊锚筋	末端一侧贴焊长5d同直径钢筋
两侧贴焊锚筋	末端两侧贴焊长3d同直径钢筋
焊端锚板	末端与厚度d的锚板穿孔塞焊
螺栓锚头	末端旋入螺栓锚头

注：1　焊缝和螺纹长度应满足承载力要求；
　　2　螺栓锚头和焊接锚板的承压净面积不应小于锚固钢筋截面积的4倍；
　　3　螺栓锚头的规格应符合相关标准的要求；
　　4　螺栓锚头和焊接锚板的钢筋净间距不宜小于4d，否则应考虑群锚效应的不利影响；
　　5　截面角部的弯钩和一侧贴焊锚筋的布筋方向宜向截面内侧偏置。

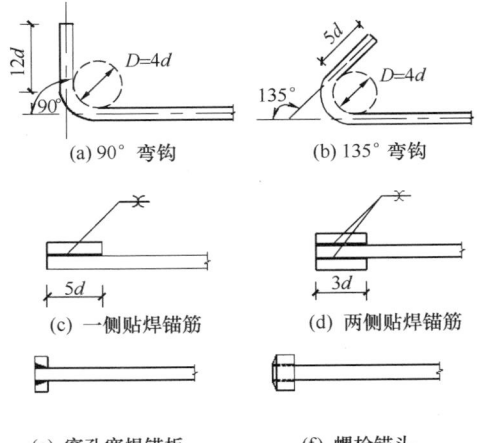

(a) 90°弯钩　　　　(b) 135°弯钩

(c) 一侧贴焊锚筋　　(d) 两侧贴焊锚筋

(e) 穿孔塞焊锚板　　(f) 螺栓锚头

图8.3.3　弯钩和机械锚固的形式和技术要求

8.3.4 混凝土结构中的纵向受压钢筋，当计算中充分利用其抗压强度时，锚固长度不应小于相应受拉锚固长度的70%。

受压钢筋不应采用末端弯钩和一侧贴焊锚筋的锚

固措施。

受压钢筋锚固长度范围内的横向构造钢筋应符合本规范第8.3.1条的有关规定。

8.3.5 承受动力荷载的预制构件，应将纵向受力普通钢筋末端焊接在钢板或角钢上，钢板或角钢应可靠地锚固在混凝土中。钢板或角钢的尺寸应按计算确定，其厚度不宜小于10mm。

其他构件中受力普通钢筋的末端也可通过焊接钢板或型钢实现锚固。

8.4 钢筋的连接

8.4.1 钢筋连接可采用绑扎搭接、机械连接或焊接。机械连接接头及焊接接头的类型及质量应符合国家现行有关标准的规定。

混凝土结构中受力钢筋的连接接头宜设置在受力较小处。在同一根受力钢筋上宜少设接头。在结构的重要构件和关键传力部位，纵向受力钢筋不宜设置连接接头。

8.4.2 轴心受拉及小偏心受拉杆件的纵向受力钢筋不得采用绑扎搭接；其他构件中的钢筋采用绑扎搭接时，受拉钢筋直径不宜大于25mm，受压钢筋直径不宜大于28mm。

8.4.3 同一构件中相邻纵向受力钢筋的绑扎搭接接头宜互相错开。钢筋绑扎搭接接头连接区段的长度为1.3倍搭接长度，凡搭接接头中点位于该连接区段长度内的搭接接头均属于同一连接区段（图8.4.3）。同一连接区段内纵向受力钢筋搭接接头面积百分率为该区段内有搭接接头的纵向受力钢筋与全部纵向受力钢筋截面面积的比值。当直径不同的钢筋搭接时，按直径较小的钢筋计算。

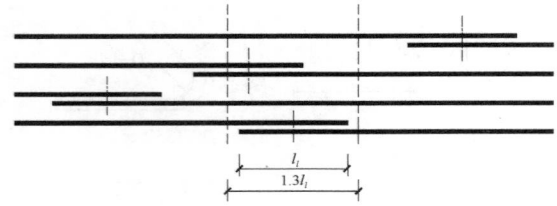

图 8.4.3 同一连接区段内纵向
受拉钢筋的绑扎搭接接头

注：图中所示同一连接区段内的搭接接头钢筋为两根，当钢筋直径相同时，钢筋搭接接头面积百分率为50%。

位于同一连接区段内的受拉钢筋搭接接头面积百分率：对梁类、板类及墙类构件，不宜大于25%；对柱类构件，不宜大于50%。当工程中确有必要增大受拉钢筋搭接接头面积百分率时，对梁类构件，不宜大于50%；对板、墙、柱及预制构件的拼接处，可根据实际情况放宽。

并筋采用绑扎搭接连接时，应按每根单筋错开搭

接的方式连接。接头面积百分率应按同一连接区段内所有的单根钢筋计算。并筋中钢筋的搭接长度应按单筋分别计算。

8.4.4 纵向受拉钢筋绑扎搭接接头的搭接长度，应根据位于同一连接区段内的钢筋搭接接头面积百分率按下列公式计算，且不应小于300mm。

$$l_l = \zeta_l l_a \qquad (8.4.4)$$

式中：l_l ——纵向受拉钢筋的搭接长度；

ζ_l ——纵向受拉钢筋搭接长度修正系数，按表8.4.4取用。当纵向搭接钢筋接头面积百分率为表的中间值时，修正系数可按内插取值。

表 8.4.4 纵向受拉钢筋搭接长度修正系数

纵向搭接钢筋接头面积百分率（%）	≤25	50	100
ζ_l	1.2	1.4	1.6

8.4.5 构件中的纵向受压钢筋当采用搭接连接时，其受压搭接长度不应小于本规范第8.4.4条纵向受拉钢筋搭接长度的70%，且不应小于200mm。

8.4.6 在梁、柱类构件的纵向受力钢筋搭接长度范围内的横向构造钢筋应符合本规范第8.3.1条的要求；当受压钢筋直径大于25mm时，尚应在搭接接头两个端面外100mm的范围内各设置两道箍筋。

8.4.7 纵向受力钢筋的机械连接接头宜相互错开。钢筋机械连接区段的长度为35d，d为连接钢筋的较小直径。凡接头中点位于该连接区段长度内的机械连接接头均属于同一连接区段。

位于同一连接区段内的纵向受拉钢筋接头面积百分率不宜大于50%；但对板、墙、柱及预制构件的拼接处，可根据实际情况放宽。纵向受压钢筋的接头百分率可不受限制。

机械连接套筒的保护层厚度宜满足有关钢筋最小保护层厚度的规定。机械连接套筒的横向净间距不宜小于25mm；套筒处箍筋的间距仍应满足相应的构造要求。

直接承受动力荷载结构构件中的机械连接接头，除应满足设计要求的抗疲劳性能外，位于同一连接区段内的纵向受力钢筋接头面积百分率不应大于50%。

8.4.8 细晶粒热轧带肋钢筋以及直径大于28mm的带肋钢筋，其焊接应经试验确定；余热处理钢筋不宜焊接。

纵向受力钢筋的焊接接头应相互错开。钢筋焊接接头连接区段的长度为35d且不小于500mm，d为连接钢筋的较小直径，凡接头中点位于该连接区段长度内的焊接接头均属于同一连接区段。

纵向受拉钢筋的接头面积百分率不宜大于50%，但对预制构件的拼接处，可根据实际情况放宽。纵向受压钢筋的接头百分率可不受限制。

8.4.9 需进行疲劳验算的构件，其纵向受拉钢筋不

得采用绑扎搭接接头，也不宜采用焊接接头，除端部锚固外不得在钢筋上焊有附件。

当直接承受吊车荷载的钢筋混凝土吊车梁、屋面梁及屋架下弦的纵向受拉钢筋采用焊接接头时，应符合下列规定：

1 应采用闪光接触对焊，并去掉接头的毛刺及卷边；

2 同一连接区段内纵向受拉钢筋焊接接头面积百分率不应大于 25%，焊接接头连接区段的长度应取为 $45d$，d 为纵向受力钢筋的较大直径；

3 疲劳验算时，焊接接头应符合本规范第 4.2.6 条疲劳应力幅限值的规定。

8.5 纵向受力钢筋的最小配筋率

8.5.1 钢筋混凝土结构构件中纵向受力钢筋的配筋百分率 ρ_{min} 不应小于表 8.5.1 规定的数值。

表 8.5.1 纵向受力钢筋的最小配筋百分率 ρ_{min}（%）

受 力 类 型			最小配筋百分率
受压构件	全部纵向钢筋	强度等级 500MPa	0.50
		强度等级 400MPa	0.55
		强度等级 300MPa、335MPa	0.60
	一侧纵向钢筋		0.20
受弯构件、偏心受拉、轴心受拉构件一侧的受拉钢筋			0.20 和 $45f_t/f_y$ 中的较大值

注：1 受压构件全部纵向钢筋最小配筋百分率，当采用 C60 以上强度等级的混凝土时，应按表中规定增加 0.10；
2 板类受弯构件（不包括悬臂板）的受拉钢筋，当采用强度等级 400MPa、500MPa 的钢筋时，其最小配筋百分率应允许采用 0.15 和 $45f_t/f_y$ 中的较大值；
3 偏心受拉构件中的受压钢筋，应按受压构件一侧纵向钢筋考虑；
4 受压构件的全部纵向钢筋和一侧纵向钢筋的配筋率以及轴心受拉构件和小偏心受拉构件一侧受拉钢筋的配筋率均应按构件的全截面面积计算；
5 受弯构件、大偏心受拉构件一侧受拉钢筋的配筋率应按全截面面积扣除受压翼缘面积 $(b'_f-b)\,h'_f$ 后的截面面积计算；
6 当钢筋沿构件截面周边布置时，"一侧纵向钢筋"系指沿受力方向两个对边中一边布置的纵向钢筋。

8.5.2 卧置于地基上的混凝土板，板中受拉钢筋的最小配筋率可适当降低，但不应小于 0.15%。

8.5.3 对结构中次要的钢筋混凝土受弯构件，当构造所需截面高度远大于承载的需求时，其纵向受拉钢筋的配筋率可按下列公式计算：

$$\rho_s \geqslant \frac{h_{cr}}{h}\rho_{min} \tag{8.5.3-1}$$

$$h_{cr} = 1.05\sqrt{\frac{M}{\rho_{min}f_yb}} \tag{8.5.3-2}$$

式中：ρ_s——构件按全截面计算的纵向受拉钢筋的配筋率；

ρ_{min}——纵向受力钢筋的最小配筋率，按本规范第 8.5.1 条取用；

h_{cr}——构件截面的临界高度，当小于 $h/2$ 时取 $h/2$；

h——构件截面的高度；

b——构件的截面宽度；

M——构件的正截面受弯承载力设计值。

9 结构构件的基本规定

9.1 板

（Ⅰ）基 本 规 定

9.1.1 混凝土板按下列原则进行计算：

1 两对边支承的板应按单向板计算；

2 四边支承的板应按下列规定计算：

1) 当长边与短边长度之比不大于 2.0 时，应按双向板计算；

2) 当长边与短边长度之比大于 2.0，但小于 3.0 时，宜按双向板计算；

3) 当长边与短边长度之比不小于 3.0 时，宜按沿短边方向受力的单向板计算，并应沿长边方向布置构造钢筋。

9.1.2 现浇混凝土板的尺寸宜符合下列规定：

1 板的跨厚比：钢筋混凝土单向板不大于 30，双向板不大于 40；无梁支承的有柱帽板不大于 35，无梁支承的无柱帽板不大于 30。预应力板可适当增加；当板的荷载、跨度较大时宜适当减小。

2 现浇钢筋混凝土板的厚度不应小于表 9.1.2 规定的数值。

表 9.1.2 现浇钢筋混凝土板的最小厚度（mm）

板 的 类 别		最小厚度
单向板	屋面板	60
	民用建筑楼板	60
	工业建筑楼板	70
	行车道下的楼板	80
双向板		80
密肋楼盖	面板	50
	肋高	250
悬臂板（根部）	悬臂长度不大于 500mm	60
	悬臂长度 1200mm	100
无梁楼板		150
现浇空心楼盖		200

9.1.3 板中受力钢筋的间距，当板厚不大于 150mm 时不宜大于 200mm；当板厚大于 150mm 时不宜大于板厚的 1.5 倍，且不宜大于 250mm。

9.1.4 采用分离式配筋的多跨板，板底钢筋宜全部伸入支座；支座负弯矩钢筋向跨内延伸的长度应根据负弯矩图确定，并满足钢筋锚固的要求。

简支板或连续板下部纵向受力钢筋伸入支座的锚固长度不应小于钢筋直径的 5 倍，且宜伸过支座中心线。当连续板内温度、收缩应力较大时，伸入支座的长度宜适当增加。

9.1.5 现浇混凝土空心楼板的体积空心率不宜大于 50%。

采用箱形内孔时，顶板厚度不应小于肋间净距的 1/15 且不应小于 50mm。当底板配置受力钢筋时，其厚度不应小于 50mm。内孔间肋宽与内孔高度比不宜小于 1/4，且肋宽不应小于 60mm，对预应力板不应小于 80mm。

采用管形内孔时，孔顶、孔底板厚均不应小于 40mm，肋宽与内孔径之比不宜小于 1/5，且肋宽不应小于 50mm，对预应力板不应小于 60mm。

（Ⅱ）构 造 配 筋

9.1.6 按简支边或非受力边设计的现浇混凝土板，当与混凝土梁、墙整体浇筑或嵌固在砌体墙内时，应设置板面构造钢筋，并符合下列要求：

1 钢筋直径不宜小于 8mm，间距不宜大于 200mm，且单位宽度内的配筋面积不宜小于跨中相应方向板底钢筋截面面积的 1/3。与混凝土梁、混凝土墙整体浇筑单向板的非受力方向，钢筋截面面积尚不宜小于受力方向跨中板底钢筋截面面积的 1/3。

2 钢筋从混凝土梁边、柱边、墙边伸入板内的长度不宜小于 $l_0/4$，砌体墙支座处钢筋伸入板内的长度不宜小于 $l_0/7$，其中计算跨度 l_0 对单向板按受力方向考虑，对双向板按短边方向考虑。

3 在楼板角部，宜沿两个方向正交、斜向平行或放射状布置附加钢筋。

4 钢筋应在梁内、墙内或柱内可靠锚固。

9.1.7 当按单向板设计时，应在垂直于受力的方向布置分布钢筋，单位宽度上的配筋不宜小于单位宽度上的受力钢筋的 15%，且配筋率不宜小于 0.15%；分布钢筋直径不宜小于 6mm，间距不宜大于 250mm；当集中荷载较大时，分布钢筋的配筋面积尚应增加，且间距不宜大于 200mm。

当有实践经验或可靠措施时，预制单向板的分布钢筋可不受本条的限制。

9.1.8 在温度、收缩应力较大的现浇板区域，应在板的表面双向配置防裂构造钢筋。配筋率均不宜小于 0.10%，间距不宜大于 200mm。防裂构造钢筋可利用原有钢筋贯通布置，也可另行设置钢筋并与原有钢筋按受拉钢筋的要求搭接或在周边构件中锚固。

楼板平面的瓶颈部位宜适当增加板厚和配筋。沿板的洞边、凹角部位宜加配防裂构造钢筋，并采取可靠的锚固措施。

9.1.9 混凝土厚板及卧置于地基上的基础筏板，当板的厚度大于 2m 时，除应沿板的上、下表面布置纵、横方向钢筋外，尚宜在板厚不超过 1m 范围内

设置与板面平行的构造钢筋网片，网片钢筋直径不宜小于 12mm，纵横方向的间距不宜大于 300mm。

9.1.10 当混凝土板的厚度不小于 150mm 时，对板的无支承边的端部，宜设置 U 形构造钢筋并与板顶、板底的钢筋搭接，搭接长度不宜小于 U 形构造钢筋直径的 15 倍且不宜小于 200mm；也可采用板面、板底钢筋分别向下、上弯折搭接的形式。

（Ⅲ）板 柱 结 构

9.1.11 混凝土板中配置抗冲切箍筋或弯起钢筋时，应符合下列构造要求：

1 板的厚度不应小于 150mm；

2 按计算所需的箍筋及相应的架立钢筋应配置在与 45°冲切破坏锥面相交的范围内，且从集中荷载作用面或柱截面边缘向外的分布长度不应小于 $1.5h_0$（图 9.1.11a）；箍筋直径不应小于 6mm，且应做成封闭式，间距不应大于 $h_0/3$，且不应大于 100mm；

3 按计算所需弯起钢筋的弯起角度可根据板的

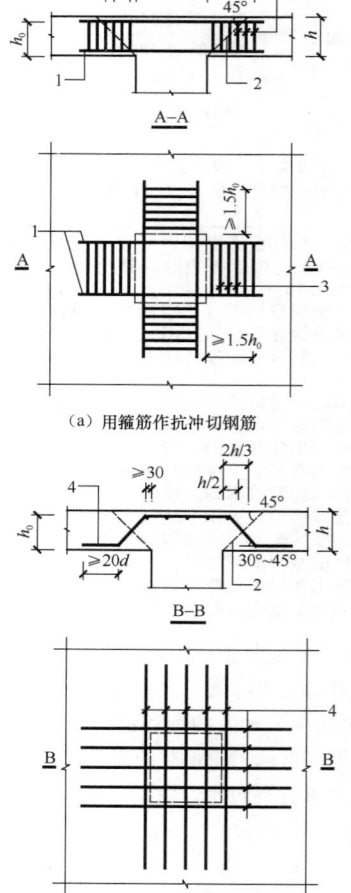

（a）用箍筋作抗冲切钢筋

（b）用弯起钢筋作抗冲切钢筋

图 9.1.11 板中抗冲切钢筋布置
注：图中尺寸单位 mm。
1—架立钢筋；2—冲切破坏锥面；
3—箍筋；4—弯起钢筋

厚度在30°~45°之间选取；弯起钢筋的倾斜段应与冲切破坏锥面相交（图9.1.11b），其交点应在集中荷载作用面或柱截面边缘以外(1/2~2/3) h 的范围内。弯起钢筋直径不宜小于12mm，且每一方向不宜少于3根。

9.1.12 板柱节点可采用带柱帽或托板的结构形式。板柱节点的形状、尺寸应包容45°的冲切破坏锥体，并应满足受冲切承载力的要求。

柱帽的高度不应小于板的厚度 h；托板的厚度不应小于 h/4。柱帽或托板在平面两个方向上的尺寸均不宜小于同方向上柱截面宽度 b 与 4h 的和（图9.1.12）。

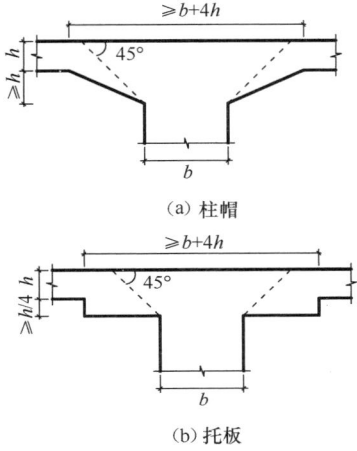

（a）柱帽

（b）托板

图 9.1.12　带柱帽或托板的板柱结构

9.2　梁

（Ⅰ）纵 向 配 筋

9.2.1 梁的纵向受力钢筋应符合下列规定：

1 伸入梁支座范围内的钢筋不应少于2根。

2 梁高不小于 300mm 时，钢筋直径不应小于10mm；梁高小于 300mm 时，钢筋直径不应小于8mm。

3 梁上部钢筋水平方向的净间距不应小于30mm 和 1.5d；梁下部钢筋水平方向的净间距不应小于25mm 和 d。当下部钢筋多于2层时，2层以上钢筋水平方向的中距应比下面2层的中距增大一倍；各层钢筋之间的净间距不应小于25mm 和 d，d 为钢筋的最大直径。

4 在梁的配筋密集区域宜采用并筋的配筋形式。

9.2.2 钢筋混凝土简支梁和连续梁简支端的下部纵向受力钢筋，从支座边缘算起伸入支座内的锚固长度应符合下列规定：

1 当 V 不大于 $0.7f_tbh_0$ 时，不小于5d；当 V 大于 $0.7f_tbh_0$ 时，对带肋钢筋不小于12d，对光圆钢筋不小于15d，d 为钢筋的最大直径；

2 如纵向受力钢筋伸入梁支座范围内的锚固长度不符合本条第1款要求时，可采取弯钩或机械锚固措施，并应满足本规范第8.3.3条的规定；

3 支承在砌体结构上的钢筋混凝土独立梁，在纵向受力钢筋的锚固长度范围内应配置不少于2个箍筋，其直径不宜小于 d/4，d 为纵向受力钢筋的最大直径；间距不宜大于10d，当采取机械锚固措施时箍筋间距尚不宜大于 5d，d 为纵向受力钢筋的最小直径。

注：混凝土强度等级为C25及以下的简支梁和连续梁的简支端，当距支座边1.5h范围内作用有集中荷载，且V大于 $0.7f_tbh_0$ 时，对带肋钢筋宜采取有效的锚固措施，或取锚固长度不小于15d，d 为锚固钢筋的直径。

9.2.3 钢筋混凝土梁支座截面负弯矩纵向受拉钢筋不宜在受拉区截断，当需要截断时，应符合以下规定：

1 当 V 不大于 $0.7f_tbh_0$ 时，应延伸至按正截面受弯承载力计算不需要该钢筋的截面以外不小于20d 处截断，且从该钢筋强度充分利用截面伸出的长度不应小于 $1.2l_a$；

2 当 V 大于 $0.7f_tbh_0$ 时，应延伸至按正截面受弯承载力计算不需要该钢筋的截面以外不小于 h_0 且不小于20d 处截断，且从该钢筋强度充分利用截面伸出的长度不应小于 $1.2l_a$ 与 h_0 之和；

3 若按本条第1、2款确定的截断点仍位于负弯矩对应的受拉区内，则应延伸至按正截面受弯承载力计算不需要该钢筋的截面以外不小于 $1.3h_0$ 且不小于20d 处截断，且从该钢筋强度充分利用截面伸出的长度不应小于 $1.2l_a$ 与 $1.7h_0$ 之和。

9.2.4 在钢筋混凝土悬臂梁中，应有不少于2根上部钢筋伸至悬臂梁外端，并向下弯折不小于12d；其余钢筋不应在梁的上部截断，而应按本规范第9.2.8条规定的弯起点位置向下弯折，并按本规范第9.2.7条的规定在梁的下边锚固。

9.2.5 梁内受扭纵向钢筋的最小配筋率 $\rho_{tl,min}$ 应符合下列规定：

$$\rho_{tl,min} = 0.6\sqrt{\frac{T}{Vb}}\frac{f_t}{f_y} \tag{9.2.5}$$

当 $T/(Vb) > 2.0$ 时，取 $T/(Vb) = 2.0$。

式中：$\rho_{tl,min}$——受扭纵向钢筋的最小配筋率，取 $A_{stl}/(bh)$；

b——受剪的截面宽度，按本规范第6.4.1条的规定取用，对箱形截面构件，b 应以 b_h 代替；

A_{stl}——沿截面周边布置的受扭纵向钢筋总截面面积。

沿截面周边布置受扭纵向钢筋的间距不应大于200mm 及梁截面短边长度；除应在梁截面四角设置

受扭纵向钢筋外，其余受扭纵向钢筋宜沿截面周边均匀对称布置。受扭纵向钢筋应按受拉钢筋锚固在支座内。

在弯剪扭构件中，配置在截面弯曲受拉边的纵向受力钢筋，其截面面积不应小于按本规范第 8.5.1 条规定的受弯构件受拉钢筋最小配筋率计算的钢筋截面面积与按本条受扭纵向钢筋配筋率计算并分配到弯曲受拉边的钢筋截面面积之和。

9.2.6 梁的上部纵向构造钢筋应符合下列要求：

1 当梁端按简支计算但实际受到部分约束时，应在支座区上部设置纵向构造钢筋。其截面面积不应小于梁跨中下部纵向受力钢筋计算所需截面面积的 1/4，且不应少于 2 根。该纵向构造钢筋自支座边缘向跨内伸出的长度不应小于 $l_0/5$，l_0 为梁的计算跨度。

2 对架立钢筋，当梁的跨度小于 4m 时，直径不宜小于 8mm；当梁的跨度为 4m～6m 时，直径不应小于 10mm；当梁的跨度大于 6m 时，直径不宜小于 12mm。

（Ⅱ）横 向 配 筋

9.2.7 混凝土梁宜采用箍筋作为承受剪力的钢筋。

当采用弯起钢筋时，弯起角宜取 45° 或 60°；在弯终点外应留有平行于梁轴线方向的锚固长度，且在受拉区不应小于 20d，在受压区不应小于 10d，d 为弯起钢筋的直径；梁底层钢筋中的角部钢筋不应弯起，顶层钢筋中的角部钢筋不应弯下。

9.2.8 在混凝土梁的受拉区中，弯起钢筋的弯起点可设在按正截面受弯承载力计算不需要该钢筋的截面之前，但弯起钢筋与梁中心线的交点应位于不需要该钢筋的截面之外（图 9.2.8）；同时弯起点与按计算充分利用该钢筋的截面之间的距离不应小于 $h_0/2$。

当按计算需要设置弯起钢筋时，从支座起前一排的弯起点至后一排的弯终点的距离不应大于本规范表

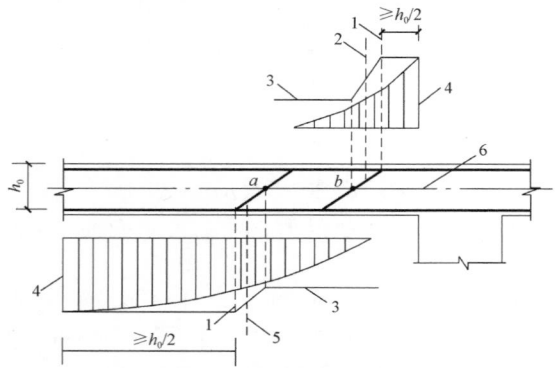

图 9.2.8　弯起钢筋弯起点与弯矩图的关系

1—受拉区的弯起点；2—按计算不需要钢筋"b"的截面；
3—正截面受弯承载力图；4—按计算充分利用钢筋"a"或
"b"强度的截面；5—按计算不需要钢筋"a"的截面；
6—梁中心线

9.2.9 中 "$V > 0.7f_tbh_0 + 0.05N_{p0}$" 时的箍筋最大间距。弯起钢筋不得采用浮筋。

9.2.9 梁中箍筋的配置应符合下列规定：

1 按承载力计算不需要箍筋的梁，当截面高度大于 300mm 时，应沿梁全长设置构造箍筋；当截面高度 $h = 150mm～300mm$ 时，可仅在构件端部 $l_0/4$ 范围内设置构造箍筋，l_0 为跨度。但当在构件中部 $l_0/2$ 范围内有集中荷载作用时，则应沿梁全长设置箍筋。当截面高度小于 150mm 时，可以不设置箍筋。

2 截面高度大于 800mm 的梁，箍筋直径不宜小于 8mm；对截面高度不大于 800mm 的梁，不宜小于 6mm。梁中配有计算需要的纵向受压钢筋时，箍筋直径尚不应小于 d/4，d 为受压钢筋最大直径。

3 梁中箍筋的最大间距宜符合表 9.2.9 的规定；当 V 大于 $0.7f_tbh_0 + 0.05N_{p0}$ 时，箍筋的配筋率 ρ_{sv} $[\rho_{sv} = A_{sv}/(bs)]$ 尚不应小于 $0.24f_t/f_{yv}$。

表 9.2.9　梁中箍筋的最大间距（mm）

梁高 h	$V > 0.7f_tbh_0 + 0.05N_{p0}$	$V \leqslant 0.7f_tbh_0 + 0.05N_{p0}$
$150 < h \leqslant 300$	150	200
$300 < h \leqslant 500$	200	300
$500 < h \leqslant 800$	250	350
$h > 800$	300	400

4 当梁中配有按计算需要的纵向受压钢筋时，箍筋应符合以下规定：

1) 箍筋应做成封闭式，且弯钩直线段长度不应小于 5d，d 为箍筋直径。

2) 箍筋的间距不应大于 15d，并不应大于 400mm。当一层内的纵向受压钢筋多于 5 根且直径大于 18mm 时，箍筋间距不应大于 10d，d 为纵向受压钢筋的最小直径。

3) 当梁的宽度大于 400mm 且一层内的纵向受压钢筋多于 3 根时，或当梁的宽度不大于 400mm 但一层内的纵向受压钢筋多于 4 根时，应设置复合箍筋。

9.2.10 在弯剪扭构件中，箍筋的配筋率 ρ_{sv} 不应小于 $0.28f_t/f_{yv}$。

箍筋间距应符合本规范表 9.2.9 的规定，其中受扭所需的箍筋应做成封闭式，且应沿截面周边布置。当采用复合箍筋时，位于截面内部的箍筋不应计入受扭所需的箍筋面积。受扭所需箍筋的末端应做成 135° 弯钩，弯钩端头平直段长度不应小于 10d，d 为箍筋直径。

在超静定结构中，考虑协调扭转而配置的箍筋，其间距不宜大于 0.75b，此处 b 按本规范第 6.4.1 条的规定取用，但对箱形截面构件，b 均应以 b_h 代替。

（Ⅲ）局 部 配 筋

9.2.11 位于梁下部或梁截面高度范围内的集中荷载，应全部由附加横向钢筋承担；附加横向钢筋宜采用箍筋。

箍筋应布置在长度为 $2h_1$ 与 $3b$ 之和的范围内（图 9.2.11）。当采用吊筋时，弯起段应伸至梁的上边缘，且末端水平段长度不应小于本规范第 9.2.7 条的规定。

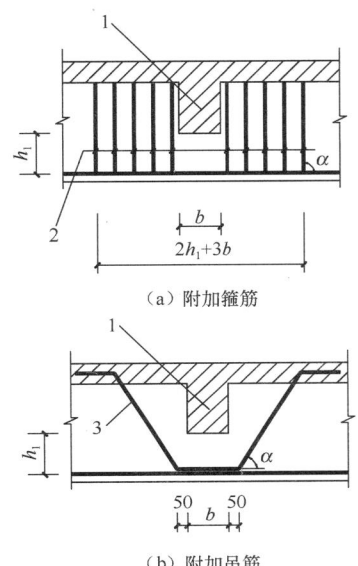

（a）附加箍筋

（b）附加吊筋

图 9.2.11 梁截面高度范围内有集中荷载
作用时附加横向钢筋的布置

注：图中尺寸单位 mm。
1—传递集中荷载的位置；2—附加箍筋；
3—附加吊筋

附加横向钢筋所需的总截面面积应符合下列规定：

$$A_{sv} \geqslant \frac{F}{f_{yv} \sin\alpha} \qquad (9.2.11)$$

式中：A_{sv}——承受集中荷载所需的附加横向钢筋总截面面积；当采用附加吊筋时，A_{sv} 应为左、右弯起段截面面积之和；

F——作用在梁的下部或梁截面高度范围内的集中荷载设计值；

α——附加横向钢筋与梁轴线间的夹角。

9.2.12 折梁的内折角处应增设箍筋（图 9.2.12）。箍筋应能承受未在受压区锚固纵向受拉钢筋的合力，且在任何情况下不应小于全部纵向钢筋合力的 35%。

由箍筋承受的纵向受拉钢筋的合力按下列公式计算：

未在受压区锚固的纵向受拉钢筋的合力为：

$$N_{s1} = 2f_y A_{s1} \cos\frac{\alpha}{2} \qquad (9.2.12\text{-}1)$$

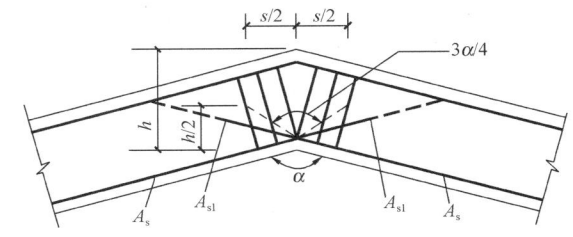

图 9.2.12 折梁内折角处的配筋

全部纵向受拉钢筋合力的 35% 为：

$$N_{s2} = 0.7 f_y A_s \cos\frac{\alpha}{2} \qquad (9.2.12\text{-}2)$$

式中：A_s——全部纵向受拉钢筋的截面面积；

A_{s1}——未在受压区锚固的纵向受拉钢筋的截面面积；

α——构件的内折角。

按上述条件求得的箍筋应设置在长度 s 等于 $h\tan(3\alpha/8)$ 的范围内。

9.2.13 梁的腹板高度 h_w 不小于 450mm 时，在梁的两个侧面应沿高度配置纵向构造钢筋。每侧纵向构造钢筋（不包括梁上、下部受力钢筋及架立钢筋）的间距不宜大于 200mm，截面面积不应小于腹板截面面积（bh_w）的 0.1%，但当梁宽较大时可以适当放松。此处，腹板高度 h_w 按本规范第 6.3.1 条的规定取用。

9.2.14 薄腹梁或需作疲劳验算的钢筋混凝土梁，应在下部 1/2 梁高的腹板内沿两侧配置直径 8mm～14mm 的纵向构造钢筋，其间距为 100mm～150mm 并按下密上疏的方式布置。在上部 1/2 梁高的腹板内，纵向构造钢筋可按本规范第 9.2.13 条的规定配置。

9.2.15 当梁的混凝土保护层厚度大于 50mm 且配置表层钢筋网片时，应符合下列规定：

1 表层钢筋宜采用焊接网片，其直径不宜大于 8mm，间距不应大于 150mm；网片应配置在梁底和梁侧，梁侧的网片钢筋应延伸至梁高的 2/3 处。

2 两个方向上表层网片钢筋的截面积均不应小于相应混凝土保护层（图 9.2.15 阴影部分）面积的 1%。

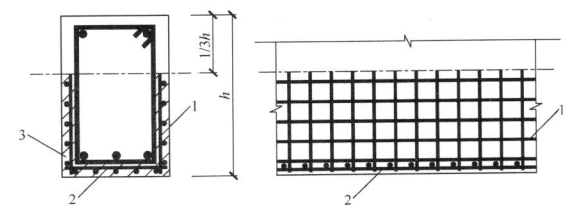

图 9.2.15 配置表层钢筋网片的构造要求
1—梁侧表层钢筋网片；2—梁底表层钢筋网片；
3—配置网片钢筋区域

9.2.16 深受弯构件的设计应符合本规范附录 G 的规定。

9.3 柱、梁柱节点及牛腿

（Ⅰ）柱

9.3.1 柱中纵向钢筋的配置应符合下列规定：

1 纵向受力钢筋直径不宜小于 12mm；全部纵向钢筋的配筋率不宜大于 5%；

2 柱中纵向钢筋的净间距不应小于 50mm，且不宜大于 300mm；

3 偏心受压柱的截面高度不小于 600mm 时，在柱的侧面上应设置直径不小于 10mm 的纵向构造钢筋，并相应设置复合箍筋或拉筋；

4 圆柱中纵向钢筋不宜少于 8 根，不应少于 6根，且宜沿周边均匀布置；

5 在偏心受压柱中，垂直于弯矩作用平面的侧面上的纵向受力钢筋以及轴心受压柱中各边的纵向受力钢筋，其中距不宜大于 300mm。

注：水平浇筑的预制柱，纵向钢筋的最小净间距可按本规范第 9.2.1 条关于梁的有关规定取用。

9.3.2 柱中的箍筋应符合下列规定：

1 箍筋直径不应小于 $d/4$，且不应小于 6mm，d 为纵向钢筋的最大直径；

2 箍筋间距不应大于 400mm 及构件截面的短边尺寸，且不应大于 15d，d 为纵向钢筋的最小直径；

3 柱及其他受压构件中的周边箍筋应做成封闭式；对圆柱中的箍筋，搭接长度不应小于本规范第 8.3.1 条规定的锚固长度，且末端应做成 135°弯钩，弯钩末端平直段长度不应小于 5d，d 为箍筋直径；

4 当柱截面短边尺寸大于 400mm 且各边纵向钢筋多于 3 根时，或当柱截面短边尺寸不大于 400mm 但各边纵向钢筋多于 4 根时，应设置复合箍筋；

5 柱中全部纵向受力钢筋的配筋率大于 3% 时，箍筋直径不应小于 8mm，间距不应大于 10d，且不应大于 200mm，d 为纵向受力钢筋的最小直径。箍筋末端应做成 135°弯钩，且弯钩末端平直段长度不应小于箍筋直径的 10 倍；

6 在配有螺旋式或焊接环式箍筋的柱中，如在正截面受压承载力计算中考虑间接钢筋的作用时，箍筋间距不应大于 80mm 及 $d_{cor}/5$，且不宜小于 40mm，d_{cor} 为按箍筋内表面确定的核心截面直径。

9.3.3 Ⅰ形截面柱的翼缘厚度不宜小于 120mm，腹板厚度不宜小于 100mm。当腹板开孔时，宜在孔洞周边每边设置 2～3 根直径不小于 8mm 的补强钢筋，每个方向补强钢筋的截面面积不宜小于该方向被截断钢筋的截面面积。

腹板开孔的Ⅰ形截面柱，当孔的横向尺寸小于柱截面高度的一半、孔的竖向尺寸小于相邻两孔之间的净间距时，柱的刚度可按实腹Ⅰ形截面柱计算，但在计算承载力时应扣除孔洞的削弱部分。当开孔尺寸超

过上述规定时，柱的刚度和承载力应按双肢柱计算。

（Ⅱ）梁柱节点

9.3.4 梁纵向钢筋在框架中间层端节点的锚固应符合下列要求：

1 梁上部纵向钢筋伸入节点的锚固：

　1）当采用直线锚固形式时，锚固长度不应小于 l_a，且应伸过柱中心线，伸过的长度不宜小于 5d，d 为梁上部纵向钢筋的直径。

　2）当柱截面尺寸不满足直线锚固要求时，梁上部纵向钢筋可采用本规范第 8.3.3 条钢筋端部加机械锚头的锚固方式。梁上部纵向钢筋宜伸至柱外侧纵向钢筋内边，包括机械锚头在内的水平投影锚固长度不应小于 0.4l_{ab}（图 9.3.4a）。

　3）梁上部纵向钢筋也可采用 90°弯折锚固的方式，此时梁上部纵向钢筋应伸至柱外侧纵向钢筋内边并向节点内弯折，其包含弯弧在内的水平投影长度不应小于 0.4l_{ab}，弯折钢筋在弯折平面内包含弯弧段的投影长度不应小于 15d（图 9.3.4b）。

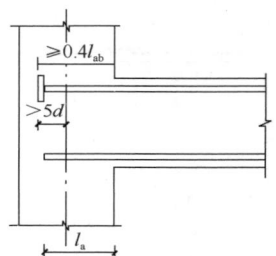

（a）钢筋端部加锚头锚固

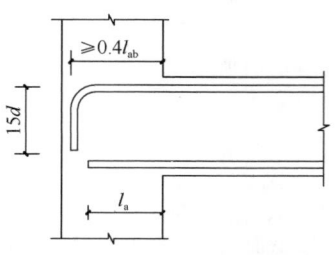

（b）钢筋末端 90°弯折锚固

图 9.3.4　梁上部纵向钢筋在中间
层端节点内的锚固

2 框架梁下部纵向钢筋伸入端节点的锚固：

　1）当计算中充分利用该钢筋的抗拉强度时，钢筋的锚固方式及长度应与上部钢筋的规定相同。

　2）当计算中不利用该钢筋的强度或仅利用该钢筋的抗压强度时，伸入节点的锚固长度应分别符合本规范第 9.3.5 条中间节点梁下部纵向钢筋锚固的规定。

9.3.5 框架中间层中间节点或连续梁中间支座，梁的上部纵向钢筋应贯穿节点或支座。梁的下部纵向钢筋宜贯穿节点或支座。当必须锚固时，应符合下列锚固要求：

1 当计算中不利用该钢筋的强度时，其伸入节点或支座的锚固长度对带肋钢筋不小于 $12d$，对光面钢筋不小于 $15d$，d 为钢筋的最大直径；

2 当计算中充分利用钢筋的抗压强度时，钢筋应按受压钢筋锚固在中间节点或中间支座内，其直线锚固长度不应小于 $0.7l_a$；

3 当计算中充分利用钢筋的抗拉强度时，钢筋可采用直线方式锚固在节点或支座内，锚固长度不应小于钢筋的受拉锚固长度 l_a（图 9.3.5a）；

4 当柱截面尺寸不足时，宜按本规范第 9.3.4 条第 1 款的规定采用钢筋端部加锚头的机械锚固措施，也可采用 90°弯折锚固的方式；

5 钢筋可在节点或支座外梁中弯矩较小处设置搭接接头，搭接长度的起始点至节点或支座边缘的距离不应小于 $1.5h_0$（图 9.3.5b）。

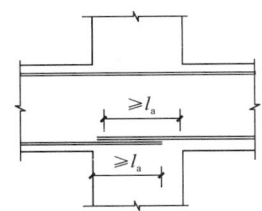

(a) 下部纵向钢筋在节点中直线锚固

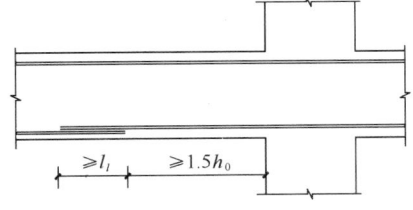

(b) 下部纵向钢筋在节点或支座范围外的搭接

图 9.3.5 梁下部纵向钢筋在中间节点或
中间支座范围的锚固与搭接

9.3.6 柱纵向钢筋应贯穿中间层的中间节点或端节点，接头应设在节点区以外。

柱纵向钢筋在顶层中节点的锚固应符合下列要求：

1 柱纵向钢筋应伸至柱顶，且自梁底算起的锚固长度不应小于 l_a。

2 当截面尺寸不满足直线锚固要求时，可采用 90°弯折锚固措施。此时，包括弯弧在内的钢筋垂直投影锚固长度不应小于 $0.5l_{ab}$，在弯折平面内包含弯弧段的水平投影长度不宜小于 $12d$（图 9.3.6a）。

3 当截面尺寸不足时，也可采用带锚头的机械锚固措施。此时，包含锚头在内的竖向锚固长度不应

小于 $0.5l_{ab}$（图 9.3.6b）。

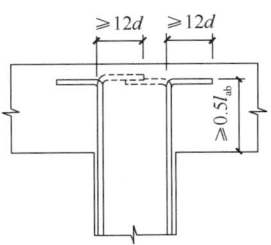

(a) 柱纵向钢筋90°弯折锚固

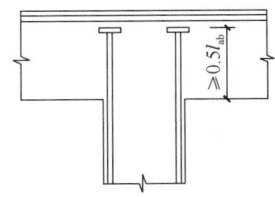

(b) 柱纵向钢筋端头加锚板锚固

图 9.3.6 顶层节点中柱纵向
钢筋在节点内的锚固

4 当柱顶有现浇楼板且板厚不小于 100mm 时，柱纵向钢筋也可向外弯折，弯折后的水平投影长度不宜小于 $12d$。

9.3.7 顶层端节点柱外侧纵向钢筋可弯入梁内作梁上部纵向钢筋；也可将梁上部纵向钢筋与柱外侧纵向钢筋在节点及附近部位搭接，搭接可采用下列方式：

1 搭接接头可沿顶层端节点外侧及梁端顶部布置，搭接长度不应小于 $1.5l_{ab}$（图 9.3.7a）。其中，伸入梁内的柱外侧钢筋截面面积不宜小于其全部面积

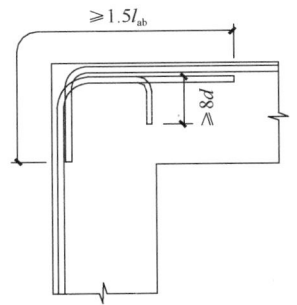

(a) 搭接接头沿顶层端节点外侧及梁端顶部布置

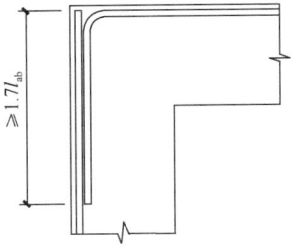

(b) 搭接接头沿节点外侧直线布置

图 9.3.7 顶层端节点梁、柱纵向钢筋
在节点内的锚固与搭接

的 65%；梁宽范围以外的柱外侧钢筋宜沿节点顶部伸至柱内边锚固。当柱外侧纵向钢筋位于柱顶第一层时，钢筋伸至柱内边后宜向下弯折不小于 $8d$ 后截断（图 9.3.7a），d 为柱纵向钢筋的直径；当柱外侧纵向钢筋位于柱顶第二层时，可不向下弯折。当现浇板厚度不小于 100mm 时，梁宽范围以外的柱外侧纵向钢筋也可伸入现浇板内，其长度与伸入梁内的柱纵向钢筋相同。

2 当柱外侧纵向钢筋配筋率大于 1.2% 时，伸入梁内的柱纵向钢筋应满足本条第 1 款规定且宜分两批截断，截断点之间的距离不宜小于 $20d$，d 为柱外侧纵向钢筋的直径。梁上部纵向钢筋应伸至节点外侧并向下弯至梁下边缘高度位置截断。

3 纵向钢筋搭接接头也可沿节点柱顶外侧直线布置（图 9.3.7b），此时，搭接长度自柱顶算起不应小于 $1.7l_{ab}$。当梁上部纵向钢筋的配筋率大于 1.2% 时，弯入柱外侧的梁上部纵向钢筋应满足本条第 1 款规定的搭接长度，且宜分两批截断，其截断点之间的距离不宜小于 $20d$，d 为梁上部纵向钢筋的直径。

4 当梁的截面高度较大，梁、柱纵向钢筋相对较小，从梁底算起的直线搭接长度未延伸至柱顶即已满足 $1.5l_{ab}$ 的要求时，应将搭接长度延伸至柱顶并满足搭接长度 $1.7l_{ab}$ 的要求；或者从梁底算起的弯折搭接长度未延伸至柱内侧边缘即已满足 $1.5l_{ab}$ 的要求时，其弯折后包括弯弧在内的水平段的长度不应小于 $15d$，d 为柱纵向钢筋的直径。

5 柱内侧纵向钢筋的锚固应符合本规范第 9.3.6 条关于顶层中节点的规定。

9.3.8 顶层端节点处梁上部纵向钢筋的截面面积 A_s 应符合下列规定：

$$A_s \leqslant \frac{0.35\beta_c f_c b_b h_0}{f_y} \qquad (9.3.8)$$

式中：b_b ——梁腹板宽度；

h_0 ——梁截面有效高度。

梁上部纵向钢筋与柱外侧纵向钢筋在节点角部的弯弧内半径，当钢筋直径不大于 25mm 时，不宜小于 $6d$；大于 25mm 时，不宜小于 $8d$。钢筋弯弧外的混凝土中应配置防裂、防剥落的构造钢筋。

9.3.9 在框架节点内应设置水平箍筋，箍筋应符合本规范第 9.3.2 条柱中箍筋的构造规定，但间距不宜大于 250mm。对四边均有梁的中间节点，节点内可只设置沿周边的矩形箍筋。当顶层端节点内有梁上部纵向钢筋和柱外侧纵向钢筋的搭接接头时，节点内水平箍筋应符合本规范第 8.4.6 条的规定。

（Ⅲ）牛　　腿

9.3.10 对于 a 不大于 h_0 的柱牛腿（图 9.3.10），其截面尺寸应符合下列要求：

1 牛腿的裂缝控制要求

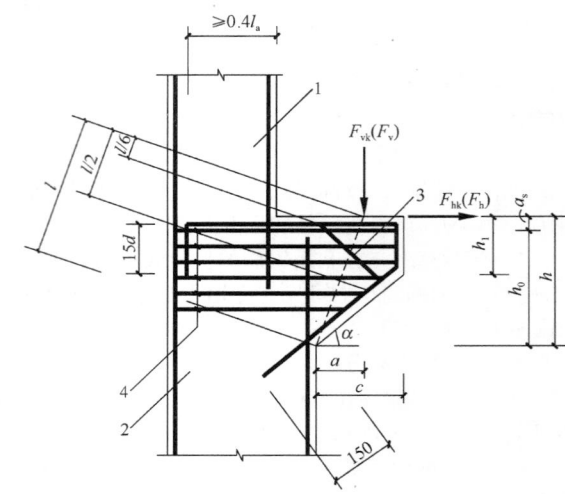

图 9.3.10　牛腿的外形及钢筋配置
注：图中尺寸单位 mm。
1—上柱；2—下柱；3—弯起钢筋；4—水平箍筋

$$F_{vk} \leqslant \beta\left(1 - 0.5\frac{F_{hk}}{F_{vk}}\right)\frac{f_{tk}bh_0}{0.5 + \dfrac{a}{h_0}} \qquad (9.3.10)$$

式中：F_{vk} ——作用于牛腿顶部按荷载效应标准组合计算的竖向力值；

F_{hk} ——作用于牛腿顶部按荷载效应标准组合计算的水平拉力值；

β ——裂缝控制系数：支承吊车梁的牛腿取 0.65；其他牛腿取 0.80；

a ——竖向力作用点至下柱边缘的水平距离，应考虑安装偏差 20mm；当考虑安装偏差后的竖向力作用点仍位于下柱截面以内时取等于 0；

b ——牛腿宽度；

h_0 ——牛腿与下柱交接处的垂直截面有效高度，取 $h_1 - a_s + c \cdot \tan\alpha$，当 α 大于 45° 时，取 45°，c 为下柱边缘到牛腿外边缘的水平长度。

2 牛腿的外边缘高度 h_1 不应小于 $h/3$，且不应小于 200mm。

3 在牛腿顶受压面上，竖向力 F_{vk} 所引起的局部压应力不应超过 $0.75f_c$。

9.3.11 在牛腿中，由承受竖向力所需的受拉钢筋截面面积和承受水平拉力所需的锚筋截面面积所组成的纵向受力钢筋的总截面面积，应符合下列规定：

$$A_s \geqslant \frac{F_v a}{0.85 f_y h_0} + 1.2\frac{F_h}{f_y} \qquad (9.3.11)$$

当 a 小于 $0.3h_0$ 时，取 a 等于 $0.3h_0$。

式中：F_v ——作用在牛腿顶部的竖向力设计值；

F_h ——作用在牛腿顶部的水平拉力设计值。

9.3.12 沿牛腿顶部配置的纵向受力钢筋，宜采用

HRB400 级或 HRB500 级热轧带肋钢筋。全部纵向受力钢筋及弯起钢筋宜沿牛腿外边缘向下伸入下柱内 150mm 后截断（图 9.3.10）。

纵向受力钢筋及弯起钢筋伸入上柱的锚固长度，当采用直线锚固时不应小于本规范第 8.3.1 条规定的受拉钢筋锚固长度 l_a；当上柱尺寸不足时，钢筋的锚固应符合本规范第 9.3.4 条梁上部钢筋在框架中间层端节点中带 90° 弯折的锚固规定。此时，锚固长度应从上柱内边算起。

承受竖向力所需的纵向受力钢筋的配筋率不应小于 0.20% 及 $0.45f_t/f_y$，也不宜大于 0.60%，钢筋数量不宜少于 4 根直径 12mm 的钢筋。

当牛腿设于上柱柱顶时，宜将牛腿对边的柱外侧纵向受力钢筋沿柱顶水平弯入牛腿，作为牛腿纵向受拉钢筋使用。当牛腿顶面纵向受拉钢筋与牛腿对边的柱外侧纵向钢筋分开配置时，牛腿顶面纵向受拉钢筋应弯入柱外侧，并应符合本规范第 8.4.4 条有关钢筋搭接的规定。

9.3.13 牛腿应设置水平箍筋，箍筋直径宜为 6mm ～12mm，间距宜为 100mm～150mm；在上部 $2h_0/3$ 范围内的箍筋总截面面积不宜小于承受竖向力的受拉钢筋截面面积的 1/2。

当牛腿的剪跨比不小于 0.3 时，宜设置弯起钢筋。弯起钢筋宜采用 HRB400 级或 HRB500 级热轧带肋钢筋，并宜使其与集中荷载作用点到牛腿斜边下端点连线的交点位于牛腿上部 $l/6$～$l/2$ 之间的范围内，l 为该连线的长度（图 9.3.10）。弯起钢筋截面面积不宜小于承受竖向力的受拉钢筋截面面积的 1/2，且不宜少于 2 根直径 12mm 的钢筋。纵向受拉钢筋不得兼作弯起钢筋。

9.4 墙

9.4.1 竖向构件截面长边、短边（厚度）比值大于 4 时，宜按墙的要求进行设计。

支撑预制楼（屋面）板的墙，其厚度不宜小于 140mm；对剪力墙结构尚不宜小于层高的 1/25，对框架-剪力墙结构尚不宜小于层高的 1/20。

当采用预制板时，支承墙的厚度应满足墙内竖向钢筋贯通的要求。

9.4.2 厚度大于 160mm 的墙应配置双排分布钢筋网；结构中重要部位的剪力墙，当其厚度不大于 160mm 时，也宜配置双排分布钢筋网。

双排分布钢筋网应沿墙的两个侧面布置，且应采用拉筋连系；拉筋直径不宜小于 6mm，间距不宜大于 600mm。

9.4.3 在平行于墙面的水平荷载和竖向荷载作用下，墙体宜根据结构分析所得的内力和本规范第 6.2 节的有关规定，分别按偏心受压或偏心受拉进行正截面承载力计算，并按本规范第 6.3 节的有关规定进行斜截

面受剪承载力计算。在集中荷载作用处，尚应按本规范第 6.6 节进行局部受压承载力计算。

在承载力计算中，剪力墙的翼缘计算宽度可取剪力墙的间距、门窗洞间翼墙的宽度、剪力墙厚度加两侧各 6 倍翼墙厚度、剪力墙墙肢总高度的 1/10 四者中的最小值。

9.4.4 墙水平及竖向分布钢筋直径不宜小于 8mm，间距不宜大于 300mm。可利用焊接钢筋网片进行墙内配筋。

墙水平分布钢筋的配筋率 $\rho_{sh}\left(\dfrac{A_{sh}}{bs_v}，s_v\right.$ 为水平分布钢筋的间距）和竖向分布钢筋的配筋率 $\rho_{sv}\left(\dfrac{A_{sv}}{bs_h}，s_h\right.$ 为竖向分布钢筋的间距）不宜小于 0.20%；重要部位的墙，水平和竖向分布钢筋的配筋率宜适当提高。

墙中温度、收缩应力较大的部位，水平分布钢筋的配筋率宜适当提高。

9.4.5 对于房屋高度不大于 10m 且不超过 3 层的墙，其截面厚度不应小于 120mm，其水平与竖向分布钢筋的配筋率均不宜小于 0.15%。

9.4.6 墙中配筋构造应符合下列要求：

1 墙竖向分布钢筋可在同一高度搭接，搭接长度不应小于 $1.2l_a$。

2 墙水平分布钢筋的搭接长度不应小于 $1.2l_a$。同排水平分布钢筋的搭接接头之间以及上、下相邻水平分布钢筋的搭接接头之间，沿水平方向的净间距不宜小于 500mm。

3 墙中水平分布钢筋应伸至墙端，并向内水平弯折 10d，d 为钢筋直径。

4 端部有翼墙或转角的墙，内墙两侧和外墙内侧的水平分布钢筋应伸至翼墙或转角外边，并分别向两侧水平弯折 15d。在转角墙处，外墙外侧的水平分布钢筋应在墙端外角处弯入翼墙，并与翼墙外侧的水平分布钢筋搭接。

5 带边框的墙，水平和竖向分布钢筋宜分别贯穿柱、梁或锚固在柱、梁内。

9.4.7 墙洞口连梁应沿全长配置箍筋，箍筋直径不应小于 6mm，间距不宜大于 150mm。在顶层洞口连梁纵向钢筋伸入墙内的锚固长度范围内，应设置间距不大于 150mm 的箍筋，箍筋直径宜与跨内箍筋直径相同。同时，门窗洞边的竖向钢筋应满足受拉钢筋锚固长度的要求。

墙洞口上、下两边的水平钢筋除应满足洞口连梁正截面受弯承载力的要求外，尚不应少于 2 根直径不小于 12mm 的钢筋。对于计算分析中可忽略的洞口，洞边钢筋截面面积分别不宜小于洞口截断的水平分布钢筋总截面面积的一半。纵向钢筋自洞口边伸入墙内的长度不应小于受拉钢筋的锚固长度。

9.4.8 剪力墙墙肢两端应配置竖向受力钢筋，并与墙内的竖向分布钢筋共同用于墙的正截面受弯承载力计算。每端的竖向受力钢筋不宜少于 4 根直径为 12mm 或 2 根直径为 16mm 的钢筋，并宜沿此竖向钢筋方向配置直径不小于 6mm、间距为 250mm 的箍筋或拉筋。

9.5 叠合构件

（Ⅰ）水平叠合构件

9.5.1 二阶段成形的水平叠合受弯构件，当预制构件高度不足全截面高度的 40% 时，施工阶段应有可靠的支撑。

施工阶段有可靠支撑的叠合受弯构件，可按整体受弯构件设计计算，但其斜截面受剪承载力和叠合面受剪承载力应按本规范附录 H 计算。

施工阶段无支撑的叠合受弯构件，应对底部预制构件及浇筑混凝土后的叠合构件按本规范附录 H 的要求进行二阶段受力计算。

9.5.2 混凝土叠合梁、板应符合下列规定：

1 叠合梁的叠合层混凝土的厚度不宜小于 100mm，混凝土强度等级不宜低于 C30。预制梁的箍筋应全部伸入叠合层，且各肢伸入叠合层的直线段长度不宜小于 $10d$，d 为箍筋直径。预制梁的顶面应做成凹凸差不小于 6mm 的粗糙面。

2 叠合板的叠合层混凝土厚度不应小于 40mm，混凝土强度等级不宜低于 C25。预制板表面应做成凹凸差不小于 4mm 的粗糙面。承受较大荷载的叠合板以及预应力叠合板，宜在预制底板上设置伸入叠合层的构造钢筋。

9.5.3 在既有结构的楼板、屋盖上浇筑混凝土叠合层的受弯构件，应符合本规范第 9.5.2 条的规定，并按本规范第 3.3 节、第 3.7 节的有关规定进行施工阶段和使用阶段计算。

（Ⅱ）竖向叠合构件

9.5.4 由预制构件及后浇混凝土成形的叠合柱和墙，应按施工阶段及使用阶段的工况分别进行预制构件及整体结构的计算。

9.5.5 在既有结构柱的周边或墙的侧面浇筑混凝土而成形的竖向叠合构件，应考虑承载历史以及施工支顶的情况，并按本规范第 3.3 节、第 3.7 节规定的原则进行施工阶段和使用阶段的承载力计算。

9.5.6 依托既有结构的竖向叠合柱、墙在使用阶段的承载力计算中，应根据实测结果考虑既有构件部分几何参数变化的影响。

竖向叠合柱、墙既有构件部分混凝土、钢筋的强度设计值按本规范第 3.7.3 条确定；后浇混凝土部分混凝土、钢筋的强度应按本规范第 4 章的规定乘以强

度利用的折减系数确定，且宜考虑施工时支顶的实际情况适当调整。

9.5.7 柱外二次浇筑混凝土层的厚度不应小于 60mm，混凝土强度等级不应低于既有柱的强度。粗糙结合面的凹凸差不应小于 6mm，并宜通过植筋、焊接等方法设置界面构造钢筋。后浇层中纵向受力钢筋直径不应小于 14mm；箍筋直径不应小于 8mm 且不应小于柱内相应箍筋的直径，箍筋间距应与柱内相同。

墙外二次浇筑混凝土层的厚度不应小于 50mm，混凝土强度等级不应低于既有墙的强度。粗糙结合面的凹凸差应不小于 4mm，并宜通过植筋、焊接等方法设置界面构造钢筋。后浇层中竖向、水平钢筋直径不宜小于 8mm 且不应小于墙中相应钢筋的直径。

9.6 装配式结构

9.6.1 装配式、装配整体式混凝土结构中各类预制构件及连接构造应按下列原则进行设计：

1 应在结构方案和传力途径中确定预制构件的布置及连接方式，并在此基础上进行整体结构分析和构件及连接设计；

2 预制构件的设计应满足建筑使用功能，并符合标准化要求；

3 预制构件的连接宜设置在结构受力较小处，且宜便于施工；结构构件之间的连接构造应满足结构传递内力的要求；

4 各类预制构件及其连接构造应按从生产、施工到使用过程中可能产生的不利工况进行验算，对预制非承重构件尚应符合本规范第 9.6.8 条的规定。

9.6.2 预制混凝土构件在生产、施工过程中应按实际工况的荷载、计算简图、混凝土实体强度进行施工阶段验算。验算时应将构件自重乘以相应的动力系数：对脱模、翻转、吊装、运输时可取 1.5，临时固定时可取 1.2。

注：动力系数尚可根据具体情况适当增减。

9.6.3 装配式、装配整体式混凝土结构中各类预制构件的连接构造，应便于构件安装、装配整体式。对计算时不考虑传递内力的连接，也应有可靠的固定措施。

9.6.4 装配整体式结构中框架梁的纵向受力钢筋和柱、墙中的竖向受力钢筋宜采用机械连接、焊接等形式；板、墙等构件中的受力钢筋可采用搭接连接形式；混凝土接合面应进行粗糙处理或做成齿槽；拼接处应采用强度等级不低于预制构件的混凝土灌缝。

装配整体式结构的梁柱节点处，柱的纵向钢筋应贯穿节点；梁的纵向钢筋应满足本规范第 9.3 节的锚固要求。

当柱采用装配式榫式接头时，接头附近区段内截面的轴心受压承载力宜为该截面计算所需承载力的

1.3～1.5 倍。此时，可采取在接头及其附近区段的混凝土内加设横向钢筋网、提高后浇混凝土强度等级和设置附加纵向钢筋等措施。

9.6.5 采用预制板的装配整体式楼盖、屋盖应采取下列构造措施：

　　1 预制板侧应为双齿边；拼缝上口宽度不应小于 30mm；空心板端孔中应有堵头，深度不宜少于60mm；拼缝中应浇灌强度等级不低于 C30 的细石混凝土；

　　2 预制板端宜伸出锚固钢筋互相连接，并宜与板的支承结构（圈梁、梁顶或墙顶）伸出的钢筋及板端拼缝中设置的通长钢筋连接。

9.6.6 整体性要求较高的装配整体式楼盖、屋盖，应采用预制构件加现浇叠合层的形式；或在预制板侧设置配筋混凝土后浇带，并在板端设置负弯矩钢筋、板的周边沿拼缝设置拉结钢筋与支座连接。

9.6.7 装配整体式结构中预制承重墙板沿周边设置的连接钢筋应与支承结构及相邻墙板互相连接，并浇筑混凝土与周边楼盖、墙体连成整体。

9.6.8 非承重预制构件的设计应符合下列要求：

　　1 与支承结构之间宜采用柔性连接方式；

　　2 在框架内镶嵌或采用焊接连接时，应考虑其对框架抗侧移刚度的影响；

　　3 外挂板与主体结构的连接构造应具有一定的变形适应性。

9.7 预埋件及连接件

9.7.1 受力预埋件的锚板宜采用 Q235、Q345 级钢，锚板厚度应根据受力情况计算确定，且不宜小于锚筋直径的 60%；受拉和受弯预埋件的锚板厚度尚宜大于 $b/8$，b 为锚筋的间距。

　　受力预埋件的锚筋应采用 HRB400 或 HPB300 钢筋，不应采用冷加工钢筋。

　　直锚筋与锚板应采用 T 形焊接。当锚筋直径不大于 20mm 时宜采用压力埋弧焊；当锚筋直径大于 20mm 时宜采用穿孔塞焊。当采用手工焊时，焊缝高度不宜小于 6mm，且对 300MPa 级钢筋不宜小于 $0.5d$，对其他钢筋不宜小于 $0.6d$，d 为锚筋的直径。

9.7.2 由锚板和对称配置的直锚筋所组成的受力预埋件（图 9.7.2），其锚筋的总截面面积 A_s 应符合下列规定：

　　1 当有剪力、法向拉力和弯矩共同作用时，应按下列两个公式计算，并取其中的较大值：

$$A_s \geq \frac{V}{\alpha_r \alpha_v f_y} + \frac{N}{0.8\alpha_b f_y} + \frac{M}{1.3\alpha_r \alpha_b f_y z}$$
$$(9.7.2-1)$$

$$A_s \geq \frac{N}{0.8\alpha_b f_y} + \frac{M}{0.4\alpha_r \alpha_b f_y z} \quad (9.7.2-2)$$

　　2 当有剪力、法向压力和弯矩共同作用时，应按下列两个公式计算，并取其中的较大值：

$$A_s \geq \frac{V - 0.3N}{\alpha_r \alpha_v f_y} + \frac{M - 0.4Nz}{1.3\alpha_r \alpha_b f_y z} \quad (9.7.2-3)$$

$$A_s \geq \frac{M - 0.4Nz}{0.4\alpha_r \alpha_b f_y z} \quad (9.7.2-4)$$

当 M 小于 $0.4Nz$ 时，取 $0.4Nz$。

　　上述公式中的系数 α_v、α_b，应按下列公式计算：

$$\alpha_v = (4.0 - 0.08d)\sqrt{\frac{f_c}{f_y}} \quad (9.7.2-5)$$

$$\alpha_b = 0.6 + 0.25\frac{t}{d} \quad (9.7.2-6)$$

当 α_v 大于 0.7 时，取 0.7；当采取防止锚板弯曲变形的措施时，可取 α_b 等于 1.0。

式中：f_y——锚筋的抗拉强度设计值，按本规范第4.2 节采用，但不应大于 300N/mm^2；

　　　　V——剪力设计值；

　　　　N——法向拉力或法向压力设计值，法向压力设计值不应大于 $0.5f_cA$，此处，A 为锚板的面积；

　　　　M——弯矩设计值；

　　　　α_r——锚筋层数的影响系数；当锚筋按等间距布置时：两层取 1.0；三层取 0.9；四层取 0.85；

　　　　α_v——锚筋的受剪承载力系数；

　　　　d——锚筋直径；

　　　　α_b——锚板的弯曲变形折减系数；

　　　　t——锚板厚度；

　　　　z——沿剪力作用方向最外层锚筋中心线之间的距离。

9.7.3 由锚板和对称配置的弯折锚筋及直锚筋共同承受剪力的预埋件（图 9.7.3），其弯折锚筋的截面面积 A_{sb} 应符合下列规定：

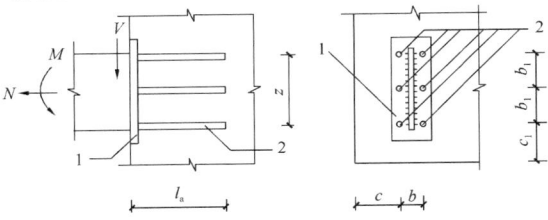

图 9.7.2　由锚板和直锚筋组成的预埋件
1—锚板；2—直锚筋

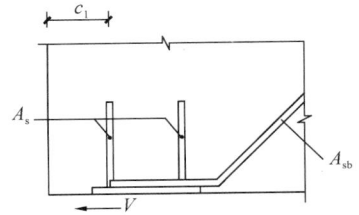

图 9.7.3　由锚板和弯折锚筋及
直锚筋组成的预埋件

$$A_{sb} \geqslant 1.4\frac{V}{f_y} - 1.25\alpha_v A_s \qquad (9.7.3)$$

式中系数 α_v 按本规范第9.7.2条取用。当直锚筋按构造要求设置时，A_s 应取为0。

注：弯折锚筋与钢板之间的夹角不宜小于15°，也不宜大于45°。

9.7.4 预埋件锚筋中心至锚板边缘的距离不应小于 $2d$ 和20mm。预埋件的位置应使锚筋位于构件的外层主筋的内侧。

预埋件的受力直锚筋直径不宜小于 8mm，且不宜大于 25mm。直锚筋数量不宜少于 4 根，且不宜多于 4 排；受剪预埋件的直锚筋可采用 2 根。

对受拉和受弯预埋件（图9.7.2），其锚筋的间距 b、b_1 和锚筋至构件边缘的距离 c、c_1，均不应小于 $3d$ 和45mm。

对受剪预埋件（图9.7.2），其锚筋的间距 b 及 b_1 不应大于 300mm，且 b_1 不应小于 $6d$ 和 70mm；锚筋至构件边缘的距离 c_1 不应小于 $6d$ 和 70mm，b、c 均不应小于 $3d$ 和45mm。

受拉直锚筋和弯折锚筋的锚固长度不应小于本规范第8.3.1条规定的受拉钢筋锚固长度；当锚筋采用 HPB300 级钢筋时末端还应有弯钩。当无法满足锚固长度的要求时，应采取其他有效的锚固措施。受剪和受压直锚筋的锚固长度不应小于 $15d$，d 为锚筋的直径。

9.7.5 预制构件宜采用内埋式螺母、内埋式吊杆或预留吊装孔，并配套的专用吊具实现吊装，也可采用吊环吊装。

内埋式螺母或内埋式吊杆的设计与构造，应满足起吊方便和吊装安全的要求。专用内埋式螺母或内埋式吊杆及配套的吊具，应根据相应的产品标准和应用技术规定选用。

9.7.6 吊环应采用 HPB300 钢筋或 Q235B 圆钢，并应符合下列规定：

1 吊环埋入混凝土中的深度不应小于 $30d$ 并应焊接或绑扎在钢筋骨架上，d 为吊环钢筋或圆钢的直径。

2 应验算在荷载标准值作用下的吊环应力，验算时每个吊环可按两个截面计算。对 HPB300 钢筋，吊环应力不应大于 65N/mm²；对 Q235B 圆钢，吊环应力不应大于 50N/mm²。

3 当在一个构件上设有 4 个吊环时，应按 3 个吊环进行计算。

9.7.7 混凝土预制构件吊装设施的位置应能保证构件在吊装、运输过程中平稳受力。设置预埋件、吊环、吊装孔及各种内埋式预留吊具时，应对构件在该处承受吊装荷载作用的效应进行承载力的验算，并应采取相应的构造措施，避免吊点处混凝土局部破坏。

10 预应力混凝土结构构件

10.1 一般规定

10.1.1 预应力混凝土结构构件，除应根据设计状况进行承载力计算及正常使用极限状态验算外，尚应对施工阶段进行验算。

10.1.2 预应力混凝土结构设计应计入预应力作用效应；对超静定结构，相应的次弯矩、次剪力及次轴力等应参与组合计算。

对承载能力极限状态，当预应力作用效应对结构有利时，预应力作用分项系数 γ_p 应取 1.0，不利时 γ_p 应取 1.2；对正常使用极限状态，预应力作用分项系数 γ_p 应取 1.0。

对参与组合的预应力作用效应项，当预应力作用效应对承载力有利时，结构重要性系数 γ_0 应取 1.0；当预应力作用效应对承载力不利时，结构重要性系数 γ_0 应按本规范第3.3.2条确定。

10.1.3 预应力筋的张拉控制应力 σ_{con} 应符合下列规定：

1 消除应力钢丝、钢绞线

$$\sigma_{con} \leqslant 0.75 f_{ptk} \qquad (10.1.3-1)$$

2 中强度预应力钢丝

$$\sigma_{con} \leqslant 0.70 f_{ptk} \qquad (10.1.3-2)$$

3 预应力螺纹钢筋

$$\sigma_{con} \leqslant 0.85 f_{pyk} \qquad (10.1.3-3)$$

式中：f_{ptk}——预应力筋极限强度标准值；

f_{pyk}——预应力螺纹钢筋屈服强度标准值。

消除应力钢丝、钢绞线、中强度预应力钢丝的张拉控制应力值不应小于 $0.4 f_{ptk}$；预应力螺纹钢筋的张拉应力控制值不宜小于 $0.5 f_{pyk}$。

当符合下列情况之一时，上述张拉控制应力限值可相应提高 $0.05 f_{ptk}$ 或 $0.05 f_{pyk}$：

1) 要求提高构件在施工阶段的抗裂性能而在使用阶段受压区内设置的预应力筋；

2) 要求部分抵消由于应力松弛、摩擦、钢筋分批张拉以及预应力筋与张拉台座之间的温差等因素产生的预应力损失。

10.1.4 施加预应力时，所需的混凝土立方体抗压强度应经计算确定，但不宜低于设计的混凝土强度等级值的 75%。

注：当张拉预应力筋是为防止混凝土早期出现的收缩裂缝时，可不受上述限制，但应符合局部受压承载力的规定。

10.1.5 后张法预应力混凝土超静定结构，由预应力引起的内力和变形可采用弹性理论分析，并宜符合下列规定：

1 按弹性分析计算时，次弯矩 M_2 宜按下列公式计算：

$$M_2 = M_r - M_1 \quad (10.1.5\text{-}1)$$
$$M_1 = N_p e_{pn} \quad (10.1.5\text{-}2)$$

式中：N_p——后张法预应力混凝土构件的预加力，按本规范公式（10.1.7-3）计算；

e_{pn}——净截面重心至预加力作用点的距离，按本规范公式（10.1.7-4）计算；

M_1——预加力 N_p 对净截面重心偏心引起的弯矩值；

M_r——由预加力 N_p 的等效荷载在结构构件截面上产生的弯矩值。

次剪力可根据构件次弯矩的分布分析计算，次轴力宜根据结构的约束条件进行计算。

2 在设计中宜采取措施，避免或减少支座、柱、墙等约束构件对梁、板预应力作用效应的不利影响。

10.1.6 由预加力产生的混凝土法向应力及相应阶段预应力筋的应力，可分别按下列公式计算：

1 先张法构件

由预加力产生的混凝土法向应力

$$\sigma_{pc} = \frac{N_{p0}}{A_0} \pm \frac{N_{p0} e_{p0}}{I_0} y_0 \quad (10.1.6\text{-}1)$$

相应阶段预应力筋的有效预应力

$$\sigma_{pe} = \sigma_{con} - \sigma_l - \alpha_E \sigma_{pc} \quad (10.1.6\text{-}2)$$

预应力筋合力点处混凝土法向应力等于零时的预应力筋应力

$$\sigma_{p0} = \sigma_{con} - \sigma_l \quad (10.1.6\text{-}3)$$

2 后张法构件

由预加力产生的混凝土法向应力

$$\sigma_{pc} = \frac{N_p}{A_n} \pm \frac{N_p e_{pn}}{I_n} y_n + \sigma_{p2} \quad (10.1.6\text{-}4)$$

相应阶段预应力筋的有效预应力

$$\sigma_{pe} = \sigma_{con} - \sigma_l \quad (10.1.6\text{-}5)$$

预应力筋合力点处混凝土法向应力等于零时的预应力筋应力

$$\sigma_{p0} = \sigma_{con} - \sigma_l + \alpha_E \sigma_{pc} \quad (10.1.6\text{-}6)$$

式中：A_n——净截面面积，即扣除孔道、凹槽等削弱部分以外的混凝土全部截面面积及纵向非预应力筋截面面积换算成混凝土的截面面积之和；对由不同混凝土强度等级组成的截面，应根据混凝土弹性模量比值换算成同一混凝土强度等级的截面面积；

A_0——换算截面面积：包括净截面面积以及全部纵向预应力筋截面面积换算成混凝土的截面面积；

I_0、I_n——换算截面惯性矩、净截面惯性矩；

e_{p0}、e_{pn}——换算截面重心、净截面重心至预加力作用点的距离，按本规范第10.1.7条的规定计算；

y_0、y_n——换算截面重心、净截面重心至所计算纤维处的距离；

σ_l——相应阶段的预应力损失值，按本规范第10.2.1条~第10.2.7条的规定计算；

α_E——钢筋弹性模量与混凝土弹性模量的比值：$\alpha_E = E_s / E_c$，此处，E_s 按本规范表4.2.5采用，E_c 按本规范表4.1.5采用；

N_{p0}、N_p——先张法构件、后张法构件的预加力，按本规范第10.1.7条计算；

σ_{p2}——由预应力次内力引起的混凝土截面法向应力。

注：在公式（10.1.6-1）、公式（10.1.6-4）中，右边第二项与第一项的应力方向相同时取加号，相反时取减号；公式（10.1.6-2）、公式（10.1.6-6）适用于 σ_{pc} 为压应力的情况，当 σ_{pc} 为拉应力时，应以负值代入。

10.1.7 预加力及其作用点的偏心距（图10.1.7）宜按下列公式计算：

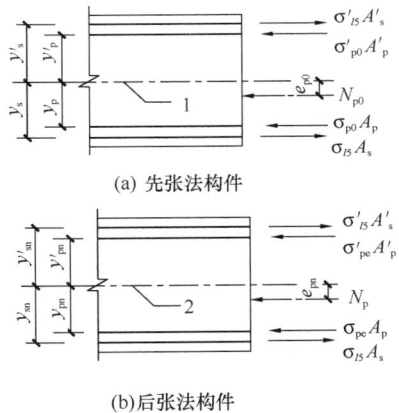

(a) 先张法构件

(b)后张法构件

图 10.1.7 预加力作用点位置
1—换算截面重心轴；2—净截面重心轴

1 先张法构件

$$N_{p0} = \sigma_{p0} A_p + \sigma'_{p0} A'_p - \sigma_{l5} A_s - \sigma'_{l5} A'_s \quad (10.1.7\text{-}1)$$

$$e_{p0} = \frac{\sigma_{p0} A_p y_p - \sigma'_{p0} A'_p y'_p - \sigma_{l5} A_s y_s + \sigma'_{l5} A'_s y'_s}{\sigma_{p0} A_p + \sigma'_{p0} A'_p - \sigma_{l5} A_s - \sigma'_{l5} A'_s} \quad (10.1.7\text{-}2)$$

2 后张法构件：

$$N_p = \sigma_{pe} A_p + \sigma'_{pe} A'_p - \sigma_{l5} A_s - \sigma'_{l5} A'_s \quad (10.1.7\text{-}3)$$

$$e_{pn} = \frac{\sigma_{pe} A_p y_{pn} - \sigma'_{pe} A'_p y'_{pn} - \sigma_{l5} A_s y_{sn} + \sigma'_{l5} A'_s y'_{sn}}{\sigma_{pe} A_p + \sigma'_{pe} A'_p - \sigma_{l5} A_s - \sigma'_{l5} A'_s} \quad (10.1.7\text{-}4)$$

式中：σ_{p0}、σ'_{p0}——受拉区、受压区预应力筋合力点处混凝土法向应力等于零时的预应力筋应力；

σ_{pe}、σ'_{pe}——受拉区、受压区预应力筋的有效

预应力；

A_p、A'_p ——受拉区、受压区纵向预应力筋的截面面积；

A_s、A'_s ——受拉区、受压区纵向普通钢筋的截面面积；

y_p、y'_p ——受拉区、受压区预应力合力点至换算截面重心的距离；

y_s、y'_s ——受拉区、受压区普通钢筋重心至换算截面重心的距离；

σ_{l5}、σ'_{l5} ——受拉区、受压区预应力筋在各自合力点处混凝土收缩和徐变引起的预应力损失值，按本规范第10.2.5条的规定计算；

y_{pn}、y'_{pn} ——受拉区、受压区预应力合力点至净截面重心的距离；

y_{sn}、y'_{sn} ——受拉区、受压区普通钢筋重心至净截面重心的距离。

注：1 当公式（10.1.7-1）~公式（10.1.7-4）中的 $A'_p=0$ 时，可取式中 $\sigma'_{l5}=0$；

2 当计算次内力时，公式（10.1.7-3）、公式（10.1.7-4）中的 σ_{l5} 和 σ'_{l5} 可近似取零。

10.1.8 对允许出现裂缝的后张法有粘结预应力混凝土框架梁及连续梁，在重力荷载作用下按承载能力极限状态计算时，可考虑内力重分布，并应满足正常使用极限状态验算要求。当截面相对受压区高度 ξ 不小于 0.1 且不大于 0.3 时，其任一跨内的支座截面最大负弯矩设计值可按下列公式确定：

$$M=(1-\beta)(M_{GQ}+M_2) \quad (10.1.8\text{-}1)$$
$$\beta=0.2(1-2.5\xi) \quad (10.1.8\text{-}2)$$

且调幅幅度不宜超过重力荷载下弯矩设计值的20%。

式中：M ——支座控制截面弯矩设计值；

M_{GQ} ——控制截面按弹性分析计算的重力荷载弯矩设计值；

ξ ——截面相对受压区高度，应按本规范第6章的规定计算；

β ——弯矩调幅系数。

10.1.9 先张法构件预应力筋的预应力传递长度 l_{tr} 应按下列公式计算：

$$l_{tr}=\alpha\frac{\sigma_{pe}}{f'_{tk}}d \quad (10.1.9)$$

式中：σ_{pe} ——放张时预应力筋的有效预应力；

d ——预应力筋的公称直径，按本规范附录A采用；

α ——预应力筋的外形系数，按本规范表8.3.1采用；

f'_{tk} ——与放张时混凝土立方体抗压强度 f'_{cu} 相应的轴心抗拉强度标准值，按本规范表4.1.3-2以线性内插法确定。

当采用骤然放张预应力的施工工艺时，对光面预

应力钢丝，l_{tr} 的起点应从距构件末端 $l_{tr}/4$ 处开始计算。

10.1.10 计算先张法预应力混凝土构件端部锚固区的正截面和斜截面受弯承载力时，锚固长度范围内的预应力筋抗拉强度设计值在锚固起点处应取为零，在锚固终点处应取为 f_{py}，两点之间可按线性内插法确定。预应力筋的锚固长度 l_a 应按本规范第8.3.1条确定。

当采用骤然放张预应力的施工工艺时，对光面预应力钢丝的锚固长度应从距构件末端 $l_{tr}/4$ 处开始计算。

10.1.11 对制作、运输及安装等施工阶段预拉区允许出现拉应力的构件，或预压时全截面受压的构件，在预加力、自重及施工荷载作用下（必要时应考虑动力系数）截面边缘的混凝土法向应力宜符合下列规定（图10.1.11）：

$$\sigma_{ct}\leqslant f'_{tk} \quad (10.1.11\text{-}1)$$
$$\sigma_{cc}\leqslant 0.8f'_{ck} \quad (10.1.11\text{-}2)$$

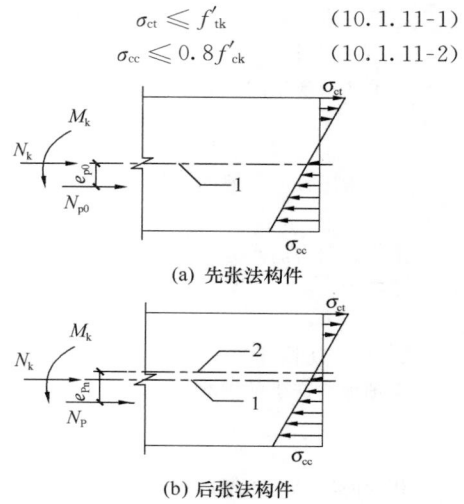

图 10.1.11 预应力混凝土构件施工阶段验算
1—换算截面重心轴；2—净截面重心轴

简支构件的端部区段截面预拉区边缘纤维的混凝土拉应力允许大于 f'_{tk}，但不应大于 $1.2f'_{tk}$。

截面边缘的混凝土法向应力可按下列公式计算：

$$\sigma_{cc}\ 或\ \sigma_{ct}=\sigma_{pc}+\frac{N_k}{A_0}\pm\frac{M_k}{W_0} \quad (10.1.11\text{-}3)$$

式中：σ_{ct} ——相应施工阶段计算截面预拉区边缘纤维的混凝土拉应力；

σ_{cc} ——相应施工阶段计算截面预压区边缘纤维的混凝土压应力；

f'_{tk}、f'_{ck} ——与各施工阶段混凝土立方体抗压强度 f'_{cu} 相应的抗拉强度标准值、抗压强度标准值，按本规范表 4.1.3-2、表 4.1.3-1 以线性内插法分别确定；

N_k、M_k ——构件自重及施工荷载的标准组合在计算截面产生的轴向力值、弯矩值；

W_0 ——验算边缘的换算截面弹性抵抗矩。

注：1 预拉区、预压区分别系指施加预应力时形成的截面拉应力区、压应力区。

2 公式（10.1.11-3）中，当 σ_{pc} 为压应力时取正值，当 σ_{pc} 为拉应力时取负值；当 N_k 为轴向压力时取正值，当 N_k 为轴向拉力时取负值；当 M_k 产生的边缘纤维应力为压应力时式中符号取加号，拉应力时式中符号取减号；

3 当有可靠的工程经验时，叠合式受弯构件预拉区的混凝土法向拉应力可按 σ_{ct} 不大于 $2f'_{tk}$ 控制。

10.1.12 施工阶段预拉区允许出现拉应力的构件，预拉区纵向钢筋的配筋率 $(A'_s + A'_p)/A$ 不宜小于 0.15%，对后张法构件不应计入 A'_p，其中，A 为构件截面面积。预拉区纵向普通钢筋的直径不宜大于 14mm，并应沿构件预拉区的外边缘均匀配置。

注：施工阶段预拉区不允许出现裂缝的板类构件，预拉区纵向钢筋的配筋可根据具体情况按实践经验确定。

10.1.13 先张法和后张法预应力混凝土结构构件，在承载力和裂缝宽度计算中，所用的混凝土法向预应力等于零时的预加力 N_{p0} 及其作用点的偏心距 e_{p0}，均应按本规范公式（10.1.7-1）及公式（10.1.7-2）计算，此时，先张法和后张法构件预应力筋的应力 σ_{p0}、σ'_{p0} 均应按本规范第 10.1.6 条的规定计算。

10.1.14 无粘结预应力矩形截面受弯构件，在进行正截面承载力计算时，无粘结预应力筋的应力设计值 σ_{pu} 宜按下列公式计算：

$$\sigma_{pu} = \sigma_{pe} + \Delta\sigma_p \qquad (10.1.14-1)$$

$$\Delta\sigma_p = (240 - 335\xi_p)\left(0.45 + 5.5\frac{h}{l_0}\right)\frac{l_2}{l_1} \qquad (10.1.14-2)$$

$$\xi_p = \frac{\sigma_{pe}A_p + f_yA_s}{f_cbh_p} \qquad (10.1.14-3)$$

对于跨数不少于 3 跨的连续梁、连续单向板及连续双向板，$\Delta\sigma_p$ 取值不应小于 50N/mm²。

无粘结预应力筋的应力设计值 σ_{pu} 尚应符合下列条件：

$$\sigma_{pu} \leqslant f_{py} \qquad (10.1.14-4)$$

式中：σ_{pe}——扣除全部预应力损失后，无粘结预应力筋中的有效预应力（N/mm²）；

$\Delta\sigma_p$——无粘结预应力筋中的应力增量（N/mm²）；

ξ_p——综合配筋特征值，不宜大于 0.4；对于连续梁、板，取各跨内支座和跨中截面综合配筋特征值的平均值；

h——受弯构件截面高度；

h_p——无粘结预应力筋合力点至截面受压边缘的距离；

l_1——连续无粘结预应力筋两个锚固端间的总长度；

l_2——与 l_1 相关的由活荷载最不利布置图确定的荷载跨长度之和。

翼缘位于受压区的 T 形、I 形截面受弯构件，当受压区高度大于翼缘高度时，综合配筋特征值 ξ_p 可按下式计算：

$$\xi_p = \frac{\sigma_{pe}A_p + f_yA_s - f_c(b'_f - b)h'_f}{f_cbh_p} \qquad (10.1.14-5)$$

式中：h'_f——T 形、I 形截面受压区的翼缘高度；

b'_f——T 形、I 形截面受压区的翼缘计算宽度。

10.1.15 无粘结预应力混凝土受弯构件的受拉区，纵向普通钢筋截面面积 A_s 的配置应符合下列规定：

1 单向板

$$A_s \geqslant 0.002bh \qquad (10.1.15-1)$$

式中：b——截面宽度；

h——截面高度。

纵向普通钢筋直径不应小于 8mm，间距不应大于 200mm。

2 梁

A_s 应取下列两式计算结果的较大值：

$$A_s \geqslant \frac{1}{3}\left(\frac{\sigma_{pu}h_p}{f_yh_s}\right)A_p \qquad (10.1.15-2)$$

$$A_s \geqslant 0.003bh \qquad (10.1.15-3)$$

式中：h_s——纵向受拉普通钢筋合力点至截面受压边缘的距离。

纵向受拉普通钢筋直径不宜小于 14mm，且宜均匀分布在梁的受拉边缘。

对按一级裂缝控制等级设计的梁，当无粘结预应力筋承担不小于 75% 的弯矩设计值时，纵向受拉普通钢筋面积应满足承载力计算和公式（10.1.15-3）的要求。

10.1.16 无粘结预应力混凝土板柱结构中的双向平板，其纵向普通钢筋截面面积 A_s 及其分布应符合下列规定：

1 在柱边的负弯矩区，每一方向上纵向普通钢筋的截面面积应符合下列规定：

$$A_s \geqslant 0.00075hl \qquad (10.1.16-1)$$

式中：l——平行于计算纵向受力钢筋方向上板的跨度；

h——板的厚度。

由上式确定的纵向普通钢筋，应分布在各离柱边 1.5h 的板宽范围内。每一方向至少应设置 4 根直径不小于 16mm 的钢筋。纵向钢筋间距不应大于 300mm，外伸出柱边长度至少为支座每一边净跨的 1/6。在承载力计算中考虑纵向普通钢筋的作用时，其伸出柱边的长度应按计算确定，并应符合本规范第 8.3 节对锚固长度的规定。

2 在荷载标准组合下，当正弯矩区每一方向上抗裂验算边缘的混凝土法向拉应力满足下列规定时，正弯矩区可仅按构造配置纵向普通钢筋：

$$\sigma_{ck} - \sigma_{pc} \leqslant 0.4f_{tk} \qquad (10.1.16-2)$$

3 在荷载标准组合下，当正弯矩区每一个方向上抗裂验算边缘的混凝土法向拉应力超过 $0.4f_{tk}$ 且不大于

$1.0f_{tk}$ 时，纵向普通钢筋的截面面积应符合下列规定：

$$A_s \geqslant \frac{N_{tk}}{0.5f_y} \qquad (10.1.16\text{-}3)$$

式中：N_{tk} ——在荷载标准组合下构件混凝土未开裂截面受拉区的合力；

f_y ——钢筋的抗拉强度设计值，当 f_y 大于 360N/mm^2 时，取 360N/mm^2。

纵向普通钢筋应均匀分布在板的受拉区内，并应靠近受拉边缘通长布置。

4 在平板的边缘和拐角处，应设置暗圈梁或设置钢筋混凝土边梁。暗圈梁的纵向钢筋直径不应小于 12mm，且不应少于 4 根，箍筋直径不应小于 6mm，间距不应大于 150mm。

注：在温度、收缩应力较大的现浇双向平板区域内，应按本规范第 9.1.8 条配置普通构造钢筋网。

10.1.17 预应力混凝土受弯构件的正截面受弯承载力设计值应符合下列要求：

$$M_u \geqslant M_{cr} \qquad (10.1.17)$$

式中：M_u ——构件的正截面受弯承载力设计值，按本规范公式（6.2.10-1）、公式（6.2.11-2）或公式（6.2.14）计算，但应取等号，并将 M 以 M_u 代替；

M_{cr} ——构件的正截面开裂弯矩值，按本规范公式（7.2.3-6）计算。

10.2 预应力损失值计算

10.2.1 预应力筋中的预应力损失值可按表 10.2.1 的规定计算。

表 10.2.1 预应力损失值（N/mm²）

引起损失的因素		符号	先张法构件	后张法构件
张拉端锚具变形和预应力筋内缩		σ_{l1}	按本规范第 10.2.2 条的规定计算	按本规范第 10.2.2 条和第 10.2.3 条的规定计算
预应力筋的摩擦	与孔道壁之间的摩擦	σ_{l2}	—	按本规范第 10.2.4 条的规定计算
	张拉端锚口摩擦		按实测值或厂家提供的数据确定	
	在转向装置处的摩擦		按实际情况确定	
混凝土加热养护时，预应力筋与承受拉力的设备之间的温差		σ_{l3}	$2\Delta t$	—
预应力筋的应力松弛		σ_{l4}	消除应力钢丝、钢绞线 普通松弛： $0.4\left(\dfrac{\sigma_{con}}{f_{ptk}}-0.5\right)\sigma_{con}$ 低松弛： 当 $\sigma_{con} \leqslant 0.7f_{ptk}$ 时 $0.125\left(\dfrac{\sigma_{con}}{f_{ptk}}-0.5\right)\sigma_{con}$ 当 $0.7f_{ptk} < \sigma_{con} \leqslant 0.8f_{ptk}$ 时 $0.2\left(\dfrac{\sigma_{con}}{f_{ptk}}-0.575\right)\sigma_{con}$ 中强度预应力钢丝：$0.08\sigma_{con}$ 预应力螺纹钢筋：$0.03\sigma_{con}$	

续表 10.2.1

引起损失的因素	符号	先张法构件	后张法构件
混凝土的收缩和徐变	σ_{l5}	按本规范第 10.2.5 条的规定计算	
用螺旋式预应力筋作配筋的环形构件，当直径 d 不大于 3m 时，由于混凝土的局部挤压	σ_{l6}	—	30

注：1 表中 Δt 为混凝土加热养护时，预应力筋与承受拉力的设备之间的温差（℃）；

2 当 $\sigma_{con}/f_{ptk} \leqslant 0.5$ 时，预应力筋的应力松弛损失值可取为零。

当计算求得的预应力总损失值小于下列数值时，应按下列数值取用：

先张法构件 100N/mm^2；

后张法构件 80N/mm^2。

10.2.2 直线预应力筋由于锚具变形和预应力筋内缩引起的预应力损失值 σ_{l1} 应按下列公式计算：

$$\sigma_{l1} = \frac{a}{l}E_s \qquad (10.2.2)$$

式中：a ——张拉端锚具变形和预应力筋内缩值（mm），可按表 10.2.2 采用；

l ——张拉端至锚固端之间的距离（mm）。

表 10.2.2 锚具变形和预应力筋内缩值 a（mm）

锚具类别		a
支承式锚具 （钢丝束镦头锚具等）	螺帽缝隙	1
	每块后加垫板的缝隙	1
夹片式锚具	有顶压时	5
	无顶压时	6～8

注：1 表中的锚具变形和预应力筋内缩值也可根据实测数据确定；

2 其他类型的锚具变形和预应力筋内缩值应根据实测数据确定。

块体拼成的结构，其预应力损失尚应计及块体间填缝的预压变形。当采用混凝土或砂浆为填缝材料时，每条填缝的预压变形值可取为 1mm。

10.2.3 后张法构件曲线预应力筋或折线预应力筋由于锚具变形和预应力筋内缩引起的预应力损失值 σ_{l1}，应根据曲线预应力筋或折线预应力筋与孔道壁之间反向摩擦影响长度 l_f 范围内的预应力筋变形值等于锚具变形和预应力筋内缩值的条件确定，反向摩擦系数可按表 10.2.4 中的数值采用。

反向摩擦影响长度 l_f 及常用束形的后张预应力筋在反向摩擦影响长度 l_f 范围内的预应力损失值 σ_{l1} 可按本规范附录 J 计算。

10.2.4 预应力筋与孔道壁之间的摩擦引起的预应力损失值 σ_{l2}，宜按下列公式计算：

$$\sigma_{l2} = \sigma_{con}\left(1 - \frac{1}{e^{\kappa x + \mu\theta}}\right) \qquad (10.2.4\text{-}1)$$

当（$\kappa x + \mu\theta$）不大于 0.3 时，σ_{l2} 可按下列近似

公式计算：

$$\sigma_{l2} = (\kappa x + \mu\theta)\sigma_{con} \qquad (10.2.4-2)$$

注：当采用夹片式群锚体系时，在 σ_{con} 中宜扣除锚口摩擦损失。

式中：x——从张拉端至计算截面的孔道长度，可近似取该段孔道在纵轴上的投影长度（m）；

θ——从张拉端至计算截面曲线孔道各部分切线的夹角之和（rad）；

κ——考虑孔道每米长度局部偏差的摩擦系数，按表 10.2.4 采用；

μ——预应力筋与孔道壁之间的摩擦系数，按表 10.2.4 采用。

表 10.2.4 摩擦系数

孔道成型方式	κ	μ	
		钢绞线、钢丝束	预应力螺纹钢筋
预埋金属波纹管	0.0015	0.25	0.50
预埋塑料波纹管	0.0015	0.15	—
预埋钢管	0.0010	0.30	—
抽芯成型	0.0014	0.55	0.60
无粘结预应力筋	0.0040	0.09	—

注：摩擦系数也可根据实测数据确定。

在公式（10.2.4-1）中，对按抛物线、圆弧曲线变化的空间曲线及可分段后叠加的广义空间曲线，夹角之和 θ 可按下列近似公式计算：

抛物线、圆弧曲线：$\theta = \sqrt{\alpha_v^2 + \alpha_h^2}$ (10.2.4-3)

广义空间曲线：$\theta = \sum \sqrt{\Delta\alpha_v^2 + \Delta\alpha_h^2}$ (10.2.4-4)

式中：α_v、α_h——按抛物线、圆弧曲线变化的空间曲线预应力筋在竖直向、水平向投影所形成抛物线、圆弧曲线的弯转角；

$\Delta\alpha_v$、$\Delta\alpha_h$——广义空间曲线预应力筋在竖直向、水平向投影所形成分段曲线的弯转角增量。

10.2.5 混凝土收缩、徐变引起受拉区和受压区纵向预应力筋的预应力损失值 σ_{l5}、σ'_{l5} 可按下列方法确定：

1 一般情况

先张法构件

$$\sigma_{l5} = \frac{60 + 340\dfrac{\sigma_{pc}}{f'_{cu}}}{1 + 15\rho} \qquad (10.2.5-1)$$

$$\sigma'_{l5} = \frac{60 + 340\dfrac{\sigma'_{pc}}{f'_{cu}}}{1 + 15\rho'} \qquad (10.2.5-2)$$

后张法构件

$$\sigma_{l5} = \frac{55 + 300\dfrac{\sigma_{pc}}{f'_{cu}}}{1 + 15\rho} \qquad (10.2.5-3)$$

$$\sigma'_{l5} = \frac{55 + 300\dfrac{\sigma'_{pc}}{f'_{cu}}}{1 + 15\rho'} \qquad (10.2.5-4)$$

式中：σ_{pc}、σ'_{pc}——受拉区、受压区预应力筋合力点处的混凝土法向压应力；

f'_{cu}——施加预应力时的混凝土立方体抗压强度；

ρ、ρ'——受拉区、受压区预应力筋和普通钢筋的配筋率：对先张法构件，$\rho = (A_p + A_s)/A_0$，$\rho' = (A'_p + A'_s)/A_0$；对后张法构件，$\rho = (A_p + A_s)/A_n$，$\rho' = (A'_p + A'_s)/A_n$；对于对称配置预应力筋和普通钢筋的构件，配筋率 ρ、ρ' 应按钢筋总截面面积的一半计算。

受拉区、受压区预应力筋合力点处的混凝土法向压应力 σ_{pc}、σ'_{pc} 应按本规范第 10.1.6 条及第 10.1.7 条的规定计算。此时，预应力损失值仅考虑混凝土预压前（第一批）的损失，其普通钢筋中的应力 σ_{l5}、σ'_{l5} 值应取为零；σ_{pc}、σ'_{pc} 值不得大于 $0.5f'_{cu}$；当 σ'_{pc} 为拉应力时，公式（10.2.5-2）、公式（10.2.5-4）中的 σ'_{pc} 应取为零。计算混凝土法向应力 σ_{pc}、σ'_{pc} 时，可根据构件制作情况考虑自重的影响。

当结构处于年平均相对湿度低于 40% 的环境下，σ_{l5} 和 σ'_{l5} 值应增加 30%。

2 对重要的结构构件，当需要考虑与时间相关的混凝土收缩、徐变及预应力筋应力松弛预应力损失值时，宜按本规范附录 K 进行计算。

10.2.6 后张法构件的预应力筋采用分批张拉时，应考虑后批张拉预应力筋所产生的混凝土弹性压缩或伸长对于先批张拉预应力筋的影响，可将先批张拉预应力筋的张拉控制应力值 σ_{con} 增加或减小 $\alpha_E\sigma_{pci}$。此处，σ_{pci} 为后批张拉预应力筋在先批张拉预应力筋重心处产生的混凝土法向应力。

10.2.7 预应力混凝土构件在各阶段的预应力损失值宜按表 10.2.7 的规定进行组合。

表 10.2.7 各阶段预应力损失值的组合

预应力损失值的组合	先张法构件	后张法构件
混凝土预压前（第一批）的损失	$\sigma_{l1} + \sigma_{l2} + \sigma_{l3} + \sigma_{l4}$	$\sigma_{l1} + \sigma_{l2}$
混凝土预压后（第二批）的损失	σ_{l5}	$\sigma_{l4} + \sigma_{l5} + \sigma_{l6}$

注：先张法构件由于预应力筋应力松弛引起的损失值 σ_{l4} 在第一批和第二批损失中所占的比例，如需区分，可根据实际情况确定。

10.3 预应力混凝土构造规定

10.3.1 先张法预应力筋之间的净间距不宜小于其公称直径的 2.5 倍和混凝土粗骨料最大粒径的 1.25 倍，

且应符合下列规定：预应力钢丝，不应小于 15mm；三股钢绞线，不应小于 20mm；七股钢绞线，不应小于 25mm。当混凝土振捣密实性具有可靠保证时，净间距可放宽为最大粗骨料粒径的 1.0 倍。

10.3.2 先张法预应力混凝土构件端部宜采取下列构造措施：

1 单根配置的预应力筋，其端部宜设置螺旋筋；

2 分散布置的多根预应力筋，在构件端部 10d 且不小于 100mm 长度范围内，宜设置 3～5 片与预应力筋垂直的钢筋网片，此处 d 为预应力筋的公称直径；

3 采用预应力钢丝配筋的薄板，在板端 100mm 长度范围内宜适当加密横向钢筋；

4 槽形板类构件，应在构件端部 100mm 长度范围内沿构件板面设置附加横向钢筋，其数量不应少于 2 根。

10.3.3 预制肋形板，宜设置加强其整体性和横向刚度的横肋。端横肋的受力钢筋应弯入纵肋内。当采用先张长线法生产有端横肋的预应力混凝土肋形板时，应在设计和制作上采取防止放张预应力时端横肋产生裂缝的有效措施。

10.3.4 在预应力混凝土屋面梁、吊车梁等构件靠近支座的斜向主拉应力较大部位，宜将一部分预应力筋弯起配置。

10.3.5 预应力筋在构件端部全部弯起的受弯构件或直线配筋的先张法构件，当构件端部与下部支承结构焊接时，应考虑混凝土收缩、徐变及温度变化所产生的不利影响，宜在构件端部可能产生裂缝的部位设置纵向构造钢筋。

10.3.6 后张法预应力筋所用锚具、夹具和连接器等的形式和质量应符合国家现行有关标准的规定。

10.3.7 后张法预应力筋及预留孔道布置应符合下列构造规定：

1 预制构件中预留孔道之间的水平净间距不宜小于 50mm，且不宜小于粗骨料粒径的 1.25 倍；孔道至构件边缘的净间距不宜小于 30mm，且不宜小于孔道直径的 50%。

2 现浇混凝土梁中预留孔道在竖直方向的净间距不应小于孔道外径，水平方向的净间距不宜小于 1.5 倍孔道外径，且不应小于粗骨料粒径的 1.25 倍；从孔道外壁至构件边缘的净间距，梁底不宜小于 50mm，梁侧不宜小于 40mm，裂缝控制等级为三级的梁，梁底、梁侧分别不宜小于 60mm 和 50mm。

3 预留孔道的内径宜比预应力束外径及需穿过孔道的连接器外径大 6mm～15mm，且孔道的截面积宜为穿入预应力束截面积的 3.0～4.0 倍。

4 当有可靠经验并能保证混凝土浇筑质量时，预留孔道可水平并列贴紧布置，但并排的数量不应超过 2 束。

5 在现浇楼板中采用扁形锚固体系时，穿过每个预留孔道的预应力筋数量宜为 3～5 根；在常用荷载情况下，孔道在水平方向的净间距不应超过 8 倍板厚及 1.5m 中的较大值。

6 板中单根无粘结预应力筋的间距不宜大于板厚的 6 倍，且不宜大于 1m；带状束的无粘结预应力筋根数不宜多于 5 根，带状束间距不宜大于板厚的 12 倍，且不宜大于 2.4m。

7 梁中集束布置的无粘结预应力筋，集束的水平净间距不宜小于 50mm，束至构件边缘的净距不宜小于 40mm。

10.3.8 后张法预应力混凝土构件的端部锚固区，应按下列规定配置间接钢筋：

1 采用普通垫板时，应按本规范第 6.6 节的规定进行局部受压承载力计算，并配置间接钢筋，其体积配筋率不应小于 0.5%，垫板的刚性扩散角应取 45°；

2 局部受压承载力计算时，局部压力设计值对有粘结预应力混凝土构件取 1.2 倍张拉控制力，对无粘结预应力混凝土取 1.2 倍张拉控制力和（$f_{ptk}A_p$）中的较大值；

3 当采用整体铸造垫板时，其局部受压区的设计应符合相关标准的规定；

4 在局部受压间接钢筋配置区以外，在构件端部长度 l 不小于截面重心线上部或下部预应力筋的合力点至邻近边缘的距离 e 的 3 倍、但不大于构件端部截面高度 h 的 1.2 倍，高度为 2e 的附加配筋区范围内，应均匀配置附加防劈裂箍筋或网片（图 10.3.8），配筋面积可按下列公式计算：

$$A_{sb} \geqslant 0.18 \left(1 - \frac{l_l}{l_b}\right) \frac{P}{f_{yv}} \quad (10.3.8\text{-}1)$$

且体积配筋率不应小于 0.5%。

式中：P——作用在构件端部截面重心线上部或下部预应力筋的合力设计值，可按本条第 2 款的规定确定；

l_l、l_b——分别为沿构件高度方向 A_l、A_b 的边长或直径，A_l、A_b 按本规范第 6.6.2 条确定；

f_{yv}——附加防劈裂钢筋的抗拉强度设计值，按本规范第 4.2.3 条的规定采用。

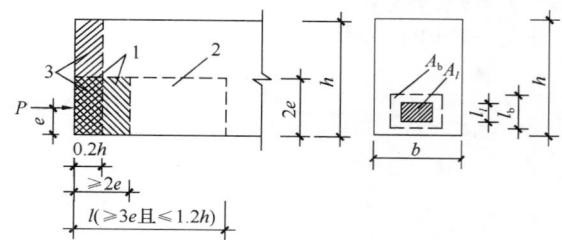

图 10.3.8 防止端部裂缝的配筋范围

1—局部受压间接钢筋配置区；2—附加防劈裂钢筋区；
3—附加防端面裂缝配筋区

5 当构件端部预应力筋需集中布置在截面下部或集中布置在上部和下部时，应在构件端部 $0.2h$ 范围内设置附加竖向防端面裂缝构造钢筋（图 10.3.8），其截面面积应符合下列公式要求：

$$A_{sv} \geq \frac{T_s}{f_{yv}} \quad (10.3.8-2)$$

$$T_s = \left(0.25 - \frac{e}{h}\right)P \quad (10.3.8-3)$$

式中：T_s——锚固端端面拉力；

P——作用在构件端部截面重心线上部或下部预应力筋的合力设计值，可按本条第 2 款的规定确定；

e——截面重心线上部或下部预应力筋的合力点至截面近边缘的距离；

h——构件端部截面高度。

当 e 大于 $0.2h$ 时，可根据实际情况适当配置构造钢筋。竖向防端面裂缝钢筋宜靠近端面配置，可采用焊接钢筋网、封闭式箍筋或其他的形式，且宜采用带肋钢筋。

当端部截面上部和下部均有预应力筋时，附加竖向钢筋的总截面面积应按上部和下部的预应力合力分别计算的较大值采用。

在构件端面横向也应按上述方法计算抗端面裂缝钢筋，并与上述竖向钢筋形成网片筋配置。

10.3.9 当构件在端部有局部凹进时，应增设折线构造钢筋（图 10.3.9）或其他有效的构造钢筋。

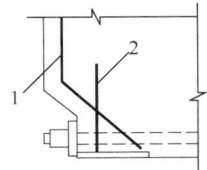

图 10.3.9 端部凹进处构造钢筋
1—折线构造钢筋；2—竖向构造钢筋

10.3.10 后张法预应力混凝土构件中，当采用曲线预应力束时，其曲率半径 r_p 宜按下列公式确定，但不宜小于 4m。

$$r_p \geq \frac{P}{0.35 f_c d_p} \quad (10.3.10)$$

式中：P——预应力束的合力设计值，可按本规范第 10.3.8 条第 2 款的规定确定；

r_p——预应力束的曲率半径（m）；

d_p——预应力束孔道的外径；

f_c——混凝土轴心抗压强度设计值；当验算张拉阶段曲率半径时，可取与施工阶段混凝土立方体抗压强度 f'_{cu} 对应的抗压强度设计值 f'_c，按本规范表 4.1.4-1 以线性内插法确定。

对于折线配筋的构件，在预应力束弯折处的曲率半径可适当减小。当曲率半径 r_p 不满足上述要求时，可在曲线预应力束弯折处内侧设置钢筋网片或螺旋筋。

10.3.11 在预应力混凝土结构中，当沿构件凹面布置曲线预应力束时（图 10.3.11），应进行防崩裂设计。当曲率半径 r_p 满足下列公式要求时，可仅配置构造 U 形插筋。

$$r_p \geq \frac{P}{f_t (0.5 d_p + c_p)} \quad (10.3.11-1)$$

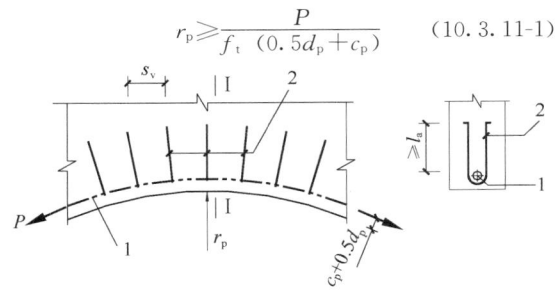

(a) 抗崩裂 U 形插筋布置　　(b) I—I 剖面

图 10.3.11　抗崩裂 U 形插筋构造示意
1—预应力束；2—沿曲线预应力束均匀布置的 U 形插筋

当不满足时，每单肢 U 形插筋的截面面积应按下列公式确定：

$$A_{sv1} \geq \frac{P s_v}{2 r_p f_{yv}} \quad (10.3.11-2)$$

式中：P——预应力束的合力设计值，可按本规范第 10.3.8 条第 2 款的规定确定；

f_t——混凝土轴心抗拉强度设计值；或与施工张拉阶段混凝土立方体抗压强度 f'_{cu} 相应的抗拉强度设计值 f'_t，按本规范表 4.1.4-2 以线性内插法确定；

c_p——预应力束孔道净混凝土保护层厚度；

A_{sv1}——每单肢插筋截面面积；

s_v——U 形插筋间距；

f_{yv}——U 形插筋抗拉强度设计值，按本规范表 4.2.3-1 采用，当大于 360N/mm² 时取 360N/mm²。

U 形插筋的锚固长度不应小于 l_a；当实际锚固长度 l_e 小于 l_a 时，每单肢 U 形插筋的截面面积可按 A_{sv1}/k 取值。其中，k 取 $l_e/15d$ 和 $l_e/200$ 中的较小值，且 k 不大于 1.0。

当有平行的几个孔道，且中心距不大于 $2d_p$ 时，预应力筋的合力设计值应按相邻全部孔道内的预应力筋确定。

10.3.12 构件端部尺寸应考虑锚具的布置、张拉设备的尺寸和局部受压的要求，必要时应适当加大。

10.3.13 后张预应力混凝土外露金属锚具，应采取可靠的防腐及防火措施，并应符合下列规定：

1 无粘结预应力筋外露锚具应采用注有足量防腐油脂的塑料帽封闭锚具端头，并应采用无收缩砂浆或细石混凝土封闭；

2 对处于二 b、三 a、三 b 类环境条件下的无粘结预应力锚固系统，应采用全封闭的防腐蚀体系，其封锚端及各连接部位应能承受 10kPa 的静水压力而不得透水；

3 采用混凝土封闭时，其强度等级宜与构件混凝土强度等级一致，且不应低于 C30。封锚混凝土与构件混凝土应可靠粘结，如锚具在封闭前应将周围混凝土界面凿毛并冲洗干净，且宜配置 1～2 片钢筋网，钢筋网应与构件混凝土拉结；

4 采用无收缩砂浆或混凝土封闭保护时，其锚具及预应力筋端部的保护层厚度不应小于：一类环境时 20mm，二 a、二 b 类环境时 50mm，三 a、三 b 类环境时 80mm。

11 混凝土结构构件抗震设计

11.1 一般规定

11.1.1 抗震设防的混凝土结构，除应符合本规范第 1 章～第 10 章的要求外，尚应根据现行国家标准《建筑抗震设计规范》GB 50011 规定的抗震设计原则，按本章的规定进行结构构件的抗震设计。

11.1.2 抗震设防的混凝土建筑，应按现行国家标准《建筑工程抗震设防分类标准》GB 50223 确定其抗震设防类别和相应的抗震设防标准。

> 注：本章甲类、乙类、丙类建筑分别为现行国家标准《建筑工程抗震设防分类标准》GB 50223 中特殊设防类、重点设防类、标准设防类建筑的简称。

11.1.3 房屋建筑混凝土结构构件的抗震设计，应根据设防类别、烈度、结构类型和房屋高度采用不同的抗震等级，并应符合相应的计算和构造措施要求。丙类建筑的抗震等级应按表 11.1.3 确定。

表 11.1.3 丙类建筑混凝土结构的抗震等级

结构类型		设防烈度						
		6		7		8		9
框架结构	高度 (m)	≤24	>24	≤24	>24	≤24	>24	≤24
	普通框架	四	三	三	二	二	一	一
	大跨度框架	三		二		一		—
框架-剪力墙结构	高度 (m)	≤60	>60	≤24	24且≤60	>60	≤24	24且≤60	>60	≤24	24且≤50
	框架	四	三	四	三	二	三	二	一	二	一
	剪力墙	三		三		二		一		

续表 11.1.3

结构类型		设防烈度							
		6		7			8		9
剪力墙结构	高度 (m)	≤80	>80	≤24	>24且≤80	>80	≤24	>24且≤80	>80	≤24	24～60
	剪力墙	四	三	四	三	二	三	二	一	二	一
部分框支剪力墙结构	高度 (m)	≤80	>80	≤24	>24且≤80	>80	≤24	>24且≤80	>80		
	剪力墙 一般部位	四	三	四	三	二	三	二	一		
	加强部位	三	二	三	二	一	二	一	一		
	框支层框架	二		二		一		一		
筒体结构	框架-核心筒 框架	三		二		一		一	
	核心筒	二		二		一		一	
	筒中筒 内筒	三		二		一		一	
	外筒	三		二		一		一	
板柱-剪力墙结构	高度 (m)	≤35	>35	≤35	>35	≤35	>35	
	板柱及周边框架	三	二	二	二	一	一	
	剪力墙	二	二	二	一	二	一	
单层厂房结构	铰接排架	四		三		二		一

> 注：1 建筑场地为 I 类时，除 6 度设防烈度外应允许按表内降低一度所对应的抗震构造措施，但相应的计算要求不应降低；
> 2 接近或等于高度分界时，应允许结合房屋不规则程度及场地、地基条件确定抗震等级；
> 3 大跨度框架指跨度不小于 18m 的框架；
> 4 表中框架结构不包括异形柱框架；
> 5 房屋高度不大于 60m 的框架-核心筒结构按框架-剪力墙结构的要求设计时，应按表中框架-剪力墙结构确定抗震等级。

11.1.4 确定钢筋混凝土房屋结构构件的抗震等级时，尚应符合下列要求：

1 对框架-剪力墙结构，在规定的水平地震力作用下，框架底部所承担的倾覆力矩大于结构底部总倾覆力矩的 50% 时，其框架的抗震等级应按框架结构确定。

2 与主楼相连的裙房，除应按裙房本身确定抗震等级外，相关范围不应低于主楼的抗震等级；主楼结构在裙房顶板对应的相邻上下各一层应适当加强抗震构造措施。裙房与主楼分离时，应按裙房本身确定抗震等级。

3 当地下室顶板作为上部结构的嵌固部位时，地下一层的抗震等级应与上部结构相同，地下一层以下确定抗震构造措施的抗震等级可逐层降低一级，但不应低于四级。地下室中无上部结构的部分，其抗震构造措施的抗震等级可根据具体情况采用三级或四级。

4 甲、乙类建筑按规定提高一度确定其抗震等级时，如其高度超过对应的房屋最大适用高度，则应采取比相应抗震等级更有效的抗震构造措施。

11.1.5 剪力墙底部加强部位的范围，应符合下列规定：

1 底部加强部位的高度应从地下室顶板算起。

2 部分框支剪力墙结构的剪力墙，底部加强部位的高度可取框支层加框支层以上两层的高度和落地剪力墙总高度的1/10二者的较大值。其他结构的剪力墙，房屋高度大于24m时，底部加强部位的高度可取底部两层和墙肢总高度的1/10二者的较大值；房屋高度不大于24m时，底部加强部位可取底部一层。

3 当结构计算嵌固端位于地下一层的底板或以下时，按本条第1、2款确定的底部加强部位的范围尚宜向下延伸到计算嵌固端。

11.1.6 考虑地震组合验算混凝土结构构件的承载力时，均应按承载力抗震调整系数 γ_{RE} 进行调整，承载力抗震调整系数 γ_{RE} 应按表11.1.6采用。

正截面抗震承载力应按本规范第6.2节的规定计算，但应在相关计算公式右端项除以相应的承载力抗震调整系数 γ_{RE}。

当仅计算竖向地震作用时，各类结构构件的承载力抗震调整系数 γ_{RE} 均应取为1.0。

表 11.1.6 承载力抗震调整系数

结构构件类别	正截面承载力计算				斜截面承载力计算	受冲切承载力计算	局部受压承载力计算
	受弯构件	偏心受压柱		偏心受拉构件	剪力墙	各类构件及框架节点		
		轴压比小于0.15	轴压比不小于0.15					
γ_{RE}	0.75	0.75	0.8	0.8	0.85	0.85	0.85	1.0

注：预埋件锚筋截面计算的承载力抗震调整系数 γ_{RE} 应取为1.0。

11.1.7 混凝土结构构件的纵向受力钢筋的锚固和连接除应符合本规范第8.3节和第8.4节的有关规定外，尚应符合下列要求：

1 纵向受拉钢筋的抗震锚固长度 l_{aE} 应按下式计算：

$$l_{aE} = \zeta_{aE} l_a \qquad (11.1.7\text{-}1)$$

式中：ζ_{aE}——纵向受拉钢筋抗震锚固长度修正系数，对一、二级抗震等级取1.15，对三级抗震等级取1.05，对四级抗震等级取1.00；

l_a——纵向受拉钢筋的锚固长度，按本规范第8.3.1条确定。

2 当采用搭接连接时，纵向受拉钢筋的抗震搭接长度 l_{lE} 应按下列公式计算：

$$l_{lE} = \zeta_l l_{aE} \qquad (11.1.7\text{-}2)$$

式中：ζ_l——纵向受拉钢筋搭接长度修正系数，按本规范第8.4.4条确定。

3 纵向受力钢筋的连接可采用绑扎搭接、机械连接或焊接。

4 纵向受力钢筋连接的位置宜避开梁端、柱端箍筋加密区；如必须在此连接时，应采用机械连接或焊接。

5 混凝土构件位于同一连接区段内的纵向受力钢筋接头面积百分率不宜超过50%。

11.1.8 箍筋宜采用焊接封闭箍筋、连续螺旋箍筋或连续复合螺旋箍筋。当采用非焊接封闭箍筋时，其末端应做成135°弯钩，弯钩端头平直段长度不应小于箍筋直径的10倍；在纵向钢筋搭接长度范围内的箍筋间距不应大于搭接钢筋较小直径的5倍，且不宜大于100mm。

11.1.9 考虑地震作用的预埋件，应满足下列规定：

1 直锚钢筋截面面积可按本规范第9章的有关规定计算并增大25%，且应适当增大锚板厚度。

2 锚筋的锚固长度应符合本规范第9.7节的有关规定并增加10%；当不能满足时，应采取有效措施。在靠近锚板处，宜设置一根直径不小于10mm的封闭箍筋。

3 预埋件不宜设置在塑性铰区；当不能避免时应采取有效措施。

11.2 材 料

11.2.1 混凝土结构的混凝土强度等级应符合下列规定：

1 剪力墙不宜超过C60；其他构件，9度时不宜超过C60，8度时不宜超过C70。

2 框支梁、框支柱以及一级抗震等级的框架梁、柱及节点，不应低于C30；其他各类结构构件，不应低于C20。

11.2.2 梁、柱、支撑以及剪力墙边缘构件中，其受力钢筋宜采用热轧带肋钢筋；当采用现行国家标准《钢筋混凝土用钢 第2部分：热轧带肋钢筋》GB 1499.2中牌号带"E"的热轧带肋钢筋时，其强度和弹性模量应按本规范第4.2节有关热轧带肋钢筋的规定采用。

11.2.3 按一、二、三级抗震等级设计的框架和斜撑构件，其纵向受力普通钢筋应符合下列要求：

1 钢筋的抗拉强度实测值与屈服强度实测值的比值不应小于1.25；

2 钢筋的屈服强度实测值与屈服强度标准值的比值不应大于1.30；

3 钢筋最大拉力下的总伸长率实测值不应小于9%。

11.3 框 架 梁

11.3.1 梁正截面受弯承载力计算中，计入纵向受压钢筋的梁端混凝土受压区高度应符合下列要求：

一级抗震等级

$$x \leqslant 0.25 h_0 \qquad (11.3.1\text{-}1)$$

二、三级抗震等级

$$x \leqslant 0.35 h_0 \qquad (11.3.1\text{-}2)$$

式中：x——混凝土受压区高度；

h_0——截面有效高度。

11.3.2 考虑地震组合的框架梁端剪力设计值 V_b 应按下列规定计算：

1 一级抗震等级的框架结构和 9 度设防烈度的一级抗震等级框架

$$V_b = 1.1 \frac{(M_{bua}^l + M_{bua}^r)}{l_n} + V_{Gb} \qquad (11.3.2\text{-}1)$$

2 其他情况

一级抗震等级

$$V_b = 1.3 \frac{(M_b^l + M_b^r)}{l_n} + V_{Gb} \qquad (11.3.2\text{-}2)$$

二级抗震等级

$$V_b = 1.2 \frac{(M_b^l + M_b^r)}{l_n} + V_{Gb} \qquad (11.3.2\text{-}3)$$

三级抗震等级

$$V_b = 1.1 \frac{(M_b^l + M_b^r)}{l_n} + V_{Gb} \qquad (11.3.2\text{-}4)$$

四级抗震等级，取地震组合下的剪力设计值。

式中：M_{bua}^l、M_{bua}^r——框架梁左、右端按实配钢筋截面面积（计入受压钢筋及梁有效翼缘宽度范围内的楼板钢筋）、材料强度标准值，且考虑承载力抗震调整系数的正截面抗震受弯承载力所对应的弯矩值；

M_b^l、M_b^r——考虑地震组合的框架梁左、右端弯矩设计值；

V_{Gb}——考虑地震组合时的重力荷载代表值产生的剪力设计值，可按简支梁计算确定；

l_n——梁的净跨。

在公式（11.3.2-1）中，M_{bua}^l 与 M_{bua}^r 之和，应分别按顺时针和逆时针方向进行计算，并取其较大值。

公式（11.3.2-2）～公式（11.3.2-4）中，M_b^l 与 M_b^r 之和，应分别取顺时针和逆时针方向计算的两端考虑地震组合的弯矩设计值之和的较大值；一级抗震等级，当两端弯矩均为负弯矩时，绝对值较小的弯矩值应取零。

11.3.3 考虑地震组合的矩形、T 形和 I 形截面框架梁，当跨高比大于 2.5 时，其受剪截面应符合下列条件：

$$V_b \leqslant \frac{1}{\gamma_{RE}} (0.20\beta_c f_c bh_0) \qquad (11.3.3\text{-}1)$$

当跨高比不大于 2.5 时，其受剪截面应符合下列条件：

$$V_b \leqslant \frac{1}{\gamma_{RE}} (0.15\beta_c f_c bh_0) \qquad (11.3.3\text{-}2)$$

11.3.4 考虑地震组合的矩形、T 形和 I 形截面的框架梁，其斜截面受剪承载力应符合下列规定：

$$V_b \leqslant \frac{1}{\gamma_{RE}} \left[0.6\alpha_{cv} f_t bh_0 + f_{yv} \frac{A_{sv}}{s} h_0 \right] \qquad (11.3.4)$$

式中：α_{cv}——截面混凝土受剪承载力系数，按本规范第 6.3.4 条取值。

11.3.5 框架梁截面尺寸应符合下列要求：

1 截面宽度不宜小于 200mm；

2 截面高度与宽度的比值不宜大于 4；

3 净跨与截面高度的比值不宜小于 4。

11.3.6 框架梁的钢筋配置应符合下列规定：

1 纵向受拉钢筋的配筋率不应小于表 11.3.6-1 规定的数值；

表 11.3.6-1 框架梁纵向受拉钢筋的最小配筋百分率（%）

抗震等级	梁 中 位 置	
	支座	跨中
一级	0.40 和 80f_t/f_y 中的较大值	0.30 和 65f_t/f_y 中的较大值
二级	0.30 和 65f_t/f_y 中的较大值	0.25 和 55f_t/f_y 中的较大值
三、四级	0.25 和 55f_t/f_y 中的较大值	0.20 和 45f_t/f_y 中的较大值

2 框架梁梁端截面的底部和顶部纵向受力钢筋截面面积的比值，除按计算确定外，一级抗震等级不应小于 0.5；二、三级抗震等级不应小于 0.3；

3 梁端箍筋的加密区长度、箍筋最大间距和箍筋最小直径，应按表 11.3.6-2 采用；当梁端纵向受拉钢筋配筋率大于 2% 时，表中箍筋最小直径应增大 2mm。

表 11.3.6-2 框架梁梁端箍筋加密区的构造要求

抗震等级	加密区长度（mm）	箍筋最大间距（mm）	最小直径（mm）
一级	2 倍梁高和 500 中的较大值	纵向钢筋直径的 6 倍，梁高的 1/4 和 100 中的最小值	10
二级	1.5 倍梁高和 500 中的较大值	纵向钢筋直径的 8 倍，梁高的 1/4 和 100 中的最小值	8
三级		纵向钢筋直径的 8 倍，梁高的 1/4 和 150 中的最小值	8
四级		纵向钢筋直径的 8 倍，梁高的 1/4 和 150 中的最小值	6

注：箍筋直径大于 12mm、数量不少于 4 肢且肢距不大于 150mm 时，一、二级的最大间距应允许适当放宽，但不得大于 150mm。

11.3.7 梁端纵向受拉钢筋的配筋率不宜大于

2.5%。沿梁全长顶面和底面至少应各配置两根通长的纵向钢筋，对一、二级抗震等级，钢筋直径不应小于14mm，且分别不应少于梁两端顶面和底面纵向受力钢筋中较大截面面积的1/4；对三、四级抗震等级，钢筋直径不应小于12mm。

11.3.8 梁箍筋加密区长度内的箍筋肢距：一级抗震等级，不宜大于200mm和20倍箍筋直径的较大值；二、三级抗震等级，不宜大于250mm和20倍箍筋直径的较大值；各抗震等级下，均不宜大于300mm。

11.3.9 梁端设置的第一个箍筋距框架节点边缘不应大于50mm。非加密区的箍筋间距不宜大于加密区箍筋间距的2倍。沿梁全长箍筋的面积配筋率ρ_{sv}应符合下列规定：

一级抗震等级

$$\rho_{sv} \geq 0.30 \frac{f_t}{f_{yv}} \tag{11.3.9-1}$$

二级抗震等级

$$\rho_{sv} \geq 0.28 \frac{f_t}{f_{yv}} \tag{11.3.9-2}$$

三、四级抗震等级

$$\rho_{sv} \geq 0.26 \frac{f_t}{f_{yv}} \tag{11.3.9-3}$$

11.4 框架柱及框支柱

11.4.1 除框架顶层柱、轴压比小于0.15的柱以及框支梁与框支柱的节点外，框架柱节点上、下端和框支柱的中间层节点上、下端的截面弯矩设计值应符合下列要求：

1 一级抗震等级的框架结构和9度设防烈度的一级抗震等级框架

$$\sum M_c = 1.2 \sum M_{bua} \tag{11.4.1-1}$$

2 框架结构

二级抗震等级

$$\sum M_c = 1.5 \sum M_b \tag{11.4.1-2}$$

三级抗震等级

$$\sum M_c = 1.3 \sum M_b \tag{11.4.1-3}$$

四级抗震等级

$$\sum M_c = 1.2 \sum M_b \tag{11.4.1-4}$$

3 其他情况

一级抗震等级

$$\sum M_c = 1.4 \sum M_b \tag{11.4.1-5}$$

二级抗震等级

$$\sum M_c = 1.2 \sum M_b \tag{11.4.1-6}$$

三、四级抗震等级

$$\sum M_c = 1.1 \sum M_b \tag{11.4.1-7}$$

式中：$\sum M_c$——考虑地震组合的节点上、下柱端的弯矩设计值之和；柱端弯矩设计值的确定，在一般情况下，可将公式（11.4.1-1）～公式（11.4.1-5）计算的弯矩之和，按上、下柱端弹性分析所得的考虑地震组合的弯矩比进行分配；

$\sum M_{bua}$——同一节点左、右梁端按顺时针和逆

时针方向采用实配钢筋和材料强度标准值，且考虑承载力抗震调整系数计算的正截面受弯承载力所对应的弯矩值之和的较大值。当有现浇板时，梁端的实配钢筋应包含梁有效翼缘宽度范围内楼板的纵向钢筋；

$\sum M_b$——同一节点左、右梁端，按顺时针和逆时针方向计算的两端考虑地震组合的弯矩设计值之和的较大值；一级抗震等级，当两端弯矩均为负弯矩时，绝对值较小的弯矩值应取零。

11.4.2 一、二、三、四级抗震等级框架结构的底层，柱下端截面组合的弯矩设计值，应分别乘以增大系数1.7、1.5、1.3和1.2。底层柱纵向钢筋应按柱上、下端的不利情况配置。

注：底层指无地下室的基础上或地下室以上的首层。

11.4.3 框架柱、框支柱的剪力设计值V_c应按下列公式计算：

1 一级抗震等级的框架结构和9度设防烈度的一级抗震等级框架

$$V_c = 1.2 \frac{(M_{cua}^t + M_{cua}^b)}{H_n} \tag{11.4.3-1}$$

2 框架结构

二级抗震等级

$$V_c = 1.3 \frac{(M_c^t + M_c^b)}{H_n} \tag{11.4.3-2}$$

三级抗震等级

$$V_c = 1.2 \frac{(M_c^t + M_c^b)}{H_n} \tag{11.4.3-3}$$

四级抗震等级

$$V_c = 1.1 \frac{(M_c^t + M_c^b)}{H_n} \tag{11.4.3-4}$$

3 其他情况

一级抗震等级

$$V_c = 1.4 \frac{(M_c^t + M_c^b)}{H_n} \tag{11.4.3-5}$$

二级抗震等级

$$V_c = 1.2 \frac{(M_c^t + M_c^b)}{H_n} \tag{11.4.3-6}$$

三、四级抗震等级

$$V_c = 1.1 \frac{(M_c^t + M_c^b)}{H_n} \tag{11.4.3-7}$$

式中：M_{cua}^t、M_{cua}^b——框架柱上、下端按实配钢筋截面面积和材料强度标准值，且考虑承载力抗震调整系数计算的正截面抗震承载力所对应的弯矩值；

M_c^t、M_c^b——考虑地震组合，且经调整后的框架柱上、下端弯矩设计值；

H_n——柱的净高。

在公式（11.4.3-1）中，M_{cua}^t与M_{cua}^b之和应分别按顺时针和逆时针方向进行计算，并取其较大值；N可取重力荷载代表值产生的轴向压力设计值。

在公式（11.4.3-2）～公式（11.4.3-5）中，M_c 与 M_c' 之和应分别按顺时针和逆时针方向进行计算，并取其较大值。M_c、M_c' 的取值应符合本规范第 11.4.1 条和第 11.4.2 条的规定。

11.4.4 一、二级抗震等级的框支柱，由地震作用引起的附加轴向力应分别乘以增大系数 1.5、1.2；计算轴压比时，可不考虑增大系数。

11.4.5 各级抗震等级的框架角柱，其弯矩、剪力设计值应在按本规范第 11.4.1 条～第 11.4.3 条调整的基础上再乘以不小于 1.1 的增大系数。

11.4.6 考虑地震组合的矩形截面框架柱和框支柱，其受剪截面应符合下列条件：

剪跨比 λ 大于 2 的框架柱

$$V_c \leqslant \frac{1}{\gamma_{RE}}(0.2\beta_c f_c b h_0) \qquad (11.4.6\text{-}1)$$

框支柱和剪跨比 λ 不大于 2 的框架柱

$$V_c \leqslant \frac{1}{\gamma_{RE}}(0.15\beta_c f_c b h_0) \qquad (11.4.6\text{-}2)$$

式中：λ——框架柱、框支柱的计算剪跨比，取 $M/(Vh_0)$；此处，M 宜取柱上、下端考虑地震组合的弯矩设计值的较大值，V 取与 M 对应的剪力设计值，h_0 为柱截面有效高度；当框架结构中的框架柱的反弯点在柱层高范围内时，可取 λ 等于 $H_n/(2h_0)$，此处，H_n 为柱净高。

11.4.7 考虑地震组合的矩形截面框架柱和框支柱，其斜截面受剪承载力应符合下列规定：

$$V_c \leqslant \frac{1}{\gamma_{RE}}\left[\frac{1.05}{\lambda+1}f_t b h_0 + f_{yv}\frac{A_{sv}}{s}h_0 + 0.056N\right]$$

$$(11.4.7)$$

式中：λ——框架柱、框支柱的计算剪跨比；当 λ 小于 1.0 时，取 1.0；当 λ 大于 3.0 时，取 3.0；

N——考虑地震组合的框架柱、框支柱轴向压力设计值，当 N 大于 $0.3f_c A$ 时，取 $0.3f_c A$。

11.4.8 考虑地震组合的矩形截面框架柱和框支柱，当出现拉力时，其斜截面抗震受剪承载力应符合下列规定：

$$V_c \leqslant \frac{1}{\gamma_{RE}}\left[\frac{1.05}{\lambda+1}f_t b h_0 + f_{yv}\frac{A_{sv}}{s}h_0 - 0.2N\right]$$

$$(11.4.8)$$

式中：N——考虑地震组合的框架柱轴向拉力设计值。

当上式右边括号内的计算值小于 $f_{yv}\frac{A_{sv}}{s}h_0$ 时，取等于 $f_{yv}\frac{A_{sv}}{s}h_0$，且 $f_{yv}\frac{A_{sv}}{s}h_0$ 值不应小于 $0.36f_t b h_0$。

11.4.9 考虑地震组合的矩形截面双向受剪的钢筋混凝土框架柱，其受剪截面应符合下列条件：

$$V_x \leqslant \frac{1}{\gamma_{RE}}0.2\beta_c f_c b h_0 \cos\theta \qquad (11.4.9\text{-}1)$$

$$V_y \leqslant \frac{1}{\gamma_{RE}}0.2\beta_c f_c h b_0 \sin\theta \qquad (11.4.9\text{-}2)$$

式中：V_x——x 轴方向的剪力设计值，对应的截面有效高度为 h_0，截面宽度为 b；

V_y——y 轴方向的剪力设计值，对应的截面有效高度为 b_0，截面宽度为 h；

θ——斜向剪力设计值 V 的作用方向与 x 轴的夹角，取为 $\arctan(V_y/V_x)$。

11.4.10 考虑地震组合时，矩形截面双向受剪的钢筋混凝土框架柱，其斜截面受剪承载力应符合下列条件：

$$V_x \leqslant \frac{V_{ux}}{\sqrt{1+\left(\dfrac{V_{ux}\tan\theta}{V_{uy}}\right)^2}} \qquad (11.4.10\text{-}1)$$

$$V_y \leqslant \frac{V_{uy}}{\sqrt{1+\left(\dfrac{V_{uy}}{V_{ux}\tan\theta}\right)^2}} \qquad (11.4.10\text{-}2)$$

$$V_{ux} = \frac{1}{\gamma_{RE}}\left[\frac{1.05}{\lambda_x+1}f_t b h_0 + f_{yv}\frac{A_{svx}}{s_x}h_0 + 0.056N\right]$$

$$(11.4.10\text{-}3)$$

$$V_{uy} = \frac{1}{\gamma_{RE}}\left[\frac{1.05}{\lambda_y+1}f_t h b_0 + f_{yv}\frac{A_{svy}}{s_y}b_0 + 0.056N\right]$$

$$(11.4.10\text{-}4)$$

式中：λ_x、λ_y——框架柱的计算剪跨比，按本规范 6.3.12 条的规定确定；

A_{svx}、A_{svy}——配置在同一截面内平行于 x 轴、y 轴的箍筋各肢截面面积的总和；

N——与斜向剪力设计值 V 相应的轴向压力设计值，当 N 大于 $0.3f_c A$ 时，取 $0.3f_c A$，此处，A 为构件的截面面积。

在计算截面箍筋时，在公式（11.4.10-1）、公式（11.4.10-2）中可近似取 V_{ux}/V_{uy} 等于 1 计算。

11.4.11 框架柱的截面尺寸应符合下列要求：

1 矩形截面柱，抗震等级为四级或层数不超过 2 层时，其最小截面尺寸不宜小于 300mm，一、二、三级抗震等级且层数超过 2 层时不宜小于 400mm；圆柱的截面直径，抗震等级为四级或层数不超过 2 层时不宜小于 350mm，一、二、三级抗震等级且层数超过 2 层时不宜小于 450mm；

2 柱的剪跨比宜大于 2；

3 柱截面长边与短边的边长比不宜大于 3。

11.4.12 框架柱和框支柱的钢筋配置，应符合下列要求：

1 框架柱和框支柱中全部纵向受力钢筋的配筋百分率不应小于表 11.4.12-1 规定的数值，同时，每一侧的配筋百分率不应小于 0.2；对 Ⅳ 类场地上较高的高层建筑，最小配筋百分率应增加 0.1；

表 11.4.12-1　柱全部纵向受力钢筋

最小配筋百分率（%）

柱 类 型	抗 震 等 级			
	一级	二级	三级	四级
中柱、边柱	0.9 (1.0)	0.7 (0.8)	0.6 (0.7)	0.5 (0.6)
角柱、框支柱	1.1	0.9	0.8	0.7

注：1　表中括号内数值用于框架结构的柱；

2　采用 335MPa 级、400MPa 级纵向受力钢筋时，应分别按表中数值增加 0.1 和 0.05 采用；

3　当混凝土强度等级为 C60 以上时，应按表中数值增加 0.1 采用。

2　框架柱和框支柱上、下两端箍筋应加密，加密区的箍筋最大间距和箍筋最小直径应符合表 11.4.12-2 的规定；

表 11.4.12-2　柱端箍筋加密区的构造要求

抗震等级	箍筋最大间距 （mm）	箍筋最小直径 （mm）
一级	纵向钢筋直径的 6 倍和 100 中的较小值	10
二级	纵向钢筋直径的 8 倍 和 100 中的较小值	8
三级	纵向钢筋直径的 8 倍 和 150（柱根 100）中的较小值	8
四级	纵向钢筋直径的 8 倍 和 150（柱根 100）中的较小值	6（柱根 8）

注：柱根系指底层柱下端的箍筋加密区范围。

3　框支柱和剪跨比不大于 2 的框架柱应在柱全高范围内加密箍筋，且箍筋间距应符合本条第 2 款一级抗震等级的要求；

4　一级抗震等级框架柱的箍筋直径大于 12mm 且箍筋肢距不大于 150mm 及二级抗震等级框架柱的直径不小于 10mm 且箍筋肢距不大于 200mm 时，除底层柱下端外，箍筋间距应允许采用 150mm；四级抗震等级框架柱剪跨比不大于 2 时，箍筋直径不应小于 8mm。

11.4.13　框架边柱、角柱及剪力墙端柱在地震组合下处于小偏心受拉时，柱内纵向受力钢筋总截面面积应比计算值增加 25%。

框架柱、框支柱中全部纵向受力钢筋配筋率不应大于 5%。柱的纵向钢筋宜对称配置。截面尺寸大于 400mm 的柱，纵向钢筋的间距不宜大于 200mm。当按一级抗震等级设计，且柱的剪跨比不大于 2 时，柱每侧纵向钢筋的配筋率不宜大于 1.2%。

11.4.14　框架柱的箍筋加密区长度，应取柱截面长边尺寸（或圆形截面直径）、柱净高的 1/6 和 500mm 中的最大值；一、二级抗震等级的角柱应沿全高加密箍筋。底层柱根箍筋加密区长度应取不小于该层柱

净高的 1/3；当有刚性地面时，除柱端箍筋加密区外尚应在刚性地面上、下各 500mm 的高度范围内加密箍筋。

11.4.15　柱箍筋加密区内的箍筋肢距：一级抗震等级不宜大于 200mm；二、三级抗震等级不宜大于 250mm 和 20 倍箍筋直径中的较大值；四级抗震等级不宜大于 300mm。每隔一根纵向钢筋宜在两个方向有箍筋或拉筋约束；当采用拉筋且箍筋与纵向钢筋有绑扎时，拉筋宜紧靠纵向钢筋并勾住箍筋。

11.4.16　一、二、三、四级抗震等级的各类结构的框架柱、框支柱，其轴压比不宜大于表 11.4.16 规定的限值。对 IV 类场地上较高的高层建筑，柱轴压比限值应适当减小。

表 11.4.16　柱轴压比限值

结 构 体 系	抗 震 等 级			
	一级	二级	三级	四级
框架结构	0.65	0.75	0.85	0.90
框架-剪力墙结构、筒体结构	0.75	0.85	0.90	0.95
部分框支剪力墙结构	0.60	0.70	—	—

注：1　轴压比指柱地震作用组合的轴向压力设计值与柱的全截面面积和混凝土轴心抗压强度设计值乘积之比值；

2　当混凝土强度等级为 C65、C70 时，轴压比限值宜按表中数值减小 0.05；混凝土强度等级为 C75、C80 时，轴压比限值宜按表中数值减小 0.10；

3　表内限值适用于剪跨比大于 2、混凝土强度等级不高于 C60 的柱；剪跨比不大于 2 的柱轴压比限值应降低 0.05；剪跨比小于 1.5 的柱，轴压比限值应专门研究并采取特殊构造措施；

4　沿柱全高采用井字复合箍，且箍筋间距不大于 100mm、肢距不大于 200mm、直径不小于 12mm，或沿柱全高采用复合螺旋箍，且螺距不大于 100mm、肢距不大于 200mm、直径不小于 12mm，或沿柱全高采用连续复合矩形螺旋箍，且螺旋净距不大于 80mm、肢距不大于 200mm、直径不小于 10mm 时，轴压比限值均可按表中数值增加 0.10；

5　当柱截面中部设置由附加纵向钢筋形成的芯柱，且附加纵向钢筋的总截面面积不少于柱截面面积的 0.8% 时，轴压比限值可按表中数值增加 0.05；此项措施与注 4 的措施同时采用时，轴压比限值可按表中数值增加 0.15，但箍筋的配箍特征值 λ_v 仍应按轴压比增加 0.10 的要求确定；

6　调整后的柱轴压比限值不应大于 1.05。

11.4.17　箍筋加密区箍筋的体积配筋率应符合下列规定：

1　柱箍筋加密区箍筋的体积配筋率，应符合下列规定：

$$\rho_v \geqslant \lambda_v \frac{f_c}{f_{yv}} \qquad (11.4.17)$$

式中：ρ_v——柱箍筋加密区的体积配筋率，按本规范第6.6.3条的规定计算，计算中应扣除重叠部分的箍筋体积；

f_{yv}——箍筋抗拉强度设计值；

f_c——混凝土轴心抗压强度设计值；当强度等级低于C35时，按C35取值；

λ_v——最小配箍特征值，按表11.4.17采用。

表11.4.17 柱箍筋加密区的箍筋最小配箍特征值 λ_v

抗震等级	箍筋形式	轴压比								
		≤0.3	0.4	0.5	0.6	0.7	0.8	0.9	1.0	1.05
一级	普通箍、复合箍	0.10	0.11	0.13	0.15	0.17	0.20	0.23	—	—
	螺旋箍、复合或连续复合矩形螺旋箍	0.08	0.09	0.11	0.13	0.15	0.18	0.21	—	—
二级	普通箍、复合箍	0.08	0.09	0.11	0.13	0.15	0.17	0.19	0.22	0.24
	螺旋箍、复合或连续复合矩形螺旋箍	0.06	0.07	0.09	0.11	0.13	0.15	0.17	0.20	0.22
三、四级	普通箍、复合箍	0.06	0.07	0.09	0.11	0.13	0.15	0.17	0.20	0.22
	螺旋箍、复合或连续复合矩形螺旋箍	0.05	0.06	0.07	0.09	0.11	0.13	0.15	0.18	0.20

注：1 普通箍指单个矩形箍筋或单个圆形箍筋；螺旋箍指单个螺旋箍筋；复合箍指由矩形、多边形、圆形箍筋或拉筋组成的箍筋；复合螺旋箍指由螺旋箍与矩形、多边形、圆形箍筋或拉筋组成的箍筋；连续复合矩形螺旋箍指全部螺旋箍为同一根钢筋加工成的箍筋；

  2 在计算复合螺旋箍的体积配筋率时，其中非螺旋箍筋的体积应乘以系数0.8；

  3 混凝土强度等级高于C60时，箍筋宜采用复合箍、复合螺旋箍或连续复合矩形螺旋箍，当轴压比不大于0.6时，其加密的最小配箍特征值宜按表中数值增加0.02；当轴压比大于0.6时，宜按表中数值增加0.03。

  2 对一、二、三、四级抗震等级的柱，其箍筋加密区的箍筋体积配筋率分别不应小于0.8%、0.6%、0.4%和0.4%；

  3 框支柱宜采用复合螺旋箍或井字复合箍，其最小配箍特征值应按表11.4.17中的数值增加0.02采用，且体积配筋率不应小于1.5%；

  4 当剪跨比 λ 不大于2时，宜采用复合螺旋箍或井字复合箍，其箍筋体积配筋率不应小于1.2%；9度设防烈度一级抗震等级时，不应小于1.5%。

11.4.18 在箍筋加密区外，箍筋的体积配筋率不宜小于加密区配筋率的一半；对一、二级抗震等级，箍筋间距不应大于10d；对三、四级抗震等级，箍筋间距不应大于15d，此处，d为纵向钢筋直径。

11.5 铰接排架柱

11.5.1 铰接排架柱的纵向受力钢筋和箍筋，应按地震组合下的弯矩设计值及剪力设计值，并根据本规范第11.4节的有关规定计算确定；其构造除应符合本节的有关规定外，尚应符合本规范第8章、第9章、第11.1节以及第11.2节的有关规定。

11.5.2 铰接排架柱的箍筋加密区应符合下列规定：

  1 箍筋加密区长度：

   1）对柱顶区段，取柱顶以下500mm，且不小于柱顶截面高度；

   2）对吊车梁区段，取上柱根部至吊车梁顶面以上300mm；

   3）对柱根区段，取基础顶面至室内地坪以上500mm；

   4）对牛腿区段，取牛腿全高；

   5）对柱间支撑与柱连接的节点和柱位移受约束的部位，取节点上、下各300mm。

  2 箍筋加密区内的箍筋最大间距为100mm；箍筋的直径应符合表11.5.2的规定。

表11.5.2 铰接排架柱箍筋加密区的箍筋最小直径（mm）

加密区区段	抗震等级和场地类别					
	一级	二级	二级	三级	三级	四级
	各类场地	Ⅲ、Ⅳ类场地	Ⅰ、Ⅱ类场地	Ⅲ、Ⅳ类场地	Ⅰ、Ⅱ类场地	各类场地
一般柱顶、柱根区段	8（10）	8		8		6
角柱柱顶	10	10		10		8
吊车梁、牛腿区段有支撑的柱根区段	10	8		8		8
有支撑的柱顶区段柱变位受约束的部位	10	10		10		8

注：表中括号内数值用于柱根。

11.5.3 当铰接排架侧向受约束且约束点至柱顶的高度不大于柱截面在该方向边长的2倍，柱顶预埋钢板和柱顶箍筋加密区的构造尚应符合下列要求：

  1 柱顶预埋钢板沿排架平面方向的长度，宜取柱顶的截面高度 h，但在任何情况下不得小于 h/2 及300mm；

  2 当柱顶轴向力在排架平面内的偏心距 e_0 在

$h/6\sim h/4$ 范围内时，柱顶箍筋加密区的箍筋体积配筋率：一级抗震等级不宜小于 1.2%；二级抗震等级不宜小于 1.0%；三、四级抗震等级不宜小于 0.8%。

11.5.4 在地震组合的竖向力和水平拉力作用下，支承不等高厂房低跨屋面梁、屋架等屋盖结构的柱牛腿，除应按本规范第 9.3 节的规定进行计算和配筋外，尚应符合下列要求：

1 承受水平拉力的锚筋：一级抗震等级不应少于 2 根直径为 16mm 的钢筋，二级抗震等级不应少于 2 根直径为 14mm 的钢筋，三、四级抗震等级不应少于 2 根直径为 12mm 的钢筋；

2 牛腿中的纵向受拉钢筋和锚筋的锚固措施及锚固长度应符合本规范第 9.3.12 条的有关规定，但其中的受拉钢筋锚固长度 l_a 应以 l_{aE} 代替；

3 牛腿水平箍筋最小直径为 8mm，最大间距为 100mm。

11.5.5 铰接排架柱柱顶预埋件直锚筋除应符合本规范第 11.1.9 条的要求外，尚应符合下列规定：

1 一级抗震等级时，不应小于 4 根直径 16mm 的直锚钢筋；

2 二级抗震等级时，不应小于 4 根直径 14mm 的直锚钢筋；

3 有柱间支撑的柱子，柱顶预埋件应增设抗剪钢板。

11.6 框架梁柱节点

11.6.1 一、二、三级抗震等级的框架应进行节点核心区抗震受剪承载力验算；四级抗震等级的框架节点可不进行计算，但应符合抗震构造措施的要求。框支柱中间层节点的抗震受剪承载力验算方法及抗震构造措施与框架中间层节点相同。

11.6.2 一、二、三级抗震等级的框架梁柱节点核心区的剪力设计值 V_j，应按下列规定计算：

1 顶层中间节点和端节点

1）一级抗震等级的框架结构和 9 度设防烈度的一级抗震等级框架：

$$V_j = \frac{1.15\sum M_{bua}}{h_{b0}-a'_s} \quad (11.6.2\text{-}1)$$

2）其他情况：

$$V_j = \frac{\eta_{jb}\sum M_b}{h_{b0}-a'_s} \quad (11.6.2\text{-}2)$$

2 其他层中间节点和端节点

1）一级抗震等级的框架结构和 9 度设防烈度的一级抗震等级框架：

$$V_j = \frac{1.15\sum M_{bua}}{h_{b0}-a'_s}\left(1-\frac{h_{b0}-a'_s}{H_c-h_b}\right) \quad (11.6.2\text{-}3)$$

2）其他情况：

$$V_j = \frac{\eta_{jb}\sum M_b}{h_{b0}-a'_s}\left(1-\frac{h_{b0}-a'_s}{H_c-h_b}\right) \quad (11.6.2\text{-}4)$$

式中：$\sum M_{bua}$——节点左、右两侧的梁端反时针或顺时针方向实配的正截面抗震受弯承载力所对应的弯矩值之和，可根据实配钢筋面积（计入纵向受压钢筋）和材料强度标准值确定；

$\sum M_b$——节点左、右两侧的梁端反时针或顺时针方向组合弯矩设计值之和，一级抗震等级框架节点左右梁端均为负弯矩时，绝对值较小的弯矩应取零；

η_{jb}——节点剪力增大系数，对于框架结构，一级取 1.50，二级取 1.35，三级取 1.20；对于其他结构中的框架，一级取 1.35，二级取 1.20，三级取 1.10；

h_{b0}、h_b——分别为梁的截面有效高度、截面高度，当节点两侧梁高不相同时，取其平均值；

H_c——节点上柱和下柱反弯点之间的距离；

a'_s——梁纵向受压钢筋合力点至截面近边的距离。

11.6.3 框架梁柱节点核心区的受剪水平截面应符合下列条件：

$$V_j \leqslant \frac{1}{\gamma_{RE}}(0.3\eta_j\beta_c f_c b_j h_j) \quad (11.6.3)$$

式中：h_j——框架节点核心区的截面高度，可取验算方向的柱截面高度 h_c；

b_j——框架节点核心区的截面有效验算宽度，当 b_b 不小于 $b_c/2$ 时，可取 b_c；当 b_b 小于 $b_c/2$ 时，可取（$b_b+0.5h_c$）和 b_c 中的较小值；当梁与柱的中线不重合且偏心距 e_0 不大于 $b_c/4$ 时，可取（$b_b+0.5h_c$）、（$0.5b_b+0.5b_c+0.25h_c-e_0$）和 b_c 三者中的最小值。此处，b_b 为验算方向梁截面宽度，b_c 为该侧柱截面宽度；

η_j——正交梁对节点的约束影响系数：当楼板为现浇、梁柱中线重合、四侧各梁截面宽度不小于该侧柱截面宽度 1/2，且正交方向梁高度不小于较高框架梁高度的 3/4 时，可取 η_j 为 1.50，但对 9 度设防烈度宜取 η_j 为 1.25；当不满足上述条件时，应取 η_j 为 1.00。

11.6.4 框架梁柱节点的抗震受剪承载力应符合下列规定：

1 9 度设防烈度的一级抗震等级框架

$$V_j \leqslant \frac{1}{\gamma_{RE}}\left(0.9\eta_j f_t b_j h_j + f_{yv}A_{svj}\frac{h_{b0}-a_s'}{s}\right)$$

$$(11.6.4-1)$$

2 其他情况

$$V_j \leqslant \frac{1}{\gamma_{RE}}\left(1.1\eta_j f_t b_j h_j + 0.05\eta_j N\frac{b_j}{b_c} + f_{yv}A_{svj}\frac{h_{b0}-a_s'}{s}\right)$$

$$(11.6.4-2)$$

式中：N——对应于考虑地震组合剪力设计值的节点
上柱底部的轴向力设计值；当 N 为压
力时，取轴向压力设计值的较小值，且
当 N 大于 $0.5f_c b_c h_c$ 时，取 $0.5f_c b_c h_c$；
当 N 为拉力时，取为 0；

A_{svj}——核心区有效验算宽度范围内同一截面验
算方向箍筋各肢的全部截面面积；

h_{b0}——框架梁截面有效高度，节点两侧梁截面
高度不等时取平均值。

11.6.5 圆柱框架的梁柱节点，当梁中线与柱中线重
合时，其受剪水平截面应符合下列条件：

$$V_j \leqslant \frac{1}{\gamma_{RE}}(0.3\eta_j\beta_c f_c A_j) \qquad (11.6.5)$$

式中：A_j——节点核心区有效截面面积；当梁宽 b_b
$\geqslant 0.5D$ 时，取 $A_j = 0.8D^2$；当 $0.4D \leqslant$
$b_b < 0.5D$ 时，取 $A_j = 0.8D(b_b +$
$0.5D)$；

D——圆柱截面直径；

b_b——梁的截面宽度；

η_j——正交梁对节点的约束影响系数，按本规
范第 11.6.3 条取用。

11.6.6 圆柱框架的梁柱节点，当梁中线与柱中线重
合时，其抗震受剪承载力应符合下列规定：

1 9 度设防烈度的一级抗震等级框架

$$V_j \leqslant \frac{1}{\gamma_{RE}}\left(1.2\eta_j f_t A_j + 1.57f_{yv}A_{sh}\frac{h_{b0}-a_s'}{s} + f_{yv}A_{svj}\frac{h_{b0}-a_s'}{s}\right)$$

$$(11.6.6-1)$$

2 其他情况

$$V_j \leqslant \frac{1}{\gamma_{RE}}\left(1.5\eta_j f_t A_j + 0.05\eta_j \frac{N}{D^2}A_j + 1.57f_{yv}A_{sh}\right.$$
$$\left.\frac{h_{b0}-a_s'}{s} + f_{yv}A_{svj}\frac{h_{b0}-a_s'}{s}\right) \qquad (11.6.6-2)$$

式中：h_{b0}——梁截面有效高度；

A_{sh}——单根圆形箍筋的截面面积；

A_{svj}——同一截面验算方向的拉筋和非圆形箍
筋各肢的全部截面面积。

11.6.7 框架梁和框架柱的纵向受力钢筋在框架节点
区的锚固和搭接应符合下列要求：

1 框架中间层中间节点处，框架梁的上部纵向
钢筋应贯穿中间节点。贯穿中柱的每根梁纵向钢筋直
径，对于 9 度设防烈度的各类框架和一级抗震等级的
框架结构，当柱为矩形截面时，不宜大于柱在该方向

截面尺寸的 1/25，当柱为圆形截面时，不宜大于纵
向钢筋所在位置柱截面弦长的 1/25；对一、二、三
级抗震等级，当柱为矩形截面时，不宜大于柱在该方
向截面尺寸的 1/20，对圆柱截面，不宜大于纵向钢
筋所在位置柱截面弦长的 1/20。

2 对于框架中间层中间节点、中间层端节点、
顶层中间节点以及顶层端节点，梁、柱纵向钢筋在节
点部位的锚固和搭接，应符合图 11.6.7 的相关构造
规定。图中 l_{lE} 按本规范第 11.1.7 条规定取用，l_{abE} 按
下式取用：

$$l_{abE} = \zeta_{aE}l_{ab} \qquad (11.6.7)$$

式中：ζ_{aE}——纵向受拉钢筋锚固长度修正系数，按
第 11.1.7 条规定取用。

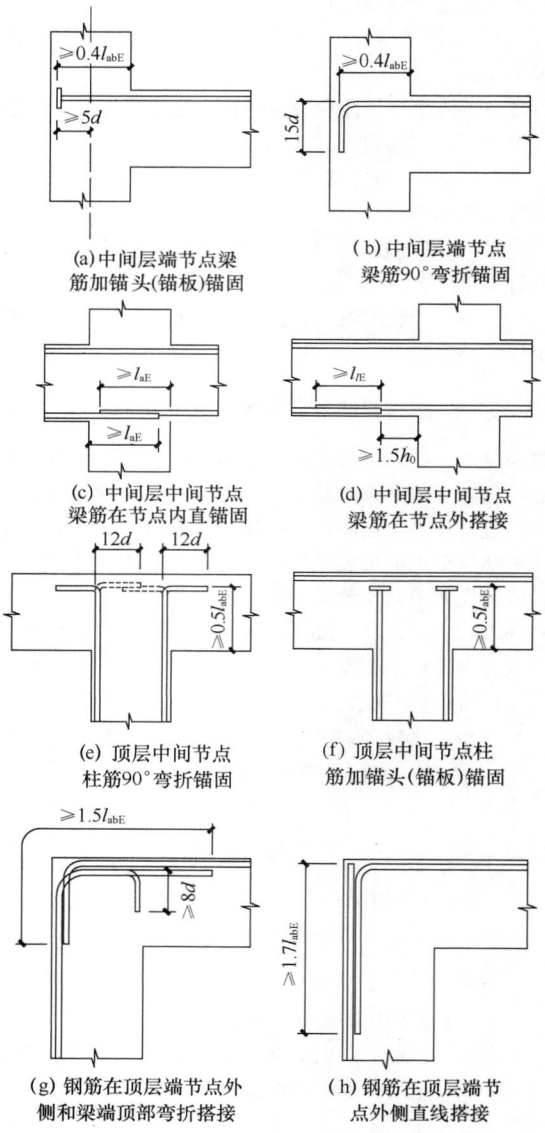

(a) 中间层端节点梁
筋加锚头(锚板)锚固

(b) 中间层端节点
梁筋90°弯折锚固

(c) 中间层中间节点
梁筋在节点内直锚固

(d) 中间层中间节点
梁筋在节点外搭接

(e) 顶层中间节点
柱筋90°弯折锚固

(f) 顶层中间节点柱
筋加锚头(锚板)锚固

(g) 钢筋在顶层端节点外
侧和梁端顶部弯折搭接

(h) 钢筋在顶层端节
点外侧直线搭接

图 11.6.7 梁和柱的纵向受力钢筋
在节点区的锚固和搭接

11.6.8 框架节点区箍筋的最大间距、最小直径宜按本规范表 11.4.12-2 采用。对一、二、三级抗震等级的框架节点核心区，配箍特征值 λ_v 分别不宜小于 0.12、0.10 和 0.08，且其箍筋体积配筋率分别不宜小于 0.6%、0.5% 和 0.4%。当框架柱的剪跨比不大于 2 时，其节点核心区体积配箍率不宜小于核心区上、下柱端体积配箍率中的较大值。

11.7 剪力墙及连梁

11.7.1 一级抗震等级剪力墙各墙肢截面考虑地震组合的弯矩设计值，底部加强部位应按墙肢截面地震组合弯矩设计值采用，底部加强部位以上部位应按墙肢截面地震组合弯矩设计值乘增大系数，其值可取 1.2；剪力设计值应作相应调整。

11.7.2 考虑剪力墙的剪力设计值 V_w 应按下列规定计算：

  1 底部加强部位

    1）9 度设防烈度的一级抗震等级剪力墙

$$V_w = 1.1 \frac{M_{wua}}{M} V \qquad (11.7.2\text{-}1)$$

    2）其他情况

    一级抗震等级

$$V_w = 1.6V \qquad (11.7.2\text{-}2)$$

    二级抗震等级

$$V_w = 1.4V \qquad (11.7.2\text{-}3)$$

    三级抗震等级

$$V_w = 1.2V \qquad (11.7.2\text{-}4)$$

    四级抗震等级取地震组合下的剪力设计值。

  2 其他部位

$$V_w = V \qquad (11.7.2\text{-}5)$$

式中：M_{wua}——剪力墙底部截面按实配钢筋截面面积、材料强度标准值且考虑承载力抗震调整系数计算的正截面抗震承载力所对应的弯矩值；有翼墙时应计入墙两侧各一倍翼墙厚度范围内的纵向钢筋；

    M——考虑地震组合的剪力墙底部截面的弯矩设计值；

    V——考虑地震组合的剪力墙的剪力设计值。

  公式（11.7.2-1）中，M_{wua} 值可按本规范第 6.2.19 条的规定，采用本规范第 11.4.3 条有关计算框架柱端 M_{cua} 值的相同方法确定，但其 γ_{RE} 值应取剪力墙的正截面承载力抗震调整系数。

11.7.3 剪力墙的受剪截面应符合下列要求：

  当剪跨比大于 2.5 时

$$V_w \leqslant \frac{1}{\gamma_{RE}} (0.2\beta_c f_c bh_0) \qquad (11.7.3\text{-}1)$$

  当剪跨比不大于 2.5 时

$$V_w \leqslant \frac{1}{\gamma_{RE}} (0.15\beta_c f_c bh_0) \qquad (11.7.3\text{-}2)$$

式中：V_w——考虑地震组合的剪力墙的剪力设计值。

11.7.4 剪力墙在偏心受压时的斜截面抗震受剪承载力应符合下列规定：

$$V_w \leqslant \frac{1}{\gamma_{RE}}\left[\frac{1}{\lambda - 0.5}\left(0.4f_t bh_0 + 0.1N\frac{A_w}{A}\right) + 0.8f_{yv}\frac{A_{sh}}{s}h_0\right]$$

$$(11.7.4)$$

式中：N——考虑地震组合的剪力墙轴向压力设计值中的较小者；当 N 大于 $0.2f_c bh$ 时取 $0.2f_c bh$；

    λ——计算截面处的剪跨比，$\lambda = M/(Vh_0)$；当 λ 小于 1.5 时取 1.5；当 λ 大于 2.2 时取 2.2；此处，M 为与设计剪力值 V 对应的弯矩设计值；当计算截面与墙底之间的距离小于 $h_0/2$ 时，应按距离墙底 $h_0/2$ 处的弯矩设计值与剪力设计值计算。

11.7.5 剪力墙在偏心受拉时的斜截面抗震受剪承载力应符合下列规定：

$$V_w \leqslant \frac{1}{\gamma_{RE}}\left[\frac{1}{\lambda - 0.5}\left(0.4f_t bh_0 - 0.1N\frac{A_w}{A}\right) + 0.8f_{yv}\frac{A_{sh}}{s}h_0\right]$$

$$(11.7.5)$$

式中：N——考虑地震组合的剪力墙轴向拉力设计值中的较大值。

  当公式（11.7.5）右边方括号内的计算值小于 $0.8f_{yv}\frac{A_{sh}}{s}h_0$ 时，取等于 $0.8f_{yv}\frac{A_{sh}}{s}h_0$。

11.7.6 一级抗震等级的剪力墙，其水平施工缝处的受剪承载力应符合下列规定：

$$V_w \leqslant \frac{1}{\gamma_{RE}} (0.6f_y A_s + 0.8N) \qquad (11.7.6)$$

式中：N——考虑地震组合的水平施工缝处的轴向力设计值，压力时取正值，拉力时取负值；

    A_s——剪力墙水平施工缝处全部竖向钢筋截面面积，包括竖向分布钢筋、附加竖向插筋以及边缘构件（不包括两侧翼墙）纵向钢筋的总截面面积。

11.7.7 筒体及剪力墙洞口连梁，当采用对称配筋时，其正截面受弯承载力应符合下列规定：

$$M_b \leqslant \frac{1}{\gamma_{RE}}[f_y A_s(h_0 - a'_s) + f_{yd} A_{sd} z_{sd}\cos\alpha]$$

$$(11.7.7)$$

式中：M_b——考虑地震组合的剪力墙连梁梁端弯矩设计值；

f_y——纵向钢筋抗拉强度设计值；

f_{yd}——对角斜筋抗拉强度设计值；

A_s——单侧受拉纵向钢筋截面面积；

A_{sd}——单向对角斜筋截面面积，无斜筋时取 0；

z_{sd}——计算截面对角斜筋至截面受压区合力点的距离；

α——对角斜筋与梁纵轴线夹角；

h_0——连梁截面有效高度。

11.7.8 筒体及剪力墙洞口连梁的剪力设计值 V_{wb} 应按下列规定计算：

1 9度设防烈度的一级抗震等级连梁

$$V_{wb} = 1.1 \frac{M_{bua}^l + M_{bua}^r}{l_n} + V_{Gb} \quad (11.7.8\text{-}1)$$

2 其他情况

$$V_{wb} = \eta_{vb} \frac{M_b^l + M_b^r}{l_n} + V_{Gb} \quad (11.7.8\text{-}2)$$

式中：M_{bua}^l、M_{bua}^r——分别为连梁左、右端顺时针或逆时针方向实配的受弯承载力所对应的弯矩值，应按实配钢筋面积（计入受压钢筋）和材料强度标准值并考虑承载力抗震调整系数计算；

M_b^l、M_b^r——分别为考虑地震组合的剪力墙及筒体连梁左、右梁端弯矩设计值。应分别按顺时针方向和逆时针方向计算 M_b^l 与 M_b^r 之和，并取其较大值。对一级抗震等级，当两端弯矩均为负弯矩时，绝对值较小的弯矩值应取零；

l_n——连梁净跨；

V_{Gb}——考虑地震组合时的重力荷载代表值产生的剪力设计值，可按简支梁计算确定；

η_{vb}——连梁剪力增大系数。对于普通箍筋连梁，一级抗震等级取 1.3，二级取 1.2，三级取 1.1，四级取 1.0；配置有对角斜筋的连梁 η_{vb} 取 1.0。

11.7.9 各抗震等级的剪力墙及筒体洞口连梁，当配置普通箍筋时，其截面限制条件及斜截面受剪承载力应符合下列规定：

1 跨高比大于 2.5 时

1）受剪截面应符合下列要求：

$$V_{wb} \leqslant \frac{1}{\gamma_{RE}} (0.20 \beta_c f_c b h_0) \quad (11.7.9\text{-}1)$$

2）连梁的斜截面受剪承载力应符合下列要求：

$$V_{wb} \leqslant \frac{1}{\gamma_{RE}} \left(0.42 f_t b h_0 + \frac{A_{sv}}{s} f_{yv} h_0\right)$$

$$(11.7.9\text{-}2)$$

2 跨高比不大于 2.5 时

1）受剪截面应符合下列要求：

$$V_{wb} \leqslant \frac{1}{\gamma_{RE}} (0.15 \beta_c f_c b h_0) \quad (11.7.9\text{-}3)$$

2）连梁的斜截面受剪承载力应符合下列要求：

$$V_{wb} \leqslant \frac{1}{\gamma_{RE}} \left(0.38 f_t b h_0 + 0.9 \frac{A_{sv}}{s} f_{yv} h_0\right)$$

$$(11.7.9\text{-}4)$$

式中：f_t——混凝土抗拉强度设计值；

f_{yv}——箍筋抗拉强度设计值；

A_{sv}——配置在同一截面内的箍筋截面面积。

11.7.10 对于一、二级抗震等级的连梁，当跨高比不大于 2.5 时，除普通箍筋外宜另配置斜向交叉钢筋，其截面限制条件及斜截面受剪承载力可按下列规定计算：

1 当洞口连梁截面宽度不小于 250mm 时，可采用交叉斜筋配筋（图 11.7.10-1），其截面限制条件及斜截面受剪承载力应符合下列规定：

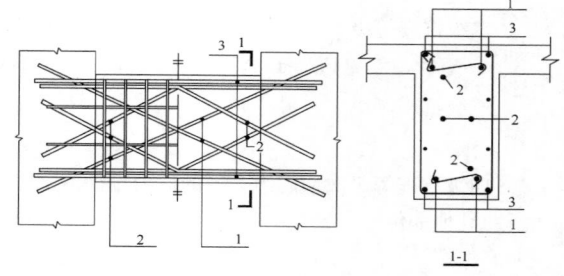

图 11.7.10-1　交叉斜筋配筋连梁
1—对角斜筋；2—折线筋；3—纵向钢筋

1）受剪截面应符合下列要求：

$$V_{wb} \leqslant \frac{1}{\gamma_{RE}} (0.25 \beta_c f_c b h_0) \quad (11.7.10\text{-}1)$$

2）斜截面受剪承载力应符合下列要求：

$$V_{wb} \leqslant \frac{1}{\gamma_{RE}} [0.4 f_t b h_0 + (2.0 \sin\alpha + 0.6\eta) f_{yd} A_{sd}]$$

$$(11.7.10\text{-}2)$$

$$\eta = (f_{sv} A_{sv} h_0)/(s f_{yd} A_{sd}) \quad (11.7.10\text{-}3)$$

式中：η——箍筋与对角斜筋的配筋强度比，当小于 0.6 时取 0.6，当大于 1.2 时取 1.2；

α——对角斜筋与梁纵轴的夹角；

f_{yd}——对角斜筋的抗拉强度设计值；

A_{sd}——单向对角斜筋的截面面积；

A_{sv}——同一截面内箍筋各肢的全部截面面积。

2 当连梁截面宽度不小于 400mm 时，可采用集中对角斜筋配筋（图 11.7.10-2）或对角暗撑配筋（图 11.7.10-3），其截面限制条件及斜截面受剪承载力应符合下列规定：

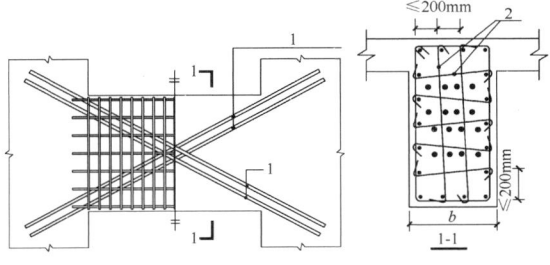

图 11.7.10-2 集中对角斜筋配筋连梁
1—对角斜筋；2—拉筋

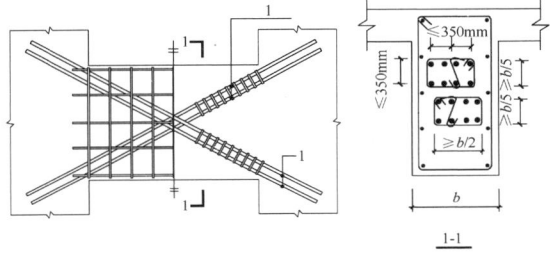

图 11.7.10-3 对角暗撑配筋连梁
1—对角暗撑

1）受剪截面应符合式（11.7.10-1）的要求。
2）斜截面受剪承载力应符合下列要求：

$$V_{wb} \leqslant \frac{2}{\gamma_{RE}} f_{yd} A_{sd} \sin\alpha \qquad (11.7.10-4)$$

11.7.11 剪力墙及筒体洞口连梁的纵向钢筋、斜筋及箍筋的构造应符合下列要求：

1 连梁沿上、下边缘单侧纵向钢筋的最小配筋率不应小于 0.15%，且配筋不宜少于 2φ12；交叉斜筋配筋连梁单向对角斜筋不宜少于 2φ12，单组折线筋的截面面积可取为单向对角斜筋截面面积的一半，且直径不宜小于 12mm；集中对角斜筋配筋连梁和对角暗撑连梁中每组对角斜筋应至少由 4 根直径不小于 14mm 的钢筋组成。

2 交叉斜筋配筋连梁的对角斜筋在梁端部位应设置不少于 3 根拉筋，拉筋的间距不应大于连梁宽度和 200mm 的较小值，直径不应小于 6mm；集中对角斜筋配筋连梁应在梁截面内沿水平方向及竖直方向设置双向拉筋，拉筋应勾住外侧纵向钢筋，间距不应大于 200mm，直径不应小于 8mm；对角暗撑配筋连梁中暗撑箍筋的外缘沿梁截面宽度方向不宜小于梁宽的一半，另一方向不宜小于梁宽的 1/5；对角暗撑约束箍筋的间距不宜大于暗撑钢筋直径的 6 倍，当计算间距小于 100mm 时可取 100mm，箍筋肢距不应大

于 350mm。

除集中对角斜筋配筋连梁以外，其余连梁的水平钢筋及箍筋形成的钢筋网之间应采用拉筋拉结，拉筋直径不宜小于 6mm，间距不宜大于 400mm。

3 沿连梁全长箍筋的构造宜按本规范第 11.3.6 条和第 11.3.8 条框架梁梁端加密区箍筋的构造要求采用；对角暗撑配筋连梁沿连梁全长箍筋的间距可按本规范表 11.3.6-2 中规定值的两倍取用。

4 连梁纵向受力钢筋、交叉斜筋伸入墙内的锚固长度不应小于 l_{aE}，且不应小于 600mm；顶层连梁纵向钢筋伸入墙体的长度范围内，应配置间距不大于 150mm 的构造箍筋，箍筋直径应与该连梁的箍筋直径相同。

5 剪力墙的水平分布钢筋可作为连梁的纵向构造钢筋在连梁范围内贯通。当梁的腹板高度 h_w 不小于 450mm 时，其两侧面沿梁高范围设置的纵向构造钢筋的直径不应小于 8mm，间距不应大于 200mm；对跨高比不大于 2.5 的连梁，梁两侧的纵向构造钢筋的面积配筋率尚不应小于 0.3%。

11.7.12 剪力墙的墙肢截面厚度应符合下列规定：

1 剪力墙结构：一、二级抗震等级时，一般部位不应小于 160mm，且不宜小于层高或无支长度的 1/20；三、四级抗震等级时，不应小于 140mm，且不宜小于层高或无支长度的 1/25。一、二级抗震等级的底部加强部位，不应小于 200mm，且不宜小于层高或无支长度的 1/16，当墙端无端柱或翼墙时，墙厚不宜小于层高或无支长度的 1/12。

2 框架-剪力墙结构：一般部位不应小于 160mm，且不宜小于层高或无支长度的 1/20；底部加强部位不应小于 200mm，且不宜小于层高或无支长度的 1/16。

3 框架-核心筒结构、筒中筒结构：一般部位不应小于 160mm，且不宜小于层高或无支长度的 1/20；底部加强部位不应小于 200mm，且不宜小于层高或无支长度的 1/16。筒体底部加强部位及其上一层不宜改变墙体厚度。

11.7.13 剪力墙厚度大于 140mm 时，其竖向和水平向分布钢筋不应少于双排布置。

11.7.14 剪力墙的水平和竖向分布钢筋的配筋应符合下列规定：

1 一、二、三级抗震等级的剪力墙的水平和竖向分布钢筋配筋率均不应小于 0.25%；四级抗震等级剪力墙不应小于 0.2%；

2 部分框支剪力墙结构的剪力墙底部加强部位，水平和竖向分布钢筋配筋率不应小于 0.3%。

注：对高度小于 24m 且剪压比很小的四级抗震等级剪力墙，其竖向分布筋最小配筋率应允许按 0.15% 采用。

11.7.15 剪力墙水平和竖向分布钢筋的间距不宜大

于 300mm，直径不宜大于墙厚的 1/10，且不应小于 8mm；竖向分布钢筋直径不宜小于 10mm。

部分框支剪力墙结构的底部加强部位，剪力墙水平和竖向分布钢筋的间距不宜大于 200mm。

11.7.16 一、二、三级抗震等级的剪力墙，其底部加强部位的墙肢轴压比不宜超过表 11.7.16 的限值。

表 11.7.16　剪力墙轴压比限值

抗震等级（设防烈度）	一级（9度）	一级（7、8度）	二级、三级
轴压比限值	0.4	0.5	0.6

注：剪力墙肢轴压比指在重力荷载代表值作用下的轴压力设计值与墙的全截面面积和混凝土轴心抗压强度设计值乘积的比值。

11.7.17 剪力墙两端及洞口两侧应设置边缘构件，并宜符合下列要求：

1　一、二、三级抗震等级剪力墙，在重力荷载代表值作用下，当墙肢底截面轴压比大于表 11.7.17 规定时，其底部加强部位及其以上一层墙肢应按本规范第 11.7.18 条的规定设置约束边缘构件；当墙肢轴压比不大于表 11.7.17 规定时，可按本规范第 11.7.19 条的规定设置构造边缘构件；

表 11.7.17　剪力墙设置构造边缘构件的最大轴压比

抗震等级（设防烈度）	一级（9度）	一级（7、8度）	二级、三级
轴压比	0.1	0.2	0.3

2　部分框支剪力墙结构中，一、二、三级抗震等级落地剪力墙的底部加强部位及以上一层的墙肢两端，宜设置翼墙或端柱，并应按本规范第 11.7.18 条的规定设置约束边缘构件；不落地的剪力墙，应在底部加强部位及以上一层剪力墙的墙肢两端设置约束边缘构件；

3　一、二、三级抗震等级的剪力墙的一般部位剪力墙以及四级抗震等级剪力墙，应按本规范第 11.7.19 条设置构造边缘构件；

4　对框架-核心筒结构，一、二、三级抗震等级的核心筒角部墙体的边缘构件尚应按下列要求加强：底部加强部位墙肢约束边缘构件的长度宜取墙肢截面高度的 1/4，且约束边缘构件范围内宜全部采用箍筋；底部加强部位以上宜按本规范图 11.7.18 的要求设置约束边缘构件。

11.7.18 剪力墙端部设置的约束边缘构件（暗柱、端柱、翼墙和转角墙）应符合下列要求（图 11.7.18）：

1　约束边缘构件沿墙肢的长度 l_c 及配箍特征值 λ_v 宜满足表 11.7.18 的要求，箍筋的配置范围及相应的配箍特征值 λ_v 和 $\lambda_v/2$ 的区域如图 11.7.18 所示，

其体积配筋率 ρ_v 应符合下列要求：

$$\rho_v \geq \lambda_v \frac{f_c}{f_{yv}} \tag{11.7.18}$$

式中：λ_v——配箍特征值，计算时可计入拉筋。

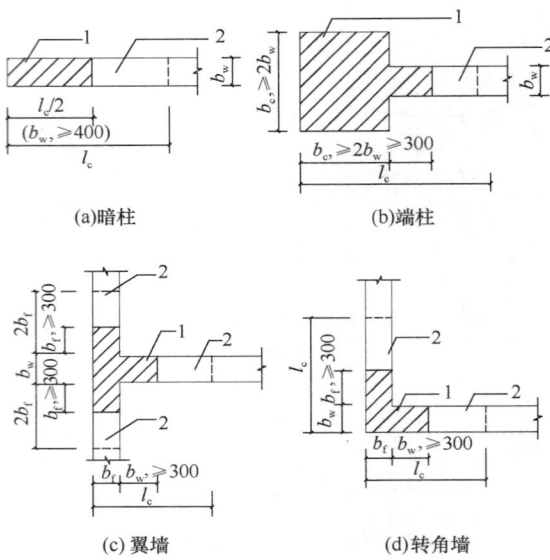

图 11.7.18　剪力墙的约束边缘构件
注：图中尺寸单位为 mm。
1—配箍特征值为 λ_v 的区域；2—配箍特征值为 $\lambda_v/2$ 的区域

计算体积配箍率时，可适当计入满足构造要求且在墙端有可靠锚固的水平分布钢筋的截面面积。

2　一、二、三级抗震等级剪力墙约束边缘构件的纵向钢筋的截面面积，对图 11.7.18 所示暗柱、端柱、翼墙与转角墙分别不应小于图中阴影部分面积的 1.2%、1.0% 和 1.0%。

3　约束边缘构件的箍筋或拉筋沿竖向的间距，对一级抗震等级不宜大于 100mm，对二、三级抗震等级不宜大于 150mm。

表 11.7.18　约束边缘构件沿墙肢的长度 l_c 及其配箍特征值 λ_v

抗震等级（设防烈度）		一级（9度）		一级（7、8度）		二级、三级	
轴压比		≤0.2	>0.2	≤0.3	>0.3	≤0.4	>0.4
λ_v		0.12	0.20	0.12	0.20	0.12	0.20
l_c (mm)	暗柱	$0.20h_w$	$0.25h_w$	$0.15h_w$	$0.20h_w$	$0.15h_w$	$0.20h_w$
	端柱、翼墙或转角墙	$0.15h_w$	$0.20h_w$	$0.10h_w$	$0.15h_w$	$0.10h_w$	$0.15h_w$

注：1　两侧翼墙长度小于其厚度 3 倍时，视为无翼墙剪力墙；端柱截面边长小于墙厚 2 倍时，视为无端柱剪力墙；

2　约束边缘构件沿墙肢长度 l_c 除满足表 11.7.18 的要求外，且不宜小于墙厚和 400mm；当有端柱、翼墙或转角墙时，尚不应小于翼墙厚度或端柱沿墙肢方向截面高度加 300mm；

3　h_w 为剪力墙的墙肢截面高度。

11.7.19 剪力墙端部设置的构造边缘构件（暗柱、端柱、翼墙和转角墙）的范围，应按图 11.7.19 确定，构造边缘构件的纵向钢筋除应满足计算要求外，尚应符合表 11.7.19 的要求。

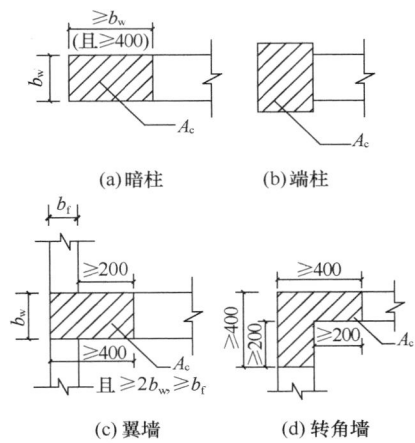

图 11.7.19 剪力墙的构造边缘构件

注：图中尺寸单位为 mm。

表 11.7.19 构造边缘构件的构造配筋要求

抗震等级	底部加强部位			其 他 部 位		
	纵向钢筋最小配筋量（取较大值）	箍筋、拉筋		纵向钢筋最小配筋量（取较大值）	箍筋、拉筋	
		最小直径(mm)	最大间距(mm)		最小直径(mm)	最大间距(mm)
一	$0.01A_c$,6ϕ16	8	100	$0.008A_c$,6ϕ14	8	150
二	$0.008A_c$,6ϕ14	8	150	$0.006A_c$,6ϕ12	8	200
三	$0.006A_c$,6ϕ12	6	150	$0.005A_c$,4ϕ12	6	200
四	$0.005A_c$,4ϕ12	6	200	$0.004A_c$,4ϕ12	6	250

注：1 A_c 为图 11.7.19 中所示的阴影面积；

2 对其他部位，拉筋的水平间距不应大于纵向钢筋间距的 2 倍，转角处宜设置箍筋；

3 当端柱承受集中荷载时，应满足框架柱的配筋要求。

11.8 预应力混凝土结构构件

11.8.1 预应力混凝土结构可用于抗震设防烈度 6 度、7 度、8 度区，当 9 度区需采用预应力混凝土结构时，应有充分依据，并采取可靠措施。

无粘结预应力混凝土结构的抗震设计，应符合专门规定。

11.8.2 抗震设计时，后张预应力框架、门架、转换层的转换大梁，宜采用有粘结预应力筋；承重结构的预应力受拉杆件和抗震等级为一级的预应力框架，应采用有粘结预应力筋。

11.8.3 预应力混凝土结构的抗震计算，应符合下列规定：

1 预应力混凝土框架结构的阻尼比宜取 0.03；在框架-剪力墙结构、框架-核心筒结构及板柱-剪力墙结构中，当仅采用预应力混凝土梁或板时，阻尼比应取 0.05；

2 预应力混凝土结构构件截面抗震验算时，在地震组合中，预应力作用分项系数，当预应力作用效应对构件承载力有利时应取用 1.0，不利时应取用 1.2；

3 预应力筋穿过框架节点核心区时，节点核心区的截面抗震受剪承载力应按本规范第 11.6 节的有关规定进行验算，并可考虑有效预加力的有利影响。

11.8.4 预应力混凝土框架的抗震构造，除应符合钢筋混凝土结构的要求外，尚应符合下列规定：

1 预应力混凝土框架梁端截面，计入纵向受压钢筋的混凝土受压区高度应符合本规范第 11.3.1 条的规定；按普通钢筋抗拉强度设计值换算的全部纵向受拉钢筋配筋率不宜大于 2.5%。

2 在预应力混凝土框架梁中，应采用预应力筋和普通钢筋混合配筋的方式，梁端截面配筋宜符合下列要求。

$$A_s \geq \frac{1}{3}\left(\frac{f_{py}h_p}{f_y h_s}\right)A_p \qquad (11.8.4)$$

注：对二、三级抗震等级的框架-剪力墙、框架-核心筒结构中的后张有粘结预应力混凝土框架，式（11.8.4）右端项系数 1/3 可改为 1/4。

3 预应力混凝土框架梁梁端截面的底部纵向普通钢筋和顶部纵向受力钢筋截面面积的比值，应符合本规范第 11.3.6 条第 2 款的规定。计算顶部纵向受力钢筋截面面积时，应将预应力筋按抗拉强度设计值换算为普通钢筋截面面积。

框架梁端底面纵向普通钢筋配筋率尚不应小于 0.2%。

4 当计算预应力混凝土框架柱的轴压比时，轴向压力设计值应取柱组合的轴向压力设计值加上预应力筋有效预加力的设计值，其轴压比应符合本规范第 11.4.16 条的相应要求。

5 预应力混凝土框架柱的箍筋宜全高加密。大跨度框架边柱可采用在截面受拉较大的一侧配置预应力筋和普通钢筋的混合配筋，另一侧仅配置普通钢筋的非对称配筋方式。

11.8.5 后张预应力混凝土板柱-剪力墙结构，其板柱柱上板带的端截面应符合本规范第 11.8.4 条对受压区高度的规定和公式（11.8.4）对截面配筋的要求。

板柱节点应符合本规范第 11.9 节的规定。

11.8.6 后张预应力筋的锚具、连接器不宜设置在梁柱节点核心区内。

11.9 板 柱 节 点

11.9.1 对一、二、三级抗震等级的板柱节点，应按本规范第11.9.3条及附录F进行抗震受冲切承载力验算。

11.9.2 8度设防烈度时宜采用有托板或柱帽的板柱节点，柱帽及托板的外形尺寸应符合本规范第9.1.10条的规定。同时，托板或柱帽根部的厚度（包括板厚）不应小于柱纵向钢筋直径的16倍，且托板或柱帽的边长不应小于4倍板厚与柱截面相应边长之和。

11.9.3 在地震组合下，当考虑板柱节点临界截面上的剪应力传递不平衡弯矩时，其考虑抗震等级的等效集中反力设计值 $F_{l,eq}$ 可按本规范附录F的规定计算，此时，F_l 为板柱节点临界截面所承受的竖向力设计值。由地震组合的不平衡弯矩在板柱节点处引起的等效集中反力设计值应乘以增大系数，对一、二、三级抗震等级板柱结构的节点，该增大系数可分别取1.7、1.5、1.3。

11.9.4 在地震组合下，配置箍筋或栓钉的板柱节点，受冲切截面及受冲切承载力应符合下列要求：

1 受冲切截面

$$F_{l,eq} \leqslant \frac{1}{\gamma_{RE}}(1.2f_t \eta u_m h_0) \quad (11.9.4-1)$$

2 受冲切承载力

$$F_{l,eq} \leqslant \frac{1}{\gamma_{RE}}\left[(0.3f_t + 0.15\sigma_{pc,m})\eta u_m h_0 + 0.8f_{yv}A_{svu}\right]$$

$$(11.9.4-2)$$

3 对配置抗冲切钢筋的冲切破坏锥体以外的截面，尚应按下式进行受冲切承载力验算：

$$F_{l,eq} \leqslant \frac{1}{\gamma_{RE}}(0.42f_t + 0.15\sigma_{pc,m})\eta u_m h_0$$

$$(11.9.4-3)$$

式中：u_m ——临界截面的周长，公式（11.9.4-1）、公式（11.9.4-2）中的 u_m，按本规范第6.5.1条的规定采用；公式（11.9.4-3）中的 u_m，应取最外排抗冲切钢筋周边以外 $0.5h_0$ 处的最不利周长。

11.9.5 无柱帽平板宜在柱上板带中设构造暗梁，暗梁宽度可取柱宽加柱两侧各不大于1.5倍板厚。暗梁支座上部纵向钢筋应不小于柱上板带纵向钢筋截面面积的1/2，暗梁下部纵向钢筋不宜少于上部纵向钢筋截面面积的1/2。

暗梁箍筋直径不应小于8mm，间距不宜大于3/4倍板厚，肢距不宜大于2倍板厚；支座处暗梁箍筋加密区长度不应小于3倍板厚，其箍筋间距不宜大于100mm，肢距不宜大于250mm。

11.9.6 沿两个主轴方向贯通节点柱截面的连续预应力筋及板底纵向普通钢筋，应符合下列要求：

1 沿两个主轴方向贯通节点柱截面的连续钢筋的总截面面积，应符合下式要求：

$$f_{py}A_p + f_yA_s \geqslant N_G \quad (11.9.6)$$

式中：A_s ——贯通柱截面的板底纵向普通钢筋截面面积；对一端在柱截面对边按受拉弯折锚固的普通钢筋，截面面积按一半计算；

A_p ——贯通柱截面连续预应力筋截面面积；对一端在柱截面对边锚固的预应力筋，截面面积按一半计算；

f_{py} ——预应力筋抗拉强度设计值，对无粘结预应力筋，应按本规范第10.1.14条取用无粘结预应力筋的应力设计值 σ_{pu}；

N_G ——在本层楼板重力荷载代表值作用下的柱轴向压力设计值。

2 连续预应力筋应布置在板柱节点上部，呈下凹进入板跨中。

3 板底纵向普通钢筋的连接位置，宜在距柱面 l_{aE} 与2倍板厚的较大值以外，且应避开板底受拉区范围。

附录A 钢筋的公称直径、公称截面面积及理论重量

表 A.0.1 钢筋的公称直径、公称截面面积及理论重量

公称直径 (mm)	不同根数钢筋的公称截面面积（mm²）									单根钢筋理论重量 (kg/m)
	1	2	3	4	5	6	7	8	9	
6	28.3	57	85	113	142	170	198	226	255	0.222
8	50.3	101	151	201	252	302	352	402	453	0.395
10	78.5	157	236	314	393	471	550	628	707	0.617
12	113.1	226	339	452	565	678	791	904	1017	0.888
14	153.9	308	461	615	769	923	1077	1231	1385	1.21
16	201.1	402	603	804	1005	1206	1407	1608	1809	1.58
18	254.5	509	763	1017	1272	1527	1781	2036	2290	2.00(2.11)
20	314.2	628	942	1256	1570	1884	2199	2513	2827	2.47
22	380.1	760	1140	1520	1900	2281	2661	3041	3421	2.98
25	490.9	982	1473	1964	2454	2945	3436	3927	4418	3.85(4.10)
28	615.8	1232	1847	2463	3079	3695	4310	4926	5542	4.83
32	804.2	1609	2413	3217	4021	4826	5630	6434	7238	6.31(6.65)
36	1017.9	2036	3054	4072	5089	6107	7125	8143	9161	7.99
40	1256.6	2513	3770	5027	6283	7540	8796	10053	11310	9.87(10.34)
50	1963.5	3928	5892	7856	9820	11784	13748	15712	17676	15.42(16.28)

注：括号内为预应力螺纹钢筋的数值。

表 A.0.2　钢绞线的公称直径、公称截面面积及理论重量

种类	公称直径 (mm)	公称截面面积 (mm²)	理论重量 (kg/m)
1×3	8.6	37.7	0.296
	10.8	58.9	0.462
	12.9	84.8	0.666
1×7 标准型	9.5	54.8	0.430
	12.7	98.7	0.775
	15.2	140	1.101
	17.8	191	1.500
	21.6	285	2.237

表 A.0.3　钢丝的公称直径、公称截面面积及理论重量

公称直径 (mm)	公称截面面积 (mm²)	理论重量 (kg/m)
5.0	19.63	0.154
7.0	38.48	0.302
9.0	63.62	0.499

附录 B　近似计算偏压构件侧移二阶效应的增大系数法

B.0.1　在框架结构、剪力墙结构、框架-剪力墙结构及筒体结构中，当采用增大系数法近似计算结构因侧移产生的二阶效应（P-Δ 效应）时，应对未考虑 P-Δ 效应的一阶弹性分析所得的柱、墙肢端弯矩和梁端弯矩以及层间位移分别按公式（B.0.1-1）和公式（B.0.1-2）乘以增大系数 η_s：

$$M = M_{ns} + \eta_s M_s \qquad (B.0.1\text{-}1)$$
$$\Delta = \eta_s \Delta_1 \qquad (B.0.1\text{-}2)$$

式中：M_s——引起结构侧移的荷载或作用所产生的一阶弹性分析构件端弯矩设计值；

M_{ns}——不引起结构侧移荷载产生的一阶弹性分析构件端弯矩设计值；

Δ_1——一阶弹性分析的层间位移；

η_s——P-Δ 效应增大系数，按第 B.0.2 条或第 B.0.3 条确定，其中，梁端 η_s 取为相应节点处上、下柱端或上、下墙肢端 η_s 的平均值。

B.0.2　在框架结构中，所计算楼层各柱的 η_s 可按下列公式计算：

$$\eta_s = \frac{1}{1 - \dfrac{\sum N_j}{D H_0}} \qquad (B.0.2)$$

式中：D——所计算楼层的侧向刚度。在计算结构构件弯矩增大系数与计算结构位移增大系数时，应分别按本规范第 B.0.5 条的规定取用结构构件刚度；

N_j——所计算楼层第 j 列柱轴力设计值；

H_0——所计算楼层的层高。

B.0.3　剪力墙结构、框架-剪力墙结构、筒体结构中的 η_s 可按下列公式计算：

$$\eta_s = \frac{1}{1 - 0.14 \dfrac{H^2 \sum G}{E_c J_d}} \qquad (B.0.3)$$

式中：$\sum G$——各楼层重力荷载设计值之和；

$E_c J_d$——与所设计结构等效的竖向等截面悬臂受弯构件的弯曲刚度，可按该悬臂受弯构件与所设计结构在倒三角形分布水平荷载下顶点位移相等的原则计算。在计算结构构件弯矩增大系数与计算结构位移增大系数时，应分别按本规范第 B.0.5 条规定取用结构构件刚度；

H——结构总高度。

B.0.4　排架结构柱考虑二阶效应的弯矩设计值可按下列公式计算：

$$M = \eta_s M_0 \qquad (B.0.4\text{-}1)$$
$$\eta_s = 1 + \frac{1}{1500 e_i / h_0} \left(\frac{l_0}{h} \right)^2 \zeta_c \qquad (B.0.4\text{-}2)$$
$$\zeta_c = \frac{0.5 f_c A}{N} \qquad (B.0.4\text{-}3)$$
$$e_i = e_0 + e_a \qquad (B.0.4\text{-}4)$$

式中：　ζ_c——截面曲率修正系数；当 $\zeta_c > 1.0$ 时，取 $\zeta_c = 1.0$；

e_i——初始偏心距；

M_0——一阶弹性分析柱端弯矩设计值；

e_0——轴向压力对截面重心的偏心距，$e_0 = M_0 / N$；

e_a——附加偏心距，按本规范第 6.2.5 条规定确定；

l_0——排架柱的计算长度，按本规范表 6.2.20-1 取用；

h, h_0——分别为所考虑弯曲方向柱的截面高度和截面有效高度；

A——柱的截面面积。对于 I 形截面取：$A = bh + 2(b_f - b)h_f'$。

B.0.5　当采用本规范第 B.0.2 条、第 B.0.3 条计算各类结构中的弯矩增大系数 η_s 时，宜对构件的弹性抗弯刚度 $E_c I$ 乘以折减系数：对梁，取 0.4；对柱，取 0.6；对剪力墙肢及核心筒壁墙肢，取 0.45；当计算各结构中位移的增大系数 η_s 时，不对刚度进行折减。

> 注：当验算表明剪力墙肢或核心筒壁墙肢各控制截面不开裂时，计算弯矩增大系数 η_s 时的刚度折减系数可取为 0.7。

附录 C 钢筋、混凝土本构关系与混凝土多轴强度准则

C.1 钢筋本构关系

C.1.1 普通钢筋的屈服强度及极限强度的平均值 f_{ym}、f_{stm} 可按下列公式计算：

$$f_{ym} = f_{yk}/(1 - 1.645\delta_s) \quad \text{(C.1.1-1)}$$
$$f_{stm} = f_{stk}/(1 - 1.645\delta_s) \quad \text{(C.1.1-2)}$$

式中：f_{yk}、f_{ym}——钢筋屈服强度的标准值、平均值；

f_{stk}、f_{stm}——钢筋极限强度的标准值、平均值；

δ_s——钢筋强度的变异系数，宜根据试验统计确定。

C.1.2 钢筋单调加载的应力-应变本构关系曲线（图 C.1.2）可按下列规定确定。

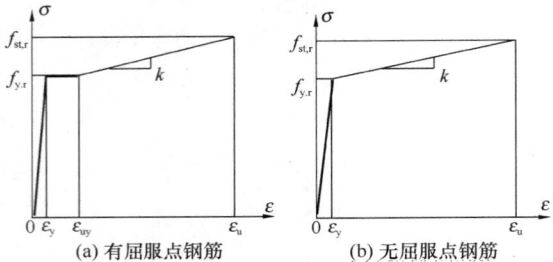

(a) 有屈服点钢筋 (b) 无屈服点钢筋

图 C.1.2 钢筋单调受拉应力-应变曲线

1 有屈服点钢筋

$$\sigma_s = \begin{cases} E_s\varepsilon_s & \varepsilon_s \leqslant \varepsilon_y \\ f_{y,r} & \varepsilon_y < \varepsilon_s \leqslant \varepsilon_{uy} \\ f_{y,r} + k(\varepsilon_s - \varepsilon_{uy}) & \varepsilon_{uy} < \varepsilon_s \leqslant \varepsilon_u \\ 0 & \varepsilon_s > \varepsilon_u \end{cases}$$

$$\text{(C.1.2-1)}$$

2 无屈服点钢筋

$$\sigma_p = \begin{cases} E_s\varepsilon_s & \varepsilon_s \leqslant \varepsilon_y \\ f_{y,r} + k(\varepsilon_s - \varepsilon_y) & \varepsilon_y < \varepsilon_s \leqslant \varepsilon_u \\ 0 & \varepsilon_s > \varepsilon_u \end{cases}$$

$$\text{(C.1.2-2)}$$

式中：E_s——钢筋的弹性模量；

σ_s——钢筋应力；

ε_s——钢筋应变；

$f_{y,r}$——钢筋的屈服强度代表值，其值可根据实际结构分析需要分别取 f_y、f_{yk} 或 f_{ym}；

$f_{st,r}$——钢筋极限强度代表值，其值可根据实际结构分析需要分别取 f_{st}、f_{stk} 或 f_{stm}；

ε_y——与 $f_{y,r}$ 相应的钢筋屈服应变，可取

$f_{y,r}/E_s$；

ε_{uy}——钢筋硬化起点应变；

ε_u——与 $f_{st,r}$ 相应的钢筋峰值应变；

k——钢筋硬化段斜率，$k = (f_{st,r} - f_{y,r})/(\varepsilon_u - \varepsilon_{uy})$。

C.1.3 钢筋反复加载的应力-应变本构关系曲线（图 C.1.3）宜按下列公式确定，也可采用简化的折线形式表达。

$$\sigma_s = E_s(\varepsilon_s - \varepsilon_a) - \left(\frac{\varepsilon_s - \varepsilon_a}{\varepsilon_b - \varepsilon_a}\right)^p [E_s(\varepsilon_b - \varepsilon_a) - \sigma_b]$$

$$\text{(C.1.3-1)}$$

$$p = \frac{(E_s - k)(\varepsilon_b - \varepsilon_a)}{E_s(\varepsilon_b - \varepsilon_a) - \sigma_b} \quad \text{(C.1.3-2)}$$

式中：ε_a——再加载路径起点对应的应变；

σ_b、ε_b——再加载路径终点对应的应力和应变，如再加载方向钢筋未曾屈服过，则 σ_b、ε_b 取钢筋初始屈服点的应力和应变。如再加载方向钢筋已经屈服过，则取该方向钢筋历史最大应力和应变。

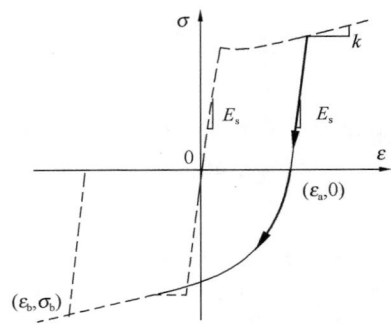

图 C.1.3 钢筋反复加载应力-应变曲线

C.2 混凝土本构关系

C.2.1 混凝土的抗压强度及抗拉强度的平均值 f_{cm}、f_{tm} 可按下列公式计算：

$$f_{cm} = f_{ck}/(1 - 1.645\delta_c) \quad \text{(C.2.1-1)}$$
$$f_{tm} = f_{tk}/(1 - 1.645\delta_c) \quad \text{(C.2.1-2)}$$

式中：f_{cm}、f_{ck}——混凝土抗压强度的平均值、标准值；

f_{tm}、f_{tk}——混凝土抗拉强度的平均值、标准值；

δ_c——混凝土强度变异系数，宜根据试验统计确定。

C.2.2 本节规定的混凝土本构模型应适用于下列条件：

1 混凝土强度等级 C20～C80；

2 混凝土质量密度 2200kg/m³～2400kg/m³；

3 正常温度、湿度环境；

4 正常加载速度。

C.2.3 混凝土单轴受拉的应力-应变曲线（图 C.2.3）可按下列公式确定：

$$\sigma = (1 - d_t) E_c \varepsilon \qquad (C.2.3\text{-}1)$$

$$d_t = \begin{cases} 1 - \rho_t [1.2 - 0.2x^5] & x \leqslant 1 \\ 1 - \dfrac{\rho_t}{\alpha_t (x-1)^{1.7} + x} & x > 1 \end{cases}$$

$$(C.2.3\text{-}2)$$

$$x = \frac{\varepsilon}{\varepsilon_{t,r}} \qquad (C.2.3\text{-}3)$$

$$\rho_t = \frac{f_{t,r}}{E_c \varepsilon_{t,r}} \qquad (C.2.3\text{-}4)$$

式中：α_t ——混凝土单轴受拉应力-应变曲线下降段的参数值，按表 C.2.3 取用；

$f_{t,r}$ ——混凝土的单轴抗拉强度代表值，其值可根据实际结构分析需要分别取 f_t、f_{tk} 或 f_{tm}；

$\varepsilon_{t,r}$ ——与单轴抗拉强度代表值 $f_{t,r}$ 相应的混凝土峰值拉应变，按表 C.2.3 取用；

d_t ——混凝土单轴受拉损伤演化参数。

表 C.2.3 混凝土单轴受拉应力-应变曲线的参数取值

$f_{t,r}$ (N/mm²)	1.0	1.5	2.0	2.5	3.0	3.5	4.0
$\varepsilon_{t,r}$ (10⁻⁶)	65	81	95	107	118	128	137
α_t	0.31	0.70	1.25	1.95	2.81	3.82	5.00

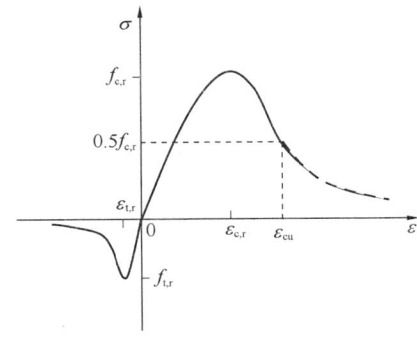

图 C.2.3 混凝土单轴应力-应变曲线

注：混凝土受拉、受压的应力-应变曲线示意图绘于同一坐标系中，但取不同的比例。符号取"受拉为负、受压为正"。

C.2.4 混凝土单轴受压的应力-应变曲线（图 C.2.3）可按下列公式确定：

$$\sigma = (1 - d_c) E_c \varepsilon \qquad (C.2.4\text{-}1)$$

$$d_c = \begin{cases} 1 - \dfrac{\rho_c n}{n - 1 + x^n} & x \leqslant 1 \\ 1 - \dfrac{\rho_c}{\alpha_c (x-1)^2 + x} & x > 1 \end{cases}$$

$$(C.2.4\text{-}2)$$

$$\rho_c = \frac{f_{c,r}}{E_c \varepsilon_{c,r}} \qquad (C.2.4\text{-}3)$$

$$n = \frac{E_c \varepsilon_{c,r}}{E_c \varepsilon_{c,r} - f_{c,r}} \qquad (C.2.4\text{-}4)$$

$$x = \frac{\varepsilon}{\varepsilon_{c,r}} \qquad (C.2.4\text{-}5)$$

式中：α_c ——混凝土单轴受压应力-应变曲线下降段参数值，按表 C.2.4 取用；

$f_{c,r}$ ——混凝土单轴抗压强度代表值，其值可根据实际结构分析的需要分别取 f_c、f_{ck} 或 f_{cm}；

$\varepsilon_{c,r}$ ——与单轴抗压强度 $f_{c,r}$ 相应的混凝土峰值压应变，按表 C.2.4 取用；

d_c ——混凝土单轴受压损伤演化参数。

表 C.2.4 混凝土单轴受压应力-应变曲线的参数取值

$f_{c,r}$ (N/mm²)	20	25	30	35	40	45	50	55	60	65	70	75	80
$\varepsilon_{c,r}$ (10⁻⁶)	1470	1560	1640	1720	1790	1850	1920	1980	2030	2080	2130	2190	2240
α_c	0.74	1.06	1.36	1.65	1.94	2.21	2.48	2.74	3.00	3.25	3.50	3.75	3.99
$\varepsilon_{cu}/\varepsilon_{c,r}$	3.0	2.6	2.3	2.1	2.0	1.9	1.9	1.8	1.8	1.7	1.7	1.7	1.6

注：ε_{cu} 为应力应变曲线下降段应力等于 $0.5 f_{c,r}$ 时的混凝土压应变。

C.2.5 在重复荷载作用下，受压混凝土卸载及再加载应力路径（图 C.2.5）可按下列公式确定：

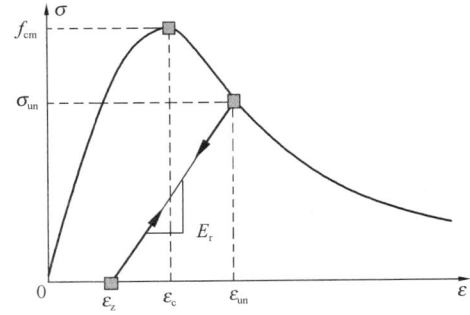

图 C.2.5 重复荷载作用下混凝土应力-应变曲线

$$\sigma = E_r (\varepsilon - \varepsilon_z) \qquad (C.2.5\text{-}1)$$

$$E_r = \frac{\sigma_{un}}{\varepsilon_{un} - \varepsilon_z} \qquad (C.2.5\text{-}2)$$

$$\varepsilon_z = \varepsilon_{un} - \left[\frac{(\varepsilon_{un} + \varepsilon_{ca})\sigma_{un}}{\sigma_{un} + E_c \varepsilon_{ca}}\right] \qquad (C.2.5\text{-}3)$$

$$\varepsilon_{ca} = \max\left(\frac{\varepsilon_c}{\varepsilon_c + \varepsilon_{un}}, \frac{0.09\varepsilon_{un}}{\varepsilon_c}\right)\sqrt{\varepsilon_c \varepsilon_{un}}$$

$$(C.2.5\text{-}4)$$

式中：σ ——受压混凝土的压应力；

ε ——受压混凝土的压应变；

ε_z ——受压混凝土卸载至零应力点时的残余应变；

E_r ——受压混凝土卸载/再加载的变形模量；

σ_{un}、ε_{un} ——分别为受压混凝土从骨架线开始卸载

时的应力和应变；

$\varepsilon_{\mathrm{ca}}$——附加应变；

ε_{c}——混凝土受压峰值应力对应的应变。

C. 2. 6 混凝土在双轴加载、卸载条件下的本构关系可采用损伤模型或弹塑性模型。弹塑性本构关系可采用弹塑性增量本构理论，损伤本构关系按下列公式确定：

1 双轴受拉区（$\sigma'_1 < 0$，$\sigma'_2 < 0$）

1）加载方程

$$\begin{Bmatrix} \sigma_1 \\ \sigma_2 \end{Bmatrix} = (1 - d_{\mathrm{t}}) \begin{Bmatrix} \sigma'_1 \\ \sigma'_2 \end{Bmatrix} \quad (\text{C. 2. 6-1})$$

$$\varepsilon_{\mathrm{t,e}} = -\sqrt{\frac{1}{1-\nu^2} \left[(\varepsilon_1)^2 + (\varepsilon_2)^2 + 2\nu\varepsilon_1\varepsilon_2 \right]}$$

$$(\text{C. 2. 6-2})$$

$$\begin{Bmatrix} \sigma'_1 \\ \sigma'_2 \end{Bmatrix} = \frac{E_{\mathrm{c}}}{1-\nu^2} \begin{bmatrix} 1 & \nu \\ \nu & 1 \end{bmatrix} \begin{Bmatrix} \varepsilon_1 \\ \varepsilon_2 \end{Bmatrix} \quad (\text{C. 2. 6-3})$$

式中： d_{t}——受拉损伤演化参数，可由式

（C. 2. 3-2）计算，其中 $x = \dfrac{\varepsilon_{\mathrm{t,e}}}{\varepsilon_{\mathrm{t}}}$；

$\varepsilon_{\mathrm{t,e}}$——受拉能量等效应变；

σ'_1、σ'_2——有效应力；

ν——混凝土泊松比，可取 $0.18 \sim 0.22$。

2）卸载方程

$$\begin{Bmatrix} \sigma_1 - \sigma_{\mathrm{un},1} \\ \sigma_2 - \sigma_{\mathrm{un},2} \end{Bmatrix} = (1 - d_{\mathrm{t}}) \frac{E_{\mathrm{c}}}{1-\nu^2} \begin{bmatrix} 1 & \nu \\ \nu & 1 \end{bmatrix} \begin{Bmatrix} \varepsilon_1 - \varepsilon_{\mathrm{un},1} \\ \varepsilon_2 - \varepsilon_{\mathrm{un},2} \end{Bmatrix}$$

$$(\text{C. 2. 6-4})$$

式中：$\sigma_{\mathrm{un},1}$、$\sigma_{\mathrm{un},2}$、$\varepsilon_{\mathrm{un},1}$、$\varepsilon_{\mathrm{un},2}$——二维卸载点处的应力、应变。

在加载方程中，损伤演化参数应采用即时应变换算得到的能量等效应变计算；卸载方程中的损伤演化参数应采用卸载点处的应变换算的能量等效应变计算，并且在整个卸载和再加载过程中保持不变。

2 双轴受压区（$\sigma'_1 \geqslant 0$，$\sigma'_2 \geqslant 0$）

1）加载方程

$$\begin{Bmatrix} \sigma_1 \\ \sigma_2 \end{Bmatrix} = (1 - d_{\mathrm{c}}) \begin{Bmatrix} \sigma'_1 \\ \sigma'_2 \end{Bmatrix} \quad (\text{C. 2. 6-5})$$

$$\varepsilon_{\mathrm{c,e}} = \frac{1}{(1-\nu^2)(1-\alpha_{\mathrm{s}})} \left[\alpha_{\mathrm{s}}(1+\nu)(\varepsilon_1 + \varepsilon_2) \right.$$
$$\left. + \sqrt{(\varepsilon_1 + \nu\varepsilon_2)^2 + (\varepsilon_2 + \nu\varepsilon_1)^2 - (\varepsilon_1 + \nu\varepsilon_2)(\varepsilon_2 + \nu\varepsilon_1)} \right]$$

$$(\text{C. 2. 6-6})$$

$$\alpha_{\mathrm{s}} = \frac{r-1}{2r-1} \quad (\text{C. 2. 6-7})$$

式中：d_{c}——受压损伤演化参数，可由公式（C. 2. 4-2）

计算，其中 $x = \dfrac{\varepsilon_{\mathrm{c,e}}}{\varepsilon_{\mathrm{c}}}$；

$\varepsilon_{\mathrm{c,e}}$——受压能量等效应变；

α_{s}——受剪屈服参数；

r——双轴受压强度提高系数，取值范围 $1.15 \sim 1.30$，可根据实验数据确定，在

缺乏实验数据时可取1.2。

2）卸载方程

$$\begin{Bmatrix} \sigma_1 - \sigma_{\mathrm{un},1} \\ \sigma_2 - \sigma_{\mathrm{un},2} \end{Bmatrix} = (1 - \eta_{\mathrm{d}} d_{\mathrm{c}}) \frac{E_{\mathrm{c}}}{1-\nu^2} \begin{bmatrix} 1 & \nu \\ \nu & 1 \end{bmatrix}$$

$$\begin{Bmatrix} \varepsilon_1 - \varepsilon_{\mathrm{un},1} \\ \varepsilon_2 - \varepsilon_{\mathrm{un},2} \end{Bmatrix} \quad (\text{C. 2. 6-8})$$

$$\eta_{\mathrm{d}} = \frac{\varepsilon_{\mathrm{c,e}}}{\varepsilon_{\mathrm{c,e}} + \varepsilon_{\mathrm{ca}}} \quad (\text{C. 2. 6-9})$$

式中：η_{d}——塑性因子；

$\varepsilon_{\mathrm{ca}}$——附加应变，按公式（C. 2. 5-4）计算。

3 双轴拉压区（$\sigma'_1 < 0$，$\sigma'_2 \geqslant 0$）或（$\sigma'_1 \geqslant 0$，$\sigma'_2 < 0$）

1）加载方程

$$\begin{Bmatrix} \sigma_1 \\ \sigma_2 \end{Bmatrix} = \begin{bmatrix} (1-d_{\mathrm{t}}) & 0 \\ 0 & (1-d_{\mathrm{c}}) \end{bmatrix} \begin{Bmatrix} \sigma'_1 \\ \sigma'_2 \end{Bmatrix}$$

$$(\text{C. 2. 6-10})$$

$$\varepsilon_{\mathrm{t,e}} = -\sqrt{\frac{1}{(1-\nu^2)}\varepsilon_1(\varepsilon_1 + \gamma\varepsilon_2)}$$

$$(\text{C. 2. 6-11})$$

式中： d_{t}——受拉损伤演化参数，可由式

（C. 2. 3-2）计算，其中 $x = \dfrac{\varepsilon_{\mathrm{t,e}}}{\varepsilon_{\mathrm{t}}}$；

d_{c}——受压损伤演化参数，可由式

（C. 2. 4-2）计算，其中 $x = \dfrac{\varepsilon_{\mathrm{c,e}}}{\varepsilon_{\mathrm{c}}}$；

$\varepsilon_{\mathrm{t,e}}$、$\varepsilon_{\mathrm{c,e}}$——能量等效应变，其中，$\varepsilon_{\mathrm{c,e}}$ 按式（C. 2. 6-6）计算，$\varepsilon_{\mathrm{t,e}}$ 可按式（C. 2. 6-11）计算。

2）卸载方程

$$\begin{Bmatrix} \sigma_1 - \sigma_{\mathrm{un},1} \\ \sigma_2 - \sigma_{\mathrm{un},2} \end{Bmatrix} = \frac{E_{\mathrm{c}}}{1-\nu^2} \begin{bmatrix} (1-d_{\mathrm{t}}) & (1-d_{\mathrm{t}})\nu \\ (1-\eta_{\mathrm{d}}d_{\mathrm{c}})\nu & (1-\eta_{\mathrm{d}}d_{\mathrm{c}}) \end{bmatrix} \begin{Bmatrix} \varepsilon_1 - \varepsilon_{\mathrm{un},1} \\ \varepsilon_2 - \varepsilon_{\mathrm{un},2} \end{Bmatrix}$$

$$(\text{C. 2. 6-12})$$

式中：η_{d}——塑性因子。

C. 3 钢筋-混凝土粘结滑移本构关系

C. 3. 1 混凝土与热轧带肋钢筋之间的粘结应力-滑移（$\tau - s$）本构关系曲线（图 C. 3. 1）可按下列规定确定，曲线特征点的参数值可按表 C. 3. 1 取用。

线性段 $\tau = k_1 s$ $0 \leqslant s \leqslant s_{\mathrm{cr}}$ （C. 3. 1-1）

劈裂段 $\tau = \tau_{\mathrm{cr}} + k_2(s - s_{\mathrm{cr}})$ $s_{\mathrm{cr}} < s \leqslant s_{\mathrm{u}}$

$$(\text{C. 3. 1-2})$$

下降段 $\tau = \tau_{\mathrm{u}} + k_3(s - s_{\mathrm{u}})$ $s_{\mathrm{u}} < s \leqslant s_{\mathrm{r}}$

$$(\text{C. 3. 1-3})$$

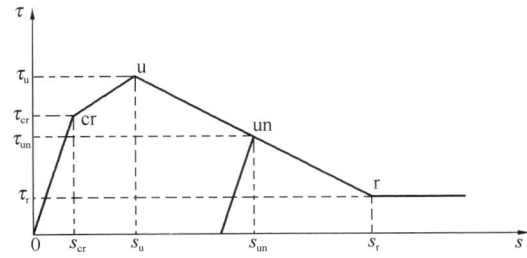

图 C.3.1　混凝土与钢筋间的粘结应力-滑移曲线

残余段　　　　$\tau = \tau_r$　　$s > s_r$　　　（C.3.1-4）

卸载段　　　　$\tau = \tau_{un} + k_1(s - s_{un})$　　（C.3.1-5）

式中：τ——混凝土与热轧带肋钢筋之间的粘结应力（N/mm²）；

$\quad\quad s$——混凝土与热轧带肋钢筋之间的相对滑移（mm）；

$\quad\quad k_1$——线性段斜率，τ_{cr}/s_{cr}；

$\quad\quad k_2$——劈裂段斜率，$(\tau_u - \tau_{cr})/(s_u - s_{cr})$；

$\quad\quad k_3$——下降段斜率，$(\tau_r - \tau_u)/(s_r - s_u)$；

$\quad\quad \tau_{un}$——卸载点的粘结应力（N/mm²）；

$\quad\quad s_{un}$——卸载点的相对滑移（mm）。

表 C.3.1　混凝土与钢筋间粘结应力-滑移曲线的参数值

特征点	劈裂（cr）		峰值（u）		残余（r）	
粘结应力（N/mm²）	τ_{cr}	$2.5f_{t,r}$	τ_u	$3f_{t,r}$	τ_r	$f_{t,r}$
相对滑移（mm）	s_{cr}	0.025d	s_u	0.04d	s_r	0.55d

注：表中 d 为钢筋直径（mm）；$f_{t,r}$ 为混凝土的抗拉强度特征值（N/mm²）。

C.3.2　除热轧带肋钢筋外，其余种类钢筋的粘结应力-滑移本构关系曲线的参数值可根据试验确定。

C.4　混凝土强度准则

C.4.1　当采用混凝土多轴强度准则进行承载力计算时，材料强度参数取值及抗力计算应符合下列原则：

　　1　当采用弹塑性方法确定作用效应时，混凝土强度指标宜取平均值；

　　2　当采用弹性方法或弹塑性方法分析结果进行构件承载力计算时，混凝土强度指标可根据需要，取其强度设计值（f_c 或 f_t）或标准值（f_{ck} 或 f_{tk}）。

　　3　采用弹性分析或弹塑性分析求得混凝土的应力分布和主应力值后，混凝土多轴强度验算应符合下列要求：

$$|\sigma_i| \leqslant |f_i| \quad (i = 1、2、3) \quad \text{（C.4.1）}$$

式中：σ_i——混凝土主应力值，受拉为负，受压为正，且 $\sigma_1 \geqslant \sigma_2 \geqslant \sigma_3$。

$\quad\quad f_i$——混凝土多轴强度代表值，受拉为负，受压为正，且 $f_1 \geqslant f_2 \geqslant f_3$。

C.4.2　在二轴应力状态下，混凝土的二轴强度由下列 4 条曲线连成的封闭曲线（图 C.4.2）确定；也可以根据表 C.4.2-1、表 C.4.2-2 和表 C.4.2-3 所列的数值内插取值。

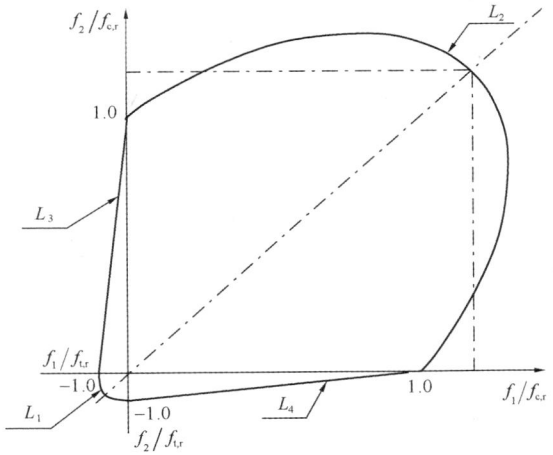

图 C.4.2　混凝土二轴应力的强度包络图

强度包络曲线方程应符合下列公式的规定：

$$
\begin{cases}
L_1: & f_1^2 + f_2^2 - 2\nu f_1 f_2 = (f_{t,r})^2 \\
L_2: & \sqrt{f_1^2 + f_2^2 - f_1 f_2} - \alpha_s(f_1 + f_2) = (1 - \alpha_s)f_{c,r} \\
L_3: & \dfrac{f_2}{f_{c,r}} - \dfrac{f_1}{f_{t,r}} = 1 \\
L_4: & \dfrac{f_1}{f_{c,r}} - \dfrac{f_2}{f_{t,r}} = 1
\end{cases}
$$

$$\text{（C.4.2）}$$

式中：α_s——受剪屈服参数，由公式（C.2.6-7）确定。

表 C.4.2-1　混凝土在二轴拉-压应力状态下的抗拉、抗压强度

$f_2/f_{t,r}$	0	-0.1	-0.2	-0.3	-0.4	-0.5	-0.6	-0.7	-0.8	-0.9	-1.0
$f_1/f_{c,r}$	1.00	0.90	0.80	0.70	0.60	0.50	0.40	0.30	0.20	0.10	0

表 C.4.2-2　混凝土在二轴受压状态下的抗压强度

$f_1/f_{c,r}$	1.0	1.05	1.10	1.15	1.20	1.25	1.29	1.25	1.20	1.16
$f_2/f_{c,r}$	0	0.074	0.16	0.25	0.36	0.50	0.88	1.03	1.11	1.16

表 C.4.2-3　混凝土在二轴受拉状态下的抗拉强度

$f_1/f_{t,r}$	-0.79	-0.7	-0.6	-0.5	-0.4	-0.3	-0.2	-0.1	0
$f_2/f_{t,r}$	-0.79	-0.86	-0.93	-0.97	-1.00	-1.02	-1.02	-1.02	-1.00

C.4.3　混凝土在三轴应力状态下的强度可按下列规定确定：

　　1　在三轴受拉（拉-拉-拉）应力状态下，混凝土的三轴抗拉强度 f_3 均可取单轴抗拉强度的 0.9 倍；

　　2　三轴拉压（拉-拉-压、拉-压-压）应力状态下混凝土的三轴抗压强度 f_1 可根据应力比 σ_3/σ_1 和 σ_2/σ_1

按图 C.4.3-1 确定,或根据表 C.4.3-1 内插取值,其最高强度不宜超过单轴抗压强度的 1.2 倍;

表 C.4.3-1 混凝土在三轴拉-压状态下抗压强度的调整系数 ($f_1/f_{c,r}$)

σ_3/σ_1 \ σ_2/σ_1	−0.75	−0.50	−0.25	−0.10	−0.05	0	0.25	0.35	0.36	0.50	0.70	0.75	1.00
−1.00	0	0	0	0	0	0	0	0	0	0	0	0	0
−0.75	0.10	0.10	0.10	0.10	0.10	0.10	0.05	0.05	0.05	0.05	0.05	0.05	0.05
−0.50	—	0.10	0.10	0.10	0.10	0.10	0.10	0.10	0.10	0.10	0.10	0.10	0.10
−0.25	—	—	0.20	0.20	0.20	0.20	0.20	0.20	0.20	0.20	0.20	0.20	0.20
−0.12	—	—	—	0.30	0.30	0.30	0.30	0.30	0.30	0.30	0.30	0.30	0.30
−0.10	—	—	—	0.40	0.40	0.40	0.40	0.40	0.40	0.40	0.40	0.40	0.40
−0.08	—	—	—	—	0.50	0.50	0.50	0.50	0.50	0.50	0.50	0.50	0.50
−0.05	—	—	—	—	0.60	0.60	0.60	0.60	0.60	0.60	0.60	0.60	0.60
−0.04	—	—	—	—	—	0.70	0.70	0.70	0.70	0.70	0.70	0.70	0.70
−0.02	—	—	—	—	—	0.80	0.80	0.80	0.80	0.80	0.80	0.80	0.80
−0.01	—	—	—	—	—	0.90	0.90	0.90	0.90	0.90	0.90	0.90	0.90
0	—	—	—	—	—	1.00	1.20	1.20	1.20	1.20	1.20	1.20	1.20

注:正值为压,负值为拉。

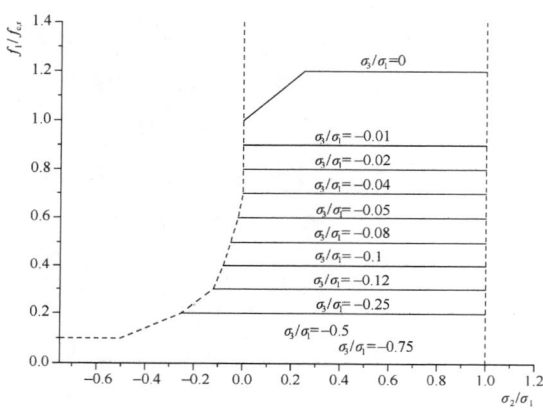

图 C.4.3-1 三轴拉-压应力状态下混凝土的三轴抗压强度

3 三轴受压(压-压-压)应力状态下混凝土的三轴抗压强度 f_1 可根据应力比 σ_3/σ_1 和 σ_2/σ_1 按图 C.4.3-2 确定,或根据表 C.4.3-2 内插取值,其最高强度不宜超过单轴抗压强度的 3 倍。

表 C.4.3-2 混凝土在三轴受压状态下抗压强度的提高系数 ($f_1/f_{c,r}$)

σ_3/σ_1 \ σ_2/σ_1	0	0.05	0.10	0.15	0.20	0.25	0.30	0.40	0.60	0.80	1.00
0	1.00	1.05	1.10	1.15	1.20	1.20	1.20	1.20	1.20	1.20	1.20
0.05	—	1.40	1.40	1.40	1.40	1.40	1.40	1.40	1.40	1.40	1.40
0.08	—	—	1.64	1.64	1.64	1.64	1.64	1.64	1.64	1.64	1.64
0.10	—	—	1.80	1.80	1.80	1.80	1.80	1.80	1.80	1.80	1.80
0.12	—	—	—	2.00	2.00	2.00	2.00	2.00	2.00	2.00	2.00
0.15	—	—	—	2.30	2.30	2.30	2.30	2.30	2.30	2.30	2.30
0.18	—	—	—	—	2.72	2.72	2.72	2.72	2.72	2.72	2.72
0.20	—	—	—	—	3.00	3.00	3.00	3.00	3.00	3.00	3.00

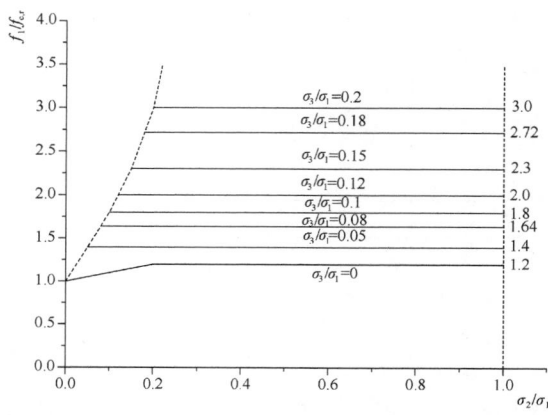

图 C.4.3-2 三轴受压状态下混凝土的三轴抗压强度

附录 D 素混凝土结构构件设计

D.1 一般规定

D.1.1 素混凝土构件主要用于受压构件。素混凝土受弯构件仅允许用于卧置在地基上以及不承受活荷载的情况。

D.1.2 素混凝土结构构件应进行正截面承载力计算;对承受局部荷载的部位尚应进行局部受压承载力计算。

D.1.3 素混凝土墙和柱的计算长度 l_0 可按下列规定采用:

1 两端支承在刚性的横向结构上时,取 $l_0=H$;

2 具有弹性移动支座时,取 $l_0=1.25H\sim1.50H$;

3 对自由独立的墙和柱,取 $l_0=2H$。

此处,H 为墙或柱的高度,以层高计。

D.1.4 素混凝土结构伸缩缝的最大间距,可按表 D.1.4 的规定采用。

整片的素混凝土墙壁式结构,其伸缩缝宜做成贯通式,将基础断开。

表 D.1.4 素混凝土结构伸缩缝最大间距(m)

结构类别	室内或土中	露 天
装配式结构	40	30
现浇结构(配有构造钢筋)	30	20
现浇结构(未配构造钢筋)	20	10

D.2 受压构件

D.2.1 素混凝土受压构件,当按受压承载力计算时,不考虑受拉区混凝土的工作,并假定受压区的法向应力图形为矩形,其应力值取素混凝土的轴心抗压强度设计值,此时,轴向力作用点与受压区混凝土合力点相重合。

素混凝土受压构件的受压承载力应符合下列规定：

1 对称于弯矩作用平面的截面

$$N \leq \varphi f_{cc} A'_c \qquad (D.2.1-1)$$

受压区高度 x 应按下列条件确定：

$$e_c = e_0 \qquad (D.2.1-2)$$

此时，轴向力作用点至截面重心的距离 e_0 尚应符合下列要求：

$$e_0 \leq 0.9 y'_0 \qquad (D.2.1-3)$$

2 矩形截面（图 D.2.1）

$$N \leq \varphi f_{cc} b (h - 2e_0) \qquad (D.2.1-4)$$

式中：N——轴向压力设计值；

φ——素混凝土构件的稳定系数，按表 D.2.1 采用；

f_{cc}——素混凝土的轴心抗压强度设计值，按本规范表 4.1.4-1 规定的混凝土轴心抗压强度设计值 f_c 值乘以系数 0.85 取用；

A'_c——混凝土受压区的面积；

e_c——受压区混凝土的合力点至截面重心的距离；

y'_0——截面重心至受压区边缘的距离；

b——截面宽度；

h——截面高度。

当按公式(D.2.1-1)或公式(D.2.1-4)计算时，对 e_0 不小于 $0.45y'_0$ 的受压构件，应在混凝土受拉区配置构造钢筋。其配筋率不应少于构件截面面积的 0.05%。但当符合本规范公式（D.2.2-1）或公式（D.2.2-2）的条件时，可不配置此项构造钢筋。

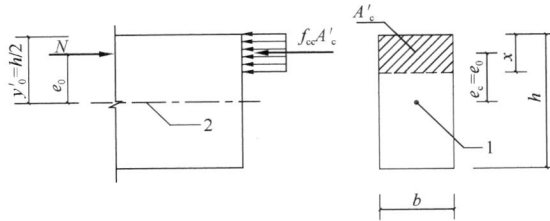

图 D.2.1 矩形截面的素混凝土
受压构件受压承载力计算
1—重心；2—重心线

表 D.2.1 素混凝土构件的稳定系数 φ

l_0/b	<4	4	6	8	10	12	14	16	18	20	22	24	26	28	30
l_0/i	<14	14	21	28	35	42	49	56	63	70	76	83	90	97	104
φ	1.00	0.98	0.96	0.91	0.86	0.82	0.77	0.72	0.68	0.63	0.59	0.55	0.51	0.47	0.44

注：在计算 l_0/b 时，b 的取值：对偏心受压构件，取弯矩作用平面的截面高度；对轴心受压构件，取截面短边尺寸。

D.2.2 对不允许开裂的素混凝土受压构件（如处于液体压力下的受压构件、女儿墙等），当 e_0 不小于

$0.45y'_0$ 时，其受压承载力应按下列公式计算：

1 对称于弯矩作用平面的截面

$$N \leq \varphi \frac{\gamma f_{ct} A}{\dfrac{e_0 A}{W} - 1} \qquad (D.2.2-1)$$

2 矩形截面

$$N \leq \varphi \frac{\gamma f_{ct} bh}{\dfrac{6e_0}{h} - 1} \qquad (D.2.2-2)$$

式中：f_{ct}——素混凝土轴心抗拉强度设计值，按本规范表 4.1.4-2 规定的混凝土轴心抗拉强度设计值 f_t 值乘以系数 0.55 取用；

γ——截面抵抗矩塑性影响系数，按本规范第 7.2.4 条取用；

W——截面受拉边缘的弹性抵抗矩；

A——截面面积。

D.2.3 素混凝土偏心受压构件，除应计算弯矩作用平面的受压承载力外，尚应按轴心受压构件验算垂直于弯矩作用平面的受压承载力。此时，不考虑弯矩作用，但应考虑稳定系数 φ 的影响。

D.3 受弯构件

D.3.1 素混凝土受弯构件的受弯承载力应符合下列规定：

1 对称于弯矩作用平面的截面

$$M \leq \gamma f_{ct} W \qquad (D.3.1-1)$$

2 矩形截面

$$M \leq \frac{\gamma f_{ct} bh^2}{6} \qquad (D.3.1-2)$$

式中：M——弯矩设计值。

D.4 局部构造钢筋

D.4.1 素混凝土结构在下列部位应配置局部构造钢筋：

1 结构截面尺寸急剧变化处；

2 墙壁高度变化处（在不小于 1m 范围内配置）；

3 混凝土墙壁中洞口周围。

注：在配置局部构造钢筋后，伸缩缝的间距仍应按本规范表 D.1.4 中未配构造钢筋的现浇结构采用。

D.5 局部受压

D.5.1 素混凝土构件的局部受压承载力应符合下列规定：

1 局部受压面上仅有局部荷载作用

$$F_l \leq \omega \beta_l f_{cc} A_l \qquad (D.5.1-1)$$

2 局部受压面上尚有非局部荷载作用

$$F_l \leqslant \omega\beta_l(f_{cc}-\sigma)A_l \quad (D.5.1\text{-}2)$$

式中：F_l——局部受压面上作用的局部荷载或局部压力设计值；

A_l——局部受压面积；

ω——荷载分布的影响系数：当局部受压面上的荷载为均匀分布时，取 $\omega=1$；当局部荷载为非均匀分布时（如梁、过梁等的端部支承面），取 $\omega=0.75$；

σ——非局部荷载设计值产生的混凝土压应力；

β_l——混凝土局部受压时的强度提高系数，按本规范公式（6.6.1-2）计算。

附录 E 任意截面、圆形及环形构件正截面承载力计算

E.0.1 任意截面钢筋混凝土和预应力混凝土构件，其正截面承载力可按下列方法计算：

1 将截面划分为有限多个混凝土单元、纵向钢筋单元和预应力筋单元（图 E.0.1a），并近似取单元内应变和应力为均匀分布，其合力点在单元重心处；

2 各单元的应变按本规范第 6.2.1 条的截面应变保持平面的假定由下列公式确定（图 E.0.1b）：

$$\varepsilon_{ci}=\phi_u[(x_{ci}\sin\theta+y_{ci}\cos\theta)-r] \quad (E.0.1\text{-}1)$$

$$\varepsilon_{sj}=-\phi_u[(x_{sj}\sin\theta+y_{sj}\cos\theta)-r]$$
$$(E.0.1\text{-}2)$$

$$\varepsilon_{pk}=-\phi_u[(x_{pk}\sin\theta+y_{pk}\cos\theta)-r]+\varepsilon_{p0k}$$
$$(E.0.1\text{-}3)$$

3 截面达到承载能力极限状态时的极限曲率 ϕ_u 应按下列两种情况确定：

1） 当截面受压区外边缘的混凝土压应变 ε_c 达到混凝土极限压应变 ε_{cu} 且受拉区最外排钢筋的应变 ε_{s1} 小于 0.01 时，应按下列公式计算：

$$\phi_u=\frac{\varepsilon_{cu}}{x_n} \quad (E.0.1\text{-}4)$$

2） 当截面受拉区最外排钢筋的应变 ε_{s1} 达到 0.01 且受压区外边缘的混凝土压应变 ε_c 小于混凝土极限压应变 ε_{cu} 时，应按下列公式计算：

$$\phi_u=\frac{0.01}{h_{01}-x_n} \quad (E.0.1\text{-}5)$$

4 混凝土单元的压应力和普通钢筋单元、预应力筋单元的应力应按本规范第 6.2.1 条的基本假定确定；

5 构件正截面承载力应按下列公式计算（图 E.0.1）：

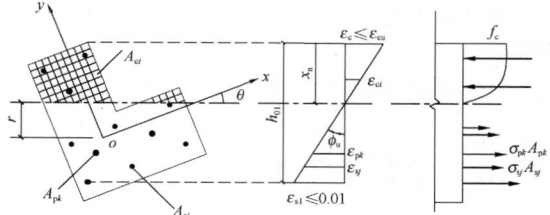

(a) 截面、配筋及其单元划分 (b) 应变分布 (c) 应力分布

图 E.0.1 任意截面构件正截面承载力计算

$$N \leqslant \sum_{i=1}^{l}\sigma_{ci}A_{ci}-\sum_{j=1}^{m}\sigma_{sj}A_{sj}-\sum_{k=1}^{n}\sigma_{pk}A_{pk}$$
$$(E.0.1\text{-}6)$$

$$M_x \leqslant \sum_{i=1}^{l}\sigma_{ci}A_{ci}x_{ci}-\sum_{j=1}^{m}\sigma_{sj}A_{sj}x_{sj}-\sum_{k=1}^{n}\sigma_{pk}A_{pk}x_{pk}$$
$$(E.0.1\text{-}7)$$

$$M_y \leqslant \sum_{i=1}^{l}\sigma_{ci}A_{ci}y_{ci}-\sum_{j=1}^{m}\sigma_{sj}A_{sj}y_{sj}-\sum_{k=1}^{n}\sigma_{pk}A_{pk}y_{pk}$$
$$(E.0.1\text{-}8)$$

式中：N——轴向力设计值，当为压力时取正值，当为拉力时取负值；

M_x、M_y——偏心受力构件截面 x 轴、y 轴方向的弯矩设计值：当为偏心受压时，应考虑附加偏心距引起的附加弯矩；轴向压力作用在 x 轴的上侧时 M_y 取正值，轴向压力作用在 y 轴的右侧时 M_x 取正值；当为偏心受拉时，不考虑附加偏心的影响；

ε_{ci}、σ_{ci}——分别为第 i 个混凝土单元的应变、应力，受压时取正值，受拉时应取应力 $\sigma_{ci}=0$；序号 i 为 1，2，…，l，此处，l 为混凝土单元数；

A_{ci}——第 i 个混凝土单元面积；

x_{ci}、y_{ci}——分别为第 i 个混凝土单元重心到 y 轴、x 轴的距离，x_{ci} 在 y 轴右侧及 y_{ci} 在 x 轴上侧时取正值；

ε_{sj}、σ_{sj}——分别为第 j 个普通钢筋单元的应变、应力，受拉时取正值，应力 σ_{sj} 应满足本规范公式（6.2.1-6）的条件；序号 j 为 1，2，…，m，此处，m 为钢筋单元数；

A_{sj}——第 j 个普通钢筋单元面积；

x_{sj}、y_{sj}——分别为第 j 个普通钢筋单元重心到 y 轴、x 轴的距离，x_{sj} 在 y 轴右侧及 y_{sj} 在 x 轴上侧时取正值；

ε_{pk}、σ_{pk}——分别为第 k 个预应力筋单元的应变、应力，受拉时取正值，应力 σ_{pk} 应满足本规范公式（6.2.1-7）的条件，

序号 k 为 1，2，…，n，此处，n 为预应力筋单元数；

ε_{p0k}——第 k 个预应力筋单元在该单元重心处混凝土法向应力等于零时的应变，其值取 σ_{p0k} 除以预应力筋的弹性模量，当受拉时取正值；σ_{p0k} 按本规范公式（10.1.6-3）或公式（10.1.6-6）计算；

A_{pk}——第 k 个预应力筋单元面积；

x_{pk}、y_{pk}——分别为第 k 个预应力筋单元重心到 y 轴、x 轴的距离，x_{pk} 在 y 轴右侧及 y_{pk} 在 x 轴上侧时取正值；

x、y——分别为以截面重心为原点的直角坐标系的两个坐标轴；

r——截面重心至中和轴的距离；

h_{01}——截面受压区外边缘至受拉区最外排普通钢筋之间垂直于中和轴的距离；

θ——x 轴与中和轴的夹角，顺时针方向取正值；

x_n——中和轴至受压区最外侧边缘的距离。

E. 0. 2 环形和圆形截面受弯构件的正截面受弯承载力，应按本规范第 E.0.3 条和第 E.0.4 条的规定计算。但在计算时，应在公式（E.0.3-1）、公式（E.0.3-3）和公式（E.0.4-1）中取等号，并取轴向力设计值 $N=0$；同时，应将公式（E.0.3-2）、公式（E.0.3-4）和公式（E.0.4-2）中 Ne_i 以弯矩设计值 M 代替。

E. 0. 3 沿周边均匀配置纵向钢筋的环形截面偏心受压构件（图 E.0.3），其正截面受压承载力宜符合下列规定：

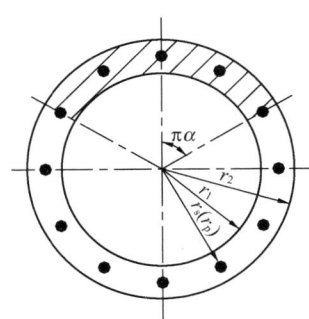

图 E. 0. 3　沿周边均匀配筋的环形截面

1 钢筋混凝土构件

$$N \leqslant \alpha\alpha_1 f_c A + (\alpha - \alpha_t) f_y A_s \qquad (E. 0. 3-1)$$

$$Ne_i \leqslant \alpha_1 f_c A (r_1 + r_2) \frac{\sin\pi\alpha}{2\pi} + f_y A_s r_s \frac{(\sin\pi\alpha + \sin\pi\alpha_t)}{\pi} \qquad (E. 0. 3-2)$$

2 预应力混凝土构件

$$N \leqslant \alpha\alpha_1 f_c A - \sigma_{p0} A_p + \alpha f'_{py} A_p - \alpha_t (f_{py} - \sigma_{p0}) A_p \qquad (E. 0. 3-3)$$

$$Ne_i \leqslant \alpha_1 f_c A (r_1 + r_2) \frac{\sin\pi\alpha}{2\pi} + f'_{py} A_p r_p \frac{\sin\pi\alpha}{\pi}$$
$$+ (f_{py} - \sigma_{p0}) A_p r_p \frac{\sin\pi\alpha_t}{\pi} \qquad (E. 0. 3-4)$$

在上述各公式中的系数和偏心距，应按下列公式计算：

$$\alpha_t = 1 - 1.5\alpha \qquad (E. 0. 3-5)$$

$$e_i = e_0 + e_a \qquad (E. 0. 3-6)$$

式中：　A——环形截面面积；

A_s——全部纵向普通钢筋的截面面积；

A_p——全部纵向预应力筋的截面面积；

r_1、r_2——环形截面的内、外半径；

r_s——纵向普通钢筋重心所在圆周的半径；

r_p——纵向预应力筋重心所在圆周的半径；

e_0——轴向压力对截面重心的偏心距；

e_a——附加偏心距，按本规范第 6.2.5 条确定；

α——受压区混凝土截面面积与全截面面积的比值；

α_t——纵向受拉钢筋截面面积与全部纵向钢筋截面面积的比值，当 α 大于 2/3 时，取 α_t 为 0。

3 当 α 小于 $\arccos\left(\frac{2r_1}{r_1 + r_2}\right)/\pi$ 时，环形截面偏心受压构件可按本规范第 E.0.4 条规定的圆形截面偏心受压构件正截面受压承载力公式计算。

注：本条适用于截面内纵向钢筋数量不少于 6 根且 r_1/r_2 不小于 0.5 的情况。

E. 0. 4 沿周边均匀配置纵向普通钢筋的圆形截面钢筋混凝土偏心受压构件（图 E.0.4），其正截面受压承载力宜符合下列规定：

$$N \leqslant \alpha\alpha_1 f_c A \left(1 - \frac{\sin 2\pi\alpha}{2\pi\alpha}\right) + (\alpha - \alpha_t) f_y A_s \qquad (E. 0. 4-1)$$

$$Ne_i \leqslant \frac{2}{3} \alpha_1 f_c A r \frac{\sin^3\pi\alpha}{\pi} + f_y A_s r_s \frac{\sin\pi\alpha + \sin\pi\alpha_t}{\pi} \qquad (E. 0. 4-2)$$

$$\alpha_t = 1.25 - 2\alpha \qquad (E. 0. 4-3)$$

$$e_i = e_0 + e_a \qquad (E. 0. 4-4)$$

式中：A——圆形截面面积；

A_s——全部纵向普通钢筋的截面面积；

r——圆形截面的半径；

r_s——纵向普通钢筋重心所在圆周的半径；

e_0——轴向压力对截面重心的偏心距；

e_a——附加偏心距，按本规范第 6.2.5 条确定；

α——对应于受压区混凝土截面面积的圆心角（rad）与 2π 的比值；

α_t——纵向受拉普通钢筋截面面积与全部纵向普通钢筋截面面积的比值，当 α 大于

0.625 时，取 α_t 为 0。

注：本条适用于截面内纵向普通钢筋数量不少于 6 根的情况。

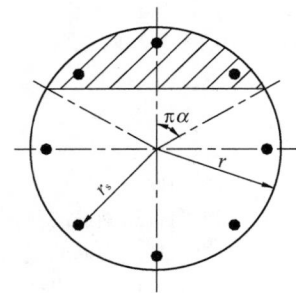

图 E.0.4 沿周边均匀配筋的圆形截面

E.0.5 沿周边均匀配置纵向钢筋的环形和圆形截面偏心受拉构件，其正截面受拉承载力应符合本规范公式（6.2.25-1）的规定，式中的正截面受弯承载力设计值 M_u 可按本规范第 E.0.2 条的规定进行计算，但应取等号，并以 M_u 代替 Ne_i。

附录 F 板柱节点计算用等效集中反力设计值

F.0.1 在竖向荷载、水平荷载作用下的板柱节点，其受冲切承载力计算中所用的等效集中反力设计值 $F_{l,eq}$ 可按下列情况确定：

1 传递单向不平衡弯矩的板柱节点

当不平衡弯矩作用平面与柱矩形截面两个轴线之一相重合时，可按下列两种情况进行计算：

1）由节点受剪传递的单向不平衡弯矩 $\alpha_0 M_{unb}$，当其作用的方向指向图 F.0.1 的 AB 边时，等效集中反力设计值可按下列公式计算：

$$F_{l,eq} = F_l + \frac{\alpha_0 M_{unb} a_{AB}}{I_c} u_m h_0 \quad (F.0.1\text{-}1)$$

$$M_{unb} = M_{unb,c} - F_l e_g \quad (F.0.1\text{-}2)$$

2）由节点受剪传递的单向不平衡弯矩 $\alpha_0 M_{unb}$，当其作用的方向指向图 F.0.1 的 CD 边时，等效集中反力设计值可按下列公式计算：

$$F_{l,eq} = F_l + \frac{\alpha_0 M_{unb} a_{CD}}{I_c} u_m h_0 \quad (F.0.1\text{-}3)$$

$$M_{unb} = M_{unb,c} + F_l e_g \quad (F.0.1\text{-}4)$$

式中：F_l——在竖向荷载、水平荷载作用下，柱所承受的轴向压力设计值的层间差值减去柱顶冲切破坏锥体范围内板所承受的荷载设计值；

α_0——计算系数，按本规范第 F.0.2 条计算；

M_{unb}——竖向荷载、水平荷载引起对临界截面周长重心轴（图 F.0.1 中的轴线 2）处的不平衡弯矩设计值；

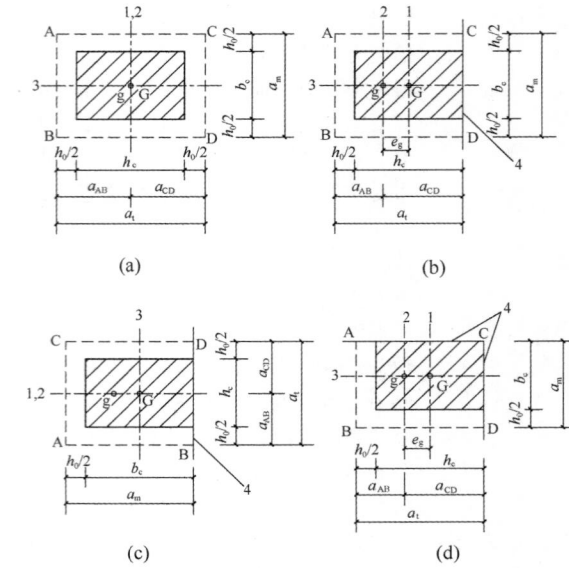

图 F.0.1 矩形柱及受冲切承载力计算的几何参数
(a) 中柱截面；(b) 边柱截面（弯矩作用平面垂直于自由边）；
(c) 边柱截面（弯矩作用平面平行于自由边）；(d) 角柱截面
1—柱截面重心 G 的轴线；2—临界截面周长重心 g 的轴线；
3—不平衡弯矩作用平面；4—自由边

$M_{unb,c}$——竖向荷载、水平荷载引起对柱截面重心轴（图 F.0.1 中的轴线 1）处的不平衡弯矩设计值；

a_{AB}、a_{CD}——临界截面周长重心轴至 AB、CD 边缘的距离；

I_c——按临界截面计算的类似极惯性矩，按本规范第 F.0.2 条计算；

e_g——在弯矩作用平面内柱截面重心轴至临界截面周长重心轴的距离，按本规范第 F.0.2 条计算；对中柱截面和弯矩作用平面平行于自由边的边柱截面，$e_g = 0$。

2 传递双向不平衡弯矩的板柱节点

当节点受剪传递到临界截面周长两个方向的不平衡弯矩为 $\alpha_{0x} M_{unb,x}$、$\alpha_{0y} M_{unb,y}$ 时，等效集中反力设计值可按下列公式计算：

$$F_{l,eq} = F_l + \tau_{unb,max} u_m h_0 \quad (F.0.1\text{-}5)$$

$$\tau_{unb,max} = \frac{\alpha_{0x} M_{unb,x} a_x}{I_{cx}} + \frac{\alpha_{0y} M_{unb,y} a_y}{I_{cy}}$$

$$(F.0.1\text{-}6)$$

式中：$\tau_{unb,max}$——由受剪传递的双向不平衡弯矩在临界截面上产生的最大剪应力设计值；

$M_{unb,x}$、$M_{unb,y}$——竖向荷载、水平荷载引起对临界截面周长重心处 x 轴、y 轴方向的不平衡弯矩设计值，可按公式（F.0.1-2）或公式（F.0.1-4）同样的方法确定；

α_{0x}、α_{0y}——x 轴、y 轴的计算系数，按本规范第 F.0.2 条和第 F.0.3 条确定；

I_{cx}、I_{cy}——对 x 轴、y 轴按临界截面计算的类似极惯性矩，按本规范第 F.0.2 条和第 F.0.3 条确定；

a_x、a_y——最大剪应力 τ_{max} 的作用点至 x 轴、y 轴的距离。

3 当考虑不同的荷载组合时，应取其中的较大值作为板柱节点受冲切承载力计算用的等效集中反力设计值。

F.0.2 板柱节点考虑受剪传递单向不平衡弯矩的受冲切承载力计算中，与等效集中反力设计值 $F_{l,eq}$ 有关的参数和本附录图 F.0.1 中所示的几何尺寸，可按下列公式计算：

1 中柱处临界截面的类似极惯性矩、几何尺寸及计算系数可按下列公式计算（图 F.0.1a）：

$$I_c = \frac{h_0 a_t^3}{6} + 2h_0 a_m \left(\frac{a_t}{2}\right)^2 \quad (F.0.2\text{-}1)$$

$$a_{AB} = a_{CD} = \frac{a_t}{2} \quad (F.0.2\text{-}2)$$

$$e_g = 0 \quad (F.0.2\text{-}3)$$

$$\alpha_0 = 1 - \frac{1}{1 + \frac{2}{3}\sqrt{\frac{h_c + h_0}{b_c + h_0}}} \quad (F.0.2\text{-}4)$$

2 边柱处临界截面的类似极惯性矩、几何尺寸及计算系数可按下列公式计算：

1）弯矩作用平面垂直于自由边（图 F.0.1b）

$$I_c = \frac{h_0 a_t^3}{6} + h_0 a_m a_{AB}^2 + 2h_0 a_t \left(\frac{a_t}{2} - a_{AB}\right)^2$$
$$(F.0.2\text{-}5)$$

$$a_{AB} = \frac{a_t^2}{a_m + 2a_t} \quad (F.0.2\text{-}6)$$

$$a_{CD} = a_t - a_{AB} \quad (F.0.2\text{-}7)$$

$$e_g = a_{CD} - \frac{h_c}{2} \quad (F.0.2\text{-}8)$$

$$\alpha_0 = 1 - \frac{1}{1 + \frac{2}{3}\sqrt{\frac{h_c + h_0/2}{b_c + h_0}}} \quad (F.0.2\text{-}9)$$

2）弯矩作用平面平行于自由边（图 F.0.1c）

$$I_c = \frac{h_0 a_t^3}{12} + 2h_0 a_m \left(\frac{a_t}{2}\right)^2 \quad (F.0.2\text{-}10)$$

$$a_{AB} = a_{CD} = \frac{a_t}{2} \quad (F.0.2\text{-}11)$$

$$e_g = 0 \quad (F.0.2\text{-}12)$$

$$\alpha_0 = 1 - \frac{1}{1 + \frac{2}{3}\sqrt{\frac{h_c + h_0/2}{b_c + h_0/2}}} \quad (F.0.2\text{-}13)$$

3 角柱处临界截面的类似极惯性矩、几何尺寸及计算系数可按下列公式计算（图 F.0.1d）：

$$I_c = \frac{h_0 a_t^3}{12} + h_0 a_m a_{AB}^2 + h_0 a_t \left(\frac{a_t}{2} - a_{AB}\right)^2$$
$$(F.0.2\text{-}14)$$

$$a_{AB} = \frac{a_t^2}{2(a_m + a_t)} \quad (F.0.2\text{-}15)$$

$$a_{CD} = a_t - a_{AB} \quad (F.0.2\text{-}16)$$

$$e_g = a_{CD} - \frac{h_c}{2} \quad (F.0.2\text{-}17)$$

$$\alpha_0 = 1 - \frac{1}{1 + \frac{2}{3}\sqrt{\frac{h_c + h_0/2}{b_c + h_0/2}}} \quad (F.0.2\text{-}18)$$

F.0.3 在按本附录公式（F.0.1-5）、公式（F.0.1-6）进行板柱节点考虑传递双向不平衡弯矩的受冲切承载力计算中，如将本附录第 F.0.2 条的规定视作 x 轴（或 y 轴）的类似极惯性矩、几何尺寸及计算系数，则与其相应的 y 轴（或 x 轴）的类似极惯性矩、几何尺寸及计算系数，可将前述的 x 轴（或 y 轴）的相应参数进行置换确定。

F.0.4 当边柱、角柱部位有悬臂板时，临界截面周长可计算至垂直于自由边的板端处，按此计算的临界截面周长应与按中柱计算的临界截面周长相比较，并取两者中的较小值。在此基础上，应按本规范第 F.0.2 条和第 F.0.3 条的原则，确定板柱节点考虑受剪传递不平衡弯矩的受冲切承载力计算所用等效集中反力设计值 $F_{l,eq}$ 的有关参数。

附录 G 深受弯构件

G.0.1 简支钢筋混凝土单跨深梁可采用由一般方法计算的内力进行截面设计；钢筋混凝土多跨连续深梁应采用由二维弹性分析求得的内力进行截面设计。

G.0.2 钢筋混凝土深受弯构件的正截面受弯承载力应符合下列规定：

$$M \leq f_y A_s z \quad (G.0.2\text{-}1)$$

$$z = \alpha_d (h_0 - 0.5x) \quad (G.0.2\text{-}2)$$

$$\alpha_d = 0.80 + 0.04 \frac{l_0}{h} \quad (G.0.2\text{-}3)$$

当 $l_0 < h$ 时，取内力臂 $z = 0.6 l_0$。

式中：x——截面受压区高度，按本规范第 6.2 节计算；当 $x < 0.2 h_0$ 时，取 $x = 0.2 h_0$；

h_0——截面有效高度：$h_0 = h - a_s$，其中 h 为截面高度；当 $l_0/h \leq 2$ 时，跨中截面 a_s 取 0.1h，支座截面 a_s 取 0.2h；当 $l_0/h > 2$ 时，a_s 按受拉区纵向钢筋截面重心至受拉边缘的实际距离取用。

G.0.3 钢筋混凝土深受弯构件的受剪截面应符合下列条件：

当 h_w/b 不大于 4 时

$$V \leqslant \frac{1}{60}(10 + l_0/h)\beta_c f_c b h_0 \qquad (G.0.3\text{-}1)$$

当 h_w/b 不小于 6 时

$$V \leqslant \frac{1}{60}(7 + l_0/h)\beta_c f_c b h_0 \qquad (G.0.3\text{-}2)$$

当 h_w/b 大于 4 且小于 6 时，按线性内插法取用。

式中：V——剪力设计值；

l_0——计算跨度，当 l_0 小于 $2h$ 时，取 $2h$；

b——矩形截面的宽度以及 T 形、I 形截面的腹板厚度；

h、h_0——截面高度、截面有效高度；

h_w——截面的腹板高度：矩形截面，取有效高度 h_0；T 形截面，取有效高度减去翼缘高度；I 形和箱形截面，取腹板净高；

β_c——混凝土强度影响系数，按本规范第 6.3.1 条的规定取用。

G.0.4 矩形、T 形和 I 形截面的深受弯构件，在均布荷载作用下，当配有竖向分布钢筋和水平分布钢筋时，其斜截面的受剪承载力应符合下列规定：

$$V \leqslant 0.7\frac{(8 - l_0/h)}{3}f_t b h_0 + \frac{(l_0/h - 2)}{3}f_{yv}\frac{A_{sv}}{s_h}h_0$$
$$+ \frac{(5 - l_0/h)}{6}f_{yh}\frac{A_{sh}}{s_v}h_0 \qquad (G.0.4\text{-}1)$$

对集中荷载作用下的深受弯构件（包括作用有多种荷载，且其中集中荷载对支座截面所产生的剪力值占总剪力值的 75% 以上的情况），其斜截面的受剪承载力应符合下列规定：

$$V \leqslant \frac{1.75}{\lambda + 1}f_t b h_0 + \frac{(l_0/h - 2)}{3}f_{yv}\frac{A_{sv}}{s_h}h_0$$
$$+ \frac{(5 - l_0/h)}{6}f_{yh}\frac{A_{sh}}{s_v}h_0 \qquad (G.0.4\text{-}2)$$

式中：λ——计算剪跨比：当 l_0/h 不大于 2.0 时，取 $\lambda = 0.25$；当 l_0/h 大于 2 且小于 5 时，取 $\lambda = a/h_0$，其中，a 为集中荷载到深受弯构件支座的水平距离；λ 的上限值为 $(0.92l_0/h - 1.58)$，下限值为 $(0.42l_0/h - 0.58)$；

l_0/h——跨高比，当 l_0/h 小于 2 时，取 2.0；

G.0.5 一般要求不出现斜裂缝的钢筋混凝土深梁，应符合下列条件：

$$V_k \leqslant 0.5 f_{tk} b h_0 \qquad (G.0.5)$$

式中：V_k——按荷载效应的标准组合计算的剪力值。

此时可不进行斜截面受剪承载力计算，但应按本规范第 G.0.10 条、第 G.0.12 条的规定配置分布钢筋。

G.0.6 钢筋混凝土深梁在承受支座反力的作用部位以及集中荷载作用部位，应按本规范第 6.6 节的规定进行局部受压承载力计算。

G.0.7 深梁的截面宽度不应小于 140mm。当 l_0/h 不

小于 1 时，h/b 不宜大于 25；当 l_0/h 小于 1 时，l_0/b 不宜大于 25。深梁的混凝土强度等级不应低于 C20。当深梁支承在钢筋混凝土柱上时，宜将柱伸至深梁顶。深梁顶部应与楼板等水平构件可靠连接。

G.0.8 钢筋混凝土深梁的纵向受拉钢筋宜采用较小的直径，且宜按下列规定布置：

1 单跨深梁和连续深梁的下部纵向钢筋宜均匀布置在梁下边缘以上 $0.2h$ 的范围内（图 G.0.8-1 及图 G.0.8-2）。

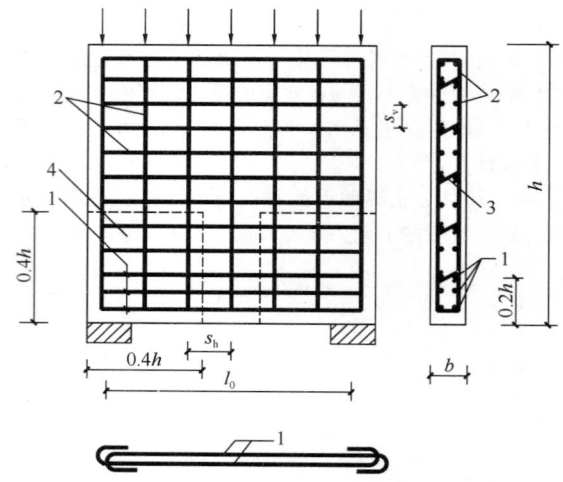

图 G.0.8-1 单跨深梁的钢筋配置
1—下部纵向受拉钢筋及弯折锚固；
2—水平及竖向分布钢筋；
3—拉筋；4—拉筋加密区

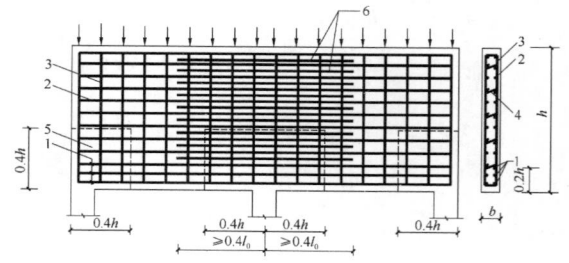

图 G.0.8-2 连续深梁的钢筋配置
1—下部纵向受拉钢筋；2—水平分布钢筋；
3—竖向分布钢筋；4—拉筋；5—拉筋加密区；
6—支座截面上部的附加水平钢筋

2 连续深梁中间支座截面的纵向受拉钢筋宜按图 G.0.8-3 规定的高度范围和配筋比例均匀布置在相应高度范围内。对于 l_0/h 小于 1 的连续深梁，在中间支座底面以上 $0.2l_0 \sim 0.6l_0$ 高度范围内的纵向受拉钢筋配筋率尚不宜小于 0.5%。水平分布钢筋可用作支座部位的上部纵向受拉钢筋，不足部分可由附加水平钢筋补足，附加水平钢筋自支座向跨中延伸的长度不宜小于 $0.4l_0$（图 G.0.8-2）。

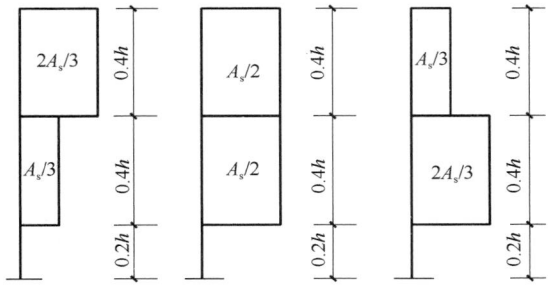

(a) $1.5 < l_0/h \leqslant 2.5$ (b) $1 < l_0/h \leqslant 1.5$ (c) $l_0/h \leqslant 1$

图 G.0.8-3　连续深梁中间支座截面纵向受拉钢筋在
不同高度范围内的分配比例

G.0.9　深梁的下部纵向受拉钢筋应全部伸入支座，不应在跨中弯起或截断。在简支单跨深梁支座及连续深梁梁端的简支支座处，纵向受拉钢筋应沿水平方向弯折锚固（图 G.0.8-1），其锚固长度应按本规范第 8.3.1 条规定的受拉钢筋锚固长度 l_a 乘以系数 1.1 采用；当不能满足上述锚固长度要求时，应采取在钢筋上加焊锚固钢板或将钢筋末端焊成封闭式等有效的锚固措施。连续深梁的下部纵向受拉钢筋应全部伸过中间支座的中心线，其自支座边缘算起的锚固长度不应小于 l_a。

G.0.10　深梁应配置双排钢筋网，水平和竖向分布钢筋直径均不应小于 8mm，间距不应大于 200mm。

　　当沿深梁端部竖向边缘设柱时，水平分布钢筋应锚入柱内。在深梁上、下边缘处，竖向分布钢筋宜做成封闭式。

　　在深梁双排钢筋之间应设置拉筋，拉筋沿纵横两个方向的间距均不宜大于 600mm，在支座区高度为 0.4h，宽度为从支座伸出 0.4h 的范围内（图 G.0.8-1 和图 G.0.8-2 中的虚线部分），尚应适当增加拉筋的数量。

G.0.11　当深梁全跨沿下边缘作用有均布荷载时，应沿梁全跨均匀布置附加竖向吊筋，吊筋间距不宜大于 200mm。

　　当有集中荷载作用于深梁下部 3/4 高度范围内时，该集中荷载应全部由附加吊筋承受，吊筋应采用竖向吊筋或斜向吊筋。竖向吊筋的水平分布长度 s 应按下列公式确定（图 G.0.11a）：

　　当 h_1 不大于 $h_b/2$ 时

$$s = b_b + h_b \qquad (G.0.11\text{-}1)$$

　　当 h_1 大于 $h_b/2$ 时

$$s = b_b + 2h_1 \qquad (G.0.11\text{-}2)$$

式中：b_b——传递集中荷载构件的截面宽度；

　　　　h_b——传递集中荷载构件的截面高度；

　　　　h_1——从深梁下边缘到传递集中荷载构件底边的高度。

　　竖向吊筋应沿梁两侧布置，并从梁底伸到梁顶，

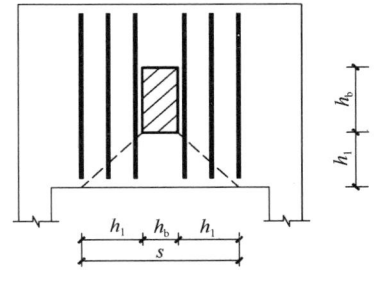

(a) 竖向吊筋

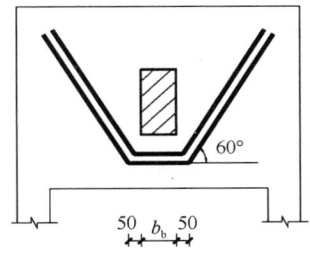

(b) 斜向吊筋

图 G.0.11　深梁承受集中荷载作用时的附加吊筋
注：图中尺寸单位 mm。

在梁顶和梁底应做成封闭式。

　　附加吊筋总截面面积 A_{sv} 应按本规范第 9.2 节进行计算，但吊筋的设计强度 f_{yv} 应乘以承载力计算附加系数 0.8。

G.0.12　深梁的纵向受拉钢筋配筋率 $\rho\left(\rho = \dfrac{A_s}{bh}\right)$、水平分布钢筋配筋率 $\rho_{sh}\left(\rho_{sh} = \dfrac{A_{sh}}{bs_v}, s_v\right.$ 为水平分布钢筋的间距$\left.\right)$ 和竖向分布钢筋配筋率 $\rho_{sv}\left(\rho_{sv} = \dfrac{A_{sv}}{bs_h}, s_h\right.$ 为竖向分布钢筋的间距$\left.\right)$ 不宜小于表 G.0.12 规定的数值。

表 G.0.12　深梁中钢筋的最小配筋百分率（%）

钢筋牌号	纵向受拉钢筋	水平分布钢筋	竖向分布钢筋
HPB300	0.25	0.25	0.20
HRB400、HRBF400、RRB400、HRB335	0.20	0.20	0.15
HRB500、HRBF500	0.15	0.15	0.10

注：当集中荷载作用于连续深梁上部 1/4 高度范围内且 l_0/h 大于 1.5 时，竖向分布钢筋最小配筋百分率应增加 0.05。

G.0.13　除深梁以外的深受弯构件，其纵向受力钢筋、箍筋及纵向构造钢筋的构造规定与一般梁相同，

但其截面下部 1/2 高度范围内和中间支座上部 1/2 高度范围内布置的纵向构造钢筋宜较一般梁适当加强。

附录 H 无支撑叠合梁板

H.0.1 施工阶段不加支撑的叠合受弯构件（梁、板），内力应分别按下列两个阶段计算。

1 第一阶段 后浇的叠合层混凝土未达到强度设计值之前的阶段。荷载由预制构件承担，预制构件按简支构件计算；荷载包括预制构件自重、预制楼板自重、叠合层自重以及本阶段的施工活荷载。

2 第二阶段 叠合层混凝土达到设计规定的强度值之后的阶段。叠合构件按整体结构计算；荷载考虑下列两种情况并取较大值：

施工阶段 考虑叠合构件自重、预制楼板自重、面层、吊顶等自重以及本阶段的施工活荷载；

使用阶段 考虑叠合构件自重、预制楼板自重、面层、吊顶等自重以及使用阶段的可变荷载。

H.0.2 预制构件和叠合构件的正截面受弯承载力应按本规范第 6.2 节计算，其中，弯矩设计值应按下列规定取用：

预制构件

$$M_1 = M_{1G} + M_{1Q} \qquad (H.0.2-1)$$

叠合构件的正弯矩区段

$$M = M_{1G} + M_{2G} + M_{2Q} \qquad (H.0.2-2)$$

叠合构件的负弯矩区段

$$M = M_{2G} + M_{2Q} \qquad (H.0.2-3)$$

式中：M_{1G}——预制构件自重、预制楼板自重和叠合层自重在计算截面产生的弯矩设计值；

M_{2G}——第二阶段面层、吊顶等自重在计算截面产生的弯矩设计值；

M_{1Q}——第一阶段施工活荷载在计算截面产生的弯矩设计值；

M_{2Q}——第二阶段可变荷载在计算截面产生的弯矩设计值，取本阶段施工活荷载和使用阶段可变荷载在计算截面产生的弯矩设计值中的较大值。

在计算中，正弯矩区段的混凝土强度等级，按叠合层取用；负弯矩区段的混凝土强度等级，按计算截面受压区的实际情况取用。

H.0.3 预制构件和叠合构件的斜截面受剪承载力，应按本规范第 6.3 节的有关规定进行计算。其中，剪力设计值应按下列规定取用：

预制构件

$$V_1 = V_{1G} + V_{1Q} \qquad (H.0.3-1)$$

叠合构件

$$V = V_{1G} + V_{2G} + V_{2Q} \qquad (H.0.3-2)$$

式中：V_{1G}——预制构件自重、预制楼板自重和叠合层自重在计算截面产生的剪力设计值；

V_{2G}——第二阶段面层、吊顶等自重在计算截面产生的剪力设计值；

V_{1Q}——第一阶段施工活荷载在计算截面产生的剪力设计值；

V_{2Q}——第二阶段可变荷载产生的剪力设计值，取本阶段施工活荷载和使用阶段可变荷载在计算截面产生的剪力设计值中的较大值。

在计算中，叠合构件斜截面上混凝土和箍筋的受剪承载力设计值 V_{cs} 应取叠合层和预制构件中较低的混凝土强度等级进行计算，且不低于预制构件的受剪承载力设计值；对预应力混凝土叠合构件，不考虑预应力对受剪承载力的有利影响，取 $V_p = 0$。

H.0.4 当叠合梁符合本规范第 9.2 节梁的各项构造要求时，其叠合面的受剪承载力应符合下列规定：

$$V \leqslant 1.2 f_t b h_0 + 0.85 f_{yv} \frac{A_{sv}}{s} h_0 \quad (H.0.4-1)$$

此处，混凝土的抗拉强度设计值 f_t 取叠合层和预制构件中的较低值。

对不配箍筋的叠合板，当符合本规范叠合界面粗糙度的构造规定时，其叠合面的受剪强度应符合下列公式的要求：

$$\frac{V}{b h_0} \leqslant 0.4 (\text{N/mm}^2) \qquad (H.0.4-2)$$

H.0.5 预应力混凝土叠合受弯构件，其预制构件和叠合构件应进行正截面抗裂验算。此时，在荷载的标准组合下，抗裂验算边缘混凝土的拉应力不应大于预制构件的混凝土抗拉强度标准值 f_{tk}。抗裂验算边缘混凝土的法向应力应按下列公式计算：

预制构件

$$\sigma_{ck} = \frac{M_{1k}}{W_{01}} \qquad (H.0.5-1)$$

叠合构件

$$\sigma_{ck} = \frac{M_{1Gk}}{W_{01}} + \frac{M_{2k}}{W_0} \qquad (H.0.5-2)$$

式中：M_{1Gk}——预制构件自重、预制楼板自重和叠合层自重标准值在计算截面产生的弯矩值；

M_{1k}——第一阶段荷载标准组合下在计算截面产生的弯矩值，取 $M_{1k} = M_{1Gk} + M_{1Qk}$，此处，$M_{1Qk}$ 为第一阶段施工活荷载标准值在计算截面产生的弯矩值；

M_{2k}——第二阶段荷载标准组合下在计算截面上产生的弯矩值，取 $M_{2k} = M_{2Gk} + M_{2Qk}$，此处 M_{2Gk} 为面层、吊顶等自重标准值在计算截面产生的弯矩值；M_{2Qk} 为使用阶段可变荷载标准值在计

算截面产生的弯矩值;

W_{01}——预制构件换算截面受拉边缘的弹性抵抗矩;

W_0——叠合构件换算截面受拉边缘的弹性抵抗矩,此时,叠合层的混凝土截面面积应按弹性模量比换算成预制构件混凝土的截面面积。

H.0.6 预应力混凝土叠合构件,应按本规范第7.1.5条的规定进行斜截面抗裂验算;混凝土的主拉应力及主压应力应考虑叠合构件受力特点,并按本规范第7.1.6条的规定计算。

H.0.7 钢筋混凝土叠合受弯构件在荷载准永久组合下,其纵向受拉钢筋的应力 σ_{sq} 应符合下列规定:

$$\sigma_{sq} \leqslant 0.9 f_y \qquad (H.0.7\text{-}1)$$

$$\sigma_{sq} = \sigma_{s1k} + \sigma_{s2q} \qquad (H.0.7\text{-}2)$$

在弯矩 M_{1Gk} 作用下,预制构件纵向受拉钢筋的应力 σ_{s1k} 可按下列公式计算:

$$\sigma_{s1k} = \frac{M_{1Gk}}{0.87 A_s h_{01}} \qquad (H.0.7\text{-}3)$$

式中:h_{01}——预制构件截面有效高度。

在荷载准永久组合相应的弯矩 M_{2q} 作用下,叠合构件纵向受拉钢筋中的应力增量 σ_{s2q} 可按下列公式计算:

$$\sigma_{s2q} = \frac{0.5\left(1 + \dfrac{h_1}{h}\right) M_{2q}}{0.87 A_s h_0} \qquad (H.0.7\text{-}4)$$

当 $M_{1Gk} < 0.35 M_{1u}$ 时,公式(H.0.7-4)中的 $0.5\left(1 + \dfrac{h_1}{h}\right)$ 值应取等于 1.0;此处,M_{1u} 为预制构件正截面受弯承载力设计值,应按本规范第6.2节计算,但式中应取等号,并以 M_{1u} 代替 M。

H.0.8 混凝土叠合构件应验算裂缝宽度,按荷载准永久组合或标准组合并考虑长期作用影响所计算的最大裂缝宽度 w_{max},不应超过本规范第3.4节规定的最大裂缝宽度限值。

按荷载准永久组合或标准组合并考虑长期作用影响的最大裂缝宽度 w_{max} 可按下列公式计算:

钢筋混凝土构件

$$w_{max} = 2 \frac{\psi(\sigma_{s1k} + \sigma_{s2q})}{E_s}\left(1.9c + 0.08\frac{d_{eq}}{\rho_{te1}}\right)$$
$$(H.0.8\text{-}1)$$

$$\psi = 1.1 - \frac{0.65 f_{tk1}}{\rho_{te1}\sigma_{s1k} + \rho_{te}\sigma_{s2q}} \qquad (H.0.8\text{-}2)$$

预应力混凝土构件

$$w_{max} = 1.6 \frac{\psi(\sigma_{s1k} + \sigma_{s2k})}{E_s}\left(1.9c + 0.08\frac{d_{eq}}{\rho_{te1}}\right)$$
$$(H.0.8\text{-}3)$$

$$\psi = 1.1 - \frac{0.65 f_{tk1}}{\rho_{te1}\sigma_{s1k} + \rho_{te}\sigma_{s2k}} \qquad (H.0.8\text{-}4)$$

式中:d_{eq}——受拉区纵向钢筋的等效直径,按本规范第7.1.2条的规定计算;

ρ_{te1}、ρ_{te}——按预制构件、叠合构件的有效受拉混凝土截面面积计算的纵向受拉钢筋配筋率,按本规范第7.1.2条计算;

f_{tk1}——预制构件的混凝土抗拉强度标准值。

H.0.9 叠合构件应按本规范第7.2.1条的规定进行正常使用极限状态下的挠度验算。其中,叠合受弯构件按荷载准永久组合或标准组合并考虑长期作用影响的刚度可按下列公式计算:

钢筋混凝土构件

$$B = \frac{M_q}{\left(\dfrac{B_{s2}}{B_{s1}} - 1\right) M_{1Gk} + \theta M_q} B_{s2} \quad (H.0.9\text{-}1)$$

预应力混凝土构件

$$B = \frac{M_k}{\left(\dfrac{B_{s2}}{B_{s1}} - 1\right) M_{1Gk} + (\theta - 1)M_q + M_k} B_{s2}$$
$$(H.0.9\text{-}2)$$

$$M_k = M_{1Gk} + M_{2k} \qquad (H.0.9\text{-}3)$$

$$M_q = M_{1Gk} + M_{2Gk} + \psi_q M_{2Qk} \qquad (H.0.9\text{-}4)$$

式中:θ——考虑荷载长期作用对挠度增大的影响系数,按本规范第7.2.5条采用;

M_k——叠合构件按荷载标准组合计算的弯矩值;

M_q——叠合构件按荷载准永久组合计算的弯矩值;

B_{s1}——预制构件的短期刚度,按本规范第H.0.10条取用;

B_{s2}——叠合构件第二阶段的短期刚度,按本规范第H.0.10条取用;

ψ_q——第二阶段可变荷载的准永久值系数。

H.0.10 荷载准永久组合或标准组合下叠合式受弯构件正弯矩区段内的短期刚度,可按下列规定计算。

1 钢筋混凝土叠合构件

1) 预制构件的短期刚度 B_{s1} 可按本规范公式(7.2.3-1)计算。

2) 叠合构件第二阶段的短期刚度可按下列公式计算:

$$B_{s2} = \frac{E_s A_s h_0^2}{0.7 + 0.6\dfrac{h_1}{h} + \dfrac{45\alpha_E \rho}{1 + 3.5\gamma'_f}}$$
$$(H.0.10\text{-}1)$$

式中:α_E——钢筋弹性模量与叠合层混凝土弹性模量的比值:$\alpha_E = E_s/E_{c2}$。

2 预应力混凝土叠合构件

1）预制构件的短期刚度 B_{s1} 可按本规范公式（7.2.3-2）计算。

2）叠合构件第二阶段的短期刚度可按下列公式计算：

$$B_{s2} = 0.7E_{c1}I_0 \qquad \text{(H.0.10-2)}$$

式中：E_{c1}——预制构件的混凝土弹性模量；

I_0——叠合构件换算截面的惯性矩，此时，叠合层的混凝土截面面积应按弹性模量比换算成预制构件混凝土的截面面积。

H.0.11 荷载准永久组合或标准组合下叠合式受弯构件负弯矩区段内第二阶段的短期刚度 B_{s2} 可按本规范公式（7.2.3-1）计算，其中，弹性模量的比值取 $\alpha_E = E_s/E_{c1}$。

H.0.12 预应力混凝土叠合构件在使用阶段的预应力反拱值可用结构力学方法按预制构件的刚度进行计算。在计算中，预应力钢筋的应力应扣除全部预应力损失；考虑预应力长期影响，可将计算所得的预应力反拱值乘以增大系数 1.75。

附录 J 后张曲线预应力筋由锚具变形和预应力筋内缩引起的预应力损失

J.0.1 在后张法构件中，应计算曲线预应力筋由锚具变形和预应力筋内缩引起的预应力损失。

1 反摩擦影响长度 l_f（mm）（图 J.0.1）可按下列公式计算：

$$l_f = \sqrt{\frac{a \cdot E_p}{\Delta\sigma_d}} \qquad \text{(J.0.1-1)}$$

$$\Delta\sigma_d = \frac{\sigma_0 - \sigma_l}{l} \qquad \text{(J.0.1-2)}$$

式中：a——张拉端锚具变形和预应力筋内缩值（mm），按本规范表 10.2.2 采用；

$\Delta\sigma_d$——单位长度由管道摩擦引起的预应力损失（MPa/mm）；

σ_0——张拉端锚下控制应力，按本规范第 10.1.3 条的规定采用；

σ_l——预应力筋扣除沿途摩擦损失后锚固端应力；

l——张拉端至锚固端的距离（mm）。

2 当 $l_f \leqslant l$ 时，预应力筋离张拉端 x 处考虑反摩擦后的预应力损失 σ_{l1}，可按下列公式计算：

$$\sigma_{l1} = \Delta\sigma \frac{l_f - x}{l_f} \qquad \text{(J.0.1-3)}$$

$$\Delta\sigma = 2\Delta\sigma_d l_f \qquad \text{(J.0.1-4)}$$

式中：$\Delta\sigma$——预应力筋考虑反向摩擦后在张拉端锚下的预应力损失值。

3 当 $l_f > l$ 时，预应力筋离张拉端 x' 处考虑反向摩擦后的预应力损失 σ'_{l1}，可按下列公式计算：

$$\sigma'_{l1} = \Delta\sigma' - 2x'\Delta\sigma_d \qquad \text{(J.0.1-5)}$$

式中：$\Delta\sigma'$——预应力筋考虑反向摩擦后在张拉端锚下的预应力损失值，可按以下方法求得：在图 J.0.1 中设 "$ca'bd$" 等腰梯形面积 $A = a \cdot E_p$，试算得到 cd，则 $\Delta\sigma' = cd$。

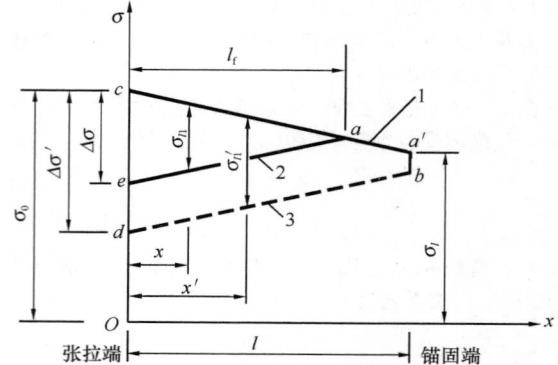

图 J.0.1 考虑反向摩擦后预应力损失计算

注：1 caa' 表示预应力筋扣除管道正摩擦损失后的应力分布线；

2 eaa' 表示 $l_f \leqslant l$ 时，预应力筋扣除管道正摩擦和内缩（考虑反摩擦）损失后的应力分布线；

3 db 表示 $l_f > l$ 时，预应力筋扣除管道正摩擦和内缩（考虑反摩擦）损失后的应力分布线。

J.0.2 两端张拉（分次张拉或同时张拉）且反摩擦损失影响长度有重叠时，在重叠范围内同一截面扣除正摩擦和回缩反摩擦损失后预应力筋的应力可取：两端分别张拉、锚固，分别计算正摩擦和回缩反摩擦损失，分别将张拉端锚下控制应力减去上述应力计算结果所得较大值。

J.0.3 常用束形的后张曲线预应力筋或折线预应力筋，由于锚具变形和预应力筋内缩在反向摩擦影响长度 l_f 范围内的预应力损失值 σ_{l1}，可按下列公式计算：

1 抛物线形预应力筋可近似按圆弧形曲线预应力筋考虑（图 J.0.3-1）。当其对应的圆心角 $\theta \leqslant 45°$ 时（对无粘结预应力筋 $\theta \leqslant 90°$），预应力损失值 σ_{l1} 可按下列公式计算：

$$\sigma_{l1} = 2\sigma_{con}l_f\left(\frac{\mu}{r_c} + \kappa\right)\left(1 - \frac{x}{l_f}\right) \quad \text{(J.0.3-1)}$$

反向摩擦影响长度 l_f（m）可按下列公式计算：

$$l_f = \sqrt{\frac{aE_s}{1000\sigma_{con}(\mu/r_c + \kappa)}} \qquad \text{(J.0.3-2)}$$

式中：r_c——圆弧形曲线预应力筋的曲率半径（m）；

μ——预应力筋与孔道壁之间的摩擦系数，按本规范表 10.2.4 采用；

κ——考虑孔道每米长度局部偏差的摩擦系数，按本规范表 10.2.4 采用；

x——张拉端至计算截面的距离（m）；

a——张拉端锚具变形和预应力筋内缩值（mm），按本规范表 10.2.2 采用；

E_s——预应力筋弹性模量。

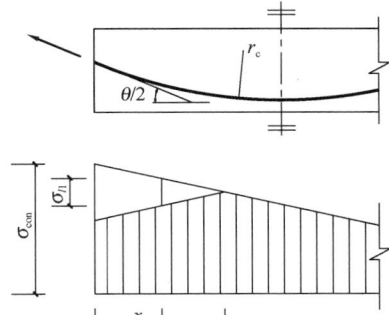

图 J.0.3-1　圆弧形曲线预应力筋的预应力损失 σ_{l1}

2　端部为直线（直线长度为 l_0），而后由两条圆弧形曲线（圆弧对应的圆心角 $\theta \leqslant 45°$，对无粘结预应力筋取 $\theta \leqslant 90°$）组成的预应力筋（图 J.0.3-2），预应力损失值 σ_{l1} 可按下列公式计算：

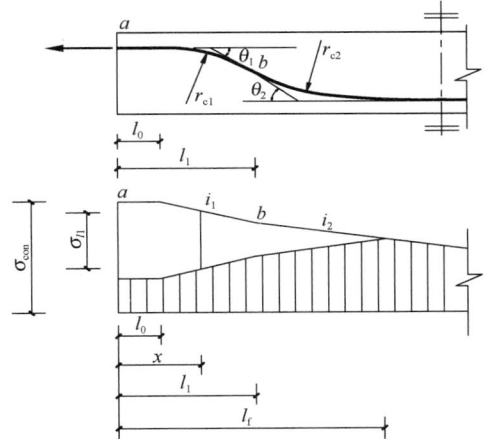

图 J.0.3-2　两条圆弧形曲线组成的预应力筋的预应力损失 σ_{l1}

当 $x \leqslant l_0$ 时
$$\sigma_{l1} = 2i_1(l_1 - l_0) + 2i_2(l_f - l_1) \quad (\text{J.0.3-3})$$
当 $l_0 < x \leqslant l_1$ 时
$$\sigma_{l1} = 2i_1(l_1 - x) + 2i_2(l_f - l_1) \quad (\text{J.0.3-4})$$
当 $l_1 < x \leqslant l_f$ 时
$$\sigma_{l1} = 2i_2(l_f - x) \quad (\text{J.0.3-5})$$
反向摩擦影响长度 l_f（m）可按下列公式计算：
$$l_f = \sqrt{\frac{aE_s}{1000i_2} - \frac{i_1(l_1^2 - l_0^2)}{i_2} + l_1^2} \quad (\text{J.0.3-6})$$
$$i_1 = \sigma_a(\kappa + \mu/r_{c1}) \quad (\text{J.0.3-7})$$
$$i_2 = \sigma_b(\kappa + \mu/r_{c2}) \quad (\text{J.0.3-8})$$
式中：l_1——预应力筋张拉端起点至反弯点的水平投

影长度；

i_1、i_2——第一、二段圆弧形曲线预应力筋中应力近似直线变化的斜率；

r_{c1}、r_{c2}——第一、二段圆弧形曲线预应力筋的曲率半径；

σ_a、σ_b——预应力筋在 a、b 点的应力。

3　当折线形预应力筋的锚固损失消失于折点 c 之外时（图 J.0.3-3），预应力损失值 σ_{l1} 可按下列公式计算：

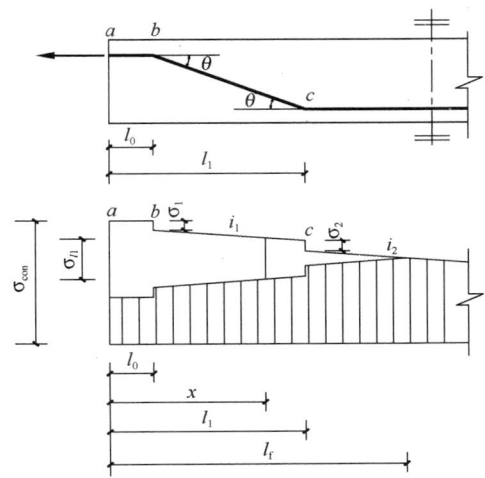

图 J.0.3-3　折线形预应力筋的预应力损失 σ_{l1}

当 $x \leqslant l_0$ 时
$$\sigma_{l1} = 2\sigma_1 + 2i_1(l_1 - l_0) + 2\sigma_2 + 2i_2(l_f - l_1)$$
$$(\text{J.0.3-9})$$

当 $l_0 < x \leqslant l_1$ 时
$$\sigma_{l1} = 2i_1(l_1 - x) + 2\sigma_2 + 2i_2(l_f - l_1)$$
$$(\text{J.0.3-10})$$

当 $l_1 < x \leqslant l_f$ 时
$$\sigma_{l1} = 2i_2(l_f - x) \quad (\text{J.0.3-11})$$
反向摩擦影响长度 l_f（m）可按下列公式计算：

$$l_f = \sqrt{\frac{aE_s}{1000i_2} - \frac{i_1(l_1 - l_0)^2 + 2i_1l_0(l_1 - l_0) + 2\sigma_1l_0 + 2\sigma_1l_1}{i_2} + l_1^2}$$
$$(\text{J.0.3-12})$$

$$i_1 = \sigma_{con}(1 - \mu\theta)\kappa \quad (\text{J.0.3-13})$$
$$i_2 = \sigma_{con}[1 - \kappa(l_1 - l_0)](1 - \mu\theta)^2\kappa$$
$$(\text{J.0.3-14})$$

$$\sigma_1 = \sigma_{con}\mu\theta \quad (\text{J.0.3-15})$$
$$\sigma_2 = \sigma_{con}[1 - \kappa(l_1 - l_0)](1 - \mu\theta)\mu\theta$$
$$(\text{J.0.3-16})$$

式中：i_1——预应力筋 bc 段中应力近似直线变化的斜率；

i_2——预应力筋在折点 c 以外应力近似直线变化的斜率；

l_1——张拉端起点至预应力筋折点 c 的水平投影长度。

附录 K 与时间相关的预应力损失

K.0.1 混凝土收缩和徐变引起预应力筋的预应力损失终极值可按下列规定计算：

　　1 受拉区纵向预应力筋的预应力损失终极值 σ_{l5}

$$\sigma_{l5} = \frac{0.9\alpha_p \sigma_{pc}\varphi_\infty + E_s\varepsilon_\infty}{1+15\rho} \qquad (K.0.1\text{-}1)$$

式中：σ_{pc}——受拉区预应力筋合力点处由预加力（扣除相应阶段预应力损失）和梁自重产生的混凝土法向压应力，其值不得大于 $0.5f'_{cu}$；简支梁可取跨中截面与 1/4 跨度处截面的平均值；连续梁和框架可若干有代表性截面的平均值；

φ_∞——混凝土徐变系数终极值；

ε_∞——混凝土收缩应变终极值；

E_s——预应力筋弹性模量；

α_p——预应力筋弹性模量与混凝土弹性模量的比值；

ρ——受拉区预应力筋和普通钢筋的配筋率：先张法构件，$\rho=(A_p+A_s)/A_0$；后张法构件，$\rho=(A_p+A_s)/A_n$；对于对称配置预应力筋和普通钢筋的构件，配筋率 ρ 取钢筋总截面面积的一半。

当无可靠资料时，φ_∞、ε_∞ 值可按表 K.0.1-1 及表 K.0.1-2 采用。如结构处于年平均相对湿度低于 40% 的环境下，表列数值应增加 30%。

表 K.0.1-1 混凝土收缩应变终极值 ε_∞（$\times10^{-4}$）

年平均相对湿度 RH		40%≤RH<70%				70%≤RH≤99%			
理论厚度 2A/u (mm)		100	200	300	≥600	100	200	300	≥600
预加应力时的混凝土龄期 t_0 (d)	3	4.83	4.09	3.57	3.09	3.47	2.95	2.60	2.26
	7	4.35	3.89	3.44	3.01	3.12	2.80	2.49	2.18
	10	4.06	3.77	3.37	2.96	2.91	2.70	2.42	2.14
	14	3.73	3.62	3.27	2.91	2.67	2.59	2.35	2.10
	28	2.90	3.20	3.01	2.77	2.07	2.28	2.15	1.98
	60	1.92	2.54	2.58	2.54	1.37	1.80	1.82	1.80
	≥90	1.45	2.12	2.27	2.38	1.03	1.50	1.60	1.68

表 K.0.1-2 混凝土徐变系数终极值 φ_∞

年平均相对湿度 RH		40%≤RH<70%				70%≤RH≤99%			
理论厚度 2A/u (mm)		100	200	300	≥600	100	200	300	≥600
预加应力时的混凝土龄期 t_0 (d)	3	3.51	3.14	2.94	2.63	2.78	2.55	2.43	2.23
	7	3.00	2.68	2.51	2.25	2.37	2.18	2.08	1.91
	10	2.80	2.51	2.35	2.10	2.22	2.04	1.94	1.78
	14	2.63	2.35	2.21	1.97	2.08	1.91	1.82	1.67
	28	2.31	2.06	1.93	1.73	1.82	1.68	1.60	1.47
	60	1.99	1.78	1.67	1.48	1.58	1.45	1.38	1.27
	≥90	1.85	1.65	1.55	1.38	1.46	1.34	1.28	1.17

注：1 预加力时的混凝土龄期，先张法构件可取 3d~7d，后张法构件可取 7d~28d；

　　2 A 为构件截面面积，u 为该截面与大气接触的周边长度；当构件为变截面时，A 和 u 均可取其平均值；

　　3 本表适用于由一般的硅酸盐类水泥或快硬水泥配置而成的混凝土；表中数值系按强度等级 C40 混凝土计算所得，对 C50 及以上混凝土，表列数值应乘以 $\sqrt{\dfrac{32.4}{f_{ck}}}$，式中 f_{ck} 为混凝土轴心抗压强度标准值（MPa）；

　　4 本表适用于季节性变化的平均温度 $-20℃\sim+40℃$；

　　5 当实际构件的理论厚度和预加力时的混凝土龄期为表列数值的中间值时，可按线性内插法确定。

　　2 受压区纵向预应力筋的预应力损失终极值 σ'_{l5}

$$\sigma'_{l5} = \frac{0.9\alpha_p \sigma'_{pc}\varphi_\infty + E_s\varepsilon_\infty}{1+15\rho'} \qquad (K.0.1\text{-}2)$$

式中：σ'_{pc}——受压区预应力筋合力点处由预加力（扣除相应阶段预应力损失）和梁自重产生的混凝土法向压应力，其值不得大于 $0.5f'_{cu}$，当 σ'_{pc} 为拉应力时，取 $\sigma'_{pc}=0$；

ρ'——受压区预应力筋和普通钢筋的配筋率：先张法构件，$\rho'=(A'_p+A'_s)/A_0$；后张法构件，$\rho'=(A'_p+A'_s)/A_n$。

注：受压区配置预应力筋 A'_p 及普通钢筋 A'_s 的构件，在计算公式（K.0.1-1）、公式（K.0.1-2）中的 σ_{pc} 及 σ'_{pc} 时，应按截面全部预加力进行计算。

K.0.2 考虑时间影响的混凝土收缩和徐变引起的预应力损失值，可由第 K.0.1 条计算的预应力损失终极值 σ_{l5}、σ'_{l5} 乘以表 K.0.2 中相应的系数确定。

考虑时间影响的预应力筋应力松弛引起的预应力损失值，可由本规范第 10.2.1 条计算的预应力损失值 σ_{l4} 乘以表 K.0.2 中相应的系数确定。

表 K.0.2 随时间变化的预应力损失系数

时间（d）	松弛损失系数	收缩徐变损失系数
2	0.50	—
10	0.77	0.33
20	0.88	0.37
30	0.95	0.40
40	1.00	0.43
60		0.50
90		0.60
180		0.75
365		0.85
1095		1.00

注：1 先张法预应力混凝土构件的松弛损失时间从张拉
完成开始计算，收缩徐变损失从放张完成开始
计算；

2 后张法预应力混凝土构件的松弛损失、收缩徐变
损失均从张拉完成开始计算。

本规范用词说明

1 为了便于在执行本规范条文时区别对待，对
要求严格程度不同的用词说明如下：

1）表示很严格，非这样做不可的：

正面词采用"必须"，反面词采用"严禁"；

2）表示严格，在正常情况下均应这样做的：

正面词采用"应"，反面词采用"不应"或
"不得"；

3）表示允许稍有选择，在条件允许时首先这
样做的：

正面词采用"宜"，反面词采用"不宜"；

4）表示有选择，在一定条件下可以这样做的，
采用"可"。

2 规范中指定应按其他有关标准、规范执行时，
写法为："应符合……的规定"或"应按……执行"。

引用标准名录

1 《建筑结构荷载规范》GB 50009

2 《建筑抗震设计规范》GB 50011

3 《建筑结构可靠度设计统一标准》GB 50068

4 《工程结构可靠性设计统一标准》GB 50153

5 《民用建筑热工设计规范》GB 50176

6 《建筑工程抗震设防分类标准》GB 50223

7 《钢筋混凝土用钢 第 2 部分：热轧带肋钢
筋》GB 1499.2

中华人民共和国国家标准

混凝土结构设计规范

GB 50010—2010

（2015年版）

条　文　说　明

修 订 说 明

《混凝土结构设计规范》GB 50010 - 2010 经住房和城乡建设部 2010 年 8 月 18 日以第 743 号公告批准、发布。

本规范是在《混凝土结构设计规范》GB 50010 - 2002 的基础上修订而成的，上一版的主编单位是中国建筑科学研究院，参编单位是清华大学、天津大学、重庆建筑大学、湖南大学、东南大学、河海大学、大连理工大学、哈尔滨建筑大学、西安建筑科技大学、建设部建筑设计院、北京市建筑设计研究院、首都工程有限公司、中国轻工业北京设计院、铁道部专业设计院、交通部水运规划设计院、西北水电勘测设计院、冶金材料行业协会预应力委员会，主要起草人员是李明顺、徐有邻、白生翔、白绍良、孙慧中、沙志国、吴学敏、陈健、胡德炘、程懋堃、王振东、王振华、过镇海、庄崖屏、朱龙、邹银生、宋玉普、

沈聚敏、邸小坛、吴佩刚、周氐、姜维山、陶学康、康谷贻、蓝宗建、干城、夏琪俐。

本规范修订过程中，修订组进行了广泛的调查研究，总结了我国工程建设的实践经验，同时参考了国外先进技术法规、技术标准，许多单位和学者进行了卓有成效的试验和研究，为本次修订提供了极有价值的参考资料。

为便于广大设计、施工、科研、学校等单位有关人员在使用本规范时能正确理解和执行条文规定，《混凝土结构设计规范》修订组按章、节、条顺序编制了本规范的条文说明，对条文规定的目的、依据以及执行中需注意的有关事项进行了说明，还着重对强制性条文的强制性理由作了解释。但是条文说明不具备与标准正文同等的效力，仅供使用者作为理解和把握规范规定的参考。

目 次

1 总　　则

1.0.1 本次修订根据多年来的工程经验和研究成果，并总结了上一版规范的应用情况和存在问题，贯彻国家"四节一环保"的技术政策，对部分内容进行了补充和调整。适当扩充了混凝土结构耐久性的相关内容；引入了强度级别为 500MPa 级的热轧带肋钢筋；对承载力极限状态计算方法、正常使用极限状态验算方法进行了改进；完善了部分结构构件的构造措施；补充了结构防连续倒塌和既有结构设计的相关内容等。

本次修订继承上一版规范为实现房屋、铁路、公路、港口和水利水电工程混凝土结构共性技术问题设计方法统一的原则，修订力求使本规范的共性技术问题能进一步为各行业规范认可。

1.0.2 本次修订补充了对结构防连续倒塌设计和既有结构设计的基本原则，同时增加了无粘结预应力混凝土结构的相关内容。

对采用陶粒、浮石、煤矸石等为骨料的轻骨料混凝土结构，应按专门标准进行设计。

设计下列结构时，尚应符合专门标准的有关规定：

1　超重混凝土结构、防辐射混凝土结构、耐酸（碱）混凝土结构等；

2　修建在湿陷性黄土、膨胀土地区或地下采掘区等的结构；

3　结构表面温度高于 100℃ 或有生产热源且结构表面温度经常高于 60℃ 的结构；

4　需作振动计算的结构。

1.0.3 本规范依据工程结构以及建筑结构的可靠性统一标准修订。本规范的内容是基于现阶段混凝土结构设计的成熟做法和对混凝土结构承载力以及正常使用的最低要求。当结构受力情况、材料性能等基本条件与本规范的编制依据有出入时，则需根据具体情况通过专门试验或分析加以解决。

1.0.4 本规范与相关的标准、规范进行了合理的分工和衔接，执行时尚应符合相关标准、规范的规定。

2　术语和符号

2.1　术　　语

术语是根据现行国家标准《工程结构设计基本术语标准》GB/T 50083 并结合本规范的具体情况给出的。

本次修订删节、简化了其他标准已经定义的常用术语，补充了各类钢筋及其性能、各类型混凝土构件、构造等混凝土结构特有的专用术语，如配筋率、混凝土保护层、锚固长度、结构缝等。原规范有关可

靠度及荷载等方面的术语，在相关标准中已有表述，故不再列出。

原规范中混凝土结构的结构形式如排架结构、框架结构、剪力墙结构、框架-剪力墙结构、筒体结构、板柱结构等，作为常识也不再作为术语列出。

2.2　符　　号

本次修订基本沿用原《混凝土结构设计规范》GB 50010 - 2002 的符号。一些不常用的符号在条文相应处已有说明，在此不再列出。

2.2.1 用"C"后加数字表达混凝土的强度等级；用"HRB"、"HRBF"、"HPB"、"RRB"后加数字表达钢筋的牌号及强度等级。

增加了钢筋在最大拉力下的总伸长率（均匀伸长率）的符号"δ_{gt}"，等同于现行国家标准《钢筋混凝土用钢　第 2 部分：热轧带肋钢筋》GB 1499.2、《预应力混凝土用钢丝》GB/T 5223 和《预应力混凝土用钢绞线》GB/T 5224 中的"A_{gt}"。

2.2.4 偏心受压构件考虑二阶效应影响的增大系数有两个：在考虑结构侧移的二阶效应时用"η_s"表示；考虑构件自身挠曲的二阶效应时用"η_{ns}"表示。

增加斜体希腊字母符号"ϕ"，仅表示钢筋直径，不代表钢筋的牌号。

3　基本设计规定

3.1　一　般　规　定

3.1.1 为满足建筑方案并从根本上保证结构安全，设计的内容应在以构件设计为主的基础上扩展到考虑整个结构体系的设计。本次修订补充有关结构设计的基本要求，包括结构方案、内力分析、截面设计、连接构造、耐久性、施工可行性及特殊工程的性能设计等。

3.1.2 本规范根据现行国家标准《工程结构可靠性设计统一标准》GB 50153 及《建筑结构可靠度设计统一标准》GB 50068 的规定，采用概率极限状态设计方法，以分项系数的形式表达。包括结构重要性系数、荷载分项系数、材料性能分项系数（材料分项系数，有时直接以材料的强度设计值表达）、抗力模型不定性系数（构件承载力调整系数）等。对难于定量计算的间接作用和耐久性等，仍采用基于经验的定性方法进行设计。

本规范中的荷载分项系数应按现行国家标准《建筑结构荷载规范》GB 50009 的规定取用。

3.1.3 对混凝土结构极限状态的分类系根据《工程结构可靠性设计统一标准》GB 50153 确定的。极限状态仍分为两类，但内容比原规范有所扩大：在承载能力极限状态中增加了结构防连续倒塌的内容；在正常使

用极限状态中增加了楼盖舒适度的要求。

3.1.4 本条规定了确定结构上作用的原则，直接作用根据现行国家标准《建筑结构荷载规范》GB 50009确定；地震作用根据现行国家标准《建筑抗震设计规范》GB 50011确定；对于直接承受吊车荷载的构件以及预制构件、现浇结构等，应按不同工况确定相应的动力系数或施工荷载。

对于混凝土结构的疲劳问题，主要是吊车梁构件的疲劳验算。其设计方法与吊车的工作级别和材料的疲劳强度有关，近年均有较大变化。当设计直接承受重级工作制吊车的吊车梁时，建议根据工程经验采用钢结构的形式。

本次修订增加了对间接作用的规定。间接作用包括温度变化、混凝土收缩与徐变、强迫位移、环境引起材料性能劣化等造成的影响，设计时应根据有关标准、工程特点及具体情况确定，通常仍采用经验性的构造措施进行设计。

对于罕遇自然灾害以及爆炸、撞击、火灾等偶然作用以及非常规的特殊作用，应根据有关标准或由具体条件和设计要求确定。

3.1.5 混凝土结构的安全等级由现行国家标准《工程结构可靠性设计统一标准》GB 50153确定。本条仅补充规定：可以根据实际情况调整构件的安全等级。对破坏引起严重后果的重要构件和关键传力部位，宜适当提高安全等级、加大构件重要性系数；对一般结构中的次要构件及可更换构件，可根据具体情况适当降低其重要性系数。

3.1.6 设计应根据现有技术条件（材料、工艺、机具等）考虑施工的可行性。对特殊结构，应提出控制关键技术的要求，以达到设计目标。

3.1.7 各类建筑结构的设计使用年限并不一致，应按《建筑结构可靠度设计统一标准》GB 50068 的规定取用，相应的荷载设计值及耐久性措施均应依据设计使用年限确定。改变用途和使用环境（如超载使用、结构开洞、改变使用功能、使用环境恶化等）的情况均会影响其安全及使用年限。任何对结构的改变（无论是在建结构或既有结构）均须经设计许可或技术鉴定，以保证结构在设计使用年限内的安全和使用功能。

3.2 结 构 方 案

3.2.1 灾害调查和事故分析表明：结构方案对建筑物的安全有着决定性的影响。在与建筑方案协调时应考虑结构体形（高宽比、长宽比）适当；传力途径和构件布置能够保证结构的整体稳固性；避免因局部破坏引发结构连续倒塌。本条提出了在方案阶段应考虑加强结构整体稳固性的设计原则。

3.2.2 结构设计时通过设置结构缝将结构分割为若干相对独立的单元。结构缝包括伸缝、缩缝、沉降缝、防震缝、构造缝、防连续倒塌的分割缝等。不同类型的结构缝是为消除下列不利因素的影响：混凝土收缩、温度变化引起的胀缩变形；基础不均匀沉降；刚度及质量突变；局部应力集中；结构防震；防止连续倒塌等。除永久性的结构缝以外，还应考虑设置施工接槎、后浇带、控制缝等临时性的缝以消除某些暂时性的不利影响。

结构缝的设置应考虑对建筑功能（如装修观感、止水防渗、保温隔声等）、结构传力（如结构布置、构件传力）、构造做法和施工可行性等造成的影响。应遵循"一缝多能"的设计原则，采取有效的构造措施。

3.2.3 构件之间连接构造设计的原则是：保证连接节点处被连接构件之间的传力性能符合设计要求；保证不同材料（混凝土、钢、砌体等）结构构件之间的良好结合；选择可靠的连接方式以保证可靠传力；连接节点尚应考虑被连接构件之间变形的影响以及相容条件，以避免、减少不利影响。

3.2.4 本条提出了结构方案设计阶段应综合考虑的"四节一环保"等问题。

3.3 承载能力极限状态计算

3.3.1 本条列出了各类设计状况下的结构构件承载能力极限状态计算应考虑的内容。

对只承受安装或检修用吊车的构件，根据使用情况和设计经验可不作疲劳验算。

在各种偶然作用（罕遇自然灾害、人为过失以及爆炸、撞击、火灾等人为灾害）下，混凝土结构应能保证必要的整体稳固性。因此本次修订对倒塌可能引起严重后果的特别重要结构，增加了防连续倒塌设计的要求。

3.3.2 本条为承载能力极限状态设计的基本表达式，适用于本规范结构构件的承载力计算。

符号 S 在现行国家标准《建筑结构荷载规范》GB 50009 中为荷载组合的效应设计值；在现行国家标准《建筑抗震设计规范》GB 50011 中为地震作用效应与其他荷载效应基本组合的设计值，在本条中均为以内力形式表达。

根据《工程结构可靠性设计统一标准》GB 50153 的规定，本次修订提出了构件抗力模型不定性系数（构件抗力调整系数）γ_{Rd} 的概念，在抗震设计中为抗震承载力调整系数 γ_{RE}。

当几何参数的变异性对结构性能有明显影响时，需考虑其不利影响。例如，薄板的截面有效高度的变异性对薄板正截面承载力有明显影响，在计算截面有效高度时宜考虑施工允许偏差带来的不利影响。

3.3.3 对二维、三维的混凝土结构，当采用应力设计的形式进行承载能力极限状态设计时，可按等代内力的简化方法计算；当采用多轴强度准则进行设计验算时，应符合本规范附录 C.4 的有关规定。

3.3.4 对偶然作用下结构的承载能力极限状态设计，根据其受力特点对承载能力极限状态设计的表达形式进行了修正：作用效应设计值 S 按偶然组合计算；结构重要性系数 γ_0 取不小于 1.0 的数值；材料强度取标准值。当进行防连续倒塌验算时，按本规范第 3.6 节的原则计算。

3.3.5 对既有结构进行承载能力验算时，既有结构的承载力应符合复核验算的要求；而对既有结构重新设计时，则应按本规范第 3.7 节的原则计算。

3.4 正常使用极限状态验算

3.4.1 正常使用极限状态是通过对作用组合效应值的限值进行控制而实现的。本次修订根据对使用功能的进一步要求，新增加了对楼盖结构舒适度验算的要求。

3.4.2 对正常使用极限状态，89 版规范规定按荷载的持久性采用两种组合：短期效应组合和长期效应组合。02 版规范根据《建筑结构可靠度设计统一标准》GB 50068 的规定，将荷载的短期效应组合、长期效应组合改称为荷载效应的标准组合、准永久组合。在标准组合中，含有起控制作用的一个可变荷载标准值效应；在准永久组合中，含有可变荷载准永久值效应。这就使荷载效应组合的名称与荷载代表值的名称相对应。

本次修订对构件挠度、裂缝宽度计算采用的荷载组合进行了调整，对钢筋混凝土构件改为采用荷载准永久组合并考虑长期作用的影响；对预应力混凝土构件仍采用荷载标准组合并考虑长期作用的影响。

3.4.3 构件变形挠度的限值应以不影响结构使用功能、外观以及与其他构件的连接等要求为目的。工程实践表明，原规范验算的挠度限值基本合适，本次修订未作改动。

悬臂构件是工程实践中容易发生事故的构件，表注 1 中规定设计时对其挠度的控制要求；表注 4 中参照欧洲标准 EN1992 的规定，提出了起拱、反拱的限制，目的是为防止起拱、反拱过大引起的不良影响。当构件的挠度满足表 3.4.3 的要求，但相对使用要求仍然过大时，设计时可根据实际情况提出比表括号中的限值更加严格的要求。

3.4.4 本规范将裂缝控制等级划分为三级，等级是对裂缝控制严格程度而言的，设计人员需根据具体情况选用不同的等级。关于构件裂缝控制等级的划分，国际上一般都根据结构的功能要求、环境条件对钢筋的腐蚀影响、钢筋种类对腐蚀的敏感性和荷载作用的时间等因素来考虑。本规范在裂缝控制等级的划分上也考虑了以上因素。

在具体划分裂缝控制等级和确定有关限值时，主要参考了下列资料：历次混凝土结构设计规范修订的有关规定及历史背景；工程实践经验及调查统计国内

常用构件的设计状况及实际效果；耐久性专题研究对典型地区实际工程的调查以及长期暴露试验与快速试验的结果；国外规范的有关规定。

经调查研究及与国外规范对比，原规范对受力裂缝的控制相对偏严，可适当放松。对结构构件正截面受力裂缝的控制等级仍按原规范划分为三个等级。一级保持不变；二级适当放松，仅控制拉应力不超过混凝土的抗拉强度标准值，删除了原规范中按荷载准永久组合计算构件边缘混凝土不宜产生拉应力的要求。

对于裂缝控制三级的钢筋混凝土构件，根据现行国家标准《工程结构可靠性设计统一标准》GB 50153 以及作为主要依据的现行国际标准《结构可靠性总原则》ISO 2394 和欧洲规范《结构设计基础》EN 1990 的规定，相应的荷载组合按正常使用极限状态的外观要求（限制过大的裂缝和挠度）的限值作了修改，选用荷载的准永久组合并考虑长期作用的影响进行裂缝宽度与挠度验算。

对裂缝控制三级的预应力混凝土构件，考虑到结构安全及耐久性，基本维持原规范的要求，裂缝宽度限值 0.20mm。仅在不利环境（二 a 类环境）时按荷载的标准组合验算裂缝宽度限值 0.10mm；并按荷载的准永久组合并考虑长期作用的影响验算拉应力不大于混凝土的抗拉强度标准值。

3.4.5 本条对于裂缝宽度限值的要求基本依据原规范，并按新增的环境类别进行了调整。

室内正常环境条件（一类环境）下钢筋混凝土构件最大裂缝剖形观察结果表明，不论裂缝宽度大小、使用时间长短、地区湿度高低，凡钢筋上不出现结露或水膜，则其裂缝处钢筋基本上未发现明显的锈蚀现象；国外的一些工程调查结果也表明了同样的观点。因此对于采用普通钢筋配筋的混凝土结构构件的裂缝宽度限值，考虑了现行国内外规范的有关规定，并参考了耐久性专题研究组对裂缝的调查结果，规定了裂缝宽度的限值。而对钢筋混凝土屋架、托架、主要屋面承重结构等构件，根据以往的工程经验，裂缝宽度限值宜从严控制；对吊车梁的裂缝宽度限值，也适当从严控制，分别在表注中作出了具体规定。

对处于露天或室内潮湿环境（二类环境）条件下的钢筋混凝土构件，剖形观察结果表明，裂缝处钢筋都有不同程度的表面锈蚀，而当裂缝宽度小于或等于 0.2mm 时，裂缝处钢筋上只有轻微的表面锈蚀。根据上述情况，并参考国内外有关资料，规定最大裂缝宽度限值采用 0.20mm。

对使用除冰盐等的三类环境，锈蚀试验及工程实践表明，钢筋混凝土结构构件的受力裂缝宽度对耐久性的影响不是太大，故仍允许存在受力裂缝。参考国内外有关规范，规定最大裂缝宽度限值为 0.2mm。

对采用预应力钢丝、钢绞线及预应力螺纹钢筋的预应力混凝土构件，考虑到钢丝直径较小等原

因，一旦出现裂缝会影响结构耐久性，故适当加严。本条规定在室内正常环境下控制裂缝宽度采用0.20mm；在露天环境（二 a 类）下控制裂缝宽度0.10mm。

需指出，当混凝土保护层较大时，虽然受力裂缝宽度计算值也较大，但较大的混凝土保护层厚度对防止裂缝锈蚀是有利的。因此，对混凝土保护层厚度较大的构件，当在外观的要求上允许时，可根据实践经验，对表 3.4.5 中规范的裂缝宽度允许值作适当放大。

3.4.6 本条提出了控制楼盖竖向自振频率的限值。对跨度较大的楼盖及业主有要求时，可按本条执行。一般楼盖的竖向自振频率可采用简化方法计算。对有特殊要求工业建筑，可参照现行国家标准《多层厂房楼盖抗微振设计规范》GB 50190 进行验算。

3.5 耐久性设计

3.5.1 混凝土结构的耐久性按正常使用极限状态控制，特点是随时间发展因材料劣化而引起性能衰减。耐久性极限状态表现为：钢筋混凝土构件表面出现锈胀裂缝；预应力筋开始锈蚀；结构表面混凝土出现可见的耐久性损伤（酥裂、粉化等）。材料劣化进一步发展还可能引起构件承载力问题，甚至发生破坏。

由于影响混凝土结构材料性能劣化的因素比较复杂，其规律不确定性很大，一般建筑结构的耐久性设计只能采用经验性的定性方法解决。参考现行国家标准《混凝土结构耐久性设计规范》GB/T 50476 的规定，根据调查研究及我国国情，并考虑房屋建筑混凝土结构的特点加以简化和调整，本规范规定了混凝土结构耐久性定性设计的基本内容。

3.5.2 结构所处环境是影响其耐久性的外因。本次修订对影响混凝土结构耐久性的环境类别进行了较详细的分类。环境类别是指混凝土暴露表面所处的环境条件，设计可根据实际情况确定适当的环境类别。

干湿交替主要指室内潮湿、室外露天、地下水浸润、水位变动的环境。由于水和氧的反复作用，容易引起钢筋锈蚀和混凝土材料劣化。

非严寒和非寒冷地区与严寒和寒冷地区的区别主要在于有无冰冻及冻融循环现象。关于严寒和寒冷地区的定义，《民用建筑热工设计规范》GB 50176-93 规定如下：严寒地区：最冷月平均温度低于或等于 -10℃，日平均温度低于或等于 5℃ 的天数不少于 145d 的地区；寒冷地区：最冷月平均温度高于 -10℃、低于 0℃，日平均温度低于或等于 5℃ 的天数不少于 90d 且少于 145d 的地区。也可参考该规范的附录采用。各地可根据当地气象台站的气象参数确定所属气候区域，也可根据《建筑气象参数标准》JGJ 35 提供的参数确定所属气候区域。

三类环境主要是指近海海风、盐渍土及使用除冰盐的环境。滨海室外环境与盐渍土地区的地下结构、北方城市冬季依靠喷洒盐水消除冰雪而对立交桥、周边结构及停车楼，都可能造成钢筋腐蚀的影响。

四类和五类环境的详细划分和耐久性设计方法不再列入本规范，它们由有关的标准规范解决。

3.5.3 混凝土材料的质量是影响结构耐久性的内因。根据对既有混凝土结构耐久性状态的调查结果和混凝土材料性能的研究，从材料抵抗性能退化的角度，表 3.5.3 提出了设计使用年限为 50 年的结构混凝土材料耐久性的基本要求。

影响耐久性的主要因素是：混凝土的水胶比、强度等级、氯离子含量和碱含量。近年来水泥中多加入不同的掺合料，有效胶凝材料含量不确定性较大，故配合比设计的水灰比难以反映有效成分的影响。本次修订改用胶凝材料总量作水胶比及各种含量的控制，原规范中的"水灰比"改成"水胶比"，并删去了对于"最小水泥用量"的限制。混凝土的强度反映了其密实度而影响耐久性，故也提出了相应的要求。

试验研究及工程实践均表明，在冻融循环环境中采用引气剂的混凝土抗冻性能可显著改善。故对采用引气剂抗冻的混凝土，可以适当降低强度等级的要求，采用括号中的数值。

长期受到水作用的混凝土结构，可能引发碱骨料反应。对一类环境中的房屋建筑混凝土结构则可不作碱含量限制；对其他环境中混凝土结构应考虑碱含量的影响，计算方法可参考协会标准《混凝土碱含量限值标准》CECS 53：93。

试验研究及工程实践均表明：混凝土的碱性可使钢筋表面钝化，免遭锈蚀；而氯离子引起钢筋脱钝和电化学腐蚀，会严重影响混凝土结构的耐久性。本次修订加严了氯离子含量的限值。为控制氯离子含量，应严格限制使用含功能性氯化物的外加剂（例如含氯化钙的促凝剂等）。

3.5.4 本条对不良环境及耐久性有特殊要求的混凝土结构构件提出了针对性的耐久性保护措施。

对结构表面采用保护层及表面处理的防护措施，形成有利的混凝土表面小环境，是提高耐久性的有效措施。

预应力筋存在应力腐蚀、氢脆等不利于耐久性的弱点，且其直径一般较细，对腐蚀比较敏感，破坏后果严重。为此应对预应力筋、连接器、锚夹具、锚头等容易遭受腐蚀的部位采取有效的保护措施。

提高混凝土抗渗、抗冻性能有利于混凝土结构在恶劣环境下的耐久性。混凝土抗冻性能和抗渗性能的等级划分、配合比设计及试验方法等，应按有关标准的规定执行。混凝土抗渗和抗冻的设计可参考《水工混凝土结构设计规范》DL/T 5057 的规定。

对露天环境中的悬臂构件，如不采取有效防护措施，不宜采用悬臂板的结构形式而宜采用梁-板结构。

室内正常环境以外的预埋件、吊钩等外露金属件容易引导锈蚀，宜采用内埋式或采取有效的防锈措施。

对于可能导致严重腐蚀的三类环境中的构件，提出了提高耐久性的附加措施：如采用阻锈剂、环氧树脂或其他材料的涂层钢筋、不锈钢筋、阴极保护等方法。环氧树脂涂层钢筋是采用静电喷涂环氧树脂粉末工艺，在钢筋表面形成一定厚度的环氧树脂防腐涂层。这种涂层可将钢筋与其周围混凝土隔开，使侵蚀性介质（如氯离子等）不直接接触钢筋表面，从而避免钢筋受到腐蚀。使用时应符合行业标准《环氧树脂涂层钢筋》JG 3042 的规定。

对某些恶劣环境中难以避免材料性能劣化的情况，还可以采取设计可更换构件的方法。

3.5.5、3.5.6 调查分析表明，国内实际使用超过100年的混凝土结构不多，但室内正常环境条件下实际使用 70～80 年的房屋建筑混凝土结构大多基本完好。因此在适当加严混凝土材料的控制、提高混凝土强度等级和保护层厚度并补充规定建立定期检查、维修制度的条件下，一类环境中混凝土结构的实际使用年限达到 100 年是可以得到保证的。而对于不利环境条件下的设计使用年限 100 年的结构，由于缺乏研究及工程经验，由专门设计解决。

3.5.7 更恶劣环境（海水环境、直接接触除冰盐的环境及其他侵蚀性环境）中混凝土结构耐久性的设计，可参考现行国家标准《混凝土结构耐久性设计规范》GB/T 50476。四类环境可参考现行国家行业标准《港口工程混凝土结构设计规范》JTJ 267；五类环境可参考现行国家标准《工业建筑防腐蚀设计规范》GB 50046。

3.5.8 设计应提出设计使用年限内房屋建筑使用维护的要求，使用者应按规定的功能正常使用并定期检查、维修或者更换。

3.6 防连续倒塌设计原则

房屋结构在遭受偶然作用时如发生连续倒塌，将造成人员伤亡和财产损失，是对安全的最大威胁。总结结构倒塌和未倒塌的规律，采取针对性的措施加强结构的整体稳固性，就可以提高结构的抗灾性能，减少结构连续倒塌的可能性。

混凝土结构防连续倒塌是提高结构综合抗灾能力的重要内容。在特定类型的偶然作用发生时或发生后，结构能够承受这种作用，或当结构体系发生局部垮塌时，依靠剩余结构体系仍能继续承载，避免发生与作用不相匹配的大范围破坏或连续倒塌。这就是结构防连续倒塌设计的目标。无法抗拒的地质灾害破坏作用，不包括在防连续倒塌设计的范围内。

结构防连续倒塌设计涉及作用回避、作用宣泄、障碍防护等问题，本规范仅提出混凝土结构防连续倒塌的设计基本原则和概念设计的要求。

3.6.1 结构防连续倒塌设计的难度和代价很大，一般结构只需进行防连续倒塌的概念设计。本条给出了结构防连续倒塌概念设计的基本原则，以定性设计的方法增强结构的整体稳固性，控制发生连续倒塌和大范围破坏。当结构发生局部破坏时，如不引发大范围倒塌，即认为结构具有整体稳定性。结构和材料的延性、传力途径的多重性以及超静定结构体系，均能加强结构的整体稳定性。

设置竖直方向和水平方向通长的纵向钢筋并应采取有效的连接、锚固措施，将整个结构连系成一个整体，是提供结构整体稳定性的有效方法之一。此外，加强楼梯、避难室、底层边墙、角柱等重要构件；在关键传力部位设置缓冲装置（防撞墙、裙房等）或泄能通道（开敞式布置或轻质墙体、屋盖等）；布置分割缝以控制房屋连续倒塌的范围；增加重要构件及关键传力部位的冗余约束及备用传力途径（斜撑、拉杆）等，都是结构防连续倒塌概念设计的有效措施。

3.6.2 倒塌可能引起严重后果的安全等级为一级的可能遭受偶然作用的重要结构，以及为抵御灾害作用而必须增强抗灾能力的重要结构，宜进行防连续倒塌的设计。由于灾害和偶然作用的发生概率极小，且真正实现"防连续倒塌"的代价太大，应由业主根据实际情况确定。

局部加强法是对多条传力途径交汇的关键传力部位和可能引发大面积倒塌的重要构件通过提高安全储备和变形能力，直接考虑偶然作用的影响进行设计。这种按特定的局部破坏状态的荷载组合进行构件设计，是保证结构整体稳定性的有效措施之一。

当偶然事件产生特大荷载时，按效应的偶然组合进行设计以保持结构体系完整无缺往往代价太高，有时甚至不现实。此时，拉结构件法设计允许爆炸或撞击造成结构局部破坏，在某个竖向构件失效后，使其影响范围仅限于局部。按新的结构简图采用梁、悬索、悬臂的拉结模型继续承载受力，按整个结构不发生连续倒塌的原则进行设计，从而避免结构的整体垮塌。

拆除构件法是按一定规则撤去结构体系中某部分构件，验算剩余结构的抗倒塌能力的计算方法。可采用弹性分析方法或非线性全过程动力分析方法。

实际工程的防连续倒塌设计，应根据具体条件进行适当的选择。

3.6.3 本条介绍了混凝土结构防连续倒塌设计中有关设计参数的取值原则。效应除按偶然作用计算外，还宜考虑倒塌冲击引起的动力系数。材料强度取用标准值，钢筋强度改用极限强度，对无粘结预应力构件则应注意锚夹具对预应力筋有效强度的影响，还宜考虑动力作用下材料强化和脆性的影响，取相应的强度特征值。此外还应考虑倒塌对结构几何参数变化的影响。

3.7 既有结构设计原则

既有结构为已建成、使用的结构。由于历史的原因，我国既有混凝土结构的设计将成为未来工程设计的重要内容。为保证既有结构的安全可靠并延长其使用年限，满足近年日益增多的既有结构加固改建的需要，本次修订新增一节，强调既有混凝土结构设计的原则。

3.7.1 既有结构设计适用于下列几种情况：达到设计年限后延长继续使用的年限；为消除安全隐患而进行的设计校核；结构改变用途和使用环境而进行的复核性设计；对既有结构进行改建、扩建；结构事故或灾后受损结构的修复、加固等。应根据不同的目的，选择不同的设计方案。

3.7.2 既有结构设计前，应根据现行国家标准《建筑结构检测技术标准》GB/T 50344 等进行检测，根据现行国家标准《工程结构可靠性设计统一标准》GB 50153、《工业建筑可靠性鉴定标准》GB 50144、《民用建筑可靠性鉴定标准》GB 50292 等的要求，对其安全性、适用性、耐久性及抗灾害能力进行评定，从而确定设计方案。设计方案有两类：复核性验算和重新进行设计。

鉴于我国传统结构设计安全度偏低以及结构耐久性不足的历史背景，有大量的既有结构面临评定、验算等问题。验算宜符合本规范的规定，强调"宜"是可以根据具体情况作适当调整，如控制使用荷载和功能，控制使用年限等。因为充分利用既有建筑符合可持续发展的基本国策。

当对既有结构进行改建、扩建或加固修复时，须重新进行设计。为保证安全，承载能力极限状态计算"应"按本规范要求进行，但对正常使用状态验算及构造措施仅作"宜"符合本规范的要求。同样可根据具体情况作适当调整，尽量减少重新设计在构造要求方面的经济代价。

无论是复核验算和重新设计，均应考虑检测、评定以实测的结果确定相应的设计参数。

3.7.3 本条规定了既有结构设计的原则。避免只考虑局部加固处理的片面做法。本规范强调既有结构加强整体稳固性的原则，适用的范围更为广泛和系统。应避免由于仅对局部进行加固引起结构承载力或刚度的突变。

设计应考虑既有结构的现状，通过检测分析确定既有部分的材料强度和几何参数，并尽量利用原设计的规定值。结构后加部分则完全按本规范的规定取值。应注意新旧材料结构间的可靠连接，并反映既有结构的承载历史以及施工支撑卸载状态对内力分配的影响。

4 材 料

4.1 混 凝 土

4.1.1 混凝土强度等级由立方体抗压强度标准值确定，立方体抗压强度标准值 $f_{cu,k}$ 是本规范混凝土各种力学指标的基本代表值。混凝土强度等级的保证率为 95%：按混凝土强度总体分布的平均值减去 1.645 倍标准差的原则确定。

由于粉煤灰等矿物掺合料在水泥及混凝土中大量应用，以及近年混凝土工程发展的实际情况，确定混凝土立方体抗压强度标准值的试验龄期不仅限于 28d，可由设计根据具体情况适当延长。

4.1.2 我国建筑工程实际应用的混凝土强度和钢筋强度均低于发达国家。我国结构安全度总体上比国际水平低，但材料用量并不少，其原因在于国际上较高的安全度是依靠较高强度的材料实现的。为提高材料的利用效率，工程中应用的混凝土强度等级宜适当提高。C15 级的低强度混凝土仅限用于素混凝土结构，各种配筋混凝土结构的混凝土强度等级也普遍稍有提高。

本规范不适用于山砂混凝土及高炉矿渣混凝土，本次修订删除原规范中相关的注，其应符合专门标准的规定。

4.1.3 混凝土的强度标准值由立方体抗压强度标准值 $f_{cu,k}$ 经计算确定。

1 轴心抗压强度标准值 f_{ck}

考虑到结构中混凝土的实体强度与立方体试件混凝土强度之间的差异，根据以往的经验，结合试验数据分析并参考其他国家的有关规定，对试件混凝土强度的修正系数取为 0.88。

棱柱强度与立方强度之比值 α_{c1}：对 C50 及以下普通混凝土取 0.76；对高强混凝土 C80 取 0.82，中间按线性插值；

C40 以上的混凝土考虑脆性折减系数 α_{c2}：对 C40 取 1.00，对高强混凝土 C80 取 0.87，中间按线性插值。

轴心抗压强度标准值 f_{ck} 按 $0.88\alpha_{c1}\alpha_{c2}f_{cu,k}$ 计算，结果见表 4.1.3-1。

2 轴心抗拉强度标准值 f_{tk}

轴心抗拉强度标准值 f_{tk} 按 $0.88 \times 0.395 f_{cu,k}^{0.55}$（$1-1.645\delta)^{0.45} \times \alpha_{c2}$ 计算，结果见表 4.1.3-2。其中系数 0.395 和指数 0.55 为轴心抗拉强度与立方体抗压强度的折算关系，是根据试验数据进行统计分析以后确定的。

C80 以上的高强混凝土，目前虽偶有工程应用但数量很少，且对其性能的研究尚不够，故暂未列入。

4.1.4 混凝土的强度设计值由强度标准值除混凝土材料分项系数 γ_c 确定。混凝土的材料分项系数取为 1.40。

1 轴心抗压强度设计值 f_c

轴心抗压强度设计值等于 $f_{ck}/1.40$，结果见表 4.1.4-1。

2 轴心抗拉强度设计值 f_t

轴心抗拉强度设计值等于 $f_{tk}/1.40$，结果见表 4.1.4-2。

修订规范还删除了 02 版规范表注中受压构件尺寸效应的规定。该规定源于苏联规范，最近俄罗斯规范已经取消。对离心混凝土的强度设计值，应按专门的标准取用，也不再列入。

4.1.5 混凝土的弹性模量、剪切变形模量及泊松比同原规范。混凝土的弹性模量 E_c 以其强度等级值（$f_{cu,k}$ 为代表）按下列公式计算：

$$E_c = \frac{10^5}{2.2 + \frac{34.7}{f_{cu,k}}} \quad (\text{N/mm}^2)$$

由于混凝土组成成分不同（掺入粉煤灰等）而导致变形性能的不确定性，增加了表注，强调在必要时可根据试验确定弹性模量。

4.1.6、4.1.7 根据等幅疲劳 2×10^6 次的试验研究结果，列出了混凝土的疲劳指标。疲劳指标包括混凝土疲劳强度设计值、混凝土疲劳变形模量。而疲劳强度设计值是混凝土强度设计值乘疲劳强度修正系数 γ_p 的数值。上述指标包括高强度混凝土的疲劳验算，但不包括变幅疲劳。

结构构件中的混凝土，可能遭遇受压疲劳、受拉疲劳或拉-压交变疲劳的作用。本次修订根据试验研究，将不同的疲劳受力状态分别表达，扩大了疲劳应力比值的覆盖范围，并将疲劳强度修正系数的数值作了相应调整与补充。

当蒸养温度超过 60℃时混凝土容易产生裂缝，并不能简单依靠提高设计强度解决。因此，本次修订删去了蒸养温度超过 60℃时，计算需要的混凝土强度设计值需提高 20% 的规定。

4.1.8 本条提供了进行混凝土间接作用效应计算所需的基本热工参数。包括线膨胀系数、导热系数和比热容，数据引自《水工混凝土结构设计规范》DL/T 5057 的规定，并作了适当简化。

4.2 钢　筋

4.2.1 国家现行钢筋产品标准中，不再限制钢筋材料的化学成分和制作工艺，而按性能确定钢筋的牌号和强度级别，并以相应的符号表达。

本次修订根据"四节一环保"要求，提倡应用高强、高性能钢筋。根据混凝土构件对受力性能要求，规定了各种牌号钢筋的选用原则。

1 增加强度为 500MPa 级的高强热轧带肋钢筋；将 400MPa、500MPa 级高强热轧带肋钢筋作为纵向受力的主导钢筋推广应用，尤其是梁、柱和斜撑构件的纵向受力配筋应优先采用 400MPa、500MPa 级高强钢筋，500MPa 级高强钢筋用于高层建筑的柱、大跨度与重荷载梁的纵向受力配筋更为有利；淘汰直径 16mm 及以上的 HRB335 热轧带肋钢筋，保留小直径的 HRB335 钢筋，主要用于中、小跨度楼板配筋以及剪力墙的分布筋配筋，还可用于构件的箍筋与构造配筋；用 300MPa 级光圆钢筋取代 235MPa 级光圆钢筋，将其规格限于直径 6mm～14mm，主要用于小规格梁柱的箍筋与其他混凝土构件的构造配筋。对既有结构进行再设计时，235MPa 级光圆钢筋的设计值仍可按原规范取值。

2 推广应用具有较好延性、可焊性、机械连接性能及施工适应性的 HRB 系列普通热轧带肋钢筋。列入采用控温轧制工艺生产的 HRBF400、HRBF500 系列细晶粒带肋钢筋，取消牌号 HRBF335 钢筋。

3 RRB400 余热处理钢筋由轧制钢筋经高温淬水，余热处理后提高强度，资源能源消耗低、生产成本低。其延性、可焊性、机械连接性能及施工适应性也相应降低，一般可用于对变形性能及加工性能要求不高的构件中，如延性要求不高的基础、大体积混凝土、楼板以及次要的中小结构构件等。

4 增加预应力筋的品种。增补高强、大直径的钢绞线；列入大直径预应力螺纹钢筋（精轧螺纹钢筋）；列入中强度预应力钢丝以补充中等强度预应力筋的空缺，用于中、小跨度的预应力构件，但其在最大力下的总伸长率应满足本规范第 4.2.4 条的要求；淘汰锚固性能很差的刻痕钢丝。

5 箍筋用于抗剪、抗扭及抗冲切设计时，其抗拉强度设计值发挥受到限制，不宜采用强度高于 400MPa 级的钢筋。当用于约束混凝土的间接配筋（如连续螺旋配箍或封闭焊接箍）时，钢筋的高强度可以得到充分发挥，采用 500MPa 级钢筋具有一定的经济效益。

6 近年来，我国强度高、性能好的预应力筋（钢丝、钢绞线）已可充分供应，故冷加工钢筋不再列入本规范。

4.2.2 钢筋及预应力筋的强度取值按现行国家标准《钢筋混凝土用钢》GB 1499、《钢筋混凝土用余热处理钢筋》GB 13014、《中强度预应力混凝土用钢丝》YB/T156、《预应力混凝土用螺纹钢筋》GB/T 20065、《预应力混凝土用钢丝》GB/T 5223、《预应力混凝土用钢绞线》GB/T 5224 等的规定给出，其应具有不小于 95% 的保证率。

普通钢筋采用屈服强度标志。屈服强度标准值 f_{yk} 相当于钢筋标准中的屈服强度特征值 R_{eL}。由于结构抗倒塌设计的需要，本次修订增列了钢筋极限强度（即钢筋拉断前相应于最大拉力下的强度）标准值 f_{stk}，相当于钢筋标准中的抗拉强度特征值 R_m。

国家标准《钢筋混凝土用钢 第2部分：热轧带肋钢筋》GB 1499.2修订报批稿中，已不再列入HRBF335钢筋和直径不小于16mm的HRB335钢筋；对HPB300光圆钢筋从产品供应与实际应用中已基本不采用直径不小于16mm的规格。故本次局部修订中删去了牌号为HRBF335钢筋，对HPB300、HRB335牌号的钢筋的最大公称直径限制为在14mm以下。

预应力筋没有明显的屈服点，一般采用极限强度标志。极限强度标准值 f_{ptk} 相当于钢筋标准中的钢筋抗拉强度 σ_b。在钢筋标准中一般取0.002残余应变所对应的应力 $\sigma_{p0.2}$ 作为其条件屈服强度标准值 f_{pyk}。本条对新增的预应力螺纹钢筋及中强度预应力钢丝列出了有关的设计参数。

本次修订补充了强度级别为1960MPa和直径为21.6mm的钢绞线。当用作后张预应力配筋时，应注意其与锚夹具的匹配性。应经检验并确认锚夹具及工艺可靠后方可在工程中应用。原规范预应力筋强度分档太琐碎，故删除不常使用的预应力筋的强度等级和直径，以简化设计时的选择。

4.2.3 钢筋的强度设计值由强度标准值除以材料分项系数 γ_s 得到。延性较好的热轧钢筋，γ_s 取1.10；对本次修订列入的500MPa级高强钢筋，为了适当提高安全储备，γ_s 取为1.15。对预应力筋的强度设计值，取其条件屈服强度标准值除以材料分项系数 γ_s，由于延性稍差，预应力筋 γ_s 一般取不小于1.20。对传统的预应力钢丝、钢绞线取 $0.85\sigma_b$ 作为条件屈服点，材料分项系数1.2，保持原规范值；对新增的中强度预应力钢丝和螺纹钢筋，按上述原则计算并考虑工程经验适当调整，列于表4.2.3-2中。

普通钢筋抗压强度设计值 f'_y 取与抗拉强度相同。在偏心受压状态下，混凝土所能达到的压应变可以保证500MPa级钢筋的抗压强度达到与抗拉强度相同的值，因此本次局部修订中将500MPa级钢筋的抗压强度设计值从410N/mm²调整到435N/mm²；对轴心受压构件，由于混凝土压应力达到 f_c 时混凝土压应变为0.002，当采用500MPa级钢筋时，其钢筋的抗压强度设计值取为400N/mm²。而预应力筋抗压强度设计值较小，这是由于构件中钢筋受到混凝土极限受压应变的控制，受压强度受到制约的缘故。

根据试验研究结果，限定受剪、受扭、受冲切箍筋的抗拉强度设计值 f_{yv} 不大于360N/mm²；但用作围箍约束混凝土的间接配筋时，其强度设计值不受此限。

钢筋标准中预应力钢丝、钢绞线的强度等级繁多，对于表中未列出的强度等级可按比例换算，插值确定强度设计值。无粘结预应力筋不考虑抗压强度。预应力筋配筋位置偏离受力区较远时，应根据实际受力情况对强度设计值进行折减。

删去了原规范中有关轴心受拉和小偏心受拉构件

中的抗拉强度设计取值的注，这是由于采用裂缝宽度计算控制，无须再限制强度值了。

当构件中配有不同牌号和强度等级的钢筋时，可采用各自的强度设计值进行计算。因为尽管强度不同，但极限状态下各种钢筋先后均已达到屈服。

按预应力钢筋抗压强度设计值的取值原则，本次局部修订将预应力螺纹钢筋的抗压强度设计值由2010版规范中410MPa修改为400MPa。

4.2.4 本条明确提出了对钢筋延性的要求。根据我国钢筋标准，将最大力下总伸长率 δ_{gt}（相当于钢筋标准中的 A_{gt}）作为控制钢筋延性的指标。最大力下总伸长率 δ_{gt} 不受断口-颈缩区域局部变形的影响，反映了钢筋拉断前达到最大力（极限强度）时的均匀应变，故又称均匀伸长率。

对中强度预应力钢丝，产品标准规定其最大力下总伸长率 δ_{gt} 为2.5%。但本规范规定，中强度预应力钢丝用做预应力钢筋时，规定其最大力下总伸长率 δ_{gt} 应不小于3.5%。

4.2.5 钢筋的弹性模量同原规范。由于制作偏差、基圆面积率不同以及钢绞线捻绞紧度差异等因素的影响，实际钢筋受力后的变形模量存在一定的不确定性，而且通常不同程度地偏小。因此，必要时可通过试验测定钢筋的实际弹性模量，用于设计计算。

本次局部修订中，删除了HRBF335钢筋牌号，取消了原表注，正文中的"应"改为"可"。

4.2.6 国内外的疲劳试验研究表明：影响钢筋疲劳强度的主要因素为钢筋的疲劳应力幅（$\sigma^f_{s,max} - \sigma^f_{s,min}$ 或 $\sigma^f_{p,max} - \sigma^f_{p,min}$）。本次修订根据钢筋疲劳强度设计值，给出了考虑疲劳应力比值的钢筋疲劳应力幅限值 Δf^f_y 或 Δf^f_{py}，并改变了表达形式：将原规范按应力比值区间取一个值，改为应力比值与应力幅限值对应而由内插取值，使计算更加准确。

出于对延性的考虑，表中未列入细晶粒HRBF钢筋，当其用于疲劳荷载作用的构件时，应经试验验证。HRB500级带肋钢筋尚未进行充分的疲劳试验研究，因此承受疲劳作用的钢筋宜选用HRB400热轧带肋钢筋。RRB400级钢筋不宜用于直接承受疲劳荷载的构件。

钢绞线的疲劳应力幅限值参考了我国现行规范《铁路桥涵钢筋混凝土和预应力混凝土结构设计规范》TB 10002.3。该规范根据1860MPa级高强钢绞线的试验，规定疲劳应力幅限值为140N/mm²。考虑到本规范中钢绞线强度为1570MPa级以及预应力钢筋在曲线管道中等因素的影响，故表中采用偏安全的限值。

4.2.7 为解决粗钢筋及配筋密集引起设计、施工的困难，本次修订提出了受力钢筋可采用并筋（钢筋束）的布置方式。国外标准中允许采用绑扎并筋的配筋形式，我国某些行业规范中已有类似的规定。经试验研究并借鉴国内、外的成熟做法，给出了利用截面积相等原则计算并筋等效直径的简便方法。本条还给出了应用并筋时，钢筋最大直径及并筋数量的限制。

并筋等效直径的概念适用于本规范中钢筋间距、保护层厚度、裂缝宽度验算、钢筋锚固长度、搭接接头面积百分率及搭接长度等有关条文的计算及构造规定。

相同直径的二并筋等效直径可取为 1.41 倍单根钢筋直径；三并筋等效直径可取为 1.73 倍单根钢筋直径。二并筋可按纵向或横向的方式布置；三并筋宜按品字形布置，并均按并筋的重心作为等效钢筋的重心。

4.2.8 钢筋代换除应满足等强代换的原则外，尚应综合考虑不同钢筋牌号的性能差异对裂缝宽度验算、最小配筋率、抗震构造要求等的影响，并应满足钢筋间距、保护层厚度、锚固长度、搭接接头面积百分率及搭接长度等的要求。

4.2.9 钢筋的专业化加工配送有利于节省材料、方便施工、提高工程质量。采用钢筋焊接网片时应符合《钢筋焊接网混凝土结构技术规程》JGJ 114 的规定。宜进一步推广钢筋专业加工配送生产预制钢筋骨架的设计、施工方式。

4.2.10 混凝土结构设计中，要用到各类钢筋的公称直径、公称截面面积及理论重量。根据有关钢筋标准的规定在附录 A 中列出了有关的参数。

5 结 构 分 析

本次修订补充、完善了 02 版规范的内容：丰富了分析模型、弹性分析、弹塑性分析、塑性极限分析等内容；增加了间接作用分析一节，弥补了 02 版规范中结构分析内容的不足。所列条款基本反映了我国混凝土结构的设计现状、工程经验和试验研究等方面所取得的进展，同时也参考了国外标准规范的相关内容。

本规范只列入了结构分析的基本原则和各种分析方法的应用条件。各种结构分析方法的具体内容在有关标准中有更详尽的规定，可遵照执行。

5.1 基 本 原 则

5.1.1 在所有的情况下均应对结构的整体进行分析。结构中的重要部位、形状突变部位以及内力和变形有异常变化的部位（例如较大孔洞周围、节点及其附近、支座和集中荷载附近等），必要时应另作更详细的局部分析。

对结构的两种极限状态进行结构分析时，应取用相应的作用组合。

5.1.2 结构在不同的工作阶段，例如结构的施工期、检修期和使用期，预制构件的制作、运输和安装阶段

等，以及遭遇偶然作用的情况下，都可能出现多种不利的受力状况，应分别进行结构分析，并确定其可能的不利作用组合。

5.1.3 结构分析应以结构的实际工作状况和受力条件为依据。结构分析的结果应有相应的构造措施加以保证。例如，固定端和刚节点的承受弯矩能力和对变形的限制；塑性铰充分转动的能力；适筋截面的配筋率或受压区相对高度的限制等。

5.1.4 结构分析方法均应符合三类基本方程，即力学平衡方程，变形协调（几何）条件和本构（物理）关系。其中力学平衡条件必须满足；变形协调条件应在不同程度上予以满足；本构关系则需合理地选用。

5.1.5 结构分析方法分类较多，各类方法的主要特点和应用范围如下：

1 弹性分析方法是最基本和最成熟的结构分析方法，也是其他分析方法的基础和特例。它适用于分析一般结构。大部分混凝土结构的设计均基于此法。

结构内力的弹性分析和截面承载力的极限状态设计相结合，实用上简易可行。按此设计的结构，其承载力一般偏于安全。少数结构因混凝土开裂部分的刚度减小而发生内力重分布，可能影响其他部分的开裂和变形状况。

考虑到混凝土结构开裂后刚度的减小，对梁、柱构件可分别取用不同的刚度折减值，且不再考虑刚度随作用效应而变化。在此基础上，结构的内力和变形仍可采用弹性方法进行分析。

2 考虑塑性内力重分布的分析方法可用于超静定混凝土结构设计。该方法具有充分发挥结构潜力，节约材料，简化设计和方便施工等优点。但应注意到，抗弯能力调低部位的变形和裂缝可能相应增大。

3 弹塑性分析方法以钢筋混凝土的实际力学性能为依据，引入相应的本构关系后，可进行结构受力全过程分析，而且可以较好地解决各种体形和受力复杂结构的分析问题。但这种分析方法比较复杂，计算工作量大，各种非线性本构关系尚不够完善和统一，且要有成熟、稳定的软件提供使用，至今应用范围仍然有限，主要用于重要、复杂结构工程的分析和罕遇地震作用下的结构分析。

4 塑性极限分析方法又称塑性分析法或极限平衡法。此法主要用于周边有梁或墙支承的双向板设计。工程设计和施工实践经验证明，在规定条件下按此法进行计算和构造设计简便易行，可以保证结构的安全。

5 结构或其部分的体形不规则和受力状态复杂，又无恰当的简化分析方法时，可采用试验分析的方法。例如剪力墙及其孔洞周围，框架和桁架的主要节点，构件的疲劳，受力状态复杂的水坝等。

5.1.6 结构设计中采用计算机分析日趋普遍，商业的和自编的电算软件都必须保证其运算的可靠性。而

且对每一项电算的结果都应作必要的判断和校核。

5.2 分析模型

5.2.1 结构分析时都应结合工程的实际情况和采用的力学模型，对承重结构进行适当简化，使其既能较正确反映结构的真实受力状态，又能够适应所选用分析软件的力学模型和运算能力，从根本上保证所分析结果的可靠性。

5.2.2 计算简图宜根据结构的实际形状、构件的受力和变形状况、构件间的连接和支承条件以及各种构造措施等，作合理的简化后确定。例如，支座或柱底的固定端应有相应的构造和配筋作保证；有地下室的建筑底层柱，其固定端的位置还取决于底板（梁）的刚度；节点连接构造的整体性决定连接处是按刚接还是按铰接考虑等。

当钢筋混凝土梁柱构件截面尺寸相对较大时，梁柱交汇点会形成相对的刚性节点区域。刚域尺寸的合理确定，会在一定程度上影响结构整体分析的精度。

5.2.3 一般的建筑结构的楼层大多数为现浇钢筋混凝土楼盖或有现浇面层的预制装配式楼盖，可近似假定楼盖在其自身平面内为无限刚性，以减少结构分析的自由度数，提高结构分析效率。实践证明，采用刚性楼盖假定对大多数建筑结构的分析精度都能够满足工程设计的需要。

若因结构布置的变化导致楼盖面内刚度削弱或不均匀时，结构分析应考虑楼盖面内变形的影响。根据楼面结构的具体情况，楼盖面内弹性变形可按全楼、部分楼层或部分区域考虑。

5.2.4 现浇楼盖和装配整体式楼盖的楼板作为梁的有效翼缘，与梁一起形成 T 形截面，提高了楼面梁的刚度，结构分析时应予以考虑。当采用梁刚度放大系数法时，应考虑各梁截面尺寸大小的差异，以及各楼层楼板厚度的差异。

5.2.5 本条规定了考虑地基对上部结构影响的原则。

5.3 弹性分析

5.3.1 本条规定了弹性分析的应用范围。

5.3.2 按构件全截面计算截面惯性矩时，可进行简化，既不计钢筋的换算面积，也不扣除预应力筋孔道等的面积。

5.3.3 本条规定了弹性分析的计算方法。

5.3.4 结构中的二阶效应指作用在结构上的重力或构件中的轴压力在变形后的结构或构件中引起的附加内力和附加变形。建筑结构的二阶效应包括重力二阶效应（$P-\Delta$ 效应）和受压构件的挠曲效应（$P-\delta$ 效应）两部分。严格地讲，考虑 $P-\Delta$ 效应和 $P-\delta$ 效应进行结构分析，应考虑材料的非线性和裂缝、构件的曲率和层间侧移、荷载的持续作用、混凝土的收缩和徐变等因素。但要实现这样的分析，在目前条件下

还有困难，工程分析中一般都采用简化的分析方法。

重力二阶效应计算属于结构整体层面的问题，一般在结构整体分析中考虑，本规范给出了两种计算方法：有限元法和增大系数法。受压构件的挠曲效应计算属于构件层面的问题，一般在构件设计时考虑，详见本规范第 6.2 节。

需要提醒注意的是，附录 B.0.4 给出的排架结构二阶效应计算公式，其中也考虑了 $P-\delta$ 效应的影响。即排架结构的二阶效应计算仍维持 02 版规范的规定。

5.3.5 本条规定考虑支承位移对双向板的内力、变形影响的原则。

5.4 塑性内力重分布分析

5.4.1 超静定混凝土结构在出现塑性铰的情况下，会发生内力重分布。可利用这一特点进行构件截面之间的内力调幅，以达到简化构造、节约配筋的目的。本条给出了可以采用塑性调幅设计的构件或结构类型。

5.4.2 本条提出了考虑塑性内力重分布分析方法设计的条件。按考虑塑性内力重分布的计算方法进行构件或结构的设计时，由于塑性铰的出现，构件的变形和抗弯能力调小部位的裂缝宽度均较大。故本条进一步明确允许考虑塑性内力重分布构件的使用环境，并强调应进行构件变形和裂缝宽度验算，以满足正常使用极限状态的要求。

5.4.3 采用基于弹性分析的塑性内力重分布方法进行弯矩调幅时，弯矩调整的幅度及受压区的高度均应满足本条的规定，以保证构件出现塑性铰的位置有足够的转动能力并限制裂缝宽度。

5.4.4 钢筋混凝土结构的扭转，应区分两种不同的类型：

1 平衡扭转：由平衡条件引起的扭转，其扭矩在梁内不会产生内力重分布；

2 协调扭转：由于相邻构件的弯曲转动受到支承梁的约束，在支承梁内引起的扭转，其扭矩会由于支承梁的开裂产生内力重分布而减小，条文给出了宜考虑内力重分布影响的原则要求。

5.5 弹塑性分析

5.5.1 弹塑性分析可根据结构的类型和复杂性、要求的计算精度等选择相应的计算方法。进行弹塑性分析时，结构构件各部分的尺寸、截面配筋以及材料性能指标都必须预先设定。应根据实际情况采用不同的离散尺度，确定相应的本构关系，如应力-应变关系、弯矩-曲率关系、内力-变形关系等。

采用弹塑性分析方法确定结构的作用效应时，钢筋和混凝土的材料特征值及本构关系宜经试验分析确定，也可采用附录 C 提供的材料平均强度、本构模型或多轴强度准则。

需要提醒注意的是，在采用弹塑性分析方法确定结构的作用效应时，需先进行作用组合，并考虑结构重要性系数，然后方可进行分析。

5.5.2 结构构件的计算模型以及离散尺度应根据实际情况以及计算精度的要求确定。若一个方向的正应力明显大于其余两个正交方向的应力，则构件可简化为一维单元；若两个方向的正应力均显著大于另一个方向的应力，则应简化为二维单元；若构件三个方向的正应力无显著差异，则构件应按三维单元考虑。

5.5.3 本条给出了在结构弹塑性分析中选用钢筋和混凝土材料本构关系的原则规定。钢筋混凝土界面的粘结、滑移对其分析结果影响较显著的构件（如：框架结构梁柱的节点区域等），建议在进行分析时考虑钢筋与混凝土的粘结-滑移本构关系。

5.6 塑性极限分析

5.6.1 对于超静定结构，结构中的某一个截面（或某几个截面）达到屈服，整个结构可能并没有达到其最大承载能力，外荷载还可以继续增加。先达到屈服截面的塑性变形会随之不断增大，并且不断有其他截面陆续达到屈服。直至有足够数量的截面达到屈服，使结构体系即将形成几何可变机构，结构才达到最大承载能力。因此，利用超静定结构的这一受力特征，可采用塑性极限分析方法来计算超静定结构的最大承载力，并以达到最大承载力时的状态，作为整个超静定结构的承载能力极限状态。这样既可以使超静定结构的内力分析更接近实际内力状态，也可以充分发挥超静定结构的承载潜力，使设计更经济合理。但是，超静定结构达到承载力极限状态（最大承载力）时，结构中较早达到屈服的截面已处于塑性变形阶段，即已形成塑性铰，这些截面实际上已具有一定程度的损伤。如果塑性铰具有足够的变形能力，则这种损伤对于一次加载情况的最大承载力影响不大。

5.6.2 结构极限分析可采用精确解、上限解和下限解法。当采用上限解法时，应根据具体结构的试验结果或弹性理论的内力分布，预先建立可能的破坏机构，然后采用机动法或极限平衡法求解结构的极限荷载。当采用下限解法时，可参考弹性理论的内力分布，假定一个满足极限条件的内力场，然后用平衡条件求解结构的极限荷载。

5.6.3 本条介绍双向矩形板采用塑性铰线法或条带法的计算原则。

5.7 间接作用分析

5.7.1 大体积混凝土结构、超长混凝土结构等约束积累较大的超静定结构，在间接作用下的裂缝问题比较突出，宜对结构进行间接作用效应分析。对于允许出现裂缝的钢筋混凝土结构构件，应考虑裂缝的开展使构件刚度降低的影响，以减少作用效应计算的失真。

5.7.2 间接作用效应分析可采用弹塑性分析方法，也可采用简化的弹性分析方法，但计算时应考虑混凝土的徐变及混凝土的开裂引起的应力松弛和重分布。

6 承载能力极限状态计算

6.1 一般规定

6.1.1 钢筋混凝土构件、预应力混凝土构件一般均可按本章的规定进行正截面、斜截面及复合受力状态下的承载力计算（验算）。素混凝土结构构件在房屋建筑中应用不多，低配筋混凝土构件的研究和工程实践经验尚不充分。因此，本次修订对素混凝土构件的设计要求未作调整，其内容见本规范附录D。

02版规范已有的深受弯构件、牛腿、叠合构件等的承载力计算，仍然独立于本章之外给出，深受弯构件见附录G，牛腿见第9.3节，叠合构件见第9.5节及附录H。

有关构件的抗震承载力计算（验算），见本规范第11章的相关规定。

6.1.2 对混凝土结构中的二维、三维非杆系构件，可采用弹性或弹塑性方法求得其主应力分布，其承载力极限状态设计应符合本规范第3.3.2条、第3.3.3条的规定，宜通过计算配置受拉区的钢筋和验算受压区的混凝土强度。按应力进行截面设计的原则和方法与02版规范第5.2.8条的规定相同。

受拉钢筋的配筋量可根据主拉应力的合力进行计算，但一般不考虑混凝土的抗拉设计强度；受拉钢筋的配筋分布可按主拉应力分布图形及方向确定。具体可参考行业标准《水工混凝土结构设计规范》DL/T 5057的有关规定。受压钢筋可根据计算确定，此时可由混凝土和受压钢筋共同承担受压应力的合力。受拉钢筋或受压钢筋的配置均应符合相关构造要求。

6.1.3 复杂或有特殊要求的混凝土结构以及二维、三维非杆系混凝土结构构件，通常需要考虑弹塑性分析方法进行承载力校核、验算。根据不同的设计状况（如持久、短暂、地震、偶然等）和不同的性能设计目标，承载力极限状态往往会采用不同的组合，但通常会采用基本组合、地震组合或偶然组合，因此结构和构件的抗力计算也要相应采用不同的材料强度取值。例如，对于荷载偶然组合的效应，材料强度可取用标准值或极限值；对于地震作用组合的效应，材料强度可以根据抗震性能设计目标取用设计值或标准值等。承载力极限状态验算就是要考察构件的内力或应力是否超过材料的强度取值。

对于多轴应力状态，混凝土主应力验算可按本规范附录C.4的有关规定进行。对于二维尤其是三维受压的混凝土结构构件，校核受压应力设计值可采用混凝土多轴强度准则，可以强度代表值的相对形式，利用多轴受压时的强度提高。

6.2　正截面承载力计算

6.2.1　本条对正截面承载力计算方法作了基本假定。

1　平截面假定

试验表明，在纵向受拉钢筋的应力达到屈服强度之前及达到屈服强度后的一定塑性转动范围内，截面的平均应变基本符合平截面假定。因此，按照平截面假定建立判别纵向受拉钢筋是否屈服的界限条件和确定屈服之前钢筋的应力 σ_s 是合理的。平截面假定作为计算手段，即使钢筋已达屈服，甚至进入强化段时，也还是可行的，计算值与试验值符合较好。

引用平截面假定可以将各种类型截面（包括周边配筋截面）在单向或双向受力情况下的正截面承载力计算贯穿起来，提高了计算方法的逻辑性和条理性，使计算公式具有明确的物理概念。引用平截面假定也为利用电算进行混凝土构件正截面全过程分析（包括非线性分析）提供了必不可少的截面变形条件。

国际上的主要规范，均采用了平截面假定。

2　混凝土的应力-应变曲线

随着混凝土强度的提高，混凝土受压时的应力-应变曲线将逐渐变化，其上升段将逐渐趋向线性变化，且对应于峰值应力的应变稍有提高；下降段趋于变陡，极限应变有所减少。为了综合反映低、中强度混凝土和高强混凝土的特性，与 02 版规范相同，本规范对正截面设计用的混凝土应力-应变关系采用如下简化表达形式：

上升段　$\sigma_c = f_c \left[1 - \left(1 - \dfrac{\varepsilon_c}{\varepsilon_0} \right)^n \right]$　　$(\varepsilon_c \leqslant \varepsilon_0)$

下降段　$\sigma_c = f_c$　　$(\varepsilon_0 < \varepsilon_c \leqslant \varepsilon_{cu})$

根据国内中、低强度混凝土和高强度混凝土偏心受压短柱的试验结果，在条文中给出了有关参数：n、ε_0、ε_{cu} 的取值，与试验结果较为接近。

3　纵向受拉钢筋的极限拉应变

纵向受拉钢筋的极限拉应变本规范规定为 0.01，作为构件达到承载能力极限状态的标志之一。对有物理屈服点的钢筋，该值相当于钢筋应变进入了屈服台阶；对无屈服点的钢筋，设计所用的强度是以条件屈服点为依据。极限拉应变的规定是限制钢筋的强化强度，同时，也表示设计采用的钢筋的极限拉应变不得小于 0.01，以保证结构构件具有必要的延性。对预应力混凝土结构构件，其极限拉应变应从混凝土消压时的预应力筋应力 σ_{p0} 处开始算起。

对非均匀受压构件，混凝土的极限压应变达到 ε_{cu} 或者受拉钢筋的极限拉应变达到 0.01，即这两个极限应变中只要具备其中一个，就标志着构件达到了承载能力极限状态。

6.2.2　本条的规定同 02 版规范。

6.2.3　轴向压力在挠曲杆件中产生的二阶效应（$P-\delta$ 效应）是偏压杆件中由轴向压力在产生了挠曲变形的杆件内引起的曲率和弯矩增量。例如在结构中常见的反弯点位于柱高中部的偏压构件中，这种二阶效应虽能增大构件除两端区域外各截面的曲率和弯矩，但增大后的弯矩通常不可能超过柱两端控制截面的弯矩。因此，在这种情况下，$P-\delta$ 效应不会对杆件截面的偏心受压承载能力产生不利影响。但是，在反弯点不在杆件高度范围内（即沿杆件长度均为同号弯矩）的较细长且轴压比偏大的偏压构件中，经 $P-\delta$ 效应增大后的杆件中部弯矩有可能超过柱端控制截面的弯矩。此时，就必须在截面设计中考虑 $P-\delta$ 效应的附加影响。因后一种情况在工程中较少出现，为了不对各个偏压构件逐一进行验算，本条给出了可以不考虑 $P-\delta$ 效应的条件。该条件是根据分析结果并参考国外规范给出的。

6.2.4　本条给出了在偏压构件中考虑 $P-\delta$ 效应的具体方法，即 $C_m - \eta_{ns}$ 法。该方法的基本思路与美国 ACI 318-08 规范所用方法相同。其中 η_{ns} 使用中国习惯的极限曲率表达式。该表达式是借用 02 版规范偏心距增大系数 η 的形式，并作了下列调整后给出的：

1　考虑本规范所用钢材强度总体有所提高，故将 02 版规范 η 公式中反映极限曲率的"1/1400"改为"1/1300"。

2　根据对 $P-\delta$ 效应规律的分析，取消了 02 版规范 η 公式中在细长度偏大情况下减小构件挠曲变形的系数 ζ_2。

本条 C_m 系数的表达形式与美国 ACI 318-08 规范所用形式相似，但取值略偏高，这是根据我国所做的系列试验结果，考虑钢筋混凝土偏心压杆 $P-\delta$ 效应规律的较大离散性而给出的。

对剪力墙、核心筒墙肢类构件，由于 $P-\delta$ 效应不明显，计算时可以忽略。对排架结构柱，当采用本规范第 B.0.4 条的规定计算二阶效应后，不再按本规定计算 $P-\delta$ 效应；当排架柱未按本规范第 B.0.4 条计算其侧移二阶效应时，仍应按本规范第 B.0.4 条考虑其 $P-\delta$ 效应。

6.2.5　由于工程中实际存在着荷载作用位置的不定性、混凝土质量的不均匀性及施工的偏差等因素，都可能产生附加偏心距。很多国家的规范中都有关于附加偏心距的具体规定，因此参照国外规范的经验，规定了附加偏心距 e_a 的绝对值与相对值的要求，并取其较大值用于计算。

6.2.6　在承载力计算中，可采用合适的压应力图形，只要在承载力计算上能与可靠的试验结果基本符合。为简化计算，本规范采用了等效矩形压应力图形，此时，矩形应力图的应力取 f_c 乘以系数 α_1，矩形应力图的高度可取等于按平截面假定所确定的中和轴高度

x_n 乘以系数 β_1。对中低强度混凝土，当 $n=2$，$\varepsilon_0 = 0.002$，$\varepsilon_{cu} = 0.0033$ 时，$\alpha_1 = 0.969$，$\beta_1 = 0.824$；为简化计算，取 $\alpha_1 = 1.0$，$\beta_1 = 0.8$。对高强度混凝土，用随混凝土强度提高而逐渐降低的系数 α_1、β_1 值来反映高强度混凝土的特点，这种处理方法能适应混凝土强度进一步提高的要求，也是多数国家规范采用的处理方法。上述的简化计算与试验结果对比大体接近。应当指出，将上述简化计算的规定用于三角形截面、圆形截面的受压区，会带来一定的误差。

6.2.7 构件达到界限破坏是指正截面上受拉钢筋屈服与受压区混凝土破坏同时发生时的破坏状态。对应于这一破坏状态，受压边混凝土应变达到 ε_{cu}；对配置有屈服点钢筋的钢筋混凝土构件，纵向受拉钢筋的应变取 f_y/E_s。界限受压区高度 x_b 与界限中和轴高度 x_{nb} 的比值为 β_1，根据平截面假定，可得截面相对界限受压区高度 ξ_b 的公式（6.2.7-1）。

对配置无屈服点钢筋的钢筋混凝土构件或预应力混凝土构件，根据条件屈服点的定义，应考虑 0.2% 的残余应变，普通钢筋应变取 $(f_y/E_s + 0.002)$、预应力筋应变取 $[(f_{py} - \sigma_{p0})/E_s + 0.002]$。根据平截面假定，可得公式（6.2.7-2）和公式（6.2.7-3）。

无屈服点的普通钢筋通常是指细规格的带肋钢筋，无屈服点的特性主要取决于钢筋的轧制和调直等工艺。在钢筋标准中，有屈服点钢筋的屈服强度以 σ_s 表示，无屈服点钢筋的屈服强度以 $\sigma_{p0.2}$ 表示。

6.2.8 钢筋应力 σ_s 的计算公式，是以混凝土达到极限压应变 ε_{cu} 作为构件达到承载能力极限状态标志而给出的。

按平截面假定可写出截面任意位置处的普通钢筋应力 σ_{si} 的计算公式（6.2.8-1）和预应力筋应力 σ_{pi} 的计算公式（6.2.8-2）。

为了简化计算，根据我国大量的试验资料及计算分析表明，小偏心受压情况下实测受拉边或受压较小边的钢筋应力 σ_s 与 ξ 接近直线关系。考虑到 $\xi = \xi_b$ 及 $\xi = \beta_1$ 作为界限条件，取 σ_s 与 ξ 之间为线性关系，就可得到公式（6.2.8-3）、公式（6.2.8-4）。

按上述线性关系式，在求解正截面承载力时，一般情况下为二次方程。

6.2.9 在 02 版规范中，将圆形、圆环形截面混凝土构件的正截面承载力列在正文，本次修订将圆形截面、圆环形截面与任意截面构件的正截面承载力计算一同列入附录。

6.2.10～6.2.14 保留 02 版规范的实用计算方法。

构件中如无纵向受压钢筋或不考虑纵向受压钢筋时，不需要符合公式（6.2.10-4）的要求。

6.2.15 保留了 02 版规范的规定。为保持与偏心受压构件正截面承载力计算具有相近的可靠度，在正文公式（6.2.15）右端乘以系数 0.9。

02 版规范第 7.3.11 条规定的受压构件计算长度

l_0 主要适用于有侧移受偏心压力作用的构件，不完全适用于上下端有支点的轴心受压构件。对于上下端有支点的轴心受压构件，其计算长度 l_0 可偏安全地取构件上下端支点之间距离的 1.1 倍。

当需用公式计算 φ 值时，对矩形截面也可近似用 $\varphi = \left[1 + 0.002\left(\dfrac{l_0}{b} - 8\right)^2\right]^{-1}$ 代替查表取值。当 l_0/b 不超过 40 时，公式计算值与表列数值误差不致超过 3.5%。在用上式计算 φ 时，对任意截面可取 $b = \sqrt{12i}$，对圆形截面可取 $b = \sqrt{3}d/2$。

6.2.16 保留了 02 版规范的规定。根据国内外的试验结果，当混凝土强度等级大于 C50 时，间接钢筋混凝土的约束作用将会降低，为此，在混凝土强度等级为 C50～C80 的范围内，给出折减系数 α 值。基于与第 6.2.15 条相同的理由，在公式（6.2.16-1）右端乘以系数 0.9。

6.2.17 矩形截面偏心受压构件：

1 对非对称配筋的小偏心受压构件，当偏心距很小时，为了防止 A_s 产生受压破坏，尚应按公式（6.2.17-5）进行验算，此处引入了初始偏心距 $e_i = e_0 - e_a$，这是考虑了不利方向的附加偏心距。计算表明，只有当 $N > f_c bh$ 时，钢筋 A_s 的配筋率才有可能大于最小配筋率的规定。

2 对称配筋小偏心受压的钢筋混凝土构件近似计算方法：

当应用偏心受压构件的基本公式（6.2.17-1）、公式（6.2.17-2）及公式（6.2.8-1）求解对称配筋小偏心受压构件承载力时，将出现 ξ 的三次方程。第 6.2.17 条第 4 款的简化公式是取 $\xi\left(1 - \dfrac{1}{2}\xi\right)\dfrac{\xi_b - \xi}{\xi_b - \beta_1} \approx 0.43\dfrac{\xi_b - \xi}{\xi_b - \beta_1}$，使求解 ξ 的方程降为一次方程，便于直接求得小偏压构件所需的配筋面积。

同理，上述简化方法也可扩展用于 T 形和 I 形截面的构件。

3 本次对偏心受压构件二阶效应的计算方法进行了修订，即除排架结构柱以外，不再采用 $\eta - l_0$ 法。新修订的方法主要希望通过计算机进行结构分析时一并考虑由结构侧移引起的二阶效应。为了进行截面设计时内力取值的一致性，当需要利用简化计算方法计算由结构侧移引起的二阶效应和需要考虑杆件自身挠曲引起的二阶效应时，也应先按照附录 B 的简化计算方法和按照第 6.2.3 条和第 6.2.4 条的规定进行考虑二阶效应的内力计算。即在进行截面设计时，其内力已经考虑了二阶效应。

6.2.18 给出了 I 形截面偏心受压构件正截面受压承载力计算公式，对 T 形、倒 T 形截面则可按条文注的规定进行计算；同时，对非对称配筋的小偏心受压构件，给出了验算公式及其适用的近似条件。

6.2.19 沿截面腹部均匀配置纵向钢筋（沿截面腹部配置等直径、等间距的纵向受力钢筋）的矩形、T形或I形截面偏心受压构件，其正截面承载力可根据第6.2.1条中一般计算方法的基本假定列出平衡方程进行计算。但由于计算公式较繁，不便于设计应用，故作了必要简化，给出了公式（6.2.19-1）～公式（6.2.19-4）。

根据第6.2.1条的基本假定，均匀配筋的钢筋应变到达屈服的纤维距中和轴的距离为 $\beta\eta_{\rho}/\beta_1$，此处，$\beta = f_{yw}/(E_s\varepsilon_{cu})$。分析表明，常用的钢筋 β 值变化幅度不大，而且对均匀配筋的内力影响很小。因此，将按平截面假定写出的均匀配筋内力 N_{sw}、M_{sw} 的表达式分别用直线及二次曲线近似拟合，即给出公式（6.2.19-3）、公式（6.2.19-4）这两个简化公式。

计算分析表明，对两对边集中配筋与腹部均匀配筋呈一定比例的条件下，本条的简化计算与按一般方法精确计算的结果相比误差不大，并可使计算工作量得到很大简化。

6.2.20 规范对排架柱计算长度的规定引自1974年的规范《钢筋混凝土结构设计规范》TJ 10-74，其计算长度值是在当时的弹性分析和工程经验基础上确定的。在没有新的研究分析结果之前，本规范继续沿用原规范的规定。

本次规范修订，对有侧移框架结构的 $P-\Delta$ 效应简化计算，不再采用 $\eta - l_0$ 法，而采用层增大系数法。因此，进行框架结构 $P-\Delta$ 效应计算时不再需要计算框架柱的计算长度 l_0，因此取消了02版规范第7.3.11条第3款中框架柱计算长度公式（7.3.11-1）、公式（7.3.11-2）。本规范第6.2.20条第2款表6.2.20-2中框架柱的计算长度 l_0 主要用于计算轴心受压框架柱稳定系数 φ，以及计算偏心受压构件裂缝宽度的偏心距增大系数时采用。

6.2.21 本条对对称双向偏心受压构件正截面承载力的计算作了规定：

1 当按本规范附录E的一般方法计算时，本条规定了分别按 x、y 轴计算 e_i 的公式；有可靠试验依据时，也可采用更合理的其他公式计算。

2 给出了双向偏心受压的倪克勤（N. V. Nikitin）公式，并指明了两种配筋形式的计算原则。

3 当需要考虑二阶弯矩的影响时，给出的弯矩设计值 M_{0x}、M_{0y} 已经包含了二阶弯矩的影响，即取消了02版规范第7.3.14条中的弯矩增大系数 η_x、η_y，原因详见第6.2.17条条文说明。

6.2.22～6.2.25 保留了02版规范的相应条文。

对沿截面高度或周边均匀配筋的矩形、T形或I形偏心受拉截面，其正截面承载力基本符合 $\dfrac{N}{N_{u0}} + \dfrac{M}{M_u} = 1$ 的变化规律，且略偏于安全；此公式改写后

即为公式（6.2.25-1）。试验表明，它也适用于对称配筋矩形截面钢筋混凝土双向偏心受拉构件。公式（6.2.25-1）是89规范在条文说明中提出的公式。

6.3 斜截面承载力计算

6.3.1 混凝土构件的受剪截面限制条件仍采用02版规范的表达形式。

规定受弯构件的受剪截面限制条件，其目的首先是防止构件截面发生斜压破坏（或腹板压坏），其次是限制在使用阶段可能出现的斜裂缝宽度，同时也是构件斜截面受剪破坏的最大配箍率条件。

本条同时给出了划分普通构件与薄腹构件截面限制条件的界限，以及两个截面限制条件的过渡办法。

6.3.2 本条给出了需要进行斜截面受剪承载力计算的截面位置。在一般情况下是指最可能发生斜截面破坏的位置，包括可能受力最大的梁端截面、截面尺寸突然变化处、箍筋数量变化和弯起钢筋配置处等。

6.3.3 由于混凝土受弯构件受剪破坏的影响因素众多，破坏形态复杂，对混凝土构件受剪机理的认识尚不很充分，至今未能像正截面承载力计算一样建立一套较完整的理论体系。国外各主要规范及国内各行业标准中斜截面承载力计算方法各异，计算模式也不尽相同。

对无腹筋受弯构件的斜截面受剪承载力计算：

1 根据收集到大量的均布荷载作用下无腹筋简支浅梁、无腹筋简支短梁、无腹筋简支深梁以及无腹筋连续浅梁的试验数据以支座处的剪力值为依据进行分析，可得到承受均布荷载为主的无腹筋一般受弯构件受剪承载力 V_c 偏下值的计算公式如下：

$$V_c = 0.7\beta_h\beta_{\rho}f_t bh_0$$

2 综合国内外的试验结果和规范规定，对不配置箍筋和弯起钢筋的钢筋混凝土板的受剪承载力计算中，合理地反映了截面尺寸效应的影响。在第6.3.3条的公式中用系数 $\beta_h = (800/h_0)^{\frac{1}{4}}$ 来表示；同时给出了截面高度的适用范围，当截面有效高度超过2000mm后，其受剪承载力还将会有所降低，但对此试验研究尚不够，未能作出进一步规定。

对第6.3.3条中的一般板类受弯构件，主要指受均布荷载作用下的单向板和双向板需按单向板计算的构件。试验研究表明，对较厚的钢筋混凝土板，除沿板的上、下表面按计算或构造配置双向钢筋网之外，如按本规范第9.1.11条的规定，在板厚中间部位配置双向钢筋网，将会较好地改善其受剪承载性能。

3 根据试验分析，纵向受拉钢筋的配筋率 ρ 对无腹筋梁受剪承载力 V_c 的影响可用系数 $\beta_{\rho} = (0.7 + 20\rho)$ 来表示；通常在 ρ 大于 1.5% 时，纵向受拉钢筋的配筋率 ρ 对无腹筋梁受剪承载力的影响才较为明显，所以，在公式中未纳入系数 β_{ρ}。

4 这里应当说明，以上虽然分析了无腹筋梁受

剪承载力的计算公式，但并不表示设计的梁不需配置箍筋。考虑到剪切破坏有明显的脆性，特别是斜拉破坏，斜裂缝一旦出现梁即告剪坏，单靠混凝土承受剪力是不安全的。除了截面高度不大于 150mm 的梁外，一般梁即使满足 $V \leqslant V_c$ 的要求，仍应按构造要求配置箍筋。

6.3.4 02 版规范的受剪承载力设计公式分为集中荷载独立梁和一般受弯构件两种情况，较国外多数国家的规范繁琐，且两个公式在临近集中荷载为主的情况附近计算值不协调，且有较大差异。因此，建立一个统一的受剪承载力计算公式是规范修订和发展的趋势。

但考虑到我国的国情和规范的设计习惯，且过去规范的受剪承载力设计公式分两种情况用于设计也是可行的，此次修订实质上仍保留了受剪承载力计算的两种形式，只是在原有受弯构件两个斜截面承载力计算公式的基础上进行了整改，具体做法是混凝土项系数不变，仅对一般受弯构件公式的箍筋项系数进行了调整，由 1.25 改为 1.0。通过对 55 个均布荷载作用下有腹筋简支梁构件试验的数据进行分析（试验数据来自原冶金建筑研究总院、同济大学、天津大学、重庆大学、原哈尔滨建筑大学、R. B. L. Smith 等），结果表明，此次修订公式的可靠度有一定程度的提高。采用本次修订公式进行设计时，箍筋用钢量比 02 版规范计算值可能增加约 25%。箍筋项系数由 1.25 改为 1.0，也是为将来统一成一个受剪承载力计算公式建立基础。

试验研究表明，预应力对构件的受剪承载力起有利作用，主要因为预压应力能阻滞斜裂缝的出现和开展，增加了混凝土剪压区高度，从而提高了混凝土剪压区所承担的剪力。

根据试验分析，预应力混凝土梁受剪承载力的提高主要与预加力的大小及其作用点的位置有关。此外，试验还表明，预加力对梁受剪承载力的提高作用应给予限制。因此，预应力混凝土梁受剪承载力的计算，可在非预应力梁计算公式的基础上，加上一项施加预应力所提高的受剪承载力设计值 $0.05N_{p0}$，且当 N_{p0} 超过 $0.3f_c A_0$ 时，只取 $0.3f_c A_0$，以达到限制的目的。同时，它仅适用于预应力混凝土简支梁，且只有当 N_{p0} 对梁产生的弯矩与外弯矩相反时才能予以考虑。对于预应力混凝土连续梁，尚未作深入研究；此外，对允许出现裂缝的预应力混凝土简支梁，考虑到构件达到承载力时，预应力可能消失，在未有充分试验依据之前，暂不考虑预应力对截面抗剪的有利作用。

6.3.5、6.3.6 试验表明，与破坏斜截面相交的非预应力弯起钢筋和预应力弯起钢筋可以提高构件的斜截面受剪承载力，因此，除垂直于构件轴线的箍筋外，弯起钢筋也可以作为构件的抗剪钢筋。公式（6.3.5）给出了箍筋和弯起钢筋并用时，斜截面受剪承载力的计算公式。考虑到弯起钢筋与破坏斜截面相交位置的不定性，其应力可能达不到屈服强度，因此在公式中引入了弯起钢筋应力不均匀系数 0.8。

由于每根弯起钢筋只能承受一定范围内的剪力，当按第 6.3.6 条的规定确定剪力设计值并按公式（6.3.5）计算弯起钢筋时，其配筋构造应符合本规范第 9.2.8 条的规定。

6.3.7 试验表明，箍筋能抑制斜裂缝的发展，在不配置箍筋的梁中，斜裂缝的突然形成可能导致脆性的斜拉破坏。因此，本规范规定当剪力设计值小于无腹筋梁的受剪承载力时，应按本规范第 9.2.9 条的规定配置最小用量的箍筋；这些箍筋还能提高构件抵抗超载和承受由于变形所引起应力的能力。

02 版规范中，本条计算公式也分为一般受弯构件和集中荷载作用下的独立梁两种形式，此次修订与第 6.3.4 条相协调，统一为一个公式。

6.3.8 受拉边倾斜的受弯构件，其受剪破坏的形态与等高度的受弯构件相类似；但在受剪破坏时，其倾斜受拉钢筋的应力可能发挥得比较高，在受剪承载力中将占有相当的比例。根据对试验结果的分析，提出了公式（6.3.8-2），并与等高度的受弯构件的受剪承载力公式相匹配，给出了公式（6.3.8-1）。

6.3.9、6.3.10 受弯构件斜截面的受弯承载力计算是在受拉区纵向受力钢筋达到屈服强度的前提下给出的，此时，在公式（6.3.9-1）中所需的斜截面水平投影长度 c，可由公式（6.3.9-2）确定。

如果构件设计符合第 6.3.10 条列出的相关规定，构件的斜截面受弯承载力一般可满足第 6.3.9 条的要求，因此可不进行斜截面的受弯承载力计算。

6.3.11～6.3.14 试验研究表明，轴向压力对构件的受剪承载力起有利作用，主要是因为轴向压力能阻滞斜裂缝的出现和开展，增加了混凝土剪压区高度，从而提高混凝土所承担的剪力。轴压比限值范围内，斜截面水平投影长度与相同参数的无轴向压力梁相比基本不变，故对箍筋所承担的剪力没有明显的影响。

轴向压力对构件受剪承载力的有利作用是有限度的，当轴压比在 0.3～0.5 的范围时，受剪承载力达到最大值；若再增加轴向压力，将导致受剪承载力的降低，并转变为带有斜裂缝的正截面小偏心受压破坏，因此应对轴向压力的受剪承载力提高范围予以限制。

基于上述考虑，通过对偏压构件、框架柱试验资料的分析，对矩形截面的钢筋混凝土偏心构件的斜截面受剪承载力计算，可在集中荷载作用下的矩形截面独立梁计算公式的基础上，加一项轴向压力所提高的受剪承载力设计值，即 $0.07N$，且当 N 大于 $0.3f_c A$ 时，规定仅取为 $0.3f_c A$，相当于试验结果的偏低值。

对承受轴向压力的框架结构的框架柱，由于柱两端受到约束，当反弯点在层高范围内时，其计算截面的剪跨比可近似取 $H_n/(2h_0)$；而对其他各类结构的框架柱的剪跨比则取为 M/Vh_0，与截面承受的弯矩和剪力有关。同时，还规定了计算剪跨比取值的上、下限值。

偏心受拉构件的受力特点是：在轴向拉力作用下，构件上可能产生横贯全截面、垂直于杆轴的初始垂直裂缝；施加横向荷载后，构件顶部裂缝闭合而底部裂缝加宽，且斜裂缝可能直接穿过初始垂直裂缝向上发展，也可能沿初始垂直裂缝延伸再斜向发展。斜裂缝呈现宽度较大、倾角较大，斜裂缝末端剪压区高度减小，甚至没有剪压区，从而截面的受剪承载力要比受弯构件的受剪承载力有明显的降低。根据试验结果并偏稳妥地考虑，减去一项轴向拉力所降低的受剪承载力设计值，即 $0.2N$。此外，第 6.3.14 条还对受拉截面总受剪承载力设计值的下限值和箍筋的最小配筋特征值作了规定。

对矩形截面钢筋混凝土偏心受压和偏心受拉构件受剪要求的截面限制条件，与第 6.3.1 条的规定相同，与 02 版规范相同。

与 02 版规范公式比较，本次修订的偏心受力构件斜截面受剪承载力计算公式，只对 02 版规范公式中的混凝土项采用公式（6.3.4-2）中的混凝土项代替，并将适用范围由矩形截面扩大到 T 形和 I 形截面，且箍筋项的系数取为 1.0。偏心受压构件受剪承载力计算公式（6.3.12）及偏心受拉构件受剪承载力计算公式（6.3.14）与试验数据相比较，计算值也是相当于试验结果的偏低值。

6.3.15 在分析了国内外一定数量圆形截面受弯构件、偏心受压构件试验数据的基础上，借鉴国外有关规范的相关规定，提出了采用等效惯性矩原则确定等效截面宽度和等效截面高度的取值方法，从而对圆形截面受弯和偏心受压构件，可直接采用配置竖向箍筋的矩形截面受弯和偏心受压构件的受剪截面限制条件和受剪承载力计算公式进行计算。

6.3.16～6.3.19 试验表明，矩形截面钢筋混凝土柱在斜向水平荷载作用下的抗剪性能与在单向水平荷载作用下的受剪性能存在着明显的差别。根据国外的有关研究资料以及国内配置周边箍筋的斜向受剪试件的试验结果，经分析表明，构件的受剪承载力大致服从椭圆规律：

$$\left(\frac{V_x}{V_{ux}}\right)^2 + \left(\frac{V_y}{V_{uy}}\right)^2 = 1$$

本规范第 6.3.17 条的公式（6.3.17-1）和公式（6.3.17-2），实质上就是由上面的椭圆方程式转化成在形式上与单向偏心受压构件受剪承载力计算公式相当的设计表达式。在复核截面时，可直接按公式进行验算；在进行截面设计时，可近似选取公式

（6.3.17-1）和公式（6.3.17-2）中的 V_{ux}/V_{uy} 比值等于 1.0，而后再进行箍筋截面面积的计算。设计时宜采用封闭箍筋，必要时也可配置单肢箍筋。当复合封闭箍筋重叠部分的箍筋长度小于截面周边箍筋长边或短边长度时，不应将该箍筋较短方向上的箍筋截面面积计入 A_{svx} 或 A_{svy} 中。

第 6.3.16 条和第 6.3.18 条同样采用了以椭圆规律的受剪承载力方程式为基础并与单向偏心受压构件受剪的截面要求相衔接的表达式。

同时提出，为了简化计算，对剪力设计值 V 的作用方向与 x 轴的夹角 θ 在 $0°～10°$ 和 $80°～90°$ 时，可按单向受剪计算。

6.3.20 本条规定与 02 版规范相同，目的是规定剪力墙截面尺寸的最小值，或者说限制了剪力墙截面的最大名义剪应力值。剪力墙的名义剪应力值过高，会在早期出现斜裂缝；因极限状态下的抗剪强度受混凝土抗斜压能力控制，抗剪钢筋不能充分发挥作用。

6.3.21、6.3.22 在剪力墙设计时，通过构造措施防止发生剪拉破坏和斜压破坏，通过计算确定墙中水平钢筋，防止发生剪切破坏。

在偏心受压墙肢中，轴向压力有利于抗剪承载力，但压力增大到一定程度后，对抗剪的有利作用减小，因此对轴力的取值需加以限制。

在偏心受拉墙肢中，考虑了轴向拉力的不利影响。

6.3.23 剪力墙连梁的斜截面受剪承载力计算，采用和普通框架梁一致的截面承载力计算方法。

6.4 扭曲截面承载力计算

6.4.1、6.4.2 混凝土扭曲截面承载力计算的截面限制条件是以 h_w/b 不大于 6 的试验为依据的。公式（6.4.1-1）、公式（6.4.1-2）的规定是为了保证构件在破坏时混凝土不首先被压碎。公式（6.4.1-1）、公式（6.4.1-2）中的纯扭构件截面限制条件相当于取用 $T=(0.16～0.2)f_cW_t$；当 T 等于 0 时，公式（6.4.1-1）、公式（6.4.1-2）可与本规范第 6.3.1 条的公式相协调。

6.4.3 本条对常用的 T 形、I 形和箱形截面受扭塑性抵抗矩的计算方法作了具体规定。

T 形、I 形截面可划分成矩形截面，划分的原则是：先按截面总高度确定腹板截面，然后再划分受压翼缘和受拉翼缘。

本条提供的截面受扭塑性抵抗矩公式是近似的，主要是为了方便受扭承载力的计算。

6.4.4 公式（6.4.4-1）是根据试验统计分析后，取用试验数据的偏低值给出的。经过对高强混凝土纯扭构件的试验验证，该公式仍然适用。

试验表明，当 ζ 值在 $0.5～2.0$ 范围内，钢筋混

凝土受扭构件破坏时，其纵筋和箍筋基本能达到屈服强度。为稳妥起见，取限制条件为 $0.6 \leqslant \zeta \leqslant 1.7$。当 $\zeta > 1.7$ 时取 1.7。当 ζ 接近 1.2 时为钢筋达到屈服的最佳值。因截面内力平衡的需要，对不对称配置纵向钢筋截面面积的情况，在计算中只取对称布置的纵向钢筋截面面积。

预应力混凝土纯扭构件的试验研究表明，预应力可提高构件受扭承载力的前提是纵向钢筋不能屈服，当预加力产生的混凝土法向压应力不超过规定的限值时，纯扭构件受扭承载力可提高 $0.08 \dfrac{N_{p0}}{A_0} W_t$。考虑到实际上应力分布不均匀性等不利影响，在条文中该提高值取为 $0.05 \dfrac{N_{p0}}{A_0} W_t$，且仅限于偏心距 $e_{p0} \leqslant h/6$ 且 ζ 不小于 1.7 的情况；在计算 ζ 时，不考虑预应力筋的作用。

试验研究还表明，对预应力的有利作用应有所限制：当 N_{p0} 大于 $0.3 f_c A_0$ 时，取 $0.3 f_c A_0$。

6.4.6 试验研究表明，对受纯扭作用的箱形截面构件，当壁厚符合一定要求时，其截面的受扭承载力与实心截面是类同的。在公式（6.4.6-1）中的混凝土项受扭承载力与实心截面的取法相同，即取箱形截面开裂扭矩的 50%，此外，尚应乘以箱形截面壁厚的影响系数 α_h；钢筋项受扭承载力取与实心矩形截面相同。通过国内外试验结果的分析比较，公式（6.4.6-1）的取值是稳妥的。

6.4.7 试验研究表明，轴向压力对纵筋应变的影响十分显著；由于轴向压力能使混凝土较好地参加工作，同时又能改善混凝土的咬合作用和纵向钢筋的销栓作用，因而提高了构件的受扭承载力。在本条公式中考虑了这一有利因素，它对受扭承载力的提高值偏安全地取为 $0.07 N W_t/A$。

试验表明，当轴向压力大于 $0.65 f_c A$ 时，构件受扭承载力将会逐步下降，因此，在条文中对轴向压力的上限值作了稳妥的规定，即取轴向压力 N 的上限值为 $0.3 f_c A$。

6.4.8 无腹筋剪扭构件的试验研究表明，无量纲剪扭承载力的相关关系符合四分之一圆的规律；对有腹筋剪扭构件，假设混凝土部分对剪扭承载力的贡献与无腹筋剪扭构件一样，也可认为符合四分之一圆的规律。

本条公式适用于钢筋混凝土和预应力混凝土剪扭构件，它是以有腹筋构件的剪扭承载力为四分之一圆的相关曲线作为校正线，采用混凝土部分相关、钢筋部分不相关的原则获得的近似拟合公式。此时，可找到剪扭构件混凝土受扭承载力降低系数 β_t，其值略大于无腹筋构件的试验结果，但采用此 β_t 值后与有腹筋构件的四分之一圆相关曲线较为接近。

经分析表明，在计算预应力混凝土构件的 β_t 时，

可近似取与非预应力构件相同的计算公式，而不考虑预应力合力 N_{p0} 的影响。

6.4.9 本条规定了 T 形和 I 形截面剪扭构件承载力计算方法。腹板部分要承受全部剪力和分配给腹板的扭矩。这种规定方法是与受弯构件受剪承载力计算相协调的；翼缘仅承受所分配的扭矩，但翼缘中配置的箍筋应贯穿整个翼缘。

6.4.10 根据钢筋混凝土箱形截面纯扭构件受扭承载力计算公式（6.4.6-1）并借助第 6.4.8 条剪扭构件的相同方法，可导出公式（6.4.10-1）～公式（6.4.10-3），经与箱形截面试件的试验结果比较，所提供的方法是稳妥的。

6.4.11 本条是此次修订新增的内容。

在轴向拉力 N 作用下构件的受扭承载力可表示为：

$$T_u = T_c^N + T_s^N$$

式中：T_c^N——混凝土承担的扭矩；
T_s^N——钢筋承担的扭矩。

1 混凝土承担的扭矩

考虑轴向拉力对构件抗裂性能的影响，拉扭构件的开裂扭矩可按下式计算：

$$T_{cr}^N = \gamma \omega f_t W_t$$

式中：T_{cr}^N 为拉扭构件的开裂扭矩；γ 为考虑截面不能完全进入塑性状态等的综合系数，取 $\gamma = 0.7$；ω 为轴向拉力影响系数，根据最大主应力理论，可按下列公式计算：

$$\omega = \sqrt{1 - \frac{\sigma_t}{f_t}}$$

$$\sigma_t = \frac{N}{A}$$

从而有：

$$T_{cr}^N = 0.7 f_t W_t \sqrt{1 - \frac{\sigma_t}{f_t}}$$

对于钢筋混凝土纯扭构件混凝土承担的扭矩，本规范取为：

$$T_c^0 = T_{cr}^0 = 0.35 f_t W_t$$

拉扭构件中混凝土承担的扭矩即可取为：

$$T_c^N = \frac{1}{2} T_{cr}^N = 0.35 f_t W_t \sqrt{1 - \frac{\sigma_t}{f_t}}$$

当 $\dfrac{\sigma_t}{f_t}$ 不大于 1 时 $\sqrt{1 - \dfrac{\sigma_t}{f_t}}$ 近似以 $1 - \dfrac{\sigma_t}{1.75 f_t}$ 表述，因此有：

$$T_c^N = \frac{1}{2} T_{cr}^N = 0.35 \left(1 - \frac{\sigma_t}{1.75 f_t}\right) f_t W_t$$

$$= 0.35 f_t W_t - 0.2 \frac{N}{A} W_t$$

2 钢筋部分承担的扭矩

对于拉扭构件，轴向拉力 N 使纵筋产生附加拉应力，因此纵筋的受扭作用受到削弱，从而降低了构

件的受扭承载力。根据变角度空间桁架模型和斜弯理论，其受扭承载力可按下式计算：

$$T_s^N = 2\sqrt{\frac{(f_y A_{st1} - N)s}{f_{yv} A_{st1} u_{cor}}} \cdot \frac{f_{yv} A_{st1} A_{cor}}{s}$$

但为了与无拉力情况下的抗扭公式保持一致，在与试验结果对比后仍取：

$$T_s^N = 1.2\sqrt{\zeta} f_{yv} \frac{A_{st1} A_{cor}}{s}$$

根据以上说明，即可得出本条文设计计算公式（6.4.11），式中 A_{stl} 为对称布置的受扭用的全部纵向钢筋的截面面积，承受拉力 N 作用的纵向钢筋截面面积不应计入。

与国内进行的 25 个拉扭试件的试验结果比较，本条公式的计算值与试验值之比的平均值为 0.947（0.755～1.189），是可以接受的。

6.4.12 对弯剪扭构件，当 $V \leqslant 0.35 f_t b h_0$ 或 $V \leqslant 0.875 f_t b h_0 / (\lambda + 1)$ 时，剪力对构件承载力的影响可不予考虑，此时，构件的配筋由正截面受弯承载力和受扭承载力的计算确定；同理，$T \leqslant 0.175 f_t W_t$ 或 $T \leqslant 0.175 \alpha_h f_t W_t$ 时，扭矩对构件承载力的影响可不予考虑，此时，构件的配筋由正截面受弯承载力和斜截面受剪承载力的计算确定。

6.4.13 分析表明，按照本条规定的配筋方法，构件的受弯承载力、受剪承载力与受扭承载力之间具有相关关系，且与试验结果大致相符。

6.4.14～6.4.16 在钢筋混凝土矩形截面框架柱受剪扭承载力计算中，考虑了轴向压力的有利作用。分析表明，在 β_t 计算公式中可不考虑轴向压力的影响，仍可按公式（6.4.8-5）进行计算。

当 $T \leqslant (0.175 f_t + 0.035 N/A) W_t$ 时，则可忽略扭矩对框架柱承载力的影响。

6.4.17 本条给出了在轴向拉力、弯矩、剪力和扭矩共同作用下的钢筋混凝土矩形截面框架柱的剪、扭承载力设计计算公式。与在轴向压力、弯矩、剪力和扭矩共同作用下钢筋混凝土矩形截面框架柱的剪、扭承载力 β_t 计算公式相同，为简化设计，不考虑轴向拉力的影响。与考虑轴向拉力影响的 β_t 计算公式比较，β_t 计算值略有降低，（1.5－β_t）值略有提高；从而当轴向拉力 N 较小时，受扭钢筋用量略有增大，受剪箍筋用量略有减小，但箍筋总用量没有显著差别。当轴向拉力较大，当 N 不小于 $1.75 f_t A$ 时，公式（6.4.17-2）右方第 1 项为零。从而公式（6.4.17-1）和公式（6.4.17-2）蜕变为剪扭混凝土作用项几乎不相关的、偏安全的设计计算公式。

6.5 受冲切承载力计算

6.5.1 02 版规范的受冲切承载力计算公式，形式简单，计算方便，但与国外规范进行对比，在多数情况下略显保守，且考虑因素不够全面。根据不配置箍筋

或弯起钢筋的钢筋混凝土板的试验资料的分析，参考国内外有关规范，本次修订保留了 02 版规范的公式形式，仅将公式中的系数 0.15 提高到 0.25。

本条具体规定的考虑因素如下：

1 截面高度的尺寸效应。截面高度的增大对受冲切承载力起削弱作用，为此，在公式（6.5.1-1）中引入了截面尺寸效应系数 β_h，以考虑这种不利影响。

2 预应力对受冲切承载力的影响。试验研究表明，双向预应力对板柱节点的冲切承载力起有利作用，主要是由于预应力的存在阻滞了斜裂缝的出现和开展，增加了混凝土剪压区的高度。公式（6.5.1-1）主要是参考我国的科研成果及美国 ACI 318 规范，将板中两个方向按长度加权平均有效预压应力的有利作用增大为 $0.25 \sigma_{pc,m}$，但仍偏安全地未计及在板柱节点处预应力竖向分量的有利作用。

对单向预应力板，由于缺少试验数据，暂不考虑预应力的有利作用。

3 参考美国 ACI 318 等有关规范的规定，给出了两个调整系数 η_1、η_2 的计算公式（6.5.1-2）、公式（6.5.1-3）。对矩形形状的加载面积边长之比作了限制，因为边长之比大于 2 后，剪力主要集中于角隅，将不能形成严格意义上的冲切极限状态的破坏，使受冲切承载力达不到预期的效果，为此，引入了调整系数 η_1，且基于稳妥的考虑，对加载面积边长之比作了不宜大于 4 的限制；此外，当临界截面相对周长 u_m/h_0 过大时，同样会引起受冲切承载力的降低。有必要指出，公式（6.5.1-2）是在美国 ACI 规范的取值基础上略作调整后给出的。公式（6.5.1-1）的系数 η 只能取 η_1、η_2 中的较小值，以确保安全。

本条中所指的临界截面是为了简明表述而设定的截面，它是冲切最不利的破坏锥体底面线与顶面线之间的平均周长 u_m 处板的垂直截面。板的垂直截面，对等厚板为垂直于板中心平面的截面，对变高度板为垂直于板受拉面的截面。

对非矩形截面柱（异形截面柱）的临界截面周长，选取周长 u_m 的形状要呈凸形折线，其折角不能大于 180°，由此可得到最小的周长，此时在局部周长区段离柱边的距离允许大于 $h_0/2$。

6.5.2 为满足设备或管道布置要求，有时要在柱边附近板上开孔。板中开孔会减小冲切的最不利周长，从而降低板的受冲切承载力。在参考了国外规范的基础上给出了本条的规定。

6.5.3、6.5.4 当混凝土板的厚度不足以保证受冲切承载力时，可配置抗冲切钢筋。设计可同时配置箍筋和弯起钢筋，也可分别配置箍筋或弯起钢筋作为抗冲切钢筋。试验表明，配有冲切钢筋的钢筋混凝土板，其破坏形态和受力特性与有腹筋梁相类似，当抗冲切钢筋的数量达到一定程度时，板的受冲切承载力

几乎不再增加。为了使抗冲切箍筋或弯起钢筋能够充分发挥作用，本条规定了板的受冲切截面限制条件，即公式（6.5.3-1），实际上是对抗冲切箍筋或弯起钢筋数量的限制，以避免其不能充分发挥作用和使用阶段在局部荷载附近的斜裂缝过大。本次修订参考美国ACI规范及我国的工程经验，对该限制条件作了适当放宽，将系数由02版规范规定的1.05放宽至1.2。

钢筋混凝土板配置抗冲切钢筋后，在混凝土与抗冲切钢筋共同作用下，混凝土项的抗冲切承载力 V'_c 与无抗冲切钢筋板的承载力 V_c 的关系，各国规范取法并不一致，如我国02版规范、美国及加拿大规范取 $V'_c = 0.5V_c$，CEB-FIP MC 90规范及欧洲规范 EN 1992-2 取 $V'_c = 0.75V_c$，英国规范 BS 8110 及俄罗斯规范取 $V'_c = V_c$。我国的试验及理论分析表明，在混凝土与抗冲切钢筋共同作用下，02版规范取混凝土所能提供的承载力是无抗冲切钢筋板承载力的 50%，取值偏低。根据国内外的试验研究，并考虑混凝土开裂后骨料咬合、配筋剪切摩擦有利作用等，在抗冲切钢筋配置区，本次修订将混凝土所能承担的承载力 V'_c 适当提高，取无抗冲切钢筋板承载力 V_c 的约 70%。与试验结果比较，本条给出的受冲切承载力计算公式是偏于安全的。

本条提及的其他形式的抗冲切钢筋，包括但不限于工字钢、槽钢、抗剪栓钉、扁钢U形箍等。

6.5.5 阶形基础的冲切破坏可能会在柱与基础交接处或基础变阶处发生，这与阶形基础的形状、尺寸有关。对阶形基础受冲切承载力计算公式，也引进了本规范第6.5.1条的截面高度影响系数 β_h。在确定基础的 F_l 时，取用最大的地基反力值，这样做偏于安全。

6.5.6 板柱节点传递不平衡弯矩时，其受力特性及破坏形态更为复杂。为安全起见，对板柱节点存在不平衡弯矩时的受冲切承载力计算，借鉴了美国ACI 318规范和我国的《无粘结预应力混凝土结构技术规程》JGJ 92-93的有关规定，在本条中提出了考虑问题的原则，具体可按本规范附录F计算。

6.6 局部受压承载力计算

6.6.1 本条对配置间接钢筋的混凝土结构构件局部受压区截面尺寸规定了限制条件，其理由如下：

1 试验表明，当局压区配筋过多时，局压板底面下的混凝土会产生过大的下沉变形；当符合公式（6.6.1-1）时，可限制下沉变形不致过大。为适当提高可靠度，将公式右边抗力项乘以系数0.9。式中系数1.35系由89版规范公式中的系数1.5乘以0.9而给出。

2 为了反映混凝土强度等级提高对局部受压的影响，引入了混凝土强度影响系数 β_c。

3 在计算混凝土局部受压时的强度提高系数 β_l（也包括本规范第6.6.3条的 β_{cor}）时，不应扣除孔道

面积，经试验校核，此种计算方法比较合适。

4 在预应力锚头下的局部受压承载力的计算中，按本规范第10.1.2条的规定，当预应力作为荷载效应且对结构不利时，其荷载效应的分项系数取为1.2。

6.6.2 计算底面积 A_b 的取值采用了"同心、对称"的原则。要求计算底面积 A_b 与局压面积 A_l 具有相同的重心位置，并呈对称；沿 A_l 各边向外扩大的有效距离不超过受压板短边尺寸 b（对圆形承压板，可沿周边扩大一倍直径），此法便于记忆和使用。

对各类型垫板试件的试验表明，试验值与计算值符合较好，且偏于安全。试验还表明，当构件处于边角局压时，β_l 值在 1.0 上下波动且离散性较大，考虑使用简便、形式统一和保证安全（温度、混凝土的收缩、水平力对边角局压承载力的影响较大），取边角局压时的 $\beta_l = 1.0$ 是恰当的。

6.6.3 试验结果表明，配置方格网式或螺旋式间接钢筋的局部受压承载力，可表达为混凝土项承载力和间接钢筋项承载力之和。间接钢筋项承载力与其体积配筋率有关；且随混凝土强度等级的提高，该项承载力有降低的趋势。为了反映这个特性，公式中引入了系数 α。为便于使用且保证安全，系数 α 与本规范第6.2.16条的取值相同。基于与本规范第6.6.1条同样的理由，在公式（6.6.3-1）也考虑了折减系数0.9。

本条还规定了 A_{cor} 大于 A_b 时，在计算中只能取为 A_b 的要求。此规定用以保证充分发挥间接钢筋的作用，且能确保安全。此外，当 A_{cor} 不大于混凝土局部受压面积 A_l 的 1.25 倍时，间接钢筋对局部受压承载力的提高不明显，故不予考虑。

为避免长、短两个方向配筋相差过大而导致钢筋不能充分发挥强度，对公式（6.6.3-2）规定了配筋量的限制条件。

间接钢筋的体积配筋率取为核心面积 A_{cor} 范围内单位混凝土体积所含间接钢筋的体积，是在满足方格网或螺旋式间接钢筋的核心面积 A_{cor} 大于混凝土局部受压面积 A_l 的条件下计算得出的。

6.7 疲劳验算

6.7.1 保留了89规范的基本假定，它为试验所证实，并作为第6.7.5条和第6.7.11条建立钢筋混凝土和预应力混凝土受弯构件截面疲劳应力计算公式的依据。

6.7.2 本条是根据规范第3.1.4条和吊车出现在跨度不大于12m的吊车梁上的可能情况而作出的规定。

6.7.3 本条明确规定，钢筋混凝土受弯构件正截面和斜截面疲劳验算中起控制作用的部位需作相应的应力或应力幅计算。

6.7.4 国内外试验研究表明，影响钢筋疲劳强度的

主要因素为应力幅，即（$\sigma_{\max}-\sigma_{\min}$），所以在本节中涉及钢筋的疲劳应力时均按应力幅计算。受拉钢筋的应力幅 $\Delta\sigma_s^f$ 要小于或等于钢筋的疲劳应力幅限值 Δf_y^f，其含义是在同一疲劳应力比下，应力幅（$\sigma_{\max}-\sigma_{\min}$）越小越好，即两者越接近越好。例如，当疲劳应力比保持 $\rho^f=0.2$ 不变时，可能出现很多组循环应力，诸如 $\sigma_{\min}=2\mathrm{N/mm^2}$，$\sigma_{\max}=10\mathrm{N/mm^2}$；$\sigma_{\min}=20\mathrm{N/mm^2}$，$\sigma_{\max}=100\ \mathrm{N/mm^2}$；$\sigma_{\min}=200\mathrm{N/mm^2}$，$\sigma_{\max}=1000\mathrm{N/mm^2}$；它们的应力幅值分别为 $8\mathrm{N/mm^2}$、$80\mathrm{N/mm^2}$、$800\mathrm{N/mm^2}$。若使用 HRB335 级钢筋，则从本规范表 4.2.6-1 可以查得，当应力比 $\rho_s^f=0.2$ 时，疲劳应力幅限值为 $154\mathrm{N/mm^2}$，所以上面所举各组应力幅值中，应力幅为 $800\mathrm{N/mm^2}$ 的情况不满足要求。

6.7.5、6.7.6 按照第 6.7.1 条的基本假定，具体给出了钢筋混凝土受弯构件正截面疲劳验算中所需的截面特征值及其相应的应力和应力幅计算公式。

6.7.7～6.7.9 原 89 版规范未给出斜截面疲劳验算公式，而采用计算配筋的方法满足疲劳要求。02 版规范根据我国大量的试验资料提出了斜截面疲劳验算公式。本规范继续沿用了 02 版规范的规定。

钢筋混凝土受弯构件斜截面的疲劳验算分为两种情况：第一种情况，当按公式（6.7.8）计算的剪应力 τ_s^f 符合公式（6.7.7-1）时，表示混凝土可全部承担截面剪力，仅需按构造配置箍筋；第二种情况，当剪应力 τ_s^f 不符合公式（6.7.7-1）时，该区段的剪应力应由混凝土和垂直箍筋共同承担。试验表明，受压区混凝土所承担的剪应力 τ_c^f 值，与荷载值大小、剪跨比、配筋率等因素有关，在公式（6.7.9-1）中取 $\tau_c^f=0.1f_t^f$ 是较稳妥的。

按照我国以往的经验，对（$\tau^f-\tau_c^f$）部分的剪应力应由垂直箍筋和弯起钢筋共同承担。但国内的试验表明，同时配有垂直箍筋和弯起钢筋的斜截面疲劳破坏，都是弯起钢筋首先疲劳断裂；按照 45°桁架模型和开裂截面的应变协调关系，可得到密排弯起钢筋应力 σ_{sb} 与垂直箍筋应力 σ_{sv} 之间的关系式：

$$\sigma_{sb}=\sigma_{sv}(\sin\alpha+\cos\alpha)^2=2\sigma_{sv}$$

此处，α 为弯起钢筋的弯起角。显然，由上式可以得到 $\sigma_{sb}>\sigma_{sv}$ 的结论。

为了防止配置少量弯起钢筋而引起其疲劳破坏，由此导致垂直箍筋所能承担的剪力大幅度降低，本规范不提倡采用弯起钢筋作为抗疲劳的抗剪钢筋（密排斜向箍筋除外），所以在第 6.7.9 条中仅提供配有垂直箍筋的应力幅计算公式。

6.7.10～6.7.12 基本保留了原规范对要求不出现裂缝的预应力混凝土受弯构件的疲劳强度验算方法，对普通钢筋和预应力筋，则用应力幅的验算方法。

按条文公式计算的混凝土应力 $\sigma_{c,\min}^f$ 和 $\sigma_{c,\max}^f$，是指在截面同一纤维计算点处一次循环过程中的最小应力和最大应力，其最小、最大以其绝对值进行判别，且拉应力为正、压应力为负；在计算 $\rho_c^f=\sigma_{c,\min}^f/\sigma_{c,\max}^f$ 时，应注意应力的正负号及最大、最小应力的取值。

第 6.7.10 条注 2 增加了一级裂缝控制等级的预应力混凝土构件（即全预应力混凝土构件）中的钢筋的应力幅可不进行疲劳验算。这是由于大量的试验资料表明，只要混凝土不开裂，钢筋就不会疲劳破坏，即不裂不疲。而一级裂缝控制等级的预应力混凝土构件（即全预应力混凝土构件）不仅不开裂，而且混凝土截面不出现拉应力，所以更不会出现钢筋疲劳破坏。美国规范 如 AASHTO LRFD Bridge Design Specifications 也规定全预应力混凝土构件中的钢筋可不进行疲劳验算。

7 正常使用极限状态验算

7.1 裂缝控制验算

7.1.1 根据本规范第 3.4.5 条的规定，具体给出了对钢筋混凝土和预应力混凝土构件边缘应力、裂缝宽度的验算要求。

有必要指出，按概率统计的观点，符合公式（7.1.1-2）的情况下，并不意味着构件绝对不会出现裂缝；同样，符合公式（7.1.1-3）的情况下，构件由荷载作用而产生的最大裂缝宽度大于最大裂缝限值大致会有 5% 的可能性。

7.1.2 本次修订，构件最大裂缝宽度的基本计算公式仍采用 02 版规范的形式：

$$w_{\max}=\tau_l\tau_s w_m \tag{1}$$

式中，w_m 为平均裂缝宽度，按下式计算：

$$w_m=\alpha_c\psi\frac{\sigma_{sk}}{E_s}l_{cr} \tag{2}$$

根据对各类受力构件的平均裂缝间距的试验数据进行统计分析，当最外层纵向受拉钢筋外边缘至受拉区底边的距离 c_s 不大于 65mm 时，对配置带肋钢筋混凝土构件的平均裂缝间距 l_{cr} 仍按 02 版规范的计算公式：

$$l_{cr}=\beta\left(1.9c+0.08\frac{d}{\rho_{te}}\right) \tag{3}$$

此处，对轴心受拉构件，取 $\beta=1.1$；对其他受力构件，均取 $\beta=1.0$。

当配置不同钢种、不同直径的钢筋时，公式（3）中 d 应改为等效直径 d_{eq}，可按正文公式（7.1.2-3）进行计算确定，其中考虑了钢筋混凝土和预应力混凝土构件配置不同的钢种，钢筋表面形状以及预应力钢筋采用先张法或后张法（灌浆）等不同的施工工艺，它们与混凝土之间的粘结性能有所不同，这种差异将通过等效直径予以反映。为此，对钢筋混凝土用钢筋，根据国内有关试验资料；对预应力钢筋，参照欧洲混凝土桥梁规范 ENV 1992－2（1996）的规定，给出了正文表7.1.2-2的钢筋相对粘结特性系数。对有粘结的预应力筋 d_i 的取值，可按照 $d_i = 4A_p/u_p$ 求得，其中 u_p 本应取为预应力筋与混凝土的实际接触周长；分析表明，按照上述方法求得的 d_i 值与按预应力筋的公称直径进行计算，两者较为接近。为简化起见，对 d_i 统一取用公称直径。对环氧树脂涂层钢筋的相对粘结特性系数是根据试验结果确定的。

根据试验研究结果，受弯构件裂缝间纵向受拉钢筋应变不均匀系数的基本公式可表述为：

$$\psi = \omega_1 \left(1 - \frac{M_{cr}}{M_k}\right) \tag{4}$$

公式（4）可作为规范简化公式的基础，并扩展应用到其他构件。式中系数 ω_1 与钢筋和混凝土的握裹力有一定关系，对光圆钢筋，ω_1 则较接近1.1。根据偏拉、偏压构件的试验资料，以及为了与轴心受拉构件的计算公式相协调，将 ω_1 统一为1.1。同时，为了简化计算，并便于与偏心受力构件的计算相协调，将上式展开并作一定的简化，就可得到以钢筋应力 σ_s 为主要参数的公式（7.1.2-2）。

α_c 为反映裂缝间混凝土伸长对裂缝宽度影响的系数。根据近年来国内多家单位完成的配置400MPa、500MPa带肋钢筋的钢筋混凝土、预应力混凝土梁的裂缝宽度加载试验结果，经分析统计，试验平均裂缝宽度 w_m 均小于原规范公式计算值。根据试验资料综合分析，本次修订对受弯、偏心受压构件统一取 $\alpha_c = 0.77$，其他构件仍同02版规范，即 $\alpha_c = 0.85$。

短期裂缝宽度的扩大系数 τ_s，根据试验数据分析，对受弯构件和偏心受压构件，取 $\tau_s = 1.66$；对偏心受拉和轴心受拉构件，取 $\tau_s = 1.9$。扩大系数 τ_s 的取值的保证率约为95%。

根据试验结果，给出了考虑长期作用影响的扩大系数 $\tau_l = 1.5$。

试验表明，对偏心受压构件，当 $e_0/h_0 \leqslant 0.55$ 时，裂缝宽度较小，均能符合要求，故规定不必验算。

在计算平均裂缝间距 l_{cr} 和 ψ 时引进了按有效受拉混凝土面积计算的纵向受拉配筋率 ρ_{te}，其有效受拉混凝土面积取 $A_{te} = 0.5bh + (b_f - b) h_f$，由此可达到 ψ 计算公式的简化，并能适用于受弯、偏心受拉和偏心受压构件。经试验结果校准，尚能符合各类受力情况。

鉴于对配筋率较小情况下的构件裂缝宽度等的试验资料较少，采取当 $\rho_{te} < 0.01$ 时，取 $\rho_{te} = 0.01$ 的办法，限制计算最大裂缝宽度的使用范围，以减少对最大裂缝宽度计算值偏小的情况。

当混凝土保护层厚度较大时，虽然裂缝宽度计算值也较大，但较大的混凝土保护层厚度对防止钢筋锈蚀是有利的。因此，对混凝土保护层厚度较大的构件，当在外观的要求上允许时，可根据实践经验，对本规范表3.4.5中所规定的裂缝宽度允许值作适当放大。

考虑到本条钢筋应力计算对钢筋混凝土构件和预应力混凝土构件分别采用荷载准永久组合和标准组合，故符号由02版规范的 σ_{sk} 改为 σ_s。对沿截面上下或周边均匀配置纵向钢筋的构件裂缝宽度计算，研究尚不充分，本规范未作明确规定。在荷载的标准组合或准永久组合下，这类构件的受拉钢筋应力可能很高，甚至可能超过钢筋抗拉强度设计值。为此，当按公式（7.1.2-1）计算时，关于钢筋应力 σ_s 及 A_{te} 的取用原则等应按更合理的方法计算。

对混凝土保护层厚度较大的梁，国内试验研究结果表明表层钢筋网片有利于减少裂缝宽度。本条建议可对配制表层钢筋网片梁的裂缝计算结果乘以折减系数，并根据试验研究结果提出折减系数可取0.7。

本次修订根据国内多家单位科研成果，在本规范裂缝宽度计算公式的基础上，经过适当调整 ρ_{te}、d_{eq} 及 σ_s 值计算方法，即可将原规范公式用于计算无粘结部分预应力混凝土构件的裂缝宽度。

7.1.3 本条提出了正常使用极限状态验算时的平截面基本假定。在荷载准永久组合或标准组合下，对允许出现裂缝的受弯构件，其正截面混凝土压应力、预应力筋的应力增量及钢筋的拉应力，可按大偏心受压的钢筋混凝土开裂换算截面计算。对后张法预应力混凝土连续梁等超静定结构，在外弯矩 M_s 中尚应包括由预加力引起的次弯矩 M_2。在本条计算假定中，对预应力混凝土截面，可按本规范公式（10.1.7-1）及（10.1.7-2）计算 N_{p0} 和 e_{p0}，以考虑混凝土收缩、徐变在钢筋中所产生附加压力的影响。

按开裂换算截面进行应力分析，具有较高的精度和通用性，可用于重要钢筋混凝土及预应力混凝土构件的裂缝宽度及开裂截面刚度计算。计算换算截面时，必要时可考虑混凝土塑性变形对混凝土弹性模量的影响。

7.1.4 本条给出的钢筋混凝土构件的纵向受拉钢筋应力和预应力混凝土构件的纵向受拉钢筋等效应力，是指在荷载的准永久组合或标准组合下构件裂缝截面上产生的钢筋应力，下面按受力性质分别说明：

1 对钢筋混凝土轴心受拉和受弯构件，钢筋应力 σ_{sq} 仍按原规范的方法计算。受弯构件裂缝截面的内力臂系数，仍取 $\eta_b = 0.87$。

2 对钢筋混凝土偏心受拉构件，其钢筋应力计算公式（7.1.4-2）是由外力与截面内力对受压区钢筋合力点取矩确定，此即表示不管轴向力作用在 A_s 和 A_s' 之间或之外，均近似取内力臂 $z = h_0 - a_s'$。

3 对预应力混凝土构件的纵向受拉钢筋等效应力，是指在该钢筋合力点处混凝土预压应力抵消后钢筋中的应力增量，可视它为等效于钢筋混凝土构件中的钢筋应力 σ_{sk}。

预应力混凝土轴心受拉构件的纵向受拉钢筋等效应力的计算公式（7.1.4-9）就是基于上述的假定给出的。

4 对钢筋混凝土偏压构件和预应力混凝土受弯构件，其纵向受拉钢筋的应力和等效应力可根据相同的概念给出。此时，可把预应力及非预应力钢筋的合力 N_{p0} 作为压力与弯矩值 M_k 一起作用于截面，这样，预应力混凝土受弯构件就等效于钢筋混凝土偏心受压构件。

对裂缝截面的纵向受拉钢筋应力和等效应力，由建立内、外力对受压区合力取矩的平衡条件，可得公式（7.1.4-4）和公式（7.1.4-10）。

纵向受拉钢筋合力点至受压区合力点之间的距离 $z=\eta h_0$，可近似按本规范第 6.2 节的基本假定确定。考虑到计算的复杂性，通过计算分析，可采用下列内力臂系数的拟合公式：

$$\eta = \eta_b - (\eta_b - \eta_0)\left(\frac{M_0}{M_e}\right)^2 \tag{5}$$

式中：η_b——钢筋混凝土受弯构件在使用阶段的裂缝截面内力臂系数；

η_0——纵向受拉钢筋截面重心处混凝土应力为零时的截面内力臂系数；

M_0——受拉钢筋截面重心处混凝土应力为零时的消压弯矩；对偏压构件，取 $M_0 = N_k \eta_0 h_0$；对预应力混凝土受弯构件，取 $M_0 = N_{p0}(\eta_0 h_0 - e_p)$；

M_e——外力对受拉钢筋合力点的力矩：对偏压构件，取 $M_e = N_k e$；对预应力混凝土受弯构件，取 $M_e = M_k + N_{p0} e_p$ 或 $M_e = N_{p0} e_n$。

公式（5）可进一步改写为：

$$\eta = \eta_b - \alpha\left(\frac{h_0}{e}\right)^2 \tag{6}$$

通过分析，适当考虑了混凝土的塑性影响，并经有关构件的试验结果校核后，本规范给出了以上述拟合公式为基础的简化公式（7.1.4-5）。当然，本规范不排斥采用更精确的方法计算预应力混凝土受弯构件的内力臂 z。

对钢筋混凝土偏心受压构件，当 $l_0/h > 14$ 时，试验表明应考虑构件挠曲对轴向力偏心距的影响，本规范仍按 02 版规范进行规定。

5 根据国内多家单位的科研成果，在本规范预应力混凝土受弯构件受拉区纵向钢筋等效应力计算公式的基础上，采用无粘结预应力筋等效面积折减系数 α_l，即可将原公式用于无粘结部分预应力混凝土受弯构件 σ_{sk} 的相关计算。

7.1.5 在抗裂验算中，边缘混凝土的法向应力计算

公式是按弹性应力给出的。

7.1.6 从裂缝控制要求对预应力混凝土受弯构件的斜截面混凝土主拉应力进行验算，是为了避免斜裂缝的出现，同时按裂缝等级不同予以区别对待；对混凝土主压应力的验算，是为了避免过大的压应力导致混凝土抗拉强度过大地降低和裂缝过早地出现。

7.1.7、7.1.8 第 7.1.7 条提供了混凝土主拉应力和主压应力的计算方法；第 7.1.8 条提供了考虑集中荷载产生的混凝土竖向压应力及剪应力分布影响的实用方法，是依据弹性理论分析和试验验证后给出的。

7.1.9 对先张法预应力混凝土构件端部预应力传递长度范围内进行正截面、斜截面抗裂验算时，采用本条对预应力传递长度范围内有效预应力 σ_{pe} 按近似的线性变化规律的假定后，利于简化计算。

7.2 受弯构件挠度验算

7.2.1 混凝土受弯构件的挠度主要取决于构件的刚度。本条假定在同号弯矩区段内的刚度相等，并取该区段内最大弯矩处所对应的刚度；对于允许出现裂缝的构件，它就是该区段内的最小刚度，这样做是偏于安全的。当支座截面刚度与跨中截面刚度之比在本条规定的范围内时，采用等刚度计算构件挠度，其误差一般不超过 5%。

7.2.2 在受弯构件短期刚度 B_s 基础上，分别提出了考虑荷载准永久组合和荷载标准组合的长期作用对挠度增大的影响，给出了刚度计算公式。

7.2.3 本条提供的钢筋混凝土和预应力混凝土受弯构件的短期刚度是在理论与试验研究的基础上提出的。

1 钢筋混凝土受弯构件的短期刚度
截面刚度与曲率的理论关系式为：

$$\frac{M_k}{B_s} = \frac{\varepsilon_{sm} + \varepsilon_{cm}}{h_0} \tag{7}$$

式中：ε_{sm}——纵向受拉钢筋的平均应变；

ε_{cm}——截面受压区边缘混凝土的平均应变。

根据裂缝截面受拉钢筋和受压区边缘混凝土各自的应变与相应的平均应变，可建立下列关系：

$$\varepsilon_{sm} = \psi \frac{M_k}{E_s A_s \eta h_0}$$

$$\varepsilon_{cm} = \frac{M_k}{\zeta E_c b h_0^2}$$

将上述平均应变代入前式，即可得短期刚度的基本公式：

$$B_s = \frac{E_s A_s h_0^2}{\dfrac{\psi}{\eta} + \dfrac{\alpha_E \rho}{\zeta}} \tag{8}$$

公式（8）中的系数由试验分析确定：

1）系数 ψ，采用与裂缝宽度计算相同的公式，当 $\psi < 0.2$ 时，取 $\psi = 0.2$，这将能更好地符

合试验结果。

2）根据试验资料回归，系数 $\alpha_E \rho / \xi$ 可按下列公式计算：

$$\frac{\alpha_E \rho}{\zeta} = 0.2 + \frac{6\alpha_E \rho}{1 + 3.5\gamma_f} \qquad (9)$$

3）对力臂系数 η，近似取 $\eta = 0.87$。

将上述系数与表达式代入公式（8），即可得到公式（7.2.3-1）。

2 预应力混凝土受弯构件的短期刚度

1）不出现裂缝构件的短期刚度，考虑混凝土材料特性统一取 $0.85E_c I_0$，是比较稳妥的。

2）允许出现裂缝构件的短期刚度。对使用阶段已出现裂缝的预应力混凝土受弯构件，假定弯矩与曲率（或弯矩与挠度）曲线是由双折直线组成，双折线的交点位于开裂弯矩 M_{cr} 处，则可求得短期刚度的基本公式为：

$$B_s = \frac{E_c I_0}{\dfrac{1}{\beta_{0.4}} + \dfrac{\frac{M_{cr}}{M_k} - 0.4}{0.6}\left(\dfrac{1}{\beta_{cr}} - \dfrac{1}{\beta_{0.4}}\right)} \qquad (10)$$

式中：$\beta_{0.4}$ 和 β_{cr} 分别为 $\dfrac{M_{cr}}{M_k} = 0.4$ 和 1.0 时的刚度降低系数。对 β_{cr}，可取为 0.85；对 $\dfrac{1}{\beta_{0.4}}$，根据试验资料分析，取拟合的近似值为：

$$\frac{1}{\beta_{0.4}} = \left(0.8 + \frac{0.15}{\alpha_E \rho}\right)(1 + 0.45\gamma_f) \qquad (11)$$

将 β_{cr} 和 $\dfrac{1}{\beta_{0.4}}$ 代入上述公式（10），并经适当调整后即得本条公式（7.2.3-3）。

本次修订根据国内多家单位的科研成果，在预应力混凝土构件短期刚度计算公式的基础上，采用无粘结预应力筋等效面积折减系数 α_1，适当调整 ρ 值，即可将原公式用于无粘结部分预应力混凝土构件的短期刚度计算。

7.2.4 本条同 02 版规范。计算混凝土截面抵抗矩塑性影响系数 γ 的基本假定取受拉区混凝土应力图形为梯形。

7.2.5、7.2.6 钢筋混凝土受弯构件考虑荷载长期作用对挠度增大的影响系数 θ 是根据国内一些单位长期试验结果并参考国外规范的规定给出的。

预应力混凝土受弯构件在使用阶段的反拱值计算中，短期反拱值的计算以及考虑预加应力长期作用对反拱增大的影响系数仍保留原规范取为 2.0 的规定。由于它未能反映混凝土收缩、徐变损失以及配筋率等因素的影响，因此，对长期反拱值，如有专门的试验分析或根据收缩、徐变理论进行计算分析，则也可不遵守本条的有关规定。

反拱值的精确计算方法可采用美国 ACI、欧洲 CEB-FIP 等规范推荐的方法，这些方法可考虑与时间有关的预应力、材料性质、荷载等的变化，使计算达到要求的准确性。

7.2.7 全预应力混凝土受弯构件，因为消压弯矩始终大于荷载准永久组合作用下的弯矩，在一般情况下预应力混凝土梁总是向上拱曲的；但对部分预应力混凝土梁，常为允许开裂，其上拱值将减小，当梁的永久荷载与可变荷载的比值较大时，有可能随时间的增长出现梁逐渐下挠的现象。因此，对预应力混凝土梁规定应采取措施控制挠度。

当预应力长期反拱值小于按荷载标准组合计算的长期挠度时，则需要进行施工起拱，其值可取为荷载标准组合计算的长期挠度与预加力长期反拱值之差。对永久荷载较小的构件，当预应力产生的长期反拱值大于按荷载标准组合计算的长期挠度时，梁的上拱值将增大。因此，在设计阶段需要进行专项设计，并通过控制预应力度、选择预应力筋配筋数量、在施工上也可配合采取措施控制反拱。

对于长期上拱值的计算，可采用本规范提出的简单增大系数，也可采用其他精确计算方法。

8 构 造 规 定

8.1 伸 缩 缝

8.1.1 混凝土结构的伸（膨胀）缝、缩（收缩）缝合称伸缩缝。伸缩缝是结构缝的一种，目的是为减小由于温差（早期水化热或使用期季节温差）和体积变化（施工期或使用早期的混凝土收缩）等间接作用效应积累的影响，将混凝土结构分割为较小的单元，避免引起较大的约束应力和开裂。

由于现代水泥强度等级提高、水化热加大、凝固时间缩短；混凝土强度等级提高、拌合物流动性加大、结构的体量越来越大；为满足混凝土泵送、免振等工艺，混凝土的组分变化造成收缩增加，近年由此而引起的混凝土体积收缩呈增大趋势，现浇混凝土结构的裂缝问题比较普遍。

工程调查和试验研究表明，影响混凝土间接裂缝的因素很多，不确定性很大，而且近年间接作用的影响还有增大的趋势。

工程实践表明，超长结构采取有效措施后也可以避免发生裂缝。本次修订基本维持原规范的规定，将原规范中的"宜符合"改为"可采用"，进一步放宽对结构伸缩缝间距的限制，由设计者根据具体情况自行确定。

表注 1 中的装配整体式结构，也包括由叠合构件加后浇层形成的结构。由于预制混凝土构件已基本完成收缩，故伸缩缝的间距可适当加大。应根据具体情况，在装配与现浇之间取值。表注 2 的规定同理。表注 3、表注 4 则由于受到环境条件的影响较大，加严了伸缩缝间距的要求。

8.1.2 对于某些间接作用效应较大的不利情况，伸缩缝的间距宜适当减小。总结近年的工程实践，本次修订对温度变化和混凝土收缩较大的不利情况加严了要求，较原规范作了少量修改和补充。

"滑模施工"应用对象由"剪力墙"扩大为一般墙体结构。"混凝土材料收缩较大"是指泵送混凝土及免振混凝土施工的情况。"施工外露时间较长"是指跨季节施工，尤其是北方地区跨越冬期施工时，室内结构如果未加封闭和保暖，则低温、干燥、多风都可能引起收缩裂缝。

8.1.3 近年许多工程实践表明：采取有效的综合措施，伸缩缝间距可以适当增大。总结成功的工程经验，在本条中增加了有关的措施及应注意的问题。

施工阶段采取的措施对于早期防裂最为有效。本次修订增加了采用低收缩混凝土；加强浇筑后的养护；采用跳仓法、后浇带、控制缝等施工措施。后浇带是避免施工期收缩裂缝的有效措施，但间隔期及具体做法不确定性很大，难以统一规定时间，由施工、设计根据具体情况确定。应该注意的是：设置后浇带可适当增大伸缩缝间距，但不能代替伸缩缝。

控制缝也称引导缝，是采取弱化截面的构造措施，引导混凝土裂缝在规定的位置产生，并预先做好防渗、止水等措施，或采用建筑手法（线脚、饰条等）加以掩饰。

结构在形状曲折、刚度突变，孔洞凹角等部位容易在温差和收缩作用下开裂。在这些部位增加构造配筋可以控制裂缝。施加预应力也可以有效地控制温度变化和收缩的不利影响，减小混凝土开裂的可能性。本条中所指的"预加应力措施"是指专门用于抵消温度、收缩应力的预加应力措施。

容易受到温度变化和收缩影响的结构部位是指施工期的大体积混凝土（水化热）以及暴露的屋盖、山墙部位（季节温差）等。在这些部位应分别采取针对性的措施（如施工控温、设置保温层等）以减少温差和收缩的影响。

本条特别强调增大伸缩缝间距对结构的影响。设计者应通过有效的分析或计算慎重考虑各种不利因素对结构内力和裂缝的影响，确定合理的伸缩缝间距。

本条中的"有充分依据"，不应简单地理解为"已经有了未发现问题的工程实例"。由于环境条件不同，不能盲目照搬。应对具体工程中各种有利和不利因素的影响方式和程度，作出科学依据的分析和判断，并由此确定伸缩缝间距的增减。

8.1.4 由于在混凝土结构的地下部分，温度变化和混凝土收缩能够得到有效的控制，规范规定了有关结构在地下可以不设伸缩缝的规定。对不均匀沉降结构设置沉降缝的情况不包括在内，设计时可根据具体情

况自行掌握。

8.2 混凝土保护层

8.2.1 根据我国对混凝土结构耐久性的调研及分析，并参考《混凝土结构耐久性设计规范》GB/T 50476 以及国外相应规范、标准的有关规定，对混凝土保护层的厚度进行了以下调整：

1 混凝土保护层厚度不小于受力钢筋直径（单筋的公称直径或并筋的等效直径）的要求，是为了保证握裹层混凝土对受力钢筋的锚固。

2 从混凝土碳化、脱钝和钢筋锈蚀的耐久性角度考虑，不再以纵向受力钢筋的外缘，而以最外层钢筋（包括箍筋、构造筋、分布筋等）的外缘计算混凝土保护层厚度。因此本次修订后的保护层实际厚度比原规范实际厚度有所加大。

3 根据第 3.5 节对结构所处耐久性环境类别的划分，调整混凝土保护层厚度的数值。对一般情况下混凝土结构的保护层厚度稍有增加；而对恶劣环境下的保护层厚度则增幅较大。

4 简化表 8.2.1 的表达：根据混凝土碳化反应的差异和构件的重要性，按平面构件（板、墙、壳）及杆状构件（梁、柱、杆）分两类确定保护层厚度；表中不再列入强度等级的影响，C30 及以上统一取值，C25 及以下均增加 5mm。

5 考虑碳化速度的影响，使用年限 100 年的结构，保护层厚度取 1.4 倍。其余措施已在第 3.5 节中表达，不再列出。

6 为保证基础钢筋的耐久性，根据工程经验基础底面要求做垫层，基底保护层厚度仍取 40mm。

8.2.2 根据工程经验及具体情况采取有效的综合措施，可以提高构件的耐久性能，减小保护层的厚度。

构件的表面防护是指表面抹灰层以及其他各种有效的保护性涂料层。例如，地下室墙体采用防水、防腐做法时，与土壤接触面的保护层厚度可适当放松。

由工厂生产的预制混凝土构件，经过检验而有较好质量保证时，可根据相关标准或工程经验对保护层厚度要求适当放松。

使用阻锈剂应经试验检验效果良好，并应在确定有效的工艺参数后应用。

采用环氧树脂涂层钢筋、镀锌钢筋或采取阴极保护处理等防锈措施时，保护层厚度可适当放松。

8.2.3 当保护层很厚时（例如配置粗钢筋；框架顶层端节点弯弧钢筋以外的区域等），宜采取有效的措施对厚保护层混凝土进行拉结，防止混凝土开裂剥落、下坠。通常为保护层采用纤维混凝土或加配钢筋网片。为保证防裂钢筋网片不致成为引导锈蚀的通道，应对其采取有效的绝缘和定位措施，此时网片钢筋的保护层厚度可适当减小，但不应小于 25mm。

8.3 钢筋的锚固

8.3.1 我国钢筋强度不断提高，结构形式的多样性也使锚固条件有了很大的变化，根据近年来系统试验研究及可靠度分析的结果并参考国外标准，规范给出了以简单计算确定受拉钢筋锚固长度的方法。其中基本锚固长度 l_{ab} 取决于钢筋强度 f_y 及混凝土抗拉强度 f_t，并与锚固钢筋的直径及外形有关。

公式（8.3.1-1）为计算基本锚固长度 l_{ab} 的通式，其中分母项反映了混凝土对粘结锚固强度的影响，用混凝土的抗拉强度表达。表 8.3.1 中不同外形钢筋的锚固外形系数 α 是经对各类钢筋进行系统粘结锚固试验研究及可靠度分析得出的。本次修订删除了原规范中锚固性能很差的刻痕钢丝。预应力螺纹钢筋通常采用后张法端部专用螺母锚固，故未列入锚固长度的计算方法。

公式（8.3.1-3）规定，工程中实际的锚固长度 l_a 为钢筋基本锚固长度 l_{ab} 乘锚固长度修正系数 ζ_a 后的数值。修正系数 ζ_a 根据锚固条件按第 8.3.2 条取用，且可连乘。为保证可靠锚固，在任何情况下受拉钢筋的锚固长度不能小于最低限度（最小锚固长度），其数值不应小于 $0.6l_{ab}$ 及 200mm。

试验研究表明，高强混凝土的锚固性能有所增强，原规范混凝土强度最高等级取 C40 偏于保守，本次修订将混凝土强度等级提高到 C60，充分利用混凝土强度提高对锚固的有利影响。

本条还提出了当混凝土保护层厚度不大于 $5d$ 时，在钢筋锚固长度范围内配置构造钢筋（箍筋或横向钢筋）的要求，以防止保护层混凝土劈裂时钢筋突然失锚。其中对于构造钢筋的直径根据最大锚固钢筋的直径确定；对于构造钢筋的间距，按最小锚固钢筋的直径取值。

8.3.2 本条介绍了不同锚固条件下的锚固长度的修正系数。这是通过试验研究并参考了工程经验和国外标准而确定的。

为反映粗直径带肋钢筋相对肋高减小对锚固作用降低的影响，直径大于 25mm 的粗直径带肋钢筋的锚固长度应适当加大，乘以修正系数 1.10。

为反映环氧树脂涂层钢筋表面光滑状态对锚固的不利影响，其锚固长度应乘以修正系数 1.25。这是根据试验分析的结果并参考国外标准的有关规定确定的。

施工扰动（例如滑模施工或其他施工期依托钢筋承载的情况）对钢筋锚固作用的不利影响，反映为施工扰动的影响。修正系数与原规范数值相当，取 1.10。

配筋设计时实际配筋面积往往因构造原因大于计算值，故钢筋实际应力通常小于强度设计值。根据试验研究并参考国外规范，受力钢筋的锚固长度可以按比例缩短，修正系数取决于配筋余量的数值。但其适用范围有一定限制：不适用于抗震设计及直接承受动力荷载结构中的受力钢筋锚固。

锚固钢筋常因外围混凝土的纵向劈裂而削弱锚固作用，当混凝土保护层厚度较大时，握裹作用加强，锚固长度可以减短。经试验研究及可靠度分析，并根据工程实践经验，当保护层厚度大于锚固钢筋直径的 3 倍时，可乘修正系数 0.80；保护层厚度大于锚固钢筋直径的 5 倍时，可乘修正系数 0.70；中间情况插值。

8.3.3 在钢筋末端配置弯钩和机械锚固是减小锚固长度的有效方式，其原理是利用受力钢筋端部锚头（弯钩、贴焊锚筋、焊接锚板或螺栓锚头）对混凝土的局部挤压作用加大锚固承载力。锚头对混凝土的局部挤压保证了钢筋不会发生锚固拔出破坏，但锚头前必须有一定的直段锚固长度，以控制锚固钢筋的滑移，使构件不致发生较大的裂缝和变形。因此对钢筋末端弯钩和机械锚固可以乘修正系数 0.6，有效地减小锚固长度。应该注意的是上述修正的锚固长度已达到 $0.6l_{ab}$，不应再考虑第 8.3.2 条的修正。

根据近年的试验研究，参考国外规范并考虑方便施工，提出几种钢筋弯钩和机械锚固的形式：筋端弯钩及一侧贴焊锚筋的情况用于截面侧边、角部的偏置锚固时，锚头偏置方向还应向截面内侧偏斜。

根据试验研究并参考国外规范，局部受压与其承压面积有关，对锚头或锚板的净挤压面积，应不小于 4 倍锚筋截面积，即总投影面积的 5 倍。对方形锚板边长为 $1.98d$、圆形锚板直径为 $2.24d$，d 为锚筋的直径。锚筋端部的焊接锚板或贴焊锚筋，应满足《钢筋焊接及验收规程》JGJ 18 的要求。对弯钩，要求在弯折角度不同时弯后直线长度分别为 $12d$ 和 $5d$。

机械锚固局部受压承载力与锚固区混凝土的厚度及约束程度有关。考虑锚头集中布置后对局部受压承载力的影响，锚头宜在纵、横两个方向错开，净间距均不宜小于 $4d$。

8.3.4 柱及桁架上弦等构件中的受压钢筋也存在着锚固问题。受压钢筋的锚固长度为相应受拉锚固长度的 70%。这是根据工程经验、试验研究及可靠度分析，并参考国外规范确定的。对受压钢筋锚固区域的横向配筋也提出了要求。

8.3.5 根据长期工程实践经验，规定了承受重复荷载预制构件中钢筋的锚固措施。本条规定采用受力钢筋末端焊接在钢板或角钢（型钢）上的锚固方式。这种形式同样适用于其他构件的钢筋锚固。

8.4 钢筋的连接

8.4.1 钢筋连接的形式（搭接、机械连接、焊接）各自适用于一定的工程条件。各种类型钢筋接头的传力性能（强度、变形、恢复力、破坏状态等）均不如直接传力的整根钢筋，任何形式的钢筋连接均会削弱其传力性能。因此钢筋连接的基本原则为：连接接头设置在受力较小处；限制钢筋在构件同一跨度或同一层高内的接头数量；避开结构的关键受力部位，如柱端、梁端的箍筋加密区，并限制接头面积百分率等。

8.4.2 由于近年钢筋强度提高以及各种机械连接技术的发展，对绑扎搭接连接钢筋的应用范围及直径限制都较原规范适当加严。

8.4.3 本条用图及文字表达了钢筋绑扎搭接连接区段的定义，并提出了控制在同一连接区段内接头面积百分率的要求。搭接钢筋应错开布置，且钢筋端面位置应保持一定间距。首尾相接形式的布置会在搭接端面引起应力集中和局部裂缝，应予以避免。搭接钢筋接头中心的纵向间距应不大于 1.3 倍搭接长度。当搭接钢筋端部距离不大于搭接长度的 30% 时，均属位于同一连接区段的搭接接头。

粗、细钢筋在同一区段搭接时，按较细钢筋的截面积计算接头面积百分率及搭接长度。这是因为钢筋通过接头传力时，均按受力较小的细直径钢筋考虑承载受力，而粗直径钢筋往往有较大的余量。此原则对于其他连接方式同样适用。

对梁、板、墙、柱类构件的受拉钢筋搭接接头面积百分率分别提出了控制条件。其中，对板类、墙类及柱类构件，尤其是预制装配整体式构件，在实现传力性能的条件下，可根据实际情况适当放宽搭接接头面积百分率的限制。

并筋分散、错开的搭接方式有利于各根钢筋内力传递的均匀过渡，改善了搭接钢筋的传力性能及裂缝状态。因此并筋应采用分散、错开搭接的方式实现连接，并按截面内各根单筋计算搭接长度及接头面积百分率。

8.4.4 本条规定了受拉钢筋绑扎搭接接头搭接长度的计算方法，其中反映了接头面积百分率的影响。这是根据有关的试验研究及可靠度分析，并参考国外有关规范的做法确定的。搭接长度随接头面积百分率的提高而增大，是因为搭接接头受力后，相互搭接的两根钢筋将产生相对滑移，且搭接长度越小，滑移越大。为了使接头充分受力的同时变形刚度不致过差，就需要相应增大搭接长度。

为保证受力钢筋的传力性能，按接头百分率修正搭接长度，并提出最小搭接长度的限制。当纵向搭接钢筋接头面积百分率为表 8.4.4 的中间值时，修正系数可按内插取值。

8.4.5 按原规范的做法，受压构件中（包括柱、撑杆、屋架上弦等）纵向受压钢筋的搭接长度规定为受拉钢筋的 70%。为避免偏心受压引起的屈曲，受压纵向钢筋端头不应设置弯钩或单面焊锚筋。

8.4.6 搭接接头区域的配箍构造措施对保证搭接钢筋传力至关重要。对于搭接长度范围内的构造钢筋（箍筋或横向钢筋）提出了与锚固长度范围同样的要求，其中构造钢筋的直径按最大搭接钢筋直径取值；间距按最小搭接钢筋的直径取值。

本次修订对受压钢筋搭接的配箍构造要求取与受拉钢筋搭接相同，比原规范要求加严。根据工程经验，为防止粗钢筋在搭接端头的局部挤压产生裂缝，提出了在受压搭接接头端部增加配箍的要求。

8.4.7 为避免机械连接接头处相对滑移变形的影响，定义机械连接区段的长度为以套筒为中心长度 35d 的范围，并由此控制接头面积百分率。钢筋机械连接的质量应符合《钢筋机械连接技术规程》JGJ 107 的有关规定。

本条还规定了机械连接的应用原则：接头宜互相错开，并避开受力较大部位。由于在受力最大处受拉钢筋传力的重要性，机械连接接头在该处的接头面积百分率不宜大于 50%。但对于板、墙等钢筋间距很大的构件，以及装配式构件的拼接处，可根据情况适当放宽。

由于机械连接套筒直径加大，对保护层厚度的要求有所放松，由"应"改为"宜"。此外，提出了在机械连接套筒两侧减小箍筋间距布置，避开套筒的解决办法。

8.4.8 不同牌号钢筋可焊性及焊后力学性能影响有差别，对细晶粒钢筋（HRBF）、余热处理钢筋（RRB）焊接分别提出了不同的控制要求。此外粗直径钢筋的（大于 28mm）焊接质量不易保证，工艺要求从严。对上述情况，均应符合《钢筋焊接及验收规程》JGJ 18 的有关规定。

焊接连接区段长度的规定同原规范，工程实践证明这些规定是可行的。

8.4.9 承受疲劳荷载吊车梁等有关构件中受力钢筋焊接的要求，与原规范的有关内容相同。

8.5 纵向受力钢筋的最小配筋率

8.5.1 我国建筑结构混凝土构件的最小配筋率与其他国家相比明显偏低，历次规范修订最小配筋率设置水平不断提高。受拉钢筋最小配筋百分率仍维持原规范由配筋特征值（$45 f_t/f_y$）及配筋率常数限值 0.20 的双控方式。但由于主力钢筋已由 335N/mm^2 提高到 400N/mm^2 ～500N/mm^2，实际上配筋水平已有明显提高。但受弯板类构件的混凝土强度一般不超过 C30，配筋基本全都由配筋率常数限值控制，对高强度的 400N/mm^2 钢筋，其强度得不到发挥。故对此类情况的最小配筋率常数限值由原规范的 0.20% 改为 0.15%，实际效果基本与原规范持平，仍可保证结构的安全。

受压构件是指柱、压杆等截面长宽比不大于 4 的构件。规定受压构件最小配筋率的目的是改善其性能，避免混凝土突然压溃，并使受压构件具有必要的刚度和抵抗偶然偏心作用的能力。本次修订规范对受压构件纵向钢筋的最小配筋率基本不变，即受压构件一侧纵筋最小配筋率仍保持 0.2% 不变，而对不同强度的钢筋分别给出了受压构件全部钢筋的最小配筋率：0.50、0.55 和 0.60 三档，比原规范稍有提高。考虑到强度等级偏高时混凝土脆性特征更为明显，故规定当混凝土强度等级为 C60 以上时，最小配筋率上调 0.1%。

8.5.2 卧置于地基上的钢筋混凝土厚板，其配筋量多由最小配筋率控制。根据实际受力情况，最小配筋率可适当降低，但规定了最低限值 0.15%。

8.5.3 本条为新增条文。参照国内外有关规范的规定，对于截面厚度很大而内力相对较小的非主要受弯构件，提出了少筋混凝土配筋的概念。

由构件截面的内力（弯矩 M）计算截面的临界厚度（h_{cr}）。按此临界厚度相应最小配筋率计算的配筋，仍可保证截面相应的受弯承载力。因此，在截面高度继续增大的条件下维持原有的实际配筋量，虽配筋率减少，但仍应能保证构件应有的承载力。但为保证一定的配筋量，应限制临界厚度不小于截面的一半。这样，在保证构件安全的条件下可以大大减少配筋量，具有明显的经济效益。

9 结构构件的基本规定

9.1 板

（Ⅰ）基 本 规 定

9.1.1 分析结果表明，四边支承板长短边长度的比值大于或等于 3.0 时，板可按沿短边方向受力的单向板计算；此时，沿长边方向配置本规范第 9.1.7 条规定的分布钢筋已经足够。当长短边长度比在 2～3 之间时，板虽仍可按沿短边方向受力的单向板计算，但沿长边方向按分布钢筋配筋尚不足以承担该方向弯矩，应适当增大配筋量。当长短边长度比小于 2 时，应按双向板计算和配筋。

9.1.2 本条考虑结构安全及舒适度（刚度）的要求，根据工程经验，提出了常用混凝土板的跨厚比，并从构造角度提出了现浇板最小厚度的要求。现浇板的合理厚度应在符合承载力极限状态和正常使用极限状态要求的前提下，按经济合理的原则选定，并考虑防火、防爆等要求，但不应小于表 9.1.2 的规定。

本次修订从安全和耐久性的角度适当增加了密肋楼盖、悬臂板的厚度要求。还对悬臂板的外挑长度作出了限制，外挑过长时宜采取悬臂梁-板的结构形式。此外，根据工程经验，还给出了现浇空心楼盖最小厚度的要求。

根据已有的工程经验，对制作条件较好的预制构件面板，在采取耐久性保护措施的情况下，其厚度可适当减薄。

9.1.3 受力钢筋的间距过大不利于板的受力，且不利于裂缝控制。根据工程经验，规定了常用混凝土板中受力钢筋的最大间距。

9.1.4 分离式配筋施工方便，已成为我国工程中混凝土板的主要配筋形式。本条规定了板中钢筋配置以及支座锚固的构造要求。对简支板或连续板的下部纵向受力钢筋伸入支座的锚固长度作出了规定。

9.1.5 为节约材料、减轻自重及减小地震作用，近年来现浇空心楼盖的应用逐渐增多。本条为新增条文，根据工程经验和国内有关标准，提出了空心楼板体积空心率限值的建议，并对箱形内孔及管形内孔楼板的基本构造尺寸作出了规定。当箱体内模兼作楼盖板底的饰面时，可按密肋楼盖计算。

（Ⅱ）构 造 配 筋

9.1.6 与支承梁或墙整体浇筑的混凝土板，以及嵌固在砌体墙内的现浇混凝土板，往往在其非主要受力方向的侧边上由于边界约束产生一定的负弯矩，从而导致板面裂缝。为此往往在板边和板角部位配置防裂的板面构造钢筋。本条提出了相应的构造要求：包括钢筋截面积、直径、间距、伸入板内的锚固长度以及板角配筋的形式、范围等。这些要求在原规范的基础上作了适当的合并和简化。

9.1.7 考虑到现浇板中存在温度-收缩应力，根据工程经验提出了板应在垂直于受力方向上配置横向分布钢筋的要求。本条规定了分布钢筋配筋率、直径、间距等配筋构造措施；同时对集中荷载较大的情况，提出了应适当增加分布钢筋用量的要求。

9.1.8 混凝土收缩和温度变化易在现浇楼板内引起约束拉应力而导致裂缝，近年来现浇板的裂缝问题比较严重。重要原因是混凝土收缩和温度变化在现浇楼板内引起的约束拉应力。设置温度收缩钢筋有助于减少这类裂缝。该钢筋宜在未配筋板面双向配置，特别是温度、收缩应力的主要作用方向。鉴于受力钢筋和分布钢筋也可以起到一定的抵抗温度、收缩应力的作用，故应主要在未配钢筋的部位或配筋数量不足的部位布置温度收缩钢筋。

板中温度、收缩应力目前尚不易准确计算，本条根据工程经验给出了配置温度收缩钢筋的原则和最低数量规定。如有计算温度、收缩应力的可靠经验，计算结果亦可作为确定附加钢筋用量的参考。此外，在产生应力集中的蜂腰、洞口、转角等易开裂部位，提出了配置防裂构造钢筋的规定。

9.1.9 在混凝土厚板中沿厚度方向以一定间隔配置钢筋网片，不仅可以减少大体积混凝土中温度-收缩的影响，而且有利于提高构件的受剪承载力。本条作出了相应的构造规定。

9.1.10 为保证柱支承板或悬臂楼板自由边端部的受力性能，参考国外标准的做法，应在板的端面加配 U 形构造钢筋，并与板面、板底钢筋搭接；或利用板面、板底钢筋向下、上弯折，对楼板的端面加以封闭。

（Ⅲ）板 柱 结 构

9.1.11 板柱结构及基础筏板，在板与柱相交的部位都处于冲切受力状态。试验研究表明，在与冲切破坏面相交的部位配置箍筋或弯起钢筋，能够有效地提高板的抗冲切承载力。本条的构造措施是为了保证箍筋或弯起钢筋的抗冲切作用。

国内外工程实践表明，在与冲切破坏面相交的部位配置销钉或型钢剪力架，可以有效地提高板的受冲切承载力，具体计算及构造措施可见相关的技术文件。

9.1.12 为加强板柱结构节点处的受冲切承载力，可采取柱帽或托板的结构形式加强板的抗力。本条提出了相应的构造要求，包括平面尺寸、形状和厚度等。必要时可配置抗剪栓钉。

9.2　梁

（Ⅰ）纵 向 配 筋

9.2.1 根据长期工程实践经验，为了保证混凝土浇筑质量，提出梁内纵向钢筋数量、直径及布置的构造要求，基本同原规范的规定。提出了当配筋过于密集时，可以采用并筋的配筋形式。

9.2.2 对于混合结构房屋中支支在砌体、垫块等简支支座上的钢筋混凝土梁，或预制钢筋混凝土梁的简支支座，给出了在支座处纵向钢筋锚固的要求以及在支座范围内配箍的规定。与原规范相同。工程实践证明，这些措施是有效的。

9.2.3 在连续梁和框架梁的跨内，支座负弯矩受拉钢筋在向跨内延伸时，可根据弯矩图在适当部位截断。当梁端作用剪力较大时，在支座负弯矩钢筋的延伸区段范围内将形成由负弯矩引起的垂直裂缝和斜裂缝，并可能在斜裂缝区前端沿该钢筋形成劈裂裂缝，使纵筋拉应力由于斜弯作用和粘结退化而增大，并使钢筋受拉范围相应向跨中扩展。因此钢筋混凝土梁的支座负弯矩纵向受力钢筋（梁上部钢筋）不宜在受拉区截断。

国内外试验研究结果表明，为了使负弯矩钢筋的截断不影响它在各截面中发挥所需的抗弯能力，应通过两个条件控制负弯矩钢筋的截断点。第一个控制条件（即从不需要该批钢筋的截面伸出的长度）是使该批钢筋截断后，继续前伸的钢筋能保证通过截断点的斜截面具有足够的受弯承载力；第二个控制条件（即

从充分利用截面向前伸出的长度）是使负弯矩钢筋在梁顶部的特定锚固条件下具有必要的锚固长度。根据对分批截断负弯矩纵向钢筋时钢筋延伸区段受力状态的实测结果，规范作出了上述规定。

当梁端作用剪力较小时（$V \leqslant 0.7 f_t b h_0$）时，控制钢筋截断点位置的两个条件仍按无斜向开裂的条件取用。

当梁端作用剪力较大（$V > 0.7 f_t b h_0$），且负弯矩区相对长度不大时，规范给出的第二控制条件可继续使用；第一控制条件从不需要该钢筋截面伸出长度不小于 $20d$ 的基础上，增加了同时不小于 h_0 的要求。

若负弯矩区相对长度较大，按以上二条件确定的截断点仍位于与支座最大负弯矩对应的负弯矩受拉区内时，延伸长度应进一步增大。增大后的延伸长度分别为自充分利用截面伸出长度，以及自不需要该批钢筋的截面伸出长度，在两者中取较大值。

9.2.4 由于悬臂梁剪力较大且全长受负弯矩，"斜弯作用"及"沿筋劈裂"引起的受力状态更为不利。试验表明，在作用剪力较大的悬臂梁内，因梁全长受负弯矩作用，临界斜裂缝的倾角明显较小，因此悬臂梁的负弯矩纵向受力钢筋不宜切断，而应按负弯矩图分批下弯，且必须有不少于 2 根上部钢筋伸至梁端，并向下弯折锚固。

9.2.5 梁中受扭纵向钢筋最小配筋率的要求，是以纯扭构件受扭承载力和剪扭条件下不需进行承载力计算而仅按构造配筋的控制条件为基础拟合给出的。本条还给出了受扭纵向钢筋沿截面周边的布置原则和在支座处的锚固要求。对箱形截面构件，偏安全地采用了与实心截面构件相同的构造要求。

9.2.6 根据工程经验给出了在按简支计算但实际受有部分约束的梁端上部，为避免负弯矩裂缝而配置纵向钢筋的构造规定；还对梁架立筋的直径作出了规定。

（Ⅱ）横 向 配 筋

9.2.7 梁的受剪承载力宜由箍筋承担。梁的角部钢筋应通长设置，不仅为方便配筋，而且加强了对芯部混凝土的围箍约束。当采用弯筋承剪时，对其应用条件和构造要求作出了规定，与原规范相同。

9.2.8 利用弯矩图确定弯起钢筋的布置（弯起点或弯终点位置、角度、锚固长度等）是我国传统设计的方法，工程实践表明有关弯起钢筋的构造要求是有效的，故维持不变。

9.2.9 对梁的箍筋配置构造要求作出了规定，包括在不同受力条件下配箍的直径、间距、范围、形式等。维持原版规范的规定不变，仅合并统一表达。开口箍不利于纵向钢筋的定位，且不能约束芯部混凝土。故除小过梁以外，一般构件不应采用开口箍。

9.2.10 梁内弯剪扭箍筋的构造要求与原规范相同，

工程实践证明是可行的。

（Ⅲ）局 部 配 筋

9.2.11 本条为梁腰集中荷载作用处附加横向配筋的构造要求。

当集中荷载在梁高范围内或梁下部传入时，为防止集中荷载影响区下部混凝土的撕裂及裂缝，并弥补间接加载导致的梁斜截面受剪承载力降低，应在集中荷载影响区 s 范围内配置附加横向钢筋。试验研究表明，当梁受剪箍筋配筋率满足要求时，由本条公式计算确定的附加横向钢筋能较好发挥承剪作用，并限制斜裂缝及局部受拉裂缝的宽度。

在设计中，不允许用布置在集中荷载影响区内的受剪箍筋代替附加横向钢筋。此外，当传入集中力的次梁宽度 b 过大时，宜适当减小由 $3b+2h_1$ 所确定的附加横向钢筋的布置宽度。当梁下部作用有均布荷载时，可参照本规范计算深梁下部配置悬吊钢筋的方法确定附加悬吊钢筋的数量。

当有两个沿梁长度方向相互距离较小的集中荷载作用于梁高范围内时，可能形成一个总的撕裂效应和撕裂破坏面。偏安全的做法是，在不减少两个集中荷载之间应配附加钢筋数量的同时，分别适当增大两个集中荷载作用点以外附加横向钢筋的数量。

还应该说明的是：当采用弯起钢筋作附加钢筋时，明确规定公式中的 A_{sv} 应为左右弯起段截面面积之和；弯起式附加钢筋的弯起段应伸至梁上边缘，且其尾部应按规定设置水平锚固段。

9.2.12 本条为折梁的配筋构造要求。对受拉区有内折角的梁，梁底的纵向受拉钢筋应伸至对边并在受压区锚固。受压区范围可按计算的实际受压区高度确定。直线锚固应符合本规范第 8.3 节钢筋锚固的规定；弯折锚固则参考本规范第 9.3 节节点内弯折锚固的做法。

9.2.13 本条提出了大尺寸梁腹板内配置腰筋的构造要求。

现代混凝土构件的尺度越来越大，工程中大截面尺寸现浇混凝土梁日益增多。由于配筋较少，往往在梁腹板范围内的侧面产生垂直于梁轴线的收缩裂缝。为此，应在大尺寸梁的两侧沿梁长度方向布置纵向构造钢筋（腰筋），以控制裂缝。根据工程经验，对腰筋的最大间距和最小配筋率给出了相应的配筋构造要求。腰筋的最小配筋率按扣除了受压及受拉翼缘的梁腹板截面面积确定。

9.2.14 本条规定了薄腹梁及需作疲劳验算的梁，加强下部纵向钢筋的构造措施。与 02 版规范相同，工程实践证明是可行的。

9.2.15 本条参考欧洲规范 EN1992-1-1：2004 的有关规定，为防止表层混凝土碎裂、坠落和控制裂缝宽度，提出了在厚保护层混凝土下部配置表层分布钢筋（表层钢筋）的构造要求。表层分布钢筋宜采用焊接网片。其混凝土保护层厚度可按第 8.2.3 条减小为 25mm，但应采取有效的定位、绝缘措施。

9.2.16 深受弯构件（包括深梁）是梁的特殊类型，在承受重型荷载的现代混凝土结构中得到越来越广泛的应用，其内力及设计方法与一般梁有显著差别。本条为引导性条文，具体设计方法见本规范附录 G。

9.3 柱、梁柱节点及牛腿

（Ⅰ）柱

9.3.1 本条规定了柱中纵向钢筋（包括受力钢筋及构造钢筋）的基本构造要求。

柱宜采用大直径钢筋作纵向受力钢筋。配筋过多的柱在长期受压混凝土徐变后卸载，钢筋弹性回复会在柱中引起横裂，故应对柱最大配筋率作出限制。

对圆柱提出了最低钢筋数量以及均匀配筋的要求，但当圆柱作方向性配筋时不在此例。

此外还规定了柱中纵向钢筋的间距。间距过密影响混凝土浇筑密实；过疏则难以维持对芯部混凝土的围箍约束。同样，柱侧构造筋及相应的复合箍筋或拉筋也是为了维持对芯部混凝土的约束。

9.3.2 柱中配置箍筋的作用是为了架立纵向钢筋；承担剪力和扭矩；并与纵筋一起形成对芯部混凝土的围箍约束。为此对柱的配箍提出系统的构造措施，包括直径、间距、数量、形式等。

为保持对柱中混凝土的围箍约束作用，柱周边箍筋应做成封闭式。对圆柱及配筋率较大的柱，还对箍筋提出了更严格的要求：末端 135°弯钩，且弯后余长不小于 5d（或 10d），且应勾住纵筋。对纵筋较多的情况，为防止受压屈曲还提出设置复合箍筋的要求。

采用焊接封闭式箍筋、连续螺旋箍筋或连续复合螺旋箍筋，都可以有效地增强对柱芯部混凝土的围箍约束而提高承载力。当考虑其间接配筋的作用时，对其配箍的最大间距作出限制。但间距也不能太密，以免影响混凝土的浇筑施工。

对连续螺旋箍筋、焊接封闭环式箍筋或连续复合螺旋箍筋，已有成熟的工艺和设备。施工中采用预制的专用产品，可以保证应有的质量。

9.3.3 对承载较大的Ⅰ形截面柱的配筋构造提出要求，包括翼缘、腹板的厚度；以及腹板开孔时的配筋构造要求。基本同原规范的要求。

（Ⅱ）梁 柱 节 点

9.3.4 本条为框架中间层端节点的配筋构造要求。

在框架中间层端节点处，根据柱截面高度和钢筋直径，梁上部纵向钢筋可以采用直线的锚固方式。

试验研究表明，当柱截面高度不足以容纳直线锚固段时，可采用带 90°弯折段的锚固方式。这种锚固端的锚固力由水平段的粘结锚固和弯弧-垂直段的挤压锚固作用组成。规范强调此时梁筋应伸到柱对边再向下弯折。在承受静力荷载为主的情况下，水平段的粘结能力起主导作用。当水平段投影长度不小于 $0.4l_{ab}$，弯弧-垂直段投影长度为 $15d$ 时，已能可靠保证梁筋的锚固强度和抗滑移刚度。

本次修订还增加了采用筋端加锚头的机械锚固方法，以提高锚固效果，减少锚固长度。但要求锚固钢筋在伸到柱对边纵向钢筋的内侧，以增大锚固力。有关的试验研究表明，这种做法有效，而且施工比较方便。

规范还规定了框架梁下部纵向钢筋在端节点处的锚固要求。

9.3.5 本条为框架中间层中间节点梁纵筋的配筋构造要求。

中间层中间节点的梁下部纵向钢筋，修订提出了宜贯穿节点与支座的要求，当需要锚固时其在节点中的锚固要求仍沿用原规范有关梁纵向钢筋在不同受力情况下锚固的规定。中间层端节点、顶层中间节点以及顶层端节点处的梁下部纵向钢筋，也可按同样的方法锚固。

由于设计、施工不便，不提倡原规范梁钢筋在节点中弯折锚固的做法。

当梁的下部钢筋根数较多，且分别从两侧锚入中间节点时，将造成节点下部钢筋过分拥挤。故也可将中间节点下部梁的纵向钢筋贯穿节点，并在节点以外搭接。搭接的位置宜在节点以外梁弯矩较小的 $1.5h_0$ 以外，这是为了避让梁端塑性铰区和箍筋加密区。

当中间层中间节点左、右跨梁的上表面不在同一标高时，左、右跨梁的上部钢筋可分别锚固在节点内。当中间层中间节点左、右梁端上部钢筋用量相差较大时，除左、右数量相同的部分贯穿节点外，多余的梁筋亦可锚固在节点内。

9.3.6 本条为框架顶层中节点柱纵筋的配筋构造要求。

伸入顶层中间节点的全部柱筋及伸入顶层端节点的内侧柱筋应可靠锚固在节点内。规范强调柱筋应伸至柱顶。当顶层节点高度不足以容纳柱筋直线锚固长度时，柱筋可在柱顶向节点内弯折，或在有现浇板且板厚大于 100mm 时可向节点外弯折，锚固于板内。试验研究表明，当充分利用柱筋的受拉强度时，其锚固条件不如水平钢筋，因此在柱筋弯折前的竖向锚固长度不应小于 $0.5l_{ab}$，弯折后的水平投影长度不宜小于 $12d$，以保证可靠受力。

本次修订还增加了采用机械锚固锚头的方法，以提高锚固效果，减少锚固长度。但要求柱纵向钢筋应伸到柱顶以增大锚固力。有关的试验研究表明，这种做法有效，而且方便施工。

9.3.7 本条为框架顶层端节点钢筋搭接连接的构造要求。

在承受以静力荷载为主的框架中，顶层端节点处的梁、柱端均主要承受负弯矩作用，相当于 $90°$ 的折梁。当梁上部钢筋和柱外侧钢筋数量匹配时，可将柱外侧处于梁截面宽度内的纵向钢筋直接弯入梁上部，作梁负弯矩钢筋使用。也可使梁上部钢筋与柱外侧钢筋在顶层端节点区域搭接。

规范推荐了两种搭接方案。其中设在节点外侧和梁端顶面的带 $90°$ 弯折搭接做法适用于梁上部钢筋和柱外侧钢筋数量不致过多的民用或公共建筑框架。其优点是梁上部钢筋不伸入柱内，有利于在梁底标高处设置柱内混凝土的施工缝。

但当梁上部和柱外侧钢筋数量过多时，该方案将造成节点顶部钢筋拥挤，不利于自上而下浇筑混凝土。此时，宜改用梁、柱钢筋直线搭接，接头位于柱顶部外侧。

本次修订还增加了梁、柱截面较大而钢筋相对较细时，钢筋搭接连接的方法。

在顶层端节点处，节点外侧钢筋不是锚固受力，而属于搭接传力问题。故不允许采用将柱筋伸至柱顶，而将梁上部钢筋锚入节点的做法。因这种做法无法保证梁、柱钢筋在节点区的搭接传力，使梁、柱端钢筋无法发挥出所需的正截面受弯承载力。

9.3.8 本条为框架顶层端节点的配筋面积、纵筋弯弧及防裂钢筋等的构造要求。

试验研究表明，当梁上部和柱外侧钢筋配筋率过高时，将引起顶层端节点核心区混凝土的斜压破坏，故对相应的配筋率作出限制。

试验研究还表明，当梁上部钢筋和柱外侧纵向钢筋在顶层端节点角部的弯弧处半径过小时，弯弧内的混凝土可能发生局部受压破坏，故对钢筋的弯弧半径最小值作了相应规定。框架角节点钢筋弯弧以外，可能形成保护层很厚的素混凝土区域，应配构造钢筋加以约束，防止混凝土裂缝、坠落。

9.3.9 本条为框架节点中配箍的构造要求。根据我国工程经验并参考国外有关规范，在框架节点内应设置水平箍筋。当节点四边有梁时，由于除四角以外的节点周边柱纵向钢筋已经不存在过早压屈的危险，故可以不设复合箍筋。

（Ⅲ）牛　　腿

9.3.10 本条为对牛腿截面尺寸的控制。

牛腿（短悬臂）的受力特征可以用由顶部水平的纵向受力钢筋作为拉杆和牛腿内的混凝土斜压杆组成的简化三角桁架模型描述。竖向荷载将由水平拉杆的拉力和斜压杆的压力承担；作用在牛腿顶部向外的水平拉力则由水平拉杆承担。

牛腿要求不致因斜压杆压力较大而出现斜压裂

缝，故其截面尺寸通常以不出现斜裂缝为条件，即由本条的计算公式控制，并通过公式中的裂缝控制系数 β 考虑不同使用条件对牛腿的不同抗裂要求。公式中的 $(1-0.5F_{hk}/F_{vk})$ 项是按牛腿在竖向力和水平拉力共同作用下斜裂缝宽度不超过 0.1mm 为条件确定的。

符合本条计算公式要求的牛腿不需再作受剪承载力验算。这是因为通过在 $a/h_0<0.3$ 时取 $a/h_0=0.3$，以及控制牛腿上部水平钢筋的最大配筋率，已能保证牛腿具有足够的受剪承载力。

在计算公式中还对沿下柱边的牛腿截面有效高度 h_0 作出限制。这是考虑当斜角 α 大于 45° 时，牛腿的实际有效高度不会随 α 的增大而进一步增大。

9.3.11 本条为牛腿纵向受力钢筋的计算。规定了承受竖向力的受拉钢筋及承受水平力的锚固钢筋的计算方法，同原规范的规定。

9.3.12 承受动力荷载牛腿的纵向受力钢筋宜采用延性较好的牌号为 HRB 的热轧带肋钢筋。本条明确规定了牛腿上部纵向受拉钢筋伸入柱内的锚固要求，以及当牛腿设在柱顶时，为了保证牛腿顶面受拉钢筋与柱外侧纵向钢筋的可靠传力而应采取的构造措施。

9.3.13 牛腿中应配置水平箍筋，特别是在牛腿上部配置一定数量的水平箍筋，能有效地减少在该部位过早出现斜裂缝的可能性。在牛腿内设置一定数量的弯起钢筋是我国工程界的传统做法。但试验表明，它对提高牛腿的受剪承载力和减少斜向开裂的可能性都不起明显作用，故适度减少了弯起钢筋的数量。

9.4 墙

9.4.1 根据工程经验并参考国外有关的规范，长短边比例大于 4 的竖向构件定义为墙，比例不大于 4 的则应按柱进行设计。

墙的混凝土强度要求比 02 版规范适当提高。出于承载受力的要求，提出了墙厚度限制的要求。对预制板的搁置长度，在满足墙中竖筋贯通的条件下（例如预制板采用硬架支模方式）不再作强制规定。

9.4.2 本条提出墙双排配筋及配置拉结筋的要求。这是为了保证板中的配筋能够充分发挥强度，满足承载力的要求。

9.4.3 本条规定了在墙面水平、竖向荷载作用下，钢筋混凝土剪力墙承载力计算的方法以及截面设计参数的确定方法。

9.4.4 为保证剪力墙的受力性能，提出了剪力墙内水平、竖向分布钢筋直径、间距及配筋率的构造要求。可以利用焊接网片作墙内配筋。

对重要部位的剪力墙：主要是指框架-剪力墙结构中的剪力墙和框架-核心筒结构中的核心筒墙体，宜根据工程经验提高墙体分布钢筋的配筋率。

温度、收缩应力的影响是造成墙体开裂的主要原因。对于温度、收缩应力较大的剪力墙或剪力墙的易开裂部位，应根据工程经验提高墙体水平分布钢筋的配筋率。

9.4.5 本条为有关低层混凝土房屋结构墙的新增内容，配合墙体改革的要求。钢筋混凝土结构墙应用于低层房屋（乡村、集镇的住宅及民用房屋）的情况有所增多。钢筋混凝土结构墙性能优于砖砌墙体，但按高层房屋剪力墙的构造规定设计过于保守，且最小配筋率难以控制。本条提出混凝土结构墙的基本构造要求。结构墙配筋适当减小，其余构造基本同剪力墙。多层混凝土房屋结构墙尚未进行系统研究，故暂缺，拟在今后通过试验研究及工程应用，在成熟时纳入。抗震构造要求在第 11 章中表达，以边缘构件的形式予以加强。

9.4.6 为保证剪力墙的承载受力，规定了墙内水平、竖向钢筋锚固、搭接的构造要求。其中水平钢筋搭接要求错开布置；竖向钢筋则允许在同一截面上搭接，即接头面积百分率 100%。此外，对翼墙、转角墙、带边框的墙等也提出了相应的配筋构造要求。

9.4.7 本条提出了剪力墙洞口连梁的配筋构造要求，包括洞边钢筋及洞口连梁的受力纵筋及锚固，洞口连梁配箍的直径及间距等。还对墙上开洞的配筋构造提出了要求。

9.4.8 本条规定了剪力墙墙肢两端竖向受力钢筋的构造要求，包括配筋的数量、直径及拉结筋的规定。

9.5 叠 合 构 件

预制（既有）-现浇叠合式构件的特点是两阶段成形，两阶段受力。第一阶段可为预制构件，也可为既有结构；第二阶段则为后续配筋、浇筑而形成整体的叠合混凝土构件。叠合构件兼有预制装配和整体现浇的优点，也常用于既有结构的加固，对于水平的受弯构件（梁、板）及竖向的受压构件（柱、墙）均适用。

叠合构件主要用于装配整体式结构，其原则也适用于对既有结构进行重新设计。基于上述原因及建筑产业化趋势，近年国内外叠合结构的发展很快，是一种有前途的结构形式。

（Ⅰ）水平叠合构件

9.5.1 后浇混凝土高度不足全高的 40% 的叠合式受弯构件，由于底部较薄，施工时应有可靠的支撑，使预制构件在二次成形浇筑混凝土的重量及施工荷载下，不至于发生影响内力的变形。有支撑二次成形的叠合构件按整体受弯构件设计计算。

施工阶段无支撑的叠合式受弯构件，二次成形浇筑混凝土的重量及施工荷载的作用影响了构件的内力和变形。应根据附录 H 的有关规定按二阶段受力的叠合构件进行设计计算。

9.5.2 对一阶段采用预制梁、板的叠合受弯构件，提出了叠合受力的构造要求。主要是后浇叠合层混凝土的厚度；混凝土强度等级；叠合面粗糙度；界面构造钢筋等。这些要求是保证界面两侧混凝土共同承载、协调受力的必要条件。当预制板为预应力板时，由于预应力造成的反拱、徐变的影响，宜设置界面构造钢筋加强其整体性。

9.5.3 在既有结构上配筋、浇筑混凝土而成形的叠合受弯构件，将在结构加固、改建中得到越来越广泛的应用。其可根据二阶段受力叠合受弯构件的原理进行设计。设计时应考虑既有结构的承载历史、实测评估的材料性能、施工时支撑对既有结构卸载的具体情况，根据本规范第 3.3 节、第 3.7 节的规定确定设计参数及荷载组合进行设计。

对于叠合面可采取剔凿、植筋等方法加强叠合面两侧混凝土的共同受力。

（Ⅱ）竖向叠合构件

9.5.4 二阶段成形的竖向叠合柱、墙，当第一阶段为预制构件时，应根据具体情况进行施工阶段验算；使用阶段则按整体构件进行设计。

9.5.6 本条是根据对既有结构再设计的工程实践及经验，对叠合受压构件中的既有构件及后浇部分构件，提出了根据具体工程情况确定承载力及材料协调受力相应折减系数的原则。

考虑既有构件的承载历史及施工卸载条件，确定承载力计算的原则：考虑实测结构既有构件的几何形状变化以及材料的实际状况，经统计、分析确定相应的设计参数。结构后加部分材料强度按本规范确定，但考虑协调受力对强度利用的影响，应乘小于 1 的修正系数并应根据施工支顶等卸载情况适当增减。

9.5.7 根据工程实践及经验，提出了满足两部分协调受力的构造措施。竖向叠合柱、墙的基本构造要求包括后浇层的厚度、混凝土强度等级、叠合面粗糙度、界面构造钢筋、后浇层中的配筋及锚固连接等，这是叠合界面两侧的共同受力的必要条件。

9.6 装配式结构

根据节能、减耗、环保的要求及建筑产业化的发展，更多的建筑工程量将转为以工厂构件化生产产品的形式制作，再运输到现场完成原位安装、连接的施工。混凝土预制构件及装配式结构将通过技术进步，产品升级而得到发展。

9.6.1 本条提出了装配式结构的设计原则：根据结构方案和传力途径进行内力分析及构件设计；保证连接处的传力性能；考虑不同阶段成形的影响；满足综合功能的需要。为满足预制构件工厂化批量生产和标准化的要求，标准设计时应考虑构件尺寸的模数化、使用荷载的系列化和构造措施的统一规定。

9.6.2 预制构件应按脱模起吊、运输码放、安装就位等工况及相应的计算简图分别进行施工阶段验算。本条给出了不同工况下的设计条件及动力系数。

9.6.3 本条提出装配式结构连接构造的原则：装配整体式结构中的接头应能传递结构整体分析所确定的内力。对传递内力较大的装配整体式连接，宜采用机械连接的形式。当采用焊接连接的形式时，应考虑焊接应力对接头的不利影响。

不考虑传递内力的一般装配式结构接头，也应有可靠的固定连接措施，例如预制板、墙与支承构件的焊接或螺栓连接等。

9.6.4 为实现装配整体式结构的整体受力性能，提出了对不同预制构件纵向受力钢筋连接及混凝土拼缝灌筑的构造要求。其中整体装配的梁、柱，其受力钢筋的连接应采用机械连接、焊接的方式；墙、板可以搭接；混凝土拼缝应作粗糙处理以能传递剪力并协调变形。

各种装配连接的构造措施，在标准设计及构造手册中多有表达，可以参考。

9.6.5、9.6.6 根据我国长期的工程实践经验，提出了房屋结构中大量应用的装配式楼盖（包括屋盖）加强整体性的构造措施。包括齿槽形板侧、拼缝灌筑、板端互连、与支承结构的连接、板间后浇带、板端负弯矩钢筋等加强楼盖整体性的构造措施。工程实践表明，这些措施对于加强楼盖的整体性是有效的。《建筑物抗震构造详图》G 329 及有关标准图对此有详细的规定，可以参考。

高层建筑楼盖，当采用预制装配式时，应设置钢筋混凝土现浇层，具体要求应根据《高层建筑混凝土结构技术规程》JGJ 3 的规定进行设计。

9.6.7 为形成结构整体受力，对预制墙板及与周边构件的连接构造提出要求。包括与相邻墙体及楼板的钢筋连接、灌缝混凝土、边缘构件加强等措施。

9.6.8 本条为新增条文，阐述非承重预制构件的设计原则。灾害及事故表明，传力体系以外仅承受自重等荷载的非结构预制构件，也应进行构件及构件连接的设计，以避免影响结构受力，甚至坠落伤人。此类构件及连接的设计原则为：承载安全、适应变形、有冗余约束、满足建筑功能以及耐久性要求等。

9.7 预埋件及连接件

9.7.1 预埋件的材料选择、锚筋与锚板的连接构造基本未作修改，工程实践证明是有效的。再次强调了禁止采用延性较差的冷加工钢筋作锚筋，而用 HPB300 钢筋代换了已淘汰的 HPB235 钢筋。锚板厚度与实际受力情况有关，宜通过计算确定。

9.7.2 承受剪力的预埋件，其受剪承载力与混凝土强度等级、锚筋抗拉强度、面积和直径等有关。在保证锚筋锚固长度和锚筋到构件边缘合理距离的前提下，根据试验研究结果提出了确定锚筋截面面积的半理论半经验公式。其中通过系数 α_r 考虑了锚筋排数的影响；通过系数 α_v 考虑了锚筋直径以及混凝土抗压强度与锚筋抗拉强度比值 f_c/f_y 的影响。承受法向拉力的预埋件，其钢板一般都将产生弯曲变形。这时，锚筋不仅承受拉力，还承受钢板弯曲变形引起的剪力，使锚筋处于复合受力状态。通过折减系数 α_b 考虑了锚板弯曲变形的影响。

　　承受拉力和剪力以及拉力和弯矩的预埋件，根据试验研究结果，锚筋承载力均可按线性的相关关系处理。

　　只承受剪力和弯矩的预埋件，根据试验结果，当 $V/V_{u0} > 0.7$ 时，取剪弯承载力线性相关；当 $V/V_{u0} \leqslant 0.7$ 时，可按受剪承载力与受弯承载力不相关处理。其 V_{u0} 为预埋件单独受剪时的承载力。

　　承受剪力、压力和弯矩的预埋件，其锚筋截面面积计算公式偏于安全。由于当 $N < 0.5f_cA$ 时，可近似取 $M - 0.4Nz = 0$ 作为压剪承载力和压弯剪承载力计算的界限条件，故本条相应的计算公式即以 $N \leqslant 0.5f_cA$ 为前提条件。本条公式不等式右侧第一项中的系数 0.3 反映了压力对预埋件抗剪能力的影响程度。与试验结果相比，其取值偏安全。

　　在承受法向拉力和弯矩的锚筋截面面积计算公式中，对拉力项的抗力均乘了折减系数 0.8，这是考虑到预埋件的重要性和受力的复杂性，而对承受拉力这种更不利的受力状态，采取了提高安全储备的措施。

　　对有抗震要求的重要预埋件，不宜采用以锚固钢筋承力的形式，而宜采用锚筋穿透截面后，固定在背面锚板上的夹板式双面锚固形式。

9.7.3 受剪预埋件弯折锚筋面积计算同原规范。

　　当预埋件由对称于受力方向布置的直锚筋和弯折锚筋共同承受剪力时，所需弯折锚筋的截面面积可由下式计算：

$$A_{sh} \geqslant (1.1V - \alpha_v f_y A_s)/0.8f_y$$

　　上式意味着从作用剪力中减去由直锚筋承担的剪力即为需要由弯折锚筋承担的剪力。上式经调整后即为本条公式。根据国外有关规范和国内对钢与混凝土组合结构中弯折锚筋的试验结果，弯折锚筋的角度对受剪承载力影响不大。考虑到工程中的一般做法，在本条注中给出弯折钢筋的角度宜取在 $15°\sim45°$ 之间。在这一弯折角度范围内，可按上式计算锚筋截面面积，而不需对锚筋抗拉强度作进一步折减。上式中乘在作用剪力项上的系数 1.1 是考虑直锚筋与弯折锚筋共同工作时的不均匀系数 0.9 的倒数。预埋件可以只设弯折钢筋来承担剪力，此时可不设或只按构造设置直锚筋，并在计算公式中取 $A_s = 0$。

9.7.4 预埋件中锚筋的布置不能太密集，否则影响锚固受力的效果。同时为了预埋件的承载受力，还必须保证锚筋的锚固长度以及位置。本条对不同受力状态的预埋件锚筋的构造要求作出规定，同原规范。

9.7.5 为了达到节约材料、方便施工、避免外露金属件引起耐久性问题，预制构件的吊装方式宜优先选择内埋式螺母、内埋式吊杆或吊装孔。根据国内外的工程经验，采用这些吊装方式比传统的预埋吊环施工方便，吊装可靠，不造成耐久性问题。内埋式吊具已有专门技术和配套产品，根据情况选用。

9.7.6 确定吊环钢筋所需面积时，钢筋的抗拉强度设计值应乘以折减系数。在折减系数中考虑的因素有：构件自重荷载分项系数取为 1.2，吸附作用引起的超载系数取为 1.2，钢筋弯折后的应力集中对强度的折减系数取为 1.4，动力系数取为 1.5，钢丝绳角度对吊环承载力的影响系数取为 1.4，于是，当取 HPB300 级钢筋的抗拉强度设计值为 $f_y = 270N/mm^2$ 时，吊环钢筋实际取用的允许拉应力值约为 $65N/mm^2$。

　　作用于吊环的荷载应根据实际情况确定，一般为构件自重、悬挂设备自重及活荷载。吊环截面应力验算时，荷载取标准值。

　　由于本次局部修订将 HPB300 钢筋的直径限于不大于 14mm，因此当吊环直径小于等于 14mm 时，可以采用 HPB300 钢筋；当吊环直径大于 14mm 时，可采用 Q235B 圆钢，其材料性能应符合现行国家标准《碳素结构钢》GB/T 700 的规定。

　　根据耐久性要求，恶劣环境下吊环钢筋或圆钢绑扎接触配筋骨架时应隔垫绝缘材料或采取可靠的防锈措施。

9.7.7 预制构件吊点位置的选择应考虑吊装可靠、平稳。吊装着力点的受力区域应作局部承载验算，以确保安全，同时避免产生引起构件裂缝或过大变形的内力。

10　预应力混凝土结构构件

10.1　一　般　规　定

10.1.1 为确保预应力混凝土结构在施工阶段的安全，明确规定了在施工阶段应进行承载能力极限状态等验算，施工阶段包括制作、张拉、运输及安装等工序。

10.1.2 根据现行国家标准《工程结构可靠性设计统一标准》GB 50153 的有关规定，当进行预应力混凝土构件承载能力极限状态及正常使用极限状态的荷载组合时，应计算预应力作用效应并参与组合，对后张法预应力混凝土超静定结构，预应力效应为综合内力 M_r、V_r 及 N_r，包括预应力产生的次弯矩、次剪力和次轴力。在承载能力极限状态下，预应力作用分项系数 γ_p 应按预应力作用的有利或不利分别取 1.0 或 1.2。当不利时，如后张法预应力混凝土构件锚头局压区的张拉控制力，预应力作用分项系数 γ_p 应取

1.2。在正常使用极限状态下，预应力作用分项系数 γ_p 通常取 1.0。当按承载能力极限状态计算时，预应力筋超出有效预应力值达到强度设计值之间的应力增量仍为结构抗力部分；当按本规范第 6 章的实用方法进行承载力计算时，仅次内力应参与荷载效应组合和设计计算。

对承载能力极限状态，当预应力作用效应列为公式左端项参与作用效应组合时，由于预应力筋的数量和设计参数已由裂缝控制等级的要求确定，且总体上是有利的，根据工程经验，对参与组合的预应力作用效应项，应取结构重要性系数 $\gamma_0 = 1.0$；对局部受压承载力计算、框架梁端预应力筋偏心弯矩在柱中产生的次弯矩等，其预应力作用效应为不利时，γ_0 应按本规范公式（3.3.2-1）执行。

本规范为避免出现冗长的公式，在诸多计算公式中并没有具体列出相关次内力。因此，当应用本规范公式进行正截面受弯、受压及受拉承载力计算，斜截面受剪及受扭截面承载力计算，以及裂缝控制验算时，均应计入相关次内力。

本次修订增加了无粘结预应力混凝土结构承受静力荷载的设计规定，主要有裂缝控制，张拉控制应力限值，有关的预应力损失值计算，受弯构件正截面承载力计算时无粘结预应力筋的应力设计值、斜截面受剪承载力计算，受弯构件的裂缝控制验算及挠度验算，受弯构件和板柱结构中有粘结纵向钢筋的配置，以及施工张拉阶段截面边缘混凝土法向应力控制和预拉区构造配筋，防腐及防火措施。以上规定的条款列在本章及本规范相关章节的条款中。

10.1.3 本次修订增加了中强度预应力钢丝及预应力螺纹钢筋的张拉控制应力限值。

10.1.5 通常对预应力筋由于布置上的几何偏心引起的内弯矩 $N_p e_{pn}$ 以 M_1 表示。由该弯矩对连续梁引起的支座反力称为次反力，由次反力对梁引起的弯矩称为次弯矩 M_2。在预应力混凝土超静定梁中，由预加力对任一截面引起的总弯矩 M_r 为内弯矩 M_1 与次弯矩 M_2 之和，即 $M_r = M_1 + M_2$。次剪力可根据结构构件各截面次弯矩分布按力学分析方法计算。此外，在后张法梁、板构件中，当预加力引起的结构变形受到柱、墙等侧向构件约束时，在梁、板中将产生与预加力反向的次轴力。为求次轴力也需要应用力学分析方法。

为确保预应力能够有效地施加到预应力结构构件中，应采用合理的结构布置方案，合理布置竖向支承构件，如将抗侧力构件布置在结构位移中不动点附近；采用相对细长的柔性柱以减少约束力，必要时应在柱中配置附加钢筋承担约束作用产生的附加弯矩。在预应力框架梁施加预应力阶段，可将梁与柱之间的节点设计成在张拉过程中可产生滑动的无约束支座，张拉后再将该节点做成刚接。对后张楼板为减少约束

力，可采用后浇带或施工缝将结构分段，使其与约束柱或墙暂时分开；对于不能分开且刚度较大的支承构件，可在板与墙、柱结合处开设结构洞以减少约束力，待张拉完毕后补强。对于平面形状不规则的板，宜划分为平面规则的单元，使各部分能独立变形，以减少约束；当大部分收缩变形完成后，如有需要仍可以连为整体。

10.1.7 当按裂缝控制要求配置的预应力筋不能满足承载力要求时，承载力不足部分可由普通钢筋承担，采用混合配筋的设计方法。这种部分预应力混凝土既具有全预应力混凝土与钢筋混凝土二者的主要优点，又基本上排除了两者的主要缺点，现已成为加筋混凝土系列中的主要发展趋势。当然也带来了一些新的课题。当预应力混凝土构件配置钢筋时，由于混凝土收缩和徐变的影响，会在这些钢筋中产生内力。这些内力减少了受拉区混凝土的法向预压应力，使构件的抗裂性能降低，因而计算时应考虑这种影响。为简化计算，假定钢筋的应力取等于混凝土收缩和徐变引起的预应力损失值。但严格地说，这种简化计算当预应力筋和钢筋重心位置不重合时是有一定误差的。

10.1.8 近年来，国内开展了后张法预应力混凝土连续梁内力重分布的试验研究，并探讨次弯矩存在对内力重分布的影响。这些试验研究及有关文献建议，对存在次弯矩的后张法预应力混凝土超静定结构，其弯矩重分布规律可描述为：$(1-\beta)M_d + \alpha M_2 \leqslant M_u$，其中，$\alpha$ 为次弯矩消失系数。直接弯矩的调幅系数定义为：$\beta = 1 - M_a/M_d$，此处，M_a 为调整后的弯矩值，M_d 为按弹性分析算得的荷载弯矩设计值；直接弯矩调幅系数 β 的变化幅度是：$0 \leqslant \beta \leqslant \beta_{max}$，此处，$\beta_{max}$ 为最大调幅系数。次弯矩随结构构件刚度改变和塑性铰转动而逐步消失，它的变化幅度是：$0 \leqslant \alpha \leqslant 1.0$；且当 $\beta = 0$ 时，取 $\alpha = 1.0$；当 $\beta = \beta_{max}$ 时，可取 α 接近于 0。且 β 可取其正值或负值，当取 β 为正值时，表示支座处的直接弯矩向跨中调幅；当取 β 为负值时，表示跨中的直接弯矩向支座处调幅。上述试验结果从概念设计的角度说明，在超静定预应力混凝土结构中存在的次弯矩，随着预应力构件开裂、裂缝发展以及刚度减小，在极限荷载阶段会相应减小。当截面配筋率高时，次弯矩的变化较小，反之可能大部分次弯矩都会消失。本次修订考虑到上述情况，采用次弯矩参与重分布的方案，即内力重分布所考虑的最大弯矩除了荷载弯矩设计值外，还包括预应力次弯矩在内。并参考美国 ACI 规范、欧洲规范 EN 1992-2 等，规定对预应力混凝土框架梁及连续梁在重力荷载作用下，当受压区高度 $x \leqslant 0.30h_0$ 时，可允许有限量的弯矩重分配，同时可考虑次弯矩变化对截面内力的影响，但总调幅值不宜超过 20%。

10.1.9 对光面钢丝、螺旋肋钢丝、三股和七股钢绞线的预应力传递长度，均在原规范规定的预应力传递

长度的基础上，根据试验研究结果作了调整，并通过给出的公式由其有效预应力值计算预应力传递长度。预应力筋传递长度的外形系数取决于与锚固性能有关的钢筋的外形。

10.1.11、10.1.12 为确保预应力混凝土结构在施工阶段的安全，本规范第10.1.1条规定了在施工阶段应进行承载能力极限状态验算。在施工阶段对截面边缘混凝土法向应力的限值条件，是根据国内外相关规范校准并吸取国内的工程设计经验而得的。其中，对混凝土法向应力的限值，均用与各施工阶段混凝土抗压强度 f'_{cu} 相对应的抗拉强度及抗压强度标准值表示。

预拉区纵向钢筋的构造配筋率，取略低于本规范第8.5.1条的最小配筋率要求。

10.1.13 先张法及后张法预应力混凝土构件的受剪承载力、受扭承载力及裂缝宽度计算，均需用到混凝土法向预应力为零时的预应力筋合力 N_{p0}。本条对此作了规定。

10.1.14 影响无粘结预应力混凝土构件抗弯能力的因素较多，如无粘结预应力筋有效预应力的大小、无粘结预应力筋与普通钢筋的配筋率、受弯构件的跨高比、荷载种类、无粘结预应力筋与管壁之间的摩擦力、束的形状和材料性能等。因此，受弯破坏状态下无粘结预应力筋的极限应力必须通过试验来求得。国内所进行的无粘结预应力梁（板）试验，得出无粘结预应力筋于梁破坏瞬间的极限应力，主要与配筋率、有效预应力、钢筋设计强度、混凝土的立方体抗压强度、跨高比以及荷载形式有关，积累了宝贵的数据。

本次修订采用了现行行业标准《无粘结预应力混凝土结构技术规程》JGJ 92 的相关表达式。该表达式以综合配筋指标 ξ_0 为主要参数，考虑了跨高比变化影响。为反映在连续多跨梁板中应用的情况，增加了考虑连续跨影响的设计应力折减系数。在设计框架梁时，无粘结预应力筋外形布置宜与弯矩包络图相接近，以防在框架梁顶部反弯点附近出现裂缝。

10.1.15 在无粘结预应力受弯构件的预压受拉区，配置一定数量的普通钢筋，可以避免该类构件在极限状态下发生双折线形的脆性破坏现象，并改善开裂状态下构件的裂缝性能和延性性能。

1 单向板的普通钢筋最小面积

本规范对钢筋混凝土受弯构件，规定最小配筋率为 0.2% 和 $45f_t/f_y$ 中的较大值。美国通过试验认为，在无粘结预应力受弯构件的受拉区至少应配置从受拉边缘至毛截面重心之间面积 0.4% 的普通钢筋。综合上述两方面的规定和研究成果，并结合以往的设计经验，作出了本规范对无粘结预应力混凝土板受拉区普通钢筋最小配筋率的限制。

2 梁正弯矩区普通钢筋的最小面积

无粘结预应力梁的试验表明，为了改善构件在正常使用下的变形性能，应采用预应力筋及有粘结普通钢筋混合配筋方案。在全部配筋中，有粘结纵向普通钢筋的拉力占到承载力设计值 M_u 产生总拉力的 25% 或更多时，可更有效地改善无粘结预应力梁的性能，如裂缝分布、间距和宽度，以及变形性能，从而达到接近有粘结预应力梁的性能。本规范公式（10.1.15-2）是根据此比值要求，并考虑预应力筋及普通钢筋重心离截面受压区边缘纤维的距离 h_p、h_s 影响得出的。

对按一级裂缝控制等级设计的无粘结预应力混凝土构件，根据试验研究结果，可仅配置比最小配筋率略大的非预应力普通钢筋，取 ρ_{min} 等于 0.003。

10.1.16 对无粘结预应力混凝土板柱结构中的双向平板，所要求配置的普通钢筋分述如下：

负弯矩区普通钢筋的配置。美国进行过 1:3 的九区格后张无粘结预应力平板的模型试验。结果表明，只要在柱宽及两侧各离柱边 $1.5\sim2$ 倍的板厚范围内，配置占柱上板带横截面面积 0.15% 的普通钢筋，就能很好地控制和分散裂缝，并使柱带区域内的弯曲和剪切强度都能充分发挥出来。此外，这些钢筋应集中通过柱子和靠近柱子布置。钢筋的中到中间距应不超过 $300mm$，而且每一方向应不少于 4 根钢筋。对通常的跨度，这些钢筋的总长度应等于跨度的1/3。我国进行的1:2无粘结部分预应力平板的试验也证实在上述柱面积范围内配置的钢筋是适当的。本规范根据公式(10.1.16-1)，矩形板在长跨方向将布置更多的钢筋。

正弯矩区普通钢筋的配置。在正弯矩区，双向板在使用荷载下按照抗裂验算边缘混凝土法向拉应力确定普通筋配置数量的规定，是参照美国 ACI 规范对双向板柱结构关于有粘结普通钢筋最小截面面积的规定，并结合国内多年来对该板按二级裂缝控制和配置有粘结普通钢筋的工程经验作出规定。针对温度、收缩应力所需配置的普通钢筋应按本规范第9.1节的相关规定执行。

在楼盖的边缘和拐角处，通过设置钢筋混凝土边梁，并考虑柱头剪切作用，将该梁的箍筋加密配置，可提高边柱和角柱节点的受冲切承载力。

10.1.17 本条规定了预应力混凝土构件的弯矩设计值不小于开裂弯矩，其目的是控制受拉钢筋总配筋量不能过少，使构件具有应有的延性，以防止预应力受弯构件开裂后的突然脆断。

10.2 预应力损失值计算

10.2.1 预应力混凝土用钢丝、钢绞线的应力松弛试验表明，应力松弛损失值与钢丝的初始应力值和极限强度有关。表中给出的普通松弛和低松弛预应力钢丝、钢绞线的松弛损失值计算公式，是按国家标准《预应力混凝土用钢丝》GB/T 5223-2002 及《预应力混凝土用钢绞线》GB/T 5224－2003 中规定的数值综合成统一的公式，以便于应用。当 $\sigma_{con}/f_{ptk} \leqslant 0.5$ 时，实际的松弛损失值已很小，为简化计算取松弛损失值为零。预应力螺纹钢筋、中强度预应力钢丝的应力松弛损失值是分别根据国家标准《预应力混凝土用螺纹钢筋》GB/T 20065－2006、行业标准《中强度预应力混凝土用钢丝》YB/T 156－1999 的相关规定提出的。

10.2.2 根据锚固原理的不同，将锚具分为支承式和夹片式两类，对每类作出规定。对夹片式锚具的锚具变形和预应力筋内缩值按有顶压或无顶压分别作了规定。

10.2.4 预应力筋与孔道壁之间的摩擦引起的预应力损失，包括沿孔道长度上局部位置偏移和曲线弯道摩擦影响两部分。在计算公式中，x 值为从张拉端至计算截面的孔道长度；但在实际工程中，构件的高度和长度相比常很小，为简化计算，可近似取该段孔道在纵轴上的投影长度代替孔道长度；θ 值应取从张拉端至计算截面的长度上预应力孔道各部分切线的夹角（以弧度计）之和。本次修订根据国内工程经验，增加了按抛物线、圆弧曲线变化的空间曲线及可分段叠加的广义空间曲线 θ 弯转角的近似计算公式。

研究表明，孔道局部偏差的摩擦系数 κ 值与下列因素有关：预应力筋的表面形状；孔道成型的质量；预应力筋接头的外形；预应力筋与孔壁的接触程度（孔道的尺寸，预应力筋与孔壁之间的间隙大小以及预应力筋在孔道中的偏心距大小）等。在曲线预应力筋摩擦损失中，预应力筋与曲线弯道之间摩擦引起的损失是控制因素。

根据国内的试验研究资料及多项工程的实测数据，并参考国外规范的规定，补充了预埋塑料波纹管、无粘结预应力筋的摩擦影响系数。当有可靠的试验数据时，本规范表 10.2.4 所列系数值可根据实测数据确定。

10.2.5 根据国内对混凝土收缩、徐变的试验研究，应考虑预应力筋和普通钢筋的配筋率对 σ_{l5} 值的影响，其影响可通过构件的总配筋率 $\rho(\rho = \rho_p + \rho_s)$ 反映。在公式（10.2.5-1）～公式（10.2.5-4）中，分别给出先张法和后张法两类构件受拉区及受压区预应力筋处的混凝土收缩和徐变引起的预应力损失。公式反映了上述各项因素的影响。此计算方法比仅按预应力筋合力点处的混凝土法向预应力计算预应力损失的方法更为合理。此外，考虑到现浇后张预应力混凝土施加预应力的时间比 28d 龄期有所提前等因素，对上述收缩和徐变计算公式中的有关项在数值上作了调整。调整的依据为：预加力时混凝土龄期，先张法取 7d，后张法取 14d；理论厚度均取 200mm；相对湿度为 40%～70%，预加力后至使用荷载作用前延续的时间取 1 年的收缩应变和徐变系数终极值，并与附录 K 计算

结果进行校核得出。

在附录 K 中，本次修订的混凝土收缩应变和徐变系数终极值，是根据欧洲规范 EN 1992-2:《混凝土结构设计——第 1 部分：总原则和对建筑结构的规定》所提供的公式计算得出。混凝土收缩应变和徐变系数终极值是按周围空气相对湿度为 40%～70% 及 70%～99% 分别给出的。混凝土收缩和徐变引起的预应力损失简化公式是按周围空气相对湿度为 40%～70% 得出的，将其用于相对湿度大于 70% 的情况是偏于安全的。对泵送混凝土，其收缩和徐变引起的预应力损失值亦可根据实际情况采用其他可靠数据。

10.3 预应力混凝土构造规定

10.3.1 根据先张法预应力筋的锚固及预应力传递性能，提出了配筋净间距的要求，其数值是根据试验研究及工程经验确定的。根据多年来的工程经验，为确保预制构件的耐久性，适当增加了预应力筋净间距的限值。

10.3.2 先张法预应力传递长度范围内局部挤压造成的环向拉应力容易导致构件端部混凝土出现劈裂裂缝。因此端部应采取构造措施，以保证自锚端的局部承载力。所提出的措施为长期工程经验和试验研究结果的总结。近年来随着生产工艺技术的提高，也有一些预制构件不配置端部加强钢筋的情况，故在特定条件下可根据可靠的工程经验适当放宽。

10.3.3～10.3.5 为防止预应力构件端部及预拉区的裂缝，根据多年工程实践经验及原规范的执行情况，这几条对各种预制构件（肋形板、屋面梁、吊车梁等）提出了配置防裂钢筋的措施。

10.3.6 预应力锚具应根据现行国家标准《预应力筋用锚具、夹具和连接器》GB/T 14370、现行行业标准《预应力筋用锚具、夹具和连接器应用技术规程》JGJ 85 的有关规定选用，并满足相应的质量要求。

10.3.7 规定了后张预应力筋配置及孔道布置的要求。由于对预制构件预应力筋孔道间距的控制比现浇结构构件更容易，且混凝土浇筑质量更容易保证，故对预制构件预应力筋孔道间距的规定比现浇结构构件的小。要求孔道的竖向净间距不应小于孔道直径，主要考虑曲线孔道张拉预应力筋时出现的局部挤压应力不致造成孔道间混凝土的剪切破坏。而对三级裂缝控制等级的梁提出更厚的保护层厚度要求，主要是考虑其裂缝状态下的耐久性。预留孔道的截面积宜为穿入预应力筋截面积的 3.0～4.0 倍，是根据工程经验提出的。有关预应力孔道的并列贴紧布置，是为方便截面较小的梁类构件的预应力筋配置。

板中单根无粘结预应力筋、带状束及梁中集束无粘结预应力筋的布置要求，是根据国内推广应用无粘结预应力混凝土的工程经验作出规定的。

10.3.8 后张预应力混凝土构件端部锚固区和构件端

面在预应力筋张拉后常出现两类裂缝：其一是局部承压区承压垫板后面的纵向劈裂裂缝；其二是当预应力束在构件端部偏心布置，且偏心距较大时，在构件端面附近会产生较高的沿竖向的拉应力，故产生位于截面高度中部的纵向水平端面裂缝。为确保安全可靠地将张拉力通过锚具和垫板传递给混凝土构件，并控制这些裂缝的发生和开展，在试验研究的基础上，在条文中作出了加强配筋的具体规定。为防止第一类劈裂裂缝，规范给出了配置附加钢筋的位置和配筋面积计算公式；为防止第二类端面裂缝，要求合理布置预应力筋，尽量使锚具能沿构件端部均匀布置，以减少横向拉力。当难于做到均匀布置时，为防止端面出现宽度过大的裂缝，根据理论分析和试验结果，本条提出了限制这类裂缝的竖向附加钢筋截面面积的计算公式以及相应的构造措施。本次修订允许采用强度较高的热轧带肋钢筋。

对局部承压加强钢筋，提出当垫板采用普通钢板开穿筋孔的制作方式时，可按本规范第6.6节的规定执行，采用有关局部受压承载力计算公式确定应配置的间接钢筋；而当采用整体铸造的带有二次翼缘的垫板时，本规范局部受压公式不再适用，需通过专门的试验确认其传力性能，所以应选用经按有关规范标准验证的产品，并配置规定的加强钢筋，同时满足锚具布置对间距和边距要求。所述要求可按现行行业标准《预应力筋用锚具、夹具和连接器应用技术规程》JGJ 85的有关规定执行。

本条规定主要是针对后张法预制构件及现浇结构中的悬臂梁等构件的端部锚固区及梁中间开槽锚固的情况提出的。

10.3.9 为保证端面有局部凹进的后张预应力混凝土构件端部锚固区的强度和裂缝控制性能，根据试验和工程经验，规定了增设折线构造钢筋的防裂措施。

10.3.10、10.3.11 曲线预应力束最小曲率半径 r_p 的计算公式是按本规范附录D有关素混凝土构件局部受压承载力公式推导得出，并与国外规范公式对比后确定的。$10\phi15$ 以下常用曲线预应力钢丝束、钢绞线束的曲率半径不宜小于4m是根据工程经验给出的。当后张预应力束曲线段的曲率半径过小时，在局部挤压力作用下可能导致混凝土局部破坏，故应配置局部加强钢筋，加强钢筋可采用网片筋或螺旋筋，其数量可按本规范有关配置间接钢筋局部受压承载力的计算规定确定。

在预应力混凝土结构构件中，当预应力筋近凹侧混凝土保护层较薄，且曲率半径较小时，容易导致混凝土崩裂。相关计算公式按预应力筋所产生的径向崩裂力不超过混凝土保护层的受剪承载力推导得出。当混凝土保护层厚度不满足计算要求时，第10.3.11条提供了配置U形插筋用量的计算方法及构造措施，用以抵抗崩裂径向力。在计算应配置U形插筋截面

面积的公式中，未计入混凝土的抗力贡献。

这两条是在工程经验的基础上，参考日本预应力混凝土设计施工规范及美国 AASHTO 规范作出规定的。

10.3.13 为保证预应力混凝土结构的耐久性，提出了对构件端部锚具的封闭保护要求。

国内外应用经验表明，对处于二b、三a、三b类环境条件下的无粘结预应力锚固系统，应采用全封闭体系。参考美国 ACI 和 PTI 的有关规定，对全封闭体系应进行不透水试验，要求安装后的张拉端、固定端及中间连接部位在不小于10kPa静水压力下，保持24h不透水，具体漏水位置可用在水中加颜色等方法检查。当用于游泳池、水箱等结构时，可根据设计提出更高静水压力的要求。

11 混凝土结构构件抗震设计

11.1 一般规定

11.1.1、11.1.2 《建筑工程抗震设防分类标准》GB 50223 根据对各类建筑抗震性能的不同要求，将建筑分为特殊设防类、重点设防类、标准设防类和适度设防类四类，简称甲、乙、丙、丁类，并规定了各类别建筑的抗震设防标准，包括抗震措施和地震作用的确定原则。《建筑抗震设计规范》GB 50011 则规定，6度时的不规则建筑结构，Ⅳ类场地上较高的高层建筑和7度及以上时的各类建筑结构，均应进行多遇地震作用下的截面抗震验算，并符合有关抗震措施要求；6度时的其他建筑结构则只应符合有关抗震措施要求。

在对抗震钢筋混凝土结构进行设计时，除应符合《建筑工程抗震设防分类标准》GB 50223 和《建筑抗震设计规范》GB 50011 所规定的设计原则外，其构件设计应符合本章以及本规范第1章～第10章的有关规定。本章主要对应进行抗震设计的钢筋混凝土结构主要构件类别的抗震承载力计算和抗震措施作出规定。其中包括对材料抗震性能的要求，以及框架梁、框架柱、剪力墙及连梁、梁柱节点、板柱节点、单层工业厂房中的铰接排架柱以及预应力混凝土结构构件的抗震承载力验算和相应的抗震构造要求。有关混凝土结构房屋抗震体系、房屋适用的最大高度、地震作用计算、结构稳定验算、侧向变形验算等内容，应遵守《建筑抗震设计规范》GB 50011 的有关规定。

本次修订不再列入钢筋混凝土房屋建筑适用最大高度的规定。该规定由《建筑抗震设计规范》GB 50011 给出。

11.1.3 抗震措施是在按多遇地震作用进行构件截面承载力设计的基础上保证抗震结构在所在地可能出现的最强地震地面运动下具有足够的整体延性和塑性耗

能能力，保持对重力荷载的承载能力，维持结构不发生严重损毁或倒塌的基本措施。其中主要包括两类措施。一类是宏观限制或控制条件和对重要构件在考虑多遇地震作用的组合内力设计值时进行调整增大；另一类则是保证各类构件基本延性和塑性耗能能力的各类抗震构造措施（其中也包括对柱和墙肢的轴压比上限控制条件）。由于对不同抗震条件下各类结构构件的抗震措施要求不同，故用"抗震等级"对其进行分级。抗震等级按抗震措施从强到弱分为一、二、三、四级。本章有关条文中的抗震措施规定将全部按抗震等级给出。根据我国抗震设计经验，应按设防类别、建筑物所在地的设防烈度、结构类型、房屋高度以及场地类别的不同分别选取不同的抗震等级。在表11.1.3中给出了丙类建筑按设防烈度、结构类型和房屋高度制定的结构中不同部分应取用的抗震等级。甲、乙类和丁类建筑的抗震等级应按《建筑工程抗震设防分类标准》GB 50223 的规定在表 11.1.3 的基础上进行调整。

与02规范相比，表11.1.3作了下列主要调整：

1 考虑到框架结构的侧向刚度及抗水平力能力与其他结构类型相比相对偏弱，根据 2008 年汶川地震震害经验以及优化设计方案的考虑，将框架结构在9度区的最大高度限值以及其他烈度区不同抗震等级的划分高度由 30m 降为 24m。

2 考虑到近年来因禁用黏土砖而使层数不多的框架-剪力墙结构、剪力墙结构的建造数量增加，为了更合理地考虑房屋高度对抗震等级的影响，将框架-剪力墙结构、剪力墙结构和部分框支剪力墙结构的高度分档从两档增加为三档，对高度最低一档（小于24m）适度降低了抗震等级要求。

3 因异形柱框架的抗震性能与一般框架有明显差异，故在表注中明确指出框架的抗震等级规定不适用于异形柱框架；异形柱框架应按有关行业标准进行设计。

4 根据近年来的工程经验，调整了对板柱-剪力墙结构抗震等级的有关规定。

5 根据近年来的工程实践经验，明确了当框架-核心筒结构的高度低于 60m 并符合框架-剪力墙结构的有关要求时，其抗震等级允许按框架-剪力墙结构取用。

表 11.1.3 的另一重含义是，表中列出的结构类型也是根据我国抗震设计经验，在《建筑抗震设计规范》GB 50011 规定的最大高度限制条件下，适用于抗震的钢筋混凝土结构类型。

11.1.4 本条给出了在选用抗震等级时，除表11.1.3外应满足的要求。其中第 1 款中的"结构底部的总倾覆力矩"一般是指在多遇地震作用下通过振型组合求得楼层地震剪力并换算出各楼层水平力后，用该水平力求得的底部总倾覆力矩。第 2 款中裙房与主楼相连时的"相关范围"，一般是指主楼周边外扩不少于三跨的裙房范围。该范围内结构的抗震等级不应低于按主楼结构确定的抗震等级，该范围以外裙房结构的抗震等级可按裙房自身结构确定。当主楼与裙房由防震缝分开时，主楼和裙房分别按自身结构确定其抗震等级。

11.1.5 按本规范设置了约束边缘构件，并采取了相应构造措施的剪力墙和核心筒壁的墙肢底部，通常已具有较大的偏心受压强度储备，在罕遇水准地震地面运动下，该部位边缘构件纵筋进入屈服后变形状态的几率通常不会很大。但因墙肢底部对整体结构在罕遇地震地面运动下的抗倒塌安全性起关键作用，故设计中仍应预计到墙肢底部形成塑性铰的可能性，并对预计的塑性铰区采取保持延性和塑性耗能能力的抗震构造措施。所规定的采取抗震构造措施的范围即为"底部加强部位"，它相当于塑性铰区的高度再加一定的安全余量。该底部加强部位高度是根据试验结果及工程经验确定的。其中，为了简化设计，只考虑了高度条件。本次修订根据经验将 02 版规范规定的确定底部加强部位高度的条件之一，即不小于总高度的 1/8 改为 1/10；并明确，当墙肢嵌固端设置在地下室顶板以下时，底部加强部位的高度仍从地下室顶板算起，但相应抗震构造措施应向下延伸到设定的嵌固端处。

11.1.6 表 11.1.6 中各类构件的承载力抗震调整系数 γ_{RE} 是根据现行国家标准《建筑抗震设计规范》GB 50011 的规定给出的。该系数是在该规范采用的多遇地震作用取值和地震作用分项系数取值的前提下，为了使多遇地震作用组合下的各类构件承载力具有适宜的安全性水准而采取的对抗力项的必要调整措施。此次修订，根据需要，补充了受冲切承载力计算的承载力抗震调整系数 γ_{RE}。

本次修订把 02 版规范分别写在框架梁、框架柱及框支柱以及剪力墙各节中的抗震正截面承载力计算规定统一汇集在本条内集中表示，即所有这些构件的正截面设计均可按非抗震情况下正截面设计的同样方法完成，只需在承载力计算公式右边除以相应的承载力抗震调整系数 γ_{RE}。这样做的理由是，大量各类构件的试验研究结果表明，构件多次反复受力条件下滞回曲线的骨架线与一次单调加载的受力曲线具有足够程度的一致性。故对这些构件的抗震正截面计算方法不需要像对抗震斜截面受剪承载力计算方法那样在静力设计方法的基础上进行调整。

11.1.7 在地震作用下，钢筋在混凝土中的锚固端可能处于拉、压反复受力状态或拉力大小交替变化状态。其粘结锚固性能较静力粘结锚固性能偏弱（锚固强度退化、锚固段的滑移量偏大）。为保证在反复荷载作用下钢筋与其周围混凝土之间具有必要的粘结锚固性能，根据试验结果并参考国外规范的规定，在静力要求的纵向受拉钢筋锚固长度 l_a 的基础上，对一、二、三级抗震等级的构件，规定应乘以不同的锚固长度增大系数。

对允许采用搭接接头的钢筋，其考虑抗震要求的搭接长度应根据搭接接头百分率取纵向受拉钢筋的抗震锚固长度 l_{aE} 乘以纵向受拉钢筋搭接长度修正系数 ζ。

梁端、柱端是潜在塑性铰容易出现的部位，必须预计到塑性铰区内的受拉和受压钢筋都将屈服，并可能进入强化阶段。为了避免该部位的各类钢筋接头干扰或削弱钢筋在该部位所应具有的较大的屈服后伸长率，规范要求钢筋连接接头宜尽量避开梁端、柱端箍筋加密区。当工程中无法避开时，应采用经试验确定的与母材等强度并具有足够伸长率的高质量机械连接接头或焊接接头，且接头面积百分率不宜超过 50%。

11.1.8 箍筋对抗震设计的混凝土构件具有重要的约束作用，采用封闭箍筋、连续螺旋箍筋和连续复合矩形螺旋箍筋可以有效提高对构件混凝土和纵向钢筋的约束效果，改善构件的抗震延性。对于绑扎箍筋，试验研究和震害经验表明，对箍筋末端的构造要求是保证地震作用下箍筋对混凝土和纵向钢筋起到有效约束作用的必要条件。本次修订强调采用焊接封闭箍筋，主要是倡导和适应工厂化加工配送钢筋的需求。

11.1.9 预埋件反复荷载作用试验表明，弯剪、拉剪、压剪情况下锚筋的受剪承载力降低的平均值在 20% 左右。对预埋件，规定取 γ_{RE} 等于 1.0，故将考虑地震作用组合的预埋件的锚筋截面面积偏保守地取为静力计算值的 1.25 倍，锚筋的锚固长度偏保守地取为静力值的 1.10 倍。构造上要求在靠近锚板的锚筋根部设置一根直径不小于 10mm 的封闭箍筋，以起到约束端部混凝土、保证受剪承载力的作用。

11.2 材 料

11.2.1 本条根据抗震性能要求给出了混凝土最高和最低强度等级的限制。由于混凝土强度对保证构件塑性铰区发挥延性能力具有较重要作用，故对重要性较高的框支梁、框支柱、延性要求相对较高的一级抗震等级的框架梁和框架柱以及受力复杂的梁柱节点的混凝土最低强度等级提出了比非抗震情况更高的要求。

近年来国内高强度混凝土的试验研究和工程应用已有很大进展，但因高强度混凝土表现出的明显脆性，以及因侧向变形系数偏小而使箍筋对它的约束效果受到一定削弱，故对地震高烈度区高强度混凝土的应用作了必要的限制。

11.2.2 结构构件中纵向受力钢筋的变形性能直接影响结构构件在地震力作用下的延性。考虑地震作用的框架梁、框架柱、支撑、剪力墙边缘构件的纵向受力钢筋宜选用 HRB400、HRB500 牌号热轧带肋钢筋；箍筋宜选用 HRB400、HRB335、HPB300、HRB500

牌号热轧钢筋。对抗震延性有较高要求的混凝土结构构件（如框架梁、框架柱、斜撑等），其纵向受力钢筋应采用现行国家标准《钢筋混凝土用钢 第 2 部分：热轧带肋钢筋》GB 1499.2 中牌号为 HRB400E、HRB500E、HRB335E、HRBF400E、HRBF500E 的钢筋。这些带"E"的钢筋牌号<u>钢筋</u>的强屈比、屈强比和极限应变（延伸率）均符合本规范第 11.2.3 条的要求；<u>这些钢筋的</u>强度指标及弹性模量的取值与不带"E"的同牌号热轧带肋钢筋相同，应符合本规范第 4.2 节的有关规定。

11.2.3 对按一、二、三级抗震等级设计的各类框架构件（包括斜撑构件），要求纵向受力钢筋检验所得的抗拉强度实测值（即实测最大强度值）与受拉屈服强度的比值（强屈比）不小于 1.25，目的是使结构某部位出现较大塑性变形或塑性铰后，钢筋在大变形条件下具有必要的强度潜力，保证构件的基本抗震承载力；要求钢筋受拉屈服强度实测值与钢筋的受拉强度标准值的比值（屈强比）不应大于 1.3，主要是为了保证"强柱弱梁"、"强剪弱弯"设计要求的效果不致因钢筋屈服强度离散性过大而受到干扰；钢筋最大力下的总伸长率不应小于 9%，主要为了保证在抗震大变形条件下，钢筋具有足够的塑性变形能力。

现行国家标准《钢筋混凝土用钢 第 2 部分：热轧带肋钢筋》GB 1499.2 中牌号带"E"的钢筋符合本条要求。其余钢筋牌号是否符合本条要求应经试验确定。

11.3 框 架 梁

11.3.1 由于梁端区域能通过采取相对简单的抗震构造措施而具有相对较高的延性，故常通过"强柱弱梁"措施引导框架中的塑性铰首先在梁端形成。设计框架梁时，控制梁端截面混凝土受压区高度（主要是控制负弯矩下截面下部的混凝土受压区高度）的目的是控制梁端塑性铰区具有较大的塑性转动能力，以保证框架梁端截面具有足够的曲率延性。根据国内的试验结果和参考国外经验，当相对受压区高度控制在 0.25～0.35 时，梁的位移延性可达到 4.0～3.0 左右。在确定混凝土受压区高度时，可把截面内的受压钢筋计算在内。

11.3.2 在框架结构抗震设计中，特别是一级抗震等级框架的设计中，应力求做到在罕遇地震作用下的框架中形成延性和塑性耗能能力良好的接近"梁铰型"的塑性耗能机构（即塑性铰主要在梁端形成，柱端塑性铰出现数量相对较少）。这就需要在设法保证形成接近梁铰型塑性机构的同时，防止梁端塑性铰区在梁端达到罕遇地震下预计的塑性变形状态之前发生脆性的剪切破坏。在本规范中，这一要求是从两个方面来保证的。一方面对梁端抗震受剪承载力提出合理的计算公式，另一方面在梁端进入屈服后状态的条件下适度提高梁端经结构弹性分析得出的截面组合剪力设计值（后一个方面即为通常所说的"强剪弱弯"措施或"组合剪力设计值增强措施"）。本条给出了各类抗震等级框架组合剪力设计值增强措施的具体规定。

对9度设防烈度的一级抗震等级框架和一级抗震等级的框架结构，规定应考虑左、右梁端纵向受拉钢筋可能超配等因素所形成的屈服抗弯能力偏大的不利情况，取用按实配钢筋、强度标准值，且考虑承载力抗震调整系数算得的受弯承载力值，即 M_{bua} 作为确定增大后的剪力设计值的依据。M_{bua} 可按下列公式计算：

$$M_{bua} = \frac{M_{buk}}{\gamma_{RE}} \approx \frac{1}{\gamma_{RE}} f_{yk} A_s^a (h_0 - a'_s)$$

与02版规范相比，本次修订规定在计算 M_{bua} 的 A_s^a 中考虑受压钢筋及有效板宽范围内的板筋。这里的板筋指有效板宽范围内平行框架梁方向的板内实配钢筋。对于这里使用的有效板宽，美国 ACI 318-08 规范规定取为与非抗震设计时相同的等效翼缘宽度，这就相当于取梁每侧6倍板厚作为有效板宽范围。这一规定是根据进入接近罕遇地震水准侧向变形状态的缩尺框架结构试验中对参与抵抗梁端负弯矩的板筋应力的实测结果确定的。欧洲规范 EN 1998 则建议取用较小的有效板宽，即每侧2倍板厚。这大致相当于梁端屈服后不久的受力状态。本规范建议，取用每侧6倍板厚的范围作为"有效板宽"，是偏于安全的。

对其他情况下框架梁剪力设计值的确定，则根据不同抗震等级，直接取用与梁端考虑地震作用组合的弯矩设计值相平衡的组合剪力设计值乘以不同的增大系数。

11.3.3 矩形、T形和I形截面框架梁，其受剪要求的截面控制条件是在静力受剪要求的基础上，考虑反复荷载作用的不利影响确定的。在截面控制条件中还对较高强度的混凝土考虑了混凝土强度影响系数 β_c。

11.3.4 国内外低周反复荷载作用下钢筋混凝土连续梁和悬臂梁受剪承载力试验表明，低周反复荷载作用使梁的斜截面受剪承载力降低，其主要原因是起控制作用的梁端下部混凝土剪压区因表层混凝土在上部纵向钢筋屈服后的大变形状态下剥落而导致的剪压区抗剪强度的降低，以及交叉斜裂缝的开展所导致的沿斜裂缝混凝土咬合力及纵向钢筋暗销力的降低。试验表明，在抗震受剪承载力中，箍筋项承载力降低不明显。为此，仍以截面总受剪承载力试验值的下包线作为计算公式的取值标准，将混凝土项取为非抗震情况下的60%，箍筋项则不予折减。同时，对各抗震等级均近似取用相同的抗震受剪承载力计算公式，这在抗震设防烈度偏低时略偏安全。

11.3.5 为了保证框架梁对框架节点的约束作用，以及减小框架梁塑性铰区段在反复受力下侧屈的风险，

框架梁的截面宽度和梁的宽高比不宜过小。

考虑到净跨与梁高的比值小于4的梁，作用剪力与作用弯矩的比值偏高，适应较大塑性变形的能力较差，因此，对框架梁的跨高比作了限制。

11.3.6 本规范在非抗震和抗震框架梁纵向受拉钢筋最小配筋率的取值上统一取用双控方案，即一方面规定具体数值，另一方面使用与混凝土抗拉强度设计值和钢筋抗拉强度设计值相关的特征值参数进行控制。本条规定的数值是在非抗震受弯构件规定数值的基础上，参考国外经验制定的，并按纵向受拉钢筋在梁中的不同位置和不同抗震等级分别给出了最小配筋率的相应控制值。这些取值高于非抗震受弯构件的取值。

本条还给出了梁端箍筋加密区内底部纵向钢筋和顶部纵向钢筋的面积比最小取值。通过这一规定对底部纵向钢筋的最低用量进行控制，一方面是考虑到地震作用的随机性，在按计算梁端不出现正弯矩或出现较小正弯矩的情况下，有可能在较强地震下出现偏大的正弯矩。故需在底部正弯矩受拉钢筋用量上给以一定储备，以免下部钢筋的过早屈服甚至拉断。另一方面，提高梁端底部纵向钢筋的数量，也有助于改善梁端塑性铰区在负弯矩作用下的延性性能。本条梁底部钢筋限值的规定是根据我国的试验结果及设计经验并参考国外规范确定的。

框架梁的抗震设计除应满足计算要求外，梁端塑性铰区箍筋的构造要求极其重要，它是保证该塑性铰区延性能力的基本构造措施。本规范对梁端箍筋加密区长度、箍筋最大间距和箍筋最小直径的要求作了规定，其目的是从构造上对框架梁塑性铰区的受压混凝土提供约束，并约束纵向受压钢筋，防止它在保护层混凝土剥落后过早压屈，及其后受压区混凝土的随即压溃。

本次修订将梁端纵筋最大配筋率限制不再作为强制性规定，相关规定移至本规范第11.3.7条。

11.3.7~11.3.9 沿梁全长配置一定数量的通长钢筋，是考虑到框架梁在地震作用过程中反弯点位置可能出现的移动。这里"通长"的含义是保证梁各个部位都配置有这部分钢筋，并不意味着不允许这部分钢筋在适当部位设置接头。

此次修订时考虑到梁端箍筋过密，难于施工，对梁箍筋加密区长度内的箍筋肢距规定作了适当放松，且考虑了箍筋直径与肢距的合理搭配，此次修订维持02版规范的规定不变。

沿梁全长箍筋的配筋率 ρ_{sv} 是在非抗震设计要求的基础上适当增大后给出的。

11.4 框架柱及框支柱

11.4.1 由于框架柱中存在轴压力，即使在采取必要的抗震构造措施后，其延性能力通常仍比框架梁偏小；加之框架柱是结构中的重要竖向承重构件，对防

止结构在罕遇地震下的整体或局部倒塌起关键作用，故在抗震设计中通常均需采取"强柱弱梁"措施，即人为增大柱截面的抗弯能力，以减小柱端形成塑性铰的可能性。

在总结 2008 年汶川地震震害经验的基础上，认为有必要对 02 版规范的柱抗弯能力增强措施作相应加强。具体做法是：对 9 度设防烈度的一级抗震等级框架和 9 度以外一级抗震等级的框架结构，要求仅按左、右梁端实际配筋（考虑梁截面受压钢筋及有效板宽范围内与梁平行的板内配筋）和材料强度标准值求得的梁端抗弯能力及相应的增强系数增大柱端弯矩；对于二、三、四级抗震等级的框架结构以及一、二、三、四级抗震等级的其他框架均分别提高了从左、右梁端考虑地震作用的组合弯矩设计值计算柱端弯矩时的增强系数。其中有必要强调的是，在按实际配筋确定梁端抗弯能力时，有效板宽范围与本规范第 11.3.2 条处相同，建议取用每侧 6 倍板厚。

11.4.2 为了减小框架结构底层柱下端截面和框支柱顶层柱上端和底层柱下端截面出现塑性铰的可能性，对此部位柱的弯矩设计值采用直接乘以增强系数的方法，以增大其正截面受弯承载力。本次修订对这些部位使用的增强系数作了与第 11.4.1 条处相呼应的调整。

11.4.3 对于框架柱同样需要通过设计措施防止其在达到罕遇地震对应的变形状态之前早出现非延性的剪切破坏。为此，一方面应使其抗震受剪承载能力计算公式具有保持抗剪能力达到该变形状态的能力；另一方面应通过对柱截面作用剪力的增强措施考虑柱端截面纵向钢筋数量偏多以及强度偏高有可能带来的作用剪力增大效应。这后一方面的因素也就是柱的"强剪弱弯"措施所要考虑的因素。

本次修订根据与"强柱弱梁"措施处相同的理由，相应适度增大了框架结构柱剪力的增大系数。

在按柱端实际配筋计算柱增强后的作用剪力时，对称配筋矩形截面大偏心受压柱按柱端实际配筋考虑承载力抗震调整系数的正截面受弯承载力 M_{cua}，可按下列公式计算：

由 $\sum x = 0$ 的条件，得出

$$N = \frac{1}{\gamma_{RE}} \alpha_1 f_c b x$$

由 $\sum M = 0$ 的条件，得出

$$Ne = N[\eta e_i + 0.5(h_0 - a'_s)]$$
$$= \frac{1}{\gamma_{RE}} [\alpha_1 f_{ck} b x (h_0 - 0.5x) + f_{yk} A'_s (h_0 - a'_s)]$$

用以上二式消去 x，并取 $h = h_0 + a_s$，$a_s = a'_s$，可得

$$M_{cua} = \frac{1}{\gamma_{RE}} \left[0.5 \gamma_{RE} Nh \left(1 - \frac{\gamma_{RE} N}{\alpha_1 f_{ck} bh}\right) + f'_{yk} A'_s (h_0 - a'_s) \right]$$

式中：N ——重力荷载代表值产生的柱轴向压力设

计值；

f_{ck} ——混凝土轴心受压强度标准值；

f'_{yk} ——普通受压钢筋强度标准值；

A'_s ——普通受压钢筋实配截面面积。

对其他配筋形式或截面形状的框架柱，其 M_{cua} 值可仿照上述方法确定。

11.4.4 对一、二级抗震等级的框支柱，规定由地震作用引起的附加轴力应乘以增大系数，以使框支柱的轴向承载能力适应因地震作用而可能出现的较大轴力作用情况。

11.4.5 对一、二、三、四级抗震等级的框架角柱，考虑到以往震害中角柱震害相对较重，且受扭转、双向剪切等不利作用，其受力复杂，当其内力计算按两个主轴方向分别考虑地震作用时，其弯矩、剪力设计值应取经调整后的弯矩、剪力设计值再乘以不小于 1.1 的增大系数。

11.4.6 本条规定了框架柱、框支柱的受剪承载力上限值，也就是按受剪要求提出的截面尺寸限制条件，它是在非抗震限制条件基础上考虑反复荷载影响后给出的。

11.4.7 抗震钢筋混凝土框架柱的受剪承载力计算公式需保证柱在框架达到其罕遇地震变形状态时仍不致发生剪切破坏，从而防止在以往多次地震中发现的柱剪切破坏。具体方法仍是将非抗震受剪承载力计算公式中的混凝土项乘以 0.6，箍筋项则保持不变。该公式经试验验证能够达到使柱在强震非弹性变形过程中不形成过早剪切破坏的控制目标。

11.4.8 本条给出了偏心受拉抗震框架柱和框支柱的受剪承载力计算公式。该公式是在非抗震偏心受拉构件受剪承载力计算公式的基础上，通过对混凝土项乘以 0.6 后得出的。由于轴向拉力对抗剪能力起不利作用，故对公式中的轴向拉力项不作折减。

11.4.9、11.4.10 这两条是本次修订新增条文，是在非抗震偏心受压构件双向受剪承载力限制条件和计算公式的基础上，考虑反复荷载影响后得出的。

根据国内在低周反复荷载作用下双向受剪钢筋混凝土柱的试验结果，对双向受剪承载力计算公式仍采用在非抗震公式的基础上只对混凝土项进行折减，箍筋项则不予折减的做法。这意味着与非抗震情况下的方法相同，考虑到计算方法的简洁，对于两向相关的影响，在双向受剪承载力计算公式中仍采用椭圆模式表达。

11.4.11 2008 年汶川地震震害经验表明，当柱截面选用过小但仍符合 02 版规范要求时，即使按要求完成了抗震设计，由于多种偶然因素影响，结构中的框架柱仍有可能震害偏重。为此，对 02 版规范中框架柱截面尺寸的限制条件从偏安全的角度作了适当调整。

11.4.12 框架柱纵向钢筋最小配筋率是抗震设计中

的一项较重要的构造措施。其主要作用是：考虑到实际地震作用在大小及作用方式上的随机性，经计算确定的配筋数量仍可能在结构中造成某些估计不到的薄弱构件或薄弱截面；通过纵向钢筋最小配筋率规定可以对这些薄弱部位进行补救，以提高结构整体地震反应能力的可靠性；此外，与非抗震情况相同，纵向钢筋最小配筋率同样可以保证柱截面开裂后抗弯刚度不致削弱过多；另外，最小配筋率还可以使设防烈度不高地区一部分框架柱的抗弯能力在"强柱弱梁"措施基础上有进一步提高，这也相当于对"强柱弱梁"措施的某种补救。考虑到推广应用高强钢筋以及适当提高安全度的需要，表 11.4.12-1 中的纵向钢筋最小配筋率值与 02 版规范相比有所提高，但采用 335MPa 级钢筋仍保留了 02 版规范的控制水平未变。

本次修订根据工程经验对柱箍筋间距的规定作了局部调整，以利于保证混凝土的施工质量。

11.4.13 当框架柱在地震作用组合下处于小偏心受拉状态时，柱的纵筋总截面面积应比计算值增加 25%，是为了避免柱的受拉纵筋屈服后再受压时，由于包兴格效应导致纵筋压屈。

为了避免纵筋配置过多，施工不便，对框架柱的全部纵向受力钢筋配筋率作了限制。

柱净高与截面高度的比值为 3～4 的短柱试验表明，此类框架柱易发生粘结型剪切破坏和对角斜拉型剪切破坏。为减少这种破坏，这类柱纵向钢筋配筋率不宜过大。为此，对一级抗震等级且剪跨比不大于 2 的框架柱，规定每侧纵向受拉钢筋配筋率不宜大于 1.2%，并应沿柱全长采用复合箍筋。对其他抗震等级虽未作此规定，但也宜适当控制。

11.4.14、11.4.15 框架柱端箍筋加密区长度的规定是根据试验结果及震害经验作出的。该长度相当于柱端潜在塑性铰区的范围再加一定的安全余量。对箍筋肢距作出的限制是为了保证塑性铰区内箍筋对混凝土和受压纵筋的有效约束。

11.4.16 试验研究表明，受压构件的位移延性随轴压比增加而减小，因此对设计轴压比上限进行控制就成为保证框架柱和框支柱具有必要延性的重要措施之一。为满足不同结构类型框架柱、框支柱在地震作用组合下的位移延性要求，本条规定了不同结构体系中框架柱设计轴压比的上限值。此次修订对设计轴压比上限值的规定作了以下调整：

    1 将设计轴压比上限值的规定扩展到四级抗震等级；

    2 根据 2008 年汶川地震的震害经验，适度加严了框架结构的设计轴压比限值；

    3 框架-剪力墙结构和筒体结构主要依靠剪力墙和内筒承受水平地震作用，其中框架部分，特别是中、下层框架，受水平地震作用的影响相对较轻。本次修订在保持 02 版规范对其设计轴压比给出比框架

结构柱偏松的控制条件的同时，对其中个别取值作了调整。

近年来，国内外试验研究结果表明，采用螺旋箍筋、连续复合矩形螺旋箍筋等配筋方式，能在一般复合箍筋的基础上进一步提高对核心混凝土的约束效应，改善柱的位移延性性能，故规定当配置复合箍筋、螺旋箍筋或连续复合矩形螺旋箍筋，且配箍量达到一定程度时，允许适当放宽柱设计轴压比的上限控制条件。同时，国内研究表明，在钢筋混凝土柱中设置矩形核芯柱不仅能提高柱的受压承载力，也可提高柱的位移延性，且有利于在大变形情况下防止倒塌，类似于型钢混凝土结构中型钢的作用。因此，在设置矩形核芯柱，且核芯柱的纵向钢筋配置数量达到一定要求的情况下，也适当放宽了设计轴压比的上限控制条件。在放宽轴压比上限控制条件后，箍筋加密区的最小体积配筋率应按放松后的设计轴压比确定。

11.4.17 在柱端箍筋加密区内配置一定数量的箍筋（用体积配箍率衡量）是使柱具有必要的延性和塑性耗能能力的另一项重要措施。因抗震等级越高，抗震性能要求相应提高；加之轴压比越高，混凝土强度越高，也需要更高的配箍率，方能达到相同的延性；而箍筋强度越高，配箍率则可相应降低。为此，先根据抗震等级及轴压比给出所需的柱端配箍特征值，再经配箍特征值及混凝土与钢筋的强度设计值算得所需的体积配箍率。02 版规范给出的配箍特征值是根据日本及我国完成的钢筋混凝土柱抗震延性性能系列试验按位移延性系数不低于 3.0 的标准给出的。

虽然 2008 年汶川地震中柱端破坏情况多有发现，但规范修订组经研究，拟主要通过适度的柱抗弯能力增强措施（"强柱弱梁"措施）和适度降低框架结构柱轴压比上限条件来进一步改善框架结构柱的抗震性能。对 02 版规范柱端体积配箍率的规定则不作变动。

需要说明的是，因《建筑抗震设计规范》GB 50011 规定，对 6 度设防烈度的一般建筑可不进行考虑地震作用的结构分析和截面抗震验算，在按第 11.4.16 条及本条确定其轴压比时，轴压力可取为无地震作用组合的轴力设计值，对于 6 度设防烈度，建造于Ⅳ类场地上较高的高层建筑，因需进行考虑地震作用的结构分析，故应采用考虑地震作用组合的轴向力设计值。

另外，当计算箍筋的体积配箍率时，各强度等级箍筋应分别采用其强度设计值，根据本规范第 4.2.3 条的表述，其抗拉强度设计值不受 360MPa 的限制。

11.4.18 本条规定了考虑地震作用框架柱箍筋非加密区的箍筋配置要求。

11.5 铰接排架柱

11.5.1、11.5.2 国内地震震害调查表明，单层厂房

屋架或屋面梁与柱连接的柱顶和高低跨厂房交接处支承低跨屋盖的柱牛腿损坏较多,阶形柱上柱的震害往往发生在上下柱变截面处(上柱根部)和与吊车梁上翼缘连接的部位。为了避免排架柱在上述区段内产生剪切破坏并使排架柱在形成塑性铰后有足够的延性,这些区段内的箍筋应加密。按此构造配箍后,铰接排架柱在一般情况下可不进行受剪承载力计算。

根据排架结构的受力特点,对排架结构柱不需要考虑"强柱弱梁"措施和"强剪弱弯"措施。在设有工作平台等特殊情况下,斜截面受剪承载力可能对剪跨比较小的铰接排架柱起控制作用。此时,可按本规范公式(11.4.7)进行抗震受剪承载力计算。

11.5.3 震害调查表明,排架柱柱头损坏最多的是侧向变形受到限制的柱,如靠近生活间或披屋的柱,或有横隔墙的柱。这种情况改变了柱的侧移刚度,使柱头处于短柱的受力状态。由于该柱的侧移刚度大于相邻各柱,当受水平地震作用的屋盖发生整体侧移时,该柱实际上承受了比相邻各柱大得多的水平剪力,使柱顶产生剪切破坏。对屋架与柱顶连接节点进行的抗震性能的试验结果表明,不同的柱顶连接形式仅对节点的延性产生影响,不影响柱头本身的受剪承载力;柱顶预埋钢板的大小和其在柱顶的位置对柱头的水平承载力有一定影响。当预埋钢板长度与柱截面高度相等时,水平受承载力大约是柱顶预埋钢板长度为柱截面高度一半时的1.65倍。故在条文中规定了柱顶预埋钢板长度和直锚筋的要求。试验结果还表明,沿水平剪力方向的轴向力偏心距对受剪承载力亦有影响,要求不得大于 $h/4$。当 $h/6 \leqslant e_0 \leqslant h/4$ 时,一般要求柱头配置四肢箍,并按不同的抗震等级,规定不同的体积配箍率,以此来满足受剪承载力要求。

11.5.4 不等高厂房支承低跨屋盖的柱牛腿(柱肩梁)亦是震害较重的部位之一,最常见的是支承低跨的牛腿(肩梁)被拉裂。试验结果与工程实践均证明,为了改善牛腿和肩梁抵抗水平地震作用的能力,可在其顶面钢垫板下设水平锚筋,直接承受并传递水平力。承受竖向力所需的纵向受拉钢筋和承受水平拉力的水平锚筋的截面面积,仍按公式(9.3.11)计算。其锚固长度及锚固构造仍按本规范第9.3节的规定取用,但其中应以受拉钢筋的抗震锚固长度 l_{aE} 代替 l_a。

11.5.5 为加强柱牛腿预埋板的锚固,要把相当于承受水平拉力的纵向钢筋与预埋板焊连。

11.6 框架梁柱节点

11.6.1、11.6.2 02版规范规定对三、四级抗震等级的框架节点可不进行受剪承载力验算,仅需满足抗震构造措施的要求。根据近几年进行的框架结构的非线性动力反应分析结果以及对框架结构的震害调查表明,对于三级抗震等级的框架节点,仅满足抗震构造

措施的要求略显不足。因此,本次修订增加了对三级抗震等级框架节点受剪承载力的验算要求,同时要求满足相应抗震构造措施。

对节点剪力增大系数作了部分调整,即将二级抗震等级的1.2调整为1.25,三级抗震等级节点需要进行抗震受剪承载力计算后,增大系数取为1.1。

11.6.3~11.6.6 节点截面的限制条件相当于其抗震受剪承载力的上限。这意味着当考虑了增大系数后的节点作用剪力超过其截面限制条件时,再增大箍筋已无法进一步有效提高节点的受剪承载力。

框架节点的受剪承载力由混凝土斜压杆和水平箍筋两部分受剪承载力组成,其中水平箍筋是通过其对节点区混凝土斜压杆的约束效应来增强节点受剪承载力的。

依据试验结果,节点核心区内混凝土斜压杆截面面积虽然可随柱端轴力的增加而稍有增加,使得在作用剪力较小时,柱轴压力的增大对防止节点的开裂和提高节点的抗震受剪承载力起一定的有利作用;但当节点作用剪力较大时,因核心区内混凝土斜向压应力已经较高,轴压力的增大反而会使节点更早发生混凝土斜压型切切破坏,从而削弱节点的抗震受剪承载力。02版规范考虑这一因素后已在9度设防烈度节点受剪承载力计算公式中取消了轴压力的有利影响。但为了不致使节点中箍筋用量增加过多,在除9度设防烈度以外的其他节点受剪承载力计算公式中,保留了轴力项的有利影响。这一做法与试验结果不符,只是一种权宜性的做法。

试验证明,当节点在两个正交方向有梁且在周边有现浇板时,梁和现浇板增加了对节点区混凝土的约束,从而可以在一定程度上提高节点的受剪承载力。但若两个方向的梁截面较小,或不是沿四周均有现浇板,则其约束作用就不明显。因此,规定在两个正交方向有梁,梁的宽度、高度都能满足一定要求,且有现浇板时,才可考虑梁与现浇板对节点的约束系数。对于梁截面较小或只沿一个方向有梁的中节点,或周边未被现浇板充分围绕的中节点,以及边节点、角节点等情况均不考虑梁对节点约束的有利影响。

根据国内试验结果,参考圆柱斜截面受剪承载力计算公式的建立模型,对圆柱截面框架节点提出了受剪承载力计算方法。

11.6.7 在本条规定中,对各类有抗震要求节点的构造措施作了以下调整:

1 对贯穿中间层中间节点梁筋直径与长度比值(相对直径)的限制条件,02规范主要是根据梁、柱配置335MPa级纵向钢筋的节点试验结果并参考国外规范的相关规定以免给设计中选用梁筋直径造成过大限制的偏松角度制定的。为方便应用,原规定没有体现钢筋强度及混凝土强度对梁筋粘结性能的影响,仅限制了贯穿节点梁筋的相对直径。当梁柱纵筋采用

400MPa 级和 500MPa 级钢筋后，反复荷载作用下的节点试验表明，梁筋的粘结退化将明显提前、加重。为保证高烈度区罕遇地震作用下使用高强钢筋的节点中梁筋粘结性能不致过度退化，本次修订将 9 度设防烈度的各类框架和一级抗震等级框架结构中的梁柱节点中梁筋相对直径的限制条件作了略偏严格的调整。

2　近几年进行的框架结构非线性动力反应分析表明，顶层节点的延性需求通常比中间层节点偏小。框架震害结果也显示出顶层的震害一般比其他楼层的震害偏轻。为便于施工，在本次修订中，取消了原规范第 11.6.7 条第 2 款图 11.6.7e 中顶层端节点梁柱负弯矩钢筋在节点外侧搭接时柱筋在节点顶部向内水平弯折 12d 的要求，改为梁柱负弯矩钢筋在节点外侧直线搭接。

11.6.8　本条对节点核心区的箍筋最大间距和最小直径作了规定。本次修订增加了对节点箍筋肢距的规定。同时，通过箍筋最小配箍特征值及最小体积配箍率以双控方式控制节点中的最低箍筋用量，以保证箍筋对核心区混凝土的最低约束作用和节点的基本抗震受剪承载力。

11.7　剪力墙及连梁

11.7.1　根据研究成果和地震震害经验，本条规定一级抗震等级剪力墙底部加强部位高度范围内各墙肢截面的弯矩设计值不再取用墙肢底部截面的组合弯矩设计值。由于从剪力墙底部截面向上的纵向受拉钢筋中高应力区向整个塑性铰区高度的扩展，也导致塑性铰区以上墙肢各截面的作用弯矩相应有所增大，故本条规定对底部加强部位以上墙肢各截面的组合弯矩设计值乘以 1.2 的增大系数。弯矩调整增大后，剪力设计值应相应提高。

11.7.2　对于剪力墙肢底部截面同样需要考虑"强剪弱弯"的要求，即对其作用剪力设计值通过增强系数予以增大。对于 9 度设防烈度的剪力墙肢要求按底部截面纵向钢筋实际配置情况确定作用剪力的增大幅度，具体做法是用底部截面的"实配弯矩" M_{wua} 与该截面的组合弯矩设计值的比值与一个增强系数的乘积来增大作用剪力设计值。其中 M_{wua} 按材料强度的标准值及底部截面纵向钢筋实际布置的位置和数量计算。

11.7.3　国内外剪力墙的受剪承载力试验结果表明，剪跨比 λ 大于 2.5 时，大部分墙的受剪承载力上限接近于 $0.25f_cbh_0$；在反复荷载作用下，其受剪承载力上限下降约 20%。据此给出了抗震剪力墙肢的受剪承载力上限值。

11.7.4　剪力墙的反复和单调加载受剪承载力对比试验表明，反复加载时的受剪承载力比单调加载时降低约 15%～20%。因此，将非抗震受剪承载力计算公式中各个组成项乘以降低系数 0.8，作为抗震偏心

受压剪力墙肢的斜截面受剪承载力计算公式。鉴于对高轴压力作用下的受剪承载力尚缺乏试验研究，公式中对轴压力的有利作用给予了必要的限制，即不超过 $0.2f_cbh$。

11.7.5　对偏心受拉剪力墙的受剪承载力未做过试验研究。本条根据其受力特征，参照一般偏心受拉构件的受剪性能规律及偏心受压剪力墙的受剪承载力计算公式，给出了偏心受拉剪力墙的受剪承载力计算公式。

11.7.6　水平施工缝处的竖向钢筋配置数量需满足受剪要求。根据剪力墙水平缝剪摩擦理论以及对剪力墙施工缝滑移问题的试验研究，并参照国外有关规范的规定提出本条的要求。

11.7.7　剪力墙及筒体的洞口连梁因跨度通常不大，竖向荷载相对偏小，主要承受水平地震作用产生的弯矩和剪力。其中，弯矩作用的反弯点位于跨中，各截面所受的剪力基本相等。在地震反复作用下，连梁通常采用上、下纵向钢筋用量基本相等的配筋方式，在受弯承载力极限状态下，梁截面的受压区高度很小，如忽略截面中纵向构造钢筋的作用，正截面受弯承载力计算时截面的内力臂可近似取为截面有效高度 h_0 与 a'_s 的差值。在设置有斜筋的连梁中，受弯承载力中应考虑穿过连梁端截面顶部和底部的斜向钢筋在梁端截面中的水平分量的抗弯作用。

11.7.8　为了实现强剪弱弯，使连梁具有一定的延性，对于普通配筋连梁给出了连梁剪力设计值的增大系数。对于配置斜筋的连梁，由于斜筋的水平分量会提高梁的抗弯能力，而竖向分量会提高梁的抗剪能力，因此对配置斜筋的连梁，不能通过增加斜筋数量单纯提高梁的抗剪能力，形成强剪弱弯。考虑到满足本规范第 11.7.10 条规定的连梁已具有必要的延性，故对这几种配置斜筋连梁的剪力增大系数，可取为 1.0。

11.7.9～11.7.11　02 版规范缺少对跨高比小于 2.5 的剪力墙连梁抗震受剪承载力设计的具体规定。目前在进行小跨高比剪力墙连梁的抗震设计中，为防止连梁过早发生剪切破坏，通常在进行结构内力分析时，采用较大幅度地折减连梁的刚度以降低连梁的作用剪力。近年来对混凝土剪力墙结构的非线性动力反应分析以及对小跨高比连梁的抗震受剪性能试验表明，较大幅度人为折减连梁刚度的做法将导致地震作用下连梁过早屈服，延性需求增大，并且仍不能避免发生延性不足的剪切破坏。国内外进行的连梁抗震受剪性能试验表明，通过改变小跨高比连梁的配筋方式，可在不降低或有限降低连梁相对作用剪力（即不折减或有限折减连梁刚度）的条件下提高连梁的延性，使该类连梁发生剪切破坏时，其延性能力能够达到地震作用时剪力墙对连梁的延性需求。在对试验结果及相关成果进行分析研究的基础上，本次规范修订补充了跨高

比小于 2.5 的连梁的抗震受剪设计规定。

跨高比小于 2.5 时的连梁抗震受剪试验结果表明，采取不同的配筋方式，连梁达到所需延性时能承受的最大剪压比是不同的。本次修订增加了跨高比小于 2.5 适用于两个剪压比水平的 3 种不同配筋形式连梁各自的配筋计算公式和构造措施。其中配置普通箍筋连梁的设计规定是参考我国现行行业标准《高层建筑混凝土结构技术规程》JGJ 3 的相关规定和国内外的试验结果得出的；交叉斜筋配筋连梁的设计规定是根据近年来国内外试验结果及分析得出的；集中对角斜筋配筋连梁和对角暗撑配筋连梁是参考美国 ACI 318-08 规范的相关规定和国内外进行的试验结果给出的。国内外各种配筋形式连梁的试验结果表明，发生破坏时连梁位移延性指标，能够达到非线性地震反应分析时结构对连梁的延性需求，设计时可根据连梁的适应条件以及连梁宽度等要求选择相应的配筋形式和设计方法。

11.7.12 为保证剪力墙的承载力和侧向（平面外）稳定要求，给出了各种结构体系剪力墙肢截面厚度的规定。与 02 版规范相比，本次修订根据近年来的工程经验对各类结构中剪力墙的最小厚度规定作了进一步的细化和局部调整。

因端部无端柱或翼墙的剪力墙与端部有端柱或翼墙的剪力墙相比，其正截面受力性能、变形能力以及端部侧向稳定性能均有一定降低。试验表明，极限位移将减小一半左右，耗能能力将降低 20% 左右。故适当加大了一、二级抗震等级墙端无端柱或翼墙的剪力墙的最小墙厚。

本次修订，对剪力墙最小厚度除具体尺寸要求外，还给出了用层高或无支长度的分数表示的厚度要求。其中，无支长度是指墙肢沿水平方向上无支撑约束的最大长度。

11.7.13 为了提高剪力墙侧向稳定和受弯承载力，规定了剪力墙厚度大于 140mm 时，应配置双排或多排钢筋。

11.7.14 根据试验研究和设计经验，并参考国外有关规范的规定，按不同的结构体系和不同的抗震等级规定了水平和竖向分布钢筋的最小配筋率的限值。

美国 ACI 318 规定，当抗震结构墙的设计剪力小于 $A_{cv}\sqrt{f_c'}$（A_{cv} 为腹板截面面积，f_c' 为混凝土的规定抗压强度，该设计剪力对应的剪压比小于 0.02）时，腹板的竖向分布钢筋允许降到同非抗震的要求。因此，本次修订，四级抗震墙的剪压比低于上述数值时，竖向分布筋允许按不小于 0.15% 控制。

11.7.15 给出了剪力墙分布钢筋最大间距、最大直径和最小直径的规定。

11.7.16~11.7.19 剪力墙肢和筒壁墙肢的底部在罕遇地震作用下有可能进入屈服后变形状态。该部位也是防止剪力墙结构、框架-剪力墙结构和筒体结构

在罕遇地震作用下发生倒塌的关键部位。为了保证该部位的抗震延性能力和塑性耗能能力，通常采用的抗震构造措施包括：（1）对一、二、三级抗震等级的剪力墙肢和筒壁墙肢的轴压比进行限制；（2）对一、二、三级抗震等级的剪力墙肢和筒壁墙肢，当底部轴压比超过一定限值后，在墙肢或筒壁墙肢两侧设置约束边缘构件，同时对约束边缘构件中纵向钢筋的最低配置数量以及约束边缘构件范围内箍筋的最低配置数量作出限制。

设计中应注意，表 11.7.16 中的轴压比限值是一、二、三级抗震等级的剪力墙肢和筒壁墙肢应满足的基本要求。而表 11.7.17 中的"最大轴压比"则是在剪力墙肢和筒壁墙肢底部设置约束边缘构件的必要条件。

对剪力墙肢和筒壁墙肢底部约束边缘构件中纵向钢筋最低数量作出规定，除了为了保证剪力墙肢和筒壁墙肢底部所需的延性和塑性耗能能力之外，也是为了对剪力墙肢和筒壁墙肢底部的抗弯能力作必要的加强，以便在联肢剪力墙和联肢筒壁墙肢中使塑性铰首先在各层洞口连梁中形成，而使剪力墙肢和筒壁墙肢底部的塑性铰推迟形成。

本次修订提高了三级抗震等级剪力墙的设计要求。

11.8 预应力混凝土结构构件

11.8.1 多年来的抗震性能研究以及震害调查证明，预应力混凝土结构只要设计得当，重视概念设计，采用预应力筋和普通钢筋混合配筋的方式、设计为在活荷载作用下允许出现裂缝的部分预应力混凝土，采取保证延性的措施，构造合理，仍可获得较好的抗震性能。考虑到 9 度设防烈度地区地震反应强烈，对预应力混凝土结构的使用应慎重对待。故当 9 度设防烈度地区需要采用预应力混凝土结构时，应专门进行试验或分析研究，采取保证结构具有必要延性的有效措施。

11.8.3 研究表明，预应力混凝土框架结构在弹性阶段阻尼比约为 0.03，当出现裂缝后，在弹塑性阶段可取与钢筋混凝土相同的阻尼比 0.05；在框架-剪力墙、框架-核心筒或板柱-剪力墙结构中，对仅采用预应力混凝土梁或平板的情况，其阻尼比仍应取 0.05 进行抗震设计。

预应力混凝土结构构件的地震作用效应和其他荷载效应的基本组合主要按照现行国家标准《建筑抗震设计规范》GB 50011 的有关规定确定，并加入了预应力作用效应项，预应力作用分项系数是参考国内外有关规范作出规定的。

由于预应力对节点的侧向约束作用，使节点混凝土处于双向受压状态，不仅可以提高节点的开裂荷载，也可提高节点的受剪承载力。国内试验资料表

明，在考虑反复荷载使有效预应力降低后，可取预应力作用的承剪力 $V_p = 0.4N_{pe}$，式中 N_{pe} 为作用在节点核心区预应力筋的总有效预加力。

11.8.4 框架梁是框架结构的主要承重构件之一，应保证其必要的承载力和延性。

试验研究表明，为保证预应力混凝土框架梁的延性要求，应对梁的混凝土截面相对受压区高度作一定的限制。当允许配置受压钢筋平衡部分纵向受拉钢筋以减小混凝土受压区高度时，考虑到截面受拉区配筋过多会引起梁端截面中较大的剪力，以及钢筋拥挤不方便施工的原因，故对纵向受拉钢筋的配筋率作出不宜大于 2.5% 的限制。

采用有粘结预应力筋和普通钢筋混合配筋的部分预应力混凝土是提高结构抗震耗能能力的有效途径之一。但预应力筋的拉力与预应力筋及普通钢筋拉力之和的比值要结合工程具体条件，全面考虑使用阶段和抗震性能两方面要求。从使用阶段看，该比值大一些好；从抗震角度，其值不宜过大。为使梁的抗震性能与使用性能较为协调，按工程经验和试验研究该比值不宜大于 0.75。本规范公式（11.8.4）对普通钢筋数量的要求，是按该限值并考虑预应力筋及普通钢筋重心离截面受压区边缘纤维距离 h_p、h_s 的影响得出的。本条要求是在相对受压区高度、配箍率、钢筋面积 A_s、A'_s 等得到满足的情况下得出的。

梁端箍筋加密区内，底部纵向普通钢筋和顶部纵向受力钢筋的截面面积应符合一定的比例，其理由及规定同钢筋混凝土框架。

考虑地震作用组合的预应力混凝土框架柱，可等效为承受预应力作用的非预应力偏心受压构件，在计算中将预应力作用按总有效预加力表示，并乘以预应力分项系数 1.2，故预应力作用引起的轴压力设计值为 $1.2N_{pe}$。

对于承受较大弯矩而轴向压力较小的框架顶层边柱，可以按预应力混凝土梁设计，采用非对称配筋的预应力混凝土柱，弯矩较大截面的受拉一侧采用预应力筋和普通钢筋混合配筋，另一侧仅配普通钢筋，并应符合一定的配筋构造要求。

11.9 板柱节点

11.9.2 关于柱帽可否在地震区应用，国外有试验及分析研究认为，若抵抗竖向冲切荷载设计的柱帽较小，在地震荷载作用下，较大的不平衡弯矩将在柱帽附近产生反向的冲切裂缝。因此，按竖向冲切荷载设计的小柱帽或平托板不宜在地震区采用。按柱纵向钢筋直径 16 倍控制板厚是为了保证板柱节点的抗弯刚度。本规范给出了平托板或柱帽按抗震设计的边长及板厚要求。

11.9.3、11.9.4 根据分析研究及工程实践经验，对一级、二级和三级抗震等级板柱节点，分别给出由地

震作用组合所产生不平衡弯矩的增大系数，以及板柱节点配置抗冲切钢筋，如箍筋、抗剪栓钉等受冲切承载力计算方法。对板柱-剪力墙结构，除在板柱节点处的板中配置抗冲切钢筋外，也可采用增加板厚、增加结构侧向刚度来减小层间位移角等措施，以避免板柱节点发生冲切破坏。

11.9.5、11.9.6 强调在板柱的柱上板带中宜设置暗梁，并给出暗梁的配筋构造要求。为了有效地传递不平衡弯矩，板柱节点除满足受冲切承载力要求外，其连接构造亦十分重要，设计中应给予充分重视。

公式（11.9.6）是为了防止在极限状态下楼板塑性变形充分发育时从柱上脱落，要求两个方向贯通柱截面的后张预应力筋及板底普通钢筋受拉承载力之和不小于该层柱承担的楼板重力荷载代表值作用下的柱轴压力设计值。对于边柱和角柱，贯通钢筋在柱截面对边弯折锚固时，在计算中应只取其截面面积的一半。

附录 A 钢筋的公称直径、公称截面面积及理论重量

表 A.0.1 普通钢筋和预应力螺纹钢筋的公称直径是指与其公称截面面积相等的圆的直径。光面钢筋的公称截面面积与承载受力面积相同；而带肋钢筋承载受力的截面面积小于按理论重量计算的截面面积，基圆面积率约为 0.94。而预应力螺纹钢筋的有关数值也不完全对应，故在表中以括号及注另行表达。必要时，尚应考虑基圆面积率的影响。

表 A.0.2 本规范将钢绞线外接圆直径称作公称直径；而公称截面面积即现行国家标准《预应力混凝土用钢绞线》GB/T 5224 中的"参考截面面积"。由于捻绞松紧程度的不同，其值可能有波动，工程应用时如果有必要，可以根据实测确定。

表 A.0.3 钢丝的公称直径、公称截面面积及理论重量之间的关系与普通钢筋相似，但基圆面积率较大，约为 0.97。

附录 B 近似计算偏压构件侧移二阶效应的增大系数法

B.0.1 根据本规范第 5.3.4 条的规定，必要时，也可以采用本附录给出的增大系数法来考虑各类结构中的 P-Δ 效应。根据结构中二阶效应的基本规律，P-Δ 效应只会增大由引起结构侧移的荷载或作用所产生的构件内力，而不增大由不引起结构侧移的荷载（例如较为对称结构上作用的对称竖向荷载）所产生的构件内力。因此，在计算 P-Δ 效应增大后的杆件弯矩时，

公式（B.0.1-1）中的 η_s 应只乘 M_s。

因 P-Δ 效应既增大竖向构件中引起结构侧移的弯矩，同时也增大水平构件中引起结构侧移的弯矩，因此公式（B.0.1-1）同样适用于梁端控制截面的弯矩计算。另外，根据本规范第 11.4.1 条的规定，抗震框架各节点处柱端弯矩之和 $\sum M_c$ 应根据同一节点处的梁端弯矩之和 $\sum M_b$ 进行增大，因此，按公式（B.0.1-1）用 η_s 增大梁端引起结构侧移的弯矩，也能使 P-Δ 效应的影响在 $\sum M_b$ 和增大后的 $\sum M_c$ 中保留下来。

B.0.2 本条对框架结构的 η_s 采用层增大系数法计算，各楼层计算出的 η_s 分别适用于该楼层的所有柱段。该方法直接引自《高层建筑混凝土结构技术规程》JGJ 3—2002。当用 η_s 按公式（B.0.1-1）增大柱端及梁端弯矩时，公式（B.0.2）中的楼层侧向刚度 D 应按第 B.0.5 条给出的构件折减刚度计算。

B.0.3 剪力墙结构、框架-剪力墙结构和筒体结构中的 η_s 用整体增大系数法计算。用该方法算得的 η_s 适用于该结构全部的竖向构件。该方法直接引自《高层建筑混凝土结构技术规程》JGJ 3—2002。当用 η_s 按公式（B.0.1-1）增大柱端、墙肢端部和梁端弯矩时，应采用按第 B.0.5 条给出的构件折减刚度计算公式（B.0.3）中的等效竖向悬臂受弯构件的弯曲刚度 $E_c J_d$。

B.0.4 排架结构，特别是工业厂房排架结构的荷载作用复杂，其二阶效应规律有待详细探讨。到目前为止国内已完成的分析研究工作尚不足以提出更为合理的考虑二阶效应的设计方法，故继续沿用 02 版规范中的 η-l_0 法考虑排架结构的 P-Δ 效应。其中，就工业厂房排架结构而言，除屋盖重力荷载外的其他各项荷载都将使排架产生侧移，同时也为了计算方便，故在该方法中采用将增大系数 η_s 统乘排架柱各截面组合弯矩的近似做法，即取 $M = \eta_s(M_{ns} + M_s) = \eta_s M_0$。另外，在排架结构所用的 η_s 计算公式中考虑到：（1）目前所用钢材的强度水平普遍有所提高；（2）引起排架柱各截面弯矩的各项荷载中，大部分均属短期作用，故不再考虑引起极限曲率增长的长期作用影响系数；故将 02 版规范 η 公式中的 1/1400 改为 1/1500。基于与第 6.2.4 条相同的理由，取消了 02 版规范 η 公式中的系数 ζ_2。

B.0.5 细长钢筋混凝土偏心压杆考虑二阶效应影响的受力状态大致对应于受拉钢筋屈服后不久的非弹性受力状态。因此，在考虑二阶效应的结构分析中，结构内各类构件的受力状态也应与此相呼应。钢筋混凝土结构在这类受力状态下由于受拉区开裂以及其他非弹性性能的发展，从而导致构件截面弯曲刚度降低。由于各类构件沿长度方向各截面所受弯矩的大小不同，非弹性性能的发展特征也各有不同，这导致了构件弯曲刚度的降低规律较为复杂。为了便于工程应

用，通常是通过考虑非弹性性能的结构分析，并参考试验结果，按结构非弹性侧向位移相等的原则，给出按构件类型的统一当量刚度折减系数（弹性刚度中的截面惯性矩仍按不考虑钢筋的混凝土毛截面计算）。本条给出的刚度折减系数是以我国完成的结构及构件非弹性性能模拟分析结果和试验结果为依据的，与国外规范给出的相应数值相近。

附录 C 钢筋、混凝土本构关系与混凝土多轴强度准则

本附录的内容与原规范基本相同，仅在混凝土一维本构关系中引入了损伤概念，并新增了混凝土的二维本构关系以及钢筋-混凝土之间的粘结-滑移本构关系。

本附录用于混凝土结构的弹塑性分析和结构的承载力验算。

C.1 钢筋本构关系

C.1.1 钢筋强度的平均值主要用于弹塑性分析时的本构关系，宜实测确定。本条文给出了基于统计的建议值。在 89 规范和 02 规范，钢筋强度参数采用的都是 20 世纪 80 年代的统计数据，表 1 中为上述钢筋强度的变异系数。2008～2010 年对全国 HRB335、HRB400 和 HRB500 钢筋强度参数进行了统计分析，与 20 世纪 80 年代的统计结果相比，钢筋强度的变异系数略有减小，但考虑新统计数据有限，且缺少 HRBF、RRB 和 HRB-E、HRBF-E 系列钢筋的统计数据，本规范可参考表 1 的数值确定。

表 1 热轧带肋钢筋强度的变异系数 δ_s（%）

强度等级	HPB235	HRB335
δ_s	8.95	7.43

C.1.2 钢筋单调加载的应力-应变本构关系曲线采用由双折线段或三折线段组成，在没有实验数据时，可根据本规范第 4.2.4 条取 $\varepsilon_u = \varepsilon_{gt}$。

C.1.3 新增了钢筋在反复荷载作用下的本构关系曲线，建议钢筋卸载曲线为直线，并给出了钢筋反向再加载曲线的表达式。

C.2 混凝土本构关系

C.2.1 混凝土强度的平均值主要用于弹塑性分析时的本构关系，宜实测确定。本条给出了基于统计的建议值。在 89 规范和 02 规范中，混凝土强度参数采用的都是 20 世纪 80 年代的统计数据，表 2 中数值为 20 世纪 80 年代以现场搅拌为主的混凝土的变异系数。目前全国普遍采用的都是商品混凝土。2008～2010

年对全国商品混凝土参数进行了统计，结果表明，与 20 世纪 80 年代统计的现场搅拌混凝土相比，目前普遍采用的商品混凝土的变异系数略有减小，但因统计数据有限，本规范可参考表 2 中的数值采用。

表 2　混凝土强度的变异系数 δ_c（%）

强度等级	C15	C20	C25	C30	C35	C40	C45	C50	C60
δ_c	23.3	20.6	18.9	17.2	16.4	15.6	15.6	14.9	14.1

C.2.2　现有混凝土的强度和应力-应变本构关系大都是基于正常环境下的短期试验结果。若结构混凝土的材料种类、环境和受力条件等与标准试验条件相差悬殊，则其强度和本构关系都将发生不同程度的变化。例如，采用轻混凝土或重混凝土、全级配或大骨料的大体积混凝土、龄期变化、高温、截面非均匀受力、荷载长期持续作用、快速加载或冲击荷载作用等情况，均应自行试验测定，或参考有关文献作相应的修正。

C.2.3　混凝土单轴受拉的本构关系，原则上采用 02 版规范附录 C 的基本表达式与建议参数。根据近期相关的研究工作，给出了与之等效的损伤本构关系表述，以便与二维本构关系相协调。

修订后的混凝土单轴受拉应力-应变曲线分作上升段和下降段，二者在峰值点处连续。在原规范基础上引入了混凝土单轴受拉损伤参数。与原规范附录相似，曲线方程中引入形状参数，可适合不同强度等级混凝土的曲线形状变化。

表 C.2.3 中的参数按以下公式计算取值：

$$\varepsilon_{t,r} = f_{t,r}^{0.54} \times 65 \times 10^{-6}$$

$$\alpha_t = 0.312 f_{t,r}^2$$

C.2.4　混凝土单轴受压本构关系，对原规范的上升段进行了修订，下降段在本质上与原规范表达式等价。为与二维本构关系相一致，根据近期相关的研究工作在表述形式上作了调整。

修订后的混凝土单轴受压应力-应变曲线也分为上升段和下降段，二者在峰值点处连续。表 C.2.4 相应的参数计算式如下：

$$\varepsilon_{c,r} = (700 + 172 \sqrt{f_c}) \times 10^{-6}$$

$$\alpha_c = 0.157 f_c^{0.785} - 0.905$$

$$\frac{\varepsilon_{cu}}{\varepsilon_{c,r}} = \frac{1}{2\alpha_c}(1 + 2\alpha_c + \sqrt{1 + 4\alpha_c})$$

钢筋混凝土结构中混凝土常受到横向和纵向应变梯度、箍筋约束作用、纵筋变形等因素的影响，其应力-应变关系与混凝土棱柱体轴心受压试验结果有差别。可根据构件或结构的力学性能试验结果对混凝土的抗压强度代表值（$f_{c,r}$）、峰值压应变（$\varepsilon_{c,r}$）以及曲线形状参数（α_c）作适当修正。

C.2.5　新增了受压混凝土在重复荷载作用下的应力-应变本构曲线，以反映混凝土滞回、刚度退化及强度退化的特性。为简化表述，卸载段应力路径采用直线

表达方式。

C.2.6　根据近期相关的研究工作，给出了混凝土二维本构关系的表达式，以为混凝土非线性有限元分析提供依据。该本构关系包括了卸载本构方程，实现了一维卸载的残余应变与二维卸载残余应变计算的统一。

C.3　钢筋-混凝土粘结滑移本构关系

修订规范新增了钢筋与混凝土的粘结应力-滑移本构关系，为结构大变形时进行更精确的分析提供了界面的粘结-滑移参数。钢筋与混凝土之间的粘结应力-滑移本构关系适用范围与第 C.1 节、第 C.2 节相同。

建议的带肋钢筋与混凝土之间的粘结滑移本构关系是通过大量试验量测，经统计分析后提出的一般形式。影响粘结-滑移本构关系的因素很多，如混凝土的强度、级配，锚固钢筋的直径、强度、变形指标、外形参数，箍筋配置，侧向压力等都会影响粘结-滑移本构关系。因此，在条件许可的情况下，建议通过试验测定表达式中的参数。

C.4　混凝土强度准则

C.4.1　当以应力设计方式采用多轴强度准则进行承载能力极限状态计算时，混凝土强度指标应以相对值形式表达，且可根据需要，对承载力计算取相对的设计值；对防连续倒塌计算取相对的标准值。

C.4.2　混凝土的二轴强度包络图为由 4 条曲线连成的封闭曲线（图 C.4.2），图中每条曲线中应力符号均遵循"受拉为负、受压为正"的原则，根据其对应象限确定。根据相关的研究，给出了混凝土二维强度准则的分区表达式，这些表达式原则上也可以由前述混凝土本构关系给出。

为方便应用，二轴强度还可以根据表 C.4.2-1～表 C.4.2-3 所列的数值内插取值。

C.4.3　混凝土的三轴受拉应力状态在实际结构中极其罕见，试验数据也极少。取 $f_3 = 0.9 f_{c,r}$，约为试验平均值。

混凝土三轴抗压强度（f_1，图 C.4.3-2）的取值显著低于试验值，且略低于一些国外设计规范规定的值。本规范给出了最高强度（$5 f_c$）的限制，用于承载力验算可确保结构安全。混凝土的三轴抗压强度可按照表 C.4.3-2 取值，也可以按照下列公式计算：

$$\frac{-f_1}{f_{c,r}} = 1.2 + 33 \left(\frac{\sigma_1}{\sigma_3}\right)^{1.8}$$

附录 D　素混凝土结构构件设计

本附录的内容与 02 版规范附录 A 相同，对素混

凝土结构构件的计算和构造作出了规定。

附录 E 任意截面、圆形及环形构件正截面承载力计算

E.0.1 本条给出了任意截面任意配筋的构件正截面承载力计算的一般公式。

随着计算机的普遍使用，对任意截面、外力和配筋的构件，正截面承载力的一般计算方法，可按本规范第 6.2.1 条的基本假定，通过数值积分方法进行迭代计算。在计算各单元的应变时，通常应通过混凝土极限压应变为 ε_{cu} 的受压区顶点作一条与中和轴平行的直线；在某些情况下，尚应通过最外排纵向受拉钢筋极限拉应变 0.01 为顶点作一条与中和轴平行的直线，然后再作一条与中和轴垂直的直线，以此直线作为基准线按平截面假定确定各单元的应变及相应的应力。

在建立本条公式时，为使公式的形式简单，坐标原点取在截面重心处；在具体进行计算或编制计算程序时，可根据计算的需要，选择合适的坐标系。

E.0.3、E.0.4 环形及圆形截面偏心受压构件正截面承载力计算。

均匀配筋的环形、圆形截面的偏心受压构件，其正截面承载力计算可采用第 6.2.1 条的基本假定列出平衡方程进行计算，但计算过于繁琐，不便于设计应用。公式（E.0.3-1）～ 公式（E.0.3-6）及公式（E.0.4-1）～公式（E.0.4-4）是将沿截面梯形应力分布的受压及受拉钢筋应力简化为等效矩形应力图，其相对钢筋面积分别为 α 及 α_t，在计算时，不需判断大小偏心情况，简化公式与精确解误差不大。对环形截面，当 α 较小时实际受压区为环内弓形面积，简化公式可能会低估了截面承载力，此时可按圆形截面公式计算。

附录 F 板柱节点计算用等效集中反力设计值

F.0.1 在垂直荷载、水平荷载作用下，板柱结构节点传递不平衡弯矩时，其等效集中反力设计值由两部分组成：

1 由柱所承受的轴向压力设计值减去柱顶冲切破坏锥体范围内板所承受的荷载设计值，即 F_l；

2 由节点受剪传递不平衡弯矩而在临界截面上产生的最大剪应力经折算而得的附加集中反力设计值，即 $\tau_{max} u_m h_0$。

本条的公式（F.0.1-1）、公式（F.0.1-3）、公式（F.0.1-5）就是根据上述方法给出的。

竖向荷载、水平荷载引起临界截面周长重心处的不平衡弯矩，可由柱截面重心处的不平衡弯矩与 F_l 对临界截面周长重心轴取矩之和确定。本条的公式（F.0.1-2）、公式（F.0.1-4）就是按此原则给出的；在应用上述公式中应注意两个弯矩的作用方向，当两者相同时，应取加号，当两者相反时，应取减号。

F.0.2、F.0.3 条文中提供了图 F.0.1 所示的中柱、边柱和角柱处临界截面的几何参数计算公式。这些参数是按行业标准《无粘结预应力混凝土结构技术规程》JGJ 92－93 的规定给出的，其中对类似惯性矩的计算公式中，忽略了 h_0^3 项的影响，即在公式（F.0.2-1）、公式（F.0.2-5）中略去了 $a_1 h_0^3 / 6$ 项；在公式（F.0.2-10）、公式（F.0.2-14）中略去了 $a_1 h_0^3 / 12$ 项，这表示忽略了临界截面上水平剪应力的作用，对通常的板柱结构的板厚而言，这样近似处理是可以的。

F.0.4 当边柱、角柱部位有悬臂板时，在受冲切承载力计算中，可能是按图 F.0.1 所示的临界截面周长，也可能是如中柱的冲切破坏而形成的临界截面周长，应通过计算比较，以取其不利者作为设计计算的依据。

附录 G 深受弯构件

根据分析及试验结果，国内外均将跨高比小于 2 的简支梁及跨高比小于 2.5 的连续梁视为深梁；而跨高比小于 5 的梁统称为深受弯构件（短梁）。其受力性能与一般梁有一定区别，故单列附录加以区别，作出专门的规定。

G.0.1 对于深梁的内力分析，简支深梁与一般梁相同，但连续深梁的内力值及其沿跨度的分布规律与一般连续梁不同。其跨中正弯矩比一般连续梁偏大，支座负弯矩偏小，且随跨高比和跨数而变化。在工程设计中，连续深梁的内力应由二维弹性分析确定，且不宜考虑内力重分布。具体内力值可采用弹性有限元方法或查阅根据二维弹性分析结果制作的连续深梁的内力表格确定。

G.0.2 深受弯构件的正截面受弯承载力计算采用内力臂表达式，该式在 $l_0/h = 5.0$ 时能与一般梁计算公式衔接。试验表明，水平分布筋对受弯承载力的作用约占 10%～30%。故在正截面计算公式中忽略了这部分钢筋的作用。这样处理偏安全。

G.0.3 本条给出了适用于 $l_0/h < 5.0$ 的全部深受弯构件的受剪截面控制条件。该条件在 $l_0/h = 5$ 时与一般受弯构件受剪截面控制条件相衔接。

G.0.4 在深受弯构件受剪承载力计算公式中，竖向钢筋受剪承载力计算项的系数，根据第 6.3.4 条的修

改由 1.25 调整为 1.0。

此外，公式中混凝土项反映了随 l_0/h 的减小，剪切破坏模式由剪压型向斜压型过渡，混凝土项在受剪承载力中所占的比例增大。而竖向分布筋和水平分布筋项则分别反映了从 $l_0/h=5.0$ 时只有竖向分布筋（箍筋）参与受剪，过渡到 l_0/h 较小时只有水平分布筋能发挥有限受剪作用的变化规律。在 $l_0/h=5.0$ 时，该式与一般梁受剪承载力计算公式相衔接。

在主要承受集中荷载的深受弯构件的受剪承载力计算公式中，含有跨高比 l_0/h 和计算剪跨比 λ 两个参数。对于 $l_0/h \leqslant 2.0$ 的深梁，统一取 $\lambda=0.25$；而 $l_0/h \geqslant 5.0$ 的一般受弯构件的剪跨比上、下限值则分别为 3.0、1.5。为了使深梁、短梁、一般梁的受剪承载力计算公式连续过渡，本条给出了深受弯构在 $2.0 < l_0/h < 5.0$ 时 λ 上、下限值的线性过渡规律。

应注意的是，由于深梁中水平及竖向分布钢筋对受剪承载力的作用有限，当深梁受剪承载力不足时，应主要通过调整截面尺寸或提高混凝土强度等级来满足受剪承载力要求。

G. 0. 5 试验表明，随着跨高比的减小，深梁斜截面抗裂能力有一定提高。为了简化计算，本条给出了防止深梁出现斜裂缝的验算条件，这是按试验结果偏下限给出的，并作了合理的放宽。当满足本条公式的要求时，可不再进行受剪承载力计算。

G. 0. 6 深梁支座的支承面和深梁顶集中荷载作用面的混凝土都有发生局部受压破坏的可能性，应进行局部受压承载力验算，在必要时还应配置间接钢筋。按本规范第 G.0.7 条的规定，将支承深梁的柱伸到深梁顶部能够有效地降低支座传力面发生局部受压破坏的可能性。

G. 0. 7 为了保证深梁平面外的稳定性，本条对深梁的高厚比（h/b）或跨厚比（l_0/b）作了限制。此外，简支深梁在顶部、连续深梁在顶部和底部应尽可能与其他水平刚度较大的构件（如楼盖）相连接，以进一步加强其平面外稳定性。

G. 0. 8 在弹性受力阶段，连续深梁支座截面中的正应力分布规律随深梁的跨高比变化，由此确定深梁的配筋分布。

当 $l_0/h>1.5$ 时，支座截面受压区约在梁底以上 $0.2h$ 的高度范围内，再向上为拉应力区，最大拉应力位于梁顶；随着 l_0/h 的减小，最大拉应力下移；到 $l_0/h=1.0$ 时，较大拉应力位于从梁底算起 $0.2h\sim0.6h$ 的范围内，梁顶拉应力相对偏小。达到承载力极限状态时，支座截面因开裂导致的应力重分布使深梁支座截面上部钢筋拉力增大。

本条以图示给出了支座截面负弯矩受拉钢筋沿截面高度的分区布置规定，比较符合正常使用极限状态支座截面的受力特点。水平钢筋数量的这种分区布置规定，虽未充分反映承载力极限状态下的受力特点，

但更有利于正常使用极限状态下支座截面的裂缝控制，同时也不影响深梁在承载力极限状态下的安全性。

本条保留了从梁底算起 $0.2h\sim0.6h$ 范围内水平钢筋最低用量的控制条件，以减少支座截面在这一高度范围内过早开裂的可能性。

G. 0. 9 深梁在垂直裂缝以及斜裂缝出现后将形成拉杆拱的传力机制，此时下部受拉钢筋直到支座附近仍拉力较大，应在支座中妥善锚固。鉴于在"拱肋"压力的协同作用下，钢筋锚固端的竖向弯钩很可能引起深梁支座区沿深梁中面的劈裂，故钢筋锚固端的弯折建议改为平放，并按弯折 180°的方式锚固。

G. 0. 10 试验表明，当仅配有两层钢筋网时，如果网与网之间未设拉筋，由于钢筋网在深梁平面外的变形未受到专门约束，当拉杆拱拱肋内斜向压力较大时，有可能发生沿深梁中面劈开的侧向劈裂型斜压破坏。故应在双排钢筋网之间配置拉筋。而且，在本规范图 G.0.8-1 和图 G.0.8-2 深梁支座附近由虚线标示的范围内应适当增配拉筋。

G. 0. 11 深梁下部作用有集中荷载或均布荷载时，吊筋的受拉能力不宜充分利用，其目的是为了控制悬吊作用引起的裂缝宽度。当作用在深梁下部的集中荷载的计算剪跨比 $\lambda>0.7$ 时，按第 9.2.11 条规定设置的吊筋和按第 G.0.12 条规定设置的竖向分布钢筋仍不能完全防止斜拉型剪切破坏的发生，故应在剪跨内适度增大竖向分布钢筋的数量。

G. 0. 12 深梁的水平和竖向分布钢筋对受剪承载力所起的作用虽然有限，但能限制斜裂缝的开展。当分布钢筋采用较小直径和较小间距时，这种作用就越发明显。此外，分布钢筋对控制深梁中温度、收缩裂缝的出现也起作用。本条给出的分布钢筋最小配筋率是构造要求的最低数量，设计者应根据具体情况合理选择分布筋的配置数量。

G. 0. 13 本条给出了对介于深梁和浅梁之间的"短梁"的一般性构造规定。

附录 H 无支撑叠合梁板

H. 0. 1 本条给出"二阶段受力叠合受弯构件"在叠合层混凝土达到设计强度前的第一阶段和达到设计强度后的第二阶段所应考虑的荷载。在第二阶段，因为当叠合层混凝土达到设计强度后仍可能存在施工活载，且其产生的荷载效应可能超过使用阶段可变荷载产生的荷载效应，故应按这两种荷载效应中的较大值进行设计。

H. 0. 2 本条给出了预制构件和叠合构件的正截面受弯承载力的计算方法。当预制构件高度与叠合构件高度之比 h_1/h 较小（较薄）时，预制构件正截面受弯

承载力计算中可能出现 $\zeta > \zeta_b$ 的情况，此时纵向受拉钢筋的强度 f_y、f_{py} 应该用应力值 σ_s、σ_p 代替，σ_s、σ_p 应按本规范第 6.2.8 条计算，也可取 $\zeta = \zeta_b$ 进行计算。

H.0.3 由于二阶段受力叠合梁斜截面受剪承载力试验研究尚不充分，本规范规定叠合梁斜截面受剪承载力仍按普通钢筋混凝土梁受剪承载力公式计算。在预应力混凝土叠合梁中，由于预应力效应只影响预制构件，故在斜截面受剪承载力计算中暂不考虑预应力的有利影响。在受剪承载力计算中混凝土强度偏安全地取预制梁与叠合层中的较低者；同时受剪承载力应不低于预制梁的受剪承载力。

H.0.4 叠合构件叠合面有可能先于斜截面达到其受剪承载能力极限状态。叠合面受剪承载力计算公式是以剪摩擦传力模型为基础，根据叠合构件试验结果和剪摩擦试件试验结果给出的。叠合式受弯构件的箍筋应按斜截面受剪承载力计算和叠合面受剪承载力计算得出的较大值配置。

不配筋叠合面的受剪承载力离散性较大，故本规范用于这类叠合面的受剪承载力计算公式暂不与混凝土强度等级挂钩，这与国外规范的处理手法类似。

H.0.5、H.0.6 叠合式受弯构件经受施工阶段和使用阶段的不同受力状态，故预应力混凝土叠合受弯构件的抗裂要求应分别对预制构件和叠合构件进行抗裂验算。验算要求其受拉边缘的混凝土应力不大于预制构件的混凝土抗拉强度标准值。由于预制构件和叠合层可能选用强度等级不同的混凝土，故在正截面抗裂验算和斜截面抗裂验算中应按折算截面确定叠合后构件的弹性抵抗矩、惯性矩和面积矩。

H.0.7 由于叠合构件在施工阶段先以截面高度小的预制构件来承担该阶段全部荷载，使得受拉钢筋中的应力比假定用叠合构件全截面承担同样荷载时大。这一现象通常称为"受拉钢筋应力超前"。

当叠合层混凝土达到强度从而形成叠合构件后，整个截面在使用阶段荷载作用下除去在受拉钢筋中产生应力增量和在受压区混凝土中首次产生压应力外，还会由于抵消预制构件受压区原有的压应力而在该部位形成附加拉力。该附加拉力虽然会在一定程度上减小受力钢筋中的应力超前现象，但仍使叠合构件与同样截面普通受弯构件相比钢筋拉应力及曲率偏大，并有可能使受拉钢筋在弯矩准永久值作用下过早达到屈服。这种情况在设计中应予防止。

为此，根据试验结果给出了公式计算的受拉钢筋应力控制条件。该条件属叠合受弯构件正常使用极限状态的附加验算条件。该验算条件与裂缝宽度控制条件和变形控制条件不能相互取代。

由于钢筋混凝土构件采用荷载效应的准永久组合，计算公式作了局部调整。

H.0.8 以普通钢筋混凝土受弯构件裂缝宽度计算公式为基础，结合二阶段受力叠合受弯构件的特点，经局部调整，提出了用于钢筋混凝土叠合受弯构件的裂缝宽度计算公式。其中考虑到若第一阶段预制构件所受荷载相对较小，受拉区弯曲裂缝在第一阶段不一定出齐；在随后由叠合截面承受 M_{2k} 时，由于叠合截面的 ρ_{te} 相对偏小，有可能使最终的裂缝间距偏大。因此当计算叠合式受弯构件的裂缝间距时，应对裂缝间距乘以扩大系数 1.05。这相当于将本规范公式 (7.1.2-1) 中的 α_{cr} 由普通钢筋混凝土构件的 1.9 增大到 2.0，由预应力混凝土构件的 1.5 增大到 1.6。此外，还要用 $\rho_{te1}\sigma_{s1k} + \rho_{te}\sigma_{s2k}$ 取代普通钢筋混凝土梁 ψ 计算公式中的 $\rho_{te}\sigma_{sk}$，以近似考虑叠合构件二阶段受力特点。

由于钢筋混凝土构件与预应力混凝土构件在计算正常使用极限状态后的裂缝宽度与挠度时，采用了不同的荷载效应组合，故分列公式表达裂缝宽度的计算。

H.0.9 叠合受弯构件的挠度计算方法同前，本条给出了刚度 B 的计算方法。其考虑了二阶段受力的特征且按荷载效应准永久组合或标准组合并考虑荷载长期作用影响。该公式是在假定荷载对挠度的长期影响均发生在受力第二阶段的前提下，根据第一阶段和第二阶段的弯矩曲率关系导出的。

同样，由于钢筋混凝土构件与预应力混凝土构件在计算正常使用极限状态后的裂缝宽度与挠度时，采用了不同的荷载效应组合，故分列公式表达刚度的计算。

H.0.10～H.0.12 钢筋混凝土二阶段受力叠合受弯构件第二阶段短期刚度是在一般钢筋混凝土受弯构件短期刚度计算公式的基础上考虑了二阶段受力对叠合截面的受压区混凝土应力形成的滞后效应后经简化得出的。对要求不出现裂缝的预应力混凝土二阶段受力叠合受弯构件，第二阶段短期刚度公式中的系数 0.7 是根据试验结果确定的。

对负弯矩区段内第二阶段的短期刚度和使用阶段的预应力反拱值，给出了计算原则。

附录 J 后张曲线预应力筋由锚具变形和预应力筋内缩引起的预应力损失

后张法构件的曲线预应力筋放张时，由于锚具变形和预应力筋内缩引起的预应力损失值，应考虑曲线预应力筋受到曲线孔道上反摩擦力的阻止，按变形协调原理，取张拉端锚具的变形和预应力筋内缩值等于反摩擦力引起的预应力筋变形值，可求出预应力损失值 σ_{l1} 的范围和数值。由图 1 推导过程说明如下，假定：(1) 孔道摩擦损失按近似直线公式计算；(2) 回缩发生的反向摩擦力和张拉摩擦力的摩擦系数相等。

因此，代表锚固前和锚固后瞬间预应力筋应力变化的两根直线 ab 和 $a'b$ 的斜率是相等的，但方向则相反。这样，锚固后整根预应力筋的应力变化线可用折线 $a'bc$ 来代表。为确定该折线，需要求出两个未知量，一个张拉端的摩擦损失应力 $\Delta\sigma$，另一个是预应力反向摩擦影响长度 l_f。

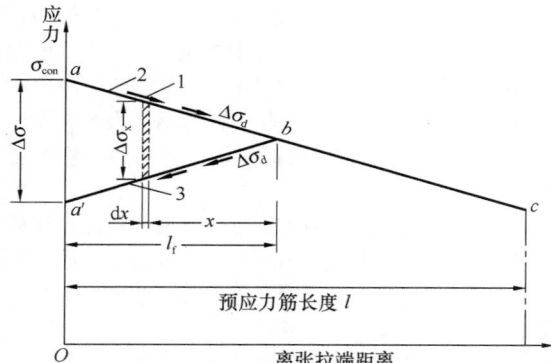

图 1　锚固前后张拉端预应力筋应力变化示意
1—摩擦力；2—锚固前应力分布线；3—锚固后应力分布线

由于 ab 和 $a'b$ 两条线是对称的，张拉端的预应力损失将为

$$\Delta\sigma = 2\Delta\sigma_d l_f$$

式中：$\Delta\sigma_d$ ——单位长度的摩擦损失值（MPa/mm）；
$\qquad l_f$ ——预应力筋反向摩擦影响长度（mm）。

反向摩擦影响长度 l_f 可根据锚具变形和预应力筋内缩值 a 用积分方法求得：

$$a = \int_0^{l_f}\Delta\varepsilon\,\mathrm{d}x = \int_0^{l_f}\frac{\Delta\sigma_x}{E_p}\mathrm{d}x = \int_0^{l_f}\frac{2\Delta\sigma_d x}{E_p}\mathrm{d}x = \frac{\Delta\sigma_d}{E_p}l_f^2$$

化简得

$$l_f = \sqrt{\frac{aE_p}{\Delta\sigma_d}}$$

该公式仅适用于一端张拉时 l_f 不超过构件全长 l 的情况，如果正向摩擦损失较小，应力降低曲线比较平坦，或者回缩值较大，则 l_f 有可能超过构件全长 l，此时，只能在 l 范围内按预应力筋变形和锚具内缩变形相协调，并通过试算方法以求张拉端锚下预应力锚固损失值。

本附录给出了常用束形的预应力筋在反向摩擦影响长度 l_f 范围内的预应力损失值 σ_{l1} 的计算公式，这是假设 $\kappa x + \mu\theta$ 不大于 0.3，摩擦损失按直线近似公式计算得出的。由于无粘结预应力筋的摩擦系数小，经过核算，故将允许的圆心角放大为 90°。此外，该计算公式适用于忽略初始直线段 l_0 中摩擦损失影响的情况。

附录 K　与时间相关的预应力损失

K.0.1、K.0.2 考虑预加力时的龄期、理论厚度等

多种因素影响的混凝土收缩、徐变引起的预应力损失计算方法，是参考"部分预应力混凝土结构设计建议"的计算方法，并经过与本规范公式（10.2.5-1）～公式（10.2.5-4）计算结果分析比较后给出的。所采用的方法考虑了普通钢筋对混凝土收缩、徐变所引起预应力损失的影响，考虑预应力筋松弛对徐变损失计算值的影响，将徐变损失项按 0.9 折减。考虑预加力时的龄期、理论厚度影响的混凝土收缩应变和徐变系数终极值，系根据欧洲规范 EN 1992-2：《混凝土结构设计　第 1 部分：总原则和对建筑结构的规定》提供的公式计算得出的。所列计算结果一般适用于周围空气相对湿度 RH 为 40%～70% 和 70%～99%，温度为 -20℃～$+40$℃，由一般的硅酸盐类水泥或快硬水泥配制而成的强度等级为 C30～C50 混凝土。在年平均相对湿度低于 40% 的条件下使用的结构，收缩应变和徐变系数终极值应增加 30%。当无可靠资料时，混凝土收缩应变和徐变系数终极值可按表 K.0.1-1 及表 K.0.1-2 采用。对泵送混凝土，其收缩和徐变引起的预应力损失值亦可根据实际情况采用其他可靠数据。松弛损失和收缩、徐变中间值系数取自现行行业标准《铁路桥涵钢筋混凝土和预应力混凝土结构设计规范》TB 10002.3。

对受压区配置预应力筋 A'_p 及普通钢筋 A'_s 的构件，可近似地按公式（K.0.1-1）计算，此时，取 $A'_p = A'_s = 0$；σ'_{l5} 则按公式（K.0.1-2）求出。在计算公式（K.0.1-1）、公式（K.0.1-2）中的 σ_{pc} 及 σ'_{pc} 时，应采用全部预加力值。

本附录 K 所列混凝土收缩和徐变引起的预应力损失计算方法，供需要考虑施加预应力时混凝土龄期、理论厚度影响，以及需要计算松弛及收缩、徐变损失随时间变化中间值的重要工程设计使用。

欧洲规范 EN 1992-2 中有关混凝土收缩应变和徐变系数计算公式及计算结果如下：

1　收缩应变
1）混凝土总收缩应变由干缩应变和自收缩应变组成。其总收缩应变 ε_{cs} 的值按下式得到：

$$\varepsilon_{cs} = \varepsilon_{cd} + \varepsilon_{ca} \tag{12}$$

式中：ε_{cs} ——总收缩应变；
$\qquad \varepsilon_{cd}$ ——干缩应变；
$\qquad \varepsilon_{ca}$ ——自收缩应变。

2）干缩应变随时间的发展可按下式得到：

$$\varepsilon_{cd}(t) = \beta_{ds}(t, t_s) \cdot k_h \cdot \varepsilon_{cd.0} \tag{13}$$

$$\beta_{ds}(t, t_s) = \frac{(t - t_s)}{(t - t_s) + 0.04\sqrt{\left(\frac{2A}{u}\right)^3}} \tag{14}$$

$$\varepsilon_{cd.0} = 0.85\left[(220 + 110 \cdot \alpha_{ds1}) \cdot \exp\left(-\alpha_{ds2} \cdot \frac{f_{cm}}{f_{cmo}}\right)\right] \cdot 10^{-6} \cdot \beta_{RH} \tag{15}$$

$$\beta_{RH} = -1.55 \left[1 - \left(\frac{RH}{RH_0} \right)^3 \right] \quad (16)$$

式中：$\varepsilon_{cd.0}$——混凝土的名义无约束干缩值；

$\beta_{ds}(t,t_s)$——描述干缩应变与时间和理论厚度 $2A/u$（mm）相关的系数；

k_h——与理论厚度 $2A/u$（mm）相关的系数，可按表 3 采用；

f_{cm}——混凝土圆柱体 28d 龄期平均抗压强度（MPa）；

f_{cmo}——10MPa；

α_{ds1}——与水泥品种有关的系数，计算按一般硅酸盐水泥或快硬水泥，取为 4；

α_{ds2}——与水泥品种有关的系数，计算按一般硅酸盐水泥或快硬水泥，取为 0.12；

RH——周围环境相对湿度（%）；

RH_0——100%；

t——混凝土龄期（d）；

t_s——干缩开始时的混凝土龄期（d），通常为养护结束的时间，本规范计算中取 t_s＝3d；

$(t-t_s)$——混凝土养护结束后的干缩持续期（d）。

表 3 与理论厚度 $2A/u$ 相关的系数 k_h

$2A/u$(mm)	k_h
100	1.0
200	0.85
300	0.75
≥500	0.70

注：A 为构件截面面积，u 为该截面与大气接触的周边长度。

3）混凝土自收缩应变可按下式计算：

$$\varepsilon_{ca}(t) = \beta_{as}(t) \cdot \varepsilon_{ca}(\infty) \quad (17)$$

$$\beta_{as}(t) = 1 - \exp(-0.2t^{0.5}) \quad (18)$$

$$\varepsilon_{ca}(\infty) = 2.5(f_{ck} - 10)10^{-6} \quad (19)$$

式中：f_{ck}——混凝土圆柱体 28d 龄期抗压强度特征值（MPa）。

4）根据公式（12）～公式（19），预应力混凝土构件从预加应力时混凝土龄期 t_0 起，至混凝土龄期 t 的收缩应变值，可按下式计算：

$$\varepsilon_{cs}(t,t_0) = \varepsilon_{cd.0} \cdot k_h \cdot [\beta_{ds}(t,t_s) - \beta_{ds}(t_0,t_s)] + \varepsilon_{ca}(\infty) \cdot [\beta_{as}(t) - \beta_{as}(t_0)] \quad (20)$$

2 徐变系数

混凝土的徐变系数可按下列公式计算：

$$\varphi(t,t_0) = \varphi_0 \cdot \beta_c(t,t_0) \quad (21)$$

$$\varphi_0 = \varphi_{RH} \cdot \beta(f_{cm}) \cdot \beta(t_0) \quad (22)$$

$$\beta_c(t,t_0) = \left[\frac{(t-t_0)}{\beta_H + (t-t_0)} \right]^{0.3} \quad (23)$$

公式（22）中的系数 φ_{RH}、$\beta(f_{cm})$ 及 $\beta(t_0)$ 可按下列公式计算：

当 $f_{cm} \leqslant 35$MPa 时，

$$\varphi_{RH} = 1 + \frac{1 - RH/100}{0.1 \cdot \sqrt[3]{\frac{2A}{u}}} \quad (24)$$

当 $f_{cm} > 35$MPa 时，

$$\varphi_{RH} = \left[1 + \frac{1 - RH/100}{0.1 \cdot \sqrt[3]{\frac{2A}{u}}} \cdot \alpha_1 \right] \cdot \alpha_2 \quad (25)$$

$$\beta(f_{cm}) = \frac{16.8}{\sqrt{f_{cm}}} \quad (26)$$

$$\beta(t_0) = \frac{1}{0.1 + t_0^{0.20}} \quad (27)$$

公式（23）中的系数 β_H 可按下列两个公式计算：

当 $f_{cm} \leqslant 35$MPa 时，

$$\beta_H = 1.5 [1 + (0.012RH)^{18}] \frac{2A}{u} + 250 \leqslant 1500 \quad (28)$$

当 $f_{cm} > 35$MPa 时，

$$\beta_H = 1.5 [1 + (0.012RH)^{18}] \frac{2A}{u} + 250\alpha_3 \leqslant 1500\alpha_3 \quad (29)$$

式中：φ_0——名义徐变系数；

$\beta_c(t,t_0)$——预应力混凝土构件预加应力后徐变随时间发展的系数；

t——混凝土龄期（d）；

t_0——预加应力时的混凝土龄期（d）；

φ_{RH}——考虑环境相对湿度和理论厚度 $2A/u$ 对徐变系数影响的系数；

$\beta(f_{cm})$——考虑混凝土强度对徐变系数影响的系数；

$\beta(t_0)$——考虑加载时混凝土龄期对徐变系数影响的系数；

f_{cm}——混凝土圆柱体 28d 龄期平均抗压强度（MPa）；

RH——周围环境相对湿度（%）；

β_H——取决于环境相对湿度 RH（%）和理论厚度 $2A/u$（mm）的系数；

$t-t_0$——预加应力后的加载持续期（d）；

α_1、α_2、α_3——考虑混凝土强度影响的系数：

$$\alpha_1 = \left[\frac{35}{f_{cm}} \right]^{0.7} \quad \alpha_2 = \left[\frac{35}{f_{cm}} \right]^{0.2} \quad \alpha_3 = \left[\frac{35}{f_{cm}} \right]^{0.5}$$

3 与计算相关的技术条件

1）根据国家统计局发布的 1996 年～2005 年（缺 2002 年）我国主要城市气候情况的数据，年平均温度在 5℃～25℃之间，年平

均相对湿度 RH 除海口为 81.2% 外，其余均在 40%～80% 之间，若按 40%≤RH<60%、60%≤RH<70%、70%≤RH<80% 分组，分别有 11、8、14 个城市。现将相对湿度分为 40%≤RH<70%、70%≤RH<80% 两档，年平均相对湿度分别取其中间值 55%、75% 进行计算。对于环境相对湿度在 80%～100% 的情况，采用 75% 作为其代表值的计算结果，在工程应用中是偏于安全的。本附录表列数据，可近似地适用于温度在 −20℃～+40℃ 之间季节性变化的混凝土。

2）本计算适用于由一般硅酸盐类水泥或快硬水泥配置而成的混凝土。考虑到我国预应力混凝土结构工程常用的混凝土强度等级为 C30～C50，因此选取 C40 作为代表值进行计算。在计算中，需要对我国规范的混凝土强度等级向欧洲规范中的强度进行转换：根据欧洲规范 EN 1992-2，我国强度等级 C40 的混凝土对应欧洲规范混凝土立方体抗压强度 $f_{ck,cube}=40MPa$，通过查表插值计算得到对应的混凝土圆柱体抗压强度特征值 $f_{ck}=32MPa$，圆柱体 28d 平均抗压强度 $f_{cm}=f_{ck}+8=40MPa$。

3）混凝土开始收缩的龄期 t_s 取混凝土工程通常采用的养护时间 3d，混凝土收缩或徐变持续时间 t 取 1 年、10 年分别进行计算。对于普通混凝土结构，10 年后其收缩应变值与徐变系数值的增长很小，可以忽略不计，因此可认为 t 取 10 年所计算出来的值是混凝土收缩应变或徐变系数终极值。

4）当混凝土加载龄期 t_0≥90d，混凝土构件理论厚度 $\dfrac{2A}{u}$≥600mm 时，按 $t_0=90$d、$2A/u=600$mm 计算。计算结果比实际结果偏大，在工程应用中是偏安全的。

5）有关混凝土收缩应变或徐变系数终极值的计算结果，大体适用于强度等级 C30～C50 混凝土。试验表明，高强混凝土的收缩量，尤其是徐变量要比普通强度的混凝土有所减少，且与 $\sqrt{f_{ck}}$ 成反比。因此，本规范对 C50 及以上强度等级混凝土的收缩应变和徐变系数，需按计算所得的表列值乘以 $\sqrt{\dfrac{32.4}{f_{ck}}}$ 进行折减。式中 32.4 为 C50 混凝土轴心抗压强度标准值，f_{ck} 为混凝土轴心抗压强度标准值。

计算所得混凝土 1 年、10 年收缩应变终值及终极值和徐变系数终值及终极值分别见表 4、表 5、表 6、表 7。

表 4　混凝土 1 年收缩应变终值 ε_{1y}（×10^{-4}）

年平均相对湿度 RH		40%≤RH<70%				70%≤RH≤99%			
理论厚度 $2A/u$ (mm)		100	200	300	≥600	100	200	300	≥600
预加应力时的混凝土龄期 t_0 (d)	3	4.42	3.28	2.51	1.57	3.18	2.39	1.86	1.21
	7	3.94	3.09	2.39	1.49	2.83	2.24	1.75	1.13
	10	3.65	2.96	2.31	1.44	2.62	2.14	1.69	1.08
	14	3.32	2.82	2.22	1.39	2.38	2.03	1.61	1.04
	28	2.49	2.39	1.95	1.25	1.78	1.71	1.41	0.92
	60	1.51	1.73	1.52	1.02	1.08	1.23	1.08	0.74
	≥90	1.04	1.32	1.21	0.86	0.74	0.94	0.86	0.62

表 5　混凝土 10 年收缩应变终极值 ε_∞（×10^{-4}）

年平均相对湿度 RH		40%≤RH<70%				70%≤RH≤99%			
理论厚度 $2A/u$ (mm)		100	200	300	≥600	100	200	300	≥600
预加应力时的混凝土龄期 t_0 (d)	3	4.83	4.09	3.57	3.09	3.47	2.95	2.60	2.26
	7	4.35	3.89	3.44	3.01	3.12	2.80	2.49	2.18
	10	4.06	3.77	3.37	2.96	2.91	2.70	2.42	2.14
	14	3.73	3.62	3.27	2.91	2.67	2.59	2.35	2.10
	28	2.90	3.20	3.01	2.77	2.07	2.28	2.15	1.98
	60	1.92	2.54	2.58	2.54	1.37	1.80	1.82	1.80
	≥90	1.45	2.12	2.27	2.38	1.03	1.50	1.60	1.68

表6 混凝土1年徐变系数终值 φ_{1y}

年平均相对湿度 RH		$40\% \leqslant RH < 70\%$				$70\% \leqslant RH \leqslant 99\%$			
理论厚度 $2A/u$ (mm)		100	200	300	$\geqslant 600$	100	200	300	$\geqslant 600$
预加应力时的混凝土龄期 t_0 (d)	3	2.91	2.49	2.25	1.87	2.29	2.00	1.84	1.55
	7	2.48	2.12	1.92	1.59	1.95	1.71	1.57	1.32
	10	2.32	1.98	1.79	1.48	1.82	1.60	1.46	1.24
	14	2.17	1.86	1.68	1.39	1.70	1.49	1.37	1.16
	28	1.89	1.62	1.46	1.21	1.49	1.30	1.19	1.00
	60	1.61	1.37	1.24	1.02	1.26	1.10	1.01	0.85
	$\geqslant 90$	1.46	1.24	1.12	0.92	1.15	1.00	0.91	0.76

表7 混凝土10年徐变系数终极值 φ_∞

年平均相对湿度 RH		$40\% \leqslant RH < 70\%$				$70\% \leqslant RH \leqslant 99\%$			
理论厚度 $2A/u$ (mm)		100	200	300	$\geqslant 600$	100	200	300	$\geqslant 600$
预加应力时的混凝土龄期 t_0 (d)	3	3.51	3.14	2.94	2.63	2.78	2.55	2.43	2.23
	7	3.00	2.68	2.51	2.25	2.37	2.18	2.08	1.91
	10	2.80	2.51	2.35	2.10	2.22	2.04	1.94	1.78
	14	2.63	2.35	2.21	1.97	2.08	1.91	1.82	1.67
	28	2.31	2.06	1.93	1.73	1.82	1.68	1.60	1.47
	60	1.99	1.78	1.67	1.49	1.58	1.45	1.38	1.27
	$\geqslant 90$	1.85	1.65	1.55	1.38	1.46	1.34	1.28	1.17

中华人民共和国国家标准

钢结构设计标准

Standard for design of steel structures

GB 50017—2017

主编部门：中华人民共和国住房和城乡建设部
批准部门：中华人民共和国住房和城乡建设部
施行日期：2 0 1 8 年 7 月 1 日

中华人民共和国住房和城乡建设部
公 告

第 1771 号

住房城乡建设部关于发布国家标准
《钢结构设计标准》的公告

现批准《钢结构设计标准》为国家标准，编号为 GB 50017-2017，自 2018 年 7 月 1 日起实施。其中，第 4.3.2、4.4.1、4.4.3、4.4.4、4.4.5、4.4.6、18.3.3 条为强制性条文，必须严格执行。原《钢结构设计规范》GB 50017-2003 同时废止。

本标准在住房城乡建设部门户网站(www. mo-hurd. gov. cn)公开，并由我部标准定额研究所组织中国建筑工业出版社出版发行。

中华人民共和国住房和城乡建设部
2017 年 12 月 12 日

前 言

根据住房和城乡建设部《关于印发〈2008 年工程建设标准规范制订、修订计划〉的通知》（建标〔2008〕105 号）的要求，标准编制组经广泛调查研究，认真总结实践经验，参考有关国际标准和国外先进标准，并在广泛征求意见的基础上，修订了《钢结构设计规范》GB 50017-2003。

本标准的主要内容是：1. 总则；2. 术语和符号；3. 基本设计规定；4. 材料；5. 结构分析与稳定性设计；6. 受弯构件；7. 轴心受力构件；8. 拉弯、压弯构件；9. 加劲钢板剪力墙；10. 塑性及弯矩调幅设计；11. 连接；12. 节点；13. 钢管连接节点；14. 钢与混凝土组合梁；15. 钢管混凝土柱及节点；16. 疲劳计算及防脆断设计；17. 钢结构抗震性能化设计；18. 钢结构防护等。

本次修订的主要内容是：

1. "基本设计规定（第 3 章）"增加了截面板件宽厚比等级，"材料选用"及"设计指标"内容移入新章节"材料（第 4 章）"，关于结构计算内容移入新章节"结构分析及稳定性设计（第 5 章）"，"构造要求（原标准第 8 章）"中"大跨度屋盖结构"及"制作、运输及安装"的内容并入本章；

2. "受弯构件的计算（原规范第 4 章）"改为"受弯构件（第 6 章）"，增加了腹板开孔的内容，"构造要求（原规范第 8 章）"的"结构构件"中与梁设计相关的内容移入本章；

3. "轴心受力构件和拉弯、压弯构件的计算（原规范第 5 章）"改为"轴心受力构件（第 7 章）"及

"拉弯、压弯构件（第 8 章）"两章，"构造要求（原规范第 8 章）"中与柱设计相关的内容移入第 7 章；

4. "疲劳计算（原规范第 6 章）"改为"疲劳计算及防脆断设计（第 16 章）"，增加了简便快速验算疲劳强度的方法，"构造要求（原规范第 8 章）"中"对吊车梁和吊车桁架（或类似结构）的要求"及"提高寒冷地区结构抗脆断能力的要求"移入本章，并增加了抗脆断设计的规定；

5. "连接计算（原规范第 7 章）"改为"连接（第 11 章）"及"节点（第 12 章）"两章，"构造要求（原规范第 8 章）"中有关焊接及螺栓连接的内容并入第 11 章、柱脚内容并入第 12 章；

6. "构造要求（原规范第 8 章）"中的条文根据其内容，分别并入相关各章，其中"防护和隔热"移入"钢结构防护（第 18 章）"；

7. "塑性设计（原规范第 9 章）"改为"塑性及弯矩调幅设计（第 10 章）"，采用了利用钢结构塑性进行内力重分配的思路进行设计；

8. "钢管结构（原规范第 10 章）"改为"钢管连接节点（第 13 章）"，丰富了计算的节点连接形式，另外，增加了节点刚度判别的内容；

9. "钢与混凝土组合梁（原规范第 11 章，修订后为第 14 章）"，补充了纵向抗剪设计内容，删除了与弯筋连接件有关的内容。

本次修订新增了材料（第 4 章）、结构分析与稳定性设计（第 5 章）、加劲钢板剪力墙（第 9 章）、钢管混凝土柱及节点（第 15 章）、钢结构抗震性能化设

计（第 17 章）、钢结构防护（第 18 章）等章节，同时在附录中增加了常用建筑结构体系、钢与混凝土组合梁的疲劳验算等内容。

本标准中以黑体字标志的条文为强制性条文，必须严格执行。

本标准由住房和城乡建设部负责管理和对强制性条文的解释，中冶京诚工程技术有限公司负责具体技术内容的解释。执行过程中如有意见或建议请寄送中冶京诚工程技术有限公司（地址：北京经济技术开发区建安街 7 号，邮编：100176）。

本 标 准 主 编 单 位：中冶京诚工程技术有限公司

本 标 准 参 编 单 位：北京京诚华宇建筑设计研究院有限公司
西安建筑科技大学
同济大学
清华大学
浙江大学
中冶建筑研究总院有限公司
上海宝钢工程技术有限公司
哈尔滨工业大学
天津大学
重庆大学
东南大学
湖南大学
北京工业大学
青岛理工大学
华南理工大学
中国建筑标准设计研究院
华东建筑设计研究院有限公司
中国建筑设计研究院
中冶赛迪工程技术股份有限公司
北京市建筑设计研究院
中国机械工业集团公司
中国电子工程设计院
中国航空规划建设发展有限公司
中冶南方工程技术有限公司
中冶华天工程技术有限公司
中水东北勘测设计研究有限责任公司
中国石化工程建设有限公司

中国中元国际工程公司
中国电力工程顾问集团西北电力设计院有限公司
江苏沪宁钢机股份有限公司
北京多维联合集团有限公司
上海宝冶集团有限公司
博思格巴特勒（中国）公司
安徽鸿路钢结构（集团）股份有限公司

本 标 准 参 加 单 位：浙江杭萧钢构股份有限公司
浙江东南网架股份有限公司
安徽富煌钢构股份有限公司
宝钢钢构有限公司
马鞍山钢铁股份有限公司
浙江精工结构集团有限公司

本标准主要起草人员：施　设　王立军　余海群
陈绍蕃　沈祖炎　童根树
陈　炯　柴　昶　崔　佳
郁银泉　汪大绥　吴耀华
舒赣平　舒兴平　郝际平
范　峰　石永久　范　重
陈以一　聂建国　陈志华
李国强　柯长华　张爱林
武振宇　童乐为　王元清
何文汇　但泽义　郭彦林
郭耀杰　娄　宇　戴国欣
侯兆新　赵春莲　顾　强
穆海生　徐　建　陈瑞金
崔元山　王　燕　马天鹏
关晓松　李茂新　朱　丹
贺明玄　王　湛　丁　阳
王玉银　张同亿　姜学宜
谭晋鹏　高继领　王保强
罗兴隆　张　伟　张亚军
孙雅欣

本标准主要审查人员：周绪红　徐厚军　侯忠良
戴国莹　戴为志　刘锡良
陈绍礼　武人岱　葛家琪
陈禄如　冯　远　邓　华
金天德　王仕统　田春雨

1—6—3

目　　次

1 总　则

1.0.1 为在钢结构设计中贯彻执行国家的技术经济政策，做到技术先进、安全适用、经济合理、保证质量，制定本标准。

1.0.2 本标准适用于工业与民用建筑和一般构筑物的钢结构设计。

1.0.3 钢结构设计除应符合本标准外，尚应符合国家现行有关标准的规定。

2　术语和符号

2.1　术　语

2.1.1 脆断　brittle　fracture

结构或构件在拉应力状态下没有出现警示性的塑性变形而突然发生的断裂。

2.1.2 一阶弹性分析　first-order elastic analysis

不考虑几何非线性对结构内力和变形产生的影响，根据未变形的结构建立平衡条件，按弹性阶段分析结构内力及位移。

2.1.3 二阶 P-Δ 弹性分析　second-order P-Δ elastic analysis

仅考虑结构整体初始缺陷及几何非线性对结构内力和变形产生的影响，根据位移后的结构建立平衡条件，按弹性阶段分析结构内力及位移。

2.1.4 直接分析设计法　direct analysis method of design

直接考虑对结构稳定性和强度性能有显著影响的初始几何缺陷、残余应力、材料非线性、节点连接刚度等因素，以整个结构体系为对象进行二阶非线性分析的设计方法。

2.1.5 屈曲　buckling

结构、构件或板件达到受力临界状态时在其刚度较弱方向产生另一种较大变形的状态。

2.1.6 板件屈曲后强度　post-buckling strength of steel plate

板件屈曲后尚能继续保持承受更大荷载的能力。

2.1.7 正则化长细比或正则化宽厚比　normalized slenderness ratio

参数，其值等于钢材受弯、受剪或受压屈服强度与相应的构件或板件抗弯、抗剪或抗承压弹性屈曲应力之商的平方根。

2.1.8 整体稳定　overall stability

构件或结构在荷载作用下能整体保持稳定的能力。

2.1.9 有效宽度　effective width

计算板件屈曲后极限强度时，将承受非均匀分布极限应力的板件宽度用均匀分布的屈服应力等效，所得的折减宽度。

2.1.10 有效宽度系数　effective width factor

板件有效宽度与板件实际宽度的比值。

2.1.11 计算长度系数 effective length ratio

与构件屈曲模式及两端转动约束条件相关的系数。

2.1.12 计算长度　effective length

计算稳定性时所用的长度，其值等于构件在其有效约束点间的几何长度与计算长度系数的乘积。

2.1.13 长细比　slenderness ratio

构件计算长度与构件截面回转半径的比值。

2.1.14 换算长细比　equivalent slenderness ratio

在轴心受压构件的整体稳定计算中，按临界力相等的原则，将格构式构件换算为实腹式构件进行计算，或将弯扭与扭转失稳换算为弯曲失稳计算时，所对应的长细比。

2.1.15 支撑力　nodal bracing force

在为减少受压构件（或构件的受压翼缘）自由长度所设置的侧向支撑处，沿被支撑构件（或构件受压翼缘）的屈曲方向，作用于支撑的侧向力。

2.1.16 无支撑框架　unbraced frame

利用节点和构件的抗弯能力抵抗荷载的结构。

2.1.17 支撑结构　bracing structure

在梁柱构件所在的平面内，沿斜向设置支撑构件，以支撑轴向刚度抵抗侧向荷载的结构。

2.1.18 框架-支撑结构　frame-bracing structure

由框架及支撑共同组成抗侧力体系的结构。

2.1.19 强支撑框架　frame braced with strong bracing system

在框架-支撑结构中，支撑结构（支撑桁架、剪力墙、筒体等）的抗侧移刚度较大，可将该框架视为无侧移的框架。

2.1.20 摇摆柱　leaning column

设计为只承受轴向力而不考虑侧向刚度的柱子。

2.1.21 节点域　panel zone

框架梁柱的刚接节点处及柱腹板在梁高度范围内上下边设有加劲肋或隔板的区域。

2.1.22 球形钢支座　spherical steel bearing

钢球面作为支承面使结构在支座处可以沿任意方向转动的铰接支座或可移动支座。

2.1.23 钢板剪力墙　steel-plate shear wall

设置在框架梁柱间的钢板，用以承受框架中的水平剪力。

2.1.24 主管　chord member

钢管结构构件中，在节点处连续贯通的管件，如桁架中的弦杆。

2.1.25 支管　brace member

钢管结构中，在节点处断开并与主管相连的管件，如桁架中与主管相连的腹杆。

2.1.26 间隙节点 gap joint

两支管的趾部离开一定距离的管节点。

2.1.27 搭接节点 overlap joint

在钢管节点处，两支管相互搭接的节点。

2.1.28 平面管节点 uniplanar joint

支管与主管在同一平面内相互连接的节点。

2.1.29 空间管节点 multiplanar joint

在不同平面内的多根支管与主管相接而形成的管节点。

2.1.30 焊接截面 welded section

由板件（或型钢）焊接而成的截面。

2.1.31 钢与混凝土组合梁 composite steel and concrete beam

由混凝土翼板与钢梁通过抗剪连接件组合而成的可整体受力的梁。

2.1.32 支撑系统 bracing system

由支撑及传递其内力的梁（包括基础梁）、柱组成的抗侧力系统。

2.1.33 消能梁段 link

在偏心支撑框架结构中，位于两斜支撑端头之间的梁段或位于一斜支撑端头与柱之间的梁段。

2.1.34 中心支撑框架 concentrically braced frame

斜支撑与框架梁柱汇交于一点的框架。

2.1.35 偏心支撑框架 eccentrically braced frame

斜支撑至少有一端在梁柱节点外与横梁连接的框架。

2.1.36 屈曲约束支撑 buckling-restrained brace

由核心钢支撑、外约束单元和两者之间的无粘结构造层组成不会发生屈曲的支撑。

2.1.37 弯矩调幅设计 moment redistribution design

利用钢结构的塑性性能进行弯矩重分布的设计方法。

2.1.38 畸变屈曲 distorsional buckling

截面形状发生变化，且板件与板件的交线至少有一条会产生位移的屈曲形式。

2.1.39 塑性耗能区 plastic energy dissipative zone

在强烈地震作用下，结构构件首先进入塑性变形并消耗能量的区域。

2.1.40 弹性区 elastic region

在强烈地震作用下，结构构件仍处于弹性工作状态的区域。

2.2 符　号

2.2.1 作用和作用效应设计值

F——集中荷载；

G——重力荷载；

H——水平力；

M——弯矩；

N——轴心力；

P——高强度螺栓的预拉力；

R——支座反力；

V——剪力。

2.2.2 计算指标

E——钢材的弹性模量；

E_c——混凝土的弹性模量；

f——钢材的抗拉、抗压和抗弯强度设计值；

f_v——钢材的抗剪强度设计值；

f_{ce}——钢材的端面承压强度设计值；

f_y——钢材的屈服强度；

f_u——钢材的抗拉强度最小值；

f_t^a——锚栓的抗拉强度设计值；

f_t^b、f_v^b、f_c^b——螺栓的抗拉、抗剪和承压强度设计值；

f_t^r、f_v^r、f_c^r——铆钉的抗拉、抗剪和承压强度设计值；

f_t^w、f_v^w、f_c^w——对接焊缝的抗拉、抗剪和抗压强度设计值；

f_f^w——角焊缝的抗拉、抗剪和抗压强度设计值；

f_c——混凝土的抗压强度设计值；

G——钢材的剪变模量；

N_t^a——一个锚栓的受拉承载力设计值；

N_t^b、N_v^b、N_c^b——一个螺栓的受拉、受剪和承压承载力设计值；

N_t^r、N_v^r、N_c^r——一个铆钉的受拉、受剪和承压承载力设计值；

N_v^c——组合结构中一个抗剪连接件的受剪承载力设计值；

S_b——支撑结构的层侧移刚度，即施加于结构上的水平力与其产生的层间位移角的比值；

Δu——楼层的层间位移；

$[v_Q]$——仅考虑可变荷载标准值产生的挠度的容许值；

$[v_T]$——同时考虑永久和可变荷载标准值产生的挠度的容许值；

σ——正应力；

σ_c——局部压应力；

σ_f——垂直于角焊缝长度方向，按焊缝有效截面计算的应力；

$\Delta\sigma$——疲劳计算的应力幅或折算应力幅；

$\Delta\sigma_e$——变幅疲劳的等效应力幅；

$[\Delta\sigma]$——疲劳容许应力幅；

σ_{cr}、$\sigma_{c,cr}$、τ_{cr}——分别为板件的弯曲应力、局部压应

力和剪应力的临界值；

τ ——剪应力；

τ_f ——角焊缝的剪应力。

2.2.3 几何参数

A ——毛截面面积；

A_n ——净截面面积；

b ——翼缘板的外伸宽度；

b_0 ——箱形截面翼缘板在腹板之间的无支承宽度；混凝土板托顶部的宽度；

b_s ——加劲肋的外伸宽度；

b_e ——板件的有效宽度；

d ——直径；

d_e ——有效直径；

d_o ——孔径；

e ——偏心距；

H ——柱的高度；

H_1、H_2、H_3 ——阶形柱上段、中段（或单阶柱下段）、下段的高度；

h ——截面全高；

h_e ——焊缝的计算厚度；

h_f ——角焊缝的焊脚尺寸；

h_w ——腹板的高度；

h_0 ——腹板的计算高度；

I ——毛截面惯性矩；

I_t ——自由扭转常数；

I_ω ——毛截面扇性惯性矩；

I_n ——净截面惯性矩；

i ——截面回转半径；

l ——长度或跨度；

l_1 ——梁受压翼缘侧向支承间距离；螺栓（或铆钉）受力方向的连接长度；

l_w ——焊缝的计算长度；

l_z ——集中荷载在腹板计算高度边缘上的假定分布长度；

S ——毛截面面积矩；

t ——板的厚度；

t_s ——加劲肋的厚度；

t_w ——腹板的厚度；

W ——毛截面模量；

W_n ——净截面模量；

W_p ——塑性毛截面模量；

W_{np} ——塑性净截面模量。

2.2.4 计算系数及其他

K_1、K_2 ——构件线刚度之比；

n_f ——高强度螺栓的传力摩擦面数目；

n_v ——螺栓或铆钉的剪切面数目；

α_E ——钢材与混凝土弹性模量之比；

α_e ——梁截面模量考虑腹板有效宽度的折减系数；

α_f ——疲劳计算的欠载效应等效系数；

α_i^{II} ——考虑二阶效应框架第 i 层杆件的侧移弯矩增大系数；

β_E ——非塑性耗能区内力调整系数；

β_f ——正面角焊缝的强度设计值增大系数；

β_m ——压弯构件稳定的等效弯矩系数；

γ_0 ——结构的重要性系数；

γ_x、γ_y ——对主轴 x、y 的截面塑性发展系数；

ε_k ——钢号修正系数，其值为235与钢材牌号中屈服点数值的比值的平方根；

η ——调整系数；

η_1、η_2 ——用于计算阶形柱计算长度的参数；

η_{ov} ——管节点的支管搭接率；

λ ——长细比；

$\lambda_{n,b}$、$\lambda_{n,s}$、$\lambda_{n,c}$、λ_n ——正则化宽厚比或正则化长细比；

μ ——高强度螺栓摩擦面的抗滑移系数；柱的计算长度系数；

μ_1、μ_2、μ_3 ——阶形柱上段、中段（或单阶柱下段）、下段的计算长度系数；

ρ_i ——各板件有效截面系数；

φ ——轴心受压构件的稳定系数；

φ_b ——梁的整体稳定系数；

ψ ——集中荷载的增大系数；

ψ_n、ψ_a、ψ_d ——用于计算直接焊接钢管节点承载力的参数；

Ω ——抗震性能系数。

3 基本设计规定

3.1 一般规定

3.1.1 钢结构设计应包括下列内容：

1 结构方案设计，包括结构选型、构件布置；

2 材料选用及截面选择；

3 作用及作用效应分析；

4 结构的极限状态验算；

5 结构、构件及连接的构造；

6 制作、运输、安装、防腐和防火等要求；

7 满足特殊要求结构的专门性能设计。

3.1.2 本标准除疲劳计算和抗震设计外，应采用以概率理论为基础的极限状态设计方法，用分项系数设计表达式进行计算。

3.1.3 除疲劳设计应采用容许应力法外，钢结构应按承载能力极限状态和正常使用极限状态进行设计：

    1 承载能力极限状态应包括：构件或连接的强度破坏、脆性断裂，因过度变形而不适用于继续承载，结构或构件丧失稳定，结构转变为机动体系和结构倾覆；

    2 正常使用极限状态应包括：影响结构、构件、非结构构件正常使用或外观的变形，影响正常使用的振动，影响正常使用或耐久性能的局部损坏。

3.1.4 钢结构的安全等级和设计使用年限应符合现行国家标准《建筑结构可靠度设计统一标准》GB 50068 和《工程结构可靠性设计统一标准》GB 50153 的规定。一般工业与民用建筑钢结构的安全等级应取为二级，其他特殊建筑钢结构的安全等级应根据具体情况另行确定。建筑物中各类结构构件的安全等级，宜与整个结构的安全等级相同。对其中部分结构构件的安全等级可进行调整，但不得低于三级。

3.1.5 按承载能力极限状态设计钢结构时，应考虑荷载效应的基本组合，必要时尚应考虑荷载效应的偶然组合。按正常使用极限状态设计钢结构时，应考虑荷载效应的标准组合。

3.1.6 计算结构或构件的强度、稳定性以及连接的强度时，应采用荷载设计值；计算疲劳时，应采用荷载标准值。

3.1.7 对于直接承受动力荷载的结构：计算强度和稳定性时，动力荷载设计值应乘以动力系数；计算疲劳和变形时，动力荷载标准值不乘动力系数。计算吊车梁或吊车桁架及其制动结构的疲劳和挠度时，起重机荷载应按作用在跨间内荷载效应最大的一台起重机确定。

3.1.8 预应力钢结构的设计应包括预应力施工阶段和使用阶段的各种工况。预应力索膜结构设计应包括找形分析、荷载分析及裁剪分析三个相互制约的过程，并宜进行施工过程分析。

3.1.9 结构构件、连接及节点应采用下列承载能力极限状态设计表达式：

    1 持久设计状况、短暂设计状况：

$$\gamma_0 S \leqslant R \qquad (3.1.9\text{-}1)$$

    2 地震设计状况：

多遇地震

$$S \leqslant R/\gamma_{RE} \qquad (3.1.9\text{-}2)$$

设防地震

$$S \leqslant R_k \qquad (3.1.9\text{-}3)$$

式中：γ_0 ——结构的重要性系数：对安全等级为一级的结构构件不应小于 1.1，对安全等级为二级的结构构件不应小于 1.0，对安全等级为三级的结构构件不应小于 0.9；

    S ——承载能力极限状况下作用组合的效应设计值：对持久或短暂设计状况应按作用的基本组合计算；对地震设计状况应按作用的地震组合计算；

    R ——结构构件的承载力设计值；

    R_k ——结构构件的承载力标准值；

    γ_{RE} ——承载力抗震调整系数，应按现行国家标准《建筑抗震设计规范》GB 50011 的规定取值。

3.1.10 对安全等级为一级或可能遭受爆炸、冲击等偶然作用的结构，宜进行防连续倒塌控制设计，保证部分梁或柱失效时结构有一条竖向荷载重分布的途径，保证部分梁或楼板失效时结构的稳定性，保证部分构件失效后节点仍可有效传递荷载。

3.1.11 钢结构设计时，应合理选择材料、结构方案和构造措施，满足结构构件在运输、安装和使用过程中的强度、稳定性和刚度要求并应符合防火、防腐蚀要求。宜采用通用和标准化构件，当考虑结构部分构件替换可能性时应提出相应的要求。钢结构的构造应便于制作、运输、安装、维护并使结构受力简单明确，减少应力集中，避免材料三向受拉。

3.1.12 钢结构设计文件应注明所采用的规范或标准、建筑结构设计使用年限、抗震设防烈度、钢材牌号、连接材料的型号（或钢号）和设计所需的附加保证项目。

3.1.13 钢结构设计文件应注明螺栓防松构造要求、端面刨平顶紧部位、钢结构最低防腐蚀设计年限和防护要求及措施、对施工的要求。对焊接连接，应注明焊缝质量等级及承受动荷载的特殊构造要求；对高强度螺栓连接，应注明预拉力、摩擦面处理和抗滑移系数；对抗震设防的钢结构，应注明焊缝及钢材的特殊要求。

3.1.14 抗震设防的钢结构构件和节点可按现行国家标准《建筑抗震设计规范》GB 50011 或《构筑物抗震设计规范》GB 50191 的规定设计，也可按本标准第 17 章的规定进行抗震性能化设计。

3.2 结 构 体 系

3.2.1 钢结构体系的选用应符合下列原则：

    1 在满足建筑及工艺需求前提下，应综合考虑结构合理性、环境条件、节约投资和资源、材料供应、制作安装便利性等因素；

    2 常用建筑结构体系的设计宜符合本标准附录 A 的规定。

3.2.2 钢结构的布置应符合下列规定：

    1 应具备竖向和水平荷载传递途径；

    2 应具有刚度和承载力、结构整体稳定性和构件稳定性；

3 应具有冗余度，避免因部分结构或构件破坏导致整个结构体系丧失承载能力；

4 隔墙、外围护等宜采用轻质材料。

3.2.3 施工过程对主体结构的受力和变形有较大影响时，应进行施工阶段验算。

3.3 作 用

3.3.1 钢结构设计时，荷载的标准值、荷载分项系数、荷载组合值系数、动力荷载的动力系数等应按现行国家标准《建筑结构荷载规范》GB 50009 的规定采用；地震作用应根据现行国家标准《建筑抗震设计规范》GB 50011 确定。对支承轻屋面的构件或结构，当仅有一个可变荷载且受荷水平投影面积超过 60m² 时，屋面均布活荷载标准值可取为 0.3kN/m²。门式刚架轻型房屋的风荷载和雪荷载应符合现行国家标准《门式刚架轻型房屋钢结构技术规范》GB 51022 的规定。

3.3.2 计算重级工作制吊车梁或吊车桁架及其制动结构的强度、稳定性以及连接的强度时，应考虑由起重机摆动引起的横向水平力，此水平力不宜与荷载规范规定的横向水平荷载同时考虑。作用于每个轮压处的横向水平力标准值可按下式计算：

$$H_k = \alpha P_{k,max} \tag{3.3.2}$$

式中：$P_{k,max}$ ——起重机最大轮压标准值（N）；

α ——系数，对软钩起重机，取 0.1；对抓斗或磁盘起重机，取 0.15；对硬钩起重机，取 0.2。

3.3.3 屋盖结构考虑悬挂起重机和电动葫芦的荷载时，在同一跨间每条运动线路上的台数：对梁式起重机不宜多于 2 台，对电动葫芦不宜多于 1 台。

3.3.4 计算冶炼车间或其他类似车间的工作平台结构时，由检修材料所产生的荷载对主梁可乘以 0.85，柱及基础可乘以 0.75。

3.3.5 在结构的设计过程中，当考虑温度变化的影响时，温度的变化范围可根据地点、环境、结构类型及使用功能等实际情况确定。当单层房屋和露天结构的温度区段长度不超过表 3.3.5 的数值时，一般情况下可不考虑温度应力和温度变形的影响。单层房屋和露天结构伸缩缝设置宜符合下列规定：

1 围护结构可根据具体情况参照有关规范单独设置伸缩缝；

2 无桥式起重机房屋的柱间支撑和有桥式起重机房屋吊车梁或吊车桁架以下的柱间支撑，宜对称布置于温度区段中部，当不对称布置时，上述柱间支撑的中点（两道柱间支撑时为两柱间支撑的中点）至温度区段端部的距离不宜大于表 3.3.5 纵向温度区段长度的 60%；

3 当横向为多跨高低屋面时，表 3.3.5 中横向

温度区段长度值可适当增加；

4 当有充分依据或可靠措施时，表 3.3.5 中数字可予以增减。

表 3.3.5 温度区段长度值（m）

结构情况	纵向温度区段（垂直屋架或构架跨度方向）	横向温度区段（沿屋架或构架跨度方向）	
		柱顶为刚接	柱顶为铰接
采暖房屋和非采暖地区的房屋	220	120	150
热车间和采暖地区的非采暖房屋	180	100	125
露天结构	120	—	—
围护构件为金属压型钢板的房屋	250	150	

3.4 结构或构件变形及舒适度的规定

3.4.1 结构或构件变形的容许值宜符合本标准附录 B 的规定。当有实践经验或有特殊要求时，可根据不影响正常使用和观感的原则对本标准附录 B 中的构件变形容许值进行调整。

3.4.2 计算结构或构件的变形时，可不考虑螺栓或铆钉孔引起的截面削弱。

3.4.3 横向受力构件可预先起拱，起拱大小应视实际需要而定，可取恒载标准值加 1/2 活载标准值所产生的挠度值。当仅为改善外观条件时，构件挠度应取在恒荷载和活荷载标准值作用下的挠度计算值减去起拱值。

3.4.4 竖向和水平荷载引起的构件和结构的振动，应满足正常使用或舒适度要求。

3.4.5 高层民用建筑钢结构舒适度验算应符合现行行业标准《高层民用建筑钢结构技术规程》JGJ 99 的规定。

3.5 截面板件宽厚比等级

3.5.1 进行受弯和压弯构件计算时，截面板件宽厚比等级及限值应符合表 3.5.1 的规定，其中参数 α_0 应按下式计算：

$$\alpha_0 = \frac{\sigma_{max} - \sigma_{min}}{\sigma_{max}} \tag{3.5.1}$$

式中：σ_{max} ——腹板计算边缘的最大压应力（N/mm²）；

σ_{min} ——腹板计算高度另一边缘相应的应力（N/mm²），压应力取正值，拉应力取负值。

表 3.5.1　压弯和受弯构件的截面板件宽厚比等级及限值

构件	截面板件宽厚比等级		S1 级	S2 级	S3 级	S4 级	S5 级
压弯构件（框架柱）	H 形截面	翼缘 b/t	$9\varepsilon_k$	$11\varepsilon_k$	$13\varepsilon_k$	$15\varepsilon_k$	20
		腹板 h_0/t_w	$(33+13\alpha_0^{1.3})\varepsilon_k$	$(38+13\alpha_0^{1.39})\varepsilon_k$	$(40+18\alpha_0^{1.5})\varepsilon_k$	$(45+25\alpha_0^{1.66})\varepsilon_k$	250
	箱形截面	壁板（腹板）间翼缘 b_0/t	$30\varepsilon_k$	$35\varepsilon_k$	$40\varepsilon_k$	$45\varepsilon_k$	—
	圆钢管截面	径厚比 D/t	$50\varepsilon_k^2$	$70\varepsilon_k^2$	$90\varepsilon_k^2$	$100\varepsilon_k^2$	—
受弯构件（梁）	工字形截面	翼缘 b/t	$9\varepsilon_k$	$11\varepsilon_k$	$13\varepsilon_k$	$15\varepsilon_k$	20
		腹板 h_0/t_w	$65\varepsilon_k$	$72\varepsilon_k$	$93\varepsilon_k$	$124\varepsilon_k$	250
	箱形截面	壁板（腹板）间翼缘 b_0/t	$25\varepsilon_k$	$32\varepsilon_k$	$37\varepsilon_k$	$42\varepsilon_k$	—

注：1　ε_k 为钢号修正系数，其值为 235 与钢材牌号中屈服点数值的比值的平方根；

2　b 为工字形、H 形截面的翼缘外伸宽度，t、h_0、t_w 分别是翼缘厚度、腹板净高和腹板厚度，对轧制型截面，腹板净高不包括翼缘腹板过渡处圆弧段；对于箱形截面，b_0、t 分别为壁板间的距离和壁板厚度；D 为圆管截面外径；

3　箱形截面梁及单向受弯的箱形截面柱，其腹板限值可根据 H 形截面腹板采用；

4　腹板的宽厚比可通过设置加劲肋减小；

5　当按国家标准《建筑抗震设计规范》GB 50011－2010 第 9.2.14 条第 2 款的规定设计，且 S5 级截面的板件宽厚比小于 S4 级经 ε_σ 修正的板件宽厚比时，可视作 C 类截面，ε_σ 为应力修正因子，$\varepsilon_\sigma=\sqrt{f_y/\sigma_{max}}$。

3.5.2　当按本标准第 17 章进行抗震性能化设计时，支撑截面板件宽厚比等级及限值应符合表 3.5.2 的规定。

表 3.5.2　支撑截面板件宽厚比等级及限值

截面板件宽厚比等级		BS1 级	BS2 级	BS3 级
H 形截面	翼缘 b/t	$8\varepsilon_k$	$9\varepsilon_k$	$10\varepsilon_k$
	腹板 h_0/t_w	$30\varepsilon_k$	$35\varepsilon_k$	$42\varepsilon_k$
箱形截面	壁板间翼缘 b_0/t	$25\varepsilon_k$	$28\varepsilon_k$	$32\varepsilon_k$
角钢	角钢肢宽厚比 w/t	$8\varepsilon_k$	$9\varepsilon_k$	$10\varepsilon_k$
圆钢管截面	径厚比 D/t	$40\varepsilon_k^2$	$56\varepsilon_k^2$	$72\varepsilon_k^2$

注：w 为角钢平直段长度。

4　材　料

4.1　钢材牌号及标准

4.1.1　钢材宜采用 Q235、Q345、Q390、Q420、Q460 和 Q345GJ 钢，其质量应分别符合现行国家标准《碳素结构钢》GB/T 700、《低合金高强度结构钢》GB/T 1591 和《建筑结构用钢板》GB/T 19879 的规定。结构用钢板、热轧工字钢、槽钢、角钢、H 型钢和钢管等型材产品的规格、外形、重量及允许偏差应符合国家现行相关标准的规定。

4.1.2　焊接承重结构为防止钢材的层状撕裂而采用 Z 向钢时，其质量应符合现行国家标准《厚度方向性能钢板》GB/T 5313 的规定。

4.1.3　处于外露环境，且对耐腐蚀有特殊要求或处于侵蚀性介质环境中的承重结构，可采用 Q235NH、Q355NH 和 Q415NH 牌号的耐候结构钢，其质量应符合现行国家标准《耐候结构钢》GB/T 4171 的规定。

4.1.4　非焊接结构用铸钢件的质量应符合现行国家标准《一般工程用铸造碳钢件》GB/T 11352 的规定，焊接结构用铸钢件的质量应符合现行国家标准《焊接结构用铸钢件》GB/T 7659 的规定。

4.1.5　当采用本标准未列出的其他牌号钢材时，宜按照现行国家标准《建筑结构可靠度设计统一标准》GB 50068 进行统计分析，研究确定其设计指标及适用范围。

4.2　连接材料型号及标准

4.2.1　钢结构用焊接材料应符合下列规定：

1　手工焊接所用的焊条应符合现行国家标准《非合金钢及细晶粒钢焊条》GB/T 5117 的规定，所选用的焊条型号应与主体金属力学性能相适应；

2　自动焊或半自动焊用焊丝应符合现行国家标准《熔化焊用钢丝》GB/T 14957、《气体保护电弧焊用碳钢、低合金钢焊丝》GB/T 8110、《碳钢药芯焊丝》GB/T 10045、《低合金钢药芯焊丝》GB/T 17493 的规定；

3 埋弧焊用焊丝和焊剂应符合现行国家标准《埋弧焊用碳钢焊丝和焊剂》GB/T 5293、《埋弧焊用低合金钢焊丝和焊剂》GB/T 12470 的规定。

4.2.2 钢结构用紧固件材料应符合下列规定：

1 钢结构连接用 4.6 级与 4.8 级普通螺栓（C 级螺栓）及 5.6 级与 8.8 级普通螺栓（A 级或 B 级螺栓），其质量应符合现行国家标准《紧固件机械性能 螺栓、螺钉和螺柱》GB/T 3098.1 和《紧固件公差 螺栓、螺钉、螺柱和螺母》GB/T 3103.1 的规定；C 级螺栓与 A 级、B 级螺栓的规格和尺寸应分别符合现行国家标准《六角头螺栓 C 级》GB/T 5780 与《六角头螺栓》GB/T 5782 的规定；

2 圆柱头焊（栓）钉连接件的质量应符合现行国家标准《电弧螺柱焊用圆柱头焊钉》GB/T 10433 的规定；

3 钢结构用大六角高强度螺栓的质量应符合现行国家标准《钢结构用高强度大六角头螺栓》GB/T 1228、《钢结构用高强度大六角螺母》GB/T 1229、《钢结构用高强度垫圈》GB/T 1230、《钢结构用高强度大六角头螺栓、大六角螺母、垫圈技术条件》GB/T 1231 的规定。扭剪型高强度螺栓的质量应符合现行国家标准《钢结构用扭剪型高强度螺栓连接副》GB/T 3632 的规定；

4 螺栓球节点用高强度螺栓的质量应符合现行国家标准《钢网架螺栓球节点用高强度螺栓》GB/T 16939 的规定；

5 连接用铆钉应采用 BL2 或 BL3 号钢制成，其质量应符合行业标准《标准件用碳素钢热轧圆钢及盘条》YB/T 4155-2006 的规定。

4.3 材料选用

4.3.1 结构钢材的选用应遵循技术可靠、经济合理的原则，综合考虑结构的重要性、荷载特征、结构形式、应力状态、连接方法、工作环境、钢材厚度和价格等因素，选用合适的钢材牌号和材性保证项目。

4.3.2 承重结构所用的钢材应具有屈服强度、抗拉强度、断后伸长率和硫、磷含量的合格保证，对焊接结构尚应具有碳当量的合格保证。焊接承重结构以及重要的非焊接承重结构采用的钢材应具有冷弯试验的合格保证；对直接承受动力荷载或需验算疲劳的构件所用钢材尚应具有冲击韧性的合格保证。

4.3.3 钢材质量等级的选用应符合下列规定：

1 A 级钢仅可用于结构工作温度高于 0℃ 的不需要验算疲劳的结构，且 Q235A 钢不宜用于焊接结构。

2 需验算疲劳的焊接结构用钢材应符合下列规定：

1）当工作温度高于 0℃ 时其质量等级不应低于 B 级；

2）当工作温度不高于 0℃ 但高于 -20℃ 时，Q235、Q345 钢不应低于 C 级，Q390、Q420 及 Q460 钢不应低于 D 级；

3）当工作温度不高于 -20℃ 时，Q235 钢和 Q345 钢不应低于 D 级，Q390 钢、Q420 钢、Q460 钢应选用 E 级。

3 需验算疲劳的非焊接结构，其钢材质量等级要求可较上述焊接结构降低一级但不应低于 B 级。吊车起重量不小于 50t 的中级工作制吊车梁，其质量等级要求应与需要验算疲劳的构件相同。

4.3.4 工作温度不高于 -20℃ 的受拉构件及承重构件的受拉板材应符合下列规定：

1 所用钢材厚度或直径不宜大于 40mm，质量等级不宜低于 C 级；

2 当钢材厚度或直径不小于 40mm 时，其质量等级不宜低于 D 级；

3 重要承重结构的受拉板材宜满足现行国家标准《建筑结构用钢板》GB/T 19879 的要求。

4.3.5 在 T 形、十字形和角形焊接的连接节点中，当其板件厚度不小于 40mm 且沿板厚方向有较高撕裂拉力作用，包括较高约束拉应力作用时，该部位板件钢材宜具有厚度方向抗撕裂性能即 Z 向性能的合格保证，其沿板厚方向断面收缩率不小于按现行国家标准《厚度方向性能钢板》GB/T 5313 规定的 Z15 级允许限值。钢板厚度方向承载性能等级应根据节点形式、板厚、熔深或焊缝尺寸、焊接时节点拘束度以及预热、后热情况等综合确定。

4.3.6 采用塑性设计的结构及进行弯矩调幅的构件，所采用的钢材应符合下列规定：

1 屈强比不应大于 0.85；

2 钢材应有明显的屈服台阶，且伸长率不应小于 20%。

4.3.7 钢管结构中的无加劲直接焊接相贯节点，其管材的屈强比不宜大于 0.8；与受拉构件焊接连接的钢管，当管壁厚度大于 25mm 且沿厚度方向承受较大拉应力时，应采取措施防止层状撕裂。

4.3.8 连接材料的选用应符合下列规定：

1 焊条或焊丝的型号和性能应与相应母材的性能相适应，其熔敷金属的力学性能应符合设计规定，且不应低于相应母材标准的下限值；

2 对直接承受动力荷载或需要验算疲劳的结构，以及低温环境下工作的厚板结构，宜采用低氢型焊条；

3 连接薄钢板采用的自攻螺钉、钢拉铆钉（环槽铆钉）、射钉等应符合有关标准的规定。

4.3.9 锚栓可选用 Q235、Q345、Q390 或强度更高的钢材，其质量等级不宜低于 B 级。工作温度不高于 -20℃ 时，锚栓尚应满足本标准第 4.3.4 条的要求。

4.4 设计指标和设计参数

4.4.1 钢材的设计用强度指标，应根据钢材牌号、厚度或直径按表 4.4.1 采用。

表 4.4.1　钢材的设计用强度指标（N/mm²）

钢材牌号		钢材厚度或直径（mm）	强度设计值			屈服强度 f_y	抗拉强度 f_u
			抗拉、抗压、抗弯 f	抗剪 f_v	端面承压（刨平顶紧） f_{ce}		
碳素结构钢	Q235	≤16	215	125	320	235	370
		>16，≤40	205	120		225	
		>40，≤100	200	115		215	
低合金高强度结构钢	Q345	≤16	305	175	400	345	470
		>16，≤40	295	170		335	
		>40，≤63	290	165		325	
		>63，≤80	280	160		315	
		>80，≤100	270	155		305	
	Q390	≤16	345	200	415	390	490
		>16，≤40	330	190		370	
		>40，≤63	310	180		350	
		>63，≤100	295	170		330	
	Q420	≤16	375	215	440	420	520
		>16，≤40	355	205		400	
		>40，≤63	320	185		380	
		>63，≤100	305	175		360	
	Q460	≤16	410	235	470	460	550
		>16，≤40	390	225		440	
		>40，≤63	355	205		420	
		>63，≤100	340	195		400	

注：1　表中直径指实芯棒材直径，厚度系指计算点的钢材或钢管壁厚度，对轴心受拉和轴心受压构件系指截面中较厚板件的厚度；

　　2　冷弯型材和冷弯钢管，其强度设计值应按国家现行有关标准的规定采用。

4.4.2 建筑结构用钢板的设计用强度指标，可根据钢材牌号、厚度或直径按表 4.4.2 采用。

表 4.4.2　建筑结构用钢板的设计用强度指标（N/mm²）

建筑结构用钢板	钢材厚度或直径（mm）	强度设计值			屈服强度 f_y	抗拉强度 f_u
		抗拉、抗压、抗弯 f	抗剪 f_v	端面承压（刨平顶紧） f_{ce}		
Q345GJ	>16，≤50	325	190	415	345	490
	>50，≤100	300	175		335	

4.4.3 结构用无缝钢管的强度指标应按表 4.4.3 采用。

表 4.4.3　结构用无缝钢管的强度指标（N/mm²）

钢管钢材牌号	壁厚（mm）	强度设计值			屈服强度 f_y	抗拉强度 f_u
		抗拉、抗压和抗弯 f	抗剪 f_v	端面承压（刨平顶紧） f_{ce}		
Q235	≤16	215	125	320	235	375
	>16，≤30	205	120		225	
	>30	195	115		215	
Q345	≤16	305	175	400	345	470
	>16，≤30	290	170		325	
	>30	260	150		295	
Q390	≤16	345	200	415	390	490
	>16，≤30	330	190		370	
	>30	310	180		350	
Q420	≤16	375	220	445	420	520
	>16，≤30	355	205		400	
	>30	340	195		380	
Q460	≤16	410	240	470	460	550
	>16，≤30	390	225		440	
	>30	355	205		420	

4.4.4 铸钢件的强度设计值应按表 4.4.4 采用。

表 4.4.4　铸钢件的强度设计值（N/mm²）

类别	钢号	铸件厚度（mm）	抗拉、抗压和抗弯 f	抗剪 f_v	端面承压（刨平顶紧） f_{ce}
非焊接结构用铸钢件	ZG230-450	≤100	180	105	290
	ZG270-500		210	120	325
	ZG310-570		240	140	370
焊接结构用铸钢件	ZG230-450H	≤100	180	105	290
	ZG270-480H		210	120	310
	ZG300-500H		235	135	325
	ZG340-550H		265	150	355

注：表中强度设计值仅适用于本表规定的厚度。

4.4.5 焊缝的强度指标应按表 4.4.5 采用并应符合下列规定：

1 手工焊用焊条、自动焊和半自动焊所采用的焊丝和焊剂，应保证其熔敷金属的力学性能不低于母材的性能。

2 焊缝质量等级应符合现行国家标准《钢结构焊接规范》GB 50661 的规定，其检验方法应符合现行国家标准《钢结构工程施工质量验收规范》GB 50205 的规定。其中厚度小于 6mm 钢材的对接焊缝，不应采用超声波探伤确定焊缝质量等级。

3 对接焊缝在受压区的抗弯强度设计值取 f_c^w，在受拉区的抗弯强度设计值取 f_t^w。

4 计算下列情况的连接时，表 4.4.5 规定的强度设计值应乘以相应的折减系数；几种情况同时存在时，其折减系数应连乘：

1）施工条件较差的高空安装焊缝应乘以系数 0.9；

2）进行无垫板的单面施焊对接焊缝的连接计算应乘折减系数 0.85。

4.4.6 螺栓连接的强度指标应按表 4.4.6 采用。

表 4.4.5 焊缝的强度指标（N/mm²）

焊接方法和焊条型号	构件钢材		对接焊缝强度设计值				角焊缝强度设计值	对接焊缝抗拉强度 f_u^w	角焊缝抗拉、抗压和抗剪强度 f_u^f
	牌号	厚度或直径（mm）	抗压 f_c^w	焊缝质量为下列等级时，抗拉 f_t^w		抗剪 f_v^w	抗拉、抗压和抗剪 f_f^w		
				一级、二级	三级				
自动焊、半自动焊和 E43 型焊条手工焊	Q235	≤16	215	215	185	125	160	415	240
		>16，≤40	205	205	175	120			
		>40，≤100	200	200	170	115			
自动焊、半自动焊和 E50、E55 型焊条手工焊	Q345	≤16	305	305	260	175	200	480（E50）540（E55）	280（E50）315（E55）
		>16，≤40	295	295	250	170			
		>40，≤63	290	290	245	165			
		>63，≤80	280	280	240	160			
		>80，≤100	270	270	230	155			
	Q390	≤16	345	345	295	200	200（E50）220（E55）		
		>16，≤40	330	330	280	190			
		>40，≤63	310	310	265	180			
		>63，≤100	295	295	250	170			
自动焊、半自动焊和 E55、E60 型焊条手工焊	Q420	≤16	375	375	320	215	220（E55）240（E60）	540（E55）590（E60）	315（E55）340（E60）
		>16，≤40	355	355	300	205			
		>40，≤63	320	320	270	185			
		>63，≤100	305	305	260	175			
自动焊、半自动焊和 E55、E60 型焊条手工焊	Q460	≤16	410	410	350	235	220（E55）240（E60）	540（E55）590（E60）	315（E55）340（E60）
		>16，≤40	390	390	330	225			
		>40，≤63	355	355	300	205			
		>63，≤100	340	340	290	195			
自动焊、半自动焊和 E50、E55 型焊条手工焊	Q345GJ	>16，≤35	310	310	265	180	200	480（E50）540（E55）	280（E50）315（E55）
		>35，≤50	290	290	245	170			
		>50，≤100	285	285	240	165			

注：表中厚度系指计算点的钢材厚度，对轴心受拉和轴心受压构件系指截面中较厚板件的厚度。

表 4.4.6　螺栓连接的强度指标（N/mm²）

螺栓的性能等级、锚栓和构件钢材的牌号	强度设计值										高强度螺栓的抗拉强度 f_u^b
	普通螺栓						锚栓	承压型连接或网架用高强度螺栓			
	C 级螺栓			A 级、B 级螺栓							
	抗拉 f_t^b	抗剪 f_v^b	承压 f_c^b	抗拉 f_t^b	抗剪 f_v^b	承压 f_c^b	抗拉 f_t^a	抗拉 f_t^b	抗剪 f_v^b	承压 f_c^b	
普通螺栓　4.6 级、4.8 级	170	140	—	—	—	—	—	—	—	—	—
5.6 级	—	—	—	210	190	—	—	—	—	—	—
8.8 级	—	—	—	400	320	—	—	—	—	—	—
锚栓　Q235	—	—	—	—	—	—	140	—	—	—	—
Q345	—	—	—	—	—	—	180	—	—	—	—
Q390	—	—	—	—	—	—	185	—	—	—	—
承压型连接高强度螺栓　8.8 级	—	—	—	—	—	—	—	400	250	—	830
10.9 级	—	—	—	—	—	—	—	500	310	—	1040
螺栓球节点用高强度螺栓　9.8 级	—	—	—	—	—	—	—	385	—	—	—
10.9 级	—	—	—	—	—	—	—	430	—	—	—
构件钢材牌号　Q235	—	—	305	—	—	405	—	—	—	470	—
Q345	—	—	385	—	—	510	—	—	—	590	—
Q390	—	—	400	—	—	530	—	—	—	615	—
Q420	—	—	425	—	—	560	—	—	—	655	—
Q460	—	—	450	—	—	595	—	—	—	695	—
Q345GJ	—	—	400	—	—	530	—	—	—	615	—

注：1　A 级螺栓用于 d≤24mm 和 L≤10d 或 L≤150mm（按较小值）的螺栓；B 级螺栓用于 d>24mm 和 L>10d 或 L>150mm（按较小值）的螺栓；d 为公称直径，L 为螺栓公称长度；

2　A 级、B 级螺栓孔的精度和孔壁表面粗糙度，C 级螺栓孔的允许偏差和孔壁表面粗糙度，均应符合现行国家标准《钢结构工程施工质量验收规范》GB 50205 的要求；

3　用于螺栓球节点网架的高强度螺栓，M12～M36 为 10.9 级，M39～M64 为 9.8 级。

4.4.7　铆钉连接的强度设计值应按表 4.4.7 采用，并应按下列规定乘以相应的折减系数，当下列几种情况同时存在时，其折减系数应连乘：

　　1　施工条件较差的铆钉连接应乘以系数 0.9；

　　2　沉头和半沉头铆钉连接应乘以系数 0.8。

表 4.4.7　铆钉连接的强度设计值（N/mm²）

铆钉钢号和构件钢材牌号	抗拉（钉头拉脱）f_t^r	抗剪 f_v^r		承压 f_c^r	
		I 类孔	II 类孔	I 类孔	II 类孔
铆钉　BL2 或 BL3	120	185	155	—	—
构件钢材牌号　Q235	—	—	—	450	365
Q345	—	—	—	565	460
Q390	—	—	—	590	480

注：1　属于下列情况者为 I 类孔：

　　　1）在装配好的构件上按设计孔径钻成的孔；

　　　2）在单个零件和构件上按设计孔径分别用钻模钻成的孔；

　　　3）在单个零件上先钻成或冲成较小的孔径，然后在装配好的构件上再扩钻至设计孔径的孔。

　　2　在单个零件上一次冲成或不用钻模钻成设计孔径的孔属于 II 类孔。

4.4.8　钢材和铸钢件的物理性能指标应按表 4.4.8 采用。

表 4.4.8　钢材和铸钢件的物理性能指标

弹性模量 E（N/mm²）	剪变模量 G（N/mm²）	线膨胀系数 α（以每℃计）	质量密度 ρ（kg/m³）
206×10³	79×10³	12×10⁻⁶	7850

5　结构分析与稳定性设计

5.1　一　般　规　定

5.1.1　建筑结构的内力和变形可按结构静力学方法进行弹性或弹塑性分析，采用弹性分析结果进行设计时，截面板件宽厚比等级为 S1 级、S2 级、S3 级的构件可有塑性变形发展。

5.1.2　结构稳定性设计应在结构分析或构件设计中考虑二阶效应。

5.1.3　结构的计算模型和基本假定应与构件连接的实际性能相符合。

5.1.4 框架结构的梁柱连接宜采用刚接或铰接。梁柱采用半刚性连接时，应计入梁柱交角变化的影响，在内力分析时，应假定连接的弯矩-转角曲线，并在节点设计时，保证节点的构造与假定的弯矩-转角曲线符合。

5.1.5 进行桁架杆件内力计算时应符合下列规定：

1 计算桁架杆件轴力时可采用节点铰接假定；

2 采用节点板连接的桁架腹杆及荷载作用于节点的弦杆，其杆件截面为单角钢、双角钢或 T 形钢时，可不考虑节点刚性引起的弯矩效应；

3 除无斜腹杆的空腹桁架外，直接相贯连接的钢管结构节点，当符合本标准第 13 章各类节点的几何参数适用范围且主管节间长度与截面高度或直径之比不小于 12、支管杆间长度与截面高度或直径之比不小于 24 时，可视为铰接节点；

4 H 形或箱形截面杆件的内力计算宜符合本标准第 8.5 节的规定。

5.1.6 结构内力分析可采用一阶弹性分析、二阶 P-Δ 弹性分析或直接分析，应根据下列公式计算的最大二阶效应系数 $\theta^{II}_{i,\max}$ 选用适当的结构分析方法。当 $\theta^{II}_{i,\max} \leqslant 0.1$ 时，可采用一阶弹性分析；当 $0.1 < \theta^{II}_{i,\max} \leqslant 0.25$ 时，宜采用二阶 P-Δ 弹性分析或采用直接分析；当 $\theta^{II}_{i,\max} > 0.25$ 时，应增大结构的侧移刚度或采用直接分析。

1 规则框架结构的二阶效应系数可按下式计算：

$$\theta^{II}_i = \frac{\sum N_i \cdot \Delta u_i}{\sum H_{ki} \cdot h_i} \qquad (5.1.6-1)$$

式中：$\sum N_i$ ——所计算 i 楼层各柱轴心压力设计值之和（N）；

$\sum H_{ki}$ ——产生层间侧移 Δu 的计算楼层及以上各层的水平力标准值之和（N）；

h_i ——所计算 i 楼层的层高（mm）；

Δu_i ——$\sum H_{ki}$ 作用下按一阶弹性分析求得的计算楼层的层间侧移（mm）。

2 一般结构的二阶效应系数可按下式计算：

$$\theta^{II}_i = \frac{1}{\eta_{cr}} \qquad (5.1.6-2)$$

式中：η_{cr} ——整体结构最低阶弹性临界荷载与荷载设计值的比值。

5.1.7 二阶 P-Δ 弹性分析应考虑结构整体初始几何缺陷的影响，直接分析应考虑初始几何缺陷和残余应力的影响。

5.1.8 当对结构进行连续倒塌分析、抗火分析或在其他极端荷载作用下的结构分析时，可采用静力直接分析或动力直接分析。

5.1.9 以整体受压或受拉为主的大跨度钢结构的稳定性分析应采用二阶 P-Δ 弹性分析或直接分析。

5.2 初 始 缺 陷

5.2.1 结构整体初始几何缺陷模式可按最低阶整体屈曲模态采用。框架及支撑结构整体初始几何缺陷代表值的最大值 Δ_0（图 5.2.1-1）可取为 $H/250$，H 为结构总高度。框架及支撑结构整体初始几何缺陷代表值也可按式（5.2.1-1）确定（图 5.2.1-1）；或可通过在每层柱顶施加假想水平力 H_{ni} 等效考虑，假想水平力可按式（5.2.1-2）计算，施加方向应考虑荷载的最不利组合（图 5.2.1-2）。

$$\Delta_i = \frac{h_i}{250}\sqrt{0.2 + \frac{1}{n_s}} \qquad (5.2.1-1)$$

$$H_{ni} = \frac{G_i}{250}\sqrt{0.2 + \frac{1}{n_s}} \qquad (5.2.1-2)$$

式中：Δ_i ——所计算第 i 楼层的初始几何缺陷代表值（mm）；

n_s ——结构总层数，当 $\sqrt{0.2 + \frac{1}{n_s}} < \frac{2}{3}$ 时取此根号值为 $\frac{2}{3}$；当 $\sqrt{0.2 + \frac{1}{n_s}} > 1.0$ 时，取此根号值为 1.0；

h_i ——所计算楼层的高度（mm）；

G_i ——第 i 楼层的总重力荷载设计值（N）。

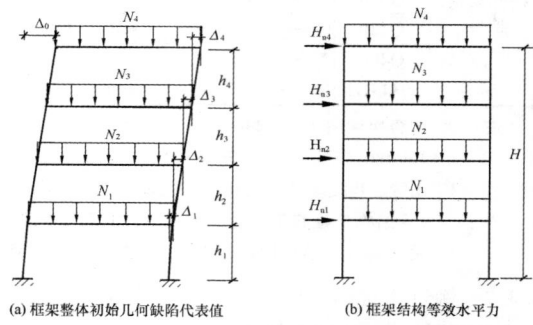

(a) 框架整体初始几何缺陷代表值   (b) 框架结构等效水平力

图 5.2.1-1 框架结构整体初始几何缺陷
代表值及等效水平力

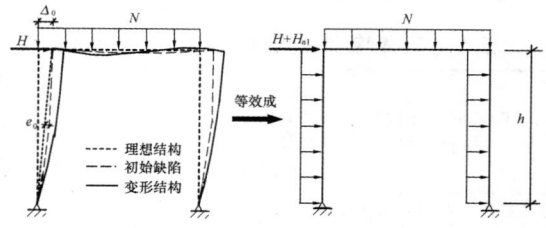

图 5.2.1-2 框架结构计算模型
h—层高；H—水平力；H_{n1}—假想水平力；
e_0—构件中点处的初始变形值

5.2.2 构件的初始缺陷代表值可按式（5.2.2-1）计算确定，该缺陷值包括了残余应力的影响［图 5.2.2（a）］。构件的初始缺陷也可采用假想均布荷载进行等效简化计算，假想均布荷载可按式（5.2.2-2）确定［图 5.2.2（b）］。

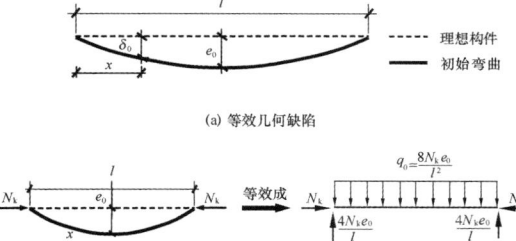

(a) 等效几何缺陷

(b) 假想均布荷载

图 5.2.2 构件的初始缺陷

$$\delta_0 = e_0 \sin \frac{\pi x}{l} \qquad (5.2.2-1)$$

$$q_0 = \frac{8N_k e_0}{l^2} \qquad (5.2.2-2)$$

式中：δ_0 ——离构件端部 x 处的初始变形值（mm）；

e_0 ——构件中点处的初始变形值（mm）；

x ——离构件端部的距离（mm）；

l ——构件的总长度（mm）；

q_0 ——等效分布荷载（N/mm）；

N_k ——构件承受的轴力标准值（N）。

构件初始弯曲缺陷值 $\frac{e_0}{l}$，当采用直接分析不考虑材料弹塑性发展时，可按表 5.2.2 取构件综合缺陷代表值；当按本标准第 5.5 节采用直接分析考虑材料弹塑性发展时，应按本标准第 5.5.8 条或第 5.5.9 条考虑构件初始缺陷。

表 5.2.2　构件综合缺陷代表值

对应于表 7.2.1-1 和表 7.2.1-2 中的柱子曲线	二阶分析采用的 $\frac{e_0}{l}$ 值
a 类	1/400
b 类	1/350
c 类	1/300
d 类	1/250

5.3　一阶弹性分析与设计

5.3.1　钢结构的内力和位移计算采用一阶弹性分析时，应按本标准第 6 章～第 8 章的有关规定进行构件设计，并应按本标准有关规定进行连接和节点设计。

5.3.2　对于形式和受力复杂的结构，当采用一阶弹性分析方法进行结构分析与设计时，应按结构弹性稳定理论确定构件的计算长度系数，并应按本标准第 6 章～第 8 章的有关规定进行构件设计。

5.4　二阶 $P\text{-}\Delta$ 弹性分析与设计

5.4.1　采用仅考虑 $P\text{-}\Delta$ 效应的二阶弹性分析时，应按本标准第 5.2.1 条考虑结构的整体初始缺陷，计算结构在各种荷载或作用设计值下的内力和标准值下的

位移，并应按本标准第 6 章～第 8 章的有关规定进行各结构构件的设计，同时应按本标准的有关规定进行连接和节点设计。计算构件轴心受压稳定承载力时，构件计算长度系数 μ 可取 1.0 或其他认可的值。

5.4.2　二阶 $P\text{-}\Delta$ 效应可按近似的二阶理论对一阶弯矩进行放大来考虑。对无支撑框架结构，杆件杆端的弯矩 M_Δ^{II} 也可采用下列近似公式进行计算：

$$M_\Delta^{\mathrm{II}} = M_q + \alpha_i^{\mathrm{II}} M_H \qquad (5.4.2-1)$$

$$\alpha_i^{\mathrm{II}} = \frac{1}{1 - \theta_i^{\mathrm{II}}} \qquad (5.4.2-2)$$

式中：M_q ——结构在竖向荷载作用下的一阶弹性弯矩（N·mm）；

M_Δ^{II} ——仅考虑 $P\text{-}\Delta$ 效应的二阶弯矩（N·mm）；

M_H ——结构在水平荷载作用下的一阶弹性弯矩（N·mm）；

θ_i^{II} ——二阶效应系数，可按本标准第 5.1.6 条规定采用；

α_i^{II} ——第 i 层杆件的弯矩增大系数，当 $\alpha_i^{\mathrm{II}} > 1.33$ 时，宜增大结构的侧移刚度。

5.5　直接分析设计法

5.5.1　直接分析设计法应采用考虑二阶 $P\text{-}\Delta$ 和 $P\text{-}\delta$ 效应，按本标准第 5.2.1 条、第 5.2.2 条、第 5.5.8 条和第 5.5.9 条同时考虑结构和构件的初始缺陷、节点连接刚度和其他对结构稳定性有显著影响的因素，允许材料的弹塑性发展和内力重分布，获得各种荷载设计值（作用）下的内力和标准值（作用）下位移，同时在分析的所有阶段，各结构构件的设计均应符合本标准第 6 章～第 8 章的有关规定，但不需要按计算长度法进行构件受压稳定承载力验算。

5.5.2　直接分析不考虑材料弹塑性发展时，结构分析应限于第一个塑性铰的形成，对应的荷载水平不应低于荷载设计值，不允许进行内力重分布。

5.5.3　直接分析法按二阶弹塑性分析时宜采用塑性铰法或塑性区法。塑性铰形成的区域，构件和节点应有足够的延性保证以便内力重分布，允许一个或者多个塑性铰产生，构件的极限状态应根据设计目标及构件在整个结构中的作用来确定。

5.5.4　直接分析法按二阶弹塑性分析时，钢材的应力-应变关系可为理想弹塑性，屈服强度可取本标准规定的强度设计值，弹性模量可按本标准第 4.4.8 条采用。

5.5.5　直接分析法按二阶弹塑性分析时，钢结构构件截面应为双轴对称截面或单轴对称截面，塑性铰处截面板件宽厚比等级应为 S1 级、S2 级，其出现的截面或区域应保证有足够的转动能力。

5.5.6　当结构采用直接分析设计法进行连续倒塌分析时，结构材料的应力-应变关系宜考虑应变率的影

响；进行抗火分析时，应考虑结构材料在高温下的应力-应变关系对结构和构件内力产生的影响。

5.5.7 结构和构件采用直接分析设计法进行分析和设计时，计算结果可直接作为承载能力极限状态和正常使用极限状态下的设计依据，应按下列公式进行构件截面承载力验算：

1 当构件有足够侧向支撑以防止侧向失稳时：

$$\frac{N}{Af} + \frac{M_x^{II}}{M_{cx}} + \frac{M_y^{II}}{M_{cy}} \leqslant 1.0 \quad (5.5.7\text{-}1)$$

当构件可能产生侧向失稳时：

$$\frac{N}{Af} + \frac{M_x^{II}}{\varphi_b W_x f} + \frac{M_y^{II}}{M_{cy}} \leqslant 1.0 \quad (5.5.7\text{-}2)$$

2 当截面板件宽厚比等级不符合 S2 级要求时，构件不允许形成塑性铰，受弯承载力设计值应按式（5.5.7-3）、式（5.5.7-4）确定：

$$M_{cx} = \gamma_x W_x f \quad (5.5.7\text{-}3)$$
$$M_{cy} = \gamma_y W_y f \quad (5.5.7\text{-}4)$$

当截面板件宽厚比等级符合 S2 级要求时，不考虑材料弹塑性发展时，受弯承载力设计值应按式（5.5.7-3）、式（5.5.7-4）确定，按二阶弹塑性分析时，受弯承载力设计值应按式（5.5.7-5）、式（5.5.7-6）确定：

$$M_{cx} = W_{px} f \quad (5.5.7\text{-}5)$$
$$M_{cy} = W_{py} f \quad (5.5.7\text{-}6)$$

式中：M_x^{II}、M_y^{II} ——分别为绕 x 轴、y 轴的二阶弯矩设计值，可由结构分析直接得到（N·mm）；

　　　　A ——构件的毛截面面积（mm²）；

　　　　M_{cx}、M_{cy} ——分别为绕 x 轴、y 轴的受弯承载力设计值（N·mm）；

　　　　W_x、W_y ——当构件板件宽厚比等级为 S1 级、S2 级、S3 级或 S4 级时，为构件绕 x 轴、y 轴的毛截面模量；当构件板件宽厚比等级为 S5 级时，为构件绕 x 轴、y 轴的有效截面模量（mm³）；

　　　　W_{px}、W_{py} ——构件绕 x 轴、y 轴的塑性毛截面模量（mm³）；

　　　　γ_x、γ_y ——截面塑性发展系数，应按本标准第 6.1.2 条的规定采用；

　　　　φ_b ——梁的整体稳定系数，应按本标准附录 C 确定。

5.5.8 采用塑性铰法进行直接分析设计时，除应按本标准第 5.2.1 条、第 5.2.2 条考虑初始缺陷外，当受压构件所受轴力大于 $0.5Af$ 时，其弯曲刚度还应乘以刚度折减系数 0.8。

5.5.9 采用塑性区法进行直接分析设计时，应按不小于 1/1000 的出厂加工精度考虑构件的初始几何缺陷，并考虑初始残余应力。

5.5.10 大跨度钢结构体系的稳定性分析宜采用直接分析法。结构整体初始几何缺陷模式可按最低阶整体屈曲模态采用，最大缺陷值可取 $L/300$，L 为结构跨度。构件的初始缺陷可按本标准第 5.2.2 条的规定采用。

6 受弯构件

6.1 受弯构件的强度

6.1.1 在主平面内受弯的实腹式构件，其受弯强度应按下式计算：

$$\frac{M_x}{\gamma_x W_{nx}} + \frac{M_y}{\gamma_y W_{ny}} \leqslant f \quad (6.1.1)$$

式中：M_x、M_y ——同一截面处绕 x 轴和 y 轴的弯矩设计值（N·mm）；

　　　　W_{nx}、W_{ny} ——对 x 轴和 y 轴的净截面模量，当截面板件宽厚比等级为 S1 级、S2 级、S3 级或 S4 级时，应取全截面模量，当截面板件宽厚比等级为 S5 级时，应取有效截面模量，均匀受压翼缘有效外伸宽度可取 $15\varepsilon_k$，腹板有效截面可按本标准第 8.4.2 条的规定采用（mm³）；

　　　　γ_x、γ_y ——对主轴 x、y 的截面塑性发展系数，应按本标准第 6.1.2 条的规定取值；

　　　　f ——钢材的抗弯强度设计值（N/mm²）。

6.1.2 截面塑性发展系数应按下列规定取值：

1 对工字形和箱形截面，当截面板件宽厚比等级为 S4 或 S5 级时，截面塑性发展系数应取为 1.0，当截面板件宽厚比等级为 S1 级、S2 级及 S3 级时，截面塑性发展系数应按下列规定取值：

　　1）工字形截面（x 轴为强轴，y 轴为弱轴）：$\gamma_x = 1.05$，$\gamma_y = 1.20$；

　　2）箱形截面：$\gamma_x = \gamma_y = 1.05$。

2 其他截面的塑性发展系数可按本标准表 8.1.1 采用。

3 对需要计算疲劳的梁，宜取 $\gamma_x = \gamma_y = 1.0$。

6.1.3 在主平面内受弯的实腹式构件，除考虑腹板屈曲后强度者外，其受剪强度应按下式计算：

$$\tau = \frac{VS}{It_w} \leqslant f_v \quad (6.1.3)$$

式中：V ——计算截面沿腹板平面作用的剪力设计值（N）；

　　　　S ——计算剪应力处以上（或以下）毛截面对中和轴的面积矩（mm³）；

　　　　I ——构件的毛截面惯性矩（mm⁴）；

t_w —— 构件的腹板厚度（mm）；

f_v —— 钢材的抗剪强度设计值（N/mm²）。

6.1.4 当梁受集中荷载且该荷载处又未设置支承加劲肋时，其计算应符合下列规定：

1 当梁上翼缘受有沿腹板平面作用的集中荷载且该荷载处又未设置支承加劲肋时，腹板计算高度上边缘的局部承压强度应按下列公式计算：

$$\sigma_c = \frac{\psi F}{t_w l_z} \leqslant f \qquad (6.1.4\text{-}1)$$

$$l_z = 3.25 \sqrt[3]{\frac{I_R + I_f}{t_w}} \qquad (6.1.4\text{-}2)$$

或

$$l_z = a + 5h_y + 2h_R \qquad (6.1.4\text{-}3)$$

式中：F —— 集中荷载设计值，对动力荷载应考虑动力系数（N）；

ψ —— 集中荷载的增大系数；对重级工作制吊车梁，$\psi = 1.35$；对其他梁，$\psi = 1.0$；

l_z —— 集中荷载在腹板计算高度上边缘的假定分布长度，宜按式（6.1.4-2）计算，也可采用简化式（6.1.4-3）计算（mm）；

I_R —— 轨道绕自身形心轴的惯性矩（mm⁴）；

I_f —— 梁上翼缘绕翼缘中面的惯性矩（mm⁴）；

a —— 集中荷载沿梁跨度方向的支承长度（mm），对钢轨上的轮压可取 50mm；

h_y —— 自梁顶面至腹板计算高度上边缘的距离；对焊接梁为上翼缘厚度，对轧制工字形截面梁，是梁顶面到腹板过渡完成点的距离（mm）；

h_R —— 轨道的高度，对梁顶无轨道的梁取值为 0（mm）；

f —— 钢材的抗压强度设计值（N/mm²）。

2 在梁的支座处，当不设置支承加劲肋时，也应按式（6.1.4-1）计算腹板计算高度下边缘的局部压应力，但 ψ 取 1.0。支座集中反力的假定分布长度，应根据支座具体尺寸按式（6.1.4-3）计算。

6.1.5 在梁的腹板计算高度边缘处，若同时承受较大的正应力、剪应力和局部压应力，或同时承受较大的正应力和剪应力时，其折算应力应按下列公式计算：

$$\sqrt{\sigma^2 + \sigma_c^2 - \sigma\sigma_c + 3\tau^2} \leqslant \beta_1 f \qquad (6.1.5\text{-}1)$$

$$\sigma = \frac{M}{I_n} y_1 \qquad (6.1.5\text{-}2)$$

式中：σ、τ、σ_c —— 腹板计算高度边缘同一点上同时产生的正应力、剪应力和局部压应力，τ 和 σ_c 应按本标准式（6.1.3）和式（6.1.4-1）计算，σ 应按式（6.1.5-2）计算，σ 和 σ_c 以拉应力为正值，压应力为负值（N/mm²）；

I_n —— 梁净截面惯性矩（mm⁴）；

y_1 —— 所计算点至梁中和轴的距离（mm）；

β_1 —— 强度增大系数；当 σ 与 σ_c 异号时，取 $\beta_1 = 1.2$；当 σ 与 σ_c 同号或 $\sigma_c = 0$ 时，取 $\beta_1 = 1.1$。

6.2 受弯构件的整体稳定

6.2.1 当铺板密铺在梁的受压翼缘上并与其牢固相连，能阻止梁受压翼缘的侧向位移时，可不计算梁的整体稳定性。

6.2.2 除本标准第 6.2.1 条所规定情况外，在最大刚度主平面内受弯的构件，其整体稳定性应按下式计算：

$$\frac{M_x}{\varphi_b W_x f} \leqslant 1.0 \qquad (6.2.2)$$

式中：M_x —— 绕强轴作用的最大弯矩设计值（N·mm）；

W_x —— 按受压最大纤维确定的梁毛截面模量，当截面板件宽厚比等级为 S1 级、S2 级、S3 级或 S4 级时，应取全截面模量；当截面板件宽厚比等级为 S5 级时，应取有效截面模量，均匀受压翼缘有效外伸宽度可取 $15\varepsilon_k$，腹板有效截面可按本标准第 8.4.2 条的规定采用（mm³）；

φ_b —— 梁的整体稳定性系数，应按本标准附录 C 确定。

6.2.3 除本标准第 6.2.1 条所指情况外，在两个主平面受弯的 H 型钢截面或工字形截面构件，其整体稳定性应按下式计算：

$$\frac{M_x}{\varphi_b W_x f} + \frac{M_y}{\gamma_y W_y f} \leqslant 1.0 \qquad (6.2.3)$$

式中：W_y —— 按受压最大纤维确定的对 y 轴的毛截面模量（mm³）；

φ_b —— 绕强轴弯曲所确定的梁整体稳定系数，应按本标准附录 C 计算。

6.2.4 当箱形截面简支梁符合本标准第 6.2.1 条的要求或其截面尺寸（图 6.2.4）满足 $h/b_0 \leqslant 6$，l_1/b_0

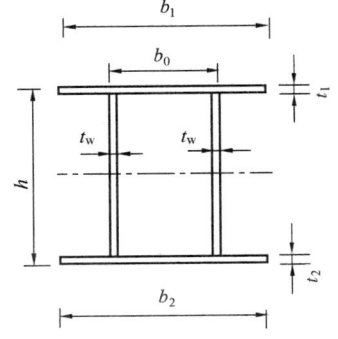

图 6.2.4 箱形截面

$\leqslant 95\varepsilon_k^2$ 时，可不计算整体稳定性，l_1 为受压翼缘侧向支承点间的距离（梁的支座处视为有侧向支承）。

6.2.5 梁的支座处应采取构造措施，以防止梁端截面的扭转。当简支梁仅腹板与相邻构件相连，钢梁稳定性计算时侧向支承点距离应取实际距离的 1.2 倍。

6.2.6 用作减小梁受压翼缘自由长度的侧向支撑，其支撑力应将梁的受压翼缘视为轴心压杆计算。

6.2.7 支座承担负弯矩且梁顶有混凝土楼板时，框架梁下翼缘的稳定性计算应符合下列规定：

1 当 $\lambda_{n,b} \leqslant 0.45$ 时，可不计算框架梁下翼缘的稳定性。

2 当不满足本条第 1 款时，框架梁下翼缘的稳定性应按下列公式计算：

$$\frac{M_x}{\varphi_d W_{1x} f} \leqslant 1.0 \qquad (6.2.7-1)$$

$$\lambda_e = \pi \lambda_{n,b} \sqrt{\frac{E}{f_y}} \qquad (6.2.7-2)$$

$$\lambda_{n,b} = \sqrt{\frac{f_y}{\sigma_{cr}}} \qquad (6.2.7-3)$$

$$\sigma_{cr} = \frac{3.46 b_1 t_1^3 + h_w t_w^3 (7.27\gamma + 3.3)\varphi_1}{h_w^2 (12 b_1 t_1 + 1.78 h_w t_w)} E$$

$$(6.2.7-4)$$

$$\gamma = \frac{b_1}{t_w} \sqrt{\frac{b_1 t_1}{h_w t_w}} \qquad (6.2.7-5)$$

$$\varphi_1 = \frac{1}{2} \left(\frac{5.436 \gamma h_w^2}{l^2} + \frac{l^2}{5.436 \gamma h_w^2} \right)$$

$$(6.2.7-6)$$

式中：b_1 ——受压翼缘的宽度（mm）；

t_1 ——受压翼缘的厚度（mm）；

W_{1x} ——弯矩作用平面内对受压最大纤维的毛截面模量（mm^3）；

φ_d ——稳定系数，根据换算长细比 λ_e 按本标准附录 D 表 D.0.2 采用；

$\lambda_{n,b}$ ——正则化长细比；

σ_{cr} ——畸变屈曲临界应力（N/mm^2）；

l ——当框架主梁支承次梁且次梁高度不小于主梁高度一半时，取次梁到框架柱的净距；除此情况外，取梁净距的一半（mm）。

3 当不满足本条第 1 款、第 2 款时，在侧向未受约束的受压翼缘区段内，应设置隅撑或沿梁长间距不大于 2 倍梁高并与梁等宽的横向加劲肋。

6.3 局 部 稳 定

6.3.1 承受静力荷载和间接承受动力荷载的焊接截面梁可考虑腹板屈曲后强度，按本标准第 6.4 节的规定计算其受弯和受剪承载力。不考虑腹板屈曲后强度时，当 $h_0/t_w > 80\varepsilon_k$ 时，焊接截面梁应计算腹板的稳定性。h_0 为腹板的计算高度，t_w 为腹板的厚度。轻级、中级工作制吊车梁计算腹板的稳定性时，吊车轮压设计值可乘以折减系数 0.9。

6.3.2 焊接截面梁腹板配置加劲肋应符合下列规定：

1 当 $h_0/t_w \leqslant 80\varepsilon_k$ 时，对有局部压应力的梁，宜按构造配置横向加劲肋；当局部压应力较小时，可不配置加劲肋。

2 直接承受动力荷载的吊车梁及类似构件，应按下列规定配置加劲肋（图 6.3.2）：

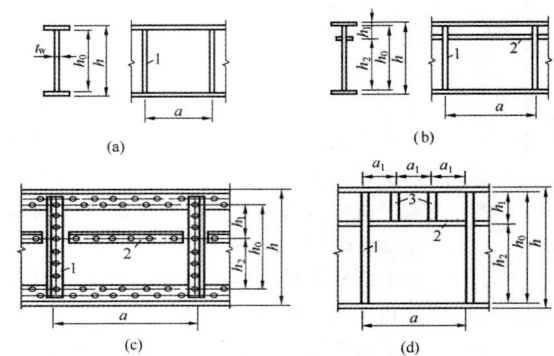

图 6.3.2 加劲肋布置
1—横向加劲肋；2—纵向加劲肋；3—短加劲肋

1）当 $h_0/t_w > 80\varepsilon_k$ 时，应配置横向加劲肋；

2）当受压翼缘扭转受到约束且 $h_0/t_w > 170\varepsilon_k$、受压翼缘扭转未受到约束且 $h_0/t_w > 150\varepsilon_k$，或按计算需要时，应在弯曲应力较大区格的受压区增加配置纵向加劲肋。局部压应力很大的梁，必要时尚宜在受压区配置短加劲肋；对单轴对称梁，当确定是否要配置纵向加劲肋时，h_0 应取腹板受压区高度 h_c 的 2 倍。

3 不考虑腹板屈曲后强度时，当 $h_0/t_w > 80\varepsilon_k$ 时，宜配置横向加劲肋。

4 h_0/t_w 不宜超过 250。

5 梁的支座处和上翼缘受有较大固定集中荷载处，宜设置支承加劲肋。

6 腹板的计算高度 h_0 应按下列规定采用：对轧制型钢梁，为腹板与上、下翼缘相接处两内弧起点间的距离；对焊接截面梁，为腹板高度；对高强度螺栓连接（或铆接）梁，为上、下翼缘与腹板连接的高强度螺栓（或铆钉）线间最近距离（图 6.3.2）。

6.3.3 仅配置横向加劲肋的腹板［图 6.3.2（a）］，其各区格的局部稳定应按下列公式计算：

$$\left(\frac{\sigma}{\sigma_{cr}}\right)^2 + \left(\frac{\tau}{\tau_{cr}}\right)^2 + \frac{\sigma_c}{\sigma_{c,cr}} \leqslant 1.0 \quad (6.3.3-1)$$

$$\tau = \frac{V}{h_w t_w} \qquad (6.3.3-2)$$

σ_{cr} 应按下列公式计算：

当 $\lambda_{n,b} \leqslant 0.85$ 时：

$$\sigma_{cr} = f \qquad (6.3.3-3)$$

当 $0.85 < \lambda_{n,b} \leqslant 1.25$ 时：

$$\sigma_{cr} = [1 - 0.75(\lambda_{n,b} - 0.85)]f \quad (6.3.3-4)$$

当 $\lambda_{n,b} > 1.25$ 时：

$$\sigma_{cr} = 1.1f/\lambda_{n,b}^2 \quad (6.3.3-5)$$

当梁受压翼缘扭转受到约束时：

$$\lambda_{n,b} = \frac{2h_c/t_w}{177} \cdot \frac{1}{\varepsilon_k} \quad (6.3.3-6)$$

当梁受压翼缘扭转未受到约束时：

$$\lambda_{n,b} = \frac{2h_c/t_w}{138} \cdot \frac{1}{\varepsilon_k} \quad (6.3.3-7)$$

τ_{cr} 应按下列公式计算：

当 $\lambda_{n,s} \leqslant 0.8$ 时：

$$\tau_{cr} = f_v \quad (6.3.3-8)$$

当 $0.8 < \lambda_{n,s} \leqslant 1.2$ 时：

$$\tau_{cr} = [1 - 0.59(\lambda_{n,s} - 0.8)]f_v \quad (6.3.3-9)$$

当 $\lambda_{n,s} > 1.2$ 时：

$$\tau_{cr} = 1.1f_v/\lambda_{n,s}^2 \quad (6.3.3-10)$$

当 $a/h_0 \leqslant 1$ 时：

$$\lambda_{n,s} = \frac{h_0/t_w}{37\eta\sqrt{4 + 5.34(h_0/a)^2}} \cdot \frac{1}{\varepsilon_k}$$

$$(6.3.3-11)$$

当 $a/h_0 > 1$ 时：

$$\lambda_{n,s} = \frac{h_0/t_w}{37\eta\sqrt{5.34 + 4(h_0/a)^2}} \cdot \frac{1}{\varepsilon_k}$$

$$(6.3.3-12)$$

$\sigma_{c,cr}$ 应按下列公式计算：

当 $\lambda_{n,c} \leqslant 0.9$ 时：

$$\sigma_{c,cr} = f \quad (6.3.3-13)$$

当 $0.9 < \lambda_{n,c} \leqslant 1.2$ 时：

$$\sigma_{c,cr} = [1 - 0.79(\lambda_{n,c} - 0.9)]f$$

$$(6.3.3-14)$$

当 $\lambda_{n,c} > 1.2$ 时：

$$\sigma_{c,cr} = 1.1f/\lambda_{n,c}^2 \quad (6.3.3-15)$$

当 $0.5 \leqslant a/h_0 \leqslant 1.5$ 时：

$$\lambda_{n,c} = \frac{h_0/t_w}{28\sqrt{10.9 + 13.4(1.83 - a/h_0)^3}} \cdot \frac{1}{\varepsilon_k}$$

$$(6.3.3-16)$$

当 $1.5 < a/h_0 \leqslant 2.0$ 时：

$$\lambda_{n,c} = \frac{h_0/t_w}{28\sqrt{18.9 - 5a/h_0}} \cdot \frac{1}{\varepsilon_k} \quad (6.3.3-17)$$

式中： σ ——计算腹板区格内，由平均弯矩产生的腹板计算高度边缘的弯曲压应力（N/mm²）；

τ ——所计算腹板区格内，由平均剪力产生的腹板平均剪应力（N/mm²）；

σ_c ——腹板计算高度边缘的局部压应力，应按本标准式（6.1.4-1）计算，但取式中的 $\psi = 1.0$（N/mm²）；

h_w ——腹板高度（mm）；

σ_{cr}、τ_{cr}、$\sigma_{c,cr}$ ——各种应力单独作用下的临界应力（N/mm²）；

$\lambda_{n,b}$ ——梁腹板受弯计算的正则化宽厚比；

h_c ——梁腹板弯曲受压区高度，对双轴对称截面 $2h_c = h_0$（mm）；

$\lambda_{n,s}$ ——梁腹板受剪计算的正则化宽厚比；

η ——简支梁取 1.11，框架梁梁端最大应力区取 1；

$\lambda_{n,c}$ ——梁腹板受局部压力计算时的正则化宽厚比。

6.3.4 同时用横向加劲肋和纵向加劲肋加强的腹板 [图 6.3.2（b）、图 6.3.2（c）]，其局部稳定性应按下列公式计算：

1 受压翼缘与纵向加劲肋之间的区格：

$$\frac{\sigma}{\sigma_{cr1}} + \left(\frac{\sigma_c}{\sigma_{c,cr1}}\right)^2 + \left(\frac{\tau}{\tau_{cr1}}\right)^2 \leqslant 1.0 \quad (6.3.4-1)$$

其中 σ_{cr1}、τ_{cr1}、$\sigma_{c,cr1}$ 应分别按下列方法计算：

1）σ_{cr1} 应按本标准式（6.3.3-3）～式（6.3.3-5）计算；但式中的 $\lambda_{n,b}$ 改用下列 $\lambda_{n,b1}$ 代替。

当梁受压翼缘扭转受到约束时：

$$\lambda_{n,b1} = \frac{h_1/t_w}{75\varepsilon_k} \quad (6.3.4-2)$$

当梁受压翼缘扭转未受到约束时：

$$\lambda_{n,b1} = \frac{h_1/t_w}{64\varepsilon_k} \quad (6.3.4-3)$$

2）τ_{cr1} 应按本标准式（6.3.3-8）～式（6.3.3-12）计算，但将式中的 h_0 改为 h_1。

3）$\sigma_{c,cr1}$ 应按本标准式（6.3.3-3）～式（6.3.3-5）计算，但式中的 $\lambda_{n,b}$ 改用 $\lambda_{n,c1}$ 代替。

当梁受压翼缘扭转受到约束时：

$$\lambda_{n,c1} = \frac{h_1/t_w}{56\varepsilon_k} \quad (6.3.4-4)$$

当梁受压翼缘扭转未受到约束时：

$$\lambda_{n,c1} = \frac{h_1/t_w}{40\varepsilon_k} \quad (6.3.4-5)$$

2 受拉翼缘与纵向加劲肋之间的区格：

$$\left(\frac{\sigma_2}{\sigma_{cr2}}\right)^2 + \left(\frac{\tau}{\tau_{cr2}}\right)^2 + \frac{\sigma_{c2}}{\sigma_{c,cr2}} \leqslant 1.0 \quad (6.3.4-6)$$

其中 σ_{cr2}、τ_{cr2}、$\sigma_{c,cr2}$ 应分别按下列方法计算：

1）σ_{cr2} 应按本标准式（6.3.3-3）～式（6.3.3-5）计算，但式中的 $\lambda_{n,b}$ 改用 $\lambda_{n,b2}$ 代替。

$$\lambda_{n,b2} = \frac{h_2/t_w}{194\varepsilon_k} \quad (6.3.4-7)$$

2）τ_{cr2} 应按本标准式（6.3.3-8）～式（6.3.3-12）计算，但将式中的 h_0 改为 h_2（$h_2 = h_0 - h_1$）。

3）$\sigma_{c,cr2}$ 应按本标准式（6.3.3-13）～式（6.3.3-17）计算，但式中的 h_0 改为 h_2，当

$a/h_2 > 2$ 时，取 $a/h_2 = 2$。

式中：h_1——纵向加劲肋至腹板计算高度受压边缘的距离（mm）；

σ_2——所计算区格内由平均弯矩产生的腹板在纵向加劲肋处的弯曲压应力（N/mm²）；

σ_{c2}——腹板在纵向加劲肋处的横向压应力，取 $0.3\sigma_c$（N/mm²）。

6.3.5 在受压翼缘与纵向加劲肋之间设有短加劲肋的区格 [图 6.3.2 (d)]，其局部稳定性应按本标准式 (6.3.4-1) 计算。该式中的 σ_{crl} 仍按本标准第 6.3.4 条第 1 款计算；τ_{crl} 按本标准式 (6.3.3-8) ～式 (6.3.3-12) 计算，但将 h_0 和 a 改为 h_1 和 a_1，a_1 为短加劲肋间距；$\sigma_{c,crl}$ 按本标准式 (6.3.3-3) ～式 (6.3.3-5) 计算，但式中 $\lambda_{n,b}$ 改用下列 $\lambda_{n,cl}$ 代替。

当梁受压翼缘扭转受到约束时：

$$\lambda_{n,cl} = \frac{a_1/t_w}{87\varepsilon_k} \qquad (6.3.5\text{-}1)$$

当梁受压翼缘扭转未受到约束时：

$$\lambda_{n,cl} = \frac{a_1/t_w}{73\varepsilon_k} \qquad (6.3.5\text{-}2)$$

对 $a_1/h_1 > 1.2$ 的区格，式 (6.3.5-1) 或式 (6.3.5-2) 右侧应乘以 $\dfrac{1}{\sqrt{0.4 + 0.5a_1/h_1}}$。

6.3.6 加劲肋的设置应符合下列规定：

1 加劲肋宜在腹板两侧成对配置，也可单侧配置，但支承加劲肋、重级工作制吊车梁的加劲肋不应单侧配置。

2 横向加劲肋的最小间距应为 $0.5h_0$，除无局部压应力的梁，当 $h_0/t_w \leqslant 100$ 时，最大间距可采用 $2.5h_0$ 外，最大间距为 $2h_0$。纵向加劲肋至腹板计算高度受压边缘的距离应为 $h_c/2.5 \sim h_c/2$。

3 在腹板两侧成对配置的钢板横向加劲肋，其截面尺寸应符合下列公式规定：

外伸宽度：

$$b_s = \frac{h_0}{30} + 40 \quad (\text{mm}) \qquad (6.3.6\text{-}1)$$

厚度：

承压加劲肋 $t_s \geqslant \dfrac{b_s}{15}$，不受力加劲肋 $t_s \geqslant \dfrac{b_s}{19}$

$$(6.3.6\text{-}2)$$

4 在腹板一侧配置的横向加劲肋，其外伸宽度应大于按式 (6.3.6-1) 算得的 1.2 倍，厚度应符合式 (6.3.6-2) 的规定。

5 在同时采用横向加劲肋和纵向加劲肋加强的腹板中，横向加劲肋的截面尺寸除符合本条第 1 款～第 4 款规定外，其截面惯性矩 I_z 尚应符合下式要求：

$$I_z \geqslant 3h_0 t_w^3 \qquad (6.3.6\text{-}3)$$

纵向加劲肋的截面惯性矩 I_y，应符合下列公式要求：

当 $a/h_0 \leqslant 0.85$ 时：

$$I_y \geqslant 1.5h_0 t_w^3 \qquad (6.3.6\text{-}4)$$

当 $a/h_0 > 0.85$ 时：

$$I_y \geqslant \left(2.5 - 0.45\frac{a}{h_0}\right)\left(\frac{a}{h_0}\right)^2 h_0 t_w^3$$

$$(6.3.6\text{-}5)$$

6 短加劲肋的最小间距为 $0.75h_1$。短加劲肋外伸宽度应取横向加劲肋外伸宽度的 0.7 倍～1.0 倍，厚度不应小于短加劲肋外伸宽度的 1/15。

7 用型钢（H 型钢、工字钢、槽钢、肢尖焊于腹板的角钢）做成的加劲肋，其截面惯性矩不得小于相应钢板加劲肋的惯性矩。在腹板两侧成对配置的加劲肋，其截面惯性矩应按梁腹板中心线为轴线进行计算。在腹板一侧配置的加劲肋，其截面惯性矩应按加劲肋相连的腹板边缘为轴线进行计算。

8 焊接梁的横向加劲肋与翼缘板、腹板相接处应切角，当作为焊接工艺孔时，切角宜采用半径 $R = 30\text{mm}$ 的 1/4 圆弧。

6.3.7 梁的支承加劲肋应符合下列规定：

1 应按承受梁支座反力或固定集中荷载的轴心受压构件计算其在腹板平面外的稳定性；此受压构件的截面应包括加劲肋和加劲肋每侧 $15h_w\varepsilon_k$ 范围内的腹板面积，计算长度取 h_0；

2 当梁支承加劲肋的端部为刨平顶紧时，应按其所承受的支座反力或固定集中荷载计算其端面承压应力；突缘支座的突缘加劲肋的伸出长度不得大于其厚度的 2 倍；当端部为焊接时，应按传力情况计算其焊缝应力；

3 支承加劲肋与腹板的连接焊缝，应按传力需要进行计算。

6.4 焊接截面梁腹板考虑屈曲后强度的计算

6.4.1 腹板仅配置支承加劲肋且较大荷载处尚有中间横向加劲肋，同时考虑屈曲后强度的工字形焊接截面梁 [图 6.3.2 (a)]，应按下列公式验算受弯和受剪承载能力：

$$\left(\frac{V}{0.5V_u} - 1\right)^2 + \frac{M - M_f}{M_{eu} - M_f} \leqslant 1.0$$

$$(6.4.1\text{-}1)$$

$$M_f = \left(A_{f1}\frac{h_{m1}^2}{h_{m2}} + A_{f2}h_{m2}\right)f \qquad (6.4.1\text{-}2)$$

梁受弯承载力设计值 M_{eu} 应按下列公式计算：

$$M_{eu} = \gamma_x \alpha_e W_x f \qquad (6.4.1\text{-}3)$$

$$\alpha_e = 1 - \frac{(1-\rho)h_c^3 t_w}{2I_x} \qquad (6.4.1\text{-}4)$$

当 $\lambda_{n,b} \leqslant 0.85$ 时：

$$\rho = 1.0 \qquad (6.4.1\text{-}5)$$

当 $0.85 < \lambda_{n,b} \leqslant 1.25$ 时：

$$\rho = 1 - 0.82(\lambda_{n,b} - 0.85) \qquad (6.4.1\text{-}6)$$

当 $\lambda_{n,b} > 1.25$ 时：

$$\rho = \frac{1}{\lambda_{n,b}}\left(1 - \frac{0.2}{\lambda_{n,b}}\right) \quad (6.4.1\text{-}7)$$

梁受剪承载力设计值 V_u 应按下列公式计算：

当 $\lambda_{n,s} \leqslant 0.8$ 时：

$$V_u = h_w t_w f_v \quad (6.4.1\text{-}8)$$

当 $0.8 < \lambda_{n,s} \leqslant 1.2$ 时：

$$V_u = h_w t_w f_v [1 - 0.5(\lambda_{n,s} - 0.8)] \quad (6.4.1\text{-}9)$$

当 $\lambda_{n,s} > 1.2$ 时：

$$V_u = h_w t_w f_v / \lambda_{n,s}^{1.2} \quad (6.4.1\text{-}10)$$

式中：M、V——所计算同一截面上梁的弯矩设计值 （N·mm）和剪力设计值（N）；计算时，当 $V < 0.5V_u$，取 $V = 0.5V_u$；当 $M < M_f$，取 $M = M_f$；

M_f——梁两翼缘所能承担的弯矩设计值 （N·mm）；

A_{f1}、h_{m1}——较大翼缘的截面积（mm²）及其形心至梁中和轴的距离（mm）；

A_{f2}、h_{m2}——较小翼缘的截面积（mm²）及其形心至梁中和轴的距离（mm）；

α_e——梁截面模量考虑腹板有效高度的折减系数；

W_x——按受拉或受压最大纤维确定的梁毛截面模量（mm³）；

I_x——按梁截面全部有效算得的绕 x 轴的惯性矩（mm⁴）；

h_c——按梁截面全部有效算得的腹板受压区高度（mm）；

γ_x——梁截面塑性发展系数；

ρ——腹板受压区有效高度系数；

$\lambda_{n,b}$——用于腹板受弯计算时的正则化宽厚比，按本标准式（6.3.3-6）、式（6.3.3-7）计算；

$\lambda_{n,s}$——用于腹板受剪计算时的正则化宽厚比，按本标准式（6.3.3-11）、式（6.3.3-12）计算，当焊接截面梁仅配置支座加劲肋时，取本标准式（6.3.3-12）中的 $h_0/a = 0$。

6.4.2 加劲肋的设计应符合下列规定：

1 当仅配置支座加劲肋不能满足本标准式（6.4.1-1）的要求时，应在两侧成对配置中间横向加劲肋。中间横向加劲肋和上端受有集中压力的中间支承加劲肋，其截面尺寸除应满足本标准式（6.3.6-1）和式（6.3.6-2）的要求外，尚应按轴心受压构件计算其在腹板平面外的稳定性，轴心压力应按下式计算：

$$N_s = V_u - \tau_{cr} h_w t_w + F \quad (6.4.2\text{-}1)$$

式中：V_u——按本标准式（6.4.1-8）～式（6.4.1-10）计算（N）；

h_w——腹板高度（mm）；

τ_{cr}——按本标准式（6.3.3-8）～式（6.3.3-10）计算（N/mm²）；

F——作用于中间支承加劲肋上端的集中压力（N）。

2 当腹板在支座旁的区格 $\lambda_{n,s} > 0.8$ 时，支座加劲肋除承受梁的支座反力外，尚应承受拉力场的水平分力 H，应按压弯构件计算其强度和在腹板平面外的稳定，支座加劲肋截面和计算长度应符合本标准第 6.3.6 条的规定，H 的作用点在距腹板计算高度上边缘 $h_0/4$ 处，其值应按下式计算：

$$H = (V_u - \tau_{cr} h_w t_w)\sqrt{1 + (a/h_0)^2} \quad (6.4.2\text{-}2)$$

式中：a——对设中间横向加劲肋的梁，取支座端区格的加劲肋间距；对不设中间加劲肋的腹板，取梁支座至跨内剪力为零点的距离（mm）。

3 当支座加劲肋采用图 6.4.2 的构造形式时，可按下述简化方法进行计算：加劲肋 1 作为承受支座反力 R 的轴心压杆计算，封头肋板 2 的截面积不应小于按下式计算的数值：

$$A_c = \frac{3h_0 H}{16ef} \quad (6.4.2\text{-}3)$$

4 考虑腹板屈曲后强度的梁，腹板高厚比不应大于 250，可按构造需要设置中间横向加劲肋。$a > 2.5h_0$ 和不设中间横向加劲肋的腹板，当满足本标准式（6.3.3-1）时，可取水平分力 $H = 0$。

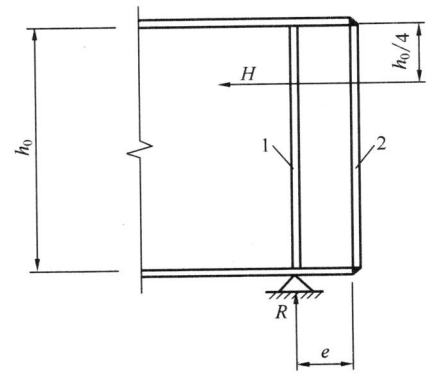

图 6.4.2 设置封头肋板的梁端构造
1—加劲肋；2—封头肋板

6.5 腹板开孔要求

6.5.1 腹板开孔梁应满足整体稳定及局部稳定要求，并应进行下列计算：

1 实腹及开孔截面处的受弯承载力验算；

2 开孔处顶部及底部 T 形截面受弯剪承载力验算。

6.5.2 腹板开孔梁，当孔型为圆形或矩形时，应符合下列规定：

1 圆孔孔口直径不宜大于梁高的 0.70 倍，矩形孔口高度不宜大于梁高的 0.50 倍，矩形孔口长度不宜大于梁高及 3 倍孔高。

2 相邻圆形孔口边缘间的距离不宜小于梁高的 0.25 倍，矩形孔口与相邻孔口的距离不宜小于梁高及矩形孔口长度。

3 开孔处梁上下 T 形截面高度均不宜小于梁高的 0.15 倍，矩形孔口上下边缘至梁翼缘外皮的距离不宜小于梁高的 0.25 倍。

4 开孔长度（或直径）与 T 形截面高度的比值不宜大于 12。

5 不应在距梁端相当于梁高范围内设孔，抗震设防的结构不应在隔撑与梁柱连接区域范围内设孔。

6 开孔腹板补强宜符合下列规定：

1）圆形孔直径小于或等于 1/3 梁高时，可不予补强。当大于 1/3 梁高时，可用环形加劲肋加强 [图 6.5.2（a）]，也可用套管 [图 6.5.2（b）] 或环形补强板 [图 6.5.2（c）] 加强；

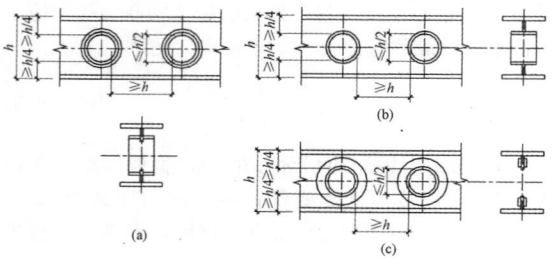

图 6.5.2 钢梁圆形孔口的补强

2）圆形孔口加劲肋截面不宜小于 100mm×10mm，加劲肋边缘至孔口边缘的距离不宜大于 12mm；圆形孔口用套管补强时，其厚度不宜小于梁腹板厚度；用环形板补强时，若在梁腹板两侧设置，环形板的厚度可稍小于腹板厚度，其宽度可取 75mm～125mm；

3）矩形孔口的边缘宜采用纵向和横向加劲肋加强，矩形孔口上下边缘的水平纵向加劲肋端部宜伸至孔口边缘以外单面加劲肋宽度的 2 倍，当矩形孔口长度大于梁高时，其横向加劲肋应沿梁全高设置；

4）矩形孔口加劲肋截面总宽度不宜小于翼缘宽度的 1/2，厚度不宜小于翼缘厚度；当孔口长度大于 500mm 时，应在梁腹板两面设置加劲肋。

7 腹板开孔梁材料的屈服强度不应大于 420N/mm²。

6.6 梁的构造要求

6.6.1 当弧曲杆沿弧面受弯时宜设置加劲肋，在强度和稳定计算中应考虑其影响。

6.6.2 焊接梁的翼缘宜采用一层钢板，当采用两层钢板时，外层钢板与内层钢板厚度之比宜为 0.5～1.0。不沿梁通长设置的外层钢板，其理论截断点处的外伸长度 l_1 应符合下列规定：

1 端部有正面角焊缝：

当 $h_f \geqslant 0.75t$ 时：$l_1 \geqslant b$ （6.6.2-1）

当 $h_f < 0.75t$ 时：$l_1 \geqslant 1.5b$ （6.6.2-2）

2 端部无正面角焊缝：

$$l_1 \geqslant 2b \qquad (6.6.2-3)$$

式中：b——外层翼缘板的宽度（mm）；

t——外层翼缘板的厚度（mm）；

h_f——侧面角焊缝和正面角焊缝的焊脚尺寸（mm）。

7 轴心受力构件

7.1 截面强度计算

7.1.1 轴心受拉构件，当端部连接及中部拼接处组成截面的各板件都由连接件直接传力时，其截面强度计算应符合下列规定：

1 除采用高强度螺栓摩擦型连接者外，其截面强度应采用下列公式计算：

毛截面屈服：

$$\sigma = \frac{N}{A} \leqslant f \qquad (7.1.1-1)$$

净截面断裂：

$$\sigma = \frac{N}{A_n} \leqslant 0.7f_u \qquad (7.1.1-2)$$

2 采用高强度螺栓摩擦型连接的构件，其毛截面强度计算应采用式（7.1.1-1），净截面断裂应按下式计算：

$$\sigma = \left(1 - 0.5\frac{n_1}{n}\right)\frac{N}{A_n} \leqslant 0.7f_u \quad (7.1.1-3)$$

3 当构件为沿全长都有排列较密螺栓的组合构件时，其截面强度应按下式计算：

$$\frac{N}{A_n} \leqslant f \qquad (7.1.1-4)$$

式中：N——所计算截面处的拉力设计值（N）；

f——钢材的抗拉强度设计值（N/mm²）；

A——构件的毛截面面积（mm²）；

A_n——构件的净截面面积，当构件多个截面有孔时，取最不利的截面（mm²）；

f_u——钢材的抗拉强度最小值（N/mm²）；

n——在节点或拼接处，构件一端连接的高强度螺栓数目；

n_1——所计算截面（最外列螺栓处）高强度螺栓数目。

7.1.2 轴心受压构件，当端部连接及中部拼接处组成截面的各板件都由连接件直接传力时，截面强度应按本标准式（7.1.1-1）计算。但含有虚孔的构件尚需在孔心所在截面按本标准式（7.1.1-2）计算。

7.1.3 轴心受拉构件和轴心受压构件，当其组成板件在节点或拼接处并非全部直接传力时，应将危险截面的面积乘以有效截面系数 η，不同构件截面形式和连接方式的 η 值应符合表7.1.3的规定。

表 7.1.3 轴心受力构件节点或拼接处危险截面有效截面系数

构件截面形式	连接形式	η	图例
角钢	单边连接	0.85	
工字形、H形	翼缘连接	0.90	
	腹板连接	0.70	

7.2 轴心受压构件的稳定性计算

7.2.1 除可考虑屈服后强度的实腹式构件外，轴心受压构件的稳定性计算应符合下式要求：

$$\frac{N}{\varphi A f} \leqslant 1.0 \qquad (7.2.1)$$

式中：φ——轴心受压构件的稳定系数（取截面两主轴稳定系数中的较小者），根据构件的长细比（或换算长细比）、钢材屈服强度和表7.2.1-1、表7.2.1-2的截面分类，按本标准附录D采用。

表 7.2.1-1 轴心受压构件的截面分类
（板厚 $t<40\text{mm}$）

截面形式		对 x 轴	对 y 轴
轧制		a类	a类

续表 7.2.1-1

截面形式		对 x 轴	对 y 轴
轧制	$b/h \leqslant 0.8$	a类	b类
	$b/h > 0.8$	a*类	b*类
轧制等边角钢		a*类	a*类
焊接、翼缘为焰切边	焊接	a*类	a*类
轧制		b类	b类
轧制、焊接（板件宽厚比 >20） 轧制或焊接		b类	b类
焊接 轧制截面和翼缘为焰切边的焊接截面		b类	b类
格构式 焊接，板件边缘焰切		b类	b类
焊接，翼缘为轧制或剪切边		b类	c类
焊接，板件边缘轧制或剪切 轧制、焊接（板件宽厚比≤20）		c类	c类

注：1 a*类含义为 Q235 钢取 b 类，Q345、Q390、Q420 和 Q460 钢取 a 类；b* 类含义为 Q235 钢取 c 类，Q345、Q390、Q420 和 Q460 钢取 b 类；

2 无对称轴且剪心和形心不重合的截面，其截面分类可按有对称轴的类似截面确定，如不等边角钢采用等边角钢的类别；当无类似截面时，可取 c 类。

表 7.2.1-2　轴心受压构件的截面分类
（板厚 $t \geqslant 40mm$）

截面形式		对 x 轴	对 y 轴
轧制工字形或H形截面	$t < 80mm$	b 类	c 类
	$t \geqslant 80mm$	c 类	d 类
焊接工字形截面	翼缘为焰切边	b 类	b 类
	翼缘为轧制或剪切边	c 类	d 类
焊接箱形截面	板件宽厚比 > 20	b 类	b 类
	板件宽厚比 ≤ 20	c 类	c 类

7.2.2 实腹式构件的长细比 λ 应根据其失稳模式，由下列公式确定：

1 截面形心与剪心重合的构件：

1）当计算弯曲屈曲时，长细比按下列公式计算：

$$\lambda_x = \frac{l_{0x}}{i_x} \qquad (7.2.2\text{-}1)$$

$$\lambda_y = \frac{l_{0y}}{i_y} \qquad (7.2.2\text{-}2)$$

式中：l_{0x}、l_{0y} ——分别为构件对截面主轴 x 和 y 的计算长度，根据本标准第 7.4 节的规定采用（mm）；

i_x、i_y ——分别为构件截面对主轴 x 和 y 的回转半径（mm）。

2）当计算扭转屈曲时，长细比应按下式计算，双轴对称十字形截面板件宽厚比不超过 $15\varepsilon_k$ 者，可不计算扭转屈曲。

$$\lambda_z = \sqrt{\frac{I_0}{I_t / 25.7 + I_\omega / l_\omega^2}} \qquad (7.2.2\text{-}3)$$

式中：I_0、I_t、I_ω ——分别为构件毛截面对剪心的极惯性矩（mm^4）、自由扭转常数（mm^4）和扇性惯性矩（mm^6），对十字形截面可近似取 $I_\omega = 0$；

l_ω ——扭转屈曲的计算长度，两端铰支且端截面可自由翘曲者，取几何长度 l；两端嵌固且端部截面的翘曲完全受到约束者，取 $0.5l$（mm）。

2 截面为单轴对称的构件：

1）计算绕非对称主轴的弯曲屈曲时，长细比应由式（7.2.2-1）、式（7.2.2-2）计算确定。计算绕对称主轴的弯扭屈曲时，长细比应按下式计算确定：

$$\lambda_{yz} = \left[\frac{(\lambda_y^2 + \lambda_z^2) + \sqrt{(\lambda_y^2 + \lambda_z^2)^2 - 4\left(1 - \frac{y_s^2}{i_0^2}\right)\lambda_y^2 \lambda_z^2}}{2} \right]^{1/2}$$

$$(7.2.2\text{-}4)$$

式中：y_s ——截面形心至剪心的距离（mm）；

i_0 ——截面对剪心的极回转半径，单轴对称截面 $i_0^2 = y_s^2 + i_x^2 + i_y^2$（mm）；

λ_z ——扭转屈曲换算长细比，由式（7.2.2-3）确定。

2）等边单角钢轴心受压构件当绕两主轴弯曲的计算长度相等时，可不计算弯扭屈曲。塔架单角钢压杆应符合本标准第 7.6 节的相关规定。

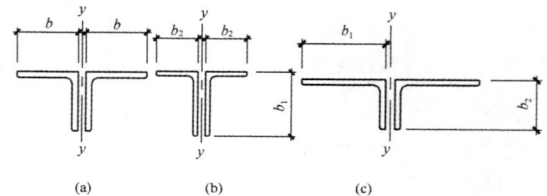

图 7.2.2-1　双角钢组合 T 形截面
b —等边角钢肢宽度；b_1 —不等边角钢长肢宽度；
b_2 —不等边角钢短肢宽度

3）双角钢组合 T 形截面构件绕对称轴的换算长细比 λ_{yz} 可按下列简化公式确定：

等边双角钢［图 7.2.2-1（a）］：

当 $\lambda_y \geqslant \lambda_z$ 时：

$$\lambda_{yz} = \lambda_y \left[1 + 0.16\left(\frac{\lambda_z}{\lambda_y}\right)^2\right]$$

$$(7.2.2\text{-}5)$$

当 $\lambda_y < \lambda_z$ 时：

$$\lambda_{yz} = \lambda_z \left[1 + 0.16\left(\frac{\lambda_y}{\lambda_z}\right)^2\right]$$

$$(7.2.2\text{-}6)$$

$$\lambda_z = 3.9 \frac{b}{t} \qquad (7.2.2\text{-}7)$$

长肢相并的不等边双角钢［图 7.2.2-1(b)］：

当 $\lambda_y \geqslant \lambda_z$ 时：

$$\lambda_{yz} = \lambda_y \left[1 + 0.25\left(\frac{\lambda_z}{\lambda_y}\right)^2\right]$$

$$(7.2.2\text{-}8)$$

当 $\lambda_y < \lambda_z$ 时：

$$\lambda_{yz} = \lambda_z \left[1 + 0.25\left(\frac{\lambda_y}{\lambda_z}\right)^2\right]$$

$$(7.2.2\text{-}9)$$

$$\lambda_z = 5.1 \frac{b_2}{t} \qquad (7.2.2-10)$$

短肢相并的不等边双角钢[图7.2.2-1(c)]：

当 $\lambda_y \geqslant \lambda_z$ 时：

$$\lambda_{yz} = \lambda_y \left[1 + 0.06 \left(\frac{\lambda_z}{\lambda_y} \right)^2 \right]$$

$$(7.2.2-11)$$

当 $\lambda_y < \lambda_z$ 时：

$$\lambda_{yz} = \lambda_z \left[1 + 0.06 \left(\frac{\lambda_y}{\lambda_z} \right)^2 \right]$$

$$(7.2.2-12)$$

$$\lambda_z = 3.7 \frac{b_1}{t} \qquad (7.2.2-13)$$

3 截面无对称轴且剪心和形心不重合的构件，应采用下列换算长细比：

$$\lambda_{xyz} = \pi \sqrt{\frac{EA}{N_{xyz}}} \qquad (7.2.2-14)$$

$$(N_x - N_{xyz})(N_y - N_{xyz})(N_z - N_{xyz}) - N_{xyz}^2$$

$$(N_x - N_{xyz}) \left(\frac{y_s}{i_0} \right)^2 - N_{xyz}^2 (N_y - N_{xyz}) \left(\frac{x_s}{i_0} \right)^2 = 0$$

$$(7.2.2-15)$$

$$i_0^2 = i_x^2 + i_y^2 + x_s^2 + y_s^2 \qquad (7.2.2-16)$$

$$N_x = \frac{\pi^2 EA}{\lambda_x^2} \qquad (7.2.2-17)$$

$$N_y = \frac{\pi^2 EA}{\lambda_y^2} \qquad (7.2.2-18)$$

$$N_z = \frac{1}{i_0^2} \left(\frac{\pi^2 EI_\omega}{l_\omega^2} + GI_t \right) \qquad (7.2.2-19)$$

式中： N_{xyz} ——弹性完善杆的弯扭屈曲临界力，由式（7.2.2-15）确定（N）；

x_s、y_s ——截面剪心的坐标（mm）；

i_0 ——截面对剪心的极回转半径（mm）；

N_x、N_y、N_z ——分别为绕 x 轴和 y 轴的弯曲屈曲临界力和扭转屈曲临界力（N）；

E、G ——分别为钢材弹性模量和剪变模量（N/mm²）。

4 不等边角钢轴心受压构件的换算长细比可按下列简化公式确定（图7.2.2-2）：

当 $\lambda_v \geqslant \lambda_z$ 时：

$$\lambda_{xyz} = \lambda_v \left[1 + 0.25 \left(\frac{\lambda_z}{\lambda_v} \right)^2 \right] \qquad (7.2.2-20)$$

当 $\lambda_v < \lambda_z$ 时：

$$\lambda_{xyz} = \lambda_z \left[1 + 0.25 \left(\frac{\lambda_v}{\lambda_z} \right)^2 \right] \qquad (7.2.2-21)$$

$$\lambda_z = 4.21 \frac{b_1}{t} \qquad (7.2.2-22)$$

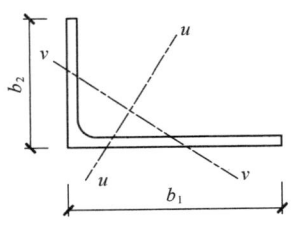

图7.2.2-2 不等边角钢

注： v 轴为角钢的弱轴，b_1 为角钢长肢宽度

7.2.3 格构式轴心受压构件的稳定性应按本标准式（7.2.1）计算，对实轴的长细比应按本标准式（7.2.2-1）或式（7.2.2-2）计算，对虚轴［图7.2.3（a）］的 x 轴及图7.2.3（b）、图7.2.3（c）的 x 轴和 y 轴应取换算长细比。换算长细比应按下列公式计算：

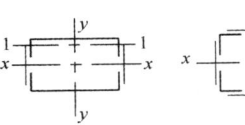 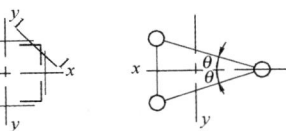

(a) 双肢组合构件　(b) 四肢组合构件　(c) 三肢组合构件

图7.2.3 格构式组合构件截面

1 双肢组合构件［图7.2.3（a）］：

当缀件为缀板时：

$$\lambda_{0x} = \sqrt{\lambda_x^2 + \lambda_1^2} \qquad (7.2.3-1)$$

当缀件为缀条时：

$$\lambda_{0x} = \sqrt{\lambda_x^2 + 27 \frac{A}{A_{1x}}} \qquad (7.2.3-2)$$

式中： λ_x ——整个构件对 x 轴的长细比；

λ_1 ——分肢对最小刚度轴1-1的长细比，其计算长度取为：焊接时，为相邻两缀板的净距离；螺栓连接时，为相邻两缀板边缘螺栓的距离；

A_{1x} ——构件截面中垂直于 x 轴的各斜缀条毛截面面积之和（mm²）。

2 四肢组合构件［图7.2.3（b）］：

当缀件为缀板时：

$$\lambda_{0x} = \sqrt{\lambda_x^2 + \lambda_1^2} \qquad (7.2.3-3)$$

$$\lambda_{0y} = \sqrt{\lambda_y^2 + \lambda_1^2} \qquad (7.2.3-4)$$

当缀件为缀条时：

$$\lambda_{0x} = \sqrt{\lambda_x^2 + 40 \frac{A}{A_{1x}}} \qquad (7.2.3-5)$$

$$\lambda_{0y} = \sqrt{\lambda_y^2 + 40 \frac{A}{A_{1y}}} \qquad (7.2.3-6)$$

式中： λ_y ——整个构件对 y 轴的长细比；

A_{1y}——构件截面中垂直于 y 轴的各斜缀条毛截面面积之和（mm^2）。

3 缀件为缀条的三肢组合构件［图 7.2.3（c）］：

$$\lambda_{0x} = \sqrt{\lambda_x^2 + \frac{42A}{A_1(1.5 - \cos^2\theta)}} \quad (7.2.3\text{-}7)$$

$$\lambda_{0y} = \sqrt{\lambda_y^2 + \frac{42A}{A_1\cos^2\theta}} \quad (7.2.3\text{-}8)$$

式中：A_1——构件截面中各斜缀条毛截面面积之和（mm^2）；

θ——构件截面内缀条所在平面与 x 轴的夹角。

7.2.4 缀件面宽度较大的格构式柱宜采用缀条柱，斜缀条与构件轴线间的夹角应为 $40°\sim70°$。缀条柱的分肢长细比 λ_1 不应大于构件两方向长细比较大值 λ_{max} 的 0.7 倍，对虚轴取换算长细比。格构式柱和大型实腹式柱，在受有较大水平力处和运送单元的端部应设置横隔，横隔的间距不宜大于柱截面长边尺寸的 9 倍且不宜大于 8m。

7.2.5 缀板柱的分肢长细比 λ_1 不应大于 $40\varepsilon_k$，并不应大于 λ_{max} 的 0.5 倍，当 $\lambda_{max} < 50$ 时，取 $\lambda_{max} = 50$。缀板柱中同一截面处缀板或型钢横杆的线刚度之和不得小于柱较大分肢线刚度的 6 倍。

7.2.6 用填板连接而成的双角钢或双槽钢构件，采用普通螺栓连接时应按格构式构件进行计算；除此之外，可按实腹式构件进行计算，但受压构件填板间的距离不应超过 $40i$，受拉构件填板间的距离不应超过 $80i$。i 为单肢截面回转半径，应按下列规定采用：

1 当为图 7.2.6（a）、图 7.2.6（b）所示的双角钢或双槽钢截面时，取一个角钢或一个槽钢对与填板平行的形心轴的回转半径；

2 当为图 7.2.6（c）所示的十字形截面时，取一个角钢的最小回转半径。

受压构件的两个侧向支承点之间的填板数不应少于 2 个。

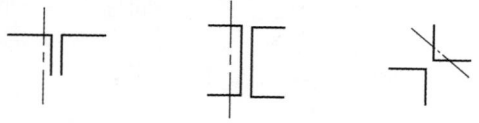

(a) T 字形双角钢截面　(b) 双槽钢截面　(c) 十字形双角钢截面

图 7.2.6　计算截面回转半径时的轴线示意图

7.2.7 轴心受压构件剪力 V 值可认为沿构件全长不变，格构式轴心受压构件的剪力 V 应由承受该剪力的缀材面（包括用整体板连接的面）分担，其值应按下式计算：

$$V = \frac{Af}{85\varepsilon_k} \quad (7.2.7)$$

7.2.8 两端铰支的梭形圆管或方管状截面轴心受压构件（图 7.2.8）的稳定性应按本标准式（7.2.1）计算。其中 A 取端截面的截面面积 A_1，稳定系数 φ 应根据按下列公式计算的换算长细比 λ_e 确定：

$$\lambda_e = \frac{l_0/i_1}{(1+\gamma)^{3/4}} \quad (7.2.8\text{-}1)$$

$$l_0 = \frac{l}{2}\left[1 + (1 + 0.853\gamma)^{-1}\right] \quad (7.2.8\text{-}2)$$

$$\gamma = (D_2 - D_1)/D_1 \text{ 或}(b_2 - b_1)/b_1$$
$$(7.2.8\text{-}3)$$

式中：l_0——构件计算长度（mm）；

i_1——端截面回转半径（mm）；

γ——构件楔率；

D_2、b_2——分别为跨中截面圆管外径和方管边长（mm）；

D_1、b_1——分别为端截面圆管外径和方管边长（mm）。

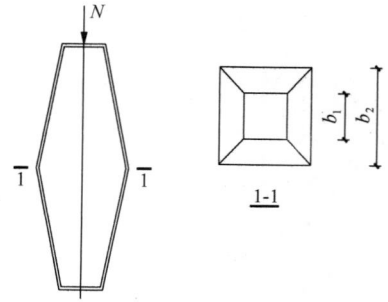

图 7.2.8　梭形管状轴心受压构件

7.2.9 钢管梭形格构柱的跨中截面应设置横隔。横隔可采用水平放置的钢板且与周边缀管焊接，也可采用水平放置的钢管并使跨中截面成为稳定截面。两端铰支的三肢钢管梭形格构柱应按本标准式（7.2.1）计算整体稳定。稳定系数 φ 应根据下列公式计算的换算长细比 λ_0 确定：

$$\lambda_0 = \pi\sqrt{\frac{3A_sE}{N_{cr}}} \quad (7.2.9\text{-}1)$$

$$N_{cr} = \min(N_{cr,s}, N_{cr,a}) \quad (7.2.9\text{-}2)$$

$N_{cr,s}$ 应按下列公式计算：

$$N_{cr,s} = N_{cr0,s}/\left(1 + \frac{N_{cr0,s}}{K_{v,s}}\right) \quad (7.2.9\text{-}3)$$

$$N_{cr0,s} = \frac{\pi^2EI_0}{L^2}(1 + 0.72\eta_1 + 0.28\eta_2)$$
$$(7.2.9\text{-}4)$$

$N_{cr,a}$ 应按下列公式计算：

$$N_{cr,a} = N_{cr0,a}/\left(1 + \frac{N_{cr0,a}}{K_{v,a}}\right) \quad (7.2.9\text{-}5)$$

$$N_{cr0,a} = \frac{4\pi^2EI_0}{L^2}(1 + 0.48\eta_1 + 0.12\eta_2)$$
$$(7.2.9\text{-}6)$$

η_1、η_2 应按下列公式计算：

$$\eta_1 = (4I_m - I_1 - 3I_0)/I_0 \qquad (7.2.9-7)$$

$$\eta_2 = 2(I_0 + I_1 - 2I_m)/I_0 \qquad (7.2.9-8)$$

$$I_0 = 3I_s + 0.5b_0^2 A_s \qquad (7.2.9-9)$$

$$I_m = 3I_s + 0.5b_m^2 A_s \qquad (7.2.9-10)$$

$$I_1 = 3I_s + 0.5b_1^2 A_s \qquad (7.2.9-11)$$

$$K_{v,s} = 1\left/ \left(\frac{l_{s0}b_0}{18EI_d} + \frac{5l_{s0}^2}{144EI_s}\right)\right. \qquad (7.2.9-12)$$

$$K_{v,a} = 1\left/ \left(\frac{l_{s0}b_m}{18EI_d} + \frac{5l_{s0}^2}{144EI_s}\right)\right. \qquad (7.2.9-13)$$

式中：　A_s ——单根分肢的截面面积（mm^2）；

N_{cr}、$N_{cr,s}$、$N_{cr,a}$ ——分别为屈曲临界力、对称屈曲模态与反对称屈曲模态对应的屈曲临界力（N）；

I_0、I_m、I_1 ——分别为钢管梭形格构柱柱端、1/4跨处以及跨中截面对应的惯性矩（图7.2.9）（mm^4）；

$K_{v,s}$、$K_{v,a}$ ——分别为对称屈曲与反对称屈曲对应的截面抗剪刚度（N）；

η_1、η_2 ——与截面惯性矩有关的计算系数；

b_0、b_m、b_1 ——分别为梭形柱柱端、1/4跨处和跨中截面的边长（mm）；

l_{s0} ——梭形柱节间高度（mm）；

I_d、I_s ——横缀杆和弦杆的惯性矩（mm^4）；

A_s ——单个分肢的截面面积（mm^2）；

E ——材料的弹性模量（N/mm^2）。

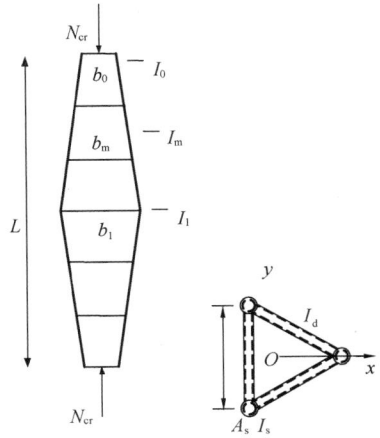

图 7.2.9　钢管梭形格构柱

7.3　实腹式轴心受压构件的局部稳定和屈曲后强度

7.3.1 实腹轴心受压构件要求不出现局部失稳者，

其板件宽厚比应符合下列规定：

1 H形截面腹板

$$h_0/t_w \leqslant (25 + 0.5\lambda)\varepsilon_k \qquad (7.3.1-1)$$

式中：λ ——构件的较大长细比；当 $\lambda < 30$ 时，取为30；当 $\lambda > 100$ 时，取为100；

h_0、t_w ——分别为腹板计算高度和厚度，按本标准表3.5.1注2取值（mm）。

2 H形截面翼缘

$$b/t_f \leqslant (10 + 0.1\lambda)\varepsilon_k \qquad (7.3.1-2)$$

式中：b、t_f ——分别为翼缘板自由外伸宽度和厚度，按本标准表3.5.1注2取值。

3 箱形截面壁板

$$b/t \leqslant 40\varepsilon_k \qquad (7.3.1-3)$$

式中：b ——壁板的净宽度，当箱形截面设有纵向加劲肋时，为壁板与加劲肋之间的净宽度。

4 T形截面翼缘宽厚比限值应按式（7.3.1-2）确定。

T形截面腹板宽厚比限值为：

热轧剖分T形钢

$$h_0/t_w \leqslant (15 + 0.2\lambda)\varepsilon_k \qquad (7.3.1-4)$$

焊接T形钢

$$h_0/t_w \leqslant (13 + 0.17\lambda)\varepsilon_k \qquad (7.3.1-5)$$

对焊接构件，h_0 取腹板高度 h_w；对热轧构件，h_0 取腹板平直段长度，简要计算时，可取 $h_0 = h_w - t_f$，但不小于 $(h_w - 20)$mm。

5 等边角钢轴心受压构件的肢件宽厚比限值为：

当 $\lambda \leqslant 80\varepsilon_k$ 时：

$$w/t \leqslant 15\varepsilon_k \qquad (7.3.1-6)$$

当 $\lambda > 80\varepsilon_k$ 时：

$$w/t \leqslant 5\varepsilon_k + 0.125\lambda \qquad (7.3.1-7)$$

式中：w、t ——分别为角钢的平板宽度和厚度，简要计算时 w 可取为 $b - 2t$，b 为角钢宽度；

λ ——按角钢绕非对称主轴回转半径计算的长细比。

6 圆管压杆的外径与壁厚之比不应超过 $100\varepsilon_k^2$。

7.3.2 当轴心受压构件的压力小于稳定承载力 φAf 时，可将其板件宽厚比限值由本标准第7.3.1条相关公式算得后乘以放大系数 $\alpha = \sqrt{\varphi Af/N}$ 确定。

7.3.3 板件宽厚比超过本标准第7.3.1条规定的限值时，可采用纵向加劲肋加强；当可考虑屈曲后强度时，轴心受压杆件的强度和稳定性可按下列公式计算：

强度计算

$$\frac{N}{A_{ne}} \leqslant f \qquad (7.3.3-1)$$

稳定性计算

$$\frac{N}{\varphi A_{\mathrm{e}} f} \leqslant 1.0 \qquad (7.3.3\text{-}2)$$

$$A_{\mathrm{ne}} = \Sigma \rho_i A_{\mathrm{n}i} \qquad (7.3.3\text{-}3)$$

$$A_{\mathrm{e}} = \Sigma \rho_i A_i \qquad (7.3.3\text{-}4)$$

式中：A_{ne}、A_{e} ——分别为有效净截面面积和有效毛
截面面积（mm^2）；

$A_{\mathrm{n}i}$、A_i ——分别为各板件净截面面积和毛截
面面积（mm^2）；

φ ——稳定系数，可按毛截面计算；

ρ_i ——各板件有效截面系数，可按本标
准第 7.3.4 条的规定计算。

7.3.4 H 形、工字形、箱形和单角钢截面轴心受压
构件的有效截面系数 ρ 可按下列规定计算：

1 箱形截面的壁板、H 形或工字形的腹板：

1）当 $b/t \leqslant 42\varepsilon_{\mathrm{k}}$ 时：

$$\rho = 1.0 \qquad (7.3.4\text{-}1)$$

2）当 $b/t > 42\varepsilon_{\mathrm{k}}$ 时：

$$\rho = \frac{1}{\lambda_{\mathrm{n,p}}}\left(1 - \frac{0.19}{\lambda_{\mathrm{n,p}}}\right) \qquad (7.3.4\text{-}2)$$

$$\lambda_{\mathrm{n,p}} = \frac{b/t}{56.2\varepsilon_{\mathrm{k}}} \qquad (7.3.4\text{-}3)$$

当 $\lambda > 52\varepsilon_{\mathrm{k}}$ 时：

$$\rho \geqslant (29\varepsilon_{\mathrm{k}} + 0.25\lambda)t/b \qquad (7.3.4\text{-}4)$$

式中：b、t ——分别为壁板或腹板的净宽度和厚度。

2 单角钢：

当 $w/t > 15\varepsilon_{\mathrm{k}}$ 时：

$$\rho = \frac{1}{\lambda_{\mathrm{n,p}}}\left(1 - \frac{0.1}{\lambda_{\mathrm{n,p}}}\right) \qquad (7.3.4\text{-}5)$$

$$\lambda_{\mathrm{n,p}} = \frac{w/t}{16.8\varepsilon_{\mathrm{k}}} \qquad (7.3.4\text{-}6)$$

当 $\lambda > 80\varepsilon_{\mathrm{k}}$ 时：

$$\rho \geqslant (5\varepsilon_{\mathrm{k}} + 0.13\lambda)t/w \qquad (7.3.4\text{-}7)$$

7.3.5 H 形、工字形和箱形截面轴心受压构件的腹
板，当用纵向加劲肋加强以满足宽厚比限值时，加劲
肋宜在腹板两侧成对配置，其一侧外伸宽度不应小于
$10t_{\mathrm{w}}$，厚度不应小于 $0.75t_{\mathrm{w}}$。

7.4 轴心受力构件的计算长度和容许长细比

7.4.1 确定桁架弦杆和单系腹杆的长细比时，其计
算长度 l_0 应按表 7.4.1-1 的规定采用；采用相贯焊接
连接的钢管桁架，其构件计算长度 l_0 可按表 7.4.1-2
的规定取值；除钢管结构外，无节点板的腹杆计算长
度在任意平面内均应取其等于几何长度。桁架再分式
腹杆体系的受压主斜杆及 K 形腹杆体系的竖杆等，
在桁架平面内的计算长度则取节点中心间距离。

表 7.4.1-1 桁架弦杆和单系腹杆的计算长度 l_0

弯曲方向	弦杆	腹杆	
		支座斜杆和支座竖杆	其他腹杆
桁架平面内	l	l	$0.8l$
桁架平面外	l_1	l	l
斜平面	—	l	$0.9l$

注：1 l 为构件的几何长度（节点中心间距离），l_1 为桁
架弦杆侧向支承点之间的距离；

2 斜平面系指与桁架平面斜交的平面，适用于构件
截面两主轴均不在桁架平面内的单角钢腹杆和双
角钢十字形截面腹杆。

表 7.4.1-2 钢管桁架构件计算长度 l_0

桁架类别	弯曲方向	弦杆	腹杆	
			支座斜杆和支座竖杆	其他腹杆
平面桁架	平面内	$0.9l$	l	$0.8l$
	平面外	l_1	l	l
立体桁架		$0.9l$	l	$0.8l$

注：1 l_1 为平面外无支撑长度，l 为杆件的节间长度；

2 对端部缩头或压扁的圆管腹杆，其计算长度取 l；

3 对于立体桁架，弦杆平面外的计算长度取 $0.9l$，
同时尚应以 $0.9l_1$ 按格构式压杆验算其稳定性。

7.4.2 确定在交叉点相互连接的桁架交叉腹杆的长
细比时，在桁架平面内的计算长度应取节点中心到交
叉点的距离；在桁架平面外的计算长度，当两交叉杆
长度相等且在中点相交时，应按下列规定采用：

1 压杆。

1）相交另一杆受压，两杆截面相同并在交叉
点均不中断，则：

$$l_0 = l\sqrt{\frac{1}{2}\left(1 + \frac{N_0}{N}\right)} \qquad (7.4.2\text{-}1)$$

2）相交另一杆受压，此另一杆在交叉点中断
但以节点板搭接，则：

$$l_0 = l\sqrt{1 + \frac{\pi^2}{12}\cdot\frac{N_0}{N}} \qquad (7.4.2\text{-}2)$$

3）相交另一杆受拉，两杆截面相同并在交叉
点均不中断，则：

$$l_0 = l\sqrt{\frac{1}{2}\left(1 - \frac{3}{4}\cdot\frac{N_0}{N}\right)} \geqslant 0.5l$$

$$(7.4.2\text{-}3)$$

4）相交另一杆受拉，此拉杆在交叉点中断但
以节点板搭接，则：

$$l_0 = l\sqrt{1 - \frac{3}{4}\cdot\frac{N_0}{N}} \geqslant 0.5l \qquad (7.4.2\text{-}4)$$

5）当拉杆连续而压杆在交叉点中断但以节点
板搭接，若 $N_0 \geqslant N$ 或拉杆在桁架平面外的

弯曲刚度 $EI_{\mathrm{y}} \geqslant \frac{3N_0 l^2}{4\pi^2}\left(\frac{N}{N_0} - 1\right)$ 时，取 $l_0 =$

$0.5l$。

式中：l——桁架节点中心间距离（交叉点不作为节点考虑）（mm）；

N、N_0——所计算杆的内力及相交另一杆的内力，均为绝对值；两杆均受压时，取 $N_0 \leqslant N$，两杆截面应相同（N）。

2 拉杆，应取 $l_0 = l$。当确定交叉腹杆中单角钢杆件斜平面内的长细比时，计算长度应取节点中心至交叉点的距离。当交叉腹杆为单边连接的单角钢时，应按本标准第 7.6.2 条的规定确定杆件等效长细比。

7.4.3 当桁架弦杆侧向支承点之间的距离为节间长度的 2 倍（图 7.4.3）且两节间的弦杆轴心压力不相同时，该弦杆在桁架平面外的计算长度应按下式确定（但不应小于 $0.5l_1$）：

$$l_0 = l_1 \left(0.75 + 0.25 \frac{N_2}{N_1} \right) \qquad (7.4.3)$$

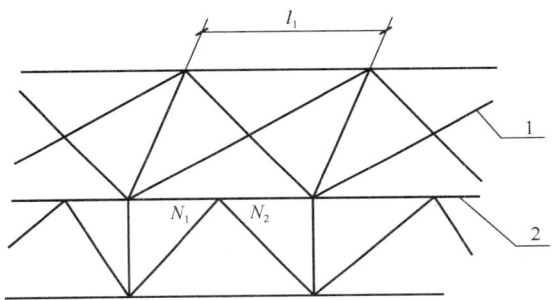

图 7.4.3 弦杆轴心压力在侧向支承点间有变化的桁架简图

1—支撑；2—桁架

式中：N_1——较大的压力，计算时取正值；

N_2——较小的压力或拉力，计算时压力取正值，拉力取负值。

7.4.4 塔架的单角钢主杆，应按所在两个侧面的节点分布情况，采用下列长细比确定稳定系数 φ：

1 当两个侧面腹杆体系的节点全部重合时［图7.4.4(a)］：

$$\lambda = l/i_y \qquad (7.4.4\text{-}1)$$

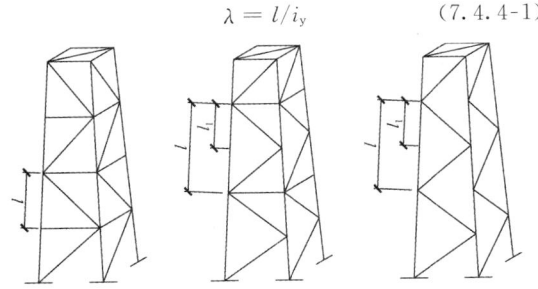

(a) 两个侧面腹杆体系的节点全部重合   (b) 两个侧面腹杆体系的节点部分重合   (c) 两个侧面腹杆体系的节点全部不重合

图 7.4.4 不同腹杆体系的塔架

2 当两个侧面腹杆体系的节点部分重合时［图7.4.4(b)］：

$$\lambda = 1.1l/i_u \qquad (7.4.4\text{-}2)$$

3 当两个侧面腹杆体系的节点全部都不重合时［图 7.4.4(c)］：

$$\lambda = 1.2l/i_u \qquad (7.4.4\text{-}3)$$

式中：i_y——截面绕非对称主轴的回转半径；

l、i_u——分别为较大的节间长度和绕平行轴的回转半径。

4 当角钢宽厚比符合本标准第 7.3.4 条第 2 款要求时，应按该款规定确定系数 φ，并按本标准第 7.3.3 条的规定计算主杆的承载力。

7.4.5 塔架单角钢人字形或 V 形主斜杆，当辅助杆多于两道时，宜连接两相邻侧面的主斜杆以减小其计算长度。当连接有不多于两道辅助杆时，其长细比宜乘以 1.1 的放大系数。

7.4.6 验算容许长细比时，可不考虑扭转效应，计算单角钢受压构件的长细比时，应采用角钢的最小回转半径，但计算在交叉点相互连接的交叉杆件平面外的长细比时，可采用与角钢肢边平行轴的回转半径。轴心受压构件的容许长细比宜符合下列规定：

1 跨度等于或大于 60m 的桁架，其受压弦杆、端压杆和直接承受动力荷载的受压腹杆的长细比不宜大于 120；

2 轴心受压构件的长细比不宜超过表 7.4.6 规定的容许值，但当杆件内力设计值不大于承载能力的 50% 时，容许长细比值可取 200。

表 7.4.6 受压构件的长细比容许值

构 件 名 称	容许长细比
轴心受压柱、桁架和天窗架中的压杆	150
柱的缀条、吊车梁或吊车桁架以下的柱间支撑	150
支撑	200
用以减小受压构件计算长度的杆件	200

7.4.7 验算容许长细比时，在直接或间接承受动力荷载的结构中，计算单角钢受拉构件的长细比时，应采用角钢的最小回转半径，但计算在交叉点相互连接的交叉杆件平面外的长细比时，可采用与角钢肢边平行轴的回转半径。受拉构件的容许长细比宜符合下列规定：

1 除对腹杆提供平面外支点的弦杆外，承受静力荷载的结构受拉构件，可仅计算竖向平面内的长细比；

2 中级、重级工作制吊车桁架下弦杆的长细比不宜超过 200；

3 在设有夹钳或刚性料耙等硬钩起重机的厂房中，支撑的长细比不宜超过 300；

4 受拉构件在永久荷载与风荷载组合作用下受压时，其长细比不宜超过 250；

5 跨度等于或大于 60m 的桁架，其受拉弦杆和腹杆的长细比，承受静力荷载或间接承受动力荷载时不宜超过 300，直接承受动力荷载时不宜超过 250；

6 受拉构件的长细比不宜超过表 7.4.7 规定的容许值。柱间支撑按拉杆设计时，竖向荷载作用下柱子的轴力应按无支撑时考虑。

表 7.4.7　受拉构件的容许长细比

构件名称	承受静力荷载或间接承受动力荷载的结构			直接承受动力荷载的结构
	一般建筑结构	对腹杆提供平面外支点的弦杆	有重级工作制起重机的厂房	
桁架的构件	350	250	250	250
吊车梁或吊车桁架以下柱间支撑	300	—	200	—
除张紧的圆钢外的其他拉杆、支撑、系杆等	400	—	350	—

7.4.8　上端与梁或桁架铰接且不能侧向移动的轴心受压柱，计算长度系数应根据柱脚构造情况采用，对铰轴柱脚应取 1.0，对底板厚度不小于柱翼缘厚度 2 倍的平板支座柱脚可取为 0.8。由侧向支撑分为多段的柱，当各段长度相差 10% 以上时，宜根据相关屈曲的原则确定柱在支撑平面内的计算长度。

7.5　轴心受压构件的支撑

7.5.1　用作减小轴心受压构件自由长度的支撑，应能承受沿被撑构件屈曲方向的支撑力，其值应按下列方法计算：

1　长度为 l 的单根柱设置一道支撑时，支撑力 F_{b1} 应按下列公式计算：

当支撑杆位于柱高度中央时：

$$F_{b1} = N/60 \qquad (7.5.1\text{-}1)$$

当支撑杆位于距柱端 αl 处时（$0 < \alpha < 1$）：

$$F_{b1} = \frac{N}{240\alpha(1-\alpha)} \qquad (7.5.1\text{-}2)$$

2　长度为 l 的单根柱设置 m 道等间距及间距不等但与平均间距相比相差不超过 20% 的支撑时，各支承点的支撑力 F_{bm} 应按下式计算：

$$F_{bm} = \frac{N}{42\sqrt{m+1}} \qquad (7.5.1\text{-}3)$$

3　被撑构件为多根柱组成的柱列，在柱高度中央附近设置一道支撑时，支撑力应按下式计算：

$$F_{bn} = \frac{\sum N_i}{60}\left(0.6 + \frac{0.4}{n}\right) \qquad (7.5.1\text{-}4)$$

式中：N——被撑构件的最大轴心压力（N）；

n——柱列中被撑柱的根数；

$\sum N_i$——被撑柱同时存在的轴心压力设计值之和（N）。

4　当支撑同时承担结构上其他作用的效应时，应按实际可能发生的情况与支撑力组合。

5　支撑的构造应使被撑构件在撑点处既不能平移，又不能扭转。

7.5.2　桁架受压弦杆的横向支撑系统中系杆和支承斜杆应能承受下式给出的节点支撑力（图 7.5.2）：

$$F = \frac{\sum N}{42\sqrt{m+1}}\left(0.6 + \frac{0.4}{n}\right) \qquad (7.5.2)$$

式中：$\sum N$——被撑各桁架受压弦杆最大压力之和（N）；

m——纵向系杆道数（支撑系统间节数减去 1）；

n——支撑系统所撑桁架数。

7.5.3　塔架主杆与主斜杆之间的辅助杆（图 7.5.3）应能承受下列公式给出的节点支撑力：

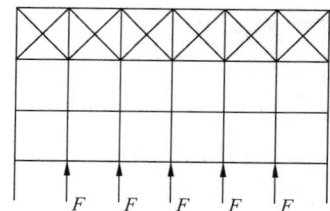

图 7.5.2　桁架受压弦杆横向支撑系统的节点支撑

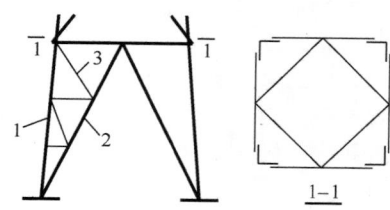

图 7.5.3　塔架下端示意图
1—主杆；2—主斜杆；3—辅助杆

当节间数不超过 4 时：

$$F = N/80 \qquad (7.5.3\text{-}1)$$

当节间数大于 4 时：

$$F = N/100 \qquad (7.5.3\text{-}2)$$

式中：N——主杆压力设计值（N）。

7.6　单边连接的单角钢

7.6.1　桁架的单角钢腹杆，当以一个肢连接于节点板时（图 7.6.1），除弦杆亦为单角钢，并位于节点板同侧者外，应符合下列规定：

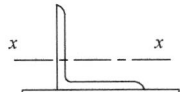

图 7.6.1　角钢的平行轴

1　轴心受力构件的截面强度应按本标准式（7.1.1-1）和式（7.1.1-2）计算，但强度设计值应乘以折减系数 0.85。

2　受压构件的稳定性应按下列公式计算：

$$\frac{N}{\eta \varphi A f} \leq 1.0 \qquad (7.6.1\text{-}1)$$

等边角钢

$$\eta = 0.6 + 0.0015\lambda \qquad (7.6.1\text{-}2)$$

短边相连的不等边角钢

$$\eta = 0.5 + 0.0025\lambda \qquad (7.6.1\text{-}3)$$

长边相连的不等边角钢

$$\eta = 0.7 \qquad (7.6.1\text{-}4)$$

式中：λ——长细比，对中间无联系的单角钢压杆，应按最小回转半径计算，当 $\lambda < 20$ 时，取 $\lambda = 20$；

η——折减系数，当计算值大于 1.0 时取为 1.0。

3　当受压斜杆用节点板和桁架弦杆相连接时，节点板厚度不宜小于斜杆肢宽的 1/8。

7.6.2　塔架单边连接单角钢交叉斜杆中的压杆，当两杆截面相同并在交叉点均不中断，计算其平面外的稳定性时，稳定系数 φ 应由下列等效长细比查本标准附录 D 表格确定：

$$\lambda_0 = \alpha_e \mu_u \lambda_e \geq \frac{l_1}{l} \lambda_x \qquad (7.6.2\text{-}1)$$

当 $20 \leq \lambda_u \leq 80$ 时：

$$\lambda_e = 80 + 0.65\lambda_u \qquad (7.6.2\text{-}2)$$

当 $80 < \lambda_u \leq 160$ 时：

$$\lambda_e = 52 + \lambda_u \qquad (7.6.2\text{-}3)$$

当 $\lambda_u > 160$ 时：

$$\lambda_e = 20 + 1.2\lambda_u \qquad (7.6.2\text{-}4)$$

$$\lambda_u = \frac{l}{i_u} \cdot \frac{1}{\varepsilon_k} \qquad (7.6.2\text{-}5)$$

$$\mu_u = l_0/l \qquad (7.6.2\text{-}6)$$

式中：α_e——系数，应按表 7.6.2 的规定取值；

μ_u——计算长度系数；

l_1——交叉点至节点间的较大距离（图 7.6.2）（mm）；

λ_e——换算长细比；

l_0——计算长度，当相交另一杆受压，应按本标准式（7.4.2-1）计算；当相交另一杆受拉，应按本标准式（7.4.2-3）计算（mm）。

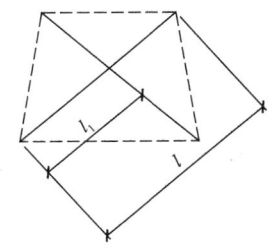

图 7.6.2　在非中点相交的斜杆

表 7.6.2　系数 α_e 取值

主杆截面	另杆受拉	另杆受压	另杆不受力
单角钢	0.75	0.90	0.75
双轴对称截面	0.90	0.75	0.90

7.6.3　单边连接的单角钢压杆，当肢件宽厚比 w/t 大于 $14\varepsilon_k$ 时，由本标准式（7.2.1）和式（7.6.1-1）确定的稳定承载力应乘以按下式计算的折减系数 ρ_e：

$$\rho_e = 1.3 - \frac{0.3w}{14t\varepsilon_k} \qquad (7.6.3)$$

8　拉弯、压弯构件

8.1　截面强度计算

8.1.1　弯矩作用在两个主平面内的拉弯构件和压弯构件，其截面强度应符合下列规定：

1　除圆管截面外，弯矩作用在两个主平面内的拉弯构件和压弯构件，其截面强度应按下式计算：

$$\frac{N}{A_n} \pm \frac{M_x}{\gamma_x W_{nx}} \pm \frac{M_y}{\gamma_y W_{ny}} \leq f \qquad (8.1.1\text{-}1)$$

2　弯矩作用在两个主平面内的圆形截面拉弯构件和压弯构件，其截面强度应按下式计算：

$$\frac{N}{A_n} + \frac{\sqrt{M_x^2 + M_y^2}}{\gamma_m W_n} \leq f \qquad (8.1.1\text{-}2)$$

式中：N——同一截面处轴心压力设计值（N）；

M_x、M_y——分别为同一截面处对 x 轴和 y 轴的弯矩设计值（N·mm）；

γ_x、γ_y——截面塑性发展系数，根据其受压板件的内力分布情况确定其截面板件宽厚比等级，当截面板件宽厚比等级不满足 S3 级要求时，取 1.0，满足 S3 级要求时，可按本标准表 8.1.1 采用；需要验算疲劳强度的拉弯、压弯构件，宜取 1.0；

γ_m——圆形构件的截面塑性发展系数，对于实腹圆形截面取 1.2，当圆管截面板件宽厚比等级不满足 S3 级要求时取 1.0，满足 S3 级要求时取 1.15；需要验算疲劳强度的拉弯、压弯构件，宜取 1.0；

A_n——构件的净截面面积（mm²）；

W_n——构件的净截面模量（mm^3）。

表 8.1.1 截面塑性发展系数 γ_x、γ_y

项次	截面形式	γ_x	γ_y
1	（截面形式图）		1.2
2	（截面形式图）	1.05	1.05
3	（截面形式图）		1.2
4	（截面形式图）	$\gamma_{x1}=1.05$ $\gamma_{x2}=1.2$	1.05
5	（截面形式图）	1.2	1.2
6	（截面形式图）	1.15	1.15
7	（截面形式图）	1.05	1.05
8	（截面形式图）	1.0	1.0

8.2 构件的稳定性计算

8.2.1 除圆管截面外，弯矩作用在对称轴平面内的实腹式压弯构件，弯矩作用平面内稳定性应按式（8.2.1-1）计算，弯矩作用平面外稳定性应按式（8.2.1-3）计算；对于本标准表 8.1.1 第 3 项、第 4 项中的单轴对称压弯构件，当弯矩作用在对称平面内且翼缘受压时，除应按式（8.2.1-1）计算外，尚应按式（8.2.1-4）计算；当框架内力采用二阶弹性分析时，柱弯矩由无侧移弯矩和放大的侧移弯矩组成，此时可对两部分弯矩分别乘以无侧移柱和有侧移柱的等效弯矩系数。

平面内稳定性计算：

$$\frac{N}{\varphi_x Af} + \frac{\beta_{mx} M_x}{\gamma_x W_{1x}(1-0.8 N/N'_{Ex})f} \leqslant 1.0 \tag{8.2.1-1}$$

$$N'_{Ex} = \pi^2 EA/(1.1\lambda_x^2) \tag{8.2.1-2}$$

平面外稳定性计算：

$$\frac{N}{\varphi_y Af} + \eta \frac{\beta_{tx} M_x}{\varphi_b W_{1x}f} \leqslant 1.0 \tag{8.2.1-3}$$

$$\left| \frac{N}{Af} - \frac{\beta_{mx} M_x}{\gamma_x W_{2x}(1-1.25 N/N'_{Ex})f} \right| \leqslant 1.0 \tag{8.2.1-4}$$

式中：N——所计算构件范围内轴心压力设计值（N）；

N'_{Ex}——参数，按式（8.2.1-2）计算（mm）；

φ_x——弯矩作用平面内轴心受压构件稳定系数；

M_x——所计算构件段范围内的最大弯矩设计值（N·mm）；

W_{1x}——在弯矩作用平面内对受压最大纤维的毛截面模量（mm^3）；

φ_y——弯矩作用平面外的轴心受压构件稳定系数，按本标准第 7.2.1 条确定；

φ_b——均匀弯曲的受弯构件整体稳定系数，按本标准附录 C 计算，其中工字形和 T 形截面的非悬臂构件，可按本标准附录 C 第 C.0.5 条的规定确定；对闭口截面，$\varphi_b=1.0$；

η——截面影响系数，闭口截面 $\eta=0.7$，其他截面 $\eta=1.0$；

W_{2x}——无翼缘端的毛截面模量（mm^3）。

等效弯矩系数 β_{mx} 应按下列规定采用：

1 无侧移框架柱和两端支承的构件：

1） 无横向荷载作用时，β_{mx} 应按下式计算：

$$\beta_{mx} = 0.6 + 0.4\frac{M_2}{M_1} \tag{8.2.1-5}$$

式中：M_1，M_2——端弯矩（N·mm），构件无反弯点时取同号；构件有反弯点时取异号，$|M_1| \geqslant |M_2|$。

2） 无端弯矩但有横向荷载作用时，β_{mx} 应按下列公式计算：

跨中单个集中荷载：

$$\beta_{mx} = 1 - 0.36 N/N_{cr} \tag{8.2.1-6}$$

全跨均布荷载：

$$\beta_{mx} = 1 - 0.18 N/N_{cr} \tag{8.2.1-7}$$

$$N_{cr} = \frac{\pi^2 EI}{(\mu l)^2} \tag{8.2.1-8}$$

式中：N_{cr}——弹性临界力（N）；

μ——构件的计算长度系数。

3） 端弯矩和横向荷载同时作用时，式（8.2.1-1）的 $\beta_{mx} M_x$ 应按下式计算：

$$\beta_{mx}M_x = \beta_{mqx}M_{qx} + \beta_{m1x}M_1 \quad (8.2.1\text{-}9)$$

式中：M_{qx}——横向均布荷载产生的弯矩最大值（N·mm）；

$\quad\quad M_1$——跨中单个横向集中荷载产生的弯矩（N·mm）；

$\quad\quad \beta_{m1x}$——取按本条第1款第1项计算的等效弯矩系数；

$\quad\quad \beta_{mqx}$——取本条第1款第2项计算的等效弯矩系数。

2 有侧移框架柱和悬臂构件，等效弯矩系数 β_{mx} 应按下列规定采用：

1）除本款第2项规定之外的框架柱，β_{mx} 应按下式计算：

$$\beta_{mx} = 1 - 0.36N/N_{cr} \quad (8.2.1\text{-}10)$$

2）有横向荷载的柱脚铰接的单层框架柱和多层框架的底层柱，$\beta_{mx}=1.0$。

3）自由端作用有弯矩的悬臂柱，β_{mx} 应按下式计算：

$$\beta_{mx} = 1 - 0.36(1-m)N/N_{cr} \quad (8.2.1\text{-}11)$$

式中：m——自由端弯矩与固定端弯矩之比，当弯矩图无反弯点时取正号，有反弯点时取负号。

等效弯矩系数 β_{tx} 应按下列规定采用：

1 在弯矩作用平面外有支承的构件，应根据两相邻支承间构件段内的荷载和内力情况确定：

1）无横向荷载作用时，β_{tx} 应按下式计算：

$$\beta_{tx} = 0.65 + 0.35\frac{M_2}{M_1} \quad (8.2.1\text{-}12)$$

2）端弯矩和横向荷载同时作用时，β_{tx} 应按下列规定取值：使构件产生同向曲率时：

$$\beta_{tx} = 1.0$$

使构件产生反向曲率时

$$\beta_{tx} = 0.85$$

3）无端弯矩有横向荷载作用时，$\beta_{tx}=1.0$。

2 弯矩作用平面外为悬臂的构件，$\beta_{tx}=1.0$。

8.2.2 弯矩绕虚轴作用的格构式压弯构件整体稳定性计算应符合下列规定：

1 弯矩作用平面内的整体稳定性应按下列公式计算：

$$\frac{N}{\varphi_x A f} + \frac{\beta_{mx}M_x}{W_{1x}\left(1 - \frac{N}{N'_{Ex}}\right)f} \leqslant 1.0 \quad (8.2.2\text{-}1)$$

$$W_{1x} = I_x/y_0 \quad (8.2.2\text{-}2)$$

式中：I_x——对虚轴的毛截面惯性矩（mm⁴）；

$\quad\quad y_0$——由虚轴到压力较大分肢的轴线距离或者到压力较大分肢腹板外边缘的距离，二者取较大者（mm）；

$\quad\quad \varphi_x$、N'_{Ex}——分别为弯矩作用平面内轴心受压构件稳定系数和参数，由换算长细比确定。

2 弯矩作用平面外的整体稳定性可不计算，但

应计算分肢的稳定性，分肢的轴心力应按桁架的弦杆计算。对缀板柱的分肢尚应考虑由剪力引起的局部弯矩。

8.2.3 弯矩绕实轴作用的格构式压弯构件，其弯矩作用平面内和平面外的稳定性计算均与实腹式构件相同。但在计算弯矩作用平面外的整体稳定性时，长细比应取换算长细比，φ_b 应取 1.0。

8.2.4 当柱段中没有很大横向力或集中弯矩时，双向压弯圆管的整体稳定按下列公式计算：

$$\frac{N}{\varphi A f} + \frac{\beta M}{\gamma_m W \left(1 - 0.8\frac{N}{N'_{Ex}}\right)f} \leqslant 1.0 \quad (8.2.4\text{-}1)$$

$$M = \max\left(\sqrt{M_{xA}^2 + M_{yA}^2},\ \sqrt{M_{xB}^2 + M_{yB}^2}\right) \quad (8.2.4\text{-}2)$$

$$\beta = \beta_x \beta_y \quad (8.2.4\text{-}3)$$

$$\beta_x = 1 - 0.35\sqrt{N/N_E} + 0.35\sqrt{N/N_E}(M_{2x}/M_{1x}) \quad (8.2.4\text{-}4)$$

$$\beta_y = 1 - 0.35\sqrt{N/N_E} + 0.35\sqrt{N/N_E}(M_{2y}/M_{1y}) \quad (8.2.4\text{-}5)$$

$$N_E = \frac{\pi^2 EA}{\lambda^2} \quad (8.2.4\text{-}6)$$

式中：$\quad\quad \varphi$——轴心受压构件的整体稳定系数，按构件最大长细比取值；

$\quad\quad M$——计算双向压弯圆管构件整体稳定时采用的弯矩值，按式（8.2.4-2）计算（N·mm）；

M_{xA}、M_{yA}、M_{xB}、M_{yB}——分别为构件 A 端关于 x 轴、y 轴的弯矩和构件 B 端关于 x 轴、y 轴的弯矩（N·mm）；

$\quad\quad \beta$——计算双向压弯整体稳定时采用的等效弯矩系数；

M_{1x}、M_{2x}、M_{1y}、M_{2y}——分别为 x 轴、y 轴端弯矩（N·mm）；构件无反弯点时取同号，构件有反弯点时取异号；$|M_{1x}| \geqslant |M_{2x}|$，$|M_{1y}| \geqslant |M_{2y}|$；

$\quad\quad N_E$——根据构件最大长细比计算的欧拉力，按式（8.2.4-6）计算。

8.2.5 弯矩作用在两个主平面内的双轴对称实腹式工字形和箱形截面的压弯构件，其稳定性应按下列公式计算：

$$\frac{N}{\varphi_x A f} + \frac{\beta_{mx}M_x}{\gamma_x W_x\left(1 - 0.8\frac{N}{N'_{Ex}}\right)f} + \eta\frac{\beta_{ty}M_y}{\varphi_{by}W_y f} \leqslant 1.0 \quad (8.2.5\text{-}1)$$

$$\frac{N}{\varphi_y Af} + \eta \frac{\beta_{tx} M_x}{\varphi_{bx} W_x f} + \frac{\beta_{my} M_y}{\gamma_y W_y \left(1 - 0.8 \frac{N}{N'_{Ey}}\right) f} \leqslant 1.0$$

$$(8.2.5-2)$$

$$N'_{Ey} = \pi^2 EA / (1.1 \lambda_y^2) \qquad (8.2.5-3)$$

式中：φ_x、φ_y——对强轴 $x\text{-}x$ 和弱轴 $y\text{-}y$ 的轴心受压构件整体稳定系数；

φ_{bx}、φ_{by}——均匀弯曲的受弯构件整体稳定性系数，应按本标准附录 C 计算，其中工字形截面的非悬臂构件的 φ_{bx} 可按本标准附录 C 第 C.0.5 条的规定确定，φ_{by} 可取为 1.0；对闭合截面，取 $\varphi_{bx} = \varphi_{by} = 1.0$；

M_x、M_y——所计算构件段范围内对强轴和弱轴的最大弯矩设计值（N·mm）；

W_x、W_y——对强轴和弱轴的毛截面模量（mm³）；

β_{mx}、β_{my}——等效弯矩系数，应按本标准第 8.2.1 条弯矩作用平面内的稳定计算有关规定采用；

β_{tx}、β_{ty}——等效弯矩系数，应按本标准第 8.2.1 条弯矩作用平面外的稳定计算有关规定采用。

8.2.6 弯矩作用在两个主平面内的双肢格构式压弯构件，其稳定性应按下列规定计算：

1 按整体计算：

$$\frac{N}{\varphi_x Af} + \frac{\beta_{mx} M_x}{W_{1x} \left(1 - \frac{N}{N'_{Ex}}\right) f} + \frac{\beta_{ty} M_y}{W_{1y} f} \leqslant 1.0$$

$$(8.2.6-1)$$

式中：W_{1y}——在 M_y 作用下，对较大受压纤维的毛截面模量（mm³）。

2 按分肢计算：

在 N 和 M_x 作用下，将分肢作为桁架弦杆计算其轴心力，M_y 按式（8.2.6-2）和式（8.2.6-3）分配给两分肢（图 8.2.6），然后按本标准第 8.2.1 条的规定计算分肢稳定性。

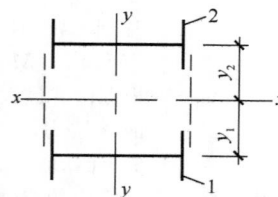

图 8.2.6 格构式构件截面
1—分肢 1；2—分肢 2

分肢 1：$\qquad M_{y1} = \frac{I_1 / y_1}{I_1 / y_1 + I_2 / y_2} \cdot M_y$

$$(8.2.6-2)$$

分肢 2：$\qquad M_{y2} = \frac{I_2 / y_2}{I_1 / y_1 + I_2 / y_2} \cdot M_y$

$$(8.2.6-3)$$

式中：I_1、I_2——分肢 1、分肢 2 对 y 轴的惯性矩（mm⁴）；

y_1、y_2——M_y 作用的主轴平面至分肢 1、分肢 2 的轴线距离（mm）。

8.2.7 计算格构式缀件时，应取构件的实际剪力和按本标准式（7.2.7）计算的剪力两者中的较大值进行计算。

8.2.8 用作减小压弯构件弯矩作用平面外计算长度的支撑，对实腹式构件应将压弯构件的受压翼缘，对格构式构件应将压弯构件的受压分肢视为轴心受压构件，并按本标准第 7.5 节的规定计算各自的支撑力。

8.3 框架柱的计算长度

8.3.1 等截面柱，在框架平面内的计算长度应等于该层柱的高度乘以计算长度系数 μ。框架应分为无支撑框架和有支撑框架。当采用二阶弹性分析方法计算内力且在每层柱顶附加考虑假想水平力 H_{ni} 时，框架柱的计算长度系数可取 1.0 或其他认可的值。当采用一阶弹性分析方法计算内力时，框架柱的计算长度系数 μ 应按下列规定确定：

1 无支撑框架：

1）框架柱的计算长度系数 μ 应按本标准附录 E 表 E.0.2 有侧移框架的计算长度系数确定，也可按下列简化公式计算：

$$\mu = \sqrt{\frac{7.5 K_1 K_2 + 4(K_1 + K_2) + 1.52}{7.5 K_1 K_2 + K_1 + K_2}}$$

$$(8.3.1-1)$$

式中：K_1、K_2——分别为相交于柱上端、柱下端的横梁线刚度之和与柱线刚度之和的比值，K_1、K_2 的修正应按本标准附录 E 表 E.0.2 注确定。

2）设有摇摆柱时，摇摆柱自身的计算长度系数应取 1.0，框架柱的计算长度系数应乘以放大系数 η，η 应按下式计算：

$$\eta = \sqrt{1 + \frac{\sum(N_1 / h_1)}{\sum(N_f / h_f)}} \qquad (8.3.1-2)$$

式中：$\sum(N_f / h_f)$——本层各框架柱轴心压力设计值与柱子高度比值之和；

$\sum(N_1 / h_1)$——本层各摇摆柱轴心压力设计值与柱子高度比值之和。

3）当有侧移框架同层各柱的 N/I 不相同时，柱计算长度系数宜按式（8.3.1-3）计算；当框架附有摇摆柱时，框架柱的计算长度系数宜按式（8.3.1-5）确定；当根据式（8.3.1-3）或式（8.3.1-5）计算而得的 μ_i 小于 1.0 时，应取 $\mu_i = 1$。

$$\mu_i = \sqrt{\frac{N_{Ei}}{N_i} \cdot \frac{1.2}{K} \Sigma \frac{N_i}{h_i}} \qquad (8.3.1\text{-}3)$$

$$N_{Ei} = \pi^2 EI_i / h_i^2 \qquad (8.3.1\text{-}4)$$

$$\mu_i = \sqrt{\frac{N_{Ei}}{N_i} \cdot \frac{1.2 \Sigma (N_i/h_i) + \Sigma (N_{1j}/h_j)}{K}}$$

$$(8.3.1\text{-}5)$$

式中：N_i——第 i 根柱轴心压力设计值（N）；

　　　N_{Ei}——第 i 根柱的欧拉临界力（N）；

　　　h_i——第 i 根柱高度（mm）；

　　　K——框架层侧移刚度，即产生层间单位侧移所需的力（N/mm）；

　　　N_{1j}——第 j 根摇摆柱轴心压力设计值（N）；

　　　h_j——第 j 根摇摆柱的高度（mm）。

　4) 计算单层框架和多层框架底层的计算长度系数时，K 值宜按柱脚的实际约束情况进行计算，也可按理想情况（铰接或刚接）确定 K 值，并对算得的系数 μ 进行修正。

　5) 当多层单跨框架的顶层采用轻型屋面，或多跨多层框架的顶层抽柱形成较大跨度时，顶层框架柱的计算长度系数应忽略屋面梁对柱子的转动约束。

　2　有支撑框架：

　当支撑结构（支撑桁架、剪力墙等）满足式（8.3.1-6）要求时，为强支撑框架，框架柱的计算长度系数 μ 可按本标准附录 E 表 E.0.1 无侧移框架柱的计算长度系数确定，也可按式（8.3.1-7）计算。

$$S_b \geqslant 4.4 \left[\left(1 + \frac{100}{f_y} \right) \Sigma N_{bi} - \Sigma N_{0i} \right]$$

$$(8.3.1\text{-}6)$$

$$\mu = \sqrt{\frac{(1+0.41K_1)(1+0.41K_2)}{(1+0.82K_1)(1+0.82K_2)}}$$

$$(8.3.1\text{-}7)$$

式中：ΣN_{bi}、ΣN_{0i}——分别为第 i 层层间所有框架柱用无侧移框架和有侧移框架柱计算长度系数算得的轴压杆稳定承载力之和（N）；

　　　S_b——支撑结构层侧移刚度，即施加于结构上的水平力与其产生的层间位移角的比值（N）；

　　　K_1、K_2——分别为相交于柱上端、柱下端的横梁线刚度之和与柱线刚度之和的比值。K_1、K_2 的修正见本标准附录 E 表 E.0.1 注。

8.3.2　单层厂房框架下端刚性固定的带牛腿等截面

柱在框架平面内的计算长度应按下列公式确定：

$$H_0 = \alpha_N \left[\sqrt{\frac{4+7.5K_b}{1+7.5K_b}} - \alpha_K \left(\frac{H_1}{H} \right)^{1+0.8k_b} \right] H$$

$$(8.3.2\text{-}1)$$

$$K_b = \frac{\Sigma (I_{bi}/l_i)}{I_c/H} \qquad (8.3.2\text{-}2)$$

当 $K_b < 0.2$ 时：

$$\alpha_K = 1.5 - 2.5K_b \qquad (8.3.2\text{-}3)$$

当 $0.2 \leqslant K_b < 2.0$ 时：

$$\alpha_K = 1.0 \qquad (8.3.2\text{-}4)$$

$$\gamma = \frac{N_1}{N_2} \qquad (8.3.2\text{-}5)$$

当 $\gamma \leqslant 0.2$ 时：

$$\alpha_N = 1.0 \qquad (8.3.2\text{-}6)$$

当 $\gamma > 0.2$ 时：

$$\alpha_N = 1 + \frac{H_1}{H_2} \frac{(\gamma - 0.2)}{1.2} \qquad (8.3.2\text{-}7)$$

式中：H_1、H——分别为柱在牛腿表面以上的高度和柱总高度（图 8.3.2）（m）；

　　　K_b——与柱连接的横梁线刚度之和与柱线刚度之比；

　　　α_K——和比值 K_b 有关的系数；

　　　α_N——考虑压力变化的系数；

　　　γ——柱上、下段压力比；

　　　N_1、N_2——分别为上、下段柱的轴心压力设计值（N）；

　　　I_{bi}、l_i——分别为第 i 根梁的截面惯性矩（mm^4）和跨度（mm）；

　　　I_c——为柱截面惯性矩（mm^4）。

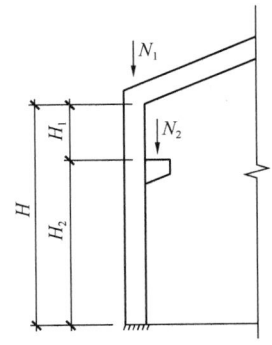

图 8.3.2　单层厂房框架示意

8.3.3　单层厂房框架下端刚性固定的阶形柱，在框架平面内的计算长度应按下列规定确定：

　1　单阶柱：

　　1) 下段柱的计算长度系数 μ_2：当柱上端与横梁铰接时，应按本标准附录 E 表 E.0.3 的数值乘以表 8.3.3 的折减系数；当柱上端与桁架型横梁刚接时，应按本标准附录 E 表 E.0.4 的数值乘以表 8.3.3 的折减系数。

2) 当柱上端与实腹梁刚接时，下段柱的计算长度系数 μ_2，应按下列公式计算的系数 μ_2^1 乘以表 8.3.3 的折减系数，系数 μ_2^1 不应大于按柱上端与横梁铰接计算时得到的 μ_2 值，且不小于按柱上端与桁架型横梁刚接计算时得到的 μ_2 值。

$$K_c = \frac{I_1/H_1}{I_2/H_2} \qquad (8.3.3\text{-}1)$$

$$\mu_2^1 = \frac{\eta_1^2}{2(\eta_1+1)} \cdot \sqrt[3]{\frac{\eta_1 - K_b}{K_b} + (\eta_1 - 0.5)K_c + 2}$$
$$\qquad (8.3.3\text{-}2)$$

$$\eta_1 = \frac{H_1}{H_2}\sqrt{\frac{N_1}{N_2} \cdot \frac{I_2}{I_1}} \qquad (8.3.3\text{-}3)$$

式中：I_1、H_1——阶形柱上段柱的惯性矩（mm^4）和柱高（mm）；

I_2、H_2——阶形柱下段柱的惯性矩（mm^4）和柱高（mm）；

K_c——阶形柱上段柱线刚度与下段柱线刚度的比值；

η_1——参数，根据式（8.3.3-3）计算。

表 8.3.3　单层厂房阶形柱计算长度的折减系数

厂　房　类　型			折减系数
单跨或多跨	纵向温度区段内一个柱列的柱子数	屋面情况	厂房两侧是否有通长的屋盖纵向水平支撑	
单跨	等于或少于 6 个	—	—	0.9
	多于 6 个	非大型混凝土屋面板的屋面	无纵向水平支撑	
			有纵向水平支撑	
		大型混凝土屋面板的屋面	—	0.8
多跨	—	非大型混凝土屋面板的屋面	无纵向水平支撑	
			有纵向水平支撑	
		大型混凝土屋面板的屋面	—	0.7

3) 上段柱的计算长度系数 μ_1 应按下式计算：

$$\mu_1 = \frac{\mu_2}{\eta_1} \qquad (8.3.3\text{-}4)$$

2　双阶柱：

1) 下段柱的计算长度系数 μ_3：当柱上端与横梁铰接时，应取本标准附录 E 表 E.0.5 的数值乘以表 8.3.3 的折减系数；当柱上端与横梁刚接时，应取本标准附录 E 表 E.0.6 的数值乘以表 8.3.3 的折减系数。

2) 上段柱和中段柱的计算长度系数 μ_1 和 μ_2，应按下列公式计算：

$$\mu_1 = \frac{\mu_3}{\eta_1} \qquad (8.3.3\text{-}5)$$

$$\mu_2 = \frac{\mu_3}{\eta_2} \qquad (8.3.3\text{-}6)$$

式中：η_1、η_2——参数，可根据本标准式（8.3.3-3）计算；计算 η_1 时，H_1、N_1、I_1 分别为上柱的柱高（m）、轴力压力设计值（N）和惯性矩（mm^4），H_2、N_2、I_2 分别为下柱的柱高（m）、轴力压力设计值（N）和惯性矩（mm^4）；计算 η_2 时，H_1、N_1、I_1 分别为中柱的柱高（m）、轴力压力设计值（N）和惯性矩（mm^4），H_2、N_2、I_2 分别为下柱的柱高（m）、轴力压力设计值（N）和惯性矩（mm^4）。

8.3.4　当计算框架的格构式柱和桁架式横梁的惯性矩时，应考虑柱或横梁截面高度变化和缀件（或腹杆）变形的影响。

8.3.5　框架柱在框架平面外的计算长度可取面外支撑点之间距离。

8.4　压弯构件的局部稳定和屈曲后强度

8.4.1　实腹压弯构件要求不出现局部失稳者，其腹板高厚比、翼缘宽厚比应符合本标准表 3.5.1 规定的压弯构件 S4 级截面要求。

8.4.2　工字形和箱形截面压弯构件的腹板高厚比超过本标准表 3.5.1 规定的 S4 级截面要求时，其构件设计应符合下列规定：

1　应以有效截面代替实际截面按本条第 2 款计算杆件的承载力。

1) 工字形截面腹板受压区的有效宽度应取为：

$$h_e = \rho h_c \qquad (8.4.2\text{-}1)$$

当 $\lambda_{n,p} \leqslant 0.75$ 时：$\rho = 1.0$　（8.4.2-2a）

当 $\lambda_{n,p} > 0.75$ 时：

$$\rho = \frac{1}{\lambda_{n,p}}\left(1 - \frac{0.19}{\lambda_{n,p}}\right) \qquad (8.4.2\text{-}2b)$$

$$\lambda_{n,p} = \frac{h_w/t_w}{28.1\sqrt{k_\sigma}} \cdot \frac{1}{\varepsilon_k} \qquad (8.4.2\text{-}3)$$

$$k_\sigma = \frac{16}{2 - \alpha_0 + \sqrt{(2 - \alpha_0)^2 + 0.112\alpha_0^2}}$$

$$(8.4.2\text{-}4)$$

式中：h_c、h_e——分别为腹板受压区宽度和有效宽度，当腹板全部受压时，$h_c = h_w$（mm）；

ρ——有效宽度系数，按式（8.4.2-2）计算；

α_0——参数，应按式（3.5.1）计算。

　2）工字形截面腹板有效宽度 h_e 应按下列公式计算：

当截面全部受压，即 $\alpha_0 \leqslant 1$ 时［图 8.4.2(a)］：

$$h_{e1} = 2h_e/(4 + \alpha_0) \quad (8.4.2\text{-}5)$$
$$h_{e2} = h_e - h_{e1} \quad (8.4.2\text{-}6)$$

当截面部分受拉，即 $\alpha_0 > 1$ 时［图 8.4.2(b)］：

$$h_{e1} = 0.4h_e \quad (8.4.2\text{-}7)$$
$$h_{e2} = 0.6h_e \quad (8.4.2\text{-}8)$$

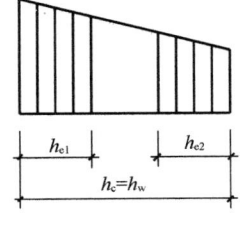 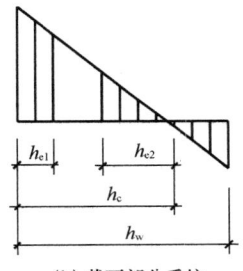

　　(a) 截面全部受压　　　(b) 截面部分受拉

图 8.4.2　有效宽度的分布

　3）箱形截面压弯构件翼缘宽厚比超限时也应按式（8.4.2-1）计算其有效宽度，计算时取 $k_\sigma = 4.0$。有效宽度在两侧均等分布。

2 应采用下列公式计算其承载力：

强度计算：

$$\frac{N}{A_{ne}} \pm \frac{M_x + Ne}{\gamma_x W_{nex}} \leqslant f \quad (8.4.2\text{-}9)$$

平面内稳定计算：

$$\frac{N}{\varphi_x A_e f} + \frac{\beta_{mx} M_x + Ne}{\gamma_x W_{elx}(1 - 0.8N/N'_{Ex})f} \leqslant 1.0$$

$$(8.4.2\text{-}10)$$

平面外稳定计算：

$$\frac{N}{\varphi_y A_e f} + \eta \frac{\beta_{tx} M_x + Ne}{\varphi_b W_{elx} f} \leqslant 1.0 \quad (8.4.2\text{-}11)$$

式中：A_{ne}、A_e——分别为有效净截面面积和有效毛截面面积（mm²）；

W_{nex}——有效截面的净截面模量（mm³）；

W_{elx}——有效截面对较大受压纤维的毛截面模量（mm³）；

e——有效截面形心至原截面形心的距离（mm）。

8.4.3 压弯构件的板件当用纵向加劲肋加强以满足宽厚比限值时，加劲肋宜在板件两侧成对配置，其一侧外伸宽度不应小于板件厚度 t 的 10 倍，厚度不宜小于 $0.75t$。

8.5　承受次弯矩的桁架杆件

8.5.1　除本标准第 5.1.5 条第 3 款规定的结构外，杆件截面为 H 形或箱形的桁架，应计算节点刚性引起的弯矩。在轴力和弯矩共同作用下，杆件端部截面的强度计算可考虑塑性应力重分布，按本标准第 8.5.2 条计算，杆件的稳定计算应按本标准第 8.2 节压弯构件的规定进行。

8.5.2　只承受节点荷载的杆件截面为 H 形或箱形的桁架，当节点具有刚性连接的特征时，应按刚接桁架计算杆件次弯矩，拉杆和板件宽厚比满足本标准表 3.5.1 压弯构件 S2 级要求的压杆，截面强度宜按下列公式计算：

当 $\varepsilon = \dfrac{MA}{NW} \leqslant 0.2$ 时：

$$\frac{N}{A} \leqslant f \quad (8.5.2\text{-}1)$$

当 $\varepsilon > 0.2$ 时：

$$\frac{N}{A} + \alpha \frac{M}{W_p} \leqslant \beta f \quad (8.5.2\text{-}2)$$

式中：W、W_p——分别为弹性截面模量和塑性截面模量（mm³）；

M——为杆件在节点处的次弯矩（N·mm）；

α、β——系数，应按表 8.5.2 的规定采用。

表 8.5.2　系数 α 和 β

杆件截面形式	α	β
H 形截面，腹板位于桁架平面内	0.85	1.15
H 形截面，腹板垂直于桁架平面	0.60	1.08
正方箱形截面	0.80	1.13

9　加劲钢板剪力墙

9.1　一　般　规　定

9.1.1　钢板剪力墙可采用纯钢板剪力墙、防屈曲钢板剪力墙及组合剪力墙，纯钢板剪力墙可采用无加劲钢板剪力墙和加劲钢板剪力墙。

9.1.2　宜采取减少恒荷载传递至剪力墙的措施。竖向加劲肋宜双面或交替双面设置，水平加劲肋可单面、双面或交替双面设置。

9.2　加劲钢板剪力墙的计算

9.2.1　本节适用于不考虑屈曲后强度的钢板剪力墙。

9.2.2 宜采取减少重力荷载传递至竖向加劲肋的构造措施。

9.2.3 同时设置水平和竖向加劲肋的钢板剪力墙，纵横加劲肋划分的剪力墙板区格的宽高比宜接近1，剪力墙板区格的宽厚比宜符合下列规定：

采用开口加劲肋时：

$$\frac{a_1 + h_1}{t_w} \leqslant 220\varepsilon_k \qquad (9.2.3\text{-}1)$$

采用闭口加劲肋时：

$$\frac{a_1 + h_1}{t_w} \leqslant 250\varepsilon_k \qquad (9.2.3\text{-}2)$$

式中：a_1——剪力墙板区格宽度（mm）；

h_1——剪力墙板区格高度（mm）；

ε_k——钢号调整系数；

t_w——钢板剪力墙的厚度（mm）。

9.2.4 同时设置水平和竖向加劲肋的钢板剪力墙，加劲肋的刚度参数宜符合下列公式的要求。

$$\eta_x = \frac{EI_{sx}}{Dh_1} \geqslant 33 \qquad (9.2.4\text{-}1)$$

$$\eta_y = \frac{EI_{sy}}{Da_1} \geqslant 50 \qquad (9.2.4\text{-}2)$$

$$D = \frac{Et_w^3}{12(1-\nu^2)} \qquad (9.2.4\text{-}3)$$

式中：η_x、η_y——分别为水平、竖向加劲肋的刚度参数；

E——钢材的弹性模量（N/mm²）；

I_{sx}、I_{sy}——分别为水平、竖向加劲肋的惯性矩（mm⁴），可考虑加劲肋与钢板剪力墙有效宽度组合截面，单侧钢板加劲剪力墙的有效宽度取 15 倍的钢板厚度；

D——单位宽度的弯曲刚度（N·mm）；

ν——钢材的泊松比。

9.2.5 设置加劲肋的钢板剪力墙，应根据下列规定计算其稳定性：

1 正则化宽厚比 $\lambda_{n,s}$、$\lambda_{n,\sigma}$、$\lambda_{n,b}$ 应根据下列公式计算：

$$\lambda_{n,s} = \sqrt{\frac{f_{yv}}{\tau_{cr}}} \qquad (9.2.5\text{-}1)$$

$$\lambda_{n,\sigma} = \sqrt{\frac{f_y}{\sigma_{cr}}} \qquad (9.2.5\text{-}2)$$

$$\lambda_{n,b} = \sqrt{\frac{f_y}{\sigma_{bcr}}} \qquad (9.2.5\text{-}3)$$

式中：f_{yv}——钢材的屈服抗剪强度（N/mm²），取钢材屈服强度的 58%；

f_y——钢材屈服强度（N/mm²）；

τ_{cr}——弹性剪切屈曲临界应力（N/mm²），按本标准附录 F 的规定计算；

σ_{cr}——竖向受压弹性屈曲临界应力（N/mm²），按本标准附录 F 的规定计算；

σ_{bcr}——竖向受弯弹性屈曲临界应力（N/mm²），按本标准附录 F 的规定计算。

2 弹塑性稳定系数 φ_s、φ_σ、φ_{bs} 应根据下列公式计算：

$$\varphi_s = \frac{1}{\sqrt[3]{0.738 + \lambda_{n,s}^6}} \leqslant 1.0 \qquad (9.2.5\text{-}4)$$

$$\varphi_\sigma = \frac{1}{(1 + \lambda_{n,\sigma}^{2.4})^{5/6}} \leqslant 1.0 \qquad (9.2.5\text{-}5)$$

$$\varphi_{bs} = \frac{1}{\sqrt[3]{0.738 + \lambda_{n,b}^6}} \leqslant 1.0 \qquad (9.2.5\text{-}6)$$

3 稳定性计算应符合下列公式要求：

$$\frac{\sigma_b}{\varphi_{bs} f} \leqslant 1.0 \qquad (9.2.5\text{-}7)$$

$$\frac{\tau}{\varphi_s f_v} \leqslant 1.0 \qquad (9.2.5\text{-}8)$$

$$\frac{\sigma_G}{0.35\varphi_\sigma f} \leqslant 1.0 \qquad (9.2.5\text{-}9)$$

$$\left(\frac{\sigma_b}{\varphi_{bs} f}\right)^2 + \left(\frac{\tau}{\varphi_s f_v}\right)^2 + \frac{\sigma_\sigma}{\varphi_\sigma f} \leqslant 1.0$$
$$(9.2.5\text{-}10)$$

式中：σ_b——由弯矩产生的弯曲压应力设计值（N/mm²）；

τ——钢板剪力墙的剪应力设计值（N/mm²）；

σ_G——竖向重力荷载产生的应力设计值（N/mm²）；

f_v——钢板剪力墙的抗剪强度设计值（N/mm²）；

f——钢板剪力墙的抗压和抗弯强度设计值（N/mm²）；

σ_σ——钢板剪力墙承受的竖向应力设计值。

9.3 构 造 要 求

9.3.1 加劲钢板墙可采用横向加劲、竖向加劲、井字加劲等形式。加劲肋宜采用型钢且与钢板墙焊接。为运输方便，当设置水平加劲肋时，可采用横向加劲肋贯通、钢板剪力墙水平切断等形式。

9.3.2 加劲钢板剪力墙与边缘构件的连接应符合下列规定：

1 钢板剪力墙与钢柱连接可采用角焊缝，焊缝强度应满足等强连接要求；

2 钢板剪力墙跨的钢梁，腹板厚度不应小于钢板剪力墙厚度，翼缘可采用加劲肋代替，其截面不应小于所需的钢梁截面。

9.3.3 加劲钢板剪力墙在有洞口时应符合下列规定：

1 计算钢板剪力墙的水平受剪承载力时，不应计算洞口水平投影部分。

2 钢板剪力墙上开设门洞时，门洞口边的加劲肋应符合下列规定：

1）加劲肋的刚度参数 η_x、η_y 不应小于 150；

2）竖向边加劲肋应延伸至整个楼层高度，门洞上边的边缘加劲肋延伸的长度不宜小于 600mm。

10 塑性及弯矩调幅设计

10.1 一般规定

10.1.1 本章规定宜用于不直接承受动力荷载的下列结构或构件：

1 超静定梁；

2 由实腹式构件组成的单层框架结构；

3 2 层～6 层框架结构其层侧移不大于容许侧移的 50%。

4 满足下列条件之一的框架-支撑（剪力墙、核心筒等）结构中的框架部分：

    1）结构下部 1/3 楼层的框架部分承担的水平力不大于该层总水平力的 20%；

    2）支撑（剪力墙）系统能够承担所有水平力。

10.1.2 塑性及弯矩调幅设计时，容许形成塑性铰的构件应为单向弯曲的构件。

10.1.3 结构或构件采用塑性或弯矩调幅设计时应符合下列规定：

1 按正常使用极限状态设计时，应采用荷载的标准值，并应按弹性理论进行计算；

2 按承载能力极限状态设计时，应采用荷载的设计值，用简单塑性理论进行内力分析；

3 柱端弯矩及水平荷载产生的弯矩不得进行调幅。

10.1.4 采用塑性设计的结构及进行弯矩调幅的构件，钢材性能应符合本标准第 4.3.6 条的规定。

10.1.5 采用塑性及弯矩调幅设计的结构构件，其截面板件宽厚比等级应符合下列规定：

1 形成塑性铰并发生塑性转动的截面，其截面板件宽厚比等级应采用 S1 级；

2 最后形成塑性铰的截面，其截面板件宽厚比等级不应低于 S2 级截面要求；

3 其他截面板件宽厚比等级不应低于 S3 级截面要求。

10.1.6 构成抗侧力支撑系统的梁、柱构件，不得进行弯矩调幅设计。

10.1.7 采用塑性设计，或采用弯矩调幅设计且结构为有侧移失稳时，框架柱的计算长度系数应乘以 1.1 的放大系数。

10.2 弯矩调幅设计要点

10.2.1 当采用一阶弹性分析的框架-支撑结构进行弯矩调幅设计时，框架柱计算长度系数可取为 1.0，支撑系统应满足本标准式（8.3.1-6）的要求。

10.2.2 当采用一阶弹性分析时，对于连续梁、框架梁和钢梁及钢-混凝土组合梁的调幅幅度限值及挠度和侧移增大系数应按表 10.2.2-1 及表 10.2.2-2 的规定采用。

表 10.2.2-1 钢梁调幅幅度限值及侧移增大系数

调幅幅度限值	梁截面板件宽厚比等级	侧移增大系数
15%	S1 级	1.00
20%	S1 级	1.05

表 10.2.2-2 钢-混凝土组合梁调幅幅度限值及挠度和侧移增大系数

梁分析模型	调幅幅度限值	梁截面板件宽厚比等级	挠度增大系数	侧移增大系数
变截面模型	5%	S1 级	1.00	1.00
	10%	S1 级	1.05	1.05
等截面模型	15%	S1 级	1.00	1.00
	20%	S1 级	1.00	1.05

10.3 构件的计算

10.3.1 除塑性铰部位的强度计算外，受弯构件的强度和稳定性计算应符合本标准第 6 章的规定。

10.3.2 受弯构件的剪切强度应符合下式要求：

$$V \leq h_{\mathrm{w}} t_{\mathrm{w}} f_{\mathrm{v}} \qquad (10.3.2)$$

式中：h_{w}、t_{w}——腹板高度和厚度（mm）；

    V——构件的剪力设计值（N）；

    f_{v}——钢材抗剪强度设计值（N/mm²）。

10.3.3 除塑性铰部位的强度计算外，压弯构件的强度和稳定性计算应符合本标准第 8 章的规定。

10.3.4 塑性铰部位的强度计算应符合下列规定：

1 采用塑性设计和弯矩调幅设计时，塑性铰部位的强度计算应符合下列公式的规定：

$$N \leq 0.6 A_{\mathrm{n}} f \qquad (10.3.4-1)$$

当 $\dfrac{N}{A_{\mathrm{n}} f} \leq 0.15$ 时：

塑性设计：

$$M_{\mathrm{x}} \leq 0.9 W_{\mathrm{npx}} f \qquad (10.3.4-2)$$

弯矩调幅设计：

$$M_{\mathrm{x}} \leq \gamma_{\mathrm{x}} w_{\mathrm{x}} f \qquad (10.3.4-3)$$

当 $\dfrac{N}{A_{\mathrm{n}} f} > 0.15$ 时：

塑性设计：

$$M_{\mathrm{x}} \leq 1.05 \left(1 - \dfrac{N}{A_{\mathrm{n}} f}\right) W_{\mathrm{npx}} f \quad (10.3.4-4)$$

弯矩调幅设计：

$$M_{\mathrm{x}} \leq 1.15 \left(1 - \dfrac{N}{A_{\mathrm{n}} f}\right) \gamma_{\mathrm{x}} W_{\mathrm{x}} f \quad (10.3.4-5)$$

2 当 $V > 0.5 h_{\mathrm{w}} t_{\mathrm{w}} f_{\mathrm{v}}$ 时，验算受弯承载力所用的腹板强度设计值 f 可折减为 $(1 - \rho) f$，折减系数

ρ 应按下式计算：

$$\rho = \left[2V/(h_w t_w f_v) - 1\right]^2 \quad (10.3.4\text{-}6)$$

式中：N——构件的压力设计值（N）；

M_x——构件的弯矩设计值（N·mm）；

A_n——净截面面积（mm²）；

W_{npx}——对 x 轴的塑性净截面模量（mm³）；

f——钢材的抗弯强度设计值（N/mm²）。

10.4 容许长细比和构造要求

10.4.1 受压构件的长细比不宜大于 $130\varepsilon_k$。

10.4.2 当钢梁的上翼缘没有通长的刚性铺板或防止侧向弯扭屈曲的构件时，在构件出现塑性铰的截面处应设置侧向支承。该支承点与其相邻支承点间构件的长细比 λ_y 应符合下列规定：

当 $-1 \leqslant \dfrac{M_1}{\gamma_x W_x f} \leqslant 0.5$ 时：

$$\lambda_y \leqslant \left(60 - 40\frac{M_1}{\gamma_x W_x f}\right)\varepsilon_k \quad (10.4.2\text{-}1)$$

当 $0.5 < \dfrac{M_1}{\gamma_x W_x f} \leqslant 1$ 时：

$$\lambda_y \leqslant \left(45 - 10\frac{M_1}{\gamma_x W_x f}\right)\varepsilon_k \quad (10.4.2\text{-}2)$$

$$\lambda_y = \frac{l_1}{i_y} \quad (10.4.2\text{-}3)$$

式中：λ_y——弯矩作用平面外的长细比；

l_1——侧向支承点间距离（mm）；对不出现塑性铰的构件区段，其侧向支承点间距应由本标准第 6 章和第 8 章内有关弯矩作用平面外的整体稳定计算确定；

i_y——截面绕弱轴的回转半径（mm）；

M_1——与塑性铰距离为 l_1 的侧向支承点处的弯矩（N·mm）；当长度 l_1 内为同向曲率时，$M_1/(\gamma'_x W_x f)$ 为正；当为反向曲率时，$M_1/(\gamma_x W_x f)$ 为负。

10.4.3 当工字钢梁受拉的上翼缘有楼板或刚性铺板与钢梁可靠连接时，形成塑性铰的截面应满足下列要求之一：

1 根据本标准公式（6.2.7-3）计算的正则化长细比不大于 0.3；

2 布置间距不大于 2 倍梁高的加劲肋；

3 受压下翼缘设置侧向支撑。

10.4.4 用作减少构件弯矩作用平面外计算长度的侧向支撑，其轴心力应按本标准第 7.5.1 条确定。

10.4.5 所有节点及其连接应有足够的刚度，应保证在出现塑性铰前节点处各构件间的夹角保持不变。构件拼接和构件间的连接应能传递该处最大弯矩设计值的 1.1 倍，且不得低于 $0.5\gamma_x W_x f$。

10.4.6 当构件采用手工气割或剪切机割时，应将出现塑性铰部位的边缘刨平。当螺栓孔位于构件塑性铰部位的受拉板件上时，应采用钻成孔或先冲后扩钻孔。

11 连 接

11.1 一 般 规 定

11.1.1 钢结构构件的连接应根据施工环境条件和作用力的性质选择其连接方法。

11.1.2 同一连接部位中不得采用普通螺栓或承压型高强度螺栓与焊接共用的连接；在改、扩建工程中作为加固补强措施，可采用摩擦型高强度螺栓与焊接承受同一作用力的栓焊并用连接，其计算与构造宜符合行业标准《钢结构高强度螺栓连接技术规程》JGJ 82-2011 第 5.5 节的规定。

11.1.3 C 级螺栓宜用于沿其杆轴方向受拉的连接，在下列情况下可用于抗剪连接：

1 承受静力荷载或间接承受动力荷载结构中的次要连接；

2 承受静力荷载的可拆卸结构的连接；

3 临时固定构件用的安装连接。

11.1.4 沉头和半沉头铆钉不得用于其杆轴方向受拉的连接。

11.1.5 钢结构焊接连接构造设计应符合下列规定：

1 尽量减少焊缝的数量和尺寸；

2 焊缝的布置宜对称于构件截面的形心轴；

3 节点区留有足够空间，便于焊接操作和焊后检测；

4 应避免焊缝密集和双向、三向相交；

5 焊缝位置宜避开最大应力区；

6 焊缝连接宜选择等强匹配；当不同强度的钢材连接时，可采用与低强度钢材相匹配的焊接材料。

11.1.6 焊缝的质量等级应根据结构的重要性、荷载特性、焊缝形式、工作环境以及应力状态等情况，按下列原则选用：

1 在承受动力荷载且需要进行疲劳验算的构件中，凡要求与母材等强连接的焊缝应焊透，其质量等级应符合下列规定：

1）作用力垂直于焊缝长度方向的横向对接焊缝或 T 形对接与角接组合焊缝，受拉时应为一级，受压时不应低于二级；

2）作用力平行于焊缝长度方向的纵向对接焊缝不应低于二级；

3）重级工作制（A6～A8）和起重量 Q≥50t 的中级工作制（A4、A5）吊车梁的腹板与上翼缘之间以及吊车桁架上弦杆与节点板之间的 T 形连接部位焊缝应焊透，焊缝形式宜为对接与角接的组合焊缝，其质量等级不应低于二级。

2 在工作温度等于或低于-20℃的地区，构件对接焊缝的质量不得低于二级。

3 不需要疲劳验算的构件中，凡要求与母材等强的对接焊缝宜焊透，其质量等级受拉时不应低于二级，受压时不宜低于二级。

4 部分焊透的对接焊缝、采用角焊缝或部分焊透的对接与角接组合焊缝的T形连接部位，以及搭接连接角焊缝，其质量等级应符合下列规定：

1）直接承受动荷载且需要疲劳验算的结构和吊车起重量等于或大于50t的中级工作制吊车梁以及梁柱、牛腿等重要节点不应低于二级；

2）其他结构可为三级。

11.1.7 焊接工程中，首次采用的新钢种应进行焊接性试验，合格后应根据现行国家标准《钢结构焊接规范》GB 50661的规定进行焊接工艺评定。

11.1.8 钢结构的安装连接应采用传力可靠、制作方便、连接简单、便于调整的构造形式，并应考虑临时定位措施。

11.2 焊缝连接计算

11.2.1 全熔透对接焊缝或对接与角接组合焊缝应按下列规定进行强度计算：

1 在对接和T形连接中，垂直于轴心拉力或轴心压力的对接焊接或对接与角接组合焊缝，其强度应按下式计算：

$$\sigma = \frac{N}{l_w h_e} \leqslant f_t^w \text{ 或 } f_c^w \qquad (11.2.1-1)$$

式中：N——轴心拉力或轴心压力（N）；

l_w——焊缝长度（mm）；

h_e——对接焊缝的计算厚度（mm），在对接连接节点中取连接件的较小厚度，在T形连接节点中取腹板的厚度；

f_t^w、f_c^w——对接焊缝的抗拉、抗压强度设计值（N/mm²）。

2 在对接和T形连接中，承受弯矩和剪力共同作用的对接焊缝或对接与角接组合焊缝，其正应力和剪应力应分别进行计算。但在同时受有较大正应力和剪应力处（如梁腹板横向对接焊缝的端部）应按下式计算折算应力：

$$\sqrt{\sigma^2 + 3\tau^2} \leqslant 1.1 f_t^w \qquad (11.2.1-2)$$

11.2.2 直角角焊缝应按下列规定进行强度计算：

1 在通过焊缝形心的拉力、压力或剪力作用下：

正面角焊缝（作用力垂直于焊缝长度方向）：

$$\sigma_f = \frac{N}{h_e l_w} \leqslant \beta_f f_f^w \qquad (11.2.2-1)$$

侧面角焊缝（作用力平行于焊缝长度方向）：

$$\tau_f = \frac{N}{h_e l_w} \leqslant f_f^w \qquad (11.2.2-2)$$

2 在各种力综合作用下，σ_f 和 τ_f 共同作用处：

$$\sqrt{\left(\frac{\sigma_f}{\beta_f}\right)^2 + \tau_f^2} \leqslant f_f^w \qquad (11.2.2-3)$$

式中：σ_f——按焊缝有效截面（$h_e l_w$）计算，垂直于焊缝长度方向的应力（N/mm²）；

τ_f——按焊缝有效截面计算，沿焊缝长度方向的剪应力（N/mm²）；

h_e——直角焊缝的计算厚度（mm），当两焊件间隙 $b \leqslant 1.5$mm 时，$h_e = 0.7 h_f$；1.5mm<$b \leqslant 5$mm 时，$h_e = 0.7(h_f - b)$，h_f 为焊脚尺寸（图 11.2.2）；

l_w——角焊缝的计算长度（mm），对每条焊缝取其实际长度减去 $2h_f$；

f_f^w——角焊缝的强度设计值（N/mm²）；

β_f——正面角焊缝的强度设计值增大系数，对承受静力荷载和间接承受动力荷载的结构，$\beta_f = 1.22$；对直接承受动力荷载的结构，$\beta_f = 1.0$。

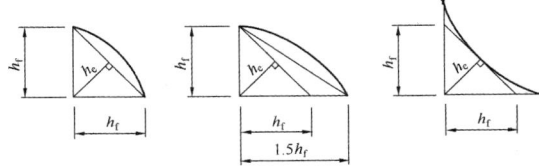

(a) 等边直角焊缝截面 (b) 不等边直角焊缝截面 (c) 等边凹形直角焊缝截面

图 11.2.2　直角角焊缝截面

11.2.3 两焊脚边夹角为 60°≤α≤135°的 T 形连接的斜角角焊缝（图 11.2.3-1），其强度应按本标准式（11.2.2-1）～式（11.2.2-3）计算，但取 $\beta_f = 1.0$，其计算厚度 h_e（图 11.2.3-2）的计算应符合下列规定：

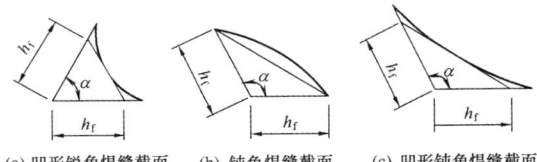

(a) 凹形锐角角焊缝截面 (b) 钝角角焊缝截面 (c) 凹形钝角角焊缝截面

图 11.2.3-1　T 形连接的斜角角焊缝截面

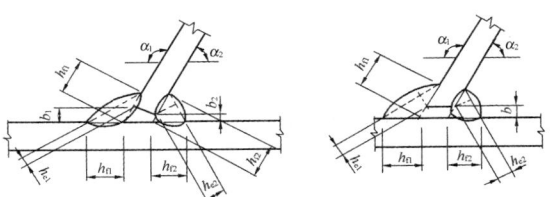

图 11.2.3-2　T 形连接的根部间隙和焊缝截面

1 当根部间隙 b、b_1 或 $b_2 \leqslant 15\text{mm}$ 时，$h_e = h_f \cos \frac{\alpha}{2}$；

2 当根部间隙 b、b_1 或 $b_2 > 15\text{mm}$ 但 $\leqslant 5\text{mm}$ 时，

$$h_e = \left[h_f - \frac{b\,(\text{或}\,b_1、b_2)}{\sin\alpha} \right] \cos \frac{\alpha}{2};$$

3 当 $30° \leqslant \alpha \leqslant 60°$ 或 $\alpha < 30°$ 时，斜角角焊缝计算厚度 h_e 应按现行国家标准《钢结构焊接规范》GB 50661 的有关规定计算取值。

11.2.4 部分熔透的对接焊缝（图 11.2.4）和 T 形对接与角接组合焊缝 ［图 11.2.4（c）］的强度，应按式（11.2.2-1）～式（11.2.2-3）计算，当熔合线处焊缝截面边长等于或接近于最短距离 s 时，抗剪强度设计值应按角焊缝的强度设计值乘以 0.9。在垂直于焊缝长度方向的压力作用下，取 $\beta_f = 1.22$，其他情况取 $\beta_f = 1.0$，其计算厚度 h_e 宜按下列规定取值，其中 s 为坡口深度，即根部至焊缝表面（不考虑余高）的最短距离（mm）；α 为 V 形、单边 V 形或 K 形坡口角度：

1 V 形坡口［图 11.2.4（a）］：当 $\alpha \geqslant 60°$ 时，$h_e = s$；当 $\alpha < 60°$ 时，$h_e = 0.75s$；

2 单边 V 形和 K 形坡口［图 11.2.4（b）、图 11.2.4（c）］：当 $\alpha = 45° \pm 5°$ 时，$h_e = s - 3$；

3 U 形和 J 形坡口［图 11.2.4（d）、图 11.2.4（e）］：当 $\alpha = 45° \pm 5°$ 时，$h_e = s$。

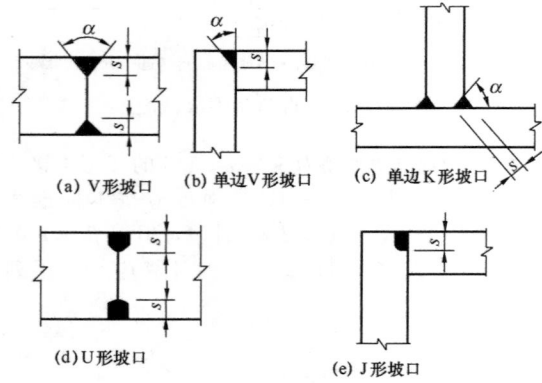

（a）V 形坡口　（b）单边V形坡口　（c）单边K形坡口

（d）U 形坡口　　　　（e）J 形坡口

图 11.2.4　部分熔透的对接焊缝和 T 形对接与角接组合焊缝截面

11.2.5 圆形塞焊焊缝和圆孔或槽孔内角焊缝的强度应分别按式（11.2.5-1）和式（11.2.5-2）计算：

$$\tau_f = \frac{N}{A_w} \leqslant f_f^w \qquad (11.2.5\text{-}1)$$

$$\tau_f = \frac{N}{h_e l_w} \leqslant f_f^w \qquad (11.2.5\text{-}2)$$

式中：A_w——塞焊圆孔面积；

l_w——圆孔内或槽孔内角焊缝的计算长度。

11.2.6 角焊缝的搭接焊缝连接中，当焊缝计算长度 l_w 超过 $60h_f$ 时，焊缝的承载力设计值应乘以折减系数 α_f，$\alpha_f = 1.5 - \frac{l_w}{120h_f}$，并不小于 0.5。

11.2.7 焊接截面工字形梁翼缘与腹板的焊缝连接强度计算应符合下列规定：

1 双面角焊缝连接，其强度应按下式计算，当梁上翼缘受有固定集中荷载时，宜在该处设置顶紧上翼缘的支承加劲肋，按式（11.2.7）计算时取 $F = 0$。

$$\frac{1}{2h_e} \sqrt{\left(\frac{VS_f}{I}\right)^2 + \left(\frac{\psi F}{\beta_f l_z}\right)^2} \leqslant f_f^w \qquad (11.2.7)$$

式中：S_f——所计算翼缘毛截面对梁中和轴的面积矩（mm^3）；

I——梁的毛截面惯性矩（mm^4）；

F、ψ、l_z——按本标准第 6.1.4 条采用。

2 当腹板与翼缘的连接焊缝采用焊透的 T 形对接与角接组合焊缝时，其焊缝强度可不计算。

11.2.8 圆管与矩形管 T、Y、K 形相贯节点焊缝的构造与计算厚度取值应符合现行国家标准《钢结构焊接规范》GB 50661 的相关规定。

11.3　焊缝连接构造要求

11.3.1 受力和构造焊缝可采用对接焊缝、角焊缝、对接与角接组合焊缝、塞焊焊缝、槽焊焊缝，重要连接或有等强要求的对接焊缝应为熔透焊缝，较厚板件或无需焊透时可采用部分熔透焊缝。

11.3.2 对接焊缝的坡口形式，宜根据板厚和施工条件按现行国家标准《钢结构焊接规范》GB 50661 要求选用。

11.3.3 不同厚度和宽度的材料对接时，应作平缓过渡，其连接处坡度值不宜大于 1：2.5（图 11.3.3-1 和图 11.3.3-2）。

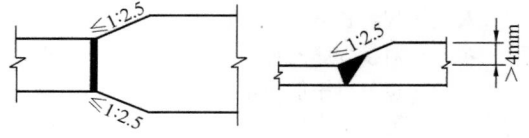

图 11.3.3-1　不同宽度或厚度钢板的拼接

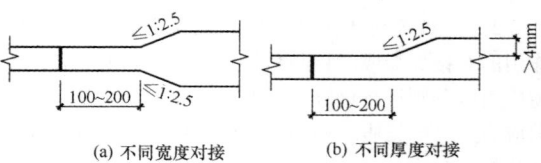

（a）不同宽度对接　　　（b）不同厚度对接

图 11.3.3-2　不同宽度或厚度铸钢件的拼接

11.3.4 承受动荷载时，塞焊、槽焊、角焊、对接连接应符合下列规定：

1 承受动荷载不需要进行疲劳验算的构件，采用塞焊、槽焊时，孔或槽的边缘到构件边缘在垂直于应力方向上的间距不应小于此构件厚度的 5 倍，且不应小于孔或槽宽度的 2 倍；构件端部搭接连接的纵向

角焊缝长度不应小于两侧焊缝间的垂直间距 a，且在无塞焊、槽焊等其他措施时，间距 a 不应大于较薄件厚度 t 的 16 倍（图 11.3.4）；

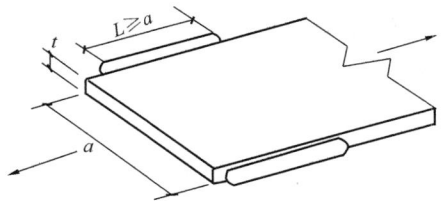

图 11.3.4　承受动载不需进行疲劳验算时
构件端部纵向角焊缝长度及间距要求

a—不应大于 16t（中间有塞焊焊缝或槽焊焊缝时除外）

2　不得采用焊脚尺寸小于 5mm 的角焊缝；

3　严禁采用断续坡口焊缝和断续角焊缝；

4　对接与角接组合焊缝和 T 形连接的全焊透坡口焊缝应采用角焊缝加强，加强焊脚尺寸不应大于连接部位较薄件厚度的 1/2，但最大值不得超过 10mm；

5　承受动荷载需经疲劳验算的连接，当拉应力与焊缝轴线垂直时，严禁采用部分焊透对接焊缝；

6　除横焊位置以外，不宜采用 L 形和 J 形坡口；

7　不同板厚的对接连接承受动载时，应按本标准第 11.3.3 条的规定做成平缓过渡。

11.3.5　角焊缝的尺寸应符合下列规定：

1　角焊缝的最小计算长度应为其焊脚尺寸 h_f 的 8 倍，且不应小于 40mm；焊缝计算长度应为扣除引弧、收弧长度后的焊缝长度；

2　断续角焊缝焊段的最小长度不应小于最小计算长度；

3　角焊缝最小焊脚尺寸宜按表 11.3.5 取值，承受动荷载时角焊缝焊脚尺寸不宜小于 5mm；

4　被焊构件中较薄板厚度不小于 25mm 时，宜采用开局部坡口的角焊缝；

5　采用角焊缝焊接连接，不宜将厚板焊接到较薄板上。

表 11.3.5　角焊缝最小焊脚尺寸（mm）

母材厚度 t	角焊缝最小焊脚尺寸 h_f
$t \leq 6$	3
$6 < t \leq 12$	5
$12 < t \leq 20$	6
$t > 20$	8

注：1　采用不预热的非低氢焊接方法进行焊接时，t 等于焊接连接部位中较厚件厚度，宜采用单道焊缝；采用预热的非低氢焊接方法或低氢焊接方法进行焊接时，t 等于焊接连接部位中较薄件厚度；

　　2　焊缝尺寸 h_f 不要求超过焊接连接部位中较薄件厚度的情况除外。

11.3.6　搭接连接角焊缝的尺寸及布置应符合下列规定：

1　传递轴向力的部件，其搭接连接最小搭接长度应为较薄件厚度的 5 倍，且不应小于 25mm（图 11.3.6-1），并应施焊纵向或横向双角焊缝；

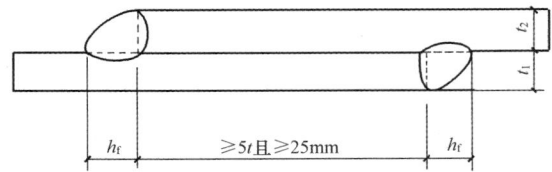

图 11.3.6-1　搭接连接双角焊缝的要求

t—t_1 和 t_2 中较小者；h_f—焊脚尺寸，按设计要求

2　只采用纵向角焊缝连接型钢杆件端部时，型钢杆件的宽度不应大于 200mm，当宽度大于 200mm 时，应加横向角焊缝或中间塞焊；型钢杆件每一侧纵向角焊缝的长度不应小于型钢杆件的宽度；

3　型钢杆件搭接连接采用围焊时，在转角处应连续施焊。杆件端部搭接角焊缝作绕焊时，绕焊长度不应小于焊脚尺寸的 2 倍，并应连续施焊；

4　搭接焊缝沿母材棱边的最大焊脚尺寸，当板厚不大于 6mm 时，应为母材厚度，当板厚大于 6mm 时，应为母材厚度减去 1mm～2mm（图 11.3.6-2）；

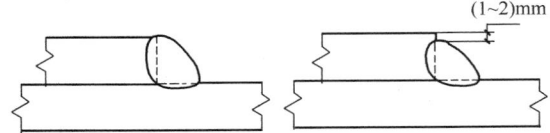

(a) 母材厚度小于等于 6mm 时　　(b) 母材厚度大于 6mm 时

图 11.3.6-2　搭接焊缝沿母材棱边的最大焊脚尺寸

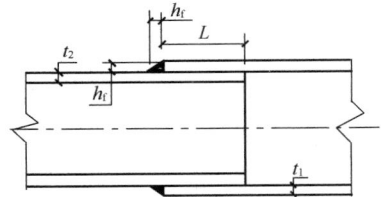

图 11.3.6-3　管材套管连接
的搭接焊缝最小长度

h_f—焊脚尺寸，按设计要求

5　用搭接焊缝传递荷载的套管连接可只焊一条角焊缝，其管材搭接长度 L 不应小于 5（$t_1 + t_2$），且不应小于 25mm。搭接焊缝焊脚尺寸应符合设计要求（图 11.3.6-3）。

11.3.7　塞焊和槽焊焊缝的尺寸、间距、焊缝高度应符合下列规定：

1　塞焊和槽焊的有效面积应为贴合面上圆孔或长槽孔的标称面积。

2　塞焊焊缝的最小中心间隔应为孔径的 4 倍，槽焊焊缝的纵向最小间距应为槽孔长度的 2 倍，垂直于槽孔长度方向的两排槽孔的最小间距应为槽孔宽度的 4 倍。

3 塞焊孔的最小直径不得小于开孔板厚度加 8mm，最大直径应为最小直径加 3mm 和开孔件厚度的 2.25 倍两值中较大者。槽孔长度不应超过开孔件厚度的 10 倍，最小及最大槽宽规定应与塞焊孔的最小及最大孔径规定相同。

4 塞焊和槽焊的焊缝高度应符合下列规定：

1）当母材厚度不大于 16mm 时，应与母材厚度相同；

2）当母材厚度大于 16mm 时，不应小于母材厚度的一半和 16mm 两值中较大者。

5 塞焊焊缝和槽焊焊缝的尺寸应根据贴合面上承受的剪力计算确定。

11.3.8 在次要构件或次要焊接连接中，可采用断续角焊缝。断续角焊缝焊段的长度不得小于 $10h_f$ 或 50mm，其净距不应大于 $15t$（对受压构件）或 $30t$（对受拉构件），t 为较薄焊件厚度。腐蚀环境中不宜采用断续角焊缝。

11.4 紧固件连接计算

11.4.1 普通螺栓、锚栓或铆钉的连接承载力应按下列规定计算：

1 在普通螺栓或铆钉抗剪连接中，每个螺栓的承载力设计值应取受剪和承压承载力设计值中的较小者。受剪和承压承载力设计值应分别按式（11.4.1-1）、式（11.4.1-2）和式（11.4.1-3）、式（11.4.1-4）计算。

普通螺栓： $N_v^b = n_v \dfrac{\pi d^2}{4} f_v^b$ （11.4.1-1）

铆钉： $N_v^r = n_v \dfrac{\pi d_0^2}{4} f_v^r$ （11.4.1-2）

普通螺栓： $N_c^b = d \Sigma t f_c^b$ （11.4.1-3）

铆钉： $N_c^r = d_0 \Sigma t f_c^r$ （11.4.1-4）

式中： n_v——受剪面数目；

d——螺杆直径（mm）；

d_0——铆钉孔直径（mm）；

Σt——在不同受力方向中一个受力方向承压构件总厚度的较小值（mm）；

f_v^b、f_c^b——螺栓的抗剪和承压强度设计值（N/mm²）；

f_v^r、f_c^r——铆钉的抗剪和承压强度设计值（N/mm²）。

2 在普通螺栓、锚栓或铆钉杆轴向方向受拉的连接中，每个普通螺栓、锚栓或铆钉的承载力设计值应按下列公式计算：

普通螺栓 $N_t^b = \dfrac{\pi d_e^2}{4} f_t^b$ （11.4.1-5）

锚栓 $N_t^a = \dfrac{\pi d_e^2}{4} f_t^a$ （11.4.1-6）

铆钉 $N_t^r = \dfrac{\pi d_0^2}{4} f_t^r$ （11.4.1-7）

式中： d_e——螺栓或锚栓在螺纹处的有效直径（mm）；

f_t^b、f_t^a、f_t^r——普通螺栓、锚栓和铆钉的抗拉强度设计值（N/mm²）。

3 同时承受剪力和杆轴方向拉力的普通螺栓和铆钉，其承载力应分别符合下列公式的要求：

普通螺栓

$$\sqrt{\left(\dfrac{N_v}{N_v^b}\right)^2 + \left(\dfrac{N_t}{N_t^b}\right)^2} \leqslant 1.0 \quad (11.4.1\text{-}8)$$

$$N_v \leqslant N_c^b \quad (11.4.1\text{-}9)$$

铆钉

$$\sqrt{\left(\dfrac{N_v}{N_v^r}\right)^2 + \left(\dfrac{N_t}{N_t^r}\right)^2} \leqslant 1.0 \quad (11.4.1\text{-}10)$$

$$N_v \leqslant N_c^r \quad (11.4.1\text{-}11)$$

式中： N_v、N_t——分别为某个普通螺栓所承受的剪力和拉力（N）；

N_v^b、N_t^b、N_c^b——一个普通螺栓的抗剪、抗拉和承压承载力设计值（N）；

N_v^r、N_t^r、N_c^r——一个铆钉抗剪、抗拉和承压承载力设计值（N）。

11.4.2 高强度螺栓摩擦型连接应按下列规定计算：

1 在受剪连接中，每个高强度螺栓的承载力设计值按下式计算：

$$N_v^b = 0.9kn_f \mu P \quad (11.4.2\text{-}1)$$

式中： N_v^b——一个高强度螺栓的受剪承载力设计值（N）；

k——孔型系数，标准孔取 1.0；大圆孔取 0.85；内力与槽孔长向垂直时取 0.7；内力与槽孔长向平行时取 0.6；

n_f——传力摩擦面数目；

μ——摩擦面的抗滑移系数，可按表 11.4.2-1 取值；

P——一个高强度螺栓的预拉力设计值（N），按表 11.4.2-2 取值。

2 在螺栓杆轴方向受拉的连接中，每个高强度螺栓的承载力应按下式计算：

$$N_t^b = 0.8P \quad (11.4.2\text{-}2)$$

3 当高强度螺栓摩擦型连接同时承受摩擦面间的剪力和螺栓杆轴方向的外拉力时，承载力应符合下式要求：

$$\dfrac{N_v}{N_v^b} + \dfrac{N_t}{N_t^b} \leqslant 1.0 \quad (11.4.2\text{-}3)$$

式中： N_v、N_t——分别为某个高强度螺栓所承受的剪力和拉力（N）；

N_v^b、N_t^b——一个高强度螺栓的受剪、受拉承载力设计值（N）。

表 11.4.2-1 钢材摩擦面的抗滑移系数 μ

连接处构件接触面的处理方法	构件的钢材牌号		
	Q235 钢	Q345 钢或 Q390 钢	Q420 钢或 Q460 钢
喷硬质石英砂或铸钢棱角砂	0.45	0.45	0.45
抛丸（喷砂）	0.40	0.40	0.40
钢丝刷清除浮锈或未经处理的干净轧制面	0.30	0.35	—

注：1 钢丝刷除锈方向应与受力方向垂直；
2 当连接构件采用不同钢材牌号时，μ 按相应较低强度者取值；
3 采用其他方法处理时，其处理工艺及抗滑移系数值均需经试验确定。

表 11.4.2-2 一个高强度螺栓的预拉力设计值 P（kN）

螺栓的承载性能等级	螺栓公称直径（mm）					
	M16	M20	M22	M24	M27	M30
8.8 级	80	125	150	175	230	280
10.9 级	100	155	190	225	290	355

11.4.3 高强度螺栓承压型连接应按下列规定计算：

1 承压型连接的高强度螺栓预拉力 P 的施拧工艺和设计值取值应与摩擦型连接高强度螺栓相同；

2 承压型连接中每个高强度螺栓的受剪承载力设计值，其计算方法与普通螺栓相同，但当计算剪切面在螺纹处时，其受剪承载力设计值应按螺纹处的有效截面积进行计算；

3 在杆轴受拉的连接中，每个高强度螺栓的受拉承载力设计值的计算方法与普通螺栓相同；

4 同时承受剪力和杆轴方向拉力的承压型连接，承载力应符合下列公式的要求：

$$\sqrt{\left(\frac{N_v}{N_v^b}\right)^2 + \left(\frac{N_t}{N_t^b}\right)^2} \leqslant 1.0 \quad (11.4.3-1)$$

$$N_v \leqslant N_c^b/1.2 \quad (11.4.3-2)$$

式中：N_v、N_t——所计算的某个高强度螺栓所承受的剪力和拉力（N）；

N_v^b、N_t^b、N_c^b——一个高强度螺栓按普通螺栓计算时的受剪、受拉和承压承载力设计值（N）；

11.4.4 在下列情况的连接中，螺栓或铆钉的数目应予增加：

1 一个构件借助填板或其他中间板与另一构件连接的螺栓（摩擦型连接的高强度螺栓除外）或铆钉数目，应按计算增加 10%；

2 当采用搭接或拼接板的单面连接传递轴心力，因偏心引起连接部位发生弯曲时，螺栓（摩擦型连接的高强度螺栓除外）数目应按计算增加 10%；

3 在构件的端部连接中，当利用短角钢连接型钢（角钢或槽钢）的外伸肢以缩短连接长度时，在短角钢两肢中的一肢上，所用的螺栓或铆钉数目应按计算增加 50%；

4 当铆钉连接的铆合总厚度超过铆钉孔径的 5 倍时，总厚度每超过 2mm，铆钉数目应按计算增加 1%（至少应增加 1 个铆钉），但铆合总厚度不得超过铆钉孔径的 7 倍。

11.4.5 在构件连接节点的一端，当螺栓沿轴向受力方向的连接长度 l_1 大于 $15d_0$ 时（d_0 为孔径），应将螺栓的承载力设计值乘以折减系数 $\left(1.1 - \dfrac{l_1}{150d_0}\right)$，当大于 $60d_0$ 时，折减系数取为定值 0.7。

11.5 紧固件连接构造要求

11.5.1 螺栓孔的孔径与孔型应符合下列规定：

1 B 级普通螺栓的孔径 d_0 较螺栓公称直径 d 大 0.2mm～0.5mm，C 级普通螺栓的孔径 d_0 较螺栓公称直径 d 大 1.0mm～1.5mm；

2 高强度螺栓承压型连接采用标准圆孔时，其孔径 d_0 可按表 11.5.1 采用；

3 高强度螺栓摩擦型连接可采用标准孔、大圆孔和槽孔，孔型尺寸可按表 11.5.1 采用；采用扩大孔连接时，同一连接面只能在盖板和芯板其中之一的板上采用大圆孔或槽孔，其余仍采用标准孔；

表 11.5.1 高强度螺栓连接的孔型尺寸匹配（mm）

螺栓公称直径		M12	M16	M20	M22	M24	M27	M30
孔型	标准孔 直径	13.5	17.5	22	24	26	30	33
	大圆孔 直径	16	20	24	28	30	35	38
	槽孔 短向	13.5	17.5	22	24	26	30	33
	槽孔 长向	22	30	37	40	45	50	55

4 高强度螺栓摩擦型连接盖板按大圆孔、槽孔制孔时，应增大垫圈厚度或采用连续型垫板，其孔径与标准垫圈相同，对 M24 及以下的螺栓，厚度不宜小于 8mm；对 M24 以上的螺栓，厚度不宜小于 10mm。

11.5.2 螺栓（铆钉）连接宜采用紧凑布置，其连接中心宜与被连接构件截面的重心一致。螺栓或铆钉的间距、边距和端距容许值应符合表 11.5.2 的规定。

表 11.5.2　螺栓或铆钉的孔距、边距和端距容许值

名称	位置和方向			最大容许间距（取两者的较小值）	最小容许间距
中心间距	外排（垂直内力方向或顺内力方向）			$8d_0$ 或 $12t$	$3d_0$
	中间排	垂直内力方向		$16d_0$ 或 $24t$	
		顺内力方向	构件受压力	$12d_0$ 或 $18t$	
			构件受拉力	$16d_0$ 或 $24t$	
	沿对角线方向			—	
中心至构件边缘距离	顺内力方向			$4d_0$ 或 $8t$	$2d_0$
	垂直内力方向	剪切边或手工切割边			$1.5d_0$
		轧制边、自动气割或锯割边	高强度螺栓		$1.5d_0$
			其他螺栓或铆钉		$1.2d_0$

注：1　d_0 为螺栓或铆钉的孔径，对槽孔为短向尺寸，t 为外层较薄板件的厚度；
　　2　钢板边缘与刚性构件（如角钢，槽钢等）相连的高强度螺栓的最大间距，可按中间排的数值采用；
　　3　计算螺栓孔引起的截面削弱时可取 $d+4$mm 和 d_0 的较大者。

11.5.3　直接承受动力荷载构件的螺栓连接应符合下列规定：

　　1　抗剪连接时应采用摩擦型高强度螺栓；

　　2　普通螺栓受拉连接应采用双螺帽或其他能防止螺帽松动的有效措施。

11.5.4　高强度螺栓连接设计应符合下列规定：

　　1　本章的高强度螺栓连接均应按本标准表 11.4.2-2 施加预拉力；

　　2　采用承压型连接时，连接处构件接触面应清除油污及浮锈，仅承受拉力的高强度螺栓连接，不要求对接触面进行抗滑移处理；

　　3　高强度螺栓承压型连接不应用于直接承受动力荷载的结构，抗剪承压型连接在正常使用极限状态下应符合摩擦型连接的设计要求；

　　4　当高强度螺栓连接的环境温度为 100℃～150℃时，其承载力应降低 10%。

11.5.5　当型钢构件拼接采用高强度螺栓连接时，其拼接件宜采用钢板。

11.5.6　螺栓连接设计应符合下列规定：

　　1　连接处应有必要的螺栓施拧空间；

　　2　螺栓连接或拼接节点中，每一杆件一端的永久性的螺栓数不宜少于 2 个；对组合构件的缀条，其端部连接可采用 1 个螺栓；

　　3　沿杆轴方向受拉的螺栓连接中的端板（法兰

板），宜设置加劲肋。

11.6　销 轴 连 接

11.6.1　销轴连接适用于铰接柱脚或拱脚以及拉索、拉杆端部的连接，销轴与耳板宜采用 Q345、Q390 与 Q420，也可采用 45 号钢、35CrMo 或 40Cr 等钢材。当销孔和销轴表面要求机加工时，其质量要求应符合相应的机械零件加工标准的规定。当销轴直径大于 120mm 时，宜采用锻造加工工艺制作。

11.6.2　销轴连接的构造应符合下列规定（图 11.6.2）：

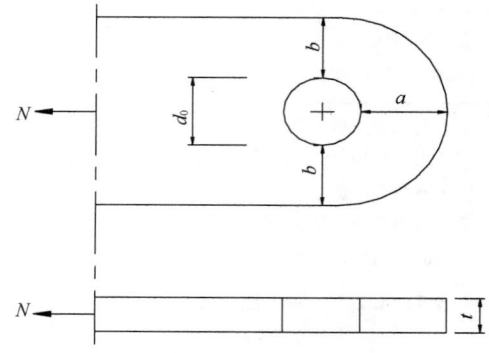

图 11.6.2　销轴连接耳板

　　1　销轴孔中心应位于耳板的中心线上，其孔径与直径相差不应大于 1mm。

　　2　耳板两侧宽厚比 b/t 不宜大于 4，几何尺寸应符合下列公式规定：

$$a \geqslant \frac{4}{3}b_e \qquad (11.6.2\text{-}1)$$

$$b_e = 2t + 16 \leqslant b \qquad (11.6.2\text{-}2)$$

式中：b——连接耳板两侧边缘与销轴孔边缘净距（mm）；

　　　t——耳板厚度（mm）；

　　　a——顺受力方向，销轴孔边距板边缘最小距离（mm）。

　　3　销轴表面与耳板孔周表面宜进行机加工。

11.6.3　连接耳板应按下列公式进行抗拉、抗剪强度的计算：

　　1　耳板孔净截面处的抗拉强度：

$$\sigma = \frac{N}{2tb_1} \leqslant f \qquad (11.6.3\text{-}1)$$

$$b_1 = \min\left(2t+16, b-\frac{d_0}{3}\right) \qquad (11.6.3\text{-}2)$$

　　2　耳板端部截面抗拉（劈开）强度：

$$\sigma = \frac{N}{2t\left(a-\frac{2d_0}{3}\right)} \leqslant f \qquad (11.6.3\text{-}3)$$

　　3　耳板抗剪强度：

$$\tau = \frac{N}{2tZ} \leqslant f_v \qquad (11.6.3\text{-}4)$$

$$Z = \sqrt{(a + d_0/2)^2 - (d_0/2)^2} \qquad (11.6.3\text{-}5)$$

式中：N——杆件轴向拉力设计值（N）；

　　　b_1——计算宽度（mm）；

　　　d_0——销轴孔径（mm）；

　　　f——耳板抗拉强度设计值（N/mm²）。

　　　Z——耳板端部抗剪截面宽度（图 11.6.3）
（mm）；

　　　f_v——耳板钢材抗剪强度设计值（N/mm²）。

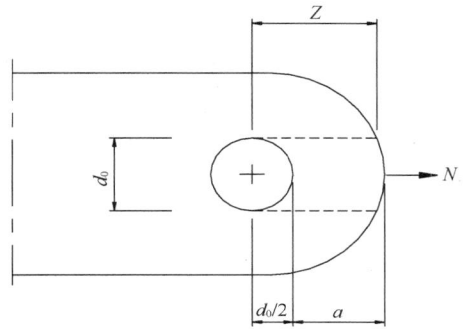

图 11.6.3　销轴连接耳板受剪面示意图

11.6.4　销轴应按下列公式进行承压、抗剪与抗弯强度的计算：

1　销轴承压强度：

$$\sigma_c = \frac{N}{dt} \leqslant f_c^b \qquad (11.6.4\text{-}1)$$

2　销轴抗剪强度：

$$\tau_b = \frac{N}{n_v \pi \frac{d^2}{4}} \leqslant f_v^b \qquad (11.6.4\text{-}2)$$

3　销轴的抗弯强度：

$$\sigma_b = \frac{M}{15 \frac{\pi d^3}{32}} \leqslant f^b \qquad (11.6.4\text{-}3)$$

$$M = \frac{N}{8}(2t_e + t_m + 4s) \qquad (11.6.4\text{-}4)$$

4　计算截面同时受弯受剪时组合强度应按下式验算：

$$\sqrt{\left(\frac{\sigma_b}{f^b}\right)^2 + \left(\frac{\tau_b}{f_v^b}\right)^2} \leqslant 1.0 \qquad (11.6.4\text{-}5)$$

式中：d——销轴直径（mm）；

　　　f_c^b——销轴连接中耳板的承压强度设计值（N/mm²）；

　　　n_v——受剪面数目；

　　　f_v^b——销轴的抗剪强度设计值（N/mm²）；

　　　M——销轴计算截面弯矩设计值（N·mm）；

f^b——销轴的抗弯强度设计值（N/mm²）；

　　　t_e——两端耳板厚度（mm）；

　　　t_m——中间耳板厚度（mm）；

　　　s——端耳板和中间耳板间间距（mm）。

11.7　钢管法兰连接构造

11.7.1　法兰板可采用环状板或整板，并宜设置加劲肋。

11.7.2　法兰板上螺孔应均匀分布，螺栓宜采用较高强度等级。

11.7.3　当钢管内壁不作防腐蚀处理时，管端部法兰应作气密性焊接封闭。当钢管用热浸镀锌作内外防腐蚀处理时，管端不应封闭。

12　节　　点

12.1　一　般　规　定

12.1.1　钢结构节点设计应根据结构的重要性、受力特点、荷载情况和工作环境等因素选用节点形式、材料与加工工艺。

12.1.2　节点设计应满足承载力极限状态要求，传力可靠，减少应力集中。

12.1.3　节点构造应符合结构计算假定，当构件在节点偏心相交时，尚应考虑局部弯矩的影响。

12.1.4　构造复杂的重要节点应通过有限元分析确定其承载力，并宜进行试验验证。

12.1.5　节点构造应便于制作、运输、安装、维护，防止积水、积尘，并应采取防腐与防火措施。

12.1.6　拼接节点应保证被连接构件的连续性。

12.2　连接板节点

12.2.1　连接节点处板件在拉、剪作用下的强度应按下列公式计算：

$$\frac{N}{\Sigma(\eta_i A_i)} \leqslant f \qquad (12.2.1\text{-}1)$$

$$A_i = t l_i \qquad (12.2.1\text{-}2)$$

$$\eta_i = \frac{1}{\sqrt{1 + 2\cos^2 \alpha_i}} \qquad (12.2.1\text{-}3)$$

式中：N——作用于板件的拉力（N）；

　　　A_i——第 i 段破坏面的截面积，当为螺栓连接时，应取净截面面积（mm²）；

　　　t——板件厚度（mm）；

　　　l_i——第 i 破坏段的长度，应取板件中最危险的破坏线长度（图 12.2.1）（mm）；

　　　η_i——第 i 段的拉剪折算系数；

　　　α_i——第 i 段破坏线与拉力轴线的夹角。

12.2.2　桁架节点板（杆件轧制 T 形和双板焊接 T

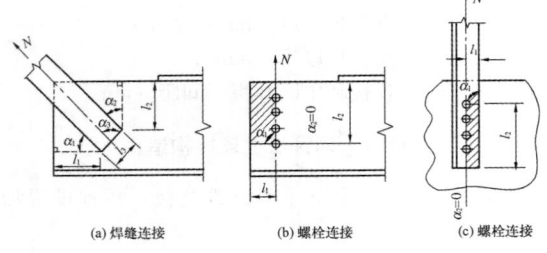

(a) 焊缝连接　　　(b) 螺栓连接　　　(c) 螺栓连接

图 12.2.1　板件的拉、剪撕裂

形截面者除外）的强度除可按本标准第 12.2.1 条相关公式计算外，也可用有效宽度法按下式计算：

$$\sigma = \frac{N}{b_e t} \leqslant f \qquad (12.2.2)$$

式中：b_e——板件的有效宽度（图 12.2.2）（mm）；当用螺栓（或铆钉）连接时，应减去孔径，孔径应取比螺栓（或铆钉）标称尺寸大 4mm。

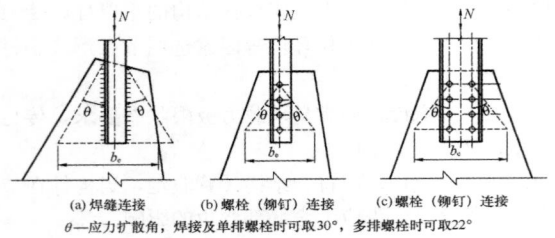

(a) 焊缝连接　　(b) 螺栓（铆钉）连接　　(c) 螺栓（铆钉）连接

θ—应力扩散角，焊接及单排螺栓时可取 30°，多排螺栓时可取 22°

图 12.2.2　板件的有效宽度

12.2.3　桁架节点板在斜腹杆压力作用下的稳定性可用下列方法进行计算：

　　1　对有竖腹杆相连的节点板，当 $c/t \leqslant 15\varepsilon_k$ 时，可不计算稳定，否则应按本标准附录 G 进行稳定计算，在任何情况下，c/t 不得大于 $22\varepsilon_k$，c 为受压腹杆连接肢端面中点沿腹杆轴线方向至弦杆的净距离；

　　2　对无竖腹杆相连的节点板，当 $c/t \leqslant 10\varepsilon_k$ 时，节点板的稳定承载力可取为 $0.8b_e t f$；当 $c/t > 10\varepsilon_k$ 时，应按本标准附录 G 进行稳定计算，但在任何情况下，c/t 不得大于 $17.5\varepsilon_k$。

12.2.4　当采用本标准第 12.2.1 条～第 12.2.3 条方法计算桁架节点板时，尚应符合下列规定：

　　1　节点板边缘与腹杆轴线之间的夹角不应小于 15°；

　　2　斜腹杆与弦杆的夹角应为 30°～60°；

　　3　节点板的自由边长度 l_f 与厚度 t 之比不得大于 $60\varepsilon_k$。

12.2.5　垂直于杆件轴向设置的连接板或梁的翼缘采用焊接方式与工字形、H 形或其他截面的未设水平加劲肋的杆件翼缘相连，形成 T 形接合时，其母材和焊缝均应根据有效宽度进行强度计算。

　　1　工字形或 H 形截面杆件的有效宽度应按下列

公式计算[图 12.2.5(a)]：

$$b_e = t_w + 2s + 5kt_f \qquad (12.2.5-1)$$

$$k = \frac{t_f}{t_p} \cdot \frac{f_{yc}}{f_{yp}}；当 k > 1.0 时取 1 \qquad (12.2.5-2)$$

式中：b_e——T 形接合的有效宽度（mm）；

　　f_{yc}——被连接杆件翼缘的钢材屈服强度（N/mm²）；

　　f_{yp}——连接板的钢材屈服强度（N/mm²）；

　　t_w——被连接杆件的腹板厚度（mm）；

　　t_f——被连接杆件的翼缘厚度（mm）；

　　t_p——连接板厚度（mm）；

　　s——对于被连接杆件，轧制工字形或 H 形截面杆件取为圆角半径 r；焊接工字形或 H 形截面杆件取为焊脚尺寸 h_f（mm）。

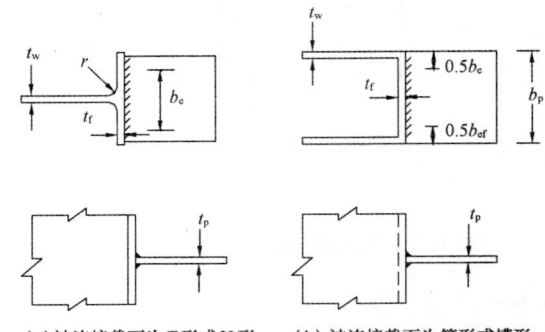

(a) 被连接截面为 T 形或 H 形　　(b) 被连接截面为箱形或槽形

图 12.2.5　未加劲 T 形连接节点的有效宽度

　　2　当被连接杆件截面为箱形或槽形，且其翼缘宽度与连接板件宽度相近时，有效宽度应按下式计算[图 12.2.5(b)]：

$$b_e = 2t_w + 5kt_f \qquad (12.2.5-3)$$

　　3　有效宽度 b_e 尚应满足下式要求：

$$b_e \geqslant \frac{f_{yp}}{f_{up}} b_p \qquad (12.2.5-4)$$

式中：f_{up}——连接板的极限强度（N/mm²）；

　　b_p——连接板宽度（mm）。

　　4　当节点板不满足式（12.2.5-4）要求时，被连接杆件的翼缘应设置加劲肋。

　　5　连接板与翼缘的焊缝应按能传递连接板的抗力 $b_p t_p f_{yp}$（假定为均布应力）进行设计。

12.2.6　杆件与节点板的连接焊缝（图 12.2.6）宜采用两面侧焊，也可以三面围焊，所有围焊的转角处必须连续施焊；弦杆与腹杆、腹杆与腹杆之间的间隙不应小于 20mm，相邻角焊缝焊趾间净距不应小于 5mm。

12.2.7　节点板厚度宜根据所连接杆件内力的计算确定，但不得小于 6mm。节点板的平面尺寸应考虑制作和装配的误差。

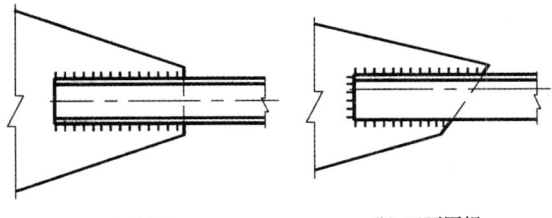

| (a) 两面侧焊 | (b) 三面围焊 |

图 12.2.6 杆件与节点板的焊缝连接

12.3 梁柱连接节点

12.3.1 梁柱连接节点可采用栓焊混合连接、螺栓连接、焊接连接、端板连接、顶底角钢连接等构造。

12.3.2 梁柱采用刚性或半刚性节点时，节点应进行在弯矩和剪力作用下的强度验算。

12.3.3 当梁柱采用刚性连接，对应于梁翼缘的柱腹板部位设置横向加劲肋时，节点域应符合下列规定：

1 当横向加劲肋厚度不小于梁的翼缘板厚度时，节点域的受剪正则化宽厚比 $\lambda_{n,s}$ 不应大于 0.8；对单层和低层轻型建筑，$\lambda_{n,s}$ 不得大于 1.2。节点域的受剪正则化宽厚比 $\lambda_{n,s}$ 应按下式计算：

当 $h_c/h_b \geqslant 10$ 时：

$$\lambda_{n,s} = \frac{h_b/t_w}{37 \sqrt{5.34 + 4 (h_b/h_c)^2}} \frac{1}{\varepsilon_k}$$

(12.3.3-1)

当 $h_c/h_b < 10$ 时：

$$\lambda_{n,s} = \frac{h_b/t_w}{37 \sqrt{4 + 5.34 (h_b/h_c)^2}} \frac{1}{\varepsilon_k}$$

(12.3.3-2)

式中：h_c、h_b——分别为节点域腹板的宽度和高度。

2 节点域的承载力应满足下式要求：

$$\frac{M_{b1} + M_{b2}}{V_p} \leqslant f_{ps}$$

(12.3.3-3)

H 形截面柱：

$$V_p = h_{b1} h_{c1} t_w$$

(12.3.3-4)

箱形截面柱：

$$V_p = 1.8 h_{b1} h_{c1} t_w$$

(12.3.3-5)

圆管截面柱：

$$V_p = (\pi/2) h_{b1} d_c t_c$$

(12.3.3-6)

式中：M_{b1}、M_{b2}——分别为节点域两侧梁端弯矩设计值（N·mm）；

V_p——节点域的体积（mm³）；

h_{c1}——柱翼缘中心线之间的宽度和梁腹板高度（mm）；

h_{b1}——梁翼缘中心线之间的高度（mm）；

t_w——柱腹板节点域的厚度（mm）；

d_c——钢管直径线上管壁中心线之间的距离（mm）；

t_c——节点域钢管壁厚（mm）；

f_{ps}——节点域的抗剪强度（N/mm²）。

3 节点域的受剪承载力 f_{ps} 应根据节点域受剪正则化宽厚比 $\lambda_{n,s}$ 按下列规定取值：

1）当 $\lambda_{n,s} \leqslant 0.6$ 时，$f_{ps} = \frac{4}{3} f_v$；

2）当 $0.6 < \lambda_{n,s} \leqslant 0.8$ 时，$f_{ps} = \frac{1}{3}(7 - 5\lambda_{n,s})f_v$；

3）当 $0.8 < \lambda_{n,s} \leqslant 1.2$ 时，$f_{ps} = [1 - 0.75(\lambda_{n,s} - 0.8)]f_v$；

4）当轴压比 $\frac{N}{Af} > 0.4$ 时，受剪承载力 f_{ps} 应乘以修正系数，当 $\lambda_{n,s} \leqslant 0.8$ 时，修正系数可取为 $\sqrt{1 - \left(\frac{N}{Af}\right)^2}$。

4 当节点域厚度不满足式（12.3.3-3）的要求时，对 H 形截面柱节点域可采用下列补强措施：

1）加厚节点域的柱腹板，腹板加厚的范围应伸出梁的上下翼缘外不小于 150mm；

2）节点域处焊贴补强板加强，补强板与柱加劲肋和翼缘可采用角焊缝连接，与柱腹板采用塞焊连成整体，塞焊点之间的距离不应大于较薄焊件厚度的 $21\varepsilon_k$ 倍。

3）设置节点域斜向加劲肋加强。

12.3.4 梁柱刚性节点中当工字形梁翼缘采用焊透的 T 形对接焊缝与 H 形柱的翼缘焊接，同时对应的柱腹板未设置水平加劲肋时，柱翼缘和腹板厚度应符合下列规定：

1 在梁的受压翼缘处，柱腹板厚度 t_w 应同时满足：

$$t_w \geqslant \frac{A_{fb} f_b}{b_e f_c}$$

(12.3.4-1)

$$t_w \geqslant \frac{h_c}{30} \frac{1}{\varepsilon_{k,c}}$$

(12.3.4-2)

$$b_e = t_f + 5h_y$$

(12.3.4-3)

2 在梁的受拉翼缘处，柱翼缘板的厚度 t_c 应满足下式要求：

$$t_c \geqslant 0.4 \sqrt{A_{ft} f_b / f_c}$$

(12.3.4-4)

式中：A_{fb}——梁受压翼缘的截面积（mm²）；

f_b、f_c——分别为梁和柱钢材抗拉、抗压强度设计值（N/mm²）；

b_e——在垂直于柱翼缘的集中压力作用下，柱腹板计算高度边缘处压应力的假定分布长度（mm）；

h_y——自柱顶面至腹板计算高度上边缘的距离，对轧制型钢截面取柱翼缘边缘至内弧起点间的距离，对焊接截面取柱翼缘厚度（mm）；

t_f——梁受压翼缘厚度（mm）；

h_c——柱腹板的宽度（mm）；

$\varepsilon_{k,c}$——柱的钢号修正系数;

A_{ft}——梁受拉翼缘的截面积（mm^2）。

12.3.5 采用焊接连接或栓焊混合连接（梁翼缘与柱焊接，腹板与柱高强度螺栓连接）的梁柱刚接节点，其构造应符合下列规定：

1 H 形钢柱腹板对应于梁翼缘部位宜设置横向加劲肋，箱形（钢管）柱对应于梁翼缘的位置宜设置水平隔板。

2 梁柱节点宜采用柱贯通构造，当柱采用冷成型管截面或壁板厚度小于翼缘厚度较多时，梁柱节点宜采用隔板贯通式构造。

3 节点采用隔板贯通构造时，柱与贯通式隔板应采用全熔透坡口焊缝连接。贯通式隔板挑出长度 l 宜满足 25mm$\leqslant l \leqslant$60mm；隔板宜采用拘束度较小的焊接构造与工艺，其厚度不应小于梁翼缘厚度和柱壁板的厚度。当隔板厚度不小于 36mm 时，宜选用厚度方向钢板。

4 梁柱节点区柱腹板加劲肋或隔板应符合下列规定：

1) 横向加劲肋的截面尺寸应经计算确定，其厚度不宜小于梁翼缘厚度；其宽度应符合传力、构造和板件宽厚比限值的要求；

2) 横向加劲肋的上表面宜与梁翼缘的上表面对齐，并以焊透的 T 形对接焊缝与柱翼缘连接，当梁与 H 形截面柱弱轴方向连接，即与腹板垂直相连形成刚接时，横向加劲肋与柱腹板的连接宜采用焊透对接焊缝；

3) 箱形柱中的横向隔板与柱翼缘的连接宜采用焊透的 T 形对接焊缝，对无法进行电弧焊的焊缝且柱壁板厚度不小于 16mm 的可采用熔化嘴电渣焊；

4) 当采用斜向加劲肋加强节点域时，加劲肋及其连接应能传递柱腹板所能承担剪力之外的剪力；其截面尺寸应符合传力和板件宽厚比限值的要求。

12.3.6 端板连接的梁柱刚接节点应符合下列规定：

1 端板宜采用外伸式端板。端板的厚度不宜小于螺栓直径；

2 节点中端板厚度与螺栓直径应由计算决定，计算时宜计入撬力的影响；

3 节点区柱腹板对应于梁翼缘部位应设置横向加劲肋，其与柱翼缘围隔成的节点域应按本标准第12.3.3 条进行抗剪强度的验算，强度不足时宜设斜加劲肋加强。

12.3.7 采用端板连接的节点，应符合下列规定：

1 连接应采用高强度螺栓，螺栓间距应满足本标准表 11.5.2 的规定；

2 螺栓应成对称布置，并应满足拧紧螺栓的施工要求。

12.4 铸钢节点

12.4.1 铸钢节点应满足结构受力、铸造工艺、连接构造与施工安装的要求，适用于几何形式复杂、杆件汇交密集、受力集中的部位。铸钢节点与相邻构件可采取焊接、螺纹或销轴等连接方式。

12.4.2 铸钢节点应满足承载力极限状态的要求，节点应力应符合下式要求：

$$\sqrt{\frac{1}{2}\left[(\sigma_1 - \sigma_2)^2 + (\sigma_2 - \sigma_3)^2 + (\sigma_3 - \sigma_1)^2\right]} \leqslant \beta_f f$$

$$(12.4.2)$$

式中：σ_1、σ_2、σ_3——计算点处在相邻构件荷载设计值作用下的第一、第二、第三主应力；

β_f——强度增大系数。当各主应力均为压应力时，$\beta_f = 1.2$；当各主应力均为拉应力时，$\beta_f = 1.0$，且最大主应力应满足 $\sigma_1 \leqslant 1.1f$；其他情况时，$\beta_f = 1.1$。

12.4.3 铸钢节点可采用有限元法确定其受力状态，并可根据实际情况对其承载力进行试验验证。

12.4.4 焊接结构用铸钢节点材料的碳当量及硫、磷含量应符合现行国家标准《焊接结构用铸钢件》GB/T 7659 的规定。

12.4.5 铸钢节点应根据铸件轮廓尺寸、夹角大小与铸造工艺确定最小壁厚、内圆角半径与外圆角半径。铸钢件壁厚不宜大于 150mm，应避免壁厚急剧变化，壁厚变化斜率不宜大于 1/5。内部肋板厚度不宜大于外侧壁厚。

12.4.6 铸造工艺应保证铸钢节点内部组织致密、均匀，铸钢件宜进行正火或调质热处理，设计文件应注明铸钢件毛皮尺寸的容许偏差。

12.5 预应力索节点

12.5.1 预应力高强拉索的张拉节点应保证节点张拉区有足够的施工空间，便于施工操作，且锚固可靠。预应力索张拉节点与主体结构的连接应考虑超张拉和使用荷载阶段拉索的实际受力大小，确保连接安全。

12.5.2 预应力索锚固节点应采用传力可靠、预应力损失低且施工便利的锚具，应保证锚固区的局部承压强度和刚度。应对锚固节点区域的主要受力杆件、板域进行应力分析和连接计算。节点区应避免焊缝重叠、开孔等。

12.5.3 预应力索转折节点应设置滑槽或孔道，滑槽或孔道内可涂润滑剂或加衬垫，或采用摩擦系数低的材料；应验算转折节点处的局部承压强度，并采取加强措施。

12.6 支 座

12.6.1 梁或桁架支于砌体或混凝土上的平板支座，

应验算下部砌体或混凝土的承压强度，底板厚度应根据支座反力对底板产生的弯矩进行计算，且不宜小于 12mm。

梁的端部支承加劲肋的下端，按端面承压强度设计值进行计算时，应刨平顶紧，其中突缘加劲板的伸出长度不得大于其厚度的 2 倍，并宜采取限位措施（图 12.6.1）。

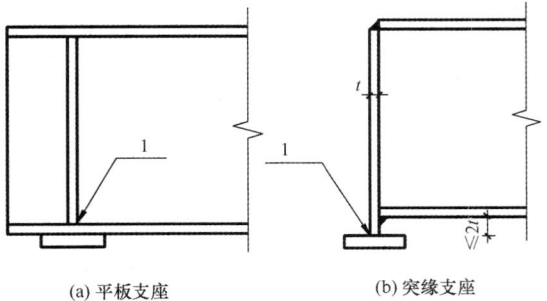

图 12.6.1 梁的支座
1—刨平顶紧；t—端板厚度

12.6.2 弧形支座（图 12.6.2a）和辊轴支座（图 12.6.2b）的支座反力 R 应满足下式要求：

$$R \leqslant 40ndl f^2 / E \qquad (12.6.2)$$

式中：d——弧形表面接触点曲率半径 r 的 2 倍；

n——辊轴数目，对弧形支座 $n=1$；

l——弧形表面或滚轴与平板的接触长度（mm）。

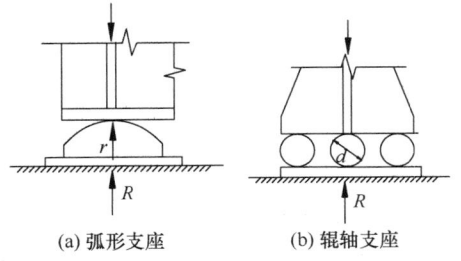

图 12.6.2 弧形支座与辊轴支座示意图

12.6.3 铰轴支座节点（图 12.6.3）中，当两相同半径的圆柱形弧面自由接触面的中心角 $\theta \geqslant 90°$ 时，其

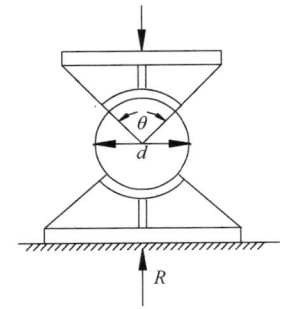

图 12.6.3 铰轴式支座示意图

圆柱形枢轴的承压应力应按下式计算：

$$\sigma = \frac{2R}{dl} \leqslant f \qquad (12.6.3)$$

式中：d——枢轴直径（mm）；

l——枢轴纵向接触面长度（mm）。

12.6.4 板式橡胶支座设计应符合下列规定：

　　1 板式橡胶支座的底面面积可根据承压条件确定；

　　2 橡胶层总厚度应根据橡胶剪切变形条件确定；

　　3 在水平力作用下，板式橡胶支座应满足稳定性和抗滑移要求；

　　4 支座锚栓按构造设置时数量宜为 2 个～4 个，直径不宜小于 20mm；对于受拉锚栓，其直径及数量应按计算确定，并应设置双螺母防止松动；

　　5 板式橡胶支座应采取防老化措施，并应考虑长期使用后因橡胶老化进行更换的可能性；

　　6 板式橡胶支座宜采取限位措施。

12.6.5 受力复杂或大跨度结构宜采用球形支座。球形支座应根据使用条件采用固定、单向滑动或双向滑动等形式。球形支座上盖板、球芯、底座和箱体均应采用铸钢加工制作，滑动面应采取相应的润滑措施、支座整体应采取防尘及防锈措施。

12.7 柱　　脚

Ⅰ　一　般　规　定

12.7.1 多高层结构框架柱的柱脚可采用埋入式柱脚、插入式柱脚及外包式柱脚，多层结构框架柱尚可采用外露式柱脚，单层厂房刚接柱脚可采用插入式柱脚、外露式柱脚，铰接柱脚宜采用外露式柱脚。

12.7.2 外包式、埋入式及插入式柱脚，钢柱与混凝土接触的范围内不得涂刷油漆；柱脚安装时，应将钢柱表面的泥土、油污、铁锈和焊渣等用砂轮清刷干净。

12.7.3 轴心受压柱或压弯柱的端部为铣平端时，柱身的最大压力应直接由铣平端传递，其连接焊缝或螺栓应按最大压力的 15% 与最大剪力中的较大值进行抗剪计算；当压弯柱出现受拉区时，该区的连接尚应按最大拉力计算。

Ⅱ　外露式柱脚

12.7.4 柱脚锚栓不宜用以承受柱脚底部的水平反力，此水平反力由底板与混凝土基础间的摩擦力（摩擦系数可取 0.4）或设置抗剪键承受。

12.7.5 柱脚底板尺寸和厚度应根据柱端弯矩、轴心力、底板的支承条件和底板下混凝土的反力以及柱脚构造确定。外露式柱脚的锚栓应考虑使用环境由计算确定。

12.7.6 柱脚锚栓应有足够的埋置深度，当埋置深度受限或锚栓在混凝土中的锚固较长时，则可设置锚板或锚梁。

Ⅲ 外包式柱脚

12.7.7 外包式柱脚（图 12.7.7）的计算与构造应符合下列规定：

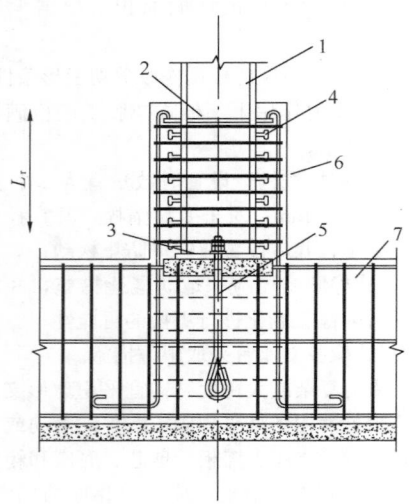

图 12.7.7 外包式柱脚

1—钢柱；2—水平加劲肋；3—柱底板；4—栓钉
（可选）；5—锚栓；6—外包混凝土；7—基础梁；
L_r—外包混凝土顶部箍筋至柱底板的距离

1 外包式柱脚底板应位于基础梁或筏板的混凝土保护层内；外包混凝土厚度，对 H 形截面柱不宜小于 160mm，对矩形管或圆管柱不宜小于 180mm，同时不宜小于钢柱截面高度的 30%；混凝土强度等级不宜低于 C30；柱脚混凝土外包高度，H 形截面柱不宜小于柱截面高度的 2 倍，矩形管柱或圆管柱宜为矩形管截面长边尺寸或圆管直径的 2.5 倍；当没有地下室时，外包宽度和高度宜增大 20%；当仅有一层地下室时，外包宽度宜增大 10%；

2 柱脚底板尺寸和厚度应按结构安装阶段荷载作用下轴心力、底板的支承条件计算确定，其厚度不宜小于 16mm；

3 柱脚锚栓应按构造要求设置，直径不宜小于 16mm，锚固长度不宜小于其直径的 20 倍；

4 柱在外包混凝土的顶部箍筋处应设置水平加劲肋或横隔板，其宽厚比应符合本标准第 6.4 节的相关规定；

5 当框架柱为圆管或矩形管时，应在管内浇灌混凝土，强度等级不应小于基础混凝土。浇灌高度应高于外包混凝土，且不宜小于圆管直径或矩形管的长边；

6 外包钢筋混凝土的受弯和受剪承载力验算及受拉钢筋和箍筋的构造要求应符合现行国家标准《混凝土结构设计规范》GB 50010 的有关规定，主筋伸入基础内的长度不应小于 25 倍直径，四角主筋两端应加弯钩，下弯长度不应小于 150mm，下弯段宜与钢柱焊接，顶部箍筋应加强加密，并不应小于 3 根直径 12mm 的 HRB335 级热轧钢筋。

Ⅳ 埋入式柱脚

12.7.8 埋入式柱脚应符合下列规定：

1 柱埋入部分四周设置的主筋、箍筋应根据柱脚底部弯矩和剪力按现行国家标准《混凝土结构设计规范》GB 50010 计算确定，并应符合相关的构造要求。柱翼缘或管柱外边缘混凝土保护层厚度（图 12.7.8）、边列柱的翼缘或管柱外边缘至基础梁端部的距离不应小于 400mm，中间柱翼缘或管柱外边缘至基础梁梁边相交线的距离不应小于 250mm；基础梁梁边相交线的夹角应做成钝角，其坡度不应大于 1∶4 的斜角；在基础护筏板的边部，应配置水平 U 形箍筋抵抗柱的水平冲切；

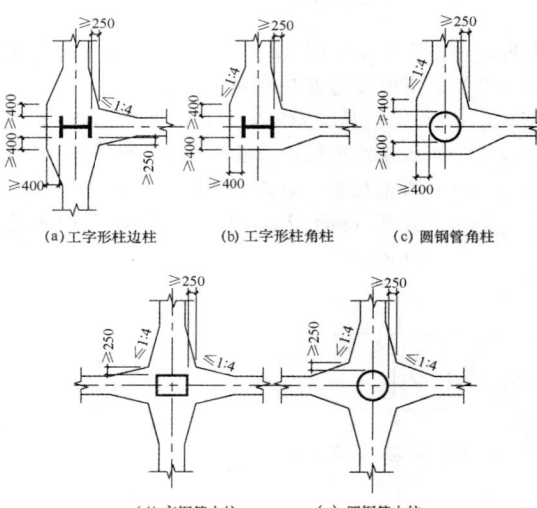

(a) 工字形柱边柱　(b) 工字形柱角柱　(c) 圆钢管角柱

(d) 方钢管中柱　(e) 圆钢管中柱

图 12.7.8 柱翼缘或管柱外边缘混凝土保护层厚度

2 柱脚端部及底板、锚栓、水平加劲肋或横隔板的构造要求应符合本标准第 12.7.7 条的有关规定；

3 圆管柱和矩形管柱应在管内浇灌混凝土；

4 对于有拔力的柱，宜在柱埋入混凝土部分设置栓钉。

12.7.9 埋入式柱脚埋入钢筋混凝土的深度 d 应符合下列公式的要求与本标准表 12.7.10 的规定：

H 形、箱形截面柱：

$$\frac{V}{b_\mathrm{f}d}+\frac{2M}{b_\mathrm{f}d^2}+\frac{1}{2}\sqrt{\left(\frac{2V}{b_\mathrm{f}d}+\frac{4M}{b_\mathrm{f}d^2}\right)^2+\frac{4V^2}{b_\mathrm{f}^2d^2}}\leqslant f_\mathrm{c}$$

(12.7.9-1)

圆管柱：

$$\frac{V}{Dd} + \frac{2M}{Dd^2} + \frac{1}{2}\sqrt{\left(\frac{2V}{Dd} + \frac{4M}{Dd^2}\right)^2 + \frac{4V^2}{D^2 d^2}} \leqslant 0.8 f_c$$

$$(12.7.9\text{-}2)$$

式中：M、V——柱脚底部的弯矩（N·mm）和剪力设计值（N）；

$\quad\quad d$——柱脚埋深（mm）；

$\quad\quad b_f$——柱翼缘宽度（mm）；

$\quad\quad D$——钢管外径（mm）；

$\quad\quad f_c$——混凝土抗压强度设计值，应按现行国家标准《混凝土结构设计规范》GB 50010 的规定采用（N/mm²）。

Ⅴ 插入式柱脚

12.7.10 插入式柱脚插入混凝土基础杯口的深度应符合表 12.7.10 的规定，实腹截面柱柱脚应根据本标准第 12.7.9 条的规定计算，双肢格构柱柱脚应根据下列公式计算：

$$d \geqslant \frac{N}{f_t S} \quad\quad (12.7.10\text{-}1)$$

$$S = \pi(D + 100) \quad\quad (12.7.10\text{-}2)$$

式中：N——柱肢轴向拉力设计值（N）；

$\quad\quad f_t$——杯口内二次浇灌层细石混凝土抗拉强度设计值（N/mm²）；

$\quad\quad S$——柱肢外轮廓线的周长，对圆管柱可按式（12.7.10-2）计算。

表 12.7.10　钢柱插入杯口的最小深度

柱截面形式	实腹柱	双肢格构柱（单杯口或双杯口）
最小插入深度 d_{min}	$1.5h_c$ 或 $1.5D$	$0.5h_c$ 和 $1.5b_c$（或 D）的较大值

注：1　实腹 H 形柱或矩形管柱的 h_c 为截面高度（长边尺寸），b_c 为柱截面宽度，D 为圆管柱的外径；

　　2　格构柱的 h_c 为两肢垂直于虚轴方向最外边的距离，b_c 为沿虚轴方向的柱肢宽度；

　　3　双肢格构柱柱脚插入混凝土基础杯口的最小深度不宜小于 500mm，亦不宜小于吊装时柱长度的 1/20。

12.7.11 插入式柱脚设计应符合下列规定：

1　H 形钢实腹柱宜设柱底板，钢管柱应设柱底板，柱底板应设排气孔或浇筑孔；

2　实腹柱柱底至基础杯口底的距离不应小于 50mm，当有柱底板时，其距离可采用 150mm；

3　实腹柱、双肢格构柱杯口基础底板应验算柱吊装时的局部受压和冲切承载力；

4　宜采用便于施工时临时调整的技术措施；

5　杯口基础的杯壁应根据柱底部内力设计值作用于基础顶面配置钢筋，杯壁厚度不应小于现行国家标准《建筑地基基础设计规范》GB 50007 的有关规定。

13　钢管连接节点

13.1　一般规定

13.1.1 本章规定适用于不直接承受动力荷载的钢管桁架、拱架、塔架等结构中的钢管间连接节点。

13.1.2 圆钢管的外径与壁厚之比不应超过 $100\varepsilon_k$；方（矩）形管的最大外缘尺寸与壁厚之比不应超过 $40\varepsilon_k$，ε_k 为钢号修正系数。

13.1.3 采用无加劲直接焊接节点的钢管材料应符合本标准第 4.3.7 条的规定。

13.1.4 采用无加劲直接焊接节点的钢管桁架，当节点偏心不超过本标准式（13.2.1）限制时，在计算节点和受拉主管承载力时，可忽略因偏心引起的弯矩的影响，但受压主管应考虑按下式计算的偏心弯矩影响：

$$M = \Delta N \cdot e \quad\quad (13.1.4)$$

式中：ΔN——节点两侧主管轴力之差值；

$\quad\quad e$——偏心矩（图 13.1.4）。

13.1.5 无斜腹杆的空腹桁架采用无加劲钢管直接焊接节点时，应符合本标准附录 H 的规定。

13.2　构造要求

13.2.1 钢管直接焊接节点的构造应符合下列规定：

1　主管的外部尺寸不应小于支管的外部尺寸，主管的壁厚不应小于支管的壁厚，在支管与主管的连接处不得将支管插入主管内。

2　主管与支管或支管轴线间的夹角不宜小于 30°。

3　支管与主管的连接节点处宜避免偏心；偏心不可避免时，其值不宜超过下式的限制：

$$-0.55 \leqslant e/D(\text{或 } e/h) \leqslant 0.25 \quad (13.2.1)$$

式中：e——偏心距（图 13.2.1）；

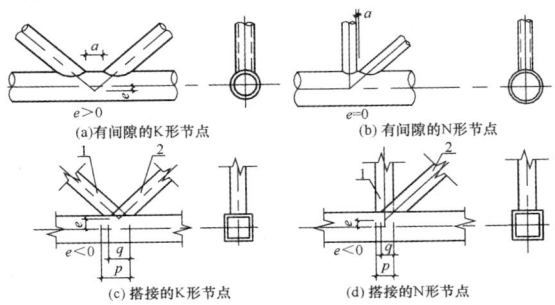

(a) 有间隙的 K 形节点　　(b) 有间隙的 N 形节点

(c) 搭接的 K 形节点　　(d) 搭接的 N 形节点

图 13.2.1　K 形和 N 形管节点的偏心和间隙

1—搭接管；2—被搭接管

D——圆管主管外径（mm）；

h——连接平面内的方（矩）形管主管截面高度（mm）。

4 支管端部应使用自动切管机切割，支管壁厚小于 6mm 时可不切坡口。

5 支管与主管的连接焊缝，除支管搭接应符合本标准第 13.2.2 条的规定外，应沿全周连续焊接并平滑过渡；焊缝形式可沿全周采用角焊缝，或部分采用对接焊缝，部分采用角焊缝，其中支管管壁与主管管壁之间的夹角大于或等于 120°的区域宜采用对接焊缝或带坡口的角焊缝；角焊缝的焊脚尺寸不宜大于支管壁厚的 2 倍；搭接支管周边焊缝宜为 2 倍支管壁厚。

6 在主管表面焊接的相邻支管的间隙 a 不应小于两支管壁厚之和［图 13.1.4(a)、图 13.1.4(b)］。

13.2.2 支管搭接型的直接焊接节点的构造尚应符合下列规定：

1 支管搭接的平面 K 形或 N 形节点［图 13.2.2(a)、图 13.2.2(b)］，其搭接率 $\eta_{ov} = q/p \times 100\%$ 应满足 $25\% \leqslant \eta_{ov} \leqslant 100\%$，且应确保在搭接的支管之间的连接焊缝能可靠地传递内力；

2 当互相搭接的支管外部尺寸不同时，外部尺寸较小者应搭接在尺寸较大者上；当支管壁厚不同时，较小壁厚者应搭接在较大壁厚者上；承受轴心压力的支管宜在下方。

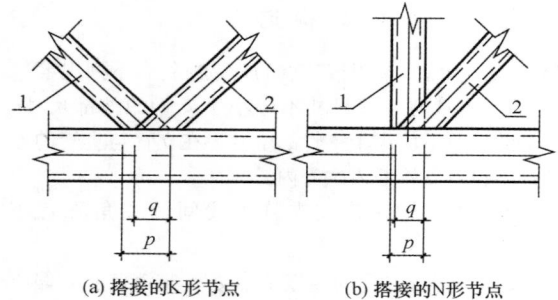

(a) 搭接的 K 形节点　　(b) 搭接的 N 形节点

图 13.2.2　支管搭接的构造

1—搭接支管；2—被搭接支管

13.2.3 无加劲直接焊接方式不能满足承载力要求时，可按下列规定在主管内设置横向加劲板：

1 支管以承受轴力为主时，可在主管内设 1 道或 2 道加劲板［图 13.2.3-1(a)、图 13.2.3-1(b)］；节点需满足抗弯连接要求时，应设 2 道加劲板；加劲板中面宜垂直于主管轴线；当主管为圆管，设置 1 道加劲板时，加劲板宜设置在支管与主管相贯面的鞍点处，设置 2 道加劲板时，加劲板宜设置在距相贯面冠点 $0.1D_1$ 附近［图 13.2.3-1(b)］，D_1 为支管外径；主管为方管时，加劲肋宜设置 2 块（图 13.2.3-2）；

2 加劲板厚度不得小于支管壁厚，也不宜小于主管壁厚的 2/3 和主管内径的 1/40；加劲板中央开孔

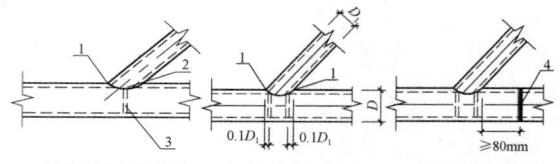

(a) 主管内设 1 道加劲板　(b) 主管内设 2 道加劲板　(c) 主管拼接焊缝位置

图 13.2.3-1　支管为圆管时横向加劲板的位置

1—冠点；2—鞍点；3—加劲板；4—主管拼缝

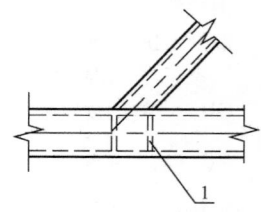

图 13.2.3-2　支管为方管或矩形管时加劲板的位置

1—加劲板

时，环板宽度与板厚的比值不宜大于 $15\varepsilon_k$；

3 加劲板宜采用部分熔透焊缝焊接，主管为方管的加劲板靠支管一边与两侧宜采用部分熔透焊接，与支管连接反向一边可不焊接；

4 当主管直径较小，加劲板的焊接必须断开主管钢管时，主管的拼接焊缝宜设置在距支管相贯焊缝最外侧冠点 80mm 以外处［图 13.2.3-1(c)］。

13.2.4 钢管直接焊接节点采用主管表面贴加强板的方法加强时，应符合下列规定：

1 主管为圆管时，加强板宜包覆主管半圆［图 13.2.4(a)］，长度方向两侧均应超过支管最外侧焊缝50mm 以上，但不宜超过支管直径的 2/3，加强板厚度不宜小于 4mm。

2 主管为方（矩）形管且在与支管相连表面设置加强板［图 13.2.4(b)］时，加强板长度 l_p 可按下列公式确定，加强板宽度 b_p 宜接近主管宽度，并预留适当的焊缝位置，加强板厚度不宜小于支管最大厚度的 2 倍。

T、Y 和 X 形节点

$$l_p \geqslant \frac{h_1}{\sin\theta_1} + \sqrt{b_p(b_p - b_1)} \quad (13.2.4\text{-}1)$$

K 形间隙节点

$$l_p \geqslant 1.5\left(\frac{h_1}{\sin\theta_1} + a + \frac{h_2}{\sin\theta_2}\right) \quad (13.2.4\text{-}2)$$

式中：l_p、b_p——加强板的长度和宽度（mm）；

h_1、h_2——支管 1、2 的截面高度（mm）；

b_1——支管 1 的截面宽度（mm）；

θ_1、θ_2——支管 1、2 轴线和主管轴线的夹角；

a——两支管在主管表面的距离（mm）。

3 主管为方（矩）形管且在主管两侧表面设置加强板［图 13.2.4(c)］时，K 形间隙节点：加强板长度 l_p 可按式（13.2.4-2）确定，T 和 Y 形节点的加强板

长度 l_p 可按下式确定：

$$l_p \geq \frac{1.5 h_1}{\sin\theta_1} \quad (13.2.4\text{-}3)$$

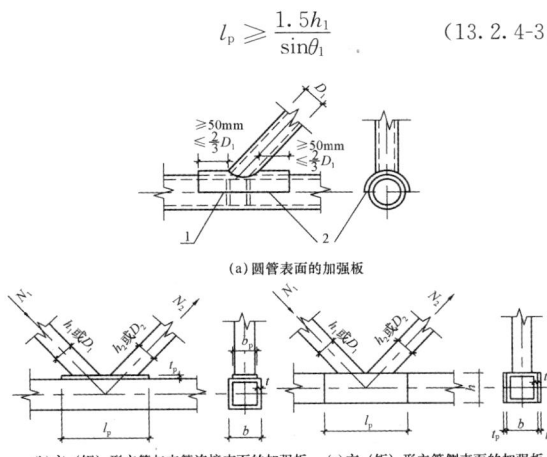

(a) 圆管表面的加强板

(b) 方（矩）形主管与支管连接表面的加强板　(c) 方（矩）形主管侧表面的加强板

图 13.2.4　主管外表面贴加强板的加劲方式
1—四周围焊；2—加强板

4　加强板与主管应采用四周围焊。对 K、N 形节点焊缝有效高度不应小于腹杆壁厚。焊接前宜在加强板上先钻一个排气小孔，焊后应用塞焊将孔封闭。

13.3　圆钢管直接焊接节点和局部加劲节点的计算

13.3.1　采用本节进行计算时，圆钢管连接节点应符合下列规定：

1　支管与主管外径及壁厚之比均不得小于 0.2，且不得大于 1.0；

2　主支管轴线间的夹角不得小于 30°；

3　支管轴线在主管横截面所在平面投影的夹角不得小于 60°，且不得大于 120°。

13.3.2　无加劲直接焊接的平面节点，当支管按仅受轴心力的构件设计时，支管在节点处的承载力设计值不得小于其轴心力设计值。

1　平面 X 形节点（图 13.3.2-1）：

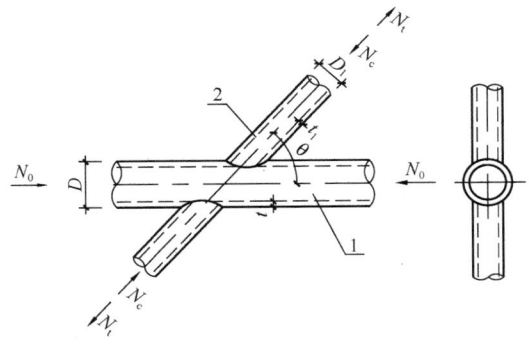

图 13.3.2-1　X 形节点
1—主管；2—支管

1)　受压支管在管节点处的承载力设计值 N_{cX}

应按下列公式计算：

$$N_{cX} = \frac{5.45}{(1 - 0.81\beta)\sin\theta} \psi_n t^2 f \quad (13.3.2\text{-}1)$$

$$\beta = D_i / D \quad (13.3.2\text{-}2)$$

$$\psi_n = 1 - 0.3\frac{\sigma}{f_y} - 0.3\left(\frac{\sigma}{f_y}\right)^2 \quad (13.3.2\text{-}3)$$

式中：ψ_n——参数，当节点两侧或者一侧主管受拉时，取 $\psi_n = 1$，其余情况按式（13.3.2-3）计算；

t——主管壁厚（mm）；

f——主管钢材的抗拉、抗压和抗弯强度设计值（N/mm²）；

θ——主支管轴线间小于直角的夹角；

D、D_i——分别为主管和支管的外径（mm）；

f_y——主管钢材的屈服强度（N/mm²）；

σ——节点两侧主管轴心压应力中较小值的绝对值（N/mm²）。

2)　受拉支管在管节点处的承载力设计值 N_{tX} 应按下式计算：

$$N_{tX} = 0.78\left(\frac{D}{t}\right)^{0.2} N_{cX} \quad (13.3.2\text{-}4)$$

2　平面 T 形（或 Y 形）节点（图 13.3.2-2 和图 13.3.2-3）：

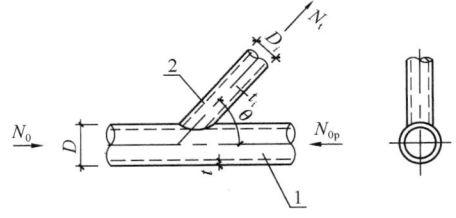

图 13.3.2-2　T 形（或 Y 形）受拉节点
1—主管；2—支管

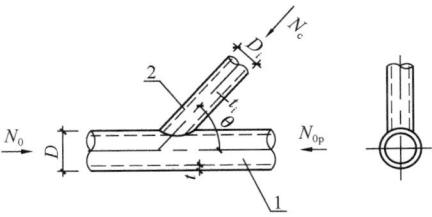

图 13.3.2-3　T 形（或 Y 形）受压节点
1—主管；2—支管

1)　受压支管在管节点处的承载力设计值 N_{cT} 应按下式计算：

$$N_{cT} = \frac{11.51}{\sin\theta}\left(\frac{D}{t}\right)^{0.2} \psi_n \psi_d t^2 f \quad (13.3.2\text{-}5)$$

当 $\beta \leqslant 0.7$ 时：

$$\psi_d = 0.069 + 0.93\beta \quad (13.3.2\text{-}6)$$

当 $\beta>0.7$ 时：
$$\psi_{\mathrm{d}} = 2\beta - 0.68 \qquad (13.3.2\text{-}7)$$

2) 受拉支管在管节点处的承载力设计值 N_{tT} 应按下列公式计算：

当 $\beta\leqslant0.6$ 时：
$$N_{\mathrm{tT}} = 1.4N_{\mathrm{cT}} \qquad (13.3.2\text{-}8)$$

当 $\beta>0.6$ 时：
$$N_{\mathrm{tT}} = (2-\beta)N_{\mathrm{cT}} \qquad (13.3.2\text{-}9)$$

3 平面 K 形间隙节点（图 13.3.2-4）：

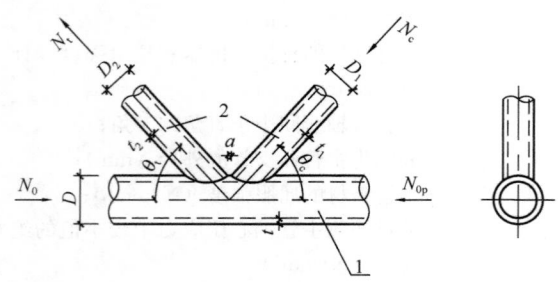

图 13.3.2-4　平面 K 形间隙节点
1—主管；2—支管

1) 受压支管在管节点处的承载力设计值 N_{cK} 应按下列公式计算：

$$N_{\mathrm{cK}} = \frac{11.51}{\sin\theta_{\mathrm{c}}}\left(\frac{D}{t}\right)^{0.2}\psi_{\mathrm{n}}\psi_{\mathrm{d}}\psi_{\mathrm{a}}t^2 f$$
$$(13.3.2\text{-}10)$$

$$\psi_{\mathrm{a}} = 1+\left(\frac{2.19}{1+7.5a/D}\right)\left(1-\frac{20.1}{6.6+D/t}\right)$$
$$(1-0.77\beta) \qquad (13.3.2\text{-}11)$$

式中：θ_{c} ——受压支管轴线与主管轴线的夹角；

ψ_{a} ——参数，按式（13.3.2-11）计算；

ψ_{d} ——参数，按式（13.3.2-6）或式（13.3.2-7）计算；

a ——两支管之间的间隙（mm）。

2) 受拉支管在管节点处的承载力设计值 N_{tK} 应按下式计算：

$$N_{\mathrm{tK}} = \frac{\sin\theta_{\mathrm{c}}}{\sin\theta_{\mathrm{t}}}N_{\mathrm{cK}} \qquad (13.3.2\text{-}12)$$

式中：θ_{t} ——受拉支管轴线与主管轴线的夹角。

4 平面 K 形搭接节点（图 13.3.2-5）：
支管在管节点处的承载力设计值 N_{cK}、N_{tK} 应按下列公式计算：
受压支管

$$N_{\mathrm{cK}} = \left(\frac{29}{\psi_{\mathrm{q}}+25.2}-0.074\right)A_{\mathrm{c}}f$$
$$(13.3.2\text{-}13)$$

受拉支管

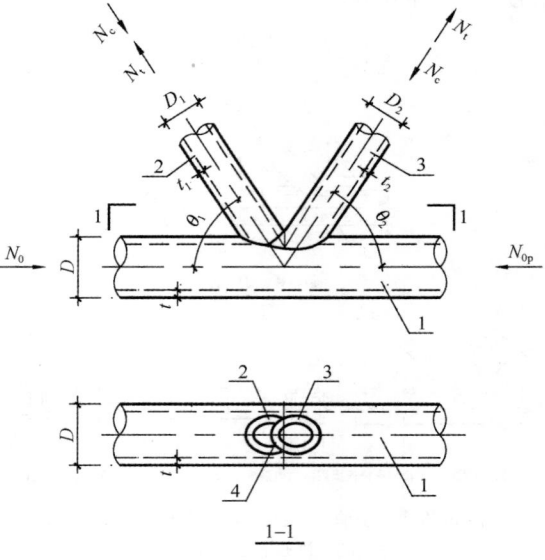

图 13.3.2-5　平面 K 形搭接节点
1—主管；2—搭接支管；3—被搭接支管；
4—被搭接支管内隐藏部分

$$N_{\mathrm{tK}} = \left(\frac{29}{\psi_{\mathrm{q}}+25.2}-0.074\right)A_{\mathrm{t}}f$$
$$(13.3.2\text{-}14)$$

$$\psi_{\mathrm{q}} = \beta^{\eta_{\mathrm{ov}}}\gamma\tau^{0.8-\eta_{\mathrm{ov}}} \qquad (13.3.2\text{-}15)$$

$$\gamma = D/(2t) \qquad (13.3.2\text{-}16)$$

$$\tau = t_i/t \qquad (13.3.2\text{-}17)$$

式中：ψ_{q} ——参数；

A_{c} ——受压支管的截面面积（mm^2）；

A_{t} ——受拉支管的截面面积（mm^2）；

f ——支管钢材的强度设计值（$\mathrm{N/mm}^2$）；

t_i ——支管壁厚（mm）。

5 平面 DY 形节点（图 13.3.2-6）：

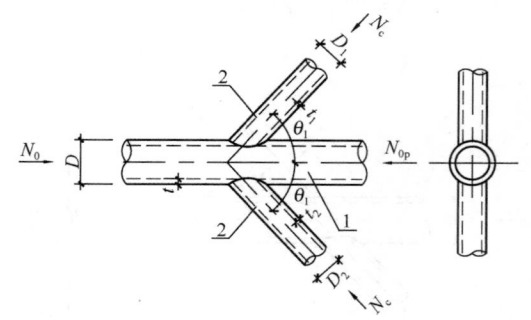

图 13.3.2-6　平面 DY 形节点
1—主管；2—支管

两受压支管在管节点处的承载力设计值 N_{cDY} 应按下式计算：

$$N_{\mathrm{cDY}} = N_{\mathrm{cX}} \qquad (13.3.2\text{-}18)$$

式中：N_{cX} ——X形节点中受压支管极限承载力设计
值（N）。

6 平面 DK 形节点：

1）荷载正对称节点（图 13.3.2-7）：

四支管同时受压时，支管在管节点处的承载力应按下列公式验算：

$$N_1 \sin\theta_1 + N_2 \sin\theta_2 \leqslant N_{cXi} \sin\theta_i$$

$$(13.3.2\text{-}19)$$

$$N_{cXi} \sin\theta_i = \max(N_{cX1} \sin\theta_1, N_{cX2} \sin\theta_2)$$

$$(13.3.2\text{-}20)$$

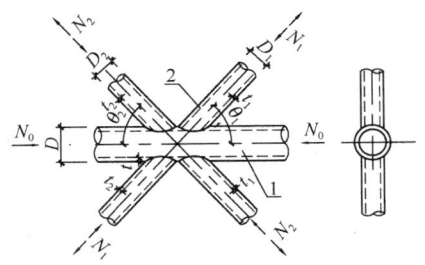

图 13.3.2-7　荷载正对称平面 DK 形节点

1—主管；2—支管

四支管同时受拉时，支管在管节点处的承载力应按下列公式验算：

$$N_1 \sin\theta_1 + N_2 \sin\theta_2 \leqslant N_{tXi} \sin\theta_i$$

$$(13.3.2\text{-}21)$$

$$N_{tXi} \sin\theta_i = \max(N_{tX1} \sin\theta_1, N_{tX2} \sin\theta_2)$$

$$(13.3.2\text{-}22)$$

式中：N_{cX1}、N_{cX2} ——X形节点中支管受压时节点承
载力设计值（N）；

N_{tX1}、N_{tX2} ——X形节点中支管受拉时节点承
载力设计值（N）。

2）荷载反对称节点（图 13.3.2-8）：

$$N_1 \leqslant N_{cK} \qquad (13.3.2\text{-}23)$$

$$N_2 \leqslant N_{tK} \qquad (13.3.2\text{-}24)$$

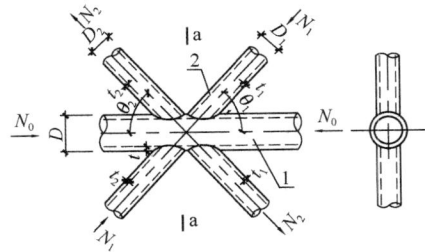

图 13.3.2-8　荷载反对称平面 DK 形节点

1—主管；2—支管

对于荷载反对称作用的间隙节点（图 13.3.2-8），还需补充验算截面 a-a 的塑性剪切承载力：

$$\sqrt{\left(\frac{\sum N_i \sin\theta_i}{V_{pl}}\right)^2 + \left(\frac{N_a}{N_{pl}}\right)^2} \leqslant 1.0$$

$$(13.3.2\text{-}25)$$

$$V_{pl} = \frac{2}{\pi} A f_v \qquad (13.3.2\text{-}26)$$

$$N_{pl} = \pi(D-t) t f \qquad (13.3.2\text{-}27)$$

式中：N_{cK} ——平面 K 形节点中受压支管承载力设计
值（N）；

N_{tK} ——平面 K 形节点中受拉支管承载力设计
值（N）；

V_{pl} ——主管剪切承载力设计值（N）；

A ——主管截面面积（mm^2）；

f_v ——主管钢材抗剪强度设计值（N/mm^2）；

N_{pl} ——主管轴向承载力设计值（N）；

N_a ——截面 a-a 处主管轴力设计值（N）。

7 平面 KT 形（图 13.3.2-9）：

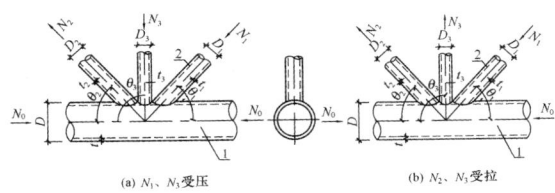

(a) N_1、N_3 受压　　　　(b) N_2、N_3 受拉

图 13.3.2-9　平面 KT 形节点

1—主管；2—支管

对有间隙的 KT 形节点，当竖杆不受力，可按没有竖杆的 K 形节点计算，其间隙值 a 取为两斜杆的趾间距；当竖杆受压力时，可按下列公式计算：

$$N_1 \sin\theta_1 + N_3 \sin\theta_3 \leqslant N_{cK1} \sin\theta_1$$

$$(13.3.2\text{-}28)$$

$$N_2 \sin\theta_2 \leqslant N_{cK1} \sin\theta_1 \qquad (13.3.2\text{-}29)$$

当竖杆受拉力时，尚应按下式计算：

$$N_1 \leqslant N_{cK1} \qquad (13.3.2\text{-}30)$$

式中：N_{cK1} ——K 形节点支管承载力设计值，由式
（13.3.2-11）计算，式（13.3.2-11）
中 $\beta = (D_1 + D_2 + D_3)/3D$，$a$ 为受压
支管与受拉支管在主管表面的间隙。

8 T、Y、X 形和有间隙的 K、N 形、平面 KT 形节点的冲剪验算，支管在节点处的冲剪承载力设计值 N_{si} 应按下式进行补充验算：

$$N_{si} = \pi \frac{1+\sin\theta_i}{2\sin^2\theta_i} t D_i f_v \qquad (13.3.2\text{-}31)$$

13.3.3 无加劲直接焊接的空间节点，当支管按仅承受轴力的构件设计时，支管在节点处的承载力设计值不得小于其轴心力设计值。

1 空间 TT 形节点（图 13.3.3-1）：

1）受压支管在管节点处的承载力设计值 N_{cTT}
应按下列公式计算：

$$N_{cTT} = \psi_{a0} N_{cT} \qquad (13.3.3-1)$$

$$\psi_{a0} = 1.28 - 0.64 \frac{a_0}{D} \leqslant 1.1 \qquad (13.3.3-2)$$

式中：a_0——两支管的横向间隙。

    2）受拉支管在管节点处的承载力设计值 N_{tTT} 应按下式计算：

$$N_{tTT} = N_{cTT} \qquad (13.3.3-3)$$

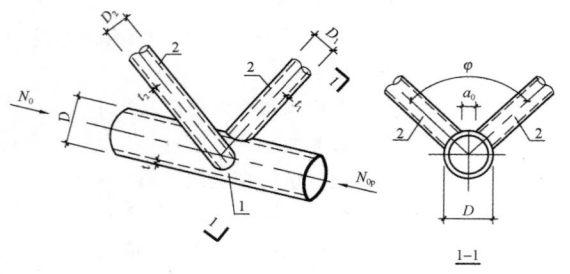

图 13.3.3-1　空间 TT 形节点
1—主管；2—支管

2 空间 KK 形节点（图 13.3.3-2）：

受压或受拉支管在空间管节点处的承载力设计值 N_{cKK} 或 N_{tKK} 应分别按平面 K 形节点相应支管承载力设计值 N_{cK} 或 N_{tK} 乘以空间调整系数 μ_{KK} 计算。

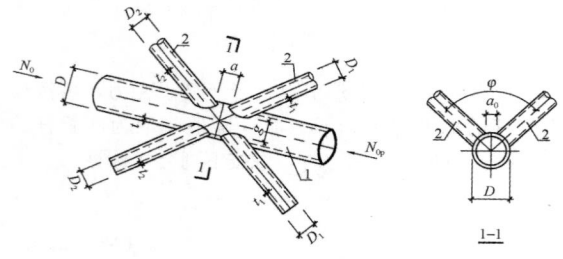

图 13.3.3-2　空间 KK 形节点
1—主管；2—支管

支管为非全搭接型

$$\mu_{KK} = 0.9 \qquad (13.3.3-4)$$

支管为全搭接型

$$\mu_{KK} = 0.74\gamma^{0.1}\exp(0.6\zeta_t) \qquad (13.3.3-5)$$

$$\zeta_t = \frac{q_0}{D} \qquad (13.3.3-6)$$

式中：ζ_t——参数；

    q_0——平面外两支管的搭接长度（mm）。

3 空间 KT 形圆管节点（图 13.3.3-3、图 13.3.3-4）：

    1）K 形受压支管在管节点处的承载力设计值 N_{cKT} 应按下列公式计算：

$$N_{cKT} = Q_n \mu_{KT} N_{cK} \qquad (13.3.3-7)$$

$$Q_n = \frac{1}{1 + \dfrac{0.7 n_{TK}^2}{1 + 0.6 n_{TK}^2}} \qquad (13.3.3-8)$$

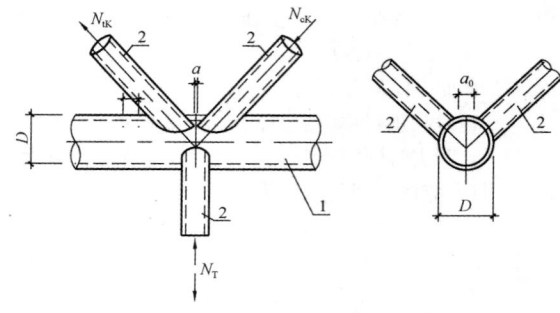

图 13.3.3-3　空间 KT 形节点
1—主管；2—支管

$$n_{TK} = N_T / |N_{cK}| \qquad (13.3.3-9)$$

$$\mu_{KT} = \begin{cases} 1.15\beta_T^{0.07}\exp(-0.2\zeta_0) & \text{空间 KT 形间隙节点} \\ 1.0 & \text{空间 KT 形平面内搭接节点} \\ 0.74\gamma^{0.1}\exp(-0.25\zeta_0) & \text{空间 KT 形全搭接节点} \end{cases}$$

$$(13.3.3-10)$$

$$\zeta_0 = \frac{a_0}{D} \text{ 或 } \frac{q_0}{D} \qquad (13.3.3-11)$$

    2）K 形受拉支管在管节点处的承载力设计值 N_{tKT} 应按下式计算：

$$N_{tKT} = Q_n \mu_{KT} N_{tK} \qquad (13.3.3-12)$$

    3）T 形支管在管节点处的承载力设计值 N_{KT} 应按下式计算：

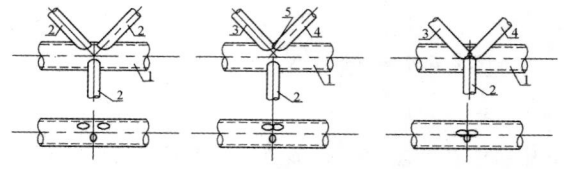

(a) 空间KT形间隙节点　(b) 空间KT形平面内搭接节点　(c) 空间KT形全搭接节点

图 13.3.3-4　空间 KT 形节点分类
1—主管；2—支管；3—贯通支管；4—搭接支管；
5—内隐蔽部分

$$N_{KT} = |n_{TK}| N_{cKT} \qquad (13.3.3-13)$$

式中：Q_n——支管轴力比影响系数；

    n_{TK}——T 形支管轴力与 K 形支管轴力比，$-1 \leqslant n_{TK} \leqslant 1$。

    N_T、N_{cK}——分别为 T 形支管和 K 形受压支管的轴力设计值，以拉为正，以压为负（N）；

    μ_{KT}——空间调整系数，根据图 13.3.3-4 的支管搭接方式分别取值；

    β_T——T 形支管与主管的直径比；

    ζ_0——参数；

    a_0——K 形支管与 T 形支管的平面外间隙（mm）；

    q_0——K 形支管与 T 形支管的平面外搭接长度（mm）。

13.3.4 无加劲直接焊接的平面 T、Y、X 形节点，当支管承受弯矩作用时（图 13.3.4-1 和图 13.3.4-2），节点承载力应按下列规定计算：

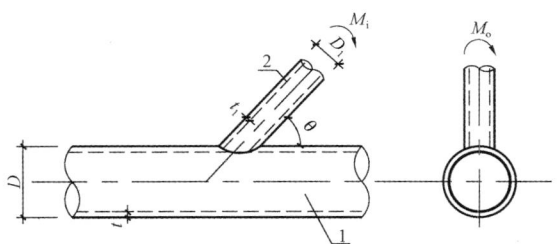

图 13.3.4-1 T 形（或 Y 形）节点的平面内
受弯与平面外受弯
1—主管；2—支管

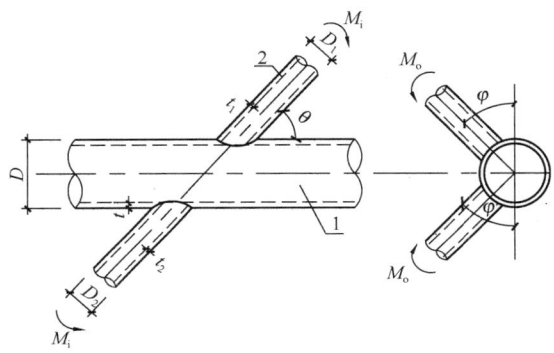

图 13.3.4-2 X 形节点的平面内受弯与平面外受弯
1—主管；2—支管

1 支管在管节点处的平面内受弯承载力设计值 M_{iT} 应按下列公式计算（图 13.3.4-2）：

$$M_{iT} = Q_x Q_f \frac{D_i t^2 f}{\sin\theta} \qquad (13.3.4\text{-}1)$$

$$Q_x = 6.09\beta\gamma^{0.42} \qquad (13.3.4\text{-}2)$$

当节点两侧或一侧主管受拉时：

$$Q_f = 1 \qquad (13.3.4\text{-}3)$$

当节点两侧主管受压时：

$$Q_f = 1 - 0.3n_p - 0.3n_p^2 \qquad (13.3.4\text{-}4)$$

$$n_p = \frac{N_{0p}}{A f_y} + \frac{M_{0p}}{W f_y} \qquad (13.3.4\text{-}5)$$

当 $D_i \leqslant D - 2t$ 时，平面内弯矩不应大于下式规定的抗冲剪承载力设计值：

$$M_{siT} = \left(\frac{1 + 3\sin\theta}{4\sin^2\theta}\right) D_i^2 t f_v \qquad (13.3.4\text{-}6)$$

式中：Q_x——参数；

$\quad\quad\ Q_f$——参数；

$\quad\quad\ N_{0p}$——节点两侧主管轴心压力的较小绝对值（N）；

$\quad\quad\ M_{0p}$——节点与 N_{0p} 对应一侧的主管平面内弯矩

绝对值（N·mm）；

$\quad\quad\ A$——与 N_{0p} 对应一侧的主管截面积（mm²）；

$\quad\quad\ W$——与 N_{0p} 对应一侧的主管截面模量（mm³）。

2 支管在管节点处的平面外受弯承载力设计值 M_{oT} 应按下列公式计算：

$$M_{oT} = Q_y Q_f \frac{D_i t^2 f}{\sin\theta} \qquad (13.3.4\text{-}7)$$

$$Q_y = 3.2\gamma^{(0.5\beta^2)} \qquad (13.3.4\text{-}8)$$

当 $D_i \leqslant D - 2t$ 时，平面外弯矩不应大于下式规定的抗冲剪承载力设计值：

$$M_{soT} = \left(\frac{3 + \sin\theta}{4\sin^2\theta}\right) D_i^2 t f_v \qquad (13.3.4\text{-}9)$$

3 支管在平面内、外弯矩和轴力组合作用下的承载力应按下式验算：

$$\frac{N}{N_j} + \frac{M_i}{M_{iT}} + \frac{M_o}{M_{oT}} \leqslant 1.0 \qquad (13.3.4\text{-}10)$$

式中：N、M_i、M_o——支管在管节点处的轴心力（N）、平面内弯矩、平面外弯矩设计值（N·mm）；

$\quad\quad\ N_j$——支管在管节点处的承载力设计值，根据节点形式按本标准第 13.3.2 条的规定计算（N）。

13.3.5 主管呈弯曲状的平面或空间圆管焊接节点，当主管曲率半径 $R \geqslant 5m$ 且主管曲率半径 R 与主管直径 D 之比不小于 12 时，可采用本标准第 13.3.2 条和第 13.3.4 条所规定的计算公式进行承载力计算。

13.3.6 主管采用本标准第 13.2.4 条第 1 款外贴加强板方式的节点：当支管受压时，节点承载力设计值取相应未加强时节点承载力设计值的 $(0.23\tau_r^{1.18}\beta^{-0.68} + 1)$ 倍；当支管受拉时，节点承载力设计值取相应未加强时节点承载力设计值的 $1.13\tau_r^{0.59}$ 倍；τ_r 为加强板厚度与主管壁厚的比值。

13.3.7 支管为方（矩）形管的平面 T、X 形节点，支管在节点处的承载力应按下列规定计算：

1 T 形节点：

  1） 支管在节点处的轴向承载力设计值应按下式计算：

$$N_{TR} = (4 + 20\beta_{RC}^2)(1 + 0.25\eta_{RC})\psi_n t^2 f \qquad (13.3.7\text{-}1)$$

$$\beta_{RC} = \frac{b_1}{D} \qquad (13.3.7\text{-}2)$$

$$\eta_{RC} = \frac{h_1}{D} \qquad (13.3.7\text{-}3)$$

  2） 支管在节点处的平面内受弯承载力设计值应按下式计算：

$$M_{iTR} = h_1 N_{TR} \qquad (13.3.7\text{-}4)$$

3）支管在节点处的平面外受弯承载力设计值
应按下式计算：

$$M_{oTR} = 0.5b_1 N_{TR} \qquad (13.3.7\text{-}5)$$

式中：β_{RC}——支管的宽度与主管直径的比值，且需
满足 $\beta_{RC} \geqslant 0.4$；

η_{RC}——支管的高度与主管直径的比值，且需
满足 $\eta_{RC} \leqslant 4$；

b_1——支管的宽度（mm）；

h_1——支管的平面内高度（mm）；

t——主管壁厚（mm）；

f——主管钢材的抗拉、抗压和抗弯强度设
计值（N/mm²）。

2 X形节点：

1） 节点轴向承载力设计值应按下式计算：

$$N_{XR} = \frac{5(1+0.25\eta_{RC})}{1-0.81\beta_{RC}} \psi_n t^2 f \qquad (13.3.7\text{-}6)$$

2） 节点平面内受弯承载力设计值应按下式
计算：

$$M_{iXR} = h_i N_{XR} \qquad (13.3.7\text{-}7)$$

3） 节点平面外受弯承载力设计值应按下式
计算：

$$M_{oXR} = 0.5b_i N_{XR} \qquad (13.3.7\text{-}8)$$

3 节点尚应按下式进行冲剪计算：

$$(N_1/A_1 + M_{x1}/W_{x1} + M_{y1}/W_{y1})t_1 \leqslant t f_v$$
$$(13.3.7\text{-}9)$$

式中：N_1——支管的轴向力（N）；

A_1——支管的横截面积（mm²）；

M_{x1}——支管轴线与主管表面相交处的平面内
弯矩（N·mm）；

W_{x1}——支管在其轴线与主管表面相交处的平
面内弹性抗弯截面模量（mm³）；

M_{y1}——支管轴线与主管表面相交处的平
面外弯矩（N·mm）；

W_{y1}——支管在其轴线与主管表面相交处的平
面外弹性抗弯截面模量（mm³）；

t_1——支管壁厚（mm）；

f_v——主管钢材的抗剪强度设计值（N/
mm²）。

13.3.8 在节点处，支管沿周边与主管相焊；支管互
相搭接处，搭接支管沿搭接边与被搭接支管相焊。焊
缝承载力不应小于节点承载力。

13.3.9 T（Y）、X 或 K 形间隙节点及其他非搭接节
点中，支管为圆管时的焊缝承载力设计值应按下列规
定计算：

1 支管仅受轴力作用时：

非搭接支管与主管的连接焊缝可视为全周角焊缝

进行计算。角焊缝的计算厚度沿支管周长取 $0.7h_f$，
焊缝承载力设计值 N_f 可按下列公式计算：

$$N_f = 0.7h_f l_w f_f^w \qquad (13.3.9\text{-}1)$$

当 $D_i/D \leqslant 0.65$ 时：

$$l_w = (3.25D_i - 0.025D)\left(\frac{0.534}{\sin\theta_i} + 0.446\right)$$
$$(13.3.9\text{-}2)$$

当 $0.65 < D_i/D \leqslant 1$ 时：

$$l_w = (3.81D_i - 0.389D)\left(\frac{0.534}{\sin\theta_i} + 0.446\right)$$
$$(13.3.9\text{-}3)$$

式中：h_f——焊脚尺寸（mm）；

f_f^w——角焊缝的强度设计值（N/mm²）；

l_w——焊缝的计算长度（mm）。

2 平面内弯矩作用下：

支管与主管的连接焊缝可视为全周角焊缝进行计
算。角焊缝的计算厚度沿支管周长取 $0.7h_f$，焊缝承
载力设计值 M_{fi} 可按下列公式计算：

$$M_{fi} = W_{fi} f_f^w \qquad (13.3.9\text{-}4)$$

$$W_{fi} = \frac{I_{fi}}{x_c + D/(2\sin\theta_i)} \qquad (13.3.9\text{-}5)$$

$$x_c = (-0.34\sin\theta_i + 0.34) \cdot (2.188\beta^2 + 0.059\beta + 0.188) \cdot D_i \qquad (13.3.9\text{-}6)$$

$$I_{fi} = \left(\frac{0.826}{\sin^2\theta} + 0.113\right) \cdot (1.04 + 0.124\beta - 0.322\beta^2) \cdot \frac{\pi}{64} \cdot \frac{(D+1.4h_f)^4 - D^4}{\cos\phi_{fi}} \qquad (13.3.9\text{-}7)$$

$$\phi_{fi} = \arcsin(D_i/D) = \arcsin\beta \qquad (13.3.9\text{-}8)$$

式中：W_{fi}——焊缝有效截面的平面内抗弯模量，按
式（13.3.9-5）计算（mm³）；

x_c——参数，按式（13.3.9-6）计算（mm）；

I_{fi}——焊缝有效截面的平面内抗弯惯性矩，
按式（13.3.9-7）计算（mm⁴）。

3 平面外弯矩作用下：

支管与主管的连接焊缝可视为全周角焊缝进行计
算。角焊缝的计算厚度沿支管周长取 $0.7h_f$，焊缝承
载力设计值 M_{fo} 可按下列公式计算：

$$M_{fo} = W_{fo} f_f^w \qquad (13.3.9\text{-}9)$$

$$W_{fo} = \frac{I_{fo}}{D/(2\cos\phi_{fo})} \qquad (13.3.9\text{-}10)$$

$$\phi_{fo} = \arcsin(D_i/D) = \arcsin\beta$$
$$(13.3.9\text{-}11)$$

$$I_{\text{fo}} = (0.26\sin\theta + 0.74) \cdot (1.04 - 0.06\beta)$$
$$\cdot \frac{\pi}{64} \cdot \frac{(D+1.4h_t)^4 - D^4}{\cos^3\phi_{\text{fo}}} \qquad (13.3.9\text{-}12)$$

式中：W_{fo}——焊缝有效截面的平面外抗弯模量，按式（13.3.9-10）计算（mm^3）；

I_{fo}——焊缝有效截面的平面外抗弯惯性矩，按式（13.3.9-12）计算（mm^4）。

13.4 矩形钢管直接焊接节点和局部加劲节点的计算

13.4.1 本节规定适用于直接焊接且主管为矩形管，支管为矩形管或圆管的钢管节点（图13.4.1），其适用范围应符合表13.4.1的要求。

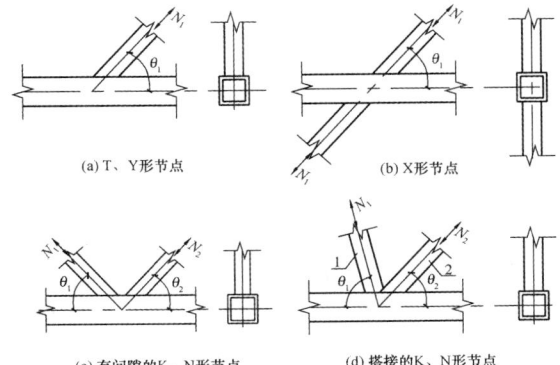

(a) T、Y形节点 (b) X形节点

(c) 有间隙的K、N形节点 (d) 搭接的K、N形节点

图 13.4.1　矩形管直接焊接平面节点
1—搭接支管；2—被搭接支管

表 13.4.1　主管为矩形管，支管为矩形管或圆管的节点几何参数适用范围

截面及节点形式		节点几何参数，$i=1$ 或 2，表示支管；j 表示被搭接支管					
		$\frac{b_i}{b}$、$\frac{h_i}{b}$ 或 $\frac{D_i}{b}$	$\frac{b_i}{t_i}$、$\frac{h_i}{t_i}$ 或 $\frac{D_i}{t_i}$		$\frac{h_i}{b_i}$	$\frac{b}{t}$、$\frac{h}{t}$	a 或 η_{ov} $\frac{b_i}{b_j}$、$\frac{t_i}{t_j}$
			受压	受拉			
支管为矩形管	T、Y 与 X	$\geqslant 0.25$					—
	K 与 N 间隙节点	$\geqslant 0.1 + 0.01\frac{b}{t}$ $\beta \geqslant 0.35$	$\leqslant 37\varepsilon_{k,i}$ 且 $\leqslant 35$	$\leqslant 35$	$0.5 \leqslant \frac{h_i}{b_i} \leqslant 2.0$	$\leqslant 35$	$0.5(1-\beta) \leqslant \frac{a}{b}$ $\leqslant 1.5(1-\beta)$ $a \geqslant t_1 + t_2$
	K 与 N 搭接节点	$\geqslant 0.25$	$\leqslant 33\varepsilon_{k,i}$			$\leqslant 40$	$25\% \leqslant \eta_{\text{ov}} \leqslant 100\%$ $\frac{t_i}{t_j} \leqslant 1.0$ $0.75 \leqslant \frac{b_i}{b_j} \leqslant 1.0$
支管为圆管		$0.4 \leqslant \frac{D_i}{b} \leqslant 0.8$	$\leqslant 44\varepsilon_{k,i}$	$\leqslant 50$	取 $b_i = D_i$ 仍能满足上述相应条件		

注：1. 当 $\frac{a}{b} > 1.5(1-\beta)$，则按 T 形或 Y 形节点计算；

2. b_i、h_i、t_i 分别为第 i 个矩形支管的截面宽度、高度和壁厚；D_i、t_i 分别为第 i 个圆支管的外径和壁厚；b、h、t 分别为矩形主管的截面宽度、高度和壁厚；a 为支管间的间隙；η_{ov} 为搭接率；$\varepsilon_{k,i}$ 为第 i 个支管钢材的钢号调整系数；β 为参数；对 T、Y、X 形节点，$\beta = \frac{b_1}{b}$ 或 $\frac{D_1}{b}$，对 K、N 形节点，$\beta = \frac{b_1+b_2+h_1+h_2}{4b}$ 或 $\beta = \frac{D_1+D_2}{b}$。

13.4.2 无加劲直接焊接的平面节点，当支管按仅承受轴心力的构件设计时，支管在节点处的承载力设计值不得小于其轴心力设计值。

1 支管为矩形管的平面 T、Y 和 X 形节点：

1）当 $\beta \leqslant 0.85$ 时，支管在节点处的承载力设计值 N_{ui} 应按下列公式计算：

$$N_{ui} = 1.8\left(\frac{h_i}{bC\sin\theta_i} + 2\right)\frac{t^2 f}{C\sin\theta_i}\psi_n \qquad (13.4.2\text{-}1)$$

$$C = (1-\beta)^{0.5} \qquad (13.4.2\text{-}2)$$

主管受压时：

$$\psi_n = 1.0 - \frac{0.25\sigma}{\beta f} \qquad (13.4.2\text{-}3)$$

主管受拉时：

$$\psi_n = 1.0 \qquad (13.4.2\text{-}4)$$

式中：C——参数，按式（13.4.2-2）计算；

ψ_n——参数，按式（13.4.2-3）或式（13.4.2-4）计算；

σ——节点两侧主管轴心压应力的较大绝对值（N/mm^2）。

2）当 $\beta = 1.0$ 时，支管在节点处的承载力设计值 N_{ui} 应按下式计算：

$$N_{ui} = \left(\frac{2h_i}{\sin\theta_i} + 10t\right)\frac{tf_k}{\sin\theta_i}\psi_n \qquad (13.4.2\text{-}5)$$

对于 X 形节点，当 $\theta_i < 90°$ 且 $h \geqslant h_i/\cos\theta_i$ 时，尚应按下式计算：

$$N_{ui} = \frac{2ht f_v}{\sin\theta_i} \qquad (13.4.2\text{-}6)$$

当支管受拉时：
$$f_k = f \qquad (13.4.2-7)$$

当支管受压时：

对 T、Y 形节点：
$$f_k = 0.8\varphi f \qquad (13.4.2-8)$$

对 X 形节点：
$$f_k = (0.65\sin\theta_i)\varphi f \qquad (13.4.2-9)$$

$$\lambda = 1.73\left(\frac{h}{t} - 2\right)\sqrt{\frac{1}{\sin\theta_i}} \qquad (13.4.2-10)$$

式中：f_v——主管钢材抗剪强度设计值（N/mm²）；

$\quad f_k$——主管强度设计值，按式(13.4.2-7)~式(13.4.2-9)计算（N/mm²）；

$\quad \varphi$——长细比按式（13.4.2-10）确定的轴心受压构件的稳定系数。

3）当 $0.85 < \beta < 1.0$ 时，支管在节点处的承载力设计值 N_{ui} 应按式（13.4.2-1）、式（13.4.2-5）或式（13.4.2-6）所计算的值，根据 β 进行线性插值。此外，尚应不超过式（13.4.2-11）的计算值：

$$N_{ui} = 2.0(h_i - 2t_i + b_{ei})t_i f_i \qquad (13.4.2-11)$$

$$b_{ei} = \frac{10}{b/t} \cdot \frac{tf_y}{t_i f_{yi}} \cdot b_i \leqslant b_i \qquad (13.4.2-12)$$

4）当 $0.85 \leqslant \beta \leqslant 1 - 2t/b$ 时，N_{ui} 尚应不超过下列公式的计算值：

$$N_{ui} = 2.0\left(\frac{h_i}{\sin\theta_i} + b'_{ei}\right)\frac{tf_v}{\sin\theta_i} \qquad (13.4.2-13)$$

$$b'_{ei} = \frac{10}{b/t} \cdot b_i \leqslant b_i \qquad (13.4.2-14)$$

式中：f_i——支管钢材抗拉、抗压和抗弯强度设计值（N/mm²）。

2　支管为矩形管的有间隙的平面 K 形和 N 形节点：

1）节点处任一支管的承载力设计值应取下列各式的较小值：

$$N_{ui} = \frac{8}{\sin\theta_i}\beta\left(\frac{b}{2t}\right)^{0.5}t^2 f\psi_n \qquad (13.4.2-15)$$

$$N_{ui} = \frac{A_v f_v}{\sin\theta_i} \qquad (13.4.2-16)$$

$$N_{ui} = 2.0\left(h_i - 2t_i + \frac{b_i + b_{ei}}{2}\right)t_i f_i \qquad (13.4.2-17)$$

当 $\beta \leqslant 1 - 2t/b$ 时，尚应不超过式（13.4.2-18）的计算值：

$$N_{ui} = 2.0\left(\frac{h_i}{\sin\theta_i} + \frac{b_i + b'_{ei}}{2}\right)\frac{tf_v}{\sin\theta_i} \qquad (13.4.2-18)$$

$$A_v = (2h + \alpha b)t \qquad (13.4.2-19)$$

$$\alpha = \sqrt{\frac{3t^2}{3t^2 + 4a^2}} \qquad (13.4.2-20)$$

式中：A_v——主管的受剪面积，应按式（13.4.2-19）计算（mm²）；

$\quad \alpha$——参数，应按式（13.4.2-20）计算，（支管为圆管时 $\alpha = 0$）。

2）节点间隙处的主管轴心受力承载力设计值为：

$$N = (A - \alpha_v A_v)f \qquad (13.4.2-21)$$

$$\alpha_v = 1 - \sqrt{1 - \left(\frac{V}{V_p}\right)^2} \qquad (13.4.2-22)$$

$$V_p = A_v f_v \qquad (13.4.2-23)$$

式中：α_v——剪力对主管轴心承载力的影响系数，按式（13.4.2-22）计算；

$\quad V$——节点间隙处弦杆所受的剪力，可按任一支管的竖向分力计算（N）；

$\quad A$——主管横截面面积（mm²）。

3　支管为矩形管的搭接的平面 K 形和 N 形节点：

搭接支管的承载力设计值应根据不同的搭接率 η_{ov} 按下列公式计算（下标 j 表示被搭接支管）：

1）当 $25\% \leqslant \eta_{ov} < 50\%$ 时：

$$N_{ui} = 2.0\left[(h_i - 2t_i)\frac{\eta_{ov}}{0.5} + \frac{b_{ei} + b_{ej}}{2}\right]t_i f_i \qquad (13.4.2-24)$$

$$b_{ej} = \frac{10}{b_j/t_j} \cdot \frac{t_j f_{yj}}{t_i f_{yi}} \cdot b_i \leqslant b_i \qquad (13.4.2-25)$$

2）当 $50\% \leqslant \eta_{ov} < 80\%$ 时：

$$N_{ui} = 2.0\left(h_i - 2t_i + \frac{b_{ei} + b_{ej}}{2}\right)t_i f_i \qquad (13.4.2-26)$$

3）当 $80\% \leqslant \eta_{ov} < 100\%$ 时：

$$N_{ui} = 2.0\left(h_i - 2t_i + \frac{b_i + b_{ej}}{2}\right)t_i f_i \qquad (13.4.2-27)$$

被搭接支管的承载力应满足下式要求：

$$\frac{N_{uj}}{A_j f_{yj}} \leqslant \frac{N_{ui}}{A_i f_{yi}} \qquad (13.4.2-28)$$

4　支管为矩形管的平面 KT 形节点：

1）当为间隙 KT 形节点时，若假设垂直支管内力为零，则假设垂直支管不存在，按 K 形节点计算。若垂直支管内力不为零，可通过对 K 形和 N 形节点的承载力公式进行修正来计算，此时 $\beta \leqslant (b_1 + b_2 + b_3 + h_1 + h_2 + h_3)/(6b)$，间隙值取为两根受力较大且力的符号相反（拉或压）的腹杆间的最大间隙。对于图 13.4.2(a)、图 13.4.2(b) 所示受荷情况（P 为节点横向荷载，可为零），应满足式（13.4.2-29）与式（13.4.2-30）的要求：

$$N_{u1}\sin\theta_1 \geqslant N_2\sin\theta_2 + N_3\sin\theta_3$$

$$(13.4.2\text{-}29)$$

$$N_{u1} \geqslant N_1 \qquad (13.4.2\text{-}30)$$

式中：N_1、N_2、N_3——腹杆所受的轴向力（N）。

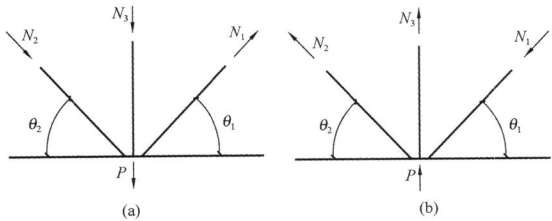

图 13.4.2　KT 形节点受荷情况

2）当为搭接 KT 形方管节点时，可采用搭接 K 形和 N 形节点的承载力公式检验每一根支管的承载力。计算支管有效宽度时应注意支管搭接次序。

5　支管为圆管的各种形式平面节点：

支管为圆管的 T、Y、X、K 及 N 形节点时，支管在节点处的承载力可用上述相应的支管为矩形管的节点的承载力公式计算，这时需用 D_i 替代 b_i 和 h_i，并将计算结果乘以 $\pi/4$。

13.4.3　无加劲直接焊接的 T 形方管节点，当支管承受弯矩作用时，节点承载力应按下列规定计算：

1　当 $\beta \leqslant 0.85$ 且 $n \leqslant 0.6$ 时，按式（13.4.3-1）验算；当 $\beta \leqslant 0.85$ 且 $n > 0.6$ 时，按式（13.4.3-2）验算；当 $\beta > 0.85$ 时，按式（13.4.3-2）验算。

$$\left(\frac{N}{N_{u1}^*}\right)^2 + \left(\frac{M}{M_{u1}}\right)^2 \leqslant 1.0 \qquad (13.4.3\text{-}1)$$

$$\frac{N}{N_{u1}^*} + \frac{M}{M_{u1}} \leqslant 1.0 \qquad (13.4.3\text{-}2)$$

式中：N_{u1}^*——支管在节点处的轴心受压承载力设计值，应按本条第 2 款的规定计算（N）；

　　M_{u1}——支管在节点处的受弯承载力设计值，应按本条第 3 款的规定计算（N·mm）。

2　N_{u1}^* 的计算应符合下列规定：

1）当 $\beta \leqslant 0.85$ 时，按下式计算：

$$N_{u1}^* = t^2 f\left[\frac{h_1/b}{1-\beta}(2-n^2) + \frac{4}{\sqrt{1-\beta}}(1-n^2)\right]$$

$$(13.4.3\text{-}3)$$

2）当 $\beta > 0.85$ 时，按本标准第 13.4.2 条中的相关规定计算。

3　M_{u1} 的计算应符合下列规定：

当 $\beta \leqslant 0.85$ 时：

$$M_{u1} = t^2 h_1 f\left(\frac{b}{2h_1} + \frac{2}{\sqrt{1-\beta}} + \frac{h_1/b}{1-\beta}\right)(1-n^2)$$

$$(13.4.3\text{-}4)$$

$$n = \frac{\sigma}{f} \qquad (13.4.3\text{-}5)$$

当 $\beta > 0.85$ 时，其受弯承载力设计值取式（13.4.3-6）和式（13.4.3-8）或式（13.4.3-9）计算结果的较小值：

$$M_{u1} = \left[W_1 - \left(1 - \frac{b_e}{b}\right)b_1 t_1(h_1 - t_1)\right]f_1$$

$$(13.4.3\text{-}6)$$

$$b_e = \frac{10}{b/t} \cdot \frac{t f_y}{t_1 f_{y1}} b_1 \leqslant b_1 \qquad (13.4.3\text{-}7)$$

当 $t \leqslant 2.75\text{mm}$：

$$M_{u1} = 0.595t(h_1 + 5t)^2(1 - 0.3n)f$$

$$(13.4.3\text{-}8)$$

当 $2.75\text{mm} < t \leqslant 14\text{mm}$：

$$M_{u1} = 0.0025t(t^2 - 26.8t + 304.6)$$

$$(h_1 + 5t)^2(1 - 0.3n)f$$

$$(13.4.3\text{-}9)$$

式中：n——参数，按式（13.4.3-5）计算，受拉时取 $n = 0$；

　　b_e——腹杆翼缘的有效宽度，按式（13.4.3-7）计算（mm）；

　　W_1——支管截面模量（mm^3）。

13.4.4　采用局部加强的方（矩）形管节点时，支管在节点加强处的承载力设计值应按下列规定计算：

1　主管与支管相连一侧采用加强板［图 13.2.4（b）］：

1）对支管受拉的 T、Y 和 X 形节点，支管在节点处的承载力设计值应按下列公式计算：

$$N_{ui} = 1.8\left(\frac{h_i}{b_p C_p \sin\theta_i} + 2\right)\frac{t_p^2 f_p}{C_p \sin\theta_i}$$

$$(13.4.4\text{-}1)$$

$$C_p = (1 - \beta_p)^{0.5} \qquad (13.4.4\text{-}2)$$

$$\beta_p = b_i/b_p \qquad (13.4.4\text{-}3)$$

式中：f_p——加强板强度设计值（N/mm^2）；

　　C_p——参数，按式（13.4.4-2）计算。

2）对支管受压的 T、Y 和 X 形节点，当 $\beta_p \leqslant 0.8$ 时可应用下式进行加强板的设计：

$$l_p \geqslant 2b/\sin\theta_i \qquad (13.4.4\text{-}4)$$

$$t_p \geqslant 4t_1 - t \qquad (13.4.4\text{-}5)$$

3）对 K 形间隙节点，可按本标准第 13.4.2 条中相应的公式计算承载力，这时用 t_p 代替 t，用加强板设计强度 f_p 代替主管设计强度 f。

2　对于侧板加强的 T、Y、X 和 K 形间隙方管节点［图 13.2.4(c)］，可用本标准第 13.4.2 条中相应的计算主管侧壁承载力的公式计算，此时用 $t + t_p$ 代替侧壁厚 t，A_v 取为 $2h(t + t_p)$。

13.4.5　方（矩）形管节点处焊缝承载力不应小于节

点承载力，支管沿周边与主管相焊时，连接焊缝的计算应符合下列规定：

1 直接焊接的方（矩）形管节点中，轴心受力支管与主管的连接焊缝可视为全周角焊缝，焊缝承载力设计值 N_f 可按下式计算：

$$N_f = h_e l_w f_f^w \tag{13.4.5-1}$$

式中：h_e——角焊缝计算厚度，当支管承受轴力时，平均计算厚度可取 $0.7h_f$（mm）；

l_w——焊缝的计算长度，按本条第 2 款或第 3 款计算（mm）；

f_f^w——角焊缝的强度设计值（N/mm²）。

2 支管为方（矩）形管时，角焊缝的计算长度可按下列公式计算：

1） 对于有间隙的 K 形和 N 形节点：

当 $\theta_i \geqslant 60°$ 时：

$$l_w = \frac{2h_i}{\sin\theta_i} + b_i \tag{13.4.5-2}$$

当 $\theta_i \leqslant 50°$ 时：

$$l_w = \frac{2h_i}{\sin\theta_i} + 2b_i \tag{13.4.5-3}$$

当 $50° < \theta_i < 60°$ 时：l_w 按插值法确定。

2） 对于 T、Y 和 X 形节点：

$$l_w = \frac{2h_i}{\sin\theta_i} \tag{13.4.5-4}$$

3 当支管为圆管时，焊缝计算长度应按下列公式计算：

$$l_w = \pi(a_0 + b_0) - D_i \tag{13.4.5-5}$$

$$a_0 = \frac{R_i}{\sin\theta_i} \tag{13.4.5-6}$$

$$b_0 = R_i \tag{13.4.5-7}$$

式中：a_0——椭圆相交线的长半轴（mm）；

b_0——椭圆相交线的短半轴（mm）；

R_i——圆支管半径（mm）；

θ_i——支管轴线与主管轴线的交角。

14 钢与混凝土组合梁

14.1 一般规定

14.1.1 本章规定适用于不直接承受动力荷载的组合梁。对于直接承受动力荷载的组合梁，应按本标准附录 J 的要求进行疲劳计算，其承载能力应按弹性方法进行计算。组合梁的翼板可采用现浇混凝土板、混凝土叠合板或压型钢板混凝土组合板等，其中混凝土板除应符合本章的规定外，尚应符合现行国家标准《混凝土结构设计规范》GB 50010 的有关规定。

14.1.2 在进行组合梁截面承载能力验算时，跨中及中间支座处混凝土翼板的有效宽度 b_e（图 14.1.2）应按下式计算：

$$b_e = b_0 + b_1 + b_2 \tag{14.1.2}$$

式中：b_0——板托顶部的宽度：当板托倾角 $\alpha < 45°$ 时，应按 $\alpha = 45°$ 计算；当无板托时，则取钢梁上翼缘的宽度；当混凝土板和钢梁不直接接触（如之间有压型钢板分隔）时，取栓钉的横向间距，仅有一列栓钉时取 0（mm）；

b_1、b_2——梁外侧和内侧的翼板计算宽度，当塑性中和轴位于混凝土板内时，各取等效跨径 l_e 的 1/6。此外，b_1 尚不应超过翼板实际外伸宽度 S_1；b_2 不应超过相邻钢梁上翼缘或板托间净距 S_0 的 1/2（mm）；

l_e——等效跨径。对于简支组合梁，取为简支组合梁的跨度；对于连续组合梁，中间跨正弯矩区取为 $0.6l$，边跨正弯矩区取为 $0.8l$，l 为组合梁跨度，支座负弯矩区取为相邻两跨跨度之和的 20%（mm）。

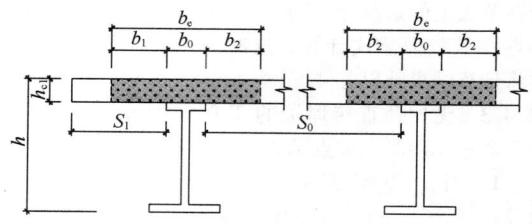

(a) 不设板托的组合梁

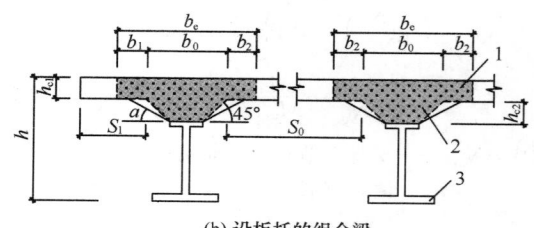

(b) 设板托的组合梁

图 14.1.2　混凝土翼板的计算宽度
1—混凝土翼板；2—板托；3—钢梁

14.1.3 组合梁进行正常使用极限状态验算时应符合下列规定：

1 组合梁的挠度应按弹性方法进行计算，弯曲刚度宜按本标准第 14.4.2 条的规定计算；对于连续组合梁，在距中间支座两侧各 $0.15l$（l 为梁的跨度）范围内，不应计入受拉混凝土对刚度的影响，但宜计入翼板有效宽度 b_e 范围内纵向钢筋的作用；

2 连续组合梁应按本标准第 14.5 节的规定验算负弯矩区段混凝土最大裂缝宽度，其负弯矩内力可按不考虑混凝土开裂的弹性分析方法计算并进行调幅；

3 对于露天环境下使用的组合梁以及直接受热

源辐射作用的组合梁，应考虑温度效应的影响。钢梁和混凝土翼板间的计算温度差应按实际情况采用；

4 混凝土收缩产生的内力及变形可按组合梁混凝土板与钢梁之间的温差－15℃计算；

5 考虑混凝土徐变影响时，可将钢与混凝土的弹性模量比放大一倍。

14.1.4 组合梁施工时，混凝土硬结前的材料重量和施工荷载应由钢梁承受，钢梁应根据实际临时支撑的情况按本标准第3章和第7章的规定验算其强度、稳定性和变形。

计算组合梁挠度和负弯矩区裂缝宽度时应考虑施工方法及工序的影响。计算组合梁挠度时，应将施工阶段的挠度和使用阶段续加荷载产生的挠度相叠加，当钢梁下有临时支撑时，应考虑拆除临时支撑时引起的附加变形。计算组合梁负弯矩区裂缝宽度时，可仅考虑形成组合截面后引入的支座负弯矩值。

14.1.5 在强度和变形满足要求时，组合梁可按部分抗剪连接进行设计。

14.1.6 按本章进行设计的组合梁，钢梁受压区的板件宽厚比应符合本标准第10章中塑性设计的相关规定。当组合梁受压上翼缘不符合塑性设计要求的板件宽厚比限值，但连接件满足下列要求时，仍可采用塑性方法进行设计：

1 当混凝土板沿全长和组合梁接触（如现浇楼板）时，连接件最大间距不大于 $22t_f\varepsilon_k$；当混凝土板和组合梁部分接触（如压型钢板横肋垂直于钢梁）时，连接件最大间距不大于 $15t_f\varepsilon_k$；ε_k 为钢号修正系数，t_f 为钢梁受压上翼缘厚度。

2 连接件的外侧边缘与钢梁翼缘边缘之间的距离不大于 $9t_f\varepsilon_k$。

14.1.7 组合梁承载能力按塑性分析方法进行计算时，连续组合梁和框架组合梁在竖向荷载作用下的内力可采用不考虑混凝土开裂的模型进行弹性分析，并按本标准第10章的规定对弯矩进行调幅，楼板的设计应符合现行国家标准《混凝土结构设计规范》GB 50010 的有关规定。

14.1.8 组合梁应按本标准第14.6节的规定进行混凝土翼板的纵向抗剪验算；在组合梁的强度、挠度和裂缝计算中，可不考虑板托截面。

14.2 组合梁设计

14.2.1 完全抗剪连接组合梁的受弯承载力应符合下列规定：

1 正弯矩作用区段：

1）塑性中和轴在混凝土翼板内（图14.2.1-1），即 $Af \leqslant b_e h_{c1} f_c$ 时：

$$M \leqslant b_e x f_c y \quad (14.2.1-1)$$

$$x = Af/(b_e f_c) \quad (14.2.1-2)$$

式中：M——正弯矩设计值（N·mm）；

A——钢梁的截面面积（mm²）；

x——混凝土翼板受压区高度（mm）；

y——钢梁截面应力的合力至混凝土受压区截面应力的合力间的距离（mm）；

f_c——混凝土抗压强度设计值（N/mm²）。

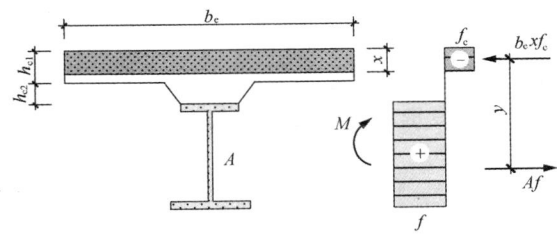

图 14.2.1-1 塑性中和轴在混凝土翼板内时的组合梁截面及应力图形

2）塑性中和轴在钢梁截面内（图14.2.1-2），即 $Af > b_e h_{c1} f_c$ 时：

$$M \leqslant b_e h_{c1} f_c y_1 + A_c f y_2 \quad (14.2.1-3)$$

$$A_c = 0.5(A - b_e h_{c1} f_c/f) \quad (14.2.1-4)$$

式中：A_c——钢梁受压区截面面积（mm²）；

y_1——钢梁受拉区截面形心至混凝土翼板受压区截面形心的距离（mm）；

y_2——钢梁受拉区截面形心至钢梁受压区截面形心的距离（mm）。

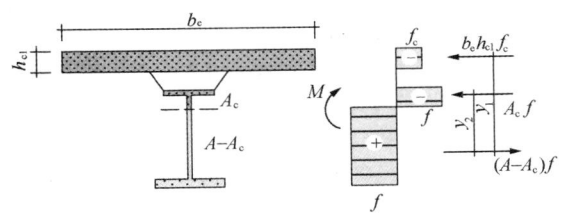

图 14.2.1-2 塑性中和轴在钢梁内时的组合梁截面及应力图形

2 负弯矩作用区段（图14.2.1-3）：

$$M' \leqslant M_s + A_{st} f_{st} (y_3 + y_4/2) \quad (14.2.1-5)$$

$$M_s = (S_1 + S_2) f \quad (14.2.1-6)$$

$$f_{st} A_{st} + f(A - A_c) = fA_c \quad (14.2.1-7)$$

式中：M'——负弯矩设计值（N·mm）；

S_1、S_2——钢梁塑性中和轴（平分钢梁截面积的轴线）以上和以下截面对该轴的面积矩（mm³）；

A_{st}——负弯矩区混凝土翼板有效宽度范围内的纵向钢筋截面面积（mm²）；

f_{st}——钢筋抗拉强度设计值（N/mm²）；

y_3——纵向钢筋截面形心至组合梁塑性中和轴的距离（mm），根据截面轴力平衡式（14.2.1-7）求出钢梁受压区面积 A_c，取钢梁拉压区交界处位置为组合梁塑性中和轴位置（mm）；

y_4——组合梁塑性中和轴至钢梁塑性中和轴的距离。当组合梁塑性中和轴在钢梁腹板内时，取 $y_4 = A_{st} f_{st}/(2t_w f)$，当该中和轴在钢梁翼缘内时，可取 y_4 等于钢梁塑性中和轴至腹板上边缘的距离（mm）。

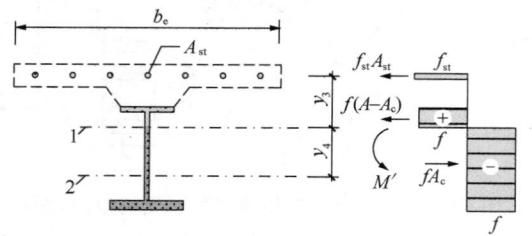

图 14.2.1-3 负弯矩作用时组合梁截面及应力图形
1—组合截面塑性中和轴；2—钢梁截面塑性中和轴

14.2.2 部分抗剪连接组合梁在正弯矩区段的受弯承载力宜符合下列公式规定（图 14.2.2）：

$$x = n_r N_v^c/(b_e f_c) \tag{14.2.2-1}$$

$$A_c = (Af - n_r N_v^c)/(2f) \tag{14.2.2-2}$$

$$M_{u,r} = n_r N_v^c y_1 + 0.5(Af - n_r N_v^c)y_2 \tag{14.2.2-3}$$

式中：$M_{u,r}$——部分抗剪连接时组合梁截面正弯矩受弯承载力（N·mm）；

n_r——部分抗剪连接时最大正弯矩验算截面到最近零弯矩点之间的抗剪连接件数目；

N_v^c——每个抗剪连接件的纵向受剪承载力，按本标准第 14.3 节的有关公式计算（N）；

y_1、y_2——如图 14.2.2 所示，可按式（14.2.2-2）所示的轴力平衡关系式确定受压钢梁的面积 A_c，进而确定组合梁塑性中和轴的位置（mm）。

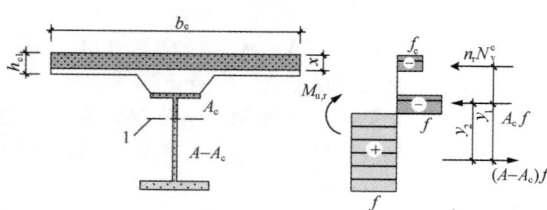

图 14.2.2 部分抗剪连接组合梁计算简图
1—组合梁塑性中和轴

计算部分抗剪连接组合梁在负弯矩作用区段的受弯承载力时，仍按本标准式（14.2.1-5）计算，但 $A_{st} f_{st}$ 应取 $n_r N_v^c$ 和 $A_{st} f_{st}$ 两者中的较小值，n_r 取为最

大负弯矩验算截面到最近零弯矩点之间的抗剪连接件数目。

14.2.3 组合梁的受剪强度应按本标准式（10.3.2）计算。

14.2.4 用弯矩调幅设计法计算组合梁强度时，按下列规定考虑弯矩与剪力的相互影响：

1 受正弯矩的组合梁截面不考虑弯矩和剪力的相互影响；

2 受负弯矩的组合梁截面，当剪力设计值 $V \leqslant 0.5h_w t_w f_v$ 时，可不对验算负弯矩受弯承载力所用的腹板钢材强度设计值进行折减；当 $V > 0.5h_w t_w f_v$ 时，验算负弯矩受弯承载力所用的腹板钢材强度设计值 f 按本标准第 10.3.4 条的规定计算。

14.3 抗剪连接件的计算

14.3.1 组合梁的抗剪连接件宜采用圆柱头焊钉，也可采用槽钢或有可靠依据的其他类型连接件（图 14.3.1）。单个抗剪连接件的受剪承载力设计值应由下列公式确定：

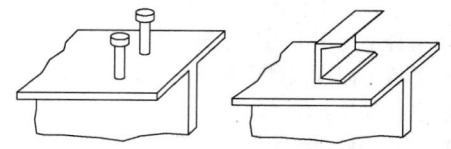

(a) 圆柱头焊钉连接件　(b) 槽钢连接件

图 14.3.1 连接件的外形

1 圆柱头焊钉连接件：

$$N_v^c = 0.43A_s \sqrt{E_c f_c} \leqslant 0.7A_s f_u \tag{14.3.1-1}$$

式中：E_c——混凝土的弹性模量（N/mm²）；

A_s——圆柱头焊钉钉杆截面面积（mm²）；

f_u——圆柱头焊钉极限抗拉强度设计值，需满足现行国家标准《电弧螺柱焊用圆柱头焊钉》GB/T 10433 的要求（N/mm²）。

2 槽钢连接件：

$$N_v^c = 0.26(t + 0.5t_w)l_c \sqrt{E_c f_c} \tag{14.3.1-2}$$

式中：t——槽钢翼缘的平均厚度（mm）；

t_w——槽钢腹板的厚度（mm）；

l_c——槽钢的长度（mm）。

槽钢连接件通过肢尖肢背两条通长角焊缝与钢梁连接，角焊缝按承受该连接件的受剪承载力设计值 N_v^c 进行计算。

14.3.2 对于用压型钢板混凝土组合板做翼板的组合梁（图 14.3.2），其焊钉连接件的受剪承载力设计值应分别按以下两种情况予以降低：

1 当压型钢板肋平行于钢梁布置［图 14.3.2 (a)］，$b_w/h_e < 1.5$ 时，按本标准式（14.3.1-1）算得

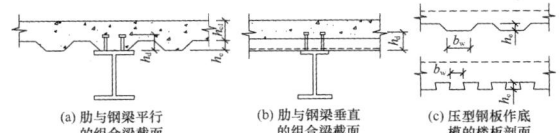

(a) 肋与钢梁平行
的组合梁截面　　(b) 肋与钢梁垂直
的组合梁截面　　(c) 压型钢板作底
模的楼板剖面

图 14.3.2　用压型钢板作混凝土翼板底模的组合梁

的 N_v^c 应乘以折减系数 β_v 后取用。β_v 值按下式计算：

$$\beta_v = 0.6 \frac{b_w}{h_e} \left(\frac{h_d - h_e}{h_e} \right) \leqslant 1 \quad (14.3.2\text{-}1)$$

式中：b_w——混凝土凸肋的平均宽度，当肋的上部宽度小于下部宽度时 [图 14.3.2(c)]，改取上部宽度（mm）；

h_e——混凝土凸肋高度（mm）；

h_d——焊钉高度（mm）。

2 当压型钢板肋垂直于钢梁布置时 [图 14.3.2 (b)]，焊钉连接件承载力设计值的折减系数按下式计算：

$$\beta_v = \frac{0.85}{\sqrt{n_0}} \frac{b_w}{h_e} \left(\frac{h_d - h_e}{h_e} \right) \leqslant 1 \quad (14.3.2\text{-}2)$$

式中：n_0——在梁某截面处一个肋中布置的焊钉数，当多于 3 个时，按 3 个计算。

14.3.3 位于负弯矩区段的抗剪连接件，其受剪承载力设计值 N_v^c 应乘以折减系数 0.9。

14.3.4 当采用柔性抗剪连接件时，抗剪连接件的计算应以弯矩绝对值最大点及支座为界限，划分为若干个区段（图 14.3.4），逐段进行布置。每个剪跨区段内钢梁与混凝土翼板交界面的纵向剪力 V_s 应按下列公式确定：

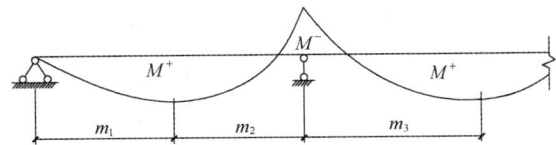

图 14.3.4　连续梁剪跨区划分图

1 正弯矩最大点到边支座区段，即 m_1 区段，V_s 取 Af 和 $b_e h_{c1} f_c$ 中的较小者。

2 正弯矩最大点到中支座（负弯矩最大点）区段，即 m_2 和 m_3 区段：

$$V_s = \min\{Af, b_e h_{c1} f_c\} + A_{st} f_{st}$$
$$(14.3.4\text{-}1)$$

按完全抗剪连接设计时，每个剪跨区段内需要的连接件总数 n_f，按下式计算：

$$n_f = V_s / N_v^c \quad (14.3.4\text{-}2)$$

部分抗剪连接组合梁，其连接件的实配个数不得少于 n_f 的 50%。

按式（14.3.4-2）算得的连接件数量，可在对应

的剪跨区段内均匀布置。当在此剪跨区段内有较大集中荷载作用时，应将连接件个数 n_f 按剪力图面积比例分配后再各自均匀布置。

14.4　挠　度　计　算

14.4.1 组合梁的挠度应分别按荷载的标准组合和准永久组合进行计算，以其中的较大值作为依据。挠度可按结构力学方法进行计算，仅受正弯矩作用的组合梁，其弯曲刚度应取考虑滑移效应的折减刚度，连续组合梁宜按变截面刚度梁进行计算。按荷载的标准组合和准永久组合进行计算时，组合梁应各取其相应的折减刚度。

14.4.2 组合梁考虑滑移效应的折减刚度 B 可按下式确定：

$$B = \frac{EI_{eq}}{1 + \xi} \quad (14.4.2)$$

式中：E——钢梁的弹性模量（N/mm²）；

I_{eq}——组合梁的换算截面惯性矩；对荷载的标准组合，可将截面中的混凝土翼板有效宽度除以钢与混凝土弹性模量的比值 α_E 换算为钢截面宽度后，计算整个截面的惯性矩；对荷载的准永久组合，则除以 $2\alpha_E$ 进行换算；对于钢梁与压型钢板混凝土组合板构成的组合梁，应取其较弱截面的换算截面进行计算，且不计压型钢板的作用（mm⁴）；

ξ——刚度折减系数，宜按本标准第 14.4.3 条进行计算。

14.4.3 刚度折减系数 ξ 宜按下列公式计算（当 $\xi \leqslant 0$ 时，取 $\xi = 0$）：

$$\xi = \eta \left[0.4 - \frac{3}{(jl)^2} \right] \quad (14.4.3\text{-}1)$$

$$\eta = \frac{36 E d_c p A_0}{n_s k h l^2} \quad (14.4.3\text{-}2)$$

$$j = 0.81 \sqrt{\frac{n_s N_v^c A_1}{EI_0 p}} \ (\text{mm}^{-1}) \quad (14.4.3\text{-}3)$$

$$A_0 = \frac{A_{cf} A}{\alpha_E A + A_{cf}} \quad (14.4.3\text{-}4)$$

$$A_1 = \frac{I_0 + A_0 d_c^2}{A_0} \quad (14.4.3\text{-}5)$$

$$I_0 = I + \frac{I_{cf}}{\alpha_E} \quad (14.4.3\text{-}6)$$

式中：A_{cf}——混凝土翼板截面面积；对压型钢板混凝土组合板的翼板，应取其较弱截面的面积，且不考虑压型钢板（mm²）；

I——钢梁截面惯性矩（mm⁴）；

I_{cf}——混凝土翼板的截面惯性矩；对压型钢板混凝土组合板的翼板，应取其较弱

截面的惯性矩，且不考虑压型钢板（mm⁴）；

d_c——钢梁截面形心到混凝土翼板截面（对压型钢板混凝土组合板为其较弱截面）形心的距离（mm）；

h——组合梁截面高度（mm）；

p——抗剪连接件的纵向平均间距（mm）；

k——抗剪连接件刚度系数，$k = N_v^c$（N/mm）；

n_s——抗剪连接件在一根梁上的列数。

14.5 负弯矩区裂缝宽度计算

14.5.1 组合梁负弯矩区段混凝土在正常使用极限状态下考虑长期作用影响的最大裂缝宽度 w_{max} 应按现行国家标准《混凝土结构设计规范》GB 50010 的规定按轴心受拉构件进行计算，其值不得大于现行国家标准《混凝土结构设计规范》GB 50010 所规定的限值。

14.5.2 按荷载效应的标准组合计算的开裂截面纵向受拉钢筋的应力 σ_{sk} 按下列公式计算：

$$\sigma_{sk} = \frac{M_k y_s}{I_{cr}} \quad (14.5.2-1)$$

$$M_k = M_e(1 - \alpha_r) \quad (14.5.2-2)$$

式中：I_{cr}——由纵向普通钢筋与钢梁形成的组合截面的惯性矩（mm⁴）；

y_s——钢筋截面重心至钢筋和钢梁形成的组合截面中和轴的距离（mm）；

M_k——钢与混凝土形成组合截面之后，考虑了弯矩调幅的标准荷载作用下支座截面负弯矩组合值，对于悬臂组合梁，式（14.5.2-2）中的 M_k 应根据平衡条件计算得到（N·mm）；

M_e——钢与混凝土形成组合截面之后，标准荷载作用下按未开裂模型进行弹性计算得到的连续组合梁中支座负弯矩值（N·mm）；

α_r——正常使用极限状态连续组合梁中支座负弯矩调幅系数，其取值不宜超过15%。

14.6 纵向抗剪计算

14.6.1 组合梁板托及翼缘板纵向受剪承载力验算时，应分别验算图14.6.1所示的纵向受剪界面 a-a、b-b、c-c 及 d-d。

14.6.2 单位纵向长度内受剪界面上的纵向剪力设计值应按下列公式计算：

1 单位纵向长度上 b-b、c-c 及 d-d 受剪界面（图14.6.1）的计算纵向剪力为：

$$v_{l,1} = \frac{V_s}{m_i} \quad (14.6.2-1)$$

2 单位纵向长度上 a-a 受剪界面（图14.6.1）

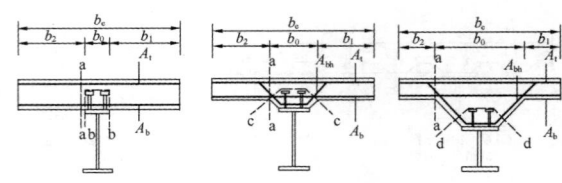

图 14.6.1　混凝土板纵向受剪界面

A_t——混凝土板顶部附近单位长度内钢筋面积的总和（mm²/mm）。包括混凝土板内抗弯和构造钢筋；A_b、A_{bh}——分别为混凝土板底部、承托底部单位长度内钢筋面积的总和（mm²/mm）

的计算纵向剪力为：

$$v_{l,1} = \max\left(\frac{V_s}{m_i} \times \frac{b_1}{b_e}, \frac{V_s}{m_i} \times \frac{b_2}{b_e}\right)$$

$$(14.6.2-2)$$

式中：$v_{l,1}$——单位纵向长度内受剪界面上的纵向剪力设计值（N/mm）；

V_s——每个剪跨区段内钢梁与混凝土翼板交界面的纵向剪力，按本标准第14.3.4条的规定计算（N）；

m_i——剪跨区段长度（图14.3.4）（mm）；

b_1、b_2——分别为混凝土翼板左右两侧挑出的宽度（图14.6.1）（mm）；

b_e——混凝土翼板有效宽度，应按对应跨的跨中有效宽度取值，有效宽度应按本标准第14.1.2条的规定计算（mm）。

14.6.3 组合梁承托及翼缘板界面纵向受剪承载力计算应符合下列公式规定：

$$v_{l,1} \leq v_{lu,1} \quad (14.6.3-1)$$

$$v_{lu,1} = 0.7f_t b_f + 0.8A_e f_r \quad (14.6.3-2)$$

$$v_{lu,1} = 0.25b_f f_c \quad (14.6.3-3)$$

式中：$v_{lu,1}$——单位纵向长度内界面受剪承载力（N/mm），取式（14.6.3-2）和式（14.6.3-3）的较小值；

f_t——混凝土抗拉强度设计值（N/mm²）；

b_f——受剪界面的横向长度，按图14.6.1所示的 a-a、b-b、c-c 及 d-d 连线在抗剪连接件以外的最短长度取值（mm）；

A_e——单位长度上横向钢筋的截面面积（mm²/mm），按图14.6.1和表14.6.3取值；

f_r——横向钢筋的强度设计值（N/mm²）。

表 14.6.3　单位长度上横向钢筋的截面积 A_e

剪切面	a-a	b-b	c-c	d-d
A_e	$A_b + A_t$	$2A_b$	$2(A_b + A_{bh})$	$2A_{bh}$

14.6.4 横向钢筋的最小配筋率应满足下式要求：

$$A_e f_r / b_f > 0.75(\text{N/mm}^2) \quad (14.6.4)$$

14.7 构造要求

14.7.1 组合梁截面高度不宜超过钢梁截面高度的2倍，混凝土板托高度 h_{c2} 不宜超过翼板厚度 h_{c1} 的1.5倍。

14.7.2 组合梁边梁混凝土翼板的构造应满足下列要求：

1 有板托时，伸出长度不宜小于 h_{c2}；

2 无板托时，应同时满足伸出钢梁中心线不小于150mm、伸出钢梁翼缘边不小于50mm的要求（图14.7.2）。

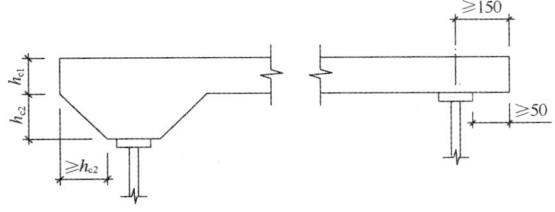

图 14.7.2　边梁构造图

14.7.3 连续组合梁在中间支座负弯矩区的上部纵向钢筋及分布钢筋，应按现行国家标准《混凝土结构设计规范》GB 50010 的规定设置。

14.7.4 抗剪连接件的设置应符合下列规定：

1 圆柱头焊钉连接件钉头下表面或槽钢连接件上翼缘下表面与翼板底部钢筋顶面的距离 h_{e0} 不宜小于30mm；

2 连接件沿梁跨度方向的最大间距不应大于混凝土翼板（包括板托）厚度的3倍，且不大于300mm；连接件的外侧边缘与钢梁翼缘边缘之间的距离不应小于20mm；连接件的外侧边缘至混凝土翼板边缘间的距离不应小于100mm；连接件顶面的混凝土保护层厚度不应小于15mm。

14.7.5 圆柱头焊钉连接件除应满足本标准第14.7.4条的要求外，尚应符合下列规定：

1 当焊钉位置不正对钢梁腹板时，如钢梁上翼缘承受拉力，则焊钉钉杆直径不应大于钢梁上翼缘厚度的1.5倍；如钢梁上翼缘不承受拉力，则焊钉钉杆直径不应大于钢梁上翼缘厚度的2.5倍；

2 焊钉长度不应小于其杆径的4倍；

3 焊钉沿梁轴线方向的间距不应小于杆径的6倍，垂直于梁轴线方向的间距不应小于杆径的4倍；

4 用压型钢板作底模的组合梁，焊钉钉杆直径不宜大于19mm，混凝土凸肋宽度不应小于焊钉钉杆直径的2.5倍；焊钉高度 h_d 应符合 $h_d \geqslant h_e + 30$ 的要求（本标准图14.3.2）。

14.7.6 槽钢连接件一般采用Q235钢，截面不宜大于[12.6。

14.7.7 横向钢筋的构造要求应符合下列规定：

1 横向钢筋的间距不应大于 $4h_{e0}$，且不应大于200mm；

2 板托中应配 U 形横向钢筋加强（本标准图14.6.1）。板托中横向钢筋的下部水平段应该设置在距钢梁上翼缘50mm的范围以内。

14.7.8 对于承受负弯矩的箱形截面组合梁，可在钢箱梁底板上方或腹板内侧设置抗剪连接件并浇筑混凝土。

15 钢管混凝土柱及节点

15.1 一般规定

15.1.1 本章适用于不直接承受动力荷载的钢管混凝土柱及节点的设计和计算。

15.1.2 钢管混凝土柱可用于框架结构、框架-剪力墙结构、框架-核心筒结构、框架-支撑结构、筒中筒结构、部分框支-剪力墙结构和杆塔结构。

15.1.3 在工业与民用建筑中，与钢管混凝土柱相连的框架梁宜采用钢梁或钢-混凝土组合梁，也可采用现浇钢筋混凝土梁。

15.1.4 钢管的选用应符合本标准第4章的有关规定，混凝土的强度等级应与钢材强度相匹配，不得使用对钢管有腐蚀作用的外加剂，混凝土的抗压强度和弹性模量应按现行国家标准《混凝土结构设计规范》GB 50010 的规定采用。

15.1.5 钢管混凝土柱和节点的计算应符合现行国家标准《钢管混凝土结构技术规范》GB 50936 的有关规定。

15.1.6 钢管混凝土柱除应进行使用阶段的承载力设计外，尚应进行施工阶段的承载力验算。进行施工阶段的承载力验算时，应采用空钢管截面，空钢管柱在施工阶段的轴向应力，不应大于其抗压强度设计值的60%，并应满足稳定性要求。

15.1.7 钢管内浇筑混凝土时，应采取有效措施保证混凝土的密实性。

15.1.8 钢管混凝土柱宜考虑混凝土徐变对稳定承载力的不利影响。

15.2 矩形钢管混凝土柱

15.2.1 矩形钢管可采用冷成型的直缝钢管或螺旋缝焊接管及热轧管，也可采用冷弯型钢或热轧钢板、型钢焊接成型的矩形管。连接可采用高频焊、自动或半自动焊和手工对接焊缝。当矩形钢管混凝土构件采用钢板或型钢组合时，其壁板间的连接焊缝应采用全熔透焊缝。

15.2.2 矩形钢管混凝土柱边长尺寸不宜小于150mm，钢管壁厚不应小于3mm。

15.2.3 矩形钢管混凝土柱应考虑角部对混凝土约束

作用的减弱，当长边尺寸大于 1m 时，应采取构造措施增强矩形钢管对混凝土的约束作用和减小混凝土收缩的影响。

15.2.4 矩形钢管混凝土柱受压计算时，混凝土的轴心受压承载力承担系数可考虑钢管与混凝土的变形协调来分配；受拉计算时，可不考虑混凝土的作用，仅计算钢管的受拉承载力。

15.3 圆形钢管混凝土柱

15.3.1 圆钢管可采用焊接圆钢管或热轧无缝钢管等。

15.3.2 圆形钢管混凝土柱截面直径不宜小于 180mm，壁厚不应小于 3mm。

15.3.3 圆形钢管混凝土柱应采取有效措施保证钢管对混凝土的环箍作用；当直径大于 2m 时，应采取有效措施减小混凝土收缩的影响。

15.3.4 圆形钢管混凝土柱受拉弹性阶段计算时，可不考虑混凝土的作用，仅计算钢管的受拉承载力；钢管屈服后，可考虑钢管和混凝土共同工作，受拉承载力可适当提高。

15.4 钢管混凝土柱与钢梁连接节点

15.4.1 矩形钢管混凝土柱与钢梁连接节点可采用隔板贯通节点、内隔板节点、外环板节点和外肋环板节点。

15.4.2 圆形钢管混凝土柱与钢梁连接节点可采用外加强环节点、内加强环节点、钢梁穿心式节点、牛腿式节点和承重销式节点。

15.4.3 柱内隔板上应设置混凝土浇筑孔和透气孔，混凝土浇筑孔孔径不应小于 200mm，透气孔孔径不宜小于 25mm。

15.4.4 节点设置外环板或外加强环时，外环板的挑出宽度应满足可靠传递梁端弯矩和局部稳定要求。

16 疲劳计算及防脆断设计

16.1 一般规定

16.1.1 直接承受动力荷载重复作用的钢结构构件及其连接，当应力变化的循环次数 n 等于或大于 5×10^4 次时，应进行疲劳计算。

16.1.2 本章规定的结构构件及其连接的疲劳计算，不适用于下列条件：

1 构件表面温度高于 150℃；

2 处于海水腐蚀环境；

3 焊后经热处理消除残余应力；

4 构件处于低周-高应变疲劳状态。

16.1.3 疲劳计算应采用基于名义应力的容许应力幅法，名义应力应按弹性状态计算，容许应力幅应按构件和连接类别、应力循环次数以及计算部位的板件厚度确定。对非焊接的构件和连接，其应力循环中不出现拉应力的部位可不计算疲劳强度。

16.1.4 在低温下工作或制作安装的钢结构构件应进行防脆断设计。

16.1.5 需计算疲劳构件所用钢材应具有冲击韧性的合格保证，钢材质量等级的选用应符合本标准第 4.3.3 条的规定。

16.2 疲 劳 计 算

16.2.1 在结构使用寿命期间，当常幅疲劳或变幅疲劳的最大应力幅符合下列公式时，则疲劳强度满足要求。

1 正应力幅的疲劳计算：

$$\Delta\sigma < \gamma_t [\Delta\sigma_L]_{1 \times 10^8} \qquad (16.2.1\text{-}1)$$

对焊接部位：

$$\Delta\sigma = \sigma_{max} - \sigma_{min} \qquad (16.2.1\text{-}2)$$

对非焊接部位：

$$\Delta\sigma = \sigma_{max} - 0.7\sigma_{min} \qquad (16.2.1\text{-}3)$$

2 剪应力幅的疲劳计算：

$$\Delta\tau < [\Delta\tau_L]_{1 \times 10^8} \qquad (16.2.1\text{-}4)$$

对焊接部位：

$$\Delta\tau < \tau_{max} - \tau_{min} \qquad (16.2.1\text{-}5)$$

对非焊接部位：

$$\Delta\tau < \tau_{max} - 0.7\tau_{min} \qquad (16.2.1\text{-}6)$$

3 板厚或直径修正系数 γ_t 应按下列规定采用：

1）对于横向角焊缝连接和对接焊缝连接，当连接板厚 t（mm）超过 25mm 时，应按下式计算：

$$\gamma_t = \left(\frac{25}{t}\right)^{0.25} \qquad (16.2.1\text{-}7)$$

2）对于螺栓轴向受拉连接，当螺栓的公称直径 d（mm）大于 30mm 时，应按下式计算：

$$\gamma_t = \left(\frac{30}{d}\right)^{0.25} \qquad (16.2.1\text{-}8)$$

3）其余情况取 $\gamma_t = 1.0$。

式中： $\Delta\sigma$ ——构件或连接计算部位的正应力幅（N/mm^2）；

σ_{max} ——计算部位应力循环中的最大拉应力（取正值）（N/mm^2）；

σ_{min} ——计算部位应力循环中的最小拉应力或压应力（N/mm^2），拉应力取正值，压应力取负值；

$\Delta\tau$ ——构件或连接计算部位的剪应力幅（N/mm^2）；

τ_{max} ——计算部位应力循环中的最大剪应力（N/mm^2）；

τ_{min} ——计算部位应力循环中的最小剪应力

(N/mm^2)；

$[\Delta\sigma_L]_{1\times10^8}$ ——正应力幅的疲劳截止限，根据本标准附录 K 规定的构件和连接类别按表 16.2.1-1 采用 (N/mm^2)；

$[\Delta\tau_L]_{1\times10^8}$ ——剪应力幅的疲劳截止限，根据本标准附录 K 规定的构件和连接类别按表 16.2.1-2 采用 (N/mm^2)。

表 16.2.1-1　正应力幅的疲劳计算参数

构件与连接类别	构件与连接相关系数		循环次数 n 为 2×10^6 次的容许正应力幅 $[\Delta\sigma]_{2\times10^6}$ (N/mm^2)	循环次数 n 为 5×10^6 次的容许正应力幅 $[\Delta\sigma]_{5\times10^6}$ (N/mm^2)	疲劳截止限 $[\Delta\sigma_L]_{1\times10^8}$ (N/mm^2)
	C_z	β_z			
Z1	1920×10^{12}	4	176	140	85
Z2	861×10^{12}	4	144	115	70
Z3	3.91×10^{12}	3	125	92	51
Z4	2.81×10^{12}	3	112	83	46
Z5	2.00×10^{12}	3	100	74	41
Z6	1.46×10^{12}	3	90	66	36
Z7	1.02×10^{12}	3	80	59	32
Z8	0.72×10^{12}	3	71	52	29
Z9	0.50×10^{12}	3	63	46	25
Z10	0.35×10^{12}	3	56	41	23
Z11	0.25×10^{12}	3	50	37	20
Z12	0.18×10^{12}	3	45	33	18
Z13	0.13×10^{12}	3	40	29	16
Z14	0.09×10^{12}	3	36	26	14

注：构件与连接的分类应符合本标准附录 K 的规定。

表 16.2.1-2　剪应力幅的疲劳计算参数

构件与连接类别	构件与连接的相关系数		循环次数 n 为 2×10^6 次的容许剪应力幅 $[\Delta\tau]_{2\times10^6}$ (N/mm^2)	疲劳截止限 $[\Delta\tau_L]_{1\times10^8}$ (N/mm^2)
	C_J	β_J		
J1	4.10×10^{11}	3	59	16
J2	2.00×10^{16}	5	100	46
J3	8.61×10^{21}	8	90	55

注：构件与连接的类别应符合本标准附录 K 的规定。

16.2.2　当常幅疲劳计算不能满足本标准式 (16.2.1-1) 或式 (16.2.1-4) 要求时，应按下列规定进行计算：

　　1　正应力幅的疲劳计算应符合下列公式规定：
$$\Delta\sigma \leqslant \gamma_t[\Delta\sigma] \qquad (16.2.2\text{-}1)$$

当 $n\leqslant5\times10^6$ 时：
$$[\Delta\sigma] = \left(\frac{C_z}{n}\right)^{1/\beta_z} \qquad (16.2.2\text{-}2)$$

当 $5\times10^6<n\leqslant1\times10^8$ 时：
$$[\Delta\sigma] = \left[([\Delta\sigma]_{5\times10^6})^{-2}\frac{C_z}{n}\right]^{1/(\beta_z+2)} \qquad (16.2.2\text{-}3)$$

当 $n>1\times10^8$ 时：
$$[\Delta\sigma] = [\Delta\sigma_L]_{1\times10^8} \qquad (16.2.2\text{-}4)$$

　　2　剪应力幅的疲劳计算应符合下列公式规定：
$$\Delta\tau \leqslant [\Delta\tau] \qquad (16.2.2\text{-}5)$$

当 $n\leqslant1\times10^8$ 时：
$$[\Delta\tau] = \left(\frac{C_J}{n}\right)^{1/\beta_J} \qquad (16.2.2\text{-}6)$$

当 $n>1\times10^8$ 时：
$$[\Delta\tau] = [\Delta\tau_L]_{1\times10^8} \qquad (16.2.2\text{-}7)$$

式中：$[\Delta\sigma]$ ——常幅疲劳的容许正应力幅 (N/mm^2)；

　　　n ——应力循环次数；

　　　C_z、β_z ——构件和连接的相关参数，应根据本标准附录 K 规定的构件和连接类别，按本标准表 16.2.1-1 采用；

　　　$[\Delta\sigma]_{5\times10^6}$ ——循环次数 n 为 5×10^6 次的容许正应力幅 (N/mm^2)，应根据本标准附录 K 规定的构件和连接类别，按本标准表 16.2.1-1 采用；

　　　$[\Delta\tau]$ ——常幅疲劳的容许剪应力幅 (N/mm^2)；

　　　C_J、β_J ——构件和连接的相关系数，应根据本标准附录 K 规定的构件和连接类别，按本标准表 16.2.1-2 采用。

16.2.3　当变幅疲劳的计算不能满足本标准式 (16.2.1-1)、式 (16.2.1-4) 要求，可按下列公式规定计算：

　　1　正应力幅的疲劳计算应符合下列公式规定：
$$\Delta\sigma_e \leqslant \gamma_t[\Delta\sigma]_{2\times10^6} \qquad (16.2.3\text{-}1)$$

$$\Delta\sigma_e = \left[\frac{\sum n_i(\Delta\sigma_i)^{\beta_z} + ([\Delta\sigma]_{5\times10^6})^{-2}\sum n_j(\Delta\sigma_j)^{\beta_z+2}}{2\times10^6}\right]^{1/\beta_z}$$
$$(16.2.3\text{-}2)$$

　　2　剪应力幅的疲劳计算应符合下列公式规定：
$$\Delta\tau_e \leqslant [\Delta\tau]_{2\times10^6} \qquad (16.2.3\text{-}3)$$

$$\Delta\tau_e = \left[\frac{\sum n_i(\Delta\tau_i)^{\beta_J}}{2\times10^6}\right]^{1/\beta_J} \qquad (16.2.3\text{-}4)$$

式中：$\Delta\sigma_e$ ——由变幅疲劳预期使用寿命（总循环次数 $n=\sum n_i+\sum n_j$）折算成循环次数 n 为 2×10^6 次的等效正应力幅 (N/mm^2)；

$[\Delta\sigma]_{2\times10^6}$——循环次数 n 为 2×10^6 次的容许正应力幅（N/mm²），应根据本标准附录 K 规定的构件和连接类别，按本标准表 16.2.1-1 采用；

$\Delta\sigma_i$、n_i——应力谱中在 $\Delta\sigma_i \geqslant [\Delta\sigma]_{5\times10^6}$ 范围内的正应力幅（N/mm²）及其频次；

$\Delta\sigma_j$、n_j——应力谱中在 $[\Delta\sigma_L]_{1\times10^6} \leqslant \Delta\sigma_j < [\Delta\sigma]_{5\times10^6}$ 范围内的正应力幅（N/mm²）及其频次；

$\Delta\tau_e$——由变幅疲劳预期使用寿命（总循环次数 $n = \Sigma n_i$）折算成循环次数 n 为 2×10^6 次常幅疲劳的等效剪应力幅（N/mm²）；

$[\Delta\tau]_{2\times10^6}$——循环次数 n 为 2×10^6 次的容许剪应力幅（N/mm²），应根据本标准附录 K 规定的构件和连接类别，按本标准表 16.2.1-2 采用；

$\Delta\tau_i$、n_i——应力谱中在 $\Delta\tau_i \geqslant [\Delta\tau_L]_{1\times10^6}$ 范围内的剪应力幅（N/mm²）及其频次。

16.2.4 重级工作制吊车梁和重级、中级工作制吊车桁架的变幅疲劳可取应力循环中最大的应力幅按下列公式计算：

1 正应力幅的疲劳计算应符合下式要求：

$$\alpha_f \Delta\sigma \leqslant \gamma_t [\Delta\sigma]_{2\times10^6} \qquad (16.2.4-1)$$

2 剪应力幅的疲劳计算应符合下式要求：

$$\alpha_f \Delta\tau \leqslant [\Delta\tau]_{2\times10^6} \qquad (16.2.4-2)$$

式中：α_f——欠载效应的等效系数，按表 16.2.4 采用。

表 16.2.4 吊车梁和吊车桁架欠载效应的等效系数 α_f

吊车类别	α_f
A6、A7、A8 工作级别（重级）的硬钩吊车	1.0
A6、A7 工作级别（重级）的软钩吊车	0.8
A4、A5 工作级别（中级）的吊车	0.5

16.2.5 直接承受动力荷载重复作用的高强度螺栓连接，其疲劳计算应符合下列原则：

1 抗剪摩擦型连接可不进行疲劳验算，但其连接处开孔主体金属应进行疲劳计算；

2 栓焊并用连接应力应按全部剪力由焊缝承担的原则，对焊缝进行疲劳计算。

16.3 构造要求

16.3.1 直接承受动力重复作用并需进行疲劳验算的焊接连接除应符合本标准第 11.3.4 的规定外，尚应符合下列规定：

1 严禁使用塞焊、槽焊、电渣焊和气电立焊连接；

2 焊接连接中，当拉应力与焊缝轴线垂直时，严禁采用部分焊透对接焊缝、背面不清根的无衬垫焊缝；

3 不同厚度板材或管材对接时，均应加工成斜坡过渡；接口的错边量小于较薄板件厚度时，宜将焊缝焊成斜坡状，或将较厚板的一面（或两面）及管材的外壁（或内壁）在焊前加工成斜坡，其坡度最大允许值为 1:4。

16.3.2 需要验算疲劳的吊车梁、吊车桁架及类似结构应符合下列规定：

1 焊接吊车梁的翼缘板宜用一层钢板，当采用两层钢板时，外层钢板宜沿梁通长设置，并应在设计和施工中采用措施使上翼缘两层钢板紧密接触。

2 支承夹钳或刚性料耙硬钩起重机以及类似起重机的结构，不宜采用吊车桁架和制动桁架。

3 焊接吊车桁架应符合下列规定：

1）在桁架节点处，腹杆与弦杆之间的间隙 a 不宜小于 50mm，节点板的两侧边宜做成半径 r 不小于 60mm 的圆弧；节点板边缘与腹杆轴线的夹角 θ 不应小于 30°（图 16.3.2-1）；节点板与角钢弦杆的连接焊缝，起落弧点应至少缩进 5mm[图 16.3.2-1(a)]；节点板与 H 形截面弦杆的 T 形对接与角接组合焊缝应予焊透，圆弧处不得有起落弧缺陷，其中重级工作制吊车桁架的圆弧处应予打磨，使之与弦杆平缓过渡[图 16.3.2-1(b)]；

2）杆件的填板当用焊缝连接时，焊缝起落弧点应缩进至少 5mm[图 16.3.2-1(c)]，重级工作制吊车桁架杆件的填板应采用高强度螺栓连接。

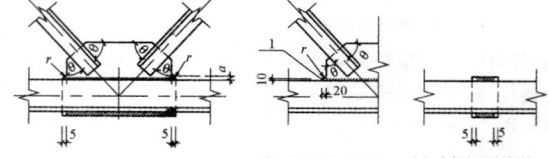

(a) 节点板与角钢弦杆的连接焊缝　　(b) 节点板与弦杆的 T 形对接与角接组合焊缝　　(c) 角钢与填板焊接

图 16.3.2-1 吊车桁架节点
1—用砂轮磨去

4 吊车梁翼缘板或腹板的焊接拼接应采用加引弧板和引出板的焊透对接焊缝，引弧板和引出板割去处应予打磨平整。焊接吊车梁和焊接吊车桁架的工地整段拼接应采用焊接或高强度螺栓的摩擦型连接。

5 在焊接吊车梁或吊车桁架中，焊透的 T 形连接对接与角接组合焊缝焊趾距腹板的距离宜采用腹板厚度的一半和 10mm 中的较小值（图 16.3.2-2）。

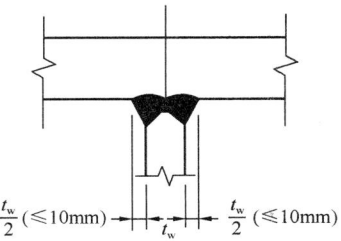

图 16.3.2-2　焊透的 T 形连接对接与角接组合焊缝

6 吊车梁横向加劲肋宽度不宜小于 90mm。在支座处的横向加劲肋应在腹板两侧成对设置，并与梁上下翼缘刨平顶紧。中间横向加劲肋的上端应与梁上翼缘刨平顶紧，在重级工作制吊车梁中，中间横向加劲肋亦应在腹板两侧成对布置，而中、轻级工作制吊车梁则可单侧设置或两侧错开设置。在焊接吊车梁中，横向加劲肋（含短加劲肋）不得与受拉翼缘相焊，但可与受压翼缘焊接。端部支承加劲肋可与梁上下翼缘相焊，中间横向加劲肋的下端宜在距受拉下翼缘 50mm～100mm 处断开，其与腹板的连接焊缝不宜在肋下端起落弧。当吊车梁受拉翼缘（或吊车桁架下弦）与支撑连接时，不宜采用焊接。

7 直接铺设轨道的吊车桁架上弦，其构造要求应与连续吊车梁相同。

8 重级工作制吊车梁中，上翼缘与柱或制动桁架传递水平力的连接宜采用高强度螺栓的摩擦型连接，而上翼缘与制动梁的连接可采用高强度螺栓摩擦型连接或焊缝连接。吊车梁端部与柱的连接构造应设法减少由于吊车梁弯曲变形而在连接处产生的附加应力。

9 当吊车桁架和重级工作制吊车梁跨度等于或大于 12m，或轻、中级工作制吊车梁跨度等于或大于 18m 时，宜设置辅助桁架和下翼缘（下弦）水平支撑系统。当设置垂直支撑时，其位置不宜在吊车梁或吊车桁架竖向挠度较大处。对吊车桁架，应采取构造措施，以防止其上弦因轨道偏心而扭转。

10 重级工作制吊车梁的受拉翼缘板（或吊车桁架的受拉弦杆）边缘，宜为轧制或自动气割边，当用手工气割或剪切机切割时，应沿全长刨边。

11 吊车梁的受拉翼缘（或吊车桁架的受拉弦杆）上不得焊接悬挂设备的零件，并不宜在该处打火或焊接夹具。

12 起重机钢轨的连接构造应保证车轮平稳通过。当采用焊接长轨且用压板与吊车梁连接时，压板与钢轨间应留有水平空隙（约 1mm）。

13 起重量 $Q \geqslant 1000kN$（包括吊具重量）的重级工作制（A6～A8 级）吊车梁，不宜采用变截面。简支变截面吊车梁不宜采用圆弧式突变支座，宜采用直角式突变支座。重级工作制（A6～A8 级）简支变

截面吊车梁应采用直角式突变支座，支座截面高度 h_2 不宜小于原截面高度的 2/3，支座加劲板距变截面处距离 a 不宜大于 $0.5h_2$，下翼缘连接长度 b 不宜小于 1.5a（图 16.3.2-3）。

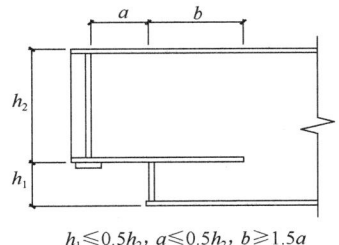

$h_1 \leqslant 0.5h_2$，$a \leqslant 0.5h_2$，$b \geqslant 1.5a$

图 16.3.2-3　直角式突变支座构造

16.4　防脆断设计

16.4.1 钢结构设计时应符合下列规定：

1 钢结构连接构造和加工工艺的选择应减少结构的应力集中和焊接约束应力，焊接构件宜采用较薄的板件组成；

2 应避免现场低温焊接；

3 减少焊缝的数量和降低焊缝尺寸，同时避免焊缝过分集中或多条焊缝交汇。

16.4.2 在工作温度等于或低于 -30°C 的地区，焊接构件宜采用实腹式构件，避免采用手工焊接的格构式构件。

16.4.3 在工作温度等于或低于 -20°C 的地区，焊接连接的构造应符合下列规定：

1 在桁架节点板上，腹杆与弦杆相邻焊缝焊趾间净距不宜小于 2.5t，t 为节点板厚度；

2 节点板与构件主材的焊接连接处（图 16.3.2-1）宜做成半径 r 不小于 60mm 的圆弧并予以打磨，使之平缓过渡；

3 在构件拼接连接部位，应使拼接件自由段的长度不小于 5t，t 为拼接件厚度（图 16.4.3）。

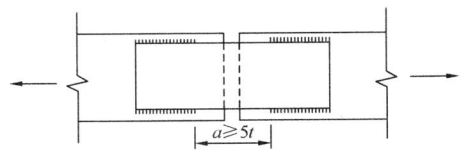

图 16.4.3　盖板拼接处的构造

16.4.4 在工作温度等于或低于 -20°C 的地区，结构设计及施工应符合下列规定：

1 承重构件和节点的连接宜采用螺栓连接，施工临时安装连接应避免采用焊缝连接；

2 受拉构件的钢材边缘宜为轧制或自动气割边，对厚度大于 10mm 的钢材采用手工气割或剪切边时，应沿全长刨边；

3 板件制孔应采用钻成孔或先冲后扩钻孔；

4 受拉构件或受弯构件的拉应力区不宜使用角焊缝；

5 对接焊缝的质量等级不得低于二级。

16.4.5 对于特别重要或特殊的结构构件和连接节点，可采用断裂力学和损伤力学的方法对其进行抗脆断验算。

17 钢结构抗震性能化设计

17.1 一 般 规 定

17.1.1 本章适用于抗震设防烈度不高于 8 度（0.20g），结构高度不高于 100m 的框架结构、支撑结构和框架-支撑结构的构件和节点的抗震性能化设计。地震动参数和性能化设计原则应符合现行国家标准《建筑抗震设计规范》GB 50011 的规定。

17.1.2 钢结构建筑的抗震设防类别应按现行国家标准《建筑工程抗震设防分类标准》GB 50223 的规定采用。

17.1.3 钢结构构件的抗震性能化设计应根据建筑的抗震设防类别、设防烈度、场地条件、结构类型和不规则性，结构构件在整个结构中的作用、使用功能和附属设施功能的要求、投资大小、震后损失和修复难易程度等，经综合分析比较选定其抗震性能目标。构件塑性耗能区的抗震承载性能等级及其在不同地震动水准下的性能目标可按表 17.1.3 划分。

表 17.1.3 构件塑性耗能区的抗震承载性能等级和目标

承载性能等级	地震动水准		
	多遇地震	设防地震	罕遇地震
性能 1	完好	完好	基本完好
性能 2	完好	基本完好	基本完好～轻微变形
性能 3	完好	实际承载力满足高性能系数的要求	轻微变形
性能 4	完好	实际承载力满足较高性能系数的要求	轻微变形～中等变形
性能 5	完好	实际承载力满足中性能系数的要求	中等变形
性能 6	基本完好	实际承载力满足低性能系数的要求	中等变形～显著变形
性能 7	基本完好	实际承载力满足最低性能系数的要求	显著变形

注：性能 1～性能 7 性能目标依次降低，性能系数的高、低取值见本标准第 17.2 节。

17.1.4 钢结构构件的抗震性能化设计可采用下列基本步骤和方法：

1 按现行国家标准《建筑抗震设计规范》GB 50011 的规定进行多遇地震作用验算，结构承载力及侧移应满足其规定，位于塑性耗能区的构件进行承载力计算时，可考虑将该构件刚度折减形成等效弹性模型。

2 抗震设防类别为标准设防类（丙类）的建筑，可按表 17.1.4-1 初步选择塑性耗能区的承载性能等级。

表 17.1.4-1 塑性耗能区承载性能等级参考选用表

设防烈度	单层	H≤50m	50m<H≤100m
6 度（0.05g）	性能 3～7	性能 4～7	性能 5～7
7 度（0.10g）	性能 3～7	性能 5～7	性能 6～7
7 度（0.15g）	性能 4～7	性能 5～7	性能 6～7
8 度（0.20g）	性能 4～7	性能 6～7	性能 7

注：H 为钢结构房屋的高度，即室外地面到主要屋面板板顶的高度（不包括局部突出屋面的部分）。

3 按本标准第 17.2 节的有关规定进行设防地震下的承载力抗震验算：

1） 建立合适的结构计算模型进行结构分析；

2） 设定塑性耗能区的性能系数、选择塑性耗能区截面，使其实际承载性能等级与设定的性能系数尽量接近；

3） 其他构件承载力标准值应进行计入性能系数的内力组合效应验算，当结构构件承载力满足延性等级为 V 级的内力组合效应验算时，可忽略机构控制验算；

4） 必要时可调整截面或重新设定塑性耗能区的性能系数。

4 构件和节点的延性等级应根据设防类别及塑性耗能区最低承载性能等级按表 17.1.4-2 确定，并按本标准第 17.3 节的规定对不同延性等级的相应要求采取抗震措施。

表 17.1.4-2 结构构件最低延性等级

设防类别	塑性耗能区最低承载性能等级						
	性能 1	性能 2	性能 3	性能 4	性能 5	性能 6	性能 7
适度设防类（丁类）	—	—	—	V 级	IV 级	III 级	II 级
标准设防类（丙类）	—	—	V 级	IV 级	III 级	II 级	I 级
重点设防类（乙类）	—	V 级	IV 级	III 级	II 级	I 级	—
特殊设防类（甲类）	V 级	IV 级	III 级	II 级	I 级	—	—

注：I 级至 V 级，结构构件延性等级依次降低。

5 当塑性耗能区的最低承载性能等级为性能 5、性能 6 或性能 7 时，通过罕遇地震下结构的弹塑性分析或按构件工作状态形成新的结构等效弹性分析模型，进行竖向构件的弹塑性层间位移角验算，应满足现行国家标准《建筑抗震设计规范》GB 50011 的弹塑性层间位移角限值；当所有构造要求均满足结构构件延性等级为 I 级的要求时，弹塑性层间位移角限值可增加 25%。

17.1.5 钢结构构件的性能系数应符合下列规定：

1 整个结构中不同部位的构件、同一部位的水平构件和竖向构件，可有不同的性能系数；塑性耗能区及其连接的承载力应符合强节点弱杆件的要求；

2 对框架结构，同层框架柱的性能系数宜高于框架梁；

3 对支撑结构和框架-中心支撑结构的支撑系统，同层框架柱的性能系数宜高于框架梁，框架梁的性能系数宜高于支撑；

4 框架-偏心支撑结构的支撑系统，同层框架柱的性能系数宜高于支撑，支撑的性能系数宜高于框架梁，框架梁的性能系数应高于消能梁段；

5 关键构件的性能系数不应低于一般构件。

17.1.6 采用抗震性能化设计的钢结构构件，其材料应符合下列规定：

1 钢材的质量等级应符合下列规定：

1）当工作温度高于 0℃时，其质量等级不应低于 B 级；

2）当工作温度不高于 0℃但高于 −20℃时，Q235、Q345 钢不应低于 B 级，Q390、Q420 及 Q460 钢不应低于 C 级；

3）当工作温度不高于 −20℃时，Q235、Q345 钢不应低于 C 级，Q390、Q420 及 Q460 钢不应低于 D 级。

2 构件塑性耗能区采用的钢材尚应符合下列规定：

1）钢材的屈服强度实测值与抗拉强度实测值的比值不应大于 0.85；

2）钢材应有明显的屈服台阶，且伸长率不应小于 20%；

3）钢材应满足屈服强度实测值不高于上一级钢材屈服强度规定值的条件；

4）钢材工作温度时夏比冲击韧性不宜低于 27J。

3 钢结构构件关键性焊缝的填充金属应检验 V 形切口的冲击韧性，其工作温度时夏比冲击韧性不应低于 27J。

17.1.7 钢结构布置应符合现行国家标准《建筑抗震设计规范》GB 50011 的规定。

17.2 计 算 要 点

17.2.1 结构的分析模型及其参数应符合下列规定：

1 模型应正确反映构件及其连接在不同地震动水准下的工作状态；

2 整个结构的弹性分析可采用线性方法，弹塑性分析可根据预期构件的工作状态，分别采用增加阻尼的等效线性化方法及静力或动力非线性设计方法；

3 在罕遇地震下应计入重力二阶效应；

4 弹性分析的阻尼比可按现行国家标准《建筑抗震设计规范》GB 50011 的规定采用，弹塑性分析的阻尼比可适当增加，采用等效线性化方法时不宜大于 5%；

5 构成支撑系统的梁柱，计算重力荷载代表值产生的效应时，不宜考虑支撑作用。

17.2.2 钢结构构件的性能系数应符合下列规定：

1 钢结构构件的性能系数应按下式计算：

$$\Omega_i \geqslant \beta_e \Omega_{i,\min}^a \qquad (17.2.2\text{-}1)$$

2 塑性耗能区的性能系数应符合下列规定：

1）对框架结构、中心支撑结构、框架-支撑结构，规则结构塑性耗能区不同承载性能等级对应的性能系数最小值宜符合表 17.2.2-1 的规定：

表 17.2.2-1 规则结构塑性耗能区不同承载性能等级对应的性能系数最小值

承载性能等级	性能 1	性能 2	性能 3	性能 4	性能 5	性能 6	性能 7
性能系数最小值	1.10	0.9	0.70	0.55	0.45	0.35	0.28

2）不规则结构塑性耗能区的构件性能系数最小值，宜比规则结构增加 15%～50%。

3）塑性耗能区实际性能系数可按下列公式计算：

框架结构：

$$\Omega_0^a = (W_E f_y - M_{GE} - 0.4M_{Ehk2})/M_{Evk2}$$
$$(17.2.2\text{-}2)$$

支撑结构：

$$\Omega_0^a = \frac{(N'_{br} - N'_{GE} - 0.4N'_{Evk2})}{(1 + 0.7\beta_i)N'_{Ehk2}}$$
$$(17.2.2\text{-}3)$$

框架-偏心支撑结构：

设防地震性能组合的消能梁段轴力 $N_{p,l}$，可按下式计算：

$$N_{p,l} = N_{GE} + 0.28N_{Ehk2} + 0.4N_{Evk2}$$
$$(17.2.2\text{-}4)$$

当 $N_{p,l} \leqslant 0.15Af_y$ 时，实际性能系数应取式（17.2.2-5）和式（17.2.2-6）的较小值：

$$\Omega_0^a = (W_{p,l}f_y - M_{GE} - 0.4M_{Evk2})/M_{Ehk2}$$
$$(17.2.2\text{-}5)$$

$$\Omega_0^a = (V_l - V_{GE} - 0.4V_{Evk2})/V_{Ehk2}$$
$$(17.2.2-6)$$

当 $N_{p,l} > 0.15Af_y$ 时，实际性能系数应取式 (17.2.2-7) 和式 (17.2.2-8) 的较小值：

$$\Omega_0^a = (1.2W_{p,l}f_y[1 - N_{p,l}/(Af_y)] - M_{GE} - 0.4M_{Evk2})/M_{Ehk2} \quad (17.2.2-7)$$

$$\Omega_0^a = (V_{lc} - V_{GE} - 0.4V_{Evk2})/V_{Ehk2}$$
$$(17.2.2-8)$$

    4）支撑系统的水平地震作用非塑性耗能区内力调整系数应按下式计算：

$$\beta_{br,ei} = 1.1\eta_y(1 + 0.7\beta_i) \quad (17.2.2-9)$$

    5）支撑结构及框架-中心支撑结构的同层支撑性能系数最大值与最小值之差不宜超过最小值的 20%。

3 当支撑结构的延性等级为 V 级时，支撑的实际性能系数应按下式计算：

$$\Omega_{br}^a = \frac{(N_{br} - N_{GE} - 0.4N_{Evk2})}{N_{Ehk2}}$$
$$(17.2.2-10)$$

式中： Ω_i——i 层构件性能系数；

    η_y——钢材超强系数，可按本标准第 17.2.2-3 采用，其中塑性耗能区、弹性区分别采用梁、柱替代；

    β_e——水平地震作用非塑性耗能区内力调整系数，塑性耗能区构件应取 1.0，其余构件不宜小于 $1.1\eta_y$，支撑系统应按式 (17.2.2-9) 计算确定；

  $\Omega_{i,min}^a$——i 层构件塑性耗能区实际性能系数最小值；

    Ω_0^a——构件塑性耗能区实际性能系数；

    W_E——构件塑性耗能区截面模量（mm³），按表 17.2.2-2 取值；

    f_y——钢材屈服强度（N/mm²）；

M_{GE}、N_{GE}、V_{GE}——分别为重力荷载代表值产生的弯矩效应(N·mm)、轴力效应(N)和剪力效应（N），可按现行国家标准《建筑抗震设计规范》GB 50011 的规定采用；

M_{Ehk2}、M_{Evk2}——分别为按弹性或等效弹性计算的构件水平设防地震作用标准值的弯矩效应、8 度且高度大于 50m 时按弹性或等效弹性计算的构件竖向设防地震作用标准值的弯矩效应（N·mm）；

V_{Ehk2}、V_{Evk2}——分别为按弹性或等效弹性计算的构件水平设防地震作用标准值的剪力效应、8 度且高度大于 50m 时按弹性或等效弹性计算的构件

竖向设防地震作用标准值的剪力效应（N）；

N'_{br}、N'_{GE}——支撑对承载力标准值、重力荷载代表值产生的轴力效应(N)。计算承载力标准值时，压杆的承载力应乘以按式 (17.2.4-3) 计算的受压支撑剩余承载力系数 η；

N'_{Ehk2}、N'_{Evk2}——分别为按弹性或等效弹性计算的支撑对水平设防地震作用标准值的轴力效应、8 度且高度大于 50m 时按弹性或等效弹性计算的支撑对竖向设防地震作用标准值的轴力效应（N）；

N_{Ehk2}、N_{Evk2}——分别为按弹性或等效弹性计算的支撑水平设防地震作用标准值的轴力效应、8 度且高度大于 50m 时按弹性或等效弹性计算的支撑竖向设防地震作用标准值的轴力效应（N）；

    $W_{p,l}$——消能梁段塑性截面模量（mm³）；

  V_l、V_{lc}——分别为消能梁段受剪承载力和计入轴力影响的受剪承载力（N）；

    β_i——i 层支撑水平地震剪力分担率，当大于 0.714 时，取为 0.714。

表 17.2.2-2　构件截面模量 W_E 取值

截面板件宽厚比等级	S1	S2	S3	S4	S5
构件截面模量	$W_E = W_p$	$W_E = \gamma_x W$	$W_E = W$		有效截面模量

注：W_p 为塑性截面模量；γ_x 为截面塑性发展系数，按本标准表 8.1.1 采用；W 为弹性截面模量；有效截面模量，均匀受压翼缘有效外伸宽度不大于 $15\varepsilon_k$，腹板可按本标准第 8.4.2 条的规定采用。

表 17.2.2-3　钢材超强系数 η_y

弹性区 ＼ 塑性耗能区	Q235	Q345、Q345GJ
Q235	1.15	1.05
Q345、Q345GJ、Q390、Q420、Q460	1.2	1.1

注：当塑性耗能区的钢材为管材时，η_y 可取表中数值乘以 1.1。

4 当钢结构构件延性等级为 V 级时，非塑性耗能区内力调整系数可采用 1.0。

17.2.3 钢结构构件的承载力应按下列公式验算：

$$S_{E2} = S_{GE} + \Omega_i S_{Ehk2} + 0.4S_{Evk2} \quad (17.2.3-1)$$

$$S_{E2} \leq R_k \qquad (17.2.3\text{-}2)$$

式中： S_{E2}——构件设防地震内力性能组合值（N）；

S_{GE}——构件重力荷载代表值产生的效应，按现行国家标准《建筑抗震设计规范》GB 50011 或《构筑物抗震设计规范》GB 50191 的规定采用（N）；

S_{Ehk2}、S_{Evk2}——分别为按弹性或等效弹性计算的构件水平设防地震作用标准值效应、8 度且高度大于 50m 时按弹性或等效弹性计算的构件竖向设防地震作用标准值效应；

R_k——按屈服强度计算的构件实际截面承载力标准值（N/mm²）。

17.2.4 框架梁的抗震承载力验算应符合下列规定：

1 框架结构中框架梁进行受剪计算时，剪力应按下式计算：

$$V_{pb} = V_{Gb} + \frac{W_{Eb,A} f_y + W_{Eb,B} f_y}{l_n}$$

$$(17.2.4\text{-}1)$$

2 框架-偏心支撑结构中非消能梁段的框架梁，应按压弯构件计算；计算弯矩及轴力效应时，其非塑性耗能区内力调整系数宜按 $1.1\eta_y$ 采用。

3 交叉支撑系统中的框架梁，应按压弯构件计算；轴力可按式（17.2.4-2）计算，计算弯矩效应时，其非塑性耗能区内力调整系数宜按式（17.2.2-9）确定。

$$N = A_{br1} f_y \cos\alpha_1 - \eta\rho A_{br2} f_y \cos\alpha_2$$

$$(17.2.4\text{-}2)$$

$$\eta = 0.65 + 0.35 \tanh(4 - 10.5\lambda_{n,br})$$

$$(17.2.4\text{-}3)$$

$$\lambda_{n,br} = \frac{\lambda_{br}}{\pi} \sqrt{\frac{f_y}{E}} \qquad (17.2.4\text{-}4)$$

4 人字形、V 形支撑系统中的框架梁在支撑连接处应保持连续，并按压弯构件计算；轴力可按式（17.2.4-2）计算；弯矩效应宜按不计入支撑支点作用的梁承受重力荷载和支撑屈曲时不平衡力作用计算，竖向不平衡力计算宜符合下列规定：

1）除顶层和出屋面房间的框架梁外，竖向不平衡力可按下列公式计算：

$$V = \eta_{red}(1 - \eta\rho) A_{br} f_y \sin\alpha \qquad (17.2.4\text{-}5)$$

$$\eta_{red} = 1.25 - 0.75 \frac{V_{P.F}}{V_{br.k}} \qquad (17.2.4\text{-}6)$$

2）顶层和出屋面房间的框架梁，竖向不平衡力宜按式（17.2.4-5）计算的 50% 取值。

3）当为屈曲约束支撑，计算轴力效应时，非塑性耗能区内力调整系数宜取 1.0；弯矩效应宜按不计入支撑支点作用的梁承受重力荷载和支撑拉压力标准组合下的不平衡力作用计算，在恒载和支撑最大拉压力标准组合下的

变形不宜超过不考虑支撑支点的梁跨度的 1/240。

式中： V_{Gb}——梁在重力荷载代表值作用下截面的剪力值（N）；

$W_{Eb,A}$、$W_{Eb,B}$——梁端截面 A 和 B 处的构件截面模量，可按本标准表 17.2.2-2 的规定采用（mm³）；

l_n——梁的净跨（mm）；

A_{br1}、A_{br2}——分别为上、下层支撑截面面积（mm²）；

α_1、α_2——分别为上、下层支撑斜杆与横梁的交角；

λ_{br}——支撑最小长细比；

η——受压支撑剩余承载力系数，应按式（17.2.4-3）计算；

$\lambda_{n,br}$——支撑正则化长细比；

E——钢材弹性模量（N/mm²）；

α——支撑斜杆与横梁的交角；

η_{red}——竖向不平衡力折减系数；当按式（17.2.4-6）计算的结果小于 0.3 时，应取为 0.3；大于 1.0 时，应取 1.0；

A_{br}——支撑杆截面面积（mm²）；

φ——支撑的稳定系数；

$V_{P.F}$——框架独立形成侧移机构时的抗侧承载力标准值（N）；

$V_{br.k}$——支撑发生屈曲时，由人字形支撑提供的抗侧承载力标准值（N）。

17.2.5 框架柱的抗震承载力验算应符合下列规定：

1 柱端截面的强度应符合下列规定：

1）等截面梁：

柱截面板件宽厚比等级为 S1、S2 时：

$$\Sigma W_{Ec}(f_{yc} - N_p/A_c) \geq \eta_y \Sigma W_{Eb} f_{yb}$$

$$(17.2.5\text{-}1)$$

柱截面板件宽厚比等级为 S3、S4 时：

$$\Sigma W_{Ec}(f_{yc} - N_p/A_c) \geq 1.1\eta_y \Sigma W_{Eb} f_{yb}$$

$$(17.2.5\text{-}2)$$

2）端部翼缘为变截面的梁：

柱截面板件宽厚比等级为 S1、S2 时：

$$\Sigma W_{Ec}(f_{yc} - N_p/A_c) \geq \eta_y(\Sigma W_{Eb1} f_{yb} + V_{pb}s)$$

$$(17.2.5\text{-}3)$$

柱截面板件宽厚比等级为 S3、S4 时：

$$\Sigma W_{Ec}(f_{yc} - N_p/A_c) \geq 1.1\eta_y(\Sigma W_{Eb1} f_{yb} + V_{pb}s)$$

$$(17.2.5\text{-}4)$$

2 符合下列情况之一的框架柱可不按本条第 1 款的要求验算：

1）单层框架和框架顶层柱；

2）规则框架，本层的受剪承载力比相邻上一层的受剪承载力高出 25%；

3）不满足强柱弱梁要求的柱子提供的受剪承载力之和，不超过总受剪承载力的 20%；

4）与支撑斜杆相连的框架柱；

5）框架柱轴压比（N_p/N_y）不超过 0.4 且柱的截面板件宽厚比等级满足 S3 级要求；

6）柱满足构件延性等级为 V 级时的承载力要求。

3 框架柱应按压弯构件计算，计算弯矩效应和轴力效应时，其非塑性耗能区内力调整系数不宜小于 $1.1\eta_y$。对于框架结构，进行受剪计算时，剪力应按式（17.2.5-5）计算；计算弯矩效应时，多高层钢结构底层柱的非塑性耗能区内力调整系数不应小于 1.35。对于框架-中心支撑结构和支撑结构，框架柱计算长度系数不宜小于 1。计算支撑系统框架柱的弯矩效应和轴力效应时，其非塑性耗能区内力调整系数宜按式（17.2.2-9）采用，支撑处重力荷载代表值产生的效应宜由框架柱承担。

$$V_{pc} = V_{Gc} + \frac{W_{Ec,A}f_y + W_{Ec,B}f_y}{h_n}$$

$$(17.2.5-5)$$

式中：W_{Ec}、W_{Eb}——分别为交汇于节点的柱和梁的截面模量（mm^3），应按本标准表 17.2.2-2 的规定采用；

W_{Eb1}——梁塑性铰截面的截面模量（mm^3），应按本标准表 17.2.2-2 的规定采用；

f_{yc}、f_{yb}——分别是柱和梁的钢材屈服强度（N/mm^2）；

N_p——设防地震内力性能组合的柱轴力（N），应按本标准式（17.2.3-1）计算，非塑性耗能区内力调整系数可取 1.0，性能系数可根据承载性能等级按本标准表 17.2.2-1 采用；

A_c——框架柱的截面面积（mm^2）；

V_{pb}、V_{pc}——产生塑性铰时塑性铰截面的剪力（N），应分别按本标准式（17.2.4-1）、式（17.2.5-5）计算；

s——塑性铰截面至柱侧面的距离（mm）；

V_{Gc}——在重力荷载代表值作用下柱的剪力效应（N）；

$W_{Ec,A}$、$W_{Ec,B}$——柱端截面 A 和 B 处的构件截面模量，应按本标准表（17.2.2-2）的规定采用（mm^2）；

h_n——柱的净高（mm）。

17.2.6 受拉构件或构件受拉区域的截面应符合下式要求：

$$Af_y \leqslant A_n f_u \qquad (17.2.6)$$

式中：A——受拉构件或构件受拉区域的毛截面面积（mm^2）；

A_n——受拉构件或构件受拉区域的净截面面积（mm^2），当构件多个截面有孔时，应取最不利截面；

f_y——受拉构件或构件受拉区域钢材屈服强度（N/mm^2）；

f_u——受拉构件或构件受拉区域钢材抗拉强度最小值（N/mm^2）。

17.2.7 偏心支撑结构中支撑的非塑性耗能区内力调整系数取应取 $1.1\eta_y$。

17.2.8 消能梁段的受剪承载力计算应符合下列规定：

当 $N_{p,l} \leqslant 0.15Af_y$ 时，受剪承载力应取式（17.2.8-1）和式（17.2.8-2）的较小值。

$$V_l = A_w f_{yv} \qquad (17.2.8-1)$$

$$V_l = 2W_{p,l}f_y/a \qquad (17.2.8-2)$$

当 $N_{p,l} > 0.15Af_y$ 时，受剪承载力应取式（17.2.8-3）和式（17.2.8-4）的较小值。

$$V_{lc} = 2.4W_{p,l}f_y[1 - N_{p,l}/(Af_y)]/a$$

$$(17.2.8-3)$$

$$V_{lc} = A_w f_{yv} \sqrt{1 - [N_{p,l}/(Af_y)]^2}$$

$$(17.2.8-4)$$

式中：A_w——消能梁段腹板截面面积（mm^2）；

f_{yv}——钢材的屈服抗剪强度，可取钢材屈服强度的 0.58 倍（N/mm^2）；

a——消能梁段的净长（mm）。

17.2.9 塑性耗能区的连接计算应符合下列规定：

1 与塑性耗能区连接的极限承载力应大于与其连接构件的屈服承载力。

2 梁与柱刚性连接的极限承载力应按下列公式验算：

$$M_u^l \geqslant \eta_j W_E f_y \qquad (17.2.9-1)$$

$$V_u^l \geqslant 1.2[2(W_E f_y)/l_n] + V_{Gb} \qquad (17.2.9-2)$$

3 与塑性耗能区的连接及支撑拼接的极限承载力应按下列公式验算：

支撑连接和拼接　　$N_{ubr}^l \geqslant \eta_j A_{br} f_y \qquad (17.2.9-3)$

梁的连接　　$M_{ub,sp}^l \geqslant \eta_j W_E f_y \qquad (17.2.9-4)$

4 柱脚与基础的连接极限承载力应按下式验算：

$$M_{u,base}^l \geqslant \eta_j M_{pc} \qquad (17.2.9-5)$$

式中：V_{Gb}——梁在重力荷载代表值作用下，按简支梁分析的梁端截面剪力效应（N）；

M_{pc}——考虑轴心影响时柱的塑性受弯承载力；

M_u^l、V_u^l——分别为连接的极限受弯、受剪承载力（N/mm^2）；

N^l_{ubr}、$M_{ub,sp}$——分别为支撑连接和拼接的极限受拉（压）承载力（N）、梁拼接的极限受弯承载力（N·mm）；

$M_{u,base}$——柱脚的极限受弯承载力（N·mm）；

η_j——连接系数，可按表 17.2.9 采用，当梁腹板采用改进型过焊孔时，梁柱刚性连接的连接系数可乘以不小于 0.9 的折减系数。

表 17.2.9　连接系数

母材牌号	梁柱连接		支撑连接、构件拼接		柱脚	
	焊接	螺栓连接	焊接	螺栓连接		
Q235	1.40	1.45	1.25	1.30	埋入式	1.2
Q345	1.30	1.35	1.20	1.25	外包式	1.2
Q345GJ	1.25	1.30	1.15	1.20	外露式	1.2

注：1　屈服强度高于 Q345 的钢材，按 Q345 的规定采用；

2　屈服强度高于 Q345GJ 的 GJ 钢材，按 Q345GJ 的规定采用；

3　翼缘焊接腹板栓接时，连接系数分别按表中连接形式取用。

17.2.10　当框架结构的梁柱采用刚性连接时，H 形和箱形截面柱的节点域抗震承载力应符合下列规定：

1　当与梁翼缘平齐的柱横向加劲肋的厚度不小于梁翼缘厚度时，H 形和箱形截面柱的节点域抗震承载力验算应符合下列规定：

1）当结构构件延性等级为 Ⅰ 级或 Ⅱ 级时，节点域的承载力验算应符合下式要求：

$$\alpha_p \frac{M_{pb1}+M_{pb2}}{V_p} \leqslant \frac{4}{3} f_{yv} \quad (17.2.10\text{-}1)$$

2）当结构构件延性等级为 Ⅲ 级、Ⅳ 级或 Ⅴ 级时，节点域的承载力应符合下列要求：

$$\frac{M_{b1}+M_{b2}}{V_p} \leqslant f_{ps} \quad (17.2.10\text{-}2)$$

式中：M_{b1}、M_{b2}——分别为节点域两侧梁端的设防地震性能组合的弯矩，应按本标准式（17.2.3-1）计算，非塑性耗能区内力调整系数可取 1.0（N·mm）；

M_{pb1}、M_{pb2}——分别为与框架柱节点域连接的左、右梁端截面的全塑性受弯承载力（N·mm）；

V_p——节点域的体积，应按本标准第 12.3.3 条规定计算（mm³）；

f_{ps}——节点域的抗剪强度，应按本标准第 12.3.3 条的规定计算（N/mm²）；

α_p——节点域弯矩系数，边柱取 0.95，中柱取 0.85。

2　当节点域的计算不满足第 1 款规定时，应根据本标准第 12.3.3 条的规定采取加厚柱腹板或贴焊补强板的构造措施。补强板的厚度及其焊接应按传递补强板所分担剪力的要求设计。

17.2.11　支撑系统的节点计算应符合下列规定：

1　交叉支撑结构、成对布置的单斜支撑结构的支撑系统，上、下层支撑斜杆交汇处节点的极限承载力不宜小于按下列公式确定的竖向不平衡剪力 V 的 η_j 倍，其中，η_j 为连接系数，应按表 17.2.9 采用。

$$V = \eta_p A_{br1} f_y \sin\alpha_1 + A_{br2} f_y \sin\alpha_2 + V_G \quad (17.2.11\text{-}1)$$

$$V = A_{br1} f_y \sin\alpha_1 + \eta_p A_{br2} f_y \sin\alpha_2 - V_G \quad (17.2.11\text{-}2)$$

2　人字形或 V 形支撑，支撑斜杆、横梁与立柱的汇交点，节点的极限承载力不宜小于按下式计算的剪力 V 的 η_j 倍。

$$V = A_{br} f_y \sin\alpha + V_G \quad (17.2.11\text{-}3)$$

式中：V——支撑斜杆交汇处的竖向不平衡剪力；

φ——支撑稳定系数；

V_G——在重力荷载代表值作用下的横梁梁端剪力（对于人字形或 V 形支撑，不应计入支撑的作用）；

η——受压支撑剩余承载力系数，可按本标准式（17.2.4-3）计算。

3　当同层同一竖向平面内有两个支撑斜杆汇交于一个柱子时，该节点的极限承载力不宜小于左右支撑屈服和屈曲产生的不平衡力的 η_j 倍。

17.2.12　柱脚的承载力验算应符合下列规定：

1　支撑系统的立柱柱脚的极限承载力，不宜小于与其相连斜撑的 1.2 倍屈服拉力产生的剪力和组合拉力。

2　柱脚进行受剪承载力验算时，剪力性能系数不宜小于 1.0。

3　对于框架结构或框架承担总水平地震剪力 50% 以上的双重抗侧力结构中框架部分的框架柱柱脚，采用外露式柱脚时，锚栓宜符合下列规定：

1）实腹柱刚接柱脚，按锚栓毛截面屈服计算的受弯承载力不宜小于钢柱全截面塑性受弯承载力的 50%；

2）格构柱分离式柱脚，受拉肢的锚栓毛截面受拉承载力标准值不宜小于钢柱分肢受拉承载力标准值的 50%；

3）实腹柱铰接柱脚，锚栓毛截面受拉承载力标准值不宜小于钢柱最薄弱截面受拉承载力标准值的 50%。

17.3 基本抗震措施

Ⅰ 一般规定

17.3.1 抗震设防的钢结构节点连接应符合《钢结构焊接规范》GB 50661-2011 第5.7节的规定，结构高度大于50m或地震烈度高于7度的多高层钢结构截面板件宽厚比等级不宜采用S5级；截面板件宽厚比等级采用S5级的构件，其板件经 $\sqrt{\sigma_{max}/f_y}$ 修正后宜满足S4级截面要求。

17.3.2 构件塑性耗能区应符合下列规定：

1 塑性耗能区板件间的连接应采用完全焊透的对接焊缝；

2 位于塑性耗能区的梁或支撑宜采用整根材料，当热轧型钢超过材料最大长度规格时，可进行等强拼接；

3 位于塑性耗能区的支撑不宜进行现场拼接。

17.3.3 在支撑系统之间，直接与支撑系统构件相连的刚接钢梁，当其在受压斜杆屈曲前屈服时，应按框架结构的框架梁设计，非塑性耗能区内力调整系数可取1.0，截面板件宽厚比等级宜满足受弯构件S1级要求。

Ⅱ 框架结构

17.3.4 框架梁应符合下列规定：

1 结构构件延性等级对应的塑性耗能区（梁端）截面板件宽厚比等级和设防地震性能组合下的最大轴力 N_{E2}、按本标准式（17.2.4-1）计算的剪力 V_{pb} 应符合表17.3.4-1的要求：

表17.3.4-1 结构构件延性等级对应的塑性耗能区（梁端）截面板件宽厚比等级和轴力、剪力限值

结构构件延性等级	V级	Ⅳ级	Ⅲ级	Ⅱ级	Ⅰ级
截面板件宽厚比最低等级	S5	S4	S3	S2	S1
N_{E2}	—	≤0.15Af		≤0.15Af_y	
V_{pb}（未设置纵向加劲肋）	—	≤0.5$h_w t_w f_v$		≤0.5$h_w t_w f_{vy}$	

注：单层或顶层无需满足最大轴力与最大剪力的限值。

2 当梁端塑性耗能区为工字形截面时，尚应符合下列要求之一：

1）工字形梁上翼缘有楼板且布置间距不大于2倍梁高的加劲肋；

2）工字形梁受弯正则化长细比 $\lambda_{n,b}$ 限值符合表17.3.4-2的要求；

3）上、下翼缘均设置侧向支承。

表17.3.4-2 工字形梁受弯正则化长细比 $\lambda_{n,b}$ 限值

结构构件延性等级	Ⅰ级、Ⅱ级	Ⅲ级	Ⅳ级	V级
上翼缘有楼板	0.25	0.40	0.55	0.80

注：受弯正则化长细比 $\lambda_{n,b}$ 应按本标准式（6.2.7-3）计算。

17.3.5 框架柱长细比宜符合表17.3.5的要求：

表17.3.5 框架柱长细比要求

结构构件延性等级	V级	Ⅳ级	Ⅰ级、Ⅱ级、Ⅲ级
$N_p/(Af_y) \leqslant 0.15$	180	150	$120\varepsilon_k$
$N_p/(Af_y) > 0.15$		$125[1-N_p/(Af_y)]\varepsilon_k$	

17.3.6 当框架结构的梁柱采用刚性连接时，H形和箱形截面柱的节点域受剪正则化宽厚比 $\lambda_{n,s}$ 限值应符合表17.3.6的规定。

表17.3.6 H形和箱形截面柱节点域受剪正则化宽厚比 $\lambda_{n,s}$ 的限值

结构构件延性等级	Ⅰ级、Ⅱ级	Ⅲ级	Ⅳ级	V级
$\lambda_{n,s}$	0.4	0.6	0.8	1.2

注：节点受剪正则化宽厚比 $\lambda_{n,s}$，应按本标准式（12.3.3-1）或式（12.3.3-2）计算。

17.3.7 当框架结构塑性耗能区延性等级为Ⅰ级或Ⅱ级时，梁柱刚性节点应符合下列规定：

1 梁翼缘与柱翼缘焊接时，应采用全熔透焊缝。

2 在梁翼缘上下各600mm的节点范围内，柱翼缘与柱腹板间或箱形柱壁板间的连接焊缝应采用全熔透焊缝。在梁上、下翼缘标高处设置的柱水平加劲肋或隔板的厚度不应小于梁翼缘厚度。

3 梁腹板的过焊孔应使其端部与梁翼缘和柱翼缘间的全熔透坡口焊缝完全隔开，并宜采用改进型过焊孔，亦可采用常规型过焊孔。

4 梁翼缘和柱翼缘焊接孔下焊接衬板长度不应小于翼缘宽度加50mm和翼缘宽度加两倍翼缘厚度；与柱翼缘的焊接构造（图17.3.7）应符合下列规定：

1）上翼缘的焊接衬板可采用角焊缝，引弧部分应采用绕角焊；

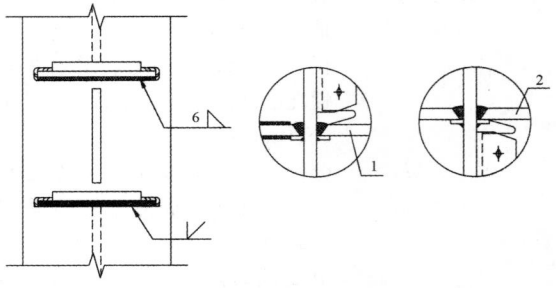

图17.3.7 衬板与柱翼缘的焊接构造
1—下翼缘；2—上翼缘

2）下翼缘衬板应采用从上部往下熔透的焊缝与柱翼缘焊接。

17.3.8 当梁柱刚性节点采用骨形节点（图 17.3.8）时，应符合下列规定：

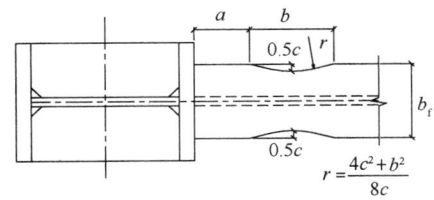

$$r = \frac{4c^2 + b^2}{8c}$$

图 17.3.8　骨形节点

1　内力分析模型按未削弱截面计算时，无支撑框架结构侧移限值应乘以 0.95；钢梁的挠度限值应乘以 0.90；

2　进行削弱截面的受弯承载力验算时，削弱截面的弯矩可按梁端弯矩的 0.80 倍进行验算；

3　梁的线刚度可按等截面计算的数值乘以 0.90 倍计算；

4　强柱弱梁应满足本标准式（17.2.5-3）、式（17.2.5-4）要求；

5　骨形削弱段应采用自动切割，可按图 17.3.8 设计，尺寸 a、b、c 可按下列公式计算：

$$a = (0.5 \sim 0.75)b_f \quad (17.3.8-1)$$
$$b = (0.65 \sim 0.85)h_b \quad (17.3.8-2)$$
$$c = (0.15 \sim 0.25)b_f \quad (17.3.8-3)$$

式中：b_f——框架梁翼缘宽度（mm）；

h_b——框架梁截面高度（mm）。

17.3.9 当梁柱节点采用梁端加强的方法来保证塑性铰外移要求时，应符合下列规定：

1　加强段的塑性弯矩的变化宜与梁端形成塑性铰时的弯矩图相接近；

2　采用盖板加强节点时，盖板的计算长度应以离开柱子表面 50mm 处为起点；

3　采用翼缘加宽的方法时，翼缘边的斜角不应大于 1:2.5；加宽的起点和柱翼缘间的距离宜为 $(0.3 \sim 0.4)h_b$，h_b 为梁截面高度；翼缘加宽后的宽厚比不应超过 $13\varepsilon_k$；

4　当柱子为箱形截面时，宜增加翼缘厚度。

17.3.10 当框架梁上覆混凝土楼板时，其楼板钢筋应可靠锚固。

Ⅲ　支撑结构及框架-支撑结构

17.3.11 框架-中心支撑结构的框架部分，即不传递支撑内力的梁柱构件，其抗震构造应根据本标准表 17.1.4-2 确定的延性等级按框架结构采用。

17.3.12 支撑长细比、截面板件宽厚比等级应根据其结构构件延性等级符合表 17.3.12 的要求，其中支撑截面板件宽厚比应按本标准表 3.5.2 对应的构件板件宽厚比等级的限值采用。

表 17.3.12　支撑长细比、截面板件宽厚比等级

抗侧力构件	结构构件延性等级			支撑长细比	支撑截面板件宽厚比最低等级	备注
	支撑结构	框架-中心支撑结构	框架-偏心支撑结构			
交叉中心支撑或对称设置的单斜杆支撑	Ⅴ级	Ⅴ级	—	符合本标准第 7.4.6 条的规定，当内力计算时不计入压杆作用按只受拉斜杆计算时，符合本标准第 7.4.7 条的规定	符合本标准第 7.3.1 条的规定	—
	Ⅳ级	Ⅲ级	—	$65\varepsilon_k < \lambda \leq 130$	BS3	—
	Ⅲ级	Ⅱ级	—	$33\varepsilon_k < \lambda \leq 65\varepsilon_k$	BS2	—
				$130 < \lambda \leq 180$	BS2	—
	Ⅱ级	Ⅰ级	—	$\lambda \leq 33\varepsilon_k$	BS1	—
人字形或V形中心支撑	Ⅴ级	Ⅴ级	—	符合本标准第 7.4.6 条的规定	符合本标准第 7.3.1 条的规定	—
	Ⅳ级	Ⅲ级	—	$65\varepsilon_k < \lambda \leq 130$	BS3	与支撑相连的梁截面板件宽厚比等级不低于 S3 级
	Ⅲ级	Ⅱ级	—	$33\varepsilon_k < \lambda \leq 65\varepsilon_k$	BS2	与支撑相连的梁截面板件宽厚比等级不低于 S2 级

抗侧力构件	结构构件延性等级			支撑长细比	支撑截面板件宽厚比最低等级	备注
	支撑结构	框架-中心支撑结构	框架-偏心支撑结构			
人字形或V形中心支撑	Ⅲ级	Ⅱ级	—	$130<\lambda\leqslant180$	BS2	框架承担50%以上总水平地震剪力；与支撑相连的梁截面板件宽厚比等级不低于S1级
	Ⅱ级	Ⅰ级	—	$\lambda\leqslant33\varepsilon_k$	BS1	与支撑相连的梁截面板件宽厚比等级不低于S1级
				采用屈曲约束支撑	—	
偏心支撑	—	—	Ⅰ级	$\lambda\leqslant120\varepsilon_k$	符合本标准第7.3.1条的规定	消能梁段截面板件宽厚比要求应符合现行国家标准《建筑抗震设计规范》GB 50011 的有关规定

注：λ为支撑的最小长细比。

17.3.13 中心支撑结构应符合下列规定：

1 支撑宜成对设置，各层同一水平地震作用方向的不同倾斜方向杆件截面水平投影面积之差不宜大于10%；

2 交叉支撑结构、成对布置的单斜杆支撑结构的支撑系统，当支撑斜杆的长细比大于130，内力计算时可不计入压杆作用仅按受拉斜杆计算，当结构层数超过两层时，长细比不应大于180。

17.3.14 钢支撑连接节点应符合下列规定：

1 支撑和框架采用节点板连接时，支撑端部至节点板最近嵌固点在沿支撑杆件轴线方向的距离，不宜小于节点板的2倍；

2 人字形支撑与横梁的连接节点处应设置侧向支承，轴力设计值不得小于梁轴向承载力设计值的2%。

17.3.15 当结构构件延性等级为Ⅰ级时，消能梁段的构造应符合下列规定：

1 当 $N_{p,l}>0.16Af_y$ 时，消能梁段的长度应符合下列规定：

当 $\rho(A_w/A)<0.3$ 时：

$$a<1.6W_{p,l}f_y/V_l \qquad (17.3.15\text{-}1)$$

当 $\rho(A_w/A)\geqslant0.3$ 时：

$$a<[1.15-0.5\rho(A_w/A)]1.6W_{p,l}f_y/V_l$$
$$(17.3.15\text{-}2)$$

$$\rho=N_{p,l}/V_{p,l} \qquad (17.3.15\text{-}3)$$

式中：a——消能梁段的长度（mm）；

$V_{p,l}$——设防地震性能组合的消能梁段剪力（N）。

2 消能梁段的腹板不得贴焊补强板，也不得开孔。

3 消能梁段与支撑连接处应在其腹板两侧配置加劲肋，加劲肋的高度应为梁腹板高度，一侧的加劲肋宽度不应小于 $(b_f/2-t_w)$，厚度不应小于 $0.75t_w$ 和 10mm 中的较大值。

4 消能梁段应按下列要求在其腹板上设置中间加劲肋：

1）当 $a\leqslant1.6W_{p,l}f_y/V_l$ 时，加劲肋间距不应大于 $(30t_w-h/5)$；

2）当 $2.6W_{p,l}f_y/V_l<a\leqslant5W_{p,l}f_y/V_l$ 时，应在距消能梁端部 $1.5b_f$ 处配置中间加劲肋，且中间加劲肋间距不应大于 $(52t_w-h/5)$；

3）当 $1.6W_{p,l}f_y/V_l<a\leqslant2.6W_{p,l}f_y/V_l$ 时，中间加劲肋的间距宜在上述二者间采用线性插入法确定；

4）当 $a>5W_{p,l}f_y/V_l$ 时，可不配置中间加劲肋；

5）中间加劲肋应与消能梁段的腹板等高；当消能梁段截面高度不大于 640mm 时，可配置单向加劲肋；当消能梁段截面高度大于 640mm 时，应在两侧配置加劲肋，一侧加劲肋的宽度不应小于 $(b_f/2-t_w)$，厚度不应小于 t_w 和 10mm 中的较大值。

5 消能梁段与柱连接时，其长度不得大于 $1.6W_{p,l}f_y/V_l$，且应满足相关标准的规定。

6 消能梁段两端上、下翼缘应设置侧向支撑，支撑的轴力设计值不得小于消能梁段翼缘轴向承载力设计值的 6%。

Ⅳ 柱 脚

17.3.16 实腹式柱脚采用外包式、埋入式及插入式柱脚的埋入深度应符合现行国家标准《建筑抗震设计规范》GB 50011 或《构筑物抗震设计规范》GB 50191 的有关规定。

18 钢结构防护

18.1 抗 火 设 计

18.1.1 钢结构防火保护措施及其构造应根据工程实际，考虑结构类型、耐火极限要求、工作环境等因素，按照安全可靠、经济合理的原则确定。

18.1.2 建筑钢构件的设计耐火极限应符合现行国家标准《建筑设计防火规范》GB 50016 中的有关规定。

18.1.3 当钢构件的耐火时间不能达到规定的设计耐火极限要求时，应进行防火保护设计，建筑钢结构应按现行国家标准《建筑钢结构防火技术规范》GB 51249 进行抗火性能验算。

18.1.4 在钢结构设计文件中，应注明结构的设计耐火等级，构件的设计耐火极限、所需要的防火保护措施及其防火保护材料的性能要求。

18.1.5 构件采用防火涂料进行防火保护时，其高强度螺栓连接处的涂层厚度不应小于相邻构件的涂料厚度。

18.2 防 腐 蚀 设 计

18.2.1 钢结构应遵循安全可靠、经济合理的原则，按下列要求进行防腐蚀设计：

1 钢结构防腐蚀设计应根据建筑物的重要性、环境腐蚀条件、施工和维修条件等要求合理确定防腐蚀设计年限；

2 防腐蚀设计应考虑环保节能的要求；

3 钢结构除必须采取防腐蚀措施外，尚应尽量避免加速腐蚀的不良设计；

4 防腐蚀设计中应考虑钢结构全寿命期内的检查、维护和大修。

18.2.2 钢结构防腐蚀设计应综合考虑环境中介质的腐蚀性、环境条件、施工和维修条件等因素，因地制宜，从下列方案中综合选择防腐蚀方案或其组合：

1 防腐蚀涂料；

2 各种工艺形成的锌、铝等金属保护层；

3 阴极保护措施；

4 耐候钢。

18.2.3 对危及人身安全和维修困难的部位，以及重要的承重结构和构件应加强防护。对处于严重腐蚀的使用环境且仅靠涂装难以有效保护的主要承重钢结构构件，宜采用耐候钢或外包混凝土。

当某些次要构件的设计使用年限与主体结构的设计使用年限不相同时，次要构件应便于更换。

18.2.4 结构防腐蚀设计应符合下列规定：

1 当采用型钢组合的杆件时，型钢间的空隙宽度宜满足防护层施工、检查和维修的要求；

2 不同金属材料接触会加速腐蚀时，应在接触部位采用隔离措施；

3 焊条、螺栓、垫圈、节点板等连接构件的耐腐蚀性能，不应低于主材材料；螺栓直径不应小于12mm。垫圈不应采用弹簧垫圈。螺栓、螺母和垫圈应采用镀锌等方法防护，安装后再采用与主体结构相同的防腐蚀方案；

4 设计使用年限大于或等于 25 年的建筑物，对不易维修的结构应加强防护；

5 避免出现难于检查、清理和涂漆之处，以及能积留湿气和大量灰尘的死角或凹槽；闭口截面构件应沿全长和端部焊接封闭；

6 柱脚在地面以下的部分应采用强度等级较低的混凝土包裹（保护层厚度不应小于 50mm），包裹的混凝土高出室外地面不应小于 150mm，室内地面不宜小于 50mm，并宜采取措施防止水分残留；当柱脚底面在地面以上时，柱脚底面高出室外地面不应小于 100mm，室内地面不宜小于 50mm。

18.2.5 钢材表面原始锈蚀等级和钢材除锈等级标准应符合现行国家标准《涂覆涂料前钢材表面处理　表面清洁度的目视评定》GB/T 8923 的规定。

1 表面原始锈蚀等级为 D 级的钢材不应用作结构钢；

2 喷砂或抛丸用的磨料等表面处理材料应符合防腐蚀产品对表面清洁度和粗糙度的要求，并符合环保要求。

18.2.6 钢结构防腐蚀涂料的配套方案，可根据环境腐蚀条件、防腐蚀设计年限、施工和维修条件等要求设计。修补和焊缝部位的底漆应能适应表面处理的条件。

18.2.7 在钢结构设计文件中应注明防腐蚀方案，如采用涂（镀）层方案，须注明所要求的钢材除锈等级和所要用的涂料（或镀层）及涂（镀）层厚度，并注明使用单位在使用过程中对钢结构防腐蚀进行定期检查和维修的要求，建议制订防腐蚀维护计划。

18.3 隔 热

18.3.1 处于高温工作环境中的钢结构，应考虑高温作用对结构的影响。高温工作环境的设计状况为持久状况，高温作用为可变荷载，设计时应按承载力极限状态和正常使用极限状态设计。

18.3.2 钢结构的温度超过 100℃ 时，进行钢结构的承载力和变形验算时，应该考虑长期高温作用对钢材和钢结构连接性能的影响。

18.3.3 高温环境下的钢结构温度超过 100℃ 时，应进行结构温度作用验算，并应根据不同情况采取防护措施：

    1 当钢结构可能受到炽热熔化金属的侵害时，应采用砌块或耐热固体材料做成的隔热层加以保护；

    2 当钢结构可能受到短时间的火焰直接作用时，应采用加耐热隔热涂层、热辐射屏蔽等隔热防护措施；

    3 当高温环境下钢结构的承载力不满足要求时，应采取增大构件截面、采用耐火钢或采用加耐热隔热涂层、热辐射屏蔽、水套隔热降温措施等隔热降温措施；

    4 当高强度螺栓连接长期受热达 150℃ 以上时，应采用加耐热隔热涂层、热辐射屏蔽等隔热防护措施。

18.3.4 钢结构的隔热保护措施在相应的工作环境下应具有耐久性，并与钢结构的防腐、防火保护措施相容。

附录 A 常用建筑结构体系

A.1 单层钢结构

A.1.1 单层钢结构可采用框架、支撑结构。厂房主要由横向、纵向抗侧力体系组成，其中横向抗侧力体系可采用框架结构，纵向抗侧力体系宜采用中心支撑体系，也可采用框架结构。

A.1.2 每个结构单元均应形成稳定的空间结构体系。

A.1.3 柱间支撑的间距应根据建筑的纵向柱距、受力情况和安装条件确定。当房屋高度相对于柱间距较大时，柱间支撑宜分层设置。

A.1.4 屋面板、檩条和屋盖承重结构之间应有可靠连接，一般应设置完整的屋面支撑系统。

A.2 多高层钢结构

A.2.1 按抗侧力结构的特点，多高层钢结构常用的结构体系可按表 A.2.1 分类。

表 A.2.1 多高层钢结构常用体系

结构体系		支撑、墙体和筒形式
框架		
支撑结构	中心支撑	普通钢支撑，屈曲约束支撑

续表 A.2.1

结构体系		支撑、墙体和筒形式
框架-支撑	中心支撑	普通钢支撑，屈曲约束支撑
	偏心支撑	普通钢支撑
框架-剪力墙板		钢板墙，延性墙板
筒体结构	筒体	普通桁架筒密柱深梁筒斜交网格筒剪力墙板筒
	框架-筒体	
	筒中筒	
	束筒	
巨型结构	巨型框架	—
	巨型框架-支撑	

注：为增加结构刚度，高层钢结构可设置伸臂桁架或环带桁架，伸臂桁架设置处宜同时设置环带桁架。伸臂桁架应贯穿整个楼层，伸臂桁架与环带桁架构件的尺度应与相连构件的尺度相协调。

A.2.2 结构布置应符合下列原则：

    1 建筑平面宜简单、规则，结构平面布置宜对称，水平荷载的合力作用线宜接近抗侧力结构的刚度中心；高层钢结构两个主轴方向动力特性宜相近；

    2 结构竖向体型宜规则、均匀，竖向布置宜使侧向刚度和受剪承载力沿竖向均匀变化；

    3 高层建筑不应采用单跨框架结构，多层建筑不宜采用单跨框架结构；

    4 高层钢结构宜选用风压和横风向振动效应较小的建筑体型，并应考虑相邻高层建筑对风荷载的影响；

    5 支撑布置平面上宜均匀、分散，沿竖向宜连续布置，设置地下室时，支撑应延伸至基础或在地下室相应位置设置剪力墙；支撑无法连续时应适当增加错开支撑并加强错开支撑之间的上下楼层水平刚度。

A.3 大跨度钢结构

A.3.1 大跨度钢结构体系可按表 A.3.1 分类。

表 A.3.1 大跨度钢结构体系分类

体系分类	常见形式
以整体受弯为主的结构	平面桁架、立体桁架、空腹桁架、网架、组合网架钢结构以及与钢索组合形成的各种预应力钢结构
以整体受压为主的结构	实腹钢拱、平面或立体桁架形式的拱形结构、网壳、组合网壳钢结构以及与钢索组合形成的各种预应力钢结构
以整体受拉为主的结构	悬索结构、索桁架结构、索穹顶等

A. 3. 2 大跨度钢结构的设计原则应符合下列规定：

1 大跨度钢结构的设计应结合工程的平面形状、体型、跨度、支承情况、荷载大小、建筑功能综合分析确定，结构布置和支承形式应保证结构具有合理的传力途径和整体稳定性；平面结构应设置平面外的支撑体系；

2 预应力大跨度钢结构应进行结构张拉形态分析，确定索或拉杆的预应力分布，不得因个别索的松弛导致结构失效；

3 对以受压为主的拱形结构、单层网壳以及跨厚比较大的双层网壳应进行非线性稳定分析；

4 地震区的大跨度钢结构，应按抗震规范考虑水平及竖向地震作用效应；对于大跨度钢结构楼盖，应按使用功能满足相应的舒适度要求；

5 应对施工过程复杂的大跨度钢结构或复杂的预应力大跨度钢结构进行施工过程分析；

6 杆件截面的最小尺寸应根据结构的重要性、跨度、网格大小按计算确定，普通型钢不宜小于 L50×3，钢管不宜小于 $\phi48\times3$，对大、中跨度的结构，钢管不宜小于 $\phi60\times3.5$。

附录 B 结构或构件的变形容许值

B. 1 受弯构件的挠度容许值

B. 1. 1 吊车梁、楼盖梁、屋盖梁、工作平台梁以及墙架构件的挠度不宜超过表 B.1.1 所列的容许值。

表 B. 1. 1 受弯构件的挠度容许值

项次	构件类别	挠度容许值	
		$[\nu_T]$	$[\nu_Q]$
1	吊车梁和吊车桁架（按自重和起重量最大的一台吊车计算挠度） 1）手动起重机和单梁起重机（含悬挂起重机） 2）轻级工作制桥式起重机 3）中级工作制桥式起重机 4）重级工作制桥式起重机	$l/500$ $l/750$ $l/900$ $l/1000$	—
2	手动或电动葫芦的轨道梁	$l/400$	—
3	有重轨（重量等于或大于38kg/m）轨道的工作平台梁 有轻轨（重量等于或小于24kg/m）轨道的工作平台梁	$l/600$ $l/400$	

续表 B. 1. 1

项次	构件类别	挠度容许值	
		$[\nu_T]$	$[\nu_Q]$
4	楼（屋）盖梁或桁架、工作平台梁（第3项除外）和平台板 1）主梁或桁架（包括设有悬挂起重设备的梁和桁架） 2）仅支承压型金属板屋面和冷弯型钢檩条 3）除支承压型金属板屋面和冷弯型钢檩条外，尚有吊顶 4）抹灰顶棚的次梁 5）除第1）款～第4）款外的其他梁（包括楼梯梁） 6）屋盖檩条 支承压型金属板屋面者 支承其他屋面材料者 有吊顶 7）平台板	$l/400$ $l/180$ $l/240$ $l/250$ $l/250$ $l/150$ $l/200$ $l/240$ $l/150$	$l/500$ $l/350$ $l/300$ — —
5	墙架构件（风荷载不考虑阵风系数） 1）支柱（水平方向） 2）抗风桁架（作为连续支柱的支承时，水平位移） 3）砌体墙的横梁（水平方向） 4）支承压型金属板的横梁（水平方向） 5）支承其他墙面材料的横梁（水平方向） 6）带有玻璃窗的横梁（竖直和水平方向）	— — — — — $l/200$	$l/400$ $l/1000$ $l/300$ $l/100$ $l/200$ $l/200$

注：1 l 为受弯构件的跨度（对悬臂梁和伸臂梁为悬臂长度的 2 倍）；

2 $[\nu_T]$ 为永久和可变荷载标准值产生的挠度（如有起拱应减去拱度）的容许值，$[\nu_Q]$ 为可变荷载标准值产生的挠度的容许值；

3 当吊车梁或吊车桁架跨度大于 12m 时，其挠度容许值 $[\nu_T]$ 应乘以 0.9 的系数；

4. 当墙面采用延性材料或与结构采用柔性连接时，墙架构件的支柱水平位移容许值可采用 $l/300$，抗风桁架（作为连续支柱的支承时）水平位移容许值可采用 $l/800$。

B. 1. 2 冶金厂房或类似车间中设有工作级别为 A7、A8 级起重机的车间，其跨间每侧吊车梁或吊车桁架的制动结构，由一台最大起重机横向水平荷载（按荷载规范取值）所产生的挠度不宜超过制动结构跨度的 1/2200。

B. 2 结构的位移容许值

B. 2. 1 单层钢结构水平位移限值宜符合下列规定：

1 在风荷载标准值作用下，单层钢结构柱顶水平位移宜符合下列规定

    1）单层钢结构柱顶水平位移不宜超过表 B.2.1-1 的数值；

    2）无桥式起重机时，当围护结构采用砌体墙，柱顶水平位移不应大于 $H/240$，当围护结构采用轻型钢墙板且房屋高度不超过 18m 时，柱顶水平位移可放宽至 $H/60$；

    3）有桥式起重机时，当房屋高度不超过 18m，采用轻型屋盖，吊车起重量不大于 20t 工作级别为 A1～A5 且吊车由地面控制时，柱顶水平位移可放宽至 $H/180$。

表 B.2.1-1　风荷载作用下单层钢结构柱顶水平位移容许值

结构体系	吊车情况	柱顶水平位移
排架、框架	无桥式起重机	$H/150$
	有桥式起重机	$H/400$

注：H 为柱高度，当围护结构采用轻型钢墙板时，柱顶水平位移要求可适当放宽。

2 在冶金厂房或类似车间中设有 A7、A8 级吊车的厂房柱和设有中级和重级工作制吊车的露天栈桥柱，在吊车梁或吊车桁架的顶面标高处，由一台最大吊车水平荷载（按荷载规范取值）所产生的计算变形值，不宜超过表 B.2.1-2 所列的容许值。

表 B.2.1-2　吊车水平荷载作用下柱水平位移（计算值）容许值

项次	位移的种类	按平面结构图形计算	按空间结构图形计算
1	厂房柱的横向位移	$H_c/1250$	$H_c/2000$
2	露天栈桥柱的横向位移	$H_c/2500$	
3	厂房和露天栈桥柱的纵向位移	$H_c/4000$	

注：1　H_c 为基础顶面至吊车梁或吊车桁架的顶面的高度；

    2　计算厂房或露天栈桥柱的纵向位移时，可假定吊车的纵向水平制动力分配在温度区段内所有的柱间支撑或纵向框架上；

    3　在设有 A8 级吊车的厂房中，厂房柱的水平位移（计算值）容许值不宜大于表中数值的 90%；

    4　在设有 A6 级吊车的厂房柱的纵向位移宜符合表中的要求。

B.2.2 多层钢结构层间位移角限值宜符合下列规定：

1 在风荷载标准值作用下，有桥式起重机时，多层钢结构的弹性层间位移不宜超过 1/400。

2 在风荷载标准值作用下，无桥式起重机时，多层钢结构的弹性层间位移角不宜超过表 B.2.2 的数值。

表 B.2.2　层间位移角容许值

结构体系			层间位移角
框架、框架-支撑			1/250
框-排架	侧向框-排架		1/250
	竖向框-排架	排架	1/150
		框架	1/250

注：1　对室内装修要求较高的建筑，层间位移角宜适当减小；无墙壁的建筑，层间位移角可适当放宽；

    2　当围护结构可适应较大变形时，层间位移角可适当放宽；

    3　在多遇地震作用下多层钢结构的弹性层间位移角不宜超过 1/250。

B.2.3 高层建筑钢结构在风荷载和多遇地震作用下弹性层间位移角不宜超过 1/250。

B.2.4 大跨度钢结构位移限值宜符合下列规定：

1 在永久荷载与可变荷载的标准组合下，结构挠度宜符合下列规定：

    1）结构的最大挠度值不宜超过表 B.2.4-1 中的容许挠度值；

    2）网架与桁架可预先起拱，起拱值可取不大于短向跨度的 1/300；当仅为改善外观条件时，结构挠度可取永久荷载与可变荷载标准值作用下的挠度计算值减去起拱值，但结构在可变荷载下的挠度不宜大于结构跨度的 1/400；

    3）对于设有悬挂起重设备的屋盖结构，其最大挠度值不宜大于结构跨度的 1/400，在可变荷载下的挠度不宜大于结构跨度的 1/500。

2 在重力荷载代表值与多遇竖向地震作用标准值下的组合最大挠度值不宜超过表 B.2.4-2 的限值。

表 B.2.4-1　非抗震组合时大跨度钢结构容许挠度值

结构类型		跨中区域	悬挑结构
受弯为主的结构	桁架、网架、斜拉结构、张弦结构等	$L/250$（屋盖）$L/300$（楼盖）	$L/125$（屋盖）$L/150$（楼盖）
受压为主的结构	双层网壳	$L/250$	$L/125$
	拱架、单层网壳	$L/400$	—
受拉为主的结构	单层单索屋盖	$L/200$	
	单层索网、双层索系以及横向加劲索系的屋盖、索穹顶屋盖	$L/250$	

注：1　表中 L 为短向跨度或者悬挑跨度；

    2　索网结构的挠度为预应力之后的挠度。

表 B. 2. 4-2　地震作用组合时大跨度
钢结构容许挠度值

结构类型		跨中区域	悬挑结构
受弯为主的结构	桁架、网架、斜拉结构、张弦结构等	$L/250$（屋盖）$L/300$（楼盖）	$L/125$（屋盖）$L/150$（楼盖）
受压为主的结构	双层网壳、弦支穹顶	$L/300$	$L/150$
	拱架、单层网壳	$L/400$	—

注：表中 L 为短向跨度或者悬挑跨度。

附录 C　梁的整体稳定系数

C. 0. 1　等截面焊接工字形和轧制 H 型钢（图 C. 0. 1）简支梁的整体稳定系数 φ_b 应按下列公式计算：

$$\varphi_b = \beta_b \frac{4320}{\lambda_y^2} \cdot \frac{Ah}{W_x} \left[\sqrt{1 + \left(\frac{\lambda_y t_1}{4.4h} \right)^2} + \eta_b \right] \varepsilon_k$$
　(C. 0. 1-1)

$$\lambda_y = \frac{l_1}{i_y}$$　(C. 0. 1-2)

截面不对称影响系数 η_b 应按下列公式计算：
对双轴对称截面[图 C. 0. 1(a)、图 C. 0. 1(d)]：

$$\eta_b = 0$$　(C. 0. 1-3)

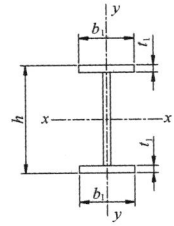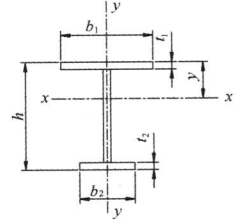

(a) 双轴对称焊接工字形截面　(b) 加强受压翼缘的单轴对称焊接工字形截面

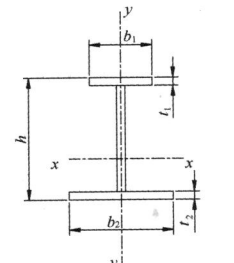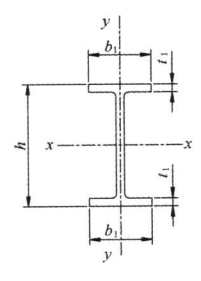

(c) 加强受拉翼缘的单轴对称焊接工字形截面　(d) 轧制 H 型钢截面

图 C. 0. 1　焊接工字形和轧制 H 型钢

对单轴对称工字形截面[图 C. 0. 1(b)、图 C. 0. 1(c)]：

加强受压翼缘　$\eta_b = 0.8 (2\alpha_b - 1)$　(C. 0. 1-4)

加强受拉翼缘　$\eta_b = 2\alpha_b - 1$　(C. 0. 1-5)

$$\alpha_b = \frac{I_1}{I_1 + I_2}$$　(C. 0. 1-6)

当按公式（C. 0. 1-1）算得的 φ_b 值大于 0. 6 时，应用下式计算的 φ_b' 代替 φ_b 值：

$$\varphi_b' = 1.07 - \frac{0.282}{\varphi_b} \leqslant 1.0$$　(C. 0. 1-7)

式中：β_b——梁整体稳定的等效弯矩系数，应按表 C. 0. 1 采用；
λ_y——梁在侧向支承点间对截面弱轴 y—y 的长细比；
A——梁的毛截面面积（mm^2）；
h、t_1——梁截面的全高和受压翼缘厚度，等截面铆接（或高强度螺栓连接）简支梁，其受压翼缘厚度 t_1 包括翼缘角钢厚度在内（mm）；
l_1——梁受压翼缘侧向支承点之间的距离（mm）；
i_y——梁毛截面对 y 轴的回转半径（mm）；
I_1、I_2——分别为受压翼缘和受拉翼缘对 y 轴的惯性矩（mm^3）。

表 C. 0. 1　H 型钢和等截面工字形简支梁的系数 β_b

项次	侧向支承	荷载		$\xi \leqslant 2.0$	$\xi > 2.0$	适用范围
1	跨中无侧向支承	均布荷载作用在	上翼缘	$0.69 + 0.13\xi$	0.95	图 C. 0. 1 (a)、(b) 和 (d) 的截面
2			下翼缘	$1.73 - 0.20\xi$	1.33	
3		集中荷载作用在	上翼缘	$0.73 + 0.18\xi$	1.09	
4			下翼缘	$2.23 - 0.28\xi$	1.67	
5	跨度中点有一个侧向支承点	均布荷载作用在	上翼缘	1.15		图 C. 0. 1 中的所有截面
6			下翼缘	1.40		
7		集中荷载作用在截面高度的任意位置		1.75		
8	跨中有不少于两个等距离侧向支承点	任意荷载作用在	上翼缘	1.20		
9			下翼缘	1.40		
10	梁端有弯矩，但跨中无荷载作用			$1.75 - 1.05\left(\dfrac{M_2}{M_1}\right) + 0.3\left(\dfrac{M_2}{M_1}\right)^2$ 但 $\leqslant 2.3$		

注：1　ξ 为参数，$\xi = \dfrac{l_1 t_1}{b_1 h}$，其中 b_1 为受压翼缘的宽度；
2　M_1 和 M_2 为梁的端弯矩，使梁产生同向曲率时 M_1 和 M_2 取同号，产生反向曲率时取异号，$|M_1| \geqslant |M_2|$；
3　表中项次 3、4 和 7 的集中荷载是指一个或少数几个集中荷载位于跨中央附近的情况，对其他情况的集中荷载，应按表中项次 1、2、5、6 内的数值采用；
4　表中项次 8、9 的 β_b，当集中荷载作用在侧向支承点上时，取 $\beta_b = 1.20$；
5　荷载作用在上翼缘系指荷载作用点在翼缘表面，方向指向截面形心；荷载作用在下翼缘系指荷载作用点在翼缘表面，方向背向截面形心；
6　对 $\alpha_b > 0.8$ 的加强受压翼缘工字形截面，下列情况的 β_b 值应乘以相应的系数：
项次 1：当 $\xi \leqslant 1.0$ 时，乘以 0.95；
项次 3：当 $\xi \leqslant 0.5$ 时，乘以 0.90；当 $0.5 < \xi \leqslant 1.0$ 时，乘以 0.95。

C. 0. 2　轧制普通工字形简支梁的整体稳定系数 φ_b 应按表 C. 0. 2 采用，当所得的 φ_b 值大于 0. 6 时，应取本标准式（C. 0. 1-7）算得的代替值。

表 C.0.2　轧制普通工字钢简支梁的 φ_b

项次	荷载情况			工字钢型号	自由长度 l_1 (mm)								
					2	3	4	5	6	7	8	9	10
1	跨中无侧向支承点的梁	集中荷载作用于	上翼缘	10~20	2.00	1.30	0.99	0.80	0.68	0.58	0.53	0.48	0.43
				22~32	2.40	1.48	1.09	0.86	0.72	0.62	0.54	0.49	0.45
				36~63	2.80	1.60	1.07	0.83	0.68	0.56	0.50	0.45	0.40
2			下翼缘	10~20	3.10	1.95	1.34	1.01	0.82	0.69	0.63	0.57	0.52
				22~40	5.50	2.80	1.84	1.37	1.07	0.86	0.73	0.64	0.56
				45~63	7.30	3.60	2.30	1.62	1.20	0.96	0.80	0.69	0.60
3		均布荷载作用于	上翼缘	10~20	1.70	1.12	0.84	0.68	0.57	0.50	0.45	0.41	0.37
				22~40	2.10	1.30	0.93	0.73	0.60	0.51	0.45	0.40	0.36
				45~63	2.60	1.45	0.97	0.73	0.59	0.50	0.44	0.38	0.35
4			下翼缘	10~20	2.50	1.55	1.08	0.83	0.68	0.56	0.52	0.47	0.42
				22~40	4.00	2.20	1.45	1.10	0.85	0.70	0.60	0.52	0.46
				45~63	5.60	2.80	1.80	1.25	0.95	0.78	0.65	0.55	0.49
5	跨中有侧向支承点的梁（不论荷载作用点在截面高度上的位置）			10~20	2.20	1.39	1.01	0.79	−0.66	0.57	0.52	0.47	0.42
				22~40	3.00	1.80	1.24	0.96	0.76	0.65	0.56	0.49	0.43
				45~63	4.00	2.20	1.38	1.01	0.80	0.66	0.56	0.49	0.43

注：1　同表 C.0.1 的注 3、注 5；

　　2　表中的 φ_b 适用于 Q235 钢。对其他钢号，表中数值应乘以 ε_k^2。

C.0.3　轧制槽钢简支梁的整体稳定系数，不论荷载的形式和荷载作用点在截面高度上的位置，均可按下式计算：

$$\varphi_b = \frac{570bt}{l_1 h} \cdot \varepsilon_k^2 \qquad (C.0.3)$$

式中：h、b、t——槽钢截面的高度、翼缘宽度和平均厚度。

当按公式（C.0.3）算得的 φ_b 值大于 0.6 时，应按本标准式（C.0.1-7）算得相应的 φ_b' 代替 φ_b 值。

C.0.4　双轴对称工字形等截面悬臂梁的整体稳定系数，可按本标准式（C.0.1-1）计算，但式中系数 β_b 应按表 C.0.4 查得，当按本标准式（C.0.1-2）计算长细比 λ_y 时，l_1 为悬臂梁的悬伸长度。当求得的 φ_b 值大于 0.6 时，应按本标准式（C.0.1-7）算得的 φ_b' 代替 φ_b 值。

表 C.0.4　双轴对称工字形等截面悬臂梁的系数 β_b

项次	荷载形式		$0.60 \leqslant \xi$ $\leqslant 1.24$	$1.24 < \xi$ $\leqslant 1.96$	$1.96 < \xi$ $\leqslant 3.10$
1	自由端一个集中荷载作用在	上翼缘	0.21+ 0.67ξ	0.72+ 0.26ξ	1.17+ 0.03ξ
2		下翼缘	2.94− 0.65ξ	2.64− 0.40ξ	2.15− 0.15ξ

续表 C.0.4

项次	荷载形式	$0.60 \leqslant \xi$ $\leqslant 1.24$	$1.24 < \xi$ $\leqslant 1.96$	$1.96 < \xi$ $\leqslant 3.10$
3	均布荷载作用在上翼缘	0.62+ 0.82ξ	1.25+ 0.31ξ	1.66+ 0.10ξ

注：1　本表是按支承端为固定的情况确定的，当用于由邻跨延伸出来的伸臂梁时，应在构造上采取措施加强支承处的抗扭能力；

　　2　表中 ξ 见表 C.0.1 注 1。

C.0.5　均匀弯曲的受弯构件，当 $\lambda_y \leqslant 120\varepsilon_k$ 时，其整体稳定系数 φ_b 可按下列近似公式计算：

1　工字形截面：

双轴对称

$$\varphi_b = 1.07 - \frac{\lambda_y^2}{44000\varepsilon_k^2} \qquad (C.0.5-1)$$

单轴对称

$$\varphi_b = 1.07 - \frac{W_x}{(2\alpha_b + 0.1)Ah} \cdot \frac{\lambda_y^2}{14000\varepsilon_k^2}$$
$$(C.0.5-2)$$

2　弯矩作用在对称轴平面，绕 x 轴的 T 形截面：

1）弯矩使翼缘受压时：

双角钢 T 形截面

$$\varphi_b = 1 - 0.0017\lambda_y / \varepsilon_k \qquad (C.0.5-3)$$

剖分 T 型钢和两板组合 T 形截面

$$\varphi_b = 1 - 0.0022\lambda_y / \varepsilon_k \qquad (C.0.5-4)$$

2）弯矩使翼缘受拉且腹板宽厚比不大于 $18\varepsilon_k$ 时：

$$\varphi_b = 1 - 0.0005\lambda_y/\varepsilon_k \quad (C.0.5-5)$$

当按公式（C.0.5-1）和公式（C.0.5-2）算得的 φ_b 值大于 1.0 时，取 $\varphi_b=1.0$。

附录 D 轴心受压构件的稳定系数

D.0.1 a 类截面轴心受压构件的稳定系数应按表 D.0.1 取值。

表 D.0.1 a 类截面轴心受压构件的稳定系数 φ

λ/ε_k	0	1	2	3	4	5	6	7	8	9
0	1.000	1.000	1.000	1.000	0.999	0.999	0.998	0.998	0.997	0.996
10	0.995	0.994	0.993	0.992	0.991	0.989	0.988	0.986	0.985	0.983
20	0.981	0.979	0.977	0.976	0.974	0.972	0.970	0.968	0.966	0.964
30	0.963	0.961	0.959	0.957	0.954	0.952	0.950	0.948	0.946	0.944
40	0.941	0.939	0.937	0.934	0.932	0.929	0.927	0.924	0.921	0.918
50	0.916	0.913	0.910	0.907	0.903	0.900	0.897	0.893	0.890	0.886
60	0.883	0.879	0.875	0.871	0.867	0.862	0.858	0.854	0.849	0.844
70	0.839	0.834	0.829	0.824	0.818	0.813	0.807	0.801	0.795	0.789
80	0.783	0.776	0.770	0.763	0.756	0.749	0.742	0.735	0.728	0.721
90	0.713	0.706	0.698	0.691	0.683	0.676	0.668	0.660	0.653	0.645
100	0.637	0.630	0.622	0.614	0.607	0.599	0.592	0.584	0.577	0.569
110	0.562	0.555	0.548	0.541	0.534	0.527	0.520	0.513	0.507	0.500
120	0.494	0.487	0.481	0.475	0.469	0.463	0.457	0.451	0.445	0.439
130	0.434	0.428	0.423	0.417	0.412	0.407	0.402	0.397	0.392	0.387
140	0.382	0.378	0.373	0.368	0.364	0.360	0.355	0.351	0.347	0.343
150	0.339	0.335	0.331	0.327	0.323	0.319	0.316	0.312	0.308	0.305
160	0.302	0.298	0.295	0.292	0.288	0.285	0.282	0.279	0.276	0.273
170	0.270	0.267	0.264	0.261	0.259	0.256	0.253	0.250	0.248	0.245
180	0.243	0.240	0.238	0.235	0.233	0.231	0.228	0.226	0.224	0.222
190	0.219	0.217	0.215	0.213	0.211	0.209	0.207	0.205	0.203	0.201
200	0.199	0.197	0.196	0.194	0.192	0.190	0.188	0.187	0.185	0.183
210	0.182	0.180	0.178	0.177	0.175	0.174	0.172	0.171	0.169	0.168
220	0.166	0.165	0.163	0.162	0.161	0.159	0.158	0.157	0.155	0.154
230	0.153	0.151	0.150	0.149	0.148	0.147	0.145	0.144	0.143	0.142
240	0.141	0.140	0.139	0.137	0.136	0.135	0.134	0.133	0.132	0.131

注：表中值系按本标准第 D.0.5 条中的公式计算而得。

D.0.2 b 类截面轴心受压构件的稳定系数应按表 D.0.2 取值。

表 D.0.2 b 类截面轴心受压构件的稳定系数 φ

λ/ε_k	0	1	2	3	4	5	6	7	8	9
0	1.000	1.000	1.000	0.999	0.999	0.998	0.997	0.996	0.995	0.994
10	0.992	0.991	0.989	0.987	0.985	0.983	0.981	0.978	0.976	0.973
20	0.970	0.967	0.963	0.960	0.957	0.953	0.950	0.946	0.943	0.939
30	0.936	0.932	0.929	0.925	0.921	0.918	0.914	0.910	0.906	0.903
40	0.899	0.895	0.891	0.886	0.882	0.878	0.874	0.870	0.865	0.861
50	0.856	0.852	0.847	0.842	0.837	0.833	0.828	0.823	0.818	0.812
60	0.807	0.802	0.796	0.791	0.785	0.780	0.774	0.768	0.762	0.757
70	0.751	0.745	0.738	0.732	0.726	0.720	0.713	0.707	0.701	0.694
80	0.687	0.681	0.674	0.668	0.661	0.654	0.648	0.641	0.634	0.628
90	0.621	0.614	0.607	0.601	0.594	0.587	0.581	0.574	0.568	0.561
100	0.555	0.548	0.542	0.535	0.529	0.523	0.517	0.511	0.504	0.498
110	0.492	0.487	0.481	0.475	0.469	0.464	0.458	0.453	0.447	0.442
120	0.436	0.431	0.426	0.421	0.416	0.411	0.406	0.401	0.396	0.392
130	0.387	0.383	0.378	0.374	0.369	0.365	0.361	0.357	0.352	0.348
140	0.344	0.340	0.337	0.333	0.329	0.325	0.322	0.318	0.314	0.311
150	0.308	0.304	0.301	0.297	0.294	0.291	0.288	0.285	0.282	0.279

续表 D.0.2

λ/ε_k	0	1	2	3	4	5	6	7	8	9
160	0.276	0.273	0.270	0.267	0.264	0.262	0.259	0.256	0.253	0.251
170	0.248	0.246	0.243	0.241	0.238	0.236	0.234	0.231	0.229	0.227
180	0.225	0.222	0.220	0.218	0.216	0.214	0.212	0.210	0.208	0.206
190	0.204	0.202	0.200	0.198	0.196	0.195	0.193	0.191	0.189	0.188
200	0.186	0.184	0.183	0.181	0.179	0.178	0.176	0.175	0.173	0.172
210	0.170	0.169	0.167	0.166	0.164	0.163	0.162	0.160	0.159	0.158
220	0.156	0.155	0.154	0.152	0.151	0.150	0.149	0.147	0.146	0.145
230	0.144	0.143	0.142	0.141	0.139	0.138	0.137	0.136	0.135	0.134
240	0.133	0.132	0.131	0.130	0.129	0.128	0.127	0.126	0.125	0.124
250	0.123	—	—	—	—	—	—	—	—	—

注：表中值系按本标准第 D.0.5 条中的公式计算而得。

D.0.3 c 类截面轴心受压构件的稳定系数应按表 D.0.3 取值。

表 D.0.3 c 类截面轴心受压构件的稳定系数 φ

λ/ε_k	0	1	2	3	4	5	6	7	8	9
0	1.000	1.000	1.000	0.999	0.999	0.998	0.997	0.996	0.995	0.993
10	0.992	0.990	0.988	0.986	0.983	0.981	0.978	0.976	0.973	0.970
20	0.966	0.959	0.953	0.947	0.940	0.934	0.928	0.921	0.915	0.909
30	0.902	0.896	0.890	0.883	0.877	0.871	0.865	0.858	0.852	0.845
40	0.839	0.833	0.826	0.820	0.813	0.807	0.800	0.794	0.787	0.781
50	0.774	0.768	0.761	0.755	0.748	0.742	0.735	0.728	0.722	0.715
60	0.709	0.702	0.695	0.689	0.682	0.675	0.669	0.662	0.656	0.649
70	0.642	0.636	0.629	0.623	0.616	0.610	0.603	0.597	0.591	0.584
80	0.578	0.572	0.565	0.559	0.553	0.547	0.541	0.535	0.529	0.523
90	0.517	0.511	0.505	0.499	0.494	0.488	0.483	0.477	0.471	0.467
100	0.462	0.458	0.453	0.449	0.445	0.440	0.436	0.432	0.427	0.423
110	0.419	0.415	0.411	0.407	0.402	0.398	0.394	0.390	0.386	0.383
120	0.379	0.375	0.371	0.367	0.363	0.360	0.356	0.352	0.349	0.345
130	0.342	0.338	0.335	0.332	0.328	0.325	0.322	0.318	0.315	0.312
140	0.309	0.306	0.303	0.300	0.297	0.294	0.291	0.288	0.285	0.282
150	0.279	0.277	0.274	0.271	0.269	0.266	0.263	0.261	0.258	0.256
160	0.253	0.251	0.248	0.246	0.244	0.241	0.239	0.237	0.235	0.232
170	0.230	0.228	0.226	0.224	0.222	0.220	0.218	0.216	0.214	0.212
180	0.210	0.208	0.206	0.204	0.203	0.201	0.199	0.197	0.195	0.194
190	0.192	0.190	0.189	0.187	0.185	0.184	0.182	0.181	0.179	0.178
200	0.176	0.175	0.173	0.172	0.170	0.169	0.167	0.166	0.165	0.164
210	0.162	0.161	0.159	0.158	0.157	0.155	0.154	0.153	0.152	0.151
220	0.149	0.148	0.147	0.146	0.145	0.144	0.142	0.141	0.140	0.139
230	0.138	0.137	0.136	0.135	0.134	0.133	0.132	0.131	0.130	0.129
240	0.128	0.127	0.126	0.125	0.124	0.123	0.123	0.122	0.121	0.120
250	0.119	—	—	—	—	—	—	—	—	—

注：表中值系按本标准第 D.0.5 条中的公式计算而得。

D.0.4 d 类截面轴心受压构件的稳定系数应按表 D.0.4 取值。

表 D.0.4 d 类截面轴心受压构件的稳定系数 φ

λ/ε_k	0	1	2	3	4	5	6	7	8	9
0	1.000	1.000	0.999	0.999	0.998	0.996	0.994	0.992	0.990	0.987
10	0.984	0.981	0.978	0.974	0.969	0.965	0.960	0.955	0.949	0.944
20	0.937	0.927	0.918	0.909	0.900	0.891	0.883	0.874	0.865	0.857
30	0.848	0.840	0.831	0.823	0.815	0.807	0.798	0.790	0.782	0.774
40	0.766	0.758	0.751	0.743	0.735	0.727	0.720	0.712	0.705	0.697
50	0.690	0.682	0.675	0.668	0.660	0.653	0.646	0.639	0.632	0.625
60	0.618	0.611	0.605	0.598	0.591	0.585	0.578	0.571	0.565	0.559
70	0.552	0.546	0.540	0.534	0.528	0.521	0.516	0.510	0.504	0.498
80	0.492	0.487	0.481	0.476	0.470	0.465	0.459	0.454	0.449	0.444
90	0.439	0.434	0.429	0.424	0.419	0.414	0.409	0.405	0.401	0.397
100	0.393	0.390	0.386	0.383	0.380	0.376	0.373	0.369	0.366	0.363
110	0.359	0.356	0.353	0.350	0.346	0.343	0.340	0.337	0.334	0.331
120	0.328	0.325	0.322	0.319	0.316	0.313	0.310	0.307	0.304	0.301
130	0.298	0.296	0.293	0.290	0.288	0.285	0.282	0.280	0.277	0.275
140	0.272	0.270	0.267	0.265	0.262	0.260	0.257	0.255	0.253	0.250
150	0.248	0.246	0.244	0.242	0.239	0.237	0.235	0.233	0.231	0.229
160	0.227	0.225	0.223	0.221	0.219	0.217	0.215	0.213	0.211	0.210
170	0.208	0.206	0.204	0.202	0.201	0.199	0.197	0.196	0.194	0.192
180	0.191	0.189	0.187	0.186	0.184	0.183	0.181	0.180	0.178	0.177
190	0.175	0.174	0.173	0.171	0.170	0.168	0.167	0.166	0.164	0.163
200	0.162	—	—	—	—	—	—	—	—	—

注：表中值系按本标准第 D.0.5 条中的公式计算而得。

D.0.5 当构件的 λ/ε_k 超出表 D.0.1～表 D.0.4 范围时，轴心受压构件的稳定系数应按下列公式计算：

当 $\lambda_n \leqslant 0.215$ 时：

$$\varphi = 1 - \alpha_1 \lambda_n^2 \qquad (D.0.5\text{-}1)$$

$$\lambda_n = \frac{\lambda}{\pi} \sqrt{f_y/E} \qquad (D.0.5\text{-}2)$$

当 $\lambda_n > 0.215$ 时：

$$\varphi = \frac{1}{2\lambda_n^2} \Big[(\alpha_2 + \alpha_3 \lambda_n + \lambda_n^2) - \sqrt{(\alpha_2 + \alpha_3 \lambda_n + \lambda_n^2)^2 - 4\lambda_n^2} \Big] \qquad (D.0.5\text{-}3)$$

式中：α_1、α_2、α_3——系数，应根据本标准表 7.2.1 的截面分类，按表 D.0.5 采用。

表 D.0.5 系数 α_1、α_2、α_3

截面类别		α_1	α_2	α_3
a 类		0.41	0.986	0.152
b 类		0.65	0.965	0.300
c 类	$\lambda_n \leqslant 1.05$	0.73	0.906	0.595
	$\lambda_n > 1.05$		1.216	0.302
d 类	$\lambda_n \leqslant 1.05$	1.35	0.868	0.915
	$\lambda_n > 1.05$		1.375	0.432

附录 E 柱的计算长度系数

E.0.1 无侧移框架柱的计算长度系数 μ 应按表 E.0.1 取值，同时符合下列规定：

1 当横梁与柱铰接时，取横梁线刚度为零。

2 对低层框架柱，当柱与基础铰接时，应取 $K_2 = 0$，当柱与基础刚接时，应取 $K_2 = 10$，平板支座可取 $K_2 = 0.1$。

3 当与柱刚接的横梁所受轴心压力 N_b 较大时，横梁线刚度折减系数 α_N 应按下列公式计算：

横梁远端与柱刚接和横梁远端与柱铰接时：

$$\alpha_N = 1 - N_b/N_{Eb} \qquad (E.0.1\text{-}1)$$

横梁远端嵌固时：

$$\alpha_N = 1 - N_b/(2N_{Eb}) \qquad (E.0.1\text{-}2)$$

$$N_{Eb} = \pi^2 E I_b/l^2 \qquad (E.0.1\text{-}3)$$

式中：I_b——横梁截面惯性矩（mm^4）；

l——横梁长度（mm）。

表 E.0.1 无侧移框架柱的计算长度系数 μ

K_2 \ K_1	0	0.05	0.1	0.2	0.3	0.4	0.5	1	2	3	4	5	$\geqslant 10$
0	1.000	0.990	0.981	0.964	0.949	0.935	0.922	0.875	0.820	0.791	0.773	0.760	0.732
0.05	0.990	0.981	0.971	0.955	0.940	0.926	0.914	0.867	0.814	0.784	0.766	0.754	0.726
0.1	0.981	0.971	0.962	0.946	0.931	0.918	0.906	0.860	0.807	0.778	0.760	0.748	0.721
0.2	0.964	0.955	0.946	0.930	0.916	0.903	0.891	0.846	0.795	0.767	0.749	0.737	0.711
0.3	0.949	0.940	0.931	0.916	0.902	0.889	0.878	0.834	0.784	0.756	0.739	0.728	0.701
0.4	0.935	0.926	0.918	0.903	0.889	0.877	0.866	0.823	0.774	0.747	0.730	0.719	0.693
0.5	0.922	0.914	0.906	0.891	0.878	0.866	0.855	0.813	0.765	0.738	0.721	0.710	0.685
1	0.875	0.867	0.860	0.846	0.834	0.823	0.813	0.774	0.729	0.704	0.688	0.677	0.654
2	0.820	0.814	0.807	0.795	0.784	0.774	0.765	0.729	0.686	0.663	0.648	0.638	0.615
3	0.791	0.784	0.778	0.767	0.756	0.747	0.738	0.704	0.663	0.640	0.625	0.616	0.593
4	0.773	0.766	0.760	0.749	0.739	0.730	0.721	0.688	0.648	0.625	0.611	0.601	0.580
5	0.760	0.754	0.748	0.737	0.728	0.719	0.710	0.677	0.638	0.616	0.601	0.592	0.570
$\geqslant 10$	0.732	0.726	0.721	0.711	0.701	0.693	0.685	0.654	0.615	0.593	0.580	0.570	0.549

注：表中的计算长度系数 μ 值系按下式计算得出：

$$\Big[\Big(\frac{\pi}{\mu}\Big)^2 + 2(K_1 + K_2) - 4K_1 K_2 \Big] \frac{\pi}{\mu} \cdot \sin\frac{\pi}{\mu} - 2\Big[(K_1 + K_2)\Big(\frac{\pi}{\mu}\Big)^2 + 4K_1 K_2 \Big] \cos\frac{\pi}{\mu} + 8K_1 K_2 = 0$$

式中，K_1、K_2 分别为相交于柱上端、柱下端的横梁线刚度之和与柱线刚度之和的比值。当梁远端为铰接时，应将横梁线刚度乘以 1.5；当横梁远端为嵌固时，则将横梁线刚度乘以 2。

E.0.2 有侧移框架柱的计算长度系数 μ 应按表 E.0.2 取值，同时符合下列规定：

1 当横梁与柱铰接时，取横梁线刚度为零。

2 对低层框架柱，当柱与基础铰接时，应取 $K_2 = 0$，当柱与基础刚接时，应取 $K_2 = 10$，平板支座可取 $K_2 = 0.1$。

3 当与柱刚接的横梁所受轴心压力 N_b 较大时，

横梁线刚度折减系数 α_N 应按下列公式计算：

横梁远端与柱刚接时：

$$\alpha_N = 1 - N_b/(4N_{Eb}) \qquad (E.0.2\text{-}1)$$

横梁远端与柱铰接时：

$$\alpha_N = 1 - N_b/N_{Eb} \qquad (E.0.2\text{-}2)$$

横梁远端嵌固时：

$$\alpha_N = 1 - N_b/(2N_{Eb}) \qquad (E.0.2\text{-}3)$$

表 E.0.2　有侧移框架柱的计算长度系数 μ

K_2 \ K_1	0	0.05	0.1	0.2	0.3	0.4	0.5	1	2	3	4	5	≥10
0	∞	6.02	4.46	3.42	3.01	2.78	2.64	2.33	2.17	2.11	2.08	2.07	2.03
0.05	6.02	4.16	3.47	2.86	2.58	2.42	2.31	2.07	1.94	1.90	1.87	1.86	1.83
0.1	4.46	3.47	3.01	2.56	2.33	2.20	2.11	1.90	1.79	1.75	1.73	1.72	1.70
0.2	3.42	2.86	2.56	2.23	2.05	1.94	1.87	1.70	1.60	1.57	1.55	1.54	1.52
0.3	3.01	2.58	2.33	2.05	1.90	1.80	1.74	1.58	1.49	1.46	1.45	1.44	1.42
0.4	2.78	2.42	2.20	1.94	1.80	1.71	1.65	1.50	1.42	1.39	1.37	1.37	1.35
0.5	2.64	2.31	2.11	1.87	1.74	1.65	1.59	1.45	1.37	1.34	1.32	1.32	1.30
1	2.33	2.07	1.90	1.70	1.58	1.50	1.45	1.32	1.24	1.21	1.20	1.19	1.17
2	2.17	1.94	1.79	1.60	1.49	1.42	1.37	1.24	1.16	1.14	1.12	1.12	1.10
3	2.11	1.90	1.75	1.57	1.46	1.39	1.34	1.21	1.14	1.11	1.10	1.09	1.07
4	2.08	1.87	1.73	1.55	1.45	1.37	1.32	1.20	1.12	1.10	1.08	1.08	1.06
5	2.07	1.86	1.72	1.54	1.44	1.37	1.32	1.19	1.12	1.09	1.08	1.07	1.05
≥10	2.03	1.83	1.70	1.52	1.42	1.35	1.30	1.17	1.10	1.07	1.06	1.05	1.03

注：表中的计算长度系数 μ 值系按下式计算得出：

$$\left[36K_1K_2 - \left(\frac{\pi}{\mu}\right)^2\right]\sin\frac{\pi}{\mu} + 6(K_1+K_2)\frac{\pi}{\mu} \cdot \cos\frac{\pi}{\mu} = 0$$

式中，K_1、K_2 分别为相交于柱上端、柱下端的横梁线刚度之和与柱线刚度之和的比值。当横梁远端为铰接时，应将横梁线刚度乘以 0.5；当横梁远端为嵌固时，则应乘以 2/3。

E.0.3　柱上端为自由的单阶柱下段的计算长度系数 μ_2 应按表 E.0.3 取值。

表 E.0.3　柱上端为自由的单阶柱下段的计算长度系数 μ_2

简图	η_1 \ K_1	0.06	0.08	0.10	0.12	0.14	0.16	0.18	0.20	0.22	0.24	0.26	0.28	0.3	0.4	0.5	0.6	0.7	0.8
	0.2	2.00	2.01	2.01	2.01	2.01	2.01	2.01	2.02	2.02	2.02	2.02	2.02	2.02	2.03	2.04	2.05	2.06	2.07
	0.3	2.01	2.02	2.02	2.02	2.03	2.03	2.03	2.04	2.04	2.05	2.05	2.05	2.06	2.08	2.10	2.12	2.13	2.15
	0.4	2.02	2.03	2.04	2.04	2.05	2.06	2.07	2.07	2.08	2.09	2.09	2.10	2.11	2.14	2.18	2.21	2.25	2.28
	0.5	2.04	2.05	2.06	2.07	2.09	2.10	2.11	2.12	2.13	2.15	2.16	2.17	2.18	2.24	2.29	2.35	2.40	2.45
	0.6	2.06	2.08	2.10	2.12	2.14	2.16	2.18	2.19	2.21	2.23	2.25	2.26	2.28	2.36	2.44	2.52	2.59	2.66
	0.7	2.10	2.13	2.16	2.18	2.21	2.24	2.27	2.29	2.31	2.34	2.36	2.38	2.41	2.52	2.62	2.72	2.81	2.90
	0.8	2.15	2.20	2.24	2.27	2.31	2.34	2.38	2.41	2.44	2.47	2.50	2.53	2.56	2.70	2.82	2.94	3.06	3.16
	0.9	2.24	2.29	2.35	2.39	2.44	2.48	2.52	2.56	2.60	2.63	2.67	2.71	2.74	2.90	3.05	3.19	3.32	3.44
	1.0	2.36	2.43	2.48	2.54	2.59	2.64	2.69	2.73	2.77	2.82	2.86	2.90	2.94	3.12	3.29	3.45	3.59	3.74
	1.2	2.69	2.76	2.83	2.89	2.95	3.01	3.07	3.12	3.17	3.22	3.27	3.32	3.37	3.59	3.80	3.99	4.17	4.34
	1.4	3.07	3.14	3.22	3.29	3.36	3.42	3.48	3.55	3.61	3.66	3.72	3.78	3.83	4.09	4.33	4.56	4.77	4.97
	1.6	3.47	3.55	3.63	3.71	3.78	3.85	3.92	3.99	4.07	4.12	4.18	4.25	4.31	4.61	4.88	5.14	5.38	5.62
	1.8	3.88	3.97	4.05	4.13	4.21	4.29	4.37	4.44	4.52	4.59	4.66	4.73	4.80	5.13	5.44	5.73	6.00	6.26
	2.0	4.29	4.39	4.48	4.57	4.65	4.74	4.82	4.90	4.99	5.07	5.14	5.22	5.30	5.66	6.00	6.32	6.63	6.92
	2.2	4.71	4.81	4.91	5.00	5.10	5.19	5.28	5.37	5.46	5.54	5.63	5.71	5.80	6.19	6.57	6.92	7.26	7.58
	2.4	5.13	5.24	5.34	5.44	5.54	5.64	5.74	5.84	5.93	6.03	6.12	6.21	6.30	6.73	7.14	7.52	7.89	8.24
	2.6	5.55	5.66	5.77	5.88	5.99	6.10	6.20	6.31	6.41	6.51	6.61	6.71	6.80	7.27	7.71	8.13	8.52	8.90
	2.8	5.97	6.09	6.21	6.33	6.44	6.55	6.67	6.78	6.89	6.99	7.10	7.21	7.31	7.81	8.28	8.73	9.16	9.57
	3.0	6.39	6.52	6.64	6.77	6.89	7.01	7.13	7.25	7.37	7.48	7.59	7.71	7.82	8.35	8.86	9.34	9.80	10.24

简图中：

$$K_1 = \frac{I_1}{I_2} \cdot \frac{H_2}{H_1}$$

$$\eta_1 = \frac{H_1}{H_2}\sqrt{\frac{N_1}{N_2} \cdot \frac{I_2}{I_1}}$$

N_1——上段柱的轴心力；

N_2——下段柱的轴心力

注：表中的计算长度系数 μ_2 值系按下式计算得出：

$$\eta_1 K_1 \cdot \mathrm{tg}\frac{\pi}{\mu_2} \cdot \mathrm{tg}\frac{\pi\eta_1}{\mu_2} - 1 = 0$$

E.0.4 柱上端可移动但不转动的单阶柱下段的计算长度系数 μ_2 应按表 E.0.4 取值。

表 E.0.4 柱上端可移动但不转动的单阶柱下段的计算长度系数 μ_2

简图	η_1 \ K_1	0.06	0.08	0.10	0.12	0.14	0.16	0.18	0.20	0.22	0.24	0.26	0.28	0.3	0.4	0.5	0.6	0.7	0.8
	0.2	1.96	1.94	1.93	1.91	1.90	1.89	1.88	1.86	1.85	1.84	1.83	1.82	1.81	1.76	1.72	1.68	1.65	1.62
	0.3	1.96	1.94	1.93	1.92	1.91	1.89	1.88	1.87	1.86	1.85	1.84	1.83	1.82	1.77	1.73	1.70	1.66	1.63
	0.4	1.96	1.95	1.94	1.92	1.91	1.90	1.89	1.88	1.87	1.86	1.85	1.84	1.83	1.79	1.75	1.72	1.68	1.66
	0.5	1.96	1.95	1.94	1.93	1.92	1.91	1.90	1.89	1.88	1.87	1.86	1.85	1.85	1.81	1.77	1.74	1.71	1.69
	0.6	1.97	1.96	1.95	1.94	1.93	1.92	1.91	1.90	1.90	1.89	1.88	1.87	1.87	1.83	1.80	1.78	1.75	1.73
	0.7	1.97	1.97	1.96	1.95	1.94	1.94	1.93	1.92	1.92	1.91	1.90	1.90	1.89	1.86	1.84	1.82	1.80	1.78
	0.8	1.98	1.98	1.97	1.96	1.96	1.95	1.95	1.94	1.94	1.93	1.93	1.93	1.92	1.90	1.88	1.87	1.86	1.84
	0.9	1.99	1.99	1.98	1.98	1.98	1.97	1.97	1.97	1.97	1.96	1.96	1.96	1.96	1.95	1.94	1.93	1.92	1.92
	1.0	2.00	2.00	2.00	2.00	2.00	2.00	2.00	2.00	2.00	2.00	2.00	2.00	2.00	2.00	2.00	2.00	2.00	2.00
	1.2	2.03	2.04	2.04	2.05	2.06	2.07	2.07	2.08	2.08	2.09	2.10	2.10	2.11	2.13	2.15	2.17	2.18	2.20
	1.4	2.07	2.09	2.11	2.12	2.14	2.16	2.17	2.18	2.20	2.21	2.22	2.23	2.24	2.29	2.33	2.37	2.40	2.42
	1.6	2.13	2.16	2.19	2.22	2.25	2.27	2.30	2.32	2.34	2.36	2.37	2.39	2.41	2.48	2.54	2.59	2.63	2.67
	1.8	2.22	2.27	2.31	2.35	2.39	2.42	2.45	2.48	2.50	2.53	2.55	2.57	2.59	2.69	2.76	2.83	2.88	2.93
	2.0	2.35	2.41	2.46	2.50	2.55	2.59	2.62	2.66	2.69	2.72	2.75	2.77	2.80	2.91	3.00	3.08	3.14	3.20
	2.2	2.51	2.57	2.63	2.68	2.73	2.77	2.81	2.85	2.89	2.92	2.95	2.98	3.01	3.14	3.25	3.33	3.41	3.47
	2.4	2.68	2.75	2.81	2.87	2.92	2.97	3.01	3.05	3.09	3.13	3.17	3.20	3.24	3.38	3.50	3.59	3.68	3.75
	2.6	2.87	2.94	3.00	3.06	3.12	3.17	3.22	3.27	3.31	3.35	3.39	3.43	3.46	3.62	3.75	3.86	3.95	4.03
	2.8	3.06	3.14	3.20	3.27	3.33	3.38	3.43	3.48	3.53	3.58	3.62	3.66	3.70	3.87	4.01	4.13	4.23	4.32
	3.0	3.26	3.34	3.41	3.47	3.54	3.60	3.65	3.70	3.75	3.80	3.85	3.89	3.93	4.12	4.27	4.40	4.51	4.61

$$K_1 = \frac{I_1}{I_2} \cdot \frac{H_2}{H_1}$$

$$\eta_1 = \frac{H_1}{H_2}\sqrt{\frac{N_1}{N_2}\cdot\frac{I_2}{I_1}}$$

N_1 —— 上段柱的轴心力

N_2 —— 下段柱的轴心力

注: 表中的计算长度系数 μ_2 值按下式计算得出:

$$\text{tg}\frac{\pi\eta_1}{\mu_2} + \eta_1 K_1 \cdot \text{tg}\frac{\pi}{\mu_2} = 0$$

E.0.5 柱上端为自由的双阶柱下段的计算长度系数 μ_3 应按下列公式计算，也可按表 E.0.5 取值。

表 E.0.5　柱上端为自由的双阶柱下段的计算长度系数 μ_3

简图	η_1	K_2 η_2	0.05											0.10										
			0.2	0.3	0.4	0.5	0.6	0.7	0.8	0.9	1.0	1.1	1.2	0.2	0.3	0.4	0.5	0.6	0.7	0.8	0.9	1.0	1.1	1.2
	0.2	0.2	2.02	2.03	2.04	2.05	2.05	2.06	2.07	2.08	2.09	2.10	2.10	2.03	2.03	2.04	2.05	2.06	2.07	2.08	2.08	2.09	2.10	2.11
		0.4	2.08	2.11	2.15	2.19	2.22	2.25	2.29	2.32	2.35	2.39	2.42	2.09	2.12	2.16	2.19	2.23	2.26	2.29	2.33	2.36	2.39	2.42
		0.6	2.20	2.29	2.37	2.45	2.52	2.60	2.67	2.73	2.80	2.87	2.93	2.21	2.30	2.38	2.46	2.53	2.60	2.67	2.74	2.81	2.87	2.93
		0.8	2.42	2.57	2.71	2.83	2.95	3.06	3.17	3.27	3.37	3.47	3.56	2.44	2.58	2.71	2.84	2.96	3.07	3.17	3.28	3.37	3.47	3.56
		1.0	2.75	2.95	3.13	3.30	3.45	3.60	3.74	3.87	4.00	4.13	4.25	2.76	2.96	3.14	3.30	3.46	3.60	3.74	3.88	4.01	4.13	4.25
		1.2	3.15	3.38	3.60	3.80	4.00	4.18	4.35	4.51	4.67	4.82	4.97	3.15	3.39	3.61	3.81	4.00	4.18	4.35	4.52	4.68	4.83	4.98
	0.4	0.2	2.04	2.05	2.05	2.06	2.07	2.08	2.09	2.09	2.10	2.11	2.12	2.07	2.07	2.08	2.08	2.09	2.10	2.11	2.12	2.12	2.13	2.14
		0.4	2.10	2.14	2.17	2.20	2.24	2.27	2.31	2.34	2.37	2.40	2.43	2.14	2.17	2.20	2.23	2.26	2.30	2.33	2.36	2.39	2.42	2.46
		0.6	2.24	2.32	2.40	2.47	2.54	2.62	2.68	2.75	2.82	2.88	2.94	2.28	2.36	2.42	2.50	2.57	2.64	2.71	2.77	2.84	2.90	2.96
		0.8	2.47	2.60	2.73	2.85	2.97	3.08	3.19	3.29	3.38	3.48	3.57	2.53	2.65	2.77	2.88	3.00	3.10	3.21	3.31	3.40	3.50	3.59
		1.0	2.79	2.98	3.15	3.32	3.47	3.62	3.75	3.89	4.02	4.14	4.26	2.85	3.02	3.19	3.34	3.49	3.64	3.77	3.91	4.03	4.16	4.28
		1.2	3.18	3.41	3.62	3.82	4.01	4.19	4.36	4.52	4.68	4.83	4.98	3.24	3.45	3.65	3.85	4.03	4.21	4.38	4.54	4.70	4.85	4.99
	0.6	0.2	2.09	2.09	2.10	2.10	2.11	2.12	2.12	2.13	2.14	2.15	2.15	2.22	2.19	2.18	2.17	2.18	2.18	2.19	2.19	2.20	2.20	2.21
		0.4	2.17	2.19	2.22	2.25	2.28	2.31	2.34	2.38	2.41	2.44	2.47	2.31	2.30	2.31	2.33	2.35	2.38	2.41	2.44	2.47	2.49	2.52
		0.6	2.32	2.38	2.45	2.52	2.59	2.66	2.72	2.79	2.85	2.91	2.97	2.48	2.49	2.56	2.60	2.66	2.72	2.78	2.84	2.90	2.96	3.02
		0.8	2.56	2.67	2.79	2.90	3.01	3.11	3.22	3.32	3.41	3.50	3.60	2.72	2.78	2.87	2.97	3.07	3.17	3.27	3.36	3.46	3.55	3.64
		1.0	2.88	3.04	3.20	3.36	3.50	3.65	3.78	3.91	4.04	4.16	4.26	3.04	3.15	3.28	3.42	3.56	3.70	3.83	3.95	4.08	4.20	4.31
		1.2	3.26	3.46	3.66	3.86	4.04	4.22	4.38	4.55	4.70	4.85	5.00	3.40	3.56	3.74	3.91	4.09	4.26	4.42	4.58	4.73	4.88	5.03
	0.8	0.2	2.29	2.24	2.22	2.21	2.21	2.22	2.22	2.22	2.23	2.23	2.24	2.63	2.49	2.43	2.40	2.38	2.37	2.37	2.36	2.36	2.37	2.37
		0.4	2.37	2.34	2.34	2.36	2.38	2.40	2.43	2.43	2.48	2.51	2.54	2.71	2.59	2.55	2.54	2.54	2.55	2.57	2.59	2.61	2.63	2.65
		0.6	2.52	2.49	2.56	2.61	2.67	2.73	2.79	2.85	2.91	2.96	3.02	2.86	2.76	2.76	2.78	2.82	2.86	2.91	2.96	3.01	3.07	3.12
		0.8	2.74	2.79	2.88	2.98	3.08	3.17	3.27	3.36	3.46	3.55	3.63	3.06	3.02	3.06	3.13	3.20	3.29	3.37	3.46	3.54	3.63	3.71
		1.0	3.04	3.15	3.28	3.42	3.56	3.69	3.82	3.95	4.07	4.19	4.31	3.33	3.35	3.44	3.55	3.67	3.79	3.90	4.03	4.15	4.26	4.37
		1.2	3.39	3.55	3.73	3.91	4.08	4.25	4.42	4.58	4.73	4.88	5.02	3.65	3.73	3.86	4.02	4.18	4.34	4.49	4.64	4.79	4.94	5.08
	1.0	0.2	2.69	2.57	2.51	2.48	2.46	2.45	2.45	2.44	2.44	2.44	2.44	3.18	2.95	2.84	2.77	2.73	2.70	2.68	2.67	2.66	2.65	2.65
		0.4	2.75	2.64	2.60	2.59	2.59	2.59	2.60	2.62	2.63	2.65	2.67	3.24	3.02	2.93	2.88	2.85	2.84	2.84	2.84	2.85	2.86	2.87
		0.6	2.86	2.78	2.77	2.79	2.83	2.87	2.91	2.96	3.01	3.06	3.10	3.36	3.16	3.09	3.07	3.08	3.09	3.12	3.15	3.19	3.23	3.27
		0.8	3.04	3.01	3.05	3.11	3.19	3.27	3.35	3.44	3.52	3.61	3.69	3.52	3.37	3.34	3.36	3.41	3.46	3.53	3.60	3.67	3.75	3.82
		1.0	3.29	3.32	3.41	3.52	3.64	3.76	3.89	4.01	4.13	4.24	4.35	3.74	3.64	3.67	3.74	3.83	3.93	4.03	4.14	4.25	4.35	4.46
		1.2	3.60	3.69	3.83	3.99	4.15	4.31	4.47	4.62	4.77	4.91	5.06	4.00	3.97	4.07	4.17	4.31	4.45	4.59	4.73	4.87	5.01	5.14
	1.2	0.2	3.16	3.00	2.92	2.87	2.84	2.81	2.80	2.79	2.78	2.77	2.77	3.77	3.46	3.32	3.23	3.17	3.12	3.09	3.07	3.05	3.04	3.03
		0.4	3.21	3.05	2.98	2.94	2.92	2.90	2.90	2.90	2.90	2.91	2.92	3.82	3.50	3.39	3.31	3.26	3.22	3.20	3.19	3.19	3.19	3.19
		0.6	3.30	3.15	3.10	3.08	3.08	3.10	3.12	3.15	3.18	3.22	3.26	3.91	3.58	3.51	3.45	3.42	3.42	3.42	3.43	3.45	3.48	3.50
		0.8	3.43	3.32	3.30	3.33	3.37	3.43	3.49	3.56	3.63	3.71	3.78	4.04	3.70	3.71	3.68	3.69	3.72	3.76	3.81	3.86	3.92	3.98
		1.0	3.62	3.57	3.60	3.68	3.77	3.87	3.98	4.09	4.20	4.31	4.42	4.21	3.89	3.97	3.99	4.04	4.12	4.20	4.29	4.39	4.48	4.58
		1.2	3.88	3.88	3.98	4.11	4.25	4.39	4.54	4.68	4.83	4.97	5.10	4.43	4.15	4.31	4.38	4.48	4.60	4.72	4.85	4.98	5.11	5.24
	1.4	0.2	3.66	3.46	3.36	3.29	3.25	3.23	3.20	3.19	3.18	3.17	3.16	4.37	4.01	3.82	3.71	3.63	3.58	3.54	3.51	3.49	3.47	3.45
		0.4	3.70	3.50	3.40	3.35	3.31	3.29	3.27	3.26	3.26	3.26	3.26	4.41	4.06	3.88	3.77	3.70	3.66	3.63	3.60	3.59	3.58	3.57
		0.6	3.77	3.58	3.49	3.45	3.43	3.42	3.42	3.43	3.45	3.47	3.49	4.48	4.15	3.98	3.89	3.84	3.80	3.79	3.78	3.79	3.80	3.81
		0.8	3.87	3.70	3.64	3.63	3.64	3.67	3.70	3.75	3.81	3.86	3.92	4.59	4.28	4.13	4.07	4.04	4.04	4.06	4.08	4.12	4.16	4.21
		1.0	4.02	3.89	3.87	3.90	3.96	4.04	4.12	4.22	4.31	4.41	4.51	4.74	4.45	4.35	4.32	4.34	4.38	4.43	4.50	4.58	4.66	4.74
		1.2	4.23	4.15	4.19	4.27	4.39	4.51	4.64	4.77	4.91	5.04	5.17	4.92	4.69	4.63	4.65	4.72	4.80	4.90	5.10	5.13	5.24	5.36

简图：柱分为三段，自上而下分别为 I_1、H_1，I_2、H_2，I_3、H_3（下端固定）。

$K_1 = \dfrac{I_1}{I_3} \cdot \dfrac{H_3}{H_1}$

$K_2 = \dfrac{I_2}{I_3} \cdot \dfrac{H_3}{H_2}$

$\eta_1 = \dfrac{H_1}{H_3}\sqrt{\dfrac{N_1}{N_3} \cdot \dfrac{I_3}{I_1}}$

$\eta_2 = \dfrac{H_2}{H_3}\sqrt{\dfrac{N_2}{N_3} \cdot \dfrac{I_3}{I_2}}$

N_1——上段柱的轴心力；

N_2——中段柱的轴心力；

N_3——下段柱的轴心力。

续表 E.0.5

η_1	K_2/η_2	0.20											0.30										
		0.2	0.3	0.4	0.5	0.6	0.7	0.8	0.9	1.0	1.1	1.2	0.2	0.3	0.4	0.5	0.6	0.7	0.8	0.9	1.0	1.1	1.2
0.2	0.2	2.04	2.04	2.05	2.06	2.07	2.08	2.08	2.09	2.10	2.11	2.12	2.05	2.05	2.06	2.07	2.08	2.09	2.09	2.10	2.11	2.12	2.13
	0.4	2.10	2.13	2.17	2.20	2.24	2.27	2.30	2.34	2.37	2.40	2.43	2.12	2.15	2.18	2.21	2.25	2.28	2.31	2.35	2.38	2.41	2.44
	0.6	2.23	2.31	2.39	2.47	2.54	2.61	2.68	2.75	2.82	2.88	2.94	2.25	2.33	2.41	2.48	2.56	2.63	2.69	2.76	2.83	2.89	2.95
	0.8	2.46	2.60	2.73	2.85	2.97	3.08	3.18	3.29	3.38	3.48	3.57	2.49	2.62	2.75	2.87	2.98	3.09	3.20	3.30	3.39	3.49	3.58
	1.0	2.79	2.98	3.15	3.32	3.47	3.61	3.75	3.89	4.02	4.14	4.26	2.82	3.00	3.17	3.33	3.48	3.63	3.76	3.90	4.02	4.15	4.27
	1.2	3.18	3.41	3.62	3.82	4.01	4.19	4.36	4.52	4.68	4.83	4.98	3.20	3.43	3.64	3.83	4.02	4.20	4.37	4.53	4.69	4.84	4.99
0.4	0.2	2.15	2.13	2.13	2.14	2.14	2.15	2.15	2.16	2.17	2.17	2.18	2.26	2.21	2.20	2.19	2.19	2.20	2.20	2.21	2.21	2.22	2.23
	0.4	2.24	2.24	2.26	2.29	2.32	2.35	2.38	2.41	2.44	2.47	2.50	2.36	2.33	2.33	2.35	2.38	2.40	2.43	2.46	2.49	2.51	2.54
	0.6	2.40	2.44	2.50	2.56	2.63	2.69	2.76	2.82	2.88	2.94	3.00	2.54	2.54	2.58	2.63	2.69	2.75	2.81	2.87	2.93	2.99	3.04
	0.8	2.66	2.74	2.84	2.95	3.05	3.15	3.25	3.35	3.44	3.53	3.62	2.79	2.83	2.91	3.01	3.10	3.20	3.30	3.39	3.48	3.57	3.66
	1.0	2.98	3.12	3.25	3.40	3.54	3.68	3.81	3.94	4.07	4.19	4.30	3.11	3.24	3.37	3.52	3.63	3.76	3.89	4.02	4.15	4.27	4.39
	1.2	3.35	3.53	3.71	3.90	4.08	4.25	4.41	4.57	4.73	4.87	5.02	3.47	3.60	3.77	3.95	4.12	4.28	4.45	4.60	4.75	4.90	5.04
0.6	0.2	2.57	2.42	2.37	2.34	2.33	2.32	2.32	2.32	2.32	2.32	2.33	2.93	2.68	2.57	2.52	2.49	2.47	2.46	2.45	2.45	2.45	2.45
	0.4	2.67	2.54	2.50	2.50	2.51	2.52	2.54	2.56	2.58	2.61	2.63	3.02	2.79	2.71	2.67	2.66	2.66	2.67	2.69	2.70	2.72	2.74
	0.6	2.83	2.74	2.73	2.76	2.80	2.85	2.90	2.96	3.01	3.06	3.12	3.17	2.98	2.93	2.93	2.95	2.98	3.02	3.07	3.11	3.16	3.21
	0.8	3.06	3.01	3.05	3.12	3.20	3.29	3.38	3.46	3.55	3.63	3.72	3.37	3.24	3.23	3.27	3.33	3.41	3.48	3.56	3.64	3.72	3.80
	1.0	3.34	3.35	3.44	3.56	3.68	3.80	3.92	4.04	4.15	4.27	4.38	3.63	3.56	3.60	3.69	3.79	3.90	4.01	4.12	4.23	4.34	4.45
	1.2	3.67	3.74	3.88	4.03	4.19	4.35	4.50	4.65	4.80	4.94	5.08	3.94	3.92	4.02	4.15	4.29	4.43	4.58	4.72	4.87	5.01	5.14
0.8	0.2	3.25	2.96	2.82	2.74	2.69	2.66	2.64	2.62	2.61	2.61	2.60	3.78	3.38	3.18	3.06	2.98	2.93	2.89	2.86	2.84	2.83	2.82
	0.4	3.33	3.05	2.93	2.87	2.84	2.83	2.83	2.83	2.84	2.85	2.87	3.85	3.47	3.28	3.18	3.12	3.09	3.07	3.06	3.06	3.06	3.06
	0.6	3.45	3.22	3.12	3.10	3.10	3.12	3.14	3.18	3.22	3.26	3.30	3.96	3.61	3.46	3.39	3.36	3.35	3.36	3.38	3.41	3.44	3.47
	0.8	3.63	3.44	3.39	3.41	3.45	3.51	3.57	3.64	3.71	3.79	3.86	4.12	3.82	3.70	3.67	3.68	3.72	3.76	3.82	3.88	3.94	4.01
	1.0	3.86	3.73	3.73	3.80	3.88	3.98	4.08	4.18	4.29	4.39	4.50	4.32	4.07	4.01	4.03	4.08	4.16	4.24	4.33	4.43	4.52	4.62
	1.2	4.13	4.07	4.13	4.24	4.36	4.50	4.64	4.78	4.94	5.05	5.18	4.57	4.38	4.38	4.44	4.54	4.66	4.78	4.90	5.03	5.16	5.29
1.0	0.2	4.00	3.60	3.39	3.26	3.18	3.13	3.08	3.05	3.03	3.01	3.00	4.68	4.15	3.86	3.69	3.57	3.49	3.43	3.38	3.35	3.32	3.30
	0.4	4.06	3.67	3.48	3.37	3.30	3.26	3.23	3.21	3.20	3.20	3.20	4.73	4.21	3.94	3.78	3.68	3.61	3.57	3.54	3.51	3.50	3.49
	0.6	4.15	3.79	3.63	3.54	3.50	3.48	3.49	3.50	3.51	3.54	3.57	4.82	4.33	4.08	3.95	3.87	3.83	3.80	3.80	3.80	3.81	3.83
	0.8	4.29	3.97	3.84	3.80	3.79	3.81	3.85	3.90	3.95	4.01	4.07	4.94	4.49	4.28	4.18	4.14	4.13	4.14	4.17	4.20	4.25	4.29
	1.0	4.48	4.21	4.13	4.13	4.17	4.23	4.31	4.39	4.48	4.57	4.66	5.10	4.70	4.53	4.48	4.48	4.51	4.56	4.62	4.70	4.77	4.85
	1.2	4.70	4.49	4.47	4.52	4.60	4.71	4.82	4.94	5.07	5.19	5.31	5.30	4.95	4.84	4.83	4.88	4.96	5.05	5.15	5.26	5.37	5.48
1.2	0.2	4.76	4.26	4.00	3.83	3.72	3.65	3.59	3.54	3.51	3.48	3.46	5.49	4.93	4.57	4.35	4.20	4.10	4.01	3.95	3.90	3.86	3.83
	0.4	4.81	4.32	4.07	3.91	3.82	3.75	3.70	3.67	3.65	3.63	3.62	5.53	4.98	4.64	4.43	4.29	4.19	4.12	4.06	4.03	4.01	3.98
	0.6	4.89	4.43	4.19	4.05	3.98	3.93	3.91	3.89	3.89	3.90	3.91	5.59	5.08	4.75	4.56	4.44	4.37	4.32	4.29	4.27	4.26	4.26
	0.8	5.00	4.57	4.36	4.26	4.21	4.20	4.21	4.24	4.29	4.32	4.34	5.68	5.21	4.91	4.75	4.66	4.61	4.59	4.59	4.60	4.62	4.65
	1.0	5.15	4.76	4.59	4.53	4.55	4.60	4.62	4.66	4.73	4.80	4.88	5.79	5.38	5.12	5.00	4.95	4.94	4.95	4.99	5.03	5.09	5.15
	1.2	5.34	5.00	4.88	4.87	4.91	4.98	5.07	5.17	5.27	5.38	5.49	5.93	5.59	5.37	5.31	5.30	5.33	5.39	5.46	5.54	5.63	5.73
1.4	0.2	5.53	4.94	4.62	4.42	4.29	4.19	4.12	4.06	4.02	3.98	3.95	6.49	5.72	5.30	5.03	4.85	4.72	4.62	4.54	4.48	4.43	4.38
	0.4	5.57	4.99	4.68	4.49	4.36	4.27	4.21	4.16	4.13	4.10	4.08	6.53	5.77	5.35	5.10	4.93	4.80	4.71	4.64	4.59	4.55	4.51
	0.6	5.64	5.07	4.77	4.60	4.49	4.42	4.38	4.35	4.33	4.32	4.32	6.59	5.85	5.45	5.21	5.05	4.95	4.87	4.82	4.78	4.76	4.74
	0.8	5.74	5.19	4.92	4.77	4.69	4.64	4.62	4.62	4.63	4.65	4.67	6.68	5.96	5.59	5.37	5.24	5.15	5.10	5.08	5.06	5.06	5.07
	1.0	5.86	5.35	5.12	5.00	4.95	4.94	4.96	4.99	5.03	5.09	5.15	6.79	6.10	5.76	5.58	5.48	5.43	5.41	5.41	5.44	5.47	5.51
	1.2	6.02	5.55	5.36	5.29	5.28	5.31	5.37	5.44	5.52	5.61	5.71	6.93	6.28	5.98	5.84	5.78	5.76	5.79	5.83	5.89	5.95	6.03

简图

$$K_1 = \frac{I_1}{I_3} \cdot \frac{H_3}{H_1}$$

$$K_2 = \frac{I_2}{I_3} \cdot \frac{H_3}{H_2}$$

$$\eta_1 = \frac{H_1}{H_3}\sqrt{\frac{N_1}{N_3}\cdot\frac{I_3}{I_1}}$$

$$\eta_2 = \frac{H_2}{H_3}\sqrt{\frac{N_2}{N_3}\cdot\frac{I_3}{I_2}}$$

N_1——上段柱的轴心力；

N_2——中段柱的轴心力；

N_3——下段柱的轴心力

注：表中的计算长度系数 μ_3 值系按下式计算得出：

$$\eta_1\frac{K_1}{K_2}\cdot\text{tg}\frac{\pi\eta_2}{\mu_3}\cdot\text{tg}\frac{\pi\eta_1}{\mu_3} + \eta_1 K_1\cdot\text{tg}\frac{\pi\eta_1}{\mu_3}\cdot\frac{\pi}{\mu_3} + \eta_2 K_2\cdot\text{tg}\frac{\pi\eta_2}{\mu_3}\cdot\text{tg}\frac{\pi}{\mu_3} - 1 = 0$$

E.0.6 柱顶可移动但不转动的双阶柱下段的计算长度系数 μ_3 应按表 E.0.6 取值。

表 E.0.6 柱顶可移动但不转动的双阶柱下段的计算长度系数 μ_3

η_1	η_2	$K_1=0.05$											$K_1=0.10$										
	$K_2=$	0.2	0.3	0.4	0.5	0.6	0.7	0.8	0.9	1.0	1.1	1.2	0.2	0.3	0.4	0.5	0.6	0.7	0.8	0.9	1.0	1.1	1.2
0.2	0.2	1.99	1.99	2.00	2.00	2.01	2.02	2.02	2.03	2.04	2.05	2.06	1.96	1.96	1.97	1.97	1.98	1.98	1.99	2.00	2.00	2.01	2.02
	0.4	2.03	2.06	2.09	2.12	2.16	2.19	2.22	2.25	2.29	2.32	2.35	2.00	2.02	2.05	2.08	2.11	2.14	2.17	2.20	2.23	2.26	2.29
	0.6	2.12	2.20	2.28	2.36	2.43	2.50	2.57	2.64	2.71	2.77	2.83	2.07	2.14	2.22	2.29	2.36	2.43	2.50	2.56	2.63	2.69	2.75
	0.8	2.28	2.43	2.57	2.70	2.82	2.94	3.04	3.15	3.25	3.34	3.43	2.20	2.35	2.48	2.61	2.73	2.84	2.94	3.05	3.14	3.24	3.33
	1.0	2.53	2.76	2.96	3.13	3.29	3.44	3.59	3.72	3.85	3.98	4.10	2.41	2.64	2.83	3.01	3.17	3.32	3.46	3.59	3.72	3.85	3.97
	1.2	2.86	3.15	3.39	3.61	3.80	3.99	4.16	4.33	4.49	4.64	4.79	2.70	2.99	3.23	3.45	3.65	3.84	4.01	4.18	4.34	4.49	4.64
0.4	0.2	1.99	1.99	2.00	2.01	2.01	2.02	2.03	2.04	2.04	2.05	2.06	1.96	1.97	1.97	1.98	1.98	1.99	2.00	2.00	2.01	2.02	2.03
	0.4	2.03	2.06	2.09	2.13	2.16	2.19	2.23	2.26	2.29	2.32	2.35	2.00	2.03	2.06	2.09	2.12	2.15	2.18	2.21	2.24	2.27	2.30
	0.6	2.12	2.20	2.28	2.36	2.44	2.51	2.58	2.64	2.71	2.77	2.84	2.08	2.16	2.23	2.30	2.37	2.44	2.51	2.57	2.64	2.70	2.76
	0.8	2.28	2.44	2.58	2.71	2.83	2.94	3.05	3.15	3.25	3.35	3.44	2.21	2.36	2.49	2.62	2.73	2.86	2.95	3.05	3.15	3.24	3.34
	1.0	2.53	2.77	2.97	3.14	3.30	3.45	3.59	3.73	3.85	3.98	4.10	2.43	2.65	2.84	3.02	3.18	3.33	3.47	3.60	3.73	3.85	3.97
	1.2	2.87	3.15	3.40	3.61	3.81	3.99	4.17	4.33	4.49	4.65	4.79	2.71	3.00	3.24	3.46	3.66	3.85	4.02	4.19	4.34	4.49	4.64
0.6	0.2	1.99	1.98	2.00	2.01	2.02	2.03	2.04	2.04	2.05	2.06	2.07	1.97	1.98	1.98	1.99	2.00	2.00	2.01	2.02	2.02	2.03	2.04
	0.4	2.04	2.07	2.10	2.14	2.17	2.20	2.23	2.27	2.30	2.33	2.36	2.01	2.04	2.07	2.10	2.13	2.16	2.19	2.23	2.26	2.29	2.32
	0.6	2.13	2.21	2.29	2.37	2.45	2.52	2.59	2.65	2.72	2.78	2.84	2.09	2.17	2.24	2.32	2.39	2.46	2.52	2.59	2.65	2.71	2.77
	0.8	2.30	2.45	2.59	2.72	2.84	2.95	3.06	3.16	3.26	3.35	3.44	2.23	2.38	2.51	2.64	2.75	2.86	2.97	3.07	3.16	3.26	3.35
	1.0	2.56	2.78	2.97	3.15	3.31	3.46	3.60	3.73	3.86	3.99	4.11	2.45	2.68	2.86	3.03	3.19	3.34	3.48	3.61	3.74	3.86	3.98
	1.2	2.89	3.16	3.41	3.62	3.82	4.00	4.17	4.34	4.50	4.65	4.80	2.74	3.02	3.26	3.48	3.67	3.86	4.03	4.20	4.35	4.50	4.65
0.8	0.2	2.00	2.01	2.02	2.02	2.03	2.04	2.05	2.05	2.06	2.07	2.08	1.99	1.99	2.00	2.01	2.01	2.02	2.03	2.04	2.04	2.05	2.06
	0.4	2.05	2.08	2.12	2.15	2.18	2.21	2.25	2.28	2.31	2.34	2.37	2.03	2.06	2.09	2.12	2.15	2.19	2.22	2.25	2.28	2.31	2.34
	0.6	2.15	2.23	2.31	2.39	2.46	2.53	2.60	2.67	2.73	2.79	2.85	2.12	2.19	2.27	2.34	2.41	2.48	2.55	2.61	2.67	2.73	2.79
	0.8	2.32	2.47	2.61	2.73	2.85	2.96	3.07	3.17	3.27	3.36	3.45	2.27	2.41	2.54	2.66	2.78	2.89	2.99	3.09	3.18	3.28	3.37
	1.0	2.59	2.80	2.99	3.16	3.32	3.47	3.61	3.74	3.87	3.99	4.11	2.49	2.70	2.89	3.06	3.21	3.36	3.50	3.63	3.76	3.88	4.00
	1.2	2.92	3.19	3.42	3.63	3.83	4.01	4.18	4.35	4.51	4.66	4.81	2.78	3.05	3.29	3.50	3.69	3.88	4.05	4.21	4.37	4.52	4.66
1.0	0.2	2.02	2.02	2.03	2.04	2.05	2.05	2.06	2.07	2.08	2.09	2.09	2.01	2.02	2.03	2.04	2.04	2.05	2.06	2.07	2.07	2.08	2.09
	0.4	2.07	2.10	2.14	2.17	2.20	2.23	2.26	2.30	2.33	2.36	2.39	2.06	2.10	2.13	2.16	2.19	2.22	2.25	2.28	2.31	2.34	2.37
	0.6	2.17	2.25	2.33	2.41	2.48	2.55	2.62	2.68	2.75	2.81	2.87	2.16	2.23	2.31	2.38	2.45	2.51	2.58	2.64	2.70	2.76	2.82
	0.8	2.36	2.50	2.63	2.76	2.87	2.98	3.08	3.19	3.28	3.38	3.47	2.31	2.46	2.58	2.70	2.81	2.92	3.02	3.12	3.21	3.30	3.39
	1.0	2.62	2.83	3.01	3.18	3.34	3.48	3.62	3.75	3.88	4.01	4.12	2.55	2.75	2.93	3.09	3.25	3.39	3.53	3.66	3.78	3.90	4.02
	1.2	2.95	3.21	3.44	3.65	3.84	4.02	4.20	4.36	4.52	4.67	4.81	2.84	3.10	3.32	3.53	3.72	3.90	4.07	4.23	4.39	4.54	4.68
1.2	0.2	2.04	2.05	2.06	2.06	2.07	2.08	2.09	2.09	2.10	2.11	2.12	2.07	2.08	2.08	2.09	2.09	2.10	2.11	2.11	2.12	2.13	2.13
	0.4	2.10	2.13	2.17	2.20	2.23	2.26	2.29	2.32	2.35	2.38	2.41	2.13	2.16	2.18	2.21	2.24	2.27	2.30	2.33	2.35	2.38	2.41
	0.6	2.22	2.29	2.37	2.44	2.51	2.58	2.64	2.71	2.77	2.83	2.89	2.24	2.30	2.37	2.43	2.50	2.56	2.63	2.68	2.74	2.80	2.86
	0.8	2.41	2.54	2.67	2.78	2.90	3.00	3.11	3.20	3.30	3.39	3.48	2.41	2.53	2.64	2.75	2.86	2.96	3.06	3.15	3.24	3.33	3.42
	1.0	2.68	2.87	3.04	3.21	3.36	3.50	3.64	3.77	3.90	4.02	4.14	2.64	2.82	3.01	3.14	3.29	3.43	3.56	3.69	3.81	3.93	4.04
	1.2	3.00	3.25	3.47	3.67	3.86	4.04	4.21	4.37	4.53	4.68	4.83	2.92	3.16	3.37	3.57	3.76	3.93	4.10	4.26	4.41	4.56	4.70
1.4	0.2	2.10	2.10	2.10	2.11	2.11	2.12	2.13	2.13	2.14	2.15	2.15	2.20	2.18	2.17	2.17	2.17	2.18	2.18	2.19	2.19	2.20	2.20
	0.4	2.17	2.19	2.21	2.24	2.27	2.30	2.33	2.36	2.39	2.41	2.44	2.26	2.26	2.27	2.29	2.32	2.34	2.37	2.39	2.42	2.44	2.47
	0.6	2.29	2.35	2.41	2.48	2.55	2.61	2.67	2.74	2.80	2.86	2.91	2.37	2.41	2.46	2.51	2.57	2.63	2.68	2.74	2.80	2.85	2.91
	0.8	2.48	2.60	2.71	2.82	2.93	3.03	3.13	3.23	3.32	3.41	3.50	2.55	2.62	2.72	2.82	2.90	3.01	3.11	3.20	3.29	3.37	3.46
	1.0	2.74	2.92	3.08	3.24	3.39	3.53	3.66	3.79	3.92	4.04	4.15	2.75	2.90	3.05	3.20	3.34	3.47	3.60	3.72	3.84	3.96	4.07
	1.2	3.06	3.29	3.50	3.70	3.89	4.06	4.23	4.39	4.55	4.70	4.84	3.02	3.23	3.46	3.62	3.80	3.97	4.13	4.29	4.44	4.59	4.73

简图

$K_1 = \dfrac{I_1}{I_3} \cdot \dfrac{H_3}{H_1}$

$K_2 = \dfrac{I_2}{I_3} \cdot \dfrac{H_3}{H_2}$

$\eta_1 = \dfrac{H_1}{H_3} \sqrt{\dfrac{N_1}{N_3} \cdot \dfrac{I_3}{I_1}}$

$\eta_2 = \dfrac{H_2}{H_3} \sqrt{\dfrac{N_2}{N_3} \cdot \dfrac{I_3}{I_2}}$

N_1——上段柱的轴心力;

N_2——中段柱的轴心力;

N_3——下段柱的轴心力

续表 E.0.6

η₁	K₂/η₂	0.20											0.30										
		0.2	0.3	0.4	0.5	0.6	0.7	0.8	0.9	1.0	1.1	1.2	0.2	0.3	0.4	0.5	0.6	0.7	0.8	0.9	1.0	1.1	1.2
0.2	0.2	1.94	1.93	1.93	1.93	1.93	1.93	1.94	1.94	1.95	1.95	1.96	1.92	1.91	1.90	1.89	1.89	1.89	1.90	1.90	1.90	1.90	1.91
	0.4	1.96	1.98	1.99	2.02	2.04	2.07	2.09	2.12	2.15	2.17	2.20	1.95	1.95	1.96	1.97	1.99	2.01	2.04	2.06	2.08	2.11	2.13
	0.6	2.02	2.07	2.13	2.19	2.26	2.32	2.38	2.44	2.50	2.56	2.62	1.99	2.03	2.08	2.13	2.18	2.24	2.29	2.35	2.41	2.46	2.52
	0.8	2.12	2.23	2.35	2.47	2.58	2.68	2.78	2.88	2.98	3.07	3.15	2.07	2.16	2.27	2.37	2.47	2.57	2.66	2.75	2.84	2.93	3.01
	1.0	2.28	2.47	2.65	2.82	2.97	3.12	3.26	3.39	3.51	3.63	3.75	2.20	2.37	2.53	2.69	2.83	2.97	3.10	3.23	3.35	3.46	3.57
	1.2	2.50	2.77	3.01	3.22	3.42	3.60	3.77	3.93	4.09	4.23	4.38	2.39	2.63	2.85	3.05	3.24	3.42	3.58	3.74	3.89	4.03	4.17
0.4	0.2	1.93	1.93	1.93	1.93	1.94	1.94	1.95	1.95	1.96	1.96	1.97	1.92	1.91	1.91	1.90	1.90	1.91	1.91	1.91	1.92	1.92	1.92
	0.4	1.97	1.98	2.00	2.03	2.05	2.08	2.11	2.13	2.16	2.19	2.22	1.95	1.96	1.97	1.99	2.01	2.03	2.05	2.08	2.10	2.12	2.15
	0.6	2.03	2.08	2.14	2.21	2.27	2.33	2.40	2.46	2.52	2.58	2.63	2.00	2.04	2.09	2.14	2.20	2.26	2.31	2.37	2.42	2.48	2.53
	0.8	2.13	2.25	2.37	2.48	2.59	2.70	2.80	2.90	2.99	3.08	3.17	2.08	2.18	2.28	2.39	2.49	2.59	2.68	2.77	2.86	2.95	3.03
	1.0	2.29	2.49	2.67	2.83	2.99	3.13	3.27	3.40	3.53	3.64	3.76	2.22	2.39	2.55	2.71	2.85	2.99	3.12	3.24	3.36	3.48	3.59
	1.2	2.52	2.79	3.02	3.23	3.43	3.61	3.78	3.94	4.10	4.24	4.39	2.41	2.65	2.87	3.07	3.26	3.43	3.60	3.75	3.90	4.04	4.18
0.6	0.2	1.95	1.95	1.95	1.95	1.96	1.96	1.97	1.97	1.98	1.98	1.99	1.93	1.93	1.92	1.92	1.93	1.93	1.93	1.94	1.94	1.95	1.95
	0.4	1.98	2.00	2.02	2.05	2.08	2.10	2.13	2.16	2.19	2.21	2.24	1.96	1.97	1.99	2.01	2.03	2.06	2.08	2.11	2.13	2.16	2.18
	0.6	2.04	2.10	2.17	2.23	2.30	2.36	2.42	2.48	2.54	2.60	2.66	2.02	2.06	2.12	2.17	2.23	2.29	2.35	2.40	2.46	2.51	2.57
	0.8	2.15	2.27	2.39	2.51	2.62	2.72	2.82	2.92	3.01	3.10	3.19	2.11	2.21	2.32	2.42	2.52	2.62	2.71	2.80	2.89	2.98	3.06
	1.0	2.32	2.52	2.70	2.86	3.01	3.16	3.29	3.42	3.55	3.66	3.78	2.25	2.42	2.59	2.74	2.88	3.02	3.15	3.27	3.39	3.50	3.61
	1.2	2.55	2.82	3.05	3.26	3.45	3.63	3.80	3.96	4.11	4.26	4.40	2.44	2.69	2.91	3.11	3.29	3.46	3.62	3.78	3.93	4.07	4.20
0.8	0.2	1.98	1.97	1.98	1.98	1.99	1.99	2.00	2.01	2.01	2.02	2.03	1.96	1.95	1.96	1.96	1.97	1.97	1.98	1.98	1.99	1.99	2.00
	0.4	2.00	2.03	2.06	2.08	2.11	2.14	2.17	2.20	2.22	2.25	2.28	1.99	2.01	2.03	2.05	2.08	2.10	2.13	2.15	2.18	2.21	2.23
	0.6	2.08	2.14	2.21	2.27	2.34	2.40	2.46	2.52	2.58	2.64	2.69	2.05	2.10	2.16	2.22	2.28	2.34	2.40	2.45	2.51	2.56	2.62
	0.8	2.19	2.32	2.44	2.55	2.66	2.76	2.86	2.96	3.05	3.13	3.22	2.15	2.25	2.37	2.47	2.57	2.67	2.76	2.85	2.94	3.02	3.10
	1.0	2.37	2.57	2.74	2.90	3.05	3.19	3.33	3.45	3.58	3.69	3.81	2.30	2.48	2.64	2.79	2.93	3.07	3.19	3.31	3.43	3.54	3.65
	1.2	2.61	2.87	3.09	3.30	3.49	3.66	3.83	3.99	4.14	4.29	4.42	2.50	2.74	2.96	3.15	3.33	3.50	3.66	3.81	3.96	4.10	4.23
1.0	0.2	2.01	2.02	2.03	2.03	2.04	2.05	2.05	2.06	2.07	2.07	2.08	2.01	2.02	2.02	2.03	2.04	2.04	2.05	2.06	2.06	2.07	2.07
	0.4	2.06	2.09	2.11	2.14	2.17	2.20	2.23	2.25	2.28	2.31	2.33	2.05	2.08	2.10	2.13	2.16	2.18	2.21	2.23	2.26	2.28	2.31
	0.6	2.14	2.21	2.27	2.34	2.40	2.46	2.52	2.58	2.63	2.69	2.74	2.13	2.19	2.25	2.30	2.36	2.42	2.47	2.53	2.58	2.63	2.68
	0.8	2.27	2.39	2.51	2.62	2.72	2.82	2.91	3.00	3.09	3.18	3.26	2.24	2.35	2.45	2.55	2.65	2.74	2.83	2.92	3.00	3.08	3.16
	1.0	2.46	2.64	2.81	2.96	3.10	3.24	3.37	3.50	3.61	3.73	3.84	2.40	2.57	2.72	2.86	3.00	3.13	3.25	3.37	3.48	3.59	3.70
	1.2	2.69	2.94	3.15	3.35	3.53	3.71	3.87	4.02	4.17	4.32	4.46	2.60	2.83	3.03	3.22	3.39	3.56	3.71	3.86	4.01	4.14	4.28
1.2	0.2	2.13	2.12	2.12	2.13	2.13	2.14	2.14	2.15	2.15	2.16	2.16	2.17	2.16	2.16	2.16	2.16	2.16	2.17	2.17	2.18	2.18	2.19
	0.4	2.18	2.19	2.21	2.24	2.26	2.29	2.31	2.34	2.36	2.38	2.41	2.22	2.22	2.24	2.26	2.28	2.30	2.32	2.34	2.36	2.39	2.41
	0.6	2.27	2.32	2.37	2.43	2.49	2.54	2.60	2.65	2.70	2.76	2.81	2.29	2.33	2.38	2.43	2.48	2.53	2.58	2.62	2.67	2.72	2.77
	0.8	2.41	2.50	2.60	2.70	2.80	2.89	2.98	3.07	3.15	3.23	3.32	2.41	2.49	2.58	2.67	2.75	2.84	2.92	3.00	3.08	3.16	3.23
	1.0	2.59	2.74	2.89	3.04	3.17	3.30	3.43	3.55	3.66	3.78	3.89	2.56	2.69	2.83	2.96	3.09	3.21	3.33	3.44	3.55	3.66	3.76
	1.2	2.81	3.03	3.23	3.42	3.59	3.76	3.92	4.07	4.22	4.36	4.49	2.74	2.94	3.13	3.30	3.47	3.63	3.78	3.92	4.06	4.20	4.33
1.4	0.2	2.35	2.31	2.29	2.28	2.27	2.27	2.27	2.27	2.27	2.28	2.28	2.45	2.40	2.37	2.35	2.35	2.34	2.34	2.34	2.34	2.34	2.34
	0.4	2.40	2.37	2.37	2.38	2.39	2.41	2.43	2.45	2.47	2.49	2.51	2.48	2.45	2.44	2.44	2.45	2.46	2.48	2.49	2.51	2.53	2.55
	0.6	2.48	2.49	2.52	2.56	2.61	2.65	2.70	2.75	2.80	2.85	2.89	2.55	2.54	2.56	2.60	2.63	2.67	2.71	2.75	2.80	2.84	2.88
	0.8	2.60	2.66	2.73	2.82	2.90	2.98	3.07	3.15	3.23	3.31	3.38	2.64	2.68	2.74	2.81	2.89	2.96	3.04	3.11	3.18	3.25	3.33
	1.0	2.77	2.88	3.01	3.14	3.26	3.38	3.50	3.62	3.73	3.84	3.94	2.77	2.87	2.98	3.09	3.20	3.32	3.43	3.53	3.64	3.74	3.84
	1.2	2.97	3.15	3.33	3.50	3.67	3.83	3.98	4.00	4.13	4.41	4.54	2.94	3.09	3.26	3.41	3.57	3.72	3.86	4.00	4.13	4.26	4.39

简图

$K_1 = \dfrac{I_1}{I_3}$ $K_2 = \dfrac{I_2}{I_3}$

$\eta_1 = \dfrac{H_1}{H_3}\sqrt{\dfrac{N_1}{N_3}\cdot\dfrac{I_3}{I_1}}$

$\eta_2 = \dfrac{H_2}{H_3}\sqrt{\dfrac{N_2}{N_3}\cdot\dfrac{I_3}{I_2}}$

N_1——上段柱的轴心力；

N_2——中段柱的轴心力；

N_3——下段柱的轴心力。

注：表中的计算长度系数 μ_3 值系按下式计算得出：

$$\frac{\eta_1 K_1}{\eta_2 K_2} + (\eta_2 K_2)^2 \quad \frac{\pi\eta_1}{\mu_3}\cdot\text{ctg}\frac{\pi\eta_1}{\mu_3} + \frac{\pi\eta_2}{\mu_3}\cdot\text{ctg}\frac{\pi\eta_2}{\mu_3} + \frac{1}{\eta_2 K_2}\cdot\frac{\pi}{\mu_3}\cdot\text{ctg}\frac{\pi}{\mu_3} - 1 = 0$$

附录 F　加劲钢板剪力墙的弹性屈曲临界应力

F.1　仅设置竖向加劲的钢板剪力墙

F.1.1　仅设置竖向加劲的钢板剪力墙，其弹性剪切屈曲临界应力 τ_{cr} 计算应符合下列规定：

1　参数 η_y、η_{rth} 应按下列公式计算：

$$\eta_y = \frac{EI_{sy}}{Da_1} \quad \text{(F.1.1-1)}$$

$$\eta_{rth} = 6\eta_k(7\beta^2 - 5) \geqslant 10 \quad \text{(F.1.1-2)}$$

$$\eta_k = 0.42 + \frac{0.58}{[1 + 5.42(I_{t.sy}/I_{sy})^{2.6}]^{0.77}} \quad \text{(F.1.1-3)}$$

$$0.8 \leqslant \beta = \frac{H_n}{a_1} \leqslant 5 \quad \text{(F.1.1-4)}$$

式中：E——加劲肋的弹性模量（N/mm²）；

I_{sy}——竖向加劲肋的惯性矩（mm⁴），可考虑加劲肋与钢板剪力墙有效宽度组合截面，单侧钢板剪力墙的有效宽度取15倍的钢板厚度；

D——单位宽度的弯曲刚度（N·mm），根据本标准式（9.2.4-3）计算；

a_1——剪力墙板区格宽度（mm）；

H_n——钢板剪力墙的净高度（mm）；

$I_{t.sy}$——竖向加劲肋自由扭转常数（mm⁴）。

2　当 $\eta_y \geqslant \eta_{rth}$ 时，弹性剪切屈曲临界应力 τ_{cr} 应按下列公式计算：

$$\tau_{cr} = \tau_{crp} = k_{\tau p}\frac{\pi^2 D}{a_1^2 t_w} \quad \text{(F.1.1-5)}$$

当 $\frac{H_n}{a_1} \geqslant 1$ 时：

$$k_{\tau p} = \chi\left[5.34 + \frac{4}{(H_n/a_1)^2}\right] \quad \text{(F.1.1-6)}$$

当 $\frac{H_n}{a_1} < 1$ 时：

$$k_{\tau p} = \chi\left[4 + \frac{5.34}{(H_n/a_1)^2}\right] \quad \text{(F.1.1-7)}$$

式中：t_w——剪力墙板的厚度（mm）；

χ——采用闭口加劲肋时取1.23，开口加劲肋时取1.0。

3　当 $\eta_y < \eta_{rth}$ 时，弹性剪切屈曲临界应力 τ_{cr} 应按下列公式计算：

$$\tau_{cr} = k_{ss}\frac{\pi^2 D}{a_1^2 t_w} \quad \text{(F.1.1-8)}$$

$$k_{ss} = k_{ss0}\left(\frac{a_1}{L_n}\right)^2 + \left[k_{\tau p} - k_{ss0}\left(\frac{a_1}{L_n}\right)^2\right]\left(\frac{n_y}{\eta_{rth}}\right)^{0.6} \quad \text{(F.1.1-9)}$$

当 $\frac{H_n}{L_n} \geqslant 1$ 时：

$$k_{ss0} = 6.5 + \frac{5}{(H_n/L_n)^2} \quad \text{(F.1.1-10)}$$

当 $\frac{H_n}{L_n} < 1$ 时：

$$k_{ss0} = 5 + \frac{6.5}{(H_n/L_n)^2} \quad \text{(F.1.1-11)}$$

式中：L_n——钢板剪力墙的净宽度（mm）。

F.1.2　仅设置竖向加劲肋的钢板剪力墙，其竖向受压弹性屈曲临界应力 σ_{cr} 的计算应符合下列规定：

1　参数 $\eta_{\sigma th}$ 应按下列公式计算：

$$\eta_{\sigma th} = 1.5\left(1 + \frac{1}{n_v}\right)\left[k_{pan}(n_v + 1)^2 - k_{\sigma 0}\right]\left(\frac{H_n}{L_n}\right)^2 \quad \text{(F.1.2-1)}$$

$$k_{\sigma 0} = \chi\left(\frac{L_n}{H_n} + \frac{H_n}{L_n}\right)^2 \quad \text{(F.1.2-2)}$$

式中：k_{pan}——小区格竖向受压屈曲系数，可以取 $k_{pan} = 4\chi$，χ 是嵌固系数，闭口加劲肋时取1.23，开口加劲肋时取1；

n_v——竖向加劲肋的道数。

2　竖向受压弹性屈曲临界应力 σ_{cr} 应按下列公式计算：

当 $\eta_y \geqslant \eta_{\sigma th}$ 时：

$$\sigma_{cr} = \sigma_{crp} = k_{pan}\frac{\pi^2 D}{a_1^2 t_w} \quad \text{(F.1.2-3)}$$

当 $\eta_y < \eta_{\sigma th}$ 时：

$$\sigma_{cr} = \sigma_{cr0} + (\sigma_{crp} - \sigma_{cr0})\frac{\eta_y}{\eta_{\sigma th}} \quad \text{(F.1.2-4)}$$

$$\sigma_{cr0} = \frac{\pi^2 k_{\sigma 0} D}{L_n^2 t_w} \quad \text{(F.1.2-5)}$$

式中：$k_{\sigma 0}$——参数，按本标准式（F.1.2-2）计算。

F.1.3　仅设置竖向加劲肋的钢板剪力墙，其竖向抗弯弹性屈曲临界应力 σ_{bcr} 应按下列公式计算：

当 $\eta_y \geqslant \eta_{\sigma th}$ 时：

$$\sigma_{bcr} = \sigma_{bcrp} = k_{bpan}\frac{\pi^2 D}{a_1^2 t_w} \quad \text{(F.1.3-1)}$$

$$k_{bpan} = 4 + 2\beta_\sigma + 2\beta_\sigma^3 \quad \text{(F.1.3-2)}$$

当 $\eta_y < \eta_{\sigma th}$ 时：

$$\sigma_{bcr} = \sigma_{bcr0} + (\sigma_{bcrp} - \sigma_{bcr0})\frac{\eta_y}{\eta_{\sigma th}} \quad \text{(F.1.3-3)}$$

$$\sigma_{bcr0} = \frac{\pi^2 k_{b0} D}{L_n^2 t_w} \quad \text{(F.1.3-4)}$$

$$k_{b0} = 14 + 11\left(\frac{H_n}{L_n}\right)^2 + 2.2\left(\frac{L_n}{H_n}\right)^2 \quad \text{(F.1.3-5)}$$

式中：k_{bpan}——小区格竖向不均匀受压屈曲系数；

β_σ——区格两边的应力差除以较大的压应力。

F.2　设置水平加劲的钢板剪力墙

F.2.1　仅设置水平加劲的钢板剪力墙，其弹性剪切屈曲临界应力 τ_{cr} 计算应符合下列规定：

1 参数 η_x、$\eta_{\tau th,h}$ 应按下列公式计算：

$$\eta_x = \frac{EI_{sx}}{Dh_1} \quad (F.2.1\text{-}1)$$

$$\eta_{\tau th,h} = 6\eta_h(7\beta_h^2 - 4) \geqslant 5 \quad (F.2.1\text{-}2)$$

$$\eta_h = 0.42 + \frac{0.58}{[1 + 5.42(I_{t,sx}/I_{sx})^{2.6}]^{0.77}}$$
$$(F.2.1\text{-}3)$$

$$0.8 \leqslant \beta_h = \frac{L_n}{h_1} \leqslant 5 \quad (F.2.1\text{-}4)$$

式中：I_{sx}——水平方向加劲肋的惯性矩（mm⁴），可考虑加劲肋与钢板剪力墙有效宽度组合截面，单侧钢板剪力墙的有效宽度取 15 倍的钢板厚度；

h_1——剪力墙板区格高度（mm）；

$I_{t,sx}$——水平加劲肋自由扭转常数（mm⁴）。

2 当 $\eta_x \geqslant \eta_{\tau th,h}$ 时，弹性剪切屈曲临界应力 τ_{cr} 应按下列公式计算：

$$\tau_{cr} = \tau_{crp} = k_{\tau p} \frac{\pi^2 D}{L_n^2 t_w} \quad (F.2.1\text{-}5)$$

当 $\frac{h_1}{L_n} \geqslant 1$ 时：

$$k_{\tau p} = \chi\left[5.34 + \frac{4}{(h_1/L_n)^2}\right] \quad (F.2.1\text{-}6)$$

当 $\frac{h_1}{L_n} < 1$ 时：

$$k_{\tau p} = \chi\left[4 + \frac{5.34}{(h_1/L_n)^2}\right] \quad (F.2.1\text{-}7)$$

3 当 $\eta_x < \eta_{\tau th,h}$ 时，弹性剪切屈曲临界应力 τ_{cr} 应按下列公式计算：

$$\tau_{cr} = k_{ss} \frac{\pi^2 D}{L_n^2 t_w} \quad (F.2.1\text{-}8)$$

$$k_{ss} = k_{ss0} + [k_{\tau p} - k_{ss0}]\left(\frac{\eta_x}{\eta_{\tau th,h}}\right)^{0.6}$$
$$(F.2.1\text{-}9)$$

式中：k_{ss0}——参数，根据本标准式（F.1.1-10）、式（F.1.1-11）计算。

F.2.2 仅设置水平加劲肋的钢板剪力墙，其竖向受压弹性屈曲临界应力 σ_{cr} 的计算应符合下列规定：

1 参数 η_{x0} 应按下式计算：

$$\eta_{x0} = 0.3\left(1 + \cos\frac{\pi}{n_h + 1}\right)\left[1 + \left(\frac{L_n}{h_1}\right)^2\right]^2$$
$$(F.2.2\text{-}1)$$

式中：n_h——水平加劲肋的道数。

2 竖向受压弹性屈曲临界应力 σ_{cr} 应按下列公式计算：

当 $\eta_x \geqslant \eta_{x0}$ 时

$$\sigma_{cr} = \sigma_{crp} = k_{pan} \frac{\pi^2 D}{L_n^2 t_w} \quad (F.2.2\text{-}2)$$

$$k_{pan} = \left(\frac{L_n}{h_1} + \frac{h_1}{L_n}\right)^2 \quad (F.2.2\text{-}3)$$

当 $\eta_x < \eta_{x0}$ 时：

$$\sigma_{cr} = \sigma_{cr0} + (\sigma_{crp} - \sigma_{cr0})\left(\frac{\eta_y}{\eta_{cth}}\right)^{0.6} \quad (F.2.2\text{-}4)$$

式中：σ_{cr0}——未加劲钢板剪力墙的竖向弯曲屈曲应力（N/mm²），按本标准式（F.1.2-5）计算。

F.2.3 仅设置水平加劲肋的钢板剪力墙，其竖向抗弯弹性屈曲临界应力 σ_{bcr} 应按下列公式计算：

当 $\eta_x \geqslant \eta_{x0}$ 时：

$$\sigma_{bcr} = \sigma_{bcrp} = k_{bpan} \frac{\pi^2 D}{L_n^2 t_w} \quad (F.2.3\text{-}1)$$

$$k_{bpan} = 14 + 11\left(\frac{h_1}{L_n}\right)^2 + 2.2\left(\frac{L_n}{h_1}\right)^2$$
$$(F.2.3\text{-}2)$$

当 $\eta_x < \eta_{x0}$ 时：

$$\sigma_{bcr} = \sigma_{bcr0} + (\sigma_{bcrp} - \sigma_{bcr0})\left(\frac{\eta_y}{\eta_{\sigma th}}\right)^{0.6}$$
$$(F.2.3\text{-}3)$$

式中：σ_{bcr0}——未加劲钢板剪力墙的竖向弯曲屈曲应力（N/mm²），按本标准式（F.1.3-4）计算。

F.3 同时设置水平和竖向加劲肋的钢板剪力墙

F.3.1 同时设置水平和竖向加劲肋的钢板剪力墙（图 F.3.1），其弹性剪切屈曲临界应力 τ_{cr} 的计算应符合下列规定：

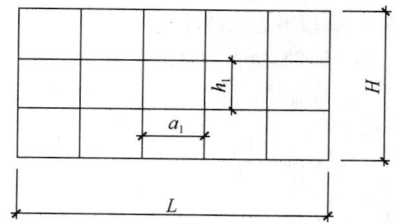

图 F.3.1 带加劲肋的钢板剪力墙

1 当加劲肋的刚度满足本标准第 9.2.4 条的要求时，其弹性剪切屈曲临界应力 τ_{cr} 应按下列公式计算：

$$\tau_{cr} = \tau_{crp} = k_{ss}^1 \frac{\pi^2 D}{a_1^2 t_w} \quad (F.3.1\text{-}1)$$

当 $\frac{h_1}{a_1} \geqslant 1$ 时

$$k_{ss}^1 = 6.5 + \frac{5}{(h_1/a_1)^2} \quad (F.3.1\text{-}2)$$

当 $\frac{h_1}{a_1} < 1$ 时

$$k_{ss}^1 = 5 + \frac{6.5}{(a_1/h_1)^2} \quad (F.3.1\text{-}3)$$

2 当加劲肋的刚度不满足本标准第 9.2.4 条的要求时，其弹性剪切屈曲临界应力 τ_{cr} 应按下列公式计算：

$$\tau_{cr} = \tau_{cr0} + (\tau_{crp} - \tau_{cr0})\left(\frac{\eta_{av}}{33}\right)^{0.7} \leqslant \tau_{crp}$$

$$\text{(F.3.1-4)}$$

$$\tau_{cr0} = k_{ss0}\frac{\pi^2 D}{L_n^2 t_w} \qquad \text{(F.3.1-5)}$$

$$\eta_{av} = \sqrt{0.66\frac{EI_{sx}}{Da_1}\cdot\frac{EI_{sy}}{Dh_1}} \qquad \text{(F.3.1-6)}$$

式中：τ_{crp}——小区格的剪切屈曲临界应力（N/mm^2）；

τ_{cr0}——未加劲板的剪切屈曲临界应力（N/mm^2）。

F.3.2 同时设置水平和竖向加劲肋的钢板剪力墙，其竖向受压弹性屈曲临界应力 σ_{cr} 的计算应符合下列规定：

1 当加劲肋的刚度满足本标准第9.2.4条的要求时，其竖向受压弹性屈曲临界应力 σ_{cr} 应按下列公式计算：

$$\sigma_{cr} = k_{\sigma 0}^1 \frac{\pi^2 D}{a_1^2 t_w} \qquad \text{(F.3.2-1)}$$

$$k_{\sigma 0}^1 = \chi\left(\frac{a_1}{h_1} + \frac{h_1}{a_1}\right)^2 \qquad \text{(F.3.2-2)}$$

2 当加劲肋的刚度不满足本标准第9.2.4条的要求时，其竖向受压弹性屈曲临界应力 σ_{cr} 的计算应符合下列规定：

1）参数 D_x、D_y、D_{xy} 应按下列公式计算：

$$D_x = D + \frac{EI_{sx}}{h_1} \qquad \text{(F.3.2-3)}$$

$$D_y = D + \frac{EI_{sy}}{a_1} \qquad \text{(F.3.2-4)}$$

$$D_{xy} = D + \frac{1}{2}\left[\frac{GI_{t,sy}}{a_1} + \frac{GI_{t,sx}}{h_1}\right] \text{(F.3.2-5)}$$

式中：G——加劲肋的剪变模量（N/mm^2）。

2）竖向临界应力应按下列公式计算：

当 $\dfrac{H_n}{L_n} \leqslant \left(\dfrac{D_y}{D_x}\right)^{0.25}$ 时：

$$\sigma_{cr} = \frac{\pi^2}{L_n^2 t_w}\left[\left(\frac{H_n}{L_n}\right)^2 D_x + \left(\frac{L_n}{H_n}\right)^2 D_y + 2D_{xy}\right]$$

$$\text{(F.3.2-6)}$$

当 $\dfrac{H_n}{L_n} > \left(\dfrac{D_y}{D_x}\right)^{0.25}$ 时：

$$\sigma_{cr} = \frac{2\pi^2}{L_n^2 t_w}\left[\sqrt{D_x D_y} + D_{xy}\right] \qquad \text{(F.3.2-7)}$$

F.3.3 同时设置水平和竖向加劲肋的钢板剪力墙，其竖向抗弯弹性屈曲临界应力 σ_{bcr} 应按下列公式计算：

当 $\dfrac{H_n}{L_n} \leqslant \dfrac{2}{3}\left(\dfrac{D_y}{D_x}\right)^{0.25}$ 时：

$$\sigma_{bcr} = \frac{6\pi^2}{L_n^2 t_w}\left[\left(\frac{H_n}{L_n}\right)^2 D_x + \left(\frac{L_n}{H_n}\right)^2 D_y + 2D_{xy}\right]$$

$$\text{(F.3.3-1)}$$

当 $\dfrac{H_n}{L_n} > \dfrac{2}{3}\left(\dfrac{D_y}{D_x}\right)^{0.25}$ 时：

$$\sigma_{bcr} = \frac{12\pi^2}{L_n^2 t_w}\left[\sqrt{D_x D_y} + D_{xy}\right] \quad \text{(F.3.3-2)}$$

附录 G　桁架节点板在斜腹杆压力作用下的稳定计算

G.0.1 桁架节点板在斜腹杆压力作用下的稳定计算宜采用下列基本假定：

1 图 G.0.1 中 $B\text{-}A\text{-}C\text{-}D$ 为节点板失稳时的屈折线，其中 $\overline{BA}$ 平行于弦杆，$\overline{CD} \perp \overline{BA}$。

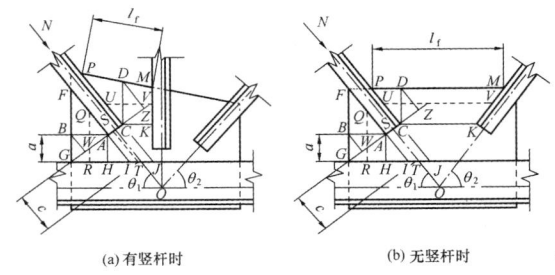

(a) 有竖杆时　　　　(b) 无竖杆时

图 G.0.1　节点板稳定计算简图

2 在斜腹杆轴向压力 N 的作用下，$\overline{BA}$ 区（FB-GHA 板件）、$\overline{AC}$ 区（AIJC 板件）和 $\overline{CD}$ 区（CKMP 板件）同时受压，当其中某一区先失稳后，其他区即相继失稳。

G.0.2 桁架节点板在斜腹杆压力作用下宜采用下列公式分别计算各区的稳定：

$\overline{BA}$区：

$$\frac{b_1}{(b_1 + b_2 + b_3)}N\sin\theta_1 \leqslant l_1 t\varphi_1 f \text{ (G.0.2-1)}$$

$\overline{AC}$区：

$$\frac{b_2}{(b_1 + b_2 + b_3)}N \leqslant l_2 t\varphi_2 f \qquad \text{(G.0.2-2)}$$

$\overline{CD}$区：

$$\frac{b_3}{(b_1 + b_2 + b_3)}N\cos\theta_1 \leqslant l_3 t\varphi_3 f \text{ (G.0.2-3)}$$

式中：　t——节点板厚度（mm）；

N——受压斜腹杆的轴向力（N）；

l_1、l_2、l_3——分别为屈折线 $\overline{BA}$、$\overline{AC}$、$\overline{CD}$ 的长度（mm）；

φ_1、φ_2、φ_3——各受压区板件的轴心受压稳定系数，可按 b 类截面查取；其相应的长细比分别为：$\lambda_1 = 2.77\dfrac{\overline{QR}}{t}$，$\lambda_2 = 2.77\dfrac{\overline{ST}}{t}$，$\lambda_3 = 2.77\dfrac{\overline{UV}}{t}$；式中 $\overline{QR}$、$\overline{ST}$、$\overline{UV}$ 为 $\overline{BA}$、$\overline{AC}$、$\overline{CD}$ 三区受压板件的中线长度；其中 $\overline{ST} = c$；b_1（$\overline{WA}$）、b_2（$\overline{AC}$）、b_3（$\overline{CZ}$）为各屈折线段

在有效长度线上的投影长度。

G.0.3 对 $l_f/t>60\varepsilon_k$ 且沿自由边加劲的无竖腹杆节点板（l_f 为节点板自由边的长度），亦可按本标准第 G.0.2 条计算，只是仅需验算 $\overline{BA}$ 区和 $\overline{AC}$ 区，而不必验算 $\overline{CD}$ 区。

附录 H 无加劲钢管直接焊接节点刚度判别

H.0.1 空腹桁架、单层网格结构中无加劲圆钢管直接焊接节点的刚度应按下列规定计算。

 1 平面 T 形（或 Y 形）节点：

  1） 支管轴力作用下的节点刚度 K_{nT}^j（N/mm）应按下式计算（图 13.3.2-2 和图 13.3.2-3）：

$$K_{nT}^j = 0.105ED(\sin\theta)^{-2.36}\gamma^{-1.90}\tau^{-0.12}e^{2.44\beta}$$

$$(\text{H.0.1-1})$$

  2） 支管平面内弯矩作用下的节点刚度 K_{mT}^j（Nmm^2/mm）应按下式计算（图 13.3.3-1）：

$$K_{mT}^j = 0.362ED^3(\sin\theta)^{-1.47}\gamma^{-1.79}\tau^{-0.08}\beta^{2.29}$$

$$(\text{H.0.1-2})$$

其中，$30°\leqslant\theta\leqslant90°$，$0.2\leqslant\beta\leqslant1.0$，$5\leqslant\gamma\leqslant50$，$0.2\leqslant\tau\leqslant1.0$。

 2 平面/微曲面 X 形节点：

  1） 支管轴力作用下的节点刚度 K_{nX}^j（N/mm）应按下式计算（图 13.3.2-1）：

$$K_{nX}^j = 0.952ED(\sin\theta)^{-1.74}\gamma^{0.97}\beta^{2.58-2.65}\exp(1.16\beta)$$

$$(\text{H.0.1-3})$$

其中，$60°\leqslant\theta\leqslant90°$，$0.5\leqslant\beta\leqslant0.9$，$5\leqslant\gamma\leqslant25$，$0.5\leqslant\tau\leqslant1.0$。

  2） 支管平面内弯矩作用下的节点刚度 K_{mX}^j（$\text{N}\cdot\text{mm}^2/\text{mm}$）应按下式计算（图 13.3.3-2）：

$$K_{mX}^j = 0.303ED^3\beta^{2.35}\gamma^{0.3\beta^{13.62}-1.75}(\sin\theta)^{2.89\beta-2.52}$$

$$(\text{H.0.1-4})$$

  3） 支管平面外弯矩作用下的节点刚度 K_{moX}^j 应按下式计算（图 13.3.3-2）：

$$K_{moX}^j = 2.083ED^3(\sin\theta)^{-1.23}(\cos\varphi')^{6.85}\gamma^{-2.44}\beta^{2.27}$$

$$(\text{H.0.1-5})$$

其中，$30°\leqslant\theta\leqslant90°$，$0°\leqslant\varphi'\leqslant30°$，$0.2\leqslant\beta\leqslant0.9$，$5\leqslant\gamma\leqslant50$，$0.2\leqslant\tau\leqslant0.8$。

式中：E——弹性模量（N/mm^2）；
   D——主管的外径（mm）；
   β——支管和主管的外径比值；
   γ——主管的半径和壁厚的比值；

τ——支管和主管的壁厚比值；
   θ——主支管轴线间小于直角的夹角；
   φ'——支管轴线在平面外的抬起角度。

H.0.2 空腹桁架中无加劲方管直接焊接节点的刚度计算宜符合下列规定。

 1 当 $\beta\leqslant0.85$ 时，T 形节点的轴向刚度 K_n（N/mm）可按下列公式计算：

$$K_n = \frac{5Et^{2.2}}{b^2(1-\beta)^3}[(1+\beta)(1-\beta)^{3/2}+2\eta+\sqrt{1-\beta}]\mu_1$$

$$(\text{H.0.2-1})$$

$$\mu_1 = (2.06-1.75\beta)(1.09\eta^2-1.37\eta+1.43)$$

$$(\text{H.0.2-2})$$

 2 当 $\beta\leqslant0.85$ 时，T 形节点的弯曲刚度 K_m（$\text{N}\cdot\text{mm}^2/\text{mm}$）可按下式计算：

$$K_m = 5.49\times10^8(\beta^3-1.298\beta^2+0.59\beta-0.073)$$

$$(\eta^2+0.066\eta+0.1)(t^2-1.659t+0.711)$$

$$(\text{H.0.2-3})$$

式中：t——矩形主管的壁厚（mm）；
   b——矩形主管的宽度（mm）；
   β——支管截面宽度与主管截面宽度的比值；
   η——支管截面高度与主管截面宽度的比值。

H.0.3 空腹桁架采用无加劲钢管直接焊接节点时应按下列规定进行刚度判别：

 1 符合 T 形节点相应的几何参数的适用范围；

 2 当空腹桁架跨数为偶数时，在节点平面内弯曲刚度与支管线刚度之比不小于 $\dfrac{60}{1+G}$ 时，可将节点视为刚接，否则应视为半刚接；其中 G 为该节点相邻的支管线刚度与主管线刚度的比值；

 3 当空腹桁架跨数为奇数时，在与跨中相邻节点的平面内弯曲刚度与支管线刚度之比不小于 $\dfrac{1080G}{(3G+1)(3G+4)}$ 时，可将该节点视为刚接；在除与跨中相邻节点以外的其他节点的平面内弯曲刚度与支管线刚度之比不小于 $\dfrac{60}{1+G}$ 时，可将该节点视为刚接。

附录 J 钢与混凝土组合梁的疲劳验算

J.0.1 本附录规定仅针对直接承受动力荷载的组合梁。组合梁的疲劳验算应符合本标准第 16 章的规定。

J.0.2 当抗剪连接件为圆柱头焊钉时，应按本标准第 16 章的规定对承受剪力的圆柱头焊钉进行剪应力幅疲劳验算，构件和连接类别取为 J3。

J.0.3 当抗剪连接件焊于承受拉应力的钢梁翼缘时，应按本标准第 16 章的规定对焊有焊钉的受拉钢板进行正应力幅疲劳验算，构件和连接类别取为 Z7。同时尚应满足下列要求：

对常幅疲劳或变幅疲劳：

$$\frac{\Delta\tau}{[\Delta\tau]}+\frac{\Delta\sigma}{[\Delta\sigma]}\leqslant 1.3 \qquad (J.0.3\text{-}1)$$

对于重级工作制吊车梁和重级、中级工作制吊车桁架：

$$\frac{\alpha_f\Delta\tau}{[\Delta\tau]_{2\times10^6}}+\frac{\alpha_f\Delta\sigma}{[\Delta\sigma]_{2\times10^6}}\leqslant 1.3 \qquad (J.0.3\text{-}2)$$

式中： $\Delta\tau$ ——焊钉名义剪应力幅或等效名义剪应力幅（N/mm²），按本标准第 16.2 节的规定计算；

$[\Delta\tau]$ ——焊钉容许剪应力幅（N/mm²），按本标准式(16.2.2-4)计算，构件和连接类别取为 J3；

$\Delta\sigma$ ——焊有焊钉的受拉钢板名义正应力幅或等效名义正应力幅（N/mm²），按本标准 16.2 节的规定计算；

$[\Delta\sigma]$ ——焊有焊钉的受拉钢板容许正应力幅（N/mm²），按本标准式（16.2.2-2）计算，构件和连接类别取为 Z7；

α_f ——欠载系数，按本标准表 16.2.4 的规定计算；

$[\Delta\tau]_{2\times10^6}$ ——循环次数 n 为 2×10^6 次焊钉的容许剪应力幅（N/mm²），按本标准表 16.2.1-2 的规定计算，构件和连接类别取为 J3；

$[\Delta\sigma]_{2\times10^6}$ ——循环次数 n 为 2×10^6 次焊有焊钉受拉钢板的容许正应力幅（N/mm²），按本标准表 16.2.1-1 的规定计算，构件和连接类别取为 Z7。

附录 K 疲劳计算的构件和连接分类

K.0.1 非焊接的构件和连接分类应符合表 K.0.1 的规定。

表 K.0.1 非焊接的构件和连接分类

项次	构造细节	说明	类别
1		● 无连接处的母材 轧制型钢	Z1
2		● 无连接处的母材 钢板 （1）两边为轧制边或刨边 （2）两侧为自动、半自动切割边（切割质量标准应符合现行国家标准《钢结构工程施工质量验收规范》GB 50205）	Z1 Z2
3		● 连系螺栓和虚孔处的母材 应力以净截面面积计算	Z4
4		● 螺栓连接处的母材 高强度螺栓摩擦型连接应力以毛截面面积计算；其他螺栓连接应力以净截面面积计算 ● 铆钉连接处的母材 连接应力以净截面面积计算	Z2 Z4

项次	构造细节	说明	类别
5		● 受拉螺栓的螺纹处母材 连接板件应有足够的刚度，保证不产生撬力。否则受拉正应力应考虑撬力及其他因素产生的全部附加应力 对于直径大于 30mm 螺栓，需要考虑尺寸效应对容许应力幅进行修正，修正系数 γ_t：$\gamma_t = \left(\dfrac{30}{d}\right)^{0.25}$ d——螺栓直径，单位为 mm	Z11

注：箭头表示计算应力幅的位置和方向。

K.0.2 纵向传力焊缝的构件和连接分类应符合表 K.0.2 的规定。

表 K.0.2　纵向传力焊缝的构件和连接分类

项次	构造细节	说明	类别
6		● 无垫板的纵向对接焊缝附近的母材 焊缝符合二级焊缝标准	Z2
7		● 有连续垫板的纵向自动对接焊缝附近的母材 （1）无起弧、灭弧 （2）有起弧、灭弧	Z4 Z5
8		● 翼缘连接焊缝附近的母材 翼缘板与腹板的连接焊缝 自动焊，二级 T 形对接与角接组合焊缝 自动焊，角焊缝，外观质量标准符合二级 手工焊，角焊缝，外观质量标准符合二级 双层翼缘板之间的连接焊缝 自动焊，角焊缝，外观质量标准符合二级 手工焊，角焊缝，外观质量标准符合二级	Z2 Z4 Z5 Z4 Z5
9		● 仅单侧施焊的手工或自动对接焊缝附近的母材，焊缝符合二级焊缝标准，翼缘与腹板很好贴合	Z5
10		● 开工艺孔处焊缝符合二级焊缝标准的对接焊缝、焊缝外观质量符合二级焊缝标准的角焊缝等附近的母材	Z8

项次	构造细节	说明	类别
11		● 节点板搭接的两侧面角焊缝端部的母材	Z10
		● 节点板搭接的三面围焊时两侧角焊缝端部的母材	Z8
		● 三面围焊或两侧面角焊缝的节点板母材（节点板计算宽度按应力扩散角 θ 等于30°考虑）	Z8

注：箭头表示计算应力幅的位置和方向。

K.0.3 横向传力焊缝的构件和连接分类应符合表 K.0.3 的规定。

表 K.0.3　横向传力焊缝的构件和连接分类

项次	构造细节	说明	类别
12		● 横向对接焊缝附近的母材，轧制梁对接焊缝附近的母材 符合现行国家标准《钢结构工程施工质量验收规范》GB 50205 的一级焊缝，且经加工、磨平	Z2
		符合现行国家标准《钢结构工程施工质量验收规范》GB 50205 的一级焊缝	Z4
13	坡度≤1/4	● 不同厚度（或宽度）横向对接焊缝附近的母材 符合现行国家标准《钢结构工程施工质量验收规范》GB 50205 的一级焊缝，且经加工、磨平	Z2
		符合现行国家标准《钢结构工程施工质量验收规范》GB 50205 的一级焊缝	Z4
14		● 有工艺孔的轧制梁对接焊缝附近的母材，焊缝加工成平滑过渡并符合一级焊缝标准	Z6
15		● 带垫板的横向对接焊缝附近的母材垫板端部超出母板距离 d $d \geqslant 10\text{mm}$ $d < 10\text{mm}$	Z8 Z11
16		● 节点板搭接的端面角焊缝的母材	Z7

项次	构造细节	说明	类别
17	 $t_1 \leqslant t_2$　坡度≤1/2	● 不同厚度直接横向对接焊缝附近的母材，焊缝等级为一级，无偏心	Z8
18		● 翼缘盖板中断处的母材（板端有横向端焊缝）	Z8
19		● 十字形连接、T形连接 （1）K形坡口、T形对接与角接组合焊缝处的母材，十字形连接两侧轴线偏离距离小于0.15t，焊缝为二级，焊趾角$\alpha \leqslant 45°$ （2）角焊缝处的母材，十字形连接两侧轴线偏离距离小于0.15t	Z6 Z8
20		● 法兰焊缝连接附近的母材 （1）采用对接焊缝，焊缝为一级 （2）采用角焊缝	Z8 Z13

注：箭头表示计算应力幅的位置和方向。

K.0.4 非传力焊缝的构件和连接分类应符合表 K.0.4 的规定。

表 K.0.4　非传力焊缝的构件和连接分类

项次	构造细节	说明	类别
21		● 横向加劲肋端部附近的母材 肋端焊缝不断弧（采用回焊） 肋端焊缝断弧	Z5 Z6
22		● 横向焊接附件附近的母材 （1）$t \leqslant 50$mm （2）50mm$< t \leqslant 80$mm t 为焊接附件的板厚	Z7 Z8

项次	构造细节	说明	类别
23		● 矩形节点板焊接于构件翼缘或腹板处的母材 （节点板焊缝方向的长度 $L>150mm$）	Z8
24		● 带圆弧的梯形节点板用对接焊缝焊于梁翼缘、腹板以及桁架构件处的母材，圆弧过渡处在焊后铲平、磨光、圆滑过渡，不得有焊接起弧、灭弧缺陷	Z6
25		● 焊接剪力栓钉附近的钢板母材	Z7

注：箭头表示计算应力幅的位置和方向。

K.0.5 钢管截面的构件和连接分类应符合表 K.0.5 的规定。

表 K.0.5 钢管截面的构件和连接分类

项次	构造细节	说明	类别
26		● 钢管纵向自动焊缝的母材 （1）无焊接起弧、灭弧点 （2）有焊接起弧、灭弧点	Z3 Z6
27		● 圆管端部对接焊缝附近的母材，焊缝平滑过渡并符合现行国家标准《钢结构工程施工质量验收规范》GB 50205 的一级焊缝标准，余高不大于焊缝宽度的 10% （1）圆管壁厚 $8mm<t≤12.5mm$ （2）圆管壁厚 $t≤8mm$	Z6 Z8
28		● 矩形管端部对接焊缝附近的母材，焊缝平滑过渡并符合一级焊缝标准，余高不大于焊缝宽度的 10% （1）方管壁厚 $8mm<t≤12.5mm$ （2）方管壁厚 $t≤8mm$	Z8 Z10
29		● 焊有矩形管或圆管的构件，连接角焊缝附近的母材，角焊缝为非承载焊缝，其外观质量标准符合二级，矩形管宽度或圆管直径不大于 100mm	Z8

项次	构造细节	说明	类别
30		● 通过端板采用对接焊缝拼接的圆管母材，焊缝符合一级质量标准 （1）圆管壁厚 8mm<t≤12.5mm （2）圆管壁厚 t≤8mm	Z10 Z11
31		● 通过端板采用对接焊缝拼接的矩形管母材，焊缝符合一级质量标准 （1）方管壁厚 8mm<t≤12.5mm （2）方管壁厚 t≤8mm	Z11 Z12
32		● 通过端板采用角焊缝拼接的圆管母材，焊缝外观质量标准符合二级，管壁厚度 t≤8mm	Z13
33		● 通过端板采用角焊缝拼接的矩形管母材，焊缝外观质量标准符合二级，管壁厚度 t≤8mm	Z14
34		● 钢管端部压扁与钢板对接焊缝连接（仅适用于直径小于 200mm 的钢管），计算时采用钢管的应力幅	Z8
35		● 钢管端部开设槽口与钢板角焊缝连接，槽口端部为圆弧，计算时采用钢管的应力幅 （1）倾斜角 α≤45° （2）倾斜角 α>45°	Z8 Z9

注：箭头表示计算应力幅的位置和方向。

K.0.6 剪应力作用下的构件和连接分类应符合表 K.0.6 的规定。

表 K.0.6 剪应力作用下的构件和连接分类

项次	构造细节	说明	类别
36		● 各类受剪角焊缝 剪应力按有效截面计算	J1
37		● 受剪力的普通螺栓 采用螺杆截面的剪应力	J2
38		● 焊接剪力栓钉 采用栓钉名义截面的剪应力	J3

注：箭头表示计算应力幅的位置和方向。

本标准用词说明

1 为了便于在执行本标准条文时区别对待，对要求严格程度不同的用词说明如下：

1）表示很严格，非这样做不可的：
正面词采用"必须"；反面词采用"严禁"；

2）表示严格，在正常情况下均应这样做的：
正面词采用"应"；反面词采用"不应"或"不得"；

3）表示允许稍有选择，在条件许可时首先应这样做的：
正面词采用"宜"或"可"；反面词采用"不宜"；

4）表示有选择，在一定条件可以这样做的，采用"可"。

2 条文中指定应按其他有关标准、规范执行时，写法为"应符合……规定"或"应按……执行"。

引用标准名录

1 《建筑地基基础设计规范》GB 50007
2 《建筑结构荷载规范》GB 50009
3 《混凝土结构设计规范》GB 50010
4 《建筑抗震设计规范》GB 50011-2010
5 《建筑设计防火规范》GB 50016
6 《建筑结构可靠度设计统一标准》GB 50068
7 《工程结构可靠性设计统一标准》GB 50153
8 《构筑物抗震设计规范》GB 50191
9 《钢结构工程施工质量验收规范》GB 50205
10 《建筑工程抗震设防分类标准》GB 50223
11 《钢结构焊接规范》GB 50661-2011
12 《钢管混凝土结构技术规范》GB 50936
13 《门式刚架轻型房屋钢结构技术规范》GB 51022
14 《建筑钢结构防火技术规范》GB 51249
15 《碳素结构钢》GB/T 700
16 《钢结构用高强度大六角头螺栓》GB/T 1228
17 《钢结构用高强度大六角螺母》GB/T 1229
18 《钢结构用高强度垫圈》GB/T 1230
19 《钢结构用高强度大六角头螺栓、大六角螺母、垫圈技术条件》GB/T 1231
20 《低合金高强度结构钢》GB/T 1591
21 《紧固件机械性能 螺栓、螺钉和螺柱》GB/T 3098.1
22 《紧固件公差 螺栓、螺钉、螺柱和螺母》GB/T 3103.1
23 《钢结构用扭剪型高强度螺栓连接副》GB/T 3632
24 《耐候结构钢》GB/T 4171
25 《非合金钢及细晶粒钢焊条》GB/T 5117
26 《埋弧焊用碳钢焊丝和焊剂》GB/T 5293

27　《厚度方向性能钢板》GB/T 5313

28　《六角头螺栓 C 级》GB/T 5780

29　《六角头螺栓》GB/T 5782

30　《焊接结构用铸钢件》GB/T 7659

31　《气体保护电弧焊用碳钢、低合金钢焊丝》GB/T 8110

32　《涂覆涂料前钢材表面处理　表面清洁度的目视评定》GB/T 8923

33　《碳钢药芯焊丝》GB/T 10045

34　《电弧螺柱焊用圆柱头焊钉》GB/T 10433

35　《一般工程用铸造碳钢件》GB/T 11352

36　《埋弧焊用低合金钢焊丝和焊剂》GB/T 12470

37　《熔化焊用钢丝》GB/T 14957

38　《钢网架螺栓球节点用高强度螺栓》GB/T 16939

39　《低合金钢药芯焊丝》GB/T 17493

40　《建筑结构用钢板》GB/T 19879

41　《高层民用建筑钢结构技术规程》JGJ 99

42　《钢结构高强度螺栓连接技术规程》JGJ 82 - 2011

43　《标准件用碳素钢热轧圆钢及盘条》YB/T 4155 - 2006

中华人民共和国国家标准

钢结构设计标准

GB 50017—2017

条 文 说 明

编 制 说 明

《钢结构设计标准》GB 50017-2017，经住房和城乡建设部 2017 年 12 月 12 日以第 1771 号公告批准、发布。

本标准是在《钢结构设计规范》GB 50017-2003 的基础上修订而成。上一版的主编单位是北京钢铁设计研究总院，参编单位是重庆大学、西安建筑科技大学、重庆钢铁设计研究院、清华大学、浙江大学、哈尔滨工业大学、同济大学、天津大学、华南理工大学、水电部东北勘测设计院、中国航空规划设计院、中元国际工程设计研究院、西北电力设计院、马鞍山钢铁设计研究院、中国石化工程建设公司、武汉钢铁设计研究院、上海冶金设计院、马鞍山钢铁股份有限公司、杭萧钢结构公司、莱芜钢铁集团、喜利得(中国)有限公司、浙江精工钢结构公司、鞍山东方轧钢公司、宝力公司、上海彭浦总厂，主要起草人是：张启文、夏志斌、黄友明、陈绍蕃、王国周、魏明钟、赵熙元、崔佳、张耀春、沈祖炎、刘锡良、梁启智、俞国音、刘树屯、崔元山、冯廉、夏正中、戴国欣、童根树、顾强、舒兴平、邹浩、石永久、但泽义、聂建国、陈以一、丁阳、徐国彬、魏潮文、陈传铮、陈国栋、穆海生、张平远、陶红斌、王稚、田思方、李茂新、陈瑞金、曹品然、武振宇、邹亦农、侯宬、郭耀杰、芦小松、朱丹、刘刚、张小平、黄明鑫、胡勇、张继宏、严正庭。

本标准在修订过程中，修订组进行了大量的调查研究，总结了近年来我国钢结构科研、设计、施工、加工等领域的实践经验，同时参考了国际标准及先进的国外规范，通过大量试验和实际工程应用，取得本次标准修订的重要技术参数。

为了便于广大设计、施工、科研、学校等单位有关人员在使用本标准时能正确理解和执行条文规定，《钢结构设计标准》修订组按章、节、条顺序编制了本标准的条文说明，对条文规定的目的、依据以及执行中需注意的有关事项进行了说明，还着重对强制性条文的强制性理由作了解释。但条文说明不具备与标准正文同等的法律效力，仅供使用者作为理解和把握标准规定的参考。

目　　次

1 总　　则

1.0.1　本次修订根据多年来的工程经验和研究成果，同时总结《钢结构设计规范》GB 50017－2003（以下简称原规范）的应用情况和存在的问题，对部分内容进行了补充和调整，使钢结构规范从构件规范成为真正的结构标准，切实指导设计人员的钢结构设计，并为合理的钢结构规范体系的完善奠定基础。本次修订调整较大，增加了结构分析与稳定性设计、加劲钢板剪力墙、钢管混凝土柱及节点、钢结构抗震性能化设计等方面内容，引入了 Q345GJ、Q460 等钢材，补充完善了材料及材料选用、各种钢结构构件及节点的承载力极限设计方法、弯矩调幅设计法、钢结构防护等方面内容。

本次修订力求实现房屋、铁路、公路、港口和水利水电工程钢结构共性技术问题、设计方法的统一。

1.0.3　对有特殊设计要求（如抗震设防要求、防火设计要求等）和在特殊情况下的钢结构（如高耸结构、板壳结构、特殊构筑物以及受高温、高压或强烈侵蚀作用的结构）尚应符合国家现行有关专门规范和标准的规定。当进行构件的强度和稳定性及节点的强度计算时，除钢管连接节点外，由冷弯成型钢材制作的构件及其连接尚应符合相关标准规范的规定。另外，本标准与相关的标准规范间有一定的分工和衔接，执行时尚应符合相关标准规范的规定。

2　术语和符号

2.1　术　　语

本次修订根据现行国家标准《工程结构设计通用符号标准》GB/T 50132、《工程结构设计基本术语标准》GB/T 50083 并结合本标准的具体情况进行部分修改，删除了原规范中非钢结构专用术语及不推荐使用的结构术语，具体有：强度、承载能力、强度标准值、强度设计值、橡胶支座、弱支撑框架；增加了部分常用的钢结构术语及与抗震相关的术语，具体有：直接分析设计法、框架-支撑结构、钢板剪力墙、支撑系统、消能梁段、中心支撑框架、偏心支撑框架、屈曲约束支撑、弯矩调幅设计、畸变屈曲、塑性耗能区、弹性区。修改了下列术语：组合构件修改为焊接截面；通用高厚比修改为正则化宽厚比，对于构件定义为正则化长细比。

2.2　符　　号

基本沿用了原规范的符号，只列出常用的符号，并且对其中部分符号进行了修改，以求与国际通用符号保持一致；当采用多个下标时，一般按材料类别、受力状态、部位、方向、原因和性质的顺序排列。对于其他不常用的符号，标准条文及说明中已进行解答。增加的符号钢号修正系数 ε_k 取值按表 1 采用。

表 1　钢号修正系数 ε_k 取值

钢材牌号	Q235	Q345	Q390	Q420	Q460
ε_k	1	0.825	0.776	0.748	0.715

3　基本设计规定

3.1　一　般　规　定

3.1.1　为满足建筑方案的要求并从根本上保证结构安全，设计内容除构件设计外还应包括整个结构体系的设计。本次修订补充有关钢结构设计的基本要求，包括结构方案、材料选用、内力分析、截面设计、连接构造、耐久性、施工要求、抗震设计等。

进行钢结构设计时，本条所规定的设计内容必须完成。关于结构方案的选择，可根据相关理论及工程实践经验按照本标准第 3 章的规定进行，材料选择的规定见第 4.3 节，内力分析方面的规定见第 5 章，第 6 章～第 9 章规定了主要受力构件的截面设计，第 11 章、第 12 章为连接及节点设计的相关规定，与抗震相关的规定统一见第 17 章，钢结构防护方面的规定见第 18 章，其他各章为关于特定构件或节点的规定。对于某些结构可采用本标准第 10 章规定的塑性或弯矩调幅设计法，值得说明的是，这类结构进行抗震设计时，不管采用何种抗震设计途径，采用的内力均应为经过调整后的内力。

3.1.2　原规范采用以概率理论为基础的极限状态设计法，其中设计的目标安全度是按可靠指标校准值的平均值进行总体控制的。

遵照现行国家标准《建筑结构可靠度设计统一标准》GB 50068，本标准继续沿用以概率论为基础的极限设计方法并以应力形式表达的分项系数设计表达式进行设计计算，钢结构设计标准采用的最低 β 值为 3.2。

关于钢结构的疲劳计算，由于疲劳极限状态的概念还不够确切，对各种有关因素研究不足，只能沿用过去传统的容许应力设计法，即将过去以应力比概念为基础的疲劳设计改为以应力幅为准的疲劳强度设计。

3.1.3　本标准继续沿用原规范采用的以概率理论为基础的极限状态设计方法，同时以应力表达式的分项系数设计表达式进行强度设计计算，以设计值与承载力的比值的表达方式进行稳定承载力设计。

承载能力极限状态可理解为结构或构件发挥允许的最大承载功能的状态。结构或构件由于塑性变形而使其几何形状发生显著改变，虽未到达最大承载能力，但已彻底不能使用，也属于达到这种极限状态；另外，如结构或构件的变形导致内力发生显著变化，致使结构或构件超过最大承载功能，同样认为达到承载能力极限状态。

正常使用极限状态可理解为结构或构件达到使用功能上允许的某个限值的状态。如某些结构必须控制变形、裂缝才能满足使用要求，因为过大的变形会造成房屋内部粉刷层脱落、填充墙和隔断墙开裂，以及屋面积水等后果，过大的裂缝会影响结构的耐久性，同时过大的变形或裂缝也会使人们在心理上产生不安全感。

3.1.4 本条基本沿用原规范第3.1.3条，增加补充规定：可以根据实际情况调整构件的安全等级；对破坏后将产生严重后果的重要构件和关键传力部位，宜适当提高其安全等级；对一般结构中的次要构件及可更换构件，可根据具体情况适当降低其重要性系数。

3.1.5 荷载效应的组合原则是根据现行国家标准《建筑结构可靠度设计统一标准》GB 50068的规定，结合钢结构的特点提出来的。对荷载效应的偶然组合，统一标准只作出原则性的规定，具体的设计表达式及各种系数应符合专门标准规范的有关规定。对于正常使用极限状态，钢结构一般只考虑荷载效应的标准组合，当有可靠依据和实践经验时，亦可考虑荷载效应的频遇组合。对钢与混凝土组合梁及钢管混凝土柱，因需考虑混凝土在长期荷载作用下的蠕变影响，除应考虑荷载效应的标准组合外，尚应考虑准永久组合。

3.1.6 根据现行国家标准《建筑结构可靠度设计统一标准》GB 50068，结构或构件的变形属于正常使用极限状态，应采用荷载标准值进行计算；而强度、疲劳和稳定属于承载能力极限状态，在设计表达式中均考虑了荷载分项系数，采用荷载设计值（荷载标准值乘以荷载分项系数）进行计算，但其中疲劳的极限状态设计目前还处在研究阶段，所以仍沿用原规范按弹性状态计算的容许应力幅的设计方法，采用荷载标准值进行计算。钢结构的连接强度虽然统计数据有限，尚无法按可靠度进行分析，但已将其容许应力用校准的方法转化为以概率理论为基础的极限状态设计表达式（包括各种抗力分项系数），故采用荷载设计值进行计算。

3.1.7 直接承受动力荷载指直接承受冲击等，不包括风荷载和地震作用。虽然对于疲劳计算是应该乘以动力系数的，但由于一般的动力系数已在各个构造细节分类的疲劳强度（$S-N$）曲线中反映，因此，疲劳计算时采用的标准值不乘动力系数。

3.1.8 由于不同的施工张拉方法可能对预应力索膜结构成型后的受力状态产生影响，故为了确保结构安全，一般情况下均应对其进行从张拉开始到张拉成型后加载的全过程仿真分析。

3.1.9 本条为承载能力极限状态设计的基本表达式，

适用于本标准结构构件的承载力计算。

符号 S 在现行国家标准《建筑结构荷载规范》GB 50009中为荷载组合的效应设计值；在现行国家标准《建筑抗震设计规范》GB 50011中为地震作用效应与其他荷载效应基本组合的设计值；在现行国家标准《混凝土结构设计规范》GB 50010中为以内力形式表达。在本条中，强度计算时，以应力形式表达；稳定计算时，以内力设计值与承载力比值的形式表达。

式(3.1.9-3)适用于按本标准第17章的规定采用抗震性能化设计的钢结构。

3.1.10 在各种偶然作用（罕遇自然灾害、人为过失及灾害）下，结构应能保证必要的鲁棒性（防连续倒塌能力）。本次修订对倒塌可能引起严重后果的重要结构，增加了防连续倒塌的设计要求。

3.1.11 钢结构设计对钢结构工程的造价和质量产生决定性的影响，因此除考虑合理选择结构体系外，还应考虑制作、运输和安装的便利性和经济性。

3.1.12、3.1.13 本条提出在设计文件（如图纸和材料订货单等）中应注明的一些事项，这些事项都与保证工程质量密切相关。其中钢材的牌号应与有关钢材的现行国家标准或其他技术标准相符；对钢材性能的要求，凡我国钢材标准中各牌号能基本保证的项目可不再列出，只提附加保证和协议要求的项目；设计文件中还应注明所选用焊缝或紧固件连接材料的型号、强度级别及其应符合的材料标准和检验、验收应符合的技术标准。

3.2 结 构 体 系

3.2.1 本条为选择钢结构体系时需要遵循的基本原则。

1 结构体系的选择不只是单一的结构合理性问题，同时受到建筑及工艺要求、经济性、结构材料和施工条件的制约，是一个综合的技术经济问题，应全面考虑确定；

2 成熟结构体系是在长期工程实践基础上形成的，有利于保证设计质量。钢结构材料性能的优越性给结构设计提供了更多的自由度，应该鼓励选用新型结构体系，但由于新型结构体系缺少实践检验，因此必须进行更为深入的分析，必要时需结合试验研究加以验证。

3.2.2 本条是建筑结构体系布置的一般原则，也是钢结构体系布置时要遵循的基本原则。

钢结构本身具有自重较小的优势，采用轻质隔墙和围护等可以使这一轻质的优势充分发挥；同时由于钢结构刚度较小，一般轻质隔墙和围护能适应较大的变形，而且轻质隔墙对结构刚度的影响也相对较小。

3.2.3 结构刚度是随着结构的建造过程逐步形成的，荷载也是分步作用在刚度逐步形成的结构上，其内力分布与将全部荷载一次性施加在最终成形结构上进行受力分析的结果有一定的差异，对于超高层钢结构，这一差异会比较显著，因此应采用能够反映结构实际内力分布的分析方法；对于大跨度和复杂空间钢结构，特别是非线性效应明显的索结构和预应力钢结构，不同的结构安装方式会导致结构刚度形成路径的不同，进而影响结构最终成形时的内力和变形。结构分析中，应充分考虑这些因素，必要时进行施工模拟分析。

3.3 作　　用

3.3.1 结构重要性系数 γ_0 应按结构构件的安全等级、设计工作寿命并考虑工作经验确定。对设计寿命为 25 年的结构构件，大体上属于替换性构件，其可靠度可适当降低，重要性系数可按经验取为 0.95。

在现行国家标准《建筑结构荷载规范》GB 50009 中，将屋面均布活荷载标准值规定为 $0.5kN/mm^2$，并注明"对不同结构可按有关设计规范的规定采用，但不得低于 $0.3kN/mm^2$"。本标准沿用原规范的规定，对支承轻屋面的构件或结构，当受荷的水平投影面积超过 $60m^2$ 时，屋面均布活荷载标准值取为 $0.3kN/mm^2$。这个取值仅适用于只有一个可变荷载的情况，当有两个及以上可变荷载考虑荷载组合值系数参与组合时（如尚有积灰荷载），屋面活荷载仍应取 $0.5kN/mm^2$。另外，由于门式刚架轻型房屋的风荷载和雪荷载等另有规定，故需按相关标准规范取值。

3.3.2 本条中关于吊车横向水平荷载的增大系数 α 沿用原规范的规定。

现行国家标准《起重机设计规范》GB/T 3811 规定起重机工作级别为 A1～A8 级，它是利用等级（设计寿命期内总的工作循环次数）和荷载谱系数综合划分的。为便于计算，本标准所指的工作制与现行国家标准《建筑结构荷载规范》GB 50009 中的荷载状态相同，即轻级工作制（轻级载荷状态）吊车相当于 A1～A3 级，中级工作制相当于 A4、A5 级，重级工作制相当于 A6～A8 级，其中 A8 为特重级。这样区分在一般情况下是可以的，但并没有全面反映工作制的含义，因为起重机工作制与其使用等级关系很大，故设计人员在按工艺专业提供的起重机级别来确定吊车的工作制时，尚应根据起重机的具体操作情况及实践经验考虑，必要时可做适当调整。

3.3.3 本条规定的屋盖结构悬挂起重机和电动葫芦在每一跨间每条运行线路上考虑的台数，系按设计单位的使用经验确定。

3.3.5 本条为原规范第 8.1.5 条的修改和补充，增加了对于温度作用的原则性规定和围护构件为金属压型钢板房屋的温度区段规定。

3.4 结构或构件变形及舒适度的规定

3.4.1 结构位移限值与结构体系密切相关，该部分内容见本标准附录 B 第 B.2 节。

多遇地震和风荷载下结构层间位移的限制，主要是防止非结构构件和装饰材料的损坏，与非结构构件本身的延性性能及其与主体结构连接方式的延性相关。玻璃幕墙、砌块隔墙等视为脆性非结构构件，金属幕墙、各类轻质隔墙等视为延性非结构构件，砂浆砌筑、无平动或转动余地的连接视为刚性连接，通过柔性材料过渡的或有平动、转动余地的连接可视为柔性连接。脆性非结构构件采用刚性连接时，层间位移角限值宜适当减小。

3.4.2 由于孔洞对整个构件抗弯刚度的影响一般很小，故习惯上均按毛截面计算。

3.4.3 起拱的目的是为了改善外观和符合使用条件，因此起拱的大小应视实际需要而定，不能硬性规定单一的起拱值。例如，大跨度吊车梁的起拱度应与安装吊车轨道时的平直度要求相协调，位于飞机库大门上面的大跨度桁架的起拱度应与大门顶部的吊挂条件相适应，等等。但在一般情况下，起拱度可以用恒载标准值加 1/2 活载标准值所产生的挠度来表示。这是国内外习惯用的，亦是合理的。按照这个数值起拱，在全部荷载作用下构件的挠度将等于 $\frac{1}{2}\upsilon_Q$，由可变荷载产生的挠度将围绕水平线在 $\pm\frac{1}{2}\upsilon_Q$ 范围内变动。当然用这个方法计算起拱度往往比较麻烦，有经验的设计人员可以参考某些技术资料用简化方法处理，如对跨度 $L \geqslant 15m$ 的三角形屋架和 $L \geqslant 24m$ 的梯形或平行弦桁架，其起拱度可取为 $L/500$。

3.4.4 钢结构由于材料强度高，满足承载力要求所需的结构刚度相对较小，从而使结构的振动问题显现出来，主要包括活载引起的楼面局部竖向振动和大悬挑体块的整体竖向振动、风荷载作用下超高层结构的水平向振动，一般以控制结构的加速度响应为目标。

3.5 截面板件宽厚比等级

截面板件宽厚比指截面板件平直段的宽度和厚度之比，受弯或压弯构件腹板平直段的高度与腹板厚度之比也可称为板件高厚比。

3.5.1 绝大多数钢构件由板件构成，而板件宽厚比大小直接决定了钢构件的承载力和受弯及压弯构件的塑性转动变形能力，因此钢构件截面的分类，是钢结构设计技术的基础，尤其是钢结构抗震设计方法的基础。原规范关于截面板件宽厚比的规定分散在受弯构件、压弯构件的计算及塑性设计各章节中。

根据截面承载力和塑性转动变形能力的不同，国际上一般将钢构件截面分为四类，考虑到我国在受弯构件设计中采用截面塑性发展系数 γ_x，本次修订将截面根据其板件宽厚比分为 5 个等级。

1 S1 级：可达全截面塑性，保证塑性铰具有塑性设计要求的转动能力，且在转动过程中承载力不降低，称为一级塑性截面，也可称为塑性转动截面；此时图 1 所示的曲线 1 可以表示其弯矩-曲率关系，一般要求达到塑性弯矩 M_p 除以弹性初始刚度得到的曲率 ϕ_p 的 8 倍～15 倍；

2 S2 级截面：可达全截面塑性，但由于局部屈曲，塑性铰转动能力有限，称为二级塑性截面；此时的弯矩-曲率关系见图 1 所示的曲线 2，ϕ_{P_1} 大约是 ϕ_p 的 2 倍～3 倍；

3 S3 级截面：翼缘全部屈服，腹板可发展不超过 1/4 截面高度的塑性，称为弹塑性截面；作为梁时，其弯矩-曲率关系如图 1 所示的曲线 3；

4 S4 级截面：边缘纤维可达屈服强度，但由于局部屈曲而不能发展塑性，称为弹性截面；作为梁时，其弯矩-曲率关系如图 1 所示的曲线 4；

5 S5 级截面：在边缘纤维达屈服应力前，腹板可能发生局部屈曲，称为薄壁截面；作为梁时，其弯矩-曲率关系为图 1 所示的曲线 5。

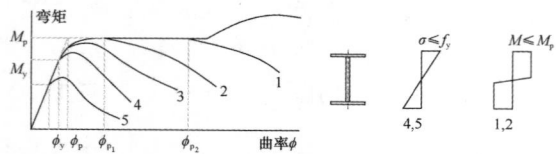

图 1　截面的分类及其转动能力

截面的分类决定于组成截面板件的分类。

对工字形截面的翼缘，三边简支一边自由的板件的屈曲系数 K 为 0.43，按式（1）计算，临界应力达到屈服应力 $f_y = 235$ N/mm² 时板件宽厚比为 18.6。

$$\left(\frac{b_1}{t}\right)_y = \sqrt{\frac{K\pi^2 E}{12(1-\nu^2)f_y}} \qquad (1)$$

式中：K——屈曲系数；

$\quad\quad E$——钢材弹性模量；

$\quad\quad f_y$——钢材屈服强度；

$\quad\quad \nu$——钢材的泊松比。

五级分类的界限宽厚比分别是 $\left(\frac{b_1}{t}\right)_y$ 的 0.5、0.6、0.7、0.8 和 1.1 倍取整数。带有自由边的板件，局部屈曲后可能带来截面刚度中心的变化，从而改变构件的受力，所以即使 S5 级可采用有效截面法计算承载力，本次修订时仍然对板件宽厚比给予限制。

对箱形截面的翼缘，四边简支板的屈曲系数 K 为 4，按式（1）计算，临界应力达到屈服应力 $f_y = 235$ N/mm² 时板件宽厚比为 56.29。S1 级、S2 级、S3 级和 S4 级分类的界限宽厚比分别为 $\left(\frac{b}{t}\right)_y$ 的 0.5、0.6、0.7 和 0.8 倍并适当调整成整数。对 S5 级，因为两纵向边支承的翼缘有屈曲后强度，所以板件宽厚比不再作额外限制。四边简支腹板承受压弯荷

载时，屈曲系数按下式计算，其中参数 α_0 按本标准式（3.5.1）计算：

$$K = \frac{16}{\sqrt{(2-\alpha_0)^2 + 0.112\alpha_0{}^2} + 2 - \alpha_0} \qquad (2)$$

屈服宽厚比、0.5 倍～0.8 倍的屈服宽厚比，以及四个分级界限宽厚比的对比见图 2，考虑到不同等级的宽厚比的用途不同，没有严格地按照屈服高厚比的倍数，如厂房跨度大，截面高，截面希望高一些，腹板较薄，得到翼缘的约束大，宽厚比适当放大，而截面宽厚比等级为 S1 级或 S2 级的，往往是抗震设计的民用建筑，在作为框架梁设计为塑性耗能区时（α_0 = 2），要求在设防烈度的地震作用下形成塑性铰，所以宽厚比反而比 0.5、0.6 的倍数更加严格。

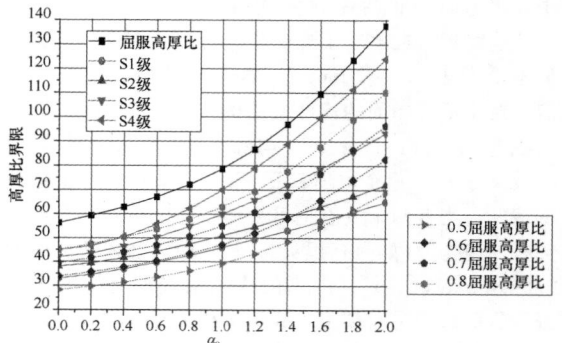

图 2　腹板分级的界限高厚比的对比

缺陷敏感型的理想圆柱壳，其临界应力是 $\sigma_{cr} = 0.3\frac{Et}{D}$，其屈曲荷载严重依赖于圆柱壳初始缺陷的大小，而民用建筑的钢管构件不属于薄壳范畴，初始弯曲相对于板厚一般小于 $w_0/t < 0.2$，此时真实的临界荷载与理想弹性临界荷载的比值在 0.5 左右，即 $\sigma_{cr} \approx 0.15\frac{Et}{D} = f_y$，临界应力达到屈服应力的直径厚度比值计算如下：

$$\left[\frac{D}{t}\right]_y = \frac{0.15E}{f_y} = 131.5 \qquad (3)$$

宽厚比/屈服径厚比为 0.5、0.6、0.7 和 0.8 的数据也在表 2 给出，本次修订的 S1 级、S2 级、S3 级和 S4 级分级界限采用了欧洲钢结构设计规范 EC3：Design of steel structures 的规定。

综上所述，各种截面屈曲宽厚比和标准取值比较见表 2。

表 2　各种截面屈曲宽厚比和标准取值比较

	宽厚比/屈服宽厚比	1.0	0.5	0.6	0.7	0.8	备　注
翼缘	三边支承一边自由	18.46	9.23	11.07	12.92	14.77	屈曲系数 K = 0.43
	标准取值	—	9	11	13	15	

	宽厚比/屈服宽厚比	1.0	0.5	0.6	0.7	0.8	备 注
箱形截面翼缘	四边支承,轴压	56.29	28.15	33.78	39.41	45.04	屈曲系数 K=4
	标准取值 箱形柱	—	30	35	40	45	用作柱子时,因为腹板的存在,当翼缘的屈曲波长变化,屈曲系数提高,所以标准取值略有放大,取标准值时则因为塑性变形要求高,所以适当加严
	标准取值 箱形梁	—	25	32	37	42	
圆钢管	两边支承,轴压	131.5	65.8	78.9	92.05	105.2	—
	标准取值	—	50	70	90	100	参照了欧洲钢结构设计规范 EC3

另外,表 3.5.1 压弯构件腹板的截面板件宽厚比等级限值与其应力状态相关,除塑性耗能区部分及 S5 级截面,其值可考虑采用 ε_σ 修正,ε_σ 为应力修正因子,$\varepsilon_\sigma = \sqrt{f_y/\sigma_{max}}$。

4 材 料

4.1 钢材牌号及标准

4.1.1 钢结构用钢材应为按国家现行标准所规定的性能、技术与质量要求生产的钢材。本条增列了近年来已成功使用的 Q460 钢及《建筑结构用钢板》GB/T 19879－2015 中的 GJ 系列钢材。《建筑结构用钢板》GB/T 19879－2015 中的 Q345GJ 钢与《低合金高强度结构钢》GB/T 1591－2008 中的 Q345 钢的力学性能指标相近,二者在各厚度组别的强度设计值十分接近。因此一般情况下采用 Q345 钢比较经济,但 Q345GJ 钢中微合金元素含量得到了控制,塑性性能较好,屈服强度变化范围小,有冷加工成型要求(如方矩管)或抗震要求的构件宜优先采用。需要说明的是,符合现行国家标准《建筑结构用钢板》GB/T 19879 的 GJ 系列钢材各项指标均优于普通钢材的同级别产品。如采用 GJ 钢代替普通钢材,对于设计而言可靠度更高。

Q420 钢、Q460 钢厚板已在大型钢结构工程中批量应用,成为关键受力部位的主选钢材。调研和试验结果表明,其整体质量水平还有待提高,在工程应用中应加强监测。

结构用钢板、型钢等产品的尺寸规格、外形、重量和允许偏差应符合相关的现行国家标准的规定,但当前钢结构材料市场的产品厚度负偏差现象普遍,调研发现在厚度小于 16mm 时尤其严重。因此必要时设计可附加要求,限定厚度负偏差(现行国家标准《建筑结构用钢板》GB/T 19879 规定不得超过 0.3mm)。

4.1.2 在钢结构制造中,由于钢材质量和焊接构造等原因,当构件沿厚度方向产生较大应变时,厚板容易出现层状撕裂,对沿厚度方向受拉的接头更为不利。为此,需要时应采用厚度方向性能钢板。防止板材产生层状撕裂的节点、选材和工艺措施可参照现行国家标准《钢结构焊接规范》GB 50661。

4.1.3 通过添加少量合金元素 Cu、P、Cr、Ni 等,使其在金属基体表面形成保护层,以提高耐大气腐蚀性能的钢称为耐候钢。耐候结构钢分为高耐候钢和焊接耐候钢两类,高耐候结构钢具有较好的耐大气腐蚀性能,而焊接耐候钢具有较好的焊接性能。耐候结构钢的耐大气腐蚀性能为普通钢的 2 倍～8 倍。因此,当有技术经济依据时,将耐候钢用于外露大气环境或有中度侵蚀性介质环境中的重要钢结构,可取得较好的效果。

4.1.4 本条关于铸钢件的材料,增加了应用于焊接结构的铸钢。

4.1.5 采用本标准未列出的其他牌号钢材时宜按照现行国家标准《建筑结构可靠度设计统一标准》GB 50068 进行统计分析,经试验研究、专家论证,确定其设计指标。为保证钢材质量与性能要求,采用新钢材或国外钢材时可按下列要求进行设计控制:(1)产品符合相关的国家或国际钢材标准要求和设计文件要求,对新研制的钢材,以经国家产品鉴定认可的企业产品标准作为依据,有质量证明文件;(2)钢材生产厂要求通过国际或国内生产过程质量控制认证;(3)对实际产品进行专门的验证试验和统计分析,判定质量等级,得出设计强度取值。检测内容包括钢材的化学成分、力学性能、外形尺寸、表面质量、工艺性能及约定的其他附加保证性能的指标或参数。其中,力学性能的检测,按照以下规定:

1 对于已有国家材料标准,但尚未列入钢结构设计标准的钢材:

　　1)对每一牌号每个厚度组别的钢材,至少应提供 30 组钢材力学性能和化学成分数据;

　　2)提交 30 个样本试件(取自不同型材和炉号)进行复核性试验;

　　3)汇总两组数据进行统计分析,初步确定抗力分项系数和设计强度,由《钢结构设计标准》国家标准管理组审核、试用;

　　4)经过对 3 个(或 3 个以上)钢厂的同类产品进行调研、试验和统计分析后,列入设计标准;

　　5)当有可靠依据时,可参照同类产品的设计指标使用,比如应用 Q420GJ 钢可采用 Q420 钢材指标。

2 对国外进口且满足国际材料标准的钢材:

　　1)如既有国外标准,又有相同或相近中国标准，应按中国钢结构工程施工质量验收规范要求验收，可就近就低按中国标准规范取用设计强度，在具体工程中使用；

    2）如有国外标准，但无相近中国标准可供参照，则将材料质量证明文件和验收试验资料提供给《钢结构设计标准》国家标准管理组，经统计分析和专家会商后确定设计强度，在具体工程中使用。

  3 常用的钢材国家标准如下：

《碳素结构钢》GB/T 700

《低合金高强度结构钢》GB/T 1591

《建筑结构用钢板》GB/T 19879

《厚度方向性能钢板》GB/T 5313

《结构用无缝钢管》GB/T 8162

《建筑结构用冷成型焊接圆钢管》JG/T 381

《建筑结构用冷弯矩形钢管》JG/T 178

《耐候结构钢》GB/T 4171

《一般工程用铸造碳钢件》GB/T 11352

《焊接结构用铸钢件》GB/T 7659

《钢拉杆》GB/T 20934

《热轧型钢》GB/T 706

《热轧 H 型钢和剖分 T 型钢》GB/T 11263

《焊接 H 型钢》YB 3301

《重要用途钢丝绳》GB 8918

《预应力混凝土用钢绞线》GB/T 5224

《高强度低松弛预应力热镀锌钢绞线》YB/T 152

4.2　连接材料型号及标准

4.2.1　在钢结构用焊接材料中，新增加了埋弧焊用焊丝及焊剂的相关标准。

4.2.2　在钢结构紧固件中，新列入了螺栓球节点用的高强度螺栓。铆钉连接目前极少采用，鉴于在旧结构的修复工程中或有特殊需要处仍有可能遇到铆钉连接，故本标准予以保留。

4.3　材 料 选 用

4.3.1　本条提出了合理选用钢材应综合考虑的基本要素。荷载特征即静荷载、直接动荷载或地震作用，应力状态要考虑是否为疲劳应力、残余应力，连接方法要考虑焊接还是螺栓连接，钢材厚度对于其强度、韧性、抗层状撕裂性能均有较大的影响，工作环境包括温度、湿度及环境腐蚀性能。

4.3.2　本条为强制性条文。规定了承重结构的钢材应具有的力学性能和化学成分等合格保证的项目，分述如下：

  1　抗拉强度。钢材的抗拉强度是衡量钢材抵抗拉断的性能指标，它不仅是一般强度的指标，而且直接反映钢材内部组织的优劣，并与疲劳强度有着比较密切的关系。

  2　断后伸长率。钢材的伸长率是衡量钢材塑性性能的指标。钢材的塑性是在外力作用下产生永久变形时抵抗断裂的能力。因此承重结构用的钢材，不论在静力荷载或动力荷载作用下，还是在加工制作过程中，除了应具有较高的强度外，尚应要求具有足够的伸长率。

  3　屈服强度（或屈服点）。钢材的屈服强度（或屈服点）是衡量结构的承载能力和确定强度设计值的重要指标。碳素结构钢和低合金结构钢在受力到达屈服强度以后，应变急剧增长，从而使结构的变形迅速增加以致不能继续使用。所以钢结构的强度设计值一般都是以钢材屈服强度为依据而确定的。对于一般非承重或由构造决定的构件，只要保证钢材的抗拉强度和断后伸长率即能满足要求；对于承重的结构则必须具有钢材的抗拉强度、伸长率、屈服强度三项合格的保证。

  4　冷弯试验。钢材的冷弯试验是衡量其塑性指标之一，同时也是衡量其质量的一个综合性指标。通过冷弯试验，可以检查钢材颗粒组织、结晶情况和非金属夹杂物分布等缺陷，在一定程度上也是鉴定焊接性能的一个指标。结构在制作、安装过程中要进行冷加工，尤其是焊接结构焊后变形的调直等工序，都需要钢材有较好的冷弯性能。而非焊接的重要结构（如吊车梁、吊车桁架、有振动设备或有大吨位吊车厂房的屋架、托架，大跨度重型桁架等）以及需要弯曲成型的构件等，亦都要求具有冷弯试验合格的保证。

  5　硫、磷含量。硫、磷都是建筑钢材中的主要杂质，对钢材的力学性能和焊接接头的裂纹敏感性都有较大影响。硫能生成易于熔化的硫化铁，当热加工或焊接的温度达到 800℃～1200℃ 时，可能出现裂纹，称为热脆；硫化铁又能形成夹杂物，不仅会促使钢材起层，还会引起应力集中，降低钢材的塑性和冲击韧性。硫又是钢中偏析最严重的杂质之一，偏析程度越大越不利。磷是以固溶体的形式溶解于铁素体中，这种固溶体很脆，加以磷的偏析比硫更严重，形成的富磷区促使钢变脆（冷脆），降低钢的塑性、韧性及可焊性。因此，所有承重结构对硫、磷的含量均应有合格保证。

  6　碳当量。在焊接结构中，建筑钢的焊接性能主要取决于碳当量，碳当量宜控制在 0.45% 以下，超出该范围的幅度愈多，焊接性能变差的程度愈大。《钢结构焊接规范》GB 50661 根据碳当量的高低等指标确定了焊接难度等级。因此，对焊接承重结构尚应具有碳当量的合格保证。

  7　冲击韧性（或冲击吸收能量）表示材料在冲击载荷作用下抵抗变形和断裂的能力。材料的冲击韧性值随温度的降低而减小，且在某一温度范围内发生急剧降低，这种现象称为冷脆，此温度范围称为"韧脆转变温度"。因此，对直接承受动力荷载或需验算疲劳的构件或处于低温工作环境的钢材尚应具有冲击韧性合格保证。

4.3.3、4.3.4 规定了选材时对钢材的冲击韧性的要求，原规范中仅对需要验算疲劳的结构钢材提出了冲击韧性的要求，本次修订将范围扩大，针对低温条件和钢板厚度作出更详细的规定，可总结为表3的要求。

由于钢板厚度增大，硫、磷含量过高会对钢材的冲击韧性和抗脆断性能造成不利影响，因此承重结构在低于−20℃环境下工作时，钢材的硫、磷含量不宜大于0.030%；焊接构件宜采用较薄的板件；重要承重结构的受拉厚板宜选用细化晶粒的钢板。

严格来说，结构工作温度的取值与可靠度相关。为便于使用，在室外工作的构件，本标准的结构工作温度可按国家标准《采暖通风与空气调节设计规范》GBJ 19−87（2001年版）的最低日平均气温采用，见表4。

表3 钢板质量等级选用

		工作温度（℃）		
		$T>0$	$-20<T\leq0$	$-40<T\leq-20$
不需验算疲劳	非焊接结构	B（允许用A）		受拉构件及承重结构的受拉板件： 1. 板厚或直径小于40mm：C； 2. 板厚或直径不小于40mm：D； 3. 重要承重结构的受拉板件宜选建筑结构用钢板
	焊接结构	B（允许用Q345A～Q420A）	B	B
需验算疲劳	非焊接结构	B	Q235B　Q390C Q345GJC　Q420C Q345B　Q460 C	Q235C　Q390D Q345GJC　Q420D Q345C　Q460D
	焊接结构	B	Q235C　Q390D Q345GJC　Q420D Q345C　Q460D	Q235D　Q390E Q345GJD　Q420E Q345D　Q460E

表4 最低日平均气温（℃）

省市名	北京	天津	河北		山西	内蒙古	辽宁	吉林		黑龙江		上海
城市名	北京	天津	唐山	石家庄	太原	呼和浩特	沈阳	吉林	长春	齐齐哈尔	哈尔滨	上海
最低日气温	−15.9	−13.1	−15.0	−17.1	−17.8	−25.1	−24.9	−33.8	−29.8	−32.0	−33.0	−6.9

省市名	江苏		浙江			安徽		福建		江西		山东
城市名	连云港	南京	杭州	宁波	温州	蚌埠	合肥	福州	厦门	九江	南昌	烟台
最低日气温	−11.4	−9.0	−6.0	−4.3	−1.8	−12.3	−12.5	1.6	4.9	−6.8	−5.6	−11.9

省市名	山东		河南		湖北	湖南		广东		海南	广西	
城市名	济南	青岛	洛阳	郑州	武汉	长沙	汕头	广州	湛江	海口	桂林	南宁
最低日气温	−13.7	−12.5	−11.6	−11.4	−11.3	−6.9	5.1	2.9	4.2	6.9	−2.9	2.4

省市名	广西	四川		贵州	云南	西藏	陕西	甘肃	青海	宁夏	新疆	
城市名	北海	成都	重庆	贵阳	昆明	拉萨	西安	兰州	西宁	银川	乌鲁木齐	吐鲁番
最低日气温	2.6	−1.1	0.9	−5.9	3.5	−10.3	−12.3	−15.8	−20.3	−23.4	−33.3	−23.7

省市名	台湾		香港									
城市名	台北	花莲	香港	—	—	—	—	—	—	—	—	—
最低日气温	7.0	9.8	6.0	—	—	—	—	—	—	—	—	—

对于室内工作的构件，如能确保始终在某一温度以上，可将其作为工作温度，如采暖房间的工作温度可视为0℃以上；否则可按表4最低日气温增加5℃采用。

4.3.5 由于当焊接熔融面平行于材料表面时，层状撕裂较易发生，因此T形、十字形、角形焊接连接节点宜满足下列要求：

1 当翼缘板厚度等于或大于40mm且连接焊缝熔透高度等于或大于25mm或连接角焊缝单面高度大于35mm时，设计宜采用对厚度方向性能有要求的抗层状撕裂钢板，其 Z 向承载性能等级不宜低于 Z15（限制钢板的含硫量不大于 0.01%）；当翼缘板厚度等于或大于 40mm 且连接焊缝熔透高度大于 40mm 或连接角焊缝单面高度大于 60mm 时，Z 向承载性能等级宜为 Z25（限制钢板的含硫量不大于 0.007%）；

2 翼缘板厚度大于或等于 25mm，且连接焊缝熔透高度等于或大于 16mm 时，宜限制钢板的含硫量不大于 0.01%。

4.3.6 根据工程调研和独立试验实测数据，国产建筑钢材 Q235～Q460 钢的屈强比标准值都小于 0.83，伸长率都大于 20%，故均可采用。塑性区不宜采用屈服强度过高的钢材。

4.3.7 本条对无加劲的直接焊接的相贯节点部位钢管提出材料使用上的注意点。无加劲钢管的主要破坏模式之一是贯通钢管管壁局部弯曲导致的塑性破坏，若无一定的塑性性能保证，相关的计算方法并不适用。因目前国内外在钢管节点的试验研究中，其钢材的屈服强度仅限于 355N/mm² 及其以下，屈强比均不大于 0.8。而对于 Q420 和 Q460 级钢材，在钢管节点中试验研究和工程中应用尚少，参照欧洲钢结构设计规范 EC3：Design of steel structures（EN 1993-1-8）第 7 章的规定，可按本标准给出的公式计算节点静力承载力，然后乘以 0.9 的折减系数。对我国的 Q390 级钢，难以找到国外强度级别与其对应的钢材，其静力承载力折减系数可按相关工程设计经验确定（或近似取 0.95）。根据欧洲钢结构设计规范 EC3：Design of steel structures 的规定，主管管壁厚度不应超过 25mm，除非采取措施能充分保证钢板厚度方向的性能。当主管壁厚超过 25mm 时，管节点施焊时应采取焊前预热等措施降低焊接残余应力，防止出现层状撕裂，或采用具有厚度方向性能要求的 Z 向钢。

此外，由于兼顾外观尺寸和承载强度两者的需求，将遇到不得不采用径厚比为 10 左右的钢管的情况。如果采用非轧制厚壁钢管，则必须确认有可行、可靠的加工工艺，不会因之造成成型钢管的材质劣化。

钢管结构中对钢材性能的要求是基于最终成品（钢管及方矩管），而不是基于母材的性能，对冷成型的钢管（如方矩管的弯角处），其性能的变化设计者应予以重视，特别是用于抗震或者直接承受疲劳荷载的管节点，对钢管成品的材料性能应作出规定。

钢管结构中的钢管主要承受轴力，因此成品钢管材料的轴向性能必须得到保证。钢板的性能与轧制方向有关，一般塑性和冲击韧性沿轧制方向的性能指标较高，平行于轧制方向的冲击韧性要比横向高 5%～10%，因此在卷制或压制钢管时，应优先选取卷曲方向与轧制方向垂直，以保证成品钢管轴向的强度、塑性和冲击韧性均能满足设计要求。当卷曲方向与轧制方向相同时，宜附加要求钢板横向冲击韧性的合格保证。

钢管按照成型方法不同可分为热轧无缝钢管和冷弯焊接钢管，热轧钢管又分为热挤压和热扩两种；冷弯圆管则分为冷卷制与冷压制两种；而冷弯矩形管也有圆变方与直接成方两种。不同的成型方法会对管材产品的性能有不同的影响，热轧无缝钢管和最终热成型钢管残余应力小，在轴心受压构件的截面分类中属于 a 类；冷弯焊接钢管品种规格范围广，但是其残余应力大，在轴心受压构件的截面分类中属于 b 类。

对冷成型钢管的径厚比及成型工艺的限制，是要避免冷成型后钢材塑性及韧性过度降低，保证冷成型后圆管、方矩管的材料质量等级（塑性和冲击韧性）。在条件许可时，设计可要求冷成型后再进行热处理。冷成型钢管选材宜采用同强度级 GJ 钢或高一质量等级的碳素结构钢、低合金结构钢作为原材。

4.3.8 与常用结构钢材相匹配的焊接材料可按表 5 的规定选用。

表 5 常用钢材的焊接材料选用匹配推荐表

母材				焊接材料			
GB/T 700 和 GB/T 1591 标准钢材	GB/T 19879 标准钢材	GB/T 4171 标准钢材	GB/T 7659 标准钢材	焊条电弧焊 SMAW	实心焊丝气体保护焊 GMAW	药芯焊丝气体保护焊 FCAW	埋弧焊 SAW
Q235	Q235GJ	Q235NH Q295NH Q295GNH	ZG270-480H	GB/T 5117：E43XX E50XX E50XX-X	GB/T 8110：ER49-X ER50-X	GB/T 10045 E43XTX-X E50XTX-X GB/T 17493：E43XTX-X E49XTX-X	GB/T 5293：F4XX-H08A GB/T 12470：F48XX-H08MnA
Q345 Q390	Q345GJ Q390GJ	Q355NH Q345GNH Q345GNHL Q390GNH	—	GB/T 5117：E50XX E5015、16-X	GB/T 8110：ER50-X ER55-X	GB/T 10045 E50XTX-X GB/T 17493：E50XTX-X	GB/T 5293：F5XX-H08MnA F5XX-H10Mn2 GB/T12470：F48XX-H08MnA F48XX-H10Mn2 F48XX-H10Mn2A

続表 5

母材				焊接材料			
GB/T 700 和 GB/T 1591 标准钢材	GB/T 19879 标准钢材	GB/T 4171 标准钢材	GB/T 7659 标准钢材	焊条电弧焊 SMAW	实心焊丝气体保护焊 GMAW	药芯焊丝气体保护焊 FCAW	埋弧焊 SAW
Q420	Q420GJ	Q415NH	—	GB/T 5117：E5515、16-X	GB/T 8110：ER55-X	GB/T 17493：E55XTX-X	GB/T12470：F55XX-H10Mn2A F55XX-H08MnMoA
Q460	Q460GJ	Q460NH	—	GB/T5117：E5515、16-X	GB/T 8110：ER55-X	GB/T 17493：E55XTX-X E60XTX-X	GB/T12470：F55XX-H08MnMoA F55XX-H08Mn2MoVA

注：1 表中 X 为对应焊材标准中的焊材类别；
　　2 当所焊接头的板厚大于或等于25mm时，宜采用低氢型焊接材料；
　　3 被焊母材有冲击要求时，熔敷金属的冲击功不应低于母材的规定。

4.4 设计指标和设计参数

4.4.1 本条为强制性条文。对于钢材强度的设计取值，本次修订在大量调研和试验的基础上，新增了 Q460 钢材；钢材强度设计值按板厚或直径的分组，遵照现行钢材标准进行修改；对抗力分项系数作了较大的调整和补充。

1 调研工作的内容

为配合《钢结构设计标准》修编，确定各类钢材抗力分项系数和强度设计值，调研和试验工作包括以下五个方面：

1）收集整理大型工程如中央电视台新址工程、国贸三期、国家游泳馆、深圳证券大楼、石家庄开元环球中心、锦州国际会展中心、新加坡圣淘沙名胜世界等所用钢材的质检报告和钢材的复检报告，其中包括 Q235、Q345、Q390、Q420 和 Q460 钢。钢材生产年限从 2004 年到 2009 年，厚度范围为 5mm～100mm（少量为 100mm～135mm），数据既包括力学性能，还包括化学元素含量等，总计为 14608 组；

2）从钢材生产厂舞钢、湘钢、首钢、武钢、太钢、鞍钢、安阳、新余、济钢、宝钢征集指定钢材牌号、规定钢板厚度的拉伸试件，板厚范围为 16mm～100mm，牌号为 Q345、Q390、Q420 和 Q460 钢，集中后统一由独立的第三方进行试验，在人员、设备和方法一致的条件下，获得公正客观的数据，力学和化学分析数据合计为 557 组；

3）对影响材性不定性的试验因素（如加载速度和试验机柔度）进行系统的测试分析，以 3 种牌号钢材、3 种板厚、3 种加载速度、2 种刚度的试验机为试验参数，共进行 245 件试验；

4）通过十一家钢结构制造厂（安徽鸿路、安徽富煌、江苏沪宁、上海宝冶、宝钢钢构、浙江恒达、东南网架、杭萧钢构、二十二冶、鞍钢建设、中建阳光），测定钢厂生产的钢板、型钢和钢结构厂制作构件的厚度和几何尺寸偏差，共计 25578 组，进行截面几何参数不定性统计分析；

5）其他试验及统计分析，如延伸率、屈强比、裂纹敏感性指数和碳当量、硫含量及厚度方向断面收缩率等。

独立的第三方试验数据和工程调研数据相互印证，能够反映我国钢材生产的真实水平，在各钢材牌号、厚度组别一致时，二者的屈服强度平均值、标准差、统计标准值接近，可以以工程调研和独立试验的组合数据作为钢结构设计标准确定抗力分项系数和强度设计指标的基础。

2 钢材力学性能统计分析结果

本次钢材力学性能数据和此前各次相比，其统计分布情况有新的变化，且更为复杂。各牌号钢材质量情况如下：

1）Q235 钢的屈服强度平均值比1988年统计有明显增加，但其标准差却成倍增加，屈服强度波动范围加大，统计标准值变化不大，整体质量水平比以前稍有下降；

2）Q345 钢在板厚小于或等于16mm时，屈服强度平均值比旧统计值稍有增加，波动区间增大，统计标准差略增，计算标准值反而有些下降；当板厚大于16mm且不超过35mm时，屈服强度平均值、标准差、标准值与原统计值十分接近，基本符合《低合金高强度结构钢》GB/T 1591 - 1994 标准要求，也接近《低合金高强度结构钢》GB/T 1591 - 2008 标准要求；板厚在大于 35mm 且不超过50mm时，屈服强度平均值、标准值已超过

《低合金高强度结构钢》GB/T 1591-1994 标准，接近《低合金高强度结构钢》GB/T 1591-2008 标准要求；当板厚大于 50mm 且不超过 100mm 时，屈服强度平均值和标准值均较高，超过《低合金高强度结构钢》GB/T 1591-1994 标准，并达到《低合金高强度结构钢》GB/T 1591-2008 标准要求。由 2004～2009 年生产的 Q345 钢厚板统计数据表明，Q345 的实际质量水平已接近或达到《低合金高强度结构钢》GB/T 1591-2008 材料标准；

3）Q390 钢各厚度组屈服强度平均值普遍较高，强度波动较小，变异系数也普遍较低，屈服强度统计标准值都高于钢材标准规定值，各项指标全都符合要求；

4）Q420 钢板厚分为 35mm～50mm（不包括 35mm）、50mm～100mm（不包括 50mm）两组，钢厂质检数据和工程复检数据中存在一定数量屈服强度低于标准较多的数据，不仅屈服强度平均值低、标准差大，并且统计标准值普遍低于材料标准的规定值，是各牌号钢材中最差的一组，因而使抗力分项系数增大，强度设计值仅略大于 Q390 钢相应厚度组；

5）Q460 钢板厚分为 35mm～50mm（不包括 35mm）、50mm～100mm（不包括 50mm）两组，也存在少量屈服强度略低于标准规定的数据，屈服强度平均值稍低，个别统计标准值低于材料标准的规定，就整体而言，已接近合格标准。

国产 Q420、Q460 钢在建筑中应用仅几年时间，基本上满足了国内重大钢结构工程关键部位的需要，统计结果表明，产品还不能全面达到《低合金高强度结构钢》GB/T 1591-2008 的要求。钢厂质检和工地复检也出现了不合格的事例，总体水平还有待提高，在工程使用中应加强复检。

3 抗力分项系数取值

《低合金高强度结构钢》GB/T 1591-1994 编制时，用户曾要求提高 16Mn 钢的强度，并减小厚度组别的强度级差，当时因炼钢、轧制技术和管理方面的差距，没有仿照国外同类标准缩小级差。《低合金高强度结构钢》GB/T 1591-2008 修改了厚度组距，并明确了屈服强度为下屈服强度。Q345 钢的屈服强度普遍提高，各厚度组的屈服强度级差降为 10N/mm^2，其中 63mm～80mm（不包括 63mm）厚度组的屈服强度由 275N/mm^2 提高至 315N/mm^2；80mm～100mm（不包括 80mm）厚度组的屈服强度由 275N/mm^2 提高到 300N/mm^2，分别提高了 14.5% 和 10.9%。由于 Q390、Q420 和 Q460 钢与《低合金高强度结构钢》GB/T 1591-1994 相

比，除厚度组距变化外，屈服强度值并未变化，因此原统计分析结果仍可适用。本统计钢材都是 2009 年前生产的，独立试验取样的钢板也是 2009 年～2010 年按《低合金高强度结构钢》GB/T 1591-1994 标准生产的。从统计结果看，在厚度为 40mm～100mm（不包括 40mm）范围内，工程调研、独立试验的屈服强度都较高，与《低合金高强度结构钢》GB/T 1591-1994 标准相比有一定余量，且已达到《低合金高强度结构钢》GB/T 1591-2008 标准要求。基于各牌号钢材和各厚度组别调研和试验数据，按照现行国家标准《建筑结构可靠度设计统一标准》GB 50068 的要求进行数理统计和可靠度分析，并考虑设计使用方便，最终确定钢材的抗力分项系数值（见表6）。

表6 Q235、Q345、Q390、Q420、Q460 钢材抗力分项系数 γ_R

厚度分组(mm)		6～40	>40, ≤100	原规范值
钢牌号	Q235 钢	1.090		1.087
	Q345 钢	1.125		1.111
	Q390 钢			
	Q420 钢	1.125	1.180	
	Q460 钢			—

4 抗力分项系数变化原因分析

根据国家标准《建筑结构可靠度设计统一标准》GB 50068-2001 规定，本标准采用的最低可靠指标 β 值应为 3.2，而原规范最低可靠指标 β 值为 3.2-0.25=2.95。

通过编程运算得出的抗力分项系数，一般以国家标准《建筑结构荷载规范》GB 50009-2001 新增加的荷载组合 $S = 1.35S_{GK} + 1.4 \times 0.7S_{QK}$ 在应力比 $\rho = S_{GK}/S_{QK} = 0.25$ 为最大。

近年来，钢材屈服强度分布规律发生变化，突出表现在 Q235、Q345 钢屈服强度平均值提高的同时，离散性明显增大，变异系数成倍加大。而 Q420、Q460 钢厚板强度整体偏低，迫使增大抗力分项系数，还导致低合金钢及不同厚度组之间抗力分项系数有一定的差异。但为了方便设计使用，需要将其适当归并，为了保证安全度，归并后的抗力分项系数对于某些厚度组会偏大。

钢板、型钢厚度负偏差情况较以往严重，在公称厚度较小时更为严重，存在超过现行国家标准《热轧钢板和钢带的尺寸、外形、重量及允许偏差》GB/T 709 规定的现象。

以上诸因素导致本次采用的抗力分项系数比《钢结构设计规范》GBJ 17-88（以下简称 88 版规范）和原规范普遍有所增大。

本标准表 4.4.1～表 4.4.5 的各项强度设计值是根据表 7 的换算关系并取 5 的修约成整倍数而得。

表 7　强度设计值的换算关系

材料和连接种类			应力种类	换算关系
钢材			抗拉、抗压和抗弯 Q235 钢	$f = f_y/\gamma_R = f_y/1.090$
			Q345 钢、Q390 钢	$f = f_y/\gamma_R = f_y/1.125$
			Q420 钢、Q460 钢	$f = f_y/\gamma_R$
			抗剪	$f_v = f/\sqrt{3}$
			端面承压（刨平顶紧）Q235 钢	$f_{ce} = f_u/1.15$
			Q345 钢、Q390 钢、Q420 钢、Q460 钢	$f_{ce} = f_u/1.175$
焊缝	对接焊缝	抗压		$f_c^w = f$
		抗拉	焊缝质量为一级、二级	$f_t^w = f$
			焊缝质量为三级	$f_c^w = 0.85f$
		抗剪		$f_v^w = f_v$
	角焊缝	抗拉、抗压和抗剪	Q235 钢	$f_f^w = 0.38f_u^w$
			Q345、Q390、Q420、Q460 钢	$f_f^w = 0.41f_u^w$
螺栓连接	普通螺栓	C 级螺栓	抗拉	$f_t^b = 0.42f_u^b$
			抗剪	$f_v^b = 0.35f_u^b$
			承压	$f_c^b = 0.82f_u$
		A 级 B 级螺栓	抗拉	$f_t^b = 0.42f_u^b (5.6 级)$ $f_t^b = 0.50f_u^b (8.8 级)$
			抗剪	$f_v^b = 0.38f_u^b (5.6 级)$ $f_v^b = 0.40f_u^b (8.8 级)$
			承压	$f_c^b = 1.08f_u$
	承压型高强度螺栓		抗拉	$f_t^b = 0.48f_u^b$
			抗剪	$f_v^b = 0.30f_u^b$
			承压	$f_c^b = 1.26f_u$
	锚栓		抗拉	$f_t^b = 0.38f_u^b$
铸钢件			抗拉、抗压和抗弯	$f = f_y/1.282$
			抗剪	$f_v = f/\sqrt{3}$
			端面承压（刨平顶紧）	$f_{ce} = 0.65f_u$

4.4.2　本条为新增条文，Q345GJ 钢计算模式不定性 K_P 的均值和变异系数仍采用 88 版规范 16Mn 的数据，故指标偏于保守。表 4.4.2 Q345GJ 钢抗力分项系数见表 8。

表 8　Q345GJ 钢材料抗力分项系数

厚度分组(mm)	6～16	>16，≤50	>50，≤100
抗力分项系数 γ_R	1.059	1.059	1.120

根据国内 Q345GJ 钢强度设计值研究，提出了 Q345GJ 钢材的强度设计建议值（表 9），简要情况如下：

2011 年完成轴心受压构件足尺试验（试件 12 件），计算模式不定性 K_P 的均值和变异系数分别可取 1.100 和 0.071；其抗力不定性的均值和变异系数经计算分别为 1.15 和 0.09。2012 年进行受弯构件足尺试验（试件 32 件），试验数据稳定且优于预期。其计算模式不定 K_P 抗力不定性优于上述轴心受压构件。

按照《结构可靠性总原则》（《General Principles on

Reliability for Structures》）ISO 2394 和现行国家标准《建筑结构可靠度设计统一标准》GB 50068 的相关规定，材料性能、几何特征、计算模式三个主要影响因素的统计代表值均可通过 Q345GJ 试验获得。综合可靠性分析以后，出于慎重再将其分析结果适当降低，抗力分项系数取 1.05，从而求得表 9 的数值，复核结果可靠度水平全部符合现行国家标准《工程结构可靠性设计统一标准》GB 50153 和《建筑结构可靠度设计统一标准》GB 50068 的强制规定。

表 9　Q345GJ 钢材的强度设计建议值(N/mm²)

牌号	钢材标准号	厚度或直径 (mm)	钢材屈服强度标准值	抗拉、抗压、和抗弯 f	抗剪 f_v	端面承压（刨平顶紧）f_{ce}
Q345GJ	GB/T 19879	≤16	345	330	190	450
		>16，≤35	345	330	190	
		>35，≤50	335	320	185	
		>50，≤100	325	310	180	

符合现行国家标准《建筑结构用钢板》GB/T 19879 的 GJ 类钢材为高性能优质钢材，其性能明显好于符合现行国家标准《碳素结构钢》GB/T 700 或《低合金高强度结构钢》GB/T 1591 的普通钢材，同等级 GJ 类钢材强度设计值理应高于普通钢材，戴国欣教授的研究结果也证明了这一点，但由于 Q345GJ 钢试件来源单一，数据量有限，因此本次修订暂不采用表 9，当有可靠依据时，Q345GJ 钢设计强度值可参考表 9 适当提高。

4.4.3　本条为新增强制性条文，由于现行国家标准《结构用无缝钢管》GB/T 8162 中，钢管壁厚的分组、材料的屈服强度、抗拉强度均与现行国家标准《低合金高强度结构钢》GB/T 1591 有所不同，表 4.4.3 的强度设计值是由钢管材料标准中的屈服强度除以相应的抗力分项系数得出的。

4.4.4　本条为强制性条文。

4.4.5　本条为强制性条文，焊缝强度设计指标中，对接焊缝的抗拉强度采用了相匹配的焊条和焊丝二者的较小值。角焊缝的抗拉强度取对接焊缝的抗拉强度的 58%。

4.4.6　本条为强制性条文，表中各项强度设计值的换算关系与原规范相同。增加了网架用高强度螺栓，螺栓球节点网架用的高强度螺栓的外形、连接副、受力机理、施工安装方法及强度设计值均与普钢钢结构用的高强度螺栓不同。增加了 Q390 钢作为锚栓，柱脚锚栓一般不能用于承受水平剪力（本标准第 12.7.4 条）；表中还增加了螺栓与 Q460 钢、Q345GJ 钢构件连接的承压强度设计值，为适应钢结构抗震性能化设计要求增加了高强度螺栓的抗拉强度最小值。

由于螺栓球网架一般采用根据内力选择螺栓的设计思路，因此螺栓球节点用高强度螺栓未给出抗拉强度最小值。高强度螺栓连接进入极限状态产生的破坏模式有两种：摩擦面滑移后螺栓螺杆和螺纹部分进入承压状态后出现螺栓或连接板剪切破坏。摩擦型连接和承压型连接在极限状态下破坏模式一致，因此，本标准给出的承压型高强度螺栓的抗拉强度最小值同样适用于摩擦型高强度螺栓连接。

5 结构分析与稳定性设计

5.1 一般规定

5.1.1 本条规定结构分析时可根据分析方法相应地对材料采用弹性或者弹塑性假定。在进行弹性分析时，延性好的 S1、S2、S3 级截面允许采用截面塑性发展系数 γ_x、γ_y 来考虑塑性变形发展。当允许多个塑性铰形成、结构产生内力重分布时，一般应采用二阶弹塑性分析。

5.1.2 二阶效应是稳定性的根源，一阶分析采用计算长度法时这些效应在设计阶段考虑；而二阶弹性 $P\text{-}\Delta$ 分析法在结构分析中仅考虑了 $P\text{-}\Delta$ 效应，应在设计阶段附加考虑 $P\text{-}\delta$ 效应；直接分析则将这些效应直接在结构分析中进行考虑，故设计阶段不再考虑二阶效应。

5.1.5 本条为原规范第 8.4.5 条、第 10.1.4 条的修改和补充。把结构分析时可以当成铰接节点的情况在本条进行了集中说明。

5.1.6 本条为新增条文。本条对结构分析方法的选择进行了原则性的规定。对于二阶效应明显的有侧移框架结构，应采用二阶弹性分析方法。当二阶效应系数大于 0.25 时，二阶效应影响显著，设计时需要更高的分析，不能把握时，宜增加结构刚度。直接分析法可适用于任意的二阶效应系数、任意的结构类型。

钢结构根据抗侧力构件在水平力作用下的变形形态，可分为剪切型（框架结构）、弯曲型（如高跨比为 6 以上的支撑架）和弯剪型。式（5.1.6-1）只适用于剪切型结构，对于弯曲型和弯剪型结构，采用式（5.1.6-2）计算二阶效应系数。强调整体屈曲模态，是要排除可能出现的一些最薄弱构件的屈曲模态。

二阶效应系数也可以采用下式计算：

$$\theta_i^{\mathrm{II}} = 1 - \frac{\Delta u_i}{\Delta u_i^{\mathrm{II}}} \tag{4}$$

式中 Δu_i^{II}——按二阶弹性分析求得的计算 i 楼层的层间侧移；

        Δu_i——按一阶弹性分析求得的计算 i 楼层的层间侧移。

5.1.7 初始几何缺陷是结构或者构件失稳的诱因，残余应力则会降低构件的刚度，故采用二阶 $P\text{-}\Delta$ 弹性分析时考虑结构整体的初始几何缺陷，采用直接分析时考虑初始几何缺陷和残余应力的影响。

5.1.8 本条规定在连续倒塌、抗火分析、极端荷载（作用）等涉及严重的材料非线性、内力需要重分布的情况下，应采用直接分析法以反映结构的真实响应。上述情况，若采用一阶弹性分析，则不满足安全设计的原则。考虑到经济性，一般应采用考虑材料弹塑性发展的直接分析法。当结构因材料非线性产生若干个塑性铰时，系统刚度可能发生较大变化，此时基于未变形结构而获得计算长度系数已不再适用，因此无法用于稳定性设计。

5.1.9 以整体受拉或受压为主的结构如张拉体系、各种单层网壳等，其二阶效应通常难以用传统的计算长度法进行考虑，尤其是一些大跨度结构，其失稳模态具有整体性或者局部整体性，甚至可能产生跃越屈曲，基于构件稳定的计算长度法已不能解决此类结构的稳定性问题，故增加本条。

5.2 初始缺陷

结构的初始缺陷包含结构整体的初始几何缺陷和构件的初始几何缺陷、残余应力及初偏心。结构的初始几何缺陷包括节点位置的安装偏差、杆件的初弯曲、杆件对节点的偏心等。一般，结构的整体初始几何缺陷的最大值可根据施工验收规范所规定的最大允许安装偏差取值，按最低阶屈曲模态分布，但由于不同的结构形式对缺陷的敏感程度不同，所以各规范可根据各自结构体系的特点规定其整体缺陷值，如现行行业标准《空间网格结构技术规程》JGJ 7-2010 规定：网壳缺陷最大计算值可按网壳跨度的 1/300 取值。

5.2.1 本条对框架结构整体初始几何缺陷值给出了具体取值，经国内外规范对比分析，显示框架结构的初始几何缺陷值不仅跟结构层间高度有关，而且也与结构层数的多少有关，式（5.2.1-1）是从式（5.2.1-2）推导而来，即：

$$\Delta_i = \frac{H_{ni}h_i}{G_i} = \frac{h_i}{250}\sqrt{0.2 + \frac{1}{n_s}} \tag{5}$$

按照现行国家标准《钢结构工程施工质量验收规范》GB 50205 的有关要求，结构的最大水平安装误差不大于 $h_i/1000$。综合各种因素，框架结构的初始几何缺陷代表值取为 Δ_i 和 $h_i/1000$ 中的较大值。根据规定 $\sqrt{0.2 + \dfrac{1}{n_s}}$ 不小于 $\dfrac{2}{3}$，可知 $\Delta_i = \dfrac{H_{ni}h_i}{G_i} = \dfrac{h_i}{250}$ $\sqrt{0.2 + \dfrac{1}{n_s}} \geqslant \dfrac{h_i}{250} \cdot \dfrac{2}{3} = \dfrac{h_i}{375} > \dfrac{h_i}{1000}$，因此规定框架结构的初始几何缺陷代表值取为 Δ_i。

当采用二阶 $P\text{-}\Delta$ 弹性分析时，因初始几何缺陷不可避免地存在，且有可能对结构的整体稳定性起很大作用，故应在此类分析中充分考虑其对结构变形和内力的影响。对于框架结构也可通过在框架每层柱的柱顶作用附加的假想水平力 H_{ni} 来替代整体初始几何缺陷。研究表明，框架的层数越多，构件的缺陷影响越小，且每层柱数的影响亦不大。采用假想水平力的方法来替代初始侧移时，假想水平力取值大小即是使得结构侧向变形为初始侧移时所对应的水平力，与钢材强度没有直接关系，因此本次修订取消了原规范式（3.2.8-1）中钢材强度影响系数。本标准假想水平力计算公式的形式与欧洲钢结构设计规范 EC3：Design of steel structures 类似，并考虑了框架总层数的影响；通过对典型工况的计算对比得到，本次修订后公式的计算结果与欧洲钢结构设计规范 EC3 较为接近。需要注意的是，采用假想水平力法时，应施加在最不利的方向，即假想力不能起到抵消外荷载（作用）的效果。

5.2.2 表 5.2.2 构件综合缺陷代表值同时考虑了初始几何缺陷和残余应力的等效缺陷。

构件的初始几何缺陷形状可用正弦波来模拟，构件初始几何缺陷代表值由柱子失稳曲线拟合而来，故本标准针对不同的截面和主轴，给出了 4 个值，分别对应 a、b、c、d 四条柱子失稳曲线。为了便于计算，构件的初始几何缺陷也可用均布荷载和支座反力代替，均布荷载数值可由结构力学求解方法得到，支座反力值为 $q_0 l / 2$，如图 3 所示。

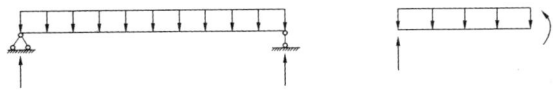

图 3 均布荷载计算简图

推导过程如下：

根据 $\Sigma M = 0$，得

$$N_k e_0 + q_0 \cdot \frac{l}{2} \cdot \frac{l}{4} - \frac{q_0 l}{2} \cdot \frac{l}{2} = 0 \quad (6)$$

$$q_0 = \frac{8 N_k e_0}{l^2} \quad (7)$$

5.3 一阶弹性分析与设计

本节所有条文均为新增条文。本节着重对一阶弹性分析设计方法的适用条件和设计过程进行了说明，基本延续了原规范对无侧移框架和有侧移框架的设计方法。

5.4 二阶 P-Δ 弹性分析与设计

5.4.1 二阶 P-Δ 弹性分析设计方法考虑了结构在荷载作用下产生的变形（P-Δ）、结构整体初始几何缺陷（P-Δ_0）、节点刚度等对结构和构件变形和内力产生的影响。进行计算分析时，可直接建立带有初始整体几何缺陷的结构，也可把此类缺陷的影响用等效水平荷载来代替，并应考虑假想力与设计荷载的最不利组合。

采用仅考虑 P-Δ 效应的二阶弹性分析与设计方法只考虑了结构整体层面上的二阶效应的影响，并未涉及构件的对结构整体变形和内力的影响，因此这部

分的影响还应通过稳定系数来进行考虑，此时的构件计算长度系数应取 1.0 或其他认可的值。当结构无侧移影响时，如近似一端固接、一端铰接的柱子，其计算长度系数小于 1.0。

采用本方法进行设计时，不能采用荷载效应的组合，而应采用荷载组合进行非线性求解。本方法作为一种全过程的非线性分析方法，不允许进行荷载效应的迭加。

5.4.2 本条基本沿用原规范第 3.2.8 条，用等效水平荷载来代替初始几何缺陷的影响。与原规范的式（3.2.8-2）相比，式（5.4.2-1）将二阶效应仅与框架受水平荷载相关联，不需要在楼层和屋顶标高设置虚拟水平支座和计算其反力，只需分别计算框架在竖向荷载和水平荷载下的一阶弹性内力，即可求得近似的二阶弹性弯矩。该式概念清楚、计算简便，研究表明适用于 $0.1 < \theta_i^{II} \leq 0.25$ 范围。

5.5 直接分析设计法

5.5.1 当采用直接分析设计法时，可以直接建立带有初始几何缺陷的结构和构件单元模型，也可以用等效荷载来替代。在直接分析设计法中，应能充分考虑各种对结构刚度有贡献的因素，如初始缺陷、二阶效应、材料弹塑性、节点半刚性等，以便能准确预测结构行为。

采用直接分析设计法时，分析和设计阶段是不可分割的。两者既有同时进行的部分（如初始缺陷应在分析的时候引入），也有分开的部分（如分析得到应力状态，再采用设计准则判断是否塑性）。两者在非线性迭代中不断进行修正、相互影响，直至达到设计荷载水平下的平衡为止。这也是直接分析法区别于一般非线性分析方法之处，传统的非线性强调了分析却忽略了设计上的很多要求，因而其结果是不可以"直接"作为设计依据的。

由于直接分析设计法已经在分析过程中考虑了一阶弹性设计中计算长度所要考虑的因素，故不再需要进行基于计算长度的稳定性验算了。

对于一些特殊荷载下的结构分析，比如连续倒塌分析、抗火分析等，因涉及几何非线性、材料非线性、全过程弹塑性分析，采用一阶弹性分析或者二阶 P-Δ 弹性分析并不能得到正确的内力结果，应采用直接分析设计法进行结构分析和设计。

直接分析设计法作为一种全过程的非线性分析方法，不允许进行荷载效应的迭加，而应采用荷载组合进行非线性求解。

5.5.2 二阶 P-Δ-δ 弹性分析是直接分析法的一种特例，也是常用的一种分析手段。该方法不考虑材料非线性，只考虑几何非线性，以第一塑性铰为准则，不允许进行内力重分布。

5.5.3 二阶弹塑性分析作为一种设计工具，虽然在

学术界和工程界仍有争议，但世界各主流规范均将其纳入规范，以便适应各种需要考虑材料弹塑性发展的情况。

工程界常采用一维梁柱单元来进行弹塑性分析，二维的板壳元和三维的实体元因涉及大量计算一般仅在学术界中采用，塑性铰法和塑性区法是基于梁柱单元的两种常用的考虑材料非线性的方法。

本条规定针对给定的设计目标，二阶弹塑性分析可生成多个塑性铰，直至达到设计荷载水平为止。

对结构进行二阶弹塑性分析，由材料和截面确定的弯矩-曲率关系、节点的半刚性直接影响计算结果，同时分析结果的可靠性有时依赖于结构的破坏模式，不同破坏模式适用的非线性分析增量-迭代策略可能不一样。另外，由于可靠度不同，正常荷载工况下的设计和非正常荷载工况下的设计（如抗倒塌分析或罕遇地震作用下的设计等）对构件极限状态的要求不同。

一般来说，进行二阶弹塑性分析应符合下列规定：

1 除非有充分依据证明一根构件能可靠地由一个单元所模拟（如只受拉支撑），一般构件划分单元数不宜小于 4。构件的几何缺陷和残余应力应能在所划分的单元里考虑到。

2 钢材的应力-应变曲线为理想弹塑性，混凝土的应力-应变曲线可按现行国家标准《混凝土结构设计规范》GB 50010 的要求采用。

3 工字形（H形）截面柱与钢梁刚接时，应有足够的措施防止节点域的变形，否则应在结构整体分析时予以考虑。

4 当工字形（H形）截面构件缺少翘曲扭转约束时，应在结构整体分析时予以考虑。

5 可按现行国家标准《建筑结构荷载规范》GB 50009 的规定考虑活荷载折减。抗震设计的结构，采用重力荷载代表值后，不得进行活荷载折减。

6 应输出下列计算结果以验证是否符合设计要求：

1）荷载标准组合的效应设计值作用下的挠度和侧移；

2）各塑性铰的曲率；

3）没有出现塑性变形的部位，应输出应力比。

5.5.7 直接分析设计法是一种全过程二阶非线性弹塑性分析设计方法，可以全面考虑结构和构件的初始缺陷、几何非线性、材料非线性等对结构和构件内力的影响，其分析设计过程可用式（8）来表达。用直接分析设计法求得的构件的内力可以直接作为校核构件的依据，进行如下的截面验算即可。

$$\frac{N}{A} + \frac{M_x + N(\Delta_x + \Delta_{xi} + \delta_x + \delta_{x0})}{M_{cx}}$$
$$+ \frac{M_y + N(\Delta_y + \Delta_{yi} + \delta_y + \delta_{y0})}{M_{cy}} \leqslant f \qquad (8)$$

直接分析法不考虑材料弹塑性发展，或按弹塑性分析截面板件宽厚比等级不符合 S2 级要求时，$M_{cx} = \gamma_x W_x f$，$M_{cy} = \gamma_y W_y f$；按弹塑性分析，截面板件宽厚比等级符合 S2 级要求时，$M_{cx} = W_{px} f$，$M_{cy} = W_{py} f$。

式中：N——构件的轴力设计值（N）；

A——构件的毛截面面积（mm^2）；

M_x、M_y——绕着构件 x、y 轴的一阶弯矩承载力设计值（N·mm）；

W_x、W_y——绕着构件 x、y 轴的毛截面模量（mm^3）；

W_{px}、W_{py}——绕着构件 x、y 轴的毛截面塑性模量（mm^3）；

γ_x、γ_y——截面塑性发展系数；

Δ_x、Δ_y——由于结构在荷载作用下的变形所产生的构件两端相对位移值（mm）；

Δ_{xi}、Δ_{yi}——由于结构的整体初始几何缺陷所产生的构件两端相对位移值（mm）；

δ_x、δ_y——荷载作用下构件在 x、y 轴方向的变形值（mm）；

δ_{x0}、δ_{y0}——构件在 x、y 轴方向的初始缺陷值（mm）。

值得注意的是，上式截面的 $N-M$ 相关公式是相对保守的，当有足够资料证明时可采用更为精确的 $N-M$ 相关公式进行验算。

5.5.8 本条对采用塑性铰法进行直接分析设计做了补充要求。因塑性铰法一般只将塑性集中在构件两端，而假定构件的中段保持弹性，当轴力较大时通常高估其刚度，为考虑该效应，故需折减其刚度。

5.5.9 本条对采用塑性区法进行直接分析设计给出了一种开放性的方案，一方面可以精确计算出结构响应，另一方面也为新材料、新截面类型的应用创造了条件。

6 受弯构件

6.1 受弯构件的强度

6.1.1 计算梁的抗弯强度时，考虑截面部分发展塑性变形，因此在计算公式（6.1.1）中引进了截面塑性发展系数 γ_x 和 γ_y。γ_x 和 γ_y 的取值原则是：使截面的塑性发展深度不致过大；与本标准第 8 章压弯构件的计算规定表 8.1.1 相衔接。当考虑截面部分发展塑性时，为了保证翼缘不丧失局部稳定，受压翼缘自由外伸宽度与其厚度之比应不大于 $13\varepsilon_k$。

直接承受动力荷载的梁也可以考虑塑性发展，但为了可靠，对需要计算疲劳的梁还是以不考虑截面塑性发展为宜。

考虑腹板屈曲后强度时，腹板弯曲受压区已部分退出工作，本条采用有效截面模量考虑其影响，本标准第 6.4 节采用另外的方法计算其抗弯强度。

6.1.2 本条为新增条文。截面板件宽厚比等级可按本标准表 3.5.1 根据各板件受压区域应力状态确定。

条文中箱形截面的塑性发展系数偏低，箱形截面的塑性发展系数应该介于 1.05～1.2 之间，参见表 10。

表 10　箱形截面的塑性发展系数

截面号	B	H	t_f	t_w	F_x	γ_x	F_y	γ_y
J1-1	400	400	10	10	1.153	1.05	1.153	1.05
J1-2	400	400	15	10	1.131	1.05	1.197	1.05
J1-3	400	400	20	10	1.125	1.05	1.233	1.05
J1.5-1	400	600	15	15	1.197	1.066	1.131	1.05
J1.5-2	400	600	20	15	1.175	1.066	1.156	1.05
J1.5-3	400	600	25	15	1.162	1.066	1.179	1.05
J2-1	400	800	20	20	1.233	1.081	1.125	1.05
J2-2	400	800	30	20	1.199	1.081	1.155	1.05
J2-3	400	800	40	20	1.182	1.081	1.182	1.05
J3-1	400	1200	30	30	1.288	1.108	1.129	1.05
J3-2	400	1200	35	30	1.273	1.108	1.137	1.05
J3-3	400	1200	40	30	1.260	1.108	1.145	1.05

6.1.3 考虑腹板屈曲后强度的梁，其受剪承载力有较大的提高，不必受公式（6.1.3）的抗剪强度计算控制。

6.1.4 计算腹板计算高度边缘的局部承压强度时，集中荷载的分布长度 l_z，早在 20 世纪 40 年代中期，苏联的科学家已经利用半无限空间上的弹性地基梁上模型的级数解，获得了地基梁下反力分布的近似解析解，并被英国、欧洲、美国和苏联钢结构设计规范用于轨道下的等效分布长度计算。最新的数值分析表明，基于弹性地基梁的模型得到的承压长度［式（6.1.4-2）中的系数改为 3.25 就是苏联、英国、欧洲、日本、ISO 等采用的公式］偏大，应改为 2.83；随后进行的理论上更加严密的解析分析表明，弹性地基梁的变形集中在荷载作用点附近很短的一段，应考虑轨道梁的剪切变形，因此改用半无限空间上的 Timoshenko 梁的模型，这样得到的承压长度的解析公式的系数从 3.25 下降到 2.17，在梁模型中承压应力的计算应计入荷载作用高度的影响，考虑到轮压作用在轨道上表面，承压应力的扩散更宽，系数可增加到 2.83，经综合考虑条文式（6.1.4-2）中系数取 3.25，相当于利用塑性发展系数是 1.1484。

集中荷载的分布长度 l_z 的简化计算方法，为原规范计算公式，也与式（6.1.4-2）直接计算的结果颇为接近。因此该式中的 50mm 应该被理解为为了拟合式（6.1.4-2）而引进的，不宜被理解为轮子和轨道的接触面的长度。真正的接触长度应在 20mm～30mm 之间。

表 11　式（6.1.4-2）和式（6.1.4-3）计算的承压长度对比

腹板厚度（mm）	参数	轨道规格及其惯性矩（cm⁴）								
		24kg	33kg	38kg	43kg	50kg	QU70	QU80	QU100	QU120
		486	821.9	1204.4	1489	2037	1082	1547.4	2864.73	4923.79
5	—	322.2	383.7	435.7	467.7	519.2				
6	—	303.4	361.3	410.3	440.3	488.6	395.9			
8	—	276.0	328.5	372.9	400.2	444.1	359.9	405.3		
10	—	257.9	306.2	347.1	372.2	412.9	335.1	377.0	462.3	
12	—	244.0	289.0	327.4	350.8	389.0	316.1	355.4	435.5	520.1
14	—		277.4	313.2	335.3	371.2	302.7	339.5	414.9	495.8
16	—			302.4	323.2	357.1	292.5	327.2	398.5	475.4
18	—				313.6	345.6	284.7	317.3	385.0	458.5
20	—					336.4	278.7	309.5	373.9	444.2
—	$2h_R$	214	240	268	280	304	240	260	300	340
—	$2h_R+50$	264	290	318	330	354	290	310	350	390
—	$5×30+2h_R+50$					504	440	460	500	540
—	$5×7.5+2h_R+50$	301.5	327.5	355.5	367.5	391.5				

轨道上作用轮压，压力穿过具有抗弯刚度的轨道向梁腹板内扩散，可以判断：轨道的抗弯刚度越大，扩散的范围越大，下部腹板越薄（即下部越软弱），则扩散的范围越大，因此式（6.1.4-2）正确地反映了这个规律。而为了简化计算，本条给出了式（6.1.4-3），但是考虑到腹板越厚翼缘也越厚的规律，式（6.1.4-3）实际上反映了与式（6.1.4-2）不同的规律，应用时应注意。

6.1.5 同时受有较大的正应力和剪应力处，指连续梁中部支座处或梁的翼缘截面改变处等。

折算应力公式（6.1.5-1）是根据能量强度理论保证钢材在复杂受力状态下处于弹性状态的条件。考虑到需验算折算应力的部位只是梁的局部区域，故公式中取 β_1 大于1。当 σ 和 σ_c 同号时，其塑性变形能力低于 σ 和 σ_c 异号时的数值，因此对前者取 $\beta_1 = 1.1$，而对后者取 $\beta_1 = 1.2$。

复合应力作用下允许应力少量放大，不应理解为钢材的屈服强度增大，而应理解为允许塑性开展。这是因为最大应力出现在局部个别部位，基本不影响整体性能。

6.2 受弯构件的整体稳定

6.2.1 钢梁整体失去稳定性时，梁将发生较大的侧向弯曲和扭转变形，因此为了提高梁的稳定承载能力，任何钢梁在其端部支承处都应采取构造措施，以防止其端部截面的扭转。当有铺板密铺在梁的受压翼缘上并与其牢固相连，能阻止受压翼缘的侧向位移时，梁就不会丧失整体稳定，因此也不必计算梁的整体稳定性。

6.2.3 在两个主平面内受弯的构件，其整体稳定性计算很复杂，本条所列公式（6.2.3）是一个经验公式。1978年国内曾进行过少数几根双向受弯梁的荷载试验，分三组共7根，包括热轧工字钢 I18 和 I24a 与一组单轴对称加强上翼缘的焊接工字梁。每组梁中1根为单向受弯，其余1根或2根为双向受弯（最大刚度平面内受纯弯和跨度中点上翼缘处受一水平集中力）以资对比。试验结果表明，双向受弯梁的破坏荷载都比单向低，三组梁破坏荷载的比值各为0.91、0.90 和 0.88。双向受弯梁跨度中点上翼缘的水平位移和跨度中点截面扭转角也都远大于单向受弯梁。

用上述少数试验结果验证本条公式（6.2.3），证明是可行的。公式左边第二项分母中引进绕弱轴的截面塑性发展系数 γ_y，并不意味绕弱轴弯曲出现塑性，而是适当降低第二项的影响，并使公式与本章式（6.1.1）和式（6.2.2）形式上相协调。

6.2.4 对箱形截面简支梁，本条直接给出了其应满足的最大 h/b_0 和 l_1/b_0 比值。满足了这些比值，梁的整体稳定性就得到保证。由于箱形截面的抗侧向弯曲刚度和抗扭转刚度远远大于工字形截面，整体稳定性

很强，本条规定的 h/b_0 和 l_1/b_0 值很容易得到满足。

6.2.5 梁端支座，弯曲铰支容易理解也容易达成，扭转铰支却往往被疏忽，因此本条特别规定。对仅腹板连接的钢梁，因为钢梁腹板容易变形，抗扭刚度小，并不能保证梁端截面不发生扭转，因此在稳定性计算时，计算长度应放大。

6.2.6 减小梁侧向计算长度的支撑，应设置在受压翼缘，此时对支撑的设计可以参照本标准第7.5.1条用于减小压杆计算长度的侧向支撑。

6.2.7 本条针对框架主梁的负弯矩区的稳定性计算提出，负弯矩区下翼缘受压，上翼缘受拉，且上翼缘有楼板起侧向支撑和提供扭转约束，因此负弯矩区的失稳是畸变失稳。

将下翼缘作为压杆，腹板作为对下翼缘提供侧向弹性支撑的部件，上翼缘看成固定，则可以求出纯弯简支梁下翼缘发生畸变屈曲的临界应力，考虑到支座条件接近嵌固，弯矩快速下降变成正弯矩等有利因素，以及实际结构腹板高厚比的限值，腹板对翼缘能够提供强大的侧向约束，因此框架梁负弯矩区的畸变屈曲并不是一个需要特别加以精确计算的问题，因此本条提出了很简单的畸变屈曲临界应力公式（6.2.7-4）。

正则化长细比小于或等于0.45时，弹塑性畸变屈曲应力基本达到钢材的屈服强度，此时截面尺寸刚好满足式（6.2.7-1）。对于抗震设计，要求应更加严格。

不满足式（6.2.7-1），则设置加劲肋能够为下翼缘提供更加刚强的约束，并带动楼板对框架梁提供扭转约束。设置加劲肋后，刚度很大，一般不再需要计算整体稳定和畸变屈曲。

6.3 局 部 稳 定

6.3.1 对无局部压应力且承受静力荷载的工字形截面梁推荐按本标准第6.4节利用腹板屈曲后强度。保留了原规范对轻、中级吊车轮压允许乘以0.9系数的规定，是为了保持与原规范在一定程度上的连续性。

6.3.2 需要配置纵向加劲肋的腹板高厚比，不是按硬性规定的界限值来确定而是根据计算需要配置，但仍然给出高厚比的限值，并按梁受压翼缘扭转受到约束与否分为两档，即 $170\varepsilon_k$ 和 $150\varepsilon_k$；在任何情况下高厚比不应超过250，以免高厚比过大时产生焊接翘曲。

6.3.3 本条基本保留了原规范的规定。由于腹板应力最大处翼缘应力也很大，后者对前者并不提供约束。将原规范式（4.3.3-2e）分母中的153改为138。

式（6.3.3-1）代表弯曲应力、承压应力和剪应力共同作用下腹板发生屈曲的近似的相关公式。在设计简支吊车梁时，需要计算部位是弯矩最大部位和靠近支座的区格，弯矩最大截面，剪应力的影响比较

小，支座区格弯曲应力较小。

相关公式各项的分母，在各自的正则化长细比较小的时候，弹塑性局部屈曲的承载力都能够达到各自对应的屈服强度。在最不利的均匀受压的情况下，局部屈曲的稳定系数取 1.0 对应的正则化长细比大约在 0.7（美国 AISI 规范是 0.673）。钢梁腹板稳定性计算的三种应力的稳定性应好于均匀受压的，稳定系数取 1.0 的正则化长细比应大于 0.7，本条对弯曲、剪切和局部承压三种情况，分别取 0.85、0.8 和 0.9；弹性失稳的起点位置的正则化长细比分别取 1.25、1.2 和 1.2，弹性失稳阶段，式（6.3.3-5）、式（6.3.3-10）、式（6.3.3-15）的分子均有 1.1，这同样是为了与原规范保持一定程度上的连续性。弹塑性阶段，承载力和正则化长细比的关系是直线。

6.3.4 有纵向加劲肋时，多种应力作用下的临界条件也有改变。受拉翼缘和纵向加劲肋之间的区格，相关公式和仅设横向加劲肋者形式上相同，而受压翼缘和纵向加劲肋之间的区格则在原公式的基础上对局部压应力项加上平方。这一区格的特点是高度比宽度小很多，在 σ_c 和 σ（或 τ）的相关曲线上凸得比较显著。单项临界应力的计算公式都和仅设横向加劲肋时一样，只是由于屈曲系数不同，正则化宽厚比的计算公式有些变化。

局部横向压应力作用下，由于纵横加劲肋及上翼缘围合而成的区格高宽比常在 4 以上，宜作为上下两边支承的均匀受压板看待，取腹板有效宽度为 h_1 的 2 倍。当受压翼缘扭转未受到约束时，上下两端均视为铰支，计算长度为 h_1；扭转受到完全约束时，则计算长度取 $0.7 h_1$。规范式（6.3.4-4）、式（6.3.4-5）就是这样得出的。

6.3.5 在受压翼缘与纵向加劲肋之间设置短加劲肋使腹板上部区格宽度减小，对弯曲压应力的临界值并无影响。对剪应力的临界值虽有影响，仍可用仅设横向加劲肋的临界应力公式计算，计算时以区格高度 h_1 和宽度 a_1 代替 h_0 和 a。影响最大的是横向局部压应力的临界值，需要用式（6.3.5-1）、式（6.3.5-2）代替式（6.3.4-2）、式（6.3.4-3）来计算 $\lambda_{n,cl}$。

6.3.6 为使梁的整体受力不致产生人为的侧向偏心，加劲肋最好两侧成对配置。但考虑到有些构件不得不在腹板一侧配置横向加劲肋的情况（见图 4），故本条增加了一侧配置横向加劲肋的规定。其外伸宽度应大于按公式（6.3.6-1）算得值的 1.2 倍，厚度应大于其外伸宽度的 1/15。其理由如下：

钢板横向加劲肋成对配置时，其对腹板水平轴

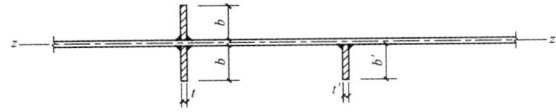

图 4　横向加劲肋的配置方式

（z-z 轴）的惯性矩 I_z 为：

$$I_z \approx \frac{1}{12}(2b_s)^3 t_s = \frac{2}{3} b_s^3 t_s \tag{9}$$

一侧配置时，其惯性矩为：

$$I'_z \approx \frac{1}{12}(b'_s)^3 t'_s + b'_s t'_s \left(\frac{b'_s}{2}\right)^2 = \frac{1}{3}(b'_s)^3 t'_s \tag{10}$$

两者的线刚度相等，才能使加劲效果相同。即：

$$\frac{I_z}{h_0} = \frac{I'_z}{h_0} \tag{11}$$

$$(b'_s)^3 t'_s = 2b_s^3 t_s \tag{12}$$

取：

$$t'_s = \frac{1}{15} b'_s \tag{13}$$

$$t_s = \frac{1}{15} b_s \tag{14}$$

则：

$$(b'_s)^4 = 2b_s^4 \tag{15}$$

$$b'_s = 1.2 b_s \tag{16}$$

纵向加劲肋截面对腹板竖直轴线的惯性矩，本标准规定了分界线 $a/h_0 = 0.85$。当 $a/h_0 \leqslant 0.85$ 时，用公式（6.3.6-4）计算；当 $a/h_0 > 0.85$ 时，用公式（6.3.6-5）计算。

对于不受力加劲肋的厚度可以适当放宽，借鉴欧洲相关规范的规定，故取 $t_s \geqslant \frac{1}{19} b_s$。

对短加劲肋外伸宽度及其厚度均提出规定，其根据是要求短加劲肋的线刚度等于横向加劲肋的线刚度。即：

$$\frac{I_z}{h_0} = \frac{I_{zs}}{h_1} \tag{17}$$

$$\frac{2b_s^3 t_s}{3h_0} = \frac{2b_{ss}^3 t_{ss}}{3h_1} \tag{18}$$

取：

$$t_{ss} = \frac{b_{ss}}{15}, t_s = \frac{b_s}{15}, \frac{h_1}{h_0} = \frac{1}{4} \tag{19}$$

得：

$$b_{ss} = 0.7 b_s \tag{20}$$

故规定短加劲肋外伸宽度为横向加劲肋外伸宽度的 0.7 倍～1.0 倍。

本条还规定了短加劲肋最小间距为 $0.75h_1$，这是根据 $a/h_2 = 1/2$、$h_2 = 3h_1$、$a_1 = a/2$ 等常用边长之比的情况导出的。

为了避免三向焊缝交叉，加劲肋与翼缘板相接处应切角，但直接受动力荷载的梁（如吊车梁）的中间加劲肋下端不宜与受拉翼缘焊接，一般在距受拉翼缘不少于 50mm 处断开，故对此类梁的中间加劲肋，本条第 8 款关于切角尺寸的规定仅适用于与受压翼缘相连接处。

6.4 焊接截面梁腹板考虑屈曲后强度的计算

本节条款暂不适用于吊车梁，原因是多次反复屈曲可能导致腹板边缘出现疲劳裂纹。有关资料还不充分。

利用腹板屈曲后强度，一般不再考虑纵向加劲

肋。对 Q235 钢，受压翼缘扭转受到约束的梁，当腹板高厚比达到 200 时（或受压翼缘扭转不受约束的梁，当腹板高厚比达到 175 时），受弯承载力与按全截面有效的梁相比，仅下降 5% 以内。

6.4.1 工字形截面梁考虑腹板屈曲后强度，包括单纯受弯、单纯受剪和弯剪共同作用三种情况。就腹板强度而言，当边缘正应力达到屈服点时，还可承受剪力 $0.6V_u$。弯剪联合作用下的屈曲后强度与此有些类似，剪力不超过 $0.5V_u$ 时，腹板受弯屈曲后强度不下降。相关公式和欧洲钢结构设计规范 EC3：Design of steel structures 相同。

梁腹板受弯屈曲后强度的计算是利用有效截面的概念。腹板受压区有效高度系数 ρ 和局部稳定计算一样以正则化宽厚比为参数。ρ 值也分为三个区段，分界点和局部稳定计算相同。梁截面模量的折减系数 α_e 的计算公式是按截面塑性发展系数 $\gamma_x = 1$ 得出的偏安全的近似公式，也可用于 $\gamma_x = 1.05$ 的情况。如图 5 所示，忽略腹板受压屈曲后梁中和轴的变动，并把受压区的有效高度 ρ、h_c 等分在两边，同时在受拉区也和受压区一样扣去 $(1-\rho)h_c t_w$，在计算腹板有效截面的惯性矩时不计扣除截面绕自身形心轴的惯性矩。算得梁的有效截面惯性矩为：

$$I_{xe} = \alpha_e I_x \tag{21}$$

$$\alpha_e = 1 - \frac{(1-\rho)h_c^3 t_w}{2I_x} \tag{22}$$

此式虽由双轴对称工字形截面得出，也可用于单轴对称工字形截面。

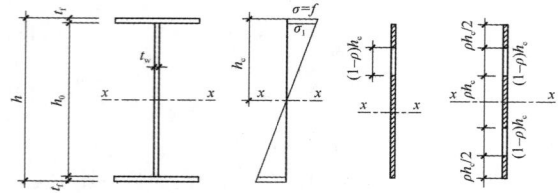

图 5　梁截面模量折减系数简化计算简图

梁腹板受剪屈曲后强度计算是利用拉力场概念。腹板的极限剪力大于屈曲剪力。精确确定拉力场剪力值需要算出拉力场宽度，比较复杂。为简化计算，条文采用相当于下限的近似公式。极限剪力计算也以相应的正则化宽厚比 $\lambda_{n,s}$ 为参数。计算 $\lambda_{n,s}$ 时保留了原来采用的嵌固系数 1.23。拉力场剪力值参考了欧盟规范的"简单屈曲后方法"。但是，由于拉力带还有弯曲应力，因此把欧盟规范的拉力场乘以 0.8。欧盟规范不计嵌固系数，极限剪应力并不比我们采用的高。

6.4.2 当利用腹板受剪屈曲后强度时，拉力场对横向加劲肋的作用可以分成竖向和水平两个分力。对中间加劲肋来说，可以认为两相邻区格的水平力由翼缘承受。因此这类加劲肋只按轴心压力计算其在腹板平面外的稳定。

对于支座加劲肋，当和它相邻的区格利用屈曲后强度时，则必须考虑拉力场水平分力的影响，按压弯构件计算其在腹板平面外的稳定。本条除给出支座反力的计算公式和作用部位外，还给出多加一块封头板时的近似计算公式。

6.5　腹板开孔要求

6.5.1 本条只给出了原则性的规定。实际腹板开孔梁多用于布设设备管线，避免管线从梁下穿过使建筑物层高增加的问题，尤其对高层建筑非常有利。

6.5.2 本条提出的梁腹板开洞时孔口及其位置的尺寸规定，主要参考美国钢结构标准节点构造大样。

用套管补强有孔梁的承载力时，可根据以下三点考虑：（1）可分别验算受弯和受剪时的承载力；（2）弯矩仅由翼缘承受；（3）剪力由套管和梁腹板共同承担，即：

$$V = V_s + V_w \tag{23}$$

式中：V_s ——套管的受剪承载力；

V_w ——梁腹板的受剪承载力。

补强管的长度一般等于梁翼缘宽度或稍短，管壁厚度宜比梁腹板厚度大一级。角焊缝的焊脚长度可取 $0.7t$，t 为梁腹板厚度。

研究表明，腹板开孔梁的受力特性与焊接截面梁类似。当需要进行补强时，采用孔上下纵向加劲肋的方法明显优于横向或沿孔周围加劲效果。钢梁矩形孔被补强以后，弯矩可以仅由翼缘承担，剪力由腹板和补强板共同承担。对于矩形开孔，美国 Steel Design Guide Series 2 中给出了下面一些计算公式：

1 不带补强的腹板开孔梁最大受弯承载力 M_m 按下列公式进行计算〔见图 6（a）〕：

$$M_m = M_p\left[1 - \frac{\Delta A_s\left(\frac{h_0}{4} + e\right)}{Z}\right] \tag{24}$$

式中：M_p ——塑性极限弯矩，$M_p = f_y Z$（N·mm）；

ΔA_s ——腹板开孔削弱面积，$\Delta A_s = h_0 t_w$（mm²）；

h_0 ——腹板开孔高度（mm）；

t_w ——腹板厚度（mm）；

e ——开孔偏心量，取正值（mm）；

Z ——未开孔截面塑性截面模量（mm³）；

f_y ——钢材的屈服强度（N/mm²）。

2 带补强的腹板开孔梁最大受弯承载力 M_m 按下列公式进行计算〔见图 6（b）〕：

当 $t_w e < A_r$ 时：

$$M_m = M_p\left[1 - \frac{t_w\left(\frac{h_0^2}{4} + h_0 e - e^2\right) - A_r h_0}{Z}\right] \leqslant M_p$$

$$\tag{25}$$

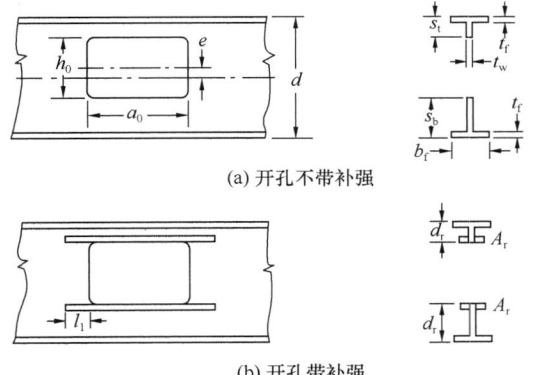

(a) 开孔不带补强

(b) 开孔带补强

图 6 腹板开孔梁计算几何图形

当 $t_w e \geqslant A_r$ 时：

$$M_m = M_p \left[1 - \frac{\Delta A_s \left(\frac{h_0}{4} + e - \frac{A_r}{2t_w} \right)}{Z} \right] \leqslant M_p$$

(26)

式中：ΔA_s——腹板开孔削弱面积，$\Delta A_s = h_0 t_w - 2A_r$；

A_r——腹板单侧加劲肋截面积。

上式中带补强指的是腹板矩形开孔上下用加劲肋对称补强的情况，对其他形状的孔可以适当简化成矩形孔的情况进行处理。更多的情况详见美国 Steel Design Guide Series 2。

6.6 梁的构造要求

6.6.1 本条为新增条文。弧曲杆受弯时，上下翼缘产生平面外应力（图 7），对于圆弧，其值和曲率半径成反比，未设置加劲肋时，由梁腹板承受其产生的拉力或压力，设置加劲肋后，则由加劲肋和梁腹板共同承担。翼缘除原有应力外，还应考虑其平面外应力，按三边支承板计算。

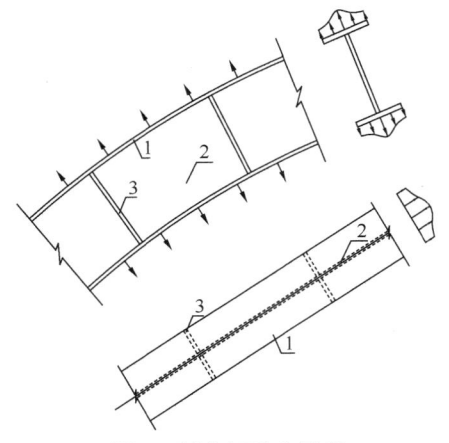

图 7 弧曲杆受力示意

（上翼缘受压下翼缘受拉）

1—翼缘；2—腹板；3—加劲肋

另外，需要注意的是，由于接近腹板处翼缘的刚度较大，因此按弹性计算时翼缘平面外应力分布呈距离腹板越近数值越大的规律，沿翼缘平面内应力的分布也呈同样特点。

6.6.2 多层板焊接组成的焊接梁，由于其翼缘板间是通过焊缝连接，在施焊过程中将会产生较大的焊接应力和焊接变形，且受力不均匀，尤其在翼缘变截面处内力线突变，出现应力集中，使梁处于不利的工作状态，因此推荐采用一层翼缘板。当荷载较大，单层翼缘板无法满足强度或可焊性的要求时，可采用双层翼缘板。

当外层翼缘板不通长设置时，理论截断点处的外伸长度 l_1 的取值是根据国内外的试验研究结果确定的。在焊接双层翼缘板梁中，翼缘板内的实测应力与理论计算值在距翼缘板端部一定长度 l_1 范围内是有差别的，在端部差别最大，往里逐渐缩小，直至距端部 l_1 处及以后，两者基本一致。l_1 的大小与有无端焊缝、焊缝厚度与翼缘板厚度的比值等因素有关。

7 轴心受力构件

7.1 截面强度计算

7.1.1 原规范在条文说明中给出了式（7.1.1-1）和式（7.1.1-2），并指出"如果今后采用屈强比更大的钢材，宜用这两个公式来计算，以确保安全"。当前，屈强比高于 0.8 的 Q460 钢已开始采用，为此，用这两个公式取代了净截面屈服的计算公式。对于 Q235 和 Q345 钢，用这两个公式可以节约钢材。

当沿构件长度有排列较密的螺栓孔时，应由净截面屈服控制，以免变形过大。

7.1.2 轴压构件孔洞有螺栓填充者，不必验算净截面强度。

7.1.3 有效截面系数是考虑了杆端非全部直接传力造成的剪切滞后和截面上正应力分布不均匀的影响。

7.2 轴心受压构件的稳定性计算

7.2.1 式（7.2.1）改用轴心压力设计值与构件承载力之比的表达式，有别于截面强度的应力表达式，使概念明确。

热轧型钢的残余应力峰值和钢材强度无关，它的不利影响随钢材强度的提高而减弱，因此，对屈服强度达到和超过 345MPa 的 $b/h > 0.8$ 的 H 型钢和等边角钢的稳定系数 φ 可提高一类采用。

板件宽厚比超过本标准第 7.3.1 条规定的实腹式构件应按本标准式（7.3.3-1）计算轴心受压构件的稳定性。

7.2.2 本条对原规范第 5.1.2 条进行了局部修改。截面单轴对称构件换算长细比的计算公式（7.2.2-4）

和单、双角钢的简化公式，都来自弹性稳定理论，这些公式用于弹塑性范围时偏于保守，原因是当构件进入非弹性后其弹性模量下降为 $E_t = \tau E$，但剪切模量 G 并不和 E 同步下降，在构件截面全部屈服之前可以认为 G 保持常量。计算分析和试验都表明，等边单角钢轴压构件当两端铰支且没有中间支点时，绕强轴弯扭屈曲的承载力总是高于绕弱轴弯曲屈曲承载力，因此条文明确指出这类构件无须计算弯扭屈曲，并删去了原公式（5.1.2-5）。双角钢截面轴压构件抗扭刚度较强，对弯扭屈曲承载力的影响较弱，仍保留原来的弹性公式，只是表达方式上作了改变。绕平行轴屈曲的单角钢压杆，一般在端部用一个肢连接，压力有偏心，并且中间常连有其他构件，其换算长细比的规定见本标准第 7.6 节。

本条增加了截面无对称轴构件弯扭屈曲换算长细比的计算公式（7.2.2-14）和不等边单角钢的简化公式（7.2.2-20）、公式（7.2.2-21），这些公式用于弹性构件，在非弹性范围偏于安全，若要提高计算精度，可以在式（7.2.2-22）的右端乘以

$$\sqrt{\tau} = \lambda_n \sqrt{1 - 0.21\lambda_n^2} \ (\text{用于} \ \lambda_n \leqslant 1.19) \quad (27)$$

式中：λ_n——构件正则化长细比，$\lambda_n = \dfrac{\lambda}{93} \cdot \dfrac{1}{\varepsilon_k}$，可取弱主轴 y 的长细比 λ_y。

用式（7.2.2-20）、式（7.2.2-21）计算 λ_{xyz} 时，所有 λ_z（包括公式适用条件）都乘以 $\sqrt{\tau}$。

7.2.3 对实腹式构件，剪力对弹性屈曲的影响很小，一般不予考虑。但是格构式轴心受压构件，当绕虚轴弯曲时，剪切变形较大，对弯曲屈曲临界力有较大影响，因此计算式应采用换算长细比来考虑此不利影响。换算长细比的计算公式是按弹性稳定理论公式经简化而得。

一般来说，四肢构件截面总的刚度比双肢的差，构件截面形状保持不变的假定不一定能完全做到，而且分肢的受力也较不均匀，因此换算长细比宜取值偏大一些。

7.2.4、7.2.5 对格构式受压构件的分肢长细比 λ_1 的要求，主要是为了不使分肢先于构件整体失去承载能力。对缀条组合的轴心受压构件，由于初弯曲等缺陷的影响，构件受力时呈弯曲状态，使两分肢的内力不等。对缀板组合轴心受压构件，与缀条组合的构件类似。

缀条柱在缀材平面内的抗剪与抗弯刚度比缀板柱好，故对缀材面剪力较大的格构式柱宜采用缀条柱。但缀板柱构件简单，故常用作轴心受压构件。

在格构式柱和大型实腹柱中设置横隔是为了增加抗扭刚度，根据我国的实践经验，本条对横隔的间距作了具体规定。

7.2.6 对双角钢或双槽钢构件的填板间距作了规定，对于受压构件是为了保证一个角钢或一个槽钢的稳

定；对于受拉构件是为了保证两个角钢和两个槽钢共同工作并受力均匀。由于此种构件两分肢的距离很小，填板的刚度很大，根据我国多年的使用经验，满足本条要求的构件可按实腹构件进行计算，不必对虚轴采用换算长细比。但是用普通螺栓和填板连接的构件，由于孔隙情况不同，容易造成两肢受力不等，连接变形达不到实腹构件的水平，影响杆件的承载力，因此需要按格式计算，公式为本标准式（7.2.3-1）。

7.2.8 本条为新增内容，式（7.2.8）是基于稳定分析得出的。梭形钢管柱整体稳定性计算及设计方法主要参考清华大学的研究工作。首先，通过对梭形钢管柱整体弹性屈曲荷载的理论推导与数值计算结果的比对，提出了其换算长细比的计算公式。其次，利用大挠度弹塑性有限元数值分析方法，取多组算例对梭形钢管柱的稳定承载力进行研究，并形成梭形钢管柱的稳定承载力与换算长细比之间的曲线关系。最后，仍以上述换算长细比为基本参数，比较梭形钢管柱弹塑性计算稳定承载力与等截面柱子曲线之间的关系，进而合理确定梭形钢管柱整体稳定承载力的设计方法。在梭形柱弹塑性承载力数值计算中，考虑了柱子初始缺陷的不利影响，其楔率的变化范围在 0～1.5 之间。

7.2.9 空间多肢钢管梭形格构柱常用于轴心受压构件，在工程上应用愈来愈多，但目前缺乏设计理论指导。清华大学与同济大学的理论和试验研究结果表明，挺直钢管梭形格构柱的屈曲模态（最低阶）依据其几何及截面尺寸可能发生单波形的对称屈曲和反对称屈曲。通过理论推导与对大量的弹性屈曲有限元计算结果进行分析，证明公式（7.2.9-3）与（7.2.9-5）能够比较准确地估算钢管梭形格构柱的对称与反对称屈曲荷载。考虑其几何初始缺陷的影响，其破坏时的变形模式表现为单波形、非对称"S"形及反对称三种，取决于挺直钢管梭形格构柱的失稳模态与初始缺陷的分布及幅值大小。考虑钢管梭形格构柱的整体几何初始缺陷的影响（幅值取 $L/750$），对其承载力进行了大挠度弹塑性分析以及试验研究。研究结果表明，按照式（7.2.9-1）计算获得的换算长细比并采用 b 类截面柱子曲线确定钢管梭形格构柱整体稳定系数比较合适且偏于安全。

7.3 实腹式轴心受压构件的局部稳定和屈曲后强度

7.3.1 由于高强度角钢应用的需要，增加了等边角钢肢的宽厚比限值。不等边角钢没有对称轴，失稳时总是呈弯扭屈曲，稳定计算包含了肢件宽厚比影响，不再对局部稳定作出规定。

7.3.2 根据等稳准则，构件实际压力低于其承载力时，相应的局部屈曲临界力可以降低，从而使宽厚比限值放宽。

7.3.4 为计算简便起见，本条区分 ρ 是否小于 1.0 的界限由本标准式（7.3.1-3）、式（7.3.1-6）及式

（7.3.1-8）确定，虽然对长细比大于 $52\varepsilon_k$ 的箱形截面和长细比大于 $80\varepsilon_k$ 的单角钢偏于安全。但和原规范第5.4.6条相比，本条已有较大的改进。

7.4 轴心受力构件的计算长度和容许长细比

7.4.1 本条沿用原规范第5.3.1条的一部分并补充了钢管桁架构件的计算长度系数。由于立体钢管桁架应用非常普遍，钢管桁架构件的计算长度系数应反映出立体钢管桁架与平面钢管桁架的区别。一般情况下，立体桁架杆件的端部约束比平面桁架强，故在本标准中对立体桁架与平面桁架杆件的计算长度系数的取值稍有区分，以反映其约束强弱的影响。

对于弦杆平面内计算长度系数的取值，考虑到平面桁架与立体桁架对杆件面内约束的差别不大，故均取0.9。对于支座斜杆和支座竖杆，由于其受力较大，受周边构件的约束较弱，其计算长度系数取1.0。

关于再分式腹杆体系的主斜杆和K形腹杆体系的竖杆在桁架平面内的计算长度，由于此种杆件的上段与受压弦杆相连，端部的约束作用较差，因此规定该段在桁架平面内计算长度系数采用1.0而不采用0.8。

7.4.2 桁架交叉腹杆的压杆在桁架平面外的计算长度，参考德国规范进行了修改，列出了四种情况的计算公式，适用两杆长度和截面均相同的情况。

7.4.3 桁架弦杆侧向支承点之间相邻两节间的压力不等时，通常按较大压力计算稳定，这比实际受力情况有利。通过理论分析并加以简化，采用了公式（7.4.3）的折减计算长度办法来考虑此有利因素的影响。

桁架再分式腹杆体系的受压主斜杆及K形腹杆体系的竖杆等，在桁架平面外的计算长度也应按式（7.4.3）确定（受拉主斜杆仍取 l_1）。

7.4.4 相邻侧面节点全部重合者，主杆绕非对称主轴（即最小轴）屈曲。节点部分重合者绕平行轴屈曲并伴随着扭转，计算长度因扭转因素而增大。节点全部不重合者同时绕两个主轴弯曲并伴随着扭转，计算长度增大得更多。

7.4.5 主斜杆对辅助杆提供平面外支点，因而计算长度需要增大。

7.4.6 构件容许长细比的规定，主要是避免构件柔度太大，在本身自重作用下产生过大的挠度和运输、安装过程中造成弯曲，以及在动力荷载作用下发生较大振动。对受压构件来说，由于刚度不足产生的不利影响远比受拉构件严重。

调查证明，主要受压构件的容许长细比值取为150，一般的支撑压杆取为200，能满足正常使用的要求。考虑到国外多数规范对压杆的容许长细比值的规定均较宽泛，一般不分压杆受力情况均规定为

200，经研究并参考国外资料，在第2款中增加了内力不大于承载能力50%的杆件，其长细比可放宽到200。

相比原规范，本条适当增加了容许长细比为200的构件范围。

7.4.7 受拉构件的容许长细比值，基本上保留了我国多年使用经验所规定的数值。

吊车梁下的交叉支撑在柱压缩变形影响下有可能产生压力，因此，当其按拉杆进行柱设计时不应考虑由于支撑的作用而导致的轴力降低。

桁架受压腹杆在平面外的计算长度取 l_0（见表7.4.1-1）是以下端为不动点为条件的。为此，起支承作用的下弦杆必须有足够的平面外刚度。

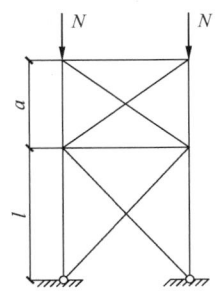

图8　有支撑的二段柱

7.4.8 平板柱脚在柱压力作用下有一定转动刚度，刚度大小和底板厚度有关，当底板厚度不小于柱翼缘厚度2倍时，柱计算长度系数可取0.8。

柱屈曲时上、下两段为一整体。考虑两段的相互约束关系，可以充分利用材料的潜力。

当柱分为两段时，计算长度可由下式确定（图8）：

$$l_0 = \mu l \tag{28}$$
$$\mu = 1 - 0.3(1-\beta)^{0.7} \tag{29}$$

式中：β——短段与长段长度之比，$\beta = a/l$。

当采用平板柱脚，其底板厚度不小于翼缘厚度两倍时，下段长度可乘以系数0.8。

7.5 轴心受压构件的支撑

7.5.1 本条除第4款、第5款外均沿用原规范第5.1.7条。当其他荷载效应使支撑杆件受压时，它的支撑作用相应减弱，原规范第4款规定有可能导致可靠度不足，现加以修改，还新增了第5款以保证支撑能够起应有的作用。

支撑多根柱的支撑，往往承受较大的支撑力，因此不能再只按容许长细比选择截面，需要按支撑力进行计算，且一道支撑架在一个方向所撑柱数不宜超过8根。

7.5.2 式（7.5.2）相当于本标准式（7.5.1-3）和式（7.5.1-4）的组合。

7.5.3 式（7.5.3）也可用于两主斜杆之间的辅助杆，此时 N 应取两主斜杆压力之和。

7.6 单边连接的单角钢

7.6.1 本条基本沿用原规范的规定。若腹杆与弦杆

在节点板同侧（图9），偏心较小，可按一般单角钢对待。

7.6.2 单边连接的单角钢交叉斜杆平面外稳定性计算，既要考虑杆与杆的约束作用，又要考虑端部偏心和约束的影响。端部偏心的状况随主杆截面不同而有所区别，需要采用不同的系数 α_e。

7.6.3 单边连接的单角钢受压后，不仅呈现弯曲，还同时呈现扭转。限制肢件宽厚比的目的主要是保证杆件扭转刚度达到一定水平，以免过早失稳。对于高强度钢材，这一限值有时难以达到，因此给出超限时的承载力计算公式。

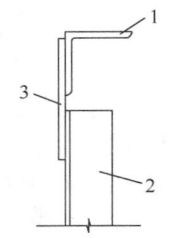

图 9　腹板与弦杆的同侧连接
1—弦杆；2—腹杆；3—节点板

8　拉弯、压弯构件

8.1　截面强度计算

8.1.1 在轴心力 N 和弯矩 M 的共同作用下，当截面出现塑性铰时，拉弯或压弯构件达到强度极限，这时 N/N_p 和 M/M_p 的相关曲线是凸曲线（这里的 N_p 是无弯矩作用时全截面屈服的应力，M_p 是无轴力作用时截面的塑性铰弯矩），其承载力极限值大于按直线公式计算所得的结果。本标准对承受静力荷载或不需验算疲劳的承受动力荷载的拉弯和压弯构件，用塑性发展系数的方式将此有影响的部分计入设计中。对需要验算疲劳的构件则不考虑截面塑性的发展。

截面塑性发展系数 γ 的数值是与截面形式、塑性发展深度和截面高度的比值 μ、腹板面积和一个翼缘面积的比值 α 以及应力状态有关。截面板件宽厚比等级可按本标准表 3.5.1 根据各板件受压区域应力状态确定。

相比原规范，本条补充了圆形截面拉弯构件和压弯构件的计算。采用式（8.1.1-2）计算圆管构件的双向压弯的应力，计算概念清晰。

8.2　构件的稳定性计算

8.2.1 压弯构件的（整体）稳定，对实腹式构件来说，要进行弯矩作用平面内和弯矩作用平面外稳定计算。

1 弯矩平面内的稳定。实腹式压弯构件，当弯矩作用在对称轴平面内时（绕 x 轴），其弯矩作用平面内的稳定性应按最大强度理论进行分析。

2 弯矩作用平面外的稳定性。压弯构件弯矩作用平面外的稳定性计算的相关公式是以屈曲理论为依据导出的。

原规范对等效弯矩系数的规定不够细致，大多偏于安全。此项系数不仅和弯矩图形有关，也和轴心压

力与临界力之比有关，引进参数 N/N_{cr} 可以提高系数的精度，并且不增加很多计算工作量，因为它和式（8.2.1-1）中的 N/N'_{Ex} 只差一个 1.1 的系数。

另一方面，原规范对采用二阶内力分析时 β_{mx} 系数的规定不够恰当，本条进行了必要的改正。

和原规范类似，在本标准附录 C 中给出了工字形和 H 形截面 φ_b 系数的简化公式，用于压弯构件弯矩作用平面外的稳定计算。

8.2.2 弯矩绕虚轴作用的格构式压弯构件，其弯矩作用平面内稳定性的计算宜采用边缘屈服准则。弯矩作用平面外的整体稳定性不必计算，但要求计算分肢的稳定性。这是因为受力最大的分肢平均应力大于整体构件的平均应力，只要分肢在两个方向的稳定得到保证，整个构件在弯矩作用平面外的稳定也可以得到保证。

本条对原规范公式进行了修改，原公式是承载力的上限，尤其不适用 $\varphi_x \leqslant 0.8$ 的格构柱。

8.2.4 对双向压弯圆管柱而言，当沿构件长度分布的弯矩主矢量不在一个方向上时，根据有限元数值分析，适合于开口截面构件和箱形截面构件的线性叠加公式在许多情况下有较大误差，并可能偏于不安全。为此，本标准对两主轴方向不同端弯矩比值的双向压弯圆管柱进行了大量计算，回归总结了本条相关公式。当结构按平面分析或圆管柱仅为平面压弯时，按 $\beta = \beta_x^2$ 设定等效弯矩系数，这里的 x 方向为弯曲轴方向。计算分析表明，该公式具有良好精度。本条规定适合于计算柱段中没有很大横向力或集中弯矩的情况。

8.2.5 双向弯矩的压弯构件，其稳定承载力极限值的计算，需要考虑几何非线性和物理非线性问题。即使只考虑问题的弹性解，所得到的结果也是非线性的表达式。本标准采用的线性相关公式是偏于安全的。

采用此种线性相关公式的形式，使双向弯矩压弯构件的稳定计算与轴心受压构件、单向弯曲压弯构件以及双向弯曲的稳定计算都能互相衔接。

8.2.6 对于双肢格构式压弯构件，当弯矩作用在两个主平面内时，应分两次计算构件的稳定性。第一次按整体计算时，把截面视为箱形截面。第二次按分肢计算时，将构件的轴心力 N 和最大弯矩设计值 M_x 按桁架弦杆那样换算为分肢的轴心力 N_1 和 N_2。

8.2.7 格构式压弯构件缀材计算时取用的剪力值：按道理，实际剪力与构件有初弯曲时导出的剪力是有可能叠加的，但考虑到这样叠加的机率很小，本标准规定的取两者中的较大值还是可行的。

8.2.8 压弯构件弯矩作用平面外的支撑，应将压弯构件的受压翼缘（对实腹式构件）或受压分肢（对格构式构件）视为轴心压杆计算各自的支撑力。应用本标准第 7.5.1 条时，轴心力 N 为受压翼缘或分肢所受应力的合力。应注意到，弯矩较小的压弯构件往往

两侧翼缘或两侧分肢均受压;另外,对框架柱和墙架柱等压弯构件,弯矩有正、反两个方向,两侧翼缘或两侧分肢都有受压的可能性。这些情况的 N 应取为两侧翼缘或两侧分肢压力之和,最好设置双片支撑,每片支撑按各自翼缘或分肢的压力进行计算。

8.3　框架柱的计算长度

8.3.1　本条综合了原规范第 5.3.3 条、第 5.3.6 条的规定,增加了无支撑框架和有支撑框架 μ 系数的简化公式(8.3.1-1)和式(8.3.1-7);改进了强弱支撑框架的分界准则和强支撑框架柱稳定系数计算公式,考虑到不推荐采用弱支撑框架,因此取消了弱支撑框架柱稳定系数的计算公式。

　　(1)材料是线弹性的;

　　(2)框架只承受作用在节点上的竖向荷载;

　　(3)框架中的所有柱子是同时丧失稳定的,即各柱同时达到其临界荷载;

　　(4)当柱子开始失稳时,相交于同一节点的横梁对柱子提供的约束弯矩,按柱子的线刚度之比分配给柱子;

　　(5)在无侧移失稳时,横梁两端的转角大小相等方向相反;在有侧移失稳时,横梁两端的转角不但大小相等而且方向亦相同。

　　根据以上基本假定,并为简化计算起见,只考虑直接与所研究的柱子相连的横梁约束作用,略去不直接与该柱子连接的横梁约束影响,将框架按其侧向支撑情况用位移法进行稳定分析。

　　附有摇摆柱的框(刚)架柱,其计算长度应乘以增大系数 η。多跨框架可以把一部分柱和梁组成框架体系来抵抗侧力,而把其余的柱做成两端铰接。这些不参与承受侧力的柱称为摇摆柱,它们的截面较小,连接构造简单,从而造价较低。不过这种上下均为铰接的摇摆柱承受荷载的倾覆作用必然由支持它的框(刚)架来抵抗,使框(刚)架柱的计算长度增大。公式(8.3.1-2)表达的增大系数 η 为近似值,与按弹性稳定导出的值接近且略偏安全。

8.3.2　带牛腿的常截面柱属于变轴力的压弯构件。过去设计这类构件,按照全柱都承受(N_1+N_2)轴力计算其稳定性,偏于保守。式(8.3.2-1)考虑了压力变化的实际条件,经济而合理。式(8.3.2-1)并未考虑相邻柱的支撑作用(相邻柱的起重机压力较小)。同时柱脚实际上并非完全刚性,这一不利因素没有加以考虑。两个因素同时忽略的结果略偏安全。

8.3.3　原规范的规定适用于重型厂房,框架横梁均为桁架。因桁架线刚度较大,与柱刚接时可视为无限刚性,原规范附录 D 表 D.0.4 就是按柱顶不能转动算得的。现在中型框架也采用单阶钢柱,但横梁为实腹钢梁,其线刚度不及桁架。虽然实腹梁对单阶柱也提供一定的转动约束,但还不到转角可以忽略的程

度,为此,需要增添上端有一定约束时 μ_2 系数的计算公式。

8.3.4　由于缀件或腹杆变形的影响,格构式柱和桁架式横梁的变形比具有相同截面惯性矩的实腹式构件大,因此计算框架的格构式柱和桁架式横梁的线刚度时,所用截面惯性矩要根据上述变形增大影响进行折减。对于截面高度变化的横梁或柱,计算线刚度时习惯采用截面高度最大处的截面惯性矩,根据同样理由,也应对其数值进行折减。

8.3.5　本条只是对原规范第 5.3.7 条进行了少量文字修改。

8.4　压弯构件的局部稳定和屈曲后强度

8.4.2　本条对原规范第 5.4.6 条进行了修改和补充。

1　本条有效宽度系数和本标准第 7.3.3 条有效屈服截面系数完全相同。第 7.3.3 条均匀受压正方箱形截面,四块壁板的宽厚比同样超限,整个截面的承载力乘以系数 ρ 进行折减,既可看作是 A 的折减系数,也可看作 f 的折减系数。

2　当压弯构件的弯矩效应在相关公式中占有重要地位,且最大弯矩出现在构件端部截面时,强度验算显然应该针对该截面计算,A_{ne} 和 W_{nex} 都取自该截面。但构件稳定计算也取此截面的 A_e 和 W_{elx} 则将低估构件的承载力,原因是各个截面的有效面积不相同。由于有效截面的形心偏离原截面形心,增加了式(8.4.2-9)～式(8.4.2-11)。

　　此时,计算构件在框架平面外的稳定性,可取计算段中间 1/3 范围内弯矩最大截面的有效截面特性。平面内稳定计算在没有适当计算方法之前则仍取弯矩最大处的有效截面特性,不过必然偏于安全。

8.5　承受次弯矩的桁架杆件

8.5.2　原规范第 8.4.5 条规定杆件为 H 形、箱形截面的桁架,当杆件较为短粗时,需要考虑节点刚性所引起的次弯矩,但如何考虑次弯矩的效应并未作出具体规定。拉杆和少数压杆在次弯矩和轴力共同作用下,杆端可能会出现塑性铰。在出现塑性铰后,由于塑性重分布,轴力仍然可以增大,直至达到 $N = Af_y$。但是,从工程实践角度曲次应力不宜超过主应力的 20%,否则桁架变形过大。因此只有杆件细长的桁架,次弯矩值相对较小,才能忽略次弯矩效应。此外,忽略次弯矩效应只限于拉杆和不先行失稳的压杆。次弯矩对压杆稳定性的不利影响始终存在,即使是次应力相对较小,也不能忽视。

9　加劲钢板剪力墙

9.1　一　般　规　定

9.1.2　主要用于抗震的抗侧力构件不宜承担竖向荷

载，但是具体构造很难做到这一点，对这个要求应灵活理解：设置钢板剪力墙的开间的框架梁和柱，不能因为钢板剪力墙承担了竖向荷载而减小截面。这样即使钢板剪力墙发生了屈曲，在弹性阶段由钢板剪力墙承担的竖向荷载会转移到框架梁和柱，框架梁、柱也能够承担这部分转移过来的荷载，较大的梁柱截面还能够限制钢板剪力墙屈曲变形的发展。竖向加劲肋宜优先采用闭口截面加劲肋。

9.2 加劲钢板剪力墙的计算

9.2.2 加劲肋采取不承担竖向应力的构造的办法是在每层的钢梁部位，竖向加劲肋中断。不承担竖向荷载，使得地震作用下，加劲肋可以起到类似屈曲约束支撑的外套管那样的作用，能够提高钢板剪力墙的抗震性能（延性和耗能能力）。

9.2.3 为简化设计，本标准直接给出了加劲肋的间距要求，式（9.2.3-2）适用于竖向加劲肋采用闭口截面的情况，即加劲肋采用槽形或类似截面，其翼缘的开口边与钢板墙焊接形成闭口截面的情况。图 10 为加劲钢板剪力墙示意。

设计时，加劲肋分隔的区格，边长比宜限制在 0.66～1.5 之间。

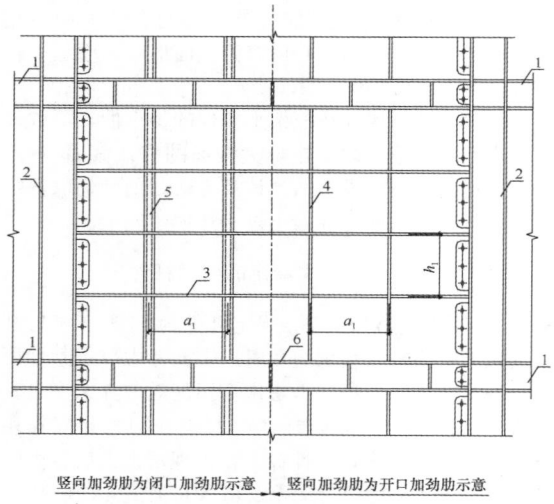

竖向加劲肋为闭口加劲肋示意　　竖向加劲肋为开口加劲肋示意

图 10　加劲钢板剪力墙示意

1—钢梁；2—钢柱；3—水平加劲肋；4—竖向开口加劲肋；
5—竖向闭口加劲肋；6—贯通式加劲肋兼梁的翼缘

9.2.4 经过分析表明，在设置了水平加劲肋的情况下，只要 η_x、$\eta_y \geqslant 22$，就不会发生整体的屈曲，计入一部分缺陷影响放大 1.5 倍即 η_x、$\eta_y \geqslant 33$。

竖向加劲肋，虽然不要求它承担竖向应力，但是无论采用何种构造，它都会承担荷载，其抗弯刚度就要折减，因此对竖向加劲肋的刚度要求增加 50%。

9.2.5 剪切应力作用下，竖向和水平加劲肋不受力，加劲肋的刚度完全被用来对钢板提供支撑，使其剪切

屈曲应力得到提高，此时按照支撑的概念来对设置加劲肋以后的临界剪应力提出计算公式。ANSYS 分析表明，《高层民用建筑钢结构技术规程》JGJ 99-98 的公式，即式（30）不够安全：

$$\tau_{cr} = 3.5 \frac{\pi^2}{h_s^2 t_s} D_x^{1/4} D_y^{3/4} \tag{30}$$

这个公式本身，按照正交异性板剪切失稳的理论分析来判断，已经非常保守，但与 ANSYS 的剪切临界应力计算结果相比仍然偏大。因此在剪切临界应力的计算上，我们放弃正交异性板的理论。

在竖向应力作用下，加劲钢板剪力墙的屈曲则完全不同，此时竖向加劲肋参与承受竖向荷载，并且还可能是钢板对加劲肋提供支承。

9.3 构 造 要 求

9.3.2 虽然按本标准第 9.2 节计算加劲钢板剪力墙时不考虑屈曲后强度，但考虑到钢板剪力墙主要使用对象为多高层钢结构，同时一般均需考虑地震作用而且采用高延性-低承载力的抗震设计思路，在地震作用下考虑钢板剪力墙发生屈曲，弹性阶段由钢板剪力墙承担的竖向荷载将转移到框架梁和柱，因此钢板剪力墙与柱的连接应满足等强要求。但由于强烈地震后钢板剪力墙属可替换构件，连接构造要求可适当放宽，采用对接焊缝时焊缝质量可采用三级。另外，考虑施工安装的便利性，也可采用钢板与框架梁柱连接。

10　塑性及弯矩调幅设计

10.1　一 般 规 定

10.1.1 本条规定了塑性设计及弯矩调幅设计的应用范围。连续梁是塑性及弯矩调幅设计最适合应用的领域，多层框架在层侧移不大于允许侧移的 50% 时，如果当单层框架或采用塑性设计的多层框架的框架柱形成塑性铰，则框架柱需符合本标准第 10.3.4 条的规定。

对框架-支撑结构，按照协同分析，支撑架（核心筒）承担的水平荷载达到 80% 以上或支撑架（核心筒）实际上能够承担 100% 的水平力时，均可以对框架部分进行塑性设计。

当采用塑性或弯矩调幅设计时，构件计算及抗震设计（包括本标准第 17 章抗震性能化设计）采用的内力均应采用调整后的内力。

10.1.2 双向受弯构件，达到塑性铰弯矩、发生塑性转动后，相互垂直的两个弯矩如何发生塑性流动是很难掌握的，由此本条规定，塑性设计只适用于单向弯曲的构件。

10.1.3 本条规定了塑性设计承载力和使用极限状态

验算时采用的荷载。梁式塑性机构，是指仅在梁内形成塑性铰，是一种局部的塑性机构，一根梁形成塑性机构，使用极限状态的挠度应比照弹性计算的增大15%，然后与容许挠度进行比较。另外，本条允许采用弯矩调幅代替塑性机构分析，使得塑性设计能够结合到弹性分析的程序中去，将使得塑性设计实用化。目前规定弯矩调幅的最大幅度是20%，而等截面梁形成塑性机构相当于调幅30%，因此，目前的规定较为保守，确有经验时调幅幅度可适当增加。

10.1.4 塑性设计采用的钢材应保证塑性变形能力。

10.1.5 本条规定对构件的宽厚比采用区别对待的原则，形成塑性铰、发生塑性转动的部位，宽厚比要求较严，不形成塑性铰的部位，宽厚比放宽要求，使得塑性设计和采用弯矩调幅法设计的结构具有更好的经济性。

10.1.6 抗侧力系统的梁，承受较大的轴力，类似于柱子，不建议对其进行调幅。

10.1.7 塑性或弯矩调幅设计，直观上理解，其抗侧移刚度要比弹性设计的有所下降，因此本条规定框架柱发生有侧移失稳时，计算长度系数加大10%，相当于假设刚度下降了20%。框架发生无侧移失稳时，计算长度系数可以取为1.0。

10.2 弯矩调幅设计要点

10.2.1 本条规定了框架-支撑结构，如果采用弯矩调幅设计框架梁，支撑架必须满足的条件。

10.2.2 弯矩调幅幅度不同，塑性开展的程度不一样，因此宽厚比的限值也不一样；对钢梁和组合梁的挠度计算也有所区别。

10.3 构件的计算

10.3.1 本条规定了塑性或弯矩调幅设计时，受弯构件的强度和稳定性计算方法。对于受弯构件采用弯矩调幅设计进行强度计算时，原规范塑性设计采用的截面塑性弯矩 M_p，本次修订为 $\gamma_x W_{nx} f$，原因如下：

1 对连续梁，采用 $\gamma_x W_{nx} f$，可以使得正常使用状态下，弯矩最大截面的屈服区深度得到一定程度的控制，减小使用阶段的变形；

2 对单层和没有设置支撑架的多层框架，如果形成塑性机构，则框架结构的物理刚度已经达到0的状态，但是此时框架上还有竖向重力荷载，重力荷载对于结构是一种负的刚度（几何刚度），因此在物理刚度已经为0的情况下，结构的总刚度（物理刚度与几何刚度之和）为负，按照结构稳定理论，此时已经超过了稳定承载力极限状态，荷载-位移曲线进入了卸载阶段。为避免这种情况的出现，在塑性弯矩的利用上应进行限制。

10.3.4 同时承受压力和弯矩的塑性铰截面，塑性铰转动时，会发生弯矩-轴力极限曲面上的塑性流动，

受力性能复杂化，因此形成塑性铰的截面，轴压比不宜过大。

10.4 容许长细比和构造要求

10.4.2 形成塑性铰的梁，侧向长细比应加以限制，以避免塑性弯矩达到之前发生弯扭失稳。

10.4.3 钢梁上翼缘有楼板时，不会发生侧向弯扭失稳，但可能发生受压下翼缘的侧向失稳，这是一种畸变屈曲。满足本条第1款，畸变屈曲不再会发生，因而无需采取措施，不满足则要采取额外的措施防止下翼缘的侧向屈曲。

本条的规定为住宅钢结构和办公楼避免角部设置不受欢迎的隔撑创造了条件。

11 连 接

11.1 一般规定

11.1.1 一般工厂加工构件采用焊接，主要承重构件的现场连接或拼接采用高强螺栓连接或焊接。

11.1.2 普通螺栓连接受力状态下容易产生较大变形，而焊接连接刚度大，两者难以协同工作，在同一连接接头中不得考虑普通螺栓和焊接的共同工作受力；同样，承压型高强度螺栓连接与焊缝变形不协调，难以共同工作；而摩擦型高强度螺栓连接刚度大，受静力荷载作用可考虑与焊缝协同工作，但仅限于在钢结构加固补强中采用栓焊并用连接。

11.1.3 C级螺栓与孔壁间有较大空隙，故不宜用于重要的连接。例如：

1 制动梁与吊车梁上翼缘的连接：承受着反复的水平制动力和卡轨力，应优先采用高强度螺栓，其次是低氢型焊条的焊接，不得采用C级螺栓；

2 制动梁或吊车梁上翼缘与柱的连接：由于传递制动梁的水平支承反力，同时受到反复的动力荷载作用，不得采用C级螺栓；

3 在柱间支撑处吊车梁下翼缘与柱的连接，柱间支撑与柱的连接等承受剪力较大的部位，均不得用C级螺栓承受剪力。

11.1.5 本条参考了《钢结构焊接规范》GB 50661-2011 的第 5.1.1 条，对焊缝连接构造提出基本要求。值得说明的是，根据目前的疲劳试验结果，预留过焊孔的疲劳构造比实施交叉焊缝的疲劳构造性能差很多，该结果主要归功于近年焊接制造工艺技术的提升和改进，因此在精细工艺控制下允许部分交叉焊缝的存在。

1 根据试验，Q235 钢与 Q345 钢钢材焊接时，若用 E50XX 型焊条，焊缝强度比用 E43XX 型焊条时提高不多，设计时只能取用 E43XX 型焊条的焊缝强度设计值；此外，从连接的韧性和经济方面考虑，故

规定宜采用与低强度钢材相适应的焊接材料；

2　焊缝在施焊后，由于冷却引起了收缩应力，施焊的焊脚尺寸愈大，则收缩应力愈大，故规定焊脚尺寸不要过分加大；

3　在大面积板材（如实腹梁的腹板）的拼接中，往往会遇到纵横两个方向的拼接焊缝。过去这种焊缝一般采用 T 形交叉，有意避开十字形交叉。但根据国内有关单位的试验研究和使用经验以及两种焊缝形式机械性能的比较，十字形焊缝可以应用于各种结构的板材拼接中。从焊缝应力的观点看，无论十字形或 T 形，其中只有一条后焊焊缝的内应力起主导作用，先焊好的一条焊缝在焊缝交叉点附近受后焊焊缝的热影响已释放了应力。因此可采用十字形或 T 形交叉。当采用 T 形交叉时，一般将交叉点的距离控制在 200mm 以上。

11.1.6　本条参考了《钢结构焊接规范》GB 50661－2011 的第 5.1.5 条。条文对焊缝质量等级的选用作了较具体的规定，这是多年实践经验的总结。众所周知，焊缝的质量等级是由现行国家标准《钢结构工程施工质量验收规范》GB 50205 规定，为避免设计中的某些模糊认识，本条内容实质上是对过去工程实践经验的系统总结，并根据本标准修订过程中收集到的意见加以补充修改而成。条文所遵循的原则为：

1　焊缝质量等级主要与其受力情况有关，受拉焊缝的质量等级要高于受压或受剪的焊缝；受动力荷载的焊缝质量等级要高于受静力荷载的焊缝；

2　凡对接焊缝，除非作为角焊缝考虑的部分熔透的焊缝，一般都要求熔透并与母材等强，故需要进行无损探伤；对接焊缝的质量等级不宜低于二级；

3　在建筑钢结构中，角焊缝一般不进行无损探伤检验，但对外观缺陷的等级见《钢结构工程施工质量验收规范》GB 50205－2001 附录 A，可按实际需要选用二级或三级；

4　根据现行国家标准《焊接术语》GB/T 3375，凡 T 形、十字形或角接接头的对接焊缝基本上都没有焊脚，这不符合建筑钢结构对这类接头焊缝截面形状的要求。为避免混淆，对上述对接焊缝应一律按现行国家标准《焊接术语》GB/T 3375 书写为"对接与角接组合焊缝"（下同）。

本条是供设计人员如何根据焊缝的重要性、受力情况、工作条件和设计要求等对焊缝质量等级的选用作出原则和具体规定，而本标准表 4.4.5 则是根据对接焊缝的不同质量等级对各种受力情况下的强度设计值作出规定，这是两种性质不同的规定。在表 4.4.5 中，虽然受压和受剪的对接焊缝不论其质量等级如何均具有相同的强度设计值，但不能据此就误认为这种焊缝可以不考虑其重要性和其他条件而一律采用三级焊缝。正如质量等级为一、二级的受拉对接焊缝虽具有相同的强度设计值，但设计时不能据此一律选用二

级焊缝的情况相同。

另外，为了在工程质量标准上与国际接轨，对要求熔透的与母材等强的对接焊缝（不论是承受动力荷载或静力荷载，亦不论是受拉或受压），其焊缝质量等级均不宜低于二级，因为在美国《钢结构焊接规范》AWS 中对上述焊缝的质量均要求进行无损探伤，而我国规范对三级焊缝是不进行无损探伤的。

11.1.7　焊接性试验指评定母材金属的试验，钢材的焊接性指钢材对焊接加工的适应性，是用以衡量钢材在一定工艺条件下获得优质接头的难易程度和该接头能否在使用条件下可靠运行的具体技术指标。焊接性试验是对设计首次使用的钢种可焊性的具有探索性的科研试验，具有一定的风险性。

新钢种焊接性试验主要分为直接性试验和间接性试验，间接性试验包括 SH-CCT 图、WM-CCT 图，冷、热裂纹敏感性试验，再热裂纹敏感性试验，层状撕裂窗口试验等。焊接性试验是焊接工艺评定的技术依据，国际上明确规定由钢材供应商和科研机构进行这样的工作，而我国没有明确规定，在采用新钢种设计的焊接工程中，本条规定避免了遗漏不可缺少的焊接性试验。

焊接工艺评定是在钢结构工程开始焊接前，按照焊接性试验结果所拟定的焊接工艺，根据现行国家标准《钢结构焊接规范》GB 50661 的有关规定测定焊接接头是否具有所要求的使用性能，从而验证所拟定的焊接工艺是否正确的技术工作。钢结构进行焊接工艺评定的主要目的如下：

1　验证所拟定的焊接工艺是否正确。

这项工作包括通过金属焊接性试验或根据有关焊接性能的技术资料所拟定的工艺，也包括已经评定合格，但由于某种原因需要改变一个或一个以上的焊接工艺参数的工艺。

金属焊接性试验制定的工艺也经历了一系列试验，是具有探索性，同时也具有一定风险性的科研工作，主要任务是研究钢材的焊接性能。由于目的不同，与实际工程相比，焊接条件尚存在一定的差距，需要把实验室的数据变为工程的工艺，因此需要进行检验。

2　评价施工单位是否能焊出符合有关要求的焊接接头。

焊接工艺评定具有不可输入性，不可以转让。焊接工艺评定必须根据本单位的实际情况来进行。因为焊接质量由"人员、机器、物料、方法、环境"五大管理要素决定，单位不同其管理要素也不同，所完成的焊接工艺评定的水平也不同，进而带来的焊接技术也不同。事实上，在进行焊接工艺评定的过程中，有的单位经常有不合格的情况发生，充分证实了这一点。

11.1.8　结构的安装连接构造除应考虑连接的可靠性

外，还必须考虑施工方便。

1 根据连接的受力和安装误差情况分别采用 C 级螺栓、焊接、高强螺栓或栓焊接头连接。其选用原则是：

1）凡沿螺栓杆轴方向受拉的连接或受剪力较小的次要连接，宜用 C 级螺栓；

2）凡安装误差较大的，受静力荷载或间接受动力荷载的连接，可优先选用焊接或者栓焊连接；

3）凡直接承受动力荷载的连接或高空施焊困难的重要连接，均宜采用高强度螺栓摩擦型连接或者栓焊连接。

2 梁或桁架的铰接支承宜采用平板支座直接支于柱顶或牛腿上。

3 当梁或桁架与柱侧面连接时，应设置承力支托或安装支托。安装时，先将构件放在支托上，再上紧螺栓，比较方便。此外，这类构件的长度不能有正公差，以便于插接，承力支托的焊接，计算时应考虑施工误差造成的偏心影响。

4 除特殊情况外，一般不采用铆钉连接。

11.2 焊缝连接计算

11.2.1 凡要求等强的对接焊缝施焊时均应采用引弧板和引出板，以避免焊缝两端的起、落弧缺陷。在某些特殊情况下无法采用引弧板和引出板时，计算每条焊缝长度时应减去 $2t$（t 为焊件的较小厚度），因为缺陷长度与焊件的厚度有关，这是参照苏联钢结构设计规范的规定。

当承受轴心力的板件用斜焊缝对接，焊缝与作用力间的夹角 θ 符合 $\tan\theta \leqslant 1.5$ 时，其强度可不计算。

11.2.2 角焊缝两焊脚边夹角为直角的称为直角角焊缝，两焊脚边夹角为锐角或钝角的称为斜角角焊缝。角焊缝的有效面积应为焊缝计算长度与计算厚度（h_e）的乘积。对任何方向的荷载，角焊缝上的应力应视为作用在这一有效面积上。本条规定的计算方法仅适用于直角角焊缝的计算。

角焊缝按它与外力方向的不同可分为侧面焊缝、正面焊缝、斜焊缝以及由它们组合而成的围焊缝。由于角焊缝的应力状态极为复杂，因而建立角焊缝计算公式要靠试验分析。国内外的大量试验结果证明，角焊缝的强度和外力的方向有直接关系。其中，侧面焊缝的强度最低，正面焊缝的强度最高，斜焊缝的强度介于二者之间。

国内对直角角焊缝的大批试验结果表明：正面焊缝的破坏强度是侧面焊缝的 1.35 倍～1.55 倍。并且通过有关的试验数据，通过加权回归分析和偏于安全方面的修正，对任何方向的直角角焊缝的强度条件可用下式表达（图 11）：

$$\sqrt{{\sigma_\perp}^2 + 3({\tau_\perp}^2 + {\tau_{//}}^2)} \leqslant \sqrt{3} f_f^w \qquad (31)$$

式中：$\sigma_\perp$——垂直于焊缝有效截面（$h_e l_w$）的正应力（N/mm²）；

$\tau_\perp$——有效截面上垂直焊缝长度方向的剪应力（N/mm²）；

$\tau_{//}$——有效截面上平行于焊缝长度方向的剪应力（N/mm²）；

f_f^w——角焊缝的强度设计值（即侧面焊缝的强度设计值）（N/mm²）。

式（31）的计算结果与国外的试验和推荐的计算方法的计算结果是相符的。

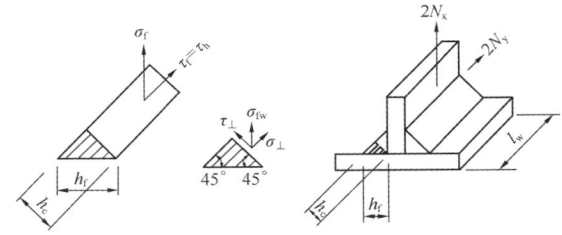

图 11 角焊缝的计算

现将式（31）转换为便于使用的计算式，如图 11 所示，令 σ_f 为垂直于焊缝长度方向按焊缝有效截面计算的应力：

$$\sigma_f = \frac{N_x}{h_e l_w} \qquad (32)$$

它既不是正应力也不是剪应力，但可分解为：

$$\sigma_\perp = \frac{\sigma_f}{\sqrt{2}}, \tau_\perp = \frac{\sigma_f}{\sqrt{2}} \qquad (33)$$

又令 τ_f 为沿焊缝长度方向按焊缝有效截面计算的剪应力，显然：

$$\tau_{//} = \tau_f = \frac{N_y}{h_e l_w} \qquad (34)$$

将上述 $\sigma_\perp$、$\tau_\perp$、$\tau_{//}$ 代入公式（31）中，得：

$$\sqrt{\left(\frac{\sigma_f}{\beta_f}\right)^2 + {\tau_f}^2} \leqslant f_f^w \qquad (35)$$

式中：β_f——正面角焊缝强度的增大系数，$\beta_f = 1.22$。

对正面角焊缝，$N_y = 0$，只有垂直于焊缝长度方向的轴心力 N_x 作用：

$$\sigma_f = \frac{N_x}{h_e l_w} \leqslant \beta_f f_f^w \qquad (36)$$

对侧面角焊缝，$N_x = 0$，只有平行于焊缝长度方向的轴心力 N_y 作用：

$$\tau_f = \frac{N_y}{h_e l_w} \leqslant f_f^w \qquad (37)$$

对承受静力荷载和间接承受动力荷载的结构，采用上述公式，令 $\beta_f = 1.22$，可以保证安全。但对直接承受动力荷载的结构，正面角焊缝强度虽高但刚度较大，应力集中现象也较严重，又缺乏足够的试验依据，故规定取 $\beta_f = 1$。

当垂直于焊缝长度方向的应力有分别垂直于焊缝两个直角边的应力 σ_{fx} 和 σ_{fy} 时（图 12），可从公式

（31）导出下式：

$$\sqrt{\frac{\sigma_{fx}^2 + \sigma_{fy}^2 - \sigma_{fx}\sigma_{fy}}{\beta_f^2} + \tau_f^2} \leqslant f_f^w \quad (38)$$

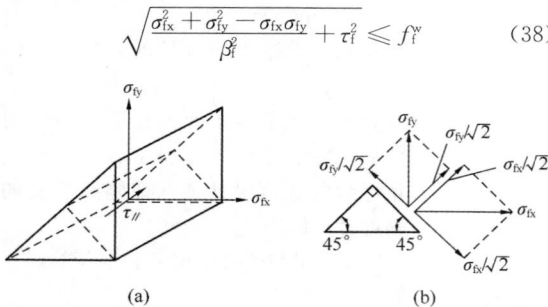

图 12　角焊缝 σ_{fx}、σ_{fy}、τ_f 共同作用

式中对使用焊缝有效截面受拉的 σ_{fx} 或 σ_{fy} 取为正值，反之取负值。

由于此种受力复杂的角焊缝还研究得不够，在工程实践中又极少遇到，所以未将此种情况列入标准。建议这种角焊缝采用不考虑应力方向的计算式进行计算，即：

$$\sqrt{\sigma_{fx}^2 + \sigma_{fy}^2 + \tau_f^2} \leqslant f_f^w \quad (39)$$

11.2.3　在 T 形接头直角和斜角角焊缝的强度计算中，原规范规定锐角角焊缝 $\alpha \geqslant 60°$，钝角 $\leqslant 135°$。T 形接头角焊缝的计算厚度应按图 13 中的 h_{e1} 或 h_{e2} 取用。

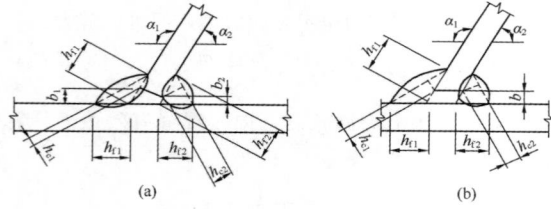

图 13　T 形接头的根部间隙和焊缝截面
b—根部间隙；h_f—焊脚尺寸；h_e—焊缝计算厚度

由图 13 中几何关系可知：

在锐角 α_2 一侧，$h_{e2} = \left[h_{f2} - \dfrac{b(\text{或 } b_2)}{\sin\alpha_2} \right] \dfrac{\cos\alpha_2}{2}$
　　　　　　　　　　　　　　　　　　　　（40）

在钝角 α_1 一侧，$h_{e1} = \left[h_{f1} - \dfrac{b(\text{或 } b_1)}{\sin\alpha_1} \right] \dfrac{\cos\alpha_1}{2}$
　　　　　　　　　　　　　　　　　　　　（41）

由此可得斜角角焊缝计算厚度 h_{ei} 的通式：

$$h_{ei} = \left[h_f - \frac{b(\text{或 } b_1, b_2)}{\sin\alpha_i} \right] \frac{\cos\alpha_i}{2} \quad (42)$$

当 $b_i \leqslant 1.5\text{mm}$ 时，可取 $b_i = 0$，代入式（42）后，即得 $h_{ei} = h_{fi}\cos\alpha_i/2$

当 $b_i \geqslant 5\text{mm}$ 时，焊缝质量不能保证，应采取专门措施解决。一般是图 13（a）中的 b_1 可能大于 5mm，则可将板边切成图 13（b）的形式，并使 $b \leqslant 5\text{mm}$。

另外，本次修订增加了当 $30° \leqslant \alpha < 60°$ 及 $\alpha <$

30° 时，斜角焊缝计算厚度的计算取值规定。

上述规定与现行国家标准《钢结构焊接规范》GB 50661 的规定相同。对于斜 T 形接头的角焊缝，在设计图中应绘制大样，详细标明两侧角焊缝的焊脚尺寸。

11.2.4　本条为原规范第 7.1.5 条的修改和补充。部分熔透对接焊缝及对接与角接组合焊缝，其焊缝计算厚度 h_e 应根据焊接方法、坡口形状及尺寸、焊接位置分别对坡口深度予以折减，其计算方法可按现行国家标准《钢结构焊接规范》GB 50661 执行。

部分熔透的对接焊缝，包括部分熔透的对接与角接组合焊缝，其工作情况与角焊缝类似，取 $\beta_f = 1.0$，即不考虑应力方向。

考虑到 $\alpha \geqslant 60°$ 的 V 形坡口，焊缝根部可以焊满，故取 $h_e = s$；当 $\alpha < 60°$ 时，取 $h_e = 0.75s$，是考虑焊缝根部不易焊满和在熔合线上强度较低的情况。

参照 AWS 1998，并与现行国家标准《钢结构焊接规范》GB 50661 相协调，将单边 V 形和 K 形坡口从 V 形坡口中分离出来，单独立项，并补充规定了这种焊缝计算厚度的计算方法。

严格地说，上述各种焊缝的计算厚度应根据焊接方法、坡口形式及尺寸和焊缝位置的不同分别确定，详见现行国家标准《钢结构焊接规范》GB 50661。由于差别较小，本条采用了简化的表达方式，其计算结果与现行国家标准《钢结构焊接规范》GB 50661 基本相同。

另外，由于熔合线上的焊缝强度比有效截面处低约 10%，所以规定为：当熔合线处焊缝截面边长等于或接近最小距离 s 时，抗剪强度设计值应按角焊缝的强度设计值乘以 0.9。对于垂直于焊缝长度方向受力的不予焊透对接焊缝，因取 $\beta_f = 1.0$，已具有一定的潜力，此种情况不再乘以 0.9。

在垂直于焊缝长度方向的压力作用下，由于可以通过焊件直接传递一部分内力，根据试验研究，可将强度设计值乘以 1.22，相当于取 $\beta_f = 1.22$，而且不论熔合线处焊缝截面边长是否等于最小距离 s，均可如此处理。

11.2.5　塞焊焊缝、圆孔或槽孔内焊缝在抗剪连接和防止板件屈曲的约束连接中有较多应用，参照角焊缝的抗剪计算方法给出圆形塞焊焊缝、圆孔或槽孔内焊缝的抗剪承载力计算公式，参考了 Eurocode 3 part1.8 的规定。

11.2.6　考虑到大于 $60h_f$ 的长角焊缝在工程中的应用增多，在计算焊缝强度时可以不考虑超过 $60h_f$ 部分的长度，也可对全长焊缝的承载力进行折减，以考虑长焊缝内力分布不均匀的影响，但有效焊缝计算长度不应超过 $180h_f$，本条参考了 Eurocode 3 part1.8 的规定。

11.2.7 本条所列公式是工程中常用的方法，引入系数 β_f 是为了区分因荷载状态的不同使焊缝连接的承载力有差异。

对直接承受动力荷载的梁（如吊车梁），取 $\beta_f = 1.0$，对承受静力荷载或间接承受动力荷载的梁（当集中荷载处无支承加劲肋时），取 $\beta_f = 1.22$。

11.3 焊缝连接构造要求

11.3.1 本条为新增内容，原规范中对圆形塞焊焊缝、圆孔或槽孔内角焊缝没有作出规定，考虑工程中已有较多应用，因此将圆形塞焊焊缝、圆孔或槽孔内角焊缝列入标准，且只能用于抗剪和防止板件屈曲的约束连接。

11.3.3 本条与现行国家标准《钢结构焊接规范》GB 50661 的规定基本一致，取消了原规范直接承受动力荷载且需要进行疲劳计算的结构斜角坡度不大于 1∶4 的规定。

当较薄板件厚度大于 12mm 且一侧厚度差不大于 4mm 时，焊缝表面的斜度已足以满足和缓传递的要求；当较薄板件厚度不大于 9mm 且不采用斜角时，一侧厚度差容许值为 2mm；其他情况下，一侧厚度差容许值均为 3mm。

考虑到改变厚度时对钢板的切削很费事，故一般不宜改变厚度。

11.3.4 本条为塞焊、槽焊、角焊、对接焊接头承受动荷载时的规定，与现行国家标准《钢结构焊接规范》GB 50661 的规定保持一致。

对受动力荷载的构件，当垂直于焊缝长度方向受力时，未焊透处的应力集中会产生不利的影响，因此规定不宜采用。但当外荷载平行于焊缝长度方向时，如起重机臂的纵向焊缝［图 14 (b)］、吊车梁下翼缘焊缝等，只承受剪应力，则可用于受动力荷载的结构。

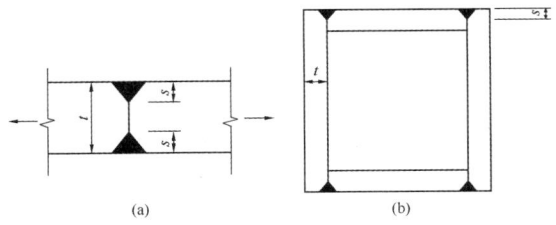

图 14 部分焊透的对接焊

11.3.5 本条为角焊缝的尺寸要求，与现行国家标准《钢结构焊接规范》GB 50661 的规定保持一致。

11.3.6 本条对搭接焊缝的要求，为原规范第 8.2.10 条～第 8.2.13 条的修改和补充，与现行国家标准《钢结构焊接规范》GB 50661 的规定保持一致。

为防止搭接部位角焊缝在荷载作用下张开，规定搭接连接角焊缝在传递部件受轴向力时应采用双角焊缝；同时为防止搭接部位受轴向力时发生偏转，规定了搭接连接的最小搭接长度。

为防止构件因翘曲一致使贴合不好，规定了搭接部位采用纵向角焊缝连接构件端部时的最小搭接长度，必要时增加横向角焊缝或塞焊。

使用绕角焊时可避免起落弧的缺陷发生在应力集中较大处，但在施焊时必须在转角处连续焊，不能断弧。

为防止焊接时材料棱边熔塌，规定了搭接焊缝与材料棱边的最小间距。

此外，根据实践经验，增加了薄板搭接长度不得小于 25mm 的规定。

11.3.7 本条对塞焊焊缝和槽焊焊缝的尺寸等细部构造做出了规定。

11.3.8 断续角焊缝是应力集中的根源，故不宜用于重要结构或重要的焊接连接。为保证构件受拉力时有效传递荷载，受压时保持稳定，规定了断续角焊缝最大纵向间距。此外，断续角焊缝焊段的长度与现行国家标准《钢结构焊接规范》GB 50661 的规定保持一致。

11.4 紧固件连接计算

11.4.1 式（11.4.1-1）和式（11.4.1-2）的相关公式是保证普通螺栓或铆钉的杆轴不致在剪力和拉力联合作用下破坏；式（11.4.1-3）和式（11.4.1-4）是保证连接板件不致因承压强度不足而破坏。

11.4.2 本条参考了《钢结构高强度螺栓连接技术规程》JGJ 82-2011 第 4.1.1 条，当高强度螺栓摩擦型连接采用大圆孔或槽孔时应对抗剪承载力进行折减，乘以孔形折减系数 k_2。国内外研究和工程实践表明，摩擦型连接的摩擦面抗滑移系数 μ 主要与钢材表面处理工艺和涂层厚度有关，本条补充规定了对应不同接触面处理方法的抗滑移系数值。另外，根据工程实践及相关研究，本次修订调整了抗滑移系数，使其最大值不超过 0.45。

1 高强度螺栓摩擦型连接是靠被连接板叠间的摩擦阻力传递内力，以摩擦阻力刚被克服作为连接承载能力的极限状态。摩擦阻力值取决于板叠间的法向压力即螺栓预拉力 P、接触表面的抗滑移系数 μ 以及传力摩擦面数目 n_f，故一个摩擦型高强度螺栓的最大受剪承载力为 $n_f\mu P$ 除以抗力分项系数 1.111，即得：

$$N_v^b = 0.9 n_f \mu P \qquad (43)$$

2 关于表 11.4.2-1 的抗滑移系数，这次修订时增加了 Q460 钢的 μ 值，考虑到高强度钢材连接需要较高的连接强度，故未列入接触面处理为钢丝刷清除浮锈或未经处理的干净轧制面的抗滑移系数。另外，原规范规定了当接触面处理为喷砂（丸）或喷砂（丸）后生赤锈时的 μ 值，本次修订考虑到生赤锈程度很难规范也无检验标准，故予取消。

考虑到酸洗除锈在建筑结构上很难做到，即使小型构件能用酸洗，但往往有残存的酸液会继续腐蚀摩擦面，故未列入。

在实际工程中，还可能采用砂轮打磨（打磨方向应与受力方向垂直）等接触面处理方法，其抗滑移系数应根据试验确定。

另外，按本标准式（11.4.2-1）计算时，没有限定板束的总厚度和连接板叠的块数，当总厚度超出螺栓直径的 10 倍时，宜在工程中进行试验以确定施工时的技术参数（如转角法的转角）以及受剪承载力。

3 高强度螺栓预拉力 P 的取值根据原规范的规定采用，预拉力 P 值以螺栓的抗拉强度为准，再考虑必要的系数，用螺栓的有效截面经计算确定。

拧紧螺栓时，除使螺栓产生拉应力外，还产生剪应力。在正常施工条件下，即螺母的螺纹和下支承面涂黄油润滑剂，或在供货状态原润滑剂未干的情况下拧紧螺栓，对应力会产生显著影响，根据试验结果其影响系数考虑为 1.2。

考虑螺栓材质的不均匀性，引进一折减系数 0.9。

施工时为了补偿螺栓预拉力的松弛，一般超张拉 5%～10%，为此采用一个超张拉系数 0.9。由于以螺栓的抗拉强度为准，为安全起见再引入一个附加安全系数 0.9，这样高强度螺栓预拉力值应由下式计算：

$$P = \frac{0.9 \times 0.9 \times 0.9}{1.2} f_u A_e \qquad (44)$$

式中：f_u——螺栓经热处理后的最低抗拉强度（N/mm²）；对 8.8 级，取 $f_u = 830$N/mm²，对 10.9 级，取 $f_u = 1040$ N/mm²；

A_e——螺纹处的有效面积（mm²）。

本标准表 11.4.2-2 中的 P 值就是按式（44）计算的（取 5kN 的整倍数值），计算结果小于国外规范的规定值，AISC 1939 和 Eurocode 3 1993 均取预拉力 $P = 0.7 A_e f_u^t$，日本的取值亦与此相仿（日本《钢构造限界状态设计指针》1998）。

扭剪型螺栓虽然不存在超张拉问题，但国标中对 10.9 级螺栓连接副紧固轴力的最小值与本标准表 11.4.2-2 的 P 值基本相等，而此紧固轴力的最小值（即 P 值）却为其公称值的 0.9 倍。

4 关于摩擦型连接的高强度螺栓，其杆轴方向受拉的承载力设计值 $N_t^b = 0.8P$ 的问题：试验证明，当外拉力 N_t 过大时，螺栓将发生松弛现象，这样就丧失了摩擦型连接高强度螺栓的优越性。为避免螺栓松弛并保留一定的余量，因此本标准规定为：每个高强度螺栓在其杆轴方向的外拉力的设计值 N_t 不得大于 $0.8P$。

5 同时承受剪力 N_v 和栓杆轴向外拉力 N_t 的高

强度螺栓摩擦型连接，其承载力可以采用直线相关公式表达，即本标准公式（11.4.2-3）。

11.4.3 本条为高强度螺栓承压型连接的计算要求。

1 制造厂生产供应的高强度螺栓并无用于摩擦型连接和承压型连接之分，采用的预应力也无区别；

2 由于高强度螺栓承压型连接是以承载力极限值作为设计准则，其最后破坏形式与普通螺栓相同，即栓杆被剪断或连接板被挤压破坏，因此其计算方法也与普通螺栓相同。但要注意：当剪切面在螺纹处时，其受剪承载力设计值应按螺栓螺纹处的有效面积计算（普通螺栓的抗剪强度设计值是根据连接的试验数据统计而定的，试验时不分剪切面是否在螺纹处，故普通螺栓没有这个问题）；

3 当承压型连接高强度螺栓沿杆轴方向受拉时，本标准表 4.4.6 给出了螺栓的抗拉强度设计值 $f_t^b \approx 0.48 f_u^b$，抗拉承载力的计算公式与普通螺栓相同，本款亦适用于未施加预拉力的高强度螺栓沿杆轴方向受拉连接的计算；

4 同时承受剪力和杆轴方向拉力的高强度螺栓承压型连接：当满足本标准公式（11.4.3-1）、式（11.4.3-2）的要求时，可保证栓杆不致在剪力和拉力联合作用下破坏。

本标准公式（11.4.3-2）是保证连接板件不致因承压强度不足而破坏。由于只承受剪力的连接中，高强度螺栓对板叠有强大的压紧作用，使承压的板件孔前区形成三向压应力场，因而其承压强度设计值比普通螺栓的要高得多。但对受有杆轴方向拉力的高强度螺栓，板叠之间的压紧作用随外拉力的增加而减小，因而承压强度设计值也随之降低。承压型高强度螺栓的承压强度设计值是随外拉力的变化而变化的。为了计算方便，本标准规定只要有外拉力作用，就将承压强度设计值除以 1.2 予以降低。所以本标准公式（11.4.3-2）中右侧的系数 1.2 实质上是承压强度设计值的降低系数。计算 N_c^b 时，仍应采用本标准表 4.4.6 中的承压强度设计值。

11.4.5 当构件的节点处或拼接接头的一端，螺栓（包括普通螺栓和高强度螺栓）或铆钉的连接长度 l_1 过大时，螺栓或铆钉的受力很不均匀，端部的螺栓或铆钉受力最大，往往首先破坏，并将依次向内逐个破坏。因此规定当 $l_1 > 15d_0$ 时，应将承载力设计值乘以折减系数。

11.5 紧固件连接构造要求

11.5.1 本条与现行行业标准《钢结构高强度螺栓连接技术规程》JGJ 82 的规定基本一致。对普通螺栓的孔径 d_0 做出补充规定，并提出高强度螺栓摩擦型连接可采用大圆孔和槽孔。值得注意的是，只有采用标准孔时，高强度螺栓摩擦型连接的极限状态可转变为承压型连接，对于需要进行极限状态设计的连接节点尤其需要强调这一点。

11.5.2 本条是基于铆接结构的规定而统一用之于普通螺栓和高强度螺栓，其中高强度螺栓是经试验研究结果确定的，现将表11.5.2的取值说明如下：

1 紧固件的最小中心距和边距。

1）在垂直于作用力方向：

① 应使钢材净截面的抗拉强度大于或等于钢材的承压强度；

② 尽量使毛截面屈服先于净截面破坏；

③ 受力时避免在孔壁周围产生过度的应力集中；

④ 施工时的影响，如打铆时不振松邻近的铆钉和便于拧紧螺帽等。

2）顺内力方向，按母材抗挤压和抗剪切等强度的原则而定：

① 端距 $2d_0$ 是考虑钢板在端部不致被紧固件撕裂；

② 紧固件的中心距，其理论值约为 $2.5d$，考虑上述其他因素取为 $3d_0$。

2 紧固件最大中心距和边距。

1）顺内力方向：取决于钢板的紧密贴合以及紧固件间钢板的稳定；

2）垂直内力方向：取决于钢板间的紧密贴合条件。

11.5.3 本条为原规范第8.3.6条。防止螺栓松动的措施中除采用双螺帽外，尚有用弹簧垫圈，或将螺帽和螺杆焊死等方法。

11.5.4 当摩擦面处理方法相同且用于使螺栓受剪的连接时，从单个螺栓受剪的工作曲线（图15）可以看出：当以曲线上的"1"作为连接受剪承载力的极限时，即仅靠板叠间的摩擦阻力传递剪力，这就是摩擦型的计算准则。但实际上此连接尚有较大的承载潜力。承压型高强度螺栓是以曲线的最高点"3"作为连接承载力极限，因此更加充分利用了螺栓的承载能力。由于承压型连接和摩擦型连接是同一高强度螺栓连接的两个不同阶段，因此可将摩擦型连接定义为承压型连接的正常使用状态。另外，进行连接极限承载力计算时，承压连接可视为摩擦型连接的损伤极限状态。

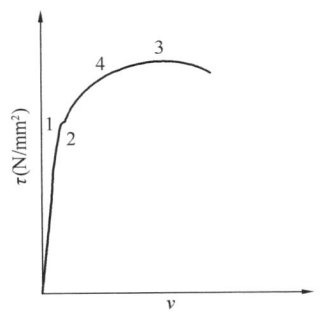

图 15 单个螺栓受剪时的工作曲线

因高强度螺栓承压型连接的剪切变形比摩擦型的大，所以只适于承受静力荷载或间接承受动力荷载的结构中。另外，高强度螺栓承压型连接在荷载设计值作用下将产生滑移，也不宜用于承受反向内力的连接。

11.5.5 本条为原规范第8.3.7条。主要原因是型钢的抗弯刚度大，用高强度螺栓不易使摩擦面贴紧。

11.5.6 根据实践经验，允许在组合构件的缀条中采用1个螺栓（或铆钉）。某些塔桅结构的腹杆已有用1个螺栓的。

因撬力很难精确计算，故沿杆轴方向受拉的螺栓（铆钉）连接中的端板（法兰板），应采取构造措施（如设置加劲肋等）适当增强其刚度，以免有时撬力过大影响紧固件的安全。

11.6 销 轴 连 接

11.6.1 本节所有条均为新增条文。结构工程中的销轴常用 Q235 或 Q345 等结构用钢，也有用 45 号钢、35CrMo 和 40Cr 等非结构常用钢材。现行国家标准《销轴》GB/T 882 对公称直径 3mm～100mm 的销轴作了规定。结构工程中荷载较大时需要用到直径大于 100mm 的销轴，目前没有标准的规格。也没有像精制螺栓这样的标准规定销轴的精度要求。因此设计人员在设计文件中应注明对销轴及耳板销轴孔精度、表面质量和销轴表面处理的要求。

对于非结构常用钢材按本标准 4.1.5 条规定的原则确定设计强度指标。

11.6.2 本条连接耳板的构造要求除宽厚比外，其余是参考美国标准 ANSI/AISC 360-05 Specification for Structural Steel Building 给出。宽厚比要求主要是考虑避免连接耳板端部平面外失稳而提出的。

11.6.3、11.6.4 这两条规定了销轴与连接板的计算。

销轴连接中耳板可能进入四种承载力极限状态（图 16）。

1 耳板净截面受拉

美国标准 ANSI/AISC 360-05Specification for Structural Steel Building 、欧洲标准 EN 1993-1-8：2005 和我国行业标准《公路桥涵钢结构及木结构设计规范》JTJ 025-86 计算耳板净截面的受拉承载力可分别表达如下：

1）ANSI/AISC360-05：

$$\sigma = \frac{N}{2tb_{\mathrm{eff}}} \leqslant 0.75 f_{\mathrm{u}} \qquad (45)$$

2）EN1993-1-8：2005：

$$\sigma = \frac{N}{2t(b - d_0/3)} \leqslant f \qquad (46)$$

3）《公路桥涵钢结构及木结构设计规范》JTJ 025-86：

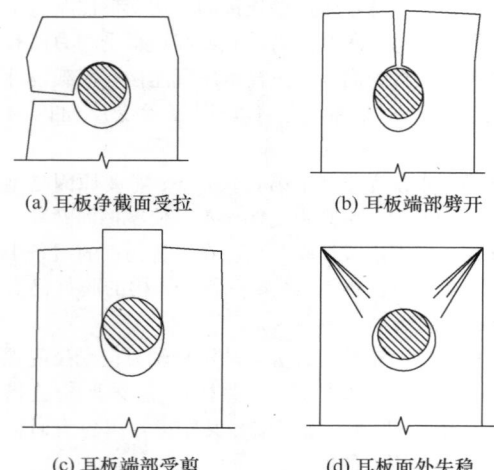

(a) 耳板净截面受拉　　　(b) 耳板端部劈开

(c) 耳板端部受剪　　　(d) 耳板面外失稳

图 16　销轴连接中耳板四种承载力极限状

$$\sigma = k_1 \frac{N}{2tb} \leqslant f \qquad (47)$$

式中：$k_1 = 1.4$。

若用美国标准构造要求假定销轴连接的几何尺寸然后分别按美国标准和欧洲标准计算耳板净截面的抗拉承载力，发现两者相差很大，前者约为后者的 1.2～4 倍。根据我国钢结构构件弹性设计极限状态的含义并考虑耳板净截面处应力分布不均匀性，我们参考欧洲标准并同时参考美国标准最大有效计算宽度提出本标准的计算公式。与我国行业标准《公路桥涵钢结构及木结构设计规范》JTJ 025 - 86 比较，本标准计算公式对应于 $k_1 = 1.33 \sim 1.54$。

2　耳板端部劈开强度计算

美国标准 ANSI/AISC 360-05 没有耳板端部劈开强度计算公式。但通过构造要求可有：

$$a \geqslant \frac{4}{3} b_{\text{eff}} \qquad (48)$$

1）参考 ASME 2006 定义的公式可表达成：

$$\sigma = \frac{N}{t\left(1.13a + \dfrac{0.92b}{1 + b/d_0}\right)} \leqslant f \qquad (49)$$

2）参考欧洲标准 EN 1993 - 1 - 8：2005 计算耳板端部尺寸 a 的公式，可表达成：

$$\sigma = \frac{N}{2t\left(a - \dfrac{2d_0}{3}\right)} \leqslant f \qquad (50)$$

3）参考《公路桥涵钢结构及木结构设计规范》JTJ 025 - 86 可表达成：

$$\sigma = k_2 \frac{N}{ta} \leqslant f \qquad (51)$$

式中：$k_2 = 2$。

我们用式（49）、式（50）试算，结果若满足式（50）则一般均能满足式（49）。本标准采纳式（50），与我国行业标准 JTJ 025 - 86 比较，对应于 $k_2 = 1.65 \sim 2.08$。

3　耳板端部受剪承载力计算

美国标准 ANSI/AISC 360-05：

$$\tau = \frac{N}{2t(a + d_0/2)} \leqslant 0.75 \times 0.6 f_{\text{u}} \qquad (52)$$

本标准根据两个受剪面实际尺寸，则：

$$\tau = \frac{N}{2tZ} \leqslant f_{\text{v}} \qquad (53)$$

4　耳板面外失稳

在净截面抗拉强度计算中规定了有效宽度 $b_{\text{eff}} = 2t + 16$，一般能满足 $b_{\text{eff}} \leqslant 4t$，ASME 有关文献表明，当 $b_{\text{eff}} \leqslant 4t$ 时不会发生耳板面外失稳。

11.7　钢管法兰连接构造

11.7.1　当钢管直径较大时，法兰板一般采用环状，钢管与环板的连接应采用双面角焊缝；当钢管直径较小时，法兰板也可采用整板，当钢管与法兰板的连接采用单面角焊缝时，必须设置加劲肋。一般钢管法兰连接均需设置加劲肋。

另外，加劲板应保持平面稳定。焊缝尽量避免三向交汇。

11.7.2　法兰连接的用钢量较大，为提高连接效率，减少用钢量，宜采用高强度螺栓并尽量使螺栓贴紧管壁。

11.7.3　一般钢管内壁不作防腐蚀处理的方法为涂料防腐蚀或热喷锌铝复合涂层防腐蚀，两者作气密性封闭后内部不涂防腐蚀层，亦可防腐。热浸镀锌防腐蚀时，内外同浸锌，封闭后浸锌易爆裂，故不应封闭。

12　节　点

12.1　一　般　规　定

12.1.1　随着钢结构的迅速发展，节点的形式与复杂性也大大增加，本章给出了典型钢结构节点的设计原则与设计方法。

12.1.2　节点的安全性主要决定于其强度与刚度，应防止焊缝与螺栓等连接部位开裂引起节点失效，或节点变形过大造成结构内力重分配。

12.1.3　应通过合理的节点构造设计，使结构受力与计算简图中的刚接、铰接等假定相一致，节点传力应顺畅，尽量做到相邻构件的轴线交汇于一点。

12.1.4　本标准未明确给出设计方法的特殊节点应通过有限元分析确定其承载力。由于对节点安全性的影响因素很多，经验往往不足，故新型节点宜通过试验验证其承载力。当采用有限元法计算节点的承载力时，一般节点允许局部进入塑性，但应严格控制节点板件、侧壁的变形量。重要节点应保持弹性。

12.1.5　节点设计应考虑加工制作、交通运输、现场安装的简单便捷，便于使用维护，防止积水、积尘，并采取有效的防腐、防火措施。

12.2 连接板节点

12.2.1 本条基本沿用原规范第 7.5.1 条。连接节点处板件在拉、剪共同作用下的强度计算公式是根据我国对双角钢杆件桁架节点板的试验研究中拟合出来的，它同样适用于连接节点处的其他板件，如本标准中图 12.2.1。

试验的桁架节点板大多数是弦杆和腹杆均为双角钢的 K 形节点，仅少数是竖杆为工字钢的 N 形节点。抗拉试验共有 6 种不同形式的 16 个试件。所有试件的破坏特征均为沿最危险的线段撕裂破坏，即图 17 中的 $\overline{BA}-\overline{AC}-\overline{CD}$ 二折线撕裂，其中 $\overline{AB}$、$\overline{CD}$ 与节点板的边界线基本垂直。

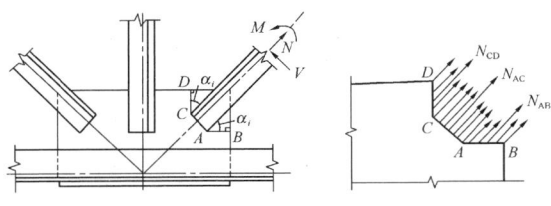

图 17 节点板受拉计算简图

本标准式（12.2.1-1）的推导过程如下：

在图 17 中，沿 BACD 撕裂线割取自由体，由于板内塑性区的发展引起的应力重分布，假定在破坏时撕裂面上各线段的应力 σ_i' 在线段内均匀分布且平行于腹杆轴力，当各撕裂段上的折算应力同时达到抗拉强度 f_u 时，试件破坏。根据平衡条件并忽略很小的 M 和 V，则：

$$\Sigma N_i = \Sigma \sigma_i' \cdot l_i \cdot t = N$$

式中 l_i 为第 i 撕裂段的长度，t 为节点板厚度。设 α_i 为第 i 段撕裂线与腹杆轴线的夹角，则第 i 段撕裂面上的平均正应力 σ_i 和平均剪应力 τ_i 为：

$$\sigma_i = \sigma_i' \sin\alpha_i = \frac{N_i}{l_i t}\sin\alpha_i$$

$$\tau_i = \sigma_i' \cos\alpha_i = \frac{N_i}{l_i t}\cos\alpha_i$$

$$\sigma_{red} = \sqrt{\sigma_i^2 + 3\tau_i^2} = \frac{N_i}{l_i t}\sqrt{\sin^2\alpha_i + 3\cos^2\alpha_i}$$

$$= \frac{N_i}{l_i t}\sqrt{1 + 2\cos^2\alpha_i} \leqslant f_u$$

$$N_i \leqslant \frac{1}{\sqrt{1 + 2\cos^2\alpha_i}} l_i t f_u$$

令 $\eta_i = 1/\sqrt{1 + 2\cos^2\alpha_i}$ 则：

$$N_i \leqslant \eta_i l_i t f_u \leqslant \eta_i A_i f_u$$

$$\Sigma N_i = \Sigma \eta_i A_i f_u \geqslant N_u \qquad (54)$$

按极限状态设计法，即：$\Sigma \eta_i A_i f \geqslant N$

式中：f——节点板钢材的强度设计值（N/mm²）；

N——斜腹杆的轴向内力设计值（N）；

A_i——为第 i 段撕裂面的净截面积（mm²）。

式（54）符合破坏机理，其计算值与试验值之比平均为 87.5%，略偏于安全且离散性较小。

12.2.2 考虑到桁架节点板的外形往往不规则，用本标准式（12.2.1-1）计算比较麻烦，加之一些受动力荷载的桁架需要计算节点板的疲劳时，该公式更不适用，故参照国外多数国家的经验，建议对桁架节点板可采用有效宽度法进行承载力计算。所谓有效宽度即认为腹杆轴力 N 将通过连接件在节点板内按照某一个应力扩散角度传至连接件端部与 N 相垂直的一定宽度范围内，该一定宽度即称为有效宽度 b_e。

在试验研究中，假定 b_e 范围内的节点板应力达到 f_u，并令 $b_e t f_u = N_u$（N_u 为节点板破坏时的腹杆轴力），按此法拟合的结果：

当应力扩散角 $\theta = 27°$ 时精度最高，计算值与试验值的比值平均为 98.9%；当 $\theta = 30°$ 时此比值为 106.8%。考虑到国外多数国家对应力扩散角均取 30°，为与国际接轨且误差较小，故亦建议取 $\theta = 30°$。

有效宽度法计算简单，概念清楚，适用于腹杆与节点板的多种连接情况，如侧焊、围焊和铆钉、螺栓连接等（当采用钢钉或螺栓连接时，b_e 应取为有效净宽度）。

当桁架弦杆或腹杆为 T 型钢或双板焊接 T 形截面时，节点构造方式有所不同，节点内的应力状态更加复杂，故本标准公式（12.2.1）和式（12.2.2）均不适用。

用有效宽度法可以制作腹杆内力 N 与节点板厚度 t 的关系表，我们先制作了 $N-\dfrac{t}{b}$ 表，反映了影响有效宽度的斜腹杆连接肢宽度 b 和侧焊缝焊脚尺寸 h_{f1}、h_{f2} 的作用，因而该表比以往的 N-t 表更精确。但由于表形较复杂且参数 b 和 h_f 的可变性较大，使用不便。为方便设计，便在 $N-\dfrac{t}{b}$ 表的基础上按不同参数组合下的最不利情况整理出 N-t 包络图（表 12），使该表具有较充分的依据，而且在常用不同参数 b、h_f 下亦是安全的。

表 12 单壁式桁架节点板厚度选用

桁架腹板内力或三角形屋架弦杆端节点内力 N（kN）	≤170	171~290	291~510	511~680	681~910	911~1290	1291~1770	1771~3090
中间节点板厚度 t（mm）	6	8	10	12	14	16	18	20

表 12 的适用范围为：

1 适用于焊接桁架的节点板强度验算，节点板钢材为 Q235，焊条 E43；

2 节点板边缘与腹杆轴线之间的夹角应不小于 30°；

3 节点板与腹杆周侧焊缝连接，当采用围焊时，节点板的厚度应通过计算确定；

4 对有竖腹杆的节点板，当 $c/t \leqslant 15\varepsilon_k$ 时，可不验算节点板的稳定；对无竖腹杆的节点板，当 $c/t \leqslant 10\varepsilon_k$ 时，可将受压腹杆的内力乘以增大系数 1.25 后再查表求节点板厚度，此时亦可不验算节点板的稳定；式中 c 为受压腹杆连接肢端面中点沿腹杆轴线方向至弦杆的净距离。

对于表 12 中的单壁式桁架节点，支座节点板的厚度宜较中间节点板增加 2mm。

12.2.3 参照国外研究资料，补充了净截面计算时孔径扣除尺寸要求和修改了多排螺栓时应力扩散角的取值。本条为桁架节点板的稳定计算要求。

1 共做了 8 个节点板在受压斜腹杆作用下的试验，其中有无竖腹杆的各 4 个试件。试验表明：

1) 当节点板自由边长度 l_f 与其厚度 t 之比 $l_f/t > 60\varepsilon_k$ 时，节点板的稳定性很差，将很快失稳，故此时应沿自由边加劲。

2) 有竖腹杆的节点板或 $l_f/t \leqslant 60\varepsilon_k$ 的无竖腹杆节点板在斜腹杆压力作用下，失稳均呈 $\overline{BA}—\overline{AC}—\overline{CD}$ 三折线屈折破坏，其屈折线的位置和方向，均与受拉时的撕裂线类同。

3) 节点板的抗压性能取决于 c/t 的大小（c 为受压斜腹杆连接肢端面中点沿腹杆轴线方向至弦杆的净距，t 为节点板厚度）。在一般情况下，c/t 愈大，稳定承载力愈低。

对有竖腹杆的节点板，当 $c/t \leqslant 15\varepsilon_k$ 时，节点板的抗压极限承载力 $N_{R,c}$ 与抗拉极限承载力 $N_{R,t}$ 大致相等，破坏的安全度相同，故此时可不进行稳定验算。当 $c/t > 15\varepsilon_k$ 时，$N_{R,c} < N_{R,t}$，应按本标准附录 F 的近似法验算稳定；当 $c/t > 22\varepsilon_k$ 时，近似法算出的计算值将大于试验值，不安全，故规定 $c/t \leqslant 22\varepsilon_k$。

对无竖腹杆的节点板，$N_{R,c} < N_{R,t}$，故一般都应该验算稳定，当 $c/t > 17.5\varepsilon_k$ 时，节点板用近似法的计算值将大于试验值，不安全，故规定 $c/t \leqslant 17.5\varepsilon_k$。

4) $l_f/t > 60\varepsilon_k$ 的无竖腹杆节点板沿自由边加劲后，在受压斜腹杆作用下，节点板呈 $\overline{BA}—\overline{AC}$ 两折线屈折，这是由于 $\overline{CD}$ 区因加劲加强后，稳定承载力有较大提高所致。但此时 $N_{R,c} < N_{R,t}$，故仍需验算稳定，不过仅需验算 $\overline{BA}$ 区和 $\overline{AC}$ 区而不必验算 $\overline{CD}$ 区而已。

2 本标准附录 F 所列桁架节点板在斜腹杆轴压力作用下的稳定计算公式是根据 8 个试件的试验结果拟合出来的。根据破坏特征，节点板失稳时的屈折线主要是 $\overline{BA}—\overline{AC}—\overline{CD}$ 三折线形（见本标准附录 G 图 G.0.1）。为计算方便且与实际情况基本相符，假定 $\overline{BA}$ 平行于弦杆，$\overline{CD} \perp \overline{BA}$。

从试验可知，在斜腹杆轴压力 N 作用下，节点板内存在三个受压区，即 $\overline{BA}$ 区（FBGHA 板件）、$\overline{AC}$ 区（AIJC 板件）和 $\overline{CD}$ 区（CKMP 板件）。当其中某一个受压区先失稳后，其他各区立即相继失稳，因此有必要对三个区分别进行验算。其中 $\overline{AC}$ 区往往起控制作用。

计算时要先将腹杆轴压力 N 分解为三个平行分力各自作用于三个受压区屈折线的中点。平行分力的分配比例假定为各屈折线段在有效宽度线（在本标准附录 G 图 G.0.1 中为 $\overline{AC}$ 的延长线）上投影长度 b_i 与 Σb_i 的比值。然后再将此平行分力分解为垂直于各屈折线的力 N_i；N_i 应小于或等于各受压区板件的稳定承载力。而受压区板件则可假定为宽度等于屈折线长度的钢板，按轴压构件计算其稳定承载力。铜板长度取为板件的中线长度 c_i，计算长度系数经拟合后取为 0.8，长细比 $\lambda_i = \dfrac{l_{0i}}{i} = \dfrac{0.8c_i}{t/\sqrt{12}} = 2.77\dfrac{c_i}{t}$。

这样各受压板区稳定验算的表达式为：

$\overline{BA}$ 区：$N_1(N_{BA}) = \dfrac{b_1}{b_1 + b_2 + b_3}N\sin\theta_1 \leqslant l_1 t\varphi_1 f$

$\overline{AC}$ 区：$N_2(N_{AC}) = \dfrac{b_1}{b_1 + b_2 + b_3}N \leqslant l_2 t\varphi_2 f$

$\overline{CD}$ 区：$N_3(N_{CD}) = \dfrac{b_1}{b_1 + b_2 + b_3}N\cos\theta_1 \leqslant l_3 t\varphi_3 f$

其中 l_1、l_2、l_3 分别为各区屈折线 $\overline{BA}$、$\overline{AC}$、$\overline{CD}$ 的长度；b_1、b_2、b_3 为各屈折线在有效宽度线上的投影长度；t 为板厚；φ_i 为各受压板区的轴压稳定系数，按 λ_i 计算。

对 $l_f/t > 60\varepsilon_k$ 且沿自由边加劲的无竖腹杆节点板失稳时，一般呈 $\overline{BA}—\overline{AC}$ 两屈折线屈曲，显然，在 $\overline{CD}$ 区因加劲后其稳定承载力大为提高，已不起控制作用，故只需用上述方法验算 $\overline{BA}$ 区和 $\overline{AC}$ 区的稳定。

用上述拟合的近似法计算稳定的结果表明，试件的极限承载力计算值 $N_{R,c}^c$ 与试验值 $N_{R,c}^s$ 之比平均为 85%，计算值偏于安全。

3 为了尽量缩小稳定计算的范围，对于无竖腹杆的节点板，我们利用国家标准图集《梯形钢屋架》05G511 和《钢托架》05G513 中的 16 个节点，用同一根斜腹杆对节点板做稳定和强度计算，并进行对比以达到用强度计算的方法来代替稳定计算的目的。对比结果表明：

当 $c/t \leqslant 10\varepsilon_k$ 时，大多数节点的 N_c^c 大于 $0.9N_c^s$（N_c^c、N_c^s 为节点板的稳定和强度计算承载力），仅少数节点的 $N_c^c = (0.83 \sim 0.9)N_c^s$，此时的斜腹杆倾角 θ_1 大多接近 $60°$，这说明 θ_1 的大小对稳定承载力的影响较大。

因为强度计算时的有效宽度 $b_e = \overline{AC} + (l_{f1} + l_{f2})\tan30°$，而稳定计算中假定斜腹杆轴压力 N 分配的有效宽度 $\Sigma b_i = b_e' = \overline{AC} + (l_{f1} + l_{f2})\sin\theta_1\cos\theta_1$（式中 l_{f1}、l_{f2} 为斜腹杆两侧角焊缝的长度）。当 $\theta_1 = 60°$ 或 $30°$ 时，$\sin\theta_1\cos\theta_1 = 0.433$，与 $\tan30°(=0.577)$ 相差

最大，此时的稳定计算承载力亦最低。设 $\overline{AC} = k(l_{f1} + l_{f2})$，经统计，$k \approx 0.356$，因此当 $\theta_1 = 60°$ 或 $30°$ 时的 b'_e、b_e 值分别为：

$$b'_e = (k + 0.433)(l_{f1} + l_{f2}) = 0.789(l_{f1} + l_{f2})$$

$$b_e = (k + 0.577)(l_{f1} + l_{f2}) = 0.933(l_{f1} + l_{f2})$$

由本标准附录 G 式（G.0.2-2），则 $N_c^c = l_2 t \varphi_2 f(b_1 + b_2 + b_3)/b_2$

$\because$ $l_2 = b_2$，$b_1 + b_2 + b_3 = b'_e$

$\therefore$ $N_c^c = b'_e t f \varphi_2$

当 $c/t = 10$ 时，$\lambda = 27.71$，$\varphi_2 = 0.94$（Q235 钢）和 0.91（Q420 钢），这样，稳定承载力计算值 N_c^c 与受拉计算抗力 N_t^c 之比为：

$$\frac{N_c^c}{N_t^c} = \frac{b'_e t f \varphi_2}{b_e t f} = \frac{0.789}{0.933} \times 0.944 \text{（或 } 0.910\text{）}$$

$$\approx 0.798 \sim 0.770,$$

$$\text{平均为 } 0.784。$$

因此对无竖腹杆的节点板，当 $c/t = 10\varepsilon_k$ 且 $30° \leqslant \theta_1 \leqslant 60°$ 时，可将按强度计算［公式（54）］的节点板抗力乘以折减系数 0.784 作为稳定承载力。考虑到稳定计算公式偏安全近 15%，故可将折减系数取为 0.8（$0.8/0.784 = 1.020$），以方便计算。

当然，必要时亦可专门进行稳定计算，若 $c/t > 10\varepsilon_k$ 时，则应按近似公式计算稳定。

12.2.5 本条为新增条文。根据试验研究，在节点板板件（或梁翼缘）拉力作用下，柱翼缘有如两块受线荷载作用的三边嵌固板 $ABCD$、$A'B'C'D'$（见图18），拉力在柱翼缘板的影响长度为 $p \approx 12t_c$，每块板所能承受的拉力可近似取为 $3.5 f_{yc} t_c^2$，两嵌固边之间 CC' 范围的受拉板（或梁翼缘）屈服，因此板件（或梁翼缘）传来拉力平衡式为：

$$2 \times 3.5 t_c^2 f_{y,c} + f_{y,p} t_p(t_w + 2s) = T \quad (55)$$

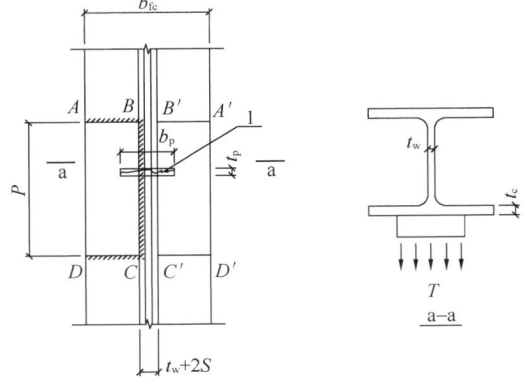

图 18 柱翼缘受力示意

1—荷载；T—拉力；P—影响长度

引入有效宽度 b_e 概念，令：

$$b_e t_p f_{y,p} = T \quad (56)$$

即可化为：

$$f_{y,p} t_p \left[7 \frac{t_c^2 f_{y,c}}{t_p f_{y,p}} + (t_w + 2s) \right] = b_e f_{y,p} t_p \quad (57)$$

得：

$$b_e = 7kt_c + t_w + 2s \quad (58)$$

$$k = \frac{t_c f_{y,c}}{t_p f_{y,p}} \quad (59)$$

式（58）即是欧洲钢结构设计规范 EC3：Design of steel structuresEurocode-3（BS EN1993 - 1-8：2005）中采用的板件或工字形、H 形截面梁的翼缘与工字形、H 形截面的未设水平加劲肋的柱相连，形成 T 形接合时，板件或梁的翼缘的有效宽度计算公式。考虑到柱翼缘中间和两侧部分刚度不同，难以充分发挥共同作用，翼缘承担的部分应有所折减，为安全起见，同时与本标准第 12.3.4 条翼缘受拉情况公式建立条件（考虑了 0.8 折减系数）协调，系数 7 改为 5，这样与按有限元模拟加载试验所得结果较为接近。

12.2.6 本条沿用原规范第 8.4.6 条、第 8.2.11 条，取消了角钢的 L 形围焊。在桁架节点处各相互杆件连接焊缝之间宜留有一定的净距，以利施焊且改善焊缝附近钢材的抗脆断性能。本条根据我国的实践经验对节点处相邻焊缝之间的最小净距作出了具体规定。管结构相贯连接节点处的焊缝连接另有较详细的规定（见本标准第 13.2 节），故不受此限制。

围焊中有端焊缝和侧焊缝，端焊缝的刚度较大，弹性模量 $E \approx 1.5 \times 10^6$；而侧焊缝的刚度较小，$E \approx (0.7 \sim 1) \times 10^6$，所以在弹性工作阶段，端焊缝的实际负担要高于侧焊缝；但围焊试验中，在静力荷载作用下，届临塑性阶段时，应力渐趋于平均，其破坏强度与仅有侧焊缝时差不多，但其破坏较为突然且塑性变形较小。此外，从国内外几个单位所做的动力试验证明，就焊缝本身来说围焊比侧焊的疲劳强度高，国内某些单位曾在桁架的加固中使用了围焊，效果亦较好。但从"焊接桁架式钢吊车梁下弦及腹杆的疲劳性能"的研究报告中，认为当腹杆端部采用围焊时，对桁架节点板受力不利，节点板有开裂现象，故建议在直接承受动力荷载的桁架腹杆中，节点板应适当加大或加厚。鉴于上述情况，本标准规定：宜采用两面侧焊，也可用三面围焊。

围焊的转角处是连接的重要部位，如在此处熄火或起落弧会加剧应力集中的影响，故规定在转角处必须连续施焊。

12.3 梁柱连接节点

12.3.1、12.3.2 这两条为新增条文。

12.3.3 原规范以及现行国家标准《建筑抗震设计规范》GB 50011 的节点域计算公式，系参考日本 AIJ-ASD 的规定给出。AIJ-ASD 的节点域承载力验算公式，采用节点域受剪承载力提高到 4/3 倍的方式，以考虑略去柱剪力（一般的框架结构中，略去柱端剪力项，会导致节点域弯矩增加约 1.1 倍～1.2 倍）、节点域弹性变形占结构整体的份额小、节点域屈服后的承载力有所提高等有利因素。鉴于节点域承载力的这种简化验算已施行了 10 多年，工程师已很习惯，故条文未改变其形式，只是根据最新资料和具体情况作一些修正。

节点域的受剪承载力与其宽厚比紧密相关。AIJ《钢结构接合部设计指针》介绍了受剪承载力提高系数取 4/3 的定量评估。定量评估均基于试验结果，并给出了试验的范围。据核算，试验范围的节点域受剪正则化宽厚比 $\lambda_{n,s}$ 上限为 0.52。鉴于本标准中 $\lambda_{n,s} = 0.8$ 是腹板塑性和弹塑性屈曲的拐点，此时节点域受剪承载力已不适宜提高到 4/3 倍。为方便设计应用，本次修订把节点域受剪承载力提高到 4/3 倍的上限宽厚比确定为 $\lambda_{n,s} = 0.6$；而在 $0.6 < \lambda_{n,s} \leqslant 0.8$ 的过渡段，节点域受剪承载力按在 f_v 和 $4/3f_v$ 之间插值计算。

参考日本 AIJ-LSD，轴力对节点域抗剪承载力的影响在轴压比较小时可略去，而轴压比大于 0.4 时，则按屈服条件进行修正。

$0.8 < \lambda_{n,s} \leqslant 1.2$ 仅用于门式刚架轻型房屋等采用薄柔截面的单层和低层结构。条文中的承载力验算式的适用范围为 $0.8 < \lambda_{n,s} \leqslant 1.4$，但考虑到节点域腹板不宜过薄，故节点域 $\lambda_{n,s}$ 的上限取为 1.2。同时，由于一般情况下这类结构的柱轴力较小，其对节点域受剪承载力的影响可略去。如轴力较大，则可按板件局部稳定承载力相关公式采用 $\sqrt{1 - N/(A\sigma_{cr})}$（$\sigma_{cr}$ 为受压临界应力）系数对节点域受剪承载力进行修正。但这种修正比较复杂，宜采用在节点域设置斜向加劲肋加强的措施。

12.3.4 梁与柱刚性连接时，如不设置柱腹板的横向加劲肋，对柱腹板和翼缘厚度的要求是：

1 在梁受压翼缘处，柱腹板的厚度应满足强度和局部稳定的要求。公式（12.3.4-1）是根据梁受压翼缘与柱腹板在有效宽度 b_e 范围内等强的条件来计算柱腹板所需的厚度。计算时忽略了柱腹板轴向（竖向）内力的影响，因为在主框架节点内，框架梁的支座反力主要通过柱翼缘传递，而连于柱腹板上的纵向梁的支座反力主要通过柱翼缘传递，而连于柱腹板上的纵向梁的支座反力一般较小，可忽略不计。日本和美国均不考虑柱腹板竖向应力的影响。

公式（12.3.4-2）是根据柱腹板在梁受压翼缘集中力作用下的局部稳定条件，偏安全地采用的柱腹板宽厚比的限值。

2 柱翼缘板按强度计算所需的厚度 t_c 可用本标准公式（12.3.4-4）表示，此式源于 AISC，其他各国亦沿用之。现简要推演如下（图 19）：

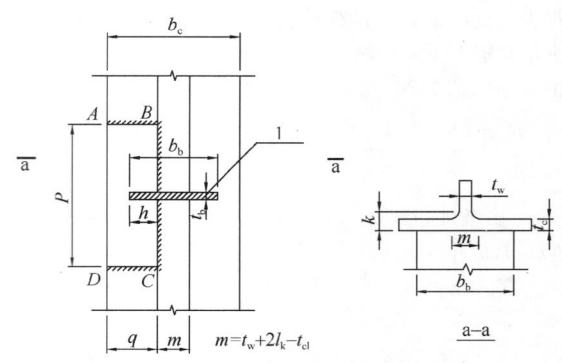

图 19 柱翼缘在拉力下的受力情况
1—线荷载 T；T—拉力；P—影响长度

在梁受拉翼缘处，柱翼缘板受到梁翼缘传来的拉力 $T = A_{ft}f_b$（A_{ft} 为梁受拉翼缘截面积，f_b 为梁钢材抗拉强度设计值）。T 由柱翼缘板的三个组成部分承担，中间部分（分布长度为 m）直接传给柱腹板的力为 $f_c t_b m$，其余各由两侧 ABCD 部分的板件承担。根据试验研究，拉力在柱翼缘板上的影响长度 $p \approx 12t_c$，并可将此受力部分视为三边固定一边自由的板件，在固定边将因受弯而形成塑性铰。因此可用屈服线理论导出此板的承载力设计值为 $p = C_1 f_c t_c^2$，式中 C_1 为系数，与几何尺寸 p、h、q 等有关。对实际工程中常用的宽翼缘梁和柱，$C_1 = 3.5 \sim 5.0$，可偏安全地取 $p = 3.5 f_c t_c^2$。这样，柱翼缘板受拉时的总承载力为：$2 \times 3.5 f_c t_c^2 + f_c t_b m$。考虑到翼板中间和两侧部分的抗拉刚度不同，难以充分发挥共同工作，可乘以 0.8 的折减系数后再与拉力 T 相平衡：

$$\because \quad 0.8(7f_c t_c^2 + f_c t_b m) \geqslant A_{ft}f_b$$

$$\therefore \quad t_c \geqslant \sqrt{\frac{A_{ft}f_b}{7f_c}\left(1.25 - \frac{f_c t_b m}{A_{ft}f_b}\right)}$$

在上式中 $\dfrac{f_c t_b m}{A_{ft}f_b} = \dfrac{f_c t_b m}{b_b t_b f_b} = \dfrac{f_c m}{b_b f_b}$，$m/b_b$ 愈小，t_c 愈大。按统计分析，$f_c m/(b_b f_b)$ 的最小值约为 0.15，以此代入，即得 $t_c \geqslant 0.396\sqrt{\dfrac{A_{ft}f_b}{f_c}}$，即 $t_c \geqslant 0.4\sqrt{\dfrac{A_{ft}f_b}{f_c}}$。

12.3.6 本条为新增条文，由于端板连接施工方便、做法简单、施工速度较快、受弯承载力和刚度大，在实际工程中应用较多，故在此本次修订中增加了对端板连接的梁柱刚性节点的规定。

12.3.7 本条为新增条文，具体规定了端板连接节点的连接方式，并规定了对高强螺栓设计与施工方面的要求。

12.4 铸钢节点

12.4.1 本条为新增条文，铸钢节点主要适用于特殊部位、复杂部位、重点部位，其节点形式多种多样。

12.4.2 本条为新增条文，根据铸钢材料的特点，可以采用第四强度理论进行节点极限承载力计算。

12.4.3 本条为新增条文，铸钢节点的有限元分析应采用实体单元，径厚比不小于 10 的部位可采用板壳单元。作用于节点的外荷载和约束力的平衡条件应与设计内力保持一致，并应根据节点的具体情况确定与实际相似的边界条件。

铸钢节点属于下列情况之一时，宜进行节点试验：设计或建设方认为对结构安全至关重要的节点；8 度、9 度抗震设防时，对结构安全有重要影响的节点；铸钢件与其他构件采用复杂连接方式的节点。铸钢节点试验可根据需要进行验证性试验或破坏性试验。试件应采用与实际铸钢节点相同的加工制作参数。验证性试验的荷载值不应小于荷载设计值的 1.3 倍，根据破坏性试验确定的荷载设计值不应大于试验值的 1/2。

12.4.4 本条为新增条文，非焊接结构用铸钢节点的材料应符合现行国家标准《一般工程用铸造碳钢件》GB/T 11352 的要求，焊接结构用铸钢节点的材料应具有良好的可焊性，符合现行国家标准《焊接结构用铸钢件》GB/T 7659 的要求。铸钢节点与构件母材焊接时，在碳当量基本相同的情况下，可按与构件母材相同技术要求选用相应的焊条、焊丝或焊剂，并应进行焊接工艺评定。

12.4.5 根据铸造工艺的特点，提出对铸钢节点外形、壁厚等几何尺寸方面的要求。

12.4.6 提出对铸钢节点铸造质量、热处理工艺与容许误差等方面的要求。

12.5 预应力索节点

本节所有条文均为新增条文，包括了预应力索张拉节点、锚固节点与转折节点三种节点形式，分别对其计算分析要点、构造要求以及施工性能做出了相关规定。

12.5.3 本条规定主要针对钢结构中允许预应力索滑动时的情况，不适用于大跨度空间结构环向索与径向索不允许滑动的索夹节点等情况。

12.6 支 座

12.6.1 对工程中最常用的平板支座的设计作出了具体规定。

从钢材小试件的受压试验中看到，当高厚比不大于 2 时，一般不会产生明显的弯扭现象，应力超过屈服点时，试件虽明显缩短，但压力尚能继续增加。所以突缘支座的伸出长度不大于 2 倍端加劲肋厚度时，可用端面承压的强度设计值 f_{ce} 进行计算。否则，应将伸出部分作为轴心受压构件来验算其强度和稳定性。

12.6.2 本条沿用原规范第 7.6.2 条，弧形支座在目前应用比较多，辊轴支座目前仍有应用。

12.6.3 本条沿用原规范第 7.6.3 条。

12.6.4 本条在沿用原规范第 7.6.5 条的基础上增加了相关具体规定。橡胶支座有板式和盆式两种，板式承载力小，盆式承载力大，构造简单，安装方便。盆式橡胶支座除压力外还可承受剪力，但不能承受较大拔力，不能防震，容许位移值可达 150mm。但橡胶易老化，各项指标不易确定且随时间改变。

12.6.5 本条为原规范第 7.6.4 条的修改和补充。万向球形钢支座和新型双曲型钢支座可分为固定支座和可移动支座，其计算方法按计算机程序进行。在地震区则可采用相应的抗震、减震支座，其减震效果可由计算得出，最多能降低地震力 10 倍以上。这种支座可承受压力、拔力和各向剪力，其抗拔力可达 20000kN。

12.7 柱 脚

Ⅰ 一般规定

12.7.1 刚接柱脚按柱脚位置分为外露式、外包式、埋入式和插入式四种。四种柱脚的适用范围主要与现行行业标准《高层民用建筑钢结构技术规程》JGJ 99 的有关规定相协调，同时参考了国内相关试验研究以及多年来的工程实践总结。

Ⅱ 外露式柱脚

12.7.4 按我国习惯，柱脚锚栓不考虑承受剪力，特别是有靴梁的锚栓更不能承受剪力。但对于没有靴梁的锚栓，国外有两种意见，一种认为可以承受剪力，另一种则不考虑（见 G. BALLIO, F. M. MAZZOLANI 著《钢结构理论与设计》，冶金部建筑研究总院译，1985 年 12 月）。另外，在我国亦有资料建议，在抗震设计中可用半经验半理论的方法适当考虑外露式钢柱脚（不管有无靴梁）受压侧锚栓的抗剪作用，因此条文中采用"不宜"。至于摩擦系数的取值，现在国内外已普遍采用 0.4，故列入。

12.7.5 柱脚锚栓的工作环境变化较大，露天和室内工作的腐蚀情况不尽相同，对于容易锈蚀的环境，锚栓应按计算面积为基准预留适当腐蚀量。

12.7.6 本条主要是根据工程实践经验总结，对外露式柱脚的设计和构造做出了具体的规定。

非受力锚栓宜采用 Q235B 钢制成，锚栓在混凝土基础中的锚固长度不宜小于直径的 20 倍。当锚栓直径大于 40mm 时，锚栓端部宜焊锚板，其锚固长度不宜小于直径的 12 倍。

Ⅲ 外包式柱脚

12.7.7 外包式柱脚属于钢和混凝土组合结构，内力传递复杂，影响因素多，目前还存在一些未充分明晰的内容。因此，诸如各部分的形状、尺寸以及补强方法等构造要求较多。

混凝土外包式柱脚的钢柱弯矩（图20），大致上外包柱脚顶部钢筋位置处最大，底板处约为零。在此弯矩分布假定下所对应的承载机构如图21所示。也即在外包混凝土刚度较大且充分配置顶部钢筋的条件下，主要假定外包柱脚顶部开始从钢柱向混凝土传递内力。

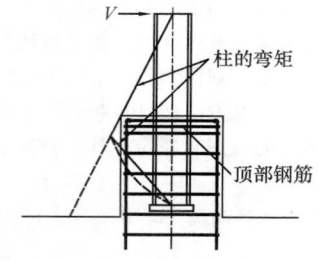

图20 外包式柱脚的弯矩

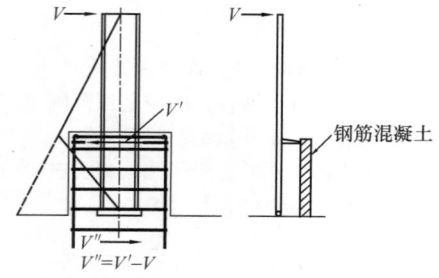

图21 计算简图

外包式柱脚典型的破坏模式（图22）有：钢柱的压力导致顶部混凝土压坏；外包混凝土剪力引起的斜裂缝；主筋在外包混凝土锚固区破坏；主筋弯曲屈服。

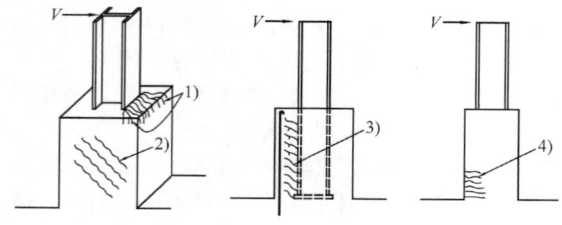

图22 外包式柱脚的主要破坏模式

其中，前三种破坏模式会导致承载力急剧下降，变形能力较差。因此外包柱脚顶部应配置足够的抗剪补强钢筋，通常集中配置3道构造箍筋，以防止顶部混凝土被压碎和保证水平剪力传递。外包式柱脚箍筋按100mm的间距配置，以避免出现受剪斜裂缝，并应保证钢筋的锚固长度和混凝土的外包厚度。

随外包柱脚加高，外包混凝土上作用的剪力相应变小，但主筋锚固力变大，可有效提高破坏承载力。外包混凝土高度通常取柱宽的2.5倍及以上。

综上所述，钢柱向外包混凝土传递内力在顶部钢

筋处实现，因此外包混凝土部分按钢筋混凝土悬臂梁设计（图23）即可。

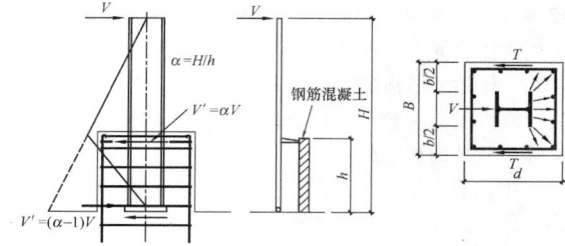

图23 外包式柱脚的计算概念图

外包混凝土尺寸较大时，放大柱脚底板宽度，柱外侧配置锚栓，可按这些锚栓承担一定程度的弯矩来设计外包式柱脚，其传力机构如图24所示，此时底板下部轴力和弯矩可分开处理。简言之，轴力由底板直接传递至基础，对于弯矩，受拉侧纵向钢筋和锚栓看作受拉钢筋，用柱脚内力中减去锚栓传递部分的弯矩。

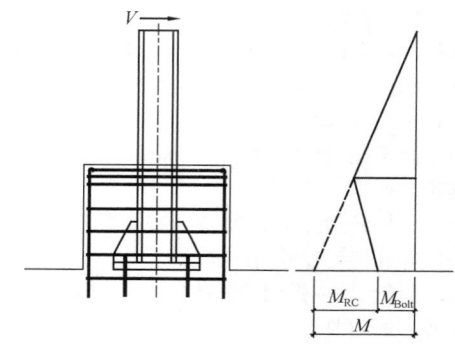

图24 外包式柱脚地脚螺栓的计算方法

柱脚受拉时，当在弯矩较小的钢柱中性轴附近追加设置锚栓时，较为简便的设计方法是由锚栓承担拉力。

外包式柱脚的柱底钢板可根据计算确定，但其厚度不宜小于16mm；锚栓直径规格不宜小于M16，且应有足够的锚固深度。

Ⅳ 埋入式柱脚

12.7.8 将钢柱直接埋入混凝土构件（如地下室墙、基础梁等）中的柱脚称为埋入式柱脚（图25）；而将钢柱置于混凝土构件上又伸出钢筋，在钢柱四周外包一段钢筋混凝土者为外包式柱脚，亦称为非埋入式柱脚。这两种柱脚常用于多、高层钢结构建筑物。本条规定与现行行业标准《高层民用建筑钢结构技术规程》JGJ 99 以及《钢骨混凝土结构设计规程》YB 9082 中相类似的构造要求相协调。

研究表明，栓钉对于传递弯矩和剪力没有支配作用，但对于抗拉，由于栓钉受剪，能传递内力。因此对于有拔力的柱，规定了宜设栓钉的要求。

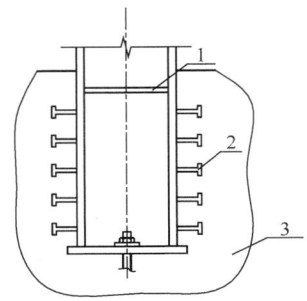

图 25 埋入式柱脚
1—加劲肋；2—栓钉；3—钢筋混凝土基础

12.7.9 柱脚边缘混凝土的承压应力主要依据钢柱侧面混凝土受压区的支承反力形成的抗力与钢柱的弯距和剪力平衡，便可得出钢柱与基础的刚性连接的埋入深度以及柱脚边缘混凝土的承压应力小于或等于混凝土抗压强度设计值的计算式。

Ⅴ　插入式柱脚

12.7.10 当钢柱直接插入混凝土杯口基础内用二次浇灌层固定时，即为插入式柱脚（图 26）。近年来，北京钢铁设计研究总院和重庆钢铁设计研究院等单位均对插入式钢柱脚进行过试验研究，并曾在多项单层工业厂房工程中使用，效果较好，并不影响安装调整。本条规定是参照北京钢铁设计研究总院土建三室于 1991 年 6 月编写的"钢柱杯口式柱脚设计规定"（土三结规 2-91）提出来的，同时还参考了有关钢管混凝土结构设计规程，其中钢柱插入杯口的最小深度与我国电力行业标准《钢-混凝土组合结构设计规程》DL/T 5085-1999 的插入深度比较接近，而国家建材局《钢管混凝土结构设计与施工规程》JC J01-89 中对插入深度的取值过大，故未予采用。另外，本条规定的数值大于预制混凝土柱插入杯口的深度，这是合适的。

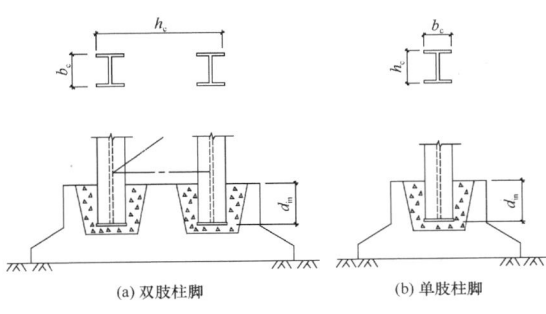

(a) 双肢柱脚　　　　　(b) 单肢柱脚

图 26　插入式柱脚

对双肢柱的插入深度，北京钢铁设计研究总院原取为 $(1/3 \sim 1/2)\,h_c$。而混凝土双肢柱为 $(1/3 \sim 2/3)\,h_c$，并说明当柱安装采用缆绳固定时才用 $1/3\,h_c$。为安全计，本条将最小插入深度改为 $0.5\,h_c$。

在原规范第 8.4.15 条的基础上，增加了单层、多层、高层和单层厂房双肢格构柱插入基础深度的计算。插入式柱脚是指钢柱直接插入已浇筑好的杯口内，经校准后用细石混凝土浇灌至基础顶面，使钢柱与基础刚性连接。柱脚的作用是将钢柱下端的内力（轴力、弯矩、剪力）通过二次浇灌的细石混凝土传给基础，其作用力的传递机理与埋入式柱脚基本相同。钢柱下部的弯矩和剪力，主要是通过二次浇灌层细石混凝土对钢柱翼缘的侧向压力所产生的弯矩来平衡，轴向力由二次浇灌层的粘结力和柱底反力承受。钢柱侧面混凝土的支承反力形成的抵抗弯矩和承压高度范围内混凝土的抗力与钢柱的弯矩和剪力平衡，便可得出保证钢柱与基础刚性连接的插入深度。20 世纪 80 年代～90 年代国内对双肢格构柱插入式钢柱脚进行了试验研究，并已在单层工业厂房和多高层房屋工程得到使用，效果很好。这种柱脚构造简单、节约钢材、安全可靠。

12.7.11 柱脚构造及杯口基础的设计规定主要是工程设计实践经验的总结。

13　钢管连接节点

13.1　一　般　规　定

13.1.1 本章关于"钢管连接节点"的规定，适用于被连接构件中至少有一根为圆钢管或方管、矩形管，不包含椭圆钢管与其他异形钢管，也不含用四块钢板焊接而成的箱形截面构件。

　　钢管不仅用于桁架、拱架、塔架和网架、网壳等结构，也广泛用于框架结构，本标准关于框架结构中的钢管连接节点设计与构造由本标准第 12 章规定。

　　本章不涉及高周疲劳计算。疲劳计算相关问题由本标准第 16 章规定。

13.1.2 限制钢管的径厚比或宽厚比是为了防止钢管发生局部屈曲。本条规定的限值与国外第 3 类截面（边缘纤维达到屈服，但局部屈曲阻碍全塑性发展）比较接近。

13.1.4 本条沿用原规范第 10.1.5 条的一部分。主管上因节间荷载产生的弯矩应在设计主管和节点时加以考虑。此时可将主管按连续杆件单元模型进行计算（图 27）。

　　当节点偏心超过本标准第 13.2.1 条的规定时，

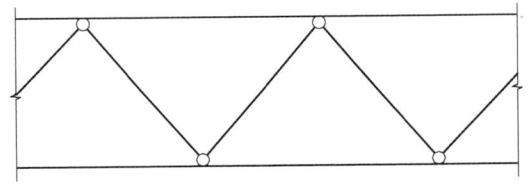

图 27　无偏心的腹杆端铰接桁架内力计算模型

应考虑偏心弯矩对节点强度和杆件承载力的影响，可按图28和图29所示模型进行计算。对分配有弯矩的每一个支管应按照节点在支管轴力和弯矩共同作用下的相关公式验算节点的强度，同时对分配有弯矩的主管和支管按偏心受力构件进行验算。

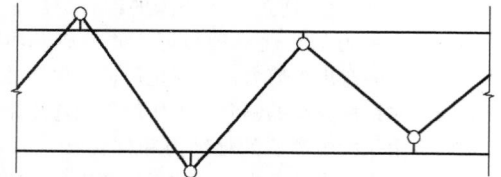

图28　节点偏心的腹杆端铰接桁架内力计算模型

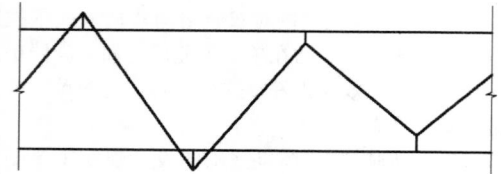

图29　节点偏心的腹杆端刚接桁架内力计算模型

13.1.5　本条部分沿用原规范第10.1.4条，根据国外的经验（参见钢结构设计规范 EC3：Design of steel structures Eurocode 3 1993），钢管结构满足本标准第5.1.5条第3款的规定时，可忽略节点刚性和偏心的影响，按铰接体系分析桁架杆件的内力，不满足时，T形节点的刚度判别参见本标准附录H的条文说明。

13.2　构　造　要　求

13.2.1　本条沿用原规范第10.1.5条的一部分及第10.2.1条、第10.2.2条、第10.2.5条。本节各项构造规定是用于保证节点连接的施工质量，从而保证实现计算规定的各种性能。

1　当主管采用冷成型方矩形管时，其弯角部位的钢材受加工硬化作用产生局部变脆，不宜在此部位焊接支管；另一方面，如果支管与主管同宽，弯角部位的焊缝构造处理困难，因此支管宽度宜小于主管宽度。

2　"连接处主管与支管轴线间夹角以及各支管轴线间夹角不宜小于30°"的规定是为了保证施焊条件，便于焊根熔透，也有利于减少尖端处焊缝的撕裂应力。

3　格构式构件在一定条件下可近似按铰接杆件体系进行内力分析，因此节点连接处应尽可能避免偏心。但当偏心不可避免（如为使支管间隙满足本条第6款要求而调整支管位置）但未超过式（13.2.1）限制时，在计算节点和受拉主管承载力时，可不考虑偏心引起的弯矩作用，在计算受压主管承载力时应考虑

偏心弯矩 $M = \Delta N \cdot e(\Delta N$ 为节点两侧主管轴力之差值）的影响；搭接型连接时，由于受到搭接率规定的影响（本标准第13.2.2条第1款），可能突破式（13.2.1）的限制，此时格构式构件（桁架、拱架、塔架等）可按有偏心刚架进行内力分析。

4　支管端部形状及焊缝形式随支管和主管相交位置、支管壁厚不同以及焊接条件变化而异，如果不采用精密的机械加工，不易保证装配焊缝质量。我国成规模的钢结构加工制造企业已经普遍装备了自动切管机，因此本次修订要求支管端部加工都采用自动切管机。

5　由于断续焊缝易产生咬边、夹渣等焊缝缺陷，以及不均匀热影响区的材质缺陷，恶化焊缝的性能，故主管和支管的连接焊缝应沿全周连续焊接，焊缝尺寸应适中，形状合理。在保证节点设计承载力大于支管设计内力的条件下，多数情况下角焊缝焊脚尺寸达到1.5倍支管厚度是可以满足承载要求的；但当支管设计内力接近支管设计承载力时，角焊缝尺寸只有达到2倍支管厚度才能满足承载要求。角焊缝尺寸应由计算确定，满足受力条件时不必过分加大，限制最大焊脚尺寸的目的在于防止过度焊接的不利影响。

13.2.2　本条基本沿用原规范第10.2.3条、第10.2.4条。空间节点中，支管轴线不在同一平面内时，如采用搭接型连接，构造措施可参照本条规定。

K形搭接节点中，两支管间应有足够的搭接区域以保证支管间内力平顺地传递。研究表明（图30），搭接率小于25%时，节点承载力将有较大程度地降低，故搭接节点中需限制搭接率。

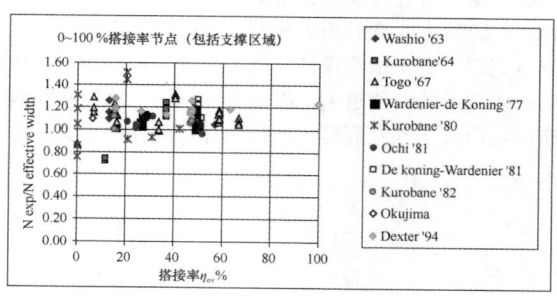

图30　搭接率对节点承载力的影响

支管互相搭接时，从传力合理、施焊可行的原则出发，需对不同搭接支管（位于上方）与被搭接支管（位于下方）的相对关系予以规定。原规范规定"当支管钢材强度等级不同时，低强度管应搭接在高强度管上"，考虑到实际工程中很少出现这种情况，本次修订从正文中删去这一规定，但如遇见此种情况仍可按此原则处理。实际工程中还可能遇到如外部尺寸较大支管反而壁厚较小的情况，此时因外部尺寸较大管置于下方，对被搭接支管在搭接处的管壁承载力应进行计算，不能满足强度要求时，被搭接部位应考虑加

劲措施。

搭接型连接中，位于下方的被搭接支管在组装、定位后，该支管与主管接触的一部分区域被搭接支管从上方覆盖，称为隐蔽部位。隐蔽部位无法从外部直接焊接，施焊十分困难。圆钢管直接焊接节点中，当搭接支管轴线在同一平面内时，除需要进行疲劳计算的节点、按中震弹性设计的节点以及对结构整体性能有重要影响的节点外，被搭接支管的隐蔽部位（图31）可不焊接；被搭接支管隐蔽部位必须焊接时，允许在搭接管上设焊接手孔（图32），在隐蔽部位施焊结束后封闭，或将搭接管在节点近旁处断开，隐蔽部位施焊后再接上其余管段（图33）。

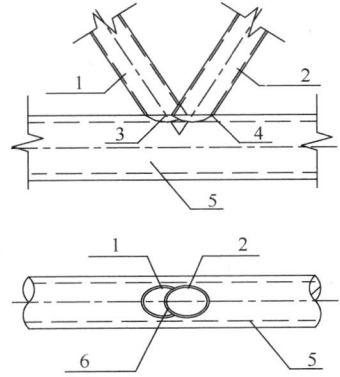

图31 搭接连接的隐蔽部位
1—搭接支管；2—被搭接支管；3—
趾部；4—跟部；5—主管；6—被搭
接支管内隐蔽部分

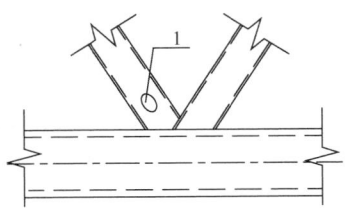

图32 焊接手孔示意
1—焊接手孔

图33 隐蔽部分施焊时搭接
支管断开示意
1—断开位置

日本建筑学会（AIJ）1990年版《钢管结构设计指南与解说》在6.7条解说中指出"组装后的隐蔽部位即使不焊也没有什么影响"。近年来同济大学进行了多批次搭接节点隐蔽部位焊接与否的对比试验，包括承受单调静力荷载与低周反复荷载的节点试件；这些试验涉及的节点形式为平面K形和KT形。试验结果表明，在单调荷载作用下，当搭接率在不小于25%且不大于100%范围内时，隐蔽部分焊接与否对节点部位弹性阶段的变形以及极限承载力没有显著影响。Eutocode 3中指出，两支管垂直于主管的内力分量相差20%以上时，内隐蔽部位应予焊接；但同济大学的试验表明，此时节点承载力并未降低，同时国际焊接协会（IIW）最新规程亦无此规定。但是隐蔽部位的疲劳性能还缺乏实验的支持。节点承受低周反复荷载时，试验结果表明，如果发生很大的非弹性变形，也会导致承载后期节点性能的劣化，故支管隐蔽部位可不焊接的适用范围暂宜在6度、7度抗震设防地区的建筑结构考虑。

K形搭接节点的隐蔽部位焊接时，在搭接率小于60%时，受拉支管在下时承载力略高；但如隐蔽部位不焊接，则其承载力大为降低。相反，受压支管在下时，无论隐蔽部位焊接与否，其承载力均变化不大（<7%），综合考虑，建议搭接节点中，承受轴心压力的支管宜在下方。

13.2.3 本条为新增条文。无加劲节点直接焊接节点不能满足承载能力要求时，在节点区域采用管壁厚于杆件部分的钢管是提高其承载力有效的方法之一，也是便于制作的首选办法。此外也可以采用其他局部加强措施，如：在主管内设实心的或开孔的横向加劲板（本标准第13.2.3条）；在主管外表面贴加强板（本标准第13.2.4条）；在主管内设置纵向加劲板；在主管外周设环肋等。加强板件和主管是共同工作的，但其共同工作的机理分析复杂，因此在采取局部加强措施时，除能采用验证过的计算公式确定节点承载力或采用数值方法计算节点承载力外，应以所采取的措施能够保证节点承载力高于支管承载力为原则。

有限元数值计算结果表明，设置主管内的横向加劲板对提高节点极限承载力有显著作用，但在单一支管的下方如设置第3道加劲板所取得的增强效应就不明显了。数值分析还表明，满足本条第1款～第3款的构造规定，可以实现节点承载力高于相连支管承载力的要求。

在主管内设置纵向加劲板 [图34（a）] 时应使加劲板与主管管壁可靠焊接，当主管孔径较小难以施焊时，应在主管上下开槽后将加劲板插入焊接。目前的研究还未提出针对这种构造的节点承载力计算公式。纵向加劲板也可伸出主管外部连接支管或其他开口截面的构件 [图34（b）]。在主管外周设环肋（图35）有助于提高节点强度，但可能影响外观；目前其受力性能的研究也很少。

钢管间直接焊接节点采用本章未予规定的措施进行加劲时，应有充分依据。

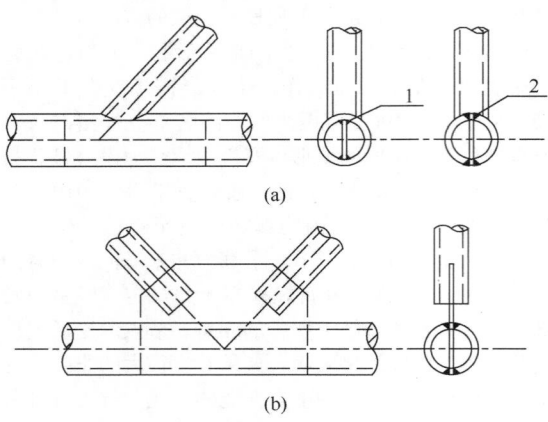

图 34 主管内纵向加劲的节点
1—内部焊接；2—开槽后焊接

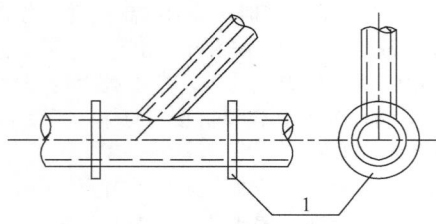

图 35 主管外周设置加劲环的节点
1—外周加劲环

13.2.4 本条为新增条文。主管为圆管的表面贴加强板方式，适用于支管与主管的直径比 β 不超过 0.7 时，此时主管管壁塑性可能成为控制模式。主管为方矩形管时，如为提高与支管相连的主管表面的受弯承载力，可采用该连接表面贴加强板的方式，如主管侧壁承载力不足时，则可采用主管侧表面贴加强板的方式。

方（矩）形主管与支管连接一侧采用加强板，主要针对主管受弯塑性破坏模式；主管侧壁承载力不足时采用侧壁加强的方式。加强板长度公式（13.2.4-1）～式（13.2.4-3）可参见 J. A. Packer 等著《空心管结构连接设计指南》第 3.7 节（曹俊杰译，科学出版社，1997）。考虑到连接焊缝以及主管可能存在弯角的原因，加强板的宽度通常小于主管的名义宽度。加强板最小厚度的建议来自上述同一文献。

13.3 圆钢管直接焊接节点和
局部加劲节点的计算

13.3.1 本条沿用原规范第 10.3.3 条的一部分。主管为圆钢管的节点，本标准将其归为圆钢管节点；主管为方矩形钢管时，本标准将其归为方钢管节点。

13.3.2 本条第 1 款～第 3 款基本沿用原规范第 10.3.1 条、第 10.3.3 条，第 4 款～第 8 款为新增条

款。对主要计算公式和规定说明如下：

关于第 1 款～第 3 款。88 版规范对平面 X、Y、T 形和 K 形节点处主管强度的支管轴心承载力设计值的公式是比较、分析国外有关规范和国内外有关资料的基础上，根据近 300 个各类型管节点的承载力极限值试验数据，通过回归分析归纳得出的承载力极限值经验公式，然后采用校准法换算得到的。原规范修订时，根据同济大学的研究成果，对平面节点承载力计算公式进行了若干修正。修正时主要对照了新建立的国际管节点数据库中的试验结果，并考虑了公式表达的合理性。经与日本建筑学会（AIJ）公式、国际管结构研究和发展委员会（CIDECT）公式的比较，所修正的计算公式与试验数据对比，其均值和置信区间都较之前更加合理。本次修订时，除了对 K 形节点考虑搭接影响之外未作进一步改动（本条第 1 款～第 3 款），详见原规范条文说明第 10.3.3 条。

关于第 4 款 K 形搭接节点中，两支管中垂直于主管的内力分量可相互平衡一部分，使得主管连接面所承受的作用力相对减小；同时搭接部位的存在也增大了约束主管管壁局部变形的刚度。近年来的搭接节点试验和有限元分析结果均表明，搭接节点的破坏模式主要为支管局部屈曲破坏、支管局部屈曲与主管管壁塑性的联合破坏、支管轴向屈服破坏等三种模式，与平面圆钢管连接节点的主管壁塑性破坏模式相比有很大差异。因此，目前国外各规程中均将搭接节点的承载力计算公式特别列出，有两种主要方法：其一，是如 Eurocode3 规程，保持与 K 形间隙节点公式的连续性，通过调整搭接（间隙）关系参数，给出搭接节点的计算公式；其二，是如 ISO 规程（草案），根据搭接节点的破坏模式，摒弃了原来环模型计算公式（ft2），给出与间隙节点完全不同的计算公式。本标准采用方法二。由于搭接节点的破坏主要发生在支管而非主管上，因此将节点效率表示为几何参数的函数，即采用 $N_i = f(\beta, \gamma, \tau, \eta^{ov}) \times A_i f_i$ 的公式形式；通过研究节点几何参数对节点效率的影响，选定 $f(\beta, \gamma, \tau, \eta^{ov})$ 的函数形式；以同济大学 11 个搭接节点的单调加载试验、540 个节点有限元计算结果以及国际管节点数据库的资料为基础，经回归分析得到 K 形搭接节点承载力计算公式。

对于节点有限元分析结果，以下述两个准则中最先达到的一个准则决定节点的极限承载力：受压支管轴力-节点变形曲线达到峰值，节点变形达到 3%。

有限元参数分析结果表明，当其他参数相同时，$\theta=45°$ 与 $\theta=60°$ 的节点承载力相比，提高幅度均在 10% 以内，平均仅 2.4%，基本可以忽略；$\theta=30°$ 与 $\theta=60°$ 的节点承载力相比，提高幅度不等，平均提高约 20%。若承载力公式中与原规范相似地采用 θ 函数 $1/\sin\theta$，则难以准确反映 θ 的影响。考虑到实际工程中 $\theta<45°$ 的情况相对少见，在建立 K 形搭接节点承

载力公式时，以 $\theta=60°$ 节点的承载力数据作为基础，略偏保守但不失经济性。

影响 K 形搭接节点性能的因素除几何参数外，还包括搭接支管和贯通支管的搭接顺序、隐蔽部分焊接与否等。根据搭接顺序的不同（C—贯通支管受压，T—贯通支管受拉）和隐蔽部位是否焊接（W—焊接，N—不焊），可将 K 形搭接节点分别记为 CW、TW、CN、TN 四种类型。研究发现：

1 在隐蔽部位焊接的情况下，贯通支管受拉相比贯通支管受压，节点承载力平均高 6%；在隐蔽部位不焊的情况下，贯通支管受压相比贯通支管受拉，节点承载力平均高出 4%；

2 隐蔽部位不焊，会造成承载力某种程度的降低，且在贯通支管受拉的情况下，这种降低要显著得多（贯通支管受压时平均降低 4%、最大降低 11%，贯通支管受拉时平均降低 13%、最大降低 30%）。CW、TW、CN、TN 四种类型的搭接节点承载力的变化如图 36 所示，综合考虑其变化规律以及规范的简洁性和设计的经济性，将 CW、TW、CN、TN 四种类型的搭接节点承载力计算公式统一。本标准公式计算值（95%保证率）与四种类型搭接节点有限元数据的对比见图 36。

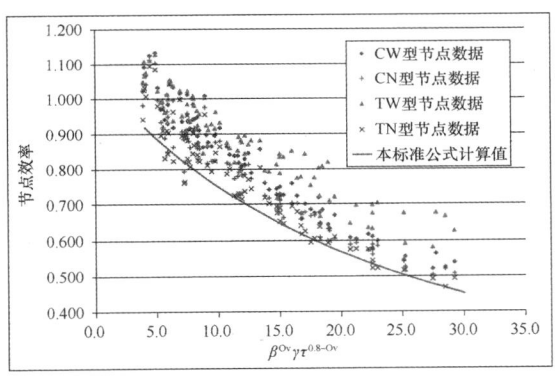

图 36　本标准公式计算值与四种类型搭接节点
有限元数据的对比

表 13 给出了本标准公式计算值与相关试验数据的对比，表中公式计算值所采用的钢材强度值为试验给出的钢材强度平均值。

关于第 5 款和第 6 款。目前平面 DY 和 DK 形节点已经应用于网架、网壳结构中。本标准平面 DY 和 DK 形节点承载力设计值公式引自钢结构设计规范 EC3：Design of steel structures（Eurocode3-1-8：2005）。

关于第 7 款。平面 KT 形节点计算公式（13.3.2-29）、式（13.3.2-30）来源于 Eurocode3-1-8：2005，本条补充了关于间隙 a 的取值规定。Eurocode 的计算方公式是依据各支管垂直于主管轴线的竖向分力合力为零的假定，但当竖杆受拉时，仅按

式（13.3.2-28）计算，可能对节点受压的计算偏于不安全，本条补充了按式（13.3.2-30）进行计算的规定。

**表 13　平面 K 形圆钢管搭接节点承载力设计公式
计算结果与相关试验数据的比较**

选取的数据	试件数	公式计算值/试验值				
		平均值	标准差	离散系数	最大值	最小值
同济大学试验数据	11	0.811	0.067	0.083	0.930	0.714
经筛选的国际管节点数据库	41	0.870	0.153	0.176	1.569	0.631
经筛选的国际管节点数据库，剔除 $f_{yb}/f_{yc}>1.2$ 的数据	36	0.826	0.074	0.089	0.950	0.631

关于第 8 款，J. A. Packer 在《空心管结构连接设计指南》（曹俊杰译，科学出版社，1997）中认为，平面节点的失效模式由主管管壁塑性控制，因而可以不计算主管管壁冲剪破坏。但是在管节点数据库中仍存在冲剪破坏的记录。日本建筑学会（AIJ）设计指南（1990）和欧洲钢结构设计规范 EC3：Design of steel structures（Eurocode 3-1-8：2005）要求 T、Y、X 形节点和有间隙的 K、N 形节点需进行冲剪承载力计算。考虑到这类破坏发生的可能性，本次修订规定对这类节点进行支管在节点处的冲剪承载力补充验算。本条公式引自欧洲钢结构设计规范 EC3：Design of steel structures（Eurocode3-1-8：2005）。

13.3.3 本条在原规范的基础上增加了部分规定。原规范修订时，在分析管节点数据库相关数据和对照同济大学实施的试验基础上，补充了空间 TT 形和 KK 形节点的计算规定。与日本建筑学会（AIJ）公式、国际管结构研究和发展委员会（CIDECT）公式相比，按所提出的计算公式和试验数据比较，无论其均值还是置信区间都更加合理。详见原规范条文说明第 10.3.3 条的条文说明表 12 最后 2 组数据。

但制订原规范时所依据的管节点数据库和国内大学试验研究的空间 KK 形节点都是间隙节点，即图 13.3.3-1 的情况，而工程实践中，因支管搭接与否有多种组合，除全间隙节点外，还可能遇到图 37 所示另 3 种典型情况，其中图 37（d）的情况为支管全搭接型，而前 3 种情况称为支管非全搭接型。

对图 37 中（b）、（c）、（d）三种形式节点的极限承载力进行分析，将支管全搭接型的 KK 形节点的空间调整系数采用不同于原规范的形式，其余情况则仍采用 0.9，与实验数据和有限元计算数据的对比分别见表 14 和表 15。表中还列出了欧洲钢结构设计规范 EC3：Design of steel structuresEurocode3 公式和日本建筑学会（AIJ）公式的相应比较结果。

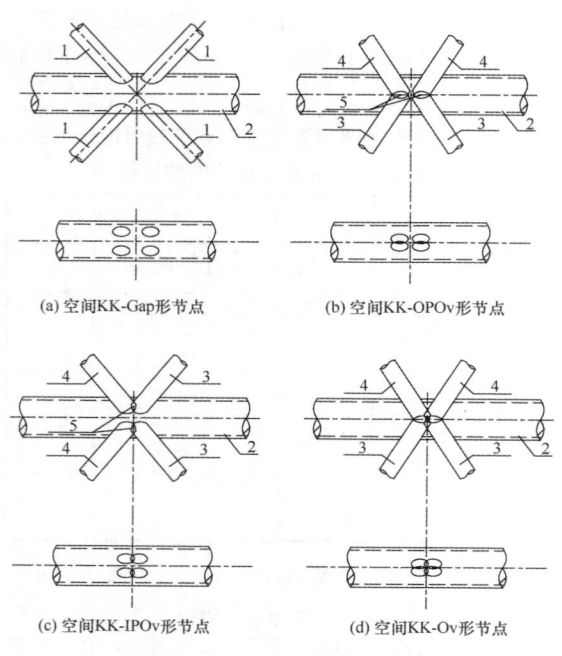

(a) 空间KK-Gap形节点　　(b) 空间KK-OPOv形节点

(c) 空间KK-IPOv形节点　　(d) 空间KK-Ov形节点

图 37　空间 KK 形节点分类

1—支管；2—主管；3—搭接支管；4—被搭接支管；

5—内隐蔽部分

表 14　空间 KK 形节点承载力计算公式与试验数据的比较

试件编号	节点类型	试验值 (kN) (1)	本标准公式		Eurocode3		AIJ	
			计算值 (kN) (2)	(2)/(1)	计算值 (kN) (3)	(3)/(1)	计算值 (kN) (4)	(4)/(1)
DKS-55	KK-OPOv	279.1	242.7	0.87	225.9	0.81	266.9	0.96
DKS-63	KK-OPOv	110.0	109.1	0.99	89.0	0.81	106.6	0.97
KK-M6	KK-OPOv	923.0	696.3	0.75	648.8	0.70	811.2	0.88
SJ17	KK-OPOv	1197.0	818.1	0.68	727.1	0.61	906.8	0.76
SJ18	KK-OPOv	1023.0	818.1	0.80	727.1	0.71	906.8	0.89
SJ16	KK-IPOv	916.0	716.2	0.78	681.9	0.74	874.6	0.95
W1	KK-Ov	442.0	300.6	0.68	279.7	0.63	363.1	0.82
W2	KK-Ov	425.0	295.9	0.75	274.1	0.64	357.0	0.84
DKS-59	KK-Ov	285.0	227.4	0.80	230.1	0.81	300.8	1.06

原规范没有空间 KT 形圆管节点强度计算公式，而近年的工程实践表明这类形式的节点在空间桁架和空间网壳中并不少见。本条第 3 款的计算公式采用在平面 K 形节点强度计算公式基础上乘以支管轴力比影响系数 Q_n 和空间调整系数 μ_{KT} 的方法。其中，μ_{KT} 反映了空间几何效应，Q_n 反映了荷载效应。分三种情况规定了 μ_{KT} 的取值，即：三支管均有间隙（空间 KT-Gap 型）；K 形支管搭接，但与 T 形支管间有间隙（空间 KT-IPOv 型）；三支管均搭接（空间 KT-Ov 型）。

图 38 显示了空间 KT 形节点极限承载力比值 $N_{KT'K}/N^0_{KT'K}$（即 Q_n）与 T 形支管轴力比 n_{TK} 的关系曲线。其中 $N_{KT'K}$ 为空间 KT 型节点中 K 形受压支管承载力，$N^0_{KT'K}$ 为相同几何尺寸但轴力比 $n_{TK}=0$（即 T 形支管轴力为 0）的空间 KT 型节点中 K 形受压支管承载力。轴力比 n_{TK} 是反映 T 形支管所受轴力相对大小的一个参数，n_{TK} 为正，表示 T 形支管受拉，n_{TK} 为负，表示支管受压，实际工程中 T 形支管一般不是主要受力构件，其所受轴力往往小于 K 形支管轴力，即 n_{TK} 的范围为 [−1, 1]。

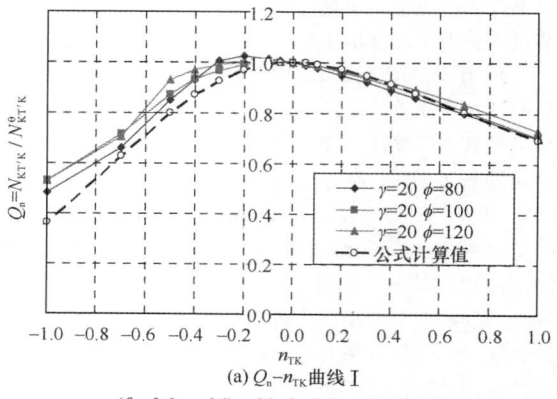

(a) Q_n-n_{TK} 曲线 I

($\beta_K=0.6$, $\tau_K=0.7$, $\gamma=20$, $\beta_T=0.6$, $\tau_T=0.7$, $\zeta_d=0.2$)

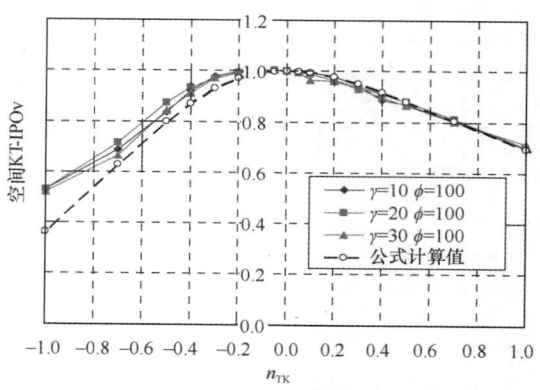

(b) Q_n-n_{TK} 曲线 II

($\beta_K=0.6$, $\tau_K=0.7$, $\beta_T=0.6$, $\tau_T=0.7$, $\zeta_d=0.2$, $\Phi=100$)

图 38　支管轴力比影响系数 Q_n-n_{TK} 关系曲线

表 15　空间 KK 形节点承载力计算公式与有限元计算结果的比较

节点型式	算例数	统计量	本标准公式	EC3	AIJ
空间 KK-OPOv 型	216	最大值	1.1526	0.9838	1.2404
		最小值	0.7386	0.5405	0.6729
		平均值	0.9118	0.7589	0.9353
		标准差	0.0787	0.1074	0.1351
		离散度	0.0863	0.1416	0.1444

节点型式	算例数	统计量	本标准公式	EC3	AIJ
空间 KK-IPOv 型	174	最大值	0.9442	1.1012	1.2765
		最小值	0.5242	0.5596	0.6646
		平均值	0.7162	0.7779	0.9177
		标准差	0.1102	0.1294	0.1486
		离散度	0.1538	0.1664	0.1620
空间 KK-Ov 型	230	最大值	1.1183	1.5755	2.0439
		最小值	0.5813	0.5026	0.6627
		平均值	0.8207	0.9083	1.1972
		标准差	0.1283	0.2836	0.3732
		离散度	0.1563	0.3122	0.3117

图 38 表明：

1 对于几何尺寸不同但轴力比 n_{TK} 相同的节点，Q_n 大致相同，说明轴力比 n_{TK} 对节点极限承载力的影响是独立的，不受节点几何参数变化的影响；

2 在 $-0.2 \leqslant n_{TK} \leqslant 0.2$ 范围内，Q_n 值大体为 1，变化较小；

3 在 $n_{TK} < -0.2$ 或 $n_{TK} > 0.2$ 范围内，Q_n 值均呈下降趋势，说明 T 形支管轴力增大导致节点极限承载力降低，从图中可看出 T 形支管受轴压时更为不利。

有限元分析表明，对空间 KT-Gap 节点的空间调整系数 μ_{KT} 无量纲参数 β_T、ζ_t 的影响较大，其他参数则可不予考虑；对于空间 KT-Ov 节点，γ、ζ 有较大影响；对于空间 KK-IPOv 节点，各无量纲几何参数对 μ_{KT} 均无显著影响，为简单计，取 $\mu_{KT} = 1.0$。

拟合的空间 KT 形节点强度计算公式与试验数据和有限元数据的比较分别见表 16 和表 17。

表 16 空间 KT 形节点承载力计算公式与试验数据的比较

试件编号	节点类型	试验值(kN)	建议公式计算值				
			n_{TK}	Q_n	μ_{KT}	计算值(kN)	计算值/试验值
TK4E0	KT-Gap	1622.3	0.091	0.995	1.06	1537.0	0.95
TK3E1	KT-Gap	1584.5	0.016	1.000	1.08	1209.7	0.76
J-2	KT-IPOv	1215	0	1.000	1.00	1184.6	0.97
W3	KT-Ov	518	−0.143	0.985	1.04	316.0	0.61

表 17 空间 KT 形节点承载力计算公式与有限元数据的比较

节点型式	算例数	统计量	本标准公式
空间 KT-Gap 型	233	最大值	1.1787
		最小值	0.6214
		平均值	0.8438
		标准差	0.0676
		离散度	0.0801

节点型式	算例数	统计量	本标准公式
空间 KT-IPOv 型	237	最大值	1.2383
		最小值	0.6297
		平均值	0.8467
		标准差	0.0705
		离散度	0.0833
空间 KT-Ov 型	235	最大值	1.1507
		最小值	0.3986
		平均值	0.7905
		标准差	0.0832
		离散度	0.1053

13.3.4 本条为新增条文。无斜腹杆的桁架（空腹桁架）、单层网壳等结构，其构件承受的弯矩在设计中是不可忽略的。这类结构采用无加劲直接焊接节点时，设计中应考虑节点的抗弯计算。本次标准修订时，在分析国外有关规范和国内外有关资料的基础上，根据近 160 个管节点的受弯承载力极限值试验数据，通过回归分析，考虑了可靠度与安全系数后得出了主管和支管均为圆管的平面 T、Y、X 形相贯节点受弯承载力设计值公式。

表 18 对应于主管塑性破坏模式的受弯承载力公式拟合试验数据的统计分析

试件数			EC3	AIJ	ISO	HSE	API	Van der Vegte	标准公式
36	M_{ui}^i / M_{ui}	m	0.849	0.702	0.788	0.875	0.905	0.815	0.852
		σ	0.087	0.068	0.081	0.090	0.169	0.075	0.082
		υ	0.103	0.096	0.103	0.103	0.187	0.092	0.096
24	M_{uo}^i / M_{uo}	m	0.795	0.482	0.803	0.955	1.044	1.935	0.803
		σ	0.142	0.094	0.114	0.184	0.248	1.505	0.114
		υ	0.179	0.196	0.142	0.192	0.237	0.778	0.142

表 18 给出了对各国受弯承载力规范公式拟合试验数据的统计分析结果，m、σ 和 υ 分别表示公式计算值与试验值之比的均值、方差和离散度。其中 M_{ui}、M_{uo} 分别为根据公式计算得到的节点平面内与平面外受弯承载力，计算时已将各规范中的强度设计值置换为钢材屈服值，M_{ui}^i、M_{uo}^i 分别为试验测得的节点平面内与平面外受弯承载力。从表 18 中的对比可以看出，在平面内受弯承载力方面，API 公式与试验结果最为接近，但离散度较大，HSE 与 Eurocode 3 公式比试验结果低，但数据离散度较小。在平面外受弯承载力方面，HSE 公式与试验结果最为接近，API 公式次之，但数据离散度较大。Van der Vegte 公式与试验结果差别较大，且计算异常繁琐，不便于工程应用。

由于各规范公式考虑了一定的承载力安全储备，所以计算值均低于节点实际承载力。为此在上述公式

的基础上提出了以下未考虑强度折减的相贯节点平面内受弯承载力计算公式:

$$M_{ui} = 7.55\beta\gamma^{0.42}Q_f\frac{d_i t^2 f}{\sin\theta} \quad (60)$$

统计分析表明,该公式能够较好地预测相贯节点的实际平面内受弯承载力。在此基础上考虑可靠度后得到本次标准修订公式。标准修订公式拟合试验数据的统计分析结果列于表 18 中。

对应于主管冲剪破坏模式的相贯节点受弯承载力计算公式的主要来源为 CIDECT 设计指南。

无斜腹杆的桁架(空腹桁架)、单层网壳结构中的杆件,同时承受轴力和弯矩作用。本条第 3 款适用于这种条件下的节点计算。规范修订时,对比了各国规范对于节点在弯矩与轴力共同作用下的承载力相关方程,其中 N_c、N_{cu} 分别为组合荷载下支管轴压力与节点仅受轴压力作用时的极限承载力公式计算值,N_t、N_{tu} 分别为组合荷载下支管轴拉力与节点仅受轴拉力作用时的极限承载力公式计算值,M_i、M_{ui} 分别为组合荷载下支管平面内弯矩与节点仅受平面内弯矩作用时的极限承载力公式计算值,M_o、M_{uo} 分别为组合荷载下支管平面外弯矩与节点仅受平面外弯矩作用时的极限承载力公式计算值。

1 API-LRFD 相关方程:

$$1 - \cos\left[\frac{\pi}{2}\left(\frac{N}{N_u}\right)\right] + \sqrt{\left(\frac{M_i}{M_{ui}}\right)^2 + \left(\frac{M_o}{M_{uo}}\right)^2} = 1 \quad (61)$$

2 AIJ 相关方程:

$$\frac{N}{N_u} + \frac{M_i}{M_{ui}} + \frac{M_o}{M_{uo}} = 1 \quad (62)$$

3 Eurocode 3、HSE、ISO、NORSOK 相关方程:

$$\frac{N}{N_u} + \left(\frac{M_i}{M_{ui}}\right)^2 + \frac{M_o}{M_{uo}} = 1 \quad (63)$$

上述公式的比较表明,钢结构设计规范 EC3:Design of steel structures 认为平面内弯矩对节点组合荷载作用下承载力的影响较平面外弯矩小,而 API 规范和日本标准则认为两者权重相同。图 39～图 42 给出了不同荷载组合下试验值与相关方程曲线的比较。可以看出,AIJ 相关公式在所有情况下都是偏于安全的,Eurocode 3 相关公式在大多数情况下是安全的,仅有个别数据点越界,而 API-LRFD 相关公式相对来说安全度稍低,有少数数据点越界。表 19 还给出了节点在轴力、平面内弯矩、平面外弯矩共同作用下试验值代入各相关公式中的计算结果,同样显示了上述现象。从安全和简化出发,标准修订时直接采用了 AIJ 公式的形式。

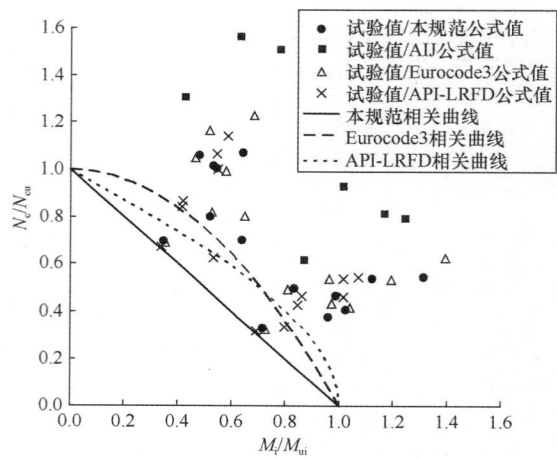

图 39　$N_c - M_i$ 相关方程与试验数据的比较

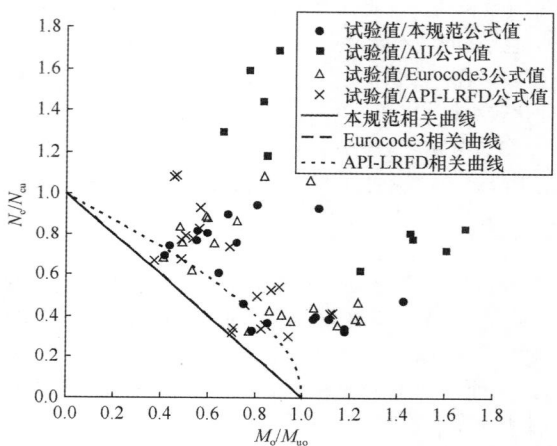

图 40　$N_c - M_o$ 相关方程与试验数据的比较

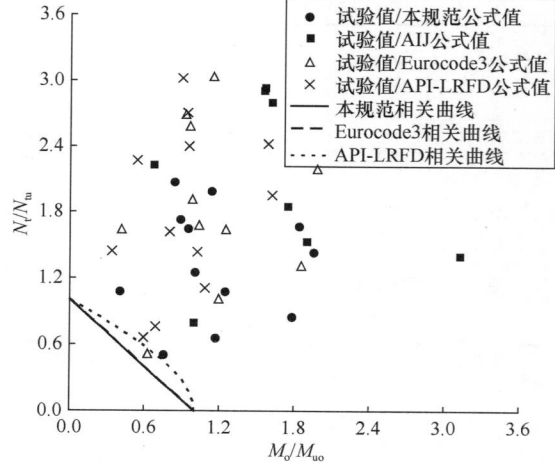

图 41　$N_t - M_o$ 相关方程与试验数据的比较

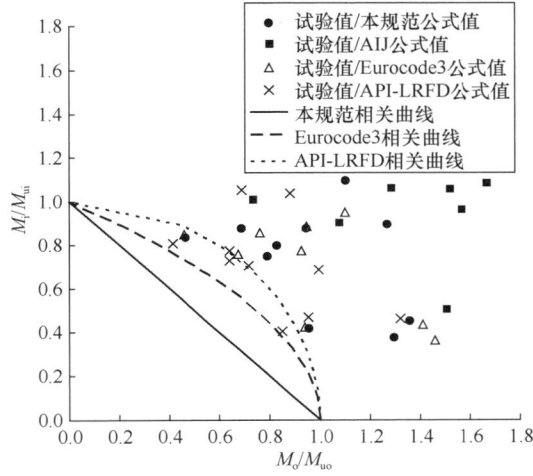

图 42　$M_i - M_o$ 相关方程与试验数据的比较

表 19　$N_c - M_i - M_o$ 相关方程与试验数据的比较

试件号	N_c (kN)	M_i (kN·m)	M_o (kN·m)	AIJ 相关公式	Eurocode 3 相关公式	API-LRFD 相关公式	本标准 相关公式
TCM-40	−34.5	2.0	1.3	2.35	1.26	0.70	1.45
TCM-41	−56.5	2.2	1.4	2.95	1.60	0.96	1.75
TCM-42	−42.0	3.2	1.3	2.88	1.74	0.97	1.83
TCM-43	−17.9	1.2	0.8	3.41	1.87	1.18	2.02
TCM-44	−140.0	7.1	5.3	4.05	2.69	1.22	2.59
TCM-45	−32.5	2.9	2.2	2.82	1.48	1.22	1.66
TCM-46	−50.0	2.3	1.5	2.77	1.41	1.35	1.60
TCM-47	−81.0	7.4	4.0	2.17	1.14	0.84	1.39
TCM-48	−113.0	5.3	2.9	2.13	1.08	0.86	1.30
TCM-49	−66.0	8.3	6.4	2.77	1.46	1.55	1.64
TCM-50	−145.0	19.8	13.5	2.27	1.23	1.10	1.54
TCM-51	−194.0	17.0	12.4	2.86	1.67	1.07	1.99

13.3.5　本条为新增条文。国内大学进行了主管为向内弯曲、向外弯曲和无弯曲（直线状）的圆管焊接节点静力加载对比试验共 15 件，节点形式有平面 K 形、空间 TT 形、KK 形、KTT 形。同时，应用有限元分析方法对节点进行了弹塑性分析，考虑的节点参数包括 β 变化范围 0.5～0.8，主管径厚比 2γ 变化范围 36～50，支管与主管的厚度比 τ 变化范围 0.5～1.0，主管轴线弯曲曲率半径 R 变化范围 5m～35m，以及轴线弯曲曲率半径 R 与主管直径 d 之比变化范围 12～110。研究表明，无论主管轴线向内还是向外弯曲，以上各种形式的圆管节点与直线状的主管节点相比，节点受力性能没有大的差别，节点极限承载力相差不超过 5%。

13.3.6　本条为新增条文。圆管加强板的几何尺寸，国外有若干试验数据发表，国内大学补充实施了新的试验，据此校验了有限元模型。采用校验过的模型对 T 形连接的极限承载力进行了数值计算。计算表明，当支管受压时，加强板和主管分担支管传递的内力，但并非如此前文献认为的那样，可以用加强板的厚度加上主管壁厚代入强度公式；根据计算结果回归分

析，采用本标准图 13.2.4（a）加强板的节点承载力，是无加强时节点承载力的 $(0.23\tau_r^{1.18}\beta^{-0.68} + 1)$ 倍，其中 τ_r 是加强板厚度与主管壁厚的比值。计算也表明，当支管受拉时，由于主管对加强板有约束，并非只有加强板在起作用，根据回归分析，用按本标准图 13.2.4（a）加强板的节点承载力是无加强时节点承载力的 $1.13\tau_r^{0.59}$ 倍。

13.3.7　本条为新增条文。近年来，工程实践中出现了主管为圆管、支管为方矩形管的情况。但国内对此研究不多，仅有少数几例试验。参考 Eurocode3-1-8 的规定给出相关计算公式，与国内大学的试验资料相比较，见表 20。

表 20　X 形节点矩形支管-圆形主管连接节点公式 计算值与试验结果的比较

试件	d	t	b_R	h_R	t_1	M_{oXRC} （试验） (kN·m)	M_{oXRC} （公式） (kN·m)	破坏模式
GGJD-X1	610	12.7	300	200	7	165.6	83.75	主管塑性
GGJD-X2	610	12.7	300	200	7	175.9	83.75	主管塑性、焊缝断裂

13.3.8　为防止焊缝先于节点发生破坏，故规定焊缝承载力不应小于节点承载力。

13.3.9　本条为原规范第 10.3.2 条的修改和补充。非搭接管连接焊缝在轴力作用下的强度计算公式（13.3.9-1）～式（13.3.9-3）沿用原规范的有关规定。

本标准关于非搭接管连接焊缝在平面内与平面外弯矩作用下的强度计算公式是采用空间解析几何原理，经数值计算与回归分析后提出的。

钢管节点关于 $x\text{-}o\text{-}z$ 平面对称。根据对称性原理，可取对称面一侧结构施加总荷载的一半进行研究，如图 43（a）所示。

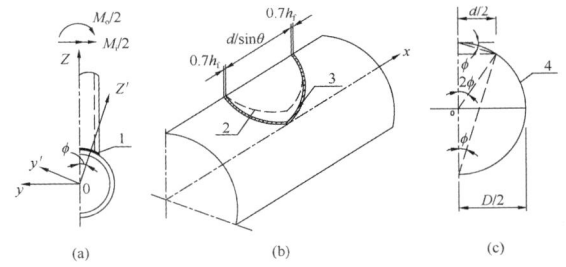

图 43　焊缝截面的简化

1—焊缝；2—水平面；3—焊缝截面；4—弦杆外壁

假设焊缝截面符合平截面假定。钢管相贯节点中连接主管与支管的焊缝截面实际为一空间曲线，建立空间坐标系 $x'y'z'$ [图 43（a）]，将焊缝曲面投影至 $x'oy'$ 平面，并将平截面假定不加证明地推广至该焊缝投影平面。此外，还假定主管与支管的连接焊缝可视为全周角焊缝进行抗弯计算，角焊缝有效截面的计

达式。

算厚度 h_e 为焊脚尺寸 h_f 的70%。

为计算钢管相贯节点焊缝截面的几何特性，将焊缝有效截面的形成方式假定如下：焊缝有效截面的内边缘线即为主管与支管外表面的相贯线，外边缘线则由主管外表面与半径为 r_1 且同支管共轴线的圆柱面相贯形成，其中 $r_1 = d/2 + 0.7h_f\sin\theta$。

当T形节点焊缝截面边缘相贯线在 $x'oy'$ 平面的投影近似为椭圆时，其平面内与平面外抗弯的有效截面惯性矩分别按式（64）与式（65）计算：

$$I_{fi}^T = \frac{\pi}{64} \cdot \frac{(d+1.4h_f)^4 - d^4}{\cos\phi} \tag{64}$$

$$I_{fo}^T = \frac{\pi}{64} \cdot \frac{(d+1.4h_f)^4 - d^4}{\cos^3\phi} \tag{65}$$

本标准将Y形节点焊缝有效截面在 $x'oy'$ 平面投影的惯性矩表示为T形节点焊缝惯性矩乘以相应的调整系数：

$$I_{fi} = \eta_i \cdot I_{fi}^T \tag{66}$$

$$I_{fo} = \eta_o \times I_{fo}^T \tag{67}$$

经过数值积分与回归分析，得到了调整系数的表

Y形节点焊缝截面投影的形心至冠点边缘的最大距离经系数值积分与回归分析后表达为：

$$\Delta_i = x_c + d/(2\sin\theta) \tag{68}$$

其中，$x_c = (-0.34\sin\theta + 0.34) \cdot (2.188\beta^2 + 0.059\beta + 0.188) \cdot d$。

Y形节点焊缝截面投影的形心至鞍点边缘的距离可表达为：

$$\Delta_o = d/(2\cos\phi) \tag{69}$$

因此，非搭接管节点焊缝在平面内与平面外的抗弯截面模量分别为式（13.3.9-5）与式（13.3.9-10）的形式。

经对所收集的近70个管节点的极限承载力、杆件承载力、焊缝承载力与破坏模式的计算比较（如表21和表22所示，表中破坏模式符号含义如下：CLD-主管塑性；CPS-主管冲剪；BY-支管屈服；CY-主管屈服；WF-焊缝断裂；CC-主管表面焊趾裂纹），可以保证静力荷载下焊缝验算公式的适用性。

表21　T、Y形节点平面外受弯实测承载力与公式计算值的比较

试件	D (mm)	T (mm)	d (mm)	t (mm)	θ (°)	破坏模式	实测承载力 M_{uo} (kN·m)	焊缝承载力计算值 M_{wui}(kN·m)	支管承载力计算值 M_{bp}(kN·m)	节点承载力计算值（主管塑性）M_{jp}(kN·m)	节点承载力计算值（冲剪）M_{jp}(kN·m)
TM-1	216	4.5	216.4	4.56	90	CLD	36.1	137.0	75.3	25.5	45.8
TM-2	216	4.5	165.6	4.53	90	CLD、CPS	14.5	50.8	38.9	9.5	26.8
TM-3	216	4.58	114.3	4.56	90	CLD、CPS	6.47	22.8	17.5	4.8	13.0
TM-4	216	4.58	60.7	3.96	90	CLD、CPS	2.73	5.8	3.7	2.4	3.7
TM-5	217	6.24	114.2	4.62	90	CLD、CPS	10.4	18.3	17.6	7.1	14.0
TM-6	218	6.83	114.4	7.09	90	CLD	16.8	58.6	22.0	16.6	29.9
TM-7	217	6.65	114.6	6.96	90	CLD	19.7	82.6	21.8	22.6	41.9
TM-8	217	8.12	216.5	8.03	90	CLD、CPS	71.0	258.0	126.8	83.8	83.0
TM-9	217	8.02	114.3	7.00	90	CLD、CPS	17.1	37.6	21.8	14.9	22.8
TM-10	217	8.01	60.2	10.2	90	CLD、CPS	6.80	20.1	6.6	7.3	6.3
TM-11	165	4.7	42.7	3.3	90	—	1.81	3.1	1.6	2.2	2.3
TM-12	165	4.5	76.3	2.9	90	—	3.97	7.9	5.6	3.7	7.1
TM-13	319	4.4	60.5	3.0	90	BY、CLD	2.21	4.8	3.1	2.8	4.1
TM-14	319	4.4	139.8	4.4	90	CLD、CY、BY	6.62	36.9	26.8	6.0	21.9
TM-15	457	4.8	89.1	3.0	90	CLD、CY	3.53	9.1	7.8	4.5	8.8
TM-16	457	4.8	165.2	4.7	90	CLD、CY、BY	6.67	49.0	55.3	7.5	30.4
TM-23	169	10.55	59.8	11.10	90	CLD、BY	8.4	15.9	8.5	8.6	5.7
TM-24	168	10.28	114.5	11.3	90	CLD、BY	28.5	44.9	32.1	18.4	18.3
TM-25	168	5.78	60.6	5.63	90	CLD	3.1	6.6	4.9	2.8	3.5
TM-26	168	5.90	114.6	5.95	90	CLD	8.0	29.0	22.3	8.6	14.9
TM-27	169	5.79	168.3	5.78	90	CLD	24.5	80.9	42.1	25.2	27.6
TM-28	169	3.45	60.8	3.81	90	CLD	1.28	4.4	3.4	1.1	2.2
TM-29	169	3.42	114.7	3.90	90	CLD	3.7	16.4	11.5	2.6	7.9
TM-30	169	3.55	168.3	3.54	90	CLD	12.0	49.0	28.4	9.9	17.7
TM-42	456	15.6	319.0	8.7		CLD、BY	215	351.3	—	196.5	347.8
TM-44	457	21.5	317.4	8.7		WF	374	320.2		340.1	437.8
TM-114	1067	30	400	12.5	82.9	CLD	781	1054.3	—	980.8	1533.0
TM-115	1067	30	400	12.5	82.9	CLD	818	1054.3	—	980.8	1533.0

表22　T、Y形节点平面内受弯实测承载力与公式计算值的比较

试件	D (mm)	T (mm)	d (mm)	t (mm)	θ (°)	破坏模式	实测承载力 M_{ui} (kN·m)	焊缝承载力计算值 M_{wu} (kN·m)	支管承载力计算值 M_{bp} (kN·m)	节点承载力计算值（主管塑性）M_i^{pj} (kN·m)	节点承载力计算值（冲剪）M_i^{sj} (kN·m)
TM-31	168.7	10.55	59.8	11.10	90	CLD、BY	11.6	21.5	8.5	9.0	5.7
TM-32	168.4	10.28	114.5	11.31	90	CLD、BY	36.0	47.8	32.1	28.5	18.3
TM-33	168.3	5.78	60.6	5.63	90	CLD	4.4	7.2	4.9	3.9	3.5
TM-34	168.3	5.90	114.6	5.95	90	CLD	14.8	25.0	22.3	16.8	14.9
TM-35	168.1	5.68	168.3	5.78	90	CLD	36.5	51.3	42.1	31.3	28.3
TM-36	168.5	3.45	60.8	3.81	90	CLD	2.1	4.2	3.4	1.8	2.2
TM-37	168.5	3.42	114.7	3.90	90	CLD	7.3	14.0	11.5	6.5	7.9
TM-38	168.8	3.55	168.8	3.55	90	CLD	19.6	30.4	28.9	15.0	17.8
TM-45	165.2	4.7	42.7	3.3	90	—	2.11	3.0	2.1	2.3	2.3
TM-46	165.2	4.5	76.3	2.9	90	—	6.28	7.3	5.6	6.9	7.1
TM-47	318.5	4.4	60.5	3.0	90	CLD、CY、BY	3.33	4.6	3.1	2.7	4.1
TM-48	318.5	4.4	139.8	4.4	90	CLD、CY、BY	14.9	34.4	26.8	14.4	21.9
TM-49	457.2	4.8	89.1	3.0	90	CLD、CY	6.08	8.7	7.8	5.0	8.8
TM-50	457.2	4.8	165.2	4.7	90	CLD、CY、BY	18.0	54.2	55.3	17.1	30.4
TM-81	219.1	6.3	71.6	18.5	90	CLD	8.24	56.1	14.5	5.9	5.9
TM-82	219.1	8.9	71.6	18.5	90	CLD、CC	17.8	70.6	14.5	13.7	11.1
TM-83	298.5	7.2	101.6	16.0	90	CLD	14.3	91.3	42.5	11.5	12.6
TM-84	219.1	5.5	101.6	16.0	90	CLD	11.7	91.1	42.5	9.3	10.0
TM-85	219.1	8.4	101.6	16.0	90	CLD、CC	25.8	91.1	42.5	21.8	18.4
TM-86	219.1	10.0	101.6	16.0	90	CLD、CC	34.9	91.1	42.5	28.8	21.9
TM-87	219.1	12.3	101.6	16.0	90	CLD、CC	53.9	91.1	42.5	43.9	29.6
TM-88	219.1	6.0	139.7	17.5	90	CLD	25.8	169.2	96.5	20.8	21.2
TM-89	219.1	8.8	139.7	17.5	90	CLD、CC	58.8	172.0	96.5	51.1	41.8
TM-90	219.1	12.3	139.7	17.5	90	CLD、CC	88.3	169.2	96.5	80.7	54.4
TM-91	298.5	7.3	193.7	7.1	90	CLD	53.5	82.6	81.0	42.9	46.8
TM-92	298.5	10.0	193.7	7.1	90	WF	78.5	82.6	81.0	70.1	63.7
TM-93	298.5	10.0	193.7	7.1	90	CLD	85.6	82.6	81.0	70.1	63.7
TM-94	219.1	5.9	177.8	16.0	90	CLD	40.5	215.4	153.2	32.7	33.8
TM-95	219.1	8.6	177.8	16.0	90	CLD、CC	98.1	227.6	153.2	79.8	66.2
TM-96	219.1	12.5	177.8	16.0	90	CLD、CC	161	215.4	153.2	134.0	89.5
TM-97	508.0	12.7	193.7	6.35	90	—	77.2	73.3	67.8	86.3	93.0
TM-98	508.0	12.7	193.7	6.35	90	—	79.1	73.3	67.8	86.3	93.0
TM-99	508.0	7.9	168.3	7.94	90	—	37.0	71.7	60.7	30.5	43.3
TM-100	508.0	7.9	168.3	7.94	90	—	35.9	71.7	60.7	30.5	43.3
TM-101	273.4	12.65	219.5	12.4	90	CLD	128	181.9	158.7	135.3	102.0
TM-102	272.6	8.00	218.8	8.16	90	CLD	70.8	100.7	96.1	64.0	62.8
TM-103	273.0	5.95	219.0	6.27	90	CLD	54.4	80.8	79.8	42.9	50.1
TM-104	273.0	12.48	114.3	6.00	90	CLD	32.0	27.8	24.5	28.9	21.9
TM-105	273.0	7.70	114.3	6.00	90	CLD	18.8	27.8	24.5	16.4	16.5
TM-106	273.0	5.98	114.3	6.00	90	CLD	15.5	27.8	24.5	11.8	13.7
TM-107	168.3	6.64	76.1	4.85	90	CLD	6.64	9.9	8.0	9.5	7.8

13.4　矩形钢管直接焊接节点和局部加劲节点的计算

在原规范的基础上，根据国内大学研究成果并结合国外资料，增加了KT形矩形管节点的承载力设计公式，弯矩及弯矩轴力组合作用下T形矩形管节点承载力设计公式。

13.4.1　本条基本沿用原规范第10.3.4条的相关规

定。规定了直接焊接且主管为矩形管，支管为矩形管或圆管的平面节点承载力计算公式适用的节点几何参数范围。对于间隙 K、N 形节点，如果间隙尺寸过大，满足 $a/b > 1.5(1-\beta)$，则两支管间产生错动变形时，两支管间的主管表面不形成或形成较弱的张拉场作用，可以不考虑其对节点承载力的影响，节点分解成单独的 T 形或 Y 形节点计算。

13.4.2 本条为原规范第 10.3.4 条的修改和补充。本条第 1 款第 1 项针对主管与支管相连一面发生弯曲塑性破坏的模式，第 2 项针对主管侧壁破坏的模式。T 形节点是 Y 形节点的特殊情况。$\beta \leqslant 0.85$ 的节点承载力主要取决于主管表面形成的塑性铰线状况。公式 (13.4.2-1) 来源于塑性铰线模型，但其中考虑轴压力影响的系数 ψ_n 则为经验公式。与国外相关公式比较，ψ_n 没有突变，符合有限元分析和试验结果，并可用于 $\beta = 1.0$ 的节点。

$\beta = 1.0$ 的节点主要发生主管侧壁失稳破坏，承载力计算中 λ 取为 $1.73(h/t-2)\sqrt{1/\sin\theta_i}$，与国外规范取值相比，相当于将计算长度减少了一倍。这与主管侧壁的实际约束情况及试验结果吻合的更好。经与收集到的国外 27 个试验结果和国内大学 5 个主管截面高宽比 $h/b \geqslant 2$ 的等宽 T 形节点的有限元分析结果相比，精度远高于国外公式。以屈服应力 f_y 代入修订后的公式所得结果与试验结果的比值作为统计值，27 个试验的平均值为 0.830，其方差为 0.111，而按国外的公式计算，这两个值分别为 0.531 和 0.195。此外，式 (13.4.2-5) 比国外相关公式多考虑了主管轴向应力影响的系数 ψ_n，在 f_k 的取值上考虑了一个 1.25 的安全系数 (受压情况)。对于 X 形节点，主管侧壁变形较 T 形节点大很多，因此 f_k 的取值减少到 T 形节点的 $0.81\sin\theta_i$ 倍；当 $\theta_i < 90°$ 且 $h \geqslant h_i/\cos\theta_i$ 时，尚应验算主管侧壁的受剪承载力。

对于所有 $\beta \geqslant 0.85$ 的节点，支管荷载主要由平行主管的支管侧壁承担，另外两个侧壁承担的荷载较少，需按公式 (13.4.2-11) 计算"有效宽度"失效模式控制的承载力。此时，主管表面也存在冲剪破坏的可能，需按公式 (13.4.2-13) 验算节点抗冲剪的承载能力。由于主管表面冲剪破坏面应在支管外侧与主管壁内侧，因此进行冲剪承载力验算的上限为 $\beta = 1 - 2t/b$。

对于间隙 K、N 形节点，公式 (13.4.2-15) 计算主管壁面塑性失效承载力；公式 (13.4.2-16) 和 (13.4.2-21) 计算主管在节点间隙处的受剪承载力；公式 (13.4.2-17) 依据有效宽度计算支管承载力；公式 (13.4.2-18) 计算主管抗冲剪承载力。

采用有效宽度概念计算搭接节点的承载力。搭接节点最小搭接率为 25%，搭接率从 25% 增至 50% 的过程中，承载力线性增长；从 50% 至 80%，承载力为常数；80% 以上，承载力为另一较高常数。

KT 形节点的计算是本标准新增条文，采用了 CIDECT 建议的设计方法。

13.4.3 本条为新增条文。根据压弯组合作用下 T 形矩形管节点有限元分析结果，针对 $\beta \leqslant 0.85$ 的 T 形方管节点，当 $n \leqslant 0.6$ 时，按公式 (13.4.3-1) 验算其承载力；当 $n > 0.6$ 或 $\beta > 0.85$ 时，按公式 (13.4.3-2) 验算承载力，与有限元分析结果吻合的更好。式 (13.4.3-3)、(13.4.3-4) 源于考虑轴压力影响的塑性铰线模型的推导结果。在塑性铰线模型中，考虑轴向压应力的影响，得到倾斜塑性铰线承载力为 $m_\tau = \dfrac{1-n^2}{\sqrt{1-0.97n^2}}m_p$，式中 $m_p = tf_y^2/4$。进而根据虚功原理得到考虑轴向压力影响的在支管轴力或弯矩作用下的节点承载力公式。

13.4.4 本条为新增条文。当桁架中个别节点承载力不能满足要求时，进行节点加强是一个可行的方法。如果主管连接面塑性破坏模式起控制作用，可以采用主管与支管相连一侧采用加强板的方式加强节点，这通常发生在 $\beta < 0.85$ 的节点中。对于主管侧壁失稳起控制作用的节点，可采用侧板加强方式。主管连接面使用加强板加强的节点，当存在受拉的支管时，只考虑加强板的作用，而不考虑主管壁面。

13.4.5 本条部分沿用原规范第 10.3.2 条第 2 款，其余为新增条文。根据已有 K 形间隙节点的研究成果，当支管与主管夹角大于 60° 时，支管跟部的焊缝可以认为是无效的。在 50°～60° 间跟部焊缝从全部有效过渡到全部无效。尽管有些区域焊缝可能不是全部有效的，但从结构连续性以及产生较少其他影响角度考虑，建议沿支管四周采用同样强度的焊缝。

14 钢与混凝土组合梁

14.1 一般规定

14.1.1 本章规定适用于将钢梁和混凝土翼缘板通过抗剪连接件连成整体的钢-混凝土简支及连续组合梁。

所谓"适用于不直接承受动力荷载"主要考虑本章给出的组合梁设计方法为塑性设计法，不适用于直接承受动力荷载的组合梁。在已有研究成果和工程实践经验的基础上，本条给出了直接承受动力荷载组合梁的设计原则，与不直接承受动力荷载的组合梁相比在设计方法上有两点不同：一是需要进行疲劳验算，在本标准附录 J 中给出了具体的验算方法，主要参考国内试验结果和欧洲组合结构设计规范 EC4：Design of composite steel and concrete structures 的相关条文；二是不能采用塑性方法进行承载能力计算，应按照弹性理论进行计算，即采用换算截面法验算荷载效应设计值在组合梁截面产生的应力(包括正应力和剪应力等)小于材料的设计强度。此外，弹性设计方法还适用于板件宽厚比不符合塑性设计法要求的组合梁。

组合梁的翼缘板可用现浇混凝土板，亦可用混凝土叠合板。清华大学对钢-混凝土叠合板组合梁进行了大量的试验研究，证明叠合板组合梁具有与现浇混凝土翼缘的组合梁一样的受力性能，并且钢-混凝土叠合板组合梁在实际工程中也获得了大量的成功应用，取得了显著的技术经济效益和社会效益。混凝土叠合板翼缘是由预制板和现浇层混凝土所构成，预制板既作为模板，又作为楼板的一部分参与楼板和组合梁翼缘的受力。混凝土叠合板的设计按照现行国家标准《混凝土结构设计规范》GB 50010 的规定进行，在预制板表面采取拉毛及设置抗剪钢筋等措施以保证预制板和现浇层形成整体。

14.1.2 钢-混凝土组合梁的混凝土翼缘板既可带板托，也可不带板托。由于板托构造复杂，施工不便，在没有必要采用板托的前提下优先采用不带板托的组合梁。

与混凝土结构类似，组合梁混凝土板同样存在剪力滞后效应。目前各国规范均采用有效宽度的方法考虑混凝土板剪力滞后效应的影响，但有效宽度计算方法不尽相同：

1 美国钢结构协会《钢结构建筑荷载及抗力系数设计规范》(AISC-LRFD, 1999)规定，混凝土翼缘板的有效宽度 b_e 取为钢梁轴线两侧有效宽度之和，其中一侧的混凝土有效宽度为以下三者中的较小值：组合梁跨度的 1/8，其中梁跨度取为支座中线之间的距离；相邻组合梁间距的 1/2；钢梁至混凝土翼板边缘的距离。

2 欧洲组合结构设计规范 EC4 规定，当采用弹性方法对组合梁进行整体分析时，每一跨的有效宽度可以采用定值：对于中间跨和简支边跨可采用如下规定的中间跨有效宽度 $b_{\mathrm{eff},1}$，对于悬臂跨则采用如下规定的支座有效宽度 $b_{\mathrm{eff},2}$，如图 44 所示。

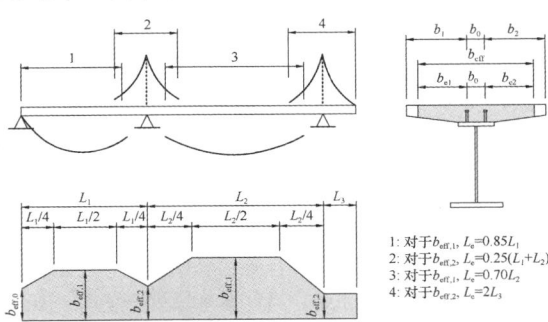

图 44　混凝土翼板的等效跨径及有效宽度
（欧洲组合结构设计规范 EC4）

1）中间跨和中间支座的有效宽度按下式计算：
$$b_{\mathrm{eff},1} = b_0 + \Sigma b_{ei} \tag{70}$$
式中：b_0——同一截面最外侧抗剪连接件间的横向间距；

b_{ei}——钢梁腹板一侧的混凝土翼缘板有效宽度，取 $L_e/8$，但不超过板的实际宽度 b_i。b_i 应取为最外侧的抗剪连接件至两根钢梁间中线的距离，对于自由端则取混凝土悬臂板的长度。L_e 为反弯点间的近似长度。对于一根典型的连续组合梁，应根据控制设计的弯矩包络图来确定 L_e（如图 44 所示）。

2）边支座的有效宽度按下式计算：
$$b_{\mathrm{eff},2} = b_0 + \Sigma \beta_i b_{ei} \tag{71}$$
$$\beta_i = (0.55 + 0.025 L_e/b_{ei}) \leqslant 1.0 \tag{72}$$
组合梁各区段的混凝土板有效宽度取值见图 44。

根据欧洲组合结构设计规范 EC4，简支组合梁的有效跨径 L_e 取为梁的实际跨度。对于连续组合梁，其正弯矩区有效宽度与正弯矩区的长度有关，负弯矩区有效宽度则与负弯矩区（中支座区）的长度有关。图 44 中相邻的正负弯矩区存在长度重叠的部分，这与设计时应考虑结构的弯矩包络图的要求是一致的。需要指出的是，当忽略混凝土的抗拉作用后，负弯矩区的有效宽度主要用于定义混凝土翼板内纵向受拉钢筋的有效截面积。

3 美国各州公路及运输工作者协会(AASHTO)制定的公路桥梁设计规范规定，混凝土翼板有效宽度 b_e 应等于或小于 1/4 的跨度以及 12 倍的最小板厚。对于边梁，外侧部分的有效宽度不应超过其实际悬挑长度。如果边梁仅一侧有混凝土板时，则有效宽度应等于或小于跨度的 1/12 以及 6 倍的最小板厚。

4 英国桥梁规范(BS5400)第 5 部分根据有限元分析及试验研究的成果，以表格的形式给出了对应于不同宽跨比的组合梁混凝土翼缘板有效宽度。

相比较而言，欧洲组合结构设计规范 EC4 对组合梁混凝土板有效宽度的计算方法概念明确，并将简支组合梁和连续组合梁的计算方法统一起来，摒弃了混凝土板有效宽度与混凝土板厚相关的规定，适用性更强。

本标准给出的组合梁混凝土翼板的有效宽度，基于近年来国内大量组合梁结构试验，并系参考现行国家标准《混凝土结构设计规范》GB 50010 的相关规定，同时根据已有的研究成果并借鉴欧洲组合结构设计规范 EC4 的相关条文，考虑到组合梁混凝土板的有效宽度主要和梁跨度有关，和混凝土板的厚度关系不大，故取消了混凝土板有效宽度与厚度相关的规定。此外，借鉴欧洲组合结构设计规范 EC4 的方法引入连续组合梁等效跨径的概念，将混凝土板有效宽度的规定推广至连续组合梁。

严格而言，组合梁采用极限状态设计法，应使用与之相匹配的塑性有效翼缘宽度，近年来，组合梁的塑性阶段有效宽度试验研究已开展较多，也积累了较多的数据，形成了较为可靠的设计公式（详见清华大学的相关研究）。本条计算组合梁混凝土翼板有效宽度的方法是基于组合梁在弹性阶段的受力性能所建立起来的，且比实际值略偏小，而当组合梁达到极限承载力时，混凝土翼板已进入塑性状态，此时翼板中的应力分布趋向均匀，塑性阶段混凝土翼板的有效宽度远大于弹性阶段，因此本条规定低估了极限状态时楼板对承载力的实际贡献，与组合梁的极限状态设计法并不完全匹配。因此将根据弹性分析得到的翼板有效宽度应用于塑性计算，计算结果偏于安全。

本条主要针对组合梁截面的承载能力验算，在进行结构整体内力和变形计算时，当组合梁和柱铰接或组合梁作为次梁时，仅承受竖向荷载，不参与结构整体抗侧，试验结果表明，混凝土翼板的有效宽度可统一按跨中截面的有效宽度取值。

14.1.3 组合梁的正常使用极限状态验算包括挠度和负弯矩区裂缝宽度验算，应采用弹性分析方法，并考虑混凝土板剪力滞后、混凝土开裂、混凝土收缩徐变、温度效应等因素的影响。原规范仅具体给出了组合梁的挠度计算方法，并提出要验算连续组合梁负弯矩区段裂缝宽度的要求。本次修订明确了正常使用极限状态组合梁的验算内容以及需要考虑的因素，同时还对计算模型和各因素的考虑方法进行了具体说明，方便设计人员操作。组合梁的正常使用极限状态验算可按弹性理论进行，原因是在荷载的标准组合作用下产生的截面弯矩小于组合梁在弹性阶段的极限弯矩，即此时的组合梁在正常使用阶段仍处于弹性工作状态。温度荷载以及混凝土收缩徐变效应可能会影响组合梁正常使用阶段的内力、变形以及负弯矩区裂缝宽度，应在正常使用极限状态验算中予以充分的考虑。

在计算组合梁的挠度时，可假定钢和混凝土都是理想的弹塑性体，从而将混凝土翼板的有效截面除以钢与混凝土弹性模量的比值 α_E，换算为钢截面（为使混凝土翼板的形心位置不变，将翼板的有效宽度除以 α_E 即可），再求出整个梁截面的换算截面刚度 EI_{eq}。此外，国内外的试验研究结果表明，由混凝土翼板和钢梁间相对滑移引起的附加挠度在 10%～15%，采用焊钉等柔性连接件时（特别是部分抗剪连接时），该滑移效应对挠度的影响不能忽略，否则将偏于不安全，因此在计算挠度时需要对换算截面刚度进行折减。对连续组合梁，因负弯矩区混凝土翼板开裂后退出工作，所以实际上是变截面梁。故欧洲组合结构设计规范 EC4 规定：在中间支座两侧各 $0.15l$（l 为一个跨间的跨度）的范围内确定梁的截面刚度时，不考虑混凝土翼板而只计入在翼板有效宽度 b_e 范围内负弯矩钢筋截面对截面刚度的影响，在其余区段不应取组合梁的换算截面刚度而应取其折减刚度，按变截面梁来计算其变形，计算值与试验结果吻合良好。

连续组合梁除需验算变形外，还应验算负弯矩区混凝土翼板的裂缝宽度。验算裂缝宽度首先需要进行

内力分析，得到支座负弯矩截面的内力值，由于支座负弯矩区混凝土板的开裂，连续组合梁在正常使用阶段会出现明显的内力重分布现象，为方便设计，可以采用弯矩调幅法来计算连续组合梁的支座负弯矩值，即先按未开裂弹性分析得到支座负弯矩，然后对该支座负弯矩进行折减，折减幅度即为调幅系数，调幅系数的取值建议根据已有的试验数据确定，具体可见本标准第 10.2.2 条。

钢材与混凝土材料的温度线膨胀系数几乎相等（约为 $1.0×10^{-5}$～$1.2×10^{-5}$）。当二者温度同时提高或降低时，其温度变形基本协调，可以忽略由此引起的温度应力。但是，由于钢材的导热系数是混凝土的 50 倍左右，当外界环境温度剧烈变化时，钢材的温度很快就接近环境温度，而混凝土的温度则变化较慢，两种材料间的温度差将会在组合梁内产生自平衡应力，即为温度应力。对于简支组合梁，温度差会引起梁的挠曲变形和截面应力重分布；对于连续组合梁或者其他超静定结构，温度差还会引起进一步的约束弯矩，从而对组合梁的变形和负弯矩抗裂造成影响。对于一般情况下在室内使用的组合梁，温度应力可以忽略。对于露天环境下使用的组合梁以及直接受热源辐射作用的组合梁，则需要计算温度应力。露天使用的组合梁，截面温度场的分布非常复杂。为简化分析，计算时通常可以假定：忽略同一截面内混凝土翼板和钢梁内部各自的温度梯度，整个截面内只存在混凝土与钢梁两个温度，温度差由两个温度决定；沿梁长度方向各截面的温度分布相同。一般情况下，钢梁和混凝土翼板间的计算温度差可采用 $10℃$～$15℃$，在有可能发生更显著温差的情况下则另作考虑。

混凝土在空气中凝固和硬化的过程中会发生水分散发和体积收缩。影响混凝土收缩变形的主要因素有组成成分、养护条件、使用环境以及构件的形状和尺寸等。对于素混凝土，其长期收缩变形在几十年后可达 $(300～600)×10^{-6}$，在不利条件下甚至可达到 $1000×10^{-6}$。混凝土收缩也会在组合梁内引起自平衡的内力，效果类似于组合梁的温度应力。由于翼板内配置的钢筋可以阻止混凝土的收缩变形，钢筋混凝土翼板的收缩可取为 $(150～200)×10^{-6}$，相当于混凝土的温度比钢梁降低 $15℃$～$20℃$，本标准的建议值为 $15℃$。

混凝土徐变会影响组合梁的长期性能，可采用有效弹性模量法进行计算。当计算考虑混凝土徐变影响的组合梁长期挠度时，应采用荷载准永久值组合，混凝土弹性模型折减为原来的 50%，即钢与混凝土弹性模量的比值取为原来的 2 倍。而在荷载标准组合下计算裂缝的公式中已经考虑了荷载长期作用的影响，因此无需在组合梁负弯矩区裂缝宽度验算中另行考虑混凝土徐变的影响因素。

14.1.4 组合梁的受力状态与施工条件有关，主要体

现在两个方面：第一，混凝土未达到强度前，需要对钢梁进行施工阶段验算；第二，正常使用极限状态验算需要考虑施工方法和顺序的影响，包括变形和裂缝宽度验算。对于不直接承受动力荷载以及板件宽厚比满足塑性调幅设计法要求的组合梁，由于采用塑性调幅设计法，组合梁的承载力极限状态验算不必考虑施工方法和顺序的影响。而对于其他采用弹性设计方法的组合梁，其承载力极限状态验算也需考虑施工方法和顺序的影响。

具体而言，可按施工时钢梁下有无临时支撑分别考虑：

对于施工时钢梁下无临时支撑的组合梁，应分两个阶段进行计算：第一阶段在混凝土翼板强度达到 75% 以前，组合梁的自重以及作用在其上的全部施工荷载由钢梁单独承受，此时按一般钢梁计算其强度、挠度和稳定性，但按弹性计算的钢梁强度和梁的挠度均应留有余地，梁的跨中挠度除满足本标准附录 A 的要求外，尚不应超过 25mm，以防止梁下凹段增加混凝土的用量和自重；第二阶段当混凝土翼板的强度达到 75% 以后，所增加的荷载全部由组合梁承受，在验算组合梁的挠度以及按弹性分析方法计算组合梁的强度时，应将第一阶段和第二阶段计算所得的挠度或应力相叠加，在验算组合梁的裂缝宽度时，支座负弯矩值仅考虑第二阶段形成组合截面之后产生的弯矩值，在第二阶段计算中，可不考虑钢梁的整体稳定性，而组合梁按塑性分析法计算强度时，则不必考虑应力叠加，可不分阶段按照组合梁一次承受全部荷载进行计算。

对于施工时钢梁下设临时支撑的组合梁，则应按实际支承情况验算钢梁的强度、稳定及变形，并且在计算使用阶段组合梁承受的续加荷载产生的变形和弹性应力时，应把临时支承点的反力反向作为续加荷载。如果组合梁的设计是变形控制时，可考虑将钢梁起拱等措施。对于塑性分析，有无临时支承对组合梁的极限抗弯承载力均无影响，故在计算极限抗弯承载力时，可以不分施工阶段，按组合梁一次承受全部荷载进行计算。同样，验算连续组合梁的裂缝宽度时，支座负弯矩值仅考虑形成组合截面之后施工阶段荷载及正常使用续加荷载产生的弯矩值，因此为了有效控制连续组合梁的负弯矩区裂缝宽度，可以先浇筑正弯矩区混凝土，待混凝土强度达到 75% 后，拆除临时支承，然后再浇筑负弯矩区混凝土，此时临时支承点的反力产生的反向续加荷载就无需计入用于验算裂缝宽度的支座负弯矩值。

在连续组合梁中，栓钉用于组合梁正弯矩区时，能充分保证钢梁与混凝土板的组合作用，提高结构刚度和承载力，但用于负弯矩区时，组合作用会使混凝土板受拉而易于开裂，可能会影响结构的使用性能和耐久性。针对该问题，可以采用优化混凝土板浇筑顺序、合理确定支撑拆除时机等施工措施，降低负弯矩区混凝土板的拉应力，达到理想的抗裂效果。

14.1.5 部分抗剪连接组合梁是指配置的抗剪连接件数量少于完全抗剪连接所需的抗剪连接件数量，如压型钢板混凝土组合梁等，此时应按照部分抗剪连接计算其受弯承载力。国内外研究成果表明，在承载力和变形都能满足要求时，采用部分抗剪连接组合梁是可行的。

14.1.6、14.1.7 尽管连续组合梁负弯矩区是混凝土受拉而钢梁受压，但组合梁具有良好的内力重分布性能，故仍然具有很好的经济效益。负弯矩区可以利用混凝土板钢筋和钢梁共同抵抗弯矩，通过弯矩调幅后可使连续组合梁的结构高度进一步减小。欧洲组合结构设计规范 EC4 建议，当采用非开裂分析时，对于第一类截面，调幅系数可取 40%，第二类截面 30%，第三类截面 20%，第四类截面 10%，而原规范给出的符合塑性调幅设计法要求的截面基本满足第一类截面要求，且全部满足第二类截面要求。因此原规范规定的不超过 15% 的调幅系数比欧洲钢结构设计规范 EC3：Design of steel structures 保守得多，根据连续组合梁的试验结果，15% 也低估了连续组合梁良好的内力重分布性能，影响了连续组合梁经济效益的发挥。由于发展组合梁塑性不仅需要钢结构的特殊规定，同时混凝土楼板也应满足相应的要求，本次修订将连续组合梁承载能力验算时的弯矩调幅系数上限定为 20%。

板件宽厚比不符合本标准第 10.1.5 条规定的截面要求时，组合梁应采用弹性设计方法。此外，焊钉能为钢板提供有效的面外约束，因此具有提高板件受压局部稳定性的作用，若焊钉的间距足够小，则即使板件不符合塑性调幅设计法要求的宽厚比限值，同样能够在达到塑性极限承载力之前不发生局部屈曲，此时也可采用塑性方法进行设计而不受板件宽厚比限制，本次修订参考了欧洲组合结构设计规范 EC4 的相关条文，给出了不满足板件宽厚比限值仍可采用塑性调幅设计法的焊钉最大间距要求。

14.1.8 组合梁的纵向抗剪验算作为组合梁设计最为特殊的一部分，应引起足够的重视。本次修订增加了第 14.6 节，专门就组合梁的纵向抗剪验算进行详细说明。

因为板托对组合梁的强度、变形和裂缝宽度的影响很小，故可不考虑其作用。

14.2 组合梁设计

14.2.1 完全抗剪连接组合梁是指混凝土翼板与钢梁之间抗剪连接件的数量足以充分发挥组合梁截面的抗弯能力。组合梁设计可按简单塑性理论形成塑性铰的假定来计算组合梁的抗弯承载力。即：

1 位于塑性中和轴一侧的受拉混凝土因为开裂

而不参加工作，板托部分亦不予考虑，混凝土受压区假定为均匀受压，并达到轴心抗压强度设计值；

2 根据塑性中和轴的位置，钢梁可能全部受拉或部分受压部分受拉，但都假定为均匀受力，并达到钢材的抗拉或抗压强度设计值。此外，忽略钢筋混凝土翼板受压区中钢筋的作用。用塑性设计法计算组合梁最终承载力时，可不考虑施工过程中有无支承及混凝土的徐变、收缩与温度作用的影响。

14.2.2 当抗剪连接件的布置受构造等原因影响不足以承受组合梁剪跨区段内总的纵向水平剪力时，可采用部分抗剪连接设计法。对于单跨简支梁，是采用简化塑性理论按下列假定确定的：

1 在所计算截面左右两个剪跨内，取连接件受剪承载力设计值之和 $n_r N_v^c$ 中的较小值，作为混凝土翼板中的剪力；

2 抗剪连接件必须具有一定的柔性，即理想的塑性状态，连接件工作时全截面进入塑性状态；

3 钢梁与混凝土翼板间产生相对滑移，以致在截面的应变图中混凝土翼板与钢梁有各自的中和轴。

部分抗剪连接组合梁的受弯承载力计算公式，实际上是考虑最大弯矩截面到零弯矩截面之间混凝土翼板的平衡条件。混凝土翼板等效矩形应力块合力的大小，取决于最大弯矩截面到零弯矩截面之间抗剪连接件能够提供的总剪力。

为了保证部分抗剪连接的组合梁能有较好的工作性能，在任一剪跨区内，部分抗剪连接时连接件的数量不得少于按完全抗剪连接设计时该剪跨区内所需抗剪连接件总数 n_f 的 50%，否则，将按单根钢梁计算，不考虑组合作用。

14.2.3 试验研究表明，按照公式（10.3.2）计算组合梁的受剪承载力是偏于安全的，国内外的试验表明，混凝土翼板的抗剪作用亦较大。

14.2.4 连续组合梁的中间支座截面的弯矩和剪力都较大。钢梁由于同时受弯、剪作用，截面的极限抗弯承载能力会有所降低。原规范只给出了不考虑弯矩和剪力相互影响的条件，对于不满足此条件的情况如何考虑弯矩和剪力的相互影响没有给出相应设计方法。本次修订采用了欧洲组合结构设计规范 EC4 建议的相关设计方法，对于正弯矩区组合梁截面不用考虑弯矩和剪力的相互影响，对于负弯矩区组合梁截面，通过对钢梁腹板强度的折减来考虑剪力和弯矩的相互作用，其代表的组合梁负弯矩弯剪承载力相关关系为：

1 如果竖向剪力设计值 V 不大于竖向塑性受剪承载力 V_p 的一半，即 $V \leqslant 0.5V_p$ 时，竖向剪力对受弯承载力的不利影响可以忽略，抗弯计算时可以利用整个组合截面；

2 如果竖向剪力设计值 V 等于竖向塑性受剪承载力 V_p，即 $V = V_p$，则钢梁腹板只用于抗剪，不能再承担外荷载引起的弯矩，此时的设计弯矩由混凝土翼板有效宽度内的纵向钢筋和钢梁上下翼缘共同承担；

3 如果 $0.5V_p < V < V_p$，弯剪作用的相关曲线则用一段抛物线表示。

14.3 抗剪连接件的计算

14.3.1 目前应用最广泛的抗剪连接件为圆柱头焊钉连接件，在没有条件使用焊钉连接件的地区，可以采用槽钢连接件代替。原规范中给出的弯筋连接件施工不便，质量难以保证，不推荐使用，故此次修订取消了弯筋连接件的相关条文内容。

本条给出的连接件受剪承载力设计值计算公式是通过推导与试验确定的。

1 圆柱头焊钉连接件：试验表明，焊钉在混凝土中的抗剪工作类似于弹性地基梁，在焊钉根部混凝土受局部承压作用，因而影响受剪承载力的主要因素有：焊钉的直径（或焊钉的截面积 $A_s = d^2/4$）、混凝土的弹性模量 E_c 以及混凝土的强度等级。当焊钉长度为直径的 4 倍以上时，焊钉受剪承载力为：

$$N_v^c = 0.5A_s \sqrt{E_c f_c^{Actual}} \tag{73}$$

该公式既可用于普通混凝土，也可用于轻骨料混凝土。

考虑可靠度的因素后，式（73）中的 f_c^{Actual} 除应以混凝土的轴心抗压强度 f_c 代替外，尚应乘以折减系数 0.85，这样就得到条文中的焊钉受剪承载力设计公式（14.3.1-1）。

试验研究表明，焊钉的受剪承载力并非随着混凝土强度的提高而无限提高，存在一个与焊钉抗拉强度有关的上限值，该上限值为 $0.7A_s f_u$，约相当于焊钉的极限抗剪强度。根据现行国家标准《电弧螺柱焊用圆柱头焊钉》GB/T 10433 的相关规定，圆柱头焊钉的极限强度设计值 f_u 不得小于 400MPa。本次标准修订采用焊钉极限抗剪强度 f_u 替代了原规范公式中的 γf，两者相差了一个抗力分项系数，修订后的新公式物理意义更明确，计算更简便，和试验结果吻合更好，且和欧洲钢结构设计规范 EC3：Design of steel structures 的建议公式一致。

2 槽钢连接件：其工作性能与焊钉相似，混凝土对其影响的因素亦相同，只是槽钢连接件根部的混凝土局部承压区局限于槽钢上翼缘下表面范围内。各国规范中采用的公式基本上是一致的，我国在这方面的试验也极为接近，即：

$$N_v^c = 0.3(t + 0.5t_w)l_c \sqrt{E_c f_c^{Actual}} \tag{74}$$

考虑可靠度的因素后，式（74）中 f_c^{Actual} 除应以混凝土的轴心抗压强度设计值 f_c 代替外，尚应再乘以折减系数 0.85，这样就得到条文中的受剪承载力设计值公式（14.3.1-2）。

抗剪连接件起抗剪和抗拔作用，一般情况下，连接件的抗拔要求自然满足，不需要专门验算。在负弯矩区，为了释放混凝土板的拉应力，也可以采用只有抗拔作用而无抗剪作用的特殊连接件。

14.3.2 采用压型钢板混凝土组合板时，其抗剪连接件一般用圆柱头焊钉。由于焊钉需穿过压型钢板而焊接至钢梁上，且焊钉根部周围没有混凝土的约束，当压型钢板肋垂直于钢梁时，由压型钢板的波纹形成的混凝土肋是不连续的，故对焊钉的受剪承载力应予以折减。本条规定的折减系数是根据试验分析而得到的。

14.3.3 当焊钉位于负弯矩区时，混凝土翼缘处于受拉状态，焊钉周围的混凝土对其约束程度不如位于正弯矩区的焊钉受到其周围混凝土的约束程度高，故位于负弯矩区的焊钉受剪承载力也应予以折减。

14.3.4 试验研究表明，焊钉等柔性抗剪连接件具有很好的剪力重分布能力，所以没有必要按照剪力图布置连接件，这给设计和施工带来了极大的方便。原规范以最大正、负弯矩截面以及零弯矩截面为界限，把组合梁分为若干剪跨区段，然后在每个剪跨区段进行均匀布置，但这样划分对于连续组合梁仍然不太方便，同时也没有充分发挥柔性抗剪连接件良好的剪力重分布能力。此次修订为了进一步方便设计人员设计，进一步合并剪跨区段，以最大弯矩点和支座为界限划分区段，并在每个区段内均匀布置连接件，计算时应注意在各区段内混凝土翼板隔离体的平衡。

14.4 挠度计算

14.4.1 组合梁的挠度计算与钢筋混凝土梁类似，需要分别计算在荷载标准组合及荷载准永久组合下的截面折减刚度并以此来计算组合梁的挠度。

14.4.2 国内外试验研究表明，采用焊钉、槽钢等柔性抗剪连接件的钢-混凝土组合梁，连接件在传递钢梁与混凝土翼缘交界面的剪力时，本身会发生变形，其周围的混凝土也会发生压缩变形，导致钢梁与混凝土翼缘的交界面产生滑移应变，引起附加曲率，从而引起附加挠度。可以通过对组合梁的换算截面抗弯刚度 EI_{eq} 进行折减的方法来考虑滑移效应。式(14.4.2)是考虑滑移效应的组合梁折减刚度的计算方法，它既适用于完全抗剪连接组合梁，也适用于部分抗剪连接组合梁和钢梁与压型钢板混凝土组合板构成的组合梁。

14.4.3 对于压型钢板混凝土组合板构成的组合梁，式(14.4.3-3)中抗剪连接件承载力应按本标准14.3.2条予以折减。

14.5 负弯矩区裂缝宽度计算

14.5.1 混凝土的抗拉强度很低，因此对于没有施加预应力的连续组合梁，负弯矩区的混凝土翼板很容易开裂，且往往贯通混凝土翼板的上、下表面，但下表面裂缝宽度一般均小于上表面，计算时可不予验算。

引起组合梁翼板开裂的因素很多，如材料质量、施工工艺、环境条件以及荷载作用等。混凝土翼板开裂后会降低结构的刚度，并影响其外观及耐久性，如板顶面的裂缝容易渗入水分或其他腐蚀性物质，加速钢筋的锈蚀和混凝土的碳化等。因此应对正常使用条件下的连续组合梁的裂缝宽度进行验算，其最大裂缝宽度不得超过现行国家标准《混凝土结构设计规范》GB 50010 的限值。

相关试验研究结果表明，组合梁负弯矩区混凝土翼板的受力状况与钢筋混凝土轴心受拉构件相似，因此可采用现行国家标准《混凝土结构设计规范》GB 50010 的有关公式计算组合梁负弯矩区的最大裂缝宽度。在验算混凝土裂缝时，可仅按荷载的标准组合进行计算，因为在荷载标准组合下计算裂缝的公式中已考虑了荷载长期作用的影响。

14.5.2 连续组合梁负弯矩开裂截面纵向受拉钢筋的应力水平 σ_{sk} 是决定裂缝宽度的重要因素之一，要计算该应力值，需要得到标准荷载作用下截面负弯矩组合值 M_k，由于支座混凝土的开裂导致截面刚度下降，正常使用极限状态连续组合梁会出现内力重分布现象，可以采用调幅系数法考虑内力重分布对支座负弯矩的降低，试验证明，正常使用极限状态弯矩调幅系数上限取为 15% 是可行的。

需要指出的是，M_k 的计算需要考虑施工步骤的影响，但仅考虑形成组合截面之后施工阶段荷载及使用阶段续加荷载产生的弯矩值。

此外，对于悬臂组合梁，M_k 应根据平衡条件计算。

14.6 纵向抗剪计算

14.6.1 国内外众多试验表明，在剪力连接件集中剪力作用下，组合梁混凝土板可能发生纵向开裂现象。组合梁纵向抗剪能力与混凝土板尺寸及板内横向钢筋的配筋率等因素密切相关，作为组合梁设计最为特殊的一部分，组合梁纵向抗剪验算应引起足够的重视。

沿着一个既定的平面抗剪称为界面抗剪，组合梁的混凝土板（承托、翼板）在纵向水平剪力作用时属于界面抗剪。图 14.6.1 给出了对应不同翼板形式的组合梁纵向抗剪最不利界面，a-a 抗剪界面长度为混凝土板厚度；b-b 抗剪截面长度取刚好包络焊钉外缘时对应的长度；c-c、d-d 抗剪界面长度取最外侧的焊钉外边缘连线长度加上距承托两侧斜边轮廓线的垂线长度。

14.6.2 组合梁单位纵向长度内受剪界面上的纵向剪力 v_{l1} 可以按实际受力状态计算，也可以按极限状态下的平衡关系计算。按实际受力状态计算时，采用弹性分析方法，计算较为繁琐；而按极限状态下的平衡关系计算时，采用塑性简化分析方法，计算方便，且和承载能力塑性调幅设计法的方法相统一，同时公式偏于安全，故本标准建议采用塑性简化分析方法计算组合梁单位纵向长度内受剪界面上的纵向剪力。

14.6.3 国内外众多研究成果表明，组合梁混凝土板纵向抗剪能力主要由混凝土和横向钢筋两部分提供，横向钢筋配筋率对组合梁纵向受剪承载力影响最为显著。1972 年，A. H. Mattock 和 N. M. Hawkins 通过对剪力传递的研究，提出了普通钢筋混凝土板的抗剪强度公式：$V_{Lu,1} = 1.38b_f + 0.8A_e f_r \leq 0.3f_c b_f$。本条基于上述纵向抗剪计算模型，结合国内外已有的试验研究成果，对混凝土抗剪贡献一项作适当调整，得到了式(14.6.3-2)和式(14.6.3-3)，这两个公式考虑了混凝土强度等级对混凝土板抗剪贡献的影响。

组合梁混凝土翼板的横向钢筋中，除了板托中的横向钢筋 A_{bh} 外，其余的横向钢筋 A_t 和 A_b 可同时作为混凝土板的受力钢筋和构造钢筋使用，并应满足现行国家标准《混凝土结构设计规范》GB 50010 的有关构造要求。

14.6.4 本条规定的组合梁横向钢筋最小配筋率要求是为了保证组合梁在达到承载力极限状态之前不发生纵向剪切破坏，并考虑到荷载长期效应和混凝土收缩等不利因素的影响。

14.7 构 造 要 求

14.7.1 组合梁的高跨比一般为 1/20～1/15，为使钢梁的抗剪强度与组合梁的抗弯强度相协调，钢梁截面高度 h_s 宜大于组合梁截面高度 h 的 1/2，即 $h \leq 2h_s$。

14.7.4 本条为抗剪连接件的构造要求。

圆柱头焊钉钉头下表面或槽钢连接件上翼缘下表面应满足距混凝土底部钢筋不低于 30mm 的要求，一是为了保证连接件在混凝土翼板与钢梁之间发挥抗掀起作用；二是底部钢筋能作为连接件根部附近混凝土的横向配筋，防止混凝土由于连接件的局部受压作用而开裂。

连接件沿梁跨度方向的最大间距规定，主要是为了防止在混凝土翼板与钢梁接触面间产生过大的裂缝，影响组合梁的整体工作性能和耐久性。

14.7.5 本条中关于焊钉最小间距的规定，主要是为了保证焊钉的受剪承载力能充分发挥作用。从经济方面考虑，焊钉高度一般不大于 $(h_e + 75)$mm。

14.7.7 本条中关于板托中 U 形横向加强钢筋的规定，主要是因为板托中邻近钢梁上翼缘的部分混凝土受到抗剪连接件的局部压力作用，容易产生劈裂，需要配筋加强。

14.7.8 组合梁承受负弯矩时，钢箱梁底板受压，在其上方浇筑混凝土可与钢箱梁底板形成组合作用，共同承受压力，有效提高受压钢板的稳定性。此外，在梁端负弯矩区剪力较大的区域，为提高其受剪承载力和刚度，可在钢箱梁腹板内侧设置抗剪连接件并浇筑混凝土以充分发挥钢梁腹板和内填混凝土的组合抗剪作用。

15 钢管混凝土柱及节点

15.1 一 般 规 定

本章为新增章节，包括矩形钢管混凝土柱、圆钢管混凝土柱以及梁柱连接节点。钢管混凝土柱是钢结构的一种主要构件，近年来得到广泛应用。本章内容均根据近年来科学研究成果和工程经验编制而成。

15.1.1 本章规定的钢管混凝土柱的设计和计算不适用于直接承受动力荷载的情况，本标准编制的理论分析、试验研究和工程应用总结都是建立在静力荷载或间接动力荷载作用的基础上的。

15.1.3 框架梁也可采用现浇钢筋混凝土梁，但节点构造要采取不同的措施。采用钢筋混凝土梁或钢骨混凝土梁时，应考虑混凝土徐变导致的应力重分布。

15.1.4 钢管混凝土柱中混凝土强度不应低于 C30 级，对 Q235 钢管，宜配 C30～C40 级混凝土；对 Q345 钢管，宜配 C40～C50 级的混凝土；对 Q390、Q420 钢管，宜配不低于 C50 级的混凝土。当采用 C80 以上高强混凝土时，应有可靠的依据。混凝土的强度等级、力学性能和质量标准应分别符合现行国家标准《混凝土结构设计规范》GB 50010 和《混凝土强度检验评定标准》GB 50107 的规定。对钢管有腐蚀作用的外加剂，易造成构件强度的损伤，对结构安全带来隐患，因此不得使用。

15.1.6 混凝土的湿密度在现行国家标准《建筑结构荷载规范》GB 50009 中未作规定，可以参考现行国家标准《建筑结构荷载规范》GB 50009 给出的素混凝土自重 22kN/m³～24kN/m³ 而取用。在高层建筑和单层厂房中，一般可先安装空钢管，然后一次性向管内浇灌混凝土或连续施工浇筑混凝土。这时钢管中存在初应力，将影响柱的稳定承载力。为了控制此影响在 5% 以内，经分析，应控制初应力不超过钢材受压强度设计值的 60%。

15.1.7 混凝土可采用自密实混凝土。浇筑方式可采用自下而上的压力泵送方式或者自上而下的自密实混凝土高抛工艺。

15.1.8 混凝土徐变主要发生在前 3 个月内，之后徐变放缓；徐变的产生会造成内力重分布现象，导致钢管和混凝土应力的改变，构件的稳定承载力下降，考虑混凝土徐变的影响，构件承载力最大可折减 10%。

15.2 矩形钢管混凝土柱

15.2.3 由于矩形钢管的约束作用相比圆钢管较弱，因此对于矩形钢管混凝土柱，一般规定当边长大于 1.0m 时，应考虑混凝土收缩的影响。目前工程中的常用措施包括柱子内壁焊接栓钉、纵向加劲肋等。

15.2.4 矩形钢管混凝土受拉时，由于钢管对混凝土的约束作用较弱，不论钢管是否屈服，混凝土都不能承受拉应力，因而只有钢管承担拉力。矩形钢管混凝土受压柱中，混凝土工作承担系数 α_c 应控制在 0.1～0.7 之间，其值可按钢管内混凝土的截面面积对应的承载力与钢管截面面积对应的承载力的比例关系确定。矩形钢管混凝土计算方法可以采用拟钢理论、统一理论或者叠加理论。

15.3 圆形钢管混凝土柱

15.3.3 圆钢管混凝土的环箍系数与含钢率有直接的关系，是决定构件延性、承载力及经济性的重要指标。钢管混凝土柱的环箍系数过小，对钢管内混凝土的约束作用不大；若环箍系数过大，则钢管壁可能较厚、不经济。当钢管直径过大时，管内混凝土收缩会造成钢管与混凝土脱开，影响钢管和混凝土的共同受力，而且管内过大的素混凝土对整个构件的受力性能也产生了不利影响，因此一般规定当直径大于 2m 时，圆钢管混凝土构件需要采取有效措施减少混凝土收缩的影响，目前工程中常用的方法包括管内设置钢筋笼、钢管内壁设置栓钉等。

15.3.4 钢管混凝土构件受拉力作用时，管内混凝土将开裂，不承受拉力作用，只有钢管承担全部拉力。不过当钢管受拉力作用而伸长时，径向将收缩；由于受到管内混凝土的阻碍，因此成为纵向受拉和环向也受拉的双向拉应力状态，其受拉强度将提高 10%。圆钢管混凝土柱计算方法可以采用拟混凝土理论或者统一理论。

15.4 钢管混凝土柱与钢梁连接节点

15.4.1 钢管混凝土柱梁节点是钢结构的主要连接形式之一，其要求应满足钢结构节点的一般规定。

15.4.3 隔板厚度应满足板件的宽厚比限值，且不小于钢梁翼缘的厚度。柱内隔板上的混凝土浇筑孔孔径不应小于 200mm，透气孔孔径不宜小于 25mm，如图 45 所示。

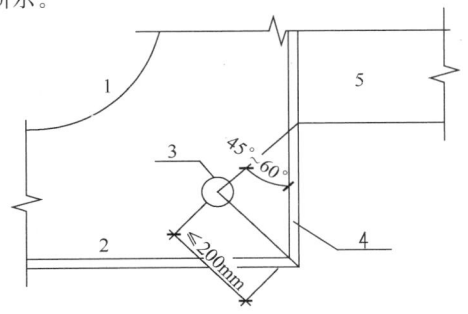

图 45 矩形钢管混凝土柱隔板开孔
1—浇筑孔；2—内隔板；3—透气孔；4—柱钢管壁；
5—梁翼缘

15.4.4 矩形钢管混凝土柱的外环板节点中，外环板的挑出宽度宜大于 100mm，且不宜大于 $15t_d\varepsilon_k$，t_d 为隔板厚度，ε_k 为钢号修正系数。圆钢管混凝土柱可采用外加强环节点，外加强环板的挑出宽度宜大于 70%的梁翼缘宽度，其厚度不宜小于梁翼缘厚度。

16 疲劳计算及防脆断设计

16.1 一般规定

16.1.1 本条基本沿用原规范第 6.1.1 条。本条阐述本章的适用范围为直接承受动力荷载重复作用的钢结构（例如工业厂房吊车梁、有悬挂吊车的屋盖结构、桥梁、海洋钻井平台、风力发电机结构、大型旋转游乐设施等），当其荷载产生的应力变化的循环次数 $n \geqslant 5\times10^4$ 时的高周疲劳计算。需要进行疲劳计算的循环次数，88 版规范为 $n \geqslant 10^5$ 次，考虑到在某些情况下可能不安全，原规范修订时参考国外规定并结合建筑钢结构的实际情况，改为 $n \geqslant 5\times10^4$ 次。本次修订仍旧保留了原规范对循环次数的规定，当钢结构承受的应力循环次数小于本条要求时，可不进行疲劳计算，且可按照不需要验算疲劳的要求选用钢材。直接承受动力荷载重复作用并需进行疲劳验算的钢结构，均应符合本标准第 16.3 节规定的相关构造要求。

16.1.2 本条沿用原规范第 6.1.2 条。本条说明本章的适用范围为在常温、无强烈腐蚀作用环境中的结构构件和连接。对于海水腐蚀环境、低周-高应变疲劳等特殊使用条件中疲劳的破坏机理与表达式各有特点，分别另属专门范畴；高温下使用和焊接经回火消除残余应力的结构构件及其连接则有不同于本章的疲劳强度值，均应另行考虑。

16.1.3 本条基本沿用原规范第 6.1.3 条。本次标准修订中有关疲劳强度计算仍采用荷载标准值按容许应力幅法进行计算，是因为目前我国对基于可靠度理论的疲劳极限状态设计方法研究还缺乏基础性研究，对不同类型构件连接的裂纹形成、扩展以致断裂这一全过程的极限状态，包括其严格的定义和影响发展过程的有关因素都还未明确，掌握的疲劳强度数据只是结构抗力表达式中的材料强度部分。

为适应焊接结构在钢结构中普遍应用的状况，本章采用目前已为国际上公认的应力幅计算表达式。多年来国内外大量的试验研究和理论分析证实：对于焊接钢结构疲劳强度起控制作用的是应力幅 $\Delta\sigma$，而几乎与最大应力、最小应力及应力比这些参量无关。这是因为：焊接及其随后的冷却，构成不均匀热循环过程，使焊接结构内部产生自相平衡的内应力，在焊接附近出现局部的残余拉应力高峰，横截面其余部分则形成残余压应力与之平衡。焊接残余拉应力最高峰值往往可达到钢材的屈服强度。此外，焊接连接部位因为原状截面的改变，总会产生不同程度的应力集中现象。残余应力和应力集中两个因素的同时存在，使疲劳裂纹发生于焊接熔合线的表面缺陷处或焊缝内部缺陷处，然后沿垂直于外力作用方向扩展，直到最后的断裂。产生裂纹部位的实际应力状态与名义应力有很大差别，在裂纹形成过程中，循环内应力的变化是以高达钢材屈服强度的最大内应力为起点，往下波动应力幅 $\Delta\sigma=\sigma_{max}-\sigma_{min}$ 与该处应力集中系数的乘积。此处 σ_{max} 和 σ_{min} 分别为名义最大应力和最小应力，在裂纹扩展阶段，裂纹扩展速率主要受控于该处的应力幅值。

试验证明，钢材静力强度不同，对大多数焊接连接类别的疲劳强度并无显著区别，仅在少数连接类别（如轧制钢材的主体金属、经切割加工的钢材和对接焊缝经严密检验和细致的表面加工时）的疲劳强度有随钢材强度提高稍微增加的趋势，而这些连接类别一般不在构件疲劳计算中起控制作用。因此为简化表达式，可认为所有类别的容许应力幅都与钢材的静力强度无关，即疲劳强度所控制的构件采用强度较高的钢材是不经济的。

钢结构的疲劳计算采用传统的基于名义应力幅的构造分类法。分类法的基本思路是，以名义应力幅作为衡量疲劳性能的指标，通过大量试验得到各种构件和连接构造的疲劳性能的统计数据，将疲劳性能相近的构件和连接构造归为一类，同一类构件和连接构造具有相同的 S-N 曲线。设计时，根据构件和连接构造形式找到相应的类别，即可确定其疲劳强度。

连接类别是影响疲劳强度的主要因素之一，主要是因为它将引起不同的应力集中（包括连接的外形变化和内在缺陷的影响）。设计中应注意尽可能不采用应力集中严重的连接构造。

容许应力幅数值的确定是根据疲劳试验数据统计分析而得，在试验结果中包括了局部应力集中可能产生屈服区的影响，因而整个构件可按弹性工作进行计算。连接形式本身的应力集中不予考虑，其他因断面突变等构造产生应力集中则应另行计算。

按应力幅概念计算，承受压应力循环与承受拉应力循环是完全相同的，国内外焊接结构的试验资料中也有压应力区发现疲劳开裂的现象。焊接结构的疲劳强度之所以与应力幅密切相关，本质上是由于焊接部位存在较大的残余拉应力，造成名义上受压应力的部位仍旧会疲劳开裂，只是裂纹扩展的速度比较缓慢，裂纹扩展的长度有限，当裂纹扩展到残余拉应力释放后便会停止。考虑到疲劳破坏通常发生在焊接部位，而钢结构连接节点的重要性和受力的复杂性，一般不容许开裂，因此次修订规定了仅在非焊接构件和连接的条件下，在应力循环中不出现拉应力的部位可不计算疲劳。

16.1.4 本条为新增条文。所指的低温，通常指不高于 -20℃；但对于厚板及高强度钢材，高于 -20℃时，也宜考虑防脆断设计。

16.2 疲 劳 计 算

16.2.1 本条在原规范第 6.2.1 条的基础上，增补了许多内容和说明，并将原规范第 6.2.1 条一分为二，形成第 16.2.1 条、第 16.2.2 条两条。当结构所受的应力幅较低时，可采用式(16.2.1-1)和式(16.2.1-4)快速验算疲劳强度。国际上的试验研究表明，无论是常幅疲劳还是变幅疲劳，低于疲劳截止限的应力幅一般不会导致疲劳破坏。

本次修订参考了欧洲钢结构设计规范 EC3：Design of steel structures—Part1-9：Fatigue，增加了少量针对构造细节受剪应力幅的疲劳强度计算；同时针对正应力幅的疲劳问题，引入板厚修正系数 γ_t 来考虑壁厚效应对横向受力焊缝疲劳强度的影响。国内外大量的疲劳试验采用的试件钢板厚度一般都小于 25mm。对于板厚大于 25mm 的构件和连接，主要是横向角焊缝和对接焊缝等横向传力焊缝，试验和理论分析表明，由于板厚引起的焊趾位置的应力集中或应力梯度变化，疲劳强度随着板厚的增加有一定程度的降低，因此需要对容许应力幅针对具体的板厚进行修正。板厚修正系数 γ_t 的计算公式(16.2.1-7)参考了国际上钢结构疲劳设计规范，如日本标准 JSSC，欧洲钢结构设计规范 EC3。

考虑到非焊接与焊接构件以及连接的不同，即前者一般不存在很高的残余应力，其疲劳寿命不仅与应力幅有关，也与名义最大应力有关，因此为了疲劳强度计算统一采用应力幅的形式，对非焊接构件以及连接引入折算应力幅，以考虑 σ_{max} 的影响。折算应力幅的表达方式为：

$$\Delta\sigma = \sigma_{max} - 0.7\sigma_{min} \leqslant [\Delta\sigma] \tag{75}$$

若按 σ_{max} 计算的表达式为：

$$\sigma_{max} \leqslant \frac{[\sigma_0^p]}{1 - k\dfrac{\sigma_{min}}{\sigma_{max}}} \tag{76}$$

即：

$$\sigma_{max} - k\sigma_{min} \leqslant [\sigma_0^p] \tag{77}$$

式中：k——系数，按《钢结构设计规范》TJ 17-74 规定：对主体金属：3 号钢取 $k=0.5$，16Mn 钢取 $k=0.6$；对角焊缝：3 号钢取 $k=0.8$，16Mn 钢取 $k=0.85$；

$[\sigma_0^p]$——应力比 ρ($\rho = \sigma_{min}/\sigma_{max}$) = 0 时疲劳容许拉应力，其值与 $[\Delta\sigma]$ 相当。

在《钢结构设计规范》TJ 17-74 中，$[\sigma_0^p]$ 考虑了欠载效应系数 1.15 和动力系数 1.1，故其值较高。但本条仅考虑常幅疲劳，应取消欠载效应系数，且 $[\Delta\sigma]$ 是试验值，已包含动载效应，所以亦不考虑动力系数。因此［$\Delta\sigma$］的取值相当于［σ_0^p］/（1.15×1.1）= 0.79［σ_0^p］。另外 88 版规范以高强螺栓摩擦型连接和带孔试件为代表，将试验数据统计分析，取 k = 0.7，因此 $\Delta\sigma = \sigma_{max} - 0.7\sigma_{min}$。

原规范之前的修订工作，针对常幅疲劳容许应力幅做了两方面的工作，一是收集和汇总各种构件和连接形式的疲劳试验资料；二是以几种主要的形式为出发点，把众多的构件和连接形式归纳分类，每种具体连接以其所属类别给出 S-N 疲劳曲线和相关参数。为进行统计分析工作，汇集了国内现有资料，个别连接形式（如 T 形对接焊接等）适当参考了国外资料。根据不同钢号、不同尺寸的同一连接形式的所有试验资料，汇总后按应力幅计算式进行统计分析，以 95％置信度取 2×10⁶ 次疲劳应力幅下限值，也就是疲劳试验数据线性回归值（平均值）减去 2 倍标准差。按各种连接形式疲劳强度的统计参数［非焊接连接形式考虑了最大应力（应力比）实际存在的影响］，以构件母材、高强度螺栓连接、带孔、翼缘焊缝、横向加劲肋、横向角焊缝连接和节点板连接等几种主要形式为出发点，适当照顾 S-N 曲线族的等间距设置，把连接方式和受力特点相似、疲劳强度相近的形式归成同一类，最后确定构件和连接分类有 8 种。分类后，需要确定 S-N 曲线斜率值，根据试验结果，绝大多数焊接连接的斜率在－3.0～3.5 之间，部分介于－2.5～3.0 之间，构件母材和非焊接连接则按斜率小于－4，为简化计算取用 3 和 4 两种斜率，而在 N = 2×10⁶ 次疲劳强度取值略予调整，以免在低循环次数出现疲劳强度过高的现象。S-N 曲线确定后，可据此求出任何循环次数下的容许应力幅（即疲劳强度）。

近 20 多年来，世界上一些先进国家在钢结构疲劳性能和设计方面开展了大量基础性的试验研究工作，取得了许多成果，发展了钢结构疲劳设计水平，提出了许多构造细节的疲劳强度数据，而我国这方面所做的基础性工作十分有限。鉴于此现状，本次标准修订时，对国际上各国的研究状况和成果进行了广泛的调研和对比分析，在保持原规范疲劳设计已有特点的基础上，借鉴和吸收了欧洲钢结构设计规范 EC3 钢结构疲劳设计的概念和做法，增加了许多新的内容，使我国可进行钢结构疲劳计算的构造细节更加丰富，具体如下：

1 将原来 8 个类别的 S-N 曲线增加到：针对正应力幅疲劳计算的，有 14 个类别，为 Z1～Z14（见正文表 16.2.1-1）；针对剪应力幅疲劳计算的，有 3 个类别，为 J1～J3（详见正文表 16.2.1-2）。

2 原来的类别 1 和 2 保持不变，即为现在的类别 Z1 和 Z2。原来的类别 3、4、5、6、7、8 分别放入到最接近现在的类别 Z4、Z5、Z6、Z7、Z8、Z10 中，在 N = 2×10⁶ 时的新老容许应力幅的差别均在 5％以内，在工程上可以接受。原来针对角焊缝疲劳计算的类别 8，放入到现在的类别 J1。

3 国际上研究表明，对变幅疲劳问题，低应力幅在高周循环阶段的疲劳损伤程度有所较低，且存在一个不会疲劳损伤的截止限。为此，针对正应力幅疲劳强度计算的 S-N 曲线，在 N = 5×10⁶ 次之前的斜率为 β_Z，在 N = 5×10⁶～1×10⁸ 次之间的斜率为 β_Z+2（见图 46）。但是，针对剪应力幅疲劳强度计算的 S-N 曲线，斜率保持仍不变，为 β_J（见图 47）。无论是正应力幅还是剪应力幅，均取 N = 1×10⁸ 次时的应力幅为疲劳截止限。

4 在保持原规范 19 个项次的构造细节的基础上，新增加了 23 个细节，构成合计 38 个项次，并按照非焊接、纵向传力焊缝、横向传力焊缝、非传力焊缝、钢管截面、剪应力作用等情况将构造细节进行归类重新编排，同时构造细节的图例表示得更清楚，见附录表 K-1～K-6。

表 23 以 200 万次的疲劳强度为例，给出了原有构造细节在修订前后的比较，并指明了新增加的构造细节。欧洲钢结构设计规范 EC3 构造细节的疲劳强度确定的方法与我国是一致的，即依据疲劳试验数据的线性回归值（平均值）减去 2 倍标准差。

表 23　各构造细节 200 万次的类别及其疲劳强度（针对附录 K-1～K-6）

本次标准修订				原规范			欧洲钢结构设计规范 EC3
项次	修订情况	类别	疲劳强度（MPa）	项次	类别	疲劳强度（MPa）	类别（即疲劳强度）（MPa）
1	原有	Z1	176	1	1	176	—
2	原有	Z1，Z2	176，144		1，2	176，144	—
3	原有	Z4	112	18	3	118	—
4	原有	Z2	144	19	2	144	—
		Z4	112	17	3	118	—
5	新增	Z11	50	无	无	无	50
6	原有	Z2	144	4	2	144	—

本次标准修订				原规范			欧洲钢结构设计规范 EC3
项次	修订情况	类别	疲劳强度（MPa）	项次	类别	疲劳强度（MPa）	类别（即疲劳强度）（MPa）
7	新增	Z4，Z5	112，100		无	无	112，100
8	原有	Z2，Z4，Z5	144，112，100	5	2，3，4	144，118，103	—
		Z4，Z5	112，100		3，4	118，103	
9	新增	Z5	100		无	无	100
10	新增	Z8	71		无	无	71
11	原有	Z10	56	11	8	59	—
		Z8	71	12	7	69	—
		Z8	71	13	7	69	—
12	原有	Z2，Z4	144，112	2	2，3	144，118	—
13	原有	Z2	144	3	2	144	—
	新增	Z4	112		无	无	112
14	新增	Z6	90		无	无	90
15	新增	Z8，Z11	71，50		无	无	71，50
16	原有	Z7	80	10	6	78	—
17	新增	Z8	71		无	无	71
18	原有	Z8	71	9	7	69	—
19	原有	Z6	90	14	5	90	—
		Z8	71	15	7	69	—
20	新增	Z8，Z13	71，40		无	无	71，40
21	原有	Z5，Z6	100，90	6	4，5	103，90	—
22	新增	Z7，Z8	80，71		无	无	80，71
23	原有	Z8	71	8	7	69	—
24	原有	Z6	90	7	5	90	—
25	新增	Z7	80		无	无	80
26	新增	Z3，Z6	125，90		无	无	125，90
27	新增	Z6，Z8	90，71		无	无	90，71
28	新增	Z8，Z10	71，56		无	无	71，56
29	新增	Z8	71		无	无	71
30	新增	Z10，Z11	56，50		无	无	56，50
31	新增	Z11，Z12	50，45		无	无	50，45
32	新增	Z13	40		无	无	40
33	新增	Z8	71		无	无	71
34	新增	Z8，Z9	71，63		无	无	71，63
35	新增	Z14	36		无	无	36
36	原有	J1	59	17	8	59	—
37	新增	J2	100		无	无	100
38	新增	J3	90		无	无	90

正应力幅及剪应力幅的疲劳强度 S-N 曲线见图 46、图 47。

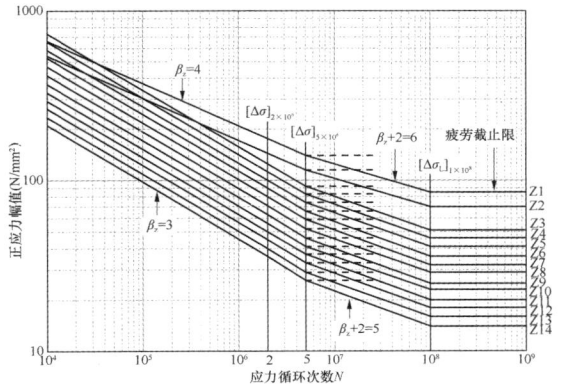

图 46 关于正应力幅的疲劳强度 S-N 曲线

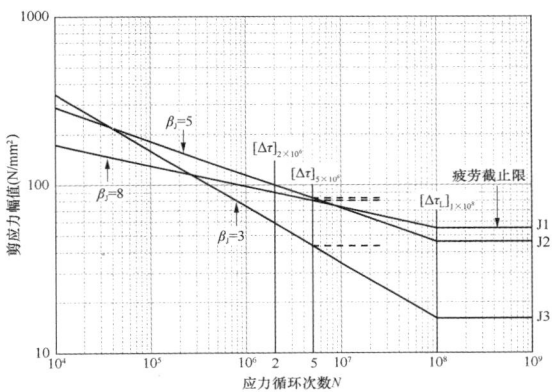

图 47 关于剪应力幅的疲劳强度 S-N 曲线

16.2.2 对不满足第 16.2.1 条中式（16.2.1-1）（正应力幅疲劳）、式（16.2.1-4）（剪应力幅疲劳）的常幅疲劳问题，应按照结构预期使用寿命，采用式（16.2.2-1）、式（16.2.2-5）进行疲劳强度计算。

原规范第 6.2.1 条对常幅疲劳的计算，无论正应力幅大小如何，将 S-N 曲线的斜率 β_z 保持不变，并且一直往下延伸。本次标准修订时，本条文正应力幅的常幅疲劳计算为了与第 16.2.3 条的变幅疲劳计算相协调和合理衔接，对应力循环次数 n 在 5×10^6 之内的容许正应力幅计算，S-N 曲线的斜率采用 β_z；对应力循环次数 n 在 5×10^6 与 1×10^8 之间的容许正应力幅计算，S-N 曲线的斜率采用 $\beta_z + 2$。同时，对正应力幅和剪应力幅的常幅疲劳计算，都在应力循环次数 $n = 1 \times 10^8$ 处分别设置疲劳截止限 $[\Delta\sigma_L]$ 和 $[\Delta\tau_L]$。

16.2.3 本条为原规范第 6.2.2 条和第 6.2.3 条的综合补充说明。对不满足本标准第 16.2.1 条中式（16.2.1-1）（正应力幅疲劳）、式（16.2.1-4）（剪应力幅疲劳）的变幅疲劳问题，提供了按照结构预期使用寿命的等效常幅疲劳强度的计算方法。实际结构中

重复作用的荷载，一般并不是固定值，若能根据结构实际的应力状况（应力的测定资料），并按雨流法或泄水法等计数方法进行应力幅的频次统计、预测或估算得到结构的设计应力谱，则可按本条将变幅疲劳转换为应力循环 200 万次常幅疲劳计算。

假设设计应力谱包括应力幅水平 $\Delta\sigma_1$、$\Delta\sigma_2$、…、$\Delta\sigma_i$、…及对应的循环次数 n_1、n_2、…n_i、…，然后按目前国际上通用的 Miner 线性累计损伤定律进行计算，其原理如下：

计算部位在某应力幅水平 $\Delta\sigma_i$ 作用有 n_i 次循环，由 S-N 曲线计算得 $\Delta\sigma_i$ 对应的疲劳寿命为 N_i，则 $\Delta\sigma_i$ 应力幅所占损伤率为 n_i/N_i，对设计应力谱内所有应力幅均做类似的损伤计算，则得：

$$\Sigma\frac{n_i}{N_i} = \frac{n_1}{N_1} + \frac{n_2}{N_2} + \cdots + \frac{n_i}{N_i} + \cdots \quad (78)$$

从工程应用的角度，粗略地可认为当 $\Sigma\frac{n_i}{N_i} = 1$ 时发生疲劳破坏。

计算疲劳累计损伤时还应涉及 S-N 曲线斜率的变化和截止应力问题。国际上的研究表明：对变幅疲劳问题，常幅疲劳所谓的疲劳极限并不适用；随着疲劳裂纹的扩展，一些低于疲劳极限的低应力幅将成为裂纹扩展的应力幅而加速疲劳累积损伤；低应力幅比高应力幅的疲劳损伤作用要弱，并且也不是任何小的低应力幅都有疲劳损伤作用，小到一定程度就没有损伤作用了。

原规范采用最简单的损伤处理方式，即保持 S-N 曲线的斜率不变，认为高应力幅与低应力幅具有相同的损伤效应，且无论多少小的应力幅始终存在损伤作用，这是过于保守的做法，并不切合实际。为此，本次标准修订时，采用欧洲钢结构设计规范 EC3 国际上认可的做法，即采用本标准第 16.2.1 条文说明中 3 的方法来处理低应力幅的损伤作用。

按照图 46 与图 47 及以上 Miner 损伤定律，可将变幅疲劳问题换算成应力循环 200 万次的等效常幅疲劳进行计算。以变幅疲劳的等效正应力幅为例（图 47），推导过程如下：

设有一变幅疲劳，其应力谱由 $(\Delta\sigma_i, n_i)$ 和 $(\Delta\sigma_j, n_j)$ 两部分组成，总应力循环 $\Sigma n_i + \Sigma n_j$ 次后发生疲劳破坏，则按照 S-N 曲线的方程，分别对每 i 级的应力幅 $\Delta\sigma_i$、频次 n_i 和 j 级的应力幅 $\Delta\sigma_j$、频次 n_j 有：

$$N_i = C_z/(\Delta\sigma_i)^{\beta_z} \quad (79)$$

$$N_j = C_z'/(\Delta\sigma_j)^{\beta_z+2} \quad (80)$$

$$\Sigma\frac{n_i}{N_i} + \Sigma\frac{n_j}{N_j} = 1 \quad (81)$$

式中：C_z、C_z'——斜率 β_z 和 $\beta_z + 2$ 的 S-N 曲线参数。

由于斜率 β_z 与 $\beta_z + 2$ 的两条 S-N 曲线在 $N = 5 \times 10^6$ 处交汇，则满足下式：

$$C'_z = \frac{(\Delta\sigma_{5\times10^6})^{\beta_z+2}}{(\Delta\sigma_{5\times10^6})^{\beta_z}}C_z = (\Delta\sigma_{5\times10^6})^2 C_z \qquad (82)$$

设想上述的变幅疲劳破坏与一常幅疲劳（应力幅为 $\Delta\sigma_e$，循环 200 万次）的疲劳破坏具有等效的疲劳损伤效应，则：

$$C_z = 2\times10^6 (\Delta\sigma_e)^{\beta_z} \qquad (83)$$

将式（79）、式（80）、式（82）和式（83）代入式（81），可得到式（16.2.3-2）常幅疲劳 200 万次的等效应力幅表达式：

$$\Delta\sigma_e = \left[\frac{\sum n_i (\Delta\sigma_i)^{\beta_z} + ([\Delta\sigma]_{5\times10^6})^{-2} \sum n_j (\Delta\sigma_j)^{\beta_z+2}}{2\times10^6} \right]^{1/\beta_z}$$

16.2.4 本条为原规范第 6.2.3 条的补充说明。本条提出适用于重级工作制吊车梁和重级、中级工作制吊车桁架的简化的疲劳计算公式（16.2.4-1）、式（16.2.4-2）。88 版规范在修订时，为掌握吊车梁的实际应力情况，实测了 20 世纪 70 年代一些有代表性的车间吊车梁。根据吊车梁应力测定资料，按雨流法进行应力幅频次统计，得到几种主要车间吊车梁的设计应力谱以及用应力循环次数表示的结构设计寿命，并推导了各类车间实测吊车梁的等效应力幅 $\alpha_f \Delta\sigma$，此处 $\Delta\sigma$ 为设计应力谱中最大的应力幅，α_f 为变幅荷载的欠载效应系数。因不同车间实测的应力循环次数不同，为便于比较，统一以 $n=2\times10^6$ 次的疲劳强度为基准，进一步折算出相对的欠载效应等效系数 α_f，结果如表 24 所示：

表 24　不同车间的欠载效应等效系数

车间名称	推算的 50 年内应力循环次数	欠载效应系数 α_1	以 $n=2\times10^6$ 为基准的欠载效应等效系数 α_f
某钢厂 850 车间（第一次测）	9.68×10^6	0.56	0.94
某钢厂 850 车间（第二次测）	12.4×10^6	0.48	0.88
某钢厂炼钢车间	6.81×10^6	0.42	0.64
某钢厂炼钢厂	4.83×10^6	0.60	0.81
某重机厂水压机车间	9.90×10^6	0.40	0.68

分析测定数据时，都将最大实测值视为吊车满负荷设计应力 $\Delta\sigma$，然后划分应力幅水平级别。事实上，实测应力与设计应力相比，随车间生产工艺的不同（吊车吊重物后，实际运行位置与设计采用的最不利位置不完全相符）而有悬殊差异。如均热炉车间正常的最大实测应力为设计应力的 80% 以上，炼钢车间为设计应力的 50% 左右，而水压机车间仅为设计应力的 30%。

考虑到实测条件中的应力状态，难以包括长期使用时各种错综复杂的状况，忽略这一部分欠载效益是偏于安全的。

根据实测结果，提出本标准表 16.2.4 供吊车梁疲劳计算的 α_f 值：A6、A7、A8 工作级别的重级工作制硬钩吊车取用 1.0，A6、A7 工作级别的重级工作制软钩吊车为 0.8。有关 A4、A5 工作级别的中级工作制吊车桁架需要进行疲劳验算的规定，是由于实际工程中确有使用尚属频繁而满负荷率较低的一些吊车（如机械工厂的金工、锻工车间），特别是当采用吊车桁架时，有补充疲劳验算的必要，故根据以往分析资料（中级工作制欠载约为重级工作制的 1.3 倍）推算出相应于 $n=2\times10^6$ 的 α_f 值约为 0.5。至于轻级工作制吊车梁和吊车桁架以及大多数中级工作制吊车梁，根据多年来使用的情况和设计经验，可不进行疲劳计算。

需要说明的是：表 23 的计算结果都是基于当时有关"低应力幅与高应力幅有着相同损伤作用（即斜率保持不变），且无论如何小的低应力幅始终有损伤作用"这一保守方法的处理结果，得到的欠载效应等效系数 α_f 会偏高，实际上应该有所减小。然而近 30 年来工业厂房吊车梁的应用状况发生了很大的变化，吊车使用的频繁程度大幅度提高，依据近 10 年来的测试数据，采用与 88 版规范相同的分析方法，得出欠载效应等效系数 α_f 相比过去已有所提高。由于此消彼长的因素，故自 88 版规范修订以来提出的欠载效应等效系数 α_f 在数值上目前还是适用于吊车梁的疲劳强度计算。

16.3　构造要求

16.3.1 本条基本沿用原规范第 8.2.4 条的一部分，同时参考《钢结构焊接规范》GB 50661 - 2011 第 5.7 节的规定。本节的构造要求主要针对直接承受动力荷载且需计算疲劳的结构的构造要求。

16.3.2 本条基本沿用原规范第 8.5 节。增加了直角式突变支座的相关规定。

宝钢一期工程中，日本设计的吊车梁构件采用圆弧式突变支座，西德设计的则采用直角式突变支座。宝钢采用圆弧式突变支座的重级工作制变截面吊车梁，由于腹板在与圆弧端封板连接附近沿切向和径向呈双向受拉工作状态，使用 10 年左右普遍出现疲劳裂缝。直角式突变支座有较好的抗疲劳性能，宝钢、中冶赛迪、中冶京诚等单位都结合实际工程进行了试验研究或有限元分析。一般情况下，本标准图 16.3.2-3 的直角式突变支座构造中，在 h_1 高度范围内的竖向端封板厚度可取与腹板等厚，并与插入板坡口焊接；插入板厚度不小于 1.5 倍腹板厚度，在 b 长度范围内开槽并与腹板焊接。大量工程实践表明，采用图 16.3.2-3 直角式突变支座构造的吊车梁，迄今尚未见有出现疲劳裂缝的情况。

直角式突变支座与圆弧式突变支座相比，造价和工厂制作的方便程度相当，因此条文要求存在疲劳破坏可能性的中级工作制变截面吊车梁、高架道路变截面钢梁等皆采用直角式突变支座，而不宜采用圆弧式突变支座。无论直角式突变支座还是圆弧式突变支座都不宜用于重级工作制吊车梁。

16.4 防脆断设计

16.4.1、16.4.2 这两条为原规范第 8.7.1 条的补充。从结构及构件的形式、材料的选用、焊缝的布置和焊接施工方面提出了定性的要求。

根据苏联对脆断事故调查的结果，格构式板式节点桁架结构占事故总数的 48%，而梁结构仅占 18%，板结构占 34%，可见桁架结构板式节点容易发生脆断。以往由于钢结构在寒冷地区很少使用，因此脆断情况并不严重，近年来，寒冷地区脆断事故时有发生，因此增加了防脆断设计的要求。

16.4.3 本条沿用原规范第 8.7.2 条，从焊接结构的构造方面作出规定。

16.4.4 本条沿用原规范第 8.7.3 条，从施工方面作出规定。其中对受拉构件钢材边缘加工要求的厚度限值（≤10mm），是根据苏联 1981 年规范表 84 中在空气温度 $T \geqslant -30$℃ 的地区，考虑脆断的应力折减系数为 1.0 而得出的。

虽然在我国的寒冷地区过去很少发生脆断问题，但当时的建筑物都不大，钢材亦不太厚。根据"我国低温地区钢结构使用情况调查"（《钢结构设计规范》材料二组低温冷脆分组，1973 年 1 月），所调查构件的钢材厚度为：吊车梁不大于 25mm，柱子不大于 20mm，屋架下弦不大于 10mm。随着大型钢结构建筑的兴建，钢材厚度的增加以及对结构安全重视程度的提高，钢结构的防脆断问题理应在设计中加以考虑。我们认为若能在构造上采取本节所提出的措施，对提高结构抗脆断的能力肯定是有利的，从我国目前的国情来看，亦是可以做得到的，不会增加多少投资。同时为了缩小应用范围以节约投资，建议在 $T \leqslant -20$℃ 的地区采用。在 $T > -20$℃ 的地区，对重要结构亦宜在受拉区采用一些减少应力集中和焊接残余应力的构造措施。

16.4.5 本条为此次修订新增的内容，对于特别重要或特殊的结构构件和连接节点，如板厚大于 50mm 的厚板或超厚板构件和节点、承受较大冲击荷载的构件和节点、低温和疲劳共同作用的构件和节点、强腐蚀或强辐射环境中的构件和节点等，可采用断裂力学的方法对结构构件和连接节点进行抗脆断验算。采用断裂力学方法进行构件和连接的抗脆断验算，包括含初始缺陷构件、连接节点的断裂力学参量的计算和材料断裂韧性的选取等两方面。断裂力学参量的计算首先

是需要确定初始缺陷模型，可参考构件和连接的疲劳类别、施工条件、工程质量验收规范、当前的施工水平、探伤水平等因素，假定初始缺陷的位置、形状和尺寸；断裂力学参量的计算当受力状态和几何条件较为简单时可采用简化裂纹模型，当受力状态和几何条件复杂时可采用数值模型。材料断裂韧性的确定可利用已有的相应材料的断裂韧性值，当缺乏数据时需要通过试验对材料的断裂韧性进行测定，可按现行国家标准《金属材料 准静态断裂韧度的统一试验方法》GB/T 21143 进行。具体步骤如下：

1 根据构件和连接的疲劳类别，以及结构构件的受力特征和应力状态，确定存在脆性断裂危险的构件和连接节点；根据疲劳类别的细节、质量验收要求等，假定构件和连接中可能存在的初始缺陷的位置、形状和尺寸；

2 选取断裂力学参数和断裂判据，如线弹性条件下的应力强度因子 K 判据，弹塑性条件下的围道积分 J 判据、裂纹尖端张开位移 CTOD 判据等；对含初始缺陷的结构构件或连接节点进行断裂力学计算，得到设计应力水平下的裂纹尖端断裂参量 K_1、J_1 或 CTOD；

3 确定相应设计条件（温度、板厚、焊接等）下，构件和连接节点材料的断裂韧性，如平面应变断裂韧度 K_{1C}、延性断裂韧度 J_{1C} 和裂纹尖端张开位移 CTOD 特征值等；

4 选取合理的断裂判据，对断裂力学计算得到的设计应力水平下的断裂参量和相应设计条件下的材料断裂韧性进行比较，从而完成抗脆断验算。

17 钢结构抗震性能化设计

17.1 一 般 规 定

近年来，随着国家经济形势的变化，钢结构的应用急剧增加，结构形式日益丰富。不同结构体系和截面特性的钢结构，彼此间结构延性差异较大，为贯彻国家提出的"鼓励用钢、合理用钢"的经济政策，根据现行国家标准《建筑抗震设计规范》GB 50011 及《构筑物抗震设计规范》GB 50191 规定的抗震设计原则，针对钢结构特点，增加了钢结构构件和节点的抗震性能化设计内容。根据性能化设计的钢结构，其抗震设计准则如下：验算本地区抗震设防烈度的多遇地震作用的构件承载力和结构弹性变形（小震不坏）、根据其延性验算设防地震作用的承载力（中震可修）、验算其罕遇地震作用的弹塑性变形（大震不倒）。

本章所有规定均针对结构体系中承受地震作用的结构部分。虽然结构真正的设防目标为设防地震，但由于结构具有一定的延性，因此无需采用中震弹性的设计。在满足一定强度要求的前提下，让结构在设防

地震强度最强的时段到来之前，结构部分构件先行屈服，削减刚度，增大结构的周期，使结构的周期与地震波强度最大时段的特征周期避开，从而使结构对地震具有一定程度的免疫功能。这种利用某些构件的塑性变形削减地震输入的抗震设计方法可降低假想弹性结构的受震承载力要求。基于这样的观点，结构的抗震设计均允许结构在地震过程中发生一定程度的塑性变形，但塑性变形必须控制在对结构整体危害较小的部位。如梁端形成塑性铰是可以接受的，因为轴力较小，塑性转动能力很强，能够适应较大的塑性变形，因此结构的延性较好；而当柱子截面内出现塑性变形时，其后果就不易预料，因为柱子内出现塑性铰后，需要抵抗随后伴随侧移增加而出现的新增弯矩，而柱子内的轴力由竖向重力荷载产生的部分无法卸载，这样结构整体内将会发生较难把握的内力重分配。因此抗震设防的钢结构除应满足基本性能目标的承载力要求外，尚应采用能力设计法进行塑性机构控制，无法达成预想的破坏机构时，应采取补偿措施。

另外，对于很多结构，地震作用并不是结构设计的主要控制因素，其构件实际具有的受震承载力很高，因此抗震构造可适当降低，从而降低能耗，节省造价。

众所周知，抗震设计的本质是控制地震施加给建筑物的能量，弹性变形与塑性变形（延性）均可消耗能量。在能量输入相同的条件下，结构延性越好，弹性承载力要求越低，反之，结构延性差，则弹性承载力要求高，本标准简称为"高延性-低承载力"和"低延性-高承载力"两种抗震设计思路，均可达成大致相同的设防目标。结构根据预先设定的延性等级确定对应的地震作用的设计方法，本标准称为"性能化设计方法"。采用低延性-高承载力思路设计的钢结构，在本标准中特指在规定的设防类别下延性要求最低的钢结构。

17.1.1 我国是一个多地震国家，性能化设计的适用面广，只要提出合适的性能目标，基本可适用于所有的结构，由于目前相关设计经验不多，本章的适用范围暂时压缩在较小的范围内，在有可靠的设计经验和理论依据后，适用范围可放宽。

由于现行国家标准《构筑物抗震设计规范》GB 50191 的抗震设计原则与现行国家标准《建筑抗震设计规范》GB 50011 一致，因此本章既适用于建筑物，又适用于构筑物。

结构遵循现有抗震规范的规定，采用的也是某种性能化设计的手段，不同点仅在于地震作用按小震设计意味着延性仅有一种选择，由于设计条件及要求的多样化，实际工程按照某类特定延性的要求实施，有时将导致设计不合理，甚至难以实现。

大部分钢结构构件由薄壁板件构成，因此针对结构体系的多样性及其不同的设防要求，采用合理的抗震设计思路才能在保证抗震设防目标的前提下减少结构的用钢量。如虽然大部分多高层钢结构适合采用高延性-低承载力设计思路，但对于多层钢框架结构，在低烈度区，采用低延性-高承载力的抗震思路可能更为合理，单层工业厂房也更适合采用低延性-高承载力的抗震思路，本章可为工程师的选择提供依据。满足本章规定的钢结构无需满足现行国家标准《建筑抗震设计规范》GB 50011 及《构筑物抗震设计规范》GB 50191 中针对特定结构的构造要求和规定。应用本章规定时尚应根据各类建筑的实际情况选择合适的抗震策略，如高烈度区民用高层建筑不应采用低延性结构。

17.1.2 本章条文主要针对标准设防类钢结构。本标准采用延性等级反映构件延性，承载性能等级反映构件承载力，延性等级和承载性能等级的合理匹配实现"高延性-低承载力、低延性-高承载力"的设计思路。对于不同设防类别的设防标准，本标准按现行国家标准《建筑工程抗震设防分类标准》GB 50223 规定的原则，在其他要求一致的情况下，相对于标准设防类钢结构，重点设防类钢结构拟采用承载性能等级保持不变、延性等级提高一级或延性等级保持不变、承载性能等级提高一级的设计手法，特殊设防类钢结构采用承载性能等级保持不变、延性等级提高两级或延性等级保持不变、承载性能等级提高两级的设计手法，在延性等级保持不变的情况下，重点设防类钢结构承载力约提高 25%，特殊设防类钢结构承载力约提高 55%。

17.1.3 本条为现行国家标准《建筑抗震设计规范》GB 50011 性能化设计指标要求的具体化。本章钢结构抗震设计思路是进行塑性机构控制，由于非塑性耗能区构件和节点的承载力设计要求取决于结构体系及构件塑性耗能区的性能，因此本条仅规定了构件塑性耗能区的抗震性能目标。对于框架结构，除单层和顶层框架外，塑性耗能区宜为框架梁端；对于支撑结构，塑性耗能区宜为成对设置的支撑；对于框架-中心支撑结构，塑性耗能区宜为成对设置的支撑、框架梁端；对于框架-偏心支撑结构，塑性耗能区宜为耗能梁段、框架梁端。

完好指承载力设计值满足弹性计算内力设计值的要求，基本完好指承载力设计值满足刚度适当折减后的内力设计值要求或承载力标准值满足要求，轻微变形指层间侧移约 1/200 时塑性耗能区的变形，显著变形指层间侧移为 1/50～1/40 时塑性耗能区的变形。"多遇地震不坏"，即允许耗能构件的损坏处于日常维修范围内，此时可采用耗能构件刚度适当折减的计算模型进行弹性分析并满足承载力设计值的要求，故称之为"基本完好"。

17.1.4 为引导合理设计，避免不必要的抗震构造，本条对标准设防类的建筑根据设防烈度和结构高度提出了构件塑性耗能区不同的抗震性能要求范围，由于地震的复杂性，表17.1.4-1仅作为参考，不需严格执行。抗震设计仅是利用有限的财力，使地震造成的损失控制在合理的范围内，设计者应根据国家制定的安全度标准，权衡承载力和延性，采用合理的承载性能等级。

需要特别指出的是本条第1款，结构满足多遇地震下承载力要求，并不是要求结构所有构件满足小震承载力设计要求，比如偏心支撑的耗能梁段在多遇地震作用下即可进入塑性状态，另外，进行小震计算时，仅塑性耗能区屈服的结构可考虑刚度折减。实际上按照本章通过能力设计后，满足设防地震作用下考虑性能系数的承载力要求后，在多遇地震作用下，除塑性耗能区外，通常其余构件与节点可处于弹性状态并满足设计承载力要求。因此侧移限值要求和现行国家标准《建筑抗震设计规范》GB 50011一致即能保证当遭受低于本地区抗震设防烈度的多遇地震影响时，主体结构不受损坏或不需修理可继续使用。

钢结构的性能化抗震设计可通过以下四个方面实现：

1 根据结构要求的不同，选用不同的性能系数，见表17.2.2-1。一般来说，由于地震作用的不确定性，对于结构来说，延性比承载力更为重要，因此，对于多高层民用钢结构，首先必须保证必要的延性，一般应采用高延性—低承载力的设计思路；而对于工业建筑，为降低造价，宜采用低延性-高承载力的设计思路。

2 按高延性-低承载力思路进行的设计，采用下列措施进行延性开展机构的控制：

    1） 采用能力设计法，进行塑性开展机构的控制；

    2） 引入非塑性耗能区内力调整系数，引导构件相对强弱符合延性开展的要求；

    3） 引入相邻构件材料相对强弱系数，确保延性开展机构的实现。

3 根据不同的性能要求，采用不同的抗震构造。

4 通过对承载力和延性间权衡，使得结构在相同的安全度下，更具经济性。

为避免结构在罕遇地震下倒塌，除单层钢结构外，当结构延性较差时，宜提高侧移要求，即层间位移角限值要求适当加严。

本条表17.1.4-2为实现高延性-低承载力、低延性-高承载力设计思路的具体规定。不同结构对不同楼层的延性需求均不相同，在大多数情况下，结构底层是所有楼层延性需求最高的部分，为简化设计，整个结构可采用相同的结构构件延性等级来保证满足延性需求，当不同楼层的实际性能系数明显不同时，各楼层也可采用不同的结构构件延性等级。

当按本标准进行性能化设计，采用低延性-高承载力设计思路时，无须进行机构控制验算，本标准第17.2.4条～第17.2.12条为机构控制验算的具体规定，但当性能系数小于1时，支撑系统构件尚应考虑压杆屈曲和卸载的影响。

17.1.5 本条为性能化设计的基本原则，本标准第17.2节及第17.3节为这些原则的具体化，塑性耗能区性能系数取值最低，关键构件和节点取值较高，关键构件和节点可按下列原则确定：

1 通过增加其承载力保证结构预定传力途径的构件和节点；

2 关键传力部位；

3 薄弱部位。

柱脚、多高层钢结构中低于1/3总高度的框架柱、伸臂结构竖向桁架的立柱、水平伸臂与竖向桁架交汇区杆件、直接传递转换构件内力的抗震构件等都应按关键构件处理。关键构件和节点的性能系数不宜小于0.55。

采用低延性-高承载力设计思路时，本条要求可适当放宽。

17.1.6 本条是对有抗震设防要求的钢结构的材料要求。

1 良好的可焊性和合格的冲击韧性是抗震结构的基本要求，本款规定了弹性区钢材在不同的工作温度下相应的质量等级要求，基本与需验算疲劳的非焊接结构的性能相当；弹性区在强烈地震作用下仍处于弹性设计阶段，因此可适当降低对材料屈强比要求，一般来说，屈强比不应高于0.9，但此时应采取可靠措施保证其处于弹性状态。

2 本款要求与现行国家标准《建筑抗震设计规范》GB 50011及《构筑物抗震设计规范》GB 50191类似，但增加了对结构屈服强度上限的规定。

根据材料调研结果显示，我国钢材平均屈服强度是名义屈服强度的1.2倍，离散性很大，尤其是Q235钢，由于实际工程中经常发生高钢号钢材由于各种原因降级使用的情况，因此，为了避免塑性铰发生在非预期部位，补充规定了塑性耗能区钢材应满足屈服强度实测值不高于上一级钢材屈服强度的条件。值得特别注意的是本标准规定的材料要求，是对加工后的构件的要求，我国目前很多型材的材质报告，给出的是型材加工前的钢材特性。设计人员应避免选择在加工过程中已损失部分塑性的钢材作为塑性耗能区的钢材。当超强系数按 $\eta_y = f_{y,act}/f_y$ 计算确定时，塑性耗能区钢材可不满足屈服强度实测值不高于上一级钢材屈服强度的条件。$f_{y,act}$ 为塑性耗能区钢材屈服强度实测值；f_y 为塑性耗能区钢材设计用屈服强度。

3 按照钢结构房屋连接焊缝的重要性，并参照AISC341-05规范，首次提出了关键性焊缝的概念，4条关键性焊缝分别为：

1）框架结构的梁翼缘与柱的连接焊缝；

2）框架结构的抗剪连接板与柱的连接焊缝；

3）框架结构的梁腹板与柱的连接焊缝；

4）节点域及其上下各 600mm 范围内的柱翼缘与柱腹板间或箱形柱壁板间的连接焊缝。

本款主要是为了保证焊缝和构件具有足够的塑性变形能力，真正做到"强连接弱构件"和实现设计确定的屈服机制。

17.1.7 由于地震作用的不确定性，抗震设计最重要的是概念设计，当结构均匀对称并具有清晰直接的地震力传递路径时，则对地震性能的预测更为可靠。比如，当竖向不均匀则可能出现应力集中或产生延性要求较高的区域而导致结构过早破坏，如首层为薄弱层时，屈服将限制在第一层，我们在汶川地震见到了许多此类破坏案例，当然隔震设计也是利用此原理进行。因此，按本章进行性能化设计时，除采用低延性-高承载力设计思路且采用地震危害较小的结构外，应符合现行国家标准《建筑抗震设计规范》GB 50011 第 1 章～第 5 章的规定。

17.2 计 算 要 点

为保证结构按设计预定的破坏路径进行，应满足本节各条文的规定。在进行各构件承载力计算时，抗弯强度标准值应按屈服强度 f_y 采用，抗剪强度标准值应按 $0.58 f_y$ 采用，$\gamma_x W_x$、$\gamma_y W_y$ 可根据截面宽厚比等级按表 17.2.2-2 中 W_E 采用。计算重力荷载代表值产生的效应时，可采用本标准第 10 章塑性及弯矩调幅设计。

17.2.1 本条第 5 款的规定原因如下：构成支撑系统的支撑实际会承担竖向荷载，但地震作用下这些抗侧力构件将首先达到极限状态，随着地震的往复作用，这些构件承载力将出现退化，导致原先承受的竖向力重新转移到相邻柱子。

采用弹性计算模型进行弹塑性设计时，需要选用合适的计算模型，采用合理的计算假定。

另外，由于允许结构进入塑性，因此阻尼比可采用 0.05。

17.2.2 所有构件性能系数均根据本条要求采用。

1 本款采用非塑性耗能区内力调整系数 β_e 区分结构中不同构件的差异化要求，对于关键构件和节点，非塑性耗能区内力调整系数需要适当增大。

2 由于塑性耗能区即为设计预定的屈服部位，其性能系数依据塑性耗能区的实际承载力确定，即结构在设防地震作用下，按弹性设计所需屈服强度的折减系数，由此可知，当性能系数符合表 17.2.2-1 的规定时，塑性耗能区无需进行承载力验算。

在《建筑抗震设计规范》GB 50011-2010 第 3.4 节中，对建筑的规则性作了具体的规定，当结构布置不符合抗震规范规定的要求时，结构延性将受到不利

影响，承载力要求必须提高。在欧洲抗震设计规范 EC8：Design of structures for earthquack resistance 中，不规则系数一般取为 1.25。

由于机构控制即控制结构的破坏路径，所以非塑性耗能区的性能系数必须高于塑性耗能区，本标准非塑性耗能区内力调整系数采用 $1.1\eta_y$，1.1 是考虑材料硬化，η_y 是考虑实际屈服强度超出设计屈服强度，当超强系数取值太高，将增加结构的用钢量；太低，则现有钢材合格率太低，综合权衡，本标准采用了结合钢号考虑的系数。

由于普通支撑结构延性较差，因此计算支撑结构的性能系数时除以 1.5 的系数。

框架-中心支撑结构中，为了接近框架结构的能量吸收能力，支撑系统的承载力根据其剪力分担率的不同乘以相应的增大系数。

结构的抗震设计具有循环论证、自我实现的性质，即塑性耗能区构件承载力越高，则结构的地震作用越大。当取某一性能系数乘以设防地震作用作为地震作用，进行内力分析并据此验证塑性耗能区构件满足承载力要求时，则塑性耗能区构件的性能系数将不低于事先设定的性能系数，这种性质可极大地简化性能化设计方法。

17.2.4 框架-中心支撑结构中非支撑系统的框架梁计算与框架结构的框架梁相同，此时可采用支撑屈曲后的计算模型。

支撑斜杆应在支撑与梁柱连接节点失效、支撑系统梁柱屈服或屈曲前发生屈服。根据研究，受压支撑的卸载系数与长细比有关，如图 48 所示。

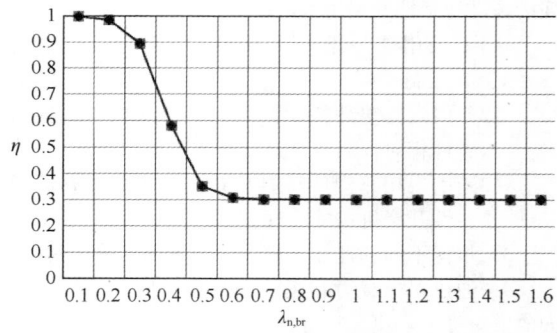

图 48 受压支撑卸载系数与支撑正则化长细比的关系

为了保证屈曲约束支撑在预期的楼层侧移下，拉压支撑均达到屈服，梁应有足够的刚度。梁在恒载和支撑最大拉压力组合下的变形要求参考了美国抗震规范 FEMA450（2003）8.6.3.4.1.2 款的规定。

本条第 4 款是考虑支撑杆件屈曲后压杆卸载情况的影响，与《建筑抗震设计规范》GB 50011-2010 第 9.2.10 条的规定基本一致。

17.2.5 强柱弱梁免除验算条款的说明如下：

1 多层框架的顶层柱顶不会随着侧移的增加而

出现二阶弯矩，弯矩不会增大，而按照塑性屈服面的规则，弯矩不增大，轴力就无需减小，因此在顶层的柱顶形成塑性铰，没有不利影响；单层框架柱顶形成塑性铰，只是演变为所谓的排架，结构不丧失稳定性；

　2　当规则框架层受剪承载力比相邻上一层的受剪承载力高出 25% 时，表明本层非薄弱层，因此层间侧移发展有限，无需满足强柱弱梁的要求；

　3　当柱子提供的受剪承载力之和不超过总受剪承载力的 20% 时，此类柱子承担的剪力有限，因此无需满足强柱弱梁的要求；

　4　非耗能梁端、柱子和斜撑形成了一个几何不变的三角形，梁柱节点不会发生相对的塑性转动，因此无需满足强柱弱梁的要求。

17.2.6　本条为钢构件的延性要求，目的是避免构件在净截面处断裂。

17.2.9　本条与《建筑抗震设计规范》GB 50011 - 2010 第 8.2.8 条第 2 款～第 5 款的规定基本一致，但未包括梁的拼接。塑性耗能区最好不设拼接区，当无法避免时，应考虑剪应力集中于腹板中央区。

栓焊混合节点，因为腹板采用螺栓连接，螺栓孔孔径比栓径大 1.5mm～2.5mm，在罕遇地震作用下，螺栓克服摩擦力滑动，滑动过程也是剪应力重分布过程，滑移后，上、下翼缘的焊缝承担了不该承担的剪应力，导致上、下翼缘，特别是下翼缘焊缝的开裂，因此应优先采用能够把塑性变形分布在更长长度上的延性较好的改进型工艺孔。

另外，考虑到极限状态时高强螺栓一般已滑移，因此计算高强螺栓的极限承载力应按螺杆剪断或连接板拉断作为其极限破坏的判别，可按现行行业标准《高层民用建筑钢结构技术规程》JGJ 99 计算。

17.2.10　参考日本相关规定，一般要求节点不先于梁柱进入塑性；如果节点域先于梁柱屈服，则在框架二次设计的保有承载力（水平受剪承载力）验算时必须考虑节点域屈服带来的影响。考虑到我国规范体系尚未引入这类计算，因此当框架梁采用 S1、S2 级截面时，仍要求节点域不先于框架梁端屈服。公式表达为梁端全截面塑性弯矩的形式，中柱采用 0.85 的系数系考虑了 H 形截面梁全截面塑性弯矩一般为边缘屈服弯矩的 1.15 倍左右。

柱轴压比较小时一般无需考虑轴力对节点域承载力的影响。参考日本的相关规定，在轴压比超过 0.4 时，需进行节点域受剪承载力的修正。

本条节点域验算是基于节点验算满足强柱弱梁要求。当不满足强柱弱梁验算时，梁端的受弯承载力替换为柱端的受弯承载力即可。

17.2.11　交叉支撑的节点竖向不平衡剪力示意见图 49。

17.2.12　外露式柱脚是钢结构的关键节点，也是震

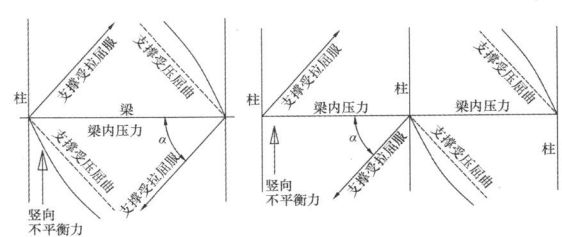

图 49　交叉支撑节点不平衡力示意

害多发部位，其表现形式是锚栓剪断、拉断或拔出，原因就是锚栓的承载力不足。条文根据一般钢结构的连续性要求，结合抗震钢结构考虑结构延性采用折减的地震作用（或者小震）分析得到结构内力进行锚栓设计的特征，规定了柱脚锚栓群的最小截面积（最小抗拉承载力）。

17.3　基本抗震措施

本节各条文的目的是保证节点破坏不先于构件破坏，同时根据不同的结构延性要求相应的构造来保证设计的经济性。

Ⅰ　一般规定

17.3.1　由于地震作用为强烈的动力作用，因此节点连接应满足承受动力荷载的构造要求。另外，由于地震作用的不确定性，而截面板件宽厚比为 S5 级的构件延性较差，因此对其使用范围作了一定的限制。

17.3.2　本条是为保证塑性耗能区性能所作的规定。

17.3.3　在支撑系统之间直接与支撑系统构件相连的刚接钢梁可视为连梁。连梁可设计为塑性耗能区，此时连梁类似偏心支撑的消能梁段，当构造满足消能梁段的规定时，可按消能梁段确定承载力，否则按框架梁要求设计。

Ⅱ　框架结构

17.3.4　本条为保证框架结构抗震性能的重要规定，通过控制梁内轴力和剪力来保证潜在耗能区的塑性耗能能力。

本条第 2 款与欧洲抗震设计规范 EC8 第 6.6.2 条的规定类似但不相同。宝钢在本标准课题《腹板加肋框架梁柱刚性节点抗震性能研究》中，根据 5 个框架 H 形截面子结构试件的反复加载试验，并通过有限元分析发现，无加劲的平腹板梁，塑性机构转动点会偏离截面中心轴，而腹板中央的屈服和屈曲由剪应力控制，而且剪应力集中于腹板中央；而设置纵向加劲肋可均化塑性铰区腹板中央集中的剪应力，使整个加劲区域的腹板应力场均匀分布。因此当塑性耗能区位于梁端时，梁端无纵向加劲肋的腹板剪力不大于截面受剪承载力 50% 的规定是恰当的，而只要纵向

加劲肋设置合理，剪力可由腹板全截面承受。

17.3.5 一般情况下，柱长细比越大、轴压比越大，则结构承载能力和塑性变形能力越小，侧向刚度降低，易引起整体失稳。遭遇强烈地震时，框架柱有可能进入塑性，因此有抗震设防要求的钢结构需要控制的框架柱长细比与轴压比相关。

考虑压弯柱的结构整体弹塑性稳定性和柱塑性铰形成时的变形能力，控制长细比和轴压比的结构弹塑性失稳限界，可由弹塑性稳定分析求得。日本 AIJ《钢结构塑性设计指针》采用解析并少量试验，提出满足 $N/N_E \leqslant 0.25$（N_E——结构弹性屈曲对应的轴压力）即可避免结构整体屈曲引起的承载力显著降低。

为方便结构设计，引入轴压比 N/N_y 和长细比 λ 表示的控制条件，得：

$$\frac{N}{N_y} \leqslant 0.25 \frac{\pi^2}{\lambda^2} \left(\frac{E}{f_y} \right) \qquad (84)$$

进一步简化为直线方程，则为：

$$\text{SN400、SS400：} \frac{N}{N_y} + \frac{\lambda}{120} \leqslant 1.0 \qquad (85)$$

$$\text{SN490、SS490：} \frac{N}{N_y} + \frac{\lambda}{100} \leqslant 1.0 \qquad (86)$$

式中：E——钢材的弹性模量；
f_y——钢材的屈服强度。

轴压比 $N/N_y \leqslant 0.15$ 时，轴压力较小，对结构失稳的影响也较小，最大长细比取 150，可不考虑轴压比和长细比耦合。

表 17.3.5 与上述 AIJ 的要求基本等价。

17.3.6 比较美国、日本及钢结构设计规范 EC3：Design of steel structures 关于 H 形和箱形截面柱的节点域计算和宽厚比限值的规定，并总结试验数据提出本条要求。本条为低弹性承载力-高延性构造，高弹性承载力-低延性构造的具体体现。

17.3.7 本条改进型过焊孔及常规型过焊孔具体规定见现行行业标准《高层民用建筑钢结构技术规程》JGJ 99。

17.3.9 在采用梁端加腋、梁端换厚板、梁翼缘楔形加宽和上下翼缘加盖板等方法，如果能够做到加强后的柱表面处的梁截面的塑性铰弯矩等于（$W_{pb}f_{yb} + V_{pb}s$）（V_{pb}——梁内塑性铰截面的剪力；s——塑性铰至柱面的距离，也即梁开始变截面或开始加强的位置到柱表面的距离）可以预计梁加强段及其等截面部分长度内均能够产生一定的塑性变形，能够将对梁端塑性铰的转动需求分散在更长的长度上，从而改善结构的延性，或减小对节点的转动需求。

17.3.10 抗弯框架上覆混凝土楼板时，在地震作用下，梁端的塑性铰区受拉，因此钢柱周边的楼板钢筋应可靠锚固，钢筋可按图 50 设置。

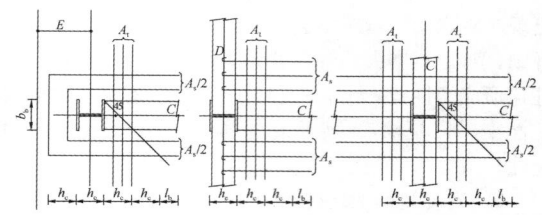

图 50　钢柱周边钢筋锚固示意图

Ⅲ　支撑结构及框架-支撑结构

17.3.12 中心支撑在各类结构中应用非常广泛，在地震往复荷载作用下，支撑必然经历失稳-拉直的过程，滞回曲线随长细比的不同变化很大。当长细比小时滞回曲线丰满而对称，当长细比大时，滞回曲线形状复杂、不对称，受压承载力不断退化，存在一个拉直的不受力的滑移阶段。因此支撑的长细比与结构构件延性等级相关。

在美国，中心支撑体系分为特殊中心支撑体系（SCB）和普通中心支撑体系（OCB），前者的抗震性能更好，地震力可以取得更小。但是在对支撑杆的长细比的限值上，前者放得更宽。欧洲抗震设计规范 EC8 则规定，中心交叉支撑的长细比，对 Q235，应该在 120～196 之间。日本也将长细比大于 130 的支撑杆与长细比为 32～59 之间的划为同一类，反而比长细比为 59～130 之间的更好，这是由于延性决定了结构的抗震能力。因此支撑设计时，长细比不是最关键的，关键的是防止局部屈曲部位过大的、集中的塑性变形而导致的开裂。长细比较大的支撑杆，因为传递的力较小，在节点部位更加容易设计成延性好的节点。长细比大的构件，结构的刚度小，更容易处在长周期范围，地震力更小。

虽然欧美同行认为长细比大的支撑，抗震性能更好，但配套的设计规定使得其应用是有条件的：美国 AISC 的 SPSSB 指出，每一列支撑，由受拉的支撑提供的抗力不得大于 70%，也不得小于 30%。如果水平力全由支撑承担，这意味着支撑杆的长细比对 Q235 不超过 120。如果是框架-中心支撑体系，支撑长细比很大，受压承载力很小，则框架部分应能够承担 30%～70% 的水平地震作用。

本标准参照日本的规定，除普通钢结构外，将支撑分为 3 个等级，长细比大的放在第 2 个等级，并且规定了使用条件。同样的支撑，框架-中心支撑结构和支撑结构相比较具有更好的延性，延性等级更高。

17.3.13 本条第 1 款的规定使得结构在任意方向荷载作用下表现出相似的荷载变形特征，从而具有更好的延性。

17.3.14 本条第 1 款的规定是为了尽量减小应力集中，使节点板在支撑杆平面外屈曲时不至于产生过大的计算中未能考虑的应力而导致焊缝的过早破坏。

17.3.15 偏心支撑的设计基本上与现行国家标准《建筑抗震设计规范》GB 50011 的规定一致。

18 钢结构防护

18.1 抗火设计

18.1.1 钢结构的抗火性能较差，其原因主要有两个方面：一是钢材热传导系数很大，火灾下钢构件升温快；二是钢材强度随温度升高而迅速降低，致使钢结构不能承受外部荷载作用而失效破坏。无防火保护的钢结构的耐火时间通常仅为 15min～20min，故极易在火灾下破坏。因此，为了防止和减小建筑钢结构的火灾危害，必须对钢结构进行科学的抗火设计，采取安全可靠、经济合理的防火保护措施。

钢结构工程中常用的防火保护措施有：外包混凝土或砌筑砌体、涂覆防火涂料、包覆防火板、包覆柔性毡状隔热材料等。这些保护措施各有其特点及适用条件。钢结构抗火设计时应立足于保护有效的条件下，针对现场的具体条件，考虑构件的具体承载形式、空间位置及环境因素等，选择施工简便、易于保证施工质量的方法。

18.1.3 本条规定了钢结构抗火设计方法以及钢构件的抗火能力不符合规定的要求时的处理方法。无防火保护的钢结构的耐火时间通常仅为 15min～20min，达不到规定的设计耐火极限要求，因此需要进行防火保护。防火保护的具体措施，如防火涂料类型、涂层厚度等，应根据相应规范进行抗火设计确定，保证构件的耐火时间达到规定的设计耐火极限要求，并做到经济合理。

18.1.4 本条为新增条文。本条规定了钢结构抗火设计技术文件编制的要求。其中，防火保护材料的性能要求具体包括：防火保护材料的等效热传导系数或防火保护层的等效热阻、防火保护层的厚度、防火保护的构造、防火保护材料的使用年限等。

当工程实际使用的防火保护方法有更改时，应由设计单位出具设计修改文件。当工程实际使用的防火保护材料的等效热传导系数与设计文件不一致时，应按"防火保护层的等效热阻相等"原则调整防火保护层的厚度，并由设计单位确认。

18.1.5 本条为新增条文。

18.2 防腐蚀设计

18.2.1 本条及本标准第 18.2.5 条、第 18.2.6 条为原规范第 8.9.1 条、第 8.9.2 条的修改和补充。本条规定了钢结构防腐蚀设计应遵循的原则。

1 钢结构腐蚀是一个电化学过程，腐蚀速度与环境腐蚀条件、钢材质量、钢结构构造等有关，其所处的环境中水气含量和电解质含量越高，腐蚀速度越快。

防腐蚀方案的实施与施工条件有关，因此选择防腐蚀方案的时候应考虑施工条件，避免选择可能会造成施工困难的防腐蚀方案。

一般钢结构防腐蚀设计年限不宜低于 5 年；重要结构不宜低于 15 年，应权衡设计使用年限中一次投入和维护费用的高低选择合理的防腐蚀设计年限。由于钢结构防腐蚀设计年限通常低于建筑物设计年限，建筑物寿命期内通常需要对钢结构防腐蚀措施进行维修，因此选择防腐蚀方案的时候，应考虑维修条件，维修困难的钢结构应加强防腐蚀方案。同一结构不同部位的钢结构可采用不同的防腐蚀设计年限。

2 防腐蚀设计与环保节能相关的内容主要有：防腐蚀材料的挥发性有机物含量，重金属、有毒溶剂等危害健康的物质含量，防腐蚀材料生产和运输的能耗，防腐蚀施工过程的能耗等。防腐蚀设计方案本身的设计寿命越长，建筑物生命周期内大修的次数越少，消耗的材料和能源越少，这本身也是环保节能的有效措施。

3 本款将原规范第 8.9.1 条中的"防锈措施（除锈后涂以油漆或金属镀层等）"改为"防腐蚀措施"，随着对钢结构腐蚀的进一步深入研究，钢结构腐蚀已经不能仅用"防锈"概括。

删除了原规范第 8.9.1 条中关于防腐蚀方案和除锈等级等内容的简单规定，作另行规定。

加速腐蚀的不良设计是指容易导致水积聚，或者不能使水正常干燥的凹槽、死角、焊缝缝隙等。水的存在会加速钢铁腐蚀。这些不良设计的表现形式包括但不限于原规范的这些描述，因此将那些简要的描述删除。

4 如前所述，由于钢结构防腐蚀设计年限通常低于建筑物设计年限，为延长钢结构防腐蚀方案的实际使用年限，应对钢结构防腐蚀方案进行定期检查，并根据检查结果进行合适的维修。钢结构防腐蚀方案在正确定期维护下，可有效延长大修间隔期，建筑物生命周期内大修的次数越少，消耗的人力和物力就越少。因此设计中应考虑全寿命期内的检查、维护和大修，宜建议工程业主、防腐蚀施工单位、防腐蚀材料供应商等制订维护计划。

18.2.2 本条为新增条文。本条列出了常用的防腐蚀方案，其中防腐蚀涂料是最常用的防腐蚀方案，各种工艺形成的锌、铝等金属保护层包括热喷锌、热喷铝、热喷锌铝合金、热浸锌、电镀锌、冷喷铝、冷喷锌等。

对于其他内容的解释，请参考本标准第 18.2.1 条第 1 款的条文说明。

18.2.3 本条为新增条文。本条重点强调了重要构件和难以维护的构件要加强防护。

18.2.4 防腐蚀涂料施工方法有喷涂、辊涂、刷涂等，通常刷涂对空隙宽度的要求最小。防护层质量检查和维护检查采用的反光镜一般配有伸缩杆，能够刷涂到的部位都能检查到。对于维修情况，这里要求的型钢间的空隙宽度是指安装之后的宽度。

不同金属材料之间存在电位差，直接接触时会发生电偶腐蚀，电位低的金属会被腐蚀。如铁与铜直接接触时，由于铁的电位低于铜，铁会发生电偶腐蚀。

弹簧垫圈由于存在缝隙，水气和电解质易积留，易产生缝隙腐蚀。

本款将原规范第8.9.2条中的"对使用期间不能重新油漆的结构部位应采取特殊的防锈措施"更改成"对不易维修的结构应加强防护"。

另将原规范第8.9.1条关于构造的要求和第8.9.3条编写在此。本条第6款仅适用于可能接触水或腐蚀性介质的柱脚，对无水的办公楼、宾馆不适用。

18.2.5 本条为新增条文。一般来说，钢材表面处理状态是影响防腐性能最重要的因素，本条规定了钢材表面原始锈蚀等级、钢材除锈等级标准。

1 表面原始锈蚀等级为 D 级的钢材由于存在一些深入钢板内部的点蚀，这些点蚀还会进一步锈蚀，影响钢结构强度，因此不宜用作结构钢；

2 喷砂和抛丸是钢结构表面处理的常用方法，所采用的磨料特性对表面处理的效果影响很大，某些磨料难以达到某些防腐蚀产品要求的粗糙度和清洁度，有些磨料会嵌在钢材内部，这些情况都不能符合防腐蚀产品的特性；若表面处理材料的含水量、含盐量较高，会导致钢材表面处理后又快速返锈；河沙、海沙除了含水量、含盐量通常超标之外，还含有游离硅，喷砂过程产生的大量粉尘中也会含有游离硅，人体吸入一定量的游离硅之后，会导致严重的肺部疾病，因此磨料产品还应符合环保要求。

18.2.6 涂料作为防腐蚀方案，通常由几种涂料产品组成配套方案。底漆通常具有化学防腐蚀或者电化学防腐蚀的功能，中间漆通常具有隔离水气的功能，面漆通常具有保光保色等耐候性能，因此需要结合工程实际，根据环境腐蚀条件、防腐蚀设计年限、施工和维修条件等要求进行配套设计。面漆、中间漆和底漆应相容匹配，当配套方案未经工程实践，应进行相容性试验。

18.2.7 维护计划通常由工程业主和防腐蚀施工单位、防腐蚀材料供应商在工程建造时制定。投入使用后按照该维护计划进行定期检查，并根据检查结果进行维护，这些工作通常由工程业主邀请防腐蚀施工单位、防腐蚀材料供应商等专业人员进行。何时需要进行大修的标准通常依据 ISO 4628 Paints and varnishes-Evaluation of degradation of coatings-Designation of quantity and size of defects, and of intensity of uniform changes in appearance 规定的等级划分，由业主方的专业防腐蚀工程师或其他专业工程师协商确定。

一种通行的做法是当检查中发现锈蚀比例高于 1% (ISO 4628-3 Assessment of degree of rusting) 时，有必要进行大修。

18.3 隔　热

18.3.1 本条为新增条文。高温工作环境对钢结构的影响主要是温度效应，包括结构的热膨胀效应和高温对钢结构材料的力学性能的影响。在进行结构设计时，应通过传热分析确定处于高温环境下的钢结构温度分布及温度值，在结构分析中应考虑热膨胀效应的影响及高温对钢材的力学性能参数的影响。

18.3.2 高温工作环境下的温度作用是一种持续作用，与火灾这类短期高温作用有所不同。在这种持续高温下的结构钢的力学性能与火灾高温下结构钢的力学性能也不完全相同，主要体现在蠕变和松弛上。对于长时间高温环境下的钢结构，分析高温对其影响时，钢材的强度和弹性模量可按下列方法确定：当钢结构的温度不大于 100℃ 时，钢材的设计强度和弹性模量与常温下相同；当钢结构的温度超过 100℃ 时，高温下钢材的强度设计值与常温下强度设计值的比值 η_T、高温下的弹性模量与常温下弹性模量的比值 χ_T 可按表 25 确定，表中 T_s 为温度。钢材的热膨胀系数可采用 $\alpha_s = 1.2 \times 10^{-6}$ m/(m·℃)。

当高温环境下的钢结构温度超过 100℃ 时，对于依靠预应力工作的构件或连接应专门评估蠕变或松弛对其承载能力或正常使用性能的影响。

表 25　高温环境下钢材的强度设计值、弹性模量

T_s (℃)	η_T	χ_T	T_s (℃)	η_T	χ_T
100	1.000	1.000	410	0.632	0.812
120	0.942	0.986	420	0.616	0.797
140	0.928	0.980	440	0.584	0.763
160	0.913	0.974	460	0.551	0.722
180	0.897	0.968	480	0.516	0.673
200	0.880	0.961	500	0.480	0.617
210	0.871	0.957	510	0.461	0.585
220	0.862	0.953	520	0.441	0.551
240	0.842	0.945	540	0.401	0.475
260	0.822	0.937	560	0.359	0.388
280	0.801	0.927	580	0.315	0.288
300	0.778	0.916	600	0.269	0.173
310	0.766	0.910			
320	0.754	0.904			
340	0.729	0.889			
360	0.703	0.872			
380	0.676	0.851			
400	0.647	0.826			

18.3.3 本条为强制性条文，为原规范第 8.9.5 条的修改和补充。对于处于高温环境下的钢结构，当承载力或变形不能满足要求时，可通过采取措施降低构件内的应力水平、提高构件材料在高温下的强度、提高构件的截面刚度或降低构件在高温环境下的温度来使其满足要求。对于处于长时间高温环境工作的钢结构，不应采用膨胀型防火涂料作为隔热保护措施。

本条第 1 款、第 2 款均指钢结构处于特定工作状态时应该采取的防护措施，其中第 2 款中的钢结构包括高强度螺栓连接；第 3 款为高温环境下钢构件承载力不足时可采取的措施，第 4 款为针对高强度螺栓连接的隔热要求。

处于高温环境的钢构件，一般可分为两类，一类为本身处于热环境的钢构件，另一类为受热辐射影响的钢构件。对于本身处于热环境的钢构件，当钢构件散热不佳即吸收热量大于散发热量时，除非采用降温措施，否则钢构件温度最终将等于环境温度，所以必须满足高温环境下的承载力设计要求，如高温下烟道的设计；对于受热辐射影响的钢构件，一般采用有效的隔热降温措施，如加耐热隔热层、热辐射屏蔽或水套等，当采取隔热降温措施后钢结构温度仍然超过 100℃时，仍然需要进行高温环境下的承载力验算，不够时还可采取增大构件截面、采用耐火钢提高承载力或增加隔热降温措施等，当然也可不采用隔热降温措施，直接采取增大构件截面、采用耐火钢等措施。因此有多种设计途径均能满足本条第 3 款要求，应根据工程实际情况综合考虑采取合适的措施。

由于超过 150℃时，高强度螺栓承载力设计缺乏依据，因此采取隔热防护措施后高强度螺栓温度不应超过 150℃。

18.3.4 本条为新增条文。

附录 A 常用建筑结构体系

A.1 单层钢结构

A.1.1 对于厂房结构，排架和门式刚架是常用的横向抗侧力体系，对应的纵向抗侧力体系一般采用柱间支撑结构，当条件受限时纵向抗侧力体系也可采用框架结构。当采用框架作为横向抗侧力体系时，纵向抗侧力体系通常采用框架结构（包括有支撑和无支撑情况）。因此为简便起见，将单层钢结构归纳为由横向抗侧力体系和纵向抗侧力体系组成的结构体系。

轻型钢结构建筑和普通钢结构建筑没有严格的定义，一般来说，轻型钢结构建筑指采用薄壁构件、轻型屋盖和轻型围护结构的钢结构建筑。薄壁构件包括：冷弯薄壁型钢、热轧轻型型钢（工字钢、槽钢、H 钢、L 钢、T 钢等）、焊接和高频焊接轻型型钢、圆管、方管、矩形管、由薄钢板焊成的构件等；轻型屋盖指压型钢板、瓦楞铁等有檩屋盖；轻型围护结构包括：彩色镀锌压型钢板、夹芯压型复合板、玻璃纤维增强水泥（GRC）外墙板等。一般轻型钢结构的截面板件宽厚比等级为 S5 级，因此构件延性较差，但由于质量较小的原因，很多结构都能满足大震弹性的要求，所以本标准专门把轻型钢结构的归类从普通钢结构中分离，使设计人员概念清晰，既能避免一些不必要的抗震构造，达到节约造价的目的；又能避免一些错误的应用，防止工程事故的发生。

除了轻型钢结构以外的钢结构建筑，统称为普通钢结构建筑。

混合形式是指排架、框架和门式刚架的组合形式，常见的混合形式见图 51 所示。

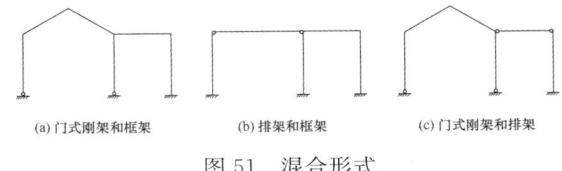

(a) 门式刚架和框架　　　　(b) 排架和框架　　　　(c) 门式刚架和排架

图 51　混合形式

A.2 多高层钢结构

A.2.1 本节所列结构类型仅限于纯钢结构。

本标准将 10 层以下、总高度小于 24m 的民用建筑和 6 层以下、总高度小于 40m 的工业建筑定义为多层钢结构；超过上述高度的定义为高层钢结构。其中民用建筑层数和高度的界限与我国建筑防火规范相协调，工业建筑一般层高较高，根据实际工程经验确定。

组成结构体系的单元中，除框架的形式比较明确，支撑、剪力墙、筒体的形式都比较丰富，结构体系分类表中专门列出了常用的形式。其中消能支撑一般用于中心支撑的框架-支撑结构中，也可用于组成筒体结构的普通桁架筒或斜交网格筒中，在偏心支撑的结构中由于与耗能梁端的功能重叠，一般不同时采用；斜交网格筒是全部由交叉斜杆编织成，可以提供很大的刚度，在广州电视塔和广州西塔等 400m 以上结构中已有应用；剪力墙板筒国内已有的实例是以钢板填充框架而形成筒体，在 300m 以上的天津津塔中应用。

筒体结构的细分以筒体与框架间或筒体间的位置关系为依据：筒与筒间为内外位置关系的为筒中筒，筒与筒为相邻组合位置关系的为束筒，筒体与框架组合的为框架-筒体；又可进一步分为传统意义上抗侧效率最高的外周为筒体、内部为主要承受竖向荷载的框架的外筒内框结构，与传统钢筋混凝土框筒结构相似的核心为筒体、周边为框架的外框内筒结构，以及多个筒体在框架中自由布置的框架多筒结构。

巨型结构是一个比较宽泛的概念，当竖向荷载或水平荷载在结构中以多个楼层作为其基本尺度而不是传统意义上的一个楼层进行传递时，即可视为巨型结构，如将框架或桁架的一部分当作单个组合式构件，以层或跨的尺度作为"截面"高度构成巨型梁或柱，进而形成巨大的框架体系，即为巨型框架结构，巨型梁间的次结构的竖向荷载通过巨型梁分段传递至巨型柱；在巨型框架的"巨型梁"、"巨型柱"节点间设置支撑，即形成巨型框架-支撑结构；当框架为普通尺度，而支撑的布置以建筑的面宽度为尺度时，可以称为巨型支撑结构，如香港的中国银行。

不同的结构体系由于受力和变形特点的不同，延性上也有较大差异，具有多道抗侧力防线和以非屈曲方式破坏的结构体系延性更高；同时，结构的延性还取决于节点区是否会发生脆性破坏以及构件塑性区是否有足够的延性。所列的体系分类中，框架-偏心支撑结构、采用消能支撑的框架-中心支撑结构，采用钢板墙的框架-抗震墙结构，不采用斜交网格筒的筒中筒和束筒结构，一般具有较高延性；支撑结构和全部采用斜交网格筒的筒体结构一般延性较低。

具有较高延性的结构在塑性阶段可以承受更大的变形而不发生构件屈曲和整体倒塌，因而具有更好的耗能能力，如果以设防烈度下结构应具有等量吸收地震能量的能力作为抗震设计准则，则较高延性的结构应该可以允许比较低延性结构更早进入塑性。

屈曲约束支撑可以提高结构的延性，且相比较框架-偏心支撑结构，其延性的提高更为可控。伸臂桁架和周边桁架都可以提高周边框架的抗侧贡献度，当二者同时设置时，效果更为明显，一般用于框筒结构，也可用于需要提高周边构件抗侧贡献度的各种结构体系中。伸臂桁架的上下弦杆必须在筒体范围内拉通，同时在弦杆间的筒体内设置充分的斜撑或抗剪墙以利于上下弦杆轴力在筒体内的自平衡。设置伸臂桁架的数量和位置既要考虑其总体抗侧效率，同时也要兼顾与其相连构件及节点的承受能力。

A.2.2 本条阐述了多高层建筑钢结构概念设计时在结构平面、竖向设计时应遵循的原则。

对于超高层钢结构，风荷载经常起控制作用，选择风压小的形状有重要的意义；在一定条件下，涡流脱落引起的结构横风向振动效应非常显著，结构平、立面的选择及角部处理会对横风向振动产生明显影响，应通过气弹模型风洞试验或数值模拟对风敏感结构的横风向振动效应进行研究。

多高层钢结构设置地下室时，钢框架柱宜延伸至地下一层。框架-支撑结构中沿竖向连续布置的支撑，为避免在地震反应最大的底层形成刚度突变，对抗震

不利，支撑需延伸到地下室，或采取其他有效措施提高地下室抗侧移刚度。

A.3 大跨度钢结构

A.3.1 大跨度结构的形式和种类繁多，也存在不同的分类方法，可以按照大跨度钢结构的受力特点分类；也可以按照传力途径，将大跨度钢结构可分为平面结构和空间结构，平面结构又可细分为桁架、拱及钢索、钢拉杆形成的各种预应力结构，空间结构也可细分为薄壳结构、网架结构、网壳结构及各种预应力结构；浙江大学董石麟教授提出采用组成结构的基本构件或基本单元即板壳单元、梁单元、杆单元、索单元和膜单元对空间结构分类。

按照大跨度结构的受力特点进行分类，简单、明确，能够体现结构的受力特性，设计人员比较熟悉，因此本标准根据结构受力特点对大跨度钢结构进行分类。

A.3.2 本条对大跨度钢结构的设计原则作了规定。

1 设计人员应根据工程的具体情况选择合适的大跨结构体系。结构的支承形式要和结构的受力特点匹配，支承应对以整体受弯为主的结构提供竖向约束和必要的水平约束，对整体受压为主的结构提供可靠的水平约束，对整体受拉为主的结构提供可靠的锚固，对平面结构设置可靠的平面外支撑体系。

2 分析网架、双层网壳时可假定节点为铰接，杆件只承受轴向力，采用杆单元模型；分析单层网壳时节点应假定为刚接，杆件除承受轴向力外，还承受弯矩、剪力，采用梁单元模型；分析桁架时，应根据节点的构造形式和杆件的节间长度或杆件长度与截面高度（或直径）的比例，按照现行国家标准《钢管混凝土结构技术规范》GB 50936 中的相关规定确定。模型中的钢索和钢拉杆等模拟为柔性构件时，各种杆件的计算模型应能够反应结构的受力状态。

设计大跨钢结构时，应考虑下部支承结构的影响，特别是在温度和地震荷载作用下，应考虑下部支承结构刚度的影响。考虑结构影响时，可以采用简化方法模拟下部结构刚度，如必要时需采用上部大跨钢结构和下部支承结构组成的整体模型进行分析。

3 在大跨钢结构分析、设计时，应重视以下因素：

1) 当大跨钢结构的跨度较大或者平面尺寸较大且支座水平约束作用较强时，大跨钢结构的温度作用不可忽视，对结构构件和支座设计都有较大影响；除考虑正常使用阶段的温度荷载外，建议根据工程的具体情况，必要时考虑施工过程的温度荷载，与相应的荷载进行组合；

2) 当大跨钢结构的屋面恒荷载较小时，风荷载影响较大，可能成为结构的控制荷载，

应重视结构抗风分析；

3）应重视支座变形对结构承载力影响的分析，支座沉降会引起受弯为主的大跨钢结构的附加弯矩，会释放受压为主的大跨钢结构的水平推力、增大结构应力，支座变形也会使预应力结构、张拉结构的预应力状态和结构形态发生改变。

预应力结构的计算应包括初始预应力状态的确定及荷载状态的计算，初始预应力状态确定和荷载状态分析应考虑几何非线性影响。

4 单层网壳或者跨度较大的双层网壳、拱桁架的受力特征以受压为主，存在整体失稳的可能性。结构的稳定性甚至有可能成为结构设计的控制因素，因此应该对这类结构进行几何非线性稳定分析，重要的结构还应当考虑几何和材料双非线性对结构进行承载力分析。

5 大跨度钢结构的地震作用效应和其他荷载效应组合时，同时计算竖向地震和水平地震作用，应包括竖向地震为主的组合。大跨钢结构的关键杆件和关键节点的地震组合内力设计值应按照现行国家标准《建筑抗震设计规范》GB 50011 的规定调整。

6 大跨钢结构用于楼盖时，除应满足承载力、刚度和稳定性要求外，还应根据使用功能的不同，满足相应舒适度的要求。可以采用提高结构刚度或采取耗能减震技术满足结构舒适度要求。

7 结构形态和结构状态随施工过程发生改变，施工过程不同阶段的结构内力同最终状态的数值不同，应通过施工过程分析，对结构的承载力、稳定性进行验算。

附录 H　无加劲钢管直接焊接节点刚度判别

H.0.1 本条为新增条文。近年来的研究表明，在工程常见的几何尺寸范围内，无加劲钢管直接焊接节点受荷载作用后，其相邻杆件的连接面会发生局部变形，从而引起相对位移或转动，表现出不同于铰接或完全刚接的非刚性性能。因此，相比原规范，本次修订增加了平面 T 形、Y 形和平面或微曲面 X 形节点的刚度计算公式，与节点的刚度判别原则配套使用，可以确定结构计算时节点的合理约束模型。

本次修订列入的平面 T 形、Y 形和平面或微曲面 X 形节点的刚度计算公式是在比较、分析国外有关规范和国内外有关资料的基础上，根据国内大学近十年来进行的试验、有限元分析和数值计算结果，通过回归分析归纳得出的。同时，将这些刚度公式的计算结果与 23 个管节点刚度试验数据进行了对比验证（表26～表30），吻合良好。

表 26　T、Y 形节点轴向刚度公式计算值与试验结果的比较

试件	β	γ	τ	θ	K_{NT}（试验）(kN/mm)	K_{NT}^j（公式）(kN/mm)	K_{NT}/K_{NT}^j
TC-12	0.44	35.4	0.98	90°	24.5	23.0	1.07
TC-13	0.20	46.7	0.61	90°	12.7	11.4	1.11
TC-14	0.36	46.7	0.96	90°	19.6	16.2	1.21
TC-17	0.36	46.9	0.97	90°	16.7	16.0	1.04
TC-115	1.00	23.8	1.00	90°	86.1	101.1	0.85

表 27　T、Y 形节点平面内弯曲刚度公式计算值与试验结果的比较

试件	β	γ	τ	θ	K_{MiT}（试验）(kN·m)	K_{MiT}^j（公式）(kN·m)	K_{MiT}/K_{MiT}^j
TM-33	0.36	14.6	0.97	90°	279	284	0.98
TM-35	1.00	14.8	1.0	90°	2680	2852	0.94
TM-36	0.36	24.4	1.0	90°	115	112	1.02
TM-38	1.00	23.8	1.0	90°	1430	1234	1.16
SXN	0.76	7.0	0.67	90°	5003	5910	0.85
JB-1	0.80	14.4	0.86	90°	27000	25234	1.07

表 28　X 形节点轴向刚度公式计算值和试验结果的比较

试件	D(mm)	β	γ	τ	θ	φ	K_{NX}^j（公式）(kN/m)	K_{NX}（试验）(kN/m)	K_{NX}/K_{NX}^j
XC-67	318.50	0.52	36.19	1.07	90°	0°	16.01	16.18	1.01
XC-74	140.05	0.36	7.78	1.03	90°	0°	210.95	152.00	0.72
XC-77	165.23	1.00	19.35	1.05	90°	0°	712.21	774.73	1.09
XC-78	114.41	1.00	13.40	1.05	90°	0°	913.69	637.43	0.70

表 29　X 形节点平面内抗弯刚度公式计算值和试验结果的比较

试件	D(mm)	β	γ	τ	θ	φ	K_{MiX}^j(kN·m)	K_{MiX}(kN·m)	K_{MiX}/K_{MiX}^j
XM-18	408.5	0.60	20.43	1.04	90°	0°	6542	7519	1.15
SXN3	168	0.76	7.00	0.67	90°	0°	5236	5288.46	1.01

表 30　X 形节点平面外弯曲刚度公式计算值与试验结果的比较

试件	β	γ	θ	φ	K_{MoX}(kN·m)	K_{MoX}/K_{MoX}^j 日本 AIJ 公式	K_{MoX}/K_{MoX}^j 本标准公式
B1-1	0.9	8.53	91°	6.5°	67507	7.05	2.08
B1-2	0.9	8.53	88°	6.5°	85216	8.90	2.63
B2-1	0.9	8.53	78°	0°	76895	8.03	2.21
B2-2	0.9	8.53	78°	0°	95578	9.98	2.74
B3-1	0.7	10.97	86°	12°	18926	3.19	1.00
B3-2	0.7	10.97	94°	12°	22032	3.71	1.16

H. 0. 2 本条为新增条文。

H. 0. 3 本条为新增条文。空腹桁架的主管与支管以90°夹角相互连接，因此支管与主管连接节点不能作为铰接处理，需承担弯矩，否则体系几何可变。

采用若干子结构模型来近似表达图 52 中的多跨空腹"桁架"的不同节点位置。这些子结构的选取原则是能够反映空腹"桁架"不同节点部位如图 53 所示的变形模式。所采用的子结构模型见图 54。

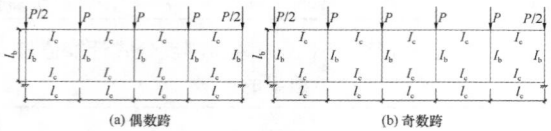

图 52　多跨空腹桁架

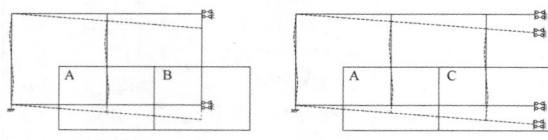

图 53　空腹格构梁的变形模式

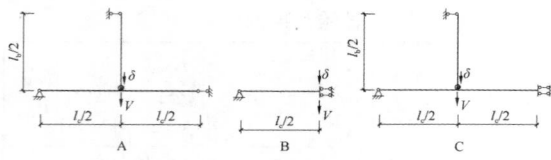

图 54　子结构模型

节点刚度对格构梁在正常使用极限状态的行为有较大的影响。因此采用以下通过位移定义的标准来区分节点的刚性与半刚性：

$$\Delta = (\delta_s - \delta_r)/\delta_r \quad (87)$$

其中，δ_s 为具有半刚性连接的格构梁的位移；δ_r 为具有刚性连接的格构梁的位移。

用于计算位移的荷载条件如图 54 所示。下文基于格构梁的变形行为推导节点刚度介于刚性与半刚性之间的分界线。在位移 δ_s 和 δ_r 的计算中由于基于格构梁正常使用极限状态，所以采用小位移理论，且半刚性连接的刚度假定为线弹性。

对于具有半刚性连接的子结构 A，竖向位移 δ_s 经理论推导得：

$$\delta_s = \frac{Vl_c^2}{12K_cK_b}(K_b + K_c) + \frac{Vl_c^2}{4K_M}$$
$$= \frac{Vl_c^2}{12K_cK_bK_M}(K_MK_b + K_MK_c + 3K_cK_b) \quad (88)$$

$$K_b = \frac{EI_b}{l_b} \quad (89)$$

$$K_c = \frac{EI_c}{l_c} \quad (90)$$

同理，对于具有刚性连接的子结构 A，竖向位移 δ_s 经理论推导得：

$$\delta_s = \frac{Vl_c^2}{12K_cK_b}(K_b + K_c) \quad (91)$$

$$\frac{K_M}{K_b} = \frac{3}{(1+G)\cdot\Delta} \quad (92)$$

$$G = \frac{K_b}{K_c} \quad (93)$$

对于子结构 B，格构梁的竖向位移与节点弯曲刚度无关，所以无需进行分界值的推导。对于具有半刚性连接的子结构 C，竖向位移 δ_s 经理论推导得：

$$\delta_s = \frac{Vl_c^2}{24K_c(3K_b + K_c)}\cdot(3K_b + 4K_c)$$
$$+ \frac{9Vl_c^2\cdot K_b^2}{4K_M(3K_b + K_c)^2}$$
$$= \delta_r + \frac{9Vl_c^2\cdot K_b^2}{4K_M(3K_b + K_c)^2} \quad (94)$$

同理，对于具有刚性连接的子结构 C，竖向位移 δ_s 经理论推导得：

$$\frac{K_M}{K_b} = \frac{54K_bK_c}{\Delta\cdot(3K_b + K_c)(3K_b + 4K_c)}$$
$$= \frac{54G}{\Delta\cdot(3G+1)(3G+4)} \quad (95)$$

$$\delta_s = \frac{Vl_c^2}{24K_c(3K_b + K_c)}\cdot(3K_b + 4K_c) \quad (96)$$

若取 $\Delta = 0.05$，则得到本标准条文中所述的节点弯曲刚度分界值。

附录 J　钢与混凝土组合梁的疲劳验算

J. 0. 1　对于直接承受动力荷载的组合梁，除按照本标准第 16 章的相关要求同纯钢结构一样进行疲劳验算外，还需特别注意以下两个问题：

1　需专门对承受剪力的焊钉连接件进行疲劳验算；

2　若焊钉连接件焊于承受拉应力的钢梁翼缘时，应对焊有焊钉的受拉钢板进行疲劳验算，同时应考虑焊钉受剪和钢板受拉两者共同作用对组合梁疲劳寿命的不利影响。本附录的相关规定主要针对上述两个问题。

J. 0. 2　焊钉连接件的疲劳寿命问题是组合梁疲劳设计的关键问题，各国规范给出的焊钉连接件疲劳寿命和剪应力幅的关系不尽相同：

日本《钢-混凝土组合梁设计规范草案》规定焊钉的容许剪应力幅由下式计算：

$$\log N + 8.55\log\Delta\tau = 23.42 \quad (97)$$

式中：N——失效的循环次数，即疲劳寿命；

$\Delta\tau$——焊钉连接件焊接处平均剪应力幅（N/mm²）。

英国规范 BS5400 对 67 个焊钉的疲劳试验数据进

行回归分析，得到了单个焊钉设计疲劳寿命的计算公式：

$$Nr^8 = 19.54 \qquad (98)$$

式中：r——单个焊钉的剪力幅（kN）和名义静力极限受剪承载力（kN）的比值；

N——失效的循环次数，即疲劳寿命。

美国《公路桥梁设计规范》AASHTO 中所采用的焊钉疲劳寿命计算公式为 1966 年 Slutter 和 Fisher 等人拟合的公式：

$$N\sigma_r^{5.4} = 1.764 \times 10^{16} \qquad (99)$$

式中：σ_r——焊钉焊接处的平均剪应力幅（N/mm²）。

在上式的基础上，AASHTO 规范发展了单个焊钉的疲劳受剪承载力计算公式。规范规定，单个焊钉的疲劳受剪承载力按下式计算：

$$Z_r = \alpha d^2 \geqslant \frac{38.0d^2}{2} \qquad (100)$$

$$\alpha = 238 - 29.5\log N \qquad (101)$$

式中：Z_r——单个焊钉能够承受的最大剪力幅（N）；

d——焊钉钉杆直径（mm）；

N——失效的循环次数，即疲劳寿命。

欧洲组合结构设计规范 EC4：Design of composite steel and concrete structures 规定，对于埋于普通混凝土的圆柱头焊钉，其疲劳寿命计算公式如下：

$$(\Delta\tau)^m N = (\Delta\tau_c)^m N_c \qquad (102)$$

式中：$\Delta\tau$——焊钉焊接处的平均剪应力幅（N/mm²）；

N——疲劳循环次数；

m——常数，取 $m=8$；

$\Delta\tau_c$——循环次数为 2×10^6 对应的允许剪应力幅，其值为 90N/mm²。

本次修订增加"承受剪力的圆柱头焊钉"作为一种新的构件和连接类别，定为 J3 类别，其疲劳计算的参数取值采用欧洲组合结构设计规范 EC4 给出的相关建议。

J.0.3 对于焊有焊钉的受拉钢板，其疲劳裂纹会发生在焊趾和钢板的交界处，和焊钉本身的剪切疲劳破坏不同，要进行单独的疲劳验算。参考欧洲钢结构设计规范 EC3：Design of steel structures，定为 Z7 类构造。

参考欧洲组合结构设计规范 EC4 的建议，除按 Z7 类构件和连接进行疲劳验算外，焊有焊钉的受拉钢板还应同时满足式（J.0.3-1）或式（J.0.3-2）的要求，以充分考虑焊钉受剪和钢板受拉两者共同作用对组合梁疲劳寿命的不利影响。

中华人民共和国国家标准

混凝土结构工程施工规范

Code for construction of concrete structures

GB 50666—2011

主编部门：中华人民共和国住房和城乡建设部
批准部门：中华人民共和国住房和城乡建设部
施行日期：２０１２年８月１日

中华人民共和国住房和城乡建设部
公　告

第 1110 号

关于发布国家标准

《混凝土结构工程施工规范》的公告

现批准《混凝土结构工程施工规范》为国家标准，编号为 GB 50666－2011，自 2012 年 8 月 1 日起实施。其中，第 4.1.2、5.1.3、5.2.2、6.1.3、6.4.10、7.2.4（2）、7.2.10、7.6.3（1）、7.6.4、8.1.3 条（款）为强制性条文，必须严格执行。

本规范由我部标准定额研究所组织中国建筑工业出版社出版发行。

中华人民共和国住房和城乡建设部

2011 年 7 月 29 日

前　　言

本规范是根据原建设部《关于印发〈2007 年工程建设标准规范制订、修订计划（第一批）〉的通知》（建标〔2007〕125 号）的要求，由中国建筑科学研究院会同有关单位编制而成。

本规范是混凝土结构工程施工的通用标准，提出了混凝土结构工程施工管理和过程控制的基本要求。本规范在控制施工质量的同时，为贯彻执行国家技术经济政策，反映建筑领域可持续发展理念，加强了节能、节地、节水、节材与环境保护等要求。本规范积极采用了新技术、新工艺、新材料。

本规范在编制过程中，总结了近年来我国混凝土结构工程施工的实践经验和研究成果，借鉴了有关国际和国外先进标准，开展了多项专题研究，广泛地征求了有关方面的意见，对具体内容进行了反复讨论、协调和修改，最后经审查定稿。

本规范共分 11 章、6 个附录。主要内容是：总则，术语，基本规定，模板工程，钢筋工程，预应力工程，混凝土制备与运输，现浇结构工程，装配式结构工程，冬期、高温和雨期施工，环境保护等。

本规范中以黑体字标志的条文为强制性条文，必须严格执行。

本规范由住房和城乡建设部负责管理和对强制性条文的解释，由中国建筑科学研究院负责具体技术内容的解释。请各单位在本规范执行过程中，总结经验，积累资料，并将有关意见和建议寄送中国建筑科学研究院《混凝土结构工程施工规范》管理组（地址：北京市朝阳区北三环东路 30 号，邮政编码：100013，电子邮箱：concode@126.com），以便今后

修订时参考。

本 规 范 主 编 单 位：中国建筑科学研究院

本 规 范 参 编 单 位：中国建筑第八工程局有限公司

上海建工集团股份有限公司

中国建筑第二工程局有限公司

中国建筑一局（集团）有限公司

中国中铁建工集团有限公司

浙江省长城建设集团股份有限公司

青建集团股份公司

北京市建设监理协会

中冶建筑研究总院有限公司

黑龙江省寒地建筑科学研究院

东南大学

同济大学

华中科技大学

北京榆构有限公司

瑞安房地产发展有限公司

沛丰建筑工程（上海）有限公司

北京东方建宇混凝土科学

技术研究院
浙江华威建材集团有限
公司
西卡中国集团
广州市裕丰控股股份有限
公司
柳州欧维姆机械股份有限
公司

本规范主要起草人员：袁振隆　程志军　王玉岭
　　　　　　　　　　王沧州　王晓锋　王章夫
　　　　　　　　　　朱万旭　朱广祥　李小阳
　　　　　　　　　　李东彬　李宏伟　李景芳
　　　　　　　　　　肖绪文　吴月华　何晓阳

冷发光　张元勃　张同波
林晓辉　赵挺生　赵　勇
姜　波　耿树江　郭正兴
郭景强　龚　剑　蒋勤俭
赖宜政　路来军

本规范主要审查人员：叶可明　杨嗣信　胡德均
　　　　　　　　　　钟　波　艾永祥　赵玉章
　　　　　　　　　　张良杰　汪道金　张　琨
　　　　　　　　　　陈　浩　高俊岳　白生翔
　　　　　　　　　　韩素芳　徐有邻　李晨光
　　　　　　　　　　尤天直　郑文忠　冯　健
　　　　　　　　　　魏建东　丛小密　杨思忠

目　次

1 总　则

1.0.1 为在混凝土结构工程施工中贯彻国家技术经济政策，保证工程质量，做到技术先进、工艺合理、节约资源、保护环境，制定本规范。

1.0.2 本规范适用于建筑工程混凝土结构的施工，不适用于轻骨料混凝土及特殊混凝土的施工。

1.0.3 本规范为混凝土结构工程施工的基本要求；当设计文件对施工有专门要求时，尚应按设计文件执行。

1.0.4 混凝土结构工程的施工除应符合本规范外，尚应符合国家现行有关标准的规定。

2 术　语

2.0.1 混凝土结构　concrete structure

以混凝土为主制成的结构，包括素混凝土结构、钢筋混凝土结构和预应力混凝土结构，按施工方法可分为现浇混凝土结构和装配式混凝土结构。

2.0.2 现浇混凝土结构　cast-in-situ concrete structure

在现场原位支模并整体浇筑而成的混凝土结构，简称现浇结构。

2.0.3 装配式混凝土结构　precast concrete structure

由预制混凝土构件或部件装配、连接而成的混凝土结构，简称装配式结构。

2.0.4 混凝土拌合物工作性　workability of concrete

混凝土拌合物满足施工操作要求及保证混凝土均匀密实应具备的特性，主要包括流动性、黏聚性和保水性。简称混凝土工作性。

2.0.5 自密实混凝土　self-compacting concrete

无需外力振捣，能够在自重作用下流动并密实的混凝土。

2.0.6 先张法　pre-tensioning

在台座或模板上先张拉预应力筋并用夹具临时锚固，在浇筑混凝土并达到规定强度后，放张预应力筋而建立预应力的施工方法。

2.0.7 后张法　post-tensioning

结构构件混凝土达到规定强度后，张拉预应力筋并用锚具永久锚固而建立预应力的施工方法。

2.0.8 成型钢筋　fabricated steel bar

采用专用设备，按规定尺寸、形状预先加工成型的普通钢筋制品。

2.0.9 施工缝　construction joint

按设计要求或施工需要分段浇筑，先浇筑混凝土达到一定强度后继续浇筑混凝土所形成的接缝。

2.0.10 后浇带　post-cast strip

为适应环境温度变化、混凝土收缩、结构不均匀沉降等因素影响，在梁、板（包括基础底板）、墙等结构中预留的具有一定宽度且经过一定时间后再浇筑的混凝土带。

3 基本规定

3.1 施工管理

3.1.1 承担混凝土结构工程施工的施工单位应具备相应的资质，并应建立相应的质量管理体系、施工质量控制和检验制度。

3.1.2 施工项目部的机构设置和人员组成，应满足混凝土结构工程施工管理的需要。施工操作人员应经过培训，应具备各自岗位需要的基础知识和技能水平。

3.1.3 施工前，应由建设单位组织设计、施工、监理等单位对设计文件进行交底和会审。由施工单位完成的深化设计文件应经原设计单位确认。

3.1.4 施工单位应保证施工资料真实、有效、完整和齐全。施工项目技术负责人应组织施工全过程的资料编制、收集、整理和审核，并应及时存档、备案。

3.1.5 施工单位应根据设计文件和施工组织设计的要求制定具体的施工方案，并应经监理单位审核批准后组织实施。

3.1.6 混凝土结构工程施工前，施工单位应对施工现场可能发生的危害、灾害与突发事件制定应急预案。应急预案应进行交底和培训，必要时应进行演练。

3.2 施工技术

3.2.1 混凝土结构工程施工前，应根据结构类型、特点和施工条件，确定施工工艺，并应做好各项准备工作。

3.2.2 对体形复杂、高度或跨度较大、地基情况复杂及施工环境条件特殊的混凝土结构工程，宜进行施工过程监测，并应及时调整施工控制措施。

3.2.3 混凝土结构工程施工中采用的新技术、新工艺、新材料、新设备，应按有关规定进行评审、备案。施工前应对新的或首次采用的施工工艺进行评价，制定专门的施工方案，并经监理单位核准。

3.2.4 混凝土结构工程施工中采用的专利技术，不应违反本规范的有关规定。

3.2.5 混凝土结构工程施工应采取有效的环境保护措施。

3.3 施工质量与安全

3.3.1 混凝土结构工程各工序的施工，应在前一道工序质量检查合格后进行。

3.3.2 在混凝土结构工程施工过程中，应及时进行自检、互检和交接检，其质量不应低于现行国家标准《混凝土结构工程施工质量验收规范》GB 50204 的有关规定。对检查中发现的质量问题，应按规定程序及时处理。

3.3.3 在混凝土结构工程施工过程中，对隐蔽工程应进行验收，对重要工序和关键部位应加强质量检查或进行测试，并应作出详细记录，同时宜留存图像资料。

3.3.4 混凝土结构工程施工使用的材料、产品和设备，应符合国家现行有关标准、设计文件和施工方案的规定。

3.3.5 材料、半成品和成品进场时，应对其规格、型号、外观和质量证明文件进行检查，并应按现行国家标准《混凝土结构工程施工质量验收规范》GB 50204 等的有关规定进行检验。

3.3.6 材料进场后，应按种类、规格、批次分开储存与堆放，并应标识明晰。储存与堆放条件不应影响材料品质。

3.3.7 混凝土结构工程施工前，施工单位应制定检测和试验计划，并应经监理（建设）单位批准后实施。监理（建设）单位应根据检测和试验计划制定见证计划。

3.3.8 施工中为各种检验目的所制作的试件应具有真实性和代表性，并应符合下列规定：

　　1 试件均应及时进行唯一性标识；

　　2 混凝土试件的抽样方法、抽样地点、抽样数量、养护条件、试验龄期应符合现行国家标准《混凝土结构工程施工质量验收规范》GB 50204、《混凝土强度检验评定标准》GB/T 50107 等的有关规定；混凝土试件的制作要求、试验方法应符合现行国家标准《普通混凝土力学性能试验方法标准》GB/T 50081 等的有关规定；

　　3 钢筋、预应力筋等试件的抽样方法、抽样数量、制作要求和试验方法应符合国家现行有关标准的规定。

3.3.9 施工现场应设置满足需要的平面和高程控制点作为确定结构位置的依据，其精度应符合规划、设计要求和施工需要，并应防止扰动。

3.3.10 混凝土结构工程施工中的安全措施、劳动保护、防火要求等，应符合国家现行有关标准的规定。

4 模板工程

4.1 一般规定

4.1.1 模板工程应编制专项施工方案。滑模、爬模等工具式模板工程及高大模板支架工程的专项施工方案，应进行技术论证。

4.1.2 模板及支架应根据施工过程中的各种工况进行设计，应具有足够的承载力和刚度，并应保证其整体稳固性。

4.1.3 模板及支架应保证工程结构和构件各部分形状、尺寸和位置准确，且应便于钢筋安装和混凝土浇筑、养护。

4.2 材　　料

4.2.1 模板及支架材料的技术指标应符合国家现行有关标准的规定。

4.2.2 模板及支架宜选用轻质、高强、耐用的材料。连接件宜选用标准定型产品。

4.2.3 接触混凝土的模板表面应平整，并应具有良好的耐磨性和硬度；清水混凝土模板的面板材料应能保证脱模后所需的饰面效果。

4.2.4 脱模剂应能有效减小混凝土与模板间的吸附力，并应有一定的成膜强度，且不应影响脱模后混凝土表面的后期装饰。

4.3 设　　计

4.3.1 模板及支架的形式和构造应根据工程结构形式、荷载大小、地基土类别、施工设备和材料供应等条件确定。

4.3.2 模板及支架设计应包括下列内容：

　　1 模板及支架的选型及构造设计；

　　2 模板及支架上的荷载及其效应计算；

　　3 模板及支架的承载力、刚度验算；

　　4 模板及支架的抗倾覆验算；

　　5 绘制模板及支架施工图。

4.3.3 模板及支架的设计应符合下列规定：

　　1 模板及支架的结构设计宜采用以分项系数表达的极限状态设计方法；

　　2 模板及支架的结构分析中所采用的计算假定和分析模型，应有理论或试验依据，或经工程验证可行；

　　3 模板及支架应根据施工过程中各种受力工况进行结构分析，并确定其最不利的作用效应组合；

　　4 承载力计算应采用荷载基本组合；变形验算可仅采用永久荷载标准值。

4.3.4 模板及支架设计时，应根据实际情况计算不同工况下的各项荷载及其组合。各项荷载的标准值可按本规范附录 A 确定。

4.3.5 模板及支架结构构件应按短暂设计状况进行承载力计算。承载力计算应符合下式要求：

$$\gamma_0 S \leqslant \frac{R}{\gamma_R} \qquad (4.3.5)$$

式中：γ_0 ——结构重要性系数，对重要的模板及支架宜取 $\gamma_0 \geqslant 1.0$；对一般的模板及支架应取 $\gamma_0 \geqslant 0.9$；

S——模板及支架按荷载基本组合计算的效应设计值，可按本规范第 4.3.6 条的规定进行计算；

R——模板及支架结构构件的承载力设计值，应按国家现行有关标准计算；

γ_R——承载力设计值调整系数，应根据模板及支架重复使用情况取用，不应小于 1.0。

4.3.6 模板及支架的荷载基本组合的效应设计值，可按下式计算：

$$S = 1.35\alpha \sum_{i \geqslant 1} S_{G_{ik}} + 1.4\psi_{cj} \sum_{j \geqslant 1} S_{Q_{jk}} \quad (4.3.6)$$

式中：$S_{G_{ik}}$——第 i 个永久荷载标准值产生的效应值；

$S_{Q_{jk}}$——第 j 个可变荷载标准值产生的效应值；

α——模板及支架的类型系数：对侧面模板，取 0.9；对底面模板及支架，取 1.0；

ψ_{cj}——第 j 个可变荷载的组合值系数，宜取 $\psi_{cj} \geqslant 0.9$。

4.3.7 模板及支架承载力计算的各项荷载可按表 4.3.7 确定，并应采用最不利的荷载基本组合进行设计。参与组合的永久荷载应包括模板及支架自重（G_1）、新浇筑混凝土自重（G_2）、钢筋自重（G_3）及新浇筑混凝土对模板的侧压力（G_4）等；参与组合的可变荷载宜包括施工人员及施工设备产生的荷载（Q_1）、混凝土下料产生的水平荷载（Q_2）、泵送混凝土或不均匀堆载等因素产生的附加水平荷载（Q_3）及风荷载（Q_4）等。

表 4.3.7　参与模板及支架承载力计算的各项荷载

	计算内容	参与荷载项
模板	底面模板的承载力	$G_1 + G_2 + G_3 + Q_1$
	侧面模板的承载力	$G_4 + Q_2$
支架	支架水平杆及节点的承载力	$G_1 + G_2 + G_3 + Q_1$
	立杆的承载力	$G_1 + G_2 + G_3 + Q_1 + Q_4$
	支架结构的整体稳定	$G_1 + G_2 + G_3 + Q_1 + Q_3$ $G_1 + G_2 + G_3 + Q_1 + Q_4$

注：表中的"+"仅表示各项荷载参与组合，而不表示代数相加。

4.3.8 模板及支架的变形验算应符合下列规定：

$$a_{fG} \leqslant a_{f.lim} \quad (4.3.8)$$

式中：a_{fG}——按永久荷载标准值计算的构件变形值；

$a_{f.lim}$——构件变形限值，按本规范第 4.3.9 条的规定确定。

4.3.9 模板及支架的变形限值应根据结构工程要求确定，并宜符合下列规定：

　　1 对结构表面外露的模板，其挠度限值宜取为模板构件计算跨度的 1/400；

　　2 对结构表面隐蔽的模板，其挠度限值宜取为模板构件计算跨度的 1/250；

　　3 支架的轴向压缩变形限值或侧向挠度限值，宜取为计算高度或计算跨度的 1/1000。

4.3.10 支架的高宽比不宜大于 3；当高宽比大于 3 时，应加强整体稳固性措施。

4.3.11 支架应按混凝土浇筑前和混凝土浇筑时两种工况进行抗倾覆验算。支架的抗倾覆验算应满足下式要求：

$$\gamma_0 M_o \leqslant M_r \quad (4.3.11)$$

式中：M_o——支架的倾覆力矩设计值，按荷载基本组合计算，其中永久荷载的分项系数取 1.35，可变荷载的分项系数取 1.4；

M_r——支架的抗倾覆力矩设计值，按荷载基本组合计算，其中永久荷载的分项系数取 0.9，可变荷载的分项系数取 0。

4.3.12 支架结构中钢构件的长细比不应超过表 4.3.12 规定的容许值。

表 4.3.12　支架结构钢构件容许长细比

构件类别	容许长细比
受压构件的支架立柱及桁架	180
受压构件的斜撑、剪刀撑	200
受拉构件的钢杆件	350

4.3.13 多层楼板连续支模时，应分析多层楼板间荷载传递对支架和楼板结构的影响。

4.3.14 支架立柱或竖向模板支承在土层上时，应按现行国家标准《建筑地基基础设计规范》GB 50007 的有关规定对土层进行验算；支架立柱或竖向模板支承在混凝土结构构件上时，应按现行国家标准《混凝土结构设计规范》GB 50010 的有关规定对混凝土结构构件进行验算。

4.3.15 采用钢管和扣件搭设的支架设计时，应符合下列规定：

　　1 钢管和扣件搭设的支架宜采用中心传力方式；

　　2 单根立杆的轴力标准值不宜大于 12kN，高大模板支架单根立杆的轴力标准值不宜大于 10kN；

　　3 立杆顶部承受水平杆扣件传递的竖向荷载时，立杆应按不小于 50mm 的偏心距进行承载力验算，高大模板支架的立杆应按不小于 100mm 的偏心距进行承载力验算；

　　4 支承模板的顶部水平杆可按受弯构件进行承载力验算；

　　5 扣件抗滑移承载力验算可按现行行业标准《建筑施工扣件式钢管脚手架安全技术规范》JGJ 130 的有关规定执行。

4.3.16 采用门式、碗扣式、盘扣式或盘销式等钢管架搭设的支架，应采用支架立柱杆端插入可调托座的中心传力方式，其承载力及刚度可按国家现行有关标准的规定进行验算。

4.4 制作与安装

4.4.1 模板应按图加工、制作。通用性强的模板宜制作成定型模板。

4.4.2 模板面板背楞的截面高度宜统一。模板制作与安装时，面板拼缝应严密。有防水要求的墙体，其模板对拉螺栓中部应设止水片，止水片应与对拉螺栓环焊。

4.4.3 与通用钢管支架匹配的专用支架，应按图加工、制作。搁置于支架顶端可调托座上的主梁，可采用木方、木工字梁或截面对称的型钢制作。

4.4.4 支架立柱和竖向模板安装在土层上时，应符合下列规定：

1 应设置具有足够强度和支承面积的垫板；

2 土层应坚实，并应有排水措施；对湿陷性黄土、膨胀土，应有防水措施；对冻胀性土，应有防冻胀措施；

3 对软土地基，必要时可采用堆载预压的方法调整模板面板安装高度。

4.4.5 安装模板时，应进行测量放线，并应采取保证模板位置准确的定位措施。对竖向构件的模板及支架，应根据混凝土一次浇筑高度和浇筑速度，采取竖向模板抗侧移、抗浮和抗倾覆措施。对水平构件的模板及支架，应结合不同的支架和模板面板形式，采取支架间、模板间及模板与支架间的有效拉结措施。对可能承受较大风荷载的模板，应采取防风措施。

4.4.6 对跨度不小于4m的梁、板，其模板施工起拱高度宜为梁、板跨度的1/1000～3/1000。起拱不得减少构件的截面高度。

4.4.7 采用扣件式钢管作模板支架时，支架搭设应符合下列规定：

1 模板支架搭设所采用的钢管、扣件规格，应符合设计要求；立杆纵距、立杆横距、支架步距以及构造要求，应符合专项施工方案的要求。

2 立杆纵距、立杆横距不应大于1.5m，支架步距不应大于2.0m；立杆纵向和横向宜设置扫地杆，纵向扫地杆距立杆底部不宜大于200mm，横向扫地杆宜设置在纵向扫地杆的下方；立杆底部宜设置底座或垫板。

3 立杆接长除顶层步距可采用搭接外，其余各层步距接头应采用对接扣件连接，两个相邻立杆的接头不应设置在同一步距内。

4 立杆步距的上下两端应设置双向水平杆，水平杆与立杆的交错点应采用扣件连接，双向水平杆与立杆的连接扣件之间的距离不应大于150mm。

5 支架周边应连续设置竖向剪刀撑。支架长度或宽度大于6m时，应设置中部纵向或横向的竖向剪刀撑，剪刀撑的间距和单幅剪刀撑的宽度均不宜大于8m，剪刀撑与水平杆的夹角宜为45°～60°；支架高度

大于3倍步距时，支架顶部宜设置一道水平剪刀撑，剪刀撑应延伸至周边。

6 立杆、水平杆、剪刀撑的搭接长度，不应小于0.8m，且不应少于2个扣件连接，扣件盖板边缘至杆端不应小于100mm。

7 扣件螺栓的拧紧力矩不应小于40N·m，且不应大于65N·m。

8 支架立杆搭设的垂直偏差不宜大于1/200。

4.4.8 采用扣件式钢管作高大模板支架时，支架搭设除应符合本规范第4.4.7条的规定外，尚应符合下列规定：

1 宜在支架立杆顶端插入可调托座，可调托座螺杆外径不应小于36mm，螺杆插入钢管的长度不应小于150mm，螺杆伸出钢管的长度不应大于300mm，可调托座伸出顶层水平杆的悬臂长度不应大于500mm；

2 立杆纵距、横距不应大于1.2m，支架步距不应大于1.8m；

3 立杆顶层步距内采用搭接时，搭接长度不应小于1m，且不应少于3个扣件连接；

4 立杆纵向和横向应设置扫地杆，纵向扫地杆距立杆底部不宜大于200mm；

5 宜设置中部纵向或横向的竖向剪刀撑，剪刀撑的间距不宜大于5m；沿支架高度方向搭设的水平剪刀撑的间距不宜大于6m；

6 立杆的搭设垂直偏差不宜大于1/200，且不宜大于100mm；

7 应根据周边结构的情况，采取有效的连接措施加强支架整体稳固性。

4.4.9 采用碗扣式、盘扣式或盘销式钢管架作模板支架时，支架搭设应符合下列规定：

1 碗扣式、盘扣架或盘销架的水平杆与立柱的扣接应牢靠，不应滑脱；

2 立杆上的上、下层水平杆间距不应大于1.8m；

3 插入立杆顶端可调托座伸出顶层水平杆的悬臂长度不应大于650mm，螺杆插入钢管的长度不应小于150mm，其直径应满足与钢管内径间隙不大于6mm的要求。架体最顶层的水平杆步距应比标准步距缩小一个节点间距；

4 立柱间应设置专用斜杆或扣件钢管斜杆加强模板支架。

4.4.10 采用门式钢管架搭设模板支架时，应符合现行行业标准《建筑施工门式钢管脚手架安全技术规范》JGJ 128的有关规定。当支架高度较大或荷载较大时，主立杆钢管直径不宜小于48mm，并应设水平加强杆。

4.4.11 支架的竖向斜撑和水平斜撑应与支架同步搭设，支架应与成型的混凝土结构拉结。钢管支架的竖

向斜撑和水平斜撑的搭设，应符合国家现行有关钢管脚手架标准的规定。

4.4.12 对现浇多层、高层混凝土结构，上、下楼层模板支架的立杆宜对准。模板及支架杆件等应分散堆放。

4.4.13 模板安装应保证混凝土结构构件各部分形状、尺寸和相对位置准确，并应防止漏浆。

4.4.14 模板安装应与钢筋安装配合进行，梁柱节点的模板宜在钢筋安装后安装。

4.4.15 模板与混凝土接触面应清理干净并涂刷脱模剂，脱模剂不得污染钢筋和混凝土接槎处。

4.4.16 后浇带的模板及支架应独立设置。

4.4.17 固定在模板上的预埋件、预留孔和预留洞，均不得遗漏，且应安装牢固、位置准确。

4.5 拆除与维护

4.5.1 模板拆除时，可采取先支的后拆、后支的先拆，先拆非承重模板、后拆承重模板的顺序，并应从上而下进行拆除。

4.5.2 底模及支架应在混凝土强度达到设计要求后再拆除；当设计无具体要求时，同条件养护的混凝土立方体试件抗压强度应符合表 4.5.2 的规定。

表 4.5.2 底模拆除时的混凝土强度要求

构件类型	构件跨度（m）	达到设计混凝土强度等级值的百分率（%）
板	≤2	≥50
	>2，≤8	≥75
	>8	≥100
梁、拱、壳	≤8	≥75
	>8	≥100
悬臂结构		≥100

4.5.3 当混凝土强度能保证其表面及棱角不受损伤时，方可拆除侧模。

4.5.4 多个楼层间连续支模的底层支架拆除时间，应根据连续支模的楼层间荷载分配和混凝土强度的增长情况确定。

4.5.5 快拆支架体系的支架立杆间距不应大于 2m。拆模时，应保留立杆并顶托支承楼板，拆模时的混凝土强度可按本规范表 4.5.2 中构件跨度为 2m 的规定确定。

4.5.6 后张预应力混凝土结构构件，侧模宜在预应力筋张拉前拆除；底模及支架不应在结构构件建立预应力前拆除。

4.5.7 拆下的模板及支架杆件不得抛掷，应分散堆放在指定地点，并应及时清运。

4.5.8 模板拆除后应将其表面清理干净，对变形和损伤部位应进行修复。

4.6 质量检查

4.6.1 模板、支架杆件和连接件的进场检查，应符合下列规定：

1 模板表面应平整；胶合板模板的胶合层不应脱胶翘角；支架杆件应平直，应无严重变形和锈蚀；连接件应无严重变形和锈蚀，并不应有裂纹；

2 模板的规格和尺寸，支架杆件的直径和壁厚，及连接件的质量，应符合设计要求；

3 施工现场组装的模板，其组成部分的外观和尺寸，应符合设计要求；

4 必要时，应对模板、支架杆件和连接件的力学性能进行抽样检查；

5 应在进场时和周转使用前全数检查外观质量。

4.6.2 模板安装后应检查尺寸偏差。固定在模板上的预埋件、预留孔和预留洞，应检查其数量和尺寸。

4.6.3 采用扣件式钢管作模板支架时，质量检查应符合下列规定：

1 梁下支架立杆间距的偏差不宜大于 50mm，板下支架立杆间距的偏差不宜大于 100mm；水平杆间距的偏差不宜大于 50mm；

2 应检查支架顶部承受模板荷载的水平杆与支架立杆连接的扣件数量，采用双扣件构造设置的抗滑移扣件，其上下应顶紧，间隙不应大于 2mm；

3 支架顶部承受模板荷载的水平杆与支架立杆连接的扣件拧紧力矩，不应小于 40N·m，且不应大于 65 N·m；支架每步双向水平杆应与立杆扣接，不得缺失。

4.6.4 采用碗扣式、盘扣式或盘销式钢管架作模板支架时，质量检查应符合下列规定：

1 插入立杆顶端可调托座伸出顶层水平杆的悬臂长度，不应超过 650mm；

2 水平杆杆端与立杆连接的碗扣、插接和盘销的连接状况，不应松脱；

3 按规定设置的竖向和水平斜撑。

5 钢 筋 工 程

5.1 一 般 规 定

5.1.1 钢筋工程宜采用专业化生产的成型钢筋。

5.1.2 钢筋连接方式应根据设计要求和施工条件选用。

5.1.3 当需要进行钢筋代换时，应办理设计变更文件。

5.2 材 料

5.2.1 钢筋的性能应符合国家现行有关标准的规定。常用钢筋的公称直径、公称截面面积、计算截面面积及理论重量，应符合本规范附录 B 的规定。

5.2.2 对有抗震设防要求的结构，其纵向受力钢筋的性能应满足设计要求；当设计无具体要求时，对按一、二、三级抗震等级设计的框架和斜撑构件（含梯段）中的纵向受力普通钢筋应采用 HRB335E、HRB400E、HRB500E、HRBF335E、HRBF400E 或 HRBF500E 钢筋，其强度和最大力下总伸长率的实测值，应符合下列规定：

    1 钢筋的抗拉强度实测值与屈服强度实测值的比值不应小于 1.25；

    2 钢筋的屈服强度实测值与屈服强度标准值的比值不应大于 1.30；

    3 钢筋的最大力下总伸长率不应小于 9%。

5.2.3 施工过程中应采取防止钢筋混淆、锈蚀或损伤的措施。

5.2.4 施工中发现钢筋脆断、焊接性能不良或力学性能显著不正常等现象时，应停止使用该批钢筋，并应对该批钢筋进行化学成分检验或其他专项检验。

5.3 钢筋加工

5.3.1 钢筋加工前应将表面清理干净。表面有颗粒状、片状老锈或有损伤的钢筋不得使用。

5.3.2 钢筋加工宜在常温状态下进行，加工过程中不应对钢筋进行加热。钢筋应一次弯折到位。

5.3.3 钢筋宜采用机械设备进行调直，也可采用冷拉方法调直。当采用机械设备调直时，调直设备不应具有延伸功能。当采用冷拉方法调直时，HPB300 光圆钢筋的冷拉率不宜大于 4%；HRB335、HRB400、HRB500、HRBF335、HRBF400、HRBF500 及 RRB400 带肋钢筋的冷拉率，不宜大于 1%。钢筋调直过程中不应损伤带肋钢筋的横肋。调直后的钢筋应平直，不应有局部弯折。

5.3.4 钢筋弯折的弯弧内直径应符合下列规定：

    1 光圆钢筋，不应小于钢筋直径的 2.5 倍；

    2 335MPa 级、400MPa 级带肋钢筋，不应小于钢筋直径的 4 倍；

    3 500MPa 级带肋钢筋，当直径为 28mm 以下时不应小于钢筋直径的 6 倍，当直径为 28mm 及以上时不应小于钢筋直径的 7 倍；

    4 位于框架结构顶层端节点处的梁上部纵向钢筋和柱外侧纵向钢筋，在节点角部弯折处，当钢筋直径为 28mm 以下时不宜小于钢筋直径的 12 倍，当钢筋直径为 28mm 及以上时不宜小于钢筋直径的 16 倍；

    5 箍筋弯折处尚不应小于纵向受力钢筋直径；箍筋弯折处纵向受力钢筋为搭接钢筋或并筋时，应按钢筋实际排布情况确定箍筋弯弧内直径。

5.3.5 纵向受力钢筋的弯折后平直段长度应符合设计要求及现行国家标准《混凝土结构设计规范》GB 50010 的有关规定。光圆钢筋末端作 180°弯钩时，弯钩的弯折后平直段长度不应小于钢筋直径的 3 倍。

5.3.6 箍筋、拉筋的末端应按设计要求作弯钩，并应符合下列规定：

    1 对一般结构构件，箍筋弯钩的弯折角度不应小于 90°，弯折后平直段长度不应小于箍筋直径的 5 倍；对有抗震设防要求或设计有专门要求的结构构件，箍筋弯钩的弯折角度不应小于 135°，弯折后平直段长度不应小于箍筋直径的 10 倍和 75mm 两者之中的较大值；

    2 圆形箍筋的搭接长度不应小于其受拉锚固长度，且两末端均应作不小于 135°的弯钩，弯折后平直段长度对一般结构构件不应小于箍筋直径的 5 倍，对有抗震设防要求的结构构件不应小于箍筋直径的 10 倍和 75mm 的较大值；

    3 拉筋用作梁、柱复合箍筋中单肢箍筋或梁腰筋间拉结筋时，两端弯钩的弯折角度均不应小于 135°，弯折后平直段长度应符合本条第 1 款对箍筋的有关规定；拉筋用作剪力墙、楼板等构件中拉结筋时，两端弯钩可采用一端 135°另一端 90°，弯折后平直段长度不应小于拉筋直径的 5 倍。

5.3.7 焊接封闭箍筋宜采用闪光对焊，也可采用气压焊或单面搭接焊，并宜采用专用设备进行焊接。焊接封闭箍筋下料长度和端头加工应按焊接工艺确定。焊接封闭箍筋的焊点设置，应符合下列规定：

    1 每个箍筋的焊点数量应为 1 个，焊点宜位于多边形箍筋中的某边中部，且距箍筋弯折处的位置不宜小于 100mm；

    2 矩形柱箍筋焊点宜设在柱短边，等边多边形柱箍筋焊点可设在任一边；不等边多边形柱箍筋焊点应位于不同边上；

    3 梁箍筋焊点应设置在顶边或底边。

5.3.8 当钢筋采用机械锚固措施时，钢筋锚固端的加工应符合国家现行相关标准的规定。采用钢筋锚固板时，应符合现行行业标准《钢筋锚固板应用技术规程》JGJ 256 的有关规定。

5.4 钢筋连接与安装

5.4.1 钢筋接头宜设置在受力较小处；有抗震设防要求的结构中，梁端、柱端箍筋加密区范围内不宜设置钢筋接头，且不应进行钢筋搭接。同一纵向受力钢筋不宜设置两个或两个以上接头。接头末端至钢筋弯起点的距离，不应小于钢筋直径的 10 倍。

5.4.2 钢筋机械连接施工应符合下列规定：

    1 加工钢筋接头的操作人员应经专业培训合格后上岗，钢筋接头的加工应经工艺检验合格后方可进行。

    2 机械连接接头的混凝土保护层厚度宜符合现行国家标准《混凝土结构设计规范》GB 50010 中受力钢筋的混凝土保护层最小厚度规定，且不得小于

15mm。接头之间的横向净间距不宜小于25mm。

3 螺纹接头安装后应使用专用扭力扳手校核拧紧扭力矩。挤压接头压痕直径的波动范围应控制在允许波动范围内，并使用专用量规进行检验。

4 机械连接接头的适用范围、工艺要求、套筒材料及质量要求等应符合现行行业标准《钢筋机械连接技术规程》JGJ 107的有关规定。

5.4.3 钢筋焊接施工应符合下列规定：

1 从事钢筋焊接施工的焊工应持有钢筋焊工考试合格证，并应按照合格证规定的范围上岗操作。

2 在钢筋工程焊接施工前，参与该项工程施焊的焊工应进行现场条件下的焊接工艺试验，经试验合格后，方可进行焊接。焊接过程中，如果钢筋牌号、直径发生变更，应再次进行焊接工艺试验。工艺试验使用的材料、设备、辅料及作业条件均应与实际施工一致。

3 细晶粒热轧钢筋及直径大于28mm的普通热轧钢筋，其焊接参数应经试验确定；余热处理钢筋不宜焊接。

4 电渣压力焊只应使用于柱、墙等构件中竖向受力钢筋的连接。

5 钢筋焊接接头的适用范围、工艺要求、焊条及焊剂选择、焊接操作及质量要求等应符合现行行业标准《钢筋焊接及验收规程》JGJ 18的有关规定。

5.4.4 当纵向受力钢筋采用机械连接接头或焊接接头时，接头的设置应符合下列规定：

1 同一构件内的接头宜分批错开。

2 接头连接区段的长度为$35d$，且不应小于500mm，凡接头中点位于该连接区段长度内的接头均应属于同一连接区段；其中d为相互连接两根钢筋中较小直径。

3 同一连接区段内，纵向受力钢筋接头面积百分率为该区段内有接头的纵向受力钢筋截面面积与全部纵向受力钢筋截面面积的比值；纵向受力钢筋的接头面积百分率应符合下列规定：

　1）受拉接头，不宜大于50%；受压接头，可不受限制；

　2）板、墙、柱中受拉机械连接接头，可根据实际情况放宽；装配式混凝土结构构件连接处受拉接头，可根据实际情况放宽；

　3）直接承受动力荷载的结构构件中，不宜采用焊接；当采用机械连接时，不应超过50%。

5.4.5 当纵向受力钢筋采用绑扎搭接接头时，接头的设置应符合下列规定：

1 同一构件内的接头宜分批错开。各接头的横向净间距s不应小于钢筋直径，且不应小于25mm。

2 接头连接区段的长度为1.3倍搭接长度，凡接头中点位于该连接区段长度内的接头均应属于同一

连接区段；搭接长度可取相互连接两根钢筋中较小直径计算。纵向受力钢筋的最小搭接长度应符合本规范附录C的规定。

3 同一连接区段内，纵向受力钢筋接头面积百分率为该区段内有接头的纵向受力钢筋截面面积与全部纵向受力钢筋截面面积的比值（图5.4.5）；纵向受压钢筋的接头面积百分率可不受限制；纵向受拉钢筋的接头面积百分率应符合下列规定：

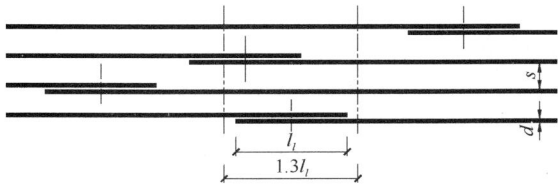

图5.4.5　钢筋绑扎搭接接头连接区
段及接头面积百分率

注：图中所示搭接接头同一连接区段内的搭接钢筋为两根，当各钢筋直径相同时，接头面积百分率为50%。

　1）梁类、板类及墙类构件，不宜超过25%；
　　基础筏板，不宜超过50%。
　2）柱类构件，不宜超过50%。
　3）当工程中确有必要增大接头面积百分率时，对梁类构件，不应大于50%；对其他构件，可根据实际情况适当放宽。

5.4.6 在梁、柱类构件的纵向受力钢筋搭接长度范围内应按设计要求配置箍筋，并应符合下列规定：

1 箍筋直径不应小于搭接钢筋较大直径的25%；

2 受拉搭接区段的箍筋间距不应大于搭接钢筋较小直径的5倍，且不应大于100mm；

3 受压搭接区段的箍筋间距不应大于搭接钢筋较小直径的10倍，且不应大于200mm；

4 当柱中纵向受力钢筋直径大于25mm时，应在搭接接头两个端面外100mm范围内各设置两个箍筋，其间距宜为50mm。

5.4.7 钢筋绑扎应符合下列规定：

1 钢筋的绑扎搭接接头应在接头中心和两端用铁丝扎牢；

2 墙、柱、梁钢筋骨架中各竖向面钢筋网交叉点应全数绑扎；板上部钢筋网的交叉点应全数绑扎，底部钢筋网除边缘部分外可间隔交错绑扎；

3 梁、柱的箍筋弯钩及焊接封闭箍筋的焊点应沿纵向受力钢筋方向错开设置；

4 构造柱纵向钢筋宜与承重结构同步绑扎；

5 梁及柱中箍筋、墙中水平分布钢筋、板中钢筋距构件边缘的起始距离宜为50mm。

5.4.8 构件交接处的钢筋位置应符合设计要求。当设计无具体要求时，应保证主要受力构件和构件中主要受力方向的钢筋位置。框架节点处梁纵向受力钢筋

宜放在柱纵向钢筋内侧；当主次梁底部标高相同时，次梁下部钢筋宜放在主梁下部钢筋之上；剪力墙中水平分布钢筋宜放在外侧，并宜在墙端弯折锚固。

5.4.9 钢筋安装应采用定位件固定钢筋的位置，并宜采用专用定位件。定位件应具有足够的承载力、刚度、稳定性和耐久性。定位件的数量、间距和固定方式，应能保证钢筋的位置偏差符合国家现行有关标准的规定。混凝土框架梁、柱保护层内，不宜采用金属定位件。

5.4.10 钢筋安装过程中，因施工操作需要而对钢筋进行焊接时，应符合现行行业标准《钢筋焊接及验收规程》JGJ 18 的有关规定。

5.4.11 采用复合箍筋时，箍筋外围应封闭。梁类构件复合箍筋内部，宜选用封闭箍筋，奇数肢也可采用单肢箍筋；柱类构件复合箍筋内部可部分采用单肢箍筋。

5.4.12 钢筋安装应采取防止钢筋受模板、模具内表面的脱模剂污染的措施。

5.5 质 量 检 查

5.5.1 钢筋进场检查应符合下列规定：

1 应检查钢筋的质量证明文件；

2 应按国家现行有关标准的规定抽样检验屈服强度、抗拉强度、伸长率、弯曲性能及单位长度重量偏差；

3 经产品认证符合要求的钢筋，其检验批量可扩大一倍。在同一工程中，同一厂家、同一牌号、同一规格的钢筋连续三次进场检验均一次检验合格时，其后的检验批量可扩大一倍；

4 钢筋的外观质量；

5 当无法准确判断钢筋品种、牌号时，应增加化学成分、晶粒度等检验项目。

5.5.2 成型钢筋进场时，应检查成型钢筋的质量证明文件、成型钢筋所用材料质量证明文件及检验报告，并应抽样检验成型钢筋的屈服强度、抗拉强度、伸长率和重量偏差。检验批量可由合同约定，同一工程、同一原材料来源、同一组生产设备生产的成型钢筋，检验批量不宜大于 30t。

5.5.3 钢筋调直后，应检查力学性能和单位长度重量偏差。但采用无延伸功能的机械设备调直的钢筋，可不进行本条规定的检查。

5.5.4 钢筋加工后，应检查尺寸偏差；钢筋安装后，应检查品种、级别、规格、数量及位置。

5.5.5 钢筋连接施工的质量检查应符合下列规定：

1 钢筋焊接和机械连接施工前均应进行工艺检验。机械连接应检查有效的型式检验报告。

2 钢筋焊接接头和机械连接接头应全数检查外观质量，搭接连接接头应抽检搭接长度。

3 螺纹接头应抽检拧紧扭矩值。

4 钢筋焊接施工中，焊工应及时自检。当发现焊接缺陷及异常现象时，应查找原因，并采取措施及时消除。

5 施工中应检查钢筋接头百分率。

6 应按现行行业标准《钢筋机械连接技术规程》JGJ 107、《钢筋焊接及验收规程》JGJ 18 的有关规定抽取钢筋机械连接接头、焊接接头试件作力学性能检验。

6 预应力工程

6.1 一 般 规 定

6.1.1 预应力工程应编制专项施工方案。必要时，施工单位应根据设计文件进行深化设计。

6.1.2 预应力工程施工应根据环境温度采取必要的质量保证措施，并应符合下列规定：

1 当工程所处环境温度低于 -15℃时，不宜进行预应力筋张拉；

2 当工程所处环境温度高于 35℃或日平均环境温度连续 5 日低于 5℃时，不宜进行灌浆施工；当在环境温度高于 35℃或日平均环境温度连续 5 日低于 5℃条件下进行灌浆施工时，应采取专门的质量保证措施。

6.1.3 当预应力筋需要代换时，应进行专门计算，并应经原设计单位确认。

6.2 材 料

6.2.1 预应力筋的性能应符合国家现行有关标准的规定。常用预应力筋的公称直径、公称截面面积、计算截面面积及理论重量应符合本规范附录 B 的规定。

6.2.2 预应力筋用锚具、夹具和连接器的性能，应符合现行国家标准《预应力筋用锚具、夹具和连接器》GB/T 14370 的有关规定，其工程应用应符合现行行业标准《预应力筋用锚具、夹具和连接器应用技术规程》JGJ 85 的有关规定。

6.2.3 后张预应力成孔管道的性能应符合国家现行有关标准的规定。

6.2.4 预应力筋等材料在运输、存放、加工、安装过程中，应采取防止其损伤、锈蚀或污染的措施，并应符合下列规定：

1 有粘结预应力筋展开后应平顺，不应有弯折，表面不应有裂纹、小刺、机械损伤、氧化铁皮和油污等；

2 预应力筋用锚具、夹具、连接器和锚垫板表面应无污物、锈蚀、机械损伤和裂纹；

3 无粘结预应力筋护套应光滑、无裂纹、无明显褶皱；

4 后张预应力用成孔管道内外表面应清洁，无锈蚀，不应有油污、孔洞和不规则的褶皱，咬口不应有开裂或脱落。

6.3 制作与安装

6.3.1 预应力筋的下料长度应经计算确定，并应采用砂轮锯或切断机等机械方法切断。预应力筋制作或安装时，不应用作接地线，并应避免焊渣或接地电火花的损伤。

6.3.2 无粘结预应力筋在现场搬运和铺设过程中，不应损伤其塑料护套。当出现轻微破损时，应及时采用防水胶带封闭；严重破损的不得使用。

6.3.3 钢绞线挤压锚具应采用配套的挤压机制作，挤压操作的油压最大值应符合使用说明书的规定。采用的摩擦衬套应沿挤压套筒全长均匀分布；挤压完成后，预应力筋外端露出挤压套筒不应少于1mm。

6.3.4 钢绞线压花锚具应采用专用的压花机制作成型，梨形头尺寸和直线锚固段长度不应小于设计值。

6.3.5 钢丝镦头及下料长度偏差应符合下列规定：

1 镦头的头型直径不宜小于钢丝直径的1.5倍，高度不宜小于钢丝直径；

2 镦头不应出现横向裂纹；

3 当钢丝束两端均采用镦头锚具时，同一束中各根钢丝长度的极差不应大于钢丝长度的1/5000，且不应大于5mm。当成组张拉长度不大于10m的钢丝时，同组钢丝长度的极差不得大于2mm。

6.3.6 成孔管道的连接应密封，并应符合下列规定：

1 圆形金属波纹管接长时，可采用大一规格的同波型波纹管作为接头管，接头管长度可取其内径的3倍，且不宜小于200mm，两端旋入长度宜相等，且接头管两端应采用防水胶带密封；

2 塑料波纹管接长时，可采用塑料焊接机热熔焊接或采用专用连接管；

3 钢管连接可采用焊接连接或套筒连接。

6.3.7 预应力筋或成孔管道应按设计规定的形状和位置安装，并应符合下列规定：

1 预应力筋或成孔管道应平顺，并与定位钢筋绑扎牢固。定位钢筋直径不宜小于10mm，间距不宜大于1.2m，板中无粘结预应力筋的定位间距可适当放宽，扁形管道、塑料波纹管或预应力筋曲线曲率较大处的定位间距，宜适当缩小。

2 凡施工时需要预先起拱的构件，预应力筋或成孔管道宜随构件同时起拱。

3 预应力筋或成孔管道控制点竖向位置允许偏差应符合表6.3.7的规定。

表 6.3.7 预应力筋或成孔管道控制点竖向位置允许偏差

构件截面高（厚）度 h (mm)	h≤300	300<h≤1500	h>1500
允许偏差（mm）	±5	±10	±15

6.3.8 预应力筋和预应力孔道的间距和保护层厚度，应符合下列规定：

1 先张法预应力筋之间的净间距，不宜小于预应力筋公称直径或等效直径的2.5倍和混凝土粗骨料最大粒径的1.25倍，且对预应力钢丝、三股钢绞线和七股钢绞线分别不应小于15mm、20mm和25mm。当混凝土振捣密实性有可靠保证时，净间距可放宽至粗骨料最大粒径的1.0倍；

2 对后张法预制构件，孔道之间的水平净间距不宜小于50mm，且不宜小于粗骨料最大粒径的1.25倍；孔道至构件边缘的净间距不宜小于30mm，且不宜小于孔道外径的50%；

3 在现浇混凝土梁中，曲线孔道在竖直方向的净间距不应小于孔道外径，水平方向的净间距不宜小于孔道外径的1.5倍，且不应小于粗骨料最大粒径的1.25倍；从孔道外壁至构件边缘的净间距，梁底不宜小于50mm，梁侧不宜小于40mm，裂缝控制等级为三级的梁，从孔道外壁至构件边缘的净间距，梁底不宜小于60mm，梁侧不宜小于50mm；

4 预留孔道的内径宜比预应力束外径及需穿过孔道的连接器外径大6mm～15mm，且孔道的截面积宜为穿入预应力束截面积的3倍～4倍；

5 当有可靠经验并能保证混凝土浇筑质量时，预应力孔道可水平并列贴紧布置，但每一并列束中的孔道数量不应超过2个；

6 板中单根无粘结预应力筋的水平间距不宜大于板厚的6倍，且不宜大于1m；带状束的无粘结预应力筋根数不宜多于5根，束间距不宜大于板厚的12倍，且不宜大于2.4m；

7 梁中集束布置的无粘结预应力筋，束的水平净间距不宜小于50mm，束至构件边缘的净间距不宜小于40mm。

6.3.9 预应力孔道应根据工程特点设置排气孔、泌水孔及灌浆孔，排气孔可兼作泌水孔或灌浆孔，并应符合下列规定：

1 当曲线孔道波峰和波谷的高差大于300mm时，应在孔道波峰设置排气孔，排气孔间距不宜大于30m；

2 当排气孔兼作泌水孔时，其外接管伸出构件顶面高度不宜小于300mm。

6.3.10 锚垫板、局部加强钢筋和连接器应按设计要求的位置和方向安装牢固，并应符合下列规定：

1 锚垫板的承压面应与预应力筋或孔道曲线末端的切线垂直。预应力筋曲线起始点与张拉锚固点之间的直线段最小长度应符合表6.3.10的规定；

2 采用连接器接长预应力筋时，应全面检查连接器的所有零件，并应按产品技术手册要求操作；

3 内埋式固定端锚垫板不应重叠，锚具与锚垫板应贴紧。

表 6.3.10 预应力筋曲线起始点与张拉锚固点之间直线段最小长度

预应力筋张拉力 N(kN)	N≤1500	1500<N≤6000	N>6000
直线段最小长度（mm）	400	500	600

6.3.11 后张法有粘结预应力筋穿入孔道及其防护，应符合下列规定：

1 对采用蒸汽养护的预制构件，预应力筋应在蒸汽养护结束后穿入孔道；

2 预应力筋穿入孔道后至孔道灌浆的时间间隔不宜过长，当环境相对湿度大于 60% 或处于近海环境时，不宜超过 14d；当环境相对湿度不大于 60% 时，不宜超过 28d；

3 当不能满足本条第 2 款的规定时，宜对预应力筋采取防锈措施。

6.3.12 预应力筋等安装完成后，应做好成品保护工作。

6.3.13 当采用减摩材料降低孔道摩擦阻力时，应符合下列规定：

1 减摩材料不应对预应力筋、成孔管道及混凝土产生不利影响；

2 灌浆前应将减摩材料清除干净。

6.4 张拉和放张

6.4.1 预应力筋张拉前，应进行下列准备工作：

1 计算张拉力和张拉伸长值，根据张拉设备标定结果确定油泵压力表读数；

2 根据工程需要搭设安全可靠的张拉作业平台；

3 清理锚垫板和张拉端预应力筋，检查锚垫板后混凝土的密实性。

6.4.2 预应力筋张拉设备及压力表应定期维护和标定。张拉设备和压力表应配套标定和使用，标定期限不应超过半年。当使用过程中出现反常现象或张拉设备检修后，应重新标定。

注：1 压力表的量程应大于张拉工作压力读值，压力表的精确度等级不应低于 1.6 级；

2 标定张拉设备用的试验机或测力计的测力示值不确定度，不应大于 1.0%；

3 张拉设备标定时，千斤顶活塞的运行方向应与实际张拉工作状态一致。

6.4.3 施加预应力时，混凝土强度应符合设计要求，且同条件养护的混凝土立方体抗压强度应符合下列规定：

1 不应低于设计混凝土强度等级值的 75%；

2 采用消除应力钢丝或钢绞线作为预应力筋的先张法构件，尚不应低于 30MPa；

3 不应低于锚具供应商提供的产品技术手册要求的混凝土最低强度要求；

4 后张法预应力梁和板，现浇结构混凝土的龄期分别不宜小于 7d 和 5d。

注：为防止混凝土早期裂缝而施加预应力时，可不受本条的限制，但应满足局部受压承载力的要求。

6.4.4 预应力筋的张拉控制应力应符合设计及专项施工方案的要求。当施工中需要超张拉时，调整后的张拉控制应力 σ_{con} 应符合下列规定：

1 消除应力钢丝、钢绞线：

$$\sigma_{con} \leqslant 0.80 f_{ptk} \qquad (6.4.4-1)$$

2 中强度预应力钢丝：

$$\sigma_{con} \leqslant 0.75 f_{ptk} \qquad (6.4.4-2)$$

3 预应力螺纹钢筋：

$$\sigma_{con} \leqslant 0.90 f_{pyk} \qquad (6.4.4-3)$$

式中：σ_{con}——预应力筋张拉控制应力；

f_{ptk}——预应力筋极限强度标准值；

f_{pyk}——预应力筋屈服强度标准值。

6.4.5 采用应力控制方法张拉时，应校核最大张拉力下预应力筋伸长值。实测伸长值与计算伸长值的偏差应控制在 ±6% 之内，否则应查明原因并采取措施后再张拉。必要时，宜进行现场孔道摩擦系数测定，并可根据实测结果调整张拉控制力。预应力筋张拉伸长值的计算和实测值的确定及孔道摩擦系数的测定，可分别按本规范附录 D、附录 E 的规定执行。

6.4.6 预应力筋的张拉顺序应符合设计要求，并应符合下列规定：

1 应根据结构受力特点、施工方便及操作安全等因素确定张拉顺序；

2 预应力筋宜按均匀、对称的原则张拉；

3 现浇预应力混凝土楼盖，宜先张拉楼板、次梁的预应力筋，后张拉主梁的预应力筋；

4 对预制屋架等平卧叠浇构件，应从上而下逐榀张拉。

6.4.7 后张预应力筋应根据设计和专项施工方案的要求采用一端或两端张拉。采用两端张拉时，宜两端同时张拉，也可一端先张拉锚固，另一端补张拉。当设计无具体要求时，应符合下列规定：

1 有粘结预应力筋长度不大于 20m 时，可一端张拉，大于 20m 时，宜两端张拉；预应力筋为直线形时，一端张拉的长度可延长至 35m；

2 无粘结预应力筋长度不大于 40m 时，可一端张拉，大于 40m 时，宜两端张拉。

6.4.8 后张有粘结预应力筋应整束张拉。对直线形或平行编排的有粘结预应力钢绞线束，当能确保各根钢绞线不受叠压影响时，也可逐根张拉。

6.4.9 预应力筋张拉时，应从零拉力加载至初拉力后，量测伸长值初读数，再以均匀速率加载至张拉控制力。塑料波纹管内的预应力筋，张拉力达到张拉控制力后宜持荷 2min～5min。

6.4.10 预应力筋张拉中应避免预应力筋断裂或滑脱。当发生断裂或滑脱时，应符合下列规定：

1 对后张法预应力结构构件，断裂或滑脱的数量严禁超过同一截面预应力筋总根数的3%，且每束钢丝或每根钢绞线不得超过一丝；对多跨双向连续板，其同一截面应按每跨计算；

2 对先张法预应力构件，在浇筑混凝土前发生断裂或滑脱的预应力筋必须更换。

6.4.11 锚固阶段张拉端预应力筋的内缩量应符合设计要求。当设计无具体要求时，应符合表6.4.11的规定。

表6.4.11 张拉端预应力筋的内缩量限值

锚具类别		内缩量限值（mm）
支承式锚具（螺母锚具、镦头锚具等）	螺母缝隙	1
	每块后加垫板的缝隙	1
夹片式锚具	有顶压	5
	无顶压	6~8

6.4.12 先张法预应力筋的放张顺序，应符合下列规定：

1 宜采取缓慢放张工艺进行逐根或整体放张；

2 对轴心受压构件，所有预应力筋宜同时放张；

3 对受弯或偏心受压的构件，应先同时放张预压应力较小区域的预应力筋，再同时放张预压应力较大区域的预应力筋；

4 当不能按本条第11款的规定放张时，应分阶段、对称、相互交错放张；

5 放张后，预应力筋的切断顺序，宜从张拉端开始依次切向另一端。

6.4.13 后张法预应力筋张拉锚固后，如遇特殊情况需卸锚时，应采用专门的设备和工具。

6.4.14 预应力筋张拉或放张时，应采取有效的安全防护措施，预应力筋两端正前方不得站人或穿越。

6.4.15 预应力筋张拉时，应对张拉力、压力表读数、张拉伸长值、锚固回缩值及异常情况处理等作出详细记录。

6.5 灌浆及封锚

6.5.1 后张法有粘结预应力筋张拉完毕并经检查合格后，应尽早进行孔道灌浆，孔道内水泥浆应饱满、密实。

6.5.2 后张法预应力筋锚固后的外露多余长度，宜采用机械方法切割，也可采用氧-乙炔焰切割，其外露长度不宜小于预应力筋直径的1.5倍，且不应小

于30mm。

6.5.3 孔道灌浆前应进行下列准备工作：

1 应确认孔道、排气兼泌水管及灌浆孔畅通；对预埋管成型孔道，可采用压缩空气清孔；

2 应采用水泥浆、水泥砂浆等材料封闭端部锚具缝隙，也可采用封锚罩封闭外露锚具；

3 采用真空灌浆工艺时，应确认孔道系统的密封性。

6.5.4 配制水泥浆用水泥、水及外加剂除应符合国家现行有关标准的规定外，尚应符合下列规定：

1 宜采用普通硅酸盐水泥或硅酸盐水泥；

2 拌合用水和掺加的外加剂中不应含有对预应力筋或水泥有害的成分；

3 外加剂应与水泥作配合比试验并确定掺量。

6.5.5 灌浆用水泥浆应符合下列规定：

1 采用普通灌浆工艺时，稠度宜控制在12s~20s，采用真空灌浆工艺时，稠度宜控制在18s~25s；

2 水灰比不应大于0.45；

3 3h自由泌水率宜为0，且不应大于1%，泌水应在24h内全部被水泥浆吸收；

4 24h自由膨胀率，采用普通灌浆工艺时不应大于6%；采用真空灌浆工艺时不应大于3%；

5 水泥浆中氯离子含量不应超过水泥重量的0.06%；

6 28d标准养护的边长为70.7mm的立方体水泥浆试块抗压强度不应低于30MPa；

7 稠度、泌水率及自由膨胀率的试验方法应符合现行国家标准《预应力孔道灌浆剂》GB/T 25182的规定。

注：1 一组水泥浆试块由6个试块组成；
2 抗压强度为一组试块的平均值，当一组试块中抗压强度最大值或最小值与平均值相差超过20%时，应取中间4个试块强度的平均值。

6.5.6 灌浆用水泥浆的制备及使用，应符合下列规定：

1 水泥浆宜采用高速搅拌机进行搅拌，搅拌时间不应超过5min；

2 水泥浆使用前应经筛孔尺寸不大于1.2mm×1.2mm的筛网过滤；

3 搅拌后不能在短时间内灌入孔道的水泥浆，应保持缓慢搅动；

4 水泥浆应在初凝前灌入孔道，搅拌后至灌浆完毕的时间不宜超过30min。

6.5.7 灌浆施工应符合下列规定：

1 宜先灌注下层孔道，后灌注上层孔道；

2 灌浆应连续进行，直至排气管排除的浆体稠度与注浆孔处相同且无气泡后，再顺浆体流动方向依次封闭排气孔；全部出浆口封闭后，宜继续加压0.5MPa~0.7MPa，并应稳压1min~2min后封闭灌

浆口；

    3 当泌水较大时，宜进行二次灌浆和对泌水孔进行重力补浆；

    4 因故中途停止灌浆时，应用压力水将未灌注完孔道内已注入的水泥浆冲洗干净。

6.5.8 真空辅助灌浆时，孔道抽真空负压宜稳定保持为 0.08MPa～0.10MPa。

6.5.9 孔道灌浆应填写灌浆记录。

6.5.10 外露锚具及预应力筋应按设计要求采取可靠的保护措施。

6.6 质 量 检 查

6.6.1 预应力工程材料进场检查应符合下列规定：

    1 应检查规格、外观、尺寸及其质量证明文件；

    2 应按现行国家有关标准的规定进行力学性能的抽样检验；

    3 经产品认证符合要求的产品，其检验批量可扩大一倍。在同一工程中，同一厂家、同一品种、同一规格的产品连续三次进场检验均一次检验合格时，其后的检验批量可扩大一倍。

6.6.2 预应力筋的制作应进行下列检查：

    1 采用镦头锚时的钢丝下料长度；

    2 钢丝镦头外观、尺寸及头部裂纹；

    3 挤压锚具制作时挤压记录和挤压锚具成型后锚具外预应力筋的长度；

    4 钢绞线压花锚具的梨形头尺寸。

6.6.3 预应力筋、预留孔道、锚垫板和锚固区加强钢筋的安装应进行下列检查：

    1 预应力筋的外观、品种、级别、规格、数量和位置等；

    2 预留孔道的外观、规格、数量、位置、形状以及灌浆孔、排气兼泌水孔等；

    3 锚垫板和局部加强钢筋的外观、品种、级别、规格、数量和位置等；

    4 预应力筋锚具和连接器的外观、品种、规格、数量和位置等。

6.6.4 预应力筋张拉或放张应进行下列检查：

    1 预应力筋张拉或放张时的同条件养护混凝土试块的强度；

    2 预应力筋张拉记录；

    3 先张法预应力筋张拉后与设计位置的偏差。

6.6.5 灌浆用水泥浆及灌浆应进行下列检查：

    1 配合比设计阶段检查稠度、泌水率、自由膨胀率、氯离子含量和试块强度；

    2 现场搅拌后检查稠度、泌水率，并根据验收规定检查试块强度；

    3 灌浆质量检查灌浆记录。

6.6.6 封锚应进行下列检查：

    1 锚具外的预应力筋长度；

    2 凸出式封锚端尺寸；

    3 封锚的表面质量。

7 混凝土制备与运输

7.1 一 般 规 定

7.1.1 混凝土结构施工宜采用预拌混凝土。

7.1.2 混凝土制备应符合下列规定：

    1 预拌混凝土应符合现行国家标准《预拌混凝土》GB 14902 的有关规定；

    2 现场搅拌混凝土宜采用具有自动计量装置的设备集中搅拌；

    3 当不具备本条第 1、2 款规定的条件时，应采用符合现行国家标准《混凝土搅拌机》GB/T 9142 的搅拌机进行搅拌，并应配备计量装置。

7.1.3 混凝土运输应符合下列规定：

    1 混凝土宜采用搅拌运输车运输，运输车辆应符合国家现行有关标准的规定；

    2 运输过程中应保证混凝土拌合物的均匀性和工作性；

    3 应采取保证连续供应的措施，并应满足现场施工的需要。

7.2 原 材 料

7.2.1 混凝土原材料的主要技术指标应符合本规范附录 F 和国家现行有关标准的规定。

7.2.2 水泥的选用应符合下列规定：

    1 水泥品种与强度等级应根据设计、施工要求，以及工程所处环境条件确定；

    2 普通混凝土宜选用通用硅酸盐水泥；有特殊需要时，也可选用其他品种水泥；

    3 有抗渗、抗冻融要求的混凝土，宜选用硅酸盐水泥或普通硅酸盐水泥；

    4 处于潮湿环境的混凝土结构，当使用碱活性骨料时，宜采用低碱水泥。

7.2.3 粗骨料宜选用粒形良好、质地坚硬的洁净碎石或卵石，并应符合下列规定：

    1 粗骨料最大粒径不应超过构件截面最小尺寸的 1/4，且不应超过钢筋最小净间距的 3/4；对实心混凝土板，粗骨料的最大粒径不宜超过板厚的 1/3，且不应超过 40mm；

    2 粗骨料宜采用连续粒级，也可用单粒级组合成满足要求的连续粒级；

    3 含泥量、泥块含量指标应符合本规范附录 F 的规定。

7.2.4 细骨料宜选用级配良好、质地坚硬、颗粒洁净的天然砂或机制砂，并应符合下列规定：

    1 细骨料宜选用Ⅱ区中砂。当选用Ⅰ区砂时，应提高砂率，并应保持足够的胶凝材料用量，同时应满足混凝土的工作性要求；当采用Ⅲ区砂时，宜适当降低砂率；

2 混凝土细骨料中氯离子含量，对钢筋混凝土，按干砂的质量百分率计算不得大于 0.06%；对预应力混凝土，按干砂的质量百分率计算不得大于 0.02%；

3 含泥量、泥块含量指标应符合本规范附录 F 的规定；

4 海砂应符合现行行业标准《海砂混凝土应用技术规范》JGJ 206 的有关规定。

7.2.5 强度等级为 C60 及以上的混凝土所用骨料，除应符合本规范第 7.2.3 和 7.2.4 条的规定外，尚应符合下列规定：

1 粗骨料压碎指标的控制值应经试验确定；

2 粗骨料最大粒径不宜大于 25mm，针片状颗粒含量不应大于 8.0%，含泥量不应大于 0.5%，泥块含量不应大于 0.2%；

3 细骨料细度模数宜控制为 2.6~3.0，含泥量不应大于 2.0%，泥块含量不应大于 0.5%。

7.2.6 有抗渗、抗冻融或其他特殊要求的混凝土，宜选用连续级配的粗骨料，最大粒径不宜大于 40mm，含泥量不应大于 1.0%，泥块含量不应大于 0.5%；所用细骨料含泥量不应大于 3.0%，泥块含量不应大于 1.0%。

7.2.7 矿物掺合料的选用应根据设计、施工要求，以及工程所处环境条件确定，其掺量应通过试验确定。

7.2.8 外加剂的选用应根据设计、施工要求，混凝土原材料性能以及工程所处环境条件等因素通过试验确定，并应符合下列规定：

1 当使用碱活性骨料时，由外加剂带入的碱含量（以当量氧化钠计）不宜超过 $1.0kg/m^3$，混凝土总碱含量尚应符合现行国家标准《混凝土结构设计规范》GB 50010 等的有关规定；

2 不同品种外加剂首次复合使用时，应检验混凝土外加剂的相容性。

7.2.9 混凝土拌合及养护用水，应符合现行行业标准《混凝土用水标准》JGJ 63 的有关规定。

7.2.10 未经处理的海水严禁用于钢筋混凝土结构和预应力混凝土结构中混凝土的拌制和养护。

7.2.11 原材料进场后，应按种类、批次分开储存与堆放，应标识明晰，并应符合下列规定：

1 散装水泥、矿物掺合料等粉体材料，应采用散装罐分开储存；袋装水泥、矿物掺合料、外加剂等，应按品种、批次分码垛堆放，并应采取防雨、防潮措施，高温季节应有防晒措施。

2 骨料应按品种、规格分别堆放，不得混入杂物，并应保持洁净和颗粒级配均匀。骨料堆放场地

地面应做硬化处理，并应采取排水、防尘和防雨等措施。

3 液体外加剂应放置于阴凉干燥处，应防止日晒、污染、浸水，使用前应搅拌均匀；有离析、变色等现象时，应经检验合格后再使用。

7.3 混凝土配合比

7.3.1 混凝土配合比设计应经试验确定，并应符合下列规定：

1 应在满足混凝土强度、耐久性和工作性要求的前提下，减少水泥和水的用量；

2 当有抗冻、抗渗、抗氯离子侵蚀和化学腐蚀等耐久性要求时，尚应符合现行国家标准《混凝土结构耐久性设计规范》GB/T 50476 的有关规定；

3 应分析环境条件对施工及工程结构的影响；

4 试配所用的原材料应与施工实际使用的原材料一致。

7.3.2 混凝土的配制强度应按下列规定计算：

1 当设计强度等级低于 C60 时，配制强度应按下式确定：

$$f_{cu,0} \geqslant f_{cu,k} + 1.645\sigma \qquad (7.3.2-1)$$

式中：$f_{cu,0}$——混凝土的配制强度（MPa）；

$f_{cu,k}$——混凝土立方体抗压强度标准值（MPa）；

σ——混凝土强度标准差（MPa），应按本规范第 7.3.3 条确定。

2 当设计强度等级不低于 C60 时，配制强度应按下式确定：

$$f_{cu,0} \geqslant 1.15 f_{cu,k} \qquad (7.3.2-2)$$

7.3.3 混凝土强度标准差应按下列规定计算确定：

1 当具有近期的同品种混凝土的强度资料时，其混凝土强度标准差 σ 应按下列公式计算：

$$\sigma = \sqrt{\frac{\sum_{i=1}^{n} f_{cu,i}^2 - nm_{f_{cu}}^2}{n-1}} \qquad (7.3.3)$$

式中：$f_{cu,i}$——第 i 组的试件强度（MPa）；

$m_{f_{cu}}$——n 组试件的强度平均值（MPa）；

n——试件组数，n 值不应小于 30。

2 按本条第 1 款计算混凝土强度标准差时：强度等级不高于 C30 的混凝土，计算得到的 σ 大于等于 3.0MPa 时，应按计算结果取值；计算得到的 σ 小于 3.0MPa 时，σ 应取 3.0MPa。强度等级高于 C30 且低于 C60 的混凝土，计算得到的 σ 大于等于 4.0MPa 时，应按计算结果取值；计算得到的 σ 小于 4.0MPa 时，σ 应取 4.0MPa。

3 当没有近期的同品种混凝土强度资料时，其混凝土强度标准差 σ 可按表 7.3.3 取用。

表 7.3.3　混凝土强度标准差 σ 值（MPa）

混凝土强度等级	≤C20	C25～C45	C50～C55
σ	4.0	5.0	6.0

7.3.4　混凝土的工作性指标应根据结构形式、运输方式和距离、泵送高度、浇筑和振捣方式，以及工程所处环境条件等确定。

7.3.5　混凝土最大水胶比和最小胶凝材料用量，应符合现行行业标准《普通混凝土配合比设计规程》JGJ 55 的有关规定。

7.3.6　当设计文件对混凝土提出耐久性指标时，应进行相关耐久性试验验证。

7.3.7　大体积混凝土的配合比设计，应符合下列规定：

　　1　在保证混凝土强度及工作性要求的前提下，应控制水泥用量，宜选用中、低水化热水泥，并宜掺加粉煤灰、矿渣粉；

　　2　温度控制要求较高的大体积混凝土，其胶凝材料用量、品种等宜通过水化热和绝热温升试验确定；

　　3　宜采用高性能减水剂。

7.3.8　混凝土配合比的试配、调整和确定，应按下列步骤进行：

　　1　采用工程实际使用的原材料和计算配合比进行试配。每盘混凝土试配量不应小于 20L；

　　2　进行试拌，并调整砂率和外加剂掺量等使拌合物满足工作性要求，提出试拌配合比；

　　3　在试拌配合比的基础上，调整胶凝材料用量，提出不少于 3 个配合比进行试配。根据试件的试压强度和耐久性试验结果，选定设计配合比；

　　4　应对选定的设计配合比进行生产适应性调整，确定施工配合比；

　　5　对采用搅拌运输车运输的混凝土，当运输时间较长时，试配时应控制混凝土坍落度经时损失值。

7.3.9　施工配合比应经技术负责人批准。在使用过程中，应根据反馈的混凝土动态质量信息对混凝土配合比及时进行调整。

7.3.10　遇有下列情况时，应重新进行配合比设计：

　　1　当混凝土性能指标有变化或有其他特殊要求时；

　　2　当原材料品质发生显著改变时；

　　3　同一配合比的混凝土生产间断三个月以上时。

7.4　混凝土搅拌

7.4.1　当粗、细骨料的实际含水量发生变化时，应及时调整粗、细骨料和拌合用水的用量。

7.4.2　混凝土搅拌时应对原材料用量准确计量，并应符合下列规定：

　　1　计量设备的精度应符合现行国家标准《混凝

土搅拌站（楼）》GB 10171 的有关规定，并应定期校准。使用前设备应归零。

　　2　原材料的计量应按重量计，水和外加剂溶液可按体积计，其允许偏差应符合表 7.4.2 的规定。

表 7.4.2　混凝土原材料计量允许偏差（％）

原材料品种	水泥	细骨料	粗骨料	水	矿物掺合料	外加剂
每盘计量允许偏差	±2	±3	±3	±1	±2	±1
累计计量允许偏差	±1	±2	±2	±1	±1	±1

注：1　现场搅拌时原材料计量允许偏差应满足每盘计量允许偏差要求；

　　2　累计计量允许偏差指每一运输车中各盘混凝土的每种材料累计称量的偏差，该项指标仅适用于采用计算机控制计量的搅拌站；

　　3　骨料含水率应经常测定，雨、雪天施工应增加测定次数。

7.4.3　采用分次投料搅拌方法时，应通过试验确定投料顺序、数量及分段搅拌的时间等工艺参数。矿物掺合料宜与水泥同步投料，液体外加剂宜滞后于水和水泥投料；粉状外加剂宜溶解后再投料。

7.4.4　混凝土应搅拌均匀，宜采用强制式搅拌机搅拌。混凝土搅拌的最短时间可按表 7.4.4 采用，当能保证搅拌均匀时可适当缩短搅拌时间。搅拌强度等级 C60 及以上的混凝土时，搅拌时间应适当延长。

表 7.4.4　混凝土搅拌的最短时间（s）

混凝土坍落度（mm）	搅拌机机型	搅拌机出料量（L）		
		<250	250～500	>500
≤40	强制式	60	90	120
>40，且<100	强制式	60	60	90
≥100	强制式	60		

注：1　混凝土搅拌时间指从全部材料装入搅拌筒中起，到开始卸料时止的时间段；

　　2　当掺有外加剂与矿物掺合料时，搅拌时间应适当延长；

　　3　采用自落式搅拌机时，搅拌时间宜延长 30s；

　　4　当采用其他形式的搅拌设备时，搅拌的最短时间也可按设备说明书的规定或经试验确定。

7.4.5　对首次使用的配合比应进行开盘鉴定，开盘鉴定应包括下列内容：

　　1　混凝土的原材料与配合比设计所采用原材料的一致性；

　　2　出机混凝土工作性与配合比设计要求的一致性；

　　3　混凝土强度；

　　4　混凝土凝结时间；

5 工程有要求时，尚应包括混凝土耐久性能等。

7.5 混凝土运输

7.5.1 采用混凝土搅拌运输车运输混凝土时，应符合下列规定：

1 接料前，搅拌运输车应排净罐内积水；

2 在运输途中及等候卸料时，应保持搅拌运输车罐体正常转速，不得停转；

3 卸料前，搅拌运输车罐体宜快速旋转搅拌20s以上后再卸料。

7.5.2 采用搅拌运输车运输混凝土时，施工现场车辆出入口处应设置交通安全指挥人员，施工现场道路应顺畅，有条件时宜设置循环车道；危险区域应设置警戒标志；夜间施工时，应有良好的照明。

7.5.3 采用搅拌运输车运输混凝土，当混凝土坍落度损失较大不能满足施工要求时，可在运输车罐内加入适量的与原配合比相同成分的减水剂。减水剂加入量应事先由试验确定，并应作出记录。加入减水剂后，搅拌运输车罐体应快速旋转搅拌均匀，并应达到要求的工作性能后再泵送或浇筑。

7.5.4 当采用机动翻斗车运输混凝土时，道路应通畅，路面应平整、坚实，临时坡道或支架应牢固，铺板接头应平顺。

7.6 质 量 检 查

7.6.1 原材料进场时，供方应对进场材料按材料进场验收所划分的检验批提供相应的质量证明文件，外加剂产品尚应提供使用说明书。当能确认连续进场的材料为同一厂家的同批出厂材料时，可按出厂的检验批提供质量证明文件。

7.6.2 原材料进场时，应对材料外观、规格、等级、生产日期等进行检查，并应对其主要技术指标按本规范第7.6.3条的规定划分检验批进行抽样检验，每个检验批检验不得少于1次。

经产品认证符合要求的水泥、外加剂，其检验批量可扩大一倍。在同一工程中，同一厂家、同一品种、同一规格的水泥、外加剂，连续三次进场检验均一次合格时，其后的检验批量可扩大一倍。

7.6.3 原材料进场质量检查应符合下列规定：

1 应对水泥的强度、安定性及凝结时间进行检验。同一生产厂家、同一等级、同一品种、同一批号且连续进场的水泥，袋装水泥不超过**200t**应为一批，散装水泥不超过**500t**应为一批。

2 应对粗骨料的颗粒级配、含泥量、泥块含量、针片状含量指标进行检验，压碎指标可根据工程需要进行检验，应对细骨料颗粒级配、含泥量、泥块含量指标进行检验。当设计文件有要求或结构处于易发生碱骨料反应环境中时，应对骨料进行碱活性检验。抗冻等级F100及以上的混凝土用骨料，

应进行坚固性检验。骨料不超过400m³或600t为一检验批。

3 应对矿物掺合料细度（比表面积）、需水量比（流动度比）、活性指数（抗压强度比）、烧失量指标进行检验。粉煤灰、矿渣粉、沸石粉不超过200t应为一检验批，硅灰不超过30t应为一检验批。

4 应按外加剂产品标准规定对其主要匀质性指标和掺外加剂混凝土性能指标进行检验。同一品种外加剂不超过50t应为一检验批。

5 当采用饮用水作为混凝土用水时，可不检验。当采用中水、搅拌站清洗水或施工现场循环水等其他水源时，应对其成分进行检验。

7.6.4 当使用中水泥质量受不利环境影响或水泥出厂超过三个月（快硬硅酸盐水泥超过一个月）时，应进行复验，并应按复验结果使用。

7.6.5 混凝土在生产过程中的质量检查应符合下列规定：

1 生产前应检查混凝土所用原材料的品种、规格是否与施工配合比一致。在生产过程中应检查原材料实际称量误差是否满足要求，每一工作班应至少检查2次；

2 生产前应检查生产设备和控制系统是否正常、计量设备是否归零；

3 混凝土拌合物的工作性检查每100m³不应少于1次，且每一工作班不应少于2次，必要时可增加检查次数；

4 骨料含水率的检验每工作班不应少于1次；当雨雪天气等外界影响导致混凝土骨料含水率变化时，应及时检验。

7.6.6 混凝土应进行抗压强度试验。有抗冻、抗渗等耐久性要求的混凝土，还应进行抗冻性、抗渗性等耐久性指标的试验。其试件留置方法和数量，应按现行国家标准《混凝土结构工程施工质量验收规范》GB 50204 的有关规定执行。

7.6.7 采用预拌混凝土时，供方应提供混凝土配合比通知单、混凝土抗压强度报告、混凝土质量合格证和混凝土运输单；当需要其他资料时，供需双方应在合同中明确约定。预拌混凝土质量控制资料的保存期限，应满足工程质量追溯的要求。

7.6.8 混凝土坍落度、维勃稠度的质量检查应符合下列规定：

1 坍落度和维勃稠度的检验方法，应符合现行国家标准《普通混凝土拌合物性能试验方法标准》GB/T 50080 的有关规定；

2 坍落度、维勃稠度的允许偏差应符合表7.6.8的规定；

3 预拌混凝土的坍落度检查应在交货地点进行；

4 坍落度大于220mm的混凝土，可根据需要测定其坍落扩展度，扩展度的允许偏差为±30mm。

表 7.6.8 混凝土坍落度、维勃稠度的允许偏差

坍落度（mm）			
设计值（mm）	≤40	50～90	≥100
允许偏差（mm）	±10	±20	±30
维勃稠度（s）			
设计值（s）	≥11	10～6	≤5
允许偏差（s）	±3	±2	±1

7.6.9 掺引气剂或引气型外加剂的混凝土拌合物，应按现行国家标准《普通混凝土拌合物性能试验方法标准》GB/T 50080 的有关规定检验含气量，含气量宜符合表 7.6.9 的规定。

表 7.6.9 混凝土含气量限值

粗骨料最大公称粒径（mm）	混凝土含气量（％）
20	≤5.5
25	≤5.0
40	≤4.5

8 现浇结构工程

8.1 一般规定

8.1.1 混凝土浇筑前应完成下列工作：

  1 隐蔽工程验收和技术复核；

  2 对操作人员进行技术交底；

  3 根据施工方案中的技术要求，检查并确认施工现场具备实施条件；

  4 施工单位填报浇筑申请单，并经监理单位签认。

8.1.2 混凝土拌合物入模温度不应低于 5℃，且不应高于 35℃。

8.1.3 混凝土运输、输送、浇筑过程中严禁加水；混凝土运输、输送、浇筑过程中散落的混凝土严禁用于混凝土结构构件的浇筑。

8.1.4 混凝土应布料均衡。应对模板及支架进行观察和维护，发生异常情况应及时进行处理。混凝土浇筑和振捣应采取防止模板、钢筋、钢构、预埋件及其定位件移位的措施。

8.2 混凝土输送

8.2.1 混凝土输送宜采用泵送方式。

8.2.2 混凝土输送泵的选择及布置应符合下列规定：

  1 输送泵的选型应根据工程特点、混凝土输送高度和距离、混凝土工作性确定；

  2 输送泵的数量应根据混凝土浇筑量和施工条件确定，必要时应设置备用泵；

  3 输送泵设置的位置应满足施工要求，场地应平整、坚实，道路应畅通；

  4 输送泵的作业范围不得有阻碍物；输送泵设置位置应有防范高空坠物的设施。

8.2.3 混凝土输送泵管与支架的设置应符合下列规定：

  1 混凝土输送泵管应根据输送泵的型号、拌合物性能、总输出量、单位输出量、输送距离以及粗骨料粒径等进行选择；

  2 混凝土粗骨料最大粒径不大于 25mm 时，可采用内径不小于 125mm 的输送泵管；混凝土粗骨料最大粒径不大于 40mm 时，可采用内径不小于 150mm 的输送泵管；

  3 输送泵管安装连接应严密，输送泵管道转向宜平缓；

  4 输送泵管应采用支架固定，支架应与结构牢固连接，输送泵管转向处支架应加密；支架应通过计算确定，设置位置的结构应进行验算，必要时应采取加固措施；

  5 向上输送混凝土时，地面水平输送泵管的直管和弯管总的折算长度不宜小于竖向输送高度的 20%，且不宜小于 15m；

  6 输送泵管倾斜或垂直向下输送混凝土，且高差大于 20m 时，应在倾斜或竖向管下端设置直管或弯管，直管或弯管总的折算长度不宜小于高差的 1.5 倍；

  7 输送高度大于 100m 时，混凝土输送泵出料口处的输送泵管位置应设置截止阀；

  8 混凝土输送泵管及其支架应经常进行检查和维护。

8.2.4 混凝土输送布料设备的设置应符合下列规定：

  1 布料设备的选择应与输送泵相匹配；布料设备的混凝土输送管内径宜与混凝土输送泵管内径相同；

  2 布料设备的数量及位置应根据布料设备工作半径、施工作业面大小以及施工要求确定；

  3 布料设备应安装牢固，且应采取抗倾覆措施；布料设备安装位置处的结构或专用装置应进行验算，必要时应采取加固措施；

  4 应经常对布料设备的弯管壁厚进行检查，磨损较大的弯管应及时更换；

  5 布料设备作业范围不得有阻碍物，并应有防范高空坠物的设施。

8.2.5 输送混凝土的管道、容器、溜槽不应吸水、漏浆，并应保证输送通畅。输送混凝土时，应根据工程所处环境条件采取保温、隔热、防雨等措施。

8.2.6 输送泵输送混凝土应符合下列规定：

  1 应先进行泵水检查，并应湿润输送泵的料斗、活塞等直接与混凝土接触的部位；泵水检查后，应清除输送泵内积水；

2 输送混凝土前，宜先输送水泥砂浆对输送泵和输送管进行润滑，然后开始输送混凝土；

3 输送混凝土应先慢后快、逐步加速，应在系统运转顺利后再按正常速度输送；

4 输送混凝土过程中，应设置输送泵集料斗网罩，并应保证集料斗有足够的混凝土余量。

8.2.7 吊车配备斗容器输送混凝土应符合下列规定：

1 应根据不同结构类型以及混凝土浇筑方法选择不同的斗容器；

2 斗容器的容量应根据吊车吊运能力确定；

3 运输至施工现场的混凝土宜直接装入斗容器进行输送；

4 斗容器宜在浇筑点直接布料。

8.2.8 升降设备配备小车输送混凝土应符合下列规定：

1 升降设备和小车的配备数量、小车行走路线及卸料点位置应能满足混凝土浇筑需要；

2 运输至施工现场的混凝土宜直接装入小车进行输送，小车宜在靠近升降设备的位置进行装料。

8.3 混凝土浇筑

8.3.1 浇筑混凝土前，应清除模板内或垫层上的杂物。表面干燥的地基、垫层、模板上应洒水湿润；现场环境温度高于 35℃ 时，宜对金属模板进行洒水降温；洒水后不得留有积水。

8.3.2 混凝土浇筑应保证混凝土的均匀性和密实性。混凝土宜一次连续浇筑。

8.3.3 混凝土应分层浇筑，分层厚度应符合本规范第 8.4.6 条的规定，上层混凝土应在下层混凝土初凝之前浇筑完毕。

8.3.4 混凝土运输、输送入模的过程应保证混凝土连续浇筑，从运输到输送入模的延续时间不宜超过表 8.3.4-1 的规定，且不应超过表 8.3.4-2 的规定。掺早强型减水剂、早强剂的混凝土，以及有特殊要求的混凝土，应根据设计及施工要求，通过试验确定允许时间。

表 8.3.4-1 运输到输送入模的延续时间（min）

条　件	气　温	
	≤25℃	>25℃
不掺外加剂	90	60
掺外加剂	150	120

表 8.3.4-2 运输、输送入模及其间歇总的时间限值（min）

条　件	气　温	
	≤25℃	>25℃
不掺外加剂	180	150
掺外加剂	240	210

8.3.5 混凝土浇筑的布料点宜接近浇筑位置，应采取减少混凝土下料冲击的措施，并应符合下列规定：

1 宜先浇筑竖向结构构件，后浇筑水平结构构件；

2 浇筑区域结构平面有高差时，宜先浇筑低区部分，再浇筑高区部分。

8.3.6 柱、墙模板内的混凝土浇筑不得发生离析，倾落高度应符合表 8.3.6 的规定；当不能满足要求时，应加设串筒、溜管、溜槽等装置。

表 8.3.6　柱、墙模板内混凝土浇筑倾落高度限值（m）

条　件	浇筑倾落高度限值
粗骨料粒径大于 25mm	≤3
粗骨料粒径小于等于 25mm	≤6

注：当有可靠措施能保证混凝土不产生离析时，混凝土倾落高度可不受本表限制。

8.3.7 混凝土浇筑后，在混凝土初凝前和终凝前，宜分别对混凝土裸露表面进行抹面处理。

8.3.8 柱、墙混凝土设计强度等级高于梁、板混凝土设计强度等级时，混凝土浇筑应符合下列规定：

1 柱、墙混凝土设计强度比梁、板混凝土设计强度高一个等级时，柱、墙位置梁、板高度范围内的混凝土经设计单位确认，可采用与梁、板混凝土设计强度等级相同的混凝土进行浇筑；

2 柱、墙混凝土设计强度比梁、板混凝土设计强度高两个等级及以上时，应在交界区域采取分隔措施；分隔位置应在低强度等级的构件中，且距高强度等级构件边缘不应小于 500mm；

3 宜先浇筑强度等级高的混凝土，后浇筑强度等级低的混凝土。

8.3.9 泵送混凝土浇筑应符合下列规定：

1 宜根据结构形状及尺寸、混凝土供应、混凝土浇筑设备、场地内外条件等划分每台输送泵的浇筑区域及浇筑顺序；

2 采用输送管浇筑混凝土时，宜由远而近浇筑；采用多根输送管同时浇筑时，其浇筑速度宜保持一致；

3 润滑输送管的水泥砂浆用于湿润结构施工缝时，水泥砂浆应与混凝土浆液成分相同；接浆厚度不应大于 30mm，多余水泥砂浆应收集后运出；

4 混凝土泵送浇筑应连续进行；当混凝土不能及时供应时，应采取间歇泵送方式；

5 混凝土浇筑后，应清洗输送泵和输送管。

8.3.10 施工缝或后浇带处浇筑混凝土，应符合下列规定：

1 结合面应为粗糙面，并应清除浮浆、松动石子、软弱混凝土层；

2 结合面处应洒水湿润，但不得有积水；

3 施工缝处已浇筑混凝土的强度不应小于 1.2MPa;

4 柱、墙水平施工缝水泥砂浆接浆层厚度不应大于 30mm,接浆层水泥砂浆应与混凝土浆液成分相同;

5 后浇带混凝土强度等级及性能应符合设计要求;当设计无具体要求时,后浇带混凝土强度等级宜比两侧混凝土提高一级,并宜采用减少收缩的技术措施。

8.3.11 超长结构混凝土浇筑应符合下列规定:

1 可留设施工缝分仓浇筑,分仓浇筑间隔时间不应少于 7d;

2 当留设后浇带时,后浇带封闭时间不得少于 14d;

3 超长整体基础中调节沉降的后浇带,混凝土封闭时间应通过监测确定,应在差异沉降稳定后封闭后浇带;

4 后浇带的封闭时间尚应经设计单位确认。

8.3.12 型钢混凝土结构浇筑应符合下列规定:

1 混凝土粗骨料最大粒径不应大于型钢外侧混凝土保护层厚度的 1/3,且不宜大于 25mm;

2 浇筑应有足够的下料空间,并应使混凝土充盈整个构件各部位;

3 型钢周边混凝土浇筑宜同步上升,混凝土浇筑高差不应大于 500mm。

8.3.13 钢管混凝土结构浇筑应符合下列规定:

1 宜采用自密实混凝土浇筑;

2 混凝土应采取减少收缩的技术措施;

3 钢管截面较小时,应在钢管壁适当位置留有足够的排气孔,排气孔孔径不应小于 20mm;浇筑混凝土应加强排气孔观察,并应确认浆体流出和浇筑密实后再封堵排气孔;

4 当采用粗骨料粒径不大于 25mm 的高流态混凝土或粗骨料粒径不大于 20mm 的自密实混凝土时,混凝土最大倾落高度不宜大于 9m;倾落高度大于 9m 时,宜采用串筒、溜槽、溜管等辅助装置进行浇筑;

5 混凝土从管顶向下浇筑时应符合下列规定:

1) 浇筑应有足够的下料空间,并应使混凝土充盈整个钢管;

2) 输送管端内径或斗容器下料口内径应小于钢管内径,且每边应留有不小于 100mm 的间隙;

3) 应控制浇筑速度和单次下料量,并应分层浇筑至设计标高;

4) 混凝土浇筑完毕后应对管口进行临时封闭。

6 混凝土从管底顶升浇筑时应符合下列规定:

1) 应在钢管底部设置进料输送管,进料输送管应设置止流阀门,止流阀门可在顶升浇筑的混凝土达到终凝后拆除;

2) 应合理选择混凝土顶升浇筑设备;应配备上、下方通信联络工具,并应采取可有效控制混凝土顶升或停止的措施;

3) 应控制混凝土顶升速度,并均衡浇筑至设计标高。

8.3.14 自密实混凝土浇筑应符合下列规定:

1 应根据结构部位、结构形状、结构配筋等确定合适的浇筑方案;

2 自密实混凝土粗骨料最大粒径不宜大于 20mm;

3 浇筑应能使混凝土充填到钢筋、预埋件、预埋钢构件周边及模板内各部位;

4 自密实混凝土浇筑布料点应结合拌合物特性选择适宜的间距,必要时可通过试验确定混凝土布料点下料间距。

8.3.15 清水混凝土结构浇筑应符合下列规定:

1 应根据结构特点进行构件分区,同一构件分区应采用同批混凝土,并应连续浇筑;

2 同层或同区内混凝土构件所用材料牌号、品种、规格应一致,并应保证结构外观色泽符合要求;

3 竖向构件浇筑时应严格控制分层浇筑的间歇时间。

8.3.16 基础大体积混凝土结构浇筑应符合下列规定:

1 采用多条输送泵管浇筑时,输送泵管间距不宜大于 10m,并宜由远及近浇筑;

2 采用汽车布料杆输送浇筑时,应根据布料杆工作半径确定布料点数量,各布料点浇筑速度应保持均衡;

3 宜先浇筑深坑部分再浇筑大面积基础部分;

4 宜采用斜面分层浇筑方法,也可采用全面分层、分块分层浇筑方法,层与层之间混凝土浇筑的间歇时间应能保证混凝土浇筑连续进行;

5 混凝土分层浇筑应采用自然流淌形成斜坡,并应沿高度均匀上升,分层厚度不宜大于 500mm;

6 抹面处理应符合本规范第 8.3.7 条的规定,抹面次数宜适当增加;

7 应有排除积水或混凝土泌水的有效技术措施。

8.3.17 预应力结构混凝土浇筑应符合下列规定:

1 应避免成孔管道破损、移位或连接处脱落,并应避免预应力筋、锚具及锚垫板等移位;

2 预应力锚固区等配筋密集部位应采取保证混凝土浇筑密实的措施;

3 先张法预应力混凝土构件,应在张拉后及时浇筑混凝土。

8.4 混凝土振捣

8.4.1 混凝土振捣应能使模板内各个部位混凝土密实、均匀,不应漏振、欠振、过振。

8.4.2 混凝土振捣应采用插入式振动棒、平板振动器或附着振动器，必要时可采用人工辅助振捣。

8.4.3 振动棒振捣混凝土应符合下列规定：

1 应按分层浇筑厚度分别进行振捣，振动棒的前端应插入前一层混凝土中，插入深度不应小于50mm；

2 振动棒应垂直于混凝土表面并快插慢拔均匀振捣；当混凝土表面无明显塌陷、有水泥浆出现、不再冒气泡时，应结束该部位振捣；

3 振动棒与模板的距离不应大于振动棒作用半径的50%；振捣插点间距不应大于振动棒的作用半径的1.4倍。

8.4.4 平板振动器振捣混凝土应符合下列规定：

1 平板振动器振捣应覆盖振捣平面边角；

2 平板振动器移动间距应覆盖已振实部分混凝土边缘；

3 振捣倾斜表面时，应由低处向高处进行振捣。

8.4.5 附着振动器振捣混凝土应符合下列规定：

1 附着振动器应与模板紧密连接，设置间距应通过试验确定；

2 附着振动器应根据混凝土浇筑高度和浇筑速度，依次从下往上振捣；

3 模板上同时使用多台附着振动器时，应使各振动器的频率一致，并应交错设置在相对面的模板上。

8.4.6 混凝土分层振捣的最大厚度应符合表8.4.6的规定。

表8.4.6 混凝土分层振捣的最大厚度

振捣方法	混凝土分层振捣最大厚度
振动棒	振动棒作用部分长度的1.25倍
平板振动器	200mm
附着振动器	根据设置方式，通过试验确定

8.4.7 特殊部位的混凝土应采取下列加强振捣措施：

1 宽度大于0.3m的预留洞底部区域，应在洞口两侧进行振捣，并应适当延长振捣时间；宽度大于0.8m的洞口底部，应采取特殊的技术措施；

2 后浇带及施工缝边角处应加密振捣点，并应适当延长振捣时间；

3 钢筋密集区域或型钢与钢筋结合区域，应选择小型振动棒辅助振捣、加密振捣点，并应适当延长振捣时间；

4 基础大体积混凝土浇筑流淌形成的坡脚，不得漏振。

8.5 混凝土养护

8.5.1 混凝土浇筑后应及时进行保湿养护，保湿养护可采用洒水、覆盖、喷涂养护剂等方式。养护方式应根据现场条件、环境温湿度、构件特点、技术要求、施工操作等因素确定。

8.5.2 混凝土的养护时间应符合下列规定：

1 采用硅酸盐水泥、普通硅酸盐水泥或矿渣硅酸盐水泥配制的混凝土，不应少于7d；采用其他品种水泥时，养护时间应根据水泥性能确定；

2 采用缓凝型外加剂、大掺量矿物掺合料配制的混凝土，不应少于14d；

3 抗渗混凝土、强度等级C60及以上的混凝土，不应少于14d；

4 后浇带混凝土的养护时间不应少于14d；

5 地下室底层墙、柱和上部结构首层墙、柱，宜适当增加养护时间；

6 大体积混凝土养护时间应根据施工方案确定。

8.5.3 洒水养护应符合下列规定：

1 洒水养护宜在混凝土裸露表面覆盖麻袋或草帘后进行，也可采用直接洒水、蓄水等养护方式；洒水养护应保证混凝土表面处于湿润状态；

2 洒水养护用水应符合本规范第7.2.9条的规定；

3 当日最低温度低于5℃时，不应采用洒水养护。

8.5.4 覆盖养护应符合下列规定：

1 覆盖养护宜在混凝土裸露表面覆盖塑料薄膜、塑料薄膜加麻袋、塑料薄膜加草帘进行；

2 塑料薄膜应紧贴混凝土裸露表面，塑料薄膜内应保持有凝结水；

3 覆盖物应严密，覆盖物的层数应按施工方案确定。

8.5.5 喷涂养护剂养护应符合下列规定：

1 应在混凝土裸露表面喷涂覆盖致密的养护剂进行养护；

2 养护剂应均匀喷涂在结构构件表面，不得漏喷；养护剂应具有可靠的保湿效果，保湿效果可通过试验检验；

3 养护剂使用方法应符合产品说明书的有关要求。

8.5.6 基础大体积混凝土裸露表面应采用覆盖养护方式；当混凝土浇筑体表面以内40mm～100mm位置的温度与环境温度的差值小于25℃时，可结束覆盖养护。覆盖养护结束但尚未达到养护时间要求时，可采用洒水养护方式直至养护结束。

8.5.7 柱、墙混凝土养护方法应符合下列规定：

1 地下室底层和上部结构首层柱、墙混凝土带模养护时间，不应少于3d；带模养护结束后，可采用洒水养护方式继续养护，也可采用覆盖养护或喷涂养护剂养护方式继续养护；

2 其他部位柱、墙混凝土可采用洒水养护，也可采用覆盖养护或喷涂养护剂养护。

8.5.8 混凝土强度达到 1.2MPa 前，不得在其上踩踏、堆放物料、安装模板及支架。

8.5.9 同条件养护试件的养护条件应与实体结构部位养护条件相同，并应妥善保管。

8.5.10 施工现场应具备混凝土标准试件制作条件，并应设置标准试件养护室或养护箱。标准试件养护应符合国家现行有关标准的规定。

8.6 混凝土施工缝与后浇带

8.6.1 施工缝和后浇带的留设位置应在混凝土浇筑前确定。施工缝和后浇带宜留设在结构受剪力较小且便于施工的位置。受力复杂的结构构件或有防水抗渗要求的结构构件，施工缝留设位置应经设计单位确认。

8.6.2 水平施工缝的留设位置应符合下列规定：

　　1 柱、墙施工缝可留设在基础、楼层结构顶面，柱施工缝与结构上表面的距离宜为 0mm～100mm，墙施工缝与结构上表面的距离宜为 0mm～300mm；

　　2 柱、墙施工缝也可留设在楼层结构底面，施工缝与结构下表面的距离宜为 0mm～50mm；当板下有梁托时，可留设在梁托下 0mm～20mm；

　　3 高度较大的柱、墙、梁以及厚度较大的基础，可根据施工需要在其中部留设水平施工缝；当因施工缝留设改变受力状态而需要调整构件配筋时，应经设计单位确认；

　　4 特殊结构部位留设水平施工缝应经设计单位确认。

8.6.3 竖向施工缝和后浇带的留设位置应符合下列规定：

　　1 有主次梁的楼板施工缝应留设在次梁跨度中间 1/3 范围内；

　　2 单向板施工缝应留设在与跨度方向平行的任何位置；

　　3 楼梯梯段施工缝宜设置在梯段板跨度端部1/3范围内；

　　4 墙的施工缝宜设置在门洞口过梁跨中 1/3 范围内，也可留设在纵横墙交接处；

　　5 后浇带留设位置应符合设计要求；

　　6 特殊结构部位留设竖向施工缝应经设计单位确认。

8.6.4 设备基础施工缝留设位置应符合下列规定：

　　1 水平施工缝应低于地脚螺栓底端，与地脚螺栓底端的距离应大于 150mm；当地脚螺栓直径小于 30mm 时，水平施工缝可留设在深度不小于地脚螺栓埋入混凝土部分总长度的 3/4 处。

　　2 竖向施工缝与地脚螺栓中心线的距离不应小于 250mm，且不应小于螺栓直径的 5 倍。

8.6.5 承受动力作用的设备基础施工缝留设位置，应符合下列规定：

　　1 标高不同的两个水平施工缝，其高低结合处应留设成台阶形，台阶的高宽比不应大于 1.0；

　　2 竖向施工缝或台阶形施工缝的断面处应加插钢筋，插筋数量和规格应由设计确定；

　　3 施工缝的留设应经设计单位确认。

8.6.6 施工缝、后浇带留设界面，应垂直于结构构件和纵向受力钢筋。结构构件厚度或高度较大时，施工缝或后浇带界面宜采用专用材料封挡。

8.6.7 混凝土浇筑过程中，因特殊原因需临时设置施工缝时，施工缝留设应规整，并宜垂直于构件表面，必要时可采取增加插筋、事后修凿等技术措施。

8.6.8 施工缝和后浇带应采取钢筋防锈或阻锈等保护措施。

8.7 大体积混凝土裂缝控制

8.7.1 大体积混凝土宜采用后期强度作为配合比设计、强度评定及验收的依据。基础混凝土，确定混凝土强度时的龄期可取为 60d（56d）或 90d；柱、墙混凝土强度等级不低于 C80 时，确定混凝土强度时的龄期可取为 60d（56d）。确定混凝土强度时采用大于 28d 的龄期时，龄期应经设计单位确认。

8.7.2 大体积混凝土施工配合比设计应符合本规范第 7.3.7 条的规定，并应加强混凝土养护。

8.7.3 大体积混凝土施工时，应对混凝土进行温度控制，并应符合下列规定：

　　1 混凝土入模温度不宜大于 30℃；混凝土浇筑体最大温升值不宜大于 50℃。

　　2 在覆盖养护或带模养护阶段，混凝土浇筑体表面以内 40mm～100mm 位置处的温度与混凝土浇筑体表面温度差值不应大于 25℃；结束覆盖养护或拆模后，混凝土浇筑体表面以内 40mm～100mm 位置处的温度与环境温度差值不应大于 25℃。

　　3 混凝土浇筑体内部相邻两测温点的温度差值不应大于 25℃。

　　4 混凝土降温速率不宜大于 2.0℃/d；当有可靠经验时，降温速率要求可适当放宽。

8.7.4 基础大体积混凝土测温点设置应符合下列规定：

　　1 宜选择具有代表性的两个交叉竖向剖面进行测温，竖向剖面交叉位置宜通过基础中部区域。

　　2 每个竖向剖面的周边及以内部位应设置测温点，两个竖向剖面交叉处应设置测温点；混凝土浇筑体表面测温点应设置在保温覆盖层底部或模板内侧表面，并应与两个剖面上的周边测温点位置及数量对应；环境测温点不应少于 2 处。

　　3 每个剖面的周边测温点应设置在混凝土浇筑体表面以内 40mm～100mm 位置处；每个剖面的测温点宜竖向、横向对齐；每个剖面竖向设置的测温点不应少于 3 处，间距不应小于 0.4m 且不宜大于 1.0m；每个剖面横向设置的测温点不应少于 4 处，间距不应小于 0.4m 且不应大于 10m。

4 对基础厚度不大于 1.6m，裂缝控制技术措施完善的工程，可不进行测温。

8.7.5 柱、墙、梁大体积混凝土测温点设置应符合下列规定：

1 柱、墙、梁结构实体最小尺寸大于 2m，且混凝土强度等级不低于 C60 时，应进行测温。

2 宜选择沿构件纵向的两个横向剖面进行测温，每个横向剖面的周边及中部区域应设置测温点；混凝土浇筑体表面测温点应设置在模板内侧表面，并应与两个剖面上的周边测温点位置及数量对应；环境测温点不应少于 1 处。

3 每个横向剖面的周边测温点应设置在混凝土浇筑体表面以内 40mm～100mm 位置处；每个横向剖面的测温点宜对齐；每个剖面的测温点不应少于 2 处，间距不应小于 0.4m 且不宜大于 1.0m。

4 可根据第一次测温结果，完善温差控制技术措施，后续施工可不进行测温。

8.7.6 大体积混凝土测温应符合下列规定：

1 宜根据每个测温点被混凝土初次覆盖时的温度确定各测点部位混凝土的入模温度；

2 浇筑体周边表面以内测温点、浇筑体表面测温点、环境测温点的测温，应与混凝土浇筑、养护过程同步进行；

3 应按测温频率要求及时提供测温报告，测温报告应包含各测温点的温度数据、温差数据、代表点位的温度变化曲线、温度变化趋势分析等内容；

4 混凝土浇筑体表面以内 40mm～100mm 位置的温度与环境温度的差值小于 20℃时，可停止测温。

8.7.7 大体积混凝土测温频率应符合下列规定：

1 第一天至第四天，每 4h 不应少于一次；

2 第五天至第七天，每 8h 不应少于一次；

3 第七天至测温结束，每 12h 不应少于一次。

8.8 质 量 检 查

8.8.1 混凝土结构施工质量检查可分为过程控制检查和拆模后的实体质量检查。过程控制检查应在混凝土施工全过程中，按施工段划分和工序安排及时进行；拆模后的实体质量检查应在混凝土表面未作处理和装饰前进行。

8.8.2 混凝土结构施工的质量检查，应符合下列规定：

1 检查的频率、时间、方法和参加检查的人员，应根据质量控制的需要确定。

2 施工单位应对完成施工的部位或成果的质量进行自检，自检应全数检查。

3 混凝土结构施工质量检查应作出记录；返工

和修补的构件，应有返工修补前后的记录，并应有图像资料。

4 已经隐蔽的工程内容，可检查隐蔽工程验收记录。

5 需要对混凝土结构的性能进行检验时，应委托有资质的检测机构检测，并应出具检测报告。

8.8.3 混凝土浇筑前应检查混凝土送料单，核对混凝土配合比，确认混凝土强度等级，检查混凝土运输时间，测定混凝土坍落度，必要时还应测定混凝土扩展度。

8.8.4 混凝土结构施工过程中，应进行下列检查：

1 模板：

1）模板及支架位置、尺寸；

2）模板的变形和密封性；

3）模板涂刷脱模剂及必要的表面湿润；

4）模板内杂物清理。

2 钢筋及预埋件：

1）钢筋的规格、数量；

2）钢筋的位置；

3）钢筋的混凝土保护层厚度；

4）预埋件规格、数量、位置及固定。

3 混凝土拌合物：

1）坍落度、入模温度等；

2）大体积混凝土的温度测控。

4 混凝土施工：

1）混凝土输送、浇筑、振捣等；

2）混凝土浇筑时模板的变形、漏浆等；

3）混凝土浇筑时钢筋和预埋件位置；

4）混凝土试件制作；

5）混凝土养护。

8.8.5 混凝土结构拆除模板后应进行下列检查：

1 构件的轴线位置、标高、截面尺寸、表面平整度、垂直度；

2 预埋件的数量、位置；

3 构件的外观缺陷；

4 构件的连接及构造做法；

5 结构的轴线位置、标高、全高垂直度。

8.8.6 混凝土结构拆模后实体质量检查方法与判定，应符合现行国家标准《混凝土结构工程施工质量验收规范》GB 50204 等的有关规定。

8.9 混凝土缺陷修整

8.9.1 混凝土结构缺陷可分为尺寸偏差缺陷和外观缺陷。尺寸偏差缺陷和外观缺陷可分为一般缺陷和严重缺陷。混凝土结构尺寸偏差超出规范规定，但尺寸偏差对结构性能和使用功能未构成影响时，应属于一般缺陷；而尺寸偏差对结构性能和使用功能构成影响时，应属于严重缺陷。外观缺陷分类应符合表 8.9.1 的规定。

表 8.9.1　混凝土结构外观缺陷分类

名称	现象	严重缺陷	一般缺陷
露筋	构件内钢筋未被混凝土包裹而外露	纵向受力钢筋有露筋	其他钢筋有少量露筋
蜂窝	混凝土表面缺少水泥砂浆而形成石子外露	构件主要受力部位有蜂窝	其他部位有少量蜂窝
孔洞	混凝土中孔穴深度和长度均超过保护层厚度	构件主要受力部位有孔洞	其他部位有少量孔洞
夹渣	混凝土中夹有杂物且深度超过保护层厚度	构件主要受力部位有夹渣	其他部位有少量夹渣
疏松	混凝土中局部不密实	构件主要受力部位有疏松	其他部位有少量疏松
裂缝	缝隙从混凝土表面延伸至混凝土内部	构件主要受力部位有影响结构性能或使用功能的裂缝	其他部位有少量不影响结构性能或使用功能的裂缝
连接部位缺陷	构件连接处混凝土有缺陷及连接钢筋、连接件松动	连接部位有影响结构传力性能的缺陷	连接部位有基本不影响结构传力性能的缺陷
外形缺陷	缺棱掉角、棱角不直、翘曲不平、飞边凸肋等	清水混凝土构件有影响使用功能或装饰效果的外形缺陷	其他混凝土构件有不影响使用功能的外形缺陷
外表缺陷	构件表面麻面、掉皮、起砂、沾污等	具有重要装饰效果的清水混凝土构件有外表缺陷	其他混凝土构件有不影响使用功能的外表缺陷

8.9.2　施工过程中发现混凝土结构缺陷时,应认真分析缺陷产生的原因。对严重缺陷施工单位应制定专项修整方案,方案应经论证审批后再实施,不得擅自处理。

8.9.3　混凝土结构外观一般缺陷修整应符合下列规定:

　　1　露筋、蜂窝、孔洞、夹渣、疏松、外表缺陷,应凿除胶结不牢固部分的混凝土,应清理表面,洒水湿润后应用1:2～1:2.5水泥砂浆抹平;

　　2　应封闭裂缝;

　　3　连接部位缺陷、外形缺陷可与面层装饰施工一并处理。

8.9.4　混凝土结构外观严重缺陷修整应符合下列

规定:

　　1　露筋、蜂窝、孔洞、夹渣、疏松、外表缺陷,应凿除胶结不牢固部分的混凝土至密实部位,清理表面,支设模板,洒水湿润,涂抹混凝土界面剂,应采用比原混凝土强度等级高一级的细石混凝土浇筑密实,养护时间不应少于7d。

　　2　开裂缺陷修整应符合下列规定:

　　　　1)　民用建筑的地下室、卫生间、屋面等接触水介质的构件,均应注浆封闭处理。民用建筑不接触水介质的构件,可采用注浆封闭、聚合物砂浆粉刷或其他表面封闭材料进行封闭。

　　　　2)　无腐蚀介质工业建筑的地下室、屋面、卫生间等接触水介质的构件,以及有腐蚀介质的所有构件,均应注浆封闭处理。无腐蚀介质工业建筑不接触水介质的构件,可采用注浆封闭、聚合物砂浆粉刷或其他表面封闭材料进行封闭。

　　3　清水混凝土的外形和外表严重缺陷,宜在水泥砂浆或细石混凝土修补后用磨光机械磨平。

8.9.5　混凝土结构尺寸偏差一般缺陷,可结合装饰工程进行修整。

8.9.6　混凝土结构尺寸偏差严重缺陷,应会同设计单位共同制定专项修整方案,结构修整后应重新检查验收。

9　装配式结构工程

9.1　一　般　规　定

9.1.1　装配式结构工程应编制专项施工方案。必要时,专业施工单位应根据设计文件进行深化设计。

9.1.2　装配式结构正式施工前,宜选择有代表性的单元或部分进行试制作、试安装。

9.1.3　预制构件的吊运应符合下列规定:

　　1　应根据预制构件形状、尺寸、重量和作业半径等要求选择吊具和起重设备,所采用的吊具和起重设备及其施工操作,应符合国家现行有关标准及产品应用技术手册的规定;

　　2　应采取保证起重设备的主钩位置、吊具及构件重心在竖直方向上重合的措施;吊索与构件水平夹角不宜小于60°,不应小于45°;吊运过程应平稳,不应有大幅度摆动,且不应长时间悬停;

　　3　应设专人指挥,操作人员应位于安全位置。

9.1.4　预制构件经检查合格后,应在构件上设置可靠标识。在装配式结构的施工全过程中,应采取防止预制构件损伤或污染的措施。

9.1.5　装配式结构施工中采用专用定型产品时,专用定型产品及施工操作应符合国家现行有关标准及产品应用技术手册的规定。

9.2 施工验算

9.2.1 装配式混凝土结构施工前，应根据设计要求和施工方案进行必要的施工验算。

9.2.2 预制构件在脱模、吊运、运输、安装等环节的施工验算，应将构件自重标准值乘以脱模吸附系数或动力系数作为等效荷载标准值，并应符合下列规定：

  1 脱模吸附系数宜取 1.5，也可根据构件和模具表面状况适当增减；复杂情况，脱模吸附系数宜根据试验确定；

  2 构件吊运、运输时，动力系数宜取 1.5；构件翻转及安装过程中就位、临时固定时，动力系数可取 1.2。当有可靠经验时，动力系数可根据实际受力情况和安全要求适当增减。

9.2.3 预制构件的施工验算应符合设计要求。当设计无具体要求时，宜符合下列规定：

  1 钢筋混凝土和预应力混凝土构件正截面边缘的混凝土法向压应力，应满足下式的要求：

$$\sigma_{cc} \leqslant 0.8 f'_{ck} \qquad (9.2.3-1)$$

式中：σ_{cc}——各施工环节在荷载标准组合作用下产生的构件正截面边缘混凝土法向压应力（MPa），可按毛截面计算；

f'_{ck}——与各施工环节的混凝土立方体抗压强度相应的抗压强度标准值（MPa），按现行国家标准《混凝土结构设计规范》GB 50010 - 2010 表 4.1.3-1 以线性内插法确定。

  2 钢筋混凝土和预应力混凝土构件正截面边缘的混凝土法向拉应力，宜满足下式的要求：

$$\sigma_{ct} \leqslant 1.0 f'_{tk} \qquad (9.2.3-2)$$

式中：σ_{ct}——各施工环节在荷载标准组合作用下产生的构件正截面边缘混凝土法向拉应力（MPa），可按毛截面计算；

f'_{tk}——与各施工环节的混凝土立方体抗压强度相应的抗拉强度标准值（MPa），按现行国家标准《混凝土结构设计规范》GB 50010 - 2010 表 4.1.3-2 以线性内插法确定。

  3 预应力混凝土构件的端部正截面边缘的混凝土法向拉应力，可适当放松，但不应大于 $1.2 f'_{tk}$。

  4 施工过程中允许出现裂缝的钢筋混凝土构件，其正截面边缘混凝土法向拉应力限值可适当放松，但开裂截面处受拉钢筋的应力，应满足下式的要求：

$$\sigma_s \leqslant 0.7 f_{yk} \qquad (9.2.3-3)$$

式中：σ_s——各施工环节在荷载标准组合作用下产生的构件受拉钢筋应力，应按开裂截面计算（MPa）；

f_{yk}——受拉钢筋强度标准值（MPa）。

  5 叠合式受弯构件尚应符合现行国家标准《混凝土结构设计规范》GB 50010 的有关规定。在叠合层施工阶段验算中，作用在叠合板上的施工活荷载标准值可按实际情况计算，且取值不宜小于 1.5kN/m²。

9.2.4 预制构件中的预埋吊件及临时支撑，宜按下式进行计算：

$$K_c S_c \leqslant R_c \qquad (9.2.4)$$

式中：K_c——施工安全系数，可按表 9.2.4 的规定取值；当有可靠经验时，可根据实际情况适当增减；

S_c——施工阶段荷载标准组合作用下的效应值，施工阶段的荷载标准值按本规范附录 A 及第 9.2.3 条的有关规定取值；

R_c——按材料强度标准值计算或根据试验确定的预埋吊件、临时支撑、连接件的承载力；对复杂或特殊情况，宜通过试验确定。

表 9.2.4 预埋吊件及临时支撑的施工安全系数 K_c

项目	施工安全系数（K_c）
临时支撑	2
临时支撑的连接件 预制构件中用于连接临时支撑的预埋件	3
普通预埋吊件	4
多用途的预埋吊件	5

注：对采用 HPB300 钢筋吊环形式的预埋吊件，应符合现行国家标准《混凝土结构设计规范》GB 50010 的有关规定。

9.3 构件制作

9.3.1 制作预制构件的场地应平整、坚实，并应采取排水措施。当采用台座生产预制构件时，台座表面应光滑平整，2m 长度内表面平整度不应大于 2mm，在气温变化较大的地区宜设置伸缩缝。

9.3.2 模具应具有足够的强度、刚度和整体稳定性，并应能满足预制构件预留孔、插筋、预埋吊件及其他预埋件的定位要求。模具设计应满足预制构件质量、生产工艺、模具组装与拆卸、周转次数等要求。跨度较大的预制构件的模具应根据设计要求预设反拱。

9.3.3 混凝土振捣除可采用本规范第 8.4.2 条规定的方式外，尚可采用振动台等振捣方式。

9.3.4 当采用平卧重叠法制作预制构件时，应在下层构件的混凝土强度达到 5.0MPa 后，再浇筑上层构件混凝土，上、下层构件之间应采取隔离措施。

9.3.5 预制构件可根据需要选择洒水、覆盖、喷涂养护剂养护，或采用蒸汽养护、电加热养护。采用蒸汽养护时，应合理控制升温、降温速度和最高温度，构件表面宜保持90%～100%的相对湿度。

9.3.6 预制构件的饰面应符合设计要求。带面砖或石材饰面的预制构件宜采用反打成型法制作，也可采用后贴工艺法制作。

9.3.7 带保温材料的预制构件宜采用水平浇筑方式成型。采用夹芯保温的预制构件，宜采用专用连接件连接内外两层混凝土，其数量和位置应符合设计要求。

9.3.8 清水混凝土预制构件的制作应符合下列规定：

1 预制构件的边角宜采用倒角或圆弧角；

2 模具应满足清水表面设计精度要求；

3 应控制原材料质量和混凝土配合比，并应保证每班生产构件的养护温度均匀一致；

4 构件表面应采取针对清水混凝土的保护和防污染措施。出现的质量缺陷应采用专用材料修补，修补后的混凝土外观质量应满足设计要求。

9.3.9 带门窗、预埋管线预制构件的制作，应符合下列规定：

1 门窗框、预埋管线应在浇筑混凝土前预先放置并固定，固定时应采取防止窗破坏及污染窗体表面的保护措施；

2 当采用铝窗框时，应采取避免铝窗框与混凝土直接接触发生电化学腐蚀的措施；

3 应采取控制温度或受力变形对门窗产生的不利影响的措施。

9.3.10 采用现浇混凝土或砂浆连接的预制构件结合面，制作时应按设计要求进行处理。设计无具体要求时，宜进行拉毛或凿毛处理，也可采用露骨料粗糙面。

9.3.11 预制构件脱模起吊时的混凝土强度应根据计算确定，且不宜小于15MPa。后张有粘结预应力混凝土预制构件应在预应力筋张拉并灌浆后起吊，起吊时同条件养护的水泥浆试块抗压强度不宜小于15MPa。

9.4 运输与堆放

9.4.1 预制构件运输与堆放时的支承位置应经过计算确定。

9.4.2 预制构件的运输应符合下列规定：

1 预制构件的运输线路应根据道路、桥梁的实际条件确定，场内运输宜设置循环线路；

2 运输车辆应满足构件尺寸和载重要求；

3 装卸构件过程中，应采取保证车体平衡、防止车体倾覆的措施；

4 应采取防止构件移动或倾倒的绑扎固定措施；

5 运输细长构件时应根据需要设置水平支架；

6 构件边角部或绳索接触处的混凝土，宜采用垫衬加以保护。

9.4.3 预制构件的堆放应符合下列规定：

1 场地应平整、坚实，并应采取良好的排水措施；

2 应保证最下层构件垫实，预埋吊件宜向上，标识宜朝向堆垛间的通道；

3 垫木或垫块在构件下的位置宜与脱模、吊装时的起吊位置一致；重叠堆放构件时，每层构件间的垫木或垫块应在同一垂直线上；

4 堆垛层数应根据构件与垫木或垫块的承载力及堆垛的稳定性确定，必要时应设置防止构件倾覆的支架；

5 施工现场堆放的构件，宜按安装顺序分类堆放，堆垛宜布置在吊车工作范围内且不受其他工序施工作业影响的区域；

6 预应力构件的堆放应根据反拱影响采取措施。

9.4.4 墙板类构件应根据施工要求选择堆放和运输方式。外形复杂墙板宜采用插放架或靠放架直立堆放和运输。插放架、靠放架应安全可靠。采用靠放架直立堆放的墙板宜对称靠放、饰面朝外，与竖向的倾斜角不宜大于10°。

9.4.5 吊运平卧制作的混凝土屋架时，应根据屋架跨度、刚度确定吊索绑扎形式及加固措施。屋架堆放时，可将几榀屋架绑扎成整体。

9.5 安装与连接

9.5.1 装配式结构安装现场应根据工期要求以及工程量、机械设备等现场条件，组织立体交叉、均衡有效的安装施工流水作业。

9.5.2 预制构件安装前的准备工作应符合下列规定：

1 应核对已施工完成结构的混凝土强度、外观质量、尺寸偏差等符合设计要求和本规范的有关规定；

2 应核对预制构件混凝土强度及预制构件和配件的型号、规格、数量等符合设计要求；

3 应在已施工完成结构及预制构件上进行测量放线，并应设置安装定位标志；

4 应确认吊装设备及吊具处于安全操作状态；

5 应核实现场环境、天气、道路状况满足吊装施工要求。

9.5.3 安放预制构件时，其搁置长度应满足设计要求。预制构件与其支承构件间宜设置厚度不大于30mm坐浆或垫片。

9.5.4 预制构件安装过程中应根据水准点和轴线校正位置，安装就位后应及时采取临时固定措施。预制构件与吊具的分离应在校准定位及临时固定措施安装完成后进行。临时固定措施的拆除应在装配式结构能达到后续施工承载要求后进行。

9.5.5 采用临时支撑时，应符合下列规定：

1 每个预制构件的临时支撑不宜少于2道；

2 对预制柱、墙板的上部斜撑，其支撑点距离底部的距离不宜小于高度的 2/3，且不应小于高度的 1/2；

3 构件安装就位后，可通过临时支撑对构件的位置和垂直度进行微调。

9.5.6 装配式结构采用现浇混凝土或砂浆连接构件时，除应符合本规范其他章节的有关规定外，尚应符合下列规定：

1 构件连接处现浇混凝土或砂浆的强度及收缩性能应满足设计要求。设计无具体要求时，应符合下列规定：

1）承受内力的连接处采用混凝土浇筑，混凝土强度等级值不应低于连接处构件混凝土强度设计等级值的较大值；

2）非承受内力的连接处可采用混凝土或砂浆浇筑，其强度等级不应低于 C15 或 M15；

3）混凝土粗骨料最大粒径不宜大于连接处最小尺寸的 1/4。

2 浇筑前，应清除浮浆、松散骨料和污物，并宜洒水湿润。

3 连接节点、水平拼缝应连续浇筑；竖向拼缝可逐层浇筑，每层浇筑高度不宜大于 2m，应采取保证混凝土或砂浆浇筑密实的措施。

4 混凝土或砂浆强度达到设计要求后，方可承受全部设计荷载。

9.5.7 装配式结构采用焊接或螺栓连接构件时，应符合设计要求或国家现行有关钢结构施工标准的规定，并应对外露铁件采取防腐和防火措施。采用焊接连接时，应采取避免损伤已施工完成结构、预制构件及配件的措施。

9.5.8 装配式结构采用后张预应力筋连接构件时，预应力工程施工应符合本规范第 6 章的规定。

9.5.9 装配式结构构件间的钢筋连接可采用焊接、机械连接、搭接及套筒灌浆连接等方式。钢筋锚固及钢筋连接长度应满足设计要求。钢筋连接施工应符合国家现行有关标准的规定。

9.5.10 叠合式受弯构件的后浇混凝土层施工前，应按设计要求检查结合面粗糙度和预制构件的外露钢筋。施工过程中，应控制施工荷载不超过设计取值，并应避免单个预制构件承受较大的集中荷载。

9.5.11 当设计对构件连接处有防水要求时，材料性能及施工应符合设计要求及国家现行有关标准的规定。

9.6 质 量 检 查

9.6.1 制作预制构件的台座或模具在使用前应进行下列检查：

1 外观质量；

2 尺寸偏差。

9.6.2 预制构件制作过程中应进行下列检查：

1 预埋吊件的规格、数量、位置及固定情况；

2 复合墙板夹芯保温层和连接件的规格、数量、位置及固定情况；

3 门窗框和预埋管线的规格、数量、位置及固定情况；

4 本规范第 8.8.3 条规定的检查内容。

9.6.3 预制构件的质量应进行下列检查：

1 预制构件的混凝土强度；

2 预制构件的标识；

3 预制构件的外观质量、尺寸偏差；

4 预制构件上的预埋件、插筋、预留孔洞的规格、位置及数量；

5 结构性能检验应符合现行国家标准《混凝土结构工程施工质量验收规范》GB 50204 的有关规定。

9.6.4 预制构件的起吊、运输应进行下列检查：

1 吊具和起重设备的型号、数量、工作性能；

2 运输线路；

3 运输车辆的型号、数量；

4 预制构件的支座位置、固定措施和保护措施。

9.6.5 预制构件的堆放应进行下列检查：

1 堆放场地；

2 垫木或垫块的位置、数量；

3 预制构件堆垛层数、稳定措施。

9.6.6 预制构件安装前应进行下列检查：

1 已施工完成结构的混凝土强度、外观质量和尺寸偏差；

2 预制构件的混凝土强度，预制构件、连接件及配件的型号、规格和数量；

3 安装定位标识；

4 预制构件与后浇混凝土结合面的粗糙度，预留钢筋的规格、数量和位置；

5 吊具及吊装设备的型号、数量、工作性能。

9.6.7 预制构件安装连接应进行下列检查：

1 预制构件的位置及尺寸偏差；

2 预制构件临时支撑、垫片的规格、位置、数量；

3 连接处现浇混凝土或砂浆的强度、外观质量；

4 连接处钢筋连接及其他连接质量。

10 冬期、高温和雨期施工

10.1 一 般 规 定

10.1.1 根据当地多年气象资料统计，当室外日平均气温连续 5 日稳定低于 5℃时，应采取冬期施工措施；当室外日平均气温连续 5 日稳定高于 5℃时，可解除冬期施工措施。当混凝土未达到受冻临界强度而气温骤降至 0℃以下时，应按冬期施工的要求采取应急防护措施。工程越冬期间，应采取维护保温措施。

10.1.2 当日平均气温达到 30℃ 及以上时，应按高温施工要求采取措施。

10.1.3 雨季和降雨期间，应按雨期施工要求采取措施。

10.1.4 混凝土冬期施工，应按现行行业标准《建筑工程冬期施工规程》JGJ/T 104 的有关规定进行热工计算。

10.2 冬 期 施 工

10.2.1 冬期施工混凝土宜采用硅酸盐水泥或普通硅酸盐水泥；采用蒸汽养护时，宜采用矿渣硅酸盐水泥。

10.2.2 用于冬期施工混凝土的粗、细骨料中，不得含有冰、雪冻块及其他易冻裂物质。

10.2.3 冬期施工混凝土用外加剂，应符合现行国家标准《混凝土外加剂应用技术规范》GB 50119 的有关规定。采用非加热养护方法时，混凝土中宜掺入引气剂、引气型减水剂或含有引气组分的外加剂，混凝土含气量宜控制为 3.0%～5.0%。

10.2.4 冬期施工混凝土配合比，应根据施工期间环境气温、原材料、养护方法、混凝土性能要求等经试验确定，并宜选择较小的水胶比和坍落度。

10.2.5 冬期施工混凝土搅拌前，原材料预热应符合下列规定：

　　1 宜加热拌合水，当仅加热拌合水不能满足热工计算要求时，可加热骨料；拌合水与骨料的加热温度可通过热工计算确定，加热温度不应超过表 10.2.5 的规定；

　　2 水泥、外加剂、矿物掺合料不得直接加热，应置于暖棚内预热。

表 10.2.5　拌合水及骨料最高加热温度（℃）

水泥强度等级	拌合水	骨　料
42.5 以下	80	60
42.5、42.5R 及以上	60	40

10.2.6 冬期施工混凝土搅拌应符合下列规定：

　　1 液体防冻剂使用前应搅拌均匀，由防冻剂溶液带入的水分应从混凝土拌合水中扣除；

　　2 蒸汽法加热骨料时，应加大对骨料含水率测试频率，并应将由骨料带入的水分从混凝土拌合水中扣除；

　　3 混凝土搅拌前应对搅拌机械进行保温或采用蒸汽进行加温，搅拌时间应比常温搅拌时间延长 30s～60s；

　　4 混凝土搅拌时应先投入骨料与拌合水，预拌后再投入胶凝材料与外加剂。胶凝材料、引气剂或含引气组分外加剂不得与 60℃ 以上热水直接接触；

10.2.7 混凝土拌合物的出机温度不宜低于 10℃，入模温度不应低于 5℃；预拌混凝土或需远距离运输的混凝土，混凝土拌合物的出机温度可根据距离经热工计算确定，但不宜低于 15℃。大体积混凝土的入模温度可根据实际情况适当降低。

10.2.8 混凝土运输、输送机具及泵管应采取保温措施。当采用泵送工艺浇筑时，应采用水泥浆或水泥砂浆对泵和泵管进行润滑、预热。混凝土运输、输送与浇筑过程中应进行测温，其温度应满足热工计算的要求。

10.2.9 混凝土浇筑前，应清除地基、模板和钢筋上的冰雪和污垢，并应进行覆盖保温。

10.2.10 混凝土分层浇筑时，分层厚度不应小于 400mm。在被上一层混凝土覆盖前，已浇筑层的温度应满足热工计算要求，且不得低于 2℃。

10.2.11 采用加热方法养护现浇混凝土时，应根据加热产生的温度应力对结构的影响采取措施，并应合理安排混凝土浇筑顺序与施工缝留置位置。

10.2.12 冬期浇筑的混凝土，其受冻临界强度应符合下列规定：

　　1 当采用蓄热法、暖棚法、加热法施工时，采用硅酸盐水泥、普通硅酸盐水泥配制的混凝土，不应低于设计混凝土强度等级值的 30%；采用矿渣硅酸盐水泥、粉煤灰硅酸盐水泥、火山灰质硅酸盐水泥、复合硅酸盐水泥配制的混凝土时，不应低于设计混凝土强度等级值的 40%。

　　2 当室外最低气温不低于 −15℃ 时，采用综合蓄热法、负温养护法施工的混凝土受冻临界强度不应低于 4.0MPa；当室外最低气温不低于 −30℃ 时，采用负温养护法施工的混凝土受冻临界强度不应低于 5.0MPa。

　　3 强度等级等于或高于 C50 的混凝土，不宜低于设计混凝土强度等级值的 30%。

　　4 有抗渗要求的混凝土，不宜小于设计混凝土强度等级值的 50%。

　　5 有抗冻耐久性要求的混凝土，不宜低于设计混凝土强度等级值的 70%。

　　6 当采用暖棚法施工的混凝土中掺入早强剂时，可按综合蓄热法受冻临界强度取值。

　　7 当施工需要提高混凝土强度等级时，应按提高后的强度等级确定受冻临界强度。

10.2.13 混凝土结构工程冬期施工养护，应符合下列规定：

　　1 当室外最低气温不低于 −15℃ 时，对地面以下的工程或表面系数不大于 5m⁻¹ 的结构，宜采用蓄热法养护，并应对结构易受冻部位加强保温措施；对表面系数为 5m⁻¹～15m⁻¹ 的结构，宜采用综合蓄热法养护。采用综合蓄热法养护时，混凝土中应掺加具有减水、引气性能的早强剂或早强型外加剂；

2 对不易保温养护且对强度增长无具体要求的一般混凝土结构，可采用掺防冻剂的负温养护法进行养护；

3 当本条第1、2款不能满足施工要求时，可采用暖棚法、蒸汽加热法、电加热法等方法进行养护，但应采取降低能耗的措施。

10.2.14 混凝土浇筑后，对裸露表面应采取防风、保湿、保温措施，对边、棱角及易受冻部位应加强保温。在混凝土养护和越冬期间，不得直接对负温混凝土表面浇水养护。

10.2.15 模板和保温层的拆除除应符合本规范第4章及设计要求外，尚应符合下列规定：

1 混凝土强度应达到受冻临界强度，且混凝土表面温度不应高于5℃；

2 对墙、板等薄壁结构构件，宜推迟拆模。

10.2.16 混凝土强度未达到受冻临界强度和设计要求时，应继续进行养护。当混凝土表面温度与环境温度之差大于20℃时，拆模后的混凝土表面应立即进行保温覆盖。

10.2.17 混凝土工程冬期施工应加强骨料含水率、防冻剂掺量检查，以及原材料、入模温度、实体温度和强度监测；应依据气温的变化，检查防冻剂掺量是否符合配合比与防冻剂说明书的规定，并应根据需要调整配合比。

10.2.18 混凝土冬期施工期间，应按国家现行有关标准的规定对混凝土拌合水温度、外加剂溶液温度、骨料温度、混凝土出机温度、浇筑温度、入模温度，以及养护期间混凝土内部和大气温度进行测量。

10.2.19 冬期施工混凝土强度试件的留置，除应符合现行国家标准《混凝土结构工程施工质量验收规范》GB 50204的有关规定外，尚应增加不少于2组的同条件养护试件。同条件养护试件应在解冻后进行试验。

10.3 高温施工

10.3.1 高温施工时，露天堆放的粗、细骨料应采取遮阳防晒等措施。必要时，可对粗骨料进行喷雾降温。

10.3.2 高温施工的混凝土配合比设计，除应符合本规范第7.3节的规定外，尚应符合下列规定：

1 应分析原材料温度、环境温度、混凝土运输方式与时间对混凝土初凝时间、坍落度损失等性能指标的影响，根据环境温度、湿度、风力和采取温控措施的实际情况，对混凝土配合比进行调整；

2 宜在近似现场运输条件、时间和预计混凝土浇筑作业最高气温的天气条件下，通过混凝土试拌、试运输的工况试验，确定适合高温天气条件下施工的混凝土配合比；

3 宜降低水泥用量，并可采用矿物掺合料替代部分水泥；宜选用水化热较低的水泥；

4 混凝土坍落度不宜小于70mm。

10.3.3 混凝土的搅拌应符合下列规定：

1 应对搅拌站料斗、储水器、皮带运输机、搅拌楼采取遮阳防晒措施。

2 对原材料进行直接降温时，宜采用对水、粗骨料进行降温的方法。对水直接降温时，可采用冷却装置冷却拌合用水，并应对水管及水箱加设遮阳和隔热设施，也可在水中加碎冰作为拌合用水的一部分。混凝土拌合时掺加的固体冰应确保在搅拌结束前融化，且在拌合用水中应扣除其重量。

3 原材料最高入机温度不宜超过表10.3.3的规定。

表10.3.3 原材料最高入机温度（℃）

原材料	最高入机温度
水泥	60
骨料	30
水	25
粉煤灰等矿物掺合料	60

4 混凝土拌合物出机温度不宜大于30℃。出机温度可按下式计算：

$$T_0 = \frac{0.22(T_gW_g + T_sW_s + T_cW_c + T_mW_m) + T_wW_w + T_gW_{wg} + T_sW_{ws} + 0.5T_{ice}W_{ice} - 79.6W_{ice}}{0.22(W_g + W_s + W_c + W_m) + W_w + W_{wg} + W_{ws} + W_{ice}}$$

(10.3.3)

式中：T_0——混凝土的出机温度（℃）；

T_g、T_s——粗骨料、细骨料的入机温度（℃）；

T_c、T_m——水泥、矿物掺合料的入机温度（℃）；

T_w、T_{ice}——搅拌水、冰的入机温度（℃）；冰的入机温度低于0℃时，T_{ice}应取负值；

W_g、W_s——粗骨料、细骨料干重量（kg）；

W_c、W_m——水泥、矿物掺合料重量（kg）；

W_w、W_{ice}——搅拌水、冰重量（kg），当混凝土不加冰拌合时，$W_{ice}=0$；

W_{wg}、W_{ws}——粗骨料、细骨料中所含水重量（kg）。

5 当需要时，可采取掺加干冰等附加控温措施。

10.3.4 混凝土宜采用白色涂装的混凝土搅拌运输车运输；混凝土输送管应进行遮阳覆盖，并应洒水降温。

10.3.5 混凝土拌合物入模温度应符合本规范第8.1.2条的规定。

10.3.6 混凝土浇筑宜在早间或晚间进行，且应连续浇筑。当混凝土水分蒸发较快时，应在施工作业面采取挡风、遮阳、喷雾等措施。

10.3.7 混凝土浇筑前，施工作业面宜采取遮阳措施，并应对模板、钢筋和施工机具采用洒水等降温措施，但浇筑时模板内不得积水。

10.3.8 混凝土浇筑完成后，应及时进行保湿养护。

侧模拆除前宜采用带模湿润养护。

10.4 雨期施工

10.4.1 雨期施工期间，水泥和矿物掺合料应采取防水和防潮措施，并应对粗骨料、细骨料的含水率进行监测，及时调整混凝土配合比。

10.4.2 雨期施工期间，应选用具有防雨水冲刷性能的模板脱模剂。

10.4.3 雨期施工期间，混凝土搅拌、运输设备和浇筑作业面应采取防雨措施，并应加强施工机械检查维修及接地接零检测工作。

10.4.4 雨期施工期间，除应采用防护措施外，小雨、中雨天气不宜进行混凝土露天浇筑，且不应进行大面积作业的混凝土露天浇筑；大雨、暴雨天气不应进行混凝土露天浇筑。

10.4.5 雨后应检查地基面的沉降，并应对模板及支架进行检查。

10.4.6 雨期施工期间，应采取防止模板内积水的措施。模板内和混凝土浇筑分层面出现积水时，应在排水后再浇筑混凝土。

10.4.7 混凝土浇筑过程中，因雨水冲刷致使水泥浆流失严重的部位，应采取补救措施后再继续施工。

10.4.8 在雨天进行钢筋焊接时，应采取挡雨等安全措施。

10.4.9 混凝土浇筑完毕后，应及时采取覆盖塑料薄膜等防雨措施。

10.4.10 台风来临前，应对尚未浇筑混凝土的模板及支架采取临时加固措施；台风结束后，应检查模板及支架，已验收合格的模板及支架应重新办理验收手续。

11 环境保护

11.1 一般规定

11.1.1 施工项目部应制定施工环境保护计划，落实责任人员，并应组织实施。混凝土结构施工过程的环境保护效果，宜进行自评估。

11.1.2 施工过程中，应采取建筑垃圾减量化措施。施工过程中产生的建筑垃圾，应进行分类、统计和处理。

11.2 环境因素控制

11.2.1 施工过程中，应采取防尘、降尘措施。施工现场的主要道路，宜进行硬化处理或采取其他扬尘控制措施。可能造成扬尘的露天堆储材料，宜采取扬尘控制措施。

11.2.2 施工过程中，应对材料搬运、施工设备和机具作业等采取可靠的降低噪声措施。施工作业在施工

场界的噪声级，应符合现行国家标准《建筑施工场界噪声限值》GB 12523 的有关规定。

11.2.3 施工过程中，应采取光污染控制措施。可能产生强光的施工作业，应采取防护和遮挡措施。夜间施工时，应采用低角度灯光照明。

11.2.4 应采取沉淀、隔油等措施处理施工过程中产生的污水，不得直接排放。

11.2.5 宜选用环保型脱模剂。涂刷模板脱模剂时，应防止洒漏。含有污染环境成分的脱模剂，使用后剩余的脱模剂及其包装等不得与普通垃圾混放，并应由厂家或有资质的单位回收处理。

11.2.6 施工过程中，对施工设备和机具维修、运行、存储时的漏油，应采取有效的隔离措施，不得直接污染土壤。漏油应统一收集并进行无害化处理。

11.2.7 混凝土外加剂、养护剂的使用，应满足环境保护和人身健康的要求。

11.2.8 施工中可能接触有害物质的操作人员应采取有效的防护措施。

11.2.9 不可循环使用的建筑垃圾，应集中收集，并应及时清运至有关部门指定的地点。可循环使用的建筑垃圾，应加强回收利用，并应做好记录。

附录 A 作用在模板及支架上的荷载标准值

A.0.1 模板及支架自重（G_1）的标准值应根据模板施工图确定。有梁楼板及无梁楼板的模板及支架自重的标准值，可按表 A.0.1 采用。

表 A.0.1 模板及支架的自重标准值（kN/m²）

项目名称	木模板	定型组合钢模板
无梁楼板的模板及小楞	0.30	0.50
有梁楼板模板（包含梁的模板）	0.50	0.75
楼板模板及支架（楼层高度为4m以下）	0.75	1.10

A.0.2 新浇筑混凝土自重（G_2）的标准值宜根据混凝土实际重力密度 γ_c 确定，普通混凝土 γ_c 可取 $24kN/m^3$。

A.0.3 钢筋自重（G_3）的标准值应根据施工图确定。一般梁板结构，楼板的钢筋自重可取 $1.1kN/m^3$，梁的钢筋自重可取 $1.5kN/m^3$。

A.0.4 采用插入式振动器且浇筑速度不大于 $10m/h$、混凝土坍落度不大于 $180mm$ 时，新浇筑混凝土对模板的侧压力（G_4）的标准值，可按下列公式分别计算，并应取其中的较小值：

$$F = 0.28\gamma_c t_0 \beta V^{\frac{1}{2}} \quad\quad (A.0.4-1)$$

$$F = \gamma_c H \quad\quad (A.0.4-2)$$

当浇筑速度大于 10m/h，或混凝土坍落度大于 180mm 时，侧压力（G_4）的标准值可按公式（A.0.4-2）计算。

式中：F——新浇筑混凝土作用于模板的最大侧压力标准值（kN/m^2）；

γ_c——混凝土的重力密度（kN/m^3）；

t_0——新浇混凝土的初凝时间（h），可按实测确定；当缺乏试验资料时可采用 $t_0 = 200/(T+15)$ 计算，T 为混凝土的温度（℃）；

β——混凝土坍落度影响修正系数：当坍落度大于 50mm 且不大于 90mm 时，β 取 0.85；坍落度大于 90mm 且不大于 130mm 时，β 取 0.9；坍落度大于 130mm 且不大于 180mm 时，β 取 1.0；

V——浇筑速度，取混凝土浇筑高度（厚度）与浇筑时间的比值（m/h）；

H——混凝土侧压力计算位置处至新浇筑混凝土顶面的总高度（m）。

混凝土侧压力的计算分布图形如图 A.0.4 所示，图中 $h = F/\gamma_c$。

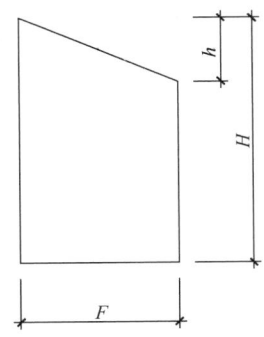

图 A.0.4　混凝土侧压力分布

h—有效压头高度；H—模板内混凝土总高度；

F—最大侧压力

A.0.5　施工人员及施工设备产生的荷载（Q_1）的标准值，可按实际情况计算，且不应小于 $2.5kN/m^2$。

A.0.6　混凝土下料产生的水平荷载（Q_2）的标准值可按表 A.0.6 采用，其作用范围可取为新浇筑混凝土侧压力的有效压头高度 h 之内。

表 A.0.6　混凝土下料产生的
水平荷载标准值（kN/m^2）

下料方式	水平荷载
溜槽、串筒、导管或泵管下料	2
吊车配备斗容器下料或小车直接倾倒	4

A.0.7　泵送混凝土或不均匀堆载等因素产生的附加水平荷载（Q_3）的标准值，可取计算工况下竖向永久荷载标准值的 2%，并应作用在模板支架上端水平方向。

A.0.8　风荷载（Q_4）的标准值，可按现行国家标准《建筑结构荷载规范》GB 50009 的有关规定确定，此时基本风压可按 10 年一遇的风压取值，但基本风压不应小于 $0.20kN/m^2$。

附录 B　常用钢筋的公称直径、公称截面面积、计算截面面积及理论重量

B.0.1　钢筋的计算截面面积及理论重量，应符合表 B.0.1 的规定。

表 B.0.1　钢筋的计算截面面积及理论重量

公称直径（mm）	不同根数钢筋的计算截面面积（mm^2）									单根钢筋理论重量（kg/m）
	1	2	3	4	5	6	7	8	9	
6	28.3	57	85	113	142	170	198	226	255	0.222
8	50.3	101	151	201	252	302	352	402	453	0.395
10	78.5	157	236	314	393	471	550	628	707	0.617
12	113.1	226	339	452	565	678	791	904	1017	0.888
14	153.9	308	461	615	769	923	1077	1231	1385	1.21
16	201.1	402	603	804	1005	1206	1407	1608	1809	1.58
18	254.5	509	763	1017	1272	1527	1781	2036	2290	2.00
20	314.2	628	942	1256	1570	1884	2199	2513	2827	2.47
22	380.1	760	1140	1520	1900	2281	2661	3041	3421	2.98
25	490.9	982	1473	1964	2454	2945	3436	3927	4418	3.85
28	615.8	1232	1847	2463	3079	3695	4310	4926	5542	4.83
32	804.2	1609	2413	3217	4021	4826	5630	6434	7238	6.31
36	1017.9	2036	3054	4072	5089	6107	7125	8143	9161	7.99
40	1256.6	2513	3770	5027	6283	7540	8796	10053	11310	9.87
50	1963.5	3928	5892	7856	9820	11784	13748	15712	17676	15.42

B.0.2　钢绞线的公称直径、公称截面面积及理论重量，应符合表 B.0.2 的规定。

表 B.0.2　钢绞线的公称直径、公称截面
面积及理论重量

种　类	公称直径（mm）	公称截面面积（mm^2）	理论重量（kg/m）
1×3	8.6	37.7	0.296
	10.8	58.9	0.462
	12.9	84.8	0.666
1×7 标准型	9.5	54.8	0.430
	12.7	98.7	0.775
	15.2	140	1.101
	17.8	191	1.500
	21.6	285	2.237

B.0.3 钢丝的公称直径、公称截面面积及理论重量，应符合表 B.0.3 的规定。

表 B.0.3　钢丝的公称直径、公称截面面积及理论重量

公称直径（mm）	公称截面面积（mm²）	理论重量（kg/m）
5.0	19.63	0.154
7.0	38.48	0.302
9.0	63.62	0.499

附录 C　纵向受力钢筋的最小搭接长度

C.0.1 当纵向受拉钢筋的绑扎搭接接头面积百分率不大于 25% 时，其最小搭接长度应符合表 C.0.1 的规定。

表 C.0.1　纵向受拉钢筋的最小搭接长度

钢筋类型		混凝土强度等级								
		C20	C25	C30	C35	C40	C45	C50	C55	≥C60
光面钢筋	300 级	48d	41d	37d	34d	31d	29d	28d	—	—
带肋钢筋	335 级	46d	40d	36d	33d	30d	29d	27d	26d	25d
	400 级	—	48d	43d	39d	36d	34d	33d	31d	30d
	500 级	—	58d	52d	47d	43d	41d	39d	38d	36d

注：d 为搭接钢筋直径。两根直径不同钢筋的搭接长度，以较细钢筋的直径计算。

C.0.2 当纵向受拉钢筋搭接接头面积百分率为 50% 时，其最小搭接长度应按本规范表 C.0.1 中的数值乘以系数 1.15 取用；当接头面积百分率为 100% 时，应按本规范表 C.0.1 中的数值乘以系数 1.35 取用；当接头面积百分率为 25%～100% 的其他中间值时，修正系数可按内插取值。

C.0.3 纵向受拉钢筋的最小搭接长度根据本规范第 C.0.1 和 C.0.2 条确定后，可按下列规定进行修正。但在任何情况下，受拉钢筋的搭接长度不应小于 300mm：

　　1　当带肋钢筋的直径大于 25mm 时，其最小搭接长度应按相应数值乘以系数 1.1 取用；

　　2　环氧树脂涂层的带肋钢筋，其最小搭接长度应按相应数值乘以系数 1.25 取用；

　　3　当施工过程中受力钢筋易受扰动时，其最小搭接长度应按相应数值乘以系数 1.1 取用；

　　4　末端采用弯钩或机械锚固措施的带肋钢筋，其最小搭接长度可按相应数值乘以系数 0.6 取用；

　　5　当带肋钢筋的混凝土保护层厚度为搭接钢筋直径的 3 倍，且配有箍筋时，其最小搭接长度可按相应数值乘以系数 0.8 取用；当带肋钢筋的混凝土保护层厚度为搭接钢筋直径的 5 倍，且配有箍筋时，其最小搭接长度可按相应数值乘以系数 0.7 取用；当带肋钢筋的混凝土保护层厚度大于搭接钢筋直径 3 倍且小于 5 倍，且配有箍筋时，修正系数可

按内插取值；

　　6　有抗震要求的受力钢筋的最小搭接长度，一、二级抗震等级应按相应数值乘以系数 1.15 采用；三级抗震等级应按相应数值乘以系数 1.05 采用。

　　注：本条中第 4 和 5 款情况同时存在时，可仅选其中之一执行。

C.0.4 纵向受压钢筋绑扎搭接时，其最小搭接长度应根据本规范第 C.0.1～C.0.3 条的规定确定相应数值后，乘以系数 0.7 取用。在任何情况下，受压钢筋的搭接长度不应小于 200mm。

附录 D　预应力筋张拉伸长值计算和量测方法

D.0.1 一端张拉的单段曲线或直线预应力筋，其张拉伸长值可按下式计算：

$$\Delta L_p = \frac{\sigma_{pt}\left[1 + e^{-(\mu\theta + \kappa l)}\right]l}{2E_p} \qquad (D.0.1)$$

式中：ΔL_p——预应力筋张拉伸长计算值（mm）；

　　l——预应力筋张拉端至固定端的长度，可近似取预应力筋在纵轴上的投影长度（m）；

　　θ——预应力筋曲线两端切线的夹角（rad）；

　　σ_{pt}——张拉控制应力扣除锚口摩擦损失后的应力值（MPa）；

　　E_p——预应力筋弹性模量（MPa），可按国家现行相关标准的规定取用；必要时，可采用实测数据；

　　μ——预应力筋与孔道壁之间的摩擦系数；

　　κ——孔道每米长度局部偏差产生的摩擦系数（m^{-1}）。

D.0.2 多曲线段或直线段与曲线段组成的预应力筋，可根据扣除摩擦损失后的预应力筋有效应力分布，采用分段叠加法计算其张拉伸长值。

D.0.3 预应力筋张拉伸长值可按下列方法确定：

　　1　实测张拉伸长值可采用量测千斤顶油缸行程的方法确定，也可采用量测外露预应力筋长度的方法确定；当采用量测千斤顶油缸行程的方法时，实测张拉伸长值尚应扣除千斤顶体内的预应力筋张拉伸长值、张拉过程中工具锚和固定端工作锚楔紧引起的预应力筋内缩值；

　　2　实际张拉伸长值 ΔL 可按下列公式计算确定：

$$\Delta L = \Delta L_1 + \Delta L_2 \qquad (D.0.3-1)$$

$$\Delta L_2 = \frac{N_0}{N_{con} - N_0}\Delta L_1 \qquad (D.0.3-2)$$

式中：ΔL_1——从初拉力至张拉控制力之间的实测张拉伸长值（mm）；

　　ΔL_2——初拉力下的推算伸长值（mm），计算

示意如图 D.0.3；

N_{con} ——张拉控制力（kN）；

N_0 ——初拉力（kN）。

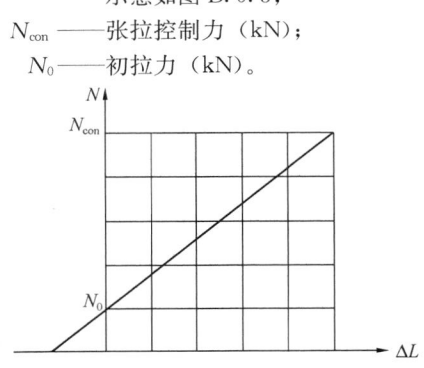

图 D.0.3 初拉力下推算伸长值计算示意

附录 E 张拉阶段摩擦预应力损失测试方法

E.0.1 孔道摩擦损失可采用压力差法测试。现场测试的设备安装（图 E.0.1）应符合下列规定：

1 预应力筋末端的切线、工作锚、千斤顶、压力传感器及工具锚应对中；

2 预应力筋两端拉力可用压力传感器或与千斤顶配套的精密压力表测量；

3 预应力筋两端均宜安装千斤顶。当预应力筋的张拉伸长值超出千斤顶最大行程时，张拉端可串联安装两台或多台千斤顶。

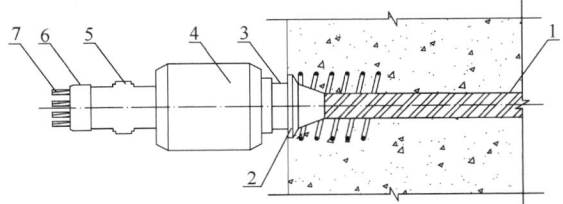

图 E.0.1 摩擦损失测试设备安装示意
1—预留孔道；2—锚垫板；3—工作锚（无夹片）；4—千斤顶；
5—压力传感器；6—工具锚（有夹片）；7—预应力筋

E.0.2 孔道摩擦损失的现场测试步骤应符合下列规定：

1 预应力筋两端的千斤顶宜同时加载至初张拉力，初张拉力可取 $0.1N_{con}$。

2 固定端千斤顶稳压后，应往张拉端千斤顶供油，并应分级量测张拉力在 $0.5N_{con} \sim 1.0N_{con}$ 范围内两端的压力值，分级不宜少于 3 级，每级持荷不宜少于 2min。

E.0.3 孔道摩擦系数可按下列规定计算确定：

1 孔道摩擦系数可取为各级张拉力下相应计算摩擦系数的平均值；

2 各级张拉力下相应计算摩擦系数 μ，可按下式确定：

$$\mu = \frac{-\ln\left(\dfrac{N_2}{N_1}\right) - \kappa l}{\theta} \qquad (E.0.3)$$

式中 N_1 ——张拉端的拉力（N），取为所测得的压力扣除锚口预拉力损失后的力值；

N_2 ——固定端的拉力（N），取为所测得的压力加上锚口预拉力损失后的力值；

l ——两端工具锚之间预应力筋的总长度（m），可近似取预应力筋在纵轴上的投影长度；

θ ——预应力筋曲线各段两端切线的夹角之和（rad），当端部区段预应力筋曲线有水平偏转时，尚应计入端部曲线的附加转角。

附录 F 混凝土原材料技术指标

F.0.1 通用硅酸盐水泥化学指标应符合表 F.0.1 的规定。

表 F.0.1 通用硅酸盐水泥化学指标（%）

品种	代号	不溶物（质量分数）	烧失量（质量分数）	三氧化硫（质量分数）	氧化镁（质量分数）	氯离子（质量分数）
硅酸盐水泥	P·Ⅰ	≤0.75	≤3.0	≤3.5	≤5.0	≤0.06
	P·Ⅱ	≤1.50	≤3.5			
普通硅酸盐水泥	P·O	—	≤5.0			
矿渣硅酸盐水泥	P·S·A	—	—	≤4.0	≤6.0	
	P·S·B	—	—		—	
火山灰质硅酸盐水泥	P·P	—	—	≤3.5	≤6.0	
粉煤灰硅酸盐水泥	P·F	—	—			
复合硅酸盐水泥	P·C	—	—			

注：1 硅酸盐水泥压蒸试验合格时，其氧化镁的含量（质量分数）可放宽至 6.0%；

2 A 型矿渣硅酸盐水泥（P·S·A）、火山灰质硅酸盐水泥、粉煤灰硅酸盐水泥、复合硅酸盐水泥中氧化镁的含量（质量分数）大于 6.0% 时，应进行水泥压蒸安定性试验并合格；

3 氯离子含量有更低要求时，该指标由供需双方协商确定。

F.0.2 粗骨料的颗粒级配范围应符合表 F.0.2 的规定。

表 F.0.2　粗骨料的颗粒级配范围

级配情况	公称粒级（mm）	累计筛余，按质量（%）											
		方孔筛筛孔边长尺寸（mm）											
		2.36	4.75	9.5	16.0	19.0	26.5	31.5	37.5	53	63	75	90
连续粒级	5～10	95～100	80～100	0～15	0	—	—	—	—	—	—	—	—
	5～16	95～100	85～100	30～60	0～10	0	—	—	—	—	—	—	—
	5～20	95～100	90～100	40～80	—	0～10	0	—	—	—	—	—	—
	5～25	95～100	90～100	—	30～70	—	0～5	0	—	—	—	—	—
	5～31.5	95～100	90～100	70～90	—	15～45	—	0～5	0	—	—	—	—
	5～40	—	95～100	70～90	—	30～65	—	—	0～5	0	—	—	—
单粒级	10～20	—	95～100	85～100	—	0～15	0	—	—	—	—	—	—
	16～31.5	—	95～100	—	85～100	—	—	0～10	—	0	—	—	—
	20～40	—	—	95～100	—	80～100	—	—	0～10	0	—	—	—
	31.5～63	—	—	—	95～100	—	—	75～100	45～75	—	0～10	0	—
	40～80	—	—	—	—	95～100	—	—	70～100	—	30～60	0～10	0

F.0.3　粗骨料中针、片状颗粒含量应符合表 F.0.3 的规定。

表 F.0.3　粗骨料中针、片状颗粒含量（%）

混凝土强度等级	≥C60	C55～C30	≤C25
针片状颗粒含量（按质量计）	≤8	≤15	≤25

F.0.4　粗骨料的含泥量和泥块含量应符合表 F.0.4 的规定。

表 F.0.4　粗骨料的含泥量和泥块含量（%）

混凝土强度等级	≥C60	C55～C30	≤C25
含泥量（按质量计）	≤0.5	≤1.0	≤2.0
泥块含量（按质量计）	≤0.2	≤0.5	≤0.7

F.0.5　粗骨料的压碎指标值应符合表 F.0.5 的规定。

表 F.0.5　粗骨料的压碎指标值（%）

粗骨料种类	岩石品种	混凝土强度等级	压碎指标值
碎石	沉积岩	C60～C40	≤10
		≤C35	≤16
	变质岩或深成的火成岩	C60～C40	≤12
		≤C35	≤20
	喷出的火成岩	C60～C40	≤13
		≤C35	≤30
卵石、碎卵石	—	C60～C40	≤12
		≤C35	≤16

F.0.6　细骨料的分区及级配范围应符合表 F.0.6 的规定。

表 F.0.6　细骨料的分区及级配范围

方孔筛筛孔尺寸	级配区		
	Ⅰ区	Ⅱ区	Ⅲ区
	累计筛余（%）		
9.50mm	0	0	0
4.75mm	10～0	10～0	10～0
2.36mm	35～5	25～0	15～0
1.18mm	65～35	50～10	25～0
600μm	85～71	70～41	40～16
300μm	95～80	92～70	85～55
150μm	100～90	100～90	100～90

注：除 4.75mm、600μm、150μm 筛孔外，其余各筛孔累计筛余可超出分界线，但其总量不得大于 5%。

F.0.7　细骨料的含泥量和泥块含量应符合表 F.0.7 的规定。

表 F.0.7　细骨料的含泥量和泥块含量（%）

混凝土强度等级	≥C60	C55～C30	≤C25
含泥量（按质量计）	≤2.0	≤3.0	≤5.0
泥块含量（按质量计）	≤0.5	≤1.0	≤2.0

F.0.8　粉煤灰应符合表 F.0.8 的规定。

表 F.0.8　粉煤灰技术要求

项目		技术要求		
		Ⅰ级	Ⅱ级	Ⅲ级
细度（45μm方孔筛筛余）	F类粉煤灰	≤12.0%	≤25.0%	≤45.0%
	C类粉煤灰			

续表 F.0.8

项 目		技术要求		
		Ⅰ级	Ⅱ级	Ⅲ级
需水量比	F类粉煤灰	≤95%	≤105%	≤115%
	C类粉煤灰			
烧失量	F类粉煤灰	≤5.0%	≤8.0%	≤15.0%
	C类粉煤灰			
含水量	F类粉煤灰	≤1.0%		
	C类粉煤灰			
三氧化硫	F类粉煤灰	≤3.0%		
	C类粉煤灰			
游离氧化钙	F类粉煤灰	≤1.0%		
	C类粉煤灰	≤4.0%		
安定性（雷氏夹沸煮后增加距离）（mm）	C类粉煤灰	≤5mm		

F.0.9 矿渣粉应符合表 F.0.9 的规定。

表 F.0.9 矿渣粉技术要求

项 目		技术要求		
		S105	S95	S75
密度（g/cm³）		≥2.8		
比表面积（m²/kg）		≥500	≥400	≥300
活性指数	7d	≥95%	≥75%	≥55%
	28d	≥105%	≥95%	≥75%
流动度比		≥95%		
烧失量		≤3.0%		
含水量		≤1.0%		
三氧化硫		≤4.0%		
氯离子		≤0.06%		

F.0.10 硅灰应符合表 F.0.10 的规定。

表 F.0.10 硅灰技术要求

项 目		技术要求
比表面积		≥15000
SiO₂ 含量		≥85%
烧失量		≤6%
Cl⁻ 含量		≤0.02%
需水量比		≤125%
含水率		≤3.0%
活性指数	28d	≥85%

F.0.11 沸石粉应符合表 F.0.11 的规定。

表 F.0.11 沸石粉技术要求

项 目	技术要求		
	Ⅰ级	Ⅱ级	Ⅲ级
吸铵值（mmol/100g）	≥130	≥100	≥90
细度（80μm 方孔水筛筛余）	≤4%	≤10%	≤15%
需水量比	≤125%	≤120%	≤120%
28d 抗压强度比	≥75%	≥70%	≥62%

F.0.12 常用外加剂性能指标应符合表 F.0.12 的规定。

表 F.0.12 常用外加剂性能指标

项目		外加剂品种											
		高性能减水剂			高效减水剂		普通减水剂			引气减水剂	泵送剂	早强剂	缓凝剂	引气剂
		早强型	标准型	缓凝型	标准型	缓凝型	早强型	标准型	缓凝型					
减水率（%）		≥25	≥25	≥25	≥14	≥14	≥8	≥8	≥8	≥10	≥12	—	—	≥6
泌水率（%）		≤50	≤60	≤70	≤90	≤100	≤95	≤100	≤100	≤70	≤70	≤100	≤100	≤70
含气量（%）		≤6.0	≤6.0	≤6.0	≤3.0	≤4.5	≤4.0	≤4.0	≤5.5	≥3.0	≤5.5	—	—	≥3.0
凝结时间之差（min）	初凝	−90～+90	−90～+90	>+90	−90～+120	>+90	−90～+90	−90～+120	>+90	−90～+120	—	−90～+90	>+90	−90～+120
	终凝													
1h 经时变化量	坍落度（mm）	—	≤80	≤60	—	—	—	—	—	—	≤80	—	—	—
	含气量（%）	—	—	—	—	—	—	—	—	−1.5～+1.5	—	—	—	−1.5～+1.5
抗压强度比（%）	1d	≥180	≥170	—	≥140	—	≥135	—	—	—	—	≥135	—	—
	3d	≥170	≥160	—	≥130	—	≥130	≥115	—	≥115	—	≥130	—	≥95
	7d	≥145	≥150	≥140	≥125	≥125	≥110	≥115	≥110	≥110	≥115	≥110	≥100	≥95
	28d	≥130	≥140	≥130	≥120	≥120	≥100	≥110	≥110	≥100	≥110	≥100	≥100	≥90
收缩率比（%）	28d	≤110	≤110	≤110	≤135	≤135	≤135	≤135	≤135	≤135	≤135	≤135	≤135	≤135
相对耐久性（200 次）（%）		—	—	—	—	—	—	—	—	≥80	—	—	—	≥80

注：1 除含气量和相对耐久性外，表中所列数据应为掺外加剂混凝土与基准混凝土的差值或比值；
　　2 凝结时间之差性能指标中的"—"号表示提前，"+"号表示延缓；
　　3 相对耐久性（200 次）性能指标中的"≥80"表示将 28d 龄期的受检混凝土试件快速冻融循环 200 次后，动弹性模量保留值≥80%；
　　4 1h 含气量经时变化量指标中的"—"号表示含气量增加，"+"号表示含气量减少；
　　5 其他品种外加剂的相对耐久性指标的测定，由供、需双方协商确定；
　　6 当用户对泵送剂等产品有特殊要求时，需要进行的补充试验项目、试验方法及指标，由供需双方协商决定。

F. 0. 13 混凝土拌合用水水质应符合表 F. 0. 13 的规定。

表 F. 0. 13　混凝土拌合用水水质要求

项　目	预应力混凝土	钢筋混凝土	素混凝土
pH 值	≥5.0	≥4.5	≥4.5
不溶物(mg/L)	≤2000	≤2000	≤5000
可溶物(mg/L)	≤2000	≤5000	≤10000
氯化物(以 Cl^- 计,mg/L)	≤500	≤1000	≤3500
硫酸盐(以 SO_4^{2-} 计,mg/L)	≤600	≤2000	≤2700
碱含量(以当量 Na_2O 计,mg/L)	≤1500	≤1500	≤1500

本规范用词说明

1　为便于在执行本规范条文时区别对待,对要求严格程度不同的用词说明如下:

　　1) 表示很严格,非这样做不可的用词:

　　　　正面词采用"必须";反面词采用"严禁";

　　2) 表示严格,在正常情况下均应这样做的用词:

　　　　正面词采用"应";反面词采用"不应"或"不得";

　　3) 表示允许稍有选择,在条件允许时首先这样做的用词:

　　　　正面词采用"宜";反面词采用"不宜";

　　4) 表示有选择,在一定条件下可以这样做的用词,采用"可"。

2　本规范中指明应按其他有关标准执行的写法为:"应符合……的规定"或"应按……执行"。

引用标准名录

　　1　《建筑地基基础设计规范》GB 50007

　　2　《建筑结构荷载规范》GB 50009

　　3　《混凝土结构设计规范》GB 50010

　　4　《普通混凝土拌合物性能试验方法标准》GB/T 50080

　　5　《普通混凝土力学性能试验方法标准》GB/T 50081

　　6　《混凝土强度检验评定标准》GB/T 50107

　　7　《混凝土外加剂应用技术规范》GB 50119

　　8　《混凝土结构工程施工质量验收规范》GB 50204

　　9　《混凝土结构耐久性设计规范》GB/T 50476

　　10　《混凝土搅拌机》GB/T 9142

　　11　《混凝土搅拌站(楼)》GB 10171

　　12　《建筑施工场界噪声限值》GB 12523

　　13　《预应力筋用锚具、夹具和连接器》GB/T 14370

　　14　《预拌混凝土》GB 14902

　　15　《预应力孔道灌浆剂》GB/T 25182

　　16　《钢筋焊接及验收规程》JGJ 18

　　17　《普通混凝土配合比设计规程》JGJ 55

　　18　《混凝土用水标准》JGJ 63

　　19　《预应力筋用锚具、夹具和连接器应用技术规程》JGJ 85

　　20　《建筑工程冬期施工规程》JGJ/T 104

　　21　《钢筋机械连接技术规程》JGJ 107

　　22　《建筑施工门式钢管脚手架安全技术规范》JGJ 128

　　23　《建筑施工扣件式钢管脚手架安全技术规范》JGJ 130

　　24　《海砂混凝土应用技术规范》JGJ 206

　　25　《钢筋锚固板应用技术规程》JGJ 256

中华人民共和国国家标准

混凝土结构工程施工规范

GB 50666—2011

条 文 说 明

制　订　说　明

《混凝土结构工程施工规范》GB 50666－2011，经住房和城乡建设部 2011 年 7 月 29 日以第 1110 号公告批准、发布。

本规范制定过程中，编制组进行了充分的调查研究，总结了近年来我国混凝土结构工程施工的实践经验和研究成果，借鉴了有关国际标准和国外先进标准，开展了多项专题研究，与国家标准《混凝土结构工程施工质量验收规范》GB 50204 及其他相关标准进行了协调。

为便于广大施工、监理、质检、设计、科研、学校等单位有关人员在使用本规范时能正确理解和执行条文规定，《混凝土结构工程施工规范》编制组按章、节、条顺序编制了本规范的条文说明，对条文规定的目的、依据以及执行中需注意的有关事项进行了说明，还着重对强制性条文的强制理由作了解释。但是，本条文说明不具备与规范正文同等的法律效力，仅供使用者作为理解和把握规范规定的参考。

目　　次

1 总 则

1.0.1 本规范所给出的混凝土结构工程施工要求，是为了保证工程的施工质量和施工安全，并为施工工艺提供技术指导，使工程质量满足设计文件和相关标准的要求。混凝土结构工程施工，还应贯彻节材、节水、节能、节地和保护环境等技术经济政策。本规范主要依据我国科学技术成果、常用施工工艺和工程实践经验，并参考国际与国外先进标准制定而成。

1.0.2 本规范适用的建筑工程混凝土结构施工包括现场施工及预拌混凝土生产、预制构件生产、钢筋加工等场外施工。轻骨料混凝土系指干表观密度不大于$1950kg/m^3$的混凝土。特殊混凝土系指有特殊性能要求的混凝土，如膨胀、耐酸、耐碱、耐油、耐热、耐磨、防辐射等。"轻骨料混凝土及特殊混凝土的施工"系专指其混凝土分项工程施工；对其他分项工程（如模板、钢筋、预应力等），仍可按本规范的规定执行。轻骨料混凝土和特殊混凝土的配合比设计、拌制、运输、泵送、振捣等有其特殊性，应按国家现行相关标准执行。

1.0.3 本规范总结了近年来我国混凝土结构工程施工的实践经验和研究成果，提出了混凝土结构工程施工管理和过程控制的基本要求。当设计文件对混凝土结构施工有不同于本规范的专门要求时，应遵照设计文件执行。

3 基 本 规 定

3.1 施 工 管 理

3.1.1 与混凝土结构施工相关的企业资质主要有：房屋建筑工程施工总承包企业资质；预拌商品混凝土专业企业资质、混凝土预制构件专业企业资质、预应力工程专业承包企业资质；钢筋作业分包企业资质、混凝土作业分包企业资质、脚手架作业分包企业资质、模板作业分包企业资质等。

施工单位的质量管理体系应覆盖施工全过程，包括材料的采购、验收和储存，施工过程中的质量自检、互检、交接检，隐蔽工程检查和验收，以及涉及安全和功能的项目抽查检验等环节。混凝土结构施工全过程中，应随时记录并处理出现的问题和质量偏差。

3.1.2 施工项目部应确定人员的职责、分工和权限，制定工作制度、考核制度和奖惩制度。施工项目部的机构设置应根据项目的规模、结构复杂程度、专业特点、人员素质等确定。施工操作人员应具备相应的技能，对有从业证书要求的，还应具有相应证书。

3.1.3 对预应力、装配式结构等工程，当原设计文件深度不够，不足以指导施工时，需要施工单位进行深化设计。深化设计文件应经原设计单位认可。对于改建、扩建工程，应经承担该改建、扩建工程的设计单位认可。

3.1.4 施工单位应重视施工资料管理工作，建立施工资料管理制度，将施工资料的形成和积累纳入施工管理的各个环节和有关人员的职责范围。在资料管理过程中应保证施工资料的真实性和有效性。除应建立配套的管理制度，明确责任外，还应根据工程具体情况采取措施，堵塞漏洞，确保施工资料真实、有效。

3.1.6 混凝土结构施工现场应采取必要的安全防护措施，各项设备、设施和安全防护措施应符合相关强制性标准的规定。对可能发生的各种危害和灾害，应制定应急预案。本条中的突发事件主要指天气骤变、停水、断电、道路运输中断、主要设备损坏、模板质量安全事故等。

3.2 施 工 技 术

3.2.1 混凝土结构施工前的准备工作包括：供水、用电、道路、运输、模板及支架、混凝土覆盖与养护、起重设备、泵送设备、振捣设备、施工机具和安全防护设施等。

3.2.2 施工阶段的监测内容可根据设计文件的要求和施工质量控制的需要确定。施工阶段的监测内容一般包括：施工环境监测（如风向、风速、气温、湿度、雨量、气压、太阳辐射等）、结构监测（如结构沉降观测、倾斜测量、楼层水平度测量、控制点标高与水准测量以及构件关键部位或截面的应变、应力监测和温度监测等）。

3.2.3 采用新技术、新工艺、新材料、新设备时，应经过试验和技术鉴定，并应制定可行的技术措施。设计文件中指定使用新技术、新工艺、新材料时，施工单位应依据设计要求进行施工。施工单位欲使用新技术、新工艺、新材料时，应经监理单位核准，并按相关规定办理。本条的"新的施工工艺"系指以前未在任何工程施工中应用的施工工艺，"首次采用的施工工艺"系指施工单位以前未实施过的施工工艺。

3.3 施工质量与安全

3.3.1、3.3.2 在混凝土结构施工过程中，应贯彻执行施工质量控制和检验的制度。每道工序均应及时进行检查，确认符合要求后方可进行下道工序施工。施工企业实行的"过程三检制"是一种有效的企业内部质量控制方法，"过程三检制"是指自检、互检和交接检三种检查方式。对发现的质量问题及时返修、返工，是施工单位进行质量过程控制的必要手段。本规范第4～9章提出了施工质量检查的主要内容，在实际操作中可根据质量控制的需要调整、补充检查内容。

3.3.3 混凝土结构工程的隐蔽工程验收，主要包括钢筋、预埋件等，现行国家标准《混凝土结构工程施工质量验收规范》GB 50204 中对此已有明确规定。本条强调除应对隐蔽工程进行验收外，还应对重要工序和关键部位加强质量检查或进行测试，并要求应有详细记录和宜有必要的图像资料。这些规定主要考虑隐蔽工程、重要工序和关键部位对于混凝土结构的重要性。当隐蔽工程的检查、验收与相应检验批的检查、验收内容相同时，可以合并进行。

3.3.5 施工中使用的原材料、半成品和成品以及施工设备和机具，应符合国家相关标准的要求。为适当减少有关产品的检验工作量，本规范有关章节对符合限定条件的产品进场检验作了适当调整。对来源稳定且连续检验合格，或经产品认证符合要求的产品，进场时可按本规范的有关规定放宽检验。"经产品认证符合要求的产品"系指经产品认证机构认证，认证结论为符合认证要求的产品。产品认证机构应经国家认证认可监督管理部门批准。放宽检验系指扩大检验批量，不是放宽检验指标。

3.3.7、3.3.8 试件留设是混凝土结构施工检测和试验计划的重要内容。混凝土结构施工过程中，确认混凝土强度等级达到要求应采用标准养护的混凝土试件；混凝土结构构件拆模、脱模、吊装、施加预应力及施工期间负荷时的混凝土强度，应采用同条件养护的混凝土试件。当施工阶段混凝土强度指标要求较低，不适宜用同条件养护试件进行强度测试时，可根据经验判断。

3.3.9 混凝土结构施工前，需确定结构位置、标高的控制点和水准点，其精度应符合规划管理和工程施工的需要。用于施工抄平、放线的水准点或控制点的位置，应保持牢固稳定，不下沉，不变形。施工现场应对设置的控制点和水准点进行保护，使其不受扰动，必要时应进行复测以确定其准确度。

4 模 板 工 程

4.1 一 般 规 定

4.1.1 模板工程主要包括模板和支架两部分。模板面板、支承面板的次楞和主楞以及对拉螺栓等组件统称为模板。模板背侧的支承（撑）架和连接件等统称为支架或模板支架。

模板工程专项施工方案一般包括下列内容：模板及支架的类型；模板及支架的材料要求；模板及支架的计算书和施工图；模板及支架安装、拆除相关技术措施；施工安全和应急措施（预案）；文明施工、环境保护等技术要求。

本规范中高大模板支架工程是指搭设高度 8m 及以上；搭设跨度 18m 及以上，施工总荷载 15kN/m²

及以上；集中线荷载 20kN/m 及以上的模板支架工程。

本条专门提出了对"滑模、爬模等工具式模板工程及高大模板支架工程的专项施工方案应进行技术论证"的要求。模板工程的安全一直是施工现场安全生产管理的重点和难点，根据住房和城乡建设部《危险性较大的分部分项工程安全管理办法》（建质［2009］87 号）的规定，超过一定规模的危险性较大的混凝土模板支架工程为：搭设高度 8m 及以上；搭设跨度 18m 及以上，施工总荷载 15kN/m² 及以上；集中线荷载 20kN/m 及以上。国外部分相关规范也有区分基本模板工程、特殊模板工程的类似规定。本条文规定高大模板工程和工具式模板工程所指对象按建质［2009］87 号文确定即可。提出"高大模板工程"术语是区别于浇筑一般构件的模板工程，并便于模板工程施工作业人员的简易理解。条文规定的专项施工方案的技术论证包括专家评审。

关于模板工程现有多本专业标准，如行业标准《钢框胶合板模板技术规程》JGJ 96、《液压爬升模板工程技术规程》JGJ 195、《液压滑动模板施工安全技术规程》JGJ 65、《建筑工程大模板技术规程》JGJ74、国家标准《组合钢模板技术规范》GB 50214 等，应遵照执行。

4.1.2 模板及支架是施工过程中的临时结构，应根据结构形式、荷载大小等结合施工过程的安装、使用和拆除等主要工况进行设计，保证其安全可靠，具有足够的承载力和刚度，并保证其整体稳固性。根据现行国家标准《工程结构可靠性设计统一标准》GB 50153 的有关规定，本规范中的"模板及支架的整体稳固性"系指在遭遇不利施工荷载工况时，不因构造不合理或局部支撑杆件缺失造成整体性坍塌。模板及支架设计时应考虑模板及支架自重、新浇筑混凝土自重、钢筋自重、新浇筑混凝土对模板侧面的压力、施工人员及施工设备荷载、混凝土下料产生的水平荷载、泵送混凝土或不均匀堆载等因素产生的附加水平荷载、风荷载等。本条直接影响模板及支架的安全，并与混凝土结构施工质量密切相关，故列为强制性条文，应严格执行。

4.2 材 料

4.2.2 混凝土结构施工用的模板材料，包括钢材、铝材、胶合板、塑料、木材等。目前，国内建筑行业现浇混凝土施工的模板多使用木材作主、次楞、竹（木）胶合板作面板，但木材的大量使用不利于保护国家有限的森林资源，而且周转使用次数少的不耐用的木质模板在施工现场将会造成大量建筑垃圾，应引起重视。为符合"四节一环保"的要求，应提倡"以钢代木"，即提倡采用轻质、高强、耐用的模板材料，如铝合金和增强塑料等。支架材料宜选用钢材或铝合金等轻质高强的可再生材料，不提倡采用木支架。连接件将面板和支架连接为可靠的整体，采用标准定型连接件有利于操作安全、连接可靠和重复使用。

4.2.3 模板脱模剂有油性、水性等种类。为不影响后期的混凝土表面实施粉刷、批腻子及涂料装饰等，宜采用水性的脱模剂。

4.3 设　　计

4.3.3 模板及支架中杆件之间的连接考虑了可重复使用和拆卸方便，设计计算分析的计算假定和分析模型不同于永久性的钢结构或薄壁型钢结构，本条要求计算假定和分析模型应有理论或试验依据，或经工程经验验证可行。设计中实际选取的计算假定和分析模型应尽可能与实际结构受力特点一致。模板及支架的承载力计算采用荷载基本组合；变形验算采用永久荷载标准值，即不考虑可变荷载，当所有永久荷载同方向时，即为永久荷载标准值的代数和。

4.3.5 本条对模板及支架的承载力设计提出了基本要求。通过引入结构重要性系数 γ_0，区分了"重要"和"一般"模板及支架的设计要求，其中"重要的模板及支架"包括高大模板支架，跨度较大、承载较大或体型复杂的模板及支架等。另外，还引入承载力设计值调整系数 γ_R 以考虑模板及支架的重复使用情况，其中对周转使用的工具式模板及支架，γ_R 应大于 1.0；对新投入使用的非工具式模板与支架，γ_R 可取 1.0。

模板及支架结构构件的承载力设计值可按相应材料的结构设计规范采用，如钢模板及钢支架的设计符合现行国家标准《钢结构设计规范》GB 50017 的规定；冷弯薄壁型钢支架的设计符合现行国家标准《冷弯薄壁型钢结构技术规范》GB 50018 的规定；铝合金模板及铝合金支架的设计符合现行国家标准《铝合金结构设计规范》GB 50429 的规定。

4.3.6 基于目前房屋建筑的混凝土楼板厚度以120mm 以上为主，其单位面积自重与施工荷载相当，因此，根据现行国家标准《建筑结构荷载规范》GB 50009 相关规定的对由永久荷载效应控制的组合，应取 1.35 的永久荷载分项系数，为便于施工计算，统一取 1.35 系数。从理论和设计习惯两个方面考虑，侧面模板设计时模板侧压力永久荷载分项系数取 1.2 更为合理，本条公式中通过引入模板及支架的类型系数 α 解决此问题，1.35 乘以 0.9 近似等于 1.2。

4.3.7 作用在模板及支架上的荷载分为永久荷载和可变荷载。将新浇筑混凝土的侧压力列为永久荷载是基于混凝土浇筑入模后侧压力相对稳定地作用在模板上，直至混凝土逐渐凝固而消失，符合"变化与平均值相比可以忽略不计或变化是单调的并能趋于限值"的永久荷载定义。对于塔吊钩住混凝土料斗等容器下料产生的荷载，美国规范 ACI347 认为可以按料斗的

容量、料斗离楼面模板的距离、料斗下料的时间和速度等因素计算作用到模板面上的冲击荷载，考虑对浇筑混凝土地点的混凝土下料与施工人员作业荷载不同时，混凝土下料产生的荷载主要与混凝土侧压力组合，并作用在有效压头范围内。

当支架结构与周边已浇筑混凝土并具有一定强度的结构可靠拉结时，可以不验算整体稳定。对相对独立的支架，在其高度方向上与周边结构无法形成有效拉结的情况下，可分别计算泵送混凝土或不均匀堆载等因素产生的附加水平荷载（Q_3）作用下和风荷载（Q_4）作用下支架的整体稳定性，以保证支架架体的构造合理性，防止突发性的整体坍塌事故。

4.3.8 模板面板的变形量直接影响混凝土构件的尺寸和外观质量。对于梁板等水平构件，其模板面板及面板背侧支撑的变形验算采用施加其上的混凝土、钢筋和模板自重的荷载标准值；对于墙等竖向模板，其模板面板及面板背侧支撑的变形验算采用新浇筑混凝土的侧压力的荷载标准值。

4.3.9 本条中"结构表面外露的模板"可以认为是拆模后不做水泥砂浆粉刷找平的模板，"结构表面隐蔽的模板"是拆模后需要做水泥砂浆粉刷找平的模板。对于模板构件的挠度限值，在控制面板的挠度时应注意面板背部主、次楞的弹性变形对面板挠度的影响，适当提高主楞的挠度限值。

4.3.10 对模板支架高宽比的限定主要为了保证在周边无结构提供有效侧向刚性连接的条件下，防止细高形的支架倾覆整体失稳。整体稳固性措施包括支架体内加强竖向和水平剪刀撑的设置；支架体外设置抛撑、型钢桁架撑、缆风绳等。

4.3.11 混凝土浇筑前，支架在搭设过程中，因为相应的稳固性措施未到位，在风力很大时可能会发生倾覆，倾覆力矩主要由风荷载（Q_4）产生；混凝土浇筑时，支架的倾覆力矩主要由泵送混凝土或不均匀堆载等因素产生的附加水平荷载（Q_3）产生，附加水平荷载（Q_3）以水平力的形式呈线荷载作用在支架顶部外边缘上。抗倾覆力矩主要由钢筋、混凝土和模板自重等永久荷载产生。

4.3.13 在多、高层建筑的混凝土结构工程施工中，已浇筑的楼板可能还未达到设计强度，或者已经达到设计强度，但施工荷载显著超过其设计荷载，因此，必须考虑设置足够层数的支架，以避免相应各层楼板产生过大的应力和挠度。在设置多层支架时，需要确定各层楼板荷载向下传递时的分配情况。验算支架和楼板承载力可采用简化方法分析。当用简化方法分析时，可假定建筑基础为刚性板，模板支架层的立杆为刚性杆，由支架立杆相连的多层楼板的刚度假定为相等，按浇筑混凝土楼面新增荷载和拆除连续支架层的最底层荷载重新分布的两种最不利工况，分析计算连续多层模板支架立杆和混凝土楼面承担的最大荷载效

应，决定合理的最少连续支模层数。

4.3.14 支架立柱或竖向模板下的土层承载力设计值，应按现行国家标准《建筑地基基础设计规范》GB 50007 的规定或工程地质报告提供的数据采用。

4.3.15 在扣件钢管模板支架的立杆顶端插入可调托座，模板上的荷载直接传给立杆，为中心传力方式；模板搁置在扣件钢管支架顶部的水平钢管上，其荷载通过水平杆与立杆的直角扣件传至立杆，为偏心传力方式，实际偏心距为 53mm 左右，本条规定的 50mm 为取整数值。中心传力方式有利于立杆的稳定性，因此宜采用中心传力方式。

本条第 2 款规定的单根立杆轴力标准值是基于支架顶部双向水平杆通过直角扣件扣接到立杆形成"双扣件"的传力形式确定的，根据试验，双扣件抗滑力范围在 17kN～20kN 之间，考虑一定安全系数后提出了 10kN、12kN 的要求。工程施工技术人员也可根据工地的钢管管径及壁厚、扣件的规格和质量，进行双扣件抗滑试验制定立杆的单根承力限值。

4.3.16 门式、碗扣式和盘扣式钢管架的顶端插入可调托座，其传力方式均为中心传力方式，有利于立杆的稳定性，值得推广应用。

4.4 制作与安装

4.4.1 模板可在工厂或施工现场加工、制作。将通用性强的模板制作成定型模板可以有效地节约材料。

4.4.5 模板及支架的安装应与其施工图一致。混凝土竖向构件主要有柱、墙和筒壁等，水平构件主要有梁、楼板等。

4.4.6 对跨度较大的现浇混凝土梁、板，考虑到自重的影响，适度起拱有利于保证构件的形状和尺寸。执行时应注意本条的起拱高度未包括设计起拱值，而只考虑模板本身在荷载下的下垂，故对钢模板可取偏小值，对木模板可取偏大值。当施工措施能够保证模板下垂符合要求，也可不起拱或采用更小的起拱值。

4.4.7 扣件钢管支架因其灵活性好，通用性强，施工单位经过多年工程施工积累已有一定储备量，成为目前我国的主要模板支架形式。本条对采用扣件钢管作模板支架制定了一些基本的量化构造尺寸规定。

4.4.8 采用扣件式钢管搭设高大模板支架的问题一直是模板支架安全监管的重点和难点。支架搭设应强调完整性，扣件式钢管支架的搭设灵活性也带来了随意性，大尺寸梁、板混凝土构件下的扣件钢管模板支架的立杆上每步纵、横向水平钢管设置不全，每隔 2 根或 3 根立杆设置双向水平杆，交叉层上的水平杆单向设置等连接构造不完整是扣件钢管模板支架整体坍塌的主要原因。因此，基于用扣件钢管搭设高大模板支架的多起整体坍塌事故分析和经验教训，特别强调扣件钢管高大模板支架搭设应完整，以及立杆上每步的双向水平杆均应与立杆扣接，应将其作为扣件钢管

模板支架安装过程中的检查重点。支架宜设置中部纵向或横向的竖向剪刀撑，剪刀撑的间距不宜大于 5m；沿支架高度方向搭设的水平剪刀撑的间距不宜大于 6m，搭设的高大模板支架应与施工方案一致。

采用满堂支架的高大模板支架时，在支架中间区域设置少量的用塔吊标准节安装的桁架柱，或用加密的钢管立杆、水平杆及斜杆搭设成的塔架等高承载力的临时柱，形成防止突发性模板支架整体坍塌的二道防线，经实践证明是行之有效的。

本条第 1 款规定可调托座螺杆插入钢管的长度不应小于 150mm，螺杆伸出钢管的长度不应大于 300mm，插入立杆顶端可调托座伸出顶层水平杆的悬臂长度不应大于 500mm（图 1）。对非高大模板支架，如支架立杆顶部采用可调托座时，其构造也应符合此规定。

4.4.9 基于用碗扣架搭设模板支架的整体坍塌事故分析，对采用碗扣和盘扣钢管架搭设模板支架时，限定立柱顶端插入可调托座伸出顶层水平杆的长度（图 2），以及将顶部两层水平杆间的距离比标准步距缩小一个碗扣或盘扣节点间距，更有利于立杆的稳定性。

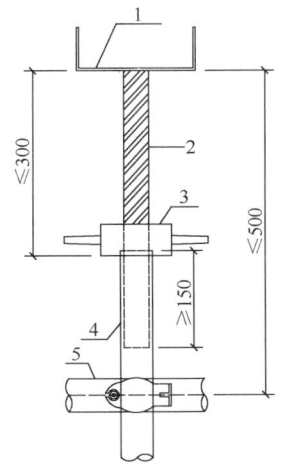

图 1　扣件式钢管支架顶部的可调托座

1—可调托座；2—螺杆；3—调节螺母；4—扣件式钢管支架立杆；5—扣件式钢管支架水平杆

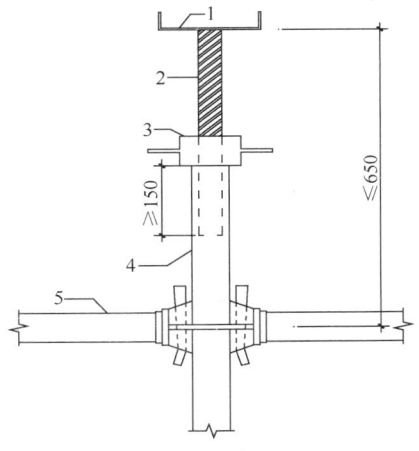

图 2　碗扣式、盘扣式或盘销式钢管支架顶部的可调托座

1—可调托座；2—螺杆；3—调节螺母；4—立杆；5—水平杆

碗扣式钢管架的竖向剪刀撑和水平剪刀撑可采用扣件钢管搭设，一般形成的基本网格为 4m～6m；盘扣式钢管架的竖向剪刀撑和水平剪刀撑直接采用斜杆，并要求纵、横向每 5 跨每层设置斜杆，竖向每 4 步设置水平层斜杆。

4.4.10 目前施工单位多采用标准型门架，其主立杆直径为 42mm；当支架高度较高或荷载较大时，主立杆钢管直径大于 48mm 的门架性能更好。

4.4.16 后浇带部位的模板及支架通常需保留到设计允许封闭后浇带的时间。该部分模板及支架应独立设置，便于两侧的模板及支架及时拆除，加快模板及支架的周转使用。

4.5 拆除与维护

4.5.4 多层、高层建筑施工中，连续 2 层或 3 层模板支架的拆除要求与单层模板支架不同，需根据连续支模层间荷载分配计算以及混凝土强度的增长情况确定底层支架拆除时间。冬期施工高层建筑时，气温低，混凝土强度增长慢，连续模板支架层数一般不少于 3 层。

4.5.5 快拆支架体系也称为早拆模板体系或保留支柱施工法。能实现模板块早拆的基本原理是因支柱保留，将拆模跨度由长跨改为短跨，所需的拆模强度降至设计强度的一定比例，从而加快了承重模板的周转速度。支柱顶部早拆柱头是其核心部件，它既能维持顶托板支撑住混凝土构件的底面，又能将支架梁连带模板块一起降落。

4.6 质量检查

4.6.3 本条规定了采用扣件钢管架支模时应检查的基本内容和偏差控制值。检查中，钢管支架立杆在全长范围内只允许在顶部进行一次搭接。对梁板模板下钢管支架采用顶部双向水平杆与立杆的"双扣件"扣接方式，应检查双扣件是否紧贴。

5 钢 筋 工 程

5.1 一 般 规 定

5.1.1 成型钢筋的应用可减少钢筋损耗且有利于质量控制，同时缩短钢筋现场存放时间，有利于钢筋的保护。成型钢筋的专业化生产应采用自动化机械设备进行钢筋调直、切割和弯折，其性能应符合现行行业标准《混凝土结构用成型钢筋》JG/T 226 的有关规定。

5.1.2 混凝土结构施工的钢筋连接方式由设计确定，且应考虑施工现场的各种条件。如设计要求的连接方式因施工条件需要改变，需办理变更文件。如设计没有规定，可由施工单位根据《混凝土结构设计规范》

GB 50010 等国家现行相关标准的有关规定和施工现场条件与设计共同商定。

5.1.3 钢筋代换主要包括钢筋品种、级别、规格、数量等的改变，涉及结构安全，故本条予以强制。钢筋代换后应经设计单位确认，并按规定办理相关审查手续。钢筋代换应按国家现行相关标准的有关规定，考虑构件承载力、正常使用（裂缝宽度、挠度控制）及配筋构造等方面的要求，需要时可采用并筋的代换形式。不宜用光圆钢筋代换带肋钢筋。本条为强制性条文，应严格执行。

5.2 材 料

5.2.1 与热轧光圆钢筋、热轧带肋钢筋、余热处理钢筋、钢筋焊接网性能及检验相关的国家现行标准有：《钢筋混凝土用钢 第 1 部分：热轧光圆钢筋》GB 1499.1、《钢筋混凝土用钢 第 2 部分：热轧带肋钢筋》GB 1499.2、《钢筋混凝土用余热处理钢筋》GB 13014、《钢筋混凝土用钢 第 3 部分：钢筋焊接网》GB 1499.3。与冷加工钢筋性能及检验相关的国家现行标准有：《冷轧带肋钢筋》GB 13788、《冷轧扭钢筋》JG 190 等。冷加工钢筋的应用可参照《冷轧带肋钢筋混凝土结构技术规程》JGJ 95、《冷轧扭钢筋混凝土构件技术规程》JGJ 115、《冷拔低碳钢丝应用技术规程》JGJ 19 等国家现行标准的有关规定。

5.2.2 本条提出了针对部分框架、斜撑构件（含梯段）中纵向受力钢筋强度、伸长率的规定，其目的是保证重要结构构件的抗震性能。本条第 1 款中抗拉强度实测值与屈服强度实测值的比值，工程中习惯称为"强屈比"，第 2 款中屈服强度实测值与屈服强度标准值的比值，工程中习惯称为"超强比"或"超屈比"；第 3 款中最大力下总伸长率习惯称为"均匀伸长率"。

牌号带"E"的钢筋是专门为满足本条性能要求生产的钢筋，其表面轧有专用标志。

本条中的框架包括各类混凝土结构中的框架梁、框架柱、框支梁、框支柱及板柱-抗震墙的柱等，其抗震等级应根据国家现行相关标准由设计确定；斜撑构件包括伸臂桁架的斜撑、楼梯的梯段等，相关标准中未对斜撑构件规定抗震等级，当建筑中其他构件需要应用牌号带 E 钢筋时，则建筑中所有斜撑构件均应满足本条规定。

本条为强制性条文，应严格执行。

5.2.3 本条规定的施工过程包括钢筋运输、存放及作业面施工。

HRB（热轧带肋钢筋）、HRBF（细晶粒钢筋）、RRB（余热处理钢筋）是三种常用带肋钢筋品种的英文缩写，钢筋牌号为该缩写加上代表强度等级的数字。各种钢筋表面的轧制标志各不相同，HRB335、HRB400、HRB500 分别为 3、4、5，HRBF335、HRBF400、HRBF500 分别为 C3、C4、

C5，RRB400 为 K4。对于牌号带"E"的热轧带肋钢筋，轧制标志上也带"E"，如 HRB335E 为 3E、HRBF400E 为 C4E。钢筋在运输和存放时，不得损坏包装和标志，并应按牌号、规格、炉批分别堆放。钢筋加工后用于施工的过程中，要能够区分不同强度等级和牌号的钢筋，避免混用。

钢筋除防锈外，还应注意焊接、撞击等原因造成的钢筋损伤。后浇带等部位的外露钢筋在混凝土施工前也应避免锈蚀、损伤。

5.2.4 对性能不良的钢筋批，可根据专项检验结果进行处理。

5.3 钢筋加工

5.3.1 钢筋加工前应清理表面的油渍、漆污和铁锈。清除钢筋表面油漆、漆污、铁锈可采用除锈机、风砂枪等机械方法；当钢筋数量较少时，也可采用人工除锈。除锈后的钢筋要尽快使用，长时间未使用的钢筋在使用前同样应按本条规定进行清理。有颗粒状、片状老锈或有损伤的钢筋性能无法保证，不应在工程中使用。对于锈蚀程度较轻的钢筋，也可根据实际情况直接使用。

5.3.2 钢筋弯折可采用专用设备一次弯折到位。对于弯折过度的钢筋，不得回弯。

5.3.3 机械调直有利于保证钢筋质量，控制钢筋强度，是推荐采用的钢筋调直方式。无延伸功能指调直机械设备的牵引力不大于钢筋的屈服力。如采用冷拉调直，应控制调直冷拉率，以免影响钢筋的力学性能。带肋钢筋进行机械调直时，应注意保护钢筋横肋，以避免横肋损伤造成钢筋锚固性能降低。钢筋无局部弯折，一般指钢筋中心线同直线的偏差不应超过全长的 1%。

5.3.4 本条统一规定了各种钢筋弯折时的弯弧内直径，并在国家标准《混凝土结构工程施工质量验收规范》GB 50204-2002 的基础上根据相关标准规范的规定进行了补充。拉筋弯折处，弯弧内直径除应符合本条第 5 款对箍筋的规定外，尚应考虑拉筋实际勾住钢筋的具体情况。

5.3.5 本条规定的纵向受力钢筋弯折后平直段长度包括受拉光面钢筋 180°弯钩、带肋钢筋在节点内弯折锚固、带肋钢筋弯钩锚固、分批截断钢筋延伸锚固等情况，本规范仅规定了光圆钢筋 180°弯钩的弯折后平直段长度，其他构造应符合设计要求及现行国家标准《混凝土结构设计规范》GB 50010 的有关规定。

5.3.6 本条规定了箍筋、拉筋末端的弯钩构造要求，适用于焊接封闭箍筋之外的所有箍筋、拉筋；其中拉筋包括梁、柱复合箍筋中单肢箍筋，梁腰筋间拉结筋，剪力墙、楼板钢筋网片拉结筋等。箍筋、拉筋弯钩的弯弧内直径应符合本规范第 5.3.4 条的规定。有抗震设防要求的结构构件，即设计图纸和相关标准规范中规定具有抗震等级的结构构件，箍筋弯钩可按不小于 135°折。本条中的设计专门要求指构件受扭、弯剪扭等复合受力状态，也包括全部纵向受力钢筋配筋率大于 3% 的柱。本条第 3 款中，拉筋用作单肢箍筋或梁腰筋间拉结筋时，弯钩的弯折后平直段长度按第 1 款规定确定即可。加工两端 135°弯钩拉筋时，可做成一端 135°另一端 90°，现场安装后再将 90°弯钩端弯成满足要求的 135°弯钩。

5.3.7 焊接封闭箍筋宜以闪光对焊为主；采用气压焊或单面搭接焊时，应注意最小适用直径。批量加工的焊接封闭箍筋应在专业加工场地采用专用设备完成。对焊点部位的要求主要是考虑便于施焊、有利于结构安全等因素。

5.3.8 钢筋机械锚固包括贴焊钢筋、穿孔塞焊锚板及应用锚固板等形式，钢筋锚固端的加工应符合《混凝土结构设计规范》GB 50010 等国家现行相关标准的规定。当采用钢筋锚固板时，钢筋加工及安装等要求均应符合现行行业标准《钢筋锚固板应用技术规程》JGJ 256 的有关规定。

5.4 钢筋连接与安装

5.4.1 受力钢筋的连接接头宜设置在受力较小处。梁端、柱端箍筋加密区的范围可按现行国家标准《混凝土结构设计规范》GB 50010 的有关规定确定。如需在箍筋加密区内设置接头，应采用性能较好的机械连接和焊接接头。同一纵向受力钢筋在同一受力区段内不宜多次连接，以保证钢筋的承载、传力性能。"同一纵向受力钢筋"指同一结构层、结构跨及原材料供货长度范围内的一根纵向受力钢筋，对于跨度较大梁，接头数量的规定可适当放松。本条还对接头距钢筋弯起点的距离作出了规定。

5.4.2 本条提出了钢筋机械连接施工的基本要求。螺纹接头安装时，可根据安装需要采用管钳、扭力扳手等工具，但安装后应使用专用扭力扳手校核拧紧力矩，安装用扭力扳手和校核用扭力扳手应区分使用，二者的精度、校准要求均有所不同。

5.4.3 本条提出了钢筋焊接施工的基本要求。焊工是焊接施工质量的保证，本条提出了焊工考试合格证、焊接工艺试验等要求。不同品种钢筋的焊接及电渣压力焊的适用条件是焊接施工中较为重要的问题，本规范参考相关规范提出了技术规定。焊接施工还应按相关标准、规定做好劳动保护和安全防护，防止发生火灾、烧伤、触电以及损坏设备等事故。

5.4.4 本条规定了纵向受力钢筋机械连接和焊接的接头位置和接头百分率要求。计算接头连接区段长度时，d 为相互连接两根钢筋中较小直径，并按该直径计算连接区段内的接头面积百分率；当同一构件内不同连接钢筋计算的连接区段长度不同时取大值。装配式混凝土结构为由预制构件拼装的整体结构，构件连接处无法做到分批连接，多采用同截面 100% 连接的形式，施工中应采取措施保证连接的质量。

5.4.5 本条规定了纵向受力钢筋绑扎搭接的最小搭接长度、接头位置和接头百分率要求。计算接头连接区段长度时，搭接长度可取相互连接两根钢筋中较小直径计算，并按该直径计算连接区段内的接头面积百分率；当同一构件内不同连接钢筋计算的连接区段长度不同时取大值。附录 C 中给出了各种条件下确定受拉钢筋、受压钢筋最小搭接长度的方法。

5.4.6 搭接区域的箍筋对于约束搭接传力区域的混凝土、保证搭接钢筋传力至关重要。根据相关规范的要求，规定了搭接长度范围内的箍筋直径、间距等构造要求。

5.4.7 本条规定了钢筋绑扎的细部构造。墙、柱、梁钢筋骨架中各竖向面钢筋网不包括梁顶、梁底的钢筋网。板底部钢筋网的边缘部分需全部扎牢，中间部分可间隔交错扎牢。箍筋弯钩及焊接封闭箍筋的对焊接接头布置要求是为了保证构件不存在明显薄弱的受力方向。构造柱纵向钢筋与承重结构钢筋同步绑扎，可使构造柱与承重结构可靠连接、上下贯通，避免后植筋施工引起的质量及安全隐患。混凝土浇筑施工时可先浇框架梁、柱等主要受力结构，后浇构造柱混凝土。第 5 款中 50mm 的规定系根据工程经验提出，具体适用范围为：梁端第一个箍筋的位置，柱底部第一个箍筋的位置，也包括暗柱及剪力墙边缘构件；楼板边第一根钢筋的位置；墙体底部第一个水平分布钢筋及暗柱箍筋的位置。

5.4.8 本条规定了构件交接处钢筋的位置。对主次梁结构，本条规定底部标高相同次梁的下部钢筋放到主梁下部钢筋之上，此规定适用于常规结构，对于承受方向向上的反向荷载，或某些有特殊要求的主次梁结构，也可按实际情况选择钢筋布置方式。剪力墙水平分布钢筋为主要受力钢筋，故放在外侧；对于承受平面内弯矩较大的挡土墙等构件，水平分布钢筋也可放在内侧。

5.4.9 钢筋定位件用来固定施工中混凝土构件中的钢筋，并保证钢筋的位置偏差符合现行国家标准《混凝土结构工程施工质量验收规范》GB 50204 等的有关规定。确定定位件的数量、间距和固定方式需考虑钢筋在绑扎、混凝土浇筑等施工过程中可能承受的施工荷载。钢筋定位件主要有专用定位件、水泥砂浆或混凝土制成的垫块、金属马凳、梯子筋等。专用定位件多为塑料制成，有利于控制钢筋的混凝土保护层厚度、安装尺寸偏差和构件的外观质量。砂浆或混凝土垫块的强度是定位件承载力、刚度的基本保证。对细长的定位件，还应防止失稳。定位件将留在混凝土构件中，不应降低混凝土结构的耐久性，如砂浆或混凝土垫块的抗渗、抗冻、防腐等性能应与结构混凝土相同或相近。从耐久性角度出发，不应在框架梁、柱混

凝土保护层内使用金属定位件。对于精度要求较高的预制构件，应减少砂浆或混凝土垫块的使用。当采用体量较大的定位件时，定位件不能影响结构的受力性能。本条所称定位件有时也称间隔件。

5.4.10 施工中随意进行的定位焊接可能损伤纵向钢筋、箍筋，对结构安全造成不利影响。如因施工操作原因需对钢筋进行焊接，需按现行行业标准《钢筋焊接及验收规程》JGJ 18 的有关规定进行施工，焊接质量应满足其要求。施工中不应对不可焊钢筋进行焊接。

5.4.11 由多个封闭箍筋或封闭箍筋、单肢箍筋共同组成的多肢箍即为复合箍筋。复合箍筋的外围应选用一个封闭箍筋。对于偶数肢的梁箍筋，复合箍筋均宜由封闭箍筋组成；对于奇数肢的梁箍筋，复合箍筋宜由若干封闭箍筋和一个拉筋组成；柱箍筋内部可根据施工需要选择使用封闭箍筋和拉筋。单肢箍筋在复合箍筋内部的交错布置，是为了利于构件均匀受力。当采用单肢箍筋时，单肢箍筋的弯钩应符合本规范第 5.3.5 条的规定。

5.4.12 如钢筋表面受脱模剂污染，会严重影响钢筋的锚固性能和混凝土结构的耐久性。

5.5 质 量 检 查

5.5.1 钢筋的质量证明文件包括产品合格证和出厂检验报告等。

5.5.2 成型钢筋所用钢筋在生产企业进厂时已检验，成型钢筋在工地进场时以检验质量证明文件和材料的检验合格报告为主，并辅助较大批量的屈服强度、抗拉强度、伸长率及重量偏差检验。成型钢筋的质量证明文件为专业加工企业提供的产品合格证、出厂检验报告。

5.5.3 为便于控制钢筋调直后的性能，本条要求对冷拉调直后的钢筋力学性能和单位长度重量偏差进行检验。

5.5.4 本条的规定主要包括钢筋切割、弯折后的尺寸偏差，各种钢筋、钢筋骨架、钢筋网的安装位置偏差等。安装后还应及时检查钢筋的品种、级别、规格、数量。

5.5.5 钢筋连接是钢筋工程施工的重要内容，应在施工过程中重点检查。

6 预应力工程

6.1 一般规定

6.1.1 预应力专项施工方案内容一般包括：施工顺序和工艺流程；预应力施工工艺，包括预应力筋制作、孔道预留、预应力筋安装、预应力筋张拉、孔道灌浆和封锚等；材料采购和检验、机具配备和张拉设

备标定；施工进度和劳动力安排、材料供应计划；有关分项工程的配合要求；施工质量要求和质量保证措施；施工安全要求和安全保证措施；施工现场管理机构等。

预应力混凝土工程的施工图深化设计内容一般包括：材料、张拉锚固体系、预应力筋束形定位坐标图、张拉端及固定端构造、张拉控制应力、张拉或放张顺序及工艺、锚具封闭构造、孔道摩擦系数取值等。根据本规范第3.1.3条规定，预应力专业施工单位完成的深化设计文件应经原设计单位确认。

6.1.2 工程经验表明，当工程所处环境温度低于−15℃时，易造成预应力筋张拉阶段的脆性断裂，不宜进行预应力筋张拉；灌浆施工会受环境温度影响，高温下因水分蒸发水泥浆的稠度将迅速提高，而冬期的水泥浆易受冻结冰，从而造成灌浆操作困难，且难以保证质量，因此应尽量避开高温环境下灌浆和冬期灌浆。如果不得已在冬期环境下灌浆施工，应通过采用抗冻水泥浆或对构件采取保温措施等来保证灌浆质量。

6.1.3 预应力筋的品种、级别、规格、数量由设计单位根据相关标准选择，并经结构设计计算确定，任何一项参数的变化都会直接影响预应力混凝土的结构性能。预应力筋代换意味着其品种、级别、规格、数量以及锚固体系的相应变化，将会带来结构性能的变化，包括构件承载能力、抗裂度、挠度以及锚固区承载能力等，因此进行代换时，应按现行国家标准《混凝土结构设计规范》GB 50010等进行专门的计算，并经原设计单位确认。本条为强制性条文，应严格执行。

6.2 材 料

6.2.1 预应力筋系施加预应力的钢丝、钢绞线和精轧螺纹钢筋等的总称。与预应力筋相关的国家现行标准有：《预应力混凝土用钢绞线》GB/T 5224、《预应力混凝土用钢丝》GB/T 5223、《中强度预应力混凝土用钢丝》YB/T 156、《预应力混凝土用螺纹钢筋》GB/T 20065、《无粘结预应力钢绞线》JG 161等。

6.2.2 与预应力筋用锚具相关的国家现行标准有：《预应力筋用锚具、夹具和连接器》GB/T 14370和《预应力筋用锚具、夹具和连接器应用技术规程》JGJ 85。前者系产品标准，主要是生产厂家生产、质量检验的依据；后者是锚夹具产品工程应用的依据，包括设计选用、进场检验、工程施工等内容。

6.2.3 后张法预应力成孔主要采用塑料波纹管以及金属波纹管。而竖向孔道常采用钢管成孔。与塑料波纹管相关的现行行业标准为《预应力混凝土桥梁用塑料波纹管》JT/T 529。与金属波纹管相关的现行行业标准为《预应力混凝土用金属波纹管》JG 225。

6.2.4 各种工程材料都有其合理的运输和储存要

求。预应力筋、预应力筋用锚具、夹具和连接器，以及成孔管道等工程材料基本都是金属材料，因此在运输、存放过程中，应采取防止其损伤、锈蚀或污染的保护措施，并在使用前进行外观检查。此外，塑料波纹管尽管没有锈蚀问题，仍应注意保护其不受外力作用下的变形，避免污染、暴晒。

6.3 制作与安装

6.3.1 计算下料长度时，一般需考虑预应力筋在结构内的长度、锚夹具厚度、张拉操作长度、镦头的预留量、弹性回缩值、张拉伸长值和台座长度等因素。对于需要进行孔道摩擦系数测试的预应力筋，尚需考虑压力传感器等的长度。

高强预应力钢材受高温焊渣或接地电火花损伤后，其材性会受较大影响，而且预应力筋截面也可能受到损伤，易造成张拉时脆断，故应避免。

6.3.2 无粘结预应力筋护套破损，会影响预应力筋的全长封闭性，同时一定程度上也会影响张拉阶段的摩擦损失，故需保护其塑料护套。尤其在地下结构等潮湿环境中采用无粘结预应力筋时，更需要注意其护套要完整。对于轻微破损处可用防水聚乙烯胶带封闭，其中每圈胶带搭接宽度一般大于胶带宽度的1/2，缠绕层数不少于2层，而且缠绕长度超过破损长度30mm。

6.3.3 挤压锚具的性能受到挤压机之挤压模具技术参数的影响，如果不配套使用，尽管其挤压油压及制作后的尺寸参数符合要求，也会出现性能不满足要求的情况。通常的摩擦衬套有异形钢丝簧和内外带螺纹的管状衬套两种，不论采用何种摩擦衬套，均需保证套筒握裹预应力筋区段内摩擦衬套均匀分布，以保证可靠的锚固性能。

6.3.4 压花锚具的性能主要取决于梨形头和直线段长度。一般情况下，对直径为15.2mm和12.7mm的钢绞线，梨形头的长度分别不小于150mm和130mm，梨形头的最大直径分别不小于95mm和80mm，梨形头前的直线锚固段长度分别不小于900mm和700mm。

6.3.5 钢丝束采用镦头锚具时，锚具的效率系数主要取决于镦头的强度，而镦头强度与采用的工艺及钢丝的直径有关。冷镦时由于冷作硬化，镦头的强度提高，但脆性增加，且容易出现裂纹，影响强度发挥，因此需事先确认钢丝的可镦性，以确保镦头质量。另外，钢丝下料长度的控制主要是为保证钢丝的两端均采用镦头锚具时钢丝的受力均匀性。

6.3.6 圆截面金属波纹管的连接采用大一规格的管道连接，其工艺成熟，现场操作方便。扁形金属波纹管无法采用旋入连接工艺，通常也可采用更大规格的扁管套接工艺。塑料波纹管采用热熔焊接工艺或专用连接套管均能保证质量。

6.3.7 管道定位钢筋支托的间距与预应力筋重量和波纹管自身刚度有关。一般曲线预应力筋的关键点（如最高点、最低点和反弯点等位置）需要有定位的支托钢筋，其余位置的定位钢筋可按等间距布置。值得注意的是，一般设计文件中所给出的预应力筋束形为预应力筋中心的位置，确定支托钢筋位置时尚需考虑管道或无粘结应力筋束的半径。管道安装后应采用火烧丝与钢筋支托绑扎牢靠，必要时点焊定位钢筋。梁中铺设多根成束无粘结预应力筋时，尚需注意同一束的各根筋保持平行，防止相互扭绞。

6.3.9 采用普通灌浆工艺时，从一端注入的水泥浆往前流动，并同时将孔道内的空气从另一端排出。当预应力孔道呈起伏状时，易出现水泥浆流过但空气未被往前挤压而滞留于管道内的情况；曲线孔道中的浆体由于重力下沉、水分上浮会出现泌水现象；当空气滞留于管道内时，将出现灌浆缺陷，还可能被泌出的水充满，不利于预应力筋的防腐，波峰与波谷高差越大这种现象越严重。所以，本条规定曲线孔道波峰部位设置排气管兼泌水管，该管不仅可排除空气，还可以将泌水集中排除在孔道外。泌水管采用钢丝增强塑料管以及壁厚不小于 2mm 的聚乙烯管，有时也可用薄壁钢管，以防止混凝土浇筑过程中出现排气管压扁。

6.3.10 本条是锚具安装工艺及质量控制规定，主要是保证锚具及连接器能够正常工作，不致因安装质量问题出现锚具及预应力筋的非正常受力状态。例如锚垫板的承压面与预应力筋（或孔道）曲线末端的切线不垂直时，会导致锚具和预应力筋受力异常，容易造成预应力筋滑脱或提前断裂。有关参数是根据国外相关资料，并结合我国工程实践经验提出的。

6.3.11 预应力筋的穿束工艺可分为先穿束和后穿束，其中在混凝土浇筑前将预应力筋穿入管道内的工艺方法称为"先穿束"，而待混凝土浇筑完毕再将预应力筋穿入孔道的工艺方法称为"后穿束"。一般情况下，先穿束会占用工期，而且预应力筋穿入孔道后至张拉并灌浆的时间间隔较长，在环境湿度较大的南方地区或雨季容易造成预应力筋的锈蚀，进而影响孔道摩擦，甚至影响预应力筋的力学性能；而后穿束时，预应力筋穿入孔道后至张拉灌浆的时间间隔较短，可有效防止预应力筋锈蚀，同时不占用结构施工工期，有利于加快施工速度，是较好的工艺方法。对一端为埋入端，另一端为张拉端的预应力筋，只能采用先穿束工艺，而两端张拉的预应力筋，最好采用后穿束工艺。本条规定主要考虑预应力筋在施工阶段的防锈，有关时间限制是根据国内外相关标准及我国工程实践经验提出的。

6.3.12 预应力筋、管道、端部锚具、排气管等安装后，仍有大量的后续工程在同一工位或其周边进行，如果不采取合理的措施进行保护，很容易造成已安装工程的破损、移位、损伤、污染等问题，影响后续工程及工程质量。例如，外露预应力筋应采取保护措施，否则容易受混凝土污染；垫板喇叭口和排气管口需封闭，否则养护水或雨水进入孔道，使预应力筋和管道锈蚀，而混凝土还可能由垫板喇叭口进入预应力孔道，影响预应力筋的张拉。

6.3.13 对于超长的预应力筋，孔道摩擦引起的预应力损失比较大，影响预加力效应。采用减摩材料可有效降低孔道摩擦，有利于提高预加力效应。通常的后张有粘结预应力孔道减摩材料可选用石墨粉、复合钙基脂加石墨、工业凡士林加石墨等。减摩材料会降低预应力筋与灌浆料的粘结力，灌浆前必须清除。

6.4 张拉和放张

6.4.1 预应力筋张拉前，根据张拉控制应力和预应力筋面积确定张拉力，然后根据千斤顶标定结果确定油泵压力表读数，同时根据预应力筋曲线线形及摩擦系数计算张拉伸长值；现场检查确认混凝土施工质量，确保张拉阶段不致出现局部承压区破坏等异常情况。

6.4.2 张拉设备由千斤顶、油泵及油管等组成，其输出力需通过油泵中的压力表读数来确定，所以需要使用前进行标定。为消除系统误差影响，要求设备配套标定并配套使用。此外千斤顶的活塞运行方向不同，其内摩擦也有差异，所以规定千斤顶活塞运行方向应与实际张拉工作状态一致。

6.4.3 先张法构件的预应力是靠粘结力传递的，过低的混凝土强度相应的粘结强度也较低，造成预应力传递长度增加，因此本条规定了放张时的混凝土最低强度值。后张法结构中，预应力是靠端部锚具传递的，应保证锚垫板和局部受压加强钢筋选用和布置得当，特别是当采用铸造锚垫板时，应根据锚具供应商提供的产品技术手册相关的技术参数选用与锚具配套的锚垫板和局部加强钢筋，以及确定张拉时要求达到的混凝土强度等技术要求，而这些技术要求需要通过锚固区传力性能检验来确定。另一方面，混凝土结构过早施加预应力，会造成过大的徐变变形，因此有必要控制张拉时混凝土的龄期。但是，当张拉预应力筋是为防止混凝土早期出现的收缩裂缝时，可不受有关混凝土强度限值及龄期的限制。

6.4.4 设计方所给张拉控制力是指千斤顶张拉预应力筋的力值。由于施工现场的情况往往比较复杂，而且可能存在设计未考虑的额外影响因素，可能需要对张拉控制力进行适当调整，以建立设计要求的有效预应力。预应力孔道的实际摩擦系数可能与设计取值存在差异，当摩擦系数实测值与设计计算取值存在一定偏差时，可通过适当调整张拉力来减小偏差。另外，对要求提高构件在施工阶段的抗裂性能而在使用阶段受压区内设置的预应力筋，以及要求部分抵消由于应力松弛、摩擦、分批张拉、预应力筋与张拉台座之间的温差等因素产生的预应力损失的情况，也可以适当调整张拉力。消除应力钢丝和钢绞线质量较稳定，且常用于后张法预应力工程，从充分利用高强度，但同时避免产生过大的松弛损失，并降低施工阶段钢绞线断裂的原则出发限制其应力不应大于 80% 的抗拉强度标准值；中强度预应力钢丝主要用于先张法构件，故其限值应力低于钢绞线；而精轧螺纹钢筋从偏于安全考虑限制其张拉控制应力不大于其屈服强度标准值的 90%。

6.4.5　预应力筋张拉时，由于不可避免地受到各种因素的影响，包括千斤顶等设备的标定误差、操作控制偏差、孔道摩擦力变化、预应力筋实际截面积或弹性模量的偏差等，会使得预应力筋的有效预应力与设计值产生差异，从而出现预应力筋实测张拉伸长值与计算值之间的偏差。张拉预应力筋的目的是建立设计希望的预应力，而伸长值校核是为了判断张拉质量是否达到设计规定的要求。如果各项参数都与设计相符，一般情况下张拉力值的偏差在 ±5% 范围内是合理的，考虑到实际工程的测量精度及预应力筋材料参数的偏差等因素，适当放松了对伸长值偏差的限值，将其最大偏差放宽至 ±6%。必要时，宜进行现场孔道摩擦系数测定，并可根据实测结果调整张拉控制力。

6.4.6　预应力筋的张拉顺序应使混凝土不产生超应力、构件不扭转与侧弯，因此，对称张拉是一个重要原则，对张拉比较敏感的结构构件，若不能对称张拉，也应尽量做到逐步渐进的施加预应力。减少张拉设备的移动次数也是施工中应考虑的因素。

6.4.8　一般情况下，同一束有粘结预应力筋采取整束张拉，使各根预应力筋建立的应力均匀。只有在能够确保预应力筋张拉没有叠压影响时，才允许采用逐根张拉工艺，如平行编排的直线束、只有平面内弯曲的扁锚束以及弯曲角度较小的平行编排的短束等。

6.4.9　预应力筋在张拉前处于松弛状态，需要施加一定的初拉力将其拉紧，初拉力可取为张拉控制力的 10%～20%。对塑料波纹管成孔管道内的预应力筋，达到张拉控制力后的持荷，对保证预应力筋充分伸长并建立准确的预应力值非常有效。

6.4.10　预应力工程的重要目的是通过配置的预应力筋建立设计希望的准确的预应力值。然而，张拉阶段出现预应力筋的断裂，可能意味着，其材料、加工制作、安装及张拉等一系列环节中出现了问题。同时，由于预应力筋断裂或滑脱对结构构件的受力性能影响极大，因此，规定应严格限制其断裂或滑脱的数量。先张法预应力构件中的预应力筋不允许出现断裂或滑脱，若在浇筑混凝土前出现断裂或滑脱，相应的预应力筋应予以更换。本条虽然设在张拉和放张一节中，但其控制的不仅是张拉质量，同时也是对材料、制

作、安装等工序的质量要求，本条为强制性条文，应严格执行。

6.4.11　锚固阶段张拉端预应力筋的内缩量系指预应力筋锚固过程中，由于锚具零件之间和锚具与预应力筋之间的相对移动和局部塑性变形造成的回缩值。对于某些锚具的内缩量可能偏大时，只要设计有专门规定，可按设计规定确定；当设计无专门规定时，则应符合本条的规定，并需要采取必要的工艺措施予以满足。在现行行业标准《预应力筋用锚具、夹具和连接器应用技术规程》JGJ 85 中给出了预应力筋的内缩量测试方法。

6.4.12　本条规定了先张法预应力构件的预应力筋放张原则，主要考虑确保施工阶段先张法构件的受力不出现异常情况。

6.4.13　后张法预应力筋张拉锚固后，处于高应力工作状态，对其简单直接放松张拉力，可能会造成很大的危险，因此规定应采用专门的设备和工具放张。

6.5　灌浆及封锚

6.5.1　张拉后的预应力筋处于高应力状态，对腐蚀很敏感，同时全部拉力由锚具承担，因此应尽早进行灌浆保护预应力筋以提供预应力筋与混凝土之间的粘结。饱满、密实的灌浆是保证预应力筋防腐和提供足够粘结力的重要前提。

6.5.2　锚具外多余预应力筋常采用无齿锯或机械切断机切断，也可采用氧-乙炔焰切割多余预应力筋。当采用氧-乙炔焰切割时，为避免热影响可能波及锚具部位，宜适当加大外露预应力筋的长度或采取对锚具降温等措施。本条规定的外露预应力筋长度要求，主要考虑到锚具正常工作及可能的热影响。

6.5.4　孔道灌浆一般采用素水泥浆。普通硅酸盐水泥、硅酸盐水泥配制的水泥浆泌水率较小，是很好的灌浆材料。水泥浆中掺入外加剂可改善其稠度、泌水率、膨胀率、初凝时间、强度等特性，但预应力筋对应力腐蚀较为敏感，故水泥和外加剂中均不能含有对预应力筋有害的化学成分，特别是氯离子的含量应严格控制。灌浆用水泥质量相关的现行国家标准有《通用硅酸盐水泥》GB 175，所掺外加剂的质量及使用相关的现行国家标准有《混凝土外加剂》GB 8076 和《混凝土外加剂应用技术规范》GB 50119 等。

6.5.5　良好的水泥浆性能是保证灌浆质量的重要前提之一。本条规定的目的是保证水泥浆的稠度满足灌浆施工要求的前提下，尽量降低水泥浆的泌水率、提高灌浆的密实度，并保证通过水泥浆提供预应力筋与混凝土良好的粘结力。稠度是以 1725mL 漏斗中水泥浆的流锥时间（s）表述的。稠度大意味着水泥浆黏稠，其流动性差；稠度小意味着水泥浆稀，其流动性好。合适的稠度指标是顺利施灌的重要前提，采用普通灌浆工艺时，因有空气阻力，灌浆阻力较大，需要

较小的稠度，而采用真空灌浆工艺时，由于孔道抽真空处于负压，浆体在孔道内的流动比较容易，因此可以选择较大的稠度指标。本条分普通灌浆和真空灌浆工艺给出不同的稠度控制建议指标 12s～20s 和 18s～25s 是根据工程经验提出的。

泌出的水在孔道内没有排除时，会形成灌浆质量缺陷，容易造成高应力下的预应力筋的腐蚀。所以，需要尽量降低水泥浆的泌水率，最好将泌水率降为0。当有水泌出时，应将其排除，故规定泌水应在24h 内全部被水泥浆吸收。水泥浆的适度膨胀有利于提高灌浆密实性，提高灌浆饱满度，但过度的膨胀率可能造成孔道破损，反而影响预应力工程质量，故应控制其膨胀率，本规范用自由膨胀率来控制，并考虑普通灌浆工艺和真空灌浆工艺的差异。水泥浆强度高，意味着其密实度高，对预应力筋的防护是有利的。建筑工程中常用的预应力筋束，M30 强度的水泥浆可有效提供对预应力筋的防护并提供足够的粘结力。

6.5.6 采用专门的高速搅拌机（一般为 1000r/min以上）搅拌水泥浆，一方面提高劳动效率，减轻劳动强度，同时有利于充分搅拌均匀水泥及外加剂等材料，获得良好的水泥浆；如果搅拌时间过长，将降低水泥浆的流动性。水泥浆采用滤网过滤，可清除搅拌中未被充分分散开的颗粒，可降低灌浆压力，并提高灌浆质量。当水泥浆中掺有缓凝剂且有可靠工程经验时，水泥浆拌合后至灌入孔道的时间可适当延长。

6.5.7 本条规定了一般性的灌浆操作工艺要求。对因故尚未灌注完成的孔道，应采用压力水冲洗该孔道，并采取措施后再行灌浆。

6.5.8 真空灌浆工艺是为提高孔道灌浆质量开发的新技术，采用该技术必须保证孔道的质量和密封性，并严格按有关技术要求进行操作。

6.5.9 灌浆质量的检测比较困难，详细填写有关灌浆记录，有利于灌浆质量的把握和今后的检查。灌浆记录内容一般包括灌浆日期、水泥品种、强度等级、配合比、灌浆压力、灌浆量、灌浆起始和结束时间，以及灌浆出现的异常情况及处理情况等。

6.5.10 锚具的封闭保护是一项重要的工作。主要是防止锚具及垫板的腐蚀、机械损伤，并保证抗火能力。为保证耐久性，封锚混凝土的保护层厚度大小需随所处环境的严酷程度而定。无粘结预应力筋通常要求全长封闭，不仅需要常规的保护，还需要为严密的全封闭不透水的保护系统，所以不仅其锚具应认真封闭，预应力筋与锚具的连接处也应确保密封性。

6.6 质量检查

6.6.1 预应力工程材料主要指预应力筋、锚具、夹具和连接器、成孔管道等。进场后需复验的材料性能主要有：预应力筋的强度、锚夹具的锚固效率系数、

成孔管道的径向刚度及抗渗性等。原材料进场时，供方应按材料进场验收所划分的检验批，向需方提供有效的质量证明文件。

6.6.2 预应力筋制作主要包括下料、端部锚具制作等内容。钢丝束采用镦头锚具时，需控制下料长度偏差和镦头的质量，因此检查下料长度和镦头的外观、尺寸等。镦头的力学性能通过锚具组装件试验确定，可在锚具等材料检验中确认。

挤压锚具的制作质量，一方面需要依靠组装件的拉力试验确定，而大量的挤压锚制作质量，则需要靠挤压记录和挤压后的外观质量来判断，包括挤压油压、挤压锚表面是否有划痕，是否平直，预应力筋外露长度等。钢绞线压花锚具的质量，主要依赖于其压花后形成的梨形头尺寸，因此检验其梨形头尺寸。

6.6.3 预应力筋、预留孔道、锚垫板和锚固区加强钢筋的安装质量，主要应检查确认预应力筋品种、级别、规格、数量和位置，成孔管道的规格、数量、位置、形状以及灌浆孔、排气兼泌水孔，锚垫板和局部加强钢筋的品种、级别、规格、数量和位置，预应力筋锚具和连接器的品种、规格、数量和位置等。实际上作为原材料的预应力筋、锚具、成孔管道等已经过进场检验，主要是检查与设计的符合性，而管道安装中的排气孔、泌水孔是不能忽略的细节。

6.6.4 预应力筋张拉和放张质量首先与材料、制作以及安装质量相关，在此基础上，需要保证张拉和放张时的同条件养护混凝土试块的强度符合设计要求，锚固阶段预应力筋的内缩量，夹片式锚具锚固后夹片的位置及预应力筋划伤情况等，都是张拉锚固质量相关的重要的因素。而大量后张预应力筋的张拉质量，要根据张拉记录予以判断，包括张拉伸长值、回缩值、张拉过程中预应力筋的断裂或滑脱数量等。

6.6.5 灌浆质量与成孔质量有关，同时依赖于水泥浆的质量和灌浆操作的质量。首先水泥浆的稠度、泌水率、膨胀率等应予控制，其次灌浆施工应严格按操作工艺要求进行，其质量除现场查看外，更多依据灌浆记录，最后还要根据水泥浆试块的强度试验报告确认水泥浆的强度是否满足要求。

6.6.6 封锚是对外露锚具的保护，同样是重要的工程环节。首先锚具外预应力筋长度应符合设计要求，其次封闭的混凝土的尺寸应满足设计要求，以保证足够的保护层厚度，最后还应保证封闭砂浆或混凝土的质量，包括与结构混凝土的结合及封锚材料的密实性等。当然，采用混凝土封闭时，混凝土强度也是重要的质量因素。

7 混凝土制备与运输

7.1 一般规定

7.1.2 根据目前我国大多数混凝土结构工程的实际

情况，混凝土制备可分为预拌混凝土和现场搅拌混凝土两种方式。现场搅拌混凝土宜采用与混凝土搅拌站相同的搅拌设备，按预拌混凝土的技术要求集中搅拌。当没有条件采用预拌混凝土，且施工现场也没有条件采用具有自动计量装置的搅拌设备进行集中搅拌时，可根据现场条件采用搅拌机搅拌。此时使用的搅拌机应符合现行国家标准《混凝土搅拌机》GB/T 9142 的有关要求，并应配备能够满足要求的计量装置。

7.1.3 搅拌运输车的旋转拌合功能能够减少运输途中对混凝土性能造成的影响，故混凝土宜选用搅拌运输车运输。当距离较近或受条件限制时也可采取机动翻斗车等方式运输。

混凝土自搅拌地点至工地卸料地点的运输过程中，拌合物的坍落度可能损失，同时还可能出现混凝土离析，需要采取措施加以防止。当采用翻斗车和其他敞开式工具运输时，由于不具备搅拌运输车的旋转拌合功能，更应采取有效措施预防。

混凝土连续施工是保证混凝土结构整体性和某些重要功能（例如防水功能）的重要条件，故在混凝土制备、运输时应根据混凝土浇筑量大小、现场浇筑速度、运输距离和道路状况等，采取可靠措施保证混凝土能够连续不间断供应。这些措施可能涉及具备充足的生产能力、配备足够的运输工具、选择可靠的运输路线以及制定应急预案等。

7.2 原 材 料

7.2.1 为了方便施工，本规范附录 F 列出了混凝土常用原材料的技术指标。主要有通用硅酸盐水泥技术指标，粗骨料和细骨料的颗粒级配范围，针、片状颗粒含量和压碎指标值，骨料的含泥量和泥块含量，粉煤灰、矿渣粉、硅灰、沸石粉等技术要求，常用外加剂性能指标和混凝土拌合用水水质要求等。考虑到某些材料标准今后可能修订，故使用时应注意与国家现行相关标准对照，以及随着技术发展而对相关指标进行的某些更新。

7.2.2 水泥作为混凝土的主要胶凝材料，其品种和强度等级对混凝土性能和结构的耐久性都很重要。本条给出选择水泥的依据和原则：第 1 款给出选择水泥的基本依据；第 2 款给出选择水泥品种的通用原则；第 3、4 款给出有特殊需要时的选择要求。

现行国家标准《通用硅酸盐水泥》GB 175－2007 规定的通用硅酸盐水泥为硅酸盐水泥、普通硅酸盐水泥、矿渣硅酸盐水泥、火山灰质硅酸盐水泥、粉煤灰硅酸盐水泥和复合硅酸盐水泥。作为混凝土结构工程使用的水泥，通常情况下选用通用硅酸盐水泥较为适宜。有特殊需求时，也可选用其他非硅酸盐类水泥，但不能对混凝土性能和结构功能产生不良影响。

对于有抗渗、抗冻融要求的混凝土，由于可能处于潮湿环境中，故宜选用硅酸盐水泥和普通硅酸盐水泥，并经试验确定适宜掺量的矿物掺合料，这样既可避免由于盲目选择水泥而带来混凝土耐久性的下降，又可防止不同种类的混合材及掺量对混凝土的抗渗性能和抗冻融性能产生不利影响。

本条第 4 款要求控制水泥的碱含量，是为了预防发生混凝土碱骨料反应，提高混凝土的抗腐蚀、侵蚀能力。

7.2.3 本规范中对混凝土结构工程用粗骨料的要求，与国家现行标准《混凝土结构工程施工质量验收规范》GB 50204－2002、《普通混凝土用砂、石质量及检验方法标准》JGJ 52－2006 的相关要求协调一致。

7.2.4 本条第 13 款的规定与国家标准《混凝土质量控制标准》GB 50164－2011 和行业标准《普通混凝土用砂、石质量及检验方法标准》JGJ 52－2006 一致。对于海砂，由于其含有大量氯离子及硫酸盐、镁盐等成分，会对钢筋混凝土和预应力混凝土的性能与耐久性产生严重危害，使用时应符合现行行业标准《海砂混凝土应用技术规范》JGJ206 的有关规定。本条第 2 款为强制性条文，应严格执行。

7.2.5 岩石在形成过程中，其内部会产生一定的纹理和缺陷，在受压条件下，会在纹理和缺陷部位形成应力集中效应而产生破坏。研究表明，混凝土强度等级越高，其所用粗骨料粒径应越小，较小的粗骨料，其内部的缺陷在加工过程中会得到很大程度的消除。工程实践和研究证明，强度等级为 C60 及以上的混凝土，其所用粗骨料粒径不宜大于 25mm。

7.2.6 选用级配良好的粗骨料可改善混凝土的均匀性和密实度。骨料的含泥量和泥块含量可对混凝土的抗渗、抗冻融等耐久性能产生明显劣化，故本条提出较一般混凝土更为严格的技术要求。

7.2.7 常用的矿物掺合料主要有粉煤灰、磨细矿渣微粉和硅粉等，不同的矿物掺合料掺入混凝土中，对混凝土的工作性、力学性能和耐久性所产生的作用既有共性，又不完全相同。故选择矿物掺合料的品种、等级和确定掺量时，应依据混凝土所处环境、设计要求、施工工艺要求等因素经试验确定，并应符合相关矿物掺合料应用技术规范以及相关标准的要求。

7.2.8 外加剂是混凝土的重要组分，其掺入量小，但对混凝土的性能改变却有明显影响，混凝土技术的发展与外加剂技术的发展是密不可分的。混凝土外加剂经过半个世纪的发展，其品种已发展到今天的 30 ～40 种，品种的增加使外加剂应用技术越来越专业化，因此，配制混凝土选用外加剂应根据混凝土性能、施工工艺、结构所处环境等因素综合确定。

本规范碱含量限值的规定与现行国家标准《混凝土外加剂应用技术规范》GB 50119－2003 的要求一致，控制外加剂带入混凝土中的碱含量，是为了预防混凝土发生碱骨料反应。

两种或两种以上外加剂复合使用时，可能会发生某些化学反应，造成相容性不良的现象，从而影响混凝土的工作性，甚至影响混凝土的耐久性能，因此本条规定应事先经过试验对相容性加以确认。

7.2.9 混凝土拌合及养护用水对混凝土品质有重要影响。现行行业标准《混凝土用水标准》JGJ 63 对混凝土拌合及养护用水的各项性能指标提出了具体规定。其中中水来源和成分较为复杂，中水进行化学成分检验，确认符合 JGJ 63 标准的规定时可用作混凝土拌合及养护用水。

7.2.10 海水中含有大量的氯盐、硫酸盐、镁盐等化学物质，掺入混凝土中后，会对钢筋产生锈蚀，对混凝土造成腐蚀，严重影响混凝土结构的安全性和耐久性，因此，严禁直接采用海水拌制和养护钢筋混凝土结构和预应力混凝土结构的混凝土。本条为强制性条文，应严格执行。

7.3 混凝土配合比

7.3.1 本条规定了混凝土配合比设计应遵照的基本原则：

1 配合比设计首先应考虑设计提出的强度等级和耐久性要求，同时要考虑施工条件。在满足混凝土强度、耐久性和施工性能等要求基础上，为节约资源等原因，应采用尽可能低的水泥用量和单位用水量。

2 国家现行标准《混凝土结构耐久性设计规范》GB/T 50476 和《普通混凝土配合比设计规程》JGJ 55 中对冻融环境、氯离子侵蚀环境等条件下的混凝土配合比设计参数均有规定，设计配合比时应符合其要求。

3 冬期、高温等环境下施工混凝土有其特殊性，其配合比设计应按照不同的温度进行设计，有关参数可按现行行业标准《建筑工程冬期施工规程》JGJ/T 104 及本规范第 10 章的有关规定执行。

4 混凝土配合比设计时所用的原材料（如水泥、砂、石、外加剂、水等）应采用施工实际使用的材料，并应符合国家现行相关标准的要求。

7.3.2 本条规定了混凝土配制强度的计算公式。配制强度的计算分两种情况，对于 C60 以下的混凝土，仍然沿用传统的计算公式。对于 C60 及以上的混凝土，按照传统的计算公式已经不能满足要求，本规范进行了简化处理，统一乘一个 1.15 的系数。该系数已在实际工程应用中得到检验。

7.3.3 本条规定了混凝土强度标准差的取值方法。当具有前一个月或前三个月统计资料时，首先应采用统计资料计算标准差，使其具有相对较好的科学性和针对性。只有当无统计资料时可按照表中规定的数值直接选择。

7.3.4 本条规定了确定混凝土工作性指标应遵照的基本要求。工作性是一项综合技术指标，包括流动性

（稠度）、黏聚性和保水性三个主要方面。测定和表示拌合物工作性的方法和指标很多，施工中主要采用坍落仪测定的坍落度及用维勃仪测定的维勃时间作为稠度的主要指标。

7.3.6 混凝土的耐久性指标包括氯离子含量、碱含量、抗渗性、抗冻性等。在确定设计配合比前，应对设计规定的混凝土耐久性能进行试验验证，以保证混凝土质量满足设计规定的性能要求。部分指标也可辅以计算验证。

7.3.8 本条规定了混凝土配合比试配、调整和确定应遵照的基本步骤。

7.3.9 本条规定了混凝土配合比确定后应经过批准，并规定配合比在使用过程中应该结合混凝土质量反馈的信息及时进行动态调整。

应经技术负责人批准，是指对于现场搅拌的混凝土，应由监理（建设）单位现场总监理工程师批准；对于混凝土搅拌站，应由搅拌站的技术或质量负责人等批准。

7.3.10 需要重新进行配合比设计的情况，主要是考虑材料质量、生产条件等状况发生变化，与原配合比设定的条件产生较大差异。本条明确规定了混凝土配合比应在哪些情况下重新进行设计。

7.4 混凝土搅拌

7.4.3 根据投料顺序不同，常用的投料方法有：先拌水泥净浆法、先拌砂浆法、水泥裹砂法和水泥裹砂石法等。

先拌水泥净浆法是指先将水泥和水充分搅拌成均匀的水泥净浆后，再加入砂和石搅拌成混凝土。

先拌砂浆法是指先将水泥、砂和水投入搅拌筒内进行搅拌，成为均匀的水泥砂浆后，再加入石子搅拌成均匀的混凝土。

水泥裹砂法是指先将全部砂子投入搅拌机中，并加入总拌合水量 70% 左右的水（包括砂子的含水量），搅拌 10s～15s，再投入水泥搅拌 30s～50s，最后投入全部石子、剩余水及外加剂，再搅拌 50s～70s 后出罐。

水泥裹砂石法是指先将全部的石子、砂和 70% 拌合水投入搅拌机，拌合 15s，使骨料湿润，再投入全部水泥搅拌 30s 左右，然后加入 30% 拌合水再搅拌 60s 左右即可。

7.4.5 本条规定了开盘鉴定的主要内容。开盘鉴定一般可按照下列要求进行组织：施工现场拌制的混凝土，其开盘鉴定由监理工程师组织，施工单位项目部技术负责人、混凝土专业工长和试验室代表等共同参加。预拌混凝土搅拌站的开盘鉴定，由预拌混凝土搅拌站总工程师组织，搅拌站技术、质量负责人和试验室代表等参加，当有合同约定时应按照合同约定进行。

7.5 混凝土运输

7.5.1 采用混凝土搅拌运输车运输混凝土时，接料前应用水湿润罐体，但应排净积水；运输途中或等候卸料期间，应保持罐体正常运转，一般为（3～5）r/min，以防止混凝土沉淀、离析和改变混凝土的施工性能；临卸料前先进行快速旋转，可使混凝土拌合物更加均匀。

7.5.3 采用混凝土搅拌运输车运输混凝土时，当因道路堵塞或其他意外情况造成坍落度损失过大，在罐内加入适量减水剂以改善其工作性的做法，已经在部分地区实施。根据工程实践检验，当减水剂的加入量受控时，对混凝土的其他性能无明显影响。在对特殊情况下发生的坍落度损失过大的情况采取适宜的处理措施时，杜绝向混凝土内加水的违规行为，本条允许在特殊情况下采取加入适量减水剂的做法，并对其加以规范。要求采取该种做法时，应事先批准、作出记录，减水剂加入量应经试验确定并加以控制，加入后应搅拌均匀。现行国家标准《预拌混凝土》GB/T 14902－2003 中第 7.6.3 条规定：当需要在卸料前掺入外加剂时，外加剂掺入后搅拌运输车应快速进行搅拌，搅拌的时间应由试验确定。

7.5.4 采用机动翻斗车运送混凝土，道路应经事先勘察确认通畅，路面应修筑平坦；在坡道或临时支架上运送混凝土，坡道或临时支架应搭设牢固，脚手板接头应铺设平顺，防止因颠簸、振荡造成混凝土离析或撒落。

7.6 质 量 检 查

7.6.1 原材料进场时，供方应按材料进场验收所划分的检验批，向需方提供有效的质量证明文件，这是证明材料质量合格以及保证材料能够安全使用的基本要求。各种建筑材料均应具有质量证明文件，这一要求已经列入我国法律、法规和各项技术标准。

当能够确认两次以上进场的材料为同一厂家同批生产时，为了在保证材料质量的前提下简化对质量证明文件的核查工作，本条规定也可按照出厂检验批提供质量证明文件。

7.6.2 本条规定的目的，一是通过原材料进场检验，保证材料质量合格，杜绝假冒伪劣和不合格产品用于工程；二是在保证工程材料质量合格的前提下，合理降低检验成本。本条提出了扩大检验批量的条件，主要是从材料质量的一致性和稳定性考虑做出的规定。

7.6.3 本条第 1 款参照国家标准《混凝土结构工程施工质量验收规范》GB 50204—2002 的相关规定。强度、安定性是水泥的重要性能指标，进场时应复验。水泥质量直接影响混凝土结构的质量。本款为强制性条文，应严格执行。

7.6.4 水泥出厂超过三个月（快硬硅酸盐水泥超过一个月），或因存放不当等原因，水泥质量可能产生

受潮结块等品质下降，直接影响混凝土结构质量，故本条强制规定此时应进行复验，应严格执行。

本条"应按复验结果使用"的规定，其含义是当复验结果表明水泥品质未下降时可以继续使用；当复验结果表明水泥强度有轻微下降时可在一定条件下使用。当复验结果表明水泥安定性或凝结时间出现不合格时，不得在工程上使用。

7.6.7 本条根据各地施工现场对采用预拌混凝土的管理要求，规定了预拌混凝土生产单位应向工程施工单位提供的主要技术资料。其中混凝土抗压强度报告和混凝土质量合格证在 32d 内补送，其他资料应在交货时提供。本条所指其他资料应在合同中约定，主要是指当工程结构有要求时，应提供混凝土氯化物和碱总量计算书、砂石碱活性试验报告等。

7.6.8 混凝土拌合物的工作性应以坍落度或维勃稠度表示，坍落度适用于塑性和流动性混凝土拌合物，维勃稠度适用于干硬性混凝土拌合物。其检测方法应按现行国家标准《普通混凝土拌合物性能试验方法标准》GB/T 50080 的规定进行。

混凝土拌合物坍落度可按表 1 分为 5 级，维勃稠度可按表 2 分为 5 级。

表 1　混凝土拌合物按坍落度的分级

等　级	坍落度（mm）
S1	10 ～ 40
S2	50 ～ 90
S3	100 ～ 150
S4	160 ～ 210
S5	≥220

注：坍落度检测结果，在分级评定时，其表达值可取舍至临近的 10mm。

表 2　混凝土拌合物按维勃稠度的分级

等　级	维勃时间（s）
V0	≥31
V1	30 ～ 21
V2	20 ～ 11
V3	10 ～ 6
V4	5 ～ 3

8 现浇结构工程

8.1 一 般 规 定

8.1.1 本条规定了混凝土浇筑前应该完成的主要检查和验收工作。对将被下一工序覆盖而无法事后检

查的内容进行隐蔽工程验收，对所浇筑结构的位置、标高、几何尺寸、预留预埋等进行技术复核工作。技术复核工作在某些地区也称为工程预检。

8.1.2 本条规定了混凝土入模温度的上下限值要求。规定混凝土最低入模温度是为了保证在低温施工阶段混凝土具有一定的抗冻能力；规定混凝土入模最高温度是为了控制混凝土最高温度，以利于混凝土裂缝控制。大体积混凝土入模温度尚应符合本规范第8.7.3条的规定。

8.1.3 混凝土运输、输送、浇筑过程中加水会严重影响混凝土质量；运输、输送、浇筑过程中散落的混凝土，不能保证混凝土拌合物的工作性和质量。本条为强制性条文，应严格执行。

8.1.4 混凝土浇筑时要求布料均衡，是为了避免集中堆放或不均匀布料造成模板和支架过大的变形。混凝土浇筑过程中模板内钢筋、预埋件等移动，会产生质量隐患。浇筑过程中需设专人分别对模板和预埋件以及钢筋、预应力筋等进行看护，当模板、预埋件、钢筋位移超过允许偏差时应及时纠正。本条中所指的预埋件是指除钢筋以外按设计要求预埋在混凝土结构中的构件或部件，包括波纹管、锚垫板等。

8.2 混凝土输送

8.2.1 混凝土输送是指对运输至现场的混凝土，采用输送泵、溜槽、吊车配备斗容器、升降设备配备小车等方式送至浇筑点的过程。为提高机械化施工水平，提高生产效率，保证施工质量，应优先选用预拌混凝土泵送方式。

8.2.2 本条对输送泵选择及布置作了规定。

1 常用的混凝土输送泵有汽车泵、拖泵（固定泵）、车载泵三种类型。由于各种输送泵的施工要求和技术参数不同，泵的选型应根据工程需要确定。

2 混凝土输送泵的配备数量，应根据混凝土一次浇筑量和每台泵的输送能力以及现场施工条件经计算确定。混凝土泵配备数量可根据现行行业标准《混凝土泵送施工技术规程》JGJ/T10的相关规定进行计算。对于一次浇筑量较大、浇筑时间较长的工程，为避免输送泵可能遇到的故障而影响混凝土浇筑，应考虑设置备用泵。

3 输送泵设置位置的合理与否直接关系到输送泵管距离的长短、输送泵管弯管的数量，进而影响混凝土输送能力。为了最大限度发挥混凝土输送能力，合理设置输送泵的位置显得尤为重要。

4 输送泵采用汽车泵时，其布料杆作业范围不得有障碍物、高压线等；采用汽车泵、拖泵或车载泵进行泵送施工时，应离开建筑物一定距离，防止高空坠物。在建筑下方固定位置设置拖泵进行混凝土泵送施工时，应在拖泵上方设置安全防护设施。

8.2.3 本条对输送泵管的选择和支架的设置作了

规定。

1 混凝土输送泵管应与混凝土输送泵相匹配。通常情况下，汽车泵采用内径150mm的输送泵管；拖泵和车载泵采用内径125mm的输送泵管。在特殊工程需要的情况下，拖泵也可采用内径150mm的输送泵管，此时，可采用相同管径的输送泵输送混凝土，也可采用大小接头转换管径的方法输送混凝土。

2 在通常情况下，内径125mm的输送泵管适用于粗骨料最大粒径不大于25mm的混凝土；内径150mm的输送泵管适用于粗骨料最大粒径不大于40mm的混凝土。有些地区有采用粗骨料最大粒径为31.5mm的混凝土，这种混凝土虽然可以采用125mm的输送泵管进行输送，但对输送泵和输送泵管的损耗较大。

3 输送泵管的弯管采用较大的转弯半径以使输送管道转向平缓，可以大大减少混凝土输送泵的泵口压力，降低混凝土输送难度。如果输送泵管安装接头不严密或不按要求安装接头密封圈，而使输送管道漏气、漏浆，这些因素都是造成堵泵的直接原因，所以在施工现场应严格控制。

4 水平输送泵管和竖向输送泵管都应该采用支架进行固定，支架与输送泵管的连接和支架与结构的连接都应连接牢固。输送泵管、支架严禁直接与脚手架或模板相连接，以防发生安全事故。由于在输送泵管的弯管转向区域受力较大，通常情况弯管转向区域的支架应加密。输送泵管对支架的作用以及支架对结构的作用都应经过验算，必要时对结构进行加固，以确保支架使用安全和对结构无损害。

5 为了控制竖向输送泵管内的混凝土在自重作用下对混凝土泵产生过大的压力，水平输送泵管的直管和弯管总的折算长度与竖向输送高度之比应进行控制，根据以往工程经验，比值按0.2倍的输送高度控制较为合理。水平输送的直管和弯管的折算长度可按现行行业标准《混凝土泵送施工技术规程》JGJ/T10进行计算。

6 输送泵管倾斜或垂直向下输送混凝土时，在高差较大的情况下，由于输送泵管内的混凝土在自重作用下会下落而造成空管，此时极易产生堵管。根据以往工程经验，当高差大于20m时，堵管几率大大增加，所以有必要对输送泵管下端的直管和弯管总的折算长度进行控制。直管和弯管总的折算长度可按现行行业标准《混凝土泵送施工技术规程》JGJ/T10进行计算。当采用自密实混凝土时，输送泵管下端的直管和弯管总的折算长度与上下高差的倍数关系，可通过试验确定。当输送泵管下端的直管和弯管总的折算长度控制有困难时，可采用在输送泵管下端设置截止阀的方法解决。

7 输送高度较小时，输送泵出口处的输送泵管位置可不设截止阀。输送高度大于100m时，混凝土自重对输送泵的泵口压力将大大增加，为了对混凝土输送过程进行有效控制，要求在输送泵出口处的输送泵管位置设置截止阀。

8 混凝土输送泵管在输送混凝土时，重复承受着非常大的作用力，其输送泵管的磨损以及支架的疲劳损坏经常发生，所以对输送泵管及其支架进行经常检查和维护是非常重要的。

8.2.4 本条对输送布料设备的选择和布置作了规定。

1 布料设备是指安装在输送泵管前端，用于混凝土浇筑的布料机或布料杆。布料设备应根据工程结构特点、施工工艺、布料要求和配管情况等进行选择。布料设备的输送管内径在通常情况下是与混凝土输送泵管内径一致的，最常用的布料设备输送管采用内径 125mm 的规格。如果采用内径 150mm 输送泵管时，可采用 150mm～125mm 转换接头进行管径转换，或者采用相同管径的混凝土布料设备。

2 布料设备的施工方案是保证混凝土施工质量的关键，合理的施工方案应能使布料设备均衡而迅速地进行混凝土下料浇筑。

3 布料设备在浇筑混凝土时，一般会根据工程特点，安装在结构上或施工设施上。由于布料设备在使用过程中冲击力较大，所以安装位置处的结构或施工设施应进行相应的验算，不满足承载要求时应采取加固措施。

4 布料设备在使用中，弯管处磨损最大，爆管或堵管通常都发生在弯管处。对弯管加强检查、及时更换，是保证安全施工的重要环节。弯管壁厚可使用测厚仪检查。

5 布料设备伸开后作业高度和工作半径都较大，如果作业范围内有障碍物、高压线等，容易导致安全事故发生，所以施工前应勘察现场、编写针对性施工方案。布料设备作业时，应控制出料口位置，必要时应采取高空防护措施，防止出料口混凝土高空坠落。

8.2.5 为了保证混凝土的工作性，提出了输送混凝土的过程根据工程所处环境条件采取相应技术措施的要求。

8.2.6 输送泵使用前要求编制操作规程，操作规程应符合产品说明书要求。本条对输送泵输送混凝土的主要环节作了规定。

1 泵水是为了检查输送泵的性能以及通过湿润输送泵的有关部位来达到适宜输送的条件。

2 用水泥砂浆对输送泵和输送泵管进行湿润是顺利输送混凝土的关键，如果不采取这一技术措施将会造成堵泵或堵管。

3 开始输送混凝土时掌握节奏是顺利进行混凝土输送的重要手段。

4 输送泵集料斗设网罩，是为了过滤混凝土中大粒径石块或泥块；集料斗具有足够混凝土余量，是为了避免吸入空气产生堵泵。

8.2.7 本条对吊车配备斗容器输送混凝土作了规定。应结合起重机起重能力、混凝土浇筑量以及输送周期等因素综合确定斗容器容量大小。运输至现场的混凝土直接装入斗容器进行输送，而不采用相互转运的方式输送混凝土，以及斗容器在浇筑点直接布料，是为了减少混凝土拌合物转运次数，以保证混凝土工作性和质量。在特殊情况下，可采用先集中卸料后小车输送至浇筑点的方式，卸料点地坪应湿润并不得有积水。

8.2.8 本条所指的升降设备包括用于运载人或物料的升降电梯以及用于运载物料的升降井架。采用升降设备配合小车输送混凝土在工程中时有发生，为了保证混凝土浇筑质量，要求编制具有针对性的施工方案。运输后的混凝土若采用先卸料，后进行小车装运的输送方式，装料点应采用硬地坪或铺设钢板形式与地基土隔离，硬地坪或钢板面应湿润并不得有积水。为了减少混凝土拌合物转运次数，通常情况下不宜采用多台小车相互转载的方式输送混凝土。

8.3 混凝土浇筑

8.3.1 在模板工程完工后或在垫层上完成相应工序施工，一般都会留有不同程度的杂物，为了保证混凝土质量，应清除这部分杂物。为了避免干燥的表面吸附混凝土中的水分，而使混凝土特性发生改变，洒水湿润是必要的。金属模板若温度过高，同样会影响混凝土的特性，洒水可以达到降温的目的。现场环境温度是指工程施工现场实测的大气温度。

8.3.2 混凝土浇筑均匀性是为了保证混凝土各部位浇筑后具有相类同的物理和力学性能；混凝土浇筑密实性是为了保证混凝土浇筑后具有相应的强度等级。对于每一块连续区域的混凝土建议采用一次连续浇筑的方法；若混凝土方量过大或因设计施工要求而需留设施工缝或后浇带，则分隔后的每块连续区域应该采用一次连续浇筑的方法。混凝土连续浇筑是为了保证每个混凝土浇筑段成为连续均匀的整体。

8.3.3 混凝土分层厚度的确定应与采用的振捣设备相匹配，以免发生因振捣设备原因而产生漏振或欠振情况；混凝土连续浇筑是相对的，在连续浇筑过程中会因各种原因而产生时间间歇，时间间歇应尽量缩短，最长时间间歇应保证上层混凝土在下层混凝土初凝之前覆盖。为了减少时间间歇，应保证混凝土的供应量。

8.3.4 混凝土连续浇筑的原则是上层混凝土应在下层混凝土初凝之前完成浇筑，但为了更好地控制混凝土质量，混凝土还应该以最少的运载次数和最短的时间完成混凝土运输、输送入模过程，本规范表 8.3.4-1 的延续时间规定可作为通常情况下的时间控制值，应努力做到。混凝土运输过程中会因交通等原因而产生时间间歇，运送到现场的混凝土也会因为输送等原因而产生时间间歇，在混凝土浇筑过程中也会因为不同部位浇筑及振捣工艺要求而减慢输送产生时间间歇。对各种原因产生的总的时间间歇应进行控制，本规范表8.3.4-2规定了运输、输送入模及其间歇总的时间限值要求。表格中外加剂为常规品种，对于掺早强型减水剂、早强剂的混凝土以及有特殊要求的混凝土，延续时间会更小，应通过试验确定。

8.3.5 减少混凝土下料冲击的主要措施是使混凝土布料点接近浇筑位置，采用串筒、溜管、溜槽等装置也可以减少混凝土下料冲击。在通常情况下可直接采用输送泵管或布料设备进行布料，采用这种集中布料的方式可最大限度减少与钢筋的碰撞；若输送泵管或布料设备的端部通过串筒、溜管、溜槽等辅助装置进行下料时，其下料端的尺寸只需比输送泵管或布料设备的端部尺寸略大即可；大量工程实践证明，串筒、溜管下料端口直径过大或溜槽下料端口过宽，是发生混凝土浇筑离析的主要原因。

对于泵送混凝土或非泵送混凝土，在通常情况下可先浇筑竖向混凝土结构，后浇筑水平向混凝土结构；对于采用压型钢板组合楼板的工程，也可先浇筑水平向混凝土结构，后浇筑竖向混凝土结构；先浇筑低区部分混凝土再浇筑高区部分混凝土，可保证高低相接处的混凝土浇筑密实。

8.3.6 混凝土浇筑倾落高度是指所浇筑结构的高度加上混凝土布料点距本次浇筑结构顶面的距离。混凝土浇筑离析现象的产生，与混凝土下料方式、最大粗骨料粒径以及混凝土倾落高度有最主要的关系。大量工程实践证明，泵送混凝土采用最大粒径不大于25mm的粗骨料，且混凝土最大倾落高度控制在6m以内时，混凝土不会发生离析，这主要是因为混凝土较小的石子粒径减少了与钢筋的冲击。对于粗骨料粒径大于25mm的混凝土其倾落高度仍应严格控制。本条表中倾落高度限值适用于常规情况，对柱、墙底部钢筋极为密集的特殊情况，仍需增加措施防止混凝土离析。

8.3.7 为避免混凝土浇筑后裸露表面产生塑性收缩裂缝，在初凝、终凝前进行抹面处理是非常关键的。每次抹面可采用铁板压光磨平两遍或用木蟹�抹平搓毛两遍的工艺方法。对于梁板结构以及易产生裂缝的结构部位应适当增加抹面次数。

8.3.8 本条对结构柱、墙混凝土设计强度等级高于梁、板混凝土设计强度等级时的浇筑作了规定。

1 柱、墙位置梁板高度范围内的混凝土是侧向受限的，相同强度等级的混凝土在侧向受限条件下的强度等级会提高。但由于缺乏试验数据，无法说明这个区域的混凝土强度可以提高两个等级，故本条规定了只可按提高一个强度等级进行考虑。所谓混凝土相差一个等级是指相互之间的强度等级差值为C5，一个等级以上即为C5的整数倍。

2 柱、墙混凝土设计强度比梁、板混凝土设计强度高两个等级及以上时，应在低强度等级的构件中采用分隔措施，分隔位置的两侧采用相应强度等级的混凝土浇筑。

3 在高强度等级混凝土与低强度等级混凝土之间采取分隔措施是为了保证混凝土交界面工整清晰，分隔可采用钢丝网板等措施。对于钢筋混凝土结构工程，分隔位置两侧的混凝土虽然分别浇筑，但应保证在一侧混凝土浇筑后的初凝前，完成另一侧混凝土的覆盖。因此分隔位置不是施工缝，而是临时隔断。

8.3.9 本条对泵送混凝土浇筑作了规定。

1 当需要采用多台混凝土输送泵浇筑混凝土时，应充分考虑各种因素来确定各台输送泵的浇筑区域以及浇筑顺序，从方案上对混凝土浇筑进行质量控制。

2 采用输送泵管浇筑混凝土时，由远而近的浇筑方式应该优先采用，这样的施工方法比较简单，过程中只需适时拆除输送泵管即可。在特殊情况下，也可采用由近而远的浇筑方式，但距离不宜过长，否则容易造成堵管或造成浇筑完成的混凝土表面难以进行抹面收尾工作。各台混凝土输送泵保持浇筑速度基本一致，是为了均衡浇筑，避免产生混凝土冷缝。

3 混凝土泵送前，通常先泵送水泥砂浆，少数浆液可用于湿润开始浇筑区域的结构施工缝，多余浆液应采用集料斗等容器收集后运出，不得用于结构浇筑。水泥砂浆与混凝土浆液同成分是指以该强度等级混凝土配合比为基准，去除石子后拌制的水泥砂浆。由于泵送混凝土粗骨料粒径通常采用不大于25mm的石子，所以要求接浆层厚度不应大于30mm。

4 在混凝土供应不及时的情况下，为了能使混凝土连续浇筑，满足第8.3.4条的规定，采用间歇泵送方式是通常采用的方法。所谓间歇泵送就是指在预计后续混凝土不能及时供应的情况下，通过间歇式泵送，控制性地放慢现场现有混凝土的泵送速度，以达到后续混凝土供应后仍能保持混凝土连续浇筑的过程。

5 通常情况混凝土泵送结束后，可采用在上端管内加入棉球及清水的方法直接从上往下进行清洗输送泵管，输送泵管中的混凝土随清洗过程下落，废弃的混凝土在底部收集处理。为了充分利用输送泵管内的混凝土，可采用水洗泵送的工艺。水洗泵送的工艺是指在最后泵送部分的混凝土后面加入黏性浆液以及足够的清水，通过泵送清水方式将输送泵管内的混凝土泵送至要求高度，然后在结束混凝土泵送后，通过采用在上端输送泵管内加入棉球及清水的方法，从上往下进行清洗输送泵管的整个施工工艺过程。

8.3.10 本条对施工缝或后浇带处浇筑混凝土作了规定。

1 采用粗糙面、清除浮浆、清理疏松石子、清理软弱混凝土层是保证新老混凝土紧密结合的技术措施。如果施工缝或后浇带处由于搁置时间较长，而受建筑废弃物污染，则首先应清理建筑废弃物，并对结构构件进行必要的整修。现浇结构分次浇筑的结合面也是施工缝的一种类型。

2 充分湿润施工缝或后浇带，避免施工缝或后浇带积水是保证新老混凝土充分结合的技术措施。

3 施工缝处已浇筑混凝土的强度低于 1.2MPa 时，不能保证新老混凝土的紧密结合。

4 过厚的接浆层中若没有粗骨料，将会影响混凝土的强度等级。目前混凝土粗骨料最大粒径一般采用 25mm 石子，所以接浆层厚度应控制 30mm 以下。

5 后浇带处的混凝土，由于部位特殊，环境较差，浇筑过程也有可能产生泌水集中，为了确保质量，可采用提高一级强度等级的混凝土进行浇筑。为了使后浇带处的混凝土与两侧的混凝土充分紧密结合，采取减少收缩的技术措施是必要的。减少收缩的技术措施包括混凝土组成材料的选择、配合比设计、浇筑方法以及养护条件等。

8.3.11 本条对超长结构混凝土浇筑作了规定。

1 超长结构是指按规范要求需要设缝或因种种原因无法设缝的结构构件。大量工程实践证明，分仓浇筑超长结构是控制混凝土裂缝的有效技术措施，本条规定了分仓间隔浇筑混凝土的最短时间。

2 对于需要留设后浇带的工程，本条规定了后浇带最短的封闭时间。

3 整体基础中调节沉降的后浇带，典型的是主楼与裙房基础间的沉降后浇带。为了解决相互间的差异沉降以及超长结构裂缝控制问题，通常采用留设后浇带的方法。

4 后浇带的留设一般都会有相应的设计要求，所以后浇带的封闭时间尚应征得设计单位确认。

8.3.12 本条对型钢混凝土结构浇筑作了规定。

1 型钢周边绑扎钢筋后，在型钢和钢筋密集处的各部分，为了保证混凝土充填密实，本款规定了混凝土粗骨料最大粒径。

2 应根据施工图纸以及现场施工实际，仔细分析并确定混凝土下料位置，以确保混凝土有充分的下料位置，并能使混凝土充盈整个构件的各部位。

3 型钢周边混凝土浇筑同步上升，是为了避免混凝土高差过大而产生的侧向力，造成型钢整体位移超过允许偏差。

8.3.13 本条对钢管混凝土结构浇筑作了规定。

1 本规范中所指的钢管是广义的，包括圆形钢管、方形钢管、矩形钢管、异形钢管等。钢管结构一般会采用 2 层一节或 3 层一节方式进行安装。由于所浇筑的钢管高度较高，混凝土振捣受到限制，所以以往工程中有采用高抛的浇筑方式。高抛浇筑的目的是为了利用混凝土的冲击力来达到自身密实的作用。由于施工技术的发展，自密实混凝土已普遍采用，所以可以采用免振的自密实混凝土来解决振捣问题。

2 由于混凝土材料与钢材的特性不同，钢管内浇筑的混凝土由于收缩而与钢管内壁产生间隙难以避免。所以钢管混凝土应采取切实有效的技术措施来控制混凝土收缩，减少管壁与混凝土的间隙。采用聚羧酸类外加剂配制的混凝土其收缩率会大幅减少，在施工中可根据实际情况加以选用。

3 在钢管适当位置留设排气孔是保证混凝土浇筑密实的有效技术措施。混凝土从管顶向下浇筑时，钢管底部通常要求设置排气孔。排气孔的设置是为了防止初始混凝土下料过快而覆盖管径，造成钢管底部空气无法排除而采取的技术措施；其他适当部位排气孔设置应根据工程实际确定。

4 在钢管内一般采用无配筋或少配筋的混凝土，所以浇筑过程中受钢筋碰撞影响而产生混凝土离析的情况基本可以避免。采用聚羧酸类外加剂配制的粗骨料最大粒径相对较小的自密实混凝土或高流态混凝土，其综合效果较好，可以兼顾混凝土收缩、混凝土振捣以及提高混凝土最大倾落高度。与自密实混凝土相比，高流态混凝土一般仍需进行辅助振捣。

5 从管顶向下浇筑混凝土类同于在模板中浇筑混凝土，在参照模板中浇筑混凝土方法的同时，应认真执行本款的技术要求。

6 在具备相应浇筑设备的条件下，从管底顶升浇筑混凝土也是可以采取的施工方法。在钢管底部设置的进料输送管应能与混凝土输送泵管进行可靠的连接。止流阀门是为了在混凝土浇筑后及时关闭，以便拆除混凝土输送泵管。采用这种浇筑方式最重要的是过程控制，顶升或停止操作指令必须迅速正确传达，不得有误，否则极易产生安全事故；采用目前常用的泵送设备以及通信联络方式进行顶升浇筑混凝土时，进行预演加强过程控制是确保安全施工的关键。

8.3.14 本条对自密实混凝土浇筑作了规定。

1 浇筑方案应充分考虑自密实混凝土的特性，应根据结构部位、结构形状、结构配筋等情况选择具有针对性的自密实混凝土配合比和浇筑方案。由于自密实混凝土流动性大，施工方案中应对模板拼缝提出相应要求，模板侧压力计算应充分考虑自密实混凝土的特点。

2 采用粗骨料最大粒径为 25mm 的石子较难配制真正意义上的自密实混凝土，自密实混凝土采用粗骨料最大粒径不大于 20mm 的石子进行配制较为理想，所以采用粗骨料最大粒径不大于 20mm 的石子配制自密实混凝土应该是首选。

3 在钢筋、预埋件、预埋钢构周边及模板内各边角处，为了保证混凝土浇筑密实，必要时可采用小规格振动棒进行适宜的辅助振捣，但不宜多振。

4 自密实混凝土虽然具有很大的流动性，但在浇筑过程中为了更好地保证混凝土质量，控制混凝土流淌距离，选择适宜的布料点并控制间距，是非常有必要的。在缺乏经验的情况下，可通过试验确定混凝土布料点下料间距。

8.3.15 本条对清水混凝土结构浇筑作了规定。

1 构件分区是指对整个工程不同的构件进行划分，而每一个分区包含了某个区域的结构构件。对于结构构件较大的大型工程，应根据视觉特点将大型构件分为不同的分区，同一构件分区应采用同批混凝土，并一次连续浇筑。

2 同层混凝土是指每一相同楼层的混凝土，同区混凝土是指同层混凝土的某一区段。对于某一个单位工程，如果条件允许可考虑采用同一材料牌号、品种、规格的材料；对于较大的单位工程，如果无法完全做到材料牌号、品种、规格一致，同层或同区混凝土应该采用同一材料牌号、品种、规格的材料。

3 混凝土连续浇筑过程中，分层浇筑覆盖的间歇时间应尽可能缩短，以杜绝层间接缝痕迹。

8.3.16 由于柱、墙和梁板大体积混凝土浇筑与一般柱、墙和梁板混凝土浇筑并无本质区别，这一部分大体积混凝土结构浇筑按常规做法施工，本条仅对基础大体积混凝土浇筑作出规定。

1 采用输送泵管浇筑基础大体积混凝土时，输送泵管前端通常不会接布料设备浇筑，而是采用输送泵管直接下料或在输送泵管前段增加弯管进行左右转向浇筑。弯管转向后的水平输送泵管长度一般为3m～4m比较合适，故规定了输送泵管间距不宜大于10m的要求。如果输送泵管前端采用布料设备进行混凝土浇筑时，可根据混凝土输送量的要求将输送泵管间距适当增大。

2 用汽车布料杆浇筑混凝土时，首先应合理确定布料点的位置和数量，汽车布料杆的工作半径应能覆盖这些位置。各布料点的浇筑应均衡，以保证各结构部位的混凝土均衡上升，减少相互之间的高差。

3 先浇筑深坑部分再浇筑大面积基础部分，可保证高差交接部位的混凝土浇筑密实，同时也便于进行平面上的均衡浇筑。

4 基础大体积混凝土浇筑最常采用的方法为斜面分层；如果对混凝土流淌距离有特殊要求的工程，混凝土可采用全面分层或分块分层的浇筑方法。保证各层混凝土连续浇筑的条件下，层与层之间的间歇时间应尽可能缩短，以满足整个混凝土浇筑过程连续。

5 对于分层浇筑的每层混凝土通常采用自然流淌形成斜坡，根据分层厚度要求逐步沿高度均衡上升。不大于500mm分层厚度要求，可用于斜面分层、全面分层、分块分层浇筑方法。

6 参见本规范第8.3.7条说明，由于大体积混凝土易产生表面收缩裂缝，所以抹面次数要求适当增加。

7 混凝土浇筑前，基坑可能因雨水或洒水产生

积水，混凝土浇筑过程中也可能产生泌水，为了保证混凝土浇筑质量，可在垫层上设置排水沟和集水井。

8.3.17 本条对预应力结构混凝土浇筑作了规定。具体技术规定也适用于预应力结构的混凝土振捣要求。

1 由于这些部位钢筋、预应力筋、孔道、配件及埋件非常密集，混凝土浇筑及振捣过程易使其位移或脱落，故作本款规定。

2 保证锚固区等配筋密集部位混凝土密实的关键是合理确定浇筑顺序和浇筑方法。施工前应对配筋密集部位进行图纸审核，在混凝土配合比、振捣方法以及浇筑顺序等方面制定相应的技术措施。

3 及时浇筑混凝土有利于控制先张法预应力混凝土构件的预应力损失，满足设计要求。

8.4 混凝土振捣

8.4.1 混凝土漏振、欠振会造成混凝土不密实，从而影响混凝土结构强度等级。混凝土过振容易造成混凝土泌水以及粗骨料下沉，产生不均匀的混凝土结构。对于自密实混凝土应该采用免振的浇筑方法。

8.4.2 对于模板的边角以及钢筋、埋件密集区域应采取适当延长振捣时间、加密振捣点等技术措施，必要时可采用微型振捣棒或人工辅助振捣。接触振动会产生很大的作用力，所以应避免碰撞模板、钢构、预埋件等，以防止产生超出允许范围的位移。本条中所指的预埋件是指除钢筋以外按设计要求预埋在混凝土结构中的构件或部件，用于预应力工程的波纹管也属于预埋件的范围。

8.4.3 振动棒通常用于竖向结构以及厚度较大的水平结构振捣，本条对振动棒振捣混凝土作了规定。

1 混凝土振捣应按层进行，每层混凝土都应进行充分的振捣。振动棒的前端插入前一层混凝土是为了保证两层混凝土间能进行充分的结合，使其成为一个连续的整体。

2 通过观察混凝土振捣过程，判断混凝土每一振捣点的振捣延续时间。

3 混凝土振动棒移动的间距应根据振动棒作用半径而定。对振动棒与模板间的最大距离作出规定，是为了保证模板面振捣密实。采用方格型排列振捣方式时，振捣间距应满足1.4倍振动棒的作用半径要求；采用三角形排列振捣方式时，振捣间距应满足1.7倍振动棒的作用半径要求；综合两种情况，对振捣间距作出1.4倍振动棒的作用半径要求。

8.4.4 平板振动器通常可用于配合振动棒辅助振捣结构表面；对于厚度较小的水平结构或薄壁板式结构可单独采用平板振动器振捣。本条对平板振动器振捣混凝土作了规定。

1 由于平板振动器作用范围相对较小，所以平板振动器移动应覆盖振捣平面各边角。

2 平板振动器移动间距覆盖已振实部分混凝土

的边缘是为了避免产生漏振区域。

3 倾斜表面振捣时，由低向高处进行振捣是为了保证后浇筑部分混凝土的密实。

8.4.5 附着振动器通常在装配式结构工程的预制构件中采用，在特殊现浇结构中也可采用附着振动器。本条对附着振动器振捣混凝土作了规定。

1 附着振动器与模板紧密连接，是为了保证振捣效果。不同的附着振动器其振动作用范围不同，安装在不同类型的模板上其振动作用范围也可能不同，所以通过试验确定其安装间距很有必要。

2 附着振动器依次从下往上进行振捣是为了保证浇筑区域振动器处于工作状态，而非浇筑区域振动器处于非工作状态，随着浇筑高度的增加，从下往上逐步开启振动器。

3 各部位附着振动器的频率要求一致是为了避免振动器开启后模板系统的不规则振动，保证模板的稳定性。相对面模板附着振动器交错设置，是为了充分利用振动器的作用范围均匀振捣混凝土。

8.4.6 混凝土分层振捣最大厚度应与采用的振捣设备相匹配，以免发生因振捣设备原因而产生漏振或欠振情况。由于振动棒种类很多，其作用半径也不尽相同，所以分层振捣最大厚度难以用固定数值表述。大量工程实践证明，采用 1.25 倍振动棒作用部分长度作为分层振捣最大厚度的控制是合理的。采用平板振动器时，其分层振捣厚度按 200mm 控制较为合理。

8.4.7 本条对需采用加强振捣措施的部位作了规定。

1 宽度大于 0.3m 的预留洞底部采用在预留洞两侧进行振捣，是为了尽可能减少预留洞两端振捣点的水平间距，充分利用振动棒作用半径来加强混凝土振捣，以保证预留洞底部混凝土密实。宽度大于 0.8m 的预留洞底部，应采取特殊技术措施，避免预留洞底部形成空洞或不密实情况产生。特殊技术措施包括在预留洞底部区域的侧向模板位置留设孔洞，浇筑操作人员可在孔洞位置进行辅助浇筑与振捣；在预留洞中间设置用于混凝土下料的临时小柱模板，在临时小柱模板内进行混凝土下料和振捣，临时小柱模板内的混凝土在拆模后进行凿除。

2 后浇带及施工缝边角由于构造原因易产生不密实情况，所以混凝土浇筑过程中加密振捣点、延长振捣时间是必要的。

3 钢筋密集区域或型钢与钢筋结合区域由于构造原因易产生不密实情况，所以混凝土浇筑过程采用小型振动棒辅助振捣、加密振捣点、延长振捣时间是必要的。

4 基础大体积混凝土浇筑由于流淌距离相对较远，坡顶与坡脚距离往往较大，较远位置的坡脚往往容易漏振，故本款作此规定。

8.5 混凝土养护

8.5.1 混凝土早期塑性收缩和干燥收缩较大，易于造成混凝土开裂。混凝土养护是补充水分或降低失水速率，防止混凝土产生裂缝，确保达到混凝土各项力学性能指标的重要措施。在混凝土初凝、终凝抹面处理后，应及时进行养护工作。混凝土终凝后至养护开始的时间间隔应尽可能缩短，以保证混凝土养护所需的湿度以及对混凝土进行温度控制。覆盖养护可采用塑料薄膜、麻袋、草帘等进行覆盖；喷涂养护剂养护是通过养护液在混凝土表面形成致密的薄膜层，以达到混凝土保湿目的。洒水、覆盖、喷涂养护剂等养护方式可单独使用，也可同时使用，采用何种养护方式应根据工程实际情况合理选择。

8.5.2 混凝土养护时间应根据所采用的水泥种类、外加剂类型、混凝土强度等级及结构部位进行确定。粉煤灰或矿渣粉的数量占胶凝材料总量不小于 30% 的混凝土，以及粉煤灰加矿渣粉的总量占胶凝材料总量不小于 40% 的混凝土，都可认为是大掺量矿物掺合料混凝土。由于地下室基础底板与地下室底层墙柱以及地下室结构与上部结构首层墙柱施工间隔时间通常都会较长，在这较长的时间内基础底板或地下室结构的收缩基本完成，对于刚度很大的基础底板或地下室结构会对与之相连的墙柱产生很大的约束，从而极易造成结构竖向裂缝产生，对这部分结构增加养护时间是必要的，养护时间可根据工程实际按施工方案确定。对于大体积混凝土尚应根据混凝土相应点温差来控制养护时间，温差符合本规范第 8.7.3 条规定后方可结束混凝土养护。本条所说的养护时间包含混凝土未拆模时的带模养护时间以及混凝土拆模后的养护时间。

8.5.3 对养护环境温度没有特殊要求的结构构件，可采用洒水养护方式。混凝土洒水养护应根据温度、湿度、风力情况、阳光直射条件等，通过观察不同结构混凝土表面，确定洒水次数，确保混凝土处于饱和湿润状态。当室外日平均气温连续 5 日稳定低于 5℃ 时应按冬期施工相关要求进行养护；当日最低温度低于 5℃ 时，可能已处在冬期施工期间，为了防止可能产生的冰冻情况而影响混凝土质量，不应采用洒水养护。

8.5.4 本条对覆盖养护作了规定。

1 对养护环境温度有特殊要求或洒水养护有困难的结构构件，可采用覆盖养护方式。对结构构件养护过程有温差要求时，通常采用覆盖养护方式。覆盖养护应及时，应尽量减少混凝土裸露时间，防止水分蒸发。

2 覆盖养护的原理是通过混凝土的自然温升在塑料薄膜内产生凝结水，从而达到湿润养护的目的。在覆盖养护过程中，应经常检查塑料薄膜内的凝结水，确保混凝土裸露表面处于湿润状态。

3 每层覆盖物都应严密，要求覆盖物相互搭接不小于 100mm。覆盖物层数的确定应综合考虑环境因素以及混凝土温差控制要求。

8.5.5 本条对喷涂养护剂养护作了规定。

1 对养护环境温度没有特殊要求或洒水养护有困难的结构构件，可采用喷涂养护剂养护方式。对拆模后的墙柱以及楼板裸露表面在持续洒水养护有困难时可采用喷涂养护剂养护方式；对于采用爬升式模板脚手施工的工程，由于模板脚手爬升后无法对下部的结构进行持续洒水养护，可采用喷涂养护剂养护方式。

2 喷涂养护剂养护的原理是通过喷涂养护剂，使混凝土裸露表面形成致密的薄膜层，薄膜层能封住混凝土表面，阻止混凝土表面水分蒸发，达到混凝土养护的目的。养护剂后期应能自行分解挥发，而不影响装修工程施工。养护剂应具有可靠的保湿效果，必要时可通过试验检验养护剂的保湿效果。

3 喷涂方法应符合产品技术要求，严格按照使用说明书要求进行施工。

8.5.6 基础大体积混凝土的前期养护，由于对温差有控制要求，通常不适宜采用洒水养护方式，而应采用覆盖养护方式。覆盖养护层的厚度应根据环境温度、混凝土内部温升以及混凝土温差控制要求确定，通常在施工方案中确定。混凝土温差达到结束覆盖养护条件后，但仍有可能未达到总的养护时间要求，在这种情况下后期养护可采用洒水养护方法，直至混凝土养护结束。

8.5.7 混凝土带模养护在实践中证明是行之有效的，带模养护可以解决混凝土表面过快失水的问题，也可以解决混凝土温差控制问题。根据本规范第8.5.2条条文说明所述的原因，地下室底层和上部结构首层柱、墙前期采用带模养护是有益的。在带模养护的条件下混凝土达到一定强度后，可拆除模板进行后期养护。拆模后采用洒水养护方法，工程实践证明养护效果好。洒水养护的水温与混凝土表面的温差如果能控制在25℃以内当然最好，但由于洒水养护的水量一般较小，洒水后水温会很快升高，接近混凝土表面温度，所以采用常温水进行洒水养护也是可行的。

8.5.8 混凝土在未到达一定强度时，踩踏、堆放荷载、安装模板及支架等易于破坏混凝土内部结构，导致混凝土产生裂缝及影响混凝土后期性能。在实际操作中，混凝土是否达到1.2MPa要求，可根据经验进行判定。

8.5.9 保证同条件养护试件所处环境与实体结构所处环境相同，是试件准确反映结构实体强度的条件。妥善保管措施应避免试件丢失、混淆、受损。

8.5.10 具备混凝土标准试块制作条件，采用标准试块养护室或养护箱进行标准试块养护，其主要目的是为了保证现场留样的试块得到标准养护。

8.6 混凝土施工缝与后浇带

8.6.1 混凝土施工缝与后浇带留设位置要求在混凝土浇筑之前确定，是为了强调留设位置应事先计划，而不得在混凝土浇筑过程中随意留设。本条同时给出了施工缝和后浇带留设的基本原则。对于受力较复杂的双向板、拱、穹拱、薄壳、斗仓、筒仓、蓄水池等结构构件，其施工缝留设位置应符合设计要求。对有防水抗渗要求的结构构件，施工缝或后浇带的位置容易产生薄弱环节，所以施工缝位置留设同样应符合设计要求。

8.6.2 本条对水平施工缝的留设位置作了规定。

1 楼层结构的类型包括有梁有板的结构、有梁无板的结构、无梁有板的结构。对于有梁无板的结构，施工缝位置是指在梁顶面；对于无梁有板的结构，施工缝位置是指在板顶面。

2 楼层结构的底面是指梁、板、无梁楼盖柱帽的底面。楼层结构的下弯锚固钢筋长度会对施工缝留设的位置产生影响，有时难以满足0mm～50mm的要求，施工缝留设的位置通常在下弯锚固钢筋的底部，此时应符合本规范第8.6.2条第4款要求。

3 对于高度较大的柱、墙、梁（墙梁）及厚度较大的基础底板等不便于一次浇筑或一次浇筑质量难以保证时，可考虑在相应位置设置水平施工缝。施工时应根据分次混凝土浇筑的工况进行施工荷载验算，如需调整构件配筋，其结果应征得设计单位确认。

4 特殊结构部位的施工缝是指第1～3款以外的水平施工缝。

8.6.3 本条规定了一般结构构件竖向施工缝和后浇带留设的要求。对于结构构件面积较大、混凝土方量较大的工程等不便于一次浇筑或一次浇筑质量难以保证时，可考虑在相应位置设置竖向施工缝。对于超长结构设置分仓的施工缝、基础底板留设分区的施工缝、核心筒与楼板结构间留设的施工缝、巨型柱与楼板结构间留设的施工缝等情况，由于在技术上有特殊要求，在这些特殊位置留设竖向施工缝，应征得设计单位确认。

8.6.4 设备与设备基础是通过地脚螺栓相互连接的，本条对设备基础水平施工缝和竖向施工缝作出规定，是为了保证地脚螺栓受力性能可靠。

8.6.5 承受动力作用的设备基础不仅要保证地脚螺栓受力性能的可靠，还要保证设备基础施工缝两侧的混凝土受力性能可靠，施工缝的留设应征得设计单位确认。对于竖向施工缝或台阶形施工缝，为了使设备基础施工缝两侧混凝土成为一个可靠的整体，可在施工缝位置处加设插筋，插筋数量、位置、长度等应征得设计单位确认。

8.6.6 为保证结构构件的受力性能和施工质量，对于基础底板、墙板、梁板等厚度或高度较大的结构构件，施工缝或后浇带界面建议采用专用材料封挡。专用材料可采用定制模板、快易收口板、钢板网、钢丝网等。

8.6.7 混凝土浇筑过程中，因暴雨、停电等特殊原因无法继续浇筑混凝土，或不满足本规范表 8.3.4-2 运输、输送入模及其间歇总的时间限值要求，而不得不临时留设施工缝时，施工缝应尽可能规整，留设位置和留设界面应垂直于结构构件表面，当有必要时可在施工缝处留设加强钢筋。如果临时施工缝留设在构件剪力较大处、留设界面不垂直于结构构件时，应在施工缝处采取增加加强钢筋并事后修凿等技术措施，以保证结构构件的受力性能。

8.6.8 施工缝和后浇带往往由于留置时间较长，而在其位置容易受建筑废弃物污染，本条规定要求采取技术措施进行保护。保护内容包括模板、钢筋、埋件位置的正确，还包括施工缝和后浇带位置处已浇筑混凝土的质量；保护方法可采用封闭覆盖等技术措施。如果施工缝和后浇带间隔施工时间可能会使钢筋产生锈蚀情况时，还应对钢筋采取防锈或阻锈措施。

8.7 大体积混凝土裂缝控制

8.7.1 大体积混凝土系指体量较大或预计会因胶凝材料水化引起混凝土内外温差过大而容易导致开裂的混凝土。根据工程施工工期要求，在满足施工期间结构强度发展需要的前提下，对用于基础大体积混凝土和高强度等级混凝土的结构构件，提出了可以采用 60d（56d）或更长龄期的混凝土强度，这样有利于通过提高矿物掺合料用量并降低水泥用量，从而达到降低混凝土水化温升、控制裂缝的目的。现行国家标准《混凝土结构设计规范》GB 50010 的相关规定也提出设计单位可以采用大于 28d 的龄期确定混凝土强度等级，此时设计规定龄期可以作为结构评定和验收的依据。56d 龄期是 28d 龄期的 2 倍，对大体积混凝土，国外工程或外方设计的国内工程采用 56d 龄期较多，而国内设计的项目采用 60d、90d 龄期较多，为了兼顾所以一并列出。

8.7.2 大体积混凝土结构或构件不仅包括厚大的基础底板，还包括厚墙、大柱、宽梁、厚板。大体积混凝土裂缝控制与边界条件、环境条件、原材料、配合比、混凝土过程控制和养护等因素密切相关。大体积混凝土配合比的设计，可以借鉴成功的工程经验，也可以根据相关试验加以确定。大体积混凝土施工裂缝控制是关键，在采用中、低水化热水泥的基础上，通过掺加粉煤灰、矿渣粉和高性能外加剂都可以减少水泥用量，可对裂缝控制起到良好作用。裂缝控制的关键在于减少混凝土收缩，减少收缩的技术措施包括混凝土组成材料的选择、配合比设计、浇筑方法以及养护条件等。近年来，聚羧酸类高效减水剂的发展，不但可以有效减少混凝土水泥用量，其配制的混凝土还可以大幅减少混凝土收缩，这一新技术的采用已经成为混凝土裂缝控制的发展方向，成为工程实践中裂缝控制的有效技术措施。除基础、墙、柱、梁、板大体积混凝土以外的其他结构部位同样可以采用这个方法来进行裂缝控制。

8.7.3 本条对大体积混凝土施工时的温度控制提出了规定。控制温差是解决混凝土裂缝控制的关键，温差控制主要通过混凝土覆盖或带模养护过程进行，温差可通过现场测温数据经计算获得。

1 控制混凝土入模温度，可以降低混凝土内部最高温度，必要时可采取技术措施降低原材料的温度，以达到减小入模温度的目的，入模温度可以通过现场测温获得；控制混凝土最大温升是有效控制温差的关键，减少混凝土内部最大温升主要从配合比上进行控制，最大温升值可以通过现场测温获得；在大体积混凝土浇筑前，为了对最大温升进行控制，可按现行国家标准《大体积混凝土施工规范》GB 50496 进行绝热温升计算，绝热温升即为预估的混凝土最大温升，绝热温升计算值加上预估的入模温度即为预估的混凝土内部最高温度。

2 本条分别按覆盖养护或带模养护、结束覆盖养护或拆模后两个阶段规定了混凝土浇筑体与表面（环境）温度的差值要求。根据本规范第 8.5.6 条的规定，当基础大体积混凝土浇筑体表面以内 40mm～100mm 位置的温度与环境温度的差值小于 25℃ 时，可结束覆盖养护，柱、墙、梁等大体积混凝土也可参照此规定确定拆模时间。

本条中所说的混凝土浇筑体表面温度是指保温覆盖层或模板与混凝土交界面之间测得的温度，表面温度在覆盖养护或带模养护时用于温差计算；环境温度用来确定结束覆盖养护或拆模的时间，在拆除覆盖养护层或拆除模板后用于温差计算。由于结束覆盖养护或拆模后无法测得混凝土表面温度，故采用在基础表面以内 40mm～100mm 位置设置测温点来代替混凝土表面温度，用于温差计算。

当混凝土浇筑体表面以内 40mm～100mm 位置处的温度与混凝土浇筑体表面温度差值有大于 25℃ 趋势时，应增加保温覆盖层或在模板外侧加挂保温覆盖层；结束覆盖养护或拆模后，当混凝土浇筑体表面以内 40mm～100mm 位置处的温度与环境温度差值有大于 25℃ 的趋势时，应重新覆盖或增加外保温措施。

3 测温点布置以及相邻两测温点的位置关系应该符合本规范第 8.7.4 和 8.7.5 条的规定。

4 降温速率可通过现场测温数据经计算获得。

8.7.4 本条对基础大体积混凝土测温点设置提出了规定。

1 由于各个工程基础形状各异，测温点的设置难以统一，选择具有代表性和可比性的测温点进行测温是主要目的。竖向剖面可以是基础的整个剖面，也可以根据对称性选择半个剖面。

2 每个剖面的测温点由浇筑体表面以内 40mm～100mm 位置处的周边测温点和其之外的内部测温点组

成。通常情况下混凝土浇筑体最大温升发生在基础中部区域，选择竖向剖面交叉处进行测温，能够反映中部高温区域混凝土温度变化情况。在覆盖养护或带模养护阶段，覆盖保温层底部或模板内侧的测温点反映的是混凝土浇筑体的表面温度，用于计算混凝土温差。要求表面测温点与两个剖面上的周边测温点位置及数量对应，以便于合理计算混凝土温差。对于基础侧面采用砖等材料作为胎膜，且胎膜后用材料回填而保温有保证时，可与基础底部一样无需进行混凝土表面测温。环境测温点应距基础周边一定距离，并应保证该测温点不受基础温升影响。

3 每个剖面的周边及以内部位测温点上下、左右对齐是为了反映相邻两处测温点温度变化的情况，便于对混凝土温差进行计算；测温点竖向、横向间距不应小于 0.4m 的要求是为了合理反映两点之间的温差。

4 厚度不大于 1.6m 的基础底板，温升很容易根据绝热温升计算进行预估，通常可以根据工程施工经验来采取技术措施进行温差控制。所以裂缝控制技术措施完善的工程可以不进行测温。

8.7.5 柱、墙、梁大体积混凝土浇筑通常可以在第一次混凝土浇筑中进行测温，并根据测温结果完善混凝土裂缝控制施工措施，在这种情况下后续工程可不用继续测温。对于柱、墙大体积混凝土的纵向是指高度方向；对于梁大体积混凝土的纵向是指跨度方向。环境测温点应距浇筑的结构边一定距离，以保证该测温点不受浇筑结构温升影响。

8.7.6 本条对混凝土测温提出了相应的要求，对大体积混凝土测温开始与结束时间作了规定。虽然混凝土裂缝控制要求在相应温差不大于 25℃时可以停止覆盖养护，但考虑到天气变化对温差可能产生的影响，测温还应继续一段时间，故规定温差小于 20℃时，才可停止测温。

8.7.7 本条对大体积混凝土测温频率进行了规定，每次测温都应形成报告。

8.8 质量检查

8.8.1 施工质量检查是指施工单位为控制质量进行的检查，并非工程的验收检查。考虑到施工现场的实际情况，将混凝土结构施工质量检查划分为两类，对应于混凝土施工的两个阶段，即过程控制检查和拆模后的实体质量检查。

过程控制检查包括技术复核（预检）和混凝土施工过程中为控制施工质量而进行的各项检查；拆模后的实体质量检查应及时进行，为了保证检查的真实性，检查时混凝土表面不应进行过处理和装饰。

8.8.2 对混凝土结构的施工质量进行检查，是检验结构质量是否满足设计要求并达到合格要求的手段。为了达到这一目的，施工单位需要在不同阶段进行各

种不同内容、不同类别的检查。各种检查随工程不同而有所差异，具体检查内容应根据工程实际作出要求。

1 提出了确定各项检查应当遵守的原则，即各种检查应根据质量控制的需要来确定检查的频率、时间、方法和参加检查的人员。

2 明确规定施工单位对所完成的施工部位或成果应全数进行质量自检，自检要求符合国家现行标准提出的要求。自检不同于验收检查，自检应全数检查，而验收检查可以是抽样检查。

3 要求做出记录和有图像资料，是为了使检查结果必要时可以追溯，以及明确检查责任。对于返工和修补的构件，记录的作用更加重要，要求有返工修补前后的记录。而图像资料能够直观反映质量情况，故对于返工和修补的构件提出此要求。

4 为了减少检查的工作量，对于已经隐蔽、不可直接观察和量测的内容如插筋锚固长度、钢筋保护层厚度、预埋件锚筋长度与焊接等，如果已经进行过隐蔽工程验收且无异常情况，可仅检查隐蔽工程验收记录。

5 混凝土结构或构件的性能检验比较复杂，一般通过检验报告或专门的试验给出，在施工现场通常不进行检查。但有时施工现场出于某种原因，也可能需要对混凝土结构或构件的性能进行检查。当遇到这种情形时，应委托具备相应资质的单位，按照有关标准规定的方法进行，并出具检验报告。

8.8.3 为了保证所浇筑的混凝土符合设计和施工要求，本条规定了浇筑前应进行的质量检查工作，在确认无误后再进行混凝土浇筑。当坍落度大于 220mm时，还应对扩展度进行检查。对于现场拌制的混凝土，应按相关规范要求检查水泥、砂石、掺合料、外加剂等原材料。

8.8.4 本条对混凝土结构的质量过程控制检查内容提出了要求。检查内容包括这些内容，但不限于这些内容。当有更多检查内容和要求时，可由施工方案给出。

8.8.5 本条对混凝土结构拆模后的检查内容提出了要求。检查内容包括这些内容，但不限于这些内容。当有更多检查内容和要求时，可由施工方案给出。

8.8.6 对混凝土结构质量进行的各种检查，尽管其目的、作用可能不同，但是方法却基本一样。现行国家标准《混凝土结构工程施工质量验收规范》GB 50204 已经对主要检查方法作出了规定，故直接采取该标准的规定即可；当个别检查方法本标准未明确时，可参照其他相关标准执行。当没有相关标准可执行时，可由施工方案确定检查方法，以解决缺少检查方法、检查方法不明确等问题，但施工方案确定的检查方法应报监理单位批准后实施。

8.9 混凝土缺陷修整

8.9.1 本条对混凝土缺陷类型进行了规定。

8.9.2 本条强调分析缺陷产生原因后制定针对性修整方案的管理要求，对严重缺陷的修补方案应报设计单位和监理单位，方案论证及批准后方可实施。混凝土结构缺陷信息、缺陷修整方案的相关资料应及时归档，做到可追溯。

8.9.3 本条明确了混凝土结构外观一般缺陷修整方法。在实际工程中可依据不同的缺陷情况，制定针对性技术方案用于结构修整。连接部位缺陷应该理解为连接有错位，而非指混凝土露筋、蜂窝、孔洞、夹渣、疏松、外表缺陷等情况。

8.9.4 本条明确了混凝土结构外观严重缺陷修整方法。由于目前市场上新材料、新修整方法很多，具体实施中可根据各工程实际加以运用。考虑到严重缺陷可能对结构安全性、耐久性产生影响，因此，其缺陷修整方案应按有关规定审批后方可实施。

8.9.5 对于结构尺寸偏差的一般缺陷，不影响结构安全以及正常使用时，可结合装饰工程进行修整即可。

8.9.6 本条规定了发生有可能影响安全使用的严重缺陷，应采取的管理程序。这种类型的缺陷修整方案，施工单位应会同设计单位共同制定修整方案，在修整后对混凝土结构尺寸进行检查验收，以确保结构使用安全。

9 装配式结构工程

9.1 一般规定

9.1.1 装配式结构工程，应编制专项施工方案，并经监理单位审核批准，为整个施工过程提供指导。根据工程实际情况，装配式结构专项施工方案内容一般包括：预制构件生产、预制构件运输与堆放、现场预制构件的安装与连接、与其他有关分项工程的配合、施工质量要求和质量保证措施、施工过程的安全要求和安全保证措施、施工现场管理机构和质量管理措施等。

装配式混凝土结构深化设计应包括施工过程中脱模、堆放、运输、吊装等各种工况，并应考虑施工顺序及支撑拆除顺序的影响。装配式结构深化设计一般包括：预制构件设计详图、构件模板图、构件配筋图、预埋件设计详图、构件连接构造详图及装配详图、施工工艺要求等。对采用标准预制构件的工程，也可根据有关的标准设计图集进行施工。根据本规范第3.1.3条规定，装配式结构专业施工单位完成的深化设计文件应经原设计单位认可。

9.1.2 当施工单位第一次从事某种类型的装配式结构施工或结构形式比较复杂时，为保证预制构件制作、运输、装配等施工过程的可靠，施工前可针对重点过程进行试制作和试安装，发现问题要及时解决，

以减少正式施工中可能发生的问题和缺陷。

9.1.3 本条中的"吊运"包括预制构件的起吊、平吊及现场吊装等。预制构件的安全吊运是装配式结构工程施工中最重要的环节之一。"吊具"是起重设备主钩与预制构件之间连接的专用吊装工具。"起重设备"包括起吊、平吊及现场吊装用到的各种门式起重机、汽车起重机、塔式起重机等。尺寸较大的预制构件常采用分配梁或分配桁架作为吊具，此时分配梁、分配桁架要有足够的刚度。吊索要有足够长度满足吊装时水平夹角要求，以保证吊索和各吊点受力均匀。自制、改造、修复和新购置的吊具需按国家现行相关标准的有关规定进行设计验算或试验检验，并经认定合格后方可投入使用。预制构件的吊运尚应参照现行行业标准《建筑施工高处作业安全技术规范》JGJ 80的有关规定执行。

9.1.4 对预制构件设置可靠标识有利于在施工中发现质量问题并及时进行修补、更换。构件标识要考虑与构件装配图的对应性：如设计要求构件只能以某一特定朝向搬运，则需在构件上作出恰当标识；如有必要时，尚需通过约定标识表示构件在结构中的位置和方向。预制构件的保护范围包括构件自身及其预留预埋配件、建筑部件等。

9.1.5 专用定型产品主要包括预埋吊件、临时支撑系统等，专用定型产品的性能及使用要求均应符合有关国家现行标准及产品应用手册的规定。应用专用定型产品的施工操作，同样应按相关操作规定执行。

9.2 施工验算

9.2.1 施工验算是装配式混凝土结构设计的重要环节，一般考虑构件脱模、翻转、运输、堆放、吊装、临时固定、节点连接以及预应力筋张拉或放张等施工全过程。装配式结构施工验算的主要内容为临时性结构以及预制构件、预埋吊件及预埋件、吊具、临时支撑等，本节仅规定了预制构件、预埋吊件、临时支撑的施工验算，其他施工验算可按国家现行相关标准的有关规定进行。

装配式混凝土结构的施工验算除要考虑自重、预应力和施工荷载外，尚需考虑施工过程中的温差和混凝土收缩等不利影响；对于高空安装的预制结构，构件装配工况和临时支撑系统验算还需考虑风荷载的作用；对于预制构件作为临时施工阶段承托模板或支撑时，也需要进行相应工况的施工验算。

9.2.2 预制构件的施工验算应采用等效荷载标准值进行，等效荷载标准值由预制构件的自重乘以脱模吸附系数或动力系数后得到。脱模时，构件和模板间会产生吸附力，本规范通过引入脱模吸附系数来考虑吸附力。脱模吸附系数与构件和模具表面状况有很大关系，但为简化和统一，基于国内施工经验，本规范将脱模吸附系数取为1.5，并规定可根据构件和模具表

面状况适当增减。复杂情况的脱模吸附系数还需要通过试验来确定。根据不同的施工状态，动力系数取值也不一样，本规范给出了一般情况下的动力系数取值规定。计算时，脱模吸附系数和动力系数是独立考虑的，不进行连乘。

9.2.3 本条规定了钢筋混凝土和预应力混凝土预制构件的施工验算要求。如设计规定的施工验算要求与本条规定不同，可按设计要求执行。通过施工验算可确定各施工环节预制构件需要的混凝土强度，并校核预制构件的截面和配筋参考国内外规范的相关规定，本规范以限制正截面混凝土受压、受拉应力及受拉钢筋应力的形式给出了预制构件施工验算控制指标。

本条的公式（9.2.3-1）～（9.2.3-3）中计算混凝土压应力 σ_{cc}、混凝土拉应力 σ_{ct}、受拉钢筋应力 σ_s，均采用荷载标准组合，其中构件自重取本规范第9.2.2 条规定的等效荷载标准值。受拉钢筋应力 σ_s 按开裂截面计算，可按国家标准《混凝土结构设计规范》GB 50010-2010 第 7.1.3 条规定的正常使用极限状态验算平截面基本假定计算；对于单排配筋的简单情况，也可按该规范第 7.1.4 条的简化公式计算 σ_s。

本条第 4 款规定的施工过程中允许出现裂缝的情况，可由设计单位与施工单位根据设计要求共同确定，且只适用于配置纵向受拉钢筋屈服强度不大于 500MPa 的构件。

9.2.4 预埋吊件是指在混凝土浇筑成型前埋入预制构件内用于吊装连接的金属件，通常为吊钩或吊环形式。临时支撑是指预制构件安放就位后到与其他构件最终连接之前，为保证构件的承载力和稳定性的支撑设施，经常采用的有斜撑、水平撑、牛腿、悬臂托梁以及竖向支架等。预埋吊件和临时支撑均可采用专用定型产品或经设计计算确定。

对于预埋吊件、临时支撑的施工验算，本规范采用安全系数法进行设计，主要考虑几个因素：工程设计普遍采用安全系数法，并已为国外和我国香港、台湾地区的预制结构相关标准所采纳；预埋吊件、临时支撑多由单自由度或超静定次数较少的钢构（配）件组成，安全系数法有利于判断系统的安全度，并与螺栓、螺纹等机械加工设计相比较、协调；缺少采用概率极限状态设计法的相关基础数据；现行国家标准《工程结构可靠性设计统一标准》GB 50153 中规定"当缺乏统计资料时，工程结构设计可根据可靠的工程经验或必要的试验研究进行，也可采用容许应力或单一安全系数等经验方法进行。"

本条的施工安全系数为预埋吊件、临时支撑的承载力标准值或试验值与施工阶段的荷载标准组合作用下的效应值之比。表 9.2.4 的规定系参考了国内外相关标准的数值并经校准后给出的。施工安全系数的取值需要考虑较多的因素，例如需要考虑构件自重荷载分项系数、钢筋弯折后的应力集中对强度的折减、动

力系数、钢丝绳角度影响、临时结构的安全系数、临时支撑的重复使用性等，从数值上可能比永久结构的安全系数大。施工安全系数也可根据具体施工实际情况进行适当增减。另外，对复杂或特殊情况，预埋吊件、临时支撑的承载力则建议通过试验确定。

9.3 构 件 制 作

9.3.1 台座是直接在上面制作预制构件的"地坪"，主要采用混凝土台座、钢台座两种。台座主要用于长线法生产预应力预制构件或不用模具的中小构件。表面平整度可用靠尺和塞尺配合进行量测。

9.3.2 模具是专门用来生产预制构件的各种模板系统，可为固定在构件生产场地的固定模具，也可为方便移动的模具。定型钢模生产的预制构件质量较好，在条件允许的情况下建议尽量采用；对于形状复杂、数量少的构件也可采用木模或其他材料制作。清水混凝土预制构件建议采用精度较高的模具制作。预制构件预留孔设施、插筋、预埋吊件及其他预埋件要可靠地固定在模具上，并避免在浇筑混凝土过程中产生移位。对于跨度较大的预制构件，如设计提出反拱要求，则模具需根据设计要求设置反拱。

9.3.3 预制构件的振捣与现浇结构不同之处就是可采用振动台的方式，振动台多用于中小预制构件和专用模具生产的先张法预应力预制构件。选择振捣机械时还应注意对模具稳定性的影响。

9.3.4 实践中混凝土强度控制可根据当地生产经验的总结，根据不同混凝土强度、不同气温采用时间控制的方式。上、下层构件的隔离措施可采用各种类型的隔离剂，但应注意环保要求。

9.3.6 在带饰面的预制构件制作的反打一次成型系指将面砖先铺放于模板内，然后直接在面砖上浇筑混凝土，用振动器振捣成型的工艺。采用反打一次成型工艺，取消了砂浆层，使混凝土直接与面砖背面凹槽粘结，从而有效提高了二者之间的粘接强度，避免了面砖脱落引发的不安全因素及给修复工作带来的不便，而且可做到饰面平整、光洁，砖缝清晰、平直，整体效果较好。饰面一般为面砖或石材，面砖背面宜带有燕尾槽，石材背面应做涂覆防水处理，并宜采用不锈钢卡件与混凝土进行机械连接。

9.3.7 有保温要求的预制构件保温材料的性能需符合设计要求，主要性能指标为吸水率和热工性能。水平浇筑方式有利于保温材料在预制构件中的定位。如采用竖直浇筑方式成型，保温材料可在浇筑前放置并固定。

采用夹心保温构造时，需要采取可靠连接措施保证保温材料外的两层混凝土可靠连接，专用连接件或钢筋桁架是常用的两种措施。部分有机材料制成的专用连接件热工性能较好，可以完全达到热工"断桥"，而钢筋桁架只能做到部分"断桥"。连接措施的数量

和位置需要进行专项设计，专用连接件可根据使用手册的规定直接选用。必要时在构件制作前应进行专项试验，检验连接措施的定位和锚固性能。

9.3.8 清水混凝土预制构件的外观质量要求较高，应采取专项保障措施。

9.3.10 本条规定主要适用需要通过现浇混凝土或砂浆进行连接的预制构件结合面。拉毛或凿毛的具体要求应符合设计文件及相关标准的有关规定。露骨料粗糙面的施工工艺主要有两种：在需要露骨料部位的模板表面涂刷适量的缓凝剂；在混凝土初凝或脱模后，采用高压水枪、人工喷水加手刷等措施冲洗掉未凝结的水泥砂浆。当设计要求预制构件表面不需要进行粗糙处理时，可按设计要求执行。

9.3.11 预制构件脱模起吊时，混凝土应具有足够的强度，并根据本规范第9.2节的有关规定进行施工验算。实践中，预先留设混凝土立方体试件，与预制构件同条件养护，并用该同条件养护试件的强度作为预制构件混凝土强度控制的依据。施工验算应考虑脱模方法（平放竖直起吊、单边起吊、倾斜或旋转后竖直起吊等）和预埋吊件的验算，需要时应进行必要调整。

9.4 运输与堆放

9.4.1 预制构件运输与堆放时，如支承位置设置不当，可能造成构件开裂等缺陷。支承点位置应根据本规范第9.2节的有关规定进行计算、复核。按标准图生产的构件，支承点应按标准图设置。

9.4.2 本条的规定主要是为了运输安全和保护预制构件。道路、桥梁的实际条件包括荷重限值及限高、限宽、转弯半径等，运输线路制定还要考虑交通管理方面的相关规定。构件运输时同样应满足本规范9.4.3条关于堆放的有关规定。

9.4.3 本条规定主要是为了保护堆放中的预制构件。当垫木放置位置与脱模、吊装的起吊位置一致时，可不再单独进行使用验算，否则需根据堆放条件进行验算。堆垛的安全、稳定特别重要，在构件生产企业及施工现场均应特别注意。预应力构件均有一定的反拱，长期堆放时反拱还会随时间增长，堆放时应考虑反拱因素的影响。

9.4.4 插放架、靠放架应安全可靠，满足强度、刚度及稳定性的要求。如受运输路线等因素限制而无法直立运输时，也可平放运输，但需采取保护措施，如在运输车上放置使构件均匀受力的平台等。

9.4.5 屋架属细长薄腹构件，平卧制作方便且省地，但脱模、翻身等吊运过程中产生的侧向弯矩容易导致混凝土开裂，故此作业前需采取加固措施。

9.5 安装与连接

9.5.1 装配式结构的安装施工流水作业很重要，科学的组织有利于质量、安全和工期。预制构件应按设计文件、专项施工方案要求的顺序进行安装与连接。

9.5.2 本条规定了进行现场安装施工的准备工作。已施工完成结构包括现浇混凝土结构和装配式混凝土结构，现浇结构的混凝土强度应符合设计要求，尺寸包括轴线、标高、截面以及预留钢筋、预埋件的位置等。预制构件进场或现场生产后，在装配前应进行构件尺寸检查和资料检查。

在已施工完成结构及预制构件上进行的测量放线应方便安装施工，避免被遮挡而影响定位。预制构件的放线包括构件中心线、水平线、构件安装定位点等。对已施工完成结构，一般根据控制轴线和控制水平线依次放出纵横轴线、柱中心线、墙板两侧边线、节点线、楼板的标高线、楼梯位置及标高线、异形构件位置线及必要的编号，以便于装配施工。

9.5.3 考虑到预制构件与其支承构件不平整，如直接接触或出现集中受力的现象，设置座浆或垫片有利于均匀受力，另外也可以在一定范围内调整构件的高程。垫片一般为铁片或橡胶片，其尺寸按现行国家标准《混凝土结构设计规范》GB 50010的局部受压承载力要求确定。对叠合板、叠合梁等的支座，可不设置坐浆或垫片，其竖向位置可通过临时支撑加以调整。

9.5.4 临时固定措施是装配式结构安装过程承受施工荷载，保证构件定位的有效措施。临时固定措施可以在不影响结构承载力、刚度及稳定性前提下分阶段拆除，对拆除方法、时间及顺序，可事先通过验算制定方案。临时支撑及其连接件、预埋件的设计计算应符合本规范第9.2节的有关规定。

9.5.5 装配式结构工程施工过程中，当预制构件或整个结构自身不能承受施工荷载时，需要通过设置临时支撑来保证施工定位、施工安全及工程质量。临时支撑包括水平构件下方的临时竖向支撑，在水平构件两端支承构件上设置的临时牛腿，竖向构件的临时斜撑（如可调式钢管支撑或型钢支撑）等。

对于预制墙板，临时斜撑一般安放在其背面，且一般不少于2道，对于宽度比较小的墙板也可仅设置1道斜撑。当墙板底没有水平约束时，墙板的每道临时支撑包括上部斜撑和下部支撑，下部支撑可做成水平支撑或斜向支撑。对于预制柱，由于其底部纵向钢筋可以起到水平约束的作用，故一般仅设置上部斜撑。柱子的斜撑也最少要设置2道，且要设置在两个相邻的侧面上，水平投影相互垂直。

临时斜撑与预制构件一般做成铰接，并通过预埋件进行连接。考虑到临时斜撑主要承受的是水平荷载，为充分发挥其作用，对上部的斜撑，其支撑点距离板底的距离不宜小于板高的2/3，且不应小于板高的1/2。

9.5.6 装配式结构连接施工的浇筑用材料主要为混

凝土、砂浆、水泥浆及其他复合成分的灌浆料等，不同材料的强度等级值应按相关标准的规定进行确定。对于混凝土、砂浆，可采用留置同条件试块或其他实体强度检测方法确定强度。连接处可能有不同强度等级的多个预制构件，确定浇筑用材料的强度等级值时按此处不同构件强度设计等级值的较大值即可，如梁柱节点一般柱的强度较高，可按柱的强度确定浇筑用材料的强度。当设计通过设计计算提出专门要求时，浇筑用材料的强度也可采用其他强度。可采用微型振捣棒等措施保证混凝土或砂浆浇筑密实。

9.5.7 本条规定采用焊接或螺栓连接构件时的施工技术要求，可参考国家现行标准《钢结构工程施工质量验收规范》GB 50205、《建筑钢结构焊接技术规程》JGJ 81、《钢结构高强度螺栓连接的设计、施工及验收规程》JGJ 82 的有关规定执行。当采用焊接连接时，可能产生的损伤主要为预制构件、已施工完成结构开裂和橡胶支垫、镀锌铁件等配件损坏。

9.5.8 后张预应力筋连接也是一种预制构件连接形式，其张拉、放张、封锚等均与预应力混凝土结构施工基本相同，可按本规范第 6 章的有关规定执行。

9.5.9 装配式结构构件间钢筋的连接方式主要有焊接、机械连接、搭接及套筒灌浆连接等，其中前三种为常用的连接方式，可按本规范第 5 章及现行行业标准《钢筋焊接及验收规程》JGJ 18、《钢筋机械连接技术规程》JGJ 107 等的有关规定执行。钢筋套筒灌浆连接是用高强、快硬的无收缩砂浆填充在钢筋与专用套筒连接件之间，砂浆凝固硬化后形成钢筋接头的钢筋连接施工方式。套筒灌浆连接的整体性较好，其产品选用、施工操作和验收需遵守相关标准的规定。

9.5.10 结合面粗糙度和外露钢筋是叠合式受弯构件整体受力的保证。施工荷载应满足设计要求，单个预制构件承受较大施工荷载会带来安全和质量隐患。

9.5.11 构件连接处的防水可采用构造防水或其他弹性防水材料或硬性防水砂浆，具体施工和材料性能应符合设计及相关标准的规定。

9.6 质 量 检 查

9.6.1～9.6.7 本节各条根据装配式结构工程施工的特点，提出了预制构件制作、运输与堆放、安装与连接等过程中的质量检查要求。具体如下：

1 模具质量检查主要包括外观和尺寸偏差检查；

2 预制构件制作过程中的质量检查除应符合现浇结构要求外，尚应包括预埋吊件、复合墙板夹心保温层及连接件、门窗框和预埋管线等检查；

3 预制构件的质量检查为构件出厂前（场内生产的预制构件为工序交接前）进行，主要包括混凝土强度、标识、外观质量及尺寸偏差、预埋预留设施质量及结构性能检验情况；根据现行国家标准《混凝土结构工程施工质量验收规范》GB 50204 的相关规定，

预制构件的结构性能检验应按批进行，对于部分大型构件或生产较少的构件，当采取加强材料和制作质量检验的措施时，也可不作结构性能检验，具体的结构性能检验要求也可根据工程合同约定；

4 预制构件起吊、运输的质量检查包括吊具和起重设备、运输线路、运输车辆、预制构件的固定保护等检查；

5 预制构件堆放的质量检查包括堆放场地、垫木或垫块、堆垛层数、稳定措施等检查；

6 预制构件安装前的质量检查包括已施工完成结构质量、预制构件质量复核、安装定位标识、结合面检查、吊具及现场吊装设备等检查；

7 预制构件安装连接的质量检查包括预制构件的位置及尺寸偏差、临时固定措施、连接处现浇混凝土或砂浆质量、连接处钢筋连接及锚板等其他连接质量的检查。

10 冬期、高温和雨期施工

10.1 一 般 规 定

10.1.1 冬期施工中的冬期界限划分原则在各个国家的规范中都有规定。多年来，我国和多数国家均以"室外日平均气温连续 5 日稳定低于 5℃"为冬期划分界限，其中"连续 5 日稳定低于 5℃"的说法是依气象部门术语引进的，且气象部门可提供这方面的资料。本规范仍以 5℃ 作为进入或退出冬期施工的界限。

我国的气候属于大陆性季风型气候，在秋末冬初和冬末春初时节，常有寒流突袭，气温骤降 5℃～10℃ 的现象经常发生，此时会在一两天之内最低气温突然降至 0℃ 以下，寒流过后气温又恢复正常。因此，为防止短期内的寒流袭击造成新浇筑的混凝土发生冻结损伤，特规定当气温骤降至 0℃ 以下时，混凝土应按冬期施工要求采取应急防护措施。

10.1.2 高温条件下拌合、浇筑和养护的混凝土比低温度下施工养护的混凝土早期强度高，但 28d 强度和后期强度通常要低。根据美国规范 ACI 305R-99《Hot Weather Concreting》，当混凝土 24h 初始养护温度为 100F（38℃）时，试块的 28d 抗压强度将比规范规定的温度下养护低 10%～15%。

混凝土高温施工的定义温度，美国是 24℃，日本和澳大利亚是 30℃。我国《铁路混凝土工程施工技术指南》中给出，当日平均气温高于 30℃ 时，按照暑期规定施工。本规范综合考虑我国气候特点和施工技术水平，高温施工温度定义为日平均气温达到 30℃。

10.1.3 "雨期"并不完全是指气象概念上的雨季，而是指必须采取措施保证混凝土施工质量的下雨时间

段。本规范所指雨期，包括雨季和雨天两种情况。

10.2 冬 期 施 工

10.2.1 冬期施工配制混凝土应考虑水泥对混凝土早期强度、抗渗、抗冻等性能的影响。矿渣硅酸盐水泥、火山灰质硅酸盐水泥、粉煤灰硅酸盐水泥和复合硅酸盐水泥中均含有 20%～70% 不等的混合材料。这些混合材料性质千差万别，质量各不相同，水泥水化速率也不尽相同。因此，为提高混凝土早期强度增长率，以便尽快达到受冻临界强度，冬期施工宜优先选用硅酸盐水泥或普通硅酸盐水泥。使用其他品种硅酸盐水泥时，需通过试验确定混凝土在负温下的强度发展规律、抗渗性能等是否满足工程设计和施工进度的要求。

研究表明，矿渣水泥经过蒸养后的最终强度比标养强度能提高 15% 左右，具有较好的蒸养适应性，故提出蒸汽养护的情况下宜使用矿渣硅酸盐水泥。

10.2.2 骨料由于含水在负温下冻结形成尺寸不同的冻块，若在没有完全融化时投入搅拌机中，搅拌过程中骨料冻块很难完全融化，将会影响混凝土质量。因此骨料在使用前应事先运至保温棚内存放，或在使用前使用蒸汽管或蒸汽排管等进行加热，融化冻块。

10.2.3 混凝土中掺入引气剂，是提高混凝土结构耐久性的一个重要技术手段，在国内外已形成共识。而在负温混凝土中掺入引气剂，不但可以提高耐久性，同时也可以在混凝土未达到受冻临界强度之前有效抵消拌合水结冰时产生的冻结应力，减少混凝土内部结构损伤。

10.2.4 冬期施工混凝土配合比的确定尤为重要，不同的养护方法、不同的防冻剂、不同的气温都会影响配合比参数的选择。因此，在配合比设计中要依据施工参数、要素进行全面考虑，但和常温要求的原则还是一样，即尽可能降低混凝土的用水量，减小水胶比，在满足施工工艺条件下，减小坍落度，降低混凝土内部的自由水结冰率。

10.2.6 采用热水搅拌混凝土，特别是 60℃ 以上的热水，若水泥直接与热水接触，易造成急凝、速凝或假凝现象；同时，也会对混凝土的工作性造成影响，坍落度损失增大。因此，冬期施工中，当采用热水搅拌混凝土时，应先投入骨料和水或者是 2/3 的水进行预拌，待水温降低后，再投入胶凝材料与外加剂进行搅拌，搅拌时间应较常温条件下延长 30s～60s。

引气剂或含有引气组分的外加剂，也不应与 60℃ 以上热水直接接触，否则易造成气泡内气相压力增大，导致引气效果下降。

10.2.7 混凝土入模温度的控制是为了保证新拌混凝土浇筑后，有一段正温养护期供水泥早期水化，从而保证混凝土尽快达到受冻临界强度，不致引起冻害。混凝土出机温度较高，但经过运输与输送、浇筑之后，入模温度会产生不同程度的降低。冬期施工中，应尽量避免混凝土在运输与输送、浇筑过程中的多次倒运。对于商品混凝土，为防止运输过程中的热量损失，应对运输车进行保温，泵送过程中还需对泵管进行保温，都是为了提高混凝土的入模温度。工程实践表明，混凝土出机温度为 10℃ 时，经过运输与输送热损，入模温度也仅能达到 5℃；而对于预拌混凝土，由于运距较远，运输时间较长，热损失加大，故一般会提高出机温度至 15℃ 以上。因此，冬期施工方案中，应根据施工期间的气温条件、运输与浇筑方式、保温材料种类等情况，对混凝土的运输和输送、浇筑等过程进行热工计算，确保混凝土的入模温度满足早期强度增长和防冻的要求。

对于大体积混凝土，为防止混凝土内外温差过大，可以适当降低混凝土的入模温度，但要采取保温防护措施，保证新拌混凝土在入模后，水化热上升期之前不会发生冻害。

10.2.9 地基、模板与钢筋上的冰雪在未清除的情况下进行混凝土浇筑，会对混凝土表观质量以及钢筋粘结力产生严重影响。混凝土直接浇筑于冷钢筋上，容易在混凝土与钢筋之间形成冰膜，导致钢筋粘结力下降。因此，在混凝土浇筑前，应对钢筋及模板进行覆盖保温。

10.2.10 分层浇筑混凝土时，特别是浇筑工作面较大时，会造成新拌混凝土热量损失加速，降低了混凝土的早期蓄热。因此规定分层浇筑时，适当加大分层厚度，分层厚度不应小于 400mm；同时，应加快浇筑速度，防止下层混凝土在覆盖前受冻。

10.2.11 混凝土结构加热养护的升温、降温阶段会在内部形成一定的温度应力，为防止温度应力对结构的影响，应在混凝土浇筑前合理安排浇筑顺序或者留置施工缝，预防温度应力造成混凝土开裂。

10.2.12 混凝土受冻临界强度是指冬期浇筑的混凝土在受冻以前不致引起冻害，必须达到的最低强度，是负温混凝土冬期施工中的重要技术指标。在达到此强度之后，混凝土即使受冻也不会对后期强度及性能产生影响。我国冬期施工学术与施工界在近三十年的科学研究与工程实践过程中，按气温条件、混凝土性质等确定出混凝土的受冻临界强度控制值。对条文前 5 款分别说明如下：

1 采用蓄热法、暖棚法、加热法等方法施工的混凝土，一般不掺入早强剂或防冻剂，即所谓的普通混凝土，其受冻临界强度按原 JGJ 104 规程中规定的 30% 和 40% 采用，经多年实践证明，是安全可靠的。暖棚法、加热法养护的混凝土也存在受冻临界强度，当其没有达到受冻临界强度之前，保温层或暖棚的拆除、电器或蒸汽的停止加热都有可能造成混凝土受冻。因此，将采用这三种方法施工的混凝土归为一类进行受冻临界强度的规定，是考虑到混凝土性质类似，混凝土在达到受冻临界强度后方可拆除保温层，或拆除暖棚，或停止通蒸汽加热，或停止通电加热。同时，也可达到节能、节材的目的，即采用蓄热法、暖棚法、加热法养护的混凝土，在达到受冻临界强度后即可停止保温，或停止加热，从而降低工程造价，减少不必要的能源浪费。

2 采用综合蓄热法、负温养护法施工的混凝土，在混凝土配制中掺入了早强剂或防冻剂，混凝土液相拌合水结冰时的冰晶形态发生畸变，对混凝土产生的冻胀破坏力减弱。根据20世纪80年代的研究以及多年的工程实践结果表明，采用综合蓄热法和负温养护法（防冻剂法）施工的混凝土，其受冻临界强度值按气温界限进行划分是合理的。因此，仍遵循现行行业标准《建筑工程冬期施工规程》JGJ/T 104 的有关规定。

3 根据黑龙江省寒地建筑科学研究院以及国内部分大专院校的研究表明，强度等级为C50及C50级以上混凝土的受冻临界强度一般在混凝土设计强度等级值的21%～34%之间。鉴于高强度混凝土多作为结构的主要受力构件，其受冻对结构的安全影响重大，因此，将C50及C50级以上的混凝土受冻临界强度确定为不宜小于30%。

4 负温混凝土可以通过增加水泥用量、降低用水量、掺加外加剂等措施来提高强度，虽然受冻后可保证强度达到设计要求，但由于其内部因冻结会产生大量缺陷，如微裂缝、孔隙等，造成混凝土抗渗性能大量降低。黑龙江省寒地建筑科学研究院科研数据表明，掺早强型防冻剂的C20、C30混凝土强度分别达到10MPa、15MPa后受冻，其抗渗等级可达到P6；掺防冻型防冻剂时，抗渗等级可达到P8。经折算，混凝土受冻前的抗压强度达到设计强度等级值的50%。一般工业与民用建筑的设计抗渗等级多为P6～P8。因此，规定有抗渗要求的混凝土受冻临界强度不宜小于设计混凝土强度等级值的50%，是保证有抗渗要求混凝土工程冬期施工质量和结构耐久性的重要技术要求。

5 对于有抗冻融要求的混凝土结构，例如建筑中的水池、水塔等，使用中将与水直接接触，混凝土中的含水率极易达到饱和临界值，受冻环境较严峻，很容易破坏。冬期施工中，确定合理的受冻临界强度值将直接关系到有抗冻要求混凝土的施工质量是否满足设计年限与耐久性。国际建研联 RILEM（39-BH）委员会在《混凝土冬季施工国际建议》中规定："对于有抗冻要求的混凝土，考虑耐久性时不得小于设计强度的30%～50%"；美国 ACI306 委员会在《混凝土冬季施工建议》中规定："对有抗冻要求的掺引气剂混凝土为设计强度的60%～80%"；俄罗斯国家建筑标准与规范（СНиП3.03.01）中规定："在使用期间遭受冻融的构件，不小于设计强度的70%"；我国

行业标准《水工建筑物抗冰冻设计规范》SL 211 - 2006规定："在受冻期间可能有外来水分时，大体积混凝土和钢筋混凝土均不应低于设计强度等级的85%"。综合分析这类结构的工作条件和特点，并参考国内外有关规范，确定了有抗冻耐久性要求的混凝土，其受冻临界强度值不宜小于设计强度值70%的规定，用以指导此类工程建设，保证工程质量。

10.2.13 冬期施工，应重点加强对混凝土在负温下的养护，考虑到冬期施工养护方法分为加热法和非加热法，种类较多，操作工艺与质量控制措施不尽相同，而对能源的消耗也有所区别，因此，根据气温条件、结构形式、进度计划等因素选择适宜的养护方法，不仅能保证混凝土工程质量，同时也会有效地降低工程造价，提高建设效率。

采用综合蓄热法养护的混凝土，可执行较低的受冻临界强度值；混凝土中掺入适量的减水、引气以及早强剂或早强型外加剂也可有效地提高混凝土的早期强度增长速度；同时，可取消混凝土外部加热措施，减少能源消耗，有利于节能、节材，是目前最为广泛应用的冬期施工方法。

鉴于现代混凝土对耐久性要求越来越高，无机盐类防冻剂中多含有大量碱金属离子，会对混凝土的耐久性产生不利影响，因此，将负温养护法（防冻剂法）应用范围规定为一般混凝土结构工程；对于重要结构工程或部位，仍推荐采用其他养护法进行。

冬期施工加热法养护混凝土主要为蒸汽加热法和电加热法，具体参照现行行业标准《建筑工程冬期施工规程》JGJ/T 104 进行操作。鉴于棚暖法、蒸汽法、电热法养护需要消耗大量的能源，不利于节能和环保，故规定当采用蓄热法、综合蓄热法或负温养护法不能满足施工要求时，可采用棚暖法、蒸汽法、电热法，并采取节能降耗措施。

10.2.14 冬期施工中，由于边、棱角等突出部位以及薄壁结构等表面系数较大，散热快，不易进行保温，若管理不善，经常会造成局部混凝土受冻，形成质量缺陷。因此，对结构的边、棱角及易受冻部位采取保温层加倍的措施，可以有效地避免混凝土局部产生受冻，影响工程质量。

10.2.15 拆除模板后，混凝土立即暴露在大气环境中，降温速率过快或者与环境温差较大，会使混凝土产生温度裂缝。对于达到拆模强度而未达到受冻临界强度的混凝土结构，应采取保温材料继续进行养护。

10.2.17 规定了混凝土冬期施工中尤为关键的质量控制与检查项目：骨料含水率、防冻剂掺量以及温度与强度。混凝土防冻剂的掺量会随着气温的降低而增大，为防止混凝土受冻，施工技术人员应及时监测每日的气温，收集未来几日的气象资料，并根据这些气温材料，及时调整防冻剂的掺量或调整混凝土配合比。

10.2.18 规定了冬期施工中，应对原材料、混凝土运输与浇筑、混凝土养护期间的温度进行监测，用以控制混凝土冬期施工的热工参数，便于与热工计算的温度值进行比对，以便出现偏差时进行混凝土养护措施的调整，从而控制混凝土负温施工质量。混凝土冬期施工测温项目和频次可按现行行业标准《建筑工程冬期施工规程》JGJ/T 104 的规定进行。

10.2.19 冬期施工中，对负温混凝土强度的监测不宜采用回弹法。目前较为常用的方法为留置同条件养护试件和采用成熟度法进行推算。本条规定了同条件养护试件的留置数量，用于施工期间监测混凝土受冻临界强度、拆模或拆除支架时强度，确保负温混凝土施工安全与施工质量。

10.3 高 温 施 工

10.3.1 高温施工时，原材料温度对混凝土配合比、混凝土出机温度、入模温度以及混凝土拌合物性能等影响很大，所以应采取必要措施确保原材料降低温度以满足高温施工的要求。

10.3.2 原材料温度、天气、混凝土运输方式与时间等客观条件对混凝土配合比影响很大。在初次使用前，进行实际条件下的工况试运行，以保证高温天气条件下混凝土性能指标的稳定性是必要的。同时，根据环境温度、湿度、风力和采取温控措施实际情况，对混凝土配合比进行调整。

水泥的水化热将使混凝土的温度升高，导致混凝土表面水分的蒸发速度加快，从而使混凝土表面干缩裂缝产生的机会增大，因此，应尽可能采用低水泥用量和水化热小的水泥。

高温天气条件下施工的混凝土坍落度不宜过低，以保证混凝土浇筑工作效率。

10.3.3 混凝土高温天气搅拌首先应对机具设备采取遮阳措施；对混凝土搅拌温度进行估算，达不到规定要求温度时，对原材料采取直接降温措施；采取对原材料进行直接降温时，对水、石子进行降温最方便和有效；混凝土加冰拌合时，冰的重量不宜超过拌合用水量（扣除粗细骨料含水）的50%，以便于冰的融化。混凝土拌合物出机温度计算公式参考了美国ACI305R-99规范，简化了混凝土各类原材料比热容值的影响因素，在现场测量出各原材料的入机温度和每罐使用重量，就可以方便估算出该批混凝土拌合物的出机温度，减少了参数，方便现场使用。

10.3.5 混凝土浇筑入模温度较高时，坍落度损失增加，初凝时间缩短，凝结速率增加，影响混凝土浇筑成型，同时混凝土干缩、塑性、温度裂缝产生的危险增加。

我国行业标准《水工混凝土施工规范》DL/T 5144-2011规定，高温季节施工时，混凝土浇筑温度不宜大于28℃；日本和澳大利亚相关规范规定，夏季混凝土的浇筑温度低于35℃；本条明确在高温施工时，混凝土入模温度仍执行不应高于35℃的规定，与本规范第8.1.2条相一致。

10.3.6 混凝土浇筑应尽可能避开高温时段。同时，应对混凝土可能出现的早期干缩裂缝进行预测，并做好预防措施计划。混凝土水分蒸发速率加大时，产生早期干缩裂缝的风险也随之增加。当水分蒸发速率较快时，应在施工作业面采取挡风、遮阳、喷雾等措施改善作业面环境条件，有利于预防混凝土可能产生的干缩、塑性裂缝。

10.4 雨 期 施 工

10.4.1 现场储存的水泥和掺合料应采用仓库、料棚存放或加盖覆盖物等防水和防潮措施。当粗、细骨料淋雨后含水率变化时，应及时调整混凝土配合比。现场可采取快速干炒法将粗、细骨料炒至饱和面干，测其含水率变化，按含水率变化值计算后相应增加粗、细骨料重量或减少用水量，调整配合比。

10.4.3 混凝土浇筑作业面较广，设备移动量大，雨天施工危险性较大，必须严格进行三级保护，接地接零检查及维修按现行行业标准《施工现场临时用电安全技术规范》JGJ 46 的有关规定执行。当模板及支架的金属构件在相邻建筑物（构筑物）及现场设置的防雷装置接闪器的保护范围以外时，应按JGJ 46标准的规定对模板及支架的金属构件安装防雷接地装置。

10.4.4 混凝土浇筑前，应及时了解天气情况，小雨、中雨尽可能不要进行混凝土露天浇筑施工，且不应开始大面积作业面的混凝土露天浇筑施工。当必须施工时，应当采取基槽或模板内排水、砂石材料覆盖、混凝土搅拌和运输设备防雨、浇筑作业面防雨覆盖等措施。

10.4.5 雨后地基土沉降现象相当普遍，特别是回填土、粉砂土、湿陷性黄土等。除对地基土进行压实、地基土面层处理及设置排水设施外，应在模板及支架上设置沉降观测点，雨后及时对模板及支架进行沉降观测和检查，沉降超过标准时，应采取补救措施。

10.4.7 补救措施可采用补充水泥砂浆、铲除表层混凝土、插短钢筋等方法。

10.4.10 临时加固措施包括将支架或模板与已浇筑并有一定强度的竖向构件进行拉结，增加缆风绳、抛撑、剪刀撑等。

11 环 境 保 护

11.1 一 般 规 定

11.1.1 施工环境保护计划一般包括环境因素分析、控制原则、控制措施、组织机构与运行管理、应急准备和响应、检查和纠正措施、文件管理、施工用地保护和生态复原等内容。环境因素控制措施一般包括对扬尘、噪声与振动、光、气、水污染的控制措施，建筑垃圾的减量计划和处理措施，地下各种设施以及文物保护措施等。

对施工环境保护计划的执行情况和实施效果可由现场施工项目部进行自评估，以利于总结经验教训，并进一步改进完善。

11.1.2 对施工过程中产生的建筑垃圾进行分类，区分可循环使用和不可循环使用的材料，可促进资源节约和循环利用。对建筑垃圾进行数量或重量统计，可进一步掌握废弃物产生来源，为制定建筑垃圾减量化和循环利用方案提供基础数据。

11.2 环境因素控制

11.2.1 为做好施工操作人员健康防护，需重点控制作业区扬尘。施工现场的主要道路，由于建筑材料运输等因素，较易引起较大的扬尘量，可采取道路硬化、覆盖、洒水等措施控制扬尘。

11.2.2 在施工中（尤其是在噪声敏感区域施工时），要采取有效措施，降低施工噪声。根据现行国家标准《建筑施工场界噪声限值》GB 12523 的规定，钢筋加工、混凝土拌制、振捣等施工作业在施工场界的允许噪声级：昼间为 70dB（A 声级），夜间为 55dB（A 声级）。

11.2.3 电焊作业产生的弧光即使在白昼也会造成光污染。对电焊等可能产生强光的施工作业，需对施工操作人员采取防护措施，采取避免弧光外泄的遮挡措施，并尽量避免在夜间进行电焊作业。

对夜间室外照明应加设灯罩，将透光方向集中在施工范围内。对于离居民区较近的施工地段，夜间施工时可设密目网屏障遮挡光线。

11.2.5 目前使用的脱模剂大多数是矿物油基的反应型脱模剂。这类脱模剂由不可再生资源制备，不可生物降解，并向空气中释放出具有挥发性的有机物。因此，剩余的脱模剂及其包装等需由厂家或者有资质的单位回收处理，不能与普通垃圾混放。随着环保意识的增强和脱模剂相关产品的创新与发展，也出现了环保型的脱模剂，其成分对环境不会产生污染。对于这类脱模剂，可不要求厂家或者有资质的单位回收处理。

11.2.7 目前市场上还存在着采用污染性较大甚至有毒的原材料生产的外加剂、养护剂，不仅在建筑施工时，而且在建筑使用时都可能危害环境和人身健康。如某些早强剂、防冻剂中含有有毒的重铬酸盐、亚硝酸盐，致使洗刷混凝土搅拌机后排出的水污染周围环境。又如，掺入以尿素为主要成分的防冻剂的混凝土，在混凝土硬化后和建筑物使用中会有氨气逸出，污染环境，危害人身健康。因此要求外加剂、养护剂的使用应满足环保和健康要求。

11.2.9 施工单位应按照相关部门的规定处置建筑垃圾，将不可循环使用的建筑垃圾集中收集，并及时清运至指定地点。

建筑垃圾的回收利用，包括在施工阶段对边角废料在本工程中的直接利用，比如利用短的钢筋头制作楼板钢筋的上铁支撑、地锚拉环等，利用剩余混凝土浇筑构造柱、女儿墙、后浇带预制盖板等小型构件等，还包括在其他工程中的利用，如建筑垃圾中的碎砂石块用于其他工程中作为路基材料、地基处理材料、再生混凝土中的骨料等。

附录 A 作用在模板及支架上的荷载标准值

A.0.2 本条提出了混凝土自重标准值的规定，具体规定同原国家标准《混凝土结构工程施工及验收规范》GB 50204-92（以下简称 GB 50204-92 规范）。工程中单位体积混凝土重量有大的变化时，可根据实测单位体积重量进行调整。

A.0.4 本条对混凝土侧压力标准值的计算进行了规定。对于新浇混凝土的侧压力计算，GB 50204-92 规范的公式是基于坍落度为 60mm～90mm 的混凝土，以流体静压力原理为基础，将以往的测试数据规格化为混凝土浇筑温度为 20℃下按最小二乘法进行回归分析推导得到的，并且浇筑速度限定在 6m/h 以下。本规范给出的计算公式以 GB 50204-92 规范的计算公式按坍落度 150mm 左右作为基础，并将东南大学补充的新浇混凝土侧压力测试数据和上海电力建设有限责任公司的测试数据重新进行规格化，修正了 GB 50204-92 规范的公式，并将浇筑速度限定在 10m/h 以下。修正时，针对如今在混凝土中普遍添加外加剂的实际状况，省略了原 β_1 的外加剂影响修正系数，把它统一考虑在计算公式中，用一个坍落度调整系数 β 作修正。GB 50204-92 规范公式在浇筑速度较大时计算值较大，所以本规范修正调整时把公式计算值略降了些，对浇筑速度小的时候影响较小。对浇筑速度限定为在 10m/h 以下，这是对比参考了国外的规范而作出的规定。

施工中，当浇筑小截面柱子等，青建集团股份公司和中国建筑第八工程局有限公司等单位抽样统计，浇筑速度通常在 10m/h～20m/h；混凝土墙浇筑速度常在 3m/h～10m/h 左右。对于分层浇筑次数少的柱子模板或浇筑流动度特别大的自密实混凝土模板，可直接采用 $\gamma_c H$ 计算新浇混凝土侧压力。

A.0.5 本条对施工人员及施工设备荷载标准值作出规定。作用在模板与支架上的施工人员及施工设备荷载标准值的取值，GB 50204-92 规范中规定：计算模板及支承模板的小楞时均布荷载为 2.5kN/m²，并以 2.5kN 的集中荷载进行校核，取较大弯矩值进行设计；对于直接支架小楞的构件取均布荷载为 1.5kN/m²；而当计算支架立柱时为 1.0kN/m²。该条文中集中荷载的规定主要沿用了我国 20 世纪 60 年代编写的国家标准《钢筋混凝土工程施工及验收规范》GBJ 10-65 附录一的普通模板设计计算参考资料的规定，除考虑均布荷载外，还考虑了双轮手推车运输混凝土的轮子压力 250kg 的集中荷载。GB 50204-92 规范还综合考虑了模板支架计算的荷载由上至下传递的分散均摊作用，由于施工过程中不均匀堆载等施工荷载的不确定性，造成施工人员计算荷载的不确定性更大，加之局部荷载作用下荷载的扩散作用缺乏足够的统计数据，在支架立柱设计中存在荷载取值偏小的不安全因素。

由于施工现场中的材料堆放和施工人员荷载具有随意性，且往往材料堆积越多的地方人员越密集，产生的局部荷载不可忽视。东南大学和中国建筑科学研究院合作，在 2009 年初通过现场模拟楼板浇筑时的施工活荷载分布扩散和传递测试试验，证明了在局部荷载作用的区域内的模板支架立杆承受了约 90% 的荷载，相邻的立杆承担相当少的荷载，受荷区外的立柱几乎不受影响。综上，本条规定在计算模板、小楞、支承小楞构件和支架立杆时采用相同的荷载取值 2.5kN/m²。

A.0.6 当从模板底部开始浇筑竖向混凝土构件时，其混凝土侧压力在原有 $\gamma_c H$ 的基础上，还会因倾倒混凝土加大，故本条参考 GB 50204-92 规范、美国规范 ACI347 的相关规定，提出了混凝土下料产生的水平荷载标准值。本条未考虑振捣混凝土的荷载项，主要原因为：GB 50204-92 规范中规定了振捣混凝土时产生的荷载，对水平面模板可采用 2kN/m²；对竖向面模板可采用 4kN/m²，并作用在混凝土有效压头范围内；对于倾倒混凝土在竖向面模板上产生的水平荷载 2kN/m²～6kN/m²，也作用在混凝土有效压头范围内。对于振捣混凝土产生的荷载项，国家标准《钢筋混凝土工程施工及验收规范》GBJ 10-65 规定为只在没有施工荷载时（如梁的底模板）才有此项荷载，其值为 100kg/m²。

A.0.7 本条规定了附加水平荷载项。未预见因素产生的附加水平荷载是新增荷载项，是考虑施工中的泵送混凝土和浇筑斜面混凝土等未预见因素产生的附加水平荷载。美国 ACI347 规范规定了泵送混凝土和浇筑斜面混凝土等产生的水平荷载取竖向永久荷载的 2%，并以线荷载形式作用在模板支架的上边缘水平方向上；或直接以不小于 1.5kN/m 的线荷载作用在模板支架上边缘的水平方向上进行计算。日本也规定有相应的该荷载项。该荷载项主要用于支架结构的整体稳定验算。

A.0.8 本条规定水平风荷载标准值根据现行国家标准《建筑结构荷载规范》GB 50009 的有关规定确定。

考虑到模板及支架为临时性结构，确定风荷载标准值时的基本风压可采用较短的重现期，本规范取为 10 年。基本风压是根据当地气象台站历年来的最大风速记录，按基本风压的标准要求换算得到的，对于不同地区取不同的数值。本条规定了基本风压的最小值 0.20kN/m²。对风荷载比较敏感或自重较轻的模板及支架，可取用较长重现期的基本风压进行计算。

附录 B 常用钢筋的公称直径、公称截面面积、计算截面面积及理论重量

B.0.1～B.0.3 本节给出了常用钢筋的公称直径、公称截面面积、计算截面面积及理论重量，供工程中使用。其他钢筋的相关参数可按产品标准中的规定取值。

附录 C 纵向受力钢筋的最小搭接长度

C.0.1、C.0.2 根据国家标准《混凝土结构设计规范》GB 50010-2010 的规定，绑扎搭接受力钢筋的最小搭接长度应根据钢筋及混凝土的强度经计算确定，并根据搭接钢筋接头面积百分率等进行修正。当接头面积百分率为 25%～100% 的中间值时，修正系数按 25%～50%、50%～100% 两段分别内插取值。

C.0.3 本条提出了纵向受拉钢筋最小搭接长度的修正方法以及受拉钢筋搭接长度的最低限值。对末端采用机械锚固措施的带肋钢筋，常用的钢筋机械锚固措施为钢筋贴焊、锚固板端焊、锚固板螺纹连接等形式；如末端机械锚固钢筋按本规范规定折减锚固长度，机械锚固措施的配套材料、钢筋加工及现场施工操作应符合现行国家标准《混凝土结构设计规范》GB 50010 及相关标准的有关规定。

C.0.4 有些施工工艺，如滑模施工，对混凝土凝固过程中的受力钢筋产生扰动影响，因此，其最小搭接长度应相应增加。本条给出了确定纵向受压钢筋搭接时最小搭接长度的方法以及受压钢筋搭接长度的最低限值。

附录 D 预应力筋张拉伸长值计算和量测方法

D.0.1 对目前工程常用的高强低松弛钢丝和钢绞线，其应力比例极限（弹性范围）可达到 $0.8f_{ptk}$ 左右，而规范规定预应力筋张拉控制应力不得大于 $0.8f_{ptk}$，因此，预应力筋张拉伸长值可根据预应力筋应力分布并按虎克定律计算。预应力筋的张拉伸长值可采用积分的方法精确计算。但在工程应用中，常假

定一段预应力筋上的有效预应力为线性分布，从而可以推导得到一端张拉的单段曲线或直线预应力筋张拉伸长值计算简化公式（D.0.1）。工程实例分析表明，按简化公式和积分方法计算得到的结果相差仅为0.5%左右，因此简化公式可满足工程精度要求。值得注意的是，对于大量应用的后张法钢绞线有粘结预应力体系，在张拉端锚口区域存在锚口摩擦损失，因此，在伸长值计算中，应扣除锚口摩擦损失。行业标准《预应力筋用锚具、夹具和连接器应用技术规程》JGJ 85-2010 给出了锚口摩擦损失的测试方法，并规定锚口摩擦损失率不应大于6%。

D.0.2 建筑结构工程中的预应力筋一般采用由直线和抛物线组合而成的线形，可根据扣除摩擦损失后的预应力筋有效应力分布，采用分段叠加法计算其张拉伸长值，而摩擦损失可按现行国家标准《混凝土结构设计规范》GB 50010 的有关规定进行计算。对于多跨多波段曲线预应力筋，可采用分段分析其摩擦损失。

D.0.3 预应力筋在张拉前处于松弛状态，初始张拉时，千斤顶油缸会有一段空行程，在此段行程内预应力筋的张拉伸长值为零，需要把这段空行程从张拉伸长值的实测值中扣除。为此，预应力筋伸长值需要在建立初拉力后开始测量，并可根据张拉力与伸长值成正比的关系来计算实际张拉伸长值。

张拉伸长值量测方法有两种：其一，量测千斤顶油缸行程，所量测数值包含了千斤顶体内的预应力筋张拉伸长值和张拉过程中工具锚和固定端工作锚楔紧引起的预应力筋内缩值，必要时应将锚具楔紧对预应力筋伸长值的影响扣除；其二，当采用后卡式千斤顶张拉钢绞线时，可采用量测外露预应力筋端头的方法确定张拉伸长值。

附录 E 张拉阶段摩擦预应力损失测试方法

E.0.1 张拉阶段摩擦预应力损失可采用应变法、压力差法和张拉伸长值推算法等方法进行测试。压力差法是在主动端和被动端各装一个压力传感器（或千斤顶），通过测出主动端和被动端的力来反演摩擦系数，压力差法设备安装和数据处理相对简便，施工规范采纳的即为此方法。而且压力差实测值也可以为施工中调整张拉控制应力提供参考。由于压力差法的预应力筋两端都要装传感器或千斤顶，因此对于采用埋入式固定端的情况不适用。

E.0.3 在实际工程中，每束预应力筋的摩擦系数 κ、μ 值是波动的，因此分别选择两束的测试数据解联立方程求出 κ、μ 是不可行的。工程上最为常用的是采用假定系数法来确定摩擦系数，而且一般先根据直线束测试或直接取设计值来确定 κ 后，再根据预应力筋几何线形参数及张拉端和锚固端的压力测试结果来计算确定 μ。当然，也可按设计值确定 μ 后，再推算确定 κ。另外，如果测试数据量较大，且束形参数有一定差异时，也可采用最小二乘法回归确定孔道摩擦系数。

中华人民共和国国家标准

木骨架组合墙体技术标准

Technical standard for infills or partitions
with timber framework

GB/T 50361—2018

主编部门：中华人民共和国住房和城乡建设部
批准部门：中华人民共和国住房和城乡建设部
施行日期：２０１８年１２月１日

中华人民共和国住房和城乡建设部
公　告

2018 年　第 150 号

住房城乡建设部关于发布国家标准
《木骨架组合墙体技术标准》的公告

现批准《木骨架组合墙体技术标准》为国家标准，编号为 GB/T 50361-2018，自 2018 年 12 月 1 日起实施。原《木骨架组合墙体技术规范》GB/T 50361-2005 同时废止。

本标准在住房城乡建设部门户网站（www.mohurd.gov.cn）公开，并由住房城乡建设部标准定额研究所组织中国建筑工业出版社出版发行。

2018 年 7 月 10 日

前　言

根据住房和城乡建设部《关于印发 2014 年工程建设标准规范制订、修订计划的通知》（建标〔2013〕169 号）的要求，标准编制组经广泛调查研究，认真总结实践经验，参考有关国际标准和国外先进标准，并在广泛征求意见的基础上，修订了本标准。

本标准的主要技术内容是：1. 总则；2. 术语和符号；3. 基本规定；4. 材料；5. 墙体设计；6. 制作和施工；7. 质量验收；8. 使用和维护。

本次修订的主要内容是：修改了木骨架组合墙体材料隔热、隔声、防火材料性能的相关规定；修改完善了木骨架组合墙体构件设计及热工与节能、隔声、防火设计的相关规定；增加了木骨架组合墙体制作的相关规定；完善了木骨架组合墙体的质量检验和验收规定。

本标准由住房和城乡建设部负责管理，由国家建筑材料工业标准定额总站负责具体技术内容的解释。执行过程中如有意见或建议，请寄送国家建筑材料工业标准定额总站（地址：北京西城区西直门内北顺城街 11 号；邮编：100035）。

本标准主编单位：国家建筑材料工业标准定额总站
中国建筑西南设计研究院有限公司

本标准参编单位：公安部天津消防研究所
南京工业大学
中国建筑标准设计研究院有限公司
中国欧盟商会欧洲木业协会
加拿大木业协会
苏州昆仑绿建木结构科技股份有限公司
浙江港龙木结构科技有限公司
江苏绿能环保集成木屋有限公司

本标准主要起草人员：杨学兵　施敬林　冯　雅
欧加加　陈　东　王立群
倪照鹏　邱培芳　陆伟东
孙小鸾　郭　伟　张绍明
张海燕　周金将　徐　谦
冯　超　徐葛鲁　任国华

本标准主要审查人员：祝恩淳　熊海贝　任海青
吴　体　张显来　黄德祥
刘　杰　杨　军　陈志坚

目　　次

1 总 则

1.0.1 为使木骨架组合墙体的工程应用做到技术先进、安全适用、保证工程质量和人体健康，制定本标准。

1.0.2 本标准适用于住宅建筑、办公建筑和现行国家标准《建筑设计防火规范》GB 50016 中规定的丁、戊类厂房（仓库）的非承重木骨架组合墙体的设计、制作和施工、验收及维护。

1.0.3 木骨架组合墙体的设计、制作和施工、竣工验收及维护除应符合本标准外，尚应符合国家现行有关标准的规定。

2 术语和符号

2.1 术 语

2.1.1 规格材 dimension lumber

截面的宽度和高度按规定尺寸生产加工的规格化的木材。

2.1.2 板材 plank

宽度为厚度 3 倍或 3 倍以上矩形锯材，包括结构材和方木原木板材。

2.1.3 墙骨柱 stud

木墙体中竖向布置的骨架构件。

2.1.4 木骨架 timber frame

墙体中按一定间距布置的墙骨柱与上下边梁组成的木框架构件。

2.1.5 墙面板 wall panel

覆盖在墙体表面的板材。

2.1.6 木骨架组合墙体 infills or partitions with timber framework

在木骨架外部覆盖墙面板，并可在木骨架构件之间的空隙内填充保温隔热及隔声材料而构成的非承重墙体。

2.1.7 主体结构 main bearing structure

支承木骨架组合墙体的主要的承重结构体系。

2.1.8 直钉连接 perpendicular nailing

钉入方向垂直于两构件连接面的钉连接。

2.1.9 斜钉连接 slant nailing

钉入方向与两构件连接面成一定斜角的钉连接。

2.2 符 号

A——墙的平面面积；

C——根据结构构件正常使用要求规定的变形限值；

G_k——木骨架组合墙体构件重力荷载标准值；

P_k——平行于墙体平面的集中水平地震作用效应标准值；

q_{Ek}——垂直于墙体平面的分布水平地震作用效应标准值；

R——结构构件的承载力设计值；

S——荷载及作用组合的效应设计值；

S_E——地震作用效应和其他荷载效应按基本组合的设计值；

S_{Ek}——地震作用效应标准值；

S_{Gk}——重力荷载（永久荷载）效应标准值；

S_{wk}——风荷载效应标准值；

α_{max}——水平地震影响系数最大值；

β_E——动力放大系数；

γ_0——结构构件重要性系数；

γ_{RE}——结构构件承载力抗震调整系数；

γ_G——重力荷载分项系数；

γ_w——风荷载分项系数；

γ_E——地震作用分项系数；

Ψ_w——风荷载的组合值系数；

Ψ_E——地震作用的组合值系数。

3 基 本 规 定

3.1 结 构 组 成

3.1.1 木骨架组合墙体可按下列方式进行分类：

1 根据墙体的功能和用途，分为外墙、分户墙和房间隔墙；

2 根据设计要求，分为单排木骨架墙体和双排木骨架墙体（图 3.1.1）。

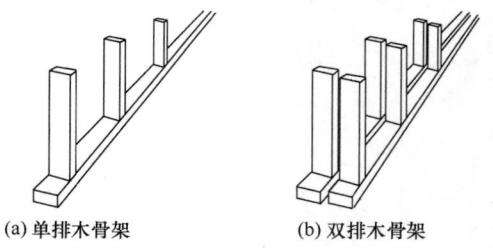

(a)单排木骨架　　　　(b)双排木骨架

图 3.1.1 墙体结构形式

3.1.2 木骨架组合墙体的构成（图 3.1.2）应符合下列规定：

1 分户墙和房间隔墙应由木骨架、墙面材料、密封材料和连接件等组成。当设计另有需要时，可增加保温材料、隔声材料和防护材料。

2 外墙应由木骨架、外墙面材料、保温材料、隔声材料、内墙面材料、外墙面挡风防潮材料、防护材料、密封材料和连接件等组成。

3 在严寒和寒冷地区，外墙的组成还应包括铺设在墙骨柱室内侧的隔汽层。

3.1.3 木骨架应采用符合设计要求的规格材或板材制作。同一墙体中，木骨架的边框和墙骨柱应采用截面尺寸相同的材料。

3.1.4 木骨架的墙骨柱应竖立布置，墙骨柱间距 s_0 宜为610mm、405mm或450mm。木骨架构件的布置应符合下列规定：

1 应按墙骨柱间距 s_0 的尺寸等分墙体；

2 在等分点上应布置墙骨柱，木骨架墙体周边均应设置边框（图3.1.4a）；

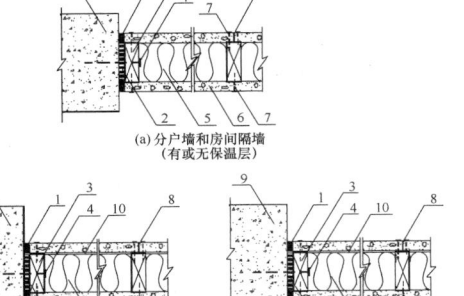

(a) 分户墙和房间隔墙
(有或无保温层)

(b) 外墙（无保温层）　　(c) 外墙（有外保温层）

图 3.1.2　木骨架组合墙体构成示意

1—密封胶；2—密封条；3—木骨架；4—连接螺栓；5—保温材料；6—墙面板；7—面板固定螺钉；8—墙面板连接缝及密封材料；9—主体结构；10—隔汽层（仅用于严寒和寒冷地区）；11—防潮层；12—外墙面保护层及装饰层；13—外保温层

3 墙体上有洞口时，当洞口宽度 b 大于1500mm，洞口两侧均宜设双根墙骨柱（图3.1.4b）；当洞口边缘不在等分点上时，应在洞口边缘布置墙骨柱（图3.1.4c）。

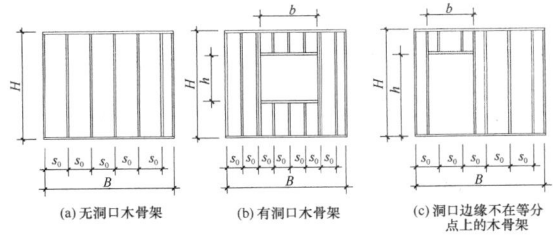

(a) 无洞口木骨架　　(b) 有洞口木骨架　　(c) 洞口边缘不在等分点上的木骨架

图 3.1.4　木骨架布置示意

3.2　结 构 设 计

3.2.1 木骨架组合墙体的结构设计应采用以概率理论为基础的极限状态设计法。

3.2.2 结构设计时，木骨架组合墙体的安全等级不应低于三级。

3.2.3 木骨架组合墙体除自重外，不应作为剪力墙或支撑系统承受主体结构传递的荷载。木骨架组合墙体用作外墙时，应计入风荷载作用，墙面板应具有足够强度和刚度将风荷载传递到木骨架。

3.2.4 木骨架组合墙体应具有足够的承载能力、刚度和稳定性，并应与主体结构的构件可靠连接。

3.2.5 木骨架组合墙体及其与主体结构构件的连接，应进行抗震设计。

3.2.6 木骨架组合墙体设置时，应考虑对主体结构抗震的不利影响，应避免不合理设置而导致主体结构的破坏。

3.2.7 对于承载能力极限状态，木骨架构件及连接的设计表达式应符合下列规定：

1 持久设计状况、短暂设计状况时，应满足下式条件：

$$\gamma_0 S \leqslant R \qquad (3.2.7\text{-}1)$$

式中：γ_0——结构构件重要性系数；

S——承载能力极限状态下荷载及作用组合的效应设计值，按现行国家标准《建筑结构荷载规范》GB 50009进行计算；

R——结构构件的承载力设计值。

2 地震设计状况时，应满足下式条件：

$$S_E \leqslant R/\gamma_{RE} \qquad (3.2.7\text{-}2)$$

式中：S_E——地震作用效应和其他荷载效应按基本组合的设计值，按现行国家标准《建筑抗震设计规范》GB 50011进行计算；

γ_{RE}——结构构件承载力抗震调整系数；对于验算墙体取 0.8；对于验算墙体与主体结构的连接取 1.0。

3.2.8 对正常使用极限状态，结构构件应按荷载效应的标准组合，并应满足下式条件：

$$S \leqslant C \qquad (3.2.8)$$

式中：S——正常使用极限状态下的荷载及作用组合的效应设计值；

C——设计对变形、裂缝等规定的相应限值。

3.2.9 木材的设计指标和构件的变形限值，应按现行国家标准《木结构设计标准》GB 50005的规定采用。

3.3　施　　工

3.3.1 施工前应按工程设计文件的技术要求，制定施工方案、施工程序与相关施工规定，并应向施工人员进行技术交底。

3.3.2 施工前应备好符合设计规定的各种材料，使用的材料应有产品质量检验合格证。

3.3.3 施工现场应设置消防设施，建筑材料的堆放不得堵塞消防通道。

3.3.4 施工中应控制噪声、粉尘和废气对周围环境的影响，并应制定相应的环境保护措施。

4 材 料

4.1 木 材

4.1.1 用于木骨架组合墙体的木材,宜优先选用针叶材树种。

4.1.2 制作木骨架的木材材质等级和强度等级,应符合现行国家标准《木结构设计标准》GB 50005 的规定,并应符合下列规定:

　　1 当使用目测分级规格材和进口目测分级规格材制作木骨架时,规格材的材质等级宜采用Ⅳ$_{c1}$级;

　　2 当使用机械分级规格材制作木骨架时,规格材的强度等级宜采用 M14 级;

　　3 当使用板材制作木骨架时,板材的材质等级宜采用Ⅲ$_a$级;

　　4 除进口目测分级规格材外,当使用其他进口木材制作木骨架时,其他进口木材的强度等级不宜采用最低一级的强度等级。

4.1.3 制作木骨架的木材含水率应符合下列规定:

　　1 当木骨架采用规格材制作时,规格材的含水率不应大于 19%;

　　2 当木骨架采用板材制作时,板材的含水率不应大于 18%。

4.1.4 当使用马尾松、云南松、湿地松、桦木以及新利用树种和速生树种中易遭虫蛀和易腐朽的木材时,木骨架应根据使用环境采取防虫、防腐处理措施。

4.2 连 接 件

4.2.1 木骨架组合墙体与主体结构之间应采用连接件进行连接。连接件应符合国家现行有关标准的规定。尚无相应标准的连接件应符合设计要求,并应有产品质量合格证明文件。

4.2.2 当墙体的连接件采用钢材时,宜采用 Q235 钢,钢材的质量应符合现行国家标准《碳素结构钢》GB/T 700 的规定。当采用其他牌号的钢材时,应符合国家现行有关标准的规定。连接件所用钢材的强度设计值应按现行国家标准《钢结构设计标准》GB 50017 的规定采用。

4.2.3 墙体连接采用的钢材,除不锈钢及耐候钢外,其他钢材应进行表面热浸镀锌处理、富锌涂料处理或采取其他有效的防腐防锈措施。当采用表面热浸镀锌处理时,锌膜厚度应符合现行国家标准《金属覆盖层 钢铁制件热浸镀锌层 技术要求及试验方法》GB/T 13912的有关规定。

4.2.4 墙体连接件采用的钢材和强度设计值应符合下列规定:

　　1 普通螺栓应符合现行国家标准《六角头螺栓 C级》GB/T 5780 和《六角头螺栓》GB/T 5782 的规定;

　　2 木螺钉应符合现行国家标准《十字槽沉头木螺钉》GB/T 951 和《开槽沉头木螺钉》GB/T 100 的规定;

　　3 钢钉应符合现行行业标准《木结构用钢钉》LY/T 2059 的规定;

　　4 自钻自攻螺钉应符合现行国家标准《十字槽盘头自钻自攻螺钉》GB/T 15856.1 和《十字槽沉头自钻自攻螺钉》GB/T 15856.2 的规定;

　　5 墙体其他连接件应符合现行国家标准《紧固件 螺栓和螺钉通孔》GB/T 5277、《紧固件机械性能 螺栓、螺钉和螺柱》GB/T 3098.1、《紧固件机械性能 螺母》GB/T 3098.2、《紧固件机械性能 自攻螺钉》GB/T 3098.5、《紧固件机械性能 自钻自攻螺钉》GB/T 3098.11 的有关规定。

4.3 保温隔热材料

4.3.1 木骨架组合墙体宜采用岩棉、矿渣棉、玻璃棉等符合设计要求的保温材料。

4.3.2 隔墙用保温隔热材料密度不应小于 $28kg/m^3$,外墙用保温隔热材料密度不应小于 $40kg/m^3$。

4.3.3 岩棉、矿渣棉作为墙体保温隔热材料时,物理性能指标应符合现行国家标准《建筑用岩棉绝热制品》GB/T 19686 的规定。

4.3.4 玻璃棉作为墙体保温隔热材料时,物理性能指标应符合现行国家标准《建筑绝热用玻璃棉制品》GB/T 17795 的规定。

4.4 隔声吸声材料

4.4.1 木骨架组合墙体隔声吸声材料宜采用岩棉、矿渣棉、玻璃棉和纸面石膏板,也可采用符合设计要求的其他具有隔声吸声功能的材料。

4.4.2 纸面石膏板作为墙体隔声材料时,隔声量指标应符合表 4.4.2 的规定。其他板材作为墙体隔声材料时,单层板的平均隔声量不应小于 22dB。

表 4.4.2　纸面石膏板隔声量指标

板材厚度	面密度	隔声量（dB）						
（mm）	（kg/m²）	125Hz	250Hz	500Hz	1000Hz	2000Hz	4000Hz	平均值
9.5	9.5	11	17	22	28	27	27	22
12.0	12.0	14	21	26	31	30	30	25
15.0	15.0	16	24	28	33	32	32	27
18.0	18.0	17	23	29	33	34	33	28

4.4.3 岩棉、矿渣棉作为墙体吸声材料时,吸声系数应符合表 4.4.3 的规定。

表 4.4.3　岩棉、矿渣棉吸声系数

厚度	表观密度	吸声系数						
（mm）	（kg/m³）	100Hz	125Hz	250Hz	500Hz	1000Hz	2000Hz	4000Hz
50	120	0.08	0.11	0.30	0.75	0.91	0.89	0.97

续表 4.4.3

厚度 (mm)	表观密度 (kg/m³)	吸声系数						
		100Hz	125Hz	250Hz	500Hz	1000Hz	2000Hz	4000Hz
50	150	0.08	0.11	0.33	0.73	0.90	0.80	0.96
75	80	0.21	0.31	0.59	0.87	0.83	0.91	0.97
75	150	0.23	0.31	0.58	0.82	0.81	0.91	0.96
100	80	0.27	0.35	0.64	0.89	0.90	0.96	0.98
100	100	0.33	0.38	0.53	0.77	0.78	0.95	0.95
100	120	0.30	0.38	0.62	0.82	0.81	0.91	0.96

4.4.4 玻璃棉作为墙体吸声材料时，吸声系数应符合表 4.4.4 的规定。

表 4.4.4 玻璃棉吸声系数

材料 名称	板材厚度 (mm)	面密度 (kg/m²)	吸声系数					
			125Hz	250Hz	500Hz	1000Hz	2000Hz	4000Hz
超细 玻璃棉	5	20	0.15	0.35	0.85	0.85	0.86	0.86
	7	20	0.22	0.55	0.89	0.81	0.93	0.84
	9	20	0.32	0.80	0.73	0.78	0.86	—
	10	20	0.25	0.60	0.85	0.87	0.87	0.85
	15	20	0.30	0.50	0.85	0.85	0.87	0.80
	5	25	0.15	0.29	0.85	0.83	0.87	—
	7	25	0.23	0.67	0.80	0.77	0.86	—
	9	25	0.32	0.85	0.85	0.80	0.89	—
	9	30	0.28	0.57	0.54	0.70	0.82	—
玻璃棉毡	5~50	30~40	平均 0.65				0.8	

4.5 材料的防火性能

4.5.1 木骨架组合墙体所采用的各种防火产品应为检验合格的产品。

4.5.2 木骨架组合墙体的防火材料宜采用纸面石膏板。采用其他材料时，材料的燃烧性能应符合现行国家标准《建筑材料及制品燃烧性能分级》GB 8624 中对 A 级材料的规定。

4.5.3 木骨架组合墙体填充材料的燃烧性能应为 A 级。

4.5.4 墙体采用的防火封堵材料应符合现行国家标准《防火封堵材料》GB 23864 和《建筑用阻燃密封胶》GB/T 24267 的规定。

4.6 墙面材料

4.6.1 分户墙、房间隔墙和外墙内侧的墙面材料宜采用纸面石膏板。纸面石膏板应根据墙体的性能要求分别采用普通型、耐火型或耐水型。

纸面石膏板的主要技术性能指标应以供货商提供的产品出厂合格证所标注的性能指标为依据，并应符合现行国家标准《纸面石膏板》GB/T 9775 的有关规定。纸面石膏板的产品质量标准应符合表 4.6.1 的规定。

表 4.6.1 纸面石膏板的产品质量标准

板材厚度 (mm)	纵向断裂荷载 (N)	横向断裂荷载 (N)	遇火物理性能 稳定时间
9.5	360	140	≥20min 适用于耐火型 纸面石膏板
12.0	500	180	
15.0	650	220	
18.0	800	270	
21.0	950	320	
25.0	1100	370	

4.6.2 外墙外侧墙面材料宜选用耐水型纸面石膏板。耐水型纸面石膏板的厚度不应小于 9.5mm。

4.6.3 当外墙外侧覆面板采用木基结构板时，木基结构板应符合国家现行相关产品标准的规定。进口木基结构板应有经过认可的认证标识、板材厚度以及板材的使用条件等相关说明。

4.7 防护材料

4.7.1 当采用建筑密封胶或密封条等密封材料时，建筑密封胶应在有效期内使用，密封条的厚度宜为 4mm~20mm，并应符合现行国家标准《建筑门窗、幕墙用密封胶条》GB/T 24498 的规定。

4.7.2 外墙隔汽和窗台、门槛及底层地面防渗、防潮材料宜采用厚度不小于 0.2mm 的耐候型塑料薄膜。

4.7.3 挡风材料宜采用防水透气膜、纤维布、耐水石膏板或其他具有挡风防潮功能的材料。

4.7.4 墙面板连接缝的密封材料及钉头覆盖材料宜采用石膏粉密封膏或弹性密封膏。

4.7.5 墙面板连接缝的密封材料宜采用能透气的弹性纸带、玻璃棉条和纤维布。弹性纸带的厚度宜为 0.2mm，宽度宜为 50mm。

4.7.6 墙体配套使用的门窗用五金件、附件及紧固件应符合现行国家标准《紧固件 螺栓和螺钉通孔》GB/T 5277、《建筑门窗五金件 通用要求》GB/T 32223 的有关规定。

4.7.7 防腐、防虫药剂配方及技术指标应符合现行国家标准《木材防腐剂》GB/T 27654 的相关规定，不得使用未经鉴定合格的药剂。

5 墙体设计

5.1 构件设计

5.1.1 墙骨柱截面尺寸的设计应符合下列规定：

1 墙骨柱截面尺寸应根据热工设计、隔声设计和防火设计确定；

2 墙骨柱截面尺寸应根据地震作用、风荷载作用进行验算。

5.1.2 木骨架组合墙体的面板、直接连接面板的墙骨柱及连接，其风荷载标准值应按现行国家标准《建筑结构荷载规范》GB 50009 中规定的围护结构风荷载标准值确定，且不应小于 1.0kN/m²。

5.1.3 墙体的面板、直接连接面板的墙骨柱及连接，其垂直于墙体平面的分布水平地震作用效应标准值可按下式计算：

$$q_{Ek} = \beta_E \alpha_{max} G_k / A \qquad (5.1.3)$$

式中：q_{Ek}——垂直于墙体平面的分布水平地震作用效应标准值（kN/m²）；

β_E——动力放大系数，可取 5.0；

α_{max}——水平地震影响系数最大值，应按表 5.1.3 采用；

G_k——木骨架组合墙体构件重力荷载标准值（kN）；

A——墙体平面面积（m²）。

表 5.1.3 水平地震影响系数最大值 α_{max}

抗震设防烈度	6 度	7 度	8 度
α_{max}	0.04	0.08 (0.12)	0.16 (0.24)

注：7、8 度时括号内数值分别用于设计基本地震加速度为 0.15g 和 0.30g 的地区。

5.1.4 墙体的面板、直接连接面板的墙骨柱及连接，其平行于墙体平面的集中水平地震作用效应标准值可按下式计算：

$$P_{Ek} = \beta_E \alpha_{max} G_k \qquad (5.1.4)$$

式中：P_{Ek}——平行于墙体平面的集中水平地震作用效应标准值（kN）。

5.1.5 墙体构件及连接件承载力验算时，其荷载与作用效应的组合应符合下列规定：

1 持久设计状况、短暂设计状况的效应组合应按下式计算：

$$S = \gamma_G S_{Gk} + \Psi_w \gamma_w S_{wk} \qquad (5.1.5-1)$$

2 地震设计状况的效应组合应按下式计算：

$$S = \gamma_G S_{Gk} + \Psi_E \gamma_E S_{Ek} + \Psi_w \gamma_w S_{wk}$$

$$(5.1.5-2)$$

式中：S——荷载及作用组合的效应设计值；

S_{Gk}——重力荷载（永久荷载）效应标准值；

S_{wk}——风荷载效应标准值；

S_{Ek}——地震作用效应标准值；

γ_G——重力荷载分项系数，取 1.2；

γ_w——风荷载分项系数，取 1.4；

γ_E——地震作用分项系数，取 1.3；

Ψ_w——风荷载的组合值系数；

Ψ_E——地震作用的组合值系数。

5.1.6 可变荷载及作用的组合值系数应按下列规定采用：

1 持久设计状况、短暂设计状况且风荷载效应起控制作用时，风荷载的组合值系数应取 1.0；

2 持久设计状况、短暂设计状况且永久荷载效应起控制作用时，风荷载组合值系数应取 0.6；

3 地震设计状况时，地震作用的组合值系数应

取 1.0，风荷载的组合值系数应取 0.2。

5.1.7 墙骨柱挠度验算时，可仅考虑风荷载作用。水平方向的变形效应，应按风荷载的标准值进行计算。

5.1.8 墙骨柱应按两端铰接的受弯构件验算承载力，计算长度应为墙骨柱长度。

5.1.9 木骨架组合墙体连接设计应包括木骨架构件之间的连接设计和墙体与主体结构的连接设计，并应符合下列规定：

1 连接件与主体结构的锚固承载力设计值应大于连接件本身的承载力设计值；

2 连接承载力计算时，应计入重力荷载、地震作用，外墙还应计入风荷载；

3 墙体与主体结构的连接承载力验算时，可仅验算墙体上下两端的连接承载力。

5.1.10 木骨架组合墙体的构件计算和连接计算，应符合现行国家标准《木结构设计标准》GB 50005 的有关规定。

5.1.11 木骨架组合墙体中规格材截面尺寸应符合表 5.1.11-1 的规定；采用机械分级的速生树种规格材截面尺寸应符合表 5.1.11-2 的规定。

表 5.1.11-1 规格材截面尺寸表（mm）

截面尺寸（宽×高）	40×40	40×65	40×90	40×115	40×140	40×185	40×235	40×285

注：1 表中截面尺寸均为含水率不大于 19%，由工厂加工的干燥木材尺寸；

2 进口规格材截面尺寸与表列规格尺寸相差不超过 2mm 时，可与其相应规格材等同使用，但在计算时，应按进口规格材实际截面进行计算。

表 5.1.11-2 速生树种规格材截面尺寸表（mm）

截面尺寸（宽×高）	45×75	45×90	45×140	45×190	45×240	45×290

注：同表 5.1.11-1 注 1。

5.1.12 木骨架墙骨柱设计时，木材材质等级或强度等级应符合本标准第 4.1.2 条的规定。

5.1.13 当墙骨柱中心间距为 610mm 和 405mm 时，木骨架宜采用宽度为 1220mm 的墙面板覆面。当墙骨柱中心间距为 450mm 时，木骨架宜采用宽度为 900mm 的墙面板覆面。

5.2 构 造 要 求

5.2.1 木骨架组合墙体为分户墙、房间隔墙时，与主体结构的连接可采用墙体上下两边连接的方式；木骨架组合墙体为外墙时，与主体结构的连接宜采用墙体周围四边连接的方式。

5.2.2 分户墙及房间隔墙的连接设计可不进行验算。当设计需要验算时，应按本标准第 5.1 节的相关规定进行计算。

5.2.3 分户墙、房间隔墙的木骨架构件之间的连接应采用直钉连接或斜钉连接，钉直径不应小于 3mm。当木骨架之间采用直钉连接时，每个连接节点不得少于

2 颗钉，钉长应大于 80mm，钉入构件的深度（含钉尖）不得小于钉直径的 12 倍；当采用斜钉连接时，每个连接节点不得少于 3 颗钉，钉长应大于 80mm，钉入构件的深度（含钉尖）不得小于钉直径的 12 倍，斜钉应从距构件端 1/3 钉长位置与钉入构件成 30°角方向钉入（图 5.2.3）。

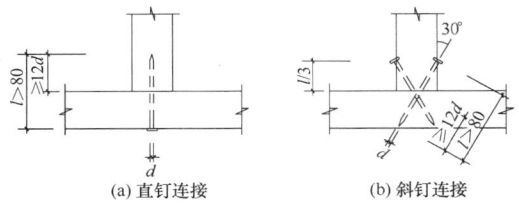

图 5.2.3　房间隔墙木骨架构件之间连接示意

d—钉直径；l—钉长

5.2.4　木骨架组合墙体的分户墙、房间隔墙与主体结构的连接应采用螺栓连接、自钻自攻螺钉连接和销钉连接（图 5.2.4）。墙体与主体结构的连接应符合下列规定：

　　1　紧固件应布置在木骨架宽度中心线附近的 1/3 区域内；

　　2　紧固件有效锚固深度不应包括装饰层或抹灰层；

　　3　采用的紧固件直径不应小于 6mm；紧固件锚入主体结构构件的深度不应小于紧固件直径的 5 倍，连接点间距不应大于 1200mm，端距不应大于 300mm，每一连接边不应少于 4 个连接点；

　　4　当采用销钉连接时，应在主体结构构件上预留孔洞，预留孔直径宜为销钉直径的 1.1 倍；木骨架上均应预先钻导孔，导孔直径宜为销钉直径的 0.6 倍～0.8 倍；

　　5　当采用化学锚栓连接时，锚栓的最小锚固深度应符合表 5.2.4 的要求。

表 5.2.4　化学锚栓最小锚固深度 h_{ef}（mm）

化学锚栓直径 d	≤10	12	16	20	≥24
最小锚固深度 h_{ef}	60	70	80	90	4d

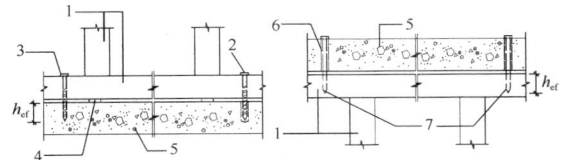

图 5.2.4　墙体与主体结构连接示意

1—木骨架；2—螺栓连接；3—自钻自攻螺钉连接；
4—垫块；5—主体结构构件；6—预留孔；7—销钉
连接；h_{ef}—锚固深度

5.2.5　外墙与主体结构的连接方式应符合本标准第 5.2.4 条的规定，且采用的紧固件直径不应小于

10mm。紧固件数量和直径应按现行国家标准《木结构设计标准》GB 50005 的有关规定确定。

5.2.6　当房间隔墙宽度小于 1200mm 时，墙与主体结构的连接可采用射钉连接。射钉直径不应小于 3.7mm，锚入主体结构长度不得小于射钉直径的 7.5 倍，连接点间距不应大于 600mm。射钉与木骨架末端的距离不应小于 100mm，并应沿木骨架宽度的中心线布置。

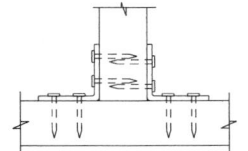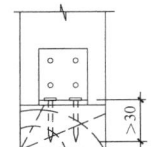

图 5.2.7　外墙木骨架构件之间 L
形金属连接件示意

5.2.7　外墙承受较大荷载时，木骨架构件之间宜采用 L 形金属连接件（图 5.2.7）。L 形金属连接件所用螺钉直径及数量应按现行国家标准《木结构设计标准》GB 50005 的有关规定确定，螺钉贯入长度应大于 30mm。L 形金属连接件尺寸应按现行国家标准《钢结构设计标准》GB 50017 的有关规定确定。

5.2.8　连接所用螺栓及钉排列的间距应符合现行国家标准《木结构设计标准》GB 50005 的有关规定。

5.2.9　木骨架组合墙体之间的连接构造，应符合下列规定：

　　1　两墙体呈直角相接时，相接墙体的木骨架应采用直径不小于 3mm 的螺钉或圆钉牢固连接，连接点间距不应大于 750mm，且不应少于 4 个连接点，螺钉或圆钉钉长应大于 80mm，钉入构件的深度（含钉尖）不得小于钉直径的 12 倍；

　　2　两墙体呈直角相接时，外直角处（图 5.2.9a）可用 L50×50×4 角钢保护，角钢可采用直径不小于 3mm、长度不小于 36mm 的螺钉或圆钉固定在墙角木骨架上，固定点间距不应大于 750mm，且不应少于 4 个固定点；

　　3　两墙体呈 T 形相接时（图 5.2.9b），相接墙体的木骨架应采用直径不小于 3mm 的螺钉或圆钉牢

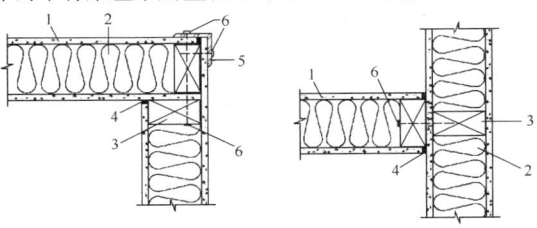

(a)墙体呈直角相接构造　　　(b)墙体呈 T 形相接构造

图 5.2.9　墙体相接构造示意

1—面板；2—填充材料；3—木骨架；4—密封胶；
5—角钢；6—钉

固连接，连接点间距不应大于 750mm，且不应少于 4 个连接点；螺钉或圆钉钉长应大于 80mm，钉入构件的深度（含钉尖）不得小于钉直径的 12 倍；

4 拐角处连接缝应采用密封胶封闭。

5.3 热工设计

5.3.1 木骨架组合墙体用作外墙时，建筑热工与节能设计应按本节规定执行，并应符合国家现行标准《民用建筑热工设计规范》GB 50176、《公共建筑节能设计标准》GB 50189、《严寒和寒冷地区居住建筑节能设计标准》JGJ 26、《夏热冬冷地区居住建筑节能设计标准》JGJ 134 和《夏热冬暖地区居住建筑节能设计标准》JGJ 75 的有关规定。

5.3.2 木骨架组合墙体的外墙墙体热工级别应按表 5.3.2-1、表 5.3.2-2 分为 5 级。填充保温隔热材料厚度应按本标准第 5.3.1 条中相关标准进行确定。

表 5.3.2-1 墙体热工级别

热工级别	传热系数 [W/（m²·K）]	木骨架立柱截面高度构造要求 （mm）
I$_t$	≤0.35	180
II$_t$	≤0.40	140
III$_t$	≤0.50	115
IV$_t$	≤0.60	90
V$_t$	≤0.80	65

表 5.3.2-2 墙体所处地域的热工级别

所处地域	墙体热工级别
严寒地区	I、II$_t$
寒冷地区	II、III$_t$
夏热冬冷地区	III、IV$_t$
夏热冬暖地区、温和地区	IV、V$_t$

5.3.3 当保温隔热材料未满填整个木骨架空间时，保温隔热材料与空气间层之间宜设隔空气膜层。

5.3.4 木骨架组合墙体中空气间层应布置在建筑围护结构的低温侧。

5.3.5 木骨架组合墙体中隔汽层应在建筑围护结构的高温侧。

5.3.6 木骨架组合墙体外墙墙面板外侧应设防水透气膜。

5.3.7 木骨架组合墙体外墙墙面板防水透气膜与外饰面之间宜设厚度不小于 10mm 排水空气间层，并宜在排水空气间层的上、下部或其他适当的位置设置通风口。

5.3.8 穿越墙体的设备管道和固定墙体的金属连接件应采用保温隔热材料填实空隙。

5.4 隔声设计

5.4.1 木骨架组合墙体隔声设计应按本节规定执行，并应符合现行国家标准《民用建筑隔声设计规范》GB 50118 的有关规定。

5.4.2 木骨架组合墙体隔声级别应按表 5.4.2-1 分为 6 级；墙体功能要求的隔声级别应符合表 5.4.2-2 的规定。

表 5.4.2-1 墙体隔声级别

隔声级别	计权隔声量指标（dB）
I$_n$	≥55
II$_n$	≥50
III$_n$	≥45
IV$_n$	≥40
V$_n$	≥35
VI$_n$	≥30

表 5.4.2-2 墙体功能要求的隔声级别

功能要求	隔声级别
特殊要求	I$_n$
特殊要求的办公室、会议室、特级宾馆客房隔墙	II$_n$
办公室、教室、宾馆客房隔墙、住宅分户墙、病房隔墙	II$_n$、III$_n$
诊室隔墙、宾馆客房隔墙	III$_n$、IV$_n$
无特殊安静要求的特殊房间	V$_n$、VI$_n$

5.4.3 对于设备管道穿越木骨架组合墙体的间隙、墙体与墙体连接部位的接缝间隙，应采用隔声密封胶或密封条进行封堵。封堵后墙体的隔声量应大于 40dB。

5.4.4 在木骨架组合墙体中布置有设备管道时，设备管道应采取减振、隔噪声措施。

5.4.5 满足隔声要求的木骨架组合墙体隔声性能和构造措施应符合表 5.4.5 的规定。

表 5.4.5 墙体隔声性能和构造措施

隔声级别	计权隔声量指标（dB）	构造措施
I$_n$	≥55	1. M140 双面双层板（填充保温材料 140mm）； 2. 双排 M65 墙骨柱（每侧墙骨柱之间填充保温材料 65mm），两排墙骨柱间距 25mm，双面双层板
II$_n$	≥50	M115 双面双层板（填充保温材料 115mm）
III$_n$	≥45	M115 双面单层板（填充保温材料 115mm）
IV$_n$	≥40	M90 双面双层板（填充保温材料 90mm）
V$_n$	≥35	1. M65 双面单层板（填充保温材料 65mm）； 2. M45 双面双层板（填充保温材料 45mm）
VI$_n$	≥30	1. M45 双面单层板（填充保温材料 45mm）； 2. M45 双面双层板

注：表中 M 表示木骨架墙骨柱的截面高度（mm）。

5.5 防火设计

5.5.1 木骨架组合墙体的使用范围应符合下列规定：

1 6 层及 6 层以下的住宅建筑和办公建筑的房间隔墙和非承重外墙；

2 丁、戊类厂房（库房）的房间隔墙和非承重外墙；

3 房间建筑面积不超过 100m²，建筑高度不大于 54m 的普通住宅的房间隔墙；

4 房间建筑面积不超过 100m²，建筑高度不大于 50m 的办公建筑的房间隔墙。

5.5.2 木骨架组合墙体的耐火极限应符合现行国家标准《建筑设计防火规范》GB 50016 的有关规定。

5.5.3 木骨架组合墙体覆面材料的燃烧性能应符合表 5.5.3 的规定。

表 5.5.3 木骨架组合墙体覆面材料的燃烧性能

构件名称	建筑分类			
	一级耐火等级或高度不大于 54m 的一、二级耐火等级的普通住宅	二级耐火等级	三级耐火等级	四级耐火等级
外墙覆面材料	A 级材料	A 级材料	A 级材料	可燃材料
房间隔墙覆面材料	A 级材料	A 级材料	纸面石膏板或难燃材料	可燃材料

注：纸面石膏板的燃烧性能可按 A 级材料确定。

5.5.4 墙体内设管道、电气线路、接线箱、接线盒或管道、电气线路穿过墙体时，应对管道和电气线路进行绝缘保护。管道、电气线路与墙体之间的缝隙应采用防火封堵材料填塞密实。

5.6 墙面设计

5.6.1 分户墙和房间隔墙的墙面板采用纸面石膏板时，墙体两面宜采用单层板；当隔声级别为 Ⅱn 级及以上级别时，墙体两面均宜采用双层板。

5.6.2 当要求墙体防潮、防水、挡风时，墙面板应采用耐水型纸面石膏板。

5.6.3 当建筑的耐火等级为三级及以上级别时，墙面板应采用耐火型纸面石膏板。

5.6.4 木骨架组合墙体的墙面板应采用螺钉或屋面钉固定在木骨架上，钉直径不得小于 2.5mm，钉入木骨架的深度不得小于 20mm；钉的布置及固定应符合下列规定：

1 当墙体的双面采用单层墙面板时，两侧墙面板接缝的位置应错开一个墙骨柱的间距；

2 当墙体采用双层墙面板时，外层墙面板接缝的位置应与内层墙面板接缝的位置错开一个墙骨柱的间距；

3 采用双层墙面板时，用于固定内层墙面板的钉距不应大于 600mm；

4 当内墙采用双层墙面板时，外层墙面板边缘的钉距不得大于 200mm，板中间的钉距不得大于 300mm；钉头中心与墙面板边缘的距离不得小于 15mm；

5 当外墙采用双层墙面板时，外层墙面板边缘的钉距不得大于 150mm，板中间的钉距不得大于 200mm；钉头中心与墙面板边缘的距离不得小

于 15mm。

5.7 防护设计

5.7.1 外墙隔汽层和墙体局部防渗防潮宜采用厚度不小于 0.2mm 的耐候型塑料薄膜。

5.7.2 墙体与主体结构的连接缝、墙体与建筑门窗的连接缝应采用建筑密封胶或密封条等密封材料进行封堵。

5.7.3 墙面板对接的连接缝宜采用石膏粉密封膏或弹性密封膏进行填缝，并宜采用弹性纸带、玻璃棉条或纤维布进行密封。

5.7.4 用于固定石膏板的螺钉头宜采用石膏粉密封膏或防锈密封膏覆盖，覆盖面积应大于两倍钉头的面积；螺钉头也可采用其他防锈保护措施。

5.7.5 木骨架组合墙体外墙木构架的边框不得直接与混凝土或砖砌体接触，接触面应采取防止墙体受潮的保护措施。

5.8 特殊部位设计

5.8.1 木骨架组合墙体上安装电源插座盒时，插座盒宜采用螺钉固定在木骨架上。墙体有隔声要求时，插座盒与墙面板之间宜采用石膏进行密封，插座盒周围的石膏防护层厚度不得小于 10mm；或宜在插座盒两旁立柱之间填充符合隔声要求的填充材料（图 5.8.1）。

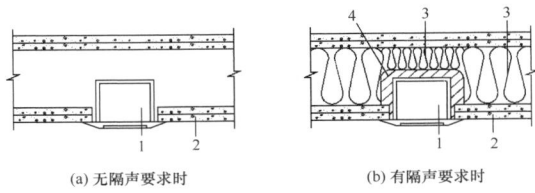

(a) 无隔声要求时　　(b) 有隔声要求时

图 5.8.1 电源插座盒安装示意

1—插座；2—墙面板；3—填充材料；4—石膏防护层

5.8.2 对于设计隔声量不大于 50dB 的隔墙，设备管道可垂直穿越墙面。墙面板上管道穿越的位置应预留孔洞，预留孔的直径应比管道直径大 15mm。管道与孔洞之间的间隙应采用密封胶进行封堵。管道直径较大或重量较重时，应采用铁件将管道固定在木骨架上。当需在墙内敷设电源线时，应将电源线敷于套管内，再将套管敷设在墙内。当套管需穿越木骨架时，可在木骨架构件宽度方向的中间 1/3 区域内预先钻孔（图 5.8.2）。

5.8.3 木骨架组合墙体上悬挂物体时，可根据不同悬挂物体采用下列不同方式进行固定，固定点的间距应大于 200mm：

1 悬挂物体的重力小于 150N 时，可采用直径不小于 3mm 的膨胀螺钉（图 5.8.3a）进行固定；

2 悬挂物体的重力超过 150N 但小于 300N 时，

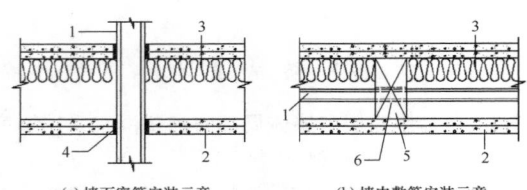

图 5.8.2 墙面穿管及墙内敷管安装示意
1—管线；2—墙面板；3—填充材料；
4—密封胶；5—木骨架；6—预留穿线孔

可采用锚固装置（图 5.8.3b）进行固定，锚杆直径不得小于 6mm；

3 悬挂物体的重力超过 300N 但小于 500N 时，可采用直径不小于 6mm 的自攻螺钉将悬挂物体固定在墙骨柱上（图 5.8.3c）；自攻螺钉锚入墙骨柱的深度不得小于 30mm。

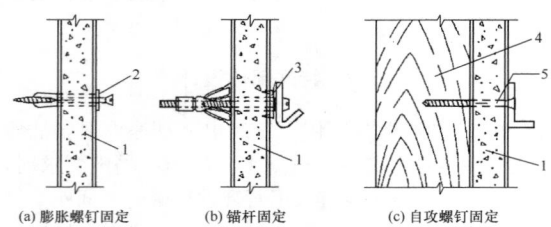

图 5.8.3 墙体上悬挂物体的固定方法示意
1—面板；2—膨胀螺钉；3—锚杆；
4—墙骨柱；5—自攻螺钉

6 制作和施工

6.1 制作要求

6.1.1 木骨架组合墙体宜在工厂制作。在施工现场制作时，加工场地条件应满足墙体制作的要求。

6.1.2 木骨架组合墙体制作前应按工程设计文件的技术要求，绘制构件制作图，确定生产制作方案，并应按生产制作方案进行加工。

6.1.3 木骨架制作应符合下列规定：

1 制作前应按设计要求检测木材的含水率、虫蛀、裂纹等材质标准；当木材含水率超过本标准第 4.1.3 条的规定时，应进行干燥处理；

2 木骨架的上、下边框和立柱与墙面板接触的表面应按设计要求的尺寸刨平、刨光；构件截面尺寸的允许偏差应为±2mm，木骨架表面平整度允许偏差应为±3mm；

3 制作时应严格按照图纸加工制作，应按图复核洞口尺寸；

4 用钉的规格、钉的布置和间距应符合设计文件的规定；

5 制作时，门窗洞口应按设计图纸预留，门窗

洞口标高及平面位置误差不应大于 3mm，洞口高度、宽度误差不应大于 3mm，洞口对角线长度允许偏差应为±5mm。

6.1.4 墙面板制作应符合下列规定：

1 墙面板应根据制作图裁切，墙面板尺寸的允许偏差应为±2mm；

2 板与板之间应留有不小于 3mm 的缝隙；

3 墙面板用钉的规格、钉的布置和间距应符合设计文件的规定。

6.2 施工要求

6.2.1 木骨架施工时，应符合下列规定：

1 施工作业基面应清理干净，不得有浮灰和油污；

2 作业基面的平整度、强度和干燥度应符合设计规定；

3 木骨架制作与安装前应准确测量作业基面空间的长度和高度，并应做好测量记录，然后确定基准面，画好安装线；

4 建筑材料应采取相应防潮、防水、防火措施。

6.2.2 木骨架的安装应符合下列规定：

1 安装前应按安装线安装好塑料垫，木骨架安装固定后应采用密封胶和密封条填严填满四周连接缝；

2 安装完成后应按本标准第 7.3.2 条的规定检测木骨架的垂直度；

3 安装完成后的木骨架表面应平整，平整度的允许偏差应为±3mm。

6.2.3 用岩棉、矿渣棉、玻璃棉做墙体内部保温隔热材料时，宜采用刚性、半刚性成型材料，填充物应固定在木骨架上，不得松动，需填充的部位应满填。当选用岩棉毡时，应按设计规定的厚度将岩棉毡填满立柱之间，填充的尺寸应比两立柱间的空间尺寸大 5mm～10mm。当施工需要时，宜用钉子将岩棉毡固定在木骨架上。

6.2.4 外墙隔汽层塑料薄膜的安装应保证完好无损，应用钉或胶粘剂将塑料薄膜固定在木骨架上。隔汽层塑料薄膜的搭接长度不应小于 100mm。

6.2.5 墙面板的安装应符合下列规定：

1 经切割过的纸面石膏板直角边，安装前应将切割边倒角 45°，倒角深度应为板厚的 1/3；

2 安装完成后，墙体表面的平整度允许偏差应为±3mm；

3 纸面石膏板的表面纸层不应破损，螺钉头不应穿入纸层；

4 外墙面板下端面与建筑构件表面之间应保留 10mm～20mm 的间隙。

6.2.6 墙面板连接缝的密封、钉头覆盖的施工应符合下列规定：

1 墙面板连接缝的密封、钉头的覆盖宜采用石膏粉密封膏或弹性密封膏填严填满，并应抹平打光；

2 墙体与四周主体结构构件的连接缝应采用密封胶连续、均匀地填满间隙，并应抹平打光。

6.2.7 外墙体局部防渗、防潮保护应符合下列规定：

1 外墙体顶端与主体结构构件之间应设置防水层，防水层可采用防潮垫等防水材料；当外墙体施工完毕后，应修剪去多余的防水材料（图6.2.7a）；

2 外墙开窗时，窗台表面应设置防水层（图6.2.7b）；

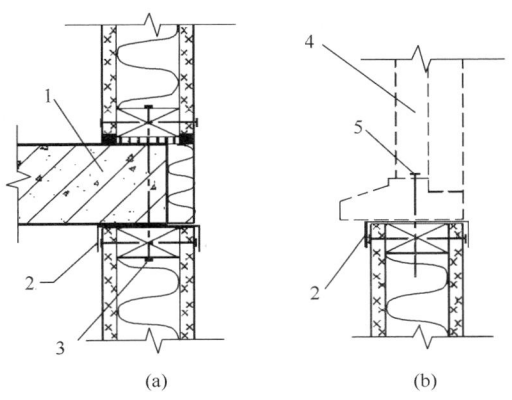

图6.2.7 外墙体防渗、防潮构造示意
1—主体结构构件；2—防水层；3—销钉或螺钉；
4—窗框；5—螺纹钉或螺钉

3 外墙外饰面和外墙防水透气膜应完整连续，应确保外墙与窗、门、通风口及插座等连接处的防水连续性；外墙防水透气膜搭接时，上下搭接长度不应少于100mm，左右搭接长度不应小于300mm；

4 外墙与水泥结构件交接处，以及外墙门窗上下和其他开口周围，应做泛水处理。

6.2.8 木骨架组合墙体安装应符合下列规定：

1 当采用销钉固定时，应按设计要求在主体结构构件上预留孔洞，预留孔的位置偏差不应大于10mm；

2 当采用自钻自攻螺钉、膨胀螺钉和化学锚固螺栓时，墙体按设计要求定位准确并临时固定后，应同时将木骨架边框与主体结构构件一起预钻孔，最后进行固定；

3 墙体在吊装过程中，应避免碰坏墙体的边角、墙面或震裂墙面板，应保证每面墙体均完好无损。

6.2.9 木骨架组合墙体中，管道和电气线路的安装除应符合本标准第5.5.4条、第5.8.2条的规定外，尚应符合下列规定：

1 电线导管、电线等的敷设应符合现行国家标准《建筑电气工程施工质量验收规范》GB 50303的有关规定；电线导管采用管卡或其他有效措施与墙体内挡块固定，固定点的间距不得大于1m，且每段

导管的固定点不应少于2个；

2 管道敷设应符合现行国家标准《建筑给水排水及采暖工程施工质量验收规范》GB 50242的有关规定；墙内的管道应采用管卡或其他有效措施与墙体内挡块固定，每段管道的固定点不应少于2个；

3 墙内不得敷设高温管道，热水管道应采取保温隔热措施进行保护。

7 质量验收

7.1 一般规定

7.1.1 木骨架组合墙体应按分项工程验收。材料、构配件的质量验收应以一栋房屋划分为一个检验批，施工质量验收应以房屋的一个楼层或房屋变形缝间的一个楼层为一个检验批。未经检查验收合格者，不得进行后续施工。

7.1.2 木骨架组合墙体工程验收时，应根据工程实际情况检查下列文件和记录：

1 墙体工程的竣工图或施工图、设计变更文件、设计说明及其他设计文件；

2 墙体工程所用主要材料、构件及组件、紧固件及其他附件的产品合格证书、性能检测报告、进场验收记录；

3 隐蔽工程验收文件；

4 墙体安装施工质量检查记录；

5 其他质量保证资料。

7.1.3 木骨架组合墙体工程验收时，应符合现行国家标准《木结构工程施工质量验收规范》GB 50206和《建筑装饰装修工程质量验收规范》GB 50210的有关规定。

7.2 主控项目

7.2.1 木骨架组合墙体工程所使用的材料、构件和组件的质量，应符合设计要求及国家现行产品标准的规定。

检验方法：检查材料、构件和组件的产品合格证书、进场验收记录。

7.2.2 木骨架组合墙体与主体结构构件之间的连接、安装应可靠。墙体连接的固定方式以及连接件的位置、数量、规格尺寸应符合设计要求。当设计有要求时，连接件的拉拔力应符合设计要求。

检验方法：目测观察；检查隐蔽工程验收记录、施工记录；检查连接点的拉拔力检测报告。

7.2.3 木骨架组合墙体的防火、保温、防潮材料的设置应符合设计要求，填充应密实、均匀、厚度一致。防潮层设置应符合设计要求，不得遗漏。

检验方法：目测观察；检查隐蔽工程验收记录。

7.3 一般项目

7.3.1 木骨架组合墙体工程的墙面板表面应平整、洁净、无污染，颜色基本一致。不得有缺角、裂纹、裂缝、斑痕等不允许的缺陷。墙面平整度的允许偏差应为±3mm。

　　检验方法：目测观察；钢尺量检查。平整度的检测应采用2m长靠尺检测，尺面与墙面间的间隙不应大于3mm。

7.3.2 木骨架组合墙体应垂直，竖向垂直度的允许偏差应为±3mm。

　　检验方法：靠尺检测、钢尺量检查。垂直度的检测应用2m长垂直检测尺检测，尺面与墙面间的间隙不应大于3mm。

7.3.3 墙体转角的连接点应符合设计要求。

　　检验方法：检查隐蔽工程验收记录和施工记录。

7.3.4 墙面板接缝应平直、均匀、密封严实；固定墙面板的钉头覆盖的密封材料应填严、填满、表面光滑。

　　检验方法：目测观察。

7.3.5 金属连接件的防腐处理应符合设计要求。

　　检验方法：目测观察。

7.3.6 木骨架组合墙体特殊部位的安装与保护措施应符合设计要求。

　　检验方法：目测观察。

8 使用和维护

8.0.1 木骨架组合墙体的日常使用和维护应符合下列规定：

　　1 墙体应避免猛烈撞击；

　　2 墙面应避免与锐器接触；

　　3 纸面石膏板墙面应避免长时间接近超过50℃的高温；

　　4 墙体应避免水的浸泡；

　　5 墙体上的消防设备不得随意更改或取消。

8.0.2 木骨架组合墙体的常规检查宜采用以经验判断为主的非破坏性方法，在现场对墙体易损坏部位进行目测观察或手动检查。常规检查应符合下列规定：

　　1 墙体工程竣工使用1年时，应对墙体工程进行一次全面检查；此后，使用者应根据当地气候特点，每5年进行一次常规检查。

　　2 常规检查的项目应符合下列规定：

　　　1) 内外墙墙面不应有变形、开裂和损坏；

　　　2) 墙体与主体结构的连接不应松动；

　　　3) 墙体面板不应受潮；

　　　4) 外墙上门窗边框的密封胶或密封条不应有开裂、脱落、老化等损坏现象；

　　　5) 墙体面板的固定螺钉不应松动和脱落；

　　　6) 木骨架构件不应有腐蚀或虫害；

　　　7) 墙体上的悬挂荷载不应超过设计的规定。

8.0.3 常规检查项目中不符合要求的内容，应组织实施一般的维修。一般的维修应包括封闭裂缝，以及对各种易损零部件进行更换或修复。

8.0.4 当发现木骨架构件有腐蚀和虫害的迹象时，应根据腐蚀的程度、虫害的性质和损坏程度制定处理方案，并应及时进行补强加固或更换。

本标准用词说明

1 为便于在执行本标准条文时区别对待，对要求严格程度不同的用词说明如下：

　　1) 表示很严格，非这样做不可的：

　　　正面词采用"必须"，反面词采用"严禁"；

　　2) 表示严格，在正常情况下均应这样做的：

　　　正面词采用"应"，反面词采用"不应"或"不得"；

　　3) 表示允许稍有选择，在条件许可时首先应这样做的：

　　　正面词采用"宜"，反面词采用"不宜"；

　　4) 表示有选择，在一定条件下可以这样做的，采用"可"。

2 条文中指明应按其他有关标准执行的写法为："应符合……的规定"或"应按……执行"。

引用标准名录

1 《木结构设计标准》GB 50005

2 《建筑结构荷载规范》GB 50009

3 《建筑抗震设计规范》GB 50011

4 《建筑设计防火规范》GB 50016

5 《钢结构设计标准》GB 50017

6 《民用建筑隔声设计规范》GB 50118

7 《民用建筑热工设计规范》GB 50176

8 《公共建筑节能设计标准》GB 50189

9 《木结构工程施工质量验收规范》GB 50206

10 《建筑装饰装修工程质量验收规范》GB 50210

11 《建筑给水排水及采暖工程施工质量验收规范》GB 50242

12 《建筑电气工程施工质量验收规范》GB 50303

13 《开槽沉头木螺钉》GB/T 100

14 《碳素结构钢》GB/T 700

15 《十字槽沉头木螺钉》GB/T 951

16 《紧固件机械性能　螺栓、螺钉和螺柱》GB/T 3098.1

17 《紧固件机械性能　螺母》GB/T 3098.2

18 《紧固件机械性能　自攻螺钉》GB/T 3098.5

19 《紧固件机械性能　自钻自攻螺钉》GB/T 3098.11

20 《紧固件　螺栓和螺钉通孔》GB/T 5277

21 《六角头螺栓　C级》GB/T 5780

22 《六角头螺栓》GB/T 5782

23 《建筑材料及制品燃烧性能分级》GB 8624

24 《纸面石膏板》GB/T 9775

25 《金属覆盖层　钢铁制件热浸镀锌层　技术要求及试验方法》GB/T 13912

26 《十字槽盘头自钻自攻螺钉》GB/T 15856.1

27 《十字槽沉头自钻自攻螺钉》GB/T 15856.2

28 《建筑绝热用玻璃棉制品》GB/T 17795

29 《建筑用岩棉绝热制品》GB/T 19686

30 《防火封堵材料》GB 23864

31 《建筑用阻燃密封胶》GB/T 24267

32 《建筑门窗、幕墙用密封胶条》GB/T 24498

33 《木材防腐剂》GB/T 27654

34 《建筑门窗五金件　通用要求》GB/T 32223

35 《严寒和寒冷地区居住建筑节能设计标准》JGJ 26

36 《夏热冬暖地区居住建筑节能设计标准》JGJ 75

37 《夏热冬冷地区居住建筑节能设计标准》JGJ 134

38 《木结构用钢钉》LY/T 2059

中华人民共和国国家标准

木骨架组合墙体技术标准

GB/T 50361—2018

条 文 说 明

编　制　说　明

《木骨架组合墙体技术标准》GB/T 50361-2018，经住房城乡建设部 2018 年 7 月 10 日以 2018 年第 150 号公告批准、发布。

本标准是在《木骨架组合墙体技术规范》GB/T 50361-2005 的基础上修订而成的，上一版的主编单位是国家建筑材料工业局标准定额中心站、中国建筑西南设计研究院，参编单位是四川省建筑科学研究院、公安部天津消防研究所，主要起草人员是吴佐民、龙卫国、郝德泉、王永维、杨学兵、冯雅、倪照鹏、邱培芳、张红娜。

本标准修订过程中，编制组经过调查研究，总结了近年工程建设中木骨架组合墙体应用的经验，参考了木骨架组合墙体国内外有关技术标准和技术手册，并将我国新材料、新技术引入本标准。

为了便于广大设计、施工、科研、学校等单位有关人员在使用本标准时能正确理解和执行条文规定，编制组按章、节、条顺序编写了本标准的条文说明，对条文规定的目的、依据以及执行中需注意的有关事项进行了说明。但是，本条文说明不具备与标准正文同等的法律效力，仅供使用者作为理解和把握标准内容的参考。

目　　次

1 总　　则

1.0.1 本条主要阐明制定本标准的目的,为了与现行国家标准《木结构设计标准》GB 50005 相协调,并考虑到木骨架组合墙体的特点,除了规定应做到技术先进、安全适用和确保质量外,还特别提出应保证人体健康。

1.0.2 本条规定了本标准的适用范围。考虑到木骨架组合墙体的燃烧性能只能达到难燃级,所以本条将其适用范围限制在普通住宅建筑和火灾荷载与住宅建筑相当的办公楼。另外,考虑到丁、戊类工业建筑主要用来储存、使用和加工难燃烧或非燃烧物质,其火灾危险性相对较低,所以允许其使用木骨架组合墙体作为其非承重外墙和房间隔墙。

3 基 本 规 定

3.1 结 构 组 成

3.1.2 木骨架组合墙体的结构组成有以下几种:

　　1 一般分户墙及房间隔墙的结构组成见图 1。

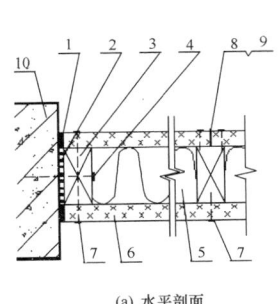

(a) 水平剖面　　　　(b) 竖向剖面

图 1　分户墙及房间隔墙示意

1—密封胶;2—聚乙烯密封条;3—木骨架;4—混凝土自钻自攻螺钉或螺栓;5—岩棉毡（密度≥28kg/m³）;6—墙面板（纸面石膏板）;7—墙面板连接螺钉;8—墙面板连接处密封材料（石膏粉密封膏或弹性密封膏）;9—墙面板连接缝密封纸带;10—建筑物的混凝土柱、楼板

　　2 隔声房间隔墙的结构组成见图 2。
　　3 一般外墙体的结构组成见图 3。

3.1.3 用于制作木骨架组合墙体的规格材,在根据设计要求选定其规格和截面尺寸时,应考虑墙体要适应工业化制作,以及便于墙面板的安装,因此,同一块墙体中木骨架边框和中部的骨架构件应采用截面高度相同的规格材。

3.1.4 木骨架竖立布置主要是方便整个墙体的制作和施工。当有特殊要求时,也可采用构件水平布置的木骨架。

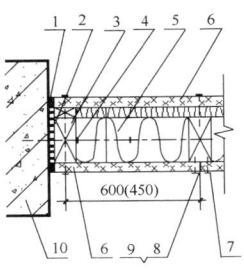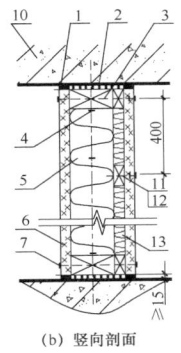

(a) 水平剖面　　　　(b) 竖向剖面

图 2　隔声内墙结构示意

1—密封胶;2—聚乙烯密封条;3—木骨架;4—混凝土自钻自攻螺钉或螺栓;5—岩棉毡（密度≥28kg/m³）;6—墙面板（纸面石膏板）;7—墙面板连接螺钉;8—墙面板连接缝密封材料（石膏粉密封膏或弹性密封膏）;9—墙面板连接缝密封纸带;10—建筑物的混凝土柱、楼板;11—防声弹性木条;12—螺纹钉子或螺钉;13—岩棉毡（密度≥28kg/m³）

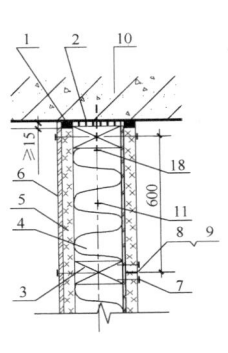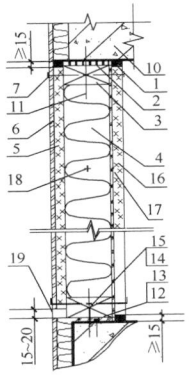

(a) 水平剖面　　　　(b) 竖向剖面

图 3　一般外墙体结构示意

1—密封胶;2—聚乙烯密封条;3—木骨架;4—岩棉毡（密度≥40kg/m³）;5—外墙面板（防水型纸面石膏板）;6—外挂装饰板（彩色钢板、铝塑板、彩色聚乙烯板等）;7—墙面板连接螺钉;8—墙面板连接缝密封材料（石膏粉密封膏或弹性密封膏）;9—墙面板连接缝密封纸带;10—建筑物的混凝土柱、楼板;11—销钉（φ10×300mm）;12—塑料垫（厚≥10mm）;13—自钻自攻螺钉或螺栓;14—木骨架定位螺钉;15—塑料薄膜;16—内墙面板（石膏板）;17—隔汽层（塑料薄膜）;18—混凝土自钻自攻螺钉或螺栓;19—通气缝

　　由于墙面板采用的板材平面标准尺寸一般为 1220mm×2400mm,因此,木骨架组合墙体中木骨柱的间距允许采用 610mm 或 405mm 两种尺寸;当采用 900mm×2400mm 的纸面石膏板时,立柱的间距应为 450mm,这样,墙面板的连接缝正好能位于木骨柱构

件的截面中心位置处，能较好地固定和安装墙面板。为了保证墙面板的固定和安装，当墙体上需要开门窗洞口时，规定了木骨架构件在墙体中布置的基本要求。当墙体设计要求必须采用其他尺寸的间距时，应尽量减少尺寸改变对整个墙体的施工和制作带来不利影响。

3.2 结构设计

3.2.1 本标准的基本设计方法应与现行国家标准《木结构设计标准》GB 50005 一致。《木结构设计标准》GB 50005 的设计方法采用现行国家标准《建筑结构可靠度设计统一标准》GB 50068 规定的"以概率理论为基础的极限状态设计法"，故本标准应采用该方法进行设计。

3.2.2 现行国家标准《木结构设计标准》GB 50005 规定，建筑物中各类结构构件的安全等级，宜与整个结构的安全等级相同。由于木骨架组合墙体一般是非承重构件，故本标准确定木骨架组合墙体安全等级为不应低于三级。设计时，可根据建筑物的安全等级适当考虑提高部分木骨架组合墙体的安全等级。

3.2.3～3.2.5 木骨架组合墙体虽然是非承重墙体，但应有足够的承载能力。因此，应满足一系列要求——强度、刚度、稳定性、抗震性能等。同时，木骨架组合墙体不管是整块制作后吊装还是现场组装，均应与主体结构有可靠、正确的连接，才能保证墙体正常、安全地工作。

3.2.7、3.2.8 提供了木骨架组合墙体承载能力极限状态和正常使用极限状态的基本计算公式，与现行国家标准《木结构设计标准》GB 50005 协调一致。

3.2.9 木材设计指标和构件的变形限值等，均应执行现行国家标准《木结构设计标准》GB 50005。如果现行国家标准《木结构设计标准》GB 50005 未予规定，可参照最新版本的《木结构设计手册》相关内容选用。

4 材　料

4.1 木　材

4.1.1 作为具有一定承载能力的墙体，应优先选用针叶树种，因为针叶树种的树干长直、纹理平顺、材质均匀、木节少、扭纹少、能耐腐朽和虫蛀、易干燥、少开裂和变形，具有较好的力学性能，木质较软而易加工。

4.1.2 国外主要用规格材作为墙体的木骨架，由于是通过设计确定木骨架的尺寸，故本标准不限制使用规格材等级；国内取材时，相当一段时间还会使用板材在现场加工，此时，明确规定板材的等级宜采用Ⅲ级。规格材和板材的材质等级见现行国家标准

《木结构设计标准》GB 50005 的相关规定。

4.1.3 国家标准《木结构设计标准》GB 50005 规定的规格材含水率不应大于 19%，而且，目前规格材产品的含水率均低于 19%，因此，本标准确定规格材含水率不应大于 19%。在我国使用墙体时，经常会采用未经工厂干燥的板材在现场制作木骨架，为保证质量，故对板材的含水率作了更为严格的规定。

4.1.4 鉴于木骨架的使用环境，我国一些易虫蛀和腐朽的木材在使用时不仅要经过干燥处理，还一定要经过药物处理，否则一旦虫蛀、腐朽发生，又不易检查发现，后果会相当严重。常用的药剂配方及处理方法，可按现行国家标准《木结构工程施工质量验收规范》GB 50206 的规定采用。

4.2 连　接　件

4.2.1、4.2.2 木骨架组合墙体构件间的连接以及墙体与主体结构的连接，是整个墙体工程中十分重要的组成部分，墙体连接的可靠性决定了墙体是否能满足使用功能的要求，是否能保证墙体的安全使用。因此，要求连接采用的各种材料应有足够的耐久性和可靠性，保证墙体的连接符合设计要求。由于在实际工程中，连接材料的品种和规格很多，以及许多连接件的新产品不断进入建筑市场，因此，木骨架组合墙体所采用的连接件和紧固件应符合国家标准及符合设计要求。当所采用的连接材料为新产品时，应按国家现行标准经过性能和强度的检测，达到设计要求后才能在工程中使用。

4.2.3 木骨架组合墙体用于外墙时，经常受自然环境不利因素的影响，如日晒、雨淋、风沙、水气等作用的侵蚀。因此，要求连接材料应具备防风雨、防日晒、防锈蚀和防撞击等功能。对连接材料，除不锈钢及耐候钢外，其他钢材应采用有效的防腐防锈处理，以保证连接材料的耐久性。

4.3 保温隔热材料

4.3.1 岩棉、矿渣棉和玻璃棉是目前世界上最为普遍的建筑保温隔热材料，这些材料具有以下优点：

　　1 导热系数小，既隔热又防火，保温隔热性能优良；

　　2 材料有较高的孔隙率和较小的表观密度，一般密度不大于 100kg/m³，有利于减轻墙体的自重；

　　3 具有较低的吸湿性，防潮，热工性能稳定；

　　4 造价低廉，成型和使用方便；

　　5 无腐蚀性，对人体健康不造成直接影响。

　　因此，推荐采用岩棉、矿渣棉和玻璃棉作为木骨架组合墙体保温隔热材料。

4.3.3、4.3.4 对岩棉、矿渣棉和玻璃棉的主要物理性能指标作出了规定，要求岩棉、矿渣棉和玻璃棉等材料应符合国家相关的产品技术标准。设计时应根据

墙体热工节能性能选用适合的材料。

4.4 隔声吸声材料

4.4.1 纸面石膏板具有质量轻，并具有一定的保温隔热性，石膏板的导热系数约为 0.2W/（m·K）。石膏制品的主要成分是二水石膏、含 21% 的结晶水，遇火时，结晶水释放产生水蒸气，消耗热能，且水蒸气幕不利火蔓延，防火效果较好。

石膏制品为中性，不含对人体有害的成分，因石膏对水蒸气的呼吸性能，可调节室内湿度，使人感觉舒适，是国家倡导发展的绿色建材。而且石膏板加工性能好，材料尺寸稳定，装饰美观，可锯、可钉、可粘结，可做各种理想、美观、高贵、豪华的造型；它不受虫害鼠害，使用寿命长，具有一定的隔声效果，是理想的木骨架组合墙体墙面板。

4.4.2~4.4.4 石膏板、岩棉、矿渣棉、玻璃棉材料作为隔声吸声材料是由于它们的构造特征和吸声机理所决定的。本标准表 4.4.2、表 4.4.3 和表 4.4.4 是国内有关研究单位对石膏板、岩棉、矿渣棉、玻璃棉材料的声学测试指标。表中的面密度是指一定厚度的材料单位面积的质量；表观密度是指材料在自然状态下（长期在空气中存放的干燥状态），单位体积的质量与表观体积的比值，表观体积是材料实体积与闭口孔隙的体积之和（即单位体积的材料排开水的体积）。

在人耳可听的主要频率范围内（常用中心频率从 125Hz~4000Hz 的 6 个倍频带所反映出的墙体隔声性能随频率的变化），纸面石膏板、岩棉、矿渣棉和玻璃棉等材料在宽频带范围内具有吸声系数较高，吸声性能长时期稳定、可靠的特性。而且还具有以下基本特性：

1 重量轻，纤维材料有一定的弹性；

2 防潮性能好，耐腐、防蛀，不易发霉，不腐蚀木骨架及墙体材料，对人体健康不构成危害；

3 有一定的力学强度，施工安装及维护容易；

4 价格便宜，经济合理。

为了使设计、施工人员在设计施工中更为方便、简单，鼓励采用新型材料，对其他适合作木骨架组合墙体隔声的板材规定了单层板最低平均隔声量。

4.5 材料的防火性能

4.5.1 本条为与木骨架组合墙体有关的各种材料的质量作出了总体规定，从而保证整个墙体能够达到一定的质量标准。

4.5.2 木骨架组合墙体覆面材料的燃烧性能对整个墙体的燃烧性能有着重要影响。国外比较成熟的此类墙体的覆面材料多使用纸面石膏板，因此本标准推荐使用纸面石膏板。墙体的覆面材料也可以使用其他材料，但其燃烧性能应符合现行国家标准《建筑材料及制品燃烧性能分级》GB 8624 关于 A 级材料的要求，

以保证整个墙体能够达到本标准规定的燃烧性能。

4.5.3 为了保证整个墙体的防火性能，本标准规定其填充材料应为不燃材料，如岩棉、矿渣棉。

4.6 墙面材料

4.6.1 纸面石膏板常用的规格有以下几种：

纸面石膏板厚度分为：9.5mm、12mm、15mm、18mm；

纸面石膏板长度分为：1800mm、2100mm、2400mm、2700mm、3000mm、3300mm、3600mm；

纸面石膏板宽度分为：900mm、1200mm。

5 墙 体 设 计

5.1 构 件 设 计

5.1.3 本条是对垂直于墙平面的分布水平地震作用标准值作出的规定，主要用于外墙，这条基本与现行行业标准《玻璃幕墙工程技术规范》JGJ 102 相关规定一致。

5.2 构 造 要 求

5.2.1 木骨架布置形式以竖立布置为主，竖立布置的木骨架将所受荷载传递到上、下边框，上下边框成为主要受力边，因此，墙体与主体结构的连接方式，一般采取上下边连接方式即可满足结构安全；对于外墙，由于使用环境较复杂，采用四边连接方式，上下边连接为受力连接，左右边连接为构造连接，是为了防止主体结构和墙体变形不一致产生裂缝。

5.2.2 分户墙及房间隔墙一般情况下主要承受重力荷载、地震荷载作用，由于所受荷载较小，通常按构造进行连接设计即可满足要求。

5.2.3 木骨架构件之间的直钉连接通常在墙体预制情况下采用和用于木骨架内部节点，而斜钉连接常用于现场施工连接。

5.2.4 在木骨架上预先钻导孔，是防止连接件钉入木骨架时造成木材开裂。目前，实际工程中采用化学锚栓的连接方式比较多，本次修订时增加了化学锚栓锚固的相关要求。

5.2.9 有关墙体细部构造是参照北欧有关标准的构造规定确定。外墙直角的保护也可采用金属、木材、塑料或其他加强材料。

5.3 热 工 设 计

5.3.1 我国已经编制了北方严寒和寒冷地区、夏热冬冷地区和南方夏热冬暖地区的居住建筑节能设计标准、公共建筑节能设计标准，并已先后发布实施，以上节能标准对建筑围护结构建筑热工指标作了明确的规定，因此，木骨架组合墙体作为一种不同形式的建

筑围护结构，也应遵守国家有关建筑节能相关标准的规定。

5.3.2 由于我国幅员辽阔，地形复杂，各地气候差异很大。为使建筑物适应各地不同的气候条件，在进行建筑的节能设计时，应根据建筑物所处城市的建筑气候分区和本标准第5.3.1条中相关标准，确定建筑围护结构合理的热工性能参数。为使设计人员在设计中更为方便、简单，因而把木骨架组合外墙墙体热工级别按表5.3.2-1、表5.3.2-2分为5级，供设计人员选择。

5.3.3 木骨架组合墙体的外墙体保温隔热材料不能满填整个木骨架空间时，在墙体内保温隔热材料与空气间层之间，由于受温度梯度分布影响，将产生空气和蒸汽渗透迁移现象，对保温隔热材料这种比较疏散多孔材料的防潮作用和保温隔热性能有较大的影响。空气间层中的空气在保温隔热材料中渗入、渗出，直接带走了热量，在渗入、渗出线路上的空气升温降湿和降温升湿，会使某些部位保温隔热材料受潮甚至凝结，使材料的热绝缘性降低。因此，在保温隔热材料与空气间层之间应设允许蒸汽渗透、不允许空气渗透的隔空气膜层，能有效地防止空气的渗透，又可让水蒸气渗透扩散，从而保证了墙体内部保温隔热材料不受潮，保持其热绝缘性。

5.3.4 当建筑围护结构内外表面出现温差时，建筑围护结构内部的湿度将会重新分布，温度较高的部位有较高的水蒸气分压，这个压力梯度会使水蒸气向温度低的方向迁移。同时，温度较低的区域材料有较大的平衡湿度，在围护结构中将出现平衡湿度的梯度，湿度迁移的方向从低温指向高温，表明液态水将会从低温侧向高温侧迁移。

在建筑热工应用领域，通常利用在围护结构中出现温度梯度的条件下，湿平衡将使高温侧的水蒸气与低温侧的液态水形成反向迁移，使高温侧的水蒸气高湿度与低温侧的液态水高湿度都有减少的趋势这个原理。在建筑围护结构的低温侧设空气间层，切断了保温材料层与其他材料层的联系，也斩断了液态水的通路。同时，空气间层的高温侧所形成的相对湿度较低的空气边界环境，可以干燥其所接触的保温材料，所以木骨架组合墙体的外墙体空气间层应布置在建筑围护结构的低温侧。

5.3.5 由于木骨架组合墙体内填充的是保温隔热材料，为了防止蒸汽渗透在墙体保温隔热材料内部产生凝结，使保温材料或墙体受潮，因此，高温侧应设隔汽层。

5.3.6 在木骨架组合墙体外墙墙面板外侧设防水透气膜的主要原因是：

1 外墙面材料主要为纸面石膏板，设防水透气膜可防止外墙表面受雨、雪等侵蚀受潮。

2 由于冬季木骨架组合墙体的外墙在室内温度大于室外气温时，墙体内水蒸气将从室内水蒸气分压高的高温侧向室外水蒸气分压低的低温侧迁移，在木骨架组合墙体外墙墙面板外侧设防水透气膜允许渗透，使墙体内水蒸气在保温隔热材料层不产生积累，防止结露，从而保证了墙体内保温隔热材料的热绝缘性。

5.3.8 木骨架组合外墙通常是装配式的围护结构，为了防止墙体出现由施工安装所产生的间隙和孔洞，使室外空气渗透墙体，发生保温隔热材料内部冷凝受潮，影响墙体的保温隔热性能和质量，从而增加建筑能耗而作出本条规定。

5.4 隔 声 设 计

5.4.1 木骨架组合墙体是轻质围护结构，这些墙体的面密度较小，根据围护结构隔声质量定律，它们的隔声性能较差，难以满足隔声的要求。为了保证建筑的物理环境质量，隔声设计也就显得重要，因此，本标准应考虑建筑的隔声设计。

5.4.2 为了在设计过程中比较方便、简单地选择木骨架组合墙体的隔声性能，使条文具有可操作性，根据木骨架组合墙体不同构造形式的隔声性能，将木骨架组合墙体隔声性能按表5.4.2-1分为6级，从30dB～55dB每5dB为一个级差，基本能满足本标准适用范围的建筑不同围护结构隔声的要求。

5.4.3、5.4.4 设备管道穿越墙体或布置有设备管道、安装电源盒、通风换气等设备开孔时，使墙体出现施工所产生的间隙、孔洞，设备、管道运行所产生的噪声，将直接影响墙体的隔声性能。为了保证建筑的声环境质量，使墙体的隔声指标真正达到设计标准的要求，应对管道穿越空隙以及墙与墙连接部位的接缝间隙进行隔声处理，对设备管道应设有相应的减振、隔噪声措施。

5.4.5 表5.4.5为墙体隔声性能和构造措施表，设计时应按现行国家标准《民用建筑隔声设计规范》GB 50118的规定，根据建筑的不同功能要求，选择围护结构的不同隔声级别。

5.5 防 火 设 计

5.5.1 本条是根据现行国家标准《建筑设计防火规范》GB 50016相关条款制定的。

5.5.3 本条是根据现行国家标准《建筑设计防火规范》GB 50016的相关规定，对木骨架组合墙体的覆面材料作了更细化的规定。

5.5.4 本条是为了保证整个墙体的防火性能，防止火灾从一个空间穿过管道孔洞或管线蔓延到其他空间。

5.6 墙 面 设 计

5.6.4 有关墙面板固定的构造要求是研究和吸收北

欧相关标准的构造措施后作出的规定。

5.8 特殊部位设计

5.8.1 电源插座盒与墙面板之间采用石膏抹灰并密封，其目的是为了隔声。

5.8.2 如果在墙板上开孔穿管，所形成的间隙即使采用密封胶密封，墙体隔声也难以满足大于 50dB 的要求，因此，对于隔声要求大于 50dB 的隔墙不允许开孔穿管线。

5.8.3 悬挂物固定方式是参照北欧有关标准参数而确定的。

6 制作和施工

6.2 施工要求

6.2.5 本条对墙面板的安装作了明确规定。

1 经切割过的纸面石膏板的直角边，安装前应将切割边倒角并打光，以备密封，如图 4 所示。

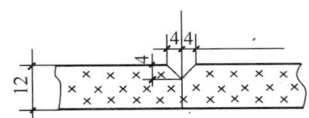

图 4 纸面石膏板的倒角

4 外墙面板的下端面与建筑物构件表面间应留有 10mm～20mm 的缝隙，以便外墙体通风、水汽出入，防止墙体内部材料受潮变形。

墙面板在存放和施工中不得与水接触或受潮，这一点很重要，应十分注意。

7 质量验收

7.2 主控项目

7.2.1 木骨架组合墙体的主要性能指标应在工程施工前所做的样品试验测试时提供可靠的检测报告，以备工程验收时参考。各地区采用木骨架组合墙体技术时，应根据当地的气候条件和建筑要求标准，设计适当的墙体厚度，特别是保温隔热层厚度，选择经济合理的设计方案，以满足建筑节能、隔声和防火的要求。

8 使用和维护

8.0.2 一般情况下，木骨架组合墙体在工程竣工使用 1 年后，墙体采用的材料和配件的一些缺陷均有不同程度的暴露，这时，应对木骨架组合墙体进行一次全面检查和维护。此后，业主或物业管理部门应根据当地气候特点，在容易对木骨架组合墙体造成破坏的雪季、雨季和风季前后，每 5 年进行一次常规检查。常规检查和维护一般由业主或物业管理部门自行组织实施。

2

行　业　标　准

中华人民共和国行业标准

装配式混凝土结构技术规程

Technical specification for precast concrete structures

JGJ 1—2014

批准部门：中华人民共和国住房和城乡建设部
施行日期：2 0 1 4 年 1 0 月 1 日

中华人民共和国住房和城乡建设部
公　告

第 310 号

住房城乡建设部关于发布行业标准
《装配式混凝土结构技术规程》的公告

现批准《装配式混凝土结构技术规程》为行业标准，编号为 JGJ 1-2014，自 2014 年 10 月 1 日起实施。其中，第 6.1.3、11.1.4 条为强制性条文，必须严格执行，原《装配式大板居住建筑设计和施工规程》JGJ 1-91 同时废止。

本规程由我部标准定额研究所组织中国建筑工业出版社出版发行。

中华人民共和国住房和城乡建设部

2014 年 2 月 10 日

前　言

根据原建设部《关于印发〈二〇〇二～二〇〇三年度工程建设城建、建工行业标准制订、修订计划〉的通知》（建标〔2003〕104 号）的要求，规程编制组经广泛调查研究，认真总结实践经验，参考有关国际标准和国外先进标准，并在广泛征求意见的基础上，修订了《装配式大板居住建筑设计和施工规程》JGJ 1-91。

本规程主要技术内容是：总则，术语和符号，基本规定，材料，建筑设计，结构设计基本规定，框架结构设计，剪力墙结构设计，多层剪力墙结构设计，外挂墙板设计，构件制作与运输，结构施工，工程验收。

本规程主要修改内容：1. 扩大了适用范围，适用于居住建筑和公共建筑；2. 加强了装配式结构整体性的设计要求；3. 增加了装配整体式剪力墙结构、装配整体式框架结构和外挂墙板的设计规定；4. 修改了多层装配式剪力墙结构的有关规定；5. 增加了钢筋套筒灌浆连接和浆锚搭接连接的技术要求；6. 补充、修改了接缝承载力的验算要求。

本规程中以黑体字标志的条文为强制性条文，必须严格执行。

本规程由住房和城乡建设部负责管理和对强制性条文的解释，由中国建筑标准设计研究院负责具体技术内容的解释。执行过程中如有意见或建议，请寄送中国建筑标准设计研究院（地址：北京市海淀区首体南路 9 号主语国际 2 号楼，邮政编码：100048）。

本规程主编单位：中国建筑标准设计研究院
中国建筑科学研究院

本规程参编单位：北京榆构有限公司
万科企业股份有限公司
同济大学
瑞安房地产发展有限公司
湖北宇辉建设集团有限公司
中国航天建设集团有限公司
哈尔滨工业大学
北京建工集团有限责任公司
润铸建筑工程（上海）有限公司
北京威肯国际建筑体系技术有限公司
中山市快而居住宅工业有限公司
前田（北京）经营咨询有限公司
中国二十二冶集团有限公司
深圳市华阳国际工程设计有限公司
远大住宅工业有限公司
四川华构住宅工业有限公司
南通建筑工程总承包有限公司

本规程主要起草人员：李晓明　黄小坤　蒋勤俭
　　　　　　　　　　田春雨　赵　勇　朱　茜
　　　　　　　　　　万墨林　薛伟辰　郁银泉
　　　　　　　　　　顾泰昌　秦　珩　林晓辉
　　　　　　　　　　刘文清　黄　文　姜洪斌
　　　　　　　　　　李晨光　赖宜政　姚守信
　　　　　　　　　　谷明旺　谭宇昂　蒋航军
　　　　　　　　　　洪嘉伟　龙玉峰　李哲龙

　　　　　　　　　　窦祖融　董年才　侯键频
　　　　　　　　　　张　剑
本规程主要审查人员：徐正忠　柯长华　艾永祥
　　　　　　　　　　钱稼茹　吕西林　白生翔
　　　　　　　　　　徐有邻　叶　明　刘明全
　　　　　　　　　　刘　明　林建平　樊则森
　　　　　　　　　　龚　剑　钱冠龙　陶梦兰

目　　次

1 总　则

1.0.1 为在装配式混凝土结构的设计、施工及验收中，贯彻执行国家的技术经济政策，做到安全适用、技术先进、经济合理、确保质量，制定本规程。

1.0.2 本规程适用于民用建筑非抗震设计及抗震设防烈度为 6 度至 8 度抗震设计的装配式混凝土结构的设计、施工及验收。

1.0.3 装配式混凝土结构的设计、施工及验收除应符合本规程外，尚应符合国家现行有关标准的规定。

2　术语和符号

2.1　术　语

2.1.1 预制混凝土构件　precast concrete component

在工厂或现场预先制作的混凝土构件。简称预制构件。

2.1.2 装配式混凝土结构　precast concrete structure

由预制混凝土构件通过可靠的连接方式装配而成的混凝土结构，包括装配整体式混凝土结构、全装配混凝土结构等。在建筑工程中，简称装配式建筑；在结构工程中，简称装配式结构。

2.1.3 装配整体式混凝土结构　monolithic precast concrete structure

由预制混凝土构件通过可靠的方式进行连接并与现场后浇混凝土、水泥基灌浆料形成整体的装配式混凝土结构。简称装配整体式结构。

2.1.4 装配整体式混凝土框架结构　monolithic precast concrete frame structure

全部或部分框架梁、柱采用预制构件构建成的装配整体式混凝土结构。简称装配整体式框架结构。

2.1.5 装配整体式混凝土剪力墙结构　monolithic precast concrete shear wall structure

全部或部分剪力墙采用预制墙板构建成的装配整体式混凝土结构。简称装配整体式剪力墙结构。

2.1.6 混凝土叠合受弯构件　concrete composite flexural component

预制混凝土梁、板顶部在现场后浇混凝土而形成的整体受弯构件。简称叠合板、叠合梁。

2.1.7 预制外挂墙板　precast concrete facade panel

安装在主体结构上，起围护、装饰作用的非承重预制混凝土外墙板。简称外挂墙板。

2.1.8 预制混凝土夹心保温外墙板　precast concrete sandwich facade panel

中间夹有保温层的预制混凝土外墙板。简称夹心外墙板。

2.1.9 混凝土粗糙面　concrete rough surface

预制构件结合面上的凹凸不平或骨料显露的表面。简称粗糙面。

2.1.10 钢筋套筒灌浆连接　rebar splicing by grout-filled coupling sleeve

在预制混凝土构件内预埋的金属套筒中插入钢筋并灌注水泥基灌浆料而实现的钢筋连接方式。

2.1.11 钢筋浆锚搭接连接　rebar lapping in grout-filled hole

在预制混凝土构件中预留孔道，在孔道中插入需搭接的钢筋，并灌注水泥基灌浆料而实现的钢筋搭接连接方式。

2.2　符　号

2.2.1　材料性能

f_c——混凝土轴心抗压强度设计值；

f_y、f'_y——普通钢筋的抗拉、抗压强度设计值。

2.2.2　作用和作用效应

F_{Ehk}——施加于外挂墙板重心处的水平地震作用标准值；

G_k——外挂墙板的重力荷载标准值；

N——轴向力设计值；

S——荷载组合的效应设计值；

S_{Eh}——水平地震作用组合的效应设计值；

S_{Ev}——竖向地震作用组合的效应设计值；

S_{Ehk}——水平地震作用效应标准值；

S_{Evk}——竖向地震作用效应标准值；

S_{Gk}——永久荷载效应标准值；

S_{wk}——风荷载效应标准值；

V_{jd}——持久设计状况下接缝剪力设计值；

V_{jdE}——地震设计状况下接缝剪力设计值；

V_{mua}——被连接构件端部按实配钢筋面积计算的斜截面受剪承载力设计值；

V_u——持久设计状况下接缝受剪承载力设计值；

V_{uE}——地震设计状况下接缝受剪承载力设计值；

γ_{Eh}——水平地震作用分项系数；

γ_{Ev}——竖向地震作用分项系数；

γ_G——永久荷载分项系数；

γ_w——风荷载分项系数。

2.2.3　几何参数

B——建筑平面宽度；

L——建筑平面长度。

2.2.4　计算系数及其他

α_{max}——水平地震影响系数最大值；

γ_{RE}——承载力抗震调整系数；

γ_0——结构重要性系数；

Δu——楼层层间最大位移；

η_j——接缝受剪承载力增大系数；

ψ_w——风荷载组合系数。

3 基 本 规 定

3.0.1 在装配式建筑方案设计阶段，应协调建设、设计、制作、施工各方之间的关系，并应加强建筑、结构、设备、装修等专业之间的配合。

3.0.2 装配式建筑设计应遵循少规格、多组合的原则。

3.0.3 装配式结构的设计应符合现行国家标准《混凝土结构设计规范》GB 50010 的基本要求，并应符合下列规定：

1 应采取有效措施加强结构的整体性；

2 装配式结构宜采用高强混凝土、高强钢筋；

3 装配式结构的节点和接缝应受力明确、构造可靠，并应满足承载力、延性和耐久性等要求；

4 应根据连接节点和接缝的构造方式和性能，确定结构的整体计算模型。

3.0.4 抗震设防的装配式结构，应按现行国家标准《建筑工程抗震设防分类标准》GB 50223 确定抗震设防类别及抗震设防标准。

3.0.5 装配式结构中，预制构件的连接部位宜设置在结构受力较小的部位，其尺寸和形状应符合下列规定：

1 应满足建筑使用功能、模数、标准化要求，并应进行优化设计；

2 应根据预制构件的功能和安装部位、加工制作及施工精度等要求，确定合理的公差；

3 应满足制作、运输、堆放、安装及质量控制要求。

3.0.6 预制构件深化设计的深度应满足建筑、结构和机电设备等各专业以及构件制作、运输、安装等各环节的综合要求。

4 材 料

4.1 混凝土、钢筋和钢材

4.1.1 混凝土、钢筋和钢材的力学性能指标和耐久性要求等应符合现行国家标准《混凝土结构设计规范》GB 50010 和《钢结构设计规范》GB 50017 的规定。

4.1.2 预制构件的混凝土强度等级不宜低于 C30；预应力混凝土预制构件的混凝土强度等级不宜低于 C40，且不应低于 C30；现浇混凝土的强度等级不应低于 C25。

4.1.3 钢筋的选用应符合现行国家标准《混凝土结构设计规范》GB 50010 的规定。普通钢筋采用套筒灌浆连接和浆锚搭接连接时，钢筋应采用热轧带肋钢筋。

4.1.4 钢筋焊接网应符合现行行业标准《钢筋焊接网混凝土结构技术规程》JGJ 114 的规定。

4.1.5 预制构件的吊环应采用未经冷加工的 HPB300 级钢筋制作。吊装用内埋式螺母或吊杆的材料应符合国家现行相关标准的规定。

4.2 连 接 材 料

4.2.1 钢筋套筒灌浆连接接头采用的套筒应符合现行行业标准《钢筋连接用灌浆套筒》JG/T 398 的规定。

4.2.2 钢筋套筒灌浆连接接头采用的灌浆料应符合现行行业标准《钢筋连接用套筒灌浆料》JG/T 408 的规定。

4.2.3 钢筋浆锚搭接连接接头应采用水泥基灌浆料，灌浆料的性能应满足表 4.2.3 的要求。

表 4.2.3 钢筋浆锚搭接连接接头用灌浆料性能要求

项 目		性能指标	试验方法标准
泌水率（％）		0	《普通混凝土拌合物性能试验方法标准》GB/T 50080
流动度（mm）	初始值	≥200	《水泥基灌浆材料应用技术规范》GB/T 50448
	30min 保留值	≥150	
竖向膨胀率（％）	3h	≥0.02	《水泥基灌浆材料应用技术规范》GB/T 50448
	24h 与 3h 的膨胀率之差	0.02～0.5	
抗压强度（MPa）	1d	≥35	《水泥基灌浆材料应用技术规范》GB/T 50448
	3d	≥55	
	28d	≥80	
氯离子含量（％）		≤0.06	《混凝土外加剂匀质性试验方法》GB/T 8077

4.2.4 钢筋锚固板的材料应符合现行行业标准《钢筋锚固板应用技术规程》JGJ 256 的规定。

4.2.5 受力预埋件的锚板及锚筋材料应符合现行国家标准《混凝土结构设计规范》GB 50010 的有关规定。专用预埋件及连接件材料应符合国家现行有关标准的规定。

4.2.6 连接用焊接材料，螺栓、锚栓和铆钉等紧固件的材料应符合国家现行标准《钢结构设计规范》GB 50017、《钢结构焊接规范》GB 50661 和《钢筋焊接及验收规程》JGJ 18 等的规定。

4.2.7 夹心外墙板中内外叶墙板的拉结件应符合下列规定：

1 金属及非金属材料拉结件均应具有规定的承载力、变形和耐久性能，并应经过试验验证；

2 拉结件应满足夹心外墙板的节能设计要求。

4.3 其 他 材 料

4.3.1 外墙板接缝处的密封材料应符合下列规定：

1 密封胶应与混凝土具有相容性，以及规定的抗剪切和伸缩变形能力；密封胶尚应具有防霉、防水、防火、耐候等性能；

2 硅酮、聚氨酯、聚硫建筑密封胶应分别符合国家现行标准《硅酮建筑密封胶》GB/T 14683、《聚氨酯建筑密封胶》JC/T 482、《聚硫建筑密封胶》JC/T 483 的规定；

3 夹心外墙板接缝处填充用保温材料的燃烧性能应满足国家标准《建筑材料及制品燃烧性能分级》GB 8624－2012 中 A 级的要求。

4.3.2 夹心外墙板中的保温材料，其导热系数不宜大于 0.040W/（m·K），体积比吸水率不宜大于 0.3%，燃烧性能不应低于国家标准《建筑材料及制品燃烧性能分级》GB 8624－2012 中 B_2 级的要求。

4.3.3 装配式建筑采用的室内装修材料应符合现行国家标准《民用建筑工程室内环境污染控制规范》GB 50325 和《建筑内部装修设计防火规范》GB 50222 的有关规定。

5 建 筑 设 计

5.1 一 般 规 定

5.1.1 建筑设计应符合建筑功能和性能要求，并宜采用主体结构、装修和设备管线的装配化集成技术。

5.1.2 建筑设计应符合现行国家标准《建筑模数协调标准》GB 50002 的规定。

5.1.3 建筑的围护结构以及楼梯、阳台、隔墙、空调板、管道井等配套构件、室内装修材料宜采用工业化、标准化产品。

5.1.4 建筑的体形系数、窗墙面积比、围护结构的热工性能等应符合节能要求。

5.1.5 建筑防火设计应符合现行国家标准《建筑防火设计规范》GB 50016 的有关规定。

5.2 平 面 设 计

5.2.1 建筑宜选用大开间、大进深的平面布置，并应符合本规程第 6.1.5 条的规定。

5.2.2 承重墙、柱等竖向构件宜上、下连续，并应符合本规程第 6.1.6 条的规定。

5.2.3 门窗洞口宜上下对齐、成列布置，其平面位置和尺寸应满足结构受力及预制构件设计要求；剪力墙结构中不宜采用转角窗。

5.2.4 厨房和卫生间的平面布置应合理，其平面尺寸宜满足标准化整体橱柜及整体卫浴的要求。

5.3 立面、外墙设计

5.3.1 外墙设计应满足建筑外立面多样化和经济美观的要求。

5.3.2 外墙饰面宜采用耐久、不易污染的材料。采用反打一次成型的外墙饰面材料，其规格尺寸、材质类别、连接构造等应进行工艺试验验证。

5.3.3 预制外墙板的接缝应满足保温、防火、隔声的要求。

5.3.4 预制外墙板的接缝及门窗洞口等防水薄弱部位宜采用材料防水和构造防水相结合的做法，并应符合下列规定：

1 墙板水平接缝宜采用高低缝或企口缝构造；

2 墙板竖缝可采用平口或槽口构造；

3 当板缝空腔需设置导水管排水时，板缝内侧应增设气密条密封构造。

5.3.5 门窗应采用标准化部件，并宜采用缺口、预留副框或预埋件等方法与墙体可靠连接。

5.3.6 空调板宜集中布置，并宜与阳台合并设置。

5.3.7 女儿墙板内侧在要求的泛水高度处应设凹槽、挑檐或其他泛水收头等构造。

5.4 内装修、设备管线设计

5.4.1 室内装修宜减少施工现场的湿作业。

5.4.2 建筑的部件之间、部件与设备之间的连接应采用标准化接口。

5.4.3 设备管线应进行综合设计，减少平面交叉；竖向管线宜集中布置，并应满足维修更换的要求。

5.4.4 预制构件中电气接口及吊挂配件的孔洞、沟槽应根据装修和设备要求预留。

5.4.5 建筑宜采用同层排水设计，并应结合房间净高、楼板跨度、设备管线等因素确定降板方案。

5.4.6 竖向电气管线宜统一设置在预制板内或装饰墙面内。墙板内竖向电气管线布置应保持安全间距。

5.4.7 隔墙内预留有电气设备时，应采取有效措施满足隔声及防火的要求。

5.4.8 设备管线穿过楼板的部位，应采取防水、防火、隔声等措施。

5.4.9 设备管线宜与预制构件上的预埋件可靠连接。

5.4.10 当采用地面辐射供暖时，地面和楼板的设计应符合现行行业标准《地面辐射供暖技术规程》JGJ 142 的规定。

6 结构设计基本规定

6.1 一 般 规 定

6.1.1 装配整体式框架结构、装配整体式剪力墙结构、装配整体式框架-现浇剪力墙结构、装配整体式部分框支剪力墙结构的房屋最大适用高度应满足表 6.1.1 的要求，并应符合下列规定：

1 当结构中竖向构件全部为现浇且楼盖采用叠合梁板时，房屋的最大适用高度可按现行行业标准《高层建筑混凝土结构技术规程》JGJ 3中的规定采用。

2 装配整体式剪力墙结构和装配整体式部分框支剪力墙结构，在规定的水平力作用下，当预制剪力墙构件底部承担的总剪力大于该层总剪力的50%时，其最大适用高度应适当降低；当预制剪力墙构件底部承担的总剪力大于该层总剪力的80%时，最大适用高度应取表6.1.1中括号内的数值。

表6.1.1 装配整体式结构房屋的最大适用高度（m）

结构类型	非抗震设计	抗震设防烈度			
		6度	7度	8度(0.2g)	8度(0.3g)
装配整体式框架结构	70	60	50	40	30
装配整体式框架-现浇剪力墙结构	150	130	120	100	80
装配整体式剪力墙结构	140(130)	130(120)	110(100)	90(80)	70(60)
装配整体式部分框支剪力墙结构	120(110)	110(100)	90(80)	70(60)	40(30)

注：房屋高度指室外地面到主要屋面的高度，不包括局部突出屋顶的部分。

6.1.2 高层装配整体式结构的高宽比不宜超过表6.1.2的数值。

表6.1.2 高层装配整体式结构适用的最大高宽比

结构类型	非抗震设计	抗震设防烈度	
		6度、7度	8度
装配整体式框架结构	5	4	3
装配整体式框架-现浇剪力墙结构	6	6	5
装配整体式剪力墙结构	6	6	5

6.1.3 装配整体式结构构件的抗震设计，应根据设防类别、烈度、结构类型和房屋高度采用不同的抗震等级，并应符合相应的计算和构造措施要求。丙类装配整体式结构的抗震等级应按表6.1.3确定。

表6.1.3 丙类装配整体式结构的抗震等级

结构类型		抗震设防烈度					
		6度		7度		8度	
装配整体式框架结构	高度(m)	≤24	>24	≤24	>24	≤24	>24
	框架	四	三	三	二	二	一
	大跨度框架	三		二		一	
装配整体式框架-现浇剪力墙结构	高度(m)	≤60	>60	≤24	>24且≤60	>60	≤24	>24且≤60	>60
	框架	四	三	四	三	二	三	二	一
	剪力墙	三	三	三	二	二	二	二	一
装配整体式剪力墙结构	高度(m)	≤70	>70	≤24	>24且≤70	>70	≤24	>24且≤70	>70
	剪力墙	四	三	四	三	二	三	二	一
装配整体式部分框支剪力墙结构	高度	≤70	>70	≤24	>24且≤70	>70	≤24	>24且≤70	
	现浇框支框架	二	二	二	二	一	二	一	
	底部加强部位剪力墙	三	三	三	二	二	二	一	
	其他区域剪力墙	四	三	四	三	二	三	二	

注：大跨度框架指跨度不小于18m的框架。

6.1.4 乙类装配整体式结构应按本地区抗震设防烈度提高一度的要求加强其抗震措施；当本地区抗震设防烈度为8度且抗震等级为一级时，应采取比一级更高的抗震措施；当建筑场地为Ⅰ类时，仍可按本地区抗震设防烈度的要求采取抗震构造措施。

6.1.5 装配式结构的平面布置宜符合下列规定：

1 平面形状宜简单、规则、对称，质量、刚度分布宜均匀；不应采用严重不规则的平面布置；

2 平面长度不宜过长（图 6.1.5），长宽比（L/B）宜按表 6.1.5 采用；

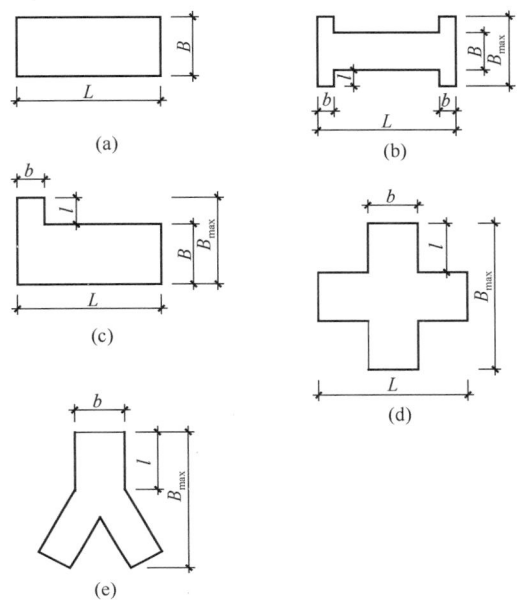

图 6.1.5　建筑平面示例

3 平面突出部分的长度 l 不宜过大、宽度 b 不宜过小（图 6.1.5），l/B_{max}、l/b 宜按表 6.1.5 采用；

4 平面不宜采用角部重叠或细腰形平面布置。

表 6.1.5　平面尺寸及突出部位尺寸的比值限值

抗震设防烈度	L/B	l/B_{max}	l/b
6、7 度	≤6.0	≤0.35	≤2.0
8 度	≤5.0	≤0.30	≤1.5

6.1.6 装配式结构竖向布置应连续、均匀，应避免抗侧力结构的侧向刚度和承载力沿竖向突变，并应符合现行国家标准《建筑抗震设计规范》GB 50011 的有关规定。

6.1.7 抗震设计的高层装配整体式结构，当其房屋高度、规则性、结构类型等超过本规程的规定或者抗震设防标准有特殊要求时，可按现行行业标准《高层建筑混凝土结构技术规程》JGJ 3 的有关规定进行结构抗震性能设计。

6.1.8 高层装配整体式结构应符合下列规定：

1 宜设置地下室，地下室宜采用现浇混凝土；

2 剪力墙结构底部加强部位的剪力墙宜采用现浇混凝土；

3 框架结构首层柱宜采用现浇混凝土，顶层宜采用现浇楼盖结构。

6.1.9 带转换层的装配整体式结构应符合下列规定：

1 当采用部分框支剪力墙结构时，底部框支层

不宜超过 2 层，且框支层及相邻上一层应采用现浇结构；

2 部分框支剪力墙以外的结构中，转换梁、转换柱宜现浇。

6.1.10 装配式结构构件及节点应进行承载能力极限状态及正常使用极限状态设计，并应符合现行国家标准《混凝土结构设计规范》GB 50010、《建筑抗震设计规范》GB 50011 和《混凝土结构工程施工规范》GB 50666 等的有关规定。

6.1.11 抗震设计时，构件及节点的承载力抗震调整系数 γ_{RE} 应按表 6.1.11 采用；当仅考虑竖向地震作用组合时，承载力抗震调整系数 γ_{RE} 应取 1.0。预埋件锚筋截面计算的承载力抗震调整系数 γ_{RE} 应取为 1.0。

表 6.1.11　构件及节点承载力抗震调整系数 γ_{RE}

结构构件类别	正截面承载力计算					斜截面承载力计算	受冲切承载力计算、接缝受剪承载力计算
	受弯构件	偏心受压柱		偏心受拉构件	剪力墙	各类构件及框架节点	
		轴压比小于 0.15	轴压比不小于 0.15				
γ_{RE}	0.75	0.75	0.8	0.85	0.85	0.85	0.85

6.1.12 预制构件节点及接缝处后浇混凝土强度等级不应低于预制构件的混凝土强度等级；多层剪力墙结构中墙板水平接缝用坐浆材料的强度等级值宜大于被连接构件的混凝土强度等级值。

6.1.13 预埋件和连接件等外露金属件应按不同环境类别进行封闭或防腐、防锈、防火处理，并应符合耐久性要求。

6.2　作用及作用组合

6.2.1 装配式结构的作用及作用组合应根据国家现行标准《建筑结构荷载规范》GB 50009、《建筑抗震设计规范》GB 50011、《高层建筑混凝土结构技术规程》JGJ 3 和《混凝土结构工程施工规范》GB 50666 等确定。

6.2.2 预制构件在翻转、运输、吊运、安装等短暂设计状况下的施工验算，应将构件自重标准值乘以动力系数后作为等效静力荷载标准值。构件运输、吊运时，动力系数宜取 1.5；构件翻转及安装过程中就位、临时固定时，动力系数可取 1.2。

6.2.3 预制构件进行脱模验算时，等效静力荷载标准值应取构件自重标准值乘以动力系数后与脱模吸附力之和，且不宜小于构件自重标准值的 1.5 倍。动力

系数与脱模吸附力应符合下列规定：

    1 动力系数不宜小于1.2；

    2 脱模吸附力应根据构件和模具的实际状况取用，且不宜小于1.5kN/m²。

6.3 结 构 分 析

6.3.1 在各种设计状况下，装配整体式结构可采用与现浇混凝土结构相同的方法进行结构分析。当同一层内既有预制又有现浇抗侧力构件时，地震设计状况下宜对现浇抗侧力构件在地震作用下的弯矩和剪力进行适当放大。

6.3.2 装配整体式结构承载能力极限状态及正常使用极限状态的作用效应分析可采用弹性方法。

6.3.3 按弹性方法计算的风荷载或多遇地震标准值作用下的楼层层间最大位移 Δu 与层高 h 之比的限值宜按表6.3.3采用。

表6.3.3 楼层层间最大位移与层高之比的限值

结构类型	$\Delta u/h$ 限值
装配整体式框架结构	1/550
装配整体式框架-现浇剪力墙结构	1/800
装配整体式剪力墙结构、装配整体式部分框支剪力墙结构	1/1000
多层装配式剪力墙结构	1/1200

6.3.4 在结构内力与位移计算时，对现浇楼盖和叠合楼盖，均可假定楼盖在其自身平面内为无限刚性；楼面梁的刚度可计入翼缘作用予以增大；梁刚度增大系数可根据翼缘情况近似取为1.3~2.0。

6.4 预制构件设计

6.4.1 预制构件的设计应符合下列规定：

    1 对持久设计状况，应对预制构件进行承载力、变形、裂缝控制验算；

    2 对地震设计状况，应对预制构件进行承载力验算；

    3 对制作、运输和堆放、安装等短暂设计状况下的预制构件验算，应符合现行国家标准《混凝土结构工程施工规范》GB 50666的有关规定。

6.4.2 当预制构件中钢筋的混凝土保护层厚度大于50mm时，宜对钢筋的混凝土保护层采取有效的构造措施。

6.4.3 预制板式楼梯的梯段板底应配置通长的纵向钢筋。板面宜配置通长的纵向钢筋；当楼梯两端均不能滑动时，板面应配置通长的纵向钢筋。

6.4.4 用于固定连接件的预埋件与预埋吊件、临时支撑用预埋件不宜兼用；当兼用时，应同时满足各种设计工况要求。预制构件中预埋件的验算应符合现行国家标准《混凝土结构设计规范》GB 50010、《钢结构设计规范》GB 50017和《混凝土结构工程施工规范》GB 50666等有关规定。

6.4.5 预制构件中外露预埋件凹入构件表面的深度不宜小于10mm。

6.5 连 接 设 计

6.5.1 装配整体式结构中，接缝的正截面承载力应符合现行国家标准《混凝土结构设计规范》GB 50010的规定。接缝的受剪承载力应符合下列规定：

    1 持久设计状况：

$$\gamma_0 V_{jd} \leqslant V_u \qquad (6.5.1-1)$$

    2 地震设计状况：

$$V_{jdE} \leqslant V_{uE}/\gamma_{RE} \qquad (6.5.1-2)$$

    在梁、柱端部箍筋加密区及剪力墙底部加强部位，尚应符合下式要求：

$$\eta_j V_{mua} \leqslant V_{uE} \qquad (6.5.1-3)$$

式中：γ_0 ——结构重要性系数，安全等级为一级时不应小于1.1，安全等级为二级时不应小于1.0；

    V_{jd} ——持久设计状况下接缝剪力设计值；

    V_{jdE} ——地震设计状况下接缝剪力设计值；

    V_u ——持久设计状况下梁端、柱端、剪力墙底部接缝受剪承载力设计值；

    V_{uE} ——地震设计状况下梁端、柱端、剪力墙底部接缝受剪承载力设计值；

    V_{mua} ——被连接构件端部按实配钢筋面积计算的斜截面受剪承载力设计值；

    η_j ——接缝受剪承载力增大系数，抗震等级为一、二级取1.2，抗震等级为三、四级取1.1。

6.5.2 装配整体式结构中，节点及接缝处的纵向钢筋连接宜根据接头受力、施工工艺等要求选用机械连接、套筒灌浆连接、浆锚搭接连接、焊接连接、绑扎搭接连接等连接方式，并应符合国家现行有关标准的规定。

6.5.3 纵向钢筋采用套筒灌浆连接时，应符合下列规定：

    1 接头应满足行业标准《钢筋机械连接技术规程》JGJ 107-2010中Ⅰ级接头的性能要求，并应符合国家现行有关标准的规定；

    2 预制剪力墙中钢筋接头处套筒外侧钢筋的混凝土保护层厚度不应小于15mm，预制柱中钢筋接头处套筒外侧箍筋的混凝土保护层厚度不应小于20mm；

    3 套筒之间的净距不应小于25mm。

6.5.4 纵向钢筋采用浆锚搭接连接时，对预留孔成孔工艺、孔道形状和长度、构造要求、灌浆料和被连接钢筋，应进行力学性能以及适用性的试验验证。

直径大于 20mm 的钢筋不宜采用浆锚搭接连接，直接承受动力荷载构件的纵向钢筋不应采用浆锚搭接连接。

6.5.5 预制构件与后浇混凝土、灌浆料、坐浆材料的结合面应设置粗糙面、键槽，并应符合下列规定：

1 预制板与后浇混凝土叠合层之间的结合面应设置粗糙面。

2 预制梁与后浇混凝土叠合层之间的结合面应设置粗糙面；预制梁端面应设置键槽（图 6.5.5）且宜设置粗糙面。键槽的尺寸和数量应按本规程第 7.2.2 条的规定计算确定；键槽的深度 t 不宜小于 30mm，宽度 w 不宜小于深度的 3 倍且不宜大于深度的 10 倍；键槽可贯通截面，当不贯通时槽口距离截面边缘不宜小于 50mm；键槽间距宜等于键槽宽度；键槽端部斜面倾角不宜大于 30°。

3 预制剪力墙的顶部和底部与后浇混凝土的结合面应设置粗糙面；侧面与后浇混凝土的结合面应设置粗糙面，也可设置键槽；键槽深度 t 不宜小于 20mm，宽度 w 不宜小于深度的 3 倍且不宜大于深度的 10 倍，键槽间距宜等于键槽宽度，键槽端部斜面倾角不宜大于 30°。

4 预制柱的底部应设置键槽且宜设置粗糙面，键槽应均匀布置，键槽深度不宜小于 30mm，键槽端部斜面倾角不宜大于 30°。柱顶应设置粗糙面。

5 粗糙面的面积不宜小于结合面的 80%，预制板的粗糙面凹凸深度不应小于 4mm，预制梁端、预制柱端、预制墙端的粗糙面凹凸深度不应小于 6mm。

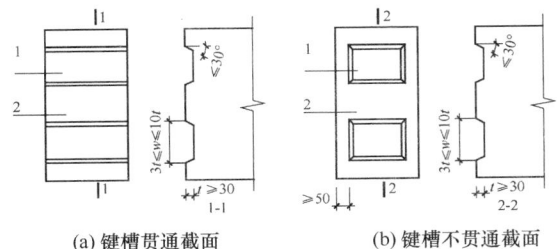

(a) 键槽贯通截面　　　　(b) 键槽不贯通截面

图 6.5.5　梁端键槽构造示意
1—键槽；2—梁端面

6.5.6 预制构件纵向钢筋宜在后浇混凝土内直线锚固；当直线锚固长度不足时，可采用弯折、机械锚固方式，并应符合现行国家标准《混凝土结构设计规范》GB 50010 和《钢筋锚固板应用技术规程》JGJ 256 的规定。

6.5.7 应对连接件、焊缝、螺栓或铆钉等紧固件在不同设计状况下的承载力进行验算，并应符合现行国家标准《钢结构设计规范》GB 50017 和《钢结构焊接规范》GB 50661 等的规定。

6.5.8 预制楼梯与支承构件之间宜采用简支连接。采用简支连接时，应符合下列规定：

1 预制楼梯宜一端设置固定铰，另一端设置滑动铰，其转动及滑动变形能力应满足结构层间位移的要求，且预制楼梯端部在支承构件上的最小搁置长度应符合表 6.5.8 的规定；

2 预制楼梯设置滑动铰的端部应采取防止滑落的构造措施。

表 6.5.8　预制楼梯在支承构件上的最小搁置长度

抗震设防烈度	6 度	7 度	8 度
最小搁置长度（mm）	75	75	100

6.6　楼 盖 设 计

6.6.1 装配整体式结构的楼盖宜采用叠合楼盖。结构转换层、平面复杂或开洞较大的楼层、作为上部结构嵌固部位的地下室楼层宜采用现浇楼盖。

6.6.2 叠合板应按现行国家标准《混凝土结构设计规范》GB 50010 进行设计，并应符合下列规定：

1 叠合板的预制板厚度不宜小于 60mm，后浇混凝土叠合层厚度不应小于 60mm；

2 当叠合板的预制板采用空心板时，板端空腔应封堵；

3 跨度大于 3m 的叠合板，宜采用桁架钢筋混凝土叠合板；

4 跨度大于 6m 的叠合板，宜采用预应力混凝土预制板；

5 板厚大于 180mm 的叠合板，宜采用混凝土空心板。

6.6.3 叠合板可根据预制板接缝构造、支座构造、长宽比按单向板或双向板设计。当预制板之间采用分离式接缝（图 6.6.3a）时，宜按单向板设计。对长宽比不大于 3 的四边支承叠合板，当其预制板之间采用整体式接缝（图 6.6.3b）或无接缝（图 6.6.3c）时，可按双向板设计。

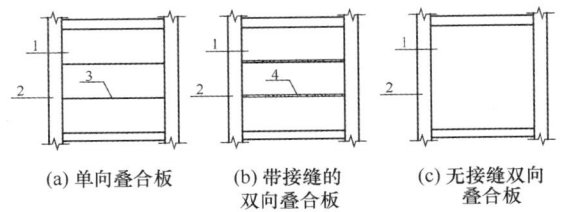

(a) 单向叠合板　　(b) 带接缝的　　(c) 无接缝双向
　　　　　　　　双向叠合板　　　　叠合板

图 6.6.3　叠合板的预制板布置形式示意
1—预制板；2—梁或墙；3—板侧分离式接缝；
4—板侧整体式接缝

6.6.4 叠合板支座处的纵向钢筋应符合下列规定：

1 板端支座处，预制板内的纵向受力钢筋宜从板端伸出并锚入支承梁或墙的后浇混凝土中，锚固长度不应小于 5d（d 为纵向受力钢筋直径），且宜伸过支座中心线（图 6.6.4a）；

2 单向叠合板的板侧支座处，当预制板内的板

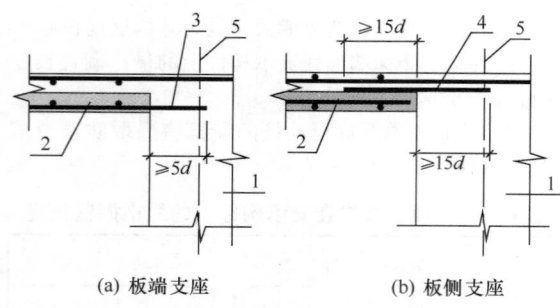

(a) 板端支座　　　　　(b) 板侧支座

图 6.6.4　叠合板端及板侧支座构造示意

1—支承梁或墙；2—预制板；3—纵向受力钢筋；
4—附加钢筋；5—支座中心线

底分布钢筋伸入支承梁或墙的后浇混凝土中时，应符合本条第 1 款的要求；当板底分布钢筋不伸入支座时，宜在紧邻预制板顶面的后浇混凝土叠合层中设置附加钢筋，附加钢筋截面面积不宜小于预制板内的同向分布钢筋面积，间距不宜大于 600mm，在板的后浇混凝土叠合层内锚固长度不应小于 15d，在支座内锚固长度不应小于 15d（d 为附加钢筋直径）且宜伸过支座中心线（图 6.6.4b）。

6.6.5 单向叠合板板侧的分离式接缝宜配置附加钢筋（图 6.6.5），并应符合下列规定：

　　1 接缝处紧邻预制板顶面宜设置垂直于板缝的附加钢筋，附加钢筋伸入两侧后浇混凝土叠合层的锚固长度不应小于 15d（d 为附加钢筋直径）；

　　2 附加钢筋截面面积不宜小于预制板中该方向钢筋面积，钢筋直径不宜小于 6mm、间距不宜大于 250mm。

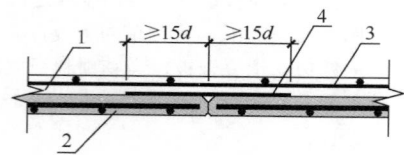

图 6.6.5　单向叠合板板侧分离式拼缝构造示意

1—后浇混凝土叠合层；2—预制板；
3—后浇层内钢筋；4—附加钢筋

6.6.6 双向叠合板板侧的整体式接缝宜设置在叠合板的次要受力方向上且宜避开最大弯矩截面。接缝可采用后浇带形式，并应符合下列规定：

　　1 后浇带宽度不宜小于 200mm；

　　2 后浇带两侧板底纵向受力钢筋可在后浇带中焊接、搭接连接、弯折锚固；

　　3 当后浇带两侧板底纵向受力钢筋在后浇带中弯折锚固时（图 6.6.6），应符合下列规定：

　　　　1）叠合板厚度不应小于 10d，且不应小于 120mm（d 为弯折钢筋直径的较大值）；

　　　　2）接缝处预制板侧伸出的纵向受力钢筋应在后浇混凝土叠合层内锚固，且锚固长度不

应小于 l_a；两侧钢筋在接缝处重叠的长度不应小于 10d，钢筋弯折角度不应大于 30°，弯折处沿接缝方向应配置不少于 2 根通长构造钢筋，且直径不应小于该方向预制板内钢筋直径。

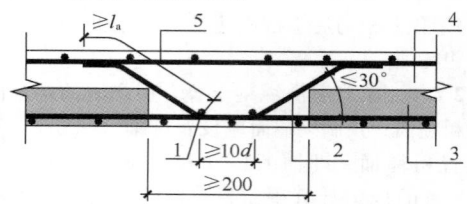

图 6.6.6　双向叠合板整体式接缝构造示意

1—通长构造钢筋；2—纵向受力钢筋；3—预制板；
4—后浇混凝土叠合层；5—后浇层内钢筋

6.6.7 桁架钢筋混凝土叠合板应满足下列要求：

　　1 桁架钢筋应沿主要受力方向布置；

　　2 桁架钢筋距板边不应大于 300mm，间距不宜大于 600mm；

　　3 桁架钢筋弦杆钢筋直径不宜小于 8mm，腹杆钢筋直径不应小于 4mm；

　　4 桁架钢筋弦杆混凝土保护层厚度不应小于 15mm。

6.6.8 当未设置桁架钢筋时，在下列情况下，叠合板的预制板与后浇混凝土叠合层之间应设置抗剪构造钢筋：

　　1 单向叠合板跨度大于 4.0m 时，距支座 1/4 跨范围内；

　　2 双向叠合板短向跨度大于 4.0m 时，距四边支座 1/4 短跨范围内；

　　3 悬挑叠合板；

　　4 悬挑板的上部纵向受力钢筋在相邻叠合板的后浇混凝土锚固范围内。

6.6.9 叠合板的预制板与后浇混凝土叠合层之间设置的抗剪构造钢筋应符合下列规定：

　　1 抗剪构造钢筋宜采用马镫形状，间距不宜大于 400mm，钢筋直径 d 不应小于 6mm；

　　2 马镫钢筋宜伸到叠合板上、下部纵向钢筋处，预埋在预制板内的总长度不应小于 15d，水平段长度不应小于 50mm。

6.6.10 阳台板、空调板宜采用叠合构件或预制构件。预制构件应与主体结构可靠连接；叠合构件的负弯矩钢筋应在相邻叠合板的后浇混凝土中可靠锚固，叠合构件中预制板底钢筋的锚固应符合下列规定：

　　1 当板底为构造配筋时，其钢筋锚固应符合本规程第 6.6.4 条第 1 款的规定；

　　2 当板底为计算要求配筋时，钢筋应满足受拉钢筋的锚固要求。

7 框架结构设计

7.1 一般规定

7.1.1 除本规程另有规定外，装配整体式框架结构可按现浇混凝土框架结构进行设计。

7.1.2 装配整体式框架结构中，预制柱的纵向钢筋连接应符合下列规定：

1 当房屋高度不大于 12m 或层数不超过 3 层时，可采用套筒灌浆、浆锚搭接、焊接等连接方式；

2 当房屋高度大于 12m 或层数超过 3 层时，宜采用套筒灌浆连接。

7.1.3 装配整体式框架结构中，预制柱水平接缝处不宜出现拉力。

7.2 承载力计算

7.2.1 对一、二、三级抗震等级的装配整体式框架，应进行梁柱节点核心区抗震受剪承载力验算；对四级抗震等级可不进行验算。梁柱节点核心区抗震受剪承载力验算和构造应符合现行国家标准《混凝土结构设计规范》GB 50010 和《建筑抗震设计规范》GB 50011 中的有关规定。

7.2.2 叠合梁端竖向接缝的受剪承载力设计值应按下列公式计算：

1 持久设计状况

$$V_{u} = 0.07 f_{c} A_{cl} + 0.10 f_{c} A_{k} + 1.65 A_{sd} \sqrt{f_{c} f_{y}}$$

(7.2.2-1)

2 地震设计状况

$$V_{uE} = 0.04 f_{c} A_{cl} + 0.06 f_{c} A_{k} + 1.65 A_{sd} \sqrt{f_{c} f_{y}}$$

(7.2.2-2)

式中：A_{cl}——叠合梁端截面后浇混凝土叠合层截面面积；

f_{c}——预制构件混凝土轴心抗压强度设计值；

f_{y}——垂直穿过结合面钢筋抗拉强度设计值；

A_{k}——各键槽的根部截面面积（图 7.2.2）之和，按后浇键槽根部截面和预制键槽根部截面分别计算，并取二者的较小值；

A_{sd}——垂直穿过结合面所有钢筋的面积，包括叠合层内的纵向钢筋。

7.2.3 在地震设计状况下，预制柱底水平接缝的受剪承载力设计值应按下列公式计算：

当预制柱受压时：

$$V_{uE} = 0.8N + 1.65 A_{sd} \sqrt{f_{c} f_{y}} \quad (7.2.3\text{-}1)$$

当预制柱受拉时：

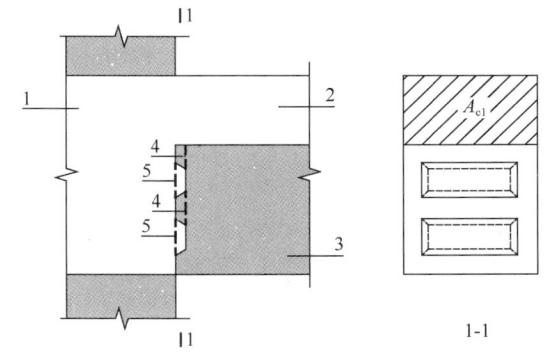

图 7.2.2 叠合梁端受剪承载力计算参数示意
1—后浇节点区；2—后浇混凝土叠合层；3—预制梁；
4—预制键槽根部截面；5—后浇键槽根部截面

$$V_{uE} = 1.65 A_{sd} \sqrt{f_{c} f_{y} \left[1 - \left(\frac{N}{A_{sd} f_{y}} \right)^{2} \right]}$$

(7.2.3-2)

式中：f_{c}——预制构件混凝土轴心抗压强度设计值；

f_{y}——垂直穿过结合面钢筋抗拉强度设计值；

N——与剪力设计值 V 相应的垂直于结合面的轴向力设计值，取绝对值进行计算；

A_{sd}——垂直穿过结合面所有钢筋的面积；

V_{uE}——地震设计状况下接缝受剪承载力设计值。

7.2.4 混凝土叠合梁的设计应符合本规程和现行国家标准《混凝土结构设计规范》GB 50010 中的有关规定。

7.3 构造设计

7.3.1 装配整体式框架结构中，当采用叠合梁时，框架梁的后浇混凝土叠合层厚度不宜小于 150mm（图 7.3.1），次梁的后浇混凝土叠合层厚度不宜小于 120mm；当采用凹口截面预制梁时（图 7.3.1b），凹口深度不宜小于 50mm，凹口边厚度不宜小于 60mm。

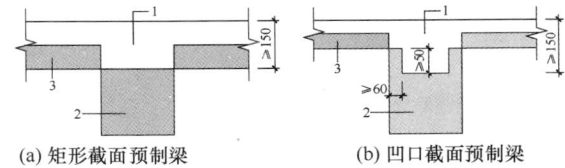

(a) 矩形截面预制梁　　　　(b) 凹口截面预制梁

图 7.3.1 叠合框架梁截面示意
1—后浇混凝土叠合层；2—预制梁；3—预制板

7.3.2 叠合梁的箍筋配置应符合下列规定：

1 抗震等级为一、二级的叠合框架梁的梁端箍筋加密区宜采用整体封闭箍筋（图 7.3.2a）；

2 采用组合封闭箍筋的形式（图 7.3.2b）时，开口箍筋上方应做成 135° 弯钩；非抗震设计时，弯钩端头平直段长度不应小于 5d（d 为箍筋直径）；抗震设计时，平直段长度不应小于 10d。现场应采用箍筋帽封闭开口箍，箍筋帽末端应做成135°弯钩；非抗震设计时，弯钩端头平直段长度不应小于 5d；抗震设计时，平直段长度不应小于 10d。

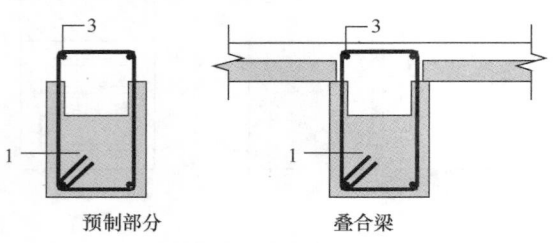

(a) 采用整体封闭箍筋的叠合梁

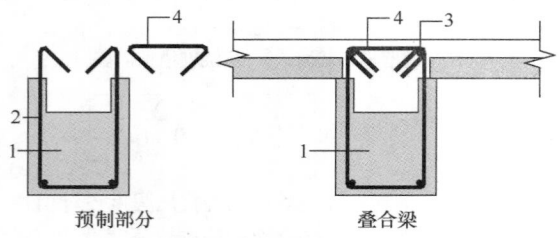

(b) 采用组合封闭箍筋的叠合梁

图 7.3.2　叠合梁箍筋构造示意

1—预制梁；2—开口箍筋；3—上部纵向钢筋；4—箍筋帽

7.3.3　叠合梁可采用对接连接（图 7.3.3），并应符合下列规定：

　　1　连接处应设置后浇段，后浇段的长度应满足梁下部纵向钢筋连接作业的空间需求；

　　2　梁下部纵向钢筋在后浇段内宜采用机械连接、套筒灌浆连接或焊接连接；

　　3　后浇段内的箍筋应加密，箍筋间距不应大于 5d（d 为纵向钢筋直径），且不应大于 100mm。

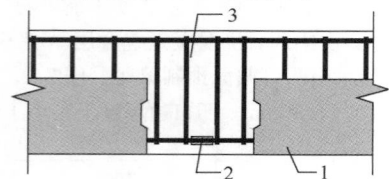

图 7.3.3　叠合梁连接节点示意

1—预制梁；2—钢筋连接接头；3—后浇段

7.3.4　主梁与次梁采用后浇段连接时，应符合下列规定：

　　1　在端部节点处，次梁下部纵向钢筋伸入主梁后浇段内的长度不应小于 12d。次梁上部纵向钢筋应在主梁后浇段内锚固。当采用弯折锚固（图 7.3.4a）或锚固板时，锚固直段长度不应小于 $0.6l_{ab}$；当钢筋应力不大于钢筋强度设计值的 50% 时，锚固直段长度不应小于 $0.35l_{ab}$；弯折锚固的弯折后直段长度不应小于 12d（d 为纵向钢筋直径）。

　　2　在中间节点处，两侧次梁的下部纵向钢筋伸入主梁后浇段内长度不应小于 12d（d 为纵向钢筋直

径）；次梁上部纵向钢筋应在现浇层内贯通（图 7.3.4b）。

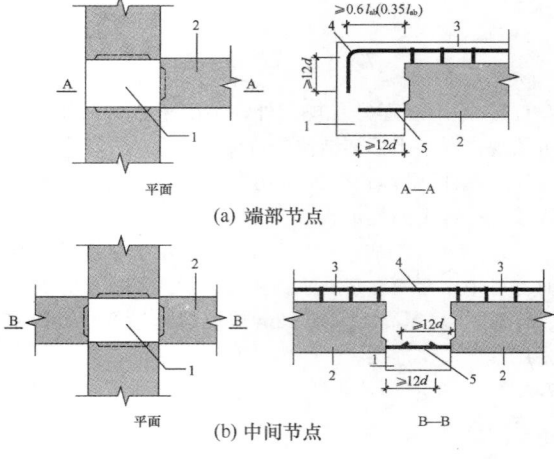

(a) 端部节点

(b) 中间节点

图 7.3.4　主次梁连接节点构造示意

1—主梁后浇段；2—次梁；3—后浇混凝土叠合层；
4—次梁上部纵向钢筋；5—次梁下部纵向钢筋

7.3.5　预制柱的设计应符合现行国家标准《混凝土结构设计规范》GB 50010 的要求，并应符合下列规定：

　　1　柱纵向受力钢筋直径不宜小于 20mm；

　　2　矩形柱截面宽度或圆柱直径不宜小于 400mm，且不宜小于同方向梁宽的 1.5 倍；

　　3　柱纵向受力钢筋在柱底采用套筒灌浆连接时，柱箍筋加密区长度不应小于纵向受力钢筋连接区域长度与 500mm 之和；套筒上端第一道箍筋距离套筒顶部不大于 50mm（图 7.3.5）。

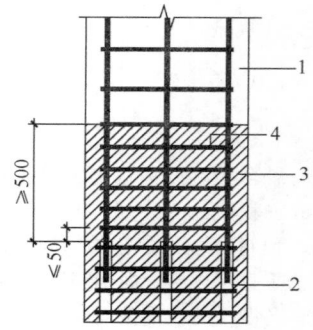

图 7.3.5　钢筋采用套筒灌浆连接时柱底箍筋加密区域构造示意

1—预制柱；2—套筒灌浆连接接头；
3—箍筋加密区（阴影区域）；4—加密区箍筋

7.3.6　采用预制柱及叠合梁的装配整体式框架中，柱底接缝宜设置在楼面标高处（图 7.3.6），并应符合下列规定：

　　1　后浇节点区混凝土上表面应设置粗糙面；

　　2　柱纵向受力钢筋应贯穿后浇节点区；

　　3　柱底接缝厚度宜为 20mm，并应采用灌浆料

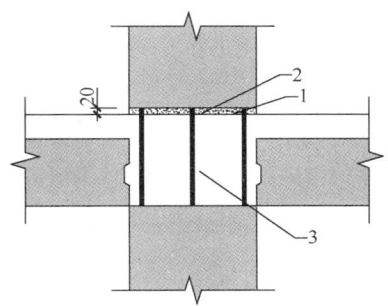

图 7.3.6 预制柱底接缝构造示意

1—后浇节点区混凝土上表面粗糙面；
2—接缝灌浆层；3—后浇区

填实。

7.3.7 梁、柱纵向钢筋在后浇节点区内采用直线锚固、弯折锚固或机械锚固的方式时，其锚固长度应符合现行国家标准《混凝土结构设计规范》GB 50010中的有关规定；当梁、柱纵向钢筋采用锚固板时，应符合现行行业标准《钢筋锚固板应用技术规程》JGJ 256中的有关规定。

7.3.8 采用预制柱及叠合梁的装配整体式框架节点，梁纵向受力钢筋应伸入后浇节点区内锚固或连接，并应符合下列规定：

1 对框架中间层中节点，节点两侧的梁下部纵向受力钢筋宜锚固在后浇节点区内（图 7.3.8-1a），也可采用机械连接或焊接的方式直接连接（图 7.3.8-1b）；梁的上部纵向受力钢筋应贯穿后浇节点区。

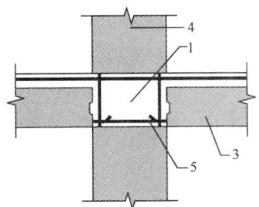 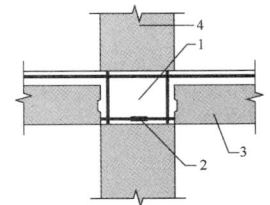

(a) 梁下部纵向受力钢筋锚固　　(b) 梁下部纵向受力钢筋连接

图 7.3.8-1 预制柱及叠合梁框架中间
层中节点构造示意

1—后浇区；2—梁下部纵向受力钢筋连接；3—预制梁；
4—预制柱；5—梁下部纵向受力钢筋锚固

2 对框架中间层端节点，当柱截面尺寸不满足梁纵向受力钢筋的直线锚固要求时，宜采用锚固板锚固（图 7.3.8-2），也可采用 90°弯折锚固。

3 对框架顶层中节点，梁纵向受力钢筋的构造应符合本条第 1 款的规定。柱纵向受力钢筋宜采用直线锚固；当梁截面尺寸不满足直线锚固要求时，宜采用锚固板锚固（图 7.3.8-3）。

4 对框架顶层端节点，梁下部纵向受力钢筋应锚固在后浇节点区内，且宜采用锚固板的锚固方式；梁、柱其他纵向受力钢筋的锚固应符合下列规定：

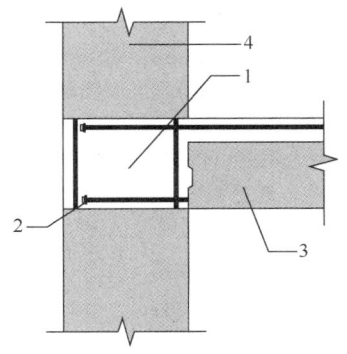

图 7.3.8-2 预制柱及叠合梁框架
中间层端节点构造示意

1—后浇区；2—梁纵向受力钢筋锚固；
3—预制梁；4—预制柱

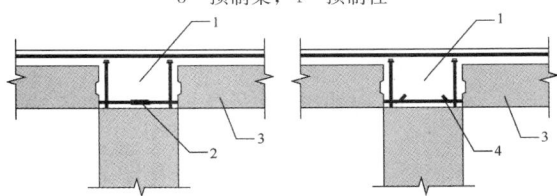

(a) 梁下部纵向受力钢筋连接　　(b) 梁下部纵向受力钢筋锚固

图 7.3.8-3 预制柱及叠合梁框架顶层中
节点构造示意

1—后浇区；2—梁下部纵向受力钢筋连接；
3—预制梁；4—梁下部纵向受力钢筋锚固

1）柱宜伸出屋面并将柱纵向受力钢筋锚固在伸出段内（图 7.3.8-4a），伸出段长度不宜小于 500mm，伸出段内箍筋间距不应大于 5d（d 为柱纵向受力钢筋直径），且不应大于 100mm；柱纵向钢筋宜采用锚固板锚固，锚固长度不应小于 40d；梁上部纵向受力钢筋宜采用锚固板锚固；

2）柱外侧纵向受力钢筋也可与梁上部纵向受力钢筋在后浇节点区搭接（图 7.3.8-4b），

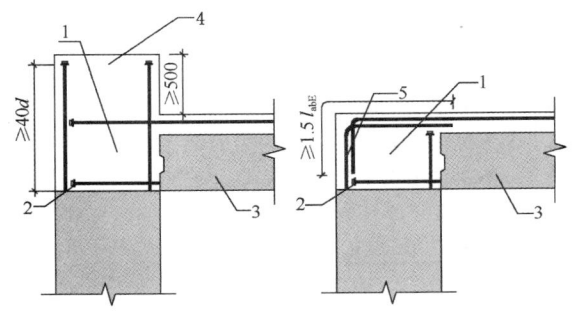

(a) 柱向上伸长　　(b) 梁柱外侧钢筋搭接

图 7.3.8-4 预制柱及叠合梁框架顶层
端节点构造示意

1—后浇区；2—梁下部纵向受力钢筋锚固；3—预制梁；
4—柱延伸段；5—梁柱外侧钢筋搭接

其构造要求应符合现行国家标准《混凝土结构设计规范》GB 50010 中的规定；柱内侧纵向受力钢筋宜采用锚固板锚固。

7.3.9 采用预制柱及叠合梁的装配整体式框架节点，梁下部纵向受力钢筋也可伸至节点区外的后浇段内连接（图 7.3.9），连接接头与节点区的距离不应小于 $1.5h_0$（h_0 为梁截面有效高度）。

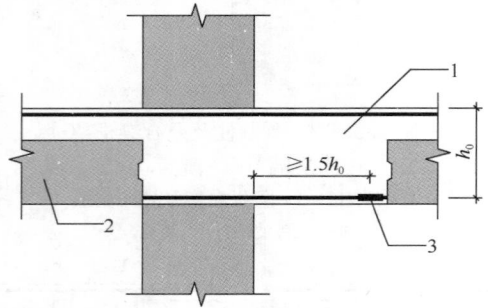

图 7.3.9 梁纵向钢筋在节点区外的后浇段内连接示意

1—后浇段；2—预制梁；3—纵向受力钢筋连接

7.3.10 现浇柱与叠合梁组成的框架节点中，梁纵向受力钢筋的连接与锚固应符合本规程第 7.3.7～7.3.9 条的规定。

8 剪力墙结构设计

8.1 一般规定

8.1.1 抗震设计时，对同一层内既有现浇墙肢也有预制墙肢的装配整体式剪力墙结构，现浇墙肢水平地震作用弯矩、剪力宜乘以不小于 1.1 的增大系数。

8.1.2 装配整体式剪力墙结构的布置应满足下列要求：

1 应沿两个方向布置剪力墙；

2 剪力墙的截面宜简单、规则；预制墙的门窗洞口宜上下对齐、成列布置。

8.1.3 抗震设计时，高层装配整体式剪力墙结构不应全部采用短肢剪力墙；抗震设防烈度为 8 度时，不宜采用具有较多短肢剪力墙的剪力墙结构。当采用具有较多短肢剪力墙的剪力墙结构时，应符合下列规定：

1 在规定的水平地震作用下，短肢剪力墙承担的底部倾覆力矩不宜大于结构底部总地震倾覆力矩的 50%；

2 房屋适用高度应比本规程表 6.1.1 规定的装配整体式剪力墙结构的最大适用高度适当降低，抗震设防烈度为 7 度和 8 度时宜分别降低 20m。

注：1 短肢剪力墙是指截面厚度不大于 300mm、各肢截面高度与厚度之比的最大值大于 4 但不大于 8 的剪力墙；

2 具有较多短肢剪力墙的剪力墙结构是指，在规定的水平地震作用下，短肢剪力墙承担的底部倾覆力矩不小于结构底部总地震倾覆力矩的 30% 的剪力墙结构。

8.1.4 抗震设防烈度为 8 度时，高层装配整体式剪力墙结构中的电梯井筒宜采用现浇混凝土结构。

8.2 预制剪力墙构造

8.2.1 预制剪力墙宜采用一字形，也可采用 L 形、T 形或 U 形；开洞预制剪力墙洞口宜居中布置，洞口两侧的墙肢宽度不应小于 200mm，洞口上方连梁高度不宜小于 250mm。

8.2.2 预制剪力墙的连梁不宜开洞；当需开洞时，洞口宜预埋套管，洞口上、下截面的有效高度不宜小于梁高的 1/3，且不宜小于 200mm；被洞口削弱的连梁截面应进行承载力验算，洞口处应配置补强纵向钢筋和箍筋，补强纵向钢筋的直径不应小于 12mm。

8.2.3 预制剪力墙开有边长小于 800mm 的洞口且在结构整体计算中不考虑其影响时，应沿洞口周边配置补强钢筋；补强钢筋的直径不应小于 12mm，截面面积不应小于同方向被洞口截断的钢筋面积；该钢筋自孔洞边角算起伸入墙内的长度，非抗震设计时不应小于 l_a，抗震设计时不应小于 l_{aE}（图 8.2.3）。

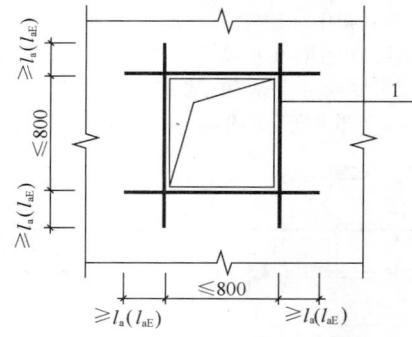

图 8.2.3 预制剪力墙洞口补强钢筋配置示意

1—洞口补强钢筋

8.2.4 当采用套筒灌浆连接时，自套筒底部至套筒顶部并向上延伸 300mm 范围内，预制剪力墙的水平分布筋应加密（图 8.2.4），加密区水平分布筋的最

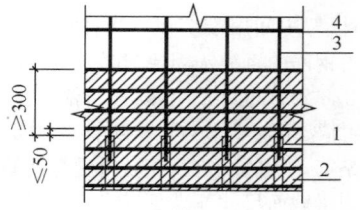

图 8.2.4 钢筋套筒灌浆连接部位水平分布钢筋的加密构造示意

1—灌浆套筒；2—水平分布钢筋加密区域（阴影区域）；3—竖向钢筋；4—水平分布钢筋

大间距及最小直径应符合表8.2.4的规定，套筒上端第一道水平分布钢筋距离套筒顶部不应大于50mm。

表 8.2.4　加密区水平分布钢筋的要求

抗震等级	最大间距（mm）	最小直径（mm）
一、二级	100	8
三、四级	150	8

8.2.5 端部无边缘构件的预制剪力墙，宜在端部配置 2 根直径不小于12mm的竖向构造钢筋；沿该钢筋竖向应配置拉筋，拉筋直径不宜小于 6mm、间距不宜大于 250mm。

8.2.6 当预制外墙采用夹心墙板时，应满足下列要求：

　　1 外叶墙板厚度不应小于 50mm，且外叶墙板应与内叶墙板可靠连接；

　　2 夹心外墙板的夹层厚度不宜大于 120mm；

　　3 当作为承重墙时，内叶墙板应按剪力墙进行设计。

8.3　连　接　设　计

8.3.1 楼层内相邻预制剪力墙之间应采用整体式接缝连接，且应符合下列规定：

　　1 当接缝位于纵横墙交接处的约束边缘构件区域时，约束边缘构件的阴影区域（图 8.3.1-1）宜全部采用后浇混凝土，并应在后浇段内设置封闭箍筋。

　　2 当接缝位于纵横墙交接处的构造边缘构件区域时，构造边缘构件宜全部采用后浇混凝土（图8.3.1-2）；当仅在一面墙上设置后浇段时，后浇段的长度不宜小于 300mm（图 8.3.1-3）。

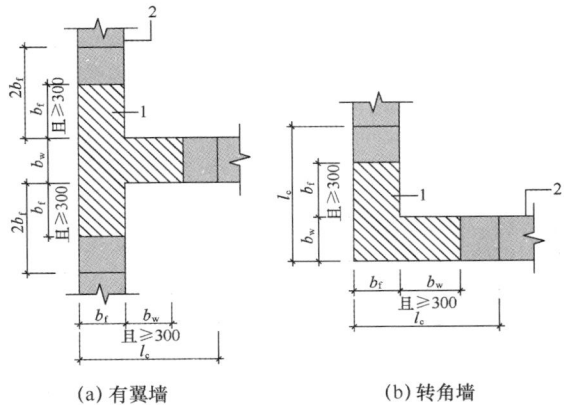

(a) 有翼墙　　　　　(b) 转角墙

图 8.3.1-1　约束边缘构件阴影区域
全部后浇构造示意

l_c—约束边缘构件沿墙肢的长度
1—后浇段；2—预制剪力墙

　　3 边缘构件内的配筋及构造要求应符合现行国家标准《建筑抗震设计规范》GB 50011 的有关规定；预制剪力墙的水平分布钢筋在后浇段内的锚固、连接

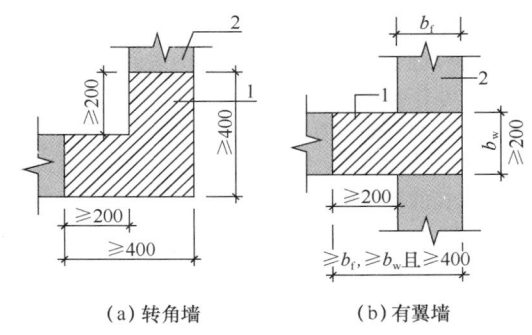

(a) 转角墙　　　　　(b) 有翼墙

图 8.3.1-2　构造边缘构件全部后浇构造示意
（阴影区域为构造边缘构件范围）
1—后浇段；2—预制剪力墙

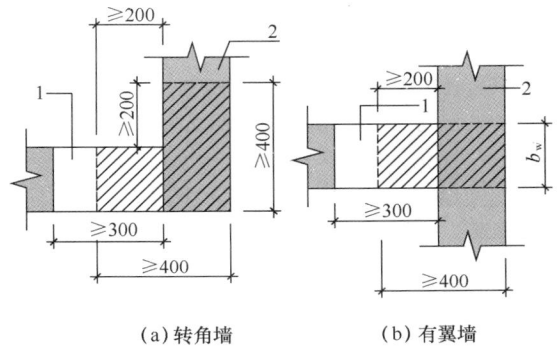

(a) 转角墙　　　　　(b) 有翼墙

图 8.3.1-3　构造边缘构件部分后浇构造示意
（阴影区域为构造边缘构件范围）
1—后浇段；2—预制剪力墙

应符合现行国家标准《混凝土结构设计规范》GB 50010 的有关规定。

　　4 非边缘构件位置，相邻预制剪力墙之间应设置后浇段，后浇段的宽度不应小于墙厚且不宜小于 200mm；后浇段内应设置不少于 4 根竖向钢筋，钢筋直径不应小于墙体竖向分布筋直径且不应小于 8mm；两侧墙体的水平分布筋在后浇段内的锚固、连接应符合现行国家标准《混凝土结构设计规范》GB 50010 的有关规定。

8.3.2 屋面以及立面收进的楼层，应在预制剪力墙顶部设置封闭的后浇钢筋混凝土圈梁（图 8.3.2），

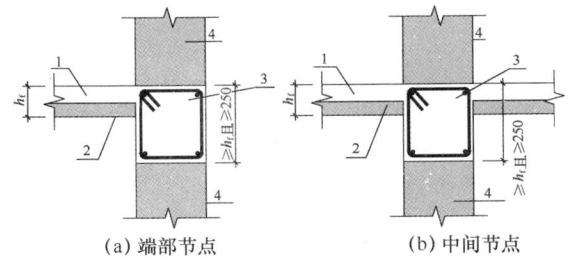

(a) 端部节点　　　　　(b) 中间节点

图 8.3.2　后浇钢筋混凝土圈梁构造示意
1—后浇混凝土叠合层；2—预制板；
3—后浇圈梁；4—预制剪力墙

并应符合下列规定：

    1 圈梁截面宽度不应小于剪力墙的厚度，截面高度不宜小于楼板厚度及 250mm 的较大值；圈梁应与现浇或者叠合楼、屋盖浇筑成整体。

    2 圈梁内配置的纵向钢筋不应少于 4φ12，且按全截面计算的配筋率不应小于 0.5% 和水平分布筋配筋率的较大值，纵向钢筋竖向间距不应大于 200mm；箍筋间距不应大于 200mm，且直径不应小于 8mm。

8.3.3 各层楼面位置，预制剪力墙顶部无后浇圈梁时，应设置连续的水平后浇带（图 8.3.3）；水平后浇带应符合下列规定：

    1 水平后浇带宽度应取剪力墙的厚度，高度不应小于楼板厚度；水平后浇带应与现浇或者叠合楼、屋盖浇筑成整体。

    2 水平后浇带内应配置不少于 2 根连续纵向钢筋，其直径不宜小于 12mm。

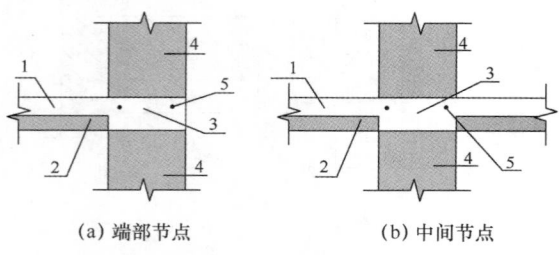

(a) 端部节点   (b) 中间节点

图 8.3.3 水平后浇带构造示意

1—后浇混凝土叠合层；2—预制板；3—水平后浇带；
4—预制墙板；5—纵向钢筋

8.3.4 预制剪力墙底部接缝宜设置在楼面标高处，并应符合下列规定：

    1 接缝高度宜为 20mm；

    2 接缝宜采用灌浆料填实；

    3 接缝处后浇混凝土上表面应设置粗糙面。

8.3.5 上下层预制剪力墙的竖向钢筋，当采用套筒灌浆连接和浆锚搭接连接时，应符合下列规定：

    1 边缘构件竖向钢筋应逐根连接。

    2 预制剪力墙的竖向分布钢筋，当仅部分连接时（图 8.3.5），被连接的同侧钢筋间距不应大于 600mm，且在剪力墙构件承载力设计和分布钢筋配筋率计算中不得计入不连接的分布钢筋；不连接的竖向

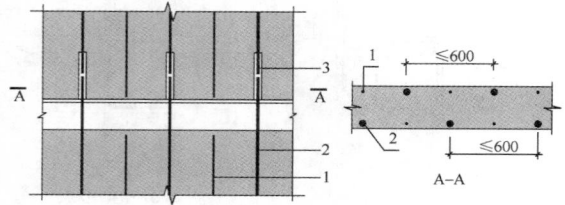

图 8.3.5 预制剪力墙竖向分布钢筋连接构造示意

1—不连接的竖向分布钢筋；2—连接的竖向
分布钢筋；3—连接接头

分布钢筋直径不应小于 6mm。

    3 一级抗震等级剪力墙以及二、三级抗震等级底部加强部位，剪力墙的边缘构件竖向钢筋宜采用套筒灌浆连接。

8.3.6 预制剪力墙相邻下层为现浇剪力墙时，预制剪力墙与下层现浇剪力墙中竖向钢筋的连接应符合本规程第 8.3.5 条的规定，下层现浇剪力墙顶面应设置粗糙面。

8.3.7 在地震设计状况下，剪力墙水平接缝的受剪承载力设计值应按下式计算：

$$V_{uE} = 0.6 f_y A_{sd} + 0.8N \qquad (8.3.7)$$

式中：f_y——垂直穿过结合面的钢筋抗拉强度设计值；

    N——与剪力设计值 V 相应的垂直于结合面的轴向力设计值，压力时取正，拉力时取负；

    A_{sd}——垂直穿过结合面的抗剪钢筋面积。

8.3.8 预制剪力墙洞口上方的预制连梁宜与后浇圈梁或水平后浇带形成叠合连梁（图 8.3.8），叠合连梁的配筋及构造要求应符合现行国家标准《混凝土结构设计规范》GB 50010 的有关规定。

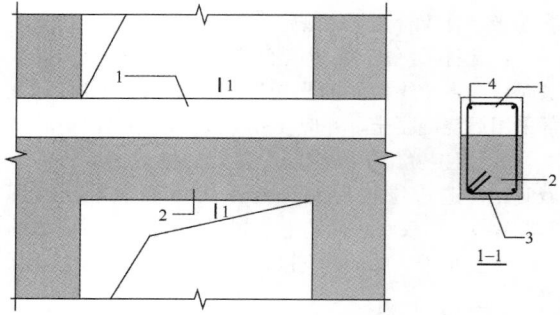

图 8.3.8 预制剪力墙叠合连梁构造示意

1—后浇圈梁或后浇带；2—预制连梁；
3—箍筋；4—纵向钢筋

8.3.9 楼面梁不宜与预制剪力墙在剪力墙平面外单侧连接；当楼面梁与剪力墙在平面外单侧连接时，宜采用铰接。

8.3.10 预制叠合连梁的预制部分宜与剪力墙整体预制，也可在跨中拼接或在端部与预制剪力墙拼接。

8.3.11 当预制叠合连梁在跨中拼接时，可按本规程第 7.3.3 条的规定进行接缝的构造设计。

8.3.12 当预制叠合连梁端部与预制剪力墙在平面内拼接时，接缝构造应符合下列规定：

    1 当墙端边缘构件采用后浇混凝土时，连梁纵向钢筋应在后浇段中可靠锚固（图 8.3.12a）或连接（图 8.3.12b）；

    2 当预制剪力墙端部上角预留局部后浇节点区时，连梁的纵向钢筋应在局部后浇节点区内可靠锚固

（图 8.3.12c）或连接（图 8.3.12d）。

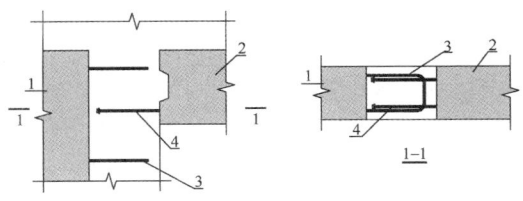

(a)预制连梁钢筋在后浇段内锚固构造示意

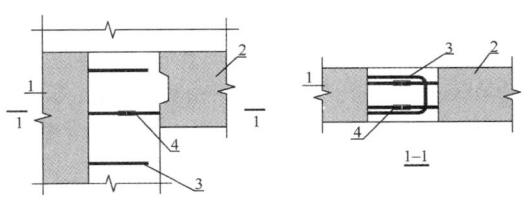

(b)预制连梁钢筋在后浇段内与预制剪力墙
预留钢筋连接构造示意

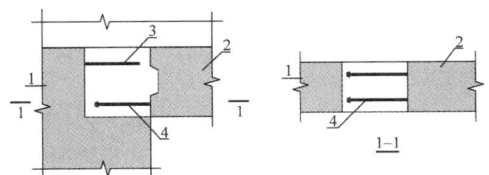

(c)预制连梁钢筋在预制剪力墙局部
后浇节点区内锚固构造示意

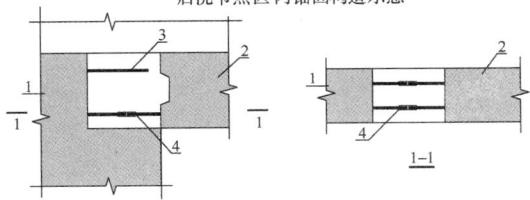

(d)预制连梁钢筋在预制剪力墙局部后浇节点区内
与墙板预留钢筋连接构造示意

图 8.3.12 同一平面内预制连梁与预制剪力
墙连接构造示意

1—预制剪力墙；2—预制连梁；3—边缘构件箍筋；
4—连梁下部纵向受力钢筋锚固或连接

8.3.13 当采用后浇连梁时，宜在预制剪力墙端伸出预留纵向钢筋，并与后浇连梁的纵向钢筋可靠连接（图 8.3.13）。

8.3.14 应按本规程第 7.2.2 条的规定进行叠合连梁

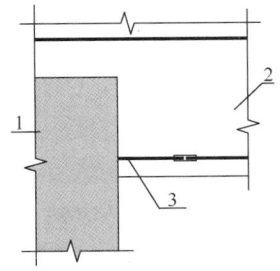

图 8.3.13 后浇连梁与预制剪力墙连接构造示意

1—预制墙板；2—后浇连梁；3—预制
剪力墙伸出纵向受力钢筋

端部接缝的受剪承载力计算。

8.3.15 当预制剪力墙洞口下方有墙时，宜将洞口下墙作为单独的连梁进行设计（图 8.3.15）。

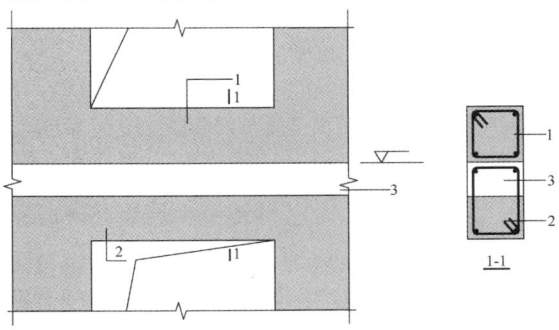

图 8.3.15 预制剪力墙洞口下墙与
叠合连梁的关系示意

1—洞口下墙；2—预制连梁；3—后浇圈梁或水平后浇带

9 多层剪力墙结构设计

9.1 一 般 规 定

9.1.1 本章适用于 6 层及 6 层以下、建筑设防类别为丙类的装配式剪力墙结构设计。

9.1.2 多层装配式剪力墙结构抗震等级应符合下列规定：

1 抗震设防烈度为 8 度时取三级；

2 抗震设防烈度为 6、7 度时取四级。

9.1.3 当房屋高度不大于 10m 且不超过 3 层时，预制剪力墙截面厚度不应小于 120mm；当房屋超过 3 层时，预制剪力墙截面厚度不宜小于 140mm。

9.1.4 当预制剪力墙截面厚度不小于 140mm 时，应配置双排双向分布钢筋网。剪力墙中水平及竖向分布筋的最小配筋率不应小于 0.15%。

9.1.5 除本章规定外，预制剪力墙构件的构造应符合本规程第 8.2 节的规定。

9.2 结构分析和设计

9.2.1 多层装配式剪力墙结构可采用弹性方法进行结构分析，并宜按结构实际情况建立分析模型。

9.2.2 在地震设计状况下，预制剪力墙水平接缝的受剪承载力设计值应按下式计算：

$$V_{uE} = 0.6 f_y A_{sd} + 0.6N \qquad (9.2.2)$$

式中：f_y——垂直穿过结合面的钢筋抗拉强度设计值；

N——与剪力设计值 V 相应的垂直于结合面的轴向力设计值，压力时取正，拉力时取负；

A_{sd}——垂直穿过结合面的抗剪钢筋面积。

9.3 连接设计

9.3.1 抗震等级为三级的多层装配式剪力墙结构，在预制剪力墙转角、纵横墙交接部位应设置后浇混凝土暗柱，并应符合下列规定：

1 后浇混凝土暗柱截面高度不宜小于墙厚，且不应小于250mm，截面宽度可取墙厚（图9.3.1）；

2 后浇混凝土暗柱内应配置竖向钢筋和箍筋，配筋应满足墙肢截面承载力的要求，并应满足表9.3.1的要求；

3 预制剪力墙的水平分布钢筋在后浇混凝土暗柱内的锚固、连接应符合现行国家标准《混凝土结构设计规范》GB 50010的有关规定。

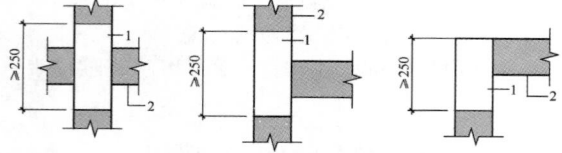

图 9.3.1 多层装配式剪力墙结构后浇混凝土
暗柱示意
1—后浇段；2—预制剪力墙

表 9.3.1 多层装配式剪力墙结构后浇混凝土
暗柱配筋要求

	底层			其他层	
纵向钢筋最小量	箍筋（mm）		纵向钢筋最小量	箍筋（mm）	
	最小直径	沿竖向最大间距		最小直径	沿竖向最大间距
4ϕ12	6	200	4ϕ10	6	250

9.3.2 楼层内相邻预制剪力墙之间的竖向接缝可采用后浇段连接，并应符合下列规定：

1 后浇段内应设置竖向钢筋，竖向钢筋配筋率不应小于墙体竖向分布筋配筋率，且不宜小于2ϕ12；

2 预制剪力墙的水平分布钢筋在后浇段内的锚固、连接应符合现行国家标准《混凝土结构设计规范》GB 50010的有关规定。

9.3.3 预制剪力墙水平接缝宜设置在楼面标高处，并应满足下列要求：

1 接缝厚度宜为20mm。

2 接缝处应设置连接节点，连接节点间距不宜大于1m；穿过接缝的连接钢筋数量应满足接缝受剪承载力的要求，且配筋率不应低于墙板竖向钢筋配筋率，连接钢筋直径不应小于14mm。

3 连接钢筋可采用套筒灌浆连接、浆锚搭接连接、焊接连接，并应满足本规程附录A中相应的构造要求。

9.3.4 当房屋层数大于3层时，应符合下列规定：

1 屋面、楼面宜采用叠合楼盖，叠合板与预制剪力墙的连接应符合本规程第6.6.4条的规定；

2 沿各层墙顶应设置水平后浇带，并应符合本规程第8.3.3条的规定；

3 当抗震等级为三级时，应在屋面设置封闭的后浇钢筋混凝土圈梁，圈梁应符合本规程第8.3.2条的规定。

9.3.5 当房屋层数不大于3层时，楼面可采用预制楼板，并应符合下列规定：

1 预制板在墙上的搁置长度不应小于60mm，当墙厚不能满足搁置长度要求时可设置挑耳；板端后浇混凝土接缝宽度不宜小于50mm，接缝内应配置连续的通长钢筋，钢筋直径不应小于8mm。

2 当板端伸出锚固钢筋时，两侧伸出的锚固钢筋应互相可靠连接，并应与支承墙伸出的钢筋、板端接缝内设置的通长钢筋拉结。

3 当板端不伸出锚固钢筋时，应沿板跨方向布置连系钢筋，连系钢筋直径不应小于10mm，间距不应大于600mm；连系钢筋应与两侧预制板可靠连接，并应与支承墙伸出的钢筋、板端接缝内设置的通长钢筋拉结。

9.3.6 连梁宜与剪力墙整体预制，也可在跨中拼接。预制剪力墙洞口上方的预制连梁可与后浇混凝土圈梁或水平后浇带形成叠合连梁；叠合连梁的配筋及构造要求应符合现行国家标准《混凝土结构设计规范》GB 50010的有关规定。

9.3.7 预制剪力墙与基础的连接应符合下列规定：

1 基础顶面应设置现浇混凝土圈梁，圈梁上表面应设置粗糙面；

2 预制剪力墙与圈梁顶面之间的接缝构造应符合本规程第9.3.3条的规定，连接钢筋应在基础中可靠锚固，且宜伸入到基础底部；

3 剪力墙后浇暗柱和竖向接缝内的纵向钢筋应在基础中可靠锚固，且宜伸入到基础底部。

10 外挂墙板设计

10.1 一般规定

10.1.1 外挂墙板应采用合理的连接节点并与主体结构可靠连接。有抗震设防要求时，外挂墙板及其与主体结构的连接节点，应进行抗震设计。

10.1.2 外挂墙板结构分析可采用线性弹性方法，其计算简图应符合实际受力状态。

10.1.3 对外挂墙板和连接节点进行承载力验算时，其结构重要性系数 γ_0 应取不小于1.0，连接节点承载力抗震调整系数 γ_{RE} 应取1.0。

10.1.4 支承外挂墙板的结构构件应具有足够的承载力和刚度。

10.1.5 外挂墙板与主体结构宜采用柔性连接，连接节点应具有足够的承载力和适应主体结构变形的能力，并应采取可靠的防腐、防锈和防火措施。

10.2 作用及作用组合

10.2.1 计算外挂墙板及连接节点的承载力时，荷载组合的效应设计值应符合下列规定：

1 持久设计状况：

当风荷载效应起控制作用时：

$$S = \gamma_G S_{Gk} + \gamma_w S_{wk} \quad (10.2.1\text{-}1)$$

当永久荷载效应起控制作用时：

$$S = \gamma_G S_{Gk} + \psi_w \gamma_w S_{wk} \quad (10.2.1\text{-}2)$$

2 地震设计状况：

在水平地震作用下：

$$S_{Eh} = \gamma_G S_{Gk} + \gamma_{Eh} S_{Ehk} + \psi_w \gamma_w S_{wk}$$
$$(10.2.1\text{-}3)$$

在竖向地震作用下：

$$S_{Ev} = \gamma_G S_{Gk} + \gamma_{Ev} S_{Evk} \quad (10.2.1\text{-}4)$$

式中：S——基本组合的效应设计值；

S_{Eh}——水平地震作用组合的效应设计值；

S_{Ev}——竖向地震作用组合的效应设计值；

S_{Gk}——永久荷载的效应标准值；

S_{wk}——风荷载的效应标准值；

S_{Ehk}——水平地震作用的效应标准值；

S_{Evk}——竖向地震作用的效应标准值；

γ_G——永久荷载分项系数，按本规程第 10.2.2 条规定取值；

γ_w——风荷载分项系数，取 1.4；

γ_{Eh}——水平地震作用分项系数，取 1.3；

γ_{Ev}——竖向地震作用分项系数，取 1.3；

ψ_w——风荷载组合系数。在持久设计状况下取 0.6，地震设计状况下取 0.2。

10.2.2 在持久设计状况、地震设计状况下，进行外挂墙板和连接节点的承载力设计时，永久荷载分项系数 γ_G 应按下列规定取值：

1 进行外挂墙板平面外承载力设计时，γ_G 应取为 0；进行外挂墙板平面内承载力设计时，γ_G 应取为 1.2；

2 进行连接节点承载力设计时，在持久设计状况下，当风荷载效应起控制作用时，γ_G 应取 1.2，当永久荷载效应起控制作用时，γ_G 应取为 1.35；在地震设计状况下，γ_G 应取为 1.2。当永久荷载效应对连接节点承载力有利时，γ_G 应取为 1.0。

10.2.3 风荷载标准值应按现行国家标准《建筑结构荷载规范》GB 50009 有关围护结构的规定确定。

10.2.4 计算水平地震作用标准值时，可采用等效侧力法，并应按下式计算：

$$F_{Ehk} = \beta_E \alpha_{max} G_k \quad (10.2.4)$$

式中：F_{Ehk}——施加于外挂墙板重心处的水平地震作

用标准值；

β_E——动力放大系数，可取 5.0；

α_{max}——水平地震影响系数最大值，应按表 10.2.4 采用；

G_k——外挂墙板的重力荷载标准值。

表 10.2.4 水平地震影响系数最大值 α_{max}

抗震设防烈度	6 度	7 度	8 度
α_{max}	0.04	0.08 (0.12)	0.16 (0.24)

注：抗震设防烈度 7、8 度时括号内数值分别用于设计基本地震加速度为 0.15g 和 0.30g 的地区。

10.2.5 竖向地震作用标准值可取水平地震作用标准值的 0.65 倍。

10.3 外挂墙板和连接设计

10.3.1 外挂墙板的高度不宜大于一个层高，厚度不宜小于 100mm。

10.3.2 外挂墙板宜采用双层、双向配筋，竖向和水平钢筋的配筋率均不应小于 0.15%，且钢筋直径不宜小于 5mm，间距不宜大于 200mm。

10.3.3 门窗洞口周边、角部应配置加强钢筋。

10.3.4 外挂墙板最外层钢筋的混凝土保护层厚度除有专门要求外，应符合下列规定：

1 对石材或面砖饰面，不应小于 15mm；

2 对清水混凝土，不应小于 20mm；

3 对露骨料装饰面，应从最凹处混凝土表面计起，且不应小于 20mm。

10.3.5 外挂墙板的截面设计应符合本规程第 6.4 节的要求。

10.3.6 外挂墙板与主体结构采用点支承连接时，连接件的滑动孔尺寸，应根据穿孔螺栓的直径、层间位移值和施工误差等因素确定。

10.3.7 外挂墙板间接缝的构造应符合下列规定：

1 接缝构造应满足防水、防火、隔声等建筑功能要求；

2 接缝宽度应满足主体结构的层间位移、密封材料的变形能力、施工误差、温差引起变形等要求，且不应小于 15mm。

11 构件制作与运输

11.1 一般规定

11.1.1 预制构件制作单位应具备相应的生产工艺设施，并应有完善的质量管理体系和必要的试验检测手段。

11.1.2 预制构件制作前，应对其技术要求和质量标准进行技术交底，并应制定生产方案；生产方案应包括生产工艺、模具方案、生产计划、技术质量控制措施、成品保护、堆放及运输方案等内容。

11.1.3 预制构件用混凝土的工作性应根据产品类别和生产工艺要求确定，构件用混凝土原材料及配合比设计应符合国家现行标准《混凝土结构工程施工规范》GB 50666、《普通混凝土配合比设计规程》JGJ 55 和《高强混凝土应用技术规程》JGJ/T 281 等的规定。

11.1.4 预制结构构件采用钢筋套筒灌浆连接时，应在构件生产前进行钢筋套筒灌浆连接接头的抗拉强度试验，每种规格的连接接头试件数量不应少于 **3** 个。

11.1.5 预制构件用钢筋的加工、连接与安装应符合国家现行标准《混凝土结构工程施工规范》GB 50666 和《混凝土结构工程施工质量验收规范》GB 50204 等的有关规定。

11.2 制 作 准 备

11.2.1 预制构件制作前，对带饰面砖或饰面板的构件，应绘制排砖图或排板图；对夹心外墙板，应绘制内外叶墙板的拉结件布置图及保温层排板图。

11.2.2 预制构件模具除应满足承载力、刚度和整体稳定性要求外，尚应符合下列规定：

1 应满足预制构件质量、生产工艺、模具组装与拆卸、周转次数等要求；

2 应满足预制构件预留孔洞、插筋、预埋件的安装定位要求；

3 预应力构件的模具应根据设计要求预设反拱。

11.2.3 预制构件模具尺寸的允许偏差和检验方法应符合表 11.2.3 的规定。当设计有要求时，模具尺寸的允许偏差应按设计要求确定。

表 11.2.3 预制构件模具尺寸的允许偏差和检验方法

项次	检验项目及内容		允许偏差（mm）	检验方法
1	长度	≤6m	1，−2	用钢尺量平行构件高度方向，取其中偏差绝对值较大处
		>6m且≤12m	2，−4	
		>12m	3，−5	
2	截面尺寸	墙板	1，−2	用钢尺测量两端或中部，取其中偏差绝对值较大处
3		其他构件	2，−4	
4	对角线差		3	用钢尺量纵、横两个方向对角线
5	侧向弯曲		l/1500且≤5	拉线，用钢尺量测侧向弯曲最大处

续表 11.2.3

项次	检验项目及内容	允许偏差（mm）	检验方法
6	翘曲	l/1500	对角拉线测量交点间距离值的两倍
7	底模表面平整度	2	用 2m 靠尺和塞尺量
8	组装缝隙	1	用塞片或塞尺量
9	端模与侧模高低差	1	用钢尺量

注：l 为模具与混凝土接触面中最长边的尺寸。

11.2.4 预埋件加工的允许偏差应符合表 11.2.4 的规定。

表 11.2.4 预埋件加工允许偏差

项次	检验项目及内容		允许偏差（mm）	检验方法
1	预埋件锚板的边长		0，−5	用钢尺量
2	预埋件锚板的平整度		1	用直尺和塞尺量
3	锚筋	长度	10，−5	用钢尺量
		间距偏差	±10	用钢尺量

11.2.5 固定在模具上的预埋件、预留孔洞中心位置的允许偏差应符合表 11.2.5 的规定。

表 11.2.5 模具预留孔洞中心位置的允许偏差

项次	检验项目及内容	允许偏差（mm）	检验方法
1	预埋件、插筋、吊环、预留孔洞中心线位置	3	用钢尺量
2	预埋螺栓、螺母中心线位置	2	用钢尺量
3	灌浆套筒中心线位置	1	用钢尺量

注：检查中心线位置时，应沿纵、横两个方向量测，并取其中的较大值。

11.2.6 应选用不影响构件结构性能和装饰工程施工的隔离剂。

11.3 构 件 制 作

11.3.1 在混凝土浇筑前应进行预制构件的隐蔽工程检查，检查项目应包括下列内容：

1 钢筋的牌号、规格、数量、位置、间距等；

2 纵向受力钢筋的连接方式、接头位置、接头质量、接头面积百分率、搭接长度等；

3 箍筋、横向钢筋的牌号、规格、数量、位置、间距，箍筋弯钩的弯折角度及平直段长度；

4 预埋件、吊环、插筋的规格、数量、位置等；

5 灌浆套筒、预留孔洞的规格、数量、位置等；

6 钢筋的混凝土保护层厚度；

7 夹心外墙板的保温层位置、厚度，拉结件的规格、数量、位置等；

8 预埋管线、线盒的规格、数量、位置及固定措施。

11.3.2 带面砖或石材饰面的预制构件宜采用反打一次成型工艺制作，并应符合下列要求：

1 当构件饰面层采用面砖时，在模具中铺设面砖前，应根据排砖图的要求进行配砖和加工；饰面砖应采用背面带有燕尾槽或粘结性能可靠的产品。

2 当构件饰面层采用石材时，在模具中铺设石材前，应根据排板图的要求进行配板和加工；应按设计要求在石材背面钻孔、安装不锈钢卡钩、涂覆隔离层。

3 应采用具有抗裂性和柔韧性、收缩小且不污染饰面的材料嵌填面砖或石材之间的接缝，并应采取防止面砖或石材在安装钢筋、浇筑混凝土等生产过程中发生位移的措施。

11.3.3 夹心外墙板宜采用平模工艺生产，生产时应先浇筑外叶墙板混凝土层，再安装保温材料和拉结件，最后浇筑内叶墙板混凝土层；当采用立模工艺生产时，应同步浇筑内外叶墙板混凝土层，并应采取保证保温材料及拉结件位置准确的措施。

11.3.4 应根据混凝土的品种、工作性、预制构件的规格形状等因素，制定合理的振捣成型操作规程。混凝土应采用强制式搅拌机搅拌，并宜采用机械振捣。

11.3.5 预制构件采用洒水、覆盖等方式进行常温养护时，应符合现行国家标准《混凝土结构工程施工规范》GB 50666 的要求。

预制构件采用加热养护时，应制定养护制度对静停、升温、恒温和降温时间进行控制，宜在常温下静停 2h～6h，升温、降温速度不应超过 20℃/h，最高养护温度不宜超过 70℃，预制构件出池的表面温度与环境温度的差值不宜超过 25℃。

11.3.6 脱模起吊时，预制构件的混凝土立方体抗压强度应满足设计要求，且不应小于 15N/mm²。

11.3.7 采用后浇混凝土或砂浆、灌浆料连接的预制构件结合面，制作时应按设计要求进行粗糙面处理。设计无具体要求时，可采用化学处理、拉毛或凿毛等方法制作粗糙面。

11.3.8 预应力混凝土构件生产前应制定预应力施工技术方案和质量控制措施，并应符合现行国家标准《混凝土结构工程施工规范》GB 50666 和《混凝土结构工程施工质量验收规范》GB 50204 的要求。

11.4 构 件 检 验

11.4.1 预制构件的外观质量不应有严重缺陷，且不宜有一般缺陷。对已出现的一般缺陷，应按技术方案进行处理，并应重新检验。

11.4.2 预制构件的允许尺寸偏差及检验方法应符合表 11.4.2 的规定。预制构件有粗糙面时，与粗糙面相关的尺寸允许偏差可适当放松。

表 11.4.2　预制构件尺寸允许偏差及检验方法

项　目		允许偏差（mm）	检验方法
长度	板、梁、柱、桁架 <12m	±5	尺量检查
	≥12m 且 <18m	±10	
	≥18m	±20	
	墙板	±4	
宽度、高（厚）度	板、梁、柱、桁架截面尺寸	±5	钢尺量一端及中部，取其中偏差绝对值较大处
	墙板的高度、厚度	±3	
表面平整度	板、梁、柱、墙板内表面	5	2m 靠尺和塞尺检查
	墙板外表面	3	
侧向弯曲	板、梁、柱	$l/750$ 且 ≤20	拉线、钢尺量最大侧向弯曲处
	墙板、桁架	$l/1000$ 且 ≤20	
翘曲	板	$l/750$	调平尺在两端量测
	墙板	$l/1000$	
对角线差	板	10	钢尺量两个对角线
	墙板、门窗口	5	
挠度变形	梁、板、桁架设计起拱	±10	拉线、钢尺量最大弯曲处
	梁、板、桁架下垂	0	
预留孔	中心线位置	5	尺量检查
	孔尺寸	±5	

续表 11.4.2

项　目		允许偏差（mm）	检验方法
预留洞	中心线位置	10	尺量检查
	洞口尺寸、深度	±10	
门窗口	中心线位置	5	尺量检查
	宽度、高度	±3	
预埋件	预埋件锚板中心线位置	5	尺量检查
	预埋件锚板与混凝土面平面高差	0，−5	
	预埋螺栓中心线位置	2	
	预埋螺栓外露长度	+10，−5	
	预埋套筒、螺母中心线位置	2	
	预埋套筒、螺母与混凝土面平面高差	0，−5	
	线管、电盒、木砖、吊环在构件平面的中心线位置偏差	20	
	线管、电盒、木砖、吊环与构件表面混凝土高差	0，−10	
预留插筋	中心线位置	3	尺量检查
	外露长度	+5，−5	
键槽	中心线位置	5	尺量检查
	长度、宽度、深度	±5	

注：1　l 为构件最长边的长度（mm）；
　　2　检查中心线、螺栓和孔道位置偏差时，应沿纵横两个方向量测，并取其中偏差较大值。

11.4.3　预制构件应按设计要求和现行国家标准《混凝土结构工程施工质量验收规范》GB 50204 的有关规定进行结构性能检验。

11.4.4　陶瓷类装饰面砖与构件基面的粘结强度应符合现行行业标准《建筑工程饰面砖粘结强度检验标准》JGJ 110 和《外墙面砖工程施工及验收规范》JGJ 126 等的规定。

11.4.5　夹心外墙板的内外叶墙板之间的拉结件类别、数量及使用位置应符合设计要求。

11.4.6　预制构件检查合格后，应在构件上设置表面标识，标识内容宜包括构件编号、制作日期、合格状态、生产单位等信息。

11.5　运输与堆放

11.5.1　应制定预制构件的运输与堆放方案，其内容应包括运输时间、次序、堆放场地、运输线路、固定要求、堆放支垫及成品保护措施等。对于超高、超宽、形状特殊的大型构件的运输和堆放应有专门的质量安全保证措施。

11.5.2　预制构件的运输车辆应满足构件尺寸和载重要求，装卸与运输时应符合下列规定：

1　装卸构件时，应采取保证车体平衡的措施；

2　运输构件时，应采取防止构件移动、倾倒、变形等的固定措施；

3　运输构件时，应采取防止构件损坏的措施，对构件边角部或链索接触处的混凝土，宜设置保护衬垫。

11.5.3　预制构件堆放应符合下列规定：

1　堆放场地应平整、坚实，并应有排水措施；

2　预埋吊件应朝上，标识宜朝向堆垛间的通道；

3　构件支垫应坚实，垫块在构件下的位置宜与脱模、吊装时的起吊位置一致；

4　重叠堆放构件时，每层构件间的垫块应上下对齐，堆垛层数应根据构件、垫块的承载力确定，并应根据需要采取防止堆垛倾覆的措施；

5　堆放预应力构件时，应根据构件起拱值的大小和堆放时间采取相应措施。

11.5.4　墙板的运输与堆放应符合下列规定：

1　当采用靠放架堆放或运输构件时，靠放架应具有足够的承载力和刚度，与地面倾斜角度宜大于80°；墙板宜对称靠放且外饰面朝外，构件上部宜采用木垫块隔离；运输时构件应采取固定措施。

2　当采用插放架直立堆放或运输构件时，宜采取直立运输方式；插放架应有足够的承载力和刚度，并应支垫稳固。

3　采用叠层平放的方式堆放或运输构件时，应采取防止构件产生裂缝的措施。

12　结　构　施　工

12.1　一　般　规　定

12.1.1　装配式结构施工前应制定施工组织设计、施工方案；施工组织设计的内容应符合现行国家标准

《建筑工程施工组织设计规范》GB/T 50502 的规定；施工方案的内容应包括构件安装及节点施工方案、构件安装的质量管理及安全措施等。

12.1.2 装配式结构的后浇混凝土部位在浇筑前应进行隐蔽工程验收。验收项目应包括下列内容：

1 钢筋的牌号、规格、数量、位置、间距等；

2 纵向受力钢筋的连接方式、接头位置、接头数量、接头面积百分率、搭接长度等；

3 纵向受力钢筋的锚固方式及长度；

4 箍筋、横向钢筋的牌号、规格、数量、位置、间距，箍筋弯钩的弯折角度及平直段长度；

5 预埋件的规格、数量、位置；

6 混凝土粗糙面的质量，键槽的规格、数量、位置；

7 预留管线、线盒等的规格、数量、位置及固定措施。

12.1.3 预制构件、安装用材料及配件等应符合设计要求及国家现行有关标准的规定。

12.1.4 吊装用吊具应按国家现行有关标准的规定进行设计、验算或试验检验。

吊具应根据预制构件形状、尺寸及重量等参数进行配置，吊索水平夹角不宜小于 60°，且不应小于 45°；对尺寸较大或形状复杂的预制构件，宜采用有分配梁或分配桁架的吊具。

12.1.5 钢筋套筒灌浆前，应在现场模拟构件连接接头的灌浆方式，每种规格钢筋应制作不少于 3 个套筒灌浆连接接头，进行灌注质量以及接头抗拉强度的检验；经检验合格后，方可进行灌浆作业。

12.1.6 在装配式结构的施工全过程中，应采取防止预制构件及预制构件上的建筑附件、预埋件、预埋吊件等损伤或污染的保护措施。

12.1.7 未经设计允许不得对预制构件进行切割、开洞。

12.1.8 装配式结构施工过程中应采取安全措施，并应符合现行行业标准《建筑施工高处作业安全技术规范》JGJ 80、《建筑机械使用安全技术规程》JGJ 33 和《施工现场临时用电安全技术规范》JGJ 46 等的有关规定。

12.2 安装准备

12.2.1 应合理规划构件运输通道和临时堆放场地，并应采取成品堆放保护措施。

12.2.2 安装施工前，应核对已施工完成结构的混凝土强度、外观质量、尺寸偏差等符合现行国家标准《混凝土结构工程施工规范》GB 50666 和本规程的有关规定，并应核对预制构件的混凝土强度及预制构件和配件的型号、规格、数量等符合设计要求。

12.2.3 安装施工前，应进行测量放线、设置构件安装定位标识。

12.2.4 安装施工前，应复核构件装配位置、节点连接构造及临时支撑方案等。

12.2.5 安装施工前，应检查复核吊装设备及吊具处于安全操作状态。

12.2.6 安装施工前，应核实现场环境、天气、道路状况等满足吊装施工要求。

12.2.7 装配式结构施工前，宜选择有代表性的单元进行预制构件试安装，并应根据试安装结果及时调整完善施工方案和施工工艺。

12.3 安装与连接

12.3.1 预制构件吊装就位后，应及时校准并采取临时固定措施，并应符合现行国家标准《混凝土结构工程施工规范》GB 50666 的相关规定。

12.3.2 采用钢筋套筒灌浆连接、钢筋浆锚搭接连接的预制构件就位前，应检查下列内容：

1 套筒、预留孔的规格、位置、数量和深度；

2 被连接钢筋的规格、数量、位置和长度。

当套筒、预留孔内有杂物时，应清理干净；当连接钢筋倾斜时，应进行校直。连接钢筋偏离套筒或孔洞中心线不宜超过 5mm。

12.3.3 墙、柱构件的安装应符合下列规定：

1 构件安装前，应清洁结合面；

2 构件底部应设置可调整接缝厚度和底部标高的垫块；

3 钢筋套筒灌浆连接接头、钢筋浆锚搭接接头灌浆前，应对接缝周围进行封堵，封堵措施应符合结合面承载力设计要求；

4 多层预制剪力墙底部采用坐浆材料时，其厚度不宜大于 20mm。

12.3.4 钢筋套筒灌浆连接接头、钢筋浆锚搭接连接接头应按检验批划分要求及时灌浆，灌浆作业应符合国家现行有关标准及施工方案的要求，并应符合下列规定：

1 灌浆施工时，环境温度不应低于 5℃；当连接部位养护温度低于 10℃时，应采取加热保温措施；

2 灌浆操作全过程应有专职检验人员负责旁站监督并及时形成施工质量检查记录；

3 应按产品使用说明书的要求计量灌浆料和水的用量，并搅拌均匀；每次拌制的灌浆料拌合物应进行流动度的检测，且其流动度应满足本规程的规定；

4 灌浆作业应采用压浆法从下口灌注，当浆料从上口流出后应及时封堵，必要时可设分仓进行灌浆；

5 灌浆料拌合物应在制备后 30min 内用完。

12.3.5 焊接或螺栓连接的施工应符合国家现行标准《钢筋焊接及验收规程》JGJ 18、《钢结构焊接规范》GB 50661、《钢结构工程施工规范》GB 50755 和《钢结构工程施工质量验收规范》GB 50205 的有关规定。

采用焊接连接时，应采取防止因连续施焊引起的连接部位混凝土开裂的措施。

12.3.6 钢筋机械连接的施工应符合现行行业标准《钢筋机械连接技术规程》JGJ 107 的有关规定。

12.3.7 后浇混凝土的施工应符合下列规定：

1 预制构件结合面疏松部分的混凝土应剔除并清理干净；

2 模板应保证后浇混凝土部分形状、尺寸和位置准确，并应防止漏浆；

3 在浇筑混凝土前应洒水润湿结合面，混凝土应振捣密实；

4 同一配合比的混凝土，每工作班且建筑面积不超过 1000m² 应制作一组标准养护试件，同一楼层应制作不少于 3 组标准养护试件。

12.3.8 构件连接部位后浇混凝土及灌浆料的强度达到设计要求后，方可拆除临时固定措施。

12.3.9 受弯叠合构件的装配施工应符合下列规定：

1 应根据设计要求或施工方案设置临时支撑；

2 施工荷载宜均匀布置，并不应超过设计规定；

3 在混凝土浇筑前，应按设计要求检查结合面的粗糙度及预制构件的外露钢筋；

4 叠合构件应在后浇混凝土强度达到设计要求后，方可拆除临时支撑。

12.3.10 安装预制受弯构件时，端部的搁置长度应符合设计要求，端部与支承构件之间应坐浆或设置支承垫块，坐浆或支承垫块厚度不宜大于 20mm。

12.3.11 外挂墙板的连接节点及接缝构造应符合设计要求；墙板安装完成后，应及时移除临时支承支座、墙板接缝内的传力垫块。

12.3.12 外墙板接缝防水施工应符合下列规定：

1 防水施工前，应将板缝空腔清理干净；

2 应按设计要求填塞背衬材料；

3 密封材料嵌填应饱满、密实、均匀、顺直、表面平滑，其厚度应符合设计要求。

13 工 程 验 收

13.1 一 般 规 定

13.1.1 装配式结构应按混凝土结构子分部工程进行验收；当结构中部分采用现浇混凝土结构时，装配式结构部分可作为混凝土结构子分部工程的分项工程进行验收。

装配式结构验收除应符合本规程规定外，尚应符合现行国家标准《混凝土结构工程施工质量验收规范》GB 50204 的有关规定。

13.1.2 预制构件的进场质量验收应符合现行国家标准《混凝土结构工程施工质量验收规范》GB 50204 的有关规定。

13.1.3 装配式结构焊接、螺栓等连接用材料的进场验收应符合现行国家标准《钢结构工程施工质量验收规范》GB 50205 的有关规定。

13.1.4 装配式结构的外观质量除设计有专门的规定外，尚应符合现行国家标准《混凝土结构工程施工质量验收规范》GB 50204 中关于现浇混凝土结构的有关规定。

13.1.5 装配式建筑的饰面质量应符合设计要求，并应符合现行国家标准《建筑装饰装修工程质量验收规范》GB 50210 的有关规定。

13.1.6 装配式混凝土结构验收时，除应按现行国家标准《混凝土结构工程施工质量验收规范》GB 50204 的要求提供文件和记录外，尚应提供下列文件和记录：

1 工程设计文件、预制构件制作和安装的深化设计图；

2 预制构件、主要材料及配件的质量证明文件、进场验收记录、抽样复验报告；

3 预制构件安装施工记录；

4 钢筋套筒灌浆、浆锚搭接连接的施工检验记录；

5 后浇混凝土部位的隐蔽工程检查验收文件；

6 后浇混凝土、灌浆料、坐浆材料强度检测报告；

7 外墙防水施工质量检验记录；

8 装配式结构分项工程质量验收文件；

9 装配式工程的重大质量问题的处理方案和验收记录；

10 装配式工程的其他文件和记录。

13.2 主 控 项 目

13.2.1 后浇混凝土强度应符合设计要求。

检查数量：按批检验，检验批应符合本规程第 12.3.7 条的有关要求。

检验方法：按现行国家标准《混凝土强度检验评定标准》GB/T 50107 的要求进行。

13.2.2 钢筋套筒灌浆连接及浆锚搭接连接的灌浆应密实饱满。

检查数量：全数检查。

检验方法：检查灌浆施工质量检查记录。

13.2.3 钢筋套筒灌浆连接及浆锚搭接连接用的灌浆料强度应满足设计要求。

检查数量：按批检验，以每层为一检验批；每工作班应制作一组且每层不应少于 3 组 40mm×40mm×160mm 的长方体试件，标准养护 28d 后进行抗压强度试验。

检验方法：检查灌浆料强度试验报告及评定记录。

13.2.4 剪力墙底部接缝坐浆强度应满足设计要求。

检查数量：按批检验，以每层为一检验批；每工作班应制作一组且每层不应少于3组边长为70.7mm的立方体试件，标准养护28d后进行抗压强度试验。

检验方法：检查坐浆材料强度试验报告及评定记录。

13.2.5 钢筋采用焊接连接时，其焊接质量应符合现行行业标准《钢筋焊接及验收规程》JGJ 18 的有关规定。

检查数量：按现行行业标准《钢筋焊接及验收规程》JGJ 18 的规定确定。

检验方法：检查钢筋焊接施工记录及平行加工试件的强度试验报告。

13.2.6 钢筋采用机械连接时，其接头质量应符合现行行业标准《钢筋机械连接技术规程》JGJ 107 的有关规定。

检查数量：按现行行业标准《钢筋机械连接技术规程》JGJ 107 的规定确定。

检验方法：检查钢筋机械连接施工记录及平行加工试件的强度试验报告。

13.2.7 预制构件采用焊接连接时，钢材焊接的焊缝尺寸应满足设计要求，焊缝质量应符合现行国家标准《钢结构焊接规范》GB 50661 和《钢结构工程施工质量验收规范》GB 50205 的有关规定。

检查数量：全数检查。

检验方法：按现行国家标准《钢结构工程施工质量验收规范》GB 50205 的要求进行。

13.2.8 预制构件采用螺栓连接时，螺栓的材质、规格、拧紧力矩应符合设计要求及现行国家标准《钢结构设计规范》GB 50017 和《钢结构工程施工质量验收规范》GB 50205 的有关规定。

检查数量：全数检查。

检验方法：按现行国家标准《钢结构工程施工质量验收规范》GB 50205 的要求进行。

13.3 一般项目

13.3.1 装配式结构尺寸允许偏差应符合设计要求，并应符合表 13.3.1 中的规定。

表 13.3.1 装配式结构尺寸允许偏差及检验方法

项　目		允许偏差（mm）	检验方法
构件中心线对轴线位置	基础	15	尺量检查
	竖向构件（柱、墙、桁架）	10	
	水平构件（梁、板）	5	
构件标高	梁、柱、墙、板底面或顶面	±5	水准仪或尺量检查

续表 13.3.1

项　目			允许偏差（mm）	检验方法
构件垂直度	柱、墙	<5m	5	经纬仪或全站仪量测
		≥5m且<10m	10	
		≥10m	20	
构件倾斜度	梁、桁架		5	垂线、钢尺量测
相邻构件平整度	板端面		5	钢尺、塞尺量测
	梁、板底面	抹灰	5	
		不抹灰	3	
	柱墙侧面	外露	5	
		不外露	10	
构件搁置长度	梁、板		±10	尺量检查
支座、支垫中心位置	板、梁、柱、墙、桁架		10	尺量检查
墙板接缝	宽度		±5	尺量检查
	中心线位置			

检查数量：按楼层、结构缝或施工段划分检验批。在同一检验批内，对梁、柱，应抽查构件数量的10%，且不少于3件；对墙和板，应按有代表性的自然间抽查10%，且不少于3间；对大空间结构，墙可按相邻轴线间高度5m左右划分检查面，板可按纵、横轴线划分检查面，抽查10%，且均不少于3面。

13.3.2 外墙板接缝的防水性能应符合设计要求。

检查数量：按批检验。每1000m²外墙面积应划分为一个检验批，不足1000m²时也应划分为一个检验批；每个检验批每100m²应至少抽查一处，每处不得少于10m²。

检验方法：检查现场淋水试验报告。

附录A 多层剪力墙结构水平接缝连接节点构造

A.0.1 连接钢筋采用套筒灌浆连接（图 A.0.1）时，可在下层预制剪力墙中设置竖向连接钢筋与上层预制剪力墙内的连接钢筋通过套筒灌浆连接，并应符合本规程第 6.5.3 条的规定；连接钢筋可在预制剪力墙中通长设置，或在预制剪力墙中可靠锚固。

A.0.2 连接钢筋采用浆锚搭接连接（图 A.0.2）时，可在下层预制剪力墙中设置竖向连接钢筋与上层预制剪力墙内的连接钢筋通过浆锚搭接连接，并应符合本规程第 6.5.4 条的规定；连接钢筋可在预制剪力墙中

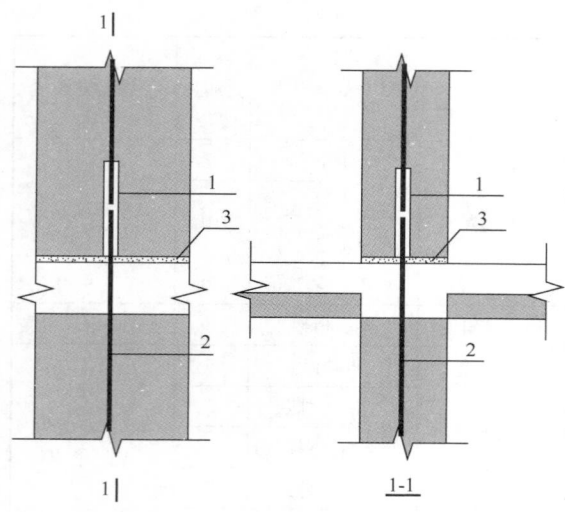

图 A.0.1 连接钢筋套筒灌浆连接构造示意

1—钢筋套筒灌浆连接；2—连接钢筋；3—坐浆层

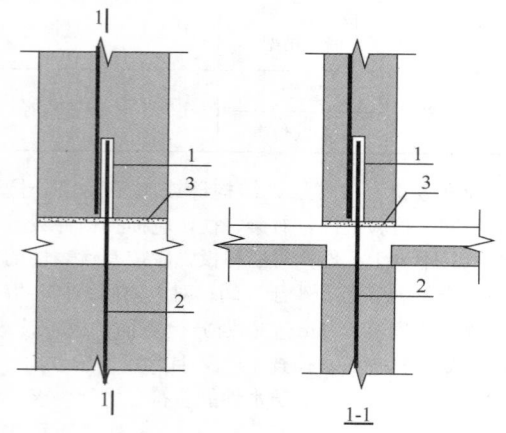

图 A.0.2 连接钢筋浆锚搭接连接构造示意

1—钢筋浆锚搭接连接；2—连接钢筋；3—坐浆层

通长设置，或在预制剪力墙中可靠锚固。

A.0.3 连接钢筋采用焊接连接（图 A.0.3）时，可

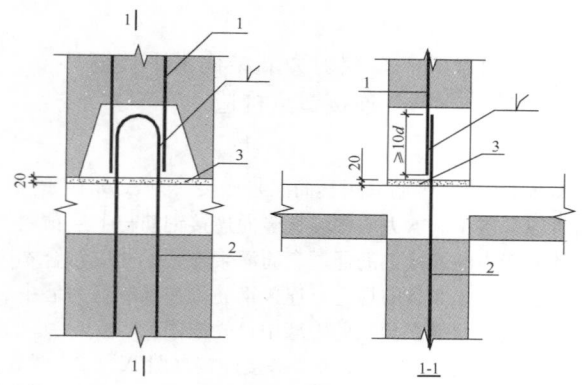

图 A.0.3 连接钢筋焊接连接构造示意

1—上层预制剪力墙连接钢筋；2—下层预制剪力墙
连接钢筋；3—坐浆层

在下层预制剪力墙中设置竖向连接钢筋，与上层预制剪力墙底部的预留钢筋焊接连接，焊接长度不应小于 $10d$（d 为连接钢筋直径）；连接部位预留键槽的尺寸，应满足焊接施工的空间要求；预留键槽应用后浇细石混凝土填实。连接钢筋可在预制剪力墙中通长设置，或在预制剪力墙中可靠锚固。当下层预制剪力墙中的连接钢筋兼作吊环使用时，尚应符合现行国家标准《混凝土结构设计规范》GB 50010 的有关规定。

A.0.4 连接钢筋采用预焊钢板焊接连接（图 A.0.4）时，应在下层预制剪力墙中设置竖向连接钢筋，与在上层预制剪力墙中设置的连接钢筋底部预焊的连接用钢板焊接连接，焊接长度不应小于 $10d$（d 为连接钢筋直径）；连接部位预留键槽的尺寸，应满足焊接施工的空间要求；预留键槽应采用后浇细石混凝土填实。连接钢筋应在预制剪力墙中通长设置，或在预制剪力墙中可靠锚固。当下层预制剪力墙体中的连接钢筋兼作吊环使用时，尚应符合现行国家标准《混凝土结构设计规范》GB 50010 的有关规定。

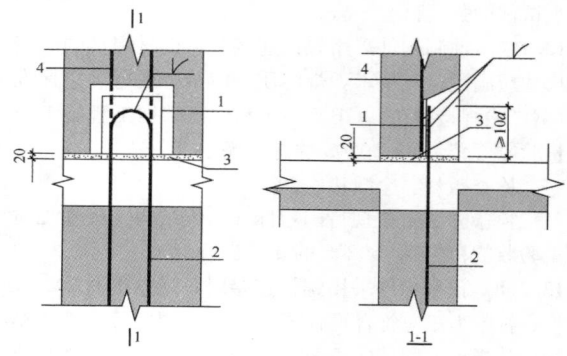

图 A.0.4 连接钢筋预焊钢板接连接构造示意

1—预焊钢板；2—下层预制剪力墙连接钢筋；3—坐浆层；
4—上层预制剪力墙连接钢筋

本规程用词说明

1 为便于在执行本规程条文时区别对待，对要求严格程度不同的用词说明如下：

　　1） 表示很严格，非这样做不可的：
　　　　正面词采用"必须"，反面词采用"严禁"；

　　2） 表示严格，在正常情况下均应这样做的：
　　　　正面词采用"应"，反面词采用"不应"或"不得"；

　　3） 表示允许稍有选择，在条件允许时首先这样做的：
　　　　正面词采用"宜"，反面词采用"不宜"；

　　4） 表示有选择，在一定条件下可以这样做的，采用"可"。

2 条文中指明应按其他有关标准执行的写法为："应符合……的规定"或"应按……执行"。

引用标准名录

1 《建筑模数协调标准》GB 50002
2 《建筑结构荷载规范》GB 50009
3 《混凝土结构设计规范》GB 50010
4 《建筑抗震设计规范》GB 50011
5 《建筑防火设计规范》GB 50016
6 《钢结构设计规范》GB 50017
7 《普通混凝土拌合物性能试验方法标准》GB/T 50080
8 《混凝土强度检验评定标准》GB/T 50107
9 《混凝土结构工程施工质量验收规范》GB 50204
10 《钢结构工程施工质量验收规范》GB 50205
11 《建筑装饰装修工程质量验收规范》GB 50210
12 《建筑内部装修设计防火规范》GB 50222
13 《建筑工程抗震设防分类标准》GB 50223
14 《民用建筑工程室内环境污染控制规范》GB 50325
15 《水泥基灌浆材料应用技术规范》GB/T 50448
16 《建筑工程施工组织设计规范》GB/T 50502
17 《钢结构焊接规范》GB 50661
18 《混凝土结构工程施工规范》GB 50666
19 《钢结构工程施工规范》GB 50755
20 《混凝土外加剂匀质性试验方法》GB/T 8077
21 《建筑材料及制品燃烧性能分级》GB 8624
22 《硅酮建筑密封胶》GB/T 14683
23 《高层建筑混凝土结构技术规程》JGJ 3
24 《钢筋焊接及验收规程》JGJ 18
25 《建筑机械使用安全技术规程》JGJ 33
26 《施工现场临时用电安全技术规范》JGJ 46
27 《普通混凝土配合比设计规程》JGJ 55
28 《建筑施工高处作业安全技术规范》JGJ 80
29 《钢筋机械连接技术规程》JGJ 107
30 《建筑工程饰面砖粘结强度检验标准》JGJ 110
31 《钢筋焊接网混凝土结构技术规程》JGJ 114
32 《外墙面砖工程施工及验收规范》JGJ 126
33 《地面辐射供暖技术规程》JGJ 142
34 《钢筋锚固板应用技术规程》JGJ 256
35 《高强混凝土应用技术规程》JGJ/T 281
36 《聚氨酯建筑密封胶》JC/T 482
37 《聚硫建筑密封胶》JC/T 483
38 《钢筋连接用灌浆套筒》JG/T 398
39 《钢筋连接用套筒灌浆料》JG/T 408

中华人民共和国行业标准

装配式混凝土结构技术规程

JGJ 1—2014

条 文 说 明

修 订 说 明

《装配式混凝土结构技术规程》JGJ 1－2014 经住房和城乡建设部 2014 年 2 月 10 日以第 310 号公告批准、发布。

本规程是在《装配式大板居住建筑设计和施工规程》JGJ 1－91 的基础上修订而成的。上一版的主编单位是中国建筑技术发展研究中心和中国建筑科学研究院，参编单位是清华大学、北京建筑工程学院、北方工业大学、北京市住宅建筑设计院、北京市住宅建筑勘察设计所、北京市住宅壁板厂、甘肃省城乡规划设计研究院、甘肃省建筑科学研究所、陕西省建筑科学研究所、北京市建筑工程总公司、北京市建筑设计研究院。主要起草人员是黄际洸、万墨林、李晓明、吴永平、陈燕明、陈芹、霍晋生、韩维真、李振长、马韵玉、竺士敏、王少安、陈祖跃、杨善勤、朱幼麟、王德华、唐永祥。

在本规程修订过程中，规程编制组进行了广泛的调查研究，查阅了大量国外相关文献，认真总结了装配式混凝土结构在我国工程实践中的经验和教训，开展了多项相关的试验研究和专题研究工作，参考国外先进标准，与我国相关标准进行了协调，完成本规程修订编制。

为便于广大设计、施工、科研、学校等单位有关人员在使用本规程时能正确理解和执行条文规定，《装配式混凝土结构技术规程》编制组按章、节、条顺序编制了本规程的条文说明，对条文规定的目的、依据以及执行中需注意的有关事项进行了说明，还着重对强制性条文的强制性理由作了解释。但条文说明不具备与规程正文同等的效力，仅供使用者作为理解和把握规程规定的参考。

目　次

1 总　则

1.0.1 为落实"节能、降耗、减排、环保"的基本国策,实现资源、能源的可持续发展,推动我国建筑产业的现代化进程,提高工业化水平,本规程对原《装配式大板居住建筑技术规程》JGJ 1-91进行了修订。

装配式建筑具有工业化水平高、便于冬期施工、减少施工现场湿作业量、减少材料消耗、减少工地扬尘和建筑垃圾等优点,它有利于实现提高建筑质量、提高生产效率、降低成本、实现节能减排和保护环境的目的。装配式建筑在许多国家和地区,如欧洲、新加坡,以及美国、日本、新西兰等处于高烈度地震区的国家都得到了广泛的应用。在我国,近年来,由于节能减排要求的提高,以及劳动力价格的大幅度上涨等因素,预制混凝土构件的应用开始摆脱低谷,呈现迅速上升的趋势。

与上一代的装配式结构相比,新一代的装配式结构采用了许多先进技术。在此基础上,本规程制定的内容,在技术上也有较大的提升。本规程综合反映了国内外近几年来在装配式结构领域的最新科研成果和工程实践经验;要求装配整体式结构的可靠度、耐久性及整体性等基本上与现浇混凝土结构等同;所提出的各项要求与国家现行相关标准协调一致。

本规程是对装配式结构设计的最低限度要求,设计者可根据具体情况适当提高设计的安全储备。

1.0.2 本规程采用的预制构件受力钢筋的连接方式,主要推荐了在美国和日本等地震多发国家得到普遍应用的钢筋套筒灌浆连接的技术。这种连接技术,在美国被视为是一种机械连接接头,因此被广泛地应用于建筑工程。同时,本规程中还推荐了浆锚搭接连接的技术,该技术为我国自主研发,已经具备了应用的技术基础。根据结构的整体稳固性和抗震性能的要求,本规程还强调了预制构件和后浇混凝土相结合的结构措施。本规程的基本设计概念,是在采用上述各项技术的基础上,通过合理的构造措施,提高装配式结构的整体性,实现装配式结构与现浇混凝土结构基本等同的要求。

根据上述基本设计概念,本规程编制组在编制过程中开展了大量的试验研究工作,取得了一定的成果。科研成果表明,本规程适用于非抗震设计及抗震设防烈度为6度~8度抗震设计地区的乙类及乙类以下的各种民用建筑,其中包括居住建筑和公共建筑。结构体系主要包括:装配整体式框架结构、装配整体式剪力墙结构、装配整体式框架-现浇剪力墙结构,以及装配整体式部分框支剪力墙结构。对装配式简体结构、板柱结构、梁柱节点为铰接的框架结构等,由于研究工作尚未深入,工程实践较少,本次修订工作

暂未纳入。

本规程也未包括甲类建筑以及9度抗震设计的装配式结构,如需采用,应进行专门论证。

由于工业建筑的使用条件差别很大,本规程原则上不适用于排架结构类型的工业建筑。但是,使用条件和结构类型与民用建筑相似的工业建筑,如轻工业厂房等可以参照本规程执行。

本规程的内容反映了目前装配式结构设计的成熟做法及其一般原则和基本要求。设计者应根据国家现行有关标准的要求,结合工程实践,进行技术创新,推动装配式结构技术的不断进步。

1.0.3 装配式结构仍属于混凝土结构。因此,装配式结构的设计、施工与验收除执行本规程外,尚应符合《混凝土结构设计规范》GB 50010、《建筑抗震设计规范》GB 50011、《混凝土结构工程施工质量验收规范》GB 50204、《混凝土结构工程施工规范》GB 50666、《高层建筑混凝土结构技术规程》JGJ 3等与混凝土相关的国家和行业现行标准的要求,以及《建筑结构荷载规范》GB 50009等国家和行业现行相关标准的要求。

2　术语和符号

2.1　术　语

本节对装配式结构特有的常用术语进行定义。在《建筑结构设计术语和符号标准》GB/T 50083以及其他国家和行业现行相关标准中已有表述的,基本不重复列出。

2.1.1 本规程涉及的预制构件,是指不在现场原位支模浇筑的构件。它们不仅包括在工厂制作的预制构件,还包括由于受到施工场地或运输等条件限制,而又有必要采用装配式结构时,在现场制作的预制构件。

2.1.2、2.1.3 装配式结构可以包括多种类型。当主要受力预制构件之间的连接,如:柱与柱、墙与墙、梁与柱或墙等预制构件之间,通过后浇混凝土和钢筋套筒灌浆连接等技术进行连接时,可足以保证装配式结构的整体性能,使其结构性能与现浇混凝土基本等同,此时称其为装配整体式结构。装配整体式结构是装配式结构的一种特定的类型。当主要受力预制构件之间的连接,如:墙与墙之间通过干式节点进行连接时,此时结构的总体刚度与现浇混凝土结构相比,会有所降低,此类结构不属于装配整体式结构。根据我国目前的研究工作水平和工程实践经验,对于高层建筑,本规程仅涉及了装配整体式结构。

2.1.4、2.1.5 本规程的主要适用范围为装配整体式框架结构和装配整体式剪力墙结构。因此,对本规程涉及的几种主要的装配整体式结构分别进行定义。

2.1.6 本规程涉及的叠合受弯构件主要包括叠合梁和叠合楼板。

2.1.7 非承重外墙板在国内外都得到广泛的应用。在国外，外墙板有多种类型，主要包括墙板、梁板和柱板等。鉴于我国目前对外墙板的研究水平，本版规程仅涉及高度方向跨越一个层高、宽度方向跨越一个开间的起围护作用的非承重预制外挂墙板。

2.1.8 预制夹心外墙板在国外称之为"三明治"墙板。根据其受力情况可分为承重和非承重墙板，根据内外叶墙体共同工作的情况，又可分为组合墙板和非组合墙板。根据我国目前对预制夹心外墙板的研究水平和工程实践的实际情况，本规程仅涉及内叶墙体承重的非组合夹心外墙板。

2.1.10 受力钢筋套筒灌浆连接接头的技术在美国和日本已经有近四十年的应用历史，在我国台湾地区也有多年的应用历史。四十年来，上述国家和地区对钢筋套筒灌浆连接的技术进行了大量的试验研究，采用这项技术的建筑物也经历了多次地震的考验，包括日本一些大地震的考验。美国 ACI 明确地将这种接头归类为机械连接接头，并将这项技术广泛用于预制构件受力钢筋的连接，同时也用于现浇混凝土受力钢筋的连接，是一项十分成熟和可靠的技术。在我国，这种接头在电力和冶金部门有过二十余年的成功应用，近年来，开始引入建工部门。中国建筑科学研究院、中冶建筑研究总院有限公司、清华大学、万科企业股份有限公司等单位都对这种接头进行了一定数量的试验研究工作，证实了它的安全性。受力钢筋套筒灌浆连接接头的技术是本规程重要的技术基础。

2.1.11 钢筋浆锚搭接连接，是将预制构件的受力钢筋在特制的预留孔洞内进行搭接的技术。构件安装时，将需搭接的钢筋插入孔洞内至设定的搭接长度，通过灌浆孔和排气孔向孔洞内灌入灌浆料，经灌浆料凝结硬化后，完成两根钢筋的搭接。其中，预制构件的受力钢筋在采用有螺旋箍筋约束的孔道中进行搭接的技术，称为钢筋约束浆锚搭接连接。

2.2 符　号

本规程中与《混凝土结构设计规范》GB 50010 等国家现行标准相同的符号基本沿用，并增加了本规程专用的符号。

3 基本规定

3.0.1 装配式结构与全现浇混凝土结构的设计和施工过程是有一定区别的。对装配式结构，建设、设计、施工、制作各单位在方案阶段就需要进行协同工作，共同对建筑平面和立面根据标准化原则进行优化，对应用预制构件的技术可行性和经济性进行论证，共同进行整体策划，提出最佳方案。与此同时，建筑、结构、设备、装修等各专业也应密切配合，对

预制构件的尺寸和形状、节点构造等提出具体技术要求，并对制作、运输、安装和施工全过程的可行性以及造价等作出预测。此项工作对建筑功能和结构布置的合理性，以及对工程造价等都会产生较大的影响，是十分重要的。

3.0.2 装配式结构的建筑设计，应在满足建筑功能的前提下，实现基本单元的标准化定型，以提高定型的标准化建筑构配件的重复使用率，这将非常有利于降低造价。

3.0.3 装配式结构的设计首先应满足国家标准《混凝土结构设计规范》GB 50010－2010 第三章"基本设计规定"的各项要求。本规程的各项基本规定主要是根据装配式结构自身的特点，强调提出的附加要求。对于在偶然作用下，可能导致连续倒塌的装配式结构，应根据国家标准《混凝土结构设计规范》GB 50010－2010 的要求，进行防连续倒塌设计。

装配式结构的设计，应注重概念设计和结构分析模型的建立，以及预制构件的连接设计。本版规程对于高层装配式结构设计的主要概念，是在选用可靠的预制构件受力钢筋连接技术的基础上，采用预制构件与后浇混凝土相结合的方法，通过连接节点合理的构造措施，将装配式结构连接成一个整体，保证其结构性能具有与现浇混凝土结构等同的整体性、延性、承载力和耐久性能，达到与现浇混凝土等同的效果。对于多层装配式剪力墙结构，应根据实际选用的连接节点类型，和具体采用的构造措施的特点，采用相应的结构分析的计算模型。

装配式结构成败的关键在于预制构件之间，以及预制构件与现浇和后浇混凝土之间的连接技术，其中包括连接接头的选用和连接节点的构造设计。欧洲 FIB 标准将装配式结构中预制构件的连接设计要求归纳为：标准化、简单化、抗拉能力、延性、变形能力、防火、耐久性和美学等八个方面的要求，即节点连接构造不仅应满足结构的力学性能，尚应满足建筑物理性能的要求。

3.0.4 与现浇混凝土相同，在抗震设防地区，装配式结构的抗震设防类别及相应的抗震设防标准，应符合现行国家标准《建筑工程抗震设防分类标准》GB 50223 的规定。

3.0.5 预制构件合理的接缝位置以及尺寸和形状的设计是十分重要的，它对建筑功能、建筑平立面、结构受力状况、预制构件承载能力、工程造价等都会产生一定的影响。设计时，应同时满足建筑模数协调、建筑物理性能、结构和预制构件的承载能力、便于施工和进行质量控制等多项要求。同时应尽量减少预制构件的种类，保证模板能够多次重复使用，以降低造价。

与传统的建筑方法相比，装配式建筑有更多的连接接口，因此，对工业化生产的预制构件而言，选用适宜的公差是十分重要的。规定公差的目的是为了建

立预制构件之间的协调标准。一般来说，基本公差主要包括制作公差、安装公差、位形公差和连接公差。公差提供了对预制构件推荐的尺寸和形状的边界，构件加工和施工单位根据这些实际的尺寸和形状制作和安装预制构件，以此保证各种预制构件在施工现场能合理地装配在一起，并保证在安装接缝、加工制作、放线定位中的误差发生在允许的范围内，使接口的功能、质量和美观均达到设计预期的要求。

3.0.6 在预制构件加工制作阶段，应将各专业、各工种所需的预留孔洞、预埋件等一并完成，避免在施工现场进行剔凿、切割，伤及预制构件，影响质量及观感。因此，在一般情况下，装配式结构的施工图完成后，还需要进行预制构件的深化设计，以便于预制构件的加工制作。这项工作应由具有相应设计资质的单位完成。预制构件的深化设计可以由设计院完成，也可委托有相应设计资质的单位单独完成深化设计详图。

4 材　料

4.1 混凝土、钢筋和钢材

4.1.1 装配式结构中所采用的混凝土、钢筋、钢材的各项力学性能指标，以及结构混凝土材料的耐久性能的要求，应分别符合现行国家标准《混凝土结构设计规范》GB 50010、《钢结构设计规范》GB 50017 的相应规定。

与原规程《装配式大板居住建筑设计和施工规程》JGJ 1-91 相比，本版规程对于连接接缝的设计要求，增加了设置抗剪粗糙面的要求，由抗剪粗糙面和抗剪键槽共同形成连接接缝处混凝土的抗剪能力。在受剪承载力计算中，与现行国家标准《混凝土结构设计规范》GB 50010 保持一致，采用了混凝土轴心抗拉强度设计值指标，取消了原规程《装配式大板居住建筑设计和施工规程》JGJ 1-91 中有关混凝土抗剪强度的指标。

4.1.2 实现建筑工业化的目的之一，是提高产品质量。预制构件在工厂生产，易于进行质量控制，因此对其采用的混凝土的最低强度等级的要求高于现浇混凝土。

4.1.3 钢筋套筒灌浆连接接头和浆锚搭接连接接头，主要适用于现行国家标准《混凝土结构设计规范》GB 50010 中所规定的热轧带肋钢筋。热轧带肋钢筋的肋，可以使钢筋与灌浆料之间产生足够的摩擦力，有效地传递应力，从而形成可靠的连接接头。

4.1.4 应鼓励在预制构件中采用钢筋焊接网，以提高建筑的工业化生产水平。

4.1.5 本条与国家标准《混凝土结构设计规范》GB 50010-2010 的第9.7.5条的规定保持一致。为了达到节约材料、方便施工、吊装可靠的目的，并避免外露金属件的锈蚀，预制构件的吊装方式宜优先采用内

埋式螺母、内埋式吊杆或预留吊装孔。这些部件及配套的专用吊具等所采用的材料，应根据相应的产品标准和应用技术规程选用。

4.2 连　接　材　料

4.2.1 预制构件的连接技术是装配式结构关键的、核心的技术。其中，钢筋套筒灌浆连接接头技术是本规程所推荐主要的接头技术，也是形成各种装配整体式混凝土结构的重要基础。

钢筋套筒灌浆连接接头的工作机理，是基于灌浆套筒内灌浆料有较高的抗压强度，同时自身还具有微膨胀特性，当它受到灌浆套筒的约束作用时，在灌浆料与灌浆套筒内侧筒壁间产生较大的正向应力，钢筋借此正向应力在其带肋的粗糙表面产生摩擦力，借以传递钢筋轴向应力。因此，灌浆套筒连接接头要求灌浆料有较高的抗压强度，灌浆套筒应具有较大的刚度和较小的变形能力。

制作灌浆套筒采用的材料可以采用碳素结构钢、合金结构钢或球墨铸铁等。传统的灌浆套筒内侧筒壁的凹凸构造复杂，采用机械加工工艺制作的难度较大。因此，许多国家和地区，如日本、我国台湾地区多年来一直采用球墨铸铁用铸造方法制造灌浆套筒。近年来，我国在已有的钢筋机械连接技术的基础上，开发出了用碳素结构钢或合金结构钢材料，并采用机械加工方法制作灌浆套筒，已经多年工程实践的考验，证实了其良好、可靠的连接性能。

目前，由中国建筑科学研究院主编完成的建筑工业产品标准《钢筋连接用灌浆套筒》JG/T 398 已由住房和城乡建设部正式批准，并已发布实施。装配式结构中所用钢筋连接用灌浆套筒应符合该标准的要求。

4.2.2 钢筋套筒灌浆连接接头的另一个关键技术，在于灌浆料的质量。灌浆料应具有高强、早强、无收缩和微膨胀等基本特性，以使其能与套筒、被连接钢筋更有效地结合在一起共同工作，同时满足装配式结构快速施工的要求。

目前，由北京榆构有限公司主编完成的建筑工业产品标准《钢筋连接用套筒灌浆料》JG/T 408-2013 已由住房和城乡建设部正式批准，并已发布实施。装配式结构中钢筋套筒连接用灌浆料应符合该标准的要求。

4.2.3 钢筋浆锚搭接连接，是钢筋在预留孔洞中完成搭接连接的方式。这项技术的关键，在于孔洞的成型技术、灌浆料的质量以及对被搭接钢筋形成约束的方法等多个因素。哈尔滨工业大学、黑龙江宇辉新型建筑材料有限公司、东南大学、南通建筑工程总承包有限公司等单位已积累了许多试验研究成果和工程实践经验。本条是在以上单位研究成果的基础上，对采用钢筋浆锚搭接连接接头时，所用灌浆料的各项主要

性能指标提出要求。

4.2.4~4.2.6 装配式结构预制构件的连接方式，根据建筑物的不同的层高、不同的抗震设防烈度等不同的条件，可以采用许多不同的形式。当建筑物层数较低时，通过钢筋锚固板、预埋件等进行连接的方式，也是可行的连接方式。其中，钢筋锚固板、预埋件和连接件，连接用焊接材料，螺栓、锚栓和铆钉等紧固件，应分别符合国家或行业现行相关标准的规定。

4.2.7 夹心外墙板可以作为结构构件承受荷载和作用，同时又具有保温节能功能，它集承重、保温、防水、防火、装饰等多项功能于一体，因此在美国、欧洲都得到广泛的应用，在我国也得到越来越多的推广。

保证夹心外墙板内外叶墙板拉结件的性能是十分重要的。目前，内外叶墙板的拉结件在美国多采用高强玻璃纤维制作，欧洲则采用不锈钢丝制作金属拉结件。由于我国目前尚缺乏相应的产品标准，本规程仅参考美国和欧洲的相关标准，定性地提出拉结件的基本要求。

我国有关预制夹心外墙板内外叶墙板拉结件的建工行业产品标准的编制工作正在进行，待相关标准颁布后，应按相关标准执行。

4.3 其 他 材 料

4.3.1 外墙板接缝处的密封材料，除应满足抗剪切和伸缩变形能力等力学性能要求外，尚应满足防霉、防水、防火、耐候等建筑物理性能要求。密封胶的宽度和厚度应通过计算决定。由于我国目前研究工作的水平，本版规程仅对密封胶提出最基本的、定性的要求，其他定量的要求还有待于进一步研究工作的成果。

4.3.2 美国的 PCI 手册中，对夹心外墙板所采用的保温材料的性能要求见表 1，仅供参考。根据美国的使用经验，由于挤塑聚苯乙烯板（XPS）的抗压强度高，吸水率低，因此 XPS 在夹心外墙板中受到最为广泛的应用。使用时还需对其作界面隔离处理，以允许外叶墙体的自由伸缩。当采用改性聚氨酯（PIR）时，美国多采用带有塑料表皮的改性聚氨酯板材。由于夹心外墙板在我国的应用历史还较短，本规程借鉴美国 PCI 手册的要求，综合、定性地提出基本要求。

表 1 保温材料的性能要求

保温材料	聚苯乙烯						改性聚氨酯（PIR）		酚醛	泡沫玻璃
	EPS			XPS			无表皮	有表皮		
密度（kg/m³）	11.2~14.4	17.6~22.4	28.8	20.8~25.6	28.8~25.2	48.0	32.0~96.1	32.0~96.1	32.0~48	107~147
吸水率（%）（体积比）	<4.0	<3.0	<2.0	<0.3			<3.0	1.0~2.0	<3.0	<0.5
抗压强度（kPa）	34~69	90~103	172	103~172	276~414	690	110~345	110	68~110	448
抗拉强度（kPa）	124~172			172	345	724	310~965	3448	414	345
线膨胀系数(1/℃)×10⁻⁶	45~73			45~73			54~109		18~36	2.9~8.3
剪切强度（kPa）	138~241			—	241	345	138~690		83	345
弯曲强度（kPa）	69~172	207~276	345	276~345	414~517	690	345~1448	276~345	173	414
导热系数 W/(m·K)	0.046~0.040	0.037~0.036	0.033	0.029			0.026	0.014~0.022	0.023~0.033	0.050
最高可用温度（℃）	74			74			121		149	482

5 建 筑 设 计

5.1 一 般 规 定

5.1.1 装配式建筑设计除应符合建筑功能的要求外，还应符合建筑防火、安全、保温、隔热、隔声、防水、采光等建筑物理性能要求。

目前的建筑设计，尤其是住宅建筑的设计，一般均将设备管线埋在楼板现浇混凝土或墙体中，把使用年限不同的主体结构和管线设备混在一起建造。若干年后，大量的住宅虽然主体结构尚可，但装修和设备等早已老化，无法改造更新，从而导致不得不拆除重建，缩短了建筑使用寿命。提倡采用主体结构构件、内装修部品和管线设备的三部分装配化集成技术系统，实现室内装修、管道设备与主体结构的分离，从而使住宅具备结构耐久性，室内空间灵活性以及可更新性等特点，同时兼备低能耗、高品质和长寿命的优势。

例如：传统的同层排水卫生间，采用湿法施工，下沉部位需要填充，不仅防水工艺不好控制，而且后期维修极为不便。整体卫浴采用地脚螺栓调节底盘高度，无需回填，检修方便；且整体卫浴从设计、选材、制造、选购到运输安装，一切都由专业人员负责，能确保质量，有效避免交房矛盾。

5.1.2、5.1.3 装配式建筑设计应符合现行国家标准《建筑模数协调统一标准》GB 50002 的规定。模数协调的目的是实现建筑部件的通用性和互换性，使规格化、通用化的部件适用于各类常规建筑，满足各种要求。同时，大批量的规格化、定型化部件的生产可稳定质量，降低成本。通用化部件所具有的互换能力，可促进市场的竞争和部件生产水平的提高。

建筑模数协调工作涉及的行业与部件的种类很多，需各方面共同遵守各项协调原则，制定各种部件或组合件的协调尺寸和约束条件。

实施模数协调的工作是一个渐进的过程，对重要的部件，以及影响面较大的部位可先期运行，如门窗、厨房、卫生间等。重要的部件和组合件应优先推行规格化、通用化。

5.1.4 根据不同的气候分区及建筑的类型分别按现行国家或行业标准《严寒和寒冷地区居住建筑节能设计标准》JGJ 26、《夏热冬冷地区居住建筑节能设计标准》JGJ 134、《夏热冬暖地区居住建筑节能设计标准》JGJ 75、《公共建筑节能设计标准》GB 50189执行。

5.2　平　面　设　计

5.2.1～5.2.4 装配式建筑的设计与建造是一个系统工程，需要整体设计的思想。平面设计应考虑建筑各功能空间的使用尺寸，并应结合结构受力特点，合理设计预制构配件（部件）。同时应注意预制构配件（部件）的定位尺寸，在满足平面功能需要的同时，还应符合模数协调和标准化的要求。装配式建筑平面设计应充分考虑设备管线与结构体系之间的关系。例如住宅卫生间涉及建筑、结构、给排水、暖通、电气等各专业，需要多工种协作完成；平面设计时应考虑卫生间平面位置与竖向管线的关系、卫生间降板范围与结构的关系等。如采用标准化的预制盒子卫生间（整体卫浴）及标准化的厨房整体橱柜，除考虑设备管线的接口设计，还应考虑卫生间平面尺寸与预制盒子卫生间尺寸之间、厨房平面尺寸与标准化厨房整体橱柜尺寸之间的模数协调。

5.3　立面、外墙设计

5.3.1、5.3.2 预制混凝土具有可塑性，便于采用不

同形状的外墙板。同时，外表面可以通过饰面层的凹凸和虚实、不同的纹理和色彩、不同质感的装饰混凝土等手段，实现多样化的外装饰需求；面层还可处理为露骨料混凝土、清水混凝土等，从而实现标准化与多样化相结合。在生产预制外墙板的过程中，可将外墙饰面材料与预制外墙板同时制作成型。

5.3.3 预制外墙板的板缝处，应保持墙体保温性能的连续性。对于夹心外墙板，当内叶墙体为承重墙板，相邻夹心外墙板间浇筑有后浇混凝土时，在夹心层中保温材料的接缝处，应选用 A 级不燃保温材料，如岩棉等填充。

5.3.4 装配式建筑外墙的设计关键在于连接节点的构造设计。对于承重预制外墙板、预制外挂墙板、预制夹心外墙板等不同外墙板连接节点的构造设计，悬挑构件、装饰构件连接节点的构造设计，以及门窗连接节点的构造设计等，均应根据建筑功能的需要，满足结构、热工、防水、防火、保温、隔热、隔声及建筑造型设计等要求。预制外墙板的各类接缝设计应构造合理、施工方便、坚固耐久，并结合本地材料、制作及施工条件进行综合考虑。图1和图2分别为预制承重夹心外墙板板缝构造及预制外挂墙板板缝构造的

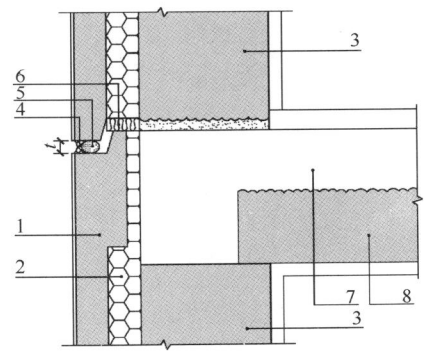

水平缝

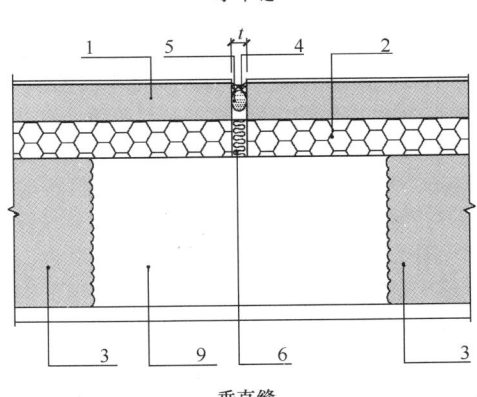

垂直缝

图 1　预制承重夹心外墙板接缝构造示意
1—外叶墙板；2—夹心保温层；3—内叶承重墙板；
4—建筑密封胶；5—发泡芯棒；6—岩棉；7—叠合
板后浇层；8—预制楼板；9—边缘构件后浇混凝土

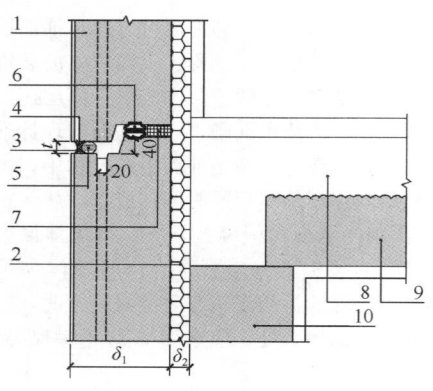

水平缝

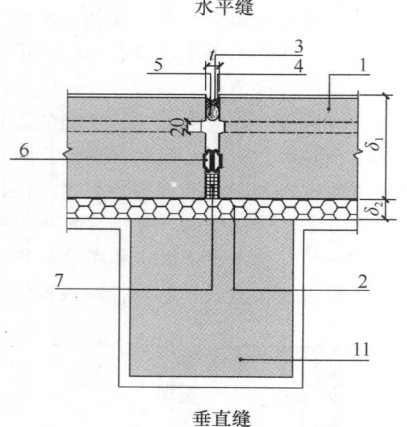

垂直缝

图 2 预制外挂墙板接缝构造示意
1—外挂墙板；2—内保温；3—外层硅胶；4—建筑密封胶；5—发泡芯棒；6—橡胶气密条；7—耐火接缝材料；8—叠合板后浇层；9—预制楼板；10—预制梁；11—预制柱

示意，仅供参考。

材料防水是靠防水材料阻断水的通路，以达到防水的目的或增加抗渗漏的能力。如预制外墙板的接缝采用耐候性密封胶等防水材料，用以阻断水的通路。用于防水的密封材料应选用耐候性密封胶；接缝处的背衬材料宜采用发泡氯丁橡胶或发泡聚乙烯塑料棒；外墙板接缝中用于第二道防水的密封胶条，宜采用三元乙丙橡胶、氯丁橡胶或硅橡胶。

构造防水是采取合适的构造形式，阻断水的通路，以达到防水的目的。如在外墙板接缝外口设置适当的线型构造（立缝的沟槽、平缝的挡水台、披水等），形成空腔，截断毛细管通路，利用排水构造将渗入接缝的雨水排出墙外，防止向室内渗漏。

5.3.5 带有门窗的预制外墙板，其门窗洞口与门窗框间的密闭性不应低于门窗的密闭性。

5.3.6 集中布置空调板，目的是提高预制外墙板的标准化和经济性。

5.3.7 在要求的泛水高度处设凹槽或挑檐，便于屋面防水的收头。

5.4 内装修、设备管线设计

5.4.1 室内装修所采用的构配件、饰面材料，应结合本地条件及房间使用功能要求采用耐久、防水、防火、防腐及不易污染的材料与做法。

5.4.2、5.4.3 住宅建筑设备管线的综合设计应特别注意套内管线的综合设计，每套的管线应户界分明。

5.4.4 装配式建筑不应在预制构件安装完毕后剔凿孔洞、沟槽等。

5.4.5 一般建筑的排水横管布置在本层称为同层排水；排水横管设置在楼板下，称为异层排水。住宅建筑卫生间、经济型旅馆宜优先采用同层排水方式。

5.4.6 预制构件的接缝，包括水平接缝和竖向接缝是装配式结构的关键部位。为保证水平接缝和竖向接缝有足够的传递内力的能力，竖向电气管线不应设置在预制柱内，且不宜设置在预制剪力墙内。当竖向电气管线设置在预制剪力墙或非承重预制墙板内时，应避开剪力墙的边缘构件范围，并应进行统一设计，将预留管线表示在预制墙板深化图上。在预制剪力墙中的竖向电气管线宜设置钢套管。

6 结构设计基本规定

6.1 一 般 规 定

6.1.1 装配整体式结构的适用高度参照现行行业标准《高层建筑混凝土结构技术规程》JGJ 3 中的规定并适当调整。根据国内外多年的研究成果，在地震区的装配整体式框架结构，当采取了可靠的节点连接方式和合理的构造措施后，装配整体式框架的结构性能可以等同现浇混凝土框架结构。因此，对装配整体式框架结构，当节点及接缝采用适当的构造并满足本规程中有关条文的要求时，可认为其性能与现浇结构基本一致，其最大适用高度与现浇结构相同。如果装配式框架结构中节点及接缝构造措施的性能达不到现浇结构的要求，其最大适用高度应适当降低。

装配整体式剪力墙结构中，墙体之间的接缝数量多且构造复杂，接缝的构造措施及施工质量对结构整体的抗震性能影响较大，使装配整体式剪力墙结构抗震性能很难完全等同于现浇结构。世界各地对装配式剪力墙结构的研究少于对装配式框架结构的研究。我国近年来，对装配式剪力墙结构已进行了大量的研究工作，但由于工程实践的数量还偏少，本规程对装配式剪力墙结构采取从严要求的态度，与现浇结构相比适当降低其最大适用高度。当预制剪力墙数量较多时，即预制剪力墙承担的底部剪力较大时，对其最大适用高度限制更加严格。在计算预制剪力墙构件底部承担的总剪力占该层总剪力比例时，一般取主要采用预制剪力墙构件的最下一层；如全部采用预制剪力墙结构，则计算底层的剪力比例；如底部2层现浇其他层预制，则计算第3层的剪力比例。

框架-剪力墙结构是目前我国广泛应用的一种结构体系。考虑目前的研究基础，本规程中提出的装配整体式框架-剪力墙结构中，建议剪力墙采用现浇结构，以保证结构整体的抗震性能。装配整体式框架-现浇剪力墙结构中，框架的性能与现浇框架等同，因此整体结构的适用高度与现浇的框架-剪力墙结构相同。对于框架与剪力墙均采用装配式的框架-剪力墙结构，待有较充分的研究结果后再给出规定。

6.1.2 高层装配整体式结构适用的最大高宽比参照现行行业标准《高层建筑混凝土结构技术规程》JGJ 3中的规定并适当调整。

6.1.3 本条为强制性条文。丙类装配整体式结构的抗震等级参照现行国家标准《建筑抗震设计规范》GB 50011和现行行业标准《高层建筑混凝土结构技术规程》JGJ 3中的规定制定并适当调整。装配整体式框架结构及装配整体式框架-现浇剪力墙结构的抗震等级与现浇结构相同；由于装配整体式剪力墙结构及部分框支剪力墙结构在国内外的工程实践的数量还不够多，也未经历实际地震的考验，因此对其抗震等级的划分高度从严要求，比现浇结构适当降低。

6.1.4 乙类装配整体式结构的抗震设计要求参照现行国家标准《建筑抗震设计规范》GB 50011和现行行业标准《高层建筑混凝土结构技术规程》JGJ 3中的规定提出要求。

6.1.5、6.1.6 装配式结构的平面及竖向布置要求，应严于现浇混凝土结构。特别不规则的建筑会出现各种非标准的构件，且在地震作用下内力分布较复杂，不适宜采用装配式结构。

6.1.7 结构抗震性能设计应根据结构方案的特殊性、选用适宜的结构抗震性能目标，并应论证结构方案能够满足抗震性能目标预期要求。

6.1.8 高层装配整体式剪力墙结构的底部加强部位建议采用现浇结构，高层装配整体式框架结构首层建议采用现浇结构，主要因为底部加强区对结构整体的抗震性能很重要，尤其在高烈度区，因此建议底部加强区采用现浇结构。并且，结构底部或首层往往由于建筑功能的需要，不太规则，不适合采用预制构件；且底部加强区构件截面大且配筋较多，也不利于预制构件的连接。

顶层采用现浇楼盖结构是为了保证结构的整体性。

6.1.9 部分框支剪力墙结构的框支层受力较大且在地震作用下容易破坏，为加强整体性，建议框支层及相邻上一层采用现浇结构。转换梁、转换柱是保证结构抗震性能的关键受力部位，且往往构件截面较大、配筋多，节点构造复杂，不适合采用预制构件。

6.1.10 在装配式结构构件及节点的设计中，除对使

用阶段进行验算外，还应重视施工阶段的验算，即短暂设计状况的验算。

6.1.11 结构构件的承载力抗震调整系数与现浇结构相同。

6.2 作用及作用组合

6.2.1 对装配式结构进行承载能力极限状态和正常使用极限状态验算时，荷载和地震作用的取值及其组合均应按国家现行相关标准执行。

6.2.2 条文规定与现行国家标准《混凝土结构工程施工规范》GB 50666相同。

6.2.3 预制构件进行脱模时，受到的荷载包括：自重、脱模起吊瞬间的动力效应、脱模时模板与构件表面的吸附力。其中，动力效应采用构件自重标准值乘以动力系数计算；脱模吸附力是作用在构件表面的均布力，与构件表面和模具状况有关，根据经验一般不小于$1.5kN/m^2$。等效静力荷载标准值取构件自重标准值乘以动力系数后与脱模吸附力之和。

6.3 结 构 分 析

6.3.1 在预制构件之间及预制构件与现浇及后浇混凝土的接缝处，当受力钢筋采用安全可靠的连接方式，且接缝处新旧混凝土之间采用粗糙面、键槽等构造措施时，结构的整体性能与现浇结构类同，设计中可采用与现浇结构相同的方法进行结构分析，并根据本规程的相关规定对计算结果进行适当的调整。

对于采用预埋件焊接连接、螺栓连接等连接节点的装配式结构，应该根据连接节点的类型，确定相应的计算模型，选取适当的方法进行结构分析。

6.3.3 装配整体式框架结构和剪力墙结构的层间位移角限值均与现浇结构相同。对多层装配式剪力墙结构，当按现浇结构计算而未考虑墙板间接缝的影响时，计算得到的层间位移会偏小，因此加严其层间位移角限值。

6.3.4 叠合楼盖和现浇楼盖对梁刚度均有增大作用，无后浇层的装配式楼盖对梁刚度增大作用较小，设计中可以忽略。

6.4 预制构件设计

6.4.1 应特别注意预制构件在短暂设计状况下的承载能力的验算，对预制构件在脱模、翻转、起吊、运输、堆放、安装等生产和施工过程中的安全性进行分析。这主要是由于：1）在制作、施工安装阶段的荷载、受力状态和计算模式经常与使用阶段不同；2）预制构件的混凝土强度在此阶段尚未达到设计强度。因此，许多预制构件的截面及配筋设计，不是使用阶段的设计计算起控制作用，而是此阶段的设计计算起控制作用。

6.4.2 预制梁、柱构件由于节点区钢筋布置空间的

需要，保护层往往较大。当保护层大于 50mm 时，宜采取增设钢筋网片等措施，控制混凝土保护层的裂缝及在受力过程中的剥离脱落。

6.4.3 预制板式楼梯在吊装、运输及安装过程中，受力状况比较复杂，规定其板面宜配置通长钢筋，钢筋量可根据加工、运输、吊装过程中的承载力及裂缝控制验算结果确定，最小构造配筋率可参照楼板的相关规定。当楼梯两端均不能滑动时，在侧向力作用下楼梯会起到斜撑的作用，楼梯中会产生轴向拉力，因此规定其板面和板底均应配通长钢筋。

6.4.5 预制构件中外露预埋件凹入表面，便于进行封闭处理。

6.5 连 接 设 计

6.5.1 装配整体式结构中的接缝主要指预制构件之间的接缝及预制构件与现浇及后浇混凝土之间的结合面，包括梁端接缝、柱顶底接缝、剪力墙的竖向接缝和水平接缝等。装配整体式结构中，接缝是影响结构受力性能的关键部位。

接缝的压力通过后浇混凝土、灌浆料或坐浆材料直接传递；拉力通过由各种方式连接的钢筋、预埋件传递；剪力由结合面混凝土的粘结强度、键槽或者粗糙面、钢筋的摩擦抗剪作用、销栓抗剪作用承担；接缝处于受压、受弯状态时，静力摩擦可承担一部分剪力。预制构件连接接缝一般采用强度等级高于构件的后浇混凝土、灌浆料或坐浆材料。当穿过接缝的钢筋不少于构件内钢筋并且构造符合本规程规定时，节点及接缝的正截面受压、受拉及受弯承载力一般不低于构件，可不必进行承载力验算。当需要计算时，可按照混凝土构件正截面的计算方法进行，混凝土强度取接缝及构件混凝土材料强度的较低值，钢筋取穿过正截面且有可靠锚固的钢筋数量。

后浇混凝土、灌浆料或坐浆材料与预制构件结合面的粘结抗剪强度往往低于预制构件本身混凝土的抗剪强度。因此，预制构件的接缝一般都需要进行受剪承载力的计算。本条对各种接缝的受剪承载力提出了总的要求。

对于装配整体式结构的控制区域，即梁、柱箍筋加密区及剪力墙底部加强部位，接缝要实现强连接，保证不在接缝处发生破坏，即要求接缝的承载力设计值大于被连接构件的承载力设计值乘以强连接系数，强连接系数根据抗震等级、连接区域的重要性以及连接类型，参照美国规范 ACI 318 中的规定确定。同时，也要求接缝的承载力设计值大于设计内力，保证接缝的安全。对于其他区域的接缝，可采用延性连接，允许连接部位产生塑性变形，但要求接缝的承载力设计值大于设计内力，保证接缝的安全。

参考了国内外相关研究成果及规程，针对各种形式接缝分别提出了受剪承载力的计算公式，列在第

7、8 章的相关条文中。

6.5.2 装配整体式框架结构中，框架柱的纵筋连接宜采用套筒灌浆连接，梁的水平钢筋连接可根据实际情况选用机械连接、焊接连接或者套筒灌浆连接。装配整体式剪力墙结构中，预制剪力墙竖向钢筋的连接可根据不同部位，分别采用套筒灌浆连接、浆锚搭接连接，水平分布筋的连接可采用焊接、搭接等。

6.5.3 有关钢筋套筒灌浆连接的应用技术规程正在编制中。目前，采用钢筋套筒灌浆连接时，该类接头的应用技术可参照《钢筋机械连接技术规程》JGJ 107－2010 中有关Ⅰ级接头的要求。规定套筒之间的净距不小于 25mm，是为了保证施工过程中，套筒之间的混凝土可以浇筑密实。

6.5.4 浆锚搭接连接，是一种将需搭接的钢筋拉开一定距离的搭接方式。这种搭接技术在欧洲有多年的应用历史和研究成果，也被称之为间接搭接或间接锚固。早在我国 1989 年版的《混凝土结构设计规范》的条文说明中，已经将欧洲标准对间接搭接的要求进行了说明。近年来，国内的科研单位及企业对各种形式的钢筋浆锚搭接连接接头进行了试验研究工作，已有了一定的技术基础。

这项技术的关键，包括孔洞内壁的构造及其成孔技术、灌浆料的质量以及约束钢筋的配置方法等各个方面。鉴于我国目前对钢筋浆锚搭接连接接头尚无统一的技术标准，因此提出较为严格的要求，要求使用前对接头进行力学性能及适用性的试验验证，即对按一整套技术，包括混凝土孔洞成形方式、约束配筋方式、钢筋布置方式、灌浆料、灌浆方法等形成的接头进行力学性能试验，并对采用此类接头技术的预制构件进行各项力学及抗震性能的试验验证，经过相关部门组织的专家论证或鉴定后方可使用。

6.5.5 试验表明，预制梁端采用键槽的方式时，其受剪承载力一般大于粗糙面，且易于控制加工质量及检验。键槽深度太小时，易发生承压破坏；当不会发生承压破坏时，增加键槽深度对增加受剪承载力没有明显帮助，键槽深度一般在 30mm 左右。梁端键槽数量通常较少，一般为 1 个～3 个，可以通过公式较准确地计算键槽的受剪承载力。对于预制墙板侧面，键槽数量很多，和粗糙面的工作机理类似，键槽深度及尺寸可减小。

6.5.6 预制构件纵向钢筋的锚固多采用锚固板的机械锚固方式，伸出构件的钢筋长度较短且不需弯折，便于构件加工及安装。

6.5.8 当采用简支的预制楼梯时，楼梯间墙宜做成小开口剪力墙。

6.6 楼 盖 设 计

6.6.1 叠合楼盖有各种形式，包括预应力叠合楼盖、带肋叠合楼盖、箱式叠合楼盖等。本节中主要对常规

叠合楼盖的设计方法及构造要求进行了规定。其他形式的叠合楼盖的设计方法可参考行业现行相关规程。结构转换层、平面复杂或开洞较大的楼层、作为上部结构嵌固部位的地下室楼层对整体性及传递水平力的要求较高，宜采用现浇楼盖。

6.6.2 叠合板后浇层最小厚度的规定考虑了楼板整体性要求以及管线预埋、面筋铺设、施工误差等因素。预制板最小厚度的规定考虑了脱模、吊装、运输、施工等因素。在采取可靠的构造措施的情况下，如设置桁架钢筋或板肋等，增加了预制板刚度时，可以考虑将其厚度适当减少。

当板跨度较大时，为了增加预制板的整体刚度和水平界面抗剪性能，可在预制板内设置桁架钢筋，见图3。钢筋桁架的下弦钢筋可视情况作为楼板下部的受力钢筋使用。施工阶段，验算预制板的承载力及变形时，可考虑桁架钢筋的作用，减小预制板下的临时支撑。

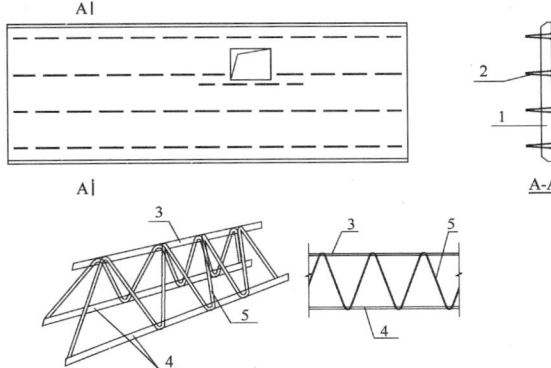

图 3　叠合板的预制板设置桁架钢筋构造示意
1—预制板；2—桁架钢筋；3—上弦钢筋；
4—下弦钢筋；5—格构钢筋

当板跨度超过6m时，采用预应力混凝土预制板经济性较好。板厚大于180mm时，为了减轻楼板自重，节约材料，推荐采用空心楼板；可在预制板上设置各种轻质模具，浇筑混凝土后形成空心。

6.6.3 根据叠合板尺寸、预制板尺寸及接缝构造，叠合板可按照单向叠合板或者双向叠合板进行设计。当按照双向板设计时，同一板块内，可采用整块的叠合双向板或者几块预制板通过整体式接缝组合成的叠合双向板；当按照单向板设计时，几块叠合板各自作为单向板进行设计，板侧采用分离式拼缝即可。支座及接缝构造详见本节后几条规定。

6.6.4 为保证楼板的整体性及传递水平力的要求，预制板内的纵向受力钢筋在板端宜伸入支座，并应符合现浇楼板下部纵向钢筋的构造要求。在预制板侧面，即单向板长边支座，为了加工及施工方便，可不伸出构造钢筋，但应采用附加钢筋的方式，保证楼面的整体性及连续性。

6.6.5 本条所述的接缝形式较简单，利于构件生产及施工。理论分析与试验结果表明，这种做法是可行的。叠合板的整体受力性能介于按板缝划分的单向板和整体双向板之间，与楼板的尺寸、后浇层与预制板的厚度比例、接缝钢筋数量等因素有关。开裂特征类似于单向板，承载力高于单向板，挠度小于单向板但大于双向板。板缝接缝边界主要传递剪力，弯矩传递能力较差。在没有可靠依据时，可偏于安全地按照单向板进行设计，接缝钢筋按构造要求确定，主要目的是保证接缝处不发生剪切破坏，且控制接缝处裂缝的开展。

当后浇层厚度较大（>75mm），且设置有钢筋桁架并配有足够数量的接缝钢筋时，接缝可承受足够大的弯矩及剪力，此时也可将其作为整体式接缝，几块预制板通过接缝和后浇层组成的叠合板可按照整体叠合双向板进行设计。此时，应按照接缝处的弯矩设计值及后浇层的厚度计算接缝处需要的钢筋数量。

6.6.6 当预制板侧接缝可实现钢筋与混凝土的连续受力时，即形成"整体式接缝"时，可按照整体双向板进行设计。整体式接缝一般采用后浇带的形式，后浇带应有一定的宽度以保证钢筋在后浇带中的连接或者锚固空间，并保证后浇混凝土与预制板的整体性。后浇带两侧的板底受力钢筋需要可靠连接，比如焊接、机械连接、搭接等。

也可以将后浇带两侧的板底受力钢筋在后浇带中锚固，形成本条第3款所述的构造形式。中国建筑科学研究院的试验研究证明，此种构造形式的叠合板整体性较好。利用预制板边侧向伸出的钢筋在接缝处搭接并弯折锚固于后浇混凝土层中，可以实现接缝两侧钢筋的传力，从而传递弯矩，形成双向板受力状态。接缝处伸出钢筋的锚固和重叠部分的搭接应有一定长度，以实现应力传递；弯折角度应较小以实现顺畅传力；后浇混凝土层应有一定厚度；弯折处应配构造钢筋以防止挤压破坏。

试验研究表明，与整体板比较，预制板接缝处应变集中，裂缝宽度较大，导致构件的挠度比整体现浇板略大，接缝处受弯承载力略有降低。因此，接缝应该避开双向板的主要受力方向和跨中弯矩最大位置。在设计时，如果接缝位于主要受力位置，应该考虑其影响，对按照弹性板计算的内力及配筋结果进行调整，适当增大两个方向的纵向受力钢筋。

6.6.7～6.6.9 在叠合板跨度较大、有相邻悬挑板的上部钢筋锚入等情况下，叠合面在外力、温度等作用下，截面上会产生较大的水平剪力，需配置界面抗剪构造钢筋来保证水平界面的抗剪能力。当有桁架钢筋时，可不单独配置抗剪钢筋；当没有桁架钢筋时，配置的抗剪钢筋可采用马镫形状，钢筋直径、间距及锚固长度应满足叠合面抗剪的需求。

7 框架结构设计

7.1 一般规定

7.1.1 根据国内外多年的研究成果，在地震区的装配整体式框架结构，当采取了可靠的节点连接方式和合理的构造措施后，其性能可等同于现浇混凝土框架结构，并采用和现浇结构相同的方法进行结构分析和设计。

7.1.2 套筒灌浆连接方式在日本、欧美等国家已经有长期、大量的实践经验，国内也已有充分的试验研究、一定的应用经验、相关的产品标准和技术规程。当结构层数较多时，柱的纵向钢筋采用套筒灌浆连接可保证结构的安全。对于低层框架结构，柱的纵向钢筋连接也可以采用一些相对简单及造价较低的方法。

7.1.3 试验研究表明，预制柱的水平接缝处，受剪承载力受柱轴力影响较大。当柱受拉时，水平接缝的抗剪能力较差，易发生接缝的滑移错动。因此，应通过合理的结构布置，避免柱的水平接缝处出现拉力。

7.2 承载力计算

7.2.2 叠合梁端结合面主要包括框架梁与节点区的结合面、梁自身连接的结合面以及次梁与主梁的结合面等几种类型。结合面的受剪承载力的组成主要包括：新旧混凝土结合面的粘结力、键槽的抗剪能力、后浇混凝土叠合层的抗剪能力、梁纵向钢筋的销栓抗剪作用。

本规程不考虑混凝土的自然粘结作用是偏安全的。取混凝土抗剪键槽的受剪承载力、后浇层混凝土的受剪承载力、穿过结合面的钢筋的销栓抗剪作用之和，作为结合面的受剪承载力。地震往复作用下，对后浇层混凝土部分的受剪承载力进行折减，参照混凝土斜截面受剪承载力设计方法，折减系数取 0.6。

研究表明，混凝土抗剪键槽的受剪承载力一般为 $0.15\sim0.2f_cA_k$，但由于混凝土抗剪键槽的受剪承载力和钢筋的销栓抗剪作用一般不会同时达到最大值，因此在计算公式中，混凝土抗剪键槽的受剪承载力进行折减，取 $0.1f_cA_k$。抗剪键槽的受剪承载力取各抗剪键槽根部受剪承载力之和；梁端抗剪键槽数量一般较少，沿高度方向一般不会超过 3 个，不考虑群键作用。抗剪键槽破坏时，可能沿现浇键槽或预制键槽的根部破坏，因此计算抗剪键槽受剪承载力时应按现浇键槽和预制键槽根部剪切面分别计算，并取二者的较小值。设计中，应尽量使现浇键槽和预制键槽根部剪切面面积相等。

钢筋销栓作用的受剪承载力计算公式主要参照日本的装配式框架设计规程中的规定，以及中国建筑科学研究院的试验结果，同时考虑混凝土强度及钢

筋强度的影响。

7.2.3 预制柱底结合面的受剪承载力的组成主要包括：新旧混凝土结合面的粘结力、粗糙面或键槽的抗剪能力、轴压产生的摩擦力、梁纵向钢筋的销栓抗剪作用或摩擦抗剪作用，其中后两者为受剪承载力的主要组成部分。

在非抗震设计时，柱底剪力通常较小，不需要验算。地震往复作用下，混凝土自然粘结及粗糙面的受剪承载力丧失较快，计算中不考虑其作用。

当柱受压时，计算轴压产生的摩擦力时，柱底接缝灌浆层上下表面接触的混凝土均有粗糙面及键槽构造，因此摩擦系数取 0.8。钢筋销栓作用的受剪承载力计算公式与上一条相同。当柱受拉时，没有轴压产生的摩擦力，且由于钢筋受拉，计算钢筋销栓作用时，需要根据钢筋中的拉应力结果对销栓受剪承载力进行折减。

7.3 构造设计

7.3.1 采用叠合梁时，楼板一般采用叠合板，梁、板的后浇层一起浇筑。当板的总厚度不小于梁的后浇层厚度要求时，可采用矩形截面预制梁。当板的总厚度小于梁的后浇层厚度要求时，为增加梁的后浇层厚度，可采用凹口形截面预制梁。某些情况下，为施工方便，预制梁也可采用其他截面形式，如倒 T 形截面或者传统的花篮梁的形式等。

7.3.2 采用叠合梁时，在施工条件允许的情况下，箍筋宜采用闭口箍筋。当采用闭口箍筋不便安装上部纵筋时，可采用组合封闭箍筋，即开口箍筋加箍筋帽的形式。本条中规定箍筋帽两端均采用135°弯钩。由于对封闭组合箍的研究尚不够完善，因此在抗震等级为一、二级的叠合框架梁梁端加密区中不建议采用。

7.3.3 当梁的下部纵向钢筋在后浇段内采用机械连接时，一般只能采用加长丝扣型直螺纹接头，滚轧直螺纹加长丝头在安装中会存在一定的困难，且无法达到Ⅰ级接头的性能指标。套筒灌浆连接接头也可用于水平钢筋的连接。

7.3.4 对于叠合楼盖结构，次梁与主梁的连接可采用后浇混凝土节点，即主梁上预留后浇段，混凝土断开而钢筋连续，以便穿过和锚固次梁钢筋。当主梁截面较高且次梁截面较小时，主梁预制混凝土也可不完全断开，采用预留凹槽的形式供次梁钢筋穿过。次梁端部可设计为刚接和铰接。次梁钢筋在主梁内采用锚固板的方式锚固时，锚固长度根据现行行业标准《钢筋锚固板应用技术规程》JGJ 256 确定。

7.3.5 采用较大直径钢筋及较大的柱截面，可减少钢筋根数，增大间距，便于柱钢筋连接及节点区钢筋布置。套筒连接区域柱截面刚度及承载力较大，柱的塑性铰区可能会上移到套筒连接区域以上，因此至少应将套筒连接区域以上 500mm 高度区域内将柱箍筋

加密。

7.3.6 钢筋采用套筒灌浆连接时，柱底接缝灌浆与套筒灌浆可同时进行，采用同样的灌浆料一次完成。预制柱底部应有键槽，且键槽的形式应考虑到灌浆填缝时气体排出的问题，应采取可靠且经过实践检验的施工方法，保证柱底接缝灌浆的密实性。后浇节点上表面设置粗糙面，增加与灌浆层的粘结力及摩擦系数。

7.3.7、7.3.8 在预制柱叠合梁框架节点中，梁钢筋在节点中锚固及连接方式是决定施工可行性以及节点受力性能的关键。梁、柱构件尽量采用较粗直径、较大间距的钢筋布置方式，节点区的主梁钢筋较少，有利于节点的装配施工，保证施工质量。设计过程中，应充分考虑到施工装配的可行性，合理确定梁、柱截面尺寸及钢筋的数量、间距及位置等。在中间节点中，两侧梁的钢筋在节点区内锚固时，位置可能冲突，可采用弯折避让的方式，弯折角度不宜大于1:6。节点区施工时，应注意合理安排节点区箍筋、预制梁、梁上部钢筋的安装顺序，控制节点区箍筋的间距满足要求。

中国建筑科学研究院及万科企业股份有限公司的低周反复荷载试验研究表明，在保证构造措施与施工质量时，该形式节点均具有良好的抗震性能，与现浇节点基本等同。

7.3.9 在预制柱叠合梁框架节点中，如柱截面较小，梁下部纵向钢筋在节点区内连接较困难时，可在节点区外设置后浇梁段，并在后浇段内连接梁纵向钢筋。为保证梁端塑性铰区的性能，钢筋连接部位距离梁端需要超过1.5倍梁高。

7.3.10 当采用现浇柱与叠合梁组成的框架时，节点做法与预制柱、叠合梁的节点做法类似，节点区混凝土应与梁板后浇混凝土同时现浇，柱内受力钢筋的连接方式与常规的现浇混凝土结构相同。柱的钢筋布置灵活，对加工精度及施工的要求略低。同济大学等单位完成的低周反复荷载试验研究表明，该形式节点均具有良好的抗震性能，与现浇节点基本等同。

8 剪力墙结构设计

8.1 一般规定

8.1.1 预制剪力墙的接缝对墙抗侧刚度有一定的削弱作用，应考虑对弹性计算的内力进行调整，适当放大现浇墙肢在水平地震作用下的剪力和弯矩；预制剪力墙的剪力及弯矩不减小，偏于安全。

8.1.2 本条为对装配整体式剪力墙结构的规则性要求，在建筑方案设计中，应该注意结构的规则性。如某些楼层出现扭转不规则及侧向刚度及承载力不规则，宜采用现浇混凝土结构。

8.1.3 短肢剪力墙的抗震性能较差，在高层装配整体式结构中应避免过多采用。

8.1.4 高层建筑中电梯井筒往往承受很大的地震剪力及倾覆力矩，采用现浇结构有利于保证结构的抗震性能。

8.2 预制剪力墙构造

8.2.1 可结合建筑功能和结构平立面布置的要求，根据构件的生产、运输和安装能力，确定预制构件的形状和大小。

8.2.2、8.2.3 墙板开洞的规定参照现行行业标准《高层建筑混凝土结构技术规程》JGJ 3的要求确定。预制墙板的开洞应在工厂完成。

8.2.4 万科企业股份有限公司及清华大学的试验研究结果表明，剪力墙底部竖向钢筋连接区域，裂缝较多且较为集中，因此，对该区域的水平分布筋应加强，以提高墙板的抗剪能力和变形能力，并使该区域的塑性铰可以充分发展，提高墙板的抗震性能。

8.2.5 对预制墙板边缘配筋应适当加强，形成边框，保证墙板在形成整体结构之前的刚度、延性及承载力。

8.2.6 预制夹心外墙板在国内外均有广泛的应用，具有结构、保温、装饰一体化的特点。预制夹心外墙板根据其在结构中的作用，可以分为承重墙板和非承重墙板两类。当其作为承重墙板时，与其他结构构件共同承担垂直力和水平力；当其作为非承重墙板时，仅作为外围护墙体使用。

预制夹心外墙板根据其内、外叶墙板间的连接构造，又可以分为组合墙板和非组合墙板。组合墙板的内、外叶墙板可通过拉结件的连接共同工作；非组合墙板的内、外叶墙板不共同受力，外叶墙板仅作为荷载，通过拉结件作用在内叶墙板上。

鉴于我国对于预制夹心外墙板的科研成果和工程实践经验都还较少，目前在实际工程中，通常采用非组合式的墙板。当作为承重墙时，内叶墙板的要求与普通剪力墙板的要求完全相同。

8.3 连接设计

8.3.1 确定剪力墙竖向接缝位置的主要原则是便于标准化生产、吊装、运输和就位，并尽量避免接缝对结构整体性能产生不良影响。

对于图4中约束边缘构件，位于墙肢端部的通常与墙板一起预制；纵横墙交接部位一般存在接缝，图4中阴影区域宜全部后浇，纵向钢筋主要配置在后浇段内，且在后浇段内应配置封闭箍筋及拉筋，预制墙板中的水平分布筋在后浇段内锚固。预制的约束边缘构件的配筋构造要求与现浇结构一致。

墙肢端部的构造边缘构件通常全部预制；当采用L形、T形或者U形墙板时，拐角处的构造边缘构件

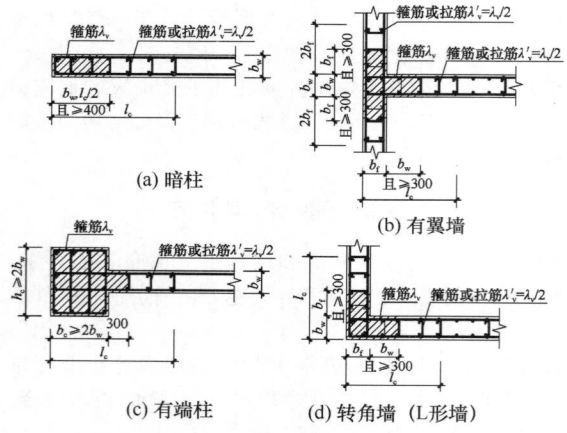

(a) 暗柱　　　　　　　　(b) 有翼墙

(c) 有端柱　　　　　(d) 转角墙（L形墙）

图 4　预制剪力墙的后浇混凝土约束边缘构件示意

也可全部在预制剪力墙中。当采用一字形构件时，纵横墙交接处的构造边缘构件可全部后浇；为了满足构件的设计要求或施工方便也可部分后浇部分预制。当构造边缘构件部分后浇部分预制时，需要合理布置预制构件及后浇段中的钢筋，使边缘构件内形成封闭箍筋。非边缘构件区域，剪力墙拼接位置，剪力墙水平钢筋在后浇段内可采用锚环的形式锚固，两侧伸出的锚环宜相互搭接。

8.3.2　封闭连续的后浇钢筋混凝土圈梁是保证结构整体性和稳定性，连接楼盖结构与预制剪力墙的关键构件，应在楼层收进及屋面处设置。

8.3.3　在不设置圈梁的楼面处，水平后浇带及在其内设置的纵向钢筋也可起到保证结构整体性、稳定性、连接楼盖结构与预制剪力墙的作用。

8.3.4　预制剪力墙竖向钢筋一般采用套筒灌浆或浆锚搭接连接，在灌浆时宜采用灌浆料将墙底水平接缝同时灌满。灌浆料强度较高且流动性好，有利于保证接缝承载力。灌浆时，预制剪力墙构件下表面与楼面之间的缝隙周围可采用封边砂浆进行封堵和分仓，以保证水平接缝中灌浆料填充饱满。

8.3.5　套筒灌浆连接方式在日本、欧美等国家已经有长期、大量的实践经验，国内也已有充分的试验研究和相关的规程，可以用于剪力墙竖向钢筋的连接。

目前在国内有多家科研单位、高等院校和企业正在对多种浆锚搭接连接的方式进行研究，其中哈尔滨工业大学和黑龙江宇辉建设集团有限公司共同研发的约束浆锚搭接连接已经取得一定的研究成果和实践经验，适合用于直径较小钢筋的连接，施工方便，造价较低。根据现行国家标准《混凝土结构设计规范》GB 50010 对钢筋连接和锚固的要求，为保证结构延性，在对结构抗震性能比较重要且钢筋直径较大的剪力墙边缘构件中不宜采用。

边缘构件是保证剪力墙抗震性能的重要构件，且钢筋较粗，每根钢筋应逐根连接。剪力墙的分布钢筋直径小且数量多，全部连接会导致施工繁琐且造价较

高，连接接头数量太多对剪力墙的抗震性能也有不利影响。根据有关单位的研究成果，可在预制剪力墙中设置部分较粗的分布钢筋并在接缝处仅连接这部分钢筋，被连接钢筋的数量应满足剪力墙的配筋率和受力要求；为了满足分布钢筋最大间距的要求，在预制剪力墙中再设置一部分较小直径的竖向分布钢筋，但其最小直径也应满足有关规范的要求。

8.3.7　在参考了我国现行国家标准《混凝土结构设计规范》GB 50010、现行行业标准《高层建筑混凝土结构技术规程》JGJ 3、国外规范〔如美国规范 ACI 318‑08、欧洲规范 EN 1992‑1‑1：2004、美国 PCI 手册（第七版）等〕并对大量试验数据进行分析的基础上，本规程给出了预制剪力墙水平接缝受剪承载力设计值的计算公式，公式与《高层建筑混凝土结构技术规程》中对一级抗震等级剪力墙水平施工缝的抗剪验算公式相同，主要采用剪摩擦的原理，考虑了钢筋和轴力的共同作用。

进行预制剪力墙底部水平接缝受剪承载力计算时，计算单元的选取分以下三种情况：

　　1　不开洞或者开小洞口整体墙，作为一个计算单元；

　　2　小开口整体墙可作为一个计算单元，各墙肢联合抗剪；

　　3　开口较大的双肢及多肢墙，各墙肢作为单独的计算单元。

8.3.8　本条对带洞口预制剪力墙的预制连梁与后浇圈梁或水平后浇带组成的叠合连梁的构造进行了说明。当连梁剪跨比较小需要设置斜向钢筋时，一般采用全现浇连梁。

8.3.9　楼面梁与预制剪力墙在面外连接时，宜采用铰接，可采用在剪力墙上设置挑耳的方式。

8.3.10　连梁端部钢筋锚固构造复杂，要尽量避免预制连梁在端部与预制剪力墙连接。

8.3.12　提供两种常用的"刀把墙"的预制连梁与预制墙板的连接方式。也可采用其他连接方式，但应保证接缝的受弯及受剪承载力不低于连梁的受弯及受剪承载力。

8.3.13　当采用后浇连梁时，纵筋可在连梁范围内与预制剪力墙预留的钢筋连接，可采用搭接、机械连接、焊接等方式。

8.3.15　洞口下墙的构造有三种做法：

　　1　预制连梁向上伸出竖向钢筋并与洞口下墙内的竖向钢筋连接，洞口下墙、后浇圈梁与预制连梁形成一根叠合连梁。该做法施工比较复杂，而且洞口下墙与下方的后浇圈梁、预制连梁组合在一起形成的叠合构件受力性能没有经过试验验证，受力和变形特征不明确，纵筋和箍筋的配筋也不好确定。不建议采用此做法。

　　2　预制连梁与上方的后浇混凝土形成叠合连梁；

洞口下墙与下方的后浇混凝土之间连接少量的竖向钢筋，以防止接缝开裂并抵抗必要的平面外荷载。洞口下墙内设置纵筋和箍筋，作为单独的连梁进行设计。建议采用此种做法。

3 将洞口下墙采用轻质填充墙时，或者采用混凝土墙但与结构主体采用柔性材料隔离时，在计算中可仅作为荷载，洞口下墙与下方的后浇混凝土及预制连梁之间不连接，墙内设置构造钢筋。当计算不需要窗下墙时可采用此做法。

当窗下墙需要抵抗平面外的弯矩时，需要将窗下墙内的纵向钢筋与下方的现浇楼板或预制剪力墙内的钢筋有效连接、锚固；或将窗下墙内纵向钢筋锚固在下方的后浇区域内。在实际工程中窗下墙的高度往往不大，当采用浆锚搭接连接时，要确保必要的锚固长度。

9 多层剪力墙结构设计

9.1 一般规定

9.1.1 多层装配式剪力墙结构是在高层装配整体式剪力墙基础上进行简化，并参照原行业标准《装配式大板居住建筑设计和施工规程》JGJ 1-91 的相关节点构造，制定的一种主要用于多层建筑的装配式结构。此种结构体系构造简单，施工方便，可在广大城镇地区多层住宅中推广使用。

9.1.2 多层装配式剪力墙结构的抗震等级按照现行国家标准《混凝土结构设计规范》GB 50010 确定。

9.1.3、9.1.4 剪力墙的最小配筋率、最小厚度是参照现行国家标准《混凝土结构设计规范》GB 50010和原行业标准《装配式大板居住建筑设计和施工规程》JGJ 1-91 中的相关规定确定的。

9.2 结构分析和设计

9.2.1 多层装配式剪力墙结构在重力、风荷载及地震作用下的分析均可采用线弹性方法。地震作用可采用底部剪力法计算，各抗震墙肢按照负荷面积分担地震力。在计算中，采用后浇混凝土连接的预制墙肢可作为整体构件考虑；采用分离式拼缝（预埋件焊接连接、预埋件螺栓连接等，无后浇混凝土）连接的墙肢应作为独立的墙肢进行计算及截面设计，计算模型中应包括墙肢的连接节点。按本规程的构造作法，在计算模型中，墙肢底部的水平缝可按照整体接缝考虑，并取墙肢底部的剪力进行水平接缝的受剪承载力计算。

9.2.2 按照本章第 3 节中的构造要求，预制剪力墙的竖向接缝采用后浇混凝土连接时，受剪承载力与整浇混凝土结构接近，不必计算其受剪承载力。

预制剪力墙底部的水平接缝需要进行受剪承载力

计算。受剪承载力计算公式的形式与本规程第 8.3 节中的公式相似，由于多层装配式剪力墙结构中，预制剪力墙水平接缝中采用坐浆材料而非灌浆料填充，接缝受剪时静摩擦系数较低，取为 0.6。

9.3 连接设计

9.3.1 多层剪力墙结构中，预制剪力墙水平接缝比较简单，其整体性及抗震性能主要依靠后浇暗柱及圈梁的约束作用来保证，因此，要求三级抗震结构的转角、纵横墙交接部位应设置后浇暗柱。后浇暗柱的尺寸按照受力以及装配施工的便捷性的要求确定。后浇暗柱内的配筋量参照配筋砌块结构的构造柱及现浇剪力墙结构的构造边缘构件确定。墙板水平分布钢筋在后浇段内可采用弯折锚固、锚环、机械锚固等措施。

9.3.2 采用后浇混凝土连接的接缝有利于保证结构的整体性，且接缝的耐久性、防水、防火性能均比较好。接缝宽度大小并没有作出规定，但进行钢筋连接时，要保证其最小的作业空间。两侧墙体内的水平分布钢筋可在后浇段内互相焊接（图 5）、搭接、弯折锚固或者做成锚环锚固。

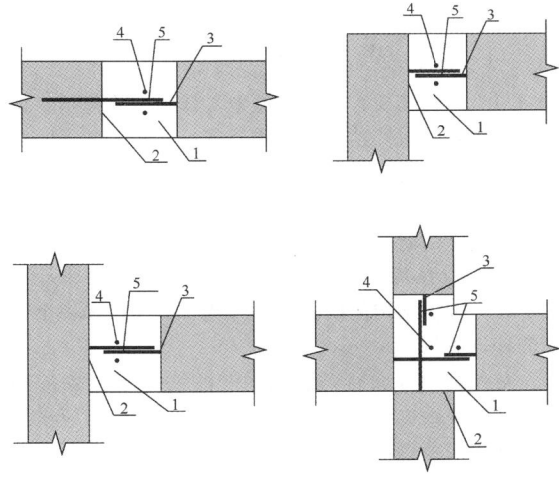

图 5 预制墙板竖向接缝构造示意
1—后浇段；2—键槽或粗糙面；3—连接钢筋；
4—竖向钢筋；5—钢筋焊接或搭接

参照日本的多层装配式剪力墙结构的做法，当房屋层数不大于 3 层时，相邻承重墙板之间的竖向接缝也可采用预埋件焊接连接的方式。此时，整体计算模型中应计入竖向接缝及连接节点对刚度的影响，且各连接节点均应进行承载力的验算。

9.3.3 本条提供了几种常用的上下层相邻预制墙板之间钢筋连接的连接方式，设计中可以根据具体情况采用，也可采用其他经过实践考验或者试验验证的节点形式。

9.3.4 沿墙顶设置封闭的水平后浇带或后浇钢筋混凝土圈梁可将楼板和竖向构件连接起来，使水平力可从楼面传递到剪力墙，增强结构的整体性和稳定性。

9.3.5 对 3 层以下的建筑，为简化施工，减少现场湿作业，各层楼面也可采用预制楼板。预制楼板可采用空心楼板、预应力空心板等，其板端及侧向板缝应采取各项有效措施，使预制楼板在其平面内形成整体，保证其整体刚度，并应与竖向构件可靠连接，在搁置长度范围内空腔应用细石混凝土填实。

9.3.6 连梁与预制剪力墙整体预制是施工比较方便的方式。当接缝在连梁跨中时，只需连接纵筋，施工也比较容易。预制连梁端部与预制剪力墙连接且按刚接设计时，需要将预制连梁的纵筋锚固在剪力墙中，连接节点比较复杂；此时可采用铰接的连接方式，如在剪力墙端部设置牛腿或者挑耳，将预制连梁搁置在挑耳上并采用防止滑落的构造措施。

9.3.7 基础顶面设置的圈梁是为了保证结构底部的整体性。为了保证结构具有一定的抗倾覆能力，后浇暗柱、竖向接缝和水平接缝内的纵向钢筋应在基础中可靠锚固。

10 外挂墙板设计

10.1 一 般 规 定

10.1.1 外挂墙板有许多种类型，其中主要包括：梁式外挂板、柱式外挂板和墙式外挂板，他们之间的区别主要在于挂板在建筑中所处的位置不同，因此导致设计计算和连接节点的许多不同。鉴于我国对各种外挂墙板所做的研究工作和工程实践经验都比较少，本章涉及的内容基本上仅限于墙式外挂板，即非承重的、作为围护结构使用的、仅跨越一个层高和一个开间的外挂墙板。

对预制构件而言，连接问题始终是最重要的问题，外挂墙板也不例外。外挂墙板与主体结构应采用合理的连接节点，以保证荷载传递路径简捷，符合结构的计算假定。同时，对外挂墙板除应进行截面设计外，还应重视连接节点的设计。连接节点包括有预埋件及连接件。其中预埋件包括主体结构支承构件中的预埋件，以及在外挂墙板中的预埋件，通过连接件与这两种预埋件的连接，将外挂墙板与主体结构连接在一起。对有抗震设防要求的地区，应对外挂墙板和连接节点进行抗震设计。

10.1.2 外挂墙板与主体结构之间可以采用多种连接方法，应根据建筑类型、功能特点、施工吊装能力以及外挂墙板的形状、尺寸以及主体结构层间位移量等特点，确定外挂墙板的类型，以及连接件的数量和位置。对外挂墙板和连接节点进行设计计算时，所取用的计算简图应与实际连接构造相一致。

10.1.4 外挂墙板的支承构件可能会发生扭转和挠曲，这些变形可能会对外挂墙板产生不良影响，应尽量避免。当实在不能避免时，应进行定量的分析计算。

美国预制/预应力混凝土协会 PCI 的资料表明，如果从制作外挂墙板浇筑混凝土之日起，至完成外挂墙板与主体结构连接节点的施工之间的时间超过 30d 时，由于混凝土收缩形成的徐变影响可以忽略。

当支承构件为跨度较大的悬臂构件时，其端部可能会产生较大的位移，不宜将外挂墙板支承在此类构件上。

10.1.5 目前，美国、日本和我国的台湾地区，外挂墙板与主体结构的连接节点主要采用柔性连接的点支承的方式。一边固定的线支承方式在我国部分地区有所应用。鉴于目前我国有关线支承的科研成果还偏少，因此本规程优先推荐了柔性连接的点支承做法。

1 点支承的外挂墙板可区分为平移式外挂墙板（图 6a）和旋转式外挂墙板（图 6b）两种形式。它们与主体结构的连接节点，又可以分为承重节点和非承重节点两类。

一般情况下，外墙挂板与主体结构的连接宜设置 4 个支承点；当下部两个为承重节点时，上部两个宜为非承重节点；相反，当上部两个为承重节点时，下部两个宜为非承重节点。应注意，平移式外挂墙板与旋转式外挂墙板的承重节点和非承重节点的受力状态和构造要求是不同的，因此设计要求也是不同的。

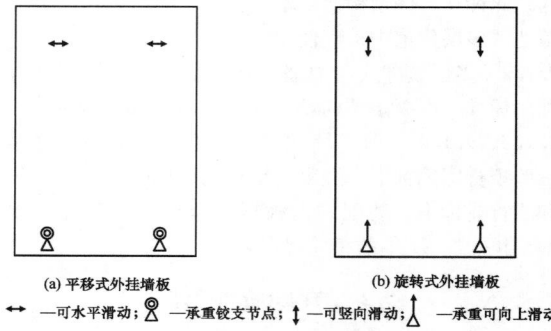

(a) 平移式外挂墙板　　　(b) 旋转式外挂墙板

↔—可水平滑动；⚬—承重铰支点；↕—可竖向滑动；△—承重可向上滑动

图 6 外挂墙板及其连接节点形式示意

2 根据现有的研究成果，当外挂墙板与主体结构采用线支承连接时，连接节点的抗震性能应满足：①多遇地震和设防地震作用下连接节点保持弹性；②罕遇地震作用下外挂墙板顶部剪力键不破坏，连接钢筋不屈服。连接节点的构造应满足：

　　1）外挂墙板上端与楼面梁连接时，连接区段应避开楼面梁塑性铰区域。

　　2）外挂墙板与梁的结合面应做成粗糙面并宜设置键槽，外挂墙板中应预留连接用钢筋。连接用钢筋一端应可靠地锚固在外挂墙板中，另一端应可靠地锚固在楼面梁（或板）后浇混凝土中。

　　3）外挂墙板下端应设置 2 个非承重节点，此节点仅承受平面外水平荷载；其构造应能保证外挂墙板具有随动性，以适应主体结构的变形。

10.2 作用及作用组合

10.2.1、10.2.2 在外挂墙板和连接节点上的作用与作用效应的计算，均应按照我国现行国家标准《建筑结构荷载规范》GB 50009 和《建筑抗震设计规范》GB 50011 的规定执行。同时应注意：

1) 对外挂墙板进行持久设计状况下的承载力验算时，应计算外挂墙板在平面外的风荷载效应；当进行地震设计状况下的承载力验算时，除应计算外挂墙板平面外水平地震作用效应外，尚应分别计算平面内水平和竖向地震作用效应，特别是对开有洞口的外挂墙板，更不能忽略后者。

2) 承重节点应能承受重力荷载、外挂墙板平面外风荷载和地震作用、平面内的水平和竖向地震作用；非承重节点仅承受上述各种荷载与作用中除重力荷载外的各项荷载与作用。

3) 在一定的条件下，旋转式外挂墙板可能产生重力荷载仅由一个承重节点承担的工况，应特别注意分析。

4) 计算重力荷载效应值时，除应计入外挂墙板自重外，尚应计入依附于外挂墙板的其他部件和材料的自重。

5) 计算风荷载效应标准值时，应分别计算风吸力和风压力在外挂墙板及其连接节点中引起的效应。

6) 对重力荷载、风荷载和地震作用，均不应忽略由于各种荷载和作用对连接节点的偏心在外挂墙板中产生的效应。

7) 外挂墙板和连接节点的截面和配筋设计应根据各种荷载和作用组合效应设计值中的最不利组合进行。

10.2.4、10.2.5 外挂墙板的地震作用是依据现行国家标准《建筑抗震设计规范》GB 50011 对于非结构构件的规定制定，并参照现行行业标准《玻璃幕墙工程技术规范》JGJ 102-2003 的规定，对计算公式进行了简化。

10.3 外挂墙板和连接设计

10.3.1 根据我国国情，主要是我国吊车的起重能力、卡车的运输能力、施工单位的施工水平，以及连接节点构造的成熟程度，目前还不宜将构件做得过大。构件尺度过长或过高，如跨越两个层高后，主体结构层间位移对外墙挂板内力的影响较大，有时甚至需要考虑构件的 P-Δ 效应。由于目前相关试验研究工作做得还比较少，本章内容仅限于跨越一个层高、一个开间的外挂墙板。

10.3.2 由于外挂墙板受到平面外风荷载和地震作用的双向作用，因此应双层、双向配筋，且应满足最小配筋率的要求。

10.3.3 外挂墙板门窗洞口边由于应力集中，应采取防止开裂的加强措施。对开有洞口的外挂墙板，应根据外挂墙板平面内水平和竖向地震作用效应设计值，对洞口边加强钢筋进行配筋计算。

一般情况下，洞边钢筋不应少于 2 根、直径不应小于 12mm；该钢筋自洞口边角算起伸入外挂墙板内的长度不应小于 l_{aE}。洞口角部尚应配置加强斜筋，加强斜筋不应少于 $2\phi12$；且应满足锚固长度要求。

10.3.4 外挂墙板的饰面可以有多种做法，应根据外挂墙板饰面的不同做法，确定其钢筋混凝土保护层的厚度。当外挂墙板的饰面采用表面露出不同深度的骨料时，其最外层钢筋的保护层厚度，应从最凹处混凝土表面计起。

10.3.5 对外挂墙板承载能力的分析可以采用线弹性方法，使用阶段应对其挠度和裂缝宽度进行控制。外挂墙板一般同时具有装饰功能，对其外表面观感的要求较高，一般在施工阶段不允许开裂。

点支承的外挂墙板一般可视连接节点为铰支座，两个方向均按简支构件进行计算分析。

10.3.6 外挂墙板与主体结构的连接节点应采用预埋件，不得采用后锚固的方法。对于用于不同用途的预埋件，应使用不同的预埋件。例如，用于连接节点的预埋件一般不同时作为用于吊装外挂墙板的预埋件。

根据日本和我国台湾的工程实践经验，点支承的连接节点一般采用在连接件和预埋件之间设置带有长圆孔的滑移垫片，形成平面内可滑移的支座；当外挂墙板相对于主体结构可能产生转动时，长圆孔宜按垂直方向设置；当外挂墙板相对于主体结构可能产生平动时，长圆孔宜按水平方向设置。

用于连接外挂墙板的型钢、连接板、螺栓等零部件的规格应加以限制，力争做到标准化，使得整个项目中，各种零部件的规格统一化，数量最小化，避免施工中可能发生的差错，以便保证和控制质量。

10.3.7 外挂墙板板缝中的密封材料，处于复杂的受力状态中，由于目前相关试验研究工作做得还比较少，本版规程尚未提出定量的计算方法。设计时应注重满足其各种功能要求。板缝不应过宽，以减少密封胶的用量，降低造价。

11 构件制作与运输

11.1 一般规定

11.1.1 预制构件的质量涉及工程质量和结构安全，

制作单位应符合国家及地方有关部门规定的硬件设施、人员配置、质量管理体系和质量检测手段等规定。

11.1.2 预制构件制作前，建设单位应组织设计、生产、施工单位进行技术交底。如预制构件制作详图无法满足制作要求，应进行深化设计和施工验算，完善预制构件制作详图和施工装配详图，避免在构件加工和施工过程中，出现错、漏、碰、缺等问题。对应预留的孔洞及预埋部件，应在构件加工前进行认真核对，以免现场剔凿，造成损失。

11.1.3 在预制构件制作前，生产单位应根据预制构件的混凝土强度等级、生产工艺等选择制备混凝土的原材料，并进行混凝土配合比设计。

11.1.4 此条为强制性条文。预制构件的连接技术是本规程关键技术。其中，钢筋套筒灌浆连接接头技术是本规程推荐采用的主要钢筋接头连接技术，也是保证各种装配整体式混凝土结构整体性的基础。必须制定质量控制措施，通过设计、产品选用、构件制作、施工验收等环节加强质量管理，确保其连接质量可靠。

预制构件生产前，要求对钢筋套筒进行检验，检验内容除了外观质量、尺寸偏差、出厂提供的材质报告、接头型式检验报告等，还应按要求制作钢筋套筒灌浆连接接头试件进行验证性试验。钢筋套筒验证性试验可按随机抽样方法抽取工程使用的同牌号、同规格钢筋，并采用工程使用的灌浆料制作三个钢筋套筒灌浆连接接头试件，如采用半套筒连接方式则应制作成钢筋机械连接和套筒灌浆连接组合接头试件，标准养护 28d 后进行抗拉强度试验，试验合格后方可使用。

11.2 制作准备

11.2.1 带饰面的预制构件和夹心外墙板的拉结件、保温板等均应提前绘制排版定位图，工厂应根据图纸要求对饰面材料、保温材料等进行裁切、制版等加工处理。

11.2.2 预应力构件跨度超过 6m 时，构件起拱值会随存放时间延长而加大，通常可在底模中部预设反拱，以减小构件的起拱值。

11.2.3 目前多采用定型钢模加工预制构件，模具的制作质量标准有所提高。模具精度是保证构件制作质量的关键，对于新制、改制或生产数量超过一定数量的模具，生产前应按要求进行尺寸偏差检验，合格后方可投入使用。制作构件用钢筋骨架或钢筋网片的尺寸偏差应按要求进行抽样检验。

11.2.4、11.2.5 预制构件中的预埋件及预留孔洞的形状尺寸和中心定位偏差非常重要，生产时应按要求进行抽样检验。施工过程中临时使用的预埋件可适当放松。

11.2.6 预制构件选用的隔离剂应避免降低混凝土表面强度，并满足后期装修要求；对于清水混凝土及表面需要涂装的混凝土构件应采用专用隔离剂。

11.3 构件制作

11.3.1 在混凝土浇筑前，应按要求对预制构件的钢筋、预应力筋以及各种预埋部件进行隐蔽工程检查，这是保证预制构件满足结构性能的关键质量控制环节。

11.3.2 本条规定预制外墙类构件表面预贴面砖或石材的技术要求，除了要满足安全耐久性要求外，还可以提高外墙装饰性能。饰面材料分割缝的处理方式，砖缝可采用发泡塑料条成型，石材一般采用弹性材料填缝。

11.3.3 夹心外墙板生产时应采取措施固定保温材料，确保拉结件的位置和间距满足设计要求，这对于满足墙板设计要求的保温性能和结构性能非常重要，应按要求进行过程质量控制。

11.3.5 预制构件的蒸汽养护主要是为了加速混凝土凝结硬化，缩短脱模时间，加快模板的周转，提高生产效率。养护时应按照养护制度的规定进行控制，这对于有效避免构件的温差收缩裂缝，保证产品质量非常关键。如果条件许可，构件也可以采用常温养护。

11.3.6 预制构件脱模强度要根据构件的类型和设计要求决定，为防止过早脱模造成构件出现过大变形或开裂，本规定提出构件脱模的最低要求。

11.3.7 预制构件与后浇混凝土实现可靠连接可以采用连接钢筋、键槽及粗糙面等方法。粗糙面可采用拉毛或凿毛处理方法，也可采用化学处理方法。

采用化学方法处理时可在模板上或需要露骨料的部位涂刷缓凝剂，脱模后用清水冲洗干净，避免残留物对混凝土及其结合面造成影响。

为避免常用的缓凝剂中含有影响人体健康的成分，应严格控制缓凝剂，使其不含有氯离子和硫酸根离子、磷酸根离子，pH 值应控制为 6~8；产品应附有使用说明书，注明药剂的类型、适用的露骨料深度、使用方法、储存条件、推荐用量、注意事项等内容。

11.4 构件检验

11.4.1 预制构件外观质量缺陷可分为一般缺陷和严重缺陷两类，预制构件的严重缺陷主要是指影响构件的结构性能或安装使用功能的缺陷，构件制作时应制定技术质量保证措施予以避免。

11.4.2 本条规定预制构件的尺寸偏差和检验方法，尺寸偏差可根据工程设计需要适当从严控制。

11.5 运输与堆放

11.5.1 预制构件的运输和堆放涉及质量和安全要

求，应按工程或产品特点制定运输堆放方案，策划重点控制环节，对于特殊构件还要制定专门质量安全保证措施。构件临时码放场地可合理布置在吊装机械可覆盖范围内，避免二次搬运。

12 结构施工

12.1 一般规定

12.1.1 应制定装配式结构施工专项施工方案。施工方案应结合结构深化设计、构件制作、运输和安装全过程各工况的验算，以及施工吊装与支撑体系的验算等进行策划与制定，充分反映装配式结构施工的特点和工艺流程的特殊要求。

12.1.4 吊具选用按起重吊装工程的技术和安全要求执行。为提高施工效率，可以采用多功能专用吊具，以适应不同类型的构件吊装。施工验算可依据本规程及相关技术标准，特殊情况无参考依据时，需进行专项设计计算分析或必要试验研究。

12.1.8 应注意构件安装的施工安全要求。为防止预制构件在安装过程中因不合理受力造成损伤、破坏或高空滑落，应严格遵守有关施工安全规定。

12.2 安装准备

12.2.7 为避免由于设计或施工缺乏经验造成工程实施障碍或损失，保证装配式结构施工质量，并不断摸索和积累经验，特提出应通过试生产和试安装进行验证性试验。装配式结构施工前的试安装，对于没有经验的承包商非常必要，不但可以验证设计和施工方案存在的缺陷，还可以培训人员，调试设备，完善方案。另一方面对于没有实践经验的新的结构体系，应在施工前进行典型单元的安装试验，验证并完善方案实施的可行性，这对于体系的定型和推广使用，是十分重要的。

12.3 安装与连接

12.3.1 预制构件安装顺序、校准定位及临时固定措施是装配式结构施工的关键，应在施工方案中明确规定并付诸实施。

12.3.2 钢筋套筒灌浆连接接头和浆锚搭接连接接头的施工质量是保证预制构件连接性能的关键控制点，施工人员应经专业培训合格后上岗操作。

12.3.4 钢筋套筒灌浆连接接头和浆锚搭接接头灌浆作业是装配整体式结构工程施工质量控制的关键环节之一。实际工程中这两种连接的质量很大程度取决于施工过程控制，对作业人员应进行培训考核，并持证上岗，同时要求有专职检验人员在灌浆操作全过程监督。

套筒灌浆连接接头的质量保证措施：1）采用经验证的钢筋套筒和灌浆料配套产品；2）施工人员是经培训合格的专业人员，严格按技术操作要求执行；3）质量检验人员进行全程施工质量检查，能提供可追溯的全过程灌浆质量检查记录；4）检验批验收时，如对套筒灌浆连接接头质量有疑问，可委托第三方独立检测机构进行非破损检测。

12.3.5 当预制构件的连接采取焊接或螺栓连接时应做好质量检查和防护措施。

12.3.8 装配整体式结构的后浇混凝土节点施工质量是保证节点承载力的关键，施工时应采取具体质量保证措施满足设计要求。节点处钢筋连接和锚固应按设计要求规定进行检查，连接节点处后浇混凝土同条件养护试块应达到设计规定的强度方可拆除支撑或进行上部结构安装。

12.3.9 受弯叠合类构件的施工要考虑两阶段受力的特点，施工时要采取质量保证措施避免构件产生裂缝。

12.3.11 外挂墙板是自承重构件，不能通过板缝进行传力，施工时要保证板的四周空腔不得混入硬质杂物；对施工中设置的临时支座和垫块应在验收前及时拆除。

13 工程验收

13.1 一般规定

13.1.1 装配式结构工程验收主要依据现行国家标准《混凝土结构工程施工质量验收规范》GB 50204 的有关规定执行。

13.1.2 预制构件的质量检验是在预制工厂检查合格的基础上进行进场验收，外观质量应全数检查，尺寸偏差为按批抽样检查。

13.1.5 装配式建筑的饰面质量主要是指饰面与混凝土基层的连接质量，对面砖主要检测其拉拔强度，对石材主要检测其连接件的受拉和受剪承载力。其他方面涉及外观和尺寸偏差等应按现行国家标准《建筑装饰装修工程质量验收规范》GB 50210 的有关规定验收。

13.1.6 装配式结构施工质量验收时提出应增加提交的主要文件和记录，是保证工程质量实现可追溯性的基本要求。

13.2 主控项目

13.2.1 装配整体式结构的连接节点部位后浇混凝土为现场浇筑混凝土，其检验要求按现行国家标准《混凝土结构工程施工质量验收规范》GB 50204 的要求执行。

13.2.2 装配整体式结构的灌浆连接接头是质量验收的重点，施工时应做好检查记录，提前制定有关试验和质量控制方案。钢筋套筒灌浆连接和钢筋浆锚搭接连接灌浆质量应饱满密实。两者的受力性能不仅与钢筋、套筒、孔道构造及灌浆料有关，还与其连接影响范围内的混凝土有关，因此不能像钢筋机械连接那样进行现场随机截取连接接头，检验批验收时要求在保证灌浆质量的前提下，可通过模拟现场制作平行试件进行验收。

13.2.5、13.2.6 装配式混凝土结构中，钢筋采用焊接连接或机械连接时，大多数情况下无法现场截取试件进行检验，可采取模拟现场条件制作平行试件替代原位截取试件。平行试件的检验数量和试验方法应符合现场截取试件的要求，平行试件的制作必须要有质量管理措施，并保证其具有代表性。

13.3 一 般 项 目

13.3.1 装配式混凝土结构的尺寸允许偏差在现浇混凝土结构的基础上适当从严要求，对于采用清水混凝土或装饰混凝土构件装配的混凝土结构施工尺寸偏差应适当加严。

13.3.2 装配式结构的墙板接缝防水施工质量是保证装配式外墙防水性能的关键，施工时应按设计要求进行选材和施工，并采取严格的检验验证措施。

现场淋水试验应满足下列要求：淋水流量不应小于 5L/（m·min），淋水试验时间不应少于 2h，检测区域不应有遗漏部位。淋水试验结束后，检查背水面有无渗漏。

附录 A 多层剪力墙结构水平接缝连接节点构造

A.0.1～A.0.4 本附录提供了几种常见的、用于多层剪力墙结构中预制剪力墙水平接缝连接节点的做法。其中钢筋套筒灌浆连接、钢筋浆锚搭接连接是根据最近几年的研究成果提出的，钢筋焊接连接、预埋件焊接连接节点是参照原行业标准《装配式大板居住建筑设计和施工规程》JGJ 1-91 的相关节点构造提出的。

中华人民共和国行业标准

高层建筑混凝土结构技术规程

Technical specification for concrete structures of tall building

JGJ 3—2010

批准部门：中华人民共和国住房和城乡建设部
施行日期：２０１１ 年 １０ 月 １日

中华人民共和国住房和城乡建设部
公　告

第 788 号

关于发布行业标准
《高层建筑混凝土结构技术规程》的公告

现批准《高层建筑混凝土结构技术规程》为行业标准，编号为 JGJ 3 - 2010，自 2011 年 10 月 1 日起实施。其中，第 3.8.1、3.9.1、3.9.3、3.9.4、4.2.2、4.3.1、4.3.2、4.3.12、4.3.16、5.4.4、5.6.1、5.6.2、5.6.3、5.6.4、6.1.6、6.3.2、6.4.3、7.2.17、8.1.5、8.2.1、9.2.3、9.3.7、10.1.2、10.2.7、10.2.10、10.2.19、10.3.3、10.4.4、10.5.2、10.5.6、11.1.4 条为强制性条文，必须严格执行。原行业标准《高层建筑混凝土结构技术规程》JGJ 3 - 2002 同时废止。

本规程由我部标准定额研究所组织中国建筑工业出版社出版发行。

中华人民共和国住房和城乡建设部

2010 年 10 月 21 日

前　　言

根据原建设部《关于印发〈2006 年工程建设标准规范制定、修订计划（第一批）〉的通知》（建标〔2006〕77 号）的要求，规程编制组经广泛调查研究，认真总结工程实践经验，参考有关国际标准和国外先进标准，在广泛征求意见的基础上，修订本规程。

本规程主要技术内容是：1. 总则；2. 术语和符号；3. 结构设计基本规定；4. 荷载和地震作用；5. 结构计算分析；6. 框架结构设计；7. 剪力墙结构设计；8. 框架-剪力墙结构设计；9. 筒体结构设计；10. 复杂高层建筑结构设计；11. 混合结构设计；12. 地下室和基础设计；13. 高层建筑结构施工。

本规程修订的主要内容是：1. 修改了适用范围；2. 修改、补充了结构平面和立面规则性有关规定；3. 调整了部分结构最大适用高度，增加了 8 度 (0.3g) 抗震设防区房屋最大适用高度规定；4. 增加了结构抗震性能设计基本方法及抗连续倒塌设计基本要求；5. 修改、补充了房屋舒适度设计规定；6. 修改、补充了风荷载及地震作用有关内容；7. 调整了"强柱弱梁、强剪弱弯"及部分构件内力调整系数；8. 修改、补充了框架、剪力墙（含短肢剪力墙）、框架-剪力墙、筒体结构的有关规定；9. 修改、补充了复杂高层建筑结构的有关规定；10. 混合结构增加了筒中筒结构、钢管混凝土、钢板剪力墙有关设计规定；11. 补充了地下室设计有关规定；12. 修改、补充了结构施工有关规定。

本规程中以黑体字标志的条文为强制性条文，必须严格执行。

本规程由住房和城乡建设部负责管理和对强制性条文的解释，由中国建筑科学研究院负责具体技术内容的解释。执行过程中如有意见和建议，请寄送中国建筑科学研究院（地址：北京北三环东路 30 号，邮编：100013）。

本 规 程 主 编 单 位：中国建筑科学研究院

本 规 程 参 编 单 位：北京市建筑设计研究院

华东建筑设计研究院有限公司

广东省建筑设计研究院

中建国际（深圳）设计顾问有限公司

上海市建筑科学研究院（集团）有限公司

清华大学

广州容柏生建筑结构设计事务所

北京建工集团有限责任公司

中国建筑第八工程局有限公司

本规程主要起草人员：徐培福　黄小坤　容柏生

程懋堃　汪大绥　胡绍隆

傅学怡　肖从真　方鄂华　　　　　　王亚勇　樊小卿　窦南华

钱稼茹　王翠坤　肖绪文　　　　　　娄　宇　王立长　左　江

艾永祥　齐五辉　周建龙　　　　　　莫　庸　袁金西　施祖元

陈　星　蒋利学　李盛勇　　　　　　周　定　李亚明　冯　远

张显来　赵　俭　　　　　　　　　　方泰生　吕西林　杨嗣信

本规程主要审查人员：吴学敏　徐永基　柯长华　　　　　李景芳

目　　次

1 总　则

1.0.1 为在高层建筑工程中合理应用混凝土结构（包括钢和混凝土的混合结构），做到安全适用、技术先进、经济合理、方便施工，制定本规程。

1.0.2 本规程适用于 10 层及 10 层以上或房屋高度大于 28m 的住宅建筑以及房屋高度大于 24m 的其他高层民用建筑混凝土结构。非抗震设计和抗震设防烈度为 6 至 9 度抗震设计的高层民用建筑结构，其适用的房屋最大高度和结构类型应符合本规程的有关规定。

本规程不适用于建造在危险地段以及发震断裂最小避让距离内的高层建筑结构。

1.0.3 抗震设计的高层建筑混凝土结构，当其房屋高度、规则性、结构类型等超过本规程的规定或抗震设防标准等有特殊要求时，可采用结构抗震性能设计方法进行补充分析和论证。

1.0.4 高层建筑结构应注重概念设计，重视结构的选型和平面、立面布置的规则性，加强构造措施，择优选用抗震和抗风性能好且经济合理的结构体系。在抗震设计时，应保证结构的整体抗震性能，使整体结构具有必要的承载能力、刚度和延性。

1.0.5 高层建筑混凝土结构设计与施工，除应符合本规程外，尚应符合国家现行有关标准的规定。

2　术语和符号

2.1　术　语

2.1.1 高层建筑　tall building, high-rise building
10 层及 10 层以上或房屋高度大于 28m 的住宅建筑和房屋高度大于 24m 的其他高层民用建筑。

2.1.2 房屋高度　building height
自室外地面至房屋主要屋面的高度，不包括突出屋面的电梯机房、水箱、构架等高度。

2.1.3 框架结构　frame structure
由梁和柱为主要构件组成的承受竖向和水平作用的结构。

2.1.4 剪力墙结构　shearwall structure
由剪力墙组成的承受竖向和水平作用的结构。

2.1.5 框架-剪力墙结构　frame-shearwall structure
由框架和剪力墙共同承受竖向和水平作用的结构。

2.1.6 板柱-剪力墙结构　slab-column shearwall structure
由无梁楼板和柱组成的板柱框架与剪力墙共同承受竖向和水平作用的结构。

2.1.7 筒体结构　tube structure

由竖向筒体为主组成的承受竖向和水平作用的建筑结构。筒体结构的筒体分剪力墙围成的薄壁筒和由密柱框架或壁式框架围成的框筒等。

2.1.8 框架-核心筒结构　frame-corewall structure
由核心筒与外围的稀柱框架组成的筒体结构。

2.1.9 筒中筒结构　tube in tube structure
由核心筒与外围框筒组成的筒体结构。

2.1.10 混合结构　mixed structure, hybrid structure
由钢框架（框筒）、型钢混凝土框架（框筒）、钢管混凝土框架（框筒）与钢筋混凝土核心筒体所组成的共同承受水平和竖向作用的建筑结构。

2.1.11 转换结构构件　structural transfer member
完成上部楼层到下部楼层的结构形式转变或上部楼层到下部楼层结构布置改变而设置的结构构件，包括转换梁、转换桁架、转换板等。部分框支剪力墙结构的转换梁亦称为框支梁。

2.1.12 转换层　transfer story
设置转换结构构件的楼层，包括水平结构构件及其以下的竖向结构构件。

2.1.13 加强层　story with outriggers and/or belt members
设置连接内筒与外围结构的水平伸臂结构（梁或桁架）的楼层，必要时还可沿该楼层外围结构设置带状水平桁架或梁。

2.1.14 连体结构　towers linked with connective structure(s)
除裙楼以外，两个或两个以上塔楼之间带有连接体的结构。

2.1.15 多塔楼结构　multi-tower structure with a common podium
未通过结构缝分开的裙楼上部具有两个或两个以上塔楼的结构。

2.1.16 结构抗震性能设计　performance-based seismic design of structure
以结构抗震性能目标为基准的结构抗震设计。

2.1.17 结构抗震性能目标　seismic performance objectives of structure
针对不同的地震地面运动水准设定的结构抗震性能水准。

2.1.18 结构抗震性能水准　seismic performance levels of structure
对结构震后损坏状况及继续使用可能性等抗震性能的界定。

2.2　符　号

2.2.1 材料力学性能
C20——表示立方体强度标准值为 20N/mm² 的混凝土强度等级；
E_c——混凝土弹性模量；

E_s —— 钢筋弹性模量；

f_{ck}、f_c —— 分别为混凝土轴心抗压强度标准值、设计值；

f_{tk}、f_t —— 分别为混凝土轴心抗拉强度标准值、设计值；

f_{yk} —— 普通钢筋强度标准值；

f_y、f'_y —— 分别为普通钢筋的抗拉、抗压强度设计值；

f_{yv} —— 横向钢筋的抗拉强度设计值；

f_{yh}、f_{yw} —— 分别为剪力墙水平、竖向分布钢筋的抗拉强度设计值。

2.2.2 作用和作用效应

F_{Ek} —— 结构总水平地震作用标准值；

F_{Evk} —— 结构总竖向地震作用标准值；

G_E —— 计算地震作用时，结构总重力荷载代表值；

G_{eq} —— 结构等效总重力荷载代表值；

M —— 弯矩设计值；

N —— 轴向力设计值；

S_d —— 荷载效应或荷载效应与地震作用效应组合的设计值；

V —— 剪力设计值；

w_0 —— 基本风压；

w_k —— 风荷载标准值；

ΔF_n —— 结构顶部附加水平地震作用标准值；

Δu —— 楼层层间位移。

2.2.3 几何参数

a_s、a'_s —— 分别为纵向受拉、受压钢筋合力点至截面近边的距离；

A_s、A'_s —— 分别为受拉区、受压区纵向钢筋截面面积；

A_{sh} —— 剪力墙水平分布钢筋的全部截面面积；

A_{sv} —— 梁、柱同一截面各肢箍筋的全部截面面积；

A_{sw} —— 剪力墙腹板竖向分布钢筋的全部截面面积；

A —— 剪力墙截面面积；

A_w —— T形、I形截面剪力墙腹板的面积；

b —— 矩形截面宽度；

b_b、b_c、b_w —— 分别为梁、柱、剪力墙截面宽度；

B —— 建筑平面宽度、结构迎风面宽度；

d —— 钢筋直径；桩身直径；

e —— 偏心距；

e_0 —— 轴向力作用点至截面重心的距离；

e_i —— 考虑偶然偏心计算地震作用时，第 i 层质心的偏移值；

h —— 层高；截面高度；

h_0 —— 截面有效高度；

H —— 房屋高度；

H_i —— 房屋第 i 层距室外地面的高度；

l_a —— 非抗震设计时纵向受拉钢筋的最小锚固长度；

l_{ab} —— 受拉钢筋的基本锚固长度；

l_{abE} —— 抗震设计时纵向受拉钢筋的基本锚固长度；

l_{aE} —— 抗震设计时纵向受拉钢筋的最小锚固长度；

s —— 箍筋间距。

2.2.4 系数

α —— 水平地震影响系数值；

α_{max}、α_{vmax} —— 分别为水平、竖向地震影响系数最大值；

α_1 —— 受压区混凝土矩形应力图的应力与混凝土轴心抗压强度设计值的比值；

β_c —— 混凝土强度影响系数；

β_z —— z 高度处的风振系数；

γ_j —— j 振型的参与系数；

γ_{Eh} —— 水平地震作用的分项系数；

γ_{Ev} —— 竖向地震作用的分项系数；

γ_G —— 永久荷载（重力荷载）的分项系数；

γ_w —— 风荷载的分项系数；

γ_{RE} —— 构件承载力抗震调整系数；

η_p —— 弹塑性位移增大系数；

λ —— 剪跨比；水平地震剪力系数；

λ_v —— 配箍特征值；

μ_N —— 柱轴压比；墙肢轴压比；

μ_s —— 风荷载体型系数；

μ_z —— 风压高度变化系数；

ξ_y —— 楼层屈服强度系数；

ρ_{sv} —— 箍筋面积配筋率；

ρ_w —— 剪力墙竖向分布钢筋配筋率；

Ψ_w —— 风荷载的组合值系数。

2.2.5 其他

T_1 —— 结构第一平动或平动为主的自振周期（基本自振周期）；

T_t —— 结构第一扭转振动或扭转振动为主的自振周期；

T_g —— 场地的特征周期。

3 结构设计基本规定

3.1 一般规定

3.1.1 高层建筑的抗震设防烈度必须按照国家规定的权限审批、颁发的文件（图件）确定。一般情况下，抗震设防烈度应采用根据中国地震动参数区划图确定的地震基本烈度。

3.1.2 抗震设计的高层混凝土建筑应按现行国家标

准《建筑工程抗震设防分类标准》GB 50223 的规定确定其抗震设防类别。

注：本规程中甲类建筑、乙类建筑、丙类建筑分别为现行国家标准《建筑工程抗震设防分类标准》GB 50223 中特殊设防类、重点设防类、标准设防类的简称。

3.1.3 高层建筑混凝土结构可采用框架、剪力墙、框架-剪力墙、板柱-剪力墙和筒体结构等结构体系。

3.1.4 高层建筑不应采用严重不规则的结构体系，并应符合下列规定：

1 应具有必要的承载能力、刚度和延性；

2 应避免因部分结构或构件的破坏而导致整个结构丧失承受重力荷载、风荷载和地震作用的能力；

3 对可能出现的薄弱部位，应采取有效的加强措施。

3.1.5 高层建筑的结构体系尚宜符合下列规定：

1 结构的竖向和水平布置宜使结构具有合理的刚度和承载力分布，避免因刚度和承载力局部突变或结构扭转效应而形成薄弱部位；

2 抗震设计时宜具有多道防线。

3.1.6 高层建筑混凝土结构宜采取措施减小混凝土收缩、徐变、温度变化、基础差异沉降等非荷载效应的不利影响。房屋高度不低于 150m 的高层建筑外墙宜采用各类建筑幕墙。

3.1.7 高层建筑的填充墙、隔墙等非结构构件宜采用各类轻质材料，构造上应与主体结构可靠连接，并应满足承载力、稳定和变形要求。

3.2 材 料

3.2.1 高层建筑混凝土结构宜采用高强高性能混凝土和高强钢筋；构件内力较大或抗震性能有较高要求时，宜采用型钢混凝土、钢管混凝土构件。

3.2.2 各类结构用混凝土的强度等级均不应低于C20，并应符合下列规定：

1 抗震设计时，一级抗震等级框架梁、柱及其节点的混凝土强度等级不应低于C30；

2 筒体结构的混凝土强度等级不宜低于C30；

3 作为上部结构嵌固部位的地下室楼盖的混凝土强度等级不宜低于C30；

4 转换层楼板、转换梁、转换柱、箱形转换结构以及转换厚板的混凝土强度等级均不应低于C30；

5 预应力混凝土结构的混凝土强度等级不宜低于C40、不应低于C30；

6 型钢混凝土梁、柱的混凝土强度等级不宜低于C30；

7 现浇非预应力混凝土楼盖结构的混凝土强度等级不宜高于C40；

8 抗震设计时，框架柱的混凝土强度等级，9度时不宜高于C60，8度时不宜高于C70；剪力墙的

混凝土强度等级不宜高于C60。

3.2.3 高层建筑混凝土结构的受力钢筋及其性能应符合现行国家标准《混凝土结构设计规范》GB 50010的有关规定。按一、二、三级抗震等级设计的框架和斜撑构件，其纵向受力钢筋尚应符合下列规定：

1 钢筋的抗拉强度实测值与屈服强度实测值的比值不应小于1.25；

2 钢筋的屈服强度实测值与屈服强度标准值的比值不应大于1.30；

3 钢筋最大拉力下的总伸长率实测值不应小于9%。

3.2.4 抗震设计时混合结构中钢材应符合下列规定：

1 钢材的屈服强度实测值与抗拉强度实测值的比值不应大于0.85；

2 钢材应有明显的屈服台阶，且伸长率不应小于20%；

3 钢材应有良好的焊接性和合格的冲击韧性。

3.2.5 混合结构中的型钢混凝土竖向构件的型钢及钢管混凝土的钢管宜采用 Q345 和 Q235 等级的钢材，也可采用 Q390、Q420 等级或符合结构性能要求的其他钢材；型钢梁宜采用 Q235 和 Q345 等级的钢材。

3.3 房屋适用高度和高宽比

3.3.1 钢筋混凝土高层建筑结构的最大适用高度应区分为 A 级和 B 级。A 级高度钢筋混凝土乙类和丙类高层建筑的最大适用高度应符合表 3.3.1-1 的规定，B 级高度钢筋混凝土乙类和丙类高层建筑的最大适用高度应符合表 3.3.1-2 的规定。

平面和竖向均不规则的高层建筑结构，其最大适用高度宜适当降低。

表 3.3.1-1　A 级高度钢筋混凝土高层建筑的最大适用高度（m）

结构体系		非抗震设计	抗震设防烈度				
			6 度	7 度	8 度		9 度
					0.20g	0.30g	
框架		70	60	50	40	35	—
框架-剪力墙		150	130	120	100	80	50
剪力墙	全部落地剪力墙	150	140	120	100	80	60
	部分框支剪力墙	130	120	100	80	50	不应采用
筒体	框架-核心筒	160	150	130	100	90	70
	筒中筒	200	180	150	120	100	80
板柱-剪力墙		110	80	70	55	40	不应采用

注：1 表中框架不含异形柱框架；

2 部分框支剪力墙结构指地面以上有部分框支剪力墙的剪力墙结构；

3 甲类建筑，6、7、8度时宜按本地区抗震设防烈度提高一度后符合本表的要求，9度时应专门研究；

4 框架结构、板柱-剪力墙结构以及9度抗震设防的表列其他结构，当房屋高度超过本表数值时，结构设计应有可靠依据，并采取有效的加强措施。

**表 3.3.1-2 B 级高度钢筋混凝土高层建筑
的最大适用高度（m）**

结构体系		非抗震设计	抗震设防烈度			
			6 度	7 度	8 度	
					0.20g	0.30g
框架-剪力墙		170	160	140	120	100
剪力墙	全部落地剪力墙	180	170	150	130	110
	部分框支剪力墙	150	140	120	100	80
筒体	框架-核心筒	220	210	180	140	120
	筒中筒	300	280	230	170	150

注：1 部分框支剪力墙结构指地面以上有部分框支剪力墙的剪力墙结构；

2 甲类建筑，6、7 度时宜按本地区设防烈度提高一度后符合本表的要求，8 度时应专门研究；

3 当房屋高度超过表中数值时，结构设计应有可靠依据，并采取有效的加强措施。

3.3.2 钢筋混凝土高层建筑结构的高宽比不宜超过表 3.3.2 的规定。

**表 3.3.2 钢筋混凝土高层建筑结构适用
的最大高宽比**

结构体系	非抗震设计	抗震设防烈度			
		6 度、7 度	8 度	9 度	
框架	5	4	3	—	
板柱-剪力墙	6	5	4	—	
框架-剪力墙、剪力墙	7	6	5	4	
框架-核心筒	8	7	6	4	
筒中筒	8	8	7	5	

3.4 结构平面布置

3.4.1 在高层建筑的一个独立结构单元内，结构平面形状宜简单、规则，质量、刚度和承载力分布宜均匀。不应采用严重不规则的平面布置。

3.4.2 高层建筑宜选用风作用效应较小的平面形状。

3.4.3 抗震设计的混凝土高层建筑，其平面布置宜符合下列规定：

1 平面宜简单、规则、对称，减少偏心；

2 平面长度不宜过长（图 3.4.3），L/B 宜符合表 3.4.3 的要求；

表 3.4.3 平面尺寸及突出部位尺寸的比值限值

设防烈度	L/B	l/B_{max}	l/b
6、7 度	≤6.0	≤0.35	≤2.0
8、9 度	≤5.0	≤0.30	≤1.5

3 平面突出部分的长度 l 不宜过大、宽度 b 不宜过小（图 3.4.3），l/B_{max}、l/b 宜符合表 3.4.3 的要求；

4 建筑平面不宜采用角部重叠或细腰形平面布置。

3.4.4 抗震设计时，B 级高度钢筋混凝土高层建筑、混合结构高层建筑及本规程第 10 章所指的复杂高层建筑结构，其平面布置应简单、规则，减少偏心。

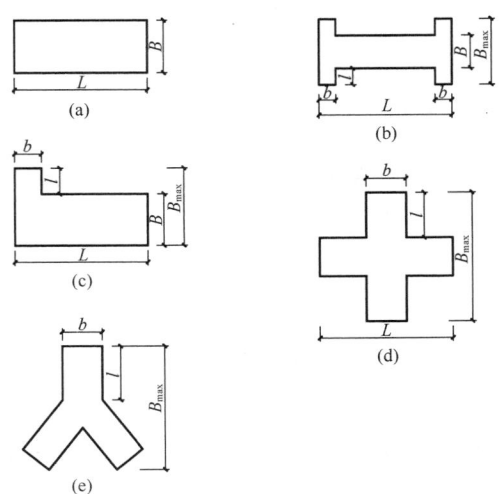

图 3.4.3 建筑平面示意

3.4.5 结构平面布置应减少扭转的影响。在考虑偶然偏心影响的规定水平地震力作用下，楼层竖向构件最大的水平位移和层间位移，A 级高度高层建筑不宜大于该楼层平均值的 1.2 倍，不应大于该楼层平均值的 1.5 倍；B 级高度高层建筑、超过 A 级高度的混合结构及本规程第 10 章所指的复杂高层建筑不宜大于该楼层平均值的 1.2 倍，不应大于该楼层平均值的 1.4 倍。结构扭转为主的第一自振周期 T_t 与平动为主的第一自振周期 T_1 之比，A 级高度高层建筑不应大于 0.9，B 级高度高层建筑、超过 A 级高度的混合结构及本规程第 10 章所指的复杂高层建筑不应大于 0.85。

注：当楼层的最大层间位移角不大于本规程第 3.7.3 条规定的限值的 40%时，该楼层竖向构件的最大水平位移和层间位移与该楼层平均值的比值可适当放松，但不应大于 1.6。

3.4.6 当楼板平面比较狭长、有较大的凹入或开洞时，应在设计中考虑其对结构产生的不利影响。有效楼板宽度不宜小于该层楼面宽度的 50%；楼板开洞总面积不宜超过楼面面积的 30%；在扣除凹入或开洞后，楼板在任一方向的最小净宽度不宜小于 5m，且开洞后每一边的楼板净宽度不应小于 2m。

3.4.7 ⊕字形、井字形等外伸长度较大的建筑，当中央部分楼板有较大削弱时，应加强楼板以及连接部位墙体的构造措施，必要时可在外伸段凹槽处设置连接梁或连接板。

3.4.8 楼板开大洞削弱后，宜采取下列措施：

1 加厚洞口附近楼板，提高楼板的配筋率，采用双层双向配筋；

2 洞口边缘设置边梁、暗梁；

3 在楼板洞口角部集中配置斜向钢筋。

3.4.9 抗震设计时，高层建筑宜调整平面形状和结构布置，避免设置防震缝。体型复杂、平立面不规则的建筑，应根据不规则程度、地基基础条件和技术经济等因素的比较分析，确定是否设置防震缝。

3.4.10 设置防震缝时，应符合下列规定：

　　1 防震缝宽度应符合下列规定：

　　　　1）框架结构房屋，高度不超过15m时不应小于100mm；超过15m时，6度、7度、8度和9度分别每增加高度5m、4m、3m和2m，宜加宽20mm；

　　　　2）框架-剪力墙结构房屋不应小于本款1）项规定数值的70%，剪力墙结构房屋不应小于本款1）项规定数值的50%，且二者均不宜小于100mm。

　　2 防震缝两侧结构体系不同时，防震缝宽度应按不利的结构类型确定；

　　3 防震缝两侧的房屋高度不同时，防震缝宽度可按较低的房屋高度确定；

　　4 8、9度抗震设计的框架结构房屋，防震缝两侧结构层高相差较大时，防震缝两侧框架柱的箍筋应沿房屋全高加密，并可根据需要沿房屋全高在缝两侧各设置不少于两道垂直于防震缝的抗撞墙；

　　5 当相邻结构的基础存在较大沉降差时，宜增大防震缝的宽度；

　　6 防震缝宜沿房屋全高设置，地下室、基础可不设防震缝，但在与上部防震缝对应处应加强构造和连接；

　　7 结构单元之间或主楼与裙房之间不宜采用牛腿托梁的做法设置防震缝，否则应采取可靠措施。

3.4.11 抗震设计时，伸缩缝、沉降缝的宽度均应符合本规程第3.4.10条关于防震缝宽度的要求。

3.4.12 高层建筑结构伸缩缝的最大间距宜符合表3.4.12的规定。

表 3.4.12　伸缩缝的最大间距

结构体系	施工方法	最大间距（m）
框架结构	现浇	55
剪力墙结构	现浇	45

　　注：1 框架-剪力墙的伸缩缝间距可根据结构的具体布置情况取表中框架结构与剪力墙结构之间的数值；

　　　　2 当屋面无保温或隔热措施、混凝土的收缩较大或室内结构因施工外露时间较长时，伸缩缝间距应适当减小；

　　　　3 位于气候干燥地区、夏季炎热且暴雨频繁地区的结构，伸缩缝的间距宜适当减小。

3.4.13 当采用有效的构造措施和施工措施减小温度和混凝土收缩对结构的影响时，可适当放宽伸缩缝的间距。这些措施可包括但不限于下列方面：

　　1 顶层、底层、山墙和纵墙端开间等受温度变化影响较大的部位提高配筋率；

　　2 顶层加强保温隔热措施，外墙设置外保温层；

　　3 每30m～40m间距留出施工后浇带，带宽800mm～1000mm，钢筋采用搭接接头，后浇带混凝土宜在45d后浇筑；

　　4 采用收缩小的水泥、减少水泥用量、在混凝土中加入适宜的外加剂；

　　5 提高每层楼板的构造配筋率或采用部分预应力结构。

3.5　结构竖向布置

3.5.1 高层建筑的竖向体型宜规则、均匀，避免有过大的外挑和收进。结构的侧向刚度宜下大上小，逐渐均匀变化。

3.5.2 抗震设计时，高层建筑相邻楼层的侧向刚度变化应符合下列规定：

　　1 对框架结构，楼层与其相邻上层的侧向刚度比γ_1可按式（3.5.2-1）计算，且本层与相邻上层的比值不宜小于0.7，与相邻上部三层刚度平均值的比值不宜小于0.8。

$$\gamma_1 = \frac{V_i \Delta_{i+1}}{V_{i+1} \Delta_i} \quad (3.5.2\text{-}1)$$

式中：γ_1——楼层侧向刚度比；

　　V_i、V_{i+1}——第i层和第$i+1$层的地震剪力标准值（kN）；

　　Δ_i、Δ_{i+1}——第i层和第$i+1$层在地震作用标准值作用下的层间位移（m）。

　　2 对框架-剪力墙、板柱-剪力墙结构、剪力墙结构、框架-核心筒结构、筒中筒结构，楼层与其相邻上层的侧向刚度比γ_2可按式（3.5.2-2）计算，且本层与相邻上层的比值不宜小于0.9；当本层层高大于相邻上层层高的1.5倍时，该比值不宜小于1.1；对结构底部嵌固层，该比值不宜小于1.5。

$$\gamma_2 = \frac{V_i \Delta_{i+1}}{V_{i+1} \Delta_i} \frac{h_i}{h_{i+1}} \quad (3.5.2\text{-}2)$$

式中：γ_2——考虑层高修正的楼层侧向刚度比。

3.5.3 A级高度高层建筑的楼层抗侧力结构的层间受剪承载力不宜小于其相邻上一层受剪承载力的80%，不应小于其相邻上一层受剪承载力的65%；B级高度高层建筑的楼层抗侧力结构的层间受剪承载力不应小于其相邻上一层受剪承载力的75%。

　　注：楼层抗侧力结构的层间受剪承载力是指在所考虑的水平地震作用方向上，该层全部柱、剪力墙、斜撑的受剪承载力之和。

3.5.4 抗震设计时，结构竖向抗侧力构件宜上、下连续贯通。

3.5.5 抗震设计时，当结构上部楼层收进部位到室外地面的高度H_1与房屋高度H之比大于0.2时，上部楼层收进后的水平尺寸B_1不宜小于下部楼层水平尺寸B的75%（图3.5.5a、b）；当上部结构楼层相对于下部楼层外挑时，上部楼层水平尺寸 B_1 不宜大于下部楼层的水平尺寸 B 的 1.1 倍，且水平外挑尺寸 a 不宜大于 4m（图 3.5.5c、d）。

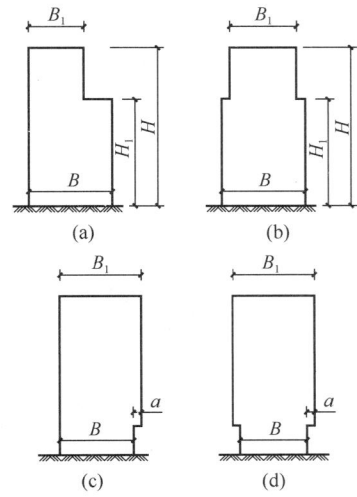

图 3.5.5 结构竖向收进和外挑示意

3.5.6 楼层质量沿高度宜均匀分布，楼层质量不宜大于相邻下部楼层质量的 1.5 倍。

3.5.7 不宜采用同一楼层刚度和承载力变化同时不满足本规程第 3.5.2 条和 3.5.3 条规定的高层建筑结构。

3.5.8 侧向刚度变化、承载力变化、竖向抗侧力构件连续性不符合本规程第 3.5.2、3.5.3、3.5.4 条要求的楼层，其对应于地震作用标准值的剪力应乘以 1.25 的增大系数。

3.5.9 结构顶层取消部分墙、柱形成空旷房间时，宜进行弹性或弹塑性时程分析补充计算并采取有效的构造措施。

3.6 楼 盖 结 构

3.6.1 房屋高度超过 50m 时，框架-剪力墙结构、筒体结构及本规程第 10 章所指的复杂高层建筑结构应采用现浇楼盖结构，剪力墙结构和框架结构宜采用现浇楼盖结构。

3.6.2 房屋高度不超过 50m 时，8、9 度抗震设计时宜采用现浇楼盖结构；6、7 度抗震设计时可采用装配整体式楼盖，且应符合下列要求：

　　1 无现浇叠合层的预制板，板端搁置在梁上的长度不宜小于 50mm。

　　2 预制板板端宜预留胡子筋，其长度不宜小于 100mm。

　　3 预制空心板孔端应有堵头，堵头深度不宜小于 60mm，并应采用强度等级不低于 C20 的混凝土浇灌密实。

　　4 楼盖的预制板板缝上缘宽度不宜小于 40mm，板缝大于 40mm 时应在板缝内配置钢筋，并宜贯通整

个结构单元。现浇板缝、板缝梁的混凝土强度等级宜高于预制板的混凝土强度等级。

　　5 楼盖每层宜设置钢筋混凝土现浇层。现浇层厚度不应小于 50mm，并应双向配置直径不小于 6mm、间距不大于 200mm 的钢筋网，钢筋应锚固在梁或剪力墙内。

3.6.3 房屋的顶层、结构转换层、大底盘多塔楼结构的底盘顶层、平面复杂或开洞过大的楼层、作为上部结构嵌固部位的地下室楼层应采用现浇楼盖结构。一般楼层现浇楼板厚度不应小于 80mm，当板内预埋暗管时不宜小于 100mm；顶层楼板厚度不宜小于 120mm，宜双层双向配筋；转换层楼板应符合本规程第 10 章的有关规定；普通地下室顶板厚度不宜小于 160mm；作为上部结构嵌固部位的地下室楼层的顶楼盖应采用梁板结构，楼板厚度不宜小于 180mm，应采用双层双向配筋，且每层每个方向的配筋率不宜小于 0.25%。

3.6.4 现浇预应力混凝土楼板厚度可按跨度的 1/45～1/50 采用，且不宜小于 150mm。

3.6.5 现浇预应力混凝土板设计中应采取措施防止或减小主体结构对楼板施加预应力的阻碍作用。

3.7 水平位移限值和舒适度要求

3.7.1 在正常使用条件下，高层建筑结构应具有足够的刚度，避免产生过大的位移而影响结构的承载力、稳定性和使用要求。

3.7.2 正常使用条件下，结构的水平位移应按本规程第 4 章规定的风荷载、地震作用和第 5 章规定的弹性方法计算。

3.7.3 按弹性方法计算的风荷载或多遇地震标准值作用下的楼层层间最大水平位移与层高之比 $\Delta u/h$ 宜符合下列规定：

　　1 高度不大于 150m 的高层建筑，其楼层层间最大位移与层高之比 $\Delta u/h$ 不宜大于表 3.7.3 的限值。

表 3.7.3　楼层层间最大位移与层高之比的限值

结构体系	$\Delta u/h$ 限值
框架	1/550
框架-剪力墙、框架-核心筒、板柱-剪力墙	1/800
筒中筒、剪力墙	1/1000
除框架结构外的转换层	1/1000

　　2 高度不小于 250m 的高层建筑，其楼层层间最大位移与层高之比 $\Delta u/h$ 不宜大于 1/500。

　　3 高度在 150m～250m 之间的高层建筑，其楼层层间最大位移与层高之比 $\Delta u/h$ 的限值可按本条第 1 款和第 2 款的限值线性插入取用。

注：楼层层间最大位移 Δu 以楼层竖向构件最大的水平位移差计算，不扣除整体弯曲变形。抗震设计时，本条规定的楼层位移计算可不考虑偶然偏心的影响。

3.7.4 高层建筑结构在罕遇地震作用下的薄弱层弹塑性变形验算，应符合下列规定：

1 下列结构应进行弹塑性变形验算：

1) 7～9 度时楼层屈服强度系数小于 0.5 的框架结构；

2) 甲类建筑和 9 度抗震设防的乙类建筑结构；

3) 采用隔震和消能减震设计的建筑结构；

4) 房屋高度大于 150m 的结构。

2 下列结构宜进行弹塑性变形验算：

1) 本规程表 4.3.4 所列高度范围且不满足本规程第 3.5.2～3.5.6 条规定的竖向不规则高层建筑结构；

2) 7 度Ⅲ、Ⅳ类场地和 8 度抗震设防的乙类建筑结构；

3) 板柱-剪力墙结构。

注：楼层屈服强度系数为按构件实际配筋和材料强度标准值计算的楼层受剪承载力与按罕遇地震作用计算的楼层弹性地震剪力的比值。

3.7.5 结构薄弱层（部位）层间弹塑性位移应符合下式规定：

$$\Delta u_{\mathrm{p}} \leqslant [\theta_{\mathrm{p}}]h \qquad (3.7.5)$$

式中：Δu_{p}——层间弹塑性位移；

$[\theta_{\mathrm{p}}]$——层间弹塑性位移角限值，可按表 3.7.5 采用；对框架结构，当轴压比小于 0.40 时，可提高 10%；当柱子全高的箍筋构造采用比本规程中框架柱箍筋最小配箍特征值大 30% 时，可提高 20%，但累计提高不宜超过 25%；

h——层高。

表 3.7.5　层间弹塑性位移角限值

结构体系	$[\theta_{\mathrm{p}}]$
框架结构	1/50
框架-剪力墙结构、框架-核心筒结构、板柱-剪力墙结构	1/100
剪力墙结构和筒中筒结构	1/120
除框架结构外的转换层	1/120

3.7.6 房屋高度不小于 150m 的高层混凝土建筑结构应满足风振舒适度要求。在现行国家标准《建筑结构荷载规范》GB 50009 规定的 10 年一遇的风荷载标准值作用下，结构顶点的顺风向和横风向振动最大加速度计算值不应超过表 3.7.6 的限值。结构顶点的顺风向和横风向振动最大加速度可按现行行业标准《高层民用建筑钢结构技术规程》JGJ 99 的有关规定计算，也可通过风洞试验结果判断确定，计算时结构阻尼比宜取 0.01～0.02。

表 3.7.6　结构顶点风振加速度限值 $a_{\lim}$

使用功能	$a_{\lim}$（m/s²）
住宅、公寓	0.15
办公、旅馆	0.25

3.7.7 楼盖结构应具有适宜的舒适度。楼盖结构的竖向振动频率不宜小于 3Hz，竖向振动加速度峰值不应超过表 3.7.7 的限值。楼盖结构竖向振动加速度可按本规程附录 A 计算。

表 3.7.7　楼盖竖向振动加速度限值

人员活动环境	峰值加速度限值（m/s²）	
	竖向自振频率不大于 2Hz	竖向自振频率不小于 4Hz
住宅、办公	0.07	0.05
商场及室内连廊	0.22	0.15

注：楼盖结构竖向自振频率为 2Hz～4Hz 时，峰值加速度限值可按线性插值选取。

3.8　构件承载力设计

3.8.1 高层建筑结构构件的承载力应按下列公式验算：

持久设计状况、短暂设计状况

$$\gamma_0 S_{\mathrm{d}} \leqslant R_{\mathrm{d}} \qquad (3.8.1-1)$$

地震设计状况　$S_{\mathrm{d}} \leqslant R_{\mathrm{d}}/\gamma_{\mathrm{RE}} \qquad (3.8.1-2)$

式中：γ_0——结构重要性系数，对安全等级为一级的结构构件不应小于 1.1，对安全等级为二级的结构构件不应小于 1.0；

S_{d}——作用组合的效应设计值，应符合本规程第 5.6.1～5.6.4 条的规定；

R_{d}——构件承载力设计值；

γ_{RE}——构件承载力抗震调整系数。

3.8.2 抗震设计时，钢筋混凝土构件的承载力抗震调整系数应按表 3.8.2 采用；型钢混凝土构件和钢构件的承载力抗震调整系数应按本规程第 11.1.7 条的规定采用。当仅考虑竖向地震作用组合时，各类结构构件的承载力抗震调整系数均应取为 1.0。

表 3.8.2　承载力抗震调整系数

构件类别	梁	轴压比小于 0.15 的柱	轴压比不小于 0.15 的柱	剪力墙		各类构件	节点
受力状态	受弯	偏压	偏压	偏压	局部承压	受剪、偏拉	受剪
γ_{RE}	0.75	0.75	0.80	0.85	1.0	0.85	0.85

3.9　抗　震　等　级

3.9.1 各抗震设防类别的高层建筑结构，其抗震措施应符合下列要求：

1 甲类、乙类建筑：应按本地区抗震设防烈度提高一度的要求加强其抗震措施，但抗震设防烈度为9度时应按比9度更高的要求采取抗震措施；当建筑场地为Ⅰ类时，应允许仍按本地区抗震设防烈度的要求采取抗震构造措施。

2 丙类建筑：应按本地区抗震设防烈度确定其抗震措施；当建筑场地为Ⅰ类时，除6度外，应允许按本地区抗震设防烈度降低一度的要求采取抗震构造措施。

3.9.2 当建筑场地为Ⅲ、Ⅳ类时，对设计基本地震加速度为0.15g和0.30g的地区，宜分别按抗震设防烈度8度（0.20g）和9度（0.40g）时各类建筑的要求采取抗震构造措施。

3.9.3 抗震设计时，高层建筑钢筋混凝土结构构件应根据抗震设防分类、烈度、结构类型和房屋高度采用不同的抗震等级，并应符合相应的计算和构造措施要求。A级高度丙类建筑钢筋混凝土结构的抗震等级应按表3.9.3确定。当本地区的设防烈度为9度时，A级高度乙类建筑的抗震等级应按特一级采用，甲类建筑应采取更有效的抗震措施。

注：本规程"特一级和一、二、三、四级"即"抗震等级为特一级和一、二、三、四级"的简称。

表3.9.3 A级高度的高层建筑结构抗震等级

结构类型		6度		7度		8度		9度
框架结构	框架	三		二		一		一
框架-剪力墙结构	高度（m）	≤60	>60	≤60	>60	≤60	>60	≤50
	框架	四	三	三	二	二	一	一
	剪力墙	三		二		一		一
剪力墙结构	高度（m）	≤80	>80	≤80	>80	≤80	>80	≤60
	剪力墙	四	三	三	二	二	一	一
部分框支剪力墙结构	非底部加强部位的剪力墙	四	三	三	二	二	一	
	底部加强部位的剪力墙	三	二	二	一	一	一	
	框支框架	二		二		一		
筒体结构	框架-核心筒 框架	三		二		一		一
	核心筒	二		二		一		一
	筒中筒 内筒	三		二		一		一
	外筒	三		二		一		一
板柱-剪力墙结构	高度	≤35	>35	≤35	>35	≤35	>35	
	框架、板柱及柱上板带	三	二	二	二	一	一	
	剪力墙	二		二		二		

注：1 接近或等于高度分界时，应结合房屋不规则程度及场地、地基条件适当确定抗震等级；
  2 底部带转换层的筒体结构，其转换框架的抗震等级应按表中部分框支剪力墙结构的规定采用；
  3 当框架-核心筒结构的高度不超过60m时，其抗震等级应允许按框架-剪力墙结构采用。

3.9.4 抗震设计时，B级高度丙类建筑钢筋混凝土结构的抗震等级应按表3.9.4确定。

表3.9.4 B级高度的高层建筑结构抗震等级

结构类型		烈度		
		6度	7度	8度
框架-剪力墙	框架	二	一	一
	剪力墙	二	一	特一
剪力墙	剪力墙	二	一	特一
部分框支剪力墙	非底部加强部位剪力墙	二	一	一
	底部加强部位剪力墙	一	一	特一
	框支框架	一	特一	特一
框架-核心筒	框架	二	一	一
	筒体	二	一	特一
筒中筒	外筒	二	一	特一
	内筒	二	一	特一

注：底部带转换层的筒体结构，其转换框架和底部加强部位筒体的抗震等级应按表中部分框支剪力墙结构的规定采用。

3.9.5 抗震设计的高层建筑，当地下室顶层作为上部结构的嵌固端时，地下一层相关范围的抗震等级应按上部结构采用，地下一层以下抗震构造措施的抗震等级可逐层降低一级，但不应低于四级；地下室中超出上部主楼相关范围且无上部结构的部分，其抗震等级可根据具体情况采用三级或四级。

3.9.6 抗震设计时，与主楼连为整体的裙房的抗震等级，除应按裙房本身确定外，相关范围不应低于主楼的抗震等级；主楼结构在裙房顶板上、下各一层应适当加强抗震构造措施。裙房与主楼分离时，应按裙房本身确定抗震等级。

3.9.7 甲、乙类建筑按本规程第3.9.1条提高一度确定抗震措施时，或Ⅲ、Ⅳ类场地且设计基本地震加速度为0.15g和0.30g的丙类建筑按本规程第3.9.2条提高一度确定抗震构造措施时，如果房屋高度超过提高一度后对应的房屋最大适用高度，则应采取比对应抗震等级更有效的抗震构造措施。

3.10 特一级构件设计规定

3.10.1 特一级抗震等级的钢筋混凝土构件除应符合一级钢筋混凝土构件的所有设计要求外，尚应符合本节的有关规定。

3.10.2 特一级框架柱应符合下列规定：

1 宜采用型钢混凝土柱、钢管混凝土柱；

2 柱端弯矩增大系数 η_c、柱端剪力增大系数 η_{vc} 应增大20%；

3 钢筋混凝土柱柱端加密区最小配箍特征值 λ_v 应按本规程表6.4.7规定的数值增加0.02采用；全部纵向钢筋构造配筋百分率，中、边柱不应小于1.4%，角柱不应小于1.6%。

3.10.3 特一级框架梁应符合下列规定：

1 梁端剪力增大系数 η_{vb} 应增大20%；

2 梁端加密区箍筋最小面积配筋率应增

大 10%。

3.10.4 特一级框支柱应符合下列规定：

1 宜采用型钢混凝土柱、钢管混凝土柱。

2 底层柱下端及与转换层相连的柱上端的弯矩增大系数取 1.8，其余层柱端弯矩增大系数 η_c 应增大 20%；柱端剪力增大系数 η_{vc} 应增大 20%；地震作用产生的柱轴力增大系数取 1.8，但计算柱轴压比时可不计该项增大。

3 钢筋混凝土柱柱端加密区最小配箍特征值 λ_v 应按本规程表 6.4.7 的数值增大 0.03 采用，且箍筋体积配箍率不应小于 1.6%；全部纵向钢筋最小构造配筋百分率率 1.6%。

3.10.5 特一级剪力墙、筒体墙应符合下列规定：

1 底部加强部位的弯矩设计值应乘以 1.1 的增大系数，其他部位的弯矩设计值应乘以 1.3 的增大系数；底部加强部位的剪力设计值，应按考虑地震作用组合的剪力计算值的 1.9 倍采用，其他部位的剪力设计值，应按考虑地震作用组合的剪力计算值的 1.4 倍采用。

2 一般部位的水平和竖向分布钢筋最小配筋率应取为 0.35%，底部加强部位的水平和竖向分布钢筋的最小配筋率应取为 0.40%。

3 约束边缘构件纵向钢筋最小构造配筋率应取为 1.4%，配箍特征值宜增大 20%；构造边缘构件纵向钢筋的配筋率不应小于 1.2%。

4 框支剪力墙结构的落地剪力墙底部加强部位边缘构件宜配置型钢，型钢宜向上、下各延伸一层。

5 连梁的要求同一级。

3.11　结构抗震性能设计

3.11.1 结构抗震性能设计应分析结构方案的特殊性、选用适宜的结构抗震性能目标，并采取满足预期的抗震性能目标的措施。

结构抗震性能目标应综合考虑抗震设防类别、设防烈度、场地条件、结构的特殊性、建造费用、震后损失和修复难易程度等各项因素选定。结构抗震性能目标分为 A、B、C、D 四个等级，结构抗震性能分为 1、2、3、4、5 五个水准（表 3.11.1），每个性能目标均与一组在指定地震地面运动下的结构抗震性能水准相对应。

表 3.11.1　结构抗震性能目标

性能水准 地震水准	性能目标 A	B	C	D
多遇地震	1	1	1	1
设防烈度地震	1	2	3	4
预估的罕遇地震	2	3	4	5

3.11.2 结构抗震性能水准可按表 3.11.2 进行宏观判别。

表 3.11.2　各性能水准结构预期的震后性能状况

结构抗震性能水准	宏观损坏程度	损坏部位			继续使用的可能性
		关键构件	普通竖向构件	耗能构件	
1	完好、无损坏	无损坏	无损坏	无损坏	不需修理即可继续使用
2	基本完好、轻微损坏	无损坏	无损坏	轻微损坏	稍加修理即可继续使用
3	轻度损坏	轻微损坏	轻微损坏	轻度损坏、部分中度损坏	一般修理后可继续使用
4	中度损坏	轻度损坏	部分构件中度损坏	中度损坏、部分比较严重损坏	修复或加固后可继续使用
5	比较严重损坏	中度损坏	部分构件比较严重损坏	比较严重损坏	需排险大修

注："关键构件"是指该构件的失效可能引起结构的连续破坏或危及生命安全的严重破坏；"普通竖向构件"是指"关键构件"之外的竖向构件；"耗能构件"包括框架梁、剪力墙连梁及耗能支撑等。

3.11.3 不同抗震性能水准的结构可按下列规定进行设计：

1 第 1 性能水准的结构，应满足弹性设计要求。在多遇地震作用下，其承载力和变形应符合本规程的有关规定；在设防烈度地震作用下，结构构件的抗震承载力应符合下式规定：

$$\gamma_G S_{GE} + \gamma_{Eh} S^*_{Ehk} + \gamma_{Ev} S^*_{Evk} \leqslant R_d / \gamma_{RE}$$

$$(3.11.3\text{-}1)$$

式中：R_d、γ_{RE} ——分别为构件承载力设计值和承载力抗震调整系数，同本规程第 3.8.1 条；

S_{GE}、γ_G、γ_{Eh}、γ_{Ev} ——同本规程第 5.6.3 条；

S^*_{Ehk} ——水平地震作用标准值的构件内力，不需考虑与抗震等级有关的增大系数；

S^*_{Evk} ——竖向地震作用标准值的构件内力，不需考虑与抗震等级有关的增大系数。

2 第 2 性能水准的结构，在设防烈度地震或预估的罕遇地震作用下，关键构件及普通竖向构件的抗震承载力宜符合式（3.11.3-1）的规定；耗能构件的受剪承载力宜符合式（3.11.3-1）的规定，其正截面承载力应符合下式规定：

$$S_{GE} + S^*_{Ehk} + 0.4 S^*_{Evk} \leqslant R_k \quad (3.11.3\text{-}2)$$

式中：R_k ——截面承载力标准值，按材料强度标准值计算。

3 第 3 性能水准的结构应进行弹塑性计算分析。在设防烈度地震或预估的罕遇地震作用下，关键构件及普通竖向构件的正截面承载力应符合式（3.11.3-2）的规定，水平长悬臂结构和大跨度结构中的关键构件正截面承载力尚应符合式（3.11.3-3）的规定，其受剪承载力宜符合式（3.11.3-1）的规定；部分耗能构件进入屈服阶段，但其受剪承载力应符合式（3.11.3-2）的规定。在预估的罕遇地震作用下，结构薄弱部位的层间位移角应满足本规程第3.7.5条的规定。

$$S_{GE} + 0.4S_{Ehk}^* + S_{Evk}^* \leq R_k \qquad (3.11.3-3)$$

4 第4性能水准的结构应进行弹塑性计算分析。在设防烈度或预估的罕遇地震作用下，关键构件的抗震承载力应符合式（3.11.3-2）的规定，水平长悬臂结构和大跨度结构中的关键构件正截面承载力尚应符合式（3.11.3-3）的规定；部分竖向构件以及大部分耗能构件进入屈服阶段，但钢筋混凝土竖向构件的受剪截面应符合式（3.11.3-4）的规定，钢-混凝土组合剪力墙的受剪截面应符合式（3.11.3-5）的规定。在预估的罕遇地震作用下，结构薄弱部位的层间位移角应符合本规程第3.7.5条的规定。

$$V_{GE} + V_{Ek}^* \leq 0.15 f_{ck} b h_0 \qquad (3.11.3-4)$$
$$(V_{GE} + V_{Ek}^*) - (0.25 f_{ak} A_a + 0.5 f_{spk} A_{sp})$$
$$\leq 0.15 f_{ck} b h_0 \qquad (3.11.3-5)$$

式中：V_{GE} ——重力荷载代表值作用下的构件剪力（N）；

V_{Ek}^* ——地震作用标准值的构件剪力（N），不需考虑与抗震等级有关的增大系数；

f_{ck} ——混凝土轴心拉压强度标准值（N/mm²）；

f_{ak} ——剪力墙端部暗柱中型钢的强度标准值（N/mm²）；

A_a ——剪力墙端部暗柱中型钢的截面面积（mm²）；

f_{spk} ——剪力墙墙内钢板的强度标准值（N/mm²）；

A_{sp} ——剪力墙墙内钢板的横截面面积（mm²）。

5 第5性能水准的结构应进行弹塑性计算分析。在预估的罕遇地震作用下，关键构件的抗震承载力宜符合式（3.11.3-2）的规定；较多的竖向构件进入屈服阶段，但同一楼层的竖向构件不宜全部屈服；竖向构件的受剪截面应符合式（3.11.3-4）或（3.11.3-5）的规定；允许部分耗能构件发生比较严重的破坏；结构薄弱部位的层间位移角应符合本规程第3.7.5条的规定。

3.11.4 结构弹塑性计算分析除应符合本规程第5.5.1条的规定外，尚应符合下列规定：

1 高度不超过150m的高层建筑可采用静力弹塑性分析方法；高度超过200m时，应采用弹塑性时程分析法；高度在150m～200m之间，可视结构自振特性和不规则程度选择静力弹塑性方法或弹塑性时程分析方法。高度超过300m的结构，应有两个独立的

计算，进行校核。

2 复杂结构应进行施工模拟分析，应以施工全过程完成后的内力为初始状态。

3 弹塑性时程分析宜采用双向或三向地震输入。

3.12 抗连续倒塌设计基本要求

3.12.1 安全等级为一级的高层建筑结构应满足抗连续倒塌概念设计要求；有特殊要求时，可采用拆除构件方法进行抗连续倒塌设计。

3.12.2 抗连续倒塌概念设计应符合下列规定：

1 应采取必要的结构连接措施，增强结构的整体性。

2 主体结构宜采用多跨规则的超静定结构。

3 结构构件应具有适宜的延性，避免剪切破坏、压溃破坏、锚固破坏、节点先于构件破坏。

4 结构构件应具有一定的反向承载能力。

5 周边及边跨框架的柱距不宜过大。

6 转换结构应具有整体多重传递重力荷载途径。

7 钢筋混凝土结构梁柱宜刚接，梁板顶、底钢筋在支座处宜按受拉要求连续贯通。

8 钢结构框架梁柱宜刚接。

9 独立基础之间宜采用拉梁连接。

3.12.3 抗连续倒塌的拆除构件方法应符合下列规定：

1 逐个分别拆除结构周边柱、底层内部柱以及转换桁架腹杆等重要构件。

2 可采用弹性静力方法分析剩余结构的内力与变形。

3 剩余结构构件承载力应符合下式要求：

$$R_d \geq \beta S_d \qquad (3.12.3)$$

式中：S_d ——剩余结构构件效应设计值，可按本规程第3.12.4条的规定计算；

R_d ——剩余结构构件承载力设计值，可按本规程第3.12.5条的规定计算；

β ——效应折减系数。对中部水平构件取0.67，对其他构件取1.0。

3.12.4 结构抗连续倒塌设计时，荷载组合的效应设计值可按下式确定：

$$S_d = \eta_d (S_{Gk} + \sum \psi_{qi} S_{Qi,k}) + \Psi_w S_{wk} \qquad (3.12.4)$$

式中：S_{Gk} ——永久荷载标准值产生的效应；

$S_{Qi,k}$ ——第 i 个竖向可变荷载标准值产生的效应；

S_{wk} ——风荷载标准值产生的效应；

ψ_{qi} ——可变荷载的准永久值系数；

Ψ_w ——风荷载组合值系数，取0.2；

η_d ——竖向荷载动力放大系数。当构件直接与被拆除竖向构件相连时取2.0，其他构件取1.0。

3.12.5 构件截面承载力计算时，混凝土强度可取标

准值；钢材强度，正截面承载力验算时，可取标准值的 1.25 倍，受剪承载力验算时可取标准值。

3.12.6 当拆除某构件不能满足结构抗连续倒塌设计要求时，在该构件表面附加 80kN/m² 侧向偶然作用设计值，此时其承载力应满足下列公式要求：

$$R_d \geqslant S_d \tag{3.12.6-1}$$

$$S_d = S_{Gk} + 0.6S_{Qk} + S_{Ad} \tag{3.12.6-2}$$

式中：R_d——构件承载力设计值，按本规程第 3.8.1 条采用；

S_d——作用组合的效应设计值；

S_{Gk}——永久荷载标准值的效应；

S_{Qk}——活荷载标准值的效应；

S_{Ad}——侧向偶然作用设计值的效应。

4 荷载和地震作用

4.1 竖 向 荷 载

4.1.1 高层建筑的自重荷载、楼（屋）面活荷载及屋面雪荷载等应按现行国家标准《建筑结构荷载规范》GB 50009 的有关规定采用。

4.1.2 施工中采用附墙塔、爬塔等对结构受力有影响的起重机械或其他施工设备时，应根据具体情况确定对结构产生的施工荷载。

4.1.3 旋转餐厅轨道和驱动设备的自重应按实际情况确定。

4.1.4 擦窗机等清洗设备应按其实际情况确定其自重的大小和作用位置。

4.1.5 直升机平台的活荷载应采用下列两款中能使平台产生最大内力的荷载：

　1 直升机总重量引起的局部荷载，按由实际最大起飞重量决定的局部荷载标准值乘以动力系数确定。对具有液压轮胎起落架的直升机，动力系数可取 1.4；当没有机型技术资料时，局部荷载标准值及其作用面积可根据直升机类型按表 4.1.5 取用。

表 4.1.5　局部荷载标准值及其作用面积

直升机类型	局部荷载标准值（kN）	作用面积（m²）
轻型	20.0	0.20×0.20
中型	40.0	0.25×0.25
重型	60.0	0.30×0.30

　2 等效均布活荷载 5kN/m²。

4.2 风 荷 载

4.2.1 主体结构计算时，风荷载作用面积应取垂直于风向的最大投影面积，垂直于建筑物表面的单位面积风荷载标准值应按下式计算：

$$w_k = \beta_z \mu_s \mu_z w_0 \tag{4.2.1}$$

式中：w_k——风荷载标准值（kN/m²）；

w_0——基本风压（kN/m²），应按本规程第 4.2.2 条的规定采用；

μ_z——风压高度变化系数，应按现行国家标准《建筑结构荷载规范》GB 50009 的有关规定采用；

μ_s——风荷载体型系数，应按本规程第 4.2.3 条的规定采用；

β_z——z 高度处的风振系数，应按现行国家标准《建筑结构荷载规范》GB 50009 的有关规定采用。

4.2.2 基本风压应按照现行国家标准《建筑结构荷载规范》GB 50009 的规定采用。对风荷载比较敏感的高层建筑，承载力设计时应按基本风压的 1.1 倍采用。

4.2.3 计算主体结构的风荷载效应时，风荷载体型系数 μ_s 可按下列规定采用：

　1 圆形平面建筑取 0.8；

　2 正多边形及截角三角形平面建筑，由下式计算：

$$\mu_s = 0.8 + 1.2/\sqrt{n} \tag{4.2.3}$$

式中：n——多边形的边数。

　3 高宽比 H/B 不大于 4 的矩形、方形、十字形平面建筑取 1.3；

　4 下列建筑取 1.4：

　　1）V 形、Y 形、弧形、双十字形、井字形平面建筑；

　　2）L 形、槽形和高宽比 H/B 大于 4 的十字形平面建筑；

　　3）高宽比 H/B 大于 4，长宽比 L/B 不大于 1.5 的矩形、鼓形平面建筑。

　5 在需要更细致进行风荷载计算的场合，风荷载体型系数可按本规程附录 B 采用，或由风洞试验确定。

4.2.4 当多栋或群集的高层建筑相互间距较近时，宜考虑风力相互干扰的群体效应。一般可将单栋建筑的体型系数 μ_s 乘以相互干扰增大系数，该系数可参考类似条件的试验资料确定；必要时宜通过风洞试验确定。

4.2.5 横风向振动效应或扭转风振效应明显的高层建筑，应考虑横风向风振或扭转风振的影响。横风向风振或扭转风振的计算范围、方法以及顺风向与横风向效应的组合方法应符合现行国家标准《建筑结构荷载规范》GB 50009 的有关规定。

4.2.6 考虑横风向风振或扭转风振影响时，结构顺风向及横风向的侧向位移应分别符合本规程第 3.7.3 条的规定。

4.2.7 房屋高度大于 200m 或有下列情况之一时，宜进行风洞试验判断确定建筑物的风荷载：

1 平面形状或立面形状复杂；

2 立面开洞或连体建筑；

3 周围地形和环境较复杂。

4.2.8 檐口、雨篷、遮阳板、阳台等水平构件，计算局部上浮风荷载时，风荷载体型系数 μ_s 不宜小于 2.0。

4.2.9 设计高层建筑的幕墙结构时，风荷载应按国家现行标准《建筑结构荷载规范》GB 50009、《玻璃幕墙工程技术规范》JGJ 102、《金属与石材幕墙工程技术规范》JGJ 133 的有关规定采用。

4.3 地 震 作 用

4.3.1 各抗震设防类别高层建筑的地震作用，应符合下列规定：

1 甲类建筑：应按批准的地震安全性评价结果且高于本地区抗震设防烈度的要求确定；

2 乙、丙类建筑：应按本地区抗震设防烈度计算。

4.3.2 高层建筑结构的地震作用计算应符合下列规定：

1 一般情况下，应至少在结构两个主轴方向分别计算水平地震作用；有斜交抗侧力构件的结构，当相交角度大于 15°时，应分别计算各抗侧力构件方向的水平地震作用。

2 质量与刚度分布明显不对称的结构，应计算双向水平地震作用下的扭转影响；其他情况，应计算单向水平地震作用下的扭转影响。

3 高层建筑中的大跨度、长悬臂结构，7 度 (0.15g)、8 度抗震设计时应计入竖向地震作用。

4 9 度抗震设计时应计算竖向地震作用。

4.3.3 计算单向地震作用时应考虑偶然偏心的影响。每层质心沿垂直于地震作用方向的偏移值可按下式采用：

$$e_i = \pm 0.05L_i \qquad (4.3.3)$$

式中：e_i——第 i 层质心偏移值（m），各楼层质心偏移方向相同；

L_i——第 i 层垂直于地震作用方向的建筑物总长度（m）。

4.3.4 高层建筑结构应根据不同情况，分别采用下列地震作用计算方法：

1 高层建筑结构宜采用振型分解反应谱法；对质量和刚度不对称、不均匀的结构以及高度超过 100m 的高层建筑结构应采用考虑扭转耦联振动影响的振型分解反应谱法。

2 高度不超过 40m、以剪切变形为主且质量和刚度沿高度分布比较均匀的高层建筑结构，可采用底部剪力法。

3 7～9 度抗震设防的高层建筑，下列情况应采用弹性时程分析法进行多遇地震下的补充计算：

　1）甲类高层建筑结构；

　2）表 4.3.4 所列的乙、丙类高层建筑结构；

　3）不满足本规程第 3.5.2～3.5.6 条规定的高层建筑结构；

　4）本规程第 10 章规定的复杂高层建筑结构。

表 4.3.4　采用时程分析法的高层建筑结构

设防烈度、场地类别	建筑高度范围
8 度Ⅰ、Ⅱ类场地和 7 度	>100m
8 度Ⅲ、Ⅳ类场地	>80m
9 度	>60m

注：场地类别应按现行国家标准《建筑抗震设计规范》GB 50011 的规定采用。

4.3.5 进行结构时程分析时，应符合下列要求：

1 应按建筑场地类别和设计地震分组选取实际地震记录和人工模拟的加速度时程曲线，其中实际地震记录的数量不应少于总数量的 2/3，多组时程曲线的平均地震影响系数曲线应与振型分解反应谱法所采用的地震影响系数曲线在统计意义上相符；弹性时程分析时，每条时程曲线计算所得结构底部剪力不应小于振型分解反应谱法计算结果的 65%，多条时程曲线计算所得结构底部剪力的平均值不应小于振型分解反应谱法计算结果的 80%。

2 地震波的持续时间不宜小于建筑结构基本自振周期的 5 倍和 15s，地震波的时间间距可取 0.01s 或 0.02s。

3 输入地震加速度的最大值可按表 4.3.5 采用。

表 4.3.5　时程分析时输入地震加速度的最大值（cm/s²）

设防烈度	6 度	7 度	8 度	9 度
多遇地震	18	35 (55)	70 (110)	140
设防地震	50	100 (150)	200 (300)	400
罕遇地震	125	220 (310)	400 (510)	620

注：7、8 度时括号内数值分别用于设计基本地震加速度为 0.15g 和 0.30g 的地区，此处 g 为重力加速度。

4 当取三组时程曲线进行计算时，结构地震作用效应宜取时程法计算结果的包络值与振型分解反应谱法计算结果的较大值；当取七组及七组以上时程曲线进行计算时，结构地震作用效应可取时程法计算结果的平均值与振型分解反应谱法计算结果的较大值。

4.3.6 计算地震作用时，建筑结构的重力荷载代表值应取永久荷载标准值和可变荷载组合值之和。可变荷载的组合值系数应按下列规定采用：

1 雪荷载取 0.5；

2 楼面活荷载按实际情况计算时取 1.0；按等效均布活荷载计算时，藏书库、档案库、库房取 0.8，一般民用建筑取 0.5。

4.3.7 建筑结构的地震影响系数应根据烈度、场地类别、设计地震分组和结构自振周期及阻尼比确定。其水平地震影响系数最大值 α_{max} 应按表 4.3.7-1 采用；特征周期应根据场地类别和设计地震分组按表 4.3.7-2 采用，计算罕遇地震作用时，特征周期应增加 0.05s。

注：周期大于 6.0s 的高层建筑结构所采用的地震影响系数应作专门研究。

表 4.3.7-1 水平地震影响系数最大值 α_{max}

地震影响	6 度	7 度	8 度	9 度
多遇地震	0.04	0.08 (0.12)	0.16 (0.24)	0.32
设防地震	0.12	0.23 (0.34)	0.45 (0.68)	0.90
罕遇地震	0.28	0.50 (0.72)	0.90 (1.20)	1.40

注：7、8 度时括号内数值分别用于设计基本地震加速度为 0.15g 和 0.30g 的地区。

表 4.3.7-2 特征周期值 T_g（s）

设计地震分组 \ 场地类别	I₀	I₁	II	III	IV
第一组	0.20	0.25	0.35	0.45	0.65
第二组	0.25	0.30	0.40	0.55	0.75
第三组	0.30	0.35	0.45	0.65	0.90

4.3.8 高层建筑结构地震影响系数曲线（图 4.3.8）的形状参数和阻尼调整应符合下列规定：

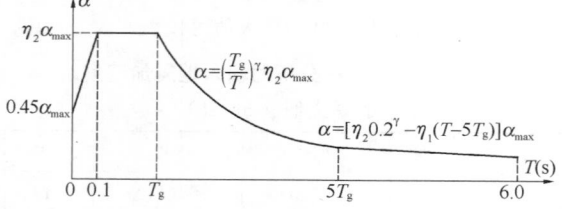

图 4.3.8 地震影响系数曲线

α—地震影响系数；α_{max}—地震影响系数最大值；T—结构自振周期；T_g—特征周期；γ—衰减指数；η_1—直线下降段下降斜率调整系数；η_2—阻尼调整系数

1 除有专门规定外，钢筋混凝土高层建筑结构的阻尼比应取 0.05，此时阻尼调整系数 η_2 应取 1.0，形状参数应符合下列规定：

1）直线上升段，周期小于 0.1s 的区段；

2）水平段，自 0.1s 至特征周期 T_g 的区段，地震影响系数应取最大值 α_{max}；

3）曲线下降段，自特征周期至 5 倍特征周期的区段，衰减指数 γ 应取 0.9；

4）直线下降段，自 5 倍特征周期至 6.0s 的区

段，下降斜率调整系数 η_1 应取 0.02。

2 当建筑结构的阻尼比不等于 0.05 时，地震影响系数曲线的分段情况与本条第 1 款相同，但其形状参数和阻尼调整系数 η_2 应符合下列规定：

1）曲线下降段的衰减指数应按下式确定：

$$\gamma = 0.9 + \frac{0.05 - \zeta}{0.3 + 6\zeta} \qquad (4.3.8\text{-}1)$$

式中：γ——曲线下降段的衰减指数；

ζ——阻尼比。

2）直线下降段的下降斜率调整系数应按下式确定：

$$\eta_1 = 0.02 + \frac{0.05 - \zeta}{4 + 32\zeta} \qquad (4.3.8\text{-}2)$$

式中：η_1——直线下降段的斜率调整系数，小于 0 时应取 0。

3）阻尼调整系数应按下式确定：

$$\eta_2 = 1 + \frac{0.05 - \zeta}{0.08 + 1.6\zeta} \qquad (4.3.8\text{-}3)$$

式中：η_2——阻尼调整系数，当 η_2 小于 0.55 时，应取 0.55。

4.3.9 采用振型分解反应谱方法时，对于不考虑扭转耦联振动影响的结构，应按下列规定进行地震作用和作用效应的计算：

1 结构第 j 振型 i 层的水平地震作用的标准值应按下列公式确定：

$$F_{ji} = \alpha_j \gamma_j X_{ji} G_i \qquad (4.3.9\text{-}1)$$

$$\gamma_j = \frac{\sum_{i=1}^{n} X_{ji} G_i}{\sum_{i=1}^{n} X_{ji}^2 G_i} (i = 1, 2, \cdots, n; j = 1, 2, \cdots, m)$$

$$(4.3.9\text{-}2)$$

式中：G_i——i 层的重力荷载代表值，应按本规程第 4.3.6 条的规定确定；

F_{ji}——第 j 振型 i 层水平地震作用的标准值；

α_j——相应于 j 振型自振周期的地震影响系数，应按本规程第 4.3.7、4.3.8 条确定；

X_{ji}——j 振型 i 层的水平相对位移；

γ_j——j 振型的参与系数；

n——结构计算总层数，小塔楼宜每层作为一个质点参与计算；

m——结构计算振型数。规则结构可取 3，当建筑较高、结构沿竖向刚度不均匀时可取 5～6。

2 水平地震作用效应，当相邻振型的周期比小于 0.85 时，可按下式计算：

$$S = \sqrt{\sum_{j=1}^{m} S_j^2} \qquad (4.3.9\text{-}3)$$

式中：S——水平地震作用标准值的效应；

S_j——j 振型的水平地震作用标准值的效应（弯矩、剪力、轴向力和位移等）。

4.3.10 考虑扭转影响的平面、竖向不规则结构，按扭转耦联振型分解法计算时，各楼层可取两个正交的水平位移和一个转角位移共三个自由度，并应按下列规定计算地震作用和作用效应。确有依据时，可采用简化计算方法确定地震作用。

1 j 振型 i 层的水平地震作用标准值，应按下列公式确定：

$$F_{xji} = \alpha_j \gamma_{tj} X_{ji} G_i$$
$$F_{yji} = \alpha_j \gamma_{tj} Y_{ji} G_i (i=1,2,\cdots,n; j=1,2,\cdots,m)$$
$$(4.3.10\text{-}1)$$
$$F_{tji} = \alpha_j \gamma_{tj} r_i^2 \varphi_{ji} G_i$$

式中：F_{xji}、F_{yji}、F_{tji}——分别为 j 振型 i 层的 x 方向、y 方向和转角方向的地震作用标准值；

X_{ji}、Y_{ji}——分别为 j 振型 i 层质心在 x、y 方向的水平相对位移；

φ_{ji}——j 振型 i 层的相对扭转角；

r_i——i 层转动半径，取 i 层绕质心的转动惯量除以该层质量的商的正二次方根；

α_j——相应于第 j 振型自振周期 T_j 的地震影响系数，应按本规程第 4.3.7、4.3.8 条确定；

γ_{tj}——考虑扭转的 j 振型参与系数，可按本规程公式（4.3.10-2）～（4.3.10-4）确定；

n——结构计算总质点数，小塔楼宜每层作为一个质点参加计算；

m——结构计算振型数，一般情况下可取 9～15，多塔楼建筑每个塔楼的振型数不宜小于 9。

当仅考虑 x 方向地震作用时：

$$\gamma_{tj} = \sum_{i=1}^{n} X_{ji} G_i \Big/ \sum_{i=1}^{n} (X_{ji}^2 + Y_{ji}^2 + \varphi_{ji}^2 r_i^2) G_i$$
$$(4.3.10\text{-}2)$$

当仅考虑 y 方向地震作用时：

$$\gamma_{tj} = \sum_{i=1}^{n} Y_{ji} G_i \Big/ \sum_{i=1}^{n} (X_{ji}^2 + Y_{ji}^2 + \varphi_{ji}^2 r_i^2) G_i$$
$$(4.3.10\text{-}3)$$

当考虑与 x 方向夹角为 θ 的地震作用时：

$$\gamma_{tj} = \gamma_{xj} \cos\theta + \gamma_{yj} \sin\theta \quad (4.3.10\text{-}4)$$

式中：γ_{xj}、γ_{yj}——分别为由式（4.3.10-2）、（4.3.10-3）求得的振型参与系数。

2 单向水平地震作用下，考虑扭转耦联的地震作用效应，应按下列公式确定：

$$S = \sqrt{\sum_{j=1}^{m} \sum_{k=1}^{m} \rho_{jk} S_j S_k} \quad (4.3.10\text{-}5)$$

$$\rho_{jk} = \frac{8\sqrt{\zeta_j \zeta_k}(\zeta_j + \lambda_T \zeta_k)\lambda_T^{1.5}}{(1-\lambda_T^2)^2 + 4\zeta_j\zeta_k(1+\lambda_T^2)\lambda_T + 4(\zeta_j^2 + \zeta_k^2)\lambda_T^2}$$
$$(4.3.10\text{-}6)$$

式中：S——考虑扭转的地震作用标准值的效应；

S_j、S_k——分别为 j、k 振型地震作用标准值的效应；

ρ_{jk}——j 振型与 k 振型的耦联系数；

λ_T——k 振型与 j 振型的自振周期比；

ζ_j、ζ_k——分别为 j、k 振型的阻尼比。

3 考虑双向水平地震作用下的扭转地震作用效应，应按下列公式中的较大值确定：

$$S = \sqrt{S_x^2 + (0.85 S_y)^2} \quad (4.3.10\text{-}7)$$

或

$$S = \sqrt{S_y^2 + (0.85 S_x)^2} \quad (4.3.10\text{-}8)$$

式中：S_x——仅考虑 x 向水平地震作用时的地震作用效应，按式（4.3.10-5）计算；

S_y——仅考虑 y 向水平地震作用时的地震作用效应，按式（4.3.10-5）计算。

4.3.11 采用底部剪力法计算结构的水平地震作用时，可按本规程附录 C 执行。

4.3.12 多遇地震水平地震作用计算时，结构各楼层对应于地震作用标准值的剪力应符合下式要求：

$$V_{Eki} \geqslant \lambda \sum_{j=i}^{n} G_j \quad (4.3.12)$$

式中：V_{Eki}——第 i 层对应于水平地震作用标准值的剪力；

λ——水平地震剪力系数，不应小于表 4.3.12 规定的值；对于竖向不规则结构的薄弱层，尚应乘以 1.15 的增大系数；

G_j——第 j 层的重力荷载代表值；

n——结构计算总层数。

表 4.3.12　楼层最小地震剪力系数值

类　别	6 度	7 度	8 度	9 度
扭转效应明显或基本周期小于 3.5s 的结构	0.008	0.016（0.024）	0.032（0.048）	0.064
基本周期大于 5.0s 的结构	0.006	0.012（0.018）	0.024（0.036）	0.048

注：1　基本周期介于 3.5s 和 5.0s 之间的结构，应允许线性插入取值。

　　2　7、8 度时括号内数值分别用于设计基本地震加速度为 0.15g 和 0.30g 的地区。

4.3.13 结构竖向地震作用标准值可采用时程分析方

法或振型分解反应谱方法计算，也可按下列规定计算（图 4.3.13）：

1 结构总竖向地震作用标准值可按下列公式计算：

$$F_{Evk} = \alpha_{vmax} G_{eq} \qquad (4.3.13-1)$$

$$G_{eq} = 0.75 G_E \qquad (4.3.13-2)$$

$$\alpha_{vmax} = 0.65 \alpha_{max} \qquad (4.3.13-3)$$

式中：F_{Evk}——结构总竖向地震作用标准值；

α_{vmax}——结构竖向地震影响系数最大值；

G_{eq}——结构等效总重力荷载代表值；

G_E——计算竖向地震作用时，结构总重力荷载代表值，应取各质点重力荷载代表值之和。

2 结构质点 i 的竖向地震作用标准值可按下式计算：

$$F_{vi} = \frac{G_i H_i}{\sum\limits_{j=1}^{n} G_j H_j} F_{Evk} \qquad (4.3.13-4)$$

式中：F_{vi}——质点 i 的竖向地震作用标准值；

G_i、G_j——分别为集中于质点 i、j 的重力荷载代表值，应按本规程第 4.3.6 条的规定计算；

H_i、H_j——分别为质点 i、j 的计算高度。

3 楼层各构件的竖向地震作用效应可按各构件承受的重力荷载代表值比例分配，并宜乘以增大系数 1.5。

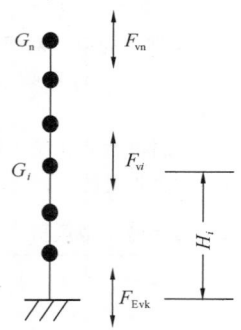

图 4.3.13　结构竖向地震作用计算示意

4.3.14 跨度大于 24m 的楼盖结构、跨度大于 12m 的转换结构和连体结构、悬挑长度大于 5m 的悬挑结构，结构竖向地震作用效应标准值宜采用时程分析方法或振型分解反应谱方法进行计算。时程分析计算时输入的地震加速度最大值可按规定的水平输入最大值的 65% 采用，反应谱分析时结构竖向地震影响系数最大值可按水平地震影响系数最大值的 65% 采用，但设计地震分组可按第一组采用。

4.3.15 高层建筑中，大跨度结构、悬挑结构、转换结构、连体结构的连接体的竖向地震作用标准值，不宜小于结构或构件承受的重力荷载代表值与表 4.3.15 所规定的竖向地震作用系数的乘积。

表 4.3.15　竖向地震作用系数

设防烈度	7 度		8 度		9 度
设计基本地震加速度	0.15g	0.20g	0.30g	0.40g	
竖向地震作用系数	0.08	0.10	0.15	0.20	

注：g 为重力加速度。

4.3.16 计算各振型地震影响系数所采用的结构自振周期应考虑非承重墙体的刚度影响予以折减。

4.3.17 当非承重墙体为砌体墙时，高层建筑结构的计算自振周期折减系数可按下列规定取值：

1 框架结构可取 0.6～0.7；

2 框架-剪力墙结构可取 0.7～0.8；

3 框架-核心筒结构可取 0.8～0.9；

4 剪力墙结构可取 0.8～1.0。

对于其他结构体系或采用其他非承重墙体时，可根据工程情况确定周期折减系数。

5　结构计算分析

5.1　一般规定

5.1.1 高层建筑结构的荷载和地震作用应按本规程第 4 章的有关规定进行计算。

5.1.2 复杂结构和混合结构高层建筑的计算分析，除应符合本章规定外，尚应符合本规程第 10 章和第 11 章的有关规定。

5.1.3 高层建筑结构的变形和内力可按弹性方法计算。框架梁及连梁等构件可考虑塑性变形引起的内力重分布。

5.1.4 高层建筑结构分析模型应根据结构实际情况确定。所选取的分析模型应能较准确地反映结构中各构件的实际受力状况。

高层建筑结构分析，可选择平面结构空间协同、空间杆系、空间杆-薄壁杆系、空间杆-墙板元及其他组合有限元等计算模型。

5.1.5 进行高层建筑内力与位移计算时，可假定楼板在其自身平面内为无限刚性，设计时应采取相应的措施保证楼板平面内的整体刚度。

当楼板可能产生较明显的面内变形时，计算时应考虑楼板的面内变形影响或对采用楼板面内无限刚性假定计算方法的计算结果进行适当调整。

5.1.6 高层建筑结构按空间整体工作计算分析时，应考虑下列变形：

1 梁的弯曲、剪切、扭转变形，必要时考虑轴向变形；

2 柱的弯曲、剪切、轴向、扭转变形；

3 墙的弯曲、剪切、轴向、扭转变形。

5.1.7 高层建筑结构应根据实际情况进行重力荷载、风荷载和（或）地震作用效应分析，并应按本规程第

5.6 节的规定进行荷载效应和作用效应计算。

5.1.8 高层建筑结构内力计算中，当楼面活荷载大于 4kN/m² 时，应考虑楼面活荷载不利布置引起的结构内力的增大；当整体计算中未考虑楼面活荷载不利布置时，应适当增大楼面梁的计算弯矩。

5.1.9 高层建筑结构在进行重力荷载作用效应分析时，柱、墙、斜撑等构件的轴向变形宜采用适当的计算模型考虑施工过程的影响；复杂高层建筑及房屋高度大于 150m 的其他高层建筑结构，应考虑施工过程的影响。

5.1.10 高层建筑结构进行风作用效应计算时，正反两个方向的风作用效应宜按两个方向计算的较大值采用；体型复杂的高层建筑，应考虑风向角的不利影响。

5.1.11 结构整体内力与位移计算中，型钢混凝土和钢管混凝土构件宜按实际情况直接参与计算，并应按本规程第 11 章的有关规定进行截面设计。

5.1.12 体型复杂、结构布置复杂以及 B 级高度高层建筑结构，应采用至少两个不同力学模型的结构分析软件进行整体计算。

5.1.13 抗震设计时，B 级高度的高层建筑结构、混合结构和本规程第 10 章规定的复杂高层建筑结构，尚应符合下列规定：

1 宜考虑平扭耦联计算结构的扭转效应，振型数不应小于 15，对多塔楼结构的振型数不应小于塔楼数的 9 倍，且计算振型数应使各振型参与质量之和不小于总质量的 90%；

2 应采用弹性时程分析法进行补充计算；

3 宜采用弹塑性静力或弹塑性动力分析方法补充计算。

5.1.14 对多塔楼结构，宜按整体模型和各塔楼分开的模型分别计算，并采用较不利的结果进行结构设计。当塔楼周边的裙楼超过两跨时，分塔楼模型宜至少附带两跨的裙楼结构。

5.1.15 对受力复杂的结构构件，宜按应力分析的结果校核配筋设计。

5.1.16 对结构分析软件的计算结果，应进行分析判断，确认其合理、有效后方可作为工程设计的依据。

5.2 计 算 参 数

5.2.1 高层建筑结构地震作用效应计算时，可对剪力墙连梁刚度予以折减，折减系数不宜小于 0.5。

5.2.2 在结构内力与位移计算中，现浇楼盖和装配整体式楼盖中，梁的刚度可考虑翼缘的作用予以增大。近似考虑时，楼面梁刚度增大系数可根据翼缘情况取 1.3～2.0。

对于无现浇面层的装配式楼盖，不宜考虑楼面梁刚度的增大。

5.2.3 在竖向荷载作用下，可考虑框架梁端塑性变

形内力重分布对梁端负弯矩乘以调幅系数进行调幅，并应符合下列规定：

1 装配整体式框架梁端负弯矩调幅系数可取为 0.7～0.8，现浇框架梁端负弯矩调幅系数可取为 0.8～0.9；

2 框架梁端负弯矩调幅后，梁跨中弯矩应按平衡条件相应增大；

3 应先对竖向荷载作用下框架梁的弯矩进行调幅，再与水平作用产生的框架梁弯矩进行组合；

4 截面设计时，框架梁跨中截面正弯矩设计值不应小于竖向荷载作用下按简支梁计算的跨中弯矩设计值的 50%。

5.2.4 高层建筑结构楼面梁受扭计算时应考虑现浇楼盖对梁的约束作用。当计算中未考虑现浇楼盖对梁扭转的约束作用时，可对梁的计算扭矩予以折减。梁扭矩折减系数应根据梁周围楼盖的约束情况确定。

5.3 计算简图处理

5.3.1 高层建筑结构分析计算时宜对结构进行力学上的简化处理，使其既能反映结构的受力性能，又适应于所选用的计算分析软件的力学模型。

5.3.2 楼面梁与竖向构件的偏心以及上、下层竖向构件之间的偏心宜按实际情况计入结构的整体计算。当结构整体计算中未考虑上述偏心时，应采用柱、墙端附加弯矩的方法予以近似考虑。

5.3.3 在结构整体计算中，密肋板楼盖宜按实际情况进行计算。当不能按实际情况计算时，可按等刚度原则对密肋梁进行适当简化后再行计算。

对平板无梁楼盖，在计算中应考虑板的面外刚度影响，其面外刚度可按有限元方法计算或近似将柱上板带等效为框架梁计算。

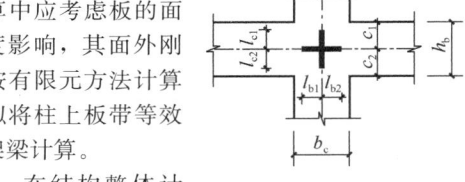

图 5.3.4　刚域

5.3.4 在结构整体计算中，宜考虑框架或壁式框架梁、柱节点区的刚域（图 5.3.4）影响，梁端截面弯矩可取刚域端截面的弯矩计算值。刚域的长度可按下列公式计算：

$$l_{b1} = a_1 - 0.25h_b \qquad (5.3.4\text{-}1)$$

$$l_{b2} = a_2 - 0.25h_b \qquad (5.3.4\text{-}2)$$

$$l_{c1} = c_1 - 0.25b_c \qquad (5.3.4\text{-}3)$$

$$l_{c2} = c_2 - 0.25b_c \qquad (5.3.4\text{-}4)$$

当计算的刚域长度为负值时，应取为零。

5.3.5 在结构整体计算中，转换层结构、加强层结构、连体结构、竖向收进结构（含多塔楼结构），应选用合适的计算模型进行分析。在整体计算中对转换层、加强层、连接体等做简化处理的，宜对其局部进

行更细致的补充计算分析。

5.3.6 复杂平面和立面的剪力墙结构，应采用合适的计算模型进行分析。当采用有限元模型时，应在截面变化处合理地选择和划分单元；当采用杆系模型计算时，对错洞墙、叠合错洞墙可采取适当的模型化处理，并应在整体计算的基础上对结构局部进行更细致的补充计算分析。

5.3.7 高层建筑结构整体计算中，当地下室顶板作为上部结构嵌固部位时，地下一层与首层侧向刚度比不宜小于2。

5.4 重力二阶效应及结构稳定

5.4.1 当高层建筑结构满足下列规定时，弹性计算分析时可不考虑重力二阶效应的不利影响。

　　1 剪力墙结构、框架-剪力墙结构、板柱剪力墙结构、筒体结构：

$$EJ_d \geqslant 2.7H^2 \sum_{i=1}^{n} G_i \qquad (5.4.1-1)$$

　　2 框架结构：

$$D_i \geqslant 20 \sum_{j=i}^{n} G_j / h_i \qquad (i=1,2,\cdots,n)$$

$$(5.4.1-2)$$

式中：EJ_d——结构一个主轴方向的弹性等效侧向刚度，可按倒三角形分布荷载作用下结构顶点位移相等的原则，将结构的侧向刚度折算为竖向悬臂受弯构件的等效侧向刚度；

　　　　H——房屋高度；

　　　　G_i、G_j——分别为第 i、j 楼层重力荷载设计值，取 1.2 倍的永久荷载标准值与 1.4 倍的楼面可变荷载标准值的组合值；

　　　　h_i——第 i 楼层层高；

　　　　D_i——第 i 楼层的弹性等效侧向刚度，可取该层剪力与层间位移的比值；

　　　　n——结构计算总层数。

5.4.2 当高层建筑结构不满足本规程第 5.4.1 条的规定时，结构弹性计算时应考虑重力二阶效应对水平力作用下结构内力和位移的不利影响。

5.4.3 高层建筑结构的重力二阶效应可采用有限元方法进行计算；也可采用对未考虑重力二阶效应的计算结果乘以增大系数的方法近似考虑。近似考虑时，结构位移增大系数 F_1、F_{1i} 以及结构构件弯矩和剪力增大系数 F_2、F_{2i} 可分别按下列规定计算，位移计算结果仍应满足本规程第 3.7.3 条的规定。

　　对框架结构，可按下列公式计算：

$$F_{1i} = \frac{1}{1 - \sum_{j=i}^{n} G_j / (D_i h_i)} \qquad (i=1,2,\cdots,n)$$

$$(5.4.3-1)$$

$$F_{2i} = \frac{1}{1 - 2\sum_{j=i}^{n} G_j / (D_i h_i)} \qquad (i=1,2,\cdots,n)$$

$$(5.4.3-2)$$

对剪力墙结构、框架-剪力墙结构、筒体结构，可按下列公式计算：

$$F_1 = \frac{1}{1 - 0.14H^2 \sum_{i=1}^{n} G_i / (EJ_d)} \qquad (5.4.3-3)$$

$$F_2 = \frac{1}{1 - 0.28H^2 \sum_{i=1}^{n} G_i / (EJ_d)} \qquad (5.4.3-4)$$

5.4.4 高层建筑结构的整体稳定性应符合下列规定：

　　1 剪力墙结构、框架-剪力墙结构、筒体结构应符合下式要求：

$$EJ_d \geqslant 1.4H^2 \sum_{i=1}^{n} G_i \qquad (5.4.4-1)$$

　　2 框架结构应符合下式要求：

$$D_i \geqslant 10 \sum_{j=i}^{n} G_j / h_i \qquad (i=1,2,\cdots,n)$$

$$(5.4.4-2)$$

5.5 结构弹塑性分析及薄弱层弹塑性变形验算

5.5.1 高层建筑混凝土结构进行弹塑性计算分析时，可根据实际工程情况采用静力或动力时程分析方法，并应符合下列规定：

　　1 当采用结构抗震性能设计时，应根据本规程第 3.11 节的有关规定预定结构的抗震性能目标；

　　2 梁、柱、斜撑、剪力墙、楼板等结构构件，应根据实际情况和分析精度要求采用合适的简化模型；

　　3 构件的几何尺寸、混凝土构件所配的钢筋和型钢、混合结构的钢构件应按实际情况参与计算；

　　4 应根据预定的结构抗震性能目标，合理取用钢筋、钢材、混凝土材料的力学性能指标以及本构关系。钢筋和混凝土材料的本构关系可按现行国家标准《混凝土结构设计规范》GB 50010 的有关规定采用；

　　5 应考虑几何非线性影响；

　　6 进行动力弹塑性计算时，地面运动加速度时程的选取、预估罕遇地震作用时的峰值加速度取值以及计算结果的选用应符合本规程第 4.3.5 条的规定；

　　7 应对计算结果的合理性进行分析和判断。

5.5.2 在预估的罕遇地震作用下，高层建筑结构薄弱层（部位）弹塑性变形计算可采用下列方法：

　　1 不超过 12 层且层侧向刚度无突变的框架结构可采用本规程第 5.5.3 条规定的简化计算法；

　　2 除第 1 款以外的建筑结构可采用弹塑性静力或动力分析方法。

5.5.3 结构薄弱层（部位）的弹塑性层间位移的简化计算，宜符合下列规定：

1 结构薄弱层（部位）的位置可按下列情况确定：

　　1）楼层屈服强度系数沿高度分布均匀的结构，可取底层；

　　2）楼层屈服强度系数沿高度分布不均匀的结构，可取该系数最小的楼层（部位）和相对较小的楼层，一般不超过2~3处。

2 弹塑性层间位移可按下列公式计算：

$$\Delta u_p = \eta_p \Delta u_e \qquad (5.5.3\text{-}1)$$

或

$$\Delta u_p = \mu \Delta u_y = \frac{\eta_p}{\xi_y} \Delta u_y \qquad (5.5.3\text{-}2)$$

式中：Δu_p——弹塑性层间位移（mm）；

　　　　Δu_y——层间屈服位移（mm）；

　　　　μ——楼层延性系数；

　　　　Δu_e——罕遇地震作用下按弹性分析的层间位移（mm）。计算时，水平地震影响系数最大值应按本规程表4.3.7-1采用；

　　　　η_p——弹塑性位移增大系数，当薄弱层（部位）的屈服强度系数不小于相邻层（部位）该系数平均值的0.8时，可按表5.5.3采用；当不大于该平均值的0.5时，可按表内相应数值的1.5倍采用；其他情况可采用内插法取值；

　　　　ξ_y——楼层屈服强度系数。

表 5.5.3　结构的弹塑性位移增大系数 η_p

ξ_y	0.5	0.4	0.3
η_p	1.8	2.0	2.2

5.6　荷载组合和地震作用组合的效应

5.6.1 持久设计状况和短暂设计状况下，当荷载与荷载效应按线性关系考虑时，荷载基本组合的效应设计值应按下式确定：

$$S_d = \gamma_G S_{Gk} + \gamma_L \psi_Q \gamma_Q S_{Qk} + \psi_w \gamma_w S_{wk} \qquad (5.6.1)$$

式中：S_d——荷载组合的效应设计值；

　　　　γ_G——永久荷载分项系数；

　　　　γ_Q——楼面活荷载分项系数；

　　　　γ_w——风荷载的分项系数；

　　　　γ_L——考虑结构设计使用年限的荷载调整系数，设计使用年限为50年时取1.0，设计使用年限为100年时取1.1；

　　　　S_{Gk}——永久荷载效应标准值；

　　　　S_{Qk}——楼面活荷载效应标准值；

　　　　S_{wk}——风荷载效应标准值；

　　　　ψ_Q、ψ_w——分别为楼面活荷载组合值系数和风荷载

组合值系数，当永久荷载效应起控制作用时应分别取0.7和0.0；当可变荷载效应起控制作用时应分别取1.0和0.6或0.7和1.0。

　　注：对书库、档案库、储藏室、通风机房和电梯机房，本条楼面活荷载组合值系数取0.7的场合应取为0.9。

5.6.2 持久设计状况和短暂设计状况下，荷载基本组合的分项系数应按下列规定采用：

1 永久荷载的分项系数 γ_G：当其效应对结构承载力不利时，对由可变荷载效应控制的组合应取1.2，对由永久荷载效应控制的组合应取1.35；当其效应对结构承载力有利时，应取1.0。

2 楼面活荷载的分项系数 γ_Q：一般情况下应取1.4。

3 风荷载的分项系数 γ_w 应取1.4。

5.6.3 地震设计状况下，当作用与作用效应按线性关系考虑时，荷载和地震作用基本组合的效应设计值应按下式确定：

$$S_d = \gamma_G S_{GE} + \gamma_{Eh} S_{Ehk} + \gamma_{Ev} S_{Evk} + \psi_w \gamma_w S_{wk}$$

$$(5.6.3)$$

式中：S_d——荷载和地震作用组合的效应设计值；

　　　　S_{GE}——重力荷载代表值的效应；

　　　　S_{Ehk}——水平地震作用标准值的效应，尚应乘以相应的增大系数、调整系数；

　　　　S_{Evk}——竖向地震作用标准值的效应，尚应乘以相应的增大系数、调整系数；

　　　　γ_G——重力荷载分项系数；

　　　　γ_w——风荷载分项系数；

　　　　γ_{Eh}——水平地震作用分项系数；

　　　　γ_{Ev}——竖向地震作用分项系数；

　　　　ψ_w——风荷载的组合值系数，应取0.2。

5.6.4 地震设计状况下，荷载和地震作用基本组合的分项系数应按表5.6.4采用。当重力荷载效应对结构的承载力有利时，表5.6.4中 γ_G 不应大于1.0。

表 5.6.4　地震设计状况时荷载和作用的分项系数

参与组合的荷载和作用	γ_G	γ_{Eh}	γ_{Ev}	γ_w	说　明
重力荷载及水平地震作用	1.2	1.3	—	—	抗震设计的高层建筑结构均应考虑
重力荷载及竖向地震作用	1.2	—	1.3	—	9度抗震设计时考虑；水平长悬臂和大跨度结构7度（0.15g）、8度、9度抗震设计时考虑
重力荷载、水平地震及竖向地震作用	1.2	1.3	0.5	—	9度抗震设计时考虑；水平长悬臂和大跨度结构7度（0.15g）、8度、9度抗震设计时考虑

参与组合的荷载和作用	γ_G	γ_{Eh}	γ_{Ev}	γ_w	说　　明
重力荷载、水平地震作用及风荷载	1.2	1.3	—	1.4	60m 以上的高层建筑考虑
重力荷载、水平地震作用、竖向地震作用及风荷载	1.2	1.3	0.5	1.4	60m 以上的高层建筑，9 度抗震设计时考虑；水平长悬臂和大跨度结构 7 度（0.15g）、8 度、9 度抗震设计时考虑
	1.2	0.5	1.3	1.4	水平长悬臂结构和大跨度结构，7 度（0.15g）、8 度、9 度抗震设计时考虑

注：1　g 为重力加速度；
　　2　"—"表示组合中不考虑该项荷载或作用效应。

5.6.5　非抗震设计时，应按本规程第 5.6.1 条的规定进行荷载组合的效应计算。抗震设计时，应同时按本规程第 5.6.1 条和 5.6.3 条的规定进行荷载和地震作用组合的效应计算；按本规程第 5.6.3 条计算的组合内力设计值，尚应按本规程的有关规定进行调整。

6　框架结构设计

6.1　一　般　规　定

6.1.1　框架结构应设计成双向梁柱抗侧力体系。主体结构除个别部位外，不应采用铰接。

6.1.2　抗震设计的框架结构不应采用单跨框架。

6.1.3　框架结构的填充墙及隔墙宜选用轻质墙体。抗震设计时，框架结构如采用砌体填充墙，其布置应符合下列规定：

　1　避免形成上、下层刚度变化过大。

　2　避免形成短柱。

　3　减少因抗侧刚度偏心而造成的结构扭转。

6.1.4　抗震设计时，框架结构的楼梯间应符合下列规定：

　1　楼梯间的布置应尽量减小其造成的结构平面不规则。

　2　宜采用现浇钢筋混凝土楼梯，楼梯结构应有足够的抗倒塌能力。

　3　宜采取措施减小楼梯对主体结构的影响。

　4　当钢筋混凝土楼梯与主体结构整体连接时，应考虑楼梯对地震作用及其效应的影响，并应对楼梯构件进行抗震承载力验算。

6.1.5　抗震设计时，砌体填充墙及隔墙应具有自身

稳定性，并应符合下列规定：

　1　砌体的砂浆强度等级不应低于 M5，当采用砖及混凝土砌块时，砌块的强度等级不应低于 MU5；采用轻质砌块时，砌块的强度等级不应低于 MU2.5。墙顶应与框架梁或楼板密切结合。

　2　砌体填充墙应沿框架柱全高每隔 500mm 左右设置 2 根直径 6mm 的拉筋，6 度时拉筋宜沿墙全长贯通，7、8、9 度时拉筋应沿墙全长贯通。

　3　墙长大于 5m 时，墙顶与梁（板）宜有钢筋拉结；墙长大于 8m 或层高的 2 倍时，宜设置间距不大于 4m 的钢筋混凝土构造柱；墙高超过 4m 时，墙体半高处（或门洞上皮）宜设置与柱连接且沿墙全长贯通的钢筋混凝土水平系梁。

　4　楼梯间采用砌体填充墙时，应设置间距不大于层高且不大于 4m 的钢筋混凝土构造柱，并应采用钢丝网砂浆面层加强。

6.1.6　框架结构按抗震设计时，不应采用部分由砌体墙承重之混合形式。框架结构中的楼、电梯间及局部出屋顶的电梯机房、楼梯间、水箱间等，应采用框架承重，不应采用砌体墙承重。

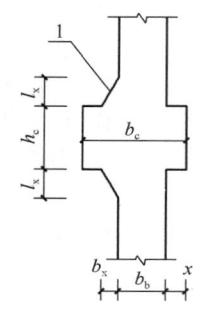

图 6.1.7　水平加腋梁
1—梁水平加腋

6.1.7　框架梁、柱中心线宜重合。当梁柱中心线不能重合时，在计算中应考虑偏心对梁柱节点核心区受力和构造的不利影响，以及梁荷载对柱子的偏心影响。

梁、柱中心线之间的偏心距，9 度抗震设计时不应大于柱截面在该方向宽度的 1/4；非抗震设计和 6～8 度抗震设计时不宜大于柱截面在该方向宽度的 1/4，如偏心距大于该方向柱宽的 1/4 时，可采取增设梁的水平加腋（图 6.1.7）等措施。设置水平加腋后，仍须考虑梁柱偏心的不利影响。

　1　梁的水平加腋厚度可取梁截面高度，其水平尺寸宜满足下列要求：

$$b_x / l_x \leqslant 1/2 \qquad (6.1.7-1)$$
$$b_x / b_b \leqslant 2/3 \qquad (6.1.7-2)$$
$$b_b + b_x + x \geqslant b_c/2 \qquad (6.1.7-3)$$

式中：b_x——梁水平加腋宽度（mm）；

　　　　l_x——梁水平加腋长度（mm）；

　　　　b_b——梁截面宽度（mm）；

　　　　b_c——沿偏心方向柱截面宽度（mm）；

　　　　x——非加腋侧梁边到柱边的距离（mm）。

　2　梁采用水平加腋时，框架节点有效宽度 b_j 宜符合下式要求：

　1）当 $x = 0$ 时，b_j 按下式计算：

$$b_j \leqslant b_b + b_x \qquad (6.1.7-4)$$

2）当 $x \neq 0$ 时，b_j 取（6.1.7-5）和（6.1.7-6）二式计算的较大值，且应满足公式（6.1.7-7）的要求：

$$b_j \leqslant b_b + b_x + x \quad (6.1.7\text{-}5)$$
$$b_j \leqslant b_b + 2x \quad (6.1.7\text{-}6)$$
$$b_j \leqslant b_b + 0.5h_c \quad (6.1.7\text{-}7)$$

式中：h_c——柱截面高度（mm）。

6.1.8 不与框架柱相连的次梁，可按非抗震要求进行设计。

6.2 截 面 设 计

6.2.1 抗震设计时，除顶层、柱轴压比小于 0.15 者及框支梁柱节点外，框架的梁、柱节点处考虑地震作用组合的柱端弯矩设计值应符合下列要求：

  1 一级框架结构及 9 度时的框架：
$$\sum M_c = 1.2 \sum M_{bua} \quad (6.2.1\text{-}1)$$

  2 其他情况：
$$\sum M_c = \eta_c \sum M_b \quad (6.2.1\text{-}2)$$

式中：$\sum M_c$——节点上、下柱端截面顺时针或逆时针方向组合弯矩设计值之和；上、下柱端的弯矩设计值，可按弹性分析的弯矩比例进行分配；

  $\sum M_b$——节点左、右梁端截面逆时针或顺时针方向组合弯矩设计值之和；当抗震等级为一级且节点左、右梁端均为负弯矩时，绝对值较小的弯矩应取零；

  $\sum M_{bua}$——节点左、右梁端逆时针或顺时针方向实配的正截面抗震受弯承载力所对应的弯矩值之和，可根据实际配筋面积（计入受压钢筋和梁有效翼缘宽度范围内的楼板钢筋）和材料强度标准值并考虑承载力抗震调整系数计算；

  η_c——柱端弯矩增大系数；对框架结构，二、三级分别取 1.5 和 1.3；对其他结构中的框架，一、二、三、四级分别取 1.4、1.2、1.1 和 1.1。

6.2.2 抗震设计时，一、二、三级框架结构的底层柱底截面的弯矩设计值，应分别采用考虑地震作用组合的弯矩值与增大系数 1.7、1.5、1.3 的乘积。底层框架柱纵向钢筋应按上、下端的不利情况配置。

6.2.3 抗震设计的框架柱、框支柱端部截面的剪力设计值，一、二、三、四级时应按下列公式计算：

  1 一级框架结构和 9 度时的框架：
$$V = 1.2(M_{cua}^t + M_{cua}^b)/H_n \quad (6.2.3\text{-}1)$$

  2 其他情况：
$$V = \eta_{vc}(M_c^t + M_c^b)/H_n \quad (6.2.3\text{-}2)$$

式中：M_c^t、M_c^b——分别为柱上、下端顺时针或逆时针方向截面组合的弯矩设计值，

应符合本规程第 6.2.1 条、6.2.2 条的规定；

  M_{cua}^t、M_{cua}^b——分别为柱上、下端顺时针或逆时针方向实配的正截面抗震受弯承载力所对应的弯矩值，可根据实配钢筋面积、材料强度标准值和重力荷载代表值产生的轴向压力设计值并考虑承载力抗震调整系数计算；

  H_n——柱的净高；

  η_{vc}——柱端剪力增大系数。对框架结构，二、三级分别取 1.3、1.2；对其他结构类型的框架，一、二级分别取 1.4 和 1.2，三、四级均取 1.1。

6.2.4 抗震设计时，框架角柱应按双向偏心受力构件进行正截面承载力设计。一、二、三、四级框架角柱经按本规程第6.2.1~6.2.3条调整后的弯矩、剪力设计值应乘以不小于1.1的增大系数。

6.2.5 抗震设计时，框架梁端部截面组合的剪力设计值，一、二、三级应按下列公式计算；四级时可直接取考虑地震作用组合的剪力计算值。

  1 一级框架结构及 9 度时的框架：
$$V = 1.1(M_{bua}^l + M_{bua}^r)/l_n + V_{Gb} \quad (6.2.5\text{-}1)$$

  2 其他情况：
$$V = \eta_{vb}(M_b^l + M_b^r)/l_n + V_{Gb} \quad (6.2.5\text{-}2)$$

式中：M_b^l、M_b^r——分别为梁左、右端逆时针或顺时针方向截面组合的弯矩设计值。当抗震等级为一级且梁两端弯矩均为负弯矩时，绝对值较小一端的弯矩应取零；

  M_{bua}^l、M_{bua}^r——分别为梁左、右端逆时针或顺时针方向实配的正截面抗震受弯承载力所对应的弯矩值，可根据实配钢筋面积（计入受压钢筋，包括有效翼缘宽度范围内的楼板钢筋）和材料强度标准值并考虑承载力抗震调整系数计算；

  l_n——梁的净跨；

  V_{Gb}——梁在重力荷载代表值（9 度时还应包括竖向地震作用标准值）作用下，按简支梁分析的梁端截面剪力设计值；

  η_{vb}——梁剪力增大系数，一、二、三级分别取 1.3、1.2 和 1.1。

6.2.6 框架梁、柱，其受剪截面应符合下列要求：

  1 持久、短暂设计状况

$$V \leqslant 0.25\beta_c f_c bh_0 \quad (6.2.6\text{-}1)$$

2 地震设计状况

跨高比大于 2.5 的梁及剪跨比大于 2 的柱：

$$V \leqslant \frac{1}{\gamma_{RE}}(0.2\beta_c f_c bh_0) \quad (6.2.6\text{-}2)$$

跨高比不大于 2.5 的梁及剪跨比不大于 2 的柱：

$$V \leqslant \frac{1}{\gamma_{RE}}(0.15\beta_c f_c bh_0) \quad (6.2.6\text{-}3)$$

框架柱的剪跨比可按下式计算：

$$\lambda = M^c / (V^c h_0) \quad (6.2.6\text{-}4)$$

式中：V——梁、柱计算截面的剪力设计值；

λ——框架柱的剪跨比；反弯点位于柱高中部的框架柱，可取柱净高与计算方向 2 倍柱截面有效高度之比值；

M^c——柱端截面未经本规程第 6.2.1、6.2.2、6.2.4 条调整的组合弯矩计算值，可取柱上、下端的较大值；

V^c——柱端截面与组合弯矩计算值对应的组合剪力计算值；

β_c——混凝土强度影响系数；当混凝土强度等级不大于 C50 时取 1.0；当混凝土强度等级为 C80 时取 0.8；当混凝土强度等级在 C50 和 C80 之间时可按线性内插取用；

b——矩形截面的宽度，T 形截面、工形截面的腹板宽度；

h_0——梁、柱截面计算方向有效高度。

6.2.7 抗震设计时，一、二、三级框架的节点核心区应进行抗震验算；四级框架节点可不进行抗震验算。各抗震等级的框架节点均应符合构造措施的要求。

6.2.8 矩形截面偏心受压框架柱，其斜截面受剪承载力应按下列公式计算：

1 持久、短暂设计状况

$$V \leqslant \frac{1.75}{\lambda+1}f_t bh_0 + f_{yv}\frac{A_{sv}}{s}h_0 + 0.07N$$

$$(6.2.8\text{-}1)$$

2 地震设计状况

$$V \leqslant \frac{1}{\gamma_{RE}}\left(\frac{1.05}{\lambda+1}f_t bh_0 + f_{yv}\frac{A_{sv}}{s}h_0 + 0.056N\right)$$

$$(6.2.8\text{-}2)$$

式中：λ——框架柱的剪跨比；当 $\lambda<1$ 时，取 $\lambda=1$；当 $\lambda>3$ 时，取 $\lambda=3$；

N——考虑风荷载或地震作用组合的框架柱轴向压力设计值，当 N 大于 $0.3f_cA_c$ 时，取 $0.3f_cA_c$。

6.2.9 当矩形截面框架柱出现拉力时，其斜截面受剪承载力应按下列公式计算：

1 持久、短暂设计状况

$$V \leqslant \frac{1.75}{\lambda+1}f_t bh_0 + f_{yv}\frac{A_{sv}}{s}h_0 - 0.2N$$

$$(6.2.9\text{-}1)$$

2 地震设计状况

$$V \leqslant \frac{1}{\gamma_{RE}}\left(\frac{1.05}{\lambda+1}f_t bh_0 + f_{yv}\frac{A_{sv}}{s}h_0 - 0.2N\right)$$

$$(6.2.9\text{-}2)$$

式中：N——与剪力设计值 V 对应的轴向拉力设计值，取绝对值；

λ——框架柱的剪跨比。

当公式（6.2.9-1）右端的计算值或公式（6.2.9-2）右端括号内的计算值小于 $f_{yv}\frac{A_{sv}}{s}h_0$ 时，应取等于 $f_{yv}\frac{A_{sv}}{s}h_0$，且 $f_{yv}\frac{A_{sv}}{s}h_0$ 值不应小于 $0.36f_t bh_0$。

6.2.10 本章未作规定的框架梁、柱和框支梁、柱截面的其他承载力验算，应按照现行国家标准《混凝土结构设计规范》GB 50010 的有关规定执行。

6.3 框架梁构造要求

6.3.1 框架结构的主梁截面高度可按计算跨度的 $1/10\sim1/18$ 确定；梁净跨与截面高度之比不宜小于 4。梁的截面宽度不宜小于梁截面高度的 1/4，也不宜小于 200mm。

当梁高较小或采用扁梁时，除应验算其承载力和受剪截面要求外，尚应满足刚度和裂缝的有关要求。在计算梁的挠度时，可扣除梁的合理起拱值；对现浇梁板结构，宜考虑梁受压翼缘的有利影响。

6.3.2 框架梁设计应符合下列要求：

1 抗震设计时，计入受压钢筋作用的梁端截面混凝土受压区高度与有效高度之比值，一级不应大于 0.25，二、三级不应大于 0.35。

2 纵向受拉钢筋的最小配筋百分率 ρ_{min}（%），非抗震设计时，不应小于 0.2 和 $45f_t/f_y$ 二者的较大值；抗震设计时，不应小于表 6.3.2-1 规定的数值。

表 6.3.2-1 梁纵向受拉钢筋最小配筋百分率 ρ_{min}（%）

抗震等级	位置	
	支座（取较大值）	跨中（取较大值）
一级	0.40 和 $80f_t/f_y$	0.30 和 $65f_t/f_y$
二级	0.30 和 $65f_t/f_y$	0.25 和 $55f_t/f_y$
三、四级	0.25 和 $55f_t/f_y$	0.20 和 $45f_t/f_y$

3 抗震设计时，梁端截面的底面和顶面纵向钢筋截面面积的比值，除按计算确定外，一级不应小于 0.5，二、三级不应小于 0.3。

4 抗震设计时，梁端箍筋的加密区长度、箍筋最大间距和最小直径应符合表 6.3.2-2 的要求；当梁端纵向钢筋配筋率大于 2%时，表中箍筋最小直径应

增大 **2mm**。

当 $T/(Vb)$ 大于 **2.0** 时，取 **2.0**。

式中：T、V——分别为扭矩、剪力设计值；

ρ_{tl}、b——分别为受扭纵向钢筋的面积配筋率、梁宽。

表 6.3.2-2　梁端箍筋加密区的长度、箍筋最大间距和最小直径

抗震等级	加密区长度（取较大值）（mm）	箍筋最大间距（取最小值）（mm）	箍筋最小直径（mm）
一	$2.0h_b$，500	$h_b/4$，$6d$，100	10
二	$1.5h_b$，500	$h_b/4$，$8d$，100	8
三	$1.5h_b$，500	$h_b/4$，$8d$，150	8
四	$1.5h_b$，500	$h_b/4$，$8d$，150	6

注：1　d 为纵向钢筋直径，h_b 为梁截面高度；
　　2　一、二级抗震等级框架梁，当箍筋直径大于 **12mm**、肢数不少于 4 肢且肢距不大于 **150mm** 时，箍筋加密区最大间距应允许适当放松，但不应大于 **150mm**。

6.3.3　梁的纵向钢筋配置，尚应符合下列规定：

1　抗震设计时，梁端纵向受拉钢筋的配筋率不宜大于 2.5%，不应大于 2.75%；当梁端受拉钢筋的配筋率大于 2.5% 时，受压钢筋的配筋率不应小于受拉钢筋的一半。

2　沿梁全长顶面和底面应至少各配置两根纵向配筋，一、二级抗震设计时钢筋直径不应小于 **14mm**，且分别不应小于梁两端顶面和底面纵向配筋中较大截面面积的 1/4；三、四级抗震设计和非抗震设计时钢筋直径不应小于 **12mm**。

3　一、二、三级抗震等级的框架梁内贯通中柱的每根纵向钢筋的直径，对矩形截面柱，不宜大于柱在该方向截面尺寸的 1/20；对圆形截面柱，不宜大于纵向钢筋所在位置柱截面弦长的 1/20。

6.3.4　非抗震设计时，框架梁箍筋配筋构造应符合下列规定：

1　应沿梁全长设置箍筋，第一个箍筋应设置在距支座边缘 50mm 处。

2　截面高度大于 800mm 的梁，其箍筋直径不宜小于 8mm；其余截面高度的梁不应小于 6mm。在受力钢筋搭接长度范围内，箍筋直径不应小于搭接钢筋最大直径的 1/4。

3　箍筋间距不应大于表 6.3.4 的规定；在纵向受拉钢筋的搭接长度范围内，箍筋间距尚不应大于搭接钢筋较小直径的 5 倍，且不应大于 100mm；在纵向受压钢筋的搭接长度范围内，箍筋间距尚不应大于搭接钢筋较小直径的 10 倍，且不应大于 200mm。

4　承受弯矩和剪力的梁，当梁的剪力设计值大于 $0.7f_tbh_0$ 时，其箍筋的面积配筋率应符合下式规定：

$$\rho_{sv} \geqslant 0.24f_t/f_{yv} \tag{6.3.4-1}$$

5　承受弯矩、剪力和扭矩的梁，其箍筋面积配筋率和受扭纵向钢筋的面积配筋率应分别符合公式（6.3.4-2）和（6.3.4-3）的规定：

$$\rho_{sv} \geqslant 0.28f_t/f_{yv} \tag{6.3.4-2}$$

$$\rho_{tl} \geqslant 0.6\sqrt{\frac{T}{Vb}}f_t/f_y \tag{6.3.4-3}$$

表 6.3.4　非抗震设计梁箍筋最大间距（mm）

h_b(mm) ＼ V	$V>0.7f_tbh_0$	$V\leqslant 0.7f_tbh_0$
$h_b\leqslant 300$	150	200
$300<h_b\leqslant 500$	200	300
$500<h_b\leqslant 800$	250	350
$h_b>800$	300	400

6　当梁中配有计算需要的纵向受压钢筋时，其箍筋配置尚应符合下列规定：

1）　箍筋直径不应小于纵向受压钢筋最大直径的 1/4；

2）　箍筋应做成封闭式；

3）　箍筋间距不应大于 $15d$ 且不应大于 400mm；当一层内的受压钢筋多于 5 根且直径大于 18mm 时，箍筋间距不应大于 $10d$（d 为纵向受压钢筋的最小直径）；

4）　当梁截面宽度大于 400mm 且一层内的纵向受压钢筋多于 3 根时，或当梁截面宽度不大于 400mm 但一层内的纵向受压钢筋多于 4 根时，应设置复合箍筋。

6.3.5　抗震设计时，框架梁的箍筋尚应符合下列构造要求：

1　沿梁全长箍筋的面积配筋率应符合下列规定：

一级　　　$\rho_{sv} \geqslant 0.30f_t/f_{yv}$　（6.3.5-1）

二级　　　$\rho_{sv} \geqslant 0.28f_t/f_{yv}$　（6.3.5-2）

三、四级　$\rho_{sv} \geqslant 0.26f_t/f_{yv}$　（6.3.5-3）

式中：ρ_{sv}——框架梁沿梁全长箍筋的面积配筋率。

2　在箍筋加密区范围内的箍筋肢距：一级不宜大于 200mm 和 20 倍箍筋直径的较大值，二、三级不宜大于 250mm 和 20 倍箍筋直径的较大值，四级不宜大于 300mm。

3　箍筋应有 135° 弯钩，弯钩端头直段长度不应小于 10 倍的箍筋直径和 75mm 的较大值。

4　在纵向钢筋搭接长度范围内的箍筋间距，钢筋受拉时不应大于搭接钢筋较小直径的 5 倍，且不应大于 100mm；钢筋受压时不应大于搭接钢筋较小直径的 10 倍，且不应大于 200mm。

5　框架梁非加密区箍筋最大间距不宜大于加密区箍筋间距的 2 倍。

6.3.6　框架梁的纵向钢筋不应与箍筋、拉筋及预埋件等焊接。

6.3.7　框架梁上开洞时，洞口位置宜位于梁跨中 1/3 区段，洞口高度不应大于梁高的 40%；开洞较大时应进行承载力验算。梁上洞口周边应配置附加纵向钢筋和箍筋（图 6.3.7），并应符合计算及构造要求。

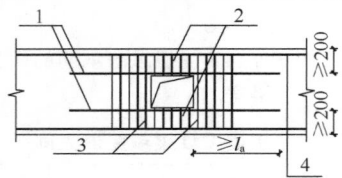

图 6.3.7 梁上洞口周边配筋构造示意
1—洞口上、下附加纵向钢筋；2—洞口上、下附加箍筋；
3—洞口两侧附加箍筋；4—梁纵向钢筋；l_a—受拉钢筋的
锚固长度

6.4 框架柱构造要求

6.4.1 柱截面尺寸宜符合下列规定：

1 矩形截面柱的边长，非抗震设计时不宜小于250mm，抗震设计时，四级不宜小于300mm，一、二、三级时不宜小于400mm；圆柱直径，非抗震和四级抗震设计时不宜小于350mm，一、二、三级时不宜小于450mm。

2 柱剪跨比宜大于2。

3 柱截面高宽比不宜大于3。

6.4.2 抗震设计时，钢筋混凝土柱轴压比不宜超过表6.4.2 的规定；对于Ⅳ类场地上较高的高层建筑，其轴压比限值应适当减小。

表 6.4.2　柱轴压比限值

结构类型	抗震等级			
	一	二	三	四
框架结构	0.65	0.75	0.85	—
板柱-剪力墙、框架-剪力墙、框架-核心筒、筒中筒结构	0.75	0.85	0.90	0.95
部分框支剪力墙结构	0.60	0.70		

注：1 轴压比指柱考虑地震作用组合的轴向力设计值与柱全截面面积和混凝土轴心抗压强度设计值乘积的比值；
2 表内数值适用于混凝土强度等级不高于C60的柱。当混凝土强度等级为C65～C70时，轴压比限值应比表中数值降低0.05；当混凝土强度等级为C75～C80时，轴压比限值应比表中数值降低0.10；
3 表内数值适用于剪跨比大于2的柱；剪跨比不大于2但不小于1.5的柱，其轴压比限值应比表中数值减小0.05；剪跨比小于1.5的柱，其轴压比限值应专门研究并采取特殊构造措施；
4 当沿柱全高采用井字复合箍，箍筋间距不大于100mm、肢距不大于200mm、直径不小于12mm，或当沿柱全高采用复合螺旋箍，箍筋螺距不大于100mm、肢距不大于200mm、直径不小于12mm，或当沿柱全高采用连续复合螺旋箍，且螺距不大于80mm、肢距不大于200mm、直径不小于10mm时，轴压比限值可增加0.10；
5 当柱截面中部设置由附加纵向钢筋形成的芯柱，且附加纵向钢筋的截面面积不小于柱截面面积的0.8%时，柱轴压比限值可增加0.05。当本项措施与注4的措施共同采用时，柱轴压比限值可比表中数值增加0.15，但箍筋的配箍特征值仍可按轴压比增加0.10的要求确定；
6 调整后的柱轴压比限值不应大于1.05。

6.4.3 柱纵向钢筋和箍筋配置应符合下列要求：

1 柱全部纵向钢筋的配筋率，不应小于表6.4.3-1 的规定值，且柱截面每一侧纵向钢筋配筋率不应小于0.2%；抗震设计时，对Ⅳ类场地上较高的高层建筑，表中数值应增加0.1。

表 6.4.3-1　柱纵向受力钢筋最小配筋百分率（%）

柱类型	抗震等级				非抗震
	一级	二级	三级	四级	
中柱、边柱	0.9 (1.0)	0.7 (0.8)	0.6 (0.7)	0.5 (0.6)	0.5
角柱	1.1	0.9	0.8	0.7	0.5
框支柱	1.1	0.9	—	—	0.7

注：1 表中括号内数值适用于框架结构；
2 采用335MPa级、400MPa级纵向受力钢筋时，应分别按表中数值增加0.1和0.05采用；
3 当混凝土强度等级高于C60时，上述数值应增加0.1采用。

2 抗震设计时，柱箍筋在规定的范围内应加密，加密区的箍筋间距和直径，应符合下列要求：

1）箍筋的最大间距和最小直径，应按表6.4.3-2 采用；

表 6.4.3-2　柱端箍筋加密区的构造要求

抗震等级	箍筋最大间距（mm）	箍筋最小直径（mm）
一级	6d 和 100 的较小值	10
二级	8d 和 100 的较小值	8
三级	8d 和 150（柱根 100）的较小值	8
四级	8d 和 150（柱根 100）的较小值	6（柱根 8）

注：1 d 为柱纵向钢筋直径（mm）；
2 柱根指框架柱底部嵌固部位。

2）一级框架柱的箍筋直径大于12mm 且箍筋肢距不大于150mm 及二级框架柱箍筋直径不小于10mm 且肢距不大于200mm 时，除柱根外最大间距应允许采用150mm；三级框架柱的截面尺寸不大于400mm 时，箍筋最小直径应允许采用6mm；四级框架柱的剪跨比不大于2或柱中全部纵向钢筋的配筋率大于3%时，箍筋直径不应小于8mm；

3）剪跨比不大于2的柱，箍筋间距不应大于100mm。

6.4.4 柱的纵向钢筋配置，尚应满足下列规定：

1 抗震设计时，宜采用对称配筋。

2 截面尺寸大于400mm 的柱，一、二、三级抗震设计时其纵向钢筋间距不宜大于200mm；抗震等级为四级和非抗震设计时，柱纵向钢筋间距不宜大于300mm；柱纵向钢筋净距均不应小于50mm。

3 全部纵向钢筋的配筋率，非抗震设计时不宜大于5%、不应大于6%，抗震设计时不应大于5%。

4 一级且剪跨比不大于2的柱，其单侧纵向受拉钢筋的配筋率不宜大于 1.2%。

5 边柱、角柱及剪力墙端柱考虑地震作用组合产生小偏心受拉时，柱内纵筋总截面面积应比计算值增加 25%。

6.4.5 柱的纵筋不应与箍筋、拉筋及预埋件等焊接。

6.4.6 抗震设计时，柱箍筋加密区的范围应符合下列规定：

1 底层柱的上端和其他各层柱的两端，应取矩形截面柱之长边尺寸（或圆形截面柱之直径）、柱净高之 1/6 和 500mm 三者之最大值范围；

2 底层柱刚性地面上、下各 500mm 的范围；

3 底层柱柱根以上 1/3 柱净高的范围；

4 剪跨比不大于 2 的柱和因填充墙等形成的柱净高与截面高度之比不大于 4 的柱全高范围；

5 一、二级框架角柱的全高范围；

6 需要提高变形能力的柱的全高范围。

6.4.7 柱加密区范围内箍筋的体积配箍率，应符合下列规定：

1 柱箍筋加密区箍筋的体积配箍率，应符合下式要求：

$$\rho_v \geq \lambda_v f_c / f_{yv} \qquad (6.4.7)$$

式中：ρ_v——柱箍筋的体积配箍率；

λ_v——柱最小配箍特征值，宜按表 6.4.7 采用；

f_c——混凝土轴心抗压强度设计值，当柱混凝土强度等级低于 C35 时，应按 C35 计算；

f_{yv}——柱箍筋或拉筋的抗拉强度设计值。

表 6.4.7　柱端箍筋加密区最小配箍特征值 λ_v

抗震等级	箍筋形式	柱轴压比								
		≤0.30	0.40	0.50	0.60	0.70	0.80	0.90	1.00	1.05
一	普通箍、复合箍	0.10	0.11	0.13	0.15	0.17	0.20	0.23	—	—
	螺旋箍、复合或连续复合螺旋箍	0.08	0.09	0.11	0.13	0.15	0.18	0.21	—	—
二	普通箍、复合箍	0.08	0.09	0.11	0.13	0.15	0.17	0.19	0.22	0.24
	螺旋箍、复合或连续复合螺旋箍	0.06	0.07	0.09	0.11	0.13	0.15	0.17	0.20	0.22
三	普通箍、复合箍	0.06	0.07	0.09	0.11	0.13	0.15	0.17	0.20	0.22
	螺旋箍、复合或连续复合螺旋箍	0.05	0.06	0.07	0.09	0.11	0.13	0.15	0.18	0.20

注：普通箍指单个矩形箍或单个圆形箍；螺旋箍指单个连续螺旋箍；复合箍指由矩形、多边形、圆形箍或拉筋组成的箍筋；复合螺旋箍指由螺旋箍与矩形、多边形、圆形箍或拉筋组成的箍筋；连续复合螺旋箍指全部螺旋箍由同一根钢筋加工而成的箍筋。

2 对一、二、三、四级框架柱，其箍筋加密区范围内箍筋的体积配箍率尚且分别不应小于 0.8%、0.6%、0.4% 和 0.4%。

3 剪跨比不大于 2 的柱宜采用复合螺旋箍或井字复合箍，其体积配箍率不应小于 1.2%；设防烈度为 9 度时，不应小于 1.5%。

4 计算复合箍筋的体积配箍率时，可不扣除重叠部分的箍筋体积；计算复合螺旋箍筋的体积配箍率

时，其非螺旋箍筋的体积应乘以换算系数 0.8。

6.4.8 抗震设计时，柱箍筋设置尚应符合下列规定：

1 箍筋应为封闭式，其末端应做成 135°弯钩且弯钩末端平直段长度不应小于 10 倍的箍筋直径，且不应小于 75mm。

2 箍筋加密区的箍筋肢距，一级不宜大于 200mm，二、三级不宜大于 250mm 和 20 倍箍筋直径的较大值，四级不宜大于 300mm。每隔一根纵向钢筋宜在两个方向有箍筋约束；采用拉筋组合箍时，拉筋宜紧靠纵向钢筋并勾住封闭箍筋。

3 柱非加密区的箍筋，其体积配箍率不宜小于加密区的一半；其箍筋间距，不应大于加密区箍筋间距的 2 倍，且一、二级不应大于 10 倍纵向钢筋直径，三、四级不应大于 15 倍纵向钢筋直径。

6.4.9 非抗震设计时，柱中箍筋应符合下列规定：

1 周边箍筋应为封闭式；

2 箍筋间距不应大于 400mm，且不应大于构件截面的短边尺寸和最小纵向受力钢筋直径的 15 倍；

3 箍筋直径不应小于最大纵向钢筋直径的 1/4，且不应小于 6mm；

4 当柱中全部纵向受力钢筋的配筋率超过 3% 时，箍筋直径不应小于 8mm，箍筋间距不应大于最小纵向钢筋直径的 10 倍，且不应大于 200mm，箍筋末端应做成 135°弯钩且弯钩末端平直段长度不应小于 10 倍箍筋直径；

5 当柱每边纵筋多于 3 根时，应设置复合箍筋；

6 柱内纵向钢筋采用搭接做法时，搭接长度范围内箍筋直径不应小于搭接钢筋较大直径的 1/4；在纵向受拉钢筋的搭接长度范围内的箍筋间距不应大于搭接钢筋较小直径的 5 倍，且不应大于 100mm；在纵向受压钢筋的搭接长度范围内的箍筋间距不应大于搭接钢筋较小直径的 10 倍，且不应大于 200mm。当受压钢筋直径大于 25mm 时，尚应在搭接接头端面外 100mm 的范围内各设置两道箍筋。

6.4.10 框架节点核心区应设置水平箍筋，且应符合下列规定：

1 非抗震设计时，箍筋配置应符合本规程第 6.4.9 条的有关规定，但箍筋间距不宜大于 250mm；对四边有梁与之相连的节点，可仅沿节点周边设置矩形箍筋。

2 抗震设计时，箍筋的最大间距和最小直径宜符合本规程第 6.4.3 条有关柱箍筋的规定。一、二、三级框架节点核心区配箍特征值分别不宜小于 0.12、0.10 和 0.08，且箍筋体积配箍率分别不宜小于 0.6%、0.5% 和 0.4%。柱剪跨比不大于 2 的框架节点核心区的体积配箍率不宜小于核心区上、下柱端体积配箍率中的较大值。

6.4.11 柱箍筋的配筋形式，应考虑浇筑混凝土的工艺要求，在柱截面中心部位应留出浇筑混凝土所用导

管的空间。

6.5 钢筋的连接和锚固

6.5.1 受力钢筋的连接接头应符合下列规定：

1 受力钢筋的连接接头宜设置在构件受力较小部位；抗震设计时，宜避开梁端、柱端箍筋加密区范围。钢筋连接可采用机械连接、绑扎搭接或焊接。

2 当纵向受力钢筋采用搭接做法时，在钢筋搭接长度范围内应配置箍筋，其直径不应小于搭接钢筋较大直径的1/4。当钢筋受拉时，箍筋间距不应大于搭接钢筋较小直径的 5 倍，且不应大于 100mm；当钢筋受压时，箍筋间距不应大于搭接钢筋较小直径的10 倍，且不应大于 200mm。当受压钢筋直径大于25mm 时，尚应在搭接接头两个端面外 100mm 范围内各设置两道箍筋。

6.5.2 非抗震设计时，受拉钢筋的最小锚固长度应取 l_a。受拉钢筋绑扎搭接的搭接长度，应根据位于同一连接区段内搭接钢筋截面面积的百分率按下式计算，且不应小于 300mm。

$$l_l = \zeta l_a \qquad (6.5.2)$$

式中：l_l——受拉钢筋的搭接长度（mm）；

l_a——受拉钢筋的锚固长度（mm），应按现行国家标准《混凝土结构设计规范》GB 50010 的有关规定采用；

ζ——受拉钢筋搭接长度修正系数，应按表6.5.2 采用。

表 6.5.2 纵向受拉钢筋搭接长度修正系数 ζ

同一连接区段内搭接钢筋面积百分率（%）	≤25	50	100
受拉搭接长度修正系数 ζ	1.2	1.4	1.6

注：同一连接区段内搭接钢筋面积百分率取在同一连接区段内有搭接接头的受力钢筋与全部受力钢筋面积之比。

6.5.3 抗震设计时，钢筋混凝土结构构件纵向受力钢筋的锚固和连接，应符合下列要求：

1 纵向受拉钢筋的最小锚固长度 l_{aE} 应按下列规定采用：

一、二级抗震等级 $l_{aE} = 1.15l_a$ (6.5.3-1)

三级抗震等级 $l_{aE} = 1.05l_a$ (6.5.3-2)

四级抗震等级 $l_{aE} = 1.00l_a$ (6.5.3-3)

2 当采用绑扎搭接接头时，其搭接长度不应小于下式的计算值：

$$l_{lE} = \zeta l_{aE} \qquad (6.5.3-4)$$

式中：l_{lE}——抗震设计时受拉钢筋的搭接长度。

3 受拉钢筋直径大于 25mm、受压钢筋直径大于28mm 时，不宜采用绑扎搭接接头；

4 现浇钢筋混凝土框架梁、柱纵向受力钢筋的连接方法，应符合下列规定：

1）框架柱：一、二级抗震等级及三级抗震等级的底层，宜采用机械连接接头，也可采用绑扎搭接或焊接接头；三级抗震等级的其他部位和四级抗震等级，可采用绑扎搭接或焊接接头；

2）框支梁、框支柱：宜采用机械连接接头；

3）框架梁：一级宜采用机械连接接头，二、三、四级可采用绑扎搭接或焊接接头。

5 位于同一连接区段内的受拉钢筋接头面积百分率不宜超过 50%；

6 当接头位置无法避开梁端、柱端箍筋加密区时，应采用满足等强度要求的机械连接接头，且钢筋接头面积百分率不宜超过 50%；

7 钢筋的机械连接、绑扎搭接及焊接，尚应符合国家现行有关标准的规定。

6.5.4 非抗震设计时，框架梁、柱的纵向钢筋在框架节点区的锚固和搭接（图 6.5.4）应符合下列要求：

1 顶层中节点柱纵向钢筋和边节点柱内侧纵向钢筋应伸至柱顶；当从梁底边计算的直线锚固长度不小于 l_a 时，可不必水平弯折，否则应向柱内或梁、板内水平弯折，当充分利用柱纵向钢筋的抗拉强度时，其锚固段弯折前的竖直投影长度不应小于 $0.5l_{ab}$，弯折后的水平投影长度不宜小于 12 倍的柱纵向钢筋直径。此处，l_{ab} 为钢筋基本锚固长度，应符合现行国家标准《混凝土结构设计规范》GB 50010 的有关规定。

2 顶层端节点处，在梁宽范围以内的柱外侧纵向钢筋可与梁上部纵向钢筋搭接，搭接长度不应小于 $1.5l_a$；在梁宽范围以外的柱外侧纵向钢筋可伸入现浇板内，其伸入长度与伸入梁内的相同。当柱外侧纵向钢筋的配筋率大于 1.2%时，伸入梁内的柱纵向钢筋宜分两批截断，其截断点之间的距离不宜小于 20倍的柱纵向钢筋直径。

3 梁上部纵向钢筋伸入端节点的锚固长度，直线锚固时不应小于 l_a，且伸过柱中心线的长度不宜小于 5 倍的梁纵向钢筋直径；当柱截面尺寸不足时，梁上部纵向钢筋应伸至节点对边并向下弯折，弯折水平段的投影长度不应小于 $0.4l_{ab}$，弯折后竖直投影长度不应小于 15 倍纵向钢筋直径。

4 当计算中不利用梁下部纵向钢筋的强度时，其伸入节点内的锚固长度应取不小于 12 倍的梁纵向钢筋直径。当计算中充分利用梁下部钢筋的抗拉强度时，梁下部纵向钢筋可采用直线方式或向上 90°弯折方式锚固于节点内，直线锚固时的锚固长度不应小于 l_a；弯折锚固时，弯折水平段的投影长度不应小于 $0.4l_{ab}$，弯折后竖直投影长度不应小于 15 倍纵向钢筋直径。

5 当采用锚固板锚固措施时，钢筋锚固构造应符合现行国家标准《混凝土结构设计规范》GB 50010 的有关规定。

6.5.5 抗震设计时，框架梁、柱的纵向钢筋在框架节点区的锚固和搭接（图 6.5.5）应符合下列要求：

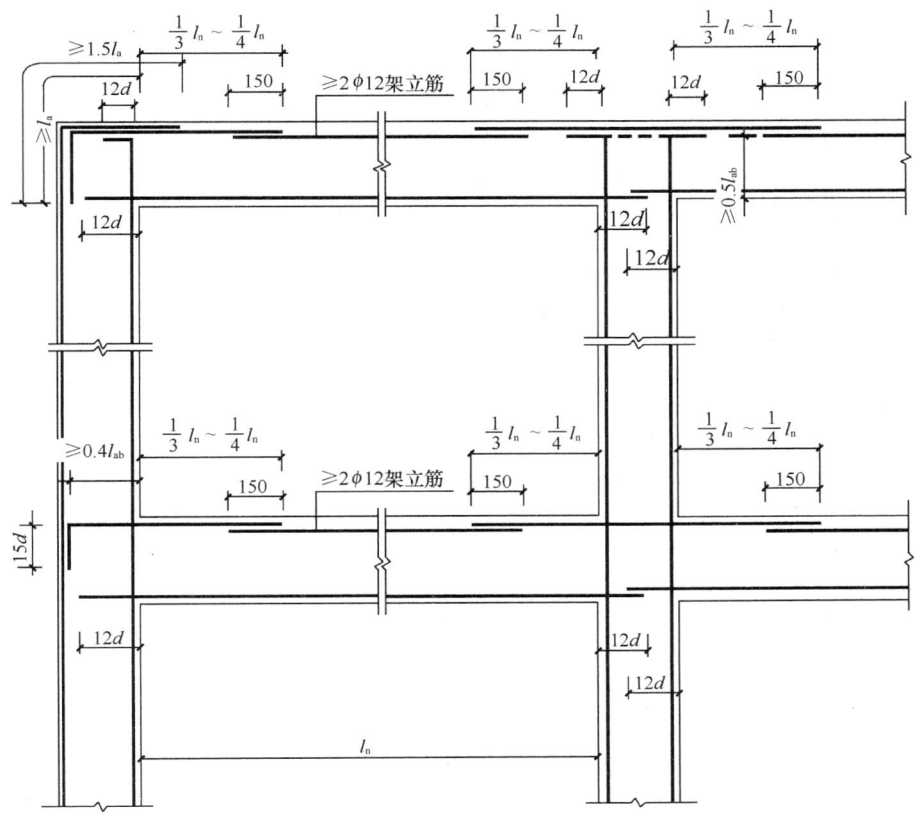

图 6.5.4 非抗震设计时框架梁、柱纵向钢筋在节点区的锚固示意

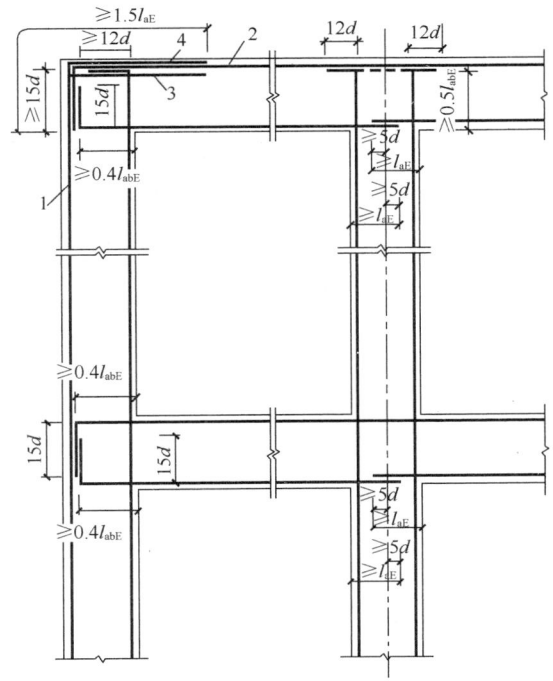

图 6.5.5 抗震设计时框架梁、柱纵向钢筋在节点区的锚固示意

1—柱外侧纵向钢筋；2—梁上部纵向钢筋；3—伸入梁内的柱外侧纵向钢筋；

4—不能伸入梁内的柱外侧纵向钢筋，可伸入板内

1 顶层中节点柱纵向钢筋和边节点柱内侧纵向钢筋应伸至柱顶。当从梁底边计算的直线锚固长度不小于 l_{aE} 时，可不必水平弯折，否则应向柱内或梁内、板内水平弯折，锚固段弯折前的竖直投影长度不应小于 $0.5l_{abE}$，弯折后的水平投影长度不宜小于 12 倍的柱纵向钢筋直径。此处，l_{abE} 为抗震时钢筋的基本锚固长度，一、二级取 $1.15l_{ab}$，三、四级分别取 $1.05l_{ab}$ 和 $1.00l_{ab}$。

2 顶层端节点处，柱外侧纵向钢筋可与梁上部纵向钢筋搭接，搭接长度不应小于 $1.5l_{aE}$，且伸入梁内的柱外侧纵向钢筋截面面积不宜小于柱外侧全部纵向钢筋截面面积的 65%；在梁宽范围以外的柱外侧纵向钢筋可伸入现浇板内，其伸入长度与伸入梁内的相同。当柱外侧纵向钢筋的配筋率大于 1.2% 时，伸入梁内的柱纵向钢筋宜分两批截断，其截断点之间的距离不宜小于 20 倍的柱纵向钢筋直径。

3 梁上部纵向钢筋伸入端节点的锚固长度，直线锚固时不应小于 l_{aE}，且伸过柱中心线的长度不应小于 5 倍的梁纵向钢筋直径；当柱截面尺寸不足时，梁上部纵向钢筋应伸至节点对边并向下弯折，锚固段弯折前的水平投影长度不应小于 $0.4l_{abE}$，弯折后的竖直投影长度应取 15 倍的梁纵向钢筋直径。

4 梁下部纵向钢筋的锚固与梁上部纵向钢筋相同，但采用 90° 弯折方式锚固时，竖直段应向上弯入节点内。

7 剪力墙结构设计

7.1 一般规定

7.1.1 剪力墙结构应具有适宜的侧向刚度，其布置应符合下列规定：

1 平面布置宜简单、规则，宜沿两个主轴方向或其他方向双向布置，两个方向的侧向刚度不宜相差过大。抗震设计时，不应采用仅单向有墙的结构布置。

2 宜自下到上连续布置，避免刚度突变。

3 门窗洞口宜上下对齐、成列布置，形成明确的墙肢和连梁；宜避免造成墙肢宽度相差悬殊的洞口设置；抗震设计时，一、二、三级剪力墙的底部加强部位不宜采用上下洞口不对齐的错洞墙，全高均不宜采用洞口局部重叠的叠合错洞墙。

7.1.2 剪力墙不宜过长，较长剪力墙宜设置跨高比较大的连梁将其分成长度较均匀的若干墙段，各墙段的高度与墙段长度之比不宜小于 3，墙段长度不宜大于 8m。

7.1.3 跨高比小于 5 的连梁应按本章的有关规定设计，跨高比不小于 5 的连梁宜按框架梁设计。

7.1.4 抗震设计时，剪力墙底部加强部位的范围，应符合下列规定：

1 底部加强部位的高度，应从地下室顶板算起；

2 底部加强部位的高度可取底部两层和墙体总高度的 1/10 二者的较大值，部分框支剪力墙结构底部加强部位的高度应符合本规程第 10.2.2 条的规定；

3 当结构计算嵌固端位于地下一层底板或以下时，底部加强部位宜延伸到计算嵌固端。

7.1.5 楼面梁不宜支承在剪力墙或核心筒的连梁上。

7.1.6 当剪力墙或核心筒墙肢与其平面外相交的楼面梁刚接时，可沿楼面梁轴线方向设置与梁相连的剪力墙、扶壁柱或在墙内设置暗柱，并应符合下列规定：

1 设置沿楼面梁轴线方向与梁相连的剪力墙时，墙的厚度不宜小于梁的截面宽度；

2 设置扶壁柱时，其截面宽度不应小于梁宽，其截面高度可计入墙厚；

3 墙内设置暗柱时，暗柱的截面高度可取墙的厚度，暗柱的截面宽度可取梁宽加 2 倍墙厚；

4 应通过计算确定暗柱或扶壁柱的纵向钢筋（或型钢），纵向钢筋的总配筋率不宜小于表 7.1.6 的规定。

表 7.1.6 暗柱、扶壁柱纵向钢筋的构造配筋率

设计状况	抗 震 设 计				非抗震设计
	一级	二级	三级	四级	
配筋率（%）	0.9	0.7	0.6	0.5	0.5

注：采用 400MPa、335MPa 级钢筋时，表中数值宜分别增加 0.05 和 0.10。

5 楼面梁的水平钢筋应伸入剪力墙或扶壁柱，伸入长度应符合钢筋锚固要求。钢筋锚固段的水平投影长度，非抗震设计时不宜小于 $0.4l_{ab}$，抗震设计时不宜小于 $0.4l_{abE}$；当锚固段的水平投影长度不满足要求时，可将楼面梁伸出墙面形成梁头，梁的纵筋伸入梁头后弯折锚固（图 7.1.6），也可采取其他可靠的锚固措施。

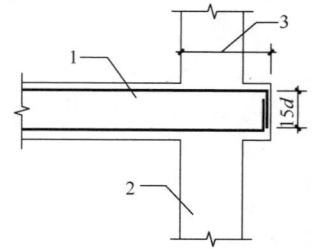

图 7.1.6 楼面梁伸出
墙面形成梁头

1—楼面梁；2—剪力墙；3—楼面
梁钢筋锚固水平投影长度

6 暗柱或扶壁柱应设置箍筋，箍筋直径，一、二、三级时不应小于8mm，四级及非抗震时不应小于6mm，且均不应小于纵向钢筋直径的1/4；箍筋间距，一、二、三级时不应大于150mm，四级及非抗震时不应大于200mm。

7.1.7 当墙肢的截面高度与厚度之比不大于4时，宜按框架柱进行截面设计。

7.1.8 抗震设计时，高层建筑结构不应全部采用短肢剪力墙；B级高度高层建筑以及抗震设防烈度为9度的A级高度高层建筑，不宜布置短肢剪力墙，不应采用具有较多短肢剪力墙的剪力墙结构。当采用具有较多短肢剪力墙的剪力墙结构时，应符合下列规定：

1 在规定的水平地震作用下，短肢剪力墙承担的底部倾覆力矩不宜大于结构底部总地震倾覆力矩的50%；

2 房屋适用高度应比本规程表3.3.1-1规定的剪力墙结构的最大适用高度适当降低，7度、8度（0.2g）和8度（0.3g）时分别不应大于100m、80m和60m。

注：1 短肢剪力墙是指截面厚度不大于300mm、各肢截面高度与厚度之比的最大值大于4但不大于8的剪力墙；

2 具有较多短肢剪力墙的剪力墙结构是指，在规定的水平地震作用下，短肢剪力墙承担的底部倾覆力矩不小于结构底部总地震倾覆力矩的30%的剪力墙结构。

7.1.9 剪力墙应进行平面内的斜截面受剪、偏心受压或偏心受拉、平面外轴心受压承载力验算。在集中荷载作用下，墙内无暗柱时还应进行局部受压承载力验算。

7.2 截面设计及构造

7.2.1 剪力墙的截面厚度应符合下列规定：

1 应符合本规程附录D的墙体稳定验算要求。

2 一、二级剪力墙：底部加强部位不应小于200mm，其他部位不应小于160mm；一字形独立剪力墙底部加强部位不应小于220mm，其他部位不应小于180mm。

3 三、四级剪力墙：不应小于160mm，一字形独立剪力墙的底部加强部位尚不应小于180mm。

4 非抗震设计时不应小于160mm。

5 剪力墙井筒中，分隔电梯井或管道井的墙肢截面厚度可适当减小，但不宜小于160mm。

7.2.2 抗震设计时，短肢剪力墙的设计应符合下列规定：

1 短肢剪力墙截面厚度除应符合本规程第7.2.1条的要求外，底部加强部位尚不应小于200mm，其他部位尚不应小于180mm。

2 一、二、三级短肢剪力墙的轴压比，分别不宜大于0.45、0.50、0.55，一字形截面短肢剪力墙的轴压比限值应相应减少0.1。

3 短肢剪力墙的底部加强部位应按本节7.2.6条调整剪力设计值，其他各层一、二、三级时剪力设计值应分别乘以增大系数1.4、1.2和1.1。

4 短肢剪力墙边缘构件的设置应符合本规程第7.2.14条的规定。

5 短肢剪力墙的全部竖向钢筋的配筋率，底部加强部位一、二级不宜小于1.2%，三、四级不宜小于1.0%；其他部位一、二级不宜小于1.0%，三、四级不宜小于0.8%。

6 不宜采用一字形短肢剪力墙，不宜在一字形短肢剪力墙上布置平面外与之相交的单侧楼面梁。

7.2.3 高层剪力墙结构的竖向和水平分布钢筋不应单排配置。剪力墙截面厚度不大于400mm时，可采用双排配筋；大于400mm、但不大于700mm时，宜采用三排配筋；大于700mm时，宜采用四排配筋。各排分布钢筋之间拉筋的间距不应大于600mm，直径不应小于6mm。

7.2.4 抗震设计的双肢剪力墙，其墙肢不宜出现小偏心受拉；当任一墙肢为偏心受拉时，另一墙肢的弯矩设计值及剪力设计值应乘以增大系数1.25。

7.2.5 一级剪力墙的底部加强部位以上部位，墙肢的组合弯矩设计值和组合剪力设计值应乘以增大系数，弯矩增大系数可取为1.2，剪力增大系数可取为1.3。

7.2.6 底部加强部位剪力墙截面的剪力设计值，一、二、三级时应按式（7.2.6-1）调整，9度一级剪力墙应按式（7.2.6-2）调整；二、三级的其他部位及四级时可不调整。

$$V = \eta_{vw} V_w \qquad (7.2.6\text{-}1)$$

$$V = 1.1 \frac{M_{wua}}{M_w} V_w \qquad (7.2.6\text{-}2)$$

式中：V——底部加强部位剪力墙截面剪力设计值；

V_w——底部加强部位剪力墙截面考虑地震作用组合的剪力计算值；

M_{wua}——剪力墙正截面抗震受弯承载力，应考虑承载力抗震调整系数γ_{RE}、采用实配纵筋面积、材料强度标准值和组合的轴力设计值等计算，有翼墙时应计入墙两侧各一倍翼墙厚度范围内的纵向钢筋；

M_w——底部加强部位剪力墙底截面弯矩的组合计算值；

η_{vw}——剪力增大系数，一级取1.6，二级取1.4，三级取1.2。

7.2.7 剪力墙墙肢截面剪力设计值应符合下列规定：

1 永久、短暂设计状况

$$V \leqslant 0.25\beta_c f_c b_w h_{w0} \qquad (7.2.7\text{-}1)$$

2 地震设计状况

剪跨比 λ 大于 2.5 时

$$V \leqslant \frac{1}{\gamma_{RE}}(0.20\beta_c f_c b_w h_{w0}) \qquad (7.2.7\text{-}2)$$

剪跨比 λ 不大于 2.5 时

$$V \leqslant \frac{1}{\gamma_{RE}}(0.15\beta_c f_c b_w h_{w0}) \qquad (7.2.7\text{-}3)$$

剪跨比可按下式计算：

$$\lambda = M^c/(V^c h_{w0}) \qquad (7.2.7\text{-}4)$$

式中：V——剪力墙墙肢截面的剪力设计值；

h_{w0}——剪力墙截面有效高度；

β_c——混凝土强度影响系数，应按本规程第 6.2.6 条采用；

λ——剪跨比，其中 M^c、V^c 应取同一组合的、未按本规程有关规定调整的墙肢截面弯矩、剪力计算值，并取墙肢上、下端截面计算的剪跨比的较大值。

7.2.8 矩形、T 形、I 形偏心受压剪力墙墙肢（图 7.2.8）的正截面受压承载力应符合现行国家标准《混凝土结构设计规范》GB 50010 的有关规定，也可按下列规定计算：

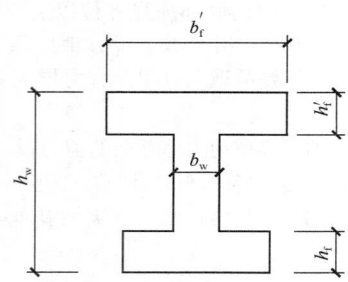

图 7.2.8 截面及尺寸

1 持久、短暂设计状况

$$N \leqslant A'_s f'_y - A_s \sigma_s - N_{sw} + N_c \qquad (7.2.8\text{-}1)$$

$$N\left(e_0 + h_{w0} - \frac{h_w}{2}\right) \leqslant A'_s f'_y(h_{w0} - a'_s) - M_{sw} + M_c$$
$$(7.2.8\text{-}2)$$

当 $x > h'_f$ 时

$$N_c = \alpha_1 f_c b_w x + \alpha_1 f_c (b'_f - b_w)h'_f$$
$$(7.2.8\text{-}3)$$

$$M_c = \alpha_1 f_c b_w x\left(h_{w0} - \frac{x}{2}\right) + \alpha_1 f_c (b'_f - b_w)h'_f$$
$$\left(h_{w0} - \frac{h'_f}{2}\right) \qquad (7.2.8\text{-}4)$$

当 $x \leqslant h'_f$ 时

$$N_c = \alpha_1 f_c b'_f x \qquad (7.2.8\text{-}5)$$

$$M_c = \alpha_1 f_c b'_f x\left(h_{w0} - \frac{x}{2}\right) \qquad (7.2.8\text{-}6)$$

当 $x \leqslant \xi_b h_{w0}$ 时

$$\sigma_s = f_y \qquad (7.2.8\text{-}7)$$

$$N_{sw} = (h_{w0} - 1.5x)b_w f_{yw} \rho_w \qquad (7.2.8\text{-}8)$$

$$M_{sw} = \frac{1}{2}(h_{w0} - 1.5x)^2 b_w f_{yw} \rho_w \quad (7.2.8\text{-}9)$$

当 $x > \xi_b h_{w0}$ 时

$$\sigma_s = \frac{f_y}{\xi_b - 0.8}\left(\frac{x}{h_{w0}} - \beta_c\right) \qquad (7.2.8\text{-}10)$$

$$N_{sw} = 0 \qquad (7.2.8\text{-}11)$$

$$M_{sw} = 0 \qquad (7.2.8\text{-}12)$$

$$\xi_b = \frac{\beta_c}{1 + \dfrac{f_y}{E_s \varepsilon_{cu}}} \qquad (7.2.8\text{-}13)$$

式中：a'_s——剪力墙受压区端部钢筋合力点到受压区边缘的距离；

b'_f——T 形或 I 形截面受压区翼缘宽度；

e_0——偏心距，$e_0 = M/N$；

f_y、f'_y——分别为剪力墙端部受拉、受压钢筋强度设计值；

f_{yw}——剪力墙墙体竖向分布钢筋强度设计值；

f_c——混凝土轴心抗压强度设计值；

h'_f——T 形或 I 形截面受压区翼缘的高度；

h_{w0}——剪力墙截面有效高度，$h_{w0} = h_w - a'_s$；

ρ_w——剪力墙竖向分布钢筋配筋率；

ξ_b——界限相对受压区高度；

α_1——受压区混凝土矩形应力图的应力与混凝土轴心抗压强度设计值的比值，混凝土强度等级不超过 C50 时取 1.0，混凝土强度等级为 C80 时取 0.94，混凝土强度等级在 C50 和 C80 之间时可按线性内插取值；

β_c——混凝土强度影响系数，按本规程第 6.2.6 条的规定采用；

ε_{cu}——混凝土极限压应变，应按现行国家标准《混凝土结构设计规范》GB 50010 的有关规定采用。

2 地震设计状况，公式（7.2.8-1）、（7.2.8-2）右端均应除以承载力抗震调整系数 γ_{RE}，γ_{RE} 取 0.85。

7.2.9 矩形截面偏心受拉剪力墙的正截面受拉承载力应符合下列规定：

1 永久、短暂设计状况

$$N \leqslant \frac{1}{\dfrac{1}{N_{0u}} + \dfrac{e_0}{M_{wu}}} \qquad (7.2.9\text{-}1)$$

2 地震设计状况

$$N \leqslant \frac{1}{\gamma_{RE}} \left[\frac{1}{\dfrac{1}{N_{0u}} + \dfrac{e_0}{M_{wu}}} \right] \quad (7.2.9\text{-}2)$$

N_{0u} 和 M_{wu} 可分别按下列公式计算:

$$N_{0u} = 2A_s f_y + A_{sw} f_{yw} \quad (7.2.9\text{-}3)$$

$$M_{wu} = A_s f_y (h_{w0} - a'_s) + A_{sw} f_{yw} \frac{(h_{w0} - a'_s)}{2} \quad (7.2.9\text{-}4)$$

式中:A_{sw}——剪力墙竖向分布钢筋的截面面积。

7.2.10 偏心受压剪力墙的斜截面受剪承载力应符合下列规定:

1 永久、短暂设计状况

$$V \leqslant \frac{1}{\lambda - 0.5} \left(0.5 f_t b_w h_{w0} + 0.13 N \frac{A_w}{A} \right) + f_{yh} \frac{A_{sh}}{s} h_{w0} \quad (7.2.10\text{-}1)$$

2 地震设计状况

$$V \leqslant \frac{1}{\gamma_{RE}} \left[\frac{1}{\lambda - 0.5} \left(0.4 f_t b_w h_{w0} + 0.1 N \frac{A_w}{A} \right) + 0.8 f_{yh} \frac{A_{sh}}{s} h_{w0} \right] \quad (7.2.10\text{-}2)$$

式中:N——剪力墙截面轴向压力设计值,N 大于 $0.2 f_c b_w h_w$ 时,应取 $0.2 f_c b_w h_w$;

A——剪力墙全截面面积;

A_w——T 形或 I 形截面剪力墙腹板的面积,矩形截面时应取 A;

λ——计算截面的剪跨比,λ 小于 1.5 时应取 1.5,λ 大于 2.2 时应取 2.2,计算截面与墙底之间的距离小于 $0.5 h_{w0}$ 时,λ 应按距墙底 $0.5 h_{w0}$ 处的弯矩值与剪力值计算;

s——剪力墙水平分布钢筋间距。

7.2.11 偏心受拉剪力墙的斜截面受剪承载力应符合下列规定:

1 永久、短暂设计状况

$$V \leqslant \frac{1}{\lambda - 0.5} \left(0.5 f_t b_w h_{w0} - 0.13 N \frac{A_w}{A} \right) + f_{yh} \frac{A_{sh}}{s} h_{w0} \quad (7.2.11\text{-}1)$$

上式右端的计算值小于 $f_{yh} \dfrac{A_{sh}}{s} h_{w0}$ 时,应取等于 $f_{yh} \dfrac{A_{sh}}{s} h_{w0}$。

2 地震设计状况

$$V \leqslant \frac{1}{\gamma_{RE}} \left[\frac{1}{\lambda - 0.5} \left(0.4 f_t b_w h_{w0} - 0.1 N \frac{A_w}{A} \right) + 0.8 f_{yh} \frac{A_{sh}}{s} h_{w0} \right] \quad (7.2.11\text{-}2)$$

上式右端方括号内的计算值小于 $0.8 f_{yh} \dfrac{A_{sh}}{s} h_{w0}$ 时,应

取等于 $0.8 f_{yh} \dfrac{A_{sh}}{s} h_{w0}$。

7.2.12 抗震等级为一级的剪力墙,水平施工缝的抗滑移应符合下式要求:

$$V_{wj} \leqslant \frac{1}{\gamma_{RE}} (0.6 f_y A_s + 0.8 N) \quad (7.2.12)$$

式中:V_{wj}——剪力墙水平施工缝处剪力设计值;

A_s——水平施工缝处剪力墙腹板内竖向分布钢筋和边缘构件中的竖向钢筋总面积(不包括两侧翼墙),以及在墙体中有足够锚固长度的附加竖向插筋面积;

f_y——竖向钢筋抗拉强度设计值;

N——水平施工缝处考虑地震作用组合的轴向力设计值,压力取正值,拉力取负值。

7.2.13 重力荷载代表值作用下,一、二、三级剪力墙墙肢的轴压比不宜超过表 7.2.13 的限值。

表 7.2.13 剪力墙墙肢轴压比限值

抗震等级	一级(9 度)	一级(6、7、8 度)	二、三级
轴压比限值	0.4	0.5	0.6

注:墙肢轴压比是指重力荷载代表值作用下墙肢承受的轴压力设计值与墙肢的全截面面积和混凝土轴心抗压强度设计值乘积之比值。

7.2.14 剪力墙两端和洞口两侧应设置边缘构件,并应符合下列规定:

1 一、二、三级剪力墙底层墙肢底截面的轴压比大于表 7.2.14 的规定值时,以及部分框支剪力墙结构的剪力墙,应在底部加强部位及相邻的上一层设置约束边缘构件,约束边缘构件应符合本规程第 7.2.15 条的规定;

2 除本条第 1 款所列部位外,剪力墙应按本规程第 7.2.16 条设置构造边缘构件;

3 B 级高度高层建筑的剪力墙,宜在约束边缘构件层与构造边缘构件层之间设置 1～2 层过渡层,过渡层边缘构件的箍筋配置要求可低于约束边缘构件的要求,但应高于构造边缘构件的要求。

表 7.2.14 剪力墙可不设约束边缘构件的最大轴压比

等级或烈度	一级(9 度)	一级(6、7、8 度)	二、三级
轴压比	0.1	0.2	0.3

7.2.15 剪力墙的约束边缘构件可为暗柱、端柱和翼墙(图 7.2.15),并应符合下列规定:

1 约束边缘构件沿墙肢的长度 l_c 和箍筋配箍特征值 λ_v 应符合表 7.2.15 的要求,其体积配箍率 ρ_v 应按下式计算:

$$\rho_v = \lambda_v \frac{f_c}{f_{yv}} \quad (7.2.15)$$

式中：ρ_v——箍筋体积配箍率。可计入箍筋、拉筋以及符合构造要求的水平分布钢筋，计入的水平分布钢筋的体积配箍率不应大于总体积配箍率的30%；

λ_v——约束边缘构件配箍特征值；

f_c——混凝土轴心抗压强度设计值；混凝土强度等级低于C35时，应取C35的混凝土轴心抗压强度设计值；

f_{yv}——箍筋、拉筋或水平分布钢筋的抗拉强度设计值。

表 7.2.15　约束边缘构件沿墙肢的长度 l_c 及其配箍特征值 λ_v

项　目	一级(9度)		一级(6、7、8度)		二、三级	
	$\mu_N \leqslant 0.2$	$\mu_N > 0.2$	$\mu_N \leqslant 0.3$	$\mu_N > 0.3$	$\mu_N \leqslant 0.4$	$\mu_N > 0.4$
l_c(暗柱)	$0.20h_w$	$0.25h_w$	$0.15h_w$	$0.20h_w$	$0.15h_w$	$0.20h_w$
l_c(翼墙或端柱)	$0.15h_w$	$0.20h_w$	$0.10h_w$	$0.15h_w$	$0.10h_w$	$0.15h_w$
λ_v	0.12	0.20	0.12	0.20	0.12	0.20

注：1　μ_N 为墙肢在重力荷载代表值作用下的轴压比，h_w 为墙肢的长度；

2　剪力墙的翼墙长度小于翼墙厚度的3倍或端柱截面边长小于2倍墙厚时，按无翼墙、无端柱查表；

3　l_c 为约束边缘构件沿墙肢的长度（图7.2.15）。对暗柱不应小于墙厚和400mm的较大值；有翼墙或端柱时，不应小于翼墙厚度或端柱沿墙肢方向截面高度加300mm。

2　剪力墙约束边缘构件阴影部分（图7.2.15）的竖向钢筋除应满足正截面受压（受拉）承载力计算要求外，其配筋率一、二、三级时分别不应小于1.2%、1.0%和1.0%，并分别不应少于8φ16、6φ16和6φ14的钢筋（φ表示钢筋直径）；

3　约束边缘构件内箍筋或拉筋沿竖向的间距，一级不宜大于100mm，二、三级不宜大于150mm；箍筋、拉筋沿水平方向的肢距不宜大于300mm，不应大于竖向钢筋间距的2倍。

7.2.16　剪力墙构造边缘构件的范围宜按图7.2.16中阴影部分采用，其最小配筋应满足表7.2.16的规定，并应符合下列规定：

1　竖向配筋应满足正截面受压（受拉）承载力的要求；

2　当端柱承受集中荷载时，其竖向钢筋、箍筋直径和间距应满足框架柱的相应要求；

3　箍筋、拉筋沿水平方向的肢距不宜大于300mm，不应大于竖向钢筋间距的2倍；

4　抗震设计时，对于连体结构、错层结构以及B级高度高层建筑结构中的剪力墙（筒体），其构造边缘构件的最小配筋应符合下列要求：

1）竖向钢筋最小量应比表7.2.16中的数值提高 $0.001A_c$ 采用；

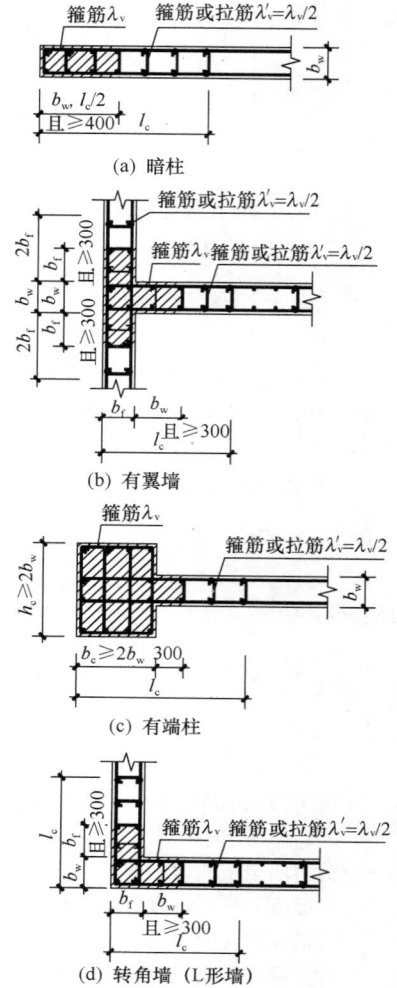

图 7.2.15　剪力墙的约束边缘构件

表 7.2.16　剪力墙构造边缘构件的最小配筋要求

抗震等级	底部加强部位		
	竖向钢筋最小量（取较大值）	箍　筋	
		最小直径（mm）	沿竖向最大间距（mm）
一	$0.010A_c$，6φ16	8	100
二	$0.008A_c$，6φ14	8	150
三	$0.006A_c$，6φ12	6	150
四	$0.005A_c$，4φ12	6	200

抗震等级	其他部位		
	竖向钢筋最小量（取较大值）	拉　筋	
		最小直径（mm）	沿竖向最大间距（mm）
一	$0.008A_c$，6φ14	8	150
二	$0.006A_c$，6φ12	8	200
三	$0.005A_c$，4φ12	6	200
四	$0.004A_c$，4φ12	6	250

注：1　A_c 为构造边缘构件的截面面积，即图7.2.16剪力墙截面的阴影部分；

2　符号 φ 表示钢筋直径；

3　其他部位的转角处宜采用箍筋。

2）箍筋的配筋范围宜取图 7.2.16 中阴影部分，其配箍特征值 λ_v 不宜小于 0.1。

5 非抗震设计的剪力墙，墙肢端部应配置不少于 4ϕ12 的纵向钢筋，箍筋直径不应小于 6mm、间距不宜大于 250mm。

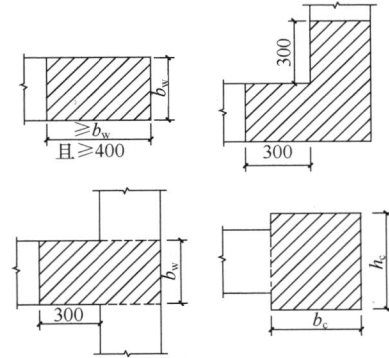

图 7.2.16 剪力墙的构造边缘构件范围

7.2.17 剪力墙竖向和水平分布钢筋的配筋率，一、二、三级时均不应小于 0.25%，四级和非抗震设计时均不应小于 0.20%。

7.2.18 剪力墙的竖向和水平分布钢筋的间距均不宜大于 300mm，直径不应小于 8mm。剪力墙的竖向和水平分布钢筋的直径不宜大于墙厚的 1/10。

7.2.19 房屋顶层剪力墙、长矩形平面房屋的楼梯间和电梯间剪力墙、端开间纵向剪力墙以及端山墙的水平和竖向分布钢筋的配筋率均不应小于 0.25%，间距均不应大于 200mm。

7.2.20 剪力墙的钢筋锚固和连接应符合下列规定：

1 非抗震设计时，剪力墙纵向钢筋最小锚固长度应取 l_a；抗震设计时，剪力墙纵向钢筋最小锚固长度应取 l_{aE}。l_a、l_{aE} 的取值应符合本规程第 6.5 节的有关规定。

2 剪力墙竖向及水平分布钢筋采用搭接连接时（图 7.2.20），一、二级剪力墙的底部加强部位，接头位置应错开，同一截面连接的钢筋数量不宜超过总数量的 50%，错开净距不宜小于 500mm；其他情况剪力墙的钢筋可在同一截面连接。分布钢筋的搭接长度，非抗震设计时不应小于 1.2l_a，抗震设计时不应小于 1.2l_{aE}。

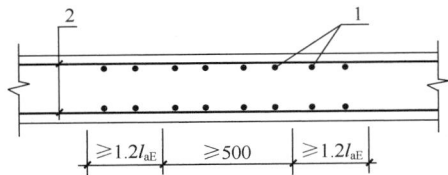

图 7.2.20 剪力墙分布钢筋的搭接连接
1—竖向分布钢筋；2—水平分布钢筋；
非抗震设计时图中 l_{aE} 取 l_a

3 暗柱及端柱内纵向钢筋连接和锚固要求宜与框架柱相同，宜符合本规程第 6.5 节的有关规定。

7.2.21 连梁两端截面的剪力设计值 V 应按下列规定确定：

1 非抗震设计以及四级剪力墙的连梁，应分别取考虑水平风荷载、水平地震作用组合的剪力设计值。

2 一、二、三级剪力墙的连梁，其梁端截面组合的剪力设计值应按式（7.2.21-1）确定，9 度时一级剪力墙的连梁应按式（7.2.21-2）确定。

$$V = \eta_{vb} \frac{M_b^l + M_b^r}{l_n} + V_{Gb} \quad (7.2.21\text{-}1)$$

$$V = 1.1(M_{bua}^l + M_{bua}^r)/l_n + V_{Gb}$$
$$(7.2.21\text{-}2)$$

式中：M_b^l、M_b^r ——分别为连梁左右端截面顺时针或逆时针方向的弯矩设计值；

M_{bua}^l、M_{bua}^r ——分别为连梁左右端截面顺时针或逆时针方向实配的抗震受弯承载力所对应的弯矩值，应按实配钢筋面积（计入受压钢筋）和材料强度标准值并考虑承载力抗震调整系数计算；

l_n ——连梁的净跨；

V_{Gb} ——在重力荷载代表值作用下按简支梁计算的梁端截面剪力设计值；

η_{vb} ——连梁剪力增大系数，一级取 1.3，二级取 1.2，三级取 1.1。

7.2.22 连梁截面剪力设计值应符合下列规定：

1 永久、短暂设计状况
$$V \leqslant 0.25\beta_c f_c b_b h_{b0} \quad (7.2.22\text{-}1)$$

2 地震设计状况
跨高比大于 2.5 的连梁

$$V \leqslant \frac{1}{\gamma_{RE}}(0.20\beta_c f_c b_b h_{b0}) \quad (7.2.22\text{-}2)$$

跨高比不大于 2.5 的连梁

$$V \leqslant \frac{1}{\gamma_{RE}}(0.15\beta_c f_c b_b h_{b0}) \quad (7.2.22\text{-}3)$$

式中：V ——按本规程第 7.2.21 条调整后的连梁截面剪力设计值；

b_b ——连梁截面宽度；

h_{b0} ——连梁截面有效高度；

β_c ——混凝土强度影响系数，见本规程第 6.2.6 条。

7.2.23 连梁的斜截面受剪承载力应符合下列规定：

1 永久、短暂设计状况
$$V \leqslant 0.7 f_t b_b h_{b0} + f_{yv}\frac{A_{sv}}{s}h_{b0} \quad (7.2.23\text{-}1)$$

2 地震设计状况

跨高比大于 2.5 的连梁

$$V \leqslant \frac{1}{\gamma_{RE}} \left(0.42 f_t b_b h_{b0} + f_{yv} \frac{A_{sv}}{s} h_{b0} \right)$$

$$(7.2.23-2)$$

跨高比不大于 2.5 的连梁

$$V \leqslant \frac{1}{\gamma_{RE}} \left(0.38 f_t b_b h_{b0} + 0.9 f_{yv} \frac{A_{sv}}{s} h_{b0} \right)$$

$$(7.2.23-3)$$

式中：V——按 7.2.21 条调整后的连梁截面剪力设计值。

7.2.24 跨高比（l/h_b）不大于 1.5 的连梁，非抗震设计时，其纵向钢筋的最小配筋率可取为 0.2%；抗震设计时，其纵向钢筋的最小配筋率宜符合表 7.2.24 的要求；跨高比大于 1.5 的连梁，其纵向钢筋的最小配筋率可按框架梁的要求采用。

表 7.2.24 跨高比不大于 1.5 的连梁纵向钢筋的最小配筋率（%）

跨高比	最小配筋率（采用较大值）
$l/h_b \leqslant 0.5$	$0.20, 45 f_t / f_y$
$0.5 < l/h_b \leqslant 1.5$	$0.25, 55 f_t / f_y$

7.2.25 剪力墙结构连梁中，非抗震设计时，顶面及底面单侧纵向钢筋的最大配筋率不宜大于 2.5%；抗震设计时，顶面及底面单侧纵向钢筋的最大配筋率宜符合表 7.2.25 的要求。如不满足，则应按实配钢筋进行连梁强剪弱弯的验算。

表 7.2.25 连梁纵向钢筋的最大配筋率（%）

跨 高 比	最大配筋率
$l/h_b \leqslant 1.0$	0.6
$1.0 < l/h_b \leqslant 2.0$	1.2
$2.0 < l/h_b \leqslant 2.5$	1.5

7.2.26 剪力墙的连梁不满足本规程第 7.2.22 条的要求时，可采取下列措施：

1 减小连梁截面高度或采取其他减小连梁刚度的措施。

2 抗震设计剪力墙连梁的弯矩可塑性调幅；内力计算时已经按本规程第 5.2.1 条的规定降低了刚度的连梁，其弯矩值不宜再调幅，或限制再调幅范围。此时，应取弯矩调幅后相应的剪力设计值校核其是否满足本规程第 7.2.22 条的规定；剪力墙中其他连梁和墙肢的弯矩设计值宜视调幅连梁数量的多少而相应适当增大。

3 当连梁破坏对承受竖向荷载无明显影响时，可按独立墙肢的计算简图进行第二次多遇地震作用下的内力分析，墙肢截面应按两次计算的较大值计算配筋。

7.2.27 连梁的配筋构造（图 7.2.27）应符合下列规定：

1 连梁顶面、底面纵向水平钢筋伸入墙肢的长度，抗震设计时不应小于 l_{aE}，非抗震设计时不应小于 l_a，且均不应小于 600mm。

2 抗震设计时，沿连梁全长箍筋的构造应符合本规程第 6.3.2 条框架梁梁端箍筋加密区的箍筋构造要求；非抗震设计时，沿连梁全长的箍筋直径不应小于 6mm，间距不应大于 150mm。

3 顶层连梁纵向水平钢筋伸入墙肢的长度范围内应配置箍筋，箍筋间距不宜大于 150mm，直径应与该连梁的箍筋直径相同。

4 连梁高度范围内的墙肢水平分布钢筋应在连梁内拉通作为连梁的腰筋。连梁截面高度大于 700mm 时，其两侧面腰筋的直径不应小于 8mm，间距不应大于 200mm；跨高比不大于 2.5 的连梁，其两侧腰筋的总面积配筋率不应小于 0.3%。

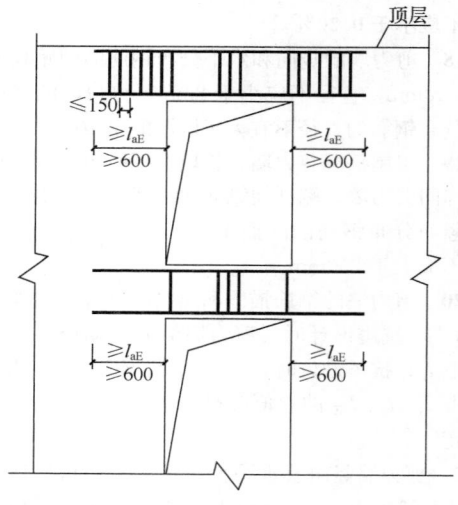

图 7.2.27 连梁配筋构造示意
注：非抗震设计时图中 l_{aE} 取 l_a

7.2.28 剪力墙开小洞口和连梁开洞应符合下列规定：

1 剪力墙开有边长小于 800mm 的小洞口、且在结构整体计算中不考虑其影响时，应在洞口上、下和左、右配置补强钢筋，补强钢筋的直径不应小于 12mm，截面面积应分别不小于被截断的水平分布钢筋和竖向分布钢筋的面积（图 7.2.28a）；

2 穿过连梁的管道宜预埋套管，洞口上、下的截面有效高度不宜小于梁高的 1/3，且不宜小于 200mm；被洞口削弱的截面应进行承载力验算，洞口处应配置补强纵向钢筋和箍筋（图 7.2.28b），补强纵向钢筋的直径不应小于 12mm。

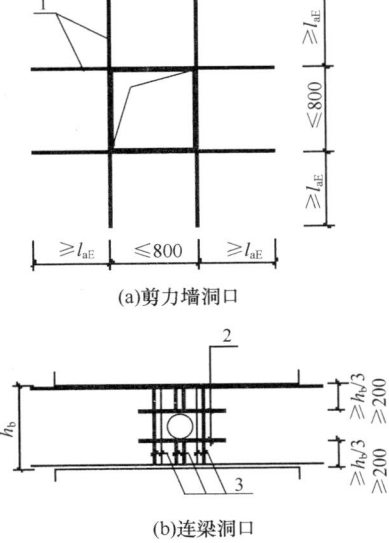

图 7.2.28 洞口补强配筋示意
1—墙洞口周边补强钢筋；2—连梁洞口上、
下补强纵向箍筋；3—连梁洞口补强箍筋；
非抗震设计时图中 l_{aE} 取 l_a

8 框架-剪力墙结构设计

8.1 一般规定

8.1.1 框架-剪力墙结构、板柱-剪力墙结构的结构布置、计算分析、截面设计及构造要求除应符合本章的规定外，尚应分别符合本规程第 3、5、6 和 7 章的有关规定。

8.1.2 框架-剪力墙结构可采用下列形式：

1 框架与剪力墙（单片墙、联肢墙或较小井筒）分开布置；

2 在框架结构的若干跨内嵌入剪力墙（带边框剪力墙）；

3 在单片抗侧力结构内连续分别布置框架和剪力墙；

4 上述两种或三种形式的混合。

8.1.3 抗震设计的框架-剪力墙结构，应根据在规定的水平力作用下结构底层框架部分承受的地震倾覆力矩与结构总地震倾覆力矩的比值，确定相应的设计方法，并应符合下列规定：

1 框架部分承受的地震倾覆力矩不大于结构总地震倾覆力矩的 10% 时，按剪力墙结构进行设计，其中的框架部分应按框架-剪力墙结构的框架进行设计；

2 当框架部分承受的地震倾覆力矩大于结构总地震倾覆力矩的 10% 但不大于 50% 时，按框架-剪力墙结构进行设计；

3 当框架部分承受的地震倾覆力矩大于结构总

地震倾覆力矩的 50% 但不大于 80% 时，按框架-剪力墙结构进行设计，其最大适用高度可比框架结构适当增加，框架部分的抗震等级和轴压比限值宜按框架结构的规定采用；

4 当框架部分承受的地震倾覆力矩大于结构总地震倾覆力矩的 80% 时，按框架-剪力墙结构进行设计，但其最大适用高度宜按框架结构采用，框架部分的抗震等级和轴压比限值应按框架结构的规定采用。当结构的层间位移角不满足框架-剪力墙结构的规定时，可按本规程第 3.11 节的有关规定进行结构抗震性能分析和论证。

8.1.4 抗震设计时，框架-剪力墙结构对应于地震作用标准值的各层框架总剪力应符合下列规定：

1 满足式（8.1.4）要求的楼层，其框架总剪力不必调整；不满足式（8.1.4）要求的楼层，其框架总剪力应按 $0.2V_0$ 和 $1.5V_{f,max}$ 二者的较小值采用；

$$V_f \geqslant 0.2V_0 \qquad (8.1.4)$$

式中：V_0 ——对框架柱数量从下至上基本不变的结构，应取对应于地震作用标准值的结构底层总剪力；对框架柱数量从下至上分段有规律变化的结构，应取每段底层结构对应于地震作用标准值的总剪力；

V_f ——对应于地震作用标准值且未经调整的各层（或某一段内各层）框架承担的地震总剪力；

$V_{f,max}$ ——对框架柱数量从下至上基本不变的结构，应取对应于地震作用标准值且未经调整的各层框架承担的地震总剪力中的最大值；对框架柱数量从下至上分段有规律变化的结构，应取每段中对应于地震作用标准值且未经调整的各层框架承担的地震总剪力中的最大值。

2 各层框架所承担的地震总剪力按本条第 1 款调整后，应按调整前、后总剪力的比值调整每根框架柱和与之相连框架梁的剪力及端部弯矩标准值，框架柱的轴力标准值可不予调整；

3 按振型分解反应谱法计算地震作用时，本条第 1 款所规定的调整可在振型组合之后、并满足本规程第 4.3.12 条关于楼层最小地震剪力系数的前提下进行。

8.1.5 框架-剪力墙结构应设计成双向抗侧力体系；抗震设计时，结构两主轴方向均应布置剪力墙。

8.1.6 框架-剪力墙结构中，主体结构构件之间除个别节点外不应采用铰接；梁与柱或柱与剪力墙的中线宜重合；框架梁、柱中心线之间有偏离时，应符合本规程第 6.1.7 条的有关规定。

8.1.7 框架-剪力墙结构中剪力墙的布置宜符合下列规定：

1 剪力墙宜均匀布置在建筑物的周边附近、楼梯间、电梯间、平面形状变化及恒载较大的部位，剪力墙间距不宜过大；

2 平面形状凹凸较大时，宜在凸出部分的端部附近布置剪力墙；

3 纵、横剪力墙宜组成 L 形、T 形和〔形等形式；

4 单片剪力墙底部承担的水平剪力不应超过结构底部总水平剪力的 30%；

5 剪力墙宜贯通建筑物的全高，宜避免刚度突变，剪力墙开洞时，洞口宜上下对齐；

6 楼、电梯间等竖井宜尽量与靠近的抗侧力结构结合布置；

7 抗震设计时，剪力墙的布置宜使结构各主轴方向的侧向刚度接近。

8.1.8 长矩形平面或平面有一部分较长的建筑中，其剪力墙的布置尚宜符合下列规定：

1 横向剪力墙沿长方向的间距宜满足表 8.1.8 的要求，当这些剪力墙之间的楼盖有较大开洞时，剪力墙的间距应适当减小；

2 纵向剪力墙不宜集中布置在房屋的两尽端。

表 8.1.8　剪力墙间距（m）

楼盖形式	非抗震设计（取较小值）	抗震设防烈度		
		6 度、7 度（取较小值）	8 度（取较小值）	9 度（取较小值）
现　浇	5.0B, 60	4.0B, 50	3.0B, 40	2.0B, 30
装配整体	3.5B, 50	3.0B, 40	2.5B, 30	—

注：1 表中 B 为剪力墙之间的楼盖宽度（m）；
2 装配整体式楼盖的现浇层应符合本规程第 3.6.2 条的有关规定；
3 现浇层厚度大于 60mm 的叠合楼板可作为现浇板考虑；
4 当房屋端部未布置剪力墙时，第一片剪力墙与房屋端部的距离，不宜大于表中剪力墙间距的 1/2。

8.1.9 板柱-剪力墙结构的布置应符合下列规定：

1 应同时布置筒体或两主轴方向的剪力墙以形成双向抗侧力体系，并应避免结构刚度偏心，其中剪力墙或筒体应分别符合本规程第 7 章和第 9 章的有关规定，且宜在对应剪力墙或筒体的各楼层处设置暗梁。

2 抗震设计时，房屋的周边应设置边梁形成周边框架，房屋的顶层及地下室顶板宜采用梁板结构。

3 有楼、电梯间等较大开洞时，洞口周围宜设置框架梁或边梁。

4 无梁板可根据承载力和变形要求采用无柱帽（柱托）板或有柱帽（柱托）板形式。柱托板的长度和厚度应按计算确定，且每方向长度不宜小于板跨度的 1/6，其厚度不宜小于板厚度的 1/4。7 度时宜采用有柱托板，8 度时应采用有柱托板，此时托板每方向长度尚不宜小于同方向柱截面宽度和 4 倍板厚之和，托板总厚度尚不应小于柱纵向钢筋直径的 16 倍。当无柱托板且无梁板受冲切承载力不足时，可采用型钢

剪力架（键），此时板的厚度并不应小于 200mm。

5 双向无梁板厚度与长跨之比，不宜小于表 8.1.9 的规定。

表 8.1.9　双向无梁板厚度与长跨的最小比值

非预应力楼板		预应力楼板	
无柱托板	有柱托板	无柱托板	有柱托板
1/30	1/35	1/40	1/45

8.1.10 抗风设计时，板柱-剪力墙结构中各层筒体或剪力墙应能承担不小于 80% 相应方向该层承担的风荷载作用下的剪力；抗震设计时，应能承担各层全部相应方向该层承担的地震剪力，而各层板柱部分尚应能承担不小于 20% 相应方向该层承担的地震剪力，且应符合有关抗震构造要求。

8.2　截面设计及构造

8.2.1 框架-剪力墙结构、板柱-剪力墙结构中，剪力墙的竖向、水平分布钢筋的配筋率，抗震设计时均不应小于 0.25%，非抗震设计时均不应小于 0.20%，并应至少双排布置。各排分布筋之间应设置拉筋，拉筋的直径不应小于 6mm、间距不应大于 600mm。

8.2.2 带边框剪力墙的构造应符合下列规定：

1 带边框剪力墙的截面厚度应符合本规程附录 D 的墙体稳定计算要求，且应符合下列规定：

1）抗震设计时，一、二级剪力墙的底部加强部位不应小于 200mm；

2）除本款 1）项以外的其他情况下不应小于 160mm。

2 剪力墙的水平钢筋应全部锚入边框柱内，锚固长度不应小于 l_a（非抗震设计）或 l_{aE}（抗震设计）；

3 与剪力墙重合的框架梁可保留，亦可做成宽度与墙厚相同的暗梁，暗梁截面高度可取墙厚的 2 倍或与该榀框架梁截面等高，暗梁的配筋可按构造配置且应符合一般框架梁相应抗震等级的最小配筋要求；

4 剪力墙截面宜按工字形设计，其端部的纵向受力钢筋应配置在边框柱截面内；

5 边框柱截面宜与该榀框架其他柱的截面相同，边框柱应符合本规程第 6 章有关框架柱构造配筋规定；剪力墙底部加强部位边框柱的箍筋宜沿全高加密；当带边框剪力墙上的洞口紧邻边框柱时，边框柱的箍筋宜沿全高加密。

8.2.3 板柱-剪力墙结构设计应符合下列规定：

1 结构分析中规则的板柱结构可用等代框架法，其等代梁的宽度宜采用垂直于等代框架方向两侧柱距各 1/4；宜采用连续体有限元空间模型进行更准确的计算分析。

2 楼板在柱周边临界截面的冲切应力，不宜超过 $0.7f_t$，超过时应配置抗冲切钢筋或抗剪栓钉，当地震作用导致柱上板带支座弯矩反号时还应对反向作

复核。板柱节点冲切承载力可按现行国家标准《混凝土结构设计规范》GB 50010 的相关规定进行验算，并应考虑节点不平衡弯矩作用下产生的剪力影响。

3 沿两个主轴方向均应布置通过柱截面的板底连续钢筋，且钢筋的总截面面积应符合下式要求：

$$A_s \geqslant N_G/f_y \qquad (8.2.3)$$

式中：A_s——通过柱截面的板底连续钢筋的总截面面积；

N_G——该层楼面重力荷载代表值作用下的柱轴向压力设计值，8 度时尚宜计入竖向地震影响；

f_y——通过柱截面的板底连续钢筋的抗拉强度设计值。

8.2.4 板柱-剪力墙结构中，板的构造设计应符合下列规定：

1 抗震设计时，应在柱上板带中设置构造暗梁，暗梁宽度取柱宽及两侧各 1.5 倍板厚之和，暗梁支座上部钢筋截面积不宜小于柱上板带钢筋截面积的 50%，并应全跨拉通，暗梁下部钢筋不小于上部钢筋的 1/2。暗梁箍筋的布置，当计算不需要时，直径不应小于 8mm，间距不宜大于 $3h_0/4$，肢距不宜大于 $2h_0$；当计算需要时应按计算确定，且直径不应小于 10mm，间距不宜大于 $h_0/2$，肢距不宜大于 $1.5h_0$。

2 设置柱托板时，非抗震设计时托板底部宜布置构造钢筋；抗震设计时托板底部钢筋应按计算确定，并应满足抗震锚固要求。计算柱上板带的支座钢筋时，可考虑托板厚度的有利影响。

3 无梁楼板开局部洞口时，应验算承载力及刚度要求。当未作专门分析时，在板的不同部位开单个洞的大小应符合图 8.2.4 的要求。若在同一部位开多

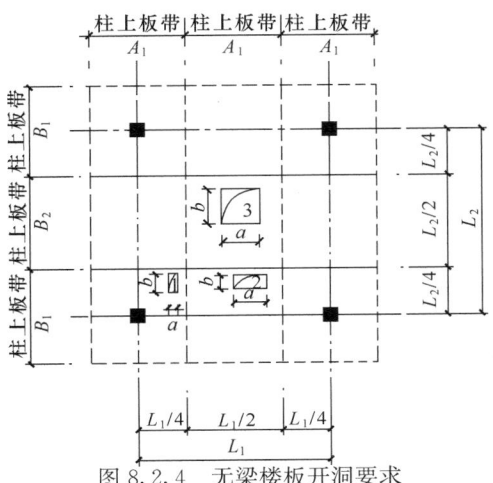

图 8.2.4　无梁楼板开洞要求

注：洞 1：$a \leqslant a_c/4$ 且 $a \leqslant t/2$，$b \leqslant b_c/4$ 且 $b \leqslant t/2$，其中，a 为洞口短边尺寸，b 为洞口长边尺寸，a_c 为相应于洞口短边方向的柱宽，b_c 为相应于洞口长边方向的柱宽，t 为板厚；洞 2：$a \leqslant A_2/4$ 且 $b \leqslant B_1/4$；洞 3：$a \leqslant A_2/4$ 且 $b \leqslant B_2/4$

个洞时，则在同一截面上各个洞宽之和不应大于该部位单个洞的允许宽度。所有洞边均应设置补强钢筋。

9　筒体结构设计

9.1　一　般　规　定

9.1.1 本章适用于钢筋混凝土框架-核心筒结构和筒中筒结构，其他类型的筒体结构可参照使用。筒体结构各种构件的截面设计和构造措施除应遵守本章规定外，尚应符合本规程第 6～8 章的有关规定。

9.1.2 筒中筒结构的高度不宜低于 80m，高宽比不宜小于 3。对高度不超过 60m 的框架-核心筒结构，可按框架-剪力墙结构设计。

9.1.3 当相邻层的柱不贯通时，应设置转换梁等构

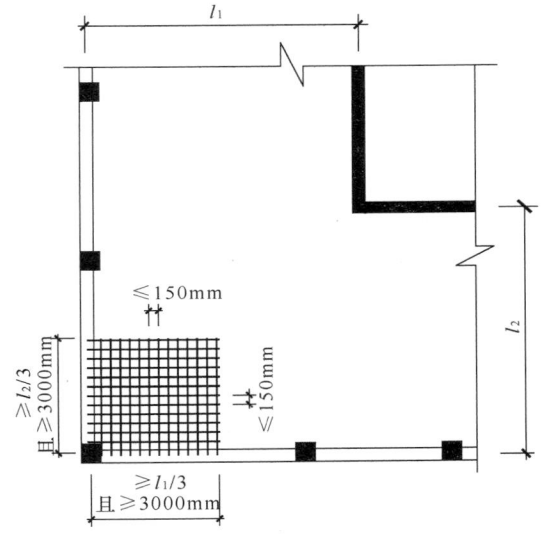

图 9.1.4　板角配筋示意

件。转换构件的结构设计应符合本规程第 10 章的有关规定。

9.1.4 筒体结构的楼盖外角宜设置双层双向钢筋（图 9.1.4），单层单向配筋率不宜小于 0.3%，钢筋的直径不应小于 8mm，间距不应大于 150mm，配筋范围不宜小于外框架（或外筒）至内筒外墙中距的 1/3 和 3m。

9.1.5 核心筒或内筒的外墙与外框柱间的中距，非抗震设计大于 15m、抗震设计大于 12m 时，宜采取增设内柱等措施。

9.1.6 核心筒或内筒中剪力墙截面形状宜简单；截面形状复杂的墙体可按应力进行截面设计校核。

9.1.7 筒体结构核心筒或内筒设计应符合下列规定：

1 墙肢宜均匀、对称布置；

2 筒体角部附近不宜开洞，当不可避免时，筒角内壁至洞口的距离不应小于 500mm 和开洞墙截面厚度的较大值；

3 筒体墙应按本规程附录 D 验算墙体稳定，且外墙厚度不应小于 200mm，内墙厚度不应小于 160mm，必要时可设置扶壁柱或扶壁墙；

4 筒体墙的水平、竖向配筋不应少于两排，其最小配筋率应符合本规程第 7.2.17 条的规定；

5 抗震设计时，核心筒、内筒的连梁宜配置对角斜向钢筋或交叉暗撑；

6 筒体墙的加强部位高度、轴压比限值、边缘构件设置以及截面设计，应符合本规程第 7 章的有关规定。

9.1.8 核心筒或内筒的外墙不宜在水平方向连续开洞，洞间墙肢的截面高度不宜小于 1.2m；当洞间墙肢的截面高度与厚度之比小于 4 时，宜按框架柱进行截面设计。

9.1.9 抗震设计时，框筒柱和框架柱的轴压比限值可按框架-剪力墙结构的规定采用。

9.1.10 楼盖主梁不宜搁置在核心筒或内筒的连梁上。

9.1.11 抗震设计时，筒体结构的框架部分按侧向刚度分配的楼层地震剪力标准值应符合下列规定：

1 框架部分分配的楼层地震剪力标准值的最大值不宜小于结构底部总地震剪力标准值的 10%。

2 当框架部分分配的地震剪力标准值的最大值小于结构底部总地震剪力标准值的 10% 时，各层框架部分承担的地震剪力标准值应增大到结构底部总地震剪力标准值的 15%；此时，各层核心筒墙体的地震剪力标准值宜乘以增大系数 1.1，但可不大于结构底部总地震剪力标准值，墙体的抗震构造措施应按抗震等级提高一级后采用，已为特一级的可不再提高。

3 当框架部分分配的地震剪力标准值小于结构底部总地震剪力标准值的 20%，但其最大值不小于结构底部总地震剪力标准值的 10% 时，应按结构底部总地震剪力标准值的 20% 和框架部分楼层地震剪力标准值中最大值的 1.5 倍二者的较小值进行调整。

按本条第 2 款或第 3 款调整框架柱的地震剪力后，框架柱端弯矩及与之相连的框架梁端弯矩、剪力应进行相应调整。

有加强层时，本条框架部分分配的楼层地震剪力标准值的最大值不应包括加强层及其上、下层的框架剪力。

9.2 框架-核心筒结构

9.2.1 核心筒宜贯通建筑物全高。核心筒的宽度不宜小于筒体总高的 1/12，当筒体结构设置角筒、剪力墙或增强结构整体刚度的构件时，核心筒的宽度可适当减小。

9.2.2 抗震设计时，核心筒墙体设计尚应符合下列规定：

1 底部加强部位主要墙体的水平和竖向分布钢筋的配筋率均不宜小于 0.30%；

2 底部加强部位约束边缘构件沿墙肢的长度宜取墙肢截面高度的 1/4，约束边缘构件范围内应主要采用箍筋；

3 底部加强部位以上宜按本规程 7.2.15 条的规定设置约束边缘构件。

9.2.3 框架-核心筒结构的周边柱间必须设置框架梁。

9.2.4 核心筒连梁的受剪截面应符合本规程第 9.3.6 条的要求，其构造设计应符合本规程第 9.3.7、9.3.8 条的有关规定。

9.2.5 对内筒偏置的框架-筒体结构，应控制结构在考虑偶然偏心影响的规定地震力作用下，最大楼层水平位移和层间位移不应大于该楼层平均值的 1.4 倍，结构扭转为主的第一自振周期 T_t 与平动为主的第一自振周期 T_1 之比不应大于 0.85，且 T_1 的扭转成分不宜大于 30%。

9.2.6 当内筒偏置、长宽比大于 2 时，宜采用框架-双筒结构。

9.2.7 当框架-双筒结构的双筒间楼板开洞时，其有效楼板宽度不宜小于楼板典型宽度的 50%，洞口附近楼板应加厚，并应采用双层双向配筋，每层单向配筋率不应小于 0.25%；双筒间楼板宜按弹性板进行细化分析。

9.3 筒中筒结构

9.3.1 筒中筒结构的平面外形宜选用圆形、正多边形、椭圆形或矩形等，内筒宜居中。

9.3.2 矩形平面的长宽比不宜大于 2。

9.3.3 内筒的宽度可为高度的 1/12～1/15，如有另外的角筒或剪力墙时，内筒平面尺寸可适当减小。内筒宜贯通建筑物全高，竖向刚度宜均匀变化。

9.3.4 三角形平面宜切角，外筒的切角长度不宜小于相应边长的 1/8，其角部可设置刚度较大的角柱或角筒；内筒的切角长度不宜小于相应边长的 1/10，切角处的筒壁宜适当加厚。

9.3.5 外框筒应符合下列规定：

1 柱距不宜大于 4m，框筒柱的截面长边应沿筒壁方向布置，必要时可采用 T 形截面；

2 洞口面积不宜大于墙面面积的 60%，洞口高宽比宜与层高和柱距之比值相近；

3 外框筒梁的截面高度可取柱净距的 1/4；

4 角柱截面面积可取中柱的 1～2 倍。

9.3.6 外框筒梁和内筒连梁的截面尺寸应符合下列规定：

1 持久、短暂设计状况

$$V_b \leqslant 0.25\beta_c f_c b_b h_{b0} \quad (9.3.6\text{-}1)$$

2 地震设计状况

　1）跨高比大于 2.5 时

$$V_b \leq \frac{1}{\gamma_{RE}}(0.20\beta_c f_c b_b h_{b0}) \qquad (9.3.6-2)$$

2）跨高比不大于 2.5 时

$$V_b \leq \frac{1}{\gamma_{RE}}(0.15\beta_c f_c b_b h_{b0}) \qquad (9.3.6-3)$$

式中：V_b——外框筒梁或内筒连梁剪力设计值；

b_b——外框筒梁或内筒连梁截面宽度；

h_{b0}——外框筒梁或内筒连梁截面的有效高度；

β_c——混凝土强度影响系数，应按本规程第 6.2.6 条规定采用。

9.3.7 外框筒梁和内筒连梁的构造配筋应符合下列要求：

1 非抗震设计时，箍筋直径不应小于 8mm；抗震设计时，箍筋直径不应小于 10mm。

2 非抗震设计时，箍筋间距不应大于 150mm；抗震设计时，箍筋间距沿梁长不变，且不应大于 100mm，当梁内设置交叉暗撑时，箍筋间距不应大于 200mm。

3 框筒梁上、下纵向钢筋的直径均不应小于 16mm，腰筋的直径不应小于 10mm，腰筋间距不应大于 200mm。

9.3.8 跨高比不大于 2 的框筒梁和内筒连梁宜增配对角斜向钢筋。跨高比不大于 1 的框筒梁和内筒连梁宜采用交叉暗撑（图 9.3.8），且应符合下列规定：

1 梁的截面宽度不宜小于 400mm；

2 全部剪力应由暗撑承担，每根暗撑应由不少于 4 根纵向钢筋组成，纵筋直径不应小于 14mm，其总面积 A_s 应按下列公式计算：

1）持久、短暂设计状况

$$A_s \geq \frac{V_b}{2f_y \sin\alpha} \qquad (9.3.8-1)$$

2）地震设计状况

$$A_s \geq \frac{\gamma_{RE} V_b}{2f_y \sin\alpha} \qquad (9.3.8-2)$$

式中：α——暗撑与水平线的夹角；

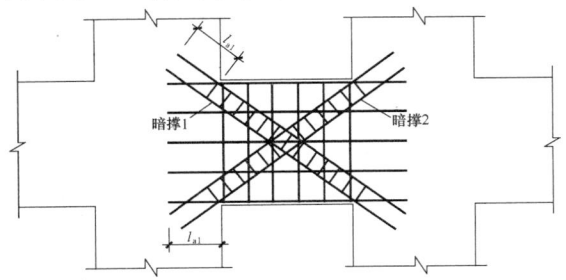

图 9.3.8 梁内交叉暗撑的配筋

3 两个方向暗撑的纵向钢筋应采用矩形箍筋或螺旋箍筋绑成一体，箍筋直径不应小于 8mm，箍筋间距不应大于 150mm；

4 纵筋伸入竖向构件的长度不应小于 l_{a1}，非抗震设计时 l_{a1} 可取 l_a，抗震设计时 l_{a1} 宜取 1.15l_a；

5 梁内普通箍筋的配置应符合本规程第 9.3.7 条的构造要求。

10 复杂高层建筑结构设计

10.1 一 般 规 定

10.1.1 本章对复杂高层建筑结构的规定适用于带转换层的结构、带加强层的结构、错层结构、连体结构以及竖向体型收进、悬挑结构。

10.1.2 9 度抗震设计时不应采用带转换层的结构、带加强层的结构、错层结构和连体结构。

10.1.3 7 度和 8 度抗震设计时，剪力墙结构错层高层建筑的房屋高度分别不宜大于 80m 和 60m；框架-剪力墙结构错层高层建筑的房屋高度分别不应大于 80m 和 60m。抗震设计时，B 级高度高层建筑不宜采用连体结构；底部带转换层的 B 级高度筒中筒结构，当外筒框支层以上采用由剪力墙构成的壁式框架时，其最大适用高度应比本规程表 3.3.1-2 规定的数值适当降低。

10.1.4 7 度和 8 度抗震设计的高层建筑不宜同时采用超过两种本规程第 10.1.1 条所规定的复杂高层建筑结构。

10.1.5 复杂高层建筑结构的计算分析应符合本规程第 5 章的有关规定。复杂高层建筑结构中的受力复杂部位，尚宜进行应力分析，并按应力进行配筋设计校核。

10.2 带转换层高层建筑结构

10.2.1 在高层建筑结构的底部，当上部楼层部分竖向构件（剪力墙、框架柱）不能直接连续贯通落地时，应设置结构转换层，形成带转换层高层建筑结构。本节对带托墙转换层的剪力墙结构（部分框支剪力墙结构）及带托柱转换层的筒体结构的设计作出规定。

10.2.2 带转换层的高层建筑结构，其剪力墙底部加强部位的高度应从地下室顶板算起，宜取至转换层以上两层且不宜小于房屋高度的 1/10。

10.2.3 转换层上部结构与下部结构的侧向刚度变化应符合本规程附录 E 的规定。

10.2.4 转换结构构件可采用转换梁、桁架、空腹桁架、箱形结构、斜撑等，非抗震设计和 6 度抗震设计时可采用厚板，7、8 度抗震设计时地下室的转换结构构件可采用厚板。特一、一、二级转换结构构件的水平地震作用计算内力应分别乘以增大系数 1.9、1.6、1.3；转换结构构件应按本规程第 4.3.2 条的规定考虑竖向地震作用。

10.2.5 部分框支剪力墙结构在地面以上设置转换层的位置，8度时不宜超过3层，7度时不宜超过5层，6度时可适当提高。

10.2.6 带转换层的高层建筑结构，其抗震等级应符合本规程第3.9节的有关规定，带托柱转换层的筒体结构，其转换柱和转换梁的抗震等级按部分框支剪力墙结构中的框支框架采纳。对部分框支剪力墙结构，当转换层的位置设置在3层及3层以上时，其框支柱、剪力墙底部加强部位的抗震等级宜按本规程表3.9.3和表3.9.4的规定提高一级采用，已为特一级时可不提高。

10.2.7 转换梁设计应符合下列要求：

1 转换梁上、下部纵向钢筋的最小配筋率，非抗震设计时均不应小于0.30%；抗震设计时，特一、一、和二级分别不应小于0.60%、0.50%和0.40%。

2 离柱边1.5倍梁截面高度范围内的梁箍筋应加密，加密区箍筋直径不应小于10mm、间距不应大于100mm。加密区箍筋的最小面积配筋率，非抗震设计时不应小于$0.9f_t/f_{yv}$；抗震设计时，特一、一和二级分别不应小于$1.3f_t/f_{yv}$、$1.2f_t/f_{yv}$和$1.1f_t/f_{yv}$。

3 偏心受拉的转换梁的支座上部纵向钢筋至少应有50%沿梁全长贯通，下部纵向钢筋应全部直通到柱内；沿梁腹板高度应配置间距不大于200mm、直径不小于16mm的腰筋。

10.2.8 转换梁设计尚应符合下列规定：

1 转换梁与转换柱截面中线宜重合。

2 转换梁截面高度不宜小于计算跨度的1/8。托柱转换梁截面宽度不应小于其上所托柱在梁宽方向的截面宽度。框支梁截面宽度不宜大于框支柱相应方向的截面宽度，且不宜小于其上墙体截面厚度的2倍和400mm的较大值。

3 转换梁截面组合的剪力设计值应符合下列规定：

持久、短暂设计状况　　$V \leqslant 0.20\beta_c f_c bh_0$。

$$(10.2.8\text{-}1)$$

地震设计状况　　$V \leqslant \dfrac{1}{\gamma_{RE}}(0.15\beta_c f_c bh_0)$

$$(10.2.8\text{-}2)$$

4 托柱转换梁应沿腹板高度配置腰筋，其直径不宜小于12mm、间距不宜大于200mm。

5 转换梁纵向钢筋接头宜采用机械连接，同一连接区段内接头钢筋截面面积不宜超过全部纵筋截面面积的50%，接头位置应避开上部墙体开洞部位、梁上托柱部位及受力较大部位。

6 转换梁不宜开洞。若必须开洞时，洞口边离开支座柱边的距离不宜小于梁截面高度；被洞口削弱的截面应进行承载力计算，因开洞形成的上、下弦杆应加强纵向钢筋和抗剪箍筋的配置。

7 对托柱转换梁的托柱部位和框支梁上部的墙体开洞部位，梁的箍筋应加密配置，加密区范围可取梁上托柱或墙边两侧各1.5倍转换梁高度；箍筋直径、间距及面积配筋率应符合本规程第10.2.7条第2款的规定。

8 框支剪力墙结构中的框支梁上、下纵向钢筋和腰筋（图10.2.8）应在节点区可靠锚固，水平段应伸至柱边，且非抗震设计时不应小于$0.4l_{ab}$，抗震设计时不应小于$0.4l_{abE}$，梁上部第一排纵向钢筋应向柱内弯折锚固，且应延伸过梁底不小于l_a（非抗震设计）或l_{aE}（抗震设计）；当梁上部配置多排纵向钢筋时，其内排钢筋锚入柱内的长度可适当减小，但水平段长度和弯下段长度之和不应小于钢筋锚固长度l_a（非抗震设计）或l_{aE}（抗震设计）。

9 托柱转换梁在转换层宜在托柱位置设置正交方向的框架梁或楼面梁。

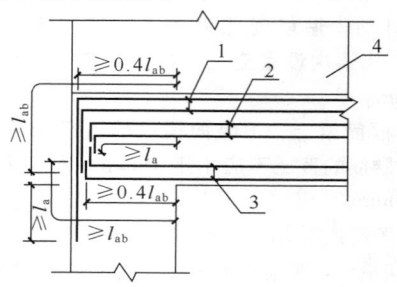

图10.2.8　框支梁主筋和腰筋的锚固

1—梁上部纵向钢筋；2—梁腰筋；3—梁下部纵向钢筋；
4—上部剪力墙；抗震设计时图中l_a、l_{ab}分别取为l_{aE}、l_{abE}

10.2.9 转换层上部的竖向抗侧力构件（墙、柱）宜直接落在转换层的主要转换构件上。

10.2.10 转换柱设计应符合下列要求：

1 柱内全部纵向钢筋配筋率应符合本规程第6.4.3条中框支柱的规定；

2 抗震设计时，转换柱箍筋应采用复合螺旋箍或井字复合箍，并应沿柱全高加密，箍筋直径不应小于10mm，箍筋间距不应大于100mm和6倍纵向钢筋直径的较小值；

3 抗震设计时，转换柱的箍筋配箍特征值应比普通框架柱要求的数值增加0.02采用，且箍筋体积配箍率不应小于1.5%。

10.2.11 转换柱设计尚应符合下列规定：

1 柱截面宽度，非抗震设计时不宜小于400mm，抗震设计时不应小于450mm；柱截面高度，非抗震设计时不宜小于转换梁跨度的1/15，抗震设计时不宜小于转换梁跨度的1/12。

2 一、二级转换柱由地震作用产生的轴力应分别乘以增大系数1.5、1.2，但计算柱轴压比时可不考虑该增大系数。

3 与转换构件相连的一、二级转换柱的上端和底层柱下端截面的弯矩组合值应分别乘以增大系数

1.5、1.3，其他层转换柱柱端弯矩设计值应符合本规程第 6.2.1 条的规定。

4 一、二级柱端截面的剪力设计值应符合本规程第 6.2.3 条的有关规定。

5 转换角柱的弯矩设计值和剪力设计值应分别在本条第 3、4 款的基础上乘以增大系数 1.1。

6 柱截面的组合剪力设计值应符合下列规定：

持久、短暂设计状况 $\quad V \leqslant 0.20\beta_c f_c bh_0$

$$(10.2.11\text{-}1)$$

地震设计状况 $\quad V \leqslant \dfrac{1}{\gamma_{RE}}(0.15\beta_c f_c bh_0)$

$$(10.2.11\text{-}2)$$

7 纵向钢筋间距均不应小于 80mm，且抗震设计时不宜大于 200mm，非抗震设计时不宜大于 250mm；抗震设计时，柱内全部纵向钢筋配筋率不宜大于 4.0%。

8 非抗震设计时，转换柱宜采用复合螺旋箍或井字复合箍，其箍筋体积配箍率不宜小于 0.8%，箍筋直径不宜小于 10mm，箍筋间距不宜大于 150mm。

9 部分框支剪力墙结构中的框支柱在上部墙体范围内的纵向钢筋应伸入上部墙体内不少于一层，其余柱纵筋应锚入转换层梁内或板内；从柱边算起，锚入梁内、板内的钢筋长度，抗震设计时不应小于 l_{aE}，非抗震设计时不应小于 l_a。

10.2.12 抗震设计时，转换梁、柱的节点核心区应进行抗震验算，节点应符合构造措施的要求。转换梁、柱的节点核心区应按本规程第 6.4.10 条的规定设置水平箍筋。

10.2.13 箱形转换结构上、下楼板厚度均不宜小于 180mm，应根据转换柱的布置和建筑功能要求设置双向横隔板；上、下板配筋设计应同时考虑板局部弯曲和箱形转换层整体弯曲的影响，横隔板宜按深梁设计。

10.2.14 厚板设计应符合下列规定：

1 转换厚板的厚度可由抗弯、抗剪、抗冲切截面验算确定。

2 转换厚板可局部做成薄板，薄板与厚板交界处可加腋；转换厚板亦可局部做成空心板。

3 转换厚板宜按整体计算时所划分的主要交叉梁系的剪力和弯矩设计值进行截面设计并按有限元法分析结果进行配筋校核；受弯纵向钢筋可沿转换板上、下部双层双向配置，每一方向总配筋率不宜小于 0.6%；转换板内暗梁的抗剪箍筋面积配筋率不宜小于 0.45%。

4 厚板外周边宜配置钢筋骨架网。

5 转换厚板上、下部的剪力墙、柱的纵向钢筋均应在转换厚板内可靠锚固。

6 转换厚板上、下一层的楼板应适当加强，楼板厚度不宜小于 150mm。

10.2.15 采用空腹桁架转换层时，空腹桁架宜满层设置，应有足够的刚度。空腹桁架的上、下弦杆宜考虑楼板作用，并应加强上、下弦杆与框架柱的锚固连接构造；竖腹杆应按剪弱弯进行配筋设计，并加强箍筋配置以及与上、下弦杆的连接构造措施。

10.2.16 部分框支剪力墙结构的布置应符合下列规定：

1 落地剪力墙和筒体底部墙体应加厚；

2 框支柱周围楼板不应错层布置；

3 落地剪力墙和筒体的洞口宜布置在墙体的中部；

4 框支梁上一层墙体内不宜设置边门洞，也不宜在框支中柱上方设置门洞；

5 落地剪力墙的间距 l 应符合下列规定：

  1）非抗震设计时，l 不宜大于 $3B$ 和 36m；

  2）抗震设计时，当底部框支层为 1～2 层时，l 不宜大于 $2B$ 和 24m；当底部框支层为 3 层及 3 层以上时，l 不宜大于 $1.5B$ 和 20m；此处，B 为落地墙之间楼盖的平均宽度。

6 框支柱与相邻落地剪力墙的距离，1～2 层框支层时不宜大于 12m，3 层及 3 层以上框支层时不宜大于 10m；

7 框支框架承担的地震倾覆力矩应小于结构总地震倾覆力矩的 50%；

8 当框支梁承托剪力墙并承托转换次梁及其上剪力墙时，应进行应力分析，按应力校核配筋，并加强构造措施。B 级高度部分框支剪力墙高层建筑的结构转换层，不宜采用框支主、次梁方案。

10.2.17 部分框支剪力墙结构框支柱承受的水平地震剪力标准值应按下列规定采用：

1 每层框支柱的数目不多于 10 根时，当底部框支层为 1～2 层时，每根柱所受的剪力应至少取结构基底剪力的 2%；当底部框支层为 3 层及 3 层以上时，每根柱所受的剪力应至少取结构基底剪力的 3%。

2 每层框支柱的数目多于 10 根时，当底部框支层为 1～2 层时，每层框支柱承受剪力之和应至少取结构基底剪力的 20%；当底部框支层为 3 层及 3 层以上时，每层框支柱承受剪力之和应至少取结构基底剪力的 30%。

框支柱剪力调整后，应相应调整框支柱的弯矩及柱端框架梁的剪力和弯矩，但框支梁的剪力、弯矩、框支柱的轴力可不调整。

10.2.18 部分框支剪力墙结构中，特一、一、二、三级落地剪力墙底部加强部位的弯矩设计值应按墙底截面有地震作用组合的弯矩值乘以增大系数 1.8、1.5、1.3、1.1 采用；其剪力设计值应按本规程第 3.10.5 条、第 7.2.6 条的规定进行调整。落地剪力墙墙肢不宜出现偏心受拉。

10.2.19 部分框支剪力墙结构中，剪力墙底部加强部位墙体的水平和竖向分布钢筋的最小配筋率，抗震设计时不应小于 **0.3%**，非抗震设计时不应小于 **0.25%**；抗震设计时钢筋间距不应大于 **200mm**，钢筋直径不应小于 **8mm**。

10.2.20 部分框支剪力墙结构的剪力墙底部加强部位，墙体两端宜设置翼墙或端柱，抗震设计时尚应按本规程第 7.2.15 条的规定设置约束边缘构件。

10.2.21 部分框支剪力墙结构的落地剪力墙基础应有良好的整体性和抗转动的能力。

10.2.22 部分框支剪力墙结构框支梁上部墙体的构造应符合下列规定：

1 当梁上部的墙体开有边门洞时（图 10.2.22），洞边墙体宜设置翼墙、端柱或加厚，并应按本规程第 7.2.15 条约束边缘构件的要求进行配筋设计；当洞口靠近梁端部且梁的受剪承载力不满足要求时，可采取框支梁加腋或增大框支墙洞口连梁刚度等措施。

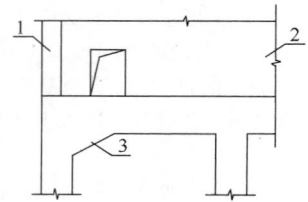

图 10.2.22 框支梁上墙体有边
门洞时洞边墙体的构造要求
1—翼墙或端柱；2—剪力墙；
3—框支梁加腋

2 框支梁上部墙体竖向钢筋在梁内的锚固长度，抗震设计时不应小于 l_{aE}，非抗震设计时不应小于 l_a。

3 框支梁上部一层墙体的配筋宜按下列规定进行校核：

1）柱上墙体的端部竖向钢筋面积 A_s：

$$A_s = h_c b_w (\sigma_{01} - f_c) / f_y \quad (10.2.22\text{-}1)$$

2）柱边 $0.2l_n$ 宽度范围内竖向分布钢筋面积 A_{sw}：

$$A_{sw} = 0.2l_n b_w(\sigma_{02} - f_c) / f_{yw}$$

$$(10.2.22\text{-}2)$$

3）框支梁上部 $0.2l_n$ 高度范围内墙体水平分布筋面积 A_{sh}：

$$A_{sh} = 0.2l_n b_w \sigma_{xmax} / f_{yh} \quad (10.2.22\text{-}3)$$

式中 l_n ——框支梁净跨度（mm）；

h_c ——框支柱截面高度（mm）；

b_w ——墙肢截面厚度（mm）；

σ_{01} ——柱上墙体 h_c 范围内考虑风荷载、地震作用组合的平均压应力设计值（N/mm²）；

σ_{02} ——柱边墙体 $0.2l_n$ 范围内考虑风荷载、地震作用组合的平均压应力设计值（N/mm²）；

σ_{xmax} ——框支梁与墙体交接面上考虑风荷载、地震作用组合的水平拉应力设计值（N/mm²）。

有地震作用组合时，公式（10.2.22-1）～（10.2.22-3）中 σ_{01}、σ_{02}、σ_{xmax} 均应乘以 γ_{RE}，γ_{RE} 取 0.85。

4 框支梁与其上部墙体的水平施工缝处宜按本规程第 7.2.12 条的规定验算抗滑移能力。

10.2.23 部分框支剪力墙结构中，框支转换层楼板厚度不宜小于 180mm，应双层双向配筋，且每层每方向的配筋率不宜小于 0.25%，楼板中钢筋应锚固在边梁或墙体内；落地剪力墙和筒体外围的楼板不宜开洞。楼板边缘和较大洞口周边应设置边梁，其宽度不宜小于板厚的 2 倍，全截面纵向钢筋配筋率不应小于 1.0%。与转换层相邻楼层的楼板也应适当加强。

10.2.24 部分框支剪力墙结构中，抗震设计的矩形平面建筑框支转换层楼板，其截面剪力设计值应符合下列要求：

$$V_f \leq \frac{1}{\gamma_{RE}}(0.1\beta_c f_c b_f t_f) \quad (10.2.24\text{-}1)$$

$$V_f \leq \frac{1}{\gamma_{RE}}(f_y A_s) \quad (10.2.24\text{-}2)$$

式中：b_f、t_f ——分别为框支转换层楼板的验算截面宽度和厚度；

V_f ——由不落地剪力墙传到落地剪力墙处按刚性楼板计算的框支层楼板组合的剪力设计值，8 度时应乘以增大系数 2.0，7 度时应乘以增大系数 1.5。验算落地剪力墙时可不考虑此增大系数；

A_s ——穿过落地剪力墙的框支转换层楼盖（包括梁和板）的全部钢筋的截面面积；

γ_{RE} ——承载力抗震调整系数，可取 0.85。

10.2.25 部分框支剪力墙结构中，抗震设计的矩形平面建筑框支转换层楼板，当平面较长或不规则以及各剪力墙内力相差较大时，可采用简化方法验算楼板平面内受弯承载力。

10.2.26 抗震设计时，带托柱转换层的筒体结构的外围转换柱与内筒、核心筒外墙的中距不宜大于 12m。

10.2.27 托柱转换层结构，转换构件采用桁架时，转换桁架斜腹杆的交点、空腹桁架的竖腹杆宜与上部密柱的位置重合；转换桁架的节点应加强配筋及构造措施。

10.3 带加强层高层建筑结构

10.3.1 当框架-核心筒、筒中筒结构的侧向刚度不能满足要求时，可利用建筑避难层、设备层空间，设置适宜刚度的水平伸臂构件，形成带加强层的高层建筑结构。必要时，加强层也可同时设置周边水平环带构件。水平伸臂构件、周边环带构件可采用斜腹杆桁架、实体梁、箱形梁、空腹桁架等形式。

10.3.2 带加强层高层建筑结构设计应符合下列规定：

1 应合理设计加强层的数量、刚度和设置位置。当布置 1 个加强层时，可设置在 0.6 倍房屋高度附近；当布置 2 个加强层时，可分别设置在顶层和 0.5 倍房屋高度附近；当布置多个加强层时，宜沿竖向从顶层向下均匀布置。

2 加强层水平伸臂构件宜贯通核心筒，其平面布置宜位于核心筒的转角、T 字节点处；水平伸臂构件与周边框架的连接宜采用铰接或半刚接；结构内力和位移计算中，设置水平伸臂桁架的楼层宜考虑楼板平面内的变形。

3 加强层及其相邻层的框架柱、核心筒应加强配筋构造。

4 加强层及其相邻层楼盖的刚度和配筋应加强。

5 在施工程序及连接构造上应采取减小结构竖向温度变形及轴向压缩差的措施，结构分析模型应能反映施工措施的影响。

10.3.3 抗震设计时，带加强层高层建筑结构应符合下列要求：

1 加强层及其相邻层的框架柱、核心筒剪力墙的抗震等级应提高一级采用，一级应提高至特一级，但抗震等级已经为特一级时应允许不再提高；

2 加强层及其相邻层的框架柱，箍筋应全柱段加密配置，轴压比限值应按其他楼层框架柱的数值减小 0.05 采用；

3 加强层及其相邻层核心筒剪力墙应设置约束边缘构件。

10.4 错层结构

10.4.1 抗震设计时，高层建筑沿竖向宜避免错层布置。当房屋不同部位因功能不同而使楼层错层时，宜采用防震缝划分为独立的结构单元。

10.4.2 错层两侧宜采用结构布置和侧向刚度相近的结构体系。

10.4.3 错层结构中，错开的楼层不应归并为一个刚性楼板，计算分析模型应能反映错层影响。

10.4.4 抗震设计时，错层处框架柱应符合下列要求：

1 截面高度不应小于 600mm，混凝土强度等级不应低于 C30，箍筋应全柱段加密配置；

2 抗震等级应提高一级采用，一级应提高至特一级，但抗震等级已经为特一级时应允许不再提高。

10.4.5 在设防烈度地震作用下，错层处框架柱的截面承载力宜符合本规程公式（3.11.3-2）的要求。

10.4.6 错层处平面外受力的剪力墙的截面厚度，非抗震设计时不应小于 200mm，抗震设计时不应小于 250mm，并均应设置与之垂直的墙肢或扶壁柱；抗震设计时，其抗震等级应提高一级采用。错层处剪力墙的混凝土强度等级不应低于 C30，水平和竖向分布钢筋的配筋率，非抗震设计时不应小于 0.3%，抗震设计时不应小于 0.5%。

10.5 连体结构

10.5.1 连体结构各独立部分宜有相同或相近的体型、平面布置和刚度；宜采用双轴对称的平面形式。7 度、8 度抗震设计时，层数和刚度相差悬殊的建筑不宜采用连体结构。

10.5.2 7 度（0.15g）和 8 度抗震设计时，连体结构的连接体应考虑竖向地震的影响。

10.5.3 6 度和 7 度（0.10g）抗震设计时，高位连体结构的连接体宜考虑竖向地震的影响。

10.5.4 连接体结构与主体结构宜采用刚性连接。刚性连接时，连接体结构的主要结构构件应至少伸入主体结构一跨并可靠连接；必要时可延伸至主体部分的内筒，并与内筒可靠连接。

当连接体结构与主体结构采用滑动连接时，支座滑移量应能满足两个方向在罕遇地震作用下的位移要求，并应采取防坠落、撞击措施。罕遇地震作用下的位移要求，应采用时程分析方法进行计算复核。

10.5.5 刚性连接的连接体结构可设置钢梁、钢桁架、型钢混凝土梁，型钢应伸入主体结构至少一跨并可靠锚固。连接体结构的边梁截面宜加大；楼板厚度不宜小于 150mm，宜采用双层双向钢筋网，每层每方向钢筋网的配筋率不宜小于 0.25%。

当连接体结构包含多个楼层时，应特别加强其最下面一个楼层及顶层的构造设计。

10.5.6 抗震设计时，连接体及与连接体相连的结构构件应符合下列要求：

1 连接体及与连接体相连的结构构件在连接体高度范围及其上、下层，抗震等级应提高一级采用，一级提高至特一级，但抗震等级已经为特一级时应允许不再提高；

2 与连接体相连的框架柱在连接体高度范围及其上、下层，箍筋应全柱段加密配置，轴压比限值应按其他楼层框架柱的数值减小 0.05 采用；

3 与连接体相连的剪力墙在连接体高度范围及其上、下层应设置约束边缘构件。

10.5.7 连体结构的计算应符合下列规定：

1 刚性连接的连接体楼板应按本规程第 10.2.24 条进行受剪截面和承载力验算；

2 刚性连接的连接体楼板较薄弱时，宜补充分塔楼模型计算分析。

10.6 竖向体型收进、悬挑结构

10.6.1 多塔楼结构以及体型收进、悬挑程度超过本规程第3.5.5条限值的竖向不规则高层建筑结构应遵守本节的规定。

10.6.2 多塔楼结构以及体型收进、悬挑结构，竖向体型突变部位的楼板宜加强，楼板厚度不宜小于150mm，宜双层双向配筋，每层每方向钢筋网的配筋率不宜小于0.25%。体型突变部位上、下层结构的楼板也应加强构造措施。

10.6.3 抗震设计时，多塔楼高层建筑结构应符合下列规定：

1 各塔楼的层数、平面和刚度宜接近；塔楼对底盘宜对称布置；上部塔楼结构的综合质心与底盘结构质心的距离不宜大于底盘相应边长的20%。

2 转换层不宜设置在底盘屋面的上层塔楼内。

3 塔楼中与裙房相连的外围柱、剪力墙，从固定端至裙房屋面上一层的高度范围内，柱纵向钢筋的最小配筋率宜适当提高，剪力墙宜按本规程第7.2.15条的规定设置约束边缘构件，柱箍筋宜在裙楼屋面上、下层的范围内全高加密；当塔楼结构相对于底盘结构偏心收进时，应加强底盘周边竖向构件的配筋构造措施。

4 大底盘多塔楼结构，可按本规程第5.1.14条规定的整体和分塔楼计算模型分别验算整体结构和各塔楼结构扭转为主的第一周期与平动为主的第一周期的比值，并应符合本规程第3.4.5条的有关要求。

10.6.4 悬挑结构设计应符合下列规定：

1 悬挑部位应采取降低结构自重的措施。

2 悬挑部位结构宜采用冗余度较高的结构形式。

3 结构内力和位移计算中，悬挑部位的楼层宜考虑楼板平面内的变形，结构分析模型应能反映水平地震对悬挑部位可能产生的竖向振动效应。

4 7度（0.15g）和8、9度抗震设计时，悬挑结构应考虑竖向地震的影响；6、7度抗震设计时，悬挑结构宜考虑竖向地震的影响。

5 抗震设计时，悬挑结构的关键构件以及与之相邻的主体结构关键构件的抗震等级宜提高一级采用，一级提高至特一级，抗震等级已经为特一级时，允许不再提高。

6 在预估罕遇地震作用下，悬挑结构关键构件的截面承载力宜符合本规程公式（3.11.3-3）的要求。

10.6.5 体型收进高层建筑结构、底盘高度超过房屋高度20%的多塔楼结构的设计应符合下列规定：

1 体型收进处宜采取措施减小结构刚度的变化，上部收进结构的底部楼层层间位移角不宜大于相邻下部区段最大层间位移角的1.15倍；

2 抗震设计时，体型收进部位上、下各2层塔楼周边竖向结构构件的抗震等级宜提高一级采用，一级提高至特一级，抗震等级已经为特一级时，允许不再提高；

3 结构偏心收进时，应加强收进部位以下2层结构周边竖向构件的配筋构造措施。

11 混合结构设计

11.1 一般规定

11.1.1 本章规定的混合结构，系指由外围钢框架或型钢混凝土、钢管混凝土框架与钢筋混凝土核心筒所组成的框架-核心筒结构，以及由外围钢框筒或型钢混凝土、钢管混凝土框筒与钢筋混凝土核心筒所组成的筒中筒结构。

11.1.2 混合结构高层建筑适用的最大高度应符合表11.1.2的规定。

表11.1.2 混合结构高层建筑适用的最大高度（m）

结构体系		非抗震设计	抗震设防烈度				
			6度	7度	8度		9度
					0.2g	0.3g	
框架-核心筒	钢框架-钢筋混凝土核心筒	210	200	160	120	100	70
	型钢（钢管）混凝土框架-钢筋混凝土核心筒	240	220	190	150	130	70
筒中筒	钢外筒-钢筋混凝土核心筒	280	260	210	160	140	80
	型钢（钢管）混凝土外筒-钢筋混凝土核心筒	300	280	230	170	150	90

注：平面和竖向均不规则的结构，最大适用高度应当降低。

11.1.3 混合结构高层建筑的高宽比不宜大于表11.1.3的规定。

表11.1.3 混合结构高层建筑适用的最大高宽比

结构体系	非抗震设计	抗震设防烈度		
		6度、7度	8度	9度
框架-核心筒	8	7	6	4
筒中筒	8	8	7	5

11.1.4 抗震设计时，混合结构房屋应根据设防类别、烈度、结构类型和房屋高度采用不同的抗震等级，并应符合相应的计算和构造措施要求。丙类建筑混合结构的抗震等级应按表11.1.4确定。

表11.1.4 钢-混凝土混合结构抗震等级

结构类型		抗震设防烈度					
		6度		7度		8度		9度
房屋高度（m）		≤150	>150	≤130	>130	≤100	>100	≤70
钢框架-钢筋混凝土核心筒	钢筋混凝土核心筒	二	一	二	一	特一	特一	特一
型钢(钢管)混凝土框架-钢筋混凝土核心筒	钢筋混凝土核心筒	二	一	二	一	特一	特一	特一
	型钢(钢管)混凝土框架	三		二				

结构类型		抗震设防烈度						
		6度		7度		8度		9度
房屋高度（m）		≤180	>180	≤150	>150	≤120	>120	≤90
钢外筒-钢筋混凝土核心筒	钢筋混凝土核心筒	二	二	二	一	特一	特一	特一
型钢（钢管）混凝土外筒-钢筋混凝土核心筒	钢筋混凝土核心筒	二	二	二	一	特一	特一	特一
	型钢（钢管）混凝土外筒	三	三	二	二	一	一	一

注：钢结构构件抗震等级，抗震设防烈度为6、7、8、9度时应分别取四、三、二、一级。

11.1.5 混合结构在风荷载及多遇地震作用下，按弹性方法计算的最大层间位移与层高的比值应符合本规程第3.7.3条的有关规定；在罕遇地震作用下，结构的弹塑性层间位移应符合本规程第3.7.5条的有关规定。

11.1.6 混合结构框架所承担的地震剪力应符合本规程第9.1.11条的规定。

11.1.7 地震设计状况下，型钢（钢管）混凝土构件和钢构件的承载力抗震调整系数 γ_{RE} 可分别按表11.1.7-1和表11.1.7-2采用。

表11.1.7-1 型钢（钢管）混凝土构件承载力抗震调整系数 γ_{RE}

正截面承载力计算				斜截面承载力计算
型钢混凝土梁	型钢混凝土柱及钢管混凝土柱	剪力墙	支撑	各类构件及节点
0.75	0.80	0.85	0.80	0.85

表11.1.7-2 钢构件承载力抗震调整系数 γ_{RE}

强度破坏（梁，柱，支撑，节点板件，螺栓，焊缝）	屈曲稳定（柱，支撑）
0.75	0.80

11.1.8 当采用压型钢板混凝土组合楼板时，楼板混凝土可采用轻质混凝土，其强度等级不应低于LC25；高层建筑钢-混凝土混合结构的内部隔墙应采用轻质隔墙。

11.2 结 构 布 置

11.2.1 混合结构房屋的结构布置除应符合本节的规定外，尚应符合本规程第3.4、3.5节的有关规定。

11.2.2 混合结构的平面布置应符合下列规定：

1 平面宜简单、规则、对称、具有足够的整体抗扭刚度，平面宜采用方形、矩形、多边形、圆形、椭圆形等规则平面，建筑的开间、进深宜统一；

2 筒中筒结构体系中，当外围钢框架柱采用H形截面柱时，宜将柱截面强轴方向布置在外围筒体平面内；角柱宜采用十字形、方形或圆形截面；

3 楼盖主梁不宜搁置在核心筒或内筒的连梁上。

11.2.3 混合结构的竖向布置应符合下列规定：

1 结构的侧向刚度和承载力沿竖向宜均匀变化、无突变，构件截面宜由下至上逐渐减小。

2 混合结构的外围框架柱沿高度宜采用同类结构构件；当采用不同类型结构构件时，应设置过渡层，且单柱的抗弯刚度变化不宜超过30%。

3 对于刚度变化较大的楼层，应采取可靠的过渡加强措施。

4 钢框架部分采用支撑时，宜采用偏心支撑和耗能支撑，支撑宜双向连续布置；框架支撑宜延伸至基础。

11.2.4 8、9度抗震设计时，应在楼面钢梁或型钢混凝土梁与混凝土筒体交接处及混凝土筒体四角墙内设置型钢柱；7度抗震设计时，宜在楼面钢梁或型钢混凝土梁与混凝土筒体交接处及混凝土筒体四角墙内设置型钢柱。

11.2.5 混合结构中，外围框架平面内梁与柱应采用刚性连接；楼面梁与钢筋混凝土筒体及外围框架柱的连接可采用刚接或铰接。

11.2.6 楼盖体系应具有良好的水平刚度和整体性，其布置应符合下列规定：

1 楼面宜采用压型钢板现浇混凝土组合楼板、现浇混凝土楼板或预应力混凝土叠合楼板，楼板与钢梁应可靠连接；

2 机房设备层、避难层及外伸臂桁架上下弦杆所在楼层的楼板宜采用钢筋混凝土楼板，并应采取加强措施；

3 对于建筑物楼面有较大开洞或为转换楼层时，应采用现浇混凝土楼板；对楼板大开洞部位宜采取设置刚性水平支撑等加强措施。

11.2.7 当侧向刚度不足时，混合结构可设置刚度适宜的加强层。加强层宜采用伸臂桁架，必要时可配合布置周边带状桁架。加强层设计应符合下列规定：

1 伸臂桁架和周边带状桁架宜采用钢桁架。

2 伸臂桁架应与核心筒墙体刚接，上、下弦杆均应延伸至墙体内且贯通，墙体内宜设置斜腹杆或暗撑；外伸臂桁架与外围框架柱宜采用铰接或半刚接；周边带状桁架与外框架柱的连接宜采用刚性连接。

3 核心筒墙体与伸臂桁架连接处宜设置构造型钢柱，型钢柱宜至少延伸至伸臂桁架高度范围以外上、下各一层。

4 当布置有外伸桁架加强层时，应采取有效措施减少由于外框柱与混凝土筒体竖向变形差异引起的桁架杆件内力。

11.3 结 构 计 算

11.3.1 弹性分析时，宜考虑钢梁与现浇混凝土楼板的共同作用，梁的刚度可取钢梁刚度的1.5～2.0倍，但应保证钢梁与楼板有可靠连接。弹塑性分析时，可不考虑楼板与梁的共同作用。

11.3.2 结构弹性阶段的内力和位移计算时，构件刚度取值应符合下列规定：

1 型钢混凝土构件、钢管混凝土柱的刚度可按下列公式计算：

$$EI = E_c I_c + E_a I_a \qquad (11.3.2-1)$$
$$EA = E_c A_c + E_a A_a \qquad (11.3.2-2)$$
$$GA = G_c A_c + G_a A_a \qquad (11.3.2-3)$$

式中：$E_c I_c$，$E_c A_c$，$G_c A_c$——分别为钢筋混凝土部分的截面抗弯刚度、轴向刚度及抗剪刚度；

$E_a I_a$，$E_a A_a$，$G_a A_a$——分别为型钢、钢管部分的截面抗弯刚度、轴向刚度及抗剪刚度。

2 无端柱型钢混凝土剪力墙可近似按相同截面的混凝土剪力墙计算其轴向、抗弯和抗剪刚度，可不计端部型钢对截面刚度的提高作用；

3 有端柱型钢混凝土剪力墙可按 H 形混凝土截面计算其轴向和抗弯刚度，端柱内型钢可折算为等效混凝土面积计入 H 形截面的翼缘面积，墙的抗剪刚度可不计入型钢作用；

4 钢板混凝土剪力墙可将钢板折算为等效混凝土面积计算其轴向、抗弯和抗剪刚度。

11.3.3 竖向荷载作用计算时，宜考虑钢柱、型钢混凝土（钢管混凝土）柱与钢筋混凝土核心筒竖向变形差引起的结构附加内力，计算竖向变形差时宜考虑混凝土收缩、徐变、沉降及施工调整等因素的影响。

11.3.4 当混凝土筒体先于外围框架结构施工时，应考虑施工阶段混凝土筒体在风力及其他荷载作用下的不利受力状态；应验算在浇筑混凝土之前外围型钢结构在施工荷载及可能的风载作用下的承载力、稳定及变形，并据此确定钢结构安装与浇筑楼层混凝土的间隔层数。

11.3.5 混合结构在多遇地震作用下的阻尼比可取为0.04。风荷载作用下楼层位移验算和构件设计时，阻尼比可取为0.02～0.04。

11.3.6 结构内力和位移计算时，设置伸臂桁架的楼层以及楼板开大洞的楼层应考虑楼板平面内变形的不利影响。

11.4 构 件 设 计

11.4.1 型钢混凝土构件中型钢板件（图 11.4.1）的宽厚比不宜超过表 11.4.1 的规定。

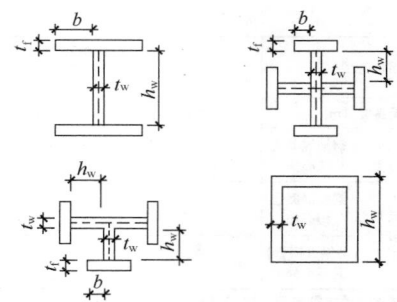

图 11.4.1 型钢板件示意

11.4.2 型钢混凝土梁应满足下列构造要求：

1 混凝土粗骨料最大直径不宜大于 25mm，型钢宜采用 Q235 及 Q345 级钢材，也可采用 Q390 或其他符合结构性能要求的钢材。

2 型钢混凝土梁的最小配筋率不宜小于0.30%，梁的纵向钢筋宜避免穿过柱中型钢的翼缘。梁的纵向的受力钢筋不宜超过两排；配置两排钢筋时，第二排钢筋宜配置在型钢截面外侧。当梁的腹板高度大于450mm时，在梁的两侧面应沿梁高度配置纵向构造钢筋，纵向构造钢筋的间距不宜大于200mm。

3 型钢混凝土梁中型钢的混凝土保护层厚度不宜小于 100mm，梁纵向钢筋净间距及梁纵向钢筋与型钢骨架的最小净距不应小于 30mm，且不小于粗骨料最大粒径的 1.5 倍及梁纵向钢筋直径的 1.5 倍。

4 型钢混凝土梁中的纵向受力钢筋宜采用机械连接。如纵向钢筋需贯穿型钢柱腹板并以 90°弯折固定在柱截面内时，抗震设计的弯折前直段长度不应小于钢筋抗震基本锚固长度 l_{abE} 的 40%，弯折直段长度不应小于 15 倍纵向钢筋直径；非抗震设计的弯折前直段长度不应小于钢筋基本锚固长度 l_{ab} 的 40%，弯折直段长度不应小于 12 倍纵向钢筋直径。

5 梁上开洞不宜大于梁截面总高的 40%，且不宜大于内含型钢截面高度的 70%，并应位于梁高及型钢高度的中间区域。

6 型钢混凝土悬臂梁自由端的纵向受力钢筋应设置专门的锚固件，型钢梁的上翼缘宜设置栓钉；型钢混凝土转换梁在型钢上翼缘宜设置栓钉。栓钉的最大间距不宜大于 200mm，栓钉的最小间距沿梁轴线方向不应小于 6 倍的栓钉杆直径，垂直梁方向的间距不应小于 4 倍的栓钉杆直径，且栓钉中心至型钢板件边缘的距离不应小于 50mm。栓钉顶面的混凝土保护层厚度不应小于 15mm。

11.4.3 型钢混凝土梁的箍筋应符合下列规定：

1 箍筋的最小面积配筋率应符合本规程第 6.3.4 条第 4 款和第 6.3.5 条第 1 款的规定，且不应小于 0.15%。

2 抗震设计时，梁端箍筋应加密配置。加密区范围，一级取梁截面高度的 2.0 倍，二、三、四级取

表 11.4.1 型钢板件宽厚比限值

钢号	梁		柱		
			H、十、T 形截面		箱形截面
	b/t_f	h_w/t_w	b/t_f	h_w/t_w	h_w/t_w
Q235	23	107	23	96	72
Q345	19	91	19	81	61
Q390	18	83	18	75	56

梁截面高度的 1.5 倍；当梁净跨小于梁截面高度的 4 倍时，梁箍筋应全跨加密配置。

3 型钢混凝土梁应采用具有 135°弯钩的封闭式箍筋，弯钩的直段长度不应小于 8 倍箍筋直径。非抗震设计时，梁箍筋直径不应小于 8mm，箍筋间距不应大于 250mm；抗震设计时，梁箍筋的直径和间距应符合表 11.4.3 的要求。

表 11.4.3 梁箍筋直径和间距（mm）

抗震等级	箍筋直径	非加密区箍筋间距	加密区箍筋间距
一	≥12	≤180	≤120
二	≥10	≤200	≤150
三	≥10	≤250	≤180
四	≥8	250	200

11.4.4 抗震设计时，混合结构中型钢混凝土柱的轴压比不宜大于表 11.4.4 的限值，轴压比可按下式计算：

$$\mu_N = N/(f_c A_c + f_a A_a) \quad (11.4.4)$$

式中：μ_N——型钢混凝土柱的轴压比；

N——考虑地震组合的柱轴向力设计值；

A_c——扣除型钢后的混凝土截面面积；

f_c——混凝土的轴心抗压强度设计值；

f_a——型钢的抗压强度设计值；

A_a——型钢的截面面积。

表 11.4.4 型钢混凝土柱的轴压比限值

抗震等级	一	二	三
轴压比限值	0.70	0.80	0.90

注：1 转换柱的轴压比应比表中数值减少 0.10 采用；

2 剪跨比不大于 2 的柱，其轴压比应比表中数值减少 0.05 采用；

3 当采用 C60 以上混凝土时，轴压比宜减少 0.05。

11.4.5 型钢混凝土柱设计应符合下列构造要求：

1 型钢混凝土柱的长细比不宜大于 80。

2 房屋的底层、顶层以及型钢混凝土与钢筋混凝土交接层的型钢混凝土柱宜设置栓钉，型钢截面为箱形的柱子也宜设置栓钉，栓钉水平间距不宜大于 250mm。

3 混凝土粗骨料的最大直径不宜大于 25mm。型钢柱中型钢的保护厚度不宜小于 150mm；柱纵向钢筋净间距不宜小于 50mm，且不应小于柱纵向钢筋直径的 1.5 倍；柱纵向钢筋与型钢的最小净距不应小于 30mm，且不应小于粗骨料最大粒径的 1.5 倍。

4 型钢混凝土柱的纵向钢筋最小配筋率不宜小于 0.8%，且在四角应各配置一根直径不小于 16mm 的纵向钢筋。

5 柱中纵向受力钢筋的间距不宜大于 300mm；

当间距大于 300mm 时，宜附加配置直径不小于 14mm 的纵向构造钢筋。

6 型钢混凝土柱的型钢含钢率不宜小于 4%。

11.4.6 型钢混凝土柱箍筋的构造设计应符合下列规定：

1 非抗震设计时，箍筋直径不应小于 8mm，箍筋间距不应大于 200mm。

2 抗震设计时，箍筋应做成 135°弯钩，箍筋弯钩直段长度不应小于 10 倍箍筋直径。

3 抗震设计时，柱端箍筋应加密，加密区范围应取矩形截面柱长边尺寸（或圆形截面柱直径）、柱净高的 1/6 和 500mm 三者的最大值；对剪跨比不大于 2 的柱，其箍筋均应全高加密，箍筋间距不应大于 100mm。

4 抗震设计时，柱箍筋的直径和间距应符合表 11.4.6 的规定，加密区箍筋最小体积配箍率尚应符合式（11.4.6）的要求，非加密区箍筋最小体积配箍率不应小于加密区箍筋最小体积配箍率的一半；对剪跨比不大于 2 的柱，其箍筋体积配箍率尚不应小于 1.0%，9 度抗震设计时尚不应小于 1.3%。

$$\rho_v \geq 0.85\lambda_v f_c/f_y \quad (11.4.6)$$

式中：λ_v——柱最小配箍特征值，宜按本规程表 6.4.7 采用。

表 11.4.6 型钢混凝土柱箍筋直径和间距（mm）

抗震等级	箍筋直径	非加密区箍筋间距	加密区箍筋间距
一	≥12	≤150	≤100
二	≥10	≤200	≤100
三、四	≥8	≤200	≤150

注：箍筋直径除应符合表中要求外，尚不应小于纵向钢筋直径的 1/4。

11.4.7 型钢混凝土梁柱节点应符合下列构造要求：

1 型钢柱在梁水平翼缘处应设置加劲肋，其构造不应影响混凝土浇筑密实；

2 箍筋间距不宜大于柱端加密区间距的 1.5 倍，箍筋直径不宜小于柱端箍筋加密区的箍筋直径；

3 梁中钢筋穿过梁柱节点时，不宜穿过柱型钢翼缘；需穿过柱腹板时，柱腹板截面损失率不宜大于 25%，当超过 25%时，则需进行补强；梁中主筋不得与柱型钢直接焊接。

11.4.8 圆形钢管混凝土构件及节点可按本规程附录 F 进行设计。

11.4.9 圆形钢管混凝土柱尚应符合下列构造要求：

1 钢管直径不宜小于 400mm。

2 钢管壁厚不宜小于 8mm。

3 钢管外径与壁厚的比值 D/t 宜在（20～100）$\sqrt{235/f_y}$ 之间，f_y 为钢材的屈服强度。

4 圆钢管混凝土柱的套箍指标 $\frac{f_a A_a}{f_c A_c}$，不应小于

0.5，也不宜大于 2.5。

5 柱的长细比不宜大于 80。

6 轴向压力偏心率 e_0/r_c 不宜大于 1.0，e_0 为偏心距，r_c 为核心混凝土横截面半径。

7 钢管混凝土柱与框架梁刚性连接时，柱内或柱外应设置与梁上、下翼缘位置对应的加劲肋；加劲肋设置于柱内时，应留孔以利混凝土浇筑；加劲肋设置于柱外时，应形成加劲环板。

8 直径大于 2m 的圆形钢管混凝土构件应采取有效措施减小钢管内混凝土收缩对构件受力性能的影响。

11.4.10 矩形钢管混凝土柱应符合下列构造要求：

1 钢管截面短边尺寸不宜小于 400mm；

2 钢管壁厚不宜小于 8mm；

3 钢管截面的高宽比不宜大于 2，当矩形钢管混凝土柱截面最大边尺寸不小于 800mm 时，宜采取在柱子内壁上焊接栓钉、纵向加劲肋等构造措施；

4 钢管管壁板件的边长与其厚度的比值不应大于 $60\sqrt{235/f_y}$；

5 柱的长细比不宜大于 80；

6 矩形钢管混凝土柱的轴压比应按本规程公式（11.4.4）计算，并不宜大于表 11.4.10 的限值。

表 11.4.10 矩形钢管混凝土柱轴压比限值

一级	二级	三级
0.70	0.80	0.90

11.4.11 当核心筒墙体承受的弯矩、剪力和轴力均较大时，核心筒墙体可采用型钢混凝土剪力墙或钢板混凝土剪力墙。钢板混凝土剪力墙的受剪截面及受剪承载力应符合本规程第 11.4.12、11.4.13 条的规定，其构造设计应符合本规程第 11.4.14、11.4.15 条的规定。

11.4.12 钢板混凝土剪力墙的受剪截面应符合下列规定：

1 持久、短暂设计状况

$$V_{cw} \leqslant 0.25 f_c b_w h_{w0} \quad (11.4.12\text{-}1)$$

$$V_{cw} = V - \left(\frac{0.3}{\lambda} f_a A_{a1} + \frac{0.6}{\lambda - 0.5} f_{sp} A_{sp} \right)$$
$$(11.4.12\text{-}2)$$

2 地震设计状况

剪跨比 λ 大于 2.5 时

$$V_{cw} \leqslant \frac{1}{\gamma_{RE}} (0.20 f_c b_w h_{w0}) \quad (11.4.12\text{-}3)$$

剪跨比 λ 不大于 2.5 时

$$V_{cw} \leqslant \frac{1}{\gamma_{RE}} (0.15 f_c b_w h_{w0}) \quad (11.4.12\text{-}4)$$

$$V_{cw} = V - \frac{1}{\gamma_{RE}} \left(\frac{0.25}{\lambda} f_a A_{a1} + \frac{0.5}{\lambda - 0.5} f_{sp} A_{sp} \right)$$
$$(11.4.12\text{-}5)$$

式中：V——钢板混凝土剪力墙截面承受的剪力设

计值；

V_{cw}——仅考虑钢筋混凝土截面承担的剪力设计值；

λ——计算截面的剪跨比。当 $\lambda < 1.5$ 时，取 $\lambda = 1.5$，当 $\lambda > 2.2$ 时，取 $\lambda = 2.2$；当计算截面与墙底之间的距离小于 $0.5 h_{w0}$ 时，λ 应按距离墙底 $0.5 h_{w0}$ 处的弯矩值与剪力值计算；

f_a——剪力墙端部暗柱中所配型钢的抗压强度设计值；

A_{a1}——剪力墙一端所配型钢的截面面积，当两端所配型钢截面面积不同时，取较小一端的面积；

f_{sp}——剪力墙墙身所配钢板的抗压强度设计值；

A_{sp}——剪力墙墙身所配钢板的横截面面积。

11.4.13 钢板混凝土剪力墙偏心受压时的斜截面受剪承载力，应按下列公式进行验算：

1 持久、短暂设计状况

$$V \leqslant \frac{1}{\lambda - 0.5} \left(0.5 f_t b_w h_{w0} + 0.13 N \frac{A_w}{A} \right) + f_{yv} \frac{A_{sh}}{s} h_{w0}$$
$$+ \frac{0.3}{\lambda} f_a A_{a1} + \frac{0.6}{\lambda - 0.5} f_{sp} A_{sp} \quad (11.4.13\text{-}1)$$

2 地震设计状况

$$V \leqslant \frac{1}{\gamma_{RE}} \left[\frac{1}{\lambda - 0.5} \left(0.4 f_t b_w h_{w0} + 0.1 N \frac{A_w}{A} \right) \right.$$
$$\left. + 0.8 f_{yv} \frac{A_{sh}}{s} h_{w0} + \frac{0.25}{\lambda} f_a A_{a1} + \frac{0.5}{\lambda - 0.5} f_{sp} A_{sp} \right]$$
$$(11.4.13\text{-}2)$$

式中：N——剪力墙承受的轴向压力设计值，当大于 $0.2 f_c b_w h_w$ 时，取为 $0.2 f_c b_w h_w$。

11.4.14 型钢混凝土剪力墙、钢板混凝土剪力墙应符合下列构造要求：

1 抗震设计时，一、二级抗震等级的型钢混凝土剪力墙、钢板混凝土剪力墙底部加强部位，其重力荷载代表值作用下墙肢的轴压比不宜超过本规程表 7.2.13 的限值，其轴压比可按下式计算：

$$\mu_N = N/(f_c A_c + f_a A_a + f_{sp} A_{sp}) \quad (11.4.14)$$

式中：N——重力荷载代表值作用下墙肢的轴向压力设计值；

A_c——剪力墙墙肢混凝土截面面积；

A_a——剪力墙所配型钢的全部截面面积。

2 型钢混凝土剪力墙、钢板混凝土剪力墙在楼层标高处宜设置暗梁。

3 端部配置型钢的混凝土剪力墙，型钢的保护层厚度宜大于 100mm；水平分布钢筋应绕过或穿过墙端型钢，且应满足钢筋锚固长度要求。

4 周边有型钢混凝土柱和梁的现浇钢筋混凝土剪力墙，剪力墙的水平分布钢筋应绕过或穿过周边柱型钢，且应满足钢筋锚固长度要求；当采用间隔穿过时，宜另加补强钢筋。周边柱的型钢、纵向钢筋、箍筋配置应符合型钢混凝土柱的设计要求。

11.4.15 钢板混凝土剪力墙尚应符合下列构造要求：

1 钢板混凝土剪力墙体中的钢板厚度不宜小于10mm，也不宜大于墙厚的1/15；

2 钢板混凝土剪力墙的墙身分布钢筋配筋率不宜小于0.4%，分布钢筋间距不宜大于200mm，且应与钢板可靠连接；

3 钢板与周围型钢构件宜采用焊接；

4 钢板与混凝土墙体之间连接件的构造要求可按照现行国家标准《钢结构设计规范》GB 50017 中关于组合梁抗剪连接件构造要求执行，栓钉间距不宜大于300mm；

5 在钢板墙角部1/5板跨且不小于1000mm范围内，钢筋混凝土墙体分布钢筋、抗剪栓钉间距宜适当加密。

11.4.16 钢梁或型钢混凝土梁与混凝土筒体应有可靠连接，应能传递竖向剪力及水平力。当钢梁或型钢混凝土梁通过埋件与混凝土筒体连接时，预埋件应有足够的锚固长度，连接做法可按图11.4.16采用。

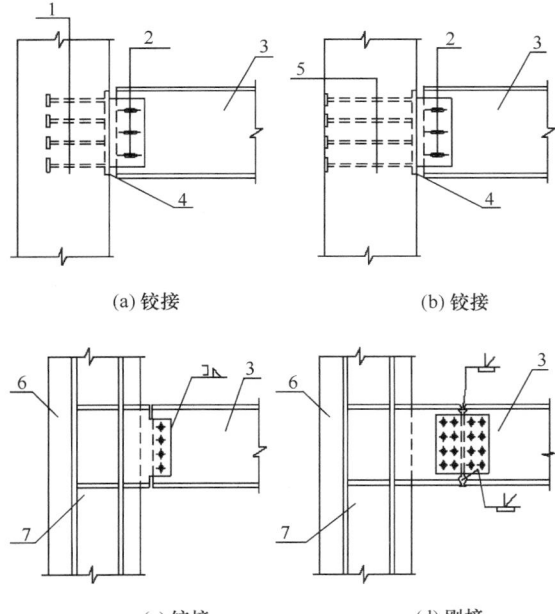

(a) 铰接　　　　(b) 铰接

(c) 铰接　　　　(d) 刚接

图 11.4.16　钢梁、型钢混凝土梁与混凝土
核心筒的连接构造示意

1—栓钉；2—高强度螺栓及长圆孔；3—钢梁；4—预埋件端板；5—穿筋；6—混凝土墙；7—墙内预埋钢骨柱

11.4.17 抗震设计时，混合结构中的钢柱及型钢混凝土柱、钢管混凝土柱宜采用埋入式柱脚。采用埋入式柱脚时，应符合下列规定：

1 埋入深度应通过计算确定，且不宜小于型钢柱截面长边尺寸的2.5倍；

2 在柱脚部位和柱脚向上延伸一层的范围内宜设置栓钉，其直径不宜小于19mm，其竖向及水平间距不宜大于200mm。

注：当有可靠依据时，可通过计算确定栓钉数量。

11.4.18 钢筋混凝土核心筒、内筒的设计，除应符合本规程第9.1.7条的规定外，尚应符合下列规定：

1 抗震设计时，钢框架-钢筋混凝土核心筒结构的筒体底部加强部位分布钢筋的最小配筋率不宜小于0.35%，筒体其他部位的分布筋不宜小于0.30%；

2 抗震设计时，框架-钢筋混凝土核心筒混合结构的筒体底部加强部位约束边缘构件沿墙肢的长度宜取墙肢截面高度的1/4，筒体底部加强部位以上墙体宜按本规程第7.2.15条的规定设置约束边缘构件；

3 当连梁抗剪截面不足时，可采取在连梁中设置型钢或钢板等措施。

11.4.19 混合结构中结构构件的设计，尚应符合国家现行标准《钢结构设计规范》GB 50017、《混凝土结构设计规范》GB 50010、《高层民用建筑钢结构技术规程》JGJ 99、《型钢混凝土组合结构技术规程》JGJ 138 的有关规定。

12　地下室和基础设计

12.1　一般规定

12.1.1 高层建筑宜设地下室。

12.1.2 高层建筑的基础设计，应综合考虑建筑场地的工程地质和水文地质状况、上部结构的类型和房屋高度、施工技术和经济条件等因素，使建筑物不致发生过量沉降或倾斜，满足建筑物正常使用要求；还应了解邻近地下构筑物及各项地下设施的位置和标高等，减少与相邻建筑的相互影响。

12.1.3 在地震区，高层建筑宜避开对抗震不利的地段；当条件不允许避开不利地段时，应采取可靠措施，使建筑物在地震时不致由于地基失效而破坏，或者产生过量下沉或倾斜。

12.1.4 基础设计宜采用当地成熟可靠的技术；宜考虑基础与上部结构相互作用的影响。施工期间需要降低地下水位的，应采取避免影响邻近建筑物、构筑物、地下设施等安全和正常使用的有效措施；同时还应注意施工降水的时间要求，避免停止降水后水位过早上升而引起建筑物上浮等问题。

12.1.5 高层建筑应采用整体性好、能满足地基承载力和建筑物容许变形要求并能调节不均匀沉降的基础形式；宜采用筏形基础或带桩基的筏形基础，必要时可采用箱形基础。当地质条件好且能满足地基承载力和变形要求时，也可采用交叉梁式基础或其他形式基础；当地基承载力或变形不满足设计要求时，可采用桩基或复合地基。

12.1.6 高层建筑主体结构基础底面形心宜与永久作用重力荷载重心重合；当采用桩基础时，桩基的竖向刚度中心宜与高层建筑主体结构永久重力荷载重心重合。

12.1.7 在重力荷载与水平荷载标准值或重力荷载代表值与多遇水平地震标准值共同作用下，高宽比大于4的高层建筑，基础底面不宜出现零应力区；高宽比不大于4的高层建筑，基础底面与地基之间零应力区面积不应超过基础底面面积的15%。质量偏心较大的裙楼与主楼可分别计算基底应力。

12.1.8 基础应有一定的埋置深度。在确定埋置深度时，应综合考虑建筑物的高度、体型、地基土质、抗震设防烈度等因素。基础埋置深度可从室外地坪算至基础底面，并宜符合下列规定：

　　1 天然地基或复合地基，可取房屋高度的1/15；

　　2 桩基础，不计桩长，可取房屋高度的1/18。

　　当建筑物采用岩石地基或采取有效措施时，在满足地基承载力、稳定性要求及本规程第12.1.7条规定的前提下，基础埋深可比本条第1、2两款的规定适当放松。

　　当地基可能产生滑移时，应采取有效的抗滑移措施。

12.1.9 高层建筑的基础和与其相连的裙房的基础，设置沉降缝时，应考虑高层主楼基础有可靠的侧向约束及有效埋深；不设沉降缝时，应采取有效措施减少差异沉降及其影响。

12.1.10 高层建筑基础的混凝土强度等级不宜低于C25。当有防水要求时，混凝土抗渗等级应根据基础埋置深度按表12.1.10采用，必要时可设置架空排水层。

表12.1.10　基础防水混凝土的抗渗等级

基础埋置深度 H（m）	抗渗等级
$H < 10$	P6
$10 \leqslant H < 20$	P8
$20 \leqslant H < 30$	P10
$H \geqslant 30$	P12

12.1.11 基础及地下室的外墙、底板，当采用粉煤灰混凝土时，可采用60d或90d龄期的强度指标作为其混凝土设计强度。

12.1.12 抗震设计时，独立基础宜沿两个主轴方向设置基础系梁；剪力墙基础应具有良好的抗转动能力。

12.2　地下室设计

12.2.1 高层建筑地下室顶板作为上部结构的嵌固部位时，应符合下列规定：

　　1 地下室顶板应避免开设大洞口，其混凝土强度等级应符合本规程第3.2.2条的有关规定，楼盖设计应符合本规程第3.6.3条的有关规定；

　　2 地下一层与相邻上层的侧向刚度比应符合本规程第5.3.7条的规定；

　　3 地下室顶板对应于地上框架柱的梁柱节点设计应符合下列要求之一：

　　　　1）地下一层柱截面每侧的纵向钢筋面积除应符合计算要求外，不应少于地上一层对应柱每侧纵向钢筋面积的1.1倍；地下一层梁端顶面和底面的纵向钢筋应比计算值增大10%采用。

　　　　2）地下一层柱每侧的纵向钢筋面积不小于地上一层对应柱每侧纵向钢筋面积的1.1倍且地下室顶板梁柱节点左右梁端截面与下柱上端同一方向实配的受弯承载力之和不小于地上一层对应柱下端实配的受弯承载力的1.3倍。

　　4 地下室与上部对应的剪力墙墙肢端部边缘构件的纵向钢筋截面面积不应小于地上一层对应的剪力墙墙肢边缘构件的纵向钢筋截面面积。

12.2.2 高层建筑地下室设计，应综合考虑上部荷载、岩土侧压力及地下水的不利作用影响。地下室应满足整体抗浮要求，可采取排水、加配重或设置抗拔锚桩（杆）等措施。当地下水具有腐蚀性时，地下室外墙及底板应采取相应的防腐蚀措施。

12.2.3 高层建筑地下室不宜设置变形缝。当地下室长度超过伸缩缝最大间距时，可考虑利用混凝土后期强度，降低水泥用量；也可每隔30m～40m设置贯通顶板、底部及墙板的施工后浇带。后浇带可设置在柱距三等分的中间范围内以及剪力墙附近，其方向宜与梁正交，沿竖向应在结构同跨内；底板及外墙的后浇带宜增设附加防水层；后浇带封闭时间宜滞后45d以上，其混凝土强度等级宜提高一级，并宜采用无收缩混凝土，低温入模。

12.2.4 高层建筑主体结构地下室底板与扩大地下室底板交界处，其截面厚度和配筋应适当加强。

12.2.5 高层建筑地下室外墙设计应满足水土压力及地面荷载侧压作用下承载力要求，其竖向和水平分布钢筋应双层双向布置，间距不宜大于150mm，配筋率不宜小于0.3%。

12.2.6 高层建筑地下室外周回填土应采用级配砂石、砂土或灰土，并应分层夯实。

12.2.7 有窗井的地下室，应设外挡土墙，挡土墙与地下室外墙之间应有可靠连接。

12.3 基础设计

12.3.1 高层建筑基础设计应以减小长期重力荷载作用下地基变形、差异变形为主。计算地基变形时，传至基础底面的荷载效应采用正常使用极限状态下荷载效应的准永久组合，不计入风荷载和地震作用；按地基承载力确定基础底面积及埋深或按桩基承载力确定桩数时，传至基础或承台底面的荷载效应采用正常使用状态下荷载效应的标准组合，相应的抗力采用地基承载力特征值或桩基承载力特征值；风荷载组合效应下，最大基底反力不应大于承载力特征值的1.2倍，平均基底反力不应大于承载力特征值；地震作用组合效应下，地基承载力验算应按现行国家标准《建筑抗震设计规范》GB 50011 的规定执行。

12.3.2 高层建筑结构基础嵌入硬质岩石时，可在基础周边及底面设置砂质或其他材质褥垫层，垫层厚度可取 50mm～100mm；不宜采用肥槽填充混凝土做法。

12.3.3 筏形基础的平面尺寸应根据地基土的承载力、上部结构的布置及其荷载的分布等因素确定。

12.3.4 平板式筏基的板厚可根据受冲切承载力计算确定，板厚不宜小于400mm。冲切计算时，应考虑作用在冲切临界截面重心上的不平衡弯矩所产生的附加剪力。当筏板在个别柱位不满足受冲切承载力要求时，可将该柱下的筏形局部加厚或配置抗冲切钢筋。

12.3.5 当地基比较均匀、上部结构刚度较好、上部结构柱间距及柱荷载的变化不超过20%时，高层建筑的筏形基础可仅考虑局部弯曲作用，按倒楼盖法计算。当不符合上述条件时，宜按弹性地基板计算。

12.3.6 筏形基础应采用双向钢筋网片分别配置在板的顶面和底面，受力钢筋直径不宜小于12mm，钢筋间距不宜小于150mm，也不宜大于300mm。

12.3.7 当梁板式筏基的肋梁宽度小于柱宽时，肋梁可在柱边加腋，并应满足相应的构造要求。墙、柱的纵向钢筋应穿过肋梁，并应满足钢筋锚固长度要求。

12.3.8 梁板式筏基的梁高取值应包括底板厚度在内，梁高不宜小于平均柱距的1/6。确定梁高时，应综合考虑荷载大小、柱距、地质条件等因素，并应满足承载力要求。

12.3.9 当满足地基承载力要求时，筏形基础的周边不宜向外有较大的伸挑、扩大。当需要外挑时，有肋梁的筏基宜将梁一同挑出。

12.3.10 桩基可采用钢筋混凝土预制桩、灌注桩或钢桩。桩基承台可采用柱下单独承台、双向交叉梁、筏形承台、箱形承台。桩基选择和承台设计应根据上部结构类型、荷载大小、桩穿越的土层、桩端持力层土质、地下水位、施工条件和经验、制桩材料供应条件等因素综合考虑。

12.3.11 桩基的竖向承载力、水平承载力和抗拔承载力设计，应符合现行行业标准《建筑桩基技术规范》JGJ 94 的有关规定。

12.3.12 桩的布置应符合下列要求：

1 等直径桩的中心距不应小于3倍桩横截面的边长或直径；扩底桩中心距不应小于扩底直径的1.5倍，且两个扩大头间的净距不宜小于1m。

2 布桩时，宜使各桩承台承载力合力点与相应竖向永久荷载合力作用点重合，并使桩基在水平力产生的力矩较大方向有较大的抵抗矩。

3 平板式桩筏基础，桩宜布置在柱下或墙下，必要时可满堂布置，核心筒下可适当加密布桩；梁板式桩筏基础，桩宜布置在基础梁下或柱下；桩箱基础，宜将桩布置在墙下。直径不小于800mm的大直径桩可采用一柱一桩。

4 应选择较硬土层作为桩端持力层。桩径为 d 的桩端全截面进入持力层的深度，对于黏性土、粉土不宜小于 $2d$；砂土不宜小于 $1.5d$；碎石类土不宜小于 $1d$。当存在软弱下卧层时，桩端下部硬持力层厚度不宜小于 $4d$。

抗震设计时，桩进入碎石土、砾砂、粗砂、中砂、密实粉土、坚硬黏性土的深度尚不应小于 0.5m，对其他非岩石类土尚不应小于 1.5m。

12.3.13 对沉降有严格要求的建筑的桩基础以及采用摩擦型桩的桩基础，应进行沉降计算。受较大永久水平作用或对水平位移要求严格的建筑桩基，应验算其水平变位。

按正常使用极限状态验算桩基沉降时，荷载效应应采用准永久组合；验算桩基的横向变位、抗裂、裂缝宽度时，根据使用要求和裂缝控制等级分别采用荷载的标准组合、准永久组合，并考虑长期作用影响。

12.3.14 钢桩应符合下列规定：

1 钢桩可采用管形或 H 形，其材质应符合国家现行有关标准的规定；

2 钢桩的分段长度不宜超过15m，焊接结构应采用等强连接；

3 钢桩防腐处理可采用增加腐蚀余量措施；当钢管桩内壁同外界隔绝时，可不采用内壁防腐。钢桩的防腐速率无实测资料时，如桩顶在地下水位以下且地下水无腐蚀性时，可取每年 0.03mm，且腐蚀预留量不应小于 2mm。

12.3.15 桩与承台的连接应符合下列规定：

1 桩顶嵌入承台的长度，对大直径桩不宜小于100mm，对中、小直径的桩不宜小于50mm；

2 混凝土桩的桩顶纵筋应伸入承台内，其锚固长度应符合现行国家标准《混凝土结构设计规范》GB 50010 的有关规定。

12.3.16 箱形基础的平面尺寸应根据地基土承载力和上部结构布置以及荷载大小等因素确定。外墙宜沿建筑物周边布置，内墙应沿上部结构的柱网或剪力墙位置纵横均匀布置，墙体水平截面总面积不宜小于箱形基础外墙外包尺寸的水平投影面积的 1/10。对基础平面长宽比大于 4 的箱形基础，其纵墙水平截面面积不应小于箱基外墙外包尺寸水平投影面积的 1/18。

12.3.17 箱形基础的高度应满足结构的承载力、刚度及建筑使用功能要求，一般不宜小于箱基长度的 1/20，且不宜小于 3m。此处，箱基长度不计墙外悬挑板部分。

12.3.18 箱形基础的顶板、底板及墙体的厚度，应根据受力情况、整体刚度和防水要求确定。无人防设计要求的箱基，基础底板不应小于 300mm，外墙厚度不应小于 250mm，内墙的厚度不应小于 200mm，顶板厚度不应小于 200mm。

12.3.19 与高层主楼相连的裙房基础若采用外挑箱基墙或箱基梁的方法，则外挑部分的基底应采取有效措施，使其具有适应差异沉降变形的能力。

12.3.20 箱形基础墙体的门洞宜设在柱间居中的部位，洞口上、下过梁应进行承载力计算。

12.3.21 当地基压缩层深度范围内的土层在竖向和水平方向皆较均匀，且上部结构为平立面布置较规则的框架、剪力墙、框架-剪力墙结构时，箱形基础的顶、底板可仅考虑局部弯曲进行计算；计算时，底板反力应扣除板的自重及其上面层和填土的自重，顶板荷载应按实际情况考虑。整体弯曲的影响可在构造上加以考虑。

箱形基础的顶板和底板钢筋配置除符合计算要求外，纵横方向支座钢筋尚应有 1/3～1/2 贯通配置，跨中钢筋应按实际计算的配筋全部贯通。钢筋宜采用机械连接；采用搭接时，搭接长度应按受拉钢筋考虑。

12.3.22 箱形基础的顶板、底板及墙体均应采用双层双向配筋。墙体的竖向和水平钢筋直径均不应小于 10mm，间距均不应大于 200mm。除上部为剪力墙外，内、外墙的墙顶处宜配置两根直径不小于 20mm 的通长构造钢筋。

12.3.23 上部结构底层柱纵向钢筋伸入箱形基础墙体的长度应符合下列规定：

1 柱下三面或四面有箱形基础墙的内柱，除柱四角纵向钢筋直通到基底外，其余钢筋可伸入顶板底面以下 40 倍纵向钢筋直径处；

2 外柱、与剪力墙相连的柱及其他内柱的纵向钢筋应直通到基底。

13 高层建筑结构施工

13.1 一般规定

13.1.1 承担高层、超高层建筑结构施工的单位应具备相应的资质。

13.1.2 施工单位应认真熟悉图纸，参加设计交底和图纸会审。

13.1.3 施工前，施工单位应根据工程特点和施工条件，按有关规定编制施工组织设计和施工方案，并进行技术交底。

13.1.4 编制施工方案时，应根据施工方法、附墙爬升设备、垂直运输设备及当地的温度、风力等自然条件对结构及构件受力的影响，进行相应的施工工况模拟和受力分析。

13.1.5 冬期施工应符合《建筑工程冬期施工规程》JGJ 104 的规定。雨期、高温及干热气候条件下，应编制专门的施工方案。

13.2 施 工 测 量

13.2.1 施工测量应符合现行国家标准《工程测量规范》GB 50026 的有关规定，并应根据建筑物的平面、体形、层数、高度、场地状况和施工要求，编制施工测量方案。

13.2.2 高层建筑施工采用的测量器具，应按国家计量部门的有关规定进行检定、校准，合格后方可使用。测量仪器的精度应满足下列规定：

1 在场地平面控制测量中，宜使用测距精度不低于 $\pm(3mm+2\times10^{-6}\times D)$、测角精度不低于 $\pm5''$ 级的全站仪或测距仪（D 为测距，以毫米为单位）；

2 在场地标高测量中，宜使用精度不低于 DSZ3 的自动安平水准仪；

3 在轴线竖向投测中，宜使用 $\pm2''$ 级激光经纬仪或激光自动铅直仪。

13.2.3 大中型高层建筑施工项目，应先建立场区平面控制网，再分别建立建筑物平面控制网；小规模或精度高的独立施工项目，可直接布设建筑物平面控制网。控制网应根据复核后的建筑红线桩或城市测量控制点准确定位测量，并应作好桩位保护。

1 场区平面控制网，可根据场区的地形条件和建筑物的布置情况，布设成建筑方格网、导线网、三角网、边角网或 GPS 网。建筑方格网的主要技术要求应符合表 13.2.3-1 的规定。

表 13.2.3-1　建筑方格网的主要技术要求

等　级	边　长（m）	测角中误差（″）	边长相对中误差
一级	100～300	5	1/30000
二级	100～300	8	1/20000

2 建筑物平面控制网宜布设成矩形，特殊时也可布设成十字形主轴线或平行于建筑外廓的多边形。其主要技术要求应符合表 13.2.3-2 的规定。

表 13.2.3-2　建筑物平面控制网的主要技术要求

等　级	测角中误差（″）	边长相对中误差
一级	$7''/\sqrt{n}$	1/30000
二级	$15''/\sqrt{n}$	1/20000

注：n 为建筑物结构的跨数。

13.2.4 应根据建筑平面控制网向混凝土底板垫层上投测建筑物外廓轴线，经闭合校测合格后，再放出细部轴线及有关边界线。基础外廓轴线允许偏差应符合表 13.2.4 的规定。

表 13.2.4　基础外廓轴线尺寸允许偏差

长度 L、宽度 B（m）	允许偏差（mm）
$L(B) \leqslant 30$	±5
$30 < L(B) \leqslant 60$	±10
$60 < L(B) \leqslant 90$	±15
$90 < L(B) \leqslant 120$	±20
$120 < L(B) \leqslant 150$	±25
$L(B) > 150$	±30

13.2.5 高层建筑结构施工可采用内控法或外控法进行轴线竖向投测。首层放线验收后，应根据测量方案设置内控点或将控制轴线引测至结构外立面上，并作为各施工层主轴线竖向投测的基准。轴线的竖向投测，应以建筑物轴线控制桩为测站。竖向投测的允许偏差应符合表 13.2.5 的规定。

表 13.2.5　轴线竖向投测允许偏差

项　目		允许偏差（mm）
每　层		3
总高 H（m）	$H \leqslant 30$	5
	$30 < H \leqslant 60$	10
	$60 < H \leqslant 90$	15
	$90 < H \leqslant 120$	20
	$120 < H \leqslant 150$	25
	$H > 150$	30

13.2.6 控制轴线投测至施工层后，应进行闭合校验。控制轴线应包括：

　　1 建筑物外轮廓轴线；

　　2 伸缩缝、沉降缝两侧轴线；

　　3 电梯间、楼梯间两侧轴线；

　　4 单元、施工流水段分界轴线。

施工层放线时，应先在结构平面上校核投测轴线，再测设细部轴线和墙、柱、梁、门窗洞口等边线，放线的允许偏差应符合表 13.2.6 的规定。

表 13.2.6　施工层放线允许偏差

项　目		允许偏差（mm）
外廓主轴线长度 L（m）	$L \leqslant 30$	±5
	$30 < L \leqslant 60$	±10
	$60 < L \leqslant 90$	±15
	$L > 90$	±20
细部轴线		±2
承重墙、梁、柱边线		±3
非承重墙边线		±3
门窗洞口线		±3

13.2.7 场地标高控制网应根据复核后的水准点或已知标高点引测，引测标高宜采用附合测法，其闭合差不应超过 $\pm 6\sqrt{n}$ mm（n 为测站数）或 $\pm 20\sqrt{L}$ mm（L 为测线长度，以千米为单位）。

13.2.8 标高的竖向传递，应从首层起始标高线竖直量取，且每栋建筑应由三处分别向上传递。当三个点的标高差值小于 3mm 时，应取其平均值；否则应重新引测。标高的允许偏差应符合表 13.2.8 的规定。

表 13.2.8　标高竖向传递允许偏差

项　目		允许偏差（mm）
每　层		±3
总高 H（m）	$H \leqslant 30$	±5
	$30 < H \leqslant 60$	±10
	$60 < H \leqslant 90$	±15
	$90 < H \leqslant 120$	±20
	$120 < H \leqslant 150$	±25
	$H > 150$	±30

13.2.9 建筑物围护结构封闭前，应将外控轴线引测至结构内部，作为室内装饰与设备安装放线的依据。

13.2.10 高层建筑应按设计要求进行沉降、变形观测，并应符合国家现行标准《建筑地基基础设计规范》GB 50007 及《建筑变形测量规程》JGJ 8 的有关规定。

13.3　基　础　施　工

13.3.1 基础施工前，应根据施工图、地质勘察资料和现场施工条件，制定地下水控制、基坑支护、支护结构拆除和基础结构的施工方案；深基坑支护方案宜进行专门论证。

13.3.2 深基础施工，应符合国家现行标准《高层建筑箱形与筏形基础技术规范》JGJ 6、《建筑桩基技术规范》JGJ 94、《建筑基坑支护技术规程》JGJ 120、《建筑施工土石方工程安全技术规范》JGJ 180、《锚杆喷射混凝土支护技术规范》GB 50086、《建筑地基基础工程施工质量验收规范》GB 50202、《建筑基坑工程监测技术规范》GB 50497 等的有关规定。

13.3.3 基坑和基础施工时,应采取降水、回灌、止水帷幕等措施防止地下水对施工和环境的影响。可根据土质和地下水状态、不同的降水深度,采用集水明排、单级井点、多级井点、喷射井点或管井等降水方案;停止降水时间应符合设计要求。

13.3.4 基础工程可采用放坡开挖顺作法、有支护顺作法、逆作法或半逆作法施工。

13.3.5 支护结构可选用土钉墙、排桩、钢板桩、地下连续墙、逆作拱墙等方法,并考虑支护结构的空间作用及与永久结构的结合。当不能采用悬臂式结构时,可选用土层锚杆、水平内支撑、斜支撑、环梁支护等锚拉或内支撑体系。

13.3.6 地基处理可采用挤密桩、压力注浆、深层搅拌等方法。

13.3.7 基坑施工时应加强周边建(构)筑物和地下管线的全过程安全监测和信息反馈,并制定保护措施和应急预案。

13.3.8 支护拆除应按照支护施工的相反顺序进行,并监测拆除过程中护坡的变化情况,制定应急预案。

13.3.9 工程桩质量检验可采用高应变、低应变、静载试验或钻芯取样等方法检测桩身缺陷、承载力及桩身完整性。

13.4 垂 直 运 输

13.4.1 垂直运输设备应有合格证书,其质量、安全性能应符合国家相关标准的要求,并应按有关规定进行验收。

13.4.2 高层建筑施工所选用的起重设备、混凝土泵送设备和施工升降机等,其验收、安装、使用和拆除应分别符合国家现行标准《起重机械安全规程》GB 6067、《塔式起重机》GB/T5031、《塔式起重机安全规程》GB 5144、《混凝土泵》GB/T 13333、《施工升降机标准》GB/T 10054、《施工升降机安全规程》GB 10055、《混凝土泵送施工技术规程》JGJ/T 10、《建筑机械使用安全技术规程》JGJ 33、《施工现场机械设备检查技术规程》JGJ 160 等的有关规定。

13.4.3 垂直运输设备的配置应根据结构平面布局、运输量、单件吊重及尺寸、设备参数和工期要求等因素确定。垂直运输设备的安装、使用、拆除应编制专项施工方案。

13.4.4 塔式起重机的配备、安装和使用应符合下列规定:

1 应根据起重机的技术要求,对地基基础和工程结构进行承载力、稳定性和变形验算;当塔式起重机布置在基坑槽边时,应满足基坑支护安全的要求。

2 采用多台塔式起重机时,应有防碰撞措施。

3 作业前,应对索具、机具进行检查,每次使用后应按规定对各设施进行维修和保养。

4 当风速大于五级时,塔式起重机不得进行顶升、接高或拆除作业。

5 附着式塔式起重机与建筑物结构进行附着时,应满足其技术要求,附着点最大间距不宜大于 25m,附着点的埋件设置应经过设计单位同意。

13.4.5 混凝土输送泵配备、安装和使用应符合下列规定:

1 混凝土泵的选型和配备台数,应根据混凝土最大输送高度、水平距离、输出量及浇筑量确定。

2 编制泵送混凝土专项方案时应进行配管设计;季节性施工时,应根据需要对输送管道采取隔热或保温措施。

3 采用接力泵进行混凝土泵送时,上、下泵的输送能力应匹配;设置接力泵的楼面应验算其结构承载能力。

13.4.6 施工升降机配备和安装应符合下列规定:

1 建筑高度超高 15 层或 40m 时,应设置施工电梯,并应选择具有可靠防坠落升降系统的产品;

2 施工升降机的选择,应根据建筑物体型、建筑面积、运输总量、工期要求以及供货条件等确定;

3 施工升降机位置的确定,应方便安装以及人员和物料的集散;

4 施工升降机安装前应对其基础和附墙锚固装置进行设计,并在基础周围设置排水设施。

13.5 脚手架及模板支架

13.5.1 脚手架与模板支架应编制施工方案,经审批后实施。高、大脚手架及模板支架施工方案宜进行专门论证。

13.5.2 脚手架及模板支架的荷载取值及组合、计算方法及架体构造和施工要求应满足国家现行行业标准《建筑施工安全检查标准》JGJ 59、《建筑施工扣件式钢管脚手架安全技术规范》JGJ 130、《建筑施工门式钢管脚手架安全技术规范》JGJ 128、《建筑施工碗扣式钢管脚手架安全技术规范》JGJ 166、《建筑施工模板安全技术规范》JGJ 162 等有关规定。

13.5.3 外脚手架应根据建筑物的高度选择合理的形式:

1 低于 50m 的建筑,宜采用落地脚手架或悬挑脚手架;

2 高于 50m 的建筑,宜采用附着式升降脚手架、悬挑脚手架。

13.5.4 落地脚手架宜采用双排扣件式钢管脚手架、门式钢管脚手架、承插式钢管脚手架。

13.5.5 悬挑脚手架应符合下列规定:

1 悬挑构件宜采用工字钢,架体宜采用双排扣件式钢管脚手架或碗扣式、承插式钢管脚手架;

2 分段搭设的脚手架,每段高度不得超过 20m;

3 悬挑构件可采用预埋件固定,预埋件应采用未经冷处理的钢材加工；

4 当悬挑支架放置在阳台、悬挑梁或大跨度梁等部位时，应对其安全性进行验算。

13.5.6 卸料平台应符合下列规定：

1 应对卸料平台结构进行设计和验算，并编制专项施工方案；

2 卸料平台应与外脚手架脱开；

3 卸料平台严禁超载使用。

13.5.7 模板支架宜采用工具式支架，并应符合相关标准的规定。

13.6 模 板 工 程

13.6.1 模板工程应进行专项设计，并编制施工方案。模板方案应根据平面形状、结构形式和施工条件确定。对模板及其支架应进行承载力、刚度和稳定性计算。

13.6.2 模板的设计、制作和安装应符合国家现行标准《混凝土结构工程施工质量验收规范》GB 50204、《组合钢模板技术规范》GB 50214、《滑动模板工程技术规范》GB 50113、《钢框胶合板模板技术规程》JGJ 96、《清水混凝土应用技术规程》JGJ 169 等的有关规定。

13.6.3 模板选型应符合下列规定：

1 墙体宜选用大模板、倒模、滑动模板和爬升模板等工具式模板施工；

2 柱模宜采用定型模板。圆柱模板可采用玻璃钢或钢板成型；

3 梁、板模板宜选用钢框胶合板、组合钢模板或不带框胶合板等，采用整体或分片预制安装；

4 楼板模板可选用飞模（台模、桌模）、密肋楼板模壳、永久性模板等；

5 电梯井筒内模宜选用铰接式筒形大模板，核心筒宜采用爬升模板；

6 清水混凝土、装饰混凝土模板应满足设计对混凝土造型及观感的要求。

13.6.4 现浇楼板模板宜采用早拆模板体系。后浇带应与其两侧梁、板结构的模板及支架分开设置。

13.6.5 大模板板面可采用整块薄钢板，也可选用钢框胶合板或加边框的钢板、胶合板拼装。挂装三角架支承上层外模荷载时，现浇外墙混凝土强度应达到7.5MPa。大模板拆除和吊运时，严禁挤撞墙体。

大模板的安装允许偏差应符合表13.6.5的规定。

表 13.6.5 大模板安装允许偏差

项 目	允许偏差（mm）	检测方法
位 置	3	钢尺检测
标 高	±5	水准仪或拉线、尺量
上口宽度	±2	钢尺检测
垂直度	3	2m托线板检测

13.6.6 滑动模板及其操作平台应进行整体的承载力、刚度和稳定性设计，并应满足建筑造型要求。滑升模板施工前应按连续施工要求，统筹安排提升机具和配件等。劳动力配备、工序协调、垂直运输和水平运输能力均应与滑升速度相适应。模板应有上口小、下口大的倾斜度，其单面倾斜度宜取为模板高度的1/1000～2/1000。混凝土出模强度应达到出模后混凝土不塌、不裂。支承杆的选用应与千斤顶的构造相适应，长度宜为4m～6m，相邻支撑杆的接头位置应至少错开500mm，同一截面高度内接头不宜超过总数的25%。宜选用额定起重量为60kN以上的大吨位千斤顶及与之配套的钢管支撑杆。

滑模装置组装的允许偏差应符合表13.6.6的规定。

表 13.6.6 滑模装置组装的允许偏差

项　　目		允许偏差（mm）	检测方法
模板结构轴线与相应结构轴线位置		3	钢尺检测
围圈位置偏差	水平方向	3	钢尺检测
	垂直方向	3	
提升架的垂直偏差	平面内	3	2m托线板检测
	平面外	2	
安放千斤顶的提升架横梁相对标高偏差		5	水准仪或拉线、尺量
考虑倾斜度后模板尺寸的偏差	上口	−1	钢尺检测
	下口	+2	
千斤顶安装位置偏差	平面内	5	钢尺检测
	平面外	5	
圆模直径、方模边长的偏差		5	钢尺检测
相邻两块模板平面平整偏差		2	钢尺检测

13.6.7 爬升模板宜采用由钢框胶合板等组合而成的大模板。其高度应为标准层层高加100mm～300mm。模板及爬架背面应附有爬升装置。爬架可由型钢组成，高度应为3.0～3.5个标准层高度，其立柱宜采取标准节分段组合，并用法兰盘连接；其底座固定于下层墙体时，穿墙螺栓不应少于4个，底部应设有操作平台和防护设施。爬升装置可选用液压穿心千斤顶、电动设备、捯链等。爬升工艺可选模板与爬架互爬、模板与模板互爬、爬架与爬架互爬及整体爬升等。各部件安装后，应对所有连接螺栓和穿墙螺栓进行紧固检查，并应试爬升和验收。爬升时，穿墙螺栓受力处的混凝土强度不应小于10MPa；应稳起、稳落和平稳就位，不应被其他构件卡住；每个单元的爬

升，应在一个工作台班内完成，爬升完毕应及时固定。

爬升模板组装允许偏差应符合表 13.6.7 的规定。穿墙螺栓的紧固扭矩为 40N·m～50N·m 时，可采用扭力扳手检测。

表 13.6.7　爬升模板组装允许偏差

项　目	允许偏差	检测方法
墙面留穿墙螺栓孔位置	±5mm	钢尺检测
穿墙螺栓孔直径	±2mm	
大模板	同本规程表 13.6.5	
爬升支架： 标高 垂直度	±5mm 5mm 或爬升支架高度的 0.1%	与水平线钢尺检测挂线坠

13.6.8　现浇空心楼板模板施工时，应采取防止混凝土浇筑时预制芯管及钢筋上浮的措施。

13.6.9　模板拆除应符合下列规定：

1　常温施工时，柱混凝土拆模强度不应低于 1.5MPa，墙体拆模强度不应低于 1.2MPa；

2　冬期拆模与保温应满足混凝土抗冻临界强度的要求；

3　梁、板底模拆模时，跨度不大于 8m 时混凝土强度应达到设计强度的 75%，跨度大于 8m 时混凝土强度应达到设计强度的 100%；

4　悬挑构件拆模时，混凝土强度应达到设计强度的 100%；

5　后浇带拆模时，混凝土强度应达到设计强度的 100%。

13.7　钢　筋　工　程

13.7.1　钢筋工程的原材料、加工、连接、安装和验收，应符合现行国家标准《混凝土结构工程施工质量验收规范》GB 50204 的有关规定。

13.7.2　高层混凝土结构宜采用高强钢筋。钢筋数量、规格、型号和物理力学性能应符合设计要求。

13.7.3　粗直径钢筋宜采用机械连接。机械连接可采用直螺纹套筒连接、套筒挤压连接等方法。焊接时可采用电渣压力焊等方法。钢筋连接应符合现行行业标准《钢筋机械连接技术规程》JGJ 107、《钢筋焊接及验收规程》JGJ 18 和《钢筋焊接接头试验方法》JGJ 27 等的有关规定。

13.7.4　采用点焊钢筋网片时，应符合现行行业标准《钢筋焊接网混凝土结构技术规程》JGJ 114 的有关规定。

13.7.5　采用冷轧带肋钢筋和预应力用钢丝、钢绞线时，应符合现行行业标准《冷轧带肋钢筋混凝土结构技术规程》JGJ 95 和《钢绞线、钢丝束无粘结预应力筋》JG 3006 等的有关规定。

13.7.6　框架梁、柱交叉处，梁纵向受力钢筋应置于柱纵向钢筋内侧；次梁钢筋宜放在主梁钢筋内侧。当双向均为主梁时，钢筋位置应按设计要求摆放。

13.7.7　箍筋的弯曲半径、内径尺寸、弯钩平直长度、绑扎间距与位置等构造做法应符合设计规定。采用开口箍筋时，开口方向应置于受压区，并错开布置。采用螺旋箍等新型箍筋时，应符合设计及工艺要求。

13.7.8　压型钢板-混凝土组合楼板施工时，应保证钢筋位置及保护层厚度准确。可采用在工厂加工钢筋桁架，并与压型钢板焊接成一体的钢筋桁架模板系统。

13.7.9　梁、板、墙、柱的钢筋宜采用预制安装方法。钢筋骨架、钢筋网在运输和安装过程中，应采取加固等保护措施。

13.8　混　凝　土　工　程

13.8.1　高层建筑宜采用预拌混凝土或有自动计量装置、可靠质量控制的搅拌站供应的混凝土，预拌混凝土应符合现行国家标准《预拌混凝土》GB/T 14902 的规定。混凝土浇灌宜采用泵送入模、连续施工，并应符合现行行业标准《混凝土泵送施工技术规程》JGJ/T 10 的规定。

13.8.2　混凝土工程的原材料、配合比设计、施工和验收，应符合现行国家标准《混凝土质量控制标准》GB 50164、《混凝土外加剂应用技术规范》GB 50119、《粉煤灰混凝土应用技术规范》GB 50146 和《混凝土强度检验评定标准》GB/T 50107、《清水混凝土应用技术规程》JGJ 169 等的有关规定。

13.8.3　高层建筑宜根据不同工程需要，选用特定的高性能混凝土。采用高强混凝土时，应优选水泥、粗细骨料、外掺料和外加剂，并应作好配制、浇筑与养护。

13.8.4　预拌混凝土运至浇筑地点，应进行坍落度检查，其允许偏差应符合表 13.8.4 的规定。

表 13.8.4　现场实测混凝土坍落度允许偏差

要求坍落度	允许偏差（mm）
<50	±10
50～90	±20
>90	±30

13.8.5　混凝土浇筑高度应保证混凝土不发生离析。混凝土自高处倾落的自由高度不应大于 2m；柱、墙模板内的混凝土倾落高度应满足表 13.8.5 的规定；当不能满足表 13.8.5 的规定时，宜加设串通、溜槽、溜管等装置。

表 13.8.5　柱、墙模板内混凝土倾落高度限值(mm)

条　件	混凝土倾落高度
骨料粒径大于 25mm	≤3
骨料粒径不大于 25mm	≤6

13.8.6　混凝土浇筑过程中，应设专人对模板支架、钢筋、预埋件和预留孔洞的变形、移位进行观测，发现问题及时采取措施。

13.8.7　混凝土浇筑后应及时进行养护。根据不同的地区、季节和工程特点，可选用浇水、综合蓄热、电热、远红外线、蒸汽等养护方法，以塑料布、保温材料或涂刷薄膜等覆盖。

13.8.8　预应力混凝土结构施工，应符合国家现行标准《预应力筋用锚具、夹具和连接器》GB/T 14370 和《无粘结预应力混凝土结构技术规程》JGJ 92 等的有关规定。

13.8.9　结构柱、墙混凝土设计强度等级高于梁、板混凝土设计强度等级时，应在交界区域采取分隔措施。分隔位置应在低强度等级的构件中，且与高强度等级构件边缘的距离不宜小于 500mm。应先浇筑高强度等级混凝土，后浇筑低强度等级混凝土。

13.8.10　混凝土施工缝宜留置在结构受力较小且便于施工的位置。

13.8.11　后浇带应按设计要求预留，并按规定时间浇筑混凝土，进行覆盖养护。当设计对混凝土无特殊要求时，后浇带混凝土应高于其相邻结构一个强度等级。

13.8.12　现浇混凝土结构的允许偏差应符合表 13.8.12 的规定。

表 13.8.12　现浇混凝土结构的允许偏差

项　目		允许偏差(mm)
轴线位置		5
垂直度	每层 ≤5m	8
	每层 >5m	10
	全高	$H/1000$ 且≤30
标高	每层	±10
	全高	±30
截面尺寸		+8，−5(抹灰)
		+5，−2(不抹灰)
表面平整(2m 长度)		8(抹灰)，4(不抹灰)
预埋设施中心线位置	预埋件	10
	预埋螺栓	5
	预埋管	5
预埋洞中心线位置		15
电梯井	井筒长、宽对定位中心线	+25，0
	井筒全高(H)垂直度	$H/1000$ 且≤30

13.9　大体积混凝土施工

13.9.1　大体积与超长结构混凝土施工前应编制专项施工方案，并进行大体积混凝土温控计算，必要时可设置抗裂钢筋(丝)网。

13.9.2　大体积混凝土施工应符合现行国家标准《大体积混凝土施工规范》GB 50496 的规定。

13.9.3　大体积基础底板及地下室外墙混凝土，当采用粉煤灰混凝土时，可利用 60d 或 90d 强度进行配合比设计和施工。

13.9.4　大体积与超长结构混凝土配合比应经过试配确定。原材料应符合相关标准的要求，宜选用中低水化热低碱水泥，掺入适量的粉煤灰和缓凝型外加剂，并控制水泥用量。

13.9.5　大体积混凝土浇筑、振捣应满足下列规定：

　　1　宜避免高温施工；当必须暑期高温施工时，应采取措施降低混凝土拌合物和混凝土内部温度。

　　2　根据面积、厚度等因素，宜采取整体分层连续浇筑或推移式连续浇筑法；混凝土供应速度应大于混凝土初凝速度，下层混凝土初凝前应进行第二层混凝土浇筑。

　　3　分层设置水平施工缝时，除应符合设计要求外，尚应根据混凝土浇筑过程中温度裂缝控制的要求、混凝土的供应能力、钢筋工程的施工、预埋管件安装等因素确定其位置及间隔时间。

　　4　宜采用二次振捣工艺，浇筑面应及时进行二次抹压处理。

13.9.6　大体积混凝土养护、测温应符合下列规定：

　　1　大体积混凝土浇筑后，应在 12h 内采取保湿、控温措施。混凝土浇筑体的里表温差不宜大于 25℃，混凝土浇筑体表面与大气温差不宜大于 20℃；

　　2　宜采用自动测温系统测量温度，并设专人负责；测温点布置应具有代表性，测温频次应符合相关标准的规定。

13.9.7　超长大体积混凝土施工可采取留置变形缝、后浇带施工或跳仓法施工。

13.10　混合结构施工

13.10.1　混合结构施工应满足国家现行标准《混凝土结构工程施工质量验收规范》GB 50204、《钢结构工程施工质量验收规范》GB 50205、《型钢混凝土组合结构技术规程》JGJ 138 等的有关要求。

13.10.2　施工中应加强钢筋混凝土结构与钢结构施工的协调与配合，根据结构特点编制施工组织设计，确定施工顺序、流水段划分、工艺流程及资源配置。

13.10.3　钢结构制作前应进行深化设计。

13.10.4　混合结构应遵照先钢结构安装，后钢筋混凝土施工的原则组织施工。

13.10.5　核心筒应先于钢框架或型钢混凝土框架施工，高差宜控制在 4～8 层，并应满足施工工序的穿插要求。

13.10.6　型钢混凝土竖向构件应按照钢结构、钢筋、模板、混凝土的顺序组织施工，型钢安装应先于混凝土施工至少一个安装节。

13.10.7 钢框架-钢筋混凝土筒体结构施工时，应考虑内外结构的竖向变形差异控制。

13.10.8 钢管混凝土结构浇筑应符合下列规定：

1 宜采用自密实混凝土，管内混凝土浇筑可选用管顶向下普通浇筑法、泵送顶升浇筑法和高位抛落法等。

2 采用从管顶向下浇筑时，应加强底部管壁排气孔观察，确认浆体流出和浇筑密实后封堵排气孔。

3 采用泵送顶升浇筑法时，应合理选择顶升浇筑设备，控制混凝土顶升速度，钢管直径宜不小于泵管直径的两倍。

4 采用高位抛落免振法浇筑混凝土时，混凝土技术参数宜通过试验确定；对于抛落高度不足 4m 的区段，应配合人工振捣；混凝土一次抛落量应控制在 0.7m³ 左右。

5 混凝土浇筑面与尚待焊接部位焊缝的距离不应小于 600mm。

6 钢管内混凝土浇灌接近顶面时，应测定混凝土浮浆厚度，计算与原混凝土相同级配的石子量并投入和振捣密实。

7 管内混凝土的浇灌质量，可采用管外敲击法、超声波检测法或钻芯取样法检测；对不密实的部位，应采用钻孔压浆法进行补强。

13.10.9 型钢混凝土柱的箍筋宜采用封闭箍，不宜将箍筋直接焊在钢柱上。梁柱节点部位柱的箍筋可分段焊接。

13.10.10 当利用型钢梁钢骨架吊挂梁模板时，应对其承载力和变形进行核算。

13.10.11 压型钢板楼面混凝土施工时，应根据压型钢板的刚度适当设置支撑系统。

13.10.12 型钢剪力墙、钢板剪力墙、暗支撑剪力墙混凝土施工时，应在型钢翼缘处留置排气孔，必要时可在墙体模板侧面留设浇筑孔。

13.10.13 型钢混凝土梁柱接头处和型钢翼缘下部，宜预留排气孔和混凝土浇筑孔。钢筋密集时，可采用自密实混凝土浇筑。

13.11 复杂混凝土结构施工

13.11.1 混凝土转换层、加强层、连体结构、大底盘多塔楼结构等复杂结构应编制专项施工方案。

13.11.2 混凝土结构转换层、加强层施工应符合下列规定：

1 当转换层梁或板混凝土支撑体系利用下层楼板或其他结构传递荷载时，应通过计算确定，必要时应采取加固措施；

2 混凝土桁架、空腹钢架等斜向构件的模板和支架应进行荷载分析及水平推力计算。

13.11.3 悬挑结构施工应符合下列规定：

1 悬挑构件的模板支架可采用钢管支撑、型钢支撑和悬挑桁架等，模板起拱值宜为悬挑长度的 0.2%～0.3%；

2 当采用悬挂支模时，应对钢架或骨架的承载力和变形进行计算；

3 应有控制上部受力钢筋保护层厚度的措施。

13.11.4 大底盘多塔楼结构，塔楼间施工顺序和施工高差、后浇带设置及混凝土浇筑时间应满足设计要求。

13.11.5 塔楼连接体施工应符合下列规定：

1 应在塔楼主体施工前确定连接体施工或吊装方案；

2 应根据施工方案，对主体结构局部和整体受力进行验算，必要时应采取加强措施；

3 塔楼主体施工时应按连接体施工安装方案的要求设置预埋件或预留洞。

13.12 施 工 安 全

13.12.1 高层建筑结构施工应符合现行行业标准《建筑施工高处作业安全技术规范》JGJ 80、《建筑机械使用安全技术规程》JGJ 33、《施工现场临时用电安全技术规范》JGJ 46、《建筑施工门式钢管脚手架安全技术规程》JGJ 128、《建筑施工扣件式钢管脚手架安全技术规范》JGJ 130 和《液压滑动模板施工安全技术规程》JGJ 65 等的有关规定。

13.12.2 附着式整体爬升脚手架应经鉴定，并有产品合格证、使用证和准用证。

13.12.3 施工现场应设立可靠的避雷装置。

13.12.4 建筑物的出入口、楼梯口、洞口、基坑和每层建筑的周边均应设置防护设施。

13.12.5 钢模板施工时，应有防漏电措施。

13.12.6 采用自动提升、顶升脚手架或工作平台施工时，应严格执行操作规程，并经验收后实施。

13.12.7 高层建筑施工，应采取上、下通信联系措施。

13.12.8 高层建筑施工应有消防系统，消防供水系统应满足楼层防火要求。

13.12.9 施工用油漆和涂料应妥善保管，并远离火源。

13.13 绿 色 施 工

13.13.1 高层建筑施工组织设计和施工方案应符合绿色施工的要求，并应进行绿色施工教育和培训。

13.13.2 应控制混凝土中碱、氯、氨等有害物质含量。

13.13.3 施工中应采用下列节能与能源利用措施：

1 制定措施提高各种机械的使用率和满载率；

2 采用节能设备和施工节能照明工具，使用节能型的用电器具；

3 对设备进行定期维护保养。

13.13.4 施工中应采用下列节水及水资源利用措施：

1 施工过程中对水资源进行管理；

2 采用施工节水工艺、节水设施并安装计量装置；

3 深基坑施工时，应采取地下水的控制措施；

4 有条件的工地宜建立水网，实施水资源的循环使用。

13.13.5 施工中应采用下列节材及材料利用措施：

1 采用节材与材料资源合理利用的新技术、新工艺、新材料和新设备；

2 宜采用可循环利用材料；

3 废弃物应分类回收，并进行再生利用。

13.13.6 施工中应采取下列节地措施：

1 合理布置施工总平面；

2 节约施工用地及临时设施用地，避免或减少二次搬运；

3 组织分段流水施工，进行劳动力平衡，减少临时设施和周转材料数量。

13.13.7 施工中的环境保护应符合下列规定：

1 对施工过程中的环境因素进行分析，制定环境保护措施；

2 现场采取降尘措施；

3 现场采取降噪措施；

4 采用环保建筑材料；

5 采取防光污染措施；

6 现场污水排放应符合相关规定，进出现场车辆应进行清洗；

7 施工现场垃圾应按规定进行分类和排放；

8 油漆、机油等应妥善保存，不得遗洒。

附录 A 楼盖结构竖向振动加速度计算

A.0.1 楼盖结构的竖向振动加速度宜采用时程分析方法计算。

A.0.2 人行走引起的楼盖振动峰值加速度可按下列公式近似计算：

$$a_p = \frac{F_p}{\beta w} g \qquad (A.0.2-1)$$

$$F_p = p_0 e^{-0.35 f_n} \qquad (A.0.2-2)$$

式中：a_p——楼盖振动峰值加速度（m/s²）；

F_p——接近楼盖结构自振频率时人行走产生的作用力（kN）；

p_0——人们行走产生的作用力（kN），按表 A.0.2 采用；

f_n——楼盖结构竖向自振频率（Hz）；

β——楼盖结构阻尼比，按表 A.0.2 采用；

w——楼盖结构阻抗有效重量（kN），可按本附录 A.0.3 条计算；

g——重力加速度，取 9.8m/s²。

表 A.0.2 人行走作用力及楼盖结构阻尼比

人员活动环境	人员行走作用力 p_0（kN）	结构阻尼比 β
住宅，办公，教堂	0.3	0.02～0.05
商场	0.3	0.02
室内人行天桥	0.42	0.01～0.02
室外人行天桥	0.42	0.01

注：1 表中阻尼比用于钢筋混凝土楼盖结构和钢-混凝土组合楼盖结构；

2 对住宅、办公、教堂建筑，阻尼比 0.02 可用于无家具和非结构构件情况，如无纸化电子办公区、开敞办公区和教堂；阻尼比 0.03 可用于有家具、非结构构件，带少量可拆卸隔断的情况；阻尼比 0.05 可用于含全高填充墙的情况；

3 对室内人行天桥，阻尼比 0.02 可用于天桥带干挂吊顶的情况。

A.0.3 楼盖结构的阻抗有效重量 w 可按下列公式计算：

$$w = \bar{w} B L \qquad (A.0.3-1)$$

$$B = CL \qquad (A.0.3-2)$$

式中：$\bar{w}$——楼盖单位面积有效重量（kN/m²），取恒载和有效分布活荷载之和。楼层有效分布活荷载：对办公建筑可取 0.55kN/m²，对住宅可取 0.3kN/m²；

L——梁跨度（m）；

B——楼盖阻抗有效质量的分布宽度（m）；

C——垂直于梁跨度方向的楼盖受弯连续性影响系数，对边梁取 1，对中间梁取 2。

附录 B 风荷载体型系数

B.0.1 风荷载体型系数应根据建筑物平面形状按下列规定采用：

1 矩形平面

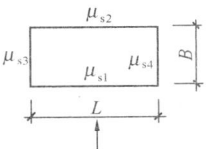

μ_{s1}	μ_{s2}	μ_{s3}	μ_{s4}
0.80	$-\left(0.48 + 0.03 \frac{H}{L}\right)$	-0.60	-0.60

注：H 为房屋高度。

2　L形平面

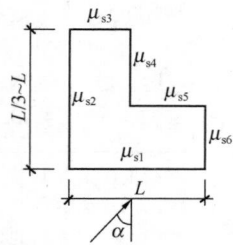

μ_s α	μ_{s1}	μ_{s2}	μ_{s3}	μ_{s4}	μ_{s5}	μ_{s6}
0°	0.80	−0.70	−0.60	−0.50	−0.50	−0.60
45°	0.50	0.50	−0.80	−0.70	−0.70	−0.80
225°	−0.60	−0.60	0.30	0.90	0.90	0.30

3　槽形平面

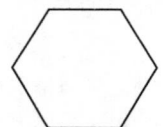 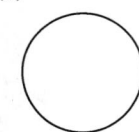

4　正多边形平面、圆形平面

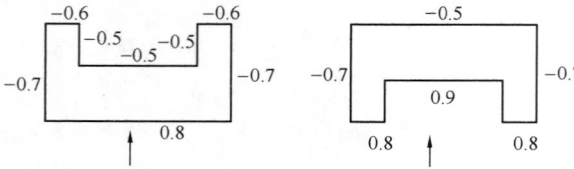

1）$\mu_s = 0.8 + \dfrac{1.2}{\sqrt{n}}$（$n$ 为边数）；

2）当圆形高层建筑表面较粗糙时，$\mu_s = 0.8$。

5　扇形平面

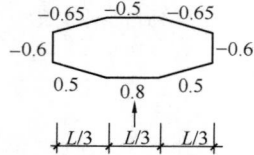

6　梭形平面

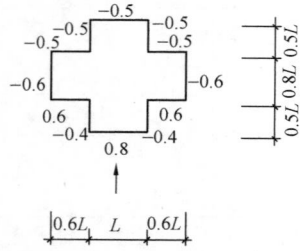

7　十字形平面

8　井字形平面

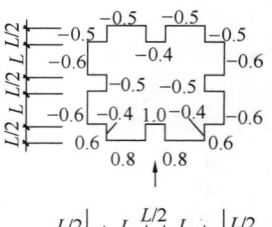

9　X形平面

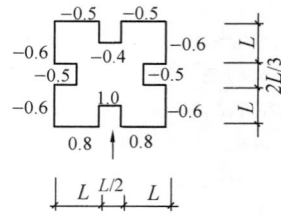

10　廿形平面

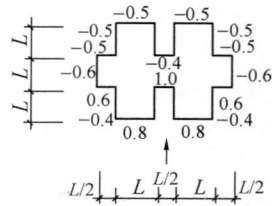

11　六角形平面

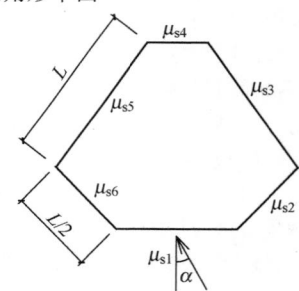

μ_s α	μ_{s1}	μ_{s2}	μ_{s3}	μ_{s4}	μ_{s5}	μ_{s6}
0°	0.80	−0.45	−0.50	−0.60	−0.50	−0.45
30°	0.70	0.40	−0.55	−0.50	−0.55	−0.55

12　Y形平面

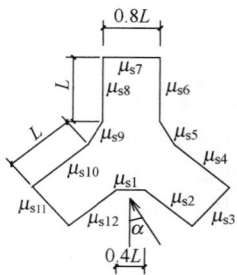

μ_s \ α	0°	10°	20°	30°	40°	50°	60°
μ_{s1}	1.05	1.05	1.00	0.95	0.90	0.50	−0.15
μ_{s2}	1.00	0.95	0.90	0.85	0.80	0.40	−0.10
μ_{s3}	−0.70	−0.10	0.30	0.50	0.70	0.85	0.95
μ_{s4}	−0.50	−0.50	−0.55	−0.60	−0.75	−0.40	−0.10
μ_{s5}	−0.50	−0.55	−0.60	−0.65	−0.75	−0.45	−0.15
μ_{s6}	−0.55	−0.55	−0.60	−0.70	−0.65	−0.15	−0.35
μ_{s7}	−0.50	−0.50	−0.55	−0.55	−0.55	−0.55	−0.55
μ_{s8}	−0.55	−0.55	−0.55	−0.50	−0.50	−0.50	−0.50
μ_{s9}	−0.50	−0.50	−0.50	−0.50	−0.50	−0.50	−0.50
μ_{s10}	−0.50	−0.55	−0.55	−0.55	−0.55	−0.55	−0.55
μ_{s11}	−0.70	−0.60	−0.55	−0.55	−0.55	−0.55	−0.55
μ_{s12}	1.00	0.95	0.90	0.80	0.75	0.65	0.35

附录 C 结构水平地震作用计算的底部剪力法

C.0.1 采用底部剪力法计算高层建筑结构的水平地震作用时，各楼层在计算方向可仅考虑一个自由度（图 C），并应符合下列规定：

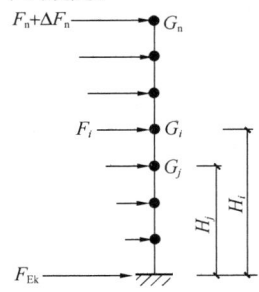

图 C 底部剪力法计算示意

1 结构总水平地震作用标准值应按下列公式计算：

$$F_{Ek} = \alpha_1 G_{eq} \qquad (C.0.1\text{-}1)$$
$$G_{eq} = 0.85 G_E \qquad (C.0.1\text{-}2)$$

式中：F_{Ek}——结构总水平地震作用标准值；

α_1——相应于结构基本自振周期 T_1 的水平地震影响系数，应按本规程第 4.3.8 条确定；结构基本自振周期 T_1 可按本附录 C.0.2 条近似计算，并应考虑非承重墙体的影响予以折减；

G_{eq}——计算地震作用时，结构等效总重力荷载代表值；

G_E——计算地震作用时，结构总重力荷载代表值，应取各质点重力荷载代表值之和。

2 质点 i 的水平地震作用标准值可按下式计算：

$$F_i = \frac{G_i H_i}{\sum_{j=1}^{n} G_j H_j} F_{Ek}(1-\delta_n) \qquad (C.0.1\text{-}3)$$
$$(i = 1, 2, \cdots, n)$$

式中：F_i——质点 i 的水平地震作用标准值；

G_i、G_j——分别为集中于质点 i、j 的重力荷载代表值，应按本规程第 4.3.6 条的规定确定；

H_i、H_j——分别为质点 i、j 的计算高度；

δ_n——顶部附加地震作用系数，可按表 C.0.1 采用。

表 C.0.1 顶部附加地震作用系数 δ_n

T_g（s）	$T_1 > 1.4 T_g$	$T_1 \leqslant 1.4 T_g$
不大于 0.35	$0.08 T_1 + 0.07$	不考虑
大于 0.35 但不大于 0.55	$0.08 T_1 + 0.01$	
大于 0.55	$0.08 T_1 - 0.02$	

注：1 T_g 为场地特征周期；

2 T_1 为结构基本自振周期，可按本附录第 C.0.2 条计算，也可采用根据实测数据并考虑地震作用影响的其他方法计算。

3 主体结构顶层附加水平地震作用标准值可按下式计算：

$$\Delta F_n = \delta_n F_{Ek} \qquad (C.0.1\text{-}4)$$

式中：ΔF_n——主体结构顶层附加水平地震作用标准值。

C.0.2 对于质量和刚度沿高度分布比较均匀的框架结构、框架-剪力墙结构和剪力墙结构，其基本自振周期可按下式计算：

$$T_1 = 1.7 \Psi_T \sqrt{u_T} \qquad (C.0.2)$$

式中：T_1——结构基本自振周期（s）；

u_T——假想的结构顶点水平位移（m），即假想把集中在各楼层处的重力荷载代表值 G_i 作为该楼层水平荷载，并按本规程第 5.1 节的有关规定计算的结构顶点弹性水平位移；

Ψ_T——考虑非承重墙刚度对结构自振周期影响的折减系数，可按本规程第 4.3.17 条确定。

C.0.3 高层建筑采用底部剪力法计算水平地震作用时，突出屋面房屋（楼梯间、电梯间、水箱间等）宜作为一个质点参加计算，计算求得的水平地震作用标准值应增大，增大系数 β_n 可按表 C.0.3 采用。增大后的地震作用仅用于突出屋面房屋自身以及与其直接连接的主体结构构件的设计。

表 C.0.3　突出屋面房屋地震作用增大系数 β_n

结构基本自振周期 T_1(s)	G_n/G	K_n/K			
		0.001	0.010	0.050	0.100
0.25	0.01	2.0	1.6	1.5	1.5
	0.05	1.9	1.8	1.6	1.6
	0.10	1.9	1.8	1.6	1.5
0.50	0.01	2.6	1.9	1.7	1.7
	0.05	2.1	2.4	1.8	1.8
	0.10	2.2	2.4	2.0	1.8
0.75	0.01	3.6	2.3	2.2	2.2
	0.05	2.7	3.4	2.5	2.3
	0.10	2.2	3.3	2.5	2.3
1.00	0.01	4.8	2.9	2.7	2.7
	0.05	3.6	4.3	2.9	2.7
	0.10	2.4	4.1	3.2	3.0
1.50	0.01	6.6	3.9	3.5	3.5
	0.05	3.7	5.8	3.8	3.6
	0.10	2.4	5.6	4.2	3.7

注：1　K_n、G_n 分别为突出屋面房屋的侧向刚度和重力荷载代表值；K、G 分别为主体结构层侧向刚度和重力荷载代表值，可取各层的平均值；
　　2　楼层侧向刚度可由楼层剪力除以楼层层间位移计算。

附录 D　墙体稳定验算

D.0.1　剪力墙墙肢应满足下式的稳定要求：

$$q \leqslant \frac{E_c t^3}{10 l_0^2} \qquad (D.0.1)$$

式中：q——作用于墙顶组合的等效竖向均布荷载设计值；

　　　　E_c——剪力墙混凝土的弹性模量；

　　　　t——剪力墙墙肢截面厚度；

　　　　l_0——剪力墙墙肢计算长度，应按本附录第 D.0.2 条确定。

D.0.2　剪力墙墙肢计算长度应按下式计算：

$$l_0 = \beta h \qquad (D.0.2)$$

式中：β——墙肢计算长度系数，应按本附录第 D.0.3 条确定；

　　　　h——墙肢所在楼层的层高。

D.0.3　墙肢计算长度系数 β 应根据墙肢的支承条件按下列规定采用：

　　1　单片独立墙肢按两边支承板计算，取 β 等于 1.0。

　　2　T形、L形、槽形和工字形剪力墙的翼缘（图 D），采用三边支承板按式（D.0.3-1）计算；当 β 计算值小于 0.25 时，取 0.25。

$$\beta = \frac{1}{\sqrt{1 + \left(\dfrac{h}{2b_f}\right)^2}} \qquad (D.0.3-1)$$

式中：b_f——T形、L形、槽形、工字形剪力墙的单侧翼缘截面高度，取图 D 中各 b_{fi} 的较大值或最大值。

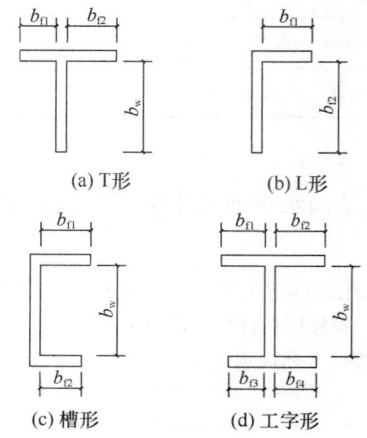

图 D　剪力墙腹板与单侧翼缘截面高度示意

　　3　T形剪力墙的腹板（图 D）也按三边支承板计算，但应将公式（D.0.3-1）中的 b_f 代以 b_w。

　　4　槽形和工字形剪力墙的腹板（图 D），采用四边支承板按式（D.0.3-2）计算；当 β 计算值小于 0.2 时，取 0.2。

$$\beta = \frac{1}{\sqrt{1 + \left(\dfrac{3h}{2b_w}\right)^2}} \qquad (D.0.3-2)$$

式中：b_w——槽形、工字形剪力墙的腹板截面高度。

D.0.4　当 T形、L形、槽形、工字形剪力墙的翼缘截面高度或 T形、L形剪力墙的腹板截面高度与翼缘截面厚度之和小于截面厚度的 2 倍和 800mm 时，尚宜按下式验算剪力墙的整体稳定：

$$N \leqslant \frac{1.2 E_c I}{h^2} \qquad (D.0.4)$$

式中：N——作用于墙顶组合的竖向荷载设计值；

I —— 剪力墙整体截面的惯性矩，取两个方向的较小值。

附录 E　转换层上、下结构侧向刚度规定

E.0.1　当转换层设置在 1、2 层时，可近似采用转换层与其相邻上层结构的等效剪切刚度比 γ_{e1} 表示转换层上、下层结构刚度的变化，γ_{e1} 宜接近 1，非抗震设计时 γ_{e1} 不应小于 0.4，抗震设计时 γ_{e1} 不应小于 0.5。γ_{e1} 可按下列公式计算：

$$\gamma_{e1} = \frac{G_1 A_1}{G_2 A_2} \times \frac{h_2}{h_1} \quad\text{(E.0.1-1)}$$

$$A_i = A_{w,i} + \sum_j C_{i,j} A_{ci,j} \quad (i=1,2)$$
$$\text{(E.0.1-2)}$$

$$C_{i,j} = 2.5 \left(\frac{h_{ci,j}}{h_i}\right)^2 \quad (i=1,2)\;\text{(E.0.1-3)}$$

式中：G_1、G_2 —— 分别为转换层和转换层上层的混凝土剪变模量；

A_1、A_2 —— 分别为转换层和转换层上层的折算抗剪截面面积，可按式（E.0.1-2）计算；

$A_{w,i}$ —— 第 i 层全部剪力墙在计算方向的有效截面面积（不包括翼缘面积）；

$A_{ci,j}$ —— 第 i 层第 j 根柱的截面面积；

h_i —— 第 i 层的层高；

$h_{ci,j}$ —— 第 i 层第 j 根柱沿计算方向的截面高度；

$C_{i,j}$ —— 第 i 层第 j 根柱截面面积折算系数，当计算值大于 1 时取 1。

E.0.2　当转换层设置在第 2 层以上时，按本规程式（3.5.2-1）计算的转换层与其相邻上层的侧向刚度比不应小于 0.6。

E.0.3　当转换层设置在第 2 层以上时，尚宜采用图 E 所示的计算模型按公式（E.0.3）计算转换层下部结构与上部结构的等效侧向刚度比 γ_{e2}。γ_{e2} 宜接近 1，非抗震设计时 γ_{e2} 不应小于 0.5，抗震设计时 γ_{e2} 不应小于 0.8。

$$\gamma_{e2} = \frac{\Delta_2 H_1}{\Delta_1 H_2} \quad\text{(E.0.3)}$$

式中：γ_{e2} —— 转换层下部结构与上部结构的等效侧向刚度比；

H_1 —— 转换层及其下部结构（计算模型 1）的高度；

Δ_1 —— 转换层及其下部结构（计算模型 1）的顶部在单位水平力作用下的侧向位移；

H_2 —— 转换层上部若干层结构（计算模型 2）的高度，其值应等于或接近计算模型 1 的高度 H_1，且不大于 H_1；

Δ_2 —— 转换层上部若干层结构（计算模型 2）的顶部在单位水平力作用下的侧向位移。

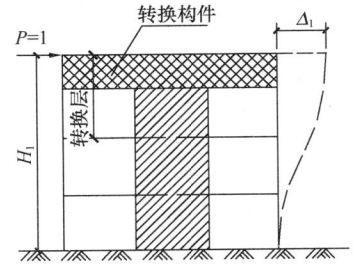

(a)计算模型1——转换层及下部结构

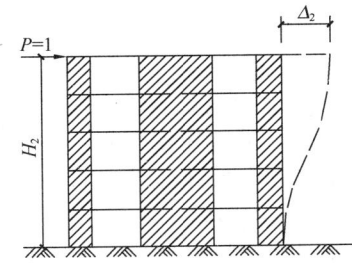

(b)计算模型2——转换层上部结构

图 E　转换层上、下等效侧向刚度计算模型

附录 F　圆形钢管混凝土构件设计

F.1　构 件 设 计

F.1.1　钢管混凝土单肢柱的轴向受压承载力应满足下列公式规定：

持久、短暂设计状况　　$N \leqslant N_u$　　（F.1.1-1）

地震设计状况　　$N \leqslant N_u/\gamma_{RE}$　（F.1.1-2）

式中：N —— 轴向压力设计值；

N_u —— 钢管混凝土单肢柱的轴向受压承载力设计值。

F.1.2　钢管混凝土单肢柱的轴向受压承载力设计值应按下列公式计算：

$$N_u = \varphi_l \varphi_e N_0 \quad\text{(F.1.2-1)}$$

$$N_0 = 0.9 A_c f_c (1 + \alpha\theta) \quad\text{（当 } \theta \leqslant [\theta] \text{ 时）}$$
$$\text{(F.1.2-2)}$$

$$N_0 = 0.9 A_c f_c (1 + \sqrt{\theta} + \theta) \quad\text{（当 } \theta > [\theta] \text{ 时）}$$
$$\text{(F.1.2-3)}$$

$$\theta = \frac{A_a f_a}{A_c f_c} \quad\text{(F.1.2-4)}$$

且在任何情况下均应满足下列条件：

$$\varphi_l \varphi_e \leqslant \varphi_0 \quad\text{(F.1.2-5)}$$

表 F.1.2　系数 α、$[\theta]$ 取值

混凝土等级	$\leqslant$C50	C55～C80
α	2.00	1.80
$[\theta]$	1.00	1.56

式中：N_0 ——钢管混凝土轴心受压短柱的承载力设计值；

θ ——钢管混凝土的套箍指标；

α ——与混凝土强度等级有关的系数，按本附录表 F.1.2 取值；

$[\theta]$ ——与混凝土强度等级有关的套箍指标界限值，按本附录表 F.1.2 取值；

A_c ——钢管内的核心混凝土横截面面积；

f_c ——核心混凝土的抗压强度设计值；

A_a ——钢管的横截面面积；

f_a ——钢管的抗拉、抗压强度设计值；

φ_l ——考虑长细比影响的承载力折减系数，按本附录第 F.1.4 条的规定确定；

φ_e ——考虑偏心率影响的承载力折减系数，按本附录第 F.1.3 条的规定确定；

φ_0 ——按轴心受压柱考虑的 φ_l 值。

F.1.3 钢管混凝土柱考虑偏心率影响的承载力折减系数 φ_e，应按下列公式计算：

当 $e_0/r_c \leqslant 1.55$ 时，

$$\varphi_e = \frac{1}{1 + 1.85 \dfrac{e_0}{r_c}} \qquad (F.1.3-1)$$

$$e_0 = \frac{M_2}{N} \qquad (F.1.3-2)$$

当 $e_0/r_c > 1.55$ 时，

$$\varphi_e = \frac{0.3}{\dfrac{e_0}{r_c} - 0.4} \qquad (F.1.3-3)$$

式中：e_0 ——柱端轴向压力偏心距之较大者；

r_c ——核心混凝土横截面的半径；

M_2 ——柱端弯矩设计值的较大者；

N ——轴向压力设计值。

F.1.4 钢管混凝土柱考虑长细比影响的承载力折减系数 φ_l，应按下列公式计算：

当 $L_e/D > 4$ 时：

$$\varphi_l = 1 - 0.115\sqrt{L_e/D - 4} \qquad (F.1.4-1)$$

当 $L_e/D \leqslant 4$ 时：

$$\varphi_l = 1 \qquad (F.1.4-2)$$

式中：D ——钢管的外直径；

L_e ——柱的等效计算长度，按本附录 F.1.5 条和第 F.1.6 条确定。

F.1.5 柱的等效计算长度应按下列公式计算：

$$L_e = \mu k L \qquad (F.1.5)$$

式中：L ——柱的实际长度；

μ ——考虑柱端约束条件的计算长度系数，根据梁柱刚度的比值，按现行国家标准《钢结构设计规范》GB 50017 确定；

k ——考虑柱身弯矩分布梯度影响的等效长度系数，按本附录第 F.1.6 条确定。

F.1.6 钢管混凝土柱考虑柱身弯矩分布梯度影响的等效长度系数 k，应按下列公式计算：

1 轴心受压柱和杆件（图 F.1.6a）：

$$k = 1 \qquad (F.1.6-1)$$

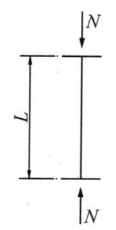 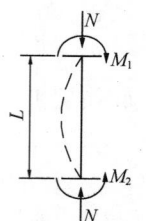

(a) 轴心受压 　　　(b) 无侧移单曲压弯

 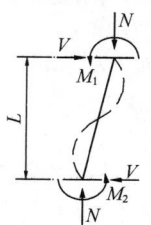

(c) 无侧移双曲压弯 　(d) 有侧移双曲压弯

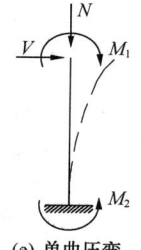 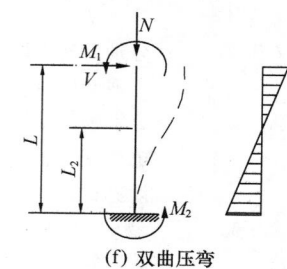

(e) 单曲压弯 　　　(f) 双曲压弯

图 F.1.6 框架柱及悬臂柱计算简图

2 无侧移框架柱（图 F.1.6b、c）：

$$k = 0.5 + 0.3\beta + 0.2\beta^2 \qquad (F.1.6-2)$$

3 有侧移框架柱（图 F.1.6d）和悬臂柱（图 F.1.6e、f）：

当 $e_0/r_c \leqslant 0.8$ 时

$$k = 1 - 0.625 e_0/r_c \qquad (F.1.6-3)$$

当 $e_0/r_c > 0.8$ 时，取 $k = 0.5$。

当自由端有力矩 M_1 作用时，

$$k = (1 + \beta_1)/2 \qquad (F.1.6-4)$$

并将式（F.1.6-3）与式（F.1.6-4）所得 k 值进行比较，取其中之较大值。

式中：β ——柱两端弯矩设计值之绝对值较小者 M_1 与绝对值较大者 M_2 的比值，单曲压弯时 β 取正值，双曲压弯时 β 取负值；

β_1 ——悬臂柱自由端弯矩设计值 M_1 与嵌固端弯矩设计值 M_2 的比值，当 β_1 为负值即双曲压弯时，则按反弯点所分割成的高度为 L_2 的子悬臂柱计算（图 F.1.6f）。

注：1 无侧移框架系指框架中设有支撑架、剪力墙、电梯井等支撑结构，且其抗侧移刚度不小于框架抗侧移刚度的 5 倍者；有侧移框架系指框架中未设上述支撑结

构或支撑结构的抗侧移刚度小于框架抗侧移刚度的 5 倍者；

    2 嵌固端系指相交于柱的横梁的线刚度与柱的线刚度的比值不小于 4 者，或柱基础的长和宽均不小于柱直径的 4 倍者。

F. 1. 7 钢管混凝土单肢柱的拉弯承载力应满足下列规定：

$$\frac{N}{N_{\mathrm{ut}}} + \frac{M}{M_{\mathrm{u}}} \leqslant 1 \qquad (\text{F. 1. 7-1})$$

$$N_{\mathrm{ut}} = A_{\mathrm{a}} F_{\mathrm{a}} \qquad (\text{F. 1. 7-2})$$

$$M_{\mathrm{u}} = 0.3 r_{\mathrm{c}} N_0 \qquad (\text{F. 1. 7-3})$$

式中：N——轴向拉力设计值；

        M——柱端弯矩设计值的较大者。

F. 1. 8 当钢管混凝土单肢柱的剪跨 a（横向集中荷载作用点至支座或节点边缘的距离）小于柱子直径 D 的 2 倍时，柱的横向受剪承载力应符合下式规定：

$$V \leqslant V_{\mathrm{u}} \qquad (\text{F. 1. 8})$$

式中：V——横向剪力设计值；

        V_{u}——钢管混凝土单肢柱的横向受剪承载力设计值。

F. 1. 9 钢管混凝土单肢柱的横向受剪承载力设计值应按下列公式计算：

$$V_{\mathrm{u}} = (V_0 + 0.1 N')\left(1 - 0.45\sqrt{\frac{a}{D}}\right)$$
$$(\text{F. 1. 9-1})$$

$$V_0 = 0.2 A_{\mathrm{c}} f_{\mathrm{c}} (1 + 3\theta) \qquad (\text{F. 1. 9-2})$$

式中：V_0——钢管混凝土单肢柱受纯剪时的承载力设计值；

        N'——与横向剪力设计值 V 对应的轴向力设计值；

        a——剪跨，即横向集中荷载作用点至支座或节点边缘的距离。

F. 1. 10 钢管混凝土的局部受压应符合下式规定：

$$N_l \leqslant N_{\mathrm{u}l} \qquad (\text{F. 1. 10})$$

式中：N_l——局部作用的轴向压力设计值；

        $N_{\mathrm{u}l}$——钢管混凝土柱的局部受压承载力设计值。

F. 1. 11 钢管混凝土柱在中央部位受压时（图 F. 1. 11），局部受压承载力设计值应按下式计算：

$$N_{\mathrm{u}l} = N_0 \sqrt{\frac{A_l}{A_{\mathrm{c}}}} \qquad (\text{F. 1. 11})$$

式中：N_0——局部受压段的钢管混凝土短柱轴心受压承载力设计值，按本附录第 F. 1. 2 条公式（F. 1. 2-2）、（F. 1. 2-3）计算；

        A_l——局部受压面积；

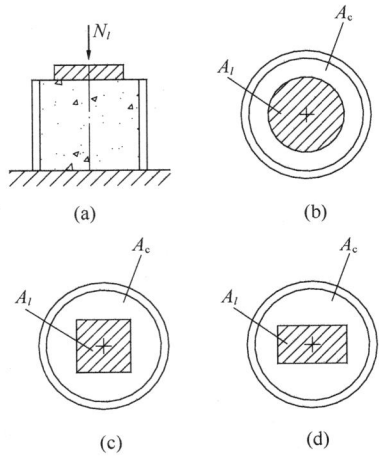

图 F. 1. 11 中央部位局部受压

        A_{c}——钢管内核心混凝土的横截面面积。

F. 1. 12 钢管混凝土柱在其组合界面附近受压时（图 F. 1. 12），局部受压承载力设计值应按下列公式计算：

当 $A_l / A_{\mathrm{c}} \geqslant 1/3$ 时：

$$N_{\mathrm{u}l} = (N_0 - N')\omega\sqrt{\frac{A_l}{A_{\mathrm{c}}}} \qquad (\text{F. 1. 12-1})$$

当 $A_l / A_{\mathrm{c}} < 1/3$ 时：

$$N_{\mathrm{u}l} = (N_0 - N')\omega\sqrt{3} \cdot \frac{A_l}{A_{\mathrm{c}}} \qquad (\text{F. 1. 12-2})$$

式中：N_0——局部受压段的钢管混凝土短柱轴心受压承载力设计值，按本附录第 F. 1. 2 条公式（F. 1. 2-2）、（F. 1. 2-3）计算；

        N'——非局部作用的轴向压力设计值；

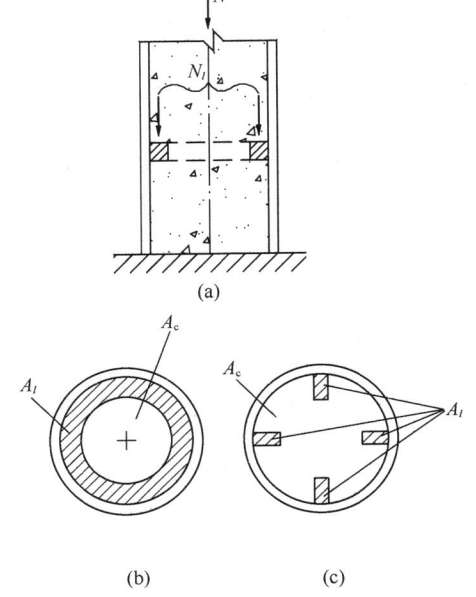

图 F. 1. 12 组合界面附近局部受压

ω——考虑局压应力分布状况的系数，当局压应力为均匀分布时取 1.00；当局压应力为非均匀分布（如与钢管内壁焊接的柔性抗剪连接件等）时取 0.75。

当局部受压承载力不足时，可将局压区段的管壁进行加厚。

F.2 连接设计

F.2.1 钢管混凝土柱的直径较小时，钢梁与钢管混凝土柱之间可采用外加强环连接（图 F.2.1-1），外加强环应是环绕钢管混凝土柱的封闭的满环（图 F.2.1-2）。外加强环与钢管外壁应采用全熔透焊缝连接，外加强环与钢梁应采用栓焊连接。外加强环的厚度不应小于钢梁翼缘的厚度，最小宽度 c 不应小于钢梁翼缘宽度的 70%。

F.2.2 钢管混凝土柱的直径较大时，钢梁与钢管混凝土柱之间可采用内加强环连接。内加强环与钢管内壁应采用全熔透坡口焊缝连接。梁与柱可采用现场直接连接，也可与带有悬臂梁段的柱在现场进行梁的拼接。悬臂梁段可采用等截面（图 F.2.2-1）或变截面（图 F.2.2-2、图 F.2.2-3）；采用变截面梁段时，其坡度不宜大于 1/6。

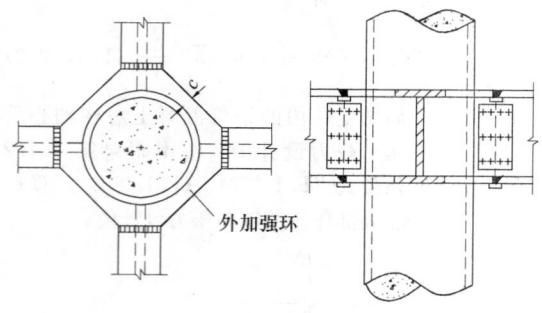

图 F.2.1-1 钢梁与钢管混凝土柱采用外加强环连接构造示意

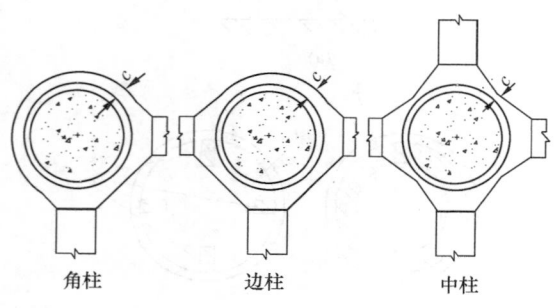

图 F.2.1-2 外加强环构造示意

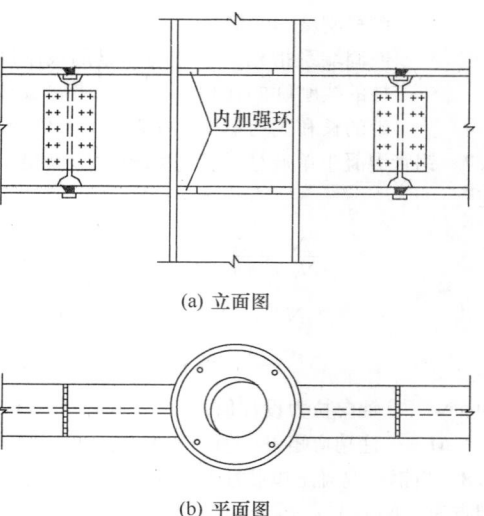

(a) 立面图

(b) 平面图

图 F.2.2-1 等截面悬臂钢梁与钢管混凝土柱采用内加强环连接构造示意

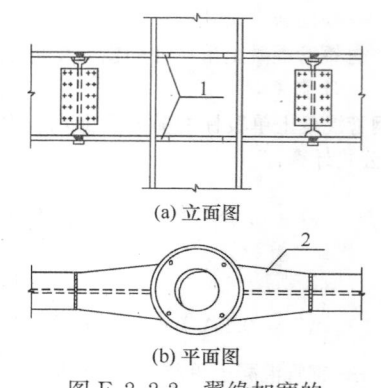

(a) 立面图

(b) 平面图

图 F.2.2-2 翼缘加宽的悬臂钢梁与钢管混凝土柱连接构造示意

1—内加强环；2—翼缘加宽

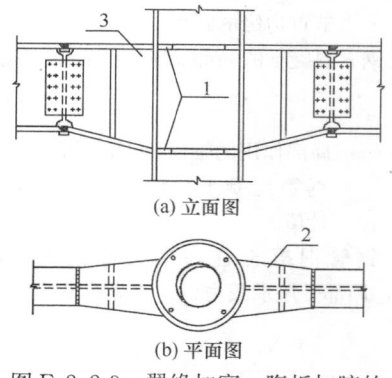

(a) 立面图

(b) 平面图

图 F.2.2-3 翼缘加宽、腹板加腋的悬臂钢梁与钢管混凝土柱连接构造示意

1—内加强环；2—翼缘加宽；3—变高度（腹板加腋）悬臂梁段

F.2.3 钢筋混凝土梁与钢管混凝土柱的连接构造应同时满足管外剪力传递及弯矩传递的要求。

F.2.4 钢筋混凝土梁与钢管混凝土柱连接时，钢管外剪力传递可采用环形牛腿或承重销；钢筋混凝土无梁楼板或井式密肋楼板与钢管混凝土柱连接时，钢管外剪力传递可采用台锥式环形深牛腿。也可采用其他符合计算受力要求的连接方式传递管外剪力。

F.2.5 环形牛腿、台锥式环形深牛腿可由呈放射状均匀分布的肋板和上、下加强环组成（图 F.2.5）。肋板应与钢管壁外表面及上、下加强环采用角焊缝焊接，上、下加强环可分别与钢管壁外表面采用角焊缝焊接。环形牛腿的上、下加强环以及台锥式深牛腿的下加强环应预留直径不小于 50mm 的排气孔。台锥式环形深牛腿下加强环的直径可由楼板的冲切承载力计算确定。

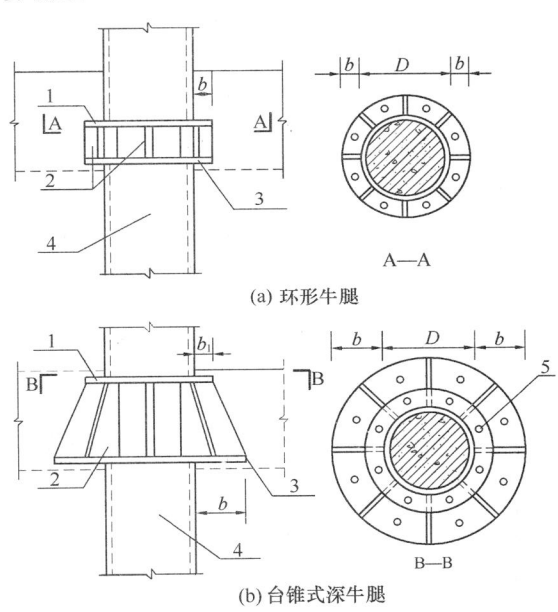

(a) 环形牛腿

(b) 台锥式深牛腿

图 F.2.5　环形牛腿构造示意
1—上加强环；2—腹板或肋板；3—下加强环；
4—钢管混凝土柱；5—排气孔

F.2.6 钢管混凝土柱的外径不小于 600mm 时，可采用承重销传递剪力。由穿心腹板和上、下翼缘板组成的承重销（图 F.2.6），其截面高度宜取框架梁截面高度的 50%，其平面位置应根据框架梁的位置确定。翼缘板在穿过钢管壁不少于 50mm 后可逐渐收窄。钢管与翼缘板之间、钢管与穿心腹板之间应采用全熔透坡口焊缝焊接，穿心腹板与对面的钢管壁之间（图 F.2.6a）或与另一方向的穿心腹板之间（图 F.2.6b）应采用角焊缝焊接。

F.2.7 钢筋混凝土梁与钢管混凝土柱的管外弯矩传递可采用井式双梁、环梁、穿筋单梁和变宽度梁，也可采用其他符合受力分析要求的连接方式。

F.2.8 井式双梁的纵向钢筋可从钢管侧面平行通过，

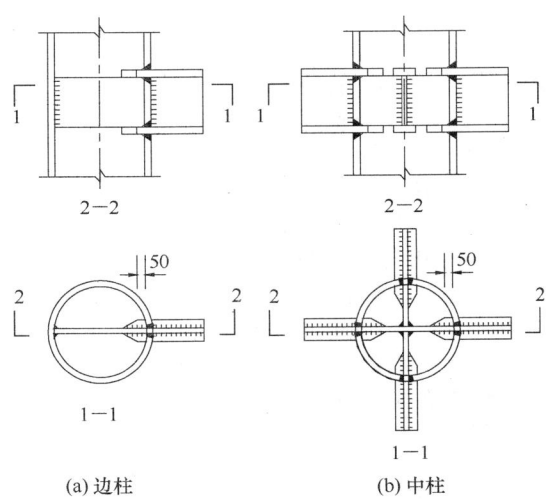

(a) 边柱　　　　(b) 中柱

图 F.2.6　承重销构造示意

并宜增设斜向构造钢筋（图 F.2.8）；井式双梁与钢管之间应浇筑混凝土。

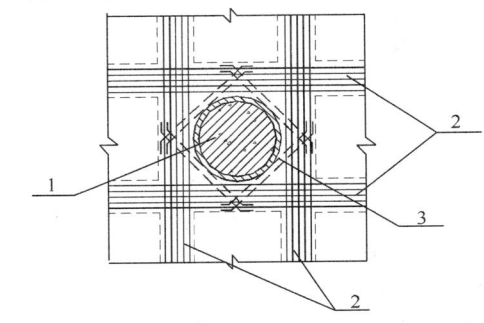

图 F.2.8　井式双梁构造示意
1—钢管混凝土柱；2—双梁的纵向钢筋；
3—附加斜向钢筋

F.2.9 钢筋混凝土环梁（图 F.2.9）的配筋应由计算确定。环梁的构造应符合下列规定：

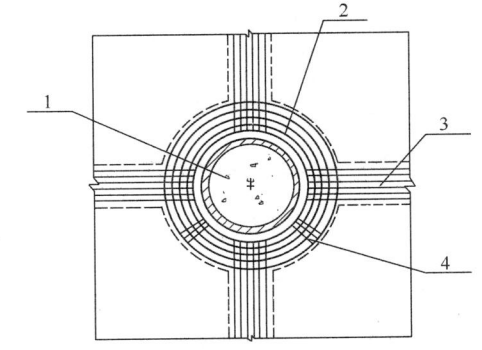

图 F.2.9　钢筋混凝土环梁构造示意
1—钢管混凝土柱；2—环梁的环向钢筋；
3—框架梁纵向钢筋；4—环梁箍筋

1 环梁截面高度宜比框架梁高 50mm；

2 环梁的截面宽度宜不小于框架梁宽度；

3 框架梁的纵向钢筋在环梁内的锚固长度应满足现行国家标准《混凝土结构设计规范》GB 50010

的规定；

4 环梁上、下环筋的截面积，应分别不小于框架梁上、下纵筋截面积的70%；

5 环梁内、外侧应设置环向腰筋，腰筋直径不宜小于16mm，间距不宜大于150mm。

6 环梁按构造设置的箍筋直径不宜小于10mm，外侧间距不宜大于150mm。

F.2.10 采用穿筋单梁构造（图 F.2.10）时，在钢管开孔的区段应采用内衬管段或外套管段与钢管壁紧贴焊接，衬（套）管的壁厚不应小于钢管的壁厚，穿筋孔的环向净矩 s 不应小于孔的长径 b，衬（套）管端面至孔边的净距 w 不应小于孔长径 b 的2.5倍。宜采用双筋并股穿孔（图 F.2.10）。

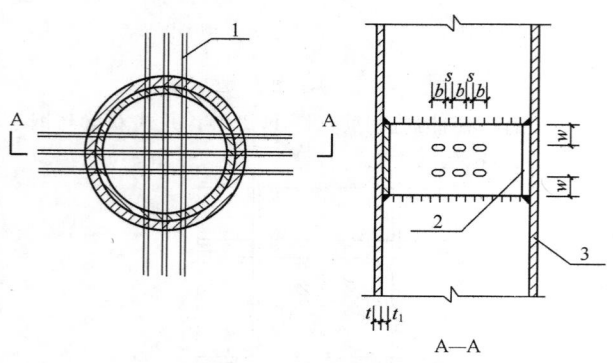

图 F.2.10 穿筋单梁构造示意
1—并股双钢筋；2—内衬加强管段；3—柱钢管

F.2.11 钢管直径较小或梁宽较大时，可采用梁端加宽的变宽度梁传递管外弯矩的构造方式（图 F.2.11）。变宽度梁一个方向的2根纵向钢筋可穿过钢管，其余纵向钢筋可连续绕过钢管，绕筋的斜度不应大于1/6，并应在梁变宽度处设置附加箍筋。

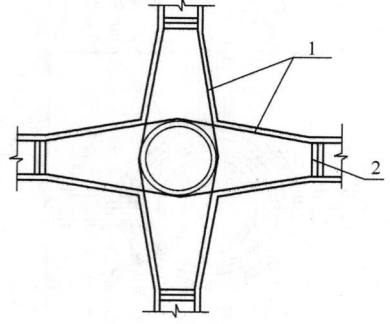

图 F.2.11 变宽度梁构造示意
1—框架梁纵向钢筋；2—框架梁附加箍筋

本规程用词说明

1 为便于在执行本规程条文时区别对待，对于要求严格程度不同的用词说明如下：

1）表示很严格，非这样做不可的：
正面词采用"必须"，反面词采用"严禁"；

2）表示严格，在正常情况下均应这样做的：
正面词采用"应"，反面词采用"不应"或"不得"；

3）表示允许稍有选择，在条件许可时首先应这样做的：
正面词采用"宜"，反面词采用"不宜"；

4）表示有选择，在一定条件下可以这样做的，采用"可"。

2 条文中指明应按其他标准执行的写法为："应符合……的规定"或"应按……执行"。

引用标准名录

1 《建筑地基基础设计规范》GB 50007

2 《建筑结构荷载规范》GB 50009

3 《混凝土结构设计规范》GB 50010

4 《建筑抗震设计规范》GB 50011

5 《钢结构设计规范》GB 50017

6 《工程测量规范》GB 50026

7 《锚杆喷射混凝土支护技术规范》GB 50086

8 《地下工程防水技术规范》GB 50108

9 《滑动模板工程技术规范》GB 50113

10 《混凝土外加剂应用技术规范》GB 50119

11 《粉煤灰混凝土应用技术规范》GB 50146

12 《混凝土质量控制标准》GB 50164

13 《建筑地基基础工程施工质量验收规范》GB 50202

14 《混凝土结构工程施工质量验收规范》GB 50204

15 《钢结构工程施工质量验收规范》GB 50205

16 《组合钢模板技术规范》GB 50214

17 《建筑工程抗震设防分类标准》GB 50223

18 《大体积混凝土施工规范》GB 50496

19 《建筑基坑工程监测技术规范》GB 50497

20 《塔式起重机安全规程》GB 5144

21 《起重机械安全规程》GB 6067

22 《施工升降机安全规程》GB 10055

23 《塔式起重机》GB/T 5031

24 《施工升降机标准》GB/T 10054

25 《混凝土泵》GB/T 13333

26 《预应力筋用锚具、夹具和连接器》GB/T 14370

27 《预拌混凝土》GB/T 14902

28 《混凝土强度检验评定标准》GB/T 50107

29 《高层建筑箱形与筏形基础技术规范》JGJ 6

30 《建筑变形测量规程》JGJ 8

31 《钢筋焊接及验收规程》JGJ 18

32 《钢筋焊接接头试验方法》JGJ 27

33 《建筑机械使用安全技术规程》JGJ 33

34 《施工现场临时用电安全技术规范》JGJ 46

35 《建筑施工安全检查标准》JGJ 59

36 《液压滑动模板施工安全技术规程》JGJ 65

37 《建筑施工高处作业安全技术规范》JGJ 80

38 《无粘结预应力混凝土结构技术规程》JGJ 92

39 《建筑桩基技术规范》JGJ 94

40 《冷轧带肋钢筋混凝土结构技术规程》JGJ 95

41 《钢框胶合板模板技术规程》JGJ 96

42 《高层民用建筑钢结构技术规程》JGJ 99

43 《玻璃幕墙工程技术规范》JGJ 102

44 《建筑工程冬期施工规程》JGJ 104

45 《钢筋机械连接技术规程》JGJ 107

46 《钢筋焊接网混凝土结构技术规程》JGJ 114

47 《建筑基坑支护技术规程》JGJ 120

48 《建筑施工门式钢管脚手架安全技术规范》JGJ 128

49 《建筑施工扣件式钢管脚手架安全技术规范》JGJ 130

50 《金属与石材幕墙工程技术规范》JGJ 133

51 《型钢混凝土组合结构技术规程》JGJ 138

52 《施工现场机械设备检查技术规程》JGJ 160

53 《建筑施工模板安全技术规范》JGJ 162

54 《建筑施工碗扣式钢管脚手架安全技术规范》JGJ 166

55 《清水混凝土应用技术规程》JGJ 169

56 《建筑施工土石方工程安全技术规范》JGJ 180

57 《混凝土泵送施工技术规程》JGJ/T 10

58 《钢绞线、钢丝束无粘结预应力筋》JG 3006

中华人民共和国行业标准

高层建筑混凝土结构技术规程

JGJ 3—2010

条 文 说 明

修 订 说 明

《高层建筑混凝土结构技术规程》JGJ 3－2010，经住房和城乡建设部 2010 年 10 月 21 日以第 788 号公告批准、发布。

本规程是在《高层建筑混凝土结构技术规程》JGJ 3－2002 的基础上修订而成。上一版的主编单位是中国建筑科学研究院，参编单位是北京市建筑设计研究院、华东建筑设计研究院有限公司、广东省建筑设计研究院、深圳大学建筑设计研究院、上海市建筑科学研究院、清华大学、北京建工集团有限责任公司，主要起草人员是徐培福、黄小坤、容柏生、程懋堃、汪大绥、胡绍隆、傅学怡、赵西安、方鄂华、郝锐坤、胡世德、李国胜、周建龙、王明贵。

本次修订的主要技术内容是：1. 扩大了适用范围；2. 修改、补充了混凝土、钢筋、钢材材料要求；3. 调整补充了房屋适用的最大高度；4. 调整了房屋适用的最大高宽比；5. 修改了楼层刚度变化的计算方法和限制条件；6. 增加了质量沿竖向分布不均匀结构和不宜采用同一楼层同时为薄弱层、软弱层的竖向不规则结构规定，竖向不规则结构的薄弱层、软弱层的地震剪力增大系数由 1.15 调整为 1.25；7. 明确结构侧向位移限制条件是针对风荷载或地震作用标准值下的计算结果；8. 增加了风振舒适度计算时结构阻尼比取值及楼盖竖向振动舒适度要求；9. 增加了结构抗震性能设计基本方法及结构抗连续倒塌设计基本要求；10. 风荷载比较敏感的高层建筑承载力设计时风荷载按基本风压的 1.1 倍采用，扩大了考虑竖向地震作用的计算范围和设计要求；11. 增加了房屋高度大于 150m 结构的弹塑性变形验算要求以及结构弹塑性计算分析、多塔楼结构分塔楼模型计算要求；12. 正常使用极限状态的效应组合不作为强制性要求，增加了考虑结构设计使用年限的荷载调整系数，补充了竖向地震作为主导可变作用的组合工况；13. 修改了框架"强柱弱梁"及柱"强剪弱弯"的规定，增加三级框架节点的抗震受剪承载力验算要求并取消了节点抗震受剪承载力验算的附录，加大了柱截面基本构造尺寸要求，对框架结构及四级抗震等级柱轴压比提出更高要求，适当提高了柱最小配筋率要求，增加梁端、柱端加密区箍筋间距可以适当放松的规定；14. 修改了剪力墙截面厚度、短肢剪力墙、剪力墙边缘构件的设计要求，增加了剪力墙洞口连梁正截面最小配筋率和最大配筋率要求，剪力墙分布钢筋直径、间距以及连梁的配筋设计不作为强制性条文；15. 修改了框架-剪力墙结构中框架承担倾覆力矩较多和较少时的设计规定；16. 提高了框架-核心筒结构核心筒底部加强部位分布钢筋最小配筋率，增加了内筒偏置及框架-双筒结构的设计要求，补充了框架承担地震剪力不宜过低的要求以及对框架和核心筒的内力调整、构造设计要求；17. 修改、补充了带转换层结构、错层结构、连体结构的设计规定，增加了竖向收进结构、悬挑结构的设计要求；18. 混合结构增加了筒中筒结构，调整了最大适用高度及抗震等级规定，钢框架-核心筒结构核心筒的最小配筋率比普通剪力墙适当提高，补充了钢管混凝土柱及钢板混凝土剪力墙的设计规定；19. 补充了地下室设计的有关规定；20. 增加了高层建筑施工中垂直运输、脚手架及模板支架、大体积混凝土、混合结构及复杂混凝土结构施工的有关规定。

本规程修订过程中，编制组调查总结了国内外高层建筑混凝土结构有关研究成果和工程实践经验，开展了框架结构刚度比、钢板剪力墙、混合结构、连体结构、带转换层结构等专题研究，参考了国外有关先进技术标准，在全国范围内广泛地征求了意见，并对反馈意见进行了汇总和处理。

为便于设计、科研、教学、施工等单位的有关人员在使用本规程时能正确理解和执行条文规定，《高层建筑混凝土结构技术规程》编制组按照章、节、条顺序编写了本规程的条文说明，对条文规定的目的、依据以及执行中需要注意的有关事项进行了解释和说明。但是，本条文说明不具备与规程正文同等的法律效力，仅供使用者作为理解和把握条文规定的参考。

目　　次

1 总 则

1.0.1 20世纪90年代以来,我国混凝土结构高层建筑迅速发展,钢筋混凝土结构体系积累了很多工程经验和科研成果,钢和混凝土的混合结构体系也积累了不少工程经验和研究成果。从2002版规程开始,除对钢筋混凝土高层建筑结构的条款进行补充修订外,又增加了钢和混凝土混合结构设计规定,并将规程名称《钢筋混凝土高层建筑结构设计与施工规程》JGJ 3-91更改为《高层建筑混凝土结构技术规程》JGJ 3-2002(以下简称02规程)。

1.0.2 02规程适用于10层及10层以上或房屋高度超过28m的高层民用建筑结构。本次修订将适用范围修改为10层及10层以上或房屋高度超过28m的住宅建筑,以及房屋高度大于24m的其他高层民用建筑结构,主要是为了与我国现行有关标准协调。现行国家标准《民用建筑设计通则》GB 50352规定:10层及10层以上的住宅建筑和建筑高度大于24m的其他民用建筑(不含单层公共建筑)为高层建筑;《高层民用建筑设计防火规范》GB 50045(2005年版)规定10层及10层以上的居住建筑和建筑高度超过24m的公共建筑为高层建筑。本规程修订后的适用范围与上述标准基本协调。针对建筑结构专业的特点,对本条的适用范围补充说明如下:

1 有的住宅建筑的层高较大或底部布置层高较大的商场等公共服务设施,其层数虽然不到10层,但房屋高度已超过28m,这些住宅建筑仍应按本规程进行结构设计。

2 高度大于24m的其他高层民用建筑结构是指办公楼、酒店、综合楼、商场、会议中心、博物馆等高层民用建筑,这些建筑中有的层数虽然不到10层,但层高比较高,建筑内部的空间比较大,变化也多,为适应结构设计的需要,有必要将这类高度大于24m的结构纳入到本规程的适用范围。至于高度大于24m的体育场馆、航站楼、大型火车站等大跨度空间结构,其结构设计应符合国家现行有关标准的规定,本规程的有关规定仅供参考。

本条还规定,本规程不适用于建造在危险地段及发震断裂最小避让距离之内的高层建筑。大量地震震害及其他自然灾害表明,在危险地段及发震断裂最小避让距离之内建造房屋和构筑物较难幸免灾祸;我国也没有在危险地段和发震断裂的最小避让距离内建造高层建筑的工程实践经验和相应的研究成果,本规程也没有专门条款。发震断裂的最小避让距离应符合现行国家标准《建筑抗震设计规范》GB 50011的有关规定。

1.0.3 02规程第1.0.3条关于抗震设防烈度的规定,本次修订移至第3.1节。

本条是新增内容,提出了对有特殊要求的高层建筑混凝土结构可采用抗震性能设计方法进行分析和论证,具体的抗震性能设计方法见本规程第3.11节。

近几年,结构抗震性能设计已在我国"超限高层建筑工程"抗震设计中比较广泛地采用,积累了不少经验。国际上,日本从1981年起已将基于性能的抗震设计原理用于高度超过60m的高层建筑。美国从20世纪90年代陆续提出了一些有关抗震性能设计的文件(如ATC40、FEMA356、ASCE41等),近几年由洛杉矶市和旧金山市的重要机构发布了新建高层建筑(高度超过160英尺、约49m)采用抗震性能设计的指导性文件:"洛杉矶地区高层建筑抗震分析和设计的另一种方法"洛杉矶高层建筑结构设计委员会(LATBSDC)2008年;"使用非规范传统方法的新建高层建筑抗震设计和审查的指导准则"北加利福尼亚结构工程师协会(SEAONC)2007年4月为旧金山市建议的行政管理公报。2008年美国"国际高层建筑及都市环境委员会(CTBUH)"发表了有关高层建筑(高度超过50m)抗震性能设计的建议。

高层建筑采用抗震性能设计已是一种趋势。正确应用性能设计方法将有利于判断高层建筑结构的抗震性能,有针对性地加强结构的关键部位和薄弱部位,为发展安全、适用、经济的结构方案提供创造性的空间。本条规定仅针对有特殊要求且难以按本规程规定的常规设计方法进行抗震设计的高层建筑结构,提出可采用抗震性能设计方法进行分析和论证。条文中提出的房屋高度、规则性、结构类型或抗震设防标准等有特殊要求的高层建筑混凝土结构包括:"超限高层建筑结构",其划分标准参见原建设部发布的《超限高层建筑工程抗震设防专项审查技术要点》;有些工程虽不属于"超限高层建筑结构",但由于其结构类型或有些部位结构布置的复杂性,难以直接按本规程的常规方法进行设计;还有一些位于高烈度区(8度、9度)的甲、乙类设防标准的工程或处于抗震不利地段的工程,出现难以确定抗震等级或难以直接按本规程常规方法进行设计的情况。为适应上述工程抗震设计的需要,本规程提出了抗震性能设计的基本方法。

1.0.4 02规程第1.0.4条本次修订移至第3.1节,本条为02规程第1.0.5条,作了部分文字修改。

注重高层建筑的概念设计,保证结构的整体性,是国内外历次大地震及风灾的重要经验总结。概念设计及结构整体性能是决定高层建筑结构抗震、抗风性能的重要因素,若结构严重不规则、整体性差,则按目前的结构设计及计算技术水平,较难保证结构的抗震、抗风性能,尤其是抗震性能。

1.0.5 本条是02规程第1.0.6条。

2 术语和符号

本章是根据标准编制要求增加的内容。

"高层建筑"大多根据不同的需要和目的而定义，国际、国内的定义不尽相同。国际上诸多国家和地区对高层建筑的界定多在10层以上；我国不同标准中有不同的定义。本规程主要是从结构设计的角度考虑，并与国家有关标准基本协调。

本规程中的"剪力墙（shear wall）"，在现行国家标准《建筑抗震设计规范》GB 50011中称抗震墙，在现行国家标准《建筑结构设计术语和符号标准》GB/T 50083中称结构墙（structural wall）。"剪力墙"既用于抗震结构也用于非抗震结构，这一术语在国外应用已久，在现行国家标准《混凝土结构设计规范》GB 50010中和国内建筑工程界也一直应用。

"筒体结构"尚包括框筒结构、束筒结构等，本规程第9章和第11章主要涉及框架-核心筒结构和筒中筒结构。

"转换层"是指设置转换结构构件的楼层，包括水平结构构件及竖向结构构件，"带转换层高层建筑结构"属于复杂结构，部分框支剪力墙结构是其一种常见形式。在部分框支剪力墙结构中，转换梁通常称为"框支梁"，支撑转换梁的柱通常称为"框支柱"。

"连体结构"的连接体一般在房屋的中部或顶部，连接体结构与塔楼结构可采用刚性连接或滑动连接方式。

"多塔楼结构"是在裙楼或大底盘上有两个或两个以上塔楼的结构，是体型收进结构的一种常见例子。一般情况下，在地下室连为整体的多塔楼结构可不作为本规程第10.6节规定的复杂结构，但地下室顶板设计宜符合本规程10.6节多塔楼结构设计的有关规定。

"混合结构"包括内容较多，本规程主要涉及高层建筑中常用的钢和混凝土混合结构，包括钢框架（框筒）、型钢混凝土框架（框筒）、钢管混凝土框架（框筒）与钢筋混凝土筒体所组成的共同承受竖向和水平作用的框架-核心筒结构和筒中筒结构，后者是本次修订增加的内容。

3 结构设计基本规定

3.1 一般规定

3.1.1 本条是02规程的第1.0.3条。抗震设防烈度是按国家规定权限批准作为一个地区抗震设防依据的地震烈度，一般情况下取50年内超越概率为10%的地震烈度，我国目前分为6、7、8、9度，与设计基本地震加速度一一对应，见表1。

表1 抗震设防烈度和设计基本地震加速度值的对应关系

抗震设防烈度	6	7	8	9
设计基本地震加速度值	0.05g	0.10 (0.15)g	0.20 (0.30)g	0.40g

注：g为重力加速度。

3.1.2 本条是02规程第1.0.4条的修改。建筑工程的抗震设防分类，是根据建筑遭遇地震破坏后，可能造成人员伤亡、直接和间接经济损失、社会影响程度以及建筑在抗震救灾中的作用等因素，对各类建筑所作的抗震设防类别划分，具体分为特殊设防类、重点设防类、标准设防类、适度设防类，分别简称甲类、乙类、丙类和丁类。建筑抗震设防分类的划分应符合现行国家标准《建筑工程抗震设防分类标准》GB 50223的规定。

3.1.3 高层建筑结构应根据房屋高度和高宽比、抗震设防类别、抗震设防烈度、场地类别、结构材料和施工技术条件等因素考虑其适宜的结构体系。

目前，国内大量的高层建筑结构采用四种常见的结构体系：框架、剪力墙、框架-剪力墙和筒体，因此本规程分章对这四种结构体系的设计作了比较详细的规定，以适应量大面广的工程设计需要。

框架结构中不包括板柱结构（无剪力墙或筒体），因为这类结构侧向刚度和抗震性能较差，目前研究工作不充分、工程实践经验不多，暂未列入规程；此外，由L形、T形、Z形或十字形截面（截面厚度一般为180mm～300mm）构成的异形柱框架结构，目前已有行业标准《混凝土异形柱结构技术规程》JGJ 149，本规程也不需列入。

剪力墙结构包括部分框支剪力墙结构（有部分框支柱及转换结构构件）、具有较多短肢剪力墙且带有筒体或一般剪力墙的剪力墙结构。

板柱-剪力墙结构的板柱指无内部纵梁和横梁的无梁楼盖结构。由于在板柱框架体系中加入了剪力墙或筒体，主要由剪力墙构件承受侧向力，侧向刚度也有很大的提高。这种结构目前在国内外高层建筑中有较多的应用，但其适用高度宜低于框架-剪力墙结构。有震害表明，板柱结构的板柱节点破坏较严重，包括板的冲切破坏或柱端破坏。

筒体结构在20世纪80年代后在我国已广泛应用于高层办公建筑和高层旅馆建筑。由于其刚度较大、有较高承载能力，因而在层数较多时有较大优势。多年来，我国已经积累了许多工程经验和科研成果，在本规程中作了较详细的规定。

一些较新颖的结构体系（如巨型框架结构、巨型桁架结构、悬挂结构等），目前工程较少、经验还不多，宜针对具体工程研究其设计方法，待积累较多经验后再上升为规程的内容。

3.1.4、3.1.5 这两条强调了高层建筑结构概念设计原则，宜采用规则的结构，不应采用严重不规则的结构。

规则结构一般指：体型（平面和立面）规则，结构平面布置均匀、对称并具有较好的抗扭刚度；结构竖向布置均匀，结构的刚度、承载力和质量分布均匀、无突变。

实际工程设计中，要使结构方案规则往往比较困难，有时会出现平面或竖向布置不规则的情况。本规程第3.4.3~3.4.7条和第3.5.2~3.5.6条分别对结构平面布置及竖向布置的不规则性提出了限制条件。若结构方案中仅有个别项目超过了条款中规定的"不宜"的限制条件，此结构属不规则结构，但仍可按本规程有关规定进行计算和采取相应的构造措施；若结构方案中有多项超过了条款中规定的"不宜"的限制条件或某一项超过"不宜"的限制条件较多，此结构属特别不规则结构，应尽量避免；若结构方案中有多项超过了条款中规定的"不宜"的限制条件，而且超过较多，或者有一项超过了条款中规定的"不应"的限制条件，则此结构属严重不规则结构，这种结构方案不应采用，必须对结构方案进行调整。

无论采用何种结构体系，结构的平面和竖向布置都应使结构具有合理的刚度、质量和承载力分布，避免因局部突变和扭转效应而形成薄弱部位；对可能出现的薄弱部位，在设计中应采取有效措施，增强其抗震能力；结构宜具有多道防线，避免因部分结构或构件的破坏而导致整个结构丧失承受水平风荷载、地震作用和重力荷载的能力。

3.1.6 本条由02规程第4.9.3、4.9.5条合并修改而成。非荷载效应一般指温度变化、混凝土收缩和徐变、支座沉降等对结构或结构构件产生的影响。在较高的钢筋混凝土高层建筑结构设计中应考虑非荷载效应的不利影响。

高度较高的高层建筑的温度应力比较明显。幕墙包覆主体结构而使主体结构免受外界温度变化的影响，有效地减少了主体结构温度应力的不利影响。幕墙是外墙的一种结构形式，由于面板材料的不同，建筑幕墙可以分为玻璃幕墙、铝板或钢板幕墙、石材幕墙和混凝土幕墙。实际工程中可采用多种材料构成的混合幕墙。

3.1.7 本条由02规程第4.9.4、4.9.5、6.1.4条相关内容合并、修改而成。高层建筑层数较多，减轻填充墙的自重是减轻结构总重量的有效措施；而且轻质隔墙容易实现与主体结构的连接构造，减轻或防止随主体结构发生破坏。除传统的加气混凝土制品、空心砌块外，室内隔墙还可以采用玻璃、铝板、不锈钢板等轻质复合墙板材料。非承重墙体无论与主体结构采用刚性连接还是柔性连接，都应按非结构构件进行抗震设计，自身应具有相应的承载力、稳定及变形要求。

为避免主体结构变形时室内填充墙、门窗等非结构构件损坏，较高建筑或侧向变形较大的建筑中的非结构构件应采取有效的连接措施来适应主体结构的变形。例如，外墙门窗采用柔性密封胶条或耐候密封胶嵌缝；室内隔墙选用金属板或玻璃隔墙、柔性密封胶填缝等，可以很好地适应主体结构的变形。

3.2 材 料

3.2.1 本条是在02规程第3.9.1条基础上修改完成的。当房屋高度大、层数多、柱距大时，由于单柱轴向力很大，受轴压比限制而使柱截面过大，不仅加大自重和材料消耗，而且妨碍建筑功能、浪费有效面积。减小柱截面尺寸通常有采用型钢混凝土柱、钢管混凝土柱、高强度混凝土这三条途径。

采用高强度混凝土可以减小柱截面面积。C60混凝土已广泛采用，取得了良好的效益。

采用高强钢筋可有效减少配筋量，提高结构的安全度。目前我国已经可以大量生产满足结构抗震性能要求的400MPa、500MPa级热轧带肋钢筋和300MPa级热轧光圆钢筋。400MPa、500MPa级热轧带肋钢筋的强度设计值比335MPa级钢筋分别提高20%和45%；300MPa级热轧光圆钢筋的强度设计值比235MPa级钢筋提高28.5%，节材效果十分明显。

型钢混凝土柱截面含型钢一般为5%~8%，可使柱截面面积减小30%左右。由于型钢骨架要求钢结构的制作、安装能力，因此目前较多用在高层建筑的下层部位柱、转换层以下的框支柱等；在较高的高层建筑中也有全部采用型钢混凝土梁、柱的实例。

钢管混凝土可使柱混凝土处于有效侧向约束下，形成三向应力状态，因而延性和承载力提高较多。钢管混凝土柱如用高强混凝土浇筑，可以使柱截面减小至原截面面积的50%左右。钢管混凝土柱与钢筋混凝土梁的节点构造十分重要，也比较复杂。钢管混凝土柱设计及构造可按本规程第11章的有关规定执行。

3.2.2 本条针对高层混凝土结构的特点，提出了不同结构部位、不同结构构件的混凝土强度等级最低要求及抗震上限限值。某些结构局部特殊部位混凝土强度等级的要求，在本规程相关条文中作了补充规定。

3.2.3 本条对高层混凝土结构的受力钢筋性能提出了具体要求。

3.2.4、3.2.5 提出了钢-混凝土混合结构中钢材的选用及性能要求。

3.3 房屋适用高度和高宽比

3.3.1 A级高度钢筋混凝土高层建筑指符合表3.3.1-1最大适用高度的建筑，也是目前数量最多，应用最广泛的建筑。当框架-剪力墙、剪力墙及筒体结构的高度超过表3.3.1-1的最大适用高度时，列入B级高度高层建筑，但其房屋高度不应超过表3.3.1-2规定的最大适用高度，并应遵守本规程规定的更严格的计算和构造措施。为保证B级高度高层建筑的设计质量，抗震设计的B级高度的高层建筑，按有关规定应进行超限高层建筑的抗震设防专项审查复核。

对于房屋高度超过A级高度高层建筑最大适用高度的框架结构、板柱-剪力墙结构以及9度抗震设计的各类结构，因研究成果和工程经验尚显不足，在B级高度高层建筑中未予列入。

具有较多短肢剪力墙的剪力墙结构的抗震性能有待进一步研究和工程实践检验，本规程第7.1.8条规定其最大适用高度比普通剪力墙结构适当降低，7度时不应超过100m，8度（0.2g）时不应超过80m、8度（0.3g）时不应超过60m；B级高度高层建筑及9度时A级高度高层建筑不应采用这种结构。

房屋高度超过表3.3.1-2规定的特殊工程，则应通过专门的审查、论证，补充更严格的计算分析，必要时进行相应的结构试验研究，采取专门的加强构造措施。抗震设计的超限高层建筑，可以按本规程第3.11节的规定进行结构抗震性能设计。

框架-核心筒结构中，除周边框架外，内部带有部分仅承受竖向荷载的柱与无梁楼板时，不属于本条所列的板柱-剪力墙结构。本规程最大适用高度表中，框架-剪力墙结构的高度均低于框架-核心筒结构的高度，其主要原因是，框架-核心筒结构的核心筒相对于框架-剪力墙结构的剪力墙较强，核心筒成为主要抗侧力构件，结构设计上也有更严格的要求。

本次修订，增加了8度（0.3g）抗震设防结构最大适用高度的要求；A级高度高层建筑中，除6度外的框架结构最大适用高度适当降低，板柱-剪力墙结构最大适用高度适当增加；取消了在IV类场地上房屋适用的最大高度应适当降低的规定；平面和竖向均不规则的结构，其适用的最大高度适当降低的用词，由"应"改为"宜"。

对于部分框支剪力墙结构，本条表中规定的最大适用高度已经考虑框支层的不规则性而比全落地剪力墙结构降低，故对于"竖向和平面均不规则"，可指框支层以上的结构同时存在竖向和平面不规则的情况；仅有个别墙体不落地，只要框支部分的设计安全合理，其适用的最大高度可按一般剪力墙结构确定。

3.3.2 高层建筑的高宽比，是对结构刚度、整体稳定、承载能力和经济合理性的宏观控制；在结构设计满足本规程规定的承载力、稳定、抗倾覆、变形和舒适度等基本要求后，仅从结构安全角度讲高宽比限值不是必须满足的，主要影响结构设计的经济性。因此，本次修订不再区分A级高度和B级高度高层建筑的最大高宽比限值，而统一为表3.3.2，大体上保持了02规程的规定。从目前大多数高层建筑看，这一限值是各方面都可以接受的，也是比较经济合理的。高宽比超过这一限制的是极个别的，例如上海金茂大厦（88层，420m）为7.6，深圳地王大厦（81层，320m）为8.8。

在复杂体型的高层建筑中，如何计算高宽比是比较难以确定的问题。一般情况下，可按所考虑方向的最小宽度计算高宽比，但对突出建筑物平面很小的局部结构（如楼梯间、电梯等），一般不应包含在计算宽度内；对于不宜采用最小宽度计算高宽比的情况，应由设计人员根据实际情况确定合理的计算方法；对带有裙房的高层建筑，当裙房的面积和刚度相对于其上部塔楼的面积和刚度较大时，计算高宽比的房屋高度和宽度可按裙房以上塔楼结构考虑。

3.4 结构平面布置

3.4.1 结构平面布置应力求简单、规则，避免刚度、质量和承载力分布不均匀，是抗震概念设计的基本要求。结构规则性解释参见本规程第3.1.4、3.1.5条。

3.4.2 高层建筑承受较大的风力。在沿海地区，风力成为高层建筑的控制性荷载，采用风压较小的平面形状有利于抗风设计。

对抗风有利的平面形状是简单规则的凸平面，如圆形、正多边形、椭圆形、鼓形等平面。对抗风不利的平面是有较多凹凸的复杂形状平面，如V形、Y形、H形、弧形等平面。

3.4.3 平面过于狭长的建筑物在地震时由于两端地震波输入有位相差而容易产生不规则振动，产生较大的震害，表3.4.3给出了L/B的最大限值。在实际工程中，L/B在6、7度抗震设计时最好不超过4；在8、9度抗震设计时最好不超过3。

平面有较长的外伸时，外伸段容易产生局部振动而引发凹角处应力集中和破坏，外伸部分l/b的限值在表3.4.3中已列出，但在实际工程设计中最好控制l/b不大于1。

角部重叠和细腰形的平面图形（图1），在中央部位形成狭窄部分，在地震中容易产生震害，尤其在凹角部位，因为应力集中容易使楼板开裂、破坏，不宜采用。如采用，这些部位应采取加大楼板厚度、增加板内配筋、设置集中配筋的边梁、配置45°斜向钢筋等方法予以加强。

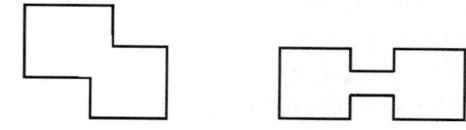

图1 角部重叠和细腰形平面示意

需要说明的是，表3.4.3中，三项尺寸的比例关系是独立的规定，一般不具有关联性。

3.4.4 本规程对B级高度钢筋混凝土结构及混合结构的最大适用高度已有所放松，与此相应，对其结构的规则性要求应该更加严格；本规程第10章所指的复杂高层建筑结构，其竖向布置已不规则，对这些结构的平面布置的规则性应提出更高要求。

3.4.5 本条规定主要是限制结构的扭转效应。国内、外历次大地震震害表明，平面不规则、质量与刚度偏心和抗扭刚度太弱的结构，在地震中遭受到严重的破坏。国内一些振动台模型试验结果也表明，过大的扭转效应会导致结构的严重破坏。

对结构的扭转效应主要从两个方面加以限制：

1 限制结构平面布置的不规则性，避免产生过大的偏心而导致结构产生较大的扭转效应。本条对 A 级高度高层建筑、B 级高度高层建筑、混合结构及本规程第 10 章所指的复杂高层建筑，分别规定了扭转变形的下限和上限，并规定扭转变形的计算应考虑偶然偏心的影响（见本规程第 4.3.3 条）。B 级高度高层建筑、混合结构及本规程第 10 章所指的复杂高层建筑的上限值 1.4 比现行国家标准《建筑抗震设计规范》GB 50011 的规定更加严格，但与国外有关标准（如美国规范 IBC、UBC，欧洲规范 Eurocode-8）的规定相同。

扭转位移比计算时，楼层的位移可取"规定水平地震力"计算，由此得到的位移比与楼层扭转效应之间存在明确的相关性。"规定水平地震力"一般可采用振型组合后的楼层地震剪力换算的水平作用力，并考虑偶然偏心。水平作用力的换算原则：每一楼面处的水平作用力取该楼面上、下两个楼层的地震剪力差的绝对值；连体下一层各塔楼的水平作用力，可由总水平作用力按该层各塔楼的地震剪力大小进行分配计算。结构楼层位移和层间位移控制值验算时，仍采用 CQC 的效应组合。

当计算的楼层最大层间位移角不大于本楼层层间位移角限值的 40% 时，该楼层的扭转位移比的上限可适当放松，但不应大于 1.6。扭转位移比为 1.6 时，该楼层的扭转变形已很大，相当于一端位移为 1，另一端位移为 4。

2 限制结构的抗扭刚度不能太弱。关键是限制结构扭转为主的第一自振周期 T_t 与平动为主的第一自振周期 T_1 之比。当两者接近时，由于振动耦联的影响，结构的扭转效应明显增大。若周期比 T_t/T_1 小于 0.5，则相对扭转振动效应 $\theta r/u$ 一般较小（θ、r 分别为扭转角和结构的回转半径，θr 表示由于扭转产生的离质心距离为回转半径处的位移，u 为质心位移），即使结构的刚度偏心很大，偏心距 e 达到 $0.7r$，其相对扭转变形 $\theta r/u$ 值亦仅为 0.2。而当周期比 T_t/T_1 大于 0.85 以后，相对扭振效应 $\theta r/u$ 值急剧增加。即使刚度偏心很小，偏心距 e 仅为 $0.1r$，当周期比 T_t/T_1 等于 0.85 时，相对扭转变形 $\theta r/u$ 值可达 0.25；当周期比 T_t/T_1 接近 1 时，相对扭转变形 $\theta r/u$ 值可达 0.5。由此可见，抗震设计中应采取措施减小周期比 T_t/T_1 值，使结构具有必要的抗扭刚度。如周期比 T_t/T_1 不满足本条规定的上限值时，应调整抗侧力结构的布置，增大结构的抗扭刚度。

扭转耦联振动的主振型，可通过计算振型方向因子来判断。在两个平动和一个扭转方向因子中，当扭转方向因子大于 0.5 时，则该振型可认为是扭转为主

的振型。高层结构沿两个正交方向各有一个平动为主的第一振型周期，本条规定的 T_1 是指刚度较弱方向的平动为主的第一振型周期，对刚度较强方向的平动为主的第一振型周期与扭转为主的第一振型周期 T_t 的比值，本条未规定限值，主要考虑对抗扭刚度的控制不致过于严格。有的工程如两个方向的第一振型周期与 T_t 的比值均能满足限值要求，其抗扭刚度更为理想。周期比计算时，可直接计算结构的固有自振特征，不必附加偶然偏心。

高层建筑结构当偏心率较小时，结构扭转位移比一般能满足本条规定的限值，但其周期比有的会超过限值，必须使位移比和周期比都满足限值，使结构具有必要的抗扭刚度，保证结构的扭转效应较小。当结构的偏心率较大时，如结构扭转位移比能满足本条规定的上限值，则周期比一般都能满足限值。

3.4.6 目前在工程设计中应用的多数计算分析方法和计算机软件，大多假定楼板在平面内不变形，平面内刚度为无限大，这对于大多数工程来说是可以接受的。但当楼板平面比较狭长、有较大的凹入和开洞而使楼板有较大削弱时，楼板可能产生显著的面内变形，这时宜采用考虑楼板变形影响的计算方法，并应采取相应的加强措施。

楼板有较大凹入或开有大面积洞口后，被凹口或洞口划分开的各部分之间的连接较为薄弱，在地震中容易相对振动而使削弱部位产生震害，因此对凹入或洞口的大小加以限制。设计中应同时满足本条规定的各项要求。以图 2 所示平面为例，L_2 不宜小于 $0.5L_1$，a_1 与 a_2 之和不宜小于 $0.5L_2$ 且不宜小于 5m，a_1 和 a_2 均不应小于 2m，开洞面积不宜大于楼面面积的 30%。

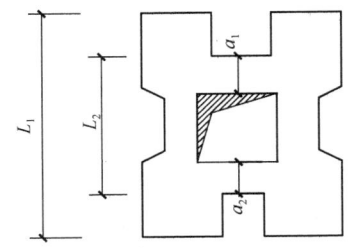

图 2　楼板净宽度要求示意

3.4.7 高层住宅建筑常采用十字形、井字形平面以利于通风采光，而将楼电梯间集中配置于中央部位。楼电梯间无楼板而使楼面产生较大削弱，此时应将楼电梯间周边的剩余楼板加厚，并加强配筋。外伸部分形成的凹槽可加拉梁或拉板，拉梁宜宽扁放置并加强配筋，拉梁和拉板宜每层均匀设置。

3.4.8 在地震作用时，由于结构开裂、局部损坏和进入弹塑性变形，其水平位移比弹性状态下增大很多。因此，伸缩缝和沉降缝的两侧很容易发生碰撞。1976 年唐山地震中，调查了 35 幢高层建筑的震害，

除新北京饭店（缝净宽 600mm）外，许多高层建筑都是有缝必碰，轻的装修、女儿墙碰碎，面砖剥落，重的顶层结构损坏，天津友谊宾馆（8 层框架）缝净宽达 150mm 也发生严重碰撞而致顶层结构破坏；2008 年汶川地震中也有数多类似震害实例。另外，设缝后，常带来建筑、结构及设备设计上的许多困难，基础防水也不容易处理。近年来，国内较多的高层建筑结构，从设计和施工等方面采取了有效措施后，不设或少设缝，从实践上看来是成功的、可行的。抗震设计时，如果结构平面或竖向布置不规则且不能调整时，则宜设置防震缝将其划分为较简单的几个结构单元。

3.4.10 抗震设计时，建筑物各部分之间的关系应明确：如分开，则彻底分开；如相连，则连接牢固。不宜采用似分不分、似连不连的结构方案。为防止建筑物在地震中相碰，防震缝必须留有足够宽度。防震缝净宽度原则上应大于两侧结构允许的地震水平位移之和。2008 年汶川地震进一步表明，02 规程规定的防震缝宽度偏小，容易造成相邻建筑的相互碰撞，因此将防震缝的最小宽度由 70mm 改为 100mm。本条规定是最小值，在强烈地震作用下，防震缝两侧的相邻结构仍可能局部碰撞而损坏。本条规定的防震缝宽度要求与现行国家标准《建筑抗震设计规范》GB 50011 是一致的。

天津友谊宾馆主楼（8 层框架）与单层餐厅采用了餐厅层屋面梁支承在主框架牛腿上加以钢筋焊接，在唐山地震中由于振动不同步，牛腿拉断、压碎，产生严重震害，证明这种连接方式对抗震是不利的；必须采用时，应针对具体情况，采取有效措施避免地震时破坏。

3.4.11 抗震设计时，伸缩缝和沉降缝应留有足够的宽度，满足防震缝的要求。无抗震设防要求时，沉降缝也应有一定的宽度，防止因基础倾斜而顶部相碰的可能性。

3.4.12 本条是依据现行国家标准《混凝土结构设计规范》GB 50010 制定的。考虑到近年来高层建筑伸缩缝间距已有许多工程超出了表中规定（如北京昆仑饭店为剪力墙结构，总长 114m；北京京伦饭店为剪力墙结构，总长 138m），所以规定在有充分依据或有可靠措施时，可以适当加大伸缩缝间距。当然，一般情况下，无专门措施时则不宜超过表中规定的数值。

如屋面无保温、隔热措施，或室内结构在露天中长期放置，在温度变化和混凝土收缩的共同影响下，结构容易开裂；工程中采用收缩性较大的混凝土（如矿渣水泥混凝土等），则收缩应力较大，结构也容易产生开裂。因此这些情况下伸缩缝的间距均应比表中数值适当减小。

3.4.13 提高配筋率可以减小温度和收缩裂缝的宽度，并使其分布较均匀，避免出现明显的集中裂缝；在普通外墙设置外保温层是减少主体结构受温度变化影响的有效措施。

施工后浇带的作用在于减少混凝土的收缩应力，并不直接减少使用阶段的温度应力。所以通过后浇带的板、墙钢筋宜断开搭接，以便两部分的混凝土各自自由收缩；梁主筋断开问题较多，可不断开。后浇带应从受力影响小的部位通过（如梁、板 1/3 跨度处，连梁跨中等部位），不必在同一截面上，可曲折而行，只要将建筑物分开为两段即可。混凝土收缩需要相当长时间才能完成，一般在 45d 后收缩大约可以完成 60%，能更有效地限制收缩裂缝。

3.5 结构竖向布置

3.5.1 历次地震震害表明：结构刚度沿竖向突变、外形外挑或内收等，都会产生某些楼层的变形过分集中，出现严重震害甚至倒塌。所以设计中应力求使结构刚度自下而上逐渐均匀减小，体形均匀、不突变。1995 年阪神地震中，大阪和神户市不少建筑产生中部楼层严重破坏的现象，其中一个原因就是结构侧向刚度在中部楼层产生突变。有些是柱截面尺寸和混凝土强度在中部楼层突然减小，有些是由于使用要求使剪力墙在中部楼层突然取消，这些都引发了楼层刚度的突变而产生严重震害。柔弱底层建筑物的严重破坏在国内外的大地震中更是普遍存在。

结构竖向布置规则性说明可参阅本规程第 3.1.4、3.1.5 条。

3.5.2 正常设计的高层建筑下部楼层侧向刚度宜大于上部楼层的侧向刚度，否则变形会集中于刚度小的下部楼层而形成结构软弱层，所以应对下层与相邻上层的侧向刚度比值进行限制。

本次修订，对楼层侧向刚度变化的控制方法进行了修改。中国建筑科学研究院的振动台试验研究表明，规定框架结构楼层与上部相邻楼层的侧向刚度比 γ_1 不宜小于 0.7，与上部相邻三层侧向刚度平均值的比值不宜小于 0.8 是合理的。

对框架-剪力墙结构、板柱-剪力墙结构、剪力墙结构、框架-核心筒结构、筒中筒结构，楼面体系对侧向刚度贡献较小，当层高变化时刚度变化不明显，可按本条式（3.5.2-2）定义的楼层侧向刚度比作为判定侧向刚度变化的依据，但控制指标也应做相应的改变，一般情况按不小于 0.9 控制；层高变化较大时，对刚度变化提出更高的要求，按 1.1 控制；底部嵌固楼层层间位移角结果较小，因此对底部嵌固楼层与上一层侧向刚度变化作了更严格的规定，按 1.5 控制。

3.5.3 楼层抗侧力结构的承载能力突变将导致薄弱层破坏，本规程针对高层建筑结构提出了限制条件，B 级高度高层建筑的限制条件比现行国家标准《建筑抗震设计规范》GB 50011 的要求更加严格。

柱的受剪承载力可根据柱两端实配的受弯承载力按两端同时屈服的假定失效模式反算；剪力墙可根据实配钢筋按抗剪设计公式反算；斜撑的受剪承载力可计及轴力的贡献，应考虑受压屈服的影响。

3.5.4 抗震设计时，若结构竖向抗侧力构件上、下不连续，则对结构抗震不利，属于竖向不规则结构。在南斯拉夫斯可比耶地震（1964 年）、罗马尼亚布加勒斯特地震（1977 年）中，底层全部为柱子、上层为剪力墙的结构大都严重破坏，因此在地震区不应采用这种结构。部分竖向抗侧力构件不连续，也易使结构形成薄弱部位，也有不少震害实例，抗震设计时应采取有效措施。本规程所述底部带转换层的大空间结构就属于竖向不规则结构，应按本规程第 10 章的有关规定进行设计。

3.5.5 1995 年日本阪神地震、2010 年智利地震震害以及中国建筑科学研究院的试验研究表明，当结构上部楼层相对于下部楼层收进时，收进的部位越高、收进后的平面尺寸越小，结构的高振型反应越明显，因此对收进后的平面尺寸加以限制。当上部结构楼层相对于下部楼层外挑时，结构的扭转效应和竖向地震作用效应明显，对抗震不利，因此对其外挑尺寸加以限制，设计上应考虑竖向地震作用影响。

本条所说的悬挑结构，一般指悬挑结构中有竖向结构构件的情况。

3.5.6 本条为新增条文，规定了高层建筑中质量沿竖向分布不规则的限制条件，与美国有关规范的规定一致。

3.5.7 本条为新增条文。如果高层建筑结构同一楼层的刚度和承载力变化均不规则，该层极有可能同时是软弱层和薄弱层，对抗震十分不利，因此应尽量避免，不宜采用。

3.5.8 本条是 02 规程第 5.1.14 条修改而成。刚度变化不符合本规程第 3.5.2 条要求的楼层，一般称作软弱层；承载力变化不符合本规程第 3.5.3 条要求的楼层，一般可称作薄弱层。为了方便，本规程把软弱层、薄弱层以及竖向抗侧力构件不连续的楼层统称为结构薄弱层。结构薄弱层在地震作用标准值作用下的剪力应适当增大，增大系数由 02 规程的 1.15 调整为 1.25，适当提高安全度要求。

3.5.9 顶层取消部分墙、柱而形成空旷房间时，其楼层侧向刚度和承载力可能比其下部楼层相差较多，是不利于抗震的结构，应进行更详细的计算分析，并采取有效的构造措施。如采用弹性或弹塑性时程分析方法进行补充计算、柱子箍筋全长加密配置、大跨度屋面构件要考虑竖向地震产生的不利影响等。

3.6 楼盖结构

3.6.1 在目前高层建筑结构计算中，一般都假定楼板在自身平面内的刚度无限大，在水平荷载作用下楼盖只有刚性位移而不变形。所以在构造设计上，要使楼盖具有较大的平面内刚度。再者，楼板的刚性可保证建筑物的空间整体性能和水平力的有效传递。房屋高度超过 50m 的高层建筑采用现浇楼盖比较可靠。

框架-剪力墙结构由于框架和剪力墙侧向刚度相差较大，因而楼板变形更为显著；主要抗侧力结构剪力墙的间距较大，水平荷载要通过楼面传递，因此框架-剪力墙结构中的楼板应有更良好的整体性。

3.6.2 本条是由 02 规程是第 4.5.3、4.5.4 条合并修改而成，进一步强调高层建筑楼盖系统的整体性要求。当抗震设防烈度为 8、9 度时，宜采用现浇楼板，以保证地震力的可靠传递。房屋高度小于 50m 且为非抗震设计和 6、7 度抗震设计时，可以采用加现浇钢筋混凝土面层的装配整体式楼板，并应满足相应的构造要求，以保证其整体工作。

唐山地震（1976 年）和汶川地震（2008 年）震害调查表明：提高装配式楼面的整体性，可以减少在地震中预制楼板坠落伤人的震害。加强填缝构造和现浇叠合层混凝土是增强装配式楼板整体性的有效措施。为保证板缝混凝土的浇筑质量，板缝宽度不应过小。在较宽的板缝中放入钢筋，形成板缝梁，能有效地形成现浇与装配结合的整体楼面，效果显著。

针对目前钢筋混凝土剪力墙结构中采用预制楼板的情况很少，本次修订取消了有关预制板与现浇剪力墙连接的构造要求；预制板在梁上的搁置长度由 02 规程的 35mm 增加到 50mm，以进一步保证安全。

3.6.3 重要的、受力复杂的楼板，应比一般层楼板有更高的要求。屋面板、转换层楼板、大底盘多塔楼结构的底盘屋面板、开口过大的楼板以及作为房屋嵌固部位的地下室楼板应采用现浇板，以增强其整体性。顶层楼板应加厚并采用现浇，以抵抗温度应力的不利影响，并可使建筑物顶部约束加强，提高抗风、抗震能力。转换层楼盖上面是剪力墙或较密的框架柱，下部转换为部分框架、部分落地剪力墙，转换层上部抗侧力构件的剪力要通过转换层楼板进行重分配，传递到落地墙和框支柱上去，因而楼板承受较大的内力，因此要用现浇楼板并采取加强措施。一般楼层的现浇楼板厚度在 100mm～140mm 范围内，不应小于 80mm，楼板太薄不仅容易因上部钢筋位置变动而开裂，同时也不便于敷设各类管线。

3.6.4 采用预应力平板可以有效减小楼面结构高度，压缩层高并减轻结构自重；大跨度平板可以增加使用面积，容易适应楼面用途改变。预应力平板近年来在高层建筑楼面结构中应用比较广泛。

为了确定板的厚度，必须考虑挠度、受冲切承载力、防火及钢筋防腐蚀要求等。在初步设计阶段，为控制挠度通常可按跨高比得出板的最小厚度。但仅满足挠度限值的后张预应力板可能相当薄，对柱支承的双向板若不设柱帽或托板，板在柱端可能受冲切承载力不够。因此，在设计中应验算所选板厚是否有足够的抗冲切能力。

3.6.5 楼板是与梁、柱和剪力墙等主要抗侧力结构连接在一起的，如果不采取措施，则施加楼板预应力时，不仅压缩了楼板，而且大部分预应力将加到主体结构上去，楼板得不到充分的压缩应力，而又对梁柱和剪力墙附加了侧向力，产生位移且不安全。为了防止或减小主体结构刚度对施加楼盖预应力的不利影响，应考虑合理的预应力施工方案。

3.7 水平位移限值和舒适度要求

3.7.1 高层建筑层数多、高度大，为保证高层建筑结构具有必要的刚度，应对其楼层位移加以控制。侧向位移控制实际上是对构件截面大小、刚度大小的一个宏观指标。

在正常使用条件下，限制高层建筑结构层间位移的主要目的有两点：

1 保证主结构基本处于弹性受力状态，对钢筋混凝土结构来讲，要避免混凝土墙或柱出现裂缝；同时，将混凝土梁等楼面构件的裂缝数量、宽度和高度限制在规范允许范围之内。

2 保证填充墙、隔墙和幕墙等非结构构件的完好，避免产生明显损伤。

迄今，控制层间变形的参数有三种：即层间位移与层高之比（层间位移角）；有害层间位移角；区格广义剪切变形。其中层间位移角是过去应用最广泛，最为工程技术人员所熟知的，原规程 JGJ 3-91 也采用了这个指标。

1） 层间位移与层高之比（即层间位移角）

$$\theta_i = \frac{\Delta u_i}{h_i} = \frac{u_i - u_{i-1}}{h_i} \quad (1)$$

2） 有害层间位移角

$$\theta_{id} = \frac{\Delta u_{id}}{h_i} = \theta_i - \theta_{i-1} = \frac{u_i - u_{i-1}}{h_i} - \frac{u_{i-1} - u_{i-2}}{h_{i-1}} \quad (2)$$

式中，θ_i、θ_{i-1} 为 i 层上、下楼盖的转角，即 i 层、$i-1$ 层的层间位移角。

3） 区格的广义剪切变形（简称剪切变形）

$$\gamma_{ij} = \theta_i - \theta_{i-1,j} = \frac{u_i - u_{i-1}}{h_i} + \frac{v_{i-1,j} - v_{i-1,j-1}}{l_j} \quad (3)$$

式中，γ_{ij} 为区格 ij 剪切变形，其中脚标 i 表示区格所在层次，j 表示区格序号；$\theta_{i-1,j}$ 为区格 ij 下楼盖的转角，以顺时针方向为正；l_j 为区格 ij 的宽度；$v_{i-1,j-1}$、$v_{i-1,j}$ 为相应节点的竖向位移。

如上所述，从结构受力与变形的相关性来看，参数 γ_{ij} 即剪切变形较符合实际情况；但就结构的宏观控制而言，参数 θ_i 即层间位移角又较简便。

考虑到层间位移控制是一个宏观的侧向刚度指标，为便于设计人员在工程设计中应用，本规程采用了层间最大位移与层高之比 $\Delta u/h$，即层间位移角 θ 作为控制指标。

3.7.2 目前，高层建筑结构是按弹性阶段进行设计的。地震按小震考虑；结构构件的刚度采用弹性阶段的刚度；内力与位移分析不考虑弹塑性变形。因此所得出的位移相应也是弹性阶段的位移，比在大震作用下弹塑性阶段的位移小得多，因而位移的控制指标也比较严。

3.7.3 本规程采用层间位移角 $\Delta u/h$ 作为刚度控制指标，不扣除整体弯曲转角产生的侧移，即直接采用内力位移计算的位移输出值。

高度不大于 150m 的常规高度高层建筑的整体弯曲变形相对影响较小，层间位移角 $\Delta u/h$ 的限值按不同的结构体系在 1/550～1/1000 之间分别取值。但当高度超过 150m 时，弯曲变形产生的侧移有较快增长，所以超过 250m 高度的建筑，层间位移角限值按 1/500 作为限值。150m～250m 之间的高层建筑按线性插入考虑。

本条层间位移角 $\Delta u/h$ 的限值指最大层间位移与层高之比，第 i 层的 $\Delta u/h$ 指第 i 层和第 $i-1$ 层在楼层平面各处位移差 $\Delta u_i = u_i - u_{i-1}$ 中的最大值。由于高层建筑结构在水平力作用下几乎都会产生扭转，所以 Δu 的最大值一般在结构单元的尽端处。

本次修订，表 3.7.3 中将"框支层"改为"除框架外的转换层"，包括了框架-剪力墙结构和筒体结构的托柱或托墙转换以及部分框支剪力墙结构的框支层；明确了水平位移限值针对的是风荷载或多遇地震作用标准值作用下结构分析所得到的位移计算值。

3.7.4 震害表明，结构如果存在薄弱层，在强烈地震作用下，结构薄弱部位将产生较大的弹塑性变形，会引起结构严重破坏甚至倒塌。本条对不同高层建筑结构的薄弱层弹塑性变形验算提出了不同要求，第 1 款所列的结构应进行弹塑性变形验算，第 2 款所列的结构必要时宜进行弹塑性变形验算，这主要考虑到高层建筑结构弹塑性变形计算的复杂性。

本次修订，本条第 1 款增加高度大于 150m 的结构应验算罕遇地震下结构的弹塑性变形的要求。主要考虑到，150m 以上的高层建筑一般都比较重要，数量相对不是很多，且目前结构弹塑性分析技术和软件已有较大发展和进步，适当扩大结构弹塑性分析范围已具备一定条件。

3.7.5 结构弹塑性位移限值与现行国家标准《建筑抗震设计规范》GB 50011 一致。

3.7.6 高层建筑物在风荷载作用下将产生振动，过大的振动加速度将使在高楼内居住的人们感觉不舒适，甚至不能忍受，两者的关系见表 2。

表 2　舒适度与风振加速度关系

不舒适的程度	建筑物的加速度
无感觉	$<0.005g$
有感	$0.005g\sim0.015g$
扰人	$0.015g\sim0.05g$
十分扰人	$0.05g\sim0.15g$
不能忍受	$>0.15g$

对照国外的研究成果和有关标准，要求高层建筑混凝土结构应具有良好的使用条件，满足舒适度的要求，按现行国家标准《建筑结构荷载规范》GB 50009 规定的 10 年一遇的风荷载取值计算或专门风洞试验确定的结构顶点最大加速度 a_{max} 不应超过本规程表 3.7.6 的限值，对住宅、公寓 a_{max} 不大于 $0.15m/s^2$，对办公楼、旅馆 a_{max} 不大于 $0.25m/s^2$。

高层建筑的风振反应加速度包括顺风向最大加速度、横风向最大加速度和扭转角速度。关于顺风向最大加速度和横风向最大加速度的研究工作虽然较多，但各国的计算方法并不统一，互相之间也存在明显的差异。建议可按现行行业标准《高层民用建筑钢结构技术规程》JGJ 99 的相关规定进行计算。

本次修订，明确了计算舒适度时结构阻尼比的取值要求。一般情况，对混凝土结构取 0.02，对混合结构可根据房屋高度和结构类型取 0.01~0.02。

3.7.7　本条为新增内容。楼盖结构舒适度控制近 20 年来已引起世界各国广泛关注，英美等国进行了大量实测研究，颁布了多种版本规程、指南。我国大跨楼盖结构正大量兴起，楼盖结构舒适度控制已成为我国建筑结构设计中又一重要工作内容。

对于钢筋混凝土楼盖结构、钢-混凝土组合楼盖结构（不包括轻钢楼盖结构），一般情况下，楼盖结构竖向频率不宜小于 3Hz，以保证结构具有适宜的舒适度，避免跳跃时周围人群的不舒适。楼盖结构竖向振动加速度不仅与楼盖结构的竖向频率有关，还与建筑使用功能及人员起立、行走、跳跃的振动激励有关。一般住宅、办公、商业建筑楼盖结构的竖向频率小于 3Hz 时，需验算竖向振动加速度。楼盖结构的振动加速度可按本规程附录 A 计算，宜采用时程分析方法，也可采用简化近似方法，该方法参考美国应用技术委员会（Applied Technology Council）1999 年颁布的设计指南 1（ATC Design Guide 1）"减小楼盖振动"（Minimizing Floor Vibration）。舞厅、健身房、音乐厅等振动激励较为特殊的楼盖结构舒适度控制应符合国家现行有关标准的规定。

表 3.7.7 参考了国际标准化组织发布的 ISO 2631-2（1989）标准的有关规定。

3.8　构件承载力设计

3.8.1　本条是高层建筑混凝土结构构件承载力设计的原则规定，采用了以概率理论为基础、以可靠指标度量结构可靠度、以分项系数表达的设计方法。本条仅针对持久设计状况、短暂设计状况和地震设计状况下构件的承载力极限状态设计，与现行国家标准《工程结构可靠性设计统一标准》GB 50153 和《建筑抗震设计规范》GB 50011 保持一致。偶然设计状况（如抗连续倒塌设计）以及结构抗震性能设计时的承载力设计应符合本规程的有关规定，不作为强制性内容。

结构构件作用组合的效应设计值应符合本规范第 5.6.1~5.6.4 条规定；结构构件承载力抗震调整系数的取值应符合本规范第 3.8.2 条及第 11.1.7 条的规定。由于高层建筑结构的安全等级一般不低于二级，因此结构重要性系数的取值不应小于 1.0；按照现行国家标准《工程结构可靠性设计统一标准》GB 50153 的规定，结构重要性系数不再考虑结构设计使用年限的影响。

3.9　抗　震　等　级

3.9.1　本条规定了各设防类别高层建筑结构采取抗震措施（包括抗震构造措施）时的设防标准，与现行国家标准《建筑工程抗震设防分类标准》GB 50223 的规定一致；Ⅰ类建筑场地上高层建筑抗震构造措施的放松要求与现行国家标准《建筑抗震设计规范》GB 50011 的规定一致。

3.9.2　历次大地震的经验表明，同样或相近的建筑，建造于Ⅰ类场地时震害较轻，建造于Ⅲ、Ⅳ类场地震害较重。对Ⅲ、Ⅳ类场地，本条规定对 7 度设计基本地震加速度为 0.15g 以及 8 度设计基本地震加速度 0.30g 的地区，宜分别按抗震设防烈度 8 度（0.20g）和 9 度（0.40g）时各类建筑的要求采取抗震构造措施，而不提高抗震措施中的其他要求，如按概念设计要求的内力调整措施等。

同样，本规程第 3.9.1 条对建造在Ⅰ类场地的甲、乙、丙类建筑，允许降低抗震构造措施，但不降低其他抗震措施要求，如按概念设计要求的内力调整措施等。

3.9.3、3.9.4　抗震设计的钢筋混凝土高层建筑结构，根据设防烈度、结构类型、房屋高度区分为不同的抗震等级，采用相应的计算和构造措施。抗震等级的高低，体现了对结构抗震性能要求的严格程度。比一级有更高要求时则提升至特一级，其计算和构造措施比一级更严格。基于上述考虑，A 级高度的高层建筑结构，应按表 3.9.3 确定其抗震等级；甲类建筑 9 度设防时，应采取比 9 度设防更有效的措施；乙类建筑 9 度设防时，抗震等级提升至特一级。B 级高度的高层建筑，其抗震等级有更严格的要求，应按表 3.9.4 采用；特一级构件除符合一级抗震要求外，尚应符合本规程第 3.10 节的规定以及第 10 章的有关规定。

抗震等级是根据国内外高层建筑震害、有关科研成果、工程设计经验而划分的。框架-剪力墙结构中，由于剪力墙部分的刚度远大于框架部分的刚度，因此对框架部分的抗震能力要求比纯框架结构可以适当降低。当剪力墙或框架相对较少时，其抗震等级的确定尚应符合本规程第 8.1.3 条的有关规定。

在结构受力性质与变形方面，框架-核心筒结构与框架-剪力墙结构基本上是一致的，尽管框架-核心筒结构由于剪力墙组成筒体而大大提高了其抗侧力能力，但其周边的稀柱框架相对较弱，设计上与框架-剪力墙结构基本相同。由于框架-核心筒结构的房屋高度一般较高（大于 60m），其抗震等级不再划分高度，而统一取用了较高的规定。本次修订，第 3.9.3 条增加了表注 3，对于房屋高度不超过 60m 的框架-核心筒结构，其作为筒体结构的空间作用已不明显，总体上更接近于框架-剪力墙结构，因此其抗震等级允许按框架-剪力墙结构采用。

3.9.5、3.9.6 这两条是关于地下室及裙楼抗震等级的规定，是对本规程第 3.9.3、3.9.4 条的补充。

带地下室的高层建筑，当地下室顶板可视作结构的嵌固部位时，地震作用下结构的屈服部位将发生在地上楼层，同时将影响到地下一层；地面以下结构的地震响应逐渐减小。因此，规定地下一层的抗震等级不能降低，而地下一层以下不要求计算地震作用，其抗震构造措施的抗震等级可逐层降低。第 3.9.5 条中"相关范围"一般指主楼周边外延 1～2 跨的地下室范围。

第 3.9.6 条明确了高层建筑的裙房抗震等级要求。当裙楼与主楼相连时，相关范围内裙楼的抗震等级不应低于主楼；主楼结构在裙楼顶板对应的上、下各一层受刚度与承载力突变影响较大，抗震构造措施需要适当加强。本条中的"相关范围"，一般指主楼周边外延不少于三跨的裙房结构，相关范围以外的裙房可按裙房自身的结构类型确定抗震等级。裙房偏置时，其端部有较大扭转效应，也需要适当加强。

3.9.7 根据现行国家标准《建筑工程抗震设防分类标准》GB 50223 的规定，甲、乙类建筑应按提高一度查本规程表 3.9.3、表 3.9.4 确定抗震等级（内力调整和构造措施）；本规程第 3.9.2 条规定，当建筑场地为 Ⅲ、Ⅳ 类时，对设计基本地震加速度为 0.15g 和 0.30g 的地区，宜分别按抗震设防烈度 8 度（0.20g）和 9 度（0.40g）时各类建筑的要求采取抗震构造措施；本规程第 3.3.1 条规定，乙类建筑的钢筋混凝土房屋可按本地区抗震设防烈度确定其适用的最大高度。于是，

可能出现甲、乙类建筑或 Ⅲ、Ⅳ 类场地设计基本地震加速度为 0.15g 和 0.30g 的地区高层建筑提高一度后，其高度超过第 3.3.1 条中对应房屋的最大适用高度，因此按本规程表 3.9.3、表 3.9.4 查抗震等级时可能与高度划分不能一一对应。此时，内力调整不提高，只要求抗震构造措施适当提高即可。

3.10 特一级构件设计规定

3.10.1 特一级构件应采取比一级抗震等级更严格的构造措施，应按本节及第 10 章的有关规定执行；没有特别规定的，应按一级的规定执行。

3.10.2～3.10.4 对特一级框架梁、框架柱、框支柱的"强柱弱梁"、"强剪弱弯"以及构造配筋提出比一级更高的要求。框架角柱的弯矩和剪力设计值仍应按本规程第 6.2.4 条的规定，乘以不小于 1.1 的增大系数。

3.10.5 本条第 1 款特一级剪力墙的弯矩设计值和剪力设计值均比一级的要求略有提高，适当增大剪力墙的受弯和受剪承载力；第 2、3 款对剪力墙边缘构件及分布钢筋的构造配筋要求适当提高；第 5 款明确特一级连梁的要求同一级，取消了 02 规程第 3.9.2 条第 5 款设置交叉暗撑的要求。

3.11 结构抗震性能设计

3.11.1 本条规定了结构抗震性能设计的三项主要工作：

1 分析结构方案在房屋高度、规则性、结构类型、场地条件或抗震设防标准等方面的特殊要求，确定结构设计是否需要采用抗震性能设计方法，并作为选用抗震性能目标的主要依据。结构方案特殊性的分析中要注重分析结构方案不符合抗震概念设计的情况和程度。国内外历次大地震的震害经验已经充分说明，抗震概念设计是决定结构抗震性能的重要因素。多数情况下，需要按本节要求采用抗震性能设计的工程，一般表现为不能完全符合抗震概念设计的要求。结构工程师应根据本规程有关抗震概念设计的规定，与建筑师协调，改进结构方案，尽量减少结构不符合概念设计的情况和程度，不应采用严重不规则的结构方案。对于特别不规则结构，可按本节规定进行抗震性能设计，但需慎重选用抗震性能目标，并通过深入的分析论证。

2 选用抗震性能目标。本条提出 A、B、C、D 四级结构抗震性能目标和五个结构抗震性能水准（1、2、3、4、5），四级抗震性能目标与《建筑抗震设计规范》GB 50011 提出结构抗震性能 1、2、3、4 是一致的。地震地面运动一般分为三个水准，即多遇地震（小震）、设防烈度地震（中震）及预估的罕遇地震（大震）。在设定的地震地面运动下，与四级抗震性能目标对应的结构抗震性能水准的判别准则由本规程第

3.11.2 条作出规定。A、B、C、D 四级性能目标的结构,在小震作用下均应满足第 1 抗震性能水准,即满足弹性设计要求;在中震或大震作用下,四种性能目标所要求的结构抗震性能水准有较大的区别。A 级性能目标是最高等级,中震作用下要求结构达到第 1 抗震性能水准,大震作用下要求结构达到第 2 抗震性能水准,即结构仍处于基本弹性状态;B 级性能目标,要求结构在中震作用下满足第 2 抗震性能水准,大震作用下满足第 3 抗震性能水准,结构仅有轻度损坏;C 级性能目标,要求结构在中震作用下满足第 3 抗震性能水准,大震作用下满足第 4 抗震性能水准,结构中度损坏;D 级性能目标是最低等级,要求结构在中震作用下满足第 4 抗震性能水准,大震作用下满足第 5 性能水准,结构有比较严重的损坏,但不致倒塌或发生危及生命的严重破坏。选用性能目标时,需综合考虑抗震设防类别、设防烈度、场地条件、结构的特殊性、建造费用、震后损失和修复难易程度等因素。鉴于地震地面运动的不确定性以及对结构在强烈地震下非线性分析方法(计算模型及参数的选用等)存在不少经验因素,缺少从强震记录、设计施工资料到实际震害的验证,对结构抗震性能的判断难以十分准确,尤其是对于长周期的超高层建筑或特别不规则结构的判断难度更大,因此在性能目标选用中宜偏于安全一些。例如:特别不规则的、房屋高度超过 B 级高度很多的高层建筑或处于不利地段的特别不规则结构,可考虑选用 A 级性能目标;房屋高度超过 B 级高度较多或不规则性超过本规程适用范围很多时,可考虑选用 B 级或 C 级性能目标;房屋高度超过 B 级高度或不规则性超过适用范围较多时,可考虑选用 C 级性能目标;房屋高度超过 A 级高度或不规则性超过适用范围较少时,可考虑选用 C 级或 D 级性能目标。结构方案中仅有部分区域结构布置比较复杂或结构的设防标准、场地条件等特殊性,使设计人员难以直接按本规程规定的常规方法进行设计时,可考虑选用 C 级或 D 级性能目标。以上仅仅是举些例子,实际工程情况很复杂,需综合考虑各项因素。选择性能目标时,一般需征求业主和有关专家的意见。

3 结构抗震性能分析论证的重点是深入的计算分析和工程判断,找出结构有可能出现的薄弱部位,提出有针对性的抗震加强措施,必要的试验验证,分析论证结构可达到预期的抗震性能目标。一般需要进行如下工作:

1) 分析确定结构超过本规程适用范围及不规则性的情况和程度;

2) 认定场地条件、抗震设防类别和地震动参数;

3) 深入的弹性和弹塑性计算分析(静力分析及时程分析)并判断计算结果的合理性;

4) 找出结构有可能出现的薄弱部位以及需要

加强的关键部位,提出有针对性的抗震加强措施;

5) 必要时还需进行构件、节点或整体模型的抗震试验,补充提供论证依据,例如对本规程未列入的新型结构方案又无震害和试验依据或对计算分析难以判断、抗震概念难以接受的复杂结构方案;

6) 论证结构能满足所选用的抗震性能目标的要求。

3.11.2 本条对五个性能水准结构地震后的预期性能状况,包括损坏情况及继续使用的可能性提出了要求,据此可对各性能水准结构的抗震性能进行宏观判断。本条所说的"关键构件"可由结构工程师根据工程实际情况分析确定。例如:底部加强部位的重要竖向构件、水平转换构件及与其相连竖向支承构件、大跨连体结构的连接体及与其相连的竖向支承构件、大悬挑结构的主要悬挑构件、加强层伸臂和周边环带结构的竖向支承构件、承托上部多个楼层框架柱的腰桁架、长短柱在同一楼层且数量相当时该层各个长短柱、扭转变形很大部位的竖向(斜向)构件、重要的斜撑构件等。

3.11.3 各个性能水准结构的设计基本要求是判别结构性能水准的主要准则。

第 1 性能水准结构,要求全部构件的抗震承载力满足弹性设计要求。在多遇地震(小震)作用下,结构的层间位移、结构构件的承载力及结构整体稳定等均应满足本规程有关规定;结构构件的抗震等级不宜低于本规程的有关规定,需要特别加强的构件可适当提高抗震等级,已为特一级的不再提高。在设防烈度(中震)作用下,构件承载力需满足弹性设计要求,如式(3.11.3-1),其中不计入风荷载作用效应的组合,地震作用标准值的构件内力(S^*_{Ehk}、S^*_{Evk})计算中不需要乘以与抗震等级有关的增大系数。

第 2 性能水准结构的设计要求与第 1 性能水准结构的差别是,框架梁、剪力墙连梁等耗能构件的正截面承载力只需要满足式(3.11.3-2)的要求,即满足"屈服承载力设计"。"屈服承载力设计"是指构件按材料强度标准值计算的承载力 R_k 不小于按重力荷载及地震作用标准值计算的构件组合内力。对耗能构件只需验算水平地震作用为主要可变作用的组合工况,式(3.11.3-2)中重力荷载分项系数 γ_G、水平地震作用分项系数 γ_{Eh} 及抗震承载力调整系数 γ_{RE} 均取 1.0,竖向地震作用分项系数 γ_{Ev} 取 0.4。

第 3 性能水准结构,允许部分框架梁、剪力墙连梁等耗能构件正截面承载力进入屈服阶段,受剪承载力宜符合式(3.11.3-2)的要求。竖向构件及关键构件正截面承载力应满足式(3.11.3-2)"屈服承载力设计"的要求;水平长悬臂结构和大跨度结构中的关键构件正截面"屈服承载力设计"需要同时满足式

（3.11.3-2）及式（3.11.3-3）的要求。式（3.11.3-3）表示竖向地震为主要可变作用的组合工况，式中重力荷载分项系数 γ_G、竖向地震作用分项系数 γ_{Ev} 及抗震承载力调整系数 γ_{RE} 均取 1.0，水平地震作用分项系数 γ_{Eh} 取 0.4；这些构件的受剪承载力宜符合式（3.11.3-1）的要求。整体结构进入弹塑性状态，应进行弹塑性分析。为方便设计，允许采用等效弹性方法计算竖向构件及关键部位构件的组合内力（S_{GE}、S_{Ehk}^*、S_{Evk}^*），计算中可适当考虑结构阻尼比的增加（增加值一般不大于 0.02）以及剪力墙连梁刚度的折减（刚度折减系数一般不小于 0.3）。实际工程设计中，可以先对底部加强部位和薄弱部位的竖向构件承载力按上述方法计算，再通过弹塑性分析校核全部竖向构件均未屈服。

第 4 性能水准结构，关键构件抗震承载力应满足式（3.11.3-2）"屈服承载力设计"的要求，水平长悬臂结构和大跨度结构中的关键构件抗震承载力需要同时满足式（3.11.3-2）及式（3.11.3-3）的要求；允许部分竖向构件及大部分框架梁、剪力墙连梁等耗能构件进入屈服阶段，但构件的受剪截面应满足截面限制条件，这是防止构件发生脆性受剪破坏的最低要求。式（3.11.3-4）和式（3.11.3-5）中，V_{GE}、V_{Ek}^* 可按弹塑性计算结果取值，也可按等效弹性方法计算结果取值（一般情况下是偏于安全的）。结构的抗震性能必须通过弹塑性计算加以深入分析，例如：弹塑性层间位移角、构件屈服的次序及塑性铰分布、塑性铰部位钢材受拉塑性应变及混凝土受压损伤程度、结构的薄弱部位、整体结构的承载力不发生下降等。整体结构的承载力可通过静力弹塑性方法进行估计。

第 5 性能水准结构与第 4 性能水准结构的差别在于关键构件承载力宜满足"屈服承载力设计"的要求，允许比较多的竖向构件进入屈服阶段，并允许部分"梁"等耗能构件发生比较严重的破坏。结构的抗震性能必须通过弹塑性计算加以深入分析，尤其应注意同一楼层的竖向构件不宜全部进入屈服并宜控制整体结构承载力下降的幅度不超过 10%。

3.11.4 结构抗震性能设计时，弹塑性分析计算是很重要的手段之一。计算分析除应符合本规程第 5.5.1 条的规定外，尚应符合本条之规定。

1 静力弹塑性方法和弹塑性时程分析法各有其优缺点和适用范围。本条对静力弹塑性方法的适用范围放宽到 150m 或 200m 非特别不规则的结构，主要考虑静力弹塑性方法计算软件设计人员比较容易掌握，对计算结果的工程判断也容易一些，但计算分析中采用的侧向作用力分布形式宜适当考虑高振型的影响，可采用本规程 3.4.5 条提出的"规定水平地震力"分布形式。对于高度在 150m～200m 的基本自振周期大于 4s 或特别不规则结构以及高度超过 200m 的

房屋，应采用弹塑性时程分析法。对高度超过 300m 的结构，为使弹塑性时程分析计算结果有较大的把握，本条规定应有两个不同的、独立的计算结果进行校核。

2 对复杂结构进行施工模拟分析是十分必要的。弹塑性分析应以施工全过程完成后的静载内力为初始状态。当施工方案与施工模拟计算不同时，应重新调整相应的计算。

3 一般情况下，弹塑性时程分析宜采用双向地震输入；对竖向地震作用比较敏感的结构，如连体结构、大跨度转换结构、长悬臂结构、高度超过 300m 的结构等，宜采用三向地震输入。

3.12 抗连续倒塌设计基本要求

3.12.1 高层建筑结构应具有在偶然作用发生时适宜的抗连续倒塌能力。我国现行国家标准《工程结构可靠性设计统一标准》GB 50153 和《建筑结构可靠度设计统一标准》GB 50068 对偶然设计状态均有定性规定。在 GB 50153 中规定，"当发生爆炸、撞击、人为错误等偶然事件时，结构能保持必需的整体稳固性，不出现与起因不相称的破坏后果，防止出现结构的连续倒塌"。在 GB 50068 中规定，"对偶然状况，建筑结构可采用下列原则之一按承载能力极限状态进行设计：1）按作用效应的偶然组合进行设计或采取保护措施，使主要承重结构不致因出现设计规定的偶然事件而丧失承载能力；2）允许主要承重结构因出现设计规定的偶然事件而局部破坏，但其剩余部分具有在一段时间内不发生连续倒塌的可靠度"。

结构连续倒塌是指结构因突发事件或严重超载而造成局部结构破坏失效，继而引起与失效破坏构件相连的构件连续破坏，最终导致相对于初始局部破坏更大范围的倒塌破坏。结构产生局部构件失效后，破坏范围可能沿水平方向和竖直方向发展，其中破坏沿竖向发展影响更为突出。当偶然因素导致局部结构破坏失效时，如果整体结构不能形成有效的多重荷载传递路径，破坏范围就可能沿水平或者竖直方向蔓延，最终导致结构发生大范围的倒塌甚至是整体倒塌。

结构连续倒塌事故在国内外并不罕见，英国 Ronan Point 公寓煤气爆炸倒塌，美国 AlfredP. Murrah 联邦大楼、WTC 世贸大楼倒塌，我国湖南衡阳大厦特大火灾后倒塌，法国戴高乐机场候机厅倒塌等都是比较典型的结构连续倒塌事故。每一次事故都造成了重大人员伤亡和财产损失，给地区乃至整个国家都造成了严重的负面影响。进行必要的结构抗连续倒塌设计，当偶然事件发生时，将能有效控制结构破坏范围。

结构抗连续倒塌设计在欧美多个国家得到了广泛

关注，英国、美国、加拿大、瑞典等国颁布了相关的设计规范和标准。比较有代表性的有美国 General Services Administration（GSA）《新联邦大楼与现代主要工程抗连续倒塌分析与设计指南》（Progressive Collapse Analysis and Design Guidelines for New Federal Office Buildings and Major Modernization Project），美国国防部 UFC（Unified Facilities Criteria 2005）《建筑抗连续倒塌设计》（Design of Buildings to Resist Progressive Collapse），以及英国有关规范对结构抗连续倒塌设计的规定等。

本条规定安全等级为一级时，应满足抗连续倒塌概念设计的要求；安全等级一级且有特殊要求时，可采用拆除构件方法进行抗连续倒塌设计。这是结构抗连续倒塌的基本要求。

3.12.2 高层建筑结构应具有在偶然作用发生时适宜的抗连续倒塌能力，不允许采用摩擦连接传递重力荷载，应采用构件连接传递重力荷载；应具有适宜的多余约束性、整体连续性、稳固性和延性；水平构件应具有一定的反向承载能力，如连续梁边支座、非地震区简支梁支座顶面及连续梁、框架梁梁中支座底面应有一定数量的配筋及合适的锚固连接构造，防止偶然作用发生时，该构件产生过大破坏。

3.12.3 本条拆除构件设计方法主要引自美国、英国有关规范的规定。关于效应折减系数 β，主要是考虑偶然作用发生后，结构进入弹塑性内力重分布，对中部水平构件有一定的卸载效应。

3.12.4 本条假定拆除构件后，剩余主体结构基本处于线弹性工作状态，以简化计算，便于工程应用。

3.12.6 本条依据现行国家标准《工程结构可靠性设计统一标准》GB 50153 的相关规定，并参考了美国国防部制定的《建筑物最低反恐怖主义标准》（UFC4-010-01）。

当拆除某构件后结构不能满足抗连续倒塌设计要求，意味着该构件十分重要（可称之为关键结构构件），应具有更高的要求，希望其保持线弹性工作状态。此时，在该构件表面附加规定的侧向偶然作用，进行整体结构计算，复核该构件满足截面设计承载力要求。公式（3.12.6-2）中，活荷载采用频遇值，近似取频遇值系数为 0.6。

4 荷载和地震作用

4.1 竖向荷载

4.1.1 高层建筑的竖向荷载应按现行国家标准《建筑结构荷载规范》GB 50009 有关规定采用。与原荷载规范 GBJ 9-87 相比，有较大的改动，使用时应予注意。

4.1.5 直升机平台的活荷载是根据现行国家标准《建筑结构荷载规范》GB 50009 的有关规定确定的。

部分直升机的有关参数见表 3。

表 3　部分轻型直升机的技术数据

机型	生产国	空重（kN）	最大起飞重（kN）	尺　　寸 旋翼直径（m）	机长（m）	机宽（m）	机高（m）
Z—9（直9）	中 国	19.75	40.00	11.68	13.29		3.31
SA360 海豚	法 国	18.23	34.00	11.68	11.40		3.50
SA315 美洲驼	法 国	10.14	19.50	11.02	12.92		3.09
SA350 松鼠	法 国	12.88	24.00	10.69	12.99	1.08	3.02
SA341 小羚羊	法 国	9.17	18.00	10.50	11.97		3.15
BK-117	德 国	16.50	28.50	11.00	13.00	1.60	3.36
BO-105	德 国	12.56	24.00	9.84	8.56		3.00
山猫	英、法	30.70	45.35	12.80	12.06		3.66
S—76	美 国	25.40	46.70	13.41	13.22	2.13	4.41
贝尔—205	美 国	22.55	43.09	14.63	17.40		4.42
贝尔—206	美 国	6.60	14.51	10.16	9.50		2.91
贝尔—500	美 国	6.64	13.61	8.05	7.49	2.71	2.59
贝尔—222	美 国	22.04	35.60	12.12	12.50	3.18	3.51
A109A	意大利	14.66	24.50	11.00	13.05	1.42	3.30

注：直9机主轮距 2.03m，前后轮距 3.61m。

4.2 风 荷 载

4.2.1 风荷载计算主要依据现行国家标准《建筑结构荷载规范》GB 50009。对于主要承重结构，风荷载标准值的表达可有两种形式，其一为平均风压加上由脉动风引起结构风振的等效风压；另一种为平均风压乘以风振系数。由于结构的风振计算中，往往是受力方向基本振型起主要作用，因而我国与大多数国家相同，采用后一种表达形式，即采用风振系数 β_z。风振系数综合考虑了结构在风荷载作用下的动力响应，包括风速随时间、空间的变异性和结构的阻尼特性等因素。

基本风压 w_0 是根据全国各气象台站历年来的最大风速记录，按基本风压的标准要求，将不同测风仪高度和时次时距的年最大风速，统一换算为离地 10m 高，自记式风速仪 10min 平均年最大风速（m/s）。根据该风速数据统计分析确定重现期为 50 年的最大风速，作为当地的基本风速 v_0，再按贝努利公式确定基本风压。

4.2.2 按照现行国家标准《建筑结构荷载规范》GB 50009 的规定，对风荷载比较敏感的高层建筑，其基本风压应适当提高。因此，本条明确了承载力设计时应按基本风压的 1.1 倍采用。相对于 02 规程，本次修订：1）取消了对"特别重要"的高层建筑的风荷载增大要求，主要因为对重要的建筑结构，其重要性已经通过结构重要性系数 γ_0 体现在结构作用效应的设计值中，见本规程第 3.8.1 条；2）对于正常使用极限状态设计（如位移计算），其要求可比承载力设计适当降低，一般仍可采用基本风压值或由设计人员根据实际情况确定，不再作为强制性要求；3）对风荷载比较敏感的高层建筑结构，风荷载计算时不再强调按 100 年重现期的风压值采用，而是直接按基本风压值增大 10% 采用。

对风荷载是否敏感，主要与高层建筑的体型、结构体系和自振特性有关，目前尚无实用的划分标准。一般情况下，对于房屋高度大于 60m 的高层建筑，承载力设计时风荷载计算可按基本风压的 1.1 倍采用；对于房屋高度不超过 60m 的高层建筑，风荷载取值是否提高，可由设计人员根据实际情况确定。

本条的规定，对设计使用年限为 50 年和 100 年的高层建筑结构都是适用的。

4.2.3 风荷载体型系数是指风作用在建筑物表面上所引起的实际压力（或吸力）与来流风的速度压的比值，它描述的是建筑物表面在稳定风压作用下静态压力的分布规律，主要与建筑物的体型和尺度有关，也与周围环境和地面粗糙度有关。由于涉及固体与流体相互作用的流体动力学问题，对于不规则形状的固体，问题尤为复杂，无法给出理论上的结果，一般均应由试验确定。鉴于真型实测的方法对结构设计不现实，目前只能采用相似原理，在边界层风洞内对拟建的建筑物模型进行测试。

本条规定是对现行国家标准《建筑结构荷载规范》GB 50009 表 7.3.1 的适当简化和整理，以便于高层建筑结构设计时应用，如需较详细的数据，也可按本规程附录 B 采用。

4.2.4 对建筑群，尤其是高层建筑群，当房屋相互间距较近时，由于旋涡的相互干扰，房屋某些部位的局部风压会显著增大，设计时应予注意。对比较重要的高层建筑，建议在风洞试验中考虑周围建筑物的干扰因素。

本条和本规程第 4.2.7 条所说的风洞试验是指边界层风洞试验。

4.2.5 本条为新增条文，意在提醒设计人员注意考虑结构横风向风振或扭转风振对高层建筑尤其是超高层建筑的影响。当结构高宽比较大、结构顶点风速大于临界风速时，可能引起较明显的结构横风向振动，甚至出现横风向振动效应大于顺风向作用效应的情况。结构横风向振动问题比较复杂，与结构的平面形状、竖向体型、高宽比、刚度、自振周期和风速都有一定关系。当结构体型复杂时，宜通过空气弹性模型的风洞试验确定横风向振动的等效风荷载；也可参考有关资料确定。

4.2.6 本条为新增条文。横风向效应与顺风向效应是同时发生的，因此必须考虑两者的效应组合。对于结构侧向位移控制，仍可按同时考虑横风向与顺风向影响后的计算方向位移确定，不必按矢量和的方向控制结构的层间位移。

4.2.7 对结构平面及立面形状复杂、开洞或连体建筑及周围地形环境复杂的结构，建议进行风洞试验。本次修订，对体型复杂、环境复杂的高层建筑，取消了 02 规程中房屋高度 150m 以上才考虑风洞试验的

限制条件。对风洞试验的结果，当与按规范计算的风荷载存在较大差距时，设计人员应进行分析判断，合理确定建筑物的风荷载取值。因此本条规定"进行风洞试验判断确定建筑物的风荷载"。

4.2.8 高层建筑表面的风荷载压力分布很不均匀，在角隅、檐口、边棱处和在附属结构的部位（如阳台、雨篷等外挑构件），局部风压会超过按本规程 4.2.3 条体型系数计算的平均风压。根据风洞实验资料和一些实测结果，并参考国外的风荷载规范，对水平外挑构件，取用局部体型系数为 -2.0。

4.2.9 建筑幕墙设计时的风荷载计算，应按现行国家标准《建筑结构荷载规范》GB 50009 以及行业标准《玻璃幕墙工程技术规范》JGJ 102、《金属及石材幕墙工程技术规范》JGJ 133 等的有关规定执行。

4.3 地震作用

4.3.1 本条是高层建筑混凝土结构考虑地震作用时的设防标准，与现行国家标准《建筑工程抗震设防分类标准》GB 50223 的规定一致。对甲类建筑的地震作用，改为"应按批准的地震安全性评价结果且高于本地区抗震设防烈度的要求确定"，明确规定如果地震安全性评价结果低于本地区的抗震设防烈度，计算地震作用时应按高于本地区设防烈度的要求进行。对于乙、丙类建筑，规定应按本地区抗震设防烈度计算，与 02 规程的规定一致。

原规程 JGJ 3-91 曾规定，6 度抗震设防时，除Ⅳ类场地上的较高建筑外，可不进行地震作用计算。鉴于高层建筑比较重要且结构计算分析软件应用已经较为普遍，因此 02 版规程规定 6 度抗震设防时也应进行地震作用计算，本次修订未作调整。通过地震作用效应计算，可与无地震作用组合的效应进行比较，并可采用有地震作用组合的柱轴压力设计值控制柱的轴压比。

4.3.2 本条除第 3 款"7 度（0.15g）"外，与现行国家标准《建筑抗震设计规范》GB 50011 的规定一致。某一方向水平地震作用主要由该方向抗侧力构件承担，如该构件带有翼缘，尚应包括翼缘作用。有斜交抗侧力构件的结构，当交角大于 15° 时，应考虑斜交构件方向的地震作用计算。对质量和刚度明显不均匀、不对称的结构应考虑双向地震作用下的扭转影响。

大跨度指跨度大于 24m 的楼盖结构、跨度大于 8m 的转换结构、悬挑长度大于 2m 的悬挑结构。大跨度、长悬臂结构应验算其自身及其支承部位结构的竖向地震效应。

除了 8、9 度外，本次修订增加了大跨度、长悬臂结构 7 度（0.15g）时也应计入竖向地震作用的影响。主要原因是：高层建筑由于高度较高，竖向地震作用效应放大比较明显。

4.3.3 本条规定主要是考虑结构地震动力反应过程中可能由于地面扭转运动、结构实际的刚度和质量分布相对于计算假定值的偏差，以及在弹塑性反应过程中各抗侧力结构刚度退化程度不同等原因引起的扭转反应增大；特别是目前对地面运动扭转分量的强震实测记录很少，地震作用计算中还不能考虑输入地面运动扭转分量。采用附加偶然偏心作用计算是一种实用方法。美国、新西兰和欧洲等抗震规范都规定计算地震作用时应考虑附加偶然偏心，偶然偏心距的取值多为 $0.05L$。对于平面规则（包括对称）的建筑结构需附加偶然偏心；对于平面布置不规则的结构，除其自身已存在的偏心外，还需附加偶然偏心。

本条规定直接取各层质量偶然偏心为 $0.05L_i$（L_i 为垂直于地震作用方向的建筑物总长度）来计算单向水平地震作用。实际计算时，可将每层质心沿主轴的同一方向（正向或负向）偏移。

采用底部剪力法计算地震作用时，也应考虑偶然偏心的不利影响。

当计算双向地震作用时，可不考虑偶然偏心的影响，但应与单向地震作用考虑偶然偏心的计算结果进行比较，取不利的情况进行设计。

关于各楼层垂直于地震作用方向的建筑物总长度 L_i 的取值，当楼层平面有局部突出时，可按回转半径相等的原则，简化为无局部突出的规则平面，以近似确定垂直于地震计算方向的建筑物边长 L_i。如图 3 所示平面，当计算 y 向地震作用时，若 b/B 及 h/H 均不大于 1/4，可认为是局部突出；此时用于确定偶然偏心的边长可近似按下式计算：

$$L_i = B + \frac{bh}{H}\left(1 + \frac{3b}{B}\right) \qquad (4)$$

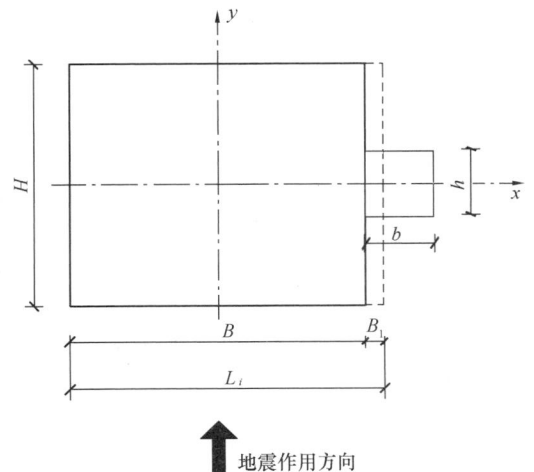

图 3 平面局部突出示例

4.3.4 不同的结构采用不同的分析方法在各国抗震规范中均有体现，振型分解反应谱法和底部剪力法仍

是基本方法。对高层建筑结构主要采用振型分解反应谱法（包括不考虑扭转耦联和考虑扭转耦联两种方式），底部剪力法的应用范围较小。弹性时程分析法作为补充计算方法，在高层建筑结构分析中已得到比较普遍的应用。

本条第 3 款对于需要采用弹性时程分析法进行补充计算的高层建筑结构作了具体规定，这些结构高度较高或刚度、承载力和质量沿竖向分布不规则或属于特别重要的甲类建筑。所谓"补充"，主要指对计算的底部剪力、楼层剪力和层间位移进行比较，当时程法分析结果大于振型分解反应谱法分析结果时，相关部位的构件内力和配筋作相应的调整。

质量沿竖向分布不均匀的结构一般指楼层质量大于相邻下部楼层质量 1.5 倍的情况，见本规程第 3.5.6 条。

4.3.5 进行时程分析时，鉴于不同地震波输入进行时程分析的结果不同，本条规定一般可以根据小样本容量下的计算结果来估计地震效应值。通过大量地震加速度记录输入不同结构类型进行时程分析结果的统计分析，若选用不少于 2 组实际记录和 1 组人工模拟的加速度时程曲线作为输入，计算的平均地震效应值不小于大样本容量平均值的保证率在 85% 以上，而且一般也不会偏大很多。当选用数量较多的地震波，如 5 组实际记录和 2 组人工模拟时程曲线，则保证率更高。所谓"在统计意义上相符"是指，多组时程波的平均地震影响系数曲线与振型分解反应谱法所用的地震影响系数曲线相比，在对应于结构主要振型的周期点上相差不大于 20%。计算结果的平均底部剪力一般不会小于振型分解反应谱法计算结果的 80%，每条地震波输入的计算结果不会小于 65%；从工程应用角度考虑，可以保证时程分析结果满足最低安全要求。但时程法计算结果也不必过大，每条地震波输入的计算结果不大于 135%，多条地震波输入的计算结果平均值不大于 120%，以体现安全性和经济性的平衡。

正确选择输入的地震加速度时程曲线，要满足地震动三要素的要求，即频谱特性、有效峰值和持续时间均要符合规定。频谱特性可用地震影响系数曲线表征，依据所处的场地类别和设计地震分组确定；加速度的有效峰值按表 4.3.5 采用，即以地震影响系数最大值除以放大系数（约 2.25）得到；输入地震加速度时程曲线的有效持续时间，一般从首次达到该时程曲线最大峰值的 10% 那一点算起，到最后一点达到最大峰值的 10% 为止，约为结构基本周期的 5～10 倍。

因为本次修订增加了结构抗震性能设计规定，因此本条第 3 款补充了设防地震（中震）和 6 度时的数值。

4.3.7 本条规定了水平地震影响系数最大值和场地

特征周期取值。现阶段仍采用抗震设防烈度所对应的水平地震影响系数最大值 α_{max}，多遇地震烈度（小震）和预估罕遇地震烈度（大震）分别对应于 50 年设计基准期内超越概率为 63% 和 2%～3% 的地震烈度。为了与地震动参数区划图接口，表 3.3.7-1 中的 α_{max} 比 89 规范增加了 7 度 0.15g 和 8 度 0.30g 的地区数值。本次修订，与结构抗震性能设计要求相适应，增加了设防烈度地震（中震）和 6 度时的地震影响系数最大值规定。

根据土层等效剪切波速和场地覆盖层厚度将建筑的场地划分为 Ⅰ、Ⅱ、Ⅲ、Ⅳ 四类，其中 Ⅰ 类分为 Ⅰ₀ 和 Ⅰ₁ 两个亚类，本规程中提及 Ⅰ 类场地而未专门注明 Ⅰ₀ 或 Ⅰ₁ 的，均包含这两个亚类。具体场地划分标准见现行国家标准《建筑抗震设计规范》GB 50011 的有关规定。

4.3.8 弹性反应谱理论仍是现阶段抗震设计的最基本理论，本规程的设计反应谱与现行国家标准《建筑抗震设计规范》GB 50011 一致。

1 同样烈度、同样场地条件的反应谱形状，随着震源机制、震级大小、震中距远近等的变化，有较大的差别，影响因素很多。在继续保留烈度概念的基础上，用设计地震分组的特征周期 T_g 予以反映。其中，Ⅰ、Ⅱ、Ⅲ 类场地的特征周期值，《建筑抗震设计规范》GB 50011—2001（下称 01 规范）较 89 规范的取值增大了 0.05s；本次修订，计算罕遇地震作用时，特征周期 T_g 值也增大 0.05s。这些改进，适当提高结构的抗震安全性，也比较符合近年来得到的大量地震加速度资料的统计结果。

2 在 $T \leqslant 0.1s$ 的范围内，各类场地的地震影响系数一律采用同样的斜线，使之符合 $T=0$ 时（刚体）动力不放大的规律；在 $T \geqslant T_g$ 时，设计反应谱在理论上存在二个下降段，即速度控制段和位移控制段，在加速度反应谱中，前者衰减指数为 1，后者衰减指数为 2。设计反应谱是用来预估建筑结构在其设计基准期内可能经受的地震作用，通常根据大量实际地震记录的反应谱进行统计并结合工程经验判断加以规定。为保持延续性，地震影响系数在 $T \leqslant 5T_g$ 范围内保持不变，各曲线的递减指数为非整数；在 $T > 5T_g$ 的范围为倾斜下降段，不同场地类别的最小值不同，较符合实际反应谱的统计规律。对于周期大于 6s 的结构，地震影响系数仍需专门研究。

3 考虑到不同结构类型的设计需要，提供了不同阻尼比（通常为 0.02～0.30）地震影响系数曲线相对于标准的地震影响系数（阻尼比为 0.05）的修正方法。根据实际强震记录的统计分析结果，这种修正可分二段进行：在反应谱平台段修正幅度最大；在反应谱上升段和下降段，修正幅度变小；在曲线两端（0s 和 6s），不同阻尼比下的地震影响系数趋向接近。

本次修订，保持 01 规范地震影响系数曲线的计

算表达式不变，只对其参数进行调整，达到以下效果：

1） 阻尼比为 5% 的地震影响系数维持不变，对于钢筋混凝土结构的抗震设计，同 01 规范的水平。

2） 基本解决了 01 规范在长周期段，不同阻尼比地震影响系数曲线交叉、大阻尼曲线值高于小阻尼曲线值的不合理现象。Ⅰ、Ⅱ、Ⅲ 类场地的地震影响系数曲线在周期接近 6s 时，基本交汇在一点上，符合理论和统计规律。

3） 降低了小阻尼（0.02～0.035）的地震影响系数值，最大降低幅度达 18%。略微提高了阻尼比 0.06～0.10 范围的地震影响系数值，长周期部分最大增幅约 5%。

4） 适当降低了大阻尼（0.20～0.30）的地震影响系数值，在 $5T_g$ 周期以内，基本不变；长周期部分最大降幅约 10%，扩大了消能减震技术的应用范围。

对应于不同阻尼比计算地震影响系数曲线的衰减指数和调整系数见表 4。

表 4　不同阻尼比时的衰减指数和调整系数

阻尼比 ζ	阻尼调整系数 η_2	曲线下降段衰减指数 γ	直线下降段斜率调整系数 η_1
0.02	1.268	0.971	0.026
0.03	1.156	0.942	0.024
0.04	1.069	0.919	0.022
0.05	1.000	0.900	0.020
0.10	0.792	0.844	0.013
0.15	0.688	0.817	0.009
0.2	0.625	0.800	0.006
0.3	0.554	0.781	0.002

4.3.10 引用现行国家标准《建筑抗震设计规范》GB 50011。增加了考虑双向水平地震作用下的地震效应组合方法。根据强震观测记录的统计分析，两个方向水平地震加速度的最大值不相等，二者之比约为 1 : 0.85；而且两个方向的最大值不一定发生在同一时刻，因此采用平方和开平方计算两个方向地震作用效应的组合。条文中的 S_x 和 S_y 是指在两个正交的 X 和 Y 方向地震作用下，在每个构件的同一局部坐标方向上的地震作用效应，如 X 方向地震作用下在局部坐标 x 方向的弯矩 M_{xx} 和 Y 方向地震作用下在局部坐标 x 方向的弯矩 M_{xy}。

作用效应包括楼层剪力、弯矩和位移，也包括构件内力（弯矩、剪力、轴力、扭矩等）和变形。

本规程建议的振型数是对质量和刚度分布比较均

匀的结构而言的。对于质量和刚度分布很不均匀的结构，振型分解反应谱法所需的振型数一般可取为振型参与质量达到总质量的90%时所需的振型数。

4.3.11 底部剪力法在高层建筑水平地震作用计算中应用较少，但作为一种方法，本规程仍予以保留，因此列于附录中。对于规则结构，采用本条方法计算水平地震作用时，仍应考虑偶然偏心的不利影响。

4.3.12 由于地震影响系数在长周期段下降较快，对于基本周期大于3s的结构，由此计算所得的水平地震作用下的结构效应可能过小。而对于长周期结构，地震地面运动速度和位移可能对结构的破坏具有更大影响，但是规范所采用的振型分解反应谱法尚无法对此作出合理估计。出于结构安全的考虑，增加了对各楼层水平地震剪力最小值的要求，规定了不同设防烈度下的楼层最小地震剪力系数（即剪重比），当不满足时，结构水平地震总剪力和各楼层的水平地震剪力均需要进行相应的调整或改变结构刚度使之达到规定的要求。本次修订补充了6度时的最小地震剪力系数规定。

对于竖向不规则结构的薄弱层的水平地震剪力，本规程第3.5.8条规定应乘以1.25的增大系数，该层剪力放大1.25倍后仍需要满足本条的规定，即该层的地震剪力系数不应小于表4.3.12中数值的1.15倍。

表4.3.12中所说的扭转效应明显的结构，是指楼层最大水平位移（或层间位移）大于楼层平均水平位移（或层间位移）1.2倍的结构。

4.3.13 结构的竖向地震作用的精确计算比较繁杂，本规程保留了原规程JGJ 3-91的简化计算方法。

4.3.14 本条为新增条文，主要考虑目前高层建筑中较多采用大跨度和长悬挑结构，需要采用时程分析方法或反应谱方法进行竖向地震的分析，给出了反应谱和时程分析计算时需要的数据。反应谱采用水平反应谱的65%，包括最大值和形状参数，但认为竖向反应谱的特征周期与水平反应谱相比，尤其在远震中距时，明显小于水平反应谱，故本条规定，设计特征周期均按第一组采用。对处于发震断裂10km以内的场地，其最大值可能接近于水平谱，特征周期小于水平谱。

4.3.15 高层建筑中的大跨度、悬挑、转换、连体结构的竖向地震作用大小与其所处的位置以及支承结构的刚度都有一定关系，因此对于跨度较大、所处位置较高的情况，建议采用本规程第4.3.13、4.3.14条的规定进行竖向地震作用计算，并且计算结果不宜小于本条规定。

为了简化计算，跨度或悬挑长度不大于本规程第4.3.14条规定的大跨结构和悬挑结构，可直接按本条规定的地震作用系数乘以相应的重力荷载代表值作为竖向地震作用标准值。

4.3.16 高层建筑结构整体计算分析时，只考虑了主要结构构件（梁、柱、剪力墙和筒体等）的刚度，没有考虑非承重结构构件的刚度，因而计算的自振周期较实际的偏长，按这一周期计算的地震力偏小。为此，本条规定应考虑非承重墙体的刚度影响，对计算的自振周期予以折减。

4.3.17 大量工程实测周期表明：实际建筑物自振周期短于计算的周期。尤其是有实心砖填充墙的框架结构，由于实心砖填充墙的刚度大于框架柱的刚度，其影响更为显著，实测周期约为计算周期的50%～60%；剪力墙结构中，由于砖墙数量少，其刚度又远小于钢筋混凝土墙的刚度，实测周期与计算周期比较接近。

本次修订，考虑到目前黏土砖被限制使用，而其他类型的砌体墙越来越多，把"填充砖墙"改为"砌体墙"，但不包括采用柔性连接的填充墙或刚度很小的轻质砌体填充墙；增加了框架-核心筒结构周期折减系数的规定；目前有些剪力墙结构布置的填充墙较多，其周期折减系数可能小于0.9，故将剪力墙结构的周期折减系数调整为0.8～1.0。

5 结构计算分析

5.1 一般规定

5.1.3 目前国内规范体系是采用弹性方法计算内力，在截面设计时考虑材料的弹塑性性质。因此，高层建筑结构的内力与位移仍按弹性方法计算，框架梁及连梁等构件可考虑局部塑性变形引起的内力重分布，即本规程第5.2.1条和5.2.3条的规定。

5.1.4 高层建筑结构是复杂的三维空间受力体系，计算分析时应根据结构实际情况，选取能较准确地反映结构中各构件的实际受力状况的力学模型。对于平面和立面布置简单规则的框架结构、框架-剪力墙结构宜采用空间分析模型，可采用平面框架空间协同模型；对剪力墙结构、筒体结构和复杂布置的框架结构、框架-剪力墙结构应采用空间分析模型。目前国内商品化的结构分析软件所采用的力学模型主要有：空间杆系模型、空间杆-薄壁杆系模型、空间杆-墙板元模型及其他组合有限元模型。

目前，国内计算机和结构分析软件应用十分普及，原规程JGJ 3-91第4.1.4条和4.1.6条规定的简化方法和手算方法未再列入本规程。如需要采用简化方法或手算方法，设计人员可参考有关设计手册或书籍。

5.1.5 高层建筑的楼屋面绝大多数为现浇钢筋混凝土楼板和有现浇面层的预制装配式楼板，进行高层建筑内力与位移计算时，可视其为水平放置的深梁，具有很大的面内刚度，可近似认为楼板在其自身平面内为无限刚性。采用这一假设后，结构分析的自由度数目大大减少，可能减小由于庞大自由度系统而带来的计算误差，使计算过程和计算结果的分析大为简化。计算分析和工程实践证明，刚性楼板假定对绝大多数高层建筑的分析具有足够的工程精度。采用刚性楼板假定进行结构计算时，设计上应采取必要措施保证楼面的整体刚度。比如，平面体型宜符合本规程 4.3.3 条的规定；宜采用现浇钢筋混凝土楼板和有现浇面层的装配整体式楼板；局部削弱的楼面，可采取楼板局部加厚、设置边梁、加大楼板配筋等措施。

楼板有效宽度较窄的环形楼面或其他有大开洞楼面、有狭长外伸段楼面、局部变窄产生薄弱连接的楼面、连体结构的狭长连接体楼面等场合，楼板面内刚度有较大削弱且不均匀，楼板的面内变形会使楼层内抗侧刚度较小的构件的位移和受力加大（相对刚性楼板假定而言），计算时应考虑楼板面内变形的影响。根据楼面结构的实际情况，楼板面内变形可全楼考虑、仅部分楼层考虑或仅部分楼层的部分区域考虑。考虑楼板的实际刚度可以采用将楼板等效为剪弯水平梁的简化方法，也可采用有限单元法进行计算。

当需要考虑楼板面内变形而计算中采用楼板面内无限刚性假定时，应对所得的计算结果进行适当调整。具体的调整方法和调整幅度与结构体系、构件平面布置、楼板削弱情况等密切相关，不便在条文中具体化。一般可对楼板削弱部位的抗侧刚度相对较小的结构构件，适当增大计算内力，加强配筋和构造措施。

5.1.6 高层建筑按空间整体工作计算时，不同计算模型的梁、柱自由度是相同的。梁的弯曲、剪切、扭转变形，当考虑楼板面内变形时还有轴向变形；柱的弯曲、剪切、轴向、扭转变形。当采用空间杆-薄壁杆系模型时，剪力墙自由度考虑弯曲、剪切、轴向、扭转变形和翘曲变形；当采用其他有限元模型分析剪力墙时，剪力墙自由度考虑弯曲、剪切、轴向、扭转变形。

高层建筑层数多、重量大，墙、柱的轴向变形影响显著，计算时应考虑。

构件内力是与位移向量对应的，与截面设计对应的分别为弯矩、剪力、轴力、扭矩等。

5.1.8 目前国内钢筋混凝土结构高层建筑由恒载和活载引起的单位面积重力，框架与框架-剪力墙结构约为 $12kN/m^2 \sim 14kN/m^2$，剪力墙和筒体结构约为 $13kN/m^2 \sim 16kN/m^2$，而其中活荷载部分约为 $2kN/m^2 \sim 3kN/m^2$，只占全部重力的 15%～20%，活载不利分布的影响较小。另一方面，高层建筑结构层数很多，每层的房间也很多，活载在各层间的分布情况极其繁多，难以一一计算。

如果活荷载较大，其不利分布对梁弯矩的影响会比较明显，计算时应予考虑。除进行活荷载不利分布的详细计算分析外，也可将未考虑活荷载不利分布计算的框架梁弯矩乘以放大系数予以近似考虑，该放大系数通常可取为 1.1～1.3，活载大时可选用较大数值。近似考虑活荷载不利分布影响时，梁正、负弯矩应同时予以放大。

5.1.9 高层建筑结构是逐层施工完成的，其竖向刚度和竖向荷载（如自重和施工荷载）也是逐层形成的。这种情况与结构刚度一次形成、竖向荷载一次施加的计算方法存在较大差异。因此对于层数较多的高层建筑，其重力荷载作用效应分析时，柱、墙轴向变形宜考虑施工过程的影响。施工过程的模拟可根据需要采用适当的方法考虑，如结构竖向刚度和竖向荷载逐层形成、逐层计算的方法等。

本次修订，增加了复杂结构及 150m 以上高层建筑应考虑施工过程的影响，因为这类结构是否考虑施工过程的模拟计算，对设计有较大影响。

5.1.10 高层建筑结构进行水平风荷载作用效应分析时，除对称结构外，结构构件在正反两个方向的风荷载作用下效应一般是不相同的，按两个方向风效应的较大值采用，是为了保证安全的前提下简化计算；体型复杂的高层建筑，应考虑多方向风荷载作用，进行风效应对比分析，增加结构抗风安全性。

5.1.11 在结构整体计算分析中，型钢混凝土和钢管混凝土构件宜按实际情况直接参与计算。随着结构分析软件技术的进步，已经可以较容易地实现在整体模型中直接考虑型钢混凝土和钢管混凝土构件，因此本次修订取消了将型钢混凝土和钢管混凝土构件等效为混凝土构件进行计算的规定。

型钢混凝土构件、钢管混凝土构件的截面设计应按本规程第 11 章的有关规定执行。

5.1.12 体型复杂、结构布置复杂的高层建筑结构的受力情况复杂，B 级高度高层建筑属于超限高层建筑，采用至少两个不同力学模型的结构分析软件进行整体计算分析，可以相互比较和分析，以保证力学分析结构的可靠性。

对 B 级高度高层建筑的要求是本次修订增加的内容。

5.1.13 带加强层的高层建筑结构、带转换层的高层建筑结构、错层结构、连体和立面开洞结构、多塔楼结构、立面较大收进结构等，属于体形复杂的高层建筑结构，其竖向刚度和承载力变化大、受力复杂，易形成薄弱部位；混合结构以及 B 级高度的高层建筑结构的房屋高度大、工程经验不多，因此整体计算分析时应从严要求。本条第 4 款的要求主要针对重要建筑以及相邻层侧向刚度或承载力相差悬殊的竖向不规则高层建筑结构。

本次修订补充了对混合结构的计算要求。

5.1.14 本条为新增条文，对多塔楼结构提出了分塔楼模型计算要求。多塔楼结构振动形态复杂，整体模型计算有时不容易判断结果的合理性；辅以分塔楼模型计算分析，取二者的不利结果进行设计较为妥当。

5.1.15 对受力复杂的结构构件，如竖向布置复杂的剪力墙、加强层构件、转换层构件、错层构件、连接体及其相关构件等，除结构整体分析外，尚应按有限元等方法进行更加仔细的局部应力分析，并可根据需要，按应力分析结果进行截面配筋设计校核。按应力进行截面配筋计算的方法，可按照现行国家标准《混凝土结构设计规范》GB 50010 的有关规定。

5.1.16 在计算机和计算机软件广泛应用的条件下，除了要选择使用可靠的计算软件外，还应对软件产生的计算结果从力学概念和工程经验等方面加以分析判断，确认其合理性和可靠性。

5.2 计 算 参 数

5.2.1 高层建筑结构构件均采用弹性刚度参与整体分析，但抗震设计的框架-剪力墙或剪力墙结构中的连梁刚度相对墙体较小，而承受的弯矩和剪力很大，配筋设计困难。因此，可考虑在不影响承受竖向荷载能力的前提下，允许其适当开裂（降低刚度）而把内力转移到墙体上。通常，设防烈度低时可少折减一些（6、7 度时可取 0.7），设防烈度高时可多折减一些（8、9 度时可取 0.5）。折减系数不宜小于 0.5，以保证连梁承受竖向荷载的能力。

对框架-剪力墙结构中一端与柱连接、一端与墙连接的梁以及剪力墙结构中的某些连梁，如果跨高比较大（比如大于 5）、重力作用效应比水平风或水平地震作用效应更为明显，此时应慎重考虑梁刚度的折减问题，必要时可不进行梁刚度折减，以控制正常使用阶段梁裂缝的发生和发展。

本次修订进一步明确了仅在计算地震作用效应时可以对连梁刚度进行折减，对如重力荷载、风荷载作用效应计算不宜考虑连梁刚度折减。有地震作用效应组合工况，均可按考虑连梁刚度折减后计算的地震作用效应参与组合。

5.2.2 现浇楼面和装配整体式楼面的楼板作为梁的有效翼缘形成 T 形截面，提高了楼面梁的刚度，结构计算时应予考虑。当近似考虑其影响时，应根据梁翼缘尺寸与梁截面尺寸的比例关系确定增大系数的取值。通常现浇楼面的边框架梁可取 1.5，中框架梁可取 2.0；有现浇面层的装配式楼面梁的刚度增大系数可适当减小。当框架梁截面较小而楼板较厚或者梁截面较大而楼板较薄时，梁刚度增大系数可能会超出 1.5～2.0 的范围，因此规定增大系数可取 1.3～2.0。

5.2.3 在竖向荷载作用下，框架梁端负弯矩往往较大，配筋困难，不便于施工和保证施工质量。因此允许考虑塑性变形内力重分布对梁端负弯矩进行适当调幅。钢筋混凝土的塑性变形能力有限，调幅的幅度应该加以限制。框架梁端负弯矩减小后，梁跨中弯矩应按平衡条件相应增大。

截面设计时，为保证框架梁跨中截面底钢筋不至于过少，其正弯矩设计值不应小于竖向荷载作用下按简支梁计算的跨中弯矩之半。

5.2.4 高层建筑结构楼面梁受楼板（有时还有次梁）的约束作用，无约束的独立梁极少。当结构计算中未考虑楼盖对梁扭转的约束作用时，梁的扭转变形和扭矩计算值过大，与实际情况不符，抗扭设计也比较困难，因此可对梁的计算扭矩予以适当折减。计算分析表明，扭矩折减系数与楼盖（楼板和梁）的约束作用和梁的位置密切相关，折减系数的变化幅度较大，本规程不便给出具体的折减系数，应由设计人员根据具体情况进行确定。

5.3 计算简图处理

5.3.1 高层建筑是三维空间结构，构件多，受力复杂；结构计算分析软件都有其适用条件，使用不当，可能导致结构设计的不合理甚至不安全。因此，结构计算分析时，应结合结构的实际情况和所采用的计算软件的力学模型要求，对结构进行力学上的适当简化处理，使其既能比较正确地反映结构的受力性能，又适应于所选用的计算分析软件的力学模型，从根本上保证结构分析结果的可靠性。

5.3.3 密肋板楼盖简化计算时，可将密肋梁均匀等效为柱上框架梁，其截面宽度可取被等效的密肋梁截面宽度之和。

平板无梁楼盖的面外刚度由楼板提供，计算时必须考虑。当采用近似方法考虑时，其柱上板带可等效为框架梁计算，等效框架梁的截面宽度可取等代框架方向板跨的 3/4 及垂直于等代框架方向板跨的 1/2 两者的较小值。

5.3.4 当构件截面相对其跨度较大时，构件交点处会形成相对的刚性节点区域。刚域尺寸的合理确定，会在一定程度上影响结构的整体分析结果，本条给出的计算公式是近似公式，但在实际工程中已有多年应用，有一定的代表性。确定计算模型时，壁式框架梁、柱轴线可取为剪力墙连梁和墙肢的形心线。

本条规定，考虑刚域后梁端截面计算弯矩可以取刚域端截面的弯矩值，而不再取轴线截面的弯矩值，在保证安全的前提下，可以适当减小梁端截面的弯矩值，从而减少配筋量。

5.3.5、5.3.6 对复杂高层建筑结构、立面错洞剪力墙结构，在结构内力与位移整体计算中，可对其局部作适当的和必要的简化处理，但不应改变结构的整体变形和受力特点。整体计算作了简化处理的，应对作简化处理的局部结构或结构构件进行更精细的补充计算分析（比如有限元分析），以保证局部构件计算分析结果的可靠性。

5.3.7 本条给出作为结构分析模型嵌固部位的刚度要求。计算地下室结构楼层侧向刚度时，可考虑地上结构以外的地下室相关部位的结构，"相关部位"一般指地上结构外扩不超过三跨的地下室范围。楼层侧向刚度比可按本规程附录 E.0.1 条公式计算。

5.4 重力二阶效应及结构稳定

5.4.1 在水平力作用下，带有剪力墙或筒体的高层建筑结构的变形形态为弯剪型，框架结构的变形形态为剪切型。计算分析表明，重力荷载在水平作用位移效应上引起的二阶效应（以下简称重力 $P-\Delta$ 效应）有时比较严重。对混凝土结构，随着结构刚度的降低，重力二阶效应的不利影响呈非线性增长。因此，对结构的弹性刚度和重力荷载作用的关系应加以限制。本条公式使结构按弹性分析的二阶效应对结构内力、位移的增量控制在 5% 左右；考虑实际刚度折减 50% 时，结构内力增量控制在 10% 以内。如果结构满足本条要求，重力二阶效应的影响相对较小，可忽略不计。

公式（5.4.1-1）与德国设计规范（DIN1045）及原规程 JGJ 3-91 第 4.3.1 条的规定基本一致。

结构的弹性等效侧向刚度 EJ_d，可近似按倒三角形分布荷载作用下结构顶点位移相等的原则，将结构的侧向刚度折算为竖向悬臂受弯构件的等效侧向刚度。假定倒三角形分布荷载的最大值为 q，在该荷载作用下结构顶点质心的弹性水平位移为 u，房屋高度为 H，则结构的弹性等效侧向刚度 EJ_d 可按下式计算：

$$EJ_d = \frac{11qH^4}{120u} \qquad (5)$$

5.4.2 混凝土结构在水平力作用下，如果侧向刚度不满足本规程第 5.4.1 条的规定，应考虑重力二阶效应对结构构件的不利影响。但重力二阶效应产生的内力、位移增量宜控制在一定范围，不宜过大。考虑二阶效应后计算的位移仍应满足本规程第 3.7.3 条的规定。

5.4.3 一般可根据楼层重力和楼层在水平作用下产生的层间位移，计算出等效的荷载向量，利用结构力学方法求解重力二阶效应。重力二阶效应可采用有限元分析计算，也可按简化的弹性方法近似考虑。增大系数法是一种简单近似的考虑重力 $P-\Delta$ 效应的方法。考虑重力 $P-\Delta$ 效应的结构位移可采用未考虑重力二阶效应的位移乘以位移增大系数，但位移限制条件不变。本规程第 3.7.3 条规定按弹性方法计算的位移宜满足规定的位移限值，因此结构位移增大系数计算时，不考虑结构刚度的折减。考虑重力 $P-\Delta$ 效应的结构构件（梁、柱、剪力墙）内力可采用未考虑重

力二阶效应的内力乘以内力增大系数，内力增大系数计算时，考虑结构刚度的折减，为简化计算，折减系数近似取 0.5，以适当提高结构构件承载力的安全储备。

5.4.4 结构整体稳定性是高层建筑结构设计的基本要求。研究表明，高层建筑混凝土结构仅在竖向重力荷载作用下产生整体失稳的可能性很小。高层建筑结构的稳定设计主要是控制在风荷载或水平地震作用下，重力荷载产生的二阶效应不致过大，以免引起结构的失稳、倒塌。结构的刚度和重力荷载之比（简称刚重比）是影响重力 $P-\Delta$ 效应的主要参数。如果结构的刚重比满足本条公式（5.4.4-1）或（5.4.4-2）的规定，则在考虑结构弹性刚度折减 50% 的情况下，重力 $P-\Delta$ 效应仍可控制在 20% 之内，结构的稳定具有适宜的安全储备。若结构的刚重比进一步减小，则重力 $P-\Delta$ 效应将会呈非线性关系急剧增长，直至引起结构的整体失稳。在水平作用下，高层建筑结构的稳定应满足本条的规定，不应再放松要求。如不满足本条的规定，应调整并增大结构的侧向刚度。

当结构的设计水平力较小，如计算的楼层剪重比（楼层剪力与其上各层重力荷载代表值之和的比值）小于 0.02 时，结构刚度虽能满足水平位移限值要求，但有可能不满足本条规定的稳定要求。

5.5 结构弹塑性分析及薄弱层弹塑性变形验算

5.5.1 本条为新增条文。对重要的建筑结构、超高层建筑结构、复杂高层建筑结构进行弹塑性计算分析，可以分析结构的薄弱部位、验证结构的抗震性能，是目前应用越来越多的一种方法。

在进行结构弹塑性计算分析时，应根据工程的重要性、破坏后的危害性及修复的难易程度，设定结构的抗震性能目标，这部分内容可按本规程第 3.11 节的有关规定执行。

建立结构弹塑性计算模型时，可根据结构构件的性能和分析精度要求，采用恰当的分析模型。如梁、柱、斜撑可采用一维单元；墙、板可采用二维或三维单元。结构的几何尺寸、钢筋、型钢、钢构件等应按实际设计情况采用，不应简单采用弹性计算软件的分析结果。

结构材料（钢筋、型钢、混凝土等）的性能指标（如弹性模量、强度取值等）以及本构关系，与预定的结构或结构构件的抗震性能目标有密切关系，应根据实际情况合理选用。如材料强度可分别取用设计值、标准值、抗拉极限值或实测值、实测平均值等，与结构抗震性能目标有关。结构材料的本构关系直接影响弹塑性分析结果，选择时应特别注意；钢筋和混凝土的本构关系，在现行国家标准《混凝土结构设计规范》GB 50010 的附录中有相应规定，可参考

使用。

结构弹塑性变形往往比弹性变形大很多，考虑结构几何非线性进行计算是必要的，结果的可靠性也会因此有所提高。

与弹性静力分析计算相比，结构的弹塑性分析具有更大的不确定性，不仅与上述因素有关，还与分析软件的计算模型以及结构阻尼选取、构件破损程度的衡量、有限元的划分等有关，存在较多的人为因素和经验因素。因此，弹塑性计算分析首先要了解分析软件的适用性，选用适合于所设计工程的软件，然后对计算结果的合理性进行分析判断。工程设计中有时会遇到计算结果出现不合理或怪异现象，需要结构工程师与软件编制人员共同研究解决。

5.5.2 本条规定了进行结构弹塑性分析的具体方法。本次修订取消了02规程中"7、8、9度抗震设计"的限制条件，因为本条仅规定计算方法，哪些结构需要进行弹塑性计算分析，在本规程第3.7.4、5.1.13条等条有专门规定。

5.5.3 本条罕遇地震作用下结构薄弱层（部位）弹塑性变形验算的简化计算方法，与现行国家标准《建筑抗震设计规范》GB 50011的规定一致。

5.6 荷载组合和地震作用组合的效应

5.6.1~5.6.4 本节是高层建筑承载能力极限状态设计时作用组合效应的基本要求，主要根据现行国家标准《工程结构可靠性设计统一标准》GB 50153以及《建筑结构荷载规范》GB 50009、《建筑抗震设计规范》GB 50011的有关规定制定。本次修订：1）增加了考虑设计使用年限的可变荷载（楼面活荷载）调整系数；2）仅规定了持久、短暂、地震设计状况下，作用基本组合时的作用效应设计值的计算公式，对偶然作用组合、标准组合不作强制性规定，有关结构侧向位移的设计规定见本规程第3.7.3条；3）明确了本节规定不适用于作用和作用效应呈非线性关系的情况；4）表5.6.4中增加了7度（0.15g）时，也要考虑水平地震、竖向地震作用同时参与组合的情况；5）对水平长悬臂结构和大跨度结构，表5.6.4中增加了竖向地震作为主要可变作用的组合工况。

第5.6.1条和5.6.3条均适应于作用和作用效应呈线性关系的情况。如果结构上的作用和作用效应不能以线性关系表述，则作用组合的效应应符合现行国家标准《工程结构可靠性设计统一标准》GB 50153的有关规定。

持久设计状况和短暂设计状况作用基本组合的效应，当永久荷载效应起控制作用时，永久荷载分项系数取1.35，此时参与组合的可变作用（如楼面活荷载、风荷载等）应考虑相应的组合值系数；持久设计状况和短暂设计状况的作用基本组合的效应，当可变荷载效应起控制作用（永久荷载分项系数取1.2）的

场合，如风荷载作为主要可变荷载、楼面活荷载作为次要可变荷载时，其组合值系数分别取1.0、0.7，对书库、档案库、储藏室、通风机房和电梯机房等楼面活荷载较大且相对固定的情况，其楼面活荷载组合值系数应由0.7改为0.9；持久设计状况和短暂设计状况的作用基本组合的效应，当楼面活荷载作为主要可变荷载、风荷载作为次要可变荷载时，其组合值系数分别取1.0和0.6。

结构设计使用年限为100年时，本条公式（5.6.1）中参与组合的风荷载效应应按现行国家标准《建筑结构荷载规范》GB 50009规定的100年重现期的风压值计算；当高层建筑对风荷载比较敏感时，风荷载效应计算尚应符合本规程第4.2.2条的规定。

地震设计状况作用基本组合的效应，当本规程有规定时，地震作用效应标准值应首先乘以相应的调整系数、增大系数，然后再进行效应组合。如薄弱层剪力增大、楼层最小地震剪力系数（剪重比）调整、框支柱地震轴力的调整、转换构件地震内力放大、框架-剪力墙结构和筒体结构有关地震剪力调整等。

7度（0.15g）和8、9度抗震设计的大跨度结构、长悬臂结构应考虑竖向地震作用的影响，如高层建筑的大跨度转换构件、连体结构的连接体等。

关于不同设计状况的定义以及作用的标准组合、偶然组合的有关规定，可参考现行国家标准《工程结构可靠性设计统一标准》GB 50153。

5.6.5 对非抗震设计的高层建筑结构，应按式（5.6.1）计算荷载效应的组合；对抗震设计的高层建筑结构，应同时按式（5.6.1）和式（5.6.3）计算荷载效应和地震作用效应组合，并按本规程的有关规定（如强柱弱梁、强剪弱弯等），对组合内力进行必要的调整。同一构件的不同截面或不同设计要求，可能对应不同的组合工况，应分别进行验算。

6 框架结构设计

6.1 一般规定

6.1.2 本次修订将02规程的"不宜"改为"不应"，进一步从严要求。震害调查表明，单跨框架结构，尤其是层数较多的高层建筑，震害比较严重。因此，抗震设计的框架结构不应采用冗余度低的单跨框架。

单跨框架结构是指整栋建筑全部或绝大部分采用单跨框架的结构，不包括仅局部为单跨框架的框架结构。本规程第8.1.3条第1、2款规定的框架-剪力墙结构可局部采用单跨框架结构；其他情况应根据具体情况进行分析、判断。

6.1.3 本条为02规程第6.1.4条的修改，02规程第

6.1.3 条改为本规程第 6.1.7 条。

　　框架结构如采用砌体填充墙，当布置不当时，常能造成结构竖向刚度变化过大；或形成短柱；或形成较大的刚度偏心。由于填充墙是由建筑专业布置，结构图纸上不予表示，容易被忽略。国内、外皆有由此而造成的震害例子。本条目的是提醒结构工程师注意防止砌体（尤其是砖砌体）填充墙对结构设计的不利影响。

6.1.4 2008 年汶川地震震害进一步表明，框架结构中的楼梯及周边构件破坏严重。本次修订增加了楼梯的抗震设计要求。抗震设计时，楼梯间为主要疏散通道，其结构应有足够的抗倒塌能力，楼梯应作为结构构件进行设计。框架结构中楼梯构件的组合内力设计值应包括与地震作用效应的组合，楼梯梁、柱的抗震等级应与框架结构本身相同。

　　框架结构中，钢筋混凝土楼梯自身的刚度对结构地震作用和地震反应有着较大的影响，若楼梯布置不当会造成结构平面不规则，抗震设计时应尽量避免出现这种情况。

　　震害调查中发现框架结构中的楼梯板破坏严重，被拉断的情况非常普遍，因此应进行抗震设计，并加强构造措施，宜采用双排配筋。

6.1.5 2008 年汶川地震中，框架结构中的砌体填充墙破坏严重。本次修订明确了用于填充墙的砌块强度等级，提高了砌体填充墙与主体结构的拉结要求、构造柱设置要求以及楼梯间砌体墙构造要求。

6.1.6 框架结构与砌体结构是两种截然不同的结构体系，其抗侧刚度、变形能力等相差很大，这两种结构在同一建筑物中混合使用，对建筑物的抗震性能将产生很不利的影响，甚至造成严重破坏。

6.1.7 在实际工程中，框架梁、柱中心线不重合、产生偏心的实例较多，需要有解决问题的方法。本条是根据国内外试验研究的结果提出的。根据试验结果，采用水平加腋方法，能明显改善梁柱节点的承受反复荷载性能。9 度抗震设计时，不应采用梁柱偏心较大的结构。

6.1.8 不与框架柱（包括框架-剪力墙结构中的柱）相连的次梁，可按非抗震设计。

　　图 4 为框架楼层平面中的一个区格。图中梁 L_1 两端不与框架柱相连，因而不参与抗震，所以梁 L_1 的构造可按非抗震要求。例如，梁端箍筋不需要按抗震要求加密，仅需满足抗剪强度的要求，其间距也可按非抗震构件的要求；箍筋无需弯 135°钩，90°钩即可；纵筋的锚固、搭接等都可按非抗震要求。图中梁 L_2 与 L_1 不同，其一端与框架柱相连，另一端与梁相连；与框架柱相连端应按抗震设计，其要求应与框架梁相同，与梁相连端构造可同 L_1 梁。

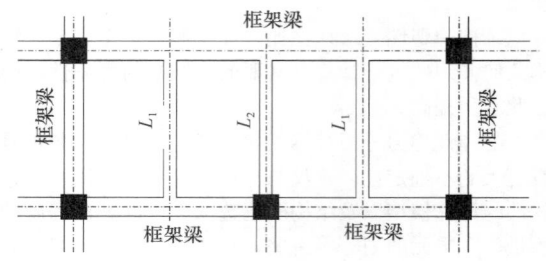

图 4　结构平面中次梁示意

6.2　截面设计

6.2.1 由于框架柱的延性通常比梁的延性小，一旦框架柱形成了塑性铰，就会产生较大的层间侧移，并影响结构承受垂直荷载的能力。因此，在框架柱的设计中，有目的地增大柱端弯矩设计值，体现"强柱弱梁"的设计概念。

　　本次修订对"强柱弱梁"的要求进行了调整，提高了框架结构的要求，对二、三级框架结构柱端弯矩增大系数 η_c 由 02 规程的 1.2、1.1 分别提高到 1.5、1.3。因本规程框架结构不含四级，故取消了四级的有关要求。

　　一级框架结构和 9 度时的框架应按实配钢筋进行强柱弱梁验算。本规程的高层建筑，9 度时抗震等级只有一级，无二级。

　　当楼板与梁整体现浇时，板内配筋对梁的受弯承载力有相当影响，因此本次修订增加了在计算梁端实际配筋面积时，应计入梁有效翼缘宽度范围内楼板钢筋的要求。梁的有效翼缘宽度取值，各国规范也不尽相同，建议一般情况可取梁两侧各 6 倍板厚的范围。

　　本次修订对二、三级框架结构仅提高了柱端弯矩增大系数，未要求采用实配反算。但当框架梁是按最小配筋率的构造要求配筋时，为避免出现因梁的实际受弯承载力与弯矩设计值相差太多而无法实现"强柱弱梁"的情况，宜采用实配反算的方法进行柱子的受弯承载力设计。此时公式（6.2.3-1）中的实配系数 1.2 可适当降低，但不应低于 1.1。

6.2.2 研究表明，框架结构的底层柱下端，在强震下不能避免出现塑性铰。为了提高抗震安全度，将框架结构底层柱下端弯矩设计值乘以增大系数，以加强底层柱下端的实际受弯承载力，推迟塑性铰的出现。本次修订进一步提高了增大系数的取值，一、二、三级增大系数由 02 规程的 1.5、1.25、1.15 分别调整为 1.7、1.5、1.3。

　　增大系数只适用于框架结构，对其他类型结构中的框架，不作此要求。

6.2.3 框架柱、框支柱设计时应满足"强剪弱弯"的要求。在设计中，需要有目的地增大柱子的剪力设计值。本次修订对剪力放大系数作了调整，提高了框架结构的要求，二、三级时柱端剪力增大系数 η_{vc} 由 02 规程的 1.2、1.1 分别提高到 1.3、1.2；对其他结构的框架，扩大了进行"强剪弱弯"设计的范围，要求四级框架柱也要增大，要求同三级。

6.2.4 抗震设计的框架，考虑到角柱承受双向地震作用，扭转效应对内力影响较大，且受力复杂，在设计中应予以适当加强，因此对其弯矩设计值、剪力设计值增大 10%。02 规程中，此要求仅针对框架结构中的角柱；本次修订扩大了范围，并增加了四级要求。

6.2.5 框架结构设计中应力求做到，在地震作用下的框架呈现梁铰型延性机构，为减少梁端塑性铰区发生脆性剪切破坏的可能性，对框架梁提出了梁端的斜截面受剪承载力应高于正截面受弯承载力的要求，即"强剪弱弯"的设计概念。

梁端斜截面受剪承载力的提高，首先是在剪力设计值确定中，考虑了梁端弯矩的增大，以体现"强剪弱弯"的要求。对一级抗震等级的框架结构及 9 度时的其他结构中的框架，还考虑了工程设计中梁端纵向受拉钢筋有超配的情况，要求梁左、右端取用考虑承载力抗震调整系数的实际抗震受弯承载力进行受剪承载力验算。梁端实际抗震受弯承载力可按下式计算：

$$M_{bua} = f_{yk}A_s^a(h_0 - a_s')/\gamma_{RE} \tag{6}$$

式中 f_{yk}——纵向钢筋的抗拉强度标准值；
A_s^a——梁纵向钢筋实际配筋面积。当楼板与梁整体现浇时，应计入有效翼缘宽度范围内的纵筋，有效翼缘宽度可取梁两侧各 6 倍板厚。

对其他情况的一级和所有二、三级抗震等级的框架梁的剪力设计值的确定，则根据不同抗震等级，直接取用梁端考虑地震作用组合的弯矩设计值的平衡剪力值，乘以不同的增大系数。

6.2.7 本次修订增加了三级框架节点的抗震受剪承载力验算要求，取消了 02 规程中"各抗震等级的顶层端节点核心区，可不进行抗震验算"的规定及 02 规程的附录 C。

节点核心区的验算可按现行国家标准《混凝土结构设计规范》GB 50010 的有关规定执行。

6.2.10 本条为 02 规程第 6.2.10～6.2.13 条的合并。本规程未作规定的承载力计算，包括截面受弯承载力、受扭承载力、剪扭承载力、受压（受拉）承载力、偏心受拉（受压）承载力、拉（压）弯剪扭承载力、局部承压承载力、双向受剪承载力等，均应按现行国家标准《混凝土结构设计规范》GB 50010 的有关规定执行。

6.3 框架梁构造要求

6.3.1 过去规定框架主梁的截面高度为计算跨度的

1/8～1/12，已不能满足近年来大量兴建的高层建筑对于层高的要求。近来我国一些设计单位，已大量设计了梁高较小的工程，对于 8m 左右的柱网，框架主梁截面高度为 450mm 左右，宽度为 350mm～400mm 的工程实例也较多。

国外规范规定的框架梁高跨比，较我国小。例如美国 ACI 318 - 08 规定梁的高度为：

支承情况	简支梁	一端连续梁	两端连续梁
高跨比	1/16	1/18.5	1/21

以上数值适用于钢筋屈服强度为 420MPa 者，其他钢筋，此数值应乘以（0.4＋f_{yk}/700）。

新西兰 DZ3101 - 06 规定为：

	简支梁	一端连续梁	两端连续梁
钢筋 300MPa	1/20	1/23	1/26
钢筋 430MPa	1/17	1/19	1/22

从以上数据可以看出，我们规定的高跨比下限 1/18，比国外规范要严。因此，不论从国内已有的工程经验以及与国外规范相比较，规定梁截面高跨比为 1/10～1/18 是可行的。在选用时，上限 1/10 可适用于荷载较大的情况。当设计人确有可靠依据且工程上有需要时，梁的高跨比也可小于 1/18。

在工程中，如果梁承受的荷载较大，可以选择较大的高跨比。在计算挠度时，可考虑梁受压区有效翼缘的作用，并可将梁的合理起拱值从其计算所得挠度中扣除。

6.3.2 抗震设计中，要求框架梁端的纵向受压与受拉钢筋的比例 A_s'/A_s 不小于 0.5（一级）或 0.3（二、三级），因为梁端有箍筋加密区，箍筋间距较密，这对于发挥受压钢筋的作用，起了很好的保证作用。所以在验算本条的规定时，可以将受压区的实际配筋计入，则受压区高度 x 不大于 $0.25h_0$（一级）或 $0.35h_0$（二、三级）的条件较易满足。

本次修订，取消了 02 规程本条第 3 款框架梁端最大配筋率不应大于 2.5% 的强制性要求，相关内容改为非强制性要求反映在本规程的 6.3.3 条中。最大配筋率主要考虑因素包括保证梁端截面的延性、梁端配筋不致过密而影响混凝土的浇筑质量等，但是不宜给一个确定的数值作为强制性条文内容。

本次修订还增加了表 6.3.2-2 的注 2，给出了可适当放松梁端加密区箍筋的间距的条件。主要考虑当箍筋直径较大且肢数较多时，适当放宽箍筋间距要求，仍然可以满足梁端的抗震性能，同时箍筋直径大、间距过密时不利于混凝土的浇筑，难以保证混凝土的质量。

6.3.3 根据近年来工程应用情况和反馈意见，梁的纵向钢筋最大配筋率不再作为强制性条文，相关内容由 02 规程第 6.3.2 条移入本条。

根据国内、外试验资料，受弯构件的延性随其配筋率的提高而降低。但当配置不少于受拉钢筋 50%

的受压钢筋时，其延性可以与低配筋率的构件相当。新西兰规范规定，当受弯构件的压区钢筋大于拉区钢筋的50%时，受拉钢筋配筋率不大于2.5%的规定可以适当放松。当受压钢筋不少于受拉钢筋的75%时，其受拉钢筋配筋率可提高30%，也即配筋率可放宽至3.25%。因此本次修订规定，当受压钢筋不少于受拉钢筋的50%时，受拉钢筋的配筋率可提高至2.75%。

本条第3款的规定主要是防止梁在反复荷载作用时钢筋滑移；本次修订增加了对三级框架的要求。

6.3.4 本条第5款为新增内容，给出了抗扭箍筋和抗扭纵向钢筋的最小配筋要求。

6.3.6 梁的纵筋与箍筋、拉筋等作十字交叉形的焊接时，容易使纵筋变脆，对于抗震不利，因此作此规定。同理，梁、柱的箍筋在有抗震要求时应弯135°钩，当采用焊接封闭箍时应特别注意避免出现箍筋与纵筋焊接在一起的情况。

国外规范，如美国ACI 318-08规范，在抗震设计也有类似的条文。

钢筋与构件端部锚板可采用焊接。

6.3.7 本条为新增内容，给出了梁上开洞的具体要求。当梁承受均布荷载时，在梁跨度的中部1/3区段内，剪力较小。洞口高度如大于梁高的1/3，只要经过正确计算并合理配筋，应当允许。在梁两端接近支座处，如必须开洞，洞口不宜过大，且必须经过核算，加强配筋构造。

有些资料要求在洞口角部配置斜筋，容易导致钢筋之间的间距过小，使混凝土浇捣困难；当钢筋过密时，不建议采用。图6.3.7可供参考采用；当梁跨中部有集中荷载时，应根据具体情况另行考虑。

6.4 框架柱构造要求

6.4.1 考虑到抗震安全性，本次修订提高了抗震设计时柱截面最小尺寸的要求。一、二、三级抗震设计时，矩形截面柱最小截面尺寸由300mm改为400mm，圆柱最小直径由350mm改为450mm。

6.4.2 抗震设计时，限制框架柱的轴压比主要是为了保证柱的延性要求。本条中，对不同结构体系中的柱提出了不同的轴压比限值；本次修订对部分柱轴压比限值进行了调整，并增加了四级抗震轴压比限值的规定。框架结构比原限值降低0.05，框架-剪力墙等结构类型中的三级框架柱限值降低了0.05。

根据国内外的研究成果，当配箍量、箍筋形式满足一定要求，或在柱截面中部设置配筋芯柱且配筋量满足一定要求时，柱的延性性能有不同程度的提高，因此可对柱的轴压比限值适当放宽。

当采用设置配筋芯柱的方式放宽柱轴压比限值时，芯柱纵向钢筋配筋量应符合本条的规定，宜配置箍筋，其截面宜符合下列规定：

1 当柱截面为矩形时，配筋芯柱可采用矩形截面，其边长不宜小于柱截面相应边长的1/3；

2 当柱截面为正方形时，配筋芯柱可采用正方形或圆形，其边长或直径不宜小于柱截面边长的1/3；

3 当柱截面为圆形时，配筋芯柱宜采用圆形，其直径不宜小于柱截面直径的1/3。

条文所说的"较高的高层建筑"是指，高于40m的框架结构或高于60m的其他结构体系的混凝土房屋建筑。

6.4.3 本条是钢筋混凝土柱纵向钢筋和箍筋配置的最低构造要求。本次修订，第1款调整了抗震设计时框架柱、框支柱、框架结构边柱和中柱最小配筋率的规定；表6.4.3-1中数值是以500MPa级钢筋为基准的。与02规程相比，对335MPa及400MPa级钢筋的最小配筋率略有提高，对框架结构的边柱和中柱的最小配筋百分率也提高了0.1，适当增大了安全度。

第2款第2)项增加了一级框架柱端加密区箍筋间距可以适当放松的规定，主要考虑当箍筋直径较大、肢数较多、肢距较小时，箍筋的间距过小会造成钢筋过密，不利于保证混凝土的浇筑质量；适当放宽箍筋间距要求，仍然可以满足柱端的抗震性能。但应注意：箍筋的间距放宽后，柱的体积配箍率仍需满足本规程的相关规定。

6.4.4 本次修订调整了非抗震设计时柱纵向钢筋间距的要求，由350mm改为300mm；明确了四级抗震设计时柱纵向钢筋间距的要求同非抗震设计。

6.4.5 本条理由，同本规程第6.3.6条。

6.4.7 本规程给出了柱最小配箍特征值，可适应钢筋和混凝土强度的变化，有利于更合理地采用高强钢筋；同时，为了避免由此计算的体积配箍率过低，还规定了最小体积配箍率要求。

本条给出的箍筋最小配箍特征值，除与柱抗震等级和轴压比有关外，还与箍筋形式有关。井式复合箍、螺旋箍、复合螺旋箍、连续复合螺旋箍对混凝土具有更好的约束性能，因此其配箍特征值可比普通箍、复合箍低一些。本条所提到的柱箍筋形式举例如图5所示。

本次修订取消了"计算复合箍筋的体积配箍率时，应扣除重叠部分的箍筋体积"的要求；在计算箍筋体积配箍率时，取消了箍筋强度设计值不超过360MPa的限制。

6.4.8、6.4.9 原规程JGJ 3-91曾规定：当柱内全部纵向钢筋的配筋率超过3%时，应将箍筋焊成封闭箍。考虑到此种要求在实施时，常易将箍筋与纵筋焊在一起，使纵筋变脆，如本规程第6.3.6条的解释；同时每个箍皆要求焊接，费时费工，增加造价，于质量无益而有害。目前，国际上主要结构设计规范，皆

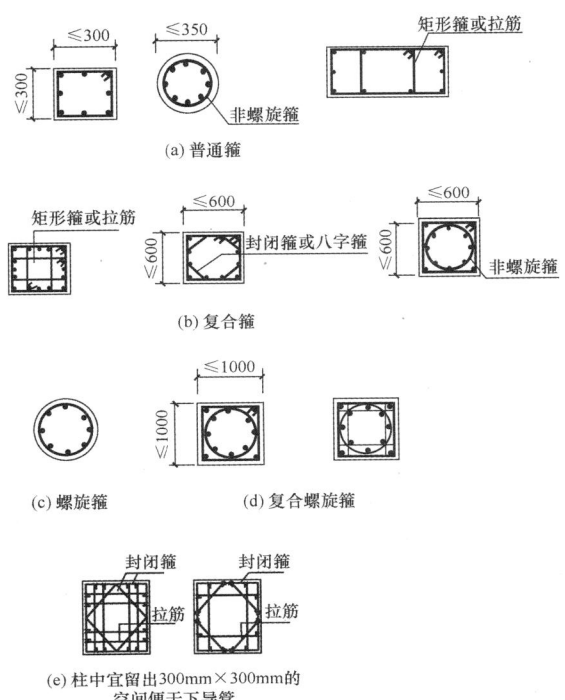

(a) 普通箍

(b) 复合箍

(c) 螺旋箍　　　(d) 复合螺旋箍

(e) 柱中宜留出300mm×300mm的
空间便于下导管

图 5　柱箍筋形式示例

无类似规定。

因此本规程对柱纵向钢筋配筋率超过3%时，未作必须焊接的规定。抗震设计以及纵向钢筋配筋率大于3%的非抗震设计的柱，其箍筋只需做成带135°弯钩之封闭箍，箍筋末端的直段长度不应小于10d。

在柱截面中心，可以采用拉条代替部分箍筋。

当采用菱形、八字形等与外围箍筋不平行的箍筋形式（图5b、d、e）时，箍筋肢距的计算，应考虑斜向箍筋的作用。

6.4.10　为使梁、柱纵向钢筋有可靠的锚固条件，框架梁柱节点核心区的混凝土应具有良好的约束。考虑到节点核心区内箍筋的作用与柱端有所不同，其构造要求与柱端有所区别。

6.4.11　本条为新增内容。现浇混凝土柱在施工时，一般情况下采用导管将混凝土直接引入柱底部，然后随着混凝土的浇筑将导管逐渐上提，直至浇筑完毕。因此，在布置柱箍筋时，需在柱中心位置留出不少于300mm×300mm的空间，以便于混凝土施工。对于截面很大或长矩形柱，尚需与施工单位协商留出不止插一个导管的位置。

6.5　钢筋的连接和锚固

6.5.1～6.5.3　关于钢筋的连接，需注意下列问题：

1　对于结构的关键部位，钢筋的连接宜采用机械连接，不宜采用焊接。这是因为焊接质量较难保证，而机械连接技术已比较成熟，质量和性能比较稳定。另外，1995年日本阪神地震震害中，观察到多处采用气压焊的柱纵向钢筋在焊接部位拉断的情况。本次修订对位于梁柱端部箍筋加密区内的钢筋接头，明确要求应采用满足等强度要求的机械连接接头。

2　采用搭接接头时，对非抗震设计，允许在构件同一截面100%搭接，但搭接长度应适当加长。这对于柱纵向钢筋的搭接接头较为有利。

第6.5.1条第2款是由02规程第6.4.9条第6款移植过来的，本款内容同时适用于抗震、非抗震设计，给出了柱纵向钢筋采用搭接做法时在钢筋搭接长度范围内箍筋的配置要求。

6.5.4、6.5.5　分别规定了非抗震设计和抗震设计时，框架梁柱纵向钢筋在节点区的锚固要求及钢筋搭接要求。图6.5.4中梁顶面2根直径12mm的钢筋是构造钢筋；当相邻梁的跨度相差较大时，梁端负弯矩钢筋的延伸长度（截断位置），应根据实际受力情况另行确定。

本次修订按现行国家标准《混凝土结构设计规范》GB 50010作了必要的修改和补充。

7　剪力墙结构设计

7.1　一般规定

7.1.1　高层建筑结构应有较好的空间工作性能，剪力墙应双向布置，形成空间结构。特别强调在抗震结构中，应避免单向布置剪力墙，并宜使两个方向刚度接近。

剪力墙的抗侧刚度较大，如果在某一层或几层切断剪力墙，易造成结构刚度突变，因此，剪力墙从上到下宜连续设置。

剪力墙洞口的布置，会明显影响剪力墙的力学性能。规则开洞，洞口成列、成排布置，能形成明确的墙肢和连梁，应力分布比较规则，又与当前普遍应用程序的计算简图较为符合，设计计算结果安全可靠。错洞剪力墙和叠合错洞剪力墙的应力分布复杂，计算、构造都比较复杂和困难。剪力墙底部加强部位，是塑性铰出现及保证剪力墙安全的重要部位，一、二和三级剪力墙的底部加强部位不宜采用错洞布置，如无法避免错洞墙，应控制错洞墙洞口间的水平距离不小于2m，并在设计时进行仔细计算分析，在洞口周边采取有效构造措施（图6a、b）。此外，一、二、三级抗震设计的剪力墙全高都不宜采用叠合错洞墙，当无法避免叠合错洞布置时，应按有限元方法仔细计算分析，并在洞口周边采取加强措施（图6c），或在洞口不规则部位采用其他轻质材料填充，将叠合洞口转化为规则洞口（图6d，其中阴影部分表示轻质填充墙体）。

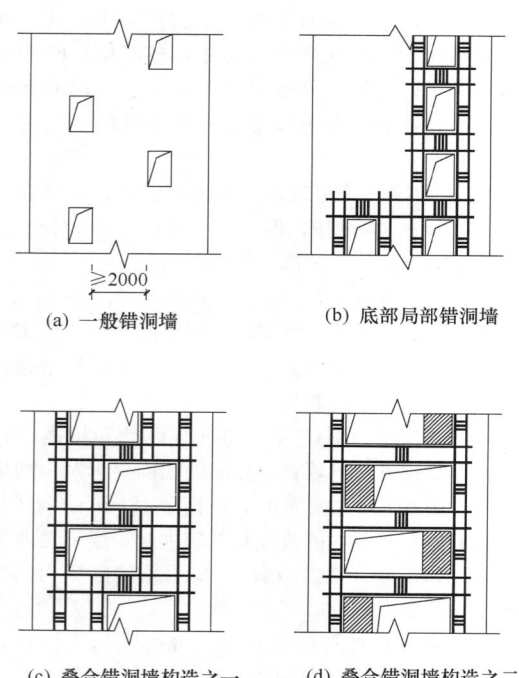

(a) 一般错洞墙   (b) 底部局部错洞墙

(c) 叠合错洞墙构造之一   (d) 叠合错洞墙构造之二

图 6　剪力墙洞口不对齐时的构造措施示意

错洞墙或叠合错洞墙的内力和位移计算均应符合本规程第 5 章的有关规定。若在结构整体计算中采用杆系、薄壁杆系模型或对洞口作了简化处理的其他有限元模型时，应对不规则开洞墙的计算结果进行分析、判断，并进行补充计算和校核。目前除了平面有限元方法外，尚没有更好的简化方法计算错洞墙。采用平面有限元方法得到应力后，可不考虑混凝土的抗拉作用，按应力进行配筋，并加强构造措施。

本规程所指的剪力墙结构是以剪力墙及因剪力墙开洞形成的连梁组成的结构，其变形特点为弯曲型变形，目前有些项目采用了大部分由跨高比较大的框架梁联系的剪力墙形成的结构体系，这样的结构虽然剪力墙较多，但受力和变形特性接近框架结构，当层数较多时对抗震是不利的，宜避免。

7.1.2　剪力墙结构应具有延性，细高的剪力墙（高宽比大于 3）容易设计成具有延性的弯曲破坏剪力墙。当墙的长度很长时，可通过开设洞口将长墙分成长度较小的墙段，使每个墙段成为高宽比大于 3 的独立墙肢或联肢墙，分段宜较均匀。用以分割墙段的洞口上可设置约束弯矩较小的弱连梁（其跨高比一般宜大于 6）。此外，当墙段长度（即墙段截面高度）很长时，受弯后产生的裂缝宽度会较大，墙体的配筋容易拉断，因此墙段的长度不宜过大，本规程定为 8m。

7.1.3　两端与剪力墙在平面内相连的梁为连梁。如

果连梁以水平荷载作用下产生的弯矩和剪力为主，竖向荷载下的弯矩对连梁影响不大（两端弯矩仍然反号），那么该连梁对剪切变形十分敏感，容易出现剪切裂缝，则应按本章有关连梁设计的规定进行设计，一般是跨度较小的连梁；反之，则宜按框架梁进行设计，其抗震等级与所连接的剪力墙的抗震等级相同。

7.1.4　抗震设计时，为保证剪力墙底部出现塑性铰后具有足够大的延性，应对可能出现塑性铰的部位加强抗震措施，包括提高其抗剪切破坏的能力，设置约束边缘构件等，该加强部位称为"底部加强部位"。剪力墙底部塑性铰出现都有一定范围，一般情况下单个塑性铰发展高度约为墙肢截面高度 h_w，但是为安全起见，设计时加强部位范围应适当扩大。本规定统一以剪力墙总高度的 1/10 与两层层高二者的较大值作为加强部位（02 规程要求加强部位是剪力墙全高的 1/8）。第 3 款明确了当地下室整体刚度不足以作为结构嵌固端，而计算嵌固部位不能设在地下室顶板时，剪力墙底部加强部位的设计要求宜延伸至计算嵌固部位。

7.1.5　楼面梁支承在连梁上时，连梁产生扭转，一方面不能有效约束楼面梁，另一方面连梁受力十分不利，因此要尽量避免。楼板次梁等截面较小的梁支承在连梁上时，次梁端部可按铰接处理。

7.1.6　剪力墙的特点是平面内刚度及承载力大，而平面外刚度及承载力都很小，因此，应注意剪力墙平面外受弯时的安全问题。当剪力墙与平面外方向的大梁连接时，会使墙肢平面外承受弯矩，当梁高大于约 2 倍墙厚时，刚性连接梁的梁端弯矩将使剪力墙平面外产生较大的弯矩，此时应当采取措施，以保证剪力墙平面外的安全。

本条所列措施，是 02 规程 7.1.7 条内容的修改和完善。是指在楼面梁与剪力墙刚性连接的情况下，应采取措施增大墙肢抵抗平面外弯矩的能力。在措施中强调了对墙内暗柱或墙扶壁柱进行承载力的验算，增加了暗柱、扶壁柱竖向钢筋总配筋率的最低要求和箍筋配置要求，并强调了楼面梁水平钢筋伸入墙内的锚固要求，钢筋锚固长度应符合现行国家标准《混凝土结构设计规范》GB 50010 的有关规定。

当梁与墙在同一平面内时，多数为刚接，梁钢筋在墙内的锚固长度应与梁、柱连接时相同。当梁与墙不在同一平面内时，可能为刚接或半刚接，梁钢筋锚固都应符合锚固长度要求。

此外，对截面较小的楼面梁，也可通过支座弯矩调幅或变截面梁实现梁端铰接或半刚接设计，以减小墙肢平面外弯矩。此时应相应加大梁的跨中弯矩，这种情况下也必须保证梁纵向钢筋在墙内的锚固要求。

7.1.7　剪力墙与柱都是压弯构件，其压弯破坏状态

以及计算原理基本相同，但是截面配筋构造有很大不同，因此柱截面和墙截面的配筋计算方法也各不相同。为此，要设定按柱或按墙进行截面设计的分界点。为方便设置边缘构件和分布钢筋，墙截面高厚比 h_w/b_w 宜大于4。本次修订修改了以前的分界点，规定截面高厚比 h_w/b_w 不大于4时，按柱进行截面设计。

7.1.8 厚度不大的剪力墙开大洞口时，会形成短肢剪力墙，短肢剪力墙一般出现在多层和高层住宅建筑中。短肢剪力墙沿建筑高度可能有较多楼层的墙肢会出现反弯点，受力特点接近异形柱，又承担较大轴力与剪力，因此，本规程规定短肢剪力墙应加强，在某些情况下还要限制建筑高度。对于L形、T形、十字形剪力墙，其各肢的肢长与截面厚度之比的最大值大于4且不大于8时，才划分为短肢剪力墙。对于采用刚度较大的连梁与墙肢形成的开洞剪力墙，不宜按单独墙肢判断其是否属于短肢剪力墙。

由于短肢剪力墙抗震性能较差，地震区应用经验不多，为安全起见，在高层住宅结构中短肢剪力墙布置不宜过多，不应采用全部为短肢剪力墙的结构。短肢剪力墙承担的倾覆力矩不小于结构底部总倾覆力矩的30%时，称为具有较多短肢剪力墙的剪力墙结构，此时房屋的最大适用高度应适当降低。B级高度高层建筑及9度抗震设防的A级高度高层建筑，不宜布置短肢剪力墙，不应采用具有较多短肢剪力墙的剪力墙结构。

本条还规定短肢剪力墙承担的倾覆力矩不宜大于结构底部总倾覆力矩的50%，是在短肢剪力墙较多的剪力墙结构中，对短肢剪力墙数量的间接限制。

7.1.9 一般情况下主要验算剪力墙平面内的偏压、偏拉、受剪等承载力，当平面外有较大弯矩时，也应验算平面外的轴心受压承载力。

7.2 截面设计及构造

7.2.1 本条强调了剪力墙的截面厚度应符合本规程附录D的墙体稳定验算要求，并应满足剪力墙截面最小厚度的规定，其目的是为了保证剪力墙平面外的刚度和稳定性能，也是高层建筑剪力墙截面厚度的最低要求。按本规程的规定，剪力墙截面厚度除应满足本条规定的稳定要求外，尚应满足剪力墙受剪截面限制条件、剪力墙正截面受压承载力要求以及剪力墙轴压比限值要求。

02规程第7.2.2条规定了剪力墙厚度与层高或剪力墙无支长度比值的限制要求以及墙截面最小厚度的限值，同时规定当墙厚不能满足要求时，应按附录D计算墙体的稳定。当时主要考虑方便设计，减少计算工作量，一般情况下不必按附录D计算墙体的稳定。

本次修订对原规程第7.2.2条作了修改，不再规

定墙厚与层高或剪力墙无支长度比值的限制要求。主要原因是：1) 本条第2、3、4款规定的剪力墙截面的最小厚度是高层建筑的基本要求；2) 剪力墙平面外稳定与该层墙体顶部所受的轴向压力的大小密切相关，如不考虑墙体顶部轴向压力的影响，单一限制墙厚与层高或无支长度的比值，则会形成高度相差很大的房屋其底部楼层墙厚的限制条件相同，或一幢高层建筑中底部楼层墙厚与顶部楼层墙厚的限制条件相近等不够合理的情况；3) 本规程附录D的墙体稳定验算公式能合理地反映楼层墙体顶部轴向压力以及层高或无支长度对墙体平面外稳定的影响，并具有适宜的安全储备。

设计人员可利用计算机软件进行墙体稳定验算，可按设计经验、轴压比限值及本条2、3、4款初步选定剪力墙的厚度，也可参考02规程的规定进行初选：一、二级剪力墙底部加强部位可选层高或无支长度（图7）二者较小值的1/16，其他部位为层高或剪力墙无支长度二者较小值的1/20；三、四级剪力墙底部加强部位可选层高或无支长度二者较小值的1/20，其他部位为层高或剪力墙无支长度二者较小值的1/25。

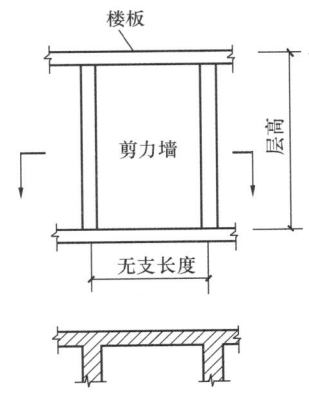

图 7 剪力墙的层高与
无支长度示意

一般剪力墙井筒内分隔空间的墙，不仅数量多，而且无支长度不大，为了减轻结构自重，第5款规定其墙厚可适当减小。

7.2.2 本条对短肢剪力墙的墙肢形状、厚度、轴压比、纵向钢筋配筋率、边缘构件等作了相应规定。本次修订对02规程的规定进行了修改，不论是否短肢剪力墙较多，所有短肢剪力墙都要求满足本条规定。短肢剪力墙的抗震等级不再提高，但在第2款中降低了轴压比限值。对短肢剪力墙的轴压比限制很严，是防止短肢剪力墙承受的楼面面积范围过大、或房屋高度太大，过早压坏引起楼板坍塌的危险。

一字形短肢剪力墙延性及平面外稳定均十分不利，因此规定不宜采用一字形短肢剪力墙，不宜布置单侧楼面梁与之平面外垂直连接或斜交，同时要求短

肢剪力墙尽可能设置翼缘。

7.2.3 为防止混凝土表面出现收缩裂缝，同时使剪力墙具有一定的出平面抗弯能力，高层建筑的剪力墙不允许单排配筋。高层建筑的剪力墙厚度大，当剪力墙厚度超过 400mm 时，如果仅采用双排配筋，形成中部大面积的素混凝土，会使剪力墙截面应力分布不均匀，因此本条提出了可采用三排或四排配筋方案，截面设计所需要的配筋可分布在各排中，靠墙面的配筋可略大。在各排配筋之间需要用拉筋互相联系。

7.2.4 如果双肢剪力墙中一个墙肢出现小偏心受拉，该墙肢可能会出现水平通缝而严重削弱其抗剪能力，抗侧刚度也严重退化，由荷载产生的剪力将全部转移到另一个墙肢而导致另一墙肢抗剪承载力不足。因此，应尽可能避免出现墙肢小偏心受拉情况。当墙肢出现大偏心受拉时，墙肢极易出现裂缝，使其刚度退化，剪力将在墙肢中重分配，此时，可将另一受压墙肢按弹性计算的剪力设计值乘以 1.25 增大系数后计算水平钢筋，以提高其受剪承载力。注意，在地震作用下的反复荷载下，两个墙肢都要增大设计剪力。

7.2.5 剪力墙墙肢的塑性铰一般出现在底部加强部位。对于一级抗震等级的剪力墙，为了更有把握实现塑性铰出现在底部加强部位，保证其他部位不出现塑性铰，因此要求增大一级抗震等级剪力墙底部加强部位以上部位的弯矩设计值，为了实现强剪弱弯设计要求，弯矩增大部位剪力墙的剪力设计值也应相应增大。

7.2.6 抗震设计时，为实现强剪弱弯的原则，剪力设计值应由实配受弯钢筋反算得到。为了方便实际操作，一、二、三级剪力墙底部加强部位的剪力设计值是由计算组合剪力按式（7.2.6-1）乘以增大系数得到，按一、二、三级的不同要求，增大系数不同。一般情况下，由乘以增大系数得到的设计剪力，有利于保证强剪弱弯的实现。

在设计 9 度一级抗震的剪力墙时，剪力墙底部加强部位要求用实际抗弯配筋计算的受弯承载力反算其设计剪力，如式（7.2.6-2）。

由抗弯能力反算剪力，比较符合实际情况。因此，在某些情况下，一、二、三级抗震剪力墙均可按式（7.2.6-2）计算设计剪力，得到比较符合强剪弱弯要求而不浪费的抗剪配筋。

7.2.7 剪力墙的名义剪应力值过高，会在早期出现斜裂缝，抗剪钢筋不能充分发挥作用，即使配置很多抗剪钢筋，也会过早剪切破坏。

7.2.8 钢筋混凝土剪力墙正截面受弯计算公式是依据现行国家标准《混凝土结构设计规范》GB 50010 中偏心受压和偏心受拉构件的假定及有关规定，又根据中国建筑科学研究院结构所等单位所做的剪力墙试验研究结果进行了适当简化。

按照平截面假定，不考虑受拉混凝土的作用，受压区混凝土按矩形应力图块计算。大偏心受压时受拉、受压端部钢筋都达到屈服，在 1.5 倍受压区范围之外，假定受拉区分布钢筋应力全部达到屈服；小偏压时端部受压钢筋屈服，而受拉分布钢筋及端部钢筋均未屈服，且忽略部分钢筋的作用。

条文中分别给出了工字形截面的两个基本平衡公式（$\sum N=0$，$\sum M=0$），由上述假定可得到各种情况下的设计计算公式。

7.2.9 偏心受拉正截面计算公式直接采用了现行国家标准《混凝土结构设计规范》GB 50010 的有关规定。

7.2.10、7.2.11 剪切脆性破坏有剪拉破坏、斜压破坏、剪压破坏三种形式。剪力墙截面设计时，是通过构造措施（最小配筋率和分布钢筋最大间距等）防止发生剪拉破坏和斜压破坏，通过计算确定墙中需要配置的水平钢筋数量，防止发生剪压破坏。

偏压构件中，轴压力有利于受剪承载力，但压力增大到一定程度后，对抗剪的有利作用减小，因此应用验算公式（7.2.10）时，要对轴力的取值加以限制。

偏拉构件中，考虑了轴向拉力对受剪承载力的不利影响。

7.2.12 按一级抗震等级设计的剪力墙，要防止水平施工缝处发生滑移。公式（7.2.12）验算通过水平施工缝的竖向钢筋是否足以抵抗水平剪力，如果所配置的端部和分布竖向钢筋不够，则可设置附加插筋，附加插筋在上、下层剪力墙中都要有足够的锚固长度。

7.2.13 轴压比是影响剪力墙在地震作用下塑性变形能力的重要因素。清华大学及国内外研究单位的试验表明，相同条件的剪力墙，轴压比低的，其延性大，轴压比高的，其延性小；通过设置约束边缘构件，可以提高高轴压比剪力墙的塑性变形能力，但轴压比大于一定值后，即使设置约束边缘构件，在强震作用下，剪力墙仍可能因混凝土压溃而丧失承受重力荷载的能力。因此，规程规定了剪力墙的轴压比限值。本次修订的主要内容为：将轴压比限值扩大到三级剪力墙；将轴压比限值扩大到结构全高，不仅仅是底部加强部位。

7.2.14 轴压比低的剪力墙，即使不设约束边缘构件，在水平力作用下也能有比较大的塑性变形能力。本条规定了可以不设约束边缘构件的剪力墙的最大轴压比。B 级高度的高层建筑，考虑到其高度比较高，为避免边缘构件配筋急剧减少的不利情况，规定了约束边缘构件与构造边缘构件之间设置过渡层的要求。

7.2.15 对于轴压比大于本规程表 7.2.14 规定的剪力墙，通过设置约束边缘构件，使其具有比较大的塑性变形能力。

截面受压区高度不仅与轴压力有关，而且与截面形状有关，在相同的轴压力作用下，带翼缘或带端柱的剪力墙，其受压区高度小于一字形截面剪力墙。因此，带翼缘或带端柱的剪力墙的约束边缘构件沿墙的长度，小于一字形截面剪力墙。

本次修订的主要内容为：增加了三级剪力墙约束边缘构件的要求；将轴压比分为两级，较大一级的约束边缘构件要求与02规程相同，较小一级的有所降低；可计入符合规定条件的水平钢筋的约束作用；取消了计算配箍特征值时，箍筋（拉筋）抗拉强度设计值不大于360MPa的规定。

本条"符合构造要求的水平分布钢筋"，一般指水平分布钢筋伸入约束边缘构件，在墙端有90°弯折后延伸到另一排分布钢筋并勾住其竖向钢筋，内、外排水平分布钢筋之间设置足够的拉筋，从而形成复合箍，可以起到有效约束混凝土的作用。

7.2.16 剪力墙构造边缘构件的设计要求与02规程变化不大，将箍筋、拉筋肢距"不应大于300mm"改为"不宜大于300mm"及不应大于竖向钢筋间距的2倍；增加了底部加强部位构造边缘构件的设计要求。

剪力墙构造边缘构件中的纵向钢筋按承载力计算和构造要求二者中的较大值设置。设计时需注意计算边缘构件竖向最小配筋所用的面积 A_c 的取法和配筋范围。承受集中荷载的端柱还要符合框架柱的配筋要求。构造边缘构件中的纵向钢筋宜采用高强钢筋。构造边缘构件可配置箍筋与拉筋相结合的横向钢筋。

02规程第7.2.17条对抗震设计的复杂高层建筑结构、混合结构、框架-剪力墙结构、筒体结构以及B级高度的高层剪力墙结构中剪力墙构造边缘构件提出了比一般剪力墙更高的要求，本次修订明确为连体结构、错层结构以及B级高度的高层建筑结构，适当缩小了加强范围。

7.2.17 为了防止混凝土墙体在受弯裂缝出现后立即达到极限受弯承载力，配置的竖向分布钢筋必须满足最小配筋百分率要求。同时，为了防止斜裂缝出现后发生脆性的剪拉破坏，规定了水平分布钢筋的最小配筋百分率。本条所指剪力墙不包括部分框支剪力墙，后者比全部落地剪力墙更为重要，其分布钢筋最小配筋率应符合本规程第10章的有关规定。

本次修订不再把剪力墙分布钢筋最大间距和最小直径的规定作为强制性条文，相关内容反映在本规程第7.2.18条中。

7.2.18 剪力墙中配置直径过大的分布钢筋，容易产生墙面裂缝，一般宜配置直径小而间距较密的分布钢筋。

7.2.19 房屋顶层墙、长矩形平面房屋的楼、电梯间墙、山墙和纵墙的端开间等是温度应力可能较大的部位，应当适当增大其分布钢筋配筋量，以抵抗温度应力的不利影响。

7.2.20 钢筋的锚固与连接要求与02规程有所不同。

本条主要依据现行国家标准《混凝土结构设计规范》GB 50010的有关规定制定。

7.2.21 连梁应与剪力墙取相同的抗震等级。

为了实现连梁的强剪弱弯、推迟剪切破坏、提高延性，应当采用实际抗弯钢筋反算设计剪力的方法；但是为了程序计算方便，本条规定，对于一、二、三级抗震采用了组合剪力乘以增大系数的方法确定连梁剪力设计值，对9度一级抗震等级的连梁，设计时要求用连梁实际抗弯配筋反算该增大系数。

7.2.22、7.2.23 根据清华大学及国内外的有关试验研究可知，连梁截面的平均剪应力大小对连梁破坏性能影响较大，尤其在小跨高比条件下，如果平均剪应力过大，在箍筋充分发挥作用之前，连梁就会发生剪切破坏。因此对小跨高比连梁，本规程对截面平均剪应力及斜截面受剪承载力验算提出更加严格的要求。

7.2.24、7.2.25 为实现连梁的强剪弱弯，本规程第7.2.21、7.2.22条分别规定了按强剪弱弯要求计算连梁剪力设计值和名义剪应力的上限值，两条规定共同使用，就相当于限制了连梁的受弯配筋。但由于第7.2.21条是采用乘以增大系数的方法获得剪力设计值（与实际配筋量无关），容易使设计人员忽略受弯钢筋数量的限制，特别是在计算配筋值很小而按构造要求配置受弯钢筋时，容易忽略强剪弱弯的要求。因此，本次修订新增第7.2.24条和7.2.25条，分别给出了连梁最小和最大配筋率的限值，防止连梁的受弯钢筋配置过多。

跨高比超过2.5的连梁，其最大配筋率限值可按一般框架梁采用，即不宜大于2.5%。

7.2.26 剪力墙连梁对剪切变形十分敏感，其名义剪应力限制比较严，在很多情况下设计计算会出现"超限"情况，本条给出了一些处理方法。

对第2款提出的塑性调幅作一些说明。连梁塑性调幅可采用两种方法，一是按照本规程第5.2.1条的方法，在内力计算前就将连梁刚度进行折减；二是在内力计算之后，将连梁弯矩和剪力组合值乘以折减系数。两种方法的效果都是减小连梁内力和配筋。无论用什么方法，连梁调幅后的弯矩、剪力设计值不应低于使用状况下的值，也不宜低于比设防烈度低一度的地震作用组合所得的弯矩、剪力设计值，其目的是避免在正常使用条件下或较小的地震作用下在连梁上出现裂缝。因此建议一般情况下，可掌握调幅后的弯矩不小于调幅前按刚度不折减计算的弯矩（完全弹性）的80%（6~7度）和50%（8~9度），并不小于风荷载作用下的连梁弯矩。

需注意，是否"超限"，必须用弯矩调幅后对应的剪力代入第7.2.22条公式进行验算。

当第1、2款的措施不能解决问题时，允许采用第3款的方法处理，即假定连梁在大震下剪切破坏，不再能约束墙肢，因此可考虑连梁不参与工作，而按独立墙肢进行第二次结构内力分析，它相当于剪力墙的第二道防线，这种情况往往使墙肢的内力及配筋加大，可保证墙肢的安全。第二道防线的计算没有了连梁的约束，位移会加大，但是大震作用下就不必按小震作用要求限制其位移。

7.2.27 一般连梁的跨高比都较小，容易出现剪切斜裂缝，为防止斜裂缝出现后的脆性破坏，除了减小其名义剪应力，并加大其箍筋配置外，本条规定了在构造上的一些要求，例如钢筋锚固、箍筋配置、腰筋配置等。

7.2.28 当开洞较小，在整体计算中不考虑其影响时，应将切断的分布钢筋集中在洞口边缘补足，以保证剪力墙截面的承载力。连梁是剪力墙中的薄弱部位，应重视连梁中开洞后的截面抗剪验算和加强措施。

8 框架-剪力墙结构设计

8.1 一 般 规 定

8.1.1 本章包括框架-剪力墙结构和板柱-剪力墙结构的设计。墨西哥地震等震害表明，板柱框架破坏严重，其板与柱的连接节点为薄弱点。因而在地震区必须加设剪力墙（或筒体）以抵抗地震作用，形成板柱-剪力墙结构。板柱-剪力墙结构受力特点与框架-剪力墙结构类似，故把这种结构纳入本章，并专门列出相关条文以规定其设计需要遵守的有关要求。除应遵守本章关于框架-剪力墙结构、板柱-剪力墙结构的结构布置、计算分析、截面设计及构造要求的规定外，还应遵守第5章计算分析的有关规定，以及第3章、第6章和第7章对框架-剪力墙结构最大适用高度、高宽比的规定和对框架、剪力墙的有关规定。

8.1.2 框架-剪力墙结构由框架和剪力墙组成，以其整体承担荷载和作用；其组成形式较灵活，本条仅列举了一些常用的组成形式，设计时可根据工程具体情况选择适当的组成形式和适量的框架和剪力墙。

8.1.3 框架-剪力墙结构在规定的水平力作用下，结构底层框架部分承受的地震倾覆力矩与结构总地震倾覆力矩的比值不尽相同，结构性能有较大的差别。本次修订对此作了较为具体的规定。在结构设计时，应据此比值确定该结构相应的适用高度和构造措施，计算模型及分析均按框架-剪力墙结构进行实际输入和计算分析。

　　1 当框架部分承担的倾覆力矩不大于结构总倾覆力矩的10%时，意味着结构中框架承担的地震作用较小，绝大部分均由剪力墙承担，工作性能接近于纯剪力墙结构，此时结构中的剪力墙抗震等级可按剪力墙结构的规定执行；其最大适用高度仍按框架-剪力墙结构的要求执行；其中的框架部分应按框架-剪

力墙结构的框架进行设计，也就是说需要进行本规程8.1.4条的剪力调整，其侧向位移控制指标按剪力墙结构采用。

　　2 当框架部分承受的地震倾覆力矩大于结构总地震倾覆力矩的10%但不大于50%时，属于典型的框架-剪力墙结构，按本章有关规定进行设计。

　　3 当框架部分承受的倾覆力矩大于结构总倾覆力矩的50%但不大于80%时，意味着结构中剪力墙的数量偏少，框架承担较大的地震作用，此时框架部分的抗震等级和轴压比宜按框架结构的规定执行，剪力墙部分的抗震等级和轴压比按框架-剪力墙结构的规定采用；其最大适用高度不宜再按框架-剪力墙结构的要求执行，但可比框架结构的要求适当提高，提高的幅度可视剪力墙承担的地震倾覆力矩来确定。

　　4 当框架部分承受的倾覆力矩大于结构总倾覆力矩的80%时，意味着结构中剪力墙的数量极少，此时框架部分的抗震等级和轴压比应按框架结构的规定执行，剪力墙部分的抗震等级和轴压比按框架-剪力墙结构的规定采用；其最大适用高度宜按框架结构采用。对于这种少墙框剪结构，由于其抗震性能较差，不主张采用，以避免剪力墙受力过大、过早破坏。当不可避免时，宜采取将此种剪力墙减薄、开竖缝、开结构洞、配置少量单排钢筋等措施，减小剪力墙的作用。

　　在条文第3、4款规定的情况下，为避免剪力墙过早开裂或破坏，其位移相关控制指标按框架-剪力墙结构的规定采用。对第4款，如果最大层间位移角不能满足框架-剪力墙结构的限值要求，可按本规程第3.11节的有关规定，进行结构抗震性能分析论证。

8.1.4 框架-剪力墙结构在水平地震作用下，框架部分计算所得的剪力一般都较小。按多道防线的概念设计要求，墙体是第一道防线，在设防地震、罕遇地震下先于框架破坏，由于塑性内力重分布，框架部分按侧向刚度分配的剪力会比多遇地震下加大，为保证作为第二道防线的框架具有一定的抗侧力能力，需要对框架承担的剪力予以适当的调整。随着建筑形式的多样化，框架柱的数量沿竖向有时会有较大的变化，框架柱的数量沿竖向有规律分段变化时可分段调整的规定，对框架柱数量沿竖向变化更复杂的情况，设计时应专门研究框架柱剪力的调整方法。

　　对有加强层的结构，框架承担的最大剪力不包含加强层及相邻上下层的剪力。

8.1.5 框架-剪力墙结构是框架和剪力墙共同承担竖向和水平作用的结构体系，布置适量的剪力墙是其基本特点。为了发挥框架-剪力墙结构的优势，无论是否抗震设计，均应设计成双向抗侧力体系，且结构在两个主轴方向的刚度和承载力不宜相差过大；抗震设计时，框架-剪力墙结构在结构两个主轴方向均应布置剪力墙，以体现多道防线的要求。

8.1.6 框架-剪力墙结构中，主体结构构件之间一般不宜采用铰接，但在某些具体情况下，比如采用铰接对主体结构构件受力有利时可以针对具体构件进行分析判定后，在局部位置采用铰接。

8.1.7 本条主要指出框架-剪力墙结构中在结构布置时要处理好框架和剪力墙之间的关系，遵循这些要求，可使框架-剪力墙结构更好地发挥两种结构各自的作用并且使整体合理地工作。

8.1.8 长矩形平面或平面有一方向较长（如 L 形平面中有一肢较长）时，如横向剪力墙间距过大，在侧向力作用下，因不能保证楼盖平面的刚性而会增加框架的负担，故对剪力墙的最大间距作出规定。当剪力墙之间的楼板有较大开洞时，对楼盖平面刚度有所削弱，此时剪力墙的间距宜再减小。纵向剪力墙布置在平面的尽端时，会造成对楼盖两端的约束作用，楼盖中部的梁板容易因混凝土收缩和温度变化而出现裂缝，故宜避免。同时也考虑到在设计中有剪力墙布置在建筑中部，而端部无剪力墙的情况，用表注 4 的相应规定，可防止布置框架的楼面伸出太长，不利于地震力传递。

8.1.9 板柱结构由于楼盖基本没有梁，可以减小楼层高度，对使用和管道安装都较方便，因而板柱结构在工程中时有采用。但板柱结构抵抗水平力的能力差，特别是板与柱的连接点是非常薄弱的部位，对抗震尤为不利。为此，本规程规定抗震设计时，高层建筑不能单独使用板柱结构，而必须设置剪力墙（或剪力墙组成的筒体）来承担水平力。本规程除在第 3 章对其适用高度及高宽比严格控制外，这里尚做出结构布置的有关要求。8 度设防时应采用有柱托板，托板处总厚度不小于 16 倍柱纵筋直径是为了保证板柱节点的抗弯刚度。当板厚不满足受冲切承载力要求而又不能设置柱托板时，建议采用型钢剪力架（键）抵抗冲切，剪力架（键）型钢应根据计算确定。型钢剪力架（键）的高度不应大于板面筋的下排钢筋和板底筋的上排钢筋之间的净距，并确保型钢具有足够的保护层厚度，据此确定板的厚度并不应小于 200mm。

8.1.10 抗震设计时，按多道设防的原则，规定全部地震剪力应由剪力墙承担，但各层板柱部分除应符合计算要求外，仍应能承担不少于该层相应方向 20% 的地震剪力。另外，本条在 02 规程的基础上增加了抗风设计时的要求，以提高板柱-剪力墙结构在适用高度提高后抵抗水平力的性能。

8.2 截面设计及构造

8.2.1 规定剪力墙竖向和水平分布钢筋的最小配筋率，理由与本规程第 7.2.17 条相同。框架-剪力墙结构、板柱-剪力墙结构中的剪力墙是承担水平风荷载或水平地震作用的主要受力构件，必须要保证其安全可靠。因此，四级抗震等级时剪力墙的竖向、水平分布钢筋的配筋率比本规程第 7.2.17 条适当提高；为了提高混凝土开裂后的性能和保证施工质量，各排分布钢筋之间应设置拉筋，其直径不应小于 6mm、间距不应大于 600mm。

8.2.2 带边框的剪力墙，边框与嵌入的剪力墙应共同承担对其的作用力，本条列出为满足此要求的有关规定。

8.2.3 板柱-剪力墙结构设计主要考虑了下列几个方面：

1 明确了结构分析中规则的板柱结构可用等代框架法，及其等代梁宽度的取值原则。但等代框架法是近似的简化方法，尤其是对不规则布置的情况，故有条件时，建议尽量采用连续体有限元空间模型进行计算分析以获取更准确的计算结果。

2 设计无梁平板（包括有托板）的受冲切承载力时，当冲切应力大于 $0.7f_t$ 时，可使用箍筋承担剪力。跨越剪切裂缝的竖向钢筋（箍筋的竖向肢）能阻止裂缝开展，但是，当竖向筋有滑动时，效果有所降低。一般的箍筋，由于竖肢的上下端皆为圆弧，在竖肢受力较大接近屈服时，皆有滑动发生，此点在国外的试验中得到证实。在板柱结构中，如不设托板，柱周围之板厚度不大，再加上双向纵筋使 h_0 减小，箍筋的竖向肢往往较短，少量滑动就能使应变减少较多，其箍筋竖肢的应力也不能达到屈服强度。因此，加拿大规范（CSA－A23.3-94）规定，只有当板厚（包括托板厚度）不小于 300mm 时，才允许使用箍筋。美国 ACI 规范要求在箍筋转角处配置较粗的水平筋以协助固定箍筋的竖肢。美国近年大量采用的"抗剪栓钉"（shear studs），能避免上述箍筋的缺点，且施工方便，既有良好的抗冲切性能，又能节约钢材。因此本规程建议尽可能采用高效能抗剪栓钉来提高抗冲切能力。在构造方面，可以参照钢结构栓钉的做法，按设计规定的直径及间距，将栓钉用自动焊接法焊在钢板上。典型布置的抗剪栓钉设置如图 8 所示；图 9、图 10 分别给出了矩形柱和圆柱抗剪栓钉的不同排列示意图。

当地震作用能导致柱上板带的支座弯矩反号时，应验算如图 11 所示虚线界面的冲切承载力。

3 为防止无柱托板板柱结构的楼板在柱边开裂后楼板坠落，穿过柱截面板底两个方向钢筋的受拉承载力应满足该柱承担的该层楼面重力荷载代表值所产生的轴压力设计值。

8.2.4 板柱-剪力墙结构中，地震作用虽由剪力墙全部承担，但结构在整体工作时，板柱部分仍会承担一定的水平力。由柱上板带和柱组成的板柱框架中的板，受力主要集中在柱的连线附近，故抗震设计应沿柱轴线设置暗梁，目的在于加强板与柱的连接，较好地起到板柱框架的作用，此时柱上板带的钢筋应比较集中在暗梁部位。

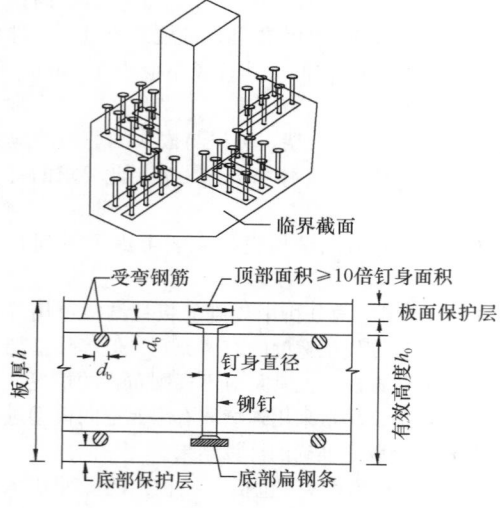

图 8 典型抗剪栓钉布置示意

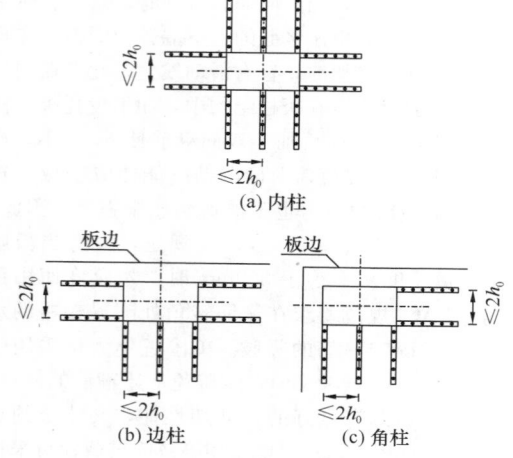

(a) 内柱

(b) 边柱　　　　(c) 角柱

图 9 矩形柱抗剪栓钉排列示意

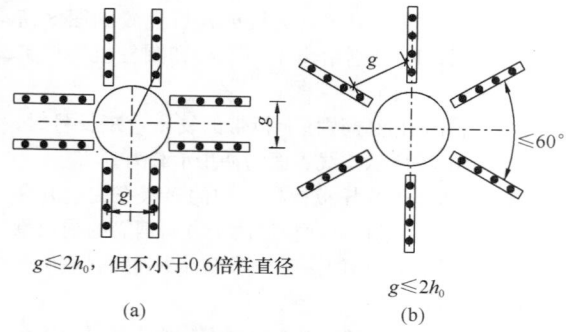

$g \leqslant 2h_0$，但不小于0.6倍柱直径

(a)

$g \leqslant 2h_0$

(b)

图 10 圆柱周边抗剪栓钉排列示意

当无梁板有局部开洞时，除满足图8.2.4的要求外，冲切计算中应考虑洞口对冲切能力的削弱，具体计算及构造应符合现行国家标准《混凝土结构设计规范》GB 50010 的有关规定。

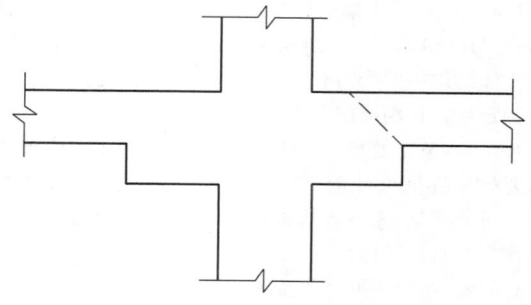

图 11 冲切截面验算示意

9 筒体结构设计

9.1 一 般 规 定

9.1.1 筒体结构具有造型美观、使用灵活、受力合理，以及整体性强等优点，适用于较高的高层建筑。目前全世界最高的 100 幢高层建筑约有 2/3 采用筒体结构；国内 100m 以上的高层建筑约有一半采用钢筋混凝土筒体结构，所用形式大多为框架-核心筒结构和筒中筒结构，本章条文主要针对这两类筒体结构，其他类型的筒体结构可参照使用。

本条是 02 规程第 9.1.1 条和 9.1.12 条的合并。

9.1.2 研究表明，筒中筒结构的空间受力性能与其高度和高宽比有关，当高宽比小于 3 时，就不能较好地发挥结构的整体空间作用；框架-核心筒结构的高度和高宽比可不受此限制。对于高度较低的框架-核心筒结构，可按框架-抗震墙结构设计，适当降低核心筒和框架的构造要求。

9.1.3 筒体结构尤其是筒中筒结构，当建筑需要较大空间时，外周框架或框筒有时需要抽掉一部分柱，形成带转换层的筒体结构。本条取消了 02 规程有关转换梁的设计要求，转换层结构的设计应符合本规程第 10.2 节的有关规定。

9.1.4 筒体结构的双向楼板在竖向荷载作用下，四周外角要上翘，但受到剪力墙的约束，加上楼板混凝土的自身收缩和温度变化影响，使楼板外角可能产生斜裂缝。为防止这类裂缝出现，楼板外角顶面和底面配置双向钢筋网，适当加强。

9.1.5 筒体结构中筒体墙与外周框架之间的距离不宜过大，否则楼盖结构的设计较困难。根据近年来的工程经验，适当放松了核心筒或内筒外墙与外框柱之间的距离要求，非抗震设计和抗震设计分别由 02 规程的 12m、10m 调整为 15m、12m。

9.1.7 本条规定了筒体结构核心筒、内筒设计的基本要求。第 3 款墙体厚度是最低要求，同时要求所有筒体墙应按本规程附录 D 验算墙体稳定，必要时可增设扶壁柱或扶壁墙以增强墙体的稳定性；第 5 款对连梁的要求主要目的是提高其抗震延性。

9.1.8 为防止核心筒或内筒中出现小墙肢等薄弱环节，墙面应尽量避免连续开洞，对个别无法避免的小墙肢，应控制最小截面高度，并按柱的抗震构造要求配置箍筋和纵向钢筋，以加强其抗震能力。

9.1.9 在筒体结构中，大部分水平剪力由核心筒或内筒承担，框架柱或框筒柱所受剪力远小于框架结构中的柱剪力，剪跨比明显增大，因此其轴压比限值可比框架结构适当放松，可按框架-剪力墙结构的要求控制柱轴压比。

9.1.10 楼盖主梁搁置在核心筒的连梁上，会使连梁产生较大剪力和扭矩，容易产生脆性破坏，应尽量避免。

9.1.11 对框架-核心筒结构和筒中筒结构，如果各层框架承担的地震剪力不小于结构底部总地震剪力的20%，则框架地震剪力可不进行调整；否则，应按本条的规定调整框架柱及与之相连的框架梁的剪力和弯矩。

　　设计恰当时，框架-核心筒结构可以形成外周框架与核心筒协同工作的双重抗侧力结构体系。实际工程中，由于外周框架柱的柱距过大、梁高过小，造成其刚度过低、核心筒刚度过高，结构底部剪力主要由核心筒承担。这种情况，在强烈地震作用下，核心筒墙体可能损伤严重，经内力重分布后，外周框架会承担较大的地震作用。因此，本条第1款对外周框架按弹性刚度分配的地震剪力作了基本要求；对本规程规定的房屋最大适用高度范围的筒体结构，经过合理设计，多数情况应该可以达到此要求。一般情况下，房屋高度越高时，越不容易满足本条第1款的要求。

　　通常，筒体结构外周框架剪力调整的方法与本规程第8章框架-剪力墙结构相同，即本条第3款的规定。当框架部分分配的地震剪力不满足本条第1款的要求，即小于结构底部总地震剪力的10%时，意味着筒体结构的外周框架刚度过弱，框架总剪力如果仍按第3款进行调整，框架部分承担的剪力最大值的1.5倍可能过小，因此要求按第2款执行，即各层框架剪力按结构底部总地震剪力的15%进行调整，同时要求对核心筒的设计剪力和抗震构造措施予以加强。

　　对带加强层的筒体结构，框架部分最大楼层地震剪力可不包括加强层及其相邻上、下楼层的框架剪力。

9.2　框架-核心筒结构

9.2.1 核心筒是框架-核心筒结构的主要抗侧力结构，应尽量贯通建筑物全高。一般来讲，当核心筒的宽度不小于筒体总高度的1/12时，筒体结构的层间位移就能满足规定。

9.2.2 抗震设计时，核心筒为框架-核心筒结构的主要抗侧力构件，本条对其底部加强部位水平和竖向分布钢筋的配筋率、边缘构件设置提出了比一般剪力墙结构更高的要求。

　　约束边缘构件通常需要一个沿周边的大箍，再加上各个小箍或拉筋，而小箍是无法勾住大箍的，会造成大箍的长边无支长度过大，起不到应有的约束作用。因此，第2款将02规程"约束边缘构件范围内全部采用箍筋"的规定改为主要采用箍筋，即采用箍筋与拉筋相结合的配箍方法。

9.2.3 由于框架-核心筒结构外周框架的柱距较大，为了保证其整体性，外周框架柱间必须要设置框架梁，形成周边框架。实践证明，纯无梁楼盖会影响框架-核心筒结构的整体刚度和抗震性能，尤其是板柱节点的抗震性能较差。因此，在采用无梁楼盖时，更应在各层楼盖沿周边框架柱设置框架梁。

9.2.5 内筒偏置的框架-筒体结构，其质心与刚心的偏心距较大，导致结构在地震作用下的扭转反应增大。对这类结构，应特别关注结构的扭转特性，控制结构的扭转反应。本条要求对该类结构的位移比和周期比均按B级高度高层建筑从严控制。内筒偏置时，结构的第一自振周期 T_1 中会含有较大的扭转成分，为了改善结构抗震的基本性能，除控制结构扭转为主的第一自振周期 T_t 与平动为主的第一自振周期 T_1 之比不应大于0.85外，尚需控制 T_1 的扭转成分不宜大于平动成分之半。

9.2.6、9.2.7 内筒采用双筒可增强结构的扭转刚度，减小结构在水平地震作用下的扭转效应。考虑到双筒间的楼板因传递双筒间的力偶会产生较大的平面剪力，第9.2.7条对双筒间开洞楼板的构造作了具体规定，并建议按弹性板进行细化分析。

9.3　筒中筒结构

9.3.1～9.3.5 研究表明，筒中筒结构的空间受力性能与其平面形状和构件尺寸等因素有关，选用圆形和正多边形等平面，能减小外框筒的"剪力滞后"现象，使结构更好地发挥空间作用，矩形和三角形平面的"剪力滞后"现象相对较严重，矩形平面的长宽比大于2时，外框筒的"剪力滞后"更突出，应尽量避免；三角形平面切角后，空间受力性质会相应改善。

　　除平面形状外，外框筒的空间作用的大小还与柱距、墙面开洞率，以及洞口高宽比与层高和柱距之比等有关，矩形平面框筒的柱距越接近层高、墙面开洞率越小，洞口高宽比与层高和柱距之比越接近，外框筒的空间作用越强；在第9.3.5条中给出了矩形平面的柱距，以及墙面开洞率的最大限值。由于外框筒在侧向荷载作用下的"剪力滞后"现象，角柱的轴向力约为邻柱的1～2倍，为了减小各层楼盖的翘曲，角柱的截面可适当放大，必要时可采用L形角墙或角筒。

9.3.7 在水平地震作用下，框筒梁和内筒连梁的端部反复承受正、负弯矩和剪力，而一般的弯起钢筋无法承担正、负剪力，必须要加强箍筋配筋构造要求；对框筒梁，由于梁高较大、跨度较小，对其纵向钢筋、腰筋的配置也提出了最低要求。跨高比较小的框筒梁和内筒连梁宜增配对角斜向钢筋或设置交叉暗撑；当梁内设置交叉暗撑时，全部剪力可由暗撑承担，抗震设计时箍筋的间距可由 100mm 放宽至 200mm。

9.3.8 研究表明，在跨高比较小的框筒梁和内筒连梁增设交叉暗撑对提高其抗震性能有较好的作用，但交叉暗撑的施工有一定难度。本条对交叉暗撑的适用范围和构造作了调整：对跨高比不大于 2 的框筒梁和内筒连梁，宜增配对角斜向钢筋，具体要求可参照现行国家标准《混凝土结构设计规范》GB 50010 的有关规定；对跨高比不大于 1 的框筒梁和内筒连梁，宜设置交叉暗撑。为方便施工，交叉暗撑的箍筋不再设加密区。

10 复杂高层建筑结构设计

10.1 一般规定

10.1.1 为适应体型、结构布置比较复杂的高层建筑发展的需要，并使其结构设计质量、安全得到基本保证，02 规程增加了复杂高层建筑结构设计内容，包括带转换层的结构、带加强层的结构、错层结构、连体结构和多塔楼结构等。本次修订增加了竖向体型收进、悬挑结构，并将多塔楼结构并入其中，因为这三种结构的刚度和质量沿竖向变化的情况有一定的共性。

10.1.2 带转换层的结构、带加强层的结构、错层结构、连体结构等，在地震作用下受力复杂，容易形成抗震薄弱部位。9 度抗震设计时，这些结构目前尚缺乏研究和工程实践经验，为了确保安全，因此规定不应采用。

10.1.3 本规程涉及的错层结构，一般包含框架结构、框架-剪力墙结构和剪力墙结构。筒体结构因建筑上一般无错层要求，本规程也没有对其作出相应的规定。错层结构受力复杂，地震作用下易形成多处薄弱部位，目前对错层结构的研究和工程实践经验较少，需对其适用高度加以适当限制，因此规定了 7 度、8 度抗震设计时，剪力墙结构错层高层建筑的房屋高度分别不宜大于 80m、60m；框架-剪力墙结构错层高层建筑的房屋高度分别不应大于 80m、60m。连体结构的连接体部位易产生严重震害，房屋高度越高，震害加重，因此 B 级高度高层建筑不宜采用连体结构。抗震设计时，底部带转换层的筒中筒结构 B 级高度高层建筑，当外筒框支层以上采用壁式框架时，其抗震性能比密柱框架更为不利，因此其最

大适用高度应比本规程表 3.3.1-2 规定的数值适当降低。

10.1.4 本章所指的各类复杂高层建筑结构均属不规则结构。在同一个工程中采用两种以上这类复杂结构，在地震作用下易形成多处薄弱部位。为保证结构设计的安全性，规定 7 度、8 度抗震设计的高层建筑不宜同时采用两种以上本章所指的复杂结构。

10.1.5 复杂高层建筑结构的计算分析应符合本规程第 5 章的有关规定，并按本规程有关规定进行截面承载力设计与配筋构造。对于复杂高层建筑结构，必要时，对其中某些受力复杂部位尚宜采用有限元法等方法进行详细的应力分析，了解应力分布情况，并按应力进行配筋校核。

10.2 带转换层高层建筑结构

10.2.1 本节的设计规定主要用于底部带托墙转换层的剪力墙结构（部分框支剪力墙结构）以及底部带托柱转换层的筒体结构，即框架-核心筒、筒中筒结构中的外框架（外筒体）密柱在房屋底部通过托柱转换层转变为稀柱框架的筒体结构。这两种带转换层结构的设计有其相同之处也有其特殊性。为表述清楚，本节将这两种带转换层结构相同的设计要求以及大部分要求相同、仅部分设计要求不同的设计规定在若干条文中作出规定，对仅适用于某一种带转换层结构的设计要求在专门条文中规定，如第 10.2.5 条、第 10.2.16～10.2.25 条是专门针对部分框支剪力墙结构的设计规定，第 10.2.26 条及第 10.2.27 条是专门针对底部带托柱转换层的筒体结构的设计规定。

本节的设计规定可供在房屋高处设置转换层的结构设计参考。对仅有个别结构构件进行转换的结构，如剪力墙结构或框架-剪力墙结构中存在的个别墙或柱在底部进行转换的结构，可参照本节中有关转换构件和转换柱的设计要求进行构件设计。

10.2.2 由于转换层位置的增高，结构传力路径复杂、内力变化较大，规定剪力墙底部加强范围亦增大，可取转换层加上转换层以上两层的高度或房屋总高度的 1/10 二者的较大值。这里的剪力墙包括落地剪力墙和转换构件上部的剪力墙。相比于 02 规程，将墙肢总高度的 1/8 改为房屋总高度的 1/10。

10.2.3 在水平荷载作用下，当转换层上、下部楼层的结构侧向刚度相差较大时，会导致转换层上、下部结构构件内力突变，促使部分构件提前破坏；当转换层位置相对较高时，这种内力突变会进一步加剧。因此本条规定，控制转换层上、下层结构等效刚度比满足本规程附录 E 的要求，以缓解构件内力和变形的突变现象。带转换层结构当转换层设置在 1、2 层时，应满足第 E.0.1 条等效剪切刚度比的要求；当转换层设置在 2 层以上时，应满足第 E.0.2、E.0.3 条规定的楼层侧向刚度比要求。当采用本规程附录第 E.0.3 条的规定时，要强调转换层上、下两个计算模型的高

度宜相等或接近的要求，且上部计算模型的高度不大于下部计算模型的高度。本规程第 E.0.2 条的规定与美国规范 IBC 2006 关于严重不规则结构的规定是一致的。

10.2.4 底部带转换层的高层建筑设置的水平转换构件，近年来除转换梁外，转换桁架、空腹桁架、箱形结构、斜撑、厚板等均已采用，并积累了一定设计经验，故本章增加了一般可采用的各种转换构件设计的条文。由于转换厚板在地震区使用经验较少，本条文规定仅在非地震区和 6 度设防的地震区采用。对于大空间地下室，因周围有约束作用，地震反应不明显，故 7、8 度抗震设计时可采用厚板转换层。

带转换层的高层建筑，本条取消了 02 规程"其薄弱层的地震剪力应按本规程第 5.1.14 条的规定乘以 1.15 的增大系数"这一段重复的文字，本规程第 3.5.8 条已有相关的规定，并将增大系数由 1.15 提高为 1.25。为保证转换构件的设计安全度并具有良好的抗震性能，本条规定特一、一、二级转换构件在水平地震作用下的计算内力应分别乘以增大系数 1.9、1.6、1.3，并应按本规程第 4.3.2 条考虑竖向地震作用。

10.2.5 带转换层的底层大空间剪力墙结构于 20 世纪 80 年代中开始采用，90 年代初《钢筋混凝土高层建筑结构设计与施工规程》JGJ 3-91 列入该结构体系及抗震设计有关规定。近几十年，底部带转换层的大空间剪力墙结构迅速发展，在地震区许多工程的转换层位置已较高，一般做到 3~6 层，有的工程转换层位于 7~10 层。中国建筑科学研究院在原有研究的基础上，研究了转换层高度对框支剪力墙结构抗震性能的影响，研究得出，转换层位置较高时，更易使框支剪力墙结构在转换层附近的刚度、内力发生突变，并易形成薄弱层，其抗震设计概念与底层框支剪力墙结构有一定差别。转换层位置较高时，转换层下部的落地剪力墙及框支结构易于开裂和屈服，转换层上部几层墙体易于破坏。转换层位置较高的高层建筑不利于抗震，规定 7 度、8 度地区可以采用，但限制部分框支剪力墙结构转换层设置位置：7 度区不宜超过第 5 层，8 度区不宜超过第 3 层。如转换层位置超过上述规定时，应作专门分析研究并采取有效措施，避免框支层破坏。对托柱转换结构，考虑到其刚度变化、受力情况同框支剪力墙结构不同，对转换层位置未作限制。

10.2.6 对部分框支剪力墙结构，高位转换对结构抗震不利，因此规定部分框支剪力墙结构转换层的位置设置在 3 层及 3 层以上时，其框支柱、落地剪力墙的底部加强部位的抗震等级宜按本规程表 3.9.3、表 3.9.4 的规定提高一级采用（已经为特一级时可不再提高），提高其抗震构造措施。而对于托柱转换结构，因其受力情况和抗震性能比部分框支剪力墙结构有利，故未要求根据转

换层设置高度采取更严格的措施。

10.2.7 本次修订将"框支梁"改为更广义的"转换梁"。转换梁包括部分框支剪力墙结构中的框支梁以及上面托柱的框架梁，是带转换层结构中应用最为广泛的转换结构构件。结构分析和试验研究表明，转换梁受力复杂，而且十分重要，因此本条第 1、2 款分别对其纵向钢筋、梁端加密区箍筋的最小构造配筋提出了比一般框架梁更高的要求。

本条第 3 款针对偏心受拉的转换梁（一般为框支梁）顶面纵向钢筋及腰筋的配置提出了更高要求。研究表明，偏心受拉的转换梁（如框支梁），截面受拉区域较大，甚至全截面受拉，因此除了按结构分析配置钢筋外，加强梁跨中区段顶面纵向钢筋以及两侧面腰筋的最低构造配筋要求是非常必要的。非偏心受拉转换梁的腰筋设置应符合本规程第 10.2.8 条的有关规定。

10.2.8 转换梁受力较复杂，为保证转换梁安全可靠，分别对框支梁和托柱转换梁的截面尺寸及配筋构造等，提出了具体要求。

转换梁承受较大的剪力，开洞会对转换梁的受力造成很大影响，尤其是转换梁端部剪力最大的部位开洞的影响更加不利，因此对转换梁上开洞进行了限制，并规定梁上洞口避开转换梁端部，开洞部位要加强配筋构造。

研究表明，托柱转换梁在托柱部位承受较大的剪力和弯矩，其箍筋应加密配置（图 12a）。框支梁多数情况下为偏心受拉构件，并承受较大的剪力；框支梁上墙体开有边门洞时，往往形成小墙肢，此小墙肢的应力集中尤为突出，而边门洞部位框支梁应力急剧加大。在水平荷载作用下，上部有边门洞框支梁的弯矩约为上部无边门洞框支梁弯矩的 3 倍，剪力也约为 3 倍，因此除小墙肢应加强外，边门洞边部位对应的框支梁的抗剪能力也应加强，箍筋应加密配置（图 12b）。当洞口靠近梁端且梁压比不满足规定时，也可采用梁端加腋提高其抗剪承载力，并加密配箍。

需要注意的是，对托柱转换梁，在转换层尚宜设置承担正交方向柱底弯矩的楼面梁或框架梁，避免转换梁承受过大的扭矩作用。

与 02 规程相比，第 2 款梁截面高度由原来的不应小于计算跨度的 1/6 改为不宜小于计算跨度的 1/8；第 4 款对托柱转换梁的腰筋配置提出要求；图 10.2.8 中钢筋锚固作了调整。

10.2.9 带转换层的高层建筑，当上部平面布置复杂而采用框支主梁承托剪力墙并承托转换次梁及其上剪力墙时，这种多次转换传力路径长，框支主梁将承受较大的剪力、扭矩和弯矩，一般不宜采用。中国建筑科学研究院抗震所进行的试验表明，框支主梁易产生受剪破坏，应进行应力分析，按应力校核配筋，并加强配筋构造措施；条件许可时，可采用箱形转换层。

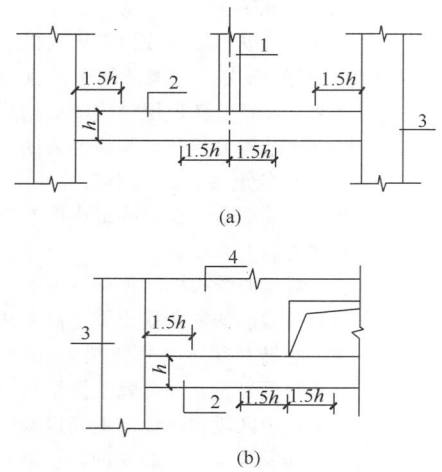

图 12 托柱转换梁、框支梁箍筋加密区示意
1—梁上托柱；2—转换梁；3—转换柱；4—框支剪力墙

10.2.10 本次修订将"框支柱"改为"转换柱"。转换柱包括部分框支剪力墙结构中的框支柱和框架-核心筒、框架-剪力墙结构中支承托柱转换梁的柱，是带转换层结构重要构件，受力性能与普通框架大致相同，但受力大，破坏后果严重。计算分析和试验研究表明，随着地震作用的增大，落地剪力墙逐渐开裂、刚度降低，转换柱承受的地震作用逐渐增大。因此，除了在内力调整方面对转换柱作了规定外，本条对转换柱的构造配筋提出了比普通框架柱更高的要求。

本条第 3 款中提到的普通框架柱的箍筋最小配箍特征值要求，见本规程第 6.4.7 条的有关规定，转换柱的箍筋最小配箍特征值应比本规程表 6.4.7 的规定提高 0.02 采用。

10.2.11 抗震设计时，转换柱截面主要由轴压比控制并要满足剪压比的要求。为增大转换柱的安全性，有地震作用组合时，一、二级转换柱由地震作用引起的轴力值应分别乘以增大系数 1.5、1.2，但计算柱轴压比时可不考虑该增大系数。同时为推迟转换柱的屈服，以免影响整个结构的变形能力，规定一、二级转换柱与转换构件相连的柱上端和底层柱下端截面的弯矩组合值应分别乘以 1.5、1.3，剪力设计值也应按规定调整。由于转换柱为重要受力构件，本条对柱截面尺寸、柱内竖向钢筋总配筋率、箍筋配置等提出了相应的要求。

10.2.12 因转换构件节点区受力非常大，本条强调了对转换梁柱节点核心区的要求。

10.2.13 箱形转换构件设计时要保证其整体受力作用，因此规定箱形转换结构上、下楼板（即顶、底板）厚度不宜小于 180mm，并应设置横隔板。箱形转换层的顶、底板，除产生局部弯曲外，还会产生因箱形结构整体变形引起的整体弯曲，截面承载力设计时应该同时考虑这两种弯曲变形在截面内产生的拉应力、压应力。

10.2.14 根据中国建筑科学研究院进行的厚板试验、计算分析以及厚板转换工程的设计经验，规定了本条关于厚板的设计原则和基本要求。

10.2.15 根据已有设计经验，空腹桁架作转换层时，一定要保证其整体作用，根据桁架各杆件的不同受力特点进行相应的设计构造，上、下弦杆应考虑轴向变形的影响。

10.2.16 关于部分框支剪力墙结构布置和设计的基本要求是根据中国建筑科学研究院结构所等进行的底层大空间剪力墙结构 12 层模型拟动力试验和底部为 3～6 层大空间剪力墙结构的振动台试验研究、清华大学土木系的振动台试验研究、近年来工程设计经验及计算分析研究成果而提出来的，满足这些设计要求，可以满足 8 度及 8 度以下抗震设计要求。

由于转换层位置不同，对建筑中落地剪力墙间距作了不同的规定；并规定了框支柱与相邻的落地剪力墙距离，以满足底部大空间层楼板的刚度要求，使转换层上部的剪力能有效地传递给落地剪力墙，框支柱只承受较小的剪力。

相比于 02 规程，此条有两处修改：一是将原来的规定范围限定为部分框支剪力墙结构；二是增加第 7 款对框支框架承担的倾覆力矩的限制，防止落地剪力墙过少。

10.2.17 对于部分框支剪力墙结构，在转换层以下，一般落地剪力墙的刚度远远大于框支柱的刚度，落地剪力墙几乎承受全部地震剪力，框支柱的剪力非常小。考虑到在实际工程中转换层楼面会有显著的面内变形，从而使框支柱的剪力显著增加。12 层底层大空间剪力墙住宅模型试验表明：实测框支柱的剪力为按楼板刚度无限大假定计算值的 6～8 倍；且落地剪力墙出现裂缝后刚度下降，也导致框支柱剪力增加。所以按转换层位置的不同以及框支柱数目的多少，对框支柱剪力的调整增大作了不同的规定。

10.2.18 部分框支剪力墙结构设计时，为加强落地剪力墙的底部加强部位，规定特一、一、二、三级落地剪力墙底部加强部位的弯矩设计值应分别按墙底截面有地震作用组合的弯矩值乘以增大系数 1.8、1.5、1.3、1.1 采用；其剪力设计值应按规定进行强剪弱弯调整。

10.2.19 部分框支剪力墙结构中，剪力墙底部加强部位是指房屋高度的 1/10 以及地下室顶板至转换层以上两层高度二者的较大值。落地剪力墙是框支层以下最主要的抗侧力构件，受力很大，破坏后果严重，十分重要；框支层上部两层剪力墙直接与转换构件相连，相当于一般剪力墙的底部加强部位，且其承受的竖向力和水平力要通过转换构件传递至框支层竖向构件。因此，本条对部分框支剪力墙底部加强部位剪力墙的分布钢筋最低构造，提出了比普通剪力墙底部加强部位更高的要求。

10.2.20 部分框支剪力墙结构中，抗震设计时应在墙体两端设置约束边缘构件，对非抗震设计的框支剪力墙结构，也规定了剪力墙底部加强部位的增强措施。

10.2.21 当地基土较弱或基础刚度和整体性较差时，在地震作用下剪力墙基础可能产生较大的转动，对框支剪力墙结构的内力和位移均会产生不利影响。因此落地剪力墙基础应有良好的整体性和抗转动的能力。

10.2.22 根据中国建筑科学研究院结构所等单位的试验及有限元分析，在竖向及水平荷载作用下，框支梁上部的墙体在多个部位会出现较大的应力集中，这些部位的剪力墙容易发生破坏，因此对这些部位的剪力墙规定了多项加强措施。

10.2.23~10.2.25 部分框支剪力墙结构中，框支转换层楼板是重要的传力构件，不落地剪力墙的剪力需要通过转换层楼板传递到落地剪力墙，为保证楼板能可靠传递面内相当大的剪力（弯矩），规定了转换层楼板截面尺寸要求、抗剪截面验算、楼板平面内受弯承载力验算以及构造配筋要求。

10.2.26 试验表明，带托柱转换层的筒体结构，外围框架柱与内筒的距离不宜过大，否则难以保证转换层上部外框架（框筒）的剪力能可靠地传递到筒体。

10.2.27 托柱转换层结构采用转换桁架时，本条规定可保障上部密柱构件内力传递。此外，桁架节点非常重要，应引起重视。

10.3 带加强层高层建筑结构

10.3.1 根据近年来高层建筑的设计经验及理论分析研究，当框架-核心筒结构的侧向刚度不能满足设计要求时，可以设置加强层以加强核心筒与周边框架的联系，提高结构整体刚度，控制结构位移。本节规定了设置加强层的要求及加强层构件的类型。

10.3.2 根据中国建研院等单位的理论分析，带加强层的高层建筑，加强层的设置位置和数量如果比较合理，则有利于减少结构的侧移。本条第1款的规定供设计人员参考。

结构模型振动台试验及研究分析表明：由于加强层的设置，结构刚度突变，伴随着结构内力的突变，以及整体结构传力途径的改变，从而使结构在地震作用下，其破坏和位移容易集中在加强层附近，形成薄弱层，因此规定了在加强层及相邻层的竖向构件需要加强。伸臂桁架会造成核心筒墙体承受很大的剪力，上下弦杆的拉力也需要可靠地传递到核心筒上，所以要求伸臂构件贯通核心筒。

加强层的上下层楼盖结构承担着协调内筒和外框架的作用，存在很大的面内应力，因此本条规定的带加强层结构设计的原则中，对设置水平伸臂构件的楼层在计算时宜考虑楼板平面内的变形，并注意加强层及相邻层的结构构件的配筋加强措施，加强各构件的

连接锚固。

由于加强层的伸臂构件强化了内筒与周边框架的联系，内筒与周边框架的竖向变形差将产生很大的次应力，因此需要采取有效的措施减小这些变形差（如伸臂桁架斜腹杆的滞后连接等），而且在结构分析时就应该进行合理的模拟，反映这些措施的影响。

10.3.3 带加强层的高层建筑结构，加强层刚度和承载力较大，与其上、下相邻楼层相比有突变，加强层相邻楼层往往成为抗震薄弱层；与加强层水平伸臂结构相连接部位的核心筒剪力墙以及外围框架柱受力大且集中。因此，为了提高加强层及其相邻楼层与加强层水平伸臂结构相连接的核心筒墙体及外围框架柱的抗震承载力和延性，本条规定应对此部位结构构件的抗震等级提高一级采用（已经为特一级者可不提高）；框架柱箍筋应全柱段加密，轴压比从严（减小0.05）控制；剪力墙应设置约束边缘构件。本条第3款为本次修订新增加内容。

10.4 错 层 结 构

10.4.1 中国建筑科学研究院抗震所等单位对错层剪力墙结构做了两个模型振动台试验。试验研究表明，平面规则的错层剪力墙结构使剪力墙形成错洞墙，结构竖向刚度不规则，对抗震不利，但错层对抗震性能的影响不十分严重；平面布置不规则、扭转效应显著的错层剪力墙结构破坏严重。错层框架结构或框架-剪力墙结构尚未见试验研究资料，但从计算分析表明，这些结构的抗震性能要比错层剪力墙结构更差。因此，高层建筑宜避免错层。

相邻楼盖结构高差超过梁高范围的，宜按错层结构考虑。结构中仅局部存在错层构件的不属于错层结构，但这些错层构件宜参考本节的规定进行设计。

10.4.2 错层结构应尽量减少扭转效应，错层两侧宜采用侧向刚度和变形性能相近的结构方案，以减小错层处墙、柱内力，避免错层处结构形成薄弱部位。

10.4.3 当采用错层结构时，为了保证结构分析的可靠性，相邻错开的楼层不应归并为一个刚性楼层计算。

10.4.4 错层结构属于竖向布置不规则结构，错层部位的竖向抗侧力构件受力复杂，容易形成多处应力集中部位。框架错层更为不利，容易形成长、短柱沿竖向交替出现的不规则体系。因此，规定抗震设计时错层处柱的抗震等级应提高一级采用（特一级时允许不再提高），截面高度不应过小，箍筋应全柱段加密配置，以提高其抗震承载力和延性。

和02规程相比，本次修订明确了本条规定是针对抗震设计的错层结构。

10.4.5 本条为新增条文。错层结构错层处的框架柱受力复杂，易发生短柱受剪破坏，因此要求其满足设防烈度地震（中震）作用下性能水准2的设计

要求。

10.4.6 错层结构在错层处的构件（图 13）要采取加强措施。

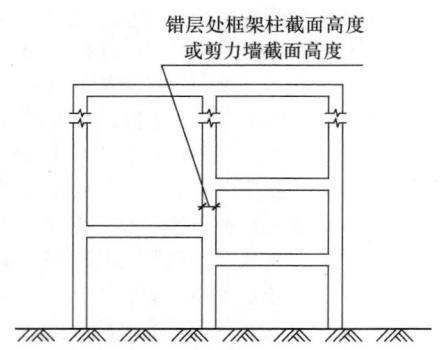

图 13　错层结构加强部位示意

本规程第 10.4.4 条和本条规定了错层处柱截面高度、剪力墙截面厚度以及剪力墙分布钢筋的最小配筋率要求，并规定平面外受力的剪力墙应设置与其垂直的墙肢或扶壁柱，抗震设计时，错层处框架柱和平面外受力的剪力墙的抗震等级应提高一级采用，以免该类构件先于其他构件破坏。如果错层处混凝土构件不能满足设计要求，则需采取有效措施。框架柱采用型钢混凝土柱或钢管混凝土柱，剪力墙内设置型钢，可改善构件的抗震性能。

10.5　连体结构

10.5.1　连体结构各独立部分宜有相同或相近的体型、平面和刚度，宜采用双轴对称的平面形式，否则在地震中将出现复杂的 X、Y、θ 相互耦联的振动，扭转影响大，对抗震不利。

1995 年日本阪神地震和 1999 年我国台湾集集地震的震害表明，连体结构破坏严重，连接体本身塌落的情况较多，同时使主体结构中与连接体相连的部分结构严重破坏，尤其当两个主体结构层数和刚度相差较大时，采用连体结构更为不利，因此规定 7、8 度抗震时层数和刚度相差悬殊的不宜采用连体结构。

10.5.2　连体结构的连接体一般跨度较大、位置较高，对竖向地震的反应比较敏感，放大效应明显，因此抗震设计时高烈度区应考虑竖向地震的不利影响。本次修订增加了 7 度设计基本地震加速度为 $0.15g$ 抗震设防区考虑竖向地震影响的规定，与本规程第 4.3.2 条的规定保持一致。

10.5.3　计算分析表明，高层建筑中连体结构连接体的竖向地震作用受连体跨度、所处位置以及主体结构刚度等多方面因素的影响，6 度和 7 度 $0.10g$ 抗震设计时，对于高位连体结构（如连体位置高度超过 80m 时）宜考虑其影响。

10.5.4、10.5.5　连体结构的连体部位受力复杂，连体部分的跨度一般也较大，采用刚性连接的结构分析和构造上更容易把握，因此推荐采用刚性连接的连体形式。刚性连接体既要承受很大的竖向重力荷载和地震作用，又要在水平地震作用下协调两侧结构的变形，因此要保证连体部分与两侧主体结构的可靠连接，这两条规定了连体结构与主体结构连接的要求，并强调了连体部位楼板的要求。

根据具体项目的特点分析后，也可采用滑动连接方式。震害表明，当采用滑动连接时，连接体往往由于滑移量较大致使支座发生破坏，因此增加了对采用滑动连接时的防坠落措施要求和需采用时程分析方法进行复核计算的要求。

10.5.6　中国建筑科学研究院等单位对连体结构的计算分析及振动台试验研究说明，连体结构自振振型较为复杂，前几个振型与单体建筑有明显不同，除顺向振型外，还出现反向振型；连体结构抗扭转性能较差，扭转振型丰富，当第一扭转频率与场地卓越频率接近时，容易引起较大的扭转反应，易造成结构破坏。因此，连体结构的连接体及与连接体相连的结构构件受力复杂，易形成薄弱部位，抗震设计时必须予以加强，以提高其抗震承载力和延性。

本条第 2、3 两款为本次修订新增内容。

10.5.7　刚性连接的连体部分结构在地震作用下需要协调两侧塔楼的变形，因此需要进行连体部分楼板的验算，楼板的受剪截面和受剪承载力按转换层楼板的计算方法进行验算，计算剪力可取连体楼板承担的两侧塔楼楼层地震作用力之和的较小值。当连体部分楼板较弱时，在强烈地震作用下可能发生破坏，因此建议补充两侧分塔楼的计算分析，确保连体部分失效后两侧塔楼可以独立承担地震作用不致发生严重破坏或倒塌。

10.6　竖向体型收进、悬挑结构

10.6.1　将 02 规程多塔楼结构的内容与新增的体型收进、悬挑结构的相关内容合并，统称为"竖向体型收进、悬挑结构"。对于多塔楼结构、竖向体型收进和悬挑结构，其共同的特点就是结构侧向刚度沿竖向发生剧烈变化，往往在变化的部位产生结构的薄弱部位，因此本节对其统一进行规定。

10.6.2　竖向体型收进、悬挑结构在体型突变的部位，楼板承担着很大的面内应力，为保证上部结构的地震作用可靠地传递到下部结构，体型突变部位的楼板应加厚并加强配筋，板面负弯矩配筋宜贯通。体型突变部位上、下层结构的楼板也应加强构造措施。

10.6.3　中国建筑科学研究院结构所等单位的试验研究和计算分析表明，多塔楼结构振型复杂，且高振型对结构内力的影响大，当各塔楼质量和刚度分布不均匀时，结构扭转振动反应大，高振型对内力的影响更为突出。因此本条规定多塔楼结构各塔楼的层数、

平面和刚度宜接近；塔楼对底盘宜对称布置，减小塔楼和底盘的刚度偏心。大底盘单塔楼结构的设计，也应符合本条关于塔楼与底盘的规定。

震害和计算分析表明，转换层宜设置在底盘楼层范围内，不宜设置在底盘以上的塔楼内（图14）。若转换层设置在底盘屋面的上层塔楼内时，易形成结构薄弱部位，不利于结构抗震，应尽量避免；否则应采取有效的抗震措施，包括增大构件内力、提高抗震等级等。

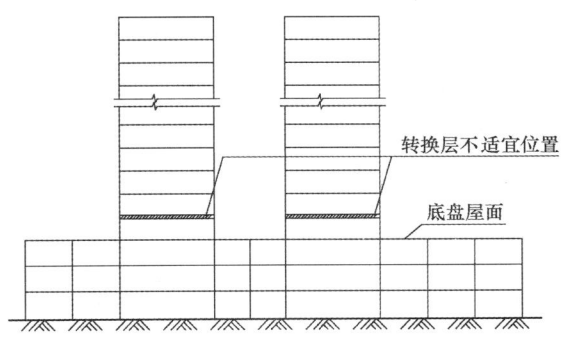

图14 多塔楼结构转换层不适宜位置示意

为保证结构底盘与塔楼的整体作用，裙房屋面板应加厚并加强配筋，板面负弯矩配筋宜贯通；裙房屋面上、下层结构的楼板也应加强构造措施。

为保证多塔楼建筑中塔楼与底盘整体工作，塔楼之间裙房连接体的屋面梁以及塔楼中与裙房连接体相连的外围柱、墙，从固定端至出裙房屋面上一层的高度范围内，在构造上应予以特别加强（图15）。

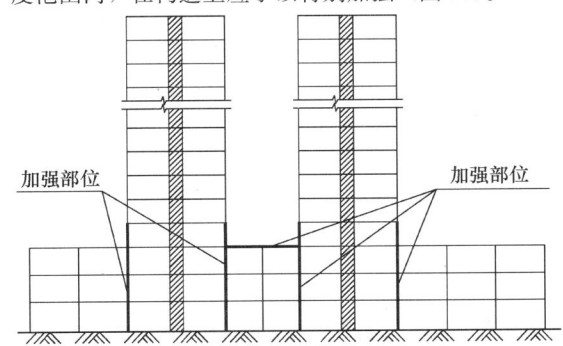

图15 多塔楼结构加强部位示意

10.6.4 本条为新增条文，对悬挑结构提出了明确要求。

悬挑部分的结构一般竖向刚度较差、结构的冗余度不高，因此需要采取措施降低结构自重、增加结构冗余度，并进行竖向地震作用的验算，且应提高悬挑关键构件的承载力和抗震措施，防止相关部位在竖向地震作用下发生结构的倒塌。

悬挑结构上下层楼板承受较大的面内作用，因此在结构分析时应考虑楼板面内的变形，分析模型应包含竖向振动的质量，保证分析结果可以反映结构的竖向振动反应。

10.6.5 本条为新增条文，对体型收进结构提出了明确要求。大量地震震害以及相关的试验研究和分析表明，结构体型收进较多或收进位置较高时，因上部结构刚度突然降低，其收进部位形成薄弱部位，因此规定在收进的相邻部位采取更高的抗震措施。当结构偏心收进时，受结构整体扭转效应的影响，下部结构的周边竖向构件内力增加较多，应予以加强。图16中表示了应该加强的结构部位。

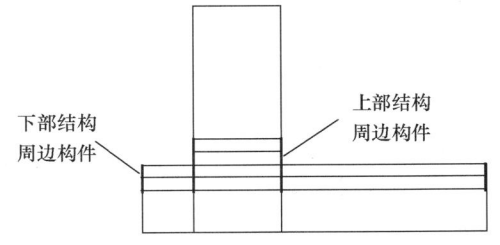

图16 体型收进结构的加强部位示意

收进程度过大、上部结构刚度过小时，结构的层间位移角增加较多，收进部位成为薄弱部位，对结构抗震不利，因此限制上部楼层层间位移角不大于下部结构层间位移角的1.15倍，当结构分段收进时，控制收进部位底部楼层的层间位移角和下部相邻区段楼层的最大层间位移角之间的比例（图17）。

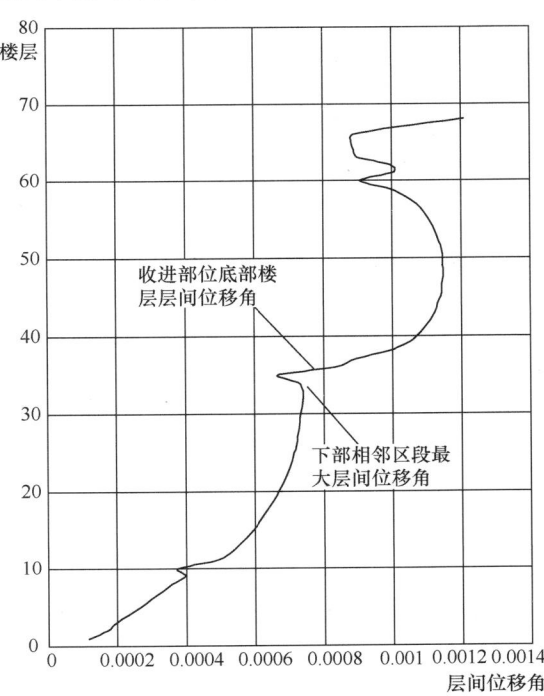

图17 结构收进部位楼层层间位移角分布

11 混合结构设计

11.1 一般规定

11.1.1 钢和混凝土混合结构体系是近年来在我国迅速发展的一种新型结构体系，由于其在降低结构自重、减少结构断面尺寸、加快施工进度等方面的明显优点，已引起工程界和投资商的广泛关注，目前已经建成了一批高度在 150m～200m 的建筑，如上海森茂大厦、国际航运大厦、世界金融大厦、新金桥大厦、深圳发展中心、北京京广中心等，还有一些高度超过 300m 的高层建筑也采用或部分采用了混合结构。除设防烈度为 7 度的地区外，8 度区也已开始建造。考虑到近几年来采用筒中筒体系的混合结构建筑日趋增多，如上海环球金融中心、广州西塔、北京国贸三期、大连世贸等，故本次修订增加了混合结构筒中筒体系。另外，钢管混凝土结构因其良好的承载能力及延性，在高层建筑中越来越多地被采用，故而将钢管混凝土结构也一并列入。尽管采用型钢混凝土（钢管混凝土）构件与钢筋混凝土、钢构件组成的结构均可称为混合结构，构件的组合方式多种多样，所构成的结构类型会很多，但工程实际中使用最多的还是框架-核心筒及筒中筒混合结构体系，故本规程仅列出上述两种结构体系。

型钢混凝土（钢管混凝土）框架可以是型钢混凝土梁与型钢混凝土柱（钢管混凝土柱）组成的框架，也可以是钢梁与型钢混凝土柱（钢管混凝土柱）组成的框架，外周的筒体可以是框筒、桁架筒或交叉网格筒。外周的钢筒体可以是钢框筒、桁架筒或交叉网格筒。为减少柱子尺寸或增加延性而在混凝土柱中设置构造型钢，而框架梁仍为钢筋混凝土梁时，该体系不宜视为混合结构；此外对于体系中局部构件（如框支梁柱）采用型钢梁柱（型钢混凝土梁柱）也不应视为混合结构。

钢筋混凝土核心筒的某些部位，可按本章的有关规定或根据工程实际需要配置型钢或钢板，形成型钢混凝土剪力墙或钢板混凝土剪力墙。

11.1.2 混合结构房屋适用的最大适用高度主要是依据已有的工程经验并参照现行行业标准《型钢混凝土组合结构技术规程》JGJ 138 偏安全地确定的。近年来的试验和计算分析，对混合结构中钢结构部分应承担的最小地震作用有些新的认识，如果混合结构中钢框架承担的地震剪力过少，则混凝土核心筒的受力状态和地震下的表现与普通钢筋混凝土结构几乎没有差别，甚至混凝土墙体更容易破坏，因此对钢框架-核心筒结构体系适用的最大高度较 B 级高度的混凝土框架-核心筒体系适用的最大高度适当减少。

11.1.3 高层建筑的高宽比是对结构刚度、整体稳定、承载能力和经济合理性的宏观控制。钢（型钢混凝土）框架-钢筋混凝土筒体混合结构体系高层建筑，其主要抗侧力体系仍然是钢筋混凝土筒体，因此其高宽比的限值和层间位移限值均取钢筋混凝土结构体系的同一数值，而筒中筒体系混合结构，外周筒体抗侧刚度较大，承担水平力也较多，钢筋混凝土内筒分担的水平力相应减小，且外周筒体延性相对较好，故高宽比要求适当放宽。

11.1.4 试验表明，在地震作用下，钢框架-混凝土筒体结构的破坏首先出现在混凝土筒体，应对该筒体采取较混凝土结构中的筒体更为严格的构造措施，以提高其延性，因此对其抗震等级适当提高。型钢混凝土柱-混凝土筒体及筒中筒体系的最大适用高度已较 B 级高度的钢筋混凝土结构略高，对其抗震等级要求也适当提高。

本次修订增加了筒中筒结构体系中构件的抗震等级规定。考虑到型钢混凝土构件节点的复杂性，且构件的承载力和延性可通过提高型钢的含钢率实现，故型钢混凝土构件仍不出现特一级。

钢结构构件抗震等级的划分主要依据现行国家标准《建筑抗震设计规范》GB50011 的相关规定。

11.1.5 补充了混合结构在预估罕遇地震下弹塑性层间位移的规定。

11.1.6 在地震作用下，钢-混凝土混合结构体系中，由于钢筋混凝土核心筒抗侧刚度较钢框架大很多，因而承担了绝大部分的地震力，而钢筋混凝土核心筒墙体在达到本规程限定的变形时，有些部位的墙体已经开裂，此时钢框架尚处于弹性阶段，地震作用在核心筒墙体和钢框架之间会进行再分配，钢框架承受的地震力会增加，而且钢框架是重要的承重构件，它的破坏和竖向承载力降低将会危及房屋的安全，因此有必要对钢框架承受的地震力进行调整，以使钢框架能适应强地震时大变形且保有一定的安全度。本规程第 9.1.11 条已规定了各层框架部分承担的最大地震剪力不宜小于结构底部地震剪力的 10%；小于 10% 时应调整到结构底部地震剪力的 15%。一般情况下，15% 的结构底部剪力较钢框架分配的楼层最大剪力的 1.5 倍大，故钢框架承担的地震剪力可采用与型钢混凝土框架相同的方式进行调整。

11.1.7 根据现行国家标准《建筑抗震设计规范》GB 50011 的有关规定，修改了钢柱的承载力抗震调整系数。

11.1.8 高层建筑层数较多，减轻结构构件及填充墙的自重是减轻结构重量、改善结构抗震性能的有效措施。其他材料的相关规定见本规程第 3.2 节。随着高性能钢材和混凝土技术的发展，在高层建筑中采用高性能钢材和混凝土成为首选，对于提高结构效率，增加经济性大有益处。

11.2 结 构 布 置

11.2.2 从抗震的角度提出了建筑的平面应简单、规则、对称的要求，从方便制作、减少构件类型的角度提出了开间及进深宜尽量统一的要求。考虑到混合结构多属 B 级高度高层建筑，故位移比及周期比按照 B 类高度高层建筑进行控制。

框筒结构中，将强轴布置在框筒平面内时，主要是为了增加框筒平面内的刚度，减少剪力滞后。角柱为双向受力构件，采用方形、十字形等主要是为了方便连接，且受力合理。

减小横风向风振可采取平面角部柔化、沿竖向退台或呈锥形、改变截面形状、设置扰流部件、立面开洞等措施。

楼面梁使连梁受扭，对连梁受力非常不利，应予避免；如必须设置时，可设置型钢混凝土连梁或沿核心筒外周设置宽度大于墙厚的环向楼面梁。

11.2.3 国内外的震害表明，结构沿竖向刚度或抗侧力承载力变化过大，会导致薄弱层的变形和构件应力过于集中，造成严重震害。刚度变化较大的楼层，是指上、下层侧向刚度变化明显的楼层，如转换层、加强层、空旷的顶层、顶部突出部分、型钢混凝土框架与钢框架的交接层及邻近楼层等。竖向刚度变化较大时，不但刚度变化的楼层受力增大，而且其上、下邻近楼层的内力也会增大，所以采取加强措施应包括相邻楼层在内。

对于型钢钢筋混凝土与钢筋混凝土交接的楼层及相邻楼层的柱子，应设置剪力栓钉，加强连接；另外，钢-混凝土混合结构的顶层型钢混凝土柱也需设置栓钉，因为一般来说，顶层柱子的弯矩较大。

11.2.4 本条是在 02 规程第 11.2.4 条基础上修改完成的。钢（型钢混凝土）框架-混凝土筒体结构体系中的混凝土筒体在底部一般均承担了 85% 以上的水平剪力及大部分的倾覆力矩，所以必须保证混凝土筒体具有足够的延性，配置了型钢的混凝土筒体墙在弯曲时，能避免发生平面外的错断及筒体角部混凝土的压溃，同时也能减少钢柱与混凝土筒体之间的竖向变形差异产生的不利影响。而筒中筒体系的混合结构，结构底部内筒承担的剪力及倾覆力矩的比例有所减少，但考虑到此种体系的高度均很高，在大震作用下很有可能出现角部受拉，为延缓核心筒弯曲铰及剪切铰的出现，筒体的角部也宜布置型钢。

型钢柱可设置在核心筒的四角、核心筒剪力墙的大开口两侧及楼面钢梁与核心筒的连接处。试验表明，钢梁与核心筒的连接处，存在部分弯矩及轴力，而核心筒剪力墙的平面外刚度又较小，很容易出现裂缝，因此楼面梁与核心筒剪力墙刚接时，在筒体剪力墙中宜设置型钢柱，同时也能方便钢结构的安装；楼面梁与核心筒剪力墙铰接时，应采取措施保证墙上的

预埋件不被拔出。混凝土筒体的四角受力较大，设置型钢柱后核心筒剪力墙开裂后的承载力下降不多，能防止结构的迅速破坏。因为核心筒剪力墙的塑性铰一般出现在高度的 1/10 范围内，所以在此范围内，核心筒剪力墙四角的型钢柱宜设置栓钉。

11.2.5 外框架平面内采用梁柱刚接，能提高其刚度及抵抗水平荷载的能力。如在混凝土筒体墙中设置型钢并需要增加整体结构刚度时，可采用楼面钢梁与混凝土筒体刚接；当混凝土筒体墙中无型钢柱时，宜采用铰接。刚度发生突变的楼层，梁柱、梁墙采用刚接可以增加结构的空间刚度，使层间变形有效减小。

11.2.6 本条是 02 规程第 11.2.10、11.2.11 条的合并修改。为了使整个抗侧力结构在任意方向水平荷载作用下能协同工作，楼盖结构具有必要的面内刚度和整体性是基本要求。

高层建筑混合结构楼盖宜采用压型钢板组合楼盖，以方便施工并加快施工进度；压型钢板与钢梁连接宜采用剪力栓钉等措施保证其可靠连接和共同工作，栓钉数量应通过计算或按构造要求确定。设备层楼板进行加强，一方面是因为设备层荷重较大，另一方面也是隔声的需要。伸臂桁架上、下弦杆所在楼层，楼板平面内受力较大且受力复杂，故这些楼层也应进行加强。

11.2.7 本条是根据 02 规程第 11.2.9 条修改而来，明确了外伸臂桁架深入墙体内弦杆和腹杆的具体要求。采用伸臂桁架主要是将筒体剪力墙的弯曲变形转换成框架柱的轴向变形以减小水平荷载下结构的侧移，所以必须保证伸臂桁架与剪力墙刚接。为增强伸臂桁架的抗侧力效果，必要时，周边可配合布置带状桁架。布置周边带状桁架，除了可增大结构侧向刚度外，还可增强加强层结构的整体性，同时也可减少周边柱子的竖向变形差异。外柱承受的轴向力要能够传至基础，故外柱必须上、下连续，不得中断。由于外柱与混凝土内筒轴向变形往往不一致，会使伸臂桁架产生很大的附加内力，因而伸臂桁架宜分段拼装。在设置多道伸臂桁架时，下层伸臂桁架可在施工上层伸臂桁架时予以封闭；仅设一道伸臂桁架时，可在主体结构完成后再进行封闭，形成整体。在施工期间，可采取斜杆上设长圆孔、斜杆后装等措施使伸臂桁架的杆件能适应外围构件与内筒在施工期间的竖向变形差异。

在高设防烈度区，当在较高的不规则高层建筑中设置加强层时，还宜采取进一步的性能设计要求和措施。为保证在中震或大震作用下的安全，可以要求其杆件和相邻杆件在中震下不屈服，或者选择更高的性能设计要求。结构抗震性能设计可按本规程第 3.11 节的规定执行。

11.3 结 构 计 算

11.3.1 在弹性阶段，楼板对钢梁刚度的加强作用不

可忽视。从国内外工程经验看，作为主要抗侧力构件的框架梁支座处尽管有负弯矩，但由于楼板钢筋的作用，其刚度增大作用仍然很大，故在整体结构计算时宜考虑楼板对钢梁刚度的加强作用。框架梁承载力设计时一般不按照组合梁设计。次梁设计一般由变形要求控制，其承载力有较大富余，故一般也不按照组合梁设计，但次梁及楼板作为直接受力构件的设计应有足够的安全储备，以适应不同使用功能的要求，其设计采用的活载宜适当放大。

11.3.2 在进行结构整体内力和变形分析时，型钢混凝土梁、柱及钢管混凝土柱的轴向、抗弯、抗剪刚度都可按照型钢与混凝土两部分刚度叠加方法计算。

11.3.3 外柱与内筒的竖向变形差异宜根据实际的施工工况进行计算。在施工阶段，宜考虑施工过程中已对这些差异的逐层进行调整的有利因素，也可考虑采取外伸臂桁架延迟封闭、楼面梁与外周柱及内筒体采用铰接等措施减小差异变形的影响。在伸臂桁架永久封闭以后，后期的差异变形会对伸臂桁架或楼面梁产生附加内力，伸臂桁架及楼面梁的设计时应考虑这些不利影响。

11.3.4 混凝土筒体先于钢框架施工时，必须控制混凝土筒体超前钢框架安装的层次，否则在风荷载及其他施工荷载作用下，会使混凝土筒体产生较大的变形和应力。根据以往的经验，一般核心筒提前钢框架施工不宜超过 14 层，楼板混凝土浇筑迟于钢框架安装不宜超过 5 层。

11.3.5 影响结构阻尼比的因素很多，因此准确确定结构的阻尼比是一件非常困难的事情。试验研究及工程实践表明，一般带填充墙的高层钢结构的阻尼比为 0.02 左右，钢筋混凝土结构的阻尼比为 0.05 左右，且随着建筑高度的增加，阻尼比有不断减小的趋势。钢-混凝土混合结构的阻尼比应介于两者之间，考虑到钢-混凝土混合结构抗侧刚度主要来自混凝土核心筒，故阻尼比取为 0.04，偏向于混凝土结构。风荷载作用下，结构的塑性变形一般较设防烈度地震作用下为小，故抗风设计时的阻尼比应比抗震设计时为小，阻尼比可根据房屋高度和结构形式选取不同的值；结构高度越高阻尼比越小，采用的风荷载回归期越短，其阻尼比取值越小。一般情况下，风荷载作用时结构楼层位移和承载力验算时的阻尼比可取为 0.02～0.04，结构顶部加速度验算时的阻尼比可取为 0.01～0.015。

11.3.6 对于设置伸臂桁架的楼层或楼板开大洞的楼层，如果采用楼板平面内刚度无限大的假定，就无法得到桁架弦杆或洞口周边构件的轴力和变形，对结构设计偏于不安全。

11.4 构 件 设 计

11.4.1 试验表明，由于混凝土及箍筋、腰筋对型钢的约束作用，在型钢混凝土中的型钢截面的宽厚比可较纯钢结构适当放宽。型钢混凝土中，型钢翼缘的宽厚比取为纯钢结构的 1.5 倍，腹板取为纯钢结构的 2 倍，填充式箱形钢管混凝土可取为纯钢结构的 1.5～1.7 倍。本次修订增加了 Q390 级钢材型钢钢板的宽厚比要求，是在 Q235 级钢规定数值的基础上乘以 $\sqrt{235/f_y}$ 得到。

11.4.2 本条是对型钢混凝土梁的基本构造要求。

第 1 款规定型钢混凝土梁的强度等级和粗骨料的最大直径，主要是为了保证外包混凝土与型钢有较好的粘结强度和方便混凝土的浇筑。

第 2 款规定型钢混凝土梁纵向钢筋不宜超过两排，因为超过两排时，钢筋绑扎及混凝土浇筑将产生困难。

第 3 款规定了型钢的保护层厚度，主要是为了保证型钢混凝土构件的耐久性以及保证型钢与混凝土的粘结性能，同时也是为了方便混凝土的浇筑。

第 4 款提出了纵向钢筋的连接锚固要求。由于型钢混凝土梁中钢筋直径一般较大，如果钢筋穿越梁柱节点，将对柱翼缘有较大削弱，所以原则上不希望钢筋穿过柱翼缘；如果需锚固在柱中，为满足锚固长度，钢筋应伸过柱中心线并弯折在柱内。

第 5 款对型钢混凝土梁上开洞提出要求。开洞高度按梁截面高度和型钢尺寸双重控制，对钢梁开洞超过 0.7 倍钢梁高度时，抗剪能力会急剧下降，对一般混凝土梁则同样限制开洞高度为混凝土梁高的 0.3 倍。

第 6 款对型钢混凝土悬臂梁及转换梁提出钢筋锚固、设置抗剪栓钉要求。型钢混凝土悬臂梁端无约束，而且挠度较大；转换梁受力大且复杂。为保证混凝土与型钢的共同变形，应设置栓钉以抵抗混凝土与型钢之间的纵向剪力。

11.4.3 箍筋的最低配置要求主要是为了增强混凝土部分的抗剪能力及加强对箍筋内部混凝土的约束，防止型钢失稳和主筋压曲。当梁中箍筋采用 335MPa、400MPa 级钢筋时，箍筋末端要求 135° 施工有困难时，箍筋末端可采用 90° 直钩加焊接的方式。

11.4.4 型钢混凝土柱的轴向力大于柱子的轴向承载力的 50% 时，柱子的延性将显著下降。型钢混凝土柱有其特殊性，在一定轴力的长期作用下，随着轴向塑性的发展以及长期荷载作用下混凝土的徐变收缩会产生内力重分布，钢筋混凝土部分承担的轴力逐渐向型钢部分转移。根据型钢混凝土柱的试验结果，考虑长期荷载下徐变的影响，一、二、三抗震等级的型钢混凝土框架柱的轴压比限制分别取为 0.7、0.8、0.9。计算轴压比时，可计入型钢的作用。

11.4.5 本条第 1 款对柱长细比提出要求，长细比 λ 可取为 l_0/i，l_0 为柱的计算长度，i 为柱截面的回转半径。第 2、3 款主要是考虑型钢混凝土柱的耐久性、防火性、良好的粘结锚固及方便混凝土浇筑。

第6款规定了型钢的最小含钢率。试验表明，当柱子的型钢含钢率小于4%时，其承载力和延性与钢筋混凝土柱相比，没有明显提高。根据我国的钢结构发展水平及型钢混凝土构件的浇筑施工可行性，一般型钢混凝土构件的总含钢率也不宜大于8%，一般来说比较常用的含钢率为4%～8%。

11.4.6 柱箍筋的最低配置要求主要是为了增强混凝土部分的抗剪能力及加强对箍筋内部混凝土的约束，防止型钢失稳和主筋压曲。从型钢混凝土柱的受力性能来看，不配箍筋或少配箍筋的型钢混凝土柱在大多数情况下，出现型钢与混凝土之间的粘结破坏，特别是型钢高强混凝土构件，更应配置足够数量的箍筋，并宜采用高强度箍筋，以保证箍筋有足够的约束能力。

箍筋末端做成135°弯钩且直段长度取10倍箍筋直径，主要是满足抗震要求。在某些情况下，箍筋直段取10倍箍筋直径会与内置型钢相碰，或者当柱中箍筋采用335MPa级以上钢筋而使箍筋末端的135°弯钩施工有困难时，箍筋末端可采用90°直钩加焊接的方式。

型钢混凝土柱中钢骨提供了较强的抗震能力，其配箍要求可比混凝土构件适当降低；同时由于钢骨的存在，箍筋的设置有一定的困难，考虑到施工的可行性，实际配置的箍筋不可能太多，本条规定的最小配箍要求是根据国内外试验研究，并考虑抗震等级的差别确定的。

11.4.7 规定节点箍筋的间距，一方面是为了不使钢梁腹板开洞削弱过大，另一方面也是为了方便施工。一般情况下可在柱中型钢腹板上开孔使梁纵筋贯通；翼缘上的孔对柱抗弯十分不利，因此应避免在柱型钢翼缘开梁纵筋贯通孔。也不能直接将钢筋焊在翼缘上；梁纵筋遇柱型钢翼缘时，可采用翼缘上预先焊接钢筋套筒、设置水平加劲板等方式与梁中钢筋进行连接。

11.4.9 高层混合结构，柱的截面不会太小，因此圆形钢管的直径不应过小，以保证结构基本安全要求。圆形钢管混凝土柱一般采用薄壁钢管，但钢管壁不宜太薄，以避免钢管壁屈曲。套箍指标是圆形钢管混凝土柱的一个重要参数，反映薄壁钢管对管内混凝土的约束程度。若套箍指标过小，则不能有效地提高钢管内混凝土的轴心抗压强度和变形能力；若套箍指标过大，则对进一步提高钢管内混凝土的轴心抗压强度和变形能力的作用不大。

当钢管直径过大时，管内混凝土收缩会造成钢管与混凝土脱开，影响钢管与混凝土的共同受力，因此需要采取有效措施减少混凝土收缩的影响。

长细比 λ 取 l_0/i，其中 l_0 为柱的计算长度，i 为柱截面的回转半径。

11.4.10 为保证钢管与混凝土共同工作，矩形钢管截面边长之比不宜过大。为避免矩形钢管混凝土柱在丧失整体承载能力之前钢管壁板件局部屈曲，并保证钢管全截面有效，钢管壁板件的边长与其厚度的比值不宜过大。

矩形钢管混凝土柱的延性与轴压比、长细比、含钢率、钢材屈服强度、混凝土抗压强度等因素有关。本规程对矩形钢管混凝土柱的轴压比提出具体要求，以保证其延性。

11.4.11 钢板混凝土剪力墙是指两端设置型钢暗柱、上下有型钢暗梁，中间设置钢板，形成的钢-混凝土组合剪力墙。

11.4.12 试验研究表明，两端设置型钢、内藏钢板的混凝土组合剪力墙可以提供良好的耗能能力，其受剪截面限制条件可以考虑两端型钢和内藏钢板的作用，扣除两端型钢和内藏钢板发挥的抗剪作用后，控制钢筋混凝土部分承担的平均剪应力水平。

11.4.13 试验研究表明，两端设置型钢、内藏钢板的混凝土组合剪力墙，在满足本规程第11.4.14、11.4.15条规定的构造要求时，其型钢和钢板可以充分发挥抗剪作用，因此截面受剪承载力公式中包含了两端型钢和内藏钢板对应的受剪承载力。

11.4.14 试验研究表明，内藏钢板的钢板混凝土组合剪力墙可以提供良好的耗能能力，在计算轴压比时，可以考虑内藏钢板的有利作用。

11.4.15 在墙身中加入薄钢板，对于墙体承载力和破坏形态会产生显著影响，而钢板与周围构件的连接关系对于承载力和破坏形态的影响至关重要。从试验情况来看，钢板与周围构件的连接越强，则承载力越大。四周焊接的钢板组合剪力墙可显著提高剪力墙受剪承载能力，并具有与普通钢筋混凝土剪力墙基本相当或略高的延性系数。这对于承受很大剪力的剪力墙设计具有十分突出的优势。为充分发挥钢板的强度，建议钢板四周采用焊接的连接形式。

对于钢板混凝土剪力墙，为使钢筋混凝土墙有足够的刚度，对墙身钢板形成有效的侧向约束，从而使钢板与混凝土能协同工作，应控制内置钢板的厚度不宜过大；同时，为了达到钢板剪力墙应用的性能和便于施工，内置钢板的厚度也不宜过小。

对于墙身分布筋，考虑到以下两方面的要求：1）钢筋混凝土墙与钢板共同工作，混凝土部分的承载力不宜太低，宜适当提高混凝土部分的承载力，使钢筋混凝土与钢板两者协调，提高整个墙体的承载力；2）钢板组合墙的优势是可以充分发挥钢和混凝土的优点，混凝土可以防止钢板的屈曲失稳，为满足这一要求，宜适当提高墙身配筋，因此钢筋混凝土墙体的分布筋配筋率不宜太小。本规程建议对于钢板组合墙的墙身分布钢筋配筋率不宜小于0.4%。

11.4.17 日本阪神地震的震害经验表明：非埋入式

柱脚、特别在地面以上的非埋入式柱脚在地震区容易产生破坏，因此钢柱或型钢混凝土柱宜采用埋入式柱脚。若存在刚度较大的多层地下室，当有可靠的措施时，型钢混凝土柱也可考虑采用非埋入式柱脚。根据新的研究成果，埋入柱脚型钢的最小埋置深度修改为型钢截面长边的 2.5 倍。

11.4.18 考虑到钢框架-钢筋混凝土核心筒中核心筒的重要性，其墙体配筋较钢筋混凝土框架-核心筒中核心筒的配筋率适当提高，提高其构造承载力和延性要求。

12　地下室和基础设计

12.1　一　般　规　定

12.1.1 震害调查表明，有地下室的高层建筑的破坏比较轻，而且有地下室对提高地基的承载力有利，对结构抗倾覆有利。另外，现代高层建筑设置地下室也往往是建筑功能所要求的。

12.1.2 本条是基础设计的原则规定。高层建筑基础设计应因地制宜，做到技术先进、安全合理、经济适用。高层建筑基础设计时，对相邻建筑的相互影响应有足够的重视，并了解掌握邻近地下构筑物及各类地下设施的位置和标高，以便设计时合理确定基础方案及提出施工时保证安全的必要措施。

12.1.3 在地震区建造高层建筑，宜选择有利地段，避开不利地段，这不仅关系到建造时采取必要措施的费用，而且由于地震不确定性，一旦发生地震可能带来不可预计的震害损失。

12.1.4 高层建筑的基础设计，根据上部结构和地质状况，从概念设计上考虑地基基础与上部结构相互影响是必要的。高层建筑深基坑施工期间的防水及护坡，既要保证本身的安全，同时必须注意对临近建筑物、构筑物、地下设施的正常使用和安全的影响。

12.1.5 高层建筑采用天然地基上的筏形基础比较经济。当采用天然地基而承载力和沉降不能完全满足需要时，可采用复合地基。目前国内在高层建筑中采用复合地基已经有比较成熟的经验，可根据需要把地基承载力特征值提高到（300～500）kPa，满足一般高层建筑的需要。

现在多数高层建筑的地下室，用作汽车库、机电用房等大空间，采用整体性好和刚度大的筏形基础是比较方便的；在没有特殊要求时，没有必要强调采用箱形基础。

当地质条件好、荷载小、且能满足地基承载力和变形要求时，高层建筑采用交叉梁基础、独立柱基也是可以的。地下室外墙一般均为钢筋混凝土，因此，交叉梁基础的整体性和刚度也是比较好的。

12.1.6 高层建筑由于质心高、荷载重，对基础底面

一般难免有偏心。建筑物在沉降的过程中，其总重量对基础底面形心将产生新的倾覆力矩增量，而此倾覆力矩增量又产生新的倾斜增量，倾斜可能随之增长，直至地基变形稳定为止。因此，为减少基础产生倾斜，应尽量使结构竖向荷载重心与基础底面形心相重合。本条删去了 02 规程中偏心距计算公式及其要求，但并不是放松要求，而是因为实际工程平面形状复杂时，偏心距及其限值难以准确计算。

12.1.7 为使高层建筑结构在水平力和竖向荷载作用下，其地基压应力不致过于集中，对基础底面压应力较小一端的应力状态作了限制。同时，满足本条规定时，高层建筑结构的抗倾覆能力具有足够的安全储备，不需再验算结构的整体倾覆。

对裙房和主楼质量偏心较大的高层建筑，裙房和主楼可分别进行基底应力验算。

12.1.8 地震作用下结构的动力效应与基础埋置深度关系比较大，软弱土层时更为明显，因此，高层建筑的基础应有一定的埋置深度；当抗震设防烈度高、场地差时，宜用较大埋置深度，以抗倾覆和滑移，确保建筑物的安全。

根据我国高层建筑发展情况，层数越来越多，高度不断增高，按原来的经验规定天然地基和桩基的埋置深度分别不小于房屋高度的 1/12 和 1/15，对一些较高的高层建筑而使用功能又无地下室时，对施工不便且不经济。因此，本条对基础埋置深度作了调整。同时，在满足承载力、变形、稳定以及上部结构抗倾覆要求的前提下，埋置深度的限值可适当放松。基础位于岩石地基上，可能产生滑移时，还应验算地基的滑移。

12.1.9 带裙房的大底盘高层建筑，现在全国各地应用较普遍，高层主楼与裙房之间根据使用功能要求多数不设永久沉降缝。我国从 20 世纪 80 年代以来，对多栋带有裙房的高层建筑沉降观测表明，地基沉降曲线在高低层连接处是连续的，未出现突变。高层主楼地基下沉，由于土的剪切传递，高层主楼以外的地基随之下沉，其影响范围随土质而异。因此，裙房与主楼连接处不会发生突变的差异沉降，而是在裙房若干跨内产生连续的差异沉降。

高层建筑主楼基础与其相连的裙房基础，若采取有效措施的，或经过计算差异沉降引起的内力满足承载力要求的，裙房与主楼连接处可以不设沉降缝。

12.1.10 本条参照现行国家标准《地下工程防水技术规程》GB 50108 修改了混凝土的抗渗等级要求；考虑全国的实际情况，修改了混凝土强度等级要求，由 C30 改为 C25。

12.1.11 本条依据现行国家标准《粉煤灰混凝土应用技术规范》GB 50146 的有关规定制定。充分利用粉煤灰混凝土的后期强度，有利于减小水泥用量和混凝土收缩影响。

12.1.12 本条系考虑抗震设计的要求而增加的。

12.2 地下室设计

12.2.1 本条是在 02 规程第 4.8.5 条基础上修改补充的。当地下室顶板作为上部结构的嵌固部位时，地下室顶板及其下层竖向结构构件的设计应适当加强，以符合作为嵌固部位的要求。梁端截面实配的受弯承载力应根据实配钢筋面积（计入受压筋）和材料强度标准值等确定；柱端实配的受弯承载力应根据轴力设计值、实配钢筋面积和材料强度标准值等确定。

12.2.2 本条明确规定地下室应注意满足抗浮及防腐蚀的要求。

12.2.3 考虑到地下室周边嵌固以及使用功能要求，提出地下室不宜设永久变形缝，并进一步根据全国行之有效的经验提出针对性技术措施。

12.2.4 主体结构厚底板与扩大地下室薄底板交界处应力较为集中，该过渡区适当予以加强是十分必要的。

12.2.5 根据工程经验，提出外墙竖向、水平分布钢筋的设计要求。

12.2.6 控制和提高高层建筑地下室周边回填土质量，对室外地面建筑工程质量及地下室嵌固、结构抗震和抗倾覆均较为有利。

12.2.7 有窗井的地下室，窗井外墙实为地下室外墙一部分，窗井外墙应计入侧向土压和水压影响进行设计；挡土墙与地下室外墙之间应有可靠连接、支撑，以保证结构的有效埋深。

12.3 基础设计

12.3.1 目前国内高层建筑基础设计较多为直接采用电算程序得到的各种荷载效应的标准组合和同一地基或桩基承载力特征值进行设计，风荷载和地震作用主要引起高层建筑边角竖向结构较大轴力，将此短期效应与永久效应同等对待，加大了边角竖向结构的基础，相应重力荷载长期作用下中部竖向结构基础未得以增强，导致某些国内高层建筑出现地下室底部横向墙体八字裂缝、典型盆式差异沉降等现象。

12.3.2 本条系参照重庆、深圳、厦门及国外工程实践经验教训提出，以利于避免和减小基础及外墙裂缝。

12.3.4 筏形基础的板厚度，应满足受冲切承载力的要求；计算时应考虑不平衡弯矩作用在冲切面上的附加剪力。

12.3.5 按本条倒楼盖法计算时，地基反力可视为均布，其值应扣除底板及其地面自重，并可仅考虑局部弯曲作用。当地基、上部结构刚度较差，或柱荷载及柱间距变化较大时，筏板内力宜按弹性地基板分析。

12.3.7 上部墙、柱纵向钢筋的锚固长度，可从筏板梁的顶面算起。

12.3.8 梁板式筏基的梁截面，应满足正截面受弯及斜截面受剪承载力计算要求；必要时应验算基础梁顶面柱下局部受压承载力。

12.3.9 筏板基础，当周边或内部有钢筋混凝土墙时，墙下可不再设基础梁，墙一般按深梁进行截面设计。周边有墙时，当基础底面已满足地基承载力要求，筏板可不外伸，有利减小盆式差异沉降，有利于外包防水施工。当需要外伸扩大时，应注意满足其刚度和承载力要求。

12.3.10 桩基的设计应因地制宜，各地区对桩的选型、成桩工艺、承载力取值有各自的成熟经验。当工程所在地有地区性地基设计规范时，可依据该地区规范进行桩基设计。

12.3.15 为保证桩与承台的整体性及水平力和弯矩可靠传递，桩顶嵌入承台应有一定深度，桩纵向钢筋应可靠地锚固在承台内。

12.3.21 当箱形基础的土层及上部结构符合本条件所列诸条件时，底板反力可假定为均布，可仅考虑局部弯曲作用计算内力，整体弯曲的影响在构造上加以考虑。本规定主要依据工程实际观测数据及有关研究成果。

13 高层建筑结构施工

13.1 一般规定

13.1.1 高层建筑结构施工技术难度大，涉及深基础、钢结构等特殊专业施工要求，施工单位应具备相应的施工总承包和专业施工承包的技术能力和相应资质。

13.1.2 施工单位应认真熟悉图纸，参加建设（监理）单位组织的设计交底，并结合施工情况提出合理建议。

13.1.3 高层建筑施工组织设计和施工方案十分重要。施工前，应针对高层建筑施工特点和施工条件，认真做好施工组织设计的策划和施工方案的优选，并向有关人员进行技术交底。

13.1.4 高层建筑施工过程中，不同的施工方法可能对结构的受力产生不同的影响，某些施工工况下甚至与设计计算工况存在较大不同；大型机械设备使用量大，且多数要与结构连接并对结构受力产生影响；超高层建筑高空施工时的温度、风力等自然条件与天气预报和地面环境也会有较大差异。因此，应根据有关情况进行必要的施工模拟、计算。

13.1.5 提出季节性施工应遵循的标准和一般要求。

13.2 施工测量

13.2.1 高层建筑混凝土结构施工测量方案应根据实际情况确定，一般应包括以下内容：

1) 工程概况；

2) 任务要求；

3) 测量依据、方法和技术要求；

4) 起始依据点校测；

5) 建筑物定位放线、验线与基础施工测量；

6) ±0.000 以上结构施工测量；

7) 安全、质量保证措施；

8) 沉降、变形观测；

9) 成果资料整理与提交。

建筑小区工程、大型复杂建筑物、特殊工程的施工测量方案，除以上内容外，还可根据工程的实际情况，增加场地准备测量、场区控制网测量、装饰与安装测量、竣工测量与变形测量等。

13.2.2 高层建筑施工测量仪器的精度及准确性对施工质量、结构安全的影响大，应及时进行检定、校准和标定，且应在标定有效期内使用。本条还对主要测量仪器的精度提出了要求。

13.2.3 本条要求及所列两种常用方格网的主要技术指标与现行国家标准《工程测量规范》GB 50026 中有关规定一致。如采用其他形式的控制网，亦应符合现行国家标准《工程测量规范》GB 50026 的相关规定。

13.2.4 表 13.2.4 基础放线尺寸的允许偏差是根据成熟施工经验并参照现行国家标准《砌体工程施工质量验收规范》GB 50203 的有关规定制定的。

13.2.5 高层建筑结构施工，要逐层向上投测轴线，尤其是对结构四廓轴线的投测直接影响结构的竖向偏差。根据目前国内高层建筑施工已达到的水平，本条的规定可以达到。竖向投测前，应对建筑物轴线控制桩事先进行校测，确保其位置准确。

竖向投测的方法，当建筑高度在 50m 以下时，宜使用在建筑物外部施测的外控法；当建筑高度高于 50m 时，宜使用在建筑物内部施测的内控法，内控法宜使用激光经纬仪或激光铅直仪。

13.2.7 附合测法是根据一个已知标高点引测到场地后，再与另一个已知标高点复核、校核，以保证引测标高的准确性。

13.2.8 标高竖向传递可采用钢尺直接量取，或采用测距仪量测。施工层抄平之前，应先校测由首层传递上来的三个标高点，当其标高差值小于 3mm 时，以其平均点作为标高引测水平线；抄平时，宜将水准仪安置在测点范围的中心位置。

建筑物下沉与地层土质、基础构造、建筑高度等有关，下沉量一般在基础设计中有预估值，若能在基础施工中预留下沉量（即提高基础标高），有利于工程竣工后建筑与市政工程标高的衔接。

13.2.10 设计单位根据建筑高度、结构形式、地质情况等因素和相关标准的规定，对高层建筑沉降、变形观测提出要求。观测工作一般由建设单位委托第三方进行。施工期间，施工单位应做好相关工作，并及时掌握情况，如有异常，应配合相关单位采取相应措施。

13.3 基 础 施 工

13.3.1 深基础施工影响整个工程质量和安全，应全面、详细地掌握地下水文地质资料、场地环境，按照设计图纸和有关规范要求，调查研究，进行方案比较，确定地下施工方案，并按照国家的有关规定，经审查通过后实施。

13.3.2 列举了深基础施工应符合的有关标准。

13.3.3 土方开挖前应采取降低水位措施，将地下水降到低于基底设计标高 500mm 以下。当含水丰富、降水困难时，或满足节约地下水资源、减少对环境的影响等要求时，宜采用止水帷幕等截水措施。停止降水时间应符合设计要求，以防水位过早上升使建筑物发生上浮等问题。

13.3.4 列举了基础工程施工时针对不同土质条件可采用的不同施工方法。

13.3.5 列举了深基坑支护结构的选型原则和施工时针对不同土质条件应采用不同的施工方法和要求。

13.3.6 指明了地基处理可采取的土体加固措施。

13.3.7、13.3.8 深基坑支护及支护拆除时，施工单位应依据监测方案进行监测。对可能受影响的相邻建筑物、构筑物、道路、地下管线等应作重点监测。

13.4 垂 直 运 输

13.4.1 提出了垂直运输设备使用的基本要求。

13.4.2 列举出高层建筑施工垂直运输所采用的设备应符合的有关标准。

13.4.3 依据高层建筑结构施工对垂直运输要求高的特点，明确垂直运输设施配置应考虑的情况，提出垂直运输设备的选用、安装、使用、拆除等要求。

13.4.4～13.4.6 对高层建筑施工垂直运输设备一般包括的起重设备、混凝土泵送设备和施工电梯，按其特点分别提出施工要求。

13.5 脚手架及模板支架

13.5.1 脚手架和模板支架的搭设对安全性要求高，应进行专项设计。高、大模板支架和脚手架工程施工方案应按住房与城乡建设部《危险性较大的分项工程安全管理办法》［建质（2009）87 号］的要求进行专家论证。

13.5.2 列举了脚手架及模板支架施工应遵守的标准规范。

13.5.3 基于脚手架的安全性要求和经验做法，作此规定。

13.5.5 工字钢的抗侧向弯曲性能优于槽钢，故推荐采用工字钢作为悬挑支架。

13.5.6 卸料平台应经过有关安全或技术人员的验收合格后使用，转运时不得站人，以防发生安全事故。

13.5.7 采用定型工具式的模板支架有利于提高施工效率，利于周转、降低成本。

13.6 模板工程

13.6.1 强调模板工程应进行专项设计，以满足强度、刚度和稳定性要求。

13.6.2 列举了模板工程应符合的有关标准和对模板的基本要求。

13.6.3 对现浇梁、板、柱、墙模板的选型提出基本要求。现浇混凝土宜优先选用工具式模板，但不排除选用组合式、永久式模板。为提高工效，模板宜整体或分片预制安装和脱模。作为永久性模板的混凝土薄板，一般包括预应力混凝土板、双钢筋混凝土板和冷轧扭钢筋混凝土板。清水混凝土模板应满足混凝土的设计效果。

13.6.4 现浇楼板模板选用早拆模板体系，可加速模板的周转，节约投资。后浇带模架应设计为可独立支拆的体系，避免在顶板拆模时对后浇带部位进行二次支模与回顶。

13.6.5～13.6.7 分别阐述大模板、滑动模板和爬升模板的适用范围和施工要点。模板制作、安装允许偏差参照了相关标准的规定。

13.6.8 空心混凝土楼板浇筑混凝土时，易发生预制芯管和钢筋上浮，防止上浮的有效措施是将芯管或钢筋骨架与模板进行拉结，在模板施工时就应综合考虑。

13.6.9 规定模板拆除时混凝土应满足的强度要求。

13.7 钢筋工程

13.7.1 指出钢筋的原材料、加工、安装应符合的有关标准。

13.7.2 高层建筑宜推广应用高强钢筋，可以节约大量钢材。设计单位综合考虑钢筋性能、结构抗震要求等因素，对不同部位、构件采用的钢筋作出明确规定。施工中，钢筋的品种、规格、性能应符合设计要求。

13.7.3 本条提出粗直径钢筋接头应优先采用机械连接。列举了钢筋连接应符合的有关现行标准。锥螺纹接头现已基本不使用，故取消了原规程中的有关内容。

13.7.4 指出采用点焊钢筋网片应符合的有关标准。

13.7.5 指出采用新品种钢筋应符合的有关标准。

13.7.6 梁柱、梁梁相交部位钢筋位置及相互关系比较复杂，施工中容易出错，本条规定对基本要求进行了明确。

13.7.7 提出了箍筋的基本要求。螺旋箍有利于抗震性能的提高，已得到越来越多的使用，施工中应按照

设计及工艺要求，保证质量。

13.7.8 高层建筑中，压型钢板-混凝土组合楼板已十分常见，其钢筋位置及保护层厚度影响组合楼板的受力性能和使用安全，应严格保证。

13.7.9 现场钢筋施工宜采用预制安装，对预制安装钢筋骨架和网片大小和运输提出要求，以保证质量，提高效率。

13.8 混凝土工程

13.8.1 高层建筑基础深、层数多，需要混凝土质量高、数量大，应尽量采用预拌泵送混凝土。

13.8.2 列举了混凝土工程应符合的主要标准。

13.8.3 高性能混凝土以耐久性、工作性、适当高强度为基本要求，并根据不同用途强化某些性能，形成补偿收缩混凝土、自密实免振混凝土等。

13.8.4～13.8.6 增加对混凝土坍落度、浇筑、振捣的要求。强调了对混凝土浇筑过程中模板支架安全性的监控。

13.8.7 强调混凝土应及时有效养护及养护覆盖的主要方法。

13.8.8 列举了现浇预应力混凝土应符合的技术规程。

13.8.9 提出对柱、墙与梁、板混凝土强度不同时的混凝土浇筑要求。施工中，当强度相差不超过两个等级时，已有采用较低强度等级的梁板混凝土浇筑核心区（直接浇筑或采取必要加强措施）的实践，但必须经设计和有关单位协商认可。

13.8.10 混凝土施工缝留置的具体位置和浇筑应符合本规程和有关现行国家标准的规定。

13.8.11 后浇带留置及不同类型后浇带的混凝土浇筑时间，应符合设计要求。提高后浇带混凝土一个强度等级是出于对该部位的加强，也是目前的通常做法。

13.8.12 混凝土结构允许偏差主要根据现行国家标准《混凝土结构工程施工质量验收规范》GB 50204 的有关规定，其中截面尺寸和表面平整的抹灰部分系指采用中、小型模板的允许偏差，不抹灰部分系指采用大模及爬模工艺的允许偏差。

13.9 大体积混凝土施工

13.9.1 大体积混凝土指混凝土结构物实体最小尺寸不小于1m的大体量混凝土，或预计会因混凝土中胶凝材料水化引起的温度变化和收缩而导致有害裂缝产生的混凝土。高层建筑底板、转换层及梁柱构件中，属于大体积混凝土范畴的很多，因此本规程将大体积混凝土施工单独成节，以明确其主要要求。

　　超长结构目前没有明确定义。本节所述超长结构，通常指平面尺寸大于本规程第3.4.12条规定的伸缩缝间距的结构。

本条强调大体积混凝土与超长结构混凝土施工前应编制专项施工方案，施工方案应进行必要的温控计算，并明确控制大体积混凝土裂缝的措施。

13.9.3 大体积混凝土由于水化热产生的内外温差和混凝土收缩变形大，易产生裂缝。预防大体积混凝土裂缝应从设计构造、原材料、混凝土配合比、浇筑等方面采取综合措施。大体积基础底板、外墙混凝土可采用混凝土 60d 或 90d 强度，并采用相应的配合比，延缓混凝土水化热的释放，减少混凝土温度应力裂缝，但应由设计单位认可，并满足施工荷载的要求。

13.9.4 对大体积混凝土与超长结构混凝土原材料及配合比提出要求。

13.9.5 对大体积混凝土浇筑、振捣提出相关要求。

13.9.6 对大体积混凝土养护、测温提出相关要求。养护、测温的根本目的是控制混凝土内外温差。养护方法应考虑季节性特点。测温可采用人工测量、记录，目前很多工程已成功采用预埋温度电偶并利用计算机进行自动测温记录。测温结果应及时向有关技术人员报告，温差超出规定范围时应采取相应措施。

13.9.7 在超长结构混凝土施工中，采用留后浇带或跳仓法施工是防止和控制混凝土裂缝的主要措施之一。跳仓浇筑间隔时间不宜少于 7d。

13.10 混合结构施工

13.10.1 列举出混合结构的钢结构、混凝土结构、型钢混凝土结构等施工应符合的有关标准规范。

13.10.2 混合结构具有工序多、流程复杂、协同作业要求高等特点，施工中应加强各专业之间的协调与配合。

13.10.3 钢结构深化设计图是在工程施工图的基础上，考虑制作安装因素，将各专业所需要的埋件及孔洞，集中反映到构件加工详图上的技术文件。

钢结构深化设计应在钢结构施工图完成之后进行，根据施工图提供的构件位置、节点构造、构件安装内力及其他影响等，为满足加工要求形成构件加工图，并提交原设计单位确认。

13.10.4~13.10.6 明确了混合结构及其构件的施工顺序。

13.10.7 对钢框架-钢筋混凝土筒体结构施工提出进行结构时变分析要求，并控制变形差。

13.10.8~13.10.13 提出了钢管混凝土、型钢混凝土框架-钢筋混凝土筒体结构施工应注意的重点环节。

13.11 复杂混凝土结构施工

13.11.1 为保证复杂混凝土结构工程质量和施工安全，应编制专项施工方案。

13.11.2 提出了混凝土结构转换层、加强层的施工要求。需要注意的是，应根据转换层、加强层自重大的特点，对支撑体系设计和荷载传递路径等关键环节

进行重点控制。

13.11.3~13.11.5 提出了悬挑结构、大底盘多塔楼结构、塔楼连接体的施工要求。

13.12 施工安全

13.12.1 列出高层建筑施工安全应遵守的技术规范、规程。

13.12.2 附着式整体爬升脚手架应采用经住房和城乡建设部组织鉴定并发放生产和使用证的产品，并具有当地建筑安全监督管理部门发放的产品准用证。

13.12.3 高层建筑施工现场避雷要求高，避雷系统应覆盖整个施工现场。

13.12.4 高层建筑施工应严防高空坠落。安全网除应随施工楼层架设外，尚应在首层和每隔四层各设一道。

13.12.5 钢模板的吊装、运输、装拆、存放，必须稳固。模板安装就位后，应注意接地。

13.12.6 提出脚手架和工作平台施工安全要求。

13.12.7 提出高层建筑施工中上、下楼层通信联系要求。

13.12.8 提出施工现场防止火灾的消防设施要求。

13.12.9 对油漆和涂料的施工提出防火要求。

13.13 绿色施工

13.13.1 对高层建筑施工组织设计和方案提出绿色施工及其培训的要求。

13.13.2 提出了混凝土耐久性和环保要求。

13.13.3~13.13.7 针对高层建筑施工，提出"四节一环保"要求。第 13.13.7 条的降尘措施如洒水、地面硬化、围挡、密网覆盖、封闭等；降噪措施包括：尽量使用低噪声机具，对噪声大的机械合理安排位置，采用吸声、消声、隔声、隔振等措施等。

附录 D 墙体稳定验算

根据国内研究成果并与德国《混凝土与钢筋混凝土结构设计和施工规范》DIN1045 的比较表明，对不同支承条件弹性墙肢的临界荷载，可表达为统一形式：

$$q_{cr} = \frac{\pi^2 E_c t^3}{12 l_0^2} \qquad (7)$$

其中，计算长度 l_0 取为 βh，β 为计算长度系数，可根据墙肢的支承条件确定；h 为层高。

考虑到混凝土材料的弹塑性、荷载的长期性以及荷载偏心距等因素的综合影响，要求墙顶的竖向均布线荷载设计值不大于 $q_{cr}/8$，即 $\frac{E_c t^3}{10 (\beta h)^2}$。为保证安全，对 T 形、L 形、槽形和工字形剪力墙各墙肢，本附录第 D.0.3 条规定的计算长度系数大于理论值。

当剪力墙的截面高度或宽度较小且层高较大时，其整体失稳可能先于各墙肢局部失稳，因此本附录第 D.0.4 条规定，对截面高度或宽度小于截面厚度的 2 倍和 800mm 的 T 形、L 形、槽形和工字形剪力墙，除按第 D.0.1～D.0.3 条规定验算墙肢局部稳定外，尚宜验算剪力墙的整体稳定性。

附录 F 圆形钢管混凝土构件设计

F.1 构 件 设 计

F.1.1 本规程对圆型钢管混凝土柱承载力的计算采用基于实验的极限平衡理论，参见蔡绍怀著《现代钢管混凝土结构》（人民交通出版社，北京，2003），其主要特点是：

1) 不以柱的某一临界截面作为考察对象，而以整长的钢管混凝土柱，即所谓单元柱，作为考察对象，视之为结构体系的基本元件。

2) 应用极限平衡理论中的广义应力和广义应变概念，在试验观察的基础上，直接探讨单元柱在轴力 N 和柱端弯矩 M 这两个广义力共同作用下的广义屈服条件。

本规程将长径比 L/D 不大于 4 的钢管混凝土柱定义为短柱，可忽略其受压极限状态的压曲效应（即 P-δ 效应）影响，其轴心受压的破坏荷载（最大荷载）记为 N_0，是钢管混凝土柱承载力计算的基础。

短柱轴心受压极限承载力 N_0 的计算公式（F.1.2-2）、（F.1.2-3）系在总结国内外约 480 个试验资料的基础上，用极限平衡法导得的。试验结果和理论分析表明，该公式对于（a）钢管与核心混凝土同时受载，（b）仅核心混凝土直接受载，（c）钢管在弹性极限内预先受载，然后再与核心混凝土共同受载等加载方式均适用。

公式（F.1.2-2）、（F.1.2-3）右端的系数 0.9，是参照现行国家标准《混凝土结构设计规范》GB 50010，为提高包括螺旋箍筋柱在内的各种钢筋混凝土受压构件的安全度而引入的附加系数。

公式（F.1.2-1）的双系数乘积规律是根据中国建筑科学研究院的系列试验结果确定的。经用国内外大量试验结果（约 360 个）复核，证明该公式与试验结果符合良好。在压弯柱的承载力计算中，采用该公式后，可避免求解 M-N 相关方程，从而使计算大为简化，用双系数表达的承载力变化规律也更为直观。

值得强调指出，套箍效应使钢管混凝土柱的承载力较普通钢筋混凝土柱有大幅度提高（可达 30%～50%），相应地，在使用荷载下的材料使用应力也有同样幅度的提高。经试验观察和理论分析证明，在规程规定的套箍指标 θ 不大于 3 和规程所设置的安全度水平内，钢管混凝土柱在使用荷载下仍然处于弹性工作阶段，符合极限状态设计原则的基本要求，不会影响其使用质量。

F.1.3 由极限平衡理论可知，钢管混凝土标准单元柱在轴力 N 和端弯矩 M 共同作用下的广义屈服条件，在 M-N 直角坐标系中是一条外凸曲线，并可足够精确地简化为两条直线 AB 和 BC（图 18）。其中 A 为轴心受压；C 为纯弯受力状态，由试验数据得纯弯时的抗弯强度取 $M_0 = 0.3N_0r_c$；B 为大小偏心受压的分界点，$\dfrac{e_0}{r_c} = 1.55$，$M_u = M_l = 0.4N_0r_c$。

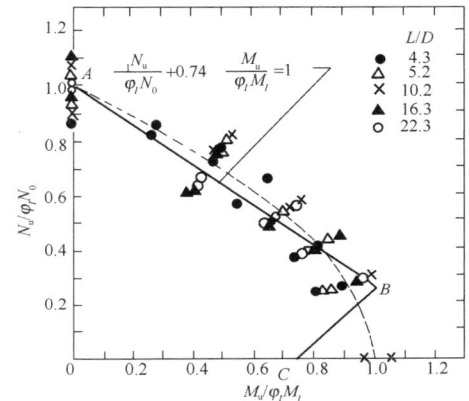

图 18 M-N 相关曲线（根据中国建筑科学研究院的试验资料）

定义 $\varphi_e = \dfrac{N_u}{\varphi_l N_0}$，经简单变换后，即得：

AB 段 $\left(\dfrac{e_0}{r_c} < 1.55\right)$，$\varphi_e = \dfrac{N_u}{\varphi_l N_0} = \dfrac{1}{1 + 1.85\dfrac{e_0}{r_c}}$

$$(8)$$

BC 段 $\left(\dfrac{e_0}{r_c} \geqslant 1.55\right)$，$\varphi_e = \dfrac{N_u}{\varphi_l N_0} = \dfrac{0.3}{\dfrac{e_0}{r_c} - 0.4}$ $\quad(9)$

此即公式（F.1.3-1）和（F.1.3-3）。

公式（F.1.3-1）与试验实测值的比较见图 19～图 21。

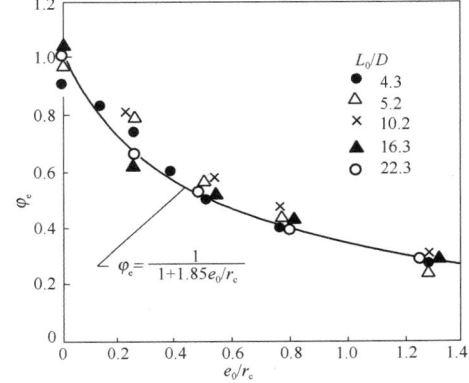

图 19 折减系数 φ_e 与偏心率的相关曲线（根据中国建筑科学研究院的试验资料）

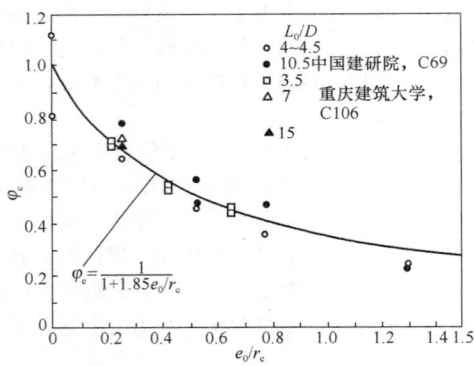

图 20　钢管高强混凝土柱折减系数 φ_e
实测值与计算值的比较（一）

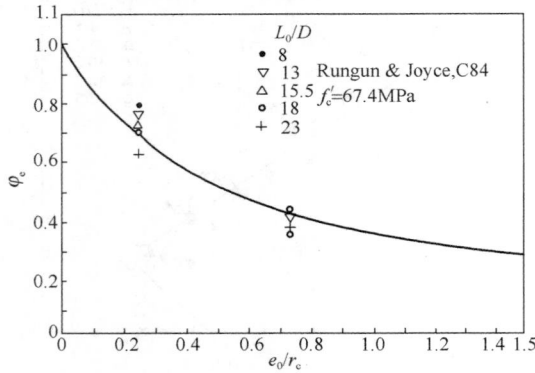

图 21　钢管高强混凝土柱折减系数 φ_e
实测值与计算值的比较（二）

F.1.4　规程公式（F.1.4-1）是总结国内外大量试验结果（约 340 个）得出的经验公式。对于普通混凝土，$L_0/D \leqslant 50$ 在的范围内，对于高强混凝土，在 $L_0/D \leqslant 20$ 的范围内，该公式的计算值与试验实测值均符合良好（图 22、23）。从现有的试验数据看，钢管径厚比 D/t，钢材品种以及混凝土强度等级或套箍指标等的变化，对 φ_l 值的影响无明显规律，其变化幅度都在试验结果的离散程度以内，故公式中对这些因素都不予考虑。为合理地发挥钢管混凝土抗压承载能力的优势，本规程对柱的长径比作了 $L/D \leqslant 20$（长细比 $\lambda \leqslant 80$）的限制。

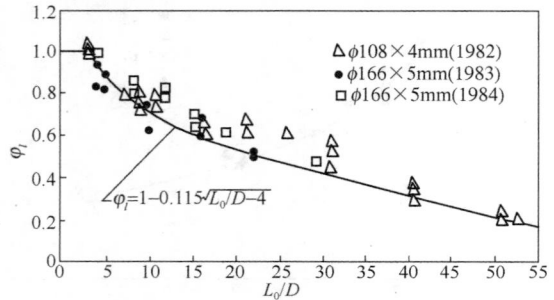

图 22　长细比对轴心受压柱承载能力的影响
（中国建筑科学研究院结构所的试验）

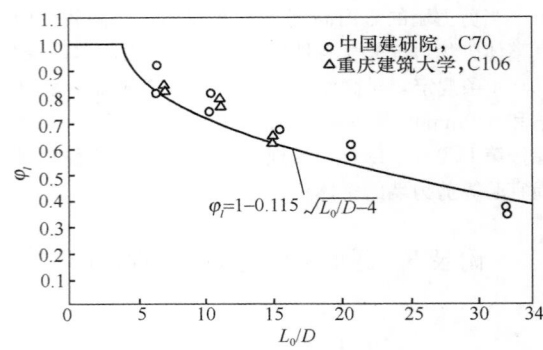

图 23　考虑长细比影响的折减系数试验值
与计算曲线比较（高强混凝土）

F.1.5、F.1.6　本条的等效计算长度考虑了柱端约束条件（转动和侧移）和沿柱身弯矩分布梯度等因素对柱承载力的影响。

柱端约束条件的影响，借引入"计算长度"的办法予以考虑，与现行国家标准《钢结构设计规范》GB 50017 所采用的办法完全相同。

为考虑沿柱身弯矩分布梯度的影响，在实用上可采用等效标准单元柱的办法予以考虑。即将各种一次弯矩分布图不为矩形的两端铰支柱以及悬臂柱等非标准柱转换为具有相同承载力的一次弯矩分布图呈矩形的等效标准柱。我国现行国家标准《钢结构设计规范》GB 50017 和国外的一些结构设计规范，例如美国 ACI 混凝土结构规范，采用的是等效弯矩法，即将非标准柱的较大端弯矩予以缩减，取等效弯矩系数 c 不大于 1，相应的柱长保持不变（图 24a）；本规程采用的则是等效长度法，即将非标准柱的长度予以缩减，取等效长度系数 k 不大于 1，相应的柱端较大弯矩 M_2 保持不变（图 24b）。两种处理办法的效果应该是相同的。本规程采用等效长度法，在概念上更为直观，对于在实验中观察到的双曲压弯下的零挠度点漂移现象，更易于解释。

本条所列的等效长度系数公式，是根据中国建筑科学研究院专门的试验结果建立的经验公式。

F.1.7　虽然钢管混凝土柱的优势在抗压，只宜作受压构件，但在个别特殊工况下，钢管混凝土柱也可能有处于拉弯状态的时候。为验算这种工况下的安全性，本规程假定钢管混凝土柱的 N-M 曲线在拉弯区为直线，给出了以钢管混凝土纯弯状态和轴心受拉状态时的承载力为基础的相关公式，其中纯弯承载力与压弯公式中的纯弯承载力相同，轴心受拉承载力仅考虑钢管的作用。

F.1.8、F.1.9　钢管混凝土中的钢管，是一种特殊形式的配筋，系三维连续的配筋场，既是纵筋，又是横向箍筋，无论构件受到压、拉、弯、剪、扭等何种作用，钢管均可随着应变场的变化而自行调节变换其配筋功能。一般情况下，钢管混凝土柱主要受压弯作

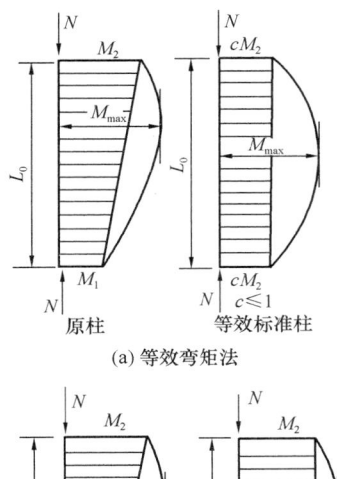

(a) 等效弯矩法

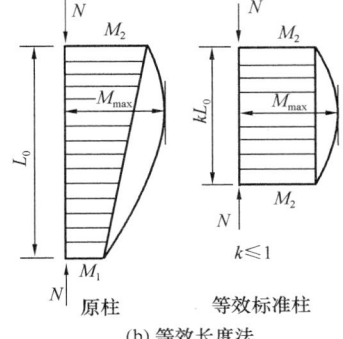

(b) 等效长度法

图 24 非标准单元柱的两种等效转换法

用,在按压弯构件确定了柱的钢管规格和套箍指标后,其抗剪配筋场亦相应确定,无须像普通钢筋混凝土构件那样另做抗剪配筋设计。以往的试验观察表明,钢管混凝土柱在剪跨柱径比 a/D 大于 2 时,都是弯曲型破坏。在一般建筑工程中的钢管混凝土框架柱,其高度与柱径之比(即剪跨柱径比)大都在 3 以上,横向抗剪问题不突出。在某些情况下,例如钢管混凝土柱之间设有斜撑的节点处,大跨重载梁的梁柱节点区等,仍可能出现影响设计的钢管混凝土小剪跨抗剪问题。为解决这一问题,中国建筑科学研究院进行了专门的抗剪试验研究,本条的计算公式(F.1.9-1)和(F.1.9-2)即系根据这批试验结果提出的,适用于横向剪力以压力方式作用于钢管外壁的情况。

F.1.10～F.1.12 众所周知,对混凝土配置螺旋箍筋或横向方格钢筋网片,形成所谓套箍混凝土,可显著提高混凝土的局部承压强度。钢管混凝土是一种特殊形式的套箍混凝土,其钢管具有类似螺旋箍筋的功能,显然也应具有较高的局部承压强度。钢管混凝土的局部承压可分为中央部位的局部承压和组合界面附近的局部承压两类。中国建筑科学研究院的试验研究表明,在上述两类局部承压下的钢管混凝土强度提高系数亦服从与面积比的平方根成线性关系的规律。

第 F.1.12 条的公式可用于抗剪连接件的承载力计算,其中所指的柔性抗剪连接件包括节点构造中采用的内加强环、环形隔板、钢筋环和焊钉等。至于内衬管段和穿心牛腿(承重销)则应视为刚性抗剪连接件。

当局压强度不足时,可将局压区段管壁加厚予以补强,这比局部配置螺旋箍筋更简便些。局压区段的长度可取为钢管直径的 1.5 倍。

F.2 连接设计

F.2.1 外加强环可以拼接,拼接处的对接焊缝必须与母材等强。

F.2.2 采用内加强环连接时,梁与柱之间最好通过悬臂梁段连接。悬臂梁段在工厂与钢管采用全焊连接,即梁翼缘与钢管壁采用全熔透坡口焊缝连接、梁腹板与钢管壁采用角焊缝连接;悬臂梁段在现场与梁拼接,可以采用栓焊连接,也可以采用全螺栓连接。采用不等截面悬臂梁段,即翼缘端部加宽或腹板加腋或同时翼缘端部加宽和腹板加腋,可以有效转移塑性铰,避免悬臂梁段与钢管的连接破坏。

F.2.3 本规程中钢筋混凝土梁与钢管混凝土柱的连接方式分别针对管外剪力传递和管外弯矩传递两个方面做了具体规定,在相应条文的图示中只针对剪力传递或弯矩传递的一个方面做了表示,工程中的连接节点可以根据工程特点采用不同的剪力和弯矩传递方式进行组合。

F.2.8 井字双梁与钢管之间浇筑混凝土,是为了确保节点上各梁端的不平衡弯矩能传递给柱。

F.2.9 规定了钢筋混凝土环梁的构造要求,目的是使框架梁端弯矩能平稳地传递给钢管混凝土柱,并使环梁不先于框架梁端出现塑性铰。

F.2.10 "穿筋单梁"节点增设内衬管或外套管,是为了弥补钢管开孔所造成的管壁削弱。穿筋后,孔与筋的间隙可以补焊。条件许可时,框架梁端可水平加腋,并令梁的部分纵筋从柱侧绕过,以减少穿筋的数量。

中华人民共和国行业标准

装配式住宅建筑设计标准

Standard for design of assembled housing

JGJ/T 398—2017

批准部门：中华人民共和国住房和城乡建设部
施行日期：2 0 1 8 年 6 月 1 日

中华人民共和国住房和城乡建设部
公　告

第 1711 号

住房城乡建设部关于发布行业标准
《装配式住宅建筑设计标准》的公告

现批准《装配式住宅建筑设计标准》为行业标准，编号为 JGJ/T 398-2017，自 2018 年 6 月 1 日起实施。

本标准在住房城乡建设部门户网站（www.mohurd.gov.cn）公开，并由我部标准定额研究所组织中国建筑工业出版社出版发行。

中华人民共和国住房和城乡建设部

2017 年 10 月 30 日

前　　言

根据住房和城乡建设部《关于印发〈2009 年工程建设标准规范制订、修订计划〉的通知》（建标 [2009] 88 号）的要求，编制组经广泛调查研究，认真总结实践经验，参考有关国际标准和国外先进标准，并在广泛征求意见的基础上，编制了本标准。

本标准主要技术内容是：1. 总则；2. 术语；3. 基本规定；4. 建筑设计；5. 建筑结构体与主体部件；6. 建筑内装体与内装部品；7. 围护结构；8. 设备及管线。

本标准由住房和城乡建设部负责管理，由中国建筑标准设计研究院有限公司负责具体技术内容的解释。执行过程中如有意见或建议，请寄送中国建筑标准设计研究院有限公司（地址：北京市首体南路 9 号主语国际 2 号楼，邮编 100048）。

本标准主编单位：中国建筑标准设计研究院有限公司

本标准参编单位：住房和城乡建设部住宅产业化促进中心
北京市建筑设计研究院有限公司
上海中森建筑与工程设计顾问有限公司
南京长江都市建筑设计股份有限公司
深圳市华阳国际工程设计有限公司
清华大学
同济大学
东南大学
绿地控股集团有限公司
宝业集团股份有限公司
青岛海尔家居集成股份有限公司
苏州科逸住宅设备股份有限公司
松下电器（中国）有限公司
山东万斯达建筑科技股份有限公司
宝钢建筑系统集成有限公司

本标准主要起草人员：刘东卫　曹　彬　文林峰
樊则森　周静敏　伍止超
朱　茜　周祥茵　褚　波
李　昕　汪　杰　刘美霞
龙玉峰　邵　磊　张　宏
陈忠义　于小菲　蒋航军
贾　丽　罗文斌　魏素巍
蒋洪彪　秦　姗　刘　丹
魏　琨　夏　锋　刘　斥
曹祎杰　徐　弋　姜　伟
王　东　孙绪东

本标准主要审查人员：赵冠谦　窦以德　杨家骥
左亚洲　李雪佩　薛　峰
宋　兵　岑　岩　王全良
胡惠琴　黄　炜　刘　水
刘西戈　王瑀慧　张　波

目　　次

1 总 则

1.0.1 为规范我国装配式住宅的建设，促进住宅产业现代化发展，提高工业化设计与建造技术水平，做到安全适用、技术先进、经济合理、质量优良、节能环保，全面提高装配式住宅建设的环境效益、社会效益和经济效益，制定本标准。

1.0.2 本标准适用于采用装配式建筑结构体与建筑内装体集成化建造的新建、改建和扩建住宅建筑设计。

1.0.3 装配式住宅建筑设计应符合住宅建筑全寿命期的可持续发展原则，满足建筑体系化、设计标准化、生产工厂化、施工装配化、装修部品化和管理信息化等全产业链工业化生产方式的要求。

1.0.4 装配式住宅建筑设计除应符合本标准外，尚应符合国家现行有关标准的规定。

2 术 语

2.0.1 装配式住宅 assembled housing
  以工业化生产方式的系统性建造体系为基础，建筑结构体与建筑内装体中全部或部分部件部品采用装配方式集成化建造的住宅建筑。

2.0.2 住宅建筑通用体系 housing open system
  以工业化生产方式为特征的、由建筑结构体与建筑内装体构成的开放性住宅建筑体系。体系具有系统性、适应性与多样性，部件部品具有通用性和互换性。

2.0.3 住宅建筑结构体 skeleton system
  住宅建筑支撑体，包括住宅建筑的承重结构体系及共用管线体系；其承重结构体系由主体部件或其他结构构件构成。

2.0.4 住宅建筑内装体 infill system
  住宅建筑填充体，包括住宅建筑的内装部品体系和套内管线体系。

2.0.5 主体部件 skeleton components
  在工厂或现场预先制作完成，构成住宅建筑结构体的钢筋混凝土结构、钢结构或其他结构构件。

2.0.6 内装部品 infill components
  在工厂生产、现场装配，构成住宅建筑内装体的内装单元模块化部品或集成化部品。

2.0.7 装配式内装 assembled infill
  采用干式工法，将工厂生产的标准化内装部品在现场进行组合安装的工业化装修建造方式。

2.0.8 模数协调 modular coordination
  以基本模数或扩大模数实现尺寸及安装位置协调的方法和过程。

2.0.9 设计协同 design coordination
  装配式住宅的建筑结构体与建筑内装体之间、各专业设计之间、生产建造过程各阶段之间的协同设计工作。

2.0.10 整体厨房 system kitchen
  由工厂生产、现场装配的满足炊事活动功能要求的基本单元模块化部品。

2.0.11 整体卫浴 unit bathroom
  由工厂生产、现场装配的满足洗浴、盥洗和便溺等功能要求的基本单元模块化部品。

2.0.12 整体收纳 system cabinets
  由工厂生产、现场装配的满足不同套内功能空间分类储藏要求的基本单元模块化部品。

2.0.13 装配式隔墙、吊顶和楼地面部品 assembled partition wall, ceiling and floor
  由工厂生产的、满足空间和功能要求的隔墙、吊顶和楼地面等集成化部品。

2.0.14 干式工法 non-wet construction
  现场采用干作业施工工艺的建造方法。

2.0.15 管线分离 pipe and wire detached from skeleton
  建筑结构体中不埋设设备及管线，将设备及管线与建筑结构体相分离的方式。

3 基 本 规 定

3.0.1 装配式住宅的安全性能、适用性能、耐久性能、环境性能、经济性能和适老性能等应符合国家现行标准的相关规定。

3.0.2 装配式住宅应在建筑方案设计阶段进行整体技术策划，对技术选型、技术经济可行性和可建造性进行评估，科学合理地确定建造目标与技术实施方案。整体技术策划应包括下列内容：
  1 概念方案和结构选型的确定；
  2 生产部件部品工厂的技术水平和生产能力的评定；
  3 部件部品运输的可行性与经济性分析；
  4 施工组织设计及技术路线的制定；
  5 工程造价及经济性的评估。

3.0.3 装配式住宅建筑设计宜采用住宅建筑通用体系，以集成化建造为目标实现部件部品的通用化、设备及管线的规格化。

3.0.4 装配式住宅建筑应符合建筑结构体和建筑内装体的一体化设计要求，其一体化技术集成应包括下列内容：
  1 建筑结构体的系统及技术集成；
  2 建筑内装体的系统及技术集成；
  3 围护结构的系统及技术集成；
  4 设备及管线的系统及技术集成。

3.0.5 装配式住宅建筑设计宜将建筑结构体与建筑

内装体、设备管线分离。

3.0.6 装配式住宅建筑设计应满足标准化与多样化要求，以少规格多组合的原则进行设计，应包括下列内容：

 1 建造集成体系通用化；

 2 建筑参数模数化和规格化；

 3 套型标准化和系列化；

 4 部件部品定型化和通用化。

3.0.7 装配式住宅建筑设计应遵循模数协调原则，并应符合现行国家标准《建筑模数协调标准》GB/T 50002 的有关规定。

3.0.8 装配式住宅设计除应满足建筑结构体的耐久性要求，还应满足建筑内装体的可变性和适应性要求。

3.0.9 装配式住宅建筑设计选择结构体系类型及部件部品种类时，应综合考虑使用功能、生产、施工、运输和经济性等因素。

3.0.10 装配式住宅主体部件的设计应满足通用性和安全可靠要求。

3.0.11 装配式住宅内装部品应具有通用性和互换性，满足易维护的要求。

3.0.12 装配式住宅建筑设计应满足部件生产、运输、存放、吊装施工等生产与施工组织设计的要求。

3.0.13 装配式住宅应满足建筑全寿命期要求，应采用节能环保的新技术、新工艺、新材料和新设备。

4 建筑设计

4.1 平面与空间

4.1.1 装配式住宅平面与空间设计应采用标准化与多样化相结合的模块化设计方法，并应符合下列规定：

 1 套型基本模块应符合标准化与系列化要求；

 2 套型基本模块应满足可变性要求；

 3 基本模块应具有部件部品的通用性；

 4 基本模块应具有组合的灵活性。

4.1.2 装配式住宅建筑设计应符合建筑全寿命期的空间适应性要求。平面宜简单规整，宜采用大空间布置方式。

4.1.3 装配式住宅平面设计宜将用水空间集中布置，并应结合功能和管线要求合理确定厨房和卫生间的位置。

4.1.4 装配式住宅设备及管线应集中紧凑布置，宜设置在共用空间部位。

4.1.5 装配式住宅形体及其部件的布置应规则，并应符合现行国家标准《建筑抗震设计规范》GB 50011 的规定。

4.2 模数协调

4.2.1 装配式住宅建筑设计应通过模数协调实现建筑结构体和建筑内装体之间的整体协调。

4.2.2 装配式住宅建筑设计应采用基本模数或扩大模数，部件部品的设计、生产和安装等应满足尺寸协调的要求。

4.2.3 装配式住宅建筑设计应在模数协调的基础上优化部件部品尺寸和种类，并应确定各部件部品的位置和边界条件。

4.2.4 装配式住宅主体部件和内装部品宜采用模数网格定位方法。

4.2.5 装配式住宅的建筑结构体宜采用扩大模数 $2nM$、$3nM$ 模数数列。

4.2.6 装配式住宅的建筑内装体宜采用基本模数或分模数，分模数宜为 $M/2$、$M/5$。

4.2.7 装配式住宅层高和门窗洞口高度宜采用竖向基本模数和竖向扩大模数数列，竖向扩大模数数列宜采用 nM。

4.2.8 厨房空间尺寸应符合国家现行标准《住宅厨房及相关设备基本参数》GB/T 11228 和《住宅厨房模数协调标准》JGJ/T 262 的规定。

4.2.9 卫生间空间尺寸应符合国家现行标准《住宅卫生间功能及尺寸系列》GB/T 11977 和《住宅卫生间模数协调标准》JGJ/T 263 的规定。

4.3 设计协同

4.3.1 装配式住宅建筑设计应采用设计协同的方法。

4.3.2 装配式住宅建筑设计应满足建筑、结构、给水排水、燃气、供暖、通风与空调设施、强弱电和内装等各专业之间设计协同的要求。

4.3.3 装配式住宅应满足建筑设计、部件部品生产运输、装配施工、运营维护等各阶段协同的要求。

4.3.4 装配式住宅建筑设计宜采用建筑信息模型技术，并将设计信息与部件部品的生产运输、装配施工和运营维护等环节衔接。

4.3.5 装配式住宅的施工图设计文件应满足部件部品的生产施工和安装要求，在建筑工程文件深度规定基础上增加部件部品设计图。

5 建筑结构体与主体部件

5.1 建筑结构体

5.1.1 建筑结构体的设计使用年限应符合国家现行有关标准的规定。

5.1.2 建筑结构体应满足其安全性、耐久性和经济性要求。

5.1.3 装配式住宅建筑设计应合理确定建筑结构体

的装配率，应符合现行国家标准《装配式建筑评价标准》GB/T 51129 的相关规定。

5.1.4 装配式混凝土结构住宅建筑设计应确保结构规则性，并应符合现行行业标准《装配式混凝土结构技术规程》JGJ 1 的相关规定。

5.2 主 体 部 件

5.2.1 主体部件及其连接应受力合理、构造简单和施工方便。

5.2.2 装配式住宅宜采用在工厂或现场预制完成的主体部件。

5.2.3 主体部件设计应与部件生产工艺相结合，优化规格尺寸，并应符合装配化施工的安装调节和公差配合要求。

5.2.4 主体部件设计应满足生产运输、施工条件和施工装备选用的要求。

5.2.5 主体部件应结合管线设施设计要求预留孔洞或预埋套管。

5.2.6 装配式混凝土结构住宅的楼板宜采用叠合楼板，其结构整体性应符合现行行业标准《装配式混凝土结构技术规程》JGJ 1 的相关规定。

5.2.7 钢结构住宅宜优先采用钢-混凝土组合楼板或混凝土叠合楼板，并应符合国家现行标准的相关规定。

6 建筑内装体与内装部品

6.1 建筑内装体

6.1.1 建筑内装体设计应满足内装部品的连接、检修更换、物权归属和设备及管线使用年限的要求，并应符合下列规定：

 1 共用内装部品不宜设置在套内专用空间内；

 2 设计使用年限较短内装部品的检修更换应避免破坏设计使用年限较长的内装部品；

 3 套内内装部品的检修更换应不影响共用内装部品和其他内装部品的使用。

6.1.2 装配式住宅应采用装配式内装建造方法，并应符合下列规定：

 1 采用工厂化生产的集成化内装部品；

 2 内装部品具有通用性和互换性；

 3 内装部品便于施工安装和使用维修。

6.1.3 装配式住宅建筑设计应合理确定建筑内装体的装配率，装配率应符合现行国家标准《装配式建筑评价标准》GB/T 51129 的相关规定。

6.1.4 建筑内装体的设计宜满足干式工法施工的要求。

6.1.5 部品应采用标准化接口，部品接口应符合部品与管线之间、部品之间连接的通用性要求。

6.1.6 装配式住宅应采用装配式隔墙、吊顶和楼地面等集成化部品。

6.1.7 装配式住宅宜采用单元模块化的厨房、卫生间和收纳，并应符合下列规定：

 1 厨房设计应符合干式工法施工的要求，宜优先选用标准化系列化的整体厨房；

 2 卫生间设计应符合干式工法施工和同层排水的要求，宜优先选用设计标准化系列化的整体卫浴；

 3 收纳空间设计应遵循模数协调原则，宜优先选用标准化系列化的整体收纳。

6.1.8 内装部品、设备及管线应便于检修更换，且不影响建筑结构体的安全性。

6.1.9 内装部品、材料和施工的住宅室内污染物限值应符合现行国家标准《住宅设计规范》GB 50096 的相关规定。

6.2 隔墙、吊顶和楼地面部品

6.2.1 装配式隔墙、吊顶和楼地面部品设计应符合抗震、防火、防水、防潮、隔声和保温等国家现行相关标准的规定，并满足生产、运输和安装等要求。

6.2.2 装配式隔墙部品应采用轻质内隔墙，并应符合下列规定：

 1 隔墙空腔内可敷设管线；

 2 隔墙上固定或吊挂物件的部位应满足结构承载力的要求；

 3 隔墙施工应符合干式工法施工和装配化安装的要求。

6.2.3 装配式吊顶部品内宜设置可敷设管线的空间，厨房、卫生间的吊顶宜设有检修口。

6.2.4 宜采用可敷设管线的架空地板系统的集成化部品。

6.3 整体厨房、整体卫浴和整体收纳

6.3.1 整体厨房、整体卫浴和整体收纳应采用标准化内装部品，选型和安装应与建筑结构体一体化设计施工。

6.3.2 整体厨房的给水排水、燃气管线等应集中设置、合理定位，并应设置管道检修口。

6.3.3 整体卫浴设计应符合下列规定：

 1 套内共用卫浴空间应优先采用干湿分区方式；

 2 应优先采用内拼式部品安装；

 3 同层排水架空层地面完成面高度不应高于套内地面完成面高度。

6.3.4 整体卫浴的给水排水、通风和电气等管道管线应在其预留空间内安装完成。

6.3.5 整体卫浴应在与给水排水、电气等系统预留的接口连接处设置检修口。

7 围护结构

7.1 一般规定

7.1.1 装配式住宅节能设计应符合国家现行建筑节能设计标准对体形系数、窗墙面积比和围护结构热工性能等的相关规定。

7.1.2 装配式住宅围护结构应根据建筑结构体的类型和地域气候特征合理选择装配式围护结构形式。

7.1.3 建筑外围护墙体设计应符合外立面多样化要求。

7.1.4 建筑外围护墙体应减少部件部品种类，并应满足生产、运输和安装的要求。

7.1.5 装配式住宅外墙宜合理选用装配式预制钢筋混凝土墙、轻型板材外墙。

7.1.6 装配式住宅外墙材料应满足住宅建筑规定的耐久性能和结构性能的要求。

7.1.7 钢结构住宅的外墙板宜采用复合结构和轻质板材，宜选用下列新型外墙系统：

    1 蒸压加气混凝土类材料外墙；

    2 轻质混凝土空心类材料外墙；

    3 轻钢龙骨复合类材料外墙；

    4 水泥基复合类材料外墙。

7.2 外墙与门窗

7.2.1 钢筋混凝土结构预制外墙及钢结构外墙板的构造设计应综合考虑生产施工条件。接缝及门窗洞口等部位的构造节点应符合国家现行标准的相关规定。

7.2.2 供暖地区的装配式住宅外墙应采取防止形成热桥的构造措施。采用外保温的混凝土结构预制外墙与梁、板、柱、墙的连接处，应保持墙体保温材料的连续性。

7.2.3 装配式住宅当采用钢筋混凝土结构预制夹心保温外墙时，其穿透保温材料的连接件应有防止形成热桥的措施。

7.2.4 装配式住宅外墙板的接缝等防水薄弱部位，应采用材料防水、构造防水和结构防水相结合的做法。

7.2.5 装配式住宅外墙外饰面宜在工厂加工完成，不宜采用现场后贴面砖或外挂石材的做法。

7.2.6 装配式住宅外门窗应采用标准化的系列部品。

7.2.7 装配式住宅门窗应与外墙可靠连接，满足抗风压、气密性及水密性要求，并宜采用带有批水板等的集成化门窗配套系列部品。

8 设备及管线

8.1 一般规定

8.1.1 装配式住宅的给水排水管道，供暖、通风和空调管道，电气管线，燃气管道等宜采用管线分离方式进行设计。

8.1.2 设备及管线宜选用装配化集成部品，其接口应标准化，并应满足通用性和互换性的要求。

8.1.3 给水排水、供暖、通风和空调及电气等应进行管线综合设计，在共用部位设置集中管井。竖向管线应相对集中布置，横向管线宜避免交叉。

8.1.4 预制结构部件中管线穿过时，应预留孔洞或预埋套管。

8.1.5 集中管道井的设置及检修口尺寸应满足管道检修更换的空间要求。

8.2 给水排水

8.2.1 装配式住宅套内给水排水管道宜敷设在墙体、吊顶或楼地面的架空层或空腔中，并应采取隔声减噪和防结露等措施。

8.2.2 装配式住宅宜采用同层排水设计。同层排水设计应符合现行行业标准《建筑同层排水工程技术规程》CJJ 232 的有关规定，并应符合下列规定：

    1 应满足建筑层高、楼板跨度、设备及管线等设计要求；

    2 同层排水的卫生间地面应有防渗漏水措施；

    3 整体卫浴同层排水管道和给水管道应预留外部管道接口位置；

    4 同层排水设计应满足维护检修的要求。

8.2.3 共用给水排水立管及控制阀门和检修口应设在共用空间管道井内。

8.2.4 给水排水管道穿越预制墙体、楼板和预制梁的部位应预留孔洞或预埋套管。

8.2.5 安装太阳能热水系统的装配式住宅应符合建筑一体化设计和部品通用化的要求，并应满足预留预埋的条件。

8.3 供暖、通风和空调

8.3.1 装配式住宅套内供暖、通风和空调及新风等管道宜敷设在吊顶等架空层内。

8.3.2 供暖系统共用管道与控制阀门部件应设置在住宅共用空间内。

8.3.3 供暖系统采用地面辐射供暖系统时，宜采用干式工法施工。

8.3.4 厨房、卫生间宜设置水平排气系统，其室外排气口应采取避风、防雨、防止污染墙面和对周围空气产生污染等措施。

8.3.5 装配式住宅套内宜设置水平换气的分户新风系统。

8.3.6 装配式住宅的通风和空调等设备应选用能效比高的节能型产品。

8.4 电 气

8.4.1 装配式住宅套内电气管线宜敷设在楼板架空层或垫层内、吊顶内和隔墙空腔内等部位。

8.4.2 当装配式住宅电气管线铺设在架空层时，应采取穿管或线槽保护等安全措施。在吊顶、隔墙、楼地面、保温层及装饰面板内不应采用直敷布线。

8.4.3 电气管线的敷设方式应符合国家现行安全和防火相关标准的规定，与热水、燃气及其他管线的间距应符合安全防护的要求。

8.4.4 装配式住宅的智能化系统和设备设施应符合通用性的要求。

8.4.5 电气设备应采用安全节能的产品。公共区域的照明应设置自控系统。电气控制系统和计量管理等应符合现行行业标准《住宅建筑电气设计规范》JGJ 242 的要求。

本标准用词说明

1 为便于在执行本标准条文时区别对待，对于要求严格程度不同的用词，说明如下：

　1）表示很严格，非这样做不可的：

正面词采用"必须"，反面词采用"严禁"；

　2）表示严格，在正常情况下均应这样做的：

正面词采用"应"，反面词采用"不应"或"不得"；

　3）表示允许稍有选择，在条件许可时首先应这样做的：

正面词采用"宜"，反面词采用"不宜"；

　4）表示有选择，在一定条件下可以这样做的，采用"可"。

2 本标准中指明应按其他有关标准执行的写法为："应符合……的规定"或"应按……执行"。

引用标准名录

1 《建筑模数协调标准》GB/T 50002

2 《建筑抗震设计规范》GB 50011

3 《住宅设计规范》GB 50096

4 《装配式建筑评价标准》GB/T 51129

5 《住宅厨房及相关设备基本参数》GB/T 11228

6 《住宅卫生间功能及尺寸系列》GB/T 11977

7 《建筑同层排水工程技术规程》CJJ 232

8 《装配式混凝土结构技术规程》JGJ 1

9 《住宅建筑电气设计规范》JGJ 242

10 《住宅厨房模数协调标准》JGJ/T 262

11 《住宅卫生间模数协调标准》JGJ/T 263

中华人民共和国行业标准

装配式住宅建筑设计标准

JGJ/T 398—2017

条 文 说 明

编　制　说　明

《装配式住宅建筑设计标准》JGJ/T 398－2017，经住房和城乡建设部 2017 年 10 月 30 日以第 1711 号公告批准、发布。

本标准编制过程中，编制组进行了广泛的调查研究，总结了我国装配式住宅工程的实践经验，同时参考了国外的工程实践经验，确定了装配式住宅建筑设计的各项技术要求。

为便于广大设计、施工、科研、学校等单位的有关人员在使用本标准时能正确理解和执行条文规定，《装配式住宅建筑设计标准》编制组按章、节、条顺序编制了本标准的条文说明，对条文规定的目的、依据以及执行中需注意的有关事项进行了说明。但是，本条文说明不具备与标准正文同等的法律效力，仅供使用者作为理解和把握标准规定的参考。

目　　次

1 总 则

1.0.1 发展装配式住宅是转变住宅建设发展模式、实施住宅产业现代化、推进新型建筑工业化的重要内容；发展装配式住宅是全面提高建筑工程质量、效率效益、品质性能及长久价值的必然要求；发展装配式住宅是实现可持续发展建设、资源节约型环境友好型社会建设的重要途径。本标准的制定将为规范全国装配式住宅的建设，保障其健康发展起到重要作用。

1.0.2 本标准主要适用于采用装配式混凝土结构、钢结构等工业化体系的建筑结构体与装配式建筑内装体一体化集成建造的新建、改建和扩建住宅建筑设计。

同时，本标准既适用建筑结构体采用非装配式、建筑内装体采用装配式的新建住宅建筑设计，也适用于建筑内装体采用装配式的改建、扩建住宅建筑设计。

装配式住宅的关键在于技术集成化，装配式住宅不等于传统生产方式和装配化简单相加，用传统的设计、施工和管理模式进行装配化施工，不是真正的建筑工业化。只有将建筑结构体与装配式建筑内装体一体化集成为完整的建筑体系，才能体现工业化生产建造方式的优势，实现提高质量、提升效率，减少人工、减少浪费的目的。

1.0.3 本条阐述了装配式住宅建筑设计的基本原则，强调了装配式住宅建筑设计应符合建筑全寿命期可持续发展原则，除应满足建筑体系化、设计标准化、生产工厂化、施工装配化、装修部品化和管理信息化等全产业链工业化生产的要求外，还应满足建筑全寿命期运维等方面的要求。

1.0.4 装配式住宅建筑设计除应符合本标准外，尚应符合国家的法律法规和相关的标准，全面体现经济效益、社会效益和环境效益的统一。

2 术 语

2.0.1 装配式住宅是以建筑产业转型升级为目标，以建筑全产业链的战略性整合推动建筑产业现代化创新发展，从而全面提升建筑工程的质量、效率和效益，实现新型城镇化建设模式的根本性转变，促进社会经济和资源环境的可持续发展。

装配式住宅是以工业化生产方式的系统性建造体系为基础，建筑结构体和建筑内装体中全部或部分部件部品采用装配方式集成化建造的住宅建筑。按照装配式住宅的建筑结构体和建筑内装体中全部或部分部件部品采用装配方式建造分类，装配式住宅可分为3大主要类型：一是建筑结构体和建筑内装体均采用装配式建造的住宅建筑；二是主要以建筑结构体采用装配式建造的住宅建筑；三是主要以建筑内装体采用装配式建造的住宅建筑。装配式住宅按建筑主体结构类型分类，其主要类型也可分为装配式混凝土结构、钢结构、木结构以及混合结构住宅建筑等。

根据国内外建设经验，装配式住宅围护结构体系通常根据建筑结构体系确定其是建筑结构体还是建筑内装体的组成部分，在剪力墙结构体系中，围护结构通常是建筑结构体的组成部分；在框架结构体系中，围护结构通常是建筑内装体的组成部分。装配式住宅公共设备及管线体系是建筑结构体的组成内容，套内设备及管线体系是建筑内装体的组成内容。图1为框架结构建筑结构体与建筑内装体的建筑体系构成示意，供参考。

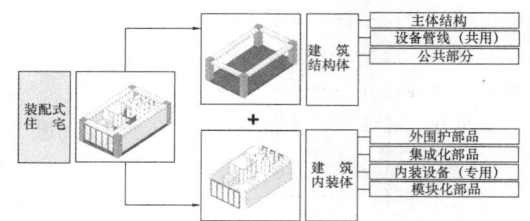

图 1 框架结构建筑结构体与建筑
内装体的建筑体系构成示意

2.0.2 建筑通用体系通常相对于专用体系而言，是指任何建筑都可以使用的通用化体系。住宅建筑通用体系是以建筑产业现代化发展为目标、以新型建筑工业化生产为基础的开放性住宅建筑体系，装配式住宅建筑设计宜采用建筑通用体系。采用建筑通用体系的工业化生产方式主要特征是通过产业化发展起来的系统化建筑体系与部材部品、采用通用性互换性的部件部品集成建造，以实现建筑适应性和多样化的可持续发展与建设要求的高品质住宅建筑产品。

从国际先进的装配式住宅建造与发展经验来看，装配式住宅采用建筑通用体系，成功解决了住宅建筑批量生产中标准化与多样化需求之间的矛盾，既可以满足住户的多样化与适应性需求，也解决了室内后期维护与改造的浪费问题，保证了建筑全寿命期过程中主体结构安全性和长期使用价值。

2.0.3、2.0.5 住宅建筑结构体也称住宅建筑支撑体。住宅建筑结构体主要指由主体部件或其他结构构件构成建筑的承重结构体系及共用管线体系，其中主体部件主要指结构部件，包括柱、梁、板、承重墙等主要受力部件以及阳台、楼梯等其他结构构件。

2.0.4、2.0.6 住宅建筑内装体也称住宅建筑填充体。住宅建筑内装体是主要指内装部品体系和套内管线体系。内装部品是指工业化生产和现场装配的具有独立功能的住宅集成产品，如整体卫浴、整体厨房、整体收纳、装配式隔墙、吊顶和楼地面部品、集成式设备及管线等单元模块化部品或集成化部品。

工业化内装部品具有如下特征：①非建筑结构体，相对独立；②工厂制造的集成产品；③标准化系列化；④具有品牌型号，能实现商业流通；⑤具有工业化产品的良好性能。

2.0.7 装配式内装以工业化生产方式为基础，采用工厂制造的内装部品，部品安装采用干式工法施工工艺。

推行装配式内装是发展装配式住宅的主要方向。住宅建筑采用装配式内装的设计建造方式具有五个方面优势：①部品在工厂制作，现场采用干式作业，可以最大限度保证产品质量和性能；②提高劳动生产率，节省大量人工和管理费用，大大缩短建设周期，综合效益明显，从而降低住宅生产成本；③节能环保，减少原材料的浪费，施工现场大部分为干式工法施工，噪声、粉尘和建筑垃圾等污染大为减少；④便于维护，降低了后期的运营维护难度，为部品更新变化创造了可能；⑤采用集成部品可实现工业化生产，有效解决施工生产的尺寸误差和模数接口问题。

2.0.8 装配式住宅的建筑设计应进行模数协调，以满足装配化集成建造与部件部品标准化和通用化要求。标准化设计是实施装配式建筑的有效手段，没有标准化就不可能实现主体结构和建筑部件部品的一体化集成，而模数和模数协调是实现装配式建筑标准化设计的重要基础，涉及装配式建筑产业链上的各个环节。

通过模数及模数协调不仅能协调预制部件部品之间的尺寸关系，优化部件部品的规格，使设计、生产、安装等环节的配合快捷精确，实现土建、机电设备和装修的一体化集成及装修部件部品的工厂化生产建造；模数协调还有利于实现建筑部件部品的通用性及互换性，使通用化部件部品适用于不同单体建筑。装配式住宅通过标准化设计，预制部件的种类相对较少，适合装配式住宅批量生产，大量的规格化、定型化部件生产可保证质量，降低成本。

2.0.9 装配式住宅的设计协同工作是工厂化生产和集成化装配化施工建造的前提。装配式住宅建筑设计应充分考虑建筑结构体与建筑内装体的协同，并应统筹规划设计、部件部品生产、施工建造和运营维护。进行建筑、结构、机电设备、室内装修一体化集成设计，不仅应加强设计阶段的建设、设计、制作、施工各方之间的关系协同，还应加强建筑、结构、设备、装修等专业之间的配合。

2.0.10 整体厨房是由工厂生产、现场装配的模块化集成厨房产品的统称。整体厨房是住宅建筑中工业化程度比较高的内装部品，采用工厂化生产现场组装的形式，配置整体橱柜、灶具、排油烟机等设备及管线。整体厨房采用标准化、模块化的设计方式设计制造标准单元，通过标准单元的不同组合，适应不同空间大小，达到标准化、系列化、通用化的目标。

2.0.11 整体卫浴是由工厂生产、现场装配的模块化集成卫浴产品的统称。根据生产工艺，常见整体卫浴的防水托盘材料为航空树脂（SMC）及玻璃钢（FRP）等；墙壁/顶板材料为航空树脂（SMC）、镀锌钢板包覆树脂膜以及瓷砖（石材）等铺贴。相比传统卫生间，整体卫浴具有防滑、防潮、防水、易清洁、安全卫生、施工方便和品质优良等优点。

整体卫浴是工厂化产品，是系统配套与组合技术的集成。整体卫浴在工厂预制，采用模具将复合材料一次性压制成型，现场直接整体安装，适应住宅建筑长寿化的需求，可方便维修更换。另外，与采用传统做法现场施工的卫生间相比，整体卫浴的工厂生产条件较好，质量管理措施完善，有效提高了建筑质量和施工效率，降低了建造成本，同时也实现了成品化，将质量责任划清，便于工程质量管理以及保险制度的实施。

2.0.12 整体收纳是工厂生产、现场装配的模块化集成收纳产品的统称。配置门扇、五金件、隔板等。通常设在入户门厅、起居室、卧室、厨房、卫生间和阳台等功能空间部位。

2.0.13 发展装配式隔墙、吊顶和楼地面部品技术，是我国工业化装修和内装产业化发展的主要内容。以轻钢龙骨石膏板体系的装配式隔墙、吊顶为例，其主要特点如下：采用干式工法施工可实现建造周期缩短60%以上；减少室内墙体占用面积，提高建筑的得房率；防火、保温、隔声、环保及安全性能全面提升；资源再生利用率在90%以上；空间重新分割方便；健康环保性能提高，可有效调整湿度增加舒适感。

2.0.14 现场采用干式工法施工是装配式内装的核心。我国住宅传统装修行业具有现场湿作业多、施工精度差、工序复杂、建造周期长、依赖现场工人水平和质量难以保证等问题，装配式内装与干式工法作业，可实现装修的高精度、高效率和高品质。

2.0.15 在传统的住宅建筑设计与施工中，一般均将室内装修用设备管线预埋在混凝土楼板和墙体等建筑结构中，在后期长时期的住宅使用维护阶段，大量的住宅虽然建筑结构体仍可满足使用要求，但预埋在建筑结构体中的设备管线等早已老化无法改造更新，后期装修剔凿建筑结构体的问题大量出现，也极大地影响了住宅建筑使用寿命。因此，装配式住宅鼓励采用室内装修、设备管线与建筑结构体的分离方式，实现套内空间布置灵活可变，同时兼备低能耗、高品质和长寿命的可持续住宅建筑产品优势。

3 基 本 规 定

3.0.1 当前我国住宅建设和城镇居民的住房需求已经由单纯的数量需求进入到数量和质量并重阶段，为推动我国装配式住宅可持续发展，结合广大居住者日益提高的高品质居住需求，注重住宅建筑的适用性能、安全性能、耐久性能、环境性能、经济性能和适老性能等，提升住宅建设整体品质。例如，钢结构住宅的钢部件在户间、户内空间可能形成声桥的部位，应采用隔声材料或重质材料填充或包覆，使相邻空间隔声指标达到设计标准，并做好结构隔声构造设计。面对当前住宅大量建设和我国人口老龄化危机，应建立"将满足老龄化要求作为所有住宅一项基本品质"的观念，把对老年人的关怀和关注纳入到常规建筑设计的基本要求中，为老年人和残疾人提供良好的使用功能空间和条件。装配式住宅宜满足适老化要求，并应符合现行国家标准《无障碍设计规范》GB 50763的规定。

3.0.2 装配式住宅与非装配式住宅的建筑设计在工作方法及内容上有明显不同，装配式住宅方案设计的技术策划对项目的顺利实施发挥着重要作用。装配式住宅应在项目技术策划阶段进行前期方案策划及经济性分析，对规划设计、部品生产和施工建造各个环节统筹安排。建筑、结构、内装修、机电、经济、部件生产等环节应密切配合，对技术选型、技术经济可行性和可建造性进行评估。技术策划的重点是项目经济合理性的评估，主要包括：

　　1 概念方案和结构选型的合理性。装配式住宅的设计方案，首先，要满足使用功能的需求；其次，符合标准化设计的易建性和建造效率要求；第三，结构选型的经济性和合理性要求。

　　2 预制构件厂技术水平和生产能力。装配式住宅中预制构件尺寸与重量、连接方式和集成程度等技术配置，需结合预制构件厂的实际情况来确定。

　　3 部件运输的可行性与经济性。装配式住宅施工应综合考虑预制构件厂的合理运输半径和交通条件等。

　　4 施工组织及技术路线。主要包括施工现场的预制构件临时堆放可行性，构件运输组织方案与吊装方案的确定等。

　　5 造价及经济性评估。按照项目的建设需求、用地条件、容积率等，结合构件生产能力、装配水平及装配式结构建筑类型等进行经济性分析，确定项目的技术方案。

3.0.3 住宅建筑通用体系是适用于多种类型住宅建筑的、具有通用性的开放性住宅建筑体系。装配式住宅通用体系是以具有适应性多样性的、工业化生产为基础的住宅建筑体系，通过大量使用通用部件部品，实现住宅产品批量化生产的集成建造。

3.0.4 装配式住宅的关键在于完整性体系集成建造，通常采用一体化集成技术，以达到合理的工业化生产建造及其部件部品通用性要求。

3.0.5 从国外采用装配式住宅产业化发展及工业化建造实践的经验来看，装配式住宅通过采用建筑结构体与建筑内装体、设备及管线相分离的方式，解决了住宅批量化生产中标准化与多样化需求之间的核心问题，既满足了居住需求的适应性，也提高了工程质量和居住品质，实现了节能环保，保障了建筑的长久使用价值。

目前住宅存在使用空间适应性差、反复装修拆改、住宅短寿化和资源能源浪费等突出问题。另外，后期管线维护和维修常常殃及其他住户，引发的纠纷屡见不鲜。装配式住宅建筑设计倡导改变传统住宅设计建造模式，注重建筑结构体与建筑内装体、设备及管线分离和装配式内装技术集成的应用。

3.0.6 装配式住宅应以少规格多组合的原则进行设计，通过建造集成体系通用化、建筑参数模数化和规格化、住宅套型定型化和系列化及部件部品通用化的实现，既便于组织生产、施工安装，又可保证质量，为居住者提供多样化的住宅产品。

预制主体部件和内装部品的重复使用率是项目标准化程度的重要指标。住宅建筑则是以套型为基本单元进行设计，套型单元的设计通常采用模块化组合的方式。建筑的基本单元、部件部品重复使用率高、规格少、组合多的要求也决定了装配式住宅必须采用标准化与多样化设计方法。装配式住宅建筑设计应严格遵守标准化、模数化相关要求，不能为了多样化而影响标准化设计基本原则，派生出不符合标准化、模数化要求的空间尺寸和部件部品尺寸。

3.0.7 装配式住宅应采用标准化和通用化部件部品，实现建筑结构体、建筑内装体、主体部件和内装部品等相互间的模数协调，并为主体部件和内装部品工厂化生产和装配化施工安装创造条件。

标准化和通用化的基础是模数化，模数协调的目的之一是实现部件部品的通用性与互换性，使规格化定型化部件部品适用于各类常规住宅建筑，满足各种要求。同时，大批量的规格化定型化部件部品生产可保证质量，降低成本。通用化部件部品所具有的互换功能，可促进市场的竞争和部件部品生产水平的提高。

3.0.8 从住宅建筑全寿命期的可持续发展理念和装配式住宅建设及其后期运维来看，装配式住宅建筑设计应在保证建筑结构体使用寿命的同时，建筑内装体也要满足居住者家庭全生命周期使用的灵活适应性需求。

3.0.9 装配式住宅建筑设计应在满足使用功能、生产、施工和运输等要求的同时，结合装配式技术的可建造性和经济可行性等因素，合理选择住宅建筑结构体系类型，明确部件部品种类、部位及材料要求。

装配式混凝土结构住宅建筑按照结构形式，可分为装配式框架结构、装配式剪力墙结构、装配式框架-剪力墙结构等，建筑设计应确定合理的装配率、适宜的预制部件部品种类。根据国内外的实践经验，适宜采用预制装配的住宅建筑部位主要有两种，第一是具有规模效应的、统一标准的、易生产的，能够显著提高效率质量和减少人工的部位。第二是技术上难度不大，可实施度高，易于标准化的部位。住宅建筑主体结构适合装配的部位与部件种类，如楼梯、阳台等在装配式住宅中易于做到标准化，内装体也是住宅建筑中比较适宜采用装配式部品的部位。

3.0.11 装配式住宅内装部品应具有通用性，设计应满足部品装配化施工的集成建造要求。装配式住宅内装部品应在满足易维护要求的基础上，具有互换性。装配式住宅内装部品互换性指年限互换、材料互换、式样互换、安装互换等，实现部品互换的主要条件是确定部品的尺寸和边界条件。内装部品年限互换主要指因为功能和使用要求发生改变，要对空间进行改造利用，或者部分部品已经达到使用年限，需要用新的部品更换。

3.0.12 装配式住宅建筑设计是一个系统性建造过程，与施工建造组织设计密切关联，比如部件生产、运输、存放及吊装施工条件等，就要求建筑设计与相关生产环节和工艺等密切配合。装配式住宅大量部件部品在工厂生产，现场安装，其合理的建筑设计与生产、施工建造的有效衔接能提高效率、提升质量，保证装配式住宅生产施工顺利实施。

3.0.13 可持续发展与建设是装配式住宅建筑设计与建造的发展方向，应立足于住宅建筑全寿命期，优化设计统筹建造，充分考虑当地气候条件和地域特点，优先采用节能环保的新技术、新工艺、新材料和新设备。装配式住宅可节约资源、保护环境和减少污染，为人们提供健康舒适的居住环境。

4 建 筑 设 计

4.1 平面与空间

4.1.1 从装配式住宅的可建造性出发，以住宅平面与空间的标准化为基础，模块化设计方法应将楼栋单元、套型和部品模块等作为基本模块，确立各层级模块的标准化系列化的尺寸体系。套型模块由若干个不同功能空间模块或部品模块构成，通过模块组合可满足多样性与可变性的居住需求。常用部品模块主要有整体厨房、整体卫浴和整体收纳等。基本模块宜满足下列要求：

    1 基本模块具有结构独立性，结构体系同一性与可组性；

    2 基本模块可互换；

    3 基本模块的设备系统是相对独立的。

标准化和多样化并不对立，二者的有机协调配合能够实现标准化前提下的多样性和个性化。可以用标准化的套型模块结合核心筒模块组合出不同的平面形

式和建筑形态，创造出多种平面组合类型，为满足规划设计的多样性和适应性要求提供优化的设计方案。

4.1.2 装配式住宅的平面设计应从住宅的生产建造和家庭全生命周期使用出发，楼栋单元和套型宜优先采用大空间布置方式，应提高空间的灵活性与可变性，满足住户空间多样化需求。同时，大空间的设计有利于减少预制构件的数量和种类，提高生产和施工效率，减少人工，降低造价。

在装配式住宅领域，近几年建筑师引领社会对居住建筑普遍短寿命的现象进行了反思，现有住宅建筑多为砌体和剪力墙结构，其承重墙体系严重限制了居住空间的尺寸和布局，不能满足居住者家庭结构的变化和居住者对居住品质的更高要求，而大空间布置方式满足了住宅建筑空间的可变性和适应性要求。钢结构住宅建筑要求套型设计不再以房间开间为设计要素，而是以框架柱网为设计要素，且框架柱布置应尽量连续规整，尽量统一轴网和标准层高，为钢梁、钢柱等钢结构部件的标准化提供条件。钢结构体系因材料的高强度特性，柱网及钢架适合大跨度、大开间的布置，尽量按一个结构空间来设计住宅的套型空间。

另外，室内空间划分可采用轻钢龙骨石膏板等轻质隔墙进行灵活的空间划分，轻钢龙骨石膏板隔墙内还可布置设备管线，方便检修和改造更新，满足建筑的可持续发展，符合国家工程建设节能减排、绿色环保的方针政策。装配式住宅的平面宜简单规整，若平面凹凸过多不仅不利于施工建造，也不利于节能环保和成本控制。

4.1.3 厨房和卫生间是住宅建筑的核心功能空间，其空间与设施复杂，需要用标准化与集成化的手段来实现。装配式住宅应满足空间的灵活性与可变性的要求，套内用水空间往往对灵活性与可变性空间制约较大，要重点考虑厨房和卫生间的标准化，宜将用水空间相对集中布置，合理确定厨房和卫生间的位置。

4.1.5 装配式住宅形体及其部件布置的规则性可以减少预制楼板与部件的类型，不规则建筑形体及其部件布置会增加预制构件的规格数量及生产安装的难度，且会出现各种非标准的部件，不利于降低成本及提高效率。在建筑平面设计中要从建筑主体结构和经济性角度优化设计，尽量减少平面的凸凹变化，避免不必要的不规则和不均匀布置，因此建筑设计应重视平面、立面和竖向剖面的规则性对抗震性能及经济合理性的影响。

4.2 模 数 协 调

4.2.1 装配式住宅的建筑结构体和建筑内装体应为整体实施工业化生产建造创造基础性条件，建筑模数协调的重点首先是建筑结构体和建筑内装体的协调。为了实现建筑结构体和建筑内装体的模数及尺寸协

调，应符合现行国家标准《建筑模数协调标准》GB/T 50002的规定。

4.2.2、4.2.3 装配式住宅建筑设计的模数协调涉及生产、运输、施工、安装及其运维等以工业化生产建造为主的环节，主体部件和内装部品应符合基本模数或扩大模数的生产建造要求，做到部件部品设计、生产和安装等相互间尺寸协调，并优化部件部品尺寸和种类。

4.2.5、4.2.6 装配式住宅优先选用通用性强、具有系列化尺寸的住宅开间、进深和层高等主体部件或建筑结构体尺寸。考虑经济性与多样性，住宅建筑根据经验开间尺寸多选择 $3nM$、$2nM$，进深多选择 nM，高度多选用 $nM/2$ 作为优先尺寸的数列。装配式住宅的建筑内装体中的装配式隔墙、整体收纳和管井等单元模块化部品或集成化部品宜采用基本模数，也可插入分模数 M/2 或 M/5 进行调整。

目前，我国为适应建筑设计多样化的需求，增加设计的灵活性，多选择 2M（200mm）、3M（300mm）。多高层钢结构住宅建筑多选择 6M（600mm）。

在住宅设计中，根据国内墙体的实际厚度，结合装配整体式剪力墙住宅建筑的特点，建议采用2M+3M（或1M、2M、3M）灵活组合的模数网格，承重墙和外围护墙厚度的优先尺寸系列宜根据1M的倍数及其与 M/2 的组合确定，宜为 150mm、200mm、250mm、300mm，以满足住宅建筑平面功能布局的灵活性及模数网格的协调。

建筑内装体与内装部品的基本模数和导出模数的准则，适用于所有的内装部品的设计、生产和施工安装。内装部品在设计初期，就应遵循模数原则，目前建筑上常见的内装部品种类繁多，尺寸复杂。规定基本模数和导出模数后，有利于内装部品在建筑中的应用，并且在施工安装、维修更换时，可方便选用与采购。建筑内部使用空间应按照基本模数 1M 进行设计与生产，尺寸小于 100mm 的内装部品，应按照分模数的规定执行。

4.2.7 装配式住宅层高和门窗洞口高度宜采用竖向基本模数和竖向扩大模数数列，可参照现行国家标准《建筑门窗洞口尺寸系列》GB/T 5824，考虑住宅建筑的常用尺寸范围。

装配式住宅的层高设计应按照模数协调的要求，采用基本模数或扩大模数 nM 的设计方法实现结构部件、建筑部件之间的模数协调。层高和室内净高的优先尺寸间隔为1M。优先尺寸是从基本模数、导出模数和模数数列中事先挑选出来的模数数列，它与地区的经济水平和制造能力密切相关。尺寸越多，则灵活性越大，部件的可选择性越强；尺寸越少，则部件的标准化程度越高，但实际应用受到的限制越多，部件的可选择性越低。

4.3　设计协同

4.3.1 装配式住宅建筑设计的设计协同方法主要指建造全过程的整体性和系统性的方法和过程，既应满足建筑结构体与建筑内装体相协调的整体性要求，也应满足装配式住宅建筑设计与部件部品生产、装配施工、运营维护等各阶段协同工作的系统性要求。

4.3.2 装配式住宅应在建筑、结构、机电设备、室内装修一体化设计的同时，通过专业性设计协同实现集成技术应用，如建筑结构体与建筑内装体的集成技术设计、建筑内装体与设备及管线的集成技术设计、设备及管线与建筑结构体分离的集成技术设计等专业性设计协同。

4.3.3 装配式住宅应以工业化生产建造方式为原则，做好建筑设计、部件部品生产运输、装配施工、运营维护等产业链各阶段的设计协同，将有利于设计、施工建造的相互衔接，保障生产效率和工程质量。

4.3.4 装配式住宅应结合建筑信息模型技术进行设计协同工作，贯通设计信息与部件部品的生产运输、装配施工和运营维护等各环节，通过信息化技术设计提高工程建设各阶段各专业之间协同配合的效率、质量和管理水平。装配式住宅可采用建筑物联网技术，统筹部件部品设计与生产施工和运营维护，对部件部品进行质量追溯。

4.3.5 装配式住宅的设计除常规图纸要求外，还宜包括主体部件和内装部品的施工图和详图部分。其图纸应整体反映主体部件和内装部品的规格、类型、加工尺寸、连接形式和设备及管线种类与定位尺寸，设计应满足部件部品的生产要求。

5　建筑结构体与主体部件

5.1　建筑结构体

5.1.1 装配式住宅建筑结构体的设计使用年限应按国家现行标准的规定来确定。装配式住宅不仅要确保建筑结构体的设计使用年限，从住宅的可持续建设发展方向出发，还应提高建筑的耐久性和长久使用价值。

5.1.3 装配式住宅建筑设计应结合项目的经济性和可实施性，选择适宜的结构体系，合理确定建筑结构体的装配率。

装配式住宅建筑设计应确定合理的装配率、适宜的预制部位与部件种类。随着装配率的加大，施工安装的精准度要求也逐渐提高。但是，装配式住宅要根据使用功能、经济能力、构件工厂生产条件、运输条件等分析可行性，不能片面追求装配率的最大化。在技术方案合理且系统集成度较高的前提下，较高的装配率能带来规模化、集成化的生产和安装，可加快生产速度，降低人工成本，提高产品品质，减少能源消耗。当技术方案不合理且系统集成度不高，甚至管理水平和生产方式达不到预制装配的技术要求时，片面追求装配率反而会造成工程质量隐患、降低效率并增加造价。

5.1.4 装配式住宅平面与空间设计中过多的凹凸和复杂形体变化会造成工业化建造过程中的主体部件生产与安装的难度，也不利于成本控制及质量效率的提升。

5.2 主体部件

5.2.1 装配式住宅主体部件及连接受力合理、构造简单和施工方便符合工业化生产的要求，装配式住宅宜采用通用性强的标准化预制构件。

5.2.2 装配式住宅的承重墙、梁、柱、楼板等主要主体部件及楼梯、阳台、空调板等部位可全部或部分采用工厂生产的标准化预制构件。

5.2.6、5.2.7 叠合楼板具有效率较高、省时省工、节省模板、支撑简便、湿作业少等生产建造特点，装配式住宅应优先采用叠合楼板。

叠合楼板为预制楼板通过现场浇筑组合而成，其工序由工厂预制、现场装配浇筑和建筑构造层施工等组成。建筑构造宜采用管线分离方式的设计使主体结构与管线分离。同时，要保证叠合楼板的防火、防腐、隔声和保温等性能。

6 建筑内装体与内装部品

6.1 建筑内装体

6.1.1 装配式住宅建筑内装体应考虑内装部品的后期运维及其物权归属问题，由于不同材料、设备、设施具有不同的使用年限，因此内装部品设计应符合使用维护和维修改造要求。装配式住宅的部品连接与设计应遵循以下原则：第一，应以套内专用部品的检修更换不影响共用部品为原则；第二，应以使用年限较短部品的维修和更换不破坏使用年限较长部品为原则；第三，应以套内专用部品的维修和更换不影响其他住户为原则。

6.1.2 装配式内装集成化是指部品体系宜实现以集成化为特征的成套供应及规模生产，实现内装部品、厨卫部品和设备部品等的产业化集成。通用化是指内装部品体系应符合模数化的工艺设计，执行优化参数、公差配合和接口技术等有关规定，以提高其互换性和通用性。

6.1.5 装配式住宅内装部品宜采用体系集成化成套供应、标准化接口，主要是为实现不同部品系列接口的兼容性。

6.1.6 装配式隔墙、吊顶和楼地面等集成化部品是内装体实现干法施工工艺的基础，既可满足管线分离的设计要求，也有利于装配式内装生产方式的集成化建造与管理。

1 装配式隔墙：隔墙应为集成产品，并便于现场安装。目前采用的隔墙有：轻质条板类、轻钢龙骨类、木骨架组合墙体类等。隔墙应在满足建筑荷载、隔声等功能要求的基础上，合理利用其空腔敷设电气管线、开关、插座、面板等电气元件。

2 装配式吊顶：吊顶宜采用集成吊顶，设置集成吊顶是在保证装修质量和效果的前提下，便于维修，减少剔凿，保证建筑结构体在全寿命期内安全可靠。吊顶内宜设置可敷设管线的吊顶空间，吊顶宜设有检修口。

3 楼地面宜采用集成化部品，宜采用可敷设管线的架空地板系统集成化部品。集成化的楼地面符合装配式住宅的要求，集成化的楼地面架空地板系统部品主要是为实现管线与结构主体分离，管线维修与更换不破坏主体结构，同时架空地板系统也有良好的隔声性能，可提高室内声环境质量。架空地板系统应设置地面检修口，方便管道检查和维修。当采用地暖供暖时，地暖系统宜采用干式地暖系统部品。干式低温热水地面辐射供暖系统一般由绝热层、传热板、地热管、承压板组成，其构造做法宜按照相关产品技术标准执行。

6.1.7 整体厨房、整体卫浴和整体收纳是装配式住宅建筑内装体的核心部品，其制作和加工可全部实现装配化。采用现场模块化拼装完成的建造方式，有利于建筑内装体的集成化建造。

6.1.8 装配式住宅内装部品、设备及管线设计，应考虑后期改造更新时不影响建筑结构体的结构安全性，并保证住宅的长期使用价值。

6.1.9 装配式住宅室内装修材料及施工应严格按照现行国家标准《室内装饰装修材料 人造板及其制品中甲醛释放限量》GB 18580、《室内装饰装修材料 溶剂型木器涂料中有害物质限量》GB 18581、《室内装饰装修材料 内墙涂料中有害物质限量》GB 18582、《室内装饰装修材料 胶粘剂中有害物质限量》GB 18583、《室内装饰装修材料 木家具中有害物质限量》GB 18584、《室内装饰装修材料 壁纸中有害物质限量》GB 18585、《室内装饰装修材料 聚氯乙烯卷材地板中有害物质限量》GB 18586、《室内装饰装修材料 地毯、地毯衬垫及地毯胶粘剂有害物质释放限量》GB 18587、《室内装饰装修材料 混凝土外加剂中释放氨的限量》GB 18588、《建筑材料放射性核素限量》GB 6566 和《民用建筑工程室内环境污染控制规范》GB 50325 中关于室内建筑装饰装修材料有害物质限量的相关规定，应选用健康环保的材料和工艺。

6.2 隔墙、吊顶和楼地面部品

6.2.1 装配式隔墙、吊顶和楼地面部品应分别满足住宅建筑抗震、防火、隔声和保温等性能要求。其中，室内分户隔墙应满足防火和隔声要求；厨房及卫生间等隔墙、吊顶和楼地面部品应满足防水、防火要求。

6.2.2 装配式建筑的平面布局应采用大开间形式，以轻质内隔墙进行分隔。采用轻质内隔墙是建筑内装工业化的基本措施之一，集成度高（隔墙骨架与饰面层的集成）、施工便捷是内装工业化水平的主要标志。

装配式住宅采用装配式轻质隔墙，既可利用轻质隔墙的空腔敷设管线有利于工业化建造施工与管理，也有利于后期空间的灵活改造和使用维护。装配式隔墙应预先确定固定点的位置、形式和荷载，应通过调整龙骨间距、增设龙骨横撑和预埋木方等措施为外挂安装提供条件。

6.2.3 装配式住宅采用装配式吊顶，既有利于工业化建造施工与管理，也有利于后期空间的灵活改造和使用维护。电气管线敷设在吊顶空间时，应采用专用吊件固定在结构楼板上。在楼板上应预先设置吊杆安装件，不宜在楼板上钻孔、打眼和射钉。

6.2.4 装配式住宅宜采用工厂化生产的架空地板系统的集成化部品，可实现管线与建筑结构体分离，保证管线维修与更换不破坏建筑结构体。架空地板系统的集成化部品具有良好性能，可提高室内环境质量。

采用同层排水方式进行结构降板的区域应采用架空地板系统的集成化部品。架空地板内敷设给水排水或供暖管道时，其高度应根据排水管线的长度、坡度进行计算。

6.3 整体厨房、整体卫浴和整体收纳

6.3.1～6.3.5 为装配式内装的生产建造方式技术转型升级，应大力普及和应用装配式住宅建筑内装体的单元模块化部品。装配式住宅建筑内装体的单元模块化部品主要包括整体厨房、整体卫浴和整体收纳等。整体厨房、整体卫浴和整体收纳采用标准化设计和模块化部品尺寸，便于工业化生产和管理，既可为居住者提供更为多样化的选择，也具有环保节能优、质品质高等优点。

工厂化生产的模块化整体厨房、整体卫浴和整体收纳单元部品通过整体集成、整体设计、整体安装，从而集约实施标准化设计工业化建造，其生产安装可避免传统设计与施工方式造成的各种质量隐患，全面提升建设综合效益。整体厨房、整体卫浴和整体收纳设计时，应与部品厂家协调土建预留净尺寸、设备及

管线的安装位置和要求，协调预留标准化接口，还要考虑这些模块化部品的后期运维问题。

7 围护结构

7.1 一般规定

7.1.1 装配式住宅节能设计应符合国家现行有关建筑节能设计标准的规定，装配式住宅围护结构等也应符合现行居住建筑节能设计标准的规定。根据不同的气候分区及建筑的类型分别按现行行业标准《严寒和寒冷地区居住建筑节能设计标准》JGJ 26、《夏热冬冷地区居住建筑节能设计标准》JGJ 134、《夏热冬暖地区居住建筑节能设计标准》JGJ 75执行。

7.1.2 应根据建筑结构体形式的不同、地域气候特征的差异，合理选择适宜的住宅建筑的装配式围护结构类型。围护结构应根据不同的结构形式选择不同的围护结构类型，包括预制外挂墙板、蒸压加气混凝土板、非承重骨架组合外墙以及其他类型的围护结构。

7.1.3 装配式住宅立面设计应体现装配式住宅的工厂化生产、装配式施工和外围护结构简洁规整的特征，在标准化设计的基础上，实现立面形式的多样化。

预制外墙设计要充分利用工厂化工艺和装配条件，通过模具浇筑、材质组合和清水混凝土等，形成多种装饰效果。

7.1.5 装配式住宅外墙宜提高预制装配化程度，宜选用装配式预制钢筋混凝土墙、轻型板材外墙。

7.1.7 钢结构住宅的外墙宜积极提高预制装配化程度，可选用、发展和推广下列各类新型外墙系统：蒸压加气混凝土类材料外墙、轻质混凝土空心类材料外墙、轻钢龙骨复合类材料外墙和水泥基复合类材料外墙。

7.2 外墙与门窗

7.2.1 装配式住宅外墙的设计关键在于连接节点的构造设计。对于预制承重外墙板、外墙挂板、预制复合外墙板、预制装饰外挂板等各类外墙板连接节点的构造设计和悬挑部件、装饰部件连接节点的构造设计以及门窗连接节点的构造设计应分别满足结构、热工、防水、防火、保温、隔热、隔声及建筑造型设计等要求。

装配式住宅外墙的各类接缝设计应构造合理、施工方便、坚固耐久，并结合本地材料、制作及施工条件进行综合考虑。图2和图3分别为预制承重夹心外墙板板缝构造及预制外挂墙板板缝构造的示意，供参考。

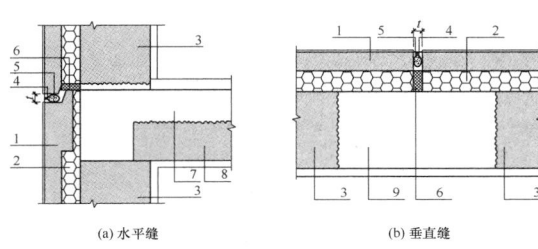

(a) 水平缝   (b) 垂直缝

图 2　预制承重夹心外墙板板缝构造示意

1—外叶墙板；2—夹心保温层；3—内叶承重墙板；
4—建筑密封胶；5—发泡芯棒；6—岩棉；7—叠合
板后浇层；8—预制楼板；9—边缘部件后浇混凝土

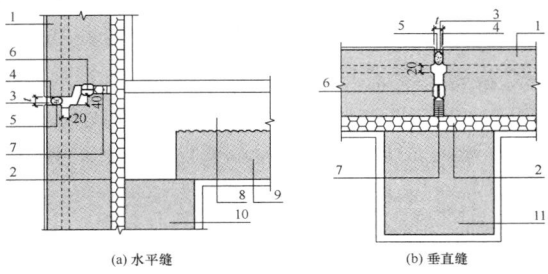

(a) 水平缝   (b) 垂直缝

图 3　预制外挂墙板板缝构造示意

1—外叶墙板；2—内保温；3—外层硅胶；
4—建筑密封胶；5—发泡芯棒；6—橡胶气密条；
7—耐火接缝材料；8—叠合板后浇层；9—预制
楼板；10—预制梁；11—预制柱

7.2.2 供暖地区的装配式住宅外墙外保温或内保温的保温材料及构造与结构主体连接时，其连接应注意避免形成热桥。对于规模生产的预制构件，应要求厂家提供主体传热系数的测试数据。应保持墙体保温的连续性，保温材料可选用岩棉、玻璃棉等。预制外墙板与梁、板、柱、墙的结合处，如使用发泡材料填补缝隙，须为不燃材料。

7.2.3 装配式住宅钢筋混凝土结构预制夹心保温外墙应保证保温层的连续性并避免热桥，穿透保温层的连接件应采取可靠的防腐、防结露措施，避免其对保温层的破坏。

7.2.4 装配式剪力墙结构住宅外墙的接缝防水是外墙的基本要求，应采取材料防水、构造防水和结构防水相结合的防水设计措施。根据目前我国工程实践经验，装配式住宅垂直缝一般选用结构防水与材料防水结合的两道防水构造，水平缝一般选用构造防水与材料防水结合的两道防水构造，经实际验证其防水性能比较可靠。

7.2.5 装配式住宅外墙外饰面宜在工厂加工完成，外墙外饰面的湿式工法的后贴工艺是传统工艺做法，其耐久性、施工质量及粘结性能较差，不宜采用。根据国内外工程实践经验，采用工厂预制的面砖、石材等反打工艺能减少工序，其质量及外贴面砖等的粘结

性能较好，耐候性好。

7.2.7 装配式住宅门窗宜选用集成化的配套系列的门窗部品及其构造做法，能较好地满足装配式住宅的建筑防水性能要求。

8　设备及管线

8.1　一般规定

8.1.1 装配式住宅建筑设计应保证建筑耐久性和可维护性的要求，给水排水、供暖、通风和空调及电气管线宜采用与建筑结构体分离的设计方式，并满足装配式内装生产建造方式的施工及其管理要求。

8.1.2 装配式住宅建筑设计应注重部品通用性和互换性的要求，给水排水、供暖、通风和空调及电气管线等及各种接口应采用标准化产品。

8.1.3 给水排水、供暖、通风和空调及电气管线等的设计协同和管线综合设计是装配式住宅建筑设计的重要内容，其管线综合设计应符合各专业之间、各种设备及管线间安装施工的精细化设计及系统性布线的要求。管线宜集中布置、避免交叉。

8.1.4 预制结构构件应避免穿洞。如必须穿洞时，则应预留孔洞或预埋套管，不应在预制结构构件上凿剔沟、槽、孔、洞。

8.2　给水排水

8.2.2 住宅卫生间采用同层排水，即排水横支管布置在排水层、器具排水管不穿越楼层的排水方式，此种排水管设置方式可避免上层住户卫生间管道故障检修、卫生间地面渗漏及排水器具楼面排水接管处渗漏对下层住户的影响。装配式住宅建筑设计宜避免套内排水系统传统设计中排水立管竖向穿越楼板的布线方式，套内排水管道宜优先采用同层敷设。国家标准《住宅设计规范》GB 50096-2011 第8.2.8条中规定，污废水排水横管宜设置在本层套内。国家标准《建筑给水排水设计规范》GB 50015-2003（2009版）第4.3.8条规定，住宅卫生间的卫生器具排水管不宜穿越楼板进入他户。当采用同层排水设计时，应协调厨房和卫生间位置、给水排水管道位置和走向，使其距离公共管井较近，并合理确定降板高度。图4为整体浴室同层排水构造示意，供参考。

8.2.5 装配式住宅太阳能热水系统宜采用一体化的集成部品，除应考虑其管道和设备设计及其运维要求外，同时尚需满足预制构件的施工安装要求。

8.3　供暖、通风和空调

8.3.3 装配式住宅室内供暖系统优先采用干式工法施工的、低温热水地面辐射供暖系统。装配式住宅外墙一般采用预制外墙板，采用散热器供暖时，需要在

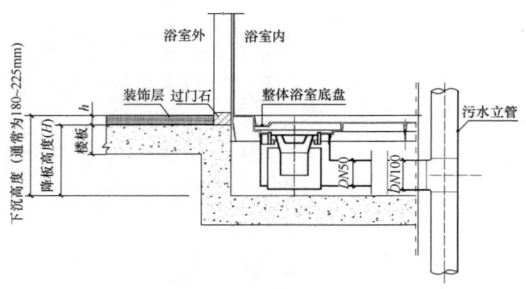

图 4　整体浴室同层排水构造示意

实体墙上准确预埋为安装散热器使用的支架或挂件，并且散热器的安装应在外墙的内表面装饰完毕后才能进行，施工难度大周期长；而采用地板辐射供暖，其安装施工可以在土建施工完毕后即可施工，也减少了预埋工作量。此外，地板辐射供暖的舒适度优于散热器供暖。另外，传统的湿式地暖系统产品及施工技术，其楼板荷载较大，施工工艺复杂，管道损坏后无法更换，而工厂化生产的装配式干式地暖系统的集成化部品具有施工工期短、楼板负载小、易于维修改造等优点。装配式住宅采用地面供暖辐射供暖系统时，

宜采用干式地暖系统的集成部品或干式工法施工工艺。

干式地暖的集成化部品常见的有两种模式，一种是装配式地板供暖的集成化部品，是由基板、加热管、龙骨和管线接口等组成的地暖系统；另一种是现场铺装模式，是在传统湿式地暖做法的基础上进行改良，无混凝土垫层施工工序。

8.3.4 当前住宅建筑的厨卫排气系统及设计大多采用共用竖向管道井的方式，存在各楼层厨房或卫生间使用串味、物权不清和不利于标准化模块化设计建造上的许多问题，根据国内外装配式住宅的建造和使用经验，厨卫设置水平式排气系统有利于解决上述问题。

8.4　电　　气

8.4.5 电气设备应采用安全可靠、高效节能的产品，公共区域的照明系统应符合节能设计控制原则，走廊、楼梯间和门厅等公共部位的照明应设置声控、光控、定时、感应等自控装置。电气控制系统、计量仪表及其控制管理等应符合相关节能设计标准的规定。

中华人民共和国行业标准

装配式整体卫生间应用技术标准

Technical standard for application of assembled
bathroom unit

JGJ/T 467—2018

批准部门：中华人民共和国住房和城乡建设部
施行日期：２０１９年５月１日

中华人民共和国住房和城乡建设部
公　告

2018 年　第 336 号

住房城乡建设部关于发布行业标准
《装配式整体卫生间应用技术标准》的公告

现批准《装配式整体卫生间应用技术标准》为行业标准，编号为 JGJ/T 467‑2018，自 2019 年 5 月 1 日起实施。

本标准在住房城乡建设部门户网站（www.mohurd.gov.cn）公开，并由住房城乡建设部标准定额研究所组织中国建筑工业出版社出版发行。

中华人民共和国住房和城乡建设部

2018 年 12 月 27 日

前　言

根据住房和城乡建设部《关于印发〈2015 年工程建设标准规范制订、修订计划〉的通知》（建标〔2014〕189 号）的要求，标准编制组经广泛调查研究，认真总结实践经验，参考有关国际标准与国外先进标准，并在广泛征求意见的基础上，编制了本标准。

本标准的主要技术内容是：1. 总则；2. 术语；3. 基本规定；4. 材料；5. 设计选型；6. 生产运输；7. 施工安装；8. 质量验收；9. 使用维护。

本标准由住房和城乡建设部负责管理，由中国建筑标准设计研究院有限公司负责具体技术内容的解释。执行过程中如有意见或建议，请寄送中国建筑标准设计研究院有限公司（地址：北京市海淀区首体南路主语国际 5 号楼 7 层，邮政编码：100048，电子邮箱：Fridays@126.com）。

本标准主编单位：中国建筑标准设计研究院
　　　　　　　　　有限公司
　　　　　　　　　中大建设股份有限公司
本标准参编单位：中亿丰建设集团股份有限
　　　　　　　　　公司
　　　　　　　　　宁波市房屋建筑设计研究
　　　　　　　　　院有限公司
　　　　　　　　　中国建筑西南设计研究院
　　　　　　　　　有限公司
　　　　　　　　　天津大学建筑学院
　　　　　　　　　广州鸿力复合材料有限
　　　　　　　　　公司
　　　　　　　　　禧屋家居科技（昆山）有

　　　　　　　　　限公司
　　　　　　　　　华南建材（深圳）有限
　　　　　　　　　公司
　　　　　　　　　广州海鸥住宅工业股份有
　　　　　　　　　限公司
　　　　　　　　　苏州科逸住宅设备股份有
　　　　　　　　　限公司
　　　　　　　　　上海深海宏添建材有限
　　　　　　　　　公司
　　　　　　　　　青岛普集智能家居有限
　　　　　　　　　公司
　　　　　　　　　骊住（中国）投资有限
　　　　　　　　　公司
　　　　　　　　　北京东方雨虹防水技术股
　　　　　　　　　份有限公司
　　　　　　　　　广东科筑住宅集成科技有
　　　　　　　　　限公司
　　　　　　　　　北京维石住工科技有限
　　　　　　　　　公司
　　　　　　　　　中国建筑一局（集团）有
　　　　　　　　　限公司
　　　　　　　　　南通华新建工集团有限
　　　　　　　　　公司
　　　　　　　　　卓达房地产集团有限公司
本标准主要起草人员：魏素巍　高文峰　马占勇
　　　　　　　　　　　曹　西　曹祎杰　邓　伟
　　　　　　　　　　　李　波　刘志宏　郭娟利
　　　　　　　　　　　王官胜　何晓微　刘　霄

目　　次

1 总　　则

1.0.1 为规范装配式整体卫生间的应用，保障装配式整体卫生间的工程质量，保证使用安全，制定本标准。

1.0.2 本标准适用于民用建筑装配式整体卫生间的设计选型、生产运输、施工安装、质量验收及使用维护。

1.0.3 装配式整体卫生间的设计选型、生产运输、施工安装、质量验收及使用维护，除应符合本标准的规定外，尚应符合国家现行有关标准的规定。

2 术　　语

2.0.1 装配式整体卫生间 assembled bathroom unit
由防水盘、壁板、顶板及支撑龙骨构成主体框架，并与各种洁具及功能配件组合而成的通过现场装配或整体吊装进行装配安装的独立卫生间模块。

2.0.2 防水盘 waterproof plate
具有防水、防滑、防渗漏、排水与承载等功能的底部盘形组件，是整体卫生间的重要组成部分。

2.0.3 安装尺寸 installation size
安装整体卫生间所需的建筑空间尺寸。

2.0.4 外围合墙体 enclosure wall
在整体卫生间外部四周的墙体。

3 基 本 规 定

3.0.1 装配式整体卫生间（以下简称"整体卫生间"）的产品选型应在建筑设计阶段进行。建筑设计应结合项目需求进行整体卫生间的设计选型，并应符合国家现行标准《住宅设计规范》GB 50096、《住宅建筑规范》GB 50368、《宿舍建筑设计规范》JGJ 36和《旅馆建筑设计规范》JGJ 62等的相关规定。

3.0.2 设计选型应遵循模数协调的原则，并应与结构系统、外围护系统、设备与管线系统、内装系统进行一体化设计。

3.0.3 整体卫生间的设计应遵循人体工程学的要求，内部设备布局应合理，并应进行标准化、系列化和精细化设计，且宜满足适老化的需求。

3.0.4 整体卫生间应提高装配化水平，防水盘、壁板、顶板、检修口、连接件和加强件等主要组成部件应在工厂内制作完成。

3.0.5 整体卫生间的施工安装应由专业人员进行，并应与内装系统的其他施工工序进行协调。

4 材　　料

4.0.1 整体卫生间所用材料应符合现行国家标准《建筑内部装修设计防火规范》GB 50222和《民用建筑工程室内环境污染控制规范》GB 50325等的规定；各种洁具及功能配件的性能应符合国家现行相关产品标准的规定。

4.0.2 金属材料和配件应采取表面防腐蚀处理措施，金属板的切口及开孔部位应进行密封或防腐处理。

4.0.3 木质材料应进行防腐、防虫处理。

4.0.4 密封胶的粘结性、环保性、耐水性和耐久性应满足设计要求，并应具有不污染材料及粘结界面的性能，且应满足防霉要求。

4.0.5 防水盘的性能应符合表4.0.5的规定。

表 4.0.5　防水盘性能

项目	性能要求		试验方法
挠度（mm）	≤3		按现行国家标准《整体浴室》GB/T 13095的规定执行
巴柯尔硬度	≥35		
耐砂袋冲击	表面无变形、破损及裂纹等缺陷		
耐落球冲击	表面无裂纹等缺陷		
耐渗水性	无渗漏现象		
耐酸性	外观	无裂纹、无分层等缺陷	
	巴柯尔硬度	≥30	
耐碱性	外观	无裂纹、无分层等缺陷	
	巴柯尔硬度	≥30	
耐污染性	色差 ΔE≤3.5		
耐热水性 A	表面无裂纹、鼓泡或明显变色		
耐热水性 B	表面无裂纹、鼓泡或明显变色		
防滑性能	静摩擦系数 COF≥0.60（干态）防滑值 BPN≥60（湿态）		按现行行业标准《建筑地面工程防滑技术规程》JGJ/T 331的规定执行

4.0.6 整体卫生间的整体性能指标应符合现行行业标准《住宅整体卫浴间》JG/T 183的相关规定。

5 设 计 选 型

5.1 一 般 规 定

5.1.1 整体卫生间的设计应满足使用过程中维护更新的要求。

5.1.2 整体卫生间的结构设计应满足运输、安装、使用等方面的强度要求。

5.1.3 整体卫生间的壁板与壁板、壁板与防水盘、壁板与顶板的连接构造满足防渗漏和防潮的要求。

5.1.4 整体卫生间的地面应满足防滑要求。

5.1.5 整体卫生间内不应安装燃气热水器。

5.2 建 筑 设 计

5.2.1 建筑设计应协调结构、内装、设备等专业共同确定整体卫生间的布局方案、结构方案、设备管线敷设方式和路径、主体结构孔洞尺寸预留以及管道井位置等。

5.2.2 整体卫生间宜采用同层排水方式；当采取结

构局部降板方式实现同层排水时，应结合排水方案及检修要求等因素确定降板区域；降板高度应根据防水盘厚度、卫生器具布置方案、管道尺寸及敷设路径等因素确定。

5.2.3 整体卫生间的尺寸选型应与建筑空间尺寸协调，并应符合下列规定：

　　1 整体卫生间的尺寸型号说明宜为内部净尺寸；

　　2 整体卫生间的内部净尺寸宜为基本模数100mm的整数倍；

　　3 整体卫生间的尺寸选型和预留安装空间应在建筑设计阶段与厂家共同协商确定，典型平面布局可按本标准附录A选用。

5.2.4 整体卫生间的预留安装尺寸应符合下列规定：

　　1 整体卫生间壁板与其外围合墙体之间应预留安装尺寸（图5.2.4-1），并应符合下列规定：

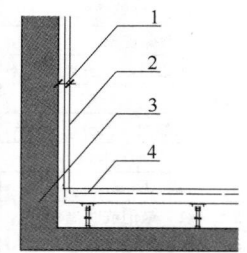

图 5.2.4-1　整体卫生间
壁板预留安装尺寸

1—预留安装尺寸；2—整体卫生间壁板内侧；
3—外围合墙体；4—整体卫生间防水盘

　　1）当无管线时，不宜小于50mm；

　　2）当敷设给水或电气管线时，不宜小于70mm；

　　3）当敷设洗面器墙排水管线时，不宜小于90mm。

　　2 当采用降板方式时，整体卫生间防水盘与其安装结构面之间应预留安装尺寸（图5.2.4-2），并应符合下列规定：

　　　　1）当采用异层排水方式时，不宜小于110mm；

　　　　2）当采用同层排水后排式坐便器时，不宜小于200mm；

　　　　3）当采用同层排水下排式坐便器时，不宜小于300mm。

　　3 整体卫生间顶板与卫生间顶部结构最低点的间距不宜小于250mm。

5.2.5 当整体卫生间设置外窗时，应与外围护墙体协同设计并应符合下列规定：

　　1 整体卫生间外围护墙体窗洞口的开设位置应满足卫生间内部空间布局的要求，窗垛尺寸不宜小于150mm（图5.2.5-1）；

　　2 外围护墙体开窗洞口应开设在整体卫生间壁板范围内，窗洞口上沿高度宜低于整体卫生间顶板下

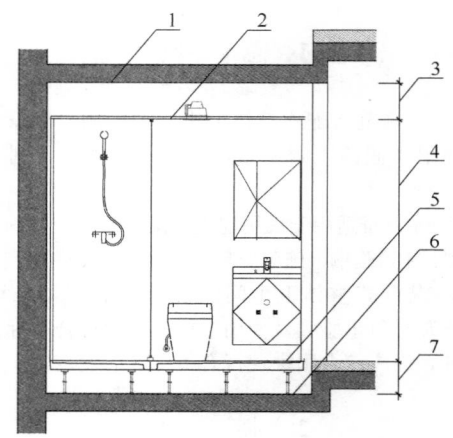

图 5.2.4-2　整体卫生间防水盘、
顶板预留安装尺寸

1—卫生间顶部结构楼板下表面；2—整体卫生间顶板内表面；3—结构最低点与卫生间顶板间距；4—卫生间净高；5—防水盘面层；6—卫生间安装的结构楼板上表面；7—防水盘预留安装高度

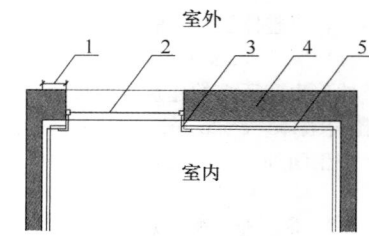

图 5.2.5-1　整体卫生间外窗开设尺寸

1—窗垛尺寸；2—外窗；3—窗套收口；
4—外围护墙体；5—整体卫生间壁板

沿不小于50mm（图5.2.5-2）；

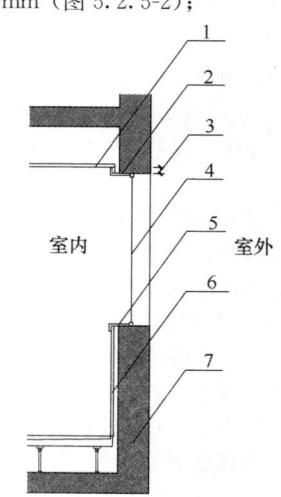

图 5.2.5-2　整体卫生间外窗开设高度

1—整体卫生间顶板下沿；2—窗洞口上沿；3—窗洞口上沿与整体卫生间顶板下沿高差；4—外窗；5—窗套收口；6—整体卫生间壁板；7—外围护墙体

3 整体卫生间的壁板和外围护墙体窗洞口衔接应通过窗套进行收口处理，并应做好防水措施。

5.2.6 当整体卫生间的设备管线穿越主体结构时，应与内装、结构、设备专业协调，孔洞预留定位应准确。

5.2.7 整体卫生间门的设计选型应与内装设计进行协调，其尺寸与定位应与其外围合墙体协调，并应符合下列规定：

1 应根据整体卫生间门及门套的选型尺寸要求，结合整体卫生间安装空间尺寸要求，确定外围合墙体的门洞尺寸和门垛尺寸；

2 整体卫生间门洞口中心线应与其外围合墙体门洞口中心线重合（图5.2.7）；

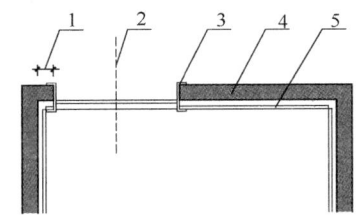

图 5.2.7 整体卫生间门洞与外围合墙体
门洞位置关系
1—门垛尺寸；2—中心线；3—整体卫生间门套；
4—外围合墙体；5—整体卫生间壁板

3 整体卫生间门的尺寸和开启方式，应满足卫生间内部空间布局的要求；

4 整体卫生间的门框与门套应与防水盘、壁板、外围合墙体做好收口处理和防水措施。

5.2.8 整体卫生间的外围合墙体，除外围护墙、分户墙外，宜采用轻质隔墙。

5.3 给水排水设计

5.3.1 整体卫生间的给水排水设计应符合现行国家标准《建筑给水排水设计规范》GB 50015 的相关规定。

5.3.2 建筑设计时应根据所采用整体卫生间的管道连接要求进行给水、排水管道预留；整体卫生间选用管道材质、品牌和连接方式应与建筑预留管道相匹配。当采用不同材质的管道连接时，应有可靠连接措施。

5.3.3 敷设管道和设置阀门的部位应留有便于安装和检修的空间。

5.3.4 管道外壁应进行标识。

5.3.5 整体卫生间的给水设计应符合下列规定：

1 与电热水器连接的塑料给水管道应有金属管段过渡，金属管长度不应小于400mm；

2 当使用非饮用水源时，供水管应采取严格的防止误接、误用、误饮的安全措施。

5.3.6 整体卫生间的排水设计应符合下列规定：

1 采用同层排水方式时，应按所采用整体卫生间的管道连接要求确定降板区域和降板深度，并应有可靠的管道防渗漏措施；

2 从排水立管或主干管接出的预留管道，应靠近整体卫生间的主要排水部位。

5.4 供暖通风设计

5.4.1 整体卫生间的供暖通风设计应符合现行国家标准《民用建筑供暖通风与空气调节设计规范》GB 50736 的相关规定。

5.4.2 整体卫生间内供暖通风设备应预留孔洞，安装设备的壁板和顶板处应采取加强措施。

5.4.3 当有供暖要求时，整体卫生间内可设置供暖设施，但不宜采用低温地板辐射供暖系统。

5.4.4 无外窗的整体卫生间应有防回流构造的排气通风道，并预留安装排气设备的位置和条件，全面通风换气次数应符合国家现行标准的规定，且应设置相应进风口。

5.5 电气设计

5.5.1 整体卫生间的电气设计应符合现行行业标准《民用建筑电气设计规范》JGJ 16 和《住宅建筑电气设计规范》JGJ 242 的相关规定。

5.5.2 整体卫生间的配电线路应穿导管保护，并应敷设在整体卫生间的壁板和顶板外侧，且宜选用加强绝缘的铜芯电线或电缆；导管宜采用管壁厚不小于2.0mm的耐腐蚀金属导管或塑料导管。

5.5.3 整体卫生间宜采用防潮易清洁的灯具，且不应安装在0、1区内及上方。照度应符合现行国家标准《建筑照明设计标准》GB 50034 的相关规定。

5.5.4 整体卫生间的电热水器插座底边距地不宜低于2.3m，排风机及其他电源插座宜安装在3区。除集成安装在整体卫生间内的电气设备自带控制器外，其他控制器、开关宜设置在整体卫生间门外，并应增加漏电保护装置。

5.5.5 具有洗浴功能的整体卫生间应设置局部等电位联结。

6 生 产 运 输

6.1 一 般 规 定

6.1.1 生产单位应具备保证产品质量要求的生产工艺设施、试验检测条件，并应有完善的质量管理体系和必要的检测手段。

6.1.2 整体卫生间制作前，应制定生产方案，生产方案应包括生产工艺、生产计划、技术质量控制措施、成品保护、堆放及运输方案等内容。

6.1.3 生产单位的检测、试验、计量等设备及仪器仪表均应检定合格，并应在有效期内使用。

6.1.4 整体卫生间的质量检验应按防水盘、壁板、顶板等检验项目分别进行。当上述各检验项目的质量均合格时，方可评定为合格产品。

6.2 生 产 制 作

6.2.1 整体卫生间防水盘、壁板、顶板、检修口、连接件和加强件等应在工厂加工完成。

6.2.2 防水盘的制作工艺应可靠，底盘应无渗漏。

6.2.3 整体卫生间内部配件在防水盘上的安装孔洞应在工厂加工完成，在壁板和顶板上的安装孔洞宜在工厂加工完成。

6.2.4 整体卫生间生产完毕，检验合格后应签署出厂合格证，出厂合格证应标注产品编码、制造商名称、生产日期和检验员代码等信息。

6.3 标识、包装和运输

6.3.1 整体卫生间的防水盘、壁板和顶板等部件检查合格后应设置表面标识。

6.3.2 整体卫生间外包装应在明显部位标注明细清单，其内容应包括：制造商名称、工程名称、产品名称、产品编码及质检人。若有易损坏物件应注明装卸、运输要求。

6.3.3 包装应便于装卸，包装箱尺寸规格应满足运输的需要。

6.3.4 对带有装饰面层的产品，应采取可靠的保护措施。

6.3.5 出厂合格证、原材料或成品检测报告、装配指导书等资料应与整体卫生间产品同步到达施工现场。

7 施 工 安 装

7.1 一 般 规 定

7.1.1 整体卫生间施工安装前应结合工程的施工组织设计文件及相关资料制定施工专项方案，宜包括以下内容：

    1 设计布置图、产品型号、材质及特点说明等；

    2 施工安装方案：施工安装人员、机械机具组织调配、现场布置、安装工艺要求、安装顺序、工期进度要求等；

    3 施工安装界面条件：空间尺寸、管线安装预留、现场条件要求等；

    4 施工安装工序的检查、验收要求、成品保护以及质量保证的措施，安全、文明施工及环保措施要求等。

7.1.2 整体卫生间的施工安装应与土建工程及内装工程的施工工序进行整体统筹协调；当条件具备时，

整体卫生间宜先于外围合墙体安装。

7.1.3 整体卫生间批量工程施工前宜先进行样板间的试安装工作。

7.1.4 整体卫生间的施工现场环境温度不宜低于5℃；当需要在低于5℃环境下安装时，应采取冬期施工措施。

7.1.5 整体卫生间安装过程中，应对已完成工序的半成品及成品进行保护。

7.2 安 装 准 备

7.2.1 整体卫生间安装作业前，安装界面所具备的条件应验收合格并应交接。

7.2.2 整体卫生间安装前的准备工作应符合下列规定：

    1 整体卫生间产品应进行进场验收，应检查产品合格证、检验报告；

    2 应复核整体卫生间安装位置线，并应在现场做好明显标识；

    3 整体卫生间的安装地面应按设计要求完成施工；

    4 与整体卫生间连接的管线应敷设至安装要求位置，并应验收合格。

7.3 装 配 安 装

    Ⅰ 现场装配式整体卫生间

7.3.1 现场装配式整体卫生间宜按下列顺序安装：

    1 按设计要求确定防水盘标高；

    2 安装防水盘，连接排水管；

    3 安装壁板，连接管线；

    4 安装顶板，连接电气设备；

    5 安装门、窗套等收口；

    6 安装内部洁具及功能配件；

    7 清洁、自检、报验和成品保护。

7.3.2 防水盘的安装应符合下列规定：

    1 底盘的高度及水平位置应调整到位，底盘应完全落实、水平稳固、无异响现象；

    2 当采用异层排水方式时，地漏孔、排污孔等应与楼面预留孔对正。

7.3.3 排水管的安装应符合下列规定：

    1 预留排水管的位置和标高应准确，排水应通畅；

    2 排水管与预留管道的连接部位应密封处理。

7.3.4 壁板的安装应符合下列规定：

    1 应按设计要求预先在壁板上开好各管道接头的安装孔；

    2 壁板拼接处应表面平整、缝隙均匀；

    3 安装过程中应避免壁板表面变形和损伤。

7.3.5 给水管的安装应符合下列规定：

1 当给水管接头采用热熔连接时，应保证所熔接的接头质量；

2 给水管道安装完成后，应进行打压试验，并应合格。

7.3.6 顶板安装应保证顶板与顶板、顶板与壁板间安装平整、缝隙均匀。

Ⅱ 整体吊装式整体卫生间

7.3.7 整体吊装式整体卫生间宜按下列顺序安装：

1 将工厂组装完成的整体卫生间，经检验合格后，做好包装保护，由工厂运至施工现场，利用垂直和平移工具将其移动到安装位置就位；

2 拆掉整体卫生间门口包装材料，进入卫生间内部检验有无损伤，通过调平螺栓调整好整体卫生间的水平度、垂直度和标高；

3 完成整体卫生间与给水、排水、供暖预留点位、电路预留点位连接和相关试验；

4 拆掉整体卫生间外围包装保护材料，由相关单位进行整体卫生间外围合墙体的施工；

5 安装门、窗套等收口；

6 清洁、自检、报检和成品保护。

7.3.8 整体吊装式整体卫生间应利用专用机具移动，放置时应采取保护措施。

7.3.9 整体吊装式整体卫生间应在水平度、垂直度和标高调校合格后固定。

7.4 成品保护

7.4.1 整体卫生间安装应与其他专业合理安排施工工序，避免造成污染和破坏。

7.4.2 安装施工过程中应做好出墙、出地面给排水管道的防撞保护。

7.4.3 整体卫生间安装完毕后，应及时办理验收和封闭保护工作，同时应在醒目位置设置保护牌。

8 质量验收

8.1 一般规定

8.1.1 整体卫生间应在基层质量验收合格后安装，安装过程中应及时进行质量检查、隐蔽工程验收，并应做好自检记录，自检记录宜按本标准附录 B 的表格填写。

8.1.2 整体卫生间检验批质量验收应在自检合格基础上进行，并应做好验收记录，验收记录宜按本标准附录 C 的表格填写。

8.1.3 整体卫生间分项工程质量验收应检查下列文件和记录：

1 设计方案图及设计变更，施工技术交底文件；

2 主要组成材料的产品合格证书、出厂合格证、

性能检验报告；

3 自检记录、检验批质量验收记录等。

8.1.4 整体卫生间应对下列项目进行验收，并做好记录：

1 给水与供暖管道的连接，接头处理，水管试压，风管严密性检验；

2 排水管道的连接，接头处理，满水排泄试验；

3 电线与电器的连接，绝缘电阻测试，等电位联结测试。

8.1.5 整体卫生间的检验批应以同一生产厂家的同品种、同规格、同批次的每 10 间划分为一个检验批，不足 10 间时也应划分为一个检验批。

8.1.6 整体卫生间一般项目质量经抽样检验合格率不应低于 90%。

8.1.7 整体卫生间的质量验收应在施工单位自行检查评定的基础上进行。

8.2 检验批验收

8.2.1 检验批质量合格应符合下列规定：

1 主控项目和一般项目应经抽样检验合格；

2 应具有完整的施工操作依据和质量验收记录。

8.2.2 整体卫生间工程的检查数量，每个检验批应至少抽查 4 间。

Ⅰ 主控项目

8.2.3 整体卫生间内部净尺寸应符合设计规定。

检验方法：尺量检查。

8.2.4 龙头、花洒及坐便器等用水设备的连接部位应无渗漏，排水通畅。

检验方法：放水观察；检查自检记录。

8.2.5 整体卫生间面层材料的材质、品种、规格、图案、颜色应符合设计规定。

检验方法：观察；检查产品合格证书、进场验收记录、设计图纸。

8.2.6 整体卫生间的防水盘、壁板和顶板的安装应牢固。

检验方法：观察；手扳检查，检查施工记录。

8.2.7 整体卫生间所用金属型材、支撑构件应经防锈蚀处理。

检验方法：观察；检查材料合格证书。

Ⅱ 一般项目

8.2.8 整体卫生间的面层材料表面应洁净、色泽一致，不得有翘曲、裂缝及缺损。压条应平直、宽窄一致。

检验方法：观察；尺量检查。

8.2.9 整体卫生间内的灯具、风口和检修口等设备设施的位置应合理，与面板的交接应吻合、严密。

检验方法：观察；检查隐蔽工程验收记录、施工

记录及影像记录。

8.2.10 整体卫生间安装的允许偏差和检验方法应符合表 8.2.10 的规定。

表 8.2.10　整体卫生间安装的允许偏差和检验方法

项目	允许偏差（mm）			检验方法
	防水盘	壁板	顶板	
内外设计标高差	2.0	—	—	用钢直尺检查
阴阳角方正	—	3.0	—	用 200mm 直角检测尺检查
立面垂直度	—	3.0	—	用 2m 垂直检测尺检查
表面平整度	—	3.0	3.0	用 2m 靠尺和塞尺检查
接缝高低差	—	1.0	1.0	用钢直尺和塞尺检查
接缝宽度	—	1.0	2.0	用钢直尺检查

8.3　分项工程验收

8.3.1　整体卫生间应为建筑装饰装修子分部工程。

8.3.2　现场装配、整体吊装是整体卫生间的分项工程，当符合下列条件时，质量应为验收合格：
　　1　所含的检验批的质量均应验收合格；
　　2　所含的检验批的质量验收记录应完整。

8.3.3　检验批应由专业监理工程师组织施工单位的项目专业质量检查员、专业工长等进行验收。

8.3.4　分项工程应由专业监理工程师组织施工单位的项目专业技术负责人等进行验收。

8.3.5　现场装配、整体吊装分项工程质量验收记录应按本标准附录 D 的要求填写。

8.3.6　当整体卫生间安装质量不满足要求时，应按下列规定进行处理：
　　1　经返工或返修的检验批，应重新进行验收；
　　2　经有资质的检测机构检测鉴定能够达到设计要求的检验批，应予以验收；
　　3　经有资质的检测机构检测鉴定达不到设计要求、但经原设计单位核算能够满足安全和使用功能的检验批，可予以验收；
　　4　经返修或加固处理的分项、分部工程，满足安全及使用功能要求时，可按技术处理方案和协商文件的要求予以验收。

9　使用维护

9.0.1　整体卫生间的生产厂家应向用户提供产品使用手册。

9.0.2　整体卫生间内的部品更换应由生产厂家进行。

9.0.3　整体卫生间内的电气设备应根据生产厂家的要求使用和维护。

附录 A　典型整体卫生间平面布局

A.0.1　住宅用整体卫生间平面布局可按表 A.0.1 所示。

表 A.0.1　住宅用整体卫生间平面布局

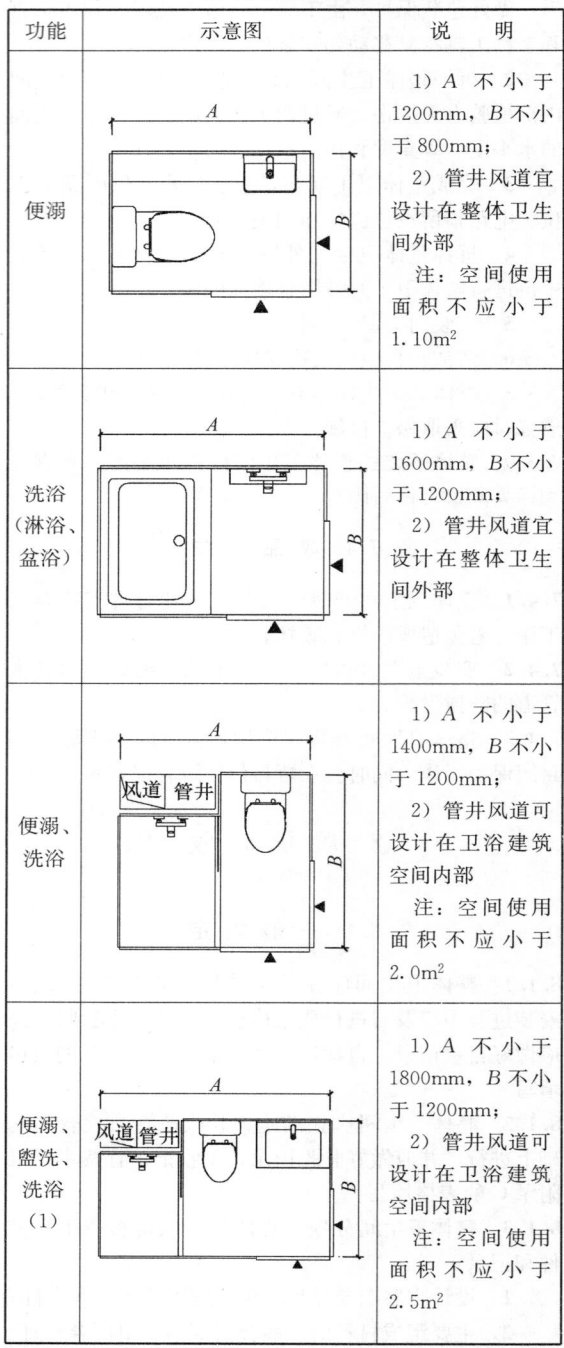

功能	示意图	说　明
便溺		1）A 不小于 1200mm，B 不小于 800mm； 2）管井风道宜设计在整体卫生间外部 注：空间使用面积不应小于 1.10m²
洗浴（淋浴、盆浴）		1）A 不小于 1600mm，B 不小于 1200mm； 2）管井风道宜设计在整体卫生间外部
便溺、洗浴		1）A 不小于 1400mm，B 不小于 1200mm； 2）管井风道可设计在卫浴建筑空间内部 注：空间使用面积不应小于 2.0m²
便溺、盥洗、洗浴（1）		1）A 不小于 1800mm，B 不小于 1200mm； 2）管井风道可设计在卫浴建筑空间内部 注：空间使用面积不应小于 2.5m²

续表 A.0.1

功能	示意图	说　明
便溺、盥洗、洗浴（淋浴）（2）	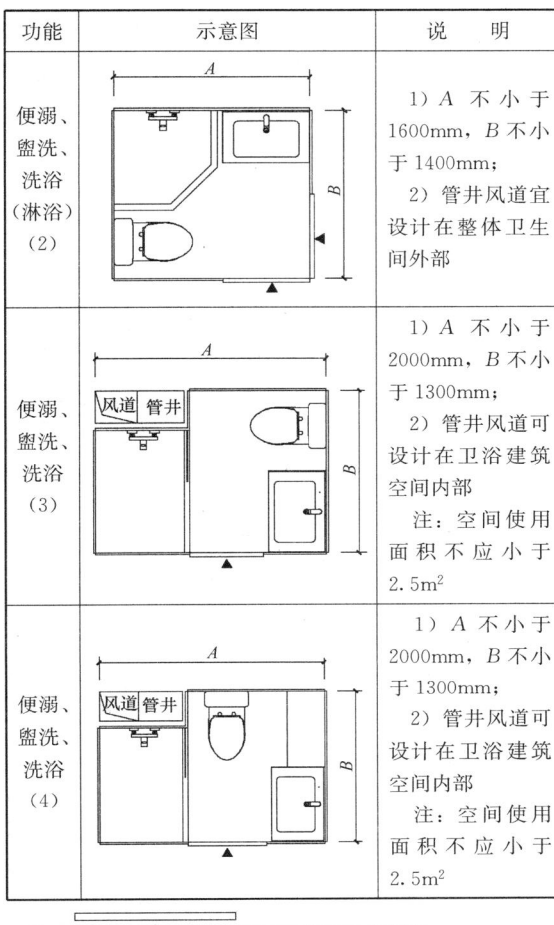	1）A 不小于1600mm，B 不小于 1400mm； 2）管井风道宜设计在整体卫生间外部
便溺、盥洗、洗浴（3）		1）A 不小于2000mm，B 不小于 1300mm； 2）管井风道可设计在卫浴建筑空间内部 注：空间使用面积不应小于2.5m²
便溺、盥洗、洗浴（4）		1）A 不小于2000mm，B 不小于 1300mm； 2）管井风道可设计在卫浴建筑空间内部 注：空间使用面积不应小于2.5m²

注：▲　表示整体卫生间门洞。

A.0.2 宾馆用整体卫生间平面布局可按表 A.0.2 所示。

表 A.0.2　宾馆用整体卫生间平面布局

功能	示意图	说明
便溺、盥洗、洗浴（1）	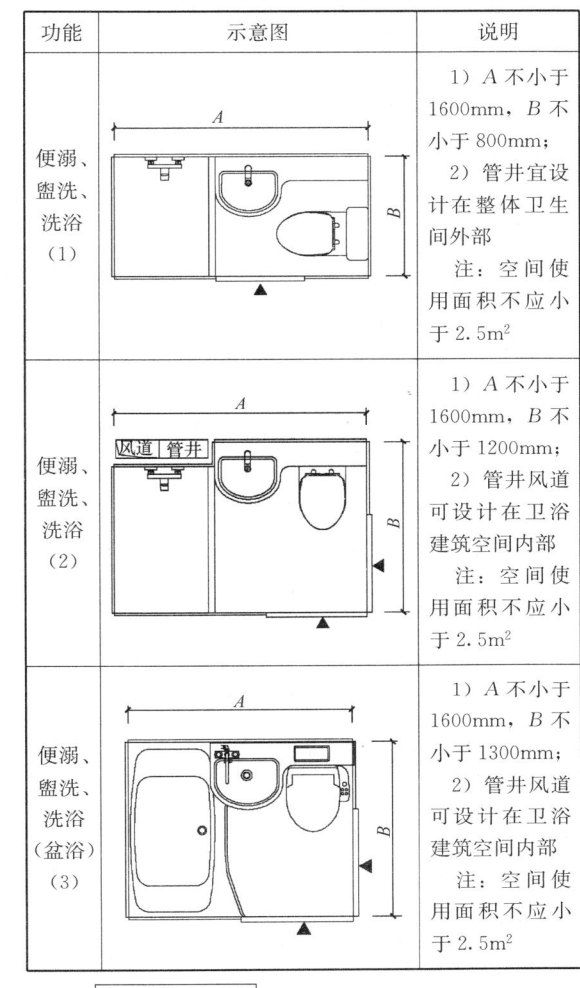	1）A 不小于1600mm，B 不小于800mm； 2）管井宜设计在整体卫生间外部 注：空间使用面积不应小于2.5m²
便溺、盥洗、洗浴（2）		1）A 不小于1600mm，B 不小于1200mm； 2）管井风道可设计在卫浴建筑空间内部 注：空间使用面积不应小于2.5m²
便溺、盥洗、洗浴（盆浴）（3）		1）A 不小于1600mm，B 不小于1300mm； 2）管井风道可设计在卫浴建筑空间内部 注：空间使用面积不应小于2.5m²

注：▲　表示整体卫生间门洞。

附录 B　整体卫生间自检记录

整体卫生间自检记录宜按表 B 填写。

表 B　整体卫生间自检记录

安装房间号：　　　　　　　　　整体卫生间型号：
安装开始时间：　　　　　　　　安装人员姓名：
安装结束时间：　　　　　　　　质量检查人（签字）：

顺序	部位	检查项目	判定基准和检查方法	检查日期	判定
1	安装面	地面平整度符合规定，地面是否清扫	±5mm，不得留有垃圾		合・否
2	防水盘	排水地漏用工具紧固	无松动及晃动，周边缝隙均匀		合・否
3		防水盘安装高度、水平位置是否符合设计要求	±0.5mm		合・否
4		螺栓脚锁紧及涂胶粘剂	无异响及松动，全部脚应涂胶粘剂		合・否

顺序	部位	检查项目	判定基准和检查方法	检查日期	判定
5	闭水试验	在满水状态下做闭水试验	排水系统无漏水潮湿		合·否
6		30min 后，排水管系统有无漏水	无漏水潮湿（连接处用卫生纸确认）		合·否
7	排水管	排水管连接处涂胶粘剂	无漏涂，承插到位		合·否
8		排水坡度和支撑架是否符合要求	坡度和支撑架位置符合要求		合·否
9	加强板	检查位置及材质	位置符合设计要求		合·否
10	给水配管	过墙弯头锁紧固定	固定牢固		合·否
11		冷水及热水连接是否正确	冷热水不得接反，无松动及晃动		合·否
12	壁板	纵向、水平接缝是否符合标准	±1mm，用红外线确认		合·否
13	门	门下框水密封材料粘贴	应粘贴在规定的位置		合·否
14		门框（纵向、水平、接缝）是否符合标准	±2mm，用红外线或水平仪确认		合·否
15	压条	压条是否符合要求	无突起，表面光滑		合·否
16	窗套	窗套完成尺寸及外观是否符合要求	水平、垂直误差±3mm，表面无划痕、无污渍		合·否
17		窗套基层角部连接缝隙涂硅胶	不得有漏涂		合·否
18	器具	龙头、花洒支撑杆、置物架的固定是否水平，器具固定是否牢固	水平无松动		合·否
19	照明及换气	照明及换气装置使用正常	无歪斜，固定牢固		合·否
20	密封胶	内部密封胶处理是否符合要求	密封胶不得断裂漏涂，并粗细均匀、平滑		合·否
21		门下框卡座部的密封胶是否符合要求	密封胶不得断裂漏涂，并粗细均匀、平滑		合·否
22	功能	龙头及花洒连接部位	无渗漏		合·否
23		排水是否通畅（手持花洒向地漏注水 10min）	排水通畅		合·否
24	其他	顶板、壁板、防水盘、器具表面	不得有划痕、断裂、污垢		合·否
25		门、器具的螺丝	不得有遗漏、断裂或松动		合·否
26		门的开关顺畅	不得有卡住的情况		合·否
27		施工后的整理和清扫	应保持内外清洁		合·否
28		使用说明书	应保管在指定位置或交由指定方保存		合·否
29		外观成品保护	按要求完成保护		合·否

注：不同厂家可以根据各自产品的特点制作本表。

附录C 整体卫生间检验批质量验收记录

整体卫生间检验批质量验收记录宜按表C填写。

表C 整体卫生间检验批质量验收记录

单位（子单位）工程名称			分部（子分部）工程名称			分项工程名称	
施工单位			项目负责人			检验批容量	
分包单位			分包单位项目负责人			检验批部位	
施工依据				验收依据			

		验收项目	设计要求及标准规定	最小/实际抽样数量	检查记录	检查结果
主控项目	1	内部净尺寸符合设计要求	第8.2.3条			
	2	龙头、花洒及坐便器连接部位无渗漏，排水通畅符合要求	第8.2.4条			
	3	面层材质、品种、规格、图案、颜色等符合设计规定	第8.2.5条			
	4	防水盘、壁板和顶板的安装应牢固	第8.2.6条			
	5	金属型材、支撑构件表面的防锈蚀处理	第8.2.7条			
一般项目	1	面层材料表面应洁净、色泽一致，无翘曲、裂缝及缺损，压条应平直、均匀	第8.2.8条			
	2	灯具、风口、检修口等设施布置合理，与板面接缝吻合、严密	第8.2.9条			
	3	内外设计标高差	第8.2.10条			
		阴阳角方正				
		立面垂直度				
		表面平整度				
		接缝高低差				
		接缝宽度				

施工单位检查结果	专业工长： 项目专业质量检查员： 年 月 日
监理单位验收结论	专业监理工程师： 年 月 日

附录 D （现场/工厂）组装分项工程
质量验收记录

（现场/工厂）组装分项工程质量验收记录应按表 D 填写。

表 D （现场/工厂）组装分项工程质量验收记录

（子单位)工程名称			分部(子分部)工程名称		
分项工程数量			检验批数量		
施工单位			项目负责人	项目技术负责人表格调整	
分包单位			分包单位项目负责人	分包内容	
序号	检验批名称	检验批容量	部位/区段	施工单位检查结果	监理单位验收结论
1					
2					
3					
4					
5					
6					
7					
8					
9					
10					
11					
说明：					
施工单位检查结果			项目专业技术负责人： 　　　　年　月　日		
监理单位验收结论			专业监理工程师： 　　　　年　月　日		

本标准用词说明

1 为便于在执行本标准条文时区别对待，对于要求严格程度不同的用词说明如下：

　1）表示很严格，非这样做不可的：
　　正面词采用"必须"，反面词采用"严禁"；

　2）表示严格，在正常情况下均应这样做的：
　　正面词采用"应"，反面词采用"不应"或"不得"；

　3）表示允许稍有选择，在条件许可时首先应这样做的：
　　正面词采用"宜"，反面词采用"不宜"；

　4）表示有选择，在一定条件下可以这样做的，采用"可"。

2 条文中指明应按其他有关标准执行的写法为："应符合……的规定"或"应按……执行"。

引用标准名录

1 《建筑给水排水设计规范》GB 50015

2 《建筑照明设计标准》GB 50034

3 《住宅设计规范》GB 50096

4 《建筑内部装修设计防火规范》GB 50222

5 《民用建筑工程室内环境污染控制规范》
GB 50325

6 《住宅建筑规范》GB 50368

7 《民用建筑供暖通风与空气调节设计规范》
GB 50736

8 《整体浴室》GB/T 13095

9 《民用建筑电气设计规范》JGJ 16

10 《宿舍建筑设计规范》JGJ 36

11 《旅馆建筑设计规范》JGJ 62

12 《住宅建筑电气设计规范》JGJ 242

13 《建筑地面工程防滑技术规程》JGJ/T 331

14 《住宅整体卫浴间》JG/T 183

中华人民共和国行业标准

装配式整体卫生间应用技术标准

JGJ/T 467—2018

条 文 说 明

编 制 说 明

《装配式整体卫生间应用技术标准》JGJ/T 467-2018，经住房和城乡建设部 2018 年 12 月 27 日以第 336 号公告批准、发布。

本标准编制过程中，编制组进行了装配式整体卫生间部品厂家的调查研究，总结了当前我国装配式整体卫生间应用技术的实践经验，同时参考了国外先进技术标准。

为便于广大设计、施工、科研、学校等单位有关人员在使用本标准时能正确理解和执行条文规定，《装配式整体卫生间应用技术标准》编制组按章、节、条顺序编制了本标准的条文说明，对条文规定的目的、依据以及执行中需注意的有关事项进行了说明。但是，本条文说明不具备与标准正文同等的法律效力，仅供使用者作为理解和把握标准规定的参考。

目　　次

1 总　则

1.0.1 当前，装配式建筑成为我国建筑业转型发展的热点和焦点。2015 年 12 月，中央城市工作会议明确提出："发展新型建造方式，大力推广装配式建筑"。2016 年 9 月，国务院常务会议专题研究装配式建筑发展，提出力争用 10 年左右的时间，使装配式建筑占新建建筑的比例达到 30%。随后，国务院办公厅正式印发了《关于大力发展装配式建筑的指导意见》，各地方也相继出台了支持政策。在国家强有力的政策推动和全行业的积极推动下，我国装配式建筑发展已经迈入了快车道，市场对装配式建筑部品的需求也在逐渐增多。作为典型的装配式内装部品，整体卫生间的工程应用和市场需求也越来越多，本标准正是在这种发展形势下，为了规范整体卫生间的应用，保证整体卫生间的工程质量而制定。

1.0.3 本标准在编制过程中参考了现行国家标准《建筑设计防火规范》GB 50016、《建筑内部装修设计防火规范》GB 50222 中的相关规定。此外，本标准应与现行国家标准《建筑工程施工质量验收统一标准》GB 50300 及《建筑装饰装修工程质量验收标准》GB 50210 等配套使用。

2 术　语

2.0.1 装配式整体卫生间是对新型工业化生产的卫浴间产品的统称，从安装方式上划分，主要分为现场装配式和整体吊装式两种类型，行业内也称"整体卫浴"。

2.0.2 防水盘是整体卫生间底部起到防水作用的核心部件，目前市场上常用的防水盘多是一体化成型制作，以保证其整体防水性。

3 基本规定

3.0.2 装配式建筑包括结构系统、外围护系统、设备与管线系统和内装系统，各系统之间应进行集成设计和专业协同。整体卫生间作为内装部品，应与结构系统、外围护系统、设备与管线系统和内装系统进行一体化设计。

3.0.5 根据编制组调研，目前整体卫生间出现的工程质量问题很多是由于不合理的施工安装造成的，且不同生产厂家的整体卫生间的组件和安装方法不同，因此为保证整体卫生间的工程质量，特要求由专业人员进行整体卫生间的施工安装。

4 材　料

4.0.1 目前，国内的整体卫生间市场越来越大，各种材料的产品也应运而生，如片状模塑料（SMC）、彩钢板、铝蜂窝复合板等，在这里规定整体卫生间所用材料的性能和质量应符合设计要求，并应符合国家现行有关标准的规定。

4.0.2 卫生间内是高温高湿环境，对于彩钢板壁板，虽然表面有镀锌处理等防腐措施，但金属切口的部分是薄弱环节，特作要求。

4.0.4 在整体卫生间的安装中，接缝处应用密封胶还是普遍的，特对密封胶的性能做了要求。

4.0.5 从安全性和使用耐久性的角度，对整体卫生间的防滑性能和耐磨性能进行了规定。

5 设计选型

5.1 一般规定

5.1.1 整体卫生间设计时应考虑在使用过程中能很方便地对管线、设备等进行检修和更换。

5.1.3 目前，整体卫生间的防水主要还是采用物理构造防水，其壁板与壁板、壁板与防水盘等之间的连接构造对其防水性能影响非常大，因此规定其必须具有防渗漏的功能。

5.2 建筑设计

5.2.2 由于国内建筑市场普遍对于建筑层高的增加比较敏感，所以整体卫生间在结合同层排水技术应用时，经常采用局部降板的方式，其降板高度应根据卫生器具的布置、降板区域、管径大小、管道长度等因素确定。

5.2.3 目前市场上整体卫生间的型号多数是以内部净尺寸来确定的，如"1216"代表整体卫生间的内部净尺寸为 1200mm×1600mm，而建筑设计在进行空间预留时更关注的是整体卫生间的安装尺寸。因目前整体卫生间的类型很多，各厂家之间的产品除了规格型号存在差异，安装预留空间也存在差异，所以本条强调应在建筑设计阶段时与厂家共同协商确定预留的安装尺寸。附录 A 为编制组针对整体卫生间企业在工程中应用较多的部分典型平面布局的梳理和汇总，供相关人员参考选用。

5.2.4 目前我国市场上整体卫生间的类型较多，各厂家也在不断研发和改进原有技术及产品以适应市场和工程的需求。如和传统卫生间效果相似的瓷砖饰面、石材饰面的整体卫生间产品，微降板或不降板的整体卫生间同层排水技术等。虽然不同类型整体卫生间产品的预留安装尺寸存在差异，很难给出适应所有厂家的统一的预留安装尺寸要求，但为了给相关技术人员做出参考，本条特依据目前工程应用中量大面广的产品的预留安装要求制定。

5.2.5 整体卫生间本身是工业化程度很高的内装部

品，但其与建筑连接部位的处理对其应用质量和效果有很大影响，尤其是与窗洞口的收边处理。

1 整体卫生间开设外窗时，应考虑整体卫生间壁板与外围护墙体窗洞口衔接处窗套收口的安装距离及整体卫生间壁板与建筑墙体间的预留尺寸等要求，外围护墙体的窗垛应满足最小尺寸的要求。

2 考虑外围护墙体窗上口与整体卫生间壁板的收口处理构造，要求外围护墙体窗洞口上沿高度低于整体卫生间壁板上沿。

5.3 给水排水设计

5.3.2 目前可供选择的给水排水管材种类及连接方式较多，在安装时经常出现已预留安装的管道与所选用的装配式整体卫生间管道在材质和连接方式上不一致，所以为避免管道漏损，应有可靠的过渡连接措施。

5.3.5 使用中水和回用雨水等非传统水源冲洗便器时，为了防止误接、误用、误饮引发安全事故而造成人身伤害，管道外壁应有区别于生活饮用水的涂色或"中水""雨水"等明显标识。

5.5 电气设计

5.5.3 浴室卫生间的区域划分可根据尺寸划分为三个区域。

0 区的界限：浴盆、淋浴盆的内部或无盆淋浴 1 区限界内距地面 0.10m 的区域；

1 区的界限：围绕浴盆或淋浴盆的垂直平面；或对于无盆淋浴，距离淋浴喷头 1.20m 的垂直平面和地面以上 0.10m 至 2.25m 的水平面；

2 区的界限：1 区外界的垂直平面和与其相距 0.60m 的垂直平面，地面和地面以上 2.25m 的水平面。

5.5.4 2 区以外的区域为 3 区。

5.5.5 本条是从使用安全性角度要求设置等电位联结，目的是消除电位差，防止电击危险。

6 生 产 运 输

6.1 一 般 规 定

6.1.4 整体卫生间的主要组件，如防水盘、壁板、顶板等应根据国家现行有关标准进行检查和检验，应具有生产操作规程和质量检验记录。

6.2 生 产 制 作

6.2.3 为提高安装效率，能够提前确认好的配件安装孔宜在板材上加工完成。

7 施 工 安 装

7.1 一 般 规 定

7.1.2 后施工外围合墙有利于保证安装质量和减少安装操作空间。当采用先施工外围合墙时，其门洞尺寸应能满足防水盘的进入和安装。

7.3 装 配 安 装

Ⅰ 现场装配式整体卫生间

7.3.3 整体卫生间现场安装的排水管接头位置、排水管与预留管道连接接头的牢固密封是关键，直接影响整体卫生间使用寿命。在未粘结之前，应将管道试插一遍，各接口承插到位，确保配接管尺寸的准确；管件接口粘结时，应将管件承插到位并旋转一定角度，确保胶粘部位均匀饱满。

7.3.4 整体卫生间壁板的安装应使安装面完全落实，水平稳固，没有变形和表面损伤。壁板之间的压条长度应与壁板高度相一致，应先中缝压线，再壁板角压线，最后顶盖压线。

8 质 量 验 收

8.1 一 般 规 定

8.1.4 整体卫生间应对顶板、壁板之后的管线、设备的安装及水管试压，风管严密性检验，排水管的连接，电缆、电线、电器连接，接地测试试验，等电位联结测试等项目进行验收并形成记录，记录应包含必要的图像资料。

8.1.5 整体卫生间目前多应用于住宅、公寓、酒店等建筑类型，其检验批的划分应以同一生产厂家的同品种、同规格、同批次的每 10 间划分为一个检验批，不足 10 间应划分为一个检验批。

8.1.6 为保证整体卫生间的工程质量，除主控项目必须 100% 合格外，一般项目质量经抽样检验合格率应不低于 90%。

8.3 分项工程验收

8.3.1 在实际工程中，整体卫生间多数是由内装修施工单位统筹管理，所以本标准将其纳入建筑装饰装修子分部工程。

8.3.2 整体卫生间的质量验收合格应保证所含的检验批质量均验收合格，同时所含的检验批质量验收记录应完整。

9 使 用 维 护

9.0.1 整体卫生间的使用手册可包括以下内容：

　　1 使用条件、使用应注意事项及禁止事项；

　　2 维修及清扫的要点；

　　3 简单故障、异常情况下的判断方法及处理方法；

　　4 故障咨询和维修等问题的联络方式；

　　5 其他特别的注意事项。

9.0.3 整体卫生间内的电气设备的使用和维护主要包括：

　　1 带有电动器具或电子控制元件的设备，应定期进行维护性驱潮运行；潮湿地区、潮湿季节每季度维护运行不应少于一次；

　　2 电气设备使用出现异常时，应及时关闭电源，报请专业人员检查维修；

　　3 对电气安全保护装置应经常进行检查；

　　4 对电气设备表面进行清洁维护前，应先切断电源，再用中性洗涤剂擦拭。

中华人民共和国行业标准

装配式整体厨房应用技术标准

Technical standard for application of assembled
integral kitchen

JGJ/T 477—2018

批准部门：中华人民共和国住房和城乡建设部
施行日期：２０１９年８月１日

中华人民共和国住房和城乡建设部
公 告

2018 年 第 326 号

住房城乡建设部关于发布行业标准
《装配式整体厨房应用技术标准》的公告

现批准《装配式整体厨房应用技术标准》为行业标准，编号为 JGJ/T 477-2018，自 2019 年 8 月 1 日起实施。

本标准在住房城乡建设部门户网站（www. mohurd. gov. cn）公开，并由住房城乡建设部标准定额研究所组织中国建筑工业出版社出版发行。

中华人民共和国住房和城乡建设部

2018 年 12 月 18 日

前 言

根据住房和城乡建设部《关于印发〈2016 年工程建设标准规范制订、修订计划〉的通知》（建标〔2015〕274 号）的要求，标准编制组经广泛调查研究，认真总结实践经验，参考有关国际标准和国外先进标准，并在广泛征求意见的基础上，编制了本标准。

本标准的主要技术内容是：1. 总则；2. 术语；3. 基本规定；4. 设计与选型；5. 施工安装；6. 质量验收；7. 使用维护。

本标准由住房和城乡建设部负责管理，由大荣建设集团有限公司负责具体技术内容的解释。执行过程中如有意见或建议，请寄送大荣建设集团有限公司（地址：浙江省宁波市鄞州区钟公庙路 285 号，邮编：315192）。

本 标 准 主 编 单 位：大荣建设集团有限公司
浙江中南建设集团有限公司

本 标 准 参 编 单 位：福建省建筑科学研究院
浙江大经建设集团股份有限公司
浙江新盛建设集团有限公司
浙江兆弟控股有限公司
浙江万寿建筑工程有限公司
新世纪建设集团有限公司
厦门坤能工程建设有限公司
浙江中普建工有限公司
浙江省建筑设计研究院
浙江新邦建设股份有限公司
福州第七建筑工程有限公司
浙江理工大学
杭州东升建设工程有限公司
杭州市建设工程质量安全监总站督总站
杭州市拱墅区农转居多层公寓建设管理中心
浙江萧峰建设集团有限公司
河北省建筑科学研究院
中国建筑第七工程局有限公司
重庆对外建设（集团）有限公司
中铁二十三局集团有限公司
重庆中科建设（集团）有限公司
重庆建工第一市政工程有限责任公司
重庆建工第八建设有限责任公司

本标准主要起草人员：潘伟峰　姚金满　施　峰　　　　　　　　　　　傅维君　刘永军　鲁万卿
　　　　　　　　　　徐正荣　刘兴旺　王国棉　　　　　　　　　　刘盈丰　李　彬　黄思权
　　　　　　　　　　周兆弟　钟新明　杨恩建　　　　　　　　　　袁国康　何　霆　杨　东
　　　　　　　　　　夏明峰　程世韬　张孝松　　　　　　　　　　朱永茅　李　辉　陈春来
　　　　　　　　　　张　凯　曹霖坤　林王剑　本标准主要审查人员：顾泰昌　单立欣　李　桦
　　　　　　　　　　史文杰　吴雪梁　陈旭伟　　　　　　　　　　廖　原　曹鸿新　何晓微
　　　　　　　　　　潘黎芳　齐金良　邹素红　　　　　　　　　　芦　森　金　健　马占勇
　　　　　　　　　　周静增　边龙潭　汪凌锋　　　　　　　　　　马国朝　吉　第

目　　次

1 总 则

1.0.1 为推动绿色建筑的发展，加快实现建筑工业化及产业化，促进装配式整体厨房健康发展，做到技术先进、经济合理、安全适用、保证质量，制定本标准。

1.0.2 本标准适用于住宅建筑装配式整体厨房的设计与选型、施工安装、质量验收和使用维护。

1.0.3 装配式整体厨房的应用除应符合本标准外，尚应符合国家现行有关标准的规定。

2 术 语

2.0.1 装配式整体厨房 assembled integral kitchen

由工厂生产、现场装配厨房家具、厨房设备和厨房设施等的标准单元，通过标准单元系统搭配组合而成的满足炊事活动功能要求的模块化空间。以下简称厨房。

2.0.2 厨房部品 kitchen parts

由工厂生产、现场装配，构成烹调、通风排烟、食品加工、清洗、储存等厨房标准单元模块化或集成化产品。包括厨房家具和厨房设备。

2.0.3 厨房家具 kitchen furniture

炊事活动所需的操作台和储存柜等产品。

2.0.4 厨房设备 equipment for kitchen

炊事活动所需的燃气灶、洗涤池、排油烟机、冰箱、洗碗机、消毒柜、微波炉和烤箱等产品。

2.0.5 厨房设施 kitchen facility

炊事活动所需的燃气、给水、排水、通风、电气等管路及附件。

3 基 本 规 定

3.0.1 厨房应遵循模数协调的原则，并应符合国家现行标准《住宅厨房及相关设备基本参数》GB/T 11228、《住宅厨房模数协调标准》JGJ/T 262 的有关规定。

3.0.2 厨房的设计应遵循人体工程学的要求，合理布局，进行标准化、系列化和精细化设计，并应与结构系统、外围护系统、设备与管线系统、内装系统进行一体化设计，且宜满足适老化的需求。

3.0.3 厨房部品应按照设计要求和现行相关标准进行防水、防火、防腐和防蛀处理，处理后所用材料的耐火极限应符合现行国家标准《建筑内部装修设计防火规范》GB 50222 和《建筑设计防火规范》GB 50016 的有关规定。有害物质限量应符合现行行业标准《住宅建筑室内装修污染控制技术标准》JGJ/T 436 的有关规定。

3.0.4 厨房的设计应选用通用的标准化部品，标准化部品应具有统一的接口位置和便于组合的形状、尺寸，并应满足通用性和互换性对边界条件的参数要求。

3.0.5 厨房应积极采用新技术、新材料和新产品，积极推广工业化设计和建造技术，宜采用可循环使用和可再生利用的材料。

4 设计与选型

4.1 一 般 规 定

4.1.1 厨房部品选型宜在建筑方案阶段进行，并应在设计各个阶段进行完善。

4.1.2 厨房部品应为标准化部品，工厂化生产，批量化供应。

4.1.3 厨房内各种管线接口应为标准化设计，并应准确定位。

4.1.4 厨房设计应符合干式工法施工的要求，便于检修更换，且不得影响建筑结构的安全性。

4.1.5 厨房部品应提供可追溯和可查询的信息化资料。

4.2 建 筑 设 计

4.2.1 厨房的建筑设计应满足储存、洗涤、加工和烹饪的基本使用需求，厨房的门、窗、管井位置应合理，并应保证厨房的有效使用面积。

4.2.2 厨房的建筑设计应协调结构、内装修、设备等专业合理确定厨房的布局方案、结构方案、设备管线敷设方式和路径、主体结构孔洞预留尺寸以及管道井位置等，并应符合现行行业标准《工业化住宅尺寸协调标准》JGJ/T 445 的有关规定。

4.2.3 厨房墙面应符合下列规定：

1 厨房非承重围护隔墙宜选用工业化生产的成品隔板，现场组装；

2 厨房成品隔断墙板的承载力应满足厨房设备固定的荷载需求；

3 当安装吊柜和厨房电器的墙体为非承重墙体时，其吊装部位应采取加强措施，满足安全要求。

4.2.4 厨房应选用耐热和易清洗的吊顶材料，并应符合现行行业标准《建筑用集成吊顶》JG/T 413 的有关规定。

4.2.5 当厨房吊顶内敷设管线时，应设检修口。

4.2.6 厨房应采用防滑耐磨、低吸水率、耐污染和易清洁的地面材料。

4.2.7 排油烟机烟道应选用不燃、耐高温、防腐、防潮、不透气、不易霉变的材料。

4.3 厨房部品设计

4.3.1 厨房部品所用的材料、外观、尺寸公差、形状和位置公差、燃烧性能、理化性能、力学性能等应符合现行行业标准《住宅整体厨房》JG/T 184 的有关规定。厨房部品宜成套供应。

4.3.2 家具设计应符合下列规定：

1 家具宽度应符合模数协调要求；

2 家具应符合现行国家标准《家用厨房设备 第 2 部分：通用技术要求》GB/T 18884.2 的相关规定；

3 在横向管线布置高度的家具背板应可拆卸或设置检修口；

4 应在柜体的靠墙或转角位置预置调节板安装口；

5 吊柜及排油烟机底面距地面高宜为 1400mm～1600mm；

6 工作台面高度应为 800mm～850mm；工作台面与吊柜底面的距离宜为 500mm～700mm；

7 灶具柜设计应考虑燃气管道及排油烟机排气口位置，灶具柜外缘与燃气主管道水平距离应不小于 300mm，左右外缘至墙面之间距离应不小于 150mm，灶具柜两侧宜有存放调料的空间及放置锅具等容器的台位。

4.3.3 厨房家具尺寸应符合现行行业标准《住宅厨房模数协调标准》JGJ/T 262 的有关规定。

4.3.4 厨房设备的设置应符合下列规定：

1 排油烟机平面尺寸应大于灶具平面尺寸 100mm 以上；

2 燃气热水器左右两侧应留有 200mm 以上净空，正面应留有 600mm 以上净空；

3 燃气热水器与燃气灶具的水平净距不得小于 300mm；燃气热水器上部不应有明敷的电线、电器设备及易燃物，下部不应设置灶具等燃具；

4 嵌入式厨房电器最大深度，地柜应小于 500mm，吊柜应小于 300mm；

5 电器不应安装在热源附近；电磁灶下方不应安装其他电器；

6 厨房设备应有漏电防护措施。

4.3.5 厨房部品的设置间距和误差应符合下列规定：

1 台面及前角拼缝误差应不大于 0.5mm；

2 吊柜与地柜的相对应侧面直线度允许误差应不大于 2.0mm；

3 在墙面平直条件下，后挡水板与墙面之间距离应不大于 2.0mm；

4 橱柜左右两侧面与墙面之间距离应不大于 10mm；

5 地柜台面距地面高度误差应在 ±10mm 内；

6 嵌式灶具与排油烟机中心线偏移允许误差应在 ±20mm 内；

7 台面拼接时的错位不得超过 0.5mm，接缝不应靠近洗涤槽和嵌式灶具；

8 相邻吊柜、地柜和高柜之间应使采用柜体连接件固定，柜与柜之间的层错位、面错位不得超过 1.0mm；

9 洗涤槽外缘至墙面距离应不小于 70mm，洗涤槽外缘至给水主管距离不宜小于 50mm。

4.4 厨房设施设计

4.4.1 厨房的管道管线应与厨房结构、厨房部品进行协同设计。竖向管线应相对集中布置、定位合理，横向管线位置应避免交叉。

4.4.2 集中管道井的设置及空间尺寸应满足管道检修更换的空间要求，并应在合适的位置设置管道检修口。

4.4.3 当厨房设备管线穿越主体结构时，应与内装、结构、设备专业协调，孔洞定位预留应准确。

4.4.4 当采用架空地板时，横向支管布置应符合下列规定：

1 排水管应同层敷设，在本层内接入排水立管和排水系统，不应穿越楼板进入其他楼层空间；

2 排水管道宜敷设在架空地板内，并应采取可靠的隔声、减噪措施；

3 供暖热水管道宜敷设在架空地板内。

4.4.5 给水管线设计应符合下列规定：

1 进入住户的给水管道，在通向厨房的给水管道上宜增设控制阀门；

2 厨房内给水管道可沿地面敷设，也可采用隐蔽式的管道明装方式，且管中心与地面和墙面的间距不应大于 80mm；

3 热水器水管应预留至热水器正下方且高出地面1200mm～1400mm 处，左边为热水管，右边为冷水管，冷热水管间距宜不少于 150mm；

4 冷热水给水管接口处应安装角阀，高度宜为 500mm。

4.4.6 排水管线设计应符合下列规定：

1 厨房的排水立管应单独设置；排水量最大的排水点宜靠近排水立管；

2 排水口及连接的排水管道应具备承受 90℃热水的能力；

3 热水器泄压阀排水应导流至排水口；

4 横支管转弯时应采用 45°弯头组合完成，隐蔽工程内的管道与管件之间，不得采用橡胶密封连接，且横支管上不得设置存水弯；

5 立管的三通接口中心距地面完成面的高度，不应大于 300mm；

6 厨房洗涤槽的排水管接口，距地面完成面宜为 400mm～500mm，伸出墙面完成面不小于 150mm，且高于主横支管中心不小于 100mm；

7 对采用 PVC 管材、管件的排水管道进行加长处理时不应出现 S 状，且端部应留有不小于 60mm 长的直管。

4.4.7 厨房管线宜靠墙角集中设置。当靠近共用排气道设置管井或明装管道时，给水排水管线不应设置在烟道朝向排油烟机的一侧。

4.4.8 厨房电气系统设计应符合下列规定：

1 厨房的电气线路宜沿吊顶敷设；

2 线缆沿架空地板敷设时，应采用套管或线槽保护，严禁直接敷设；线缆在架空地板敷设时，不应与热水、燃气管道交叉；

3 导线应采用截面不小于 5mm² 的铜芯绝缘线，保护地线线径不得小于 N 线和 PE 线的线径；

4 厨房插座应由独立回路供电；

5 安装在 1.8m 及以下的插座均应采用安全型插座；

6 厨房内应按相应用电设备布置专用单相三孔插座；

7 嵌入式厨房电器的专用电源插座，应预留方便拔插的电源插头空间；

8 靠近水、火的电源插座及接线，其管线应加保护层，插座及接线应符合现行国家标准《建筑电气工程施工质量验收规范》GB 50303 中的相关规定。

4.4.9 弱电系统设计应符合现行行业标准《住宅建筑电气设计规范》JGJ 242 的规定，并应符合下列规定：

1 应预埋穿线管及出线底盒；

2 弱电线路应采用独立的布线系统。

4.4.10 燃气设计应符合现行国家标准《城镇燃气设计规范》GB 50028 和行业标准《城镇燃气室内工程施工与质量验收规范》CJJ 94 的规定。

4.4.11 厨房共用排气道应符合现行国家标准《住宅设计规范》GB 50096 的规定，并应符合下列规定：

1 厨房内各类用气设备排出的烟气必须排至室外；

2 严禁任何管线穿越共用排气道；

3 排气道应独立设置，其井壁应为耐火极限不低于 1.0h 的不燃烧体，井壁上的检查门应采用丙级防火门；

4 竖井排气道的防火阀应安装在水平风管上。

4.4.12 厨房竖向排气道与水平排气管的接驳口应符合下列规定：

1 接驳口开口直径宜为 180mm；

2 接驳口中心净空高度宜为 2300mm；

3 接驳口中心与上层楼板垂直间距应不小于 200mm；

4 排油烟机接驳口的操作侧应有最小净距 350mm 的检修空间。

4.5 适老及无障碍

4.5.1 厨房设计除应满足一般居住使用要求外，尚

应根据需要满足老年人、残疾人等特殊群体的使用要求。

4.5.2 满足乘坐轮椅的特殊人群要求的厨房设计除应符合现行国家标准《无障碍设计规范》GB 50763 的规定外，尚应符合下列规定：

1 厨房的净宽应不小于 2000mm，且轮椅回转直径应不小于 1500mm；

2 地柜高度宜不大于 750mm，深度宜为 600mm，地柜台面下方净高和净宽应不小于 650mm，净深应不小于 350mm；

3 吊柜底面到地面高度应不大于 1200mm 深度应不大于 250mm。

4.5.3 布置双排地柜的厨房通道净宽应不小于 1500mm，通道应能满足轮椅的回转活动。

4.5.4 燃气热水器的阀门及观察孔高度应不大于 1100mm。排油烟机的开关应为低位式开关。

5 施 工 安 装

5.1 一 般 规 定

5.1.1 安装应建立完整的质量、安全、环境管理体系和检验制度，并采取有效措施控制安装现场对周围环境造成的污染和危害。

5.1.2 安装前，承包方应编制专项施工方案。

5.1.3 安装过程中及交付前，应采用包裹、覆盖、贴膜等可靠措施对橱柜、设备、接驳口等容易污染或损坏的成品、半成品进行保护。

5.1.4 厨房的施工安装应由专业人员进行，并应与内装系统的其他施工工序进行协调。

5.2 施 工 准 备

5.2.1 地面、墙面和吊顶工程应按设计要求完成施工并验收合格。

5.2.2 应对现场进行勘察并制定施工方案，施工方案应至少包括工程概况、编制依据、施工工艺、质量标准等内容。

5.2.3 部品应进行进场检验，所用材料和产品的名称、规格、型号、数量和质量应符合设计要求。

5.2.4 厨房施工前应做好现场成品保护。

5.3 厨房部品、设施安装

5.3.1 厨房部品进场时应有产品合格证书、使用说明书及相关性能的检测报告，并应按相应技术标准进行验收；进口产品应有出入境商品检验、检疫合格证明。

5.3.2 厨房家具的安装应符合下列规定：

1 检查橱柜的实际结构、布局与设计是否一致。应先预装柜体并对台面等进行测量和加工，并解决在

预装中出现的问题。

    2 吊柜与墙体应连接牢固。

    3 地柜摆放好后应用水平尺校平，各地柜间及门板缝隙应均匀一致，确定无误后各个柜体之间应用连接件连接固定。门板应无变形，板面应平整，门板与柜体、门与门之间缝隙应均匀一致，且无上下前后错落。

5.3.3 厨房设备安装应符合设计和产品安装说明书的要求，并应符合下列规定：

    1 燃气灶具和用气设备安装前应检验相关文件，不符合规定的产品不得安装使用；

    2 应根据燃气灶具的外形尺寸对台面进行开孔；

    3 燃气灶具的进气接头与燃气管道接口之间的接驳应严密，接驳部件应用卡箍紧固，不得有漏气现象，并应进行严密性检测；

    4 吸油烟机的中心应对准灶具中心，吸油烟机的吸孔宜正对炉眼。

5.3.4 厨房设施安装应符合现行国家标准《建筑给水排水及采暖工程施工质量验收规范》GB 50242 的规定，且所有冷热给水、排水管，电源线，灯线接口点位及开孔尺寸应正确无误。

5.3.5 洗涤槽的给水、排水接口与厨房给水管和排水管的接驳应符合下列规定：

    1 给水立管与支管连接处应设一个活接口，各户进水应设有阀门；

    2 洗涤槽排水管的安装应符合下列规定：

      1）应将洗涤槽的下水接口及其附件安装好；

      2）洗涤槽与台面相接处应采用防水密封胶密封，不得渗漏水；

      3）应将洗涤槽的水龙头与给水接口连接好；

      4）与排水立管相连时应优先采用硬管连接，并应符合设计的坡度要求。

5.3.6 厨房部品、设施安装的密封性能应符合下列规定：

    1 排水管道各接头连接、洗涤槽及排水接口的连接应严密，不得有渗漏，软管连接部位应用卡箍紧固；

    2 燃气灶具和用气设备的进气接头与燃气管道接口之间（或钢瓶）的软管连接应严密，连接部位应用卡箍紧固，不得有漏气现象；

    3 给水管道、水嘴及接头不应渗水；

    4 后挡水与墙面连接处应用密封胶密封（不锈钢橱柜除外）；

    5 嵌入式灶具与台面连接处应加密封材料；

    6 洗涤槽与台面连接处应使用密封胶密封（不锈钢橱柜整体台面洗涤槽除外）；

    7 排油烟机排气管与接口处应采取密封措施。

5.3.7 厨房用金属材料和金属配件应根据使用需要，采取有效的表面防腐蚀处理措施；金属板的切口及开

洞位置不应暴露在空气中，打钉位置宜采用密封胶处理。金属件在人体接触或储藏部位应进行砂光处理，不得有毛刺和锐棱。

5.3.8 厨房用密封胶的黏结性、环保性、耐水性和耐久性除应满足设计要求外，尚应具有不污染材料及粘结界面的性能，且应满足防霉要求。

6 质量验收

6.1 一般规定

6.1.1 厨房的质量验收应符合设计文件的要求和现行国家标准《建筑工程施工质量验收统一标准》GB 50300、《建筑装饰装修工程质量验收标准》GB 50210 和《家用厨房设备 第 3 部分：试验方法与检验规则》GB/T 18884.3 等相关验收标准的规定。质量验收记录应符合本标准附录 A 的规定。

6.1.2 质量验收应在施工单位自检合格的基础上，报监理（建设）单位按规定程序进行质量检验。

6.1.3 验收时应检查下列文件和记录：

    1 施工图、设计说明及其他设计文件；

    2 材料的产品合格证书、性能检测报告和进场验收记录；

    3 施工记录。

6.1.4 厨房的质量验收应以竣工验收时可观察到的工程观感质量和影响使用功能的质量作为主要验收项目。

6.1.5 未经验收合格的厨房工程不得投入使用。

6.2 验收

Ⅰ 主控项目

6.2.1 厨房家具的材料、加工制作、使用功能应符合设计要求和国家现行有关标准的规定，其材料应有防水、防腐、防霉处理。

    检查数量：每检验批至少抽查 3 处，不足 3 处时应全数检查。

    检验方法：观察，检查相关资料。

6.2.2 厨房家具安装预埋件或后置埋件的品种、规格、数量、位置、防锈处理及埋设方式应符合设计要求。厨房家具应安装牢固，安装方式应符合设计要求。

    检查数量：每检验批至少抽查 3 处，不足 3 处时应全数检查。

    检验方法：观察，手试，检查相关资料。

6.2.3 户内燃气管道与燃气灶具应采用软管连接，长度应不大于 2m，中间不应有接口，不应有弯折、拉伸、龟裂、老化等现象。

    检查数量：全数检查。

检验方法：观察、手试、肥皂水检查。

6.2.4 燃气灶具的连接应严密，安装应牢固。

检查数量：全数检查。

检验方法：观察、手试、肥皂水检查。

6.2.5 厨房设置的共用排气道应与相应的抽油烟机相关接口及功能匹配。

检查数量：全数检查。

检验方法：目测检查。

Ⅱ 一 般 项 目

6.2.6 柜体间、柜体与台面板、柜体与底座间的配合应紧密、平整，结合处应牢固。

检查数量：每检验批至少抽查 3 处，不足 3 处时应全数检查。

检验方法：观察，手试检查。

6.2.7 厨房家具与顶棚、墙体等处的交接、嵌合应严密，交接线应顺直、清晰、美观。

检查数量：每检验批至少抽查 3 处，不足 3 处时应全数检查。

检验方法：观察检查。

6.2.8 厨房家具贴面应严密、平整、无脱胶、胶迹和鼓泡现象，裁割部位应进行封边处理。

检查数量：每检验批至少抽查 3 处，不足 3 处时应全数检查。

检验方法：观察，手试检查。

6.2.9 厨房家具内表面和外部可视表面应光洁平整，颜色均匀，无裂纹、毛刺、划痕和碰伤等缺陷。

检查数量：每检验批至少抽查 3 处，不足 3 处时应全数检查。

检验方法：观察，手试检查。

6.2.10 柜门安装应连接牢固，开关灵活，不应松动，且不应有阻滞现象。

检查数量：每检验批至少抽查 3 处，不足 3 处时应全数检查。

检验方法：观察，手试检查。

6.2.11 厨房家具安装的允许偏差和检验方法应符合表 6.2.11 的规定。

表 6.2.11 厨房家具安装的允许偏差和检验方法

序号	项目	允许偏差（mm）	检验方法
1	外形尺寸（长、宽、高）	±1	观察、尺量检查
2	对角线长度之差	3	
3	门与柜体缝隙宽度	2	

6.2.12 厨房设施外观应清洁、无污损。

检查数量：每检验批至少抽查 3 处，不足 3 处时应全数检查。

检验方法：目测检查。

6.2.13 管线与厨房设施接口应匹配，并应满足厨房使用功能的要求。

检查数量：每检验批至少抽查 3 处，不足 3 处时应全数检查。

检验方法：观察、手试检查。

7 使 用 维 护

7.0.1 厨房部品、厨房设施的生产厂家应提供使用手册，手册应包括下列内容：

1 产品概述；

2 结构特征与使用原理；

3 技术特性；

4 尺寸；

5 材料；

6 安装、调整；

7 使用；

8 故障分析与排除；

9 保养；

10 搬运、储存；

11 图、表、照片等；

12 其他需要说明的内容。

7.0.2 厨房部品、厨房设施应根据生产厂家的要求使用，及时检查，定期维护、更换。

7.0.3 厨房部品、厨房设施应提供质保年限。

附录 A 质量验收记录

表 A 厨房工程质量验收记录表 编号：

单位（子单位）工程名称		分部（子分部）工程名称		分项工程名称	
施工单位		项目负责人		检验批容量	
分包单位		分包单位项目负责人		检验批部位	
施工依据		验收依据			
设计要求或规范规定			最小/实际抽样数量	检查记录	检查结果
主控项目	1	厨房家具的材料、加工制作、使用功能应符合设计要求和国家现行有关标准的规定，其材料应有防水、防腐、防霉处理			
	2	厨房家具安装预埋件或后置埋件的品种、规格、数量、位置、防锈处理及埋设方式应符合设计要求。厨房家具应安装牢固，安装方式应符合设计要求			

		设计要求或规范规定	最小/实际抽样数量	检查记录	检查结果
主控项目	3	户内燃气管道与燃气灶具应采用软管连接，长度应不大于2m，中间不应有接口，不应有弯折、拉伸、龟裂、老化等现象			
	4	燃气灶具的连接应严密，安装应牢固			
	5	厨房设置的共用排气道应与相应的抽油烟机相关接口及功能匹配			
一般项目	1	柜体间、柜体与台面板、柜体与底座间的配合应紧密、平整，结合处应牢固			
	2	厨房家具与顶棚、墙体等处的交接、嵌合应严密，交接线应顺治、清晰、美观			
	3	厨房家具贴面应严密、平整、无脱胶、胶迹和鼓泡现象，裁割部位应进行封边处理			
	4	厨房家具内表面和外部可视表面应光洁平整，颜色均匀，无裂纹、毛刺、划痕和碰伤等缺陷			
	5	柜门安装应连接牢固，开关灵活。不应松动，且不应有阻滞现象			
	6	厨房家具安装允许偏差			
	7	厨房设施外观应清洁、无污损			
	8	管线与厨房设施接口应匹配，并应满足厨房使用功能的要求			
施工单位检查结果		专业工长或施工员： 项目专业质量检查员： 年 月 日			
监理单位（建设单位）验收结论		专业监理工程师或建设单位专业技术负责人： 年 月 日			

本标准用词说明

1 为便于在执行本标准条文时区别对待，对要求严格程度不同的用词说明如下：

1）表示很严格，非这样做不可的：

正面词采用"必须"；反面词采用"严禁"；

2）表示严格，在正常情况下均应这样做的：

正面词采用"应"；反面词采用"不应"或"不得"；

3）表示允许稍有选择，在条件许可时首先应这样做的：

正面词采用"宜"；反面词采用"不宜"；

4）表示有选择，在一定条件下可以这样做的，采用"可"。

2 条文中指明应按其他有关标准执行的写法为："应符合……的规定"或"应按……执行"。

引用标准名录

1 《建筑设计防火规范》GB 50016

2 《城镇燃气设计规范》GB 50028

3 《住宅设计规范》GB 50096

4 《建筑装饰装修工程质量验收标准》GB 50210

5 《建筑内部装修设计防火规范》GB 50222

6 《建筑给水排水及采暖工程施工质量验收规范》GB 50242

7 《建筑工程施工质量验收统一标准》GB 50300

8 《建筑电气工程施工质量验收规范》GB 50303

9 《无障碍设计规范》GB 50763

10 《住宅厨房及相关设备基本参数》GB/T 11228

11 《家用厨房设备 第2部分：通用技术要求》GB/T 18884.2

12 《家用厨房设备 第3部分：试验方法与检验规则》GB/T 18884.3

13 《住宅建筑电气设计规范》JGJ 242

14 《住宅厨房模数协调标准》JGJ/T 262

15 《住宅建筑室内装修污染控制技术标准》JGJ/T 436

16 《工业化住宅尺寸协调标准》JGJ/T 445

17 《住宅整体厨房》JG/T 184

18 《建筑用集成吊顶》JG/T 413

19 《城镇燃气室内工程施工与质量验收规范》CJJ 94

中华人民共和国行业标准

装配式整体厨房应用技术标准

JGJ/T 477—2018

条 文 说 明

编 制 说 明

《装配式整体厨房应用技术标准》JGJ/T 477 - 2018，经住房和城乡建设部 2018 年 12 月 18 日以第 326 号公告批准、发布。

本标准制定过程中，编制组进行对我国装配式整体厨房的应用现状进行了调查研究，总结了我国装配式整体厨房应用实践经验，同时参考了国外先进技术法规和技术标准。

为便于广大设计、施工、科研、学校等单位有关人员在使用本标准时能够正确理解和执行条文规定，《装配式整体厨房应用技术标准》编制组按章、节、条顺序编制了本标准的条文说明，对条文规定的目的、依据以及执行中需注意的有关事项进行了说明。但是，本条文说明不具备与标准正文同等的法律效力，仅供使用者作为理解和把握标准规定的参考。

目　　次

1 总 则

1.0.1 《中共中央国务院关于进一步加强城市规划建设管理工作的若干意见》、《国务院办公厅关于大力发展装配式建筑的指导意见》明确提出发展装配式建筑，装配式建筑进入快速发展阶段。

目前大部分住宅厨房都是住户根据自己喜好进行布置，这样容易发生建筑设计与厨房家具设计不同步，建筑设计中各类设备、设施、管线等与厨房家具的排布存在矛盾等问题。除此以外，这样的厨房空间难以实现一体化装配，还会存在功能分区不清晰、标准化程度不足、现场手工作业比例高、维护替换成本大等问题。

本标准针对装配式整体厨房从设计、安装和工程验收等环节作出了规定。本标准的制定有利于规范装配式整体厨房的推广应用，并对保障装配式整体厨房工程质量等起到积极作用。

1.0.2 本标准的规定仅适用于住宅中装配式整体厨房的设计、安装、工程验收和保养。

1.0.3 装配式整体厨房应用技术涉及建筑、结构和装修等。因此，在应用本标准时应结合相应的国家现行标准，遵守其相关的规定。

2 术 语

2.0.1 装配式整体厨房多指居住建筑中的厨房。装配式整体厨房是装配式建筑装饰装修的重要组成部分，其设计应按照标准化、系列化的原则，实现在制作和加工阶段全部装配化。

3 基 本 规 定

3.0.1 模数是装配式整体厨房标准化、产业化的基础，是厨房与建筑一体化的核心。模数的目的是使建筑空间与整体厨房的装配相吻合，使橱柜单元及电器单元具有配套性、通用性、互换性，是橱柜单元及电器单元装入、重组、更换的最基本保证。

3.0.3 为了保障厨房内部装修的消防安全，防止和减少火灾的危害，要求在厨房部品设计中，认真、合理地使用各种装修材料，并积极采用先进的防火技术，做到"防患于未然"，从积极的方面预防火灾的发生和蔓延。这对减少火灾损失，保障人民生命财产安全，保证经济建设的顺利进行具有极其重要的意义。

3.0.4 装配式厨房设计采用标准化参数来协调部品、设备与管线之间的尺寸关系时，可保证部品设计、生产和安装等尺寸相互协调，减少和优化各部品的种类和尺寸。

3.0.5 整体厨房实现标准化，并不断采用新技术、新材料、新产品，推广新技术下的工业化建造模式，可减少人力的投入，节约成本。

在满足厨房材料使用安全性能的前提下，尽可能采用可循环使用、可再生利用的材料，减少资源的浪费。

4 设计与选型

4.1 一 般 规 定

4.1.5 可在厨房部品上印制二维码或条形码，用户通过扫描获取属性、功能、材质、类别等特征信息。对于生产企业来说，可实现从厨房部品设计、生产、经营管理、服务等整个产品生命周期的信息集成，并建立完整的数据库系统。

4.2 建 筑 设 计

4.2.1 厨房按功能分区设计和功能区的标准模块设计，可以根据厨房的面积大小和人口使用情况匹配出合理的功能区配置。

储存区：为原料、烹调器具与碗碟储存区域。

洗涤区：洗涤槽部分，提供原料的洗涤以及烹调器具与碗碟的洗涤。

加工区：对食物进行加工的区域。

烹调区：灶台部分，配有各种厨具、炊具和调味品，烹调延伸区还有微波炉和烤箱等。

4.2.4 厨房吊顶不仅要面对潮湿水汽的侵袭，而且炒菜时产生的油烟和异味也会黏附在其表面，时间一长便难以清理。因此耐锈、耐脏、易清洁是选择厨房吊顶材料的准则。

4.2.6 厨房在日常使用中产生较多的油烟和水，因此，厨房地面选材应结合材料的防滑、吸水、耐污染和易清洁的特性。

4.3 厨房部品设计

4.3.2 厨房家具包括橱柜、吊柜等，厨房家具的设计在满足使用安全的情况下，应结合人体行为学符合使用者的日常使用习惯。

4.3.4 在厨房设备的设置中，燃气热水器与燃气灶具的水平净距不得小于300mm，是因为距离近易干扰，影响使用。

厨房中热源一般包括散热器、贮热槽、炊具或其他产生热量的电器。

4.4 厨房设施设计

4.4.5 管道的隐蔽常用方式有：

1 在橱柜背后预留0.1m的竖向管道区；

2 在橱柜与楼板之间留出空间敷设管道；

3 洗涤池排水管在柜内，给水管和热水管沿墙上沿敷设，用吊顶或吊柜板方式隐蔽，竖向支管剔墙敷设。

当冷热水供水系统采用分水器供水时，应用半柔性管材连接；当采用分别控制时，冷、热水水阀上应有明显标识。

4.4.11 室外排气口需设置避风、防雨、防虫防鼠和防止污染墙面的构件。

4.4.12 排油烟机接驳口安装在排气道上的安装方向、位置应正确。在吊顶上设检修孔，检修孔尺寸宜不小于 450mm×450mm；当条件受限制时，吊顶检修孔开口可减小为 300mm×300mm。排油烟机接驳口安装宜在吊顶以下，便于安装维护，同时可降低造价。

4.5 适老及无障碍

4.5.1 厨房设计要以人为本，满足居住者生活行为轨迹和舒适的生活空间，本条要求厨房设计除满足一般居住者的使用要求外，还要兼顾老年人、残疾人等特殊群体的使用要求，并应符合国家相关无障碍设计标准的规定。

4.5.2 通常情况下，无障碍空间应考虑使用者有肢体障碍的情况。本标准中仅针对乘坐轮椅的肢体残疾人群对厨房空间的需求作出规定。

厨房设计中应为轮椅使用者留出足够的轮椅回转空间。本条规定了轮椅原地回转时所需的空间大小。在具体设计时，可将灶台、操作台下方空间凹进一定尺寸，以满足轮椅使用者的操作需求，并提供轮椅回转空间（图 1）。

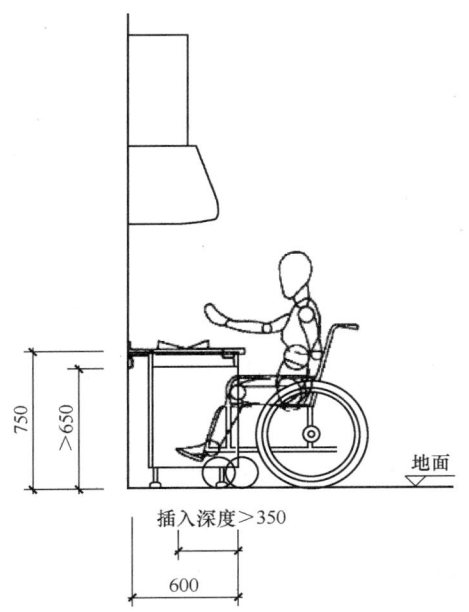

图 1 满足轮椅使用要求的橱柜（单位：mm）

5 施 工 安 装

5.1 一 般 规 定

5.1.1 施工中应采取降尘措施，降低大气总悬浮颗粒物浓度。施工中的降尘措施包括对易飞扬物质的洒水、覆盖、遮挡等。

建筑施工废弃物对环境产生较大影响，同时建筑施工废弃物的产出，也意味着资源的浪费。因此减少建筑施工废弃物的产生，涉及节地、节能、节材和保护环境这一可持续发展的综合性问题。废弃物控制应在材料采购、材料管理、施工管理的全过程实施，应分类收集、集中堆放，尽量回收和再利用。

施工噪声是影响周边居民生活的主要因素之一。现行国家标准《建筑施工场界环境噪声排放标准》GB 12523 是施工噪声排放管理的依据。应采取降低噪声和噪声传播的有效措施，包括采用低噪声设备，运用吸声、消声、隔声、隔振等降噪措施，降低施工机械噪声影响。

5.1.2 装配式厨房施工精度、质量要求高，为了保证施工顺利实施，确保施工安全，施工单位应对涉及影响施工质量的工程编制专项施工方案。

施工组织设计一般包括编制依据、工程概况、资源配置、进度计划、施工总平面布置、主要施工方案、施工质量保证措施、安全保证措施及应急预案、文明施工及环境保护措施、夜间施工措施等内容，也可以根据工程项目的具体情况对施工组织设计的编制内容进行取舍。

编制专门的施工安全专项方案，以减少现场安全事故，规定现场安全生产要求。现场安全主要包括结构安全、设备安全、人员安全和用火用电安全等。可参照的标准有现行行业标准《建筑机械使用安全技术规程》JGJ 33、《施工现场临时用电安全技术规范》JGJ 46、《建筑施工安全检查标准》JGJ 59、《建设工程施工现场环境与卫生标准》JGJ 146 等。

5.1.3 成品、半成品保护是非常重要的环节，如果保护措施不力，会造成设备、器具、地面、墙面、门窗的表面产生划痕、损伤、污染等质量缺陷。因此，本条提出了应采用覆盖、包裹、贴膜等有效的保护措施。

5.2 施 工 准 备

5.2.1 厨房装修施工开始前，现场应完成如下工作：
1 建筑结构施工；
2 建筑给水排水、暖气、通风和电气系统主管道施工；
3 厨房内防水施工；
4 完成的施工项目已通过验收且质量合格；

5 现场清理完毕，具备场地移交条件。

5.2.2 厨房装修施工前，应根据设计要求编制施工方案，制定各分项施工程序、操作步骤和质量要求，明确各相关技术环节的交接关系。

5.2.3 厨房施工前，施工单位应做好材料和部品配送计划及进场检验、试验工作，主要包括：

1 编制进场计划，明确技术要求和管理办法；

2 所用单件、组件及产品的性能指标和技术参数均应符合设计要求和相关标准的规定；

3 核准名称、规格、型号、数量，以及产品出厂合格证、产品说明书、保修单和生产厂家的名称、批号、检验代号、生产日期及执行标准的文号等，应便于工程质量管理部门监督。

5.2.4 厨房装修施工前应进行成品保护，主要包括：

1 应对材料和设备运输时所使用的电梯、楼梯、扶手、楼造门、窗等公共区域采取保护措施；

2 应对施工现场土建、设备及主干管道的成品、半成品采取保护措施；

3 施工保护措施在装修工程竣工前应拆除。

5.3 厨房部品、设施安装

5.3.2 吊柜安装在人体头部的位置，在使用橱柜的时候会时常需要打开吊柜，所以吊柜安装的时候最需要注意的就是吊柜连接和安装的牢固度。

吊柜的连接方式一般分为三种：木梢连接、二合一连接件连接和螺栓连接，连接螺栓宜使用膨胀螺栓。

1 木梢连接

在板块与板块连接时用到，木梢虽然不似钢制钉子等牢固，但是木梢能够使得板块之间不会有松动感，连接更加紧密。

2 二合一连接件连接

二合一连接件由拉杆、偏心件两部分组成。板块之间除了采用木梢连接外，还增加了二合一连接件，确保连接牢固不会松垮。二合一连接件的特点是能够承受更大的拉力，因螺距较大，对板孔不会产生破坏，即使多次拆装也不会影响牢固程度。板块上已经预先打上了安装孔，在安装时，先将拉杆装入对应安装孔，然后将板块连接，再装上偏心件，用螺丝刀将偏心件转动，从而固定住。

3 螺栓连接

在部分板块间，安装师傅为了确保板块连接万无一失，还会使用电钻钻入螺栓固定。使用的螺栓主要是木螺钉，这种钉子比起其他钉子更容易与木结合。

5.3.6 软管与管道阀门、燃具的连接不牢固，导致软管脱落，燃气泄漏引发爆燃的事故在全国各地时有发生。因此，软管与管道阀门、燃具的连接处应采用压紧螺母（锁母）或管卡（喉箍）固定牢固，不得有漏气现象。选用金属软管是用螺母（锁母）固定，选用橡胶软管时用管卡（喉箍）固定。

灶具和洗涤槽与台面相接处可用有机硅防水胶密封，并且灶具四周与台面相接处宜用绝热材料保护。

5.3.7 砂光指用砂布或砂纸磨光工件表面的过程。金属表面直接暴露在空气中很快就会生锈，为了延长金属件寿命，建议在砂光处理后采用喷漆等工艺再进行处理，且喷漆之前要把金属表面处理干净。

6 质量验收

6.1 一般规定

6.1.2 本条规定了工程质量验收的程序。验收前，由施工单位填写"质量验收记录"，并由项目专业质量检验员和项目专业技术负责人（工长）分别在工程质量检验记录的相关栏目中签字，然后由监理工程师组织验收。

6.2 验收

6.2.1 本条对装配式整体厨房各类材料验收项目进行了规范，保证了厨房的工程质量。使用材料均应有产品合格证，不合格产品严禁使用。

6.2.3 装配式厨房在交付使用前需要对燃气管道、器具做密封性能检查，确保无漏气渗水现象。

7 使用维护

7.0.1 产品概述可包括：家具名称；主要用途及适用范围（必要时包括不适用范围）；品种、规格；型号及其组成含义；使用环境条件；对环境的影响；安全；执行的标准编号；生产日期。

结构特征与使用原理可包括：总体结构及其使用原理、特性；主要部件或功能单元结构、作用及其使用原理；各单元结构之间的联系、系统工作原理；辅助装置的功能结构及其工作原理、工作特性。

技术特性可包括：主要性能、主要参数。

尺寸可包括：外形尺寸、安装尺寸。

材料可包括：主要原辅材料（如基本材料、表面装饰材料、装填料等）的名称、特性、等级、产地、使用位置等；涂料及黏合剂名称及有关情况；有害物质的控制指标。

安装、调整可包括：安装条件及安装的技术要求；安装程序、方法及注意事项；调整程序、方法及注意事项；安装、调整后的验收试验项目、方法和判据。

使用可包括：使用方法；注意事项及容易出现的错误使用和防范措施。

故障分析与排除可包括：故障现象；原因分析；排除方法。

保养可包括：日常保养方法；定期保养方法；长期不用时的保养方法。

搬运、储存可包括：搬动、运输注意事项；储存条件及注意事项。

开箱及检查可包括：开箱注意事项；检查内容。

图、表、照片可包括：外形（外观）图、安装图、布置网结构图；原理图、电路图、示意图；各种附表：附件明细表、专用工具明细表；照片。

其他可包括：质量级别；生产厂保证、售后服务事项；需要向用户说明的其他事项。

中华人民共和国行业标准

预制混凝土外挂墙板应用技术标准

Technical standard for application of precast concrete facade panels

JGJ/T 458—2018

批准部门：中华人民共和国住房和城乡建设部
施行日期：２０１９年１０月１日

中华人民共和国住房和城乡建设部
公　告

2018年　第338号

住房城乡建设部关于发布行业标准
《预制混凝土外挂墙板应用技术标准》的公告

现批准《预制混凝土外挂墙板应用技术标准》为行业标准，编号为 JGJ/T 458-2018，自 2019 年 10 月 1 日起实施。

本标准在住房城乡建设部门户网站（www.mohurd.gov.cn）公开，并由住房城乡建设部标准定额研究所组织中国建筑工业出版社出版发行。

中华人民共和国住房和城乡建设部

2018 年 12 月 27 日

前　言

根据住房和城乡建设部《关于印发〈2015 年工程建设标准规范制订、修订计划〉的通知》（建标〔2014〕189 号）的要求，标准编制组经广泛调查研究，认真总结实践经验，参考有关国际标准和国外先进标准，并在广泛征求意见的基础上，编制了本标准。

本标准的主要技术内容是：1. 总则；2. 术语和符号；3. 基本规定；4. 材料；5. 建筑设计；6. 结构设计；7. 构件制作与运输；8. 安装与施工；9. 工程验收；10. 保养与维修。

本标准由住房和城乡建设部负责管理，由中国建筑标准设计研究院有限公司负责具体技术内容的解释。执行过程中如有意见或建议，请寄送中国建筑标准设计研究院有限公司（地址：北京市海淀区首体南路 9 号主语国际 2 号楼，邮政编码：100048）。

本 标 准 主 编 单 位：中国建筑标准设计研究院有限公司
　　　　　　　　　　　华润置地有限公司

本 标 准 参 编 单 位：北京预制建筑工程研究院有限公司
　　　　　　　　　　　中国建筑科学研究院有限公司
　　　　　　　　　　　同济大学
　　　　　　　　　　　上海天华建筑设计有限公司
　　　　　　　　　　　中建科技武汉有限公司
　　　　　　　　　　　碧桂园集团广东博意建筑设计院有限公司

陕西建筑产业投资集团有限公司

中冶建筑研究总院有限公司

成都建工第四建筑工程有限公司

润铸建筑工程（上海）有限公司

上海建工五建集团有限公司

郑州大学综合设计研究院有限公司

西卡（中国）有限公司

广州市白云化工实业有限公司

广州集泰化工股份有限公司

中建二局第三建筑工程有限公司

福建省泷澄建筑工业有限公司

金强（福建）建材科技股份有限公司

河北晶通建筑科技股份有限公司

江苏省苏中建设集团股份有限公司

大连三川建设集团股份有

限公司

本标准主要起草人员：肖　明　蒋勤俭　田春雨
　　　　　　　　　　杜志杰　任　彧　薛伟辰
　　　　　　　　　　周晓明　赵作周　谢旺兰
　　　　　　　　　　杨思忠　顾泰昌　樊则森
　　　　　　　　　　马　涛　朱　茜　高志强
　　　　　　　　　　王　赞　黄远超　赵德鹏
　　　　　　　　　　刘献伟　李建新　胡　翔
　　　　　　　　　　赵　锋　苏宝安　黄宇燊
　　　　　　　　　　谷明旺　唐雪梅　刘　明

　　　　　　　　　　谢惠庆　李　琰　蒋　庆
　　　　　　　　　　李　然　张宗军　任　禄
　　　　　　　　　　朱　宏　张冠琦　郭黎明
　　　　　　　　　　周祥茵　石正金　李　军
　　　　　　　　　　吕胜利　于秋波　姜凯宁
　　　　　　　　　　方　良　崔国静　肖铁威

本标准主要审查人员：杨仕超　娄　宇　钱稼茹
　　　　　　　　　　赵　钿　张晋勋　李晨光
　　　　　　　　　　赵　勇　张守峰　刘　昊

目　　次

1 总　　则

1.0.1 为规范预制混凝土外挂墙板应用技术，做到安全适用、经济合理、技术先进、确保质量，制定本标准。

1.0.2 本标准适用于民用建筑预制混凝土外挂墙板的设计、制作、运输、安装施工、工程验收及保养维修。

1.0.3 预制混凝土外挂墙板除应符合本标准外，尚应符合国家现行有关标准的规定。

2 术语和符号

2.1 术　　语

2.1.1 预制混凝土外挂墙板 precast concrete facade panel

应用于外挂墙板系统中的非结构预制混凝土墙板构件，简称外挂墙板。

2.1.2 预制混凝土外挂墙板系统 precast concrete facade panel system

安装在主体结构上，由预制混凝土外挂墙板、墙板与主体结构连接节点、防水密封构造、外饰面材料等组成，具有规定的承载能力、变形能力、适应主体结构位移能力、防水性能、防火性能等，起围护或装饰作用的外围护结构系统，简称外挂墙板系统。

2.1.3 夹心保温外挂墙板 precast concrete sandwich facade panel

由内叶墙板、外叶墙板、夹心保温层和拉结件组成的预制混凝土外挂墙板，简称夹心保温墙板。内叶墙板和外叶墙板在平面外协同受力时，称为组合夹心保温墙板；内叶墙板和外叶墙板单独受力时，称为非组合夹心保温墙板；内叶墙板和外叶墙板受力介于二者之间时，称为部分组合夹心保温墙板。

2.1.4 拉结件 connector

用于连接夹心保温墙板中内、外叶混凝土墙板的元件。

2.1.5 密封胶 sealant

以非成型状态嵌入接缝中，与接缝表面粘结，能够承受接缝位移以达到气密、水密作用的密封材料。

2.1.6 点支承 point support

外挂墙板与主体结构通过不少于两个独立支承点传递荷载，并通过支承点的位移实现外挂墙板适应主体结构变形能力的柔性支承方式。

2.1.7 线支承 linear support

外挂墙板边缘局部与主体结构通过现浇段连接的支承方式。

2.1.8 节点连接件 panel connector

外挂墙板与主体结构连接节点处，分别与外挂墙板的预埋件和支承外挂墙板的主体结构构件相连，并传递二者之间荷载与作用的连接件。

2.2 符　　号

2.2.1 材料力学性能

E——材料弹性模量。

2.2.2 作用和作用效应

G_k——重力荷载标准值；

M——弯矩设计值；

M_x——绕 x 轴的弯矩设计值；

M_y——绕 y 轴的弯矩设计值；

q_{Ek}——垂直于外挂墙板平面的分布水平地震作用标准值；

P_{Ek}——平行于外挂墙板平面的集中水平地震作用标准值；

S_d——承载能力极限状态下作用组合的效应设计值；

S_{GE}——重力荷载代表值的效应。

2.2.3 系数

α_{max}——水平地震影响系数最大值；

β_E——地震作用动力放大系数；

γ_0——结构重要性系数；

γ_{RE}——承载力抗震调整系数。

3 基本规定

3.0.1 外挂墙板系统的性能设计应根据建筑物的类别、高度、体型以及所在地的地理、气候和环境等条件进行。

3.0.2 外挂墙板系统的混凝土构件和节点连接件的设计使用年限宜与主体结构相同。

3.0.3 外挂墙板系统在地震作用下的性能应符合下列规定：

1 当遭受低于本地区抗震设防烈度的多遇地震作用时，外挂墙板应不受损坏或不需修理可继续使用；

2 当遭受相当于本地区抗震设防烈度的设防地震作用时，节点连接件应不受损坏，外挂墙板可能发生损坏，但经一般性修理后仍可继续使用；

3 当遭受高于本地区抗震设防烈度的罕遇地震作用时，外挂墙板不应脱落；

4 使用功能或其他方面有特殊要求的外挂墙板系统，可设置更高的抗震设防目标。

3.0.4 在自重、风荷载和温度作用下，外挂墙板、节点连接件、接缝密封胶等应不受损坏。在风荷载作用下，外挂墙板应满足相应的面外变形要求。

3.0.5 在风荷载和地震作用下，外挂墙板应具有相应的适应主体结构变形的能力。

3.0.6 外挂墙板系统的气密性能应符合建筑物所在地区建筑节能设计要求，有供暖、空气调节要求的建筑物，外挂墙板的气密性能应符合下列规定：

1 外挂墙板中的外门窗气密性能应符合国家现行标准《民用建筑热工设计规范》GB 50176、《公共建筑节能设计标准》GB 50189、《严寒和寒冷地区居住建筑节能设计标准》JGJ 26、《夏热冬暖地区居住建筑节能设计标准》JGJ 75 和《夏热冬冷地区居住建筑节能设计标准》JGJ 134 的有关规定。

2 当外挂墙板的接缝密封构造符合本标准第5.3.3条~第5.3.10条的相关规定时，可不对接缝的气密性能进行检测；当外挂墙板的接缝密封构造不符合本标准第5.3.3条~第5.3.10条的相关规定时，应对外挂墙板的气密性能按现行国家标准《建筑幕墙气密、水密、抗风压性能检测方法》GB/T 15227 的规定进行检测。外挂墙板整体的气密性能不应低于现行国家标准《建筑幕墙》GB/T 21086 所规定的 2 级，其分级指标值不应大于 2.0m³/（m²·h）；进行气密性能检测的外挂墙板试件应至少包含一个与实际工程相符的典型十字缝，并有一个完整墙板单元的四边形成与实际工程相同的接缝。

3 仅作为外墙装饰构件用外挂墙板的气密性能可不作要求。

3.0.7 外挂墙板系统的水密性能设计应符合建筑功能要求。有防水密封要求的外挂墙板，其水密性能设计应符合下列规定：

1 外挂墙板中的外门窗水密性能应符合现行行业标准《塑料门窗工程技术规程》JGJ 103、《铝合金门窗工程技术规范》JGJ 214 等的有关规定。

2 当外挂墙板的接缝密封构造符合本标准第5.3.3条~第5.3.10条的相关规定时，可不对接缝的水密性能进行检测；当外挂墙板的接缝密封构造不符合本标准第5.3.3条~第5.3.10条的相关规定时，应对外挂墙板的水密性能按现行国家标准《建筑幕墙气密、水密、抗风压性能检测方法》GB/T 15227 的规定进行检测。进行水密性能检测的外挂墙板试件应至少包含一个与实际工程相符的典型十字缝，并有一个完整墙板单元的四边形成与实际工程相同的接缝。

3 外挂墙板接缝处的水密性能设计取值应符合下列规定：

1）受热带风暴和台风袭击的地区，水密性能设计取值应按下式计算，且取值不应低于 1000Pa：

$$\Delta P = 1000\mu_z\mu_{s1}\omega_0 \qquad (3.0.7)$$

式中：ΔP——水密性能设计风压力差值（Pa）；

ω_0——基本风压（kN/m²）；

μ_z——风压高度变化系数，应按现行国家标准《建筑结构荷载规范》GB 50009 的规定采用；

μ_{s1}——局部风压体型系数，可取 1.2。

2）其他地区水密性能可按公式（3.0.7）计算值的 75% 进行设计，且不宜低于 700Pa。

4 仅作为外墙装饰构件用外挂墙板的水密性能可不作要求。

3.0.8 外挂墙板系统的防火性能应符合现行国家标准《建筑设计防火规范》GB 50016 中非承重外墙的有关规定。

3.0.9 外挂墙板系统的热工性能和传热系数计算应符合国家现行标准《民用建筑热工设计规范》GB 50176、《公共建筑节能设计标准》GB 50189、《严寒和寒冷地区居住建筑节能设计标准》JGJ 26、《夏热冬暖地区居住建筑节能设计标准》JGJ 75 和《夏热冬冷地区居住建筑节能设计标准》JGJ 134 的有关规定。外挂墙板热桥的构造措施及保温材料的性能应通过热工计算确定，其防结露设计应符合现行国家标准《民用建筑热工设计规范》GB 50176 的有关规定；外挂墙板的传热系数应取考虑热桥影响后的平均传热系数，并应符合下列规定：

1 外挂墙板背后无其他墙体时，外挂墙板自身的保温隔热构造系统应符合建筑物建筑节能设计对外墙的传热系数要求。

2 外挂墙板背后有其他墙体时，外挂墙板与该墙体共同组成的外围护结构应符合建筑物建筑节能设计对外墙的传热系数要求。

3.0.10 外挂墙板系统的隔声性能设计应根据建筑物的使用功能和环境条件，与外门窗的隔声性能设计结合进行。

4 材 料

4.1 混凝土、钢筋和钢材

4.1.1 混凝土、钢筋和钢材的力学性能指标和耐久性要求等应符合现行国家标准《混凝土结构设计规范》GB 50010、《钢结构设计标准》GB 50017 和《混凝土结构工程施工规范》GB 50666 的有关规定。轻骨料混凝土的材料性能要求应符合现行行业标准《轻骨料混凝土结构技术规程》JGJ 12 的有关规定。

4.1.2 外挂墙板用冷轧带肋钢筋应符合国家现行标准《冷轧带肋钢筋》GB/T 13788 和《冷轧带肋钢筋混凝土结构技术规程》JGJ 95 的有关规定，冷拔低碳钢丝应符合现行行业标准《冷拔低碳钢丝应用技术规程》JGJ 19 的有关规定。

4.1.3 外挂墙板的混凝土强度等级不宜低于 C30。当采用轻骨料混凝土时，轻骨料混凝土强度等级不应低于 LC25。当采用清水混凝土或装饰混凝土时，混凝土强度等级不宜低于 C40。

4.1.4 钢筋焊接网应符合现行行业标准《钢筋焊接

网混凝土结构技术规程》JGJ 114 的有关规定。

4.2 预埋件及连接材料

4.2.1 预埋件的锚板和锚筋材料、吊环等应符合现行国家标准《混凝土结构设计规范》GB 50010 的有关规定。

4.2.2 节点连接件采用金属件时，金属件材料应符合现行国家标准《钢结构设计标准》GB 50017 的有关规定；当节点连接件和预埋件采用耐候结构钢时，其材料性能应符合现行国家标准《耐候结构钢》GB/T 4171 的有关规定。

4.2.3 连接用焊接材料、螺栓、锚栓应符合国家现行标准《钢结构设计标准》GB 50017、《钢结构焊接规范》GB 50661、《钢筋焊接及验收规程》JGJ 18 的有关规定。

4.2.4 吊装用内埋式螺母或内埋式吊杆及配套的吊具，应根据相应的产品标准和应用技术规定选用。

4.3 拉 结 件

4.3.1 夹心保温墙板中连接内外叶墙板的拉结件宜采用纤维增强塑料拉结件或不锈钢拉结件。当有可靠依据时，也可采用其他材料拉结件。

4.3.2 纤维增强塑料拉结件的纤维体积含量不宜低于 60%。当采用玻璃纤维增强塑料时，应选用高强型、含碱量小于 0.8% 的无碱玻璃纤维或耐碱型玻璃纤维，不得使用中碱玻璃纤维及高碱玻璃纤维。

4.3.3 不锈钢拉结件用不锈钢材宜采用统一数字代号为 S316×× 系列的奥氏体型不锈钢，并应符合现行国家标准《不锈钢棒》GB/T 1220、《不锈钢冷加工钢棒》GB/T 4226、《不锈钢冷轧钢板和钢带》GB/T 3280、《不锈钢热轧钢板和钢带》GB/T 4237 的有关规定。

4.3.4 不锈钢材料的抗拉、抗压强度标准值应取其规定非比例延伸强度 $R_{\text{P0.2}}$，不锈钢材料的抗力分项系数取为 1.165，抗剪强度设计值可按其抗拉强度设计值的 58% 采用。不锈钢材料的弹性模量可取为 $1.93 \times 10^5 \text{ N/mm}^2$，泊松比可取为 0.30，S316×× 系列不锈钢材料的线膨胀系数可取为 $1.60 \times 10^{-5}/℃$。

4.4 保 温 材 料

4.4.1 夹心保温墙板中的保温材料，其导热系数不宜大于 0.040W/(m·K)，体积比吸水率不宜大于 0.3%，燃烧性能不应低于现行国家标准《建筑材料及制品燃烧性能分级》GB 8624 中 B_2 级的规定。

4.4.2 采用内保温时，内保温材料应符合现行国家标准《建筑设计防火规范》GB 50016 的有关规定。

4.4.3 模塑聚苯乙烯泡沫塑料和挤塑聚苯乙烯泡沫塑料保温材料应符合国家现行标准《绝热用模塑聚苯乙烯泡沫塑料》GB/T 10801.1、《绝热用挤塑聚苯乙

烯泡沫塑料（XPS）》GB/T 10801.2 和《外墙外保温工程技术规程》JGJ 144 的有关规定。

4.4.4 玻璃棉保温材料的技术性能应符合现行国家标准《绝热用玻璃棉及其制品》GB/T 13350 的有关规定。

4.4.5 岩棉、矿渣棉保温材料的技术性能应符合现行国家标准《绝热用玻璃棉及其制品》GB/T 13350 和《绝热用岩棉、矿渣棉及其制品》GB/T 11835 的有关规定。

4.4.6 硬泡聚氨酯保温材料的技术性能应符合现行国家标准《硬泡聚氨酯保温防水工程技术规范》GB 50404 的有关规定。

4.5 防水密封材料

4.5.1 外挂墙板接缝处密封胶应符合现行行业标准《混凝土接缝用建筑密封胶》JC/T 881 的有关规定，宜选用低模量弹性密封胶，位移能力不宜低于 20 级；密封胶的物理力学性能指标应符合表 4.5.1 的规定。

表 4.5.1 密封胶的物理力学性能指标

序号	项目		技术指标	试验方法
1	密度（g/cm³）		规定值 ±0.1	《建筑密封材料试验方法 第 2 部分：密度的测定》GB/T 13477.2
2	下垂度（mm）	垂直	≤3	《建筑密封材料试验方法 第 6 部分：流动性的测定》GB/T 13477.6
		水平	无变形	
3	表干时间（h）		≤8	《建筑密封材料试验方法 第 5 部分：表干时间的测定》GB/T 13477.5
4	挤出性¹（mL/min）		≥80	《建筑密封材料试验方法 第 3 部分：使用标准器具测定密封材料挤出性的方法》GB/T 13477.3
5	适用期²（h）		≥2	《建筑密封材料试验方法 第 3 部分：使用标准器具测定密封材料挤出性的方法》GB/T 13477.3
6	弹性恢复率（%）		≥70	《建筑密封材料试验方法 第 17 部分：弹性恢复率的测定》GB/T 13477.17
7	拉伸模量（MPa）	23℃	≤0.4	《建筑密封材料试验方法 第 8 部分：拉伸粘结性的测定》GB/T 13477.8
		−20℃	≤0.6	

续表 4.5.1

序号	项目	技术指标	试验方法
8	定伸粘结性	无破坏	《建筑密封材料试验方法 第 10 部分：定伸粘结性的测定》GB/T 13477.10
9	浸水后定伸粘结性	无破坏	《建筑密封材料试验方法 第 11 部分：浸水后定伸粘结性的测定》GB/T 13477.11
10	冷拉-热压后粘结性	无破坏	《建筑密封材料试验方法 第 13 部分：冷拉-热压后粘结性的测定》GB/T 13477.13
11	质量损失率（%）	≤5	《建筑密封材料试验方法 第 19 部分：质量与体积变化的测定》GB/T 13477.19

注：1 此项仅适用于单组分产品；
2 此项仅适用于多组分产品。

4.5.2 外挂墙板接缝密封胶的背衬材料可采用直径为缝宽1.3倍～1.5倍的发泡闭孔聚乙烯棒或发泡氯丁橡胶棒；当采用发泡闭孔聚乙烯棒时，其密度不宜大于37kg/m³。

4.5.3 气密条宜采用三元乙丙橡胶，也可采用氯丁橡胶或硅橡胶；橡胶应符合现行国家标准《工业用橡胶板》GB/T 5574 的有关规定。

5 建筑设计

5.1 一般规定

5.1.1 外挂墙板系统应统筹设计、制作运输、安装施工及运营维护全过程，并应进行一体化协同设计，宜采用建筑信息模型技术。

5.1.2 外挂墙板系统应按外围护系统进行设计，并宜采用建筑、结构、设备管线、内装的装配化集成技术；外挂墙板系统宜采用管线分离技术。

5.1.3 外挂墙板设计应遵循模数化、标准化的原则，并应符合现行国家标准《建筑模数协调标准》GB/T 50002 的有关规定。

5.2 立面设计

5.2.1 采用外挂墙板的建筑，立面设计应考虑建筑功能、结构形式、外挂墙板的支承系统、制作工艺、运输及施工安装等因素。

5.2.2 外挂墙板的接缝宜与建筑立面分格线位置相对应，并应结合下列因素合理确定墙板分格形式和尺寸：
    1 建筑外立面效果与外门窗形式；
    2 建筑防排水要求；
    3 构件加工、运输、安装的最大尺寸和重量限值；
    4 外挂墙板支承系统形式；
    5 外挂墙板接缝宽度及墙板变形要求。

5.2.3 外挂墙板的装饰面层应采用耐久性好、不易污染的建筑材料，装饰面层可采用清水混凝土、装饰混凝土、涂料、反打面砖或石材等。

5.2.4 建筑外围护结构同时采用外挂墙板系统和幕墙系统时，应分别设置独立的支承系统并直接与主体结构连接，外挂墙板系统不应作为其他幕墙系统的支承结构使用。

5.3 构造设计

5.3.1 外挂墙板的构造设计应考虑其与屋面板、外门窗、阳台板、空调板及装饰件等的连接构造节点，满足气密、水密、防火、防水、热工、隔声等性能要求。

5.3.2 外挂墙板的接缝应符合下列规定：
    1 接缝宽度应考虑主体结构的层间位移、密封材料的变形能力及施工安装误差等因素；接缝宽度不应小于15mm，且不宜大于35mm；当计算接缝宽度大于35mm时，宜调整外挂墙板的板型或节点连接形式，也可采用具有更高位移能力的弹性密封胶；
    2 密封胶厚度不宜小于8mm，且不宜小于缝宽的一半；
    3 密封胶内侧宜设置背衬材料填充。

5.3.3 外挂墙板接缝应采用不少于一道材料防水和构造防水相结合的防水构造；受热带风暴和台风袭击地区的外挂墙板接缝应采用不少于两道材料防水和构造防水相结合的防水构造，其他地区的高层建筑宜采用不少于两道材料防水和构造防水相结合的防水构造。

5.3.4 外挂墙板水平缝和垂直缝防水构造应符合下列规定：
    1 水平缝和垂直缝均应采用带空腔的防水构造；
    2 水平缝宜采用内高外低的企口构造形式（图5.3.4-1）；
    3 受热带风暴和台风袭击地区的外挂墙板垂直缝应采用槽口构造形式（图5.3.4-2）；
    4 其他地区的外挂墙板垂直缝宜采用槽口构造形式，多层建筑外挂墙板的垂直缝也可采用平口构造形式。

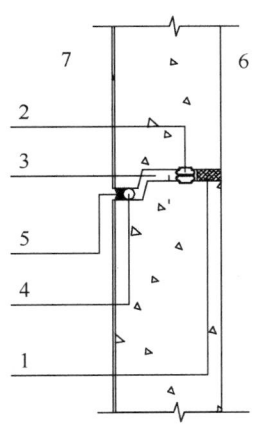

图 5.3.4-1 外挂墙板
水平缝企口构造示意
1—防火封堵材料；2—气密条；3—空腔；
4—背衬材料；5—密封胶；6—室内；
7—室外

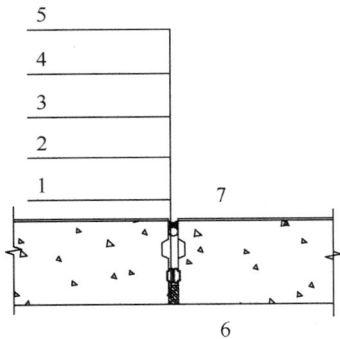

图 5.3.4-2 外挂墙板垂直缝槽口构造示意
1—防火封堵材料；2—气密条；3—空腔；4—背衬材料；
5—密封胶；6—室内；7—室外

5.3.5 外挂墙板系统的排水构造应符合下列规定：

1 建筑首层底部应设置排水孔等排水措施；

2 受热带风暴和台风袭击地区的建筑以及其他地区的高层建筑宜在十字交叉缝上部的垂直缝中设置导水管等排水措施，且导水管竖向间距不宜超过3层；

3 当垂直缝下方因门窗等开口部位被隔断时，应在开口部位上部垂直缝处设置导水管等排水措施；

4 仅设置一道材料防水且接缝设置排水措施时，接缝内侧应设置气密条。

5.3.6 导水管应采用专用单向排水管（图5.3.6），管内径不宜小于10mm，外径不应大于接缝宽度，在密封胶表面的外露长度不应小于5mm。

5.3.7 外挂墙板系统内侧可采用密封胶作为第二道材料防水，当有充足试验依据时也可采用气密条作为第二道材料防水。

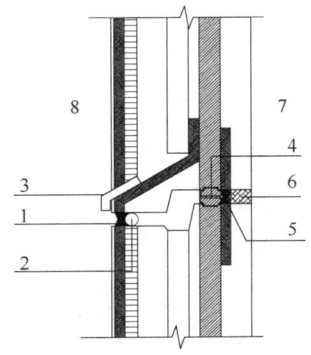

图 5.3.6 导水管构造示意
1—密封胶；2—背衬材料；3—导水管；
4—气密条；5—十字缝部位密封胶；
6—耐火封堵材料；7—室内；8—室外

5.3.8 当外挂墙板接缝内侧采用气密条时，十字缝部位各300mm宽度范围内的气密条接缝内侧应采用耐候密封胶进行密封处理。

5.3.9 当外挂墙板内侧房间有防水要求时，宜在外挂墙板室内一侧设置内衬墙，并对内衬墙内侧进行防水处理。

5.3.10 当女儿墙采用外挂墙板时，应采用与下部外挂墙板构件相同的接缝密封构造。女儿墙板内侧在泛水高度处宜设置凹槽或挑檐等防水构造。

5.3.11 外挂墙板的防火设计应符合现行国家标准《建筑设计防火规范》GB 50016的有关规定，并应符合下列规定：

1 外挂墙板与主体结构之间的接缝应采用防火封堵材料进行封堵（图5.3.11-1、图5.3.11-2），防火封堵材料的耐火极限不应低于现行国家标准《建筑设计防火规范》GB 50016中楼板的耐火极限要求；

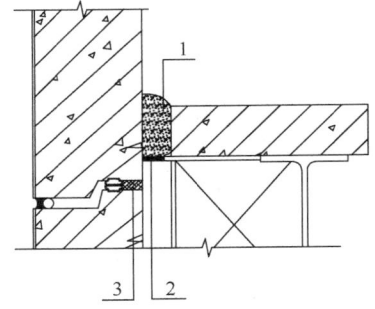

图 5.3.11-1 非节点连接处防火构造
1—墙板与主体间防火封堵材料；2—钢板或
金属网；3—墙板间防火封堵材料，
采用耐火气密条时可不设置

2 外挂墙板之间的接缝应在室内侧采用A级不燃材料进行封堵（图5.3.11-1、图5.3.11-2）；

3 夹心保温墙板外门窗洞口周边应采取防火构

造措施；

4 外挂墙板节点连接处的防火封堵措施（图5.3.11-2）不应降低节点连接件的承载力、耐久性，且不影响节点的变形能力；

5 外挂墙板与主体结构之间的接缝防火封堵材料应满足建筑隔声设计要求。

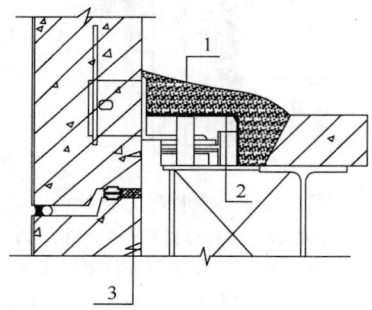

图 5.3.11-2　节点连接处防火构造

1—墙板与主体间防火封堵材料；2—钢板或金属网；
3—墙板间防火封堵材料，采用耐火气密条时可不设置

5.3.12 外挂墙板装饰面层采用面砖时，面砖的背面应设置燕尾槽。面砖材料、吸水率、抗冻性能等应符合现行行业标准《外墙饰面砖工程施工及验收规程》JGJ 126 的有关规定。面砖与混凝土之间的粘结性能应符合现行行业标准《建筑工程饰面砖粘结强度检验标准》JGJ/T 110 的规定。

5.3.13 外挂墙板装饰面层采用石材时，石材背面应采用不锈钢锚固卡钩与混凝土进行机械锚固。石材厚度不宜小于 25mm，单块尺寸不宜大于 1200mm × 1200mm 或等效面积。

6　结构设计

6.1　一般规定

6.1.1 外挂墙板及其连接节点的结构分析、承载力计算、变形和裂缝验算及构造要求除应符合本标准的规定外，尚应符合国家现行标准《混凝土结构设计规范》GB 50010、《钢结构设计标准》GB 50017、《建筑抗震设计规范》GB 50011、《装配式混凝土建筑技术标准》GB/T 51231 和《装配式混凝土结构技术规程》JGJ 1 的有关规定。

6.1.2 在持久设计状况下外挂墙板系统应满足承载能力极限状态的要求，外挂墙板系统的承载能力极限状态计算应包含下列内容：

1 混凝土墙板构件的承载力计算；

2 外挂墙板与主体结构连接节点的承载力计算；

3 夹心保温墙板中拉结件的承载力验算。

6.1.3 在持久设计状况下外挂墙板系统应满足正常使用极限状态的要求，并进行下列验算：

1 混凝土墙板构件的面外变形验算；

2 对不允许出现裂缝的墙板部位，应进行混凝土拉应力验算；对允许出现裂缝的墙板部位，应进行受力裂缝宽度验算；

3 外挂墙板与主体结构连接节点的变形能力验算；

4 外挂墙板的接缝宽度验算，接缝宽度验算应符合本标准附录 A 和本标准第 5.3.2 条的规定。

6.1.4 在短暂设计状况下，外挂墙板构件应满足承载能力极限状态的要求，外挂墙板的承载能力极限状态计算应包含下列内容：

1 外挂墙板制作、运输、堆放、安装用预埋件和临时支撑的承载力验算；

2 夹心保温墙板中拉结件的承载力验算。

6.1.5 在短暂设计状况下，外挂墙板构件应进行混凝土拉应力验算。

6.1.6 在地震设计状况下，外挂墙板系统应对下列承载力和变形能力进行验算：

1 多遇地震作用下应进行混凝土墙板构件的承载力计算；外挂墙板与主体结构连接节点的承载力计算；夹心保温墙板中拉结件的承载力验算；外挂墙板之间的接缝宽度验算，接缝宽度验算应符合本标准附录 A 和本标准第 5.3.2 条的规定。

2 设防地震作用下应进行线支承外挂墙板与主体结构连接的受弯承载力计算。

3 罕遇地震作用下应进行线支承外挂墙板与主体结构连接的受剪承载力验算；点支承外挂墙板与主体结构连接节点的承载力计算；夹心保温墙板中拉结件的承载力验算；外挂墙板与主体结构连接节点的变形能力验算。

6.1.7 外挂墙板和连接节点承载能力极限状态验算应采用下列公式验算：

1 持久设计状况、短暂设计状况：

$$\gamma_0 S_d \leqslant R_d \qquad (6.1.7-1)$$

2 地震设计状况：

多遇地震和设防地震作用下：

$$S_d \leqslant R_d / \gamma_{RE} \qquad (6.1.7-2)$$

罕遇地震作用下：

$$S_{GE} + S_{Ehk}^* \leqslant R_k \qquad (6.1.7-3)$$

$$S_{GE} + S_{Evk}^* \leqslant R_k \qquad (6.1.7-4)$$

式中：γ_0 ——结构重要性系数，宜与主体结构相同，且不应小于 1.0；

S_d ——承载能力极限状态下作用组合的效应设计值；对持久设计状况和短暂设计状况应按作用的基本组合计算；对地震设计状况应按作用的地震组合计算；

R_d ——构件和节点的抗力设计值；

R_k ——构件和节点的抗力标准值，按材料强度标准值计算；

S_{GE} ——重力荷载代表值的效应，取外挂墙板自重标准值；

S^*_{Ehk} ——水平地震作用标准值的效应；

S^*_{Evk} ——竖向地震作用标准值的效应；

γ_{RE} ——承载力抗震调整系数，外挂墙板应根据现行国家标准《建筑抗震设计规范》GB 50011 取值，连接节点取 1.0。

6.1.8 对于正常使用极限状态，应根据不同的设计要求，采用荷载的标准组合或准永久组合，并应按下列公式进行设计：

$$S \leqslant C \tag{6.1.8}$$

式中：C ——外挂墙板构件达到正常使用要求的规定限值，例如变形、裂缝、接缝宽度等的限值，按本标准相应规定采用。

6.1.9 外挂墙板不应跨越主体结构的变形缝。主体结构变形缝两侧，外挂墙板的构造应能适应主体结构变形要求，构造缝应采用柔性连接设计或滑动型连接设计，并宜采取易于修复的构造措施。

6.2 作用与作用组合

6.2.1 外挂墙板及其连接节点的作用及作用组合应根据国家现行标准《建筑结构荷载规范》GB 50009、《建筑抗震设计规范》GB 50011、《混凝土结构工程施工规范》GB 50666 和《装配式混凝土结构技术规程》JGJ 1 等确定。

6.2.2 外挂墙板和连接节点设计时应考虑外挂墙板及其附属配件的自重、施工荷载、风荷载、地震作用、温度作用以及主体结构变形对外挂墙板的影响。

6.2.3 在持久设计状况下，外挂墙板的面外变形和裂缝验算仅考虑永久荷载、风荷载、温度作用，荷载组合的效应设计值应符合下列规定：

1 外挂墙板的面外变形验算应按荷载的标准组合计算效应设计值。

2 裂缝控制等级为二级时，抗裂验算应按荷载标准组合计算效应设计值；裂缝控制等级为三级时，裂缝宽度验算应按荷载准永久组合计算效应设计值并考虑长期作用。

3 荷载标准组合和准永久组合的效应设计值应符合现行国家标准《建筑结构荷载规范》GB 50009 的有关规定。

6.2.4 罕遇地震作用下，外挂墙板连接节点的承载力计算和夹心保温墙板中拉结件的承载力验算应采用不计入风荷载效应的地震作用效应标准组合计算效应设计值。

6.2.5 在短暂设计状况下，外挂墙板的墙板构件拉应力验算应采用荷载标准组合计算效应设计值。

6.2.6 外挂墙板的风荷载计算应符合下列规定：

1 风荷载标准值应按现行国家标准《建筑结构荷载规范》GB 50009 中的围护结构确定；

2 应按风吸力和风压力分别进行计算；

3 计算连接节点时，可将风荷载施加于外挂墙板的形心处，并应计算风荷载对连接节点的偏心影响。

6.2.7 外挂墙板的地震作用标准值计算可采用等效侧力法，采用等效侧力法时，垂直于外挂墙板平面上作用的分布水平地震作用标准值可按公式（6.2.7-1）计算；平行于外挂墙板平面的集中水平地震作用标准值可按公式（6.2.7-2）计算。

$$q_{Ek} = \beta_E \alpha_{max} G_k / A \tag{6.2.7-1}$$
$$P_{Ek} = \beta_E \alpha_{max} G_k \tag{6.2.7-2}$$

式中：q_{Ek} ——垂直于外挂墙板平面的分布水平地震作用标准值（kN/m²）；

P_{Ek} ——平行于外挂墙板平面的集中水平地震作用标准值（kN）；

β_E ——地震作用动力放大系数，计算多遇地震下墙板构件承载力时可取 5.0；计算设防烈度或罕遇地震下连接节点承载力时丙类建筑可取 4.0，乙类建筑可取 5.6；

α_{max} ——水平地震影响系数最大值，应符合表 6.2.7 的规定；

G_k ——重力荷载标准值（kN）；

A ——外挂墙板的平面面积（m²）。

表 6.2.7 水平地震影响系数最大值 α_{max}

地震影响	6度	7度	8度	9度
多遇地震	0.04	0.08 (0.12)	0.16 (0.24)	0.32
设防地震	0.12	0.23 (0.34)	0.45 (0.68)	0.90
罕遇地震	0.28	0.50 (0.72)	0.90 (1.20)	1.40

注：7、8 度时括号内数值分别用于设计基本地震加速度为 0.15g 和 0.30g 的地区。

6.2.8 外挂墙板的竖向地震作用标准值可取水平地震作用标准值的 65%。

6.2.9 外挂墙板外表面温度宜根据基本气温、外表面朝向、表面材料及其色调，并宜结合试验确定；内表面温度可按现行国家标准《民用建筑热工设计规范》GB 50176 的有关规定确定；基本气温应按现行国家标准《建筑结构荷载规范》GB 50009 的有关规定确定。

6.2.10 外挂墙板的温度作用计算应符合下列规定：

1 点支承外挂墙板具有适应主体结构及自身在温度作用下变形的能力时，外挂墙板及其节点承载力计算时可不考虑温度作用；

2 夹心保温外挂墙板的外叶墙板混凝土应力验算时应考虑内表面与外表面的温差；

3 外挂墙板接缝宽度计算时，温度作用应符合本标准附录 A 第 A.0.4 条的规定。

6.2.11 外挂墙板不能适应主体结构的变形时，应在主体结构和外挂墙板设计中计入相互影响作用。

6.2.12 外挂墙板在脱模、翻转、吊装、运输、安装等短暂设计状况下的施工验算，其等效静力荷载标准值应符合国家现行标准《混凝土结构工程施工规范》GB 50666 和《装配式混凝土结构技术规程》JGJ 1 的有关规定。

6.3 支承系统选型

6.3.1 应根据建筑使用功能、主体结构类型、外挂墙板的形状和尺寸、墙板安装工艺等特点，合理设计外挂墙板与主体结构之间的支承系统。支承系统应符合下列规定：

　　1 支承系统应具有足够的承载能力；

　　2 支承系统宜具有适应主体结构在永久荷载、活荷载、风荷载、温度和地震等作用下变形的能力；

　　3 在罕遇地震作用下，支承系统不应失效；

　　4 支承系统应具有良好的耐久性能。

6.3.2 外挂墙板与主体结构之间的连接方式可采用点支承连接或线支承连接。

6.3.3 支承外挂墙板的主体结构构件应符合下列规定：

　　1 应满足节点连接件的锚固要求，当不满足锚固要求时宜采用机械锚固方法；

　　2 应具有足够的承载能力，应能承受外挂墙板通过连接节点传递的荷载和作用；

　　3 应具有足够的抗扭刚度和抗弯刚度，避免产生较大的扭转或竖向变形。

6.3.4 当外挂墙板与主体结构采用点支承连接时，连接节点的变形能力应符合下列规定：

　　1 连接节点应具有适应外挂墙板制作与施工安装允许偏差的三维调节能力；

　　2 连接节点在墙板平面内应具有适应主体结构在永久荷载、活荷载、风荷载、温度作用下变形的能力，在计算温度作用下的变形量时，应同时计入外挂墙板在温度作用下的变形值；

　　3 在地震设计状况下，连接节点在墙板平面内应具有不小于主体结构在设防地震作用下弹性层间位移角 3 倍的变形能力。

6.3.5 当外挂墙板与主体结构采用线支承连接时，连接节点应符合下列规定：

　　1 连接节点在墙板平面内宜具有适应主体结构在永久荷载、活荷载、风荷载、温度作用下变形的能力；

　　2 在地震设计状况下，外挂墙板的非承重节点在墙板平面内应具有不小于主体结构在设防地震作用下弹性层间位移角 3 倍的变形能力。

6.3.6 外挂墙板与主体结构采用点支承连接时，面外连接点不应少于 4 个，竖向承重连接点不宜少于 2 个；外挂墙板承重节点验算时，选取的计算承重连接点不应多于 2 个。

6.3.7 外挂墙板与主体结构采用线支承连接时，宜在墙板顶部与主体结构支承构件之间采用后浇段连接，墙板的底端应设置不少于 2 个仅对墙板有平面外约束的连接节点，墙板的侧边与主体结构应不连接或仅设置柔性连接。

6.4 受力分析与变形验算

6.4.1 主体结构计算时，应按下列规定计入外挂墙板的影响：

　　1 应计入支承于主体结构上的外挂墙板自重；当外挂墙板相对于支承构件存在偏心时，应计入外挂墙板重力荷载偏心产生的不利影响；

　　2 采用点支承连接的外挂墙板，连接节点符合本标准的相关规定，且连接节点能适应主体结构变形时，可不计入外挂墙板的刚度影响；

　　3 采用线支承的外挂墙板，宜采取构造措施避免对主体结构刚度产生影响，当无法避免时，应计入外挂墙板的刚度影响。

6.4.2 外挂墙板及其连接节点的受力分析、墙板变形与裂缝验算除应符合现行国家标准《混凝土结构设计规范》GB 50010 的规定外，尚应符合下列规定：

　　1 外挂墙板可采用弹性分析方法，计算简图应符合实际受力情况；

　　2 外挂墙板的材料本构关系和构件的受力-变形关系宜根据现行国家标准《混凝土结构设计规范》GB 50010 确定；

　　3 外挂墙板的变形验算宜考虑荷载长期作用影响，裂缝宽度验算应考虑荷载长期作用影响。

6.4.3 外挂墙板与主体结构采用点支承连接时，外挂墙板连接节点的受力分析应符合本标准附录 B 的规定。

6.4.4 在垂直于外挂墙板平面的风荷载和地震作用下，点支承外挂墙板的内力和变形宜采用有限元分析方法，也可采用本标准附录 C 的简化方法。

6.4.5 在垂直于外挂墙板平面的风荷载和地震作用下，线支承外挂墙板的内力和变形宜采用有限元分析方法。

6.4.6 带洞口的外挂墙板应对洞口边墙板的抗弯和受剪承载力进行验算，且应符合现行国家标准《混凝土结构设计规范》GB 50010 的有关规定。点支承外挂墙板在风荷载、地震作用下洞口边墙板的剪力可按下列公式计算（图 6.4.6）：

$$面外方向：Q_{az} = \frac{L'H'q_w}{4} + \frac{L_1 H'q_c}{2} \quad (6.4.6-1)$$

$$面内方向：Q_{ax} = \max\left(\frac{P}{2}, P\frac{L_1}{L_1 + L_2}\right)$$

$$(6.4.6-2)$$

式中：Q_{az} ——a-a 剖面处墙板承担的面外剪力设

计值；

Q_{ax}——a-a 剖面处墙板承担的面内剪力设计值；

q_w——门窗洞口承受的面外风荷载或地震作用设计值；

q_c——墙体承受的面外风荷载或地震作用设计值；

L_1——a-a 剖面处门窗洞口边墙体宽度；

L_2——另一侧门窗洞口边墙体宽度；

L'——门窗洞口宽度；

H'——门窗洞口高度；

P——墙体承受的面内剪力设计值。

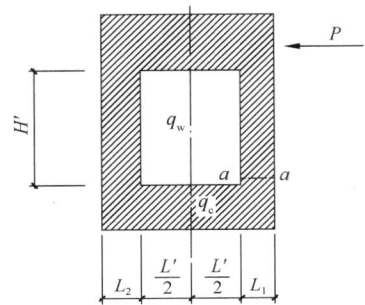

图 6.4.6 洞边墙板抗剪验算示意

6.4.7 夹心保温墙板进行承载能力极限状态计算和正常使用极限状态验算时，非组合夹心保温墙板宜按内叶墙板单独承受墙板水平荷载进行计算；组合夹心保温墙板可按内、外叶墙板共同承受墙板水平荷载进行计算，必要时面外受力性能宜进行试验验证；部分组合夹心保温墙板的面外受力性能可经试验确定，无试验依据时可按内叶墙板单独承受墙板水平荷载计算。

6.5 构 件 设 计

6.5.1 在正常使用极限状态下，外挂墙板的平面外变形和裂缝控制应符合下列规定：

1 在持久设计状况下，应对外挂墙板的平面外变形进行验算，其平面外挠度限值为外挂墙板面外支座间距离的 1/250。

2 在持久设计状况下，应对外挂墙板的裂缝进行验算；外挂墙板建筑外表面在温度和 10 年一遇风荷载作用下裂缝控制等级为二级，当外挂墙板采用抗裂和防水性能强的饰面材料时，风荷载和温度作用下的裂缝控制等级可适当放宽但不应低于三级；外挂墙板内表面的裂缝控制等级为三级；外挂墙板的最大裂缝宽度限值应符合现行国家标准《混凝土结构设计规范》GB 50010 的规定。

3 在短暂设计状况下，外挂墙板不应出现裂缝，并应根据现行国家标准《混凝土结构工程施工规范》

GB 50666 的有关规定进行混凝土拉应力验算。

6.5.2 非夹心保温墙板构件应符合下列规定：

1 当外挂墙板采用平板时，板厚不宜小于 100mm，墙板宜采用双层、双向配筋；

2 当外挂墙板采用带肋板时，墙板最薄处厚度不应小于 60mm，且应满足防水构造和节点连接件的锚固要求；

3 外挂墙板水平和竖向钢筋的最小配筋率应符合现行国家标准《混凝土结构设计规范》GB 50010 的有关规定，且钢筋直径不宜小于 6mm，间距不宜大于 200mm。

6.5.3 非组合夹心保温墙板构件应符合下列规定：

1 外叶墙板的厚度不宜小于 60mm，外叶墙板宜采用单层双向配筋，宜采用钢筋网片或冷拔低碳钢丝网片，也可采用冷轧带肋钢筋，直径不应小于 4mm，钢筋间距不宜大于 150mm；

2 内叶墙板采用平板时厚度不宜小于 100mm，宜采用双层双向配筋，水平和竖向钢筋的最小配筋率应符合现行国家标准《混凝土结构设计规范》GB 50010 的有关规定，且钢筋直径不宜小于 6mm，间距不宜大于 200mm；

3 内叶墙板采用带肋板时厚度不宜小于 60mm，可配置单层双向钢筋网片，水平和竖向钢筋的最小配筋率应符合现行国家标准《混凝土结构设计规范》GB 50010 的有关规定，钢筋直径不宜小于 6mm，钢筋间距不宜大于 200mm；

4 夹心保温墙板的内、外叶墙板应满足节点连接件和拉结件的锚固要求。

6.5.4 组合夹心保温墙板和部分组合夹心保温墙板的内外叶墙板厚度不宜小于 60mm，且应满足节点连接件和拉结件的锚固要求。水平和竖向钢筋的最小配筋率应符合现行国家标准《混凝土结构设计规范》GB 50010 的有关规定，钢筋直径不宜小于 6mm，钢筋间距不宜大于 200mm。

6.5.5 夹心保温墙板的夹心保温层厚度不宜小于 30mm，且不宜大于 100mm。

6.5.6 拉结件的受剪、抗弯、抗拉和锚固承载力等宜进行试验验证，并应满足设计要求。

6.5.7 夹心保温墙板的拉结件应符合下列规定：

1 应满足夹心保温墙板的节能设计要求；

2 应满足防腐、防火设计要求；

3 拉结件在墙板内的锚固构造应满足受力要求，且锚固长度不应小于 30mm。

6.5.8 外挂墙板最外层钢筋的混凝土保护层厚度除应符合现行国家标准《混凝土结构设计规范》GB 50010 的规定外，尚应符合下列规定：

1 对石材或面砖饰面，不应小于 15mm；

2 对清水混凝土，不应小于 20mm；

3 对露骨料装饰面，应从最凹处混凝土表面计起，且不应小于20mm。

6.5.9 当外挂墙板有门窗洞口时，非夹心保温墙板以及夹心保温墙板的外叶墙板在洞口周边、角部应配置加强钢筋；洞边加强钢筋不宜少于2根，直径不宜小于墙板分布钢筋直径；洞口角部加强斜筋不应少于2根，直径不宜小于墙板分布钢筋直径。

6.6 连接节点设计

6.6.1 用于外挂墙板制作、运输和堆放、安装等的预埋件和临时支撑，在短暂设计状况下的承载力验算应符合现行国家标准《混凝土结构工程施工规范》GB 50666的有关规定。

6.6.2 外挂墙板与主体结构采用点支承连接时，点支承外挂墙板与主体结构连接节点的承载力应符合下列规定：

　　1 在多遇地震和设防地震作用下，连接节点应满足弹性设计要求；

　　2 在罕遇地震作用下，连接节点的承载力应符合本标准第6.1.7条的规定。

6.6.3 外挂墙板与主体结构采用点支承连接时，承重连接点应避开主体结构支承构件在地震作用下的塑性发展区域且不应支承在主体结构耗能构件上，面外连接点宜避开主体结构支承构件在地震作用下的塑性发展区域且不宜连接在主体结构耗能构件上。

6.6.4 在地震设计状况下，线支承外挂墙板连接节点的承载力应符合下列规定：

　　1 在多遇地震和设防地震作用下，连接节点应满足弹性设计要求；

　　2 在罕遇地震作用下，连接节点的受剪承载力应符合本标准第6.1.7条的规定。

6.6.5 外挂墙板与主体结构采用线支承连接时，外挂墙板上边缘与主体结构支承构件连接的后浇段节点应避开主体结构支承构件在地震作用下的塑性发展区域且不应支承在主体结构耗能构件上，外挂墙板底端的面外连接点宜避开主体结构支承构件在地震作用下的塑性发展区域且不宜连接在主体结构耗能构件上。

6.6.6 外挂墙板与主体结构采用线支承连接时，连接节点的构造应符合下列规定：

　　1 外挂墙板上边缘与主体结构支承构件的连接结合面应采用粗糙面并设置键槽；粗糙面的面积不宜小于结合面的80%，粗糙面凹凸深度不应小于6mm；键槽的尺寸和数量应满足接缝受剪验算的要求；键槽的深度不宜小于30mm，竖向宽度不宜小于深度的3倍且不宜大于深度的10倍；键槽可水平贯通截面，当不贯通时槽口距离截面边缘不宜小于50mm；键槽间距宜等于键槽宽度；键槽端部斜面倾角不宜大于30°。

　　2 外挂墙板上边缘与主体结构支承构件之间后浇段节点宜设置双排钢筋，且钢筋直径不宜小于

10mm，水平间距不宜大于200mm；连接钢筋在外挂墙板和主体结构支承构件后浇混凝土中的锚固应符合现行国家标准《混凝土结构设计规范》GB 50010的有关规定。

6.6.7 外挂墙板与主体结构连接用节点连接件和预埋件应采取可靠的防火和防腐蚀措施，并应符合下列规定：

　　1 节点连接件和预埋件的抗火设计应符合现行国家标准《建筑设计防火规范》GB 50016的有关规定；外挂墙板与主体结构承重连接点处的节点连接件及预埋件的耐火极限不应低于主体结构支承梁或板的耐火极限。

　　2 节点连接件和预埋件应根据环境条件、使用要求、施工条件和维护管理条件等进行防腐蚀设计，并应符合国家现行标准《钢结构设计标准》GB 50017和《建筑钢结构防腐蚀技术规程》JGJ/T 251的有关规定。

　　3 节点连接件和预埋件的防腐蚀保护层设计使用年限不宜低于15年。

　　4 节点连接件和预埋件的防腐蚀保护层可采用涂料涂层或金属热喷涂系统，并应符合现行行业标准《建筑钢结构防腐蚀技术规程》JGJ/T 251的有关规定；防腐蚀保护层应完全覆盖钢材表面和无端部封板闭口型材的内侧。

　　5 当节点连接件和预埋件暴露在腐蚀性环境中或使用期间不易重新涂装时，宜采用耐候结构钢，并应在结构设计中留有适当的腐蚀裕量，腐蚀裕量应符合现行行业标准《建筑钢结构防腐蚀技术规程》JGJ/T 251的有关规定。

6.6.8 连接节点预埋件、吊装用预埋件以及临时支撑预埋件均宜分别设置，不宜兼用。

6.6.9 外挂墙板连接节点处有变形能力要求时，宜在节点连接件或主体结构预埋件接触面上涂刷聚四氟乙烯，也可在节点连接件和主体结构预埋件之间设置滑移垫片，滑移垫片可采用聚四氟乙烯板或不锈钢板。

7 构件制作与运输

7.1 一般规定

7.1.1 外挂墙板的制作与运输除应符合本标准的规定外，尚应符合现行国家标准《装配式混凝土建筑技术标准》GB/T 51231的有关规定。

7.1.2 外挂墙板生产前应进行下列准备工作：

　　1 建设单位应组织设计单位向生产和安装单位进行技术交底；

　　2 生产前生产单位应根据批准的设计文件、拟定的生产工艺、运输方案、吊装方案等编制构件加工

详图；

    3 对带饰面砖或石材饰面的外挂墙板应绘制排砖图或排板图，对夹心保温外挂墙板应绘制拉结件布置图和保温板排板图；

    4 生产单位应编制生产方案，生产方案宜包括生产计划及生产工艺、模具方案及计划、技术质量控制措施、成品存放、运输和保护方案等。

7.1.3 外挂墙板的生产宜建立样板构件制作与验收制度。

7.2 构 件 制 作

7.2.1 拉结件的进厂检验应符合下列规定：

    1 检查质量证明文件，质量证明文件中应包含拉结件的出厂检验报告和型式检验报告；

    2 出厂检验报告中应包含外观质量、尺寸偏差、材料力学性能，型式检验报告中应包含外观质量、尺寸偏差、材料力学性能、锚固性能、耐久性能；

    3 拉结件的进厂检验应按同一厂家、同一类别、同一规格产品，不超过 10000 件为一批；检验项目包含外观质量、尺寸偏差、材料力学性能。

7.2.2 除设计有特殊要求外，外挂墙板加工模具尺寸允许偏差和检验方法应符合表 7.2.2 的规定。

表 7.2.2 外挂墙板加工模具尺寸允许偏差和检验方法

项次	检验项目、内容	允许偏差（mm 或（°））	检验方法
1	高	0，−2	钢尺检查 3 点，用尺量平行构件高度方向，取其中偏差绝对值较大处
2	宽	0，−2	钢尺检查 3 点，用尺量平行构件宽度方向，取其中偏差绝对值较大处
3	厚	±1	每边检查 2 点，用尺测量两端或中部，取其中偏差绝对值较大处
4	肋宽	±2	钢尺检查 3 点，取其中偏差绝对值较大处
5	对角线差	3	用钢尺量对角线
6	翘曲	L/1500	对角拉线测量交点间距离值的两倍
7	侧向弯曲	L/1500 且≤2	拉线，用钢尺量侧向弯曲最大处

续表 7.2.2

项次	检验项目、内容		允许偏差（mm 或（°））	检验方法
8	面弯		L/1500	拉线，用钢尺量测弯曲最大处
9	角板相邻面夹角		±0.2°	角度测定样板
10	底模表面平整度	清水混凝土	1	用 2m 靠尺和塞尺测量
		彩色混凝土	1	
		面砖饰面	2	
		石材饰面	2	
11	预埋件定位	中心线位置	3	用尺量测纵横两个方向的中心线位置，取其中较大值
		与平面高差	−2，0	钢直尺和塞尺检查
12	预埋螺栓定位	中心线位置	2	用尺量测纵横两个方向的中心线位置，取其中较大值
		外露长度	+5，0	用尺量测
13	预留孔洞定位	中心线位置	3	用尺量测纵横两个方向的中心线位置，取其中较大值
		尺寸	+3，0	用尺量测纵横两个方向尺寸，取其中较大值

注：1 第 9 项次的单位为（°），其余项次单位均为 mm；
     2 L 为模具与混凝土接触面中最长边的尺寸。

7.2.3 外挂墙板中预埋门、窗框时，应在模具上设置限位装置进行固定，并应逐件检验。门、窗框安装允许偏差和检验方法应符合表 7.2.3 的规定。

表 7.2.3 门、窗框安装允许偏差和检验方法

项次	项目		允许偏差（mm）	检验方法
1	锚固脚片	中心线位置	5	钢尺检查
2		外露长度	+5，0	钢尺检查

续表 7.2.3

项次	项目	允许偏差 (mm)	检验方法
3	门、窗框位置	2	钢尺检查
4	门、窗框高、宽	±2	钢尺检查
5	门、窗框对角线	±2	钢尺检查
6	门、窗框的平整度	2	靠尺检查

7.2.4 预埋件加工允许偏差应符合表 7.2.4 的规定。

表 7.2.4 预埋件加工允许偏差

项次	检验项目		允许偏差 (mm)	检验方法
1	预埋件锚板的边长		0，−5	用钢尺量测
2	预埋件锚板的平整度		1	用直尺和 塞尺量测
3	锚筋	长度	+10，−5	用钢尺量测
		间距偏差	±10	用钢尺量测

7.2.5 面砖饰面外挂墙板宜采用反打成型工艺制作，石材饰面外挂墙板应采用反打成型工艺制作，并应符合下列规定：

　　1 当饰面层采用饰面砖时，应根据排砖图的要求进行配砖和加工，饰面砖入模铺设前，宜根据设计排砖图将单块面砖制成面砖套件，套件的长度不宜大于600mm，宽度不宜大于300mm；

　　2 当饰面层采用石材时，应根据排板图的要求进行配板和加工，并应安装不锈钢锚固卡钩和涂刷防泛碱处理剂；

　　3 使用柔韧性好、收缩小、具有抗裂性能且不污染饰面的材料嵌填饰面砖或石材间的拼缝，并应采取措施防止面砖或石材在钢筋安装及混凝土浇筑振捣等工序中出现位移；

　　4 混凝土振捣采用插入式振捣棒时，应避免损坏饰面层材料。

7.2.6 夹心保温墙板宜采用水平浇筑方式成型，并应符合下列规定：

　　1 宜先浇筑外叶墙板混凝土层，再安装保温材料，最后浇筑内叶墙板混凝土层；

　　2 拉结件的数量和位置应满足设计要求；应保证拉结件锚固可靠，拉结件穿过保温材料的孔洞应采取有效措施进行封堵；

　　3 应保证保温材料间拼缝严密并使用粘结或密封材料进行密封处理；

　　4 在下层混凝土初凝之前应完成上层混凝土的浇筑和振捣；

　　5 浇筑并振捣混凝土保证混凝土的均匀与密实

性，使用振捣棒时不应损伤、移动预埋件、拉结件和保温材料。

7.2.7 夹心保温墙板养护过程中，最高养护温度不宜大于60℃。

7.2.8 线支承外挂墙板后浇节点处粗糙面成型可在混凝土初凝前进行拉毛处理。

7.2.9 外挂墙板脱模起吊时的混凝土强度应计算确定，且不宜小于15MPa。

7.3 运输与存放

7.3.1 外挂墙板构件存放应符合下列规定：

　　1 外挂墙板宜采用专用支架直立存放，支架应有足够的强度和刚度，水平叠层码放时每垛墙板的垫木应上、下对齐；

　　2 应合理设置垫块、垫木位置，确保构件存放稳定；

　　3 带饰面砖或石材饰面的外挂墙板构件应直立存放或饰面层朝上码放；

　　4 夹心保温墙板构件应直立存放或外叶墙板面朝上码放；

　　5 与清水混凝土面或其他饰面层接触的垫块应采取防污染措施；

　　6 外挂墙板构件的薄弱部位和门窗洞口宜采取防止变形开裂的临时加固措施。

7.3.2 外挂墙板构件成品保护应符合下列规定：

　　1 外露预埋件和节点连接件等外露金属件应按不同环境类别进行防护或防腐、防锈处理；

　　2 预埋螺栓孔宜采用海绵棒进行填塞，保证吊装前预埋螺栓孔的清洁；

　　3 夹心保温墙板的存放应采取措施避免雨、雪渗入保温材料和保温材料与混凝土板之间的接缝中，同时应避免保温材料长时间被阳光照射。

7.3.3 外挂墙板构件在运输过程中应做好安全和成品保护，并应符合下列规定：

　　1 外挂墙板运输过程中应根据墙板尺寸和形状采取可靠的固定措施。

　　2 外挂墙板宜采用立式运输，运输时宜采取下列防护措施：

　　　　1）设置柔性垫片避免外挂墙板边角部位或链索接触处的混凝土损伤；

　　　　2）外挂墙板之间应设置隔离垫块；

　　　　3）用塑料薄膜包裹垫块和垫片，避免外挂墙板构件外观污染；

　　　　4）外挂墙板门窗框、装饰表面和棱角采用塑料贴膜或其他防护措施；

　　　　5）禁止多块外挂墙板水平叠放同时吊运，单块外挂墙板水平吊运时，应经设计人员审核确认。

　　3 超高、超宽、形状特殊外挂墙板的运输和存

2—6—16

放应制定专门的质量安全保证措施。

7.4 构件检验

7.4.1 带饰面砖、石材饰面或清水混凝土饰面外挂墙板的构件检验应符合国家现行标准《建筑装饰装修工程质量验收标准》GB 50210 和《清水混凝土应用技术规程》JGJ 169 的有关规定。

7.4.2 外挂墙板构件的外观质量不应有缺陷,对已经出现的严重缺陷应制定技术处理方案进行处理并重新检验,对出现的一般缺陷应进行修整并达到合格。

7.4.3 外挂墙板外观质量缺陷根据其影响结构性能、安装和使用功能的严重程度,可按表 7.4.3 的规定划分为严重缺陷和一般缺陷。

表 7.4.3 构件外观质量缺陷分类

名称	现象	严重缺陷	一般缺陷
露筋	构件内钢筋未被混凝土包裹而外露	墙板表面钢筋外露	—
蜂窝	混凝土表面缺少水泥砂浆而形成石子外露	墙板外表面、板侧面有蜂窝	其他部位有少量蜂窝
孔洞	混凝土中孔穴深度和长度均超过保护层厚度	墙板外表面、板侧面有孔洞	其他部位有少量孔洞
夹渣	混凝土中夹有杂物且深度超过保护层厚度	墙板外表面、板侧面有夹渣;其他部位有夹渣且影响外挂墙板的耐久性能	其他部位有少量不影响墙板耐久性能及其他使用功能的夹渣
疏松	混凝土中局部不密实	墙板表面有疏松	—
裂缝	缝隙从混凝土表面延伸至混凝土内部	墙板构件有影响结构性能的裂缝;墙板外表面和板侧面有影响防水、耐久等性能及外观效果的裂缝	其他部位有少量不影响结构性能或使用功能的裂缝
连接部位缺陷	构件连接处混凝土缺陷,连接钢筋松动,与主体结构连接用节点连接件松动,连接钢筋严重锈蚀、弯曲、偏位,节点部位粗糙面混凝土疏松,抗剪键槽偏位等	连接部位有影响外挂墙板与主体结构之间传力性能的缺陷	连接部位有基本不影响结构传力性能的缺陷

续表 7.4.3

名称	现象	严重缺陷	一般缺陷
外形缺陷	缺棱掉角、棱角不直、翘曲不平、飞边凸肋等;装饰面砖或石材粘结不牢、表面不平、砖缝或石材缝不顺直等	墙板外表面和板侧面有影响使用功能或装饰效果的外形缺陷	其他部位有不影响使用功能和装饰效果的外形缺陷
外表缺陷	构件表面麻面、掉皮、起砂、沾污等	墙板外表面有外表缺陷	其他部位有不影响使用功能的外表缺陷

7.4.4 外挂墙板不应有影响结构性能、安装和使用功能的尺寸偏差。对超过尺寸允许偏差且影响结构性能和安装、使用功能的部位应经原设计单位认可,制定技术处理方案进行处理,并重新检查验收。

7.4.5 外挂墙板、预埋件、预留孔洞的尺寸偏差及检验方法应符合表 7.4.5 的规定。

表 7.4.5 尺寸允许偏差及检验方法

项次	检验项目	允许偏差 (mm 或(°))	检验方法
1	板高	±3	用尺量两端及中部,取其中偏差绝对值较大值
2	板宽	±3	用尺量两端及中部,取其中偏差绝对值较大值
3	板厚	±2	用尺量板四角及中部,取其中偏差绝对值较大值
4	肋宽	±4	钢尺检查 3 点,取其中偏差绝对值较大处
5	板正面对角线差	4	用钢尺量对角线
6	板正面翘曲	$L/1500$	对角拉线测量交点间距离值的 2 倍
7	板侧面侧向弯曲	$L/1500$ 且≤2	拉线,用钢尺量侧向弯曲最大处

项次	检验项目		允许偏差（mm 或（°））	检验方法
8	板正面弯曲		L/1500	拉线，用钢尺量测弯曲最大处
9	角板相邻面夹角		±0.2°	角度测定样板
10	表面平整	清水混凝土	2	2m 靠尺和塞尺检查
		彩色混凝土	2	2m 靠尺和塞尺检查
		面砖饰面	3	2m 靠尺和塞尺检查
		石材饰面	3	2m 靠尺和塞尺检查
11	预埋件	中心位置偏移	3	用尺量测纵横两个方向的中心线位置，取其中较大值
12		平整度	−3，0	钢直尺和塞尺检查
13	预埋螺栓（孔）	中心位置偏移	2	用尺量测纵横两个方向的中心线位置，取其中较大值
14		外露长度	+5，0	用尺量测
15	预留孔洞定位	中心位置偏移	4	用尺量测纵横两个方向的中心线位置，取其中较大值
		尺寸	+3，0	用尺量测纵横两个方向尺寸，取其中较大值
16	预留节点连接钢筋（线支承外挂墙板）	中心位置偏移	3	用尺量测纵横两个方向的中心线位置，取其中较大值
		外露长度	±5	用尺量测
17	键槽（线支承外挂墙板）	中心位置偏移	5	用尺量测纵横两个方向的中心线位置，取其中较大值
		长度、宽度	+5	用尺量测
		深度	+5	用尺量测

项次	检验项目		允许偏差（mm 或（°））	检验方法
18	面砖、石材	阳角方正	2	用托线板检查
		上口平直	2	拉通线用钢尺检查
		接缝平直	3	用钢尺或塞尺检查
		接缝深度	±3	用钢尺或塞尺检查
		接缝宽度	±2	用钢尺检查

注：第 9 项次的单位为（°），其余单位均为 mm。

7.4.6 外挂墙板的预埋件、节点连接钢筋、预留孔的规格、数量应满足设计要求。

　　检查数量：逐件检验。

　　检验方法：观察和量测。

7.4.7 外挂墙板的粗糙面或键槽成型质量应满足设计要求。

　　检查数量：逐件检验。

　　检验方法：观察和量测。

7.4.8 面砖与混凝土的粘结强度应符合现行行业标准《建筑工程饰面砖粘结强度检验标准》JGJ/T 110 和《外墙饰面砖工程施工及验收规程》JGJ 126 的有关规定。

　　检查数量：按同一工程、同一工艺的预制构件分批抽样检验。

　　检验方法：检查试验报告单。

7.4.9 夹心保温墙板的内、外叶墙板之间的拉结件类别、数量、使用位置及性能应符合设计要求。

　　检查数量：按同一工程、同一工艺的外挂墙板分批抽样检验。

　　检验方法：检查试验报告单、质量证明文件及隐蔽工程检查记录。

7.4.10 夹心保温墙板用的保温材料类别、厚度、位置及性能应满足设计要求。

　　检查数量：按批检查。

　　检验方法：观察、量测，检查保温材料质量证明文件及检验报告。

7.4.11 混凝土强度应符合设计文件及现行国家标准《混凝土强度检验评定标准》GB/T 50107 的有关规定。

　　检查数量：按外挂墙板生产批次在混凝土浇筑地点随机抽取标准养护试件；每工作班拌制的同一配合

比的混凝土，每拌制 100 盘且不超过 100m³ 取样不应少于一次，不足 100 盘和 100m³ 时取样不应少于一次。

检验方法：应符合现行国家标准《混凝土强度检验评定标准》GB/T 50107 的有关规定。

8 安装与施工

8.1 一般规定

8.1.1 外挂墙板及主体结构的安装与施工除应符合本标准的规定外，尚应符合现行国家标准《装配式混凝土建筑技术标准》GB/T 51231、《混凝土结构工程施工规范》GB 50666 和《钢结构工程施工规范》GB 50755 的有关规定。

8.1.2 外挂墙板系统的施工组织设计应包含外挂墙板安装施工专项方案和安全专项措施。

8.1.3 外挂墙板安装施工前，应选择有代表性的墙板构件进行试安装，并应根据试安装结果及时调整施工工艺、完善施工方案；外挂墙板的施工宜建立首段验收制度。

8.2 构件安装连接

8.2.1 当先施工主体结构后安装外挂墙板时，外挂墙板安装前应对已建主体结构进行复测，并按实测结果对外挂墙板设计进行复核。

8.2.2 外挂墙板的施工测量除应符合现行国家标准《工程测量规范》GB 50026 的有关规定外，尚应符合下列规定：

1 安装施工前，应测量放线、设置构件安装定位标识；

2 外挂墙板测量应与主体结构测量相协调，外挂墙板应分配、消化主体结构偏差造成的影响，且外挂墙板的安装偏差不得累积；

3 应定期校核外挂墙板的安装定位基准。

8.2.3 外挂墙板的安全施工除应符合现行行业标准《建筑施工高处作业安全技术规范》JGJ 80、《建筑机械使用安全技术规程》JGJ 33、《施工现场临时用电安全技术规范》JGJ 46 的有关规定外，尚应符合下列规定：

1 应遵守施工组织设计中确定的各项要求；

2 外挂墙板起吊和就位过程中宜设置缆风绳，通过缆风绳引导墙板安装就位；

3 外挂墙板安装过程中应设置临时固定和支撑系统，点支承外挂墙板可利用节点连接件作为临时固定和支撑系统，线支承外挂墙板应单独设置；

4 外挂墙板与吊具的分离应在校准定位及临时支撑安装完成后进行；

5 外挂墙板调整、校正后，应及时安装防松脱、防滑移和防倾覆装置；

6 遇到雨、雪、雾天气，或者风力大于 5 级时，不得进行吊装作业。

8.2.4 主体结构上用于与外挂墙板连接的预埋件应在主体结构施工时按设计要求埋设，预埋件的施工应符合现行国家标准《混凝土结构工程施工质量验收规范》GB 50204 的有关规定及设计文件的要求。预埋件位置偏差过大或未预先埋设预埋件时，应制定可行变更措施或可靠连接方案并经设计单位审核同意后方可实施。

8.2.5 外挂墙板安装时，外挂墙板与主体结构的连接节点宜仅承受墙板自身范围内的荷载和作用，确保各支承点均匀受力。

8.2.6 外挂墙板安装采用临时支撑时，应符合下列规定：

1 外挂墙板的临时支撑不宜少于 2 道；

2 外挂墙板的上部斜支撑，其支撑点与墙板底的距离不宜小于墙板高度的 2/3，且不应小于墙板高度的 1/2；斜支撑应与墙板可靠连接；

3 临时支撑应具有调节外挂墙板安装偏差的能力，墙板安装就位后，可通过临时支撑对墙板的位置和垂直度进行微调。

8.2.7 外挂墙板安装应符合下列规定：

1 线支承外挂墙板就位前，应在墙板底部设置调平装置，控制墙板安装标高；

2 外挂墙板应以轴线和外轮廓线同时控制墙板的安装位置；

3 外挂墙板安装就位后应临时固定，测量墙板的安装位置、安装标高、垂直度、接缝宽度等，通过节点连接件或墙底调平装置、临时支撑进行调整；

4 带饰面层外挂墙板应对装饰面的完整性进行校核与调整；

5 外挂墙板安装过程中应采取保护措施，避免墙板边缘及饰面层被污染、损伤。

8.2.8 点支承外挂墙板与主体结构的连接节点施工应符合现行国家标准《钢结构工程施工规范》GB 50755 的有关规定，并应符合下列规定：

1 利用节点连接件作为外挂墙板临时固定和支撑系统时，支撑系统应具有调节外挂墙板安装偏差的能力；

2 有变形能力要求的连接节点，安装固定前应核对节点连接件的初始相对位置，确保连接节点的可变形量满足设计要求；

3 外挂墙板校核调整到位后，应先固定承重连接点，后固定非承重连接点；

4 连接节点采用焊接施工时，不应灼伤外挂墙板的混凝土和保温材料；

5 外挂墙板安装固定后应及时进行防腐涂装和防火涂装施工。

8.2.9 线支承外挂墙板与主体结构的连接节点施工应符合下列规定：

1 外挂墙板后浇混凝土连接节点施工应符合现行国家标准《混凝土结构工程施工规范》GB 50666 的有关规定；当采用自密实混凝土时，尚应符合现行行业标准《自密实混凝土应用技术规程》JGJ/T 283 的有关规定；

2 外挂墙板的面外约束连接节点采用金属连接件连接时，节点施工应符合现行国家标准《钢结构工程施工规范》GB 50755 的有关规定；

3 后浇混凝土浇筑前应检查校正外挂墙板节点连接钢筋，检查墙板节点处粗糙面，剔除、清理疏松部分的混凝土，并应按本标准第 9.1.5 条进行隐蔽工程验收；

4 后浇混凝土节点的模板或主体结构支承构件与外挂墙板接缝处，以及后浇混凝土节点处外挂墙板之间的接缝应采取防止漏浆的措施；可采用粘贴密封条进行密封，墙板之间接缝处的密封条应粘贴在接缝内侧；

5 后浇混凝土浇筑时应采取保证混凝土浇筑密实的措施；

6 后浇混凝土浇筑和振捣应采取措施防止模板、外挂墙板、钢筋移位。

8.2.10 线支承外挂墙板节点连接处后浇混凝土的强度达到设计要求后，方可拆除临时支撑系统。拆模时的混凝土强度应符合现行国家标准《混凝土结构工程施工规范》GB 50666 的有关规定和设计要求。

8.2.11 外挂墙板安装尺寸允许偏差及检验方法应符合表 8.2.11 的规定。

表 8.2.11　外挂墙板安装尺寸允许偏差及检验方法

项目		允许偏差（mm）	检验方法
标高		±5	水准仪或拉线、尺量
相邻墙板平整度		2	2m 靠尺测量
墙面垂直度	层高	5	经纬仪或吊线、尺量
	全高	$H/2000$ 且 ≤15	
相邻接缝高		3	尺量
接缝	宽度	±5	尺量
	中心线与轴线距离	5	

8.2.12 外挂墙板接缝防水施工前的施工准备应符合下列规定：

1 吊装过程中应对外挂墙板板侧预留凹槽、橡胶空心气密条和墙板边角等部位采取保护措施，缺棱掉角及损伤处应在吊装就位前进行修复；

2 接缝堵塞处应进行清理，不得采用剔凿的方式清理接缝残渣或增加接缝宽度；

3 检查接缝宽度是否满足设计要求；

4 检查并清理接缝混凝土基层，应坚实、平整，不得有蜂窝、麻面、起皮和起砂现象；表面应清洁、干燥，无油污和灰尘；

5 密封胶使用前，与其相接触的有机材料应取得合格的相容性试验报告。

8.2.13 外挂墙板接缝防水施工应符合下列规定：

1 当接缝内侧采用橡胶空心气密条作为气密材料时，气密条粘贴前应先清除接缝侧面混凝土表面灰尘，并应涂刷专用胶粘剂。墙板吊装前应检查气密条粘贴的牢固性和完整性。

2 宜在接缝两侧基层表面粘贴防护胶带，防护胶带应连续平整。

3 接缝中应按设计要求填塞密封胶背衬材料，背衬材料与接缝两侧基层之间不得留有空隙，背衬材料进入接缝的深度应和密封胶的厚度一致。

4 单组分密封胶可直接使用，双组分密封胶应按比例准确计量，并应搅拌均匀。双组分密封胶应随拌随用，拌和时间和拌和温度等应符合产品说明书的要求，搅拌均匀的密封胶应在适用期内用完。

5 应根据接缝的宽度选用口径合适的挤出嘴，挤出应均匀。

6 外挂墙板十字接缝处各 300mm 范围内的水平缝和垂直缝应一次施工完成。

7 密封胶在接缝内应两对面粘结，不应三面粘结。

8 新旧密封胶的搭接应符合产品施工工艺要求。

9 嵌填密封胶后，应在密封胶表干前用专用工具对胶体表面进行修整，溢出的密封胶应在固化前进行清理。

10 密封胶胶体固化前应避免损坏及污染，不得泡水。

11 密封胶嵌填应饱满、密实、均匀、顺直、表面平滑，其厚度应满足设计要求。

8.2.14 外挂墙板接缝处导水管的安装应符合下列规定：

1 安装前应在导水管部位斜向上按设计角度设置背衬材料，背衬材料应内高外低，最内侧应与接缝中的气密条相接触。

2 导水管应顺背衬材料方向埋设，与两侧基层之间的间隙应用密封胶封严；导水管的上口应位于空腔的最低点。

3 应避免密封胶堵塞导水管。

8.2.15 当外挂墙板工程采用外墙内保温系统时，保温层的施工应符合现行行业标准《外墙内保温工程技术规程》JGJ/T 261 的有关规定。

9 工程验收

9.1 一般规定

9.1.1 外挂墙板及主体结构的验收除应符合本标准的规定外，尚应符合现行国家标准《装配式混凝土建筑技术标准》GB/T 51231、《混凝土结构工程施工质量验收规范》GB 50204 和《钢结构工程施工质量验收规范》GB 50205 的有关规定。

9.1.2 外挂墙板装饰装修工程的验收应符合现行国家标准《建筑装饰装修工程质量验收标准》GB 50210 的有关规定。

9.1.3 外挂墙板工程验收时，应提交下列文件和记录：

　　1 施工图和墙板构件加工制作详图、设计变更文件及其他设计文件；

　　2 外挂墙板、主要材料及配件的进场验收记录；

　　3 外挂墙板安装施工记录；

　　4 本标准规定应进行墙板或连接承载力验证时需提供的检测报告；

　　5 现场淋水试验记录；

　　6 防火、防雷节点验收记录；

　　7 重大质量问题的处理方案和验收记录；

　　8 其他质量保证资料。

9.1.4 外挂墙板工程施工用的墙板构件、主要材料及配件均应按检验批进行进场验收。

9.1.5 线支撑外挂墙板节点后浇混凝土浇筑前应进行隐蔽工程验收，隐蔽工程验收应包括下列主要内容：

　　1 混凝土粗糙面的质量，键槽的尺寸、数量、位置；

　　2 钢筋的牌号、规格、数量、位置、间距、锚固方式和长度；

　　3 用于主体结构支承构件与外挂墙板接缝处，以及后浇混凝土节点处外挂墙板之间接缝临时封堵的密封条材料、位置；

　　4 其他隐蔽项目。

9.1.6 用于外挂墙板接缝的密封胶进场复验项目应包括下垂度、表干时间、挤出性、适用期、弹性恢复率、拉伸模量、质量损失率。

9.2 主控项目

9.2.1 专业企业生产的外挂墙板进场检验应符合下列规定：

　　1 施工单位或监理单位代表驻厂监督生产过程时，构件进场应有其签字的质量证明文件。

　　2 当无驻厂监督时，构件进场应对其主要受力钢筋数量、规格、间距、保护层厚度及混凝土强度等进行实体检验。

　　检验数量：同一类型外挂墙板不超过 1000 个为一个检验批，每批随机抽取墙板数量的 1% 且不少于 5 块。

　　检验方法：检查质量证明文件或实体检验。

9.2.2 外挂墙板的外观质量不应有严重缺陷，且不应有影响结构性能和安装、使用功能的尺寸偏差。

　　检查数量：全数检查。

　　检验方法：观察、尺量；检查处理记录。

9.2.3 陶瓷类饰面砖与外挂墙板基面的粘结强度应符合现行行业标准《建筑工程饰面砖粘结强度检验标准》JGJ/T 110 的有关规定。

　　检查数量：按同一工程、同一工艺的外挂墙板分批抽样检验。

　　检验方法：检查拉拔强度检验报告。

9.2.4 夹心保温墙板构件的传热系数应满足设计要求。

　　检查数量：同一类型夹心保温墙板为一检验批，每批检验数量为 1 块。

　　检验方法：检查第三方检验报告。

9.2.5 外挂墙板临时固定措施应符合设计、专项施工方案要求及国家现行标准《混凝土结构工程施工规范》GB 50666、《装配式混凝土建筑技术标准》GB/T 51231 和《装配式混凝土结构技术规程》JGJ 1 的有关规定。

　　检查数量：全数检查。

　　检验方法：观察检查，检查施工方案、施工记录或设计文件。

9.2.6 外挂墙板连接节点采用焊接连接时，焊缝的接头质量应满足设计要求，并应符合现行国家标准《钢结构焊接规范》GB 50661 和《钢结构工程施工质量验收规范》GB 50205 的有关规定。

　　检查数量：全数检查。

　　检验方法：应符合现行国家标准《钢结构工程施工质量验收规范》GB 50205 的有关规定。

9.2.7 外挂墙板连接节点采用螺栓连接时，螺栓的材质、规格、拧紧力矩应符合设计要求及现行国家标准《钢结构设计标准》GB 50017 和《钢结构工程施工质量验收规范》GB 50205 的有关规定。

　　检查数量：全数检查。

　　检验方法：应符合现行国家标准《钢结构工程施工质量验收规范》GB 50205 的有关规定。

9.2.8 线支承外挂墙板节点处后浇混凝土的强度应符合设计要求。

　　检查数量：按批检验。

　　检验方法：应符合现行国家标准《混凝土强度检验评定标准》GB/T 50107 的有关规定。

9.2.9 外挂墙板金属连接节点防腐涂料涂装前的表面除锈、防腐涂料品种、涂装遍数、涂层厚度应满足设计要求，并应符合现行国家标准《钢结构工程施工质量验收规范》GB 50205 的有关规定。

检查数量：应符合现行国家标准《钢结构工程施工质量验收规范》GB 50205 的有关规定。

检验方法：应符合现行国家标准《钢结构工程施工质量验收规范》GB 50205 的有关规定。

9.2.10 外挂墙板金属连接节点防火涂料涂装前的钢材表面除锈及防锈底漆涂装、防火涂料的粘结强度和抗压强度、涂层厚度、涂层表面裂纹宽度应满足设计要求，并应符合现行国家标准《钢结构工程施工质量验收规范》GB 50205 的有关规定。

检查数量：应符合现行国家标准《钢结构工程施工质量验收规范》GB 50205 的有关规定。

检验方法：应符合现行国家标准《钢结构工程施工质量验收规范》GB 50205 的有关规定。

9.2.11 外挂墙板接缝及外门窗安装部位的防水性能应符合设计要求。

检验数量：

1）设计、材料、工艺和施工条件相同的外挂墙板工程，每 1000m² 且不超过一个楼层为一个检验批，不足 1000m² 划分为一个独立检验批。每个检验批每 100m² 应至少查一处，每处不得少于 10m² 且至少应包含一个十字接缝部位。

2）同一单位工程中不连续的墙板工程应单独划分检验批。

3）对于异形或有特殊要求的墙板，检验批的划分宜根据外挂墙板的结构、特点及墙板工程的规模，由监理单位、建设单位和施工单位协商确定。

检验方法：检查现场淋水试验报告。

9.2.12 外挂墙板与主体结构在楼层位置接缝处的防火封堵材料应满足设计要求，防火材料应填充密实、均匀、厚度一致，不应有间隙。

检查数量：全数检查。

检验方法：观察，检查处理记录。

9.3 一 般 项 目

9.3.1 外挂墙板接缝应平直、均匀；注胶封闭式接缝的注胶应饱满、密实、连续、均匀、无气泡，深浅基本一致、缝宽基本均匀、光滑顺直，胶缝的宽度和厚度应符合设计要求；胶条封闭式接缝的胶条应连续、均匀、安装牢固、无脱落，接缝宽度的施工尺寸偏差及检验方法应符合设计文件的要求，当设计无要求时，应符合本标准表 8.2.11 的规定。

检查数量：全数检查。

检验方法：观察；尺量检查。

9.3.2 外挂墙板工程在节点连接构造检查验收合格、接缝防水检查合格的基础上，可进行外挂墙板安装质量和尺寸偏差验收。外挂墙板的施工安装尺寸偏差及检验方法应符合设计文件的要求，当设计无要求时，应符合本标准表 8.2.11 的规定。

检查数量：按楼层、结构缝或施工段划分检验批。同一检验批内，应按照建筑立面抽查 10%，且不应少于 5 块。

9.3.3 外挂墙板工程的饰面外观质量除应符合设计要求外，尚应符合现行国家标准《建筑装饰装修工程质量验收标准》GB 50210 的有关规定。

检查数量：全数检查。

检验方法：观察、量测。

10 保养与维修

10.0.1 外挂墙板外表面的检查、保养与维修工作不得在 4 级以上风力和雨、雪、雾天气下进行。

10.0.2 外挂墙板的定期检查应包含下列项目：

1 墙板整体、单元板块间有无变形、错位、松动，如有应对墙板及相连主体结构进一步检查；

2 墙板混凝土是否存在开裂或破损；

3 墙板与主体结构节点连接件是否出现锈蚀、连接是否可靠；

4 墙板防水系统是否完整；

5 密封胶有无脱胶、开裂、起泡，密封胶条有无脱落、老化等损坏现象；

6 墙板饰面材料是否有胀裂、松动和污损现象；

7 墙板的接缝和窗洞口处的防水密封材料应在每次清洗时进行检查。

10.0.3 外挂墙板的保养和维修应符合下列规定：

1 应保持墙板防水系统的完整性，如发现堵塞应及时疏通；

2 当发现门、窗启闭不灵或附件损坏等现象时，应及时修理或更换；

3 当发现密封胶或密封胶条脱落或损坏时，应及时修补与更换；修补时应采用相容性、污染性符合要求的密封胶；

4 当发现外挂墙板与主体结构节点连接件锈蚀时，应及时除锈补漆或采取其他防锈措施；

5 当发现墙板局部破损时，应及时进行修补并采取有效的抗裂和防水补强措施；

6 当发现墙板局部产生裂缝时，应及时进行修补；当裂缝宽度大于 0.15mm 或出现墙板厚度方向贯通裂缝时，应进行裂缝防水处理；

7 当发现墙板外饰面材料有污损时，应及时进行修补。

10.0.4 当定期检查发现外挂墙板局部损坏不影响墙板整体结构性能时，可采用局部维修或更换损坏部位的方式；当影响到墙板结构性能时，应更换损坏的外挂墙板。

10.0.5 灾后检查和修复应符合下列规定：

1 当外挂墙板遭遇强风袭击后，应及时对墙板进行全面检查，修复或更换损坏的构件和材料；

2 当外挂墙板遭遇地震、火灾等灾害后，应由专业技术人员对墙板进行全面检查，并根据损坏程度制定处理方案，及时处理。

10.0.6 外挂墙板的清洗次数应根据外挂墙板表面的积灰污染程度确定，且每年不宜少于一次。

附录 A 外挂墙板接缝宽度和密封胶厚度计算

A.0.1 外挂墙板接缝宽度应考虑立面分格、温度变形、风荷载及地震作用下的接缝变形量、密封材料最大拉伸-压缩变形量及施工安装误差等因素的影响，接缝宽度 w_s 可按下列规定计算。

1 当接缝仅发生拉压变形时，接缝宽度可按下式计算：

$$w_s = \frac{D}{\varepsilon} + d_c \qquad (A.0.1-1)$$

2 当接缝仅发生剪切变形时，接缝宽度可按下式计算：

$$w_s = \frac{\delta}{\sqrt{\varepsilon^2 + 2\varepsilon}} + d_c \qquad (A.0.1-2)$$

3 当接缝发生拉剪组合变形时，接缝宽度可按下式计算：

$$w_s = \frac{D + \sqrt{D^2(1+\varepsilon)^2 + \delta^2(2\varepsilon + \varepsilon^2)}}{2\varepsilon + \varepsilon^2} + d_c$$
$$(A.0.1-3)$$

4 当接缝发生压剪组合变形时，接缝宽度应取公式（A.0.1-2）和公式（A.0.1-4）计算值的较大值：

$$w_s = \frac{D + (1-\varepsilon)\sqrt{D^2 + \delta^2(2\varepsilon - \varepsilon^2)}}{2\varepsilon - \varepsilon^2} + d_c$$
$$(A.0.1-4)$$

式中：w_s——接缝宽度（mm）；

　　　D——接缝宽度方向的接缝变形量（mm），按本标准第 A.0.2 条确定；

　　　δ——垂直接缝宽度方向的接缝变形量（mm），按本标准第 A.0.2 条确定；

　　　d_c——外挂墙板接缝宽度的安装允许偏差（mm），应符合本标准第 8.2.11 条的有关规定；

　　　ε——密封材料的拉伸变形能力，长期荷载作用时取 ε_1，短期荷载作用时取 ε_2，ε_1 和 ε_2 按本标准第 A.0.3 条确定。

A.0.2 外挂墙板沿宽度方向的接缝变形量 D 和沿垂直接缝宽度方向的接缝变形量 δ 符合下列规定。

1 密封材料受长期荷载作用时：

$$D = d_G + d_T \qquad (A.0.2-1)$$
$$\delta = \delta_G + \delta_T \qquad (A.0.2-2)$$

2 密封材料受短期荷载作用时由温度作用控制的接缝变形量：

$$D = d_G + d_T + \psi_c d_w \qquad (A.0.2-3)$$
$$\delta = \delta_G + \delta_T + \psi_c \delta_w \qquad (A.0.2-4)$$

3 密封材料受短期荷载作用时由风荷载控制的接缝变形量：

$$D = d_G + d_w + \psi_c d_T \qquad (A.0.2-5)$$
$$\delta = \delta_G + \delta_w + \psi_c \delta_T \qquad (A.0.2-6)$$

4 密封材料受短期荷载作用时由多遇地震作用控制的接缝变形量：

$$D = d_G + d_E + \psi_c d_T \qquad (A.0.2-7)$$
$$\delta = \delta_G + \delta_E + \psi_c \delta_T \qquad (A.0.2-8)$$

式中：d_G——外挂墙板节点施工完成后新增恒载作用下接缝宽度方向的接缝变形量（mm）；对于水平缝应取上下相邻外墙板之间的竖向变形值之差，夹心保温墙板应取外叶板处的竖向变形值之差；对于垂直缝可取 0；

　　　d_T——温度作用下接缝宽度方向的接缝变形量（mm），点支承外挂墙板可按本标准第 A.0.4 条确定；

　　　d_w——风荷载作用下接缝宽度方向的接缝变形量（mm），点支承外挂墙板可按本标准第 A.0.5 条确定；

　　　d_E——多遇地震作用下接缝宽度方向的接缝变形量（mm），点支承外挂墙板可按本标准第 A.0.5 条确定；

　　　δ_G——外挂墙板节点施工完成后新增恒载作用下垂直接缝宽度方向的接缝变形量（mm），水平缝可取 0；垂直缝应取左、右相邻外挂墙板之间的竖向变形值之差；

　　　δ_T——温度作用下垂直接缝宽度方向的接缝变形量（mm），应取接缝两侧墙板的温度变形差，建筑角部竖直缝可按公式（A.0.4）计算；其余接缝应按实际情况考虑，当其余接缝两侧墙板的支承方式和尺寸大小相同时可取 0；

　　　δ_w——风荷载作用下垂直接缝宽度方向的接缝变形量（mm），点支承外挂墙板可按本标准第 A.0.6 条确定；

　　　δ_E——多遇地震作用下垂直接缝宽度方向的接缝变形量（mm），点支承外挂墙板可按本标准第 A.0.6 条确定；

　　　ψ_c——组合值系数，取 0.6。

A.0.3 密封材料的长期拉伸变形能力 ε_1 应符合国家现行标准《建筑密封胶分级和要求》GB/T 22083、

《混凝土接缝用建筑密封胶》JC/T 881 中位移能力的有关规定。密封材料的短期拉伸变形能力 ε_2 宜由密封胶厂家试验报告确定；无试验依据时，ε_2 可取为 ε_1。

A.0.4 点支承外挂墙板中，温度作用下接缝宽度方向的接缝变形量 d_T、建筑角部竖直缝沿垂直接缝宽度方向的接缝变形量 δ_T 可按下式计算：

$$d_T、\delta_T = \alpha \cdot \Delta T \cdot L \qquad (A.0.4)$$

式中：α ——外挂墙板混凝土材料的线膨胀系数（/℃）；

ΔT ——外挂墙板的温度作用标准值（℃），有地区经验时根据地区温度观测资料结合外表面的朝向、表面材料及其色调综合确定；无地区经验时可取 80℃；

L ——计算方向接缝两侧最近的两个固定点之间的长度（mm），计算线支承外挂墙板竖直缝时可取接缝两侧墙板的最大宽度。

A.0.5 相邻外挂墙板的接缝对齐时，风荷载作用下接缝宽度方向的接缝变形量 d_W 和地震作用下接缝宽度方向的接缝变形量 d_E 可按下列规定计算。

 1 平移式外挂墙板和线支承外挂墙板的竖直缝：

  建筑角部竖直缝：$d_W、d_E = \theta_{i,s} h_i$ (A.0.5-1)

  其余部位竖直缝：$d_W、d_E = \varphi_i h_i$ (A.0.5-2)

 2 旋转式外挂墙板竖直缝：

  建筑角部竖直缝：

$$d_W、d_E = \max(\theta_{i,s}, \theta_{i,v}) \cdot h_i \left(\frac{h'_i + h''_i}{h_i - h'_i - h''_i} \right)$$
$$(A.0.5-3)$$

  其余部位竖直缝：$d_W、d_E = 0$ (A.0.5-4)

 3 水平缝：

  水平缝最大受拉变形：

$$d_W、d_E = \max(\Delta_{z,i} - \Delta_{z,i-1}, \Delta_{y,i} - \Delta_{y,i-1})$$
$$(A.0.5-5)$$

  水平缝最大受压变形：

$$d_W、d_E = \min(\Delta_{z,i} - \Delta_{z,i-1}, \Delta_{y,i} - \Delta_{y,i-1})$$
$$(A.0.5-6)$$

式中：h_i ——第 i 层外挂墙板的高度；

$\theta_{i,s}$ ——风荷载或地震作用下沿角部竖直缝宽度方向第 i 层的弹性层间位移角；

$\theta_{i,v}$ ——风荷载或地震作用下沿垂直于角部竖直缝宽度方向第 i 层的弹性层间位移角；

φ_i ——支承外挂墙板的主体结构梁板变形引起的竖缝两侧墙板沿同一方向的转角差，当竖缝两侧的外挂墙板支承点均设置在梁柱节点区域时，可取 $\varphi_i = 0$；

h'_i ——第 $i+1$ 层楼板顶标高与墙板上部面外节点连接件的标高差；

h''_i ——第 i 层楼板顶标高与墙板下部面外节

点连接件的标高差；

$\Delta_{z,i}、\Delta_{z,i-1}$ ——支承外挂墙板的主体结构梁板变形引起的第 i 层、$i-1$ 层墙板在左端点处的竖向变形值；

$\Delta_{y,i}、\Delta_{y,i-1}$ ——支承外挂墙板的主体结构梁板变形引起的第 i 层，$i-1$ 层墙板在右端点处的竖向变形值。

A.0.6 相邻外挂墙板的接缝对齐时，风荷载作用下垂直接缝宽度方向的接缝变形量 δ_W 和地震作用下垂直接缝宽度方向的接缝变形量 δ_E 可按下列规定计算，按本标准 A.0.1 条和 A.0.2 条的规定计算时，公式（A.0.6-1）中的 δ_W、δ_E 不与公式（A.0.5-1）中的 d_W、d_E 组合。

 1 平移式外挂墙板和线支承外挂墙板：

  建筑角部竖直缝：

$$\delta_W、\delta_E = \theta_{i,v} h_i \qquad (A.0.6-1)$$

  其余部位竖直缝：

$$\delta_W、\delta_E = 0 \qquad (A.0.6-2)$$

  水平缝：$\delta_W、\delta_E = \theta_i h_i$ (A.0.6-3)

 2 旋转式外挂墙板：

  建筑角部竖直缝：

$$\delta_W、\delta_E = \max(\theta_{i,s}, \theta_{i,v}) \frac{b_{i,\max} h_i}{h_i - h'_i - h''_i}$$
$$(A.0.6-4)$$

  其余部位竖直缝：

$$\delta_W、\delta_E = \frac{\theta_i L_i h_i}{h_i - h'_i - h''_i} \qquad (A.0.6-5)$$

  水平缝：$\delta_W、\delta_E = \dfrac{\theta_i h_i (h'_i + h''_i)}{h_i - h'_i - h''_i}$ (A.0.6-6)

式中：θ_i ——风荷载或地震作用下沿竖直缝宽度方向第 i 层的弹性层间位移角；

L_i ——第 i 层竖直缝两侧墙板的旋转不动点之间距离的最大值，墙板宽度和连接点布置完全相同的两相邻墙板之间的竖直缝计算时可取为墙板宽度；

$b_{i,\max}$ ——第 i 层角部竖直缝两侧墙板宽度的较大值。

附录 B　点支承外挂墙板连接节点受力计算

B.0.1 外挂墙板与主体结构采用点支承连接时，在重力荷载或竖向地震作用下，支承节点宜符合下列规定。

 1 外挂墙板面内方向，各支承节点的反力标准值宜按下列规定计算：

  1）对平移式外挂墙板（图 B.0.1-1）：

$$R_{vnk} = N_k \cdot b_2 / (b_1 + b_2) \qquad (B.0.1-1)$$

$$R_{vpk} = N_k \cdot b_1/(b_1 + b_2) \quad (\text{B.0.1-2})$$

2）对旋转式外挂墙板（图 B.0.1-2），不考虑地震作用和风荷载工况时，各支承节点的反力标准值可按公式（B.0.1-1）和公式（B.0.1-2）计算；考虑地震作用或风荷载的组合工况时，重力荷载与竖向地震作用下各支承节点的反力标准值宜按下列规定计算：

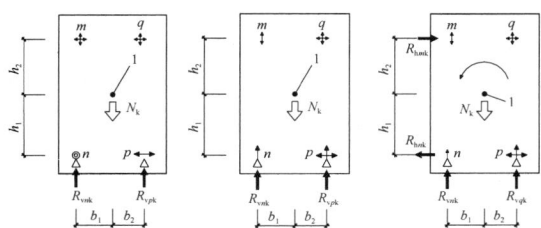

图 B.0.1-1　竖向荷载
作用下平移式外挂墙
板面内反力
1—重心

图 B.0.1-2　竖向荷载
作用下旋转式外
挂墙板面内反力
1—重心

$$R_{vnk} = R_{vpk} = N_k \quad (\text{B.0.1-3})$$

$$R_{hnk} = R_{hnk} = \frac{N_k \cdot \max(b_1, b_2)}{(h_1 + h_2)} \quad (\text{B.0.1-4})$$

式中：N_k——重力荷载标准值 G_k 或者竖向地震作用标准值 F_{Evk}；

　　　R_{vnk}——n 节点的竖向反力标准值；

　　　R_{vpk}——p 节点的竖向反力标准值；

　　　R_{hnk}——m 节点在墙板面内方向的水平反力标准值；

　　　R_{hnk}——n 节点在墙板面内方向的水平反力标准值。

2　垂直外挂墙板方向（图 B.0.1-3），各支承节点的反力标准值宜按下列规定计算：

$$H_{mk} = H_{nk} = N_k \cdot (e_y + e_0) \cdot \frac{b_2}{(b_1 + b_2)(h_1 + h_2)}$$
$$(\text{B.0.1-5})$$

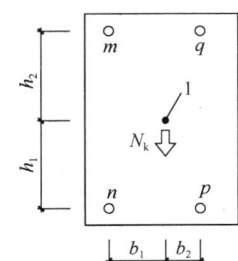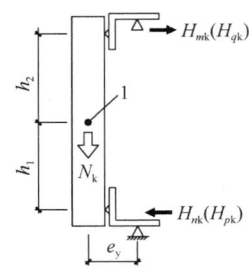

图 B.0.1-3　竖向荷载作用下
平移式或旋转式
外挂墙板面外反力
1—重心

$$H_{pk} = H_{qk} = N_k \cdot (e_y + e_0) \cdot \frac{b_1}{(b_1 + b_2)(h_1 + h_2)}$$
$$(\text{B.0.1-6})$$

式中：e_y——外挂墙板面外的偏心距；

　　　e_0——e_y 的安装尺寸偏差；

　　　H_{mk}——m 节点沿垂直墙板方向的水平反力标准值；

　　　H_{nk}——n 节点沿垂直墙板方向的水平反力标准值；

　　　H_{pk}——p 节点沿垂直墙板方向的水平反力标准值；

　　　H_{qk}——q 节点沿垂直墙板方向的水平反力标准值。

B.0.2　外挂墙板与主体结构采用点支承连接时，在面内方向的水平地震作用下，各支承节点的反力宜符合下列规定。

1　外挂墙板面内方向，各支承节点的反力标准值宜按下列规定计算：

1）对平移式外挂墙板（图 B.0.2-1）：

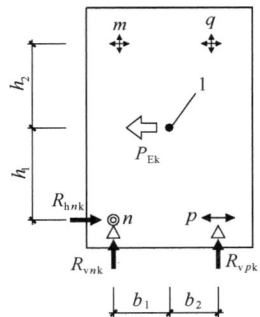

图 B.0.2-1　面内水平
地震作用下平移式外挂
墙板面内反力
1—重心

$$R_{hnk} = P_{Ek} \quad (\text{B.0.2-1})$$

$$R_{vnk} = P_{Ek} \cdot h_1/(b_1 + b_2) \quad (\text{B.0.2-2})$$

$$R_{vpk} = -P_{Ek} \cdot h_1/(b_1 + b_2) \quad (\text{B.0.2-3})$$

2）对旋转式外挂墙板（图 B.0.2-2）：

$$R_{hnk} = P_{Ek} \cdot h_1/(h_1 + h_2) \quad (\text{B.0.2-4})$$

$$R_{hnk} = P_{Ek} \cdot h_2/(h_1 + h_2) \quad (\text{B.0.2-5})$$

2　垂直外挂墙板方向（图 B.0.2-3），各支承节点的反力标准值宜按下列规定计算：

$$H_{mk} = H_{qk} = P_{Ek} \cdot (e_y + e_0) \cdot \frac{h_1}{(b_1 + b_2)(h_1 + h_2)}$$
$$(\text{B.0.2-6})$$

$$H_{nk} = H_{pk} = P_{Ek} \cdot (e_y + e_0) \cdot \frac{h_2}{(b_1 + b_2)(h_1 + h_2)}$$
$$(\text{B.0.2-7})$$

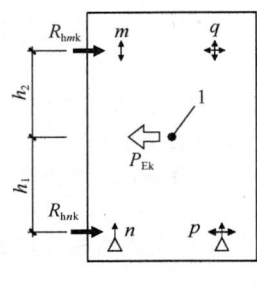

图 B.0.2-2 面内水平
地震作用下旋转式
外挂墙板面内反力
1—重心

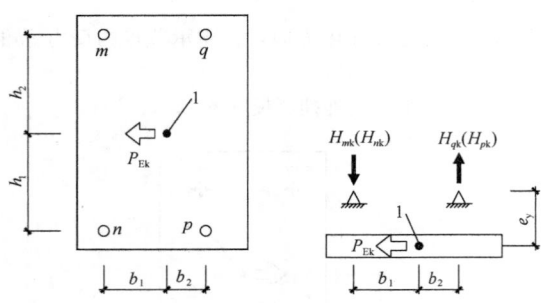

图 B.0.2-3 面内水平地震作用下
平移式或旋转式外挂墙板面外反力
1—重心

B.0.3 外挂墙板与主体结构采用点支承连接时，在垂直外挂墙板平面的风荷载、地震作用下外挂墙板支承点的反力宜按可能的三点支承板分别计算，并取包络值确定，计算时宜计入荷载偏心的影响。

附录 C 点支承外挂墙板计算

C.0.1 在垂直于外挂墙板平面的风荷载和地震作用下，当支承点的边距均不大于该方向边长的 25% 时，四点支承无洞口外挂墙板的支座和跨中弯矩设计值 M 可按公式（C.0.1-1）估算，挠度值 Δ 可按公式（C.0.1-2）估算：

$$M = M_i \cdot ql_y^2 \qquad (C.0.1-1)$$

$$\Delta = \mu \cdot \frac{q_k l_y^4}{D} \qquad (C.0.1-2)$$

式中：M_i——弯矩系数，包括 M_x、M_y、M_{ax}、M_{ay}（图 C.0.1），按表 C.0.1 确定；M_x 和 M_y 分别为跨中板块 x 方向和 y 方向的弯矩

系数，M_{ax} 和 M_{ay} 分别为支座板块 x 方向和 y 方向的弯矩系数；

μ——挠度系数，按表 C.0.1 确定；

D——按荷载标准组合计算的预制混凝土外挂墙板构件的短期刚度，当采用非夹心保温墙板或非组合夹心保温墙板时，可按现行国家标准《混凝土结构设计规范》GB 50010 的相关规定计算；采用组合或部分组合夹心保温墙板时，宜根据试验确定墙板刚度；

q——垂直于墙板平面的均布荷载设计值；

q_k——按荷载标准组合计算的垂直于墙板平面的均布荷载；

l_y——墙板 y 方向支承点间的长度。

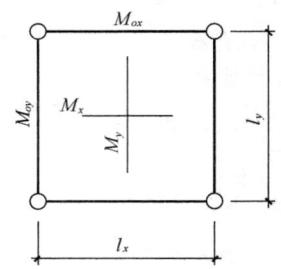

图 C.0.1 四点支承无洞口外挂墙板示意

**表 C.0.1 四点支承无洞口外挂墙板的
弯矩系数 M_i 及挠度系数 μ_1**

l_x/l_y	μ	M_x	M_y	M_{ax}	M_{ay}
0.50	0.01420	0.0197	0.1222	0.0576	0.1303
0.55	0.01453	0.0254	0.1213	0.0650	0.1317
0.60	0.01497	0.0319	0.1205	0.0728	0.1335
0.65	0.01555	0.0391	0.1194	0.0810	0.1354
0.70	0.01629	0.0471	0.1182	0.0897	0.1375
0.75	0.01723	0.0558	0.1170	0.0990	0.1397
0.80	0.01840	0.0652	0.1158	0.1087	0.1422
0.85	0.02153	0.0754	0.1144	0.1191	0.1447
0.90	0.02153	0.0863	0.1130	0.1299	0.1474
0.95	0.02357	0.0978	0.1115	0.1413	0.1503
1.00	0.02597	0.1100	0.1100	0.1533	0.1533

注：1. l_x 为墙板 x 方向支承点间的长度；

2. $0.5 \leqslant l_x/l_y \leqslant 1$ 的其他情况可采用插值方法计算。

C.0.2 四点支承开洞外挂墙板在垂直于平面内的风荷载和地震作用下，当面外荷载设计值 q 为均布荷载，门窗洞口沿水平方向位居墙板正中，且 $L' < l_0$ 时（图 C.0.2），墙板面内最大弯矩设计值可按下列规定估算。

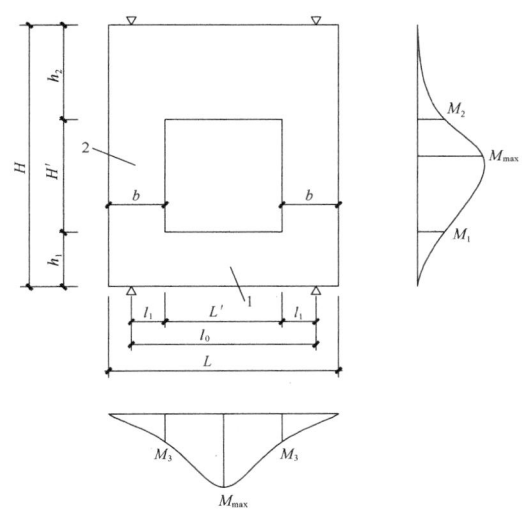

图 C.0.2 四点支承开洞外挂墙板示意
1—横板；2—纵板

1 当 $L' \leqslant H'$ 时：

每延米纵板跨中最大弯矩：

$$M_{max} = \left(\frac{LH^2}{16} - \frac{L'^3}{48} \right) \frac{q}{b} \quad \text{(C.0.2-1)}$$

每延米上横板跨中最大弯矩：

$$M_{max} = \left\{ \frac{2h_2 l_0^2 + 4k_2 \alpha \gamma + H'\beta(2\alpha - \beta)}{16} + \frac{L'^3}{24} \right\} \frac{q}{h_2}$$

$$\text{(C.0.2-2)}$$

每延米下横板跨中最大弯矩：

$$M_{max} = \left\{ \frac{2h_1 l_0^2 + 4k_1 \alpha \gamma + H'\beta(2\alpha - \beta)}{16} + \frac{L'^3}{24} \right\} \frac{q}{h_1}$$

$$\text{(C.0.2-3)}$$

2 当 $L' > H'$ 时：

每延米纵板跨中最大弯矩：

$$M_{max} = \left\{ \frac{LH^2}{16} - \frac{3L' - 2H'}{12} \left(\frac{H}{2} - h_1 \right) \left(\frac{H}{2} - h_2 \right) \right\} \frac{q}{b}$$

$$\text{(C.0.2-4)}$$

每延米上横板跨中最大弯矩：

$$M_{max} = \left\{ \frac{2h_2 l_0^2 + 2k_2 \gamma(\alpha + l_0) + H'\beta(2\alpha - \beta)}{16} - \frac{k_2 H'^3}{24} \right\} \frac{q}{h_2}$$

$$\text{(C.0.2-5)}$$

每延米下横板跨中最大弯矩：

$$M_{max} = \left\{ \frac{2h_1 l_0^2 + 2k_1 \gamma(\alpha + l_0) + H'\beta(2\alpha - \beta)}{16} - \frac{k_1 H'^3}{24} \right\} \frac{q}{h_1}$$

$$\text{(C.0.2-6)}$$

$$\alpha = l_0 - L' \quad \text{(C.0.2-7)}$$

$$\beta = L - L' \quad \text{(C.0.2-8)}$$

$$\gamma = L' \cdot H' \quad \text{(C.0.2-9)}$$

式中：k_i ——荷载分配系数，对洞口上横板取为 k_2，对洞口下横板取为 k_1；

$$k_1 = \frac{h_1 + H'/2}{H}, \text{当} k_1 < 0.5 \text{时，取}$$

0.5；

$$k_2 = \frac{h_2 + H'/2}{H}, \text{当} k_2 < 0.5 \text{时，取}$$

0.5。

本标准用词说明

1 为便于在执行本标准条文时区别对待，对于要求严格程度不同的用词说明如下：

　　1）表示很严格，非这样做不可的：

　　　　正面词采用"必须"，反面词采用"严禁"；

　　2）表示严格，在正常情况下均应这样做的：

　　　　正面词采用"应"，反面词采用"不应"或"不得"；

　　3）表示允许稍有选择，在条件许可时首先应这样做的：

　　　　正面词采用"宜"，反面词采用"不宜"；

　　4）表示有选择，在一定条件下可以这样做的，采用"可"。

2 条文中指明应按其他标准执行的写法为："应符合……的规定"或"应按……执行"。

引用标准名录

1 《建筑模数协调标准》GB/T 50002

2 《建筑结构荷载规范》GB 50009

3 《混凝土结构设计规范》GB 50010

4 《建筑抗震设计规范》GB 50011

5 《建筑设计防火规范》GB 50016

6 《钢结构设计标准》GB 50017

7 《工程测量规范》GB 50026

8 《混凝土强度检验评定标准》GB/T 50107

9 《民用建筑热工设计规范》GB 50176

10 《公共建筑节能设计标准》GB 50189

11 《混凝土结构工程施工质量验收规范》GB 50204

12 《钢结构工程施工质量验收规范》GB 50205

13 《建筑装饰装修工程质量验收标准》GB 50210

14 《硬泡聚氨酯保温防水工程技术规范》GB 50404

15 《钢结构焊接规范》GB 50661

16 《混凝土结构工程施工规范》GB 50666

17 《钢结构工程施工规范》GB 50755

18 《装配式混凝土建筑技术标准》GB/T 51231

19 《不锈钢棒》GB/T 1220

20 《不锈钢冷轧钢板和钢带》GB/T 3280

21 《耐候结构钢》GB/T 4171

22 《不锈钢冷加工钢棒》GB/T 4226

23 《不锈钢热轧钢板和钢带》GB/T 4237

24 《工业用橡胶板》GB/T 5574

25 《建筑材料及制品燃烧性能分级》GB 8624

26 《绝热用模塑聚苯乙烯泡沫塑料》GB/T 10801.1

27 《绝热用挤塑聚苯乙烯泡沫塑料（XPS）》GB/T 10801.2

28 《绝热用岩棉、矿渣棉及其制品》GB/T 11835

29 《绝热用玻璃棉及其制品》GB/T 13350

30 《建筑密封材料试验方法 第2部分：密度的测定》GB/T 13477.2

31 《建筑密封材料试验方法 第3部分：使用标准器具测定密封材料挤出性的方法》GB/T 13477.3

32 《建筑密封材料试验方法 第5部分：表干时间的测定》GB/T 13477.5

33 《建筑密封材料试验方法 第6部分：流动性的测定》GB/T 13477.6

34 《建筑密封材料试验方法 第8部分：拉伸粘结性的测定》GB/T 13477.8

35 《建筑密封材料试验方法 第10部分：定伸粘结性的测定》GB/T 13477.10

36 《建筑密封材料试验方法 第11部分：浸水后定伸粘结性的测定》GB/T 13477.11

37 《建筑密封材料试验方法 第13部分：冷拉-热压后粘结性的测定》GB/T 13477.13

38 《建筑密封材料试验方法 第17部分：弹性恢复率的测定》GB/T 13477.17

39 《建筑密封材料试验方法 第19部分：质量与体积变化的测定》GB/T 13477.19

40 《冷轧带肋钢筋》GB/T 13788

41 《建筑幕墙气密、水密、抗风压性能检测方法》GB/T 15227

42 《建筑幕墙》GB/T 21086

43 《建筑密封胶分级和要求》GB/T 22083

44 《装配式混凝土结构技术规程》JGJ 1

45 《轻骨料混凝土结构技术规程》JGJ 12

46 《钢筋焊接及验收规程》JGJ 18

47 《冷拔低碳钢丝应用技术规程》JGJ 19

48 《严寒和寒冷地区居住建筑节能设计标准》JGJ 26

49 《建筑机械使用安全技术规程》JGJ 33

50 《施工现场临时用电安全技术规范》JGJ 46

51 《夏热冬暖地区居住建筑节能设计标准》JGJ 75

52 《建筑施工高处作业安全技术规范》JGJ 80

53 《冷轧带肋钢筋混凝土结构技术规程》JGJ 95

54 《塑料门窗工程技术规程》JGJ 103

55 《建筑工程饰面砖粘结强度检验标准》JGJ/T 110

56 《钢筋焊接网混凝土结构技术规程》JGJ 114

57 《外墙饰面砖工程施工及验收规程》JGJ 126

58 《夏热冬冷地区居住建筑节能设计标准》JGJ 134

59 《外墙外保温工程技术规程》JGJ 144

60 《清水混凝土应用技术规程》JGJ 169

61 《铝合金门窗工程技术规范》JGJ 214

62 《建筑钢结构防腐蚀技术规程》JGJ/T 251

63 《外墙内保温工程技术规程》JGJ/T 261

64 《自密实混凝土应用技术规程》JGJ/T 283

65 《混凝土接缝用建筑密封胶》JC/T 881

中华人民共和国行业标准

预制混凝土外挂墙板应用技术标准

JGJ/T 458—2018

条 文 说 明

编　制　说　明

《预制混凝土外挂墙板应用技术标准》JGJ/T 458-2018，经住房和城乡建设部 2018 年 12 月 27 日以第 338 号公告批准、发布。

本标准编制过程中，标准编制组进行了广泛的调查研究，总结了我国预制混凝土外挂墙板工程的应用经验，同时参考了国外的先进技术标准，为本次编制提供了极有价值的参考资料。

为便于广大设计、生产、施工、科研、学校等单位有关人员在使用本标准时能正确理解和执行条文规定，《预制混凝土外挂墙板应用技术标准》编制组按章、节、条顺序编制了本标准的条文说明，对条文规定的目的、依据以及执行中需注意的有关事项进行了说明。但是，本条文说明不具备与标准正文同等的法律效力，仅供使用者作为理解和把握标准规定的参考。

目　　次

1 总　则

1.0.1 预制混凝土外挂墙板集围护、装饰、防水、保温于一体，采用工厂化生产、装配化施工，具有安装速度快、质量可控、耐久性好、便于保养和维修等特点，符合国家大力发展装配式建筑的方针政策。本标准的制定有利于预制混凝土外挂墙板的正确使用。

我国在装配式混凝土建筑领域的部分标准中对预制混凝土外挂墙板的设计、加工、施工和验收给出了相关的规定，如《装配式混凝土建筑技术标准》GB/T 51231-2016、《装配式混凝土结构技术规程》JGJ 1-2014 等。本技术标准作为预制混凝土外挂墙板领域的专项应用技术标准，在以下方面进行了补充和完善：

1）完善预制混凝土外挂墙板在抗震、变形、防火、气密、水密、隔声和耐久性能等方面的性能目标；

2）补充预制混凝土外挂墙板接缝宽度、密封胶厚度的设计方法，完善接缝防水和排水构造措施；

3）提高外挂墙板与主体结构连接节点在地震作用下的性能目标，补充点支承外挂墙板与主体结构连接节点的内力计算方法，细化外挂墙板与主体结构连接节点及其支承系统的结构设计方法；

4）完善预制混凝土外挂墙板构件的结构设计方法；

5）细化预制混凝土外挂墙板构件的尺寸允许偏差和安装尺寸允许偏差，调整、完善预制混凝土外挂墙板的外观质量缺陷分类；

6）对预制混凝土外挂墙板关键部位提出了更加细化完善的施工质量要求，如连接节点、墙板接缝防水等；

7）进一步补充完善预制混凝土外挂墙板质量验收的项目和检验方法。

预制混凝土外挂墙板系统作为一种良好的外围护结构，在国外得到了较为广泛的应用，其在相关标准、设计、加工、施工、运营维护、配套产品等方面均比较成熟。美国的《PCI Design Handbook-precast and prestressed concrete》对预制混凝土外挂墙板的结构设计做了详细的规定，《Architectural Precast Concrete》PCI-MNL-122 中对预制混凝土外挂墙板的设计给出了更为详细的指导要求。在美国，不仅采用普通预制墙板构件作为预制混凝土外挂墙板使用，在一些公共建筑中还大量应用预制预应力墙板或预应力双 T 板等作为外挂墙板使用，取得了良好的经济效益和使用效果。在日本，预制混凝土外挂墙板被大量应用于公共建筑和住宅类建筑中，在日本建筑学会标准《建筑工事标准式样书·同解说·JASS14 建筑幕墙》中，预制混凝土外挂墙板被归类于"混凝土幕墙"。日本采用的预制混凝土外挂墙板通常为点支承外挂墙板，其连接形式与单元式幕墙相似。日本建筑学会标准《建筑工事标准式样书·同解说·JASS14 建筑幕墙》和《建筑工事标准式样书·同解说·JASS8 防水工事》等对外挂墙板的性能、材料、制作、施工、接缝防水构造等均给出了详细的规定。在欧洲、加拿大等地区针对预制混凝土外挂墙板编制了相关的产品标准和设计手册，对外挂墙板的正确、合理应用起到了积极作用。

基于预制混凝土外挂墙板系统自身的复杂性，合理的外挂墙板支承系统选型、墙板构件设计和墙板接缝及连接节点设计是预制混凝土外挂墙板合理应用的前提。预制混凝土外挂墙板作为一种围护结构，在构件加工和现场施工过程中，其质量要求通常要明显高于其他预制构件，技术难度和技术要求也要高于其他预制构件，特别是在预制构件外观质量、构件尺寸允许偏差、安装尺寸允许偏差等方面。因此在工程实践过程中，应充分认识到预制混凝土外挂墙板工程的技术复杂程度，并对工程质量予以高度重视。

1.0.2 本标准中预制混凝土外挂墙板的适用范围主要为民用建筑，包括住宅类建筑和公共建筑。在公共建筑中使用的预制混凝土外挂墙板不仅具有耐久性好、造价低、质量可控等优点，还具有独特的建筑外立面装饰效果，是国内外广泛采用的外围护结构形式。随着近年来装配式建筑的快速发展，预制混凝土外挂墙板逐步开始应用于住宅类建筑中，其能有效控制外墙的开裂、漏水等质量问题，且能减少外墙施工的现场湿作业量，起到节能环保及减少劳动力需求等作用。考虑到住宅类建筑的使用功能要求相对特殊，在住宅类建筑中应用预制混凝土外挂墙板时，应特别注意并细化完善外挂墙板与主体结构之间的连接节点及接缝构造，以满足上下楼层间的隔声、防水、防火等要求。

工业建筑通常具有层高大、柱距标准、施工工期短等特点，预制混凝土外挂墙板作为一种良好的外围护结构，在国外广泛运用于工业建筑中。由于层高较大，工业建筑中应用的预制混凝土墙板不仅包含普通预制墙板，还包含预制预应力墙板、预应力双 T 板等构件。工业建筑应用外挂墙板时应符合工业建筑外挂墙板国家现行有关标准的规定。

1.0.3 预制混凝土外挂墙板仍属于混凝土构件。因此，预制混凝土外挂墙板的设计、制作、施工与验收除执行本标准外，尚应符合国家现行标准《混凝土结构设计规范》GB 50010、《建筑抗震设计规范》GB 50011、《混凝土结构工程施工质量验收规范》GB 50204、《混凝土结构工程施工规范》GB 50666、《装配式混凝土建筑技术标准》GB/T 51231、《装配式混凝土结构技术规程》JGJ 1、《建筑结构荷载规范》GB 50009、《建筑设计防火规范》GB 50016 等的相关规定。

2 术语和符号

2.1 术 语

2.1.1、2.1.2 预制混凝土外挂墙板系统作为一个完整的外围护系统，由预制混凝土外挂墙板、墙板与主体结构连接节点、防水密封构造、外饰面材料等组成，外挂墙板是其中最重要的组成构件。参照幕墙等围护结构的相关性能要求，并结合外挂墙板自身的特点和使用需求，外挂墙板系统应满足如下性能要求：外挂墙板及其连接节点的承载能力要求、外挂墙板的变形能力要求、外挂墙板与主体结构连接节点适应主体结构位移的能力的要求、防水性能、防火性能要求等。除外挂墙板自身外，墙板与主体结构的连接节点、接缝的防水密封构造、外饰面材料等部位是外挂墙板系统实现以上性能的关键。因此在外挂墙板系统的设计和施工过程中，除外挂墙板构件自身外，对系统中的其他部分也应予以重视。

2.1.3 夹心保温墙板的内、外叶墙板之间通过拉结件连接，当拉结件刚度较大时，夹心保温墙板在面外荷载作用下，内叶墙板与外叶墙板协同受力作用较强，二者曲率一致且相对变形较小，夹心保温墙板平面外整体抗弯刚度接近于按照平截面假定计算的组合截面抗弯刚度，称为组合夹心保温墙板（图1）。拉结件的连接刚度以及其在内外叶墙板内的可靠锚固是实现组合夹心保温墙板内、外叶墙板协同受力的关键。为实现内外叶墙板协同受力，组合夹心保温墙板通常采用桁架式拉结件。

组合墙板　部分组合墙板　非组合墙板　非组合墙板内外叶厚度差距较大时，近似按单叶受力计算

图 1 预制混凝土夹心保温墙板在
面外受弯状态下的应力分布示意

当拉结件刚度较小时，夹心保温墙板在面外荷载作用下，内叶墙板与外叶墙板协同受力作用较弱，曲率一致但是相对变形大，夹心保温墙板平面外整体抗弯刚度接近于内叶墙板与外叶墙板的抗弯刚度之和，称为非组合夹心保温墙板。

当拉结件的刚度介于以上二者之间时，夹心保温墙板在面外荷载作用下，内叶墙板与外叶墙板具有一定的协同受力作用，但组合截面变形不符合平截面假定，夹心保温墙板平面外整体抗弯刚度介于组合夹心保温墙板与非组合夹心保温墙板之间，称为部分组合夹心保温墙板。

以上不同类型的夹心保温墙板在墙板受力模式、

拉结件类型、墙板设计方法、构造要求等方面均存在较大差异，在实际工程中应根据需求合理选用。由于非组合夹心保温墙板在受力模式方面相对简单明确，墙板及拉结件构造简单，在夹心保温墙板中以非组合夹心保温墙板的应用最为广泛。

2.1.6 点支承外挂墙板通过若干个节点连接件与主体结构进行连接，其与主体结构的连接节点分为承重节点和非承重节点，其中外挂墙板的全部自重荷载通过承重节点传递给主体结构，非承重节点仅承受外挂墙板在风荷载、地震作用等工况下的节点内力。通过合理设计外挂墙板的支承系统和支承节点的位移能力，外挂墙板能释放温度作用产生的节点内力，并适应主体结构的变形，从而不产生附加内力，此时外挂墙板与主体结构的连接属于柔性连接。点支承外挂墙板具有墙板构件和连接节点受力明确，能完全适应主体结构变形，施工安装简便且精度和质量可控等优点。点支承外挂墙板与主体结构连接节点数量有限，且通常连接节点在破坏时的延性十分有限，因此应对连接节点的设计合理性、加工和施工质量予以重视。目前美国、日本和我国台湾地区的外挂墙板主要采用点支承的连接形式。

2.1.7 线支承外挂墙板一般在墙板顶部与主体结构支承构件之间采用现浇段连接，现浇段处的连接节点作为外挂墙板的承重节点；外挂墙板下端设置若干个非承重节点，此节点仅承受墙板面外水平荷载。线支承外挂墙板的承重节点自身不具备适应主体结构变形的能力，需要对非承重节点进行合理设计，使其构造能保证线支承外挂墙板具有随动性，以适应主体结构的变形。由于线支承外挂墙板与支承构件之间采用现浇混凝土段连接，因此墙板构件通常会对支承构件的刚度和受力状态产生一定的影响，在支承构件设计过程中应予以考虑。为减少线支承外挂墙板对主体结构的影响，可将墙板支承在主体结构楼板或其他对主体结构抗侧刚度影响较小的构件上，也可通过连接节点的合理设计降低墙板对支承构件的影响。

2.1.8 节点连接件通常用于点支承外挂墙板与主体结构的连接节点，对外挂墙板起到支承并传递其相关荷载到主体结构上的作用。节点连接件应与主体结构和外挂墙板上的预埋件或支承构件可靠连接，以有效传递相关荷载和作用；同时节点连接件也应具有设定的节点变形能力。节点连接件的设计、加工、施工质量是影响外挂墙板安全的关键因素。

3 基 本 规 定

3.0.1 外挂墙板的性能与建筑物所在地区的地理位置、气候条件、建筑物的高度、体型、使用功能等有关，也和建筑物的重要性、业主的特殊要求等相关。在设计阶段应合理选择适合外挂墙板建筑的各项物理性能指标，保障其正常使用。

3.0.2 预制混凝土外挂墙板混凝土构件采用工厂预制的方式制作而成，其构件混凝土质量及耐久性能良好，混凝土构件在合理设计、加工、施工，并采取正常的保养和维护的情况下，可以做到与主体的设计使用年限相同。同时由于外挂墙板构件自重大，混凝土构件更换难度大，因此外挂墙板的混凝土构件设计使用年限宜与主体结构相同。外挂墙板与主体结构连接用的节点连接件用于支承外挂墙板的混凝土构件，在使用期间不易更换且不便于维护，同时节点连接件涉及外挂墙板构件的结构安全，因此其设计使用年限也宜与主体结构相同。当采用夹心保温墙板时，拉结件是保证夹心保温墙板质量和安全的重要部件，且不能单独更换和维护，因此这些主要材料和配件宜采用与主体结构相同的设计使用年限。

外挂墙板的饰面材料、接缝密封材料、门窗等部位基于产品的自身特点和耐久性能，有其自身固有的使用寿命，无法做到与主体结构使用寿命相同，在外挂墙板使用期间应定期对其进行维护和更换。

3.0.3 本条规定主要参照现行国家标准《装配式混凝土建筑技术标准》GB/T 51231。在地震作用下，外挂墙板构件会受到强烈的动力作用，外挂墙板及其节点连接件相对更容易发生破坏。防止或减轻地震灾害的主要途径是在保证墙板构件及其节点连接件具有足够承载能力的前提下，加强抗震构造措施。

在多遇地震作用下，外挂墙板构件及其节点连接件不应产生破坏，外挂墙板之间的接缝密封材料不宜破坏，外挂墙板系统可正常发挥使用功能；在设防地震作用下，外挂墙板可能有损坏（如个别面板破损、密封材料损坏等），但不应有严重破坏，墙板混凝土构件、接缝密封材料等经一般修理后仍然可以使用；外挂墙板的节点连接件直接影响到墙板的安全性且往往维修困难，所以应保证节点连接件在设防地震作用下不损坏；相对于传统建筑幕墙或轻质材料围护结构而言，外挂墙板的自重更大，其发生整体或局部脱落对财产和生命安全造成的损失较大。因此在预估的罕遇地震作用下，外挂墙板自身可能产生比较严重的破坏，但不应发生墙板整体或局部脱落、倒塌的情况，这与我国现行国家标准《建筑抗震设计规范》GB 50011 的指导思想是一致的。外挂墙板系统的设计和抗震构造措施应保证上述性能目标的实现。

3.0.4 为提高外挂墙板的耐久性能，本标准对自重、风荷载和温度作用下外挂墙板的变形和裂缝控制等级提出了要求。由于外挂墙板自重大，面外刚度和承载力较大，其受到的地震作用通常要大于风荷载，在其面外承载力和变形验算中地震工况通常起控制作用。外挂墙板的抗风压性能控制指标包含墙板面外变形、墙板裂缝、节点连接件的承载力以及接缝密封胶变形

能力，相关的变形限值和裂缝控制等级应符合本标准第 6.5.1 条的规定。外挂墙板在风荷载作用下的裂缝检测难度较大，且精确度不易控制，通过验算的方式能够更容易且可靠地实现，因此建议外挂墙板的抗风压性能根据本标准的要求进行验算。当采用的外挂墙板及其连接节点形式较特殊，无法通过验算确定其抗风压性能时，应对外挂墙板的抗风压性能进行检测。外挂墙板的设计文件中应给出相应的检测方法，并确保检测过程中外挂墙板的受力状态与实际风荷载作用下的受力状态相同。

3.0.5 外挂墙板支承在主体结构上，主体结构在荷载、地震作用和温度作用下会产生变形。恒载和活载作用下主体结构及墙板支承构件的变形不宜对外挂墙板产生影响，主要通过控制节点连接件的位置和主体结构支承构件的刚度等减少对外挂墙板的影响，具体可见本标准第 6 章的相关内容。风荷载和地震作用下，主体结构的变形对外挂墙板的影响难以完全通过增加主体结构的刚度或改变节点连接件的位置解决。同时由于外挂墙板自重大、平面内刚度大，当外挂墙板参与主体结构受力时，其对主体结构的影响较大，且不易通过计算分析确定，同时外挂墙板与主体结构的连接节点容易产生破坏，因此外挂墙板必须具有适应主体结构变形的能力。相比较于玻璃幕墙、金属石材幕墙等传统幕墙系统，本标准针对外挂墙板的平面内变形性能提出了更高的要求。外挂墙板系统的平面内变形性能主要通过结构计算和构造措施进行保证。

3.0.6 当预制混凝土墙板的板厚满足本标准要求时，其墙板自身的气密性能良好，无须对墙板自身的气密性能进行检测，影响外挂墙板整体气密性能的因素主要包括墙板之间的接缝和墙板内嵌门窗。外门窗的气密性能检测应符合现行国家标准《建筑外门窗气密、水密、抗风压性能分级及检测方法》GB/T 7106 的有关规定。基于国内外的大量工程运用经验，当外挂墙板的接缝密封构造符合本标准的相关规定时，可保证外挂墙板接缝具有良好的气密性能，可不对外挂墙板接缝的气密性能进行检测。当外挂墙板的接缝密封构造不满足本标准的相关规定时，应对外挂墙板的气密性能进行检测；但当外挂墙板仅作为外墙装饰构件使用时，其内侧通常设置有独立的围护结构，此类外挂墙板的气密性能可不作要求。

3.0.7 当预制混凝土墙板的板厚满足本标准要求时，其墙板自身的水密性能良好，无须对墙板自身的水密性能进行检测，影响外挂墙板整体水密性能的因素主要包括墙板之间的接缝和墙板内嵌门窗。基于国内外的大量工程运用经验，当外挂墙板的接缝密封构造符合本标准的相关规定时，可保证外挂墙板接缝具有良好的水密性能，可不对外挂墙板接缝的水密性能进行检测。外挂墙板整体水密性能设计取值参照现行国家

标准《建筑幕墙》GB/T 21086 给出。当外挂墙板仅作为外墙装饰构件使用时，其内侧通常设置有独立的围护结构，此类外挂墙板的水密性能不作要求。

3.0.8 外挂墙板系统中的墙板构件、墙板与主体结构连接用节点连接件的防火性能均应符合现行国家标准《建筑设计防火规范》GB 50016 中非承重外墙的有关规定。

3.0.9 有保温要求的外挂墙板，应在外挂墙板背后设计保温层，或采用夹心保温墙板。当外挂墙板采用夹心保温墙板或背后有其他保温材料时，应合理设计，避免外挂墙板局部产生热桥。在冬季采暖地区，外挂墙板的室内外温差会比较大，如在外挂墙板设计中不注意热桥的处理，不仅不利于建筑节能，还容易出现结露现象。当外挂墙板局部存在热桥时，计算外挂墙板的平均传热系数时应考虑热桥的影响。

3.0.10 外挂墙板隔声性能是指室外噪声级和室内允许噪声级之差，是以计权隔声量作为指标值，达到室内声环境的需求。外挂墙板的空气声隔声性能应根据建筑的使用功能和环境条件进行设计。不同功能的建筑所允许的噪声等级可根据现行国家标准《民用建筑隔声设计规范》GB 50118 的规定确定，空气声隔声性能分级指标应符合现行国家标准《建筑幕墙》GB/T 21086 的规定。

4 材 料

4.1 混凝土、钢筋和钢材

4.1.3 外挂墙板混凝土可采用轻骨料混凝土以减轻外挂墙板的自重。普通混凝土和轻骨料混凝土的耐久性应符合国家现行标准《混凝土结构设计规范》GB 50010、《轻骨料混凝土结构技术规程》JGJ 12 的有关规定。为保证外挂墙板的耐久性，对普通混凝土外挂墙板和轻骨料混凝土外挂墙板的混凝土最低强度等级提出要求，本标准规定的混凝土最低强度等级要求适用于二 b 类环境中设计使用年限为 50 年的外挂墙板工程，当环境类别和设计使用年限发生变化时，应按照相应标准的要求调整混凝土最低强度等级要求。

4.2 预埋件及连接材料

4.2.2 通过添加少量合金元素 Cu、P、Cr、Ni 等，使其在金属基体表面形成保护层，以提高耐大气腐蚀性能的钢称为耐候结构钢。耐候结构钢的耐大气腐蚀性能为普通钢的 2 倍～8 倍。耐候结构钢分为高耐候钢和焊接耐候钢两类，高耐候钢具有较好的耐大气腐蚀性能，而焊接耐候钢具有较好的焊接性能。当节点连接件和预埋件需要进行焊接，且采用耐候结构钢时，应采用现行国家标准《耐候结构钢》GB/T 4171 中的焊接耐候钢（表 1）。

表 1 《耐候结构钢》GB/T 4171－2008 中钢材牌号及其用途

类别	牌号	生产方式	用途
高耐候钢	Q295GNH、Q355GNH	热轧	车辆、集装箱、建筑、塔架或其他结构件等结构用，与焊接耐候钢相比，具有较好的耐大气腐蚀性能
	Q265GNH、Q310GNH	冷轧	
焊接耐候钢	Q235NH、Q295NH、Q355NH、Q415NH、Q460NH、Q500NH、Q550NH	热轧	车辆、桥梁、集装箱、建筑或其他结构件等结构用，与高耐候钢相比，具有较好的焊接性能

4.2.3 外挂墙板连接和安装用的紧固件通常包括高强度螺栓和普通螺栓。其中大六角高强度螺栓的质量应符合现行国家标准《钢结构用高强度大六角头螺栓》GB/T 1228、《钢结构用高强度大六角螺母》GB/T 1229、《钢结构用高强度垫圈》GB/T 1230、《钢结构用高强度大六角头螺栓、大六角螺母、垫圈技术条件》GB/T 1231 的规定。扭剪型高强度螺栓的质量应符合现行国家标准《钢结构用扭剪型高强度螺栓连接副》GB/T 3632 的规定。安装或连接用的 4.6 级与 4.8 级普通螺栓（C 级螺栓）及 5.6 级与 8.8 级普通螺栓（A 级或 B 级螺栓），其质量应符合现行国家标准《紧固件机械性能　螺栓、螺钉和螺柱》GB/T 3098.1 和《紧固件公差　螺栓、螺钉、螺柱和螺帽》GB/T 3103.1 的规定。C 级螺栓与 A 级、B 级螺栓的规格和尺寸应分别符合现行国家标准《六角头螺栓 C 级》GB/T 5780 与《六角头螺栓》GB/T 5782 的规定。

4.2.4 为了节约材料、方便施工，避免外露金属件引起耐久性问题，预制构件的吊装方式宜优先选择内埋式螺母、内埋式吊杆或吊装孔。根据国内外的工程经验，采用这些吊装方式比传统的预埋吊环施工方便，吊装可靠，耐久性好。内埋式吊具已有专门技术和配套产品，可以根据情况选用。

吊具的产品质量、安装质量及吊装方法是影响外挂墙板吊装安全和工程质量的关键因素，外挂墙板通常形式较复杂，墙板厚度较薄，其吊具选择的合理性和质量将直接影响到工程质量和安全，应引起高度重视。内埋式吊具产品应严格按照相关标准和产品手册进行型式检验和进厂检验。内埋式吊具宜采取辅助构造措施，避免发生脆性破坏。

4.3 拉结件

4.3.1 拉结件是连接夹心保温墙板中内、外叶墙板的元件，其影响到夹心保温墙板的安全性、耐久性、保温性能等，是外挂墙板的关键产品之一。拉结件在使用环境中（大气环境、混凝土碱性环境等）应具有良好的耐久性能、低导热性能，以及在混凝土中的锚固性能和在夹心保温墙板中的抗火性能等。主要应用的拉结件产品类型包括高强纤维增强塑料（FRP）拉结件和不锈钢拉结件。我国应用拉结件的时间较短，相关产品的生产和应用经验有限，在工程应用过程中应重点关注产品的相关性能指标及检测结果。

4.3.2 纤维增强塑料（FRP）包括玻璃纤维增强塑料（GFRP）、碳纤维增强塑料（CFRP）、玄武岩纤维增强塑料（BFRP）等，其中 GFRP 在拉结件制作中应用最为广泛。FRP 拉结件的耐久性能是拉结件长期工作性能的重要影响因素。混凝土的碱性通常比较强，为提高 FRP 拉结件在混凝土中的耐碱性能和耐久性能，当采用 GFRP 拉结件时，应采用高强型（S）、无碱（E）或耐碱（AR）玻璃纤维，从而保证 GFRP 拉结件的长期力学性能。目前我国还没有针对 FPR 筋、棒材或片材的耐久性能试验方法标准，FRP 拉结件的产品标准也正在制定过程中。FRP 拉结件的耐久性能试验方法可参考美国 ACI 协会标准《Guide Test Methods for Fiber-Reinforced Polymer (FRP) Composites for Reinforcing or Strengthening Concrete and Masonry Structures》ACI440.3R，相关产品应根据所采用的试验方法提供耐久性能指标，并确保其满足实际工程需求。

FRP 拉结件除提供耐碱性能指标外，还应提供抗拉强度、抗剪强度、徐变性能、疲劳强度以及在混凝土中的锚固承载力等，FRP 拉结件的强度和锚固承载力应满足设计文件的要求。FRP 拉结件的强度设计值应考虑混凝土环境及长期荷载的影响予以折减，折减系数可参照现行国家标准《纤维增强复合材料建设工程应用技术规范》GB 50608 中的 FRP 环境影响系数取值。

4.3.3 不锈钢材的防锈能力与其铬、镍含量有关。外挂墙板系统中，常用的不锈钢拉结件均采用奥氏体不锈钢。由于统一数字代号为 S316×× 系列的奥氏体不锈钢具有良好的耐久性能和力学性能，在不锈钢拉结件产品选材时，应优先选择 S316×× 系列的奥氏体不锈钢材料。S316×× 系列不锈钢中的镍含量为 12%～14%，含镍、铬总量为 29%～31%，并增加了 2%～3% 的合金元素钼。由于镍、铬含量和合金元素的不同，其防腐蚀性能和适用的环境也不相同。在进行工程设计时，应根据工程所在地的环境条件、腐蚀介质和侵蚀性作用等选用具体牌号不锈钢。当环境腐蚀性低，且有可靠依据时，也可选用其他系列的奥氏体不锈钢材料。

4.3.4 常用不锈钢型材和棒材的强度设计值可按表 2 的规定采用；常用不锈钢板材的强度设计值可按表 3 的规定采用。表 2 的规定非比例延伸强度 $R_{P0.2}$ 按照现行国家标准《不锈钢棒》GB/T 1220 确定。采用表 2 未列出的不锈钢材料时，其抗拉强度标准值可取其规定非比例延伸强度 $R_{P0.2}$。

表 2　常用不锈钢型材和棒材的强度设计值（N/mm²）

统一数字代号	牌号	规定非比例延伸强度 $R_{P0.2}$	抗拉强度 f_m	抗剪强度 f_v	端面承压强度 f_{cs}
S31608	06Cr17Ni12Mo2 (0Cr17Ni12Mo2)	205	180	100	250
S31658	06Cr17Ni12Mo2N (0Cr17Ni12Mo2N)	275	240	140	315
S31603	022Cr17Ni12Mo2 (00Cr17Ni14Mo2)	175	155	90	220
S31653	022Cr17Ni12Mo2N (00Cr17Ni13Mo2N)	245	215	125	280

注：括号内为原国家标准中的牌号。

表 3　常用不锈钢板材和带材的强度设计值（N/mm²）

统一数字代号	牌号	规定非比例延伸强度 $R_{P0.2}$	抗拉强度 f_m	抗剪强度 f_v	端面承压强度 f_{cs}
S31608	06Cr17Ni12Mo2 (0Cr17Ni12Mo2)	205	180	100	250
S31708	06Cr19Ni13Mo3 (0Cr19Ni13Mo3)	205	180	100	250

注：括号内为原国家标准中的牌号。

4.4　保温材料

4.4.1 外挂墙板根据保温形式可分为夹心保温墙板和非夹心保温墙板，非夹心保温墙板可采用内保温或外保温系统。保温材料一般采用模塑聚苯乙烯泡沫塑料（EPS）、挤塑聚苯乙烯泡沫（XPS）、硬泡聚氨酯（PU）、玻璃棉、岩棉、矿渣棉等，目前应用的夹心保温墙板中的保温材料以挤塑聚苯乙烯泡沫（XPS）为主。

4.5　防水密封材料

4.5.1 在风荷载、地震作用和温度作用下，外挂墙板接缝处存在变形需求，因此要求密封胶应具有良好的变形能力，一般应选用不低于 20 级的低模量弹性密封胶。对于外挂墙板接缝处，建议选用双组分化学固化型密封胶。

密封胶在使用前，应进行与其相接触材料（混凝土、涂装材料、背衬材料及其他有机材料）的相容性试验。如果使用了与密封胶不相容的材料，可能会导致密封胶的粘结性能下降或丧失。另外，密封胶还应具有以下特性：

1 密封胶不应与基材发生不良物理化学反应；

2 密封胶应具有良好的不透水性；

3 密封胶的隔热性、隔声性等性能应满足设计要求；

4 密封胶应具有环保性，不应对环境造成污染；

5 当建筑物对涂装有要求时，密封胶应具有可涂装性；

6 密封胶应具有一定的蠕变性；

7 密封胶应具有可维修性；

8 密封胶应有良好的耐久性。

密封胶表干试验检测时，建议采用《建筑密封材料试验方法 第5部分：表干时间的测定》GB/T 13477.5-2002中A法试验步骤进行。

4.5.2 外挂墙板接缝处背衬材料应与密封材料不相粘结，并且不会对密封材料产生不良影响；与此同时，背衬材料还要保证不会因清洁溶剂和底漆而发生变质。从接缝处填充的操作性上来说，一般选用泡沫聚乙烯作为衬垫料使用。接缝在风荷载、温度和地震作用下将发生变形，所以背衬材料尚应具备一定的变形能力，发泡倍数不宜太小，日本规范中规定发泡倍数宜为25～30，考虑聚乙烯的密度约为910kg/m³～925kg/m³，所以参考日本规范，规定发泡后聚乙烯密度不宜大于37kg/m³。

5 建筑设计

5.1 一般规定

5.1.3 外挂墙板构件应考虑与外门窗、阳台板、空调板、构件等部品部件的相互关系，应做到标准化设计，减少构件类型，提高构件的标准化程度，简化构件加工和现场施工，做到简洁有序、经济合理。

5.2 立面设计

5.2.2 外挂墙板按照建筑外墙功能、建筑立面特征划分为整间板、横条板、竖条板等。各板型划分及设计参数可参照表4的规定执行，根据下列条件选择整间板、横条板、竖条板等外挂墙板系统：

1 住宅立面结合套内空间设计，宜采用整间板；

2 医院病房、宿舍居室等标准化空间的立面宜采用整间板；

3 公共建筑大空间的立面应结合室内空间设计，宜采用横条板或竖条板；

4 整间板板宽不宜大于6.0m，板高不宜大于5.4m且不宜大于层高；

5 横条板板宽不宜大于9.0m，板高不宜大于2.5m且不宜大于层高；

6 竖条板板宽不宜大于2.5m，板高不宜大于6.0m且不宜大于层高；

7 立面设计为独立单元窗时，外挂墙板应符合下列规定：

1） 当采用整间板时，板高宜取建筑层高，板宽宜取柱距或开间尺寸；

2） 当采用横条板时，上、下层窗间墙体应按横条板设计，板宽宜取柱距或开间尺寸，窗间水平墙体应按竖条板设计；

3） 当采用竖条板时，窗间水平墙体应按竖条板设计，板高宜取建筑层高，上、下层窗间墙体应按横条板设计；

8 立面设计为通长横条窗时，宜选用横条板，板宽宜取柱距或开间尺寸；

9 立面设计为通长竖条窗时，宜选用竖条板，板高宜取建筑层高。

表4 板型划分

外墙挂板立面划分	立面特征简图	模型简图
整间板系统		

续表4

外墙挂板立面划分	立面特征简图	模型简图
横条板系统	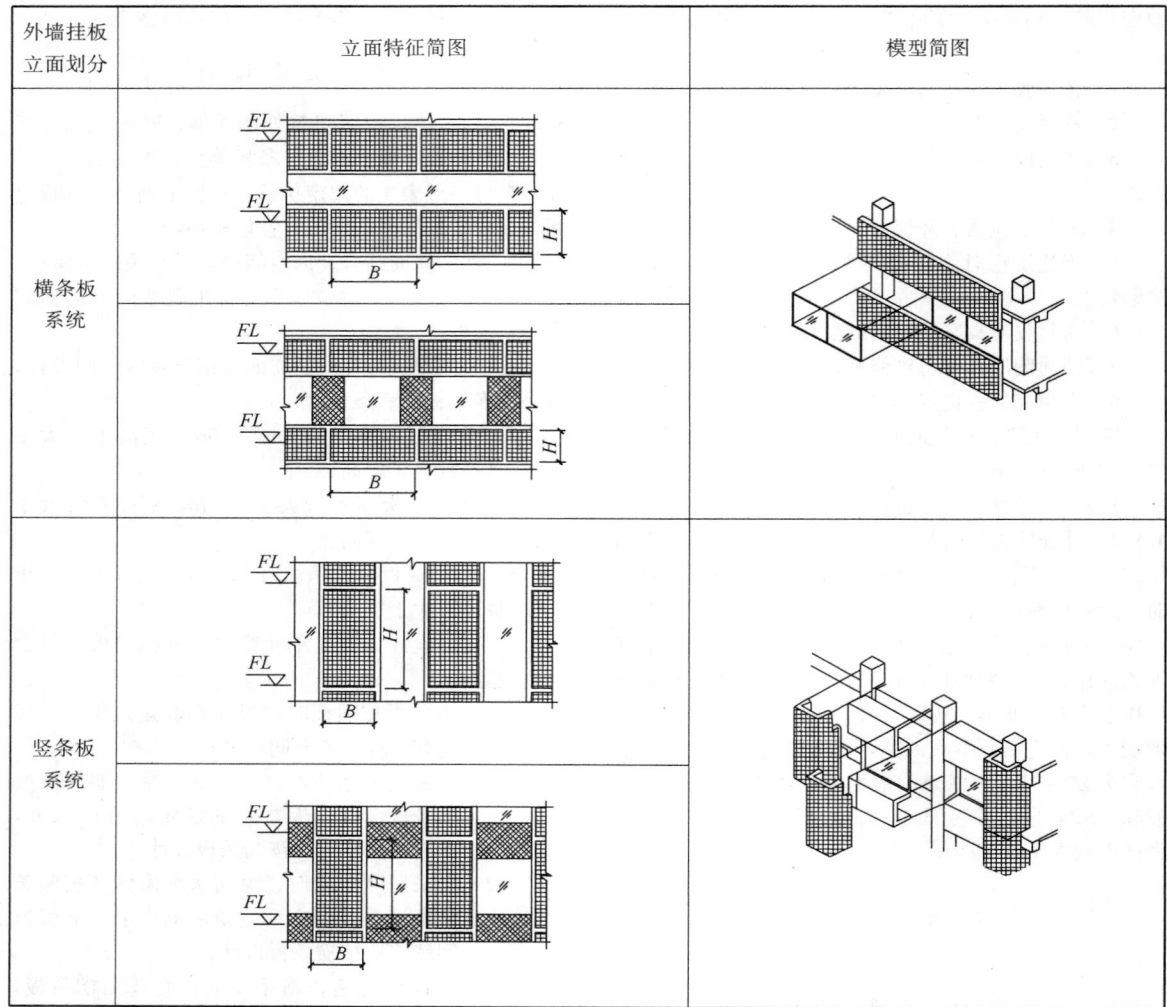	
竖条板系统		

注：FL为楼面建筑标高。

为便于外挂墙板接缝排水措施的可靠性，在外立面设计及墙板划分时，应尽量让墙板竖向接缝上下贯通。预制墙板加工、运输和安装过程中对最大尺寸和重量的限制也是外立面设计及墙板划分的关键因素之一。外挂墙板支承系统的型式及节点连接件的设置将直接影响到墙板的划分方式，因此在进行外立面设计的同时，需要同步对外挂墙板的支承系统进行选型和设计。墙板的变形验算和接缝宽度设计是外挂墙板系统设计的重点内容之一，合理的接缝宽度使得接缝内密封胶的变形能力可以满足墙板变形的要求，当墙板变形要求较高时，需增大接缝宽度值。但过大的接缝宽度将使得密封胶的密封效果和质量不稳定，此时就需要调整外挂墙板的支承形式和墙板划分方式及板块尺寸，从而满足相关要求。

5.2.3 外挂墙板作为建筑外围护结构，其外立面装饰效果相对较重要。采用不同装饰面层材料的外挂墙板，其外立面效果差异较大。为确保外挂墙板的外立面效果满足设计要求，应要求生产企业制作外挂墙板饰面样板，确认其表面颜色、质感、图案及表面防护等。

5.2.4 外挂墙板在使用阶段需适应主体结构的变形，在温度、地震和主体结构位移等作用下，外挂墙板将产生相应的变形。当建筑围护结构同时采用外挂墙板系统和其他幕墙系统时，二者应单独设置支承系统与主体结构连接，外挂墙板不应作为其他幕墙系统的支承结构使用。同时外挂墙板系统与其他幕墙系统交接处的接缝设计与构造应同时满足本标准及相应幕墙标准的要求。

5.3 构 造 设 计

5.3.2 外挂墙板的接缝宽度除应满足本标准附录A的计算要求之外，尚应考虑密封胶安装质量、施工加工误差等因素，因此接缝宽度不宜太小。当然，接缝宽度也不宜过大，否则密封胶施工难度增加且易于损坏。密封胶的厚度不宜太小，否则节点变形时密封胶可能撕裂。密封胶的厚度也不宜过大，如果密封胶厚度过大，将增加密封胶的应力，容易导致密封胶与混凝土连接面失效。欧洲 FIB 手册中规定缝宽不应小于 8mm，且不应大于 30mm，并给出了接缝最小宽度和密封胶厚度的建议值（表5）。

表5 欧洲 FIB 手册推荐的接缝最小宽度和密封胶厚度

构件宽度（m）	最小接缝宽度（mm）	最小密封胶厚度（mm）
1.80	12	8
2.40	12	8
3.60	14	8
4.80	15	10
6.00	16	10

日本规范中的接缝宽度和密封胶厚度的规定见表6和图2。

表6 日本规范中关于外挂墙板接缝宽度的规定

密封材料的种类		接缝宽度（mm）	
主要成分	符号	最大值	最小值
硅酮密封胶	SR	40	10
硅烷改性聚醚胶	MS	40	10
聚硫密封胶	PS	40	10
丙烯酰胺聚氨酯型密封胶	UA	40	10
聚氨酯密封胶	PU	40	10
丙烯酸密封胶	AC	20	10

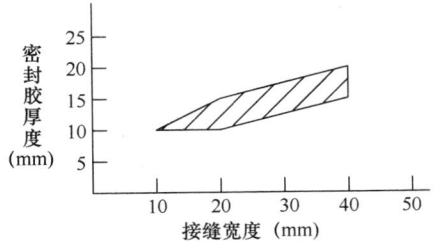

图2 日本规范中关于密封胶厚度与接缝宽度关系的规定

美国《接缝密封胶使用指南》ASTM C1193 中对混凝土、砖、石等类似的多孔基材规定：（1）对于宽度为 6mm～12.5mm 的密封胶接缝，密封胶的厚度可以与接缝宽度相等；（2）对于宽度为 12.5mm～25mm 密封胶接缝，厚度应是宽度的一半或 6mm～

12.5mm。美国 PCI 手册建议一道密封防水时接缝宽度不应小于 19mm，两道密封防水时接缝宽度不应小于 25mm，角部缝宽可取 30mm；当缝宽不大于 25mm 时，密封胶厚度可取接缝宽度的一半且不小于 6mm；缝宽大于 25mm 时，规定密封胶厚度取 12.5mm。德国规范 DIN 18450 中规定缝宽应不小于 10mm，且不应大于 35mm，推荐的外挂墙板接缝密封胶厚度为 8mm～15mm。本标准综合国外规范建议值和国内工程实践经验，对接缝宽度和密封胶厚度进行了规定。

为避免密封胶处于复杂应力状态，接缝内的密封胶应避免出现三面与墙板或填充物粘结的情况。因此接缝内宜设置背衬材料，且背衬材料不应与密封胶有较强的粘结性能。同时设置背衬材料后，通过背衬材料进入接缝的深度，可有效控制密封胶的厚度，对接缝防水施工质量有利。

5.3.3 外挂墙板应结合当地气候条件，做好外挂墙板的接缝及门窗洞口等防水薄弱环节处的防水构造设计。受热带风暴和台风袭击地区的外挂墙板工程，气压、气流等促使雨滴移动的作用较其他地区更强，对接缝的防水要求更高，所以要求采用不少于两道材料防水和构造防水相结合的防水构造。当建筑物高度较大时，作用在建筑物的最大风压相应较大，同样也建议采用不少于两道材料防水和构造防水相结合的防水构造。

5.3.4 外挂墙板水平缝处，国外主要采用内高外低的企口形式，这种企口形式对接缝的排水性能非常有利，因此本标准推荐采用。企口的最小高度建议根据当地气候条件确定，对于受热带风暴和台风袭击地区宜取大值，其他地区的高层建筑宜取大值。

不受热带风暴或台风袭击的地区，当建筑高度不高时，垂直缝原则上也可以采用平口构造，但应在垂直缝内设置有效的排水构造，对于高层建筑建议进行水密性试验。

5.3.5、5.3.6 国外及我国台湾地区的工程经验表明，在外挂墙板垂直缝中设置排水措施，可以有效解决因外侧接缝密封胶局部损坏造成的接缝漏水问题。排水管通常沿建筑高度均匀设置，竖向间距一般不超过3层，且在建筑首层底部应设置一道排水管。外挂墙板的垂直缝不宜间断，避免造成空腔内雨水排泄不畅，当无法避免时，应在垂直缝截断部位设置一道排水措施。因设置排水措施，为保证外挂墙板系统的气密性能，应在接缝空腔与室内侧之间设置一道气密措施，气密措施可采用密封胶，也可采用气密条。

良好的排水对于长期防水来说至关重要，地下排水管的顶部应用滤布包裹，在可能的情况下，将排水管倾斜至少 1/100（1mm/100mm），并用金属丝网将末端封闭，防止排水管堵塞。

5.3.7、5.3.8 美国的 PCI 手册建议采用背衬材料和密封胶相结合的形式作为第二道材料防水措施，并要求缝宽不小于25mm。第二道密封胶的要求与第一道材料防水的要求相同，但此构造做法对密封胶施工工艺要求较高。考虑到第二道密封施工完成后难以检查，施工时宜进行必要的工艺控制和监督。在日本和我国台湾，密封胶和气密条均可作为第二道材料防水，但采用气密条作为第二道防水时，要求气密条在长期受压下具有良好的弹性性能及耐久性能才能达到长期防水和气密的作用。因此在选择气密条产品时，应严格控制其产品质量，对其长期受压条件下的弹性性能和耐久性能进行型式检验，控制构件加工和现场施工质量。

当外挂墙板接缝内侧采用气密条作为第二道防水和气密措施时，考虑到施工过程中以及使用阶段墙板变形过程中气密条在十字缝部位容易挤压不密实，存在空隙，因此需在十字缝范围内采用耐候密封胶进行密封处理。

5.3.9 外挂墙板与主体结构之间存在一定的安装间隙，且外挂墙板自身存在接缝。当外挂墙板内侧的房间有防水要求时，这些接缝和间隙的存在都会成为可能的渗漏部位，影响建筑使用功能。此时应在外挂墙板内侧设置防水内衬墙，以起到防水作用。在内衬墙设计和施工过程中应考虑到外挂墙板在使用阶段存在变形需求和一定的变形值，因此内衬墙应与外挂墙板脱离或柔性连接，外挂墙板的变形不应对内衬墙内侧的防水构造产生不利影响。

5.3.10 女儿墙处外挂墙板的构造形式有多种，图3所示是屋顶预制女儿墙构造。当采用图3所示的女儿墙构造时，屋面防水卷材与女儿墙外挂墙板连接处应具有预制女儿墙所需的变形能力。

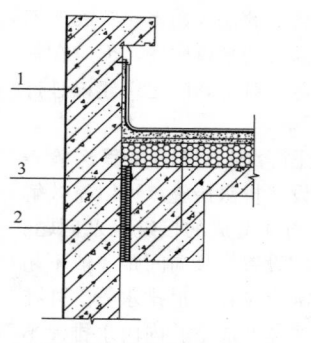 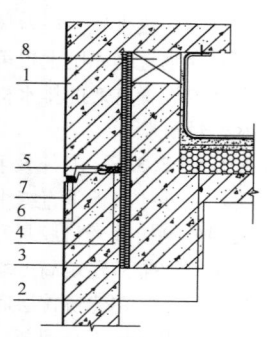

(a)无现浇女儿墙构造　　(b)有现浇女儿墙构造

图3　屋顶预制女儿墙构造示意

1—外挂墙板；2—屋面做法；3—防火封堵材料；
4—墙板间防火封堵材料，采用耐火气密条时可不设置；
5—气密条；6—背衬材料；7—密封胶；8—安装节点位置

5.3.11 外挂墙板的防火封堵构造系统应具有伸缩能力、密封性和耐久性；遇火时，在规定的耐火极限内应保持完整性、隔热性和稳定性。

梁柱及楼板周围与外挂墙板内侧一般留有安装间隙，此安装间隙应采用防火封堵材料进行封堵。采用内保温系统时，内保温系统可以和防火构造结合实现连续铺设，杜绝热桥影响。外挂墙板与主体结构的连接节点（点支承外挂墙板的所有连接节点及线支承外挂墙板的面外连接节点）在使用阶段需要保持变形能力，为保证外挂墙板的结构安全，在进行防火封堵、内保温和室内装修施工时，严禁采用混凝土、水泥砂浆等材料或焊接等方式使得连接节点失去变形能力。

当采用夹心保温墙板时，应注意门窗洞口处保温材料的防火问题。当夹心保温墙板中的保温材料为非A级防火材料时，应采取相应的防火构造措施。防火构造措施可采用防火封堵材料进行封堵（图4），也可采用保温材料在窗框处局部变窄等方式（图5）。

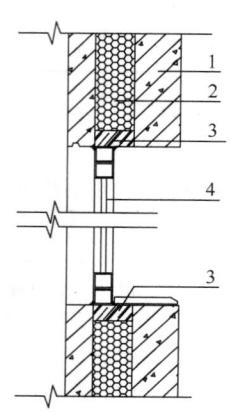 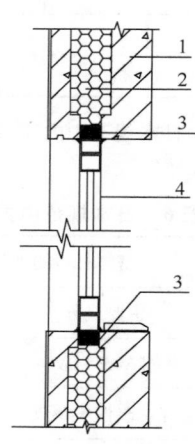

图4　带防火封堵的夹心保温墙板外门窗构造示意　　图5　保温材料在窗框处局部变窄构造示意

1—内叶板；2—保温材料；3—防火封堵材料；4—外门窗　　1—内叶板；2—保温材料；3—门窗连接材料；4—外门窗

5.3.12、5.3.13 当外挂墙板采用面砖或石材外饰面时，应在工厂将面砖或石材采用反打成型的工艺敷设在墙板混凝土构件上。为确保面砖和石材与混凝土构件可靠连接，面砖和石材应采用机械锚固的方式锚固在混凝土墙板中，其中面砖可通过燕尾槽锚固，石材可通过不锈钢锚固卡钩锚固。当采用石材反打外饰面时，混凝土墙板的厚度和配筋构造、卡钩的锚固深度等均对石材的连接性能产生较大影响，在具体工程应用中应结合以往工程经验合理设计，并对石材的锚固承载力进行检测。

6 结 构 设 计

6.1 一 般 规 定

6.1.2 本条文对外挂墙板系统在持久设计状况下需要开展的承载能力极限状态计算内容进行了规定。作为主要的围护结构构件，混凝土墙板构件在持久设计状况下需要承受自重荷载、风荷载、温度作用等，是围护结构中的主要承力构件，因此需要对墙板构件的承载能力极限状态进行计算。外挂墙板依靠节点连接件支承在主体结构上，连接节点是保证外挂墙板安全并正常工作的关键，应对连接节点的承载力进行计算。夹心保温墙板的外叶墙板依靠拉结件支承在内叶墙板之上，在持久设计状况下拉结件需承受的荷载和作用包括外叶墙板的自重荷载、面外风荷载、温度作用等。为确保持久设计状况下外叶墙板及拉结件的安全性，需对拉结件的承载力进行验算，拉结件的承载力设计值由产品标准或产品手册给出。

6.1.3 本条文对外挂墙板系统在持久设计状况下需要开展的正常使用极限状态验算内容进行了规定。外挂墙板的墙板构件在面外荷载作用下，其面外变形值不应过大，足够的面外刚度是外挂墙板发挥使用功能的前提，因此应对其面外变形进行验算。墙板构件在持久设计状况下承受的面外荷载以风荷载为主，当为倾斜安装的墙板构件时，其自重荷载也会引起面外弯曲效应。

外挂墙板的墙板构件作为主要的围护构件，墙板构件的裂缝开展将严重影响建筑物的耐久性能和使用功能，因此应控制墙板构件的裂缝开展，对其裂缝宽度或混凝土拉应力进行验算。正常使用极限状态下，外挂墙板的裂缝控制应满足本标准第6.5.1条的有关规定。

持久设计状况下，主体结构及外挂墙板的支承构件在恒载、活载、风荷载等荷载作用下将产生变形和位移，为避免外挂墙板影响主体结构受力，防止外挂墙板中产生次应力，外挂墙板应适应主体结构的变形。在持久设计状况下的正常使用极限状态验算中，应验算外挂墙板与主体结构连接节点的变形能力。当采用线支承外挂墙板且墙板构件对主体结构支承构件的受力产生影响时，在主体结构和外挂墙板设计过程中应考虑其实际影响。

持久设计状况下，主体结构和外挂墙板在恒载、活载、风荷载、温度等作用下，主体结构和外挂墙板构件均会产生位移和变形，这些位移和变形将引起外挂墙板接缝宽度的变化，接缝宽度的变化对接缝中的弹性密封胶变形能力提出了要求。在给定的弹性密封胶变形能力的基础上，应按照本标准附录A和本标准第5.3.2条的规定进行接缝宽度验算。

6.1.4、6.1.5 本条文对外挂墙板系统在短暂设计状况下需要开展的承载能力极限状态计算和拉应力验算内容进行了规定。外墙板应按照现行国家标准《混凝土结构工程施工规范》GB 50666的有关规定，对制作、运输、堆放、安装用预埋件和临时支撑进行承载力验算。短暂设计状况下，夹心保温墙板拉结件承载力验算中，荷载取值应符合国家现行标准《混凝土

结构工程施工规范》GB 50666和《装配式混凝土结构技术规程》JGJ 1的有关规定，作用组合应取基本组合，拉结件的抗力设计值应符合相关产品标准的规定或产品参数要求。

6.1.6 本标准第3.0.3条给出了地震作用下外挂墙板系统的性能目标。本条文给出了为实现此性能目标，需要对外挂墙板系统的承载力和变形能力开展的验算工作。外挂墙板的混凝土墙板构件及其与主体结构连接节点的完好，夹心保温墙板中的拉结件自身完好且在墙板混凝土中有效锚固，墙板接缝的变形不超过密封胶的变形能力（密封胶完好）等是外挂墙板系统正常使用的前提。为保证多遇地震作用下外挂墙板不受损坏或不需修理可继续使用，需要对混凝土墙板构件及其与主体结构连接节点的承载力进行计算，对夹心保温墙板中拉结件的承载力进行验算；通过设计墙板接缝宽度来控制接缝变形不超过密封胶的变形能力是相对简便可行的方法，因此还需要对墙板的接缝宽度进行验算。本标准第5.3.2条对接缝宽度进行了规定，附录A给出了接缝宽度的计算方法。

外挂墙板自重大，其在地震作用下发生整体脱落的危害性要远大于传统围护结构。为防止地震作用下墙板构件的脱落，有必要对外挂墙板与主体结构的连接节点提出更高的性能目标，对其在设防地震和罕遇地震作用下的承载力和变形进行验算。外挂墙板作为围护结构，其连接节点的变形能力是保证节点不破坏的关键因素，因此应对罕遇地震作用下的节点变形能力进行验算。线支承外挂墙板与主体结构的承重连接节点采用混凝土和钢筋连接，节点通常具有一定的延性，对线支承外挂墙板与主体结构的连接节点需开展设防地震作用下的受弯承载力计算和罕遇地震作用下受剪承载力验算。点支撑外挂墙板与主体结构的连接往往超静定次数低，也缺乏良好的耗能机制，其破坏模式通常属于脆性破坏，为确保连接节点的安全性，应进行罕遇地震作用下连接节点的承载力计算。夹心保温墙板中的拉结件发生锚固破坏时，通常也为脆性破坏，因此也需进行罕遇地震作用下拉结件的承载力验算。

6.1.7 多遇地震和设防地震作用下，外挂墙板构件和节点的作用效应设计值应取作用的地震组合进行计算，其抗力应采用设计值。罕遇地震作用下，外挂墙板构件和节点的作用效应应取重力荷载代表值效应与地震作用标准值效应之和，其抗力应采用标准值，按材料强度标准值进行计算。

6.2 作用与作用组合

6.2.1 外挂墙板和连接节点的截面和配筋设计应根据各种荷载和作用组合效应设计值中的最不利组合进行。

6.2.3 持久设计状况下进行外挂墙板的面外变形和裂缝验算时，计算效应设计值所采用的荷载组合主要依据现行国家标准《混凝土结构设计规范》GB 50010 给出。

6.2.5 短暂设计状况下进行外挂墙板的墙板构件拉应力验算时，计算效应设计值所采用的荷载组合主要依据现行国家标准《混凝土结构工程施工规范》GB 50666 给出。

6.2.7 多遇地震作用下，外挂墙板构件应基本处于弹性工作状态，其地震作用可采用简化的等效静力方法计算。水平地震影响系数最大值依据现行国家标准《建筑抗震设计规范》GB 50011 的规定给出。

地震时外挂墙板振动频率高，容易受到放大的地震作用。为使外挂墙板不产生破损，避免其脱落后的伤人事故，地震作用计算时需考虑动力放大系数 β_E。按照现行国家标准《建筑抗震设计规范》GB 50011 中有关非结构构件地震作用计算的规定，外挂墙板构件的地震作用动力放大系数可表示为：

$$\beta_E = \gamma \eta \xi_1 \xi_2 \qquad (1)$$

式中：γ——非结构构件功能系数，计算墙板构件时可取 1.4，计算连接节点承载力时丙类建筑可取 1.0，乙类建筑可取 1.4；

η——非结构构件类别系数，计算墙板构件时可取 0.9，计算连接节点承载力时可取 1.0；

ξ_1——体系或构件的状态系数，可取 2.0；

ξ_2——位置系数，可取 2.0。

按照式（1）计算，多遇地震作用下外挂墙板构件计算时，地震作用动力放大系数 β_E 约为 5.0。设防地震与罕遇地震下外挂墙板连接节点计算时，丙类建筑地震作用动力放大系数 β_E 约为 4.0，乙类建筑地震作用动力放大系数 β_E 约为 5.6。

相对传统的幕墙系统，外挂墙板的自重较大。外挂墙板与主体结构的连接往往超静定次数低，也缺乏良好的耗能机制，其破坏模式通常属于脆性破坏。连接破坏一旦发生，会造成外挂墙板整体坠落，产生十分严重的后果。因此，借鉴日本标准，本标准要求设防地震作用下连接节点不破坏，罕遇地震作用下点支承连接节点不屈服，线支承连接节点抗剪不屈服。

地震作用应施加于外挂墙板的重心处，并应计入地震作用对连接节点的偏心影响。

6.2.9 夏季太阳辐射对外表面最高温度的影响，与当地气温情况、外表面所处方位、表面材料色调等因素有关，不宜简单近似。计算当地气温时可参考现行国家标准《建筑结构荷载规范》GB 50009。外表面的材料及其色调对表面温度的影响明显，表 7 是欧洲标准 EN1991-1-5 对外挂墙板考虑太阳辐射的围护结构外表面温度的规定。

表 7 欧洲标准 EN1991-1-5 对外挂墙板考虑太阳辐射的围护结构外表面温度的规定

季节	太阳辐射吸收系数（表面明暗色调）	外表面温度（℃）	
		东北向墙面	西南向墙面
夏季	0.5（光亮表面）	$t_{max,m}+0$	$t_{max,m}+18$
	0.7（浅色表面）	$t_{max,m}+2$	$t_{max,m}+30$
	0.9（暗淡表面）	$t_{max,m}+4$	$t_{max,m}+42$
冬季		$t_{min,m}$	

注：$t_{min,m}$ 和 $t_{max,m}$ 分别为最冷和最热月平均温度。

美国 ASTM C1472 标准中规定，考虑到墙板绝缘程度和太阳辐射不足，冬季外墙面温度可以按最低基本气温确定。而夏季外墙外表面最高温度 T_S 按下式计算：

$$T_S = T_A + A_X \cdot H_X \qquad (2)$$

式中：T_A——当地最高基本气温；

A_X——太阳辐射吸收系数，根据试验确定，无可靠资料时参考表 8 确定；

H_X——热容常数，混凝土墙板可取 42；当周边有反射材料将光线反射到混凝土墙板上时取 56。

表 8 美国 ASTM C1472 标准规定的太阳辐射吸收系数

材料		太阳辐射吸收系数
未涂漆混凝土		0.65
白色大理石		0.58
油漆	深红色、棕色或绿色	0.65~0.85
	黑色	0.85~0.98
	白色	0.23~0.49
白色石膏		0.30~0.50
钢铁		0.65~0.85
其他材料	表面颜色黑色	0.95
	表面颜色深灰	0.80
	表面颜色淡灰	0.65
	表面颜色白色	0.45

6.2.10 通过合理设计的点支承外挂墙板可以适应主体结构及其自身在温度作用下的变形，此时温度作用不会在外挂墙板及连接节点内部产生温度应力，可不考虑温度作用。线支承外挂墙板的承重节点由于采用连续的线约束，其无法完全释放温度作用产生的变形，易形成温度应力，因此线支承外挂墙板应通过合理的构造及连接节点设计尽量降低温度作用的影响。在太阳辐射作用下，温度在混凝土墙板厚度方向呈梯度分布，会引起墙板翘曲变形。当夹心保温墙板的拉

结件对外叶墙板面外翘曲形成约束时，将在外叶墙板内部形成温度应力，在进行应力验算时应考虑内表面和外表面的温差，温度梯度可近似按线性分布考虑。温度作用会引起外挂墙板接缝宽度的变化，因此在接缝宽度设计时应考虑温度作用的影响。

6.3 支承系统选型

6.3.1 外挂墙板作为一种非结构构件，需要依靠合理的支承系统连接在主体结构上。外挂墙板的支承系统包含主体结构支承构件和外挂墙板与主体结构的连接节点。

外挂墙板支承在主体结构上，主体结构在永久荷载、活荷载、风荷载、地震和温度作用下会产生变形（如水平位移和竖向位移等），这些变形可能会对外挂墙板产生不良影响，应尽量减少这种变形。同时，不合理的支承系统会使外挂墙板对主体结构的变形产生约束作用，从而参与主体结构的受力；此受力影响通常为不利作用且很难通过定量的分析予以确定，特别是在地震作用下。因此，需合理设计外挂墙板的支承系统，使外挂墙板具有适应主体结构变形的能力。建筑物受地震作用时，各楼层间发生相对位移，考虑到外挂墙板与主体结构的连接节点通常不具备足够的延性性能，且墙板自身在面内刚度非常大，为避免地震作用下因支承外挂墙板的连接节点破坏造成墙板脱落，要求外挂墙板连接节点在罕遇地震作用下具有足够的面内变形能力。

外挂墙板构件自身具有良好的耐久性能，为充分发挥外挂墙板耐久性的特点，同时考虑到外挂墙板支承系统不宜更换，要求支承系统也应具有良好的耐久性能。

6.3.3 外挂墙板在安装完成投入使用之后，由于各楼层活荷载的不同，连接外挂墙板的主体结构支承构件变形不同，可能导致在投入使用后上下层支承构件的竖向变形差大于外挂墙板之间接缝变形容许值。因此应根据支承构件的竖向变形选用不同连接形式的外挂墙板支承系统，同时应严格控制主体结构各层支承构件的竖向变形差。在首层外挂墙板安装时要根据施工顺序预留外挂墙板竖向变形差。

支承外挂墙板的主体结构构件是确保外挂墙板安全并实现其使用功能的基础，因此对应的支承构件应具有足够的承载力和刚度，并尽量减少挠曲，避免扭转，以减少对外挂墙板的不利影响。当支承外挂墙板的支承构件变形较大时，应对连接节点变形需求和水平缝宽进行定量的分析计算，并采取相应的构造措施。

当外挂墙板与主体结构的连接点设置在梁上，造成主体结构支承构件变形的因素主要包括安装墙板前的恒荷载、墙板自重、安装墙板后的恒荷载、活荷载等，前两者对外挂墙板的安装精度、难度影响较大，

后两者对外挂墙板连接节点变形能力要求和水平缝宽影响较大。外挂墙板安装后主体结构支承构件如果需要浇筑部分混凝土，支承构件的挠度计算时应考虑叠合效应，浇筑混凝土前的荷载造成的挠度不应考虑后浇混凝土部分的刚度贡献。

美国PCI手册对主体结构支承构件的刚度提出了较为具体的要求，可以作为我们设计时的参考：当墙板自重＋门窗系统等重量不大于25%的支承梁上荷载时，PCI手册要求安装墙板前恒荷载作用下支承梁变形限值应取$L/480$和10mm的较小值，安装墙板系统后，所有恒荷载作用下支承梁变形限值应取$L/480$和16mm的较小值，活荷载作用下支承梁变形限值应取$L/360$和6mm～13mm的较小值；当墙板自重＋门窗系统等重量大于25%的支承梁上荷载时，安装墙板前恒荷载作用下支承梁变形限值应取$L/600$和10mm的较小值，安装墙板系统后，所有恒荷载造成的支承梁变形限值应取$L/480$和16mm的较小值，活荷载作用下的支承梁变形限值应取$L/360$和6mm～13mm的较小值。

6.3.4 点支承外挂墙板可区分为平移式外挂墙板、旋转式外挂墙板和固定式外挂墙板等形式（图6）。它们与主体结构的连接节点应同时包含承重节点和非承重节点两类。一般情况下，采用点支承的外挂墙板与主体结构的连接宜设置4个支承点：当下部两个为承重节点时，上部两个宜为非承重节点；相反，当上部两个为承重节点时，下部两个宜为非承重节点。应注意，平移式外挂墙板与旋转式外挂墙板的承重节点和非承重节点的受力状态和构造要求不同，相关设计要求也存在差异。点支承节点作为一种典型的柔性连接节点，能通过节点区的变形使得外挂墙板具备适应主体结构变形的能力。

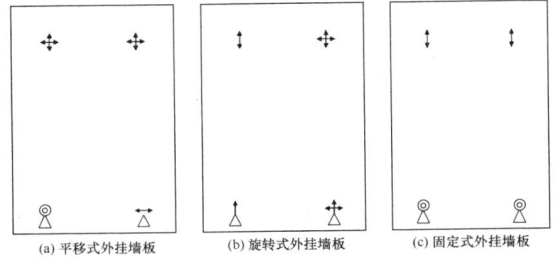

(a) 平移式外挂墙板　　(b) 旋转式外挂墙板　　(c) 固定式外挂墙板

图6　点支承外挂墙板

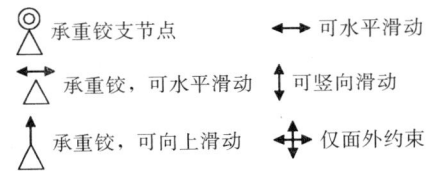

外挂墙板与主体结构采用点支承连接，可以消除温度应力，适应主体结构变形而不产生附加内力，消除施工误差，构件及节点受力简单明确。

外挂墙板与主体结构连接的可靠性是保证外挂墙板正常工作的前提条件。根据日本和我国台湾地区的工程实践经验，点支承连接节点一般采用在节点连接件和预埋件之间设置带有长圆孔或大圆孔的滑移垫片，形成平面内可滑移的支座；当外挂墙板相对于主体结构可能产生转动时，长圆孔宜按垂直方向设置；当外挂墙板相对于主体结构可能产生平动时，长圆孔宜按水平方向设置。

通常主体结构在罕遇地震作用下的弹塑性分析比较复杂，为简化计算，可近似取主体结构在设防地震作用下弹性层间位移的 3 倍为控制指标，同时应适当提高连接节点的承载力和延性，避免在此位移变形下外挂墙板发生脱落。

6.3.7 外挂墙板与主体结构采用线支承连接（图7），墙板与主体结构之间不存在缝隙，不需要采用阻燃材料填充，防水、防火性能较好。但线支承连接的外挂墙板在风荷载、地震作用、温度作用以及主体结构变形时受力较复杂，设计时应深入分析各工况下外挂墙板、连接节点、主体结构支承构件的受力情况。

线支承外挂墙板底端的平面外约束连接节点在墙板面内应具有变形能力，仅对墙板面外形成约束作用。当外挂墙板的两侧与主体结构竖向构件之间采用刚性连接时，主体结构在墙板面内方向的变形会受到外挂墙板的约束作用，从而使得外挂墙板参与主体结构抗侧力。外挂墙板提供的抗侧力刚度在地震作用的不同阶段很难通过定量分析确定，且可能产生对主体结构的不利影响。因此外挂墙板两侧与主体结构之间应不连接，或仅采取柔性连接。当采用柔性连接时，连接节点应在外挂墙板平面内具有足够的变形能力，变形能力要求不应低于本标准第6.3.5条的规定。

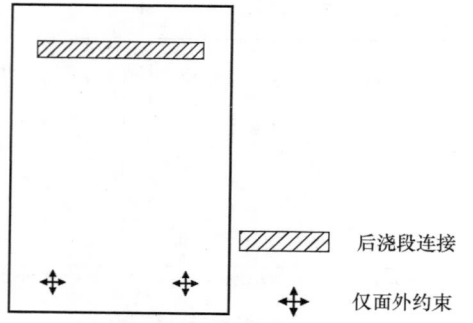

图 7　线支承连接外挂墙板及其连接节点形式示意

后浇段连接

仅面外约束

6.4　受力分析与变形验算

6.4.1　恒荷载、活荷载和竖向地震作用下，外挂墙板可采取梁外侧挑板、外挂墙板支承在挑板上等措施减少对主体结构刚度的影响。在水平地震和风荷载作用下，当线支承外挂墙板仅一端与支承梁连接，且连接部位避开支承梁在地震作用下的塑性发展区域时，

线支承外挂墙板在墙板平面内对主体结构的刚度影响将会降低，但在墙板平面外线支承外挂墙板对主体结构刚度的影响不会有较大降低，此时宜对主体结构刚度的影响进行定量分析；当影响较大时，宜采取其他构造措施或在计算中考虑外挂墙板的不利影响。主体结构计算分析中不应考虑外挂墙板对主体结构刚度的有利影响。

6.4.5　线支承外挂墙板（图8）在垂直于墙板平面的风荷载和地震作用下，当线支承连接节点为铰接时，外挂墙板的面内弯矩设计值和挠度值可按式（C.0.1-1）、式（C.0.1-2）计算，弯矩系数 M_i 和挠度系数 μ 可按表9选取。

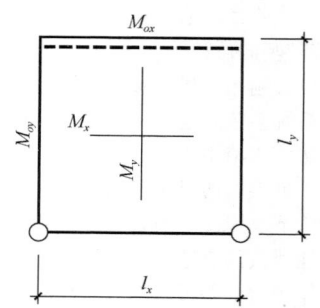

图 8　线支承外挂墙板示意

表 9　线支承外挂墙板（铰接）的
弯矩系数 M_i 及挠度系数 μ

l_x/l_y	μ	M_x	M_y	M_{ox}	M_{oy}
0.50	0.01373	0.0139	0.1231	0.0572	0.1288
0.55	0.01386	0.0173	0.1226	0.0638	0.1297
0.60	0.01405	0.0210	0.1221	0.0707	0.1306
0.65	0.01430	0.0250	0.1215	0.0775	0.1316
0.70	0.01462	0.0291	0.1209	0.0845	0.1327
0.75	0.01502	0.0334	0.1204	0.0915	0.1339
0.80	0.01549	0.0379	0.1198	0.0985	0.1351
0.85	0.01607	0.0412	0.1193	0.1055	0.1362
0.90	0.01674	0.0471	0.1187	0.1125	0.1373
0.95	0.01751	0.0517	0.1181	0.1194	0.1385
1.00	0.01839	0.0564	0.1176	0.1263	0.1397
1/0.95	0.01583	0.0553	0.1057	0.1203	0.1271
1/0.90	0.01362	0.0540	0.0944	0.1142	0.1151
1/0.85	0.01171	0.0524	0.0838	0.1079	0.1037
1/0.80	0.01006	0.0505	0.0739	0.1015	0.0928
1/0.75	0.00863	0.0483	0.0647	0.0947	0.0824
1/0.70	0.00741	0.0458	0.0561	0.0878	0.0726
1/0.65	0.00634	0.0430	0.0482	0.0806	0.0632
1/0.60	0.00542	0.0397	0.0410	0.0730	0.0545
1/0.55	0.00461	0.0388	0.0345	0.0653	0.0463
1/0.50	0.00388	0.0323	0.0286	0.0574	0.0386

注：$0.5 \leqslant l_x/l_y \leqslant 2$ 的其他情况可采用插值方法计算。

6.4.7 夹心保温墙板的设计包括内、外叶墙板设计和墙板之间的拉结件设计，当夹心保温墙板之间的内、外叶墙板连接形式不同时，内、外叶墙板的受力状态也存在较大差异。非组合夹心保温墙板在面外荷载作用下，内叶墙板与外叶墙板协同受力作用较弱，曲率一致但是相对变形较大，夹心保温墙板整体抗弯刚度接近内叶墙板与外叶墙板的抗弯刚度之和；组合夹心保温墙板在面外荷载作用下，内叶墙板与外叶墙板协同受力作用较强，曲率一致且相对变形较小，墙板整体抗弯刚度接近于按照平截面假定计算的组合截面抗弯刚度。部分组合夹心保温墙板当采用内叶墙板单独承受墙板水平荷载进行计算分析时，应考虑拉结件对外叶墙板的不利影响。为控制夹心保温墙板中外叶墙板的裂缝开展，当环境温度变化较大时，宜采用非组合夹心保温墙板。

6.5 构 件 设 计

6.5.2 非夹心保温墙板是由单层预制混凝土墙板组成，不含夹心保温层、拉结件和外叶墙板的外挂墙板。夹心保温墙板与非夹心保温墙板在构造上差异较大，墙板各组成部分所处的环境条件差异也比较大，因此在墙板构造方面会有所差异。本条文对非夹心保温墙板的板厚及配筋进行了相关规定。

影响非夹心外挂墙板最小板厚要求的因素主要包括墙板面外受力情况、板跨、连接件锚固要求、接缝防水构造、墙板防水、防火和耐久性、加工制作与运输及安装施工要求等。非夹心保温墙板通常采用平板形式，在满足墙板受力的情况下，对其板厚提出较高的要求，有利于节点连接件的锚固并提高墙板的防水和耐久性能。当需要对外挂墙板的自重进行控制时，也可采用带肋板的形式，其中墙板在面外方向的荷载和作用主要由配筋混凝土肋承受，同时混凝土肋起到提供面外刚度的作用。混凝土肋通常设置在室内侧，此时同样需要控制混凝土板的最小厚度，以保证外挂墙板的防水和耐久性能。当外挂墙板的板厚较薄时，应注意严格控制墙板外侧面的裂缝开展，并宜选用具有良好抗裂、防水性能的饰面材料或涂料。

外挂墙板的水平和竖向钢筋除满足墙板受力需求外，还应兼顾墙板的抗裂作用，宜选用小直径钢筋，并对钢筋间距进行控制。

6.5.3～6.5.5 非组合夹心保温墙板的内叶墙板需单独承担外挂墙板的面外荷载和作用，同时还需承担外叶墙板的自重荷载，因此内叶墙板需具备足够的面外承载力和刚度。内叶墙板的板厚除考虑墙板面外受力情况、板跨、节点连接件锚固要求、防火和耐久性、加工制作与运输及安装施工要求外，还需满足拉结件的锚固要求；非组合夹心保温墙板的外叶墙板板厚需满足拉结件的锚固、接缝防水构造、防火和耐久性等要求。因此对内外叶墙板的最小板厚提出要求。实

际工程应用中，容易出现因墙板厚度不够造成的锚固、墙板开裂和耐久性等问题，应引起充分重视。

基于组合夹心保温墙板和部分组合夹心保温墙板的现有研究成果相对较少，工程应用经验也有限，本标准在其墙板构造方面仅提出了最小板厚和最小配筋的原则要求。此类夹心保温墙板由于受力较为复杂，且对温度作用更敏感，因此在工程应用阶段应特别重视外叶墙板的抗裂和耐久性问题，以及节点连接件和拉结件的锚固等问题。

夹心保温层厚度过小时，夹心保温墙板的保温效果差，加工质量不可控，且因拉结件刚度过大，容易导致外叶墙板在使用阶段出现温度裂缝等问题，因此夹心保温层厚度通常不宜小于 30mm。当夹心保温层厚度过大时，拉结件受力较复杂，为保证外叶墙板的安全性并控制其竖向变形，需对拉结件及其锚固条件提出较高要求，目前我国应用的夹心保温墙板的保温层厚度通常不大于 100mm。目前部分拉结件生产企业已经开发和提供超过 100mm 保温层厚度的拉结件及其配套技术，当有可靠依据时，夹心保温墙板的保温层厚度可不受本条规定的限制，但应特别注意拉结件和外叶墙板的竖向变形、拉结件的受力和锚固性能等。

6.5.6 拉结件是保证夹心保温墙板内、外叶墙板可靠连接的关键部件，应具有可靠的力学性能。纤维增强塑料（FRP）拉结件和不锈钢拉结件是目前国内外普遍采用的拉结件。拉结件属于持续受力构件，其连接破坏一旦发生，会造成外叶墙板整体坠落，产生十分严重的后果。拉结件的抗拔承载力和抗剪承载力与拉结件的锚固构造、拉结件的横截面形式、墙板厚度、混凝土强度等级及配筋、拉结件材料力学性能等因素有关，难以采用统一的方法计算。因此，本标准建议通过试验确定其承载力，或根据经过权威部门认证的产品说明书选用。

6.5.7 不同类型拉结件的导热系数差异较大，当选用的拉结件导热系数较大时，应计算夹心保温墙板的平均传热系数，并满足相关节能设计标准的要求。拉结件穿过保温层的部位暴露在空气环境中，当夹心保温墙板接缝出现渗漏时，保温层内的腐蚀性接近周围大气环境腐蚀性，而使用期间拉结件无法进行抗腐蚀维护，因此拉结件在外挂墙板使用寿命期间应具有良好的抗腐蚀性能。由于混凝土具有一定的碱性，因此拉结件在混凝土碱性环境中应具有良好的耐碱性能。通常拉结件产品的抗火性能有限，夹心保温墙板的抗火性能主要通过墙板的防火构造与拉结件产品自身的抗火性能相结合来保证。选用的拉结件产品应按照相关产品标准的要求进行抗火性能的型式检验，并在设计、加工和施工过程中符合墙板防火构造要求。拉结件在混凝土墙板中的锚固除满足产品自身的锚固要求外，本标准对其最小锚固长度提出了要求。

6.5.8 不同的外饰面构造和效果是外挂墙板的主要特色之一，应根据外挂墙板饰面的不同构造，确定其钢筋的保护层厚度。当外挂墙板的饰面露出不同深度的骨料时，其最外层钢筋的保护层厚度应从最凹处混凝土表面计起。

6.5.9 外挂墙板门窗洞口边由于应力集中，应采取防止开裂的加强措施。对开有洞口的外挂墙板，应根据外挂墙板平面内荷载与作用，对洞口边加强钢筋进行配筋计算。

6.6 连接节点设计

6.6.1 用于外挂墙板制作、运输和堆放、安装等的预埋件和临时支撑，现行国家标准《混凝土结构工程施工规范》GB 50666 给出了其在短暂设计状况下的承载力验算方法。

$$K_c S_c \leqslant R_c \qquad (3)$$

式中：K_c——施工安全系数，可按表 10 的规定取值；当有可靠经验时，可根据实际情况适当增减；

S_c——施工阶段荷载标准组合作用下的效应值；

R_c——按材料强度标准值计算或根据试验确定的预埋吊件、临时支撑、连接件的承载力；对复杂或特殊情况，宜通过试验确定。

表 10　预埋吊件及临时支撑的施工安全系数 K_c

项目	施工安全系数（K_c）
临时支撑	2
临时支撑的连接件 预制构件中用于连接临时支撑的预埋件	3
普通预埋吊件	4
多用途的预埋吊件	5

6.6.2～6.6.5 本标准第 3.0.3 条对外挂墙板的抗震性能目标提出了要求，标准第 6.1.6 条规定了外挂墙板在地震设计状况下需要开展的承载力验算，第 6.6.2 条和第 6.6.4 条分别对点支承外挂墙板和线支承外挂墙板的承载力验算给予了具体规定。

为保证外挂墙板在地震作用下的安全性，实现第 3.0.3 条所述的抗震性能目标要求，连接节点应进行抗震设计。在设防地震和罕遇地震作用下，主体结构的塑性发展区域一般会发生混凝土开裂及钢筋屈服，会削弱连接节点预埋件、连接钢筋的锚固作用，影响连接节点的承载力。因此，为保证设防地震和罕遇地震作用下外挂墙板不整体脱落，连接节点宜直接支承在楼板上，也可连接在塑性发展区域以外的支承梁

上。当无法避开时，应将连接节点的预埋件或连接钢筋与主体结构支承构件的纵向受力钢筋可靠连接，避免发生脱落。

6.6.6 图 9 给出了线支承外挂墙板与主体结构连接构造示意，可不限于此构造。

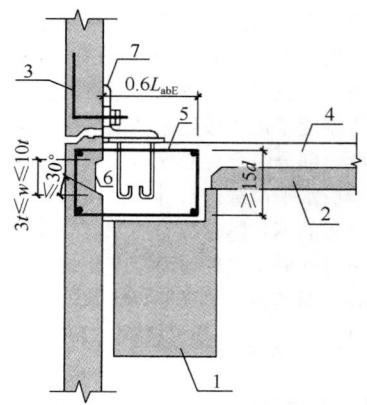

图 9　外挂墙板线支承连接节点示意
1—预制梁；2—预制板；3—外挂墙板；4—后浇混凝土；
5—连接钢筋；6—剪力键槽；7—面外限位节点连接件

6.6.7 对外挂墙板节点连接件及对应的预埋件采取防火措施是确保火灾下外挂墙板系统安全性的重要措施。考虑到外挂墙板的重量要远大于其他幕墙系统，且通常采用外挂的形式支承在主体结构上，一旦承重连接点处的节点连接件及其预埋件在火灾下失去承载能力将导致外挂墙板脱落，易造成重大的人员伤亡。外挂墙板与主体结构承重连接点处的节点连接件及其预埋件在火灾下的重要性与主体结构支承构件相同，因此本标准适当提高了承重连接点处的节点连接件及其预埋件的耐火极限，规定其耐火极限不应低于主体结构支承梁或板的耐火极限。当外挂墙板直接支承在主体结构柱上时，承重连接点处的节点连接件及其预埋件的耐火极限可与主体结构梁的耐火极限保持一致。外挂墙板自身的耐火极限可参照现行国家标准《建筑设计防火规范》GB 50016（表 11）中非承重外墙进行选取。

表 11　国家标准《建筑设计防火规范》GB 50016 中关于耐火极限的规定

构件名称		耐火等级			
		一级	二级	三级	四级
墙	防火墙	不燃性 3.00	不燃性 3.00	不燃性 3.00	不燃性 3.00
	承重墙	不燃性 3.00	不燃性 2.50	不燃性 2.00	难燃性 0.50
	非承重外墙	不燃性 1.00	不燃性 1.00	不燃性 0.50	可燃性

构件名称		耐火等级			
		一级	二级	三级	四级
墙	楼梯间和前室的墙、电梯井的墙、住宅建筑单元之间的墙和分户墙	不燃性 2.00	不燃性 2.00	不燃性 1.50	难燃性 0.50
	疏散走道两侧的隔墙	不燃性 1.00	不燃性 1.00	不燃性 0.50	难燃性 0.25
	房间隔墙	不燃性 0.75	不燃性 0.50	难燃性 0.50	难燃性 0.25
柱		不燃性 3.00	不燃性 2.50	不燃性 2.00	难燃性 0.50
梁		不燃性 2.00	不燃性 1.50	不燃性 1.00	难燃性 0.50
楼板		不燃性 1.50	不燃性 1.00	不燃性 0.50	可燃性
屋顶承重构件		不燃性 1.50	不燃性 1.00	可燃性 0.50	可燃性
疏散楼梯		不燃性 1.50	不燃性 1.00	不燃性 0.50	可燃性
吊顶（包括吊顶搁栅）		不燃性 0.25	难燃性 0.25	难燃性 0.15	可燃性

本标准对节点连接件及其预埋件的防腐蚀设计提出了相关要求。针对涂料涂层和金属热喷涂系统，现行行业标准《建筑钢结构防腐蚀技术规程》JGJ/T 251 均进行了详细的规定。耐候结构钢由于在腐蚀性环境中具有优异的耐腐蚀性能，在经济技术指标分析合适的情况下，节点连接件及其埋件可采用耐候结构钢。通常外挂墙板投入使用后，其节点连接件及其预埋件在使用维护过程中重新进行防腐涂装的难度较大，为提高节点连接件及其预埋件的耐久性能，应适当提高防腐蚀保护层的设计使用年限并加大连接节点板件厚度。国外和我国台湾地区通常采用增大节点连接件及其预埋件的板厚（板厚通常大于 20mm），并采取金属热喷涂系统的方法，使得连接节点在外挂墙板使用寿命期内无须进行防腐维护。

6.6.8 用于连接外挂墙板的型钢、连接板、螺栓等零部件的规格应加以限制，力争做到标准化。

6.6.9 当外挂墙板连接节点处需要具备变形能力时，应尽可能地降低节点连接件和预埋件之间的接触摩擦力，减小因节点变形产生的摩擦力对外挂墙板和主体结构造成的不利影响。节点连接件或预埋件表面涂刷聚四氟乙烯可以起到降低摩擦系数的作用，也可以在接触面上设置聚四氟乙烯垫片或不锈钢板。

7 构件制作与运输

7.1 一般规定

7.1.1 现行国家标准《装配式混凝土建筑技术标准》GB/T 51231 对预制混凝土构件的制作、运输、安装、施工进行了详细的规定，外挂墙板作为一种典型的预制混凝土构件，应满足此标准的相关要求。不同于其他预制混凝土构件，外挂墙板作为一种非承重围护墙板，在构件的加工精度、外饰面效果和质量、保温和耐久性能等方面的要求较高。工程经验表明，构件的加工精度和质量将会直接影响到外挂墙板的现场施工质量、安全、使用功能等。本标准针对外挂墙板的自身特点和需求，在构件制作和运输等方面给出了更具体详细的规定。

7.1.2 外挂墙板生产前，生产单位应编制构件加工详图，并确保构件加工详图的设计深度满足要求。在生产制作前制定生产方案对构件的加工质量和生产进度管控的作用突出。生产方案应结合项目和构件生产单位的自身特点，具有针对性和可操作性，必要时，应对外挂墙板的脱模、翻转、吊运、码放、运输、安装等工况进行计算。

7.1.3 工程实践经验表明，外挂墙板作为一种外观质量要求特别高的预制混凝土构件，在正式批量生产之前，针对同类型的外挂墙板构件进行样板制作有助于优化构件加工工艺、控制加工质量。生产单位应根据加工图纸制作样板构件，并组织建设、设计、安装单位对样板构件的生产工艺、外观尺寸、饰面效果等进行验收。当样板构件不满足工程需求时，应及时调整生产工艺并重新制作样板构件，直至满足要求后方可批量生产。

7.2 构件制作

7.2.1 本条文对拉结件产品应用过程中需要开展的检验工作进行了规定，包括型式检验、出厂检验、进厂检验等。

7.2.2 相比较于其他预制混凝土构件，外挂墙板对构件的加工精度要求较高，建议采用精度较高的模具制作。本标准在现行国家标准《装配式混凝土建筑技术标准》GB/T 51231 的基础上，结合外挂墙板的自身特点和需求，给出了加工模具的尺寸允许偏差和检验方法。当设计文件对构件加工精度有更高要求时，应遵循设计文件的相关要求，并采取对应的加工工艺措施。

预制构件加工中，在模台上用磁盒固定边模具有简单方便的优势，能够更好地满足流水线生产节拍需要。虽然磁盒在模台上的吸力很大，但是振动状态下抗剪切能力不足，容易造成偏移，影响几何尺寸，用磁盒生产高精度几何尺寸外挂墙板构件时，需要采取辅助定位措施。

7.2.3 建筑外墙门、窗框的定位和尺寸精度对建筑外立面的效果影响较大。当在外挂墙板构件中预埋门、窗框时，应对门、窗框的定位和尺寸精度提出较高要求。本标准参照现行国家标准《装配式混凝土建筑技术标准》GB/T 51231 的有关规定，给出了具体的允许偏差和检验方法。

7.2.5 本条规定了外挂墙板外来面采用装饰一体化的技术要求，除了要满足安全耐久性要求外，还需保证装饰效果。对于饰面材料分隔缝的处理，砖缝可采用发泡塑料条成型，石材可采用弹性材料填充。

7.2.6 夹心保温墙板水平浇筑成型工艺包含反打成型工艺和正打成型工艺。反打成型工艺中，先浇筑外叶墙板混凝土层，再安装保温材料，最后浇筑内叶墙板混凝土层，正打成型工艺的工序与此相反。反打成型工艺具有外叶墙板混凝土成型质量好，外饰面效果好，不易出现裂缝等优点，夹心保温墙板宜采用反打成型工艺。

夹心保温墙板中的拉结件品种、数量、位置对保证外叶墙板的安全，避免墙板开裂极为重要，其安装必须符合设计和产品技术手册的要求。控制内外叶墙板混凝土浇筑时间间隔是为了保证拉结件与混凝土的连接质量。夹心保温墙板中的保温材料通常由若干块保温板拼接而成，混凝土成型过程中保温板之间的接缝易成为混凝土渗漏部位，形成冷桥从而影响夹心保温墙板的保温效果。因此在加工过程中应对保温板之间的接缝以及拉结件穿过保温板的孔洞进行密封处理。

7.2.7 对于夹心保温墙板的养护，控制养护温度不大于60℃是因为有机保温材料在较高温度下会产生热变形，影响产品质量。

7.3 运输与存放

7.3.1~7.3.3 外挂墙板立式存放有利于构件起吊，避免墙板构件在翻转过程中开裂破损。带饰面砖或石材饰面的外挂墙板，为避免对饰面造成损坏或污染，墙板构件应采用直立存放或饰面层朝上码放。当外挂墙板运输时，需要考虑平面外附加应力的构造配筋，该附加应力包括自重应力和运输时车辆振动产生的外力，该应力会造成墙面开裂。外挂墙板作为围护结构和装饰构件，对外表面的质量要求比普通预制混凝土构件高，在运输过程中应设置柔性垫片避免墙板边角部位或锁链接触处混凝土损伤，重要部位（如门窗框、装饰表面和棱角等）应采取特殊防护措施。外挂墙板棱角处的破损不仅影响到墙板的外观效果，同时还会影响墙板接缝处的混凝土质量和接缝宽度，降低接缝处密封防水的施工质量。实际工程经验表明，即使对接缝处破损棱角进行修补，修补部位的混凝土也

很容易出现开裂和剥落问题，同时密封胶也易失效，引发外挂墙板漏水和耐久等严重质量问题。外挂墙板运输和存放过程中的垫片易造成墙面污染，故宜采用塑料薄膜对垫片进行包裹。

7.4 构件检验

7.4.2 外挂墙板作为一种预制混凝土非承重围护和装饰构件，对构件的外观质量和尺寸偏差的要求通常高于普通预制混凝土构件。外挂墙板的外观质量缺陷分类和划分标准与普通预制混凝土构件也有所差异，而且外挂墙板构件的外观质量不仅不应有严重缺陷，而且不宜一般缺陷。对有严重缺陷的外挂墙板构件，宜做废弃处理，对已经出现的一般缺陷，应制定技术处理方案进行修整并达到合格。构件检验应对形状、尺寸、有无开裂和破损、预埋件、完成面状态以及保护层厚度进行检查，应有具体的品质管理及检验办法。在保证构造要求与防水性能的前提下，轻微的开裂和破损可以进行修补。对于检查合格的产品，应予以标注；对于不合格的产品应做废弃处理。

7.4.3 相比较于普通预制混凝土构件，外挂墙板作为一种性能优异的围护结构和装饰构件，在构件的耐久性能、装饰效果等方面要求较高。本标准在现行国家标准《混凝土结构工程施工质量验收规范》GB 50204 和《装配式混凝土建筑技术标准》GB/T 51231 的基础上，对外挂墙板的外观质量缺陷给出了更有针对性的划分原则。外挂墙板的外表面是其主要装饰面，且需要经受风、雪、温度、雨水等荷载和作用的考验，因此将外挂墙板的外表面质量缺陷均划分为严重缺陷。外挂墙板之间的接缝部位是重要的防水节点和装饰线脚，接缝两侧墙板侧面及棱角处的缺陷对外挂墙板系统的使用功能和装饰效果影响较大，因此此处的外观质量缺陷也划分为严重缺陷。在具体实施中，外观质量缺陷对结构性能和使用功能等的影响程度，应由监理、施工等各方根据其对结构性能和使用功能影响的严重程度共同确定。

7.4.5 本标准针对外挂墙板构件的尺寸偏差限值的规定主要基于现行国家标准《混凝土结构工程施工质量验收规范》GB 50204 和《装配式混凝土建筑技术标准》GB/T 51231，同时参照了日本建筑学会标准《建筑工事标准式样书·同解说·JASS14 建筑幕墙》和《建筑工事标准式样书·同解说·JASS10 预制混凝土结构工程》的相关内容，也结合了国内运用外挂墙板的实际经验。在外挂墙板的尺寸偏差方面相对于普通预制墙板提出了更高的要求。

7.4.9 拉结件的类别、数量和使用位置应检查质量证明文件和隐蔽工程检查记录，拉结件的性能应检查试验报告单。

8 安装与施工

8.1 一般规定

8.1.1 为保证外挂墙板安装施工的质量，要求主体结构工程应满足外挂墙板安装的基本条件，特别是主体结构的垂直度和外表面平整度及结构的尺寸偏差，并满足验收规范的要求。相关的主体结构验收规范主要包括：《建筑工程施工质量验收统一标准》GB 50300、《混凝土结构工程施工质量验收规范》GB 50204、《钢结构工程施工质量验收规范》GB 50205 等。当外挂墙板的安装对主体结构的垂直度、尺寸偏差等有特殊要求时，应在设计文件中予以规定，主体结构的安装与施工应满足相关要求。

8.1.2 外挂墙板的安装施工质量直接影响到墙板的安全性、建筑物理性能及其他性能。同时外挂墙板安装施工与其他分项工程难免有交叉和衔接，因此为保证外挂墙板安装施工质量，在外挂墙板系统施工组织设计中，应单独编制外挂墙板安装施工的专项方案。外挂墙板安装施工专项方案应包含以下内容：

　　1 工程概况、施工进度计划安排；

　　2 与主体结构施工、设备安装、装饰装修的协调配合方案；

　　3 运输和临时堆放方案；

　　4 测量方案，当先施工主体结构，后安装外挂墙板时，应制定对主体结构的垂直度和楼层外轮廓的测量和监控方案；

　　5 构件安装顺序、吊装和安装方法，关键部位、重点、难点施工部位安装方法应单独标出；

　　6 构件安装施工误差控制要求、控制方法及工艺方案；

　　7 外挂墙板接缝防水施工方案；

　　8 外墙涂料或其他饰面材料施工方案；

　　9 构件和配件的现场保护方法，构件局部缺陷的修补方案；

　　10 质量要求及检查验收计划；

　　11 安全专项措施；

　　12 劳动保护计划。

8.1.3 外挂墙板的安装施工质量要求较高，为避免由于设计或施工缺乏经验造成工程实施障碍或损失，保证外挂墙板施工质量，并不断摸索和积累经验，应通过试生产和试安装进行验证性试验，通过构件试安装施工中发现的问题，及时调整安装工艺和技术质量控制措施。外墙板施工前的试安装，对于经验不丰富的承包商非常必要，不但可以验证设计和施工方案存在的缺陷，还可以培训人员，调试设备，完善方案。外挂墙板的试安装应特别重视墙板安装精度及调节工艺、外饰面保护、接缝密封胶施工等环节。外挂墙板完成试安装后，应对首段安装墙板进行验收，建立首段验收制度。

8.2 构件安装连接

8.2.1 在外挂墙板与主体结构的连接节点设计时，应考虑连接节点能消化主体结构的施工误差对外挂墙板安装精度的影响。外挂墙板安装施工中，连接节点应根据主体结构施工误差具备相应的调节能力。当外挂墙板的安装后于同楼层主体结构施工时，应对主体结构相关构件的定位、标高、垂直度、倾斜度进行复测，当主体结构施工误差超过外挂墙板与主体结构连接节点的调节范围时，应对外挂墙板的设计进行修改、调整。

8.2.2 外挂墙板安装施工前，应制定安装定位标识方案，根据安装连接的精细化要求，合理控制误差。安装定位标识方案应按照一定顺序进行编制，标识点应清晰明确，定位顺序应便于查询标识。外挂墙板的测量应与主体结构的测量配合，主体结构出现偏差时，外挂墙板应根据主体结构偏差及时进行调整，不得积累。定期对外挂墙板安装定位基准进行校核，以保证安装基准的正确性，避免因此产生安装误差。

8.2.3 外挂墙板施工应建立健全安全管理保障体系和管理制度，对危险性较大的工程应经专家论证通过后进行施工。外挂墙板施工应结合施工特点，针对构件吊装、安装施工安全要求制定系列安全专项方案。外挂墙板构件的重量通常较大，为确保安全性，安装过程中应采取临时固定和支撑措施，临时固定和支撑系统同时还可兼作安装精度调节装置。外挂墙板可采用先施工主体结构，后安装对应楼层外挂墙板的安装工法，也可采用与所在楼层主体结构同步施工的安装工法。当采用前者时，外挂墙板可借助主体结构构件作为临时固定和支撑系统；当采用后者时，外挂墙板的临时固定和支撑系统可单独设置或借助于主体结构施工模架系统。

8.2.4 外挂墙板与主体结构的连接节点是确保墙板安全性和使用功能的关键部位。不同于传统的幕墙体系，外挂墙板由于重量较大，其与主体结构的连接节点受力要远大于传统幕墙结构，且连接节点所要求的变形能力也更大。实际工程经验表明，采用后置方式埋设的预埋件在施工过程中很难保证连接质量，因此按照设计文件要求预先埋设连接节点预埋件并采取措施控制预埋件的埋设精度，有利于提高外挂墙板的安装质量。

8.2.5 为确保外挂墙板与主体结构的连接节点受力明确，且实际受力状态与计算假定相符，外挂墙板与主体结构的连接节点应仅承受墙板自身范围内的荷载和作用。当外挂墙板安装过程中借助相邻墙板与主体结构的连接节点作为临时固定支承点时，应对相应节点进行复核，待外挂墙板安装完成后，宜对其使用的自身范围以外的临时固定点进行卸载。

8.2.8 工程实践经验表明，点支承外挂墙板利用节点连接件作为临时固定和支撑系统时，利用支撑系统对墙板构件进行连续可调的安装精度调节有利于墙板安装质量。为确保外挂墙板连接节点受力状态与设计相符，外挂墙板校核到位后应先固定承重连接点，后固定非承重连接点。当外挂墙板与主体结构的连接节点采用焊接连接时，施工过程中极易因焊接作业损伤混凝土墙板，因此连接节点不宜采用焊接连接。外挂墙板与主体结构的连接节点施工完成后，应确保连接节点具有设计所要求的变形能力及变形量需求。

8.2.9 线支承外挂墙板通常通过钢筋和后浇混凝土与主体结构连接，因此在现场安装施工过程中存在混凝土浇筑作业。实际工程应用过程中，如未做好后浇混凝土模板的密封及外挂墙板接缝的保护工作，很容易产生后浇混凝土渗漏，从而污染外挂墙板及墙板接缝的情况。外挂墙板及其接缝被污染后，不仅影响墙板的外观质量，而且还会对接缝防水施工带来不可逆的不利影响。因此，在施工过程中应有专项措施防止后浇混凝土渗漏。后浇混凝土的浇筑、振捣等工序还容易造成外挂墙板的移位，影响墙板安装精度，因此在外挂墙板临时支撑系统设计时，应考虑此不利影响。

8.2.11 外挂墙板构件安装完成后尺寸偏差应符合表8.2.11的要求，安装过程中，宜采取相应措施从严控制，方可保证完成后的尺寸偏差要求。本标准针对外挂墙板安装尺寸允许偏差的规定主要基于现行国家标准《混凝土结构工程施工质量验收规范》GB 50204和《装配式混凝土建筑技术标准》GB/T 51231，同时参照了日本建筑学会标准《建筑工事标准式样书·同解说·JASS14 建筑幕墙》和《建筑工事标准式样书·同解说·JASS10 预制混凝土结构工程》的相关内容，也结合了国内运用外挂墙板的实际经验。在外挂墙板安装尺寸允许偏差方面相对于普通预制墙板提出了更高的要求，如参照日本建筑协会标准的内容及我国工程实践经验，增加了"接缝中心线与轴线距离"项的尺寸允许偏差要求。

8.2.12、8.2.13 接缝防水施工是外挂墙板安装施工过程中的关键工序，其质量直接影响到外挂墙板的使用功能。墙板边缘凹槽和接缝空腔主要起到平衡内外空气压力，阻断外部水分渗透路径等作用，在墙板安装过程中应采取措施避免水泥浆料及其他杂质渗入接缝空腔中，防水施工前，应将接缝空腔清理干净。为提高外挂墙板的气密性能，通常会在接缝内侧设置橡胶空心气密条。气密条宜在完成侧面混凝土清理和涂刷专用胶粘剂之后、墙板吊装之前粘贴在墙板侧面。由于墙板安装完成后无法对气密条的粘贴质量进行检查，因此需在墙板吊装前检查气密条粘贴的牢固性和完整性。

接缝密封胶背衬材料主要起到控制密封胶厚度便于密封胶施工的作用，同时还能避免密封胶与接缝混凝土三面粘结。在背衬材料填塞过程中，应保持背衬材料在接缝中的深度与密封胶厚度一致，且背衬材料与两侧混凝土填充密实。墙板十字接缝处的密封胶受力变形复杂，施工质量控制难度大，易成为防水薄弱部位，在密封胶施工过程中，此处应一次施工完成，严格控制密封胶的施工质量。

9 工 程 验 收

9.2 主 控 项 目

9.2.1 对专业企业生产的外挂墙板构件，质量证明文件包括产品合格证明书、混凝土强度检验报告、预制构件生产过程的关键验收记录及其他重要检验报告等。

"同一类型"是指同一钢种、同一混凝土强度等级和同一生产工艺。抽取外挂墙板时，宜从设计荷载最大、受力最不利或生产数量最多的外挂墙板中抽取。

外挂墙板构件可通过施工单位或监理单位代表驻厂监督生产的方式进行质量控制，此时构件进场的质量证明文件应经监督代表确认。当无驻厂监督时，预制构件进场时应对主要受力钢筋数量、规格、间距、混凝土强度、混凝土保护层厚度等进行实体检验，实体检验宜采用非破损方法，也可采用破损方法，非破损方法应采用专业仪器并符合国家现行有关标准的规定，检查方法可参考现行国家标准《混凝土结构工程施工质量验收规范》GB 50204 附录 D、附录 E 的有关规定。

9.2.2 外挂墙板的尺寸偏差过大时，将会严重影响建筑的外立面效果，同时还会影响到墙板接缝的宽度，不利于接缝防水施工的质量控制，此类影响到外挂墙板使用功能的尺寸偏差应被认定为严重缺陷。外挂墙板上用于与主体结构连接的预埋件尺寸偏差过大时，将影响墙板的安装与连接，同样应被认定为严重缺陷。对于出现的外观质量严重缺陷、影响结构性能和安装、使用功能的尺寸偏差，以及拉结件类别、数量和位置有不符合设计要求的情形应作退场处理。如经设计同意可以修理后使用，应由预制构件生产单位制定相关处理方案，经监理确认后，由预制构件生产单位严格按技术处理方案进行处理，修理后应重新验收。

9.2.4 "同一类型"是指保温材料和厚度相同，加工工艺相同，内、外叶墙板连接形式及拉结件类型相同。生产企业应针对每类夹心保温墙板制作标准检测试件。

9.2.11 外挂墙板的接缝防水施工是非常关键的质量

检验内容，是保证预制外墙防水性能的关键，施工时应按设计要求进行选材和施工，并采取严格的检验验证措施。

外挂墙板接缝的现场淋水试验应在精装修进场前完成，并应满足下列要求：淋水量应控制在 3L/（m²·min）以上，持续淋水时间为 24h。某处淋水试验结束后，若背水面存在渗漏现象，应对该检验批的全部外挂墙板接缝进行淋水试验，并对所有渗漏点进行整改处理，在整改完成后重新对渗漏的部位进行淋水试验，直至不再出现渗漏点为止。

10 保养与维修

10.0.2 根据实际工程经验，在外挂墙板项目竣工验收后一年内，外挂墙板的加工和施工工艺及材料、附件的一些缺陷均有不同程度的暴露。所以在外挂墙板竣工验收后一年，应对外挂墙板项目进行一次全面的检查，此后每 5 年检查 1 次。

附录 A 外挂墙板接缝宽度和密封胶厚度计算

A.0.1、A.0.2 结合本标准第 3.0.3 条和第 3.0.4 条的外挂墙板性能目标，控制密封胶在温度作用、风荷载和多遇地震作用下不损坏。罕遇地震下，平移式外挂墙板的角部易发生碰撞，为实现罕遇地震下外挂墙板不应整体脱落的性能目标，建议平移式外挂墙板计算罕遇地震下角部竖直缝的接缝变形量并控制其与实际缝宽的比值，提高角部竖直缝两侧墙板连接件的承载力，增强角部竖直缝两端墙板的构造配筋等，以满足罕遇地震下外挂墙板不整体脱落的性能目标。

美国 PCI 协会的资料表明，如果从外挂墙板浇筑混凝土之日算起，至外挂墙板与主体结构连接节点的施工完成之日超过 30d，由混凝土收缩产生的墙板变形可以忽略。当预测可能会产生干缩和徐变等位移时，宜根据试验或者可靠资料计入干缩和徐变的影响。

A.0.3 日本建筑协会标准（表 12）中，不仅规定了密封胶的伸缩变形能力，也规定了密封胶的剪切变形能力，而且考虑短期效应，提高了风荷载和地震作用下的密封胶变形能力。美国 ASTM C1472—2016 标准认为剪切变形时，密封胶变形后的对角线长度不能超过静止时的长度和密封胶的最大变形量之和，所以该标准基于勾股定理计算剪切时的接缝宽度。由于我国目前对密封胶剪切能力的试验研究较少，密封胶标准中缺乏对剪切变形率的具体要求，本标准参考美国 ASTM C1472—2016 标准给出了密封胶的受剪能力。

表 12 日本标准规定的密封胶变形能力

密封材料的种类		伸缩变形率 ε		剪切变形率 γ	
主要成分		M_1	M_2	M_1	M_2
双组分硅酮类	SR-2	20	30	30	60
单组分硅酮类［低模量］	SR-1（LM）	15	30	30	60
双组分硅烷改性聚醚类	MS-2	20	30	30	60
单组分硅烷改性聚醚类	MS-1	10	15	15	30
双组分多硫化合物类	PS-2	15	30	30	60
		10	20	20	40
单组分多硫化合物类	PS-1	7	10	10	20
双组分丙烯酰胺聚氨酯类	UA-2	20	30	30	60
双组分聚氨基甲酸酯类	PU-2	10	20	20	40
单组分聚氨基甲酸酯类	PU-1	10	20	20	40
单组分丙烯酰胺类材料	AC-1	7	10	10	20

注：M_1 为温度作用下的变形率；M_2 为风荷载和地震作用下的变形率。

A.0.5、A.0.6 当相邻跨外挂墙板的水平缝不对齐时，外挂墙板，尤其是平移式外挂墙板将更容易发生碰撞且碰撞时破坏较为严重，所以建议外挂墙板尤其是平移式外挂墙板的水平缝尽量对齐。

当上、下层外挂墙板的竖缝不对齐时，外挂墙板，尤其是旋转式外挂墙板将更容易发生碰撞且碰撞时破坏较为严重，所以建议外挂墙板尤其是旋转式外挂墙板的竖缝尽量对齐。

当相邻接缝不对齐时难以给出统一的接缝宽度计算公式，需要根据具体情况研究外挂墙板的变形并根据其变形计算所需要的接缝宽度；接缝不对齐时外挂墙板的变形可参照接缝对齐时的外挂墙板进行分析。

角部竖直缝缝宽计算时，不需要考虑两个正交方向地震作用或风荷载的作用效应组合，因此按本标准第 A.0.1 条和第 A.0.2 条的规定计算平移式外挂墙板角部竖直缝时，公式（A.0.6-1）中的 δ_w、δ_E 可不与公式（A.0.5-1）中的 d_w、d_E 组合。可分别将公式（A.0.5-1）算出的接缝变形量、公式（A.0.6-1）算出的接缝变形量与其他荷载作用的接缝变形量进行组合，计算其对应的接缝宽度并取其较大值。

可以发现，平移式外挂墙板的角部竖直缝宽度较大，当层间位移角较大或层高较高时可能超出本标准第 5.3.2 条中缝宽构造的要求。此时可考虑针对角部竖直缝采用较高变形能力的密封胶，同时提高其罕遇地震下的耐撞击性能，包括控制罕遇地震下的接缝变形量与实际缝宽的比值、提高连接件承载力、增强角部竖直缝两端墙板的构造配筋等。

附录 B　点支承外挂墙板连接节点受力计算

B.0.1 预制混凝土外挂墙板受重力和竖向地震作用时，平移式外挂墙板和旋转式外挂墙板的受力有明显的不同。对于平移式点支承外挂墙板，由于其在地震作用下不发生旋转，两个竖向承重节点均受力。而对于旋转式点支承外挂墙板，当墙板仅承受重力和竖向地震作用时，各支承节点的受力与平移板类似，墙板不发生旋转，各竖向承重节点均受力；但在有水平地震作用或风荷载参与的组合工况下，墙板将发生旋转，造成墙板仅一个节点承受竖向荷载作用的情况；同时由于单节点竖向力与重心不在一条直线上，因此会产生相应的水平反力。

另外需注意的是，垂直外挂墙板方向，重力和竖向地震作用的方向与支座一般不共线，因此连接节点将同时产生垂直墙板平面的水平反力。

B.0.2 预制混凝土外挂墙板受面内水平地震作用时，平移式外挂墙板与旋转式外挂墙板的受力也有明显的不同。对于平移式外挂墙板，水平地震作用由一个支承点承担，其余点均不承担，因此造成了竖向承重点的受力。对于旋转式外挂墙板，水平地震作用由上、下两个支承点承担，竖向承重点不受力。

需注意的是，在垂直于外挂墙板方向，由于水平地震作用与支座不共线，因此连接节点将同时产生垂直墙板平面的水平反力。

B.0.3 预制混凝土外挂墙板受面外水平地震和风荷载作用时，平移式外挂墙板与旋转式外挂墙板的受力情况相同。考虑外挂墙板的面外支承点可能不全受力，所以建议反力按可能的三点支承板分别计算，并取其包络值。计算时建议计入荷载偏心的影响。

附录 C　点支承外挂墙板计算

C.0.1 无洞口的点支承外挂墙板，其受力可近似于四角点支撑的弹性薄板。参考《建筑结构静力计算手册》中的理论值，给出点支承外挂墙板的弯矩值和挠度值的近似解，以方便设计人员手算。风荷载分为风吸力和风压力，地震作用方向可内可外，且两个方向的作用值接近，因此外挂墙板需要双层双向配筋；外挂墙板的跨中配筋一般均伸出支座作为支座的负弯矩配筋，因此外挂墙板构件内力计算时可不区分支座负弯矩和跨中正弯矩，而直接取较大的弯矩绝对值用于配筋计算。

经计算，当支承点距离板边的尺寸不超过该方向边长的10%时，采用公式（C.0.1-1）计算的结果与精确解差异较小且偏于保守；当支承点距离板边的尺寸超过该方向边长的10%但不超过该方向边长的25%时，采用公式（C.0.1-1）计算的结果与精确解差异较大但偏于保守；当支承点距板边的尺寸大于该方向边长的25%时，悬挑效应较大，根据公式（C.0.1-1）计算的结果与精确解差异过大且局部弯矩计算值小于实际弯矩，不能继续采用该公式进行计算。

C.0.2 对于带洞口的点支承外挂墙板，可将洞口左右的纵板和洞口上下的横板均考虑为两个单元，将门窗荷载和墙板荷载分配到每个单元上，即可得到各单元的弯矩，用于近似计算开洞外挂墙板的配筋。

中华人民共和国行业标准

冷弯薄壁型钢多层住宅技术标准

Technical standard for cold-formed thin-walled steel
multi-storey residential buildings

JGJ/T 421—2018

批准部门：中华人民共和国住房和城乡建设部
施行日期：２０１９年１月１日

中华人民共和国住房和城乡建设部
公 告

2018 年 第 189 号

住房城乡建设部关于发布行业标准
《冷弯薄壁型钢多层住宅技术标准》的公告

现批准《冷弯薄壁型钢多层住宅技术标准》为行业标准，编号为 JGJ/T 421-2018，自 2019 年 1 月 1 日起实施。

本标准在住房城乡建设部门户网站（www.mohurd.gov.cn）公开，并由住房城乡建设部标准定额研究所组织中国建筑工业出版社出版发行。

中华人民共和国住房和城乡建设部
2018 年 9 月 12 日

前 言

根据住房和城乡建设部《关于印发〈2009 年工程建设标准规范制订、修订计划〉的通知》（建标 [2009] 88 号）的要求，标准编制组经广泛调查研究，认真总结实践经验，参考有关国际标准和国外先进标准，并在广泛征求意见的基础上，编制了本标准。

本标准的主要技术内容是：1 总则；2 术语和符号；3 材料；4 建筑设计基本规定；5 结构设计基本规定；6 作用与作用效应计算；7 构件与连接设计；8 墙体结构设计；9 楼盖结构设计；10 屋盖结构设计；11 基础设计；12 防火与防腐；13 制作与安装；14 设备安装；15 验收。

本标准由住房和城乡建设部负责管理，由住房和城乡建设部住宅产业化促进中心负责具体技术内容的解释。执行过程中如有意见或建议，请寄送住房和城乡建设部住宅产业化促进中心（地址：北京市海淀区三里河路 9 号，邮政编码：100835）。

本 标 准 主 编 单 位：住房和城乡建设部住宅产业化促进中心
龙信建设集团有限公司

本 标 准 参 编 单 位：重庆大学
同济大学
清华大学
长安大学
湖南大学
公安部天津消防研究所
中国建筑设计研究院
加拿大滑铁卢大学
万科企业股份有限公司
华新顿现代钢结构制造有限公司
北京居其美业西式房屋技术开发有限公司
江苏立德节能建筑股份有限公司

本标准主要起草人员：周绪红 娄乃琳 叶耀先
张其林 徐 磊 郭彦林
刘永健 郝爱玲 汪 勇
高 真 石 宇 柳博会
黄 新 贺拥军 王 蕴
王胜中 袁政宇 赵尤阳
刘界鹏 游守明

本标准主要审查人员：沈世钊 郁银泉 贺贤娟
娄 宇 范 重 马荣全
徐厚军 遇平静 章一萍
张显来 刘承宗

目　　次

1 总　则

1.0.1 为适应冷弯薄壁型钢多层住宅的发展，做到技术先进、安全适用、经济合理、确保质量，制定本标准。

1.0.2 本标准适用于 4 层～6 层及檐口高度不大于 20m 的冷弯薄壁型钢多层住宅的设计、制作、安装和验收。

1.0.3 冷弯薄壁型钢多层住宅的建筑、结构、设备和装修应进行一体化设计，应采用轻质墙体、楼盖和屋盖系统，宜利用低碳、再生资源。

1.0.4 冷弯薄壁型钢多层住宅的设计、制作、安装和验收，除应符合本标准规定外，尚应符合国家现行有关标准的规定。

2　术语和符号

2.1　术　语

2.1.1 冷弯薄壁型钢　cold-formed thin-walled steel
在室温下将薄钢板通过辊轧或冲压弯折成的各种截面的型钢。

2.1.2 墙架柱　wall stud
组成墙体单元的冷弯薄壁型钢竖向构件，承受竖向荷载并与结构面板相连共同承担水平荷载。

2.1.3 楼盖梁　floor joist
组成楼盖单元的冷弯薄壁型钢水平构件，与楼面板相连共同承受竖向荷载。

2.1.4 斜梁　rafter
根据屋面坡度倾斜布置的冷弯薄壁型钢斜向构件，与屋面板相连共同承受屋面荷载。

2.1.5 顶梁、底梁或边梁　track
布置在墙架柱和楼盖梁两端的冷弯薄壁型钢槽形（U 形）截面构件。

2.1.6 拼合截面　built-up section
由冷弯薄壁型钢槽形（U 形）或卷边槽形（C 形）截面构件连接组成的工字形、箱形或其他形式的截面。

2.1.7 腹板折曲　web crippling
冷弯薄壁型钢构件腹板在集中荷载作用下发生的局部破坏。

2.1.8 刚性支撑件　blocking
与结构构件相连并提供侧向支撑和传递平面外侧向力的构件。

2.1.9 钢带　flat strap
由钢板切割而成的长条形板带，用于墙体中传递拉力的构件。

2.1.10 连接角钢　clip angle
用钢板弯成 90°的连接件，用于呈直角交叉的两个构件之间的连接。

2.1.11 腹板加劲件　web stiffener
楼盖梁支座处或集中荷载作用处，与腹板连接防止腹板屈曲的短构件。

2.1.12 抗拔件　hold-down
通过抗拉螺栓连接上、下楼层墙体或连接墙体与基础的连接件，承受竖向上拔力。

2.1.13 结构面板　structural sheathing
与梁或柱可靠连接的面板，具有抵抗自身平面内剪切变形的能力。

2.1.14 定向刨花板　oriented strand board
应用施加胶粘剂和添加剂的扁平窄长刨花经定向铺装后热压而成的一种多层结构板材。

2.1.15 承重墙体　bearing wall
通常由墙架柱、顶梁、底梁、水平支撑和墙面板组成，承受竖向荷载的墙体。

2.1.16 抗剪墙体　shear wall
由承重墙体采用结构面板或抗剪交叉钢带及抗拔件组成，同时承受竖向和水平荷载，结构面板可采用薄钢板和定向刨花板等。

2.2　符　号

2.2.1 材料及设计指标
E_c——混凝土的弹性模量；
E_s——钢材的弹性模量；
f——钢材的抗拉、抗压和抗弯强度设计值；
f_c——混凝土的抗压强度设计值；
f_v——钢材的抗剪强度设计值；
G——墙面板的剪变模量。

2.2.2 作用、作用效应及结构抗力
M——弯矩设计值；
M_1——施工阶段的永久荷载产生的弯矩设计值；
M_2——使用阶段总荷载扣除施工阶段总荷载之后在楼盖梁上产生的弯矩设计值；
N——轴向力；
N_c——腹板的折曲承载力；
N_u——构件的稳定承载力设计值；
N_v^f——单个螺钉的受剪承载力设计值；
q_k——施工阶段作用在楼盖梁上的均布荷载标准值；
R——结构或结构构件的承载力设计值；
S——持久、短暂设计状况时作用组合的效应设计值；
S_E——地震设计状况时作用组合的效应设计值；
S_{Ehk}——多遇地震时水平地震作用标准值的效应；
S_{GE}——考虑地震作用时重力荷载代表值的效应；
V——压型钢板混凝土楼盖与楼盖梁连接界面上的纵向剪力设计值；

V_E——考虑地震作用效应组合时承重墙体单位计算长度的剪力设计值；

V_h——墙体的受剪承载力设计值；

V_{hE}——地震作用下墙体单位长度的受剪承载力设计值；

V_{hw}——风荷载作用下墙体单位计算长度的受剪承载力设计值；

V_k——作用于第 k 层的水平荷载；

V_s——作用于墙体的水平荷载；

V_w——考虑风荷载效应组合时承重墙体单位计算长度的剪力设计值；

V_1——施工阶段的荷载在楼盖梁上产生的剪力；

V_2——使用阶段总荷载扣除施工阶段总荷载之后在组合梁上产生的剪力设计值；

Δu_e——多遇地震作用时结构的弹性层间侧移值；

$[\theta_e]$——多遇地震作用时结构的弹性层间位移角限值；

Δ——墙体的侧移值；

υ——挠度；

υ_i——与 ξ_i 对应的楼盖跨中的最大挠度；

$[\upsilon]$——楼盖梁的挠度容许值。

2.2.3 几何参数

A_c——端墙架柱的截面面积；

A_{en}——有效净截面面积；

A_0——墙体开洞面积；

b——宽度；

b_0——洞口宽度；

b_1、b_2——楼盖梁外侧和内侧的翼板计算宽度；

b_3——楼盖梁的翼缘宽度；

b_e——混凝土翼板的有效宽度；

b_{eq}——混凝土翼板的换算宽度；

b_i——未开洞墙体的宽度；

d_0——腹板洞口高度；

h——高度；

h_0——洞口高度；

h_{c1}——混凝土翼板的厚度；

h_{c2}——压型钢板的波高；

h_j——第 j 层的楼层高度；

h_s——楼盖梁腹板的高度；

I_s——楼盖梁的截面惯性矩；

I_0——组合梁的换算截面惯性矩；

l——跨度；长度；

l_z——承压长度；

r——板材的弯曲半径；

s——螺钉间距；

s_0——相邻楼盖梁翼缘净距；

s_1——混凝土翼板实际外伸宽度；

S_1——计算剪应力处以上的楼盖梁截面对形心轴的面积矩；

S_2——剪应力计算截面以上的组合梁截面面积对换算后组合截面形心轴的面积矩；

t——厚度；

W_e——有效截面模量；

W_{en}——有效净截面模量；

W_0^b——组合梁下翼缘的截面模量；

W_{0c}^t——组合梁混凝土翼板顶面的截面模量；

x——腹板洞口和承压边缘之间的最近距离。

2.2.4 计算系数

R_c——受弯构件腹板局部折曲承载力的折减系数；

α——洞口大小对承重墙体受剪承载力设计值的折减系数；

α_E——钢材弹性模量与混凝土弹性模量的比值；

α_s——多个螺钉连接承载力的折减系数；

γ——楼盖梁挠度修正系数；

γ_0——结构重要性系数；

γ_{Eh}——水平地震作用分项系数；

γ_G——重力荷载分项系数；

γ_{RE}——结构构件的承载力抗震调整系数；

μ——计算长度系数；

ξ_i——楼盖自振频率修正系数；

φ_{bx}——受弯构件的整体稳定系数；

ψ——组合梁挠度修正系数。

3 材　料

3.1 钢　材

3.1.1 钢材选用应符合下列规定：

1 钢材宜采用 Q235 钢、Q345 钢，其质量应分别符合现行国家标准《碳素结构钢》GB/T 700 和《低合金高强度结构钢》GB/T 1591 的规定；镀锌和镀铝锌钢板及钢带的质量尚应符合现行国家标准《连续热镀锌钢板及钢带》GB/T 2518 和《连续热镀铝锌合金镀层钢板及钢带》GB/T 14978 的规定。当有可靠根据时，可采用其他牌号的钢材，但应符合国家现行有关标准的规定。

2 冷弯薄壁型钢可采用锌或铝锌合金镀层防腐，其质量应分别符合国家现行有关标准的规定。

3.1.2 用于承重结构的冷弯薄壁型钢的钢带或钢板，应具有抗拉强度、伸长率、屈服强度、冷弯试验和硫、磷含量的合格保证。

3.1.3 在结构设计图纸和材料订货文件中，应注明所采用钢材的牌号和质量等级、供货条件等以及连接材料的型号或钢材的牌号。必要时，尚应注明对钢材所要求的机械性能和化学成分的附加保证项目。

3.1.4 冷弯薄壁型钢的强度设计值应符合现行国家标准《冷弯薄壁型钢结构技术规范》GB 50018 的相

关规定。

3.2 连接材料

3.2.1 自攻螺钉应符合现行国家标准《开槽盘头自攻螺钉》GB/T 5282、《开槽沉头自攻螺钉》GB/T 5283、《开槽半沉头自攻螺钉》GB/T 5284、《六角头自攻螺钉》GB/T 5285 的规定。自钻自攻螺钉应符合现行国家标准《十字槽盘头自钻自攻螺钉》GB/T 15856.1、《十字槽沉头自钻自攻螺钉》GB/T 15856.2、《十字槽半沉头自钻自攻螺钉》GB/T 15856.3、《六角法兰面自钻自攻螺钉》GB/T 15856.4 的规定。射钉应符合现行国家标准《射钉》GB/T 18981 的规定。

3.2.2 螺栓连接采用的材料应符合下列规定：

　　1 普通螺栓应符合现行国家标准《六角头螺栓 C 级》GB/T 5780 的规定，其机械性能应符合现行国家标准《紧固件机械性能　螺栓、螺钉和螺柱》GB/T 3098.1 的规定。普通螺栓连接的强度设计值，应按现行国家标准《冷弯薄壁型钢结构技术规范》GB 50018 的规定执行。

　　2 高强度螺栓应符合现行国家标准《钢结构用高强度大六角头螺栓》GB/T 1228、《钢结构用高强度大六角螺母》GB/T 1229、《钢结构用高强度垫圈》GB/T 1230、《钢结构用高强度大六角头螺栓、大六角螺母、垫圈技术条件》GB/T 1231 的规定。扭剪型高强度螺栓应符合现行国家标准《钢结构用扭剪型高强度螺栓连接副》GB/T 3632 的规定。高强度螺栓连接的抗滑移系数和预拉力，应分别按现行国家标准《冷弯薄壁型钢结构技术规范》GB 50018 的规定执行。

　　3 锚栓可采用现行国家标准《碳素结构钢》GB/T 700 规定的 Q235 钢或《低合金高强度结构钢》GB/T 1591 规定的 Q345 钢。

3.2.3 焊接采用的材料应符合下列规定：

　　1 手工焊接采用的焊条，应符合现行国家标准《非合金钢及细晶粒钢焊条》GB/T 5117 或《热强钢焊条》GB/T 5118 的规定，选择的焊条型号应与主体金属力学性能相适应；

　　2 自动焊接或半自动焊接采用的焊丝和相应的焊剂应与主体金属力学性能相适应，并应符合现行国家标准《熔化焊用钢丝》GB/T 14957 的规定；

　　3 二氧化碳气体保护焊接用的焊丝，应符合现行国家标准《气体保护电弧焊用碳钢、低合金钢焊丝》GB/T 8110 的规定；

　　4 焊缝的强度设计值应按现行国家标准《冷弯薄壁型钢结构技术规范》GB 50018 的规定执行；

　　5 电阻点焊每个焊点的受剪承载力设计值，应按现行国家标准《冷弯薄壁型钢结构技术规范》GB 50018 的规定执行。

3.3 其他材料

3.3.1 结构面板可采用镀锌或镀铝锌薄钢板、定向刨花板等不易腐蚀的材料，各种材料的力学性能应符合国家现行有关标准的规定。

3.3.2 保温材料、防水材料、屋面及外墙饰面等围护材料应采用轻质材料，并应符合国家现行有关标准规定的耐久性、适用性、气密性、水密性、防火、隔热和隔声等性能要求。

3.3.3 结构用粘胶、胶带、硅胶等粘结密封材料均应符合国家现行有关标准的规定，并提供质保书或试验论证资料。

3.3.4 混凝土和钢筋应符合现行国家标准《混凝土结构设计规范》GB 50010 的规定。

4　建筑设计基本规定

4.0.1 建筑设计应符合现行国家标准《住宅建筑规范》GB 50368 和《住宅设计规范》GB 50096 的规定。

4.0.2 建筑设计应符合现行国家标准《建筑抗震设计规范》GB 50011 关于抗震概念设计的规定。

4.0.3 建筑设计时，应按现行国家标准《建筑模数协调标准》GB/T 50002 的要求执行，并应充分考虑构、配件和设备的模数化、标准化和定型化。

4.0.4 建筑平面宜简单、规则、对称。设计时宜避免偏心过大，当偏心较大时应计算由偏心而导致的扭转对结构的影响；不宜在房屋角部开设洞口和在一侧开设过大的洞口。

4.0.5 冷弯薄壁型钢多层住宅应采取保温与隔热措施，其节能设计应符合现行国家标准《住宅建筑规范》GB 50368 的规定。

4.0.6 冷弯薄壁型钢多层住宅使用的保温隔热材料可采用模塑聚苯乙烯泡沫板、挤塑聚苯乙烯泡沫板、硬质聚氨酯板、岩棉、玻璃棉等。保温隔热材料性能指标应符合现行行业标准《轻型钢结构住宅技术规程》JGJ 209 的规定。

4.0.7 分户墙、隔墙、楼盖及屋盖的空气声计权隔声量和计权标准化撞击声压级等隔声性能应符合现行国家标准《住宅建筑规范》GB 50368、《民用建筑隔声设计规范》GB 50118 的规定。

4.0.8 建筑装饰装修应符合现行国家标准《住宅装饰装修工程施工规范》GB 50327 的规定。轻质墙体、门窗和屋顶等围护结构应与主体结构可靠连接，外墙与屋面应采取防潮、防雨措施，门窗缝隙应采取防水和保温隔热的构造措施，其密封条等填充材料应耐久、可靠。外墙、屋顶和顶棚结构内部的冬季冷凝受潮验算及防潮措施，应符合现行国家标准《民用建筑热工设计规范》GB 50176 的规定。

4.0.9 厨房、卫生间应采取防潮、防水措施。

5 结构设计基本规定

5.1 结构布置

5.1.1 冷弯薄壁型钢多层住宅的墙体、楼盖和屋盖均应采用冷弯薄壁型钢构件与结构板材可靠连接而成的板肋结构。

5.1.2 结构布置应与建筑布置相协调，不宜采用平面或竖向不规则的结构方案。当结构沿竖向存在刚度突变时，应采取加强措施。

5.1.3 冷弯薄壁型钢多层住宅采用冷弯薄壁型钢抗剪墙体作为抗侧力构件，抗侧力构件应在建筑平面和竖向均匀布置，其最大间距应符合表5.1.3的要求。

表 5.1.3 抗侧力构件的最大间距

抗震设防烈度	楼盖类别	最大间距（m）
6度、7度	定向刨花板楼盖	11
	压型钢板混凝土楼盖	15
8度	定向刨花板楼盖	9
	压型钢板混凝土楼盖	11

5.1.4 抗侧力构件应贯通连接房屋全高，上、下端应分别延伸至屋盖和基础。

5.2 设计的一般规定

5.2.1 进行水平剪力分配时，应根据楼盖的刚度和抗剪墙体的间距，建立合理的计算模型。当楼盖平面内刚度不小于竖向抗侧力构件刚度2倍时，可采用刚性楼盖假定，水平剪力按抗侧力构件水平等效刚度分配；不满足刚性楼盖假定时，可按柔性楼盖计算，水平剪力按抗侧力构件从属面积上重力荷载代表值的比例分配。

5.2.2 冷弯薄壁型钢多层住宅基本构件的挠度容许值，应按表5.2.2的规定确定。

表 5.2.2 基本构件的挠度容许值

构件类别	可变荷载作用时的挠度容许值 $[v_Q]$	全部荷载作用时的挠度容许值 $[v_T]$
楼盖梁	$l/500$	$l/250$
门、窗过梁	$l/350$	$l/250$
屋面斜梁	$l/250$	$l/200$
吊顶格栅	$l/350$	$l/250$

注：l 为构件的长度。

5.3 构造的一般规定

5.3.1 冷弯薄壁型钢多层住宅的基本构件宜采用U

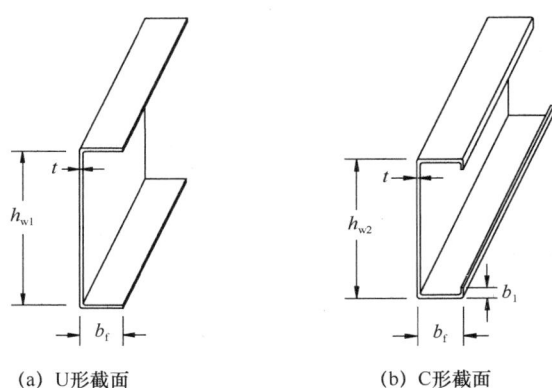

(a) U形截面   (b) C形截面

图 5.3.1 冷弯薄壁型钢构件常用截面
h_{w1}—腹板高度（内缘至内缘）；
h_{w2}—腹板高度（外缘至外缘）；t—钢板厚度；
b_f—翼缘宽度（外缘至外缘）；
b_1—卷边宽度（外缘至外缘）

形截面和C形截面（图5.3.1），C形截面用作梁柱承重构件，U形截面套在C形截面构件的端头，用作顶梁、底梁或边梁。材料厚度应符合下列规定：

1 薄钢板、压型钢板宜采用厚度为0.46mm～0.84mm的钢材；

2 承重构件的基材厚度不应小于0.84mm，非承重构件的基材厚度不应小于0.64mm；

3 顶梁、底梁或边梁的基材厚度不应小于0.84mm，且不宜小于连接承重构件的厚度。

5.3.2 构件受压板件的宽厚比限值应符合表5.3.2的规定。

表 5.3.2 受压板件的宽厚比限值

板件	宽厚比限值
非加劲板件	45
部分加劲板件	60
加劲板件	250

5.3.3 主要受压承重构件的长细比不应大于150；其他受压构件和支撑的长细比不应大于200。受拉构件的长细比不宜大于350，但张紧拉条的长细比不受此限制。当受拉构件在风荷载或多遇地震作用下受压时，长细比不宜大于250。

5.3.4 钢板之间的连接应采用自钻自攻螺钉，螺钉规格不应小于ST4.2，螺钉应从较薄钢板的一侧穿入；钢板与其他板材之间的连接应采用自攻螺钉，螺钉规格不应小于ST3.5。螺钉应穿透所有被连接的构件，且在连接钢板外露出不应少于3个螺纹的长度（图5.3.4）。螺钉中心距、端距和边距不得小于其直径的3倍。

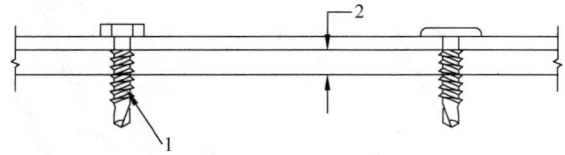

图 5.3.4　螺钉连接示意
1—至少 3 个螺纹；2—从较薄板到较厚板

5.3.5 梁、柱腹板开孔及开孔补强应符合下列规定：

   1 梁、柱的翼缘板和卷边不得切割、开槽或开孔，只可在梁、柱腹板中心区域开孔（图 5.3.5a），两孔的中心间距不应小于 600mm，孔至构件端部或支座边缘的距离不应小于 250mm。当孔不需要补强时，孔长不应超过 110mm；梁的孔宽不应超过 60mm 且不应超过腹板高度的 0.5 倍，柱或其他构件的孔宽不应超过 40mm 且不应超过腹板高度的 0.5 倍。

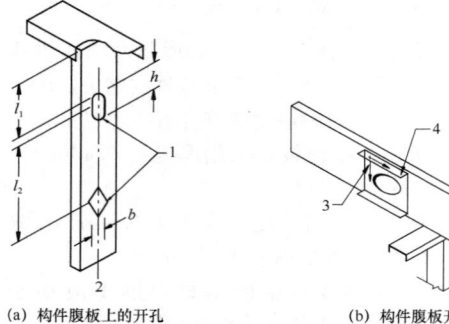

(a) 构件腹板上的开孔　　　(b) 构件腹板开孔的补强

图 5.3.5　构件腹板开孔
l_1—端部距离；l_2—开孔中心间距；
h—冲孔长度；b—孔宽；
1—孔洞；2—腹板中心线；3—螺钉；
4—钢板或 U 形、C 形截面钢构件；
5—楼盖梁

   2 当孔的尺寸不满足本条第 1 款要求时，应用钢板或 U 形、C 形截面钢构件对孔进行补强（图 5.3.5b），加劲件厚度不应小于构件的厚度，每边超出孔边缘的宽度不应小于 25mm。加强件与腹板采用螺钉连接，螺钉间距不应大于 25mm，螺钉到板边缘的距离不应小于 10mm。

   3 当腹板的孔宽超过沿腹板高度的 0.70 倍，孔长超过 250mm 或腹板高度时，除按本条第 2 款的要求补强外，尚应满足构件强度、刚度和稳定性的计算要求。

5.3.6 梁或柱等构件之间用钢带拉结时，应符合下列规定：

   1 钢带尺寸不应小于 50mm×1.0mm，钢带与每根构件翼缘连接不应少于 1 个螺钉，钢带与刚性支撑件应用 2 个螺钉连接（图 5.3.6a）。

   2 沿钢带方向每隔 3.5m 应设置一个刚性支撑

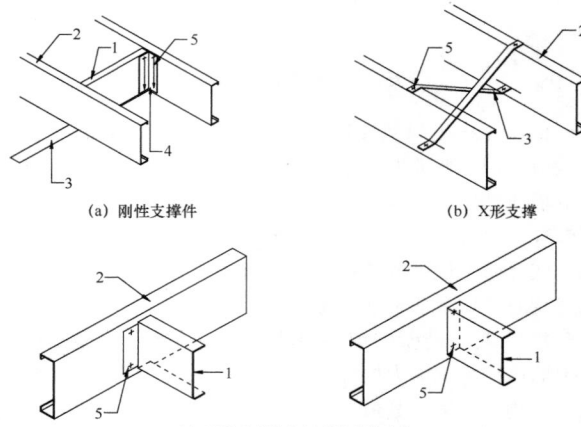

(a) 刚性支撑件　　　　(b) X形支撑

(c) 刚性支撑件与梁或柱直接连接

图 5.3.6　刚性支撑件
1—刚性支撑件；2—梁或柱；3—钢带；
4—连接角钢；5—螺钉

件（图 5.3.6a）或 X 形支撑（图 5.3.6b），且在墙体或楼盖的端头、楼面或墙面洞口处必须设置刚性支撑件。

   3 刚性支撑件应采用厚度不小于 0.84mm 的 U 形或 C 形构件，其截面高度为 C 形构件的腹板高度减去 50mm。刚性支撑件可通过 U 形钢、C 形钢或角钢与构件连接，也可将刚性支撑件的腹板弯折后直接连接（图 5.3.6c）。U 形钢、C 形钢的厚度不应小于 0.84mm，连接角钢尺寸为 50mm×50mm×1.0mm。

   4 X 形支撑的尺寸不应小于 50mm×1.0mm，与每个翼缘连接不应少于 1 个螺钉。

5.3.7 C 形截面墙架柱和承重梁不得拼接。在洞口范围内，U 形截面顶梁、底梁或边梁也不得拼接；在非洞口范围内需要拼接时，应采用长度不小于 200mm、厚度不小于梁或柱厚度的 C 形截面连接件进行拼接（图 5.3.7）。C 形截面连接件每侧连接腹板和翼缘的螺钉均不应少于 4 个。

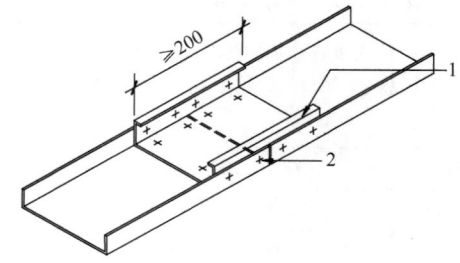

图 5.3.7　顶梁、底梁或边梁的拼接
1—C 形截面连接件；2—螺钉

5.3.8 墙体、楼盖以及屋盖中的钢构件应与结构面板或支撑件可靠连接。

6 作用与作用效应计算

6.1 作 用

6.1.1 设计轻型屋面板和檩条时，不上人屋面的均布活荷载标准值应取 $0.5kN/m^2$；尚应考虑施工及检修集中荷载，其标准值应取 $1.0kN$ 且作用于檩条最不利位置。

6.1.2 设计楼面结构时，均布活荷载不应小于 $2kN/m^2$，但不包括隔墙自重和二次装修荷载。设计楼盖梁、墙体、墙架柱及基础时，应按现行国家标准《建筑结构荷载规范》GB 50009 的规定对楼面荷载标准值乘以相应的折减系数。

6.1.3 垂直于建筑物表面的风荷载标准值 w_k，除应符合本标准规定外，尚应按现行国家标准《建筑结构荷载规范》GB 50009 的规定执行。当建筑物的体型特殊时（图 6.1.3），其风荷载体型系数 μ_s 在纵风向坡屋面（图 6.1.3 中的 R 面）应取 -0.8，在其余部位应按现行国家标准《建筑结构荷载规范》GB 50009 的规定执行。

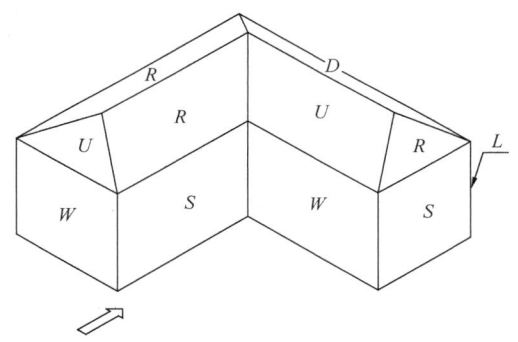

图 6.1.3 屋面和墙面分区
W—迎风墙面；U—迎风坡屋面；S—边墙面；
R—纵风向坡屋面；L—背风墙面；
D—背风坡屋面

6.1.4 设计墙架柱、屋架和檩条时，应考虑由于风吸力等作用引起构件受力的不利影响，此时永久荷载的分项系数应取 1.0。

6.1.5 雪荷载 S_k、基本雪压 S_0 和屋面积雪分布系数 μ_r 应按现行国家标准《建筑结构荷载规范》GB 50009 的规定执行。对复杂屋面的屋面积雪分布系数 μ_r 应按现行行业标准《低层冷弯薄壁型钢房屋建筑技术规程》JGJ 227 的规定执行。设计屋盖结构时，尚应考虑雪荷载在屋面天沟、女儿墙、阴角、天窗挡风板和高低跨相接处的荷载增大系数。

6.1.6 冷弯薄壁型钢多层住宅的地震作用，应符合下列规定：

1 应至少沿建筑结构的两个主轴方向分别计算水平地震作用；

2 有斜交抗侧力构件的结构，当相交角度大于 $15°$ 时，应分别计算各抗侧力构件方向的水平地震作用；

3 质量和刚度分布明显不对称的结构，应计入双向水平地震作用下的扭转影响。

6.2 作用效应

6.2.1 冷弯薄壁型钢多层住宅的内力与位移计算可采用一阶弹性分析。

6.2.2 计算基本构件和连接时，荷载的标准值、荷载分项系数、荷载组合值系数的取值以及荷载效应组合，应按本标准或现行国家标准《建筑结构荷载规范》GB 50009 的规定执行。

6.2.3 按承载能力极限状态设计时，应符合下列规定：

持久、短暂设计状况：

$$\gamma_0 S \leqslant R \qquad (6.2.3\text{-}1)$$

地震设计状况：

$$\gamma_{RE} S_E \leqslant R \qquad (6.2.3\text{-}2)$$

式中：R——结构或结构构件的承载力设计值；

S——持久、短暂设计状况时的作用组合的效应设计值；

S_E——地震设计状况时的作用组合的效应设计值；

γ_0——结构重要性系数，冷弯薄壁型钢多层住宅的安全等级为二级，设计使用年限为 50 年时，γ_0 不应小于 1.0；有特殊要求的冷弯薄壁型钢多层住宅的重要性系数 γ_0 可根据具体情况另行确定；

γ_{RE}——结构构件的承载力抗震调整系数，取为 0.9。

6.2.4 作用效应组合的设计值应符合下列规定：

1 在持久、短暂设计状况时，作用组合的效应设计值应按现行国家标准《建筑结构荷载规范》GB 50009 的规定执行；考虑雪荷载效应组合时，均布雪荷载、不均匀分布雪荷载、堆积雪荷载和滑移堆积雪荷载应作为独立雪荷载，不相互组合；

2 在地震设计状况时，多遇地震下作用组合的效应设计值应按下式确定：

$$S_E = \gamma_G S_{GE} + \gamma_{Eh} S_{Ehk} \qquad (6.2.4)$$

式中：S_{Ehk}——多遇地震时水平地震作用标准值的效应；

S_{GE}——考虑地震作用时重力荷载代表值的效应；

γ_{Eh}——水平地震作用分项系数；

γ_G——重力荷载分项系数。

6.2.5 按正常使用极限状态设计时，应采用荷载效应的标准组合，结构或构件的变形不应超过正常使用要求规定的限值。

6.2.6 冷弯薄壁型钢多层住宅设计应符合下列规定：

1 结构平面布置规则时，可在两主轴方向分别按平面结构进行设计；结构平面布置不规则时，宜采用空间整体分析模型进行设计；

2 竖向荷载由承重墙体的墙架柱承担；墙架柱在每层高度范围内，可近似地视作两端铰接的竖向构件；楼面板和楼盖梁应按承受楼面竖向荷载的受弯构件计算；水平荷载由抗侧力构件承担；

3 水平风荷载作用下，纵墙可视作竖向连续梁，墙体的高宽比应小于 4；横墙应与纵墙、楼盖可靠连接，以保证房屋的整体刚度。

6.2.7 多遇地震作用下，结构的地震作用效应可按现行国家标准《建筑抗震设计规范》GB 50011 的底部剪力法计算，结构任一楼层的水平地震剪力应符合现行国家标准《建筑抗震设计规范》GB 50011 的相关规定。

6.2.8 多遇地震作用下，结构的弹性层间侧移 Δu_e 值应符合下式规定：

$$\Delta u_e \leqslant [\theta_e]h \qquad (6.2.8)$$

式中：h ——层间高度（mm）；

Δu_e ——多遇地震作用时结构的弹性层间侧移值（mm）；

$[\theta_e]$ ——多遇地震作用时结构的弹性层间位移角限值，取为 1/250。

7 构件与连接设计

7.1 构件设计

7.1.1 冷弯薄壁型钢构件可采用的常用截面形式如图 7.1.1 所示。

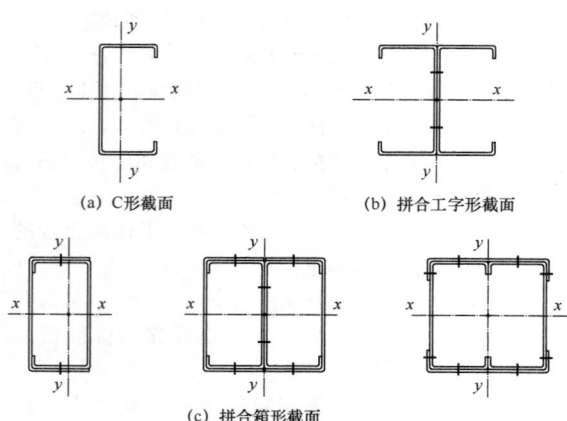

(a) C形截面　　　　(b) 拼合工字形截面

(c) 拼合箱形截面

图 7.1.1　冷弯薄壁型钢构件常用的截面类型

7.1.2 冷弯薄壁型钢轴心受拉构件的强度计算应按现行国家标准《冷弯薄壁型钢结构技术规范》GB 50018 的规定执行。

7.1.3 冷弯薄壁型钢轴心受压构件的承载力计算应符合下列规定：

1 单个开口截面构件的强度和稳定性计算应按现行国家标准《冷弯薄壁型钢结构技术规范》GB 50018 的规定执行；

2 拼合截面构件的强度应按式（7.1.3-1）计算，稳定性应按式（7.1.3-2）计算：

$$\frac{N}{A_{en}} \leqslant f \qquad (7.1.3-1)$$

$$N \leqslant N_u \qquad (7.1.3-2)$$

式中：A_{en} ——有效净截面面积（mm^2）；

N_u ——构件的稳定承载力设计值（N），按本标准第 7.1.4 条的规定采用；

N ——轴向力（N）；

f ——钢材的抗拉、抗压和抗弯强度设计值（N/mm^2）。

7.1.4 冷弯薄壁型钢轴心受压拼合截面构件的稳定承载力应符合下列规定：

1 拼合截面构件绕 x 轴的稳定承载力，可取所有单个开口截面构件绕 x 轴的稳定承载力之和；

2 拼合截面构件绕 y 轴的稳定承载力，当截面拼合连接处有可靠保证时，可取相应的整体截面构件稳定承载力的 0.70 倍。

7.1.5 冷弯薄壁型钢受弯构件的承载力计算应符合下列规定：

1 受弯构件的腹板在集中荷载或支承反力作用下发生局部折曲破坏时，折曲强度应按本规程第 7.1.6 条的规定计算；

2 受弯构件的腹板不发生局部折曲破坏时，其强度和稳定性计算应按现行国家标准《冷弯薄壁型钢结构技术规范》GB 50018 的规定执行。

7.1.6 受弯构件集中力作用处的腹板发生局部折曲时应符合下列规定：

1 腹板不开洞时，其局部折曲承载力应按下式计算：

$$N_c = Ct^2 f\left(1 - C_R\sqrt{\frac{r}{t}}\right)\left(1 + C_N\sqrt{\frac{l_z}{t}}\right)\left(1 - C_h\sqrt{\frac{h}{t}}\right)$$

$$(7.1.6-1)$$

式中：C、C_h、C_N 和 C_R ——系数，不同截面的腹板折曲系数按表 7.1.6 取值；

h ——腹板平面内平直部分的高度（mm）；

l_z ——承压长度（mm），不应小于 20mm；

N_c ——腹板的折曲承载力（N）；对于单个 C 形截面构件，为单腹板的折曲承载力；对于工字形组合截面，为两个腹板的折曲承载力；

f——钢材的抗拉、抗压和抗弯强度设计值（N/mm²）；

r——板材的弯曲半径（mm）；

t——腹板厚度（mm）。

表 7.1.6 不同截面的腹板折曲系数

截面形式	荷载和支承情况		C	C_R	C_N	C_h		限制
单腹板 C 形截面	上翼缘或下翼缘受压	端部支承	4.0	0.14	0.35	0.020	$r/t \leqslant 9$	$l_z/h \leqslant 2.0$
		跨中集中力	13.0	0.23	0.14	0.010	$r/t \leqslant 5$	
	上、下翼缘同时受压	端部支承	7.5	0.08	0.12	0.048	$r/t \leqslant 12$	
		跨中集中力	20.0	0.10	0.08	0.031	$r/t \leqslant 12$	
两个背靠背的 C 形和 U 形截面组成的工字形截面	上翼缘或下翼缘受压	端部支承	10.0	0.14	0.28	0.001	$r/t \leqslant 5$	$l_z/h \leqslant 1.0$
		跨中集中力	20.5	0.17	0.11	0.001	$r/t \leqslant 5$	
	上、下翼缘同时受压	端部支承	15.5	0.09	0.08	0.040	$r/t \leqslant 3$	
		跨中集中力	36.0	0.14	0.08	0.040	$r/t \leqslant 3$	
多腹板压型钢板截面	上翼缘或下翼缘受压	端部支承	4.0	0.04	0.25	0.025	$r/t \leqslant 20$	$l_z/h \leqslant 3.0$
		跨中集中力	8.0	0.10	0.17	0.004	$r/t \leqslant 10$	
	上、下翼缘同时受压	端部支承	9.0	0.12	0.14	0.040	$r/t \leqslant 10$	
		跨中集中力	10.0	0.11	0.21	0.020	$r/t \leqslant 10$	

注：1 以上系数适用于 $h/t \leqslant 200$、$l_z/t \leqslant 210$ 的情况，构件的翼缘应设置必要的支撑；

2 当构件的上、下翼缘都设置支撑，且受到跨中集中力作用和上、下翼缘同时受压时，构件端部到集中力承压长度边缘的距离不应小于 $2.5h$。

2 腹板不在承压长度内开洞时，局部折曲承载力按式（7.1.6-1）计算后应乘以折减系数 R_c。

端部支承、上翼缘或下翼缘受压，$l_z \geqslant 25 \text{mm}$ 时：

$$R_c = 1.01 - 0.325 d_0/h + 0.083 x/h \leqslant 1.0$$

（7.1.6-2）

跨中集中力作用、上翼缘或下翼缘受压，$l_z \geqslant 76 \text{mm}$ 时：

$$R_c = 0.90 - 0.047 d_0/h + 0.053 x/h \leqslant 1.0$$

（7.1.6-3）

式中：d_0——腹板洞口高度（mm）；

x——腹板洞口和承压边缘之间的最近距离（mm）。

7.1.7 冷弯薄壁型钢压弯和拉弯构件的承载力计算应按现行国家标准《冷弯薄壁型钢结构技术规范》GB 50018 的相关规定执行。

7.2 连接计算

7.2.1 冷弯薄壁型钢构件的连接计算，应按现行国家标准《冷弯薄壁型钢结构技术规范》GB 50018 的相关规定执行。

7.2.2 多个螺钉连接的承载力应乘以折减系数 α_s：

$$\alpha_s = \left(0.535 + \frac{0.465}{\sqrt{n}} \right)$$

（7.2.2）

式中：n——螺钉个数。

8 墙体结构设计

8.1 设计计算

8.1.1 墙架柱应按轴心受力构件进行强度和整体稳定性计算，强度计算时可不考虑墙面板的作用。整体稳定性计算时宜考虑墙面板和支撑的作用，其计算长度系数应符合表 8.1.1 的规定。

表 8.1.1 墙架柱的计算长度系数取值

墙体构造	l_x	l_y	l_t	μ_x	μ_y	μ_t
墙体两侧有结构面板	墙架柱长度	$2s$	—	0.8	1.0	—
墙体仅一侧有结构面板，另一侧至少有一道刚性支撑或钢带	墙架柱长度	钢带或刚性支撑之间间距和钢带或刚性支撑与柱端之间间距的较大者	1.0	0.65	0.65

墙体构造		l_x	l_y	l_t	μ_x	μ_y	μ_t
墙体两侧无结构面板	墙架柱中间无支撑	墙架柱长度			1.0	1.0	1.0
	墙架柱中间有刚性支撑或双侧钢带支撑	墙架柱长度	钢带或刚性支撑之间间距和钢带或刚性支撑与柱端之间间距的较大者		1.0	0.8	0.8

注：s 为螺钉的间距（图 8.1.1）。

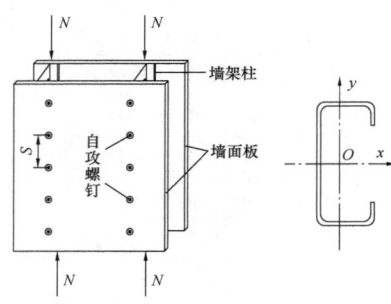

图 8.1.1 带结构面板的墙架柱示意

8.1.2 计算房间内部墙体的墙架柱时应考虑垂直于墙面的侧向附加荷载标准值 0.25kN/m²。

8.1.3 验算抗剪墙体端部与抗拔锚栓连接的墙架柱，尚应考虑水平荷载作用引起的倾覆力矩产生的轴向力 N（图 8.1.3），轴向力 N 应按式（8.1.3）计算。

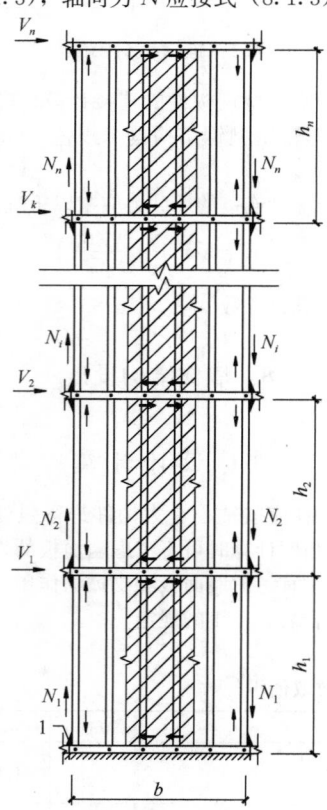

图 8.1.3 与抗拔锚栓连接的墙架柱中由倾覆力矩引起的轴向力
1—抗拔件

$$N_i = \sum_{k=i}^{n} V_k \left(\sum_{j=i}^{k} h_j \right) / b \qquad (8.1.3)$$

式中：b——一对抗拔锚栓之间的墙体宽度（mm）；

h_j——第 j 层的楼层高度（mm），$j = i, i+1 \cdots k$；

i——计算楼层的楼层数；

n——楼层总数；

V_k——作用于第 k 层的水平荷载（N），$k = i, i+1 \cdots n$。

8.1.4 抗剪墙体的受剪承载力设计值应符合表 8.1.4-1 和表 8.1.4-2 的规定。

表 8.1.4-1 风荷载作用下墙体单位长度的受剪承载力设计值 V_{hw}（kN/m）

墙面板	高宽比 (h/b)	螺钉间距（mm）				墙架柱厚度（mm）	螺钉型号
		150/300	100/300	75/300	50/300		
单面 9mm 定向刨花板	2:1	7.68	11.44	14.48	16.75	1.09	ST4.2
单面 11mm 定向刨花板	2:1	10.62	16.45	20.24	22.29	0.84	ST4.2
单面 0.69mm 钢板	2:1	7.55	8.28	9.08	9.86	0.84	ST4.2
	4:1	10.73	11.67	12.66	13.66	1.09	ST4.2
单面 0.76mm 钢板	2:1	9.26	11.19	11.75	12.30	0.84	ST4.2
单面 0.84mm 钢板	2:1	12.10	13.38	14.30	15.18	0.84	ST4.2

表 8.1.4-2 地震作用下墙体单位长度的受剪承载力设计值 V_{hE}（kN/m）

墙面板	高宽比 (h/b)	螺钉间距（mm）				墙架柱厚度（mm）	螺钉型号
		150/300	100/300	75/300	50/300		
单面 11mm 定向刨花板	2:1	7.85	10.26	14.32	19.08	0.84	ST4.2
	2:1	9.25	13.85	17.33	23.11	1.09	ST4.2
	2:1	10.55	15.82	19.75	26.36	1.37	ST4.2
	2:1	13.82	20.74	25.92	34.55	1.73	ST4.8
单面 0.69mm 钢板	2:1	6.03	7.29	7.28	7.91	0.84	ST4.2
	4:1	8.60	9.35	10.15	10.94	1.09	ST4.2
单面 0.76mm 钢板	2:1	10.22	11.38	11.69	12.01	1.09	ST4.2
单面 0.84mm 钢板	2:1	11.85	13.12	13.87	14.64	1.09	ST4.2

注：螺钉间距 150/300 表示：螺钉间距在墙体周边为 150mm，内部为 300mm。其余以此类推。

表 8.1.4-1 和表 8.1.4-2 中抗剪墙体的构造应符合下列规定：

1 对 Q235 钢和 Q345 钢，墙架柱的厚度不应小于 0.84mm，翼缘宽度不应小于 34mm，腹板高度不应小于 89mm，加劲肋高度不应小于 9.5mm，墙架柱间距不应大于 600mm；顶梁和底梁的厚度不应小于 0.84mm，翼缘宽度不应小于 31.8mm，腹板高度不应小于 89mm；

2 墙体的高宽比 h/b 应小于 2；当 $2 < h/b < 4$ 时，墙体的受剪承载力应乘以折减系数 $2b/h$；

3 单片墙体的最大计算宽度不宜超过 6000mm，超过 6000mm 时取 6000mm；当宽度小于 600mm 时忽略其受剪承载力；

4 墙体的两端应设置抗拔螺栓；

5 当不同材料的墙面板安装在墙架柱的同一侧时，墙体的受剪承载力不累计相加；安装在墙架柱的两侧时，墙体的受剪承载力取较小单面墙体受剪承载力的两倍与较大单面墙体受剪承载力中的较大值。

抗剪墙体采用不同构件尺寸或其他材料时应有充分依据，其受剪承载力应由试验确定。

表 8.1.4-1 和表 8.1.4-2 中覆木质结构面板墙体的受剪承载力仅对短期水平荷载，如风荷载、地震作用适用；当用于正常使用和长期水平荷载时，其受剪承载力应分别乘以 0.63 和 0.56 的折减系数。

8.1.5 不开洞墙体的侧向刚度 K 可按下列公式计算：

$$K = V_s / \Delta \tag{8.1.5-1}$$

$$\Delta = \frac{2 V_s h^3}{3 E_s A_c b^2} + \frac{s V_s h}{182 \rho G t_1 t_2 b} + \omega \cdot \frac{s}{t_2} \cdot \sqrt{\frac{h}{b}} \cdot \left(\frac{V_s}{b}\right)^2 \tag{8.1.5-2}$$

式中：A_c ——端墙架柱的截面面积（mm^2）；

b, h ——墙体的宽度、高度（mm）；

E_s ——钢材的弹性模量（MPa），可取 206000MPa；

G ——墙面板的剪变模量（MPa），墙面板为定向刨花板时取 1200MPa，为钢板时取 79000MPa；

s ——板边缘的螺钉间距（mm）；

t_1 ——墙面板的厚度（mm）；

t_2 ——墙架柱的厚度（mm）；

V_s ——作用于墙体的水平荷载（N）；

ω ——系数，当墙面板为定向刨花板时取 $\frac{1}{938}$ （mm^3/N^2），为钢板时 $\frac{1}{540}\sqrt{\frac{235}{f_y}}$ （mm^3/N^2）；

Δ ——墙体的侧移值（mm）；

ρ ——墙面板厚度修正系数，墙面板为定向刨

花板时取 1.05，为钢板时取 0.075。

8.1.6 开洞口承重墙体的受剪承载力设计值应根据洞口大小进行折减，折减系数 α 应符合下列规定：

1 洞口宽度 b_0 和高度 h_0 均小于 300mm 时，$\alpha = 1.0$。

2 洞口宽度 b_0 满足 $300mm \leqslant b_0 \leqslant 400mm$ 且洞口高度 h_0 满足 $300mm \leqslant h_0 \leqslant 600mm$ 时，α 宜由试验确定；无试验依据时，可按式（8.1.6-1）确定：

$$\alpha = \frac{\gamma}{3 - 2\gamma} \tag{8.1.6-1}$$

$$\gamma = \frac{1}{1 + \frac{A_0}{h \sum b_i}} \tag{8.1.6-2}$$

$$A_0 = h_0 \times b_0 \tag{8.1.6-3}$$

式中：A_0 ——墙体开洞面积（mm^2）；

b_i ——未开洞墙体的宽度（mm），i 为未开洞墙体的编号；

h ——墙体高度（mm）；

γ ——系数；

α ——折减系数。

3 洞口尺寸超过上述规定时，取 $\alpha = 0$。

8.1.7 水平荷载作用下，承重墙体应按下列规定进行计算：

1 风荷载作用下，承重墙体单位计算长度上的剪力 V_w 应满足：

$$V_w \leqslant V_{hw} \tag{8.1.7-1}$$

2 多遇地震作用下，承重墙体单位计算长度上的剪力 V_E 应满足：

$$V_E \leqslant V_{hE} / \gamma_{RE} \tag{8.1.7-2}$$

式中：V_E ——考虑地震作用效应组合时承重墙体单位计算长度的剪力设计值；

V_{hE} ——地震作用下墙体单位计算长度的受剪承载力设计值，应按本标准表 8.1.4-2 取值；

V_{hw} ——风荷载作用下墙体单位计算长度的受剪承载力设计值，应按本标准表 8.1.4-1 取值；

V_w ——考虑风荷载效应组合时承重墙体单位计算长度的剪力设计值；

γ_{RE} ——结构构件的承载力抗震调整系数，取为 0.9。

8.2 墙体的构造

8.2.1 承重墙体的墙架柱及其连接构造应符合下列规定：

1 墙架柱宜按 400mm 或 600mm 的间距均匀布置，上下两层墙架柱应竖向对齐，轴线偏差不应大于 3mm（图 8.2.1-1）；

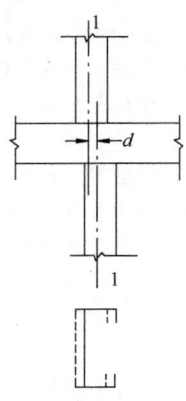

图 8.2.1-1 墙架柱轴线偏差限值
1—柱的形心轴；d—最大偏差

2 墙架柱端部与顶梁或底梁的连接，每侧应至少设置 1 个螺钉，且墙架柱端部与顶梁或底梁腹板之间的缝隙不应大于 2mm；

3 两个 C 形构件背靠背组成拼合截面柱，应沿构件纵向在腹板上采用双排螺钉连接；两组以上拼合截面柱之间通过扁钢连接片拉接，扁钢连接片的尺寸不应小于 50mm×1.0mm，沿构件纵向的间距不应大于 300mm（图 8.2.1-2）；

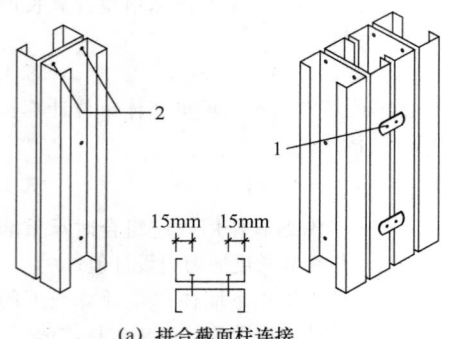

(a) 拼合截面柱连接

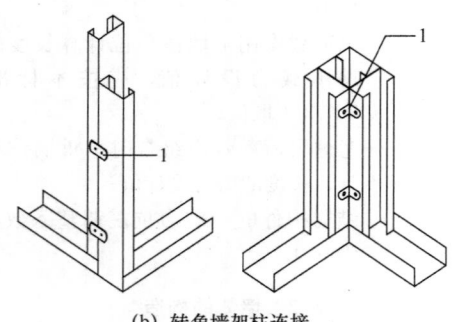

(b) 转角墙架柱连接

图 8.2.1-2 墙架柱拼合连接构造
1—连接片；2—螺钉

4 墙面板与墙架柱应通过螺钉连接，板边缘处

螺钉的间距不宜大于 150mm，板中间处螺钉的间距不宜大于 300mm，螺钉孔边距不应小于 12mm，板间缝隙不应大于 4mm；

5 当墙面板需要上下拼接时，应在拼缝处设置 50mm×1.0mm 的钢带，墙面板与钢带、钢带与墙架柱翼缘均应采用螺钉连接。

8.2.2 承重墙体的开洞构造应符合下列规定：

1 承重墙体洞口上方过梁可采用 L 形构件、C 形构件、U 形构件等拼合截面构件或桁架（图 8.2.2)，过梁类型及截面尺寸应由计算确定；

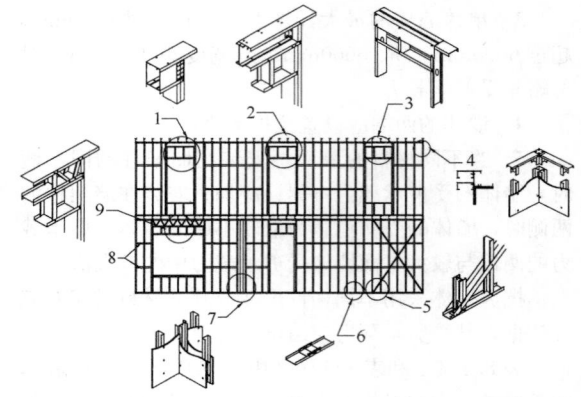

图 8.2.2 墙体构造
1—箱形过梁；2—工字形过梁；3—L 形过梁；
4—外拐角；5—抗剪交叉钢带；6—底梁拼接；
7—内拐角；8—水平支撑；9—桁架式过梁

2 承重墙体洞口两侧宜设拼合截面柱，其截面尺寸应由计算确定。

8.2.3 承重墙体的支撑构造应符合下列规定：

1 承重墙体应沿竖向高度每隔 1.2m 连续通长设置 U 形水平支撑（图 8.2.3a)，其截面尺寸和连接应按计算确定。连接角钢每侧应至少设置 2 个螺钉。

2 承重墙体采用薄钢板、定向刨花板或双面设置交叉钢带（图 8.2.3b)，并设置抗拔件形成抗剪墙

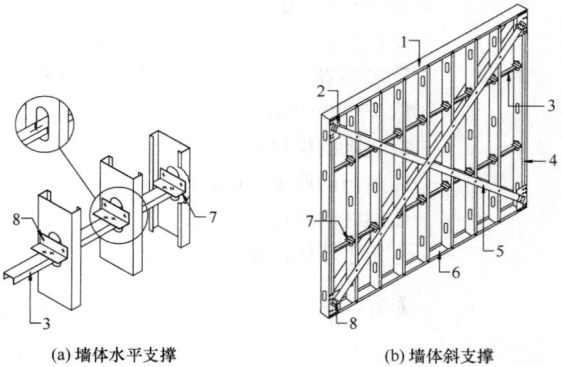

(a) 墙体水平支撑   (b) 墙体斜支撑

图 8.2.3 墙体支撑示例
1—顶梁；2—节点板；3—水平支撑；4—端墙架柱；
5—交叉钢带；6—底梁；7—连接角钢；8—螺钉

体时，薄钢板厚度不宜小于0.46mm，采用螺钉与墙架柱连接；当墙面板需要上下拼接时，应在拼缝处设置钢带，墙面板与钢带、钢带与墙架柱翼缘均应采用螺钉连接，钢带尺寸由计算确定，且不应小于50mm×1.0mm；交叉钢带应采用拉紧装置张紧，端部采用螺钉固定。

3 可沿承重墙体的墙架柱竖向高度横向设置双面通长的钢带，设置方法应符合本标准第5.3.6条的规定。

8.2.4 承重墙体的相关连接应符合下列规定：

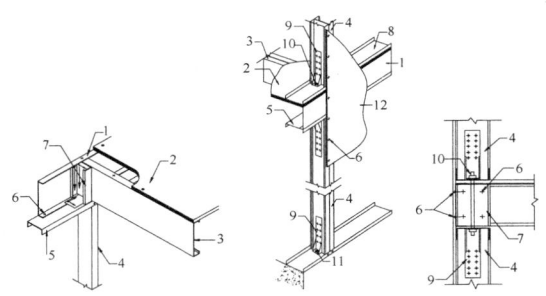

图 8.2.4　承重墙体与楼盖连接
1—边梁；2—楼面板；3—楼盖梁；4—墙架柱
5—顶梁；6—螺钉；7—加劲件；8—底梁
9—抗拔件；10—螺栓；11—锚栓；12—墙面板

1 承重墙体的顶梁或底梁应采用螺钉与楼盖连接（图8.2.4a），螺钉间距不宜大于300mm；

2 承重墙体应通过抗剪螺栓与基础相连，抗剪螺栓的规格应由计算确定；

3 承重墙体的端柱和角柱应通过抗拔件和抗拔锚栓与基础相连，上层柱与下层柱通过抗拔件和抗拉螺栓连接（图8.2.4b）。抗拔锚栓和抗拉螺栓的规格应由计算确定。

9　楼盖结构设计

9.1　设计计算

9.1.1 楼盖梁应按受弯构件验算强度、刚度、整体稳定性及支座处腹板的局部稳定性。当楼盖梁的受压上翼缘与楼面板具有可靠连接时，可不验算梁的整体稳定性。当楼盖梁支承处设置了腹板加劲件时，可不验算楼盖梁腹板的局部稳定性和折屈强度。

9.1.2 压型钢板混凝土楼板与楼盖梁构成的组合梁，应分两阶段进行验算：

1 施工阶段对楼盖梁进行强度、稳定性和挠度验算；

2 使用阶段对组合梁进行强度、挠度验算。

9.1.3 组合梁混凝土翼板的有效宽度 b_e 应按下式计算：

$$b_e = b_1 + b_2 + b_3 \qquad (9.1.3)$$

式中：b_1、b_2——楼盖梁外侧和内侧的翼板计算宽度（mm），取楼盖梁跨度 l 的1/6和混凝土翼板厚度 h_{c1} 的6倍的较小值；b_1 尚不应超过混凝土翼板实际外伸宽度 s_1（mm），b_2 不应超过相邻楼盖梁翼缘净距 s_0（mm）的1/2（图9.1.3）；

　　　　b_3——楼盖梁的翼缘宽度（mm）。

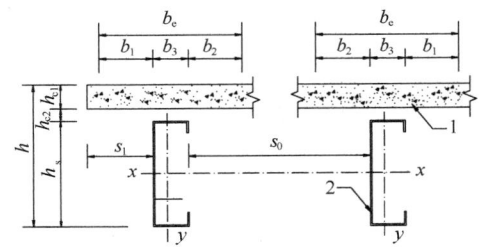

图 9.1.3　组合梁混凝土翼板的有效宽度
1—混凝土翼板；2—楼盖梁；
h—组合梁截面的高度；h_{c1}—混凝土翼板的厚度；
h_{c2}—压型钢板的波高；h_s—楼盖梁腹板的高度；
s_1—混凝土翼板实际外伸宽度；s_0—相邻楼盖梁翼缘净距
b_3—楼盖梁的翼缘宽度（mm）。

9.1.4 组合梁混凝土翼板的计算厚度应取压型钢板顶面以上的混凝土厚度 h_{c1}。

9.1.5 组合梁可按弹性分析，应将受压混凝土翼板的有效宽度 b_e 折算成与钢材等效的换算宽度 b_{eq}，构成单质的换算截面（图9.1.5）。

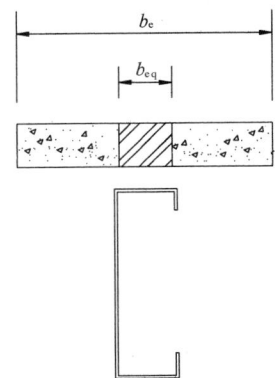

图 9.1.5　组合梁的换算截面

1 荷载短期效应组合　　$b_{eq} = b_e/\alpha_E$

$$(9.1.5-1)$$

2 荷载长期效应组合　　$b_{eq} = b_e/2\alpha_E$

$$(9.1.5-2)$$

$$\alpha_E = E_s/E_c \qquad (9.1.5-3)$$

式中：b_e——混凝土翼板的有效宽度（mm），按本标准公式（9.1.3）确定；

　　　　b_{eq}——混凝土翼板的换算宽度（mm）；

E_s——钢材的弹性模量（N/mm²）；

E_c——混凝土的弹性模量（N/mm²）；

α_E——钢材弹性模量与混凝土弹性模量的比值。

9.1.6 施工阶段楼盖梁的强度、稳定性和挠度应符合下列规定：

1 承受静力荷载或间接承受动力荷载时，在单向弯矩 M_x 作用下，楼盖梁的抗弯强度应按下式计算：

$$\sigma_s = \frac{M_x}{W_{enx}} \leqslant f \qquad (9.1.6-1)$$

在双向弯矩 M_x 和 M_y 共同作用下，楼盖梁的抗弯强度应按下式计算：

$$\sigma_s = \frac{M_x}{W_{enx}} + \frac{M_y}{W_{eny}} \leqslant f \qquad (9.1.6-2)$$

式中：f——钢材的抗弯强度设计值（N/mm²）；

M_x、M_y——对楼盖梁截面主轴 x 轴、y 轴的弯矩设计值（N·mm）；

W_{enx}——对楼盖梁截面主轴 x 轴的有效净截面模量（mm³）；

W_{eny}——对楼盖梁截面主轴 y 轴的有效净截面模量（mm³）。

2 楼盖梁的抗剪强度应按下式计算：

$$\tau_s = \frac{V_1 S_1}{I_s t} \leqslant f_v \qquad (9.1.6-3)$$

式中：f_v——钢材的抗剪强度设计值（N/mm²）；

I_s——楼盖梁的截面惯性矩（mm⁴）；

S_1——计算剪应力处以上的楼盖梁截面对形心轴的面积矩（mm³）；

t——楼盖梁的板厚（mm）；

V_1——施工阶段的荷载在楼盖梁上产生的剪力（N）。

3 单向和双向受弯时，楼盖梁的整体稳定性分别按式（9.1.6-4）、式（9.1.6-5）计算：

$$\sigma_s = \frac{M_x}{\varphi_{bx} W_{ex}} \leqslant f \qquad (9.1.6-4)$$

$$\sigma_s = \frac{M_x}{\varphi_{bx} W_{ex}} + \frac{M_y}{W_{ey}} \leqslant f \qquad (9.1.6-5)$$

式中：W_{ex}、W_{ey}——对楼盖梁截面主轴 x、y 轴受压边缘的有效截面模量（mm³）；

φ_{bx}——受弯构件的整体稳定系数，按现行国家标准《冷弯薄壁型钢结构技术规范》GB 50018 的规定执行。

4 楼盖梁的挠度应按下式计算：

$$\upsilon = \gamma \frac{5 q_k l^4}{384 E_s I_s} \leqslant [\upsilon] \qquad (9.1.6-6)$$

式中：E_s——钢材的弹性模量（N/mm²）；

l——楼盖梁跨度（mm）；

q_k——施工阶段作用在楼盖梁上的均布荷载标

准值（N/mm）；

γ——楼盖梁挠度修正系数，取 $\gamma=1.3$；

$[\upsilon]$——楼盖梁的挠度容许值（mm），取 $l/300$。

9.1.7 正常使用阶段组合梁的强度和挠度应符合下列规定：

1 组合梁的抗弯强度应按下列公式计算：

楼盖梁下翼缘的应力：$\sigma_0^b = \frac{M_1}{W_{enx}} + \frac{M_2}{W_0^b} \leqslant f$

$$(9.1.7-1)$$

混凝土翼板顶面的应力：$\sigma_0^t = -\frac{M_2}{\alpha_E W_{0c}^t} \leqslant f_c$

$$(9.1.7-2)$$

式中：M_1——施工阶段的永久荷载产生的弯矩设计值（N·mm）；

M_2——使用阶段总荷载扣除施工阶段总荷载之后在楼盖梁上产生的弯矩设计值（N·mm）；

W_0^b——组合梁下翼缘的截面模量（mm³）；

W_{0c}^t——组合梁混凝土翼板顶面的截面模量（mm³）。

2 组合梁的剪应力应按下式计算：

$$\tau_s = \frac{V_1 S_1}{I_s t} + \frac{V_2 S_2}{I_0 t} \leqslant f_v \qquad (9.1.7-3)$$

式中：I_0——组合梁的换算截面惯性矩（mm⁴）；

S_2——剪应力计算截面以上的组合梁截面面积对换算后组合截面形心轴的面积矩（mm³）；

V_2——使用阶段总荷载扣除施工阶段总荷载之后在组合梁上产生的剪力设计值（N）。

3 组合梁的挠度应按下式计算：

$$\upsilon = \psi \frac{5 q l^4}{384 E_s I_0} \qquad (9.1.7-4)$$

式中：E_s——钢材的弹性模量（N/mm²）；

I_0——组合梁的换算截面惯性矩（mm⁴）；

l——组合梁的跨度（mm）；

q——楼面均布荷载（N/mm）；

ψ——组合梁挠度修正系数，按表 9.1.7 取值。

表 9.1.7　组合梁挠度修正系数 ψ

ψ 取值	跨高比 $\alpha=l/h_s$	腹板高厚比 $\beta=h_s/t$	楼盖梁规格（mm）	使用荷载条件
$\psi=4.268-0.2208\alpha$ $+4.0\times10^{-3}\alpha^2$	8<l/h_s≤28	150～350	C305×41×14×t	永久荷载或标准组合"恒+活"
		100～300	C255×41×14×t	
$\psi=4.035-0.2022\alpha$ $+3.6\times10^{-3}\alpha^2$		100～250	C205×41×14×t	

注：1　楼盖梁的跨度、腹板高度和板厚分别为 l、h_s、t，单位均为 mm；

　　2　修正系数 ψ 仅限于楼盖梁间距为 400mm 的铰接约束楼盖；

　　3　楼盖梁规格 C205×41×14×t 表示 C 形截面，尺寸为：腹板高度×翼缘宽度×卷边宽度×钢件厚度。

9.1.8 压型钢板混凝土楼板与楼盖梁连接的螺钉数

量应按下式计算：

$$n = \frac{V}{N_v^f} \tag{9.1.8}$$

式中：N_v^f——单个螺钉的受剪承载力设计值，应按现行国家标准《冷弯薄壁型钢结构技术规范》GB 50018 的规定执行；

V——压型钢板混凝土楼板与楼盖梁连接界面上的纵向剪力设计值。

9.1.9 楼盖的自振频率 f 可按下式计算：

$$f = \xi_i \frac{17.8}{\sqrt{v_i}} \tag{9.1.9}$$

式中：f——楼盖的自振频率，其值不应小于 10Hz；

ξ_i（$i=1$，2，3）——楼盖自振频率修正系数，应按表 9.1.9 取值；

v_i——与 ξ_i 对应的楼盖跨中的最大挠度（mm）。

表 9.1.9　楼盖自振频率修正系数 ζ_i

ζ 取值	跨高比 $\alpha = l/h$	腹板高厚比 $\beta = h_s/t$	楼盖梁规格 (mm)	使用荷载条件
$\zeta_1 = 0.3534 + 0.0036\beta - 6 \times 10^{-6}\beta^2$	<24	150～350	C305×41×14×t	永久荷载
$\zeta_1 = 1.0$	≥24			
$\zeta_2 = 0.6391 + 0.0027\beta - 5 \times 10^{-6}\beta^2$	<24	100～300	C255×41×14×t	永久荷载
$\zeta_2 = 1.0$	≥24			
$\zeta_3 = 0.9042 + 0.0006\beta - 1 \times 10^{-6}\beta^2$	<20	100～250	C205×41×14×t	永久荷载
$\zeta_3 = 1.0$	≥20			
$\zeta = 1.0$（$i=1$，2，3）	以上均适用	以上均适用	以上均适用	荷载标准组合"恒+活"

注：1 楼盖梁的跨度、腹板高度和板厚分别以 l、h_s、t，单位均为 mm；
　　2 修正系数 ζ 仅限于楼盖梁间距为 400mm 的铰接约束楼盖。

9.2　楼盖的构造

9.2.1 楼盖梁应与墙架柱间距相同并对齐，梁柱构件轴线的偏差不应大于 3mm（图 9.2.1）。

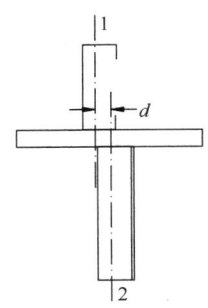

图 9.2.1　同一竖平面内的梁柱轴线允许偏差
1—楼盖梁的形心轴；2—墙架柱的形心轴；
d—最大偏差

9.2.2 当楼盖梁支承在冷弯薄壁型钢承重墙体上时，支承长度不应小于 40mm。在支座和集中荷载作用处，构件腹板按计算要求需设置腹板加劲件时，腹板加劲件可采用厚度不小于 1mm 的 U 形钢或厚度不小

于 0.84mm 的 C 形钢，其高度为被加劲构件腹板高度减去 10mm。腹板加劲件与构件腹板之间应采用不少于 4 个螺钉连接，螺钉应均匀布置。边梁与承重墙体的顶梁之间的连接螺钉的规格和数量应由计算确定，但螺钉规格不应小于 ST4.2，间距不应大于 300mm。

9.2.3 当楼盖梁的跨度超过 3.60m 时，应在其跨中下翼缘垂直于梁的方向设置通长的钢带，设置方法应符合本标准第 5.3.6 条的规定。

9.2.4 简支梁在内承重墙体顶部搭接时（图 9.2.4），搭接长度不应小于 150mm，每根梁应至少用 2 个螺钉与顶梁连接。梁与梁之间应采用至少 4 个螺钉连接。

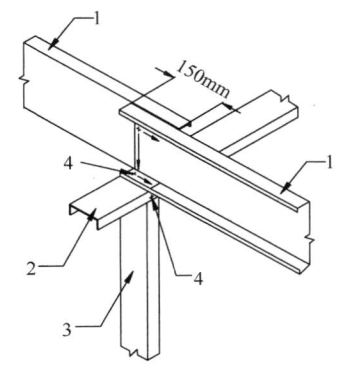

图 9.2.4　简支梁的搭接构造
1—楼盖梁；2—顶梁；3—墙架柱；4—螺钉

9.2.5 楼板开洞最大宽度不宜超过 2.4m，洞口周边采用 U 形钢和 C 形钢拼合成箱形截面梁作为边框，拼合截面的 U 形钢和 C 形钢截面尺寸与相邻楼盖梁相同，拼合截面上、下翼缘采用螺钉连接，螺钉间距不得大于 600mm。洞口边框的角部连接以及楼盖梁与边框的拉接均采用 50mm×50mm 的角钢连接，角钢厚度不应小于楼盖梁厚度，角钢每肢均匀布置 4 个螺钉（图 9.2.5）。当楼面荷载较大时，应对拼合箱形截面梁进行扭转计算。

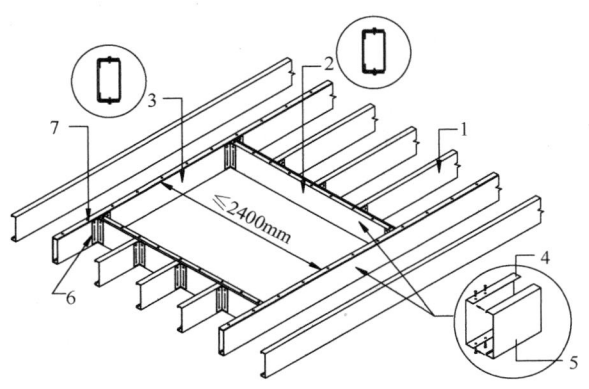

图 9.2.5　楼板开洞的构造
1—楼盖梁；2—洞口横梁；3—洞口纵梁；
4—U 形截面；5—C 形截面；6—加劲件；7—螺钉

9.2.6 楼面板采用结构用定向刨花板时，其厚度不应小于15mm。楼面板与梁应通过螺钉连接，板边缘处螺钉的间距不宜大于150mm，板中间处螺钉的间距不宜大于300mm，螺钉孔边距不应小于12mm，板间缝隙不应大于4mm。当有可靠依据时，也可选用其他类别的结构面板材料。

9.2.7 楼面板采用压型钢板混凝土楼板时，压型钢板板肋应垂直楼盖梁布置，压型钢板板厚不宜小于0.75mm，混凝土翼板厚度不应大于50mm。压型钢板与楼盖梁连接的螺钉间距应与压型钢板板型对应的波距一致，最大容许值为两个波距或不能超过400mm，螺钉规格不宜小于ST4.2。

9.2.8 楼盖与混凝土基础连接时（图9.2.8），连接角钢不应小于150mm×150mm×1.8mm，角钢与边梁应至少采用8个螺钉连接，角钢与基础应采用锚栓连接。锚栓应均匀布置，直径不应小于16mm，间距不应大于800mm，埋入深度不应小于其直径的25倍。

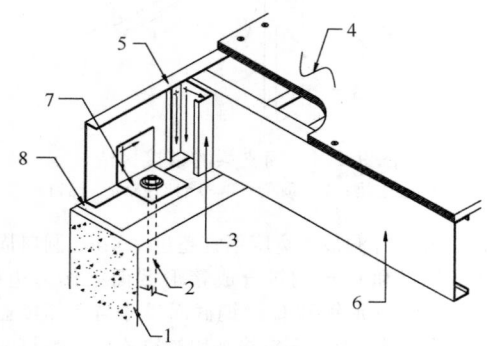

（a）边梁与混凝土基础的连接

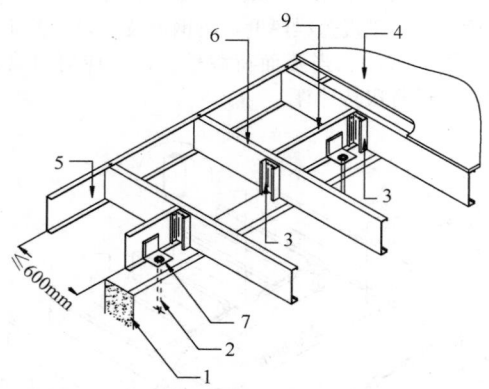

（b）悬臂楼盖梁与混凝土基础的连接

图9.2.8　楼盖与混凝土基础连接
1—基础；2—锚栓；3—加劲件；4—楼面板；
5—边梁；6—楼盖梁；7—角钢；8—防潮层；
9—刚性支撑件

10　屋盖结构设计

10.1　设　计　计　算

10.1.1 平屋面承重结构可采用楼盖的结构形式。坡屋面承重结构可采用桁架形式（图10.1.1a），也可采用由下弦和上弦组成的人字形斜梁形式（图10.1.1b）。进行屋架内力分析时，可假定上、下弦杆为两端铰接中间支承的连续杆，腹杆与上、下弦杆的连接为铰接。对屋架杆件应进行强度、刚度和稳定性验算。

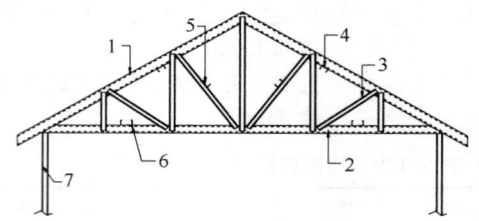

（a）桁架屋架

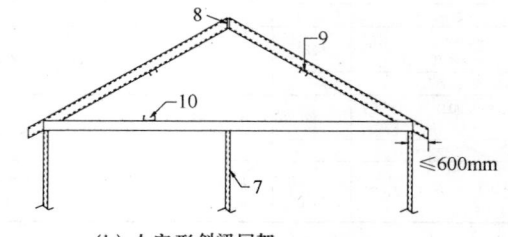

（b）人字形斜梁屋架

图10.1.1　屋架形式
1—上弦；2—下弦；3—腹杆；4—上弦下翼缘支撑；
5—腹杆支撑；6—下弦上翼缘支撑；7—墙架柱；
8—屋脊梁；9—斜梁下翼缘支撑；
10—屋面梁上翼缘支撑

10.1.2 屋架杆件的计算长度可按下列规定采用：

1 在屋架平面内，各杆件的计算长度可取杆件节点间的距离；

2 在屋架平面外，各杆件的计算长度可按下列规定采用：

1） 当屋架上弦铺设结构面板时，上弦杆计算长度可取弦杆螺钉连接间距的2倍；当采用檩条约束时，上弦杆计算长度可取檩条间的距离；

2） 当屋架腹杆无侧向支撑时，腹杆的计算长度可取节点间距离；当腹杆设有侧向支撑时，其计算长度可取节点与屋架腹杆侧向支撑点间的距离；

3） 当屋架下弦铺设结构面板时，下弦杆计算长度可取弦杆螺钉连接间距的2倍；当采用纵向支撑件时，下弦杆计算长度可取侧向支撑点间的距离。

10.1.3 当屋架腹杆与弦杆背靠背连接时，设计腹杆时应考虑平面外偏心距的影响，按绕弱轴的压弯构件计算，偏心距应取腹板中心线到形心的距离。

10.1.4 连接节点的螺钉数量、规格和间距应由抗剪和抗拔计算确定。采用节点板连接时，螺钉数量不应少于 4 个。

10.2 屋盖的构造

10.2.1 屋架上弦应铺设屋面结构构件以传递平面内荷载和保持屋架整体稳定性。屋架应设置上弦水平支撑、下弦水平支撑和垂直支撑系统。屋脊处应设置纵向垂直支撑。

10.2.2 屋面板与屋架上弦、屋架下弦与承重墙体的顶梁应可靠连接，屋架下弦的支承长度不应小于 40mm，在支座位置及集中荷载作用处宜设置加劲件。

10.2.3 当屋架下弦的水平支撑设置在上翼缘时，水平支撑可采用厚度不应小于 0.84mm 的 U 形或 C 形截面刚性支撑件或钢带；屋架下弦的下翼缘可采用吊顶或通长设置钢带起水平支撑作用；钢带尺寸为 50mm×1.0mm，间距不宜大于 1.2m。

10.2.4 屋架上弦的水平支撑可设置在下翼缘，水平支撑宜采用厚度不小于 0.84mm 的 U 形或 C 形截面刚性支撑件，或 50mm×1.0mm 的钢带，支撑间距不应大于 2.4m。

10.2.5 当采用钢带作为水平支撑时，其连接和构造应符合本标准第 5.3.6 条的规定。

10.2.6 当屋面和吊顶需要开洞时，其洞口跨度不宜大于 1.2m，其洞口的构造可按本标准第 9.2.5 条的规定采用。

10.2.7 屋架的节点可采用直接连接和节点板连接两种形式，具体要求应符合现行行业标准《低层冷弯薄壁型钢房屋建筑技术规程》JGJ 227 的规定。

10.2.8 当屋面承重结构采用斜梁时，斜梁应通过连接件与屋脊梁相连（图 10.2.8），屋脊梁可采用 U 形和 C 形钢拼合的箱形截面，其截面尺寸和钢材厚度应与屋架上弦相同，上、下翼缘应采用螺钉连接，螺钉间距不应大于 600mm。斜梁与屋脊梁的连接应采用不小于 50mm×50mm 的角钢，其厚度不应小于 1mm

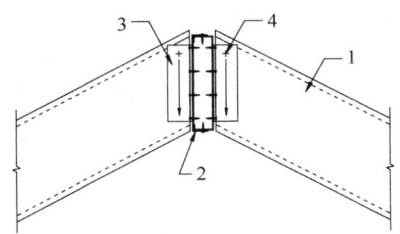

图 10.2.8 斜梁屋脊节点
1—上弦；2—U 形和 C 形钢拼合的箱形截面；
3—角钢；4—螺钉

和屋架上弦的厚度。连接角钢每肢的螺钉不应小于 ST4.8，均匀排列，其数量应符合设计要求。

11 基础设计

11.1 设计计算

11.1.1 冷弯薄壁型钢多层住宅可采用条形基础，局部框架柱可采用独立基础，有地下室的房屋可采用筏板基础。

11.1.2 冷弯薄壁型钢多层住宅的结构与基础应进行抗滑移和抗拔连接验算。

11.1.3 基础的计算与一般构造应符合现行国家标准《建筑地基基础设计规范》GB 50007 的相关规定。

11.1.4 预埋抗拔、抗剪锚栓的计算应符合现行国家标准《钢结构设计标准》GB 50017 的相关规定。

11.2 基础的构造

11.2.1 底层承重墙体的底梁与基础顶面之间应通长设置厚度不小于 1mm 的防潮层，其宽度不应小于底梁腹板宽度。

11.2.2 底层承重墙体与基础连接（图 11.2.2）应符合下列规定：

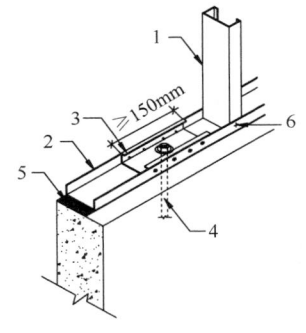

图 11.2.2 底层承重墙体与基础连接
1—墙架柱；2—底梁；3—垫块；
4—锚栓；5—防潮层；6—螺钉

1 承重墙体应采用抗剪螺栓与基础连接，抗剪螺栓应采用预埋锚栓。抗剪螺栓直径不应小于 12mm，间距不应大于 1200mm。靠近墙体端部及角部的抗剪螺栓距墙角柱及墙体端部的距离不应大于 300mm；抗剪螺栓上应设置 C 形截面垫块，垫块长度不小于 150mm，厚度与屋架柱相同。

2 承重墙体的端柱和角柱应通过抗拔件和抗拔锚栓与基础连接。抗拔件的立板厚度不宜小于 3mm，底板厚度不宜小于 6mm。每个抗拔件与墙架柱连接的螺钉数量不宜少于 6 个；抗拔锚栓采用预埋锚栓，其规格不宜小于 M16，间距不宜大于 6m。抗拔锚栓上应设置垫片，垫片厚度与抗拔件底板厚度相同。

3 采用锚栓连接时，应预先在底梁上冲孔，孔的直径比锚栓直径大 1.5mm～3mm，孔中心到底梁的边缘距离不应小于 1.5 倍锚栓直径，孔之间的中心距离不应小于锚栓直径的 3 倍。

12 防火与防腐

12.1 防 火

12.1.1 冷弯薄壁型钢多层住宅的防火设计除应符合本标准的规定外，尚应符合现行国家标准《建筑设计防火规范》GB 50016 和《住宅建筑规范》GB 50368 的相关规定，建筑构件的燃烧性能和耐火极限可按现行国家标准《住宅建筑规范》GB 50368 的相关规定执行。

12.1.2 当住宅下部设置公用汽车库时，应符合现行国家标准《汽车库、修车库、停车场设计防火规范》GB 50067 的相关规定。

当住宅下部附建自用汽车库时，应采用耐火极限不低于 1.0h 的不燃烧体或难燃烧体隔墙和不低于 1.0h 的不燃烧体或难燃烧体楼板与其他部位分隔。车库与居住部分相连通的门应采用乙级防火门，且车库隔墙距地面 100mm 范围内不应开设任何洞口。

12.1.3 由不同高度组成的一座住宅，较低部分屋面上开设的天窗与相接的较高部分外墙上的门窗洞口之间的最小距离不应小于 4m。当相邻较高部分外墙为耐火极限不低于 2.0h 的不燃烧体，且符合下列情况之一时，该距离可不受限制：

1 较低部分安装了自动喷水灭火系统或天窗为固定式乙级防火窗；

2 较高部分外墙面上的门采用火灾时能够自动关闭的乙级防火门，窗口、洞口设有固定式乙级防火窗。

12.1.4 住宅内管道穿过楼板、住宅建筑单元之间的墙和分户墙时，应采用防火封堵材料将空隙紧密填实；当管道为易燃或可燃材质时，应在贯穿部位两侧采取阻火措施。

12.1.5 住宅内宜设置火灾报警装置和轻便消防水龙。

12.2 防 腐

12.2.1 在冷弯薄壁型钢多层住宅的设计文件中应明确防腐镀层名称及镀层厚度等要求。镀锌冷弯薄壁型钢构件应置于建筑围护内，并应采取相应措施避免与地面或室外环境产生的潮气、湿气直接接触。

12.2.2 结构用冷弯薄壁型钢构件及其连接件的防腐镀层应符合下列规定：

1 对于一般腐蚀性地区的住宅，其双面镀锌量不应低于 180g/m² 或双面镀铝锌量不应低于 100g/m²；

2 对于高腐蚀性地区的住宅，其双面镀锌量不应低于 350g/m² 或双面镀铝锌量不应低于 200g/m²。

12.2.3 非结构用冷弯薄壁型钢构件镀层的双面镀锌量不应低于 125g/m²。

12.2.4 冷弯薄壁型钢构件切割及开孔断面处，可不进行防腐处理；当构件表面镀层出现局部破坏时，应采用可靠方式进行防腐处理。

12.2.5 冷弯薄壁型钢构件与混凝土基础之间应设置防腐防潮垫层；金属管线穿越冷弯薄壁型钢构件时，应设置绝缘材料垫圈，避免二者直接接触。

13 制作与安装

13.1 一 般 规 定

13.1.1 冷弯薄壁型钢多层住宅的结构及构件的制作与安装应严格按技术设计文件和施工详图进行，其质量除应符合本标准规定外，尚应符合现行国家标准《钢结构设计标准》GB 50017、《冷弯薄壁型钢结构技术规范》GB 50018 和《钢结构工程施工质量验收规范》GB 50205 的相关规定。

13.1.2 钢构件、墙面板、屋面板及楼面板的标志可采用压痕、喷印或涂印、盖印、挂标牌等方式，标志应清晰、明显、不易涂改。

13.2 制作、运输与储存

13.2.1 制作应符合下列规定：

1 构件应按施工详图进行加工，有条件时宜采用计算机辅助制造以保证精度；

2 不宜现场大量切割构件；确有必要切割时，不应采用引起钢材急剧发热或损坏镀层的方法；

3 构件拼装宜在专用的支凳或平台上进行，在拼装前应对支凳或平台的平整度、角度、垂直度等进行检测，合格后方可进行。拼装完成的单元应保证整体平整度、垂直度在允许偏差范围以内。

13.2.2 运输应符合下列规定：

1 应根据建设工地现场条件及施工工期要求选择运输方式，有条件的地方宜采用集装箱运输；

2 运输及装卸时应码放平整，文明搬运和装卸，并应采取防雨、防污染、防构件变形和损坏的措施。

13.2.3 储存应符合下列规定：

1 所有构件应按不同种类、不同规格和编号顺序存放；

2 所有结构构件宜在通风良好的仓库内储存，并采取防潮措施；在室外存放时，必须有严格的防雨和防潮措施；

3 构件应集中水平存放，应采取措施防止存放过程中变形、碰撞或损伤；

4 屋面板、楼面板、墙面板应根据生产厂家的要求储存堆放，不应产生塑性变形、损坏及变色。

13.3 安　装

13.3.1 安装墙体、楼盖、屋架时，应调整平整度和垂直度。

13.3.2 施工过程中，应采用临时支撑确保结构稳定和施工安全，应采取有效措施将施工荷载分布至较大面积。不得在墙体顶梁上堆放重物或增加其他荷载。

13.3.3 冷弯薄壁型钢多层住宅安装过程中，应采取防撞击措施，受撞击变形的构件应及时校正或补强。

14 设 备 安 装

14.0.1 设备安装应符合现行国家标准《建筑给水排水设计规范》GB 50015、《工业建筑供暖通风与空气调节设计规范》GB 50019、《供配电系统设计规范》GB 50052、《建筑给水排水及采暖工程施工质量验收规范》GB 50242、《通风与空调工程施工质量验收规范》GB 50243、《建筑电气工程施工质量验收规范》GB 50303 和其他国家现行有关标准的规定。

14.0.2 管道安装应符合下列规定：

1 室内给水排水系统和暖通、空调系统的管道宜布置在结构内部（图 14.0.2a），阀门和接口处应安装牢靠不得泄漏；结构构件应在加工制作时完成洞口预留，不应在设备安装时随意切割或现场开孔；

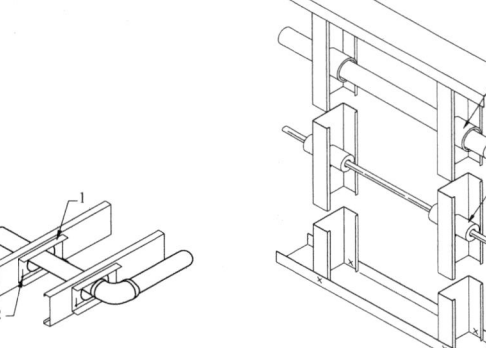

(a) 给水排水和暖通、空调系统
管道穿过钢构件

(b) 管道和配线穿过钢构件

图 14.0.2　管道安装构造
1—U 形钢；2—螺钉；3—塑料套或其他绝缘材料；
4—铜管；5—塑料套管；6—线路

2 布置在钢构件里的给水排水系统和暖通、空调系统管道应采用厚度不小于 0.84mm 的 U 形或 C 形钢管道支架固定，连接管道支架与钢构件的螺钉不应小于 ST4.2；

3 铜制管线穿过或平行于钢构件时，在接触部位应安装塑料套管或用绝缘材料包裹铜管，将其与钢构件隔开（图 14.0.2b）；

4 管线穿越结构处应采取有效封堵措施，保证穿越处的原有防火、隔声和保温性能不被削弱。

14.0.3 电线安装应符合下列规定：

1 电线宜布置在结构内部，当电线穿过钢构件时，应采用塑料套管等绝缘材料保护电线的绝缘层不受损伤（图 14.0.2b）；

2 电控箱应通过钢支架与墙架柱固定，连接钢支架与钢构件之间的螺钉不应小于 ST4.2。

14.0.4 壁柜安装要求：在墙架柱之间可用木支架或厚度不小于 0.84mm 的 U 形或 C 形钢支架安装壁柜，木支架或钢支架与钢构件的连接可采用 ST4.2 螺钉。

14.0.5 有振动和噪声的设备不应置于卧室上方，振动设备应采取隔振减振措施。空调机等设备应固定在专用结构支架上，不宜采用吊挂。

15 验 　收

15.0.1 冷弯薄壁型钢多层住宅质量验收的程序和组织应符合现行国家标准《建筑工程施工质量验收统一标准》GB 50300 和《钢结构工程施工质量验收规范》GB 50205 的规定。

15.0.2 冷弯薄壁型钢构件的验收应符合现行行业标准《住宅轻钢装配式构件》JG/T 182 的规定。

15.0.3 冷弯薄壁型钢多层住宅的节能工程质量验收应符合现行国家标准《建筑节能工程质量验收规范》GB 50411 的规定。

15.0.4 连接钢板采用的螺钉、射钉等的规格尺寸应与被连接钢板匹配，其数量、间距、边距应符合设计要求。

检查数量：连接节点数抽查 1%，且不应少于 3 件。

检验方法：观察和钢尺检查。

15.0.5 冷弯薄壁型钢多层住宅工程验收中，部分工艺项目允许偏差应符合下列规定：

1 冷弯薄壁型钢墙体尺寸的允许偏差应符合表 15.0.5-1 的规定。

表 15.0.5-1　冷弯薄壁型钢墙体尺寸的允许偏差

检查项目	允许偏差
宽度	±2mm
高度	±2mm
对角线	±3mm
平整度	$h/1000$（h 为墙体高度），且小于 10mm
墙架柱间距	±3mm
洞口位置	±2mm
其他构件位置	±3mm

检查数量：同类品种抽查 10%，且不应少于 3 件。

检验方法：钢尺和靠尺检查。

2 冷弯薄壁型钢屋架尺寸的允许偏差应符合表 15.0.5-2 的规定。

检查数量：同类品种抽查 10%，且不应少于 3 件。

检验方法：钢尺和靠尺检查。

表 15.0.5-2　冷弯薄壁型钢屋架尺寸的允许偏差

检查项目	允许偏差
屋架长度	$-5mm\sim 0$
支撑点距离	$\pm 3mm$
跨中高度	$\pm 6mm$
端部高度	$\pm 3mm$
跨中拱度	$0\sim +6mm$
相邻节间距离	$\pm 3mm$
弦杆间的夹角	$\pm 2°$

3 屋架、梁的垂直度和侧向弯曲矢高的允许偏差应符合表 15.0.5-3 的规定。

检查数量：同类品种抽查 10%，且不应少于 3 件。

检验方法：用吊线、经纬仪和钢尺检查。

表 15.0.5-3　屋架、梁的垂直度和侧向弯曲矢高的允许偏差

项目	允许偏差
垂直度（Δ）（图 15.0.5a）	$h/250$，且不应大于 15mm
侧向弯曲矢高（f）（图 15.0.5b）	$l/1000$，且不应大于 10mm

注：h 为屋架跨中高度；l 为跨度或长度。

4 基础的墙架柱支承面和锚栓位置的允许偏差应符合表 15.0.5-4 的规定。

检查数量：同类品种抽查 10%，且不应少于 3 件。

检验方法：用经纬仪、水准仪、全站仪和钢尺检查。

表 15.0.5-4　基础的墙架柱支承面和锚栓位置的允许偏差

项目		允许偏差
支承面	标高	$\pm 3mm$
	水平度	$l/1000$
锚栓	锚栓中心偏移	3mm
	预留孔中心偏移	10mm

5 冷弯薄壁型钢多层住宅主体结构的整体垂直度和整体平面弯曲的允许偏差应符合表 15.0.5-5 的规定。

检查数量：对主要立面全部检查。对每个所检查的立面，除两端外，选取中间部位进行检查。

检验方法：采用吊线、经纬仪或全站仪等检查。

表 15.0.5-5　主体结构的整体垂直度和整体平面弯曲的允许偏差

项目	允许偏差
主体结构的整体垂直度（Δ）（图 15.0.5c）	（$H/2500+10$），且不应大于 50mm
主体结构的整体平面弯曲（Δ）（图 15.0.5d）	$L/1500$，且不应大于 25mm

注：H 为冷弯薄壁型钢多层住宅的檐口高度，L 为冷弯薄壁型钢多层住宅的平面长度或宽度。

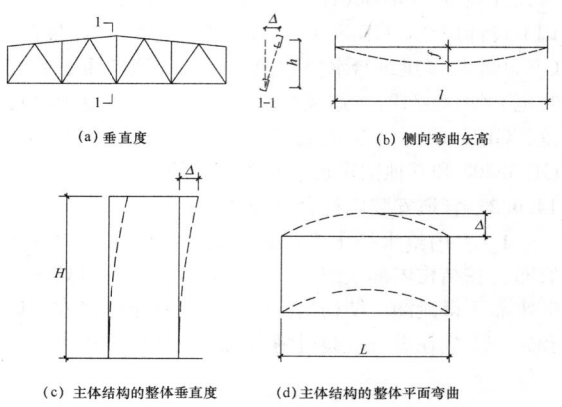

(a) 垂直度　　　　(b) 侧向弯曲矢高

(c) 主体结构的整体垂直度　(d) 主体结构的整体平面弯曲

图 15.0.5　部分工艺项目工程验收允许偏差

本标准用词说明

1 为便于在执行本标准条文时区别对待，对要求严格程度不同的用词说明如下：

1）表示很严格，非这样做不可的：
正面词采用"必须"，反面词采用"严禁"；

2）表示严格，在正常情况下均应这样做的：
正面词采用"应"，反面词采用"不应"或"不得"；

3）表示允许稍有选择，在条件许可时首先应这样做的：
正面词采用"宜"，反面词采用"不宜"；

4）表示有选择，在一定条件下可以这样做的，采用"可"。

2 条文中指明应按其他有关标准执行的写法为："应符合……的规定"或"应按……执行"。

引用标准名录

1 《建筑模数协调标准》GB/T 50002
2 《建筑地基基础设计规范》GB 50007
3 《建筑结构荷载规范》GB 50009
4 《混凝土结构设计规范》GB 50010
5 《建筑抗震设计规范》GB 50011
6 《建筑给水排水设计规范》GB 50015
7 《建筑设计防火规范》GB 50016
8 《钢结构设计标准》GB 50017
9 《冷弯薄壁型钢结构技术规范》GB 50018
10 《工业建筑供暖通风与空气调节设计规范》GB 50019
11 《供配电系统设计规范》GB 50052
12 《汽车库、修车库、停车场设计防火规范》GB 50067
13 《住宅设计规范》GB 50096
14 《民用建筑隔声设计规范》GB 50118
15 《民用建筑热工设计规范》GB 50176
16 《钢结构工程施工质量验收规范》GB 50205
17 《建筑给水排水及采暖工程施工质量验收规范》GB 50242
18 《通风与空调工程施工质量验收规范》GB 50243
19 《建筑工程施工质量验收统一标准》GB 50300
20 《建筑电气工程施工质量验收规范》GB 50303
21 《住宅装饰装修工程施工规范》GB 50327
22 《住宅建筑规范》GB 50368
23 《建筑节能工程质量验收规范》GB 50411
24 《碳素结构钢》GB/T 700

25 《钢结构用高强度大六角头螺栓》GB/T 1228
26 《钢结构用高强度大六角螺母》GB/T 1229
27 《钢结构用高强度垫圈》GB/T 1230
28 《钢结构用高强度大六角头螺栓、大六角螺母、垫圈技术条件》GB/T 1231
29 《低合金高强度结构钢》GB/T 1591
30 《连续热镀锌钢板及钢带》GB/T 2518
31 《紧固件机械性能 螺栓、螺钉和螺柱》GB/T 3098.1
32 《钢结构用扭剪型高强度螺栓连接副》GB/T 3632
33 《非合金钢及细晶粒钢焊条》GB/T 5117
34 《热强钢焊条》GB/T 5118
35 《开槽盘头自攻螺钉》GB/T 5282
36 《开槽沉头自攻螺钉》GB/T 5283
37 《开槽半沉头自攻螺钉》GB/T 5284
38 《六角头自攻螺钉》GB/T 5285
39 《六角头螺栓 C级》GB/T 5780
40 《气体保护电弧焊用碳钢、低合金钢焊丝》GB/T 8110
41 《熔化焊用钢丝》GB/T 14957
42 《连续热镀铝锌合金镀层钢板及钢带》GB/T 14978
43 《十字槽盘头自钻自攻螺钉》GB/T 15856.1
44 《十字槽沉头自钻自攻螺钉》GB/T 15856.2
45 《十字槽半沉头自钻自攻螺钉》GB/T 15856.3
46 《六角法兰面自钻自攻螺钉》GB/T 15856.4
47 《射钉》GB/T 18981
48 《住宅轻钢装配式构件》JG/T 182
49 《轻型钢结构住宅技术规程》JGJ 209
50 《低层冷弯薄壁型钢房屋建筑技术规程》JGJ 227

中华人民共和国行业标准

冷弯薄壁型钢多层住宅技术标准

JGJ/T 421－2018

条 文 说 明

编 制 说 明

《冷弯薄壁型钢多层住宅技术标准》JGJ/T 421-2018，经住房和城乡建设部 2018 年 09 月 12 日第 189 公告批准、发布。

本标准编制过程中，对冷弯薄壁型钢多层住宅进行了大量的试验研究和理论分析，并在完成试点工程的基础上，进一步总结了国内外的工程实践经验，参考和借鉴了国内外先进的技术标准和规范。

为便于广大设计、施工、科研、教学等单位有关人员在使用本标准时能正确理解和执行条文规定，《冷弯薄壁型钢多层住宅技术标准》编制组按章、节、条顺序编制了本标准的条文说明，对条文规定的目的、依据以及执行中需注意的有关事项进行了说明。但是，本条文说明不具备与标准正文同等的法律效力，仅供使用者作为理解和把握标准规定的参考。

目　　次

1 总 则

1.0.1 为了适应冷弯薄壁型钢多层住宅的发展，贯彻落实国家节能、节地、节材、节水和环保的技术政策，参考美国钢铁学会《北美冷弯薄壁型钢结构构件设计规程》AISI S100、《北美冷弯薄壁型钢结构规程—总则》AISI S200、《北美冷弯薄壁型钢结构规程—墙柱设计》AISI S211、《北美冷弯薄壁型钢结构规程—抗侧设计》AISI S213、《北美冷弯薄壁型钢结构规程—过梁设计》AISI S212、《北美冷弯薄壁型钢结构规程—桁架设计》AISI S214、《北美冷弯薄壁型钢结构规程—楼屋盖体系设计》AISI S210 等相关规程，制定了本标准的编制目的和设计施工必须遵循的建设方针。

1.0.2 规定了本标准的适用范围。根据《住宅设计规范》GB 50096－2011 的规定，住宅建筑 4 层～6 层为多层住宅。按《住宅建筑规范》GB 50368－2005 的规定，住户入口楼层距室外设计地面的高度超过 16m 以上的住宅必须设置电梯，因此本标准规定檐口高度不大于 20m，可不必设置电梯。根据冷弯薄壁型钢结构住宅的建筑构件燃烧性能和耐火极限，参照《住宅建筑规范》GB 50368－2005 的规定，应将层数限制在 6 层及其以下。冷弯薄壁型钢多层住宅在北美已经应用较广泛，但考虑到这种结构在国内刚刚起步，还需要积累经验，当房屋高度超过本条高度限值时，应进行专门的研究和论证，采取有效的加强措施。

冷弯薄壁型钢结构体系的墙体、楼板、屋盖均为板肋结构，具有很强的抵抗水平荷载的能力和抗震能力，在北美已应用于高烈度地震区。但我国对多层冷弯薄壁型钢结构的抗震性能研究还很缺乏，为慎重起见，建议限制在设防烈度为 8 度及 8 度以下地区的 4 层～6 层的住宅。

1.0.3 冷弯薄壁型钢多层住宅采用的是一种新型结构体系，必须从方案、设计、施工、材料选用、围护结构及部件配套等全方位考虑，进行一体化设计，以提高效率，保证质量，降低成本。冷弯薄壁型钢住宅是一种新型节能建筑，便于利用太阳能和风能等再生能源；只有执行我国建筑节能等技术政策，才能体现出冷弯薄壁型钢多层住宅的优越性。

3 材 料

3.1 钢 材

3.1.1 本条对钢材选用作出规定。

1 当采用高强钢材时，按强度控制所需的截面面积减少，但根据刚度、稳定性及构造要求，壁厚和截面面积又需要加大；钢材强度提高、壁厚加大会导致现场安装采用螺钉连接困难，高强钢的优势不能充分发挥，所以宜采用 Q235 钢、Q345 钢。镀锌钢板或钢带宜选用 S250GD＋Z（ZF）、S280GD＋Z（ZF）、S320GD＋Z（ZF）、S350GD＋Z（ZF）；镀铝锌钢板和钢带宜选用 S250GD＋AZ、S300GD＋AZ、S350GD＋AZ，在使用时可按屈服强度的大小偏安全地归入 Q235 钢或 Q345 钢使用。当采用国外钢材时，该钢材的技术指标和材性应符合我国现行有关标准的规定。结构设计可根据构件受力性质和大小不同，在给定截面时选择不同强度的钢号。

2 镀锌防腐常见、多用，镀铝锌防腐质量比镀锌防腐质量要好。当承重构件厚度 $t \leqslant 2.0mm$ 时，制作材料应选用结构级热浸镀锌钢板或钢带，材料性能应符合现行国家标准《连续热镀锌钢板及钢带》GB/T 2518 和《连续热镀铝锌合金镀层钢板及钢带》GB/T 14978 的规定。在技术经济合理的情况下，在同一结构中可采用不同牌号的钢材。

3.1.2 参照现行国家标准《冷弯薄壁型钢结构技术规范》GB 50018 进行了规定。

3.1.3 本条提出在设计和材料订货中应具体考虑的一些注意事项。必要时，可在设计中提出具体要求。材料的订货文件应与设计文件一致。

3.2 连 接 材 料

3.2.1 冷弯薄壁型钢多层住宅中的自攻螺钉、自钻自攻螺钉和射钉可按表 1 选用。

表 1 连接件选用表

序号	名称	规格	螺杆直径（mm）	长度（mm）	连接部位
1	射钉	φ3.7×32	3.70	32	底梁与地基连接
2	六角头自钻自攻螺钉	ST4.8×19	4.80	19	刚性支撑件与墙架柱、梁支座连接；桁架与墙体连接
		ST4.8×38	4.80	38	墙体底梁与楼盖连接
		ST5.5×19	5.50	19	桁架构件及支座连接
		ST6.3×32	6.30	32	吊顶与楼盖连接
3	圆头华司自钻自攻螺钉	ST4.2×13	4.20	13	墙体构件、墙体之间、梁拼合
		ST4.8×19	4.80	19	钢带与冷弯薄壁型钢构件连接
4	盘头自钻自攻螺钉	ST4.8×19	4.80	19	钢板、钢带与冷弯薄壁型钢构件连接
5	沉头自攻螺钉	ST4.2×38	4.20	38	墙面板、楼面板与冷弯薄壁型钢构件连接
		ST4.2×32	4.20	32	屋面板与屋架连接

注：1 螺钉长度指从钉头的支撑面到尖头末端的长度；
　　2 螺钉验收时应执行下列现行国家标准：《紧固件机械性能 自攻螺钉》GB/T 3098.5、《紧固件机械性能 自钻自攻螺钉》GB/T 3098.11、《紧固件 验收检查》GB/T 90.1、《紧固件 标志与包装》GB/T 90.2。

3.3 其他材料

3.3.1 结构面板是指用于承重结构的板材，如墙面板、楼面板和屋面板等，其强度高，并符合相应的标准要求。当有可靠依据时，结构面板可采用其他不易腐蚀的材料。所用板材应符合国家现行有关标准，其中，定向刨花板应符合现行行业标准《定向刨花板》LY/T 1580 的规定；压型钢板应符合现行国家标准《建筑用压型钢板》GB/T 12755 的规定；多色涂层钢板应符合现行国家标准《彩色涂层钢板及钢带》GB/T 12754 的规定。

脆性材料板材不能作为受弯面板，如楼面板和屋面板。定向刨花板一般选用三级板材。当定向刨花板用于楼面板且楼盖梁间距为 600mm 时，其公称厚度不应小于 19mm；当楼盖梁间距为 400mm 时，其公称厚度不应小于 15mm。当定向刨花板用于屋面板时，其公称厚度不应小于 12mm。当定向刨花板用于墙面板时，其公称厚度不应小于 10mm。当承受重载时，可根据计算选用四级板材。在室内干燥状态下，也可选用二级板材。

4 建筑设计基本规定

4.0.3 模数协调就是实现建筑构件、产品、部件和设备的尺寸协调以及安装位置的方法和过程，有利于设计标准化、生产工业化、施工装配化，从而推动冷弯薄壁型钢多层住宅的产业化发展。

4.0.4 本条是建筑平面设计一般原则并与结构设计相协调。

4.0.5 外墙和屋面属于外围护体系，是冷弯薄壁型钢多层住宅建筑节能的关键。外墙和楼盖搁栅间可采用在空腔中填充纤维类保温材料或在墙体外铺设硬质板状保温材料来保温隔热。在楼盖搁栅间填充玻璃棉，不仅可以有效地减少通过楼层的热传递，而且阻止了声音的传播。在顶层墙体顶端和墙体与屋盖连接处，应确保保温材料、隔汽层和防潮层的连续性和密闭性，防止由于保温材料不连续而造成的传热损失和冷凝。

4.0.6 外墙保温隔热材料的应用，可减少钢柱热桥的影响，以防止建筑墙体内表面或内部的冷凝和结露。当采用墙体空腔中填充纤维类保温材料时，由于冷弯薄壁型钢墙架柱的传热能力比墙架柱间空腔保温材料的传热能力大许多，其热桥效应对建筑围护传热会产生很大的影响，计算外墙热阻时应考虑保温材料的性能折减，并按现行行业标准《低层冷弯薄壁型钢房屋建筑技术规程》JGJ 227 的规定执行。保温材料宽度应等于或略大于冷弯薄壁型钢墙架柱间距，厚度不宜小于墙架柱截面高度。保温产品应具体确定材料的导热系数，提供保温材料导热系数的书面证明材料，并应符合设计要求。

当使用模塑聚苯乙烯泡沫板、挤塑聚苯乙烯泡沫板、硬质聚氨酯板等有机泡沫塑料作为冷弯薄壁型钢结构住宅的保温隔热材料时，保温隔热系统整体应具有合理的防火构造措施。

4.0.7 在内外墙及楼盖格栅间填充玻璃棉，有效阻止了通过空气传播的音频部分。为了消除固体传播的冲击声，对于分户墙，可用二道墙架柱构成带有中间空隙的二道墙体；而对于吊顶用的固定石膏板的小龙骨，可用带有小切槽的弹性构造来有效地减少楼层间的固体声传播。钢构件在隔墙处等可能形成声桥的部位，应采用隔声材料或重质材料填充或包覆，保证相邻空间隔声指标达到设计要求。冷弯薄壁型钢结构住宅的窗一般采用中空玻璃，中空玻璃不仅具有很好的保温隔热性能，节省大量的能源，而且还有较高的隔声功能，隔声程度一般达 40dB 以上，为住宅大大减少噪声的污染。

5 结构设计基本规定

5.1 结构布置

5.1.1 冷弯薄壁型钢多层住宅的结构，可由冷弯薄壁型钢墙体、楼盖和屋盖等组成（图 1）。墙体主要由墙架柱、顶梁、底梁、水平支撑、墙面板、抗剪交叉钢带等构件组成。交叉钢带一般采用带有张紧扣件的钢带，双面布置于墙内外两侧并张紧。楼盖主要由冷弯薄壁型钢楼盖梁、边梁和楼面板组成，楼面板可采用压型钢板轻质混凝土楼板、定向刨花板或其他轻质楼板。屋盖主要由冷弯薄壁型钢屋架和结构面板组成，屋架一般采用三角形桁架或人字形斜梁形式。

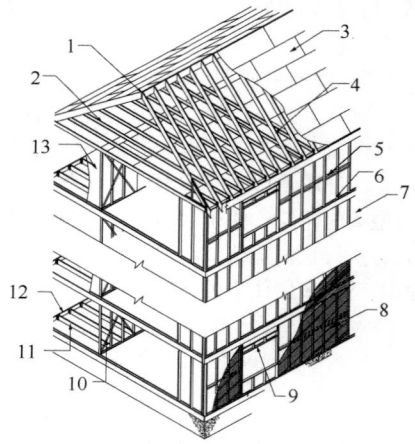

图 1　冷弯薄壁型钢多层住宅的构造
1—屋脊梁；2—屋架下弦；3—屋面板；
4—屋架上弦；5—水平支撑；6—底梁；
7—墙架柱；8—墙面板；9—过梁；
10—抗剪交叉钢带；11—楼盖梁；
12—边梁；13—楼面板

5.1.2 平面不规则和竖向不规则类型的定义可采用现行国家标准《建筑抗震设计规范》GB 50011 的规定。

5.1.3 冷弯薄壁型钢多层住宅采用冷弯薄壁型钢抗剪墙体作为抗侧力构件，薄钢板抗剪墙体一般适用于墙体长度大、开洞率适中的墙体；设置交叉钢带抗剪墙体，一般适用于不开洞或开小洞的墙体。楼梯间采用钢筋混凝土墙或砌体墙时，应考虑其抗侧作用。

水平荷载作用下，楼层的层间剪力通过本层楼盖传递至竖向抗侧力构件，为保证楼层剪力有效传递至竖向抗侧力构件，需保证楼盖具有较好的平面内刚度。当抗侧力构件之间距离较大时，水平剪力作用下楼盖的平面内变形中弯曲变形的比例较大，传递水平剪力的能力降低，抗侧力构件之间的协同工作性能难以保证。压型钢板混凝土楼盖的刚度比定向刨花板楼盖的刚度要大得多，所以相应抗侧力构件的间距可以放宽一些。抗侧力构件间距，可根据楼盖刚度和抗震设防烈度确定。

5.1.4 为保证屋盖、楼盖水平力有效传递至基础，应保证抗侧力构件上下连续贯通；抗侧力墙体不能上下贯通时，应保证层间剪力的有效传递路径明确。

5.2 设计的一般规定

5.2.2 挠度计算时应采用荷载标准值，表 5.2.2 中分别规定了可变荷载作用时挠度的容许值 $[\upsilon_Q]$ 和全部荷载作用时挠度的容许值 $[\upsilon_T]$。$[\upsilon_Q]$ 主要反映使用条件，包括楼盖的振动、墙面板和吊顶的变形；$[\upsilon_T]$ 主要反映挠度感观，一般情况下，当挠度大于 $l/200$ 时将影响感观，楼盖梁、门窗过梁和吊顶格栅对感观的影响更大，其挠度控制应该更严，因此规定了两种挠度容许值。表中具体数值参考了美国钢铁学会规范《Commentary on the Standard for Cold-formed Steel Framing-Prescriptive Method for One and Two Family Dwellings》的相关规定。

5.3 构造的一般规定

5.3.1 冷弯薄壁型钢住宅由木结构演变而来，采用 C 形截面作为承重构件，替代木结构中的木构件。U 形截面构件作为 C 形截面构件的封头，以保证楼盖梁或墙架柱的整体性。现在国内冷弯薄壁型钢住宅的结构用钢材大都采用国外常用的规格尺寸，钢板材料的厚度是根据英制单位换算而来。

5.3.2、5.3.3 参照现行国家标准《冷弯薄壁型钢结构技术规范》GB 50018 进行了规定。

5.3.5 构件开孔不满足构造要求时，需进行补强。当构件开孔尺寸超过限值要求时，应验算孔洞削弱的影响。

6 作用与作用效应计算

6.1 作 用

6.1.1 轻型屋面板和檩条设计中，不上人屋面的均布活荷载标准值按水平投影面积计算。当施工或维修荷载较大时，应按实际荷载验算，或采用加垫板、支撑等临时设施承受施工荷载。

6.1.2、6.1.4 参照现行国家标准《建筑结构荷载规范》GB 50009，并考虑冷弯薄壁型钢结构的特点，确定荷载的相关系数。

6.1.3 参照现行国家标准《建筑结构荷载规范》GB 50009 和欧洲荷载规范、澳大利亚荷载规范，给出了纵风向坡屋顶的体型系数。

6.1.5 现行国家标准《建筑结构荷载规范》GB 50009 已经规定了简单屋面的积雪分布系数，但无复杂屋面的积雪分布系数说明。现行行业标准《低层冷弯薄壁型钢房屋建筑技术规程》JGJ 227 参考澳大利亚荷载规范、欧洲荷载规范，规定了复杂屋面的积雪分布系数，可直接采用。屋面天沟、女儿墙、阴角、天窗挡风板和高低跨相接处容易积雪堆积，应考虑雪荷载增大系数。

6.1.6 本条根据现行国家标准《建筑抗震设计规范》GB 50011 的规定进行了简化。阻尼比除另有注明外，在多遇地震作用计算时取 0.04。

6.2 作 用 效 应

6.2.1 为简化起见，一般采用一阶弹性分析，必要时可采用具有非线性计算功能的结构分析软件进行二阶弹性分析。

6.2.2 对于承载能力极限状态设计，应按荷载效应的基本组合或偶然组合进行荷载组合；对于正常使用极限状态设计，应根据不同的设计要求，采用荷载的标准组合、频遇组合或准永久组合。

6.2.3、6.2.4 按现行国家标准《建筑抗震设计规范》GB 50011 的规定执行。由于冷弯薄壁型钢构件塑性发展有限，参照现行行业标准《低层冷弯薄壁型钢房屋建筑技术规程》JGJ 227 的规定，结构构件的承载力抗震调整系数 γ_{RE} 取为 0.9。

6.2.5 荷载效应的标准组合设计值应按现行国家标准《建筑结构荷载规范》GB 50009 的规定执行。

6.2.6 准确计算冷弯薄壁型钢多层住宅的结构内力与变形比较复杂，考虑到该结构的受力体系为墙体和楼盖，墙体和楼盖都是冷弯薄壁型钢骨架与结构面板组成的板肋结构，结构布置规则，受力明确，因此可采用平面结构分析模型对冷弯薄壁型钢多层住宅进行计算。亦可采用墙体和楼盖组成的"盒子"模型，采用有限元空间整体分析模型。

冷弯薄壁型钢多层住宅的竖向荷载传递路线为：屋盖或楼盖→承重墙体→基础（图2）。风荷载或水平地震力作用下，侧向荷载的传递路线为：纵墙→楼屋盖结构→横墙→基础（图3）。

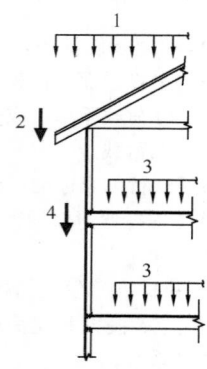

图2 竖向荷载传力途径

1—屋面荷载；2—屋盖荷载；3—楼面荷载；4—屋盖荷载+墙体荷载+楼盖荷载

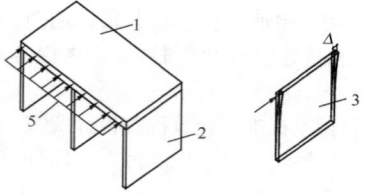

图3 侧向荷载下结构简化模型

1—屋盖或楼盖；2—承重横墙；3—横墙；4—纵墙；5—侧向荷载

6.2.8 冷弯薄壁型钢住宅比传统建筑自重轻，地震作用对其产生的影响小，参考现行国家标准《建筑抗震设计规范》GB 50011 的相关规定，多遇地震作用下，结构的弹性层间位移角限值取为 1/250。

7 构件与连接设计

7.1 构件设计

7.1.1 本条列出了冷弯薄壁型钢多层住宅常用的构件截面形式。采用单根 C 形冷弯薄壁型钢构件或由多根 C 形、U 形构件拼合而成的构件，在设计时应满足本标准第 5.3 节的一般构造要求，拼合截面柱和梁的螺钉连接间距应满足本标准第 8.2 节及第 9.2 节的相关规定，计算应符合本标准第 7.1.2 条~第 7.1.7 条的相关要求。

7.1.2、7.1.3 现行国家标准《冷弯薄壁型钢结构技术规范》GB 50018 规定"主要承重结构构件的壁厚不宜小于 2mm"，但本标准冷弯薄壁型钢多层住宅常用的构件厚度一般小于 2mm。按现行国家标准《冷

弯薄壁型钢结构技术规范》GB 50018 的相关规定，计算国内外已有的厚度在 2mm 以下冷弯薄壁型钢构件试验试件的承载力，包括 190 根受压构件，138 根受弯构件，规范计算结果均低于试验结果，说明规范计算值偏于安全。钢材厚度对受拉构件承载力等计算的影响较小，所以按现行国家标准《冷弯薄壁型钢结构技术规范》GB 50018 的相关规定计算厚度 2mm 以下的冷弯薄壁型钢轴心受拉、受压、受弯、压弯、拉弯构件的承载力是安全可行的。

7.1.4 当拼合截面构件绕 x 轴失稳时，拼合连接件的影响较小，其稳定承载力可以看作是单个开口截面构件绕 x 轴的稳定承载力叠加。当拼合截面构件绕 y 轴失稳时，其稳定承载力影响因素较多，其中主要是拼合连接件产生较大的剪切变形，从而使构件产生较大的附加变形而降低了稳定承载力。因此，拼合截面构件绕 y 轴的稳定承载力比相应的整体截面构件的稳定承载力低。国内的试验和有限元分析表明，当拼合截面构件绕拼合截面主轴 y 轴发生弯曲失稳时，其稳定承载力可取相应的整体截面构件稳定承载力的 0.70 倍。

7.1.5 冷弯薄壁型钢受弯构件在集中荷载或支承反力作用下易发生局部折曲破坏，常用的工字形截面梁折曲破坏，如图4所示。当受弯构件承受的集中荷载超过腹板折曲强度后，应在荷载作用处设置支承加劲肋。

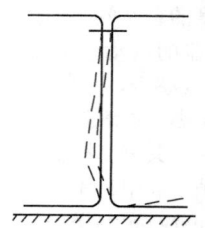

图4 工字形截面梁腹板折曲破坏

7.1.6 根据国外的试验结果，不同截面形式受弯构件的折曲强度随着施荷条件不同而存在差异，公式计算中的相关系数如表 7.1.6 所示。当跨中集中荷载承压长度边缘与支承反力承压长度边缘之间的距离不小于 $1.5h$，且在承压部位只有上翼缘或下翼缘受力时，折曲破坏可能发生在端部支座处（图5a），也可能发生在跨中集中力作用处（图5b）。当上述净距小于 $1.5h$ 且在承压部位上、下翼缘同时受压时，折曲破坏可能发生在端支座处（图5c），也可能发生在中间支座处（图5d）。

开洞腹板折曲承载力计算时应满足如下条件：① 在腹板中心开洞。② 腹板的洞口高度 $d_0 \geq 15mm$，$d_0/h \leqslant 0.7$（h 为腹板平面内平直部分的高度），$h/t \leqslant 200$；洞口间净距离 $\geqslant 450mm$；构件端部和洞口边缘之间的距离 $\geqslant h_0$（h_0 为横截面高度）；非圆形洞口，

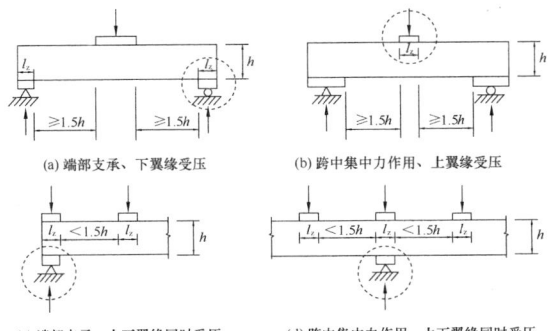

(a) 端部支承、下翼缘受压   (b) 跨中集中力作用、上翼缘受压

(c) 端部支承、上下翼缘同时受压   (d) 跨中集中力作用、上下翼缘同时受压

图 5　腹板折曲试验时的施荷条件

转角半径≤$2t$，d_0≤65mm 且 b_0≤115mm（b_0 为腹板洞口宽度）；圆形洞口直径≤150mm。

当 h/t＞200 时，应采取有效构造方式将其集中力或者反作用力直接传递到腹板上。

当在支承长度范围内腹板有孔洞时，应设置支撑加劲肋。

7.2　连接计算

7.2.1　冷弯薄壁型钢多层住宅中采用的连接方式有螺钉、射钉、焊接以及螺栓连接等，其连接计算按现行国家标准《冷弯薄壁型钢结构技术规范》GB 50018 的相关规定执行。

7.2.2　采用多个螺钉连接时，螺钉群存在明显的剪切滞后效应，参考文献"La Boube R. A., Sokol M. A. Behavior of screw connections in residential construction. Journal of Structural Engineering, 2002, 128 (1)：115～118."的公式，在国内试验研究的基础上将参考文献公式中的系数 0.467 修正为 0.465。单个螺钉的承载力按厂家提供的承载力确定。

8　墙体结构设计

8.1　设计计算

8.1.1　承重墙体的墙面板、支撑和墙架柱通过螺钉连接形成共同受力的组合体，墙架柱不仅承受由屋盖桁架和楼盖梁等传来的竖向荷载 N，同时还承受垂直于墙面传来的风荷载引起的弯矩 M_x，受力形式为压弯构件。为简化计算，将墙架柱按轴心受力构件进行强度和整体稳定验算。

1　当墙体两侧有结构面板时，由于墙面板对墙架柱 y 轴的约束作用较强，根据国内多家单位的试验研究结果，墙架柱一般不会发生整体扭转失稳和畸变屈曲，但其承载力与结构面板的材性、螺钉连接间距以及墙架柱尺寸及间距等多因素有关。根据国内对 Q235 和 Q345 级钢材轴心受压墙架柱的试验和有限元研究结果，μ_x 在 0.1～0.65 之间。将实际的压弯构

件当作轴心构件计算，应将其计算长度系数放大，故建议取 μ_x＝0.8。

对于墙体结构面板的连接螺钉之间的墙架柱段，当轴力较大时可能发生绕截面弱轴 y 轴的弯曲失稳，需按轴心受压杆验算其稳定性，同时考虑到可能发生因施工等原因导致某一螺钉连接失效，计算时墙架柱的计算长度取 $l_y＝2s$，即 2 倍的螺钉间距。

2　当墙体仅一侧有结构面板时，单侧墙面板和另一侧钢带或支撑对墙架柱的约束相对较弱，综合国内对 Q235 和 Q345 级钢材轴心受压墙架柱的相关试验研究和有限元分析结果，μ_x 在 0.15～0.8 之间；μ_y 和 μ_t 在 0.3～0.65 之间。考虑单面墙面板对墙架柱约束不如双面板约束可靠等多种不利因素，建议偏安全地取 $\mu_x＝1.0$；$\mu_y＝\mu_t＝0.65$。

3　当墙体两侧无结构面板时，根据国内对 Q235 和 Q345 级钢材轴心受压墙架柱的相关试验研究和有限元分析结果，墙架柱绕截面主轴弯曲屈曲的计算长度系数 μ_x、μ_y 和弯扭屈曲计算长度系数 μ_t 在 0.7～1.0 之间，考虑到试验试件的截面尺寸基本包括了常用规格，并参照国外相关研究，本条建议当墙架柱中间无支撑时统一取 $\mu_x＝\mu_y＝\mu_t＝1.0$；当墙架柱中间有刚性支撑或双侧钢带时取 $\mu_x＝1.0$；$\mu_y＝\mu_t＝0.80$。

8.1.2　房间内部墙体的墙架柱需验算室内房间气压差下的强度和刚度，房间气压差取 $0.25kN/m^2$。

8.1.3　抗剪墙体的端部通过抗拔锚栓进行上下层间连接，由于水平荷载引起的倾覆力矩的影响，对这些位置的墙架柱产生了轴向力，并在相同位置的墙架柱上、下层间传递，因此计算与抗拔件相连接的抗剪墙体的端柱时，应考虑由各层水平荷载产生的倾覆力矩而引起的向上拉拔力和向下压力。计算时假定各层水平荷载在上、下层间有效传递，端部墙架柱两端铰接，并忽略各层端部墙架柱的轴向变形。

8.1.4　墙体的受剪承载力由足尺模型在水平单调和低周反复荷载作用下的试验确定，根据北美规范及国内的试验研究，测得各类墙体的受剪承载力如表 2、表 3 所示。

表 2　风荷载作用下墙体单位长度的受剪承载力试验值 V_{hw}（kN/m）

墙面板	高宽比 (h/b)	螺钉间距（mm）				钢构件厚度（mm）	螺钉型号
		150/300	100/300	75/300	50/300		
单面 12mm 石膏板	1.25：1	3.87	4.14	4.41	4.95	1.09	ST4.2
单面 12mm 胶合板	2：1	15.53	18.29	24.83	28.07	0.84	ST4.2
单面 9mm 定向刨花板	2：1	9.60	14.30	18.10	20.94	1.09	ST4.2
单面 11mm 定向刨花板	2：1	13.27	20.56	25.30	27.86	0.84	ST4.2

墙面板	高宽比(h/b)	螺钉间距（mm）				钢构件厚度(mm)	螺钉型号
		150/300	100/300	75/300	50/300		
单面0.69mm钢板	2:1	9.41	11.38	11.35	12.33	0.84	ST4.2
	2:1	13.41	14.59	15.83	17.07	1.09	ST4.2
单面0.76mm钢板	2:1	11.58	13.99	14.69	15.37	0.84	ST4.2
单面0.84mm钢板	2:1	15.13	16.72	17.87	18.98	0.84	ST4.2
单面12mm硅酸钙板	1.25:1	15.25	16.83	18.05	19.92	1.73	ST4.8

表3 地震作用下墙体单位长度的受剪承载力试验值 V_{hE}（kN/m）

墙面板	高宽比(h/b)	螺钉间距（mm）				钢构件厚度(mm)	螺钉型号
		150/300	100/300	75/300	50/300		
单面12mm石膏板	1.25:1	3.69	4.02	4.32	4.87	1.09	ST4.2
单面胶合板	2:1	11.38	14.44	21.34	23.71	0.84	ST4.2
	2:1	12.98	19.40	25.88	31.94	1.09	ST4.2
单面11mm定向刨花板	2:1	10.21	13.34	18.61	24.81	0.84	ST4.2
	2:1	13.01	17.34	23.52	30.04	1.09	ST4.2
	2:1	13.71	20.57	25.67	34.27	1.37	ST4.2
	2:1	17.97	26.96	33.69	44.92	1.73	ST4.2
单面0.69mm钢板	2:1	7.84	9.48	9.46	10.28	0.84	ST4.2
	2:1	11.18	12.16	13.19	14.22	1.09	ST4.2
单面0.76mm钢板	2:1	13.29	14.79	15.20	15.61	1.09	ST4.2
单面0.84mm钢板	2:1	15.41	17.06	18.14	19.03	1.09	ST4.2
单面12mm硅酸钙板	1.25:1	13.65	15.13	16.31	18.09	1.73	ST4.8
	1:1	5.94	6.20	8.97	9.78	0.84	ST4.2

参考美国和日本规范容许应力法的安全系数，采用安全系数等效的原则，反算出按我国概率极限状态设计法"等效抗力分项系数"：风荷载 $\gamma_R = 1.25$；地震作用 $\gamma_{RE} = 1.30$。从而，可得到表8.1.4-1、表8.1.4-2的墙体受剪承载力设计值。但考虑到石膏板、胶合板和硅酸钙板脆性较强，对房屋抗震不利，在实践中使用经验也还需积累，故没有在表8.1.4-1、表8.1.4-2中列出。

墙体的受剪承载力随着钢材强度的提高而有所增加，但采用Q235钢或Q345钢对墙体的受剪承载力影响较小。当墙体的高宽比 $2 < h/b < 4$ 时，在水平荷载作用下，应考虑弯曲变形对墙体承载力的影响，对其承载力进行折减。

覆木质结构面板墙体的受剪承载力分短期水平荷载和长期水平荷载作用两种情况，是考虑木板与螺钉连接孔的松动对承载力的影响。在无试验数据的情况下，可参考螺钉间距为150/300墙体的受剪承载力设计值。

8.1.5 参考《北美冷弯薄壁型钢结构规程-侧向设计》AISI S213，结合国内对墙体的受剪承载力试验和有限元分析结果，提出墙体的侧向刚度计算公式。墙体侧移值综合考虑了水平荷载作用下：

弹性弯曲变形引起的墙体顶部侧移：$\dfrac{2V_sh^3}{3E_sA_cb^2}$；

墙面板剪切变形引起的墙体顶部侧移：$\dfrac{sV_sh}{182\rho Gt_1t_2b}$；

由墙体构造不同引起的墙体顶部侧移：$\omega \cdot \dfrac{s}{t_2} \cdot \sqrt{\dfrac{h}{b}} \cdot \left(\dfrac{V_s}{b}\right)^2$。

注意：公式推导是针对墙架柱间距600mm的单面定向刨花板和薄钢板墙体而得，采用其他墙面板墙体时，公式里的系数 G、ρ、和 ω 不再适用，但采用此公式计算出墙体的侧移具有一定的参考价值。其中，定向刨花板的剪变模量根据 AISI S213 的规定取1200MPa；冷弯薄壁型钢钢板的剪变模量根据现行国家标准《冷弯薄壁型钢结构技术规范》GB 50018的规定取79000MPa。公式是针对不开洞抗剪墙体而推导出来，不能简单应用于开洞口墙体侧移值的计算。

8.1.6 在国内对开洞口墙体试验和有限元分析验证的基础上，参考《北美冷弯薄壁型钢结构规程-侧向设计》AISI S213，提出了开洞口尺寸对墙体受剪承载力的折减系数计算公式。计算墙体侧移的公式不适用于开洞口墙体侧移值的计算，因此不能直接用于刚度折减。

8.1.7 在风荷载和多遇地震作用下，抗剪墙体的受剪承载力应满足本标准第8.1.4条的规定，保证设计的可靠性。

8.2 墙体的构造

8.2.2 承重墙体洞口两侧拼合截面柱可形成箱形截面，便于洞口的构造处理和弥补洞口的削弱。洞口对墙体受剪承载力有削弱时，应按本标准第8.1.6条的规定验算其受剪承载力。

8.2.3 承重墙体内沿竖向连续通长设置的水平支撑可减小墙架柱的自由长度，水平支撑按轴心受力构件进行计算，其沿被支撑构件屈曲方向的支撑力按现行国家标准《钢结构设计标准》GB 50017的规定执行。

8.2.4 抗剪墙体与基础，或抗剪墙体与上、下部楼盖及墙体之间，采用抗拔件和抗拔锚栓连接，是为了可靠地承受和传递水平剪力及竖向抗拔力。墙体顶梁或底梁与楼盖、基础应可靠连接，以确保传递上部结构传下来的水平力。

9 楼盖结构设计

9.1 设 计 计 算

9.1.1 楼面板通常采用压型钢板混凝土楼板、定向刨花板等轻质楼板，且通过螺钉与楼盖梁可靠连接，为楼盖梁提供侧向支撑作用。在正常使用条件下，楼盖梁不会产生平面外失稳现象，故不需要验算楼盖梁的整体稳定性。当楼盖梁支座处设置了腹板加劲件时，在很大程度上使腹板得到加强并分担荷载，故不需验算楼盖梁腹板的局部稳定性和折屈强度。

9.1.2 国内相关试验研究和有限元分析结果表明，由于定向刨花板楼面板为多块拼接，仅通过自攻螺钉与楼盖梁连接在一起，且定向刨花板之间有间隙，一般无法准确地定量确定组合作用的大小，因此计算定向刨花板楼盖时，可不考虑定向刨花板和楼盖梁间的组合作用。楼面板采用压型钢板上浇混凝土或轻质自流平混凝土，可以使得楼盖的刚度大幅提高，应考虑楼面板和楼盖梁的组合效应。对于施工时楼盖梁下无临时支承的组合梁，当采用弹性理论分析组合梁的受力性能时，应分施工阶段和正常使用阶段两个阶段进行计算。

9.1.3 根据冷弯薄壁型钢-混凝土组合楼盖受弯承载力试验研究和有限元分析结果，提出适用于该类组合梁混凝土翼板的有效宽度计算公式。

9.1.5 组合梁在永久荷载长期作用下，受压区混凝土将发生徐变，使得混凝土翼板的应力减小，楼盖梁的应力增大。为了在计算中反映徐变效应，混凝土换算为钢材时，将混凝土翼板的有效宽度除以 $2\alpha_{\mathrm{E}}$。

9.1.6 组合梁的受力状态与施工条件有关，施工时楼盖梁一般无临时支撑，在混凝土翼板强度达到 75% 之前，组合梁的自重以及作用在其上的全部施工荷载由楼盖梁单独承担，故施工阶段只需对楼盖梁进行强度、刚度和稳定性验算。

9.1.7 当混凝土翼板的强度达到 75% 以后，此后增加的荷载全部由组合梁承担，采用弹性理论计算组合梁的强度和刚度，可不验算楼盖梁的整体稳定性。楼盖梁的应力为施工阶段和正常使用阶段应力的叠加，计算混凝土翼板的应力仅需考虑使用阶段所施加荷载的影响。在正常使用阶段，假定混凝土与压型钢板之间、压型钢板与楼盖梁之间均可靠连接，保证螺钉间距按压型钢板板型单倍波设置时，无滑移产生。由于不考虑螺钉连接引起的滑移效应，简支组合梁在横向均布荷载作用下的挠度计算仍采用普通简支梁挠度计算公式的简单形式，但考虑冷弯薄壁型钢楼盖梁的特点和影响因素后，引入了修正系数，这样计算简单、物理概念清晰又保持了计算精度。经理论和有限元计算对比，通过回归统计，并采用二次函数拟合，得出考虑楼盖梁跨高比、腹板高厚比等因素影响的挠度修正系数。

9.1.8 压型钢板混凝土楼板与楼盖梁连接的螺钉数量和布置间距采用弹性理论来计算，单个螺钉的受剪承载力设计值 N_{v} 按现行国家标准《冷弯薄壁型钢结构技术规范》GB 50018 的规定执行。

9.1.9 行业标准《高层民用建筑钢结构技术规程》JGJ 99-2015 规定组合板的自振频率可按 $f = 1/(0.178\sqrt{w})$ 估算，但不得小于 15Hz，式中 w 为永久荷载产生的挠度（mm）。国内对冷弯薄壁型钢-混凝土组合楼盖振动性能进行试验研究和有限元分析结果表明，楼盖的自振频率除了与楼盖本身的质量和刚度有关外，还与楼面试验活荷载作用有关。当楼盖质量、刚度一定时，活荷载作用相当于增加了楼盖自重，降低了频率，且楼盖宽度对自振频率的影响很小。楼盖可通过等效为具有均匀质量和刚度的简支梁模型来计算自振频率，忽略剪切变形、转动惯性和轴向力的影响，并假定支承楼盖端部的墙体不产生竖向压缩变形。考虑楼盖梁跨高比、腹板高厚比等因素影响，经回归统计，并采用二次函数拟合后，在均布荷载作用下，简支组合梁的自振频率采用公式（9.1.9）估算。在荷载标准组合下，建议楼盖的自振频率不宜小于 10Hz，既可防止楼盖在使用阶段产生过大的振动，又能保证楼盖在永久荷载作用下具有较高的自振频率。国外研究表明：为避免轻质楼盖在行走激励作用下发生共振，楼盖的自振频率不应小于 8Hz。但当楼盖跨度大于 3m，脉冲荷载作用的频率接近 10Hz 时，楼盖也可能出现共振现象。文献"Parnell R.，Davis B. W. and Xu L. Vibration performance of light-weight cold-formed steel floors. Journal of Structural Engineering，ASCE，2010（136）：645-653."指出，根据对北美冷弯薄壁型钢多层住宅轻质楼盖大量试验及现场测试，研究结果表明：常见冷弯薄壁型钢轻质楼盖的自振频率不小于 8Hz。为避免轻质楼盖在行走激励作用下发生振动，除对楼盖较高的自振频率加以限制外，尚应对楼盖在行走激励作用下产生的加速度及楼盖在单个集中力（1kN）作用下的位移加以限制。

9.2 楼盖的构造

9.2.1 楼盖梁通常采用 C 形截面构件（图 6），当跨度较大时，楼盖梁可采用冷弯薄壁型钢桁架形式（图 7）。

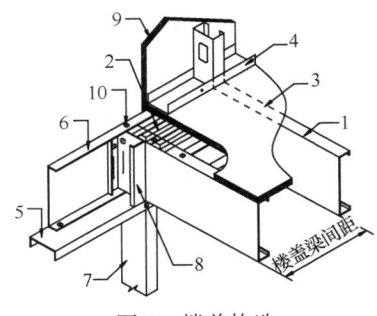

图 6 楼盖构造

1—楼盖梁；2—压型钢板或定向刨花板；3—混凝土现浇层；
4—底梁；5—顶梁；6—边梁；7—墙架柱；8—加劲件；
9—墙面板；10—螺钉

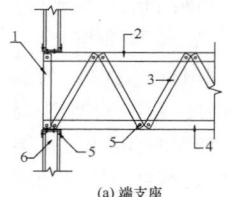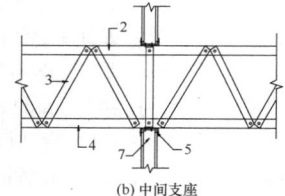

(a) 端支座　　　　　　(b) 中间支座

图 7　桁架形式、连接及支座示意

1—端腹杆；2—上弦；3—腹杆；
4—下弦；5—螺钉；6—端支座；
7—连续桁架中间支座

10　屋盖结构设计

10.1　设　计　计　算

10.1.1　实际屋架的弦杆为一根连续的构件，而腹杆则通过螺钉与弦杆相连，此种力学简化模型与实际屋架的构造相符。弦杆按压弯构件进行强度和整体稳定性计算，腹杆按轴心受力构件进行计算。

10.1.2　冷弯薄壁型钢多层住宅屋架的上弦杆一般会铺定向刨花板等结构面板，它对上弦杆件上翼缘受压失稳时有较强的约束作用。计算长度取螺钉间距的 2 倍是考虑在螺钉施工过程中，有可能出现单个螺钉失效，为了保证弦杆稳定计算的可靠度，取 2 倍螺钉间距。

10.1.3　腹杆通常按轴心受压或轴心受拉构件计算，不考虑偏心距的影响。由于冷弯薄壁型钢构件存在整体稳定和局部稳定相关性的问题，计算结果和试验表明，当腹杆与弦杆背靠背连接时，平面外偏心距的存在会降低腹杆承载力的 10％～15％左右，因此该偏心距应在计算中考虑。

11　基　础　设　计

11.1　设　计　计　算

11.1.1　冷弯薄壁型钢多层住宅的自重不到混凝土结构自重的 1/2，一般情况采用条形基础即可。

12　防火与防腐

12.1　防　　火

12.1.1　本条规定了本标准防火设计的适用范围，明确了与现行国家标准《建筑设计防火规范》GB 50016 和《住宅建筑规范》GB 50368 之间的关系。冷弯薄壁型钢多层住宅有其自身的结构特点，在建筑防火设计中应执行本章的规定。对于本章没有规定的，如建筑的耐火等级、防火间距、防火构造、安全疏散等，应按现行国家标准《建筑设计防火规范》GB 50016 和《住宅建筑规范》GB 50368 的相关规定设计。其中，关于建筑构件的燃烧性能和耐火极限，按现行国家标准《建筑设计防火规范》GB 50016 或《住宅建筑规范》GB 50368 的要求进行设计均可。但要考虑各规范对三级或四级耐火等级建筑允许建造层数的不同。目前，冷弯薄壁型钢多层住宅的耐火等级多为三级或四级，四级耐火等级最多建造 3 层，三级耐火等级最多建造 6 层。现行国家标准《建筑设计防火规范》GB 50016 和《住宅建筑规范》GB 50368 中对构件三级耐火等级的耐火时限不同，根据天津防火所做的承重墙体耐火测试及国外的测试结果，承重墙体耐火时限 2.00h 很不经济，因此规定冷弯薄壁型钢多层住宅构件的燃烧性能和耐火极限按《住宅建筑规范》GB 50368 的规定执行。

12.1.2　本条分别对住宅下部设置的公用汽车库和自用汽车库与其他部分的防火分隔要求进行了规定。《汽车库、修车库、停车场设计防火规范》GB 50067－2014 规定："汽车库、修车库贴邻其他建筑物时，必须采用防火墙隔开。设在其他建筑物内的汽车库（包括屋顶的汽车库）、修车库与其他部分应采用耐火极限不低于 3.0h 的不燃烧体隔墙和 2.0h 的不燃烧体楼板分隔，汽车库、修车库的外墙门、窗、洞口的上方应设置不燃烧体的防火挑檐。外墙的上、下窗间墙高度不应小于 1.2m。防火挑檐的宽度不应小于 1m，耐火极限不应低于 1.00h"。当住宅下部设置公用汽车库，放置车辆较多或者不是仅供该住宅使用时，其防火设计应按上述规定执行。当住宅下部设置仅供住宅使用的自用汽车库时，主要给出了楼板和隔墙的耐火极限要求。对汽车库内因使用需要等而开设的门窗洞口，也需要考虑采取相应的防火保护措施。同时，为了防止机动车库泄漏的燃油蒸气进入住宅部分，要求距车库地面 100mm 范围内的隔墙上不应开设任何洞口。

12.1.3　本条规定主要是为了防止火灾时火焰不至于迅速烧穿天窗而蔓延到建筑较高部分的墙面上。设置自动喷水灭火系统或固定式防火窗等可以有效地阻止火灾的蔓延。

12.1.4　本条规定了住宅内管道穿越建筑楼板和墙体时的防火构造要求。住宅建筑内的管道如水管等，因条件限制必须穿过单元之间的墙和分户墙时，需要采用水泥砂浆等不燃材料或防火材料将管道周围的缝隙紧密填塞。对于采用塑料等遇高温或火焰易收缩变形或烧蚀的材质的管道，为减少火灾和烟气穿过防火分隔体，需要采取措施使该类管道在受火后能被封闭，如设置热膨胀型阻火圈等。

12.1.5　本条规定了住宅内报警系统和灭火系统的设置要求。要求住宅内设置火灾报警装置，是考虑到住宅的使用人员有可能处于睡眠状态，在发生火灾时及时报警可以为人员的安全逃生提供有利条件。要求住宅内设置轻便消防水龙，利于及时扑救初期火灾，保证财产及人员安全。

12.2 防　腐

12.2.1 本条规定了冷弯薄壁型钢构件的防腐措施。冷弯薄壁型钢构件的主要防腐措施是在构件表面镀防腐层。即使采用镀锌冷弯薄壁型钢构件，也应该采取措施保证构件处于干燥的工作环境并与地面（或混凝土地梁）隔离，以防构件发生电腐蚀反应。

12.2.2、12.2.3 参考北美规范关于腐蚀性地区的划分综合确定防腐镀层。高腐蚀性地区是指距重工业、化工工业或近海 1km 范围内的地区。

12.2.4 冷弯薄壁型钢构件切割及开孔后，切割及开孔断面附近防腐镀层会发生电化学反应，镀层将自动延伸数毫米至切割及开孔断面暴露区域，对该区域进行防腐保护（又称之为电化学保护）。只有当构件表面镀层出现破坏时，才需要进行防腐处理。

12.2.5 混凝土材料的化学物质以及基础的湿气均会对钢构件产生腐蚀作用；此外，两种不同金属接触会产生电化学腐蚀作用，因此必须设置绝缘材料垫圈来阻断电化学腐蚀的通道。

13　制作与安装

13.1 一般规定

13.1.1 通过施工图审查的图纸为已批准的技术设计文件，但这些图纸不能直接用于现场施工。应将施工图进一步细化，并绘制施工详图，用于工厂加工和现场施工，但施工详图必须符合施工图纸所确定的各项控制要求，并且应在经过审核后使用。施工单位应编制相应的施工组织设计文件，严格按施工详图施工。

13.1.2 冷弯薄壁型钢结构房屋是一种装配式结构体系，为便于材料进场时验收和安装时区分各类构件，提高安装效率，必须对构件进行标识并与装配图纸一一对应。

13.2 制作、运输与储存

13.2.1 应采用先进制造技术，逐步提高制作质量和水平。冷弯薄壁型钢的防腐要求较高，不应在制作、运输、安装过程中损坏其镀层。为了保证构件安装的精度和效率，根据设计规定或合同要求，重要构件或结构单元在出厂前应进行工厂预拼装。预拼装均在工厂支凳或平台上进行，预拼装时不应使用大锤锤击，检查时应拆除全部临时固定和拉紧装置。

13.2.2、13.2.3 采取正确的包装、运输和储存方式，保证构件在运输、装卸、堆放过程中不受潮、不污染、不变形、不损坏、不散失。

13.3 安　装

13.3.1 可采用吊线、铅锤线、水准仪和经纬仪来控制墙体、楼盖和屋架的平整度和垂直度。

13.3.2 墙体或楼盖的临时支撑在结构施工完成后可拆除。应采取有效措施将施工荷载分布至较大面积，以防止因施工集中荷载造成构件局部压屈。除经过特殊设计外，墙体顶梁一般不能单独承受荷载。

13.3.3 冷弯薄壁型钢构件壁厚较薄，在冲击外力作用下容易产生局部变形或整体弯曲，导致构件存在缺陷。在构件正式安装前，要对这些部位进行校正或补强，以免影响结构的受力性能。

14　设备安装

14.0.1 设备安装必须符合国家现行专门规范的要求。

14.0.2 不应现场随便给构件开洞，应严格遵守建筑、结构和设备一体化设计的规定，提前做好准备。外墙中通常不设计管线，避免破坏墙体功能。给水排水系统和暖通、空调系统管道与钢构件的连接应牢固可靠。当金属管线与钢构件之间接触时，必须在两者之间增加橡胶或塑料套管等绝缘材料，阻断电化学腐蚀的通道。为满足居住者安全和使用舒适度的双重要求，应对管线与结构构件连接接缝进行处理。

14.0.3、14.0.4 为了安全可靠，电控箱、壁柜等应通过钢或木支架安装在墙架柱上，不能安装在墙面板上。

14.0.5 房屋内部的设备安装应保证安装可靠和居住者安全，并应满足使用舒适度的要求。

15　验　收

15.0.1~15.0.3 冷弯薄壁型钢多层住宅竣工后，应该按国家现行有关标准的要求进行质量验收。工程施工质量验收应在施工总承包单位自检合格的基础上，由施工总承包单位向建设单位提交工程竣工报告，申请工程竣工验收。工程竣工报告需经总监理工程师签署意见。竣工验收由建设单位组织实施，勘察单位、设计单位、监理单位、施工单位共同参与。参加建筑工程质量验收各方人员应具备规定的资格。

15.0.4、15.0.5 为了保证结构的安装精度，应选取一些主要项目进行检查验收。

中华人民共和国行业标准

工业化住宅尺寸协调标准

Standard for size coordination of industrialized residential buildings

JGJ/T 445—2018

批准部门：中华人民共和国住房和城乡建设部
施行日期：2 0 1 8 年 1 0 月 1 日

中华人民共和国住房和城乡建设部
公　告

2018　第 49 号

住房城乡建设部关于发布行业标准
《工业化住宅尺寸协调标准》的公告

现批准《工业化住宅尺寸协调标准》为行业标准，编号为 JGJ/T 445 - 2018，自 2018 年 10 月 1 日起实施。

本标准在住房城乡建设部门户网站（www. mohurd. gov. cn）公开，并由住房城乡建设部

标准定额研究所组织中国建筑工业出版社出版发行。

中华人民共和国住房和城乡建设部

2018 年 4 月 10 日

前　　言

根据住房和城乡建设部《关于印发〈2015 年工程建设标准规范制订、修订计划〉的通知》（建标 [2014] 189 号）的要求，标准编制组经广泛调查研究，认真总结实践经验，参考有关国际标准和国外先进标准，并在广泛征求意见的基础上，编制了本标准。

本标准的主要技术内容是：1. 总则；2. 术语；3. 基本规定；4. 模数网格；5. 功能空间；6. 结构系统；7. 外围护系统；8. 内装系统；9. 设备与管线系统。

本标准由住房和城乡建设部负责管理，由中国建筑标准设计研究院有限公司负责具体技术内容的解释。执行过程中如有意见或建议，请寄送中国建筑标准设计研究院有限公司（地址：北京市海淀区首体南路 9 号主语国际 2 号楼，邮编 100048）。

本 标 准 主 编 单 位：中国建筑标准设计研究院有限公司

本 标 准 参 编 单 位：北京市建筑设计研究院有限公司
中建科技有限公司
中国中建设计集团有限公司
同济大学
东南大学建筑学院
深圳市华悦建筑设计顾问有限公司
北京万科企业有限公司

中国建筑装饰协会住宅部品产业分会
科宝博洛尼（北京）装饰装修工程有限公司
金螳螂企业集团
三一筑工科技有限公司
北京维石住工科技有限公司
深圳市高新建混凝土有限公司
河北奥润顺达窗业有限公司

本标准主要起草人员：冯海悦　周祥茵　朱　茜
马　涛　樊则森　满孝新
周晓红　李晓明　伍止超
林　琳　魏素巍　郝　伟
高志强　段朝霞　李　文
赵中宇　曹祎杰　张　宏
窦祖融　逯　薇　胡亚南
徐勇刚　徐　鑫　肖　明
吉　第　金　羽　秦　珩
郭惠斌　魏贺东　李筱梅

本标准主要审查人员：赵冠谦　刘东卫　开　彦
秦盛民　龙玉峰　赵　钿
卢清刚　屈国俐　王　颖
陈　涛

目　　次

1 总 则

1.0.1 为推动工业化住宅建设的发展，提高住宅品质，便于生产，方便运输，简化施工，降低成本，节约资源，制定本标准。

1.0.2 本标准适用于工业化住宅设计、生产、运输、施工安装及使用维护等全过程的尺寸协调。

1.0.3 工业化住宅应根据模数协调的原则，进行结构系统、外围护系统、内装系统及设备与管线系统之间的尺寸协调。

1.0.4 工业化住宅尺寸协调除应符合本标准外，尚应符合国家现行有关标准的规定。

2 术 语

2.0.1 工业化住宅 industrialized residential building

采用以标准化设计、工厂化生产、装配化施工、一体化装修和信息化管理等为主要特征的工业化生产方式建造的住宅建筑。

2.0.2 结构系统 structure system

由结构构件通过可靠的连接方式组合而成，以承受或传递荷载作用的整体。

2.0.3 外围护系统 building envelope system

由建筑外墙、屋面、外门窗及其他部品部件等组合而成，用于分隔建筑室内外环境的部品部件的整体。

2.0.4 内装系统 interior decoration system

由楼地面、墙面、轻质隔墙、吊顶、内门窗、厨房和卫生间等组合而成，满足建筑空间使用要求的整体。

2.0.5 设备与管线系统 facility and pipeline system

由给水排水、供暖通风空调、电气和智能化、燃气等设备与管线组合而成，满足建筑使用功能的整体。

2.0.6 部件 component

在工厂或现场预先制作完成，构成建筑结构系统的结构构件及其他构件的统称。

2.0.7 部品 part

由工厂生产，构成外围护系统、内装系统、设备与管线系统的建筑单一产品或复合产品组装而成的功能单元的统称。

2.0.8 尺寸协调 size coordination

在遵循模数协调的基础上，实现设计与安装之间尺寸配合的方法和过程。

2.0.9 协同设计 collaborative design

运用信息化技术手段，通过建筑、结构、设备、装修等专业相互配合满足建筑设计、生产运输、施工

安装等要求的一体化设计。

2.0.10 模数网格 modular grid

用于部品部件定位的，由正交或斜交的平行基准线（面）构成的平面或空间网格，且基准线（面）之间的距离符合模数协调要求。

2.0.11 集成式厨房 integrated kitchen

由工厂生产的楼地面、吊顶、墙面、橱柜和厨房设备及管线等集成并主要采用干式工法装配而成的厨房。

2.0.12 集成式卫生间 integrated bathroom

由工厂生产的楼地面、吊顶、墙面（板）和洁具设备及管线等集成并主要采用干式工法装配而成的卫生间。

2.0.13 整体收纳 system cabinet

由工厂生产、现场装配、满足储藏需求的模块化部品。可分为独立式收纳和入墙式收纳。

2.0.14 优先尺寸 preferred size

从模数数列中事先排选出的模数尺寸。

2.0.15 中心线定位法 axis positioning method

基准面（线）设于部件上（多为部件的物理中心线），且与模数网格线重叠的方法。

2.0.16 界面定位法 interface positioning method

基准面（线）设于部品部件边界，且与模数网格线重叠的方法。

2.0.17 标准化接口 standardized interface

具有统一的尺寸规格与参数，并满足公差配合及模数协调的接口。

3 基 本 规 定

3.0.1 工业化住宅进行标准化设计应遵循"少规格、多组合"的原则。

3.0.2 工业化住宅尺寸协调应根据功能性和经济性原则确定，并应符合现行国家标准《建筑模数协调标准》GB/T 50002 的有关规定。

3.0.3 工业化住宅应进行协同设计，并应进行功能空间、结构系统、外围护系统、内装系统及设备与管线系统之间的尺寸协调。

3.0.4 工业化住宅的结构系统、外围护系统、内装系统及设备与管线系统的部品部件应采用标准化、系列化尺寸，实现通用性及互换性。

3.0.5 工业化住宅的功能空间优先尺寸的确定除应与结构系统、外围护系统、内装系统及设备与管线系统相互协调，尚应与部品部件的生产、运输及安装相互协调。

3.0.6 工业化住宅的外围护系统应结合建筑总体布局、立面风格、细部处理等进行标准化设计，并应与其他系统进行尺寸协调。

3.0.7 工业化住宅的内装系统宜采用标准化部品，

部品部件间应采用标准化接口。

3.0.8 工业化住宅的设备与管线系统宜采用和主体结构相分离的布置方式，并应采用标准化接口。

4 模 数 网 格

4.1 一 般 规 定

4.1.1 模数网格可采用单线网格，也可采用双线网格。

4.1.2 住宅的开间、进深及层高的模数空间网格可采用不同模数。

4.2 网 格 确 定

4.2.1 功能空间的模数网格应符合下列规定：

1 起居室（厅）、卧室、餐厅功能空间水平方向宜优先采用扩大模数网格，可采用基本模数网格；竖向宜采用基本模数网格。

2 厨房、卫生间、收纳功能空间水平方向及竖向宜优先采用基本模数网格，也可采用基本模数与分模数 M/2 组合的模数网格。

4.2.2 结构系统水平方向应采用扩大模数 2M、3M 模数网格，竖向应采用基本模数网格。

4.2.3 外围护系统模数网格应符合下列规定：

1 水平方向模数网格可由正交、斜交或弧线的网格基准线构成，宜采用扩大模数 2M、3M 模数网格。

2 竖向宜优先采用扩大模数网格。

4.2.4 内装系统宜与功能空间采用同一模数网格；隔墙、固定橱柜、设备、管井等部品部件宜采用分模数 M/2 模数网格；构造节点和部品部件接口等宜采用分模数 M/2、M/5、M/10 模数网格。

4.3 网 格 应 用

4.3.1 结构系统的水平方向宜采用中心线定位法，竖向宜采用界面定位法。

4.3.2 功能空间宜采用界面定位法。

4.3.3 外围护系统、内装系统、设备与管线系统宜采用界面定位法。

4.4 网 格 协 调

4.4.1 功能空间、结构系统、外围护系统、内装系统、设备与管线系统的模数网格之间宜统一协调。

4.4.2 各系统可通过设置模数网格中断区进行尺寸协调，模数网格中断区应满足技术尺寸的要求。

4.4.3 当设备管线和结构系统分离时，宜与内装部品相协调；当需要预留预埋时，应与结构内部的钢筋、预埋件等相协调。

5 功 能 空 间

5.1 一 般 规 定

5.1.1 工业化住宅应采用大开间、大进深的平面布局方式，并应进行功能空间的组合设计。

5.1.2 套内空间设计时宜优先确定厨房、卫生间和收纳等功能空间的形式及尺寸。

5.2 公 共 空 间

5.2.1 楼梯间的优先尺寸应符合下列规定：

1 楼梯间开间及进深的轴线尺寸应采用扩大模数 2M、3M 的整数倍数。

2 楼梯梯段宽度应采用基本模数的整数倍数。

3 楼梯踏步的高度不应大于 175mm，宽度不应小于 260mm。各级踏步高度、宽度均应相同。

4 楼梯间轴线与楼梯间墙体内表面距离应为 100mm。

5 建筑层高为 2800mm、2900mm、3000mm 时，双跑楼梯间的优先尺寸应根据表 5.2.1-1 选用。

表 5.2.1-1 双跑楼梯间开间、进深及楼梯梯段宽度优先尺寸（mm）

平面尺寸 层高	开间轴线尺寸	开间净尺寸	进深轴线尺寸	进深净尺寸	梯段宽度尺寸	每跑梯段踏步数
2800	2700	2500	4500	4300	1200	8
2900	2700	2500	4800	4600	1200	9
3000	2700	2500	4800	4600	1200	9

6 建筑层高为 2800mm、2900mm、3000mm 时，单跑剪刀楼梯间优先尺寸应根据表 5.2.1-2 选用。

表 5.2.1-2 单跑剪刀楼梯间开间、进深及楼梯梯段宽度优先尺寸（mm）

平面尺寸 层高	开间轴线尺寸	开间净尺寸	进深轴线尺寸	进深净尺寸	梯段宽度尺寸	两梯段水平净距离	每跑梯段踏步数
2800	2800	2600	6800	6600	1200	200	16
2900	2800	2600	7000	6800	1200	200	17
3000	2800	2600	7400	7200	1200	200	18

注：表中尺寸确定均考虑了住宅楼梯梯段一边设置靠墙扶手。

7 建筑层高为 2800mm、2900mm、3000mm 时，单跑楼梯间优先尺寸应根据表 5.2.1-3 选用。

表 5.2.1-3　单跑楼梯间开间、进深、楼梯梯段、
楼梯水平段优先尺寸（mm）

平面尺寸 / 层高	开间轴线尺寸	开间净尺寸	进深轴线尺寸	进深净尺寸	梯段宽度尺寸	水平段宽度尺寸	每跑梯段踏步数
2800	2700	2500	6600	6400	1200	1200	16
2900	2700	2500	6900	6700	1200	1200	17
3000	2700	2500	7200	7000	1200	1200	18

注：表中尺寸确定均考虑了住宅楼梯梯段一边设置栏杆扶手。

5.2.2　电梯井道优先尺寸应符合下列规定：

　　1　住宅电梯宜采用载重 800kg、1000kg、1050kg 三类电梯。

　　2　电梯井道开间及进深的轴线尺寸应采用扩大模数 2M、3M 的整数倍数。

　　3　电梯井道开间、进深优先尺寸应根据表 5.2.2 选用。

表 5.2.2　电梯井道开间、进深优先尺寸（mm）

平面尺寸 / 载重(kg)	开间轴线尺寸	开间净尺寸	进深轴线尺寸	进深净尺寸
800	2100	1900	2400	2200
1000	2400	2200	2400	2200
1000	2200	2000	2800	2600
1050	2400	2200	2400	2200

注：住宅用担架电梯可采用 1000kg 深型电梯，轿厢净尺寸为 1100mm 宽、2100mm 深；也可采用 1050kg 电梯，轿厢净尺寸为 1600mm 宽、1500mm 深或 1500mm 宽、1600mm 深。

5.2.3　走道宽度净尺寸不应小于 1200mm，优先尺寸宜为 1200mm、1300mm、1400mm、1500mm。

5.2.4　电梯厅深度净尺寸不应小于 1500mm，优先尺寸宜为 1500mm、1600mm、1700mm、1800mm、2400mm（三合一前室电梯厅）。

5.2.5　公共管井的净尺寸应根据设备管线布置需求确定，并满足基本模数的整数倍数。

5.3　套内空间

5.3.1　起居室（厅）、餐厅、卧室的功能空间设计应符合模数网格要求，并应符合下列规定：

　　1　起居室（厅）平面优先净尺寸宜根据表 5.3.1-1 选用。

表 5.3.1-1　起居室（厅）平面优先净尺寸（mm）

项目	优先净尺寸
开间	2700 2800 3000 3200 3400 3600 3800 3900 4200 4500 4800
进深	3000 3300 3600 3900 4200 4500 4800 5100 5400 5700

　　2　餐厅平面优先净尺寸宜根据表 5.3.1-2 选用。

表 5.3.1-2　餐厅平面优先净尺寸（mm）

项目	优先净尺寸
开间	2100 2400 2600 2700 3000 3300
进深	2700 3000 3300 3600

　　3　卧室平面优先净尺寸宜根据表 5.3.1-3 选用。

表 5.3.1-3　卧室平面优先净尺寸（mm）

项目	优先净尺寸
开间	2400 2600 2700 2800 3000 3200 3300 3600 3800 3900 4200
进深	2700 3000 3300 3600 3900 4200 4500 4800 5100

5.3.2　集成式厨房、集成式卫生间、收纳空间应与住宅套型设计紧密结合，并根据功能确定合理的尺寸，且应符合下列规定：

　　1　集成式厨房平面优先净尺寸可根据表 5.3.2-1 选用。

表 5.3.2-1　集成式厨房平面优先净尺寸（mm×mm）

平面布置	宽度×长度
单排形布置	1500×2700 1500×3000 (2100×2700)
双排形布置	1800×2400 2100×2400 2100×2700 2100×3000 (2400×2700)
L形布置	1500×2700 1800×2700 1800×3000 (2100×2700)
U形布置	1800×3000 2100×2700 2100×3000 (2400×2700) (2400×3000)

注：括号内数值适用于无障碍厨房。

　　2　集成式卫生间平面优先净尺寸可根据表 5.3.2-2 选用。

表 5.3.2-2　集成式卫生间平面优先净尺寸（mm×mm）

平面布置	宽度×长度
便溺	1000×1200 1200×1400 (1400×1700)
洗浴（淋浴）	900×1200 1000×1400 (1200×1600)
洗浴（淋浴＋盆浴）	1300×1700 1400×1800 (1600×2000)
便溺、盥洗	1200×1500 1400×1600 (1600×1800)

续表 5.3.2-2

平面布置	宽度×长度
便溺、洗浴（淋浴）	1400×1600 1600×1800 （1600×2000）
便溺、盥洗、洗浴（淋浴）	1400×2000 1500×2400 1600×2200 1800×2000 （2000×2200）
便溺、盥洗、洗浴、洗衣	1600×2600 1800×2800 2100×2100

注：1 括号内数值适用于无障碍卫生间。
2 集成式卫生间内空间尺寸允许偏差为±5mm。

3 独立式收纳空间平面优先净尺寸宜根据表 5.3.2-3 选用。

表 5.3.2-3 独立式收纳空间平面
优先净尺寸（mm×mm）

平面布置	宽度×长度
L 形布置	1200×2400 1200×2700 1500×1500 1500×2700
U 形布置	1800×2400 1800×2700 2100×2400 2100×2700 2400×2700

4 入墙式收纳空间平面优先净尺寸宜根据表 5.3.2-4 选用。

表 5.3.2-4 入墙式收纳空间
平面优先净尺寸（mm）

项目	优先净尺寸
深度	350 400 450 600 900
长度	900 1050 1200 1350 1500 1800 2100 2400

5.3.3 阳台平面优先净尺寸应符合下列规定：

1 阳台平面优先净尺寸宜为扩大模数 2M、3M 的整数倍数，且阳台宽度优先尺寸宜与主体结构开间尺寸一致。

2 阳台平面优先净尺寸宜根据表 5.3.3 选用。

表 5.3.3 阳台平面优先净尺寸（mm）

项目	优先净尺寸
宽度	阳台宽度优先尺寸宜与主体结构开间尺寸一致
深度	1000 1200 1400 1600 1800

注：深度尺寸是指阳台挑出方向的净尺寸。

5.3.4 门厅平面优先净尺寸宜根据表 5.3.4 选用。

表 5.3.4 门厅平面优先净尺寸（mm）

项目	优先净尺寸
宽度	1200 1600 1800 2100
深度	1800 2100 2400

6 结 构 系 统

6.1 一 般 规 定

6.1.1 主体结构应符合下列规定：

1 主体结构的体系选择应满足住宅建筑功能，并应使用合理。

2 主体结构的模数网格应与建筑功能空间和内装修的模数网格相互协调。

3 主体结构的设计应满足工业化建造的要求。

6.1.2 结构构件应进行标准化设计，并应符合下列规定：

1 结构构件布置应满足建筑功能空间组合的系列化和多样性要求。

2 结构构件及其连接宜具有通用性。

3 结构构件截面尺寸应选用模数尺寸，应与部品进行尺寸协调。

4 结构构件设计应满足构件生产制作和施工安装相关的尺寸协调要求。

6.1.3 结构楼（屋）盖尺寸应与室内净空高度、楼面建筑做法厚度及吊顶高度等进行尺寸协调，结构楼板厚度与楼面建筑做法厚度的尺寸之和宜为 M/2 的整数倍数。

6.1.4 结构构件设计尺寸应考虑公差配合，结构构件的制作偏差和安装偏差应符合下列规定：

1 结构构件的公差应根据制作和安装的允许偏差、结构构件与其他部品部件连接的允许偏差及变形适应的允许尺寸等综合确定。

2 结构构件允许的制作偏差和安装偏差应满足内装修及设备安装的要求，并根据工程具体情况制定设计允许值。

6.1.5 结构构件的基本公差应符合现行国家标准《建筑模数协调标准》GB/T 50002 的规定，基本公差级别尚应符合下列规定：

1 基本公差宜符合表 6.1.5 的规定。

表 6.1.5 结构构件的基本公差（mm）

构件尺寸 级别	<50	≥50 <160	≥160 <500	≥500 <1600	≥1600 <5000	≥5000
1 级	0.5	1.0	3.0	3.0	5.0	8.0
2 级	1.0	2.0	3.0	5.0	8.0	12.0
3 级	2.0	3.0	5.0	8.0	12.0	20.0
4 级	3.0	5.0	8.0	12.0	20.0	30.0

2 预制混凝土构件采用干法连接时，基本公差级别宜按表 6.1.5 中 1 至 2 级选取；预制混凝土构件采用湿法连接时，基本公差级别可按表 6.1.5 中 2 至 4 级选取；钢结构构件基本公差级别宜按表 6.1.5 中

1级选取；木结构构件基本公差级别宜按表 6.1.5 中
1 至 2 级选取。

　　3　当结构构件表面为建筑饰面层的基层时，基
本公差级别应按表 6.1.5 中 1 至 2 级选取，并应根据
饰面层的材料及做法，对结构构件的制作公差和安装
公差分别提出具体设计要求。

6.2　结构构件与连接

6.2.1　结构构件的设计尺寸宜符合表 6.2.1 的规定。

表 6.2.1　结构构件优先尺寸

项　　目		优选模数	可选模数	优先尺寸（mm）
柱截面宽度和长度		M	M/2	300 400 450 500 600 ……
墙厚度	＜300mm	M/2	—	150 200 250
	≥300mm	M	—	300 400 500 ……
墙长度		3M	2M	800 900 1200 1500 ……
梁、桁架截面宽度和高度	剪力墙结构中	M/2		150 200 250
	其他结构中	M	M/2	200 250 300 400 ……
楼板厚度	＜200mm	M/2	M/5	120 150 180
	≥200mm	M	M/2	200 250 300 ……

6.2.2　组成建筑墙体的结构构件、非结构填充体、
设备管线和建筑饰面层之间应进行尺寸协调，并应符
合下列规定：

　　1　结构墙体、柱、梁构件完成界面的定位尺寸
不宜影响非结构填充体、设备管线和建筑饰面层的施
工偏差控制。

　　2　建筑墙体应根据使用环境、材料、连接等因
素，合理确定各建筑部品部件间的位形公差，并应采
取必要措施控制或消除其对结构安全及正常使用的不
利影响。

6.2.3　结构板上下表面平整度应根据楼面建筑做法、
吊顶和设备管线的做法及要求合理确定。

6.2.4　当预制混凝土构件之间采用后浇混凝土连接
时，后浇混凝土部分的宽度尺寸宜符合基本模数，并
宜与施工模板尺寸协调。

6.2.5　预制外墙板及其连接设计应与建筑外饰面和
内装修进行尺寸协调。

6.2.6　当结构构件配筋采用焊接网片或成型钢筋骨
架时，钢筋间距宜采用分模数 M/2 的整数倍数；结
构构件内的预埋件、预留孔洞及设备管线等宜与钢筋

的排布协调。

7　外围护系统

7.1　一　般　规　定

7.1.1　外围护系统应与建筑立面形式、安装方式和
结构系统相协调。

7.1.2　外围护系统模数网格宜采用单线网格；当外
墙围护系统部品采用内嵌形式时，模数网格可设置中
断区。

7.1.3　外围护系统应采用合理的构造措施与连接方
式。外围护系统中外墙板、屋面板及外门窗的基本公
差级别不应低于现行国家标准《建筑模数协调标准》
GB/T 50002 中规定的 2 级要求。

7.2　外墙围护系统

7.2.1　外墙条板的优先尺寸宜符合表 7.2.1 的规定：

表 7.2.1　外墙条板的优先尺寸（mm）

项目	优先尺寸
宽度	600 800 900 1000 1200
厚度	150 200 250 300

7.2.2　外门窗应采用标准化部品，外门窗洞口尺寸
应符合现行国家标准《建筑门窗洞口尺寸协调要求》
GB/T 30591 的规定，外门窗洞口的优先尺寸宜符合
表 7.2.2 的规定。

表 7.2.2　外门窗洞口优先尺寸（mm）

项目		优先尺寸
外门	宽度	900 1000 1200 1500 1800
	高度	2100 2200 2300 2400
外窗	宽度	600 900 1200 1500 1800 2100 2400
	高度	1400 1500 1600 1800 2100 2400

7.2.3　外围护系统的墙板、外门窗洞口和预留孔洞
的尺寸及定位应与外饰面和内装修进行尺寸协调。

7.2.4　阳台栏杆、栏板宜采用标准化部品。

7.2.5　预制空调板的挑出长度应从外围护系统外表
面起计算，并根据栏杆或百叶的做法确定。预制混凝
土空调板挑出长度的净尺寸宜为 600mm、700mm，
宽度宜为 1100mm、1200mm、1300mm，优先净尺寸
宜为 700mm×1300mm（长×宽）。预制混凝土空调
板有雨水管时宽度应增加 300mm。

7.2.6　建筑外窗用外遮阳部品的尺寸应根据建筑外
窗洞口尺寸确定，并应与建筑立面分格相协调；建筑
外窗用外遮阳部品的优先尺寸与建筑外窗的优先尺寸
差宜为 150mm、200mm、250mm、300mm、350mm、
400mm。

7.3 屋面围护系统

7.3.1 屋面围护系统的模数网格应与外墙围护系统协调统一，宜与结构系统相协调。

7.3.2 屋面围护系统的尺寸应以满足防水、排水和保温、隔热功能为主，兼顾建筑装饰效果。

7.3.3 太阳能光伏系统和太阳能热水系统用集电、集热构件的设计安装位置及尺寸应与结构系统相协调。

8 内装系统

8.1 一般规定

8.1.1 内装系统的设计应与功能空间、结构系统的模数网格进行协调，并应与室内设备及管线的定位进行协调。

8.1.2 内装系统宜选用符合模数网格要求的部品，当内装部品尺寸与功能空间的尺寸不匹配时，宜设置网格中断区进行调节。

8.1.3 内装部品的设计选用应进行公差配合，内装部品的安装公差应符合国家现行有关标准的规定。

8.1.4 无障碍厨房、卫生间设计应符合现行国家标准《无障碍设计规范》GB 50763 的相关规定。

8.2 集成式厨房

8.2.1 集成式厨房应统筹橱柜、设备设施及管线的尺寸协调，并应符合现行行业标准《住宅厨房模数协调标准》JGJ/T 262 的相关规定。

8.2.2 集成式厨房的优先净尺寸应符合本标准第5.3.2条的规定，且内部净高不应低于2200mm。

8.2.3 厨房橱柜及设备设施的尺寸应符合现行行业标准《住宅厨房家具及厨房设备模数系列》JG/T 219 的相关规定。

8.2.4 橱柜的优先尺寸应符合下列规定：

1 地柜台面的完成面高度宜为800mm、850mm、900mm；深度宜为550mm、600mm、650mm；地柜台面与吊柜底面的净空尺寸不宜小于700mm，且不宜大于800mm。

2 辅助台面的高度宜为800mm、850mm、900mm；深度宜为300mm、350mm、400mm、450mm。

3 吊柜的深度宜为300mm、350mm；高度宜为700mm、750mm、800mm。

4 洗涤池与灶台之间的操作区域，有效长度不宜小于600mm。

8.2.5 厨房管线及管井的设计应符合下列规定：

1 排气道及竖向管井应沿墙角布置，且排气道及竖向管井装修完成面外包尺寸宜符合基本模数。

2 排烟管设置于吊顶中时，吊顶内部净高度不宜低于200mm。

8.2.6 当厨房内的管线及管井需要在主体结构上开设孔洞时，应与结构专业、设备专业进行协调，并应进行预留。

8.2.7 厨房门窗位置、尺寸和开启方式不得妨碍厨房橱柜、设备设施的安装和使用。

8.3 集成式卫生间

8.3.1 集成式卫生间应与住宅套型相结合进行整体设计，并应符合现行行业标准《住宅卫生间模数协调标准》JGJ/T 263 的相关规定。

8.3.2 集成式卫生间的平面优先净尺寸应符合本标准5.3.2条的相关规定，且内部净高不应低于2200mm。

8.3.3 集成式卫生间尺寸应与预留空间进行尺寸协调，并预留安装空间。

8.3.4 集成式卫生间功能及尺寸应符合现行国家标准《住宅设计规范》GB 50096 的相关规定。

8.3.5 集成式卫生间管线及管井的设计应符合下列规定：

1 排气道、给水排水等管道的立管应与住宅套型及集成式卫生间进行综合设计。

2 通风口、给水排水和电气点位应根据集成式卫生间的布置形式进行预留。

8.3.6 集成式卫生间的布置应与建筑门窗洞口位置相协调，并应预留门窗套收口空间。

8.3.7 集成式卫生间内部功能分区及卫浴部件设置宜进行适老化通用设计。

8.4 隔墙与整体收纳

8.4.1 内隔墙的设计应与建筑内部空间设计紧密结合，并宜与室内电气管线等进行协调。

8.4.2 内隔墙的尺寸应符合下列规定：

1 宽度尺寸宜为基本模数的整数倍数，优先尺寸宜为600mm。

2 厚度尺寸宜为分模数 M/10 的整数倍数，分户内隔墙的优先尺寸宜为200mm，分室内隔墙的优先尺寸宜为100mm。

8.4.3 整体收纳的外部尺寸应结合住宅使用要求合理设计，并应符合下列规定：

1 容纳整体收纳的墙体空间，宜在设计阶段予以定位。

2 收纳空间长度及宽度净尺寸宜为分模数 M/2 的整数倍数。

3 收纳单元柜体深度优先尺寸宜为350mm、400mm、450mm、600mm、900mm。

8.5 吊顶、楼地面与内门窗

8.5.1 吊顶应和设备与管线进行协同设计，其平面尺寸应与功能空间的模数网格相协调；高度尺寸应在满足设备与管线正常安装和使用的同时，保证功能空间的室内净高最大化。

8.5.2 楼地面应和设备与管线进行协同设计，其厚度宜为分模数 M/10 的整数倍数，优先尺寸宜为 50mm、80mm、120mm。

8.5.3 内门窗洞口的宽度和高度应符合现行国家标准《建筑门窗洞口尺寸系列》GB/T 5824 的有关规定，并宜为基本模数的整数倍数。

8.5.4 各功能空间内门洞口的优先尺寸应符合下列规定：

1 起居室（厅）、卧室门洞口宽度宜为 900mm。

2 厨房门洞口宽度宜为 800mm、900mm。

3 卫生间门洞口宽度宜为 700mm、800mm。

4 考虑无障碍设计要求时，门洞口宽度宜为 1000mm。

5 门洞口高度宜为 2100mm、2200mm。

9 设备与管线系统

9.1 一般规定

9.1.1 设备与管线应优先选用标准化部品。

9.1.2 工业化住宅的设备与管线应进行集成设计，与部品部件间连接应采用标准化接口，接口尺寸应满足公差要求。

9.1.3 设备与管线、支吊架、预埋件等的预留预埋位置应与结构系统模数网格协调。

9.2 设 备

9.2.1 建筑设备的布置应预留安装和维护更新的空间，并应与主体结构和内装修密切配合。人孔检修口尺寸宜采用 600mm×600mm，手孔检修口尺寸不宜小于 150mm×150mm。

9.2.2 公用设备宜设置在公共空间内，并应根据需要进行明装、暗装或设置在设备间内。配电箱前的操作空间不应小于 800mm，其他设备的检修空间不应小于 500mm。

9.2.3 空调室外机应设置在预制混凝土空调板或平台上，室外机后侧进风空间不应小于 150mm，室外机两侧及前侧空间不应小于 100mm。

9.2.4 太阳能系统应与建筑一体化设计。电热水器、太阳能热水器储水箱侧面距墙不应小于 100mm。

9.2.5 家居配电箱与智能家居布线箱位置宜分开设置，墙体留洞尺寸各边宜为箱体尺寸加 10mm。家居配电箱底边距地高度优先尺寸宜为 1600mm，智能家居布线箱底边距地高度优先尺寸宜为 500mm。

9.2.6 分体式空调、排油烟机、排风机、电热水器电源插座底边距地不宜低于 1800mm；厨房电炊具、洗衣机电源插座底边距地优先尺寸宜为 1000mm、1200mm、1300mm；柜式空调、冰箱电源插座底边距地优先尺寸宜为 300mm、500mm；一般电源插座底边距地优先尺寸宜为 300mm、500mm、600mm、900mm。

9.2.7 卫生间防溅水型插座底边距地高度应适应不同设备设施的高度要求，优先尺寸宜为 300mm、1200mm、1500mm、1800mm。洗衣机设在卫生间等潮湿环境时，电源插座底边距地不应低于 1500mm。对于装有淋浴或浴盆的卫生间，电热水器电源插座底边距地不宜低于 2300mm，排风机及其他电源插座宜安装在防止水滴溅入区域。无障碍卫生间插座距室内装修地面高度宜根据插座所服务设备、设施而定，且应满足轮椅使用者的高度要求，优先尺寸宜为 600mm、900mm、1200mm。

9.2.8 墙面上的照明开关侧边距门洞边宜为 150mm，底边距地优先尺寸宜为 1100mm、1200mm、1300mm，应避开门扇和家具，可与整体收纳结合统筹设置。

9.3 管 线

9.3.1 工业化住宅的管线应进行综合设计，可采用管井敷设、架空敷设、暗埋敷设，管线定位尺寸可根据敷设方式符合基本模数或分模数。

9.3.2 工业化住宅的管线宜采用与主体结构相分离的布置方式，管线宜布置在本层吊顶空间、架空地板下空间、装饰夹层内，管线定位尺寸宜符合分模数 M/5。

9.3.3 当给水、供暖水平管线暗敷于本层地面的垫层、电气水平管线暗敷于结构楼板叠合层中时，管线定位尺寸宜符合分模数 M/10。

9.3.4 套内电气管线可采用穿管暗敷设的配线方式。敷设在钢筋混凝土楼板内的线缆保护导管最大外径不应大于楼板厚度的 1/3，敷设在垫层的线缆保护导管最大外径不应大于垫层厚度的 1/2。暗敷线缆保护导管的外护层厚度不应小于 15mm；当消防设备线缆保护导管暗敷时，外护层厚度不应小于 30mm。

9.3.5 共用管线应设在公共空间的管道井内。当管道井门前空间作为检修空间使用时，管道井进深可为 300mm～500mm，宽度根据管道数量和布置方式确定。公共管道井的优先净尺寸宜根据表 9.3.5 选用。

表 9.3.5 公共管道井的优先净尺寸（mm）

项目	优先净尺寸
宽度	400 500 600 800 900 1000 1200 1500 1800 2100
深度	300 350 400 450 500 600 800 1000 1200

9.3.6 管道并排敷设时，其间距及保温层外间距应满足安装检修空间要求。管道在管井敷设时，管道井

安装距离应按管道的类型和数量确定，应符合下列规定：

1 立管外壁（含保温层）距墙不宜小于 50mm，管道之间净距（含保温层）不宜小于 150mm。

2 管道沿墙敷设时，管外壁（含保温层）距墙不应小于 20mm。

9.3.7 集成式厨房、集成式卫生间的管道应在预留的安装空间内敷设，并应符合下列规定：

1 集成式厨房预留排气口底距楼地面高度宜在 2400mm 以上。

2 集成式卫生间排风宜采用顶排风方式。

3 集成式卫生间预留排气口底距楼地面高度宜在 2300mm 以上。

4 集成式厨房、集成式卫生间管道接口的位置尺寸允许偏差不应大于 3mm。

9.3.8 燃气热水器的烟气必须排至室外，排气管距地不应小于 2200mm。

9.4 设备管线的预留预埋

9.4.1 工业化住宅的设备管线应在结构允许的位置预留预埋，并应符合结构系统模数网格的规定。

9.4.2 设备管线安装用的预埋件应预埋在实体结构上，且预埋件应安装牢固。管道或设备集中的位置应共用支吊架和预埋件，预埋件锚固深度不宜小于 120mm，具体深度由计算确定。

9.4.3 消火栓箱应预留安装孔洞，孔洞尺寸各边应大于箱体尺寸 20mm。

9.4.4 采用分体空调的起居室（厅）、卧室外墙应预留空调冷媒管及冷凝水管孔洞，孔洞直径宜为 ϕ75mm，壁挂安装时的孔洞底边距楼地面不宜小于 2200mm；落地安装时的孔洞中心距楼地面 150mm。

9.4.5 燃气热水器应预留排至室外的燃气热水器专用排气孔洞，孔径应为 ϕ100mm。

9.4.6 穿各层楼板的立管留洞位置应在立管中心定位、上下对应，其偏差不应超过 ±3mm。

本标准用词说明

1 为便于在执行本标准条文时区别对待，对要求严格程度不同的用词说明如下：

1） 表示很严格，非这样做不可的：
正面词采用"必须"，反面词采用"严禁"；

2） 表示严格，在正常情况下均应这样做的：
正面词采用"应"，反面词采用"不应"或"不得"；

3） 表示允许稍有选择，在条件许可时首先应这样做的：
正面词采用"宜"，反面词采用"不宜"；

4） 表示有选择，在一定条件下可以这样做的，采用"可"。

2 条文中指明应按其他有关标准执行的写法为："应符合……的规定"或"应按……执行"。

引用标准名录

1 《建筑门窗洞口尺寸系列》GB/T 5824

2 《建筑门窗洞口尺寸协调要求》GB/T 30591

3 《建筑模数协调标准》GB/T 50002

4 《住宅设计规范》GB 50096

5 《无障碍设计规范》GB 50763

6 《住宅厨房家具及厨房设备模数系列》JG/T 219

7 《住宅厨房模数协调标准》JGJ/T 262

8 《住宅卫生间模数协调标准》JGJ/T 263

中华人民共和国行业标准

工业化住宅尺寸协调标准

JGJ/T 445－2018

条 文 说 明

编　制　说　明

《工业化住宅尺寸协调标准》JGJ/T 445－2018，经住房和城乡建设部 2018 年 4 月 10 日以 2018 第 49 号公告批准发布。

本标准在编制过程中，编制组进行了广泛的调查研究，认真总结了工程实践经验，参考了有关国际标准和国外先进标准，并以多种方式广泛征求了有关单位和专家的意见，对主要问题进行了反复讨论、协调，最终确定各项技术参数和技术要求。

为便于广大设计、施工、科研、学校等单位的有关人员在使用本标准时能正确理解和执行条文规定，《工业化住宅尺寸协调标准》编制组按章、节、条顺序编制了本标准条文说明，对条文的目的、依据以及执行中需注意的有关事项进行了说明。但是，本条文说明不具备与标准正文同等的法律效力，仅供使用者作为理解和把握标准规定的参考。

目　　次

1 总 则

1.0.1 我国实现建筑产业现代化是工业化、标准化和集约化的过程。没有标准化，就没有真正意义上的工业化；而没有系统的尺寸协调，就不可能实现标准化。我国住宅发展的最终目标应是实行住宅通用体系化，积极推行工厂化生产、系列化配套、社会化供应的部品部件发展模式。模数协调工作是各行各业生产活动最基本的技术工作。遵循模数协调准则，全面实现尺寸配合，可保证住宅建设在功能、质量和经济效益方面获得优化，促进住宅建设从粗放型生产转化为集约型的社会化协作生产，实现部品部件工厂生产、现场安装的相互配合，从而达到降低成本、节约资源的目的。

1.0.2 本标准规定了工业化住宅建设中的设计、生产运输、施工安装等各环节在模数协调基础上，进行尺寸协调的原则和方法。

1.0.3 工业化住宅建筑由结构、外围护、内装及设备与管线四大建筑系统组合而成，工业化住宅的建设是涉及了规划设计、生产运输、施工安装以及使用维护等全过程的建造。应在遵循住宅全寿命期原则的基础上，制定出四大系统之间的尺寸协调原则，实现设计与安装之间的尺寸配合。

2 术 语

2.0.1 本标准不局限于装配式一种建造方式，强调了工业化住宅标准化的重要性。工业化住宅是一个系统工程，是将标准化设计、工厂化生产的部品部件通过尺寸协调、模块组合、接口连接、节点构造、施工工法，并结合信息化管理技术等在工地高效、可靠集成装配而成的，并做到主体结构、建筑围护、机电装修一体化的建筑。

2.0.8 尺寸协调不仅要实现建筑、结构、设备、装修等全专业之间尺寸配合，保证模数化部品部件的应用，还要贯穿于工业化住宅建造的全过程，实现设计、生产运输、施工安装各个环节之间的尺寸配合。

2.0.9 协同设计工作是工厂化生产建造的前提。工业化住宅的设计应统筹规划设计、生产运输、施工安装和使用维护，进行建筑、结构、机电设备、室内装修等专业一体化的设计，运用建筑信息模型技术，建立信息协同平台，同时加强建设、设计、生产、施工、管理各方之间的协同。

2.0.11、2.0.12 集成式厨房多指居住建筑中的厨房，本条强调了厨房的"集成性"和"功能性"。集成式卫生间应充分考虑卫生间空间的多样组合或分隔，包括多器具的集成卫生间产品和仅有洗面、洗浴或便溺等单一功能模块的集成卫生间产品。

集成式厨房、卫生间是工业化住宅的重要组成部分，其设计应符合标准化、系列化原则，并满足干式工法施工的要求，在制作和加工阶段宜全部实现装配化。

2.0.13 整体收纳是工厂生产、现场装配的、模块化集成收纳产品的统称，为工业化住宅内装系统中的一部分，属于模块化部品。通常设置在入户门厅、起居室、卧室、厨房、卫生间和阳台等功能空间部位。

2.0.14 优先尺寸为工业化住宅设计中优先选用的尺寸，是从基本模数、扩大模数和分模数数列中事先挑选出来的尺寸。优先尺寸的挑选应考虑功能空间的适应性、部品部件生产工艺及材料规格、各系统尺寸协调关系等因素，选用通用性强的尺寸。

2.0.15、2.0.16 在模数空间网格中，部品部件的定位主要依据其安装基准面的所在位置决定，可采用中心线定位法、界面定位法或者以上两种方法的综合。

当部品部件不与其他部品部件毗邻连接时，一般可采用中心线定位法，如框架柱的定位。当采用中心线定位法定位时，部品部件的中心基准面（线）并不一定必须与部品部件的物理中心线重合，如偏心定位的外墙等。

当多部品部件连续毗邻安装，且需沿某一界面部品部件安装完整平直时，一般采用界面定位法，并通过双线网格保证部品部件占满指定领域。

2.0.17 在工业化住宅中，接口主要是指两个独立系统、模块或者部品部件之间的共享边界，接口的标准化，可以实现通用性以及互换性。

3 基 本 规 定

3.0.1 住宅建筑要实现工业化建造，首先应采用标准化、系列化设计方法，做到套型、连接构造、部品部件及设备管线的标准化与系列化，并在标准化与系列化设计的基础上实现多样化。"少规格、多组合"是工业化住宅设计的重要原则，减少部品部件的规格种类及提高部品部件生产模具的重复使用率，利于部品部件的生产制造与施工安装，利于提高生产速度和工人的劳动效率，从而降低造价。

在工业化住宅设计中，不能为了多样化而放松标准化设计的基本原则，进而派生出不符合标准化、模数化要求的空间尺寸和构件尺寸。标准化和多样化是建筑设计的永恒命题，但不要把标准化和多样化对立起来，二者的协调配合能够实现标准化前提下的多样化。工业化住宅建筑可以用标准化的套型模块结合核心筒模块组合出不同的平面形式和建筑形态，创造出多种平面组合类型，满足规划多样性和场地适应性要求。

3.0.2 模数协调是工业化住宅实现标准化设计的基础，工业化住宅的尺寸协调应综合考虑住宅使用功能、生产、施工和综合造价等因素，合理确定符合模数协调的优先尺寸。《建筑模数协调标准》GB/T 50002 是为推进房屋建筑工业化，实现建筑或部件的尺寸和安装位置的模数协调制定的。本标准的制订是针对工业化住宅建筑的尺寸协调，适用范围更明确、针对性更强，具体内容是根据工业化住宅各系统的特征确定了一系列的优先尺寸，并要求在优先尺寸选用时遵循模数协调原则进行尺寸协调，这与现行国家标准《建筑模数协调标准》GB/T 50002 的有关规定是一致的。

3.0.3 工业化住宅应进行建筑、结构、外围护、内装、设备与管线一体化协同设计，应充分考虑工业化住宅的设计流程特点及项目的技术经济条件，利用信息化技术手段实现各专业间的协同配合。

工业化住宅建筑是以工业化建造方式为基础，实现结构系统、外围护系统、内装系统、设备与管线系统等系统集成，实现策划、设计、生产与施工的一体化。通过系统集成设计将住宅当做完整产品进行统筹设计，强调全寿命期可持续的品质，提出各系统相应的尺寸协调技术要求，解决各系统内部的协同问题，突出体现工业化住宅的整体性能和可持续性，保证设计、生产、施工的有机结合。

3.0.4 工业化住宅实现部品部件的通用性和互换性是尺寸协调的基本目的，就是把部品部件规格化、通用化，使部品部件适用于工业化住宅建筑，并可满足住宅全寿命期功能及品质的需求。这样，该部品部件就可以进行大量规格生产，稳定质量，降低成本。通用化是部品部件具有互换功能，可促进市场的竞争和部品部件生产水平的提高。实现部品部件的互换主要是确定部品部件的边界条件，后安装部件与已安装部品部件达到相互尺寸的配合。

3.0.5 工业化住宅是由系统"集成"的建筑，需要进行各系统的一体化集成设计，尺寸协调是一体化集成设计的重要内容。工业化住宅各功能空间优先尺寸的确定协调了部品部件之间的尺寸关系，通过优化部品部件的规格，使设计、生产、安装等环节的配合快捷、精确，实现结构、外围护、内装及设备与管线四大建筑系统的一体化集成。

3.0.6 工业化住宅的外围护系统除要考虑功能空间外，建筑造型应符合城市规划的要求，与周围环境相协调。建筑的外围护结构宜采用工厂化生产的部品部件，部品部件应标准化、少规格。工业化住宅的立面设计运用模数协调的原则，采用集成技术，通过部品部件优先尺寸的选用，优化部品部件的种类。建筑立面应规整，通过标准单元的有序组合、构件的多样化组合，达到实现立面个性化、多样化设计效果及节约造价的目的。

3.0.7 内装设计应结合建筑主体结构与内装部品之间的尺寸协调关系，满足建筑内部功能空间的可变性和适用性。尺寸协调有利于实现部品部件的通用性及互换性，使通用化的部品部件适用于不同住宅建筑。通过标准化设计、标准化接口，优化内装部品的种类，适合工业化住宅的内装设计要求。

3.0.8 设备与管线和主体结构的耐久年限不一致，工业化住宅的设备管线宜采用与主体结构相分离的布置方式，有利于减少设备管线更换时对主体结构造成安全影响。设备管线应与结构系统、外围护系统和内装系统进行尺寸协调，采用模数化尺寸数列，采用标准化接口，实现部品部件的通用性。

4 模 数 网 格

4.1 一 般 规 定

4.1.1 单线网格可用于中心线定位，也可用于界面定位。双线网格常用于界面定位。

4.1.2 工业化住宅各系统的模数网格，在其不同方向（开间、进深及层高）宜采用相同的模数，采用同一模数有利于实现工业化住宅的综合效益。

4.2 网 格 确 定

4.2.1 过去我国住宅建筑的开间、进深轴线尺寸多采用 3M，后来由于房地产市场化的影响，基本上对住宅模数没有强制规定，这不利于工业化住宅实现标准化和多样性的统一。根据工程实践经验，工业化住宅开间、进深轴线尺寸选择 2M、3M 可满足工业化住宅建筑平面功能布局的灵活性及模数协调的要求，也适合内装系统的工业化，本条规定对于工业化住宅中较大的功能空间水平方向宜优先采用扩大模数网格，条件受限时也可采用基本模数网格。

依据人体工程学，对于厨房、卫生间、收纳等较小的功能空间，使用时对其内部几何尺寸变化比较敏感，宜优先采用基本模数网格，也可采用 1M 与 M/2 组合（150mm）的平面模数网格创造尺寸灵活的空间。

4.2.2 结构系统模数网格应依据住宅功能空间的模数网格及内装系统技术尺寸组合推导确定，为减少预制构件的种类、数量，应为符合 2M、3M 的模数网格。

4.2.3 外围护系统的平面模数网格应与住宅功能空间的模数网格及主体结构模数网格进行协调；外围护系统的立面模数网格应与外围护系统的平面模数网格、建筑的层高及门窗洞口尺寸位置进行协调。

4.3 网 格 应 用

4.3.1 按照我国建筑工程设计文件中施工图的绘制习惯，通常承重部件如框架柱、剪力墙等采取中心线定位法，通过定位轴线及轴线号来进行定位。其他非承重部件则多以近邻定位轴线为初始基准线，通过与初始基准线之间的距离确定非承重部件的位置。《建筑模数协调标准》GB/T 50002－2013 中规定："当部件不与其他部件毗邻连接时，一般可采用中心定位法，如框架柱的定位。当多部件连续毗邻安装，且需沿某一界面部件安装完整平直时，一般采用界面定位法"。本标准要求建筑设计宜采用中心线定位法对承重部件进行定位，与设计人员的习惯保持一致，同时也能满足尺寸协调的基本要求。当采用中心线定位法定位时，部品部件的中心基准面（线）不一定必须与部品部件的物理中心线重合，如偏心定位的外墙、柱等。

在建筑剖面设计、建筑立面设计时，建筑层高、室内净高由结构完成面或建筑完成面确定，因而在立面、剖面设计时对建筑、结构部件采用界面定位法。另外，当多部品部件连续毗邻安装，且需沿某一界面部品部件安装完整平直时，一般采用界面定位法。

定位方法的选用一方面来自于工程经验，另一方面主要是工业化住宅部品部件设计、生产和安装定位的需要，以及相关系统一体化集成的需要。

4.3.2 内装系统的内墙面装修完成后所提供的空间是真正供人使用的建筑功能空间，功能空间采用界面定位法是进行精细化设计、生产、安装的前提与保障。

4.3.3 为保障外围护系统、内装系统、设备与管线系统的各部品部件自身及之间的空间几何位置关系准确，统一要求采用界面定位法。

4.4 网格协调

4.4.1 工业化住宅设计中各系统的模数网格之间宜统一进行协调，根据各相关因素，为模数网络选择合理模数，保持模数网格之间是匹配的。如工业化住宅采用装配式剪力墙结构且剪力墙厚度采用 200mm 厚，当内装系统采用免抹灰涂料做法且不考虑空间组合的影响时，功能空间的开间选用 2M 模数网格，对应的结构系统为 2M 模数网格；当内装系统采用 50mm 厚架空墙面做法且不考虑空间组合的影响时，功能空间的开间采用 3M 模数网格，对应的结构系统为 3M 的模数网格。

4.4.2 当各系统间存在技术尺寸时，需要设置网格中断区。如功能空间与结构系统、外围护系统之间为内装系统的技术尺寸，当为涂料或壁纸做法时，此技术尺寸一般可视为 0mm，当为粘贴墙砖时此技术尺寸一般为 25mm，当采用架空墙面做法时此技术尺寸一般为 50mm（这个尺寸可能因部位的不同和项目选用的技术做法不同而变化，具体技术尺寸应根据项目内装系统的设计做法确定）；此技术尺寸不为 0mm 时，功能空间与结构系统、外围护系统之间应通过设置网格中断区进行模数网格之间的尺寸协调。

4.4.3 为了实现工业化住宅全生命周期的灵活使用，设备与管线宜采用与主体结构分离的方式。当项目需

要设备与管线系统在预制结构构件中预留预埋时，应遵守结构设计模数网格，在结构容许的位置进行预留预埋，避免对钢筋、预埋部件以及构件整体结构性能的影响，并尽量满足工业化住宅全生命周期中住户对设备与管线系统的使用需求。

5 功 能 空 间

5.1 一 般 规 定

5.1.1 工业化住宅的套型空间由不同的功能空间组合而成。功能空间的组合设计应尽量按一个结构空间来设计。住宅的设计不仅应考虑各功能空间尺寸，还应考虑建筑全寿命期使用的空间灵活性与适应性，既能保证结构主体的安全性，又能适应使用者不同时期对住宅功能空间的不同需求变化，采用大开间、大进深的平面布置形式有助于实现这一目标（图1、图2）。

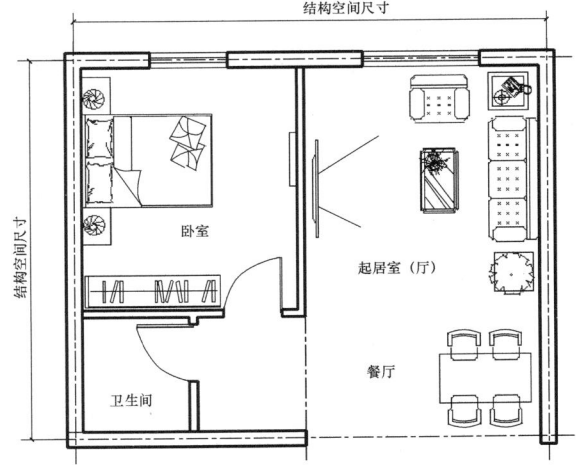

图 1　起居室（厅）与卧室空间的组合

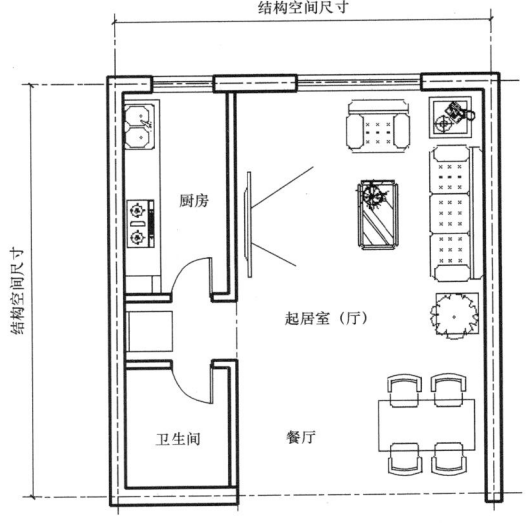

图 2　起居室（厅）与厨卫的空间组合

5.1.2 集成式厨房、集成式卫生间和整体收纳的功能性较强，空间内设置有设备设施、各种管道，结构较复杂，相对而言不易改造。因此，为使厨房、卫生间空间不影响其他功能空间的设计布局，应尽量优先设计并集中布置，便于套内形成较大的结构空间，利于套内其他功能空间的分隔与变化。

5.2 公共空间

5.2.1 为了保证楼梯构件的标准化程度，特规定本条第4款。楼梯间开间、进深及楼梯梯段宽度的最小尺寸确定主要依据为：

1 《建筑设计防火规范》GB 50016－2014 的要求：住宅疏散楼梯净宽不应小于 1.10m；建筑高度不大于 18m 的住宅中一边设置栏杆的疏散楼梯，其净宽度不应小于 1.0m；建筑内的公共疏散楼梯，其两梯段及扶手间的水平净距不宜小于 150mm。

2 《民用建筑设计通则》GB 50352－2005 要求：楼梯平台宽度不小于 1.20m；住宅楼梯踏步的最大高度为 175mm，最小宽度为 260mm。

3 《住宅设计规范》GB 50096－2011 要求：楼梯间为剪刀楼梯时，楼梯平台的净宽不得小于 1300mm。

4 根据目前楼梯栏杆扶手常用构造所需尺寸确定：

1）梯段扶手中心距梯段边结构面的构造尺寸按 50mm 或 60mm 考虑。两梯段水平净距按 100mm 考虑。

2）平台处扶手中心距梯段边结构面的构造尺寸按 130mm 考虑。扶手中心距墙面大于 1100mm。楼梯平台宽度不小于 1200mm；剪刀楼梯为 1300mm。

3）剪刀梯的靠墙扶手中心距结构面的墙构造尺寸按 80mm 考虑。两梯段水平净距 200mm 设置防火隔墙。

双跑楼梯间开间、进深及楼梯梯段宽度的最小尺寸见表1。

表 1　双跑楼梯间开间、进深及楼梯梯段宽度最小尺寸（mm）

平面尺寸 层高	开间轴线尺寸	开间净尺寸	进深轴线尺寸	进深净尺寸	梯段宽度尺寸
2800	2600 (2400)	2400 (2200)	4500	4300	1150 (1050)
2900	2600 (2400)	2400 (2200)	4800	4600	1150 (1050)
3000	2600 (2400)	2400 (2200)	4800	4600	1150 (1050)

注：括弧中的尺寸为建筑高度不大于 18m 的住宅中一边设置栏杆的楼梯间及梯段宽度。

考虑到建筑高度不大于 18m 的住宅中楼梯使用率高，将其相关尺寸与建筑高度大于 18m 的住宅楼梯相关尺寸统一，以减少楼梯梯段规格。为了使楼梯梯段宽度符合基本模数要求，将楼梯梯段最小宽度增加 50mm，由此也能双侧设置扶手，满足未设电梯的多层住宅适老化的要求。

装配式建筑的楼梯间不采用抹灰装修面层，可采用清水混凝土墙等。建议楼梯间与采暖房间之间的保温层结合装配式内装修设在采暖房间一侧，楼梯间一侧不考虑设置保温层。楼梯平面尺寸示意见表2。

表 2　楼梯平面尺寸示意（mm）

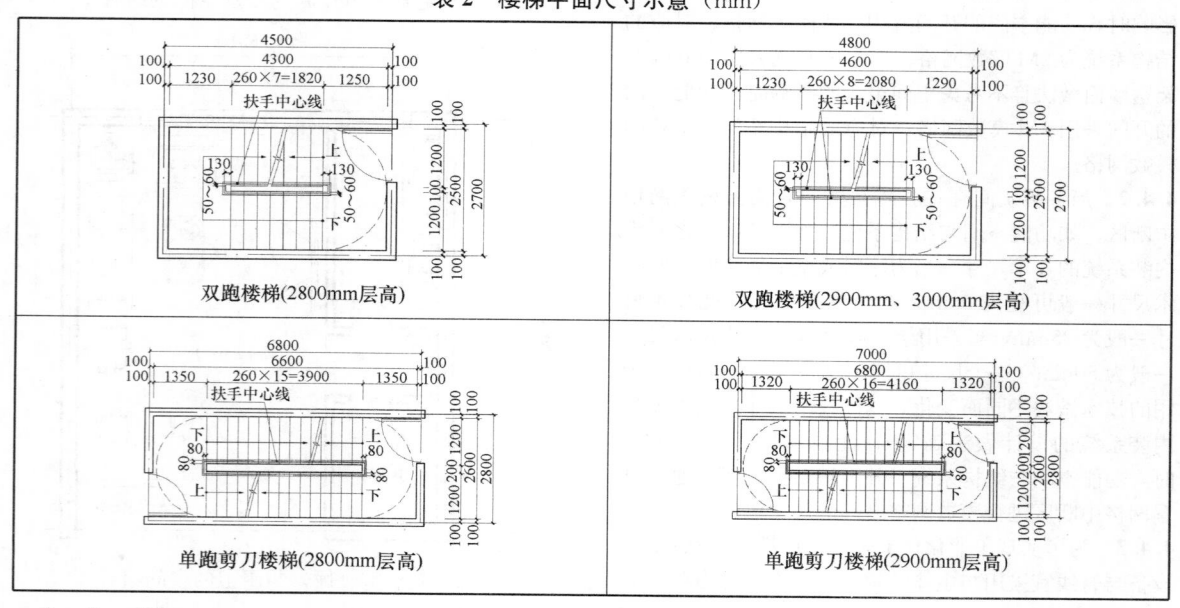

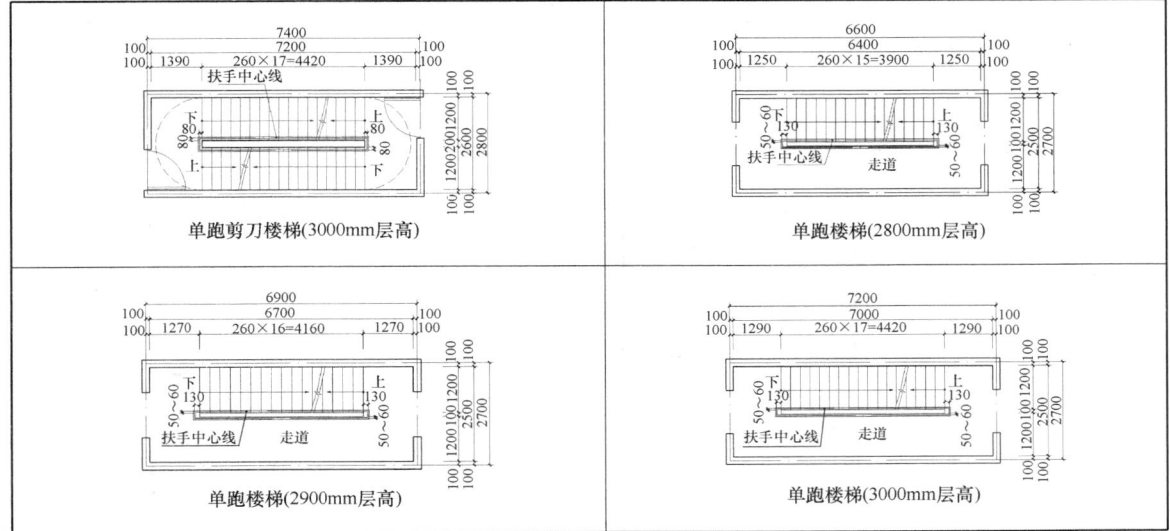

单跑剪刀楼梯(3000mm层高)　　单跑楼梯(2800mm层高)

单跑楼梯(2900mm层高)　　单跑楼梯(3000mm层高)

5.2.2 根据目前住宅建筑中常用电梯及相关尺寸综合确定载重 800kg、1000kg、1050kg 三类电梯的开间、进深（轴线）定位尺寸。电梯轴线与电梯墙内表面距离为 100mm。

确定载重 1050kg 的电梯为担架电梯，主要依据《住宅设计规范实施指南》（2012 年，中国建筑工业出版社）中关于"住宅配置可容纳担架电梯的论证"确定，以满足电梯标准化、通用化要求。目前有些地方相关部门规定采用深型电梯，且规定的轿厢尺寸各有不同，此条统一深型电梯尺寸。

电梯间与采暖房间之间的保温层结合装配式内装修设在采暖房间一侧，电梯间一侧不考虑设置保温层。

5.2.3 根据国家标准《住宅设计规范》GB 50096 - 2011 的要求：走廊通道的净宽不应小于 1.2m。走道轴线与走道墙内表面距离为 100mm。均按墙体厚度为 200mm 确定。

5.2.4 根据国家标准《住宅设计规范》GB 50096 - 2011 的要求：电（候）梯厅深度不应小于多台电梯中最大轿厢的深度，且不小于 1.5m，同时考虑装修，净尺寸要求 1600mm。电梯厅轴线与走道电梯厅墙内表面距离为 100mm。均按墙体厚度为 200mm 确定。

国家标准《建筑设计防火规范》GB 50016 - 2014 规定：楼梯的共用前室与消防电梯的前室合用（简称三合一前室）短边最小净尺寸不应小于 2400mm。

5.3 套内空间

5.3.1 本条是根据现行国家标准《住宅设计规范》GB 50096 的相关规定，结合住宅使用功能，归纳总结实际的设计使用情况而确定的功能空间常用尺寸。

起居室（厅）的使用面积不应小于 10m²。

双人卧室不小于 9m²，单人卧室不小于 5m²，兼起居的卧室不应小于 12m²。

功能空间的尺度，是根据居住人口、家具尺寸以及符合人体工学的活动范围确定的。基本功能空间不等于房间，不一定独立封闭，有时不同的功能空间会部分重合或相互借用。如：起居室（厅）与卧室的功能空间合并，起居室（厅）与餐厅的功能空间合并等，组成大开间大进深实现工业化住宅全寿命期功能空间的灵活可变。

起居室（厅）面积在不同平面布局的套型中的变化幅度较大。其设置方式大致有两种情况：相对独立的起居室（厅）和与餐厅合而为一的起居室（厅）。通过调研起居室（厅）比较经济且兼顾舒适性的尺寸，较为常见和普遍使用的宽度为 3300mm～4800mm。当用地条件或套型总面积受到某些要素限制时，可以适当压缩起居室（厅）的宽度，宽度 2700mm、3000mm、3200mm 适合于小面积套型的起居（厅）室，常用于公租房的设计中。

卧室宽度 2400mm、2600mm、2700mm、3000mm 一般用于单人卧室，双人卧室的宽度不宜小于 3200mm，当考虑到轮椅的使用情况时，卧室宽度不宜小于 3600mm。床的边缘与墙或其他障碍物之间的通行距离不宜小于 600mm；当照顾到穿衣动作的完成时，如弯腰、伸臂等，其距离应保持在 900mm 以上（图3）。

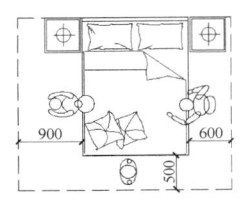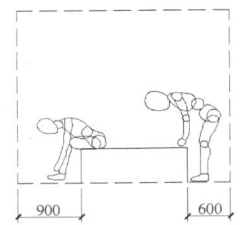

图 3　卧室空间人体工学示意

5.3.2 工业化住宅在套型设计时，应进行厨房、卫生间及收纳的精细化设计，考虑其在功能空间中的尺寸协调。应优先采用集成式厨房和集成式卫生间。

1 集成式厨房的平面布局应符合炊事活动的基本流程，本标准中所推荐的优先净尺寸是在住宅厨房设计经验总结的基础上提炼的合理适用的尺寸（表3）。

表3 集成式厨房典型平面布置示意图

平面布置	示意图	
单排布置	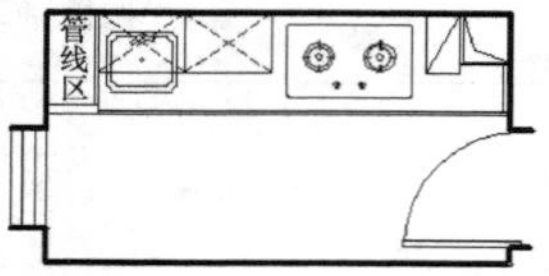	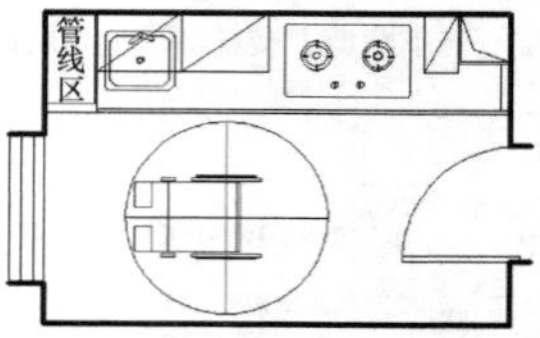
双排布置	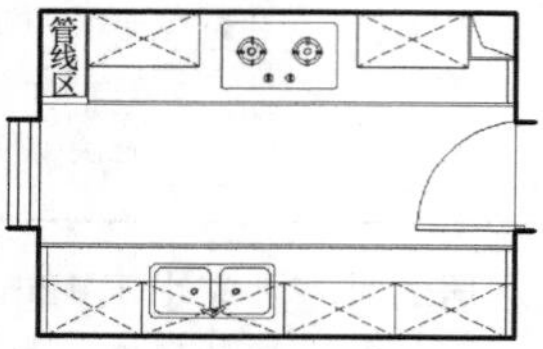	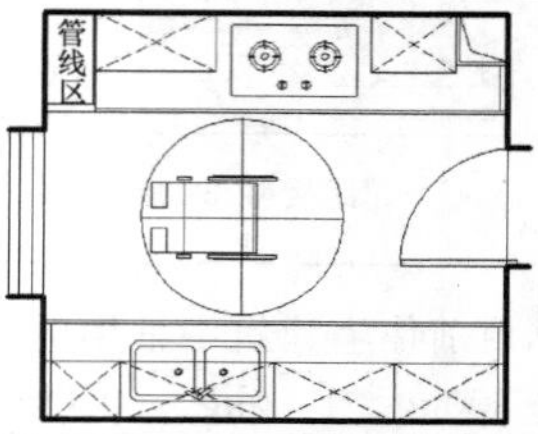
L形布置	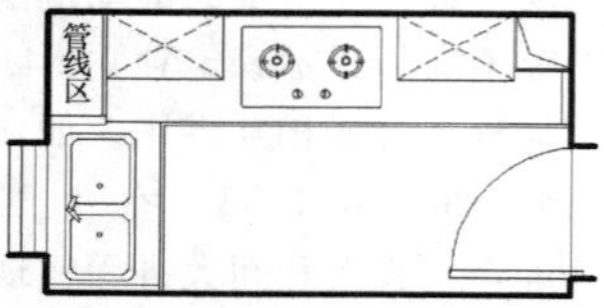	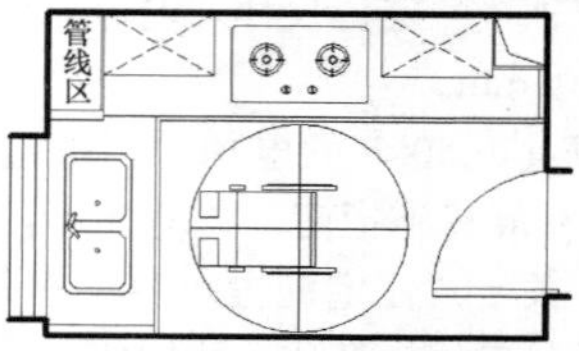
U形布置	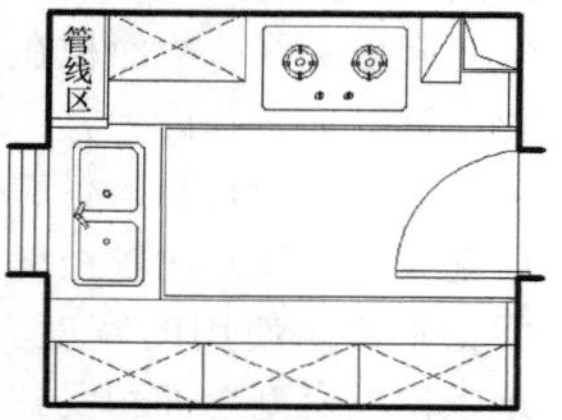	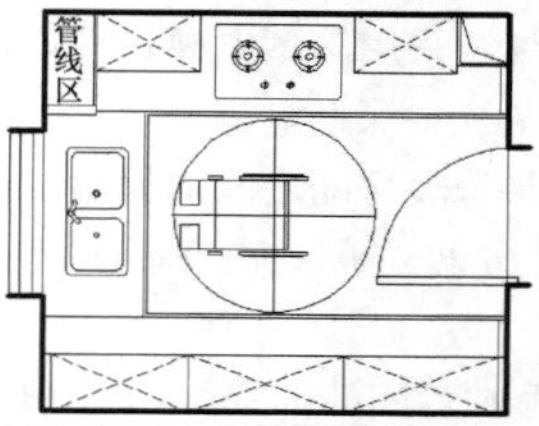

2 集成式卫生间的平面布局应符合盥洗、便溺、洗浴、洗衣/家务等功能的基本需求，可盥洗、便溺、洗浴等单功能使用，也可将任意两项（含两项）以上功能进行组合。本标准中所推荐的优先净尺寸是在住宅卫生间设计经验总结的基础上提炼的合理适用的尺寸（表4）。

表4 集成式卫生间典型平面布置示意图

平面布置	示意图	
三功能组合	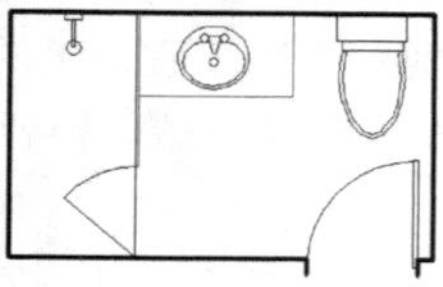	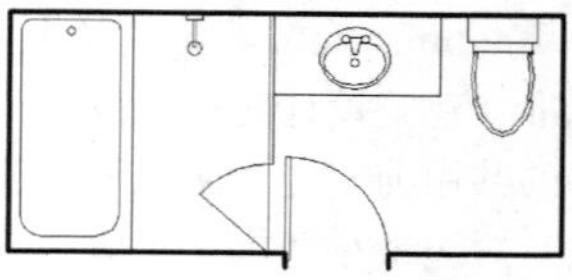
两功能组合	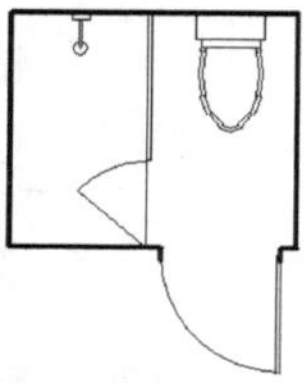	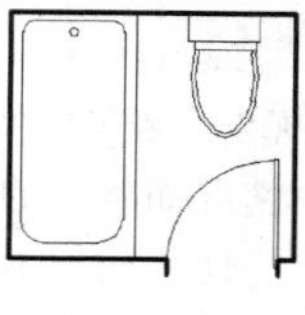

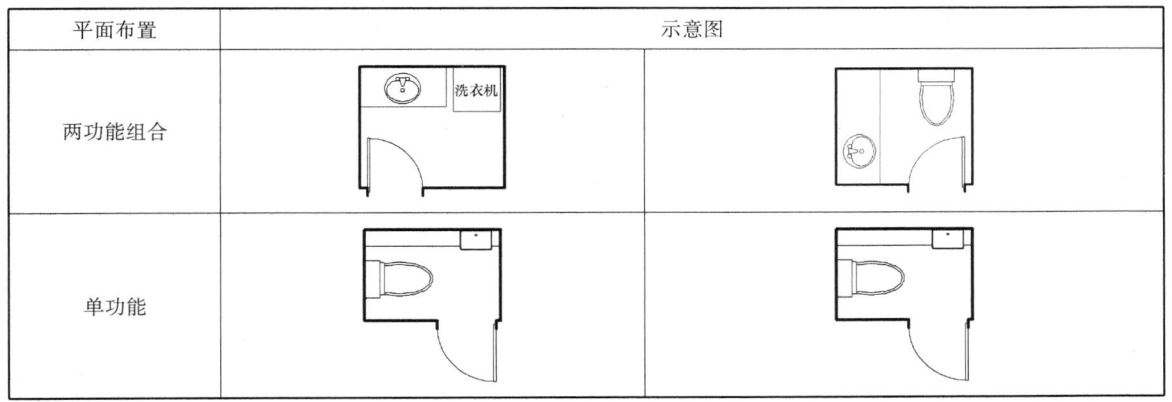

平面布置	示意图
两功能组合	
单功能	

5.3.3 按照使用功能，阳台可分为生活阳台和服务阳台。阳台的设施和空间安排都要切合实用，同时注意安全与卫生。本条是根据住宅常用的开间尺寸，兼顾结构安全和使用功能，归纳了常用的阳台规格尺寸。

5.3.4 根据国家标准《住宅设计规范》GB 50096 - 2011 的要求：套内入口过道的净宽不宜小于 1.20m。

门厅是套内与公共空间的过渡空间，既是交通要道，又是进入室内换鞋、更衣和临时搁置物品的功能场所。门厅的尺寸均来自于工程实践的经验总结（图 4）。

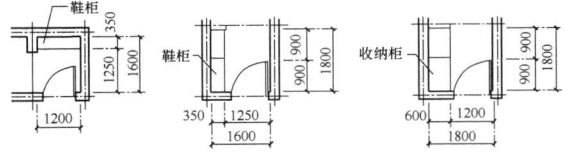

图 4　典型门厅布局示意

6　结　构　系　统

6.1　一　般　规　定

6.1.1 主体结构是建筑的支撑体。工业化住宅建筑的主体结构设计除了要保证建筑的安全性和耐久性以外，还需要最大限度地满足建筑使用功能的合理性，努力在建筑全寿命期内提供性价比高的建筑空间使用条件；主要内容包括：结构体系选择应保证建筑功能空间组合的合理性和适度的可变性，结构构件与其他部品部件和设备管线等的配合应具有合理性和更换的简便性，结构构件设计应考虑工业化生产和施工现场安装所采用的工艺、装备等要求。

一般情况下，住宅建筑中主体结构的模数网格是其他系统模数网格构建的基础，对建筑功能区的合理划分与组合有较大的影响，包括楼面区格划分、墙体布置与截面尺寸确定、室内装修方式及设备管线布置

等方面，是建筑方案设计需要特别关注的内容。

在住宅建筑中采用适合大开间和大进深、满足灵活空间组合要求的主体结构已经成为一种发展趋势，框架结构、剪力墙结构、框架-核心筒结构等均可以满足建筑对空间的使用要求，并通过主体结构系统与其他组成建筑的各系统间相互协调及建筑部品部件间的尺寸协调的方式来实现住宅建筑的精细化设计。这种设计思维和方法在工业化住宅建筑的设计中是需要提倡的。

6.1.2 住宅建筑中结构构件尺寸的确定除了要满足结构力学性能、耐久性能、防火性能、使用的舒适性能等要求外，还要考虑与其他建筑部品部件的尺寸协调，以及结构构件在生产和安装过程中与模板、模具、支撑等的尺寸协调等；鼓励采用标准化、定型化的结构构件和连接做法，提高各类型建筑部品部件的系列化、通用化程度。

6.1.4、6.1.5 工业化住宅建筑发展的一个重要特征是：成建筑的系统和部品部件的类型和数量在快速地增加，主体结构、外围护、设备与管线和内装修等系统之间的集成度越来越高。随着以装配式建筑为代表的新型工业化建造方式的不断推广，对传统建筑设计方式的变革要求也是越来越高。公差及配合就是工业化住宅建筑设计中的一项重要内容。

根据具体工程的特点和要求，对结构构件和其他建筑部品部件的制作、安装和连接等制定合理的公差，根据施工安装的先后次序和重要程度，对各部分公差进行配合与协调的工作是非常必要的。公差的制定与配合在目前设计工作中还是一个比较薄弱的环节，特别是在装配式建筑中尤为突出。需要设计人员通过积极地学习与实践，逐步熟悉和掌握这个方法。

6.2　结构构件与连接

6.2.1 在住宅建筑中，推进结构构件的定型化设计，有助于提高结构系统与建筑其他系统的配合度，有助于提高住宅建筑质量，也是降低建筑成本的合理的、有效的技术措施。表 6.2.1 中的优选尺寸是结构构件

设计的标志尺寸。制定的原则是：①与工厂生产和现场施工的模板模具尺寸相协调。②与相关的建筑部件常用尺寸相协调。③与内装修和设备与管线系统的尺寸相协调。

6.2.2 建筑墙体是指住宅建筑中实际完成的围护墙体和分隔墙体，其基本组成包括结构构件、非结构填充体、设备管线和饰面层等。例如，剪力墙结构住宅建筑中，建筑墙体主要由结构（剪力）墙与饰面（内、外）层等组成，或者是结构梁、梁下填充的分隔墙、饰面层等组成；当采用装配式装修时，上述做法之间可能需要增加管线层及饰面层的支撑骨架等。从建筑尺寸协调的层次划分上分类，建筑墙体的设计尺寸是与建筑功能空间、室内装修、设备和家具安装等进行协调的。在建筑墙体中，也需要对各组成部分的尺寸进行协调，以便达到尺寸和性能等的最优化设计结果。

在建筑墙体设计中，位形公差的合理设置是一个容易被忽略的内容，是建筑墙体产生开裂、变形甚至脱落破坏的重要原因之一，应引起设计的充分重视。工程中采取的措施包括：各专业应进行协同设计，合理的构件截面及配筋构造，连接构造做法应具有适宜的变形适应性，采用性能可靠的连接材料及表面嵌缝材料等。

6.2.3~6.2.6 规定了在结构构件设计中需要进行尺寸协调的基本内容。当然，还可能存在其他的尺寸协调内容，在具体工程实践中应不断总结和积累经验。

在钢筋混凝土结构构件中，钢筋的布置应符合模数尺寸的要求，可以实现机械化批量加工和施工现场组装的工业化建造方式，提高效率，保证质量。以钢筋间距和定位作为结构构件与其他系统部品部件间尺寸协调的基准是合理的。在实际工程中，特别需要各专业间的配合和协调。

7 外围护系统

7.1 一般规定

7.1.1 本章的外围护系统主要指非承重结构。建筑立面形式与立面分格是建立在外围护系统模数网格的基础之上，在局部位置通过合理的连接，使外围护系统部品与结构系统相关联。

7.1.2 外围护系统部品多采用界面定位，相比较双线网格，外围护系统模数网络采用单线网格可使得部品定位简单、明确；设置调整或中断区，一方面是为了减少基本公差，另一方面也能杜绝累积公差的产生。对于设置中断区的地方，必须设置合理的连接方式与构造措施，避免降低外围护系统的整体性能。

7.1.3 工业化住宅中外围护系统常用墙板为蒸压加气混凝土条板和混凝土外挂板，其生产加工的基本公差级别均可满足 2 级的要求；门窗属于较为精细的工业化产品，基本公差级别完全满足 2 级的规定。

7.2 外墙围护系统

7.2.1 条板一般指长度方向为一个建筑层高或安装部位净高，宽度方向不大于 1200mm 的条状板材。

7.2.2 采用标准化外门窗部品可提高重复使用效率，提升产品质量，有效解决门窗产品在工程中的质量问题。

8 内装系统

8.1 一般规定

8.1.2 建筑设计时，尽管结构系统和内装系统分别按照模数网格设计，但因为采用不同的定位方法，会在某些情况下留给内装部品的安装空间是非模数化的。因此，在实际工程中，经常是通过在模数网格中断区设置可调节措施来处理，如整体厨房的调节板、收纳系统的收边条等。

8.2 集成式厨房

8.2.4 本标准中厨房家具设备尺寸是根据多年来在住宅厨房精细化设计中的经验总结而来，如台面高度、深度等尺寸为结合我国家庭主妇的平均身高、板材出材率、操作空间需求等因素而形成。此外，如水盆与灶台之间的操作区域，有效长度不宜小于600mm，也是根据使用经验而来。以往的标准很少强调操作区长度这一点，但实际上，这是厨房使用方便性中很重要的内容。

8.3 集成式卫生间

8.3.3 当集成式卫生间为整体卫浴时，其安装空间如图 5 所示，安装空间尺寸如下：

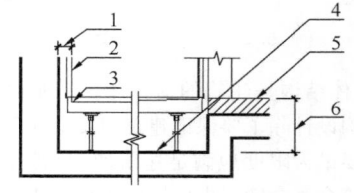

图 5 整体卫浴预留安装空间
1—壁板预留安装空间；2—整体卫浴壁板；
3—整体卫浴防水盘；4—结构楼面；
5—室内地面完成面；6—防水盘预留安装空间

1 整体卫浴与建筑墙体之间，应预留整体卫浴的结构和管线安装空间。整体卫浴壁板与墙体之间无管线时，应预留不小于 50mm 安装空间；当包含给水或电路管线时，应预留不小于 70mm 安装空间；当包含洗面器墙排水管路时，应预留不小于 90mm 安装空间。

2 整体卫浴的防水盘与结构楼面之间应预留安装空间。采用异层排水方式时安装空间宜为70mm～100mm；采用同层排水后排式坐便器时安装空间宜为180mm～200mm；采用同层排水下排式坐便器时安装空间宜为270mm～300mm。

3 整体卫浴顶板完成面与顶部楼板最低点（含无法避让的梁及异层排水管等）之间应预留顶部设备的安装和检修空间，宜为150mm～300mm。

8.3.5 集成式卫生间与预留管线：

1 当管道井在卫生间区域内部的时候，集成式卫生间可结合建筑设计预留管道立管空间，将风道、排污立管、通气管、给水立管等根据实际情况合理设置在管道井内。

2 集成式卫生间（含整体卫浴）给水排水管线应采用标准化接口，并与建筑给水排水、排风管线点位相协调。

8.4 隔墙与整体收纳

8.4.3 整体收纳应采用工厂预制单元柜现场组装拼合方式，避免木工现场作业和大量"非标尺寸定制"。通过模数化设计、工厂批量化生产、装配式安装，减少现场垃圾，同时缩短工期、降低造价、提高质量。

宽、深、高三个方向符合模数数列的标准收纳单元柜，可根据空间及功能的不同，通过灵活的组合做到符合人体工程学、满足不同使用功能，实现标准化基础上的多样化。同时，选用不同的色彩、材质、功能五金，极大丰富其功能细节及观感，满足居住者的个性化需求。表5为依据工程经验总结的常用收纳部品尺寸：

表5 常用收纳部品尺寸（mm）

收纳部品类别		深度尺寸			优先尺寸
门厅收纳	鞋柜	350	400		350
卧室收纳	衣柜	550	600	650	600
客厅收纳	电视柜	350	400	450	450
书房收纳	书柜	300	350	400	350

8.5 吊顶、楼地面与内门窗

8.5.4 本条主要规定各功能空间内门预留洞口的优先尺寸。住宅的内门主要是卧室门、厨房门和卫生间门，卧室门以平开为主，厨房门和卫生间门有平开、折叠、推拉等多种形式。

9 设备与管线系统

9.1 一般规定

9.1.1 工业化住宅的设备与管线部品符合模数的尺寸要求，才能使工业化住宅达到全面的有效配合，真正实现工业化住宅标准化。

9.1.2 设备管线设计应重视管线综合，满足建筑给水排水、消防、燃气、供暖、通风和空气调节设施、照明供电等机电各系统功能使用、运行安全、维修管理等要求，应减少平面交叉，竖向管线宜集中布置，并应满足维修更换的要求。

设备与管线系统应与结构系统、内装系统进行尺寸协调，采用标准化接口，有利于实现建筑部品构件的通用性，也有利于主体结构的标准化。接口的尺寸精度应满足工业化住宅要求，才能提高工业化住宅品质。

9.1.3 遵守结构设计模数网格，可以减少预留预埋对结构钢筋和受力的影响，提高预留预埋的有效性。

9.2 设备

9.2.2 住宅公共功能的建筑设备如消防设备、仪表、阀门、各种计量表、配电箱、配电柜、接线柜等，其操作面应留有一定的操作空间和维护空间。

9.2.3 统计了常用空调厂家的室外机尺寸（表6），不同品牌和规格的室外机有较大差别。考虑散热安装要求，室外机后侧进风空间应不小于150mm，室外机两侧及前侧空间应不小于100mm。

表6 常用空调厂家的室外机尺寸（mm）

		品牌1	品牌2	品牌3	品牌4	品牌5	品牌6	品牌7	品牌8	品牌9	品牌10	品牌11	品牌12	品牌13	平均	最大	适用面积（m²）
1P壁挂	长	780	780	757	650	848	800	770	818	780	750	650	730	660	751.77	848	10～16
	高	540	550	535	506	540	570	540	540	490	548	530	540	475	531.08	570	
	深	245	270	235	250	320	260	245	320	260	288	230	250	242	262.69	320	
1.5P壁挂	长	780	800	823	760	848	800	840	818	830	750	780	730	720	790.69	848	16～24
	高	540	555	590	537	592	570	578	540	638	548	540	540	548	562	638	
	深	245	259	285	259	320	260	275	320	285	288	250	265	242	272.38	320	
2P柜机壁挂	长	810	880	908	760	1018	980	870	867	—	810	780	800	695	848.17	1018	23～34
	高	680	660	650	537	700	640	800	595	—	570	540	637	620	635.75	800	
	深	288	319	330	259	412	350	320	378	—	290	289	297	280	317.67	412	

续表6

		品牌1	品牌2	品牌3	品牌4	品牌5	品牌6	品牌7	品牌8	品牌9	品牌10	品牌11	品牌12	品牌13	平均	最大	适用面积 (m²)
2.5P 柜机	长	860	880	—	823	—	980	870	—	—	950	—	980	878	902.63	980	28~40
	高	730	660	—	649	—	640	800	—	—	935	—	750	638	725.25	935	
	深	308	319	—	276	—	350	320	—	—	390	—	330	310	325.38	390	
3P 柜机	长	948	870	968	950	1018	950	870	867	880	950	900	951	878	923.08	1018	32~50
	高	830	885	750	745	840	840	800	695	780	935	795	840	638	797.92	935	
	深	340	354	330	310	412	340	320	378	360	390	320	352	310	347.38	412	

预制混凝土空调板挑出的长度一般为 600mm、700mm，宽度一般为 1100mm、1200mm、1300mm，建议优先净尺寸 700mm（长）×1300mm（宽），预制混凝土空调板有雨水管时宽度应增加 300mm。

实际预制混凝土空调板的尺寸应在净尺寸的基础上，增加结构安装搭接尺寸，并进行整体设计。

9.2.5 一般住宅套内家居配电箱外形尺寸 330mm×250mm×120mm～530mm×380mm×150mm，外形尺寸模数 M/10，目前还不能有效统一。但安装时，家居配电箱底距地 1600mm，智能家居布线箱距地 500mm（图6、表7）。

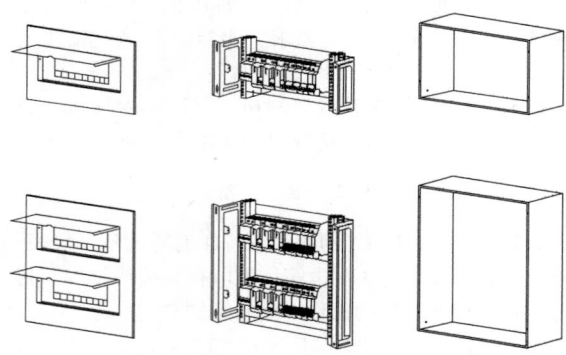

图6 配电箱示意

表7 常用配电箱尺寸

编号	名称	代号	级数	外形尺寸 (mm) W×H×D	箱体尺寸 (mm) W×H×D	备注
1	配电箱	LB201	6	330×250×120	300×220×120	
2	配电箱	LB202	9	380×250×120	350×220×120	
3	配电箱	LB203	12	430×250×120	400×220×120	
4	配电箱	LB204	15	480×250×120	450×220×120	
5	配电箱	LB205	18	530×250×120	500×220×120	
6	配电箱	LB206	24	430×410×150	400×380×150	
7	配电箱	LB207	30	480×410×150	450×350×150	
8	配电箱	LB208	36	530×410×150	500×380×150	

9.2.7 装有淋浴或浴盆的卫生间，电热水器电源插座底边距地不宜低于 2300mm，排风机及其他电源插座宜安装在 3 区，防止水滴溅入（浴室的区域划分参考《民用建筑电气设计规范》JGJ 16-2008 的附录 D 浴室区域的划分）。

9.3 管　线

9.3.2 管井敷设、架空敷设的管线尺寸模数，为满足建筑空间尺寸和安装空间需求，可采用 M/5 模数。

9.3.3 垫层暗埋敷设的管线有时数量较多，需要在较小空间内精确定位，节点大样排布尺寸模数宜采用 M/10 模数。

9.3.5 工业化住宅的共用管线应设在公共空间的管道井内，便于维护和管理。利用管道井门前空间作为检修空间时，管道井进深可为 300mm～500mm，宽度应根据管道数量和布置方式确定，管井检修门应满足检修方便的要求。管道布置方式如图7所示。

当管道井门前空间不能作为检修空间时，其管线的检修空间应不小于 500mm，管道布置方式如图8所示。

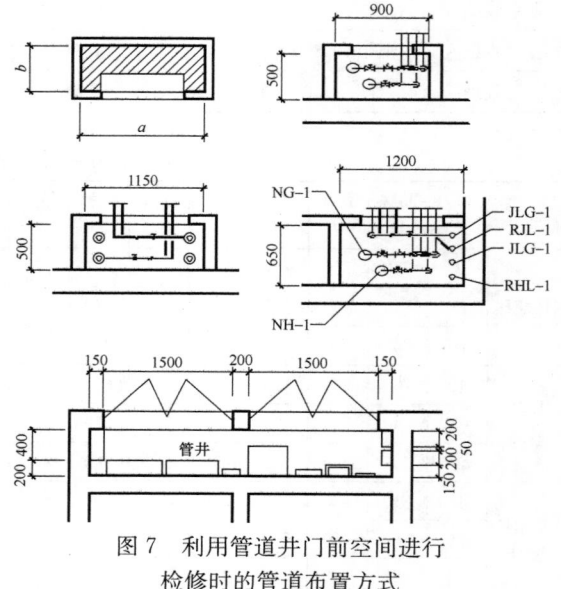

图7 利用管道井门前空间进行
检修时的管道布置方式

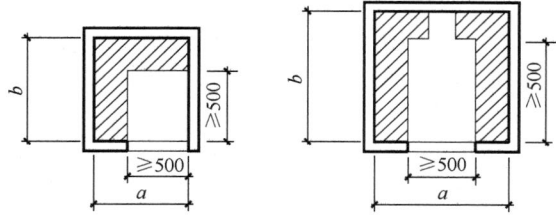

图 8　当管道井门前空间不能作为
　　　检修空间时管道布置方式

9.4　设备管线的预留预埋

9.4.2　设备及管线安装需要的受力预埋件,应考虑其受力特性。

中华人民共和国行业标准

预制预应力混凝土装配整体式
框架结构技术规程

Technical specification for framed structures comprised of precast
prestressed concrete components

JGJ 224—2010

批准部门：中华人民共和国住房和城乡建设部
施行日期：２０１１年１０月１日

中华人民共和国住房和城乡建设部
公　告

第 808 号

关于发布行业标准《预制预应力混凝土
装配整体式框架结构技术规程》的公告

现批准《预制预应力混凝土装配整体式框架结构技术规程》为行业标准，编号为 JGJ 224-2010，自 2011 年 10 月 1 日起实施。其中，第 3.1.2 条为强制性条文，必须严格执行。

本规程由我部标准定额研究所组织中国建筑工业出版社出版发行。

2010 年 11 月 17 日

前　　言

根据住房和城乡建设部《关于印发〈2008 年工程建设标准规范制订、修订计划（第一批）〉的通知》（建标〔2008〕102 号）的要求，规程编制组经广泛调查研究，认真总结实践经验，参考有关国际标准和国外先进标准，并在广泛征求意见的基础上，制定本规程。

本规程的主要技术内容是：1. 总则；2. 术语和符号；3. 基本规定；4. 结构设计与施工验算；5. 构造要求；6. 构件生产；7. 施工及验收。

本规程中以黑体字标志的条文为强制性条文，必须严格执行。

本规程由住房和城乡建设部负责管理和对强制性条文的解释，由南京大地建设集团有限责任公司负责具体技术内容的解释。执行过程中如有意见或建议，请寄送南京大地建设集团有限责任公司（地址：江苏省南京市虎踞路 135 号，邮政编码：210013）。

本 规 程 主 编 单 位：南京大地建设集团有限责任公司
启东建筑集团有限公司

本 规 程 参 编 单 位：东南大学土木工程学院
江苏省建筑设计研究院有限公司
南京大地普瑞预制房屋有限公司

本规程主要起草人员：于国家　吕志涛　冯　健
刘亚非　金如元　贺鲁杰
刘立新　张　晋　陈向阳
仓恒芳　王　翔　张明明

本规程主要审查人员：黄小坤　郑文忠　胡庆昌
冯大斌　王正平　高俊岳
薛彦涛　王群依　李亚明
周之峰　盛　平　李　霆

目　　次

1 总　则

1.0.1 为规范预制预应力混凝土装配整体式框架结构的设计、施工及验收，做到技术先进、安全适用、经济合理、确保质量，制定本规程。

1.0.2 本规程适用于非抗震设防区及抗震设防烈度为 6 度和 7 度地区的除甲类以外的预制预应力混凝土装配整体式框架结构和框架-剪力墙结构的设计、施工及验收。

1.0.3 预制预应力混凝土装配整体式框架结构的设计、施工及验收，除应符合本规程外，尚应符合国家现行有关标准的规定。

2　术语和符号

2.1　术　语

2.1.1 预制预应力混凝土装配整体式框架结构 framed structures comprised of precast prestressed concrete components

采用预制或现浇钢筋混凝土柱、预制预应力混凝土叠合梁板，通过键槽节点连接形成的装配整体式框架结构。

2.1.2 预制预应力混凝土装配整体式框架-剪力墙结构 framed-shearwall structures comprised of precast prestressed concrete components

采用现浇钢筋混凝土柱、现浇钢筋混凝土剪力墙、预制预应力混凝土叠合梁板，通过键槽节点连接形成的装配整体式框架-剪力墙结构。与现浇钢筋混凝土剪力墙连接的梁板结构采用现浇梁、叠合板。

2.1.3 键槽节点　service hole joint

预制梁端预留键槽，预制梁的纵筋与伸入节点的 U 形钢筋在其中搭接，使用强度等级高一级的无收缩或微膨胀细石混凝土填平键槽，然后利用叠合层的后浇混凝土将梁上部钢筋等浇筑在一起形成的梁柱节点。

2.1.4 U 形钢筋　U-shaped reinforcing steel bar

在键槽与梁柱节点内将梁、柱连成一体的钢筋。

2.1.5 交叉钢筋　diagonal reinforcements

一次成型的多层预制柱节点处设置的构造钢筋，用于保证预制柱在运输及施工阶段的承载力及刚度。

2.2　符　号

f_{ptk}——预应力筋的抗拉强度标准值；

n——参与组合的可变荷载数；

R——结构构件抗力设计值；

S_{Ehk}——水平地震作用标准值的效应；

S_{G1k}——按预制构件自重荷载标准值 G_{1k} 计算的荷载效应值；

S_{G2k}——按叠合层自重荷载标准值计算的荷载效应值；

S_{GE}——重力荷载代表值的效应；

S_{Gk}——按全部永久荷载标准值 G_k 计算的荷载效应值；

S_{Qk}——按施工活荷载标准值 Q_k 计算的荷载效应值；

S_{Qik}——按可变荷载标准值 Q_k 计算的荷载效应值，其中 S_{Q1k} 为诸可变荷载效应中起控制作用者；

S_{wk}——风荷载标准值的效应；

γ_0——结构的重要性系数；

γ_{Eh}——水平地震作用的分项系数；

γ_{RE}——承载力抗震调整系数；

γ_w——风荷载分项系数；

ψ_{ci}——可变荷载 Q_i 的组合值系数；

ψ_{qi}——可变荷载的准永久值系数；

ψ_w——风荷载组合值系数。

3　基本规定

3.1　适用高度和抗震等级

3.1.1 对预制预应力混凝土装配整体式框架结构，乙类、丙类建筑的适用高度应符合表 3.1.1 的规定。

表 3.1.1　预制预应力混凝土装配整体式结构适用的最大高度（m）

结构类型		非抗震设计	抗震设防烈度	
			6 度	7 度
装配式框架结构	采用预制柱	70	50	45
	采用现浇柱	70	55	50
装配式框架-剪力墙结构	采用现浇柱、墙	140	120	110

3.1.2 预制预应力混凝土装配整体式房屋应根据设防类别、烈度、结构类型和房屋高度采用不同的抗震等级，并应符合相应的计算和构造措施要求。丙类建筑的抗震等级应符合表 3.1.2 的规定。

表 3.1.2　预制预应力混凝土装配整体式房屋的抗震等级

结　构　类　型		烈　　度			
		6		7	
装配式框架结构	高度(m)	≤24	>24	≤24	>24

结构类型		烈度				
		6		7		
装配式框架结构	框架	四	三	三		二
	大跨度框架	三			二	
装配式框架-剪力墙结构	高度(m)	≤60	>60	<24	24~60	>60
	框架	四	三	四	三	二
	剪力墙	三	三		二	

注：1 建筑场地为 I 类时，除 6 度外允许按表内降低一度所对应的抗震等级采取抗震构造措施，但相应的计算要求不应降低；

2 接近或等于高度分界时，允许结合房屋不规则程度及场地、地基条件确定抗震等级；

3 乙类建筑应按本地区抗震设防烈度提高一度的要求加强其抗震措施，当建筑场地为 I 类时，除 6 度外允许仍按本地区抗震设防烈度的要求采取抗震构造措施；

4 大跨度框架指跨度不小于 18m 的框架。

3.2 材 料

3.2.1 预制预应力混凝土装配整体式框架所使用的混凝土应符合表 3.2.1 的规定：

表 3.2.1 预制预应力混凝土装配整体式框架的混凝土强度等级

名称	叠合板		叠合梁		预制柱	节点键槽以外部分	现浇剪力墙、柱
	预制板	叠合层	预制梁	叠合层			
混凝土强度等级	C40及以上	C30及以上	C40及以上	C30及以上	C30及以上	C30及以上	C30及以上

3.2.2 键槽节点部分应采用比预制构件混凝土强度等级高一级且不低于 C45 的无收缩细石混凝土填实。

3.2.3 预应力筋宜采用预应力螺旋肋钢丝、钢绞线，且强度标准值不宜低于 1570MPa。

3.2.4 预制预应力混凝土梁键槽内的 U 形钢筋应采用 HRB400 级、HRB500 级或 HRB335 级钢筋。

3.3 构 件

3.3.1 预制钢筋混凝土柱应采用矩形截面，截面边长不宜小于 400mm。一次成型的预制柱的长度不宜超过 14m 和 4 层层高的较小值。

3.3.2 预制梁的截面边长不应小于 200mm。预制梁端部应设键槽，键槽中应放置 U 形钢筋，并应通过后浇混凝土实现下部纵向受力钢筋的搭接。

3.3.3 预制板厚度不应小于 50mm，且不应大于楼板总厚度的 1/2。预制板的宽度不宜大于 2500mm，

且不宜小于 600mm。预应力筋宜采用直径 4.8mm 或 5mm 的高强螺旋肋钢丝。钢丝的混凝土保护层厚度不应小于表 3.3.3 的规定。

表 3.3.3 钢丝混凝土保护层厚度

预制板厚度(mm)	保护层厚度(mm)
50	17.5
60	17.5
≥70	20.5

3.4 作用效应组合

3.4.1 预制预应力混凝土装配整体式框架结构进行非抗震设计时，结构构件的承载力可按下式确定：

$$\gamma_0 S \leqslant R \qquad (3.4.1-1)$$

式中：γ_0——结构构件的重要性系数，按现行国家标准《混凝土结构设计规范》GB 50010 的规定选用；

S——荷载效应组合的设计值（N 或 N·mm），按现行国家标准《建筑结构荷载规范》GB 50009 和《建筑抗震设计规范》GB 50011 的规定进行计算；

R——结构构件的承载力设计值（N 或 N·mm）。

1 预制构件起吊时荷载效应组合的设计值应按下式计算：

$$S = \alpha \gamma_G S_{G1k} \qquad (3.4.1-2)$$

式中：α——动力系数，可取 1.5；

γ_G——永久荷载分项系数，应按本规程第 3.4.3 条采用；

S_{G1k}——按预制构件自重荷载标准值 G_{1k} 计算的荷载效应值（N 或 N·mm）。

2 预制构件安装就位后施工时荷载效应组合的设计值应按下式计算：

$$S = \gamma_G S_{G1k} + \gamma_G S_{G2k} + \gamma_Q S_{Qk} \qquad (3.4.1-3)$$

式中：S_{G2k}——按叠合层自重荷载标准值计算的荷载效应值（N 或 N·mm）；

γ_Q——可变荷载分项系数，应按本规程第 3.4.3 条采用；

S_{Qk}——按施工活荷载标准值 Q_k 计算的荷载效应值（N 或 N·mm）。

3 主体结构各构件使用阶段荷载效应组合的设计值应按下列情况进行计算：

1）可变荷载效应控制的组合应按下式进行计算：

$$S = \gamma_G S_{Gk} + \gamma_{Q1} S_{Q1k} + \sum_{i=2}^{n} \gamma_{Qi} \psi_{ci} S_{Qik}$$

$$(3.4.1-4)$$

式中：γ_{Qi}——第 i 个可变荷载的分项系数；其中 γ_{Q1} 为可变荷载 Q_1 的分项系数，应按本规程第 3.4.3 条采用；

S_{Qik}——按可变荷载标准值 Q_{ik} 计算的荷载效应值，其中 S_{Q1k} 为诸可变荷载效应中起控制作用者（N 或 N·mm）；

ψ_{ci}——可变荷载 Q_i 的组合值系数；

S_{Gk}——按全部永久荷载标准值 G_k 计算的荷载效应值（N 或 N·mm）；

n——参与组合的可变荷载数。

2）永久荷载效应控制的组合应按下式进行计算：

$$S = \gamma_G S_{Gk} + \sum_{i=1}^{n} \gamma_{Qi} \psi_{ci} S_{Qik} \quad (3.4.1-5)$$

4 施工阶段临时支撑的设置应考虑风荷载的影响。

3.4.2 对于正常使用极限状态，预制预应力混凝土装配整体式框架结构的结构构件应分别按荷载效应的标准组合、准永久组合或标准组合并考虑长期作用影响，采用下列极限状态表达式：

$$S \leqslant C \quad (3.4.2-1)$$

式中：S——正常使用极限状态的荷载效应组合值（mm 或 N/mm²）；

C——结构构件达到正常使用要求所规定的变形、裂缝宽度和应力等的限值（mm 或 N/mm²）。

主体结构各构件的荷载效应标准组合的设计值和准永久组合的设计值，应按下式确定：

1）荷载效应标准组合

$$S = S_{Gk} + S_{Q1k} + \sum_{i=2}^{n} \psi_{ci} S_{Qik} \quad (3.4.2-2)$$

2）荷载效应准永久组合

$$S = S_{Gk} + \sum_{i=1}^{n} \psi_{qi} S_{Qik} \quad (3.4.2-3)$$

式中：ψ_{qi}——可变荷载的准永久值系数。

3.4.3 基本组合的荷载分项系数采用，应按表 3.4.3 选用。

表 3.4.3　基本组合的荷载分项系数

永久荷载分项系数	当其效应对结构不利时	对由可变荷载效应控制的组合，应取 1.2
		对由永久荷载效应控制的组合，应取 1.35
	当其效应对结构有利时	应取 1.0
可变荷载分项系数	一般情况下取 1.4	
	对标准值大于 4kN/m² 的工业房屋楼面结构的活荷载取 1.3	

注：对结构的倾覆、滑移或漂浮验算，荷载的分项系数应按国家、行业现行的结构设计规范的规定采用。

3.4.4 预制预应力混凝土装配整体式框架结构的结构构件的地震作用效应和其他荷载效应的基本组合应按下式计算：

$$S_E = \gamma_G S_{GE} + \gamma_{Eh} S_{Ehk} + \psi_w \gamma_w S_{wk} \quad (3.4.4)$$

式中：S_E——结构构件的地震作用效应和其他荷载荷载效应的基本组合（N 或 N·mm）；

γ_G——重力荷载分项系数，可取 1.2；当重力荷载效应对构件承载力有利时，不应大于 1.0；

γ_{Eh}——水平地震作用分项系数，应采用 1.3；

γ_w——风荷载分项系数，应采用 1.4；

S_{GE}——重力荷载代表值的效应（N 或 N·mm）；

S_{Ehk}——水平地震作用标准值的效应（N 或 N·mm），应乘以相应的增大系数或调整系数；

S_{wk}——风荷载标准值的效应（N 或 N·mm）；

ψ_w——风荷载组合值系数，一般结构可取 0，风荷载起控制作用的高层建筑应采用 0.2。

3.4.5 预制预应力混凝土装配整体式框架结构的结构构件的截面抗震验算，应按下式进行计算：

$$S_E \leqslant R/\gamma_{RE} \quad (3.4.5)$$

式中：R——结构构件承载力设计值（N 或 N·mm）；

γ_{RE}——承载力抗震调整系数，除另有规定外，应按表 3.4.5 采用。

表 3.4.5　承载力抗震调整系数

结构构件	受力状态	γ_{RE}
梁	受弯	0.75
轴压比小于 0.15 的柱	偏压	0.75
轴压比不小于 0.15 的柱	偏压	0.80
剪力墙	偏压	0.85
各类构件	受剪、偏拉	0.85

3.4.6 预制预应力混凝土装配整体式框架建筑及其抗侧力结构的平面布置宜规则、对称，并应具有良好的整体性；建筑的立面和竖向剖面宜规则，结构的侧向刚度宜均匀变化，竖向抗侧力构件的截面尺寸和材料强度宜自下而上逐渐减小，避免抗侧力结构的侧向刚度突变。

3.4.7 多层框架结构不宜采用单跨框架结构，高层的框架结构以及乙类建筑的多层框架结构不应采用单跨框架结构。楼梯间的布置不应导致结构平面显著不规则，并应对楼梯构件进行抗震承载力验算。

3.4.8 预制预应力混凝土装配整体式框架应按现行国家标准《建筑抗震设计规范》GB 50011 的规定进行多遇地震作用下的抗震变形验算。

3.4.9 6 度三级框架节点核芯区，可不进行抗震验算，但应符合抗震构造措施的要求；7度三级框架节点核芯区，应按现行国家标准《建筑抗震设计规范》GB 50011 的规定进行抗震验算。一、二级框架节点核芯区，应按现行国家标准《建筑抗震设计规范》GB 50011 的规定进行抗震验算。

4 结构设计与施工验算

4.1 结 构 分 析

4.1.1 预制预应力混凝土装配整体式框架结构、框架-剪力墙结构的内力和变形应按施工安装、使用两个阶段分别计算，并应取其最不利内力：

 1 施工安装阶段，构件内力应按简支梁或连续梁计算。

 2 使用阶段，内力应按连续构件计算。次梁支座可按铰接考虑。

4.1.2 预制预应力混凝土装配整体式框架结构、框架-剪力墙结构的叠合梁板施工阶段应有可靠支撑。

4.1.3 预制预应力混凝土装配整体式框架结构、框架-剪力墙结构使用阶段计算时可取与现浇结构相同的计算模型。

4.1.4 预制预应力混凝土装配整体式框架结构施工阶段的计算，可不考虑地震作用的影响。

4.1.5 预制预应力混凝土装配整体式框架结构使用阶段的内力计算应符合下列规定：

 1 框架梁的计算跨度应取柱中心到中心的距离；

 2 框架柱的计算长度和梁翼缘的有效宽度应按现行国家标准《混凝土结构设计规范》GB 50010 的规定确定；

 3 在竖向荷载作用下应考虑梁端塑性变形内力重分布，对梁端负弯矩进行调幅，叠合式框架梁的弯矩调幅系数可取 0.8；梁端负弯矩减小后应按平衡条件计算调幅后的跨中弯矩。

4.2 构 件 设 计

4.2.1 预制预应力混凝土装配整体式框架应按装配整体式框架各杆件在永久荷载、可变荷载、风荷载、地震作用下最不利的组合内力进行截面计算，并配置钢筋。并应分别考虑施工阶段和使用阶段两种情况，取较大值进行配筋。

4.2.2 叠合梁、板的设计应符合现行国家标准《混凝土结构设计规范》GB 50010 的有关规定。

4.2.3 对不配抗剪钢筋的叠合板，当符合现行国家标准《混凝土结构设计规范》GB 50010 的叠合界面粗糙度的构造规定时，其叠合面的受剪强度应符合下式的规定：

$$\frac{V}{bh_0} \leqslant 0.4 \qquad (4.2.3)$$

式中：V——剪力设计值（N）；

 b——截面宽度（mm）；

 h_0——截面有效高度（mm）。

4.2.4 预制预应力混凝土装配整体式框架-剪力墙结构中的剪力墙的设计应符合现行国家标准《混凝土结构设计规范》GB 50010、《建筑抗震设计规范》GB 50011 的有关规定。

4.3 施 工 验 算

4.3.1 在不增加受力钢筋的前提下，应根据承载力及刚度要求确定预制梁、板底部支撑的位置、数量。部分位置可按施工阶段无支撑或无足够支撑的叠合式受弯构件进行施工验算。

4.3.2 预制预应力混凝土装配整体式框架施工安装阶段的内力计算应符合下列规定：

 1 荷载应包括梁板自重及施工安装荷载；

 2 梁的计算跨度应根据支撑的实际情况确定。

4.3.3 叠合梁、板未形成前，预制梁、板应能承受自重和新浇混凝土的重量。当叠合层混凝土达到设计强度后，后加的恒载及活载应由叠合截面承担。

5 构 造 要 求

5.1 一 般 规 定

5.1.1 柱的轴压比及柱和梁的钢筋配置应符合现行国家标准《建筑抗震设计规范》GB 50011、《混凝土结构设计规范》GB 50010 的有关规定。

5.1.2 梁端键槽和键槽内 U 形钢筋平直段的长度应符合表 5.1.2 的规定。

表 5.1.2 梁端键槽和键槽内 U 形钢筋平直段的长度

	键槽长度 L_j (mm)	键槽内 U 形钢筋平直段的长度 L_u (mm)
非抗震设计	$0.5l_l+50$ 与 350 的较大值	$0.5l_l$ 与 300 的较大值
抗震设计	$0.5l_{lE}+50$ 与 400 的较大值	$0.5l_{lE}$ 与 350 的较大值

注：表中 l_l、l_{lE} 为 U 形钢筋搭接长度。

5.1.3 伸入节点的 U 形钢筋面积，一级抗震等级不应小于梁上部钢筋面积的 0.55 倍，二、三级抗震等级不应小于梁上部钢筋面积的 0.4 倍。

5.1.4 预制板端部预应力筋外露长度不宜小于 150mm，搁置长度不宜小于 15mm。

5.2 连 接 构 造

5.2.1 预制柱与基础的连接应符合下列规定：

 1 采用杯形基础时，应符合现行国家标准《建筑地基基础设计规范》GB 50007 的相关规定；

2 采用预留孔插筋法（图 5.2.1）时，预制柱与基础的连接应符合下列规定：

    1）预留孔长度应大于柱主筋搭接长度；

    2）预留孔宜选用封底镀锌波纹管，封底应密实不应漏浆；

    3）管的内径不应小于柱主筋外切圆直径 10mm；

    4）灌浆材料宜用无收缩灌浆料，1d 龄期的强度不宜低于 25MPa，28d 龄期的强度不宜低于 60MPa。

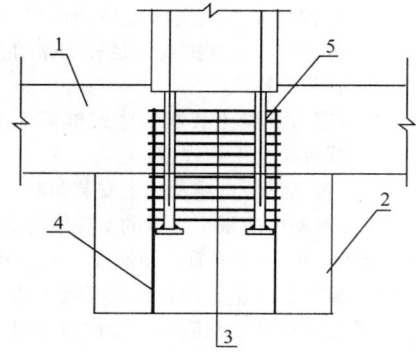

图 5.2.1　预留孔插筋

1—基础梁；2—基础；3—箍筋；
4—基础插筋；5—预留孔

5.2.2　预制柱之间采用型钢支撑连接或预留孔插筋连接（图 5.2.2）时，主筋搭接长度除应符合现行国家标准《混凝土结构设计规范》GB 50010 的有关规定外，尚应符合下列规定：

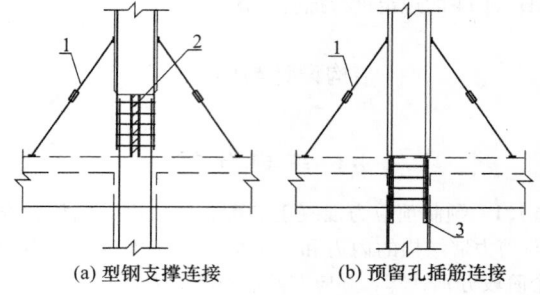

(a) 型钢支撑连接　　(b) 预留孔插筋连接

图 5.2.2　柱与柱连接

1—可调斜撑；2—工字钢（承受上柱自重）；3—预留孔

1 采用型钢支撑连接时，宜采用工字钢，工字钢伸出上段柱下表面的长度应大于柱主筋的搭接长度，且工字钢应有足够的承载力及刚度支撑上段柱的重量；

2 采用预留孔连接时应符合本规程第 5.2.1 条第 2 款的规定。

5.2.3　柱与梁的连接可采用键槽节点（图 5.2.3）。键槽的 U 形钢筋直径不应小于 12mm、不宜大于 20mm。键槽内钢绞线弯锚长度不应小于 210mm，

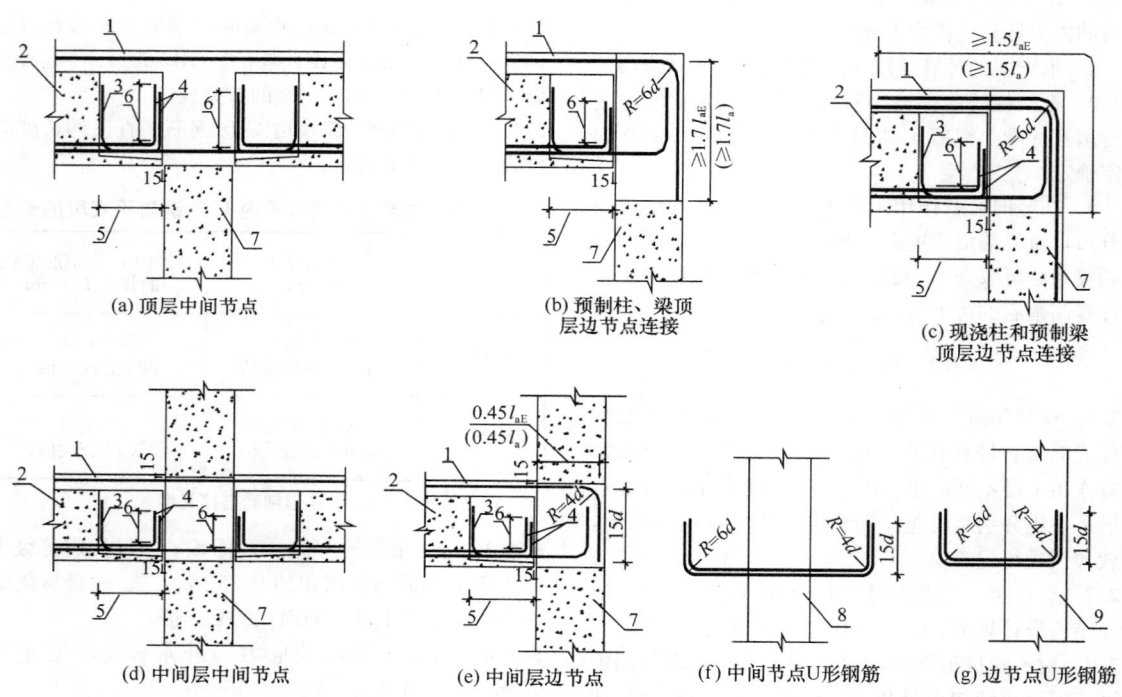

(a) 顶层中间节点　　(b) 预制柱、梁顶层边节点连接　　(c) 现浇柱和预制梁顶层边节点连接

(d) 中间层中间节点　　(e) 中间层边节点　　(f) 中间节点U形钢筋　　(g) 边节点U形钢筋

图 5.2.3　梁柱节点浇筑前钢筋连接构造图

1—叠合层；2—预制梁；3—U 形钢筋；4—预制梁中伸出、弯折的钢绞线；
5—键槽长度；6—钢绞线弯锚长度；7—框架柱；8—中柱；
9—边柱；l_{aE}—受拉钢筋抗震锚固长度；l_a—受拉钢筋锚固长度

U形钢筋的锚固长度应满足现行国家标准《混凝土结构设计规范》GB 50010 的规定。当预留键槽壁时，壁厚宜取 40mm；当不预留键槽壁时，现场施工时应在键槽位置设置模板，安装键槽部位箍筋和U形钢筋后方可浇筑键槽混凝土。U形钢筋在边节点处钢筋水平长度未伸过柱中心时不得向上弯折。

5.2.4 次梁可采用吊筋形式的缺口梁方式与主梁连接（图 5.2.4-1、图 5.2.4-2），并应符合下列规定：

1 缺口梁端部高度（h_1）不宜小于 0.5 倍的叠合梁截面高度（h），挑出部分长度（a）可取缺口梁端部高度（h_1），缺口拐角处宜做斜角。

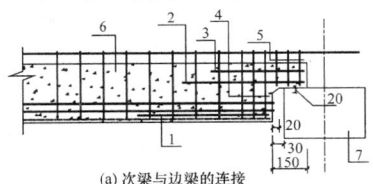

(a) 次梁与边梁的连接

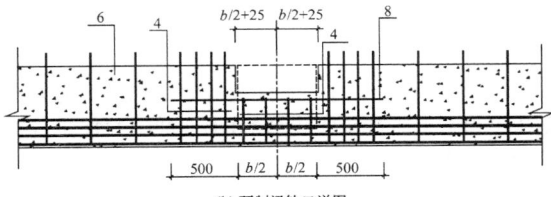

(b) 预制梁缺口详图

(c) 次梁与中间梁的连接

图 5.2.4-1 主梁与次梁的连接构造图

1—水平腰筋；2、3—水平U形腰筋；4—箍筋；
5—缺口部位箍筋；6—预制梁；7—边梁；
8—构造筋；9—中间梁；10—预制次梁；
b—次梁宽

2 缺口梁梁端受剪截面应符合下列规定：

$$N \leqslant 0.25bh_{10} \quad (5.2.4\text{-}1)$$

式中：N——缺口梁梁端支座反力设计值（N）；

b——缺口梁截面宽度（mm）；

h_{10}——缺口梁端部截面有效高度（mm）。

3 缺口梁端部吊筋的截面面积（A_v）应符合下列规定：

$$A_v = \frac{1.2N}{f_{yv}} \quad (5.2.4\text{-}2)$$

式中：f_{yv}——箍筋抗拉强度设计值（N/mm²）。

4 缺口梁凸出部分梁底纵筋的截面面积（A_{t1}）应符合下列规定：

$$A_{t1} = 1.2\left(\frac{Ne}{z_1} + H\right)\Big/f_y \quad (5.2.4\text{-}3)$$

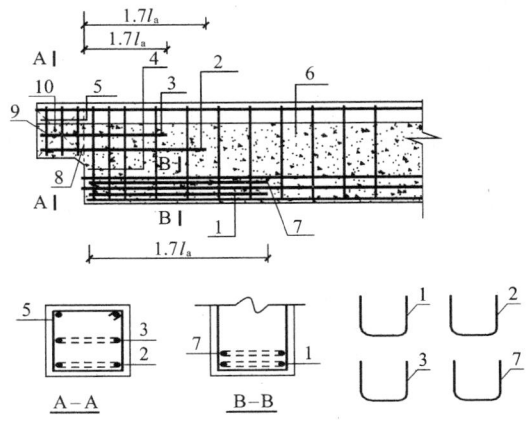

图 5.2.4-2 预制次梁的端部配筋构造

1、2、3、7—水平U形钢筋；4—箍筋；
5—缺口部位箍筋；6—预制次梁；
8—垂直裂缝；9、10—斜裂缝

$$A_{t1} = \frac{N^2}{12.55f_ybh_1} + \frac{1.2H}{f_y} \quad (5.2.4\text{-}4)$$

式中：e——缺口梁梁端支座反力与吊筋合力点之间的距离（mm）。反力作用点位置：梁底有预埋钢板可取为预埋钢板中点，无预埋钢板可取为梁端凸出部分的中点；

z_1——可取 0.85 倍缺口梁端部截面有效高度；

H——梁底有预埋钢板可取 0.2N，无预埋钢板可取 0.65N，另有计算的除外；

f_y——钢筋抗拉强度设计值（N/mm²）。

5 缺口梁凸出部分腰筋的截面面积（A_{t2}）应符合下列规定：

$$A_{t2} = \frac{N^2}{25.16f_ybh_1} \quad (5.2.4\text{-}5)$$

6 缺口梁凸出部分箍筋的截面面积（A_{v1}）应符合下列规定：

$$1.2N \leqslant A_{v1}f_{yv} + A_{t2}f_y + 0.7bh_{10}f_t \quad (5.2.4\text{-}6)$$

$$A_{v1,min} \geqslant \frac{1}{2f_{yv}}(1.2N - 0.7bh_{10}f_t) \quad (5.2.4\text{-}7)$$

式中：f_t——混凝土抗拉强度设计值（N/mm²）。

7 纵筋 A_{t1} 及腰筋 A_{t2} 可做成U形，从垂直裂缝伸入梁内的延伸长度可取为 1.7 倍钢筋的锚固长度（l_a）。腰筋 A_{t2} 间距不宜大于 100mm，不宜小于 50mm，最上排腰筋与梁顶距离不应小于缺口梁端部高度（h_1）的 1/3。

8 箍筋 A_{v1} 和 A_v 应为封闭箍筋，距梁边距离不应大于 40mm，A_v 应配置在缺口梁端部高度的 1/2 的范围内。

9 纵筋 A_t 在梁端的锚固可采用水平U形钢筋 A_{t1} 及 A_{t2} 与其搭接的方式，A_{t1} 及 A_{t2} 的直段长度可取为 1.7 倍钢筋的锚固长度（l_a），截面面积可取为梁底普通钢筋及预应力筋换算为普通钢筋的面积之和（A_t）的 1/3。

5.2.5 预制板之间连接时，应在预制板相邻处板面铺钢筋网片（图 5.2.5），网片钢筋直径不宜小于 5mm，强度等级不应小于 HPB300，短向钢筋的长度不宜小于 600mm，间距不宜大于 200mm；网片长向可采用三根钢筋，钢筋长度可比预制板短 200mm。

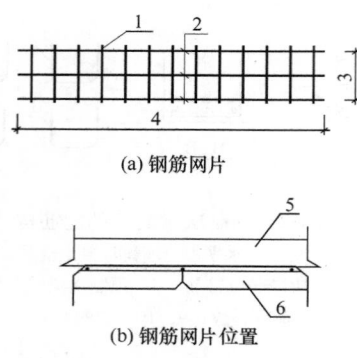

(a) 钢筋网片

(b) 钢筋网片位置

图 5.2.5 板纵缝连接构造
1—钢筋网片的短向钢筋；2—钢筋网片的长向钢筋；3—钢筋网片的短向长度；4—钢筋网片的长向长度；5—叠合层；6—预制板

5.2.6 预制柱层间连接节点处应增设交叉钢筋，并应与纵筋焊接（图 5.2.6）。交叉钢筋每侧应设置一片，每根交叉钢筋斜段垂直投影长度可比叠合梁高小 40mm，端部直段长度可取为 300mm。交叉钢筋的强度等级不宜小于 HRB335，其直径应按运输、施工阶段的承载力及变形要求计算确定，且不应小于 12mm。

5.2.7 预制梁底角部应设置普通钢筋，两侧应设置腰筋（图 5.2.7）。预制梁端部应设置保证钢绞线的位置的带孔模板；钢绞线的分布宜分散、对称；其混凝土保护层厚度（指钢绞线外边缘至混凝土表面的距离）不应小于 55mm；下部纵向钢绞线水平方向的净间距不应小于 35mm 和钢绞线直径；各层钢绞线之间

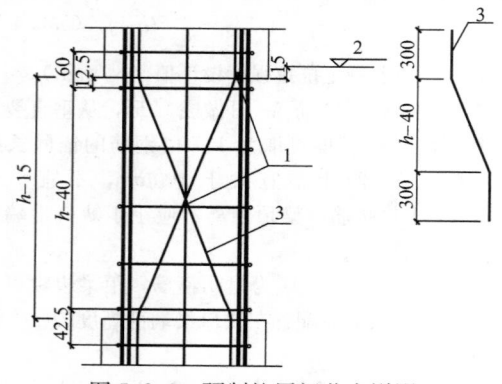

图 5.2.6 预制柱层间节点详图
1—焊接；2—楼面板标高；3—交叉钢筋；
h——梁高

的净间距不应小于 25mm 和钢绞线直径。梁跨度较小时可不配置预应力筋。

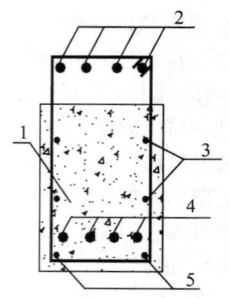

图 5.2.7 预制梁构造详图
1—预制梁；2—叠合梁上部钢筋；3—腰筋（按设计确定）；4—钢绞线；5—普通钢筋

6 构 件 生 产

6.1 一 般 规 定

6.1.1 原材料进场时，应按现行国家标准《混凝土结构工程施工质量验收规范》GB 50204 的规定进行检验，合格后方可使用。

6.1.2 钢筋的品种、级别、规格、数量和保护层厚度应符合设计要求。

6.1.3 钢筋下料时，应采用砂轮锯或切断机切断，不得采用电弧切割。

6.1.4 混凝土强度等级应符合设计要求。

6.1.5 采用高强钢丝和钢绞线时，张拉控制应力不宜超过 $0.75 f_{ptk}$，不应超过 $0.80 f_{ptk}$。

6.2 模板、台座

6.2.1 模板、台座应满足强度、刚度和稳定性要求。

6.2.2 模板几何尺寸应准确，安装应牢固，拼缝应严密。

6.2.3 模板、台座应保持清洁，隔离剂应涂刷均匀。

6.3 钢筋加工、安装

6.3.1 钢筋的接头方式、位置应符合设计要求。

6.3.2 钢筋加工的形状、尺寸应符合设计要求，其允许偏差应符合表 6.3.2 的规定。

表 6.3.2 钢筋加工的允许偏差

项 目	允许偏差（mm）
受力钢筋沿长度方向全长的净尺寸	±10
弯起钢筋的弯折位置	±20
箍筋内净尺寸	±5

6.3.3 钢筋安装的允许偏差应符合表 6.3.3 的规定。

表 6.3.3　钢筋安装的允许偏差

项　目		允许偏差（mm）
绑扎钢筋网	长、宽	±10
	网眼尺寸	±20
绑扎钢筋骨架	长	±10
	宽、高	±5
受力钢筋	间距	±10
	排距	±5
	保护层厚度　柱、梁	±5
	保护层厚度　板	±3
绑扎箍筋、横向钢筋间距		±20
钢筋弯起点位置		20
预埋件	中心线位置	5
	水平高差	+3，0

6.4　预应力筋制作与张拉

6.4.1　应选用非油质类模板隔离剂，并应避免沾污预应力筋。

6.4.2　应避免电火花损伤预应力筋；受损伤的预应力筋应予以更换。

6.4.3　预应力筋的张拉应符合设计要求，张拉时应保证同一构件中各根预应力筋的应力均匀一致。

6.4.4　张拉过程中，应避免预应力筋断裂或滑脱；当发生断裂或滑脱时，预应力筋必须予以更换。

6.4.5　预应力筋张拉锚固后实际建立的预应力值与工程设计规定检验值的相对允许偏差应为±5%。

6.4.6　预应力筋放张时，混凝土强度应符合设计要求；当设计无具体要求时，不应低于混凝土设计强度等级值的75%，且不应小于30MPa。

6.4.7　预应力筋放张时，宜缓慢放松锚固装置，使各根预应力筋同时缓慢放松。

6.5　混　凝　土

6.5.1　混凝土原材料计量允许偏差应符合表6.5.1的规定。

表 6.5.1　材料每盘计量允许偏差值

原　材　料	允许偏差（%）
水泥、掺合料	±2
骨料	±3
水、外加剂	±2

6.5.2　混凝土应振捣密实，预制柱表面应压光；预制梁叠合面应加工成粗糙面；预制板板面应拉毛，拉毛深度不应低于4mm。

6.5.3　生产过程中试块的留置应符合下列规定：

　　1　每拌制100盘且不超过100m³的同配合比的

混凝土，取样不得少于一次；

　　2　每工作班拌制的同一配合比混凝土不足100盘时，取样不得少于一次；

　　3　每条生产线同一配合比混凝土，取样不得少于一次；

　　4　每次取样应至少留置一组标准养护试块，同条件养护试块的留置组数应根据构件生产的实际需要确定。

6.5.4　混凝土浇筑完毕后，应及时进行养护，且混凝土养护应符合下列规定：

　　1　蒸汽养护时，板的升温速度不应超过25℃/h；梁、柱的升温速度不应超过20℃/h；

　　2　恒温养护阶段最高温度不得大于95℃；

　　3　混凝土试块强度达到要求时可停止加热；停止加热后，应让构件缓慢降温。

6.6　堆放与运输

6.6.1　混凝土构件厂内起吊、运输时，混凝土强度必须符合设计要求；当设计无专门要求时，对非预应力构件不应低于混凝土设计强度等级值的50%，对预应力构件，不应低于混凝土设计强度等级值的75%，且不应小于30MPa。

6.6.2　构件堆放应符合下列规定：

　　1　堆放构件的场地应平整坚实，并应有排水措施，堆放构件时应使构件与地面之间留有一定空隙；

　　2　构件应根据其刚度及受力情况，选择平放或立放，并应保持其稳定；

　　3　重叠堆放的构件，吊环应向上，标志应向外；其堆垛高度应根据构件与垫木的承载能力及堆垛的稳定性确定；各层垫木的位置应在一条垂直线上；

　　4　采用靠放架立放的构件，应对称靠放和吊运，其倾斜角度应保持大于80°，构件上部宜用木块隔开。

6.6.3　构件运输应符合下列规定：

　　1　构件运输时的混凝土强度，当设计无具体规定时，不应低于混凝土设计强度等级值的75%；

　　2　构件支承的位置和方法，应根据其受力情况确定，但不得超过构件承载力或引起构件损伤；

　　3　构件装运时应绑扎牢固，防止移动或倾倒；对构件边部或与链索接触处的混凝土，应采用衬垫加以保护；

　　4　在运输细长构件时，行车应平稳，并可根据需要对构件采取临时固定措施；

　　5　构件出厂前，应将杂物清理干净。

7　施工及验收

7.1　现　场　堆　放

7.1.1　预制构件应减少现场堆放。

7.1.2　预制构件施工现场堆放除应符合本规程第

6.6.2 条的规定，尚宜按吊装顺序和型号分类堆放，堆垛宜布置在吊车工作范围内且不受其他工序施工作业影响的区域。

7.2 柱就位前基础处理

7.2.1 预制预应力混凝土装配整体式框架结构采用杯形基础时，在柱吊装前应进行杯底抄平。

7.2.2 预制预应力混凝土装配整体式框架结构当采用预留孔插筋法施工时，应根据设计要求在基础混凝土中设置预留孔，并应符合下列规定：

　　1 预留孔长度、位置及内径应满足设计要求；

　　2 浇筑基础混凝土时，应采取防止混凝土进入孔内的措施；

　　3 在混凝土初凝之前，应再次检查预留孔的位置是否准确，其平面允许偏差应为±5mm，孔深允许偏差应为±10mm。

7.3 柱吊装就位

7.3.1 柱的吊装、调整和固定应按下列步骤进行：

　　1 采用预留孔插筋法时应符合下列规定：

　　　　1）在起吊期间，应采用柱靴对从柱底伸出的钢筋进行保护；起吊阶段，柱扶正过程中，柱靴应始终不离地面；

　　　　2）柱就位前，应在孔内注入流动性良好且强度符合本规程第 5.2.1 条规定的无收缩灌浆料，并应均匀坐浆，厚度约 10mm；

　　　　3）柱就位后应用可调斜撑校正并固定；

　　　　4）当上一层梁柱节点混凝土强度达到 10MPa 后，方可拆除可调斜撑。

　　2 采用杯形基础时应符合下列规定：

　　　　1）柱就位后应及时对柱的位置进行调整，然后应采用钢楔将柱临时固定，并应采用可调斜撑校正柱垂直度，采用钢楔将柱固定后方可摘除吊钩；

　　　　2）应及时在柱底杯口内填充微膨胀细石混凝土；混凝土应分两次浇筑，第一次应浇到钢楔下口并不应少于杯口深度的 2/3，当混凝土达到设计强度等级值的 25% 时，再浇筑至杯口顶面；可调斜撑的拆除应符合本规程第 7.3.1 条第 1 款的规定。

　　3 当采用型钢支撑连接法接柱时，型钢的规格、长度应经设计确定；接头长度不得影响柱主筋的连接和接头区的混凝土浇筑；接头区混凝土应浇捣密实。

　　4 当采用预留孔插筋法接柱时，应按照本规程第 7.3.1 条第 1 款的规定施工。

7.4 预制梁吊装就位

7.4.1 预制梁的就位应按下列步骤进行：

　　1 吊装前应按施工方案搭设支架，并应校正支架的标高；

　　2 梁应放置在支架上，调整标高并应进行临时固定；

　　3 每根柱周围的梁就位后，应采取固定措施。

7.4.2 梁端节点施工应符合下列规定：

　　1 预制梁吊装就位后，应根据设计要求在键槽内安装 U 形钢筋，并应采用可靠固定方式确保 U 形钢筋位置准确，安装结束后，应封堵节点模板；

　　2 浇筑混凝土前，应对梁的截面、梁的定位、U 形钢筋的数量、规格，安装质量等进行检查；

　　3 混凝土浇筑前，应将键槽清理干净并浇水充分湿润，不得有积水；

　　4 键槽节点处的混凝土应符合本规程第 3.2.2 条的规定；混凝土应浇捣密实，并应浇筑至预制板底标高处。

7.5 板吊装就位

7.5.1 梁柱节点处混凝土的强度达到 15MPa 后，方可吊装预制板。预制板的两端应搁置在预制梁上，板下应设置临时支撑。

7.5.2 梁、板的上部钢筋安装完成后，方可浇筑叠合层混凝土。叠合层混凝土应振捣密实，不得对节点处混凝土造成破坏。

7.6 安 全 措 施

7.6.1 预制构件吊装时，除应按现行行业标准《建筑施工高处作业安全技术规范》JGJ 80 的有关规定执行，尚应符合下列规定：

　　1 预制构件吊装前，应按照专项施工方案的要求，进行安全、技术交底，并应严格执行；

　　2 吊装操作人员应按规定持证上岗。

7.6.2 预制构件吊装前应检查吊装设备及吊具是否处于安全操作状态。

7.6.3 预制构件的吊装应按专项施工方案的要求进行。起吊时绳索与构件水平面的夹角不宜小于 60°，不应小于 45°，否则应采用吊架或经验算确定。

7.6.4 起吊构件时，不得中途长时间悬吊、停滞。

7.7 质 量 验 收

7.7.1 预制预应力混凝土装配整体式框架的质量验收除应符合现行国家标准《混凝土结构工程施工质量验收规范》GB 50204 的有关规定外，尚应符合本节的规定。

7.7.2 预制构件应进行结构性能检验。结构性能检验不合格的预制构件不得使用。

7.7.3 预制构件尺寸的允许偏差，当设计无具体要求时，应符合表 7.7.3 的规定。

　　检查数量：同一生产线或同一工作班生产的同类型构件，抽查 5% 且不应少于 3 件。

表 7.7.3　构件尺寸的允许偏差及检查方法

项目			允许偏差（mm）	检查方法
截面尺寸	长度	板、梁	+10，-5	钢尺检查
		柱	+5，-10	
	宽度、高度	板、梁、柱	±5	钢尺量一端及中部，取其中较大值
	肋宽、厚度		+4，-2	钢尺检查
侧向弯曲		梁、板、柱	L/750 且≤20	拉线、钢尺量最大侧向弯曲处
预埋件	中心线位置		10	钢尺检查
	螺栓位置		5	
	螺栓外露长度		+10，-5	
预留孔	中心线位置		5	钢尺检查
预留洞	中心线位置		15	钢尺检查
主筋保护层厚度	板		+5，-3	钢尺或保护层厚度测定仪量测
	梁、柱		+10，-5	
对角线差	板		10	钢尺量两个对角线
表面平整度	板、柱、梁		5	2m 靠尺和塞尺检查
板角部直角缺口的直角度及缺口与板侧面之间直角度			3°	直角尺和量角器量测
边梁端面与边梁侧面之间直角度			3°	
键槽	长度		+5，-10	钢尺检查
	宽度		±5	
	壁厚		±5	

7.7.4 梁端节点区的连接钢筋应符合设计要求。

检查数量：全数检查。

检验方法：观察，检查施工记录。

7.7.5 梁端节点区混凝土强度未达到本规程要求时，不得吊装后续结构构件。已安装完毕的装配式结构，应在混凝土强度到达设计要求后，方可承受全部设计荷载。

检查数量：全数检查。

检验方法：检查施工记录及试件强度试验报告。

7.7.6 构件安装的尺寸允许偏差，当设计无具体要求时，应符合表 7.7.6 的规定。

检查数量：全数检查。

表 7.7.6　构件安装的尺寸允许偏差及检查方法

项目			允许偏差（mm）	检查方法
杯形基础	中心线对轴线位置		10	经纬仪量测
	杯底安装标高		0，-10	经纬仪量测
柱	中心线对定位轴线的位置		5	钢尺量测
	上下柱接口中心线位置		3	钢尺量测
	垂直度	≤5m	5	经纬仪量测
		>5m，<10m	10	
		≥10m	1/1000 标高且≤20	
梁	中心线对定位轴线的位置		5	钢尺量测
	梁上表面标高		0，-5	钢尺量测
板	相邻两板下表面平整	抹灰	5	钢尺、塞尺量测
		不抹灰	3	

本规程用词说明

1 为便于在执行本规程条文时区别对待,对要求严格程度不同的用词说明如下:

  1)表示很严格,非这样做不可的:

    正面词采用"必须",反面词采用"严禁";

  2)表示严格,在正常情况下均应这样做的:

    正面词采用"应",反面词采用"不应"或"不得";

  3)表示允许稍有选择,在条件许可时首先应这样做的:

    正面词采用"宜",反面词采用"不宜";

  4)表示有选择,在一定条件下可以这样做的,采用"可"。

2 条文中指明应按其他有关标准、规范执行的写法为:"应符合……的规定"或"应按……执行"。

引用标准名录

1 《建筑地基基础设计规范》GB 50007

2 《建筑结构荷载规范》GB 50009

3 《混凝土结构设计规范》GB 50010

4 《建筑抗震设计规范》GB 50011

5 《混凝土结构工程施工质量验收规范》GB 50204

6 《建筑施工高处作业安全技术规范》JGJ 80

中华人民共和国行业标准

预制预应力混凝土装配整体式
框架结构技术规程

JGJ 224—2010

条 文 说 明

制 定 说 明

《预制预应力混凝土装配整体式框架结构技术规程》JGJ 224-2010，经住房和城乡建设部 2010 年 11 月 17 日以第 808 号公告批准、发布。

本规程制定过程中，编制组进行了广泛的调查研究，总结了预制预应力混凝土装配整体式框架技术的实践经验，同时参考了国外先进技术法规、技术标准，通过试验取得了预制预应力混凝土装配整体式框架设计、施工等重要技术参数。

为便于广大设计、施工、科研、学校等单位有关人员在使用本标准时能正确理解和执行条文规定，《预制预应力混凝土装配整体式框架结构技术规程》编制组按章、节、条顺序编制了本标准的条文说明，对条文规定的目的、依据以及执行中需注意的有关事项进行了说明。但是，本条文说明不具备与标准正文同等的法律效力，仅供使用者作为理解和把握标准规定的参考。

目　　次

1 总 则

1.0.1 预制预应力混凝土装配整体式框架结构体系（世构体系）的预制构件包括预制混凝土柱、预制预应力混凝土叠合梁、板。其关键技术在于采用键槽节点，避免了传统装配结构梁柱节点施工时所需的预埋、焊接等复杂工艺，且梁端锚固筋仅在键槽内预留，现场施工安装方便快捷，缩短了工期，具有显著的经济效益和社会效益，有较高的推广应用价值，对于推动我国建筑工业化和建筑业可持续发展具有重要的意义。

1.0.3 在进行该体系的设计与施工时，除符合本规程规定外，尚应符合现行国家标准《建筑结构可靠度设计统一标准》GB 50068、《建筑结构设计术语和符号标准》GB/T 50083、《建筑结构荷载规范》GB 50009、《建筑工程抗震设防分类标准》GB 50223、《建筑抗震设计规范》GB 50011、《混凝土结构设计规范》GB 50010、《混凝土结构工程施工质量验收规范》GB 50204 等的有关规定。

3 基 本 规 定

3.1 适用高度和抗震等级

3.1.1 根据现行国家标准《建筑抗震设计规范》GB 50011、《建筑工程抗震设防分类标准》GB 50223 的有关规定并参照中国工程建设标准化协会标准《钢筋混凝土装配整体式框架节点与连接设计规程》CECS 43，同时根据课题组的试验研究成果，确定了本规程适用于非抗震设防区及抗震设防烈度为 6～7 度地区的乙类及乙类以下的预制预应力混凝土装配整体式房屋。适用高度的确定原则上比现行国家标准《建筑抗震设计规范》GB 50011 规定的相应现浇结构低。2008 年东南大学所作的三个键槽节点低周反复试验结果，在满足本规程要求的情况下，节点的位移延性系数均大于 4。2009 年东南大学所作的大比例两层两跨两开间模拟地震振动台试验表明，叠合层与预制构件之间的连接是可靠的，没有出现撕裂、脱离等现象。

3.1.2 抗震等级的划分是依据现行国家标准《建筑抗震设计规范》GB 50011 的有关规定确定的。预制预应力混凝土装配整体式框架的受力特点与现浇混凝土框架基本相同，其延性指标能够满足现浇混凝土框架的抗震要求。2009 年完成的节点低周反复试验位移延性系数均大于 4，模拟地震振动台试验层间位移达到 1/68 时结构未垮塌（由于条件限制，试验结束）。本条为强制性条文，应严格执行。

3.2 材 料

3.2.1 因为叠合梁板的预制部分采用预应力混凝土，因此规定混凝土强度等级 C40 及以上，如果叠合层部分混凝土强度等级低于预制部分，相关计算取强度低者。

3.2.2 节点部分的混凝土分两次浇捣，第一次是将键槽部分的空隙填平，因为 U 形钢筋通过此部分的后浇混凝土与预制梁底的预应力筋实现搭接，因此该部分的混凝土质量十分关键，应采用强度等级高一级的无收缩细石混凝土。如果该部分混凝土搅拌时量较少，考虑材料强度评测所采用的统计方法的因素，混凝土强度等级可按不低于 C45 执行；节点部位键槽之外的混凝土的第二次浇筑与叠合梁板的叠浇层部分同时进行，该部分混凝土强度等级与叠浇层相同。

3.2.3 根据先张法预应力混凝土的特点选择预应力筋，强度等级不宜过低。

3.2.4 键槽内的 U 形钢筋采用带肋钢筋，强度等级宜高以减小钢筋直径，便于保证其粘结强度。

3.3 构 件

3.3.1 采用预制柱时，为便于运输、吊装，柱截面长边尺寸不宜过大。为加快现场施工进度，预制柱一次成型的高度可以为一层至四层不等，每层柱的柱高确定时应综合考虑梁柱节点处的刚度问题、安装时临时固定的便捷性和运输的便捷性。

3.3.2 预制梁的任何一边边长均不得小于 200mm。

3.3.3 预制板的厚度不宜过薄，否则预应力筋的保护层厚度不易保证，起吊、堆放、运输时容易开裂。叠合板的后浇部分的厚度不应小于预制部分的厚度，以保证叠合板形成后的刚度。预制板的宽度不宜过小，过小则经济性差。预制板的宽度不宜过大，过大则运输、起吊较为困难。钢丝保护层厚度的规定参照了国内的相关规范的要求。

3.4 作用效应组合

3.4.1～3.4.3 进行施工、使用两个阶段承载力极限状态设计时遵照有关规范。本体系施工时预制梁、板下应有可靠支撑，预制柱应有斜撑。施工阶段的风荷载由施工临时措施解决。

3.4.4 本条是遵照现行国家标准《建筑抗震设计规范》GB 50011 作出的规定。因为 6 度、7 度地震区的竖向地震力一般较小，且本规程的适用高度也不高，可以不计算其影响。

3.4.5 本条是遵照现行国家标准《建筑抗震设计规范》GB 50011 作出的规定，列出梁、柱、剪力墙等的有关内容。

3.4.6 由于本体系是装配整体式框架体系，故建筑平、立面布置宜规整，对不规则的建筑应按现行国家标准《建筑抗震设计规范》GB 50011 的有关规定进行设计。

3.4.7 本条明确了控制单跨框架结构适用范围的要求，并强调了必须对楼梯构件进行抗震承载力验算。

4 结构设计与施工验算

4.1 结构分析

4.1.1~4.1.5 根据预制预应力混凝土装配整体式框架具体的施工步骤，按照施工安装和使用两个阶段进行内力和变形计算。施工阶段的结构稳定应通过施工临时措施解决。装配整体式框架使用阶段的内力计算宜考虑弯矩调幅。

4.3 施工验算

4.3.1 本体系叠合梁板宜按施工阶段有可靠支撑的叠合式受弯构件设计。不排除部分位置按施工阶段无支撑或无足够支撑的叠合式受弯构件设计。

4.3.3 在叠合梁、板形成前，预制梁、板底部通常有支撑，在这种支承条件下预制梁、板应该能够承受自重和新浇混凝土的重量。

5 构造要求

5.1 一般规定

5.1.2 键槽的长度要满足 U 形钢筋的锚固、U 形钢筋施工时正常放置所需要的工作长度。根据相关规范的规定和梁柱节点试验分析，对键槽长度作出了规定。在确定键槽长度时，应考虑生产、施工的方便，一般从 400mm 起，按 450mm、500mm 类推。

5.1.3 参照相关规范并考虑 U 形钢筋实际位置距下边缘较远而确定 U 形钢筋面积，一级抗震等级不应小于梁上部钢筋面积的 0.55 倍，二、三级抗震等级不应小于梁上部钢筋面积的 0.4 倍。U 形钢筋的安装应均匀布置。

5.1.4 如果不符合本条要求，应采取特殊措施后方可使用。

5.2 连接构造

5.2.1 当采用预留孔插筋法时，宜采用镀锌金属波纹管，其长度应大于柱主筋的搭接长度。预留孔应有可靠的封堵措施防止漏浆。

5.2.2 柱与柱的连接可采用两种方法。方法 1 是在上段预制柱截面中间预埋工字钢，工字钢伸出上段柱下表面的长度应大于上段柱下表面的长度应大于柱主筋的搭接长度。方法 2 是采用预留孔插筋，预留孔的长度应大于柱主筋的搭接长度。

5.2.3 柱与梁的连接采用键槽节点。如果梁较大、配筋较多、所需 U 形钢筋直径较粗时，应保证键槽内钢筋的有效锚固满足现行国家标准《混凝土结构设计规范》GB 50010 的规定。生产、施工时应严格保证键槽内钢绞线的锚固长度和 U 形钢筋的锚固长度。键槽的预留方式有两种：一种是生产时预留键槽壁，一般厚 40mm，U 形钢筋安装在键槽内；另一种是生产时不预留键槽壁，现场施工时安装键槽部位箍筋和 U 形钢筋后和键槽混凝土同时浇筑。

5.2.4 主梁与次梁的连接处，施工阶段验算时应注意主梁开口后截面削弱的影响，另外开口位置两边应有足够的箍筋承担次梁传来的集中力。次梁采用缺口梁，按缺口梁进行承载力计算。施工过程中应采取有效措施确保主梁与次梁连接处的稳固、密实。缺口梁有多种配筋形式，考虑到预制构件生产的方便，建议采用吊筋形式的桁架计算模型。

5.2.5 在两块预制板的板缝处铺钢筋网片，增强两块预制板之间的连接。

6 构件生产

6.1 一般规定

6.1.1 原材料检测参照现行国家标准《混凝土结构工程施工质量验收规范》GB 50204 的相关规定执行。普通钢筋应符合现行国家标准《钢筋混凝土用钢 第1部分：热轧光圆钢筋》GB 1499.1、《钢筋混凝土用钢 第2部分：热轧带肋钢筋》GB 1499.2 和《钢筋混凝土用余热处理钢筋》GB 13014 的规定。钢筋进场时，应检查产品合格证和出厂检验报告，并按规定进行抽样检验；预应力筋有钢丝、钢绞线、热处理钢筋等，其质量应符合相关的现行国家标准《预应力混凝土用钢丝》GB/T 5223、《预应力混凝土用钢绞线》GB/T 5224 等的规定。预应力筋进场时应根据进场批次和产品的抽样检验方案确定检验批，进行进场复验，进场复验可仅做主要的力学性能试验。厂家除了提供产品合格证外，还应提供反映预应力筋主要性能的出厂检验报告；水泥进场时，应根据产品合格证检查其品种、级别等，并有序存放，以免造成混料错批。强度、安定性等是水泥的重要性能指标，进场时应作复验，其质量应符合现行国家标准《通用硅酸盐水泥》GB 175 的规定；混凝土外加剂质量及应用技术应符合现行国家标准《混凝土外加剂》GB 8076、《混凝土外加剂应用技术规范》GB 50119 等的规定。外加剂的检验项目、方法和批量应符合相应标准的规定；混凝土中各种掺合料应符合国家现行标准《粉煤灰混凝土应用技术规范》GBJ 146、《用于水泥与混凝土中粒化高炉矿渣粉》GB/T 18046 等的规定；普通混凝土所用的砂子、石子应符合现行行业标准《普通混凝土用砂、石质量及检验方法标准》JGJ 52 的质量要求，其检验项目、检验批量和检验方法应遵照标准的规定执行。普通混凝土用水应符合现行行业标准《混凝土用水标准》JGJ 63 的质量要求。

6.1.2 在生产过程中，生产单位缺乏设计所要求的钢筋品种、级别或规格时，可进行钢筋代换。为了保证对设计意图的理解不产生偏差，规定当需要作钢筋代换时应办理设计变更文件，以确保满足原结构设计的要求，并明确钢筋代换由设计单位负责。

6.1.5 由于本体系预制预应力混凝土构件生产线长度较长，且张拉时控制应力可以控制得较为准确，因此在有可靠经验时最大张拉控制应力可放宽到 $0.80f_{ptk}$。

6.4 预应力筋制作与张拉

6.4.4 由于预应力筋断裂或滑脱对结构构件的受力性能影响极大，故施加预应力过程中，应采取措施加以避免。先张法预应力构件中的预应力筋不允许出现断裂或滑脱，若在浇筑混凝土前出现断裂或滑脱，相应的预应力筋应予以更换。

6.4.5 预应力筋张拉后实际建立的预应力值对结构受力性能影响很大，必须予以保证。施工时可用应力测定仪器直接测定张拉锚固后预应力筋的应力值，若难以直接测定，也可用见证张拉代替预应力值测定。

6.5 混 凝 土

6.5.3 构件生产时，应按相关规定以生产线为批次留置标准条件养护试块和同条件养护试块。

7 施工及验收

7.1 现 场 堆 放

7.1.1 为避免预制构件的破损，尽量减少现场堆放和转运。

7.1.2 根据施工组织设计和安装专项方案确定堆放区域和顺序。

7.2 柱就位前基础处理

7.2.1 当采用杯形基础施工时，柱就位前的处理事项同一般的装配式结构施工要求。

7.2.2 当采用预留孔插筋法施工时，保证预留孔位置的准确性。

7.3 柱吊装就位

7.3.1 施工时要确保无收缩灌浆料充实预留孔并按要求留置试块。

7.4 预制梁吊装就位

预制梁按一阶段受力设计，施工时梁下应有可靠支撑。支撑应编制施工方案后执行。

7.5 板吊装就位

7.5.1 施工时按规定留置标准条件养护试块和同条件养护试块。

7.7 质 量 验 收

施工安装质量验收除应符合现行国家标准《混凝土结构工程施工质量验收规范》GB 50204 的规定外，尚应按本节的规定进行验收。

构件的缺陷严重程度根据其对结构性能和使用功能的影响分为一般缺陷和严重缺陷。常见的构件缺陷可按下列方式处理，主要包括：①梁上部的竖向裂缝，一般长度不超过 100mm，可不处理；②梁端键槽部位斜向裂缝，裂缝宽度不大于 0.1mm 的可不处理；③薄板下部与预应力主筋方向平行的裂缝，不在预应力钢丝位置且宽度不大于 0.2mm 的可不处理，当宽度大于 0.2mm 时，按板拼缝处理，在薄板面加钢筋网片；④预制梁的局部混凝土缺陷，可用高强砂浆或细石混凝土修补；⑤当预制主梁长度超过实际要求长度时，可将主梁两端键槽对称割短，每边键槽长度均应符合本规程第 5.1.2 条的规定；当预制主梁长度小于要求长度时，可将预制主梁就位后，两端键槽现浇接长，并相应延长键槽 U 形钢筋长度；⑥当键槽开裂较大或缺损时可将破损部位凿除，安装时与键槽混凝土同时浇筑。其他特殊情况的缺陷的处理需要另行编制技术方案处理。

装配整体式结构的结构性能主要取决于预制构件的结构性能和连接质量。因此，应按现行国家标准《混凝土结构工程施工质量验收规范》GB 50204 的规定对预制构件进行结构性能检验，合格后方能用于工程。预制构件生产单位应向构件采购单位提供构件合格证。

中华人民共和国行业标准

钢筋套筒灌浆连接应用技术规程

Technical specification for grout
sleeve splicing of rebars

JGJ 355—2015

批准部门：中华人民共和国住房和城乡建设部
施行日期：２０１５年９月１日

中华人民共和国住房和城乡建设部
公 告

第 695 号

住房城乡建设部关于发布行业标准
《钢筋套筒灌浆连接应用技术规程》的公告

现批准《钢筋套筒灌浆连接应用技术规程》为行业标准，编号为 JGJ 355-2015，自 2015 年 9 月 1 日起实施。其中，第 3.2.2、7.0.6 条为强制性条文，必须严格执行。

本规程由我部标准定额研究所组织中国建筑工业

出版社出版发行。

中华人民共和国住房和城乡建设部
2015 年 1 月 9 日

前 言

根据住房和城乡建设部《关于印发〈2010 年工程建设标准规范制订、修订计划〉的通知》（建标 [2010] 43 号）的要求，规程编制组经广泛调查研究，认真总结实践经验，参考有关国际标准和国外先进标准，并在广泛征求意见的基础上，编制了本规程。

本规程的主要技术内容是：1 总则；2 术语和符号；3 基本规定；4 设计；5 接头型式检验；6 施工；7 验收。

本规程中以黑体字标志的条文为强制性条文，必须严格执行。

本规程由住房和城乡建设部负责管理和对强制性条文的解释，由中国建筑科学研究院负责具体技术内容的解释。执行过程中如有意见或建议请寄送中国建筑科学研究院（地址：北京市北三环东路 30 号，邮编：100013）。

本 规 程 主 编 单 位：中国建筑科学研究院
　　　　　　　　　　　云南建工第二建设有限公司
本 规 程 参 编 单 位：北京预制建筑工程研究院有限公司
　　　　　　　　　　　同济大学
　　　　　　　　　　　中冶建筑研究总院有限公司
　　　　　　　　　　　润铸建筑工程（上海）有限公司

北京万科企业有限公司
北京市建筑工程研究院有限责任公司
北京市建筑设计研究院有限公司
清华大学建筑设计研究院有限公司
云南建工第四建设有限公司
郑州大学
北京中景恒基工程管理有限公司

本规程主要起草人员：沙 安　王晓锋　洪 洁
　　　　　　　　　　蒋勤俭　赵 勇　刘子金
　　　　　　　　　　钱冠龙　赖宜政　秦 珩
　　　　　　　　　　李晨光　苗启松　刘彦生
　　　　　　　　　　王天锋　管品武　吴晓星
　　　　　　　　　　肖厚志　陈定华　付艳梅
　　　　　　　　　　朱爱萍　高 迪　俞志明
　　　　　　　　　　许 毅　彭福定　拜继梅
　　　　　　　　　　刘 畅
本规程主要审查人员：吴月华　李晓明　沙志国
　　　　　　　　　　王自福　王桂玲　郭海山
　　　　　　　　　　杨思忠　朱永明　李本端
　　　　　　　　　　王剑非　李伟兴　孟宪宏

目　　次

1 总 则

1.0.1 为规范混凝土结构工程中钢筋套筒灌浆连接技术的应用，做到安全适用、经济合理、技术先进、确保质量，制定本规程。

1.0.2 本规程适用于非抗震设计及抗震设防烈度不大于 8 度地区的混凝土结构房屋与一般构筑物中钢筋套筒灌浆连接的设计、施工及验收。本规程不适用于作疲劳设计的构件。

1.0.3 钢筋套筒灌浆连接的设计、施工及验收除应符合本规程外，尚应符合国家现行有关标准的规定。

2 术语和符号

2.1 术 语

2.1.1 钢筋套筒灌浆连接 grout sleeve splicing of rebars

在金属套筒中插入单根带肋钢筋并注入灌浆料拌合物，通过拌合物硬化形成整体并实现传力的钢筋对接连接，简称套筒灌浆连接。

2.1.2 钢筋连接用灌浆套筒 grout sleeve for rebar splicing

采用铸造工艺或机械加工工艺制造，用于钢筋套筒灌浆连接的金属套筒，简称灌浆套筒。灌浆套筒可分为全灌浆套筒和半灌浆套筒。

2.1.3 全灌浆套筒 whole grout sleeve

两端均采用套筒灌浆连接的灌浆套筒。

2.1.4 半灌浆套筒 grout sleeve with mechanical splicing end

一端采用套筒灌浆连接，另一端采用机械连接方式连接钢筋的灌浆套筒。

2.1.5 钢筋连接用套筒灌浆料 cementitious grout for rebar sleeve splicing

以水泥为基本材料，并配以细骨料、外加剂及其他材料混合而成的用于钢筋套筒灌浆连接的干混料，简称灌浆料。

2.1.6 灌浆料拌合物 mixed cementitious grout

灌浆料按规定比例加水搅拌后，具有规定流动性、早强、高强及硬化后微膨胀等性能的浆体。

2.2 符 号

A_{sgt} ——接头试件的最大力下总伸长率；
d_s ——钢筋公称直径；
f_g ——灌浆料 28d 抗压强度合格指标；
f_{yk} ——钢筋屈服强度标准值；
L ——灌浆套筒长度；
L_g ——大变形反复拉压试验变形加载值计算

长度；
u_0 ——接头试件加载至 $0.6f_{yk}$ 并卸载后在规定标距内的残余变形；
u_4 ——接头试件按规定加载制度经大变形反复拉压 4 次后的残余变形；
u_8 ——接头试件按规定加载制度经大变形反复拉压 8 次后的残余变形；
u_{20} ——接头试件按规定加载制度经高应力反复拉压 20 次后的残余变形；
ε_{yk} ——钢筋应力为屈服强度标准值时的应变。

3 基本规定

3.1 材 料

3.1.1 套筒灌浆连接的钢筋应采用符合现行国家标准《钢筋混凝土用钢 第 2 部分：热轧带肋钢筋》GB 1499.2、《钢筋混凝土用余热处理钢筋》GB 13014 要求的带肋钢筋；钢筋直径不宜小于 12mm，且不宜大于 40mm。

3.1.2 灌浆套筒应符合现行行业标准《钢筋连接用灌浆套筒》JG/T 398 的有关规定。灌浆套筒灌浆端最小内径与连接钢筋公称直径的差值不宜小于表 3.1.2 规定的数值，用于钢筋锚固的深度不宜小于插入钢筋公称直径的 8 倍。

表 3.1.2 灌浆套筒灌浆段最小内径尺寸要求

钢筋直径 （mm）	套筒灌浆段最小内径与连接钢筋 公称直径差最小值（mm）
12～25	10
28～40	15

3.1.3 灌浆料性能及试验方法应符合现行行业标准《钢筋连接用套筒灌浆料》JG/T 408 的有关规定，并应符合下列规定：

1 灌浆料抗压强度应符合表 3.1.3-1 的要求，且不应低于接头设计要求的灌浆料抗压强度；灌浆料抗压强度试件尺寸应按 40mm×40mm×160mm 尺寸制作，其加水量应按灌浆料产品说明书确定，试件应按标准方法制作、养护；

2 灌浆料竖向膨胀率应符合表 3.1.3-2 的要求；

3 灌浆料拌合物的工作性能应符合表 3.1.3-3 的要求，泌水率试验方法应符合现行国家标准《普通混凝土拌合物性能试验方法标准》GB/T 50080 的规定。

表 3.1.3-1　灌浆料抗压强度要求

时间（龄期）	抗压强度（N/mm²）
1d	≥35
3d	≥60
28d	≥85

表 3.1.3-2　灌浆料竖向膨胀率要求

项目	竖向膨胀率（%）
3h	≥0.02
24h与3h差值	0.02～0.50

表 3.1.3-3　灌浆料拌合物的工作性能要求

项　目		工作性能要求
流动度（mm）	初始	≥300
	30min	≥260
泌水率（%）		0

3.2　接头性能要求

3.2.1 套筒灌浆连接接头应满足强度和变形性能要求。

3.2.2 钢筋套筒灌浆连接接头的抗拉强度不应小于连接钢筋抗拉强度标准值，且破坏时应断于接头外钢筋。

3.2.3 钢筋套筒灌浆连接接头的屈服强度不应小于连接钢筋屈服强度标准值。

3.2.4 套筒灌浆连接接头应能经受规定的高应力和大变形反复拉压循环检验，且在经历拉压循环后，其抗拉强度仍应符合本规程第3.2.2条的规定。

3.2.5 套筒灌浆连接接头单向拉伸、高应力反复拉压、大变形反复拉压试验加载过程中，当接头拉力达到连接钢筋抗拉荷载标准值的1.15倍而未发生破坏时，应判为抗拉强度合格，可停止试验。

3.2.6 套筒灌浆连接接头的变形性能应符合表3.2.6的规定。当频遇荷载组合下，构件中钢筋应力高于钢筋屈服强度标准值 f_{yk} 的0.6倍时，设计单位可对单向拉伸残余变形的加载峰值 u_0 提出调整要求。

表 3.2.6　套筒灌浆连接接头的变形性能

项目		变形性能要求
对中单向拉伸	残余变形（mm）	$u_0 \leq 0.10$（$d \leq 32$） $u_0 \leq 0.14$（$d > 32$）
	最大力下总伸长率（%）	$A_{sgt} \geq 6.0$
高应力反复拉压	残余变形（mm）	$u_{20} \leq 0.3$
大变形反复拉压	残余变形（mm）	$u_4 \leq 0.3$ 且 $u_8 \leq 0.6$

注：u_0——接头试件加载至 $0.6f_{yk}$ 并卸载后在规定标距内的残余变形；A_{sgt}——接头试件的最大力下总伸长率；u_{20}——接头试件按规定加载制度经高应力反复拉压20次后的残余变形；u_4——接头试件按规定加载制度经大变形反复拉压4次后的残余变形；u_8——接头试件按规定加载制度经大变形反复拉压8次后的残余变形。

4　设　计

4.0.1 采用钢筋套筒灌浆连接的混凝土结构，设计应符合国家现行标准《混凝土结构设计规范》GB 50010、《建筑抗震设计规范》GB 50011、《装配式混凝土结构技术规程》JGJ 1 的有关规定。

4.0.2 采用套筒灌浆连接的构件混凝土强度等级不宜低于C30。

4.0.3 当装配式混凝土结构采用符合本规程规定的套筒灌浆连接接头时，全部构件纵向受力钢筋可在同一截面上连接。

4.0.4 混凝土结构中全截面受拉构件同一截面不宜全部采用钢筋套筒灌浆连接。

4.0.5 采用套筒灌浆连接的混凝土构件设计应符合下列规定：

  1 接头连接钢筋的强度等级不应高于灌浆套筒规定的连接钢筋强度等级；

  2 接头连接钢筋的直径规格不应大于灌浆套筒规定的连接钢筋直径规格，且不宜小于灌浆套筒规定的连接钢筋直径规格一级以上；

  3 构件配筋方案应根据灌浆套筒外径、长度及灌浆施工要求确定；

  4 构件钢筋插入灌浆套筒的锚固长度应符合灌浆套筒参数要求；

  5 竖向构件配筋设计应结合灌浆孔、出浆孔位置；

  6 底部设置键槽的预制柱，应在键槽处设置排气孔。

4.0.6 混凝土构件中灌浆套筒的净距不应小于25mm。

4.0.7 混凝土构件的灌浆套筒长度范围内，预制混凝土柱箍筋的混凝土保护层厚度不应小于20mm，预制混凝土墙最外层钢筋的混凝土保护层厚度不应小于15mm。

5　接头型式检验

5.0.1 属于下列情况时，应进行接头型式检验：

  1 确定接头性能时；

  2 灌浆套筒材料、工艺、结构改动时；

  3 灌浆料型号、成分改动时；

  4 钢筋强度等级、肋形发生变化时；

  5 型式检验报告超过4年。

5.0.2 用于型式检验的钢筋、灌浆套筒、灌浆料应符合国家现行标准《钢筋混凝土用钢　第2部分：热轧带肋钢筋》GB 1499.2、《钢筋混凝土用余热处理钢筋》GB 13014、《钢筋连接用灌浆套筒》JG/T 398、《钢筋连接用套筒灌浆料》JG/T 408 的规定。

5.0.3 每种套筒灌浆连接接头型式检验的试件数量与检验项目应符合下列规定：

1 对中接头试件应为9个，其中3个做单向拉伸试验、3个做高应力反复拉压试验、3个做大变形反复拉压试验；

2 偏置接头试件应为3个，做单向拉伸试验；

3 钢筋试件应为3个，做单向拉伸试验；

4 全部试件的钢筋均应在同一炉（批）号的1根或2根钢筋上截取。

5.0.4 用于型式检验的套筒灌浆连接接头试件应在检验单位监督下由送检单位制作，并应符合下列规定：

1 3个偏置接头试件应保证一端钢筋插入灌浆套筒中心，一端钢筋偏置后钢筋横肋与套筒壁接触；9个对中接头试件的钢筋均应插入灌浆套筒中心；所有接头试件的钢筋应与灌浆套筒轴线重合或平行，钢筋在灌浆套筒插入深度应为灌浆套筒的设计锚固深度；

2 接头试件应按本规程第6.3.8条、第6.3.9条的有关规定进行灌浆；对于半灌浆套筒连接，机械连接端的加工应符合现行行业标准《钢筋机械连接技术规程》JGJ 107的有关规定；

3 采用灌浆料拌合物制作的40mm×40mm×160mm试件不应少于1组，并宜留设不少于2组；

4 接头试件及灌浆料试件应在标准养护条件下养护；

5 接头试件在试验前不应进行预拉。

5.0.5 型式检验试验时，灌浆料抗压强度不应小于80N/mm²，且不应大于95N/mm²；当灌浆料28d抗压强度合格指标（f_g）高于85N/mm²时，试验时的灌浆料抗压强度低于28d抗压强度合格指标（f_g）的数值不应大于5N/mm²，且超过28d抗压强度合格指标（f_g）的数值不应大于10N/mm²与0.1f_g二者的较大值；当型式检验试验时灌浆料抗压强度低于28d抗压强度合格指标（f_g）时，应增加检验灌浆料28d抗压强度。

5.0.6 型式检验的试验方法应符合现行行业标准《钢筋机械连接技术规程》JGJ 107的有关规定，并应符合下列规定：

1 接头试件的加载力应符合本规程第3.2.5条的规定；

2 偏置单向拉伸接头试件的抗拉强度试验应采用零到破坏的一次加载制度；

3 大变形反复拉压试验的前后反复4次变形加载值分别应取$2\varepsilon_{yk}L_g$和$5\varepsilon_{yk}L_g$，其中ε_{yk}是应力为屈服强度标准值时的钢筋应变，计算长度L_g应按下列公式计算：

全灌浆套筒连接

$$L_g = \frac{L}{4} + 4d_s \qquad (5.0.6\text{-}1)$$

半灌浆套筒连接

$$L_g = \frac{L}{2} + 4d_s \qquad (5.0.6\text{-}2)$$

式中：L——灌浆套筒长度（mm）；

d_s——钢筋公称直径（mm）。

5.0.7 当型式检验的灌浆料抗压强度符合本规程第5.0.5条的规定，且型式检验试验结果符合下列规定时，可评为合格：

1 强度检验：每个接头试件的抗拉强度实测值均应符合本规程第3.2.2条的强度要求；3个对中单向拉伸试件、3个偏置单向拉伸试件的屈服强度实测值均应符合本规程第3.2.3条的强度要求。

2 变形检验：对残余变形和最大力下总伸长率，相应项目的3个试件实测值的平均值应符合本规程第3.2.6条的规定。

5.0.8 型式检验应由专业检测机构进行，并应按本规程第A.0.1条规定的格式出具检验报告。

6 施 工

6.1 一般规定

6.1.1 套筒灌浆连接应采用由接头型式检验确定的相匹配的灌浆套筒、灌浆料。

6.1.2 套筒灌浆连接施工应编制专项施工方案。

6.1.3 灌浆施工的操作人员应经专业培训后上岗。

6.1.4 对于首次施工，宜选择有代表性的单元或部位进行试制作、试安装、试灌浆。

6.1.5 施工现场灌浆料宜储存在室内，并应采取防雨、防潮、防晒措施。

6.2 构件制作

6.2.1 预制构件钢筋及灌浆套筒的安装应符合下列规定：

1 连接钢筋与全灌浆套筒安装时，应逐根插入灌浆套筒内，插入深度应满足设计锚固深度要求；

2 钢筋安装时，应将其固定在模具上，灌浆套筒与柱底、墙底模板应垂直，应采用橡胶环、螺杆等固定件避免混凝土浇筑、振捣时灌浆套筒和连接钢筋移位；

3 与灌浆套筒连接的灌浆管、出浆管应定位准确、安装稳固；

4 应采取防止混凝土浇筑时向灌浆套筒内漏浆的封堵措施。

6.2.2 对于半灌浆套筒连接，机械连接端的钢筋丝头加工、连接安装、质量检查应符合现行行业标准《钢筋机械连接技术规程》JGJ 107的有关规定。

6.2.3 浇筑混凝土之前，应进行钢筋隐蔽工程检查。隐蔽工程检查应包括下列内容：

1 纵向受力钢筋的牌号、规格、数量、位置；

2 灌浆套筒的型号、数量、位置及灌浆孔、出浆孔、排气孔的位置；

3 钢筋的连接方式、接头位置、接头质量、接头面积百分率、搭接长度、锚固方式及锚固长度；

4 箍筋、横向钢筋的牌号、规格、数量、间距、位置，箍筋弯钩的弯折角度及平直段长度；

5 预埋件的规格、数量和位置。

6.2.4 预制构件拆模后，灌浆套筒的位置及外露钢筋位置、长度偏差应符合表 6.2.4 的规定。

表 6.2.4 预制构件灌浆套筒和外露钢筋的允许偏差及检验方法

项目		允许偏差（mm）	检验方法
灌浆套筒中心位置		+2 0	尺量
外露钢筋	中心位置	+2 0	
	外露长度	+10 0	

6.2.5 预制构件制作及运输过程中，应对外露钢筋、灌浆套筒分别采取包裹、封盖措施。

6.2.6 预制构件出厂前，应对灌浆套筒的灌浆孔和出浆孔进行透光检查，并清理灌浆套筒内的杂物。

6.3 安装与连接

6.3.1 连接部位现浇混凝土施工过程中，应采取设置定位架等措施保证外露钢筋的位置、长度和顺直度，并应避免污染钢筋。

6.3.2 预制构件吊装前，应检查构件的类型与编号。当灌浆套筒内有杂物时，应清理干净。

6.3.3 预制构件就位前，应按下列规定检查现浇结构施工质量：

1 现浇结构与预制构件的结合面应符合设计及现行行业标准《装配式混凝土结构技术规程》JGJ 1 的有关规定；

2 现浇结构施工后外露连接钢筋的位置、尺寸偏差应符合表 6.3.3 的规定，超过允许偏差的应予以处理；

表 6.3.3 现浇结构施工后外露连接钢筋的位置、尺寸允许偏差及检验方法

项目	允许偏差（mm）	检验方法
中心位置	+3 0	尺量
外露长度、顶点标高	+15 0	

3 外露连接钢筋的表面不应粘连混凝土、砂浆，不应发生锈蚀；

4 当外露连接钢筋倾斜时，应进行校正。

6.3.4 预制柱、墙安装前，应在预制构件及其支承构件间设置垫片，并应符合下列规定：

1 宜采用钢质垫片；

2 可通过垫片调整预制构件的底部标高，可通过在构件底部四角加塞垫片调整构件安装的垂直度；

3 垫片处的混凝土局部受压应按下式进行验算：

$$F_l \leqslant 2f'_c A_l \qquad (6.3.4)$$

式中：F_l——作用在垫片上的压力值，可取 1.5 倍构件自重；

A_l——垫片的承压面积，可取所有垫片的面积和；

f'_c——预制构件安装时，预制构件及其支承构件的混凝土轴心抗压强度设计值较小值。

6.3.5 灌浆施工方式及构件安装应符合下列规定：

1 钢筋水平连接时，灌浆套筒应各自独立灌浆；

2 竖向构件宜采用连通腔灌浆，并应合理划分连通灌浆区域；每个区域除预留灌浆孔、出浆孔与排气孔外，应形成密闭空腔，不应漏浆；连通灌浆区域内任意两个灌浆套筒间距离不宜超过 1.5m；

3 竖向预制构件不采用连通腔灌浆方式时，构件就位前应设置坐浆层。

6.3.6 预制柱、墙的安装应符合下列规定：

1 临时固定措施的设置应符合现行国家标准《混凝土结构工程施工规范》GB 50666 的有关规定；

2 采用连通腔灌浆方式时，灌浆施工前应对各连通灌浆区域进行封堵，且封堵材料不应减小结合面的设计面积。

6.3.7 预制梁和既有结构改造现浇部分的水平钢筋采用套筒灌浆连接时，施工措施应符合下列规定：

1 连接钢筋的外表面应标记插入灌浆套筒最小锚固长度的标志，标志位置应准确、颜色应清晰；

2 对灌浆套筒与钢筋之间的缝隙应采取防止灌浆时灌浆料拌合物外漏的封堵措施；

3 预制梁的水平连接钢筋轴线偏差不应大于 5mm，超过允许偏差的应予以处理；

4 与既有结构的水平钢筋相连接时，新连接钢筋的端部应设有保证连接钢筋同轴、稳固的装置；

5 灌浆套筒安装就位后，灌浆孔、出浆孔应在套筒水平轴正上方 ±45° 的锥体范围内，并安装有孔口超过灌浆套筒外表面最高位置的连接管或连接头。

6.3.8 灌浆料使用前，应检查产品包装上的有效期和产品外观。灌浆料使用应符合下列规定：

1 拌合用水应符合现行行业标准《混凝土用水标准》JGJ 63 的有关规定；

2 加水量应按灌浆料使用说明书的要求确定，并应按重量计量；

3 灌浆料拌合物应采用电动设备搅拌充分、均匀，并宜静置 2min 后使用；

    4 搅拌完成后，不得再次加水；

    5 每工作班应检查灌浆料拌合物初始流动度不少于 1 次，指标应符合本规程第 3.1.3 条的规定；

    6 强度检验试件的留置数量应符合验收及施工控制要求。

6.3.9 灌浆施工应按施工方案执行，并应符合下列规定：

    1 灌浆操作全过程应有专职检验人员负责现场监督并及时形成施工检查记录；

    2 灌浆施工时，环境温度应符合灌浆料产品使用说明书要求；环境温度低于 5℃时不宜施工，低于 0℃时不得施工；当环境温度高于 30℃时，应采取降低灌浆料拌合物温度的措施；

    3 对竖向钢筋套筒灌浆连接，灌浆作业应采用压浆法从灌浆套筒下灌浆孔注入，当灌浆料拌合物从构件其他灌浆孔、出浆孔流出后应及时封堵；

    4 竖向钢筋套筒灌浆连接采用连通腔灌浆时，宜采用一点灌浆的方式；当一点灌浆遇到问题而需要改变灌浆点时，各灌浆套筒已封堵灌浆孔、出浆孔应重新打开，待灌浆料拌合物再次流出后进行封堵；

    5 对水平钢筋套筒灌浆连接，灌浆作业应采用压浆法从灌浆套筒灌浆孔注入，当灌浆套筒灌浆孔、出浆孔的连接管或连接头处的灌浆料拌合物均高于灌浆套筒外表面最高点时应停止灌浆，并及时封堵灌浆孔、出浆孔；

    6 灌浆料宜在加水后 30min 内用完；

    7 散落的灌浆料拌合物不得二次使用；剩余的拌合物不得再次添加灌浆料、水后混合使用。

6.3.10 当灌浆施工出现无法出浆的情况时，应查明原因，采取的施工措施应符合下列规定：

    1 对于未密实饱满的竖向连接灌浆套筒，当在灌浆料加水拌合 30min 内时，应首选在灌浆孔补灌；当灌浆料拌合物已无法流动时，可从出浆孔补灌，并应采用手动设备结合细管压力灌浆；

    2 水平钢筋连接灌浆施工停止后 30s，当发现灌浆料拌合物下降，应检查灌浆套筒的密封或灌浆料拌合物排气情况，并及时补灌或采取其他措施；

    3 补灌应在灌浆料拌合物达到设计规定的位置后停止，并应在灌浆料凝固后再次检查其位置符合设计要求。

6.3.11 灌浆料同条件养护试件抗压强度达到 35N/mm² 后，方可进行对接头有扰动的后续施工；临时固定措施的拆除应在灌浆料抗压强度能确保结构达到后续施工承载要求后进行。

7 验　收

7.0.1 采用钢筋套筒灌浆连接的混凝土结构验收应

符合现行国家标准《混凝土结构工程施工质量验收规范》GB 50204 的有关规定，可划入装配式结构分项工程。

7.0.2 工程应用套筒灌浆连接时，应由接头提供单位提交所有规格接头的有效型式检验报告。验收时应核查下列内容：

    1 工程中应用的各种钢筋强度级别、直径对应的型式检验报告应齐全，报告应合格有效；

    2 型式检验报告送检单位与现场接头提供单位应一致；

    3 型式检验报告中的接头类型，灌浆套筒规格、级别、尺寸，灌浆料型号与现场使用的产品应一致；

    4 型式检验报告应在 4 年有效期内，可按灌浆套筒进厂（场）验收日期确定；

    5 报告内容应包括本规程附录 A 规定的所有内容。

7.0.3 灌浆套筒进厂（场）时，应抽取灌浆套筒检验外观质量、标识和尺寸偏差，检验结果应符合现行行业标准《钢筋连接用灌浆套筒》JG/T 398 及本规程第 3.1.2 条的有关规定。

    检查数量：同一批号、同一类型、同一规格的灌浆套筒，不超过 1000 个为一批，每批随机抽取 10 个灌浆套筒。

    检验方法：观察，尺量检查。

7.0.4 灌浆料进场时，应对灌浆料拌合物 30min 流动度、泌水率及 3d 抗压强度、28d 抗压强度、3h 竖向膨胀率、24h 与 3h 竖向膨胀率差值进行检验，检验结果应符合本规程第 3.1.3 条的有关规定。

    检查数量：同一成分、同一批号的灌浆料，不超过 50t 为一批，每批按现行行业标准《钢筋连接用套筒灌浆料》JG/T 408 的有关规定随机抽取灌浆料制作试件。

    检验方法：检查质量证明文件和抽样检验报告。

7.0.5 灌浆施工前，应对不同钢筋生产企业的进场钢筋进行接头工艺检验；施工过程中，当更换钢筋生产企业，或同生产企业生产的钢筋外形尺寸与已完成工艺检验的钢筋有较大差异时，应再次进行工艺检验。接头工艺检验应符合下列规定：

    1 灌浆套筒埋入预制构件时，工艺检验应在预制构件生产前进行；当现场灌浆施工单位与工艺检验时的灌浆单位不同，灌浆前应再次进行工艺检验；

    2 工艺检验应模拟施工条件制作接头试件，并应按接头提供单位提供的施工操作要求进行；

    3 每种规格钢筋应制作 3 个对中套筒灌浆连接接头，并应检查灌浆质量；

    4 采用灌浆料拌合物制作的 40mm×40mm×160mm 试件不应少于 1 组；

    5 接头试件及灌浆料试件应在标准养护条件下

养护 28d；

6 每个接头试件的抗拉强度、屈服强度应符合本规程第 3.2.2 条、第 3.2.3 条的规定，3 个接头试件残余变形的平均值应符合本规程表 3.2.6 的规定；灌浆料抗压强度应符合本规程第 3.1.3 条规定的 28d 强度要求；

7 接头试件在量测残余变形后可再进行抗拉强度试验，并应按现行行业标准《钢筋机械连接技术规程》JGJ 107 规定的钢筋机械连接型式检验单向拉伸加载制度进行试验；

8 第一次工艺检验中 1 个试件抗拉强度或 3 个试件的残余变形平均值不合格时，可再抽 3 个试件进行复检，复检仍不合格判为工艺检验不合格；

9 工艺检验应由专业检测机构进行，并应按本规程附录 A 第 A.0.2 条规定的格式出具检验报告。

7.0.6 灌浆套筒进厂（场）时，应抽取灌浆套筒并采用与之匹配的灌浆料制作对中连接接头试件，并进行抗拉强度检验，检验结果均应符合本规程第 3.2.2 条的有关规定。

检查数量：同一批号、同一类型、同一规格的灌浆套筒，不超过 1000 个为一批，每批随机抽取 3 个灌浆套筒制作对中连接接头试件。

检验方法：检查质量证明文件和抽样检验报告。

7.0.7 本规程第 7.0.6 条规定的抗拉强度检验接头试件应模拟施工条件并按施工方案制作。接头试件应在标准养护条件下养护 28d。接头试件的抗拉强度试验应采用零到破坏或零到连接钢筋抗拉荷载标准值 1.15 倍的一次加载制度，并应符合现行行业标准

《钢筋机械连接技术规程》JGJ 107 的有关规定。

7.0.8 预制混凝土构件进场验收应按现行国家标准《混凝土结构工程施工质量验收规范》GB 50204 的有关规定进行。

7.0.9 灌浆施工中，灌浆料的 28d 抗压强度应符合本规程第 3.1.3 条的有关规定。用于检验抗压强度的灌浆料试件应在施工现场制作。

检查数量：每工作班取样不得少于 1 次，每楼层取样不得少于 3 次。每次抽取 1 组 40mm×40mm×160mm 的试件，标准养护 28d 后进行抗压强度试验。

检验方法：检查灌浆施工记录及抗压强度试验报告。

7.0.10 灌浆应密实饱满，所有出浆口均应出浆。

检查数量：全数检查。

检验方法：观察，检查灌浆施工记录。

7.0.11 当施工过程中灌浆料抗压强度、灌浆质量不符合要求时，应由施工单位提出技术处理方案，经监理、设计单位认可后进行处理。经处理后的部位应重新验收。

检查数量：全数检查。

检验方法：检查处理记录。

附录 A 接头试件检验报告

A.0.1 接头试件型式检验报告应包括基本参数和试验结果两部分，并应按表 A.0.1-1～表 A.0.1-3 的格式记录。

表 A.0.1-1 钢筋套筒灌浆连接接头试件型式检验报告
（全灌浆套筒连接基本参数）

接头名称			送检日期	
送检单位			试件制作地点/日期	
接头试件基本参数	连接件示意图（可附页）：		钢筋牌号	
			钢筋公称直径（mm）	
			灌浆套筒品牌、型号	
			灌浆套筒材料	
			灌浆料品牌、型号	

灌浆套筒设计尺寸（mm）				
长度	外径	钢筋插入深度（短端）		钢筋插入深度（长端）

接头试件实测尺寸					
试件编号	灌浆套筒外径（mm）	灌浆套筒长度（mm）	钢筋插入深度（mm）		钢筋对中/偏置
			短端	长端	
No.1					偏置

试件编号	灌浆套筒外径（mm）		灌浆套筒长度（mm）	钢筋插入深度（mm）		钢筋对中/偏置
				短端	长端	
No.2						偏置
No.3						偏置
No.4						对中
No.5						对中
No.6						对中
No.7						对中
No.8						对中
No.9						对中
No.10						对中
No.11						对中
No.12						对中
灌浆料性能						
每10kg灌浆料加水量（kg）	试件抗压强度量测值（N/mm²）					合格指标（N/mm²）
	1	2	3	4	5	6	取值	

（表下方的行结构）

每10kg灌浆料加水量（kg）	1	2	3	4	5	6	取值	合格指标（N/mm²）
评定结论								

注：1 接头试件实测尺寸、灌浆料性能由检验单位负责检验与填写，其他信息应由送检单位如实申报；
　　2 接头试件实测尺寸中外径量测任意两个断面。

表 A.0.1-2　钢筋套筒灌浆连接接头试件型式检验报告
（半灌浆套筒连接基本参数）

接头名称		送检日期	
送检单位		试件制作地点/日期	
接头试件基本参数	连接件示意图（可附页）：	钢筋牌号	
		钢筋公称直径（mm）	
		灌浆套筒品牌、型号	
		灌浆套筒材料	
		灌浆料品牌、型号	
灌浆套筒设计参数			
长度（mm）	外径（mm）	灌浆端钢筋插入深度（mm）	机械连接端类型
机械连接端基本参数			

	接头试件实测尺寸				

试件编号	灌浆套筒外径（mm）		灌浆套筒长度（mm）	灌浆端钢筋插入深度（mm）	钢筋对中/偏置
No. 1					偏置
No. 2					偏置
No. 3					偏置
No. 4					对中
No. 5					对中
No. 6					对中
No. 7					对中
No. 8					对中
No. 9					对中
No. 10					对中
No. 11					对中
No. 12					对中

	灌浆料性能						

每10kg灌浆料加水量（kg）	试件抗压强度量测值（N/mm²）							合格指标（N/mm²）
	1	2	3	4	5	6	取值	
评定结论								

注：1 接头试件实测尺寸、灌浆料性能由检验单位负责检验与填写，其他信息应由送检单位如实申报。
    2 机械连接端类型按直螺纹、锥螺纹、挤压三类填写。
    3 机械连接端基本参数：直螺纹为螺纹螺距、螺纹牙型角、螺纹公称直径和安装扭矩；锥螺纹为螺纹螺距、螺纹牙型角、螺纹锥度和安装扭矩；挤压为压痕道次与压痕总宽度。
    4 接头试件实测尺寸中外径量测任意两个断面。

表 A.0.1-3 钢筋套筒灌浆连接接头试件型式检验报告
(试验结果)

接头名称		送检日期	
送检单位		钢筋牌号与公称直径（mm）	
钢筋母材试验结果	试件编号	No. 1	No. 2	No. 3	要求指标
	屈服强度（N/mm²）				
	抗拉强度（N/mm²）				

试验结果	偏置单向拉伸	试件编号	No. 1	No. 2	No. 3	要求指标
		屈服强度（N/mm²）				
		抗拉强度（N/mm²）				
		破坏形式				钢筋拉断
	对中单向拉伸	试件编号	No. 4	No. 5	No. 6	要求指标
		屈服强度（N/mm²）				
		抗拉强度（N/mm²）				
		残余变形（mm）				
		最大力下总伸长率(%)				
		破坏形式				钢筋拉断
	高应力反复拉压	试件编号	No. 7	No. 8	No. 9	要求指标
		抗拉强度（N/mm²）				
		残余变形（mm）				
		破坏形式				钢筋拉断
	大变形反复拉压	试件编号	No. 10	No. 11	No. 12	要求指标
		抗拉强度（N/mm²）				
		残余变形（mm）				
		破坏形式				钢筋拉断

评定结论				
检验单位			试验日期	
试验员		试件制作监督人		
校核		负责人		

注：试件制作监督人应为检验单位人员。

A. 0. 2 接头试件工艺检验报告应按表 A. 0. 2 的格式记录。

表 A. 0. 2　钢筋套筒灌浆连接接头试件工艺检验报告

接头名称		送检日期	
送检单位		试件制作地点	
钢筋生产企业		钢筋牌号	
钢筋公称直径（mm）		灌浆套筒类型	
灌浆套筒品牌、型号		灌浆料品牌、型号	
灌浆施工人及所属单位			

续表 A.0.2

	试件编号	No. 1	No. 2	No. 3	要求指标
对中单向拉伸试验结果	屈服强度（N/mm²）				
	抗拉强度（N/mm²）				
	残余变形（mm）				
	最大力下总伸长率（%）				
	破坏形式				钢筋拉断

	试件抗压强度量测值（N/mm²）							28d 合格指标（N/mm²）
灌浆料抗压强度试验结果	1	2	3	4	5	6	取值	

评定结论				
检验单位				
试验员		校核		
负责人		试验日期		

注：对中单向拉伸检验结果、灌浆料抗压强度试验结果、检验结论由检验单位负责检验与填写，其他信息应由送检单位如实申报。

本规程用词说明

1 为便于在执行本规程条文时区别对待，对要求严格程度不同的用词说明如下：

1）表示很严格，非这样做不可的：

正面词采用"必须"，反面词采用"严禁"；

2）表示严格，在正常情况下均应这样做的：

正面词采用"应"，反面词采用"不应"或"不得"；

3）表示允许稍有选择，在条件许可时首先这样做的：

正面词采用"宜"，反面词采用"不宜"；

4）表示有选择，在一定条件下可以这样做的，可采用"可"。

2 条文中指明应按其他有关标准执行的写法为："应符合……的规定"或"应按……执行"。

引用标准名录

1 《混凝土结构设计规范》GB 50010

2 《建筑抗震设计规范》GB 50011

3 《普通混凝土拌合物性能试验方法标准》GB/T 50080

4 《混凝土结构工程施工质量验收规范》GB 50204

5 《混凝土结构工程施工规范》GB 50666

6 《钢筋混凝土用钢 第2部分：热轧带肋钢筋》GB 1499.2

7 《钢筋混凝土用余热处理钢筋》GB 13014

8 《装配式混凝土结构技术规程》JGJ 1

9 《混凝土用水标准》JGJ 63

10 《钢筋机械连接技术规程》JGJ 107

11 《钢筋连接用灌浆套筒》JG/T 398

12 《钢筋连接用套筒灌浆料》JG/T 408

中华人民共和国行业标准

钢筋套筒灌浆连接应用技术规程

JGJ 355—2015

条 文 说 明

制 订 说 明

《钢筋套筒灌浆连接应用技术规程》JGJ 355 - 2015，经住房和城乡建设部 2015 年 1 月 9 日以第 695 号公告批准、发布。

本规程编制过程中，编制组进行了充分的调查研究，总结了近年来国内外钢筋套筒灌浆连接应用实践经验和相关研究成果，参考有关国际标准和国外先进标准，开展了专项研究，与国内相关标准进行协调，确定了相关指标参数。

为便于广大施工、监理、生产、检测、设计、科研、学校等单位有关人员在使用本规程时能正确理解和执行条文规定，《钢筋套筒灌浆连接应用技术规程》编制组按章、节、条顺序编制了本规程的条文说明，对条文规定的目的、依据以及执行中需注意的有关事项进行了说明，还着重对强制性条文的强制理由做了解释。但是，本条文说明不具备与规程正文同等的法律效力，仅供使用者作为理解和把握规程规定的参考。

目　　次

1 总　　则

1.0.1～1.0.3 钢筋套筒灌浆连接主要应用于装配式混凝土结构中预制构件钢筋连接、现浇混凝土结构中钢筋笼整体对接以及既有建筑改造中新旧建筑钢筋连接，其从受力机理、施工操作、质量检验等方面均不同于传统的钢筋连接方式。

　　钢筋套筒灌浆连接应用于装配式混凝土结构中竖向构件钢筋对接时，金属灌浆套筒常为预埋在竖向预制混凝土构件底部，连接时在灌浆套筒中插入带肋钢筋后注入灌浆料拌合物；也有灌浆套筒预埋在竖向预制构件顶部的情况，连接时在灌浆套筒中倒入灌浆料拌合物后再插入带肋钢筋。钢筋套筒灌浆连接也可应用于预制构件及既有建筑与新建结构相连时的水平钢筋连接。

　　装配式混凝土结构中还有钢筋浆锚搭接连接的灌浆连接方式，一般不采用金属套筒，且具有单独的施工操作方法，本规程未包括此内容。对于其他采用金属熔融灌注的套筒连接，其应用应符合现行行业标准《钢筋机械连接技术规程》JGJ 107 的有关规定。

　　本规程适用于非抗震设防及抗震设防烈度为 6 度至 8 度地区，主要原因为缺少 9 度区的工程应用经验。因缺少钢筋套筒灌浆连接接头疲劳试验数据，本规程未包括疲劳设计要求内容。对有疲劳设计要求的构件，在补充相关试验研究的情况下，可参考本规程的有关规定应用。

2　术语和符号

　　本章术语参考了行业标准《钢筋连接用灌浆套筒》JG/T 398-2012、《钢筋连接用套筒灌浆料》JG/T 408-2013。

　　本规程将钢筋套筒灌浆连接的接头称为套筒灌浆连接接头，简称接头。接头由灌浆套筒、硬化后的灌浆料、连接钢筋三者共同组成。接头为钢筋套筒灌浆连接的具体表达，在本规程中多次出现。在检验规定中多采用"接头试件"术语。

　　对预制构件生产时预先埋入的灌浆套筒，与预制构件内钢筋连接的部分为预制端，另一部分为现场灌浆端。半灌浆套筒为现场灌浆端采用灌浆方式连接，另预制端采用其他方式（通常为螺纹机械连接）连接。

　　本规程中对采用全灌浆套筒、半灌浆套筒的套筒灌浆连接，分别称为全灌浆套筒连接、半灌浆套筒连接。

　　钢筋连接用套筒灌浆料为干混料，加水搅拌后，其拌合物应具有规定的流动性、早强性、高强及硬化后微膨胀等性能。

3　基 本 规 定

3.1　材　　料

3.1.1 用于套筒灌浆连接的带肋钢筋，其性能应符合现行国家标准《钢筋混凝土用钢　第 2 部分：热轧带肋钢筋》GB 1499.2、《钢筋混凝土用余热处理钢筋》GB 13014 的要求。当采用不锈钢钢筋及其他进口钢筋，应符合相应产品标准要求。

3.1.2 灌浆套筒的材料及加工工艺主要分为两种：球墨铸铁铸造；采用优质碳素结构钢、低合金高强度结构钢、合金结构钢或其他符合要求的钢材加工。行业标准《钢筋连接用灌浆套筒》JG/T 398-2012 中，灌浆套筒的材料性能见表 1、表 2，灌浆套筒的主要结构见图 1。

表 1　球墨铸铁灌浆套筒的材料性能

项目	性能指标
抗拉强度 σ_b（N/mm²）	≥550
断后伸长率 δ_5（%）	≥5
球化率（%）	≥85
硬度（HBW）	180～250

表 2　钢质机械加工灌浆套筒的材料性能

项目	性能指标
屈服强度 σ_s（N/mm²）	≥355
抗拉强度 σ_b（N/mm²）	≥600
断后伸长率 δ（%）	≥16

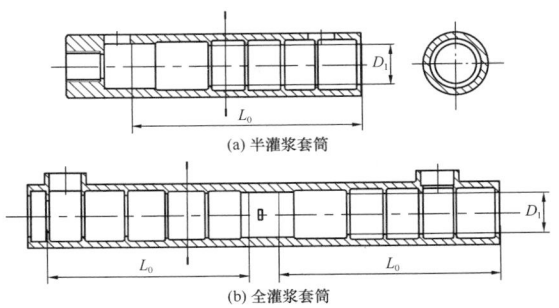

图 1　灌浆套筒示意
L_0—灌浆端用于钢筋锚固的深度；
D_1—锚固段环形突起部分的内径

　　考虑我国钢筋的外形尺寸及工程实际情况，规程提出了灌浆套筒灌浆端用于钢筋锚固的深度（如图 1 中的 L_0）及最小内径与连接钢筋公称直径差值的要求。全灌浆套筒的两个灌浆端均宜满足 $8d_s$ 的要求，半灌浆套筒的灌浆端宜满足 $8d_s$ 的要求，d_s 为连接钢筋公称直径。

3.1.3 本条提出的灌浆料抗压强度为最小强度。允许生产单位开发接头时考虑与灌浆套筒匹配而对灌浆料提出更高的强度要求，此时应按相应设计要求对灌浆料进行抗压强度验收，施工过程中应严格质量控制。

本条规定的检验指标中，灌浆料拌合物 30min 流动度、泌水率及 3d 抗压强度、28d 抗压强度、3h 竖向膨胀率、24h 与 3h 竖向膨胀率差值为本规程第 7.0.4 条规定的灌浆料进场检验项目，初始流动度为本规程第 6.3.8 条规定的施工过程检查项目，本规程第 7.0.9 条还提出了灌浆施工中按工作班检验 28d 抗压强度的要求。

灌浆料抗压强度、竖向膨胀率指其拌合物硬化后测得的性能。灌浆料抗压强度试件制作时，其加水量应按灌浆料产品说明书确定。根据行业标准《钢筋连接用套筒灌浆料》JG/T 408－2013 的规定，灌浆料抗压强度试验方法按现行行业标准《水泥胶砂强度检验方法》GB/T 17671 的有关规定执行，其中加水及搅拌规定除外。

目前现行的国家标准《水泥胶砂强度检验方法》GB/T 17671 为 1999 版，该标准规定：取 1 组 3 个 40mm×40mm×160mm 试件得到的 6 个抗压强度测定值的算术平均值为抗压强度试验结果；当 6 个测定值中有一个超出平均值的 ±10% 时，应剔除这个结果，而以剩下 5 个的算术平均值为结果；当 5 个测定值中再有超过平均值的 ±10%，则此组结果作废。

3.2 接头性能要求

3.2.1 本条规定是套筒灌浆连接接头产品设计的依据。连接接头应能满足单向拉伸、高应力反复拉压、大变形反复拉压的检验项目要求。

3.2.2 本条为钢筋套筒灌浆连接受力性能的关键要求，涉及结构安全，故予以强制。

本条规定的钢筋套筒灌浆连接接头的抗拉强度为极限强度，按连接钢筋公称截面面积计算。

钢筋套筒灌浆连接目前主要用于装配式混凝土结构中墙、柱等重要竖向构件中的底部钢筋同截面 100% 连接处，且在框架柱中多位于箍筋加密区部位。考虑到钢筋可靠连接的重要性，为防止采用套筒灌浆连接的混凝土构件发生不利破坏，本规程提出了连接接头抗拉试验应断于接头外钢筋的要求，即不允许发生断于接头或连接钢筋与灌浆套筒拉脱的现象。本条要求连接接头破坏时应断于接头外钢筋，接头抗拉强度与连接钢筋强度相关，故本条要求连接接头抗拉强度不应小于连接钢筋抗拉强度标准值。

本条规定确定了套筒灌浆连接接头的破坏模式。根据本规程第 3.2.5 条的规定，接头产品开发时应考虑钢筋抗拉荷载实测值为标准值 1.15 倍时不发生断于接头或连接钢筋与灌浆套筒拉脱。对于半灌浆套筒

连接接头，机械连接端也应符合本条规定，即破坏形态为钢筋拉断，钢筋拉断的定义可按现行行业标准《钢筋机械连接技术规程》JGJ 107 确定。

3.2.3 考虑到灌浆套筒原材料的屈服强度可能低于连接钢筋屈服强度，为保证连接接头在混凝土构件中的受力性能不低于连接钢筋，本条对钢筋套筒灌浆连接接头的屈服强度提出了要求。本条规定的钢筋套筒灌浆连接接头的屈服强度按接头屈服力除以连接钢筋公称截面面积得到。考虑到检验方便，本规程仅对型式检验和工艺检验中的单向拉伸试验提出了屈服强度检验要求。

3.2.4 高应力和大变形反复拉压循环试验方法同行业标准《钢筋机械连接技术规程》JGJ 107，具体规定见本规程第 5 章。

3.2.5 考虑到钢筋可能超强，如不规定试验拉力上限值，则套筒灌浆连接接头产品开发缺乏依据。钢筋超强过多对建筑结构性能的贡献有限，甚至还可能产生不利影响。本条按超强 15% 确定接头试验加载的上限，当接头拉力达到连接钢筋抗拉荷载标准值（钢筋抗拉强度标准值与公称面积的乘积）的 1.15 倍而未发生破坏时，应判为抗拉强度合格，并停止试验。当接头拉力不大于连接钢筋抗拉荷载标准值的 1.15 倍而发生破坏时，应按本规程第 3.2.2 条的规定判断抗拉强度是否合格。

3.2.6 高应力和大变形反复拉压循环试验加载制度同行业标准《钢筋机械连接技术规程》JGJ 107，具体规定见本规程第 5 章。

4 设 计

4.0.1 本规程仅规定了钢筋套筒灌浆连接的接头设计及混凝土结构构件设计的一些基本规定。对于混凝土构件配筋构造、结构设计等规定尚应执行国家现行标准《混凝土结构设计规范》GB 50010、《建筑抗震设计规范》GB 50011、《装配式混凝土结构技术规程》JGJ 1 的有关规定。

4.0.2 根据国家现行相关标准的规定及工程实践经验，本条提出了采用套筒灌浆连接的构件的建议混凝土强度等级。

4.0.3 套筒灌浆连接主要应用于装配式混凝土结构中，其连接特点即为在同一截面上 100% 连接。针对构件受力钢筋在同一截面 100% 连接的特点与技术要求，本规程对套筒灌浆连接接头提出了比普通机械连接接头更高的性能要求。

4.0.4 本条规定的全截面受拉指地震设计状况下的构件受力情况，此种情况下缺乏研究基础与应用经验，故条文规定不宜采用。

4.0.5 应采用与连接钢筋牌号、直径配套的灌浆套筒。套筒灌浆连接常用的钢筋为 400MPa、500MPa，

灌浆套筒一般也针对这两种钢筋牌号开发，可将500MPa钢筋的同直径套筒用于400MPa钢筋，反之则不允许。灌浆套筒的直径规格对应了连接钢筋的直径规格，在套筒产品说明书中均有注明。工程不得采用直径规格小于连接钢筋的套筒，但可采用直径规格大于连接钢筋的套筒，但相差不宜大于一级。

根据灌浆套筒的外径、长度参数，结合本规程及相关规范规定的构造要求可确定钢筋间距（纵筋数量）、箍筋加密区长度等关键参数，并最终确定混凝土构件中的配筋方案。

灌浆套筒的规格参数中还规定了灌浆端钢筋锚固的深度，构件设计中钢筋的留置长度应满足此规定。不同直径的钢筋连接时，按灌浆套筒灌浆端用于钢筋锚固的深度要求确定钢筋锚固长度，即用直径规格20mm的灌浆套筒连接直径18mm的钢筋时，如灌浆套筒的设计锚固深度为8倍钢筋直径，则直径18mm的钢筋应按160mm的锚固长度考虑，而不是144mm。

钢筋、灌浆套筒的布置还需考虑灌浆施工的可行性，使灌浆孔、出浆孔对外，以便为可靠灌浆提供施工条件。截面尺寸较大的竖向构件（一般为柱），考虑到灌浆施工的可靠性，应设置排气孔。

4.0.6 考虑到预制混凝土柱、墙多为水平生产，且灌浆套筒仅在预制构件中的局部存在，故本条参照水平浇筑的钢筋混凝土梁提出灌浆套筒最小间距要求。构件制作单位（施工单位）在确定混凝土配合比时要适当考虑骨料粒径，以确保灌浆套筒范围内混凝土浇筑密实。

4.0.7 本条提出了预制构件中灌浆套筒长度范围内最外层钢筋的最小保护层厚度最小要求。确定构件配筋时，还应考虑国家现行相关标准对于纵筋、箍筋的保护层厚度要求。

5 接头型式检验

5.0.1 灌浆套筒、灌浆料产品定型时，均应按相关产品标准的要求进行型式检验。灌浆套筒供应时，应在产品说明书中注明与之匹配检验合格的灌浆料。

当使用中灌浆套筒的材料、工艺、结构（包括形状、尺寸），或者灌浆料的型号、成分（指影响强度和膨胀性的主要成分）改动，可能会影响套筒灌浆连接接头的性能，应再次进行型式检验。现行国家标准《钢筋混凝土用钢 第2部分：热轧带肋钢筋》GB 1499.2、《钢筋混凝土用余热处理钢筋》GB 13014规定了我国热轧带肋钢筋的外形，进口钢筋的外形与我国不同，如采用进口钢筋应另行进行型式检验。

全灌浆接头与半灌浆接头，应分别进行型式检验，两种类型接头的型式检验报告不可互相替代。

对于匹配的灌浆套筒与灌浆料，型式检验报告的有效期为4年，超过时间后应重新进行。

5.0.2 钢筋、灌浆套筒、灌浆料三种主要材料均应采用合格产品。本规程第3.1.2条提出了"灌浆套筒灌浆端用于钢筋锚固的深度不宜小于插入钢筋公称直径的8倍"的要求，如灌浆套筒的单侧灌浆端用于钢筋锚固的深度无法满足8倍钢筋直径的要求，应采用与之对应的专用灌浆料进行套筒灌浆连接接头型式检验及其他相关检验。

5.0.3 每种套筒灌浆连接接头，其形式、级别、规格、材料等有所不同。考虑套筒灌浆连接的施工特点，在常规机械连接型式检验要求的基础上，本规程增加了3个偏置单向拉伸试件要求。

为保证制作型式检验试件的钢筋抗拉强度相当，本条要求全部试件应在同一炉（批）号的1根或2根钢筋上截取。实践中尽量在1根钢筋上截取；当在2根钢筋上截取时，取屈服强度、抗拉强度差值不超过30MPa的2根钢筋为好。

5.0.4 为保证型式检验试件真实可靠，且采用与实际应用相同的灌浆套筒、灌浆料，本条要求试件制作应在型式检验单位监督下由送检单位制作。对半灌浆套筒连接，机械连接端钢筋丝头可由送检单位先行加工，并在型式检验单位监督下制作接头试件。接头试件灌浆与制作40mm×40mm×160mm试件应采用相同的灌浆料拌合物，其加水量应为灌浆料产品说明书规定的固定值。1组为3个40mm×40mm×160mm试件。

对偏置单向拉伸接头试件，偏置钢筋的横肋中心与套筒壁接触（图2）。对于偏置单向拉伸接头试件的非偏置钢筋及其他接头试件的所有钢筋，均应插入灌浆套筒中心，并尽量减少误差。钢筋在灌浆套筒内的插入深度应为设计深度，不应过长或过小，设计深度示意见本规程第3.1.2条文说明图1。

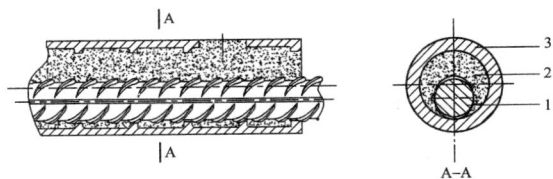

图2 偏置单向拉伸接头的钢筋偏置示意图
1—在套筒内偏置的连接钢筋；2—灌浆料；3—灌浆套筒

本条建议采用灌浆料拌合物制作不少于2组40mm×40mm×160mm的试件，主要是为了试验时的检查灌浆料抗压强度是否符合本规程第5.0.5的要求。考虑到预估灌浆料的抗压强度而提前试压、试验时达不到设计强度而要提供灌浆料28d抗压强度等因素，宜多留置一些试件。

5.0.5 本条规定了型式检验时的灌浆料的抗压强度范围。型式检验试验时灌浆料抗压强度应满足本条规定，否则为无效检验。

本条规定的灌浆料抗压强度试验方法同本规程第3.1.3条，即按标准方法制作、养护的40mm×40mm×160mm的试件抗压强度。检验报告中填写的灌浆料抗压强度应为接头拉伸试验当天完成灌浆料试件抗压试验结果。

本条规定的灌浆料抗压强度范围是基于接头试件所用灌浆料与工程实际相同的条件提出的。规定灌浆料抗压强度上限是为了避免灌浆料抗压强度过高而试验无法代表实际工程情况，规定下限是为了提出合理的灌浆料抗压强度区间（常规情况下为15N/mm²），并便于检验操作。

本条允许检验试验时灌浆料抗压强度低于28d抗压强度合格指标（f_g）5N/mm²以内，但考虑到本规范第5.0.2条要求采用合格的灌浆料进行试验，故尚应提供28d抗压强度合格检验报告。对于28d达不到抗压强度要求的灌浆料，试验为无效试验。

本条规定了试验时的灌浆料抗压强度，实际上也是规定了型式检验的时间。本条提出的试验时灌浆料抗压强度指标要求以28d抗压强度为依据，只要灌浆料抗压强度符合本条规定，试验时间可不受28d约束。但试验时间不宜超过28d过长，以免灌浆料抗压强度超过上限要求。如在不到28d时进行试验，可通过预压提前多留置的灌浆料试件确认28d可达到强度要求。

5.0.6 除本规程的规定外，关于套筒灌浆连接接头型式检验试验方法均按现行行业标准《钢筋机械连接技术规程》JGJ 107的有关规定执行，具体包括仪表布置、测量标距、测量方法、加载制度、加载速度等。

考虑到偏置单向拉伸接头试件的特点，规程规定仅量测抗拉强度，故采用零到破坏的一次加载制度即可。对于小直径钢筋，偏置单向拉伸接头试件可直接在试验机上拉伸；对于大直径钢筋，宜采用专用夹具保证试验机夹头对中。除偏置单向拉伸接头试件之外的其他试件，应按现行行业标准《钢筋机械连接技术规程》JGJ 107规定确定加载制度。

套筒灌浆连接接头体积较大，且为金属、水泥基材料、钢筋的结合体，其变形能力较差。根据编制组完成的大量拉伸试验，在测量标距 L_1（$L+4d_s$）范围内的变形中，灌浆套筒长度范围内变形所占比例不超过10%。在大变形反复拉压试验中，如仍按 L_1 确定反复拉压的变形加载值，则变形主要将由 $4d_s$ 长度的钢筋段"承担"，会造成钢筋应变较大而实际试验拉力变大，检验要求超过常规机械连接接头很多。

在考虑套筒灌浆连接接头变形特性的情况下，本条提出更为合理的大变形反复拉压试验变形加载值确定方法，灌浆套筒范围内的计算长度对全灌浆套筒连接取套筒长度的1/4，对半灌浆套筒连接取套筒长度

1/2。按本条规定的计算长度 L_g，检验要求仍高于常规机械连接。

行业标准《钢筋机械连接技术规程》JGJ 107 - 2010附录A中大变形反复拉压的加载制度为0→（2ε_{yk}→－0.5f_{yk}）反复4次→（5ε_{yk}→－0.5f_{yk}）反复4次→破坏，前后反复4次变形加载值分别取2$\varepsilon_{yk}L_1$ 和 5$\varepsilon_{yk}L_1$。按本条规定，套筒灌浆连接接头型式检验的前后反复4次变形加载值分别取 2$\varepsilon_{yk}L_g$ 和 5$\varepsilon_{yk}L_g$。

本条第3款规定的仅是大变形反复拉压试验的变形加载值规定，变形量测标距仍取现行行业标准《钢筋机械连接技术规程》JGJ 107中规定的 L_1（$L+4d_s$）。

5.0.7 根据本规程第3章的有关规定，本条考虑接头型式检验试验的特点提出了检验及合格要求。对所有检验项目均提出了接头试件抗拉强度要求；接头试件屈服强度要求仅针对对中单向拉伸、偏置单向拉伸；变形性能检验仅针对对中单向拉伸、高应力反复拉压、大变形反复拉压（仅对中单向拉伸要求最大力下总伸长率指标，三项检验均要求残余变形指标），对偏置单向拉伸无此要求。

5.0.8 应按本规程附录A所给出的接头试件型式检验报告出具检验报告，并应包括评定结论。检验报告中的内容要符合附录A表格的规定，具体形式可改变。

6 施　　工

6.1 一　般　规　定

6.1.1 本条要求采用由接头型式检验确定的相匹配的灌浆套筒、灌浆料，并经检验合格后使用。施工过程中不宜更换灌浆套筒或灌浆料，如确需更换，应按更换后的灌浆套筒、灌浆料提供接头型式检验报告，并重新进行工艺检验及材料进场检验，具体可见本规程第7章。

6.1.2 本条规定的专项施工方案不是强调单独编制，而是强调应在相应施工方案中包括套筒灌浆连接施工的相应内容。施工方案应包括灌浆套筒在预制生产中的定位、构件安装定位与支撑、灌浆料拌合、灌浆施工、检查与修补等内容。施工方案编制应以接头提供单位的相关技术资料、操作规程为基础。

6.1.3 现场灌浆施工是影响套筒灌浆连接施工质量的最关键因素。灌浆施工操作人员上岗前，应经专业培训，培训一般宜由接头提供单位的专业技术人员组织。灌浆施工应由专人完成，施工单位应根据工程量配备足够的合格操作工人。

6.1.4 本条规定的"首次施工"包括施工单位或施工队伍没有钢筋套筒灌浆连接施工经验，或对某种灌浆施工类型（剪力墙、柱、水平等）没有经验，此时

为保证工程质量，宜在正式施工前通过试制作、试安装、试灌浆验证施工方案、施工措施的可行性能。

6.1.5 灌浆料以水泥为基本材料，对温度、湿度均具有一定敏感性，因此在储存中应注意干燥、通风并采取防晒措施，防止其性态发生改变。灌浆料最好存储在室内。

6.2 构件制作

6.2.1 本条规定了预制构件钢筋、灌浆套筒的安装要求。安装工作应在接头工艺检验合格后进行。将灌浆套筒固定在模具（或模板）的方式可为采用橡胶环、螺杆等固定件。为防止混凝土浇筑时向灌浆套筒内漏浆，应对灌浆套筒可靠封堵。

6.2.2 行业标准《钢筋机械连接技术规程》JGJ 107 对机械连接接头钢筋丝头加工、连接安装、质量检查均提出了要求，半灌浆套筒连接的机械连接端钢筋丝头加工可参照执行。

半灌浆套筒连接的机械连接端也应符合本规程第3.2.2条的要求，即抗拉试验不允许发生断于接头或连接钢筋与灌浆套筒拉脱现象。第3.2.2条的要求高于传统机械连接Ⅰ级接头要求，为达到此要求机械连接端的丝头加工可能需要在传统工艺基础上适当改进。

6.2.3 隐蔽工程反映构件制作的综合质量，在浇筑混凝土之前检查是为了确保受力钢筋、灌浆套筒等的加工、连接和安装满足设计要求和本规程的有关规定。

6.2.4 预制构件中灌浆套筒、外露钢筋的位置、尺寸的偏差直接影响构件安装及灌浆施工，本条根据施工安装精度需要提出了比一般预制构件更高的允许偏差要求。

6.2.5 对外露钢筋、灌浆套筒分别采取包裹、封盖措施可保护外露钢筋、避免污染，并防止套筒内部进入杂物。

6.2.6 透光检查和清理杂物可保证灌浆套筒内部通畅。

6.3 安装与连接

6.3.1 采用套筒灌浆连接的混凝土结构往往是预制与后浇混凝土相结合，为保证后续灌浆施工质量，在连接部位的现浇混凝土施工过程中应采取设置定位架等措施保证外露钢筋的位置、长度和顺直度，并避免污染钢筋。

6.3.2 预制构件的吊装顺序应符合设计要求，故吊装前应检查构件的类型与编号。

6.3.3 现浇结构的施工质量直接影响后续灌浆施工。本条提出了预制构件就位前对现浇结构施工质量的检查内容。

结合面质量包括类型及尺寸（粗糙面、键槽尺寸）。外露连接钢筋的位置、尺寸允许偏差是与本规程第6.2.4条协调后提出的，仍高于传统现浇结构的相关要求。外露连接钢筋的表面不应粘有混凝土、砂浆，可通过水洗予以清除；不应发生锈蚀主要指表面严重锈斑，应采取措施予以清除。

6.3.4 考虑到预制构件与其支承构件不平整，直接接触会出现集中受力的现象。设置垫片有利于均匀受力，也可在一定范围内调整构件的底部标高。对于灌浆套筒连接的预制构件，其垫片一般采用钢质垫片。

垫片处混凝土局部受压验算公式是参考现行国家标准《混凝土结构设计规范》GB 50010 中的素混凝土局部受压承载力计算公式提出的。在确定作用在垫板上的压力值时，考虑一定动力作用后取为自重的1.5倍。

6.3.5 预制构件安装前应确定灌浆施工方式，并根据不同方式采取不同的施工措施。

竖向构件采用连通腔灌浆时，连通灌浆区域为由一组灌浆套筒与安装就位后构件间空隙共同形成的一个封闭区域，除灌浆孔、出浆孔、排气孔外，应采用密封件或座浆料封闭此灌浆区域。考虑灌浆施工的持续时间及可靠性，连通灌浆区域不宜过大，每个连通灌浆区域内任意两个灌浆套筒最大距离不宜超过1.5m。常规尺寸的预制柱多分为一个连通灌浆区域，而预制墙一般按1.5m范围划分连通灌浆区域。

竖向预制构件不采用连通腔灌浆方式时，为保证每个灌浆套筒独立可靠灌浆，构件就位前应设置坐浆层，坐浆材料的强度应满足设计要求。

6.3.6 本条提出了预制构件安装过程中临时固定措施、连通灌浆区域封堵的要求。

采用连通腔灌浆方式时，应对每个连通灌浆区域进行封堵，确保不漏浆。封堵材料应符合设计及现行相关标准的要求。

本条提出封堵材料不应减小结合面的设计面积，即封堵材料覆盖的总面积和不应大于设计的允许面积。按本条规定，设计核算结合面受力时应扣除相应的封堵材料面积，并将设计扣除的面积在设计文件中注明。如设计文件中没有相关规定，施工单位应与设计单位协调沟通。

6.3.7 水平钢筋套筒灌浆连接主要用于预制梁和既有结构改造现浇部分。本条从连接钢筋标记、灌浆套筒封堵、预制梁水平连接钢筋偏差、灌浆孔与出浆孔位置等方面提出了施工措施要求。

6.3.8 本条规定了灌浆料施工过程中的注意事项。用水量应按说明书规定比例确定灌浆料拌合用水量，并按重量计量。用水量直接影响灌浆料抗压强度等性能指标，用水应精确称量，并不得再次加水。灌浆料搅拌应采用电动设备，即具备一定的搅拌力，不应手工搅拌。本条规定的浆料拌合物初始流动度检查为施工过程控制指标，应在现场温度条件下量测。

6.3.9 考虑到灌浆施工的重要性，并根据北京等地区的实际工程经验，要求应有专职检验人员负责现场监督并及时形成施工检查记录，施工检查记录包括可以证明灌浆施工质量的照片、录像资料。

灌浆料产品使用说明书均会规定灌浆施工的操作温度区间。常规情况下，本条规定的环境温度可为施工现场实测温度或当地天气预报的日平均温度。当在灌浆施工时的气温较低时，也可采取加热保温措施，使结构构件灌浆套筒内的温度达到产品使用书要求，此时可按此温度确定"环境温度"。

当环境温度过高时，会造成灌浆料拌合物流动度降低并加快凝结硬化，可采用降低水温甚至加冰块搅拌等措施。

压浆法灌浆有机械、手工两种常用方式，分别应采用专用机器、专用设备，具体的灌浆压力、灌浆速度可根据现场施工条件确定。

竖向连接灌浆施工的封堵顺序及时间尤为重要。封堵时间应以出浆孔流出圆柱体灌浆料拌合物为准。采用连通腔灌浆时，宜以一个灌浆孔灌浆，其他灌浆孔、出浆孔流出的方式；但当灌浆中遇到问题，可更换另一个灌浆孔灌浆，此时各灌浆套筒已封闭灌浆孔、出浆孔应重新打开，以防止已灌浆套筒内的灌浆料拌合物在更换灌浆孔过程中下落，待灌浆料拌合物再次流出后再进行封堵。

水平连接灌浆施工的要点在于灌浆料拌合物的流动的最低点要高于灌浆套筒外表面最高点，此时可停止灌浆并及时封堵灌浆孔、出浆孔。

灌浆料拌合物的流动度指标随时间会逐渐下降，为保证灌浆施工，本条规定灌浆料宜在加水后 30min 内用完。灌浆料拌合物不得再次添加灌浆料、水后混合使用，超过规定时间后的灌浆料及使用剩余的灌浆料只能丢弃。

6.3.10 灌浆过程中及灌浆施工后应在灌浆孔、出浆孔及时检查，其上表面没有达到规定位置或灌浆料拌合物灌入量小于规定要求，即可确定为灌浆不饱满。对灌浆施工中的问题，应及时发现、查明原因并采取措施。

对于灌浆套筒完全没有充满的情况，当在灌浆料加水拌合 30min 内，应首选在灌浆孔补灌；当在 30min 外，灌浆料拌合物可能已无法流动，此时可从出浆孔补灌，应采用手动设备压力灌浆，并采用比出浆孔小的细管灌浆以保证排气。

对竖向连接灌浆施工，当灌浆料拌合物未凝固并具备条件时，宜将构件吊起后冲洗灌浆套筒、连接面与连接钢筋，并重新安装、灌浆。

6.3.11 灌浆料同条件养护试件应保存在构件周边，并采取适当的防护措施。当有可靠经验时，灌浆料抗压强度也可根据考虑环境温度因素的抗压强度增长曲线由经验确定。

本条规定主要适用于后续施工可能对接头有扰动的情况，包括构件就位后立即进行灌浆作业的先灌浆工艺，及所有装配式框架柱的竖向钢筋连接。对先浇筑边缘构件与叠合楼板后浇层，后进行灌浆施工的装配式剪力墙结构，可不执行本条规定；但此种施工工艺无法再次吊起墙板，且拆除构件的代价很大，故应采取更加可靠的灌浆及质量检查措施。

7 验 收

针对套筒灌浆连接的技术特点，本章规定工程验收的前提是有效的型式检验报告，且型式检验报告的内容与施工过程的各项材料一致（第7.0.2条）。本规程规定的各项具体验收内容的顺序为：首先，灌浆套筒进厂（场）外观质量、标识和尺寸偏差检验（第7.0.3条）；其次，灌浆料进场流动度、泌水率、抗压强度、膨胀率检验（第7.0.4条）；第三，接头工艺检验，应在第一批灌浆料进场检验合格后进行（第7.0.5条）；第四，灌浆套筒进厂（场）接头力学性能检验，部分检验可与工艺检验合并进行（第7.0.6条）；第五，预制构件进场验收（第7.0.8条）；第六，灌浆施工中灌浆料抗压强度检验（第7.0.9条）；第七，灌浆质量检验（第7.0.10条）。

以上 7 项为套筒灌浆连接施工的主要验收内容。对于装配式混凝土结构，当灌浆套筒埋入预制构件时，前 4 项检验应在预制构件生产前或生产过程中进行（其中第 7.0.4 条规定的灌浆料进场为第一批），此时安装施工单位、监理单位应将部分监督及检验工作向前延伸到构件生产单位。第 3、4 项检验的接头试件可在预制构件生产地点制作，也可在灌浆施工现场制作，并宜由现场灌浆施工单位（队伍）完成。如工艺检验的接头不是由现场灌浆施工单位（队伍）制作完成，则在现场灌浆前应再次进行一次工艺检验。

7.0.1 本章主要针对钢筋套筒灌浆连接施工涉及的主要技术环节提出了验收规定，采用钢筋套筒灌浆连接的混凝土结构验收应按相关规范执行。根据现行国家标准《混凝土结构工程施工质量验收规范》GB 50204 的有关规定，本章规定的各项验收内容可划入装配式结构分项工程进行验收；对于装配式混凝土结构之外的其他工程中应用钢筋套筒灌浆连接，也可根据工程实际情况划入钢筋分项工程验收。本节第7.0.2条～第7.0.10条按主控项目进行验收。

7.0.2 套筒灌浆连接工程应用时，如匹配使用生产单位提供的灌浆套筒与灌浆料，则可将接头提供单位的有效型式检验报告作为验收依据。对于未获得有效型式检验报告的灌浆套筒与灌浆料，不得用于工程，以免造成不必要的损失。

各种钢筋强度级别、直径对应的型式检验报告应齐全。变径接头可由接头提供单位提交专用型式检验报告，也可采用两种直径钢筋的同类型型式检验报告代替。

本条规定的接头提供单位为提供技术并销售灌浆套筒、灌浆料的单位。如由施工单位独立采购灌浆套筒、灌浆料进行工程应用，此时施工单位即为接头提供单位，施工前应按本规程要求完成所有型式检验。

施工中不得更换灌浆套筒、灌浆料，否则应重新进行接头型式检验及本章规定的灌浆套筒、灌浆料进场检验与工艺检验。

本条规定的核查内容在施工前及工程验收时均应进行。有效的型式检验报告可为接头提供单位盖章的报告复印件。

7.0.3 考虑灌浆套筒大多预埋在预制混凝土构件中，故本条规定为构件生产企业进厂为主，施工现场进场为辅。同一批号按原材料、炉（批）号为划分依据。对型式检验报告及企业标准中的灌浆套筒单侧灌浆端锚固深度小于插入钢筋直径8倍的情况，可采用此规定作为验收依据。

7.0.4 对装配式结构，灌浆料主要在装配现场使用，但考虑在构件生产前要进行本规程第7.0.5条规定的接头工艺检验和第7.0.6条规定的接头抗拉强度检验，本条规定的灌浆料进场验收也应在构件生产前完成第一批；对于用量不超过50t的工程，则仅进行一次检验即可。

7.0.5 不同企业生产钢筋的外形有所不同，可能会影响接头性能，故应分别进行工艺检验。

灌浆套筒埋入预制构件时，应在构件生产前通过工艺检验确定现场灌浆施工的可行性，以便于通过检验发现问题；工艺检验接头制作宜选择与现场灌浆施工相同的灌浆单位（队伍），如二者不同，施工现场灌浆前应再次进行工艺检验。

工艺检验应完全模拟现场施工条件，并通过工艺检验摸索灌浆料拌合物搅拌、灌浆速度等技术参数。

根据行业标准《钢筋机械连接技术规程》JGJ 107的有关规定，工艺检验接头残余变形的仪表布置、量测标距和加载速度同型式检验要求。工艺检验中，按相关加载制度进行接头残余变形检验时，可采用不大于$0.012A_s f_{stk}$的拉力作为名义上的零荷载，其中A_s为钢筋面积，f_{stk}为钢筋抗拉强度标准值。

应按本规程附录A所给出的接头试件工艺检验报告出具检验报告，并应包括评定结论。检验报告中的内容应符合附录表A.0.2的规定，不能漏项，但表格形式可改变。

7.0.6 本条是检验灌浆套筒质量及接头质量的关键检验，涉及结构安全，故予以强制。

对于埋入预制构件的灌浆套筒，无法在灌浆施工现场截取接头试件，本条规定的检验应在构件生产过程中进行，预制构件混凝土浇筑前应确认接头试件检验合格；此种情况下，在灌浆施工过程中可不再检验

接头性能，按本规程第7.0.9条按批检验灌浆料28d抗压强度即可。

对于不埋入预制构件的灌浆套筒，可在灌浆施工过程中制作平行加工试件，构件混凝土浇筑前应确认接头试件检验合格；为考虑施工周期，宜适当提前制作平行加工试件并完成检验。

第一批检验可与第7.0.5条规定的工艺检验合并进行，工艺检验合格后可免除此批灌浆套筒的接头抽检。

本条规定检验的接头试件制作、养护及试验方法应符合本规程第7.0.7条的规定，合格判断以接头力学性能检验报告为准，所有试件的检验结果均应符合本规程第3.2.2条的有关规定。灌浆套筒质量证明文件包括产品合格证、产品说明书、出厂检验报告（含材料性能合格报告）。

考虑到套筒灌浆连接接头试件需要标准养护28d，本条未对复检作出规定，即应一次检验合格。为方便接头力学性能不合格时的处理，可根据工程情况留置灌浆料抗压强度试件，并与接头试件同样养护；如接头力学性能合格，灌浆料试件可不进行试验。

制作对中连接接头试件应采用工程中实际应用的钢筋，且应在钢筋进场检验合格后进行。对于断于钢筋而抗拉强度小于连接钢筋抗拉强度标准值的接头试件，不应判为不合格，应核查该批钢筋质量、加载过程是否存在问题，并按本条规定再次制作3个对中连接接头试件并重新检验。

7.0.7 本条规定了套筒灌浆连接接头试件制作方法、养护方法及试验加载制度。根据行业标准《钢筋机械连接技术规程》JGJ 107的有关规定，按批抽取接头试件的抗拉强度试验应采用零到破坏的一次加载制度，根据本规程第3.2.5条的相关规定，本条提出一次加载制度应为零到破坏或零到连接钢筋抗拉荷载标准值1.15倍两种情况。

7.0.8 根据国家标准《混凝土结构工程施工质量验收规范》GB 50204的有关规定，预制混凝土构件进场验收的主要项目为检查质量证明文件、外观质量、标识、尺寸偏差等。质量证明文件主要包括产品合格证书、混凝土强度检验报告及其他重要检验报告等；如灌浆套筒进场检验、接头工艺检验在预制构件生产单位完成，质量证明文件尚应包括这些项目的合格报告。对于埋入灌浆套筒的预制构件，外观质量、尺寸偏差检查应包括钢筋位置与尺寸、灌浆套筒内杂物等项目。

7.0.9 灌浆料强度是影响接头受力性能的关键。本规程规定的灌浆施工过程质量控制的最主要方式就是检验灌浆料抗压强度和灌浆施工质量。本条规定是在第7.0.4条规定的灌浆料按批进场检验合格基础上提出的，要求按工作班进行，且每楼层取样不得少于

3 次。

7.0.10 灌浆质量是钢筋套筒灌浆连接施工的决定性因素。灌浆施工应符合本规程第 6.3 节的有关规定，并通过检查灌浆施工记录进行验收。

7.0.11 灌浆施工质量直接影响套筒灌浆连接接头受力，当施工过程中灌浆料抗压强度、灌浆质量不符合要求时，可采取试验检验、设计核算等方式处理。技术处理方案应由施工单位提出，经监理、设计单位认可后进行。

对于无法处理的灌浆质量问题，应切除或拆除构件，并保留连接钢筋，重新安装新构件并灌浆施工。

附录 A 接头试件检验报告

本附录给出了钢筋套筒灌浆连接接头试件型式检验报告、工艺检验报告的表格样式，实际检验报告的内容应符合本附录的要求，不能漏项，但表格形式可改变。

型式检验报告的基本参数表中：每 10kg 灌浆料加水量（kg）填写接头试件制作的实际值；灌浆料抗压强度合格要求应按本规程第 5.0.5 条的规定确定，一般情况为 $80N/mm^2 \sim 95N/mm^2$。

工艺检验报告中灌浆料抗压强度 28d 合格指标应按本规程第 3.1.3 条的规定确定，一般情况为 $85N/mm^2$。

接头试件拉伸试验的破坏形式可分钢筋拉断、灌浆套筒破坏、钢筋与灌浆套筒拉脱等情况，型式检验、工艺检验中只有钢筋拉断为合格，其他均为不合格。

中华人民共和国行业标准

钢筋机械连接技术规程

Technical specification for mechanical
splicing of steel reinforcing bars

JGJ 107—2016

批准部门：中华人民共和国住房和城乡建设部
施行日期：２０１６年８月１日

中华人民共和国住房和城乡建设部
公　　告

第 1049 号

住房城乡建设部关于发布行业标准
《钢筋机械连接技术规程》的公告

现批准《钢筋机械连接技术规程》为行业标准，编号为 JGJ 107‑2016，自 2016 年 8 月 1 日起实施。其中，第 3.0.5 条为强制性条文，必须严格执行。原《钢筋机械连接技术规程》JGJ 107‑2010 同时废止。

本规程由我部标准定额研究所组织中国建筑工业

出版社出版发行。

2016 年 2 月 22 日

前　　言

根据住房和城乡建设部《关于印发〈2013 年工程建设标准规范制订修订计划〉的通知》（建标〔2013〕6 号）的要求，规程编制组经广泛调查研究，认真总结实践经验，参考有关国际标准和国外先进标准，并在广泛征求意见的基础上，修订了本规程。

本规程的主要技术内容是：1. 总则；2. 术语和符号；3. 接头性能要求；4. 接头应用；5. 接头型式检验；6. 接头的现场加工与安装；7. 接头的现场检验与验收。

本规程修订的主要技术内容是：1. 补充了余热处理钢筋、热轧光圆钢筋和不锈钢钢筋采用机械连接的相关规定；2. 增加了套筒原材料应符合现行行业标准《钢筋机械连接用套筒》JG/T 163 的有关规定，以及采用 45 号钢冷拔或冷轧精密无缝钢管时，应进行退火处理的相关规定；3. 调整了Ⅰ级接头强度判定条件，由"断于钢筋"和"断于接头"分别调整为"钢筋拉断"和"连接件破坏"；4. 增加了对直接承受重复荷载的结构，接头应选用带疲劳性能的有效型式检验报告和认证接头产品的要求；5. 增加了接头型式检验中有关疲劳性能的检验要求；6. 取消了现场工艺检验进行复检的有关规定；7. 增加了对现场丝头加工质量有异议时可随机抽取接头试件进行极限抗拉强度和单向拉伸残余变形检验；8. 增加了部分不适合在工程结构中随机抽取接头试件的场合，采取见证取样的有关规定；9. 增加了接头验收批数量小于 200 个时的抽样验收规则；10. 增加了对已获得有效认证的接头产品，验收批数量可扩大的有关规定；11. 增加了工程现场对接头疲劳性能进行验证性检验

的有关规定；12. 修改了接头残余变形测量标距；13. 增加了附录 A.3 接头试件疲劳试验方法；14. 修改了附录 B 接头型式检验报告式样及部分内容。

本规程中以黑体字标志的条文为强制性条文，必须严格执行。

本规程由住房和城乡建设部负责管理和对强制性条文的解释，由中国建筑科学研究院负责具体技术内容的解释。执行过程中如有意见或建议，请寄送中国建筑科学研究院（地址：北京市北三环东路 30 号；邮政编码：100013）。

本规程主编单位：中国建筑科学研究院
　　　　　　　　　荣盛建设工程有限公司
本规程参编单位：上海宝钢建筑工程设计研究院
　　　　　　　　　中国建筑科学研究院建筑机械化研究分院
　　　　　　　　　中冶建筑研究总院有限公司
　　　　　　　　　北京市建筑设计研究院有限公司
　　　　　　　　　北京市建筑工程研究院有限责任公司
　　　　　　　　　山西太钢不锈钢股份有限公司
　　　　　　　　　建研建硕（北京）科技发展有限公司
　　　　　　　　　中铁工程设计咨询集团有限公司

目　　次

1 总　　则

1.0.1 为规范混凝土结构工程中钢筋机械连接的应用，做到安全适用、技术先进、经济合理，确保质量，制定本规程。

1.0.2 本规程适用于建筑工程混凝土结构中钢筋机械连接的设计、施工及验收。

1.0.3 用于机械连接的钢筋应符合国家现行标准《钢筋混凝土用钢　第 2 部分：热轧带肋钢筋》GB 1499.2、《钢筋混凝土用余热处理钢筋》GB 13014、《钢筋混凝土用不锈钢钢筋》YB/T 4362 及《钢筋混凝土用钢　第 1 部分：热轧光圆钢筋》GB 1499.1 的规定。

1.0.4 钢筋机械连接除应符合本规程外，尚应符合国家现行有关标准的规定。

2　术语和符号

2.1　术　　语

2.1.1　钢筋机械连接　rebar mechanical splicing

通过钢筋与连接件或其他介入材料的机械咬合作用或钢筋端面的承压作用，将一根钢筋中的力传递至另一根钢筋的连接方法。

2.1.2　接头　splice

钢筋机械连接全套装置，钢筋机械连接接头的简称。

2.1.3　连接件　connectors of mechanical splicing

连接钢筋用的各部件，包括套筒和其他组件。

2.1.4　套筒　coupler or sleeve

用于传递钢筋轴向拉力或压力的钢套管。

2.1.5　钢筋丝头　rebar threaded sector

接头中钢筋端部的螺纹区段。

2.1.6　机械连接接头长度　length of mechanical splice

接头连接件长度加连接件两端钢筋横截面变化区段的长度。螺纹接头的外露丝头和镦粗过渡段属截面变化区段。

2.1.7　接头极限抗拉强度　tensile strength of splice

接头试件在拉伸试验过程中所达到的最大拉应力值。

2.1.8　接头残余变形　residual deformation of splice

接头试件按规定的加载制度加载并卸载后，在规定标距内所测得的变形。

2.1.9　接头试件的最大力下总伸长率　total elongation of splice sample at maximum tensile force

接头试件在最大力下在规定标距内测得的总伸长率。

2.1.10　接头面积百分率　area percentage of splice

同一连接区段内纵向受力钢筋机械连接接头面积百分率为该区段内有机械接头的纵向受力钢筋与全部纵向钢筋截面面积的比值。当直径不同的钢筋连接时，按直径较小的钢筋计算。

2.2　符　　号

A_{sgt}——接头试件的最大力下总伸长率；

d——钢筋公称直径；

f_{yk}——钢筋屈服强度标准值；

f_{stk}——钢筋极限抗拉强度标准值；

f_{mst}^0——接头试件实测极限抗拉强度；

p——螺纹的螺距；

u_0——接头试件加载至 $0.6f_{yk}$ 并卸载后在规定标距内的残余变形；

u_{20}——接头试件按本规程附录 A 加载制度经高应力反复拉压 20 次后的残余变形；

u_4——接头试件按本规程附录 A 加载制度经大变形反复拉压 4 次后的残余变形；

u_8——接头试件按本规程附录 A 加载制度经大变形反复拉压 8 次后的残余变形；

ε_{yk}——钢筋应力达到屈服强度标准值时的应变。

3　接头性能要求

3.0.1 接头设计应满足强度及变形性能的要求。

3.0.2 钢筋连接用套筒应符合现行行业标准《钢筋机械连接用套筒》JG/T 163 的有关规定；套筒原材料采用 45 号钢冷拔或冷轧精密无缝钢管时，钢管应进行退火处理，并应满足现行行业标准《钢筋机械连接用套筒》JG/T 163 对钢管强度限值和断后伸长率的要求。不锈钢钢筋连接套筒原材料宜采用与钢筋母材同材质的棒材或无缝钢管，其外观及力学性能应符合现行国家标准《不锈钢棒》GB/T 1220、《结构用不锈钢无缝钢管》GB/T 14975 的规定。

3.0.3 接头性能应包括单向拉伸、高应力反复拉压、大变形反复拉压和疲劳性能，应根据接头的性能等级和应用场合选择相应的检验项目。

3.0.4 接头应根据极限抗拉强度、残余变形、最大力下总伸长率以及高应力和大变形条件下反复拉压性能，分为Ⅰ级、Ⅱ级、Ⅲ级三个等级，其性能应分别符合本规程第 3.0.5 条～第 3.0.7 条的规定。

3.0.5 Ⅰ级、Ⅱ级、Ⅲ级接头的极限抗拉强度必须符合表 3.0.5 的规定。

表 3.0.5　接头极限抗拉强度

接头等级	Ⅰ级		Ⅱ级	Ⅲ级
极限抗拉强度	$f_{mst}^0 \geq f_{stk}$ 或 $f_{mst}^0 \geq 1.10f_{stk}$	钢筋拉断 连接件破坏	$f_{mst}^0 \geq f_{stk}$	$f_{mst}^0 \geq 1.25f_{yk}$

注：1　钢筋拉断指断于钢筋母材、套筒外钢筋丝头和钢筋镦粗过渡段；

　　2　连接件破坏指断于套筒、套筒纵向开裂或钢筋从套筒中拔出以及其他连接组件破坏。

3.0.6 Ⅰ级、Ⅱ级、Ⅲ级接头应能经受规定的高应力和大变形反复拉压循环，且在经历拉压循环后，其极限抗拉强度仍应符合本规程第3.0.5条的规定。

3.0.7 Ⅰ级、Ⅱ级、Ⅲ级接头变形性能应符合表3.0.7的规定。

表3.0.7 接头变形性能

接头等级		Ⅰ级	Ⅱ级	Ⅲ级
单向拉伸	残余变形(mm)	$u_0 \leq 0.10 (d \leq 32)$ $u_0 \leq 0.14 (d > 32)$	$u_0 \leq 0.14 (d \leq 32)$ $u_0 \leq 0.16 (d > 32)$	$u_0 \leq 0.14 (d \leq 32)$ $u_0 \leq 0.16 (d > 32)$
	最大力下总伸长率(%)	$A_{sgt} \geq 6.0$	$A_{sgt} \geq 6.0$	$A_{sgt} \geq 3.0$
高应力反复拉压	残余变形(mm)	$u_{20} \leq 0.3$	$u_{20} \leq 0.3$	$u_{20} \leq 0.3$
大变形反复拉压	残余变形(mm)	$u_4 \leq 0.3$ 且 $u_8 \leq 0.6$	$u_4 \leq 0.3$ 且 $u_8 \leq 0.6$	$u_4 \leq 0.6$

3.0.8 对直接承受重复荷载的结构构件，设计应根据钢筋应力幅提出接头的抗疲劳性能要求。当设计无专门要求时，剥肋滚轧直螺纹钢筋接头、镦粗直螺纹钢筋接头和带肋钢筋套筒挤压接头的疲劳应力幅限值不应小于现行国家标准《混凝土结构设计规范》GB 50010中普通钢筋疲劳应力幅限值的80%。

3.0.9 钢筋套筒灌浆连接应符合现行行业标准《钢筋套筒灌浆连接应用技术规程》JGJ 355的有关规定。

4 接头应用

4.0.1 接头等级的选用应符合下列规定：

1 混凝土结构中要求充分发挥钢筋强度或对延性要求高的部位应选用Ⅱ级或Ⅰ级接头；当在同一连接区段内钢筋接头面积百分率为100%时，应选用Ⅰ级接头。

2 混凝土结构中钢筋应力较高但对延性要求不高的部位可选用Ⅲ级接头。

4.0.2 连接件的混凝土保护层厚度宜符合现行国家标准《混凝土结构设计规范》GB 50010中的规定，且不应小于0.75倍钢筋最小保护层厚度和15mm的较大值。必要时可对连接件采取防锈措施。

4.0.3 结构构件中纵向受力钢筋的接头宜相互错开。钢筋机械连接的连接区段长度应按35d计算，当直径不同的钢筋连接时，按直径较小的钢筋计算。位于同一连接区段内的钢筋机械连接接头的面积百分率应符合下列规定：

1 接头宜设置在结构构件受拉钢筋应力较小部位，高应力部位设置接头时，同一连接区段内Ⅲ级接头的接头面积百分率不应大于25%，Ⅱ级接头的接

头面积百分率不应大于50%。Ⅰ级接头的接头面积百分率除本条第2款和第4款所列情况外可不受限制。

2 接头宜避开有抗震设防要求的框架的梁端、柱端箍筋加密区；当无法避开时，应采用Ⅱ级接头或Ⅰ级接头，且接头面积百分率不应大于50%。

3 受拉钢筋应力较小部位或纵向受压钢筋，接头面积百分率可不受限制。

4 对直接承受重复荷载的结构构件，接头面积百分率不应大于50%。

4.0.4 对直接承受重复荷载的结构，接头应选用包含有疲劳性能的型式检验报告的认证产品。

5 接头型式检验

5.0.1 下列情况应进行型式检验：

1 确定接头性能等级时；

2 套筒材料、规格、接头加工工艺改动时；

3 型式检验报告超过4年时。

5.0.2 接头型式检验试件应符合下列规定：

1 对每种类型、级别、规格、材料、工艺的钢筋机械连接接头，型式检验试件不应少于12个；其中钢筋母材拉伸强度试件不应少于3个，单向拉伸试件不应少于3个，高应力反复拉压试件不应少于3个，大变形反复拉压试件不应少于3个；

2 全部试件的钢筋均应在同一根钢筋上截取；

3 接头试件应按本规程第6.3节的要求进行安装；

4 型式检验试件不得采用经过预拉的试件。

5.0.3 接头的型式检验应按本规程附录A的规定进行，当试验结果符合下列规定时应评为合格：

1 强度检验：每个接头试件的强度实测值均应符合本规程表3.0.5中相应接头等级的强度要求；

2 变形检验：3个试件残余变形和最大力下总伸长率实测值的平均值应符合本规程表3.0.7的规定。

5.0.4 型式检验应详细记录连接件和接头参数，宜按本规程附录B的格式出具检验报告和评定结论。

5.0.5 接头用于直接承受重复荷载的构件时，接头的型式检验应按表5.0.5的要求和本规程附录A的规定进行疲劳性能检验。

表5.0.5 HRB400钢筋接头疲劳性能检验的
应力幅和最大应力

应力组别	最小与最大应力比值 ρ	应力幅值(MPa)	最大应力(MPa)
第一组	0.70~0.75	60	230
第二组	0.45~0.50	100	190
第三组	0.25~0.30	120	165

5.0.6 接头的疲劳性能型式检验应符合下列规定：

1 应取直径不小于 32mm 钢筋做 6 根接头试件，分为 2 组，每组 3 根；

2 可任选本规程表 5.0.5 中的 2 组应力进行试验；

3 经 200 万次加载后，全部试件均未破坏，该批疲劳试件型式检验应评为合格。

6 接头的现场加工与安装

6.1 一般规定

6.1.1 钢筋丝头现场加工与接头安装应按接头技术提供单位的加工、安装技术要求进行，操作工人应经专业培训合格后上岗，人员应稳定。

6.1.2 钢筋丝头加工与接头安装应经工艺检验合格后方可进行。

6.2 钢筋丝头加工

6.2.1 直螺纹钢筋丝头加工应符合下列规定：

1 钢筋端部应采用带锯、砂轮锯或带圆弧形刀片的专用钢筋切断机切平；

2 镦粗头不应有与钢筋轴线相垂直的横向裂纹；

3 钢筋丝头长度应满足产品设计要求，极限偏差应为 $0\sim2.0p$；

4 钢筋丝头宜满足 $6f$ 级精度要求，应采用专用直螺纹量规检验，通规应能顺利旋入并达到要求的拧入长度，止规旋入不得超过 $3p$。各规格的自检数量不应少于 10%，检验合格率不应小于 95%。

6.2.2 锥螺纹钢筋丝头加工应符合下列规定：

1 钢筋端部不得有影响螺纹加工的局部弯曲；

2 钢筋丝头长度应满足产品设计要求，拧紧后的钢筋丝头不得相互接触，丝头加工长度极限偏差为 $-0.5p\sim-1.5p$；

3 钢筋丝头的锥度和螺距应采用专用锥螺纹量规检验；各规格丝头的自检数量不应少于 10%，检验合格率不应小于 95%。

6.3 接头安装

6.3.1 直螺纹接头的安装应符合下列规定：

1 安装接头时可用管钳扳手拧紧，钢筋丝头应在套筒中央位置相互顶紧，标准型、正反丝型、异径型接头安装后的单侧外露螺纹不宜超过 $2p$；对无法对顶的其他直螺纹接头，应附加锁紧螺母、顶紧凸台等措施紧固。

2 接头安装后应用扭力扳手校核拧紧扭矩，最小拧紧扭矩值应符合表 6.3.1 的规定。

表 6.3.1 直螺纹接头安装时最小拧紧扭矩值

钢筋直径（mm）	≤16	18~20	22~25	28~32	36~40	50
拧紧扭矩（N·m）	100	200	260	320	360	460

3 校核用扭力扳手的准确度级别可选用 10 级。

6.3.2 锥螺纹接头的安装应符合下列规定：

1 接头安装时应严格保证钢筋与连接件的规格相一致；

2 接头安装时应用扭力扳手拧紧，拧紧扭矩值应满足表 6.3.2 的要求；

表 6.3.2 锥螺纹接头安装时拧紧扭矩值

钢筋直径（mm）	≤16	18~20	22~25	28~32	36~40	50
拧紧扭矩（N·m）	100	180	240	300	360	460

3 校核用扭力扳手与安装用扭力扳手应区分使用，校核用扭力扳手应每年校核 1 次，准确度级别不应低于 5 级。

6.3.3 套筒挤压接头的安装应符合下列规定：

1 钢筋端部不得有局部弯曲，不得有严重锈蚀和附着物；

2 钢筋端部应有挤压套筒后可检查钢筋插入深度的明显标记，钢筋端头离套筒长度中点不宜超过 10mm；

3 挤压应从套筒中央开始，依次向两端挤压，挤压后的压痕直径或套筒长度的波动范围应用专用量规检验；压痕处套筒外径应为原套筒外径的 0.80~0.90 倍，挤压后套筒长度应为原套筒长度的 1.10~1.15 倍；

4 挤压后的套筒不应有可见裂纹。

7 接头的现场检验与验收

7.0.1 工程应用接头时，应对接头技术提供单位提交的接头相关技术资料进行审查与验收，并应包括下列内容：

1 工程所用接头的有效型式检验报告；

2 连接件产品设计、接头加工安装要求的相关技术文件；

3 连接件产品合格证和连接件原材料质量证明书。

7.0.2 接头工艺检验应针对不同钢筋生产厂的钢筋进行，施工过程中更换钢筋生产厂或接头技术提供单位时，应补充进行工艺检验。工艺检验应符合下列规定：

　　1 各种类型和型式接头都应进行工艺检验，检验项目包括单向拉伸极限抗拉强度和残余变形；

　　2 每种规格钢筋接头试件不应少于 3 根；

　　3 接头试件测量残余变形后可继续进行极限抗拉强度试验，并宜按本规程表 A.1.3 中单向拉伸加载制度进行试验；

　　4 每根试件极限抗拉强度和 3 根接头试件残余变形的平均值均应符合本规程表 3.0.5 和表 3.0.7 的规定；

　　5 工艺检验不合格时，应进行工艺参数调整，合格后方可按最终确认的工艺参数进行接头批量加工。

7.0.3 钢筋丝头加工应按本规程第 6.2 节要求进行自检，监理或质检部门对现场丝头加工质量有异议时，可随机抽取 3 根接头试件进行极限抗拉强度和单向拉伸残余变形检验，如有 1 根试件极限抗拉强度或 3 根试件残余变形值的平均值不合格时，应整改后重新检验，检验合格后方可继续加工。

7.0.4 接头安装前的检验与验收应满足表 7.0.4 的要求。

表 7.0.4　接头安装前检验项目与验收要求

接头类型	检验项目	验收要求
螺纹接头	套筒标志	符合现行行业标准《钢筋机械连接用套筒》JG/T 163 的有关规定
	进场套筒适用的钢筋强度等级	与工程用钢筋强度等级一致
	进场套筒与型式检验的套筒尺寸和材料的一致性	符合有效型式检验报告记载的套筒参数
套筒挤压接头	套筒标志	符合现行行业标准《钢筋机械连接用套筒》JG/T 163 有关规定
	套筒压痕标记	符合有效型式检验报告记载的压痕道次
	用于检查钢筋插入套筒深度的钢筋表面标记	符合本规程第 6.3.3 条的要求
	进场套筒适用的钢筋强度等级	与工程用钢筋强度等级一致
	进场套筒与型式检验的套筒尺寸和材料的一致性	符合有效型式检验报告记载的套筒参数

7.0.5 接头现场抽检项目应包括极限抗拉强度试验、加工和安装质量检验。抽检应按验收批进行，同钢筋生产厂、同强度等级、同规格、同类型和同型式接头

应以 500 个为一个验收批进行检验与验收，不足 500 个也应作为一个验收批。

7.0.6 接头安装检验应符合下列规定：

　　1 螺纹接头安装后应按本规程第 7.0.5 条的验收批，抽取其中 10% 的接头进行拧紧扭矩校核，拧紧扭矩值不合格数超过被校核接头数的 5% 时，应重新拧紧全部接头，直到合格为止。

　　2 套筒挤压接头应按验收批抽取 10% 接头，压痕直径或挤压后套筒长度应满足本规程第 6.3.3 条第 3 款的要求；钢筋插入套筒深度应满足产品设计要求，检查不合格数超过 10% 时，可在本批外观检验不合格的接头中抽取 3 个试件做极限抗拉强度试验，按本规程第 7.0.7 条进行评定。

7.0.7 对接头的每一验收批，应在工程结构中随机截取 3 个接头试件做极限抗拉强度试验，按设计要求的接头等级进行评定。当 3 个接头试件的极限抗拉强度均符合本规程表 3.0.5 中相应等级的强度要求时，该验收批应评为合格。当仅有 1 个试件的极限抗拉强度不符合要求时，应再取 6 个试件进行复检。复检中仍有 1 个试件的极限抗拉强度不符合要求，该验收批应评为不合格。

7.0.8 对封闭环形钢筋接头、钢筋笼接头、地下连续墙预埋套筒接头、不锈钢钢筋接头、装配式结构构件间的钢筋接头和有疲劳性能要求的接头，可见证取样，在已加工并检验合格的钢筋丝头成品中随机割取钢筋试件，按本规程第 6.3 节要求与随机抽取的进场套筒组装成 3 个接头试件做极限抗拉强度试验，按设计要求的接头等级进行评定。验收批合格评定应符合本规程第 7.0.7 条的规定。

7.0.9 同一接头类型、同型式、同等级、同规格的现场检验连续 10 个验收批抽样试件抗拉强度试验一次合格率为 100% 时，验收批接头数量可扩大为 1000 个；当验收批接头数量少于 200 个时，可按本规程第 7.0.7 条或第 7.0.8 条相同的抽样要求随机抽取 2 个试件做极限抗拉强度试验，当 2 个试件的极限抗拉强度均满足本规程第 3.0.5 条的强度要求时，该验收批应评为合格。当有 1 个试件的极限抗拉强度不满足要求，应再取 4 个试件进行复检，复检中仍有 1 个试件极限抗拉强度不满足要求，该验收批应评为不合格。

7.0.10 对有效认证的接头产品，验收批数量可扩大至 1000 个；当现场抽检连续 10 个验收批抽样试件极限抗拉强度检验一次合格率为 100% 时，验收批接头数量可扩大为 1500 个。当扩大后的各验收批中出现抽样试件极限抗拉强度检验不合格的评定结果时，应将随后的各验收批数量恢复为 500 个，且不得再次扩大验收批数量。

7.0.11 设计对接头疲劳性能要求进行现场检验的工程，可按设计提供的钢筋应力幅和最大应力，或根据本规程表 5.0.5 中相近的一组应力进行疲劳性能验证

性检验，并应选取工程中大、中、小三种直径钢筋各组装 3 根接头试件进行疲劳试验。全部试件均通过 200 万次重复加载未破坏，应评定该批接头试件疲劳性能合格。每组中仅一根试件不合格，应再取相同类型和规格的 3 根接头试件进行复检，当 3 根复检试件均通过 200 万次重复加载未破坏，应评定该批接头试件疲劳性能合格，复检中仍有 1 根试件不合格时，该验收批应评定为不合格。

7.0.12 现场截取抽样试件后，原接头位置的钢筋可采用同等规格的钢筋进行绑扎搭接连接、焊接或机械连接方法补接。

7.0.13 对抽检不合格的接头验收批，应由工程有关各方研究后提出处理方案。

附录 A　接头试件试验方法

A.1　型　式　检　验

A.1.1 试件型式检验的仪表布置和变形测量标距应符合下列规定：

1　单向拉伸和反复拉压试验时的变形测量仪表应在钢筋两侧对称布置（图 A.1.1），两侧测点的相对偏差不宜大于 5mm，且两侧仪表应能独立读取各自变形值。应取钢筋两侧仪表读数的平均值计算残余变形值。

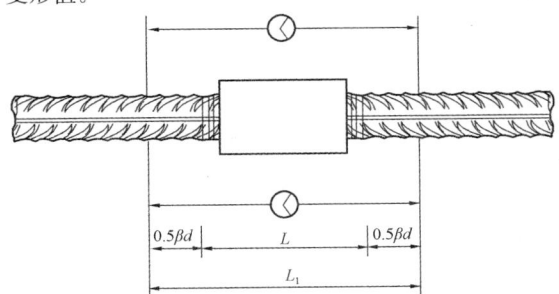

图 A.1.1　接头试件变形测量标距和仪表布置

2　变形测量标距
　　1）单向拉伸残余变形测量应按下式计算：

$$L_1 = L + \beta d \quad\quad (A.1.1\text{-}1)$$

　　2）反复拉压残余变形测量应按下式计算：

$$L_1 = L + 4d \quad\quad (A.1.1\text{-}2)$$

式中：L_1——变形测量标距，mm；
　　　　L——机械连接接头长度，mm；
　　　　β——系数，取 1～6；
　　　　d——钢筋公称直径，mm。

A.1.2 型式检验试件最大力下总伸长率 A_{sgt} 的测量方法应符合下列规定：

1　试件加载前，应在其套筒两侧的钢筋表面（图 A.1.2）分别用细划线 A、B 和 C、D 标出测量标距为 L_{01} 的标记线，L_{01} 不应小于 100mm，标距长度应用最小刻度值不大于 0.1mm 的量具测量。

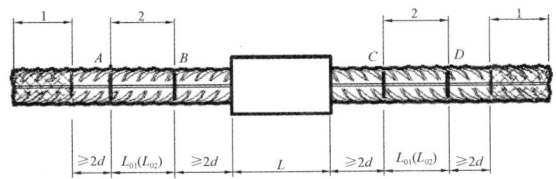

图 A.1.2　最大力下总伸长率 A_{sgt} 的测点布置
1—夹持区；2—测量区

2　试件应按本规程表 A.1.3 单向拉伸加载制度加载并拉断，再次测量 A、B 和 C、D 间标距长度为 L_{02}，最大力下总伸长率 A_{sgt} 应按下式计算。应用下式计算时，当试件颈缩发生在套筒一侧的钢筋母材时，L_{01} 和 L_{02} 应取另一侧标记间加载前和卸载后的长度。当破坏发生在接头长度范围内时，L_{01} 和 L_{02} 应取套筒两侧各自读数的平均值。

$$A_{sgt} = \left[\frac{L_{02} - L_{01}}{L_{01}} + \frac{f_{mst}^0}{E} \right] \times 100 \quad (A.1.2)$$

式中：f_{mst}^0、E——分别是试件实测极限抗拉强度和钢筋理论弹性模量；
　　　　L_{01}——加载前 A、B 或 C、D 间的实测长度；
　　　　L_{02}——卸载后 A、B 或 C、D 间的实测长度。

A.1.3 接头试件型式检验应按表 A.1.3 的加载制度进行试验（图 A.1.3-1～图 A.1.3-3）。

表 A.1.3　接头试件型式检验的加载制度

试验项目		加载制度
单向拉伸		0→$0.6f_{yk}$→0（测量残余变形）→最大拉力（记录极限抗拉强度）→破坏（测定最大力下总伸长率）
高应力反复拉压		0→$(0.9f_{yk}$→$-0.5f_{yk})$→破坏（反复 20 次）
大变形反复拉压	Ⅰ级 Ⅱ级	0→$(2\varepsilon_{yk}$→$-0.5f_{yk})$→$(5\varepsilon_{yk}$→$-0.5f_{yk})$→破坏（反复 4 次）　（反复 4 次）
	Ⅲ级	0→$(2\varepsilon_{yk}$→$-0.5f_{yk})$→破坏（反复 4 次）

注：荷载与变形测量偏差不应大于±5%。

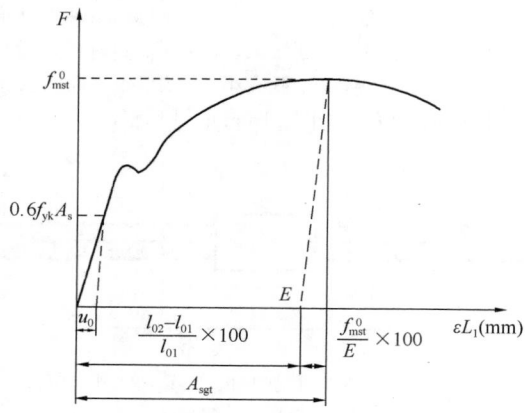

图 A.1.3-1　单向拉伸

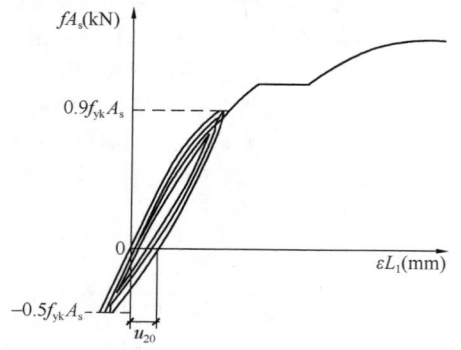

图 A.1.3-2　高应力反复拉压

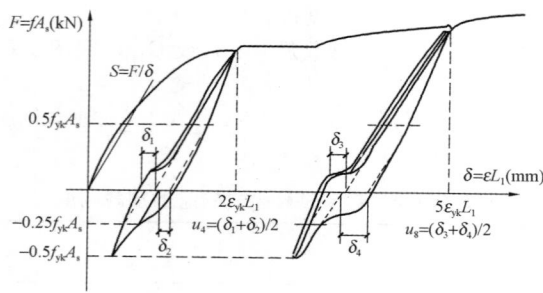

图 A.1.3-3　大变形反复拉压

注：1　S 线表示钢筋的拉、压刚度；F 为钢筋所受的力，等于钢筋应力 f 与钢筋理论横截面面积 A_s 的乘积；δ 为力作用下的钢筋变形，等于钢筋应变 ε 与变形测量标距 L_1 的乘积；A_s 为钢筋理论横截面面积（mm^2）；L_1 为变形测量标距（mm）。

　　2　δ_1 为 $2\varepsilon_{yk}L_1$ 反复加载四次后，在加载力为 $0.5f_{yk}A_s$ 及反向卸载力为 $-0.25f_{yk}A_s$ 处作 S 的平行线与横坐标交点之间的距离所代表的变形值；

　　3　δ_2 为 $2\varepsilon_{yk}L_1$ 反复加载四次后，在卸载力为 $0.5f_{yk}A_s$ 及反向加载力为 $-0.25f_{yk}A_s$ 处作 S 的平行线与横坐标交点之间的距离所代表的变形值；

　　4　δ_3、δ_4 为在 $5\varepsilon_{yk}L_1$ 反复加载四次后，按与 δ_1、δ_2 相同方法所得的变形值。

A.1.4　测量接头试件残余变形时的加载应力速率宜采用 $2N/mm^2 \cdot s^{-1}$，不应超过 $10N/mm^2 \cdot s^{-1}$；测量接头试件的最大力下总伸长率或极限抗拉强度时，试验机夹头的分离速率宜采用每分钟 $0.05L_c$，L_c 为试验机夹头间的距离。速率的相对误差不宜大于 $\pm20\%$。

A.1.5　试验结果的数值修约与判定应符合现行国家标准《数值修约规则与极限数值的表示和判定》GB/T 8170 的规定。

A.2　现 场 检 验

A.2.1　现场工艺检验中接头试件残余变形检验的仪表布置、测量标距和加载速率应符合本规程第 A.1.1 和 A.1.4 条的规定。现场工艺检验中，按本规程第 A.1.3 条加载制度进行接头残余变形检验时，可采用不大于 $0.012A_sf_{yk}$ 的拉力作为名义上的零荷载。

A.2.2　现场抽检接头试件的极限抗拉强度试验应采用零到破坏的一次加载制度。

A.3　疲 劳 检 验

A.3.1　用于疲劳试验的接头试件，应按接头技术提供单位的相关技术要求制作、安装，试件组装后的弯折角度不得超过 1°，试件的受试段长度不宜小于 400mm。

A.3.2　接头试件疲劳性能试验宜采用低频试验机进行，应力循环频率宜选用 $5Hz \sim 15Hz$，当采用高频疲劳试验机进行疲劳试验时，应力幅或试验结果宜做修正。试验过程中，当试件温度超过 40℃ 时，应采取降温措施。钢筋接头在高低温环境下使用时，接头疲劳试验应在相应的模拟环境条件下进行。

A.3.3　试件经 2×10^6 次循环加载后可终止试验。当循环加载次数小于 2×10^6 次，试件断于接头长度范围外、接头外观完好且夹持长度足够时，允许继续进行疲劳试验。

A.3.4　接头疲劳试验尚应符合现行国家标准《金属材料 疲劳试验 轴向力控制方法》GB/T 3075 的相关规定。

附录 B　接头试件型式检验报告式样

B.0.1　接头试件型式检验报告应包括下列两部分：

　　1　接头试件技术参数。包括接头类型、材料、规格、尺寸、构造与工艺参数。

　　2　接头试件力学性能。

B.0.2　直螺纹接头型式检验报告宜按表 B.0.2-1、表 B.0.2-2 的式样执行。

表 B.0.2-1 直螺纹接头型式检验试件的技术参数

接头类型				连接件型式		
送检单位				送检日期	年 月 日	
试件制作单位				制作日期	年 月 日	
钢筋类别			钢筋公称直径	mm	钢筋牌号	
套筒原材类别	□ 热轧圆钢 □ 热轧钢管 □ 冷拔无缝钢管 □ 冷拔或冷轧精密无缝钢管 □ 热锻 □ 其他					
接头基本参数	连接件示意图:		螺纹螺距	mm	螺纹牙型角	
			套筒内螺纹公称直径	mm	螺纹精度等级	
			套筒钢材牌号		接头安装扭矩	N·m
			其他组件			

接头试件套筒标记、尺寸检验记录

检验项目	标记	尺寸（mm）	
		外径 D	长度 H
No.1			
No.2			
No.3			
No.4			
No.5			
No.6			
No.7			
No.8			
No.9			

注：1 型式检验试件用套筒应有代表性，应从某生产检验批中随机抽样，检验单位应记录套筒表面标记。
　　2 套筒尺寸精确至 0.1mm。

表 B.0.2-2 直螺纹接头型式检验试件力学性能

接头类型				连接件型式		
送检单位				送检日期		年 月 日
要求接头性能等级				依据标准		
钢筋类别				钢筋公称直径	mm	钢筋牌号
钢筋母材试验结果	编号		合格标准	No.1	No.2	No.3
	屈服强度(N/mm^2)					
	抗拉强度(N/mm^2)					
	最大力下总伸长率					
试验结果	单向拉伸	编号		No.1	No.2	No.3
		残余变形(mm)				
		抗拉强度(N/mm^2)				
		最大力下总伸长率	≥6%			
		破坏形态				
	高应力反复拉压	编号		No.4	No.5	No.6
		残余变形u_{20}(mm)				
		抗拉强度(N/mm^2)				
		破坏形态				
	大变形反复拉压	编号		No.7	No.8	No.9
		残余变形u_4(mm)				
		残余变形u_8(mm)				
		抗拉强度(N/mm^2)				
		破坏形态				
评定结论						
试验单位				试验日期		年 月 日
负责人		校 核		试验员		

注：破坏形式可分为：钢筋拉断(包括钢筋母材、钢筋丝头或镦粗过渡段拉断)、连接件破坏(包括套筒拉断、套筒纵向开裂、套筒与钢筋拉脱，其他组件破坏)。

B.0.3 锥螺纹接头型式检验报告宜按表 B.0.3-1、表 B.0.3-2 的式样执行。

表 B.0.3-1　锥螺纹接头型式检验试件技术参数

接头类型			连接件型式		
送检单位			送检日期		年　月　日
试件制作单位			制作日期		年　月　日
钢筋类别		钢筋公称直径	mm	钢筋牌号	
套筒原材类别	□ 热轧圆钢　□ 热轧钢管　□ 热锻　□ 其他				
接头基本参数	连接件示意图:	螺纹螺距	mm	螺纹牙型角	
		牙型垂直于	□ 轴线 □ 母线	螺纹锥度 α	
		套筒钢材牌号		接头安装扭矩	N·m

套筒标记和尺寸检验记录			
检验项目	标记	尺寸(mm)	
		外径 D	长度 H
No.1			
No.2			
No.3			
No.4			
No.5			
No.6			
No.7			
No.8			
No.9			

注：1　型式检验试件用套筒应有代表性，应从某生产检验批中随机抽样，检验单位应记录套筒表面标记。

　　2　套筒尺寸精确至 0.1mm。

表 B.0.3-2　锥螺纹接头型式检验试件力学性能

接头类型				连接件型式			
送检单位				送检日期		年　月　日	
要求接头 性能等级				依据标准			
钢筋类别				钢筋公称直径	mm	钢筋牌号	
钢筋母材 试验结果		编号	合格标准	No.1	No.2	No.3	
		屈服强度（N/mm²）					
		抗拉强度（N/mm²）					
		最大力下总伸长率					
试验结果	单向拉伸	编号		No.1	No.2	No.3	
		极限强度（N/mm²）					
		残余变形（mm）					
		最大力下总伸长率					
		破坏形态					
	高应力反复拉压	编号		No.4	No.5	No.6	
		残余变形 u_{20}（mm）					
		抗拉强度（N/mm²）					
		破坏形态					
	大变形反复拉压	编号		No.7	No.8	No.9	
		残余变形 u_4（mm）					
		抗拉强度（N/mm²）					
		破坏形态					
评定结论							
试验单位				试验日期		年　月　日	
负责人			校　核		试验员		

注：破坏形式可分为：钢筋拉断（包括钢筋母材、丝头或镦粗过渡段拉断）、连接件破坏（包括套筒拉断、套筒纵向开裂、套筒与钢筋拉脱，其他组件破坏）。

B. 0. 4 挤压接头型式检验报告宜按表 B. 0. 4-1、表 B. 0. 4-2 的式样执行。

表 B. 0. 4-1 挤压接头型式检验试件技术参数

接头类型			连接件型式	
送检单位			送检日期	年 月 日
试件制作单位			制作日期	年 月 日
钢筋类别		钢筋公称直径 mm	钢筋牌号	
接头基本参数	连接件示意图:	套筒钢材牌号	挤压道次	
		挤压前套筒外径×内径×长度 (mm)	压痕总宽度 (mm)	
		挤压后套筒长度波动范围 (mm)	挤压模具形状	□半圆 □多角

挤压接头标记和尺寸检验记录				
检验项目	标记	尺寸(mm)		
		压痕处直径 D		长度 H
		最大	最小	
No. 1				
No. 2				
No. 3				
No. 4				
No. 5				
No. 6				
No. 7				
No. 8				
No. 9				

注：尺寸精确到 0.1mm。

表 B. 0. 4-2　挤压接头型式检验试件力学性能

接头类型				连接件型式			
送检单位				送检日期		年 月 日	
要求接头性能等级				依据标准			
钢筋类别				钢筋公称直径	mm	钢筋牌号	
钢筋母材试验结果	编号		合格标准	No. 1	No. 2	No. 3	
	屈服强度（N/mm²）						
	极限强度（N/mm²）						
	最大力下总伸长率						
试验结果	单向拉伸	编号		No. 1	No. 2	No. 3	
		残余变形（mm）					
		极限强度（N/mm²）					
		最大力下总伸长率					
		破坏形态					
	高应力反复拉压	编号		No. 4	No. 5	No. 6	
		残余变形 u_{20}（mm）					
		极限强度（N/mm²）					
		破坏形态					
	大变形反复拉压	编号		No. 7	No. 8	No. 9	
		残余变形 u_4（mm）					
		残余变形 u_8（mm）					
		极限强度（N/mm²）					
		破坏形态					
评定结论							
试验单位				试验日期		年 月 日	
负责人			校 核		试验员		

注：破坏形式可分为：钢筋拉断、连接件破坏（包括套筒拉断、套筒纵向开裂、套筒与钢筋拉脱）。

2—11—16

本规程用词说明

1 为便于在执行本规程条文时区别对待，对要求严格程度不同的用词说明如下：

　　1）表示很严格，非这样做不可的：

　　　　正面词采用"必须"；反面词采用"严禁"。

　　2）表示严格，在正常情况下均应这样做的：

　　　　正面词采用"应"；反面词采用"不应"或"不得"。

　　3）对表示允许稍有选择，在条件许可时首先应这样做的：

　　　　正面词采用"宜"；反面词采用"不宜"。

　　4）表示有选择，在一定条件下可以这样做的，采用"可"。

2 条文中指明应按其他有关标准执行的写法为："应符合……的规定"或"应按……执行"。

引用标准名录

1 《混凝土结构设计规范》GB 50010

2 《不锈钢棒》GB/T 1220

3 《钢筋混凝土用钢 第 1 部分：热轧光圆钢筋》GB 1499.1

4 《钢筋混凝土用钢 第 2 部分：热轧带肋钢筋》GB 1499.2

5 《金属材料 疲劳试验 轴向力控制方法》GB/T 3075

6 《数值修约规则与极限数值的表示和判定》GB/T 8170

7 《钢筋混凝土用余热处理钢筋》GB 13014

8 《结构用不锈钢无缝钢管》GB/T 14975

9 《钢筋套筒灌浆连接应用技术规程》JGJ 355

10 《钢筋机械连接用套筒》JG/T 163

11 《钢筋混凝土用不锈钢钢筋》YB/T 4362

中华人民共和国行业标准

钢筋机械连接技术规程

JGJ 107—2016

条 文 说 明

修 订 说 明

《钢筋机械连接技术规程》JGJ 107－2016，经住房和城乡建设部 2016 年 2 月 22 日以第 1049 号公告批准发布。

本规程在《钢筋机械连接技术规程》JGJ 107－2010 版基础上修订完成，上一版的主编单位是中国建筑科学研究院，参编单位是上海宝钢建筑工程设计研究院、中国水利水电第十二工程局施工科学研究所、北京市建筑设计研究院、中冶集团建筑研究总院、中国建筑科学研究院建筑机械化研究分院、北京市建筑工程研究院、陕西省建筑科学研究院。主要起草人员是徐瑞榕、刘永颐、郁竑、李本端、张承起、薛慧立、钱冠龙、刘子金、李大宁、吴成材。

本规程的修订是在国内大量应用钢筋机械连接工程实践基础上，针对近年来出现一些新情况和新问题背景下进行的。近年来市场上大量应用冷轧精密无缝钢管制作钢筋连接用套筒，这类冷加工钢管强度高、延性低，低温性能差，如果缺乏必要的性能控制，有可能成为质量隐患。急需在行业标准中对材料、性能、加工工艺作出相关规定；原标准中没有明确接头疲劳性能的检验制度和验收规则，可执行性较差，需

要增加相关条款；近年来不锈钢钢筋机械连接已在港珠澳大桥等重点工程中应用，标准需要补充不锈钢钢筋机械连接的相关规定；此外，钢筋机械接头现场验收制度方面，需要做相应改进，并参照国际标准化组织 ISO 相关规定按接头认证和非认证产品规定不同的验收制度。本规程主要修订内容已在本规程前言中列入。

本规程修订前和修订阶段，编制组成员单位对近年来钢筋机械连接技术的进展与存在问题进行了调查研究，对接头疲劳性能和变形性能还补充了相关试验，为规程修订提供了重要依据。

为便于广大设计、施工、科研、学校等单位有关人员在使用本规程时能正确理解和执行条文规定，《钢筋机械连接技术规程》编制组按章、节、条顺序编制了本规程的条文说明，对条文规定的目的、依据以及执行中需注意的有关事项进行了说明，还着重对强制性条文的强制性理由做了解释。但是，本条文说明不具备与规程正文同等的法律效力，仅供使用者作为理解和把握规程规定的参考。

目　　次

1 总　则

1.0.1、1.0.2 本规程对建筑工程混凝土结构中钢筋机械连接接头性能要求、接头应用、接头的现场加工与安装以及接头的现场检验与验收作出统一规定，与现行国家标准《混凝土结构设计规范》GB 50010 配套应用，以确保各类机械接头的质量和合理应用。除建筑工程外，一般构筑物（包括电视塔、烟囱等高耸结构、容器及市政公用基础设施等）及公路和铁路桥梁、大坝、核电站等其他工程结构，可参考本规程。

本规程发布实施后，各类钢筋机械接头，如套筒挤压接头、锥螺纹接头、直螺纹接头等均应遵守本规程规定。钢筋套筒灌浆接头有特殊要求，应符合现行行业标准《钢筋套筒灌浆连接应用技术规程》JGJ 355 的有关规定。

1.0.3 本条规定了用于机械连接的钢筋的适用标准，增加了采用热轧光圆钢筋、余热处理钢筋和不锈钢钢筋的相关规定。我国不锈钢钢筋的行业标准已颁布实施，不锈钢钢筋机械连接接头已在港珠澳大桥等工程中应用，本规程根据国内应用不锈钢钢筋的经验，制定了不锈钢钢筋采用机械连接的有关规定。

2　术语和符号

2.1　术　语

2.1.1～2.1.5 介绍了钢筋机械连接、接头、连接件、套筒和钢筋丝头等术语的定义。

按本定义，常用的钢筋机械接头类型如下：

① 套筒挤压接头：通过挤压力使连接件钢套筒塑性变形与带肋钢筋紧密咬合形成的接头。

② 锥螺纹接头：通过钢筋端头特制的锥形螺纹和连接件锥螺纹咬合形成的接头。

③ 镦粗直螺纹接头：通过钢筋端头镦粗后制作的直螺纹和连接件螺纹咬合形成的接头。

④ 滚轧直螺纹接头：通过钢筋端头直接滚轧或剥肋后滚轧制作的直螺纹和连接件螺纹咬合形成的接头。

⑤ 套筒灌浆接头：在金属套筒中插入单根带肋钢筋并注入灌浆料拌合物，通过拌合物硬化而实现传力的钢筋对接接头。

⑥ 熔融金属充填接头：由高热剂反应产生熔融金属充填在钢筋与连接件套筒间形成的接头。

后两种接头主要依靠钢筋表面的肋和介入材料水泥浆或熔融金属硬化后的机械咬合作用，将钢筋中的拉力或压力传递给连接件，并通过连接件传递给另一根钢筋。

某些机械连接接头为满足接头的不同功能，是由套筒及其他多个组件合成的，连接件是包括套筒在内的多个组件的总称。

上述不同类型接头按构造与使用功能的差异可区分为不同型式，如常用直螺纹接头又分为标准型、异径型、正反丝扣型、加长丝头型等不同接头型式。用户可根据工程应用的需要按照现行行业标准《钢筋机械连接用套筒》JG/T 163 选用。

2.1.6～2.1.10 介绍了机械连接接头长度、接头极限抗拉强度、残余变形和接头试件最大力下总伸长率、接头面积百分率等术语的定义。

"机械连接接头长度"术语明确了各类钢筋机械连接的接头长度，主要用于接头试件反复拉压试验中变形测量标距的确定。

最大力下总伸长率的含义与现行国家标准《钢筋混凝土用钢 第2部分：热轧带肋钢筋》GB 1499.2 中钢筋最大力总伸长率的含义相同，代表接头试件在最大力下在规定标距内测得的弹塑性应变总和。由于接头试件的最大力有时会小于钢筋的极限抗拉强度，故其要求指标与钢筋有所不同。

接头面积百分率为同一连接区段内有机械接头的纵向受力钢筋截面面积与全部纵向钢筋截面面积的比值。当直径不同的钢筋连接时，按直径较小的钢筋面积计算。

2.2　符　号

符号 f_{stk} 为钢筋极限抗拉强度标准值，现行国家标准《混凝土结构设计规范》GB 50010 中钢筋屈服强度和极限抗拉强度分别与现行国家标准《钢筋混凝土用钢 第2部分：热轧带肋钢筋》GB 1499.2 中的钢筋屈服强度和抗拉强度 R_m 值相当。本标准主要采用现行国家标准《混凝土结构设计规范》GB 50010 的名称和符号体系。

3　接头性能要求

3.0.1 接头应满足强度及变形性能方面的要求并以此划分性能等级。

3.0.2 本条规定套筒材料应符合现行行业标准《钢筋机械连接用套筒》JG/T 163 的有关规定。近年来工程中连接套筒的原材料较多采用 45 号钢冷拔或冷轧精密无缝钢管，俗称光亮管，这类加工钢管的内应力很大，如不进行退火处理，其延伸率很低，有质量隐患，工程应用中套筒也容易开裂，产品标准《钢筋机械连接用套筒》JG/T 163 对这种管材的使用除做了"应退火处理"的明确规定外，尚应满足强度不大于 800MPa 和断后伸长率不小于 14% 的规定。本规程重申产品标准对这类管材应进行退火处理的要求是要提醒广大用户重视对这类管材应用的质量控制。

3.0.3 接头单向拉伸时的强度和变形是接头的基本

性能。高应力反复拉压性能反映接头在风荷载及小地震情况下承受高应力反复拉压的能力。大变形反复拉压性能则反映结构在强烈地震情况下钢筋进入塑性变形阶段接头的受力性能。

上述三项性能是进行接头型式检验的基本检验项目。抗疲劳性能则是根据接头应用场合有选择性的试验项目。

现场工艺检验则要求检验单向拉伸残余变形和极限抗拉强度。

3.0.4 本条规定：接头应根据极限抗拉强度、残余变形、最大力下总伸长率以及高应力和大变形条件下反复拉压性能，分为Ⅰ级、Ⅱ级、Ⅲ级三个性能等级。

Ⅰ级接头：连接件极限抗拉强度大于或等于被连接钢筋抗拉强度标准值的1.1倍，残余变形小并具有高延性及反复拉压性能。

Ⅱ级接头：连接件极限抗拉强度不小于被连接钢筋极限抗拉强度标准值，残余变形较小并具有高延性及反复拉压性能。

Ⅲ级接头：连接件极限抗拉强度不小于被连接钢筋屈服强度标准值的1.25倍，残余变形较小并具有一定的延性及反复拉压性能。

钢筋机械连接接头的型式较多，受力性能也有差异，根据接头的受力性能将其分级，有利于按结构的重要性、接头在结构中所处位置、接头面积百分率等不同的应用场合合理选用接头类型。

3.0.5 本条为强制性条文。本条对《钢筋机械连接技术规程》JGJ 107－2010版中Ⅰ级接头的合格判定条件作了修订。原条文对套筒处外露螺纹和镦粗过渡段的强度要求与连接件的强度要求相同，均应达到1.1倍钢筋极限抗拉强度标准值。工程实践表明，滚轧接头断于钢筋外露螺纹时要到上述要求是困难的，因为不少钢筋的自身强度就达不到1.1倍极限抗拉强度标准值，钢筋丝头的加工质量再好，也不可能提高钢筋母材强度。根据国家建筑工程质量监督检验中心对近年来国产HRB400级钢筋的统计资料，统计样本共计128276件，拉伸极限强度平均值为620.5MPa，标准差38.5MPa，变异系数0.061，按此数据计算，钢筋极限抗拉强度低于1.1×540＝594MPa的比例将高达24.5%。施工现场为避免滚轧外露螺纹处拉断，部分施工企业采取将钢筋丝头做短或不出现外露螺纹，这样就无法实现钢筋丝头在套筒中央位置对顶以减少残余变形；部分施工单位则刻意采购高极限强度钢筋来降低接头抽检不合格率，这也是不可取的，因为高极限强度钢筋通常会伴随更高的屈服强度，钢筋实际屈服强度明显高于设计强度是有害的，它会增加抗弯构件极限受压区高度，或超出设计规范规定的框架梁受压区高度限值，降低构件塑性转动能力，从而降低结构延性；参考美国、日本、法

国相关标准和ISO对接头强度的规定，其最高等级接头大都要求不小于钢筋极限抗拉限强度标准值。这次修订做出了上述调整。调整后的Ⅰ级接头，连接件破坏时仍然要求达到1.1倍极钢筋极限抗拉强度标准值。连接件破坏包括：套筒拉断、套筒纵向开裂、钢筋从套筒中拔出以及组合式接头其他组件的破坏。

3.0.6 接头在经受高应力反复拉压和大变形反复拉压后仍应满足不小于钢筋极限抗拉强度要求，保证钢筋发挥其延性。

3.0.7 钢筋机械连接接头在拉伸和反复拉压时会产生附加的塑性变形，卸载后形成不可恢复的残余变形（国外也称滑移 slip），对混凝土结构的裂缝宽度有不利影响，因此有必要控制接头的残余变形性能。本规程规定单向拉伸和反复拉压时用残余变形作为接头变形控制指标。

本规程规定施工现场工艺检验中应进行接头单向拉伸残余变形的检验，从而一定程度上解决了型式检验与现场接头质量脱节的弊端，对提高接头质量有重要价值；但另一方面，如果残余变形指标过于严格，现场检验不合格率过高，会明显影响施工进度和工程验收，在综合考虑上述因素并参考编制组近年来完成的6根带钢筋接头梁和整筋梁的对比试验结果后，制定了表3.0.7中的单向拉伸残余变形指标，Ⅰ级接头允许在同一构件截面中100%连接、u_0的限值最严，Ⅱ、Ⅲ级接头由于采用50%接头面积百分率，故限值可适当放松。

高应力与大变形条件下的反复拉压试验是对应于风荷载、小地震和强地震时钢筋接头的受力情况提出的检验要求。在风载或小地震下，钢筋尚未屈服时，应能承受20次以上高应力反复拉压，并满足强度和变形要求。在接近或超过设防烈度时，钢筋通常都进入塑性阶段并产生较大塑性变形，从而能吸收和消耗地震能量；机械连接接头在经受反复拉压后易出现拉、压转换时接头松动，因此要求钢筋接头在承受2倍和5倍于钢筋屈服应变的大变形情况下，经受（4～8）次反复拉压，满足强度和变形要求。这里所指的钢筋屈服应变是指与钢筋屈服强度标准值相对应的应变值，ε_{yk}对国产400MPa级和500MPa级钢筋，可分别取$\varepsilon_{yk}=0.00200$和$\varepsilon_{yk}=0.00250$。

3.0.8 将原条文中"动力荷载"修改为"重复荷载"，与现行国家标准《混凝土结构设计规范》GB 50010保持一致。

对承受重复荷载的工程结构，由于结构跨度、活载、呆载和配筋等的差异，结构中钢筋的最大应力和应力幅变化范围比较大，疲劳检验时采用的钢筋应力幅和最大应力宜由设计单位根据结构的具体情况确定。本规程编制组在规程修订期间曾对热轧带肋钢筋机械接头的疲劳性能进行了验证性试验，绘制了剥肋滚轧直螺纹接头和镦粗直螺纹接头的S-N曲线，建

立了应力幅和疲劳次数的对数线性方程。试验结果表明钢筋接头的疲劳性能均低于钢筋母材疲劳性能，规程编制组综合了本次试验与国内以往热轧带肋钢筋机械接头的疲劳试验成果，确定了几种热轧带肋钢筋机械接头的疲劳应力幅折减系数。其中，剥肋滚轧直螺纹接头的疲劳性能最好，疲劳应力幅限值接近现行国家标准《混凝土结构设计规范》GB 50010 中规定的钢筋疲劳应力幅限值的 0.85，镦粗直螺纹钢筋接头和带肋钢筋挤压接头的疲劳性能稍差，可按 0.80 取值。为简化疲劳性能检验规则，剥肋滚轧直螺纹钢筋接头、镦粗直螺纹钢筋接头和带肋钢筋套筒挤压接头的疲劳应力幅限值统一要求不应小于现行国家标准《混凝土结构设计规范》GB 50010 中普通钢筋疲劳应力幅限值的 80%。

4 接 头 应 用

4.0.1 接头的分级为结构设计人员根据结构的重要性及接头的应用场合选用不同等级接头提供条件。本规程根据国内钢筋机械连接技术发展成果以及以往设计习惯，规定了一个最高质量等级的Ⅰ级接头。必要时，这类接头允许在结构中除有抗震设防要求的框架梁端、柱端箍筋加密区外的任何部位使用，且接头百分率不受限制。这条规定为解决某些特殊场合需要在同一截面实施 100% 钢筋连接创造了条件，如地下连续墙与水平钢筋的连接；滑模或提模施工中垂直构件与水平钢筋的连接；装配式结构接头处的钢筋连接；钢筋笼的对接；分段施工或新旧结构连接处的钢筋连接等。

接头分级有利于降低套筒材料消耗和接头成本，有利于施工现场接头抽检不合格时，可按不同等级接头的应用部位和接头面积百分率限制确定是否降级处理。

本规程中的Ⅰ级和Ⅱ级接头均属于高质量接头，在结构中的使用部位均可不受限制，但允许的接头面积百分率有差异。

4.0.2 本条规定接头的混凝土保护层厚度比受力钢筋保护层厚度的要求有所放松，由"应"改为"宜"。这是因为机械连接中连接件的截面较大，一般比钢筋截面积大 10%～30% 或以上，局部锈蚀对连接件的影响不如对钢筋锈蚀敏感。此外，由于连接件保护层厚度是局部问题，要求过严会影响全部受力主筋的间距和保护层厚度，在经济上、实用上都会造成一定困难，故适当放宽，必要时也可对连接件进行防锈处理。考虑不同环境条件下钢筋的混凝土保护层厚度要求差异很大，本条由《钢筋机械连接技术规程》JGJ 107-2010 版中"不得小于 15mm"，修改为"不得小于 0.75 倍钢筋最小保护层厚度和 15mm 的较大值"。必要时可对接头连接件进行防腐处理。

4.0.3 本条给出纵向受力钢筋机械连接接头宜相互错开和接头连接区段长度为 35d 的规定。接头百分率关系到结构的安全、经济和方便施工。本条规定综合考虑了上述三项因素，在国内钢筋机械接头质量普遍有较大提高的情况下，放宽了接头使用部位和接头面积百分率限制，从而在保证结构安全的前提下，既方便了施工又可取得一定的经济效益，尤其对某些特殊场合解决在同一截面 100% 钢筋连接创造了条件。根据本条规定，只要接头面积百分率不大于 50%，Ⅱ级接头可以在抗震结构中的任何部位使用。

4.0.4 钢筋接头的疲劳性能与接头产品的加工技术和管理水平关系密切，承接有钢筋疲劳要求的接头技术提供单位应该具有较高技术和管理水平，要求具有认证机构授予的包括疲劳性能在内的接头产品认证证书。此条"包含有疲劳性能的型式检验报告"，系指型式检验报告中应包括接头疲劳性能检验，且接头类型应与工程所使用的接头类型一致，型检有效期可覆盖接头施工周期。通过产品的型式检验和认证机构每年对接头技术提供单位产品疲劳性能的抽检、管理制度和技术水平的年检，监督其接头产品质量，在此基础上，可适当减少接头疲劳性能的现场检验要求。

钢筋机械连接接头产品认证工作在国内已开展多年，产品的认证依据（产品标准）、认证规则与认证机构均已齐备。本条规定的实施将促进钢筋连接的质量管理逐步与国际标准接轨，同时为建设单位选用优质钢筋接头产品供货单位提供参考依据。

5 接头型式检验

5.0.1、5.0.2 本条规定了何时和如何进行接头型式检验。其主要作用是对各类接头按性能分级。经型式检验确定其等级后，工地现场只需进行现场检验。当现场接头质量出现严重问题，其原因不明，对型式检验结论有重大怀疑时，上级主管部门或工程质量监督机构可以提出重新进行型式检验的要求。

由于型式检验比较复杂和昂贵，对各类型钢筋接头如滚轧直螺纹接头或镦粗直螺纹接头，只要求对标准型接头进行型式检验。

此外，相同类型的直螺纹接头或锥螺纹接头用于连接不同强度级别（如 500MPa、400MPa）的钢筋时，可以选择其中较高强度级别的钢筋进行接头试件的型式检验，在连接套筒的尺寸、材料、内螺纹以及现场丝头加工工艺均不变的情况下，500MPa 级钢筋接头的型式检验报告可以替代 400MPa 级钢筋接头型式检验报告使用，反之则不允许。

钢筋母材强度试验用来判别接头试件用钢筋的母材性能和钢筋牌号。

根据检测单位反馈意见，检测部门不具备监督、管理接头安装的能力和职能，本条取消了型式检验试件应散件送达检验单位的规定。型式检验试件应确保未经过预拉，因为预拉可消除大部分残余变形。本条要求检测单位参照本规程附录 B 式样详细记录型式检验试件连接件和接头参数，以便施工现场钢筋接头产品的校核与验收。

5.0.3 接头的强度要求是强制性条款，型式检验的强度合格条件是每个试件均应满足表 3.0.5 的规定；接头试件最大力下总伸长率和残余变形测量值比较分散，用三个试件的平均值作为检验评定依据。

5.0.5 接头的疲劳性能检验是选择性检验项目。接头用于直接承受重复荷载的构件时，接头技术提供单位应按本规程表 5.0.7 和附录 A 第 A.3 节的规定，补充疲劳性能型式检验，提供有效型式检验报告。

表 5.0.5 中的三组应力是根据国家标准《混凝土结构设计规范》GB 50010-2010 中表 4.2.6-1 的疲劳应力参数乘以接头疲劳应力幅限值的折减系数 0.8 后，选择应力比 ρ 值在 0.25～0.30、0.45～0.50、0.70～0.75 三档范围内的疲劳应力参数取整后确定的，便于用户根据工程中的实际应力比 ρ 值选择相近的一组应力进行疲劳检验。

由于目前本规程编制组完成的接头疲劳的试验数据，都是采用热轧带肋钢筋的，没有其他牌号钢筋的试验数据，因此，表 5.0.5 给出的数据都是针对 HRB400 热轧带肋钢筋，包括 HRB400E。HRB500 及 HRB500E 热轧带肋钢筋接头目前还没有可靠试验数据。

5.0.6 本条给出了疲劳性能型式检验的试件数量、规格和合格评定标准。考虑到钢筋接头类型多，强度等级和直径规格多，疲劳试验耗时长、费用高，确定对疲劳性能型式检验的数量和规格要求时需要兼顾安全与经济两方面因素。大直径钢筋的疲劳性能通常低于小直径钢筋的疲劳性能，工程中有疲劳性能要求的结构，其常用钢筋直径大都在 32mm 及以下，选择较大直径 32mm 钢筋接头进行疲劳性能型式检验是偏于安全的。此外，本条和本规程 7.0.11 条的相关规定都基于接头疲劳寿命为 200 万次作出的规定。对于有更高疲劳寿命要求（如 500 万次或 1000 万的次）的工程结构，应对疲劳检验的应力幅、最大应力和疲劳次数作适当调整。

6 接头的现场加工与安装

本章规定了各类钢筋接头在施工现场加工与安装时应遵守的质量要求。钢筋接头作为产品有其特殊性，除连接件等在工厂生产外，钢筋丝头则大都是在施工现场加工，钢筋接头的质量控制在很大程度上有赖于施工现场接头的加工与安装。本章各条款是在总

结多年来国内钢筋机械连接现场施工经验的基础上，提出的最重要的质量控制要求；制定本章各条款时尽可能简化了接头的外观检验要求，这是考虑：

1 接头外观与接头性能无确定的可量化的内在联系，具体检验指标难以科学地制定；

2 各生产厂的产品外观不一致，难以规定统一要求；

3 现场接头数量成千上万，要求土建单位的质检部门进行机械产品的外观检验会带来很多不必要的争议与误判；

4 将外观检验内容列入各企业标准进行自控较为妥当。

6.1 一 般 规 定

6.1.1 技术提供单位是指接头采购、加工合同的签约单位，也是接头性能有效型式检验报告的委托单位。

6.1.2 接头的工艺检验是检验施工现场的进场钢筋与接头加工工艺适应性的重要步骤，应在接头的工艺检验合格后再开始按照合格的工艺参数进行现场钢筋的批量加工，防止盲目大量加工造成损失。

6.2 钢筋丝头加工

6.2.1 所述的直螺纹钢筋接头包括镦粗直螺纹钢筋接头、剥肋滚轧直螺纹钢筋接头、直接滚轧直螺纹钢筋接头。钢筋丝头的加工应保持丝头端面的基本平整，使安装扭矩能有效形成丝头的相互对顶力，消除螺纹间隙，减少接头拉伸后的残余变形。本条规定了切平钢筋端部的三种方法，有利于达到钢筋端面基本平直要求。

镦粗直螺纹钢筋接头有时会在钢筋镦粗段产生沿钢筋轴线方向的表面裂纹，国内、外试验均表明，这类裂纹不影响接头性能，本规程允许出现这类裂纹，但横向裂纹则是不允许的。

钢筋丝头的加工长度应为正偏差，保证丝头在套筒内可相互顶紧，以减少残余变形。

螺纹量规检验是施工现场控制丝头加工尺寸和螺纹质量的重要工序，接头技术提供单位应提供专用螺纹量规。

6.2.2 锥螺纹不允许钢筋丝头在套筒中央相互接触，而应保持一定间隙，因此丝头加工长度的极限偏差应为负偏差。

专用锥螺纹量规检验是控制锥螺纹锥度和螺纹长度的重要工序。

6.3 接 头 安 装

6.3.1 直螺纹钢筋接头的安装，应保证钢筋丝头在套筒中央位置相互顶紧，这是减少接头残余变形、保证安装质量的重要环节；规定外露螺纹不超过 $2p$

有利于检查丝头是否完全拧入套筒。

为减少接头残余变形，表 6.3.1 规定了最小拧紧扭矩值。拧紧扭矩对直螺纹钢筋接头的强度影响不大，扭矩扳手精度要求允许采用最低等级 10 级。

6.3.2 锥螺纹钢筋接头的安装容易产生连接套筒与钢筋不相匹配的误接。锥螺纹接头的安装拧紧扭矩对接头强度的影响较大，过大或过小的拧紧扭矩都不可取，表 6.3.2 是锥螺纹钢筋接头拧紧扭矩的标准值。扭力扳手的精度要求不低于 5 级精度。根据现行国家计量检定规程《扭矩扳子检定规程》JJG 707 规定，扳手精度分为 10 级，5 级精度的示值相对误差和示值重复性均为 5%，10 级精度为 10%。

6.3.3

1 挤压接头依靠挤压后变形的套筒与钢筋表面的机械咬合和摩擦力传递拉力或压力，钢筋表面的杂物或严重锈蚀均对接头强度有不利影响；钢筋端部弯曲影响接头成形后钢筋的平直度。

2 确保钢筋插入套筒长度是挤压接头质量控制的重要环节，应在钢筋上事先做出标记，便于挤压后检查钢筋插入长度。

3 套筒在挤压过程中会伸长，从两端开始挤压会加大挤压后套筒中央的间隙，故要求挤压从套筒中央开始向两端挤压；套筒挤压后的压痕直径和伸长是控制挤压质量的重要环节，本条提供合理的波动范围，应用专用量规进行检查。

4 挤压后的套筒无论出现纵向或横向裂纹都是不允许的。

7 接头的现场检验与验收

7.0.1 本条是加强施工管理重要的一环。强调接头技术提供单位应提交全套技术文件，应包括：

1 工程所用接头的有效型式检验报告；

2 连接件产品设计、接头加工安装要求的相关技术文件；例如钢筋连接操作规程企业标准，套筒产品企业标准等；

3 连接件产品合格证和连接件原材料质量证明书等内容，这些都是施工现场钢筋接头加工、安装和质量控制的重要环节。

接头有效型式检验报告系指报告中接头类型、型式、规格、钢筋强度和接头性能等级等技术参数应与工程中使用的接头参数一致，尤其应核对丝头螺纹与套筒螺纹参数的一致性，以及报告有效期应能覆盖工程的工期。

提交上述文件，便于质量监督部门随时检查、核对现场套筒产品和丝头加工质量。包括核对工程所用套筒原材料品种，采用 45 号钢冷拔或冷轧精密无缝钢管（俗称光亮管）制作的套筒，应验证钢管原材料

是否进行过退火处理并满足现行行业标准《钢筋机械连接用套筒》JG/T 163 中对钢管强度限值和断后伸长率的要求（按现行国家标准《冷拔或冷轧精密无缝钢管》GB/T 3639 规定，上述标准中 δ_5 应修改为 A）。

7.0.2 钢筋连接工程开始前，应对不同钢厂的进场钢筋进行接头工艺检验，主要检验接头技术提供单位采用的接头类型（如剥肋滚轧直螺纹接头、镦粗直螺纹接头）和接头型式（如标准型、异径型等）、加工工艺参数是否与本工程中进场钢筋相适应，以提高实际工程中抽样试件的合格率，减少在工程应用后发现问题造成的经济损失，施工过程中如更换钢筋生产厂、改变接头加工工艺或接头技术提供单位，应补充进行工艺检验。此外，本规程 2010 年版开始在现场工艺检验中增加了残余变形检验的要求，这是控制现场接头加工质量、克服钢筋接头型式检验结果与施工现场接头质量严重脱节的重要措施；某些钢筋机械接头尽管其强度满足了规程要求，接头残余变形不一定能满足要求，尤其是螺纹套筒与钢筋丝头尺寸不匹配或螺纹加工质量较差时；增加本条要求后可以促进接头加工单位的自律，或淘汰一部分技术和管理水平低的接头加工企业。本条修订时，删除了工艺检验的复检规则，主要考虑工艺检验与验收批检验的性质差异，工艺检验不合格时，允许调整工艺后重新检验而不必按复检规则对待。

7.0.3 本条是新增条款。钢筋丝头加工的质量检验主要依靠加工单位自检。为加强监督，监理或质检部门对现场丝头加工质量有异议时，可随机抽取接头试件进行极限抗拉强度和单向拉伸残余变形试验。本条规定有利于增强加工单位的自律，进一步提高钢筋机械接头质量水平。

7.0.4 本条明确接头安装前应进行的检验项目和验收要求。规定了接头安装前应重点检查套筒标志和套筒材料与型式检验报告中的一致性。套筒应按产品标准要求有明显标志并具可追溯性，应检查套筒适用的钢筋强度等级以及与型式检验报告的一致性，应能够反映连接件适用的钢筋强度等级、类型、型式、规格，是否有可以追溯产品原材料力学性能和加工质量的生产批号和厂家标识，当出现产品不合格时可以追溯其原因以及区分不合格产品批次并进行有效处理。本条规定对钢筋连接件生产单位提出了较高的质量管理要求。

7.0.5 接头按验收批进行现场检验。同验收批条件为：同钢筋生产厂、同强度等级、同规格、同类型、同型式接头以 500 个为一个验收批。不足此数时也按一批考虑。

7.0.6 本条规定接头安装后的检验项目和验收规则。螺纹接头主要检验拧紧扭矩；套筒挤压接头主要检查压痕处直径或挤压后套筒长度和钢筋插入套筒长度。本条规定，当该验收批挤压接头的上述外观尺寸检验

不合格时，该验收批的极限抗拉强度检验取样可从上述外观尺寸检验不合格的接头中抽样。通常情况下，从外观尺寸检验不合格的挤压接头中取样，可提高不合格接头的检出率，也有利于排除对接头质量的怀疑。

7.0.7、7.0.8 针对工程实践中具体情况，在保持现场接头抽检的代表性和随机性的原则下，原规程第7.0.7条内容基本不变，由强制性条文改为一般性条文。并增加第7.0.8条，对某些不宜在工程中随机截取接头试件的情况作了特殊规定，允许进行见证取样，在现场监理和质检人员全程监督下，在已加工好检验合格的钢筋丝头中随机割取钢筋试件与随机抽取的接头连接件组装接头试件，避免了个别情况下不宜现场割取试件的困惑。

本条进一步明确了验收批中"仅"有1个试件抗拉强度不符合要求时允许进行复检，出现2个或3个抗拉强度不合格试件时，应直接判定该组不合格，不再允许复检。

7.0.9 本条规定连续10个验收批抽样试件抗拉强度试验一次合格率为100％时，验收批接头数量可扩大为1000个；考虑到大多数中小规模工程中同一验收批的接头数量较少，本次修订中增加了验收批数量不足200个时的抽检与验收规则，适当减少接头抽检数量是合理的，不会影响接头质量的有效评定。

7.0.10 本条为新增条款。接头产品通过认证，说明其生产企业的质量管理体系比较完善，辅以认证机构每年对其进行年检和监督，产品稳定性比较高。因此，经认证的接头产品其现场抽检的验收批数量可以适当扩大。这是国际上较为通行的做法，国内部分规范、标准也有类似的相关规定。

7.0.11 钢筋接头疲劳试验的耗时比较长，费用昂贵。经过接头疲劳性能型式检验和产品认证后的钢筋接头产品，可适当减少现场疲劳检验要求。对规模较小的承受重复荷载的工程，设计可决定是否进行现场接头的疲劳性能检验。工程规模较大，设计要求进行现场钢筋接头疲劳性能检验场合，本条规定：应选择大、中、小三种钢筋规格的接头试件进行现场检验。选择大、中、小三种有代表性的钢筋接头做疲劳性能检验也是国际上较为通行的做法。

7.0.12 本条规定，允许现场截取接头试件后，在原接头部位采用的几种补接钢筋的方法，利于施工现场严格按规程要求进行现场抽检。

7.0.13 规定由工程有关各方研究后对抽检不合格的钢筋接头验收批提出处理方案。例如：可在采取补救措施后再按本规程第7.0.5条重新检验；或设计部门根据接头在结构中所处部位和接头百分率研究能否降级使用；或增补钢筋；或拆除后重新制作以及其他有效措施。

附录 A　接头试件试验方法

A.1　型　式　检　验

A.1.1 本条将原规程中单向拉伸残余变形的测量标距由 $L_1 = L + 4d$ 修改为 $L_1 = L + \beta d$，β 取 $1 \sim 6$，d 为钢筋公称直径，异径型接头 d 可取平均值。修改是为了尽量减少测量标距的变动，降低测量误差，减少测量仪表标距变动后的标定工作。测量接头试件单向拉伸残余变形时钢筋应力水平比较低，钢筋接头长度范围以外的钢筋处于弹性范围，不会产生残余变形，标距的变动不会影响残余变形测试结果，当符合变形测量标距要求时，不同类型、规格的接头试件宜采用相同测量标距。型式检验中接头反复拉压的变形测量则仍按原规程规定采用 $L_1 = L + 4d$。钢筋接头试件进行大变形反复拉压时，钢筋已进入塑性变形阶段，测量标距对试验结果有显著影响，测量标距应保持原规定不变。

A.1.2 本条规定型式检验中接头试件最大力下总伸长率 A_{sgt} 的测量方法。接头连接件不包括在变形测量标距内，排除了不同连接件长度对试验结果的影响，使接头试件最大力下总伸长率 A_{sgt} 指标更客观地反映接头对钢筋延性的影响，因为结构的延性主要是依靠接头范围以外钢筋的延性而非接头本身的延性。修改后的 A_{sgt} 定义和测量方法与国际标准 ISO/DIS 15835 相关规定基本一致。

A.1.3 附录表 A.1.3 规定了接头试件型式检验时的加载制度。图 A.1.3-1～图 A.1.3-3 进一步用力-变形关系说明加载制度以及本规程表 3.0.5 和表 3.0.7 中各物理量的含义。

A.2　现　场　检　验

A.2.1 本条规定现场工艺检验中，接头试件单向拉伸残余变形测量方法。接头试件单向拉伸残余变形的检验可能受当地试验条件限制，当夹持钢筋接头试件采用手动楔形夹具时，无法准确在零荷载时设置变形测量仪表的初始值，这时允许施加不超过2％的测量残余变形拉力即 $0.02 \times 0.6 A_s f_{yk}$ 作为名义上的零荷载，并在此荷载下记录试件接头两侧变形测量仪表的初始值，加载至预定拉力 $0.6 A_s f_{yk}$ 并卸载至该名义零荷载时再次记录两侧变形测量仪表读数，两侧仪表各自差值的平均值即为接头试件单向拉伸残余变形值。上述方法尽管不是严格意义上的零荷载，但由于施加荷载较小，其误差是可以接受的。本方法仅在施工现场工艺检验中测量接头试件单向拉伸残余变形时采用，接头的型式检验仍应按本规程第 A.1.3 条的加载制度进行。当接头单向拉伸试验仅测定试件的极限抗拉强度时，在满足本规程表 3.0.5 相应接头等级的强度要求后可停止试验，减少钢筋拉断对试验机的损伤。

A.3 疲 劳 检 验

A.3.1 钢筋机械接头通常都有一定程度弯折，弯折试件拉直过程中增加了附加应力，对疲劳试验结果有影响，规定弯折角度不超过 1°是要尽量减少这种影响。

A.3.2 有关钢筋接头疲劳试验的频率，ISO 钢筋接头试验方法标准（ISO 15835-2）中规定为 1Hz～200Hz，我国现行行业标准《钢筋焊接接头试验方法标准》JGJ/T 27 规定为：低频试验机 5Hz～15Hz，高频试验机 100Hz～150Hz；RILEM（国际材料与结构研究实验联合会）FIP（国际预应力学会）CEB（欧洲混凝土协会）联合发布的建议，混凝土用钢筋疲劳试验频率建议为 3Hz～12Hz。丁克良对国产钢筋做了 4 种频率（2.5Hz～195Hz）的疲劳试验，对比对钢筋疲劳强度的影响后认为：频率对国产低合金钢筋疲劳性能影响较大，建议国产钢筋疲劳试验频率宜采用 5Hz，并提供了高频试验结果的折减系数。铁道科学研究院建议疲劳试验频率为 5Hz～15Hz，本条根据上述国内外研究成果规定。接头疲劳试验频率宜采用 5Hz～15Hz，高频试验结果应做修正。

A.3.3 与 ISO 现行钢筋接头试验方法标准（ISO 15835-2）中的规定一致。

中华人民共和国行业标准

清水混凝土应用技术规程

Technical specification for fair-faced concrete construction

JGJ 169—2009

批准部门：中华人民共和国住房和城乡建设部
施行日期：２ ０ ０ ９ 年 ６ 月 １ 日

中华人民共和国住房和城乡建设部
公 告

第 232 号

关于发布行业标准《清水
混凝土应用技术规程》的公告

现批准《清水混凝土应用技术规程》为建筑工程行业标准，编号为 JGJ 169-2009，自 2009 年 6 月 1 日起实施。其中，第 3.0.4、4.2.3 条为强制性条文，必须严格执行。

本规程由我部标准定额研究所组织中国建筑工业出版社出版发行。

中华人民共和国住房和城乡建设部

2009 年 3 月 4 日

前 言

根据原建设部《关于印发〈2005 年工程建设标准规范制订、修订计划（第一批）〉的通知》（建标函〔2005〕84 号）的要求，编制组经过广泛调查研究，认真总结实践经验，参考有关国际标准和国外先进标准，并在广泛征求意见的基础上，制定了本规程。

本规程的主要技术内容是：1. 总则；2. 术语；3. 基本规定；4. 工程设计；5. 施工准备；6. 模板工程；7. 钢筋工程；8. 混凝土工程；9. 混凝土表面处理；10. 成品保护；11. 质量验收。

本规程中以黑体字标志的条文为强制性条文，必须严格执行。

本规程由住房和城乡建设部负责管理和对强制性条文的解释，由中国建筑股份有限公司（地址：北京三里河路 15 号中建大厦，邮政编码：100037）负责具体技术内容的解释。

本规程主编单位：中国建筑股份有限公司
中建三局建设工程股份有限公司

本规程参编单位：中国建筑工程一局（集团）有限公司
中国建筑第八工程局有限公司
中建八局第二建设有限公司
中建国际建设有限公司
中国建筑西南设计研究院有限公司
中建柏利工程技术发展有限公司
北京奥宇模板有限公司
三博桥梁模板制造有限公司
旭硝子化工贸易（上海）有限公司

本规程主要起草人：毛志兵 张良杰 张晶波
周鹏华 黄 迅 刘 源
张金序 许宏雷 石云兴
李忠卫 王桂玲 邓明胜
王建英 董秀林 黄宗瑜
仇铭华 杨秋利 周 衡

目　　次

1 总 则

1.0.1 为保证清水混凝土工程的设计和施工质量，做到技术先进、经济合理、安全适用，制定本规程。

1.0.2 本规程适用于表面有清水混凝土外观效果要求的混凝土工程的设计、施工与质量验收。

1.0.3 清水混凝土工程应进行饰面效果设计和构造设计，并应编制施工组织管理文件。

1.0.4 清水混凝土工程的设计、施工与质量验收，除应符合本规程的规定外，尚应符合国家现行有关标准的规定。

2 术 语

2.0.1 清水混凝土 fair-faced concrete
直接利用混凝土成型后的自然质感作为饰面效果的混凝土。

2.0.2 普通清水混凝土 standard fair-faced concrete
表面颜色无明显色差，对饰面效果无特殊要求的清水混凝土。

2.0.3 饰面清水混凝土 decorative fair-faced concrete
表面颜色基本一致，由有规律排列的对拉螺栓孔眼、明缝、蝉缝、假眼等组合形成的、以自然质感为饰面效果的清水混凝土。

2.0.4 装饰清水混凝土 formlining fair-faced concrete
表面形成装饰图案、镶嵌装饰片或彩色的清水混凝土。

2.0.5 对拉螺栓孔眼 eyelet of tie rod
对拉螺栓在混凝土表面形成的有饰面效果的孔眼。

2.0.6 明缝 visible joint
凹入混凝土表面的分格线或装饰线。

2.0.7 蝉缝 panel joint
模板面板拼缝在混凝土表面留下的细小痕迹。

2.0.8 表面色差 differences in surface color
清水混凝土成型后的表面颜色差异。

2.0.9 堵头 bulkhead
模板内侧对拉螺栓套管两端的定位、成孔配件。

2.0.10 假眼 artificial eyelet
在没有对拉螺杆的位置设置堵头或接头而形成的有饰面效果的孔眼。

2.0.11 衬模 sheathing mould
设置在模板内表面，用于形成混凝土表面装饰图案的内衬板。

2.0.12 装饰图案 facing pattern
混凝土成型后表面形成的凹凸线条或花纹。

2.0.13 装饰片 facing sheet
镶嵌在清水混凝土表面的装饰物。

3 基 本 规 定

3.0.1 清水混凝土可分为普通清水混凝土、饰面清水混凝土和装饰清水混凝土。装饰清水混凝土的质量要求应由设计确定，也可参考普通清水混凝土或饰面清水混凝土的相关规定。

3.0.2 清水混凝土施工应进行全过程质量控制。对于饰面效果要求相同的清水混凝土，材料和施工工艺应保持一致。

3.0.3 有防水和人防等要求的清水混凝土构件，必须采取防裂、防渗、防污染及密闭等措施，其措施不得影响混凝土饰面效果。

3.0.4 处于潮湿环境和干湿交替环境的混凝土，应选用非碱活性骨料。

3.0.5 清水混凝土工程应在上一道施工工序质量验收合格后再进行下一道工序施工。

3.0.6 清水混凝土关键工序应编制专项施工方案。

3.0.7 饰面清水混凝土和装饰清水混凝土施工前，宜做样板。

4 工 程 设 计

4.1 建 筑 设 计

4.1.1 建筑设计应确定清水混凝土类型及应用范围。清水混凝土构件尺寸宜标准化和模数化。

4.1.2 对于饰面清水混凝土和装饰清水混凝土，应绘制构件详图，并应明确明缝、蝉缝、对拉螺栓孔眼、装饰图案和装饰片等的形状、位置和尺寸。

4.1.3 清水混凝土的施工缝宜与明缝的位置一致。

4.2 结 构 设 计

4.2.1 当钢筋混凝土结构采用清水混凝土时，混凝土结构的使用年限不宜超过 50 年，清水混凝土结构的环境条件宜符合表 4.2.1 规定。

表 4.2.1 清水混凝土结构的环境条件

环境类别		条 件
一		室内正常环境
二	a	室内潮湿环境；非严寒和非寒冷地区的露天环境、与无侵蚀性的水或土壤直接接触的环境
	b	严寒和寒冷地区的露天环境、与无侵蚀性的水或土壤直接接触的环境

4.2.2 清水混凝土的强度等级应符合下列规定：
  1 普通钢筋混凝土结构采用的清水混凝土强度

等级不宜低于 C25；

2 当钢筋混凝土伸缩缝的间距不符合现行国家标准《混凝土结构设计规范》GB 50010 的规定时，清水混凝土强度等级不宜高于 C40；

3 相邻清水混凝土结构的混凝土强度等级宜一致；

4 无筋和少筋混凝土结构采用清水混凝土时，可由设计确定。

4.2.3 对于处于露天环境的清水混凝土结构，其纵向受力钢筋的混凝土保护层最小厚度应符合表 4.2.3 的规定。

表 4.2.3　纵向受力钢筋的混凝土
保护层最小厚度（mm）

部位	保护层最小厚度
板、墙、壳	25
梁	35
柱	35

注：钢筋的混凝土保护层厚度为钢筋外边缘至混凝土表面的距离。

4.2.4 设计结构钢筋时，应根据清水混凝土饰面效果对螺栓孔位的要求确定。

4.2.5 对于伸缩缝间距不符合现行国家标准《混凝土结构设计规范》GB 50010 的规定的楼（屋）盖和墙体，其设计应符合下列规定：

1 水平方向（长向）的钢筋宜采用带肋钢筋，钢筋间距宜适当减小，配筋率宜增加；

2 可根据工程的具体情况，采用设置后浇带或跳仓施工等措施；

3 当采用后浇带分段浇筑混凝土时，后浇带施工缝宜设在明缝处，且后浇带宽度宜为相邻两条明缝的间距。

5　施 工 准 备

5.1　技 术 准 备

5.1.1 施工前应熟悉设计图纸，明确清水混凝土范围和类型，并应确定施工工艺。

5.1.2 施工前应进行施工图深化设计，并应综合考虑各施工工序对清水混凝土饰面效果的影响。

5.2　材 料 准 备

5.2.1 模板工程应符合下列规定：

1 模板体系的选型应根据工程设计要求和工程具体情况确定，并应满足清水混凝土质量要求；所选择的模板体系应技术先进、构造简单、支拆方便、经济合理；

2 模板面板可采用胶合板、钢板、塑料板、铝板、玻璃钢等材料，应满足强度、刚度和周转使用要求，且加工性能好；

3 模板骨架材料应顺直、规格一致，应有足够的强度、刚度，且满足受力要求；

4 模板之间的连接可采用模板夹具、螺栓等连接件；

5 对拉螺栓的规格、品种应根据混凝土侧压力、墙体防水、人防要求和模板面板等情况选用，选用的对拉螺栓应有足够的强度；

6 对拉螺栓套管及堵头应根据对拉螺栓的直径进行确定，可选用塑料、橡胶、尼龙等材料；

7 明缝条可选用硬木、铝合金等材料，截面宜为梯形；

8 内衬模可选用塑料、橡胶、玻璃钢、聚氨酯等材料。

5.2.2 钢筋工程应符合下列规定：

1 钢筋连接方式不应影响保护层厚度；

2 钢筋绑扎材料宜选用 20～22 号无锈绑扎钢丝；

3 钢筋垫块应有足够的强度、刚度，颜色应与清水混凝土的颜色接近。

5.2.3 饰面清水混凝土原材料除应符合现行国家标准《混凝土结构工程施工质量验收规范》GB 50204 等的规定外，尚应符合下列规定：

1 应有足够的存储量，原材料的颜色和技术参数宜一致。

2 宜选用强度等级不低于 42.5 级的硅酸盐水泥、普通硅酸盐水泥。同一工程的水泥宜为同一厂家、同一品种、同一强度等级。

3 粗骨料应采用连续粒级，颜色应均匀，表面应洁净，并应符合表 5.2.3-1 的规定。

表 5.2.3-1　粗骨料质量要求

混凝土强度等级	≥C50	<C50
含泥量（按质量计，%）	≤0.5	≤1.0
泥块含量（按质量计，%）	≤0.2	≤0.5
针、片状颗粒含量（按质量计,%）	≤8	≤15

4 细骨料宜采用中砂，并应符合表 5.2.3-2 的规定。

表 5.2.3-2　细骨料质量要求

混凝土强度等级	≥C50	<C50
含泥量（按质量计，%）	≤2.0	≤3.0
泥块含量（按质量计，%）	≤0.5	≤1.0

5 同一工程所用的掺合料应来自同一厂家、同一规格型号。宜选用Ⅰ级粉煤灰。

5.2.4 涂料应选用对混凝土表面具有保护作用的透

明涂料，且应有防污染性、憎水性、防水性。

6 模板工程

6.1 模板设计

6.1.1 模板分块设计应满足清水混凝土饰面效果的设计要求。当设计无具体要求时，应符合下列规定：

　　1 外墙模板分块宜以轴线或门窗口中线为对称中心线，内墙模板分块宜以墙中线为对称中心线；

　　2 外墙模板上下接缝位置宜设于明缝处，明缝宜设置在楼层标高、窗台标高、窗过梁梁底标高、框架梁梁底标高、窗间墙边线或其他分格线位置；

　　3 阴角模与大模板之间不宜留调节余量；当确需留置时，宜采用明缝方式处理。

6.1.2 单块模板的面板分割设计应与蝉缝、明缝等清水混凝土饰面效果一致。当设计无具体要求时，应符合下列规定：

　　1 墙模板的分割应依据墙面的长度、高度、门窗洞口的尺寸、梁的位置和模板的配置高度、位置等确定，所形成的蝉缝、明缝水平方向应交圈，竖向应顺直有规律。

　　2 当模板接高时，拼缝不宜错缝排列，横缝应在同一标高位置。

　　3 群柱竖缝方向宜一致。当矩形柱较大时，其竖缝宜设置在柱中心。柱模板横缝宜从楼面标高开始向上作均匀布置，余数宜放在柱顶。

　　4 水平模板排列设计应均匀对称、横平竖直；对于弧形平面宜沿径向辐射布置。

　　5 装饰清水混凝土的内衬模板的面板分割应保证装饰图案的连续性及施工的可操作性。

6.1.3 模板结构设计除应符合国家现行标准《建筑工程大模板技术规程》JGJ 74 和《钢框胶合板模板技术规程》JGJ 96 的规定外，尚应符合下列规定：

　　1 模板结构应牢固稳定，拼缝应严密，规格尺寸应准确。模板宜高出墙体浇筑高度 50mm。

　　2 斜墙、斜柱等异形构件的模板应进行专项受力计算。

　　3 液压爬模、预制构件等工艺的清水混凝土模板，应进行专业设计和计算，且应满足饰面效果要求。

6.1.4 饰面清水混凝土模板应符合下列规定：

　　1 阴角部位应配置阴角模，角模面板之间宜斜口连接；

　　2 阳角部位宜两面模板直接搭接；

　　3 模板面板接缝宜设置在肋处，无肋接缝处应有防止漏浆措施；

　　4 模板面板的钉眼、焊缝等部位的处理不应影响混凝土饰面效果；

　　5 假眼宜采用同直径的堵头或锥形接头固定在模板面板上；

　　6 门窗洞口模板宜采用木模板，支撑应稳固，周边应贴密封条，下口应设置排气孔，滴水线模板宜采用易于拆除的材料，门窗洞口的企口、斜坡宜一次成型；

　　7 宜利用下层构件的对拉螺栓孔支承上层模板；

　　8 宜将墙体端部模板面板内嵌固定；

　　9 对拉螺栓应根据清水混凝土的饰面效果，且应按整齐、匀称的原则进行专项设计。

6.2 模板制作

6.2.1 模板下料尺寸应准确，切口应平整，组拼前应调平、调直。

6.2.2 模板龙骨不宜有接头。当确需接头时，有接头的主龙骨数量不应超过主龙骨总数量的 50%。

6.2.3 木模板材料应干燥，切口宜刨光。

6.2.4 模板加工后宜预拼，应对模板平整度、外形尺寸、相邻板面高低差以及对拉螺栓组合情况等进行校核，校核后应对模板进行编号。

6.3 模板安装

6.3.1 模板安装前，应进行下列工作：

　　1 检查面板清洁度；

　　2 清点模板和配件的型号、数量；

　　3 核对明缝、蝉缝、装饰图案的位置；

　　4 检查模板内侧附件连接情况，附件连接应牢固；

　　5 复核基层上内外模板控制线和标高；

　　6 涂刷脱模剂，且脱模剂应均匀。

6.3.2 应根据模板编号进行安装，模板之间应连接紧密；模板拼接缝处应有防漏浆措施。

6.3.3 对拉螺栓安装应位置正确、受力均匀。

6.3.4 应对模板面板、边角和已成型清水混凝土表面进行保护。

6.4 模板拆除

6.4.1 清水混凝土模板的拆除，除应符合国家现行标准《混凝土结构工程施工质量验收规范》GB 50204 和《建筑工程大模板技术规程》JGJ 74 的规定外，尚应符合下列规定：

　　1 应适当延长拆模时间；

　　2 应制定清水混凝土墙体、柱等的保护措施；

　　3 模板拆除后应及时清理、修复。

7 钢筋工程

7.0.1 钢筋应清洁、无明显锈蚀和污染。

7.0.2 钢筋保护层垫块宜梅花形布置。饰面清水混凝土定位钢筋的端头应涂刷防锈漆，并宜套上与混凝土颜色接近的塑料套。

7.0.3 每个钢筋交叉点均应绑扎，绑扎钢丝不得少于两圈，扎扣及尾端应朝向构件截面的内侧。

7.0.4 饰面清水混凝土对拉螺栓与钢筋发生冲突时，宜遵循钢筋避让对拉螺栓的原则。

7.0.5 钢筋绑扎后应有防雨水冲淋等措施。

8 混凝土工程

8.1 配合比设计

8.1.1 清水混凝土配合比设计除应符合国家现行标准《混凝土结构工程施工质量验收规范》GB 50204、《普通混凝土配合比设计规程》JGJ 55 的规定外，尚应符合下列规定：

   1 应按照设计要求进行试配，确定混凝土表面颜色；

   2 应按照混凝土原材料试验结果确定外加剂型号和用量；

   3 应考虑工程所处环境，根据抗碳化、抗冻害、抗硫酸盐、抗盐害和抑制碱-骨料反应等对混凝土耐久性产生影响的因素进行配合比设计。

8.1.2 配制清水混凝土时，应采用矿物掺合料。

8.2 制备与运输

8.2.1 搅拌清水混凝土时应采用强制式搅拌设备，每次搅拌时间宜比普通混凝土延长 20～30s。

8.2.2 同一视觉范围内所用清水混凝土拌合物的制备环境、技术参数应一致。

8.2.3 制备成的清水混凝土拌合物工作性能应稳定，且无泌水离析现象，90min 的坍落度经时损失值宜小于 30mm。

8.2.4 清水混凝土拌合物入泵坍落度值：柱混凝土宜为 150±20mm，墙、梁、板的混凝土宜为 170±20mm。

8.2.5 清水混凝土拌合物的运输宜采用专用运输车，装料前容器内应清洁、无积水。

8.2.6 清水混凝土拌合物从搅拌结束到入模前不宜超过 90min，严禁添加配合比以外用水或外加剂。

8.2.7 进入施工现场的清水混凝土应逐车检查坍落度，不得有分层、离析等现象。

8.3 混凝土浇筑

8.3.1 清水混凝土浇筑前应保持模板内清洁、无积水。

8.3.2 竖向构件浇筑时，应严格控制分层浇筑的间隔时间。分层厚度不宜超过 500mm。

8.3.3 门窗洞口宜从两侧同时浇筑清水混凝土。

8.3.4 清水混凝土应振捣均匀，严禁漏振、过振、欠振；振捣棒插入下层混凝土表面的深度应大于 50mm。

8.3.5 后续清水混凝土浇筑前，应先剔除施工缝处松动石子或浮浆层，剔凿后应清理干净。

8.4 混凝土养护

8.4.1 清水混凝土拆模后应立即养护，对同一视觉范围内的清水混凝土应采用相同的养护措施。

8.4.2 清水混凝土养护时，不得采用对混凝土表面有污染的养护材料和养护剂。

8.5 冬期施工

8.5.1 掺入混凝土的防冻剂，应经试验对比，混凝土表面不得产生明显色差。

8.5.2 冬期施工时，应在塑料薄膜外覆盖对清水混凝土无污染且阻燃的保温材料。

8.5.3 混凝土罐车和输送泵应有保温措施，混凝土入模温度不应低于 5℃。

8.5.4 混凝土施工过程中应有防风措施；当室外气温低于-15℃时，不得浇筑混凝土。

9 混凝土表面处理

9.0.1 对局部不满足本规程第 11.3.1 条和第 11.3.2 条要求的部位应进行处理，且应由施工单位编写方案、做样板，经监理（建设）单位、设计单位同意后实施。

9.0.2 普通清水混凝土表面宜涂刷透明保护涂料；饰面清水混凝土表面应涂刷透明保护涂料。

9.0.3 同一视觉范围内的涂料及施工工艺应一致。

10 成品保护

10.1 模板成品保护

10.1.1 清水混凝土模板上不得堆放重物。模板面板不得被污染或损坏，模板边角和面板应有保护措施，运输过程中应采用护角保护。

10.1.2 清水混凝土模板应有专用场地堆放，存放区应有排水、防水、防潮、防火等措施。

10.1.3 饰面清水混凝土模板胶合板面板切口处应涂刷封边漆，螺栓孔眼处应有保护垫圈。

10.2 钢筋成品保护

10.2.1 钢筋半成品应分类摆放、及时使用，存放环境应干燥、清洁。

10.2.2 对于钢筋、垫块、预埋件等，操作时不得对其位置造成影响。

10.3 混凝土成品保护

10.3.1 浇筑清水混凝土时不应污染、损伤成品清水混凝土。

10.3.2 拆模后应对易磕碰的阳角部位采用多层板、塑料等硬质材料进行保护。

10.3.3 当挂架、脚手架、吊篮等与成品清水混凝土表面接触时，应使用垫衬保护。

10.3.4 严禁随意剔凿成品清水混凝土表面。确需剔凿时，应制定专项施工措施。

11 质量验收

11.1 模 板

11.1.1 模板制作尺寸的允许偏差与检验方法应符合表 11.1.1 的规定。

检查数量：全数检查。

表 11.1.1 清水混凝土模板制作尺寸允许偏差与检验方法

项次	项 目	允许偏差（mm）		检验方法
		普通清水混凝土	饰面清水混凝土	
1	模板高度	±2	±2	尺量
2	模板宽度	±1	±1	尺量
3	整块模板对角线	≤3	≤3	塞尺、尺量
4	单块板面对角线	≤3	≤2	塞尺、尺量
5	板面平整度	3	2	2m靠尺、塞尺
6	边肋平直度	2	2	2m靠尺、塞尺
7	相邻面板拼接高低差	≤1.0	≤0.5	平尺、塞尺
8	相邻面板拼缝间隙	≤0.8	≤0.8	塞尺、尺量
9	连接孔中心距	±1	±1	游标卡尺
10	边框连接孔与板面距离	±0.5	±0.5	游标卡尺

11.1.2 模板板面应干净，隔离剂应涂刷均匀。模板间的拼缝应平整、严密，模板支撑应设置正确、连接牢固。

检查方法：观察。

检查数量：全数检查。

11.1.3 模板安装尺寸允许偏差与检验方法应符合表 11.1.3 的规定。

检查数量：全数检查。

表 11.1.3 清水混凝土模板安装尺寸允许偏差与检验方法

项次	项 目		允许偏差（mm）		检验方法
			普通清水混凝土	饰面清水混凝土	
1	轴线位移	墙、柱、梁	4	3	尺量
2	截面尺寸	墙、柱、梁	±4	±3	尺量
3	标高		±5	±3	水准仪、尺量
4	相邻板面高低差		3	2	尺量
5	模板垂直度	不大于5m	4	3	经纬仪、线坠、尺量
		大于5m	6	5	
6	表面平整度		3	2	塞尺、尺量
7	阴阳角	方正	3	2	方尺、塞尺
		顺直	3	2	线尺
8	预留洞口	中心线位移	8	6	拉线、尺量
		孔洞尺寸	+8,0	+4,0	
9	预埋件、管、螺栓	中心线位移	3	2	拉线、尺量
10	门窗洞口	中心线位移	8	5	拉线、尺量
		宽、高	±6	±4	
		对角线	8	6	

11.2 钢 筋

11.2.1 钢筋表面应清洁无浮锈；钢筋保护层垫块颜色应与混凝土表面颜色接近，位置、间距应准确；钢筋绑扎钢丝扎扣和尾端应弯向构件截面内侧。

检查方法：观察。

检查数量：全数检查。

11.2.2 钢筋工程安装尺寸允许偏差与检验方法应符合现行国家标准《混凝土结构工程施工质量验收规范》GB 50204 的规定，受力钢筋保护层厚度偏差不应大于3mm。

11.3 混 凝 土

11.3.1 混凝土外观质量与检验方法应符合表 11.3.1 的规定。

检查数量：抽查各检验批的30%，且不应少于5件。

表 11.3.1 清水混凝土外观质量与检验方法

项次	项 目	普通清水混凝土	饰面清水混凝土	检查方法
1	颜色	无明显色差	颜色基本一致，无明显色差	距离墙面 5m 观察
2	修补	少量修补痕迹	基本无修补痕迹	距离墙面 5m 观察
3	气泡	气泡分散	最大直径不大于 8mm，深度不大于 2mm，每平方米气泡面积不大于 20cm²	尺量
4	裂缝	宽度小于 0.2mm	宽度小于 0.2mm，且长度不大于 1000mm	尺量、刻度放大镜
5	光洁度	无明显漏浆、流淌及冲刷痕迹	无漏浆、流淌及冲刷痕迹，无油迹、墨迹及锈斑，无粉化物	观察
6	对拉螺栓孔眼	—	排列整齐，孔洞封堵密实，凹孔棱角清晰圆滑	观察、尺量
7	明缝	—	位置规律、整齐，深度一致，水平交圈	观察、尺量
8	蝉缝	—	横平竖直，水平交圈，竖向成线	观察、尺量

11.3.2 清水混凝土结构允许偏差与检查方法应符合表 11.3.2 的规定。

检查数量：抽查各检验批的 30%，且不应少于 5 件。

表 11.3.2 清水混凝土结构允许偏差与检查方法

项次	项 目		允许偏差（mm）普通清水混凝土	允许偏差（mm）饰面清水混凝土	检查方法
1	轴线位移	墙、柱、梁	6	5	尺量
2	截面尺寸	墙、柱、梁	±5	±3	尺量
3	垂直度	层高	8	5	经纬仪、线坠、尺量
3	垂直度	全高（H）	H/1000，且≤30	H/1000，且≤30	经纬仪、线坠、尺量
4	表面平整度		4	3	2m 靠尺、塞尺
5	角线顺直		4	3	拉线、尺量
6	预留洞口中心线位移		10	8	尺量
7	标高	层高	±8	±5	水准仪、尺量
7	标高	全高	±30	±30	水准仪、尺量
8	阴阳角	方正	4	3	尺量
8	阴阳角	顺直	4	3	尺量
9	阳台、雨罩位置		±8	±5	尺量
10	明缝直线度		—	3	拉 5m 线，不足 5m 拉通线，钢尺检查

续表 11.3.2

项次	项 目	允许偏差（mm）普通清水混凝土	允许偏差（mm）饰面清水混凝土	检查方法
11	蝉缝错台	—	2	尺量
12	蝉缝交圈	—	5	拉 5m 线，不足 5m 拉通线，钢尺检查

本规程用词说明

1 为了便于在执行本规程条文时区别对待，对要求严格程度不同的用词说明如下：

1）表示很严格，非这样做不可的：

正面词采用"必须"，反面词采用"严禁"。

2）表示严格，在正常情况下均应这样做的：

正面词采用"应"，反面词采用"不应"或"不得"。

3）表示允许稍有选择，在条件许可时首先应这样做的：

正面词采用"宜"，反面词采用"不宜"。

表示有选择，在一定条件下可以这样做的，采用"可"。

2 条文中指明应按其他有关标准执行的写法为："应按……执行"或"应符合……规定"。

中华人民共和国行业标准

清水混凝土应用技术规程

JGJ 169—2009

条 文 说 明

前　言

《清水混凝土应用技术规程》JGJ 169—2009 经住房和城乡建设部 2009 年 3 月 4 日以 232 号公告批准，业已发布。

为方便广大设计、施工、科研、院校等单位的有关人员在使用本标准时能正确理解和执行条文规定，本规程编制组按章、节、条的顺序编制了条文说明，供使用时参考。在使用中如发现本条文说明有欠妥之处，请将意见函寄中国建筑股份有限公司。

目　　次

1 总　则

1.0.1　近些年来，随着我国建筑业整体水平的提高、绿色建筑的兴起，清水混凝土越来越引起人们的重视，清水混凝土工程越来越多。但长期以来，国内没有关于清水混凝土的统一定义，更没有清水混凝土设计、施工和质量验收等方面的标准。在这种情况下，编制组经过广泛调查研究，认真总结实践经验，参考有关国际标准和国外先进标准，并在广泛征求意见的基础上，制定了本规程。

1.0.2　本条规定了本规程的适用范围，即适用于清水混凝土工程的设计、施工与质量验收。本规程的规定是最低标准，当承包合同和设计文件对质量验收的要求高于本规程的规定时，验收时应当以承包合同和设计文件的要求为准。

1.0.3　本条规定了清水混凝土在施工图设计时需进行有针对性的详细设计，包括混凝土表面的饰面效果、装饰图案的设计等，并进行结构耐久性相关构造设计。

　　清水混凝土施工管理是一个精细化管理的过程，本规程规定了相关单位要编制施工组织管理文件，内容要涵盖施工组织机构、质量计划、旁站制度、"三检"制度、质量会诊制度、成品保护制度、表面修复管理制度等各项质量保证措施及管理制度。

1.0.4　本条提出了本规程编制的依据是现行国家标准，如《建筑工程施工质量验收统一标准》GB 50300、《混凝土结构工程施工质量验收规范》GB 50204、《混凝土结构设计规范》GB 50010 等，因此在执行本规程时强调应与这些标准配套使用。

3 基本规定

3.0.1　本条说明清水混凝土的分类情况，饰面清水混凝土的质量验收标准高于普通清水混凝土；装饰清水混凝土由于体现设计师的设计理念，饰面效果各不相同，因此，无法对其施工工艺和质量验收标准等作统一规定，可参考其他两类清水混凝土。

3.0.2　本条规定了清水混凝土的质量控制管理要求，提出了全过程的质量控制，包括对模板、钢筋、混凝土等的选择；对模板的设计、加工、安装的质量控制；对混凝土的制备、运输、浇筑、振捣、养护、成品保护等工作的质量控制；保证模板的拆模时间、拆模程序、混凝土浇筑、养护条件及修复等工艺的一致性。这些都是混凝土表面颜色一致性的保证措施。

3.0.3　对于有防水功能要求的地下室外墙及人防墙体，除采用抗渗混凝土、增加抗裂配筋外，该部位的穿墙对拉螺栓采用中间焊止水钢片的三节式对拉螺栓；对于倾斜墙体，该构件同时具有墙体及顶板功能，此处穿墙（板）对拉螺栓采用中间焊止水钢片的三节式对拉螺栓，并涂刷涂料等防渗漏措施；对于清水混凝土卫生间，在墙体与楼板之间、墙体施工缝之间设置钢板止水带等防水措施，并在混凝土表面进行渗透结晶等刚性防水处理方式。

3.0.4　本条为强制性条文。混凝土中的碱（Na_2O 和 K_2O）与砂、石中含有的活性硅会发生化学反应，称为"碱-硅反应"；某些碳酸盐类岩石骨料也能和碱起反应，称为"碱-碳酸盐反应"。这些都称为"碱-骨料反应"。这些"碱-骨料反应"能引起混凝土的开裂，在国内外都发生过此类工程损害的案例。发生"碱-骨料反应"的充分条件是：混凝土有较高的碱含量；骨料有较高的活性；还有水的参与。所以，本条规定了潮湿环境和干湿交替环境的混凝土，应选用非碱活性骨料。

3.0.6　本条所指的专项施工方案包括：模板施工方案、钢筋施工方案、混凝土施工方案、预留预埋施工方案、成品保护施工方案、表面处理施工方案、透明涂料施工方案、季节性施工方案、施工管理措施等。

3.0.7　通过样板对混凝土的配合比、模板体系、施工工艺等进行验证，并进行技能培训和技术交底。

4 工程设计

4.1 建筑设计

4.1.1、4.1.2　为合理安排施工，设计图纸中需明确清水混凝土的类型及细部要求。为做到经济合理，在考虑饰面效果的同时兼顾标准化和模数化。

4.1.3　本条规定是为了保证清水混凝土饰面效果的一致性。

4.2 结构设计

4.2.1　本条规定了设计清水混凝土范围。规定了设计使用年限为50年的三类环境类别的清水混凝土结构的建筑要结合当地环境进行专门研究。

4.2.2　参照英国 BS8110 规范，结合我国的实际情况和近年清水混凝土工程实例，本条规定了清水混凝土的适宜最低强度等级和最高等级。对于超长结构，限制使用过高的混凝土强度等级，主要是控制混凝土的水化热，减少和制约裂缝的发生。相邻构件的混凝土强度等级宜一致是为防止不同配合比的相邻部位表面色差过大。

4.2.3　参照国外规范和国内的研究成果，考虑混凝土的耐久性，本条规定了露天环境的混凝土保护层最小厚度。

4.2.4　在清水混凝土施工实例中，经常碰到对拉螺栓孔眼与主筋位置矛盾的问题，设计应同时兼顾结构安全和建筑饰面效果，通常采取主筋错开对拉螺栓位置解决。

4.2.5 采用带肋钢筋和适当增加配筋率的措施，是为了减少和限制混凝土表面的裂缝；后浇带的位置与宽度规定主要是为了控制清水混凝土饰面效果和降低施工难度。

5 施工准备

5.1 技术准备

5.1.2 综合考虑结构、建筑、设备、电气、水暖等专业图纸进行全面深化设计，避免在清水混凝土表面剔凿。施工单位、监理（建设）单位和设计单位就钢筋保护层，影响对拉螺栓和混凝土浇筑的钢筋间距，构造配筋，施工缝与明缝的一致性，楼梯间、梁、后浇带、高级装修之间的衔接等可能对清水混凝土饰面效果产生影响的部位进行协商。

5.2 材料准备

5.2.1 根据不同的清水混凝土等级选择不同的模板体系及相关的模板配件。

1 清水混凝土模板选择可参考表1。

表1　清水混凝土模板选型表

序号	模板类型	清水混凝土分类		
		普通清水混凝土	饰面清水混凝土	装饰清水混凝土
1	木梁胶合板模板	●	●	●
2	铝梁胶合板模板		●	●
3	木框胶合板模板	●		●
4	钢框胶合板模板（包边）	●		●
5	钢框胶合板模板（不包边）		●	●
6	全钢大模板	●	●	●
7	全钢不锈钢贴面模板		●	●
8	全钢不锈钢装饰模板			●
9	50mm 厚木板模板			●
10	铸铝装饰内衬模板			●
11	胶合板装饰模板			●
12	玻璃钢模板	●	●	●
13	塑料模板	●	●	●

2 模板面板选材需兼顾面板材料的吸水性、周转使用次数、清水混凝土饰面效果影响程度等因素。面板的选择可参考表2。

表2　清水混凝土模板面板选材表

面板材料	吸水性能	混凝土饰面效果	注意事项	周转次数	备注
原木板材，表面不封漆	吸水性面板	粗糙木板纹理	色差大，有斑纹	2～3	
锯木板材，表面不封漆		粗糙木板纹理，暗色调	多次使用后，纹理和吸水性会减退	3～4	具体使用次数与清水混凝土饰面要求等级的高低有关
表面刨平的木板材		平滑的木板纹理，暗色调	多次使用后，纹理和吸水性会减退	3～5	
普通胶合板或松木板		粗糙木板纹理，暗色调	多次使用后，纹理和吸水性会减退	3～5	
表面封漆的平木板	弱吸水性面板	平滑的木板纹理，深色调	多次使用后，纹理和吸水性会减退	10～15	具体使用次数与板材的封漆厚度有关
木质光面多层板，三合板		平滑的木板纹理	多次使用后，纹理和吸水性会减退	8～15	具体使用次数与板材的厚度有关
压实处理的三合板				15～20	具体使用次数多取决于板材的压实胶结度
覆膜多层板		平滑表面没有纹理	面层不均匀性和覆膜色调差异	5～30	具体使用次数与板材的覆膜厚度有关（120～600g/m²）
平面塑料板材		平滑发亮的混凝土表面		50	
塑料、塑胶、聚氨酯内衬膜	非吸水性面板	根据设计选择制作		20～50	具体使用次数与衬膜厚度和使用部位有关
玻璃钢		平滑表面	混凝土表面易形成气孔和石状纹理	8～10	
金属模板			混凝土表面易形成气孔和石状纹理甚至锈痕	80～100	

4 清水混凝土模板之间的连接采用操作简便、三维受力较好的模板夹具，能降低施工操作难度，减少漏浆的同时，避免模板错台，如图1。

5 参考清水混凝土施工实例：无要求的墙体选

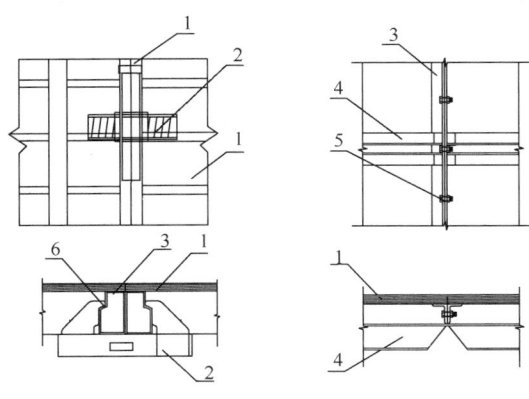

图 1 模板之间的连接
1—清水混凝土模板；2—模板夹具；3—模板边框；
4—槽钢背楞；5—连接螺栓；6—斜面三维受力

用通丝型对拉螺栓与相配的套管及套管堵头施工比较方便；有防水和人防等要求的墙体选用三节式对拉螺栓，三节式螺栓的锥接头与模板面板接触端采用塑料套保护，可以有效地保证混凝土表面效果。

5.2.2 结合清水混凝土实例：墙、柱、梁竖向结构选用与混凝土颜色近似的塑料垫块；梁、板底部选用与混凝土同强度等级的砂浆垫块或塑料垫块，既满足清水混凝土的保护层要求，又可以保证饰面效果。

5.2.4 本条规定选用透明涂料的目的是为了防止清水混凝土表面污染，减少外界有害物质的侵害，延缓混凝土表面碳化速度。为提高混凝土耐久性，满足结构设计年限，可引用国家现行标准《色漆和清漆涂层老化的评级方法》GB/T 1766-2008 和《交联型氟树脂涂料》HG/T 3792-2005，耐人工气候老化性（白色和浅色）指标不低于 3500h，失光率不大于 20%。

6 模板工程

6.1 模板设计

6.1.1 为保证脱模后的效果与其他蝉缝一致，本条规定了非闭合墙体阴角模与大模板面板之间不宜留调节余量；闭合墙体阴角模与大模板面板之间采用明缝的方式处理调节余量，可以避免破坏混凝土表面。如图 2、图 3 所示。

6.1.2 墙面形式影响模板面板的分割，当面板采用胶合板时，分割尺寸为 1800mm×900mm、2400mm×1200mm、2440mm×1220mm 等标准尺寸适宜周转使用。钢模板面板分割缝一般竖向布置，同一块模板上的面板分割缝一般对称均匀布置。

6.1.4 在总结清水混凝土实例基础上，本规程列举了模板细部处理的参考做法。

1 设置阴角模，可保证阴角部位模板的稳定性，角模不变形，接缝不漏浆；角模面板采用斜口连接可

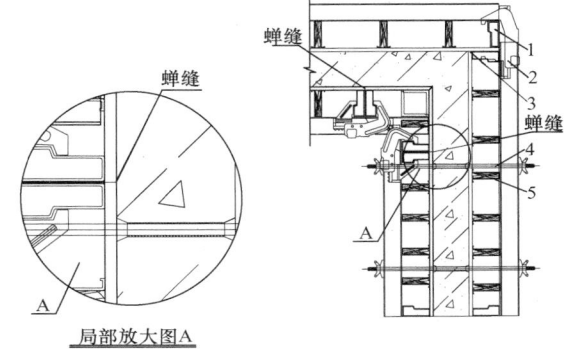

图 2 非闭合墙体阴角处理
1—型材边框；2—模板夹具；3—密封条；
4—对拉螺栓；5—型材龙骨

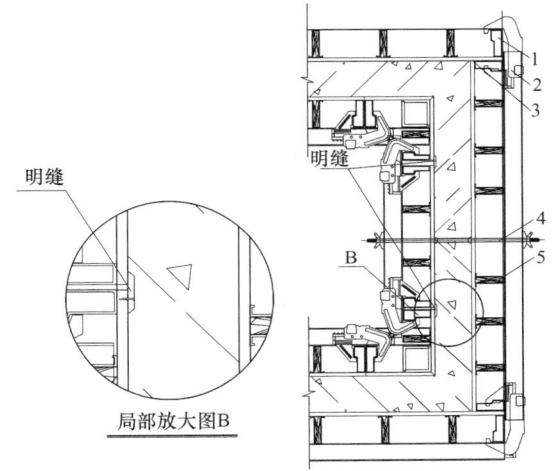

图 3 闭合墙体阴角处理
1—型材边框；2—模板夹具；3—密封条；
4—对拉螺栓；5—型材龙骨

保证阴角部位清水混凝土的饰面效果。

斜口连接时，角模面板的两端切口倒角略小于 45°，切口处涂防水胶粘结；平口连接时，切口处刨光并涂刷防水材料，连接端刨平并涂刷防水胶粘结。如图 4 所示。

2 阳角部位采用两面模板直接搭接的方式可保证阳角部位模板的稳定性。搭接处用与模板型材边框相吻合的专用模板夹具连接，并在拼接处加密封条，可有效防止漏浆，保证阳角质量。如图 5 所示。

3 模板面板采用胶合板时，竖向拼缝设置在竖肋位置，并在拼缝处涂胶；水平拼缝位置一般无横肋（木框模板可加短木方），模板接缝处背面切 85°坡口并涂胶，用高密度密封条沿缝贴好，再用胶带纸封严。如图 6 所示。

4 以胶合板面板模板为例说明钉眼处理方法：
模板面板与肋的连接采用木螺钉从背面固定，螺钉间距 150~300mm。弧度较大的模板，面板与肋采

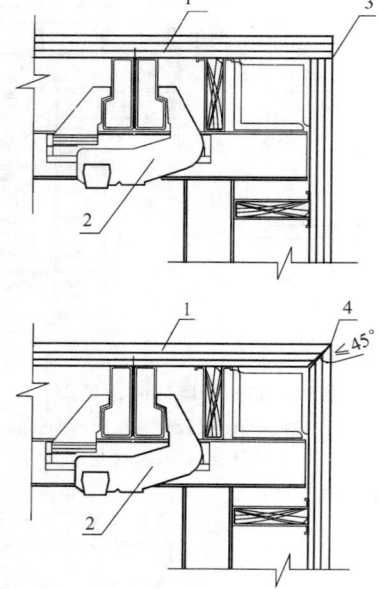

图 4　阴角模面板处理节点
1—多层板面板；2—模板夹具；
3—平口连接；4—斜口连接

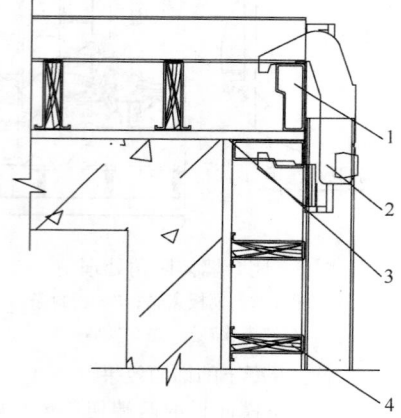

图 5　阳角角节点处理
1—型材边框；2—模板夹具；3—密封条；4—型材龙骨

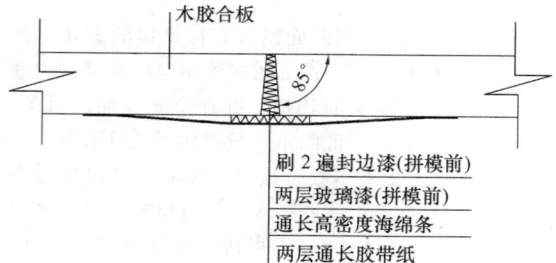

木胶合板

刷 2 遍封边漆(拼模前)
两层玻璃漆(拼模前)
通长高密度海绵条
两层通长胶带纸

图 6　蝉缝的处理

用沉头螺钉正钉连接，钉头下沉 2～3mm，并用铁腻子将凹坑刮平。如图 7 所示。

5　为了保证清水混凝土的整体饰面效果，在

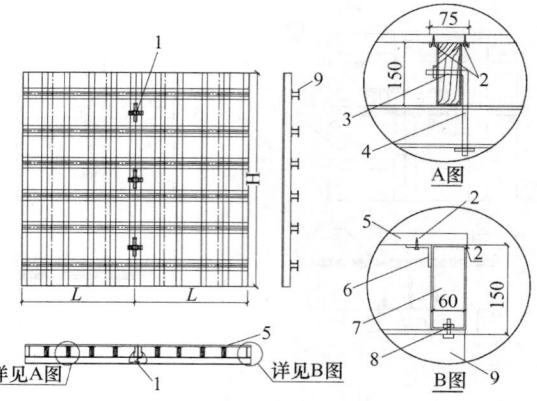

图 7　龙骨与面板连接示意图
1—模板夹具；2—自攻螺钉；3—型材；4—连接扣件；
5—木胶合板；6—角铁；7—边框型材；8—螺栓；
9—双向槽钢背楞

"L" 形墙、"丁" 字墙或梁柱上常设有对拉螺栓孔眼，当不能或不需设置对拉螺栓时，采用设置假眼的方式进行处理。如图 8 所示。

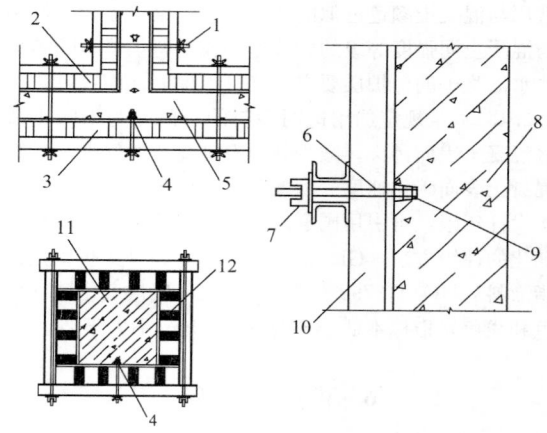

图 8　假眼的位置
1—穿墙螺栓；2—内侧模板；3—外侧模板；4—假眼；
5—混凝土墙；6—螺栓；7—螺母；8—混凝土墙柱；
9—堵头；10—清水混凝土模板；11—混凝土柱；
12—柱模

6　门窗洞口模板采用钢模板或钢角木模板时，施工中易在清水混凝土模板面板上造成划痕，模板周转使用至其他部位时，此划痕将影响清水混凝土的饰面效果；滴水线模板采用梯形塑料条、铝合金等材料。

7　模板上口的明缝条在墙面上形成的凹槽作为上一层模板下口的明缝，为防止漏浆，在结合处贴密封条。这种做法适用于清水混凝土的施工缝设置在明缝的部位。如图 9 所示。

8　墙体端部堵头模板设置不好，易造成漏浆、跑模现象，影响清水混凝土的饰面效果，采用内嵌端

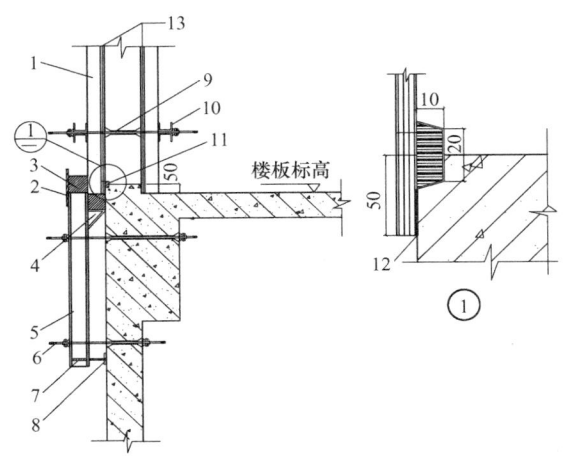

图 9　明缝与楼层施工节点做法

1—铝梁；2—φ32 钢筋与槽钢焊接；3—方木；
4—三角形支架与槽钢焊接；5—10 号槽钢；
6—对拉螺栓；7—φ28 钢筋；8—钢垫片下垫
密封条；9—PVC 套管；10—10 号槽钢；
11—20mm 宽、10mm 深明缝；
12—贴密封条；13—模板

部模板面板的做法可以解决。边框为型材的清水混凝土模板采用模板夹具加固，边框不是型材的清水混凝土模板采用槽钢加固。如图 10、图 11 所示。

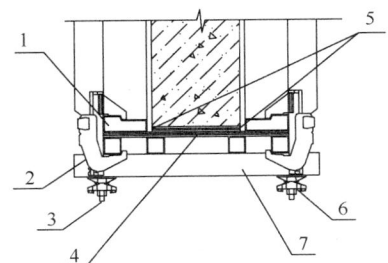

图 10　堵头模板处理一

1—模板边框；2—模板夹具；3—钩
头螺栓；4—堵头模板；5—加海绵
条；6—铸钢螺母、垫片；7—背楞

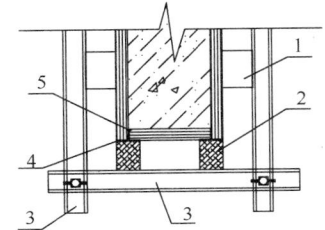

图 11　堵头模板处理二

1—模板竖楞；2—50mm×100mm
木方；3—10 号槽钢；4—贴透明胶
带纸；5—海绵条嵌缝

9　对拉螺栓有通丝型、三节式或锥形螺栓等。通丝型对拉螺栓的穿墙套管采用硬质塑料管或 PVC

套管。套管堵头与套管相配套，有一定的强度，避免穿墙孔眼变形或漏浆。为防止漏浆和保护面板，施工时，在套管堵头上粘贴密封条或橡胶垫圈，并使之与模板面板接触紧密。如图 12 所示。

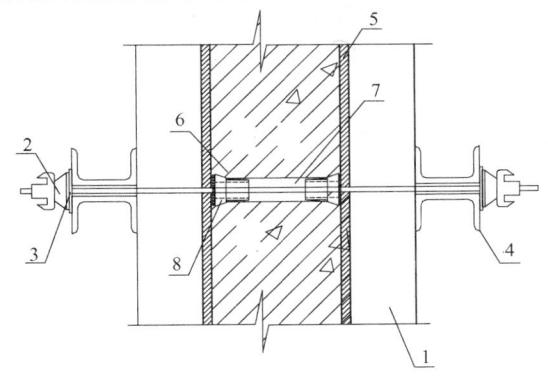

图 12　通丝型对拉螺栓的安装

1—清水模板；2—铸钢螺母；3—钢垫片；
4—槽钢背楞；5—模板面板；6—海绵垫圈；
7—PVC 套管；8—塑料堵头

三节式对拉螺栓的锥形接头与模板面接触面积较大，加海绵垫圈或塑料垫圈防止漏浆。如图 13 所示。

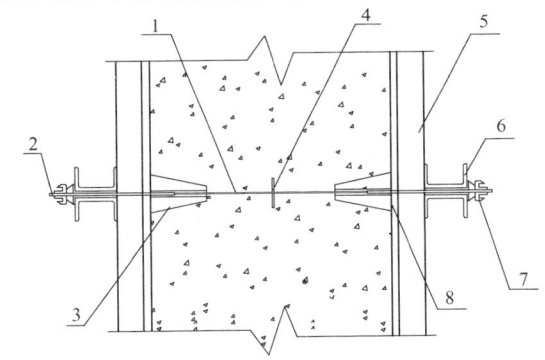

图 13　止水螺栓方案图

1—埋入螺栓；2—接头螺栓；3—锥接头；
4—止水片；5—模板；6—背楞；
7—铸钢螺母、垫片；8—垫圈

6.3　模 板 安 装

6.3.1　模板面板不清洁或脱模剂喷涂不均匀，将影响清水混凝土饰面效果。补刷遭雨淋、水浇或脱模剂失效的模板。清洗清水混凝土模板面板上的墨线痕迹、油污、铁锈等。

6.3.2　模板之间的连接易产生漏浆、错台等现象，影响清水混凝土的饰面效果，因此本条规定了应有防漏浆措施。为防止密封条挤压后凸出板面，在模板侧边退后板面 1~3mm 粘贴；将竖向模板下部的缝隙封堵严密。模板之间的连接采用以下方式：

1　木梁胶合板模板之间加连接角钢、密封条，并用螺栓连接；或采用背楞加芯带的做法，面板边口刨光，木梁缩进5～10mm，相互之间连接靠芯带、钢销紧固。如图14所示。

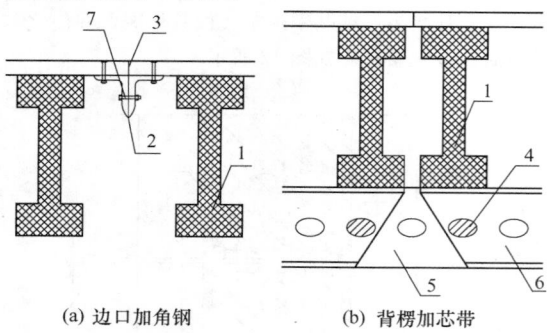

(a) 边口加角钢　　(b) 背楞加芯带

图 14　木梁胶合板模板之间的连接

1—木梁；2—角钢；3—密封条；4—钢销；5—芯带；
6—背楞；7—连接螺栓

2 以木方作边框的胶合板模板，采用企口连接，一块模板的边口缩进25mm，另一块模板边口伸出35～45mm，连接后两木方之间留有 10～20mm 拆模间隙，模板背面以 $\phi48×3.5$ 钢管作背楞。如图15所示。

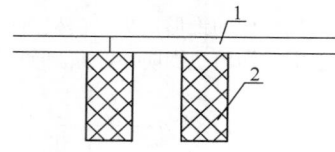

图 15　木方胶合板模板之间的连接

1—多层板；2—50mm×100mm 木方

3 铝梁胶合板模板及钢框胶合板模板，边框采用空腹型材，用模板夹具连接。如图16所示。

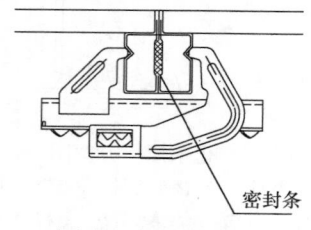

(a) 空腹钢框胶合板模板

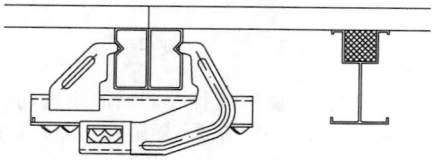

(b) 铝梁胶合板模板

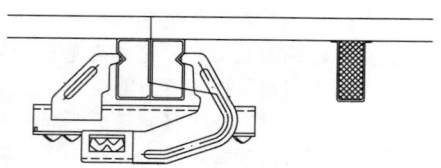

(c) 钢木胶合板模板

图 16　模板之间夹具连接

4 实腹钢框胶合板模板及全钢大模板，采用螺栓、专用连接器或模板夹具连接。如图17所示。

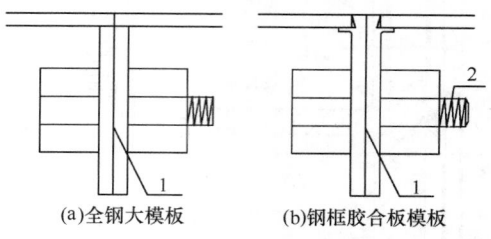

(a) 全钢大模板　　(b) 钢框胶合板模板

图 17　全钢大模板及实腹钢框
胶合板模板中模板之间的连接

1—密封条；2—螺栓

6.3.3 对拉螺栓安装不正确，易造成模板的损伤和对拉螺栓孔眼处漏浆。安装时调整位置，并确保每个孔位都装有塑料垫圈，避免螺纹损伤模板面板上的对拉螺栓孔眼。拧紧对拉螺栓和模板夹具等连接件时用力均匀，保证塑料垫圈与模板板面正确接触，避免混凝土浇筑后孔眼发生不规则变形。

6.3.4 施工过程中，模板面板易与钢筋、清水混凝土表面等发生刮碰而破损，影响清水混凝土的饰面效果，可采用地毯、木方或胶合板等与钢筋隔离，牵引入模等措施。

6.4　模 板 拆 除

6.4.1 适当延长清水混凝土养护时间可提高混凝土的强度，减轻拆模时对清水混凝土表面和棱角的破坏；拆除模板时，采取在模板与墙体间加塞木方等保护措施。胶合板模板面板破损处用铁腻子修复，并涂刷清漆；钢面板需清理干净并防锈。

7　钢 筋 工 程

7.0.1 本条规定是为了防止钢筋锈蚀污染混凝土饰面效果。

7.0.2 钢筋外露或保护层过小，将影响结构安全及混凝土饰面效果。

7.0.3 钢筋绑扎点扎扣和绑扎钢丝尾端朝结构内侧是为了防止扎丝外露生锈。

7.0.4 本条目的是避免钢筋影响对拉螺栓的安装和混凝土的饰面效果。

8　混 凝 土 工 程

8.1　配 合 比 设 计

8.1.1 清水混凝土配合比设计时重点考虑混凝土耐久性；通过原材料选择、实验室试配出适宜的混凝土表面颜色。

8.1.2 掺入矿物掺合料的目的是为了增加混凝土密实度，有效降低混凝土内部水化热，降低裂缝发生的概率，从而提高清水混凝土的工作性和耐久性。常用的掺合料有粉煤灰、矿渣粉等。

8.2 制备与运输

8.2.1 适当延长混凝土搅拌时间可提高混凝土拌合物的匀质性和稳定性。

8.2.2 同一视觉范围是指水平距离清水混凝土构件表面5m，平视清水混凝土表面所观察的范围；混凝土拌合物的制备环境、技术参数一致是指混凝土的出机温度及拌合物状态一致。

8.2.3 控制混凝土坍落度的经时损失可减少现场二次增加混凝土外加剂而改变混凝土匀质性和稳定性的现象发生。

8.2.4 本条规定了混凝土坍落度的量化指标，目的是在满足施工的前提下尽量减小混凝土坍落度，以减小浮浆厚度和混凝土表面色差。

8.2.5 本条是为了防止混凝土因容器不洁净而发生性质改变，如采用混凝土运输车接料前反转排水等措施。

8.2.6 本条是为了防止现场调整混凝土而产生饰面效果差异。

8.3 混凝土浇筑

8.3.2 严格控制分层浇筑的间隔时间是为了防止冷缝出现；水泥砂浆通过振捣溶合于混凝土中。

8.3.3 本条是为了防止门窗洞口模板被一侧混凝土挤压变形及位移。

8.3.5 剔除施工缝处松动石子或浮浆层有利于结构安全和保证清水混凝土的饰面效果。

8.4 混凝土养护

8.4.1 混凝土浇筑后12h内及时采取覆盖保温养护措施是为了防止混凝土脱水产生裂缝。采用塑料薄膜养护时保持膜内潮湿；采用浇水养护时混凝土保持湿润；大体积混凝土养护时有控温、测温措施；冬期养护时有保温、防冻措施。

8.4.2 采用保水性好的养护剂是为了保证混凝土表面颜色的一致性。

8.5 冬 期 施 工

8.5.1~8.5.4 冬期施工时对防冻剂进行试验对比是为了防止混凝土表面返碱，影响清水混凝土的饰面效果以及对耐久性的影响。

9 混凝土表面处理

9.0.1 清水混凝土是混凝土表面作为饰面，追求的

是一次成型的原始效果。目前，全国不同地区的材料水平、施工工艺等都存在很大不同，结合近年施工的清水混凝土实例，大面积的清水混凝土施工中要做到表面效果一致难度较大。所以，本条提出了表面处理。但表面处理以越少越好为原则，这里强调了由设计、监理（建设）单位共同确定标准和工艺。表面处理的施工工艺可参考以下方法：

1 气泡处理：清理混凝土表面，用与原混凝土同配比减砂石水泥浆刮补墙面，待硬化后，用细砂纸均匀打磨，用水冲洗洁净。

2 螺栓孔眼处理：清理螺栓孔眼表面，将原堵头放回孔中，用专用刮刀取界面剂的稀释液调制同配比减石子的水泥砂浆刮平周边混凝土面，待砂浆终凝后擦拭混凝土表面浮浆，取出堵头，喷水养护。

3 漏浆部位处理：清理混凝土表面松动砂子，用刮刀取界面剂的稀释液调制成颜色与混凝土基本相同的水泥腻子抹于需处理部位。待腻子终凝后用砂纸磨平，刮至表面平整，阳角顺直，喷水养护。

4 明缝处胀模、错台处理：用铲刀铲平，打磨后用水泥浆修复平整。明缝处拉通线，切割超出部分，对明缝上下阳角损坏部位先清理浮渣和松动混凝土，再用界面剂的稀释液调制同配比减石子砂浆，将明缝条平直嵌入明缝内，将砂浆填补到处理部位，用刮刀压实刮平，上下部分分次处理；待砂浆终凝后，取出明缝条，及时清理被污染混凝土表面，喷水养护。

5 螺栓孔的封堵：采用三节式螺栓时，中间一节螺栓留在混凝土内，两端的锥形接头拆除后用补偿收缩防水水泥砂浆封堵，并用专用封孔模具修饰，使修补的孔眼直径、孔眼深度与其他孔眼一致，并喷水养护。采用通丝型对拉螺栓时，螺栓孔用补偿收缩水泥砂浆和专用模具封堵，取出堵头后，喷水养护。

9.0.2 在清水混凝土表面涂刷保护涂料的目的是增强混凝土的耐久性。

9.0.3 本条规定是为了保证清水混凝土表面颜色的一致性。

10 成 品 保 护

10.1 模板成品保护

10.1.1、10.1.2 本条说明了清水混凝土模板存放的重要性，模板水平叠放时，采用面对面、背靠背的方式；模板竖向存放时，使用专用插放架，面对面的插入存放，上面覆盖塑料布。

10.1.3 采用封边漆封边和保护垫圈是为了防止雨水等从胶合板板面的切口和侧面渗入，胶合板吸水翘曲变形，影响清水混凝土表面效果。

10.2　钢筋成品保护

10.2.1　加工成型的钢筋按规格、品种、使用部位和顺序分类摆放，采用防雨水等措施，都是为了防止锈蚀的钢筋对混凝土表面颜色产生影响。

10.3　混凝土成品保护

10.3.1　混凝土浇筑过程采取专人监控方式进行，从浇筑部位流淌下的水泥浆和洒落的混凝土及时清理干净，成品清水混凝土用塑料薄膜封严保护，材料运输通道等易破坏地方用硬质材料护角保护。

10.3.3　使用挂架、脚手架、吊篮时，与混凝土墙面的接触点采用垫橡胶板、木方或聚苯板等材料，是为了防止破坏清水混凝土表面。